国家“十三五”生态环境保护规划研究

生态环境部环境规划院　编著

中国环境出版集团·北京

图书在版编目（CIP）数据

国家“十三五”生态环境保护规划研究/生态环境部环境规划院编著. —北京：中国环境出版集团，2019.12
ISBN 978-7-5111-3405-9

Ⅰ. ①国… Ⅱ. ①生… Ⅲ. ①生态环境—环境规划—研究—中国—2016-2020 Ⅳ. ①X321.2

中国版本图书馆 CIP 数据核字（2017）第 283756 号

出 版 人 武德凯
责任编辑 张维平
责任校对 任 丽
封面设计 彭 杉

出版发行 中国环境出版集团
（100062 北京市东城区广渠门内大街 16 号）
网 址：http://www.cesp.com.cn
电子邮箱：bjgl@cesp.com.cn
联系电话：010-67112765（编辑管理部）
发行热线：010-67125803，010-67113405（传真）
印 刷 北京建宏印刷有限公司
经 销 各地新华书店
版 次 2019 年 12 月第 1 版
印 次 2019 年 12 月第 1 次印刷
开 本 880×1230 1/16
印 张 64.75
字 数 1900 千字
定 价 290 元

环境规划院“十三五”生态环境保护规划

编制技术组

组　　长　洪亚雄

副 组 长　吴舜泽　王金南　陆　军　邓志耕

主要成员　（按姓氏笔画排序）

丁贞玉	万　军	于　雷	王　东	王　波
王　倩	王夏晖	文宇立	宁　淼	卢　静
孙　宁	刘兰翠	刘伟江	刘桂环	许开鹏
苏洁琼	李　新	李红祥	李志涛	李晓亮
杨丽阎	杨金田	吴悦颖	张　伟	张　筝
张文静	张红振	张丽荣	张南南	陈　鹏
陈潇君	於　方	周劲松	赵　越	赵云皓
赵学涛	饶　胜	姜文锦	秦昌波	贾杰林
徐　敏	徐　毅	曹　东	曹国志	逯元堂
程　亮	储成君	蒋春来	蒋洪强	董战峰
葛察忠	温丽丽	雷　宇	燕　丽	薛文博

统筹协调　万　军　王　倩　苏洁琼

序　言

《“十三五”生态环境保护规划》(以下简称《规划》)是我国第九个五年生态环境保护规划，也是自“十一五”以来，第三次由国务院印发的五年生态环境保护规划。

与以往的五年规划相比，此次规划面临新形势、新要求、新任务。首先在目标方面，规划目标年为2020年，是全面建成小康社会目标年，“小康全面不全面，生态环境质量是关键”，因此是基于明确的战略目标编制规划。第二在理念方面，党的十八届五中全会确立了五大新发展理念，《规划》作为国务院印发实施的重点专项规划，要充分贯彻落实新发展理念，“围绕绿色发展，编制生态环境保护规划”。第三在规划内容边界方面，国务院对《规划》范围进行了界定，明确了规划范围为“生态环境保护规划”，首次统筹环境治理和生态保护重点任务，基于新边界编制规划。

《规划》的研究编制不同以往，主要体现在六个方面。一是我国经济社会发展进入新常态，经济社会发展形势发生重大变化，生态环境形势的现状、未来走势、最后预期等判断预测存在较多不确定因素。二是《规划》的环境保护总体目标基本确定，在现实与目标差距较大的前提下如何研究规划任务较为困难。如何选取约束性质量指标，如何界定全面小康具体要求，既考量智慧，也对前期研究提出了更深的分析论证要求。三是《规划》研究编制阶段国务院相继出台了大气、水、土壤污染防治三大行动计划，如何在保持基本任务、要求一致的情况下进行深化、创新和发扬。我们在规划整体框架谋篇布局中多次推敲、反复研讨，首次提出分区分类差别化精准落实的规划导向。四是如何体现生态环境保护工作的整体性、系统性、协调性和有效性，将生态与环保融合一体。五是近两年社会公众的环境诉求明显提升，环境质量改善成为难度最大但必须采取综合措施确保完成的任务，这就要求规划出实招、多用力、硬碰硬、实打实，以满足公众期待。宏观规划既要强调战略导向，又要强调可操作，所以《规划》中落地专栏较多。六是要对国家密集出台的一系列生态文明体制改革的措施进行统筹部署，推动环境基础治理制度的改革。《规划》提出按照政策制度作用主体的不同进行分类梳理，起到了“串珠成链”的增量效果。

《规划》开展了大量的基础研究，于2016年11月24日印发，做到了《规划》与《纲要》同时编制、同年审批、同步实施。《规划》实现了五大创新：第一，首次以提高环境质量为核心来部署目标和任务，这标志着我国生态环境保护工作进入到了一个新的历史阶段。第二，首次将强化源头防控、夯实绿色发展基础作为第一位的任务，把强化环境宏观政策调控、预防优先、前端引导、环境预防体系作为首要任务。第三，首次实现污染防治与生态保护协同联动，坚持“山水林田湖生命共同体”理念，大幅度增加生态保护目标、指标、任务、工程项目要求。第四，首次将水、气污染防治和环境质量改善任务分区域、分流域的列清单、列任务，将三大行动计划的“路线图”做成了“施工图”。第五，首次将生态环保制度改革与政策设计作为一项任务而非保障措施提出，以规划部署改革，以改革保障规划实施。

为了编制好此次规划，在原环境保护部（现生态环境部）党组的领导和直接指挥下，环境规划院成立了规划编制技术组，全面开展规划研究。充分利用长期以来支持国家生态环境保护规划研究编制实施的工作基础，统筹院内研究、对外委托课题研究与关联研究，开展矩阵式研究。针对“十三五”期间生态环境保护的重点、难点、热点问题设置了21项研究课题簇、百余项研究专题深入开展研究。2013年至2016年四年间，形成了60余份研究报告、180多万字研究成果，为《规划》以及有关专项提供了重要支撑。

为了帮助大家深入理解《规划》内容，我们将《规划》前期研究成果集成出版《国家“十三五”生态环境保护规划研究》（以下简称《研究》），《研究》大部分来自环境规划院的研究成果，也纳入了部分其他单位在对外委托课题中与环境规划院共同研究的成果。《研究》分为八篇，包括“十三五”时期生态环境保护形势分析、总体思路研究、目标与指标分析、大气环境保护研究、水环境保护研究、环境风险防控与土壤环境保护研究、生态保护与农村环保研究、环境治理体系与制度创新等，基本涵盖了《规划》的重点内容。

特别感谢在《规划》研究和编制过程中原环境保护部规划财务司全面指导与大力支持，感谢部各司局、各兄弟单位、有关地方环保厅局和对外委托课题承担单位提供的有力支持。

最后，需要特别说明的是，国家“十三五”生态环境保护规划研究和编制时间从2013—2016年历时四年，研究周期较长。为了完整分享研究过程与提供信息，一些研究报告选取的数据仍以当时数据未做更改，展示的也是一些阶段性成果，可能存在一些与国务院最后批复的规划以及专项规划不一致的地方。因此，有关规划实施过程中的目标指标、主要任务和重点领域等内容均以国务院和有关部门最终正式批准的规划文本为准。由于水平有限，疏漏之处在所难免，敬请各位领导、同行、读者批评指正。

生态环境部环境规划院

2018年3月

目 录

第 1 篇 “十三五”时期生态环境形势分析

第 2 篇 “十三五”生态环境保护规划总体思路研究

第 3 篇 “十三五”生态环境保护目标与指标分析

第 4 篇 大气环境保护研究

第 5 篇 水环境保护研究

第 6 篇 环境风险防控与土壤环境保护研究

第 7 篇 生态保护与农村环保研究

第 8 篇 环境治理体系与制度创新

第1篇

“十三五”时期生态环境形势分析

1 新常态下环境保护形势及对策研究

1.1 新常态本质及基本特征

新常态是当前我国经济社会发展阶段与特征的准确表述。正确理解新常态的内涵与本质，分析其基本特征及表现形式，是对当前经济形势和发展趋势判断的重要基础，也是分析新常态下环境形势及环保新常态的重要前提。

1.1.1 新常态的内涵

“新常态”（new normal）是美国学者比尔·格罗斯和穆罕默德·埃尔·埃利安对 2008—2009 年“大衰退”之后世界经济政治状态的一种描述和预测，即持续了多年的、以不合理消费和不可持续的私人负债带动经济增长的“旧常态”将成为过去，去杠杆化、去全球化、再监管强化成为低速经济成长时代“新常态”的基调。

2014 年 5 月，习近平总书记在河南考察时首先提出新常态，指出：“我国发展仍处于重要战略机遇期，我们要增强信心，从当前我国经济发展的阶段性特征出发，适应‘新常态’，保持战略上的平常心态。”

《人民日报》解释新常态为，“新”就是“与旧质有异”，“常态”就是时常发生的状态。新常态就是不同以往的、相对稳定的状态。实质上就是经济发展告别过去传统粗放的高速增长阶段，进入高效率、低成本、可持续的中高速增长阶段。

本书认为，“新常态”是我国经济社会发展由新苗头、新态势向新均衡持续演进的一个过程，直至最终实现相对稳定平衡的发展状态。即“新常态”是一个动态的系统目标，需要在速度降低的同时，必须通过改革创新、技术效率提升等一系列行动来实现。从向好的角度看，最终的均衡性常态为：一是经济发展由换挡期企稳至中高速增长水平；二是动力机制表现为技术、创新、效率成为推动经济增长的主力；三是产业结构表现为现代制造业、中高端制造业成为主导产业；四是经济结构以内需拉动作为持续稳定的主导结构；五是资源环境要素维持在可承载、可持续的状态。

1.1.2 新常态出现的本质原因

国际经验表明，一国经济发展经历了高速增长过程后，会出现一个自然回落的过程。从增长速度上看，后发国家的追赶进程存在从低到高再逐步回归到低的长周期波动，构成一个包含高速增长阶段、中高速增长阶段、中低速增长阶段等不同发展阶段的“追赶周期”。

从本质上看，当前我国经济面临的下行压力和增速逐步回落的新常态，是追赶进程中的阶段性转换，即从高速增长阶段转入中高速增长阶段。改革开放以来，我国持续 30 年经济保持年均接近 10% 的高增长水平。当前，我国劳动力、资源环境、资本等要素的传统竞争红利削减，后发追赶的空间范围提升幅度缩小，资源环境约束增强。因此，我国经济增速适度回落在所难免，符合世界经济发展的一般规律。

历史经验表明，经济社会发展的高端形态阶段并不会自动到来。后发国家在经历了高速增长后，部分由于不能顺利实现经济发展方式的转变，导致经济增长动力不足，进入到经济发展的下滑、停滞期，如巴西、阿根廷、墨西哥、智利、马来西亚等国家；部分国家则通过技术创新、效率提升等成功实现了由中等收入国家向高收入国家的转换，如日本、韩国等。当前，我国的经济正处于新形势向新均衡发展的阶段，也是“旧常态”特征逐步减弱、“新常态”特征逐步增强的阶段，有呈现高级经济增长特征的趋势。这一时期，是我国经济社会发展的重要战略机遇期，但高增长阶段被掩盖的风险和问题可能集中暴露，需要积极主动、调整优化、有所作为，努力实现均衡稳定的新常态发展目标。

1.1.3 新常态的基本特征及表现

习近平总书记在 2014 年 APEC 会议上，系统阐述了我国经济呈现出新常态的几个特点：一是速度上，从高速增长转为中高速增长；二是结构上，经济结构不断优化升级；三是动力上，从要素驱动、投资驱动转向创新驱动。

2015 年中央经济工作会议上，从消费需求、投资需求、出口和国际收支、生产能力和产业组织方式、生产要素相对优势、市场竞争特点、资源环境约束、经济风险积累和化解，以及资源配置模式和宏观调控方式九大变化，分析新常态的主要特征及适应、积极发展的主要方向。

结合中央对“新常态”的特征分析，本书归纳为以下三大点特征，具体的表现如下：

一是经济发展方式正发生转变，从要素驱动向创新驱动转变。从我国发展轨迹看，改革开放 40 年来，经济增长主要依托低成本要素组合优势，表现为速度、规模的外延式数量型扩张。“十二五”以来，各种红利逐步消失，以及对技术、创新的要求提升，经济增长正表现为增速降低，效率、创新等内生性质量型增长。当前，我国“速度下台阶、质量上台阶”的特征逐步显化。

二是经济结构、产业结构不断优化，逐步向高层次化、高端化转变。国际经验表明，现代经济增长处于由投资、工业向技术、服务、消费等产业领域演进的过程。当前，消费需求、第三产业正成为我国经济发展的主要拉动力。产业结构向高端制造业、技术创新型企业调整苗头显现。当前，服务业的增长速度持续快于工业增长速度，消费对增长的贡献继续快于投资对增长的贡献。2013 年末，全国规模以上的高技术制造业企业占规模以上制造业企业数的 7.8%，实现利润总额 7 234 亿元，比 2008 年增长 1.66 倍。互联网和相关服务业 2013 年营业收入同比增长 26%。

三是环境承载力已经达到或接近上限，资源环境约束趋紧。我国长期利用人口、土地、生态等低成本资源环境要素的红利正在消失，我国正处于环境临界点向转折点转换的阶段。党的十八大以来，重视生态文明执政理念、加强环境保护、缓解资源环境约束的态势逐步增强。破解资源环境约束的重点措施逐步实施并开始加速发力，主要表现在新环保法、“大气十条”、“水十条”等重大法规、计划出台实施等。

1.2 新常态对环境保护的影响

1.2.1 经济增长速度放缓，但经济增长的绝对量增加

经济增长速度放缓，但经济增长的绝对量增加，污染物排放总量压力不减，新增量仍需依赖技

术进步、加大减排力度等实现高位舒缓。

经济增长中枢下移，增速有望由高速增长向中高速增长实现平稳换挡。改革开放以来，我国凭借人口数量优势、资源环境低成本、先进国家的技术溢出、全球化红利等因素，推动了劳动生产率大幅提高、技术水平不断提升和产业转型升级持续推进，保持了经济总量 35 年年均 9.8%的高速增长，实现了后发赶超战略。自 2009 年第四季度以来，经济增速开始持续放缓，增速从 2009 年第四季度的 12.2%下降到 2014 年第三季度的 7.3%。从经济长周期看，经济增长中枢已经下移。也应当清楚地看到，增长下行的波动逐步收窄，已连续 10 个季度保持在 7%～8%的中高速增长区间，由高速增长向中高速增长平稳换挡的趋势明朗（图 1-1-1）。

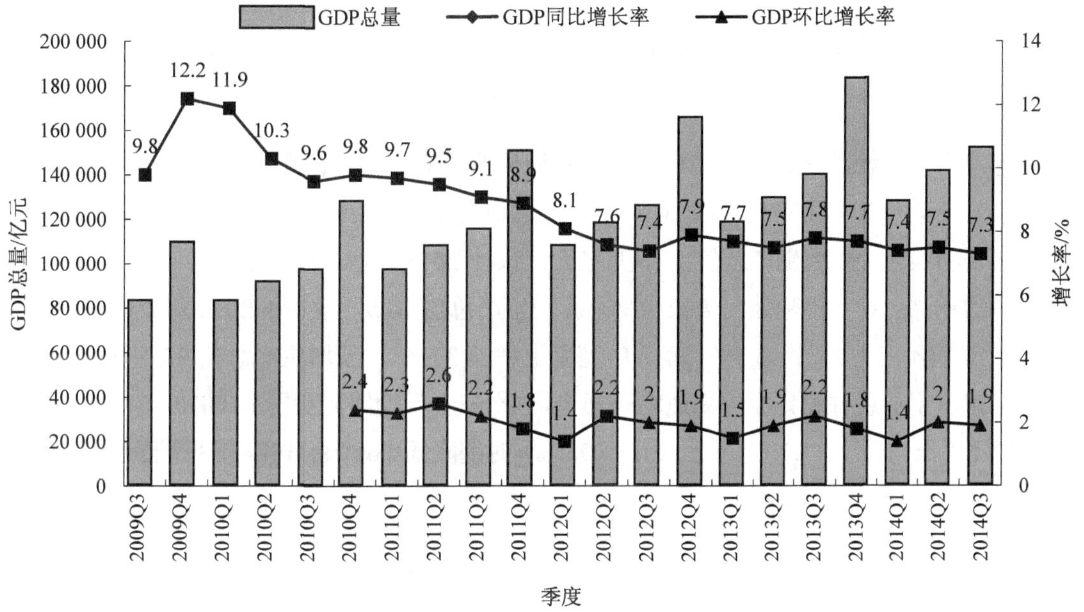

图 1-1-1 分季度 GDP 总量及增速变动趋势

经济潜在增长率适度下滑，随着全面改革和创新驱动进一步深化，经济发展仍具有巨大潜力、余地和韧性。经过 30 多年的快速发展，我国物质技术基础日益增强，产业体系完整，国民储蓄率即使出现回落，仍显著高于世界上大多数国家水平，人力资本和科技创新对经济增长的贡献逐步提高，具有资本、劳动、科技等生产要素组合的综合优势。作为现阶段权重极高、综合性极强、产业间关联效应最为明显、生产要素最为集中集聚发挥作用的城镇化，已经成为“十三五”经济最大的潜在增长点。作为城乡之间和区域之间经济差异、差距都非常大的发展中国家，在推进城乡发展一体化和东中西部区域经济协同发展过程中，通过引导生产要素合理流动，使在大城市和沿海地区失去比较优势的产业在中小城市和内地获得新的优势，延长部分产业、产品的生命周期。这种跨区域的产业梯度转移和推进效应会产生新的生产力，增强我国经济发展的回旋余地。

国务院发展研究中心中长期增长课题组提出以消费和服务业为主的经济难以保持 10%的高增长空间，对中国 2015 年、2020 年增长预期分别调低至 7.4%、6.3%，当前中高速增长的均衡点还未找到，地方政府债务、房地产泡沫、严重产能过剩、流动性风险相互交织，推高了经济运行的脆弱性，需要谨慎防范，未来经济增长更多地依靠内需，更多地从要素效率提升获取动力。国际经验表明，高速增长期结束，并不意味着中速增长会自然到来。如果新旧增长动力接替不成功，新的发展方式未能及时确立，中速增长也难以稳住，经济增长出现大幅下滑，则可能引发系统性风险。各项“红利”正在消失，后发追赶的工业化拉动经济优势正在减弱（表 1-1-1）。

表 1-1-1　我国经济发展主要指标展望

指标	年份				
	2013	2014	2015	2017	2020
GDP/万亿美元	9.26	10.5	11.9	14.9	20.8
GDP 增速/%	7.7	7.5	7.4	6.8	6.3
人均 GDP（现价美元）	6 740	7 603	8 570	10 636	14 709
投资率/%	47.6	47.6	47.1	44.6	40.7
消费率/%	49.6	49.7	50.1	52.6	56.6

资料来源：国务院发展研究中心。

经济增速有望平稳放缓，但受规模基数影响经济增长的绝对量仍在增加。综合考虑影响我国经济潜在增长的要素及其变化趋势，以 2010 年生产总值为基期测算，2010 年生产总值相当于在 2005 年基础上增长 70.1%，新增生产总值 16.5 万亿元；预计 2015 年我国经济总量 58.6 万亿元（2010 年不变价），相当于在 2010 年基础上增长 46%，新增生产总值 18.5 万亿元；2020 年我国经济总量 80.9 万亿元（2010 年不变价），相当于在 2015 年基础上增长 37.9%，新增生产总值 22.2 万亿元。预测表明，经济增速有望放缓并稳定至中高速增长通道，“十三五”期间，我国的 GDP 年均增长率将降至 6.6%，分别比“十一五”（11.2%）、“十二五”（7.9%）时期降低 4.6 个百分点、1.3 个百分点（表 1-1-2）。

表 1-1-2　2005—2020 年国内生产总值及构成测算　　单位：亿元

年份	国内生产总值	GDP 新增量	一产增加值	二产增加值	工业增加值	三产增加值	GDP 增长率/%
2005	236 027		32 505	105 916	92 511	98 776	11.3
2006	265 947	29 920	34 130	120 099	104 423	112 741	12.7
2007	303 612	37 664	35 408	138 190	119 989	130 761	14.2
2008	332 864	29 252	37 312	151 840	131 904	144 364	9.6
2009	363 534	30 671	38 873	166 933	143 420	158 171	9.2
2010	401 513	37 978	40 534	187 383	160 722	173 596	10.4
2011	438 853	37 340	42 256	206 655	177 404	189 941	9.3
2012	472 436	33 583	44 179	223 015	191 035	205 243	7.7
2013	508 814	36 378	45 946	240 410	205 553	222 279	7.7
2014	546 466	37 652	47 543	250 828	214 207	248 096	7.4
2015	586 358	39 892	49 840	263 861	225 074	272 657	7.3
2016	626 817	40 459	51 399	277 053	236 049	298 365	6.9
2017	669 441	42 624	52 886	290 537	247 538	326 018	6.8
2018	714 293	44 853	55 001	305 003	259 558	354 289	6.7
2019	760 722	46 429	56 293	318 743	271 250	385 686	6.5
2020	808 648	47 926	57 414	330 737	281 126	420 497	6.3

注：以 2010 年为基期测算。

2010 年，我国经济总量超过日本成为仅次于美国的世界第二大经济体。2013 年经济总量达到 58.8

万亿元，受日元贬值换算影响，已接近于日本的两倍，经济体量的扩大，很难保持过去的高速增长，经济增速回落并不等于新增量下降。预计 2014 年生产总值增长 7.4%，新增生产总值 4.35 万亿元，相当于 2006 年在 2005 年的基数上实际增长 18.4%，新增量高于 2013 年土耳其的生产总值。

叠加技术进步、加大减排力度等积极因素，污染物新增量有望实现下降。根据 2010—2013 年污染物排放强度，综合考虑产业转型升级、技术进步、治污减排力度等有利因素，研判污染物排放强度下降趋势，预测出 2014—2020 年污染物排放强度。根据测算的国内生产总值和污染物排放强度数据，计算出 2020 年我国二氧化硫、氮氧化物、化学需氧量、氨氮排放量分别为 1 896 万 t、1 826 万 t、2 116 万 t、210 万 t。据城市 $PM_{2.5}$ 达标下的大气环境容量测算，二氧化硫和氮氧化物的环境容量分别为 1 360 万 t 和 1 260 万 t，表明测算的 2020 年二氧化硫和氮氧化物排放量分别是城市 $PM_{2.5}$ 达标下的大气环境容量的 1.39 倍和 1.45 倍。在 GDP 新增量和污染物排放强度测算的基础上，计算出 2014—2020 年各污染物排放的新增量。测算结果表明，虽然经济增长中枢下移，但 GDP 新增量并未下降，而是保持缓慢增长态势。由于单位 GDP 污染物排放强度下降幅度大于 GDP 新增量增长速度，污染物排放新增量处于下降趋势。据测算，二氧化硫、氮氧化物、化学需氧量、氨氮“十三五”时期累计新增量分别比“十二五”时期下降 161 万 t、231 万 t、187 万 t、22.5 万 t（表 1-1-3～表 1-1-5）。

表 1-1-3 2010—2020 年污染物排放强度测算

单位：kg/万元 GDP

年份	二氧化硫排放强度	氮氧化物排放强度	化学需氧量排放强度	氨氮排放强度
2010	5.648 1	5.662 6	6.355 2	0.658 5
2011	5.053 9	5.478 6	5.696 4	0.593 4
2012	4.482 3	4.948 4	5.130 2	0.536 8
2013	4.017 0	4.377 4	4.623 9	0.482 9
2014	3.706 4	3.878 5	4.198 5	0.439 6
2015	3.417 2	3.446 9	3.884 2	0.394 5
2016	3.112 5	3.082 4	3.586 5	0.359 8
2017	2.895 4	2.808 2	3.325 3	0.328 2
2018	2.701 8	2.605 3	3.066 2	0.304 6
2019	2.520 5	2.429 7	2.797 1	0.278 7
2020	2.344 5	2.258 4	2.616 8	0.259 3

表 1-1-4 2010—2020 年国内生产总值和污染物排放总量测算

年份	国内生产总值/亿元	二氧化硫排放总量/万 t	氮氧化物排放总量/万 t	化学需氧量排放总量/万 t	氨氮排放总量/万 t
2010	401 513	2 268	2 274	2 552	264
2011	438 853	2 218	2 404	2 500	260
2012	472 436	2 118	2 338	2 424	254
2013	508 814	2 044	2 227	2 353	246
2014	546 466	2 025	2 119	2 294	240
2015	586 358	2 004	2 021	2 278	231
2016	626 817	1 951	1 932	2 248	226
2017	669 441	1 938	1 880	2 226	220
2018	714 293	1 930	1 861	2 190	218
2019	760 722	1 917	1 848	2 128	212
2020	808 648	1 896	1 826	2 116	210

表 1-1-5 2010—2020 年污染物排放新增量测算

年份	GDP 新增量/亿元	二氧化硫 新增量/万 t	氮氧化物 新增量/万 t	化学需氧量 新增量/万 t	氨氮 新增量/万 t
2010	37 978	215	215	241	25.0
2011	37 340	189	205	213	22.2
2012	33 583	151	166	172	18.0
2013	36 378	146	159	168	17.6
2014	37 652	140	146	158	16.6
2015	39 892	136	138	155	15.7
2016	40 459	126	125	145	14.6
2017	42 624	123	120	142	14.0
2018	44 853	121	117	138	13.7
2019	46 429	117	113	130	12.9
2020	47 926	112	108	125	12.4

1.2.2 增长动力更加多元

增长动力更加多元，需求拉动和供给推动机制发生转换，向有利于环境保护方向转变。

在经济增长中枢下移过程中，投资、消费、出口“三驾马车”拉动增长的潜力呈现分化。应对金融危机过程中，国务院出台了 4 万亿经济刺激政策，投资充当保持经济高速增长的主力军，已连续 5 年资本形成对生产总值贡献率处于高位，传统产业相对饱和。投资在稳定经济增长的同时，也加速了投资边际效益的持续下降。企业债务率不断攀升，融资成本居高不下，债务存续压力越来越大。企业投资意愿和能力不足，制造业、房地产投资增速持续放缓，产能过剩行业投资更是低迷。仅依靠基础设施建设拉动，难以继续维持高位投资贡献率。2014 年前三季度投资贡献率已大幅下降，仅为 41.3%，比 2013 年下降 13.1 个百分点，但基础设施互联互通和一些新技术、新产业、新业态、新商业模式的投资机会大量涌现，投资将继续发挥稳定经济发展的关键作用，投资结构更有利于降低污染物排放。

拉动经济增长动力机制正向消费驱动型转变，但消费需求基本平稳，消费比重相对上升主要是因为投资比重下降带来的衍生效果。服务业比重超过包括工业在内的第二产业比重，也是工业和服务业增速相对改变和服务业价格相对上升的结果。目前新的消费增长点正在孕育，仍处于疲弱状态，个性化、多样化消费逐渐成为主流，创新供给激活需求的重要性显著上升。

我国外贸总量已是世界第一，难以推动外贸继续成为经济增长的主要动力，实际上净出口拉动经济增长的能力正在减弱。2011—2013 年净出口对生产总值的贡献率连续 3 年为负值。2014 年前三季度，受国外需求回暖影响，净出口对生产总值的贡献率大幅上升，随着发达国家再工业化和新兴国家产业发展，双重挤压我国外贸出口，未来出口形势难以乐观。但我国出口竞争优势依然存在，高水平“引进来”、大规模“走出去”正在同步发生，加紧培育新的比较优势，继续发挥出口对经济发展的支撑作用（图 1-1-2）。

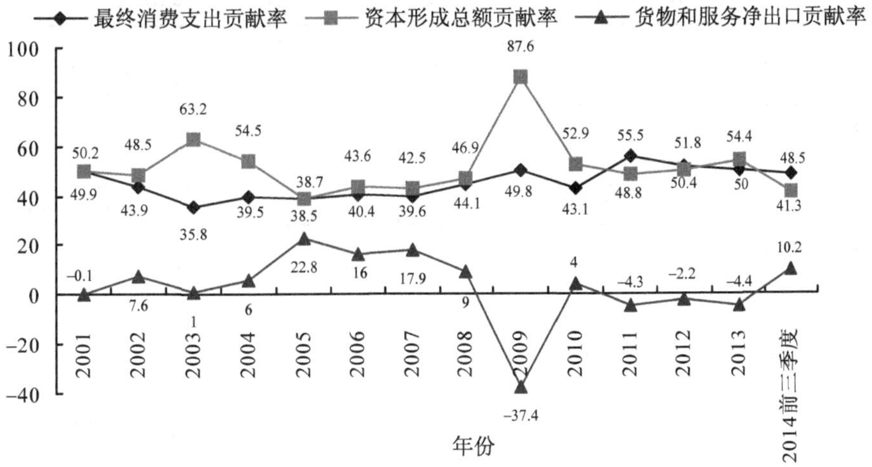

图 1-1-2　我国 2001—2014 年“三驾马车”拉动经济能力变化

我国仍具备通过提高全要素生产率来推动经济进一步发展的潜力。经济发展不仅是投资、消费和出口三大动力，从生产要素角度看，将除资本积累和劳动数量投入引起的经济增长外，其他因素引发的经济增长统称为全要素生产率。从 1978—2013 年数据分析表明，在平均 9.8%的经济增长中，资本积累、劳动力总量和全要素生产率分别贡献 5.6 个百分点、0.9 个百分点和 3.3 个百分点[1]。全要素生产率进行国际比较发现，我国全要素对经济增长远低于美国、欧洲、日本等主要发达国家平均贡献 70%的水平，与韩国、新加坡、印度尼西亚、泰国等亚洲国家水平比较接近。过去 30 多年经济高速增长主要是生产要素特别是资本积累驱动的结果，带有明显的投资拉动特征。

我国经济增长在不同阶段表现出较为明显的驱动机制转换：

1978—2001 年是资本、劳动力和全要素生产率“多轮驱动”阶段。通过增量改革、渐进改革和不断扩大开放，低成本劳动力优势和人口抚养比降低形成的高储蓄率和高投资率优势得到充分发挥，第二、第三产业比重平稳上升，轻重工业较为协调，形成了资本积累速度较快、劳动力数量增加、劳动力转移加快、对外开放效应显现的局面。

2002—2008 年为资本和全要素生产率“双轮驱动”经济增长阶段。以 2001 年年底我国加入世界贸易组织为契机，我国对外贸易飞速发展。居民消费在满足吃、穿、用等基本需求后开始向往住、行等较高端的需求转变，重化工业增长速度明显加快。劳动力总量增速减慢，城市化进程加快。表现出投资增长快、对外开放的外溢效益增强、科技进步速度加快、工业化的规模优势提升。

2009—2013 年为资本贡献率上升和全要素生产率下降阶段。2008 年国际金融危机爆发，引发了世界经济严重衰退，我国对外贸易和利用外资受到较大冲击，对外经济的溢出效应缩小。我国应对金融危机的主要手段是增加投资，使资本积累对经济增长的贡献度大幅度提高，货币信贷、财政资金的投资驱动不仅不可持续，而且“后遗症”非常大，导致部分行业产能严重过剩，规模效应减小，经济效益下滑，我国进入经济增长速度“换挡期”、前期扩张政策消化期和结构调整阵痛期三期叠加阶段（表 1-1-6）。

[1]数据来源：国家信息中心.我国“十三五”时期经济增长潜力测算。

表 1-1-6 分阶段生产要素对经济增长的贡献度和贡献率 单位：%

阶段	GDP 增速	资本存量		劳动力		全要素生产率	
		贡献度	贡献率	贡献度	贡献率	贡献度	贡献率
1978—2001 年	9.7	5	51.9	1.3	13.5	3.4	34.6
2002—2008 年	11	6.4	58.6	0.4	3.2	4.2	38.2
2009—2013 年	8.9	6.8	76.8	0.2	2.3	1.9	20.9
1978—2013 年	9.8	5.6	57.1	0.9	9.2	3.3	33.7

1.2.3 产业结构再平衡苗头显现

产业结构再平衡苗头显现，重污染行业进入平台期，企业生产经营困难增多，化解“过剩但不落后”产能难度加大。

“十三五”时期是我国基本完成工业化进程的过渡阶段，产业结构发生重要转折，服务业占比将稳步增长。服务业季度累计值连续 5 个季度超过第二产业，增速连续 7 个季度超过第二产业，表明产业结构逐步从制造业向服务业转型，消费者偏好从商品转向服务，而服务业对资源环境要素投入要远远低于商品的需求。但我国主要产品在全球价值链中附加值低，产业转型升级、技术创新难度较大，加上我国属于工业化阶段压缩较短的国家，国际经验表明，第二产业和服务业会呈现交替发展，重化工业进入平台期而不会迅速回落。预期到 2020 年，三次产业结构调整为 7.1∶40.9∶52，城镇化率达到 60%左右，基本完成工业化进程（表 1-1-7）。

表 1-1-7 2005—2020 年三次产业比重测算 单位：%

年份	一产比重	二产比重	三产比重
2005	13.8	44.9	41.8
2006	12.8	45.2	42.4
2007	11.7	45.5	43.1
2008	11.2	45.6	43.4
2009	10.7	45.9	43.5
2010	10.1	46.7	43.2
2011	9.6	47.1	43.3
2012	9.4	47.2	43.4
2013	9.0	47.2	43.7
2014	8.7	45.9	45.4
2015	8.5	45.0	46.5
2016	8.2	44.2	47.6
2017	7.9	43.4	48.7
2018	7.7	42.7	49.6
2019	7.4	41.9	50.7
2020	7.1	40.9	52.0

工业将逐步转型升级，高端化、高层次化特征逐步显现。从工业内部结构看，1997 年重工业比重超过轻工业，工业主导型特征显现，2002 年以后，二者比值差距逐步拉大，重工业比稳定在 70%左右的较高水平。我国工业化进程尚未完成，“十三五”时期，高端制造业、现代性服务业、生产性服务业仍将是拉动经济增长的重要动力。技术进步、全要素生产率提高、全球价值链中产业增加值提升将成为制造业转型升级的重要方向，重工业高端化预期仍是经济的重要支撑（图 1-1-3）。

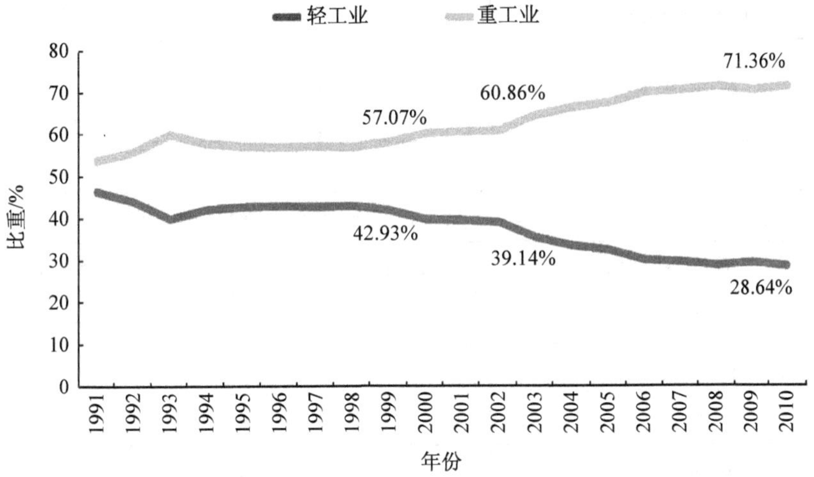

图 1-1-3 1991—2010 年我国轻重工业比

重化工业快速发展的势头将减缓，主要重化工产品产能峰值苗头显现，但达到峰值后仍将可能有一个较长的平台期，资源环境压力整体不会剧增但依然较大。钢铁、化工、建材等重化工业峰值临近。2013 年我国粗钢产量达到 7.79 亿 t，估计 2015 年或 2018 年达到 8.7 亿 t（低限情景）、10.7 亿 t（正常情景）峰值；2013 年我国水泥产量 24.1 亿 t，产能接近 30 亿 t，超过 2015 年 25 亿 t 的需求预期目标，预期在 2019 年产量增速达到峰值，人均水泥累积消费量远超发达国家消费饱和时 22 t 的水平；铜、铝、铅、锌等主要有色金属产量增速也将在 2020 年达到峰值。我国汽车的长期需求年度峰值将在 2020 年前后出现，后续将基本保持略高于 GDP 的增长率；城镇住宅 1 300 万套的长期需求年度峰值预计出现在 2015 年（表 1-1-8、表 1-1-9）。

表 1-1-8 我国主要重工业行业占 GDP 比重达到峰值时间预测

主要工业行业/产品	达到峰值人均 GDP（1990 年国际元）	中国达到峰值时间预测	2015 年占 GDP 比重/%	2020 年占 GDP 比重/%
冶金	11 000	2015 年前后	5.8	3.8
电力	11 000	2015 年前后	2.3	1.5
建材及其他非金属矿	11 000	2015 年前后	3.3	2.2
煤炭	11 000	2015 年前后	2.1	1.4
石油	11 000	2015 年前后	2.8	2.8
化工	11 000	2015 年前后	4.0	3.9
钢铁	11 000	2015—2018 年	—	—
水泥	11 000	2015 年前后	—	—

资料来源：国务院发展研究中心。

表 1-1-9 2015—2030 年我国主要工业行业发展情况预测

行业	指标	年份			
		2015	2020	2025	2030
电力	火电/万亿 kW·h	4.0	4.6	5.0	5.3
	行业增加值/亿元	13 852	18 978	25 397	33 986
	行业增加值增速/%	7.0	6.5	6	6
建材	水泥/万 t	200 906	214 100	218 960	224 043
	平板玻璃/亿重量箱	7.65	8.44	9.18	10.14
	行业增加值/亿元	15 000	21 300	32 600	48 500
	行业增加值增速/%	9.2	8.4	8.2	8.3
有色	十种有色金属产量/万 t	4 950	6 662	9 343	13 104
	工业增加值/亿元	9 970	12 737	16 490	21 045
	工业增加值增速/%	8.0	6.5	5.3	5
钢铁	生铁产量/亿 t	7.5	8.1	7.2	6.0
	粗钢产量/亿 t	8.2	9.1	8.0	6.6
	钢材产量/亿 t	11.5	13.4	11.8	9.5
	行业增加值/亿元	18 200	24 000	31 000	36 000
	行业增加值增速/%	7.0	6.2	4.5	3.0
石油化工	原油加工量/亿 t	5.0	5.9	6.5	7.0
	乙烯产量/万 t	1 800	2 400	2 900	3 280
	烧碱产量/万 t	3 100	3 800	4 400	4 900
	硫酸产量/万 t	8 800	11 400	14 000	16 500
	行业增加值/亿元	18 000	27 000	39 000	54 000
	行业增加值增速/%	9.0	8.5	7.7	6.9
造纸	机制纸及纸板产量/万 t	11 743	18 285	24 470	32 746
	行业增加值/亿元	3 965	5 772	8 286	11 621
	行业增加值增速/%	8.0	7.8	7.5	7.0
纺织	纱/万 t	3 980	5 300	5 100	4 200
	布/亿 m	730	910	840	680
	化纤布/亿 m	195	240	220	180
	行业增加值/亿元	9 900	13 000	16 000	17 600
	行业增加值增速/%	6.8	5.5	4.2	2
农副食品加工	行业增加值/亿元	11 600	16 000	21 000	26 000
	行业增加值增速/%	8.0	6.5	5.5	4.5

许多产能由“既落后又过剩”转变为“过剩但不落后”，客观上加大了进一步化解产能的难度。据河南省、河北省反映，按照现有的节能和环保标准，落后产能已经基本淘汰完毕，进一步压减将更多涉及非落后产能，拆除设备的法律依据不足，企业有较大的抵触心理，政府赔偿企业损失带来的财政负担显著加重。对产业结构比较单一地区，大量淘汰过剩产能会对地方经济产生较大冲击，如 2014 年河北计划压减粗钢、水泥和平板玻璃产能仅相当于现有产能的 5.5%、3.6%和 6.2%，就使经济增速下行明显，尤其是工业增加值，部分城市甚至出现了负增长，进一步化解的难度加大。

1.2.4 区域战略布局及城镇化形态发生转变

区域战略布局及城镇化形态发生转变，生态空间安全格局、区域型环境污染、城乡环境问题等应对难度大。

《国家新型城镇化规划（2014—2020 年）》进一步明确根据土地、水资源、大气环流特征和生态环境承载能力，优化城镇化空间布局和城镇化规模结构。在《全国主体功能区规划》确定的城镇化地区，按照统筹规划、合理布局、分工协作、以大带小的原则，发展集聚效率高、辐射作用大、城镇体系优、功能互补强的城市群，使之成为支撑全国经济增长、促进区域协调发展、参与国际竞争合作的重要平台。构建以陆桥通道、沿长江通道为两条横轴，以沿海、京哈京广、包昆通道为三条纵轴，以轴线上城市群和节点城市为依托、其他城镇化地区为重要组成部分，大中小城市和小城镇协调发展的“两横三纵”城镇化战略格局。

预期到 2020 年达到 60%水平，年均增长 0.9 个百分点左右。我国城镇化率已跨过 50%的门槛，其增长率已从 2009 年的 5.8%下降到 2013 年的 2.2%，跨越了高速增长期。未来 10～20 年，我国城镇化速度有所趋缓，质量“里子”会有所提升。国际经验表明，美国、澳大利亚等地广人稀的新大陆国家，城镇化成熟阶段到 80%～90%以上，德国、法国、意大利、日本等历史悠久，农耕文化深厚、地形地貌多样的国家，容易发生逆城市化，城市化率最高不会超过 65%～70%，我国上海、浙江已经开始出现逆城市化现象。因此预期到 2030 年，我国城市化率达到 65%左右峰值并相对稳定，人口将呈现向大城市和中小城镇两端聚集特征。

到 2020 年我国仍然处于城市化和工业化进程，环境压力仍在增加。未来城镇化率每提高 1 个百分点，将增加城镇人口 1 300 万人左右、生活垃圾 1 200 万 t、生活污水 11.5 亿 t，消耗 8 000 万 t 标煤。伴随城镇化进程，尽管未来质量有所提升，但也是城镇人口增长、资源能源消耗的过程，对城市环境容量负荷、空间布局、环境基础设施建设等都带来较大压力。在原有发展城市群战略下，污染区域性特征主要表现在大中城市之间，未来中小城镇发展可能导致不同区域、城市群间由隔离式的“大碎片污染”转为“连片污染”，城市灰霾、内河水体黑臭、饮水不安全、垃圾围城等环境问题已成为社会关注的焦点。

区域经济格局发生转变，带来环境污染空间布局的变化。2008 年以来，中西部地区发展速度持续超过东部地区，区域经济多元化增长格局正在形成，经济增长重心呈现向中部、西部转移特征，发展阶段差异、产业的区域梯度转移带来了资源能耗、环境污染空间结构的变化。我国与发达国家环境问题的阶段性差异，“十三五”期间会在中国区域间表现尤为明显。区域性大气灰霾、流域水体等同时期、大面积、长周期的环境污染问题日益突出。优化开发区、重点开发区环境质量改善的难度大（图 1-1-4）。

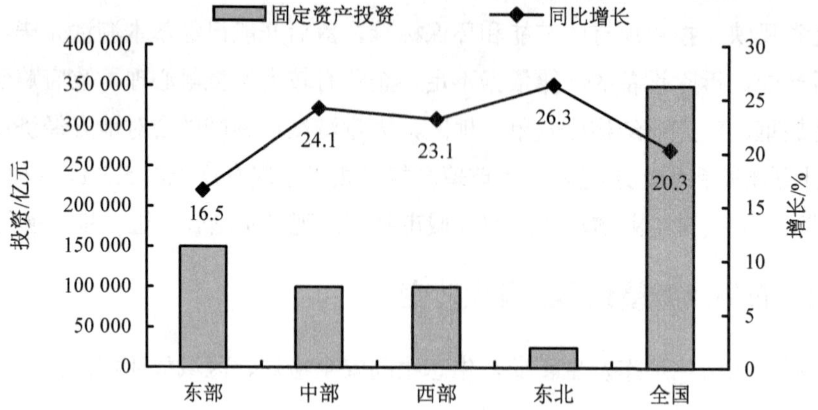

图 1-1-4　2012 年区域固定资产投资额及增速

党的十八大以来，以“长江经济带”作为我国内需增长的新动力引擎，“一带一路”作为我国对外合作、区域均衡发展的重要部署，以及促进京津冀地区协同发展等战略，区域发展形势正发生调整，影响产业布局及环境污染空间变化，局部地区环境问题可能加剧。

长江经济带尤其是中下游地区是我国制造业的集中区，占据制造业增加值的 50%以上，江汉平原等化工园区大发展建设带了来长江流域环境污染问题突出。数据显示，2007 年以来，长江流域废污水排放量突破 300 亿 t，接纳的废水量位居全国各大流域首位，占全国近四成。调查表明，目前长江已形成近 600 km 的岸边污染带，其中包括 300 余种有毒污染物。依托制造业优势，产业沿江布局将进一步加剧长江流域的污染负荷与环境风险。

在“丝绸之路”经济带基础设施建设、能源战略格局调整、沿线产业布局等一系列战略部署下，西部地区面临着沿线人类活动加剧、能源化工产业增长、城镇化加快发展的形势，对西部地区脆弱、敏感的生态环境带来极大挑战，生态系统退化的风险加剧。从省会城市看，西安、乌鲁木齐等城市大气环境容量已经超载，空气污染严重，西北地区甘肃、宁夏等除干流水质外，内陆河水等污染形势严峻。随着兰新线及向国外延伸的交通线路的通达性提升，预期以“古丝绸之路”、自然风光、人文历史等为主题的旅游资源将加大开发力度，人类在天山、青海湖、三江源等地区的活动将大规模增加。青海“中华水塔”“三北”防护林生态屏障等国家战略要求很高，但生态条件很差。随着旅游资源的开发开放，生态环境保护的任务较为繁重，维护环境质量不降级的难度将进一步加大。

东部沿海地区人口及经济密度大，长期高速发展占据了大量的资源能源，环境承载力已严重不足，区域性累积的环境压力与风险积重难返。未来 10 年，受国际技术、创新竞争加剧，国内优惠政策退出、要素成本提升、经济转型先行试水经验不足等影响，增长的新动力机制稳中趋强的压力依然较大，区域性灰霾等环境问题成为未来长期治理的重点、难点。

1.2.5　能源总量稳步增长

能源总量稳步增长，增速放缓，结构出现积极变化，经济发展与能源需求“脱钩苗头”显现，但逼近容量临界点，环境脆弱性和风险性增加。

由于高耗能行业增长缓慢、能源强度控制力度增强等积极因素，能源需求呈现出“三低”特征，即低增速、低增量、低碳化。2013 年，我国能源消费总量 37.6 亿 t 标煤，同比增长 3.9%，其中煤炭消费增长 2%，天然气增长 13.9%。能源消费结构正悄然发生变化，煤炭消费比重逐年下降，已从 2007 年的 71.1%下降到 2013 年的 66.2%。能源需求总量仍保持增长态势，预计 2015 年，能源消费量总量达到 39.4 亿 t，2016 年突破 40 亿 t 大关，2020 年能源消耗总量达到 46.4 亿 t（图 1-1-5）。

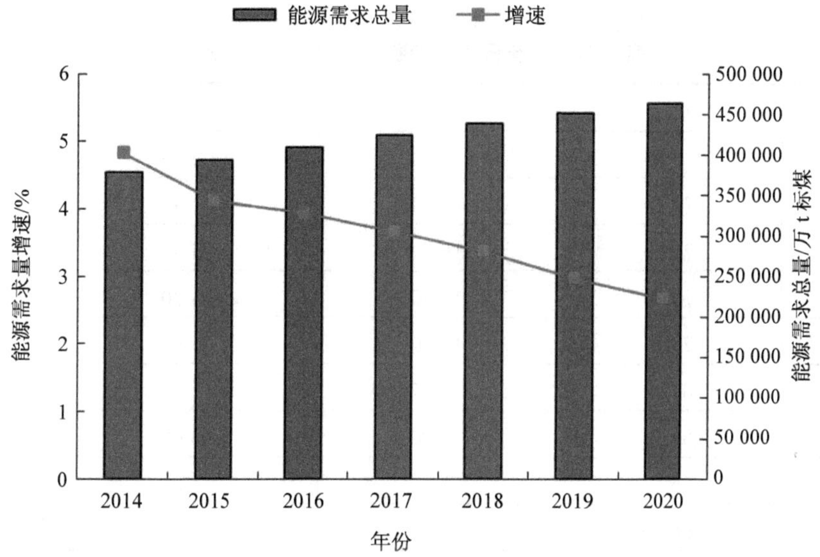

图 1-1-5 2014—2020 年我国能源需求量

从增长趋势上看，当前及“十三五”时期，能源消费比“十二五”时期处于增量和增速“双下降”趋势，但能源消费仍处高位，由能源引发环境压力总体舒缓，但逼近大气临界点，环境脆弱性和风险性进一步增加。从累计总量上看，“十一五”“十二五”“十三五”期间能源消费总量将分别达到 146.2 亿 t、184.2 亿 t、218.7 亿 t 标煤，年均增长率分别为 6.63%、5.19%、3.74%。从新增量看，各期分别比上一期新增 51.9 亿 t、38.0 亿 t、34.5 亿 t 标煤；年均分别新增 10.4 亿 t、7.6 亿 t、6.9 亿 t 标煤。从逐年增长率来看，能源需求总量增长率呈逐年显著下降的态势。年均增长率由“十一五”的 6.63%下降至“十三五”的 3.74%。经济发展与能源需求半脱钩苗头显现（图 1-1-6）。

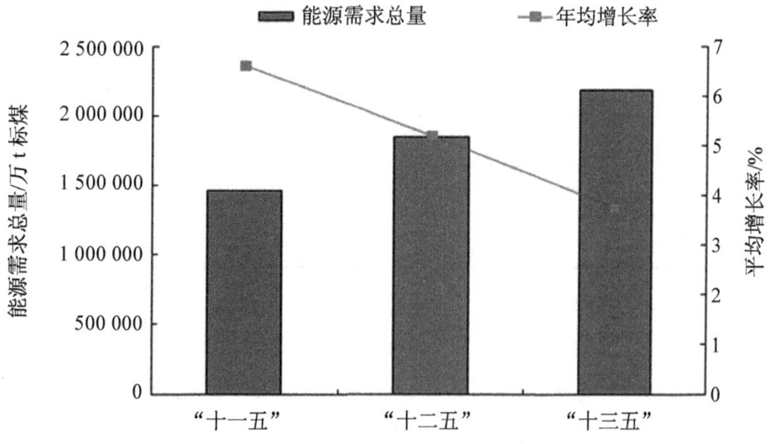

图 1-1-6 “十一五”“十二五”“十三五”期间能源消费总量

能源结构出现积极变化，煤炭结构进一步降低，清洁和可再生能源持续稳步增长。据测算结果显示，截至2015年、2017年和2020年，煤炭比例分别下降至65.7%、65%和62%；截至2015年、2017年和2020年，天然气比例分别上升至7%、8.5%和10%；其他可再生能源比例则由2013年的9.37%上升至2020年的9.5%（表1-1-10）。

表1-1-10 全国能源消费结构比例历史及预测数据

单位：%

年份	煤炭	石油	天然	其他
2005	70.80	19.80	2.60	6.80
2006	71.10	19.30	2.90	6.70
2007	71.10	18.80	3.30	6.80
2008	70.30	18.30	3.70	7.70
2009	70.40	17.90	3.90	7.80
2010	68.00	18.97	4.35	8.67
2011	68.40	18.60	5.00	8.00
2012	66.59	18.79	5.24	9.38
2013	66.30	18.52	5.81	9.37
2014	66.00	18.50	6.20	9.30
2015	65.70	18.50	7.00	8.80
2017	65.00	18.50	8.50	8.00
2020	62.00	18.50	10.00	9.50

从能源消耗部门来看（以2012年为例），工业、生活和交通是能源的主要消耗源。工业是煤炭的主要消费源。工业、生活和交通是天然气的主要消费源，工业消耗天然气数量呈现降低趋势，交通消耗天然气数量呈显著增高态势。工业和交通构成了石油的主要消耗源，基本保持稳定态势（表1-1-11）。

表1-1-11 2012年全国行业能源消费情况

单位：%

	第一产业	工业	建筑	交通运输、仓储和邮政业	批发、零售业和住宿、餐饮业	其他行业	生活
煤炭	0.50	95.32	0.19	0.19	0.64	0.62	2.55
天然气	0.04	62.64	0.08	11.29	2.62	2.24	21.08
石油	1.88	65.21	1.12	23.50	0.62	3.99	3.69

全国分地区来看，地方空气质量与该地区污染物排放量、能源结构息息相关。高煤炭型能源结构地区环境污染物排放较多，环境质量相对较差。而相对低碳型能源结构地区环境污染物排放较少，环境质量相对较好。以三大重点区域为例，珠三角、长三角、京津冀地区环境质量呈现明显梯度特征。这与区域的能源结构、万元GDP能耗、万元GDP煤炭等有较大关联性（表1-1-12、表1-1-13）。

表 1-1-12 各省能源消费结构比例

单位：%

地区	煤炭	焦炭	原油	汽油	煤油	柴油	燃料油	天然气	电力	其他
北京	22.59	0.44	21.41	8.53	9.09	4.38	1.56	0.16	0.42	31.44
天津	46.11	10.45	26.88	4.55	0.53	6.71	2.13	0.05	0.31	2.29
河北	64.76	23.60	6.39	1.35	0.03	3.46	0.10	0.02	0.29	0.00
山西	86.05	9.95	0.00	1.15	0.09	2.53	0.01	0.02	0.20	0.00
内蒙古	88.65	4.65	0.42	1.51	0.12	4.33	0.08	0.02	0.22	0.00
辽宁	43.35	11.14	33.32	3.83	0.17	5.95	2.01	0.03	0.21	0.00
吉林	72.44	5.96	12.77	2.46	0.01	5.66	0.45	0.03	0.24	0.00
黑龙江	65.50	2.11	20.32	4.50	0.64	5.79	0.93	0.03	0.18	0.00
上海	35.85	5.76	27.79	6.70	5.22	7.30	8.05	0.07	0.39	2.88
江苏	65.80	10.22	13.98	4.57	0.26	3.89	0.75	0.05	0.50	0.00
浙江	56.80	2.43	21.60	5.75	0.65	7.57	2.60	0.03	0.58	2.00
安徽	78.59	7.24	4.50	2.76	0.12	6.31	0.12	0.02	0.33	0.00
福建	54.19	5.64	14.11	5.23	0.98	6.73	2.38	0.04	0.46	10.25
江西	65.45	11.50	9.78	3.93	0.19	8.18	0.57	0.02	0.38	0.00
山东	60.36	7.15	18.82	2.51	0.24	5.55	5.09	0.02	0.26	0.00
河南	76.24	9.13	6.10	2.66	0.33	4.55	0.08	0.04	0.40	0.47
湖北	63.85	6.12	7.66	4.72	0.44	6.04	0.84	0.02	0.30	10.00
湖南	51.55	6.22	7.90	3.42	0.31	4.37	0.52	0.01	0.31	25.39
广东	43.22	1.82	22.11	6.36	1.23	7.71	2.13	0.05	0.52	14.85
广西	55.43	8.35	22.48	4.49	0.00	8.09	0.76	0.00	0.40	0.00
海南	26.52	0.00	53.03	3.82	4.86	9.05	2.23	0.23	0.27	0.00
重庆	51.97	5.27	0.00	2.29	0.86	6.44	0.15	0.09	0.25	32.67
四川	41.22	7.38	2.44	5.01	1.47	4.56	0.52	0.09	0.32	37.00
贵州	89.18	3.48	0.00	2.18	0.18	4.59	0.06	0.01	0.32	0.00
云南	67.43	12.47	0.00	4.05	0.79	9.09	0.04	0.01	0.41	5.71
陕西	67.42	5.20	19.39	2.53	0.09	5.11	0.00	0.05	0.21	0.00
甘肃	58.16	7.89	27.39	1.20	0.10	4.67	0.16	0.03	0.40	0.00
青海	37.68	5.41	5.90	1.25	0.00	4.39	0.01	0.14	0.56	44.67
宁夏	82.31	5.25	8.67	0.49	0.15	2.32	0.42	0.04	0.35	0.00
新疆	60.22	6.88	25.98	1.59	0.47	4.43	0.08	0.09	0.26	0.00

表 1-1-13 全国部分区域 $PM_{2.5}$、PM_{10}、SO_2 和 NO_2 年均质量浓度

单位：μg/m³

区域	$PM_{2.5}$	PM_{10}	SO_2	NO_2
京津冀	106	181	69	51
长三角	67	103	30	42
珠三角	47	70	21	41
辽宁	86	—	42	32
山东省	98	160	71	48
湖南省	—	77	39	29
重庆	106	70	32	38
四川	61.25	85	34	36
陕西	—	83	30	31

1.2.6 地方经济增速下行

地方经济增速下行，政府和企业资金压力趋紧，导致环境治理行动不够坚决。

资源能源比重大、环境压力突出的河北、山西、黑龙江等省份，2014 年前三季度经济增速分别为 6.2%、5.6%、5.2%，与年度目标差距较大。通常财政收入下行速度要快于经济下行速度，而地方政府的债务水平已显著上升，以政府总负债与 GDP 之比作为杠杆率指标，2013 年政府债务占比 53%，地方政府进入偿债高峰期，加上 2016 年房地产市场持续回落，土地出让金断崖式下降，而基础设施建设、棚户区改造需要的配套资金增加，地方政府财政难以平衡。据测算，以我国各部门加总的债务总额相对于 GDP 的比率，从 2008 年的 170%上升 2013 年的 230%，其中企业债务比高达 113%，远超 90%的国际风险阈值，高污染行业的企业债务负担更为突出。而环境治理需要政府和企业前期投入大量资本，治污设施的运行更需要资金保障，在政府和企业双重资金捉襟见肘情况下，难免产生治理行动不够坚决，治污设施上马慢的现象，对环境形势形成挑战。

长期以来，我国环保资金投入与治污需求之间存在较大差距，对环境基础设施的投入，如城市给水排水管网、城镇黑臭水体治理、污水垃圾处理、污水再生利用、饮用水水源地保护、城乡环境基本公共服务均等化、区域重金属综合整治、环境监管能力建设等领域历史欠账多，有些领域如危险化学品防治、环境与健康等领域还刚刚起步。而国家和地方政府财政收入增速下降，刚性资金需求增速快，中央财政缩减专项转移支付，提高一般性转移支付，地方环保资金能否用于环境治理，面临基层部门之间博弈。部分城市污水处理能力不足，造成部分未处理污水直接外排，受环保资金投入不足影响，现有的城市污水处理厂超负荷运行，升级改造缓慢，亟须环保资金投入。

1.2.7 改革总体利好

改革总体利好，但政策制度存在不确定性，短期阵痛影响现实不容忽视。

党的十八届三中全会确立了改革的总基调，经济体制改革、政府职能转变、财税体制改革等成为中国体制改革的重要方面，并将深化生态文明体制改革作为六条主线之一，确定了生态文明制度在改革中的重要地位。预期在“资源产权、用途管制、生态红线、有偿使用、生态补偿、管理体制”等改革到位，红利释放较大等形势下，生态环境保护、环境管理体制机制成效将取得突破。近期，生态文明建设目标体系制定实施、生态环境保护红线划定、横向生态补偿机制建设完善、排污许可和企事业单位污染物排放总量控制、新《环境保护法》颁布实施，以及发挥市场机制作用、强化责任考核和追究、推进环境管理战略转型等试点都将对“十三五”期间环境保护工作产生重大深远的利好影响。

但未来政府、市场及社会体制机制改革任务繁重，深层改革推进难度大，转型仍存在很多障碍。固有的经济发展轨迹惯性大、资源能源低水平利用、财税及政绩考核等问题加大了经济转型的难度。

在环保投融资机制不健全、全面改革尚未完全到位时，近期财税体制一些具体做法将对环保投资和环保部门经费保障产生“阵痛”影响不容忽视，部分环保投资稳定的来源渠道将进一步丧失，基层政府环保支出和环保部门经费将受到较大的冲击，环境监管能力建设资金日益缺乏保障。环境保护费改税将使近三成的政府环保投资、近四成的基层政府环保支出和部门经费、七成多的能力建设资金受到影响，需要切实先行解决环保投资和部门经费保障的财政预算“硬”约束问题。财政转移支付制度改革将波及近一半的中央政府环保支出，中央和省级专项的带动性和针对性受到影响，最重要的是有可能被基层和财政保障情况较差的地区“统筹”用于其他经济社会事务（表 1-1-14）。

表 1-1-14 排污收费和总的污染治理投入状况

年份	污染治理投资总额/万元	排污费解缴入库户数/户	排污费解缴入库户金额/亿元
2000	2 347 895	737 193	58.0
2001	1 745 280	769 500	62.2
2002	1 883 663	918 000	67.4
2003	2 218 281	582 000	73.1
2004	3 081 060	733 000	94.2
2005	4 581 909	746 000	123.2
2006	4 839 485	671 000	144.1
2007	5 523 909	635 721	173.6
2008	5 426 404	496 506	185.2
2009	4 426 207	446 422	172.2
2010	3 969 768	401 172	188.9
2011	4 443 610	370 700	190.0
2012	5 004 573	351 326	188.9
2013	8 676 647	352 316	204.8

1.2.8 农产品需求旺盛，农村经济发展迅速，面源污染压力凸显

“十三五”时期，人口增长及城乡居民生活水平提升，带来农产品及食品消费需求增长速度加快，预期到 2020 年，我国粮食需求量 67 935 万 t，将比 2013 年增长 7 743 万 t，供需平衡压力加大。施用农药、化肥提高产量态势可能无法减缓，带来农村面源污染、土壤环境不安全等问题依然严峻。粮食和主要农产品消费进入结构转型期，农副产品加工等现代农业产业将呈上升趋势，带来新型环境污染。

随着农村土地市场的改革、农村面貌的改变，农民生产和生活方式发生显著变化，规模化、集约化等新特征对环境污染的负荷有所增加。受规模化畜禽养殖等影响，农业源污染物排放量占总排放量的比重持续上升。2013 年，农业源化学需氧量排放量 1 126 万 t，占总排放量的 47.8%，农业源氨氮排放量 77.9 万 t，占总排放量的 31.7%，逐渐成为污染物排放的新主体。而农村治污设施难以形成规模化，资金成本巨大，监管能力不足，已成为环境保护的新挑战。

1.3 环境保护的新常态特征分析

1.3.1 执政理念不断深化

执政理念不断深化，环境保护日益成为国家意志，生态文明引领新的价值观加速转变，但法规、体制、机制、制度、政策“绿化”尚未形成，对环保系统的要求和支撑能力、调控手段存在一定差异，在夹缝中负重前行成为新常态。

人类社会一般沿着原始文明、农业文明、工业文明、生态文明的发展轨迹前进。我国在经历了

工业化、城镇化高速发展期，当前进入工业化中后期向生态文明时期的过渡阶段，生态文明时代的环保理念、环境需求等正成为新常态。党中央、国务院充分顺应时代要求，将生态文明建设摆在更加突出的位置，建设生态文明的国家意志更加坚定。党的十八大以来，提出将生态文明建设纳入“五位一体”建设的总体布局；党的十八届三中全会将生态文明作为改革的六条主线之一，提出围绕建设美丽中国，建立系统完整的生态文明制度体系；党的十八届四中全会提出依法治国，出台实施新修订的《环境保护法》，强化了环境保护的执政理念与决心。

生态文明理论体系探索不断深化，引领社会环境价值观的转变。党和国家领导同志对生态文明、环境保护提出了一系列新思想、新观点、新论断，习近平总书记提出：“建设生态文明是关系人民福祉、关系民族未来的大计。我们既要绿水青山，也要金山银山。宁要绿水青山，不要金山银山，而且绿水青山就是金山银山。”[1]李克强总理强化了生态产品公共观，指出：“把良好生态环境作为公共产品向全民提供，努力建设一个生态文明的现代化中国。”[2]

绿色政策机制制定实施尚需时日，目标想法和实现工具方面存在较大偏差。在绿色、低碳环境价值观快速提升的同时，实践领域环境保护法治偏软、投入偏少、能力偏低、手段偏弱制约着环境质量改善的成效和速度。新《环境保护法》自 2015 年出台实施的效力尚需一定时间显现。环境保护体制和制度安排不尽合理，环境与发展决策长期背离，多头管理的现象依然存在，体制机制不畅。不少地区对环境保护和污染防治未得到足够重视，环保投入不足、绩效不高，历史欠账较多。环境管理能力不足、监管不力，缺乏有效的监管手段，环保责任不落实等问题依然突出。

1.3.2 公众的环境关注度、期待度、参与度提升

公众的环境关注度、期待度、参与度提升与忍耐度降低、回旋空间收窄并存，环境质量全面达标客观上难以实现，环境质量和问题的区域分异日益较大，合理引导社会公众环境预期、让社会公众参与环境质量改善进程成为新常态。

社会公众的环境公平正义观、环境权益观明显提升。网络、微博、微信等新媒体发展迅速，对环境数据整合、动态更新及信息公开透明等带来了新挑战。灰霾天气、污染事件等成为关注焦点并“烙印”强烈，但环境知识普及和环境责任意识明显不足。从邻近地区建设项目决策、环境质量评价、政府问责等，反映出公众维权意识与参与意识正在增强。

社会公众对环境质量快速改善的诉求强烈，日益增长的生态产品需求与滞后的公共服务供给的矛盾凸显。当前及“十三五”时期，全社会环境意识空前高涨，良好的生态环境成为人民群众的新期待，环境保护工作与社会需求“短兵相接”。社会公众环境质量改善要求的快速提升与污染治理短期见成效难存在矛盾，诉求强烈环境形势正成为新常态，环境基本公共服务供给与需求仍存在较大差距。

公众的污染“邻避心理”增强，环境污染的忍耐度、可接受环境风险水平逐步降低。“十三五”是我国全面建设小康社会的关键时期，也是社会公众的“可接受环境风险水平”的重要转变期。随着社会富裕程度的提高，社会公众的最大可接受风险水平、可忽略风险水平逐步降低，且在“温饱”“小康”“富裕”阶段具有“数量级”的差异。因此，总体来看，“十三五”时期，我国社会公众对环境风险防范的期许和要求将越来越高，且存在地区和城乡差异。

---

[1] 2013 年 9 月 7 日，习近平在哈萨克斯坦纳扎尔巴耶夫大学回答学生问题。
[2] 李克强对生态文明贵阳国际论坛 2014 年年会的贺信。

引导公众合理预期环境治理改善预期，强化公众参与成为重要需求。国际经验表明，环境质量改善与经济发展阶段、人均收入等存在较大关联性。当前我国仍处于工业化、城镇化进程中，人均收入仅相当于美国 20 世纪 70 年代水平，环境质量改善短期实现难度较大，合理引导公众环境预期成为社会稳定、效果提升的重要内容。公众参与是提高社会环境意识，增加环境保护、监督管理力度的重要手段。从新动向来看，新《环境保护法》充分体现了公众参与环保的理念，规定一切单位和个人都有保护环境的义务；公民、法人和其他组织依法享有获取环境信息、参与和监督环境保护的权利等。“十三五”时期，预期公众参与、社会监管共治将成为环境保护的新态势。

1.3.3 环境污染逼近临界

环境污染逼近临界，生态环境系统脆弱性增强，环境风险易发高发态势明显，小事故大灾难、小污染大危害将成为新常态。

环境长期超负荷运行，部分资源环境达到临界点，经济社会发展的资源环境承载约束到了必须破解的阶段。我国历经 30 年追赶型、压缩型工业化进程，经济高速增长，带来资源能源大量消耗，环境污染累积排放，总量大、超负荷，资源环境的承载力已逼近上限。区域大气氧化性、水体富营养化、江河源头生态平衡等很多环境问题已经处于临界状态，敏感性加大。经济增长持续放缓，原来被经济繁荣掩盖的环境问题、难题、风险正突出显现。

污染排放新增压力趋缓，但生态环境脆弱性、敏感性、不确定性增强，环境风险累积高发易发态势突出。当前至 2020 年前后，是我国跨过中等收入陷阱，基本实现工业化进程，进入高收入国家行列的关键节点期，综合平衡经济社会环境多方协调发展的要求提升。“十三五”时期，经济、工业增速放缓有望新增污染排放量降低，但由于多年工业化、城镇化大规模破坏性开发建设，生态格局安全性降低、生态系统不稳定性加剧。“高风险、小事故、大灾难、难补救”的特征日趋明显。

1.3.4 国际国内环境问题交互叠加

国际国内环境问题交互叠加，生产性污染和生活消费性污染交织，妥善应对难度大。

国际环境问题持续施压与国内灰霾、水体等污染交互影响，妥善应对内外环境问题的压力加大。“十三五”时期，世界人口增长，粮食、能源、资源、环境等约束加剧，亚太地缘战略重要性凸显，国际体系和规则等相关博弈将更加激烈。我国已成为全球最大的能源消耗国和碳排放国之一，大国环境责任以及国际上对我国环境履约将持续施压形势仍将有增无减，减排形势严峻。“绿色壁垒”作为制约我国崛起的隐性手段需积极应对；环境逆差受到广泛关注，污染转移加大我国环境风险。我国页岩气技术可采资源量占世界的 19%，开发采取何种开发模式，环境问题都将是各方关注的焦点。国内城市大气灰霾、重金属污染、水体污染、水质安全等问题受到国内外的广泛关注，公众对环境质量高标准快速达到的要求，加剧了环境治理与改善的压力。

环境问题复杂交织，根治的时间长、难度大。经济的快速发展带来产品种类极大丰富、产品更新换代速度提升，汽车、住房等消费结构和消费方式转型升级等，既有生产、流通等环节的环境污染，也有消费等生活型污染，环境问题复杂，结构性污染突出。压缩型工业化带来多种污染物相互叠加，水、大气、土壤等环境污染的相间转移，一些污染因子尚未纳入有效管理，环境问题呈现复合型、新型特征。

1.3.5 城乡环境问题交织

城乡环境问题交织，质量改善难度大，我国整体同步达标可能性不大，分区分类差异化管理正成为新常态。

城乡环境污染交织，每年 2 000 万辆机动车新增加大了城市空气质量改善的压力，百姓看到的内河水体污染量大面广，治理成本高。农村畜禽养殖、化肥农药施用、生活垃圾等环境污染分散、防治难等，土地城镇化的农村生态系统、生态安全格局破坏等问题突出。长期超负荷的累积型环境污染治理难度大，治污减排潜力缩窄，环保治理投入的边际产出效益下降，长期性、持续性的环境质量改善目标正成为新常态。国际经验表明，环境质量显著改善一般要经过 20～30 年的治理历程。以大气污染防治为例，发达国家大气污染防治历程表明，从大规模治理到达到空气质量标准都需要 30～40 年的时间。20 世纪 50 年代美国发生洛杉矶光化学烟雾事件，1970 年出台了《清洁空气法》。2005 年美国 EPA 发布了“清洁空气州际法规”，旨在通过同时削减 SO_2 和 NO_x 促进近地面 O_3 和 $PM_{2.5}$ 达标。经过 40 多年综合治理，美国 $PM_{2.5}$ 污染虽然已经大幅降低，但是 2011 年监测分析仍有 121 个县（占全国的 4%左右）不能达到新标准。“十二五”以来，我国以治理灰霾为起点，开始大规模制定改善环境质量的行动策略，预期至少到 2030 年前后能够明显改善。预测表明，北京地区环境质量达标至少需要到 2030 年。

1.4 积极应对新常态的环境保护思路与对策

1.4.1 在政绩考核中突出环境权重

在政绩考核中突出环境权重，推广实施生态补偿，固化绿色指挥棒导向作用，加大基于基本公共服务均等化的转移支付力度，使“绿水青山与金山银山”内在统一。

推行绿色政绩考核制度，强化激励和导向作用。建立体现生态环保要求的政绩评估考核体系和问责制度，提高资源消耗、环境损害、生态效益、绿色发展等指标的权重，实施生态环境责任考核。建立环境保护党政同责责任制，突出地方各级党委的环境保护领导责任。通过探索编制自然资产负债表、健全环境质量目标考核机制，实施主要领导干部任中和离任环境审计、建立领导干部生态环境损害责任终身追究制度。不断强化生态文明建设考核结果对党政干部的激励和导向作用。加大转移支付力度，推广实施生态补偿。将基本型的环境质量要求列入环境基本公共服务的重要内容，各级政府应采取有力措施，保障并不断提高基本环境质量类生态产品的供给水平，国家要加大环境基本公共服务均等化的转移支付力度。推动地区间建立横向生态补偿制度。

1.4.2 坚持从硬从严，做精、做实总量控制制度

坚持从硬从严，做精、做实总量控制制度，加大与资源能源总量的联动，共同倒逼经济绿色转型，为创新驱动、动力转化创造条件，为新常态到来助力。

要在污染源管控和质量管理两个层面上，改变社会公众对环保系统“偏软、偏松”的印象，各级政府和环境保护系统要树立、塑造更加强烈的“环境守护者”形象。一是严密环境法网，锻造遏制环境污染的法治武器。统筹民事类、资源环境类法律制（修）定，不断推进民事法律“绿化”，落

实资源开发监管和保护责任，完善环境保护法律体系。以《环境保护法》为基础，落实各项制度，严格法律责任。二是加强环境司法，建立有效保障环境权益的法治途径。健全环境行政执法与环境司法衔接配合机制，完善案件移送、受理、立案、通报等规定。三是加强环境执法监督，形成严格管控环境污染的法治手段。建立跨行政区域环境执法合作机制和部门联动执法机制，构建“全覆盖、多层级、网格化、立体化”的环境监管模式，细化监管区域、监管职责和监管对象，优化配置监管执法力量。

提升资源、能源、污染物排放总量管理的协调性和系统性。总量控制需要嵌入综合性的污染防治框架中，需要与其他多重措施共同作用。将污染物排放总量控制制度与耕地红线、水资源利用总量、煤炭消费总量、机动车保有量控制等密切结合。研究经济结构优化、能源结构调整、有序推进产业转移和生产力布局调整的政策措施，对产能过剩行业和高污染、高排放行业实行新上项目产能减量置换。将结构调整和技术进步作为推动污染减排的重要手段。

1.4.3 大力推行分区分类差异化、精细化管理

大力推行分区分类差异化、精细化管理，精确打击，确保一部分地区环境质量或环境绩效大幅度改善、达标，树立标杆，彰显成效，回应社会预期。

“十三五”规划要把质量改善作为首要任务、核心、主线、出发点、落脚点，对水、大气、土壤的环境质量改善分区施策。水方面，按七大流域和太湖、巢湖、滇池逐个提出目标、指标、控制重点和措施，确定每个流域需要改善的控制单元清单。大气方面，重点针对东中部 12 个省、珠三角和成渝三个区域的不同问题提出差异性的要求，成渝的问题主要是 $PM_{2.5}$ 和 PM_{10}，珠三角是 $PM_{2.5}$ 和 O_3，东中部是 $PM_{2.5}$、PM_{10} 和 O_3。按照推进式目标实施达标进程，首先让珠三角 $PM_{2.5}$ 在 2020 年达标（现在 47，目标 35）。成渝地区目标奔着珠三角现状值，东中部 12 省奔着成渝地区现状值。土壤方面，按照水土同治的思路，对未受污染、受污染和修复示范地区（长三角、珠三角和农药、染化历史遗留场地、垃圾填埋场、污灌区等）的土壤和地下水提出综合措施。

国家和各省都需要建立城市清单，明确各城市环境质量达标的进程。重点是打掉一批“刺头”，如重点整治雾霾、城市黑臭水体，基本消灭密集人群周边的劣Ⅴ类水体、解决一批群众反映强烈的身边环境问题。明确地方政府保“基本公共环境服务”的“底线”，并落实于具体断面（点位）、河流（区块）、城市（农村）等清单，确保环境质量“不降级、反退化”。

1.4.4 从主要控制污染物增量向“控增量、抓存量”并重转变

从主要控制污染物增量向“控增量、抓存量”并重转变，更加注重对现有设施监管，更加注重容量与排放时空分布规律的吻合性。

处理好控新和治旧的关系，两者并不矛盾，都需要加强，制度措施、空间管控执行上严格落实预防和保护要求，投入和工作上要多还旧账、现账，显著加强事后追责，近期见实效、取信于民还主要靠综合治理。继续做好、做实预防保护工作，基于不同环境质量现状全面实施新（改、扩）建项目不同倍量的总量置换削减、排污指标申购，实行实质性的排污许可，真正实现增产减污、不欠新账。结合污染物新增量逐步减少的阶段特征，必须旗帜鲜明地提出治理为主的工作重点，按照“稳、准、狠”的要求，推进多污染源综合治理，下更大力气管好存量。更多地着力于治污减排设施工程、技术、政策等环节管理，着力于削减污染物存量。做治污全过程的“监督者”，对全面稳定达标排放

的方案设计、工程建设、运行监管等过程亮“黄牌”“红牌”，建立“黑名单”，带动环保产业市场有序发展。抓好重污染行业、工业园区管控。创新方式方法，提升“小微”排污企业治理水平。研究环境统计外企业治污减排核算问题。

1.4.5 以不公开为例外的原则推动信息公开

以不公开为例外的原则推动信息公开，广泛动员社会监督和全民行动，建立环境保护最广泛的统一战线，让老百姓参与环境质量改善进程，理解环保系统施政行为。

保障公众各项环保权利是激发社会参与环保活力的有效途径。应构建行政监管、社会监督、行业自律、公众参与、司法保障等多元共治的环境监督体系。加强环境信息公开，完善公开方式，保障公众环境知情权、参与权、监督权和表达权。重点突破社会监督制度，加强对政府、企业的监督。构建全民环境保护自我行动体系，优化社会治理方式。形成“环境情况社会知悉、环境保护广泛参与、环境问题共同解决、环境服务全民公享”的良好局面。

1.4.6 形成环保长效机制，充分释放改革红利

更多运用制度和政策解决生产生活、资源能源与环境问题的交织影响问题，形成环保长效机制，充分释放改革红利。

要标本兼治，把长效的机制、制度、政策作为主动适应并推动新常态的主要任务和措施之一，以使2020年系统完备、科学规范、运行有效的制度体系以及国家治理体系的现代化中，环境保护和生态文明建设不缺项，实现环境保护国家治理体系的现代化。根据党的十八届三中全会有关使市场起决定性作用和更好发挥政府作用的总体要求，重点围绕建立最严格的环境保护制度和构建市场驱动机制两个方面进行制度政策创新，用制度保护生态环境，用长效机制支撑“十三五”目标任务的完成。

按照“源头严防、过程严管、后果严惩”的基本原则，建立健全最严格的环境保护制度，用最严格的制度保护生态环境，推动环保机制体制政策创新。一是划定并严守生态保护红线，加快推动构建生态功能保障基线、环境质量安全底线和自然资源利用上线三大体系，推广城市环境总体规划制度。二是实行企业污染物排放总量控制制度，建立以排污许可证监管为龙头的污染源综合管理制度体系，实施资源环境承载能力监测预警。三是实施生态环境考核和责任追究制度，建立以环境质量为核心的政绩考核体系，以环境质量反降级为原则实施领导干部的自然资源资产行任中、离任审计和责任追究制度，完善生态补偿制度。四是落实企业主体责任，自主监测自主公布环境信息，开展信用评价，加强社会监督，推行环境损害赔偿，健全环境司法，实施终身责任追究，从严打击环境违法行为。

按照“以价格驱动市场、以产权创建市场、以环境金融撬动市场、以模式创新拓宽市场、以财税调控市场”的总体思路，改革完善环境市场机制，规范发展环保产业，推动经济绿色化。以环境全成本内部化为原则，抓住有利时机基本完成资源价格税费改革；以环境资源有偿使用为基础实施环境资源权益（节能量、碳排放权、排污权、水权）交易，初步构建环境资源产权市场；以环保“领跑者”制度、财税政策、绿色金融、环境保护基金等大力健全激励政策，较多地采用政府采购环保服务制度、政府与社会资本合作（PPP）模式、环境污染第三方治理等产业形态创新，政府和市场两手发力，搞活环保市场。

本报告执笔：李新、吴舜泽、储成君、万军

2　“十三五”时期我国环境保护的新挑战

“十三五”时期是我国全面建成小康社会的关键时期，也是深化创新发展、协同发展及绿色发展的重要时期，环境保护面临难得的战略机遇期。但当前经济增长明显放缓，稳增长任务艰巨，新旧增长模式拉锯激烈，系统性风险加剧，多重矛盾相互叠加影响。环境保护既要应对工业化城镇化发展、结构调整及资源能源消耗等外部条件的新变化、新转折，也要着力解决自身容量超载、环境质量改善复杂、区域分异加大、百姓诉求强烈等难题。总体而言，“十三五”时期环境保护面临的形势最为复杂，环境管理的体制机制、管理方式和思路等转型需求更为迫切，妥善应对难度明显加大，需要认真梳理、深入分析、审慎对待。

2.1　挑战一：工业化、城镇化双轮驱动的环境压力大

目前我国经济总体进入工业化后期、城镇化中后期阶段，工业化综合指数达到了 66（2010 年），城镇化率达到 54.8%（2014 年）。党的十八大提出到 2020 年我国将基本实现工业化，国家新型城镇化规划提出到 2020 年我国城镇化率将达到 60%。从发展形势看，“十三五”时期工业化、城镇化进程仍将处于推进阶段，速度将有所放缓，钢铁、水泥等重化工业产品产能峰值将陆续到达，能源消费将延续低速低量增长，煤炭峰值将在 2020 年前后来临，对环境的压力整体有所减轻。但是，多年增长的总量基数显著增大，预期到 2020 年我国将新增 6 000 万左右的城镇人口，带来固定资产投资、城镇生活型污染排放以及城市生态空间安全格局压力持续增长。我国完成全阶段工业化过程节点预测在 2030 年前后，城镇化基本稳定节点在 2030 年，未来 5 年还将是资源能源支撑工业化完成、经济爬坡过坎、城镇化进程推进的重要阶段，带来的污染排放新增压力仍将处于高位水平。而前期快速工业化进程下累积的多个经济发展阶段的环境问题数量巨大、成因复杂，尚未得到有效解决。新老问题、新旧压力叠加，应对难度及风险明显加大。

2.2　挑战二：方式转变、经济转型与结构优化任务艰巨

我国创新发展、绿色发展等正进入深化阶段，产业结构调整取得积极进展，单位 GDP 能耗、水耗、电耗以及主要污染物排放正处于持续下降阶段，工业化完成之后经济增长对环境的正面效应将逐步显现出来，环境保护的潜在利好因素正逐步显现正向作用。但我国经济增长主要依赖资源过度开发和利用，资源能源高消耗、污染排放高强度、产出和效益低下的特征明显，这种状态在 5 年时间实现转变的难度较大。

当前经济增长下行压力加大，发展路径“瓶颈”显现，地方政府更容易强化组织功能，抑制社会的自主功能，对依靠投资等传统经济发展方式的路径依赖需求增加。结构调整的国际经验表明，

第二产业和服务业会呈现交替发展，高耗能行业进入平台期而不会迅速回落。现阶段我国制造业综合竞争力指数接近 80，预测 2020 年将达到 95 左右，但仅达到美国、德国、日本工业化中期的水平，即 20 世纪 80 年代水平，由制造业大国整体转型升级为制造业强国需要 30 多年时间。主要产品在全球价值链中附加值偏低，加上属于工业化阶段压缩较短的国家，落后产能、过剩产能问题突出，预期“十三五”时期产业、能源等结构调整阵痛短期仍将持续，化解落后产能仍将是主要任务，环境保护与发展方式转变、结构调整仍将处于战略相持阶段。

2.3　挑战三：区域发展不均衡与环境问题分异交织

不同发展阶段对增长的动力支撑条件存在差异，进而对环境污染排放的影响存在显著不同，环境污染在时间、空间上差异大。

我国区域发展阶段参差不齐，如北京、上海已经进入后工业化阶段，东部已经进入工业化后期，但中西部地区基本处于工业化中期阶段，个别自治区仍处于工业化初期，东部、中部、西部完成工业化进程相差 10 年左右。近年来，中西部地区固定资产投资远高于东部地区，基础设施的边际产出要低于东部地区，中西部地区以投资拉动经济粗放式增长的动能较强，中西部地区结构重化特征延续，部分行业产能过剩可能会加剧。2014 年以来，环境保护部审批的重化工项目中，中西部地区项目投资占全国的 77.8%，其中 2015 年第一季度上升至 81.9%。西部新疆、青海、甘肃等省（区）的规划和项目建设集中在石油化工、有色冶金和电力行业；中部地区集中在装备制造、石油化工、钢铁、有色冶金、煤炭及电力、建材等基础能源原材料行业。涉重产能从东中部向中西部地区转移、从重点区域向非重点区域转移问题比较突出。

预计内蒙古、山西、安徽、山东、云南、陕西、青海、贵州等省（区）实现重点区域和非重点区域重金属排放量控制目标的难度很大。再加上西部地区生态环境敏感度高、监管能力弱，环境保护压力明显加大。

2.4　挑战四：环境污染逼近临界，环境风险易发高发态势明显

我国经济长期高位增长，支撑增长的动力之一是“资源低价、环境无价”的环境红利，大量贸易顺差和资源环境逆差同时并存，资源能源、安全生产、环境保护等领域的“弦”一直绷得过紧，多阶段、多领域、多类型问题长期累积叠加。

我国单位面积煤炭消费强度远高于发达国家，是美国人均 GDP 基本类似的历史同期（1979 年）的 5 倍，京津冀、长三角区域当前煤炭消费强度是欧洲人均 GDP 基本类似的历史同期 4 倍左右（德国 1980 年，英国 1987 年）。化学需氧量、氨氮排放量是环境容量的 1.6 倍、5.6 倍，约 1/3 河道超载，已超过或逼近承载上限。区域大气氧化性、水体富营养化、江河源头生态平衡等很多环境问题已经处于临界状态，敏感性加大。2014 年，61 个湖（库）富营养化比例达到 24.6%。从单位水资源污染物负荷看，海河、淮河和黄河流域的单位水资源化学需氧量负荷分别为 39.67 mg/L、29.30 mg/L 和 15.76 mg/L，分别达到全国平均值的 6.1 倍、4.2 倍和 2.2 倍。经济增长持续放缓，原来被经济繁荣掩盖的环境问题、难题、风险正突出显现。“小事故大灾难、小污染大危害”正成为环境保护新常态。

我国“摊大饼”式土地城镇化、大拆大建带来区域、城市土地开发强度加大，土地斑块破碎程

度和土地利用功能混乱程度高，格局性污染特点突出。

2.5 挑战五：环境质量改善的复杂性突出，难度加大

我国空气质量恶化趋势得到一定遏制，京津冀、长三角、珠三角等重点区域大气环境质量改善初见成效，劣Ⅴ类水质断面减少，大江大河水质总体改善。但复合型、新老环境问题交织，复合型污染与二次污染相互耦合，传统煤烟型污染与 O_3、$PM_{2.5}$、VOCs 等新老环境污染问题突发，生产性污染和生活消费性污染叠加。

总体来看，我国污染的复杂性、严重性在世界范围前所未遇，单一治理模式难以实现彻底根治，几个污染因子控制无法满足治理需求。实施水、气污染减排的同时，已经出现污染问题转移到土壤和地下水的现象。汽车、住房等消费结构和消费方式转型升级，既有生产、流通等环节的环境污染，也有消费等生活型污染，环境问题复杂，结构性污染突出。每年 1 100 万辆机动车新增量加大了城市空气质量改善的压力，内河水体污染量大面广，治理成本高。农业污染源排放影响日益加大，但农村畜禽养殖、化肥农药施用、生活垃圾等带来的环境污染分散、防治难，形势十分严峻。

从客观角度看，与 20 世纪中期环境状况长周期相比，我国环境质量仍然严重恶化，且部分地区、流域、城市环境质量超标严重，环境质量短期全面达标客观上难以实现。数据显示，2014 年，执行《环境空气质量标准》（GB 3095—2012）的 161 个城市中，达标城市仅 13 个，占 8.1%。北京市 $PM_{2.5}$ 平均浓度为 86 $\mu g/m^3$，而美国纽约市仅为 14 $\mu g/m^3$ 左右。十大流域河流劣Ⅴ类水质断面仍有 63 个，地表水、地下水饮用水水源地不达标率仍有 10.8%、13%。

以大气污染防治为例，国际经验表明，从大规模治理到达到空气质量标准需要三四十年的时间。“十二五”以来，我国以治理灰霾为起点，开始大规模制定改善环境质量的行动策略，预期至少到 2030 年前后能够显著改善。

2.6 挑战六：环境质量加速改善的诉求强烈

截至 2013 年，我国七大类产品、200 多种工业产品产量已位居世界第一，传统意义上的物质文化需求同落后的社会生产之间的矛盾正得到一定程度的有效缓解。随着居民收入水平提升与中等收入人群数量扩张，日益增长的环境公共服务需求与滞后的供给之间矛盾正迅速上升为当今社会的主要矛盾的突出表现形式之一，环境公共服务水平、数量、质量、方式及其均衡性等供需矛盾亟待解决。调查发现，社会公众对灰霾问题改善可以接受的改善周期仅仅为 5 年左右。当前，社会公众对环境风险的认知和防范意识越来越强，对环境风险容忍度越来越低，社会公众的“可接受环境风险水平”处于转变期。预期到 2020 年，我国中等收入人群达到 6 亿人左右，占比达到 40%～45%，对环境安全、环境质量改善诉求将更加强烈。

应该说明的是，公众对环境质量的期盼有可能在一定程度上超越目前经济发展阶段和资源环境禀赋，从而加大了对环境状况动态好转的认可难度。如何做好生态环境可达、经济技术可承受、人民群众可接受“三可”之间的平衡将是“十三五”规划的难题。

2.7 挑战七：统筹协调环境保护的难度大

环境保护领域改革进入深水区，受到体制机制制约加剧。环境保护的执政理念不断深化，日益成为国家意志，生态文明引领新的价值观加速转变，但经济社会环境问题日益交织，法规、体制、机制、制度、政策“绿化”尚未形成，环保系统承受的要求与其支撑能力、调控手段存在一定差异，在夹缝中负重前行成为一种环保工作新常态。

环境管理交叉错配现象严重，多头管理问题突出，职能交叉，执法主体和监测力量分散，统一的生态环境管理体制改革关系到多个部门职能权利，调整难度大。国家层面的 53 项主要生态环保职能中，40%在环保部门，60%分散在其他 9 个部门。在环保部门承担的 21 项主要职责中，与其他部门交叉的占 48%。环境保护缺乏有效的监督制约机制，国家环境保护的政策法规在少数地方得不到坚决有效执行，一些地方保护主义尚未得到有效根治。环境监管力量与日益繁重的环保任务不相适应。环境管理手段落后，保障条件不够，治理能力不足，“小马拉大车”现象还比较普遍。

2.8 挑战八：国际国内环境问题统筹应对难

2008 年以来，尽管国际社会为解决环境问题付出了很大努力，全球环境问题少数有所缓解，但总体仍在恶化。目前环境问题已超越了传统范畴，与国家政治、经济和安全等领域不断相互渗透，一体化和复杂化程度日益增强，逐步演化成为承载政治、经济、外交、文化等诸多因素的复合体，环境利益成为国家核心利益的重要组成部分。气候变化、土地退化、水资源危机、生物多样性锐减、化学品污染等传统环境问题并未得到有效解决，颗粒物、重金属等新的环境问题又接踵而至，治理难度加大。我国周边区域总体局势趋稳，我国成为众多亚洲国家的最大贸易伙伴、最大出口市场和重要投资来源地，经济发展已惠及周边百姓，但与周边国家的环境摩擦隐患始终存在，持续加大多边协同治理力度需求紧迫。“十三五”时期，国际国内环境问题交互叠加，我国既要应对国际气候变化、环境履约，跨界大气、水体污染问题，又要应对国内外广泛关注的城市大气灰霾、重金属污染、水体污染、水质安全等问题，协同治理、统筹解决的挑战正在加大。

2.9 应对：加快推进环保与管理方式方法、体制机制转型

总体而言，“十三五”时期是“绿水青山与金山银山”战略抉择的两难期，也是化解短期增长压力、实现发展转型、污染防治的攻坚期、相持期，还可能是环境质量改善速度和老百姓需求差距最大、资源环境“瓶颈”约束和发展矛盾最尖锐的困难期。环境保护既要积极关注、主动应对发展新阶段、新形势的影响，又要深入挖掘污染防治潜力，加大环境治理力度，统筹区域环境公共服务水平，妥善化解各类环境风险，制定差异化的管理目标及政策，加快满足百姓对蓝天、绿水、青山的环境诉求，应对的难度及挑战将明显增大。

在经济发展新常态下，“十三五”时期也存在一定机遇。体现在：经济增速换挡至中高速，产业结构向服务业优化，预计 2020 年三产比重提高到 52%左右，基本实现工业化。重工业快速发展的势头将放缓，粗钢、铜、铝、铅、锌等主要产品产量将在“十三五”前后陆续达到峰值平台期，城镇

化率增速趋稳，能源新增量减少，煤炭峰值或提前到来，环境压力高位舒缓。同时，生态管理体制机制厘清、生态文明制度建设取得标志性成效。历经多年持续治污，环境保护有望迎来走向环境质量明显改善的窗口期。

环境保护工作需要积极利用有利条件，妥善面对各方风险挑战，积极有为，主动适应新常态，加快推进环境保护与管理方式方法、体制机制转型。

一是充分发挥部门“一岗双责”机制的作用，协同推进新型工业化、城镇化、信息化、农业现代化和绿色化，把“五位一体”总体战略部署做实，实现经济绿色化与绿色产业化同步、资源环境联动，在治标的同时更多地谋划治本之策，重点突破体制机制障碍，加快建立生态文明制度。

二是加强生态环境空间分级管控，打造主体功能区 2.0 版。划定并严守生态红线，确保生态空间、生活空间、生产空间均衡有序，守住中西部地区的环境准入条件和标准，严防产业污染转移，保护好国家生态屏障，积极推进环境基本公共服务均等化，统筹国际国内环境问题，保障国家环境安全。

三是坚持并固化大气、水、土壤污染防治行动计划的核心思想，将质量改善作为“十三五”首要任务与主线，突出重点，打好遏制黑臭水体、灰霾天气攻坚战，持之以恒地打好环境质量改善的持久战，推行信息公开和社会共治，合理引导公众环境预期，让人民群众有切实的环境质量改善获得感。

四是在管理思路上坚持分区分类精细化管理，系统施治，在严控增量的同时多削减存量，强化质量、总量、风险协同推进，多污染物协同治理，精准发力，增加治污减排、综合治理的针对性、有效性。

五是在环境治理方式上，要从政府主导向社会共治、多方制衡转变，自上而下与自下而上相结合，政府、市场两手发力，倒逼与激励并重，实现环境良治，确保实现与全面建成小康社会相适应的环境目标要求。

本报告执笔：吴舜泽、李新

3 2016—2030 年主要经济社会及能源资源指标预测研究

3.1 研究思路

3.1.1 研究背景

尽管我国环境保护工作取得了明显成效，但未来环境形势依然十分严峻，新时期环境保护工作更为复杂和艰巨。新时期环境保护战略研究涉及的内容较多，涉及大气环境、水环境、农村与土壤环境、环境风险与健康等领域，这些领域的研究，需要突破以前的环境保护战略研究思路和框架，全面把握“新时期”的特点和要求，关注国家和人民对环境保护的“新期待”。为此，课题要体现环境目标与经济发展目标、社会发展目标向协调统一，体现与党的十八大精神和部署相结合，与全面建成小康社会目标相结合，与“美丽中国”愿景目标相结合，将生态文明建设理念融入经济、社会、文化建设全过程中及各个阶段，适应绿色发展、低碳发展、循环发展、绿色转型的要求，更加注重科技创新驱动战略在环保中的重要作用，更加注重信息公开和人民群众健康要求。

3.1.2 总体思路

社会经济发展与资源环境之间存在互动关系。一方面，社会经济发展是资源利用和环境污染的首要影响因素，生产过程、消费过程中对生产资料和生活资料的需求是资源利用的根本原因，在现有技术条件下，资源利用是不充分的，导致非生产和生活目的的废物产生和排放，是环境污染的根本原因。另一方面，资源环境对社会经济发展也具有制约作用，资源“瓶颈”、环境污染反过来也会限制经济的进一步增长和社会福利的进一步提高。

基于社会经济发展与资源环境之间的关系，本研究预测将以社会经济发展水平的规划和预测为基础，以 2007 年为数据基准年，对 2011—2020 年国家社会经济、资源、能源与环境污染进行预测。

首先，对社会经济发展进行预测。建立社会经济发展预测模型，主要包括国内生产总值预测、人口和城市化水平预测、各行业产值的预测、各行业增加值的预测、各行业产品产量的预测（固体废物部分）、产品销售量的预测（固体废物部分）等内容。主要目的是与资源能源消耗、环境污染预测模型对接，研究人口增加及城市化，行业产值、增加值，产品产量、销售量对资源环境产生的压力及影响。

其次，对资源环境问题进行预测。建立资源环境问题预测模型，主要包括水资源需求预测模型、能源消费预测模型、水污染物产生量预测模型和大气污染物产生量预测模型，通过经济预测模型输入的行业产值、增加值，产品产量、销售量以及人口增加及城市化率等指标，预测能源环境问题，包括能源消耗和需求的预测，大气污染物产生量与排放量、废水产生量与排放量、水污染物产生量与排放量、固体废物产生量与堆放量等指标的预测。

最后，与环境污染减排目标（需要设定不同情景方案）结合，预测这些主要污染物的削减量和治理投资和运行费用，提出污染物减排目标、资源环境承载力以及实现最优减排目标的社会经济发展政策建议。

预测的总体思路示意图如图 1-3-1 所示。

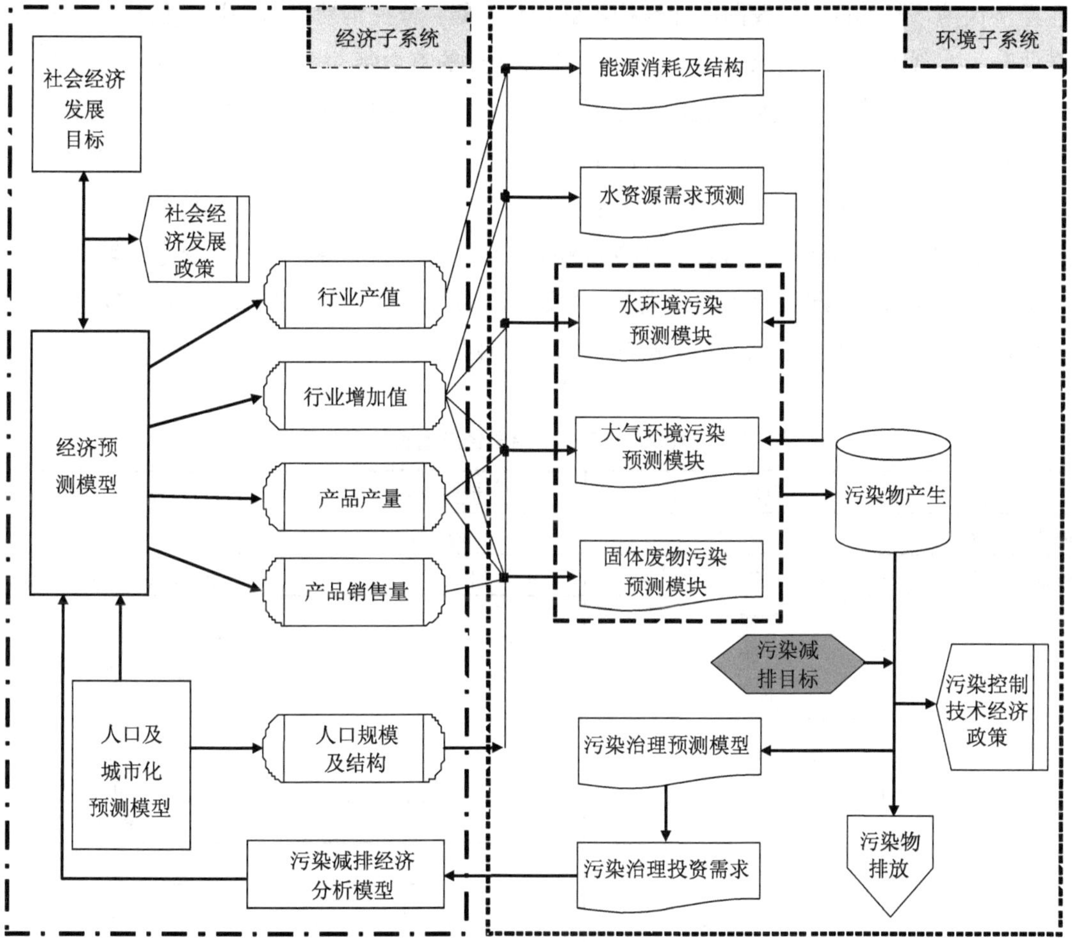

图 1-3-1 我国“十三五”环境经济预测总体思路

3.2 经济社会发展预测

3.2.1 当前经济社会发展形势分析

改革开放以来，我国经济社会发展取得了举世瞩目的伟大成就，综合国力、经济基础和人民生活不断增强和改善，工业化、城镇化快速推进，国际地位显著提高，市场经济制度不断完善，站到了现代化建设新的历史起点上，中国仍处在重要战略机遇期。

（1）经济高速增长，综合国力显著提升

改革开放以来，中国经济实现了持续快速的“起飞”。1978—2013 年，中国经济保持了年均 9.8% 的高速增长，创造了人类历史上大型经济体增长的奇迹；GDP 规模从 3.6 万亿元增加到 56.9 万亿元，按美元计算达到 9.4 万亿美元，从世界第 10 位跃居到第 2 位，成为仅次于美国的世界第二大经济体；人均 GDP 从 154 美元上升到 7 000 美元，由低收入国家跨入了上中等收入国家行列[1]；货物贸易从占世界份额不足 1%上升到成为第一货物出口大国；制造业增加值占全球比重达到 20%左右，超过美国成为全球第一制造业大国。

（2）产业结构不断升级，结构调整取得积极进展

在经济快速增长的同时，我国产业结构不断优化升级。依托消费升级和比较优势，过去 30 多年中国产业升级实现了“内外需双轮驱动”，通过主导产业的有力带动，基础产业的有力支撑，逐步实现了产业结构的协调化和高度化，在国内不断满足消费升级需求，在国际分工中不断走向产业链条高端。1980—2013 年，第一产业占 GDP 比重由 30.2%下降到 10%，下降了 20.2 个百分点；第三产业比重由 21.6%上升到 46.1%，上升了 24.5 个百分点；第二产业比重由 48.2%下降到 43.9%，下降了 4.3 个百分点。从细分行业看，产业结构不断高端化，电子及通信设备制造业、交通运输设备制造业、电气机械及器材制造业机械制造业、金融业等增速明显高于国民经济平均增速，占 GDP 比重大幅提高。传统产业改造升级力度加大，部分战略性新兴产业发展迅速（表 1-3-1）。

表 1-3-1 1980—2013 年中国经济增长与产业升级

时期	20 世纪 80 年代	20 世纪 90 年代	21 世纪初
内需发展阶段	衣食	耐用品	住行
外需发展阶段	对外开放、设立特区	汇率超贬、出口导向	加入世贸、融入全球化
增长较快的行业	农业	电气	汽车
	住宿餐饮	电子	房地产
	批发零售	交运设备	建材、家具
	金融	纺织	机械、金属制品
	金属制品	食品	冶金
		化工	煤电
		冶金	化工
		交通通信	金融
			电子
			电气

资料来源：DRC 行业景气监测数据库。

近年来，政府高度重视节能减排、环境保护和生态建设，在产业结构升级、能源结构优化、节能技术水平提高以及政策引导等因素的共同推动下，节能减排工作取得了积极成效，能源消耗强度在“十一五”期间降低 19.1%的基础上，2011 年、2012 年和 2013 年又分别降低 2%、3.6%和 3.7%。

（3）对外开放取得成绩，国际地位和影响力显著提高

改革开放以来尤其加入 WTO 以来，中国积极融入经济全球化，充分发挥中国劳动力丰富低廉的比较优势，抓住国际产业转移的历史性机遇，一举成为世界第一出口大国和第一大外汇储备国。进、出口从 1978 年的 100 亿美元左右上升到 2013 年的 19 504 亿美元和 22 096 亿美元。2013 年年末外汇储备达到 3.8 万亿美元。

[1] 按照世界银行给出的发展阶段划分标准，2010 年人均国民收入低于 1 005 美元的属于低收入国家；介于 1 006～3 975 美元的属于中下等收入国家；介于 3 976～12 275 美元的属于中上等收入国家；高于 12 276 美元的属于高收入国家。

在外贸规模不断跃上新台阶的同时，外贸结构明显改善。1980—2011 年，初级产品出口占货物出口比重从 50.3%下降到 5.3%，下降了 45 个百分点；工业制成品出口占货物总出口比重从 49.7%上升到 94.7%，其中机械及运输设备出口由 4.7%上升到 47.5%；进口方面，工业制成品进口占货物总进口比重由 1985 年的 87.5%下降到 2011 年的 65.3%。

中国对全球经济增长的贡献不断提高，2007—2011 年中国对世界经济增长的平均贡献接近 60%。对外投资大幅增长，通过跨国并购等途径整合全球资源能力增强中国在全球治理中的重要性提升。

（4）城乡居民生活水平大幅提高，城镇化加快发展

1978—2013 年，城镇居民家庭人均可支配收入从 343.4 元上升到 26 955 元，增长了 77.6 倍，按可比价计算，年均增长 7.4%；农村居民家庭人均纯收入从 133.6 元上升到 8 896 元，增长了 65.6 倍，按可比价计算，年均增长 7.6%。特别是 2013 年全国居民人均可支配收入实际增长 8.1%，超过 7.7% 的 GDP 增速 0.4 个百分点。中国由农业文明社会基本迈入城市文明主导的社会。1978—2013 年，城镇化率从 17.9%上升到 53.7%，年均提高 1.02 个百分点。1978—2012 年，城镇居民人均住房面积由 4.2 m^2 增加到 32.9 m^2，农村居民人均住房面积由 8.1 m^2 增加到 37.1 m^2。

（5）技术创新步伐加快，民生和社会事业取得巨大发展

中国科技事业蓬勃发展，整体水平位居发展中国家前列，部分科研领域达到国际先进水平。妥善解决就业问题，保持就业形势稳定。全面推进社会保障体系建设，建立新型农村社会养老保险和城镇居民社会养老保险制度，城乡居民基本养老保险实现了制度全覆盖。建立新型农村合作医疗制度和城镇居民基本医疗保险制度，全民基本医保体系初步形成。国民健康水平进一步提高，人均预期寿命达到 75 岁。

（6）经济社会发展面临的矛盾和问题

在取得成绩的同时，必须清醒地看到，中国经济社会发展中还存在不少矛盾和问题。一是经济发展方式转变尚未取得全局性和实质性突破。经济增长过度依赖资源要素投入的格局尚未根本改变，体制机制不顺导致的低效率局面尚未根本打破，生态环境整体恶化的趋势尚未根本扭转。二是社会和谐的基础还不牢固。城乡、区域等差距依然较大，就学、就业、创业机会不均等问题突出，社会阶层流动渠道不畅，腐败多发、诚信缺失和有法不依、执法不严、违法不究等现象严重。三是改革任务依然艰巨而紧迫。经济社会发展中深层次重大问题的解决亟待改革深入，人民群众对改革期待日益迫切，但利益格局分化带来的阻力加大，达成改革共识的难度增加。

3.2.2　未来经济发展的国内外环境分析

改革开放 40 多年来，面对复杂多变的国内外形势，党中央国务院带领全国人民积极应对各种挑战，在全面建设小康社会的进程中走出了坚实的一大步，为今后的发展奠定了良好基础。“十三五”及 2020—2030 年，中国仍将处于推进经济发展的关键时期和重要战略机遇期，既存在诸多有利条件，也面临不少难题。未来世界经济增长格局和全球治理结构将发生重大调整，国内经济增长的速度、结构和动力机制将发生重要转变，思想观念、社会结构和组织方式将发生深刻变化，中国的现代化进程将面临更为复杂的国际国内环境，机遇与挑战并存。

3.2.2.1 国际环境：调整和创新成为趋势

未来和平、发展、合作仍将是国际主流，经济全球化、政治多极化将持续深入。从近期看，世界经济将处于金融危机及其后续的调整时代，全球经济、贸易、投资等将会保持较低水平，在原有框架背景下的复苏也将呈现缓慢、曲折的过程；从中长期看，随着危机后各国经济结构、体制和政策调整的深入，全球产业分工格局、贸易格局、经济力量对比和全球治理结构等都有可能发生重大调整和变化，既会增加中国面临的外部环境的复杂性和不确定性，也蕴含着进一步发展的重要机遇。

（1）世界经济格局将发生结构性变化

从“十三五”看，经过世界各国政府努力，国际金融危机冲击的影响逐步稳定和消除，但发展模式和经济结构方面长期累积的深层次矛盾和问题并未得到解决，世界经济的复苏进程存在很大的不确定性。美国不仅没有解决其全球竞争力下滑的问题，反而由于过度依赖量化宽松货币政策，进一步侵蚀了全球对美元的信心。部分新兴经济体刺激过度，引发了房地产泡沫、地方债务风险等诸多新的问题。国际上，全球经济和贸易失衡问题并未得到根本解决，危机后的全球治理格局并未体现新兴经济体不断上升的实力和影响力。未来国际金融市场将持续动荡，发达经济体长期积累的结构性矛盾将继续发酵，经济复苏进程缓慢甚至可能反复，全球经济进入低速增长时期。

从中长期（2020—2030年）看，全球经济格局将继续发生深刻的结构性变化。从美国的次贷危机，到欧洲的主权债务危机，再到亚洲新兴经济体的崛起，不是偶然发生的，是多年来全球经济重心转移的必然结果。未来发达经济体增长前景很不乐观，人口老龄化、高福利弊端、产业空心化、经济虚拟化等问题将持续困扰欧美国家。全球产能过剩压力持续加大，全球竞争加剧，贸易保护主义会持续抬头，全球陷入滞胀的可能性加大。

与此同时，新兴经济体异军突起。以金砖国家为代表的新兴经济体，拥有约30亿人口，是发达经济体人口的3倍，正在进入工业化、城市化快速推进的新阶段，成为世界经济增长的新动力。这不仅将改变世界经济增长格局，而且会带来能源供求、地缘政治、国际分工等一系列重要的结构性变化。

（2）新一轮技术革命和创新周期孕育突破

21世纪初，由原子能、电子计算机、互联网、空间技术、新材料技术和生物工程推动的第三次科技革命催生了世界经济的增长高潮，新兴经济体尤其中国受益于第三次科技革命后的全球产业转移而强劲增长。但是以次贷危机为分水岭，21世纪初开始的创新周期时代结束了，全球经济将面临长期的调整，从实体经济的层面，通过优胜劣汰、兼并重组和技术变革，为下一轮创新周期蓄积力量。从金融的层面，发达国家政府、居民和企业部门面临长期的去杠杆化，通过资产负债表调整以恢复“再出发”的能力。根据历次创新周期经验，谁能够率先实现由短期需求刺激政策向长期供给改革政策转变，有效调整工资、福利和汇率，激活微观企业创新活力，谁就能在下一轮复苏中抢占先机。

创新周期的低谷同时也是新技术、新产业积极酝酿的时机，为应对金融危机和气候变化，发达国家纷纷推出再制造化、抢抓新兴产业机遇的重大举措，大幅度增加科技投入，抢占未来竞争的战略制高点。在新能源技术、节能减排技术、信息技术（如传感网、物联网、智慧地球、云计算）等若干重要领域，正在酝酿新的突破。在相当长的时期内，发达国家在技术上占优势的局面不会有根本性改变，其创新能力可能还会进一步增强。对于发展中国家而言，只有高度重视创新，才可能借助战略性新兴产业实现“弯道超车”。

（3）发达国家经济增长模式和发展战略有所调整

始于 2008 年的国际金融危机，对全球经济的冲击前所未有，至今危机的阴霾尚未消散，某些领域甚至还在蔓延深化。金融危机发生后，西方国家逐渐对已有的世界经济格局和发展模式进行调整，以适应新的经济发展趋势。一是从市场至上到加强金融监管。金融市场失灵和自由资本主义危害使美国等发达国家把一些问题机构进行了国有化，美国的金融监管改革法案把监管触角几乎伸到金融领域各个角落，G20 伦敦峰会联合公报明确提出，所有金融机构、市场和工具都必须接受适度监督和管理。二是从重视虚拟经济到重视实体经济。吸取虚拟经济过度膨胀和产业出现空心化的教训，美国总统奥巴马签署了《美国制造业促进法案》，希望重振制造业竞争力，并恢复在过去 10 年中失去的 560 万个制造业就业岗位。美国以虚拟经济支撑的超前消费模式也将逐步转向合理消费模式。三是从重视传统产业到重视新兴产业特别是新能源产业。西方各国都在加大力度支持新能源和低碳经济发展，新能源将成为主导 21 世纪世界经济的重要战略性产业。未来美国等发达国家将创造出高新技术产品来与发展中国家进行交换，从而使世界经济走向均衡。

国际经济的新情况和新变化，对我国现有的产业结构和依靠出口拉动经济增长的模式构成了挑战，我国很难继续依赖传统的制造业扩张和资源消耗模式来支撑经济增长，这就要求我们必须加快产业升级，加快战略性新兴产业的发展，加快推行节能减排绿色低碳经济的发展。

（4）经济全球化将继续发展，国际产业分工和贸易格局不断调整

长期来看经济全球化还会在新的基础上继续深化。现代交通、通信技术的发展，将使跨国、跨境交易更加便利。随着全球经济逐渐复苏，全球贸易和投资还会继续增长。国际分工持续深化，将推动国际贸易和跨境投资增长快于全球经济增长。这将有利于中国继续利用两个市场、两种资源，优化资源和要素配置，释放增长潜力，加快发展进程；有利于中国充分吸收国际资本、国际技术和国际人才，促进产业结构升级，增强竞争优势；也有利于中国扩大对外直接投资，获取重要国际资源和技术。

新技术、新产业的发展，将会改变各国的比较优势和国家之间的竞争关系，并对全球产业分工及贸易格局产生影响；成本上升压力的加大，信息技术的快速进步，促使发达国家部分资金相对密集、技术含量较高的制造业（如汽车、钢铁等），以及某些原来不可转移的服务业，都有可能进一步向发展中国家转移，从而为发展中国家的产业升级带来新的机遇；危机中和危机后美国等发达国家的消费储蓄结构、国际收支结构已经并将继续发生变动，进而对中国的对外经济和贸易关系产生重要影响；非洲、南美洲、中亚等地区的一些历史上比较落后的国家工业化进程将会加快，以印度、巴西、南非和中东某些国家等为代表的新兴经济体仍会继续保持较高的经济增长速度，这既对中国构成了竞争压力，又为中国扩大外部市场空间创造了条件。

（5）应对气候变化，实现低碳绿色发展成为潮流和趋势

进入 21 世纪以来，全球气候变化问题日渐成为国际政治、经济、贸易领域的热点话题，围绕着减排义务，各方展开了激烈的博弈。世界各国特别是发达国家已把发展绿色低碳经济作为应对金融危机、经济衰退、环境恶化和气候变化等多重危机的重要对策，将对产业结构、贸易结构产生深刻影响，也会影响到不同国家的发展空间与发展战略。

随着全球减排责任体系和制度安排的逐步形成，以及相关领域技术进步的迅速发展，低碳经济有可能成为今后一个时期重要的发展趋势或发展模式。作为世界上人口最多的发展中国家和最大的

碳排放国之一，中国面临的减排压力将会不断增大。同时也面临着新的机遇，减排将促进能源和环保领域的技术创新，有利于我们发挥后发优势，转变发展方式，在新技术的基础上实现跨越式发展。

3.2.2.2 国内环境：机遇和挑战并存

中长期看，中国经济社会发展的基本趋势长期向好，但支撑过去 30 多年经济高速增长的一些重要因素将发生改变。国际国内环境的变化，既蕴含着新的发展机遇，也潜藏着巨大风险和挑战。中国既有保持较快发展的内外部条件，面临的不确定性、不稳定性也明显增加。在潜在增长率下降、增长阶段转换的同时，经济结构和增长动力将发生显著变化，经济社会发展面临的资源、环境、稳定等压力增大，经济社会转型进入关键时期。

3.2.2.2.1 经济持续健康发展面临良好机遇

（1）中国有条件实现增长阶段平稳转换

虽然中国经济增长最快的阶段已经过去，但通过要素的重新组合和增长动力的适时转换，中国未来仍可保持较前有所降低、在全球范围看仍然较快的增长速度，逐步迈向成熟经济体和高收入社会。一是工业化、信息化、城镇化、农业现代化新“四化”同步发展，将扩展经济增长空间和持续性。二是住行主导的消费升级将持续推进，信息、教育、医疗、培训等服务消费升级潜力巨大。三是中国竞争优势并未根本动摇，资金条件雄厚、区域发展需求大、产业供给能力强、基础设施日趋完善、高素质人才队伍以及内部市场规模等优势没有改变，仍能支持中国经济较快增长。此外，中国处在一个全球化程度明显深化、趋势不可逆转的时代，一批人口众多的国家，如印度、印度尼西亚、巴西等，正在积极推进工业化，为中国提供了新的机遇。

（2）深化改革的新一轮制度红利将为经济发展注入活力

党的十八届三中全会对全面深化改革作出系统部署，新一轮体制改革的红利将进一步释放，为经济持续增长保驾护航。一是强调处理好政府和市场的关系，使市场在资源配置中起决定性作用和更好发挥政府作用，大幅度减少政府对资源的直接配置，推动资源配置依据市场规则、市场价格、市场竞争实现效益最大化和效率最优化。二是积极发展混合所有制经济。国有资本、集体资本、非公有资本等交叉持股、相互融合的混合所有制经济，促进国有资本放大功能、保值增值、提高竞争力，允许更多国有经济和其他所有制经济发展成为混合所有制经济。三是推动国有企业完善现代企业制度。准确界定不同国有企业功能，国有资本加大对公益性企业的投入，在提供公共服务方面做出更大贡献。国有资本继续控股经营的自然垄断行业，实行以政企分开、政资分开、特许经营、政府监管为主要内容的改革，根据不同行业特点实行网运分开、放开竞争性业务，推进公共资源配置市场化。进一步破除各种形式的行政垄断。四是建立城乡统一的建设用地市场。允许农村集体经营性建设用地出让、租赁、入股，实行与国有土地同等入市、同权同价。建立兼顾国家、集体、个人的土地增值收益分配机制，合理提高个人收益。五是全面正确履行政府职能。进一步简政放权，深化行政审批制度改革，最大限度地减少中央政府对微观事务的管理。此外，金融、财税体制改革以及开放型经济等体制性改革，也将优化市场经济发展环境。

通过推动深层次改革，有望打破影响增长动力接续的障碍，迎来新一轮改革红利，在中长期为企业发展构建更加市场化的制度环境，推动我国经济社会全方位、更高层次的发展。

（3）新一轮城镇化建设将孕育一批可持续的增长点

2013 年我国城镇化率为 53.7%，城镇化水平落后于工业化发展阶段，新型城镇化建设将是我国今后经济发展的最大动力和潜力。2013 年召开的城镇化会议将有序推进农业转移人口市民化、优化城镇化布局和形态、提高城市可持续发展能力、推动城乡发展一体化和改革完善城镇化发展体制机制五方面作为新型城镇化建设的核心任务。随着新一轮城镇化规划制定和出台，将显著拉升“十三五”及今后一个时期相关产业的可持续发展空间。一方面优化城镇化布局和形态、提高城市可持续发展能力，可以扩大城市基础设施和重要产业等方面的投资建设和需求空间，强化现代制造业和战略新兴产业的发展，培育新的经济增长点。另一方面“以人为本”是本轮新型城镇化建设的核心，有序推进农业转移人口市民化、加强城市基本公共服务建设和保障城市高效运营等，势必促进社会福利保障、城市公共服务事业的大力发展，能够增强消费对经济增长的基础作用，释放城镇化的内需潜力，形成中国经济发展新的增长点。

（4）第三产业及服务业增长空间十分广阔

2013 年我国三次产业结构比例为 10.0∶43.9∶46.1，相比改革开放初期，第三产业占比有较大提高，但与美国、英国、日本等发达国家服务业占比超过 70%仍有较大差距。在经济转型的关键时期，我国政府提出，要通过结构优化和新驱动大力发展服务业，使服务业成为引领我国转型发展的新引擎。大力发展服务既利于中国经济转型升级，又是改善民生、稳定社会实现可持续发展的重要选择，符合工业化中后期我国经济发展的基本特征和规律，服务业是各种产业的有机融合体和终端承载体，它加快发展将给相关企业的发展提供新的增长动力、新的市场需求。一是大力发展服务业将推动稳增长、调整优化结构的落地实施。二是大力发展服务业将广泛吸收就业。三是大力发展服务业将推进“新四化”的递进式互动发展。

（5）技术创新和产业升级具备良好条件

中国研发投入比重持续提高，在若干重要领域有较好的技术积累；新技术的市场需求和产业化优势明显；传统产业与新兴产业相结合，改造升级潜力巨大；受教育程度较高、素质较好但成本较低的新劳动力优势正在形成。打破垄断、促进公平竞争，将培育出创新型龙头企业和一大批创新型中小企业，推进科技教育体制改革、促进知识创造效率的提高，创新驱动将引领未来经济的持续发展。

（6）在全球经济贸易竞争中仍处于有利位置

资金、技术、人才、渠道等国际高端要素的整合利用，将有利于提高中国“引进来”和“走出去”的质量与水平。一是新兴经济体工业化、城市化快速推进，经济继续保持快速增长，为中国中高技术产品的出口尤其是具有自主知识产权的成套设备出口提供了新的市场，有利于提升中国出口结构。二是发达经济体经济低迷，中国企业可以发挥资金充裕的优势，通过并购、参股等方式与境外企业开展合作，利用甚至掌控外部资源、技术、研发能力、品牌和销售渠道，与国内低成本制造优势相结合，大大提升中国企业的国际竞争力。三是中国和平崛起，对全球经济的影响力日益迅速上升，有利于提升在全球治理中的地位，全球增长格局变化和治理困境要求中国在参与全球治理中发挥更大作用。

3.2.2.2.2 经济发展存在挑战和制约因素

（1）内需增长存在下行压力

在世界经济延续缓慢复苏态势和我国从中等偏上国家向高收入国家行列迈进的过程中，我国经济进入从 10%增长速度向 7%～8%增长速度的转换期、经济结构调整的“阵痛”期、2008 年以来刺激政策消化期的“三期叠加”阶段，导致内需增长存在下行压力。一是企业实际融资、用工、土地、环保、物流等生产成本提高，企业生产投资经营压力加大。二是制造业化解产能过剩任务艰巨。目前，我国产能过剩呈现行业面广、绝对过剩程度高、持续时间长等特点。产能过剩行业已从钢铁、有色金属、建材、化工、造船等传统行业，扩展到风电、光伏、碳纤维等新兴战略性产业，许多行业产能利用率不足 75%，处于严重过剩，有的处于绝对过剩状态，许多行业的产能过剩主要是体制性和结构性因素。三是财政金融风险增加，财政收支矛盾日渐显现，政府融资平台负债增长较快。如果应对不力、处置不当，则可能出现系统性风险，特别是资产价格大幅波动和经济增速大幅下降带来的财政金融风险，使发展进程受挫。

（2）人口结构性矛盾逐渐显现

虽然我国出台了“单独二孩”政策，但短期内效果难以显现。未来一个时期，我国将继续保持人口低生育和劳动年龄人口比重下降的趋势。2015 年总人口可控制在 13.7 亿人，年均人口自然增长率不会超过 6‰，人口增长的矛盾已经由单一的总量矛盾转变为突出的结构性矛盾。一是人口老龄化加速，社会保障压力加大。2010—2015 年，60 岁以上老年人口从 1.64 亿人增加到 2.05 亿人，占总人口的比重达到 14.6%。我国人口抚养比从“十二五”时期开始缓慢上升。人口老龄化加速和抚养比升高，意味着社会保障资金流入减少，支出增加，保障压力逐渐加大，这对保持经济持续平稳较快增长、实现社会代际公平带来重大历史性挑战。同时，农村社会养老保障制度不健全，青壮年人口大量流入城市，使农村老龄化形势更为严峻。二是劳动力供求的结构性矛盾突出，总量过剩与部分岗位“招工难”并存。总体来看，我国劳动年龄人口依然庞大，16～59 岁的劳动年龄人口将于 2015 年达到高峰 10 亿人，就业压力将长期存在。

（3）体制改革进入攻坚阶段

未来 10～20 年，改革任务依然艰巨而紧迫。经济社会发展中深层次重大问题的解决亟待改革深入，人民群众对改革期待日益迫切，但利益格局分化带来的阻力加大，达成改革共识的难度增加。一方面，建立和谐社会，迫切需要解决生产发展与人民不能充分分享发展成果的矛盾，这将涉及科学民主决策、收入分配等深层次的改革，势必会影响到少数人的利益，推进改革将遇到既得利益阶层的阻碍，甚至引起社会动荡。另一方面，转变经济增长方式，迫切需要改变长期形成的干部选拔、考核制度和行政管理体制，探索适合我国现阶段经济和社会发展要求的行政管理体制。

（4）我国能源资源储量难以满足经济持续增长的需要

我国经济以年均 9.8%的速度持续增长了 30 多年，经济总量增长了 17 倍，资源和能源消耗量大约增长了 15 倍，由于我国高科技缺乏核心技术，出口产品以劳动密集型的加工组装为主，因此中国经济增长付出了更多的资源和环境代价。我国人口占世界的 21%，但是已探明可供开采的主要能源资源和矿产资源人均储量相当贫乏，储量相对丰富的煤炭人均储量为世界人均储量的 76%。石油储量为世界总储量的 1.8%，天然气储量只有 0.7%。主要矿产资源占世界总储量的比例也明显偏低：铁矿石不足 9%，锰矿石约 18%，铜矿石不足 5%，铝土矿不足 2%。近年来，我国资源供给远远不能满足经济持续高速增长的需要，对外依存度提高，目前石油对外依存度已超过 55%，铁矿石对进口的依赖更是高达 75%。我国已有的能源资源储量难以满足经济快速增长的需要。

综合判断，“十三五”及 2020—2030 年中国仍处于乘势而上、大有作为的重要战略机遇期，但需要关注并适应战略机遇期内涵和条件已经或将要发生的变化，面临的风险和挑战增加。把握机遇，潜力可以变为现实；应对得当，挑战可以化为动力。国际经验表明，能进入中等收入阶段的国家较多，而能跨入高收入阶段的国家甚少。如果体制、战略、政策失当，很可能落入“中等收入陷阱”。

未来将是中国全面建成小康社会、迈向中等发达国家水平的战略攻坚期，是经济发展方式、社会治理方式和全球化参与方式的转型突破期。逆水行舟，不进则退。进，则跨入高收入国家行列，进而实现社会主义现代化；退，则面临落入“中等收入陷阱”的风险，现代化进程可能出现停滞甚至倒退。因此，必须毫不动摇地坚持和深化改革开放，加快转型，为利用好新的战略机遇期创造必不可少的体制机制和政策条件。

3.2.3 宏观经济及产业结构预测

“十三五”时期和 2020—2030 年是中国全面建设小康社会、迈向高收入国家的重要时期，经济总量有望迈上新台阶，经济结构将发生全面而深刻的变化，同时也面临国际秩序调整、资源环境约束等各方面的挑战。只要中国继续深化改革开放，抓住机遇，有效应对挑战，有望在 2020 年全面建成小康社会，在 2030 年步入创新型高收入的现代化国家。本部分采用计量经济模型对中国经济增长前景进行预测。

3.2.3.1 预测依据与方法

（1）“三步走”战略

1987 年 10 月党的十三大提出中国经济建设的总体战略部署：第一步目标，1981—1990 年实现国民生产总值比 1980 年翻一番，解决人民的温饱问题，这在 20 世纪 80 年代末已基本实现；第二步目标，1991 年到 20 世纪末国民生产总值再增长一倍，人民生活达到小康水平；第三步目标，到 21 世纪中叶人民生活比较富裕，基本实现现代化，人均国民生产总值达到中等发达国家水平，人民过上比较富裕的生活。

（2）党的十八大报告

党的十八大提出了“确保到 2020 年实现全面建成小康社会宏伟目标”，并提出了经济社会发展的若干具体目标：转变经济发展方式取得重大进展，在发展平衡性、协调性、可持续性明显增强的基础上，实现国内生产总值和城乡居民人均收入比 2010 年翻一番。科技进步对经济增长的贡献率大幅上升，进入创新型国家行列。工业化基本实现，信息化水平大幅提升，城镇化质量明显提高，农业现代化和社会主义新农村建设成效显著，区域协调发展机制基本形成。对外开放水平进一步提高，国际竞争力明显增强。资源节约型、环境友好型社会建设取得重大进展。主体功能区布局基本形成，资源循环利用体系初步建立。单位国内生产总值能源消耗和二氧化碳排放大幅下降，主要污染物排放总量显著减少。森林覆盖率提高，生态系统稳定性增强，人居环境明显改善。

（3）典型工业化国家经验

以工业化能否顺利推进为主线，通过收集整理大量的历史数据，总结了曾经启动工业化进程、目前人口超过千万的 30 多个较大经济体的经验，归纳了它们相互之间的共同点与不同点。在理论分析的基础上，通过将国际上正反两方面的经验与中国的情形相比较，提出了中国跨越高收入国家门槛的可能性及其所需要的转变。

（4）预测方法思路

宏观经济总量预测采用投入产出法、计量经济模型、扩展线形支出系统相结合的大规模联立求解模型完成。

基准期：2013 年。三个时间段：2016—2020 年，2021—2025 年，2026—2030 年。从测算我国

的潜在增长能力入手，对不同时段的经济增长、三次产业等经济发展指标进行定量预测。通过投入产出表中的投资积累构成、扩展线性支出系统以及外贸依存度研究预测消费需求、投资需求和进出口需求，预测三大需求的贡献率和增长变化。

预测时从两个层面考虑了经济增长的影响因素。首先将影响经济增长的因素划分成两大类，即供给方面和需求方面。供给方面的因素主要包括各种生产投入要素以及生产技术的变化，具体来讲即劳动力、资本和技术进步；需求方面的因素既包括国内的需求，也包括国际的需求，具体来讲包括消费、投资和出口。而从更加具体或者更加微观的角度来看，影响需求和供给因素变化的原因很多，表现为推动经济增长的供给面将出现一些转折性变化，如劳动力供给将出现拐点，又表现为影响经济的需求方面因素也会出现一些重要变化，如居民住房、汽车消费需求的增长速度可能将不断趋缓，人口老龄化带来消费结构的转型，国际环境的恶化将降低出口增长速度等。综合考虑这些影响经济增长的供给面和需求面因素，对“十三五”以及2020—2030年中国经济的前景做出趋势性预测判断（图1-3-2）。

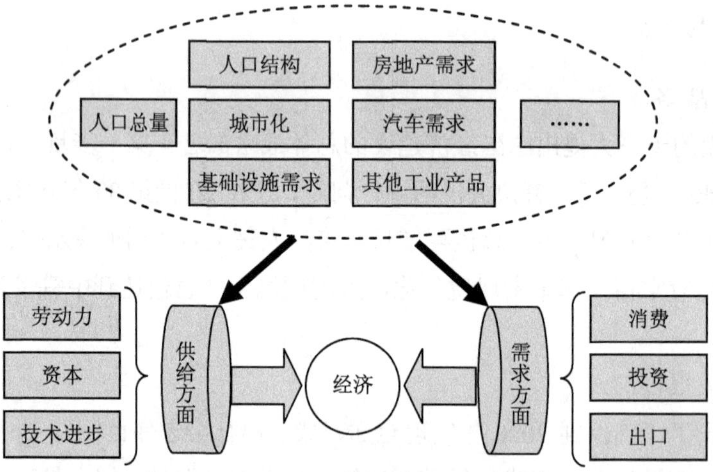

图1-3-2 经济增长的影响因素

重点难点：主要经济变量的基准年数据的整理、不变价处理、全要素生产率的确定、计量经济方程的模拟回归和完善、投入产出表的整合（按新的行业部门）、投入产出直接消耗系数的计算。

3.2.3.2 经济发展主要指标的预测

通过对各种主要影响因素和国际经验的预测分析表明，从2016—2030年，我国经济社会发展将经历三个阶段：

2016—2020年（“十三五”时期）：我国仍将处于工业化和城市化“双快速”发展阶段。以住房、汽车为主的居民消费结构升级带动产业结构优化升级，工业化快速发展带动城市化快速推进。经济总量快速增长，工业尤其是重工业占GDP的比重不断提高，能源原材料工业占工业比重在2018年前后达到高峰，高加工度制造业比重不断上升，到2020年基本实现工业化。2020年人均GDP达到1万美元以上，进入中上等收入国家水平，如期实现全面建成小康社会的目标。

2021—2025年：我国将处于工业化进程相对稳定和城市化继续较快推进的“一稳一快”发展阶段。经济继续保持平稳增长水平，工业占GDP的比重逐步降低，工业内部结构优化升级活动主导工业化进程，重工业比重趋于稳定，重工业内部能源原材料工业的比重不断下降，高加工度制造业比重不断上升；服务业快速发展，带动人口快速向城市转移，第三产业比重不断提高。

2026—2030 年：我国将进入工业化和城市化“双稳定”发展阶段。工业化和城市化均趋于稳定，经济将逐步进入成熟发展期。经济增长速度明显放慢，工业占 GDP 的比重进一步下降，第三产业占 GDP 的比重显著上升，成为带动经济发展的主要力量。人口向城市的流动渐趋缓慢，服务业规模也开始稳定，以服务水平、质量提高为发展主线。人均 GDP 水平提高为 2 万美元以上，中国步入高收入国家行列。

（1）GDP 及人均 GDP 增长预测

2012—2013 年我国经济增长保持在 7.7%左右，“十三五”时期经济升级转型和结构调整是主要任务，受制于资源能源短缺和环境保护节能减排的影响，经济增速将由高增长步入中高速增长时期。考虑经济社会发展的诸多因素，并根据模型测算，按照基准方案，预计“十三五”GDP 增长 7%，2021—2025 年增长 6.6%，2026—2030 年经济增速降低至 6%左右。由于我国经济总量较大，在此增长速度支撑下，同时考虑中国经济追赶过程中人民币汇率升值和国内外物价变动等因素，利用汇率法和购买力平价法换算的数据，综合运用多种方法，参照国际通行的发展水平衡量标准，预计 2020 年中国的 GDP 总量有望超过美国，中国经济总量将会跃居世界第一。

由于未来一个时期经济增长受国内外政治、经济、资源环境等多方面因素的影响，即使国家确定了经济预期增长目标，但仍会出现不可预知、不确定因素的影响，因此，我们依据不同的经济运行条件，对经济增长进行了基准方案、高增长方案、低增长方案三种预测。

a. 基准方案

如果世界经济温和回升增长，国际市场需求不断扩大，发达经济体和新兴国家较好地控制通胀水平，世界经济保持中低速增长。同时，国内宏观调控得当处理经济增长、结构调整和防止通货膨胀的关系，把“调结构、转方式”放到宏观调控的首要位置，认真将各个“五年”规划的目标落实到年度经济社会发展计划中，财政政策突出结构调整的作用，货币政策进一步加快金融市场化改革，同时满足正常的经济发展资金需求量。严格限制高耗能行业投资，积极引导高加工度行业、新兴产业和民生工程投资快速增长。严格落实五年规划的节能减排目标以及各年单位国内生产总值能耗下降的节能目标。在这一国际环境和政策假设情景下，经模型测算，我国经济有望在结构调整中保持平稳增长，“十三五”GDP 增长 7%，2021—2025 年经济增长 6.6%，2026—2030 年经济增长 6%。如表 1-3-2 所示。

表 1-3-2 2016—2030 年 GDP 和人均 GDP 增长预测（基准方案）

区 间	GDP 总量		人均 GDP 水平	
	GDP 期末值/亿元	GDP 年均增长/%	人均 GDP 期末值/元	人均 GDP 期末值/美元
2013 年	568 845	7.7	41 804	6 864
2016—2020 年	921 997	7.0	65 857	11 355
2021—2025 年	1 263 216	6.5	88 337	15 230
2026—2030 年	1 690 468	6.0	116 584	20 101

注：经济增速为可比价，总量以 2013 年数据为基准年，不考虑价格因素。2016—2030 年人民币兑美元汇率均按 1∶5.8 计算，届时实际汇率可能高于该水平。

按照世界银行制定的国际通用的发展阶段划分标准，中国已于2010年跨入上中等收入国家行列。以GDP的基准方案预测结果为基础，结合中国人口增长预测，预计2020年中国人均GDP将达到11 355美元[1]，我国进入中上等收入国家行列。2025年和2030年人均GDP分别达到15 230美元和20 101美元，人均收入水平迈进高收入国家行列。

b. 高增长方案

如果世界经济彻底摆脱金融危机的影响，西方国家债务危机得到有效控制，财政状况向着健康良性方向发展，新一轮技术革命和创新周期带来新的增长动力，主要发达经济体经济出现较快增长，发展中经济体通胀压力得到较好控制，世界经济恢复到危机前的较快增速，国际贸易环境明显改善。同时，我国宏观调控政策以“保增长”为首要任务，继续实行积极的财政政策和稳健的货币政策，财政赤字规模保持一定的扩张力度，货币政策保持现有政策力度，不再出台进一步紧缩性政策措施，全社会融资总量继续处于相对宽松的状况。加快“十三五”规划重点建设项目的开工，投资继续保持较快增长，出口增长进一步加速，消费需求持续增加。经济转型升级取得进展，战略新兴产业日益成经济增长的主导力量，经济结构优化，第三产业持续较快发展，资源环境压力趋于见效。在这一国际环境和政策假设情景下，经模型测算，我国经济可望在宽松和良好的国内外环境中继续实现较快增长。“十三五”GDP增长7.5%，2021—2025年经济增长7%，2026—2030年经济增长6.5%（表1-3-3）。

表1-3-3　2016—2030年GDP和人均GDP增长预测（高方案）

区　间	GDP总量		人均GDP水平	
	GDP期末值/亿元	GDP年均增长/%	人均GDP期末值/元	人均GDP期末值/美元
2013年	568 845	7.7	41 804	6 864
2016—2020年	947 257	7.5	67 661	11 666
2021—2025年	1 328 576	7.0	92 907	16 019
2026—2030年	1 820 265	6.5	125 536	21 644

注：经济增速为可比价，总量以2013年数据为基准年，不考虑价格因素。2016—2030年人民币兑美元汇率均按1∶5.8计算，届时实际汇率可能高于该水平。

以上述GDP的预测结果为基础，结合中国人口增长预测，预计2020年中国人均GDP将达到11 666美元，我国进入中上等收入国家行列。2025年和2030年人均GDP分别达到16 019美元和21 644美元，人均收入水平迈进高收入国家行列。

c. 低增长方案

如果世界经济金融危机的后续影响迟迟不能消除，主要发达国家金融和财政状况进一步严峻，同时，发达国家“再工业化”、新一轮技术创新和新能源驱动尚未对经济取得显著带动作用，世界经济复苏步伐明显放缓，发展中国家为应对通胀压力而收紧政策，国际环境有所恶化。而我国宏观调控政策继续以“调结构和控通胀”为首要任务，实行财政和货币“双稳健”政策，财政政策力度有所收缩，货币政策加强监控力度，社会融资总量增长出现明显下降，经济转型升级缓慢，战略新兴产业不能成为经济主导力量。在这一国际环境和政策假设情景下，经模型测算，我国经济增速将明

[1] 按照世界银行给出的发展阶段划分标准，2010年人均国民收入低于1 005美元的属于低收入国家；介于1 006～3 975美元的属于中下等收入国家；介于3 976～12 275美元的属于中上等收入国家；高于12 276美元的属于高收入国家。

显减缓，“十三五” GDP 增长 6.5%，2021—2025 年经济增长 6%，2026—2030 年经济增长 5.5%（表 1-3-4）。

表 1-3-4 2016—2030 年 GDP 和人均 GDP 增长预测（低方案）

区 间	GDP 总量		人均 GDP 水平	
	GDP 期末值/亿元	GDP 年均增长/%	人均 GDP 期末值/元	人均 GDP 期末值/美元
2013 年	568 845	7.7	41 804	6 864
2016—2020 年	900 656	6.5	64 333	11 092
2021—2025 年	1 205 281	6.0	84 285	14 532
2026—2030 年	1 575 254	5.5	108 638	18 731

注：经济增速为可比价，总量以 2013 年数据为基准年，不考虑价格因素。2016—2030 年人民币兑美元汇率均按 1∶5.8 计算，届时实际汇率可能高于该水平。

以上述 GDP 的预测结果为基础，结合中国人口增长预测，预计 2020 年中国人均 GDP 将达到 11 092 美元，我国进入中上等收入国家行列。2025 年和 2030 年人均 GDP 分别达到 14 532 美元和 18 731 美元，人均收入水平迈进高收入国家行列。

（2）生产要素贡献率预测

从供给角度，预测经济增长需要确定生产要素（资本存量、劳动力、全要素生产率）对经济增长的贡献率和贡献度。从我国经济发展趋势看，一是资本存量对我国未来经济增长的贡献仍将处于重要地位，2030 年之前仍然是拉动经济增长的最大动力，总体来看，其对经济增长的贡献率呈下降趋势。二是劳动力投入增加对经济增长的贡献会趋于减少，在 2030 年接近于零，之后劳动力总量呈减少趋势，劳动力投入对经济增长的贡献出现负值。三是全要素生产率始终是我国经济增长的重要动力之一，其对经济增长的贡献率将会稳步上升。

根据投资规模和技术进步水平的不同，以及劳动力对经济增长的贡献变化趋势，可对主要生产要素对经济增长的贡献作如下预测（表 1-3-5）。

表 1-3-5 2016—2030 年生产要素对经济增长的贡献预测

年份	资本存量		劳动力		全要素生产率	
	贡献度（百分点）	贡献率/%	贡献度（百分点）	贡献率/%	贡献度（百分点）	贡献率/%
2012	6.4	63.8	0.3	3.2	3.3	33.0
2015	5.6	61.8	0.2	2.3	3.2	36.0
2020	4.7	59.7	0.1	1.3	3.0	39.0
2025	3.9	57.5	0.1	0.7	2.8	42.0
2030	3.3	55.0	0.0	0.0	2.7	45.0

（3）三次产业及规模以上工业增速预测

未来一个时期，我国产业结构将呈现不断优化升级趋势。第一产业增速和比重持续小幅下降。第二产业比重和投资率将趋稳并逐步降低，经济结构呈现出与高收入国家类似的特征，随着 2020 年完成工业化，比重开始下降。第三产业增速和比重稳步上升，逐步成为经济发展的支柱产业，消费率显著提升。根据经济增长的不同方案，三次产业和工业增速也相应会发生变化，对应经济增速的变化，我们对三次产业及规模以上工业增速预测也进行了基准方案、高增长方案和低增长方案三组数据的预测。

a. 基准方案

按照基准方案，预计“十三五”时期一、二、三次产业分别增长 3%、6.8%、7.8%，三次产业比重调整为 6.8∶43.7∶49.4。第一、第二产业增速和比重有所下降，第三产业增速和比重有所上升。2021—2025 年延续这一增长格局，2026—2030 年这一特征得到进一步强化。预计 2026—2030 年一、二、三次产业分别增长 1.8%、5.5%、6.8%，三次产业比重优化为 4.5∶42.1∶53.4。第三产业增速超过 GDP 和第二产业，比重大幅提高，以消费经济为主在第三产业在经济增长起绝对主导性的作用（表 1-3-6、表 1-3-7）。

表 1-3-6 2016—2030 年国民经济三次产业增长预测

区 间	三次产业增速/%			三次产业比重/%		
	一产	二产	三产	一产	二产	三产
2013 年	4.0	7.8	8.3	10.0	43.9	46.1
2016—2020 年	3.0	6.8	7.8	6.8	43.7	49.4
2021—2025 年	2.0	6.2	7.3	5.5	43.1	51.4
2026—2030 年	1.8	5.5	6.8	4.5	42.1	53.4

注：本预测增速为可比价，总量以 2013 年数据为基准年，不考虑价格因素。

表 1-3-7 2016—2030 年三次产业总值及规模以上工业增速预测

区 间	三次产业期末值/亿元			规模以上工业增加值
	一产	二产	三产	增速/%
2013 年	56 957	249 684	262 204	9.7
2016—2020 年	63 143	403 167	455 688	9.0
2021—2025 年	69 715	544 637	648 864	8.5
2026—2030 年	76 220	711 819	902 430	8.0

注：预测增速为名义增速，总量以 2013 年数据为基准年，不考虑价格因素。

b. 高增长方案

在 7.5%的高方案中，经济增速较高主要由于工业生产的相对较快增长所拉动，因此，表现为工业增速较快，第二产业占比依旧保持较高水平，第三产业的贡献拉动有所弱化。

表 1-3-8 2016—2030 年国民经济三次产业增长预测

区 间	三次产业增速/%			三次产业比重/%		
	一产	二产	三产	一产	二产	三产
2013 年	4.0	7.8	8.3	10.0	43.9	46.1
2016—2020 年	3.2	7.5	8.1	6.7	44.0	49.3
2021—2025 年	2.5	7.1	7.5	5.4	44.2	50.4
2026—2030 年	2.0	6.6	6.9	4.4	44.4	51.2

注：本预测增速为可比价，总量以 2013 年数据为基准年，不考虑价格因素。

表 1-3-9 2016—2030 年三次产业总值及规模以上工业增速预测

区 间	三次产业期末值/亿元			规模以上工业增加值
	一产	二产	三产	增速/%
2013 年	56 957	249 684	262 204	9.7
2016—2020 年	63 759	416 553	466 945	9.5
2021—2025 年	72 137	586 973	669 467	9.0
2026—2030 年	79 645	807 986	932 634	8.5

注：预测增速为名义增速，总量以 2013 年数据为基准年，不考虑价格因素。

c. 低增长方案

在经济增长 5.5%的低方案中，农业保持稳定，工业生产增长趋缓，规模以上工业增加值增速降至较低水平，第三产业增长速度和占比明显提高，第三产业对经济增长的贡献率提高，三次产业结构不断趋于优化（表 1-3-10、表 1-3-11）。

表 1-3-10 2016—2030 年国民经济三次产业增长预测

区 间	三次产业增速/%			三次产业比重/%		
	一产	二产	三产	一产	二产	三产
2013 年	4.0	7.8	8.3	10.0	43.9	46.1
2016—2020 年	2.8	6.3	7.3	6.9	43.7	49.3
2021—2025 年	2.0	5.8	6.7	5.7	43.3	51.0
2026—2030 年	1.8	5.2	6.1	4.8	42.7	52.5

注：本预测增速为可比价，总量以 2013 年数据为基准年，不考虑价格因素。

表 1-3-11 2016—2030 年三次产业总值及规模以上工业增速预测

区 间	三次产业期末值/亿元			规模以上工业增加值
	一产	二产	三产	增速/%
2013 年	56 957	249 684	262 204	9.7
2016—2020 年	63 143	403 167	455 688	8.5
2021—2025 年	69 715	544 637	648 864	8.0
2026—2030 年	76 220	711 819	902 430	7.5

注：预测增速为名义增速，总量以 2013 年数据为基准年，不考虑价格因素。

（4）三大需求增长变化趋势预测

a. 三大需求比率结构的预测

投资率、消费率和净出口率是构成支出法国内生产总值的核心内容，从需求角度研究经济增长，首先要确定三大需求（投资、消费和净出口）结构，对投资率、消费率和净出口率变化走势进行预测（表 1-3-12）。

——投资率。投资率主要由储蓄率来决定，而储蓄率受人口红利（是指适龄劳动人口比重提高对经济增长的贡献）的影响。根据相关研究，我国人口红利在 2013 年前后结束，但储蓄率在高位仍将持续一段时间，此后开始下降。因此我国投资率将在 2015 年前后达到峰值，此后逐步回落，随着工业化的完成，在 2030 年将下降至 37%左右。但由于我国工业占有相对较高的比重，因而投资率将高于目前发达国家约 20%的平均水平。

——消费率。与投资率相对应，我国消费率在 2015 年前后降至最低水平，此后，随着居民收入水平的稳步提高、社会保障日趋强化、城市化率的不断上升以及消费经济时代的到来，我国消费率将呈现不断提高的态势，预计“十三五”时期提高为 52%，2030 年我国消费率有望升至 60%左右。

——净出口率。初步预计，我国净出口对 GDP 的贡献率较小，随着国际经济贸易多元化发展，净出口对经济增长将趋于稳定。2020—2030 年之后，我国将进入后工业化时期，产业结构进一步升级，国力日渐强大，这一时期我国对外贸易进口与出口将持平，净出口率维持在 0.5%以内。

表 1-3-12 2012—2030 年三大需求占 GDP 的比重贡献预测 单位：%

年份	消费率	投资率	净出口率
2012	49.5	47.8	2.7
2016—2020	52.0	45.0	0.5
2021—2025	54.0	43.0	0.3
2026—2030	60.1	37.0	0.2

注：消费率=最终消费支出/GDP×100；投资率=资本形成总额/GDP×100；净出口率=净出口额/GDP×100。

b. 三大需求总量和增速预测

投资、消费和出口是拉动经济增长的“三驾马车”，从目前经济增长格局看，呈现投资高增长的驱动模式，消费对经济增长的贡献率较低，受金融危机的影响，出口需求增长进一步趋缓。未来一个时期经济仍将呈现高投资的增长模式，但随着居民收入增加和扩大消费战略实施，消费需求增速将不断加快，消费对经济增长的贡献有望提高，出口需求趋于平稳（表 1-3-13）。

表 1-3-13 2013—2030 年三大需求增长预测

区间	全社会固定资产投资		社会消费品零售额		出口总额	
	期末值/亿元	年均增长/%	期末值/亿元	年均增长/%	期末值/亿美元	年均增长/%
2013 年	447 074	19.3	237 810	13.1	22 096	7.9
2016—2020 年	1 388 042	17.0	643 446	16.0	38 753	8.5
2021—2025 年	2 791 848	15.0	1 322 579	15.5	55 120	7.3
2026—2030 年	5 031 002	12.5	2 546 513	14.0	74 461	6.2

注：预测总量以 2012 年数据为基准年，速度为名义增长。

——固定资产投资增速呈现前高后低的走势。“十三五”时期，我国经济进入结构调整和优化升级的发展阶段，新型城镇化建设、区域发展规划、强化城市基础设施、不断改善民生、实现公共服务均等化，落实鼓励民间投资的“非公 36 条”、改造传统产业以及大力发展节能环保新兴产业均需较大资金投入，投资呈现结构优化、有保有压的增长格局。根据模型预测，“十三五”时期全社会固定资产投资增长 17%。2020—2030 年随着我国经济增速减缓、经济发展方式转变，投资增速将趋于减缓。预计 2021—2025 年和 2026—2030 年全社会固定资产投资分别增长 15%和 12.5%。

——社会消费品零售额增速稳步提高。在国家调整收入分配、积极改善民生和日益完善覆盖全社会的保障体系等政策的支持下，不同收入群体的消费潜能均将得以释放，居民消费需求将呈现稳步较快的增长态势，消费对经济增长的贡献有所提高。此外，以汽车和住房为代表的消费结构升级仍将延续，未来 10～20 年将是消费结构升级的扩展时期，由于汽车和住房的产业链长，还将带动大量相关产业产品消费需求的较快增长。根据模型预测，“十三五”时期在居民收入持续增长、全面建成小康社会的推动下，消费增速将进一步加快，预计社会消费品零售额增长 16%。2020—2030 年随着国家实施扩大消费的战略，逐步实现以经济增长为中心向社会发展为中心的战略转变，确保收入分配向居民倾斜，缩小收入差距，将使扩大消费和提高消费率成为可实现的目标。预计 2021—2025 年和 2026—2030 年社会消费品零售额分别增长 15.5%和 14%，呈现消费增长超过投资增速的良好格局。

——出口增速趋于平稳。“十三五”时期，世界经济将稳步复苏，国内经济将继续保持较快增速，随着我国贸易方式结构和出口产品结构改善，并结合国内产业结构和需求结构调整，积极转变外贸发展方式，将为我国外贸增长创造了有利的内外环境。根据模型测算，“十三五”时期我国出口总额有望保持 8%以上的增长。2020—2030 年中国在国际经济贸易中的竞争优势仍将存在并扩延，但出口需求加速增长的可能性不大，预计 2021—2025 年和 2026—2030 年出口额分别增长 7.3%和 6.2%。

3.2.4 人口总量及结构预测

3.2.4.1 人口总量预测

（1）建立模型

从我国人口自然增长率的变化趋势上看，波动率明显缩小，近几年呈现相对平稳的增长态势，数据平稳度明显增加；从模型分析结果上看，我国人口自然增长率指标通过平稳度检验，适合用自回归模型进行预测。由于人口自然增长率是相对变化指标，对人口总量绝对指标更具有稳定性，更适合用于模型预测，因此我们通过对人口自然增长率的趋势预测，预测人口总量的增长。

首先，我们用 HP 滤波的方式对我国人口自然增长率指标进行数据处理，分离出指标波动变化的扰动因素和统计误差因素，获得人口自然增长率的长期趋势变化。然后用 VAR 模型，对人口自然增长率的长期趋势进行处理，结果如下：

$$\text{Renkou} = 1.878 \times \text{Renkou}（-1）- 0.888 \times \text{Renkou}（-2）+ 0.05$$

VAR 模型模拟检验效果较好，通过检验。我们以此模型为基础，建立 VAR 模型的预测模型，通过动态求解的方式，计算到“十三五”末期和 2030 年我国人口自然增长率的变化趋势，并以此预测人口总量，作为预测的中方案。同时，模型显示循环因素和随机扰动等因素对我国人口自然增长率长期趋势的偏离程度基本在 10%以内，因此我们以（–10%，10%）作为置信区间，计算出下限方案、上限方案两种预测结果。

（2）“十三五”末期我国人口总量将达到 13.99 亿人

模型预测结果显示，到 2020 年我国人口自然增长率仍将保持下降态势，平均增速为 4.12‰，以此计算，按照中方案，预计到“十三五”末期我国人口总量将达到 13.99 亿人左右；按下限方案，到“十三五”末期我国人口总量将达到 13.95 亿人；按上限方案，到“十三五”末期我国人口总量将达到 14.04 亿人（图 1-3-3）。

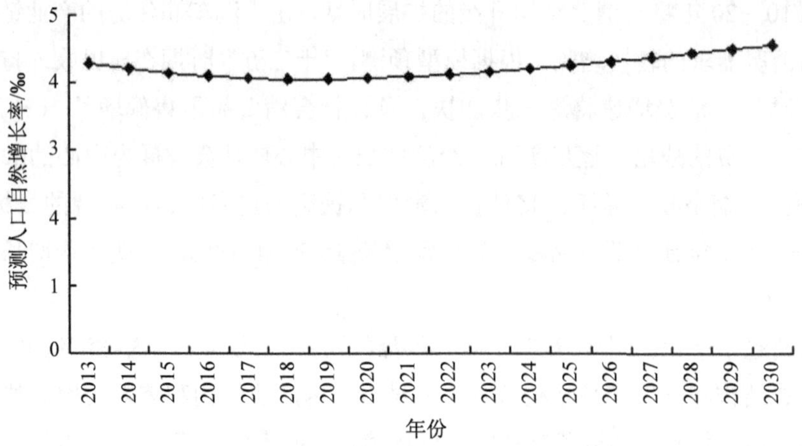

图 1-3-3 2013—2030 年我国人口自然增长率预测结果

（3）2030 年我国人口总量预计达到 14.6 亿人

根据模型预测结果，2020—2030 年我国人口增长率会出现缓慢回升的态势，年平均增速为 4.31‰，但回升幅度不大，基本保持平稳态势。2020 年后人口自然增长率的趋势变化出现略微回升，与我国开始执行“单独二胎”以及未来生育政策的继续放开高度吻合。根据模型预测结果及政策效应分析，我们预测到 2030 年全国总人口达到 14.6 亿人；按下限方案，预计 2030 年人口总量达到 14.49 亿人；按上限方案，预计 2030 年我国人口总量将达到 14.72 亿人（表 1-3-14）。

表 1-3-14 我国人口总量预测结果 单位：万人

年份	低方案	中方案	高方案
2013	135 927	135 985	136 044
2014	136 442	136 558	136 674
2015	136 952	137 125	137 297
2016	137 458	137 687	137 917
2017	137 962	138 248	138 536
2018	138 466	138 810	139 155
2019	138 973	139 374	139 777
2020	139 482	139 942	140 403
2030	144 989	146 093	147 205

3.2.4.2 人口结构变化趋势预测

（1）老龄人口比重大幅上升

按照国际标准，一个地区 60 岁以上老人达到总人口的 10%，或 65 岁以上老人占总人口的 7%，即该地区视为进入老龄化社会。依此标准判断，我国在 2000 年就已进入了老龄化社会。由于经济社会发展水平的提高，医疗、社会保障体系日益完善，全国人口预期寿命进一步上升，全社会老龄人口比重会继续提高。从增长趋势上看，我国 65 岁及以上老龄人口比重呈现明显上升趋势，我们预计到2030年我国老龄人口所占比重平均年增长0.3个百分点，到2030年老龄人口占全社会的比重将达到14.8%，远高于老龄化社会的标准。

（2）适龄劳动人口比重有所下降

在步入老龄化社会的同时，我国劳动力适龄人口比重相应有所下降，自2009年以来我国15～64岁人口比重已经出现下降势头，从74.5%下降到2012年的74.1%。由于“计划生育”政策的执行，我国0～14岁人口比重一直呈现下降趋势，预计未来一定时期内仍将保持下降态势，但由于国家放开“单独二胎”政策已经出台，各地区将陆续开始执行，预计2022年后0～14岁人口比重会逐渐回升。这样导致适龄劳动人口比重会继续有所下降，初步预计到2030年适龄劳动人口（15～64岁）比重会下降到70%左右。劳动力增长速度放慢，同时农业剩余劳动力转移基本结束，我国劳动力供给将呈现紧缺态势，加剧了国民经济结构调整、增长方式转型升级的压力。

3.2.4.3 城镇化率变化趋势预测

近年来，我国城镇化水平稳步提高，城镇化率从1990年的22%上升至2012年的52.57%，其中1990—2000年我国城镇化率水平年均提高1个百分点；2001—2012年我国城镇化率年均提高1.3个百分点。近10年来我国城镇化速度明显加快，主要是由于工业化进程加快，带动了农业剩余劳动力转移速度提高。但随着我国经济增长方式的转型升级，农业剩余劳动力转移基本结束，即“刘易斯拐点”已经出现，未来我国城镇化率水平提升速度会有所放慢。

根据即将出台的《城镇化发展规划》，我国到2020年城镇化率将达到60%左右，年均提高0.9个百分点。由于我国地少人多的基本国情，特大城市已经达到经济人口活动的承载极限，将限制人口的扩张，大城市也将继续控制人口的增长速度，未来城镇化提高主要集中在二三线城市的扩张以及乡村城镇化发展上，因此，我国城镇化率存在上升的极限，城市水资源短缺、空气污染问题日益突出，资源环境面临压力逐步加大，对城镇化率提升的约束作用也将日益增强。预计2020年后，城镇化率水平提高的速度会大幅度放缓，预计2030年我国城镇化水平能达到65%左右。

3.2.5 机动车保有量分析与预测

3.2.5.1 我国机动车保有量现状趋势

（1）汽车销售快速增长是机动车保有量增加的主要因素

2012年我国机动车保有量达到2.22亿辆，其中汽车保有量达到1.09亿辆，摩托车及其他机动车保有量达到1.13亿辆。从增长变化上来看，摩托车及其他机动车保有量增速相对较低，而且2012年出现一定减少，我国机动车保有量增长快速主要来自汽车保有量增速大幅上升所致。2009—2012年我国汽车保有量平均增速达到21%，比2000—2008年增速提高6个百分点，这与2009年以来我国汽车市场井喷效应直接相关，2008年国际金融危机爆发后，我国为促进国内经济增长推出了汽车购置税减半、汽车下乡、节能汽车补贴等一系列刺激汽车消费的政策，使得汽车销量快速增长，2012年全国汽车销量突破2 000万辆，已经成为全球第一大汽车市场。

表 1-3-15 我国机动车保有量 单位：万辆

年份	民用汽车拥有量	其中：私人汽车	其他机动车拥有量	机动车保有总量
2000	1 609	625	4 168	5 777
2001	1 802	771	4 724	6 526
2002	2 053	969	6 174	8 227
2003	2 383	1 219	7 109	9 492
2004	2 694	1 482	7 786	10 479
2005	3 160	1 848	8 595	11 755
2006	3 697	2 333	8 798	12 495
2007	4 358	2 876	9 434	13 792
2008	5 100	3 501	9 757	14 857
2009	6 281	4 575	10 489	16 770
2010	7 802	5 939	11 306	19 107
2011	9 356	7 327	11 549	20 905
2012	10 933	8 839	11 322	22 255

总体来看，尽管摩托车及其他农用车的增速持续下滑，但由于汽车销售量保持较快增长，我国机动车仍维持增长态势，但增速已经出现明显回落，2012 年我国机动车保有总量的增速仅为 6.5%，已经连续两年下滑（图 1-3-4）。

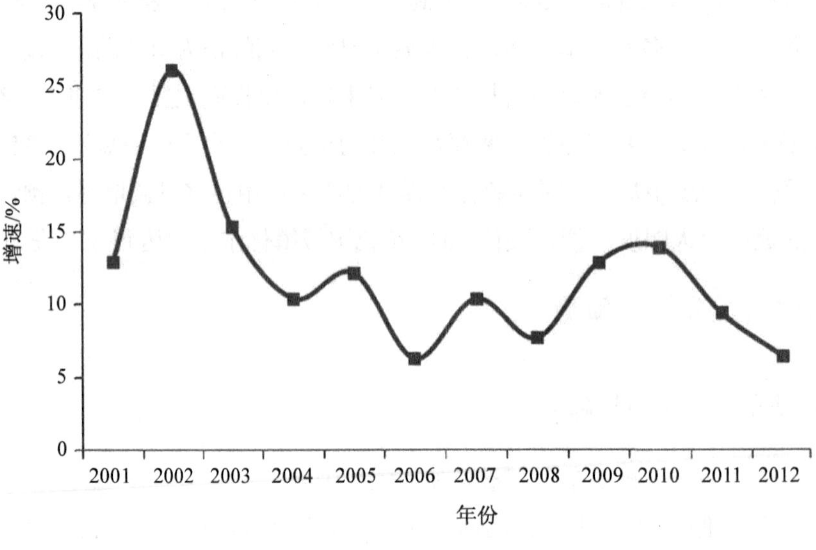

图 1-3-4 我国机动车保有量增速

（2）摩托车及农用类机动车数量会持续减少

机动车保有量增长趋势方面，未来我国机动车增量主要仍来自汽车保有量的增长，由于汽车的普及及价格接受度提高，摩托车及农用类机动车保有量难以大幅上升，原有摩托车及农用类机动车用户会逐渐转向对汽车的购买，2006—2012 年我国摩托车及其他机动车保有量平均增速仅为 4%，比 2000—2005 年平均增速下降了 11.8 个百分点，摩托车及其他机动车增速明显放慢，2012 年摩托车及其他机动车保有量已经有所下降，未来升级换代的趋势会保持下去，预计未来我国机动车保有量增长主要靠汽车销量的增加。

（3）汽车保有量平稳增加

汽车保有量方面，国内经济增长及收入水平的提升，汽车市场潜力快速释放，汽车销量增长快速，但受制于交通拥堵、环境污染及城市容量等因素的限制，我国汽车限购城市增加，除北京、上海、广州、贵阳等城市开始限购以外，最近杭州又加入限购城市行列，预计未来限购城市会继续增多，汽车销量增速会继续下降。汽车销量增速已经从 2009—2010 年的 35%以上的水平下降到 2012 年的 4.3%。2013 年我国汽车销量约 2 200 万辆，同比增长 13.8%。展望未来汽车市场国内销量，由于环境约束日益增强、限购城市增多以及汽车油耗标准提升，国内市场汽车销量会保持相对平稳的增长，汽车市场进入较为成熟的发展阶段（图 1-3-5）。

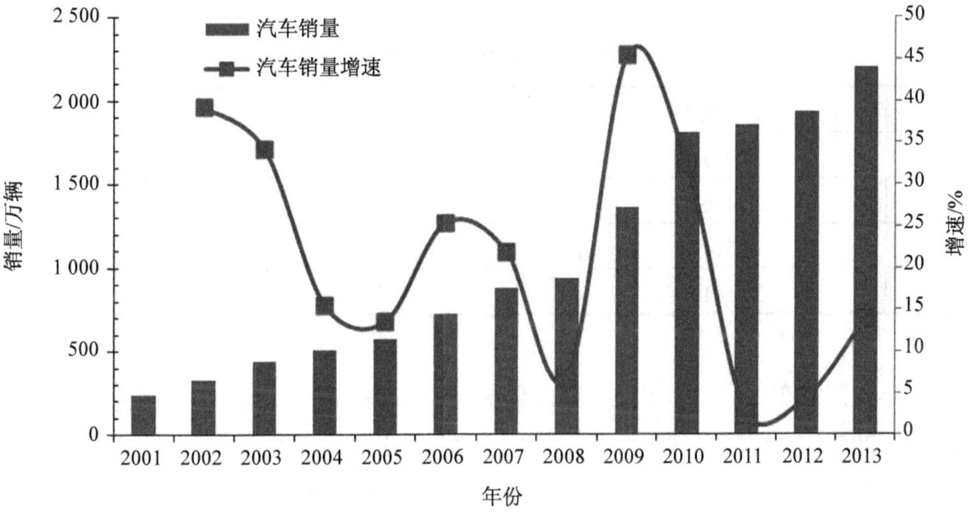

图 1-3-5 我国汽车销量和增速

3.2.5.2 我国机动车保有量预测

（1）影响未来机动车保有量增长的因素分析

目前，我国千人汽车保有量仅为 80 辆左右，离国际平均水平尚有很大差距，只有美国的 1/10，日本的 1/5。但由于我国特殊的国情，现有的城市拥堵、空气污染、能源供应紧张等因素已经显示出我国的汽车保有量存在增长的极限，同时未来的汽车市场更新换代需求所占比重会不断增大，导致汽车保有量增速会逐渐下降。

对于汽车保有量增速的预测，存在很多不确定性因素，由于限购政策覆盖范围不断扩大，以及我国能源价格改革、排放标准提高、停车费上涨压力等因素使得汽车使用成本会继续上升，同时地铁、城轨等城市公共交通体系日益完善，汽车需求会受到一定抑制。同时汽车的更新换代需求会不断扩大，进一步使得汽车销量对汽车保有量增长的影响不确定性增加。我国人多地少、资源紧张、生态环保压力大等特殊国情，决定了我国汽车保有量增长存在限度，汽车销售增速的高峰已经过去，近几年的快速增长势头难以持续。预计 2020 年前，我国汽车销量的增长平均速度会维持 8%左右的水平，2020 年后汽车市场销量会基本保持平稳，以汽车的更新换代比重会快速上升，保有量增速会大幅回落。

（2）“十三五”末期我国机动车保有量将达到 3.5 亿辆

国内各领域专家对汽车需求的预测差别巨大，综合国内专家的预测结果以及结合我们长期的跟踪分析，我们认为到 2020 年之前，我国汽车保有量平均增速会保持在 12%左右，增速下限设定为 10%，增速上限设定为 14%，以此预计“十二五”末期，我国汽车保有量将达到 2.7 亿辆左右；按增速下限作为低方案，预测为 2.34 亿辆；按增速上限作为高方案，预计为 3.12 亿辆。

摩托车及其他机动车方面，由于我国“限摩”城市已经达到 180 个，超过全国 330 个地级以上城市一半，摩托车市场难以继续扩大。在汽车对摩托车及其他机动车存在日益增强的替代作用下，未来摩托车及其他机动车保有量存在下降趋势，预计到 2020 年我国摩托车及农用机动车数量将下降到 8 000 万辆左右，因此总计 2020 年我国机动车保有总量预测值为 3.5 亿辆左右（表 1-3-16）。

表 1-3-16　我国汽车保有量预测结果　　单位：万辆

年份	低方案	中方案	高方案
2012	10 933	10 933	10 933
2020	23 436	27 070	31 188
2025	28 514	34 549	41 736
2030	34 691	44 094	55 852

（3）2030 年我国汽车保有量预计达到 4.9 亿辆

预计 2020—2030 年我国汽车保有量增速会下降到 5%以下。据此推算，预计 2030 年我国汽车保有量会达到 4.3 亿辆左右。以此作为居中方案，同时由于汽车保有量预测影响因素复杂多变，以 2020—2030 年汽车保有量平均增速为 3%作为低方案，增速为 6%作为高方案的测算标准，预计 2030 年我国汽车保有量低方案预测值为 3.47 亿辆，高方案预测值为 5.59 亿辆。

预计 2030 年摩托车及其他机动车保有量会下降到为 5 000 万辆左右，整体上 2030 年我国机动车保有量会达到 4.9 亿辆，基本符合我国国情及经济社会可持续发展的要求。

（4）新能源汽车比重将大幅提升

2012 年，我国新能源汽车保有量只有 1.2 万辆，比重很低。根据国家新能源汽车发展规划，到 2020 年，新能源汽车生产能力达 200 万辆、累计产销量超过 500 万辆，据此估算，到 2030 年我国新能源汽车保有量能突破 5 000 万辆，占全国机动车保有量的 10%左右。

3.3　水资源消耗预测

水是生命之源、生产之要、生态之基，是现代农业生产不可或缺的条件，是经济社会发展不可替代的基础，是生态环境改善不可分割的保障。随着我国人口的增长、生活质量的提高、城市化进程的加快，水资源供需矛盾更加突出，缺水已成为影响我国社会安定、经济发展、粮食安全和生态环境改善的首要制约因素。水资源时空分布不均以及日益严重的水污染形势又加剧了水资源的稀缺性，部分地区已经处于中度甚至重度缺水的范围之内。

3.3.1 水资源当前形势分析

2011 年全国总用水量 6 142.3 亿 m^3，其中生活用水[1]占 12.8%，工业用水占 24.2%，农业用水占 61.1%，生态环境补水（仅包括人为措施供给的城镇环境用水和部分河湖、湿地补水）占 1.9%。随着人口的增加，工业化、城市化水平进一步提高，全国的总用水量仍将不断上涨。随着全面小康社会的推进，未来我国城市用水需求将有较大幅度的增加，对于华北等水资源短缺的北方地区，污水量迅速增加将威胁新、老水源的水质安全，做到合理开发和保护饮用水水源的难度加大。到 21 世纪中叶，我国将实现第三步战略目标，达到中等发达国家水平，基本实现现代化，经济总量进入世界前列，人口将达到 16 亿人，城市化率将达到 65%。这表明水资源供需前景不容乐观。表 1-3-17 列出了 2007—2011 年的水资源情况与供水用水情况。根据图 1-3-6 可以看出，近年来，我国的人均水资源占有量总体呈现下降趋势，同时由于产业结构的升级调整，万元 GDP 用水量逐渐呈现下降趋势。

表 1-3-17 2003—2012 年全国水资源与水环境部分统计指标

项 目	年份				
	2007	2008	2009	2010	2011
人均水资源量/（m^3/人）	1 916.3	2 071.1	1 816.2	2 310.4	1 730.2
供水和用水量/亿 m^3	5 818.7	5 910.0	5 965.2	6 022.0	6 107.2
人均用水量/m^3	441.5	446.2	448.0	450.2	454.4
万元 GDP 用水量/亿 t	245.0	227.0	210.0	191.0	139.0

资料来源：《中国环境统计年鉴（2012）》，中国统计年鉴，2012。

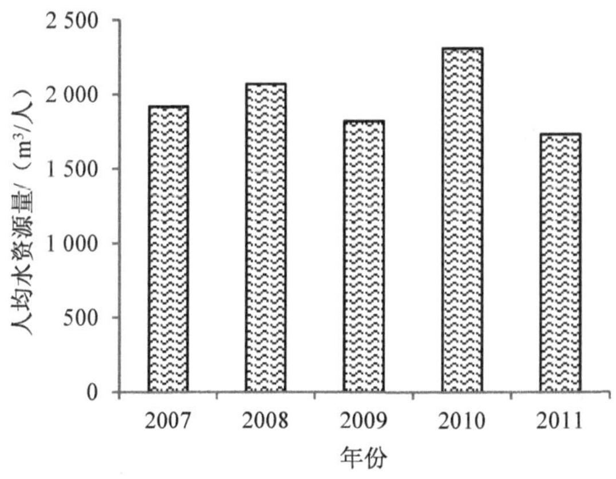

图 1-3-6 人均水资源量

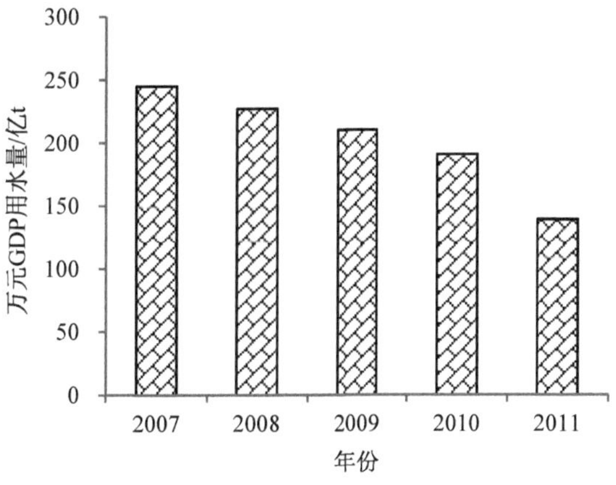

图 1-3-7 万元 GDP 用水量

[1] 与往年相比，将生活用水量中的牲畜用水量调整至农业用水量中。

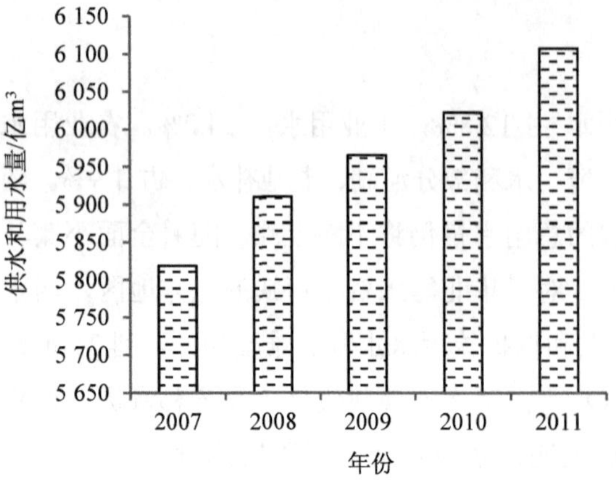

图 1-3-8　供水和用水量

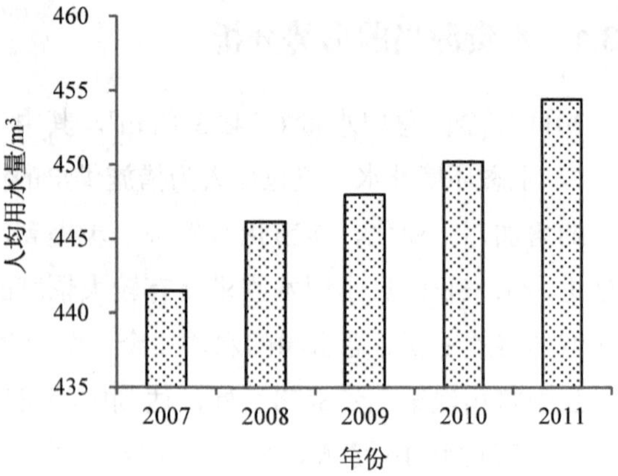

图 1-3-9　人均用水量

3.3.2　预测模型与方法

3.3.2.1　预测思路与技术路线

预测技术路线如图 1-3-10 所示。

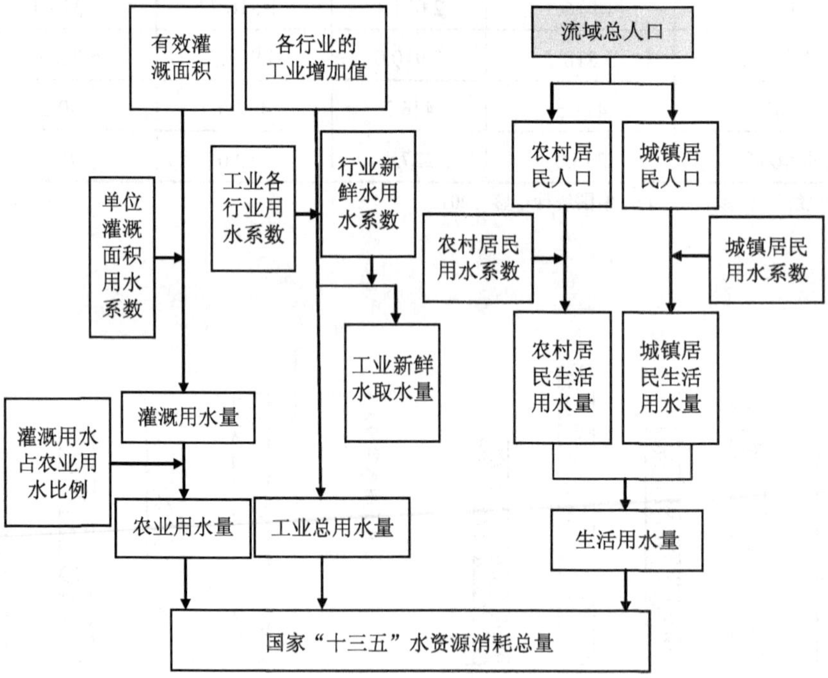

图 1-3-10　水资源消耗预测技术路线

（1）预测指标：用水量、新鲜水取水量、重复用水率。

（2）时间范围：

基准年：2011 年（根据统计数据，可能调整到 2012 年）。

重点时间段：2016 年、2020 年，2025 年，2030 年。

（3）预测情景方案：根据各行业消耗用水的不同，分高、中、低三种情景方案。

（4）主要预测内容：

①农业用水量预测：农业用水包括种植业和林牧渔业两部分，其中，种植业用水量，根据有效灌溉面积和单位面积灌溉用水量测算，然后利用灌溉用水量占农业总用水量的比例测算农业总用水量。

②工业用水量预测：工业用水量利用各行业增加值和各行业的单位增加值用水量测算（分新鲜水取水量和用水量两个指标预测）。

③生活用水量预测：生活用水包括城镇居民和农村居民生活用水两部分，分别按城镇居民、农村居民人口数和城镇居民、农村居民生活用水系数测算。

④生态用水量预测：根据生态用水量占其他3类主要用水量的比例估算生态用水量。

3.3.2.2　预测模型

用水预测包括农业用水量预测、工业用水量预测、生活用水量预测、生态用水量预测以及水资源消耗分解到各地市及流域的预测五部分。

（1）农业用水量预测

种植业用水量的预测模型：

种植业灌溉用水量与单位面积灌溉用水系数和灌溉播种面积密切相关，其计算公式见下式：

$$C_{\mathrm{pw}} = E_{\mathrm{pw}} \cdot S_{\mathrm{ps}}$$

式中：C_{pw}——农田灌溉用水量，亿 m^3；

E_{pw}——单位面积灌溉用水系数，m^3/亩；

S_{ps}——灌溉播种面积，亿亩。

农业用水量预测模型：

农业用水量（C_{Aw}）=种植业灌溉用水量/种植业灌溉用水量占总农业用水量的比例

（2）畜禽养殖用水量预测模型

畜牧业用水量为各种畜禽的养殖用水系数和各种畜禽规模化养殖量乘积的加和。畜牧业用水量的计算公式为：

$$C_{\mathrm{sw}(i)} = E_{\mathrm{sw}(i)} \cdot S_{(i)} \cdot R_{\mathrm{ss}(i)} / 100$$

式中：i——畜禽种类；

$C_{\mathrm{sw}(i)}$——第 i 类畜禽用水量，亿 m^3；

$E_{\mathrm{sw}(i)}$——第 i 类畜禽的单位用水系数，m^3/[（头或只）·a]；

$S_{(i)}$——第 i 类畜禽的养殖量，亿头或亿只；

$R_{\mathrm{ss}(i)}$——第 i 类畜禽的规模化养殖比例，%。

（3）工业用水量预测

根据各行业工业增加值和各行业的单位工业增加值用水量测算各行业工业用水量；各行业工业新鲜水用水量为各行业工业总用水量减去各行业工业重复用水量。

工业总用水量预测：

$$C_{\mathrm{Iw}(j)} = E_{\mathrm{iw}(j)} \cdot P_{\mathrm{i}(j)} / 10^6$$

式中：j——工业行业种类；

$C_{\mathrm{Iw}(j)}$——第 j 类行业的总用水量，亿 m^3；

$P_{\mathrm{i}(j)}$——第 j 类行业工业增加值，亿元；

$E_{\mathrm{iw}(j)}$——第 j 类行业的用水系数，即万元工业增加值用水量，m^3/万元。

工业新鲜水用量预测：

$$C_{\mathrm{ifw}(j)} = C_{\mathrm{iw}(j)}[1 - R_{\mathrm{iwr}(j)}]$$

式中：$C_{\mathrm{ifw}(j)}$——第 j 类行业的新鲜水用量，亿 m^3；

$R_{\mathrm{iwr}(j)}$——第 j 类行业的的重复用水率，%。

（4）生活用水量预测

生活用水包括城镇居民用生活用水和农村居民生活用水，城镇居民生活用水量预测根据城镇居民人口数和城镇居民生活用水系数计算得到，农村居民生活用水量预测根据农村居民人口数和农村居民生活用水系数计算得到。

城镇居民生活用水预测模型：

$$C_{\mathrm{cw}} = C_{\mathrm{tew}} \cdot P_{\mathrm{c}}$$

式中：C_{cw}——城镇生活用水量，亿 m^3；

C_{tew}——城镇人均生活用水量系数，L/（人·d）；

P_{c}——城镇人口数量预测，亿人。

农村居民生活用水预测模型：

$$C_{\mathrm{rw}} = C_{\mathrm{rew}} \cdot P_{\mathrm{r}}$$

式中：C_{rw}——农村生活用水量，亿 m^3；

C_{rew}——农村人均生活用水量系数，L/（人·d）；

P_{r}——农村人口数量预测，亿人。

生活用水量（C_{Lw}）：

$$C_{\mathrm{Lw}} = C_{\mathrm{cw}} + C_{\mathrm{rw}}$$

（5）生态用水量预测

根据生态用水量占（工业、农业、生活之和）总用水量的比例估算。

$$C_{\mathrm{Tw}} = (C_{\mathrm{Aw}} + C_{\mathrm{Iw}} + C_{\mathrm{Lw}}) \cdot \frac{r}{1-r}$$

式中：C_{Tw}——生态用水量，亿 m^3；

C_{Aw}——农业用水量，亿 m^3；

C_{Iw}——工业用水量，亿 m^3；

C_{Lw}——生活用水量，亿 m^3；

r——生态用水量占总用水量的比例，%。

3.3.2.3 模型参数确定

模型参数的预测方法与依据见表 1-3-18。

表 1-3-18 参数的预测方法与依据

行业	指标	预测方法与依据
农业	有效灌溉面积	根据 2007—2011 年统计数据分析，有效灌溉面积总体呈上升趋势，采用时间序列的加权移动平均法，预测未来 2016 年、2020 年、2025 年以及 2030 年的有效灌溉面积数据
	单位灌溉面积用水量	根据 2007—2011 年的现状数，采用线性回归分析，趋势外推方法预测单位灌溉面积用水量
工业	行业增加值	经济预测模块提供
	各行业总用水系数	根据 2007—2011 年各行业的用水系数，进行趋势外推预测得出，增长过程一般符合幂函数的模型，其预测模型为 $R_{\text{iw}(n)(i)}=a\cdot x^b$
	重复用水率	从国内外工业用水再用率统计资料来看，其增长过程一般符合生长曲线模型，宜于用庞伯兹公式来预测，其预测模型为：$R_{\text{iwr}(i)}=R_{\text{iwrs}(i)}\cdot\exp(-be^{-kt})$（具体方法见《经济与环境：2020》）
	各行业新鲜水用水系数	根据 2007—2011 年各行业的新鲜水用水系数，进行趋势外推预测得出，增长过程一般符合幂函数的模型，其预测模型为 $R_{\text{iw}(n)(i)}=a\cdot x^b$
生活	城镇和农村居民人口	人口预测模块提供
	城镇居民人均日用水量	我国城镇居民人均日用水量从 2007 年的 211 L 下降到 2011 年的 198 L（数据来源于《中国水资源公报》），随着城镇人口不断增加，城镇人均日用水量总体呈现下降趋势，采用回归分析，趋势外推方法预测
	农村居民人均日用水量	我国农村居民人均日用水量从 2007 年的 68 L 上升到 2011 年的 82 L（数据来源于《中国水资源公报》），随着农村居民生活水平的提高，未来农村居民的生活用水量必然呈上升趋势，采用时间序列趋势外推方法预测
生态	生态用水量占其他 3 类主要用水量的比例	根据 2007—2011 年的中国水资源公报，近 4 年这一比例从 1.5%提高到了 1.8%左右，预计未来这一比例将呈上升趋势，到 2030 年达到 3.5%

3.3.2.4 模型相关参数系数预测

（1）种植业、生活和生态预测模型相关系数（表 1-3-19）。

表 1-3-19 种植业、生活和生态相关的系数

年份	耕地面积/亿亩	有效灌溉面积/10^3hm^2	单位灌溉面积用水量/（m^3/亩）	城镇居民人均日用水量/L	农村居民人均日用水量（含牲畜用水）/L	生态用水占总用水量的比例/%
2011	18.25	61 681.60	415	198	82	1.8
2016	18.23	61 091.30	387	197	101	2.5
2020	18.22	61 530.10	364	185	120	3.0
2025	18.21	62 078.60	337	177	150	3.2
2030	18.19	62 627.10	310	170	180	3.5

（2）工业用水相关的系数（表 1-3-20）

表 1-3-20 工业各行业总用水系数

单位：t/元

行业	用水系数				
	2011 年	2016 年	2020 年	2025 年	2030 年
煤炭开采和洗选业	0.006 5	0.004 7	0.003 9	0.002 9	0.001 9
石油和天然气开采业	0.004 5	0.003 4	0.002 9	0.002 3	0.001 7
黑色金属矿采选业	0.026 3	0.017 6	0.014 1	0.009 4	0.004 7
有色金属矿采选业	0.026 4	0.021 3	0.019 5	0.017 1	0.014 7
非金属矿采选业	0.014 9	0.012 0	0.011 3	0.010 4	0.009 5
其他采矿业	0.294 6	0.326 8	0.338 6	0.354 4	0.370 2
农副食品加工业	0.012 2	0.009 9	0.008 8	0.007 4	0.006 0
食品制造业	0.015 0	0.012 5	0.011 4	0.009 9	0.008 4
饮料制造业	0.023 4	0.020 2	0.019 2	0.017 9	0.016 6
烟草制品业	0.002 7	0.002 2	0.002 1	0.002 0	0.001 9
纺织业	0.014 1	0.012 0	0.011 0	0.009 7	0.008 4
纺织服装、鞋、帽制造业	0.001 9	0.001 6	0.001 4	0.001 2	0.001 0
皮革、毛皮、羽毛（绒）及其制品业	0.004 4	0.003 9	0.003 7	0.003 4	0.003 0
木材加工及木、竹、藤、棕、草制品业	0.002 1	0.001 5	0.001 2	0.000 8	0.000 4
家具制造业	0.001 4	0.001 4	0.001 3	0.001 2	0.001 1
造纸及纸制品业	0.114 1	0.101 1	0.094 7	0.086 2	0.077 7
印刷业和记录媒介的复制	0.001 1	0.000 9	0.000 8	0.000 7	0.000 6
文教体育用品制造业	0.000 5	0.000 5	0.000 4	0.000 4	0.000 4
石油加工、炼焦及核燃料加工业	0.153 9	0.140 8	0.134 3	0.125 6	0.116 9
化学原料及化学制品制造业	0.118 5	0.097 2	0.087 2	0.073 9	0.060 6
医药制造业	0.024 5	0.021 1	0.019 4	0.017 2	0.015 0
化学纤维制造业	0.144 8	0.123 1	0.112 7	0.098 8	0.084 9
橡胶制品业	0.012 2	0.010 2	0.009 2	0.007 9	0.006 6
塑料制品业	0.001 7	0.001 5	0.001 3	0.001 2	0.001 0
非金属矿物制品业	0.012 0	0.009 8	0.008 7	0.007 3	0.005 9
黑色金属冶炼及压延加工业	0.125 8	0.111 8	0.104 9	0.095 7	0.086 5
有色金属冶炼及压延加工业	0.019 6	0.014 6	0.012 3	0.009 3	0.006 3
金属制品业	0.015 8	0.021 0	0.024 4	0.028 9	0.033 4
通用设备制造业	0.001 2	0.000 8	0.000 6	0.000 5	0.000 4
专用设备制造业	0.003 0	0.002 1	0.001 7	0.001 2	0.000 7
交通运输设备制造业	0.004 0	0.003 2	0.002 8	0.002 3	0.001 8
电气机械及器材制造业	0.001 5	0.001 3	0.001 1	0.001 1	0.001 0
通信设备、计算机及其他电子设备制造业	0.003 6	0.003 0	0.002 8	0.002 6	0.002 4
仪器仪表及文化、办公用机械制造业	0.008 9	0.006 8	0.005 9	0.004 7	0.003 5
工艺品及其他制造业	0.001 1	0.000 9	0.000 7	0.000 6	0.000 5
废弃资源和废旧材料回收加工业	0.002 8	0.003 5	0.003 0	0.002 3	0.001 6
电力、热力的生产和供应业	0.371 0	0.306 0	0.275 4	0.234 6	0.193 8
燃气生产和供应业	0.041 1	0.030 9	0.026 5	0.020 6	0.014 7
水的生产和供应业	0.016 3	0.010 0	0.007 7	0.004 6	0.001 5

表 1-3-21 工业各行业新鲜水用水系数 单位：t/元

行业	新鲜用水系数				
	2011 年	2016 年	2020 年	2025 年	2030 年
煤炭开采和洗选业	0.002 2	0.001 6	0.001 3	0.001 1	0.000 9
石油和天然气开采业	0.000 8	0.000 6	0.000 5	0.000 5	0.000 4
黑色金属矿采选业	0.005 8	0.004 1	0.003 3	0.002 8	0.002 3
有色金属矿采选业	0.010 6	0.007 6	0.006 8	0.006 3	0.005 8
非金属矿采选业	0.003 7	0.002 8	0.002 3	0.002 0	0.001 7
其他采矿业	0.196 5	0.269 2	0.301 4	0.322 9	0.344 4
农副食品加工业	0.005 9	0.004 6	0.004 1	0.003 8	0.003 4
食品制造业	0.005 6	0.004 4	0.003 9	0.003 6	0.003 2
饮料制造业	0.009 9	0.009 6	0.009 2	0.009 0	0.008 7
烟草制品业	0.000 2	0.000 2	0.000 1	0.000 1	0.000 1
纺织业	0.010 1	0.008 7	0.008 0	0.007 6	0.007 1
纺织服装、鞋、帽制造业	0.001 3	0.001 1	0.000 9	0.000 8	0.000 7
皮革、毛皮、羽毛（绒）及其制品业	0.003 2	0.002 9	0.002 7	0.002 6	0.002 5
木材加工及木、竹、藤、棕、草制品业	0.001 0	0.000 7	0.000 5	0.000 4	0.000 3
家具制造业	0.000 8	0.000 8	0.000 8	0.000 8	0.000 8
造纸及纸制品业	0.052 3	0.043 8	0.039 7	0.037 0	0.034 3
印刷业和记录媒介的复制	0.000 5	0.000 4	0.000 3	0.000 3	0.000 2
文教体育用品制造业	0.000 4	0.000 3	0.000 3	0.000 3	0.000 3
石油加工、炼焦及核燃料加工业	0.007 2	0.005 0	0.004 0	0.003 4	0.002 7
化学原料及化学制品制造业	0.011 2	0.008 4	0.007 2	0.006 4	0.005 6
医药制造业	0.004 7	0.003 9	0.003 5	0.003 3	0.003 0
化学纤维制造业	0.013 6	0.010 5	0.009 1	0.008 2	0.007 3
橡胶制品业	0.001 6	0.001 2	0.001 0	0.000 9	0.000 7
塑料制品业	0.000 4	0.000 3	0.000 3	0.000 3	0.000 3
非金属矿物制品业	0.003 0	0.002 3	0.002 0	0.001 8	0.001 6
黑色金属冶炼及压延加工业	0.007 3	0.005 3	0.004 5	0.004 0	0.003 4
有色金属冶炼及压延加工业	0.002 8	0.001 9	0.001 6	0.001 4	0.001 2
金属制品业	0.002 5	0.002 3	0.002 1	0.002 0	0.001 9
通用设备制造业	0.000 6	0.000 4	0.000 3	0.000 3	0.000 2
专用设备制造业	0.000 7	0.000 5	0.000 4	0.000 4	0.000 3
交通运输设备制造业	0.000 8	0.000 5	0.000 4	0.000 4	0.000 3
电气机械及器材制造业	0.000 3	0.000 2	0.000 1	0.000 1	0.000 1
通信设备、计算机及其他电子设备制造业	0.001 2	0.001 2	0.001 3	0.001 4	0.001 4
仪器仪表及文化、办公用机械制造业	0.001 2	0.000 9	0.000 7	0.000 6	0.000 5
工艺品及其他制造业	0.000 7	0.000 6	0.000 5	0.000 5	0.000 4
废弃资源和废旧材料回收加工业	0.001 7	0.001 8	0.001 9	0.002 0	0.002 0
电力、热力的生产和供应业	0.068 7	0.050 6	0.042 7	0.037 5	0.032 2
燃气生产和供应业	0.003 5	0.002 5	0.002 0	0.001 7	0.001 4
水的生产和供应业	0.010 3	0.005 7	0.004 2	0.003 2	0.002 2

3.3.3 预测结果与分析

3.3.3.1 未来农业用水量预测结果

通过对 2008—2012 年《中国统计年鉴》和《中国环境统计年鉴》的统计数据资料进行分析可知，从 2007—2011 年，全国耕地有效灌溉面积总体呈现增长趋势（图 1-3-11）。同时，结合国家当前对农业耕地保护政策、保障措施及农田水利基础设施建设等，对未来农业有效灌溉面积进行了预测，如图 1-3-12、图 1-3-13 所示。

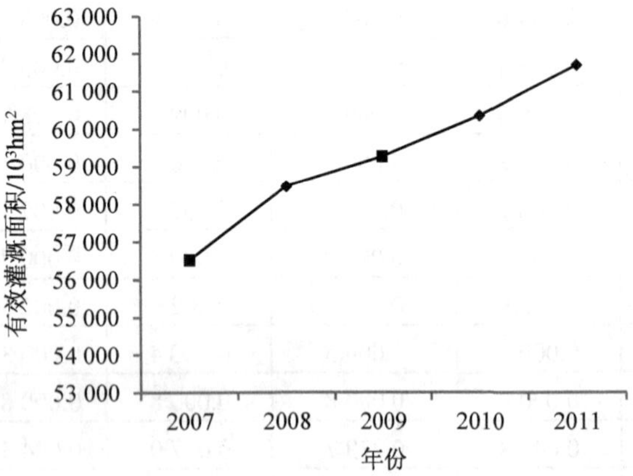

图 1-3-11 2007—2011 年耕地有效灌溉面积变化趋势

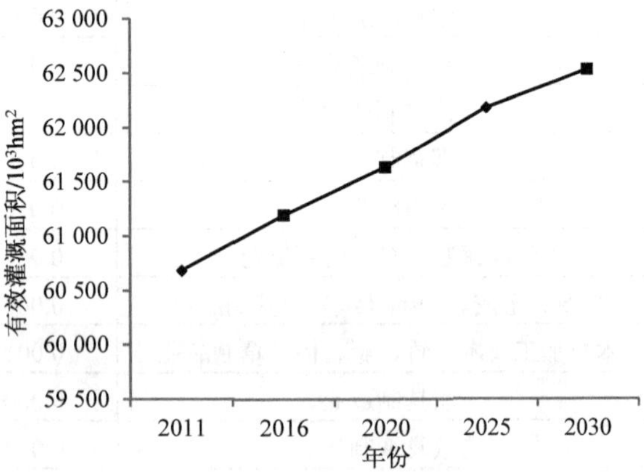

图 1-3-12 未来农业耕地有效灌溉面积变化趋势

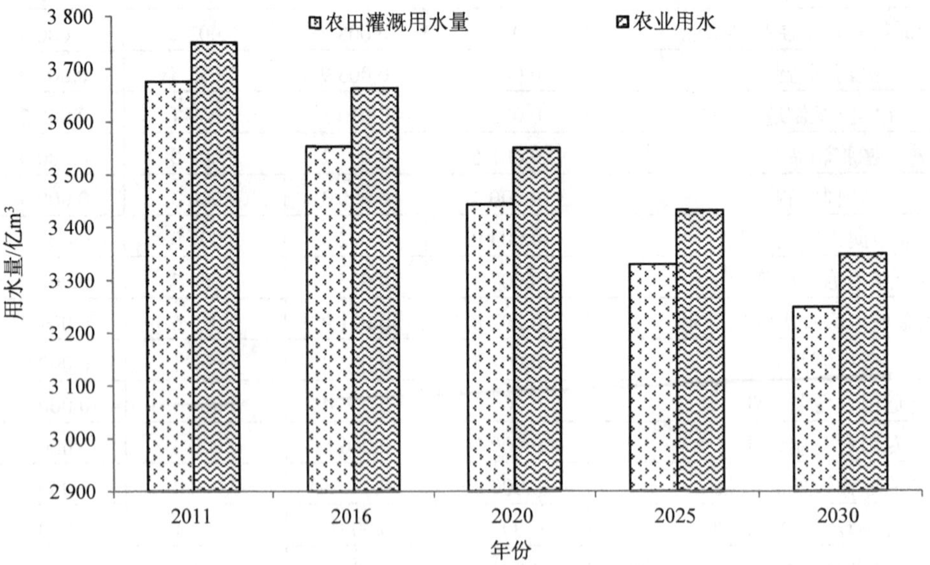

图 1-3-13 未来种植业和农业用水预测

根据未来国家大力实施农田保护措施和全面提高农业种植技术，大力推进农田水利基础设施建设，综合提高农业节水灌溉技术措施，农业用水效率不断提升，未来农业用水量呈现逐渐下降趋势。根据农业用水消耗预测模型对未来农业灌溉用水量和农业用水量进行了预测。预测结果表明，2011 年农业用水量达到 3 750.3 亿 m^3，到 2016 年农业用水量达到 3 663.3 亿 m^3，“十二五”期间，农业用水量下降了 1.4%；“十三五”期间随着农业现代化技术的不断提高，水资源利用率得以提升，到 2020

年农业用水量下降到 3 549.9 亿 m^3，与“十二五”相比“十三五”期间农业用水量下降了 4.0%。未来将进一步提供农业种植技术和节水技术，农业对水资源耗水将逐步呈现下降趋势（表 1-3-22）。

表 1-3-22　灌溉播种面积、耕地面积和灌溉用水定额和用水量

年份	有效灌溉面积/10^3hm^2	单位灌溉面积用水量/（m^3/亩）	种植业用水量/亿 m^3	农业用水量/亿 m^3
2011	60 681.6	415	3 675.3	3 750.3
2016	61 191.3	387	3 553.4	3 663.3
2020	61 630.1	364	3 443.4	3 549.9
2025	62 178.6	337	3 329.3	3 432.2
2030	62 527.1	310	3 248.3	3 348.7

3.3.3.2　未来工业用水量预测结果

通过对工业用水量增长趋势的分析可知，工业用水量不仅要依赖于对增长速度、产值规模的正确判断，而且更重要的是对工业化过程中工业结构演变规律的深刻理解和对未来工业结构正确的识别判断。从我国的现状工业用水结构（图 1-3-14）来看，除电力、热力的生产和供应行业外，黑色金属冶炼及压延加工业、化工学原料及化学制品制造业、石油加工加工、炼焦及核燃料加工业、造纸及纸制品业这 5 个行业对工业用水增长影响最大。工业结构在工业化过程中变化很大，根据工业化进程的规律，化工、钢铁和机械电子工业是工业化中期的主导部门；造纸工业也是在工业化初期和中期发展较快。当这 5 个部门在工业化后期变为缓慢增长或零增长时，整个工业用水将趋向零增长。同时，根据工业化过程中产业结构演变的规律，重化工业在工业化后期一般不再扩张，甚至萎缩，这正是发达国家近 20 多年工业用水量（特别是制造业用水量）几乎为零增长的原因。

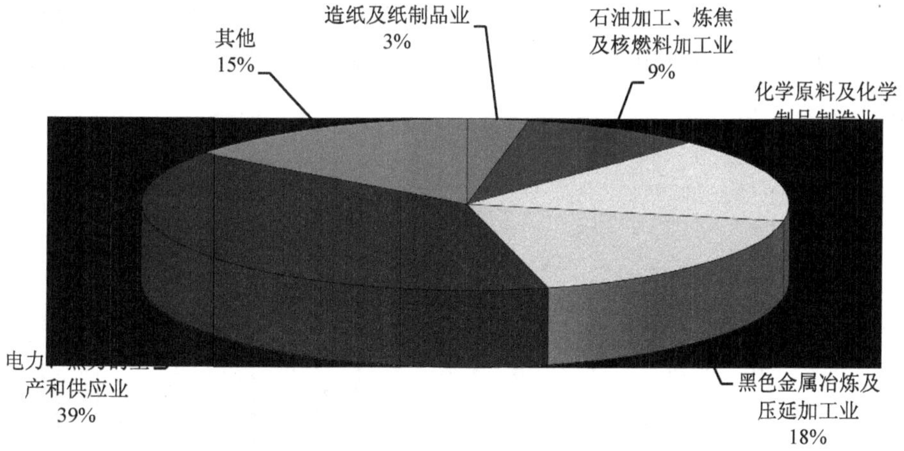

图 1-3-14　2011 年我国工业用水结构

由于当前到 2030 年仍是我国工业的高速增长扩张期，因此，到 2030 年我国对工业用水量的需求还达不到发达国家工业后期几乎为零的程度。根据图 1-3-14 预测结果可知，随着未来工业经济的高速发展，2011—2030 年我国工业用水量仍将呈现上升趋势，工业总用水量增长了 11%。随着工艺技术的不断进步、工业水资源重复利用率的不断提高，未来工业水资源重复用水量不断增加，水资源利用效率也不断提高。图 1-3-15 表示了 2011—2030 年工业用水量、工业新鲜水取水量及重复用水量的变化趋势，随着工业经济快速增长，工业重复用水量增长趋势较为明显，工业重复用水量由 2011 年的 7 484.88 亿 m^3 增长到了 2030 年的 8 811.52 亿 t，增长了 15.0%。随着工业经济的高速增长，未来对新鲜水的利用仍将呈现缓慢增长趋势，2011 年新鲜水用水量占总用水量的比例为 16.7%，而到 2030 年新鲜水取水量占总用水量的比例为 19.3%，表明随着水资源利用率的提高，重复用水量将持续加大，新鲜水在未来工业总用水量中的比重将呈现下降趋势。

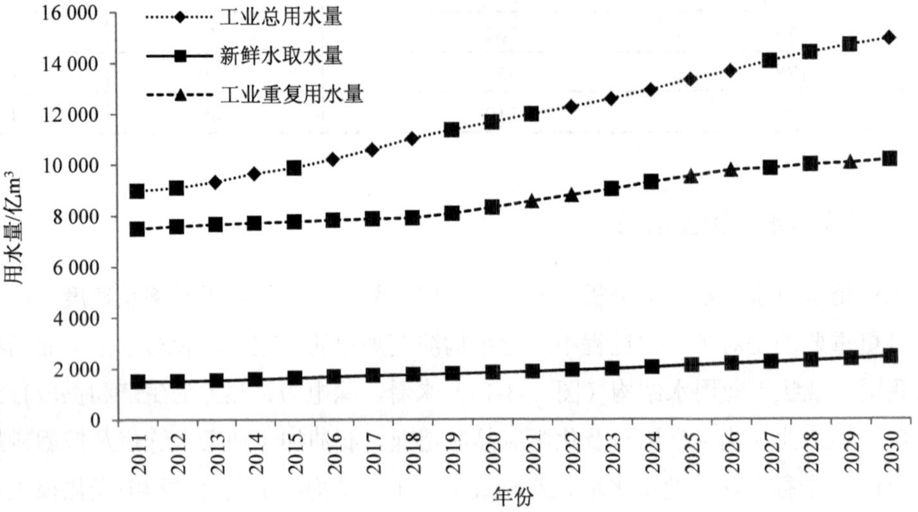

图 1-3-15 2011—2030 年工业用水量、新鲜水取水量、重复用水量的变化趋势

3.3.3.2.1 工业用水量仍将持续增长

2011 年，工业用水总量为 8 970.38 亿 m^3，预测结果表明，2011—2030 年，工业用水总量仍将呈现持续增长的态势（图 1-3-16）。到 2016 年、2020 年、2025 年以及 2030 年，工业总用水量分别达到 10 204.78 亿 t、11 650.37 亿 t、13 330.15 亿 t 以及 14 923.24 亿 t，相对于 2011 年分别增加了 12.10%、23.00%、32.71%以及 39.89%，2021—2030 年由于水资源利用率的进一步提高，水资源用水量增速将有所放缓。

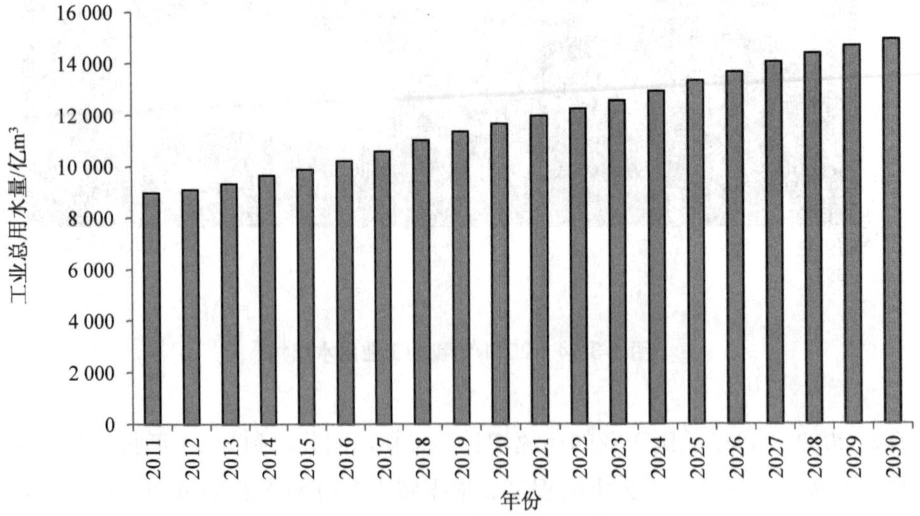

图 1-3-16 2011—2030 年工业用水量变化趋势

从工业行业用水结构来看，电力、热力的生产和供应业，黑色金属冶炼及压延加工业，化学原料及化学制品制造业，石油加工、炼焦及核燃料加工业以及造纸 5 大行业的发展对用水需求依然较大，从表 1-3-23 可以看出，虽然这五大行业单位产值的用水系数呈逐步减小的趋势，总体来讲，用水需求仍呈现增长趋势。2011 年，这 5 大行业用水需求分别为 3 480.13 亿 t、1 669.16 亿 t、1 529.41 亿 t、744.84 亿 t 以及 291.16 亿 t，这 5 大行业用水需求将占整个工业行业用水量的 86%，其中电力行业用水需求占 38.8%；到 2016 年，这 5 大行业用水需求将分别为 3 589.33 亿 t、1 849.49 亿 t、1 754.29 亿 t、793.42 亿 t 以及 324.85 亿 t，5 大行业用水需求将占整个工业行业用水量的 87%，其中电力行业用水需求占 40.0%；到 2020 年，这 5 大行业的用水需求分别达到 3 753.21 亿 t、3 753.21 亿 t、2 293.56 亿 t、926.05 亿 t 以及 414.05 亿 t，占整个工业行业用水量的 85%，其中电力行业用水需求占 41.8%。到 2025 年，这 5 大行业的用水需求分别达到 4 070.73 亿 t、2 530.91 亿 t、2 563.31 亿 t、1 073.79 亿 t 以及 523.02 亿 t，其中电力行业用水需求占 45.38%。到 2030 年，5 大行业用水需求将分别达到 4 279.85 亿 m^3、2 758.71 亿 m^3、2 925.09 亿 m^3、1 203.98 亿 m^3 以及 644.98 亿 m^3，其中电力行业用水需求占 47.71%。总体来看，这 5 大行业用水量均呈现总量增加。

表 1-3-23 各行业用水量和用水系数的预测

行业	用水系数/（t/元）					用水量/亿 t				
	2011 年	2016 年	2020 年	2025 年	2030 年	2011 年	2016 年	2020 年	2025 年	2030 年
煤炭开采和洗选业	0.006 5	0.004 7	0.003 9	0.002 9	0.001 9	73.04	60.53	58.81	50.25	39.00
石油和天然气开采业	0.004 5	0.003 4	0.002 9	0.002 3	0.001 7	34.59	25.61	23.42	20.11	15.85
黑色金属矿采选业	0.026 3	0.017 6	0.014 1	0.009 4	0.004 7	69.40	75.73	84.44	80.99	56.29
有色金属矿采选业	0.026 4	0.021 3	0.019 5	0.017 1	0.014 7	43.29	47.50	56.84	67.71	75.36
非金属矿采选业	0.014 9	0.012 0	0.011 3	0.010 4	0.009 5	16.66	20.09	26.42	35.18	44.00
其他采矿业	0.294 6	0.326 8	0.338 6	0.354 4	0.370 2	1.13	1.87	2.61	3.76	5.15
农副食品加工业	0.012 2	0.009 9	0.008 8	0.007 4	0.006 0	109.60	117.20	130.99	140.50	137.89
食品制造业	0.015 0	0.012 5	0.011 4	0.009 9	0.008 4	49.41	57.93	71.29	89.82	105.33
饮料制造业	0.023 4	0.020 2	0.019 2	0.017 9	0.016 6	78.75	95.02	122.27	165.37	211.97
烟草制品业	0.002 7	0.002 2	0.002 1	0.002 0	0.001 9	10.70	10.95	13.25	16.57	19.98
纺织业	0.014 1	0.012 0	0.011 0	0.009 7	0.008 4	92.33	100.44	111.38	118.45	112.65
纺织服装、鞋、帽制造业	0.001 9	0.001 6	0.001 4	0.001 2	0.001 0	5.88	6.12	6.68	6.90	6.32
皮革毛皮羽毛（绒）及其制品业	0.004 4	0.003 9	0.003 7	0.003 4	0.003 0	8.66	9.86	11.22	12.43	12.05
木材加工及木竹藤棕草制品业	0.002 1	0.001 5	0.001 2	0.000 8	0.000 4	4.24	4.51	5.02	4.93	3.51
家具制造业	0.001 4	0.001 4	0.001 3	0.001 2	0.001 1	1.46	2.00	2.53	3.32	4.21
造纸及纸制品业	0.114 1	0.101 1	0.094 7	0.086 2	0.077 7	291.40	339.30	414.05	523.02	644.98
印刷业和记录媒介的复制	0.001 1	0.000 9	0.000 8	0.000 7	0.000 6	1.02	1.26	1.59	2.04	2.47

行业	用水系数/（t/元）					用水量/亿 t				
	2011 年	2016 年	2020 年	2025 年	2030 年	2011 年	2016 年	2020 年	2025 年	2030 年
文教体育用品制造业	0.000 5	0.000 5	0.000 4	0.000 4	0.000 4	0.33	0.46	0.54	0.78	1.11
石油加工、炼焦及核燃料加工业	0.153 9	0.140 8	0.134 3	0.125 6	0.116 9	755.45	815.12	926.05	1 073.79	1 203.98
化学原料及化学制品制造业	0.118 5	0.097 2	0.087 2	0.073 9	0.060 6	1 450.82	1 841.09	2 235.17	2 563.31	2 925.09
医药制造业	0.024 5	0.021 1	0.019 4	0.017 2	0.015 0	100.95	141.83	199.95	297.61	419.02
化学纤维制造业	0.144 8	0.123 1	0.112 7	0.098 8	0.084 9	145.58	175.69	219.85	282.70	346.49
橡胶制品业	0.012 2	0.010 2	0.009 2	0.007 9	0.006 6	19.01	22.49	27.80	35.01	41.72
塑料制品业	0.001 7	0.001 5	0.001 3	0.001 2	0.001 0	5.19	6.47	7.93	10.74	12.77
非金属矿物制品业	0.012 0	0.009 8	0.008 7	0.007 3	0.005 9	115.29	138.02	170.11	210.91	244.70
黑色金属冶炼及压延加工业	0.125 8	0.111 8	0.104 9	0.095 7	0.090 0	1 642.07	1 966.29	2 293.56	2 530.91	2 758.71
有色金属冶炼及压延加工业	0.019 6	0.014 6	0.012 3	0.009 3	0.006 3	134.08	154.26	168.46	161.55	133.86
金属制品业	0.015 8	0.021 0	0.024 4	0.028 9	0.033 4	74.21	150.39	243.88	423.68	691.99
通用设备制造业	0.001 2	0.000 8	0.000 6	0.000 5	0.000 4	10.47	8.84	9.31	10.87	11.81
专用设备制造业	0.003 0	0.002 1	0.001 7	0.001 2	0.000 7	17.14	15.80	16.66	16.06	12.43
交通运输设备制造业	0.004 0	0.003 2	0.002 8	0.002 3	0.001 8	49.25	57.02	68.57	81.42	88.47
电气机械及器材制造业	0.001 5	0.001 3	0.001 1	0.001 1	0.001 0	14.42	17.91	21.49	31.06	39.21
通信计算机及其他电子设备制造业	0.003 6	0.003 0	0.002 8	0.002 6	0.002 4	35.60	42.02	53.20	69.01	86.34
仪器仪表及文化办公用机械制造业	0.008 9	0.006 8	0.005 9	0.004 7	0.003 5	14.07	15.49	17.93	19.95	20.13
工艺品及其他制造业	0.001 1	0.000 9	0.000 7	0.000 6	0.000 5	1.57	1.67	1.71	1.91	2.01
废弃资源和废旧材料回收加工业	0.002 8	0.003 5	0.003 0	0.002 3	0.001 6	1.34	2.22	2.36	2.35	2.07
电力、热力的生产和供应业	0.362 0	0.340 0	0.320 0	0.308 0	0.290 0	3 454.56	3 606.44	3 753.21	4 070.73	4 279.85
燃气生产和供应业	0.041 1	0.030 9	0.026 5	0.020 6	0.014 7	30.69	44.35	65.30	91.15	103.22
水的生产和供应业	0.016 3	0.010 0	0.007 7	0.004 6	0.001 5	6.76	4.97	4.53	3.30	1.28
总计						8 970.38	10 204.78	11 650.37	13 330.15	14 923.24

3.3.3.2.2 工业新鲜水取水量缓慢增长

2011 年，工业行业新鲜水取水量为 1 492.94 亿 t，预测结果表明，2012—2030 年，工业用水总量仍将呈现持续增长（图 1-3-17），到 2016 年、2020 年、2025 年以及 2030 年，工业总用水量将分别达到 1 678.24 亿 t、1 821.17 亿 t、2 118.40 亿 t 以及 2 428.59 亿 t，相对于 2011 年分别增加了 11.04%、18.02%、29.53%以及 38.53%。

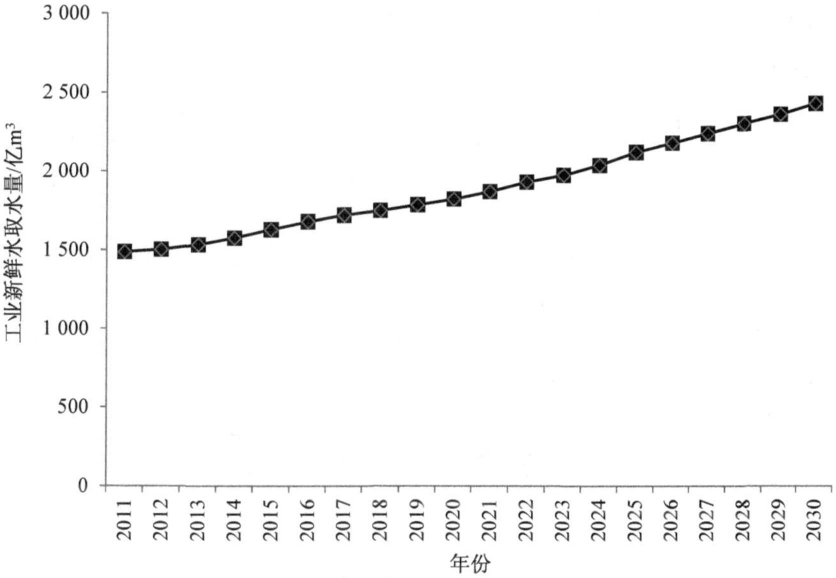

图 1-3-17 工业新鲜水取水量变化趋势

2011 年，工业行业取水量最大的 5 大行业分别是电力行业，黑色金属冶炼及压延加工业，化学原料及化学制品制造业，造纸及纸制品业和纺织业，取水量分别为 769.70 亿 t、91.96 亿 t、92.03 亿 t、122.59 亿 t 以及 64.40 亿 t，分别占到工业行业总的取水量的 51.77%、6.18%、6.19%、8.24%以及 4.33%；到 2016 年，这 5 大行业的取水量将分别为 832.51 亿 t、95.95 亿 t、108.22 亿 t、141.97 亿 t 以及 70.82 亿 t，将分别占到工业行业总的取水量的 51.12%、5.89%、6.65%、8.72%以及 4.35%；到 2020 年，5 大行业取水量将分别达到 880.18 亿 t、100.58 亿 t、133.29 亿 t、172.70 亿 t 以及 79.99 亿 t，这 5 大行业取水量将占整个工业行业取水量的 48.33%、5.52%、7.32%、9.48%以及 4.39%；到 2025 年，5 大行业取水量将分别达到 951.03 亿 t、110.51 亿 t、151.63 亿 t、224.50 亿 t 以及 91.59 亿 t，这 5 大行业取水量将占整个工业行业取水量的 44.89%、5.22%、7.16%、10.60%以及 4.32%；到 2030 年，5 大行业取水量将分别达到 1 059.55 亿 t、119.54 亿 t、165.76 亿 t、265.63 亿 t 以及 100.58 亿 t，这 5 大行业取水量将占整个工业行业取水量的 43.63%、4.92%、6.83%、10.94%以及 4.14%（表 1-3-24）。

从取水量上看，由图 1-3-18 可以看出，这 5 大取水大户电力行业，化学原料及化学制品制造业，造纸及纸制品业，黑色金属冶炼及压延加工业和纺织业新鲜水取水量趋势仍将继续增加。除电力、热力的生产和供应业外，其他 4 个重点行业的新鲜水取水量增长趋势比较缓慢。随着钢铁行业产能过剩问题的解决，产业结构调整以及技术进步，黑色金属冶炼及压延加工业的取水量也呈现缓慢增长趋势。

表 1-3-24 各行业预测年的取水系数和新鲜水用水量

行业	取水系数/（t/元）					取水量/亿 t				
	2011 年	2016 年	2020 年	2025 年	2030 年	2011 年	2016 年	2020 年	2025 年	2030 年
煤炭开采和洗选业	0.002 0	0.001 6	0.001 2	0.001 2	0.000 6	22.65	20.83	18.10	21.54	12.32
石油和天然气开采业	0.000 7	0.000 6	0.000 5	0.000 5	0.000 4	5.38	4.40	4.04	3.93	3.73
黑色金属矿采选业	0.005 3	0.004 1	0.003 3	0.002 8	0.002 3	14.01	17.40	19.76	24.13	27.54
有色金属矿采选业	0.010 0	0.007 6	0.006 6	0.006 3	0.005 8	16.43	16.84	19.09	24.95	29.73
非金属矿采选业	0.003 5	0.002 8	0.002 2	0.002 0	0.001 7	3.91	4.61	5.20	6.76	7.87
其他采矿业	0.196 5	0.269 2	0.300 0	0.322 9	0.344 4	0.75	1.54	2.31	3.43	4.79
农副食品加工业	0.005 6	0.004 6	0.004 1	0.003 8	0.003 4	50.31	55.03	61.03	71.20	78.14
食品制造业	0.005 5	0.004 4	0.003 9	0.003 6	0.003 2	18.18	20.47	24.39	32.21	40.12
饮料制造业	0.009 9	0.009 6	0.009 2	0.009 0	0.008 7	33.15	45.10	58.59	82.69	111.09
烟草制品业	0.000 2	0.000 2	0.000 1	0.000 1	0.000 1	0.81	0.88	0.63	0.83	1.05
纺织业	0.010 0	0.008 7	0.007 9	0.007 5	0.007 2	64.40	72.76	79.99	91.59	100.58
纺织服装、鞋、帽制造业	0.001 3	0.001 1	0.000 9	0.000 8	0.000 7	4.02	4.15	4.29	4.60	4.42
皮革毛皮羽毛（绒）及其制品业	0.003 2	0.002 9	0.002 7	0.002 6	0.002 5	6.30	7.16	8.19	9.51	10.04
木材加工及木竹藤棕草制品业	0.001 0	0.000 7	0.000 5	0.000 4	0.000 3	2.02	1.95	2.09	2.47	2.63
家具制造业	0.000 8	0.000 8	0.000 8	0.000 8	0.000 8	0.83	1.17	1.56	2.21	3.06
造纸及纸制品业	0.050 0	0.045 0	0.039 5	0.037 0	0.032 0	122.59	151.06	172.70	224.50	265.63
印刷业和记录媒介的复制	0.000 5	0.000 4	0.000 3	0.000 3	0.000 2	0.44	0.54	0.60	0.73	0.82
文教体育用品制造业	0.000 4	0.000 3	0.000 3	0.000 3	0.000 3	0.26	0.29	0.40	0.59	0.83
石油加工、炼焦及核燃料加工业	0.006 5	0.005 0	0.004 0	0.003 4	0.002 7	31.92	28.80	27.58	28.64	27.81
化学原料及化学制品制造业	0.010 8	0.008 4	0.007 0	0.006 3	0.005 0	92.03	113.68	133.29	151.63	165.76
医药制造业	0.004 7	0.003 9	0.003 5	0.003 3	0.003 0	19.37	26.11	36.07	56.23	83.80
化学纤维制造业	0.013 0	0.010 5	0.009 1	0.008 2	0.007 3	13.07	14.91	17.75	23.46	29.79
橡胶制品业	0.001 6	0.001 2	0.001 0	0.000 9	0.000 7	2.49	2.71	3.02	3.77	4.42
塑料制品业	0.000 4	0.000 3	0.000 3	0.000 3	0.000 3	1.26	1.34	1.83	2.68	3.83
非金属矿物制品业	0.003 0	0.002 3	0.002 0	0.001 8	0.001 6	28.82	32.56	39.11	52.00	66.36
黑色金属冶炼及压延加工业	0.006 7	0.005 5	0.004 5	0.004 0	0.003 8	91.96	96.73	100.58	110.51	119.54
有色金属冶炼及压延加工业	0.002 5	0.001 9	0.001 5	0.001 4	0.001 2	17.10	20.14	20.54	24.32	25.50
金属制品业	0.002 5	0.002 3	0.002 1	0.002 0	0.001 9	11.54	16.09	20.99	29.32	39.36
通用设备制造业	0.000 6	0.000 4	0.000 3	0.000 3	0.000 2	4.80	4.42	4.66	5.44	5.91
专用设备制造业	0.000 7	0.000 5	0.000 4	0.000 4	0.000 3	3.78	3.62	3.92	4.69	5.33
交通运输设备制造业	0.000 8	0.000 5	0.000 4	0.000 4	0.000 3	8.73	8.53	9.80	12.39	14.75
电气机械及器材制造业	0.000 3	0.000 2	0.000 1	0.000 1	0.000 1	2.49	2.51	1.95	2.82	3.92
通信计算机及其他电子设备制造业	0.001 2	0.001 2	0.001 3	0.001 4	0.001 4	11.37	17.45	24.70	35.83	50.36
仪器仪表及文化办公用机械制造业	0.001 2	0.000 9	0.000 7	0.000 6	0.000 4	1.90	1.94	2.13	2.55	2.30
工艺品及其他制造业	0.000 7	0.000 6	0.000 5	0.000 5	0.000 4	1.05	1.13	1.22	1.43	1.61
废弃资源和废旧材料回收加工业	0.001 7	0.001 8	0.001 9	0.002 0	0.002 0	0.81	1.15	1.49	1.99	2.58
电力、热力的生产和供应业	0.063 5	0.060 0	0.053 0	0.050 0	0.052 0	769.70	851.92	880.18	951.03	1 059.55
燃气生产和供应业	0.003 5	0.002 5	0.002 0	0.001 7	0.001 4	2.62	3.51	4.93	7.52	9.83
水的生产和供应业	0.008 8	0.005 7	0.004 2	0.003 2	0.002 2	3.65	2.83	2.47	2.30	1.87
总计						1 486.88	1 678.24	1 784.53	2 118.40	2 428.59

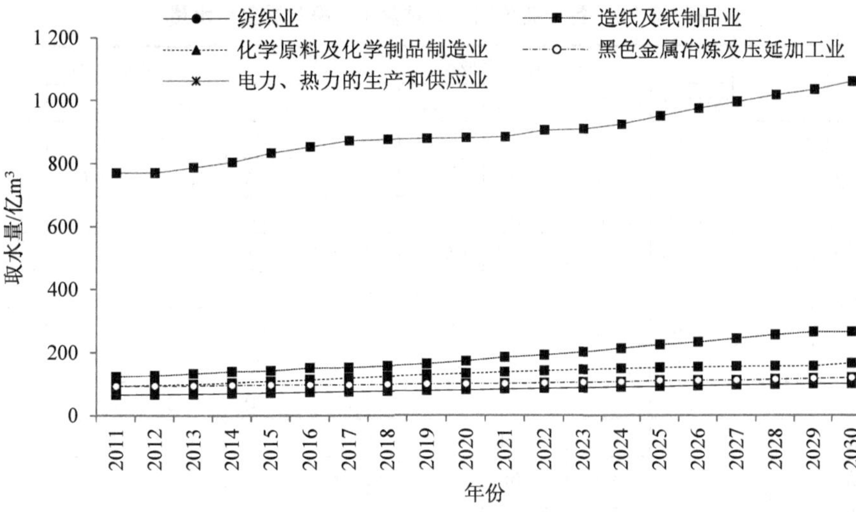

图 1-3-18 五大重点行业新鲜取水量变化趋势

3.3.3.2.3 工业重复用水量不断增长

图 1-3-19 显示了 2011—2030 年电力、热力的生产和供应业，黑色金属冶炼及压延加工业，化学原料及化学制品制造业，石油加工、炼焦及核燃料加工业，造纸业及纸制品业这五大行业的重复用水量以及其变化趋势。从图中可以看出石油加工、炼焦及核燃料加工业以及黑色金属冶炼及压延加工业的重复用水率在 5 个行业中是最高的，并呈现逐年上涨的趋势，在 2011 年、2016 年、2020 年、2025 年以及 2030 年分别达到了 93.99%、95.01%、95.66%、96.32%以及 97.01%；93.02%、93.99%、94.51%、95.08%以及 95.70%；其中，造纸业的重复用水率是最低的，并且依照本书的用水系数和取水系数的预测方法，如果按照目前的用水和取水趋势，造纸行业的重复用水率将变化不大，在 2011 年、2016 年、2020 年、2025 年以及 2030 年分别达到了 23.13%、31.24%、31.38%以及 30.88%，还有较大的提升空间，这点需要引起关注。此外，造纸行业的重复用水率在 2011 年为 52.33%，到 2016 年、2020 年、2025 年以及 2030 年分别达到 54.9%、56.23%、59.09%以及 62.55%，电力行业的重复用水率在 2011 年为 83.11%，到 2016 年、2020 年、2025 年以及 2030 年分别达到 83.00%、85.04%、88.23%以及 89.22%，也有一定的提升空间，应给予适当的关注（表 1-3-25）。

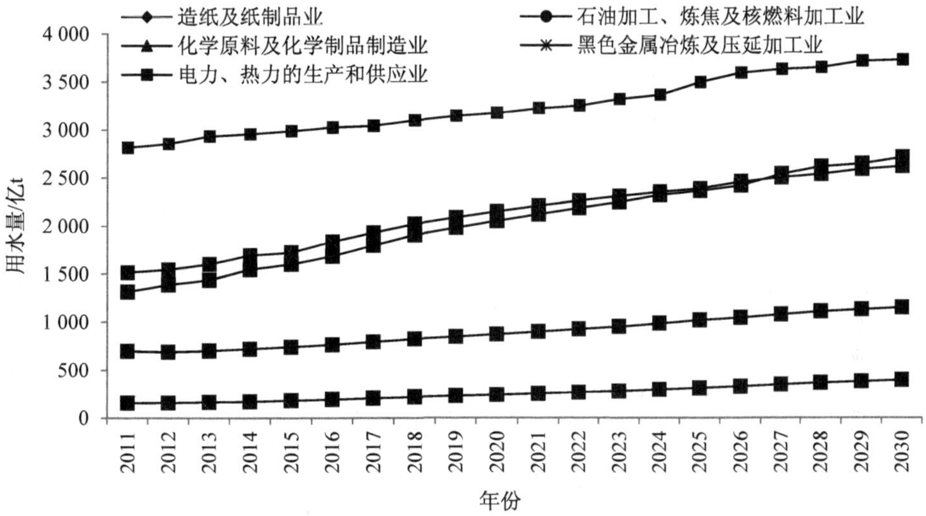

图 1-3-19 五大重点行业重复用水量变化趋势

表 1-3-25 各行业预测年的重复用水率和重复用水量

行业	重复用水率/%					重复用水量/亿 t				
	2011 年	2016 年	2020 年	2025 年	2030 年	2011 年	2016 年	2020 年	2025 年	2030 年
煤炭开采和洗选业	66.77	66.18	66.03	65.73	65.43	48.77	40.06	38.83	33.03	25.52
石油和天然气开采业	83.27	83.82	84.04	84.48	84.92	27.76	20.70	18.98	16.38	12.99
黑色金属矿采选业	77.91	76.87	76.55	75.91	75.27	54.06	58.22	64.64	61.48	42.37
有色金属矿采选业	60.08	64.71	65.06	65.77	66.48	26.01	30.73	36.98	44.53	50.10
非金属矿采选业	75.34	78.15	79.70	82.80	85.9	12.55	15.70	21.06	29.13	37.80
其他采矿业	33.40	18.47	14.99	8.79	2.59	0.38	0.35	0.39	0.33	0.13
农副食品加工业	52.06	52.87	53.10	53.57	54.04	57.06	61.96	69.55	75.27	74.52
食品制造业	62.54	64.82	65.50	66.86	68.22	30.90	37.55	46.70	60.05	71.85
饮料制造业	57.86	52.43	51.94	50.96	49.98	45.56	49.82	63.51	84.27	105.94
烟草制品业	92.23	93.23	93.66	94.52	95.38	9.86	10.21	12.41	15.66	19.06
纺织业	28.56	27.04	26.58	25.66	24.74	26.36	27.16	29.60	30.39	27.87
纺织服装、鞋、帽制造业	31.31	31.10	30.88	30.45	30.02	1.84	1.90	2.06	2.10	1.90
皮革毛皮羽毛（绒）及其制品业	26.45	28.44	29.12	30.48	31.84	2.29	2.80	3.27	3.79	3.84
木材加工及木竹藤棕草制品业	51.40	55.86	57.19	59.86	62.53	2.18	2.52	2.87	2.95	2.19
家具制造业	41.55	39.22	38.80	37.97	37.14	0.61	0.79	0.98	1.26	1.56
造纸及纸制品业	54.24	57.16	58.02	59.74	61.46	158.04	193.95	240.23	312.45	396.40
印刷业和记录媒介的复制	57.63	58.94	59.47	60.53	61.59	0.59	0.74	0.95	1.23	1.52
文教体育用品制造业	24.26	25.61	27.21	30.42	33.63	0.08	0.12	0.15	0.24	0.37
石油加工、炼焦及核燃料加工业	95.34	96.67	97.01	97.69	98.37	697.58	763.53	870.58	1 016.77	1 148.24
化学原料及化学制品制造业	90.62	91.48	91.73	92.23	92.73	1 314.73	1 684.23	2 050.32	2 364.14	2 712.44
医药制造业	80.94	81.73	81.96	82.43	82.9	81.70	115.91	163.88	245.32	347.37
化学纤维制造业	90.67	91.63	91.90	92.45	93	131.99	160.98	202.04	261.36	322.24
橡胶制品业	86.85	88.32	88.74	89.59	90.44	16.51	19.86	24.67	31.37	37.73
塑料制品业	76.19	77.18	77.52	78.21	78.9	3.95	4.99	6.15	8.40	10.07
非金属矿物制品业	74.79	76.59	77.11	78.16	79.21	86.22	105.70	131.17	164.84	193.83
黑色金属冶炼及压延加工业	94.25	95.39	95.70	96.32	96.94	1 514.81	1 836.32	2 149.06	2 387.15	2 619.12
有色金属冶炼及压延加工业	86.13	87.05	87.32	87.86	88.4	115.48	134.28	147.10	141.94	118.34
金属制品业	84.13	90.11	91.51	94.31	97.11	62.43	135.52	223.17	399.58	671.99
通用设备制造业	53.03	49.86	48.89	46.96	45.03	5.55	4.41	4.55	5.11	5.32
专用设备制造业	76.86	78.08	78.41	79.07	79.73	13.17	12.34	13.06	12.70	9.91
交通运输设备制造业	81.54	85.17	86.15	88.12	90.09	40.16	48.56	59.08	71.74	79.71
电气机械及器材制造业	81.40	85.66	86.79	89.06	91.33	11.74	15.34	18.65	27.66	35.81
通信计算机及其他电子设备制造业	67.34	56.09	53.06	47.01	40.96	23.97	23.57	28.23	32.44	35.36
仪器仪表及文化办公用机械制造业	86.19	87.75	88.19	89.08	89.97	12.13	13.59	15.81	17.77	18.11
工艺品及其他制造业	34.18	29.07	27.57	24.57	21.57	0.54	0.48	0.47	0.47	0.43
废弃资源和废旧材料回收加工业	39.76	43.08	34.98	18.78	2.58	0.53	0.95	0.82	0.44	0.05
电力、热力的生产和供应业	81.52	83.85	84.51	85.83	87.15	2 816.15	3 024.00	3 171.84	3 493.91	3 729.89
燃气生产和供应业	91.52	92.16	92.34	92.71	93.08	28.09	40.87	60.30	84.50	96.08
水的生产和供应业	37.47	44.54	46.18	49.46	52.74	2.53	2.22	2.09	1.63	0.67
总计						7 484.88	8 702.92	9 996.20	11 543.80	13 068.62

3.3.3.3 未来生活用水量预测结果

3.3.3.3.1 城镇生活用水量缓慢增加

根据城镇生活用水量计算公式和城镇人均用水系数、城镇人口的预测结果预测了 2016—2030 年城镇生活用水量，结果见表 1-3-26，图 1-3-20 给出了未来城镇生活用水部分的变化趋势。随着经济和城市化进程的发展，以及城市居民生活水平的提高和公共市政设施范围的不断扩大和完善，城市人口、人均用水系数和用水普及率都在相应地增加，因此，在整个预测期内城市生活用水量都呈增长之势。

表 1-3-26 农村、城镇以及生活总用水量预测

年份	生活用水量/亿 t	城镇居民用水量/亿 t	农村居民用水量/亿 t
2011	789.2	500.9	288.2
2016	834.2	539.8	294.4
2020	863.6	560.6	303.0
2025	880.8	573.2	307.6
2030	902.8	581.0	321.8

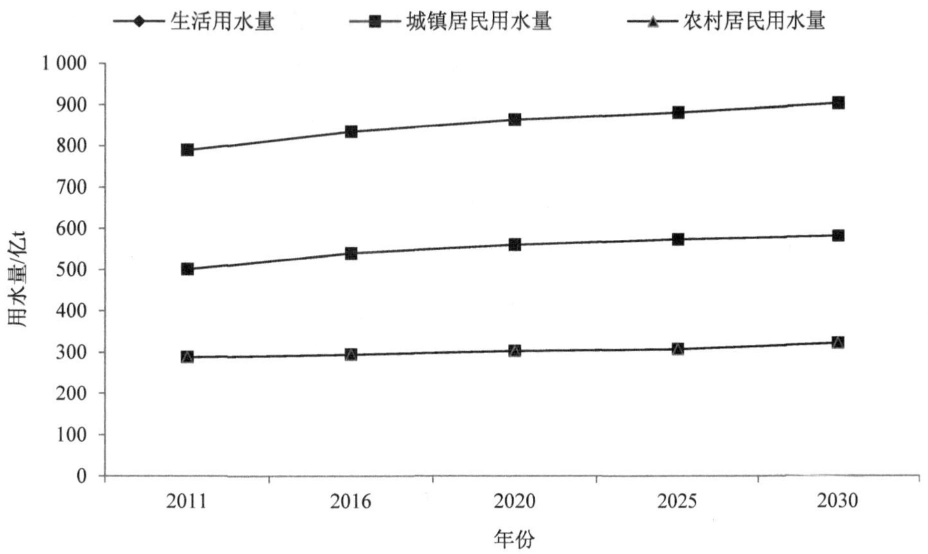

图 1-3-20 2011—2030 年生活取水量和相关指标的变化趋势

根据预测，2011—2030 年，随着城镇人口的不断增长，城镇人均日用水量逐渐呈现下降趋势，而随着农村人口的不断减少，农村人均日用水量均呈上升趋势。到 2016 年、2020 年、2025 年以及 2030 年，城镇人均日用水量分别比 2011 年下降 0.51%、6.57%、10.61%以及 14.14%；农村人均日用水量分别比 2011 年增长 18.81%、31.67%、45.33%以及 54.44%，农村的增长快于城镇。在预测年间，城镇人口逐年上升，农村人口出现负增长，在 2016 年、2020 年、2025 年以及 2030 年，城镇人口分别比 2011 年增长 12.9%、21.19%、29.57%以及 36.34%；农村人口分别比 2011 年下降 9.82%、18.14%、28.54%以及 38.93%。

2011 年，生活总的用水量为 789.2 亿 t，到 2016 年、2020 年、2025 年以及 2030 年，将分别达到 834.2 亿 t、863.6 亿 t、880.8 亿 t 以及 902.8 亿 t，分别比 2011 年增加 5.39%、8.62%、10.40%以及 12.59%；城镇的生活用水量将分别达到 539.8 亿 t、560.0 亿 t、573.2 亿 t 以及 581.0 亿 t，分别比 2011 年增加 7.20%、10.64%、12.61%以及 13.78%；农村的生活用水量将分别达到 294.4 亿 t、303.0 亿 t、307.6 亿 t 以及 321.8 亿 t，分别比 2011 年增加 2.09%、4.87%、6.29%以及 10.42%。从预测结果可以看出，城镇生活用水量和农村生活用水量均呈现逐步增加的趋势，尽管农村人口数出现负增长，但是由于农村人均用水量增加趋势较快，农村生活用水总量的增长仍快于城镇。根据预测，“十三五”期间，生活用水的增长迅速，2020 年，总的生活用水量相对于 2011 年增加 8.62%，到 2030 年生活用水量的增加趋缓，2030 年相对于 2020 年增加 4.34%。

3.3.3.3.2 农村生活用水量迅速增长

农村居民生活用水量的预测结果见表 1-3-26，从各项指标的变化趋势来看，预测期内农村人口不断下降，但生活用水系数不断增加，总体来看，农村生活用水量呈现增加趋势。2016 年、2020 年、2025 年以及 2030 年，农村的生活用水量将分别达到 294.4 亿 t、303.0 亿 t、307.6 亿 t 以及 321.8 亿 t，分别比 2011 年增加 2.09%、4.87%、6.29%以及 10.42%。

3.3.3.4 未来总用水量预测结果

表 1-3-27 为 2011—2030 年整个预测期内用水量的预测结果。从图 1-3-21 中可以看出，目前工业用水占总用水的比重较高，从长远发展趋势来看工业用水量仍将持续增长。从预测结果来看，未来工业和生活用水量将呈快速增长趋势，农田灌溉用水量在“十二五”期间呈现下降趋势。

图 1-3-21 为预测重点年的工业、农业、生活以及生态用水的比例变化柱状图。根据表 1-3-27 预测结果，2020 年全国的用水量将达到 6 381.42 亿 m^3，比 2011 年增加 3.74%，其中，工业用水增加 18.02%，农业用水下降 5.65%，生活用水增加占 8.62%，生态用水增加 24.66%；“十三五”期间，全国的用水量将继续上升，预计到 2030 年全国的用水量将达到 6 886.69 亿 m^3，比 2020 年增加 7.34%，其中，工业用水增加 25.01%，农业用水下降 6.01%，生活用水增加 4.34%，生态用水增加 28.96%。可以看出，农业用水的比重在逐年下降，工业、生活和生态用水的比重在逐年上升，“十二五”和“十三五”期间水资源需求的所有增长都将来自工业、生活和生态用水。

表 1-3-27 预测年份各个部门的用水需求 单位：亿 t

年份	用水需求总量预测	农业用水需求总量	工业新鲜水取水量	生活用水需求总量	生态用水需求总量
2011	6 142.99	3 750.32	1 492.94	789.16	110.57
2016	6 295.26	3 663.26	1 678.24	834.16	119.61
2020	6 381.42	3 549.91	1 821.17	863.57	146.77
2025	6 589.56	3 432.24	2 118.40	880.77	158.15
2030	6 886.69	3 348.71	2 428.59	902.78	206.60

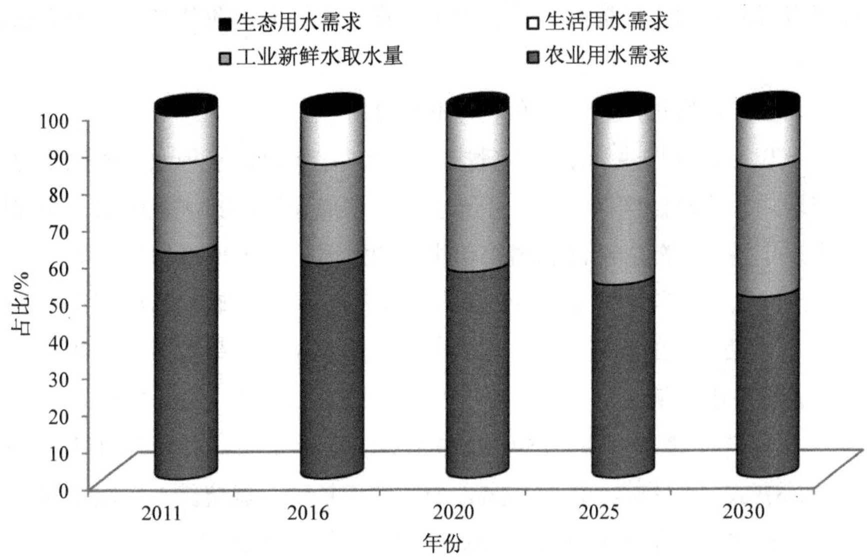

图 1-3-21 工业、农业、生活及生态用水所占比例预测变化趋势

3.3.4 结论与建议

3.3.4.1 结论

（1）农业节水效率不断提高，用水比重明显下降

“十二五”期间，由于农业节水技术的不断提高，大力加强农田基础设施建设，全国农业用水量逐年呈现下降。2011 年全国农业用水量为 4 266.31 亿 m^3，到 2015 年农业用水量下降到 3 984.13 亿 m^3，“十二五”期间农业用水量下降 6.61%。“十三五”期间，随着不断调整农业生产结构，实施高效的水资源管理措施，制定科学的灌溉制度，完善农田水利基础工程设施，因地制宜地推广各种节水技术，有效提高农业用水的利用率，促进传统农业向集约化农业转变，形成了工程节水、农业节水、管理节水的农业高效用水技术体系，农业耗水逐渐减少，农业用水总体呈现稳定下降的趋势。到 2020 年农业用水量下降为 3 732.83 亿 m^3，“十三五”期间农业用水量下降 5.27%。根据预测到 2030 年农业用水量下降为 3 235.73 亿 m^3，农业用水的比重逐年下降。

（2）工业用水持续增长，重复用水效率不断提高

按照“十二五”规划纲要要求，到“十二五”末，中国万元工业增加值用水量要下降 30%。工业取水量占总取水量的 1/4 左右，其中高用水行业取水量占工业总取水量 60%左右。由于从现在到 2030 年仍是我国工业的高速增长扩张期，因此，到 2030 年我国对工业用水量的需求还达不到发达国家工业后期几乎为零的程度。根据预测结果可知，随着未来工业经济的高速发展，从 2011—2030 年我国的工业用水量仍将呈现上升趋势。根据工业水资源消耗预测模型预测得到的结果可知，到 2016 年、2020 年、2025 年、2030 年工业新鲜水用水量分别达到 1 678.24 亿 m^3、1 821.17 亿 m^3、2 118.40 亿 m^3、2 642.94 亿 m^3。随着未来通过实施工业用水多元化（如城市污水回用、海水淡化的综合利用等）、大力推广工业节水新工艺、积极采用工业节水新技术、调整工业生产结构、加大政策与法规的执行力度，工业行业新鲜水取水降逐渐减少。2011 年新鲜水用水量占总用水量的比例为 15.0%，而到 2030 年新鲜水取水量占总用水量的比例为 14.3%，工业新鲜水取水量在总用水量所占的比例呈现下降趋

势，也即表明随着水资源利用率的提高，重复用水量将持续加大，新鲜水在未来工业总用水量中的比重将呈现下降趋势。

（3）生活用水未来稳步增长，重复用水效率不断提高

20 世纪 80 年代以来，我国生活用水总量持续增加，在国民经济用水中的比重稳步提高，人均生活用水定额逐年增加。用水定额增长地区差异明显，东部最快，其次是中部，西部增长最慢，城市水资源需求压力逐年增大。随着经济和城市化进程的发展，以及城市居民生活水平的提高和公共市政设施范围的不断扩大和完善，城市人口、人均用水系数和用水普及率都在相应增加。根据预测，2011—2030 年，随着城镇人口的不断增长，城镇人均日用水量逐渐呈现下降趋势，而随着农村人口的不断减少，农村人均日用水量均呈上升趋势。到 2016 年、2020 年、2025 年以及 2030 年，城镇人均日用水量分别比 2011 年下降 0.51%、6.57%、10.61%以及 14.14%；农村人均日用水量分别比 2011 年增长 18.81%、31.67%、45.33%以及 54.44%，农村的增长快于城镇。在预测年间，城镇人口逐年上升，农村人口出现负增长，在 2016 年、2020 年、2025 年以及 2030 年，城镇人口分别比 2011 年增长 12.9%、21.19%、29.57%以及 36.34%；农村人口分别比 2011 年下降 9.82%、18.14%、28.54%以及 38.93%。从预测结果的变化趋势来看，预测期内农村人口不断下降，但生活用水系数不断增加，总体来看农村生活用水量呈现增加趋势。

3.3.4.2 建议

我国对水资源缺乏统一规划和管理，水资源开发建设与使用管理分属不同部门，造成管理工作上的混乱。未来我国水资源的供需矛盾仍将十分突出，区域性缺水将是水资源短缺的主要表现形式。

（1）以改善生态环境为根本和切入点，实现水资源的可持续利用

经济建设要充分考虑水土资源条件和生态环境保护的要求，合理确定与调整经济结构和产业布局，要在保护生态的前提下加快发展，根据水资源条件确定重点发展区域和发展重点，实现资源的优化配置，提高区域的资源环境承载能力。要把水资源的开发利用与节约保护结合起来。对于污染严重地区，应将改善水环境作为区域社会经济发展的首要目标，果断地关停严重污染环境的小企业，加大污染治理力度。全面开展水资源与水环境保护规划工作，逐步建立完整的、科学的全国水资源规划体系。

（2）建立面向流域/区域生态保护的水环境分区管理格局，强化地表水和地下水、流域和近岸海域的统筹管理

加强饮用水水源规范化建设、风险防范。强化水质良好水体的优先保护。强化流域环境综合整治，加大农村环境污染治理力度，制定有毒有害化学品淘汰清单，制定“一湖一策”科学方案，合理规划水资源利用方式，保障河道生态流量；统筹陆海管理，建立海岸带生态红线管理制度。

（3）实施流域水环境综合管理，以水环境保护优化产业发展、城镇发展和资源开发利用

加大水污染防治投入和治理力度，有效控制主要污染物排放量，并逐步拓展总量控制范围，完善污染物总量控制制度。逐步改善流域水环境质量，维护和恢复水生态系统系统健康，全面构建水环境安全的生态空间格局。完善水环境保护相关法律法规和标准规范，提高环境监督执法、监控预警和风险管理能力，增强公众的水环境保护意识，促进流域可持续发展，支撑美丽中国建设目标的实现。

3.4 能源消耗预测

能源是国民经济的重要基础，我国能源资源总量丰富，分布广泛，但人均能源资源拥有量较低，能源资源分布不均衡。我国是能源生产和消费大国，随着工业化和城镇化进程的加速推进，能源需求持续增长，能源供需矛盾也越来越突出，长期以煤为主的能源结构也为环境保护带来巨大压力。

3.4.1 能源当前形势分析

3.4.1.1 能源消费量持续快速增长，能源强度不断降低

改革开放以来，随着工业化和城镇化进程的不断加快，我国的能源消费总量也快速增长，1980 年我国能源消费总量仅为 6.03 亿 t 标煤，2000 年增长到 14.55 亿 t 标煤，20 年间增长了 141.45%，年均增长 7.07%。2001 年，随着我国加入世界贸易组织，国民经济进入了一个新的发展阶段，能源消费总量激增，到 2012 年我国能源消费总量已达到 36.17 亿 t 标煤，比 2000 年增长了 140.50%，年均增长 7.88%（图 1-3-22）。

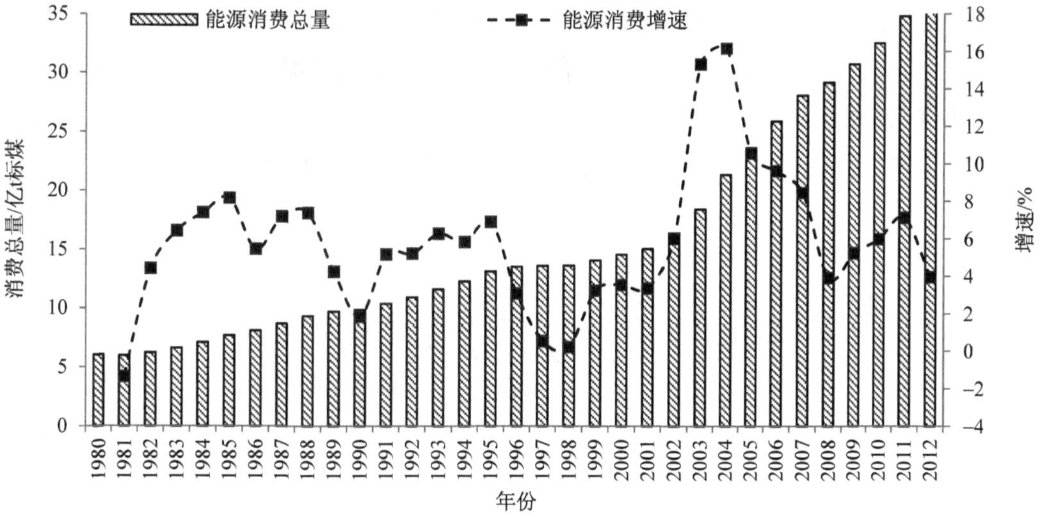

图 1-3-22 1980—2012 年能源消费总量

从能源消费强度来看，改革开放以来，随着人民生活水平的日益提高，人均能源消费量不断提升，从 1980 年的 0.611 t 标煤/人提高到 2000 年的 1.148 t 标煤/人，年均增长 3.2%。2001 年以后，人均能源消费量加速增长，到 2012 年人均能源消费量已达到 2.672 t 标煤/人，比 2000 年提高 132.7%，年均增长 7.3%。另外，由于工业化、城镇化进程的不断加快，以及行业技术水平、能源利用效率的不断提升，我国单位 GDP 能源消费强度呈现下降趋势，1980 年我国单位 GDP 能源消费量为 13.3 t 标煤/万元，2005 年达到 5.0 t 标煤/万元，到 2012 年下降至 3.8 t 标煤/万元，比 2005 年下降 23.9%（图 1-3-23）。

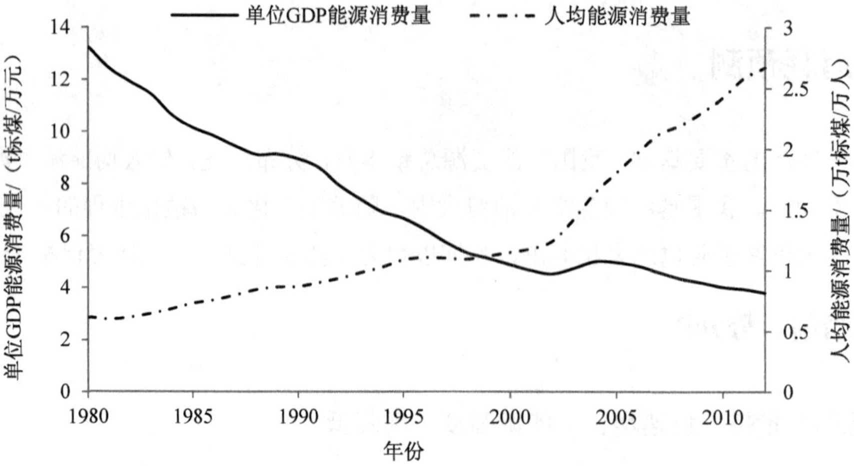

图 1-3-23 1980—2012 年单位 GDP 能源消费量及人均能源消费量

我国的能源消费情况区域间差异较大，能源消费量较多的省份集中在东、中部地区，而西部地区各省能源消费相对较少。2011 年能源消费量排名前四位的省份分别为山东、河北、广东和江苏，这 4 个省份 2011 年共计消费能源 12.27 亿 t 标煤，占全国能源消费总量的 29.1%，而排名末四位的甘肃、宁夏、青海和海南 4 省（区）共计消费能源 1.56 亿 t 标煤，仅占全国能源消费总量的 3.7%。虽然能源消费量呈现东多西少的态势，但从各省能源消费强度来看，由于东部地区工业化程度高，生产工艺先进，东部地区各省单位 GDP 能源消费量普遍较低，而西部地区则相对较高。例如，广东省 2011 年单位 GDP 能源消费量为 0.563 t 标煤/万元，仅为同期宁夏单位 GDP 能源消费量的 24.7%，由此可见我国未来在能源利用效率方面还有较大的提升空间（图 1-3-24、图 1-3-25）。

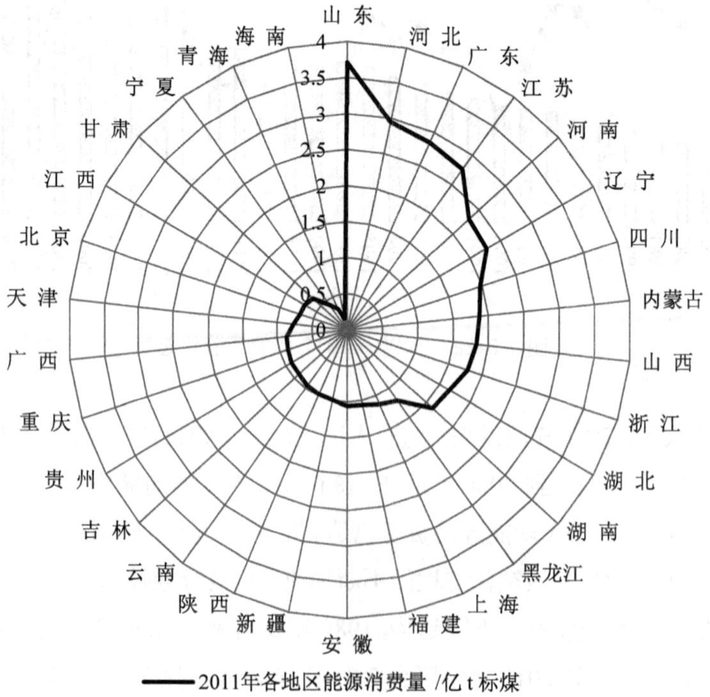

图 1-3-24 2011 年中国各地区能源消费量（西藏暂无数据，港、澳、台地区未统计）

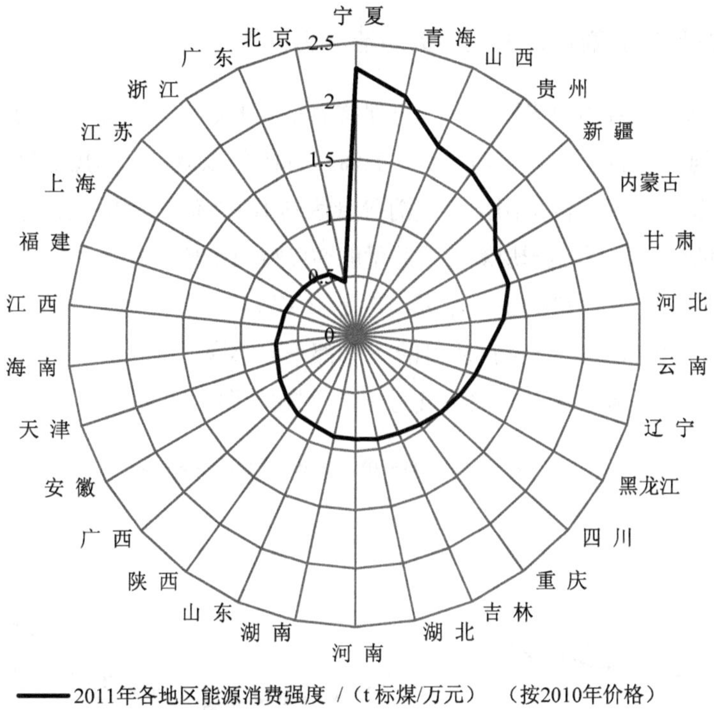

图 1-3-25 2011 年中国各地区能源消费强度（西藏暂无数据，港、澳、台地区未统计）

3.4.1.2 清洁能源比例仍然较小，能源消费结构失衡

在我国的一次能源消费结构中，煤炭一直占据着较高的比例，约 70%。随着相对清洁的天然气和其他能源（水电、核电、风电等）的逐步推广使用，煤炭在能源消费总量中的所占比例有所下降，2012 年降低至 66.6%，而相对清洁的天然气和其他能源（水电、核电、风电等）比重有所提升，2012 年清洁能源比例达到 14.6%，比 2000 年提高 6 个百分点，但总体占比仍然较小。与发达国家相比，我国能源消费结构中石油、天然气占比过低，以煤为主的能源消费结构加大了环境、生态保护的压力（表 1-3-28）。

表 1-3-28 我国能源消费总量及结构

年份	能源消费总量/万 t 标煤	煤炭/%	石油/%	天然气/%	水电、核电、风电/%
2000	145 531	69.2	22.2	2.2	6.4
2001	150 406	68.3	21.8	2.4	7.5
2002	159 431	68.0	22.3	2.4	7.3
2003	183 792	69.8	21.2	2.5	6.5
2004	213 456	69.5	21.3	2.5	6.7
2005	235 997	70.8	19.8	2.6	6.8
2006	258 676	71.1	19.3	2.9	6.7
2007	280 508	71.1	18.8	3.3	6.8
2008	291 448	70.3	18.3	3.7	7.7
2009	306 647	70.4	17.9	3.9	7.8
2010	324 939	68.0	19.0	4.4	8.6
2011	348 002	68.4	18.6	5.0	8.0
2012	361 732	66.6	18.8	5.2	9.4

3.4.1.3 煤炭消费量快速增长，大气污染防治压力巨大

作为煤炭消费大国，我国煤炭消费量一直保持着增长的趋势。1980—2000 年，我国煤炭消费量由 43.6 亿 t 标煤增长到 97 亿 t 标煤，年均增长 4.08%。2001 年以后，我国煤炭消费量迅速增长，2005 年超越美国成为世界第一大煤炭消费国，煤炭消费量达到 161.2 亿 t 标煤。到 2012 年，我国的煤炭消费量已经达到 267.6 亿 t 标煤，占全球煤炭消费总量的 50.2%，比 2000 年增长了 275.8%，年均增长 8.82%。煤炭消费是造成煤烟型大气污染的主要原因，也是温室气体排放的主要来源。我国二氧化硫排放量的 90%、烟尘排放量的 70%、二氧化碳排放量的 70%都来自燃煤。从图 1-3-26 中可以看出，2001 年以来我国的煤炭消费量大幅提升，这对我国大气污染防治提出了巨大挑战。

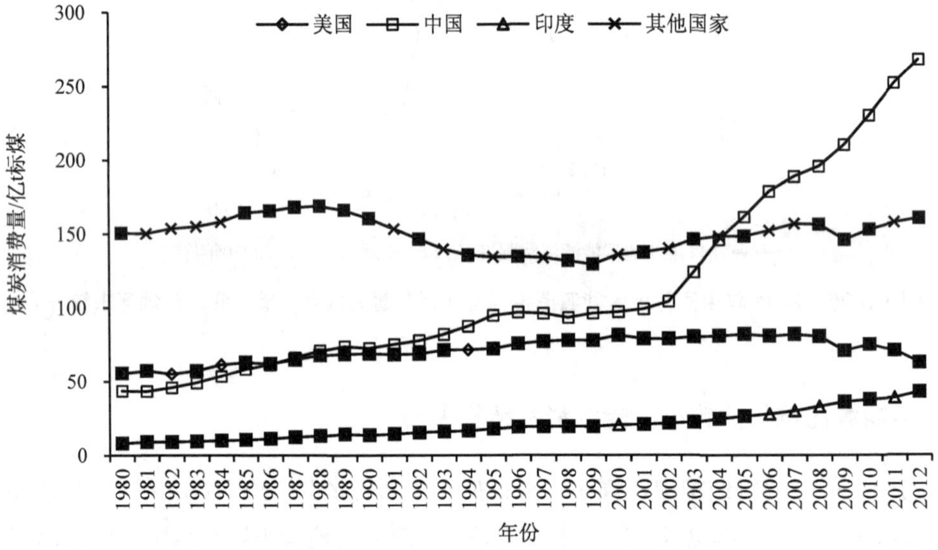

图 1-3-26 我国与主要能源消费国家煤炭消费量对比

3.4.1.4 主要高能耗产品产量激增

水泥是主要的高能耗产品之一，2000 年我国水泥产量为 5.97 亿 t，随着水泥工业的稳定增长，到 2013 年水泥产量达到 24.2 亿 t，比 2000 增长 304.7%，年均增长 11.4%。全球水泥产量主要集中于中国，根据欧洲水泥协会统计，2011 年我国水泥产量约占全球水泥总产量的 57.3%（图 1-3-27）。

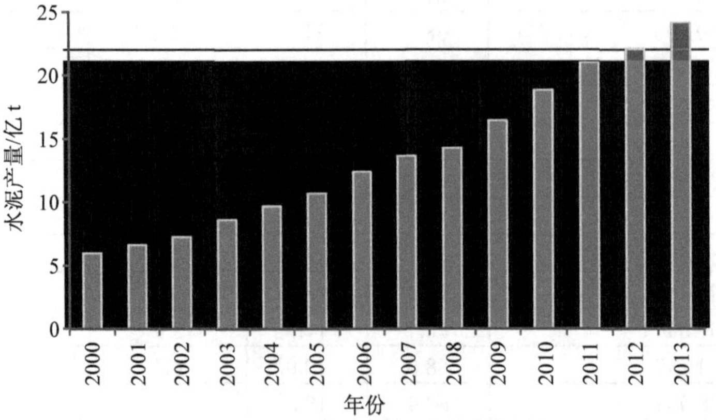

图 1-3-27 2000—2013 年中国水泥产量

钢铁工业同样是耗能大户，其消耗的能源占工业能源消费总量的 24%左右。2000 年以来我国粗钢产量增长迅速，从 2000 年的 1.29 亿 t 增长到 2013 年的 7.79 亿 t，增长了 506.3%，年均增长 14.9%（图 1-3-28）。

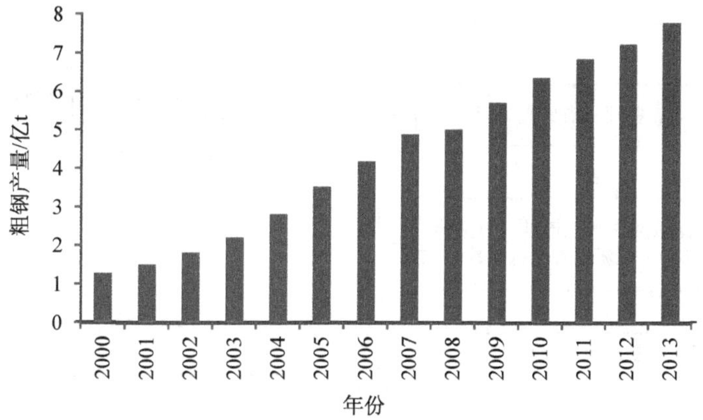

图 1-3-28 2000—2013 年中国粗钢产量

2000 年以来，我国发电量持续快速增长，由 2000 年的 13 556 亿 kW·h 增长至 2013 年的 53 976 亿 kW·h，年均增长 11.2%。其中火电发电量维持在 80%左右，虽然在 2011 年后略有下降，但总体仍然维持较高比例（图 1-3-29）。

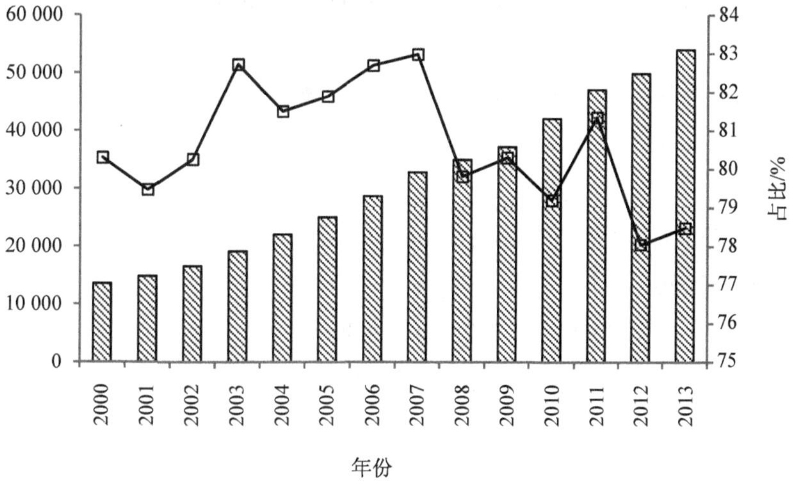

图 1-3-29 2000—2013 年中国发电量及火电占比

多年来，水泥、钢铁、火电等高耗能行业的快速发展消耗了大量以煤炭为主的能源，同时为大气污染防治造成了巨大的压力。

3.4.2 预测模型与方法

3.4.2.1 预测思路与技术路线

（1）预测指标

预测的指标：煤炭、石油、天然气以及其他清洁能源（水电、核电等）的消费量。

（2）总体思路与方法（技术路线图见图 1-3-30）

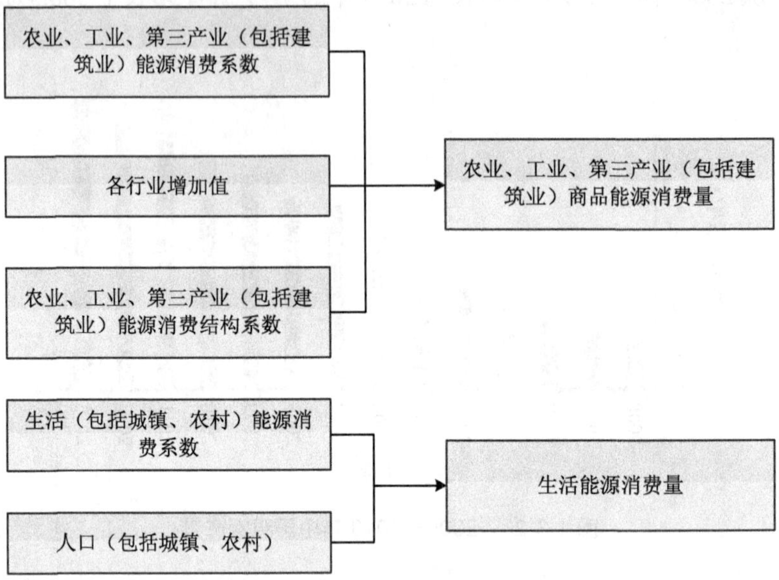

图 1-3-30 能源预测总体思路

本书根据历年《能源统计年鉴》中相关数据预测农业、工业、第三产业（包括建筑业）的能源消费系数以及能源消费结构系数，考虑经济预测中各行业增加值的预测结果，预测得到各行业的主要能源消费量。

生活能源消费包括商品能源消费以及非商品能源消费，均根据城镇、农村单位人口各类能源的消费系数与人口预测结果计算得出。

（3）预测范围

预测基准年：2011 年。

预测期间：2016—2030 年。

预测重点时段：2016 年、2020 年、2025 年、2030 年。

预测行业范围：农业、工业、第三产业（包括建筑业）、生活。

3.4.2.2 预测模型

“十三五”能源的预测分为四个部门：农业、工业、第三产业（包括建筑业）和生活。各项能源预测方法为：①农业、工业和第三产业（包括建筑业）的能源消费量，先预测农业、各工业行业和第三产业（包括建筑业）各行业的能源消费系数和各行业的能源消费结构系数（未来不同能源的消费比例），并根据各行业的增加值预测各种能源消费量。②生活能源消费量，预测主体包括城镇和农村，能源分为商品能源和非商品能源，可直接利用人口乘以人均能源消费系数求得。③燃料煤、燃料油消耗量：根据煤炭、石油消耗量和各个行业燃料煤、燃料油所占比例，计算出不同行业燃料煤、燃料油的消耗量（表 1-3-29）。

表 1-3-29 能源消费预测方法

部门	预测方法	系数来源
农业	农业能源消费量＝∑农业增加值×农业能源消费系数×不同能源消费结构系数	用历年能源统计年鉴中分行业的能源消费系数和结构系数进行回归，对某些重点耗能行业给予特别的关注，同时考虑国家与能源发展有关的一些中长期规划，对不同行业的这两个参数进行预测
工业	工业能源消费量＝∑工业分行业增加值×部门能源消费系数×不同能源消费结构系数	
第三产业（包括建筑业）	第三产业能源消费量=∑第三产业各行业增加值×部门能源消费系数×不同能源消费结构系数	
生活	城镇生活能源消费量=∑城镇人口数×不同能源人均消费系数	在历年现状的基础上，根据未来城市化率、人均生活能源消费量与消费结构进行回归预测
	农村生活商品能源消费量=∑农村人口数×不同能源人均消费系数	
	农村生活非商品能源消费量=∑农村人口数×不同能源人均消费系数	

3.4.2.2.1 农业用能预测

农业行业能源消费量是由农业行业经济发展水平和农业行业能源消费系数及能源消费结构决定的。农业包括农林牧渔业，其预测方程如下：

$$VEQ^t = V_\alpha t \times VX$$

$$VECQ_j^t = V\gamma_j^t \times VEQ^t \div \varepsilon_j$$

式中：VEQ——农林牧渔业能源消费总量，万 t 标煤；

V_α——农林牧渔业能源消费系数，t 标煤/万元；

VX——农林牧渔业行业增加值，亿元；

$VECQ_j$——农林牧渔业 j 种能源消费量，万 t，亿 m^3，亿 kW·h；

$V\gamma_j$——农林牧渔业 j 种能源消费结构系数，%；

j——能源种类：包括煤炭、石油、天然气以及其他清洁能源（水电、核电、太阳能、风能）；

ε_j——j 种能源转换系数；

t——水平年。

3.4.2.2.2 工业用能预测

工业用能的预测范围包括 39 个工业行业，工业能源消费量的预测是分行业进行预测的，行业能源消费量是由其经济发展水平和行业能源消费系数及能源消费结构决定的。其预测方程如下：

$$EQ_i^t = \alpha_i^t \times X_i^t$$

$$ECQ_{ij}^t = \gamma_{ij}^t \times EQ_i^t \div \varepsilon_j$$

式中：EQ_i——i 行业能源消费总量，万 t 标煤；

α_i——i 行业能源消费系数，t 标煤/万元；

X_i——i 行业增加值，亿元；

ECQ_{ij}——i 行业 j 种能源消费量，万 t，亿 m^3，亿 kW·h；

γ_{ij} ——i 行业 j 种能源消费结构系数，%；

j——能源种类：包括煤炭、石油、天然气以及其他清洁能源（水电、核电、太阳能、风能）；

ε_j ——j 种能源转换系数；

t——水平年。

分行业能源消费量涉及两个关键的系数，即能源消费系数和能源消费结构系数。这两个系数的预测主要采用了历史数据回归的方法，用 2001—2011 年能源统计年鉴中分行业的能源消费系数进行了回归，并对某些重点耗能行业给予了特别的关注，同时考虑国家与能源发展有关的一些中长期规划，如中长期节能规划、能源发展“十二五”规划等，对不同行业的上述两个参数做了预测。历年能源消费系数和能源消费结构系数按下列公式求得：

$$\alpha_i^{t_0} = EQ_i^{t_0} \div X_i^{t_0}$$

$$\gamma_{ij}^{t_0} = \varepsilon_j \times ECQ_{ij}^{t_0} \div EQ_i^{t_0}$$

式中：EQ_i——i 部门能源消费总量，万 t 标煤；

α_i——i 部门能源消费系数，t 标煤/万元；

X_i——i 部门行业增加值，亿元；

ECQ_{ij}——i 部门 j 种能源消费量，万 t、亿 m^3、亿 kW·h；

γ_{ij}——i 部门 j 种能源消费结构系数，%；

j——能源种类：包括煤炭、石油、天然气以及其他清洁能源（水电、核电等）；

ε_j——j 种能源转换系数；

t_0——为历史数据年份。

3.4.2.2.3 第三产业用能预测

第三产业用能的预测范围包括建筑业、交通运输仓储和邮政业、批发零售和住宿餐饮业、其他行业。第三产业能源消费量的预测与工业用能预测类似，也是分行业进行预测的，第三产业各行业能源消费量是由其经济发展水平和行业能源消费系数及能源消费结构决定的。其预测方程如下：

$$TEQ_i^t = \alpha_i^t \times X_i^t$$

$$TECQ_{ij}^t = \gamma_{ij}^t \times TEQ_i^t \div \varepsilon_j$$

式中：TEQ_i——i 行业能源消费总量，万 t 标煤；

α_i——i 行业能源消费系数，t 标煤/万元；

X_i——i 行业增加值，亿元；

$TECQ_{ij}$——i 行业 j 种能源消费量，万 t、亿 m^3、亿 kW·h；

γ_{ij}——i 行业 j 种能源消费结构系数，%；

j——能源种类：包括煤炭、石油、天然气以及其他清洁能源（水电、核电、等）；

ε_j——j 种能源转换系数；

t——水平年。

分行业能源消费量涉及两个关键的系数，即能源消费系数和能源消费结构系数，计算方法与工业用能预测中所用方法相同。

3.4.2.2.4 生活用能预测

生活能源消费量在历年现状的基础上，根据未来城市化率、人均生活能源消费量与消费结构进行回归预测。生活能源消费量，预测主体包括城镇和农村，能源分为商品能源和非商品能源，可直接利用人口乘以人均能源消费系数求得。

（1）城镇生活用能预测模型

$$EUL_m^{\ t} = eEP_m^{\ t} \times PP^t \div 1\,000$$

$$EUCL_m^{\ t} = EUL_m^{\ t} \div \varepsilon_m$$

式中：*PP*——城市人口，万人；

EUL——城市生活能源消费量，万 t 标煤；

eEP——城市人均能源消费系数（煤炭、石油、天然气以及其他能源），kg 标煤/人；

EUCL——城市生活能源消费实物量，万 t、亿 m^3、亿 kW·h；

m——能源种类：包括煤炭、石油、天然气、其他能源；

ε——煤炭、石油、天然气、其他折算标煤系数。

（2）农村生活用能（商品能源）预测模型

$$VEUL_m^{\ t} = VeEP_m^{\ t} \times VPP^t \div 1\,000$$

$$VEUCL_m^{\ t} = VEUL_m^{\ t} \div \varepsilon_m$$

式中：*VPP*——农村人口，万人；

VEUL——农村生活能源消费量，万 t 标煤；

VeEP——农村人均能源消费系数（煤炭、石油、天然气以及其他能源），kg 标煤/人；

VEUCL——农村生活能源消费实物量，万 t、亿 m^3、亿 kW·h；

m——能源种类：包括煤炭、石油、天然气、其他能源；

ε——煤炭、石油、天然气、其他 折算标煤系数。

（3）农村生活用能（非商品能源）预测模型

$$VNEUL_m^{\ t} = VNeEP_m^{\ t} \times VPP^t \div 1\,000$$

$$VNEUCL_m^{\ t} = VNEUL_m^{\ t} \div \varepsilon_m$$

式中：*VPP*——农村人口，万人；

VNEUL——农村生活非商品能源消费量，万 t 标煤；

VNeEP——农村人均非商品能源消费系数（秸秆、沼气、薪柴），kg 标煤/人；

VNEUCL——农村生活非商品能源消费实物量，万 t、亿 m^3；

m——能源种类：包括秸秆、沼气、薪柴；

ε——秸秆、沼气、天然气折算标煤系数。

3.4.3 模型参数确定

相关系数、参数及数据来源见表 1-3-30。

表 1-3-30 相关系数、参数及数据需求与来源

<table>
<tr><th>计算项目</th><th colspan="2">相关系数、参数</th><th>数据需求</th><th>系数来源</th></tr>
<tr><td>农业能源消费量</td><td colspan="2">农业增加值
农业能源消费系数
不同能源消费结构系数</td><td rowspan="4">全国煤、石油、天然气以及其他清洁能源（水电、核电、太阳能、风能）的 2001—2011 年农林牧渔业、39 个工业行业、第三产业（包括建筑业）、人民生活（包括城市和农村）消费量的数据</td><td rowspan="4">中国 2001—2011 能源统计年鉴
中国 2001—2011 统计年鉴
与能源发展有关的一些中长期规划</td></tr>
<tr><td>工业各部门能源消费量</td><td colspan="2">行业增加值
部门能源消费系数
不同能源消费结构系数</td></tr>
<tr><td rowspan="2">生活能源消费量</td><td>城镇</td><td>城镇人口数
不同商品能源人均消费系数</td></tr>
<tr><td>农村</td><td>农村人口数
不同（商品、非商品）能源人均消费系数</td></tr>
</table>

（1）各行业能源消费系数（表 1-3-31）

表 1-3-31 各行业能源消费系数 单位：t 标煤/万元

行业	2011 年	2016 年	2020 年	2025 年	2030 年
农业	0.076	0.065	0.058	0.052	0.048
煤炭开采和洗选业	1.607	1.382	1.230	1.107	1.018
石油和天然气开采业	0.406	0.349	0.311	0.280	0.257
黑色金属矿采选业	0.161	0.139	0.123	0.111	0.102
有色金属矿采选业	0.131	0.113	0.101	0.091	0.083
非金属矿采选业	0.541	0.466	0.414	0.373	0.343
其他采矿业	5.422	4.663	4.150	3.735	3.436
农副食品加工业	0.165	0.142	0.126	0.114	0.105
食品制造业	0.308	0.265	0.236	0.212	0.195
饮料制造业	0.203	0.174	0.155	0.140	0.128
烟草制品业	0.027	0.023	0.021	0.019	0.017
纺织业	0.314	0.270	0.240	0.216	0.199
纺织服装、鞋、帽制造业	0.085	0.073	0.065	0.059	0.054
皮革、毛皮、羽毛（绒）及其制品业	0.051	0.043	0.039	0.035	0.032
木材加工及木、竹、藤、棕、草制品业	0.200	0.172	0.153	0.138	0.127
家具制造业	0.063	0.054	0.048	0.043	0.040
造纸及纸制品业	1.338	1.151	1.024	0.922	0.848
印刷业和记录媒介的复制	0.083	0.072	0.064	0.057	0.053
文教体育用品制造业	0.071	0.061	0.054	0.049	0.045
石油加工、炼焦及核燃料加工业	7.325	6.299	5.606	5.046	4.642

行业	2011 年	2016 年	2020 年	2025 年	2030 年
化学原料及化学制品制造业	1.721	1.480	1.317	1.185	1.091
医药制造业	0.171	0.147	0.131	0.118	0.108
化学纤维制造业	0.580	0.499	0.444	0.400	0.368
橡胶制品业	0.300	0.258	0.230	0.207	0.190
塑料制品业	0.155	0.134	0.119	0.107	0.098
非金属矿物制品业	2.319	1.995	1.775	1.598	1.470
黑色金属冶炼及压延加工业	1.769	1.521	1.354	1.219	1.121
有色金属冶炼及压延加工业	0.877	0.754	0.671	0.604	0.556
金属制品业	0.131	0.113	0.101	0.091	0.083
通用设备制造业	0.086	0.074	0.065	0.059	0.054
专用设备制造业	0.118	0.101	0.090	0.081	0.075
交通运输设备制造业	0.104	0.090	0.080	0.072	0.066
电气机械及器材制造业	0.072	0.062	0.055	0.049	0.045
通信设备、计算机及其他电子设备制造业	0.045	0.039	0.035	0.031	0.029
仪器仪表及文化、办公用机械制造业	0.039	0.034	0.030	0.027	0.025
工艺品及其他制造业	0.313	0.269	0.239	0.216	0.198
废弃资源和废旧材料回收加工业	0.050	0.043	0.039	0.035	0.032
电力、热力的生产和供应业	10.533	9.058	8.062	7.256	6.675
燃气生产和供应业	1.177	1.012	0.901	0.811	0.746
水的生产和供应业	0.275	0.237	0.210	0.189	0.174
建筑业	0.135	0.116	0.103	0.093	0.085
交通运输、仓储和邮政业	1.126	0.968	0.862	0.775	0.713
批发、零售业和住宿、餐饮业	0.059	0.050	0.045	0.040	0.037
其他行业	0.051	0.044	0.039	0.035	0.032

（2）各种能源消费结构系数（表 1-3-32）

表 1-3-32 各行业能源消费结构系数

单位：%

序号	2011 年				2016 年				2020 年	
	煤炭	石油	天然气	其他能源（水电/核电等）	煤炭	石油	天然气	其他能源（水电/核电等）	煤炭	石油
1	34.96	58.36	0.21	6.47	31.60	59.09	0.26	9.05	28.97	59.43
2	96.70	1.89	0.37	1.03	95.81	2.10	0.52	1.58	94.93	2.28
3	12.81	30.73	53.70	2.75	10.13	27.23	59.26	3.37	8.39	24.74
4	35.44	40.89	0.16	23.51	30.08	38.87	0.18	30.86	26.16	37.10
5	35.71	30.54	0.62	33.14	29.27	28.03	0.70	42.00	24.78	26.05
6	74.66	15.80	1.43	8.12	69.85	16.55	1.86	11.74	65.66	17.07
7	0.00	1.65	0.00	98.35	0.00	1.20	0.00	98.80	0.00	0.97

序号	2011 年				2016 年				2020 年	
	煤炭	石油	天然气	其他能源（水电/核电等）	煤炭	石油	天然气	其他能源（水电/核电等）	煤炭	石油
8	82.72	8.99	1.01	7.28	78.45	9.54	1.34	10.67	74.60	9.96
9	83.29	6.74	5.50	4.46	79.01	7.16	7.28	6.55	75.16	7.47
10	83.98	6.42	4.70	4.90	79.75	6.83	6.23	7.19	75.93	7.14
11	71.32	7.95	9.86	10.88	64.37	8.03	12.41	15.18	58.63	8.03
12	78.25	5.17	1.26	15.31	71.47	5.29	1.61	21.63	65.71	5.34
13	57.28	26.15	2.37	14.20	51.22	26.19	2.95	19.64	46.36	26.01
14	49.56	28.86	1.20	20.38	43.07	28.09	1.46	27.39	38.10	27.26
15	76.73	8.40	1.45	13.42	70.46	8.64	1.86	19.05	65.09	8.76
16	36.94	35.86	11.16	16.04	31.45	34.19	13.25	21.11	27.41	32.70
17	93.35	1.88	0.88	3.89	90.89	2.05	1.20	5.86	88.54	2.19
18	28.34	28.66	13.85	29.14	22.71	25.72	15.48	36.10	18.93	23.52
19	23.39	38.59	7.23	30.79	18.82	34.77	8.11	38.30	15.75	31.92
20	67.70	29.39	2.53	0.39	64.64	31.43	3.36	0.57	62.02	33.08
21	52.54	29.67	14.12	3.68	47.27	29.90	17.72	5.12	43.05	29.87
22	78.83	6.32	7.00	7.85	73.12	6.57	9.05	11.26	68.16	6.72
23	79.74	6.43	1.16	12.67	73.73	6.66	1.50	18.12	68.51	6.79
24	71.57	6.98	3.84	17.61	63.92	6.98	4.78	24.31	57.68	6.92
25	51.63	18.16	5.23	24.99	43.80	17.25	6.18	32.77	38.00	16.42
26	80.24	12.95	3.81	3.00	76.64	13.86	5.07	4.43	73.41	14.56
27	92.12	1.07	1.63	5.18	88.92	1.15	2.20	7.73	85.89	1.22
28	74.13	9.39	3.09	13.38	67.61	9.59	3.93	18.87	62.10	9.67
29	32.46	21.57	10.46	35.52	25.73	19.15	11.57	43.55	21.29	17.38
30	38.23	24.97	14.85	21.95	31.63	23.14	17.14	28.09	26.97	21.65
31	58.38	15.43	14.07	12.12	51.20	15.16	17.21	16.43	45.59	14.81
32	43.89	21.93	18.98	15.20	37.06	20.74	22.36	19.84	32.07	19.70
33	52.13	18.90	10.13	18.84	44.72	18.16	12.13	24.99	39.15	17.44
34	26.16	16.96	19.12	37.77	20.09	14.58	20.48	44.85	16.27	12.96
35	25.36	32.63	10.97	31.04	20.26	29.19	12.22	38.34	16.86	26.65
36	69.69	7.71	1.79	20.81	61.67	7.64	2.21	28.47	55.24	7.51
37	39.83	37.91	5.51	16.75	34.37	36.64	6.64	22.35	30.28	35.41
38	95.53	1.05	2.25	1.17	93.98	1.16	3.09	1.78	92.46	1.25
39	81.48	2.77	13.41	2.35	76.21	2.90	17.49	3.40	71.56	2.99
40	27.20	6.98	2.10	63.72	19.93	5.73	2.14	72.19	15.67	4.94
41	12.96	83.60	0.40	3.04	11.59	83.71	0.49	4.21	10.55	83.66
42	1.83	90.11	7.29	0.77	1.60	88.44	8.92	1.04	1.44	87.01
43	51.19	23.14	14.50	11.17	44.67	22.62	17.64	15.07	39.65	22.03
44	22.80	62.20	5.46	9.54	19.86	60.66	6.63	12.85	17.67	59.21

注：行业序号同上表。

序号	2020年		2025年				2030年			
	天然气	其他能源（水电\核电等）	煤炭	石油	天然气	其他能源（水电\核电等）	煤炭	石油	天然气	其他能源（水电\核电等）
1	0.31	11.28	26.91	58.59	0.32	14.18	24.86	57.75	0.33	17.06
2	0.66	2.13	94.02	2.40	0.72	2.86	92.99	2.53	0.80	3.68
3	63.07	3.80	7.64	23.91	63.78	4.67	6.92	23.11	64.45	5.52
4	0.21	36.53	22.72	34.18	0.20	42.90	19.70	31.63	0.19	48.47
5	0.77	48.40	20.87	23.28	0.72	55.14	17.64	20.99	0.68	60.70
6	2.25	15.02	61.60	17.00	2.35	19.06	57.47	16.92	2.44	23.17
7	0.00	99.03	0.00	0.76	0.00	99.24	0.00	0.63	0.00	99.37
8	1.64	13.81	70.60	10.00	1.72	17.68	66.47	10.05	1.81	21.68
9	8.90	8.48	71.97	7.59	9.46	10.98	68.59	7.72	10.06	13.63
10	7.62	9.32	72.61	7.24	8.09	12.05	69.11	7.36	8.60	14.94
11	14.53	18.82	53.92	7.84	14.84	23.41	49.32	7.65	15.14	27.89
12	1.90	27.06	59.69	5.14	1.92	33.25	53.95	4.96	1.93	39.15
13	3.43	24.19	41.95	24.98	3.45	29.61	37.78	24.01	3.47	34.75
14	1.66	32.98	33.57	25.50	1.62	39.31	29.50	23.90	1.59	45.00
15	2.20	23.95	59.59	8.51	2.24	29.66	54.27	8.27	2.28	35.19
16	14.85	25.04	24.37	30.85	14.66	30.11	21.59	29.16	14.49	34.76
17	1.50	7.77	85.93	2.25	1.62	10.20	83.08	2.32	1.75	12.85
18	16.59	40.96	16.08	21.21	15.65	47.06	13.69	19.26	14.86	52.19
19	8.72	43.61	13.31	28.64	8.19	49.87	11.28	25.90	7.74	55.07
20	4.15	0.75	60.36	34.17	4.49	0.98	58.54	35.36	4.85	1.24
21	20.74	6.34	40.47	29.81	21.65	8.07	37.84	29.74	22.59	9.83
22	10.84	14.29	63.91	6.68	11.29	18.12	59.59	6.65	11.75	22.01
23	1.79	22.91	63.03	6.63	1.83	28.51	57.67	6.47	1.87	33.99
24	5.55	29.86	51.70	6.58	5.52	36.20	46.14	6.26	5.50	42.09
25	6.89	38.69	32.92	15.10	6.63	45.35	28.50	13.95	6.41	51.15
26	6.24	5.78	70.85	14.92	6.69	7.55	68.08	15.30	7.17	9.45
27	2.73	10.16	82.62	1.25	2.92	13.22	79.12	1.27	3.12	16.49
28	4.64	23.59	56.75	9.38	4.71	29.16	51.59	9.10	4.78	34.54
29	12.30	49.03	17.78	15.41	11.41	55.40	14.93	13.80	10.68	60.59
30	18.78	32.59	23.47	20.00	18.16	38.37	20.40	18.54	17.61	43.45
31	19.69	19.91	41.40	14.27	19.86	24.47	37.42	13.76	20.02	28.80
32	24.86	23.37	28.58	18.63	24.61	28.17	25.38	17.65	24.38	32.59
33	13.64	29.77	34.62	16.37	13.40	35.61	30.52	15.40	13.18	40.91
34	21.32	49.44	13.49	11.41	19.64	55.46	11.26	10.16	18.28	60.30
35	13.07	43.42	14.24	23.89	12.26	49.61	12.06	21.59	11.59	54.75
36	2.55	34.71	48.89	7.05	2.50	41.55	43.13	6.64	2.46	47.76
37	7.51	26.79	26.93	33.42	7.42	32.23	23.86	31.60	7.34	37.21
38	3.90	2.38	91.23	1.31	4.28	3.18	89.84	1.38	4.70	4.08
39	21.11	4.34	68.78	3.05	22.53	5.65	65.80	3.11	24.05	7.04
40	2.17	77.22	12.26	4.11	1.88	81.75	9.79	3.50	1.68	85.04
41	0.58	5.21	9.86	82.95	0.60	6.59	9.16	82.24	0.62	7.98
42	10.27	1.28	1.34	86.37	10.67	1.61	1.25	85.72	11.08	1.96
43	20.13	18.20	36.04	21.25	20.32	22.38	32.60	20.51	20.51	26.38
44	7.58	15.55	16.07	57.15	7.65	19.13	14.54	55.18	7.73	22.56

（3）生活商品能源消耗系数（表 1-3-33）

表 1-3-33 生活商品能源消耗系数

	指标	单位	2011 年	2016 年	2020 年	2020 年	2030 年
城镇	总能耗	kg 标煤/人	321.97	343.83	357.00	369.92	380.39
	煤炭	kg 标煤/人	18.15	14.36	10.73	7.45	5.17
	石油	kg 标煤/人	65.25	74.76	80.14	85.52	90.90
	天然气	kg 标煤/人	50.76	64.21	75.22	87.35	98.24
	其他	kg 标煤/人	56.97	67.32	71.95	76.62	80.50
农村	总能耗	kg 标煤/人	231.03	243.40	249.60	255.80	262.00
	煤炭	kg 标煤/人	87.41	92.46	89.68	86.91	84.14
	石油	kg 标煤/人	26.38	34.14	38.57	43.04	47.68
	天然气	kg 标煤/人	0.15	0.24	0.32	0.43	0.55
	其他	kg 标煤/人	45.26	54.83	58.77	62.71	66.65

（4）农村非商品能源消耗系数（表 1-3-34）

表 1-3-34 农村非商品能源消耗系数

项目	2011 年	2016 年	2020 年	2025 年	2030 年
沼气/（m^3/人）	13.51	17.96	21.28	25.22	28.96
秸秆/（kg/人）	249.10	257.90	263.15	268.40	272.68
薪柴/（kg/人）	158.44	164.78	168.55	172.32	175.40

（5）各行业燃料煤占煤炭消费总量的比例（表 1-3-35）

表 1-3-35 各行业燃料煤占煤炭消费总量的比例

行业	燃料煤占煤炭总消耗的比例/%
农业	100
煤炭开采和洗选业	22.4
石油和天然气开采业	100
黑色金属矿采选业	43.6
有色金属矿采选业	78.3
非金属矿采选业	100
其他采矿业	75
农副食品加工业	95.7
食品制造业	95.7
饮料制造业	95.7

行业	燃料煤占煤炭总消耗的比例/%
烟草制品业	95.7
纺织业	99.7
纺织服装、鞋、帽制造业	99.4
皮革毛皮羽毛（绒）及其制品业	99.4
木材加工及木竹藤棕草制品业	79
家具制造业	79
造纸及纸制品业	99.1
印刷业和记录媒介的复制	100
文教体育用品制造业	100
石油加工炼焦及核燃料加工业	9.5
化学原料及化学制品制造业	57.1
医药制造业	98.7
化学纤维制造业	100
橡胶制品业	100
塑料制品业	98.8
非金属矿物制品业	50
黑色金属冶炼及压延加工业	30.9
有色金属冶炼及压延加工业	80.7
金属制品业	94.5
通用设备制造业	82
专用设备制造业	82
交通运输设备制造业	82
电气机械及器材制造业	82
通信计算机及其他电子设备制造业	82
仪器仪表及文化办公用机械制造业	82
工艺品及其他制造业	73
废弃资源和废旧材料回收加工业	73
电力、热力的生产和供应业	99.1
燃气生产和供应业	11.6
水的生产和供应业	100
建筑业	100
交通运输、仓储和邮政业	100
批发、零售业和住宿、餐饮业	22.4
其他行业	100
生活	43.6

（6）各行业燃料油占石油消费总量的比例（表 1-3-36）

表 1-3-36　各行业燃料油占石油消费总量的比例

行业	燃料油占石油总消耗的比例/%
农业	100
煤炭开采和洗选业	100
石油和天然气开采业	100
黑色金属矿采选业	15.69
有色金属矿采选业	100
非金属矿采选业	100
其他采矿业	100
农副食品加工业	99.62
食品制造业	99.62
饮料制造业	99.62
烟草制品业	99.62
纺织业	99.82
纺织服装、鞋、帽制造业	99.65
皮革毛皮羽毛（绒）及其制品业	99.65
木材加工及木竹藤棕草制品业	99.42
家具制造业	99.42
造纸及纸制品业	99.22
印刷业和记录媒介的复制	100
文教体育用品制造业	100
石油加工炼焦及核燃料加工业	1.78
化学原料及化学制品制造业	17.06
医药制造业	100
化学纤维制造业	80.22
橡胶制品业	97.89
塑料制品业	99.89
非金属矿物制品业	98.31
黑色金属冶炼及压延加工业	99.96
有色金属冶炼及压延加工业	99.80
金属制品业	99.94
通用设备制造业	99.77
专用设备制造业	99.77
交通运输设备制造业	99.77
电气机械及器材制造业	99.77
通信计算机及其他电子设备制造业	99.77
仪器仪表及文化办公用机械制造业	99.65
工艺品及其他制造业	99.96
废弃资源和废旧材料回收加工业	100
电力、热力的生产和供应业	99.44
燃气生产和供应业	99.07
水的生产和供应业	100
建筑业	100
交通运输、仓储和邮政业	100
批发、零售业和住宿、餐饮业	100
其他行业	100
生活	15.69

3.4.4 预测结果与分析

3.4.4.1 工业能源消费量预测结果

（1）工业能源消费总量持续增长

根据经济预测结果和能源消费系数，对工业行业 39 个行业的能源消费总量预测结果（表 1-3-37）。

表 1-3-37 能源消费总量预测结果 单位：万 t 标煤

行业	能源消费量				
	2011 年	2016 年	2020 年	2025 年	2030 年
煤炭开采和洗选业	17 992.88	18 426.92	18 914.86	19 920.98	20 166.63
石油和天然气开采业	3 252.41	2 883.08	2 697.86	2 584.59	2 439.83
黑色金属矿采选业	580.41	840.54	1 037.99	1 321.65	1 625.65
有色金属矿采选业	327.09	395.63	458.22	550.84	631.12
非金属矿采选业	670.61	896.36	1 107.01	1 417.30	1 717.58
其他采矿业	53.08	70.84	84.39	102.88	119.21
农副食品加工业	1 620.95	1 913.00	2 120.27	2 393.53	2 564.03
食品制造业	1 066.20	1 329.53	1 592.77	2 044.92	2 501.27
饮料制造业	718.47	895.92	1 073.30	1 377.99	1 685.50
烟草制品业	125.94	139.94	155.40	180.62	202.89
纺织业	2 519.66	2 865.52	3 064.66	3 271.10	3 179.25
纺织服装、鞋、帽制造业	319.59	363.46	388.72	414.90	403.25
皮革、毛皮、羽毛（绒）及其制品业	130.17	148.04	158.33	168.99	164.25
木材加工及木、竹、藤、棕、草制品业	480.64	636.68	784.88	1 024.48	1 289.62
家具制造业	81.56	101.70	120.50	151.46	185.10
造纸及纸制品业	3 538.39	4 144.10	4 782.10	5 873.16	7 110.98
印刷业和记录媒介的复制	117.29	155.61	190.32	246.37	307.85
文教体育用品制造业	68.19	90.47	110.65	143.24	178.98
石油加工、炼焦及核燃料加工业	35 525.96	37 312.94	39 382.81	43 213.84	46 072.59
化学原料及化学制品制造业	22 972.12	30 337.63	36 365.33	45 329.39	54 171.31
医药制造业	775.36	1 129.71	1 531.07	2 274.73	3 250.14
化学纤维制造业	687.28	868.81	1 052.33	1 366.05	1 724.35
橡胶制品业	588.42	743.84	900.96	1 169.55	1 476.32
塑料制品业	674.98	853.27	1 033.50	1 341.60	1 693.50
非金属矿物制品业	22 846.10	29 991.48	36 703.93	47 997.13	60 978.53
黑色金属冶炼及压延加工业	24 539.88	29 273.46	32 243.01	35 176.70	35 403.89
有色金属冶炼及压延加工业	7 147.13	9 869.44	11 295.85	12 679.49	13 725.97
金属制品业	962.48	1 301.97	1 611.84	2 092.33	2 616.85
通用设备制造业	997.89	1 201.45	1 401.88	1 737.77	2 088.40

行业	能源消费量				
	2011 年	2016 年	2020 年	2025 年	2030 年
专用设备制造业	805.10	940.02	1 072.08	1 296.03	1 521.59
交通运输设备制造业	1 597.65	2 050.43	2 477.47	3 169.06	3 894.37
电气机械及器材制造业	913.44	1 172.31	1 416.47	1 811.88	2 226.57
通信设备、计算机及其他电子设备制造业	712.89	914.90	1 081.36	1 336.73	1 603.45
仪器仪表及文化、办公用机械制造业	91.83	117.86	139.30	172.19	206.55
工艺品及其他制造业	612.40	715.45	792.67	910.67	1 020.06
废弃资源和废旧材料回收加工业	30.27	35.36	39.18	45.01	50.42
电力、热力的生产和供应业	126 591.57	132 123.68	136 918.90	145 170.71	149 386.75
燃气生产和供应业	892.78	1 525.74	2 322.65	3 690.99	5 183.81
水的生产和供应业	228.41	243.32	255.36	276.23	289.48
工业合计	283 857.50	319 020.42	348 880.17	395 447.10	435 057.89

在 2030 年以前我国的经济发展仍将以重化工业为主，包括煤炭开采与洗选业、石油加工炼焦及核燃料加工业、化学原料及化学制品制造业、黑色金属冶炼及压延加工业、电力热力的生产和供应业等，这些重化工业都是高耗能企业，因此可以预见在未来很长的一段时间内，我国经济发展仍将以消耗大量资源、能源为基础。经预测，2011—2030 年我国的能源消费总量将持续上升，其中工业能源消费总量从 2011 年的 28.4 亿 t 标煤上涨至 2030 年的 43.5 亿 t 标煤，上涨 53.3%，未来能源将成为我国经济发展的重要约束条件，同时也为环境保护工作带来巨大的压力与挑战。

在工业各行业中石油加工炼焦及核燃料加工业、黑色金属冶炼及压延加工业、非金属矿物制品业、化学原料及化学制品制造业、煤炭开采和洗选业、有色金属冶炼及压延加工业、电力行业是能源消耗最大的 7 个行业。2011 年这 7 个工业行业的能源消费量占工业能源消费总量的 90.76%，如表 1-3-38 所示。其中，电力行业的能源消费量最高，占工业能源消费总量的 45%左右，主要是由于其外输的电力将供给农业、工业各行业以及生活及其他行业（图 1-3-31）。

表 1-3-38　重点行业能源消费量占工业能源消费总量的比例　　单位：%

行业	能源消费量占比				
	2011 年	2016 年	2020 年	2025 年	2030 年
煤炭开采和洗选业	6.34	5.78	5.42	5.04	4.64
石油加工、炼焦及核燃料加工业	12.52	11.70	11.29	10.93	10.59
化学原料及化学制品制造业	8.09	9.51	10.42	11.46	12.45
非金属矿物制品业	8.05	9.40	10.52	12.14	14.02
黑色金属冶炼及压延加工业	8.65	9.18	9.24	8.90	8.14
有色金属冶炼及压延加工业	2.52	3.09	3.24	3.21	3.15
电力、热力的生产和供应业	44.60	41.42	39.25	36.71	34.34
合计	90.76	90.07	89.38	88.38	87.32

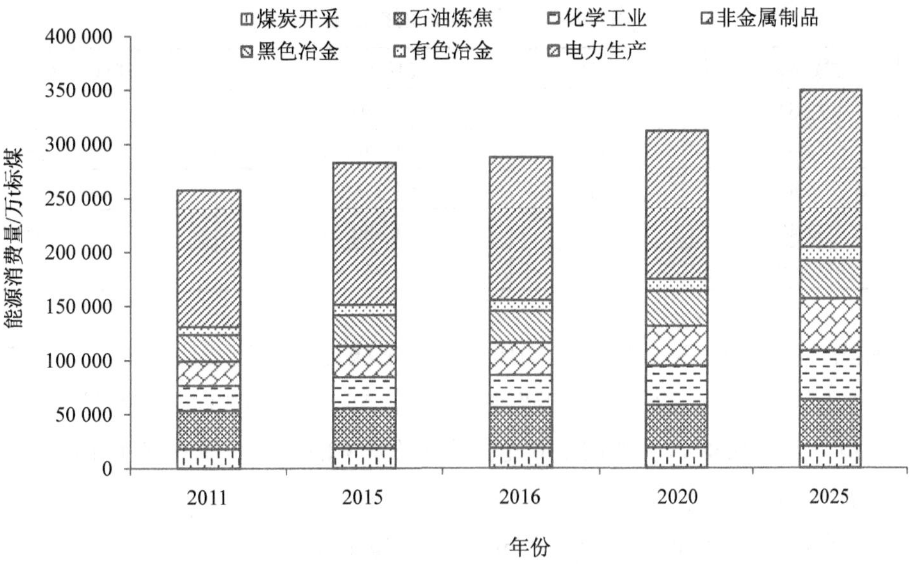

图 1-3-31 重点行业直接能源消费总量预测

预测表明，尽管各行业的能源消耗强度在不断下降，由于这些重点行业的行业增加值将在预测年内保持快速增长的趋势，因此其能源消费量仍将不断增长。其中，电力行业在 2011 年的能源消费总量占工业能源消费总量的 44.6%，2011 年电力行业的能源消费总量为 12.66 亿 t 标煤，2016 年达到 13.21 亿 t 标煤，比 2011 年增长 4.4%，2020 年能源消费总量预计达到 13.69 亿 t 标煤，“十三五”期间增长 4.2%。2030 年电力行业能源消费总量预计达到 14.94 亿 t 标煤，2011—2030 年年均增长 0.88%。一方面技术进步和节能减排政策等使得电力行业的能源消费强度不断降低；另一方面，经济的增长以及能源结构调整的需要使得经济系统各部门对电力的需求加速增长，预测在 2011—2030 年，电力行业的能源消费量将保持增长趋势。

2011 年，非金属矿物制品业能源消费量占工业能源消费总量的 8.05%，由于非金属矿物制品业工业增加值持续增长，因此虽然能源消费系数不断降低，其能源消费量在预测年内保持高速增长的趋势，预计到 2016 年达到 3.00 亿 t 标煤，比 2011 年增长 31.28%，到 2020 年预计为 3.67 亿 t 标煤，“十三五”期间增长 27.66%。到 2030 年，非金属矿物制品业能源消费总量将占工业能源消费总量的 14.02%，达到 6.10 亿 t 标煤。此外，石油加工炼焦及核燃料加工业的能源消费趋势与非金属矿物制品业类似。

上述 7 个行业作为能源消费重点行业，同时也是节能减排的重点行业，它们的能源消费量虽然仍将保持上升趋势，但所占能源消费总量的比重将持续下降，从 2011 年的 90.76%下降为 2030 年的 87.32%。

（2）工业能源消费中煤炭消费量仍将持续增长，但占工业能源消费总量比例持续降低

在 2011—2030 年，各类主要能源的消费量都有不同程度的增长，其中煤炭作为长期以来我国的主要能源，其消费量仍将保持增长的趋势，2011 年工业煤炭消费量为 32.62 亿 t，2016 年预计上涨到 34.68 亿 t，比 2011 年增长 3.39%，2020 年煤炭消费量达到 35.47 亿 t，“十三五”期间增长 5.17%，到 2030 年工业煤炭消费量增长到 42.71 亿 t，比 2020 年增长 20.40%。2011—2030 年，煤炭在工业能源消费总量中所占比例逐渐降低，由 2011 年的 83.86%下降到 2030 年 70.68%，但煤炭仍将是未来很长一段时间内我国工业的主要能源（表 1-3-39）。

表 1-3-39 主要能源消费预测量

年份	煤炭/亿 t	石油/亿 t	天然气/亿 m^3	其他能源/亿 t 标煤
2011	32.62	1.79	839.96	2.05
2016	34.68	1.92	1 146.38	3.56
2020	36.42	2.05	1 376.89	4.84
2025	38.49	2.30	1 680.25	7.31
2030	39.30	2.47	1 952.81	10.08

2011 年工业石油的消费量为 1.79 亿 t，2016 年预计上涨到 1.92 亿 t，比 2011 年上涨 7.01%，2020 年工业石油消费量预计为 2.05 亿 t，“十三五”期间增长 7.55%。到 2030 年工业石油消费量将增长到 2.47 亿 t，比 2020 年增长 20.58%，石油在工业能源消费总量中的比例将稳中有降，由 2011 年的 8.82% 下降到 2030 年的 7.97%。

2011 年工业天然气的消费量为 839.96 亿 m^3，预计 2016 年上涨到 1 146.38 亿 m^3，比 2011 年增长 36.48%，2020 年工业天然气消费量预计达到 1 376.89 亿 m^3，“十三五”期间增长 26.58%。到 2030 年，工业天然气消费量达到 1 952.81 亿 m^3，比 2020 年增长 41.83%。2011—2030 年，天然气在工业能源消费总量中所占比例逐渐升高，从 2011 年的 3.85%上涨到 2030 年的 5.86%。

其他能源包括水电、核电、风电以及其他新型能源，工业其他能源在 2011 年消费量仅为 2.05 亿 t 标煤，占工业能源消费总量的 7.08%，2016 年工业其他能源消费量为 3.56 亿 t 标煤，比 2011 年增长 73.17%，2020 年工业其他能源使用量预计增长到 4.84 亿 t 标煤，“十三五”期间预计增长 48.41%。2030 年工业其他能源消费量预计达到 10.08 亿 t 标煤，其他能源消费量在工业能源消费总量中所占比例大幅提升，从 2011 年的 7.08%上升至 2030 年 22.77%（图 1-3-32）。

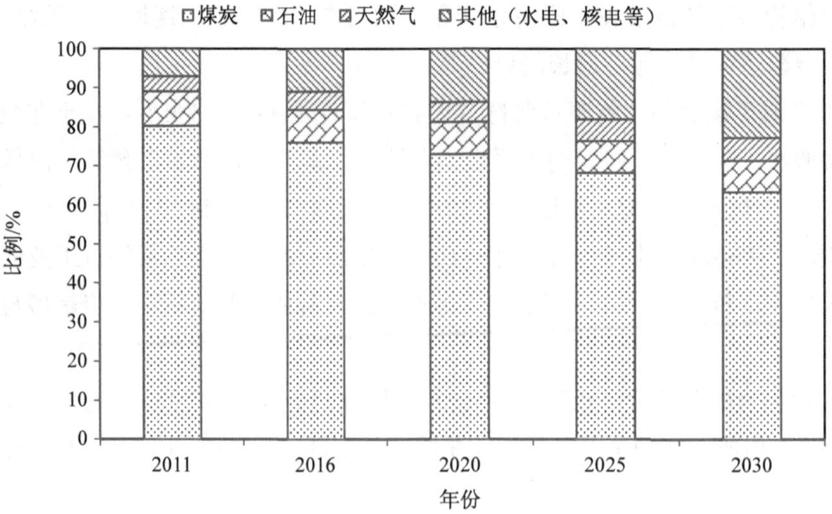

图 1-3-32 工业主要能源消费量在预测年内占能源消费总量的比例

（3）重点行业是能源结构调整的重点

钢铁、电力等行业在生产过程中使用了大量煤炭，这些重点行业的节能降耗和煤炭能源替代是整个经济系统能源结构调整的重要内容。应逐步控制这些重点行业的煤炭尤其是相对低质量煤炭的消费量，提高清洁能源消费比例。以钢铁行业为例，钢铁行业以煤炭为主要能源，其煤炭消费的比例在 90%以上（图 1-3-33）。在预测年内，考虑到钢铁行业节能潜力相对较大，并且随着钢铁生产电炉比例的不断提高，预测钢铁行业的煤炭消费量将先升后降，并在2020年前后形成拐点，钢铁行业煤炭消费量占钢铁行业能源消费总量的比例将逐渐降低，而其他能源（水电、核电等）所占比例将逐渐提高。

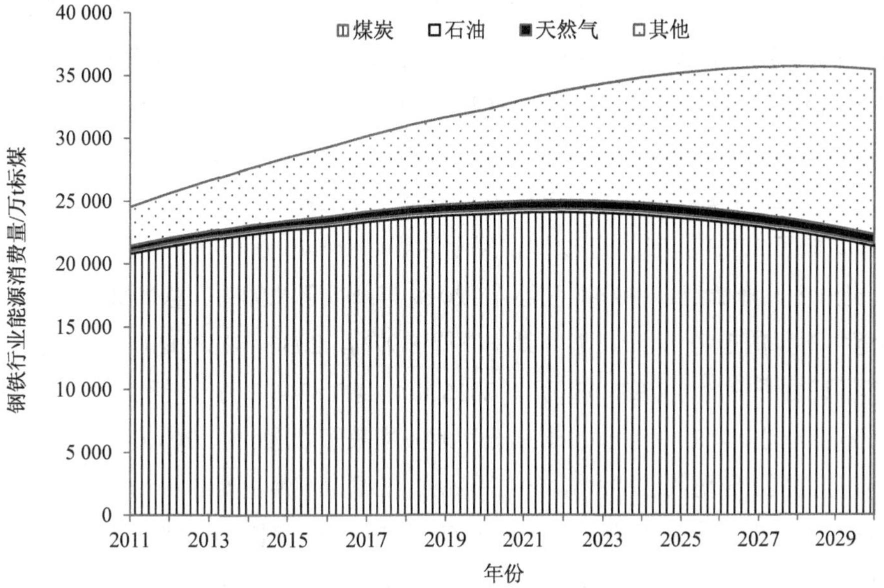

图 1-3-33 钢铁行业主要能源消费量及其消费结构

3.4.4.2 生活能源消费量预测结果

（1）城镇生活能源消费量持续增加，而农村生活能源消费量持续降低

根据生活能源消费系数，结合城镇、农村预测人口数，分别预测得出城镇生活、农村生活各项能源消费量的结果见表 1-3-40。

表 1-3-40 生活商品能源消费量预测结果

指标		2011 年	2016 年	2020 年	2025 年	2030 年
城镇	总能耗/万 t 标煤	10 875.13	13 752.41	15 719.71	17 674.46	19 570.30
	煤炭/万 t	1 745.45	1 357.70	1 170.71	1 045.74	981.28
	石油/万 t	2 930.63	3 824.02	4 408.27	5 009.08	5 615.11
	天然气/万 m^3	264.26	374.32	447.58	518.43	583.29
	其他/万 t 标煤	614.83	741.85	831.94	907.13	973.30
农村	总能耗/万 t 标煤	8 076.13	8 127.09	7 785.77	7 602.88	7 296.13
	煤炭/万 t	7 468.73	7 280.33	6 816.45	6 511.31	6 139.64
	石油/万 t	1 051.75	1 166.43	1 159.66	1 171.16	1 153.03
	天然气/万 m^3	0.70	0.78	0.80	0.83	0.83
	其他/万 t 标煤	433.61	438.75	435.64	439.45	432.25
合计	总能耗/万 t 标煤	18 951.26	21 879.49	23 505.48	25 277.34	26 866.43
	煤炭/万 t	9 214.18	8 638.04	7 987.16	7 557.05	7 120.93
	石油/万 t	3 982.39	4 990.45	5 567.93	6 180.24	6 768.14
	天然气/万 m^3	264.96	375.10	448.38	519.26	584.12
	其他/万 t 标煤	1 048.44	1 180.59	1 267.59	1 346.57	1 405.55

随着我国城镇化率的逐年提高，在2011—2030年，农村人口将持续流向城镇，使城镇人口快速增长，而农村人口呈现缓慢下降的趋势。在预测年内，由于城镇和农村的人均商品能源消费强度都将逐年增长，因此生活商品能源消费量将保持持续增长的趋势。2011 年，生活商品能源消费量为18 951.3 万 t，2016 年达到 21 879.0 万 t，2020 年增长到 23 505.5 万 t，“十三五”期间增长 10.4%，2030 年增长至 26 866.4 万 t，比 2020 年增长 14.3%，在 2011—2030 年年均增长 1.85%。

城镇 2011 年煤炭消费量为 1 745.45 万 t，2016 年降至 1 357.7 万 t，比 2011 年下降 22.21%；2020年煤炭消费量进一步降低至 1 170.71 万 t，“十三五”期间降低了 18.97%；2030 年城镇煤炭消费量降低到 981.28 万 t，比 2020 年降低 16.18%。农村 2011 年煤炭消费量为 7 468.73 万 t，2016 年达到 7 280.33万 t，比 2011 年降低了 2.52%；2020 年煤炭消费量达到 6 816.45 万 t，“十三五”期间降低了 6.99%；2030 年农村煤炭消费量降低到 6 139.64 万 t，比 2020 年降低了 9.93%。总体来看，我国生活用煤炭消费总量呈现逐年下降的趋势，“十三五”期间下降 8.97%，2030 年比 2020 年下降了 10.85%。

城镇 2011 年石油消费量为 2 930.63 万 t，2016 年达到 3 824.02 万 t，比 2011 年增长了 30.48%；2020 年石油消费量达到 4 408.27 万 t，“十三五”期间增长了 21.21%；2030 年城镇石油消费量上涨到 5 615.11 万 t，比 2020 年增长 27.38%，2011—2030 年城镇石油消费量平均每年以 3.48%的速度增长。农村石油消费量呈现基本平稳的态势，2016 年比 2011 年增长 10.90%，“十三五”期间增长了1.10%，2030 年比 2020 年下降 0.57%。因此，我国生活用石油消费量呈现逐年上升到趋势，“十三五”期间上升了 16.39%，2030 年比 2020 年上升了 21.56%。

城镇生活用天然气消费量“十三五”期间将增长 27.48%，2030 年比 2020 年增长 30.32%，2011—2030 年年均增长 4.26%；农村生活用天然气消费量“十三五”期间增长 4.01%，2030 年比 2020年增长 3.71%。生活用天然气消费总量呈现逐年上升的趋势，“十三五”期间增长 27.43%，2030 年比 2020 年增长 30.27%，2011—2030 年年均增长 4.25%。

其他能源（水电、核电等）消费量的趋势与天然气消费量的趋势基本相同，城镇生活用其他能源消费量“十三五”期间增长 16.25%，2030 年比 2020 年增长 16.99%；农村生活用其他能源消费量“十三五”期间降低 0.67%，2030 年比 2020 年降低 0.78%，农村生活其他能源消费量基本稳定。生活用其他能源消费总量呈现逐年上升趋势，“十三五”期间增长 9.82%，2030 年比 2020 年增长 10.88%，2011—2030 年年均增长 1.55%。

（2）生活非商品能源消费量持续减少

农村在使用常规商品能源外，还会使用部分非商品能源，主要包括沼气、秸秆和薪柴等。根据非商品能源消费系数和农村人口数测数据，可以预测非商品能源消费量如表 1-3-41 所示。

表 1-3-41 生活非商品能源消费量预测结果

农村用能		2011 年	2016 年	2020 年	2025 年	2030 年
生活用能	沼气/亿 m^3	122.48	150.29	164.95	184.89	198.66
	秸秆/亿 t	3.76	3.59	3.39	3.27	3.11
	薪柴/亿 t	1.80	1.72	1.63	1.58	1.50
农村非商品用能合计/亿 t 标煤		2.73	2.63	2.51	2.44	2.34

农村 2011 年非商品能源消费总量为 2.73 亿 t 标煤，2016 年达到 2.63 亿 t 标煤，比 2011 年降低

3.40%，2020 年达到 2.51 亿 t 标煤，“十三五”期间约下降 4.77%，2030 年农村非商品能源消费量预计达到 2.34 亿 t，比 2020 年降低 6.80%。

沼气属于相对清洁的能源，受到能源结构调整的影响，未来沼气的消费量将快速增加，2016 年预计比 2011 年上升 22.70%，2020 年比 2016 年增长 9.76%，2030 年比 2020 年增长 20.44%，2011—2030 年年均增长 2.19%。与此同时，焚烧秸秆和薪柴会产生大量烟尘，受到国家政策影响，预计秸秆和薪柴的消费量将从 2011 年后呈现逐年下降的趋势。其中 2016 年秸秆消费量比 2011 年降低 4.44%，“十三五”期间降低 5.48%，2030 年比 2020 年下降 8.30%。2016 年薪柴消费量比 2011 年减少 4.01%，“十三五”期间下降 5.25%，2030 年比 2020 年下降 7.91%。

3.4.4.3 经济系统其他部门能源消费量预测结果

除了工业外，经济系统其他部门还包括农业、建筑业以及第三产业各部门。农业 2011 年能源消费量为 3 926.56 万 t 标煤，由于经济结构的调整及能源利用效率的提高，预计农业能源消费量将在未来先升后降。经预测，2016 年农业能源消费量将达到 4 384.93 万 t 标煤，比 2011 年增长 11.7%，2020 年达到 3 948.79 万 t 标煤，“十三五”期间降低 8.38%，2030 年达到 3 862.58 万 t 标煤，比 2020 年降低 2.18%。受到宏观政策影响，建筑业、交通运输仓储和邮政业、批发零售和住宿餐饮业、其他行业的经济总量在未来将有较大发展，在预测年内，这些行业的能源消费量也将保持增长趋势（表 1-3-42）。

表 1-3-42 经济系统其他部门能源消费量预测结果 单位：万 t 标煤

部门	2011 年	2016 年	2020 年	2030 年
农业	3 926.56	4 383.93	3 948.79	3 862.58
建筑业	4 509.97	5 729.13	7 970.51	9 307.97
交通运输、仓储和邮政业	25 581.79	32 287.69	47 338.09	57 750.99
批发、零售业和住宿、餐饮业	3 589.89	5 088.48	8 101.85	10 110.55
其他行业	7 583.78	10 638.09	16 682.26	20 733.14
合计	45 191.99	58 127.32	84 041.50	101 765.24

3.4.4.4 能源消费总量预测结果

（1）能源消费总量持续增长，增长速率低于 GDP 增速

2011 年我国能源消费总量为 34.80 亿 t 标煤，2016 年达到 39.90 亿 t 标煤，比 2011 年增长 14.7%，2020 年达到 44.06 亿 t 标煤，预计在“十三五”期间增长 12.8%，2030 年预计能源消费总量为 56.37 亿 t 标煤，比 2020 年增长 27.9%。在 2011—2030 年能源消费总量年均增长 2.6%，增长速率低于 GDP 增速。

其中，工业行业 2016 年能源消费量比 2011 年增长 8.04%，“十三五”期间增长 11.95%，2030 年比 2020 年增长 31.23%，2011—2030 年年均增长 2.35%，工业行业能源消费量占能源消费总量的比例在稳中有降，2011 年工业能源消费量占能源消费总量的 80.83%，2016 年为 79.16%，2020 年达到 78.44%，2030 年下降为 77.75%。生活能源消费量 2016 年比 2011 年增长 12.64%，“十三五”期间增长 11.95%，2030 年比 2020 年增长 31.23%，2011—2030 年年均增长 1.69%，生活行业占能源消费总量的比例稳中有增，生活用非商品能源消费量逐年下降。

其他行业 2016 年能源消费量比 2011 年增长 23.90%，“十三五”期间增长 22.39%，2030 年比

2020 年增长 57.58%，2011—2030 年年均增长 4.48%。其他行业的能源消费量占能源消费总量的比例逐年升高，2011 年为 12.46%，预计到 2030 年将达到 17.54%，比 2011 年提高 5.08%左右。

在预测年内，工业行业能源消费总量预计增长 15.39 亿 t 标煤，将不断增加对能源使用和环境保护的压力；生活用能和其他行业用能的逐年增长也将导致面源污染和其他复合污染将更加严重（表 1-3-43）。

表 1-3-43 能源消费量及其结构预测 单位：亿 t 标煤

	2011 年	2016 年	2020 年	2030 年
工业	28.39	31.90	34.89	43.51
生活	1.90	2.19	2.35	2.69
其他	4.52	5.81	6.82	10.18
合计	34.80	39.90	44.06	56.37

（2）煤炭仍是我国主要能源，清洁能源所占比例持续上升

在 2011 年我国煤炭消费量占能源消费总量的 68.4%，石油消费量占能源消费量的 18.6%，天然气消费量占能源消费量 5.0%，其他能源（水电、核电等）仅占 8.0%。随着能源结构的调整，我国的煤炭消费所占比例将呈现逐年下降的趋势，到 2016 年煤炭消费量占能源消费量的比例下降为 63.36%，2020 年为 60.13%，"十三五"期间降低 4.15 个百分点，2030 年该比例为 50.57%，比 2020 年又降低了 9.57 个百分点。石油消费所占比例相对稳定，2011—2030 年保持在 18.7%左右。天然气和其他能源的消费比例逐年上升，其中天然气消费量占能源量的比例在"十三五"期间预计增长 0.86 个百分点，2030 年比 2020 年再增加 0.84 个百分点；其他能源消费量占能源消费总量的比例在"十三五"期间预计增长 3.29 个百分点，2030 年比 2020 年再增加 8.68 个百分点（图 1-3-34）。

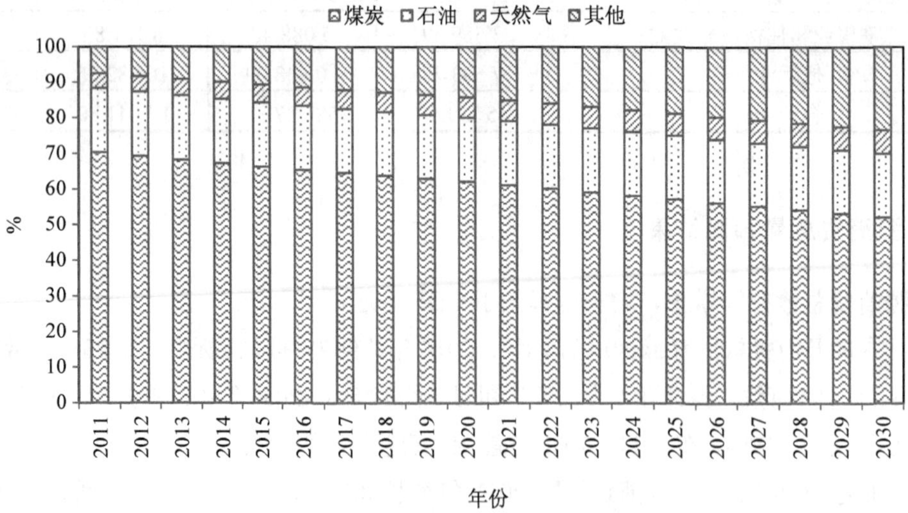

图 1-3-34 2011—2030 我国主要能源消费结构

在工业行业中主要能源是煤炭，经过能源结构调整与技术升级等，我国工业煤炭消费比例将逐渐降低，而其他能源消费比例将逐步提高。预计在"十三五"期间工业煤炭消费比例将从 81.03%降低到 77.04%，2030 年进一步下降至 70.68%；工业石油消费比例预计在"十三五"期间增长 0.78 个百分点，2030 年比 2020 年再增长 1.24 个百分点，占能源消费总量的 11.86%；天然气消费比例预计

在“十三五”期间增长 1.48 个百分点，2030 年比 2020 年再增长 1.34 个百分点，将占能源消费总量的 7.85%；其他能源的消费比例将大幅增长，预计 2020 年将比 2015 年增长 1.74 个百分点，2030 年比 2020 年增长 3.79 个百分点，占能源消费总量的 9.62%。

生活用能中，煤炭、石油和其他能源（水电、风电、核电等）的消费比例大体相同，在未来发展过程中，煤炭消费比例将大幅下降，而石油、天然气和其他能源的消费比例将逐步上升。2011 年生活煤炭消费量占能源消费总量的比例为 28.79%，2016 年将比 2011 年下降 5.56 个百分点，2020 年煤炭消费比例将下降至 20.00%，2030 年进一步下降至 15.67%；2011 年生活石油消费量占能源消费总量的 26.67%，预计 2016 年将比 2011 年上升 0.86 个百分点，2020 年上升至 28.61%，2030 年增加至 30.58%；天然气消费比例预计到 2020 年增长至 21.40%，比 2011 年增长 6.09 个百分点，2030 年进一步增长到 24.51%；预测年内，其他能源消费的比例将维持在 30%左右。

在其他行业中，受到交通运输业的影响，石油能源消费占比较大，在预测年中，石油的消费比例将持续下降，煤炭的消费比例也将逐年下降。2011 年其他行业的煤炭消费量占能源消费总量的 12.52%，2016 年下降为 11.29%，在“十三五”期间煤炭消费比例下降 1.63 个百分点，2030 年比 2020 年又下降 3.79 个百分点；石油消费比例在“十三五”期间下降 1.44 个百分点，2030 年比 2020 年又下降 2.01 个百分点；天然气消费比例在“十三五”期间上涨 1.67 个百分点，2030 年比 2020 年又增加 0.82 个百分点；其他能源（水电、核电等）的消费比例在“十三五”期间上涨 1.40 个百分点，2030 年比 2020 年又增加 2.97 个百分点（图 1-3-35）。

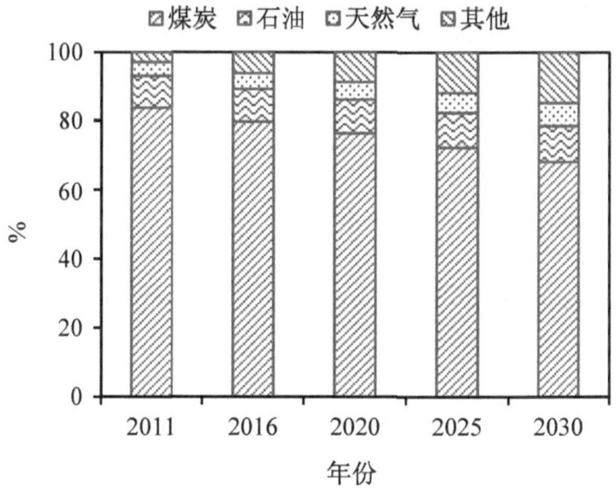

a. 工业

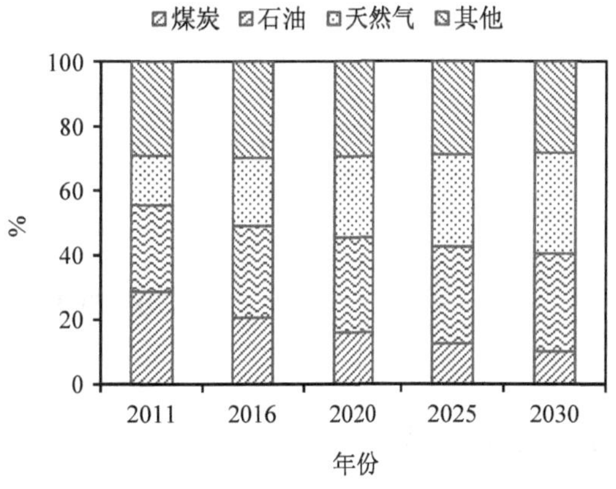

b. 生活

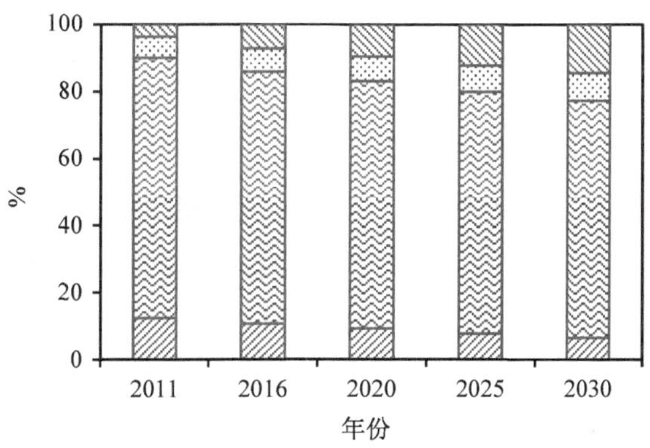

c. 其他

图 1-3-35 主要能源消费结构

（3）能源消费强度逐步降低

我国的能源消费强度随技术进步和能源效率不断提高而逐步降低，其中煤炭消费强度下降幅度最大，石油、天然气以及其他能源的消费强度也都呈明显下降趋势。2011 年能源总消费强度为 0.74 t 标煤/万元，2016 年下降到 0.51 t 标煤/万元，降低了 30.6%，“十三五”期间下降了 28.7%，2030 年又比 2020 年下降了 26.0%。

由于煤炭消费比例已经呈现下降趋势，煤炭消费强度下降的趋势最为明显，在“十三五”时期预计下降 25.05%，2030 年比 2020 年再下降 35.86%；石油、天然气虽然消费比例呈现上升趋势，但消费强度仍然呈现逐年下降的趋势，其中石油消费强度预计在“十三五”期间降低 15.24%，2030 年比 2020 年降低 20.93%；天然气消费强度预计在“十三五”期间增长 0.27%，2030 年比 2020 年降低 16.85%；其他能源消费强度预计在预测年内呈上升趋势，预计在“十三五”期间增长 0.50%，2030 年比 2020 年增长 1.82%（图 1-3-36）。

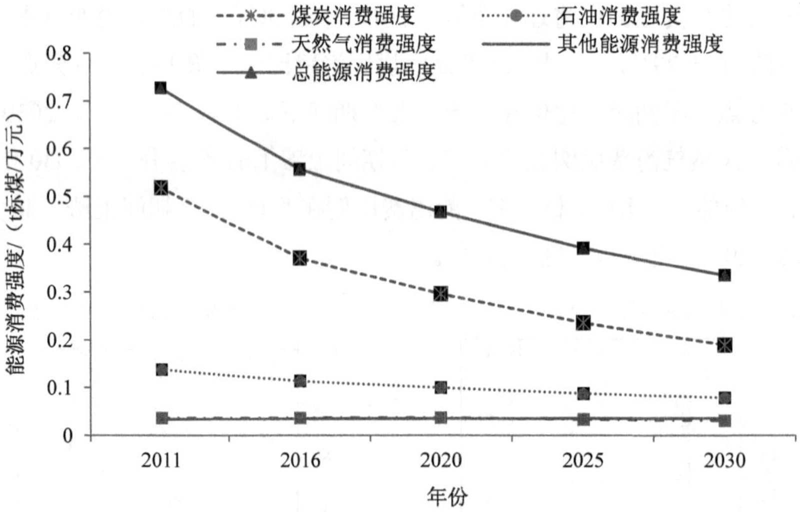

图 1-3-36 主要能源消费强度

3.4.5 结论与建议

3.4.5.1 结论

（1）能源消费总量不断增加

在预测年内，我国经济结构中工业所占比例逐渐下降，第三产业占比逐渐上升，总体来说，我国经济仍将以重化工业发展为主，而这些重化工业大多是高能耗企业。因此在未来很长一段时间内，我国的能源消费总量仍保持增长的趋势，2011 年我国能源消费总量为 34.8 亿 t，2020 年达到 44.1 亿 t，到 2030 年达到 56.4 亿 t，2011—2030 年年均增长 2.62%。能源将成为制约我国经济发展的重要条件，如何保障能源供给，维护能源安全将是我国未来很长一段时间内需要面临的重大问题，而高速增长的能源消费量也将为环境和生态保护带来巨大的压力。

（2）能源消费结构逐渐调整

“十一五”以来，我国大力调整能源消费结构，改变能源发展方式，提升传统能源利用效率，大力推动新能源和可再生能源发展，取得了一定的成绩。预测 2011—2030 年，我国能源消费结构中煤炭所占比例将逐年下降，从 2011 年的 68.4%下降到 2030 年的 50.6%。工业煤炭消费占工业能源消费总量的比例在预测年内将有大幅下降，但在 2030 年以前其比例仍将保持在 70%以上，这主要是由于我国在预测年内仍将以重化工业发展为主，而这些行业的发展需要煤炭资源的支撑。煤炭仍将是我国未来很长一段时间内的主要能源，煤炭消费量也将呈现持续上涨的趋势。在预测年内，石油消费所占比例稳中有增，从 2011 年的 18.6%上升至 2030 年的 18.8%。此外，天然气和其他（水电、核电等）能源所占比例将逐渐上升，但相对于煤炭其比例仍然较小。

（3）能源使用强度持续降低

随着技术进步和能源效率的不断提高，我国能源消耗强度将逐步降低，2011 年全国为 0.74 t 标煤/万元，2016 年将下降到 0.51 t 标煤/万元，比 2011 年降低 30.6%。2020 年下降到 0.39 t 标煤/万元，“十三五”期间下降 28.7%，年均下降 6.5%。2030 年降至 0.21 t 标煤/万元，比 2020 年再降低 26.0%。其中，煤炭消费强度下降的趋势最为明显，2011 年为 0.69 t/万元，2016 年下降到 0.54 t/万元，比 2011 年下降 26.2%，2020 年下降到 0.41 t/万元，“十三五”期间下降 24.6%，2030 年下降至 0.23 t/万元，2030 年比 2020 年下降 43.5%。石油、天然气以及其他能源消费占能源消费总量的比例虽然呈现上升趋势，但其消费强度仍然呈现逐年下降的趋势。

3.4.5.2 建议

（1）进一步调整产业结构，优化能源结构

改变经济发展方式，尽快扭转以重化工业发展为主的局面。加快淘汰落后产能，限制高能耗产能，促进产业结构转型升级，坚持高精尖优的主攻方向，着力推动新一代信息技术、新能源等战略性新兴产业发展。进一步优化能源结构，积极探索新能源，促进能源多元化。

（2）实施煤炭消费总量控制

综合考虑各地社会经济发展水平、能源消费特征、大气污染现状等因素，制定国家煤炭消费总量中长期控制目标，实行目标责任管理。要设置煤炭消耗红线值。京津冀、长三角、珠三角等区域力争实现煤炭消费总量负增长，通过逐步提高接受外输电比例、增加天然气供应、加大非化石能源利用强度等措施替代燃煤。京津冀、长三角、珠三角等区域新建项目禁止配套建设自备燃煤电站。耗煤项目要实行煤炭减量替代。除热电联产外，禁止审批新建燃煤发电项目；现有多台燃煤机组装机容量合计达到 30 万 kW 以上的，可按照煤炭等量替代的原则建设为大容量燃煤机组。

（3）加快清洁能源替代利用

加大天然气、煤制天然气、煤层气供应。提高天然气干线管输能力，优化天然气使用方式，新增天然气应优先保障居民生活或用于替代燃煤；鼓励发展天然气分布式能源等高效利用项目，限制发展天然气化工项目；有序发展天然气调峰电站，原则上不再新建天然气发电项目。制定煤制天然气发展规划，在满足最严格的环保要求和保障水资源供应的前提下，加快煤制天然气产业化和规模化步伐。积极有序发展水电，开发利用地热能、风能、太阳能、生物质能，安全高效发展核电。京津冀区域城市建成区、长三角城市群、珠三角区域要加快现有工业企业燃煤设施天然气替代步伐；到 2017 年，基本完成燃煤锅炉、工业窑炉、自备燃煤电站的天然气替代改造任务。

（4）实施节能战略，提高能源使用效率

严格落实节能评估审查制度。新建高耗能项目单位产品（产值）能耗要达到国内先进水平，用能设备达到一级能效标准。京津冀、长三角、珠三角等区域，新建高耗能项目单位产品（产值）能耗要达到国际先进水平。积极发展绿色建筑，政府投资的公共建筑、保障性住房等要率先执行绿色建筑标准。新建建筑要严格执行强制性节能标准，推广使用太阳能热水系统、地源热泵、空气源热泵、光伏建筑一体化、“热—电—冷”三联供等技术和装备。推进供热计量改革，加快北方采暖地区既有居住建筑供热计量和节能改造；新建建筑和完成供热计量改造的既有建筑逐步实行供热计量收费。加快热力管网建设与改造。

（5）开展国际合作，确保能源供给安全

中国作为能源消费大国，目前对进口能源的依赖程度不断加深，能源安全问题日益凸显。我国应在稳定现有能源供给量的基础上，应利用多种贸易方式，与包括中南美洲国家在内的众多国家开展广泛的国际能源合作，拓宽能源供给渠道，增大能源供给容量，分散能源采购风险。同时，需要形成与发展中大国相符的能源安全战略思想，形成中长期能源安全战略体系。

本报告执笔：蒋洪强、祁京梅、张伟

4 京津冀地区环境形势分析

4.1 京津冀地区生态环境保护主要进展

4.1.1 强化政府领导目标责任考核

成立强有力的组织机构，负责协调解决京津冀协同发展中的重大环保问题，提升对生态环境保护的认识，以前所未有的力度落实相关政策，推进环境治理工程的实施。北京市成立了首都城市环境建设委员会和市大气污染综合治理领导小组等协调机构，市发改委增设应对气候变化处和市应对气候变化研究中心，市环保局增设了大气污染综合治理协调处、应急处等。

4.1.2 调整产业结构和能源结构

根据各自的功能定位加快产业转移，对“两高一资”行业实行严格的建设项目环境准入条件，压缩和化解钢铁、水泥等行业的过剩产能，淘汰落后产能，积极淘汰老旧车辆并推广新能源汽车，加快培育和发展战略性新兴产业，加大第三产业在整个产业中的比重。发展优质能源，实现“能耗”和“能源消费总量”的双控机制，开展清洁煤替代工作。

4.1.3 发展循环经济和清洁生产

加大循环经济示范区建设力度，推行清洁生产。北京市选取了学校和科研院所等 10 类行业开展了服务业清洁生产试点工作，探索在服务业降低资源消耗、减少环境污染的有效途径，把清洁生产推向更广阔的空间。曹妃甸工业园区作为国家首批循环经济示范区，始终坚持绿色、低碳、循环发展，建设和培育了钢铁、电力、石化三大循环经济产业链，构建了企业内部、企业之间以及企业和社会之间的三级循环经济产业体系。

4.1.4 推进重点污染治理工程

增加各级财政在生态环境保护的投入力度，用于生活垃圾和污水处理等环保基础设施建设和大气、河流、湖泊以及固体废物治理等重点污染治理工程及能力建设。据不完全统计，2013 年，北京市、河北省分别为 200 亿元、600 亿元，大大提高了生活垃圾污水及固废的处理效率，重点实施了白洋淀、北戴河、海河流域等区域污染治理工程，并取得预期效果。

4.1.5 加强生态文明制度建设

制定生态文明建设的相关意见文件，按照各地生态和自然资源分布情况划定生态保护红线，建立和健全流域和跨界断面生态补偿机制。天津市组织制定了《天津市生态用地保护红线划定方案》，根据生态保护的重要程度将永久性生态保护区域划分为红线区和黄线区，划出永久性生态保护区占市域国土面积 25%。河北、天津均建立了海洋生态红线制度，天津划定的生态红线区中自然岸线合计 18.63 km，占天津岸线的 12.12%，红线区总面积合计 219.79 km^2，占管辖海域面积的 10.24%。河北划定自然岸线合计 97.20 km，占河北大陆岸线的 20.05%；红线区总面积 1 880.97 km^2，占管辖海域面积的 26.02%。

4.1.6 探索环境治理市场化机制

启动节能量、排污权和碳排放交易等工作的试点，创新合同能源管理等市场机制，在节能减排管理方面开放市场，搭建节能低碳创新服务平台，加强融资服务，推行绿色信贷，发挥价格杠杆调控作用，开展环境污染设施运行特许经营，推行环境污染第三方治理。

4.1.7 初步建立大气联防联控机制

探索大气污染的联防联控机制，协同治理水环境污染，实行监测预警一体化举措，建立环境监测信息共享机制，推进区域内重大建设项目区域环评审批会商制度，加强联合执法或交叉执法机制。

4.1.8 强化环境执法监督和管理

加快完善重点污染源等环境监测平台，积极探索环保联合执法机制，加强环境监管力度。河北省启动“智慧环保”，打造在线监控、环境质量检测、数据综合分析“三位一体”的环境管理平台，实行网格化环境监管体系，开展 IC 卡排污总量控制。

4.2 京津冀地区面临的主要生态环境问题

4.2.1 区域性能源消耗与大气复合污染问题难以解决

（1）能源消费结构不合理

京津冀是以煤炭为主的能源消费典型区域。2011 年煤炭消费总量占全国 12.3%，其中河北占 10%；单位 GDP 能耗高，河北单位 GDP 煤耗远高于北京、天津及全国平均水平。由于煤炭消费强度高，单位国土面积承载了巨大的污染物排放，使其成为我国空气污染最重的区域（图 1-4-1）。

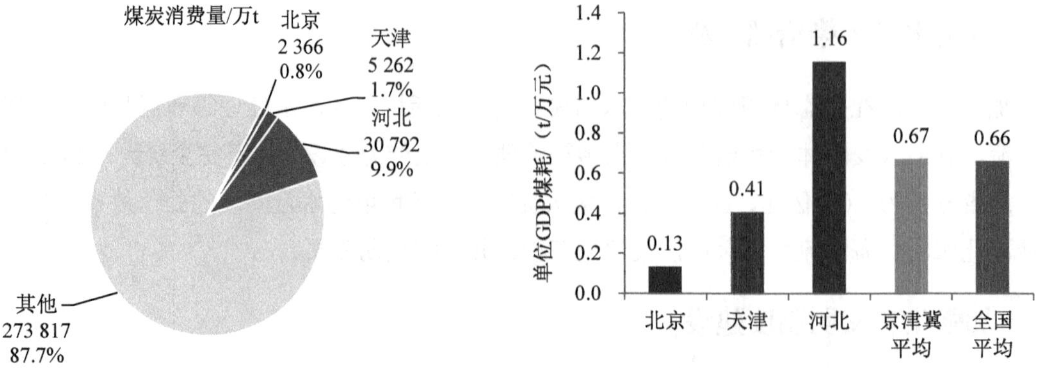

图 1-4-1 京津冀三地煤炭消耗总量及单位 GDP 能耗比较

（2）污染物排放总量大

污染物排放总量远超该地区环境承载力。2012 年，SO_2、NO_x 和烟（粉）尘排放量分别为 166.0 万 t、227.3 万 t 和 138.7 万 t，占全国的 7.8%、9.7%和 11.2%，单位面积 SO_2、NO_x 和烟（粉）尘排放量是全国平均水平的 3.5 倍、4.3 倍和 5.0 倍（表 1-4-1）。

表 1-4-1　京津冀主要污染物排放量及占全国比重

地区	SO_2/万 t	NO_x/万 t
北京	9.4	17.8
天津	22.5	33.4
河北	134.1	176.1
京津冀合计	166.0	227.3
全国	2 117.6	2 337.8
占全国比重/%	7.8	9.7

（3）大气环境质量差

河北省 2012 年 SO_2 和 NO_x 排放量均居全国第二，环境承载力严重不足。京津冀地区空气质量是全国大气污染最差区域，城市 $PM_{2.5}$ 年均浓度为 106 μg/m^3，是 74 个城市平均浓度的 1.5 倍，超过长三角地区和珠三角地区 57.7%和 126.3%，更为 WHO 指导值和美国平均年均浓度的 10 倍以上（图 1-4-2）。

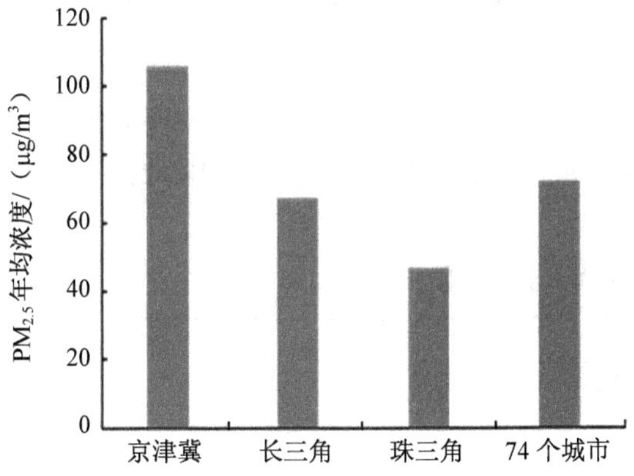

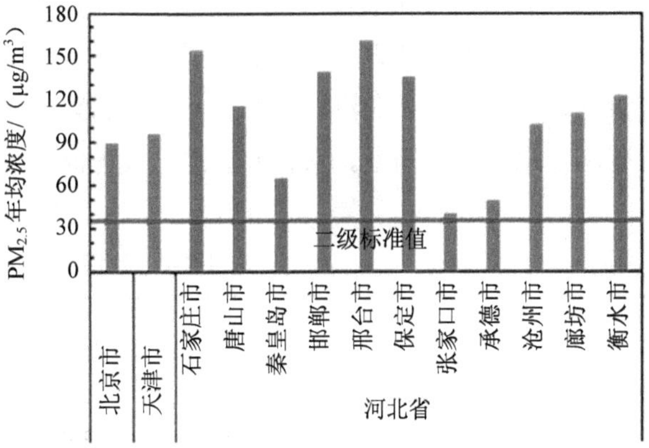

图 1-4-2　京津冀 $PM_{2.5}$ 浓度比较

（4）大气污染物来源复杂

二次颗粒物在 $PM_{2.5}$ 中的比例高。京津冀为 50%～70%，北京市、天津市和河北省分别为 60%、53%和 59%。在北京市 $PM_{2.5}$ 中，一次颗粒物主要来自工业过程，二次颗粒物的前体物主要来自能源和交通运输部门；天津市和河北省的 $PM_{2.5}$ 主要来自能源部门。京津冀大气污染存在显著跨界输送特征，北京市 $PM_{2.5}$ 受外来源的影响达 28%～36%，特定气象条件下，跨界输送对 $PM_{2.5}$ 浓度的贡献甚至可高达 40%以上。

4.2.2 区域水资源分配格局与跨界污染问题十分突出

京津冀地区水安全问题越发突出、形势越来越紧迫。水资源总量占全国 1.04%，COD 排放量占全国 7.28%，氨氮排放量占全国 6.18%，劣Ⅴ类断面占全国 14.15%（图 1-4-3）。

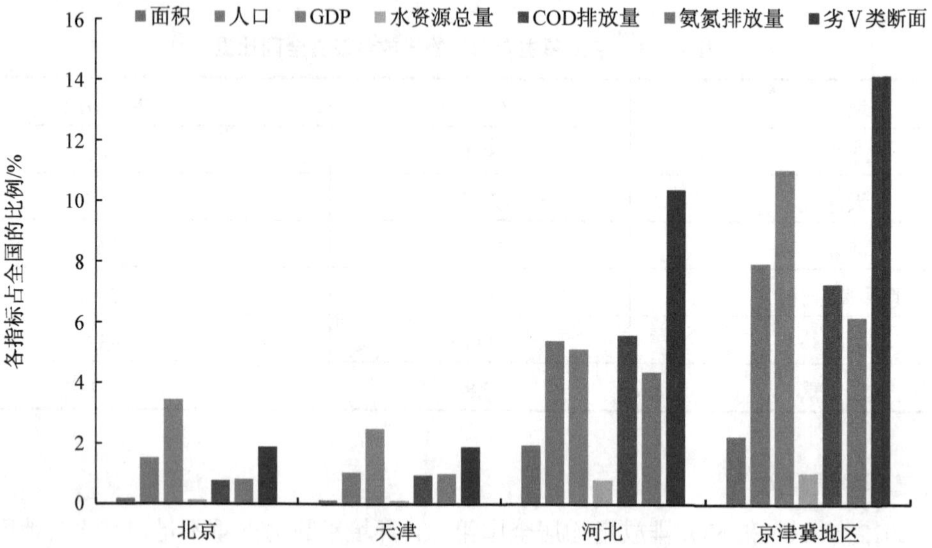

图 1-4-3 京津冀地区水资源和水污染占全国比例

（1）水资源严重短缺

京津冀地区已经成为我国严重缺水地区，人均水资源量仅为 286 m^3，是全国平均水平的 13%，世界平均水平的近 1/30。地区流域范围内平原区普遍地表断流，生态常年用水不足。湿地萎缩，功能衰退，现存湿地如白洋淀、北大港、南大港、团泊洼、千顷洼、草泊、七里海、大浪淀等，均面临干涸及水污染的困境。水资源短缺已成为制约本地区发展的全局性限制因素（表 1-4-2）。

表 1-4-2 京津冀水资源及人均水资源现状

类型	北京	天津	河北	京津冀	全国	京津冀占全国比例/%
水资源总量/亿 m^3	39.50	32.94	235.53	307.97	29 526.88	1.04
地表水资源量/亿 m^3	17.95	26.54	117.76	162.25	28 371.35	0.57
地下水资源量/亿 m^3	26.49	7.62	164.84	198.95	8 416.12	2.36
人均水资源量/（m^3/人）	193.24	237.99	324.24	285.95	2 186.05	13.08
地表水与地下水重复量/亿 m^3	4.94	1.22	47.07	53.23	7 260.64	0.73

（2）地下水超采十分严重

京津冀地下水是重要的饮用水水源，占城镇公共总供水规模的一半，其中北京、石家庄、邢台、邯郸等城市的公共地下水供水规模已占总供水规模的 70%以上。京津冀地下水总开采量大，地下水超采导致地面沉降和海水入侵。浅层地下水开采程度达 80%以上，深层地下水开采程度达 140%以上，地面累计沉降量大于 200 mm 的沉降面积近 6.2 万 km^2。平原区地下水超采严重，形成地下漏斗。导致地面沉降等诸多地质环境问题。

（3）水环境质量差

京津冀地区水质状况不容乐观，劣Ⅴ类断面比例高于 1/3，且跨界水污染严重。2013 年，京津冀国控断面共 51 个，其中劣Ⅴ类占 35.3%，国控省界断面共 23 个，占国控断面总数的 45.1%，其中劣Ⅴ类占 43.5%。京津冀地区受污染的地下水占 1/3，重金属污染多集中在石家庄等城市周边，以及天津、唐山等工矿企业周围，地下水中“三氮”超标率较高（表 1-4-3、表 1-4-4）。

表 1-4-3 京津冀国控断面水质情况

省（市）	类别	断面总数	Ⅰ～Ⅲ类	Ⅳ～Ⅴ类	劣Ⅴ类
北京市	河流	7	4	1	2
	湖库	1	1	0	0
天津市	河流	10	5	1	4
	湖库	1	1	0	0
河北省	河流	27	12	4	11
	湖库	5	0	4	1
京津冀地区	河流	44	21	6	17
	湖库	7	2	4	1
	合计	51	23	10	18

表 1-4-4 京津冀国控省界断面水质

省（市）	断面总数	省界断面数	Ⅰ～Ⅲ类	Ⅳ～Ⅴ类	劣Ⅴ类
北京市	8	6	4	0	2
天津市	11	5	3	0	2
河北省	32	12	3	3	6
京津冀地区	51	23	10	3	10

（4）近海水质严重恶化

渤海湾水质极差，劣Ⅳ类海水占 75%，全国 9 个重要海湾中，劣Ⅳ类比例仅次于杭州湾和长江口。近 50 年来，入海水量逐渐减少，且主要是汛期洪涝水和污水，遇干旱年份，入海水量几乎为零。12 个主要入海河口都存在淤积问题，泄洪能力大为降低。入海水量的减少，使流域生态系统由开放型逐渐向封闭式和内陆式方向转化，河流生物物种转向低级化（图 1-4-4）。

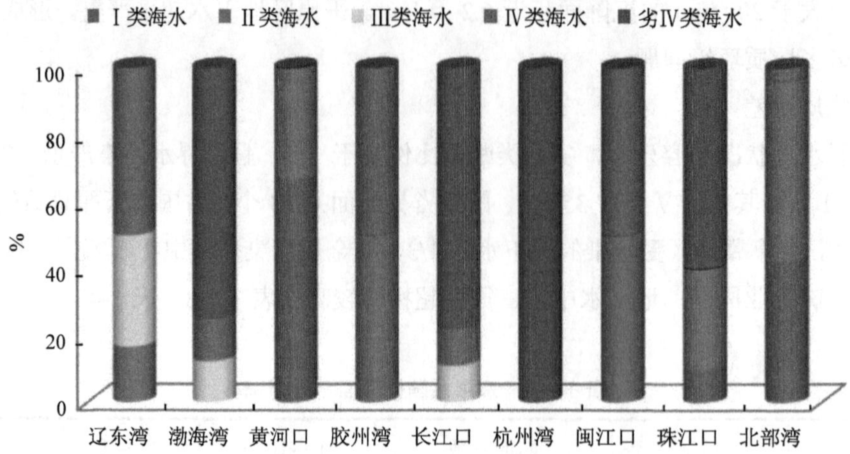

图 1-4-4 渤海湾水质与其他地区近海水质比较

（5）平原区地表普遍水断流

控制地下水超采、保证南水北调、保证引黄补给、考虑侧渗补给的情况下，总断流的河长仍将在 27%以上，大部分在河北平原区。

4.2.3 区域生态失衡，生态安全受到严重威胁

（1）土地荒漠化问题仍十分突出

地区性沙尘天气频发，森林覆盖率低。其中荒漠化土地面积 44 167.2 km^2，接近 20%。地区内沙漠化敏感性较高，约一半国土荒漠化敏感性在敏感以上。重点地区在河北省北部张承地区，华北平原上较易发生荒漠化的土地为永定河、潮白河下游等干涸河道地区。其中侵蚀强度在中等以上的地区主要分布在西北部山区和坝上高原地区。冀北地区对京津风沙天气影响比较大，最为直接的是三大沙区、六大风口、五大沙滩和九条风沙通道。

（2）水土流失十分严重

区域内水土流失面积 5.8 万 km^2，占全区总土地面积的 31.7%，水土流失严重的地区多为贫困人口集中的西部和北部的太行山东坡、燕山山地，进一步引发生态与贫困的恶性循环，对官厅和密云两大水库行洪和供水的巨大压力。经过 30 多年集中治理，北京地区虽然治理了水土流失面积的 43.1%，河北省境内治理率为 23%，但边治理边破坏的现象相当普遍。

（3）地区生态失衡

随着京津冀地区城市扩张、工业开发挤占生态用地导致城市绿地不足、生态系统功能衰退，热岛效应显著，北京热岛强度已达 2 度，高于上海、广州、沈阳等。城镇连片开发与交通网络隔断了生态廊道，高消耗、高污染产业掠夺生态用水，破坏生态屏障，尤其以太行山、燕山、坝上地区，生态脆弱，恢复难度大。

4.2.4 区域之间相互分割的机制政策亟待健全完善

当前京津冀地区生态环境严峻形势的主要原因在于北京、天津、河北三地经济发展与生态环境保护都从自身利益出发，依靠自身力量、各自为战，产业准入标准、环保执法力度、污染治理水平存在差异，体制机制和政策措施难以适应京津冀地区生态环境协同保护的新特点和新要求。一是环

境保护统筹协调机制不健全，尚未建立区域层面的环境与发展综合决策机制。二是有利于区域生态环境保护的价格、财税、金融等政策不健全，水资源费、污水处理费、排污费征收标准和生态公益林补偿标准不一致。三是环境基础设施未能共建共享，增加了环境保护成本。四是区域环境监管能力薄弱，城市之间环境管理协调不足、缺乏联动。五是区域内部对如何共同争取国家的支持、如何从区域角度进行产业布局的宏观统筹等重大问题考虑不够，区域内合作的模式尚不明确。

4.3 京津冀地区严峻环境形势的原因分析

京津冀地区经济发展消耗大量资源和能源，也产生并排放大量的污染物，造成了区域经济社会发展需求与生态环境保护矛盾十分突出，资源短缺和环境承载力不足制约着经济社会的健康发展。

4.3.1 能源和产业结构是区域环境污染的主要原因

以煤炭为主的能源消费结构加大生态环境保护压力。2012 年京津冀地区以 2.26%的国土面积消耗了全国 10.34%的煤炭消耗量。其中，北京煤炭消费总量为 23%，但天津市和河北省的煤炭消耗总量占比分别为 58.6%和 88.8%（2013 年略有降低），这种能源消费结构对生态环境保护工作造成了巨大压力。

产业结构中重化工比重偏高。2013 年，河北省三次产业比重为 12.4∶52.1∶35.5。在第二产业中，传统产业占比大，轻重工业比重约为 2∶8。河北省粗钢、水泥、平板玻璃产量分别占全国的第一位、第六位和第一位，仅粗钢产量就约占全国总产量的 1/4。偏重的产业结构，既由我国工业化阶段所决定，也增加了生态环境的压力。

4.3.2 缺乏遏制生态环境恶化趋势的有效资金投入

目前，京津冀环境保护基础设施建设和运营存在投入的严重不足。环保资金来源渠道单一，主要靠政府政府财政投入，大量的社会资金难以进入环保市场。与此同时，绝大多数环保企业资金严重不足，生产经营困难；没有引入市场化、产业化机制和第三方治理，是造成基础设施建设严重滞后和处理效果不好的关键原因。据统计，2012 年京津冀地区环境污染治理设施投资总额为 986.2 亿元，环境保护能力建设投资为 12.78 亿元，分别占区域国民生产总值的 1.7%和 0.2%，相较于严峻的环境形势和繁重的治污任务，杯水车薪的投入难以遏制生态环境的恶化。面对工业化与城镇化的快速发展，环境保护需求的不断加大，资金短缺问题将日益突出。

4.3.3 缺乏顶层设计难以形成联防联治的协同机制

目前，京津冀地区尚未形成一个完整、统一、协调的综合环境管理体制机制，主要表现在：

（1）区域联动机制尚未全面建立

受自然条件、资源禀赋和产业结构、能源结构等的制约，京津冀区域空气污染严重，水污染问题突出，生态环境形势严峻。属地管理及行政分割的环境管理体制，尚未建立区域联动机制，极大地影响着环境保护的统一协调，严重制约着环境管理的有效性。

（2）联合执法机制尚未形成

在现行属地管理体制下，基于京津冀区域联合环境执法、联合监管机制尚未形成，在区域联合执法方面，河北省已着手探索和建立联合执法监管工作。虽与北京、天津、内蒙古、山东、山西、辽宁、河南环保局签订了《跨界环境污染纠纷预防处置协议》，但缺乏长效机制。

4.3.4 差异的环保准入难以阻止污染转移和布局

京津冀生态环境是一个整体，是三地经济一体化与可持续发展的重要基础。京津冀的生态环境保护合作，要通盘考虑三地的整体环境承载力，着眼于扩大总体环境容量生态空间，统筹协调三地的环保政策和标准，共同推动京津冀区域生态环境质量的快速改善。然而，受区域行政属地分割的影响，三地在制定环保政策、标准时仅从本地经济发展及环保需求角度出发，上下游缺乏有效衔接，不利于实现区域一体化管理。差异化的环境标准和环境执法，难以防止污染转移，导致“按下葫芦浮起瓢”的情形出现。

4.3.5 体制和机制扭曲是生态环境困境的深层次原因

造成京津冀地区严峻生态环境形势的深层次原因主要表现在：一是利益不均衡，经济发展与生态环保不能有效平衡，“重发展、轻环保”的落后政绩观仍根深蒂固，尤其是河北省作为经济落后地区，面临经济发展和环境保护的双重压力，多年来，始终找不到方向，一些地方至今仍不顾资源环境后果，一味发展经济的冲动还在。二是缺乏顶层设计与协调机制，京津冀三地始终没有走出“现有行政区”掣肘，城乡布局与产业发展缺乏整体统筹设计，发展功能紊乱，各自为战，产业准入标准、污染物排放标准、环保执法力度、污染治理水平存在差异，缺乏联防联控共治的协同机制。三是京津冀生态环保的责任与义务缺乏合理明晰的制度化保障。各地都以自我利益最大化为准则，市场经济的力量在政治和行政权力下失去效能。特别是河北矛盾最为尖锐，各自生态环保的权利责任界定不清晰，缺乏利益协调、合作共赢的生态补偿制度保障，难以真正形成生态环境协同保护的利益平衡机制。

本报告执笔：蒋洪强、张伟、许开鹏

5 长江经济带环境保护形势分析研究

5.1 范围

长江经济带主要涉及上海、江苏、浙江、安徽、江西、湖北、湖南、重庆、四川、云南、贵州 9 省 2 市，涉及长江三角洲城市群，成渝经济区，长江中游城市群，滇中地区，黔中地区等，横跨我国东中西三大区域，共 205 万 km^2。

5.2 现状

5.2.1 经济社会现状

2014 年，长江经济带总人口约 5.84 亿，城镇化率 54.3%，略低于全国 54.77%的平均水平；GDP 总量约 28.47 万亿元，占全国 41.6%；人均 GDP 为 4.9 万元，略低于全国平均水平（5.02 万元）（表 1-5-1）。

表 1-5-1 长江经济带经济社会状况

地区	人口/万人	森林面积/万 hm^2	GDP/亿元	人均 GDP/（万元/人）	土地开发利用强度/%
上海市	2 426	6.81	23 567.7	9.7	46.0
江苏省	7 960	162.1	65 088.32	8.2	3.8
浙江省	5 508	601.36	40 173.03	7.3	2.5
安徽省	6 083	380.42	20 848.75	3.4	1.3
江西省	4 542	1 001.81	15 714.63	3.5	0.7
湖北省	5 816	713.86	27 379.22	4.7	1.3
湖南省	6 737	1 011.94	27 037.32	4.0	0.7
重庆市	2 991	316.44	14 262.6	4.8	1.2
四川省	8 140	1 703.74	28 536.66	3.5	0.4
贵州省	3 508	653.35	9 266.39	2.6	0.4
云南省	4 714	1 914.19	12 814.59	2.7	0.2
长江经济带	58 425	8 466.02	284 689.2	4.9	1.0

长江经济带总体土地开发利用强度为 1.0%，其中上海市土地开发利用强度达到 46%，云南省土地开发利用强度较低，仅有 0.2%，上海市森林面积仅是云南省的 0.4%，土地开发强度达到云南省的

200 倍（图 1-5-1）。

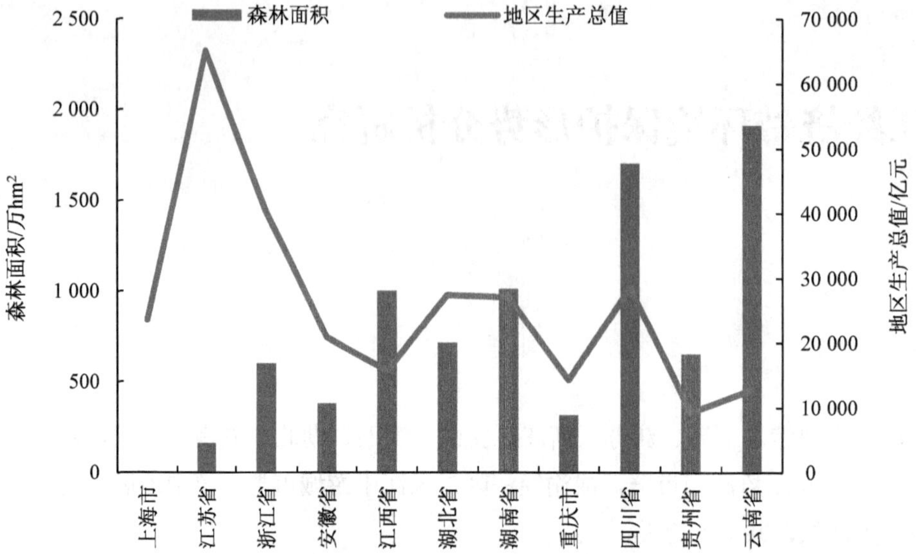

图 1-5-1　长江经济带各省森林面积及地区生产总值

5.2.2　水环境保护现状

5.2.2.1　水质情况

（1）河流水质情况

2014 年，长江经济带区域水质总体轻度污染，943 个断面（点位）中Ⅰ～Ⅲ类、Ⅳ～Ⅴ类和劣Ⅴ类水质断面比例分别为 67.6%、25.1%和 7.4%。劣Ⅴ类断面主要分布在淮河流域、岷沱江流域、太湖流域、滇池流域和巢湖流域；主要超标因子为氨氮、总磷和化学需氧量。贵州、湖北和重庆水质总体良好外，其余省市均为轻度污染（图 1-5-2）。

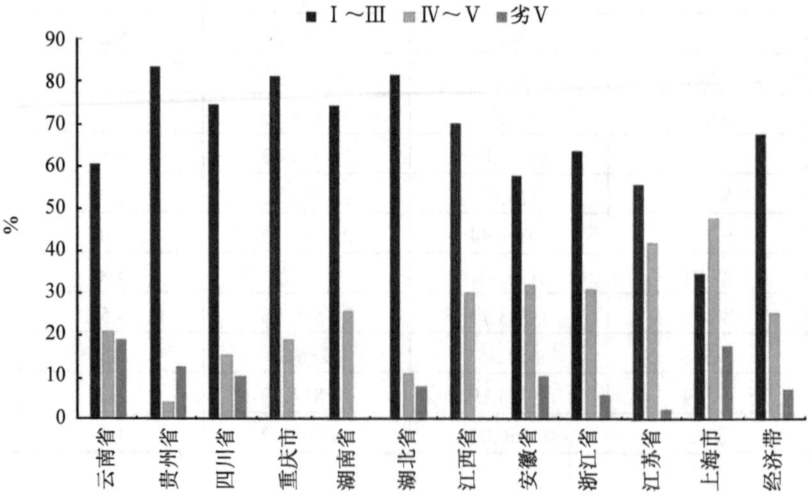

图 1-5-2　长江经济带地区水环境总体情况

支流入长江干流的断面共计 54 个，其中 74.1%的断面（点位）水质优于Ⅲ类，18.5%的断面为Ⅳ类，3.7%的断面为Ⅴ类，3.7%的断面为劣Ⅴ类。入江断面水质在Ⅲ类以下的断面情况如表 1-5-2 所示。

表 1-5-2 长江经济带支流入长江干流劣于Ⅲ类断面水质

所属省份	断面名称	所在水体	水体级别	汇入水体	水质现状	超标因子及倍数
云南省	四级站	小江	一级		Ⅳ	
四川省	凉姜沟	岷江	一级支流	长江	Ⅳ	总磷（0.48）
四川省	沱江大桥	沱江	干流		Ⅳ	总磷（0.2）
湖北省	荆州河口	沮漳河	一级支流	长江	Ⅳ	生化需氧量（0.07）、总磷（0.26）
湖北省	黄陵大桥	通顺河	一级支流	长江	Ⅴ	高锰酸盐指数（0.2）、生化需氧量（0.7）、氨氮（0.67）、化学需氧量（0.67）、总磷（0.37）
湖北省	龙口	倒水	一级支流	长江	Ⅳ	化学需氧量（0.06）
湖北省	朱家河口	涢水	一级支流	长江	劣Ⅴ	氨氮（1.4）、阴离子表面活性剂（0.11）
湖北省	滠口	滠水	一级支流	长江	Ⅳ	化学需氧量（0.2）
湖北省	大冶湖闸	大冶湖	大冶外湖		Ⅳ	生化需氧量（0.51）、化学需氧量（0.03）、总磷（0.92）
安徽省	采石河下游	采石河	一级支流	长江	Ⅳ	
上海市	蕴川路桥	新练祁河	一级支流	长江	劣Ⅴ	氨氮(0.94)、总磷(0.09)
上海市	吴淞口	黄浦江	干流	长江	Ⅳ	
上海市	前卫村桥	北横引河	一级支流	长江	Ⅳ	氨氮(0.08)、总磷(0.06)

2014 年，长江干流水质为优，50 个断面（点位）均为Ⅰ～Ⅲ类。长江一级支流雅砻江、嘉陵江等水质均为Ⅰ～Ⅲ类；其中岷江四川段、沱江四川段、乌江总磷超标较为严重。与 2013 年相比，2014 年长江经济带有 20 个断面水质恶化，其中总磷超标影响水质恶化的断面有共 13 个，占 65%，COD 超标断面共 3 个，占 15%；氨氮超标断面共 4 个，占 20%；五日生化需氧量超标断面共 2 个，占 10%（表 1-5-3）。

表 1-5-3 2014 年长江经济带水质恶化断面情况

序号	断面名称	省份	河流名称	河流级别	2014 年	2013 年	超标指标（倍数）
1	河口渡口	四川	岷江	河流	Ⅳ	Ⅲ	总磷（0.005）
2	李家湾	四川	沱江	河流	Ⅳ	Ⅲ	总磷（0.2）
3	新联	江西	抚河	河流	Ⅳ	Ⅲ	氨氮（0.006）
4	石花村	湖南	花垣河	河流	Ⅴ	Ⅲ	氨氮（0.6）
5	大店岗	安徽	淠河	河流	Ⅳ	Ⅲ	化学需氧量（0.04）
6	工农兵大桥	安徽	沣河	河流	Ⅳ	Ⅲ	化学需氧量（0.05）
7	五里闸	安徽	东淝河	河流	Ⅳ	Ⅲ	化学需氧量（0.02）

序号	断面名称	省份	河流名称	河流级别	2014 年	2013 年	超标指标（倍数）
8	浦阳江出口	浙江	浦阳江	河流	Ⅳ	Ⅲ	石油类（2.4）
9	大浦港	江苏	大浦港	河流	Ⅳ	Ⅲ	氨氮（0.1）、五日生化需氧量（0.05）
10	五杭运河大桥	浙江	京杭运河	河流	Ⅳ	Ⅲ	五日生化需氧量（0.43）、氨氮（0.4）、总磷（0.022）、DO
11	扁山	湖南	洞庭湖	湖体	Ⅳ	Ⅲ	总磷（0.6）
12	东洞庭湖	湖南	洞庭湖	湖体	Ⅳ	Ⅲ	总磷（0.7）
13	岳阳楼	湖南	洞庭湖	湖体	Ⅳ	Ⅲ	总磷（0.7）
14	洞庭湖出口	湖南	洞庭湖	湖体	Ⅳ	Ⅲ	总磷（0.9）
15	鄱阳湖出口	江西	鄱阳湖	湖体	Ⅳ	Ⅲ	总磷（0.3）
16	星子	江西	鄱阳湖	湖体	Ⅳ	Ⅲ	总磷（0.06）
17	老爷庙	江西	鄱阳湖	湖体	Ⅳ	Ⅲ	总磷（0.1）
18	都昌	江西	鄱阳湖	湖体	Ⅳ	Ⅲ	总磷（0.07）
19	蛤蟆石	江西	鄱阳湖	湖体	Ⅳ	Ⅲ	总磷（0.3）
20	蚌湖	江西	鄱阳湖	湖体	Ⅳ	Ⅲ	总磷（0.1）

（2）湖库水质情况

2014 年，全国 62 个重点湖泊（水库）中，长江经济带分布 34 个，其中 6 个湖泊（水库）水质为Ⅰ类，8 个为Ⅱ类，8 个为Ⅲ类，8 个为Ⅳ类，2 个为Ⅴ类，2 个为劣Ⅴ类。主要污染指标为总磷、化学需氧量和高锰酸盐指数。其中太湖湖体平均为轻度富营养状态，北部沿岸区、西部沿岸区、湖心区、东部沿岸区和南部沿岸区均为轻度富营养状态；巢湖湖体平均为轻度富营养状态，其中西半湖为中度富营养状态，东半湖为轻度富营养状态；滇池湖体平均为中度富营养状态，其中草海为重度富营养状态，外海为中度富营养状态。与 2006 年相比，巢湖、滇池和太湖水质有所好转，丹江口库区、洞庭湖、洪泽湖、鄱阳湖水质保持稳定。

表 1-5-4 长江经济带 2014 年重点湖泊（水库）水质状况

水质状况	重要湖泊	重要水库
优	斧头湖、洪湖、梁子湖、洱海、抚仙湖、泸沽湖	丹江口水库、太平湖、长潭水库、千岛湖、隔河岩水库、黄龙滩水库、东江水库、漳河水库
良好	瓦埠湖、骆马湖、武昌湖、升金湖	董铺水库、富水水库、白莲河水库
轻度污染	阳澄湖、高邮湖、洞庭湖、菜子湖、鄱阳湖、阳宗海、太湖、巢湖	—
中度污染	洪泽湖、淀山湖、龙感湖	—
重度污染	程海（天然背景值较高所致）、滇池	—

（3）沿江水源环境保护状况

长江经济带 89 个地级及以上城市共 210 个沿江水源，包含河流型水源 152 个，湖库型水源 52 个，地下水型水源 6 个。水源水质总体较好。长江流域参与评估的 210 个水源中 198 个达到或优于Ⅲ类水质标准，占 94.3%，达标水量 122.4 亿 m^3，水量达标率 97.5%。所有水源均完成保护区划分；98.1%的水源完成保护区标志设置；75.7%的水源完成了保护区整治；82.0%和 33.3%的城市完成地表水、地下水水质全指标监测；87.6%的城市具备风险管理能力；47.2%的城市具备应急能力。

5.2.2.2 污染物排放情况

根据中国环境统计年报数据，2013 年长江经济带废水排放总量为 301.1 亿 t，约占全国废水排放总量的 43.3%，化学需氧量排放总量为 858.3 万 t，约占全国总排放量的 36.5%，其中工业源排放量为 124.7 万 t，约占 14.5%；生活源排放量为 424.0 万 t，约占 49.4%；农业源排放量为 301.0 万 t，约占 35.1%；集中式排放量为 8.6 万 t，约占 1.0%。长江经济带氨氮排放总量为 106.1 万 t，约占全国总排放量的 43.2%，其中工业源排放量为 9.7 万 t，约占 9.1%；生活源排放量为 62.8 万 t，约占 59.2%；农业源排放量为 32.7 万 t，约占 30.8%；集中式排放量为 0.9 万 t，约占 0.8%。生活源是长江经济带化学需氧量和氨氮排放的主要来源，分别占总排放量的 49.4%和 59.2%，其次是农业源，分别占总排放量的 35.1%和 30.8%；长江经济带总磷排放总量为 16 万 t，约占全国总排放量的 32.8%（图 1-5-3）。

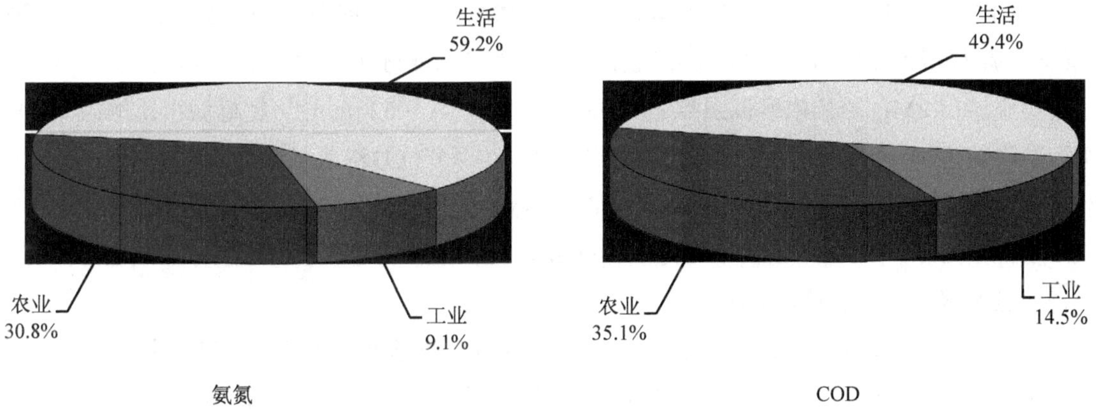

图 1-5-3 长江经济带污染物排放构成

从各省的排放情况来看，湖南、四川、江苏、湖北 4 省是长江经济带的主要排放省份，4 省化学需氧量排放量占比分别为 14.6%、14.4%、13.4%、12.3%，氨氮排放量占比分别为 14.9%、12.9%、13.9%、11.8%。4 省污染物排放量占长江经济带总排放量的一半以上，是长江流域水污染治理的重点区域（图 1-5-4）。

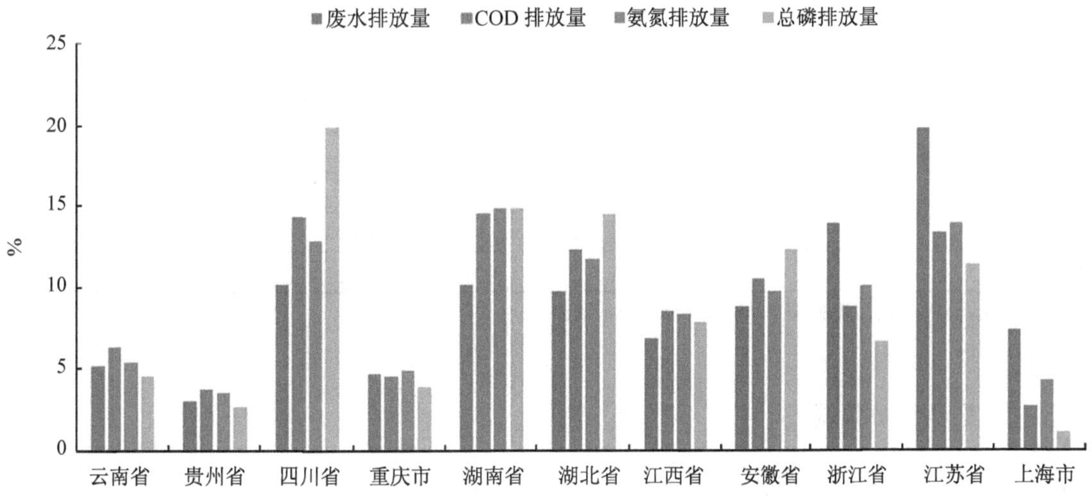

图 1-5-4 长江经济带各省废水及主要污染物排放情况

5.2.3 大气环境保护现状

5.2.3.1 大气质量现状

（1）大气环境总体情况

依据《环境空气质量标准》（GB 3095—2012），对 2014 年长江经济带二氧化硫（SO_2）、二氧化氮（NO_2）、可吸入颗粒物（PM_{10}）、细颗粒物（$PM_{2.5}$）、臭氧（O_3）、一氧化碳（CO）六项空气污染物污染水平进行评价，除 SO_2、CO 以外，其他四项污染物均有一定数量的超标城市存在。2014 年，长江经济带 126 个地级及以上城市 SO_2 年均浓度范围为 5～56 μg/m³，平均为 26 μg/m³，所有城市均达标（年二级标准限值为 60 μg/m³）；NO_2 年均浓度范围为 5～59 μg/m³，平均为 30 μg/m³，超标城市比例为 15.1%（年二级标准限值为 40 μg/m³）；PM_{10} 年均浓度范围为 24～150 μg/m³，平均为 83 μg/m³，超标城市比例为 70.6%（年二级标准限值为 70 μg/m³）。2014 年，长江经济带 53 个新标准监测实施城市 $PM_{2.5}$ 年均浓度范围为 30～93 μg/m³，平均为 62 μg/m³，超标城市比例为 92.5%（年二级标准限值为 35 μg/m³）；O_3 日最大 8 h 平均值第 90 百分位数浓度范围为 69～183 μg/m³，平均为 133 μg/m³，超标城市比例为 18.9%（日最大 8 h 二级标准限值为 160 μg/m³）；CO 日均值第 95 百分位数浓度范围为 1.0～3.4 μg/m³，平均为 1.8 μg/m³，所有城市均达标（日二级标准限值为 4 mg/m³）。

（2）城市群大气环境总体情况

长江经济带共涉及我国三个大气污染防治重点区域，包括长三角地区（包括上海市、江苏省、浙江省）、成渝城市群（包括重庆市、四川省）、长江中游城市群（包括江西省、湖北省、湖南省）。依据《环境空气质量标准》（GB 3095—2012），对 2014 年长三角地区、成渝城市群、长江中游城市群 SO_2、NO_2、PM_{10}、$PM_{2.5}$、O_3、CO 六项空气污染物污染水平进行评价（表 1-5-5），对于长三角地区，25 个地级及以上城市中仅舟山市六项污染物全部达标，超标城市比例为 96.0%；对于成渝城市群，在 13 个新标准监测未实施城市中广元、雅安等 6 个城市空气质量达标，超标城市比例为 53.8%，而 9 个新标准监测实施城市均未达标；对于长江中游城市群，在 27 个新标准监测未实施城市中仅萍乡、鹰潭等 6 个城市空气质量达标，超标城市比例为 77.8%，而 11 个新标准监测实施城市均未达标。

表 1-5-5 2014 年长三角地区、成渝城市群、长江中游城市群各项污染物达标城市数量

区域	城市数量	SO_2	NO_2	PM_{10}	$PM_{2.5}$	O_3	CO	综合达标
长三角*	25	25	14	3	1	15	25	1
成渝	22	22	20	6	0（9）	9（9）	9（9）	—
长江中游	38	38	33	6	0（11）	11（11）	11（11）	—

* 区域内地级及以上城市均已开展包括 $PM_{2.5}$ 等 6 项指标的监测。

5.2.3.2 污染物排放情况

（1）经济带大气污染物排放负荷巨大，工业源是 SO_2、NO_x、烟（粉）尘、人为 VOCs 排放的最大来源，农业源是 NH_3 排放的最大人为源

长江经济带二氧化硫（SO_2）、氮氧化物（NO_x）、烟（粉）尘、挥发性有机物（VOCs）、氨（NH_3）

排放量大，远超出环境承载能力。根据环境统计数据，2013 年，长江经济带 SO_2、NO_x、烟（粉）尘排放量分别达 706.5 万 t、717.3 万 t、357.0 万 t，对全国排放总量的贡献率分别为 34.6%、32.2%、27.9%；单位面积 SO_2、NO_x、烟（粉）尘排放强度分别为 3.4 t/km^2、3.5 t/km^2、1.7 t/km^2，是全国平均水平的 1.6 倍、1.5 倍、1.3 倍。鉴于 VOCs、NH_3 未纳入我国环境统计或污染源普查等官方数据统计范畴，目前我国尚无人为源 VOCs、NH_3 排放量的权威发布数据。根据清华大学中国多尺度排放清单模型估算，2012 年，长江经济带人为源 VOCs、NH_3 排放量分别达 1 019.7 万 t、462.2 万 t，对全国排放总量的贡献率分别为 40.9%、43.2%；单位面积人为源 VOCs、NH_3 排放强度分别为 5.0 t/km^2、2.3 t/km^2，是全国平均水平的 1.9 倍、2.0 倍（图 1-5-5）。

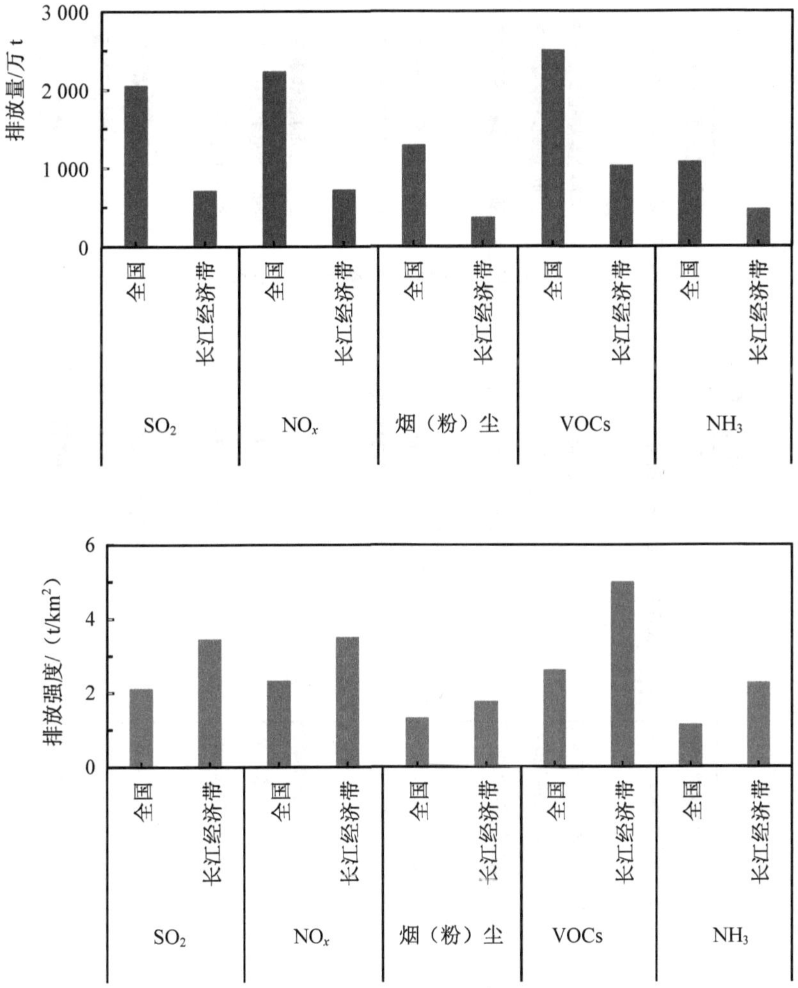

图 1-5-5 长江经济带 SO_2、NO_x、烟（粉）尘、VOCs、NH_3 排放量及其单位面积排放强度与全国水平的对比情况

图 1-5-6 给出长江经济带 SO_2、NO_x、烟（粉）尘、VOCs、NH_3 排放源构成情况。可见，工业源是长江经济带 SO_2、NO_x、烟（粉）尘、VOCs 排放的首要人为贡献源，贡献率分别达 90.6%、69.9%、88.9%、68.1%，与全国工业排放比重基本相当；从分省排放角度来看，工业源对九省两市 SO_2、NO_x、烟（粉）尘、人为 VOCs 排放总量的贡献率都接近或超过 80%、60%、80%、50%。农业源对长江经济带人为源 NH_3 排放的贡献尤为显著，高达 92.7%，与全国农业排放比重接近；从分省排放角度来看，农业源对九省两市人为源 NH_3 排放总量的贡献率都接近或超过 90%。

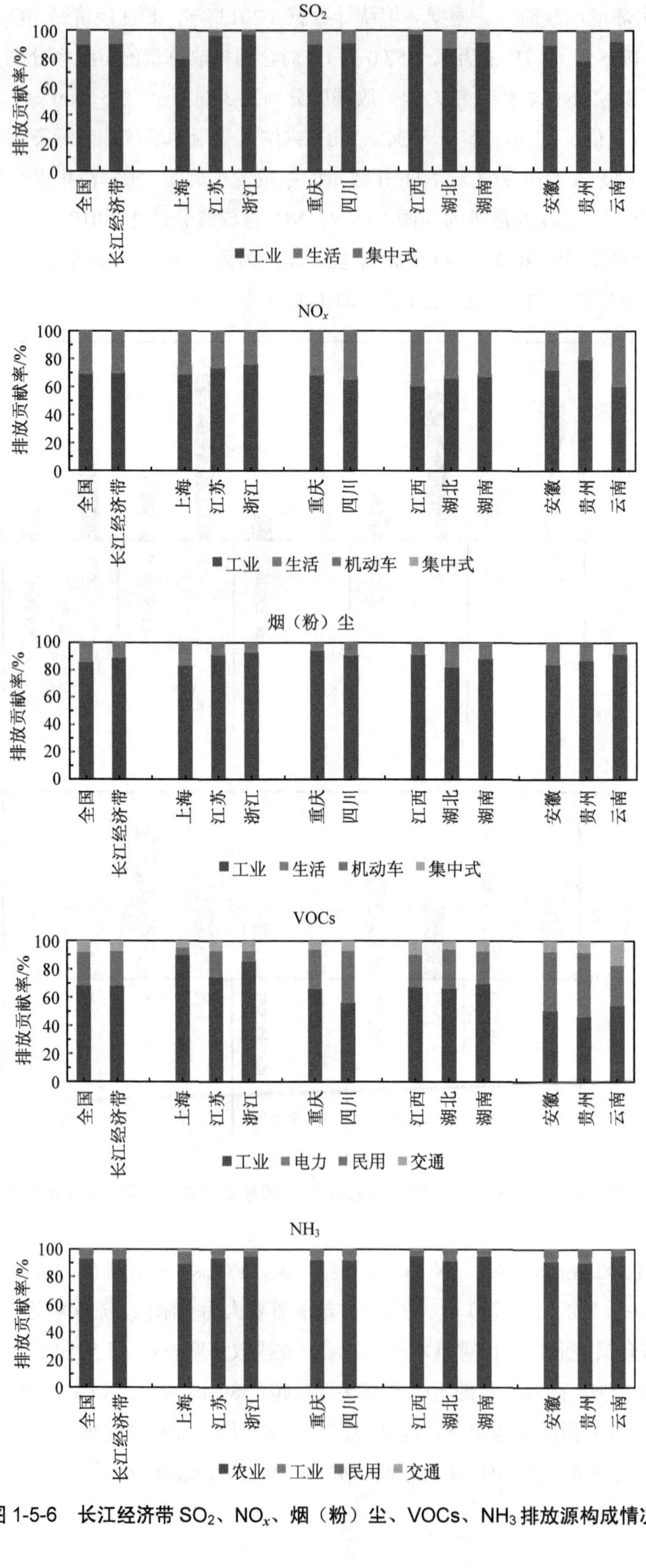

图 1-5-6 长江经济带 SO_2、NO_x、烟（粉）尘、VOCs、NH_3排放源构成情况

（2）重点区域大气污染物排放高度集中，尤以长三角地区突出

长三角地区、成渝城市群、长江中游城市群三大重点区域合计占长江经济带 65.4%的国土面积，排放了长江经济带人为源 69.6%的 SO_2、72.9%的 NO_x、69.0%的烟（粉）尘、82.0%的 VOCs、72.4%的 NH_3，单位面积污染物排放强度超过长江经济带平均水平的 5.5%～25.4%（图 1-5-7、图 1-5-8）。

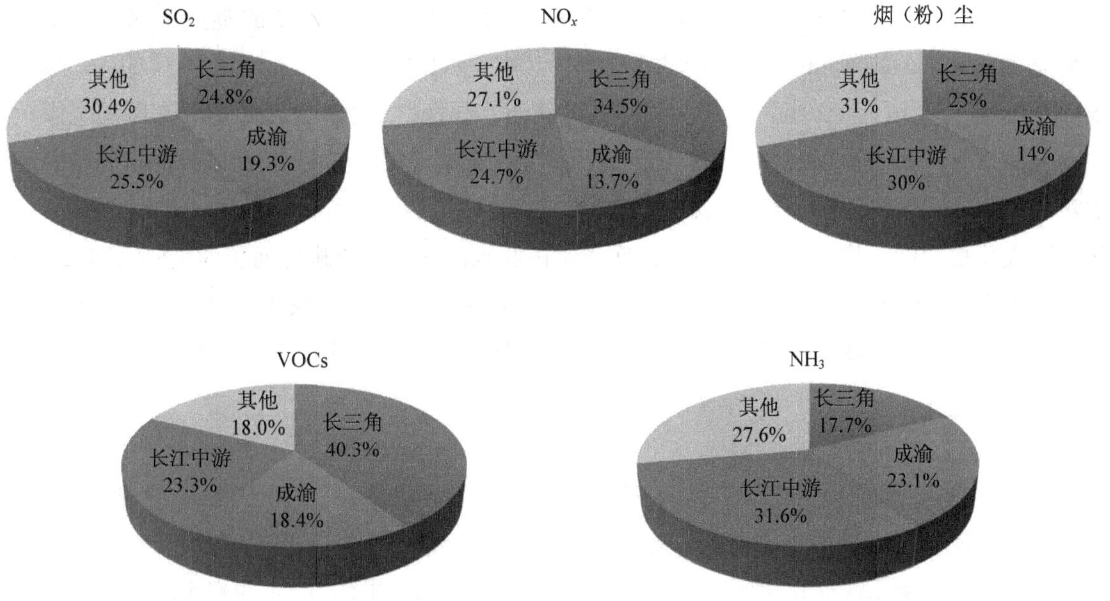

图 1-5-7　长江经济带 SO_2、NO_x、烟（粉）尘、VOCs、NH_3 排放量地区构成情况

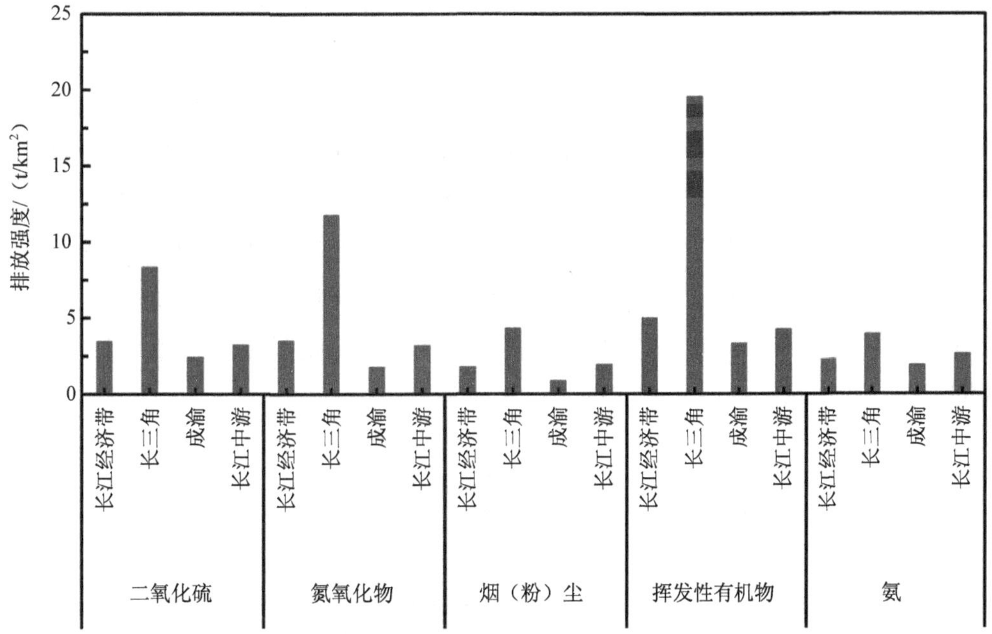

图 1-5-8　长三角地区、成渝城市群、长江中游城市群单位面积 SO_2、NO_x、烟（粉）尘、VOCs、NH_3 排放强度与长江经济带总体水平的对比情况

5.2.4 生态环境保护现状

5.2.4.1 耕地资源状况

长江经济带是我国优质耕地集中分布的地区，是保障国家粮食安全的重点区域。长江沿线地区耕地总面积为 4 511 万 hm^2，占全国的 33.4%。其中，水田 2 210 万 hm^2，占全国的 66.1%；旱地 2 154 万 hm^2，占全国的 31.9%。长江沿线的四川盆地、洞庭湖平原、江汉平原、鄱阳湖平原、太湖平原、长江下游沿江平原以及各大小河流沿岸和河谷盆地，集中分布了大量旱涝保收、排灌设施良好的水田。区内优质耕地占总耕地面积的 52.3%，其中中下游地区优质耕地约占耕地面积的 67%，上游地区优质耕地约占耕地面积的 1/3，云南省水田和水浇地只有总耕地面积的 1/5。长江经济带 11 省（市）中有 6 个是国家粮食主产省，占全国粮食主产省的近一半，农作物可一年两熟至三熟，是我国最重要的粮食、棉花、油料生产基地之一，对保障国家粮食安全起着至关重要的作用。

5.2.4.2 森林资源状况

长江经济带森林面积达 84.7 万 km^2，全流域活立木总蓄积量达 53.12 亿 m^3，占全国总量的 1/3 以上。长江上游金沙江、岷江、乌江、清水江、大渡河、嘉陵江等流域，主要树种有云南松、云杉及珍贵的樟、楠、柚木、紫檀木等；中下游林区集中在清江、湘江、沅水和青弋江、鄱阳湖五水系的上游及湖北神农架等地，主要树种除松、杉外，还有油茶、油桐、乌桕、漆树、女贞、毛竹、茶叶等多种经济林木。

长江经济带是我国树种资源最丰富的地区之一，主要分布在以下地区（表 1-5-6）：①镇杨丘陵林区，位于江苏省南部，山毛榉、马尾松分布很广。②藏东、滇北、川西金沙江中上游林区，是以冷杉、云杉为主的暗针叶林区。③川西林区，分布在雅砻江、大渡河和岷江的中上游，典型植被为亚高山常绿针叶林。④秦巴山地林区，低山高丘以常绿阔叶林占优势，中山及高山为混交林、落叶阔叶林和针叶林为主。⑤湘、鄂、川、黔边境林区，为云贵高原向东延伸的一部分，地带性植被是中亚热带常绿阔叶林，也是我国史前植物的保护中心。⑥江南丘陵林区，包括湘、赣两省大部及皖南山区，主产杉木、马尾松、樟树、红楠和楠竹。⑦南岭山地林区，是长江流域典型的常绿阔叶林区。⑧淮阳山地林区，除在大别山主脊附近有一些成熟林外，其余均为幼林，分散林多，集中连片少，马尾松林多，混交林少。

表 1-5-6 2013 年长江经济带各省市森林资源状况

省（市）	森林面积/万 hm^2	森林蓄积量/亿 m^3	森林覆盖率/%
上海	6.81	0.02	10.7
江苏	162.10	0.65	15.8
浙江	601.36	2.17	59.1
江西	1 001.81	4.08	60.0
安徽	380.42	1.81	27.5
湖北	713.86	2.87	38.4
湖南	1 011.94	3.31	47.8

省（市）	森林面积/万 hm^2	森林蓄积量/亿 m^3	森林覆盖率/%
重庆	316.44	1.47	38.4
贵州	653.35	3.01	37.1
四川	1 703.74	16.80	35.2
云南	1 914.19	16.93	50.0
长江经济带	8 466.02	53.12	41.3

5.2.4.3 湿地资源状况

长江流域面积约 180 万 km^2，沿江发育了大量湿地，主要分为沼泽湿地、湖泊湿地、滩涂和盐沼泽、人工湿地等四大类型。其中，沼泽湿地主要分布在海滨、湖滨和河流沿岸，主要包括巢湖地区沼泽、南漪湖地区沼泽、扬子鳄自然保护区沼泽、升金湖地区沼泽、鄂东—安庆地区沼泽、神农架沼泽、江汉平原四湖地区沼泽、汉阳洪泛区沼泽、利川沼泽、洞庭湖地区沼泽和鄱阳湖地区沼泽等。湖泊湿地面积 15 000 km^2，接近全国湖泊总面积的 1/5，按地理分布可分为长江中下游平原湖区、滇北黔西高原湖区和江源湖区。滩涂和盐沼地主要集中在沿海地区，长江三角洲是长江流域重要的滨海湿地，如长江口崇明东滩湿地。人工湿地的典型代表是稻田，长江中下游稻田广布，约占全国稻田总面积的 90%。另外，人工湿地还包括渠道、塘堰、精养鱼池、水库等。其中，长江流域已建成大中小水库 4.4 万多座（其中大型水库 109 座），总库容 1 180 亿 m^3。

5.2.4.4 水资源及利用状况

长江流域多年平均地表水资源量为 9 856 亿 m^3，地下水资源量为 2 492 亿 m^3，水资源总量为 9 958 亿 m^3（地下水与地表水资源量的不重复计算水量约 102 亿 m^3），占全国水资源总量的 35%；平原区多年平均地下水可开采量为 150.4 亿 m^3。流域多年平均产水系数为 0.51，产水模数为 56 万 m^3/km^2，均高于全国平均值。流域人均占有水资源量为 2 330 m^3，耕地亩均占有水资源量为 2 150 m^3，均略高于全国平均水平。

长江流域总供用水量为 1 802.1 亿 m^3，其中地表水源供水量 1 715.9 亿 m^3，地下水源 80.5 亿 m^3，其他水源 5.7 亿 m^3。总用水量中，农业 962.2 亿 m^3（农田灌溉 877.8 亿 m^3，林牧渔畜业 84.4 亿 m^3），工业 604.1 亿 m^3，生活 216.4 亿 m^3（城镇居民生活 100 亿 m^3，农村居民生活 69.5 亿 m^3，城镇公共 46.9 亿 m^3），河道外生态用水量 19.4 亿 m^3。流域水资源开发利用率为 17.8%，低于全国平均值，水资源开发尚有较大潜力。人均用水量 422 m^3，万元工业增加值用水量为 170 m^3，农田灌溉亩均用水量为 584 m^3，城镇居民生活用水指标为 151 L/（人·d），农村居民生活用水指标为 77 L/（人·d）。工业用水重复利用率在 62%左右，城市供水管网漏失率普遍在 20%左右，灌溉水利用系数 0.45 左右。

长江流域总体水质良好，大部分能满足所属水域功能的要求。在 69 178 km 评价河长中，Ⅰ、Ⅱ、Ⅲ类水河长占 80.3%，干流总体水质尚好，但城市江段岸边水域水质较差，支流部分河段水质污染严重，部分水库、湖泊存在向富营养转化的趋势。平原区浅层地下水Ⅰ～Ⅳ类水面积占 77.1%、Ⅴ类水占 22.9%，经济社会活动强度大、人口密集、地表水污染严重和地下水天然本底较差的地区地下水水质较差。

5.2.4.5 水能开发情况

长江流域水能资源丰富，理论蕴藏量达 30.5 万 MW，年发电量 2.67 万亿 kW·h，约占全国总量的 40%；技术可开发装机容量 28.1 万 MW，年发电量 1.30 万亿 kW·h，约占全国总量的 50%。技术可开发的水能资源中，大型水电站数量多、比重大，共有大型水电站 107 座，装机容量 19.0 万 MW，年发电量 0.86 万亿 kW·h，分别占全流域的 68%和 66%；空间分布为西多东少、支流多于干流，上游装机容量 24.4 万 MW，占全流域的 87%；干、支流装机容量为 11.2 万 MW 和 16.9 万 MW，分别占全流域的 40%、60%。

长江流域已建、在建水电站装机容量 13.17 万 MW，占流域技术可开发装机容量的 47%，年发电量 0.57 万亿 kW·h，占理论蕴藏量的 21%，其中大型水电站 42 座，装机容量 8.66 万 MW，年发电量 0.37 万亿 kW·h。下游地区水能资源已基本开发，中游开发约 1/2，上游开发约 1/3。干流宜宾以上、支流雅砻江和大渡河是我国最重要的水电开发基地，已开发、正开发装机容量分别占其技术可开发量的 28%、33%和 22%。

5.2.4.6 各类保护地概况

长江经济带所处区域在用现代技术进行开发的同时，为了保护生态环境和自然资源，对具有代表性的不同地带的环境和生态系统、珍稀动物自然栖息地及其他重要自然历史遗迹，划定一定的自然地域加以特殊保护，形成了长江流域的自然保护区、森林公园以及湿地公园等各类保护地。有国家级自然保护区 110 处、国家森林公园 317 处、国家湿地公园 178 处。

5.3 存在的主要问题

5.3.1 饮用水安全保障难度大

长江是沿江各省（区、市）的重要水源，南水北调工程实施后，也是华北、华东和中原地区的重要水源。沿江各地市主要饮用水水源地与各类危、重污染源生产储运集中区交替配置，水运航道穿过饮用水水源保护区的现象较多，危化品运输量仍然以近 10%的幅度快速增长，化学中品运输泄漏事故概率增大，饮用水水源受石油污染和化学品污染的风险加大。沿江饮用水水源地和排污口交错分布，长江沿岸武汉、南京、南通、上海等城市，因城市规划和工业布局不合理以及工业废水、生活污水不经处理直接排江等原因造成城市供水被迫中断事故时有发生。目前，区域内尚未完成一级保护区整治的城市有 25 个，未完成二级保护区整治的城市有 12 个；水源保护区内仍有 78 个排污口，其中 7 个位于一级保护区；部分水源保护区内仍有大量居民活动，一级保护区内尚存 112.8 万 m^2 违章建筑。36.7%的水源一级保护区、52.9%的水源二级保护区内有交通线路穿越；40 个城市无应急水源，其中 19 个城市为单一水源供水。据环保部调查，约有 1 444 家企业位于饮用水水源保护区周边。长江经济带周边涉及饮用水水源保护区企业较多的是江苏（244 家）。有 860 家企业位于自来水厂取水口周边，长江经济带周边涉及自来水厂取水口企业较多的是江苏（185 家）和浙江（55 家）（表 1-5-7）。

表 1-5-7　长江经济带各水源地超标因子及保护区环境问题

序号	省份	地市	水源地名称	超标因子	保护区环境问题
1	上海市	上海市	黄浦江闵行西界	溶解氧（0.896 0）；五日生化需氧量（BOD_5）（0.040 0）；氨氮（NH_3-N）（1.085）；总磷（以 P 计）（0.800 0）；粪大肠菌群（个/L）（7.65）；锰（0.850 0）	
2	上海市	上海市	陈行水库		二级保护区 21 个排污口
3	上海市	上海市	黄浦江松浦大桥	溶解氧（0.572 0）；五日生化需氧量（BOD_5）（0.077 5）；氨氮（NH_3-N）（0.905 0）；总磷（以 P 计）（1.1）；粪大肠菌群（个/L）（5.35）；锰（0.950 0）	二级保护区 63.19 万 t 生活污水未收集处理
4	上海市	上海市	青草沙		二级保护区 5 个排污口；二级保护区 14.09 万 t 生活污水未收集处理
5	江苏省	无锡市	贡湖水源	总磷（以 P 计）（1.3）；总氮（湖、库，以 N 计）（2.72）	
6	江苏省	苏州市	太湖金墅港	总氮（湖、库，以 N 计）（3.245）	
7	江苏省	苏州市	太湖渔洋山	总氮（湖、库，以 N 计）（1.45）	
8	浙江省	湖州市	老虎潭水库饮用水水源	总氮（湖、库，以 N 计）（1.27）	
9	安徽省	合肥市	大房郢水库	总磷（以 P 计）（0.080 0）	
10	安徽省	芜湖市	二水厂		一级保护区 1 000 m^2 违章建筑
11	安徽省	芜湖市	四水厂		一级保护区 1 000 m^2 违章建筑
12	安徽省	铜陵市	铜陵市一、二水厂水源		二级保护区 1 个排污口
13	安徽省	铜陵市	铜陵市三水厂水源		一级保护区 1 000 m^2 违章建筑
14	湖北省	武汉市	余家头水厂水源		一级保护区 250 m^2 违章建筑
15	湖北省	武汉市	平湖门水厂水源		一级保护区 500 m^2 违章建筑；二级保护区 1 个排污口未关闭
16	湖北省	武汉市	宗关水厂水源		一级保护区 1 个排污口未关闭
17	湖北省	武汉市	白鹤嘴水厂水源		一级保护区 300 m^2 违章建筑
18	湖北省	黄石市	长江黄石市区水源		一级保护区 33 610 m^2 违章建筑
19	湖北省	十堰市	黄龙水库	总氮（湖、库，以 N 计）（0.400 0）	
20	湖北省	十堰市	头堰水库	总氮（湖、库，以 N 计）（2.56）	一级保护区 500 m^2 违章建筑
21	湖北省	十堰市	马家河水库	总氮（湖、库，以 N 计）（1.97）	一级保护区 5 500 m^2 违章建筑
22	湖北省	十堰市	茅塔河水库	总氮（湖、库，以 N 计）（1.87）	一级保护区 8 750 m^2 违章建筑
23	湖北省	十堰市	余家湾水库	总氮（湖、库，以 N 计）（2.45）	
24	湖北省	宜昌市	善溪冲水库		二级保护区 0.03 万 t 畜禽养殖废物未资源化利用
25	湖北省	荆州市	柳林水厂水源	总磷（以 P 计）（0.510 0）	一级保护区 15.6 万 m^2 违章建筑；二级保护区 2 个排污口

序号	省份	地市	水源地名称	超标因子	保护区环境问题
26	湖北省	荆州市	南湖水厂水源	总磷（以 P 计）（0.615 0）	
27	湖北省	恩施州	大龙潭库区	总氮（湖、库，以 N 计）（2.56）	
28	湖南省	长沙市	猴子石	粪大肠菌群（个/L）（23）	一级保护区 1 个排污口；二级保护区 4 个排污口
29	湖南省	长沙市	桔子洲	粪大肠菌群（个/L）（23）	一级保护区 3 个排污口
30	湖南省	长沙市	株树桥	总磷（以 P 计）（0.200 0）	
31	湖南省	湘潭市	三水厂	粪大肠菌群（个/L）（13.85）	二级保护区 2 个排污口；二级保护区 272 万 t 生活污水未收集处理
32	湖南省	湘潭市	一水厂	粪大肠菌群（个/L）（6.833 3）	二级保护区 3 个排污口
33	湖南省	湘潭市	二水厂	粪大肠菌群（个/L）（7.166 7）	二级保护区 4 个排污口；二级保护区 313 万 t 生活污水未收集处理
34	湖南省	邵阳市	桂花渡水厂		二级保护区 1 个排污口；二级保护区 120 万 t 生活污水未收集处理
35	湖南省	邵阳市	城西水厂		二级保护区 1 个排污口；二级保护区 296 万 t 生活污水未收集处理
36	湖南省	邵阳市	工业街水厂		二级保护区 1 个排污口；二级保护区 345.4 万 t 生活污水未收集处理
37	湖南省	益阳市	市二水厂	粪大肠菌群（个/L）（0.800 0）；锑（1.9）	
38	湖南省	郴州市	山河水库	锰（0.259 0）	
39	湖南省	郴州市	东江湖		一级保护区 12 000 m^2 违章建筑；二级保护区 1 个排污口；二级保护区 80 万 t 生活污水未收集处理；二级保护区 14.3 万 m^2 网箱养殖未整治
40	湖南省	永州市	永州市二水厂		二级保护区 346 万 t 生活污水未收集处理
41	湖南省	永州市	娘子岭水厂		二级保护区 853 万 t 生活污水未收集处理
42	四川省	成都市	郫都区三道堰		一级保护区 20 500 m^2 违章建筑
43	四川省	自贡市	双溪水库		一级保护区 1 040 m^2 违章建筑
44	四川省	攀枝花市	炳草岗水厂	粪大肠菌群（个/L）（8.2）	二级保护区 3 个排污口；二级保护区 17.52 万 t 生活污水未收集处理
45	四川省	攀枝花市	大渡口水厂	粪大肠菌群（个/L）（8.2）	一级保护区 1 097 m^2 违章建筑；二级保护区 4 个排污口；二级保护区 28.18 万 t 生活污水未收集处理
46	四川省	攀枝花市	河门口水厂	粪大肠菌群（个/L）（4.4）	一级保护区 300 m^2 违章建筑；二级保护区 11.85 万 t 生活污水未收集处理
47	四川省	攀枝花市	格里坪水厂	粪大肠菌群（个/L）（4.4）	一级保护区 1 000 m^2 违章建筑；二级保护区 1.65 万 t 生活污水未收集处理
48	四川省	攀枝花市	金江水厂	粪大肠菌群（个/L）（8.2）	一级保护区 150 m^2 违章建筑；二级保护区 18.31 万 t 生活污水未收集处理

序号	省份	地市	水源地名称	超标因子	保护区环境问题
49	四川省	德阳市	西郊水厂水源地	锰（Mn）（mg/L）（1.06）	
50	四川省	德阳市	人民渠水源地		一级保护区 10 216 m^2 违章建筑
51	四川省	广元市	西湾爱心水厂水源地		一级保护区 800 m^2 违章建筑
52	四川省	遂宁市	涪江桂花水源地		一级保护区 3 870 m^2 违章建筑
53	四川省	内江市	濛溪河濛溪口水源地		一级保护区 400 m^2 违章建筑；一级保护区 1 个排污口
54	四川省	内江市	长葫水库	总氮（湖、库，以 N 计）（3.04）	
55	四川省	南充市	嘉陵江水源	粪大肠菌群（个/L）（0.522 3）	一级保护区 1 700 m^2 违章建筑
56	四川省	眉山市	黑龙滩水库		一级保护区 220 m^2 违章建筑
57	四川省	宜宾市	宋公桥	总磷（以 P 计）（1.85）；粪大肠菌群（个/L）（1.4）	
58	四川省	广安市	渠江西来寺水源地		一级保护区 210 m^2 违章建筑
59	四川省	达州市	罗江库区水源地		一级保护区 8 990 m^2 违章建筑；二级保护区 1 个排污口
60	四川省	雅安市	青衣江猪儿嘴水源地		一级保护区 50 000 m^2 违章建筑；一级保护区 1 个排污口
61	四川省	巴中市	巴城大佛寺饮用水水源地		一级保护区 2 120 m^2 违章建筑
62	四川省	资阳市	老鹰水库		一级保护区 600 m^2 违章建筑
63	贵州省	贵阳市	红枫湖	总氮（湖、库，以 N 计）（1.98）	一级保护区 366 914 m^2 违章建筑
64	贵州省	贵阳市	阿哈水库	总氮（湖、库，以 N 计）（2.14）	一级保护区 21 455 m^2 违章建筑
65	贵州省	贵阳市	南门河	粪大肠菌群（个/L）（1.4）	一级保护区 365 642 m^2 违章建筑
66	贵州省	六盘水市	玉舍水库	总氮（湖、库，以 N 计）（2.86）	一级保护区 39 465 m^2 违章建筑
67	贵州省	遵义市	南郊水库	总氮（湖、库，以 N 计）（1.67）	
68	贵州省	遵义市	北郊水库	总氮（湖、库，以 N 计）（1.61）	
69	贵州省	毕节市	倒天河水库	总氮（湖、库，以 N 计）（4.03）	
70	贵州省	毕节市	利民水库	总氮（湖、库，以 N 计）（1.05）	
71	贵州省	黔南布依族苗族自治州	茶园水库	总氮（湖、库，以 N 计）（0.070 0）	一级保护区 11 710 m^2 违章建筑
72	云南省	昆明市	宝象河	总磷（以 P 计）（1.38）；总氮（湖、库，以 N 计）（0.600 0）	
73	云南省	昆明市	云龙水库	总氮（湖、库，以 N 计）（0.040 0）；锰（0.910 0）	
74	云南省	昆明市	自卫村水库	五日生化需氧量（BOD_5）（0.775 0）；总磷（以 P 计）（0.960 0）；总氮（湖、库，以 N 计）（1.67）	
75	云南省	昆明市	松花坝水库	总氮（湖、库，以 N 计）（0.780 0）	
76	云南省	丽江市	清溪水库	总氮（湖、库，以 N 计）（0.200 0）	
77	云南省	楚雄州	团山水库	高锰酸盐指数（0.210 0）；五日生化需氧量（BOD_5）（0.500 0）；总磷（以 P 计）（0.720 0）；总氮（湖、库，以 N 计）（0.500 0）；石油类（9）	

5.3.2 区域安全隐患比较多

2010 年环境保护部对长江经济带 11 个省（市）环境风险及化学品检查结果显示，长江流域共有 2 383 家涉危企业。可以看出，长江流域涉危险化学品化工企业中，占比较大的行业类型有有机化学原料制造、化学试剂及助剂和其他化学原料制造、无机化学品制造、专用化学品制造、涂料制造、颜料制造、农药制造行业，这些行业的企业占所有企业的 80%以上。其中，有机化学原料制造行业的企业数量最多，占所有企业总数的 19%，其次是化学试剂及助剂和其他化学原料制造企业，占企业总数的 16%。无机酸、无机盐、无机碱制造和专用化学品制造行业分别占 11%和 10%。这些行业企业在生产过程中产生大量的有机、无机污染物，包括大量危险化学品，同时一些企业存在环境安全隐患，生产安全、交通事故等原因极易引起突发环境事件，这些都大大增加了长江流域的生态环境风险水平（图 1-5-9、图 1-5-10）。

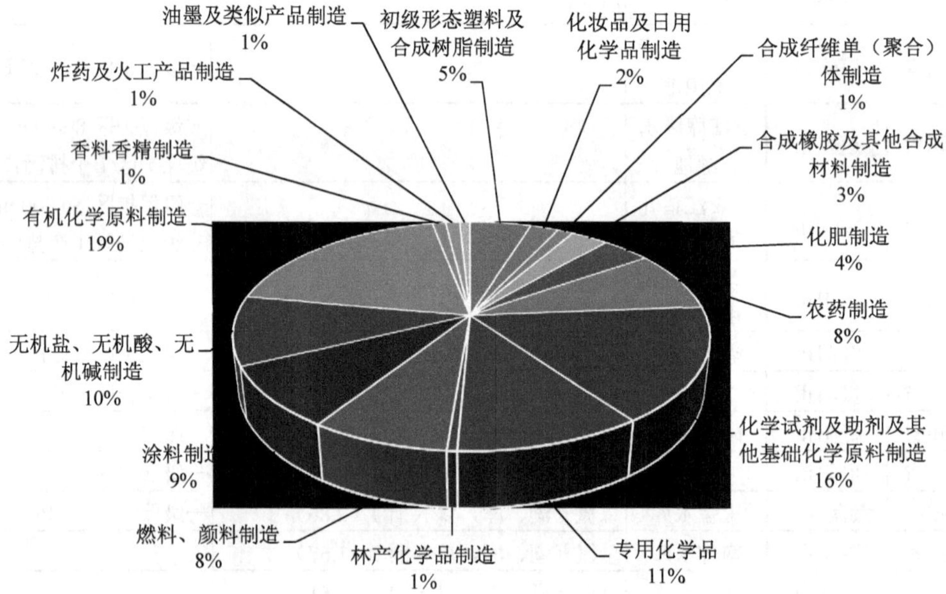

图 1-5-9 长江流域涉危险化学品企业的行业分布情况

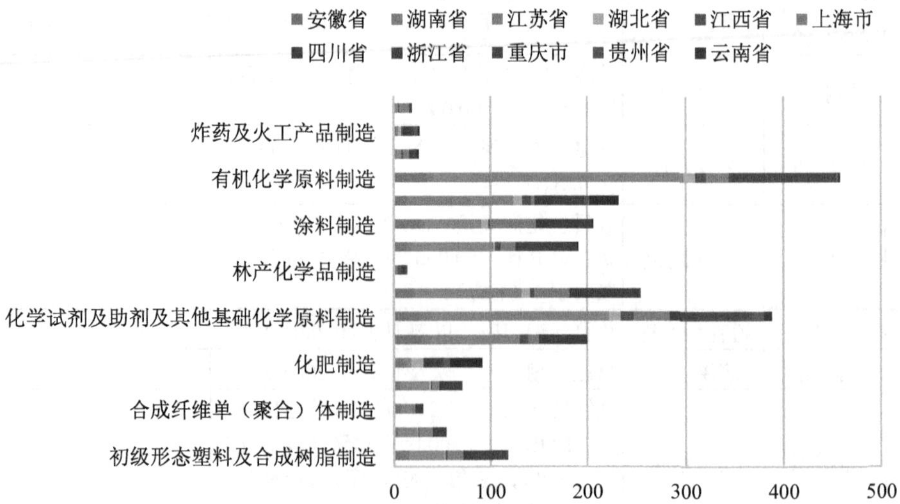

图 1-5-10 长江流域涉危险化学品企业数量

长江流域突发环境事件的污染物类型中，危险化学品污染为主，重金属污染事件占比较低。各省份都发生过危险化学品污染突发环境事件，重金属污染事件只在一部分省份发生过。流域危险化学品污染事件、重金属污染事件分别占到全国相同类型污染事件的 49%和 65%。由此可知，两种类型的污染事件对全国危化品和重金属污染事件贡献都很大，特别是重金属污染，虽然在流域内占的比例较低，但在全国的重金属污染事件中却占很大比例（图 1-5-11）。

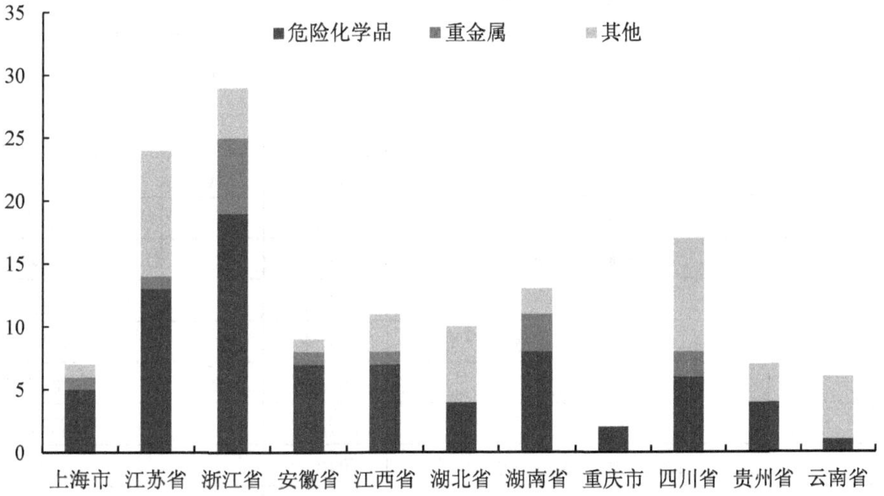

图 1-5-11　长江流域突发环境事件污染物类型

5.3.3　总磷污染突出

长江干流及其支流乌江和岷江 2013 年总磷平均质量浓度分别高达 0.123 mg/L（Ⅲ类）、0.335 mg/L（Ⅴ类）和 0.217 mg/L（Ⅳ类）。长江干流及其支流乌江、岷江、赣江等 2013 年总磷浓度较 2006 年分别上升了 22.3%、69%、18%和 9%。较 2010 年，2013 年湖北、湖南、四川和重庆河流总磷超Ⅲ类断面比例呈上升趋势，江苏省湖库总磷平均浓度升高。

表 1-5-8　乌江、岷江和沱江超标断面水质情况

断面名称	所在水体	断面属性	所属省份	水质现状	超标因子及倍数
沿江渡	乌江	市界（黔南州—遵义市）	贵州省	Ⅴ	总磷（0.91）
大乌江镇	乌江	市界（遵义市—铜仁市）	贵州省	劣Ⅴ	总磷（1.52）
乌杨树	乌江	县界（思南县—德江县）	贵州省	Ⅳ	总磷（0.33）
沿河	乌江	贵州—重庆	贵州省	Ⅳ	总磷（1.78）
万木	乌江	省界（黔—渝）	重庆市	Ⅴ	总磷（0.56）
鹿角	乌江		重庆市	Ⅳ	总磷（0.07）
月波	岷江	市界（乐山市—宜宾市）	四川省	劣Ⅴ	总磷（1）
凉姜沟	岷江	入河口（长江）	四川省	Ⅳ	总磷（0.48）
河口渡口	岷江	乐山市—宜宾市	四川省	Ⅳ	总磷（0.01）
彭山岷江大桥	岷江	其他	四川省	Ⅴ	总磷（1）
悦来渡口	岷江	市界（眉山市—乐山市）	四川省	Ⅴ	总磷（0.84）
青神罗波渡	岷江	市界（眉山市—乐山市）	四川省	劣Ⅴ	总磷（0.28）

断面名称	所在水体	断面属性	所属省份	水质现状	超标因子及倍数
岷江东青交界	岷江	县界（东坡区—青神县）	四川省	劣Ⅴ	总磷（0.61）
眉山白糖厂	岷江		四川省	劣Ⅴ	氨氮（0.08）、总磷（0.66）
岷江彭东交界	岷江	县界（彭山县—东坡区）	四川省	劣Ⅴ	溶解氧（0.83）、氨氮（0.42）、总磷（0.85）
岳店子下	岷江（外江）	市界（成都市—眉山市）	四川省	Ⅳ	总磷（0.16）
都江堰水文站	岷江（内江）	市界（阿坝州—成都市）	四川省	Ⅲ	总磷（0.01）
怀德渡口	沱江	自贡市—泸州市	四川省	劣Ⅴ	总磷（20.85）
沱江大桥	沱江	入河口（长江）	四川省	Ⅳ	总磷（0.2）
大磨子	沱江	市界（自贡市—泸州市）	四川省	Ⅳ	总磷（0.14）
怀德渡口	沱江	富顺县—泸县	四川省	劣Ⅴ	总磷（20.85）
李家湾	沱江	其他	四川省	劣Ⅴ	总磷（19.44）
釜沱口前	沱江	自贡市—自贡市	四川省	劣Ⅴ	总磷（20.22）
银仙桥	沱江	富顺县	四川省	Ⅳ	总磷（0.19）
川坝土	沱江	自贡市—富顺县	四川省	Ⅳ	总磷（0.17）
脚仙村	沱江	市界（内江市—自贡市）	四川省	劣Ⅴ	总磷（18.55）
宏缘	沱江	市界（成都市—资阳市）	四川省	Ⅳ	生化需氧量（0.07）、氨氮（0.42）、总磷（0.28）
五凤	沱江	成都—资阳	四川省	Ⅳ	氨氮（0.4）、总磷（0.35）
三皇庙	沱江		四川省	Ⅴ	氨氮（0.94）、总磷（0.54）

5.3.4 高密度船舶运输造成流动源污染

长江水运量占全国内河水运总量的 80%，是我国内河水运最重要、运输规模最大和最为繁忙的通航河流，也是船舶流动源污染最严重的流域。长江航运干线拥有港口 220 多个，通航支流 3 600 余条，目前，轮船运送旅客约 3 000 万人次/a，至少产生垃圾 214 万 t，常年航行 11 万余艘船舶，10 万以上船员产生的垃圾约 16 万 t/a，合计垃圾量高达 1 814 万 t/a。大量漂浮物、塑料制品顺江而下，形成白色污染带。

5.3.5 长江中下游湿地湖泊生态功能加速退化

受湖泊自然退化，三峡工程等中上游水系特征变化，以及多年来工农业过度开发等因素影响，长江中下游调蓄湖泊的水资源情势、河湖生态系统发生显著变化，主要体现水系破碎化、湖泊湿地功能退化、生物多样性下降、水质污染加剧等方面。据统计，三峡蓄水后枯水期下泄流量衰减幅度超过 80%，下游湖泊面积大量萎缩和枯水期大幅延长，导致了湿地生态系统功能的退化。“千湖之省”湖北的湖泊从 20 世纪 50 年代的 1 066 个减少到现在的 182 个，湖泊水面减少了 60%。

5.3.6 长江中上游地区水土流失和石漠化问题严重

长江中上游地区水土资源组合不均衡，降水丰富、地形复杂、有水缺土、土层瘠薄，水土流失问题突出。加之因人地矛盾突出而加剧的毁林开垦、过度樵采、陡坡耕种、过度放牧等不合理活动，造成岩溶地区林草植被破坏，土壤侵蚀加剧，土地生产力下降，导致石漠化成为西南广大喀斯特地区最严重的生态环境问题之一。据 2013 年《全国第一次水利普查水土保持情况公报》显示，长江沿线 9 省 2 市水土流失面积为 4 400 万 hm^2，其中长江上中游地区水土流失面积 4 130 万 hm^2。据国家林业局 2012 年第二次石漠化监测结果显示，长江流域石漠化土地面积为 695.6 万 hm^2，占全国石漠化土地总面积的 58.0%。其中，贵州省石漠化土地面积达 302.4 万 hm^2，云南、湖南、湖北、重庆、四川等岩溶地区石漠化问题也较为严重。

5.3.7 长江流域的生物多样性遭到严重威胁和破坏

长江流域生物多样性丧失加剧，外来入侵物种危害高。城镇化建设以及资源开发利用，导致自然植被破坏、环境污染、河道片段化和江湖阻隔，野生动植物栖息地丧失与退化，区域生物多样性丧失加剧，导致部分珍稀濒危物种的减少甚至濒临灭绝，江豚、中华鲟等珍稀濒危物种种群数量不断下降，白鳍豚、白鲟等物种已功能性灭绝。主要经济鱼类资源开发率在 70%以上，远高于 50%的最适水平，鱼类资源衰退严重。紫茎泽兰、大米草、南美栉水母等外来有害入侵物种危害严重，严重威胁其他生物、生态系统和生物多样性。

5.4 面临的形势及挑战

5.4.1 产业跨区域转移可能带来污染转移和风险集聚

依托黄金水道推动长江经济带发展，打造中国经济新支撑带是长江经济带建设的战略使命，核心是推动经济增长空间从沿海向沿江内陆发展，我国产业呈现从东部沿海地区向中西部跨区域转移态势。由于中上游地区承接产业转移的基础设施、管理制度等软硬件条件还不强，且存在较强地承接产业转移的意愿，如果监管措施不到位，产业转移可能带来污染转移和风险集聚。

5.4.2 城市发展与资源环境承载力不匹配面临城市病加剧的问题

长江经济带涵盖长江三角洲、长江中游和成渝三大跨区域城市群以及滇中、黔中等区域性中心城市，面临着一系列资源短缺、环境恶化、生态退化等问题。预计未来 10 年，长江经济带的城镇人口比例从 50%增加到 60%，城市化进程速度将大大加快，随着人口向城市的不断聚集，资源环境承载能力不足的问题将进一步凸显，城市病等环境问题存在进一步加剧的可能。

5.4.3 “黄金水道”开发建设可能进一步加剧长江水质污染和生态破坏

“黄金水道”的开发建设将大大提速干支流的航道浚深和港口码头的建设，长江流域通航能力将大幅提升，危险品运输量和运输品种将大幅增加，加大了水污染事故风险；船舶污染收集设备、岸上污染物处理设施和接收配套设施尚不健全，造成船舶产生的污染物得不到全面处理；部分航运公司及操作人员防治污染的意识淡薄，导致污染直排、偷排等现象的发生；船舶污染应急设备不足，专业应急队伍匮乏，难以有效应对重特大船舶污染事故。

本报告执笔：姚瑞华、孙宏亮、李璐

6 “一带一路”环境形势与战略研究

6.1 “一带一路”倡议背景

6.1.1 “一带一路”倡议内涵

“一带一路”倡议是以习近平同志为核心的党中央主动应对全球形势深刻变化、统筹国内国际两个大局做出的重大决策，对推进我国新一轮对外开放和沿线国家共同发展意义重大，是我国复兴中国梦的伟大战略构想。实施“一带一路”倡议有利于化解我国过剩产能，有利于改善沿线国家基础设施条件，有利于互惠互利的资源配置，有利于促进国际贸易自由化和全球化。可以从以下几组对应平衡关系中来理解和把握。

一是古今传承。“丝绸之路”始于古代中国，是连接亚洲、非洲和欧洲的古代商业贸易路线。我国从汉、唐、宋时期通过陆路和海上把丝绸、瓷器、茶叶、冶铁、耕作等商品和技术传播到国外，同时从国外带回国内没有的东西，这种互通有无的经贸联系和文化交流，改善了沿线国家的社会生产力和人民生活水平。今天重新提出“丝绸之路”，不是期望恢复古老丝路往日的辉煌，其现代的含义更加宽泛，丝路成为一个象征性的标志，一个大的国家发展战略。从古到今要延续历史的精神，传承并提升古代文明，促进我国与世界各国在物质和文化等多方面更广泛的交流合作，这是实现中华民族伟大复兴中国梦的大战略棋局。

二是内外开放。“一带一路”既涉及国内区域又涉及国外区域，是国内沿线区域与国外沿线国家和地区通过现代运输方式和信息网络连接起来的相互开放战略，对外开放是战略的核心。我国当代对外开放从空间上看很不平衡，沿海地区起步早，开放程度高，而内陆和沿边地区相对较晚，开放程度较低。丝路经济带要有包括内陆地区和沿边地区的国内大部分区域参与，扩大这些地区的对外开放水平，形成全方位的开放经济体系。

三是海陆统筹。“一带一路”既涉及陆上通道又涉及海上通道，陆路通过铁路、公路连通中国到中亚、东南亚、西亚到欧洲，形成若干条陆上大通道、大动脉；“海上丝绸之路”在古代路线基础上不断拓展新航线，也就是现在“21 世纪海上丝绸之路”，实现陆海连接双向平衡。“一带一路”将打破长期以来陆权和海权分立的格局，推动欧亚大陆与太平洋、印度洋和大西洋完全连接的陆海一体化，形成陆海统筹的经济循环和地缘空间格局。

四是东西互济。丝路经济带贯穿东西，联通南北，但主线是东西两个方向。从我国来看，过去30 多年主要是依托东部地区通过海上贸易的东向开放，丝路经济带则更多是考虑通过连接亚欧的陆路大通道，加大西向开放的力度。我国西部地区由过去开放的末梢变为开放的前沿，向东开放和向西开放的相对均衡化，也必将促进国内东西部地区经济协调发展。当然也考虑到南北向与国际的货物运输、贸易往来，除了南方的“海上丝绸之路”，更有北方对接“草原丝绸之路”连通东北亚的蒙古、俄罗斯等陆路通道，开辟东北地区对外开放新局面。

五是虚实结合。“一带一路”是一个长远的国家战略，一个内涵丰富的大概念。由于它的边界不是完全确定的，它所涵盖的内容不是固定不变的，它的目标也不会是完全清晰的，因而使得这一战略显得有些“虚”。但是，从提出初期的基本构想到现在推进的过程看，这一战略正由“虚”变得越来越“实”。例如，我国与相关国家的大通道建设，陆上和海上基础设施的互联互通、能源和矿产资源合作、贸易往来日益频繁、中国产品和投资“走出去”、油气管道在建、基础设施投融资机制建立，这些都是看得见的成果，“一带一路”倡议正在一步一步地向前推进，已经变成实实在在可以落实的实体。

六是中外共赢。“一带一路”是由我国提出的倡议，显然对我国自身发展有着重要战略意义，不仅有利于我国充分利用“两种资源、两个市场”，尤其是保障我国的能源资源安全、化解富余产能和经济转型升级，而且还有利于加强我国与周边国家尤其是新兴市场国家的经济和文化交流，建立长期合作伙伴关系。但必须看到，“一带一路”又是一个中国与相关国家能够实现互利共赢的战略，一方面是中国的发展会对丝路沿线国家经济产生巨大的带动效应，如带动这些国家的优势资源开发、满足这些国家对中国工业品和生产技术的需求；同时更重要的是，中国政府充分考虑到周边相对落后国家建设“一带一路”的现实困难，出巨资建立了亚洲基础设施投资银行和丝路基金，并鼓励中国企业向外投资，这些都会使沿线国家获得实实在在的好处和利益，从而实现共同建设、共同发展、共同繁荣。

6.1.2 “一带一路”倡议涉及的范围

“一带一路”是我国向南和向西越过陆地与海洋扩展经济伙伴关系的重大战略计划，四条线路辐射范围涵盖东盟、南亚、西亚、中亚、北非和欧洲，是世界上跨度最长的“经济大走廊”，贯通中亚、东南亚、南亚、西亚乃至欧洲部分区域，东牵亚太经济圈，西系欧洲经济圈。“丝绸之路经济带”重点畅通中国经中亚、俄罗斯至欧洲（波罗的海）；中国经中亚、西亚至波斯湾、地中海；中国至东南亚、南亚、印度洋。“21 世纪海上丝绸之路”重点方向是从中国沿海港口过南海到印度洋，延伸至欧洲；从中国沿海港口过南海到南太平洋。根据“一带一路”走向，共同打造新亚欧大陆桥、中蒙俄、中国—中亚—西亚、中国—中南半岛等国际经济合作走廊。其中，中巴、孟中印缅两个经济走廊与推进“一带一路”建设关联更为紧密。

“一带一路”沿线总人口约 44 亿，经济总量约 21 万亿美元，分别约占全球的 63%和 29%；沿线 65 个国家，涵盖欧亚铁路网 8.1 万 km；货物和服务出口占全球 23.9%（图 1-6-1）。

6.1.3 “一带一路”倡议中的环保任务

我国“一带一路”倡议规划中提出要“在投资贸易中突出生态文明理念，加强生态环境、生物多样性和应对气候变化合作，共建绿色丝绸之路”。这一绿色发展理念和目标，是与全球国际经济发展的需求与趋势相适应，也是与我国经济发展与绿色转型的内在要求相契合的。

图 1-6-1 “一带一路”倡议覆盖范围

当前全球经济形势复杂，经济下行压力加大，但是在复杂局势下，国际社会对绿色经济发展的要求与趋势并未下行。2015 年 9 月联合国通过的《2030 年可持续发展议程》强调了资源和环境面临的挑战，按照包容性发展、绿色经济增长的要求，提出了 17 个目标和 169 个指标。从经济、社会、健康、生态系统等不同维度，提出了《2030 年可持续发展的目标》，其中绿色化的要求与趋势十分突出。绿色、包容、关注消除贫困和公众健康的发展成为国际社会共识。

当前，我国经济发展与环境保护也处于非常关键的时期。“十二五”目标顺利实现，“十三五”成为绿色发展的关键时期。“十三五”能否实现环境质量的明显改善已成为公众的期待和政府的重要目标。因此，即将制定的国民经济与社会发展“十三五”规划必然要在绿色发展与环境保护方面施以浓墨重彩，制定环境质量改善的相关约束性指标。与之相联系的必然是推动经济发展的绿色转型，建立起可持续生产与消费体系。

随着国际资源能源竞争趋势的加剧，各国充分认识到原材料和能源的战略地位。国家产业结构升级，促使发展中国家更加愿意承接低碳、绿色产业，资源环境问题成为国际产业转移的重要驱动因素。建立资源节约、环境友好的国际产业转移机制，成为今后国际产业转移的重要趋势。考察“一带一路”沿线国家的环境法律法规和标准，可以看出很多国家都有非常明确的环境保护国家战略和目标，一些国家的环境标准、法律法规甚至高于我国。如俄罗斯的饮用水标准高于我国，检测指标更多。大湄公河次区域一些国家的水体重金属标准也严于我国。

6.2 “一带一路”的环境形势分析

6.2.1 “一带一路”沿线生态环境状况

6.2.1.1 生态环境状况

在全球 867 个生态区中，“一带一路”包含 357 个生态区，沿线国家地貌特征、土壤结构、植被类型、生物多样性丰富，但生态环境也较脆弱。

（1）地形地貌

沿线国家的地貌平原、高原和部分高山组成。海拔 3 500 m 以下的区域所占比例约为 95.96%，海拔 1 000 m 以下的区域所占比例约为 77.33%，海拔 200 m 以下区域所占比例约为 31.3%。

（2）土壤结构

沿线国家的土壤结构种类丰富。根据 2012 年世界粮农组织发布的世界土壤数量库（分别率为 1 km）绘制的土壤类型图来看，“一带一路”沿线国家共包含 30 个土壤组类型，其中薄层土约占 12%，始成土约占 9%，钙积土和灰壤土各占 8%。

（3）植被覆盖

丝绸之路经济带北部的西伯利亚和欧洲植被覆盖主要以阔叶林和针叶林为主，中部的北非、中东、中亚以及中国西北部土地植被相对稀疏，以裸地（戈壁沙漠）为主，特别是第二亚欧大陆桥中段生态环境脆弱，中国西北、蒙古、中西亚、北非地区因沙漠戈壁和荒漠土地所占面积较大，土壤总体比较贫瘠。2012 年，“一带一路”沿线国家的土地面积约为 50 083 198 km^2，约占世界土地面积的 38.6%，见表 1-6-1。2014 年，沿线国家受威胁的高等植物为 3 778 种，约占世界受威胁高等植物的 27.8%。

表 1-6-1 “一带一路”沿线国家主要生态状况

类别	主要指标	“一带一路”沿线国家总计	世界	“一带一路”国家占世界比重
生态承载力	总生物生产力/10^6全球公顷（2011）	4 607.4	12 008.3	38.4
	人均生物生产力/全球公顷（2011）	1.05	1.72	61.0
受威胁动植物物种	受威胁哺乳类物种/种（2014）	1 269	3 246	39.1
	受威胁鸟类/种（2014）	1 167	3 625	32.2
	受威胁鱼类/种（2014）	1 983	6 870	28.9
	受威胁高等植物/种（2014）	3 778	13 583	27.8
土地覆被	土地面积/km^2	50 083 198	129 733 917	38.6
	森林面积/km^2（2012）	14 414 350.6	39 430 117	36.6
	森林覆盖率/%（2012）	28.78	30.98	94.7

资料来源：中国科学院《1990—2012 年世界主要国家资源环境综合绩效发展评估》。

（4）生物多样性

沿线国家生物多样性丰富，但物种受到严重威胁。2014 年，受威胁哺乳类物种数为 1 269 种，约占世界受到威胁哺乳动物数的 39.1%；受威胁鸟类为 1 167 种，约占世界受到威胁鸟类的 32.2%；受威胁鱼类为 1 983 种，约占世界受威胁鱼类的 28.9%。

6.2.1.2 环境状况

“一带一路”沿线国家环境和气候差异较大，生态环境问题突出。沿线经过的东南亚、南亚、西亚、东盟、北非等国大部分都是发展中国家，随着人口过快增长和工业快速发展，资源消耗和污染随意排放使得环境状况不容乐观，森林面积缩小、水污染和空气污染日趋严重，环境污染趋势未能得到有效遏制。

（1）部分区域的农林退化、土地荒漠化问题和滥用土地现象严重

东南亚面临的最大环境问题乃是由于农业和森林的退化以及海底开挖和采矿而引起的淤积问题。印度尼西亚西爪哇的芝塔龙河的输沙量几乎每两年增长 6 倍，其原因在于大面积砍伐汇流区的森林改种食用农作物。泰国也存在类似的问题，每年有大量的泥沙从河口进入泰国海湾。菲律宾和马来西亚由于汇流区和农业区管理失调，也造成同样后果。

在中东，滥用土地的现象非常严重。公路、飞机场、住房以及其他建筑工程占用了大量耕地。此外，气候条件的异常变化进一步加重中东地区的干旱程度，从而加快土壤的退化。根据联合国与美国国家环保局的一项联合研究报告，如果地球的温室效应导致海平面的进一步上升，尼罗河三角洲 1/5 的耕地将被吞噬。俄蒙地区的土地荒漠化现象严重。

蒙古国是一个高原山地国家，以草原为主，由于人为的过度放牧、无节制使用草地和矿产资源的过度开发导致了严重的草地荒漠化现象。森林草原、典型草原、山地草原、荒漠的植物种类减少率逐年增加使得该地区的沙尘暴频发，而沙漠边缘地区和定居点周围的严重荒漠化现象已经影响到居民的正常生活。

（2）地区性的水污染问题严重影响区域的经济发展和社会稳定

中亚地区地处欧亚大陆腹地，区内气候干燥以沙漠和草原地形为主，水资源污染和短缺是该地区最主要的环境问题。主要表现在以下几个方面：第一，湖泊面积不断缩小，水质下降；第二，河流水量减少，河流缩短或消失，水质下降；第三，地下水位下降，水质变坏；第四，盐碱化土地面积增加；第五，沙漠扩大，绿洲缩小，沙尘暴频度上升；第六，自然植被减少，植被类型退化。这些变化在咸海流域表现最为明显，由于水质的恶化，该地区的出生率下降，婴儿死亡率上升，很多居民迫于生态环境压力而迁居。

南亚地区有不少国家也正面临着严重的水污染问题。例如，印度的很多城市，大多数水体正在遭受生活污水、工业排放污水、化学药品和固体废物的严重污染。水污染、洪灾和旱灾已成为印度当今面临的三大与水有关的“灾害”，开始影响印度社会的可持续发展。由于在水资源保护方面投入不足，印度每天有大量的工业废水直接排入河流、湖泊及地下，造成地下水大面积污染，所含各项化学物质指标严重超标，铅含量比废水处理较好的工业化国家高 20 倍。此外，未经处理的生活废水的直接排放也加剧了水污染程度，水污染严重影响老百姓的健康。流经印度北方的主要河流——恒河已被列入世界污染最严重的河流之列。当地居民饮用和在烹饪时使用受污染的地下水已经导致了许多健康问题，例如，腹泻、肝炎、伤寒和霍乱等。同时，由于地下水污染严重，目前在印度

市场上销售的 12 种软饮料，有害残留物含量超标。有些软饮料中杀虫剂残留物含量超过欧洲标准 10～70 倍。

中东地区干旱少雨，水资源奇缺，形成浩瀚的沙漠，人口大多集中在沿海或有限的江河流域地区。中东的环境条件先天不足。近 20 年来，大规模的工业化和社会综合发展水平的相对滞后，又使中东环境进一步恶化，特别是在那些石油生产国，这个问题显得尤为突出。包括酸性很强的硫酸盐、硝酸盐在内的各种污染物，使得科威特、卡塔尔、沙特阿拉伯、伊朗、伊拉克这些石油生产国的环境受到明显损害，也对周围其他中东国家的环境形成一定的威胁。20 世纪 80 年代的两伊战争和 90 年代初的海湾战争更是给海湾地区带来了严重的“环境后遗症”，石油设施和油轮在战争中被破坏，造成大量石油泄漏，流入海湾水域，形成大面积污染，直接危及该地区海洋鱼类的生存。

（3）空气污染问题在“一带一路”沿线国家也比较突出

中东地区的空气污染成为许多国家发展的制约。在阿曼，硫化物和碳氧化物对空气形成污染，空气质量的严重恶化迫使政府制定专门条例，以遏制空气污染程度不断加深的势头；汽车和重工业是伊朗空气的主要污染源。由于公共交通欠发展，在人口稠密的城市，私人汽车成为主要的交通工具，从而大大加重了当地的空气污染程度。

蒙古俄罗斯区域的空气污染问题以蒙古的首都乌兰巴托为例，这是世界上最冷的首都，从 21 世纪的快速城市化，导致了城市空气质量迅速恶化，加上家庭取暖和烹饪需求排放的烟尘，越来越多的车辆排放的尾气，行业和建筑活动的电力需求都加大了废气的排放，所以世界卫生组织在 2011 年的空气质量数据中，将乌兰巴托市列为世界上空气最差的前五城市之一。

除此之外，东欧地区由于重工业的发展和发电厂的建设也面临着严重的空气环境污染问题。

6.2.1.3 水资源状况

“一带一路”范围所涉及的主要地区中，北非、中亚和西亚地区都是水资源最为紧缺的地区；而南亚、东亚、中东欧地区水资源总量则相对充足（表 1-6-2）。

表 1-6-2 2013 年世界不同地区的年降水量和可更新淡水资源量对比

地区	年降水量/mm	年可更新淡水资源量/亿 m^3	年人均可更新淡水资源量/m^3
世界	814	429 210	5 996
亚洲	828	118 650	2 756
中东/西亚	217	48 401	503
中亚	273	2 420	2 545
南亚和东亚	1 139	111 390	2 865
欧洲	545	65 780	8 846
非洲	677	39 310	3 545
北非	96	470	274

资料来源：根据相关资料整理所得。

（1）中亚地区：水资源时空分布极为不均

中亚五国中，哈萨克斯坦、吉尔吉斯斯坦和塔吉克斯坦水资源总量相对较多，而土库曼斯坦和乌兹别克斯坦水资源总量很少，属缺水国家。中亚地区淡水总蕴藏量超过 10 000×10^8m^3，但主要以冰川等难以开发的形式存在。中亚五国的用水主要依赖发源于塔吉克斯坦境内的阿姆河和发源于吉尔吉斯斯坦境内的锡尔河。区域内的阿姆河和锡尔河流域的水资源时空分布极为不均，加上不合理的水资源利用、浪费和污染致使该地区的水资源开发利用矛盾突出。吉尔吉斯斯坦和塔吉克斯坦境内高大山系众多，又位于河流的上游地区，水资源量占流域总水资源量的80%左右；而哈萨克斯坦、土库曼斯坦和乌兹别克斯坦则多平原低地，区域内产流量较少。

（2）西亚地区：水资源呈现南多北少的特点

在西亚地区的两河流域，土耳其拥有相对丰富的水资源和水能资源，而叙利亚、伊拉克水资源相对不足。幼发拉底河和底格里斯河组成了西亚著名的两河流域，跨越土耳其、叙利亚和伊拉克 3 个主要沿岸国。幼发拉底河和底格里斯河的径流补给来源主要为上游冰雪融水，土耳其位于两河的河源和上游主要产流区，是西亚地区水资源最为丰富的国家，水能资源可利用率较高，人均年水资源量超过 3 000 m^3；而叙利亚和伊拉克地势较为平坦，是径流的主要耗散区，可开发利用的水资源就较少，两国的水资源量甚至则低于国际公认的水资源紧张线 1 700 m^3/（人·a），属于水资源短缺国家。此外，土耳其境内年降雨量达 500～1 000 mm，而叙利亚和伊拉克境内降雨量不足 200 mm，降水主要集中在 10 月至次年 4 月，而农作物生长需要灌溉的 5—9 月却很少有降水。

（3）中东、北非地区：水资源紧缺同时人均淡水消耗量巨大

在全世界 15 个最缺水的国家中，有 12 个位于中东和北非地区，包括阿尔及利亚、利比亚以及沙特、也门等。而且，这个地区以前是冬天降水较多，但由于气候变化，冬天的降水量也在逐年下降。据统计，中东北非地区作为世界上最缺水的地方，到 2030 年，饮用水的缺乏将严重危害该地区居民的健康，制约中东北非地区 17 个国家的社会经济发展；到 2050 年，该地区的 2/3 的国家人均每年可用水资源将不到 200 m^3。尽管面临水资源严重短缺等问题，海湾国家人均淡水消耗量仍高于国际平均水平，如沙特阿拉伯和阿联酋人均淡水消耗量比国际平均水平分别高出 91%和 83%；卡塔尔和阿曼的人均淡水消耗量也居高不下。

（4）南亚、东亚、中东欧地区：水资源总量相对充足

就水资源总量而言，尤其是和世界其他一些缺水地区，东亚、南亚地区水资源还算不上紧缺，中东欧水资源也相对较为充足。中东欧 16 国区域内流域众多，各国大多水资源丰富，且降水充足；而南亚、东亚这些区域的水资源则存在显著的差别。其中，作为水资源利用大国的俄罗斯，湖泊众多，水资源总量居世界第二位，人均水资源占有量达 30 600 m^3。南亚的不丹、尼泊尔、孟加拉国也拥有丰富的水资源，如尼泊尔的淡水资源占据世界总量的 2.27%，不丹人均淡水资源拥有量位于世界前十，孟加拉国河流淡水资源总量排名世界第三；但南亚也有“用水紧缺”的国家，如印度和巴基斯坦，每年的人均可用水量数值普遍偏低，人均可用水资源短缺。

（5）我国西北地区：缺水形势严峻

我国西北地区年降水量不足 400 mm，天山北坡一带缺水率超过 10%，南疆水资源开发已经接近承载能力。城市生活用水形势严峻，西部城市人年均供水量仅为东部地区的 50%左右。随着区域干旱和洪涝灾害变异性和发生强度转变，西部地区的淡水供给功能明显减弱。新疆最大的淡水湖博斯腾湖，30 年间累计下降 3.54 m，湖泊水面面积减少 120 km^2，已由淡水湖变为咸水湖。

6.2.2 环境形势分析

6.2.2.1 “一带一路”沿线国家和地区生态环境敏感

由于“走出去”企业的环境和社会管理能力参差不齐，容易引发环境和社会问题，造成经济损失和投资风险。

一是海外投资企业环境意识、水平和能力参差不齐，环境污染防治不到位问题仍然存在。例如，一家中资锰矿企业，因为产生严重空气污染以及未能实施污染控制标准，被非洲当地国政府关闭。一家中资石油公司在非洲一项目发生污染事故，被所在国处以巨额罚款。

二是跨界污染将成为中国海外投资项目面临的新课题，特别是在处理跨界大气污染和国际河流污染方面。跨界污染往往还会与自然资源开发和利用等问题纠结在一起，处理起来非常复杂。

三是“一带一路”沿线国家的地形复杂，海拔高差较大，水土流失较为严重。因此，选址选线的环境合理性，以及预防、减缓、补偿和生态恢复措施十分重要。对此，我国企业既缺乏相应国际经验，也缺乏指导企业做好生态环境保护工作的政策工具。

四是气候变化和生物多样性保护给海外投资项目增添新难题，亟须借鉴国际经验积极应对。例如，受气候变化影响，南亚、中亚等区域干旱缺水情况将更为严重，极端气象灾害频发。“一带一路”沿线国家的生物多样性丰富，具有国际重要性的濒危和迁移物种较多，各类重要保护区遍布，易与项目工程冲突。

6.2.2.2 自然资源开发面临多样的环境问题

随着“一带一路”倡议的实施，自然资源开发等导向性明显的项目将面临多样的环境风险。

一是基础设施的互联互通建设可能影响生物多样性。基础设施互联互通是“一带一路”倡议的优先推进领域，但公路、铁路、管道等线性工程可能造成生境切割和破碎化。

二是矿产资源开发的长周期生态环境风险易转化为经济和社会风险。近年来，我国在海外投资矿产资源开发包括石油天然气、有色金属、煤炭、黑色金属等多种。矿产资源开发不仅影响生态环境，而且开发时间长，封矿后需要生态恢复。生态环境的长期风险隐患易转化为项目实施和运营的经济和社会风险。

三是国际产能合作项目的水资源分配和消耗风险十分突出。“一带一路”沿线国家的水资源保障能力普遍不足。《国务院关于推进国际产能和装备制造合作的指导意见》提及的钢铁、有色、化工等项目，都是耗水量较大的项目。对于涉及国际河流的水资源开发和分配的项目，易引发国家和地区之间的矛盾。

6.2.2.3 海外项目社会与环境问题交织带来的风险越发突出

“一带一路”沿线国家主要为发展中国家和不发达国家，存在国家间政治矛盾突出、国内形势不稳等系列问题，很多社会问题往往以环境问题为借口，造成解决社会风险的成本远大于解决环境问题的费用。

第一，征地拆迁和非自愿移民是海外投资和项目的首要社会风险。因为涉及切身经济利益和长远的生存与发展需求，如不能很好地协调和满足当地利益相关者的需求，当地利益相关者可能会以激烈的方式反抗项目。

第二，中国海外投资项目面临反对的声音。例如，中国金融机构支持的一个铁矿连带水电项目，因为可能威胁到一个国家级公园，非政府环保组织发起针对其的抗议运动。而中国企业往往缺乏有效的沟通手段和应对机制。

第三，面对文化遗产保护、削减贫困、性别平等新兴社会议题，中国企业普遍缺乏意识和准备。特别是把自己作为外国的投资者，而较少把自己真正融入当地，容易引发当地政府和人民的反感，形成社会风险隐患。

6.2.2.4 环境和社会责任顶层设计和统筹调控管理手段不够

近年来，中国政府和金融机构在海外投资项目环境和社会管理方面的意识逐渐增加，能力不断提高。总体来说，环境和社会管理的手段和能力与实际需求差距较大。

一是“一带一路”倡议尚缺乏环境和社会管理政策的顶层设计。虽有原则性的声明，却缺乏具体的管理程序和工具。虽然国家可以从管理金融机构的渠道，也可从行政管理的渠道来调控或管理国有企业的海外投资，但目前尚无行之有效的环境和社会管理模式、行为规范和操作标准。

二是金融机构对企业的环境和社会管理尚未达到国际化水平。2012 年，中国银行业监督管理委员会发布了指导性的《绿色信贷指引》，却未成为银行广泛使用的政策。国际主要商业银行广泛采纳的《赤道原则》，在中国仅兴业银行一家采纳。在支持“一带一路”倡议实施上，中国参与的国际金融组织、政策性银行和担保机构、国有商业银行、基金等金融机构如何在项目资助上应用环境和社会管理，还缺乏程序和手段。

三是“一带一路”沿线国家的环境和社会治理能力普遍不足，容易给中国企业带来环境监管松弛的假象。而事实上，这些国家的社会组织发达，国际非政府组织活跃，虽然事前监管可能较松，但事后追责和诉讼很严格。这样的管理模式反而需要中国企业更好地加强自身管理。

6.2.2.5 企业环境和社会风险管理基础和能力亟待提高

虽然中国企业已开始重视和实施环境和社会管理，但自主管理能力仍然不足。表现如下：

一是中国企业普遍缺乏环境和社会风险意识和管控能力，存在较强的国内运作惯性思维。在海外投资开发时，常抱有“搞定当地国政府特别是中央政府，就能搞定项目运作”的想法。但“一带一路”沿线国家资源和环境保护的矛盾往往涉及国家之间、中央政府和地方政府之间、党派之间、宗教势力之间、地方势力之间，一旦处理不好，就容易带来投资风险。

二是企业对外投资缺乏操作指导。有关部门发布的《对外投资合作环境保护指南》相对原则化，缺乏操作细则。此外，中国海外投资企业的环境和社会意识不高，缺乏管理能力，履行社会责任的动力不足，缺乏系统的企业环境和社会责任政策、制度和工具。

三是由于一些企业不重视了解目的国经济发展、地缘政治、人文风俗和生态环境等情况，在项目投资过程中为追求成本最小和利润最大化而缩减环境和社会投入。在项目前期简化甚至省略环境和社会影响评价，经常导致补做或重做环评或社评，影响项目的进度。

6.3 “一带一路”的环保战略

6.3.1 加快建立绿色发展战略框架

推进“一带一路”绿色发展战略的主要目的是通过在产业输出、投资建设、技援合作等工作中关注行为的绿色化，强化生态环保合作，规避生态环境风险，促进我国“一带一路”倡议的顺利实施。为实现该目标，要全方面、全过程绿色化“一带一路”倡议，重点从四个维度考虑。一是强化战略实施的顶层设计，实施绿色发展规划，特别是做好生态环保专项规划；二是要建立生态环境风险预警机制，精准识别和规避与“一带一路”沿线国家合作的生态环境风险；三是需要加强对外投资合作行为调控，激励对外投资、合作行为的环境友好；四是需要加强“一带一路”绿色化战略实施的共通保障能力建设，做好绿色化战略的实施支撑。

6.3.2 制定实施“一带一路”生态环境专项规划

在目前中国有关部门发布的“一带一路”倡议或者有关政策文件中，对绿色化关注还不够，生态环保方面的考虑严重不足，这是“一带一路”倡议实施中可能面临的巨大风险。中国的管理是规划导向型的模式，建议国家编制实施“一带一路”绿色发展专项规划，对如何推进实施绿色化的“一带一路”倡议在目标、关键指标、重点任务、重大工程、平台建设、资金保障和实施保障等方面予以明确。特别是就生态环保方面的合作机制、能力建设、保障支撑等需要开展深入研究，形成明确规划方案，促进我国生态文明理念、制度以及环保标准、技术、产业等全面走出去，为“一带一路”倡议实施过程中规避环境风险、增进合作共识等提供基础，构筑形成绿色的“一带一路”。

6.3.3 加强“一带一路”倡议实施的风险规制

6.3.3.1 建立“一带一路”沿线国生态环境状况图谱

评估我国甘肃、新疆等“一带一路”沿线省份的生态环境状况，以及“一带一路”倡议对我国中西部地区乌鲁木齐、兰州、西安等大气环境容量超载区及西北内陆河的污染防治带来的区域性环境风险。与沿线国家合作开展“一带一路”沿线生态环境遥感监测与调查，对“一带一路”沿线的南亚、中亚、俄罗斯、欧洲各国等的绿色发展状况及特征等分国别进行系统评估。具体包括可持续发展水平、生态环境、环境政策法规、环境基础设施建设以及生态环境有关的宗教文化状况等，识别“一带一路”沿线国家的生态环境特征问题，摸清各国（特别是沿线大国和重点投资国家）资源与环境的底数，对中亚、东盟、南亚等地区性以及各国的生态环境及其管理政策状况进行科学合理研判，分析可能面临的主要生态环境问题。

根据我国“一带一路”倡议对沿线国家的定位，评估“一带一路”倡议实施后，沿线国家和地区的生态环境风险，包括评估基础设施建设、资源能源开发、油气管网及设备投运、电网设备类投运、港口建设、经济廊道建设、商业贸易、金融业以及突发事件等给区域带来生态环境风险。生态风险评估内容包括生态廊道破碎、生物多样性保护、环境承载力超载、水土流失、气候变化风险等。提出“一带一路”沿线国家和地区生态环境风险清单，建立“一带一路”的生态环境风险评估机制，识别不同时空尺度上的环境敏感区、生态环境高风险区，推进“一带一路”沿线国家和地区合作中的环境风险防控能力建设等，为“一带一路”倡议实施提供参考。

6.3.3.2 健全“一带一路”倡议实施环评机制

针对“一带一路”同类规划和项目环境影响评价建立联动机制，确保“一带一路”倡议推进过程中有关规划和重大项目的绿色化。环境影响评价的重点集中在针对“一路一带”规划和重大项目方案。一是积极推进建立完善的“一带一路”倡议决策以及重大项目投资的环境影响评价机制，结合投资东道国当地的生态环境特征及环境治理能力等综合评估分析，预警和规避战略决策以及重大投资项目实施可能引发的环境风险及投资风险。特别是重视对生态敏感脆弱地区的生态环境风险进行综合全面、深入细致的评估，建立风险清单和管控措施清单，并要求投资项目落实有关清单任务和要求。在评价范围上，结合国际关注热点，基于自愿原则，鼓励将生态健康和气候变化等因素纳入到环评范围中来。二是根据投资项目的不同环境影响，实施投资项目和技援项目等的分级分类环评机制，研究制定和实施“快速环评”技术方法体系与有关导则、指南，为一些环境影响级别低的项目尽快实施提供便利。三是建立投资项目的环境影响评价和管理数据库，并在有关媒体渠道对环评信息实施全面公开，在环评的过程中以及环境实施后，鼓励东道国地区有关利益相关方全面有效参与，规避项目实施中可能来自民间的压力和意见，及早预防潜在的因项目的环境因素可能致使的社会矛盾冲突，有效防范和规避在东道国地区的生态环境风险。

6.3.4 强化对外投资合作行为调控

6.3.4.1 完善绿色“一带一路”管理机制

重视构建绿色“一带一路”综合决策机制，将生态环保纳入战略实施全过程，建立源头预防、过程严控的有效管理机制，加强对外投资企业的资格审查与境外企业的环保监管，提升“走出去”企业的绿色表现。一是实施基础设施投资中的环境绩效评估，建立对外投资和技援项目的环境绩效“晴雨表”，对于环境绩效表现好的投资予以支持上的激励与支持，对于环境绩效表现差的投资企业则在金融扶持等有关政策上予以限制甚至禁止；二是建立对外投资企业环保“黑名单”制度，对于环境表现差或者出现重大环境事件的企业实施“黑名单”制，引导企业遵守国内及投资所在国环保法律制度，避免污染及破坏当地环境所造成恶劣影响，维护“一带一路”建设国际形象；三是进一步完善中国对外投资企业环境行为指南，推动制定与国际接轨的对外投资企业的环境行为准则，并加大宣教与技能培训，促使企业树立环境责任，规范企业环保行为，督促企业提升投资绿色化水平。

6.3.4.2 创新“一带一路”绿色金融激励机制

在“一带一路”建设中借鉴并引入“赤道原则”等国际惯例和规则，推动企业绿色信用评估和征信体系建设，大力推进绿色信贷政策，鼓励金融机构加大对环保企业和项目的信贷支持，开发专门绿色信贷金融产品以支持绿色产能输出，促进“一带一路”沿线国家绿色投资。促进丝路基金、亚洲基础设施投资银行、国家开发银行等与世界银行、亚洲开发银行等机构开展绿色金融方面的交流合作，通过信贷手段降低境外投资的环境风险。考虑在“丝路基金”下筹划设立“丝路环保基金”或者专门针对环保的口径，主要用于“一带一路”沿线欠发达国家的环境基础设施建设与环境突发事件处理等。开展环境金融服务创新，鼓励商业性股权投资基金和社会资金共同参与绿色“一带一路”重点项目建设；充分发挥中国—东盟海上合作基金、亚洲区域合作专项资金、中国—中东欧投资合作基金等双边及多边合作资金的作用，扩大环保资金的来源。

6.3.4.3 实施绿色“一带一路”环保援助

中国推进实施绿色化“一带一路”倡议首要是要有利于维护和保障区域环境安全，这是中国作为负责任大国的体现，因此，在对外的援助计划中环保援助考虑作为主要内容。中国要通过与“一带一路”沿线国家在区域环境安全合作中的努力来展示和提升中国在全球和区域环境保护中的负责任大国形象。谋划建立国家环保对外援助计划，为沿线不发达国家提供关于生态环境保护、环保技术与产业等领域的资金支持。规划一批各方共同参与、共同受益的生态环保示范项目，通过环保领域的民生示范项目扩大我国对沿线各国的影响力，提升国际形象。在环保资金、法律制度、人才交流、人员培训与教育等方面全面开展环保对外援助，不断提高环保领域对外援助的规模和水平。考虑实施绿色丝路使者计划，加强与沿线国家环保官员、学者及民众的培训与交流。全面支持沿线发展中国家环保能力建设，开展“一带一路”环保教育培训，为各国培训环境管理和技术方面的专业人才，通过人员交流推动生态环保理念和产业技术交流，共同促进中国与沿线各国的绿色发展。

6.3.4.4 增进绿色化“一带一路”国际合作

强化合作能力建设，建立生态环境国际交流与合作机制，统筹国内国际两个大局，以全球视野加快推进生态文明建设，把绿色发展转化为新的综合国力、综合影响力和国际竞争新优势。发扬包容互鉴、合作共赢的精神，加强与世界各国在生态文明领域的对话交流和务实合作，促进全球和区域性生态安全。积极推进建立和完善多边交流机制，推动利用目前的一系列交流与对话的平台机制，如中国—东盟环保合作论坛、欧亚经济论坛、中阿环境合作论坛以及中俄、中哈、中欧等双边环保合作机制等，推进建立绿色丝绸之路建设合作平台，加强绿色贸易、绿色供应链、环境标志区域互认、环境保护产品与服务业合作等。重视提高配套服务能力建设，包括设立“‘一带一路’国家信息交流中心”，在“一带一路”沿线国家建立类似于 G20 峰会的国际合作机制等。

6.3.5 完善绿色化“一带一路”实施的共通保障

6.3.5.1 形成顺畅的民间交流机制

绿色“一带一路”的建设关系各行各业、千家万户，要充分发挥民众的积极性、主动性、创造性，凝聚民心，集中民智，汇集民力。同样，民心相通是“一带一路”合作重点之一，也是衡量“一带一路”建设成果和成效的主要标志，要积极鼓励中国民间力量“走出去”，发挥民间力量在绿色化“一带一路”实施中的润滑和积极推动作用。“一带一路”沿线国家众多，具有多种族、多宗教、多文化的特点。无论是产业、投资、援助合作中，还是在生态环境治理合作中，企业、机构、组织、个人为主体的民间力量不可或缺，甚至可能成为主要力量支撑。一是多方面加强面向基层民间的交流合作，通过举办生物多样性和生态环保等各类公益慈善活动，促进沿线贫困地区生产生活条件改善；二是充分发挥民间环保组织的积极能动性，大力支持形式丰富的民间组织交流合作活动，以生态环境保护为主题共同开展如“一带一路”绿色之旅、生态文明建设青年论坛、生态文化节等活动。

以生态环保为突破口营造“一带一路”建设的友好氛围，为绿色“一带一路”建设提供民意基础和保障，促进民心相通；三是完善民间在“一带一路”生态环境合作中的参与制度，加强沿线国家民众对生态文明理念的认识，形成“一带一路”沿线各国和地区的社会各方面共同参与的局面；四是跨国企业进行全球产业链合作后，应承担更多的社会责任，重视环境保护，制定严格的环保标准，投入更多的环保项目，为当地企业的树立榜样。

6.3.5.2 健全“一带一路”国际宣传机制

目前，国际社会对我国提出的“一带一路”倡议的初衷有所误读，认为是为了抢夺发展中国家的能源资源，转移落后产能，将污染转移到沿线各地区等。为此，中国需要加强绿色化“一带一路”战略的宣传，加强绿色化“一带一路”中国经验和成效的交流，讲好中国生态文明建设美丽故事，争取与沿线各国达成合作发展共识以及环保共识，以消除“一带一路”的合作中的顾虑。“一带一路”沿线各国的发展阶段各异，一些工业化水平较低的中亚、中东地区即将面临“一带一路”建设带来的新环境问题，而一些工业化水平较高的地区则面临新老环境问题的叠加，这些国家在发展中遇到的环境与发展的关系处理问题，很多是中国已经经历过或者正在经历的，中国经验将会有助于这些国家和地区的绿色发展。中国要在共同合作发展中，通过负责任的经济合作与当地的减贫、再就业、可持续发展、社区绿色发展等统筹考虑，促进当地的可持续发展，而不能将这些东道国当成污染避难所，共同建设“一带一路”的生态文明。

6.3.5.3 构建绿色化“一带一路”信息平台网络

绿色化“一带一路”倡议实施需要全面加强能力支撑和服务保障，建议积极做好以下工作，包括建立“一带一路”绿色发展决策支撑大数据平台，建立对外投资项目风险防范与环境管理决策支持平台，推进与沿线重点国家合作开展环保技术与产业园区示范基地的建设，建立“一带一路”环保研究创新基地等。

建立“一带一路”绿色发展决策支撑大数据平台，建设“一带一路”绿色发展信息共享平台，发挥信息技术和信息平台的基础支撑作用，实现“一带一路”沿线地区政策法规信息、投资合作信息、生态环境信息、风险预警信息、企业表现信息等的整合交流、互通共享，以及有效利用，为有关管理部门决策，以及境外投资企业提供咨询服务，以及加强与“一带一路”沿线国家的信息交流和沟通，为绿色“一带一路”建设顺利进行提供信息基础和决策支持，也促进加强“一带一路”沿线各国的沟通交流。

建立对外投资项目风险防范与环境管理决策支持平台，支撑海外建设项目潜在环境影响与环境风险的识别和预判，为我对外投资和项目提供实时、全方位的生态环境信息服务，提高对企业和投资“走出去”的环保咨询服务于环境风险防控能力；建立“一带一路”主要国家投资和建设项目的环保准入信息系统，为铁路、公路、港口等交通设施，油气开采、运输，矿产资源勘探开发，水电、火电、核电、风电、太阳能等能源资源基础设施建设项目，以及轻工纺织、食品加工、钢铁、水泥、电解铝等“走出去”的重点行业提供环保政策标准咨询服务和技术支持。

推进与沿线重点国家合作开展环保技术与产业园区示范基地的建设。可以考虑以国务院《关于推进国际产能和装备制造合作的指导意见》中的 12 个行业作为重点，推进形成若干境外产能合作示范基地、一批有国际竞争力和市场开拓能力的骨干企业，建立新型工业化和国际产能合作机制；重视环保产业与技术“走出去”，推动并加强江苏宜兴、乌鲁木齐经济技术开发区、哈尔滨产业园等国内一流典型工业产业园区与“一带一路”沿线国家的交流和对接，在深圳、厦门等地建设具有典型示范意义的“一带一路”环保产业合作与技术转移基地或交流中心，积极鼓励我国具有竞争性优势的环保技术和产业“走出去”，同时积极引进国际先进技术与产业发展经验。

建立“一带一路”环保研究创新基地，实施国际环保人才工程，吸引国际化高水平人才为绿色“一带一路”建设服务。建立跨国界和周边环境问题的研究基地和合作平台，切实提高应对和解决跨界环境问题的创新和支撑能力。建立“一带一路”生态环保研究国际智库，加强与沿线各国的环保智库交流与开展联合研究，合作举办论坛，推动咨询服务业以及科研机构、民间智库“走出去”，促进观念传播和智库交流。

本报告执笔：葛察忠、程翠云、邬波、段赟婷

7 国际社会经济发展形势、环境保护动态及需关注的重大问题研究

7.1 国际政治经济社会发展形势

7.1.1 政治格局演变及发展趋势

7.1.1.1 两极格局日渐衰落，多极化格局更加显著（1992—2011 年）

第二次世界大战结束至 1991 年，世界形成以政治、军事竞争为重点的美苏两极格局。1992—2008 年，世界呈现出一超多级格局，其中美国显然具有相对较多的话语权，其他国家或地区影响力有所增强，但仍然有限。2008—2013 年，世界经济东升西降，多极化格局更加显著，全领域竞争与合作交织。随着 2008 年国际金融危机和 2009 年欧洲主权债务危机的爆发，以美国、欧盟为代表的发达经济体经济发展受到严重影响，政治影响力也随即减弱，而与此同时，中国等新兴发展中国家经济依然保持高速发展态势，地缘政治和国际政治影响力继续增强。

当前，国际形势保持总体稳定与局部动荡的基本态势，国际和地区格局继续复杂演进。主要国家开启新一轮改革大潮，旨在为重振国力抢占先机，发达国家和新兴国家两大集群竞合博弈格局日渐成形，亚太与中东两大地缘重心安全风险同步升高，中国大外交日益牵动世界。

7.1.1.2 美国重返亚太，中国面临新战略机遇期，全球格局重构（2012—2030 年）

（1）2012—2020 年，国际政治形式将在总体平稳中继续发生深刻复杂变化，中美等大国竞争更加激烈和复杂，合作更加广泛和紧密。

从中美两个大国角度看，竞争博弈更加激烈复杂，挑战更多、更大。在 2012 年 6 月 3 日闭幕的本年度香格里拉对话会上，美国国防长帕内塔提出了美国“亚太再平衡战略”，指出美国将在 2020 年前向亚太地区转移一批海军战舰，届时将 60%的美国战舰部署在太平洋。无论是“重返亚太”还是“亚太再平衡”，在很大程度上对华形成了战略压力，中美介于伙伴和对手之间并更加偏向对手方面。但从短期看，美国具有区域安全优势，中国有区域经济优势，二元主导格局难以改变。这就决定了亚太地区相关国家“安全上倚美，经济上靠中”的选择无法轻易改变，中国面临新战略机遇期，必须继续苦练内功，深化改革，稳固发展，积极应对国际势力推动和国内压力倒逼形成的双重压力。总体来看，2014—2020 年，国际形势有望继续保持 2013 年的基本发展态势。大国继续加速内外政策调整。美国进一步调整对外战略，加强亚太地区的存在感。欧洲继续推进一体化建设。俄罗斯继续加强与新兴大国合作。新兴市场国家和发展中国家整体实力增强，“金砖国家”

合作机制、上海合作组织等国际影响力继续上升。中国继续深入贯彻 2013 年以习近平为总书记的党中央提出的实现中国梦、构建新型大国关系等一系列外交新理念、新布局，坚定不移走和平发展道路。世界经济继续深度调整。亚太地缘战略重要性继续凸显。地区热点问题依然突出。国际体系和规则之争依旧激烈。

（2）2020—2030 年，全球经济一体化和政治力量扩散化同步发展，中美两强引导的多极格局初步形成。世界政治总体平稳，爆发大规模战争的可能性小，资源环境方面博弈更加激烈。

根据美国国家情报委员会的分析，到 2030 年，世界可能出现四大发展趋势，值得特别关注。一是个人能力的显著增长。贫困减少、中产阶级扩大、文化水平提升、新的通信和制造技术广泛使用以及医疗进步，使个人能力大幅提高。在解决全球挑战或大规模破坏方面都更具影响力。二是国家权力的进一步扩散。中国很可能在 2030 年前，超过美国成为世界最大经济体。传统西方世界的影响力相对有所下降。且随着通信技术的发展，权力将向多维、无定形的网络转移并将影响国家和全球活动。三是人口统计状况的巨变。2030 年，全球人口将从 2012 年的 71 亿人，增长到近 83 亿人。老龄化、城市化、移民问题突出。四是资源需求爆炸式增长，食物、水、能源之间关联日甚。总体来看，全球权力将进一步扩散，国际竞争与合作深度交织，关系更加复杂，国内不同利益群体的矛盾冲突也将日益突出，全球治理主体更加多元。

在这些大趋势下，世界政治权力格局将继续深度调整，更趋多元和分散，利益摩擦不断。但由于全球经济一体化使得国家间形成前所未有的深度相互依赖关系，世界大战的可能降到有史以来的最低。未来 20 年世界发展演进中将不会出现较为典型的剧变和震荡。美国将在创新、金融和军事领域保持全球领导者的地位。中国地位的加强将最大限度地影响全球权力均衡。国际货币体系的根本性变化将在很大程度上取决于人民币成为世界货币的时间。“七国集团”或“八国集团”的作用将发生改变。跨国公司和跨国银行的活动和影响领域将进一步扩大。

正如克莱尔在《资源战争》一书中写道“未来国家之间的冲突，将不是为意识形态而爆发，而是为确保最宝贵的自然资源供应而爆发”，随着世界人口的不断增加，粮食、能源、资源、环境等约束作用更加明显，相关博弈必然更加激烈。围绕环境问题而展开的发展中国家与发达国家间的斗争与合作增加了发展中国家在国际事务中的发言权，大大推动了世界的多极化进程和区域一体化发展。该格局里，美国和中国作为 GDP 总量最大的两个国家，有望成为领导传统发达经济体和新兴经济体对话与合作的龙头。但没有任何一个国家或地区可以成为在政治、经济、军事等各方面都具有绝对统治力的超级霸主，可以单独应对未来所有挑战，而需要其他国家和地区的共同参与，共同治理，同舟共济，在政治、经济、军事、文化等方面全面、深度合作。世界将更趋多极化，并初步显现南北两强带动世界多极化发展的局面。

总之，美国仍将继续贯彻“重返亚太”战略，并在创新、金融、军事等领域在全球发挥领导性影响，中国国际影响力进一步提升，并更多发挥领导作用。一球多制，两强引导，多元共存，世界多极化趋势将是国际政治格局发展的基本方向。经济全球化、政治多极化、模式多样化、文化多元化是这个时期的基本面貌。资源、环境等约束作用更加明显，相关博弈更加激烈。

7.1.2 经济发展趋势

7.1.2.1 全球经济进入新周期，在“危机”和“复苏”之间徘徊（2008—2013 年）

在经历了 21 世纪初的高速增长之后，全球经济以 2008 年金融危机为转折点进入新的经济周期。直至今日，世界经济一直在“危机”和“复苏”之间徘徊。

2008 年 9 月，以雷曼兄弟破产为标志的全球金融危机，由华尔街迅速蔓延至全球，引发世界范围的金融海啸，甚至波及实体经济，使全球经济陷入第二次世界大战以来最严重的衰退。各国随后纷纷实行逆周期调控推出大规模经济刺激计划，其效果于 2010 年显现。此轮复苏虽然强劲，但较为脆弱，表现出明显的“双速”特点：以“金砖五国”为代表的新兴经济体增长势头强劲，而发达国家增长缓慢，失业率居高不下。2010 年，全球经济增长的 46%来自新兴经济体和发展中国家的国内需求，同时发达国家的政策性低利率通过资本流动，助推了发展中国家的此轮增长（图 1-7-1）。

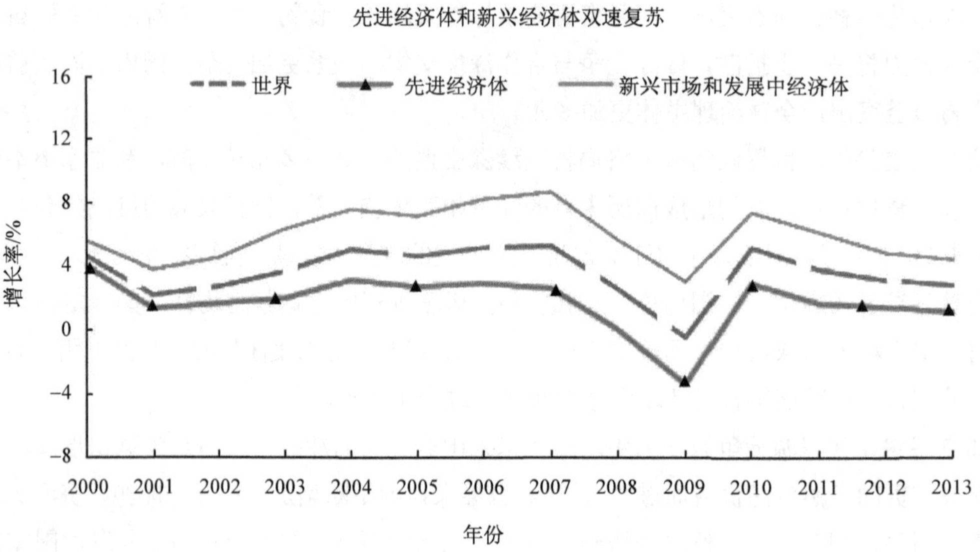

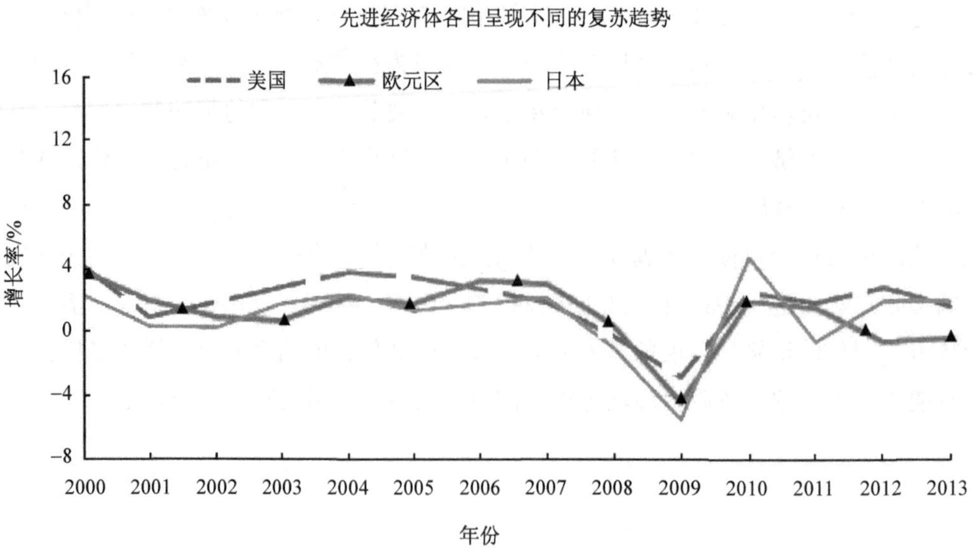

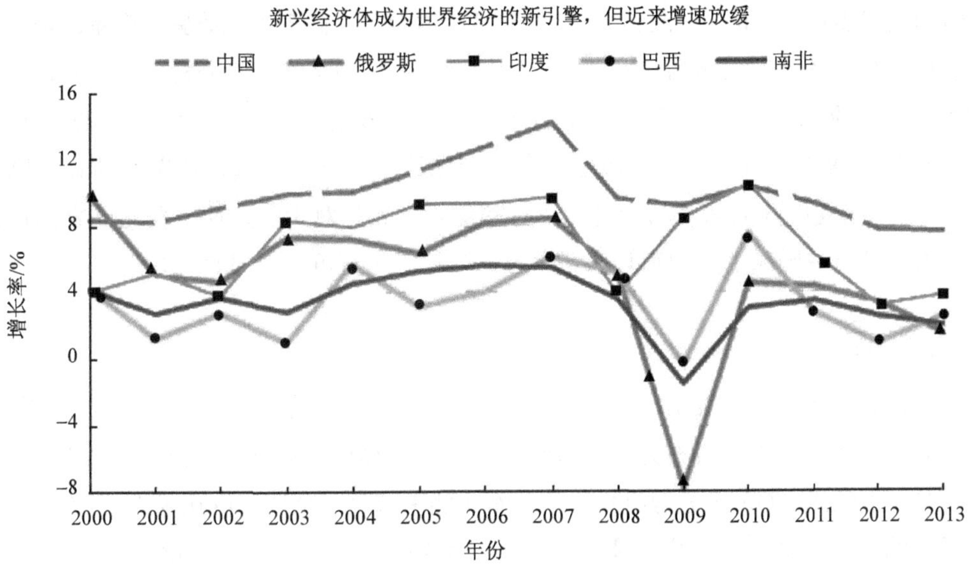

图 1-7-1 全球主要经济体国内生产总值（实际 GDP）年均增长率[1]

伴随着第一轮复苏，欧洲债务危机愈演愈烈。以希腊政府于 2009 年 10 月宣布其财政赤字和公共债务远超欧盟标准，全球三大信用评级机构惠誉、标普和穆迪相继调低希腊主权信用评级为标志，希腊债务危机就此拉开了欧洲主权债务危机的序幕。随后爱尔兰、葡萄牙、西班牙和意大利接连陷入债务旋涡之中。事实上，欧债危机是 2008 年金融危机的延续，而且还将继续深化，世界经济恢复到 2008 年前的水平至少需要 10 年时间。受此影响，发达国家、新兴经济体和发展中国家在 2010 年之后 GDP 增速不断放缓，逐渐呈现出“三速复苏”现象：新兴市场和发展中国家增长较之前缓慢，但依然远高于发达国家；发达国家中，美国经济显现稳定增长态势，日本经济强劲反弹，但后劲不足；欧元区则有长期乏力的可能。

7.1.2.2 短期内经济低位运行，发展中国家仍是增长的主要动力（2014—2020 年）

根据有关预测，全球经济在未来 5 年仍将低位运行，危机后的复苏还将持续，但较为缓慢，且仍然面临通货紧缩和金融业风险。未来 2～3 年，全球经济活动将有所加强。发达国家的经济正常化，一方面使全球金融条件逐步收紧（如美国量化宽松政策的逐步退出），减少资金向发展中国家的流动；另一方面将有助于拉动发展中国家的出口需求和经济增长，抵消前者的负面影响。新兴市场和发展中国家的增速大多放缓，但增速仍高于发达国家，仍是世界经济发展的重要动力。

7.1.2.2.1 重要影响因素分析（量化宽松政策）

发达国家在经过连续 5 年的缓慢复苏，甚至衰退之后，近期终于表现出了强劲势头，其中以美国最为突出。在第三轮量化宽松（QE3）政策的拉动下，美国 GDP 在此前 10 个季度连续增长。由于私人需求、工业总产量以及失业率的持续改善，2013 年第四季度消费者和企业市场情绪均出现明显好转。日本也通过一系列政策组合增加了出口，产量几乎恢复到危机前水平。欧元区的增长虽然依旧缓慢，但已在 2013 年第二季度摆脱了负增长的困扰。

随着发达国家的经济正常化，政策正常化的步伐已经开始，其中最为引人关注的就是美国曾备

[1] 国际货币基金组织，2013 年 10 月，《世界经济展望》。

受争议、但仍连续实行 5 年的 QE 政策。QE 退出意味着全球金融条件的收紧，资本跨境流动方向发生改变，受影响最大的是新兴市场和发展中国家。世界银行的基线情景分析结果显示，新兴市场和发展中国家的资本流入占 GDP 的百分比将由 2013 年的 4.6%，逐步降至 2016 年的 4.0%。对于中国而言，跨境资本流入的减少（热钱撤出）有可能导致资产价格下跌，使潜在的金融风险暴露出来。另外，QE 退出使国际大宗商品价格有下行趋势，美元相对走强，加上发达国家的进口需求增长，新兴市场和发展中国家的出口市场有望好转，这在一定程度上会抵消 QE 退出对其带来的不利影响。

7.1.2.2.2 **趋势预测**

近期的全球经济形势更多表明，发达国家正在逐渐走强，不断进行的财政整顿、政策不确定性的减少以及私人需求的回弹，也在为未来持续增长提供更加乐观的预期。虽然，IMF、世界银行以及经济合作与发展组织（OECD）等机构均在最新预测中调高了全球经济在未来 3～5 年增长预测，并将此番增长的推动力来源归为发达国家，但新兴市场和发展中国家的增速仍高于发达国家，仍是世界经济发展的重要动力。根据世界银行的预测，全球经济在 2015 年和 2016 年的增长率分别提升至 3.4%和 3.5%，比 2013 年提高了约 1%。IMF 虽然对 2014 年增长率提升的预测相对保守（3.7%，比 2013 年提升 0.7%），但对 2015 年的增长率预测也比 2013 年提升了 0.9%，并预期这一增长会保持到 2018 年。

发达国家在未来 2～3 年的经济增长将从 2013 年的 1.3%逐步提高至约 2.4%，而且这种趋势将延续到 2018 年。OECD 虽然对其成员国在 2015—2016 年的平均增长率预期略高（2.7%），但同样认为在 2020 年之前会逐步调整至 2.4%～2.5%。新兴市场和发展中国家则是喜忧参半：一方面，发达国家增速加快有助于发展中国家的出口贸易；另一方面，美国 QE3 退出引致的全球金融条件收紧、资金流动性降低、利率上升等会抑制发展中国家的投资和增长。总之，世界银行和 IMF 一致认为新兴经济体和发展中国家的经济增长较此前已有所放缓，未来 2～3 年增长幅度将逐步回升至 5.5%左右，仍然较危机前的水平低 2%～3%（图 1-7-2）。

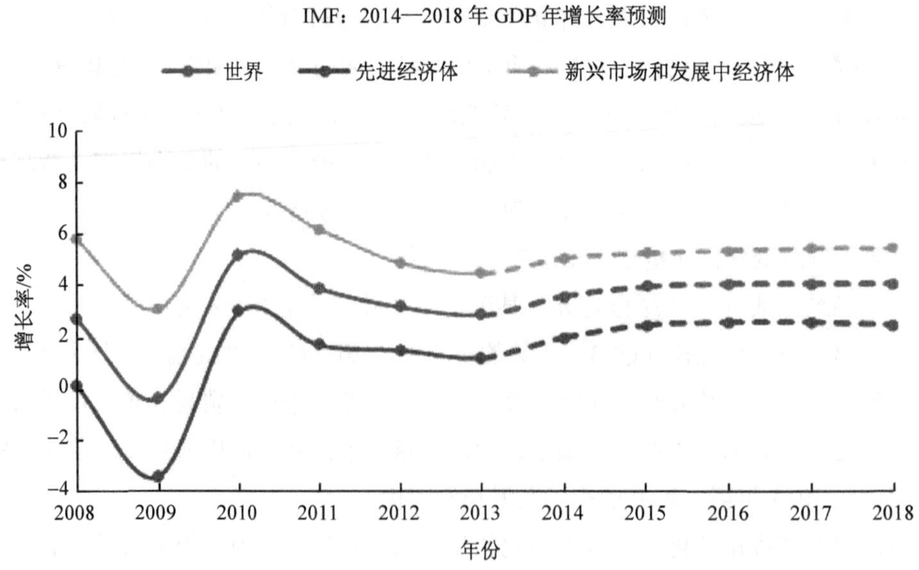

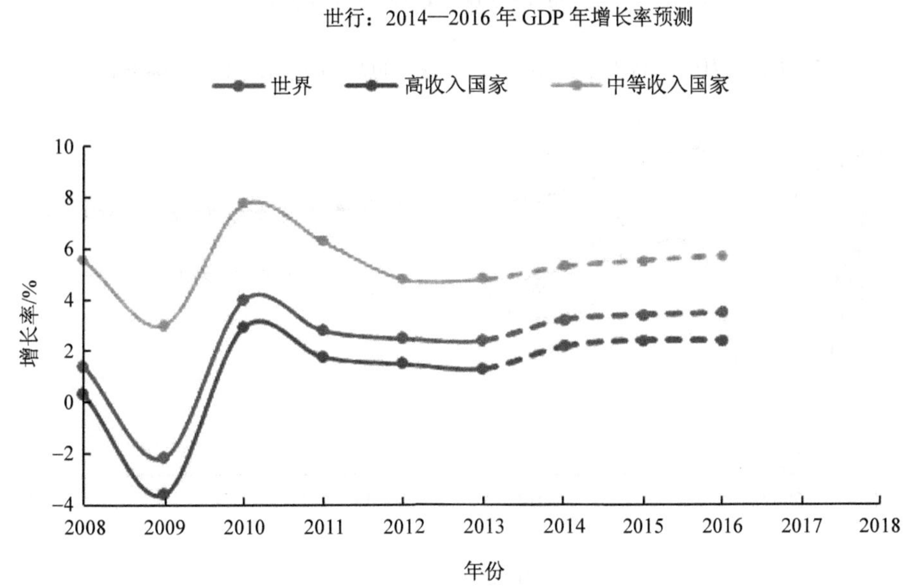
世行：2014—2016 年 GDP 年增长率预测
世界
高收入国家
中等收入国家
10
8
6
4
2
0
−2
−4
增长率/%
2008
2009
2010
2011
2012
2013
2014
2015
2016
2017
2018
年份

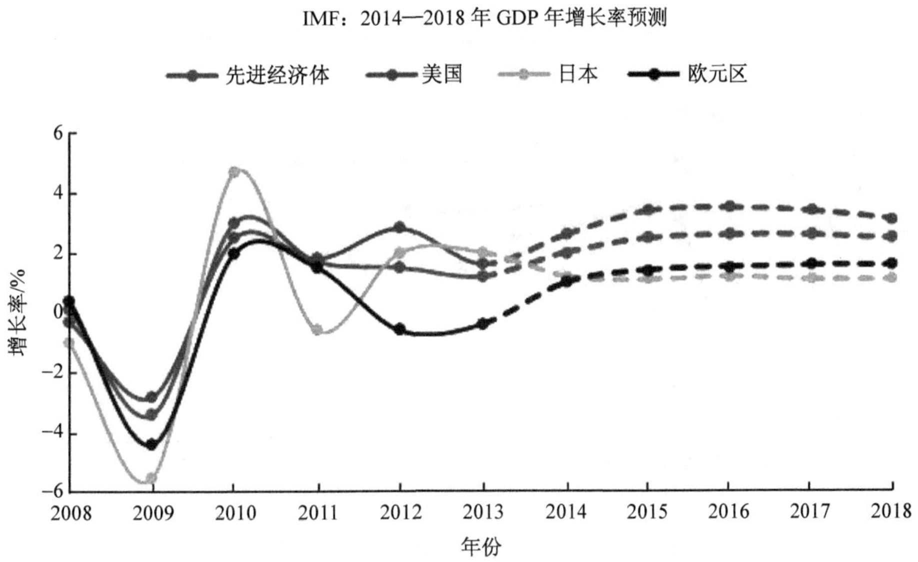
IMF：2014—2018 年 GDP 年增长率预测
先进经济体
美国
日本
欧元区
6
4
2
0
-2
-4
-6
增长率/%
2008
2009
2010
2011
2012
2013
2014
2015
2016
2017
2018
年份

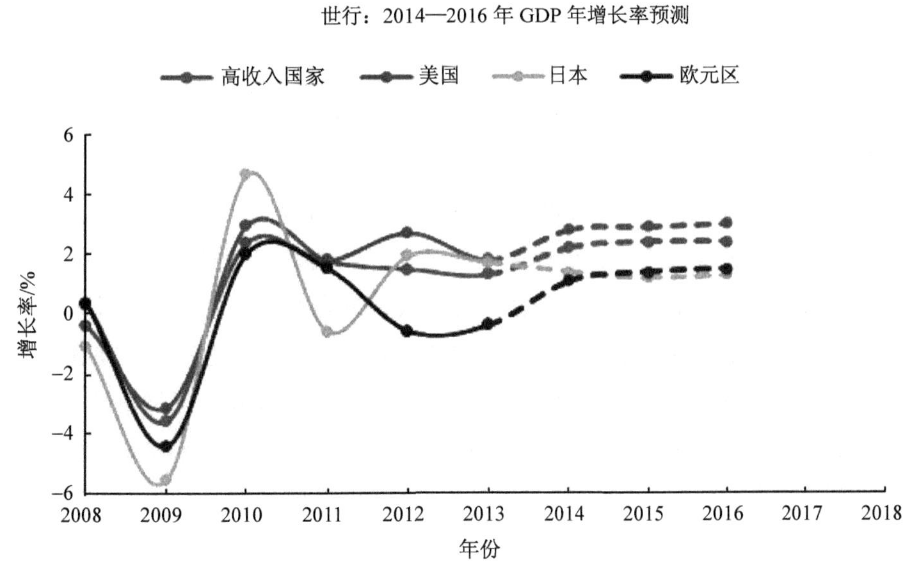
世行：2014—2016 年 GDP 年增长率预测
高收入国家
美国
日本
欧元区
6
4
2
0
−2
−4
−6
增长率/%
2008
2009
2010
2011
2012
2013
2014
2015
2016
2017
2018
年份

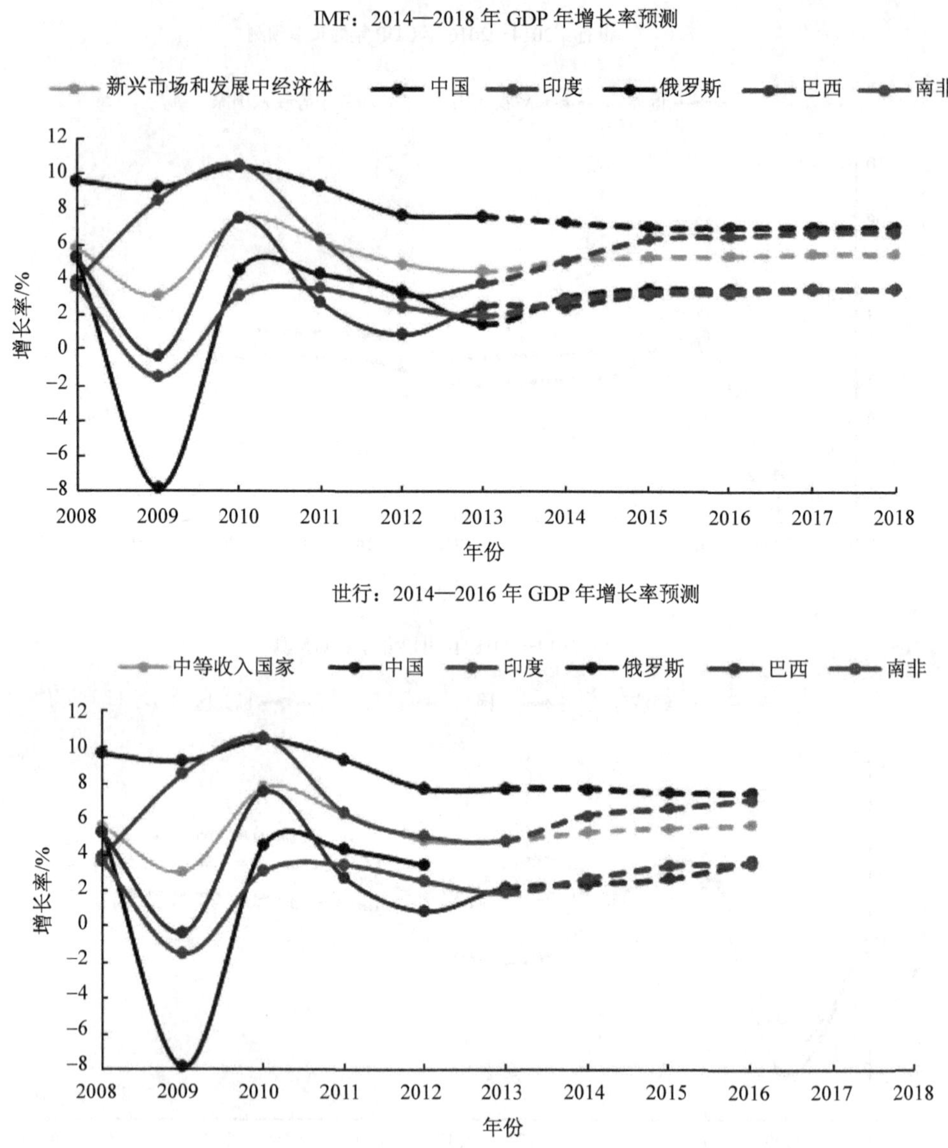

图 1-7-2 未来 3～5 年 GDP 年增长率预测[1]

（1）美国

根据预测，美国经济增长将从 2013 年的 1.9%升高至 2014 年的 2.8%，2015—2016 年的 3.0%。美国的房地产市场在 2012 年逐渐恢复，并可能在未来几年保持下去。失业率在 2013 年 8 月回落至 7.3%（2009 年失业率最高时达 10%），核心通胀率仅 1.8%。房价上升可以改善住户资产负债表，就业率小幅增加，通胀率处于较低水平，这些因素支持了私人消费和投资需求的增长。充足的现款流量，增长的市场需求，以及还不错的借贷条件，可能会促进企业投资的稳定增长。QE3 退出引起的财政紧缩，会在某种程度上削弱了消费者和企业的市场信心。值得注意的是，美国的劳动参与率并没有因为经济形势转好而增加，相比 2008 年反而有明显且持续的下降，可能反映出了美国人口结构的变化。根据 OECD 的中长期预测模型，2020 年美国的潜在 GDP 增长率将由 2013 年的 2.1%上升至 2.3%。

[1] 国际货币基金组织，世界银行。

（2）欧洲

由于欧洲 2012 年下半年在国家层面和欧洲层面均采取了政策行动，包括直接货币交易（OMT）、欧洲稳定机制（ESM），以及就单一监督机制（SSM）和希腊债务减免问题上达成的协议，增强了对经济货币联盟（EMU）生存力的信心，欧元区的金融压力得到一定缓解。在连续 6 个月的衰退之后，欧元区经济在 2013 年第二季度出现回升。但此次回升并不是由重大政策调整引起的，而是源于市场情绪的变化（消费者对企业决定增加支出）。金融分割状态的持续存在，银行资产负债状况的不确定性，阻碍了欧洲中央银行（ECB）的融通性货币政策向边缘国家传导，使边缘国家的私入部门借贷利率居高不下，银行贷款困难，国内需求疲软。产品竞争力的改善和出口的增长难以抵消国内需求疲软的影响。预计欧元区经济将在 2013 年下半年有 0.75%的微弱复苏（全年–0.4%），2014 年出现 1%的增长。由于欧元区危机的溢出效应，欧洲新兴经济体在 2012 年经历了严重的经济下滑，经济增长从 2011 年的 5.25%下降至 2012 年的 1.5%。在外部需求恢复和资本流入的支持下，土耳其的经济增长预计在 2013 年达到 3.5%，2014 年升至 3.75%。而波兰因私入消费不振，欧盟提供融资的公共投资进一步下降等因素影响，2013 年经济增长将减缓至 1.25%，2014 年有望回升至 2.25%。总体而言，欧洲经济正在从衰退中艰难恢复，但预计经济活动将一直乏力，2013 年增长预计为 0.3%，2014 年为 1.4%。

（3）日本

由于日本实行了大规模的财政刺激政策（两年内，大约相当于 GDP 的 1.5%），日本经济在 2013 年实现了 1.8%的增长：出口（增长 1.9%）和居民消费支出（增长 1.8%）增加，企业投资也出现了回升。虽然进一步的财政刺激可能还会继续，但由于全球金融环境收紧，以及日本将在 2014 年和 2015 年增收消费税的政策影响，OECD、IMF 及世界银行均预期日本在未来 2～3 年经济增速将有所减缓，只是减缓时间和幅度略有不同而已。OECD 和 IMF 预测，日本经济增长率将比将由 2013 年的 1.7%逐步下降至 2015 年的 1.0%，而世界银行认为 2016 年仅降至 1.3%左右。根据 OECD 的中长预测模型，2020 年日本的潜在 GDP 增长率将由 2013 年的 0.8%上升至 1.3%。

（4）金砖五国

新兴市场经济体增长率已经出现下降，而且下降幅度超出预期，预计新兴市场和发展中国家在 2013 年和 2014 年将增长 4.5%和 5%，较 IMF 于 2012 年 4 月的预测均下降 0.7%左右。2013 年中国的经济增长预计为 7.5%，与政府设定的目标一致，2014 年经济增长进一步减缓至 7.25%。中国政府并未如外界所预期的一样出台又一轮经济刺激政策，而是稳定金融市场，深化产业结构调整以实现可持续增长。印度面临内需低迷，制造业和服务业表现不佳，抵消了农业生产的增长势头，2013 年经济增长预计在 3.75%左右，较 IMF 于 4 月的预测（5.75%）下降了 2%。受出口增加和供应约束逐步解除等利好因素拉动，预计 2014 年将升至 5%。2013 年巴西的经济增长有望从 2012 年的不到 1%增强至 2.5%。但巴西目前面临通胀高企，货币贬值，资本外流等不利局面，巴西央行年内已经连续 6 次加息，仍难抑制通胀持续走高。2014 年巴西经济增长预计将再次下降至 2.2%。俄罗斯虽然实际工资和零售信贷的增长在一定程度上支持国内需求，但仍难抵御疲软的外部环境、资本外流、投资不足等带来的下行风险。2013 年俄罗斯经济增长预计在 1.5%，2014 年可能升至 3%，分别比 IMF 于 2012 年 4 月的预测下降了 2%和 0.75%。

根据美国国家情报委员会在《全球大趋势 2030》中的观点，到 2020 年中国的经济增长率可能仅为 5%左右，然而即使经济放缓，中国也能在未来 10 年或 20 年内超过美国成为全球最大经济体。

同时认为，2020 年中国的人均 GDP 将达到 1.7 万美元，巴西和俄罗斯分别超过 2.3 万美元和 2.7 万美元。而 G7 国家人均 GDP（购买力平价）将达到 6.4 万美元，是中国的 3 倍多。

7.1.2.3　长期经济增速逐步减缓，发达国家和发展中国家“双速差距”缩小（2020—2030 年）

全球经济在未来相当长时间还将继续受到金融危机的影响，恢复到 2008 年前的水平还需要至少 10 年时间。由于世界范围内的老龄化趋势，世界经济增速到 2030 年将逐步减缓至 3.5%左右，与俄罗斯在《2030 年全球战略预测》中的结果基本一致（2011—2030 年年均增速 4%～4.5%）。未来 10～15 年，新兴市场与发展中国家的经济增速将仍高于发达国家，但二者之间的“双速差距”将逐渐缩小。根据 OECD 在其 2012 年发布的经济展望报告中预测，非 OECD 国家的 GDP 年均增长率将在 2020 年代下降至 5%左右，而此前 10 年非 OECD 国家的年均增长率在 7%以上；而 OECD 国家在预测期内逐步降至 2%左右（图 1-7-3）。

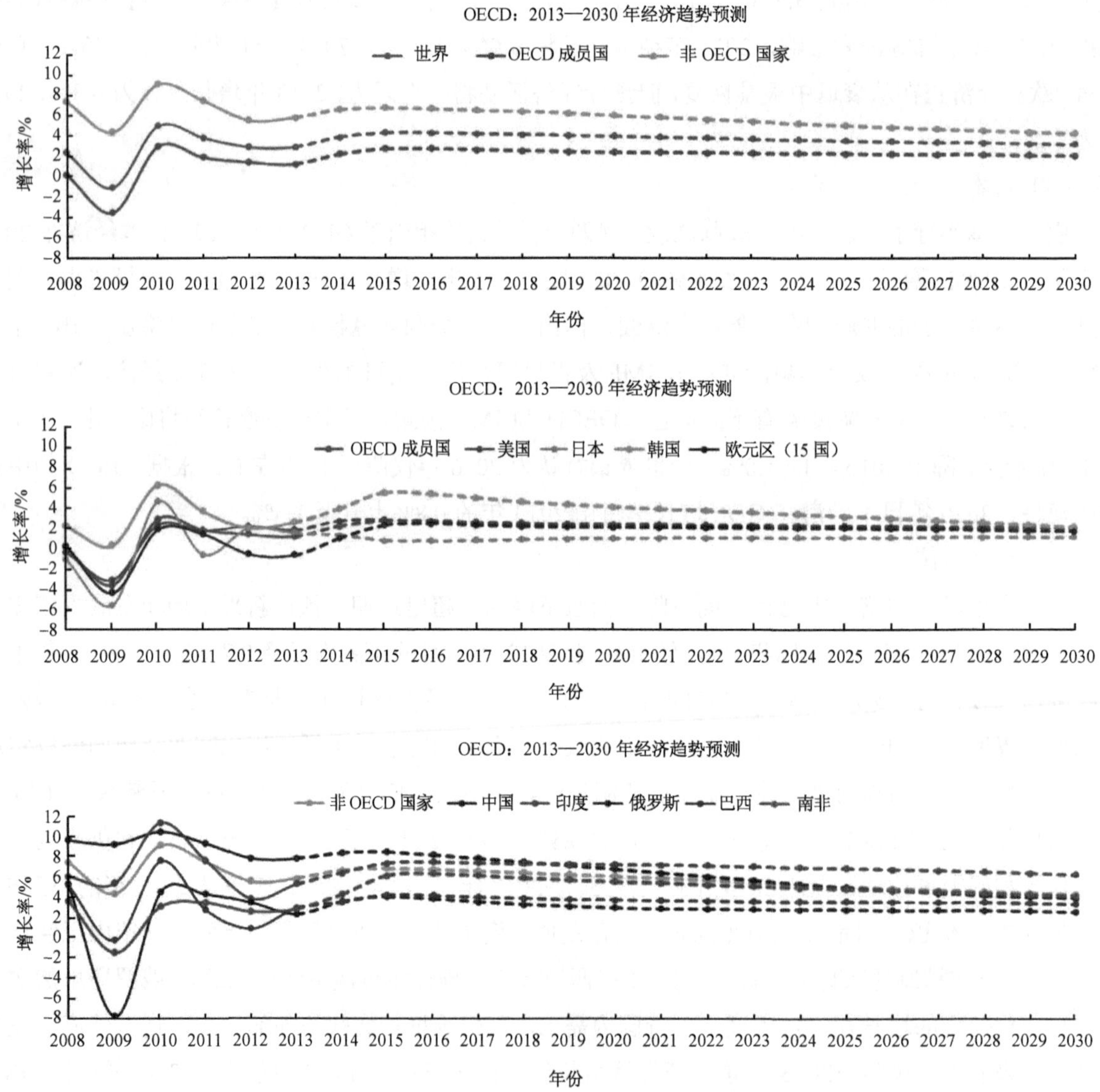

图 1-7-3　未来 15 年 GDP 年增长率预测[1]

[1] OECD. Stat，2014.3.18.

未来 10～15 年，全球主要经济体经济规模排名可能出现较大变化，其中最为主要的变化是中国在此期间有可能超过美国成为世界第一大经济体。然而，虽然以中国为代表的发展中国家在过去 10 年有飞速发展，并在未来 10～15 年仍然拥有高于发达国家的增速，但作为衡量国民生活水平指标的人均 GDP 在 2030 年仍然和发达国家有较大差距。由于全球范围内的环境恶化和资源危机，可持续发展正在受到世界各国前所未有的重视。传统的 GDP 指标不再能真实反映世界经济格局，增长质量和可持续竞争力将成为一国在世界经济中的地位的决定因素。

7.1.2.3.1　2030 年前全球主要经济体相对经济规模将出现较大变化

到 2030 年，全球主要经济体排名、各国 GDP 占世界总产出份额或将出现较大变化。直到 2020 年，中国将一直是全球经济增长最快的国家，但这一地位会在 2020 年代初期会被印度和印度尼西亚取代。根据 OECD 的预测，按 2005 年购买力平价计算，中国将在 2017 年超过美国成为全球第一大经济体，但人均 GDP 仍不足美国的 1/4；印度已在 2012 年超过了日本；中国和印度的 GDP 总量之和将在 2025 年超过 G7 国家 GDP 之和，2050 年达到 G7 国家 GDP 总和的 1.5 倍，而 2010 年二者之比还仅为 1∶2。如果以市场汇率计的名义 GDP，中国将在 2020 年代初期成为世界第一大经济体，印度将在 2020 年代末期成为第三大经济体，而中国和印度的 GDP 之和在 2010 年仅为 G7 国家 GDP 总和的 1/4，要在 2040 年才能实现超越。如果按英国经济与商业研究中心的预测，中国成为全球最大经济体的时间则将推迟至 2028 年，印度也将在同年超越日本成为第三大经济体。根据清华大学国情研究中心的预测，2020 年前，中国 GDP 总量将超过美国；到 2030 年时，中国 GDP 总量相当于美国的 2.0～2.2 倍。其他有关预测如下：

（1）2015 年将超过美国，2030 年中国 GDP 将为美国两倍（麦迪森）

根据麦迪森的估计，到 2015 年时，中国 GDP 将超过美国，还高出 7%。2008 年中国的人均收入按照购买力平价计算只有美国的 21%。这一中美之间的收入差距表明中国与工业化国家之间技术差距的巨大。因而中国就能在弥补差距之前继续享受其后发优势带来的好处。麦迪森的估计显示目前中国大陆相对于美国的发展情况类似于 1951 年的日本、1975 年的中国台湾，以及 1977 年的韩国。日本在 1951—1971 年的 GDP 增长率为 9.2%，中国台湾在 1975—1995 年为 8.3%，韩国在 1977—1997 年为 7.6%。中国大陆在 1979 年改革之后的发展战略类似于日本、韩国和中国台湾，所以中国应有潜力再维持 20 年 8%的增长。日本在 1971 年的人均收入按购买力平价计算是美国的 65.6%，韩国在 1997 年是 50.2%，中国台湾在 1995 年是 54.2%。那么距今 20 年后，中国的人均收入按购买力平价计算可能会达到美国的 50%。到 2030 年，按照购买力平价计算，中国的总体经济规模将是美国的 2 倍；按照市场汇率来计算，中国经济也会达到与美国同等规模[1]。

（2）中国经济将在 2016 年超越美国（国际货币基金组织）

根据国际货币基金组织 2011 年 4 月发布的预测数据，中国经济将在 2016 年超越美国。国际货币基金组织在分析中除了比较汇率因素以外，还运用“购买力平价”进行实际比较。根据“购买力平价”计算，到 2016 年，中国的 GDP 总量将由 2011 年的 11.2 万亿美元增至 19 万亿美元。美国 2016 年的 GDP 总量将由 2011 年的 15.2 万亿美元增至 18.8 万亿美元[2]。届时美国经济占全球生产总值的比重将降至其在近代以来的最低值 17.7%，而中国所占的比重将升至 18%。

---

[1] 林毅夫.《解读中国经济》，北京大学出版社，第 16 页。

[2] IMF. 世界经济展望，2011.

（3）中国将在 2018 年超过美国（《经济学人》）

2011 年年底，英国《经济学人》杂志就中国在哪些方面已经超越英美的问题做出了一系列评估，认为中国在海外净资产、钢材消费量、手机数量、制造业产值等涵盖制造业产量、出口、固定投资等方面的 21 个不同指标中，过半数已经超过美国。考虑到这些变量，中国将在 2018 年超过美国。或者，如果中国的实际增长率低于平均值，只有 5%（其他假设不变），那么到 2021 年，中国才能成为全球头号经济强国。[1]

（4）中国可能在 2027 年超越美国（高盛）

高盛 2003 年第一次为金砖四国（巴西、俄罗斯、印度和中国）的经济发展做出预测时，预计中国可能在 2041 年超越美国。现在它预测这一赶超的年份可能提前到 2027 年[2]。而渣打在 2010 年 11 月预测，这一赶超年份可能是 2020 年。这个预测部分反映了金融危机的影响。2010 年第三季度美国的实际国内生产总值仍低于 2007 年 12 月的水平，而同期中国的 GDP 增长了 28%。

（5）中国将于 2030 年前成为世界最大经济体（世界银行）

世界银行《2030 年的中国》：如果能继续保持现在的增长速度，中国在 2030 年甚至更早就将再次成为世界最大的经济体。世界银行对中国政府提出六大项建议：巩固市场经济，扶植创新，加强环保，向所有居民提供社保，改善财政体系并与其他国家寻求互惠关系。其他具体建议包括：敦促中国政府实现银行业和利率市场化，发展私营经济，保护农民权利并减少地方政府对土地收入的依赖。世界银行称，这些建议若得以实施，将使得中国社会更为稳定，财富分配更加平等，并将使得中国扩大内需，减少经济成长对出口和投资的依赖。报告称：“中国已经来到了发展道路的另一个转折点，需要第二轮战略性及根本性调整。”

表 1-7-1 GDP 总量预测（2005 年购买力平价） 单位：万亿美元

地区	2013 年	2015 年	2017 年	2020 年	2025 年	2030 年
世界	62.27	67.50	73.41	82.72	99.41	117.15
OECD 成员国	38.97	40.94	43.19	46.48	52.16	58.09
非 OECD 国家	23.31	26.56	30.22	36.24	47.25	59.06
美国	13.84	14.64	15.42	16.49	18.31	20.32
日本	4.07	4.16	4.23	4.36	4.61	4.89
欧元区（15 国）	9.87	10.21	10.71	11.43	12.71	13.97
中国	11.59	13.62	15.89	19.53	25.74	31.71
印度	4.28	4.89	5.64	6.96	9.77	13.39
俄罗斯	2.23	2.40	2.58	2.83	3.25	3.70
巴西	2.10	2.27	2.46	2.75	3.28	3.89
南非	0.52	0.57	0.65	0.77	0.98	1.22

数据来源：OECD。

[1] The Economics，Daily chart The dating game，2011.

[2] Dreaming with BRICs：The path to 2050.

表 1-7-2　人均 GDP 预测（2005 年购买力平价）　　单位：美元

地区	2013 年	2015 年	2017 年	2020 年	2025 年	2030 年
世界	13 526	14 448	15 498	17 142	20 072	23 181
OECD 成员国	30 976	32 171	33 561	35 568	39 039	42 690
非 OECD 国家	6 966	7 813	8 760	10 299	13 065	15 993
美国	43 469	45 208	46 827	48 910	52 341	56 183
日本	32 235	33 007	33 664	34 932	37 515	40 640
欧元区（15 国）	29 689	30 543	31 881	33 789	37 182	40 585
中国	8 525	9 946	11 529	14 072	18 451	22 761
印度	3 354	3 735	4 207	5 019	6 699	8 787
俄罗斯	15 634	16 894	18 214	20 081	23 373	27 126
巴西	10 504	11 149	11 910	13 053	15 168	17 634
南非	10 181	11 169	12 493	14 566	18 276	22 314

数据来源：OECD。

表 1-7-3　GDP 总量预测（英国经济与商业研究中心）　　单位：万亿美元

国家	2012 年	2013 年	2018 年	2023 年	2028 年
美国	16.25	16.72	21.56	26.69	32.24
中国	8.22	8.94	14.33	21.96	33.51
日本	5.96	5.01	5.83	6.08	6.42
印度	1.84	1.76	2.48	4.12	6.56

数据来源：CEBR’s World Economic League Table 2013。

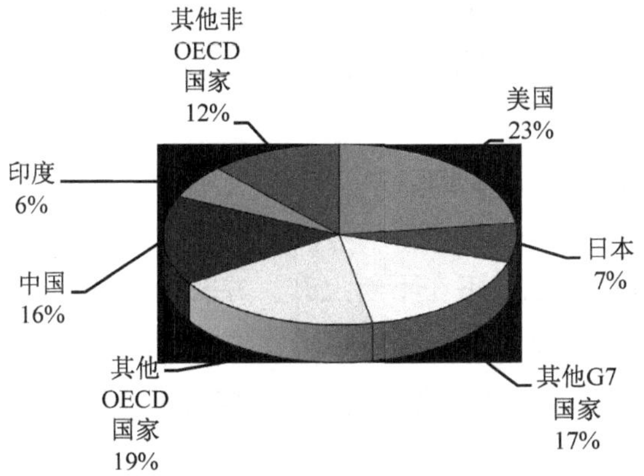

2010 年实际 GDP（2005 年购买力平价）

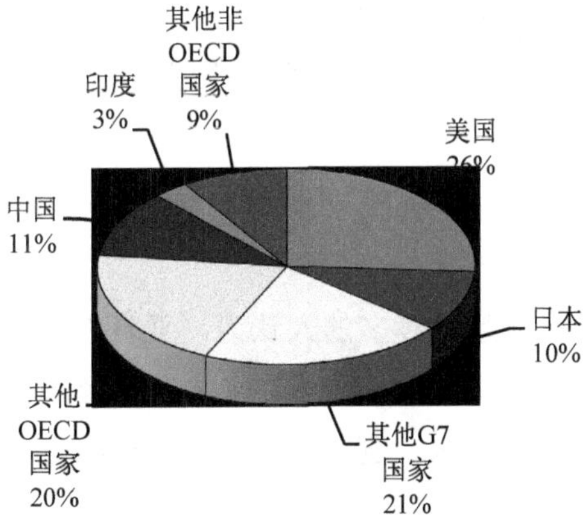

2010 年名义 GDP（美元，市场汇率）

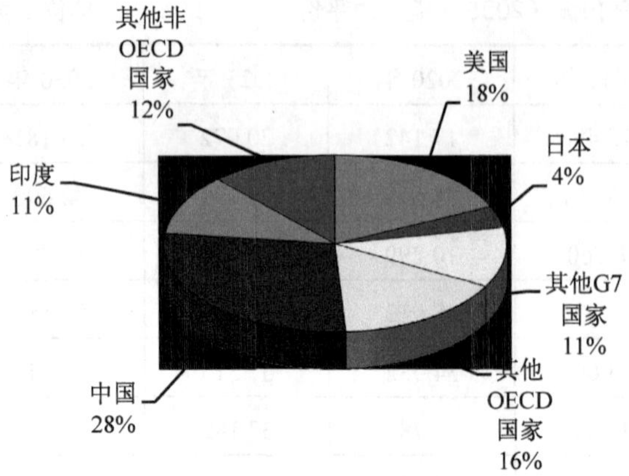

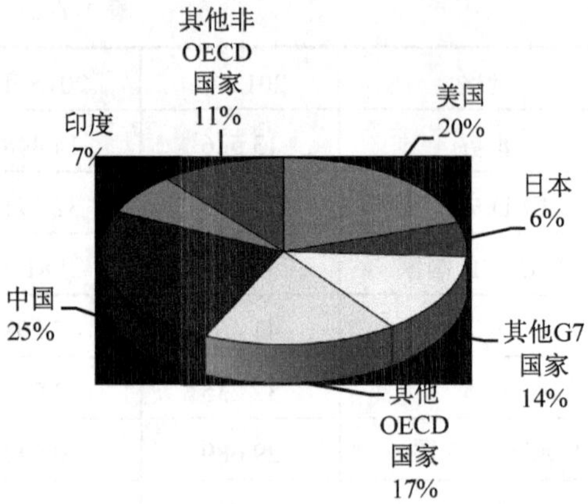

图 1-7-4 主要国家或地区 GDP 占世界 GDP 总量的比重

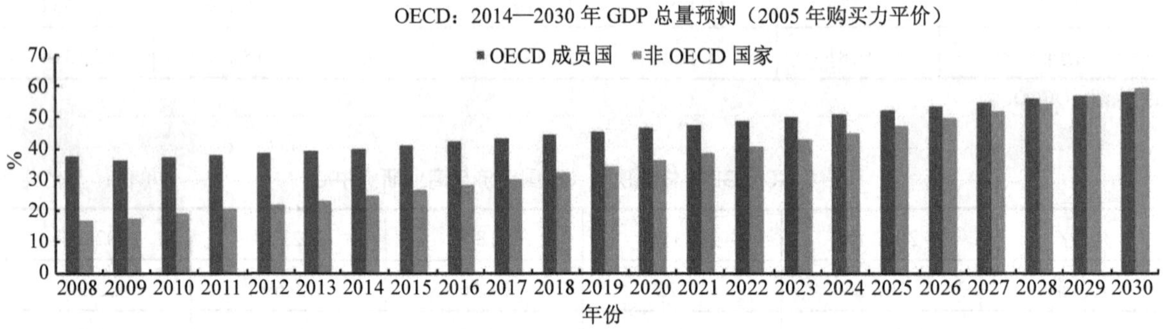

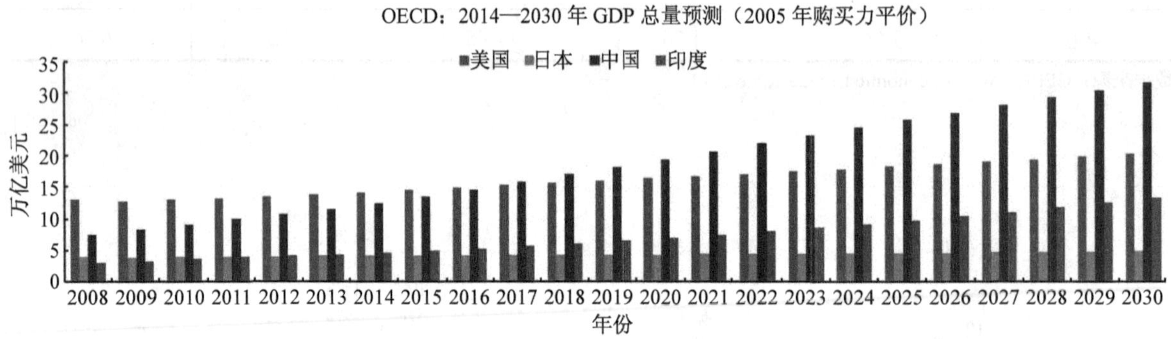

图 1-7-5 OECD 对未来 15 年 GDP 总量预测

目前越来越多的人认为，亚洲在世界经济格局中的地位正在不断上升，并有望在 2030 年前重新做回世界经济中心。未来全球经济健康与否将更多地取决于发展中国家的表现，而非传统的西方发达国家。到 2030 年，发展中国家的增长对全球增长的贡献率有望达到 2/3（不包括中国，则为 40%）。

7.1.2.3.2 发展中国家和发达国家的国民生活水平差距到 2030 年虽然略有缓和，但仍有较大差距

2030 年世界人均 GDP 将比现在增加 70%以上，其中 OECD 成员国增加 38%左右，而非 OECD 国家的人均 GDP 的增涨幅度超过 1 倍。显然发展中国家的人均收入将有显著改善，而发达国家的增长则相对温和。届时，中国和印度的人均 GDP 都将是目前的近 2.6～2.7 倍，中国将达到美国目前人

均收入水平的一半，印度将达到美国目前水平的 1/5（相当于中国目前的收入水平）。而美国、欧盟和日本的人均收入水平将是目前的 1.2～1.4 倍。

然而，虽然发展中国家在过去 10 年经济已有了飞速发展，并且在未来 10～15 年其经济增速仍然高于发达国家，但直到 2030 年他们与发达国家在人均 GDP 上的差距并没有显著改善，甚至在绝对数值上还在慢慢扩大。2013 年非 OECD 国家人均收入仅是 OECD 成员国的近 1/4，2030 年将升高至 1/3 左右，而二者的收入差距却将从 2013 年的 2.4 万美元增加至 2030 年的 2.67 万美元，扩大了 10%以上。即使 21 世纪经济发展最快的国家、目前的第二大经济体以及未来的最大经济体——中国，与美国的人均收入差距也仅从 2013 年的 3.5 万美元稍稍缩减至 3.3 万美元，仅缩小 4%左右（图 1-7-6）。

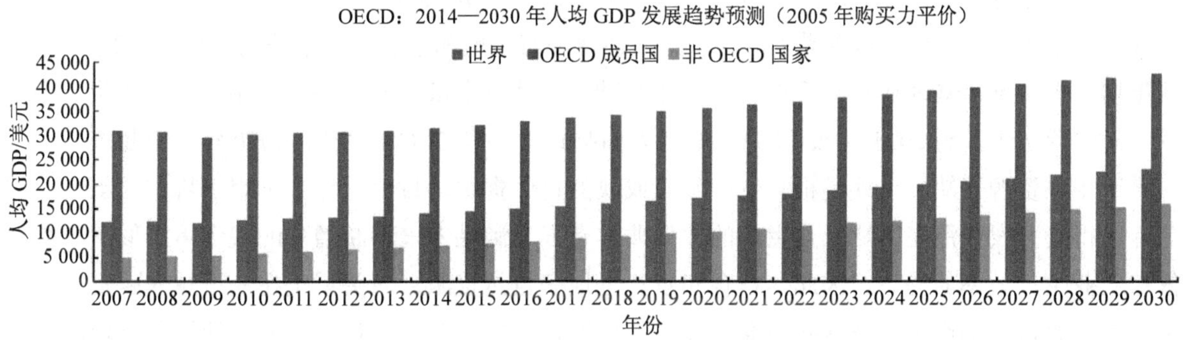

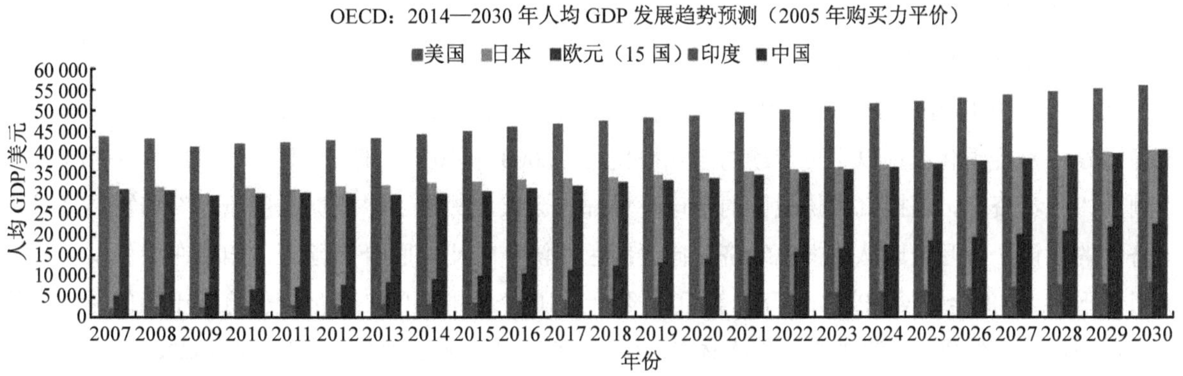

图 1-7-6 OECD 对未来 15 年人均 GDP 预测

7.1.2.3.3 经济更加全球化

世界贸易的增长往往快于 GDP 的增长，未来 15 年贸易一体化还将进一步增强，生产网络将继续扩大，并推动全球继续增长。欧盟一体化进程将会继续推进，亚太地区面向一体化的协同行动也将获得动力。到 2030 年，东亚地区内贸易（占 GDP 的份额）将有可能与欧洲贸易相匹敌。“中日韩加东盟”模式下的自由贸易区的建立将能促进区域内的需求，有可能为参与国带来 1%～3%的 GDP 增长。而在世界其他地区，各种一体化模式也正在形成，但进展较为缓慢。

全球产业转移还将继续推进，且更多地将是产业内转移。除了商品贸易、产业链及资本的跨境流动外，以前像医疗、教育等服务的跨境交易受到很多限制，但今天的信息技术已使服务领域的很多交易成为可能，并将成为未来 10～15 年全球贸易增长最为迅速的领域。

新兴市场在全球贸易体系中的利益在日益增加。中国在世界贸易中的重要性不断上升，到 2030

年其在世界贸易中的份额将可能增加一倍，其经济规模和全球最大债权国的地位将会促进人民币的国际化。但人民币能否成为国际储备货币还将取决于中国政府对金融部门的改革力度、速度、改革的成功与否，以及资本账户的开放情况。2030 年前，美元作为世界主要国际储备货币的地位还无法改变。但仍有人认为，2030 年的中国对全球经济的影响程度将有可能接近 1870 年的英国和 1945 年的美国。

7.1.2.3.4 自然资源短缺

2030 年世界人口预计将继续增加约 12.6 亿人，达到 84.2 亿人左右，城市人口比例接近 60%（超过 50 亿），全球粮食短缺、水和土地等自然资源短缺等现象在未来几十年将日益加重。如果以目前的人均消费水平推算，2030 年世界粮食需求将提高 35%。然而，世界粮食产量增长率自 1970 年来却一直保持下降趋势。1970—2000 年增长率下降了 2%，2000—2012 年又下降了 1.1%，而且这种下降今后还将继续。粮食需求的增长，必然伴随着土地和水资源需求的同步增长。2030 年全球年均需水量预计将达到 6.9 万亿 m^3，超出全球可持续供水量 40%之多，其中农业需水量占全球供水量的近 70%，到 2025 年预计将有 30 亿人面临缺水。据 OECD 估计，2030 年将有超过一半人口将遭受水资源短缺。土地是粮食生产不可或缺的自然资源，目前世界上可用于耕作的土地大部分都已得到开发，潜在新增农业用地的数量非常有限，满足未来不断增长的粮食需求似乎不得不依赖农业生产效率的提高。因此，粮食和水、土地等自然资源之间关系正在变得越来越复杂，其中一种资源危机的产生与发展必然会波及其他资源，危机的解决也势必需要其他资源领域的方案协同进行。粮食和水是人类赖以生存的物质基础，一旦需求得不到广泛满足，很可能引发严重的社会政治和经济问题。

7.1.2.3.5 绿色经济发展主流化

从 1985—2010 年的 25 年，世界经济翻了两番，惠及亿万人民。但是人类赖以生存的生态系统资源有 60%已经退化或正以不可持续的方式被使用。2008 年 10 月，联合国环境规划署（UNEP）在主题为“筹集资金，迎接气候挑战”的全球环境部长会议上提出了“全球绿色新政”和发展“绿色经济”的倡议，呼吁全球从“褐色经济”向“绿色经济”转变。联合国预测，如果在绿色发展政策的引导下将 2%的全球 GDP（1.3 万亿美元）投资于 10 个经济部门，绿色增长将快于褐色经济，并可保持和恢复自然资本，这将增进全球财富，并且降低生态足迹。到 2050 年，同常规发展模式相比，全球 GDP 将增长 16%，能源需求量下降 40%，水资源需求量下降 22%，林地面积增长 21%，生态足迹下降 48%。

随着经济活动给地球环境施加的压力越来越大，人口增长、生物多样性减少、气候变化以及包括水、能源在内的资源短缺问题日益恶化。以前的经济发展方式不可持续这一结论正在被越来越多的证实，传统的 GDP 指标不再能真实衡量一个国家的经济实力以及未来的发展潜力，以绿色 GDP、生态 GDP 为核心的国民经济核算体系研究已在很多国家展开甚至实行，经济增长的质量、发展的可持续性越来越成为未来衡量一个国家核心竞争力的标准。

联合国统计司已经在构建环境和经济核实体系（SEEA），力图以货币来评价自然资本储量的变化，并将这些变化在国民账户中体现出来。世界银行早在 2005 年就发布了《国别财富报告》（*Where is the Wealth of Nations*），对 118 个国家的国民总财富（包括生产资本、自然资源资本和人力资本）进行核算。根据该报告，瑞士以人均 64.8 万美元高居榜首，排名前 10 位的国家除日本外都是欧美国家。而非洲撒哈拉沙漠地区的欠发达国家排名则普遍靠后，几乎占据了所有倒数前十位排名。中国的人均国民财富为 9 387 美元，在 118 个国家中排名第 91 位，人均国民财富仅相当于瑞士（排名第一）的 1.5%，法国（第九位）和卢森堡（第十位）的 2%。

世纪经济论坛（WEF）发布的《全球竞争力报告 2006—2007》中，以组织机构、基础设施、宏观经济稳定性、教育培训、创新能力等 9 项综合指标对 125 个国家进行竞争力排名，排名前 10 位的国家也几乎全部来自欧美，仅日本和新加坡来自亚洲，而且这 10 个国家的 6 个出现在了世界银行人均国民财富排名的前十位中，瑞士同样以 5.81 分位居第一，中国仅以 4.24 分排名第 54 位。WEF 采用的 9 项指标对国民财富的定义有重要影响，如良好的政府机构设置是其治理能力的基本体现，更倾向于实施环境和资源可持续的发展战略；教育水平和创新能力则有助于提高公民的绿色意识，并为开创新的发展战略及政策实施奠定智力和技术基础等。

WEF 在其 2011—2012 年度报告中首次引入了可持续性竞争力指标（社会可持续性和环境可持续性），并在之后的报告中一直延续这一做法。WEF 将可持续竞争力定义为“能使一个国家长期保持高效生产力的同时，保持社会和环境可持续性的组织机构、政策及其他一系列因素的组合”。在最新公布的 2013—2014 年度《全球竞争力报告》中，以传统指标（已增加至 12 项）衡量排名前 10 位的国家仍旧以发达国家为主，其中瑞士以其强大的创新能力、成熟的商业机制以及高效的公共机构蝉联第一位。中国在经过近 10 年的发展之后，目前已上升至第 29 位，在“金砖五国”中排名最高。在考虑可持续性竞争力时，10 位最具竞争力国家中除美国仅加分 1%以外，其他国家的可持续性均能为其竞争力加分 5%以上（瑞士最高，为 19%）。而“金砖五国”中，仅巴西在可持续性上使其竞争力增强近 5%，其余四国的可持续性能使其竞争力削弱，南非和印度的可持续性甚至使其削弱 8%，中国削弱了 4%（表 1-7-4、表 1-7-5）。

表 1-7-4　世界银行的人均国民财富排名和世界经济论坛的全球竞争力排名对比[1]

国家	世界银行（2005 年）		WEF（2006—2007 年）	
	排名	人均国民财富/美元	排名	竞争力分值
瑞士	1	648 241	1	5.81
丹麦	2	575 138	4	5.70
瑞典	3	513 424	3	5.74
美国	4	512 612	6	5.61
德国	5	496 447	8	5.58
日本	6	493 241	7	5.60
奥地利	7	493 080	17	5.32
挪威	8	473 708	12	5.42
法国	9	468 024	18	5.31
卢森堡	10	451 714	22	5.16
中国	91	9 387	54	4.24

[1] 世界银行《国民财富核算报告》171 页附录 2；世界经济论坛《全球竞争力报告 2006—2007》14 页表 4。

表 1-7-5 世界经济论坛 2013—2014 年度全球竞争力排名[1]

排名	国别	原分数	社会可持续性	环境可持续性	调整后得分	变化率/%
1	瑞士	5.67	6.74	6.80	6.77	19
2	新加坡	5.61	—	—	—	—
3	芬兰	5.54	6.43	6.36	6.40	16
4	德国	5.51	6.41	6.05	6.23	13
5	美国	5.48	5.80	5.24	5.52	1
6	瑞典	5.48	6.18	6.23	6.21	13
7	中国香港	5.47	—	—	—	—
8	荷兰	5.42	6.40	5.85	6.13	13
9	日本	5.40	6.15	5.52	5.83	8
10	英国	5.37	5.96	5.73	5.85	9
29	中国	4.84	4.83	4.47	4.65	−4
53	南非	4.37	4.10	3.97	4.03	−8
56	巴西	4.33	4.31	4.76	4.53	5
60	印度	4.28	4.07	3.79	3.93	−8
64	俄罗斯	4.25	4.30	4.10	4.20	−1

由此可见，新兴经济体虽然仍然保持高速增长，但这种增长难以永远保持下去，其潜在增长率将在 2018—2030 年下降到 5.1%（2001—2017 年为 6.9%），并在 2030—2050 年下降至 3.0%，与发达国家的增速差逐步缩小（一直保持在 2.0%左右）。这一方面是由于新兴经济体目前经济发展模式的不可持续性，其核心竞争力仍弱于发达国家。另一方面，新兴经济体在技术水平和人力资源上与发达国家的差距逐步缩小，“可学习”空间已有限，资本对增长的驱动贡献将下降，要进一步提高生产率则需要创新能力的提升。中国要在 2030 年实现“成为现代、和谐、有创造力的高收入社会”的发展愿景，还需要建立创新激励体系加快创新步伐，深化产业结构改革，转变发展模式发展“绿色经济”等。

7.1.3 社会发展趋势

7.1.3.1 全球人口稳定增长，多国步入老龄化社会

根据联合国预测，2030 年世界人口将超过 84 亿人（2013 年为 71 亿人）。作为人口第一大国的中国，2025 年前后将迎来总人口数峰值，约为 13.95 亿人，印度则有可能在 2024—2025 年超过中国，成为世界人口第一大国。

人口老龄化速度将不断加快，尤其是在发展中国家和最不发达国家。老龄化社会的增多将对很多国家在未来 15～20 年的经济发展产生重要影响（美国国家情报局，《全球大趋势 2030》）。过去 30

[1] 世界经济论坛《全球竞争力报告 2013—2014》15 页表 3，68 页表 1。变化率为本研究按照以上数据计算而得。

年，60 岁以上人口占世界人口比例上升了 2.4%（1980 年为 8.6%，到 2010 年上升到了 11%），其中老龄人口的增加主要发生在发达国家。而在接下来的 30 年，不仅这一比例将急剧上升 7.6%，是过去 30 年的近 2.5 倍，而且将扩展到发展中国家和欠发达国家。2012 年，世界上只有日本和德国人口中值年龄超过 45 岁。2030 年，OECD 高收入国家的人口中值年龄将达到 42.8 岁，很多东亚国家也将加入“中龄社会”行列，经历前所未有的老化速度。中国将是未来 30 年间老龄化速度最快的国家，60 岁以上人口占总人口比例将上升 15.7%（从目前的 12.4%急剧上升至 28.1%），是发达国家的近 2 倍（8.8%）。

老龄化社会通常需要面对养老和医疗保证的财政压力加大与适龄劳动人口数量下降、经济增长放缓之间的矛盾。老龄社会拥有较多的离退休人员，政府需要提供更多的财政支出以支付养老金、卫生医疗等社会福利费用，而这些费用的最终提供者是相对减少的劳动人口。因此，老龄社会的政府机构不得不通过增加劳动人口的负担加以缓解，如减少社会福利保障、延迟退休年龄、增加劳动人口数量等，而这往往会遭遇到社会民众的强烈抗议。另外，劳动人口数量下降意味着劳动力供给不足，从而制约社会生产力的提高和经济增长。一些欧洲国家试图通过增加亚非移民来补充劳动人口的短缺，但移民数量的快速增长和文化差异往往易于产生社会冲突（表 1-7-6）。

表 1-7-6 人口红利区间

国家	中值年龄		人口红利区间
	2010 年	2030 年	
美国	37	39	1970—2015 年
德国	44	49	1950—1990 年
英国	40	42	1950—1980 年
日本	45	52	1965—1995 年
中国	35	43	1990—2025 年
巴西	29	35	2000—2030 年
印度	26	32	2015—2050 年
俄罗斯	39	44	1950—2015 年

数据来源：美国国家情报局《全球大趋势 2030》。

7.1.3.2 城市化进程加快，环境负荷快速增长

2030 年，世界城市人口比例将从 2012 年的约 53%（约 38 亿人）增加至近 60%（超过 50 亿人）。发达国家早在 1950 年城市化率已达到 54%，2011 年增长至 78%。由于已具有较高的城市化水平，目前的城市人口增长相对温和，年均增长率从 1950—1970 年的 1.08%下降至 1970—2011 年的 0.51%，到 2030 年前预计将进一步下降至 0.23%（2011—2030 年总共增长约 1 亿人）。发展中国家 2011 年的城市化率还仅为 46.5%，到 2030 年才能达到 55.8%（相当于发达国家 1950 年的水平）。在此期间，城市人口年均增长率约为 2%，虽相较 1970—2011 年（3.33%）已有所放缓，但因为其庞大的人口基数，增长数量达到 12.5 亿人左右，占世界人口总增长的 85%以上。换句话说，2011—2030 年世界上新增的人口中，有 85%以上是发展中国家的城市人口。联合国预计，中国城市人口将增长 2.76 亿人，印度则将增长 2.18 亿人，占发展中国家城市人口增长量的 37%（表 1-7-7）。

表 1-7-7 1950—2030 年全球人口和城市人口数量统计

		人口/亿人				年均增长率/%		
		1950 年	1970 年	2011 年	2030 年	1950—1970 年	1970—2011 年	2011—2030 年
全球人口	世界	25.3	37.0	69.7	84.2	1.89	1.55	0.93
	发达国家	8.1	10.1	12.4	13.0	1.08	0.51	0.23
	发展中国家	17.2	26.9	57.3	70.3	2.23	1.85	1.07
城市人口	世界	7.5	13.5	36.3	49.8	2.98	2.41	1.66
	发达国家	4.4	6.7	9.6	10.6	2.09	0.89	0.52
	发展中国家	3.0	6.8	26.7	39.2	4.04	3.33	2.02

数据来源：联合国经济与社会事务部 《世界城市展望》2011 年修订版[1]。

发展中国家快速的城市化，可以说是一把“双刃剑”。一方面，城市化速度加快，会大量增加对住房（居民楼和写字楼）和交通基础设施的需求，人们生活水平提高会带来私人消费的增长，从而使社会总需求快速增加，极大地促进经济增长。根据《全球大趋势 2 030》，未来 40 年住房和交通基础设施的建成总量将不低于全世界此前的累计建成总量。今后 20 年，中国的城市化将快速推进，中国城市人口每年的增加量将相当于整个东京的总人口，而城市人口占总人口比重将从今天的约 50%攀升至 2030 年的将近 2/3，成为经济增长的重要推动力。另一方面，发展中国家城市的快速扩张往往伴随着环境负荷的快速增长。一般来说，发展中国家城市人口的人均温室气体排放量比农村人口高。虽然发展中国家居民普遍采用公共交通工具出行，但是随着收入的增加，以及学校、医院、购物中心和娱乐中心日趋分散，私人交通工具的使用会逐渐增加。这种现象在特大城市中表现得更为明显。例如，北京和上海 1985 年以来工业活动产生的排放量所占比重有所下降，但私家车数量急剧上升，使 1985—2006 年的交通排放北京升高了 6 倍，上海升高了 7 倍。2011 年全球共有 23 个特大城市（1 000 万人口以上），到 2025 年将增加至 37 个，其中亚洲将增加 9 个（全球共增加 14 个）。随着城市居民的生活需求增加，对肉类食品的需求增加，生活垃圾大量增加，从而对粮食、土地和水资源供应产生负面影响。

7.1.3.3 中产阶级不断壮大，促进经济增长向内需转型

未来 10～15 年，无论在数量还是所占比例上，大多数发展中国家的中产经济都将快速增加。在很多预测模型中，到 2030 年全球中产阶级数量都将从目前的 10 亿人增加至 30 亿人，即使最保守的估计也能达到 20 亿人。无论如何，这种增长都具有划时代的意义：世界人口的绝对多数不再是贫困群体，中产阶级将在各国成为影响其政治和经济的重要力量，这是人类历史上的第一次。亚洲将是中产阶级数量增长最快的地方。根据亚洲发展银行预测，如果中国成功地使私人消费的增长速度赶上 GDP 的增长速度，其中产阶级数量将出现爆炸式增长——达到中国总人口的 75%，而且每天收入在 2 美元以下的贫困人口将大量减少。而印度的中产阶级增长一点不逊于中国，甚至还可能有所超出。在中产阶级的增长比率上，最高的则是非洲，只是它目前的基数还很低。

中产阶级的壮大不仅意味着人类生存状况的改善，还将对各国的政治、经济及环境资源产生重要影响。值得一提的是，区分是否成为中产阶级的临界值需要用购买力平价衡量，因为 2030 年新增

[1] 根据联合国经济与社会事务部《世界城市展望 2011》的预测，世界人口在 2030 年将达到 84.2 亿人。本报告其他位置均采用这一最新预测数据。

的中产阶级大多在中低收入国家，这些国家的物价水平相对较低，虽然他们已经开始消费象征中产阶级生活水平的消费品，但如果按西方国家收入标准计算，他们的人均收入还处于贫困水平。在这一新增中产阶级群体中，半数左右的较高收入者数量将大大增加，预计将从 2010 年的 3.3 亿人增加至 2030 年的 6.8 亿人。对各国政治经济产生重大影响的，主要是这一群体。

中产阶级的扩大，会引发对汽车、住房等耐用消费品需求的快速增加，形成发展中国家强有力的内需市场，促进从出口拉动的经济增长向内需支持的经济增长的转型。2030 年前，中国有望变成全球最大的内需市场，印度和巴西等人口大国也将随着国内中产阶级的扩大以及城市化进程，在相当长的时间内保持内需增长。发展中国家中产阶级的扩大，还会对西方中产阶级产生威胁，如增加他们的就业压力，尤其对技能要求较高的职位的竞争将更加激烈。另外，中产阶级消费需求的膨胀，会使全球能源、自然资源（水、土地等）产生供给压力，也将会使发展中国家的环境负荷进一步加重。根据高盛的研究结果，2030 年全球资源供需矛盾将比 19 世纪末期的欧洲和美国更加严重（那时欧美的中产阶级也曾对其经济增长贡献很多）。

随着中产阶级数量的快速增长，目前很多发展中国家的贫富差距可能会有所改善，但还将在相当长的时期内持续存在。中产阶级对社会政治和经济的参与需求也将增加，这将有助于促进治理和公共服务的改善并增进公众的社会权利，但是如果需求得不到满足，有可能引起政治冲突。

7.1.4　经济指标比较分析

根据 OECD 预测（按 2005 年购买力平价），2020 年中国人均收入将增加至 1.4 万美元，相当于韩国 2000 年、日本 20 世纪 80 年代初、西欧 20 世纪 80 年代中和美国 20 世纪 60 年代中期的水平；2030 年将达到近 2.3 万美元，接近韩国、日本、西欧 2010 年水平和美国 1989 年水平（表 1-7-8）。

表 1-7-8　各国/地区达到等值人均收入的年代（OECD 预测与麦迪森历史数据）

国别	达到等值人均收入的年份				数据说明
	10 000 美元	14 000 美元	18 400 美元	22 700 美元	
中国	2015 年	2020 年	2025 年	2030 年	根据 OECD 预测值
韩国	1993 年	2000 年	2006 年	2010 年	根据麦迪森数据
日本	1971 年	1982 年	1990 年	2010 年	根据麦迪森数据
西欧 30 国	1970 年	1986 年	1999 年	2010 年	根据麦迪森数据
美国	1951 年	1966 年	1979 年	1989 年	根据麦迪森数据

注：根据数据的完整性和权威性，本书采用表 1-7-8 的对比结果。

表 1-7-9　各国/地区达到等值人均收入的年代（OECD 预测与 OECD 历史数据）

国别	达到等值人均收入的年份				数据说明
	10 000 美元	14 000 美元	18 400 美元	22 700 美元	
中国	2015 年	2020 年	2025 年	2030 年	根据 OECD 预测值
韩国	1989 年	1994 年	2000 年	2005 年	根据 OECD 历史值
日本	—	1972 年	1981 年	1988 年	根据 OECD 历史值
欧盟 27 国	—	—	—	1997 年	根据 OECD 历史值
美国	—	—	—	1973 年	根据 OECD 历史值

表 1-7-10　各国/地区达到等值人均收入的年代（OECD 预测与世界银行历史数据）

国别	达到等值人均收入的年份				数据说明
	10 000 美元	14 000 美元	18 400 美元	22 700 美元	
中国	2015 年	2020 年	2025 年	2030 年	根据 OECD 预测值
韩国	1988 年	1994 年	2000 年	2005 年	根据世行历史值
日本	—	—	1981 年	1988 年	根据世行历史值
欧盟 27 国	—	—	1987 年	1998 年	根据世行历史值
美国	—	—	—	—	根据世行历史值

7.1.5　讨论

如前所述，几乎所有预测都认为中国在未来 10～15 年将具有广阔的发展前景，并对全球社会政治和经济产生举足轻重的影响。只是这些预测结果都基于一种假设：中国成功跨越“中等收入陷阱”。

而要跨越“中等收入陷阱”需要面对两个问题：一是中国的经济是否在未来 20 年仍能保持较快速度增长；二是这种增长能否在与国际社会、环境和自身结构相互适应的情况下实现。其中，一个重要的风险就是中国高能源和自然资源消耗的增长模式是否能顺利转型为绿色可持续发展模式。中国目前的发展模式不可持续，经济的快速增长不仅已造成自然资源的巨大消耗和严重的环境污染，使环境赤字不断扩大，也使中国经济面临全球大宗商品价格大幅波动对经济形成冲击的风险。

中国改革开放 30 年，人均收入不断增长，尤其是 21 世纪以来增速明显加快。与此同时，人均二氧化碳排放量也快速增加（图 1-7-7），目前已超过世界平均水平并且还处于上升趋势。中国目前已成为全球最大的能源消耗国和碳排放国之一，2008 年环境恶化和资源消耗的经济估值约占国民总收入（GNI）的 9%（图 1-7-8），是当年韩国和日本的 10 倍之多。

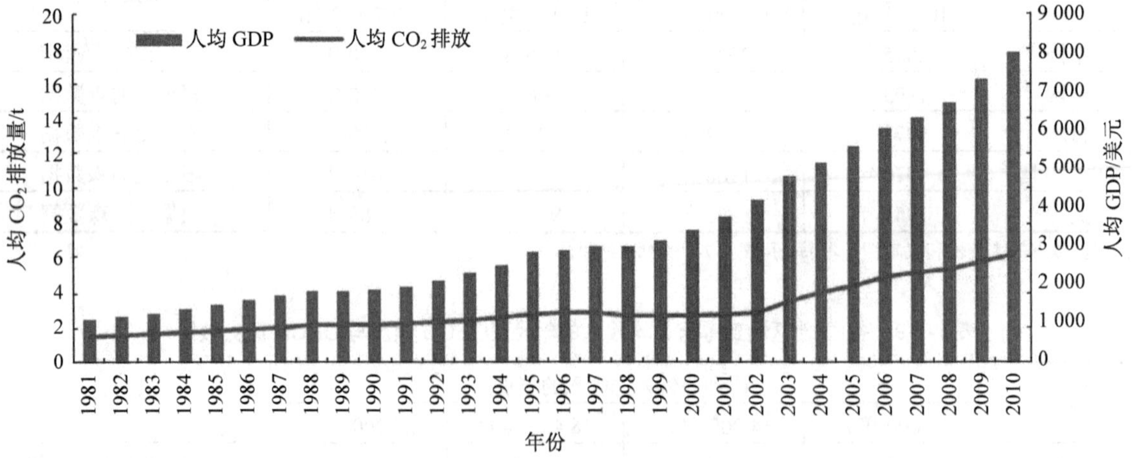

图 1-7-7　中国改革开放 30 年人均收入与 CO_2 排放量增长趋势[1]

[1] 人均 GDP 数据来自麦迪森数据库。人均 CO_2 排放量数据来自世界银行。

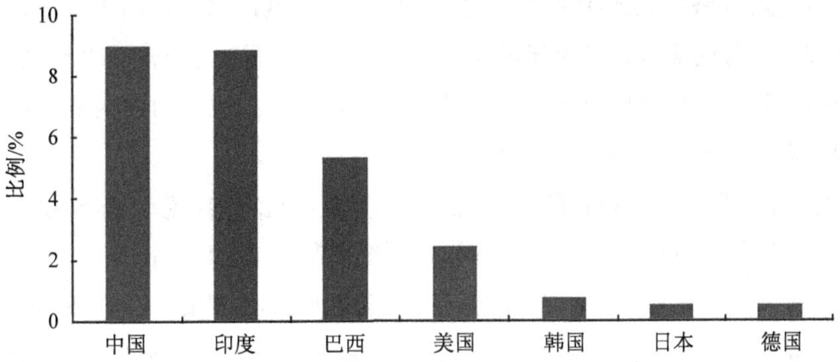

图 1-7-8 环境退化和自然资源损耗占国民总收入的比例（2008 年）[1]

我国未来环境和资源压力形势将更加严峻，绿色发展转型任务艰巨。根据单位面积的人口密度和环境、资源压强的相似性，我国不可能重复同等人均 GDP 下美国的高排放式的发展道路（图 1-7-9），韩国、日本及欧盟的低碳发展模式及相关政策有望为我国探索生态文明建设和环保新路提供更多有益的借鉴。

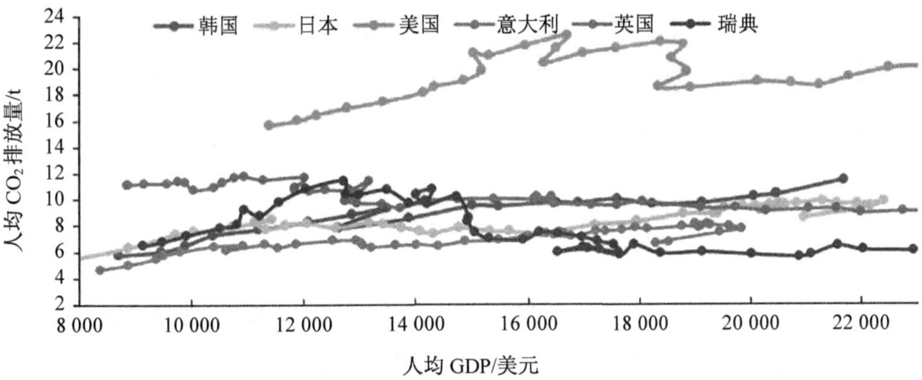

图 1-7-9 等值人均收入区间的各国人均 CO_2 排放量变化趋势[2]

7.1.6 小结

综上所述，关于世界政治、社会、经济形势和未来发展趋势主要有以下判断：

（1）从政治形势看，世界政治形势将总体稳定，爆发大规模战争的可能性较小，但传统和新兴国家博弈加剧，资源环境约束加强将对政治局势造成许多不确定因素。全球经济一体化和政治力量扩散化同步发展，共同推进形成两强引导，多元共存的多极格局。该预测基于全球相对稳定的情景分析，未包括概率相对较小的重大自然灾害、大规模战争或经济危机等影响因素造成的极端情况。

（2）从社会角度看，世界人口统计状况发生结构性变化，经济速度将放缓。2030 年世界人口将超过 84 亿人。人口规模增大将对全球资源和环境供给、经济可持续发展及政治稳定提出更大挑战。人口老龄化速度将不断加快，将使许多国家在养老和医疗保证方面面对更大的财政压力。适龄劳动

1 2030 年的中国，258 页。

2 人均 GDP 数据来源于麦迪森数据，CO_2 排放量数据来源于世界银行。CO_2 排放量是化石燃料燃烧和水泥生产过程中产生的排放。它们包括在消费固态、液态和气态燃料以及天然气燃烧时产生的 CO_2。

人口数量下降，也将对经济增长放缓造成一定程度的影响。城市化进程加快，一方面，会大量增加对住房和交通基础设施等的需求，极大促进经济增长。另一方面，可能伴随着环境负荷的快速增长，不利于经济的可持续发展。中产阶级的扩大，将发展中国家形成强有力的内需市场，促进从出口拉动的经济增长向内需支持的经济增长的转型。

（3）从经济角度看，世界经济将长期处于低速和稳步复苏过程中，总体基本稳定。2014—2020 年，全球经济仍将在低位运行。近期，随着发达国家的经济正常化，政策正常化的步伐已经开始，美国量化宽松政策退出意味着全球金融条件的收紧，资本跨境流动方向发生改变，但对经济发展的正负面影响基本均等，不构成太大影响。2020—2030 年，全球经济相对稳定和低速增长，但还将继续受到金融危机的影响。作为世界经济的主要动力，新兴市场与发展中国家的经济增速将仍高于发达国家，但二者之间的“双速差距”将逐渐缩小。中国在此期间有可能超过美国成为世界第一大经济体。

（4）从资源环境角度看，世界经济可持续发展面临很大挑战，探索超越传统 GDP 指标的绿色发展模式成为未来的大趋势。由于全球范围内的环境恶化和资源危机，可持续发展受到世界各国前所未有的重视。传统的 GDP 指标不再能真实反应世界经济格局，增长质量和可持续竞争力将成为一国在世界经济中的地位的决定因素。我国未来环境和资源压力形势将更加严峻，绿色发展转型任务艰巨。

（5）根据人均 GDP、人口密度和环境、资源压强的相似性，我国不可能重复同等人均 GDP 下美国的高排放式的发展道路，韩国、日本及欧盟的低碳发展模式及相关政策有望为我国探索生态文明建设和环保新路提供更多有益的借鉴。

参考文献

[1] 国家环保总局政策研究中心国际所，中国环境宏观战略研究主要环境领域保护战略课题，2007.

[2] 杨洁篪，在纷繁复杂的国际形势中开创中国外交新局面，国际问题研究，2014.

[3] 中国现代国际关系研究院，国际战略与安全形势评估，2013-2014.

[4] 王毅，坚定不移走和平发展道路　为实现民族复兴中国梦营造良好国际环境，国际问题研究，2014.

[5] 美国国家情报委员会，全球趋势 2030 变换的世界，2013.

[6] 俄罗斯科学院世界经济与国际关系研究所，2030 年全球战略报告，2011.

[7] IMF，世界经济展望，2009-2014.

[8] 世界银行，全球经济展望，2009-2014.

[9] OECD，全球经济展望，2008-2013.

[10] CEBR，世界经济排行榜，2013.

[11] 联合国经济与社会事务部，世界人口展望，2011-2012.

[12] 欧盟，2025 年的世界，2009.

[13] 清华大学国情研究中心，2030 中国　迈向共同富裕，2011.

[14] 世界人口老龄化报告，2013

[15] 联合国环境规划署，全球环境展望 5，2012.

[16] 高盛，美国全球大趋势，2014.

7.2　国际形势变化及其对我国发展与环境的影响

党的十八大提出了 2020 年全面建成小康社会的发展目标，其中，明确指出要基本实现工业化。2013 年，我国人均 GDP 为 6 094 美元[1]，据预测，我国 2020 年人均 GDP 将超过 14 000 美元[2]，而 2030 年，我国将贡献全球 1/4 的经济增长[3]。

按照世界银行的工业化阶段划分标准（表 1-7-11），人均 GDP 在 5 981～11 214 美元即处于工业化后期阶段。据统计，2013 年我国各省人均 GDP 在 3 710～16 419 美元[4]，考虑地区发展差异，我国目前处于工业化中期向后期的过渡阶段。

表 1-7-11　世界银行对工业化阶段的划分

阶段划分	工业化起始阶段	工业化实现阶段			后工业化阶段
		初期阶段	中期阶段	后期阶段	
人均 GDP（2007 年美元）	748～1 495	1 495～2 990	2 990～5 981	5 981～11 214	11 214 以上

“十三五”阶段以及之后的 10 年将是我国工业化实现阶段取得重要进展的时期，在此过程中，国际形势将会影响我国经济活动要素继而影响到环境要素。本节将分析国际变化趋势及其对我国重工业、能源、贸易、产业转移以及环境保护问题的影响。

7.2.1　重化工产业

按照工业结构来划分，工业化可分为重工业化阶段、高加工度化阶段和技术集约化阶段。我国已基本完成了以原材料工业为重心的重工业化阶段，亟待向以加工装配工业为主的高加工度化阶段转变。钢铁、水泥等重化工产品的生产作为能源消耗与温室气体排放的大户，是阻碍我国实现绿色发展的重点领域。因此对这些产业的国际发展趋势进行分析，对于我国产业结构的优化布局和实现绿色发展具有重要意义。

7.2.1.1　全球钢铁水泥行业止跌回稳，增长缓慢

钢铁行业和水泥行业是重要的基础工业部门，为建筑、机械等下游行业提供原材料，影响着国民经济的各个部门，在工业化、城市化、现代化进程中发挥着不可替代的作用。

2008 年国际金融危机爆发以来，全球钢铁行业遭受冲击，2008 年、2009 年连续两年出现负增长。2010 年，随着全球经济复苏，钢铁产量停止了下跌的势头。截至 2013 年，全球钢铁产量已经达到 16.07 亿 t（表 1-7-12），已经高于 2007 年的产量，是 1950 年的 5 倍（图 1-7-10）[5]。但由于经

---

1 IMF，World Economy Outlook，2014.

2 OECD 中长期预测，按照 2005 年 PPP 计算。

3 世界银行、国务院发展研究中心联合课题组，2030 年的中国，中国财政经济出版社，2013 年。

4 宜居城市研究室（www.elivecity.cn）。

5 本节中的钢铁产量即粗钢产量，指钢铁行业可以向社会提供的最终钢材加工原料，世界钢铁协会用此指标来指代相关国家的钢铁产量。

济增速的逐步减慢，需求下降，全球及主要生产国的钢铁和水泥增长速度开始放缓（图 1-7-11、图 1-7-12）。

表 1-7-12 全球主要国家 2006—2013 年钢铁产量 单位：亿 t

国家	2006 年	2007 年	2008 年	2009 年	2010 年	2011 年	2012 年	2013 年
中国	4.21	4.90	5.12	5.77	6.38	6.96	7.25	7.79
日本	1.16	1.20	1.19	0.88	1.10	1.08	1.07	1.11
美国	0.98	0.98	0.91	0.58	0.81	0.86	0.89	0.87
印度	0.50	0.54	0.57	0.64	0.68	0.72	0.77	0.81
俄罗斯	0.71	0.72	0.68	0.60	0.67	0.69	0.70	0.69
韩国	0.49	0.52	0.53	0.49	0.59	0.69	0.69	0.66
德国	0.47	0.49	0.45	0.33	0.44	0.44	0.43	0.43
土耳其	0.23	0.26	0.26	0.25	0.29	0.34	0.36	0.35
乌克兰	0.41	0.43	0.37	0.30	0.33	0.35	0.33	0.33
全球	12.49	13.47	13.40	12.35	14.30	15.27	15.53	16.07

表 1-7-13 全球主要国家 2006—2013 年水泥产量[1] 单位：亿 t

国家	2006 年	2007 年	2008 年	2009 年	2010 年	2011 年	2012 年	2013 年
美国	1.00	0.96	0.88	0.65	0.64	0.69	0.75	0.78
巴西	0.40	0.40	0.52	0.52	0.59	0.64	0.69	0.70
中国	12.00	13.00	13.90	16.29	18.00	21.00	22.10	24.10
埃及	0.29	0.29	0.40	0.47	0.48	0.44	0.46	0.46
法国	0.21	0.21	0.22	0.30	0.31	0.34	0.32	0.34
德国	0.33	0.34	0.34	2.05	2.20	2.40	2.70	2.80
印度	1.55	1.60	1.77	0.40	0.42	0.30	0.32	0.35
印度尼西亚	0.34	0.35	0.37	0.50	0.55	0.61	0.70	0.75
伊朗	0.43	0.44	0.44	0.36	0.35	0.33	0.33	0.29
意大利	0.70	0.70	0.43	0.55	0.56	0.51	0.51	0.53
全球	25.50	27.70	28.40	30.60	33.00	36.00	38.00	40.00

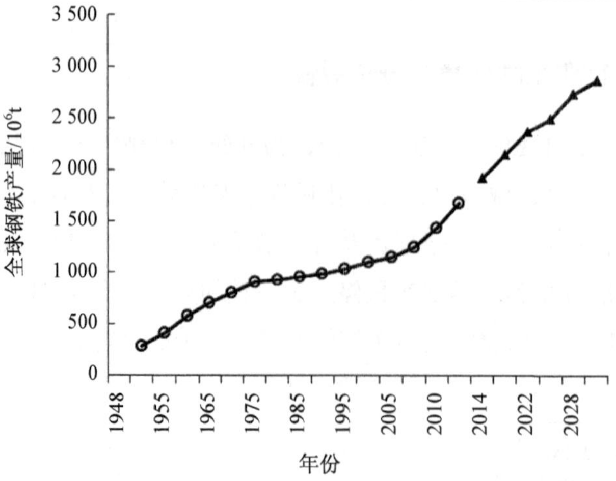

图 1-7-10 全球 1950—2013 年钢铁产量及 2014—2030 年预测

[1] Indexmundi.

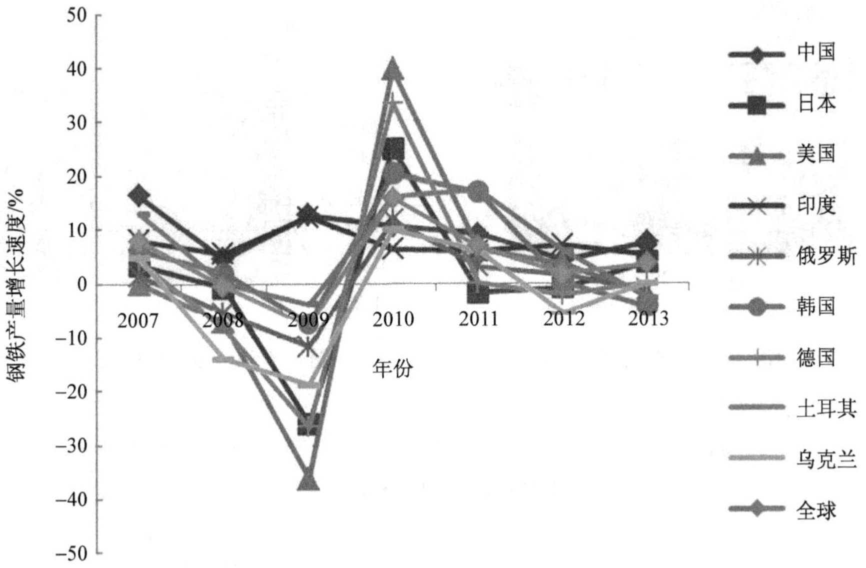

图 1-7-11 2007—2013 年全球及主要国家钢铁产量增长速度变化趋势

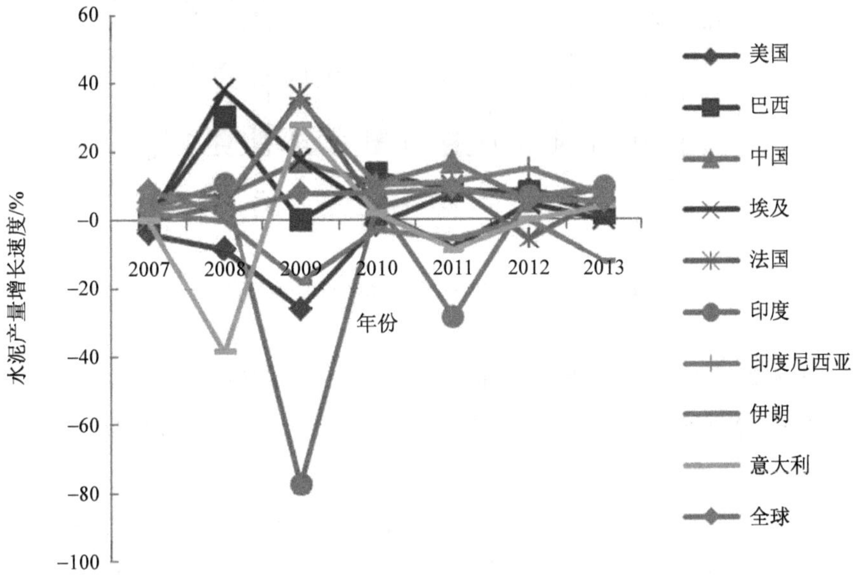

图 1-7-12 2007—2013 年全球及主要国家水泥产量增长速度变化趋势

7.2.1.2 我国钢铁水泥产量将现拐点，重化工产品增长放缓

2013 年，中国钢铁产量已经达到 7.79 亿 t，占全球总量的 48%（图 1-7-13），水泥产量达到 24.1 亿 t，占全球总量的 60%（图 1-7-14），均位列世界第一。其中，我国河北省钢铁产量超过 1.9 亿 t，比排名第二的日本还要多 8 000 万 t，是美国全国产量的 2 倍多。作为全球最大的水泥生产国和消费国，我国的水泥产业在过去的 10 余年中迅速发展，水泥产量已经从 2000 年的 5.93 亿 t 增长到 2013 年的 24.1 亿 t（图 1-7-15）。

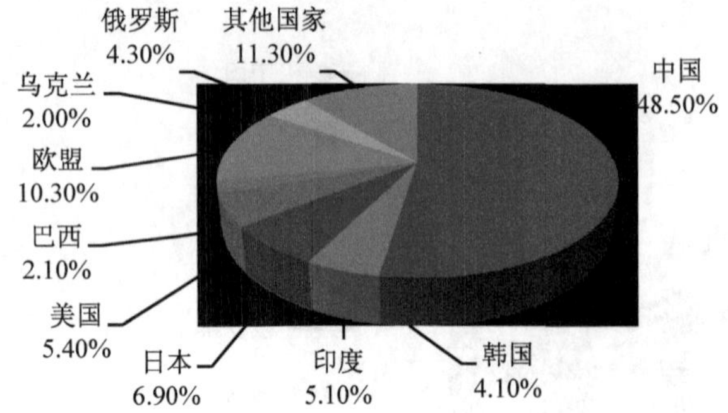

图 1-7-13 2013 年全球钢铁产量构成

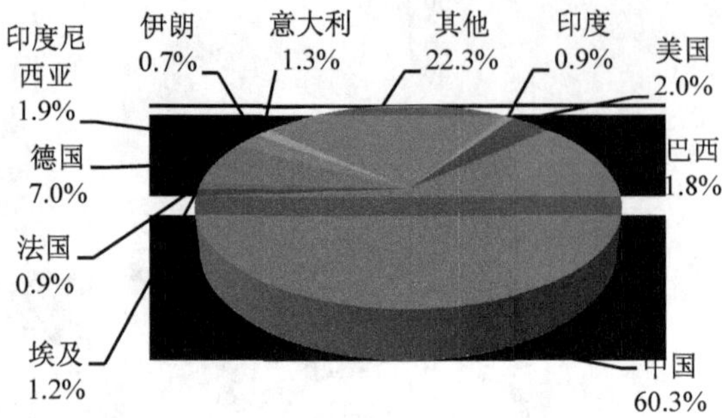

图 1-7-14 2013 年全球水泥产量构成

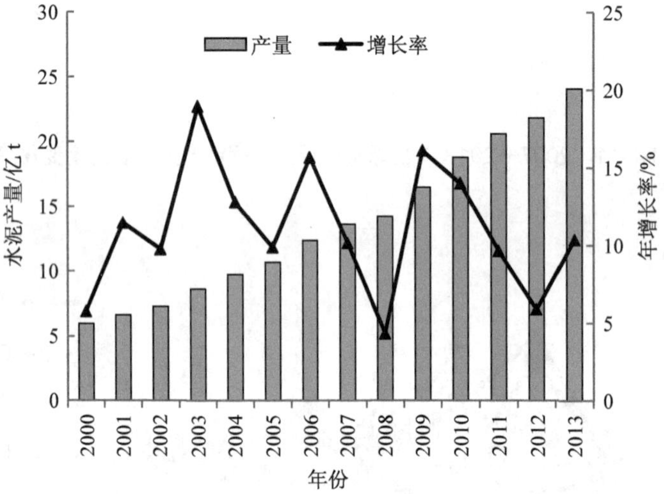

图 1-7-15 2000—2013 年我国水泥产量

据统计，我国钢铁、水泥相关产品产量在 2006—2012 年不断增长（表 1-7-14），但由于市场需求的萎缩，以及我国对高耗能高污染企业的环保政策收紧，我国钢铁、水泥相关产品产量增速出现下滑，增长势头被遏制（图 1-7-16）。

根据中国工程院的中长期预测，我国钢铁、水泥产量将有可能在 2020 年以前出现拐点，2020—2050 年我国钢铁、水泥、玻璃等主要高耗能产品产量的增长趋势将放缓（表 1-7-15），环境压力将得到缓解，但仍将持续。

表 1-7-14 我国 2006—2012 年钢铁水泥主要产品产量[1]

产品类型	2006 年	2007 年	2008 年	2009 年	2010 年	2011 年	2012 年
水泥产量/万 t	123 676	136 117	142 356	164 398	188 191	209 926	220 984
生铁产量/万 t	41 245	47 652	47 824	55 283	59 733	64 051	66 354
粗钢产量/万 t	41 915	48 929	50 306	57 218	63 723	68 528	72 388
钢材产量/万 t	46 893	56 560	60 460	69 405	80 277	88 620	95 578

[1] http：//data.stats.gov.cn/workspace/index？ a=q&type=global&dbcode=hgnd&m=hgnd&dimension=zb&code=A0E0C0Z&region=000000&time= 2012，2012

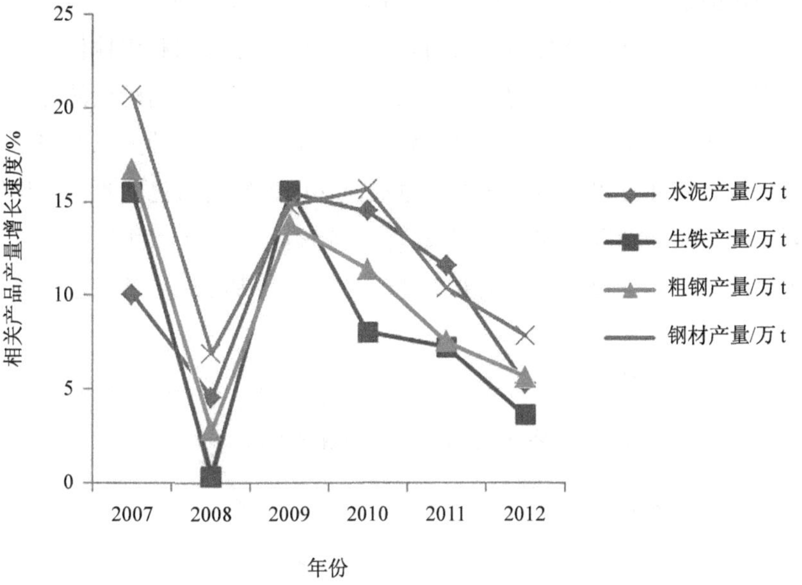

图 1-7-16　2007—2013 年全球及主要国家水泥产量增长速度变化趋势

表 1-7-15　2020—2050 年我国主要重化工产品产量预测[1]

产品	单位	2020 年	2030 年	2040 年	2050 年
钢铁	亿 t	6.5	6.2	5.6	5
水泥	亿 t	18	16	14	12
玻璃	万重量箱	6.5	6.9	6.7	5.8
铜	万 t	800	700	650	500
铝	万 t	1 800	1 600	1 500	1 300
铅锌	万 t	820	750	680	600
纯碱	万 t	2 300	2 450	2 350	2 200
烧碱	万 t	2 400	2 500	2 500	2 400

7.2.1.3　重化工产业能源需求增大，环境压力凸显

水泥、钢铁等高能耗、高排放行业虽然是推动经济增长的重要引擎，但其生产过程中的能源消耗和污染排放也对生态环境产生了严重影响。

据预测，到 2030 年，每年生产钢铁和水泥所消耗的煤炭将达到 9.26 亿 t，比 2008 年提高 42%，即增加 2.76 亿 t [2]。水泥与钢铁行业是 $PM_{2.5}$ 的排放大户，其中水泥粉尘排放占全国工业总量的 39%，高居首位。目前德国蒂森钢铁公司为每吨钢 0.42 kg，韩国浦项为每吨钢 0.14 kg，而我国重点钢铁企业粉尘排放量为每吨钢 0.99 kg，排放控制水平落后。据预测，2030 年以前，随着全球钢铁产量不断增长，其环境影响也进一步扩大。由此所导致的 CO_2 排放量将达到 37.63 亿 t [3]（图 1-7-17、图 1-7-18），

[1] 中国工程院，中国能源中长期（2030、2050）发展战略研究，科学出版社，2011。
[2] 世界银行、国务院发展研究中心联合课题组，2030 年的中国，中国财政经济出版社，2013 年。
[3] Yellishetty M，et al. Iron ore and steel production trends and material flows in the world，2010。

同时由于水泥产量增长而引发的温室气体和 $PM_{2.5}$ 等污染物排放也急剧攀升。

为了减轻这些工业产生的严重环境污染负荷，国际上的发达国家利用他们在生产技术和装备制造方面的优势以及在国际资本运作方面的实力，逐渐将这些高能耗、高污染的行业向发展中国家转移。发达国家利用发展中国家丰富的原料和燃料资源、相对廉价的劳动力以及资金的相对短缺，采取在发展中国家投资或合资建厂以及购买股权的办法，在国外发展自己的水泥、钢铁和化工等生产基地，进而在国际工业品贸易中取得比在本国更大的经济利益，甚至将水泥、钢铁等工业产品返销本国，满足本国的消费需求。这也是导致主要工业产品的生产中心逐步从发达国家转移到发展中国家的原因。

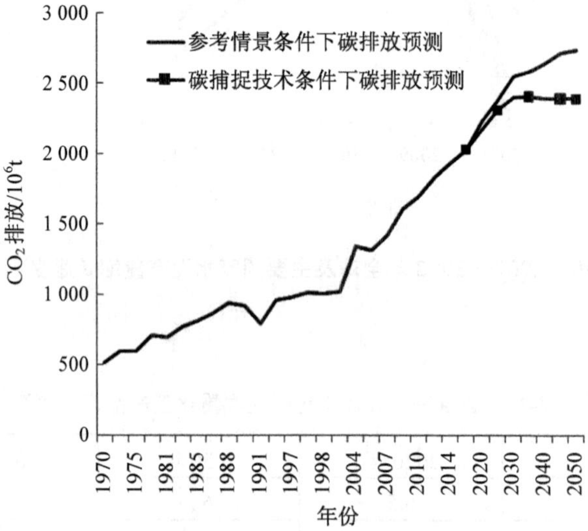

图 1-7-17 全球 1970—2050 年水泥直接排放的 CO_2（IEA，2006）

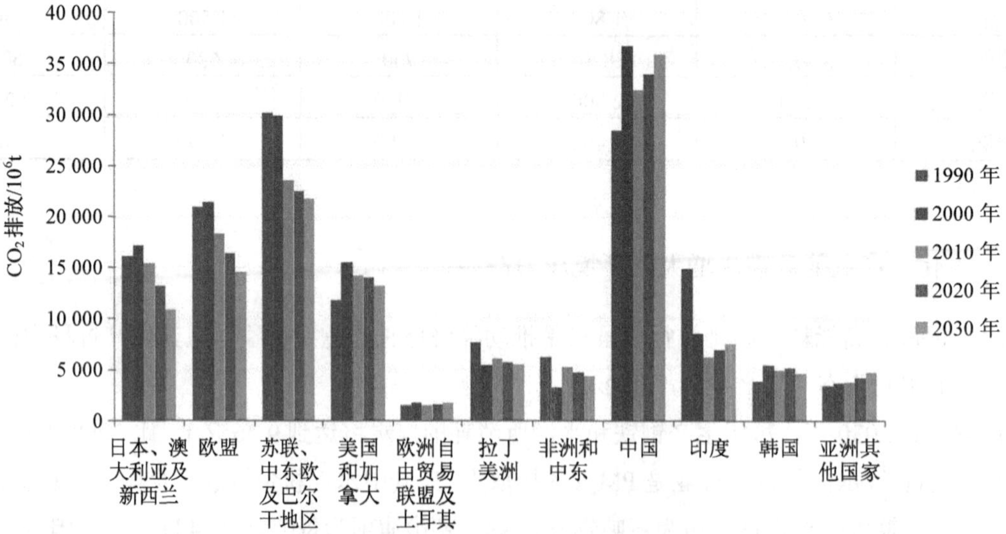

图 1-7-18 全球钢铁行业 CO_2 排放预测

中国作为水泥和钢铁的生产大户，必须依靠技术进步、降低消耗和成本、减少污染、提高效率、淘汰传统工艺和开发新的工艺等途径，使主要工业产品彻底摆脱粗放型的生产模式。

7.2.2 能源需求

7.2.2.1 全球能源需求仍在大幅增长，能源结构变化缓慢

2008 年，全球能源需求出现了短暂的下挫，但很快就恢复增长趋势（表 1-7-16）。据预测，全球 2030 年能源消费总量将增加 39%[1]。2030 年与 2010 年相比，发达国家人均能源消费实际上每年都在下降。由于发展中国家仍然需要消耗大量的能源来进行工业化和城市化，未来 20 年 39%的能源消费几乎全部来自发展中国家。2030 年，发展中国家的能源消费占全球的比例会从 2010 年的 54%提高到 65%。据预测，我国将很快成为世界能源消费量最高的国家（图 1-7-19）。

表 1-7-16 2006—2013 年主要国家能源需求 单位：10^6t 油当量

国家	2006 年	2007 年	2008 年	2009 年	2010 年	2011 年	2012 年
美国	2 332.7	2 372.7	2 319.8	2 205.8	2 281.2	2 265.2	2 208.8
中国	1 764.7	1 878.7	1 969.9	2 101.5	2 338.0	2 540.8	2 735.2
俄罗斯	675.6	680.1	683.5	647.8	674.0	696.5	694.2
印度	390.0	420.1	446.5	484.1	511.6	534.8	563.5
日本	530.1	526.7	520.7	477.9	506.7	481.1	478.2
加拿大	321.4	327.5	326.1	311.7	315.6	328.6	328.8
德国	339.6	324.5	326.8	307.7	322.4	307.5	311.7
巴西	212.4	225.9	236.0	235.2	257.5	269.7	274.7
法国	261.3	257.9	258.9	245.0	253.1	244.7	245.4
韩国	222.9	231.9	236.4	237.4	254.6	267.8	271.1
全球	11 005.6	11 287.5	11 438.7	11 309.8	11 943.4	12 225.0	12 476.6

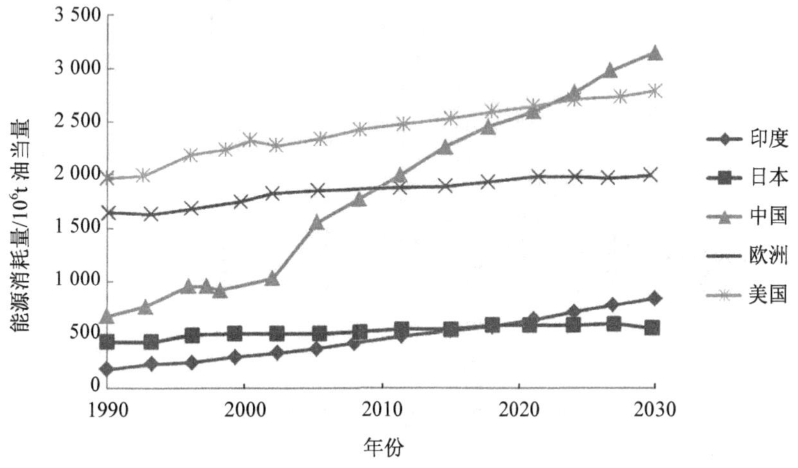

图 1-7-19 能源需求预测

[1] BP 公司，2030 世界能源展望，2012 年。

能源结构变化会非常缓慢，煤炭和石油的份额会降低，但是化石能源仍然会是主要的能源来源（图 1-7-20、图 1-7-21）。可再生能源的增速会很快，预期年增幅度达到 8.2%，但是由于基数太低，到 2030 年仍然只占能源总消费的 5.5%。

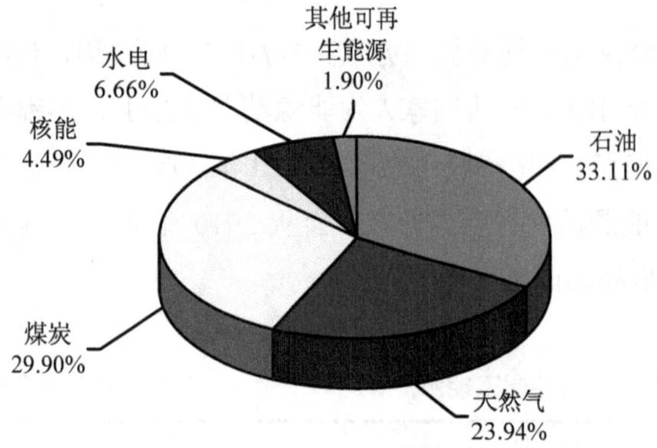

图 1-7-20 2012 年全球能源消费结构

数据来源：BP，2030 世界能源展望，2014。

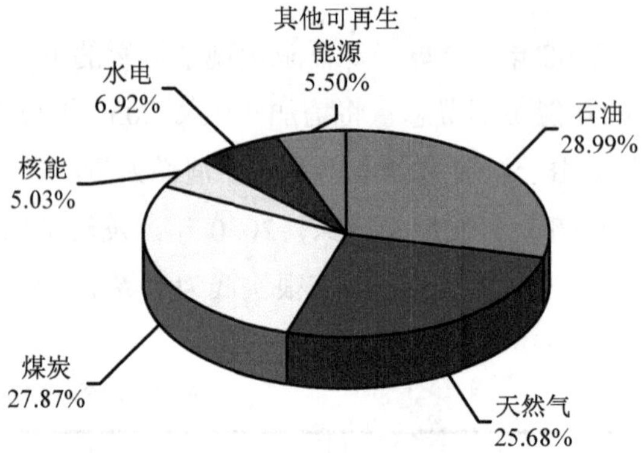

图 1-7-21 2030 年全球能源消费结构

数据来源：BP，2030 世界能源展望，2014。

全球煤炭消费量短期仍将持续增长，但 2030 年将占总能源需求比例将出现下降。其中，尽管发展中国家煤炭消费的增长（年均增速 2.1%）抵消了发达国家煤炭消费量的下降（2010—2030 年，年均增速–1.1%），然而，中国煤炭消费量将在 2020 年后出现增长停滞，这将改变全球煤炭消费趋势。中国 2030 年的单位 GDP 煤炭消费量将比 2010 年降低 60%，能效的提高和结构性调整极大降低了中国的煤炭消费强度。然而，中国在全球煤炭消费增长中仍占 67%的比重，依然是全球最大的煤炭消费国。印度持续增长的煤炭消费量仅部分抵消了中国煤炭消费增速的放缓。到 2030 年，全球煤炭消费净增长将全部来自印度和中国（图 1-7-22）。

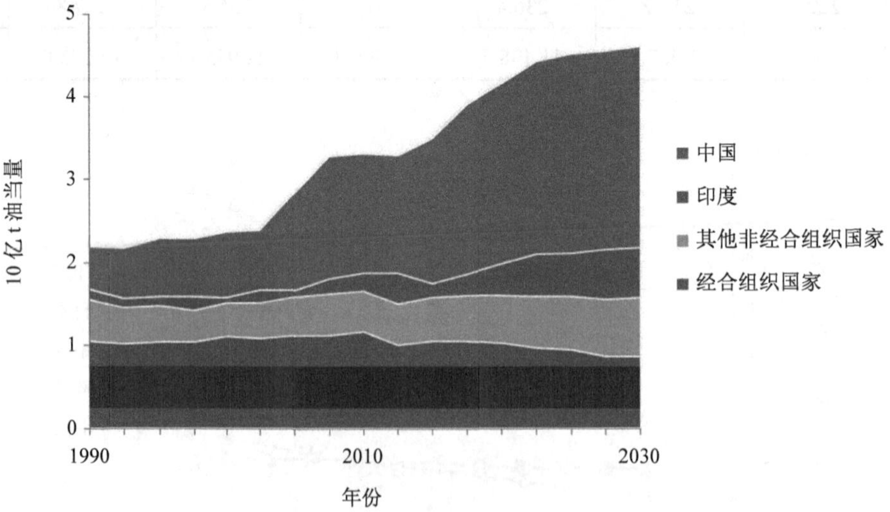

图 1-7-22 各地区煤炭需求预测

在总能源需求中，石油将是未来需求增长最慢的燃料，2030 年石油需求占总能源需求的比例也将出现下降。从地区角度来看，对石油需求的增长主要来自快速发展的新兴市场国家，其中亚洲国家如中国、印度等国家的需求增长占据了世界净增长的主要份额，中东以及拉美地区也将有显著的增长（图 1-7-23）。而发达国家的石油需求在 2005 年已经达到峰值，今后石油消费量将会有所下降。

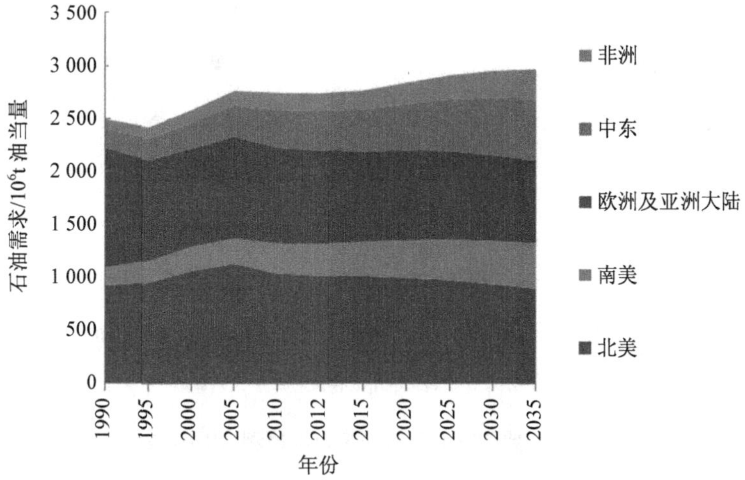

图 1-7-23 各地区石油需求预测

我国将成为世界石油消费市场增长的最大来源，对外依存度已超过美国，能源安全堪忧。据预测，2020—2030 年，我国石油需求在世界石油总需求中所占比例仍将逐年增加（图 1-7-24）。2015 年中国石油消费量达到 5.85 亿 t，2020 年将达到 7.38 亿 t，2015 年和 2020 年中国石油仅进口量达到 3.85 亿 t 和 5.38 亿 t，石油对外依存度达到 66%和 73%（图 1-7-25）。未来中国石油供应安全将面临挑战[1]。

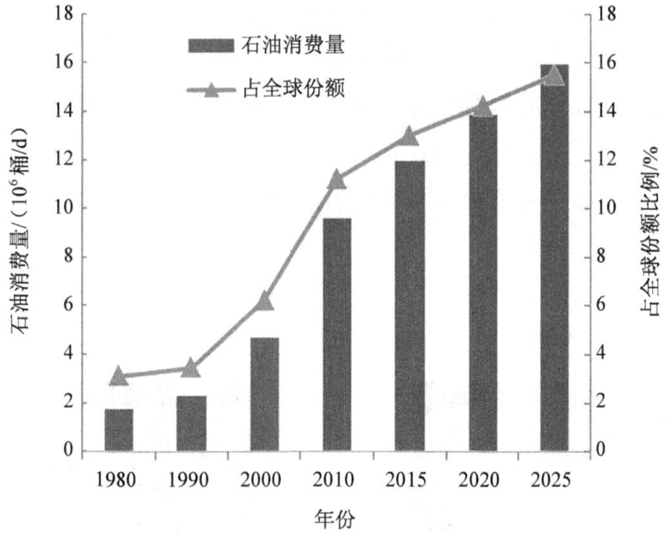

图 1-7-24 中国石油消费增长预测（IEA，2011）

[1]http：//finance.ifeng.com/news/industry/20130312/7761803.shtml.

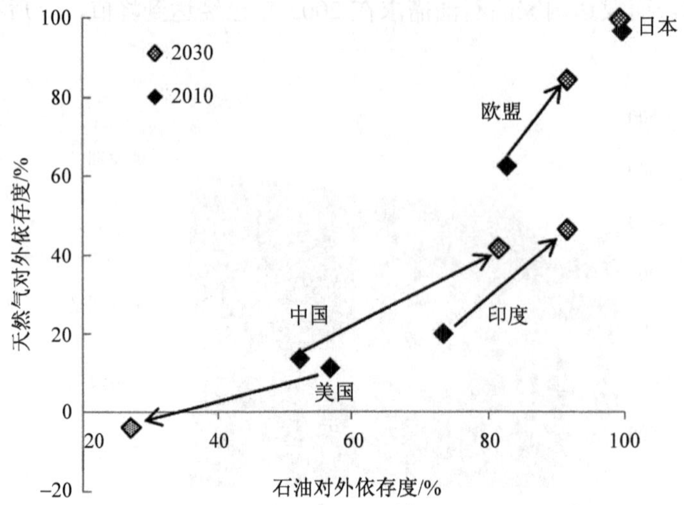

图 1-7-25 主要国家油气对外依存度预测（IEA，2012）

7.2.2.2 低碳化和清洁化成为大趋势，非化石能源作用日益重要

全球能源消费增长日益依靠非化石燃料的供应，非化石燃料在全球能源增长中的总体份额首次超过任何一种化石燃料。可再生能源、核电和水电在全球能源增长中共占 34%的份额，可再生能源作为一个整体在全球能源增长中的份额超过了石油。在全球能源增长中占据最大份额的燃料是天然气，它在全球能源预期增长中占 31%的比重。非化石燃料地位的提升在 2020—2030 年将更为明显，在这 10 年间，75%的发电燃料消费增长都将来自非化石燃料，煤炭在增量中所占比例极小。同时，天然气的份额相对稳定，2030 年前都稳定保持在 31%左右。

欧美国家近几年来新能源发展很快，原因是总能耗已经不再增长，或者是增长很少，新兴能源主要是补充和逐步替代增加部分的化石能源。随着我国对于可再生能源发展的大力扶持，我国可再生能源所占份额已有所增长（图 1-7-26，图 1-7-27），未来风能、太阳能等可再生能源在能源结构中的比重将快速增长，由此可以预见未来煤炭等化石燃料在我国能源结构中比例将快速下降，能源结构将向清洁化和低碳化的方向转变。

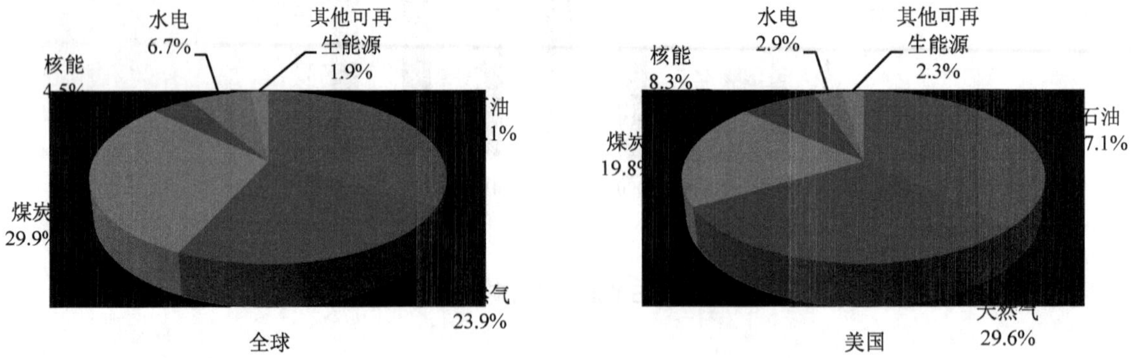

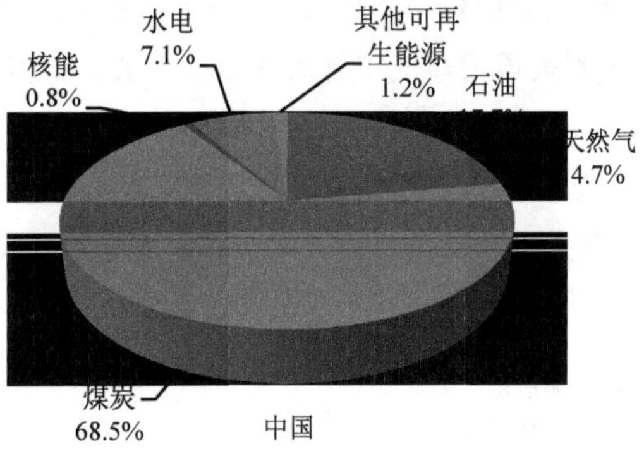

图 1-7-26 2012 年全球、美国和中国可再生能源份额

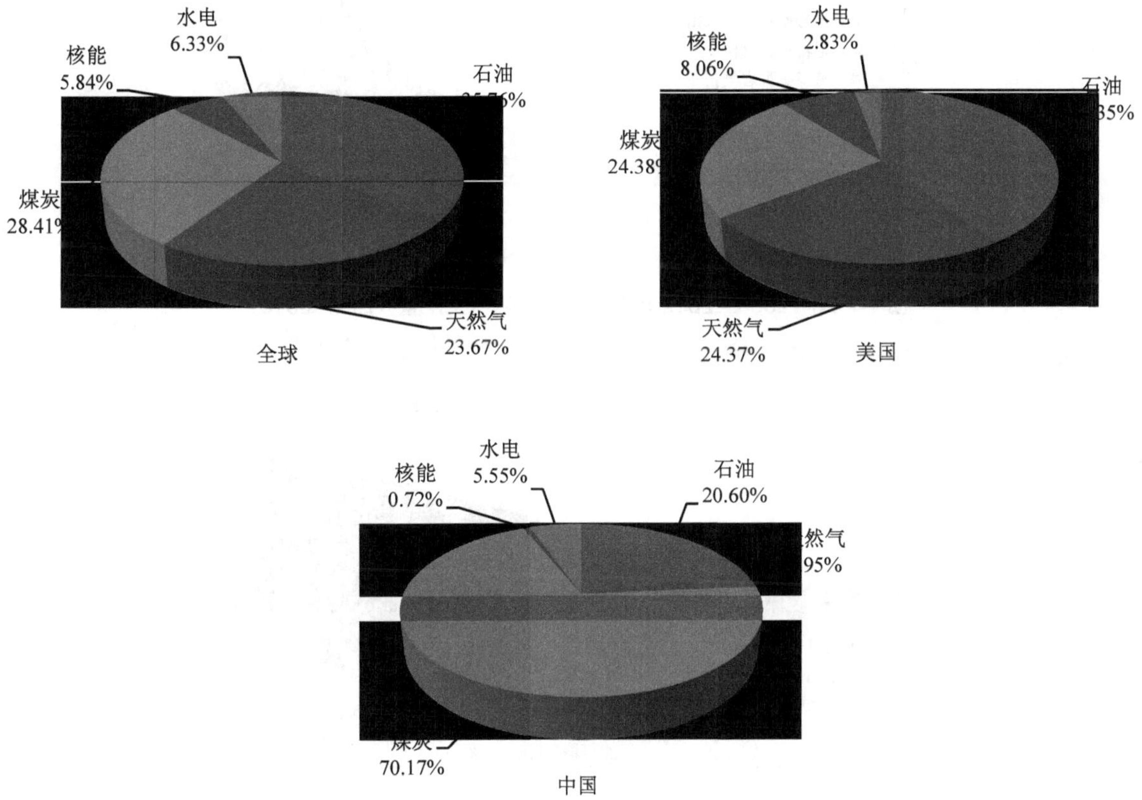

图 1-7-27 2006 年全球、美国和中国可再生能源份额

专栏 页岩气

2008 年之后，水平钻井技术和压裂技术为美国带来了“页岩气革命”这一重大能源变革，使美国于 2009 年超越俄国成为世界最大的天然气生产国，并有可能进一步推动美国于 2020 年超越沙特成为世界最大的石油生产国，改变了美国能源格局，也对世界能源格局以及中东、亚太等地缘政治格局产生重大影响。据预测，美国将于 2020 年从天然气净进口国转变为净出口国，同时进口石油占国内消费百分比将自 2005 年的 60%降至 2019 年的 34%。

2000 年，页岩气仅占美国天然气总产量的 2%。2010 年，占美国天然气总产量的 23%（图 1-7-28）。2012 年，页岩气产量已经占到美国天然气市场的 37%。目前，页岩气的发展为美国提供了 140 万个就业机会，而 IEA（2013）的预测结果显示：页岩气在美国天然气中的比例在 2015—2040 年将进一步增加（图 1-7-29），因此预计未来可能提供高达 300 万个新就业机会，加速美国经济的复苏。随着美国页岩气、页岩油的开采量和供应量大大增加，美国有可能成为全球最大的能源生产国，甚至是重要的能源出口国。

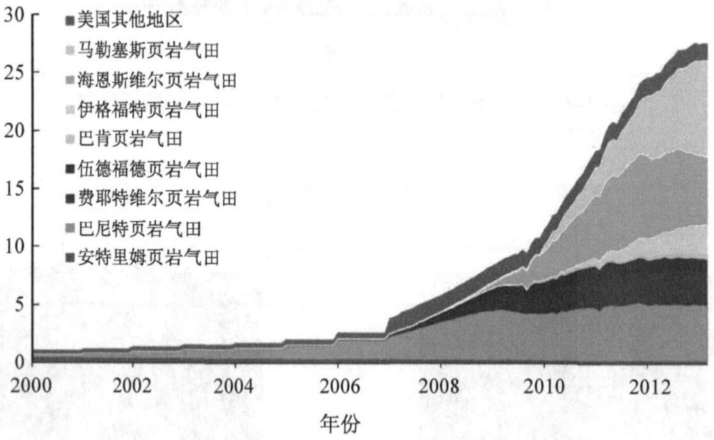

图 1-7-28　2000—2012 年美国国内页岩气生产量（EIA，2013）

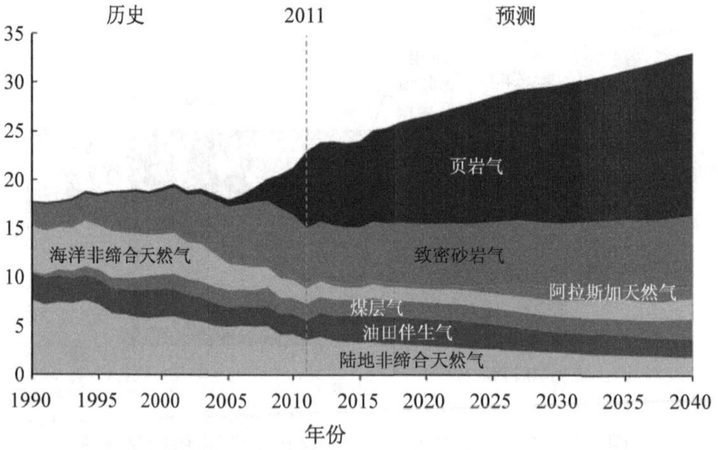

图 1-7-29　美国页岩气产量在天然气总量中的比例（EIA，2013）

但美国的页岩气开发也面临着严重的环境问题，要包括水资源消耗量大、压裂液污染、甲烷气体泄漏污染地下水等。部分州已经出台了短期的页岩气开发禁令，美国国家环保局也开始就页岩气开发的环境影响问题开展深入的调查研究。美国联邦政府正试图通过修正部分法律来实施更加严格的管制，并要求页岩气开采商加强环保投资及解决方案。

全球页岩气技术可采资源量达 187 万亿 m^3，其中，中国占总量的 19%，为 360 825 亿 m^3，排名世界第一。未来无论我国页岩气开发采取何种开发模式，环境问题都将是各方关注的焦点。此外，页岩气革命引发的世界能源格局变革也将会影响到全球气候变化等问题，需加以追踪和研究。

7.2.2.3 资源约束不断加剧，影响全球环境安全格局

全球能源消耗量的不断攀升一方面引发能源安全问题，另一方面导致大气污染物排放量（颗粒物、汞、二氧化碳）不断上升，特别是煤炭消费量的不断增长，更加恶化了这一趋势，严重影响全球环境安全格局。据预测，2013—2040 年，全球由于能源利用而排放的 CO_2 将持续增长（图 1-7-30）。对于中国而言，已超过美国成为 CO_2 排放第一的国家，这将导致我国在气候变化谈判上的巨大压力。此外，能源消耗引发的跨界大气污染问题也将对区域环境保护提出挑战。

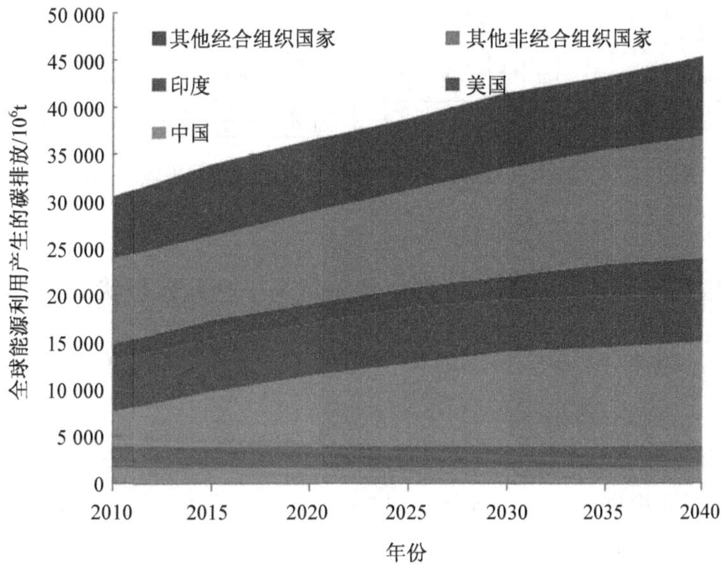

图 1-7-30 全球 CO_2 排放预测（IEA，2013）

7.2.3 贸易发展

7.2.3.1 传统发达市场萎缩，新兴经济体作用显著提升

金融危机后，全球贸易举步维艰。根据世界贸易组织（WTO）报告，2009 年全球货物贸易额下降 22.7%，减少 7.4 万亿美元，退回到 2006 年的水平；2010 年，全球货物贸易额增长 21.3%；2011 年世界货物贸易额达 36.4 万亿美元，增长 19%，已经超过 2008 年金融危机时的总量规模。据预测，中国在全球贸易份额中所占的比重将从 2011 年的 9.82%上升至 2026 年的 12.3%。中国的贸易增长步伐将于 2014 年开始加快，并超越美国的增速，于 2016 年成为全球最大贸易国。

金融危机以来我国外贸发生重大结构性变化，主要贸易伙伴需求萎缩对我国外贸发展造成了严重的影响。2001 年加入世贸组织后，我国外贸依存度逐年上升，2006 年攀至 67%的高点，此后基本呈回落态势。由于我国大部分出口商品依赖传统发达市场，金融危机对我国出口增长的影响巨大。海关总署数据显示，2012 年我国外贸依存度重回 50%以下，为 47%，较上年下降 3.1 个百分点，但相比美国、日本仍属较高水平（图 1-7-31）。

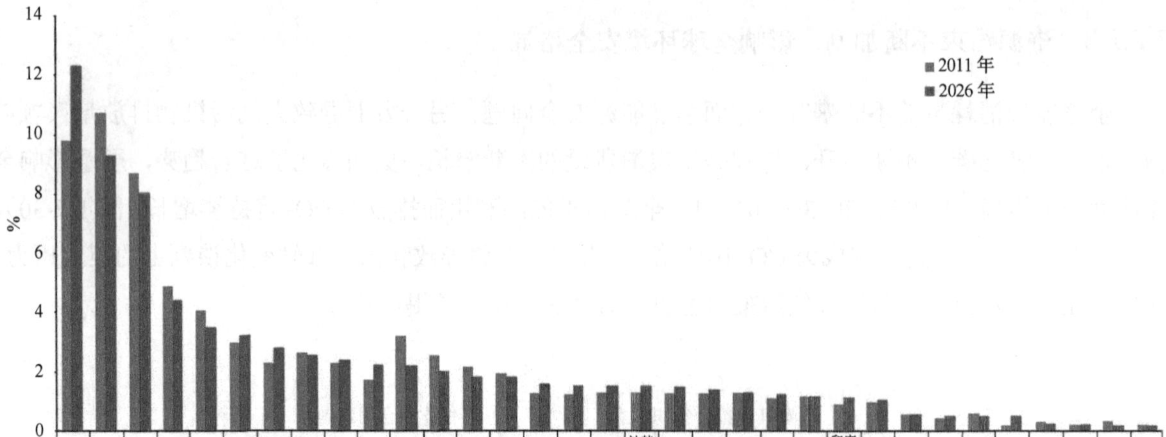

	中国	美国	德国	日本	法国	韩国	俄罗斯	中国香港	新加坡	印度	英国	加拿大	西班牙	墨西哥	阿联酋	巴西
2011	9.82%	10.75%	8.68%	4.87%	4.06%	2.97%	2.31%	2.65%	2.27%	1.73%	3.20%	2.53%	2.15%	1.95%	1.27%	1.22%
2026	12.30%	9.28%	8.06%	4.41%	3.51%	3.24%	2.80%	2.54%	2.37%	2.25%	2.20%	1.97%	1.83%	1.81%	1.54%	1.51%

	澳大利亚	沙特阿拉伯	波兰	泰国	瑞士	土耳其	马来西亚	印度尼西亚	加蓬	南非	阿根廷	爱尔兰	埃及	菲律宾	新西兰	越南	卡塔尔
2011	1.29%	1.31%	1.26%	1.24%	1.30%	1.10%	1.17%	0.89%	0.95%	0.54%	0.42%	0.59%	0.18%	0.32%	0.21%	0.33%	0.20%
2026	1.51%	1.50%	1.45%	1.37%	1.28%	1.20%	1.16%	1.14%	1.05%	0.56%	0.49%	0.47%	0.46%	0.24%	0.20%	0.16%	0.16%

图 1-7-31 2011—2026 年世界各国（地区）贸易份额变化预测[1]

7.2.3.2 能源贸易格局发生重大变革，可再生能源贸易争端此起彼伏

在能源贸易方面，2008 年以来，美国的页岩气革命改变了天然气贸易形势，继而对世界能源格局产生重大影响。

20 世纪 70 年代中期以来，美国一直是世界第一大石油净进口国。2013 年 9 月，中国取代美国，成为新的世界第一大石油进口国[2]。据预测，到 2035 年，美国每天自中东进口石油将降至 10 万桶，而中国每天进口量将达到 670 万桶[3]。

自 2002 年，我国石油、煤炭和电力等能源进口快速增长，其中作为战略资源的石油进口量已从 2002 年 10 269.3 万 t 增长到 2011 年的 31 593.6 万 t。煤炭自 2002 年煤炭进口也快速增长，截至 2012 年煤炭进口已达到 18 209.8 万 t。在出口方面，电力和石油在 2002—2011 年保持小幅增长，而煤炭出口量大幅下降（图 1-7-32）。

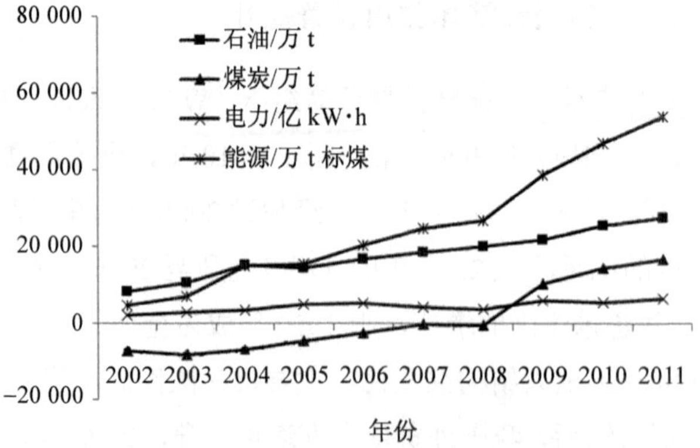

图 1-7-32 2002—2012 年我国能源净进口量（中国能源统计年鉴）

---

[1] 汇丰银行，环球贸易展望，2012。

[2] 商务部，美学会分析页岩能源革命对中国影响，商务部简报，2013 年第 215 期。

[3] 国际能源组织，世界能源展望 2012。

美国页岩能源的繁荣给中国石油公司对美投资创造了机会。自 2010 年以来，中国国有石油公司投入了超过 100 亿美元以获取美国境内的油气行业上游资产，大部分均为非传统能源项目。有数据显示，2008 年以来，中国石油公司在北美地区资产并购投资金额（442 亿美元）超过了对世界其他任何地区[1]。

鉴于可再生能源在保证能源安全和推动经济发展中越来越重要的作用，不少国家往往不惜采取限制自由贸易的办法来保护国内新能源企业和市场。因此，近年来可再生能源领域的国际贸易纠纷在世界范围内此起彼伏，例如，我国同意大利、希腊在光伏电站中的补贴争端（2012 年），日本诉“加拿大影响可再生能源产业部门的某些措施案”（2010 年），美国诉“中国风力发电设备的措施案”（2010 年），欧盟诉“加拿大有关 FIT 计划的措施案”（2011 年）等。

7.2.3.3 环境逆差受到关注，污染转移加大我国环境风险

国际贸易与环境保护之间的关系纷繁复杂，彼此间既有积极影响，又有消极作用。一方面，国际贸易的发展使资源得到充分配置和利用，经济繁荣，财富增长，为环境保护提供物质基础；另一方面，国际贸易的发展也可以使自然资源遭到不适当的开发利用，造成环境的污染和破坏。

我国凭借着大量优质廉价的劳动力，与国际惯例不断接轨的市场规则，以及优惠的引资条件，吸引了全球制造业大规模向我国转移，我国由此成为全球制造业产业链条中的重要环节，促进了加工贸易的快速发展。但与此同时，一些高耗能、高污染项目如水泥、钢铁和化工等产业也转移到中国，使中国面临着严峻的能源和环境形势。

加入世界贸易组织以后，我国“出口隐含污染物”排放量不断增长。2005 年，出口隐含废水、二氧化硫和烟（粉）尘等污染物均达到各自排放的峰值，分别为 167.6 亿 t、1 361.4 万 t 和 1 060.8 万 t，占全国排放总量的 32.0%、53.4%和 50.7%。之后均逐年下降，2010 年，出口隐含废水、二氧化硫和烟（粉）尘等污染物排放量分别降至 105.8 亿 t、719.1 万 t 和 359.1 万 t，占全国排放总量的 17.1%、32.9%和 28.1%（表 1-7-17）。其中，化工、冶金和纺织三个行业由于出口贸易规模较大，“出口隐含污染物”排放量要高于水泥与焦炭两个行业（表 1-7-18）。在我国对外贸易高速发展状况下，出口贸易对环境造成的负面压力仍将持续。

表 1-7-17 2001—2010 年“出口隐含污染物”累计量及占全国污染物累计排放量比重

污染物	“出口隐含污染物”累计量/亿 t	全国污染物累计排放量/亿 t	“出口隐含污染物”占全国污染物累计排放量的比重/%
废水	1 313.14	5 211.70	25.20
二氧化硫	0.89	2.26	39.38
烟粉尘	0.64	1.79	35.75

表 1-7-18 重点行业 2001—2010 年贸易出口累计隐含污染物排放量　　单位：万 t

行业	废水	二氧化硫	烟（粉）尘
化工	1 509 433.5	949.5	519.4
冶金	442 240.9	521.9	363.1
纺织	888 581.2	340.5	173.9
水泥	1 654.6	6.67	23.35
焦炭	5 105.2	7.97	0.16

[1] 《华尔街日报》。

7.2.3.4　国际贸易协定严格环境条款，成为我国贸易发展制约因素

贸易与环境问题相互影响，一方面，国际贸易实现了跨国资源的有效配置；另一方面，也带来了资源消费和污染物排放的跨国配置，据联合国统计，国际贸易中 25%的贸易量都是与自然资源有关的，随着国际贸易的不断增加，将对不同国家的能源和环境造成巨大影响。当前，环境议题已经成为贸易协定中不可回避的核心内容。政府间机构、多边协定和双边协定都制定了相关的环境规则，用以制约贸易对环境的损害（表 1-7-19）。

表 1-7-19　国际贸易中的环境规则

<table>
<tr><th>国际机构</th><th colspan="2">环境规则</th></tr>
<tr><td rowspan="18">WTO/GATT</td><td colspan="2">1. 贸易与环境委员会（Committee on Trade and Environment，CTE）</td></tr>
<tr><td colspan="2">CTE 的具体职能：</td></tr>
<tr><td rowspan="4">关于市场准入的项目</td><td>贸易规则与有贸易影响的环境政策之间的关系</td></tr>
<tr><td>a）贸易规则与环境费和税之间的关系；
b）贸易规则对产品的环境要求，如包装，标志和循环利用的标准与法规的关系</td></tr>
<tr><td>关于以保护环境为目的的贸易措施和有贸易影响的环境政策的透明度（全面和及时公开）的贸易规则</td></tr>
<tr><td>市场准入的可能性和消除贸易限制于扭曲的潜在环境效应</td></tr>
<tr><td rowspan="4">关于国际贸易管理与贸易体系之间的关系项目</td><td>贸易规则与包括多变环境协议中的以保护环境为目的的贸易措施之间的关系</td></tr>
<tr><td>WTO 争端解决机制与多变环境协议争端解决机制之间的关系</td></tr>
<tr><td>国内受禁货物出口问题</td></tr>
<tr><td>环境与 TRIPs 之间的关系</td></tr>
<tr><td>关于服务贸易</td><td>环境与服务贸易的关系</td></tr>
<tr><td>关于公共性</td><td>WTO 与其他政府组织的关系</td></tr>
<tr><td colspan="2">2.GATT1994 第二十条（b）款，贸易环境例外规则
本协定的规定不得解释为阻止缔约国采用或实施以下措施，但对情况相同的各国，实施的措施不得构成武断的或不合理的差别待遇，或构成对国际贸易的变相限制：（b）为保障人民、动植物的生命或健康所必需的措施</td></tr>
<tr><td colspan="2">3.《技术性贸易壁垒协议》协议规定了成员方有权在其认为适当的程度内采取必要措施，以保护人类，动植物的生命或健康以及保护环境，只要其对贸易的限制不超过为实现这一合法目标所必需的程度“当环境问题出现紧急情况时，成员可以采取较为简便的程序公布或通知其技术法规和标准”</td></tr>
<tr><td colspan="2">4.《实施卫生与植物卫生措施协定》</td></tr>
<tr><td colspan="2">5.《补贴与反补贴措施协议》第 8 条第 2 款 C 项将与环保有关的补贴列为不可申诉的补贴，规定其他成员不得对环保补贴采取反补贴措施</td></tr>
<tr><td colspan="2">6.《服务贸易总协定》第 14 条明确提出各成员方对服务贸易的开展不得采取或实施限制性的措施，但是为了保护人类、动植物的生命和健康或为了保护公共道德或维护公共秩序的需要，则可以例外，即可以为保护环境的目的而采取必要的限制措施</td></tr>
<tr><td colspan="2">7.《与贸易有关的知识产权协定》该协议明确指出，成员方为了保护国家的公共秩序或维护公共道德，包括保护人类！动植物的生命或健康，或防止对环境造成严重污染，可以拒绝授予发明权和专利权，以阻止其商业应用</td></tr>
</table>

<table>
<tr><th>国际机构</th><th colspan="3">环境规则</th></tr>
<tr><td rowspan="2">OECD</td><td colspan="3">1. 1971 年成立了环境委员会（如今的环境政策委员会）和经合组织环境局</td></tr>
<tr><td colspan="3">2. 1972 年制定《国际环境政策贸易方面的指导原则》：
A. 指导原则
a）成本分配：污染者付费原则
b）环境标准，国家待遇和非歧视；程序控制；补偿进口关税和出口退税</td></tr>
<tr><td rowspan="6">欧盟</td><td colspan="3">1. 1972 年巴黎峰会，会上发表了《人类环境宣言》</td></tr>
<tr><td colspan="3">2. 1987 年《单一欧洲法令》提出“环境保护有那个该成为共同体其他政策的一个组成部分”</td></tr>
<tr><td colspan="3">3. 1993 年《马斯特里赫特条约》第 2 条，在环境保护的前提下实现可持续的，非通货膨胀的经济增长；并明确了将环境保护纳入其他政策的界定和执行中</td></tr>
<tr><td colspan="3">4. 欧洲环境局</td></tr>
<tr><td colspan="3">5. 1999，设立了“贸易可持续性影响评估”（TSIA），在 2006 年成为欧盟参加 WTO 谈判中使用的评估工具</td></tr>
<tr><td colspan="3">6. 法院判例</td></tr>
<tr><td rowspan="8">国际环境条约</td><td>保护臭氧层</td><td colspan="2">《关于消耗臭氧层物质的蒙特利尔议定书》第 4 条成员国禁止与非成员国之间就受控物质进行贸易。但是，如果成员国大会认定该非成员国完全遵守议定书的控制措施，则允许成员国与其开展贸易</td></tr>
<tr><td rowspan="3">保护生物多样性</td><td colspan="2">1.《濒危野生动植物物种国际贸易公约》</td></tr>
<tr><td colspan="2">2.《生物多样性公约》</td></tr>
<tr><td colspan="2">3.《禁止象牙贸易公约》</td></tr>
<tr><td rowspan="2">控制危险物，废物越境转移</td><td colspan="2">1.《控制危险废物越境转移及其处置巴塞尔公约》</td></tr>
<tr><td colspan="2">2.《关于在国际贸易中对某些危险化学品和农药事先知情同意程序的鹿特丹公约》</td></tr>
<tr><td rowspan="2">防止气候变化的多变环境协议</td><td colspan="2">1.《联合国气候变化公约》</td></tr>
<tr><td colspan="2">2.《京都议定书》</td></tr>
<tr><td rowspan="12">自由贸易协定</td><td colspan="3">1.《北美自由贸易协定》及其附件协议《关于环境合作北美协议》</td></tr>
<tr><td colspan="2">条款</td><td>主要内容</td></tr>
<tr><td rowspan="2">NAFTA 的相关条款</td><td>第 11 章 投资</td><td>不以降低环境标准为条件吸引外国投资</td></tr>
<tr><td>第 12 章 争议</td><td>环境争议的处理原则和方式</td></tr>
<tr><td rowspan="2">NAAEC 的相关条款</td><td>机构安排</td><td>环境合作委员会</td></tr>
<tr><td>争端处理</td><td>以磋商为主的正规的争端解决</td></tr>
<tr><td rowspan="2">其他相关条款</td><td>边境计划</td><td>基础设施，边境区域的整治治理</td></tr>
<tr><td>北美发展银行</td><td>边境环境计划的金融保证</td></tr>
<tr><td colspan="3">2.《加拿大—智利自由贸易协定执行法案》</td></tr>
<tr><td colspan="3">3. 2013 年《韩美自由贸易协定》正式生效，协定一旦生效，两国需在 3 年内逐步取消近 95%消费品和工业产品的贸易关税，韩国将取消大约 2/3 的美国农产品进口关税，美国则取消排气量小于 3 L 的韩国汽车进口关税</td></tr>
<tr><td colspan="3">4.《跨太平洋战略经济伙伴关系协定》（TPP）《环境合作协定》补充协议开拓低碳产品贸易，提出“绿色补贴”的概念。美国还要求别国在生产清洁能源产品时能实行符合美国标准的碳减排政策，否则其出口美国的产品将会被征收“碳关税”</td></tr>
<tr><td colspan="3">5.《跨大西洋贸易与投资伙伴关系协定》（TTIP）</td></tr>
</table>

专栏 TPP 中适应气候变化和其他环境约束条款

在 TPP 环境章节下做出承诺的国家不仅通过一种方法影响环境健康。事实上，自由贸易结合新的 TPP 能加强规则和帮助实现环境目标。TPP 也可以支持参与国努力减少温室气体排放，以同样的方法帮助一些国家改进环境挑战，通过向更清洁经济模式转型，使企业减少污染。TPP 可以通过提供相关的商品、服务和投资来帮助这些国家实现低碳模式转型。

1. 环境商品

TPP 发展中国家的平均关税要高于发达国家，将通过减少环境友好商品的关税影响环境收益。TPP 参与各方应该考虑定义环保商品的生命周期或者生产过程。为货物提供削减关税创造最强的激励机制，主要针对企业运用更少碳强度产品的过程，从而有助于减少温室气体排放。

2. 环境友好商品贸易的关税优惠

在能源领域，将效率标签应用到各种各样的商品，从洗衣机到电脑，已经成为一个关键的告知消费者的手段，从而鼓励工业生产更节能的产品，有些国家已经采取措施应用此类效率标签，例如，TPP 国家澳大利亚和加拿大在美国能源之星计划中使用的能源效率标签。TPP 参与方要考虑向使用低碳生产流程的产品提供关税优惠，标签使得海关官员和消费者可以识别这些货物。

3. 环境服务

服务将转变成绿色或者低碳经济的重要部分。风电和太阳能等可再生能源设施需要工程师设计和运用，下游可再生能源的供应链也都是以服务来驱动的。这需要 TPP 减少环境服务贸易壁垒。此外，调度服务承诺在 TPP 中主要运用了被动列表方法，意味着新的服务将会自动的被绑定以确保 TPP 服务可以在快速变化的市场环境下减少贸易壁垒。

4. 能源和气候变化补贴

（1）TPP 各方已经采用的可再生能源补贴范围

澳大利亚计划到 2020 年可再生能源发电比例达到 20%，另外政府支持可再生能源，例如，太阳能，碳捕捉和储存。TPP 将可能需要开发一个非行动性补贴的清单，WTO SCM 协定第八条（现已过期）包含了一系列的行动补贴，包含研发补贴和帮助适应新环境的要求。

（2）TPP 各方补贴绿色能源的研究和发展

2009 年美国恢复和再投资法案增加开发清洁能源支出从 2007 年 178.95 亿美元到 2010 年的 371.6 亿美元。

（3）补贴的透明性

WTO SCM 协议要求 WTO 成员向 WTO 报告他们的补贴，但是这样的报告已经很少见了，很大程度上是由于缺乏对于不符合规定的处罚，TPP 各方可以开始适应向其他成员报告补贴的标准框架，以及对违反的制裁。

我国一方面在积极推动多边贸易体制，另一方面也在同 29 个国家和地区积极建设 16 个双边和区域自由贸易区。环境问题将成为发达国家对我国核心要价及贸易协定能否签署的决定性因素。目前我国已经签署并实施的 10 个自由贸易协定中全部涉及环境与贸易相关内容。正在开展的政府采购协定（GPA）谈判、中国—瑞士自贸区谈判、中美投资协定谈判，环境问题都是其他国家对我国的重要要价。在《跨太平洋战略经济伙伴关系协定》（TPP）谈判中，环境问题也是分歧较为严重的一个领域。TPP 谈判的议题之一是不允许为促进投资和贸易而放宽环境标准，以防止发展中国家通过放宽环境标准，吸引外国企业进行投资、生产低成本产品。此外，如何处理违反环境公约的行为、限制渔业补贴及违法采伐、保护野生生物也是争论的焦点。

综上所述，随着世界经济一体化的加速以及人类环保意识的提高，国际贸易和环境保护的协调问题日益重要，如何消除贸易对环境的不利影响，如何既促进国际贸易的发展有保护好生态环境，从而实现社会经济的可持续发展，是各国所要关注的重要问题。

7.2.4 产业转移

迄今为止，世界已完成了三次大规模的产业转移。第一次世界产业转移发生在 20 世纪 50 年代至 60 年代，美国将大部钢铁、纺织等传统劳动密集型产业转移到日本等国，日本迅速跻身于世界经济强国，持续 20 年左右。第二次世界产业转移发生在 20 世纪 60 年代中后期至 80 年代，美国、日本等国将其劳动密集型产业转移到发展中国家——尤其是东亚地区，“亚洲四小龙”完成了向出口导向型经济的转变，持续 15 年左右。第三次世界产业转移则发生在 20 世纪 80 年代后期至今，美国、日本、欧洲等发达国家以及“亚洲四小龙”，将其劳动密集型及部分低技术密集型产业（主要是汽车、电子等产业）转移到新兴工业国家和地区（包括中国、印度、俄罗斯、巴西、南非等）。2008 年以来的全球金融危机极大地改变了世界经济格局，也开启了第四次世界产业转移的进程。

7.2.4.1 全球保持大规模产业转移趋势，新兴国家（地区）跻身主要力量

短期来看，金融危机造成外商直接投资减少，全球产业转移步伐放慢。另外，金融危机还造成国际中小企业直接投资和产业转移明显放缓。部分跨国公司受到冲击后暂停或延缓了投资计划，也有部分跨国公司从全球产业布局和长期发展着眼，继续增加在华投资。金融危机还导致全球范围内贸易保护主义抬头，减缓了全球产业转移步伐。

长期来看，全球产业加速转移的总体趋势仍将继续。全球产业调整升级步伐加快，国际产业转移层次将不断提高。为提高全球竞争力，发达国家继续加快发展更高附加值、创新性技术密集型产业和现代服务业，转移低附加值一般制造业和服务业。发展中国家承接产业转移，发展传统加工制造业和重化工业，并带动配套产业和服务业发展。国际产业转移呈现从传统产业向新兴产业、从制造业向服务业、从低附加值产业向高附加值产业提升的趋势。

新技术的快速发展使产业转移向高技术和服务方向发展，同时产业链条整体转移趋势逐渐明显。在 20 世纪 50—80 年代，产业转移主要以初级产品加工和原材料加工等劳动密集型产业为主。进入 20 世纪 90 年代，发达国家在继续向发展中国家转移劳动密集型产业的同时，开始向发展中国家转移技术密集型和服务产业，从而导致以知识、技术为核心的技术密集型产业和以人力资本为主的服务业产业转移比重不断提高。为充分利用发展中国家低成本优势，跨国公司日益倾向于控制少数核心业务和高增值环节，将非核心业务外包发展中国家，从而产业链整体转移到了发展中国家。美国、日本、欧洲等发达国家和地区大力发展信息、新材料、新能源等高技术产业，把劳动、资本密集型产业和部分低附加值的技术密集型产业转移到海外。我国成为这轮国际产业转移的主战场并跃升为世界制造业大国。而在制造业内部，承接国际产业转移的主要产业已由轻工业转向重化工业。近年来，一些发达国家为减小本国的环境压力，从能耗、环保、税收等方面对高耗能项目进行限制，因

而越来越多地将高耗能产业向发展中国家转移。制造业，特别是重化工业成为本次国际产业转移的主体。根据欧洲化学工业协会的研究结果显示：在 2000—2010 年，欧洲和北美自由贸易区化工品销售额在全球总额中分别减少了 8.3%和 8.8%，而中国的销售份额占全球总额的比例却增加了 18%（图 1-7-33）。未来，我国第二产业也将会加入全球产业转移的浪潮（表 1-7-20）。

表 1-7-20 我国产业结构变化趋势[1] 单位：%

产业	2010 年	2020 年	2030 年
第一产业	10.1	6.8	4.3
第二产业	49.2	48.7	45.5
第三产业	40.8	44.5	50.2

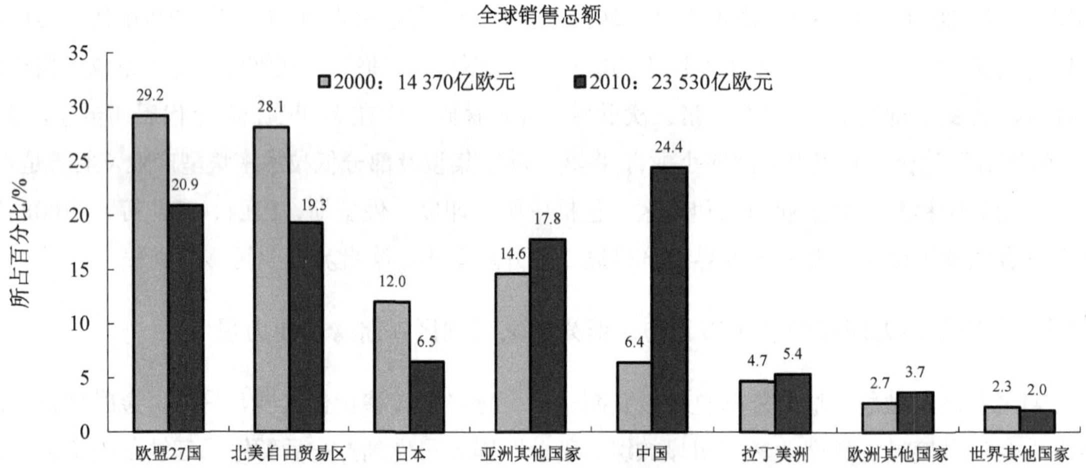

图 1-7-33 2000 年、2010 年各地区化工品销售额占全球总额比例变化[2]

7.2.4.2 我国“走出去”步伐加快，环境保护的保驾护航作用亟待加强

长期以来，我国是国际产业转移的主要承接地。近年来，我国劳动力成本就出现了快速上升的态势，制造业劳动力成本已经超过了泰国、印度尼西亚、越南、印度等国家。受此影响，我国制鞋和服装等部分劳动密集型产业出现了向海外迁移的苗头和趋势，也为加快我国企业“走出去”提供了新的动力。

自 2001 年国家“十五”计划纲要提出“走出去”战略以来，对外直接投资和进出口贸易规模持续增长。国家“十二五”规划纲要进一步提出要“加快实施‘走出去’战略”。我国年度对外直接投资从 2001 年的 69 亿美元增至 2012 年的 878 亿美元，2013 年更是有望突破千亿美元（表 1-7-21）[3]。目前，我国对外投资额位居发展中国家及地区的首位。2012 年，我国首次成为世界三大对外投资国之一，投资遍布全球近八成的国家和地区，对外直接投资存量高度集中，前 20 位的国家地区存量占 89%。

---

1 国家发改委能源研究所（姜克隽等，2008）。
2 欧洲化学工业协会（Cefic Chemdata International）。
3 据商务部对外投资和经济合作司 2014 年 1 月公布的数据，我国 2013 年对外非金融类直接投资 901.7 亿美元，金融类数据尚未公布。

表 1-7-21 2003—2012 年我国对外投资发展情况[1]

年份	对外直接投资/亿美元	增长率/%	投资存量/亿美元
2003	28.5	5.5	334
2004	55.3	93	449
2005	122.6	123	572
2006	211.6	72.6	906.3
2007	265.1	25.3	1 179.1
2008	559.1	111	1 839.7
2009	565.3	1.1	2 457.5
2010	688.1	21.7	3 172.1
2011	746.5	8.5	4 247.8
2012	878.0	16.8	5 319.4

当前，我国转出的产业以制造业为主，对东道国的可持续发展具有重大影响。中国境外投资的环境社会挑战日益突出，特别是在发展中国家。由于投资地本身在政治、社会、法制等方面的种种缺陷，导致一些环境社会问题在初期难以及时发现和监督，通常是相关矛盾积累了较长时间而突然爆发，一旦爆发就已经相当严重。

近年来，我国因“走出去”企业造成的环境污染问题受到国际社会的广泛关注，例如，缅甸密松大坝破坏生态环境停建事件、赞比亚铜矿污染事件，以及中铝秘鲁特罗莫克铜矿污染事件，致使我国在对外投资过程中的政治与经济形象受到了严重影响，应从法律法规、评价考核、咨询服务等各方面加强我国对外投资环境管理体系建设，以环境保护为“走出去”企业保驾护航，实现我国对外投资的可持续发展。

专栏 中缅合作密松水电项目

1. 基本情况

2009 年中缅两国政府签署的《关于合作开发缅甸水电资源的框架协议》，包括密松电站在内的七级梯形水电站，装机总容量 2 000 万 kW，建设工期 15 年，年均发电量约 1 000 亿 kW·h。其规模几乎与三峡大坝等同。密松水电项目作为中缅两国合作项目，最早是由缅甸政府向中方发出的邀请并由中国电力投资集团（中电投）以及缅甸第一电力部和缅甸亚洲世界公司共同投资。密松项目是中缅两国计划在伊洛瓦底江流域投资开发的梯级电站中的第一座，于 2009 年底开工建设。但缅甸政治局势复杂多变，随着其军政府统治时代结束，民选政府成立，密松水电项目被作为缅甸军政府的遗产，遭到缅甸国内一些势力的反对，并最终在 2011 年 9 月 30 日由缅甸现任总统亲自宣布，由于该项目“破坏密松的自然景观，破坏当地人民生计，破坏民间资本栽培的橡胶种植园和庄稼”，将暂停、搁置密松水电项目。

[1] 商务部，中国对外直接投资统计公报，2003—2012 年。

2. 环境评价和移民安置

水坝建成后将会造成部分耕地、森林和自然资源被淹没，30 多个村 8 000 多名居民将因为该项目而移民。在中电投公布的官方环评报告中对伊洛瓦底江上游水电项目的经济效益、碳减排、生物多样性保护、施工环境影响等方面都作出了正面的评价。但是，2009 年，中电投委托缅甸生物多样性和自然保护协会（BANCA）和长江勘测规划设计研究院（CISPDR）对伊江上游梯级水电项目的环境影响评价指出，如果中缅双方真心关心环境问题，以缅甸的可持续发展为目标，就没有必要在伊洛瓦底江的合流处建造这样的一个大坝。两份环评之间存在很大的出入也是导致该项目备受质疑的原因之一。

另外，在安置移民的问题上，根据中缅签署的协议要求，“移民生活状况不低于原有水平并有所提高”。中电投认为密松水电项目在制订移民计划时反复征询库区居民的意见，并进行了妥善的安置。但是，当地民间组织称，将有 60 个村庄，超过 1.5 万人由于伊洛瓦底江的密松项目而离开自己的家园。水电建设项目将使村民被迫放弃农田，到没有足够农田和水来维持生计的安置点中。目前一些村民或是无工作，或是只有低工资的临时工作，且无法承续与旧家园息息相关的文化习俗。同时，各国的 NGO 组织也纷纷以该理由对该项目提出质疑。除此之外，中电投在项目动工后，按照涉及的移民人口数目逐步发放补偿，但补偿款并非直接发给村民，而是交给了与中方合作的前政府，在资金下放的环节中，存在补偿款被层层克扣现象。在安置费的发放中，没有严格的遵循发放程序和原则，导致资金落入少数利益集团的口袋，导致真正需要安置款和物资的居民由于没有收到补偿而反对项目的进行。因此，不少当地民众并未将这个项目视为双方互惠的项目。

7.2.5 小结

（1）全球钢铁水泥行业止跌回稳，由于需求萎缩，增长趋缓。重化工产业的能源需求增大，造成全球环境压力凸显。我国钢铁水泥产量目前均位居世界第一，据预测将在“十三五”期间出现拐点，重化工行业增长放缓，但环境压力仍将持续。

（2）全球能源需求仍在大幅增长，能源结构变化缓慢。我国煤炭消费量将在 2020 年前后出现增长停滞，将改变全球煤炭消费量的增长趋势。低碳化和清洁化成为大趋势，非化石能源作用日益重要，其中，页岩气革命将引发世界能源格局的转变，继而影响全球环境问题的解决机制。此外，由于能源需求的持续增长，资源约束还将不断加剧，影响全球环境安全格局。

（3）传统发达市场萎缩，新兴经济体作用显著提升。能源贸易格局发生重大变革，我国已成为世界第一大石油净进口国，能源安全压力加大。可再生能源贸易争端此起彼伏，我国光伏发电在多国遭遇壁垒。我国贸易快速增长的资源环境代价过大，在赢得贸易顺差的同时，也承担着“环境逆差”。国际贸易协定严格环境条款，成为我国贸易发展制约因素。

（4）全球保持大规模产业转移趋势，新兴国家（地区）跻身主要力量。我国加快“走出去”步伐，随着我国对外投资的迅速增长，引发了对境外投资地的资源环境的保护问题，面临当地环境社会挑战，环境保护的保驾护航能力亟待加强。

参考文献

[1] 高芯蕊，王安建. 基于“S”规律的中国钢需求预测[J]. 地球学报，2010，31（5）：645-652.

[2] 史伟. 2011—2050 年中国水泥需求量预测[J]. 中国 11 省市硅酸盐发展报告，2011，2.

[3] 世界钢铁统计数据 2013.

[4] 徐向春，王玉刚. 中国钢铁消费峰值的探讨[J]. 冶金信息导刊，2007（1）：4-10.

[5] 朱及天，洪天求. 我国钢铁需求预测及铁矿资源安全供给对策[J]. 金属矿山，2006（10）：9-12.

[6] 世界银行、国务院发展研究中心联合课题组，2030 年的中国，中国财政经济出版社，2013.

[7] 中国工程院，中国能源中长期（2030、2050）发展战略研究，科学出版社，2011.

[8] BP 公司，2030 世界能源展望，2012.

[9] 商务部，美学会分析页岩能源革命对中国影响，商务部简报，2013.

[10] 国际能源组织，世界能源展望 2012.

[11] 商务部，中国对外直接投资统计公报，2003—2012 年。

[12] IEA（2011），World Energy Outlook，International Energy Agency，Paris.International Energy Agency，Cement roadmap targets，2009.

[13] Investment，Trade，and Environment，CCICED Annual General Meeting 2011，Available from：http：//www.cciced.net/encciced/policyresearch/report/201205/P020120529369994285106.pdf.

[14] Lin J，Pan D，Davis S J，et al. China's international trade and air pollution in the United States[J]. Proceedings of the National Academy of Sciences，2014：201312860.

[15] Tian Y，Zhu Q，Geng Y. An analysis of energy-related greenhouse gas emissions in the Chinese iron and steel industry[J]. Energy Policy，2013，56：352-361.

[16] U.S. Energy Information Administration（EIA），2013，Annual Energy Outlook. Available from：http：//www.eia.gov/forecasts/aeo/pdf/0383（2013）.pdf.

[17] Yellishetty M，Ranjith P G，Tharumarajah A. Iron ore and steel production trends and material flows in the world：Is this really sustainable？[J]. Resources，conservation and recycling，2010，54（12）：1084-1094.

[18] Zhou N，Fridley D，Khanna N Z，et al. China's energy and emissions outlook to 2050：Perspectives from bottom-up energy end-use model[J]. Energy Policy，2013，53.

7.3 国际环境保护动态

当前，随着全球化进程的加剧，全球环境问题不断呈现出政治化、经济化、法律化和机构化等复杂趋势，已超越了传统范畴，与国家主权、外交、经贸、环境安全等问题交织在一起，与国家政治、经济和安全等领域不断相互渗透，一体化和复杂化程度日益增强，逐步演化成为承载政治、经济、外交、文化等诸多因素的复合体，环境安全已成为国家非传统安全的基本要素，环境利益也成为国家核心利益的重要组成部分。随着我国政治经济外交地位的不断提升，应对这些问题不仅是中国的国际责任和形象问题，而且是关系到我国的可持续发展的自身利益问题。

7.3.1 主要地区环境问题的发展动态

7.3.1.1 欧盟

7.3.1.1.1 环境现状及未来趋势分析

2014—2020 年，欧盟环境保护的三大优先领域为自然资本、低碳经济、环境与健康。大气污染已显著减少，未来将进一步减轻或基本保持稳定。但气候变化引起的极端天气可能性仍继续增加；土壤因农业扩展等需要而加快被侵蚀；大部分地区都存在水资源短缺问题，河流的富营养化日益严重，阻燃剂成为新的水污染物；生物种群数量、物种和生态系统级别上都发生了退化，遗传多样性也在减少。西欧的生态足迹已超出了其生物承载力。鉴于此，在应对气候变化方面，欧洲引领了全球温室气体减排行动，2005 年建立欧洲排放交易系统（EU ETS），涵盖了欧盟温室气体排放的 40%左右。2009 年欧盟正式实施《气候和能源一揽子计划》，提出了“20-20-20”目标；此外，还出台了旨在加速推进可再生能源广泛应用的上网电价补贴等政策。在大气方面，2008 年的《欧洲清洁空气指令》整合了之前所有的空气质量法律法规，建立起欧盟长期战略性政策建议，交通排放依然是管控重点。在水方面，由污水排放和农业灌溉引起的富营养化是欧洲淡水资源的主要威胁，欧洲已在利用政策组合解决此类问题上取得有益经验，但在跨区域水域管理方面，仍有必要出台更多欧盟和非欧盟国家共同参与的流域管理计划。在化学品和危险废物方面，欧盟和东欧国家都高度关注化学品和废弃物问题，废弃物预防在《废弃物框架指令》中被放在首要位置。欧盟影响最为深远的规范化学品法规于 2007 年生效，这一法规规定了化学品的登记、评估、许可和限制条款（REACH）。在生物多样性保护方面，欧盟在 2011 年 5 月确定了新的生物多样性战略《欧盟生物多样性战略 2020》。

（1）大气

大气问题主要包括硫污染、氮化合物排放、微小颗粒物（PM_{10} 和 $PM_{2.5}$）以及平流层臭氧四个方面的。

欧洲的二氧化硫排放自《21 世纪议程》（UNCED，1992）强调越界空气污染的问题以后已显著减少，实现了《长程越界空气污染公约》（CLRTAP）（UNECE，1979）、EU 国家排放量限值（NEC）指令。因为硫沉积的减少，酸化也随之消失，淡水生态系统也已恢复。《哥德堡协议》修改后，欧洲进一步采取了减少硫排放的行动。在氮化物排放方面，欧洲在 1990—2005 年通过采取控制措施已成功将氮氧化物排放量降低了 32%，预计今后还将有进一步的下降。另外，城市地区农业、工业和交通行业排放中基于氮的空气污染对 $PM_{2.5}$ 浓度有很大的贡献，是第二大硝酸盐和铵盐基颗粒，这些颗粒使中欧地区的人均寿命减少了几个月。全球氨排放量在几乎所有地区都在继续攀升，只有欧洲出现了微小的下降，未来可能会保持稳定（图 1-7-34、图 1-7-35）。

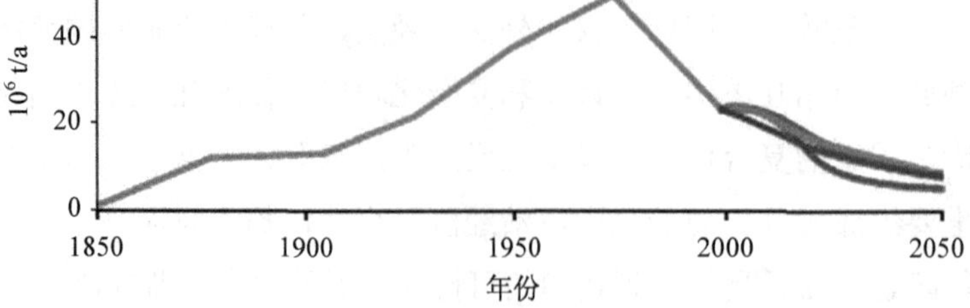

图 1-7-34 1850—2050 年欧洲二氧化硫排放趋势

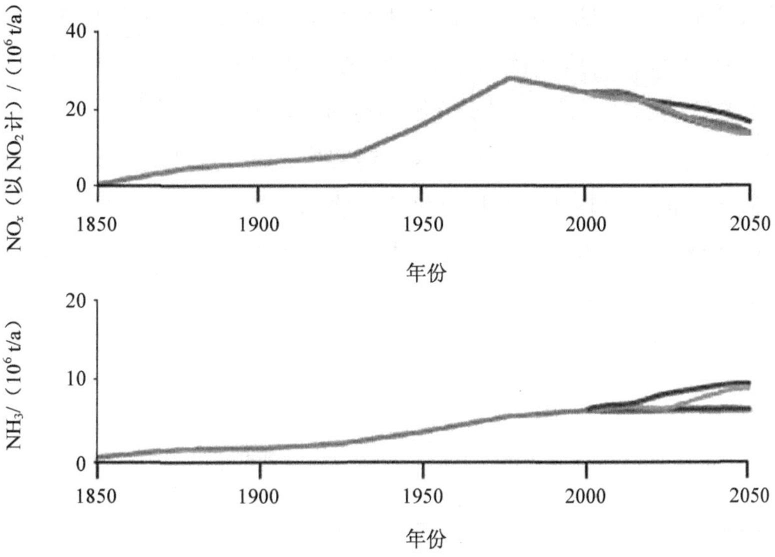

图 1-7-35 1850—2050 年欧洲氮氧化物和氨排放量

欧洲的颗粒物（PM_{10}）的排放量已明显减少，大部分城市的室外颗粒物浓度都处于 WHO 和 EU 指南范围内或接近这个范围。欧洲 $PM_{2.5}$ 排放量预计到 2020 年将会减少 20%，进而会使损失的生命年比 2000 年减少 40%。但是 PM 导致的空气污染依然会导致统计人均寿命缩短 4.6 个月。如果欧洲的国家排放量限值得以实施，$PM_{2.5}$ 的排放量将会减少 35%～50%，所获得的收益可能达到所付出成本的 12～37 倍（图 1-7-36）。

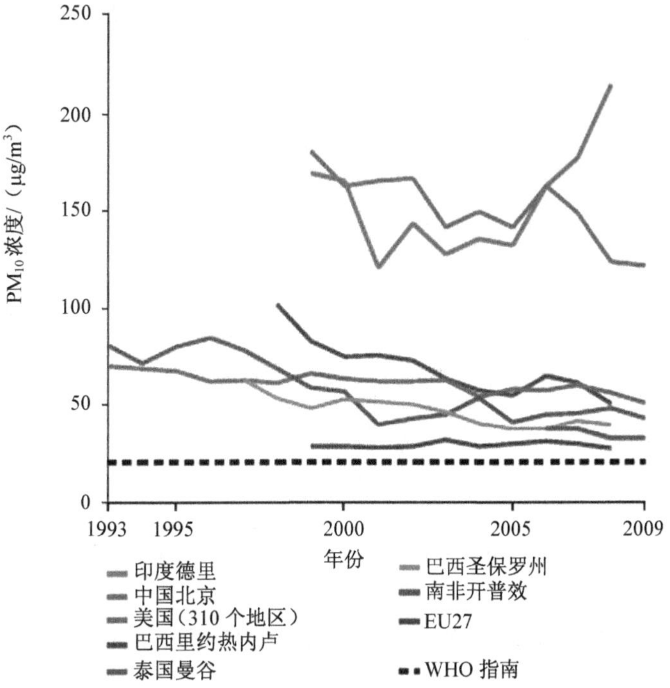

图 1-7-36 1993—2009 年不同地区 PM_{10} 浓度发展趋势[1]

[1] 资料来源：GEO5。

欧洲是人为臭氧负荷较高的地区之一，但近年来欧洲对流层的臭氧峰值浓度已有所降低（日峰值约为 60 μg/m^3），原因是欧洲的协调行动使氮的氧化物和挥发性有机化合物的排放量比 1990 年低了 30%～35%。HRAP 的全球光化学模型研究结果也显示，欧洲的表面臭氧浓度有所降低，这能是过去 20 年中有效实施《美国清洁空气法案》和《长程越界空气污染公约》（CLRTAP）（UNECE，1979）以及 EU 目标，控制了氮的氧化物和挥发性有机化合物的结果。

另外，由于气候变化欧洲的极端天气事件未来可能发生得更加频繁。欧洲在 2003 年和 2010 年曾经历过两个极端炎热的夏季，未来 40 年内发生夏季酷热（包括超级热浪）的可能性比过去增加了 5～10 倍（图 1-7-37、图 1-7-38）。

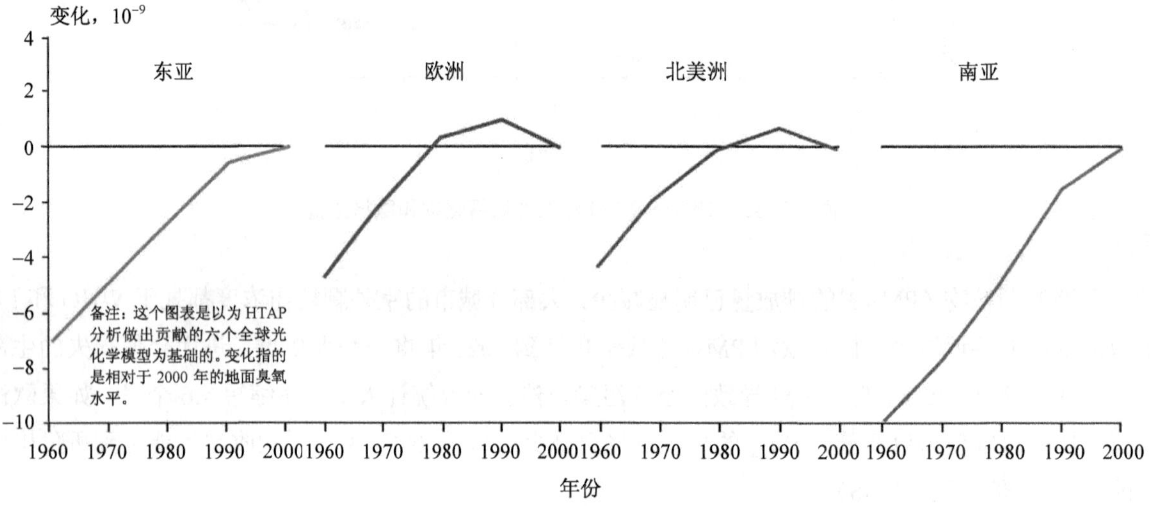

图 1-7-37　1960—2000 年不同地区臭氧浓度变化

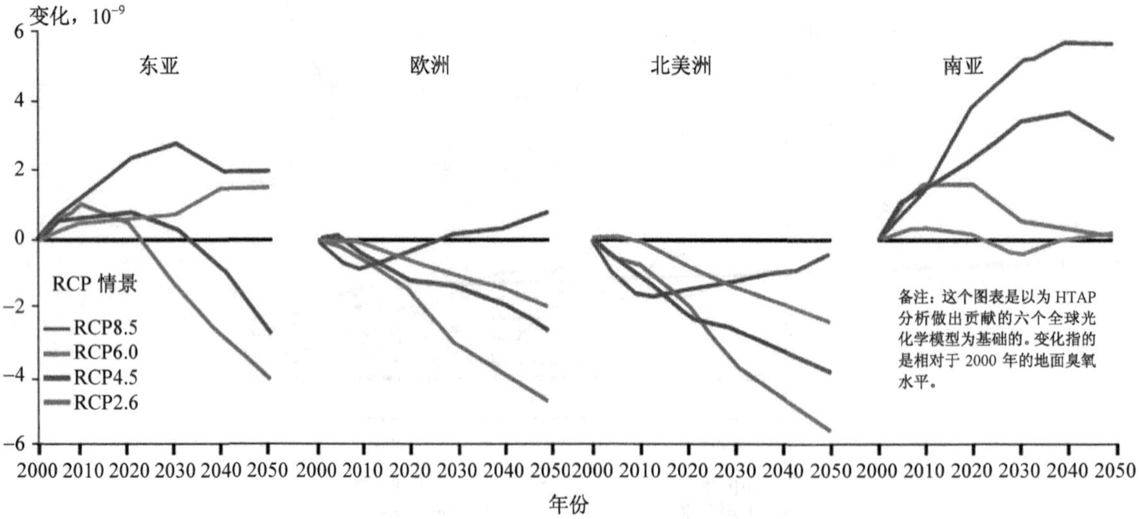

图 1-7-38　2000—2050 年北半球受污染区域地面臭氧浓度变化预测

（2）土地

2009 年全球共有大约 33 亿 hm^2 牧场和 15 亿 hm^2 农田，其中欧洲的农田占全球的 13.9%，牧场占全球的 8.5%，是唯一一个农田占土地面积比例超过牧场的地区。2001—2010 年欧洲的水稻种植面积增加 30%，是增幅最大的地区；其大豆种植面也一直在急剧增加。另外，欧洲还是主要小麦生产国之一。农作物种植面积的增加，一方面使全球粮食总产量增加，另一方面将传统农业扩展到未开垦的土地，需要对地表进行机械化耕作，随着农业生产中集约化、机械化和高投入模式的广泛应用，土壤侵蚀的速度也大大加快。也就是说，这种产量的增加往往是以生态成本为代价的。

欧洲分布有斑块状的温带森林。人工造林不会丰富当地的生物多样性，却可以提供生态服务，包括木材、碳储存、水储存以及防止土壤流失。2010 年欧洲造林面积为 6 932 万 hm^2，仅比 2000 年增长了 0.6%（约 40 万 hm^2），是人工造林增长率最低的地区。

欧洲空间局与国际重要湿地公约（拉姆萨尔湿地公约）秘书处于 2003 年共同发起了全球湿地项目，展示了地球观测技术在支持湿地生态系统清单、监测和评估方面的能力。项目研究结果发现，地球观测系统的发现与湿地社区之间存在巨大差距，表明全球湿地评估存在巨大的不一致性。例如，全球湿地资源评估认为欧洲湿地面积为 2.58 亿 hm^2，约占全球湿地面积的 20%，而根据全球湖泊和湿地数据库的数据，欧洲湿地面积仅为 0.26 亿 hm^2，占比仅为 3%。

欧洲土地的主要问题与生物燃料有关。欧洲对生物燃料的需求在不断增加，而目前已有研究显示，生物燃料需求的增加可导致农作物用途的改变，对农作物需求的增加，不得不通过转变土地用途来满足。例如，德国生物柴油的生产能力在 2004—2008 年增加了 5 倍，虽然德国油菜籽的种植面积在 2007 年达 153 万 hm^2，其中一半以上用于燃料生产以满足欧盟强制的生物柴油混合目标，但是德国依然需要额外 180 万 hm^2 土地种植油菜籽，这只能通过转变永久性草地的用途来实现。EU 共同农业政策允许成员国最多将 5% 的草地转变用途，德国已经将其使用完毕，这种政策会推动其将生物燃料（食物）生产外包给其他国家。然而，最近的研究显示，如果将土地用途转变等因素纳入生物燃料碳排放评估的考虑范围，使用生物燃料产生的排放可能比同等数量的化石燃料还要多，这是违背我们最初鼓励使用生物燃料的初衷的（图 1-7-39）。

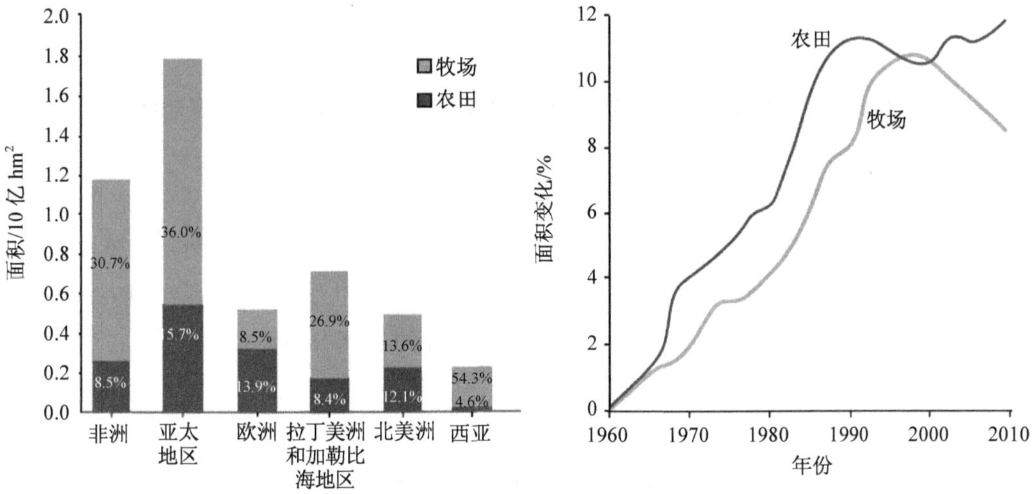

图 1-7-39　2009 年各地区农田和牧场面积以及 1960—2010 年全球变化趋势

（3）水

1990 年以来，全球河流的富营养化日益严重，沿海富营养化地区急剧增加。全球有至少 169 个国家被认定为缺氧，欧洲是“死区”普遍分布的地区之一。但欧洲北部有的沿海地区在恢复。

在过去 30 年中，阻燃剂［如属于 POP 一种的多溴联苯醚（PBDEs）］在欧洲使用有所增加。这是最近新出现的水污染物。

在水治理方面，欧洲的《欧盟水框架指令》先后在2000年和2007年采用水资源综合管理原则和洪灾风险管理指令。

（4）生物多样性

虽然目前生物多样性变化的趋势还未可知，但是其在种群数量、物种和生态系统级别上都发生了退化，遗传多样性也在减少。2009年IUCN红色名录对各地区药用植物分布和保护现状的评估显示，欧洲有约15%的药用植物种类（共74种）生存受到灭绝风险的威胁，属于受威胁比例较低的地区。自1980年以来，欧洲农田鸟类的种群数量平均减少了48%。气候变化也对物种和栖息地产生重要影响：1990年以来欧洲鸟类的发展趋势表现为从气候变化中获益的种群群体数量有所增加，而栖息地范围收缩的种群群体数量出现减少。

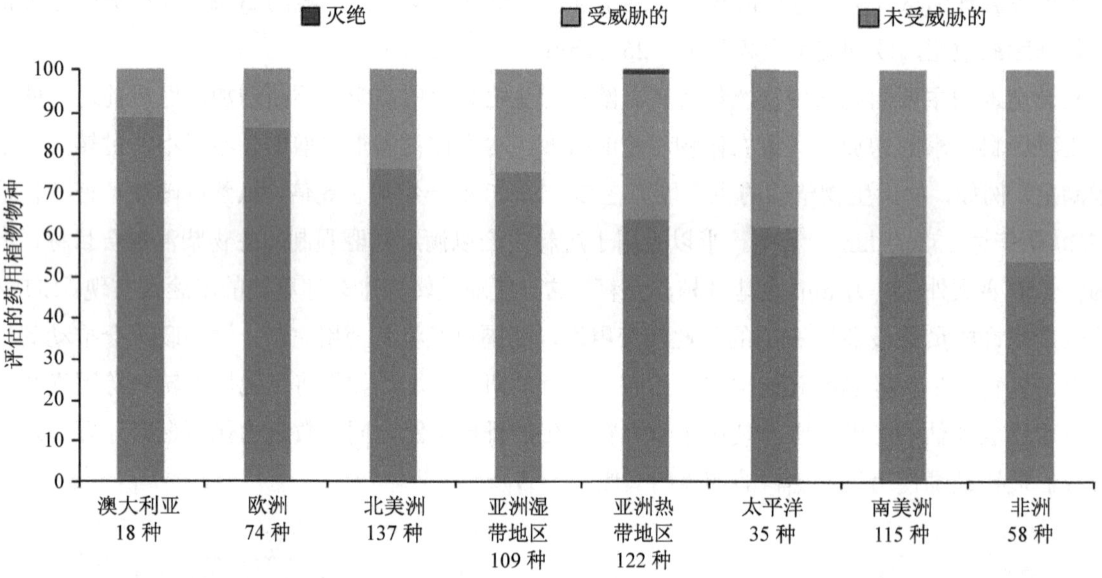

图1-7-40 2009年IUCN红色名录评估的各地药用植物的分布和保护现状

（5）化学品和废弃物

全球化学品生产、化学品交易和使用及随之产生的有害废弃物都在不断发生变化，但并没有采取相应的控制措施，因此向环境释放有害化学品的风险在扩大。欧洲也存在很多污染点。有分析表明，西欧海滩是PCB浓度较高的地区之一。东欧现存的过期农药约有24万t，处理这些农药需要7.2亿～12亿美元，是目前全球过期农药存量最多的地区（表1-7-22）。

表1-7-22 过期农药数量[1]

地区	估计数量/t	处理成本估算/（10^6美元/t）
非洲	27 395	82.2～137.0
亚洲	6 463	19.4～32.2
东欧	240 998	723.0～1 205.0
拉丁美洲和加勒比海	11 284	33.9～56.4
总计	286 140	858.5～1 430.6

注：成本估算按3 000～5 000美元/t计算。1994—2006年FAO提供的更新有所不同。

[1] 资料来源：GEO5，第181页。

欧洲委员会参与了全球名录项目，与其他机构一起对全世界 80 个国家的污染地点进行评估，为今后的决策制定提供依据。

（6）对地球系统的影响

生态足迹指利用当前技术生产资源和吸纳废弃物的生物生产性土地和水生生态系统的面积指数。西欧的生态足迹已超出了其生物承载力，如果全世界人的生态水平都达到西欧水平，全球的总体生物承载力将达到目前的 3～5 倍，超出地球承受极限。而中欧和东欧的生态足迹还保持在生物承载力以内，但如果将其消费水平扩展到全球，则同样超标（图 1-7-41）。

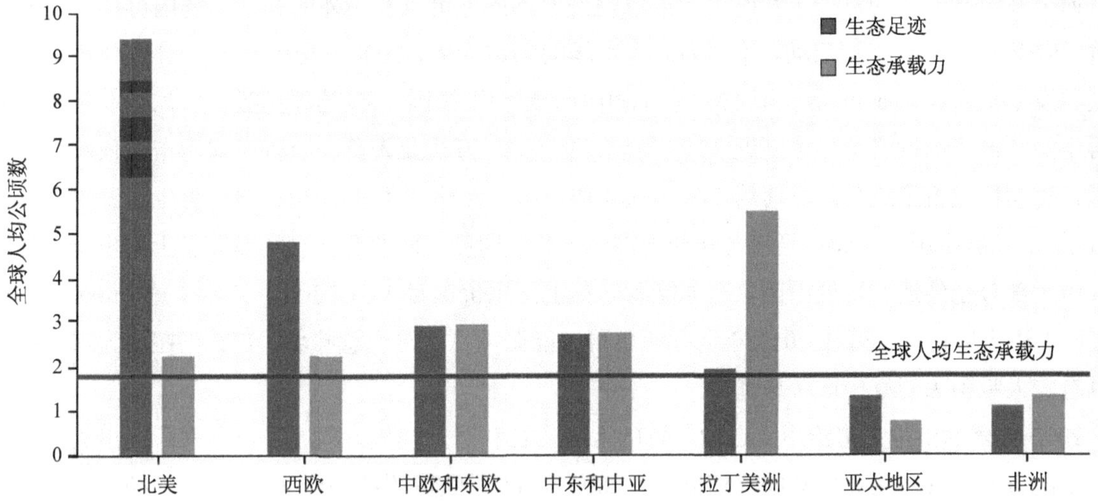

图 1-7-41 2002 年区域生态足迹和生态承载力

7.3.1.1.2 政策选择

（1）气候变化

在应对气候变化方面，欧洲引领了全球温室气体减排行动。欧盟 15 国有望完成他们在京都议定书中的减排目标。如果清洁发展机制、联合实施机制和碳储存等均被考虑在内的话，还可能超额完成。而其他先进经济体要么没有批准京都议定书（美国），要么不能完成京都议定书中的减排义务（加拿大），要么允许增加其温室气体排放量（澳大利亚）。除欧盟外，还有日本承担了 6%的减排义务。

2007 年欧盟 27 国单方面承诺，与 1990 年相比，他们将在 2020 年至少减少 20%温室气体的排放量；如果其他发达国家作出相应减排承诺且发展中国家按照其能力承担减排义务的话，他们将承诺减排 30%。2009 年欧盟正式实施《气候和能源一揽子计划》，该计划包含三个主要目标：a）到 2020 年，将欧盟温室气体排放量在 1990 年的基础上减少 20%；b）到 2020 年，将欧盟的能源效率提高 20%；c）2020 年，新能源的使用将达到欧盟能源需求总量的 20%。这些承诺共同构成了“20-20-20”目标。为了实现这些目标和承诺，欧盟实行了一系列政策。其中最为典型的是欧洲排放交易系统、可再生能源的上网电价补贴政策以及气候适应政策。

欧洲排放交易系统（EU ETS）于 2005 年建立，是世界上第一个且是目前最大的碳排放限额交易方案，以低本高效方式减少工业温室气体排放的重要工具。EU ETS 涵盖了欧盟温室气体排放的 40%左右。由于在 EU ETS 第一阶级（2005—2007 年）和第二阶段（2008—2013 年）存在配额过剩问题并受到欧债危机的冲击，碳信用价格一度走低，但这也显示了准确、可靠能源消耗和碳排放数据及其及时更新在碳排放交易中的关键作用。第三阶段从 2013 年 1 月 1 日开始，这一阶段将有几个重要变化，如将航空排放包含在内、增加拍卖津贴以及用欧盟排放量上限取代国家排放量下限等。EU ETS 对欧盟外国家也极具吸引力，冰岛、烈支敦士登和挪威已通过获得《欧洲经济区协定》获得成员资格，瑞士也将国家的排放权交易系统与 EU ETS 对接，澳大利亚也在探求合适的加入途径。这一工具还正在其他很多国家被效仿和推广，甚至发展中国家，如中国。2009 年全球碳信用市场估值为 1 437.5 亿美元，其中 EU ETS 估值占到 82%（1 185 亿美元），涵盖碳排放量达到 63.3 亿 t。

上网电价补贴政策（可再生能源回购电价或政府电力收购制度，FIT）旨在加速推进可再生能源广泛应用的政策机制。政府与可再生能源提供者（个人或公司）签订一份 20 年的长期合约，期间发电者向公共电网输送的每一千瓦时电均可以得到原本的电价以及额外的补贴。德国可再生能源上网电价（REFIT）于 1991 年启动，采用独立于市场的固定价格。2000—2010 年这一计划使德国的可再生能源发电量占比从 6.3%增长至 17%左右，相当于减少了德国 5.8%的碳排放量（以 2009 年为基础），可再生能源部门的投资总额达到近 35 亿美元，拥有 37 万从业人员。西班牙采用市场依赖溢价价格模型，也同样取得了成功。目前约 2/3 的欧盟成员国已经建立了基于 FIT 的可再生能源生产能力，超过 17 个发展中国家和新兴经济体（如中国、巴西、印度、南非等）已经制订了上网电价计划，并且其中大部分已经通过发展中国家全球能源转移上网电价项目（GET FIT）开始实施，60%左右已经在 CDM 注册项目或已有在 2012 年运行的可再生能源项目。这也意味着，FIT 正在成为对发展中国家具有较大吸引力的气候政策选择。

2002 年夏的洪涝灾害给中欧造成严重的人身伤亡和财产损失，欧洲委员会立即提出灵活使用现有基金的方案以应对受灾民众的迫切需求。2002 年 11 月欧盟团结基金（EUSF）已经将短期应对资金准备到位，用以应对灾后重建、受损基础设施的重建，以及保护基础设施的安全（如大坝和运河）。但是欧盟团结基金仅能用于没有参保的公共基础设施，因此欧盟需要建立一个覆盖所有成员国的统一、创新的保险制度，该保险制度应能通过主保险和再保险将地方级别的风险转移给国家甚至全球的保险市场。欧盟另一个应对气候变化的措施是 2007 年的《欧盟洪水指令》。依据该指令，欧盟国家必须在 2011 年提高国家洪涝灾害地图草案，并在 2013 年完成最终版本，2015 年提交最终的适应计划。

最近，适应气候变化欧盟白皮书已不仅包括短期灾难应对措施，还总结了建立长期适应措施框架和政策的关键步骤，在国家和地方层面实施以增强重建能力。另外，欧盟清算交易所作为一个应对气候变化的新机制已投入运行，第一阶段到 2012 年止。

（2）空气质量

近些年，欧洲空气质量已经因为工业生产和交通运输中温室气体的减排而得到显著改善，但来自其他空气污染物依然在损害着生态系统和人类健康，如颗粒物、二氧化硫、氮氧化物、氨（NH_3）排放以及臭氧层破坏等。《长程跨界空气污染公约》（1979 年）、《哥德堡协议》（1999 年）以及《国家空气污染排放限值指令》（2001 年）是欧洲空气净化法律法规上的三个里程碑，是制定空气质量政策的基础。2008 年的《欧洲清洁空气指令》整合了之前所有的空气质量法律法规，建立起欧盟长期战略性政策建议。基于以上空气质量标准和排放指令，欧盟推出过三个典型的空气质量政策：车辆尾气和燃料标准、欧盟工业排放指令和地方空气质量管理政策。

交通运输引起铅、氮氧化物和颗粒物的排放引发严重空气污染。欧洲汽车废气排放标准是欧盟国家为限制汽车废气排放污染物对环境造成的危害而共同采用的汽车废气排放标准，对当前几乎所有类型的车辆排放的氮氧化物（NO_x）、碳氢化合物（HC）、一氧化碳（CO）和悬浮颗粒物都有限制，车辆类型涵盖小轿车、卡车、火车、拖拉机等农业机械、驳船等（不包括海轮和飞机）。自 1992 年建立欧洲一号标准起，至今已经更新过 4 次。目前正在实行的欧洲五号标准于 2007 年生效，2014 年将再次更新为更严格的欧洲六号标准。自欧洲汽车废气排放标准实行以后，1990—2005 年运输部门的燃料消耗虽然还是增长了 26%，但如果与没有采用这系列欧洲标准而仍实行老技术的情景分析结果相比，2005 年排放显著减少：EEA-32 中，氮氧化物降低 40%；一氧化碳降低 80%，非甲烷挥发性有机物减少 68%，颗粒物减少了 60%。1990—2008 年，公路运输中铅的排放量减少了 99%，二氧化硫排放量减少了 92%。另外，脱硫、油耗降低以及温室气体排放减少等还产生了额外收益，如延长了引擎的使用寿命，节省了维修费用等。清洁能源政策虽然会在早期产生一些替代成本（无铅燃料的替换、生产商更新设备和技术等），但如果将人类健康和生态收益计算在内，无铅和脱硫技术产生的总收益大于成本。在欧盟之后，这些标准还被推广到很多亚洲、拉美和东欧国家。

自 1980 年以来，欧盟相继制定了 7 项与减少工业二氧化硫排放有关的指令，最新的《2010 欧盟工业排放指令》旨在整合这些现有指令，并包含很多成功的政策措施，如排放控制技术、最佳可行技术、燃料替代和减少液体燃料中的含硫量等。通过消除工业活动中的硫排放，这些措施使欧洲的二氧化硫排放量在过去几十年出现了明显下降（1990—2009 年，EU-27 人类活动引起的二氧化硫排放总量减少了 80%），尤其是在西欧国家，从而酸化率也大幅下降。这些政策的实施也会产生额外成本，新指令希望通过提高成本效率和政策有效性来减少这些成本。由于亚洲 80%的能源来自燃煤，这项政策对很多亚洲国家极具借鉴意义：一些国家已经借鉴了此项政策措施，进一步的推广有望大大降低亚洲地区二氧化硫的排放水平。

2008 年欧洲清洁空气指令规定，地方政府必须制订空气质量管理计划确保当地空气质量符合标准。城市空气污染物的 70%来自交通部门，因而政策措施多针对这一部门。其中最为有效的当属建立低排放区：限制或禁止污染严重的车辆驶入低排放区，鼓励使用符合排放标准的车辆，加快车辆更新换代。目前在 10 个欧洲国家中，已设立或筹划中的低排放区共有 100 个。除此之外，还有很多空气质量管理措施，如收取交通拥堵费、发展公共交通、鼓励绿色出行（自行超或步行）、拼车、更新或改装市政车辆以及加强交通区和绿化区管理等。另外，空气质量管理计划还要求公开空气污染详细信息和超标信息，公民或组织均有权就违规情况提起诉讼。然而，诉讼费用高、耗时长以及维权意识薄弱仍使该政策在实际执行中存在难度，很少有人就此提起个人诉讼。还有，许多欧洲城市并不遵守当前的空气质量管理政策。因此，地方空气质量管理计划要想真正取得成效，还需要给予地方政府更多授权并提高监测能力。

（3）淡水

欧洲大部分地区都存在水资源短缺问题，气候变化可能进一步使形势恶化。关于水资源的政策挑战不仅来自农业、工业、公共用水以及旅游业对水资源的竞争需求，很多淡水资源的跨境存在使问题变得更加复杂，不仅需要强有力的环境治理机制，还需要多方合作和持续努力。《欧盟水框架指令》和泛欧洲 UNECE 文件（如《水公约》）是欧洲解决重大水资源问题的法律基础。《欧盟水框架指令》旨在保护和提高现有水资源水平，包括地下水、江河湖泊、沿海水域和基于水资源的生态系统，同时确保水资源的长期可持续性。《水公约》则为欧盟国家和非欧盟国家提供了一个沟通交流、达成共识的公共平台，同时也是帮助非欧盟国家执行欧盟水相关立法的有益工具。跨境流域综合管理、非点源污染的政策组合以及水计量和基于体积的定价政策是其中三种较为有效的具体政策工具。

水的流动性使水资源很难以政治疆界划分归属，因此跨境合作在水资源管理里尤为重要。综合流域管理计划是基于《水框架指令》制定的水资源管理工具，主要关注污染防治和控制，水资源管理的公众参与和水资源利用的经济分析，流域内工农业、农村发展、自然保护项目和森林项目的有效整合以及跨境合作与协调是计划有效实施的关键。“保护莱茵河国际委员会”是欧洲第一个跨境合作流域管理机构（成立于 1950 年），之后其他流域也成立了很多类似组织和机构。很多流域不仅跨越欧盟国家，还流经非欧盟国家，而涉及非欧盟国家流域的合作仍缺少广泛且强有力的法律基础，因此有必要出台更多欧盟和非欧盟国家共同参与的流域管理计划（蒂萨河流域管理计划是成功案例之一）。另外，流域管理计划也需要更多的公众参与，只是由于流域复杂性和重要性以及利益相关者众多，此方法的实施仍然面临很多限制。

由污水排放和农业灌溉引起的富营养化是欧洲淡水资源的主要威胁。如果有足够的资金建设并维护水处理系统，减少点源水体的富营养化政策已被证明是行之有效的。淡水资源的面源污染则要困难得多，但欧洲已在利用政策组合解决此类问题上取得有益经验，包括农业用氮计算系统、牲畜密度限定政策、粪肥的利用、氮配额购买、肥料税以及对农业用地转化为湿地或森林进行补偿等。丹麦就成功利用一系列组合政策，使其富营养物质自 20 世纪 90 年代以来显著减少，该政策不仅考虑协同效应，而且还平衡了所有利益相关者的权力和义务。

由于工农业需要，欧洲的水资源消费水平相对较高。除此之外，水在运输环节也会产生大量的流失，在一些国家这类流失甚至达到 40%之多。水计量收费政策和合理的定价体系可提高水资源的利用效率，同时为水资源供应系统提供维护所需资金。这一政策在西欧国家已很普遍，但中欧和东欧国家仍处于从按人头统一收费到按体积计量收费的过渡中。很多研究表明，如果安装独立计量系统，家庭平均用水量可减少 10%～40%。另外，阶梯水费在西欧国家也正得到越来越多的应用，如果这一价格制度在中欧和东欧得以推广，不仅会提高水资源使用效率，还能获得水部门现代化所需的资金，减少水在运输过程中的流失。值得注意的是，水计量装置的安装费用有可能会对贫富家庭形成负担，因此引入针对贫困家庭特殊补贴计划，提供免费安装和分期付款服务等相关政策须一并考虑。水的收费标准不能使个人卫生和健康状况受损。

（4）化学品和废弃物

欧盟和东欧国家都高度关注化学品和废弃物问题，相关政策立法主要分三个层次：一是总体水平层面上的欧盟《废弃物框架指令》（2008 年修订）（现行欧盟废弃物政策的基础）和《2006 年废弃物运输法规》，定义了所有废弃物类型的总体要求；二是废弃物处置层面的《垃圾焚烧指令》《1999 年填埋指令》《2000 年港口设施指令》以及《2010 年工业排放指令》；三是特殊废弃物处理，如《废弃电子电气设备指令》等。在放射性废弃物方面，欧盟委员会的《放射性废弃物和乏燃料管理指令》为核电装置和医疗机构的废燃料和放射性废物提供了安全处理标准，是欧盟在核安全和环境安全方面的重大成就。

废弃物预防在欧盟《废弃物框架指令》中被放在首要位置，欧盟《废弃物预防指令》（2008 年修订）正是以此为基础制定的。该指令要求在物质、材料或产品成为废弃物之前采取预防措施，以减少所产生的废弃物数量，废弃物对环境和人类健康的影响，以及材料和产品中的有害物质含量。另外，废弃物预防还涉及生态设计、生命周期方法、改变商业模式和消费方式等方面内容。

欧盟《废弃物框架指令》还鼓励对各种材料进行回收和再利用。欧盟国家在资源利用率及垃圾管理方面已取得很大进步，1995—2008 年城市废弃物回收率从 17%提高到了 40%，但欧盟仍然不属于回收型社会。废弃物生命周期管理方法有望大幅减少欧洲对进口原材料和进口能源的依赖。如果欧盟《废弃物框架指令》（尤其是《欧盟填埋指令》）能够被彻底执行，还可能产生更多收益。回收再利用和循环经济还需要人们在消费方式上做出重大改变，这可以通过教育和信息普及来实现。

欧盟影响最为深远的规范化学品的法规《化学品的注册、评估、授权和限制》于 2007 年生效，这一法规规定了化学品的登记、评估、许可和限制条款（REACH）。其中最为重要的部分是化学品登记，它要求化学品生产或进口企业向欧洲化学品管理局提交登记表。虽然化学品企业非常担心 REACH 会给公司增加额外负担，但整个登记过程还是比较成功的。未来截止时限分别为 2013 年和 2018 年，范围覆盖至小宗化学品。另外，REACH 还包括一些针对多元物质和其他刺激物累积风险评估的限制条款。新的《欧盟玩具安全指令》（2009/48/EC）属于近期进展，成员国家希望自 2011 年 7 月起实行新措施，进一步的指令于 2013 年 7 月实施。在 REACH 的条款下，新的安全指令特别限制了玩具所用材料中的化学品含量。欧盟还将于 2013 年将会执行化妆品所含化学物质的新规定（1223/2009/EF）。另外，它还包括纳米材料和环境荷尔蒙物质的新条款。

（5）生物多样性

欧洲是多边环境合作的倡导者，已制定了很多区域性政策以保护欧洲的陆地和海洋生态系统的生物多样性。在超国家层面，欧盟的生物多样性保护以立法来推动，主要法律有 1979 年和 1992 年的《自然指令》以及 1995 年的《泛欧洲生态和自然景观多样性战略》。欧盟指令具有法律约束力，而泛欧洲战略不具有法律约束力，在欧洲的生物多样性保护上二者互为补充缺一不可。欧盟曾承诺到 2010 年将生物多样性损失减少一半，但这一目标并未实现，目前生物多样性状况依然堪忧。因此，欧盟在 2011 年 5 月确定了新的生物多样性战略《欧盟生物多样性战略 2020》。欧盟自然保护区网络 2000、农业—环境保护政策以及泛欧洲森林欧洲自愿进程是欧洲生物多样性保护中最为关键的政策措施。

欧盟自然保护区网络 2000（the Nature 2000 Network）是欧盟生物多样性保护的核心政策之一，也是欧盟最大的环境保护行动。这一政策通过在欧洲大陆建立生态走廊，开展区域合作，保护野生动植物物种、受到威胁的自然栖息地以及物种迁徙中的重要地区。目前，欧盟已建立了超过 26 000 个保护区，占欧洲海陆总面积的 18%，有 1 000 多个动植物物种和 200 多个栖息地类型受到保护。另外，它还为跨境合作提供平台，推广国家层面的生物多样性保护政策，通过创造就业机会、吸引投资等方式支持地区经济发展。每年需要约 80 亿美元的费用用以维护网络的正常运行，但已有证据表明其收益会超过这一成本。自然保护区网络 2000 在陆地生态系统方面已取得显著成效，保护区选址的难题也得到妥善解决，但仍只有不到 20%陆地物种和栖息地受到保护。另外，这一网络在海洋环境上还没有取得太多进展。

2003 年欧盟在《基辅生物多样性决议》中加入了保护农业用地自然价值的条款，并强调这是防止农业用地荒废或恶化的关键行动。农业—环境保护政策是为农民主动从事环境保护行为提供的政策激励：如果农民承诺在 5 年内一直采用环境友好的耕种方式，将可得到包括实施成本和收入损失在内的补偿金。如要确保农民履行承诺，必须要有足够的财政资金，并确保按时支付补偿金。根据欧盟的共同农业政策（CAP）规定，这一政策资金支持可由成员国共同提供：2007—2013 年农村地区发展支出的近 22%（约 273 亿美元）被用于支付这项政策的补偿费用。农业—环境保护措施在很多地区都成效显著，不仅有效地保护了生物多样性，还有助于改善自然景观，保护自然资源和历史环境等。但这一政策需要较多的资金支持，可能会限制它在非欧盟国家和发展中国家的推广。农民的潜在损失以及对生物多样性影响的评估较为困难，也会成为这一政策得以推广的障碍。

欧洲和欧盟 27 国的森林覆盖率目前分别达到 45%和 38%，但其中只有 26%（欧洲）和 4%（欧盟 27 国）没有受到人类活动的破坏，大部分被过度采伐，对森林物种起关键作用的古老树木占比非常低。森林欧洲进程通过发展共同战略来应对气候变化、生物多样性保护和淡水保护等多种挑战。1990 年以来，森林欧洲先后建立了森林生态系统协作研究网络，一系列泛欧洲标准，可持续森林管理指标和一系列解决跨部门合作的行动方案和国家森林计划。其中，可持续森林管理成为《生物多样性公约》（CBD）提倡的生态系统方法推荐案例，有望进一步提高欧洲地区的森林覆盖率。除此之外，森林欧洲还能促进欧洲各国在生物多样性保护、防止非法采伐以及进行碳封存认证等各种政策上的协调一致。不过，通过管理来提高森林可持续性还面临各国能力不足、意识缺乏以及国际森林产品市场竞争不充分等问题，这就需要加强跨境合作。在泛欧洲层面上，缺乏有法律约束力的协定在一定程度上会减缓政策有效执行的进程，为此欧洲森林保护部长会议已决定启动在欧洲森林管理方面具有法律约束力的协定的谈判（表 1-7-23）。

表 1-7-23 欧洲的区域环境目标、方案及政策

主题和国际目标	区域目标	政策群/方案	政策选择
空气质量 《21 世纪议程》（UNCED1992）第 9 章第 27 段	空气污染主题战略： 2000 年相比，2020 年 EU 将由于颗粒物造成的死亡人数减少 47%；由于臭氧导致的过早死亡人数减少 10%以上；受臭氧层影响的森林地区面积减少 15%；因土地酸化影响的森林地区面积减少 39%；受富营养化影响的地区减少 43%	利用市场和指令—控制规章来减少排放量；利用市场，将空气质量管理与公众、私人部门、指令—控制规章结合起来，提升公众意识，增加资源减排行动	欧盟燃料和汽车行业标准； 二氧化硫的减排； 当地空气质量管理
淡水 《约堡实施计划》（JPOI）（WSSD2002）第 26 段	建立水政策领域的社区共同行动框架：到 2015 年，所有的水资源处于健康状态，包括湖、河、溪和地下水蓄水层； 欧盟水资源安全蓝图 2012：到 2012 年末，在成员国、地区和流域水平上改善水资源管理的工具箱	利用市场和指令—控制规章，使公众和私人部门参与到水管理中来	流域管理计划； 政策融合来减少非点源水污染； 水计量和水定价
生物多样性 《生物多样性公约》（CBD1992）第 8、第 10、第 11 条	我们的生命保障，我们的自然资本——欧盟生物多样性战略 2020： 到 2020 年，栖息地指令中的所有生物栖息地和 50%以上物种丰度得到改善，鸟类指令中 50%以上的物种处于安全状态或得到改善；通过建设“绿色”基础设施等改善和恢复生态系统，恢复 15%以上的退化生态系统；确保农业和林业生产的可持续性，并在接受欧盟农村发展政策的资金（EC 2011c）的地方施行森林管理计划	通过立法和行动计划扩大、加强生态网络；通过自愿行动和生态系统服务付费措施，将农耕土地管理和森林资源管理与自然资源价值结合起来，同时让公众和私人部门参与其中	跨界欧盟，自然保护区网络 2000 和非欧盟国家的国家网络； 生态系统服务付费机制； 泛欧森林； 欧洲进程
化学品和废弃物 《约堡实施计划》（JPOI）（WSSD2002）第 23 段	到 2020 年，欧盟每年回收市政废物的 50%和建筑废物的 70%；到 2013 年 5 月 31 日，在欧盟每年生产或进口 100 t 以上化学分阶段物质的公司必须注册到 2018 年 5 月 31 日，在欧盟每年生产或进口 1 t 以上化学分阶段物质的公司必须注册（ETC/SCP2010）	利用市场和指令—控制规章减少废物的产生；通过指令—控制规章对化学品全面综合立法	预防废物产生； 再利用的准备； 对化学物质的注册、评估、批准和限制（REACH）
气候变化 《联合国气候变化框架公约》（UNFCCC）第 2、第 4、第 8 款	EU20-20-20：到 2020 年将欧盟温室气体排放量在 1990 年基础上减少 20%，如能达成新的国际气候协议（其他发达国家作出类似承诺，发展中国家也承诺相应的减排义务），欧盟则承诺减 30%的减排量；将欧盟的能源效率提高 20%；新能源的使用将达到欧盟能源需求总量的 20%。 洪水风险评估与管理：2015 年，将具备欧盟国家适应战略	通过创造和利用市场来应对气候变化；通过公众参与和私人部门参与来适应气候变化；通过指令—控制规章来适应气候变化	欧洲碳排放权交易机制； 通过电价补贴为可再生能源提供补贴； 气候适应政策

7.3.1.2 北美

7.3.1.2.1 环境现状及未来趋势分析

在大气方面，北美地区主要污染物排放显著减少，预计未来将继续下降，但氨的排放仍在攀升；土地方面，虽然美国土地休耕保护计划（CRP）等限制了本国农业扩张的同时，却促使了生物燃料（粮食）生产向其他国家转移，同时，促使本地 100 多万 hm^2 的休耕土地再度被使用；水质方面得到较大改善，但阻燃剂等的使用，对其构成新的威胁，同时，北美是水足迹最高的地区，人均年消费水量是全球人均的 2 倍多。生物保护方面，生物种群数量、物种和生态系统级别上都发生了退化，但对水禽等的保护行动收到了一定效果。北美的化学品使用量正在减少，但仍是全球化学品的主要生产和消耗地区。生态足迹也已超出了其生态承载力，大型失控火灾的频率在增加。页岩气开发及其配套基础设施建设的速度得以加快，对空气质量、地表和地下水质变化以及气候变化均造成影响。

2014—2018 年，美国环境保护的优先领域为应对气候变化和改善空气质量、保护水资源、清理社区和推进可持续发展、化学品安全和污染防治、环境与健康。鉴于此，在气候变化方面，美国总统奥巴马 2009 年承诺，2020 年美国将在 2005 年的基础上减少 17%的温室气体排放，并在 2013 年 6 月的《气候变化法案》中重申这一承诺并实施一系列政策。在大气污染方面，美国 EPA 在过去 4 年中先后修订了国家环境空气质量标准中的多项指标，为各个州执行新的空气质量标准提供必要的信息和工具。在水资源管理方面，美国国家环保局在《2014—2018 财年 EPA 战略方案》中设置的目标是保护民众健康、保护或恢复水域及水域生态系统。该地区率先实行了很多以市场为基础的政策工具，在跨境治理方面也是全球领先区域，北美地区的很多土地政策也被证明是行之有效的。但化学品管控方面有待进一步加强。

（1）大气

北美的二氧化硫排放也已显著减少，实现了《长程越界空气污染公约》（CLRTAP）（UNECE，1979）中的目标。酸化也随之消失，淡水生态系统已恢复，虽然在某些区域仍然有超负荷值存在。1990—2008 年，美国采取措施将氮氧化物排放量降低了 36%，预计今后还将继续下降。全球氨排放量在几乎所有地区都在继续攀升，北美也不例外，未来可能还会继续升高（图 1-7-42、图 1-7-43）。

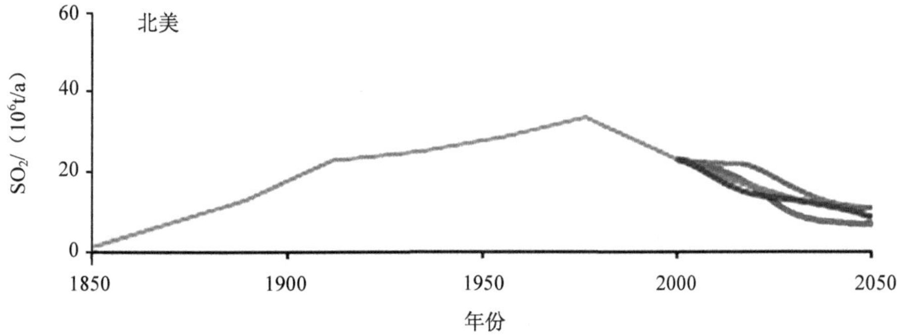

图 1-7-42 1850—2050 年北美地区二氧化硫排放趋势

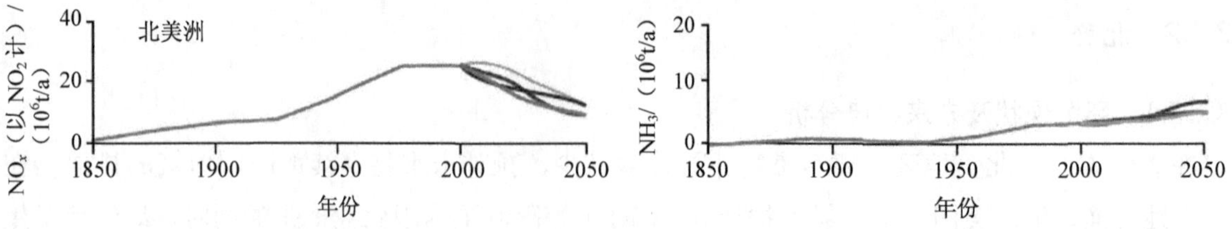

图 1-7-43　1850—2050 年北美地区氮氧化物和氨排放趋势

北美地区的颗粒物（PM_{10}）已出现了明显减少，大部分城市的室外颗粒物浓度都处于 WHO 范围内或接近这个范围。美国国家环保局的报告表示，由于通过了《美国清洁空气法案》，2010 年因大气中 $PM_{2.5}$ 浓度降低和臭氧层保护而避免的死亡的价值达 1.2 万亿美元，2020 年将会避免价值 1.8 万亿美元的死亡（根据 2006 年美元价值计算）。

和欧洲一样，北美也是人为臭氧负荷较高的地区之一，近来其对流层的臭氧峰值浓度也有降低趋势，但本底浓度有所升高。HRAP 的全球光化学模型研究结果也显示，北美的表面臭氧浓度有所降低，这主要是过去 20 年中有效实施《美国清洁空气法案》和《长程越界空气污染公约》（CLRTAP）（UNECE，1979），控制了氮氧化物和挥发性有机化合物的结果。

美国国家环保局研究认为，铅排放会对神经系统产生严重的伤害，尤其对儿童的健康影响更为严重。为此美国在 1973 年制定了一项健康法规，要求消除汽油中的铅（Bridbord 和 Hanson，2009）。在 1976—1980 年和 1999—2002 年这两个阶段，美国 1～5 岁儿童每分升血液中含铅量超过 10 μg 的比例下降了 98%（CDC，2005）。还有研究表明，汽油中铅的用量减少与人类血液中铅的含量减少有密切关系（Thomas 等，1999），防止铅中毒的干预措施能节省大量的医疗成本和社会成本。有分析显示，即使是在铅暴露水平较低的时期，美国儿童与铅中毒有关的直接医疗成本和间接社会成本每年约为 430 亿美元（Landrigan 等，2002），而人终生生产力的经济评估预计儿童智商的提高会导致其终生经济生产力的提高，消除汽油中的铅会为美国每个出生群带来 1 100 亿美元到 3 190 亿美元的效益。最近有关铅对健康影响的证据使美国国家环保局进一步提高了其针对铅的三个月滚动平均空气质量标准，从 1978 年的 1.5 μg/m^3 提高到了 2008 年 0.15 μg/m^3（USEPA，2008）。而 WHO 中有关铅的空气质量标准依旧是 0.5 μg/m^3（图 1-7-44）。

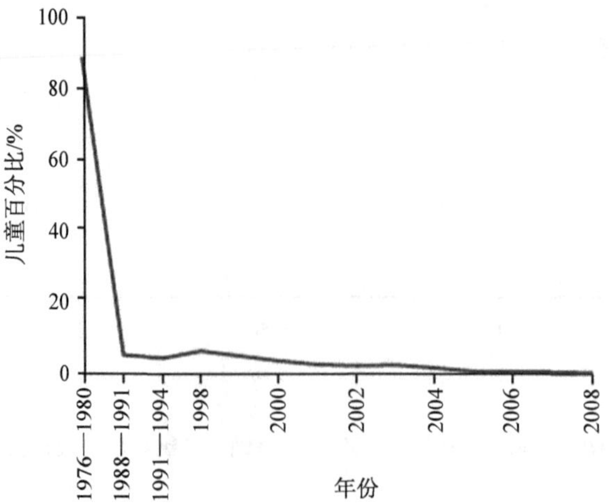

图 1-7-44　1976—2008 年淘汰汽油中的铅后美国血铅水平变化

该图说明美国 1～5 岁儿童血铅水平等于或者超过 10 微克每分升的比例。

另外，一个新的环境问题——自然微粒在美国也产生了一定影响。干旱内陆地区的尘土会在美国引起城市沉降，野火产生的烟雾也使美国的颗粒物浓度增加。这些颗粒对人类健康有重大影响，有研究表明每年由自然微粒引起的死亡人数约 30 万人。

（2）土地

2009 年北美地区农业用地占全球的 12.1%，牧场占全球的 13.6%。北美洲是世界主要的大豆种植地区之一，其中美国是全球最大的大豆生产国之一，近年来种植面积有增长趋势。自 2001 年以来，北美的玉米种植面积一直在快速扩大。

北美也分布有斑块状的温带森林。人工造林不会丰富当地的生物多样性，但却可以提供生态服务，包括木材、碳储存、水储存以及防止土壤流失。2010 年北美造林面积为 3 753 万 hm^2，仅比 2000 年增长了 2.46%（约 81 万 hm^2），是人工造林增长较快的地区之一。

生物燃料的发展对北美地区的土地用途转变起到有力的驱动作用。在政府补贴的支持下，2007 年美国有 24%的玉米转变为乙醇，美国的玉米种植面积也达到 1944 年来的最大值（3 780 万 hm^2），比 2006 年增多了 20%以上。同年，美国可再生燃料标准规定将生物燃料生产从 2001 年的每年大约 65 亿 L（17 亿美式加仑）增加到 2022 年的每年大约 1 360 亿 L（360 亿美式加仑）。这使得美国土地休耕保护计划（CRP）下的闲置土地再度用于农业生产，而不是原本计划的检查盈余、维持价格水平和提高生态平衡。2007 年年底至 2009 年 3 月，美国 CRP 土地总面积从 1 490 万 hm^2 下降至 1 360 万 hm^2。也就是说，在仅仅一年多的时间里，就损失了将近 130 万 hm^2 休耕保护土地。另外，美国 CRP 在限制本国农业扩张的同时，却促使了生物燃料（粮食）生产向其他国家的转移。

（3）水

使用水足迹衡量的全球人均年消费水量为 1 387 km^3，北美洲是水足迹最高的地区，人均年消费水量为 2 798 km^3。美国西部和加利福尼亚中央山谷的农业生产都依赖不可持续的地下水满足用水需求，这会威胁该地区的用水保障。再者，能源开发也需要消耗大量水资源，有人认为美国能源部门用水量占取水总量的约 40%。根据 Falkenmark 和 Rockström（2004）的估算，维持生态系统产品和服务的需水量能占到全球用水的 75%，而仅有 25%的水可供人类使用。有数据表明，北美的可再生水取水比例已超过 50%～75%，为生态系统留下的水量已很少。

除了水量，水质是水资源的另一重要指标。1990 年以来，全球河流的富营养化日益严重，沿海富营养化地区急剧增加。在全球被认定为缺氧至少 169 个国家，北美洲是“死区”普遍分布的地区之一。但北美也有一些沿海地区在恢复。在水污染物方面，虽然传统有毒污染物有所减少，但是又出现了其他新污染物，如阻燃剂（如属于 POP 一种的多溴联苯醚，PBDEs）。在过去 30 年中，北美洲对阻燃剂的使用有所增加。

（4）生物多样性

虽然目前生物多样性变化的趋势还未可知，但是其在种群数量、物种和生态系统级别上都发生了退化，遗传多样性也在减少。2009 年 IUCN 红色名录对各地区药用植物分布和保护现状的评估显示，北美有近 1/4 药用植物种类（共 137 种）受到灭绝风险的威胁。加拿大还报告了海洋区域渔业降低食物网级别的现象。自 1968 年以来，北美洲的草地和旱地物种分别减少了 28%和 27%，但是北美洲的湿地鸟类物种却增加了 40%。生物物种的种群丰度水平在全球范围内已出现减少，但北美洲对水禽等的保护行动收到了一定效果。

（5）化学品和废弃物

化工业是促进经济发展的一个重大推动因素，化工绩效是衡量经济发展的一个主要指标。全球有 2 000 万人口直接或间接从事化工工作。化工业还是一个能源消耗密集的产业，产生的污染排放也无处不在。有数据显示，北美的化学品使用量正在减少。1990—2002 年美国和加拿大最常使用的 152 种农药中，整体污染排放和转移降低了 18%，消耗臭氧层物质的生产几乎停止了，酸雨前体排放量降低了 48%，臭氧前体降低了 38%，非甲烷挥发性有机化合物降低了 26%。但是，北美仍是全球化学品的主要生产和消耗地区，美国在 2009 年的化学品销售仍达到 4 500 亿美元以上（图 1-7-45）。

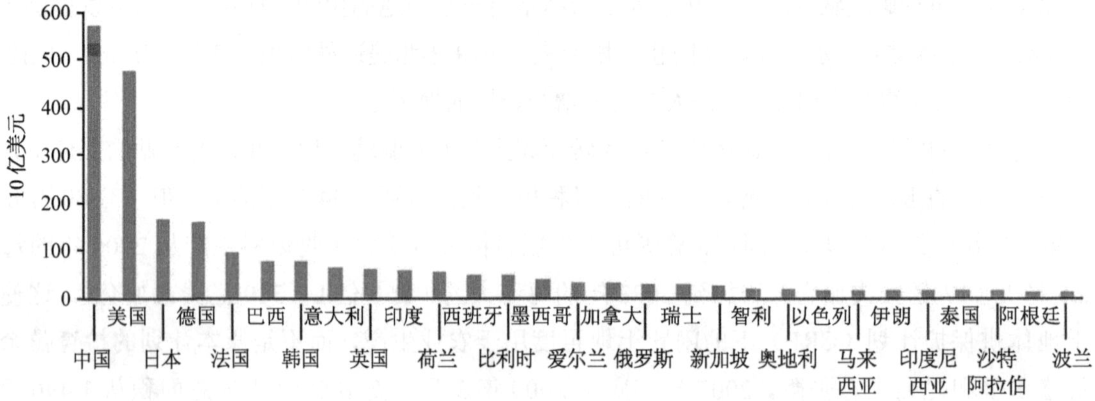

图 1-7-45　2009 年按国别分类的化学品销售情况

（6）对地球系统的影响

生态足迹与生物承载力的对比研究显示，北美洲的生态足迹已超出了其生态承载力。如全世界人的生态足迹都达到北美水平，全球的总体生态足迹将达到目前的 3～5 倍，超出地球生态承载力。

最近发现植被陆地发生大型失控火灾的频率在增加，这种现象在北美洲也有发生。根据美国和加拿大数据，过去 20 年里这两个国家的火灾严重程度都显著增加。自 20 世纪 80 年代中期以来，美国西部的特大火灾事故频率增加了近 4 倍，严重程度扩大了 6 倍多。加拿大和阿拉斯加苔原最近发生的火灾都是过去 5 000 多年里前所未见的。火灾不仅会直接导致财产损失、健康和死亡威胁，还会使很多农村资源依赖型社区丧生生计，破坏森林和其他生态系统的碳储存功能，甚至有可能对气候变化产生重大影响。有卫星数据显示，火灾发生频率增加有可能还是气候变化的结果，如干旱会使毁林速度加快，并降低泥炭地的火灾缓冲作用，从而提高生态系统的脆弱性以及发生火灾的风险（图 1-7-46）。

由于定向钻井及水力压裂等新技术的产生，页岩气开发及其配套基础设施建设的速度得以加快。目前的页岩气开采主要在美国进行，其东部和西部的一些地方出现了快速增长。与其他天然气资源相比，页岩气的利润率高，具有较大的经济价值，预计它的开采以后会扩展到其他地区。用天然气替代煤作为燃料会降低排放，能在一定程度上改善当地空气质量，但由于浓缩天然气开发会排放各种有害空气污染物（如苯、形成臭氧的化学前体、扬尘等），开发地点附近的空气质量会因此受到重大影响。更广泛地说，这种燃料转化，加上持续地大规模开发和使用非常规化石燃料（如页岩气），可能会加重人为原因造成的气候变化，因为使用这些非常规燃料产生的甲烷排放比使用常规天然气至少高出 30%。而且最近发现，美国西部用来处理开采水（或煤层瓦斯水）的蒸发池是重大的挥发性有机污染物和危险性空气污染物污染源。另外，新的天然气井及其配套基础设施的建设（如管道、道路、压缩机站和蒸发池等），会导致大量土地被分割和干扰，引起空气质量、地表水和地下水质量的退化。

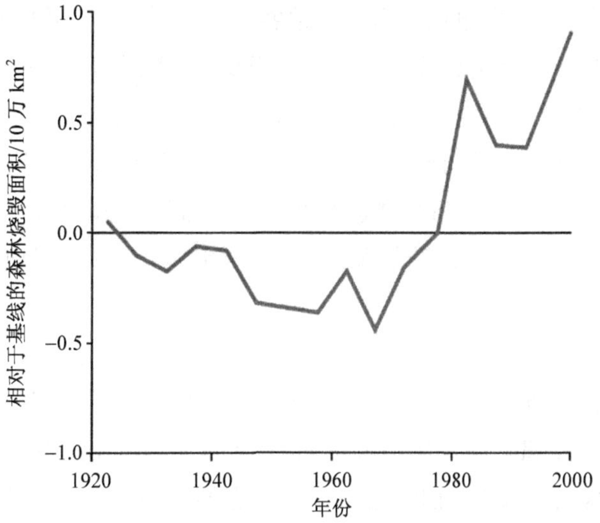

图 1-7-46 1920—1999 年加拿大森林火灾

7.3.1.2.2 政策选择

（1）气候变化

美国总统奥巴马曾在 2009 年承诺，2020 年美国将在 2005 年的基础上减少 17%的温室气体排放，并在 2013 年 6 月的《气候变化法案》中重申这一承诺。为实现这一承诺，奥巴马政府计划在电力、可再生能源和清洁能源、交通运输等领域实施一系列政策减少温室气体排放，并着力促进家庭、商业等各部门的节能行动。

美国于 2009 年颁布了史上最严格的燃油经济性标准（2012—2016 年轻型车辆燃油经济性和 CO_2 排放标准；2017—2015 年经济性和温室气体排放标准），要求轻型汽车和卡车的燃油标准在 2016 年达到 35.5 英里/加仑汽油。按照这个计划，2016 年度车型的购买者将在汽车使用周期内节省 3 000 美元的燃油成本，2012—2016 年的年度车型在其使用周期内将节省 18 亿加仑的汽油消耗。2012 年美国能源部门的 CO_2 排放量和净石油进口数量均为近 20 年来最低，而在天然气生产方面却成为了第一大国。第二阶段燃油，重型车辆是交通运输部门温室气体排放的第二大来源，2014—2018 年重型车辆燃油经济性与温室气体排放标准将于 2015 年实施，预计这一标准将使此期间的年度车型在其使用周期内产生的温室气体排放减少 60 亿 t，油耗降低 120 亿桶。按照《气候变化法案》的规划，美国国家环保局（EPA）将于 2015 年 3 月提出《后 2018 年重型车辆燃油经济性与温室气体排放标准》，并于 2016 年 3 月最终完成。

得益于燃油经济性标准的实施，可再生能源发电量（风能、太阳能和地热能），在奥巴马总统第一任期（2009—2012 年）内增加了 1 倍，并产生了新的就业机会和商业机会，减缓了碳排放导致的气候变化。最近颁布的《气候变化法案》又设定了新的目标，通过增发清洁能源许可证和扩展升级电网，到 2020 年可再生能源发电量将在目前基础上再翻一倍。自 2009 年以来，美国内政部已为 25 个效用规模太阳能设备、9 座风电场以及 11 个地热厂发放了许可，提前完成了奥巴马提出的目标（到 2012 年发放 10 000 MW 可再生能源许可证），为 440 万家庭提供电力，创造了约 1.7 万个工作岗位。美国政府目前为 2020 年制度的目标是再发放 10 000 MW 的可再生能源许可，并在联邦机构中增加清洁能源的使用。另外，美国还将推进水力发电项目，对农村电网进行升级以获得或好的可靠性并节省居民电力支出。

如上所述，虽然可再生能源发电已取得不少进展，一些州、地方政府和公司已经采取措施促进清洁能源发电，其中超过 35 个州为此设置了目标，至少 25 个州已经实施了能源效率目标，但是目前在联邦层面上尚没有一个针对电力行业的碳排放标准。依据《清洁空气法案》111（b）部分，EPA 于 2013 年 9 月提出了针对新建电厂的温室气体排放标准，在经过公众讨论后即可实施；而针对现存电厂或经过改进或重建的电厂的温室气体排放标准，EPA 需要在 2014 年 1 月提出并在 2015 年 6 月前完成。EPA 的提案也反映出近年来清洁能源技术的发展趋势，天然气发电所占比例不断上升，2012 年已占到新装机容量的一半左右。

（2）空气质量

EPA 在过去 4 年中先后修订了国家环境空气质量标准中的多项指标，包括颗粒物（2012 年 12 月）、铅（2008 年 10 月）、二氧化硫（2010 年 6 月）、氮氧化物（2010 年 1 月）、一氧化碳（2011 年 8 月），以及正在修订的臭氧层水平。EPA 在其最新发布的《2014—2018 财年 EPA 战略方案》中表示，未来 4 年 EPA 空气质量工作的重点将是发展和执行上述已修订完成的新标准，为各个州及部族执行新的空气质量标准提供必要的信息和工具。

美国《国家环境空气质量标准》于 1971 年颁布，其中颗粒物指标确定为总悬浮物（TSP，粒径范围 0.1～100 μm），并分为一级标准和二级标准。一级标准规定了年均值和 24 h 浓度均值，分别为 75 μg/m^3 和 260 μg/m^3，二级标准仅规定了 24 h 浓度均值，为 150 μg/m^3。1987 年美国国家环保局将颗粒物指标更改为 PM_{10}，并规定年均值和 24 h 浓度均值为 50 μg/m^3 和 150 μg/m^3。1997 年美国在颗粒物环境空气质量标准中又增加了 $PM_{2.5}$ 指标，并在 2006 年和 2012 年修订为更加严格的限制标准。目前执行的颗粒物空气质量标准于 2012 年 12 月公布，$PM_{2.5}$ 年均值的一级和二级标准分别为 12 μg/m^3 和 15 μg/m^3，24 h 浓度均值的一级和二级标准同为 35 μg/m^3；PM_{10} 的 24 h 浓度均值的一级和二级标准同为 150 μg/m^3，没有规定年均值（表 1-7-24）。

表 1-7-24 美国国家环境空气质量标准：颗粒物浓度

制定时间	指标	级别	平均时间	浓度水平/（μg/m^3）
1971	TSP	一级标准	24 h	260
		一级标准	1 年	75
		二级标准	24 h	150
1987	PM_{10}	一级和二级标准	24 h	150
		一级和二级标准	1 年	50
1997	$PM_{2.5}$	一级和二级标准	24 h	65
		一级和二级标准	1 年	15.0
	PM_{10}	一级和二级标准	24 h	150
		一级和二级标准	1 年	50
2006	$PM_{2.5}$	一级和二级标准	24 h	35
		一级和二级标准	1 年	15.0
	PM_{10}	一级和二级标准	24 h	150
2012	$PM_{2.5}$	一级标准	1 年	12
		二级标准	1 年	15
	PM_{10}	一级和二级标准	24 h	150

资料来源：美国国家环保局。

为执行新的国家环境空气质量标准，美国国家环保局计划采取的措施如下：EPA 和州政府协调合作共同改善标准的实施进程，如全周期分析工具的使用，利用在线学习工具改进各地的培训项目，执行电子产品排放报告等。另外，美国国家环保局还将关注易受空气污染影响的低收入群体或社区，环境正义战略 2014 也将被继续执行，以保护那些受到严重污染的社区居民的健康。此外，美国国家环保局将继续推进具有成本效益的跨州区域合作项目，控制电厂和其他二氧化硫排放源，以及氮氧化物排放对空气质量的影响，如下风区的臭氧层修复及 $PM_{2.5}$ 浓度。2014 年将继续实施二氧化硫和 NO_x 减排项目（控制酸雨产生），《清洁空气州际规划》（CAIR）或者类似项目以控制臭氧层破坏物质和 $PM_{2.5}$ 污染的州际传播。这将有助于农村地区的健康状况改善。

美国在过去 10 年间制定了很多空气污染控制标准，使 PM、NO_x、VOCs、有毒空气污染物以及温室气体大量减少，并且这一减缓趋势在未来还将持续。预计到 2030 年新增机动车排放将减少 90%以上，相当于 2 900 亿美元左右的净健康收益。

在保护臭氧层方面，美国还将继续执行控制和减少破坏臭氧层物质（ODS），对这些物质的生产、进口及排放执行更加严格的标准。另外，美国还将继续执行《蒙特利尔条约》，发展多边基金帮助 60 多个发展中国家开展停止 ODS 生产和使用的项目。

（3）水资源

《净水法案》（1972 年）、《饮用水安全法》（1974 年）以及《海洋保护、研究和自然保护区法》已实施了 40 多年，美国水资源安全已有很大改善。自上述水资源法实施以来，污水、化学品和垃圾对美国水资源的污染已大大减少，符合游泳和养殖水质标准的水资源已增加了一倍，与水资源保护有关的研究也广泛开展。但挑战依然存在，如很多小型饮用水系统亟须改善，使基础设施和处理能力符合新饮用水标准等。过去非点源污染（氮、磷和沉积物）是造成水资源污染的主要原因，而最近的调查显示水资源目前面临的威胁变为富营养化，过量沉降以及沿海植被退化，受影响湖泊和河流达 50%以上。

2007 年美国众议院批准一项联邦援助法案，同意在 5 年内提供 17 亿美元用于实现各州和行政区废水处理系统现代化，管理污水溢出、受污染的河流湖泊以及危害健康的问题。

美国国家环保局在《2014—2018 财年 EPA 战略方案》中设置的水资源管理目标是保护民众健康、保护或恢复水域及水域生态系统。为实现这两个目标，美国国家环保局将在未来采取如下政策：进行全国水资源状况调查，评估水资源现状及变化；加强水生态系统保护力度；改进水资源管理方法减少污染；推广创新技术；实行综合方案确保水域健康，实施全国、地区、州及水域范围内的 CWA 和 SDWA 项目，加强饮用水安全，在 CWA 和 SDWA 项目计划和执行将气候变化的影响纳入考虑范围。为 2014—2015 财年设定的两个目标是：①通过加强技术、管理以及财政能力，改善使用小型饮用水系统人群的公共健康状况；②提高非点源污染项目的问责制、激励机制以及有效性，改善、恢复并保持相关区域的水资源质量。

（4）化学品

美国与化学品有关的法规中最为重要的当属 1976 年颁布的《有毒物质控制法案》（TSCA），但随着化学品在人们工作生活中的广泛渗透，从家庭用品、汽车和手机，到食品，几乎无处不在，这一法案已经落后于目前化学品管理的需要了。例如，TSCA 没有要求化学品生产商收集数据和信息以评估产品毒性和暴露的风险，而美国国家环保局只能通过现有的烦琐机制向业界索要更多数据信息，这使得很多已广泛使用的化学品却存在风险评估上数据不足问题。奥巴马政府于 2009 年公布的

《化学品管理法规改革基本原则》，正是通过国会加强 TSCA 的实施并重新授权。

（5）环境治理

北美在环境治理方面已进行过很多尝试，先是监控措施，之后逐渐转以市场机制为基础的政策工具，并在政策执行中强调责任制和透明度。该地区率先实行了很多以市场为基础的政策工具，在跨境治理方面也是全球领先区域。

北美已成功利用市场工具解决了很多环境问题，近期又将其应用于空气质量和气候变化问题，如酸雨控制计划、温室气体排放交易计划，加拿大部分地区的碳税等。1995 年美国基于《清洁空气法案》修正条例推出了二氧化硫限额排放计划，该项目控制二氧化硫的成本远远低于传统监管方式，预估早期成本为 180～307 美元（1995 年美元）。美国国家环保局曾指出，到 2020 年《清洁空气法案》对人类健康和环境可累计产生 2 万亿美元的直接收益，而成本仅为 650 亿美元，收益—成本比率达到 30∶1。该项目在减少二氧化硫排放方面的成效使其得加拿大一些地区纷纷效仿，亚伯达温室气体排放交易体系便是其中之一，该体系规定成立时间在 8 年以上的工业排放大户必须每年减排 12%（以 2003—2005 年为基年），否则就要购买碳排放额度或者支付碳税（15 美元/t，二氧化碳当量）。西部气候倡议联结美国 7 个州和加拿大 4 省份，共同制定应对气候变化的政策（包括区域经济限额交易计划和森林补偿机制），但该倡议目前仅在个别成员中起动，其他成员将在 2012 年逐步实施。

水资源交易在一些地区也广泛开展，但交易本身以及交易对当地环境的影响还存在争议。美国西部和加拿大亚伯达都有较为发达的水资源交易市场。水资源交易可提高水的利用效率，实现水资源向经济价值较高或边际价值较高领域的流动。但它也有很多负面影响，例如，水的市场价值与其环境价值不相符，水资源减少对当地经济的影响。还有人认为，水应该被视为一种公共福利，而不应被商品化，否则可能产生水价操控行为，或者由于补贴引起的水资源市场的价格扭曲等。

对清洁能源、农产品和工业产品的补贴政策同样也有利有弊。它可以促进新型、清洁、节能技术的推广使用，如为居民安装节水节能装置提供补贴等政策。《2009 年绿色能源和绿色经济法案》授权实施的安大略省上网电价项目，不仅稳定了新能源价格，而且为该省在 2014 年前淘汰燃煤发电奠定了基础。但也有人认为补贴增加了污染的风险，鼓励过度消费，加速资源消耗。农业补贴扩大土地使用范围，对发展中国家的农业部门和出口部门也有不利影响。

最后，生态服务付费项目也是一种市场政策工具，几年前曾被提出过，近来又被用来改善需求较多但市场机制尚不完善供给不足的生态服务。例如，美国资源保护计划持续为休耕以恢复土壤肥力的农民提供补贴，2002 年环境质量奖励项目和资源保护安全计划对综合土地管理实施较好的农民进行奖励。根据 ERS 的估计，该项目可以在预算支出不变的情况下使环保成效提高 12 倍，其中土地退化减少 17%，相当于 3 600 万美元的土地收益（以 2 美元/t 计算）。加拿大一些省份也已开始尝试生态系统服务补偿方式，但基于多功能方式的持续直接补偿项目仍不多见。

命令—控制机制通常用于对人类健康有重大威胁，必须进行监控和强制执行，绝不允许产生额外的环境伤害，需要清晰一致的政策时，政府的强制力可以保证这些政策的有效实施。典型案例是 2009 年出台的《魁北克水资源法》，美国饮用水标准、清洁空气标准、有毒化学品和燃料排放限制等。然而命令—控制机制通常与市场工具同时使用，如美国禁止使用含铅汽油便是与市场交易机制协同进行的。显然命令—控制机制的缺点是弹性不足，而且如果仅有行政命令而没有激励政策推动人们改变行为模式时，其政策效果往往差强人意。

加强问责制和提高政策制定与执行过程透明度，主要目的是通过信息公开提高公众参与度，加强政策的执行力度。北美地区在这一政策领域同样有领先优势。加拿大在执行《污染物排放清单》时要求实行《温室气体排放报告》工程，美国国家环保局也要求排放量大或大规模生产商提供温室气体排放数据和其他相关信息。美国的《联邦能源之星》认证计划通过对节能电器提供认证标识引导公众的消费行为，激励生产商提高产品能效。北美环境合作协议（NAAEC）允许公众对政策执行不力的协议方（加拿大、墨西哥和美国）提出书面主张，这些主张还可能被记录在案。但近年来对环境合作委员会的政治审查以及经费削减使这项政策的有效性大大降低。

（6）土地利用

北美地区的很多土地政策获得广泛支持，被证明是行之有效的。这些政策可以被概括为实施统一的土地管理规划，鼓励使用可持续资源；发展政策机制时将真实成本与生态系统服务效益考虑在内；优化公共土地可持续发展规划。

提高北美地区土地管理水平，加快实现可持续发展的目标，土地管理规划首先要有明确具体的目标任务。确定的目标还应符合最佳收益—成本比率原则。2006 年大熊森林协议是加拿大不列颠哥伦比亚省的资源公司、环境组织和沿海第一民族联合实施的一项以生态系统为基础的综合土地管理计划。土地使用模式的优化还需要与其他问题协同考虑，如财产权益、公平原则、低收入家庭住房需求、就业问题、资源保护以及环境问题等。美国马里兰州的“灵智增长计划”对居住在工作单位附近的居民进行奖励，为计划增长区域（优先资助区域）提供基础设施建设提供财政资金，为连片土地和具有较高保护价值的农业预留地提供资金支持，通过棕色再开发项目对城区的重新规划提供资金。加拿大也有类似项目，如安大略省多伦多市周边的“绿色地带”（表 1-7-25）。

表 1-7-25 北美地区区域环境目标、方案及政策

主题和国际目标	区域目标	已实施行动	未来计划
气候变化	美国《气候变化法案》（2013 年 6 月）：如果世界其他主要经济体承诺减排，到 2020 年，美国将在 2005 年的基础上将温室气体排放减少 17%。可再生能源发电量在目前的基础上提高一倍	2012—2016 年轻型车辆燃油经济性和 CO_2 排放标准（第一套标准）：汽车制造商的燃油标准在 2016 年达到 35.5 英里/加仑汽油（250 g CO_2/km）	为新建电厂设置 CO_2 排放标准（2015 年 6 月 1 日完成）2014—2018 年中型和重型车辆燃油经济性标准；2017—2015 年轻型车辆燃油经济性和 CO_2 排放标准（第二套标准）；制定 2018 年后中型和重型车辆燃油经济性标准（2016 年 3 月完成）
空气质量	美国《2014—2018 财年 EPA 战略方案》：执行最新修订的环境空气质量标准，降低有毒空气污染物和室内空气污染引起的风险，保护并修复平流臭氧层，防止紫外线辐射对民众造成的伤害等	美国国家环境空气质量标准修订：颗粒物（2012 年 12 月）；铅（2008 年 10 月）；二氧化硫（2010 年 6 月）；NO_2（2010 年 1 月）；CO（2011 年 8 月），臭氧层破坏物质（正在进行）	未来 4 年，执行过去 4 年中新修定的环境空气质量标准
水资源	美国《2014—2018 财年 EPA 战略方案》：2015 年 9 月 30 日前，再改善 10 个州、3 个部族的小型饮用水系统，实现 30 个州的小型饮用水安全 2015 年 9 月 30 日前，升级美国全境的非点源污染管理项目，使其符合最新的 319 指导	净水法案（1972）；安全饮用水法（1974）；海洋保护、研究和自然保护法（1972）	

主题和国际目标	区域目标	已实施行动	未来计划
化学品	美国《2014—2018财年EPA战略方案》：确保化学品安全，促进污染预防。2014—2015财年优先目标是完成250多项农药及其他化学品的健康和环境风险评估，这些评估将说明受评估化学品在农业、商业和工业中的应用是否安全	有毒物质控制法（1974）；化学品管理法规改革基本原则（2009）；对80多种化学品进行进一步风险评估，2013年公开了包括20种阻燃剂在内的23种化学品评估	对TSCA工作计划中的所有化学品进行评估，并实施风险管理行动

7.3.1.3 亚洲和太平洋地区

7.3.1.3.1 环境现状及未来趋势分析

大气方面，亚太污染形势依然严峻，二氧化硫等污染物排放量在未来还有可能会增加。二氧化硫排放量的增加已经将脆弱的生态系统置于土壤酸化的危险之中，但是欧洲和北美洲出现的天然湖泊大范围酸化的现象在亚洲并未出现。中国“十一五”规划实施了烟气脱硫和淘汰电力行业中的小型低效发电装置，并实现了2005—2010年二氧化硫减少10%的减排目标。氮氧化物排放量一直在增加，但氮排放控制在亚洲国家的优先度整体仍不高，因此这些地区的氮氧化物和氮排放还会进一步增加。中国已将氮氧化物减排列入了“十二五”期间的硬性减排目标。在颗粒物控制上进展缓慢，大部分城市的PM浓度依然很高，许多国家并未制定$PM_{2.5}$有关标准，没有进行监测管理。臭氧浓度近年来增加，未来水平还会继续升高。土地方面，亚太地区是农田和牧场总面积最大的地区，但同时也是人均消费量最低、营养不足人口最多的地区。为了满足日益增长的粮食需求和生物燃料需求，热带雨林遭到较大破坏。亚太地区是全球水足迹最低的地方，不及北美洲的1/2，低于全球人均消费水平。同时，水资源短缺以及水污染形势却非常严峻。在生物多样性保护方面，亚洲地区很多生物物种遭到过度开发，导致了陆地、海洋和淡水生态系统的衰退，生物多样性造成严重威胁。此外，伴随着经济的快速发展，亚洲的化学品生产和消耗也急剧增加。从政策角度看，亚太地区也做出了积极努力。亚太地区是全球经济发展最快和温室气体排放量增长最快的地区。以目前的增长趋势计算，2030年该地区能源消费产生的CO_2排放将达到全球的45%。中国已是目前最大的CO_2排放国。能源、技术和资金仍是该地区减少温室气体排放的三个关键问题。中国等国家均提出了自己的应对策略，但挑战很大。亚太地区多利用法律来建立生态走廊、陆地和海洋保护区，为维护全球生物多样性奠定了良好基础。挑战在于合作的可持续性，参与各方能力参差不齐，涉及主权的问题也比较敏感。在水资源管理方面，许多国家在机构改革中已经考虑设立执行主要流域管理组织，但目前水资源总体上仍是基于部门方法的管理，几乎没有跨部门协调机制和应急计划。经济手段在亚太地区得以推广，中国已有部分城市实行阶梯水价。收集废弃物和处理废弃物的能力仍然落后。

（1）大气

《长程越界污染公约》（CLRTAP）是目前唯一一个针对不同污染物设定目标的区域性跨界空气污染协议。亚洲的某些区域和次区域虽然签署了合作协议，表明了减少污染排放的意愿，但是这些协议不具有约束力，由于缺少人力和资金资源，这些协议在很多情况下并没有得到有效实施。

在硫污染方面，2000年以前以欧洲和北美的排放量为主，而2000年之后东亚的排放量则占有较大比例。亚洲二氧化硫排放量的增加已经将脆弱的生态系统置于土壤酸化的危险之中。但是欧洲和北美洲出现的天然湖泊大范围酸化的现象在亚洲并未出现，可能是由于亚洲地区的土壤和地理性质不同。据估算，2005 年中国硫沉积临界负荷的土壤面积超过了该国领土总面积的 28%，主要在中国东部和中南部地区。鉴于中国目前实施的减排计划，预计超过临界负荷的面积到 2020 年将会减少到 20%。《哥德堡协议》修改后，亚洲也采取了行动以提高能源利用率，减少二氧化硫的排放。例如，中国五年规划的一部分就是实施烟气脱硫和淘汰电力行业中的小型低效发电装置，以此来实现 2005—2010 年二氧化硫减少 10%的减排目标。全球范围内的脱硫措施，会使世界二氧化硫排放总量有所减少，但是亚洲某些快速发展的国家的排放量在未来还有可能会增加（图 1-7-47）。

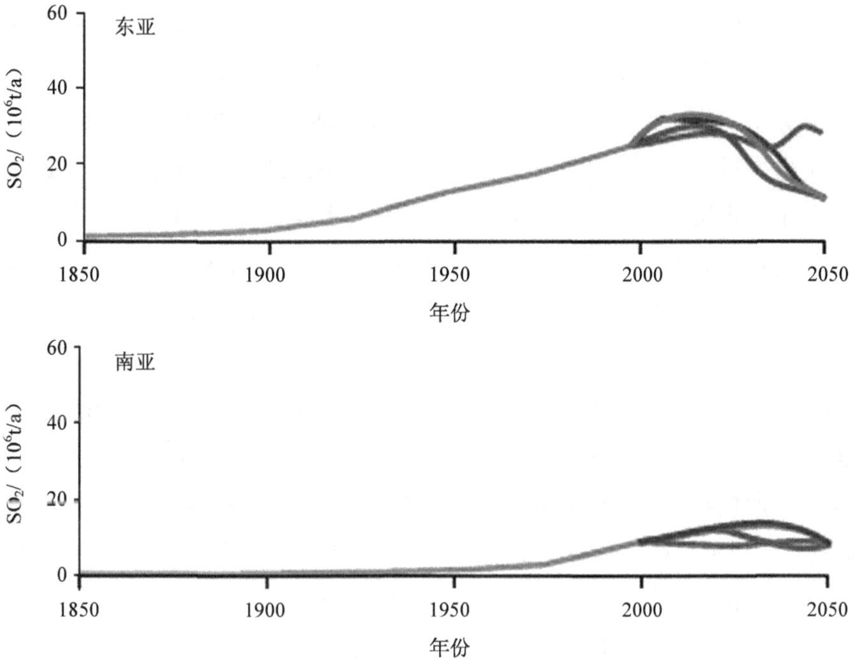

图 1-7-47　1850—2050 年亚洲二氧化硫排放趋势

过去 20 年，亚洲国家的氮氧化物排放量一直在增加，但氮排放控制在这些国家的优先度不高，因此这些地区的氮氧化物和氨排放还会进一步增加，尤其是来自农业、能源和交通部门的排放。欧洲和北美地区氮化合物排放量的减少，则会被亚洲地区排放量的增长部分抵消（图 1-7-48）。

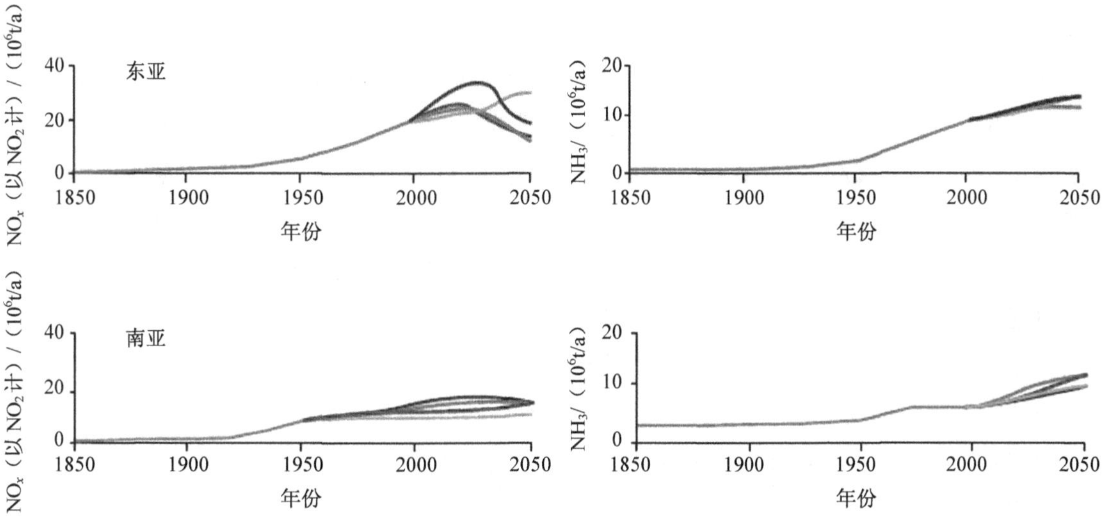

图 1-7-48　1850—2050 年亚洲氮氧化物和氨排放趋势

在颗粒物（PM）方面，亚洲的部分城市出现了明显减少，但大部分城市的PM浓度依然很高，远远超过WHO的指导水平。虽然WHO为了逐步减少空气污染而设定了PM_{10}中期目标，以及$PM_{2.5}$指南，但大部分发展中国家的PM_{10}标准不如WHO严格，许多国家并未制定$PM_{2.5}$有关标准，更未进行监测管理。亚洲22个国家中，仅有4个国家在监测的基础上制定$PM_{2.5}$标准。在室外颗粒物控制上，亚洲发展中国家的进展很缓慢，改善的效果很可能被增加的活动消耗和活动水平所抵消。由于部分地区几乎没有清洁锅灶和燃料，室内颗粒物水平很高，对人们健康有重大影响，尤其是对女性和儿童。此外，大气中颗粒物含量还会对季风和降水模式产生影响。对亚洲季风进行的几项详尽研究显示，由于吸收颗粒物大气强迫极大地改变了降水模式。印度次大陆和亚洲其他部分大气强迫降低的幅度最大，减排对亚洲季风和缓解降水模式的危害具有重大影响。

亚洲也是人为臭氧负荷较高的地区之一，而且大部分地区的浓度近年来增加。HRAP 的全球光化学模型研究结果也显示，亚洲臭氧水平还会继续升高，因为整个地区还处于快速工业化阶段。臭氧浓度的升高主要在工业和市中心排放水平较高的地区，还与较高太阳辐射的季节期有关。

另外，一个新的环境问题——自然微粒在亚洲有一定影响。野火产生的烟雾也使东南亚的颗粒物浓度增加。这些颗粒对人类健康有重大影响，有研究表明每年由自然微粒引起的死亡人数约30万人。

（2）土地

2009年亚太地区农田面积约占全球的15.7%，牧场占全球的36%，是农田和牧场总面积最大的地区。玉米是除西亚地区以外所有地区的主要农作物，2001—2010年亚太地区玉米的收获面积一直在增加，2010年种植面积超过50 hm^2。亚太地区还是世界最主要的小麦产区之一，2010年种植面积超过1亿hm^2。另外，亚洲地区大豆种植面积在2001—2010年也在持续增加，水稻种植面积也远远高于其他地区（2010年接近1.4亿hm^2）。一般种植面积的增加会使粮食产量增加，2007年亚太地区是粮食消费量增长最快的地区。但同时，这一地区也是人均消费量最低、营养不足人口最多的地区（约5.78亿人）。

亚洲分布着斑块状温带森林，并在东南亚分布有热带森林。为了满足日益增长的粮食需求和生物燃料需求，东南亚油棕榈树面积在2000—2009年从420万hm^2增加到710万hm^2，而这是以热带雨林的破坏为代价的。在印度尼西亚，油棕榈树增加的种植面积中有 2/3 是通过破坏雨林实现的。清除热带雨林会导致持续几十年甚至几个世纪的碳赤字，这首先与追求生物燃料的主要原因相矛盾；还危害了雨林提供的重要生态系统功能，而这种功能是无法通过人工造林来取代的。印度尼西亚政府在2009年预计未来10年或者20年，油棕榈树的种植面积会增加到2 000万hm^2，主要通过清理森林土地。2011年5月，印度尼西亚总统签署了一个为期两年的中止授予开垦原始森林和泥炭地新许可的命令，这有可能减缓油棕榈树面积的扩张；但是次级林和现有合同依然可以豁免。2000—2010年，亚太地区人工造林面积年平均增长294.8万hm^2，是年增面积最多的区域。2010年全球人工造林面积的47%位于亚太地区，约1.2亿hm^2。人工造林不会丰富当地的生物多样性，却可以提供生态服务，包括木材、碳储存和水储存以及土壤稳定。

对粮食、饲料、生物燃料和原料用地的需求增加，还会持续增加湿地和相关生态服务损失。虽然大部分地区的损失速度与20世纪80年代和90年代相比有所放缓，但是2000—2005年亚洲的红森林损失速度加快了。尽管如此，亚太地区目前仍然拥有全球50%红树林系统。

（3）水

使用水足迹衡量的全球人均年消费水量为1 387 km^3，亚太地区是全球水足迹最低的地方，人均年消费水量为 1 156 km^3，不及北美洲的 1/2，低于全球人均消费水平（1 387 km^3）。然而亚洲的水资源短缺以及水污染形势却异常严峻。很多农业地区的农业生产都依赖不可持续的地下水满足用水需求，这会威胁该地区的用水保障，如印度西北部、中国东北部、巴基斯坦东北部等。有数据显示，中东的干旱地区可再生水取水比例已超过 50%～70%，为生态系统自身修复和提供生态服务所留下的部分已经很少（有研究认为，需用到全球用水的 75%）。

能源开发和生产也需要消耗大量水资源。发电方式中，水密集程度最高的是生物质发电，其次是水力、石油、煤和核、天然气、某些集中式太阳能系统和地热能、光电子能和风能。根据发电形式和位置，精确值差异很大。有统计表明，南亚和东南亚主要电力公司现有或计划装机容量一半以上位于缺水或者水胁迫较大的区域。

有长期趋势研究表明，北印度地区正在变得更加干旱。而干旱会影响农田灌溉，加剧水资源矛盾，干旱、半干旱地区尤其容易受到侵害，特别是在气候变化的背景下。而在其他地区，20 世纪 80 年代以来洪水的发生率、受影响面积和人数以及损失水平也有所增加。在应对这些自然灾害方面，虽然东亚和南亚各国政府已经提高了其自然灾害应急预备水平，但是由于社会能力不足、洪水严重程度增加，社区应对这种极端事件的能力反而出现了减弱。1970—2008 年，自然灾害导致的死亡中有 95%发生在发展中国家。

1990 年以来，全球河流的富营养化日益严重，沿海富营养化地区急剧增加。在严重富营养化的条件下，海藻大量繁殖会导致缺氧，湖泊中的鱼类会因缺氧而死亡，进而导致沿海地区出现死区。缺氧已成为全球湖泊、河流、河口以及沿海地区一个重要而严重的问题。在全球被认定为缺氧至少 169 个国家，东南亚是“死区”普遍分布的地区之一。2005—2007 年考察的 12 个海洋中，东南太平洋、北太平洋、东亚海洋含有的海洋垃圾最多。

人类和动物粪是水污染最主要的病原来源。实现 MDG 目标 7c（到 2015 年将无法获得安全饮用水和基本卫生设施的人口比例减半）会有助于减少此类污染，然而南亚的卫生设施改良依然在忽视那些最贫穷的社区和个人。不当的卫生设施和水资源供应引起的腹泻是 2004 年全球疾病负荷的第二大原因，当年共有 7 000 万个伤残调整生命年（DALYs）由于疾病、伤残或者过早死亡而损失。全球健康数据显示，南亚是受水传播疾病影响最严重的地方之一。

（4）生物多样性

为了满足人类不断膨胀的需求，亚洲地区很多生物物种遭到过度开发，导致了陆地、海洋和淡水生态系统的衰退，生物多样性造成严重威胁。陆地和水生生态系统出产的食物和药物（包括野生食物）对人类的粮食安全、健康至关重要。在有些亚洲国家，有高达 80%的人口依赖于传统药物。为此而进行的鸟类和哺乳动物现状评估显示它们面临的平均灭绝风险比其他物种要大。2009 年 IUCN 红色名录显示，亚洲温带地区 109 种药用植物中有 25%左右受到灭绝风险的威胁，热带地区（122 种）和太平洋（35 种）海域中均有超过 35%的药用物种受到灭绝风险的威胁，其中热带地区已经有少量物种灭绝。农业的扩张对亚洲的生物多样性也产生了不利影响，如东南亚的森林和自然土地被用来种植单一物种，以满足人们对生物燃料的需求。东亚对野生动物和野生动物产品的需求导致脊椎动物的过度开发威胁尤为严重。在印度、泰国的某些海洋地区，还有过度捕捞导致海洋生物群落向低营养级别的转变的报道。

最近有研究强调了原著和社区管理区在热带森林保护中潜在有效性：这些管理区在减少热带森林砍伐方面比森林保护区更为有效，并且多用途原著保护区在减少热带森林火灾的发生频率方面与严格保护区的效果一样。南亚目前有几千个天然生态系统处于社区保护下，面积从 1 hm^2 到几百平方千米不等。印度报告了至少 13 720 个宗教祭坛，专家预测该国宗教祭坛总数量为 10 万～15 万个。东南亚和日本有几百个社区管理的海洋区域，旨在可持续渔业和沿海生态系统保护。

（5）化学品和废弃物

伴随着经济的快速发展，亚洲的化学品生产和消耗也急剧增加，特别是以“金砖四国”为代表的新兴经济体。而在“金砖四国”中又以中国的化学品生产数量最多（2004 年中国化学品生产量占金砖国家总量的 48%，巴西和印度各 20%，俄罗斯 12%）。2009 年中国的化学品销售总额超过 5 500 亿美元，比美国同年的化学品销售额还要多将近 1 000 亿美元，是日本的 3 倍左右。到 2020 年，预计发展中国家的化学品消耗将达到全球消耗水平的 1/3。

（6）对地球系统的影响

生态足迹与生物承载力的对比研究显示，亚太地区的生态足迹也已超出了其生态承载力。有如全世界人的生态足迹都与亚太地区相同，则全球生态足迹不会超出地球的生态承载力。

值得一提的是，喜马拉雅山脉，也称作世界第三极，拥有世界上最丰富的冰雪资源，以及面积超过 10 万 km^2 的冰原，是亚洲十大河流的发源地，世界上最复杂多变的山地系统之一。但是，这里也最容易受到全球气候变暖的影响，被认为是最具脆弱性的环境之一。但由于监测难度限制及监测站点不足等原因，喜马拉雅山地区的气象数据缺乏，因此很难推断气候变化对冰川、积雪和相关现象的影响。另外，喜马拉雅山流经八个国家，每个国家都具有不同的财政能力和社会经济目标，因此需要开展国际协调，加强该地区的长期计划。

地处喜马拉雅山脉以南的南亚地区，就容易受到自然灾害的影响。预计气候变化会增加该地区发生极端天气事件的频率和强度，从而引发各种灾难，亟须采取迅速行动予以控制。

7.3.1.3.2 政策选择

（1）气候变化

亚洲及太平洋地区是目前全球经济发展最快的地区，温室气体排放量也增长最快。以目前的增长趋势计算，2030 年该地区能源消费产生的 CO_2 排放将达到全球的 45%。中国已是目前最大的 CO_2 排放国。2005—2030 年交通运输引起的全球排放将增加 57%，其中中国和印度对这一增长的贡献率可以占一半左右。因此全球应对气候变化是否能取得成功，实质上依赖于亚太地区的政策和行动。能源、技术和资金是该地区减少温室气体排放的三个关键问题。

发展清洁能源、提高能源效率的政策不仅可在直接减少温室气体排放，还能产生协同效益如改善空气质量和减少人类健康威胁。清洁能源政策包括取消能源补贴，推广可再生能源，扩大低碳的智能电网，以及碳捕捉和碳封存技术。一旦碳捕获和封存得以实现，该地区到 2020 年可容纳每年 120 亿 t 的二氧化碳。潜在局限要素是与气候无关的负面影响，如稀土的采掘带来的环境影响，生物燃料与粮食安全的竞争以及这种竞争给土地及生物多样性造成的压力等。提高能源效率旨在通过减少建筑物、交通和农业中的能源使用量来减少排放。改进能源设备，CO_2 排放信息公开化，减少旅行次数和费用，发展公共交通，缓解交通拥堵等是提高能源效率的方法。其局限性在于初始投资较大（在建筑物改造和扩大公共交通系统方面），政策效果的不确定性（如混合动力汽车可能会因效率提高而使能源使用量增加，从而抵消效率提高的效果），公众意识不足以及不完善的能源效率市场。

推动技术升级和推广的政策有技术转让、购买知识产权或免除知识产权、开展国内研究等，这些政策有可能使发展中国家跳过发达国家经历过的能源密集型发展阶段，促进其产业向产业链上游移动，降低碳排放密度。这类政策的局限性较少，有研究表明严格的知识产权保护体系可以增进国际间技术转让。但如果发展中国家在基础设施、人力资源以及资本和制度环境方面的能力不足，那么来自发达国家的技术转让很可能效果不佳。

与资金有关的政策包括清洁发展机制、联合履约机制和适应基金、创新的税收政策（阶梯电价、碳排放税、航空税等）和化石燃料补贴的取消等。税收政策的调整可以为清洁能源带来更加公平的竞争机会。潜在局限性在于中介机构可能从碳市场谋利，从而无法实现低碳目标；清洁发展机制越来越官僚和烦琐，CDM 项目仅集中在少数发展中国家，其他发展中国家很难获得；商品价格上涨会对贫困人口施加更多生活压力。因此，在采取这类政策之前需要进行全面详细的分析。

（2）生物多样性

亚太地区多利用法律来建立生态走廊、陆地和海洋保护区，维护全球生物多样性奠定良好基础。《生物多样性公约》《拉姆萨湿地公约》《世界遗产公约》以及新的资助机制等推动了该地区保护区和生态走廊的建立和效益提高起到推动作用。在区域合作方面，这一地区也有较多案例，如大湄公河次区域、印度和尼泊尔提莱弧状景观、苏禄-苏拉威西海洋地区和珊瑚三角。区域合作可以促使国家层面付出更多努力，能力可以跨国转移。挑战在于合作的可持续性，参与各方能力参差不齐，涉及主权问题时合作会转变成敏感的政治问题。

生态补偿可以促进自然然资源的可持续利用和区域间更均衡的增长。中国自 1999 年以来已开展了多项生态服务付费补偿计划，如退耕还草、森林生态系统补偿基金、排污费改革等。退耕还草计划已使 900 多万 hm^2 坡耕地重新被用来植树或种草，利益相关的农民会获得补偿，政府在这个计划上的支出已超过了 150 亿美元。森林生态系统补偿的资金投入也达到了 20 亿美元之多，覆盖面积约 4 400 万 hm^2。越南在美国国际开发署亚洲援助使团的资助下，通过法律框架整合林同省和山罗省两个实验地区的生态系统服务，实施森林环境服务付费项目。电力公司和供水设备公司要为水资源管理和土壤保护付费，旅游公司要为景观价值付费。截至 2012 年年底，这个项目覆盖的 21 万 hm^2 森林已创造了 400 多万美元的生态服务价值，惠益 22 个森林管理委员会和林业企业以及 9 870 个主要少数民族家庭[540～615 美元/（户·a）]，使 4 万多农村贫困人口生活改善。另外，该方案下的一个优先保护分水龄地区，非法采伐和野生动物狩猎已减少了一半。这一政策工具还有望在越南全国范围推广。

以社区为基础的生态系统管理已被证实有较好的管理效果，并能使社区居民收入多样化，政府与民间关系缓和等。社区管理政策包括协同管理，对传统拥有者的管理，财产使用权力的认可，制定多种可持续森林和渔业管理方案等。目前存在的局限是精英分子往往获得经济利益，社区间的排斥和冲突，以及长期投资和能力建设需求。

《获得遗传资源的名古屋协定书》和《基于利用率的公平公正的利益共享》是遗传资源公平获取方面的指导性文件。关于生物和遗传资源获取的东南亚国家联盟（ASEAN）协议草案结合了孟加拉国、柬埔寨、蒙古、尼泊尔和斯里兰卡的遗传资源、惠益共享、传统知识获取的草案政策和法律。这些政策为依赖于自然资源的原著社区提供了额外的激励措施，以维持生物多样性，使投资者获得公平合理的回报，并从当地传统文化和管理方式中获益。这也为政府提供了一种新的国家遗产保护方法。其限制因素在于识别社区将传统知识付诸实践过程中面临的困难，以及如何验证有效的奖励机制以及克服自愿研究潜在的约束因素。

（3）淡水

水资源综合管理这一概念的提出已经 30 年了，它可以平衡人类需求与自然生态系统之间的关系，促进水资源的可持续发展。许多国家都试图基于此概念创建制度框架，但这种尝试在亚太地区还仅限于少数几个国家。许多国家在机构改革中已经考虑设立执行这种综合管理方法的主要流域管理组织，但目前水资源总体上仍是基于部门方法的管理，几乎没有跨部门协调机制和应急计划。

用以配置水资源、提高用水效率用经济手段在亚太地区得以推广。1998 年中国发展与改革委员会和水利部针对黄河流域日益加重的断流频率及周边生态环境破坏制定了年度水资源配额、河流分配方案，以及《黄河流域省份内的水资源分配实施计划》。随后，又发布了《取用水和水资源收费规则》，开始用经济手段控制用水需求，许多地方都出现了不同行业的水用户权力交易。这些政策的实行已经成功使黄河各支流自 2000 年以来没有出现断流，提高了整个黄河流域的水资源利用效率和生态健康。目前，中国已有部分城市实行阶梯水价，并计划在全国范围推广。预计此政策可有效缓解城市地区的水资源紧张状况，引导居民合理使用水资源。此政策的局限性在于它会使管理成本上升，可能促使人们转向使用未定价的地表水等水资源。

水资源质量管理政策包括进行定期监测和汇报，采用污染者付费原则，设立排污标准，开发废水处理设施，公布水质指数等指标数据吸引公众关注等。水质改善可降低居民健康风险，有助于实现《千年发展目标》，降低工业和供水部门的污水处理成本。局限性包括高昂的废水处理成本、难以说服污染者（特别是中小型企业）实施必要的污水排放控制措施。

（4）化学品和废弃物

亚太地区正经历经济快速增长，人口增加，城市化进程加快等趋势引起的各种环境挑战，特别是中低收入国家。废物量越来越多，废水成分越来越复杂，甚至含有有害物质，农业和工业化学品消费逐渐增加，然而收集废弃物和处理废弃物的能力仍然落后，对人类健康和生态环境的影响日益严重，对这些环境影响的监督和管理力度不足，理解度偏低。

应对废弃物和化学品挑战的有效方法是预防和控制化学品生产和废弃物产生。具有有害属性的化学品需要被淘汰，并尽可能找到更安全的替代选择。使用全生命周期方法重新设计产品，从而使资源消耗、化学品危害和废弃物产生数量均做到最小化。鼓励更多可持续的消费方式，以最低的环境负担得到最好的生活质量。绿色公共采购被证明是刺激绿色产品需求的有效手段，包括由回收材料制成的产品。电子行业生产商延伸责任制可以促使生产商对产品进行重写设计，并加强生产企业和回收企业之间合作。尽管减少废弃物产生在工业领域已取得一些成效，但在家庭方面还存在很多挑战。

禁止使用破坏臭氧层物质是以《蒙特利尔破坏臭氧层物质管制议定书》（以下简称《蒙特利尔议定书》）基础进行的最成功的化学品替代案例之一。《蒙特利尔议定书》控制下的 20 种物质中，印度占了 7 项。印度于 1992 年加入该条约后的 20 年陆续采取了许多政策措施鼓励使用臭氧层无害技术，如颁发破坏臭氧层物质的进出口执照、对需要遵守《蒙特利尔议定书》的货物免除关税，印度获得的对外援助从破坏臭氧层物质转向臭氧层无害的替代技术，并停止破坏臭氧层物质的新项目等。。印度在 1997 年生产了将近 4 万 t 的破坏臭氧层物质，主要是 CFC-12 氯氟烃和四氯化碳（以下简称 CTC），当时国内消费估计达 14 000 t。到 1999 年，多边基金组织同意了 226 个项目，成本达 5 800 万美元，预计从气溶胶、泡沫、二氟二氯甲烷、空调和溶剂行业减少 7 682 t 破坏臭氧层的物质。2010 年，除了将氯氟烃用于治疗呼吸系统疾病外，印度已经按照《蒙特利尔议定书》指定的那样成功淘汰了氯氟烃、四氯化碳和二氟二氯甲烷的生产和消费。2040 年计划淘汰所有破坏臭氧层的物质。印度成功实现破坏臭氧层物质的目标得益于上述各项政策条款，还有专门的国家臭氧机构的成立，提高公众对臭氧层破坏的意识，以及详细的监测机制、现场堪称机制、资金合理使用和进展报告的提交等。

废弃物收集系统和处理设施方面的政策包括建立有效的收集系统，使用安全的处理设施、以市场化方法回收物料，以及建立较高的环境标准等。日本每年要焚烧至少 500 万 t 固体废物来发电和集中供热。日本在 2000 年确立了一项减少二噁英排放量的目标：到 2003 年其焚化炉二噁英排放量在 1997 年的基础上减少 92%，关闭 2 000 多家工业废弃物焚化炉。2003 年又对这一目标进一步更新为，2010 年在此基础上进一步减少 30%。韩国特别引进了厨余废弃物的源分离技术，对残渣进行分别处理，明显减少了温室气体的排放量。以社区为基础的堆肥同样也被成功地引进到亚太国家的许多城市，减少了处理需求和相关的市政成本。

7.3.1.4 非洲

大气方面，与亚太的情况类似，非洲的污染物排放未得到有效控制，管理能力不足，总体形势不容乐观。土地方面，牧场和农田总面积仅次于亚太地区，并保持快速增长态势。热带森林损失速度也是最快的。水方面，水质遭遇严重威胁，人类和动物粪是水污染最主要的病原来源，大部分地区缺乏改善的饮用水。生物多样性方面，在一些国家，高达 80%的人口依赖于传统药物，涉及的动植物物种多，灭绝风险高。化学品方面，非洲是除东欧之外目前过期农药存量最多的地区，2005 年启用了有关农药的库存计划（ASP），希望在 10～15 年内清除所有过期农药和污染废弃物。

（1）大气

和亚洲一样，非洲的某些区域和次区域虽然也签署了 CLRTAP 合作协议，表明了减少污染排放的意图，但是这些协议不具有约束力，由于缺少人力和资金资源，这些协议在很多情况下并没有得到有效实施。

城市地区农业、工业和交通行业排放的基于氮的空气污染对 $PM_{2.5}$ 浓度有很大的贡献，是第二大硝酸盐和铵盐基颗粒。然而，非洲也未将氮排放控制放在优先位置，预计该地区氮氧化物和氨排放都出现了增长。另外，非洲还缺少相关的监测能力，这也是上述问题产生的主要原因。为了解决这个问题，非洲国家需要对这些物质给予更多的政策关注，尤其是在确保食品生产有充足氮肥条件下，关注来自农业、能源、工业和交通部门的排放。

在颗粒物方面，非洲只有少数几个城市对空气污染物进行了监测，监测结果显示，这些城市中大部分 PM_{10} 浓度都超过了 WHO 指南的指导水平。非洲除室外颗粒物水平高以外，由于很多地区几乎没有清洁锅灶和燃料，室内颗粒物水平也很高，对人类健康有重大影响，尤其是女性和儿童。室内颗粒物是由初级排放和二次污染物（在大气中形态发生了改变的排放的原始污染物）混合而成的，因此对它的管制非常复杂。固体燃料和使用导致了全球大约 410 万伤残调整生命年（DALYs，疾病导致的健康生命年的可能损失之和），其中 180 万即总量的 44%发生在撒哈拉以南非洲。家用能源的干预可以减少烹饪和取暖对传统燃料的依赖，明显具有提高健康水平和促进实现 MDGs 的可能。

在对流层臭氧方面，非洲仍然存在数据不足的问题。另外，野火产生的烟雾也使非洲的颗粒物浓度增加。

（2）土地

非洲的农作物种植面积自 2001 年以来一直在增加。2001—2010 年非洲的玉米种植面积增加了 25%以上，水稻种植面积也增加了 20%，大豆种植面积也一直保持增长。2009 年非洲牧场面积占全球 30.7%，农田面积占全球 8.5%，总面积高于除亚太以外的其他任何地区。但与其他地区相比，非洲的粮食产量依然偏低，是 2007 年人均粮食消费量最低的地区（2007 年每人每天不足 250 万卡路里），撒哈拉以南非洲在 2010 年营养不足的人口比例约为 30%，为全球最高。但非洲的人均粮食消费量近来也是增长最快的地区。

非洲刚果河流域分布着热带森林。只是这一地区的热带森林损失速度在 2000—2010 年为全球最快的，每年的净森林损失接近 700 万 hm^2。非洲的人工造林面积 2000—2010 年的年均增长率为 1.75%，是除欧洲之外增长率最低的地区，2010 年造林面积 1 541 万 hm^2，不到欧洲的 1/4。

（3）水

非洲东部正在经历严重的干旱，撒哈拉沙漠也正在向更为干旱的方面发展。过去 10 年中，干旱已经导致非洲东部水力发电量明显减少，对国家经济产生了不利影响。例如，2004—2006 年维多利亚湖水位下降，使乌干达的水力发电量减少了 50 MW，导致此期间的经济增长率从 6.2%下降到 4.9%。

非洲的水质也在遭遇严重威胁。1970 年以来，全球河流的营养物质输出增加了约 15%，其中南非占增加额的至少一半。人类和动物粪便是水污染最主要的病原来源，而非洲的卫生设施改善仍然在忽视那些最贫穷的社区和个人。而且大部分地区缺乏改善的饮用水，使非洲成为受水传播疾病影响最为严重的地区。腹泻占全球疾病负荷的 4%，其中 90%与环境污染和缺乏安全的饮用水和卫生设施有关。非洲是因腹泻而死亡的儿童最多的地区。2008 年非洲 5 岁以下儿童的死亡人数为 130 万人，其中 70%是由腹泻导致的。撒哈拉以南非洲的基础卫生设施条件也是最差的，有 3.3 亿人没有适当的卫生设施。2000 年以后全球报告的霍乱病例主要发生在非洲地区，且近年来有所增加（图 1-7-49）。

在水治理方面，2008 年建立的非洲地下水委员会，是世界上少数几个区域性地下水行动之一。截至目前，尚没有专门指导地下蓄水层保护的全球多边环境协议。

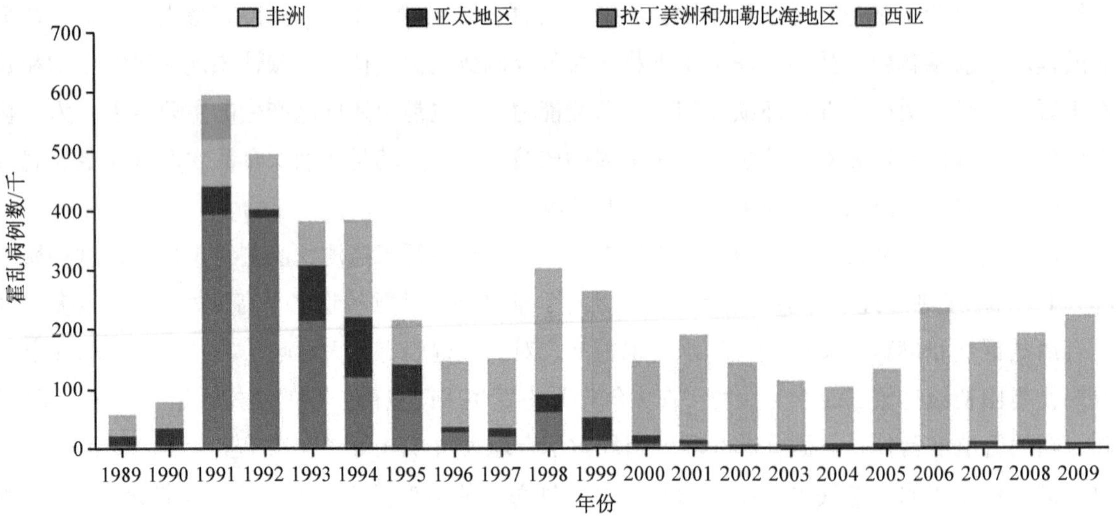

备注：因为很多病例没有报告，所以报告的病例数只是一个低估值。

图 1-7-49　1989—2009 年各地区霍乱病例

（4）生物多样性

非洲一些国家，高达 80%的人口依赖于传统药物。为此而进行的鸟类和哺乳动物现状评估显示它们面临的平均灭绝风险比其他物种要大。2009 年 IUCN 红色名录显示，非洲地区 158 种药用植物中有近乎一半的物种受到灭绝风险的威胁，是受威胁比例最高、物种最多的地区。

最近有研究强调了原著和社区管理区在热带森林保护中潜在有效性。肯尼亚拥有约 70 处卡亚森林，其中 47 处（总面积约为 6 000 hm^2）得到了肯尼亚政府的法律认可，由政府和当地社区合作管理。在坦桑尼亚共和国，总面积超过 200 万 hm^2 的森林处于社区的管理之下。

（5）化学品和废弃物

农药不具有杀虫作用时就过期了。根据 UNEP 化学品处的估测，非洲目前存在 2.74 万 t 过期农药，需要 0.8 亿～1.4 亿美元的处理资金，是除东欧外目前过期农药存量最多的地区。非洲于 2005 年启用了有关农药的库存计划（ASP），希望在 10～15 年内清除所有过期农药和污染废物，并推动采取相关预防措施，开展能力建设。

（6）对地球系统的影响

生态足迹与生物承载力的对比研究显示，非洲地区的生态足迹还没有超过其生态承载力。由于非洲的干旱现象，是山火发生频率最高的地区，占全球年均生物质燃烧的 30%～50%（Roberts 和 Wooster，2008；Dwyer 等，2000）。另外，值得注意的是，目前用以帮助发展中国家减少碳排放的清洁发展机制（CDM），不能平等地惠及所有地区，非洲仅有不到 30%的项目（UNFCCC，2012）。

7.3.1.5 拉丁美洲和加勒比海地区

大气方面，治理能力有限，CLRTAP 协议在很多情况下并没有得到有效实施。该地区氮氧化物和氨排放都出现了增长，PM_{10} 仍是拉美很多地区的主要污染物。土地方面，近年来 EU 和其他许多国家的生物燃料混合要求直接或间接刺激了南美很多国家的土地用途转变，森林损失速度有明显降低，但仍是损失速度最高的地区。森林正在变得破碎化，动植物栖息地正在被严重破坏，生物多样性保护面临挑战。化学品生产和消耗在快速增加，安全风险有所加大。

（1）大气

和亚非一样，拉丁美洲的某些区域和次区域虽然也签署了 CLRTAP 合作协议，表明了减少污染排放的意图，但是这些协议不具有约束力，由于缺少人力和资金资源，这些协议在很多情况下并没有得到有效实施。

城市地区农业、工业和交通行业排放的基于氮的空气污染对 $PM_{2.5}$ 浓度有很大的贡献，是第二大硝酸盐和铵盐基颗粒。然而，拉丁美洲也未将氮排放控制放在优先位置，预计该地区氮氧化物和氨排放都出现了增长。在部分地区，监测能力不足是产生此问题的主要原因。为了解决这个问题，需要这些地区对这些物质给予更多的政策关注，尤其是在确保食品生产有充足氮肥条件下，关注来自农业、能源、工业和交通部门的排放。

在颗粒物方面，拉丁美洲的进展喜忧参半。在部分城市出现明显减少，但大部分城市地区的浓度仍远远高于 WHO 的指导水平，PM_{10} 仍是拉美很多城市的主要污染物。

（2）土地

拉丁美洲和加勒比海地区的农作物种植面积自 2001 年开始一直增加。拉丁美洲是世界主要大豆产区，巴西是三大大豆生产国之一。2001—2010 年拉丁美洲大豆种植面积一直快速增加，2010 年收获面积超过 4 000 万 hm^2，是全球种植面积最大的地区。而同期小麦的种植面积却在慢慢下降。近年来 EU 和其他许多国家的生物燃料混合要求直接或间接刺激了南美很多国家的土地用途转变，如哥伦比亚和危地马拉的油棕榈树种植面积增加，巴西的甘蔗乙醇和大豆种植面积增加，以及阿根廷的大豆种植面积增加。这还进一步驱动了这些新开发地区范围广泛、工业单一的新兴生产模式。2009

年拉丁美洲农田种植面积占全球8.4%，牧场面积占全球26.9%。虽然拉丁美洲的种植面积快速增加，但是与北美洲和欧洲相比，其产量相对偏低。如果能够评估和克服各个地区的具体限制，则在减少农田面积扩张的同时依然可能提高粮食产量。

1990—2010年拉丁美洲和加勒比海地区平均每年损失的森林面积将近500万 hm^2，2000年之后其森林损失速度已有明显降低（2005—2015年年均损失已略低于400万 hm^2），但仍是损失速度最高的地区。全球对肉类需求的增长是促使南美洲森林砍伐的一个主要因素：森林砍伐后用来种植大豆，作为牲畜的饲料。大部分亚马孙流域的森林被毁与放牧牛群和建立养牛场有关。2000—2004年巴西马托格罗索州转变为农田（主要种植大豆）的森林面积有所增加，证据表明大豆生产也有可能导致毁林。2004—2009年，毁林速度出现显著降低。这与亚马孙防控毁林行动计划（PPCDAm）采用的新政策有密切联系。欧洲和绿色和平组织等反对非法毁林的消费者施加的压力也导致ABIOVE和ANEC于2006年7月签署了一项协议，协议缔约方承诺不从亚马孙森林新砍伐的区域获取大豆。这一协议说服牛肉行业达成了自己的商业协议（图1-7-50，图1-7-51）。

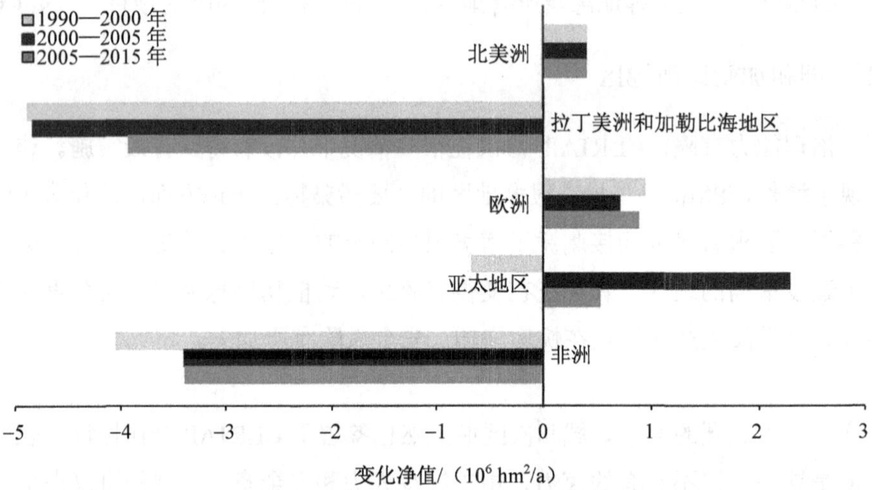

资料来源：UNEP 2011c；FAO 2010a

图1-7-50　1990—2010年各地区森林面积变化情况

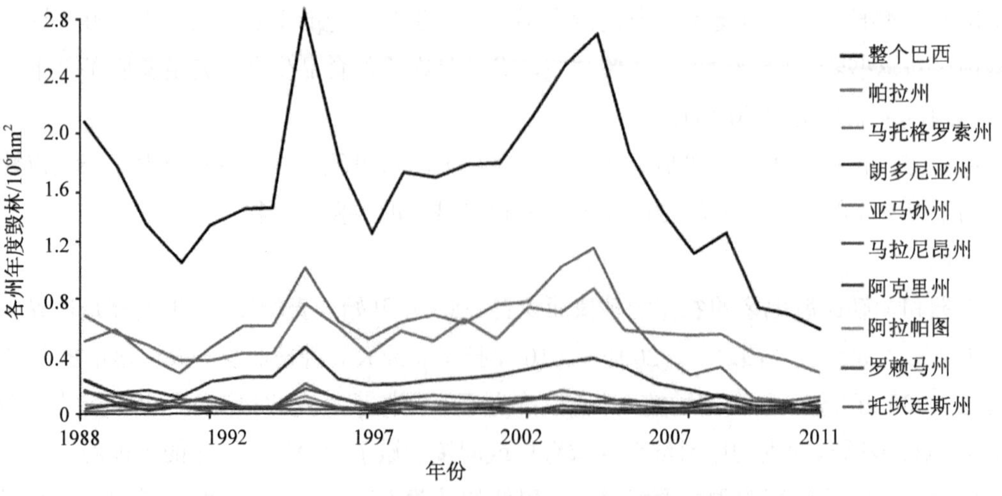

图1-7-51　1988—2011年巴西亚马孙河流域毁林情况

虽然这些政策和协议在减少毁林方面获得了明显成效，但是挑战依然存在。例如，很多人担心巴西森林法案的建议修改案会降低对森林的保护。其他生物群落和国家毁林的增加也是一个值得关心的问题，这导致巴西政府启动了塞拉多生物群区行动计划，并将学到的经验教训与邻近的亚马孙流域国家分享。

（3）生物多样性

巴西大西洋森林正在变得破碎化，面积不足 50 hm^2 的林地占到 80%，动植物栖息地正在被严重破坏。巴西和加勒比海地区的许多海洋区域还广泛报告了过度捕捞引起的食物网级别下降现象。

（4）化学品和废弃物

以“金砖国家”为代表的发展中国家的化学品生产和消耗正在快速增加。其中巴西的化学品生产占“金砖国家”总量的 20%左右。拉丁美洲和加勒比海地区有过期农药约 11 284 t，需要 3 300～5 600 美元的处理资金。在巴西还发现有手工金矿者，他们可能面临汞中毒的风险。

7.3.2　主要国家环境问题历史回顾及对我国的经验借鉴

7.3.2.1　欧盟

7.3.2.1.1　欧盟主要环境问题历史回顾

第一次工业革命起源于 18 世纪英国，以纺织机为标志，随后蒸汽机的创新与改良，把第一次工业革命推向高潮，蒸汽机成为主要动力设备，煤炭成为主要能源。

大气污染。18 世纪末到 20 世纪初随着蒸汽机越来越广泛地应用，以及煤的大量消耗，大气环境污染也变得越来越严重。进入 20 世纪后，欧洲金属冶炼、火力发电、石油化工等重化工业的扩张产生大量的工业烟尘、粉尘、工业废气，这是造成欧洲大气污染加剧的主要因素。到 20 世纪 50 年代，英国、法国、德国、意大利等国每年排出大约 2 000 万 t SO_2 气体；1952 年，英国伦敦因烟尘污染，两个月内造成 800 多人死亡，数千人中毒，成为最早震惊世界的大气污染公害事件。在同一时期，汽车尾气是加速欧洲空气质量恶化的另一重大因素，大城市中由于汽车排放的大量的 CO、HC、NO_x 经过阳光照射产生对人体健康有害的光化学烟雾，此外汽油的高含铅量造成废气中大量的铅排放。这些有害物质，可导致白血病、癌症、支气管炎和心脏病等多种疾病[1]。

酸雨。1950—1970 年的 20 年，欧洲 SO_2 的排放量增加了 2 倍，西欧的瑞典、挪威、比利时、荷兰、卢森堡、德国和法国相继出现了酸雨，而且酸雨的浓度不断在上升，据统计每年欧洲雨水的酸度上升 10%。酸雨对水生生态系统的破坏导致鱼类死亡，对陆生生态系统的破坏导致土地酸化而贫瘠，森林大片死亡，瑞典有约 1 000 万 hm^2 森林因酸雨破坏而衰亡，德国西部受害森林占森林面积的 8%，木材产量锐减一半，其他中欧国家有 100 万 hm^2 的森林枯萎死亡，欧洲大约有 6 500 万 hm^2 森林遭到酸雨污染危害，此外英国、意大利、希腊等国古建筑受到不同程度的损害。

水污染。欧洲水污染的历程基本上是与工业革命同步的。一方面，为了交通运输的便利，使得工业布局在河道附近；另一方面，随着工业革命的兴起，印染、造纸等行业要生存下去，解决生产污水排放十分关键，为了便于将污排入河中，工业沿河设置。工业的布局使得人口大量在城市沿河的区域聚集，由此产生大量未经处理的生活污水涌入河中，造成水质的进一步恶化。20 世纪 50 年

[1] 杨廷俊. 欧共体/欧盟环境政策与环境外交研究[J]. 2008。

代末期，英国泰晤士河河水中含氧量几乎为 0，鱼类几乎绝迹[1]；莱茵河沿岸企业把工业废水直接排入河中，致使河流被污染，到 1963 年，联合国专家指出莱茵河已成为世界上最脏的河流之一并且其水质继续恶化，到 1971 年枯水期将达到最严重的程度[2]。

固体废物。固体废物污染主要是由于工业活动所带来固态废物所产生的污染。工厂矿山排放的废渣和生活垃圾，如塑料包装、废旧汽车轮胎等，这些东西不能够通过自然力量很快地降解，而填埋或焚烧则容易引发其他水、气污染。而在建设速度加快的时期，大量的建筑废物的产生，成倍地加重了固体废物处理的工作量。对于最早工业化的西欧地区，工业生产及建设活动和人类生活所引起的固体废物污染在“二战”后达到最严重。

重金属。19 世纪欧洲采矿、冶金业兴起，采矿中排出的含铅、镉的废水，以及冶金业产生的含有重金属的废气、废渣对水体和土壤造成巨大污染，重金属积累效应对人体健康产生重要影响。

化学物质与农药。进入 20 世纪以后，化工业迅速发展，产品品种日益增多，而生产和使用过程中也排放出许多有害物质，如含氟气体的造成的大气污染；化肥的过度使用造成土壤、地下水的污染；农药的过度使用对生态平衡的破坏在 1962 年的《寂静的春天》中得到反映。

全球环境影响。氟氯烃在 20 世纪 20 年代开始大规模生产，80 年代达到顶峰，其对臭氧层的破坏作用明显，1989 年在北极地区的臭氧空洞一直延伸到北欧地区及英格兰中部，对居民健康和植物生长造成威胁。进入 20 世纪末期，全球气候变化对欧洲也造成了较大影响，海平面升高对威尼斯、阿姆斯特丹等城市造成威胁，进入 21 世纪，由于气候变化异常欧洲西部地区遭受极端天气如狂风、暴雨、干旱、酷暑及次生环境灾害如大洪水、疫病蔓延的频率明显高于 20 世纪八九十年代。

7.3.2.1.2 主要应对措施、政策历程

对于不同时期出现的环境问题，欧洲各国也采取了一系列应对的政策和措施，政策和措施的发展和变化反映出欧洲应对环境问题思路和观念的变化。

（1）第一阶段（1951—1973 年）：各自为政制定污染治理政策，以末端控制和水体保护为主

从上文可知，与工业化的进程基本一致，欧洲环境问题从第一次工业革命后开始变得明显、恶化的，尤其在“二战”后，由于重建和发展的需要，工业活动水平、资源消耗水平和污染排放水平进入了一个前所未有的高速增长时期。到 20 世纪五六十年代，欧洲环境污染程度达顶峰，一系列大气、水的污染事件集中暴发出来。欧洲居民的生存环境和生命健康受到了巨大影响，于是在发达的西欧国家，各自制定了许多污染治理的发令，例如，英国 1956 年颁布的《清洁大气法》《清洁河流法》，1960 年颁布的《噪声控制法》，1967 年颁布的《生活环境舒适法》等；荷兰于 1962 年制定的《公害法》，1969 年制定的《地表水污染法》，1972 年制定的《大气污染法》等；意大利 1966 年颁布的《大气清洁法》；法国 1964 年的《水法》，前联邦德国在此期间颁布的《空气污染控制法》《联邦河流净化法》《废弃物管理法》等 30 多部法律和法规，这些法律大多对工业污染末端排放给予了明确而严厉的限制，一方面对排污行为的惩罚，直接迫使各污染排放主体提升末端处理水平，另一方面对环境基础设施的投入的鼓励，扩大了污染处理尤其是城市生活污水处理的覆盖面。这些措施这些措施在 20 世纪 70 年代中后期见到成效，英国的泰晤士河，德国的莱茵河以及其他河流都逐渐得到有效治理[3]。

---

1 刘金源. 工业化时期英国城市环境问题及其成因[J]. 2006。
2 张婧. 浅析德国环境政策演变的原因[J]. 2009。
3 唐秀丹. 欧盟环境政策的演变及其启示[J]. 2005。

（2）第二阶段（1973—1987 年），三个环境行动计划推动内部合作，开始重视源头预防

1972 年巴黎政府首脑峰会上，强调了欧共体环境政策的重要性，并在随后的 1973 年提出了第一个环境行动计划，强调了环境保护的目标和原则，提出了一些简单的协调措施。1977 年原欧共体的第二个环境行动计划则指出，经济的需求要与自然的供给相匹配；在保护自然资源的同时，强调政策的预防功能，而不是事后被动的适应性治理。第三个环境行动计划（1982—1986 年），为欧共体提供了一个自然资源和环境保护的全面战略，它指出，环境问题需要纳入其他政策领域中综合考虑，尤其是环境政策对经济社会（创造就业）方面的影响。在自然资源方面，主张寻找不可再生资源的替代品，以避免使生态系统的再生能力和自然资源能力受到威胁，鼓励对废弃物的循环再利用。通过三个环境行动计划的实施，环境问题越来越受到人们的重视。但在这一阶段，欧洲的环境政策还只限于各成员国之间的协调发展，共同体原则下的一种趋向于超国家的环境保护合作，但共同一致的环境政策还没有被提出[1]。

（3）第三阶段（1987—1993 年），欧共体环境法律体系的形成，直接管制与经济手段相结合

1987 年 7 月 1 日生效的《单一欧洲法令》对在原来的《建立欧洲经济共同体条约》第三部分中新添了《环境目》为共同体层次的环境政策的制定和环境立法提供了专门的、明确的渊源，欧共体的环境政策目标第一次被置于欧共体条约之中，正式将环境政策推向了欧共体的议程。条约中的环境条款明确了欧共体环境保护六原则，即防备原则；预防原则；就近原则；污染者付费原则；协调原则；高水平保护原则。1987 年通过的第四个环境行动计划要求在控制和预防污染方面采取更严格的标准，强化污染控制的综合方法，不但在末端治理，同时也从污染产生的根本上制定对策、解决问题。从管理手段上，开始强调直接管制（法律法规、环境标准）与经济刺激（包括征税、交付押金、颁发可转让许可证，以及给予财政援助等经济手段）相结合来达到实现严格标准的目的。该行动计划更加明确地要求把环境目标融入其他政策中，强调环境政策是其他政策的组成部分，只有相互协调，才能更好地解决环境、经济、社会发展的问题。

（4）第四阶段（1993 年至今），推动可持续发展战略阶段

从 1973 年开始以环境行动规划的形式制定共同的环境政策，截至 1992 年，欧共体实施了四个环境行动规划，颁发了 200 多个环境法令，取得了较显著的成就，但环境问题并没有得到根治，尤其是全球气候变化也对欧洲环境的改善造成一些新的挑战，局部环境措施的实施并不能遏制全球环境问题的恶化。欧洲需要一个新的环境战略框架，并将其推向全球。1993 年欧盟成立，同年开始实施的第五个环境行动计划成为欧盟可持续发展战略的起点，表现为一种指导思想的更新，即环境问题不仅是环境领域的问题，而上升为发展领域的问题，可持续发展是环境战略，同样也是发展战略。1997 年签署的欧盟《阿姆斯特丹条约》中将促进经济增长、社会发展、环境保护相互协调的可持续发展列为目标。为使可持续发展更有针对性、更接地气，欧盟第六个环境行动规划（2001—2010 年）根据现实的环境状况，确定了可持续发展的四个重点方面，即应对气候变化、保护自然和野生动物、环境和健康、自然资源的可持续利用及废物管理；并积极推动在全世界范围内来解决可持续发展问题。

7.3.2.1.3　对我国的启示

经过不断的演变、发展、日益完善，欧盟的环境政策无论是从战略高度，还是从政策法律体系

[1] 蒋尉. 欧盟环境规制的演绎[J]. 2013。

或实施管理手段，监督检查手段来说，称得上是世界上最先进的环境政策体系之一。欧洲应对环境问题的政策发展历程及经验值得中国借鉴。通过回顾及展望，可以预期中国的环境问题的发展与应对，与欧洲的相关发展历程会有很大的相似性，预期我国2015年、2020年、2025年、2030年的发展阶段将可能基本与欧盟上述4个阶段情况类似但也有所不同。2015年开始，我国的环境政策将继续从污染排放总量控制等末端治理为主体，向环境质量控制等成因源头控制和综合治理的阶段过渡，具体包括以下方面：

首先，从末端治理到源头控制，自“十一五”规划以来，我们一方面制定环境保护约束性指标，要求污染物总排放量要得到控制，另外，也强调其他方面对环境改善的巨大作用，认识到环境治理需要从生产前端（产业结构）、生产过程中（能源、资源的效率）以及末端排放几个方面共同给力，才能在经济活动强度仍然快速增长的情况下，控制环境恶化的速度，这就需要保持环境政策与其他政策的协调。欧洲目前已进入后工业化时期，产业结构已基本稳定，大的结构调整比较少，但其在一些政策协调方面做得非常不错，如环境政策与工业政策相协调方面，欧洲推行完善的环境管理与审计制度，并与ISO 14001认证相对接，鼓励更多的企业加入环境审计注册，以提高欧盟企业的整体环保水平。环境政策与农业政策相协调，推行改革，降低相关补贴以减少农业和化肥使用量，对居住在土地条件恶劣、不适合耕种的贫困地区农民给予补贴，鼓励他们保持农村传统的风貌，大力发展旅游业。环境政策与能源政策相协调，设定二氧化碳或能源税，选择对环境和生态影响较小的能源，如减少核电、水电等，提倡增加风能、太阳能、生物质能等可再生清洁能源的使用。环境政策与交通政策相协调，鼓励对环境更为有利的交通模式和交通管理模式，提高财政措施和公共宣传，限制交通需求，扩大公共交通，采取更为严格的危险物品运输风险防范措施。环境政策与贸易政策相协调，欧盟国家担心他们在改善和保护环境方面的投资，特别是采取有利环境的生产工艺增加了其产品的成本，而不重视环境保护的国家的产品成本比较低，为弥补其产品竞争力，欧盟制定了一系列环境壁垒政策。

其次，从命令控制到市场手段，可以看出我们的污染治理手段依然是以命令控制的行政手段为主，审批过程的把关、减排责任的分解、落后产能的强制淘汰等，这些措施在完成规划目标、减排约束性指标方面的确起到了较大的作用，但是从某种程度上，它抑制了成本较低的、更符合市场规律的经济刺激手段的探索和实践，环境的持续性改善需要政府部门推动环境治理市场手段的运用，充分反映经济活动的环境外部性，在明确基本标准的基础上，让市场在环境资源的配置中起决定性作用。作为市场手段之一的排放权交易，欧盟的碳排放权交易体系EU-ETS（2005年建立）是目前世界上最为成熟的污染物排放权交易体系。作为一种市场手段，它允许企业通过更加灵活的手段达到碳减排的目的。通过EU-ETS的实践，反映排放许可权稀缺性的价格机制初步形成，为进一步运用总量交易机制解决气候变化问题积累了丰富的经验，促进了欧盟碳金融产业的发展，提升了欧盟在新一轮国际气候谈判中的话语权。但EU-ETS从2012年后也遭遇了巨大挑战，经济的不景气造成碳排放权的需求量不足，而排放权分配量却没有减少以致大量过剩，这就造成了碳排放权价格持续走低。碳排放的低价使企业没有动力投入新的减排技术创新之中，EU-ETS的作用和价格机制几近崩溃，因此从2013年，欧盟开始了一场削减碳配额，将其延后使用，以挽救EU-ETS的“back-loading行动”。对于碳排放权交易，中国也在积极学习EU-ETS的经验，目前共7个省市正试点建立碳排放交易市场，但在排放限值的确定，排放权的分配，监管、认证机制的建立，形成一个统一的碳市场而不是各试点各自为政等方面还有必要向EU-ETS学习，同时对其出现的问题和前车之鉴应该早作防范。

最后，从区域环境治理到全球环境合作。可以看出，欧洲区域环境的治理与全球环境问题的应对，表现在不同时间阶段，这使得政府部门可以逐一应对各种挑战。而在中国快速发展的当前，尽管部分指标如 SO_2、COD 的排放得到了控制，但区域环境问题还在持续恶化中，如全国大范围的雾霾污染、城市交通拥堵与排放问题在近年愈演愈烈，而且经济以及能源、资源消耗的增长依旧强势，环境政策稍有放松，则容易引起污染的反弹。就在这样的形势下，气候问题在全球范围内正变得炙手可热。一系列的现实困难并不能降低国际对中国碳减排的期望和要求，特别是在成为 CO_2 排放总量第一大国后，中国面临着前所未有的碳减排压力。另外，国际能源价格的高企，使得以高能耗高碳排放为支持的发展变得无以为继，无论是主动或是倒逼，中国都将进一步参与到应对全球环境问题的合作中。在合作中，中国应该充分运用自己减排潜力大的特点，争取各种国际合作机制的技术、资金支持，最大限度地为我国的可持续发展、低碳绿色发展提供帮助。同时，在国际合作过程中，我们也应逐渐接受减排工作可测量、可报告、可核查的行动规则，以树立积极守信，高效务实的正面形象，在国际环境合作中掌握更多的话语权。

7.3.2.2 美国

7.3.2.2.1 美国环境政策发展路径研究

（1）工业革命至 20 世纪中叶

从 19 世纪下半期开始，美国经历了飞速的工业化和城市化进程。19 世纪末期第二次工业革命首先在美国发生。这次工业革命极大地推动了社会生产力的发展，使美国不仅基本实现了资本主义工业化，最终使美国建立了以煤炭、冶金、化工等为基础的工业生产体系，而且很快成为世界上首屈一指的工业强国。1860 年，美国工业总产值只居世界第四位，到 1894 年则跃居第一。钢铁、煤炭、机械制造等主要工业部门的生产在 19 世纪的最后 20 年，已经跃居世界首位。19 世纪 90 年代，美国超过英国成为工业产值最高的国家。从那时候起，美国一直是世界最大的工业国。1913 年在整个世界工业生产中，美国占 38%，比英国、德国、法国、日本四国的总和还多。[1]

工业化与城市化构成了 19 世纪后半期和 20 世纪前半期美国社会发展的主旋律，大大小小的工业城市也正是在这一时期飞速形成和发展起来。一方面带来了巨大的财富，另一方面也带来了一系列不可避免的副产品，如人口的急剧膨胀和高度集中，资源的消耗无度，一步步给城市环境带来了难以挽回的破坏。美国这一时期的环境问题主要集中在城市，其污染的形成涉及复杂的，多方面的原因，既有经济的，又有政治的；即有技术的，又有观念的；同时又与城市的地理位置、居民的生活方式，生产生活所使用的能源，以及城市的组织管理等诸多因素有关。

面对城市环境污染，在社会各方力量的共同推动下，城市政府针对城市各种具体污染进行了一系列的治理活动。在治理的总体措施上，城市运行机制的完善是根本所在；在治理的具体过程中，垃圾污染、水污染和大气污染是主要对象；在治理的方法途径上，城市基础设施的建设、规范管理和加强立法是主要手段。

①水体污染及其治理。早期，政府对饮用水源卫生安全的管理，主要是通过供水管道、供水处理系统、污水集中排放等城市基础设施建设来进行的。面对工业城市的迅速发展，19 世纪后期城市

---

[1] 陈才，李文华. 世界经济地理（修订版）[M]. 北京：北京师范大学出版社，1996：237.

政府加快了供水、排水等基础设施建设，供水净化设备的使用提高了城市居民的饮水卫生水平，另外，污水净化设施建设的滞后和对工业废水污染水体环境的长期忽视导致城市水体环境的日益严重的恶化。尽管在1948年，联邦通过了《水污染控制法》并帮助地方建立污水处理厂，但实际上水体污染日益严重的状况基本延续到20世纪六七十年代。

②早期对垃圾及固体废物的管理。19世纪中期以后，垃圾的收集和处理越来越多地成为城市市政管理的责任。大多数城市特别是大城市都设立了公众健康部门、公众健康委员会或者至少设立一名公众健康官员。城市的垃圾处理一般就由这些机构和官员负责。在具体的管理上，提高民众环保意识，要求居民住户源头收集和分类，统一进行掩埋、焚烧、堆肥和排海。

③大气污染（烟雾）控制的立法与执法。大气污染在这一时期变得十分严重。由于当时生产技术水平有限，那些以煤炭为主要燃料的工业城市产生了大量的烟雾、烟尘和有害元素，给空气带来了严重的污染，也给人们健康带来威胁。

在工业化早期，城市的各种“有害物条例”是对付污染者的主要依据。从治理过程看，19世纪中期一些工业城市就开始了控制烟雾的努力。一些城市试图禁止火车在城区内使用烟煤，1869年，匹兹堡试图禁止建造蜂窝式焦炭炉。但真正普遍性的在工业城市开始治理烟雾活动，还是在19世纪八九十年代。到20世纪的前20年里，形成了烟雾控制的立法高潮，但由于种种原因，烟雾控制没有取得理想的成效。20世纪20年代末开始的美国经济“大萧条”和随后的“二战”使工业城市对烟雾的治理陷于停顿。一直到20世纪四五十年代，随着更强有力的立法（如匹兹堡1941年烟雾控制法令等）与执法（如专设烟雾防管局等）及一些城市陆续引进了天然气为主要能源，天然气和石油不仅在家用取暖上，而且在工业、商业、和交通运输方面都取代了煤（截至1955年，煤炭只占全国能源消费总量的27.2%），这些工业城市上空的烟雾才终于消失。

④城市美化及郊区化运动。应该指出，城市在具体开展治理污水、垃圾和烟雾污染的同时，也做了其他方面的提高环境质量的努力，以求整体上改善城市生态环境，提升城市形象。其中，修建大型公园和开展城市美化运动以及郊区化运动可以说是较为重要的内容。对于解决环境污染这个最根本问题来说，城市美化运动、公园的修建以及郊区化都不是治本之举。城市环境问题的解决必须依靠城市在发展中强化自身职能，包括城市基础设施建设、公用事业服务、市政管理、立法与执法等各项内容。

（2）20世纪六七十年代

20世纪六七十年代，美国政府更加迫切地认识到保护环境，控制污染的重要性和必要性。这一时期美国和其他国家发生了一系列严重的环保和生态危机，同时发生了席卷全国的环境保护运动，唤醒了广大美国公众的环保意识，这对政府行为的转变起到了推动作用。相较于前一阶段，这一时期针对水体污染、垃圾固体废物和空气污染的政策更加有效：

①水体污染及其治理。随着水污染事件的增加，为了有效地执行法案，按1965年《水污染控制法》修正案建立了“水污染控制管理局”。同年，还通过了《水质法》，通过国家政策来防止水质污染。1972年生效的联邦清洁水法制定了美国水体环境保护的基本目标是：恢复和维护国家水体化学、物理和生物等自然特性的完整性。该法授权美国国家环保局制订了城市污水处理厂建设资助计划，由联邦政府每年提供预算资助各地方建设污水处理厂。经过20世纪70年代污水处理厂建设的高峰期后，美国的河流、湖泊等水体的污染控制取得了显著成绩，才基本解决了一般性的水体污染问题。

②走向规范化的垃圾及固体废物管理。这一时期对垃圾的收集与处置，则走向规范化，并不

断试行新的处理办法。1965 年，美国国会通过了《固体废物处理法》，并按照该法令，创建了“固体废物办公室”。20 世纪 70 年代，联邦政府处理固体废物的政策导向发生了变化，从传统的处置方法的研究转向资源的再利用，这个转变由 1970 年通过的，以 1965 年《固体废物处理法》的修正案的形式出现的《资源保护法》上得到反映。1976 年，国会通过了《资源保护与再利用法》。按照该法案，美国公众健康署宣布了新条例，对有危害性的废弃物的处置实行从源头开始的全过程控制。

③大气污染（烟雾）控制的立法与执法。在空气污染控制方面，最早的联邦法是 1955 年制定的，但目的只在向州或地方政府提供技术帮助和科研支持。1963 年的洁净空气法案除帮助各州改进对空气污染的控制之外，还规定联邦政府有权解决各州间的污染纠纷。1965 年的修正法案规定了 1968 年起生效的汽车排气污染限度。1967 年通过《空气品质法案》，规定设立总统空气品质顾问委员。最重要的是 1970 年通过的《洁净空气法案》，规定了全国统一的空气污染标准，要求各州于 4～6 年内达到此标准，并规定了违法责任及处罚。

除这些更加有效的针对性政策外，更为重要的是，20 世纪六七十年代联邦政府的环境保护政策已经初步形成整体框架，建立了较为完善的环保体系，归结起来有如下几点：

首先，建立和加强了有效的环境保护和管理机构。20 世纪 70 年代以前，美国联邦政府没有专职的环境机构，1969 年以来，尼克松政府进行了制度改革，建立了环境质量委员会、环境保护局等机构，对环境的污染与控制实行统一领导，集中管理。

其次，健全了环境立法和管理条例。1969 年，美国环境保护史上一个划时代的标志性事件是国会通过了《国家环保政策法案》。这是美国历史上第一个全面地把环境保护作为国家基本政策的法律。该法有两个主要特点，一是建立了环境质量委员会。二是政府部门必须为计划中的任何重要工程准备好详尽的环境影响报告，并且研究出实际解决办法。1969 年的国家环境政策法使美国的环保立法由以治为主，维持生态平衡出发，朝着以预防为主的方向发展。

最后，联邦政府还分别制定了各个领域的环境保护政策及管理条例。20 世纪六七十年代美国的环境保护包括水污染控制、大气污染控制、噪声控制、固体废物处理、自然资源保护、危险化学品的控制、海洋和大陆架的保护以及公共土地的监管等多个领域[1]。具体的法案有：1972 年的《联邦水污染控制法》《联邦灭虫剂、灭鼠剂法》《水生哺乳动物保护法》《噪声控制法》《海洋管理法》，1973 年的《濒危物种法》，1974 年的《安全饮用水法》，1976 年的《有毒物质控制法》《资源保护和恢复法》《联邦土地和管理法》《国家森林法》。1977 年国会还对《清洁空气和水法》进行了修订，提出了更高的环保要求，并拓展了法律的应用范围。

（3）20 世纪 80 年代以来

美国联邦政府在 20 世纪六七十年代进行了一系列有关环保的立法，形成了一场“规章革命”，从而美国环境管制模式被称为“命令—控制模式”。

20 世纪 80 年代后，美国盛行自由市场环保主义，从而削减传统的命令—控制模式对环保政策的影响。1981 年，里根政府宣称由环境质量委员会制定的 4 条原则将是本届政府制定环境政策的主要依据：①采用成本—收益分析决定环境管制的价值是否得当；②尽可能多地运用自由市场体制分配资源；③将环境保护的责任下放给地方；④继续与他国合作解决全球环境问题。

[1] 侯文蕙. 征服的挽歌—美国环境意识的变迁[M]. 北京：东方出版社，1995。

建立基于市场的一系列政策工具，从里根开始，主要是在布什和克林顿时期，这些新的政策工具开始较多出现在美国的环保政策当中。这些基于市场的政策工具大致可以划分为三大类：可交易的许可证制度、降低政府补贴和排污收费制度。

20 世纪 90 年代以来，美国的环境政策出现了 6 个重要的发展趋向。一是基于市场的经济手段越来越受到环境政策制定者的青睐，例如，1990 年颁布的《清洁空气法案修正案》建立了 SO_2 配额交易制度；二是要求公开环境信息的政策与日俱增，例如，不断扩展的有毒物质名录；三是在制定诸多环境保护法律法规和发布行政命令时，成本—效益分析方法逐步得到广泛的运用；四是在“环境公正”这一理念的感召下，环境保护权利和义务的公平分配得到越来越多的关注；五是关注全球气候变化已成为许多政策争论的焦点；六是固体废物回收利用活动达到了高潮，联邦固体废物管理政策相应成为焦点。

7.3.2.2.2 美国环保政策演进特点

（1）指导思想上由“应急管理”提高到“预防为主”

美国环境保护是沿着“先污染后治理”的路径开展的，其环保政策是在压力—状态—响应机制下被动出台的。早期工业发展并没有考虑到环境保护，随着工业化和城市化发展，环境污染问题日益突出，严重影响了生产生活和可持续发展。环境公害事件不断出现、民众环保意识逐渐被唤醒、各类环保运动频发，这些均给政府带来了环境和政治双重压力，推动政府改变原有发展模式，制定环保政策，改善环境。政府经过“先污染后治理”的代价和教训，逐渐转“被动应对”为“积极管控”，出台相应政策措施对环境进行“前期预防”，从而带来了美国环境管理指导思想从“应急管理”到“预防为主”的重要转变。

（2）污染物管控范围上，立法基础不断扩大

美国早期的环保政策只局限于对水体污染、生活垃圾和烟雾的治理。随着污染物多样化和国家环保立法的实现，美国对污染物管控的立法基础逐步扩大，由少量的水和空气防污染法规发展到噪声控制、固体废物处理、自然资源保护、危险化学品的控制、海洋和大陆架的保护以及公共土地的监管等环保各领域的 120 多种预防污染法规。

（3）发展路径上，从对局地污染的治理上升至区域和全球治理

工业革命至 20 世纪中叶，美国环境问题治理主要集中于城市环境污染，工业化城市是治理的主战场，像城市水体污染和生活垃圾固体废物管理成为主要关注对象。到 20 世纪六七十年代，联邦出台综合环境保护法，其治理区域由单个城市扩展至整个国家层面，区域水体污染及空气污染成为治理的主要对象，同时也伴随着各州之间的污染纠纷和协调控制。随着全球环境问题尤其是气候变化的出现以及环境外交的需要，美国的环境治理再次上升至全球层面。

（4）制度上，环保体系不断发展完善

美国环保体系不是一蹴而就，而且逐步发展完善的。早期政策出台是面向具体城市具体污染物的针对性措施，缺乏整体和统筹考虑。后来，从简单匮乏、零星局部逐步走向复杂、深入、整体和丰富，经历了各州自行条例到联邦单项政策法规到联邦综合性政策法规再到环境管理体制机制的发展和完善。伴随着法律法规，各级环保机构也相继建立，其功能也逐步完善，执法监督能力也不断得到加强。

（5）管理主体上，联邦政府的控制权限不断扩大

美国早期的污染应对主要是由当地政府来被动应对，随着污染的严重、公众环保意识的觉醒和环保运动的发展，联邦政府逐渐意识到有必要对环境污染进行全局治理，逐步实施由消极转向积极，

由鼓励各州控制污染到扩大联邦政府的控制权限，从技术和财务上积极支持各州控制污染的政策；在控制范围上，也经历了由窄到宽，由对水、空气的保护到自然资源的保护和风景游览区等文化环境保护的扩展。

除此之外，在美国环保政策的演进过程中，命令—控制为主体的管控模式逐渐转变为命令—控制与市场手段并举的模式；环境公正、环境信息公开透明化以及公众参与等不断得到重视和发展。

7.3.2.2.3 对我国的启示

通过对美国环保政策演进的研究，依据不同人均 GDP 发展阶段下出现的环境问题及其对策，结合我国国情和国际发展形势，可以预测我国未来环保政策应关注如下：

（1）加大环保部权限，成立大环保部，对中国环境实行统一领导和集中管理，并进一步细化管理机构及其职能；

（2）继续促进环境管理战略转变，从“总量控制为主”转变为“质量管理为主”。到中国环境问题得到全面解决、环境质量得到根本好转时，进一步向“风险防控为主”的战略管控模式转变；

（3）强化环评制度，推动战略尤其是政策环评，从源头上预防环境问题的产生；

（4）主要解决城市污水、固体废物及噪声等局地污染，重点解决雾霾等区域污染，推进协同控制和区域的联防联控，加大重视全球污染治理；

（5）更多利用市场力量手段，更加细化政策措施，更好落实专门技术和规范，加大公开与环境相关的信息、加大执法力度、公众参与和监督力度。

7.3.2.3 日本和韩国

7.3.2.3.1 日韩环境问题回顾及应对分析

（1）日本

日本的工业化是中国、日本、韩国三个国家中最早的，日本的工业在“二战”前已经形成了一定的规模和体系，在第二次世界大战中受到严重破坏。战后日本为了尽快恢复国内经济，大力引进美国资金和技术，发展重工业包括机械工业、化学工业、金属工业；轻工业包括纺织工业、纸和纸制品业、食品工业及其他工业。“二战”后日本专注于经济恢复而忽视环境，造成严重的环境公害事件，一度成为污染最为严重的国家之一。在公害事件引起广泛关注后，日本政府开始日益重视环境管理，其环境管理战略也随着经济发展而不断转型。将日本的环境保护管理主要分为三个阶段：以防公害为主的末端治理阶段，以环境为先的主动环境保护阶段，以发展循环经济为主的可持续发展阶段。

“二战”后至 20 世纪 70 年代初以前，日本将国内的主要精力放在恢复国内经济方面，扩张重化工业，推崇经济发展规模化和高速发展。在这个过程中，特别是推进重化工业化过程中，产生了骇人听闻的“公害”事件。其中发生在三重县四日市的“哮喘病”，熊本县“水俣病”，新潟县的“第二水俣病”及富山县的“痛痛病”被确认为四大公害。这一时期称为以防公害为主的末端治理阶段，环境保护为经济发展开路，各种环境问题严重危害民众健康，在四大公害的巨大危害之下，唤醒了沉浸在经济发展浪潮中的狂欢的日本民众，受害者相继的诉状将环境治理问题推上政务案头，加强了对环境污染源的控制和污染物的有效处理，在行政政策的强烈干预下，针对单项特殊污染物制定了相关治理措施和法律，实现依法治污，同时相应的环境组织和环境治理法律体系逐步形成完善，拉开了日本环境问题治理的大潮。1964 年，日本政府建立了一整套关于控制污染的法律环保体系，规范并引导企业进行环保型的生产经营活动，特别是 1967 年 8 月日本正式颁布并实施了《公害对策基本法》，该法作为日本第一部环境基本法，为规范和形成日本公害防治法律体系奠定了基础。这一时期的环境管理战略有如下特点：第一，环境保护法律、政策与计划以解决公害为重点，制定了各方的排放计划、标准、环境责任以及公害赔偿问题；第二，环境管理专注于末端治理，管理活动也被限制在地区性环境法规范围内；第三，治理公害事件的前提是保证经济发展不受影响。此阶段的环境管理强调环境保护要与经济发展相协调，没有涉及防止污染发生的内容，在方法上具有被动性、后发应对性以及暂时性等特征。

20 世纪 70—80 年代是日本以环境为先的环境保护阶段。日本经过第一次世界石油危机之后，石油价格上升，对以进口原料生产为主的日本的工业造成了巨大的影响，日本积极调整国内工业结构，度过石油危机的同时也促进了国内工业产业结构的调整更新。根据联合国《世界能源调查》显示，1960 年日本的能源消费情况是，煤炭 6 300 万 t，石油 3 700 万 t；1973 年是煤炭 7 600 万 t，而石油则达到了 28 100 万 t。石油代替煤炭成为主要燃料，虽然使燃烧煤炭所造成的浓烟和降尘现象得到改善，但是却产生了严重的 SO_2 污染。1970 年 12 月末召开的国会，公害问题成为会议主题，这次国会也被称为“公害国会”。在这次会议上，公布了《关于废弃物的处理及清扫的法律》，明确了“产业废弃物”的概念；修改了《公害对策基本法》，公布了《水质污染法》和《关于防止农业用地土壤污染的法律》等一系列法律法规。至此，日本对大气污染、水质污染、噪声污染等为代表的公害的防止都有了明确的法律依据。根据修订后的《公害对策基本法》，环境立法的原则是关注国民健康，发展重点已经从经济优先转向环境优先。在这一阶段，日本的环境管理已从狭隘、消极、被动的公害治理转向宏观、积极、主动的环境保护，拓展了经济发展的范畴。此阶段，日本有效地遏制了环境恶化趋势，成为公认的环境管理先进国家。但此时的环境管理仍然属于事后补救型，还没有综合性的政策措施来对将来可能发生的公害事件进行预防。居民在这一时期以“运动”的形式来反对公害，产生了巨大的社会效应。一方面提高了政府对环境的关注，增加在公害治理方面的投入，另一方面普及了环境保护意识，人们对环境保护的重要性有了更加真实的体会。尤其是在 20 世纪 80 年代以后，公众参与环境保护管理成为一种制度，日本政府将公众权益以法律的形式制度化，将公众参与的程序纳入政府决策过程中。这样公众便可以更加有效的监督政府在环境保护方面的工作，促进国家增加环境保护方面的投入。20 世纪 80 年代，日本的公害问题逐步得到解决，由汽车尾气排放、生活污水排放、能源过度消耗、温室效应等导致的城市环境和全球环境问题引起人们重视，环境政策趋向于解决这些环境问题。另外，日本国内经济逐渐呈现“大量生产、大量消费、大量废弃”的特征。日本环境管理战略进一步调整，开始强调在生产、消费环节的污染控制，通过制定环境政策来对产业结构进行调整，资本技术密集型产业开始代替资源密集型产业，向循环经济过渡。

日本工业化在 20 世纪 90 年代已经进入成熟阶段，工业结构和环境的关系也逐渐缓和，到 1995 年日本的三次产业结构已经变为 1.90%、33.7%、64.4%，日本的经济产业结构的主要特点是工业稳定发展，第三产业不断完善提高，形成总体结构合理、稳定、健康的国家产业结构（表 1-7-26）。

表 1-7-26 日本工业化初期和中后期产业结构 单位：%

产业类别	工业化初期			工业化中后期		
	1960 年	1965 年	1970 年	1985 年	1990 年	1995 年
第一产业	11.30	8.10	5.00	2.80	2.20	1.90
第二产业	42.00	0.45	49.60	36.50	36.50	33.70
第三产业	46.70	47.10	45.40	60.70	61.30	64.40

20 世纪 90 年代至今，日本环境管理处于以发展循环经济为主的可持续发展阶段，其战略的重点是经济与环境协调发展。根据 1993 年《日本环境基本法》，“环境立国”正式上升为国家战略，环境管理的战略地位再次得到提升。管理思路从单纯地保护资源转向可持续发展，管理重点从被动地治理转向了主动地防控，关注经济活动的环境影响评价，可持续发展的理念得到了确立。由于整个日本社会的绿色环境理念逐步增强，绿色消费与绿色采购逐渐普及，企业的环境表现成为各方关注的焦点，促使企业主动实施环境管理措施。此时的环境法律法规也不再单纯限制污染行为，而是更多采取了市场化的环境政策。

日本在经历了高速增长阶段后，经济发展进入了城市化阶段、生活大国化阶段，消费主义盛行。人口过密带来的交通拥堵、噪声过大和大气和水质污染问题，大量的一次性消费造成生活垃圾大量增加，焚烧垃圾产生大量的废气对环境产生了破坏作用。针对这些新的问题，日本政府 20 世纪 90 年代相继制定和颁布了关于经济和环境可持续发展的一系列法律：《再生法》《容器包装循环法》《环境基本法》等。另外，1994 年日本政府还制定了《环境基本计划》，该计划在《环境基本法》的基础上指出了关于环保的四点要求：第一，以最小的环境资源为代价，循环利用资源，构筑环保型经济社会体系；第二，实现人与自然的协调和长期共存；第三，国家、企业和公民在公平的原则下共同参加环保；第四，推进国际合作。[1] 日本自 2000 年开始推行《循环型社会基本法》，提出了建立循环型社会的目标。《循环型社会基本法》直接以法律的形式明确了国家、企业和居民的责任和义务。此外，日本政府制定了综合环境政策，并积极推行环境经济政策，例如，2007 年开始正式征收环境税。

近年来，日本环境污染防治更以构建低碳社会为目标。2007 年 9 月，日本中央环境审议会公布了低碳社会的三项基本理念为实现低碳化；实现观念转变；实现人与自然的和谐。改变大量生产、大量消费、大量废弃的发展模式，推进节约型能源和低碳能源的利用，确立低碳社会经济体制。即改变以往奢侈型人均碳排放水平，通过社会体制变革实现观念转变，为构筑低碳社会创造条件。推广智能交通系统（ITS）在相当程度上解决了道路堵塞、交通事故频繁、环境恶化等道路交通问题。大力实施绿色物流相关政策，通过货主、物流企业等的合作，降低环境污染。[2]

（2）韩国

①以被动防公害为主的阶段（20 世纪六七十年代）。韩国在 1945 年之后，由于受政局混乱、国土拆分、内战（朝鲜战争）等原因的影响，韩国社会经历了混乱时期（1945—1959 年），为了突破贫困的恶性循环和政治混乱的局面，韩国 1960 年起采取了工业化和出口增长为最优先目标的经济开发政策。随着经济开发政策的推进，韩国社会的工业化和城市化取得了世界城市史上史无前例的快速发展。1962 年，韩国制定了《第一次经济开发五年计划》（1962—1966 年），开始推进工业化。韩国呈现全国性城市建设，并相继对蔚山重化学工业园地（1962），汉城九老工业园地（1964），丽川、大丘、光州工业园地（1967），浦项钢铁工业园地（1968）等产业园地进行了建设。[3] 由于本国资本和资源贫乏，国内市场狭小等，韩国不得不推行依靠外资导入的输出主导型经济政策。在 20 世纪 60 年代初，随着经济发展政策的推进、产业结构近代化、城市人口集中等问题的深刻化，韩国的环境污染问题也日益突出。为应对这种环境问题，1963 年 11 月 5 日，韩国制定了以“防止由于工厂

---

[1] 郭佳祥. 日本环境保护政策的历史分析及对我国的启示[J]. 现代商业，2012，8：84-85.

[2] 杨书臣. 近年来日本环境污染防治的特点、举措及趋势[J]. 日本学刊，2009，1：91-101.

[3] 罗丽，徐金姬. 韩国《环境政策基本法》研究[J]. 环境科学与技术，2009，32（7）：195-200.

或事业场所或机械、器具等制造业所引起的大气污染、河川污染、噪声、振动等对保健卫生的侵害，提高国民保健”为目的的《公害防止法》。《公害防止法》是韩国第一部环境法律规范，也是韩国环境法律政策的开始。由于当时公害问题并不显著，一般国民对公害问题也毫无意识，整个社会在倡导经济开发为先导的氛围下，《公害防止法》的制定不过是为经济开发的外资导入政策具备程序和立法上的必要形式，并没有取得任何实效。20 世纪 60 年代后期，环境问题开始引起以舆论媒体为中心的全社会的关注。在这种情况下，韩国政府于 1971 年 1 月大幅度修订了《公害防止法》，其宗旨在于制定综合、积极的公害防止对策，其性质转变为公害法性质的立法，引入了排放许可制度、排放设施设置许可制、公害纷争调整制等制度，较之于 1963 年的《公害防止法》，修订后的《公害防止法》在防止公害产生的内容方面，得到了显著扩充和强化。由于 1971 年的《公害防止法》的立法目的依然局限于规制公害本身，且集中于公害的事后规制，因此，该法并不是以整体环境保护为目的的事前预防法律规范。

②预防环境污染的复合管理阶段（20 世纪 70—90 年代）。进入 20 世纪 70 年代之后，伴随着经济开发政策的急速推进，特别是 20 世纪 70 年代中期以后的重化学工业政策的推行，韩国步入了新兴工业国之列。但是，在韩国工业化进程之中，韩国大量引进了公害多发性企业，再加上投资主要集中于重化学工业，且疏忽了对环境的管理，因而导致韩国当时的重化学工业比重占世界之首。在这种产业政策之下，韩国环境几乎均遭受污染或破坏。环境问题也日趋呈现出扩大、普遍、复杂、严重的趋势，其污染源也从特定企业生产活动污染物质的排放，扩散到多数人的日常生活，主要表现为汽车尾气污染，密集的事业场集体使用燃料引起的煤烟、灰尘，城市周围的生活污水，其他开发活动引起的环境污染等问题。特别是在全国各地的工业区地带，公害问题不断加剧。其中，“温山悲剧”就是当时产业政策的直接结果。在这种情况下，以消极地规制公害为目的的《公害防止法》已不能有效地控制多样、广域的环境问题，需要制定更为积极、根本的对策解决面临的环境问题。因此，韩国政府于 1977 年 12 月 31 日，制定、颁布了以“预防环境污染，加强管理，保全自然环境及生活环境，使现在和将来的所有国民在健康，舒适的环境中生活”为目的的《环境保全法》。《环境保全法》全面改编并强化了《公害防止法》，导入了设定环境基准、实施环境影响评价制度、长期测定环境污染程度、规制污染物总量、设置环境研究所、指定特定对策地域、事业者负担环境污染防止费用等制度。《环境保全法》的制定，为减少排放设施排放的污染物质的绝对量，树立有效地保全、利用、管理环境的综合的环境保全政策，提供了法律依据。《环境保全法》的适应对象从《公害防止法》规定的大气污染、水质污染等公害范围扩展到保全自然环境整体范围，并规定了事前预防制度；《环境保全法》除以保障现世国民在健康和舒适的环境中生活的权利之外，还以保障未来后代在健康和舒适环境中生活的环境权利为目标，这一规定表明了《环境保全法》的立法目的已从以消极防止公害为目的的公害法性质的法律，转变为具有综合性、主动性、科学性的环境保全法性质的法律。进入 1980 年之后，经过 20 多年急速增长过程积累的经济结构问题开始受到人们的关注，韩国社会对环境问题的态度，也呈现出从消极应对转变为积极解决的趋势。但我们应该看到，尽管韩国《环境保全法》自制定以来在韩国的环境污染防止和环境保全方面发挥了基本法的作用，但该法并未真正发挥有效控制不断蔓延的环境污染之作用，也未能为解决环境纠纷提供有效之法律依据。实际上自 1978 年开始，大大小小的公害不断地发生，环境污染的面积和范围逐渐扩大，污染程度也越来越严重。1980 年，韩国成立了环境厅，并于 1994 年转变为环境保护部。

韩国 1987 年的宪法修改与总统选举、1988 年的国会议员选举等政治活动，加强了社会民主化进程，从而使国民追求美好环境的愿望更加浓烈。但是，过去的经济发展政策导致的副作用同时多发性显现和由于准备 1988 年奥运会而疏忽对其他社会间接资源的投资，以及经济发展导致的大量消费，韩国面临环境问题最严重的时期。韩国政府也开始意识到必须更为积极的对应环境问题，于 1987 年开始着手改编环境法体系的工作，并于同年 7 月在环境厅制定环境政策基本法案之后经过修订和补充，于 1990 年 8 月 1 日通过并公布了《环境政策基本法》，该法于 1991 年 2 月 2 日开始施行。同时开始了单一的有针对性的环境影响评价法，进入韩国环境政策基本法和单行法并行时期。1995 年，韩国政府制定《促进向亲环境工业结构转换法》；1997 年颁布《环境农业培育法》，将工业、农业发展同建设环境亲和型产业结构相结合。20 世纪 90 年代是韩国环境政策向复合型环境政策转变时期。[1]

在环境保护法律机制的作用下，韩国环境形势出现改观。经过多年的努力，韩国的环境质量已大有改善，大气污染中的 SO_2、总悬浮颗粒物污染大量减少。水污染治理方面，建立了点源污染控制体系，水质有了明显的改观。固体废物处理方面，填埋量大幅度减少，重点放在可再生利用上。

③低碳绿色增长阶段（21 世纪以来）。进入 21 世纪，韩国政府从 2003 年开始实施为期 10 年的第二次综合计划《构筑亲环境工业结构之目标和发展战略》，解决工业化进程中的环境问题。对交通、生态环境建设、能源利用、环保产业发展等制定了相应的政策，还重点实施了包括排放附加费制、产品附加费制、保证金制、污染权制等在内的环境经济政策，以经济手段帮助进一步改善环境质量。

一方面，韩国作为新兴经济体，根据 1997 年的《京都议定书》中的“共同但有区别的责任”原则，并不属于《京都议定书》所规定的有强制减排义务的国家，并不必要制订温室气体（CO_2）的绝对排放量减少计划。但是韩国仍然制订了温室气体减排计划。另一方面，韩国长远发展的需要，同时也是国际社会压力的结果。作为当今世界主要经济体之一，韩国受到的要减排的国际压力越来越大。根据国际能源机构 2007 年发布的统计数据，韩国温室气体排放总量位居世界第 9 位，高于其经济总量的世界排名。2009 年 11 月，在丹麦哥本哈根举行的世界气候会议之前，韩国政府公布了到 2020 年将温室气体排量（CO_2）减少到 5.69 亿 t 以下的目标。这一减排目标相当于到 2020 年，温室气体排放量比目前发展模式下不采取减排措施造成的排放量（8.13 亿 t）要减少 2.44 亿 t，碳减排幅度高达 30%。韩国承诺的碳减排任务十分艰巨。因此，鼓励低碳生活，推行经济绿色增长，成了韩国别无选择的战略。2008 年 8 月 15 日，李明博在纪念韩国光复 63 周年和韩国建国 60 周年的大会上正式提出“绿色增长”主张，提议把“低碳的绿色成长”作为韩国新的远景目标的轴心。推出了一系列的“低碳、绿色增长新政”：提高资源利用率；改善能源消费结构，降低对化石能源的依存度；加速对再生能源的研发，提高清洁能源的消费比重等[2]。

7.3.2.3.2 对我国的启示

回顾日韩的环境保护发展历程，我们发现其对环境保护认识是一个逐步完善的连续过程，都经历了从被动防止公害到主动保护环境，再发展到循环经济或绿色发展阶段。日韩经历了一个漫长的工业化过程，有充足的时间解决工业化过程中带来的环境污染问题，随着这些年的环境保护工作的开展，其各污染物排放量和排放强度均处于较低水平，并进入了寻求环境与经济更协调发展的阶段，

[1] 郭琳，刘桂环. 日韩环境政策对中国的启示[J]. 环境保护，2008，24：86-88.

[2] 詹小洪. 韩国经济低碳、绿色增长及启示[J]. 领导文萃，2012，15：7-22.

目前其面临的主要环境问题为应对气候变化，减少温室气体排放。而中国改革开放后的快速发展，工业化过程明显缩短，各种国内环境问题集中暴发。以日韩所遭受的环境问题来看，初期以工业生产产生的 SO_2、烟（粉）尘、COD、重金属等为主要污染物，后期则以城市化过程中汽车尾气排放的氮氧化物与 CO_2 为主。我国“十一五”期间，已将 SO_2 与 COD 列入节能减排政策目标污染物，“十二五”期间新增氨氮和氮氧化物为节能减排目标污染物。近年来各大城市出现的“雾霾”污染，以及重金属污染（尤其是土壤重金属污染）问题在我国越来越突出。在 CO_2 减排方面，到 2020 年，中国单位国内生产总值 CO_2 排放要实现比 2005 年下降 40%～45%的目标。所以在“十三五”期间（2016—2020 年），更会是各种污染物问题同时出现的复杂时期。这就要求我们在环境保护管理中，要特别重视协同效应，不能将每一个的环境问题孤立起来单独解决，而应该统筹安排，全盘考虑，充分发挥协同效应才能起到事半功倍的效果。

“十二五”以来，我国环境管理战略正在从总量控制的末端污染治理模式向质量改善以及风险控制模式转型。但我国仍面临许多严峻的挑战：环境管理长期停留在污染治理阶段，对市场化的环境政策制定以及公众环境利益重视不够，环境管理动力缺乏，阻碍了环境管理战略转型升级。日韩环境管理的经验给我国提供了众多启示。

（1）建立完备的环境管理法律体系

我国现有的《环境保护法》虽然也处于基本法的地位，也出台了多部专业法律，却仍主要限于环境污染治理，综合性仍有待提高。日本政府关于环境保护的法律可以分为四类：①关于环境保护的基本法。《环境污染控制基本法》《公害对策基本法》《环境基本法》等法律，从原则和基本层面对环境保护进行立法。②关于环境保护的专业法。《烟尘排放规制法》《大气污染防止法》《噪声管制法》等从各个专业领域，对环保工作进行立法保障。③关于环境保护的综合法。如《工厂废物控制法》《资源有效利用促进法》等。④与环保相关的法律。《公害健康损害赔偿法》《能源使用合理化法》《居住生活基本法》等。[1] 韩国目前主要的环境政策是以《环境政策基本法》《环境污染被害纷争调整法》《大气环境保全法》《水质环境保全法》《噪声振动限制法》《有害化学物质管理法》为主的复型环境政策。此外，还辅以交通、能源、环保技术、环保产业、社区发展、城市规划等多方面的政策，形成综合的政策体系。

（2）建立经济—能源—环境（3E）协调机制

中国已有的环境政策重点在于经济的协调发展方面，能源与环境之间的政策相对不完善，因此，要借鉴日本和韩国经验，建立起经济—能源—环境政策协调机制。日本和韩国都非常重视经济—能源—环境政策协调机制，将其贯彻于环境保护的过程中，并取得了显著成效。中国在制定能源政策时要充分考虑环境因素，尤其是与清洁能源、新型能源、节能技术开发利用相关政策的建立要将能源与环境因素综合在一起。要明确“3E”思想，即经济效率、能源安全、环境保护相结合。还要充分发挥环境经济政策的作用，通过税收、补偿、附加费等经济手段来保证经济、能源、环境的共同发展。

（3）充分发挥地方政府在环境管理中的作用

我国地方政府经常片面追求当前的经济利益，导致偏离中央政府环境管理目标。问题的根源是地方政府政绩考核指标，唯 GDP 至上的政绩观很难激发地方政府进行环境管理模式升级。党的十八

[1] 陈治国. 日本环境管理战略转型的经验借鉴[J]. 环境保护，2013，41（15）：73-75.

大之后，习近平总书记多次强调不能简单以 GDP 论英雄，为这一问题的解决提供了可能。我国需要明确地方政府在环境管理中的权限与义务，还要在政绩考核中增加反映环境质量的指标，使地方政府自觉应用市场化的环境政策，真正成为环境管理战略转型的实践者。

（4）加强环境教育，提高公民参与环境管理积极性

日韩环境政策施行的效果主要依靠全民对环境保护的参与。由于有着各种公害和污染事件的惨痛教训，日韩民众对环境问题特别重视，环境意识较高，日韩政府也非常重视全民环境保护意识的培养，政府对环境教育的研究和投资投入很高，全面深化了全体国民的环境保护意识。民间环保组织、专业的环保工作者在普及和深化全民环保意识的过程中也发挥了巨大的作用。全民环境保护意识的提高帮助政府更好地贯彻环境政策，促进环境保护。而目前我国“雾霾”等环境问题已经深刻影响了公众的正常生活，人民对环境问题的关注程度逐步提高，正是政府提高公众参与环境保护工作的良好时机，首先要普及环境知识，提升环境保护意识；其次要建立环境信息披露制度，使企业环境管理行为处于社会监督之下；最后是用法律来明确公众环境管理权益，使公众能够享有并行使监督权力。

7.3.2.4　发达国家经验借鉴

7.3.2.4.1　发达国家环境管理的主要经验借鉴

总体回顾发达国家污染治理和环境管理历程，可以发现，发达国家在环境污染物持续稳定的同时，其环境管理也在逐步完善。其环境战略正逐步融入国家安全战略，渗透和体现到国家重大发展战略，通过调整和规范经济发展模式和社会消费方式，实现环境保护的目标。至少有以下经验可以借鉴：

（1）整体制订“一揽子”环境战略与计划，具有高度系统性，包括目标、子目标和附属目标及相应的策略和行动，这些目标和措施具体、明确，可度量性，可检验。

（2）市场经济手段在环境管理中发挥越来越大作用，提倡利用排污收费、环境税收、环境基金等市场机制手段解决环境投资、环境管理和保护的问题，不但补充了环境投资经费的不足，还推动了企业积极参与环境保护，促进了消费者购买绿色产品。

（3）强调各国的协调与合作，环境问题多是跨越国界的，它的解决需要全球的通力合作，包括发达国家、发展中国家、国际组织之间的双边或多边协调行动。

（4）注重环境信息的监测与管理，强调可靠、及时准确的环境信息对决策者和公众的重要意义。

（5）注重人类与环境的全面协调发展，提倡合理、高效、有限度地利用自然资源，自觉、有效地保护自然环境，协调和改善与地球表层环境的关系。

7.3.2.4.2　国别环境政策发展路径对比分析及我国未来环境政策的预测

从前面的分析可以看出，不同工业国家或地区随着发展阶段的不同，都不同程度地经历过环境污染期，且随着科学技术进步和环保意识不断提高，各国针对各种环境问题制定了不同的环境政策，并根据国情针对局地、区域和全球环境问题出台相应的治理措施和方略。在环境保护管理政策的发展方向上，具有一定的相似性和规律性，为我国未来环境管理发展思路、政策工具选择等都提供了宝贵的参考。

但环境管理、环保政策具有时代性，其合理性由多种因素共同决定。在全球化大背景下，中国面临的国内外形势已与工业化时代的发达国家面临的形势大不相同。我国目前正处于工业化中后期

和城镇化加速发展的阶段，发达国家一两百年间逐步出现的环境问题在我国集中显现，呈现明显的结构型、压缩型、复合型特点，环境总体恶化的趋势尚未根本改变，压力还在加大，已不容我们先解决一个，再解决一个，而是要综合谋划，系统解决，多种手段并用，阶段跨越式发展；与此同时，随着气候变化等全球环境问题日益突出，也不容我们如发达国家过去一样可以相对“从容地”先解决国内后解决国际，而必须更好地统筹兼顾。

因此，中国在借鉴发达国家同等阶段下的环境政策和环境管理模式时，应注意到：①虽然环境问题是伴随一定经济活动产生的，但各国 EKC 曲线形状和拐点可能不尽相同；②环保意识和科技进步应该会加速后起国家 EKC 曲线拐点的提前到来；③合理的环境管理和环保政策由多种因素共同决定的，要立足本国国情；④当前国际环保水平高、发展快，倒逼中国环保要有高起点和高的创新速率，留给中国从局地污染治理到全球污染治理转变的时间也缩短，需要同步治理和协同控制。

为此，我国在全球率先提出生态文明建设的理念，2012 年后，首次将生态文明建设纳入中国特色社会主义“五位一体”战略总体布局，并单篇论述其深刻含义，标志着理论上的成熟，以及实现经济和环保全面深度协同的跨越式发展战略意图。

结合我国未来将面临的特殊国际国内压力和人均 GDP 与发达国家不同历史阶段的对应关系，我们预测：

（1）2014—2020 年，中国环境管理将从“总量控制为主”的管理模式逐步转向“质量管理为主”的管控模式；集中解决大气和水体污染，以及生活垃圾和固体废物问题，健全城市和农村的立体污染管控体系；着力加大雾霾治理投入，成立专门的雾霾防治局或治理小组，燃煤比例有所控制，推行使用更加清洁的能源使用；不断完善排污权交易和探索环境税收体制；噪声控制、海洋和大陆架的保护，以及公共土地的监管等领域不断得到重视。以更加积极的姿态参与国际环境治理，宣传中国环保新进展、新理念，更好树立负责任大国形象。

（2）2021—2025 年，中国环境管理将从“质量管理为主”的管控模式逐步转向“风险防控为主”的管理制度；不断加大环保部权限，酝酿成立大环保部；强化环评制度，尝试推行政策环评；重点解决雾霾等区域污染，推进协同控制和区域的联防联控；更多利用市场力量手段；更加完善的环保体系和更加细化的政策措施，更好落实专门技术和规范；更加重视温室气体减排，输出中国成功经验，进一步促进全球环境问题解决机制的优化和调整。

（3）2026—2030 年，中国环境管理建立“风险防控为主”的管控模式；成立大环保部，建立成熟的环保制度体系；全面推行政策环评；建立环境税收体制，不断创新市场环保手段；加大公开与环境相关的信息，加大执法力度，公众参与和监督力度；积极开展全球污染治理，倡导建立国际环保新机制，各国协商一致共同致力于全球环境，更多发挥领导性作用。

7.3.3 热点全球环境问题的现状、发展趋势

从各环境要素的角度看，2008 年至今，国际社会为解决环境问题付出了很大努力，全球环境问题少数有所缓解，但总体仍在恶化。气候变化、土地退化、水资源危机、生物多样性锐减、化学品污染等问题并未得到有效解决。发达国家和地区已经基本解决传统工业化带来的环境污染问题。当大多数发展中国家由于人口增长、工业化和城镇化、承接发达国家的污染转移等因素，环境质量恶化趋势加剧，治理难度进一步加大。

7.3.3.1 大气

在气候变化治理方面进展缓慢。CO_2 和其他温室气体排放量和浓度不断增加；SLCF 浓度依然很高，某些还在增加；过去 10 年中全球和各地观测到的气温升高。若无进一步承诺恶化行动，有可能违反 2℃的气温升幅限制。

在保护臭氧层、淘汰消耗臭氧层物质方面继续取得重大进展。具体表现为：减少《蒙特利尔议定书》中涵盖物质的生产和使用已完成了 98%（2009 年），大气浓度降低，南极臭氧空洞稳定。未来 5～10 年，大气中臭氧消耗物质的浓度有望继续降低；到 21 世纪中叶，臭氧层有望恢复。尚待完成的任务包括：臭氧消耗物质的回收与销毁；设备、化学品储存、泡沫和其他产品中的 ODS 还未排放到大气中。

在消除汽油中的铅的方面，取得重大进展。除六个国家外，全球汽油中的铅已被淘汰；儿童的血铅水平下降。未来全球必须处理其他来源的铅，如涂料中的铅。主要差距是：有关发展中国家涂料中的铅的政策和研究。

此外，在 SO_2、氮氧化物等减排方面，也取得一定进展。在北美和欧洲，浓度有所下降。但亚洲等快速发展国家排放量仍有所上升。

专栏 英国、美国、日本解决雾霾问题的历程

1. 英国

20 世纪 50 年代，伦敦雾霾重重，并演变成灾害。作为世界工业革命的先驱，又因为伦敦冬季多使用燃煤采暖，煤炭燃烧产生的粉尘、有毒气体和污染物在城市上空蓄积，引发了连续数日的大雾天气，整座城市弥漫着浓烈的臭味。人们走在街上，甚至低头看不见自己的双脚。由于雾霾引起的疾病也侵害着这个城市，许多伦敦市民感到呼吸困难、眼睛刺痛，哮喘、咳嗽等呼吸道疾病高发，仅 1952 年 12 月上中旬就有 12 000 多人死于呼吸系统疾病。

英国大规模的大气污染在 1956 年催生了首部空气污染防治法——《清洁空气法案》。这一法案规定城镇使用无烟燃料，推广电和天然气，冬季采取集中供暖，发电厂和重工业设施被迁至郊外等。1974 年的《控制公害法》囊括了从空气到土地和水域的保护条款，并添加了控制噪声的条款。相继颁布的法令严格执行成为“雾都”获得新生的保证。同时扩建绿地也是伦敦依法治污改善环境的重要手段。

2. 美国

20 世纪 40 年代美国洛杉矶的“光化学烟雾污染事件”是一个典型的由经济快速发展所带来的环境污染问题，到 1995 年 9 月，洛杉矶发生了最严重的“光化学烟雾污染事件”，两天因呼吸系统衰竭死亡的 65 岁以上的老人达 400 多人。这一事件主要源于，当时美国发展的必然阶段所造成的，当时，美国汽车工业迅速发展，20 世纪 40 年代太平洋战争爆发又让洛杉矶及其周边空前繁荣，大量的工厂和人口涌入使其成为全美汽车数量最多的地区。洛杉矶在 20 世纪 40 年代拥有 250 万辆汽车，每天大约消耗 1 100 t 汽油。另外，还有炼油厂、供油站等其他排放源。

美国在发生光化学污染事件后，1955 年，美国制定了第一部联邦大气污染控制法规——《空气污染控制法》，此后的 1960 年、1963 年、1965 年和 1967 年又分别出台了《空气污染控制法》《清洁空气法》《机动车空气污染控制法》和《空气质量法》。然而，上述各项立法都未能有效控制美国的空气污染，主要原因是缺少有效的管理体制，联邦和州政府在标准和法律的执行等问题上存在较大矛盾。民众的努力和对控制空气污染迫切性的认识最终促成了 1970 年《清洁空气法》修正案的出台。该法大大加强了联邦政府的权力，在后来的环境保护中发挥了关键作用。它将大气污染物分为基准空气污染物和有害空气污染物两类，第一次界定了空气污染物的组成。国会还授权政府组建了美国国家环保局来负责监督法案的实施。一系列的法案和规定在美国构成了比较完整的环境保护法律体系，环保工作纳入了法制化轨道。

3. 日本

日本在“二战”后的复兴时期，大量发展工业，在 20 世纪 60 年代，大量爆发环境公害事件。其中著名的“四大公害事件”之一的四日市哮喘事件，值得我们深思。四日市位于日本东部海湾，1955 年这里相继兴建了 10 多家石油化工厂，化工厂终日排放的含 SO_2 的气体和粉尘，使昔日晴朗的天空变得污浊不堪。1961 年，呼吸系统疾病开始在这一带发生，患者中慢性支气管炎占 25%，哮喘病患者占 30%，肺气肿等占 15%。1967 年一些患者因不堪忍受折磨而自杀。1970 年患者达 500 多人。1972 年全市哮喘病患者 871 人，死亡 11 人。

为控制当时由大气污染而造成的公害事件，1962 年通过《煤烟控制法》，作为日本第一部全国性大气污染防治法规，在促使日本能源革命（以石油代替煤）和主要污染源采用除尘设备方面起到了积极作用。1968 年 6 月 10 日日本国会通过了《大气污染防治法》，并于 1970 年进行修订，在全国范围内从污染预防观点实施大气污染控制，其中极为重要的措施是确定排放标准的合理设定。1974 年《大气污染防治法》再次修订，正式导入总量控制策略，在工业集中的指定地区对 SO_2 和 NO_x 实施总量控制。2000 年 4 月 29 日颁布的《大气污染防治法》以法律的形式规定了大气污染总量控制制度，2004 年 4 月 29 日修订，2006 年 2 月 10 日最新修订。1992 年日本实行机动车 NO_x 总量控制，要求在特定地区基于总量削减计划普及低排放车，并进一步强化汽车尾气排放标准，力求控制 NO_x、光化学氧化剂和飘尘污染。

7.3.3.2 生物多样性

在野生物种的遗传多样性方面，种植农作物和家畜的遗传多样性减少，并且未量化的野生物种的遗传多样性有可能减少，未来还将继续减少。

在物种的种群丰度方面进展不足。全球水平出现减少，热带地区淡水栖息地和已利用的海洋物种减少速度最快；有效的保护行动也带来了某些例外，如北美洲的水禽。未来可能继续减少。

在控制物种的灭绝风险方面进展不足。不同种群有 13%～63%的物种面临灭绝风险；趋势未知的物种也在减少（减少速度最快的是珊瑚）。未来还可能继续减少。

在保护生物群落、栖息地和生态系统的范围、条件和完整性方面进展不足。天然栖息地在减少，如森林、红树林、海草和珊瑚礁；也有部分例外，比如某些温带国家的人工造林。未来趋势是继续减少。

食用和药用物种的现状不容乐观。食用和药用物种面临的灭绝风险比其他物种要严重。未来收益不可持续，并可能减少。

保护区的范围、生物多样性覆盖率和完整性方面取得一定进展。陆地保护区覆盖率已经达到13%，而海洋覆盖率仅为不到1.5%；地区水平的代表性很高，但是完全保护的关键生物多样性地相对较低。未来，如果政府履行其承诺，则保护区的范围有可能增加；保护生物多样性需要更仔细的选址和更好的管理；需要解决管辖权的不确定性和冲突。

生物多样性支持和应对气候变化的机制，如 REDD+ 和生态服务付费（PES）方面取得一定进展。REDD+ 和 PES 机制的发展速度在增加。未来 REDD+ 和 PES 机制下的面积可能会增加，为保护生物多样性提供了机遇也带来了可能的挑战。

在解决外来入侵物种的政策响应方面取得一定进展。制定相关法律的国家比例增加，但是法律的实施和跨界合作不理想。未来，政策响应可能继续增加，但是如果不能极大的改善实施状况，很难有效。

在解决获取和惠益共享机制的国家数量方面取得了积极进展。《名古屋议定书》中的获取和惠益共享是前进的重要步骤，缔约方和具有相关立法的国家越来越多。未来，实施《名古屋议定书》可以有效解决这一问题。

7.3.3.3 化学品和废物

在清除或限制持久性有机污染物的产生、使用和进出口方面取得了一定进展。长期数据记录显示20世纪80年代和90年代间大气中的持久性有机污染物浓度有所降低，但2000年以后，这种下降趋势已变得不明显；在西方工业化国家的城市地区，PCB 排放不断增加，并达到了每人每年产生0.1～1.0 g 的水平。未来，世界各地会继续存在人类接触持久性有机污染物的情况；由于持久性有机污染物具有高流动性，因此在气候变化条件下可能还会造成人类更多地接触这些物质。

在化学品无害化管理方面取得一定进展。17个相关多边协议已实施到位，根据 SAICM 全球行动计划开展了300多项活动；有23个国家建立了国家化学品登记制度；制定了全球化学品统一分类和标签制度。实施化学品无害化管理的发展中国家数目正在增加。主要差距：加强生命周期方法；为化学品风险评估和管理制定更加具有综合性的全球框架；制订化学品无害化管理实施计划，主要针对发展中国家的化学品生产、交易和使用情况，特别是在亚太地区和拉丁美洲。

在废弃物无害化管理方面有一定进展。但废弃物无害化管理的客观标准没达到最佳；由于地方规范和条件不同，各地实施的措施也有很大不同；城市面临的问题越来越严重，如市政垃圾管理、监测力度不足、露天燃烧和废弃物的非法运输。按照目前的消耗和贸易趋势，废弃物的产生还会增加。

在化学品和有害废弃物的无害化管理能力建设上进展不足。虽然各个国际机构进行了很大努力，但发展中国家在无害化管理方面的能力建设工作仍然不足；现在已经成立了巴塞尔和斯德哥尔摩公约区域中心，旨在提高发展中国家政府和利益攸关方的能力，但相关资金机制还没有到位。在有害化学品进出口方面存在多重政府机构交叉管理情况，由此造成管辖权冲突，并削弱了决策制定程序。如果继续保持或改进鹿特丹公约的通告率，可能会有一定改善。在化学品问题上还需要改进机制、治理和管制框架，以便在区域和国家层次上进行有效决策，包括促进实施国际化学品与废弃物协议的协同作用。未来，如果能够通过创新性融资机制为《斯德哥尔摩公约》和《巴塞尔公约》、SAICM、GHS 提供支持，情况可能会有所改善。

在船舶污染管理方面有一定进展。MARPOL 公约方面取得了一定进展——虽然很多国家还没有切实遵守相关规定，但已经有150个国家批准了该公约；控制国际航运温室气体排放，国际海事组织海洋环境保护委员正在进一步审议减排机制草案（海洋环境保护委员会）。预计在根据 MEPC 制定新机制的情况下，可能有所改善。未来需要制定并实施控制船舶废弃物的功能性国际网络，包括港口的处理设施。

在限制重金属的产生、使用和进出口方面取得一定进展。发展中国家取得的工作进展促使急性中毒事件发生频率降低，但在一些工业地点和遗留地点仍然存在接触情况，并且人们越来越关注慢性、低水平接触可能产生的微小影响；最主要的问题还是在发展中国家，因为发展中国家经常在控制手段有限的情况下开采、加工、使用和回收重金属，并且发展中国家发生急性中毒事件的频率最高，特别是铅、汞、砷中毒。正在进行的关于汞的谈判是积极的，并且还需要进一步努力在国际协议中对重金属（包括铅、镉、砷）问题进行协商。电子产品产量迅速提高，并且对其中含有的有害物质进行处置需要高额成本，造成发展中国家电子废弃物交易增加，大量电子废弃物流向发展中国家，因为发展中国家的劳动力成本、健康和环境标准都较低。欧盟限制电子废弃物中关于特定有害物质的限制指令具有积极作用，还需进行全球规划。

在确保对放射性废弃物进行安全管理、运输、存放、处置和事故应急处置方面取得进展。一般按照各种国际标准、乏燃料和放射性废弃物联合公约的会议报告控制核设施操作产生的放射性废弃物，以及放射性材料在医药、工业、科研方面的使用；一些遗留地点仍在进行核武器生产和测试；非洲和中亚地区还存在一些铀矿开采遗留地点。未来，核工业、医药和工业使用，以及采矿和矿产开采方面还会继续产生放射性废弃物，天然存在的放射性核素水平也会提高；在可预见的将来还需要建设管理和处置设施。为发挥有益的协同作用，需要把联合公约（已成为安全管理放射性废弃物的重要全球性文书）和其他有关有害材料的国际文书更紧密地联系在一起；支持开展相关国际工作，协助对铀矿开采遗留地点进行整治。尽管自从“切尔诺贝利核事故”后实施了确保各国保持高度安全性的核安全公约（联合公约的“姐妹公约”），安全水平也确实有所改进，但还是发生了“福岛核事故”。发生“福岛核事故”后，虽然一些国家仍在继续制订核计划，但很多国家已决定逐步废止自身的核计划；现在讨论这方面的整体影响还为时过早。

专栏　国际海洋环境保护发展态势及其对我国的启示

1．全球发展态势[1]

当前，随着全球航运业的高速发展、海上运输的日益繁忙，船舶及有关水上活动对海洋环境造成的污染威胁也随之激增。船舶事故引起的溢油、船舶营运中所排放的有毒液体物质、生活污水、垃圾等污染物对海洋环境造成了严重威胁，例如，美国“墨西哥湾漏油事件”，以及我国渤海湾“康菲石油污染事件”等。席卷全球的金融危机也给海洋环境保护带来新的挑战，船东为降低成本，减少安全和环保投入；海上大量停航船舶配员不足，存在很大的安全和污染风险。

2．主要国家经验[2]

美国积极倡导以生态系统为基础的海洋综合管理，在原有海洋管理部门的基础上，成立内阁级海洋政策委员会，协调海洋与大气局、渔业管理委员会、交通部、海岸警备队等多部门协作负责海洋环境保护工作，更好地管理海洋环境资源。同时还与加拿大、墨西哥等国一起建立地区性的海洋保护区行动计划，并为国际社会提供经验借鉴及相关技术与方法支持，共同推动全球海洋保护区网络建设。

[1] 周正宝，罗迪君. 海洋环保责任与挑战成为主题[N]. 中国环境报，2009-09-24（7）.

[2] 国家海洋信息中心. 全球海洋生态环境保护态势及对我国的借鉴[J]. 海洋开发与管理，2013（11）.

加拿大是世界上第一个制订国家行动计划来保护海洋环境的国家。早在 20 世纪 80 年代中期就开始实施跨部门的“海洋环境质量”计划，形成了《联邦政府海洋环境质量管理框架》和《联邦海洋环境质量行动计划》，对海洋环境管理相关部门行动进行了统筹规划，实现联邦政府相关政策与计划的整体协调，并出台了加拿大海洋环境质量管理战略。1996 年成立了防治陆源海洋污染国家行动计划办公室，负责协调与推进海岸带水域保护计划，2000 年发布了《保护海洋环境免受陆源活动污染国家行动计划》。

韩国于 20 世纪 90 年代开展了海洋污染和海洋生态的调查，并积极参与西太平洋保护行动计划和东亚海洋环境保护计划。同时为加强陆源污染物控制和防治海洋环境恶化，出台了多部抑制海洋废弃物产生和改善海洋生态环境的法律，如《海洋污染防治法》《港湾法》《渔港法》《废弃物管理法》《渔场管理法》等，并适时修订与完善，取得了良好的成效。2001 年，韩国制定了《海洋环境保护综合规划》，从“七大推进战略和五个实施领域”来促进海洋生态环境保护的实施。

3. 对我国的启示

作为发展中国家，我国海洋生态环境恶化趋势在较长一段时间内仍然难以得到根本遏制。在我国从海运大国向海运强国迈进的过程中，海洋问题将成为重大的政治外交战略问题，也是我国与周边国家可能出现重大环境摩擦的关键领域。我国应充分借鉴国际海洋环境保护的成功经验和措施，进一步加强海洋污染防控、生态多样性等立法进程，完善配套政策制度建设，健全海洋生态环境法律法规体系。在区域层次上，要积极推动与周边国家在海洋环境保护法律制度的建设。在海洋环境保护工作中，坚持海洋开发与保护并举的方针，走海洋可持续发展的道路，实现海洋资源环境的可持续利用。

7.3.4 全球环境治理机制发展趋势

7.3.4.1 治理机制趋势发展

7.3.4.1.1 全球环境问题认识和治理历程

从全球视野看，人类认识和治理环境问题特别是环境污染问题，主要经历了“教训、反思、治理”3 个阶段。

第一阶段：教训

工业革命以来，人类征服和改造自然的能力大大增强。随着科学技术、商品经济的发展和工业化的快速推进，人类的生产力水平有了极大提高。传统工业化在创造无与伦比的物质财富的同时，也过度消耗自然资源，大范围破坏生态环境，大量排放各种污染物，人类为此付出了沉痛的代价。从 20 世纪 30 年代开始，英国、美国、日本等发达国家相继发生了比利时“马斯河谷烟雾事件”、美国“洛杉矶烟雾事件”、英国“伦敦烟雾事件”、日本“水俣病事件”等八大公害。例如，1943 年 5 月至 10 月发生在美国洛杉矶的烟雾事件，大量汽车尾气产生的光化学烟雾，在 5 个月时间内造成 65 岁以上老人死亡 400 多人。1952 年 12 月英国伦敦由于冬季燃煤产生大量煤烟，引起大面积烟雾，发生严重烟雾事件，能见度突然变得极差，整座城市弥漫着浓烈的臭鸡蛋气味，居民普遍呼吸困难，短短几天就导致 4 000 多人死亡，此后两个月内又有 8 000 多人陆续丧生，震惊世界。

第二阶段：反思

日趋严重的环境问题促使人类环境意识开始觉醒。在环境觉醒历史进程中，出现过著名的 3 本书。第一本书是《寂静的春天》。该书于 1962 年在美国问世，作者蕾切尔·卡逊是一位美国海洋生物学家。这本书揭露了为追求利润而滥用农药的事实，因而也有人把它叫作《没有鸟鸣的春天》。其代表性语言是，“不解决环境问题，人类将生活在幸福的坟墓之中”。第二本书是《增长的极限》，1972 年由来自世界各地的几十位科学家、教育家和经济学家会聚在罗马提出的一份报告。该报告的代表性观点是，“没有环境保护的繁荣是推迟执行的灾难”。第三本书是《只有一个地球》，是 1972 年斯德哥尔摩联合国第一次人类环境会议秘书长莫里斯·斯特朗委托经济学家芭芭拉·沃德和生物学家勒内·杜博斯撰写的。这本书的主要观点是，“不进行环境保护，人们将从摇篮直接到坟墓”。

第三阶段：治理

经历了沉痛的代价和觉醒之后，人类对环境问题的认识逐步深入，对发展不断进行深刻反思。以四次世界性环境与发展会议为标志，人类对环境问题的认识及治理发生了历史性转变，期间发生了四次历史性飞跃。

第一次飞跃是 1972 年 6 月 5—16 日在瑞典斯德哥尔摩召开的联合国人类环境会议，世界各国开始共同研究解决环境问题。会议通过了人类环境宣言，确立了人类对环境问题的共同看法和原则。环境宣言原文引用了毛主席的话：“人类总得不断地总结经验，有所发现，有所发明，有所创造，有所前进。”会议开幕日被联合国确定为世界环境日，每年的这一天世界各国都会举行丰富多彩的纪念活动。1972 年 12 月 15 日，联合国大会做出建立环境规划署的决议。1973 年 1 月，作为联合国统筹全世界环保工作的组织，联合国环境规划署（以下简称 UNEP）正式成立，标志着全球环境治理全面进入新的时期。

第二次飞跃是 1992 年 6 月 3—14 日在巴西里约热内卢召开的联合国环境与发展大会。会议第一次把经济发展与环境保护结合起来进行认识，提出了可持续发展战略，标志着环境治理在全世界范围启动了历史性转变。由我国等发展中国家倡导的“共同但有区别的责任”原则，成为国际环境与发展合作的基本原则。

第三次飞跃是 2002 年 8 月 26 日—9 月 4 日在南非约翰内斯堡召开的可持续发展世界首脑会议。会议提出经济增长、社会进步和环境保护是可持续发展的“三大支柱”，经济增长和社会进步必须同环境保护、生态平衡相协调。

第四次飞跃是 2012 年 6 月 20—22 日在巴西里约热内卢召开的联合国可持续发展大会。会议发起可持续发展目标讨论进程，提出绿色经济是实现可持续发展的重要手段，正式通过《我们憧憬的未来》这一成果文件。

7.3.4.1.2 治理类型

纵观全球环境治理的历史，就是一部正确处理环境与经济的关系史。每一次重大环境事件的发生，都会推动环境治理与经济发展关系的重新调整，大致分为两个类型：

一是被动转变型。以德国为代表。从 20 世纪 70 年代开始，德国国家战略从经济发展优先逐步调整为经济发展与环境保护相协调，通过实施一系列环境法律，推进经济结构调整和技术进步，告别唯经济发展时代，严重的环境污染得到治理。到 20 世纪 90 年代，德国的环境质量得到很大改善，河流变清了，空气污染减轻了。以日本为代表。“二战”后随着工业发展，日本环境污染日趋严重。日本一开始寄希望于在不妨碍经济发展的情况下保护环境，结果没有摆脱公害事件爆发的厄运。世界八大公害事件中日本就有 4 件。从 1970 年开始，日本确立环境优先原则，实行世界上最严格的环境法律和标准，经过几十年努力，基本解决了工业污染问题。

二是主动跨越型。以新加坡为代表。新加坡在工业化初期就开始实行城市功能分区，将工业区与居住区分离，避免市区环境污染。经过加快建设完善的城市环境基础设施，保持了清洁和优美的环境，成为举世闻名的“花园式城市”。

7.3.4.1.3 **治理机制趋势发展预测**

未来 5～20 年，全球环境治理可能出现以下趋势：

（1）从单纯考虑缓解环境压力、提高环境承载力向更多综合考虑环境问题驱动力角度找对策

过去 100 年的显著特点是全球人口和经济总量的急速增长。人口总数增长 4 倍达到 70 亿人；以 GDP 计算，全球经济产出增长约 20 倍。人口增长和经济发展被视为环境变化的驱动力，这种驱动力通过能源、运输、城市化、全球化等对环境产生压力，极大挑战着地球环境、资源的承载力。人口增长和经济发展等人类活动、人为因素对环境变化产生的作用已从边缘影响力发展成为主要驱动力。控制人口过快增长、加快转变经济发展模式，已成为未来发展的必由之路。

在传统经济发展模式在短期内难以发生根本性转变的情况下，单纯依靠减排治污缓解环境压力和恢复生态环境提高环境承载力等措施产生的环保成果将很可能被全球人口和经济规模的不断增长所带来的新的环境压力所大大抵消。因此，在科技进步不大，治污减排等技术措施潜力有限时，从控制环境变化动力因素的角度制定政策和实施更多有力措施有可能成为很好的环境治理间接手段。

（2）弱化发达国家的资金和技术支持，强化南南合作

随着南北合作谈判面临更大阻力，发达国家承诺的大量援助资金和技术迟迟无法兑现，南南合作面临新的契机。中国等在生态环境保护方面取得积极进展的发展中国家有望发挥更多领导作用，为其他经济情况相近的发展中国家提供更廉价的技术和更切实可用的发展模式经验借鉴。

（3）弱化国际市场化手段，强化国内计划手段

随着全球金融危机和欧债危机的爆发，发达经济体往往自顾不暇，利用国际援助或市场化手段解决全球环境治理问题变得困难重重。而且，对于许多发展中国家而言，将温室气体减排放在优先位置经济和社会效益有限且机会成本高，而将其纳入国家计划或融入其他大气污染问题（$PM_{2.5}$等）的防治方案中，协同效益更大，成本更低。

专栏 NGO 组织对我国环境问题的作用和影响

伴随着环境问题全球化的发展趋势，同时由于主权国家和政府间国际组织在应对全球环境危机中表现出的局限性，国际环保非政府组织（NGOs）大量涌现，已成为国际社会中一种重要的行为体，对全球环境保护和国际环境法发展有着巨大的推动作用[1]。

国际环保 NGO 的宗旨是保护全球环境，它们是水资源、热带雨林等全球公共财产的忠实的保护者。前联合国秘书长安南提出，最能实现这一目标的方法是改变国民核算制度，使它反映真正的环境成本和利益，从而迈向“绿色”核算制度，而这一重担“主要落在民间社会组织的肩上”，“几乎在各处的公开辩论中都要靠它们为环境说话”。具体来说，环境 NGO 的作用体现在：①提出全球环境重大问题并呼吁国际社会采取行动；②促进国际环境条约的产生和发展；③倡导环境意识，宣传国际环境法律和政策；④监督国际环境条约的实施[1]。

[1] 吴建闽. 国际环保 NGO 对国际环境法律关系的影响[J]. 基础理论研讨.

在中国，长期以来形成的粗放型经济发展模式已经给我国资源和环境带来了沉重的压力，而仅靠政府的力量对于解决环境资源问题显然是远远不够。而且，"政府自己也会成为环境的破坏者，例如，政府的有些经济决策往往会成为诱发环境问题的根源，有些开发规划和计划甚至是破坏环境的主要因素。政府所设企业甚至与政府部门、政府官员由密切联系的企业因为有政府背景而成为最大、最难治理的环境破坏者"[1]。所以，在这样的背景下环保NGO组织应运而生。

根据中华环保联合会的统计，从1991年辽宁省盘锦市黑嘴鸥保护协会注册成立，1994年"自然之友"在北京成立，我国环保NGO已经经历了10余年的发展，现有各类环保NGO 2 768家，从业人员总数有22.4万人。环保NGO的活动从早期的环境宣传及特定物种保护等，逐步发展到组织公众参与环保，"为国家环保事业建言献策，开展社会监督，维护公众环境权益，推动可持续发展等诸领域。[2] 但是在实践中，一些国际NGO组织喜欢借题发挥，无形中可能影响民众的判断，造成了一些负面影响。当然，这也并不意味着所有环保NGO都有不可告人的目的。对待环保NGO应该要从发展的角度看待环保NGO，他们具有双重新，不能因为可能存在负面影响就忽略了NGO积极的作用。

因此，政府应该加大与NGO的合作，联手整合公共资源，共同发挥最大效能，以满足公众对于良好环境生态安全的需要。在合作之余，政府需要出台对于NGO组织的有关管理规定，帮助我国环保NGO明确管理体制并制定行之有效的管理制度与考核制度，完善财务管理与成本控制机制，实现制度化自律；通过引进创新能力的人才和参加各种培训活动。[3] 同时，通过建立报告、评估、查证、反馈等形式对环保NGO进行有效的监督机制。

7.3.4.2 环境保护国际公约履约的形势和对策等

（1）主要公约

截至2010年，国际上有关环境问题的国际公约、议定书、协定、协议等已达240多个，我国签订了其中的50余项，涉及臭氧层保护、化学品管理、生物多样性保护、气候变化、海洋资源保护、渔业等多个领域。主要公约有：保护臭氧层公约（包括《关于保护臭氧层的维也纳公约》和《关于消耗臭氧层物质的蒙特利尔议定书》及其4次修正案，即1990年《伦敦修正案》，1992年《哥本哈根修正案》，1997年《蒙特利尔修正案》，1999年《北京修正案》），斯德哥尔摩公约（《关于持久性有机污染物的斯德哥尔摩公约》），生物多样性公约（包括《生物多样性公约》《生物多样性公约卡塔赫纳生物安全议定书》《生物多样性公约关于获取遗传资源和公正和公平分享其利用所产生惠益的名古屋议定书》），《卡塔赫纳生物安全议定书赔偿责任和补救名古屋—吉隆坡补充议定书》，巴塞尔公约（包括《控制危险废物越境转移及其处置的巴塞尔公约》《危险废物越境转移及其处置所造成损害的责任和赔偿问题议定书》）以及鹿特丹公约（《关于在国际贸易中对某些危险化学品和农药采用事先知情同意程序的鹿特丹公约》）。2013年，UNEP旨在全球范围内控制和减少汞排放的国际公约《水俣公约》，我国已签署该公约。

---

[1] 李艳芳. 公众参与环境保护的法律制度建设——以NGO为中心[J]. 浙江社会科学，2004（2）.

[2] 中华环保联合会. 中国环保民间组织发展状况报告[R]. 中国环境报，2006-04-28.

[3] 吕子瑜. 环保NGO发展现状与对策研究[A]. 环境法治与建设和谐社会，2007年全国环境资源法学研讨会（2007.8.12-15.兰州）论文集[C].

（2）履约进展

通过长期努力，我国环境履约工作取得积极进展，不但履行了承担的国际环境责任和义务，引进了管理理念、技术和资金，且在一定程度上促进了经济结构调整和产业升级，在解决全球环境问题的同时，推动了国内环境保护与全球环境保护的有机结合。具体看：一是淘汰消耗臭氧层物质工作取得突破性进展。淘汰消耗臭氧层物质生产量约 10 万 t、消费量 11 万 t，提前两年半完成全氯氟烃、哈龙的阶段性履约目标，如期完成四氯化碳和甲基氯仿全面淘汰任务，颁布实施了《消耗臭氧层物质管理条例》，全面启动了含氢氯氟烃淘汰准备工作；通过淘汰破坏臭氧层物质，研发新型制冷剂，冰箱、空调产品迅速赶超国际先进水平，使我国成为目前世界最大的冰箱、空调生产基地。二是削减、控制持久性有机污染物工作取得阶段性进展。建立了由环境保护部牵头、14 个部门共同参与的履约工作协调机制，颁布实施了履约国家实施计划，完成氯丹、灭蚁灵、滴滴涕、六氯苯等四种杀虫剂类持久性有机污染物淘汰的阶段性履约目标。三是保护生物多样性工作取得积极进展。建立了中国生物多样性保护国家委员会、生物物种资源保护部际联席会议、中国履行《生物多样性公约》工作协调组等生物多样性保护协调机制，发布了《中国生物多样性保护战略与行动计划（2011—2030 年）》，生物多样性就地和迁地保护成效明显，生物物种资源调查评估有序开展，向联合国提交了两次《中国履行生物安全议定书国家报告》。四是危险化学品的国际贸易管理有序开展。将《鹿特丹公约》涉及的化学品和部分农药列入《中国禁止或严格限制的有毒化学品名录》，自愿执行了危险化学品和农药的进出口事先知情程序。五是危险废物管理和越境转移监管工作取得积极进展。制定并发布了一系列危险废物管理法律法规、标准、技术指南文件，有效预防和打击了废物非法越境转移。六是环境履约能力得到明显提升。初步培养了一支履约队伍，公众履约意识明显提高，地方政府参与履约工作的积极性和力度逐渐加大。

（3）展望“十三五”期间的履约形势、机遇与挑战

展望未来 5 年，我国环境履约工作依旧挑战与机遇并存。一方面，环境履约工作还存在不少困难和问题，且面临繁重任务和持续加大的压力；另一方面，党和国家更加重视树立“负责任大国”形象，更加重视环境保护工作和针对气候变化等环境公约的履约工作，为“十三五”时期全面加强环境履约工作带来了机遇。主要表现有：

一是环境履约工作还存在的一些困难和问题。目前，环境履约工作存在“机制不完善、内外不均衡、支撑不到位”的问题，环境履约工作与国内环境工作在一定程度上存在脱节与“两张皮”的现象，环境履约长效机制有待建立和完善。具体来看：①国际环境公约向国内法转化滞后。环境履约任务缺少相应的国内法律支撑，保障环境履约的政策、法规、标准体系有待进一步健全，已经颁布的管理规章在贯彻与实施方面也存在不到位的问题。②环境履约科技支撑严重不足。一些淘汰削减受控物质的环境公约履约工作面临巨大技术障碍，受控物质缺少技术可行、经济适宜的替代品，亟须建立具有自主知识产权的履约相关科技支撑体系。③环境履约资金机制保障不足。环境履约资金需求与国际社会提供的环境履约援助资金差距很大，且国际社会环境履约援助资金持续减少，形势不容乐观；国内财政资金对履约的投入严重不足，其他渠道的环境履约资金筹措困难，能够满足环境履约要求的资金投入机制尚未建立。④缺乏有力的环境履约技术支持网络。我国相关环境公约履约工作缺乏有效的统筹协调与强有力的技术支持网络，导致国际环境公约谈判技术支撑明显不足，各业务主管部门在环境保护部牵头的环境履约工作中参与不足，地方环保部门执行国际环境履约计划的能力也有待加强。⑤环境履约宣传有待加强。我国环境履约相关宣传仍有待加强，政府部门、

科研机构、地方以及社会公众对环境履约工作以及全球环境保护进程的参与程度较低。

二是环境履约任务依然艰巨。我国履行国际环境公约面临繁重的任务，在具有严格减、限排目标和时限要求的国际环境公约中，我国需要减排总量占全球比例较大。我国是消耗臭氧层物质最大的生产国和消费国，也是持久性有机污染物生产量、使用量和排放量最大的发展中国家之一，淘汰、削减消耗臭氧层物质和持久性有机污染物的经济社会影响巨大。我国生物多样性下降的总体趋势尚未得到有效遏制，生物安全管理基础比较薄弱，生物遗传资源和相关传统知识获取以及惠益分享国家制度有待建立，生物多样性的保护与可持续利用也面临新挑战。此外，我国是全球可用作原料的固体废物最大进口国，同时也是废物非法越境转移的主要受害国之一，加强废物进出口管理，防范境外污染转移的任务艰巨。

三是环境履约压力持续加重。一些西方发达国家抛出的中国环境“威胁论”对中国形成的舆论压力在增大，要求中国承担更多环境责任的呼声日渐升高。国际环境公约的遵约机制日益强化，对缔约方相应的约束力不断加大，不遵约的政治经济风险越来越大。已缔结的国际环境公约要求不断增加，环境履约压力持续加重。保护臭氧层公约决定加速淘汰含氢氯氟烃，设定了发展中国家逐步淘汰含氢氯氟烃的目标；2009 年，《斯德哥尔摩公约》将全氟辛基磺酸等 9 种持久性有机污染物增列入其受控范围，2011 年又新增硫丹为受控物质；2010 年，生物多样性公约通过了两项关于生物遗传资源和相关传统知识获取以及惠益分享和赔偿责任与补救的新议定书；《鹿特丹公约》从公约文本通过至今，公约管制清单中的化学品已从 27 种扩展到 40 种。

四是环境履约工作面临新的发展机遇。国家高度重视环境履约工作，党的十八大提出的“为全球生态安全作出贡献”的战略方针和“五位一体”的战略总布局，为环境履约工作主流化、常态化、制度化创造了良好机遇。国务院出台的《消耗臭氧层物质管理条例》为其他公约向国内法转化提供了良好示范。随着我国综合国力进一步增强和相关履约工作取得的成绩，为未来 5～10 年环境履约提供了更有力的物质基础。

（4）对策建议

应做好《环境国际公约履约“十二五”工作方案》的组织实施，充分确保各项履约工作的顺利开展，为“十三五”环境履约工作奠定更加坚实的基础。特别是从以下方面加大保障力度：

一是加强组织领导。全面加强对环境履约工作的统一领导。针对我国在“十二五”期间的履约任务，大力加强环境履约机制和机构建设，包括积极协调有关部门推进国家履行国际环境公约技术支持机构建设，进一步强化环境履约工作的统筹、组织、协调。

二是加大资金投入。逐步增加中央财政对环境履约资金的投入；将国际赠款资金、财政配套资金、企业及其他渠道自筹资金、公益资金相结合，探索建立新的资金机制。加大环境履约关键技术的开发和推广、环境履约政策法规建设和能力建设等方面的财政资金投入。继续争取国际赠款支持，积极开拓企业及其他渠道自筹资金用于环境履约工作。强化国家科技等相关部门对环境履约项目的重视和引导，积极争取现有国家科技计划对环境履约相关研发工作的支持。

三是加强国际合作。扩宽和深化各种国际合作渠道，持续推动对国内环境履约工作的支持。加强对国际履约经验的借鉴与参考，加强并规范与国际社会在履约信息交换、数据报送等方面的交流，引进先进履约理念、技术与管理经验，为国内环境履约工作创造技术、资金、管理等有利条件，推动国内环境履约工作的开展。各地区、各部门应将环境履约工作作为环保国际合作的重点工作来抓，并加强与地方外事财经部门的协调，确保环境履约工作的落实。

四强化公众参与。建立政府主导、社会各界广泛参与的环境履约公共宣传机制，通过各种渠道和手段针对不同群体开展宣传，使包括环境管理和执法部门在内的政府机构、环保社会组织及其他社会各界了解相关知识，掌握动态信息。建立公众参与机制，提高公众参与能力，增加公众参与全球环境保护的广度和深度。加大对环保社会组织的培育引导力度，充分发挥环保社会组织在引导公众、国际交流等方面的积极作用。利用各种环境纪念日组织社会化宣传活动，引导公众积极参与全球环境保护。选择部分重点省市开展环境履约宣传试点示范，为全国开展环境履约宣传提供经验参考。

7.3.5 小结

综上所述，关于国际环境保护动态方面的情况，主要包括以下方面：

（1）从环境现状及未来趋势上看，欧美发达国家国内环境问题相对缓和，但环境质量管控标准仍将进一步趋严；同时，气候变化等全球和区域环境问题依然是其关注重点，且随着经济活力的恢复，其国内低碳、绿色发展步伐也会加快，继续争取国际引领作用。亚太、非洲和拉美地区的环境形势相对不容乐观，且依旧长期面临压力不断加大，能力相对不足，外部援助不够等问题。中国引领的生态文明建设模式有望为发展中国家乃至发达国家可持续发展提供重要借鉴。

（2）可以借鉴发达国家污染治理和环境管理若干经验，包括系统性的环境战略与计划，市场经济手段的运用、环境信息的检测、各国的协调合作、人与环境的协调发展等。

（3）从传统发达国家或地区的环境治理历程和我国所面临的形势对比分析来看，我国未来的环境管理发展趋势可能发展以下转变，包括从末端治理和应急管理向源头预防和战略规划转变，从直接行政手段管制向更多市场经济和法律手段管理转变，从少数重点污染物管控向众多污染物系统协同管控，从各部门各自为政的管控向大部制协同管控转变，从总量控制向质量控制转变，从粗放控制向精细化管理转变，从政府主导向更多公民参与转变。

（4）从时代背景看，我国面临的国内外形势已与工业化时代的发达国家面临的形势大不相同。发达国家一两百年间逐步出现的环境问题在我国集中显现，不容我们先解决一个，再解决一个，而是要综合谋划，系统解决；气候变化等全球环境问题日益突出，不容我们先解决国内问题，再解决国际问题，而必须统筹兼顾，协同推进。我国需要综合学习借鉴发达国家不同历史阶段积累的经验和最新技术，积极探索属于自己的跨越式发展道路。

（5）从环境要素角度看，2008 年至今，尽管国际社会为解决环境问题付出了很大努力，全球环境问题少数有所缓解，但总体仍在恶化。气候变化、土地退化、水资源危机、生物多样性锐减、化学品污染等传统环境问题并未得到有效解决，颗粒物、重金属、海洋环境保护等新的环境问题又接踵而至。

（6）从全球环境治理机制发展方面看，多边环境立法不断加快，某些解决全球环境问题的机制正在形成，多边协定仍是解决全球和区域环境问题的最主要手段，全球环境治理趋于机制化、刚性化、协同化。国际社会共缔结了 51 项国际或区域性环境公约或议定书，在 WTO 等机制下，环境保护也已成为其规则的重要组成部分。近年国际社会出现了强化全球环境治理机制的新进程，刚性约束凸显。同时，强调协同性、促进多边环境协议间的“协同增效”是全球环境治理进程中的又一重要特点。

（7）从国际公约履约方面看，我国取得积极进展，但依然面临重大挑战。资金减少，技术不足，任务加重，国内体制机制不完善，能力建设滞后，协调难度大等重大制约。有效确保人才队伍稳定，维护我国负责任大国形象存在很多不确定因素。

参考文献

[1] 联合国环境规划署. 全球环境展望 5，2012.

[2] 张风春，朱留财，彭宁，等. 欧盟 Natura 2000：自然保护区的典范[J]. 环境保护，2011（6）.

7.4 我国与周边国家环境问题及对策

我国周边国家众多，包括陆上邻国 14 个[1]，海上邻国 6 个[2]。2008 年国际金融危机爆发之后，我国进一步深化和拓展了同周边国家的政治经济合作。党的十八大报告指出要“坚持与邻为善、以邻为伴，巩固睦邻友好，深化互利合作，努力使自身发展更好惠及周边国家”。2013 年召开的周边工作座谈会明确了“亲、诚、惠、容”的周边外交理念[3]。习近平总书记提出与东盟国家构建命运共同体，并强调要让命运共同体意识在周边国家落地生根。在良好的政治经济发展态势下，我国加强和推动了与周边国家或相关地区的环境合作，积极参与区域合作机制建设。本节首先剖析我国与周边国家政治经济外交发展趋势，继而识别我国面临的周边环境问题，最后提出我国与周边主要国家和地区的环境合作策略。

7.4.1 基本态势

7.4.1.1 地区形势总体平稳，我国积极推动务实合作

我国周边区域局势总体保持稳定，尽管存在这样那样的问题，但有关各方能够通过友好协商，妥善处理和管控分歧，地区稳定大局未受影响。周边外交是我国总体外交战略的重要组成部分，我国进一步深化同周边国家的合作，取得重要进展。2005 年，中印建立面向和平与繁荣的战略合作伙伴关系；2008 年，将中越关系定位为全面战略合作伙伴关系；2011 年，将中蒙睦邻互信伙伴关系提升为中蒙战略伙伴关系；2013 年，将中俄关系明确为“最主要、最重要”的战略协作伙伴。

我国广泛开展同周边国家和地区的务实合作，积极开展高新科技、新能源和节能环保等领域合作，推进与周边国家的产业园、生态园、经贸区等合作项目。我国积极推进区域经济一体化，提出打造中国—东盟自贸区升级版、打造亚洲货币稳定体系、亚洲信用体系和亚洲投融资合作体系等重大合作倡议。积极推进互联互通，提出建设丝绸之路经济带、21 世纪海上丝绸之路、中巴经济走廊、孟中印缅经济走廊等经济联络带。一个以点带面、从线到片逐渐形成区域大合作的外交局面正在加速形成。

---

[1] 俄罗斯、印度、蒙古、朝鲜、巴基斯坦、哈萨克斯坦、吉尔吉斯斯坦、塔吉克斯坦、阿富汗、不丹、尼泊尔、缅甸、老挝和越南。

[2] 日本、韩国、菲律宾、马来西亚、印度尼西亚和文莱。

[3] “亲”是指增进感情，多做得人心、暖人心的事；“诚”是指诚心诚意的对待在周边国家；“惠”是指互惠互利，让周边国家得益于中国发展；“容”是指包容，以更加开放的胸襟和更加积极的态度促进地区合作。

7.4.1.2 仍是世界增长重要引擎，我国发展惠及周边百姓

在国际金融危机和欧洲债务危机持续发酵、世界经济金融形势不稳定的情况下，我国与周边国家仍保持较快发展。2009—2013 年，亚洲年均经济增速为 5.6%，是世界经济增长的重要引擎（图 1-7-52）[1]。2010 年，我国已经超越日本成为世界第二大经济体，对周边国家的经济活动重要性与日俱增（表 1-7-27）。

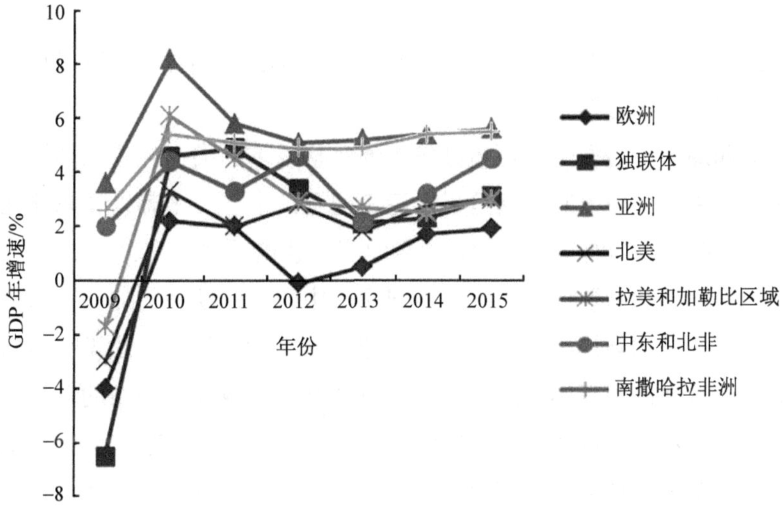

图 1-7-52 世界主要区域 GDP 增速及预测[2]

表 1-7-27 我国及周边主要国家 GDP

单位：万亿美元

年份	中国	俄罗斯	日本	韩国	朝鲜	越南	蒙古	印度
2000	1.20	0.26	4.73	0.53	0.02	0.03	0.00	0.47
2001	1.32	0.31	4.16	0.50	0.02	0.03	0.00	0.49
2002	1.45	0.35	3.98	0.58	0.02	0.04	0.00	0.52
2003	1.64	0.43	4.30	0.64	0.03	0.04	0.00	0.62
2004	1.93	0.59	4.66	0.72	0.04	0.05	0.00	0.72
2005	2.26	0.76	4.57	0.84	0.01	0.05	0.00	0.83
2006	2.71	0.99	4.36	0.95	0.01	0.06	0.00	0.95
2007	3.49	1.30	4.36	1.05	0.01	0.07	0.00	1.24
2008	4.52	1.66	4.85	0.93	0.04	0.09	0.01	1.22
2009	4.99	1.22	5.04	0.83	0.04	0.10	0.00	1.37
2010	5.95	1.52	5.50	1.01	0.04	0.11	0.01	1.71
2011	7.31	1.90	5.90	1.11	0.04	0.12	0.01	1.87
2012	8.36	2.01	5.96	1.13	0.00	0.14	0.01	1.84

[1] IMF，World Economic Outlook，2008-2014.

[2] 此图中 GDP 增速为实际 GDP。

我国已成为众多亚洲国家的最大贸易伙伴、最大出口市场和重要投资来源地，我国经济发展已惠及周边百姓。21 世纪以来，我国同周边国家贸易额由 1 000 多亿美元增至 1.3 万亿美元。2012 年，我国与周边国家贸易额已超过我国与欧、美的贸易之和。据估计，我国经济增长对亚洲经济增长的贡献率超过 50%。今后 5 年，我国将进口 10 万亿美元左右的商品，对外投资规模将达到 5 000 亿美元，出境旅游有可能超过 4 亿人次。

7.4.1.3 可持续发展压力增大，我国周边环境摩擦亟须应对

我国及周边国家和地区经济的快速增长，消耗大量的能源资源，面临着可持续发展的巨大挑战，我国对周边国家及地区环境压力不断增大。

我国与周边国家和地区可能发生的环境摩擦主要包括以下四类：一是以环境介质为载体产生的跨界环境问题，重点是中俄、中哈和中朝跨界水污染问题，中日、中韩以及东北亚区域的大气污染跨界传输问题，黄渤海海洋环境污染等问题，主要是我国影响周边国家；二是由于产品/废物贸易引起的环境问题，如中俄木材贸易造成的生态环境问题、中印野生动植物非法贸易造成的生态破坏、日韩等废物出口到我国造成的环境影响、海洋运输造成的生物入侵等，这类环境问题中，既有我国对他国的环境影响，也有他国对我国的影响；三是以资金流为载体所产生的环境问题。如外商直接投资对我国的影响和我国对外投资造成的环境问题，其中后者已经成为我国“走出去”的一大障碍，如我国在蒙古、越南投资企业造成的环境污染问题等；此外，核安全也是我周边地区一重大隐患，一方面，核发电设施存在核泄漏的风险，继而引发受到核辐射的固体废物非法进出口问题；另一方面，某些国家不断进行核试验，也给周边国家带来重大隐患。

7.4.2 我国与周边主要国家及地区环境摩擦及应对机制

7.4.2.1 双边环境摩擦及应对机制

7.4.2.1.1 中俄

（1）主要环境摩擦

中俄之间主要环境摩擦首先是跨界水污染问题，其次是生态保护问题。总体来说，我对俄的外交、军事、经贸等方面的诉求远高于环保。从未来发展趋势看，中俄跨界水体污染问题仍然是俄方最为关切的问题，而且将更加强调跨界水体污染对健康和生态系统的影响。更长远看，生态问题与跨界水利用和保护、与两国经贸合作挂钩，将成为俄方要价的主要筹码。

①跨界水污染。中国同俄罗斯有着长达 4 300 多 km 的漫长边界线，其中大部分的边境由黑龙江、绥芬河、额尔古纳河、乌苏里江等跨界水体划分。中俄跨界河流黑龙江流域的我国工业污染突出。[1] 2005 年的松花江水污染事件使跨界水资源的利用和保护问题被纳入两国重要政治议程，使我国面临巨大的政治、外交和环境压力。

中俄跨界水体水质在我国实施松花江流域水污染防治规划后，水质有所改善，但跨界水流域的经济发展对环境的压力难于迅速减轻，治理任务还很艰巨，突发水污染事件的风险依然存在，常态水污染也是俄方关注的重要内容。2005 年数据表明，在中俄跨界河流黑龙江上源河额尔古纳河为Ⅳ

[1] http://gb.cri.cn/27824/2010/05/21/5005s2859642.htm.

类水质、黑龙江干流为Ⅳ类水质、乌苏里江为Ⅴ类水质，黑龙江最大支流松花江水质更差，有不少河段处于劣Ⅴ类。中俄绥芬河水质尚好，保持在Ⅱ～Ⅲ类水。2012 年，除额尔古纳河以外，所有阿穆尔河等跨界河流生态状况得到改善。

②生态保护问题。中俄两国贸易中大多直接出口或进口没有经过深加工的木材、石油、天然气等自然资源。随着两国贸易额的激增，已严重危及了本地区的生态安全。1999 年我国确定了对俄森林开发战略，中俄木材贸易规模不断扩大。2004 年俄罗斯成为中国最大的木材进口国，而中国也是俄最大的木材出口国，木材的大面积砍伐已经引起俄方各方面的关注。然而，2013 年，我国从新西兰进口的原木数量首次超过俄罗斯，这将缓解由于木材砍伐引起的环境压力。此外，石油管道可能造成的环境影响一度成为俄杜马以及公众的关注。同时，由于我国一侧人口多、开发程度高，生态保护力度不够，造成了边境地区，尤其使跨境河流流域生态系统的破坏。

（2）主要机制

2013 年，我国将中俄关系明确为“最主要、最重要”的战略协作伙伴，机制化是其运作方式的重要特点。中俄应对环境摩擦的主要机制包括中俄高层会晤机制以及中俄总理定期会晤委员会环境保护分委会机制。此外，中俄之间还可能通过上合组织等区域机制、外交照会、领导人会晤等开展环境保护领域的对话和交流。

①中俄高层会晤机制。中俄总理定期会晤机制是高层定期政治会晤制度最为稳定的机制，保持每年一次的频率。截至目前，中俄两国总理共举行了 18 次定期会晤。2001 年，两国签署了具里程碑意义的《中俄睦邻友好合作条约》，大大加快了中俄友好合作与交流的进程。[1] 2005 年，在中俄总理定期会晤机制下，提出正式设立中俄环保合作分委会，为提高环保领域合作水平翻开新篇章。

②中俄总理定期会晤委员会环境保护分委会机制。2006 年 2 月 21 日，中国国家环保总局和俄罗斯联邦自然资源部签署了中俄总理定期会晤机制下成立环保分委会（以下简称分委会）的议定书，以落实两国领导人的政治意愿，成为中俄环保合作的长效机制和综合平台，关注跨界水污染影响评价、项目联合环评、联合污染源检查等若干敏感问题，挑战和压力巨大。2006 年召开了第一次会议，通过了《中俄总理定期会晤委员会环保分委会条例》，并依据条例确立了分委会的人员组成，分委会下设三个工作组：污染防治和环境灾害应急联络工作组、跨界自然保护区及生物多样性保护工作组、跨界水体水质监测及保护工作组。

在这两个主要对话机制的基础上，中俄两国针对主要环境摩擦开展合作。①跨界水体水质联合监测机制进展顺利，联合监测工作不断深入。2002 年，双方就签订了《中俄联合监测界江备忘录》。2006 年 2 月，国家环保总局和俄罗斯联邦自然资源部签署了《关于中俄两国跨界水体水质联合监测的谅解备忘录》，双方进一步签署了《关于中俄跨界水体水质联合监测计划》。②中俄在自然保护领域的合作机制将从重视林业资源开发方面的合作，转向未来侧重于林业资源可持续利用，以及跨界自然保护区建设。两国于 1996 年 4 月签署了《中华人民共和国政府与俄罗斯联邦政府关于兴凯湖国家自然保护区的协定》。1997 年，双方又签署了《中华人民共和国政府与俄罗斯联邦政府关于共同保护东北虎及其栖息地的协定》，启动了相关交流活动。中俄相继签署了政府间《共同开发森林资源合作协定》、部门间《加强林业合作备忘录》。2005 年 11 月，国家林业局受俄自然资源部邀请，参

[1] 《中俄睦邻友好合作条约》第十九条规定，缔约双方将在保护和改善环境状况，预防跨界污染，公平合理利用边境水体、太平洋北部及界河流域的生物资源领域进行合作，共同努力保护边境地区稀有植物、动物种群和自然生态系统，并就预防两国发生的自然灾害和由技术原因造成的重大事故及消除其后果进行合作。

加了俄自然资源部主办的《欧洲及北亚森林执法和良政部长级进程》，就共同打击木材非法采伐和相关贸易积极开展国际合作，并通过了《圣彼得堡宣言》和《指导性行动计划》。

总体来看，中俄双边环保合作是最为有力的、解决跨界环境纠纷的机制。未来中俄之间的环境问题也将以双边合作为主，逐渐推向深入。其中，跨界水保护和利用问题将在所有合作机制下涉及，复杂化明显，合作机制日渐成熟，合作问题不断深入；自然资源利用造成的生态问题需要双方共同努力；生物多样性保护和污染事件应急方面的成就将成为两国合作成果的重要体现。

7.4.2.1.2 中日

（1）主要环境摩擦

中日环境问题首要的是跨界大气污染问题，其次是核污染问题。

①跨界大气污染问题。2013 年 1 月，我国出现大面积的雾霾污染，引起日本媒体、专家和居民的广泛关注。日本国民十分担心受到“越境污染”，已准备采取防护措施。日本于 2009 年 9 月将大气中 $PM_{2.5}$ 浓度年平均值 15 μg/m^3，日平均值 35 μg/m^3 定为大气环境标准。环境标准设定之后，2010 年度首次公布了测量结果。日本国内很多临近交通发达、工厂密集地区的大都市都被检测出超标。全国 46 个测定局中，川崎市、千叶市等超过 70%的地区年平均浓度超过了大气环境标准。

酸雨也是大气污染越境迁移导致的一大问题。日本 2005 年的酸沉降数据显示，日本全国酸雨的 pH 水平在 4.61。因两国能源结构不同，中国的酸雨主要是硫酸型的，主要酸雨前体物是 SO_2 及其次级污染物；日本的酸雨主要是硝酸型的，这与日本是用油大国有关。如果我国的酸性污染物（主要是 SO_2）经过长距离输送之后，对日本酸雨贡献大于其本国的贡献的话，则日本的酸雨也应该被改变为硫酸型的，事实并非如此。但日本部分学者认为中国东北的 SO_2 排放加剧了日本西部酸雨的状况[1]，Ichikawa 和 Fujita（1995）的研究认为，日本 50%的硫湿沉降来自中国；[2] 而日本专家淡路刚久、寺西俊一在谈到重庆的酸雨问题时，也认为日本受中国环境之累，这反映出很大一部分日本民众的心态。[3]

中国春季北方经常产生沙尘暴，它形成于西伯利亚的西南部，蒙古和中国西北的沙漠地带，在发生地域就上升到自由大气层，随偏西气流经过日本的上空到达了太平洋，给日本以及周围地域的气象和气候环境带来影响。据统计，中国沙尘暴 4 月发生频次最高，日本 3 月发生频次较高。在中国强沙尘暴（能见度≤500 m，风力≥8 级）和极强沙尘暴（能见度≤50 m，风力≥10 级）的发生次数 20 世纪 50 年代为 5 次，60 年代为 8 次，70 年代为 13 次，80 年代为 l4 次，90 年代前半期为 8 次。日本 128 个站在 1981—1985 年的黄沙平均年日数为 8.5 d，在 1986—1990 年的平均年日数为 11.6 d，在 1991—1995 年的平均年日数为 11.1 d，在 1996—2000 年的平均年日数达 14.8 d。从北太平洋地区每年降尘约 3.3 亿万 t 推算，吹到日本的降尘量为 100 万～300 万 t/a，相当于每平方千米 1 万～5 万 t [4]。

---

[1] Yoko Nagase，Emilson C.D. Silva. Acid rain in China and Japan：A game-theoretic analysis[J]. Regional Science and Urban Economics，2007，37：100-120.

[2] Ichikawa，Y.，Fujita，S. An analysis of wet deposition of sulfate using a trajectory model for east Asia[J]. Water，Air and Soil Pollution，1995，85，192.

[3] 参见 http：//www.cqwb.com.cn/webnews/htm/2006/2/16/183554.shtml。此外，日本国内也存在一种倾向，将近来频发的光化学污染事件也与中国的大气环境问题挂钩，由于此问题缺乏科学依据，暂略，相关报道可参见 http：//news.china.com/zh_cn/international/1000/20070514/14092776.html 和 http：//gb.cri.cn/12764/2007/06/06/2685@1621869.htm。

[4] 杨青，何清. 日本在沙尘暴方面的研究进展. 新疆气象，2002，25（3）。

②核污染问题。2011 年 3 月 11 日，日本东北部和关东首都圈发生里氏 9 级强震，地震海啸造成日本福岛第一核电站 1 号、2 号、3 号反应堆冷却系统失灵，4 号反应堆出现火情，出现放射性物质泄漏。日本福岛核泄漏事件引起了全世界的密切关注，人们对核辐射的恐惧情绪也不断蔓延，在中国甚至出现抢购食盐的群体性事件。核污染引发的辐射性废弃物非法进出口问题也引起我国政府的关注。

③海洋污染问题。近年来，我国附近海域的固体废物污染日益严重，加之受到环太平洋洋流的影响，大量垃圾沿着中韩日三国海岸沿线任意飘散，由此造成一系列国际环境纠纷。日本向韩国索要海洋垃圾处理费，而韩国则以“有很多垃圾都是从中国漂来的”为由拒绝，并称“只有当中国支付韩国垃圾处理费的时候，韩国才能支付日本这一费用”。[1]

④废物越境迁移问题。受地理位置和经济发展水平的影响，两国的废物问题，主要体现在电子垃圾和固体废物的走私问题。日本是每年都有数量惊人的电子产品被用户淘汰，很多产品以走私的形式流入中国等周边国家。[2] 2007 年 2 月，中国香港海关扣查了 8 个货柜，在货柜内共发现来自日本的约 131 t 电子废物。[3] 由于中国对电子废物的处理能力有限，技术水平低下，拆解过程造成了严重的环境污染。

同时，废物走私的违法犯罪活动十分活跃。据来自中国香港环保署的信息，2006 年共查获 115 起，2007 年 1—5 月共查获 90 起，废物走私呈上升趋势，2007 年 1—5 月查获的 90 起中，来自日本的有 34 起。另外，包括废塑料在内的来自日本的不符合中国环境标准的废物通过各种渠道进入中国。中国满洲里、宁波、天津等口岸的海关，已多次发现并退运来自日本的废钢等固体废物。2006 年，中国检验检疫部门共查验来自日本的废物原料 2.02 万批，重量 705 万 t，货值 20.9 亿美元，重量和货值分别占全国进口废物原料总重量和总货值的 18.5%和 16%。中国已成为日本废物原料的主要进口国之一。[4]

⑤气候变化问题。从制定“京都议定书”到“美丽星球 50”[5]，既是日本国内环境工作的核心之一，又是日本环境立国战略的重要组成部分。日本一直希望中国能够积极参与到气候变化问题中来，就 2012 年后的气候变化问题，特别是温室气体减排承担一定的责任、做出部分承诺，并在双边环境合作场合中，就此议题多次要价。日方认为，中国作为世界主要的经济体，经济水平飞速发展，不是“普通意义上的发展中国家”，温室气体排放量巨大，因此应该承担更多的减排责任。但这一判断与中国当前的国情和国家应对气候变化的原则是存在冲突的。

（2）主要机制

中日两国应对环境摩擦主要依靠五大对话机制，包括中日经济高层对话机制、中日环境合作联委会机制、中日废物管理司长级对话机制、中日节能环保合作机制、中日核安全研讨会机制。2012 年以后，由于日本首相安倍晋三对华政策“右倾”化，目前中日之间安全问题凸显，环境保护对话机制也受到相应的影响。

①中日经济高层对话机制。2007 年，中日两国建立了“中日经济高层对话”机制，分别于 2007 年、2009 年、2010 年开展三次对话，签订了《联合开展协同效应研究的合作意向书》《关于进一步

[1] 中日韩关于海洋垃圾处理的国际纠纷问题研究。
[2] http：//www.sdkjcg.org.cn/feiping8/fphs178.htm.
[3] http：//www1.solidwaste.com.cn/news/preview.asp？id=5216.
[4] http：//www.51zzw.cn/news/view.php？tid=3142&cid=22.
[5] “美丽星球 50”由日本前首相安倍晋三提出，主要是倡议在 2050 年前，世界温室气体的排放量减少 50%。

加强中日环境保护合作的声明》《关于继续加强节能环保领域合作的备忘录》以及《中华人民共和国环境保护部和日本国环境省关于建设中国沈阳市—日本川崎市环境友好型城市的合作备忘录》等一系列文件作为高层经济对话环保方面的主要成果，在节能减排、协同效应、分散性污水处理、生物多样性保护、沙尘暴监测、海洋垃圾治理等领域开展合作，取得了积极进展。

②中日环境合作联合委员会机制。根据两国 1994 年签署的《中华人民共和国政府和日本国政府环境保护合作协定》而成立的中日环境合作联合委员会（副司长级），已经召开了 10 次会议。2012 年 9 月第十次会议在北京召开，中方关注电子废弃物进出口问题以及受放射性污染废弃物非法向中国迁移问题，日方则关注沙尘暴、细颗粒物以及光化学氧化物等领域，双方还就生物多样性保护、环境与健康管理以及气候变化合作等进行交流。近年来，通过中日联委会开展了 30 余个合作项目，主要涉及能力建设、信息系统建设、技术研发等领域。

③中日废物管理司长级对话机制。2007 年 3 月首次举办中日废物管理司长级对话，该机制进一步加深了两国环保部门对两国政策的相互理解，并确定每年将以交互访问形式举行一次中日废弃物循环再利用政策司长级对话会议，提高对废物原材料的合作与管理水平。

④节能环保合作机制。中日节能环保综合论坛是两国节能环保领域合作的重要平台和对话机制，自 2006 年在东京首次举办以来，每年在中日两国轮流举办一次，目前已举办 7 次，中日通过这一论坛已累计达成 171 个合作项目。2012 年，在第七届论坛上，两国企业和研究机构还就智能社区示范项目、污泥处理、节能基金、半导体照明等 47 个合作项目举行了签约仪式。[1] 这一机制将在节能环保领域发挥出越来越大的作用。

⑤核安全工作会议机制。中日核安全部门建立了核安全工作会议，作为解决核安全问题的对话机制。此外，还设置中日核安全研讨会作为补充。截至 2010 年，中日核安全研讨会已成功举办 11 次，研讨会机制对于促进中日核安全监督当局及技术支持机构之间的核安全合作，提高双方核安全监管能力和水平，加强信息沟通和交流等方面起到非常重要的作用。

在上述双边机制基础上，中日针对主要环境摩擦开展交流与合作。①对于大气污染越境迁移问题，日本与中国等国家，一方面积极开展科学研究，摸清其路径、规律；另一方面日本通过提供资金、技术、合作项目等加快对这一问题的解决。②对于核污染问题，在核安全工作会议和研讨会的机制下，双方进行交流与合作。③对于日方提出的海洋漂浮垃圾，特别是其中含有医疗废弃物的问题，原国家环保总局 2006 年采取了一系列措施开展调查工作，主要包括：联合卫生部开展了医疗废物管理情况的自查和抽查；组织海洋、气象等领域的专家，就日本海医疗废物事件进行专题研究；致函交通部海事局和农业部渔业局了解近期中国沿海地区船舶事故情况。相关结论已在相关平台或机制下开展充分沟通、交流。④对于我国关注的电子废弃物非法越境转移问题，已就此问题由主管部门开展对话、逐步建立机制，并在检验检疫等方面加强合作。我国于 2007 年颁布了《电子废物污染环境防治管理办法》等一系列措施，加强监管。但我国当前仍希望能够将该问题的解决方式进一步机制化。⑤对于气候变化问题，由于两国发展阶段不同，本着“共同但有区别的责任”，中日两国在这一问题上的立场和关切程度在很长一段时期内是存在差异的。这也预示着两国今后的环保合作中，日本将一直打气候变化这张牌，与中国进行磋商。

[1] http：//news.xinhuanet.com/world/2012-08/06/c_112638727.htm.

7.4.2.1.3 中韩

（1）主要环境摩擦

中韩环境摩擦首要的是跨界大气污染问题（雾霾、酸雨、沙尘暴），其次是海洋污染问题。

①跨界大气污染问题。韩国对大气污染物长距离传输问题一直比较关注，并进行专门的观测。其中，酸雨和沙尘暴是传统跨界污染问题，雾霾是 2012 年开始出现的新兴跨界污染问题。

2012—2013 年，韩国数次出现雾霾天气。韩方专家认为雾霾主要来自中国，只要中国刮西北风，韩国就会出现雾霾天气。[1] 冬季随着西北风移动，北京所在华北地区的雾霾最快 6 h、最慢一两天就会越过西海（我国黄海），40%～50%的中国雾霾将转移到韩半岛。首尔市政府引用的 2011 年韩国安阳大学和水原大学联合研究报告显示，2011 年首尔市 $PM_{2.5}$ 的污染总量中，来自中国等周边国家的污染占 49%，首尔本身的污染占 21%，仁川、京畿道等周边地区的污染占 26%。由于雾霾对健康和能见度影响较大，韩国民众反映强烈。[2]

我国的酸雨跨界污染问题目前尚无定论，但引起韩国政府和舆论中的部分人士的关注。有研究表明，中国酸雨前体物长程输送到邻国韩国的数量是有限的，特别是经过了长距离和伴随的湿沉降和海上的降水过程之后，它将不会是形成这些国家酸雨的主要责任者。[3]

韩国针对中韩沙尘暴问题有专门机构参与，建立沙尘暴观测站等监测、收集大气数据。中韩两国在沙尘暴问题上一直是处于友好并通力合作的基础上的，因此在今后一段时间内仍然会处于合力协作致力于治理沙尘暴基础上。

②海洋污染问题。资料显示，韩国每年由陆地排放到周边海洋的各类废弃物近 1 000 万 t，其周边海洋的垃圾倾倒量呈逐年递增态势，到 2005 年增加到 993 万 t[4]。这主要是由于韩国政府规定陆地上产生的废弃物可以合法地向海洋倾倒的原因。

与此同时，韩国国内对于中国渤海的污染会影响到韩国海洋作业表示担忧。渤海是中国唯一的半封闭型内海，包括山东、河北、辽宁、天津三省一市的环渤海地区正在成为中国三大经济圈之一。然而渤海的生态与环境正承受着前所未有的压力：近海海域局部污染严重、污染范围持续扩大；局部生态系统遭到破坏，海域功能加速丧失；渔业资源趋于枯竭；赤潮、溢油等海洋环境灾害频发。渤海每年遭倾倒 57 亿 t 有毒的肮脏废弃物和 20 亿 t 固体废物，仅 2006 年，渤海就消纳有毒化工垃圾 15.8 亿 t 之多。由于渤海环境污染，导致多种水生物种丧生，大批鱼类和虾蟹死亡，已经影响到当地渔民的生产和生活，有些地区的水产品也开始受到污染。

虽然渤海环境问题很早以前就已引起中央和地方政府的高度重视，近年来各方面还加大对渤海环境保护与治理的力度，但渤海环境污染的趋势并未得到有效的遏制。中国现行环保法律基本上都是一般法，均注重普遍、共性、一般的环保问题，而对如渤海这类个性的、特殊性的环保问题却无能为力。另外，现行海洋环境保护法的实施机制政出多门，部门间缺乏必要的协调与合作，也明显影响该法的实施效果。

（2）应对机制

中韩两国应对环境摩擦的主要机制是中韩两国首脑会晤机制以及中韩环境合作联合委员会机制。

---

[1] http：//chinese.chosun.net/site/data/html_dir/2013/11/01/20131101000024.html.

[2] http：//news.xinhuanet.com/world/2013-11/01/c_125637470.htm.

[3] http：//www.nnhb.gov.cn/ReadNews.asp？NewsID=6493.

[4] http：//chanye.sina.net/hb/2007-04-02/317037.shtml.

①中韩首脑会晤机制。1998 年在两国签署的《中韩联合公报》中再次强调在“中韩环境合作协定”的基础上，加强两国政府间环境保护及环境产业合作，就两国关心的黄沙、酸雨等环境污染、保护黄海环境等问题加强政府间的共同调查研究。2003 年 7 月的双方首脑会晤时签署的联合声明中包括“双方同意加强在环境保护和环保产业领域的合作，商定共同举办由两国政府、行业、学术界及有关团体参加的‘中韩环保产业投资论坛’。同意继续加强在沙尘暴监测、荒漠化防治和生态建设等领域的合作。”2013 年 6 月韩国总统朴槿惠访问中国期间，两国发表《充实中韩战略合作伙伴关系行动计划》，其中包括“双方将在大气环境、沙尘暴、生物多样性及环境产业领域加强交流合作”。

②中韩环境合作联合委员会。中韩环境合作联合委员会机制是根据 1993 年 10 月中韩政府签署的《中华人民共和国政府和大韩民国政府环境合作协定》成立的。联合委员会会议每年召开一次，在两国轮流举行，目前已举办 18 次。中韩环境合作联合委员会机制对促进两国环境合作发挥了重要作用。2013 年的第 18 次联委会会议上，双方全面梳理了 19 个合作项目，中方倡议创立“中韩环境技术与产业合作示范基地”，韩方对继续共同实施黄海联合监测项目表示了强烈愿望。

目前，随着经济的发展和其他环境问题的逐步解决，中韩两国跨界污染问题正日益引起关注。中韩作为友好邻国，存在更多共同利益，未来发展也将本着通过寻找利益共同点加强合作。韩国部分民众对跨国环境合作寄予厚望，认为共同应对会更有效解决大气污染问题。为保护黄海环境，双方同意在预防两国油船发生事故时的海上污染而共同合作。双方还同意扩大在能源、资源等领域共同开发利用方面的合作。

7.4.2.1.4 中朝

（1）主要环境摩擦

受两国政治关系影响，中朝环境问题现阶段并不是两国关注的重点。两国的环境问题，突出表现在交界地域的环境影响上，包括现实存在的核安全问题和潜在的跨界水污染问题。

①核安全问题。自 20 世纪 90 年代起，朝核问题一直是世界上主要大国关注的焦点，2006 年 10 月朝鲜实施核试验，更是加剧了周边国家及美国对这一问题的关注。由于朝鲜试射地点在咸镜北道的山区，中国有关的边界城市对核试验的辐射情况紧急进行监测，虽然监测结果表明我国边界城市和地区未受核辐射污染，但这一问题已经超越了环境的界限，对边界的地方发展，两国的政治、外交关系均产生了巨大的影响。

②跨界水污染问题。中朝主要有两条跨界河流，一是鸭绿江，二是图们江。鸭绿江水质较好，污染程度较轻，水质多为Ⅱ类或Ⅲ类，污染源多位于中国境内，以吉林省吉安市和辽宁省丹东市的生产、生活废水为主。图们江水质较差，一般为Ⅳ～Ⅴ类水质。中方一侧是吉林省延边朝鲜族自治州，多为生活、工业和畜禽养殖产生废水，朝方一侧主要是咸镜北道和两江道一部分地区，主要为山区，经济比较落后，污染物产生比较少，主要为采矿业产生的尾矿砂。

跨界水地区存在明显的水土流失问题。以鸭绿江沿岸为例，朝方已经砍伐了沿岸山地的大部分树木，改为种植玉米、大豆等的耕地。但山地多为 30°以上的坡耕地，水土流失严重，淤积明显，鸭绿江朝方一侧，江里形成绵延数千米的水土流失带，颜色分明。这些问题，由于双方缺乏足够的合作机制，并未得到足够的重视和解决。

（2）应对机制

中朝两国的环境合作机制，主要体现在两项合作协定中：1992 年 12 月 26 日，两国签订了部门间的合作协定——《中华人民共和国国家环境保护局和朝鲜民主主义人民共和国环境保护及国土管理总局合作协定》，目前已废止。2005 年 3 月 22 日，朝鲜与中国签署了《中华人民共和国政府与朝鲜民主主义人民共和国政府环境合作协定》。根据这一新的环境合作协定，双方将优先开展沙尘暴监测与控制、跨界水污染监测与控制、固体废物管理、废水处理和水资源管理等领域的合作，并将促进环保技术和环保产业、环境教育及公众意识等方面的合作。双方将制定司长级协调员负责协定执行，并将在两国轮流召开协调员会议。

7.4.2.1.5 中越

（1）主要环境摩擦

中越现实存在的环境问题为海洋环境保护问题，潜在的问题包括中国企业在越南投资引发环境污染问题，跨界水资源利用与污染问题，还有生物多样性保护问题。

①海洋污染问题。近年来，广西沿海港口建设快速发展，港口货物吞吐量高速增长，随着船舶交通流和船舶密度的不断增长，港口航道建设相对滞后，危险品运输量急速增加，水上交通险情易发，给北部湾海域船舶通航秩序的安全监管和海洋环境污染风险造成了极大的压力。[1]

②中国企业在越南投资引发环境污染问题。据报道，中国目前在越南有 800 多个项目，价值为 40 亿美元。其中有约 20 亿美元的项目已经开始实施。2012 年中越贸易论坛上，越南学者指出，许多来自中国广西的投资商在越南进行短期投资后很快就又撤离，但其投资行为导致了环境污染，并产生了社会经济方面的影响。

（2）应对机制

中越互为重要邻邦和合作伙伴，两国关系走过 60 多年的历程，正处于承前启后、继往开来的关键阶段。中越 2008 年定位为全面战略合作伙伴关系以来，合作不断取得新发展。中越两国环境合作机制以两国领导人会晤机制为主。

2008 年，两国在京发表《中越联合声明》，提出加强在海洋科研、环境保护、气象水文预报、油气勘采、海上搜救、军舰互访、建立两国军队直接信息交流机制等领域的合作。2013 年 6 月，两国元首签署《中越联合声明》，双方鼓励和支持两国科技和产业界在农业、信息通信、新能源、环保、水资源管理利用和保护等共同感兴趣的领域开展联合研究与开发、共建联合实验室和技术转移等多种形式的合作。继续推进在海洋环保、海洋科研、海上搜救、防灾减灾、海上互联互通等领域合作。10 月，两国发表《新时期深化中越全面战略合作的联合声明》，重申要继续推进在海洋环保、海洋科研、海上搜救、防灾减灾、海上互联互通等领域合作。

目前中越两国仅对海洋环境保护问题有特定的解决方式，其他潜在的环境摩擦暂时依靠区域环境合作机制或者全球环境合作机制加以解决。

2011 年 10 月 11 日，两国签订《关于指导解决中华人民共和国和越南社会主义共和国海上问题基本原则协议》，表示将积极推进海上低敏感领域合作，包括海洋环保、海洋科研、海上搜救、减灾防灾领域的合作。努力增进互信，为解决更困难的问题创造条件。

2013 年 10 月 13 日，两国签署了《中华人民共和国国家海洋局与越南社会主义共和国自然资源与环境部关于开展北部湾海洋及岛屿环境综合管理合作研究的协议》，规定双方将开展北部湾湾口内海洋环境管理及科学研究合作，增强对北部湾海域海洋环境与生态状况的了解，提高海洋环境的管理水平，为北部湾海洋环境与生态保护及应对污染事故提供参考和技术支撑。双方将通过合作研究、

---

[1] http：//news.china.com.cn/rollnews/2011-10/25/content_10810582.htm.

举办学术研讨会以及交流培训等方式，加强在海洋生态保护方法等领域的合股作与交流，开展环境管理示范区建设，同时向两国民众普及海洋环境保护知识，提高公众海洋环保意识，更好地保护北部湾的环境与生态。

7.4.2.1.6 中蒙

（1）主要环境摩擦

当前和未来一段时期，中蒙之间可能发生的主要环境摩擦首要为荒漠化与沙尘暴问题，其次是跨界水污染问题，以及矿业污染防治问题。

①荒漠化与沙尘暴问题。蒙古是中国的重要邻国，发展与蒙古在环境保护和土地利用等方面的合作非常重要。其中最需要联手合作的工作是防沙治沙。蒙古国乃至中亚沙漠地区是中国沙尘暴最主要的来源地。

20 世纪 90 年代以来，沙尘暴在蒙古发生的频率增加明显，平均每年发生 40～50 次沙尘暴。从客观上讲，沙尘暴的发生与全球气候变暖有关，尤其 2002 年以来，蒙古连续遭受干旱导致沙漠化程度日益加重。此外，蒙古的政策失误及人为因素也加速了蒙古草原的沙化。[1] 2002 年以来，中蒙两国政府就沙尘暴问题进行立项合作，共同抵御沙尘暴对两国土地的侵蚀。

②跨界水问题。中蒙边界跨界水体主要有哈拉哈河、克鲁伦河、贝尔湖和布尔根河。中蒙边界主要跨界水体哈拉哈河、贝尔湖和布尔根河水质均较好，污染程度较轻，水质多为Ⅱ类或Ⅲ类。其中哈拉哈河近年来被开发旅游业，因此主要污染将可能由旅游引起[2]，布尔根河是我国的自然保护区，而克鲁伦河属Ⅳ类，轻度污染；主要由于其附近的造纸厂和农牧引起。蒙古国内很重视水资源问题，其干涸的溪流、湖泊、湿地和泉眼的总数逐年增加。因此，界河水资源的共同利用和保护是中蒙两国需要面对的问题。

③矿业污染防治问题。矿业经济是蒙古国经济发展的重要推动力，占到全国 GDP 的 20%、整体工业生产值的 70%以及出口贸易值的 19%。据统计，长期以来，蒙古国有超过半数的矿业投资直接来自中国。[3] 部分企业不按照当地环保规定开展工作，并且也不注意保护当地矿区周围的植被，因此导致大面积的植被破坏，引起当地民众强烈反对，也受到蒙古国政府的制裁，为在蒙古进行矿产开发合作的其他企业带来较大困难。[4]

（2）应对机制

中蒙互为陆地边境线最长的邻国之一，合作关系稳步发展。2003 年，中蒙建立睦邻互信伙伴关系。2011 年，为进一步加强中蒙睦邻友好与互利合作，双方将中蒙睦邻互信伙伴关系提升为中蒙战略伙伴关系。中蒙两国解决环境摩擦的主要机制包括政府间对话机制以及部长级对话机制。

①政府首脑会晤机制。双方早在 1990 年 5 月就签署了《中华人民共和国政府和蒙古人民共和国政府关于保护自然环境的合作协定》，并于 1994 年签订了《中华人民共和国政府和蒙古国政府关于保护和利用边界水协定》。2005 年 11 月，两国政府发表联合声明，提出继续在环境保护、共同防治沙漠化和紧急救灾领域开展合作。2011 年 6 月，中国和蒙古国发表了《关于建立战略伙伴关系联合声明》，提出将在环境保护、应对全球气候变化、防治荒漠化和沙尘暴等方面加强信息交流与合作。

---

[1] http：//news.sina.com.cn/c/2002-04-18/0055549947.html.

[2] http：//bk.baidu.com/view/336840.html.

[3] http：//www.mlr.gov.cn/xwdt/jrxw/201311/t20131105_1288398.htm.

[4] 尼丽丽. 对外经济贸易大学[J]. 中国对蒙古国矿产业直接投资研究，2011.

2013 年 10 月，中蒙两国发布了《中国和蒙古国战略伙伴关系中长期发展纲要》，明确了环保与水利合作内容，指出：在应对气候变化等领域加强合作，维护共同利益；加强环境保护方面的交流与合作，促进中蒙在生态保护与生物多样性保护、沙尘暴和荒漠化监测与防治合作、污染防治、城市与农村环境管理、环境教育与公众意识、环境能力建设等方面的合作；加强和完善中蒙跨界环境合作以及边界水联委会机制建设，继续在合理利用和保护边界水领域保持密切沟通与合作；加强相关环境信息及资料的共享，加强专家、学者、代表团互访，共同举办由科学家、专家、管理人员和其他有关人员参加的研讨会、专题研讨会等；积极研究在戈壁熊等野生动植物保护领域开展合作。

②部长级对话机制。中蒙主要通过部长级的互访来开展双边对话和交流。2012 年还签署了《中华人民共和国环境保护部与蒙古国环境与绿色发展部环境保护合作谅解备忘录》，但尚未开展实质性合作。

基于上述机制，中蒙开展交流与合作。①在荒漠化与沙尘暴问题上，2002 年 12 月，中、日、韩、蒙四国与一些国际组织成立了联合治理沙尘暴的工作小组。2003 年，中、日、韩、朝、蒙 5 国举行了沙尘暴高级会议。2006 年，中国与日本、韩国和蒙古国已经制订了东北亚联合治理沙尘暴的总体规划。中国林科院承担了《联合国防治荒漠化公约》亚洲区域第一网络，荒漠化监测与评价综合网络的工作。中国还建立了《联合国防治荒漠化公约》国际培训中心，并与全球环境基金签订了干旱地区土地退化防治的伙伴关系协议[1]。②在跨界水问题上，1994 年基于《中华人民共和国政府和蒙古国政府关于保护和利用边界水协定》第十条，建立了中华人民共和国和蒙古国边界水联合委员会，负责处理执行协定中的有关事宜，并分别于 1998 年、2005 年、2007 年、2009 年和 2012 年召开了 5 次会议。目前就跨界水体开展的合作内容主要是水资源的开发利用、水量以及防洪等，在水体污染防治方面的合作较少，仅在中蒙两国于 1990 年签署的《中华人民共和国政府和蒙古人民共和国政府关于保护自然环境的合作协定》中有所规定，并在 1994 年签订的《中华人民共和国政府和蒙古国政府关于保护和利用边界水协定》中界定了两国的边界水系，并明确对保护和利用边界水的合作进行了划定、对保护边界水的生态系统、渔业开展及自然或人为事故等方面内容进行了详细的规定。由于协定的签订已奠定良好的基础，因此两国在未来的边界水摩擦问题解决上有法可依，但尚未建立相关机制和开展实质性合作。随着中蒙双方对跨界河流水污染防治的重视程度不断提高，双方在跨界河流水污染防治方面的合作会得到加强。③在矿业污染防治问题上，我国已经意识到了矿业引发的东道国环境问题，加强了矿区的环境保护工作。同时，原环境保护部已会同商务部门就中国企业海外绿色投资领域建立了工作机制，在制定海外投资环境保护指南、对相关企业进行培训和教育等方面开展了工作，为提高中国企业的环保意识，促进当地的环境保护工作做出贡献。我国之前的工作主要针对我国企业对非洲国家的投资，现在还应该进一步加强对周边国家投资企业的工作力度。

7.4.2.1.7 中印

（1）主要环境摩擦

中印环境问题首要的是气候变化问题，其次是跨界河流问题，以及潜在的生物多样性保护问题。

①气候变化等多边环境问题。印度与中国同为发展中大国，同是温室气体排放大国和气候变化的受害国，对此问题的行动和协调立场对其他国家以及谈判的整个进程意义重大。

[1] http：//www.jxgdw.com/jxgd/news/gnxw/userobject1ai647434.html.

②跨界河流问题。流经中印两国边境共有三条河流，分别是雅鲁藏布江—布拉马普特拉河、巴吉拉提河（恒河）和桑格藏布河[1]。由于污水处理设施落后，恒河已被列入世界污染最严重的河流之列。这些国际河流多发源于中国境内，干流多在印度境内，如何加强两国的合作，解决水利开发、洪水防治、污染控制等方面的协作，对两国提出了新的要求。

③生物多样性保护问题。印度生物多样性十分丰富，在 10 个生物地理区确认有 8.9 万以上的动物种类和 4.6 万以上的植物种类[2]。由于国际上对野生动物及其制品的需求不断扩大，非法野生物贸易严重威胁着印度生物多样性保护工作。作为印度民族象征之一的“老虎”，正面临数量减少甚至灭绝的威胁。有媒体指责，印度等南亚国家的老虎被偷猎后，经由尼泊尔全部流进了中国西藏以及其他地区[3]。此外，近期在印度各地发生多起中国公民因非法携带紫檀、檀香原木出境，被印机场海关查扣和处罚事件[4]。两国需要在保护濒危物种以及生物多样性保护方面开展更强有力的合作，以促进生物多样性的保护和生态系统的健康发展。

（2）应对机制

当前，中印关系保持健康稳定发展，两国推动面向和平与繁荣的战略合作伙伴关系向前发展。

①政府首脑会晤机制。1993 年，两国签署政府间《环境合作协定》，其中第三条规定了两国环保合作的优先领域，包括：全球环境问题，包括生物多样性保护，全球气候变化及臭氧层保护；废物管理；环境污染控制，重点在清洁技术、水质保护、大气质量保护、包装、固体废物回收利用、有害废物问题，以及应急响应；环境影响评价程序和经验；环境保护产品的质量控制和管理；公众环境意识和教育；野生生物保护，特别是防止濒危物种的贸易；环境保护立法和执法；双方同意的其他领域。但该协定有效期为 5 年，1998 年即已完成使命。

2005 年 4 月，两国宣布建立面向和平与繁荣的战略合作伙伴关系，标志中印关系进入新的发展阶段。2006 年 11 月，双方发表了中印联合声明[5]，其中第 17 条（跨境河流）和 18 条（一般环境问题）专门探讨了两国未来在环境领域的合作，从这两项条款可以看到，未来将在跨界河流和生物多样性保护问题上达成更多的共识，做出积极的努力。

2013 年 10 月，双方发表《中印战略合作伙伴关系未来发展愿景的联合声明》[6]。其中第 7 条提出加强跨境河流合作，第 10 条提出继续加强在中俄印、金砖国家、二十国集团等多边机制中的协调配合，共同应对气候变化等全球性问题。

②中印战略经济对话机制。2010 年 12 月，时任总理温家宝在访问印度期间与印总理辛格达成共识，同意建立中印战略经济对话机制，旨在加强宏观经济政策协调，促进交流互动，共同应对经济发展中出现的问题和挑战，加强经济合作。

中印战略经济第一次对话与第二次对话分别于 2011 年 9 月和 2012 年 11 月在北京和新德里成功举行。对话机制的建立，不仅促进了两国在全局性、宏观性、战略性问题上的沟通与协调，也推动了双方在诸多领域的务实合作。

2012 年 11 月 26 日，第二次中印战略经济对话将在印度新德里举行。双方就加强全面合作、促

---

[1] 何大明，汤奇成. 中国国际河流[M]. 北京：科学出版社，2000.

[2] http：//www.forestry.gov.cn/portal/main/s/234/content-19340.html.

[3] http：//world.huanqiu.com/roll/2010-03/746745.html.

[4] http：//www.yinduba.com/news/society/949.html.

[5] http：//www.gov.cn/gongbao/content/2007/content_487047.htm.

[6] http：//www.gov.cn/jrzg/2013-10/23/content_2513558.htm.

进双边宏观经济政策沟通与协调、深化和拓展双方在投资、基础设施、高技术、节能环保和能源等领域的务实合作展开对话与交流。我方提出中印应大力开展绿色低碳产业合作，更加注重可再生能源和节能环保产业等方面的务实合作，共同探索经济转型的有效路径。

2014 年 3 月 18 日，第三次中印战略经济对话在北京举行。国家发展和改革委员会主任徐绍史与印度计划委员会副主席阿鲁瓦利亚共同主持。双方一致同意继续改善投资和贸易环境，鼓励两国企业扩大相互投资，加强基础设施、节能环保、信息技术、能源和金融领域合作，并更多地向民生领域倾斜，以更好地促进两国经济可持续发展并造福两国人民。双方签署了关于可持续城镇化、信息通信技术等领域部门间合作备忘录以及开展城镇化和能源领域联合研究的行动计划。

③部门间合作机制。2009 年与 2010 年，印度环境和林业部两次访问我国环境保护部，建议双方签署部门间合作协议，建立中印环境机构与专家交流机制，加强人员互访和交流，推动双方的环保合作。具体合作领域包括：河湖污染治理、有毒有害废气物和化学品管理、电厂脱硫技术、大城市空气和水质量监测与管理、大企业污染控制。目前，我国环境保护部正在推动部门间谅解备忘录的签署。

基于上述机制，中印两国在解决环境摩擦方面取得积极进展。①气候变化等全球问题方面，通过高层对话机制、中印战略经济对话机制等进行沟通，加强中印两国在国际场合的立场协调。②跨界水资源合作方面，自 2007 年以来，双方已举行 6 轮跨境河流专家级交流机制会议。中方在向印方提供跨境河流汛期水文资料等方面做了大量工作，并协助处理跨境河流上出现的堰塞湖等紧急事件，为下游的防洪减灾发挥了重要作用。③生物多样性保护问题方面，主要通过《濒临绝种野生动植物国际贸易公约》（CITES）以及《生物多样性公约》等多边协定来解决。

7.4.2.2 区域环境摩擦及应对机制

近年来，我国加强和推动了与周边国家或相关地区的环境合作，积极参与区域合作机制建设。目前我参与的周边区域环境合作机制主要有中日韩三国环境部长会议、东盟—中日韩（10+3）和东盟—中国（10+1）环境合作、大湄公河次区域环境部长会议、上海合作组织环境部长会议等部长级会议合作机制，以及东亚酸沉降监测网、东北亚环境合作会议、东北亚次区域环境合作计划、亚太环发大会、西北太平洋行动计划、中日韩沙尘暴合作司长级会议等合作机制。

7.4.2.2.1 东北亚

（1）主要环境摩擦

东北亚地区主要环境摩擦首先是大气污染越境迁移问题，包括雾霾、沙尘暴以及酸雨，其次是电子废弃物越境转移问题。

（2）应对机制

东北亚地区环境合作机制很多，其中包括中日韩三国环境部长会议（TEMM）、东北亚环境合作会议（NEAC）、东北亚次区域环境合作计划（NEASPEC）等综合性环境合作机制，同时包括中日韩沙尘暴合作司长级会议、东亚酸沉降监测网（EANET）、西北太平洋行动计划等针对特定环境问题的环境合作机制。这些合作机制有的涉及中日韩三国，有的涉及东北亚地区五国或六国，还有的涉及除东北亚地区各国外的其他国家，如 EANET。

①中日韩三国环境部长会议。中日韩三国环境部长会议（TEMM）发起于 1999 年，是三国在一系列双边交往与多边交往的基础上产生的定期的部长级磋商和协调机制，每年召开一次会议，在三

国轮流举办。TEMM 下面还设立了工作组，由三国环境部门人员组成，定期召开会议，兼有 TEMM 秘书处和执行机构的职能。TEMM 目前是中日韩在环境保护方面最高级别的对话磋商机制，机制包含的内容也比较广泛。对于涉及三国的重大环境问题，TEMM 都能及时地开展对话和磋商，并推动相关活动开展。日韩将继续利用这一平台就其关心的环境问题推动相关磋商，如雾霾、沙尘暴、酸雨等问题。我国在这些环境问题的磋商中仍将比较被动，但可以在固体废物尤其是电子垃圾越境转移等我国受影响的领域主动提出主张，也可以在一定程度上利用日韩对相关环境问题的关心推动开展污染减排方面的政策和技术交流与合作，学习和借鉴日韩的经验，提高我国在环境政策和技术方面的能力，通过区域合作为国内环保工作服务。

②东北亚环境合作会议。东北亚环境合作会议（NEAC）始于 1992 年，是中国、日本、韩国、俄罗斯、蒙古五国政府环保部门间的政策对话机制，每年召开一次会议。其主要是以论坛的形式介绍和交流各国过去一年环境政策的进展情况，并就有关环保主题进行研讨，但会议本身不作出相关决定。目前，NEAC 是五国政府环境部门间的一个司长级定期对话渠道，会议也有专家、地方政府、非政府组织等参加。会议发起 20 多年来，5 个成员国就控制区域性沙尘暴、中俄蒙跨界自然保护区、酸沉降、西北太平洋污染、黄海保护与发展、循环经济等问题进行了多方对话与磋商。

③东北亚次区域环境合作计划。东北亚次区域环境合作机制（NEASPEC）是 1993 年联合国亚太经社会（UNESCAP）倡议设立的，由中国、朝鲜、日本、韩国、蒙古、俄罗斯六国参与的区域性环境合作机制。NEASPEC 每年召开一次高官会，作为其决策机构，主要围绕东北亚地区的环境与发展问题开展交流和合作。目前该机制尚无独立的秘书处，但在 UNESCAP 下设立了一个临时秘书处。我国外交部是参与该机制的牵头单位，环保总局和科技部等部门也参加会议。2012 年，NEASPEC 第 17 届高官会在我国举行，会议审议了东北亚环境合作机制目前正在积极推进的有关项目，包括跨境自然保护、生态效率伙伴关系、加强次区域海洋环境合作、跨境大气污染、沙尘暴防治等。

④西北太平洋行动计划。“西北太平洋海洋和沿岸地区环境保护、管理和开发的行动计划”（The Action Plan for the Protection，Management and Development of the Marine and Coastal Environment of the Northwest Pacific Region），简称为西北太平洋行动计划——NOWPAP，是联合国环境规划署区域海洋项目（UNEP Regional Seas Program）的一个组成部分。西北太平洋行动计划由四个成员国组成：中国、日本、韩国和俄罗斯组成，四国于 1994 年通过了该计划。西北太平洋行动计划的实施主要由成员国的捐款支持。政府间会议（IGM）是西北太平洋行动计划的高层议事机制，它提供政策指导和决策。政府间会议每年召开一次，由各国高级别代表参加。NOWPAP 第十八次政府会议于 2013 年在日本富山召开。会议还通过了有关海洋垃圾的活动计划和为纪念 NOWPAP 成立 20 周年而举行一次研讨会。然而，由于就其他重要的议题上会议未能达成一致，成员国将继续通过通讯协商取得一致。

⑤中日韩沙尘暴合作司长级会议。中日韩沙尘暴合作司长级会议是 TEMM 在沙尘暴问题上派生出来的一个对话机制。2007 年 3 月 12—13 日，首届中日韩沙尘暴合作司长级会议（TDGM）在韩国蔚山举行。联合国环境署、亚洲开发银行等国际组织代表也应邀出席了会议。会议围绕东北亚沙尘暴危害、监测以及治理等方面进行了讨论。会议形成的《中日韩沙尘暴合作司长级会议联合声明》表示，沙尘暴是东北亚最重要的环境问题之一，韩国、中国和日本同意积极合作来解决沙尘暴问题。此外，该声明表示，蒙古是沙尘暴主要发源地。

⑥东亚酸沉降监测网。东亚酸沉降监测网（EANET）1993 年由日本政府发起，目的是通过国际

间的合作监测解评估东亚地区酸沉降状况，以在不同层次做出决策，防止跨国界酸沉降污染危害。目前该网络参加国有中国、柬埔寨、印度尼西亚、日本、老挝、缅甸、马来西亚、蒙古、菲律宾、韩国、俄罗斯、泰国、越南东亚地区 13 个国家。EANET 经历了三个阶段，一是专家会议阶段（1993—1997 年）；二是准备阶段（1998—2000 年）；三是正常运转阶段（自 2001 年开始）。2000 年 10 月 IG2 做出一系列决定，其中包括：2001 年 1 月东亚酸沉降监测网正式开始工作；网络秘书处设在联合国亚太地区办公室（UNEP RRC.AP）；网络中心设在日本的酸沉降和氧化研究中心（ADORC）等。由于受酸沉降物理特性和气象等因素的影响，网络建设主要以中日韩三国为主。在网络现有的 47 个监测点中，中国有 9 个点、日本 10 个点、泰国 5 个点，其他国家为 1～4 个点。而作为网络的创始国和网络中心所在地，日本在其中影响作用明显。

⑦东北亚长距离跨境大气污染专家会议。除上述谈及的政府间环境合作渠道之外，东北亚国家的环保专家开辟了一条崭新的环保交流路径。东北亚长距离跨境大气污染专家会议是由隶属韩国环境部的韩国环境研究所发起设立和领导的，它的主旨是探讨中国、日本和韩国之间存在的跨境大气污染所带来的影响。而作为专家会议的预备步骤，韩国政府于 1995 年 9 月在汉城（现首尔）举行了第一次东北亚地区长距离跨境污染专题学术讨论会。在此次讨论会上，与会代表一致同意创设由中国、日本、韩国三国政府官员和专家构成的工作组并支持联合进行长距离跨境污染研究。此外，与会代表一致同意组建一个隶属韩国环境研究所的临时秘书处，以便更好地支持工作组的筹建和运行。

⑧图们江倡议合作机制。“大图们倡议”（GTI）（前身为图们江区域开发项目）是东北亚地区的一个政府间合作机制，由联合国开发计划署发起和支持，包括四个成员国：中国、韩国、蒙古和俄罗斯。1995 年，“大图们倡议”成员国政府正式签署了建立政府间合作机制的协定。该机制旨在加强经济和技术合作，促进经济增长，实现东北亚地区，尤其是大图们江区域的可持续发展。自成立以来，“大图们倡议”即成为东北亚地区唯一的政府间经济合作平台，促进了该地区的和平、稳定和可持续发展。2009 年，中国政府批准实施《中国图们江区域合作开发规划纲要——以长吉图为开发开放先导区》，图们江区域由封闭走向合作开放取得了突破性进展。2013 年，图们江次区域环境合作研讨会在京召开，会议认为，随着亚洲在全球经济地位的崛起、俄罗斯远东经济战略的实施、蒙古经济的发展和朝鲜经济的恢复，图们江次区域将承受越来越大的环境压力，应对此区域的环境问题给予高度重视。

7.4.2.2.2 东南亚

（1）主要环境摩擦

我国与东南亚地区主要环境摩擦首先是水资源利用问题，其次是生物多样性保护问题，此外还有气候变化问题。

（2）应对机制

①东盟—中日韩环境部长会议。作为东盟—中日韩领导人会议机制下的一个重要组成内容，截至 2007 年 9 月，（10+3）环境部长会议已举行了六届会议。目前，（10+3）环境部长合作机制更多还局限在政策对话领域，欠缺实质性项目合作，即面临“务虚对话较多、切实项目较少”的局面。中日韩三国均有共识，希望利用中日韩环境部长会议机制下的合作项目，扩大与东盟的环境合作。但出于政治与经济目的，日韩两国更希望充分利用日本—东盟、韩国—东盟环境合作方式进行项目投入。

如同东盟—中日韩其他领域合作一样，中日韩三国在与东盟开展环境合作的过程中，都抱着“不扛旗、不冒头”的大原则，承认东盟在其中的主导地位。为此，这种对话合作仍以东盟的环境与发展需求为核心，中日韩三国进行协作和提供项目支持。

②中国—东盟环境合作。2007 年第 11 次中国—东盟领导人会议上，温家宝总理提出：“我们愿同东盟探讨制定中国—东盟环境保护合作战略，建立中国—东盟环境保护合作中心，建议适时建立中国—东盟环境部长会议机制。”这一年，环境保护列为中国—东盟领导人会议机制下第 11 个重点合作领域。2009 年环境保护部与东盟国家联合编制完成了《中国—东盟环境保护合作战略（2009—2015 年）》；2010 年，环境保护部正式成立了中国—东盟环境保护和合作中心，成为推动区域环境合作的重要窗口。2010 年 10 月 28—30 日，在越南河内召开了第 13 次中国与东盟领导人会议、第 13 次东盟与中日韩领导人会议及第五届东亚峰会等系列会议，会议通过的《落实中国—东盟面向和平与繁荣的战略伙伴关系联合宣言的行动计划（2011—2015 年）》也表示积极支持中国—东盟环保合作中心，推动务实区域环境合作。目前，中国—东盟环境合作主要以“中国—东盟绿色使者计划”为平台，促进区域国家政府官员、学者、社会公众、企业等多层面在环境意识和教育领域的合作。

③大湄公河次区域经济合作机制。亚洲开发银行（以下简称“亚行”）于 1992 年发起了大湄公河次区域经济合作机制（Great Mekong Subregion Cooperation，GMS），主要成员国包括柬埔寨、中国（主要由云南省和广西壮族自治区为代表参与。其中，云南省 1992 年参加该机制；广西壮族自治区 2004 年被吸收进来）、老挝、缅甸、泰国、越南六国。该合作机制由于起步较早，并取得实质性进展，已成为该地区合作中最具影响力和成功的机制之一。经过发展，目前 GMS 主要在能源、交通、环境、农业、电信、贸易便利化、投资、旅游、人力资源开发 9 个重点领域开展了合作。

环境合作是 GMS 合作的重要组成部分，中国高度重视同 GMS 国家开展环境合作与交流。一是积极参与推动第一期核心环境项目——“生物多样性走廊计划（CEP－BCI）（2006—2011 年）”。该项目主要是通过选定试点区域建立生物多样性保护“走廊”，恢复和维持现有国家公园和野生生物保护区之间的联系。中国积极推动该项目与合作机制化建设，并将云南省西双版纳和香格里拉德钦地区、广西靖西列为项目执行的重点区域。2011 年 4 月，中国在云南成功举办了“大湄公河次区域核心环境项目——生物多样性保护走廊计划一期中方成果推介会”，扩大了中国参与 GMS 环境合作和生物多样性保护走廊建设的积极影响。二是积极参与 CEP－BCI 二期框架文件和行动计划（2012—2016 年）的研究制定。在 GMS 各国与亚行的共同努力下，各方对 CEP－BCI 二期框架文件和行动计划（2012—2016 年）基本达成一致。[1]

7.4.2.2.3 中亚

（1）主要环境摩擦

水资源利用与保护问题是我国与中亚地区不可回避的环境摩擦。

（2）应对机制

①上海合作组织。2001 年 6 月，上海合作组织在上海正式成立，由中国、俄罗斯、哈萨克斯坦、吉尔吉斯斯坦、塔吉克斯坦和乌兹别克斯坦 6 个成员国组成。上海合作组织每年举行一次元首会晤，定期举行政府首脑会议，轮流在各成员国举行。针对环境合作，在 2003 年举行的第二届六国总理北京会晤中，各成员国已就加强在自然资源开发和环境保护领域的合作达成了基本共识。中国主张上海合作组织框架内的环保合作应在平等互利的基础上，采取多样化方式加以推进。2004 年，上海合作组织塔什干峰会通过了《塔什干宣言》，宣言中包括了“将环境保护及合理、有效利用水资源问题

[1]中华人民共和国国家发展和改革委员会、外交部、财政部、科学技术部，中国参与大湄公河次区域经济合作国家报告，2011 年。

提上本组织框架内的合作议程”等有关内容。2005 年，六国环境部门决定于适当的时候召开首届环境部长会议，促进相互间的理解与对话。正是在高层积极推动的背景下，上合组织六国于 2005 年启动了环境合作工作层面的交流活动。

②中亚区域环境合作。亚洲开发银行在该地区于 1997 年建立了“中亚区域经济合作”机制，参加该机制的国家主要有哈萨克斯坦、乌兹别克斯坦、塔吉克斯坦、吉尔吉斯斯坦、中国（以“新疆维吾尔自治区”为主参与)、阿塞拜疆、蒙古、阿富汗 8 国。由于机制建立时间相对较短，目前合作内容主要涉及交通、能源、贸易政策、贸易便利化（海关合作）四个方面。2006 年 10 月，在中国乌鲁木齐召开的第五次部长级会议上，环境连同农业、旅游和人力资源等领域一起列入今后中亚区域经济合作机制的重点项目支持工作中，并在部长级会议上通过的《中亚区域经济合作综合行动计划》中予以体现。而根据亚洲开发银行的环境区域合作文件，环境合作将主要突出“把环境和社会因素纳入经济发展规划；制度上加强管理和信息共享；共享环境资源的管理合作”等三大内涵。这将是中亚区域环境合作迈出的重要一步。

7.4.3 小结

（1）我国周边区域局势总体保持稳定，我国广泛开展同周边国家和地区的务实合作，取得重要进展。我国与周边国家保持较快发展，成为世界经济增长的重要引擎。我国已经超越日本成为世界第二大经济体，成为众多亚洲国家的最大贸易伙伴、最大出口市场和重要投资来源地，我国经济发展已惠及周边百姓。

（2）我国及周边国家和地区经济的快速增长，消耗大量的能源资源，面临着可持续发展的巨大挑战，我国对周边国家及地区环境压力不断增大。我国亟待解决的主要问题是跨界水体污染和水资源利用、跨界大气污染（雾霾、沙尘暴和酸雨)，长期需要逐步应对区域环境威胁（危险废物越境转移、核安全）和全球性环境问题（物种迁移和生态保护)。

（3）中俄、中日、中韩、东北亚环境合作机制较为完善，中朝、中越、中蒙、中印、东南亚以及中亚环境合作机制有待强化。针对雾霾、沙尘暴和酸雨的长距离传输、危险废物越境转移和汞污染等跨界污染问题，可将其纳入已有机制加强对话和交流，加大合作力度，在信息交流、联合监测、应急体系建立等方面开展务实合作。有必要时，可考虑设计多边机制解决跨界环境问题。

参考文献

[1] 国家环保总局政策研究中心国际所. 国家环境宏观战略研究，2007.

[2] Yoko Nagase，Emilson C.D. Silva. Acid rain in China and Japan：A game-theoretic analysis[J]. Regional Science and Urban Economics. 2007，37：100-120.

[3] Ichikawa，Y.，Fujita，S.. An analysis of wet deposition of sulfate using a trajectory model for east Asia[J]. Water，Air and Soil Pollution，1995，85：1927-1932.

[4] 杨青，何清. 日本在沙尘暴方面的研究进展[J]. 新疆气象，2002，25（3）.

[5] 李玫，王丙辉. 中日韩关于海洋垃圾处理的国际纠纷问题研究[J]. 社会科学，2012，6.

[6] 尼丽丽. 中国对蒙古国矿产业直接投资研究[J]. 2011.

7.5 “十三五”期间需要关注的重大环境问题

7.5.1 主要结论与基本判断

通过研究与分析国际社会经济发展形势与环境保护动态，可以对“十三五”时期乃至更长一段时间内国际政治、经济与环境基本态势与做出结论与研判。

7.5.1.1 国际政治经济形势

结论 1：世界政治形势总体趋稳。世界政治形势将总体稳定，爆发大规模战争的可能性较小，但传统和新兴国家博弈，资源环境约束加强将对政治局势造成许多不确定因素。全球经济一体化和政治力量扩散化同步发展，共同推进形成两强引导，多元共存的多极格局。

结论 2：世界经济在中长期内将保持低速增长和稳步复苏。2014—2020 年，全球经济仍将在低位运行，发达国家趋于经济正常化、政策正常化。2020—2030 年，全球经济相对稳定和低速增长，但还将继续受到国际金融危机的影响，新兴市场与发展中国家的经济增速将仍高于发达国家，但二者之间增速差距将逐渐缩小。中国在此期间有可能超过美国成为世界第一大经济体。

结论 3：社会发展多因素影响经济发展。2030 年前，世界人口规模将继续扩大并发生老龄化等结构性变化，城镇化速度加快，中产阶层扩大，诸多因素都将对全球资源和环境供给、经济可持续发展及政治稳定产生一定影响。

结论 4：经济和社会发展的资源环境约束凸显，绿色发展成为潮流。由于全球范围内的环境恶化和资源危机，世界经济可持续发展面临很大挑战，探索超越传统 GDP 指标的绿色发展模式成为未来的大趋势，增长质量和可持续竞争力将成为一国在世界经济中的地位的决定因素。我国未来环境和资源压力形势将更加严峻，绿色发展转型任务艰巨。

结论 5：中国经济发展阶段对比定位。据预测，2020 年中国人均收入将相当于韩国 2000 年、日本 20 世纪 80 年代初、西欧 20 世纪 80 年代中和美国 20 世纪 60 年代中期的水平；2030 年将接近韩国、日本、西欧 2010 年水平和美国 1989 年水平。综合考虑人均 GDP、单位面积人口密度、环境资源压强等因素，韩国、日本及欧盟的低碳发展模式及相关政策有望为我国提供更多有益的借鉴。

7.5.1.2 国际形势变化及其对我国发展与环境的影响

结论 6：典型行业增长凸显环境压力。全球钢铁水泥行业实现复苏，重归增长轨道。重化工产业的能源需求增大，造成全球环境压力凸显。我国钢铁水泥产量目前均位居世界第一位，据预测将在“十三五”期间出现拐点，重化工行业增长放缓，但环境压力仍将持续。

结论 7：能源需求影响全球环境。全球能源需求仍在大幅增长，能源结构变化缓慢。我国煤炭消费量将在 2020 年前后出现增长停滞，将改变全球煤炭消费量的增长趋势。低碳化和清洁化成为大趋势，非化石能源作用日益重要，其中，页岩气革命将引发世界能源格局的转变，继而影响到全球环境问题的解决机制。此外，由于能源需求的持续增长，资源约束还将不断加剧，影响全球环境安全格局。

结论 8：国际贸易中的环境因素进一步彰显。传统发达市场萎缩，新兴经济体作用显著提升。

能源贸易格局发生重大变革，我国已成为石油世界第一大石油净进口国，能源安全压力加大。可再生能源贸易争端此起彼伏，我国光伏发电在多国遭遇壁垒。我国贸易快速增长的资源环境代价过大，在赢得贸易顺差的同时，也承担着“环境逆差”。国际贸易协定严格环境条款，成为我国贸易发展制约因素。

结论 9：产业转移对环境的影响不容忽视。全球保持大规模产业转移趋势，新兴国家（地区）跻身主要力量。我国加快“走出去”步伐，随着我国对外投资的迅速增长，引发了对境外投资地的资源环境的保护问题，面临当地环境社会挑战。

7.5.1.3 国际环境保护动态

结论 10：环境利益成为国家核心利益的重要组成部分。环境问题已超越了传统范畴，与国家政治、经济和安全等领域不断相互渗透，一体化和复杂化程度日益增强，逐步演化成为承载政治、经济、外交、文化等诸多因素的复合体，环境利益也成为国家核心利益的重要组成部分。

结论 11：全球环境保护全景图。从环境现状及未来趋势上看，欧美发达国家主要环境污染指标都基本得到了有效控制，国内环境问题相对缓和，但环境质量管控标准仍将进一步趋严；气候变化等全球和区域环境问题依然是其关注重点，且随着经济活力的恢复，其国内低碳、绿色发展步伐也会加快，继续争取国际引领作用。亚太、非洲和拉丁美洲地区的环境形势相对不容乐观，且依旧长期面临压力不断加大，能力相对不足，外部援助不够等问题。中国引领的生态文明建设模式有望为发展中国家乃至发达国家可持续发展提供重要借鉴。

结论 12：借鉴发达国家污染治理和环境管理经验。包括系统性的环境战略与计划，市场经济手段的运用、环境信息的检测、各国的协调合作、人与环境的协调发展等。

结论 13：全球主要环境问题发展态势。2008 年至今，尽管国际社会为解决环境问题付出了很大努力，全球环境问题少数有所缓解，但总体仍在恶化。气候变化、土地退化、水资源危机、生物多样性锐减、化学品污染等传统环境问题并未得到有效解决，颗粒物、重金属等新的环境问题又接踵而至。

结论 14：全球环境治理趋势。近年来，全球环境治理进程不断加速，环境机制与其他许多机制一起，成为一些双边与区域国际合作的重要内容。多边环境立法不断加快，某些解决全球环境问题的机制正在形成，多边协定仍是解决全球和区域环境问题的最主要手段，全球环境治理趋于机制化、刚性化、协同化。国际社会共缔结了 51 项国际或区域性环境公约或议定书，在 WTO 等机制下，环境保护也已成为其规则的重要组成部分。近年国际社会出现了强化全球环境治理机制的新进程，刚性约束凸显。同时，强调协同性、促进多边环境协议间的“协同增效”是全球环境治理进程中的又一重要特点。

结论 15：我国环境治理历程定位。从发达国家和地区的环境治理历程和我国所面临的形势对比分析来看，我国在“十三五”乃至 2030 年前，环境管理发展趋势将可能发展以下转变，包括从末端治理和应急管理向源头预防和战略规划转变，从直接行政手段管制向更多市场经济和法律手段管理转变，从少数重点污染物管控向众多污染物系统协同管控，从各部门各自为政的管控向大部制协同管控转变，从总量控制向质量控制转变，从粗放控制向精细化管理转变，从政府主导向更多公民参与转变。同时，我国面临的国内外形势已与工业化时代的发达国家面临的形势大不相同，发达国家一两百年间逐步出现的环境问题在我国集中显现，需要综合谋划，系统解决；气候变化等全球环境问题日益突出，不容我们先解决国内问题，再解决国际问题，而必须统筹兼顾，协同推进。

7.5.1.4 我国与周边国家环境问题

结论 16：我国周边区域总体局势趋稳。我国周边区域局势总体保持稳定，我国广泛开展同周边国家和地区的务实合作，取得重要进展。我国与周边国家保持较快发展，成为世界经济增长的重要引擎。我国已经超越日本成为世界第二大经济体，成为众多亚洲国家的最大贸易伙伴、最大出口市场和重要投资来源地，我国经济发展已惠及周边百姓。

结论 17：我国与周边国家的环境摩擦隐患始终存在。我国及周边国家和地区经济的快速增长，消耗大量的能源资源，面临着可持续发展的巨大挑战，我国对周边国家及地区环境压力不断增大。我国亟待解决的主要问题是跨界水体污染和水资源利用、跨界大气污染（雾霾、沙尘暴和酸雨），长期需要逐步应对区域环境威胁（危险废物越境转移、核安全）和全球性环境问题（物种迁移和生态保护）。

结论 18：我国与周边区域的主要环境合作机制。中俄、中日、中韩、东北亚环境合作机制较为完善，中朝、中越、中蒙、中印、东南亚以及中亚环境合作机制有待强化。针对雾霾、沙尘暴和酸雨的长距离传输、危险废物越境转移和汞污染等跨界污染问题，可将其纳入已有机制加强对话和交流，加大合作力度，在信息交流、联合监测、应急体系建立等方面开展务实合作。有必要时，可考虑设计多边机制解决跨界环境问题。

7.5.2 我国中长期适应国际形势变化需关注的重大环境问题识别

我国目前正在全面落实经济建设、政治建设、文化建设、社会建设、生态文明建设“五位一体”总体布局，建设“美丽中国”，2020 年将实现全面建成小康社会伟大目标。“十三五”时期到 21 世纪中叶是决定全球和区域环境问题走向的一个关键时期，也是我国解决国内环境问题的一个关键时期。“以外促内、以内带外”，将会产生协同增效的双赢局面。国际环境问题的热点与国内环保工作重点之间有同有异。应对某些全球环境问题、特别是减缓和解决我国面临的跨界水体污染、酸雨、沙尘暴等区域环境问题的根本出路在于做好国内的相关环境保护工作。综合考虑国际政治经济与环境发展态势，“十三五”时期乃至 2030 年前需要着重关注的重大环境问题包括以下几个方面。

7.5.2.1 大气、水、土壤等主要污染物防治

从发达国家的环境治理历程以及我国当前和今后一段时期面临的环境保护形势出发，在“十三五”时期乃至 2030 年前，大气、水、土壤等主要局地污染防治，尤其是重点流域和区域水污染防治、重点行业和重点区域大气污染治理、土壤污染和农村环境保护等，仍是我国亟须解决的最重大环境问题和重要民生问题。

7.5.2.2 全球环境治理新趋势导致的国内环境管理体制变化

今后一段时期，全球环境治理出现的多公约协同增效趋势，以及我国积极参与推动全球环境治理的客观要求，都要求我国改进目前部门分割，各自为政，缺乏协调、甚至冲突现象较为严重的环境管理现状，破除现行环境保护管理体制的弊端，加大生态环保职能和相关资源的整合力度，建立职能有机统一、运行协调高效的环境管理体制。包括严格的污染防治监管体制、严格的生态保护监

管体制、严格的核与辐射安全监管体制、严格的环境影响评价体制、严格的环境执法体制、严格的环境监测预警体制。

7.5.2.3　防范全球环境风险

环境安全是国家安全的重要组成部分，解决环境问题是保障国家安全、维护社会稳定、树立负责任大国形象的必然要求。认识到全球环境状况对中国实现小康社会的能力所起的作用也是非常重要的。气候变化、外来入侵物种的影响、某些疾病、有毒废弃物进口等中国国内风险的应对工作部分地取决于国际合作、强化薄弱的国际环境与可持续发展框架以及通过国际网络进一步进行监督、获取科学信息等。

7.5.2.4　多因素叠加导致我国环境责任与义务凸显

2030 年前，多因素叠加与共同作用，使我国的环境责任与义务凸显。一是我国作为第二大经济体和综合国力显著增强的国家，很有可能在 2030 年前成为全球最大经济体，人均 GDP 达到中等发达国家水平，面临从受援国向援助国的转变，发展阶段和水平都要求承担更多环境责任；二是我国负责任大国的定位以及国际社会对我国承担更多环境责任的期望和呼声也凸显了我国环境压力；三是绿色发展成为潮流与大趋势，中国作为生态文明理论的提出与践行者，本身也要求承担更多环境责任。

7.5.2.5　国内环境保护与国际环境问题从“偏重”走向“并重”

2030 年前，伴随我国经济发展带来的内生环境压力与人民群众对生态文明与美丽中国的美好期盼，国内环境保护形势将依然严峻。同时，伴随国际遵约机制的日趋强化，以及我国承担更多国际环境责任义务，国际环境问题也将成为重点和焦点。2030 年前，我国将由主要“偏重”于解决国内环境保护问题，向国内环境保护与解决全球环境问题“并重”。

7.5.2.6　新技术导致的环境保护问题

今后一段时期，应重点关注新技术可能导致的环境新问题。例如，技术突破对环境保护带来深远影响。页岩气开发利用技术、可燃冰技术、“3D”打印技术、生物技术和纳米技术等，这些都将对世界经济和能源供给格局产生较大影响，如何准确评价这些技术和产品的健康、安全和环境影响，分析把握其开发环境影响及其对能源和消费结构改善的作用，是需要关注的问题之一。

7.5.2.7　与全球贸易相关的环境问题

随着全球贸易的迅猛发展，由其产生的环境问题也越来越突出。贸易可能产生规模效应与结构效应导致环境变化。由于全球贸易，资源环境密集产品可以从一个国家流向另一个国家，从而改变出口国的生产总量与结构，导致出口国资源环境负担的加重。今后一段时期，与全球贸易相关的环境问题继续值得关注，如中国出口的纺织品、钢铁制品而导致的纺织印染废水、大气污染排放的增加。贸易还可能产生产品效应导致环境变化，某些具有明显或者潜在污染特征的产品可能从一个国家流入另一个国家。中国进口的废旧电子产品，对中国的土壤、地下水、人体健康带来了长远而深刻的影响。

7.5.2.8 周边环境问题

按照我国“与邻为善，以邻为伴”“睦邻、安邻、富邻”“突出亲、诚、惠、容”的周边外交方针和理念，我国必须高度重视周边环境问题，近期亟待解决包括跨界水体污染和水资源利用、跨界大气污染（雾霾、沙尘暴和酸雨）问题，长期需要逐步应对区域环境威胁（危险废物越境转移、核安全）和全球性环境问题（物种迁移和生态保护）。

7.5.2.9 应对气候变化

气候变化问题是典型的全球尺度的环境问题，但与一般环境问题相比，它又与能源利用、农业生产等经济发展模式息息相关，超出了一般意义上的环境或气候问题，其实质是争夺未来各国在能源发展和经济竞争中的优势地位，事关国家的重大经济利益和发展空间。作为世界上最大的发展中国家，同时也是温室气体排放大国，今后一段时期中国能否妥善应对气候变化及其国际制度，成为我国经济社会发展过程中的重大战略课题。

7.5.2.10 公众参与环境保护

发达国家的环境保护历史进程表明，公众参与环境保护是推进环境保护的重要手段。政府、媒体等通过各种渠道，发布环境信息，使公众了解自己生存的环境状况，提高了环境意识，更多地参与环境保护、环境管理的活动。目前我国公众环保意识显著提高，对环境质量改善提出了新的要求，并将在今后一段时期继续保持这种态势。如何借鉴国际经验，化“堵”为“疏”，提高公众参与环境保护的广度和深度，也是今后一段时期必须关注的重要问题。

7.5.3 应对策略

7.5.3.1 总体原则

统筹国际国内两个大局，以我为主，抓住国家发展新的战略机遇期，服务国家政治外交大局，发挥环境保护在生态文明建设中主阵地作用，坚持“共同但有区别的责任原则”、公平原则、各自能力原则，为推动环境保护历史性转变、探索环保新路提供支撑，为建设生态文明、建设美丽中国、实现“两个百年”目标、实施“走出去”战略、维护全球生态安全发挥积极作用。

7.5.3.2 应对路径与对策

中期路径（2020 年前）：

（1）主要污染物排放总量得到有效控制，生态环境质量明显改善。

（2）做好国内环境保护的同时更加重视解决国际环境问题。

（3）职能有机统一、运行协调高效的环境管理体制初步建立。

（4）科学技术及基础研究对环境保护的支撑作用初步体现。

（5）重点解跨界水体污染和水资源利用、跨界大气污染（雾霾、沙尘暴和酸雨）等周边环境问题。

（6）国际贸易增长模式得到较大优化。

（7）公众参与环境保护程度明显提高。

长期路径（2030 年前）：

（1）主要污染物排放总量得到全面控制，生态环境质量显著改善。

（2）国内环境保护与解决国际环境问题并重。

（3）职能有机统一、运行协调高效的环境管理体制基本建立。

（4）科学技术及基础研究对环境保护的支撑作用明显增强。

（5）重点解决应对区域环境威胁（危险废物越境转移、核安全）和全球性环境问题（物种迁移和生态保护）等周边环境问题。

（6）国际贸易增长模式显著优化。

（7）公众参与环境保护程度显著提高。

对策 1：建立应对全球环境问题的国内配套法规和政策体系。

完善与国际公约履约相对应的相应法律和法规，制定配套的标准、政策和技术规范体系。提升国际环境公约履约协调机制，建立履约实施机构，加强履约协同增效。

对策 2：加快推动重要大国和区域的环境合作战略。

加强我国在与中俄、中美、中日、大湄公河次区域、中欧、中非、中亚、上合、东盟（10+3）等重要大国和重要区域的环境合作中的主动性推动、整体性部署和中长期谋划。

对策 3：加强跨界污染问题的环境合作。

加强对跨界水体污染和水资源利用、危险废物越境转移、沙尘暴和酸雨的长距离传输、物种迁移和生态保护等跨界污染问题涉及各部门的组织协调。建立健全或强化中哈、大湄公河次区域、中蒙、中朝及中印环境合作机制，加大合作力度。对危险废物越境转移、沙尘暴和酸雨的长距离传输、亚洲棕色云和汞污染等跨界污染问题，开展专项战略研究。

对策 4：将环境保护纳入我国对外援助计划。

从树立积极的国家形象和开拓环保产业市场两种需要来看，以对外援助为平台，实施环境保护“走出去”战略，将环境保护内容纳入对外援助计划之中，重点对东南亚、非洲地区开展环境培训、污染治理技术开发和环境基础设施建设的环境外援工作。

对策 5：转变贸易增长模式，调整贸易与资源环境的关系。

充分利用我国的贸易顺差，进口高能源资源含量的产品和技术，减少相关产品出口。寻找并扩大高能耗产品的替代品。将贸易增长从主要依赖价格竞争、数量扩张的模式转向主要依靠质量、高附加值和优化结构的模式。扩大服务出口，提升国际竞争力。

对策 6：加强应对国际环境问题能力建设。

建立一支专门从事国际环境战略和政策研究队伍，加强对全球与区域环境问题的基本机理、现状、影响情况和发展趋势的专题研究，在国家环境保护规划制定过程充分考虑相关方面因素，制定对外和对内战略与对策，加大资金投入和支持力度。

本报告执笔：

外经办：程天金、杜譞、李宏涛、温源远；

环境规划院：李新、贾杰林

8　公众关注的重点热点环境问题

8.1　调查方法与实施说明

8.1.1　问卷调查方法

公众关注的环境重点、热点问题问卷调查是调查的主体部分，旨在了解公众在接受调查时的总体感受。为尽量避免偏差，问卷调查通过线上线下实施，共获得 4 159 份有效问卷，具体分布为：2013 年 12 月—2014 年 1 月，在新浪网公益频道实施调查，网站公告和研究团队发起的“滚雪球”为主要推广方法，获得 3 130 份问卷；2014 年 1—2 月，在问卷网支持下实施手机微信平台问卷调查，采用“滚雪球”方法推广，获得 509 份问卷；2014 年 1—2 月，对北京在校大学生进行线下问卷调查，获得 200 份有效问卷，并借助研究团队成员春节返乡机会对分布在 7 个城市（按回收数量排序分别为长春、青岛、镇江、南通、郑州、北京、南京）的 334 个家庭中的第二年长的女性为主要对象进行线下调查，获得 334 份问卷，剔除无效问卷 14 份，有效问卷为 320 份。

在问卷调查所获样本中，至少有来自 21 个省（直辖市）的受众接受了调查。

8.1.2　中外媒体样本选择

为了获得关于中国环境问题在一个较长时期内实时记录的信息，本研究同时开展了“中外媒体关注的环境重点、热点问题调查”和微博网络大 V 关注的环境重点、热点问题调查，均采用内容分析方法。分析样本为：2011 年 1 月 1 日—2013 年 10 月 31 日，《纽约时报》《金融时报》《纽约时报》中文网、《金融时报》中文网、《人民日报》和《文汇报》4 家媒体共 6 个传播平台关于中国环境问题的报道 1 789 篇。

8.1.3　微博大 V 样本

根据新浪微博风云榜中的影响力榜[1]，选取前 100 个粉丝数在 100 万以上的微博认证用户，输入 30 个环境关键词，获得环境相关微博 12 496 条，并从中选择排名前两位的大 V 以及 8 个环保大 V，输入排名前 10 位的环境关键词，获得 10 大环保大 V 的 10 大环境问题相关微博 2 411 条，进行议题和内容分析。

因调查统计时间为 2013 年 11 月，因此调查时间范围为 2011 年 1 月 1 日（“十二五”规划起始时间）至 2013 年 10 月 31 日。

[1] 热词榜说明：http：//data.weibo.com/top/help#tag5。

8.2　公众对环境问题现状的认知

根据问卷调查结果及对媒体、网络大 V 的统计数据，我国公众对当前环境问题的认识及态度主要有以下特征：

8.2.1　空气污染、水污染和土壤污染，是中国公众认为最严重和最迫切需要解决的三大环境问题；$PM_{2.5}$最受关注

问卷调查、中国媒体环境报道分析、微博大 V 环境议题分析均显示，空气污染、水污染、土壤污染是目前最受关注的环境问题。

问卷调查结果显示，公众认为最严重的三大环境问题分别是空气污染（雾霾、$PM_{2.5}$）（占 31%）、淡水污染（江河湖泊）（占 25%）、土壤污染（重金属）（占 14%）。排名第四位、第五位的环境问题是固体废物污染（垃圾围城）（占 13%）、地下水污染（11%）。五大环境问题都受到高度关注，其中，空气污染、水污染是公众最容易感知、也被视为最严重的两大问题，而空气污染是最突出的环境问题。

中国媒体环境报道分析显示，在 2011 年 1 月 1 日（“十二五”规划起始时间）至 2013 年 10 月 31 日，《人民日报》和《文汇报》两家中国媒体环境报道中，出现频率排名前 10 位的环境热词及相应报道篇数分别是：①环境污染（807 篇）；②$PM_{2.5}$（501 篇）；③大气污染（379 篇）；④水污染（356 篇）；⑤雾霾（354 篇）；⑥重金属（232 篇）；⑦尾气（208 篇）；⑧粉尘（157 篇）；⑨沙尘暴（132 篇）；⑩二氧化硫（106 篇）。两家中国媒体的 10 大环境热词的相关报道数量都超过 100 篇，其中，7 个热词直接与空气污染有关，相关报道也最多。水污染是第二类受中国媒体关注最多的污染，而与土壤污染直接相关的重金属污染是第三类受中国媒体关注最多的污染。

用相同的环境热词搜索 100 个微博大 V 在 2011 年 1 月 1 日—2013 年 10 月 31 日的环境微博得到基本相同的结果：含“$PM_{2.5}$”的微博最多，排第一，有 2 647 条，占环境微博样本比例为 21.183%；雾霾排第二，有 2 275 条，占环境微博样本比例为 18.206%；含“重金属”的微博条数排第三，有 1 065 条，占环境微博样本比例为 8.523%，而含“云南铬污染”微博排第四，有 638 条，占环境微博样本比例为 5.106%；“地下水”排第六位，有 600 条，占环境微博样本比例为 4.802%。值得一提的是“核辐射”，排名第五位，有 631 条，占环境微博样本比例为 5.050%，这可能与 2011 年日本“3·11”大地震导致的核辐射及相关议题有关。总体来看，微博大 V 的关注热点往往与热点新闻事件有关。排名前 10 的微博大 V 有 8 个为媒体用户，这说明微博大 V 的议题很大程度也是媒体议题，或者说媒体在微博上的议程设置仍然具有最强影响力。

用 10 个环境热词搜索 10 个环保大 V 在 2011 年 1 月 1 日—2013 年 10 月 31 日的环境微博也得到基本相同的结果：“$PM_{2.5}$”高居第一，占样本总数 42.06%，而“$PM_{2.5}$、雾霾、大气污染”三个关键词所得微博数占全部样本微博的 65.45%；“水污染”“地下水”分别排第三位、第五位，两项相加占 19.77%；重金属排第六位，微博数占 6.35%。

在新浪微博的样本用户中，无论是 100 个微博大 V 还是 10 个环保大 V，关于空气污染的微博数量占样本微博比例最高，分别为 43.23%、65.45%；30 个环境问题热词中，有关空气问题的关键词多达 14 个，占总数的 46.67%；粉丝对空气污染类微博的转发与评论数量，也远高于其他类关键词。

最严重的环境问题也是公众认为在未来 5 年内应该优先解决的环境问题，并且两者的排序完全

一致。接受问卷调查的公众认为，最应该优先解决的三大环境问题是空气污染（雾霾）（32%）、淡水污染（江河湖泊）（26%）、土壤污染（重金属）（14%）。固体废物污染（垃圾围城）（12%）、地下水污染（11%）分别排第四、第五。

8.2.2 外国媒体对中国环境问题日益关注，而空气污染为关注重点

2011 年 1 月 1 日—2013 年 10 月 31 日，《纽约时报》《金融时报》两家外国媒体的主报英文报道和两家报纸的中文网最关注的 10 个中国环境热词及相关报道篇数为：①大气污染（275 篇）；②环境污染（202 篇）；③雾霾（192 篇）；④水污染（126 篇）；⑤全球变暖（95 篇）；⑥$PM_{2.5}$（69 篇）；⑦重金属（69 篇）；⑧二氧化硫（23 篇）；⑨地下水（21 篇）；⑩温室效应（13 篇）。可见，大气污染同样是最受外国媒体关注的环境问题。包括“环境污染”在内，10 个关键词中有 6 个直接与空气质量有关。水污染、地下水是受外媒关注度最高的第二类污染。值得一提的是，重金属相关报道与 $PM_{2.5}$ 相关报道数量相同。

在《纽约时报》英文主报 142 篇、《金融时报》英文主报 180 篇的总样本中，排名前 5 位的关键词及相关报道数量为：大气污染（208 篇）、环境污染（162 篇）、雾霾（118 篇）、水污染（101 篇）、全球变暖（92 篇）。

在《纽约时报》中文网 111 篇、FT 中文网 112 篇的总样本中，排名前 5 位的关键词及相关报道数量为：雾霾（74 篇）、大气污染（67 篇）、$PM_{2.5}$（60 篇）、环境污染（40 篇）、水污染（25 篇）。

在环境事件相关报道中，两家外国媒体最关注的是上海死猪（25 篇）、PX（20 篇）、渤海溢油（19 篇）。

2013 年对中国空气质量问题的空前关注，使国内外媒体对中国环境问题的报道热情空前高涨，反映在报道上则是报道数量远超前两年。

国外主流媒体对中国环境问题的高度关注必将再次强化环境作为中国问题的一大标签。

8.2.3 唯 GDP 发展模式、企业环境意识差、执法不力、公众环境意识差、环境标准宽松，是被调查者认为环境问题严重的主要原因

25%的受调查者认为目前环境污染的主要原因是“唯 GDP 发展模式，当地政府不重视环境保护工作”，23%的人认为“企业环境意识差，违法排污”，21%的人认为“对污染企业的执法力度太小”。政府、企业是受调查者认为造成环境问题的主要责任方。

也有部分调查者认为环保意识差、环境标准低等原因也造成了目前的环保问题：“公众素质低，环保意识差”（12%）、“人口多、资源少，本身环境压力大”（10%）与“环境标准过于宽松”（8%）。

根据对 100 个微博大 V 进行的统计结果来看，环境微博比例排名前 10 的用户中，仅有“上海发布”一个政府用户，其他 9 个用户中有 8 个媒体用户和一个名人用户。而在 10 个环保大 V 用户中，企业用户仅发布 66 条环境微博，占样本环境微博总数（2 411 条）的 1.037%。显然，政府、企业在向公众进行环境问题信息告知、环保宣传等方面的工作还不到位。

8.2.4 加强企业责任、加强执法、完善环境标准和法律、增加治理措施，是被调查者认为最重要的环境治理对策

在环境治理对策方面，被调查者普遍倾向于企业责任、加强执法、完善标准三个方面，但本次

调查中各对策之间的选择差别并不明显。具体来看，24%的受调查者认为“加强企业责任，增加污染治理设施”是我国目前环保工作最需要努力的方面。“加强基层环境保护监管与执法”（21%）以及“国家制定完善相关法律、标准”（17%）分别位列第二、第三。

其他需要改进的方面包括“加大环境保护设施投入”（12%）与“开展生态文明宣传教育，促进公众参与”（11%）、“加强科技创新与技术应用”（7%）、“吸引非政府环保组织参与环保事业”（7%）。

8.2.5　七成接受问卷调查者认为，国家环境保护成效不符合预期，并认为致力于环境保护的资金、人员投入力度不足

71%的受调查者认为国家环保成效不符合预期，只有 6%的人认为符合预期，而其余 23%的人表示“不好说”。69%的受调查者认为国家在环保方面投入的资金和人员不足，9%的人认为投入力度适中，仅有 1%认为投入过大，还有 21%表示“不了解情况”。

8.2.6　六成被调查者表示愿意为环境保护放弃一定程度的经济利益

近年来，环保事件频发，厦门、宁波先后因 PX 项目而成为舆论焦点，争议主要集中于项目带来经济增长与就业机会与可能造成环境问题之间的矛盾。本次调查显示，近六成（57%）被调查者明确表示愿意“支持环境保护，放弃经济利益”；只有 3%的被调查者表示“选择就业和收入，牺牲环境”；其余 40%表示需要听取政府、企业、社会各界、媒体和网上大家意见后视情况选择。

8.2.7　被调查者希望在近 5 年内优先治理空气污染（雾霾）问题，而近七成被调查者认为 5 年内治理好雾霾问题可以接受

空气污染、水污染是被调查者认为近 5 年内应该优先治理的环境问题。32%的被调查者认为空气污染（雾霾）是 5 年内最应该优先解决的环境问题；26%的被调查者则倾向于优先治理淡水污染（江河湖泊）问题。

对于目前最受关注的环境问题——雾霾，68%的被调查者认为在 5 年内得到治理是可以接受的，23%的被调查者可以接受 5～10 年的治理期，而只有 9%的被调查者认为超过 10 年得到治理是可以接受的。

8.2.8　被调查者对环境治理周期的期待显示解决问题的急迫心理与对环境治理困难认识不足

在回答污染治理周期的参照问题时，56%的被调查者认为英国伦敦空气污染和日本琵琶湖污染治理时间在 10 年之内，35%的被调查者认为花费了 10～30 年，仅 9%的被调查者认为治理需要 30 年以上。而实际情况是，治理日本琵琶湖污染耗时 30 年（《中国环境报》2003 年 7 月 2 日），治理英国伦敦空气污染耗时长达 60 年（中国清洁空气联盟《伦敦烟雾治理历程》）。

上述两点一方面反映了公众对于解决雾霾为代表的环境问题的迫切心理，另一方面也反映了被调查者对于雾霾为代表的环境问题的治理过程、难度、细节以及时间跨度缺乏了解，这就需要政府做好及时的信息沟通和环境保护宣教工作。

8.2.9 被调查者参与改善环境的个人行动尚显不足，个人环保贡献率有待提高

在曾经做过的改善环境个人行为中，“杜绝餐饮浪费”“实施家庭节电、节水计划”并列第一，但也仅有22%的受调查者分别选择这两项，“尽量公交出行”“购买节能环保产品”并列第二，但也分别仅有21%的受调查者选择此项，只有13%被调查者表示“实行垃圾分类”，1%的被调查者选择“其他”。而“实行垃圾分类”相对来说属于较专业层面的环境保护举措，政府应该在环境保护宣教手段当中进行基础层面和专业层面并进的宣传手段和举措，以提高个人环保贡献率。

8.2.10 被调查者个人的环境支付意愿不高

问卷调查显示，环保支出占收入1%～5%为92%的受调查者所接受，而6%的人可以接受6%～10%的环保支出，仅有2%的人表示可以承受11%以上的环保支出。尽管被调查者对环保存有较大热情。但是近六成（57%）被调查者明确表示希望政府“支持环境保护，放弃经济利益”，公众个人的环境支付意愿并不强烈。

8.2.11 被调查者认为大众传媒、公共场所、学校是公众环境教育的最有效平台

在帮助公众更好地参与或了解国家环境保护工作的各种途径中，“在电视、网络或公共场所播放环保宣传片”（17%）、“把环境保护知识融入学校课程”（15%）、“在公交、地铁等公共场所刊登环保公益广告”（15%）位列前三。“在报纸、杂志上刊登环境保护的专题报道”（12%）排名第四。

值得一提的是，“政府官网、官方微博微信向公众征求意见建议”（11%）也被视为有效途径之一，排名第五。“在城市社区举办环保讲座”（9%）、“利用教育基地开展公众环境教育活动”（9%）、“举办环保主题文艺宣传活动”（7%）、“举办环保主题摄影展”（5%）也被认为是行之有效的措施。

8.2.12 公众对参与环境保护规划前期调查表现极大热情，并认为环境规划有必要征求公众意见

问卷调查结果显示，63%的被调查者较为熟悉或听说过国家环境保护五年规划，37%的被调查者从未听说过环境保护五年规划。91%的被调查者愿意积极参与国家环境保护规划制定过程，8%的被调查者表示需要看具体情况，仅有1%不愿意参与规划制定过程。96%的人认为编制环境保护规划很有必要征求公众意见和建议，仅有2%的被调查者认为没有必要征求公众意见，2%被调查者表示无所谓。绝大多数被调查者认为环境问题与自己的生活息息相关、环境保护规划十分重要，因此对调查的各方面给予较高的关注度、赞同度，体现了较高的公民环保意识。

从新浪微博环保大V的统计分析来看，粉丝对10个环保大V的样本环保微博，也有较高的转发与评论量。转发与评论条数双项过百的微博数，占样本环保微博总数的比例达23.31%，单项过百的微博条数比例更高达35.13%。2013年2月，微博用户邓飞的一条关于水污染的微博，出现评论、转发量过4万次的情况。

尽管公众对参与环保规划热情较高，但74%的被调查者从未参与过环境保护类（含国家和地方层面）规划的意见和建议征集，26%的被调查者曾参与过意见征集。这也从侧面反映了政府与公众环保沟通渠道的不顺畅，公众意见表达的途径和平台的缺失。

8.3 基于调查对环境保护规划的若干建议

8.3.1 加强国家层面环境保护顶层设计，将环境保护纳入“中国梦”建设目标，预防污染与治理污染并重，减少新的污染源

空气污染、水污染、土壤污染等环境问题已成为国内外严重关切、直接影响公众身体健康、生存环境、影响中国国内国际形象。环境保护将是一个长期的系统工程，不仅是环境保护部门和环保人士的事业，而且更需要国家层面的顶层设计和推动。环境执法仅仅靠环保部门力量不足，需要国家顶层推动和相关部门横向联合。环境问题治理更无法仅仅依靠环境保护部门，需要国家顶层设计与全民动员。环境污染预防、从源头减少污染源更超越环境保护部门的力量，需要国家层面顶层设计的环境保护与经济发展战略、需要基于顶层设计的对每一个新项目与旧项目的严格管控。

改善生存环境是中国政府和所有中国人的“中国梦”。环境保护与经济发展相协调是中国发展模式、中国发展道路的必然选择。环境保护事业同样需要发挥中国精神，动员中国力量。

8.3.2 雾霾治理优先，综合治理为本

在具体措施上，雾霾治理优先，综合治理为本。调查结果显示，公众对于治理雾霾等空气污染的急切程度最高，成为最迫切需要应对的环境问题。近年来，雾霾治理当排在环境问题预防与治理优先顺序之首，在污染源研究分析基础上，多管齐下，综合治理，力求在“十三五”期间取得明显成效。

优先治理最迫切问题是国家战略，但“顾此失彼”也不是理性的国家战略。参考历史经验，我国目前正处在关键的转型发展时间点上，经济发展无法暂缓，环保问题日益突出，多重污染同时出现，共同构成大的污染难题。原本水污染与土壤污染的公众感知度相对较低。但此次调查结果显示，淡水和土壤污染在公众眼中是排名第二位、第三位的严重污染问题。鉴于雾霾在连续重度污染的大气污染事件中成为“热门”问题，淡水和土壤污染议题值得相当重视，一旦遇到突发事件，就有可能发展成为新的“热门”焦点环境问题。

环境治理需要整体统筹。公共政策的制定，应贴合热点而不被牵制，更需防止长期隐性问题急转为凸显应急问题，力求通过长期持续努力将环境问题解决在隐性状态。

8.3.3 系统梳理现有环评标准，并根据发展现状和环境承受力调整环保标准

我国目前一方面面临严峻环境问题的挑战，一方面是很多环评项目达标的现实。达标的同时环境问题依然严重，究其原因可能是：标准制定时间早，是根据当时的情况制定的，依照当前环境承受力显得标准过低。

“环境标准宽松”是受调查者认为环境问题严重的重要原因之一。接受调研的环境专家也认为，当前我国的环保标准偏低，与国际水平存在一定差距。例如，我国的水污染监测，标准局限于化学需氧量、生物需氧量、氨氮含量、pH 等指标。近年来，由于工业化的大规模扩张，出现了有机化学物和重金属等危害更大的新型污染物，但相关的环保标准并未及时“更新”，导致这些有毒有害物质逃脱了政策法律的管制，许多企业得以“合法”地排放这类危险物质，而面对污染，民众却无处申

诉。提高环境保护的标准，是解决当前我国环境问题的当务之急。

“十三五”期间，应系统梳理现有环境、环保、环评标准，并根据经济发展现状和环境承受能力现状制定新的标准。总的趋势是提高标准。环境问题往往会造成跨区域的影响，应当在全国范围内统一提高环保标准，施行统一的环保补贴政策。

8.3.4 加大环境执法力度，严格执法程序，杜绝执法权寻租

调查显示，公众认为唯 GDP 发展模式、企业环境意识差、环境执法不力等是国内出现比较严重环境污染、生态破坏问题的主要原因。执法不力可能与唯 GDP 发展模式造成的地方保护主义有关，可能与企业利益驱动、缺乏社会责任感有关，也可能与执法人员不足、执法不严、自由裁量权过大、甚至执法权寻租有关。

加大环境执法力度、严格执法程序、杜绝执法权寻租当成为“十三五”的重要目标。这里的执法不仅指污染后的处罚和责成治理，也指污染前的预防以避免污染，因为减少污染、不污染才是解决环境问题的根本出路。

坚决追究环境违法的责任，对屡查屡犯者一律实施停产整顿，对造成环境污染严重后果的要依法追究刑事责任。建立和完善环境保护责任追究制度，不但要追究违法排污者的责任，还要追究地方保护、包庇纵容环境违法行为人员的责任，使环境违法行为缺少滋生的土壤。认真执行环境经济政策，加大排污费的征收力度和经济处罚力度，使环境违法者在经济上不仅无利可图，还要付出不可承受的代价；同时深入推行政务公开工作，推行环境执法公示制，增强执法工作的透明度，落实群众的知情权、参与权。

8.3.5 加大环保投入，做好长、中、短期规划

尽管近 30 年来中国环境污染治理投资总额逐年增加，环境污染治理投资占 GDP 比重稳步提高，但是，长期以来，我国的环保投入占 GDP 比重始终不到 2%。改革开放以来，特别是“九五”和“十五”时期，国家加大了对环境污染防治的直接投入，并逐年增加。根据十二届全国人大二次会议环保部发布会环保部副部长吴晓青的最新数据，“十二五”前三年，我们国家环保的投入力度进一步加大，每年以 2 000 亿元以上的幅度在增加。2011 年，全社会环保投入是 6 026 亿元，2012 年是 8 253 亿元，占国内生产总值（GDP）的 1.59%。2013 年，预计将超过 1 万亿元，“十二五”期间，全社会环保投入可能要超过 5 万亿元。其中 2011 年、2012 年、2013 年中央政府全国公共财政节能环保投资的支出分别为 2 641 亿元、2 963 亿元、3 383 亿元，年均增长超过了 14%。

与此同时，我国环保投入占 GDP 比重刚刚达到控制污染所需投入的低限。与西方国家污染治理高峰期以及中国污染治理的实际需要相比，环保投入还相差甚远。要实现我国的环境保护目标，在维持高速经济增长的情况下，关键是要确保环保投入到位。政府能否在“十三五”环境保护规划当中做出占比 2%甚至 3%的承诺？

但与此同时，政府需要让企业和公众了解到运用各种手段，尤其是经济手段严格执行环保法规和惩罚的原则，为环保增加资金来源渠道。按照“谁污染、谁治理”原则，高耗能，高污染企业必须承担减排和治理责任，需要法律约束。政府还应该通过多种途径的环保宣教，居民可以通过身体力行来进行环境保护，不要“推高物价，导致通胀”来导致资源环境的价格改革。

8.3.6 综合运用多种手段，推进环境保护问题的解决

政府应充分运用法律、经济、行政、教育等手段，尤其是经济手段，严格执行环保法规。按照“谁污染、谁治理”原则，高耗能，高污染企业必须承担减排责任，为环境污染付出较高的经济代价，让其感到“得不偿失”，寻求科技创新而非“先污染，再付款”的方式发展企业。

鼓励市场环保创新，从人才培养、科技创新到终端销售，覆盖市场流通全流程，培养环保产品、技术、材料消费的成熟环境。市场是科技创新的源头与归宿，政府应采用多重手段培育环保市场。如实施环保技术补贴，降低环保类产品的价格，便于市场推广，鼓励消费者选用环保材料与设施；奖励环保技术创新的企业，刺激市场主体进行科技创新等。

重视媒体宣传监督力量，利用传媒进行环保宣传的同时，尤其应注意借力舆论监督，营造媒体监督环境违法事件的环境。如联合媒体发布环保工作报告，曝光违法企业，奖励环保突出的地方政府或部门；设立环保相关新闻奖，鼓励新闻媒体进行环保监督；在特定媒体开设环保版，如《南方周末》“绿版”，关注环境议题、科普环保知识，履行监督职责。

环保部门适当扩权。目前政府职能架构中，环保部门常面临权责不明、有心无力等局面，执法处罚、监督等权力不够，严重制约了环保部门的履职。建议在现有框架内，适当赋予环保部门更多权限，在查处重大污染问题时有更快反应速度和更大空间。

8.3.7 加强政府环境信息发布与环保公关

治理环境或者说环境保护非朝夕之功，需要长达数 10 年的治理期限，而公众对于环境问题的解决较为急切，这是相互矛盾的。

解决矛盾，需要首先承认公众“心急”的合理性。公众有其质疑、抱怨的天然权利。在环保问题的信息发布和危机公关中，应当首要承认公众“指责”的合理性。这是在信息沟通中应当遵守的准则。信息公开，不能简单公开数据或口号，应以封闭式的提法来给予公众信心。例如，完成环境治理规划后，应当第一时间向公众告知详细时间表，给出具体目标。其中，语气选择亦不可小觑，比较恰当的信息公开方式应为“目标在×年内实现每月至少可见蓝天×次”等。其次，应结合翔实案例，告知公众环境保护工作的时间跨度与难度，使公众降低过于急躁的心理预期。但是告知而非“强调”。有效的信息公开，可以部分抵消公众不满。有效则依赖于宽紧适度、目标明晰的规划，及时的信息公开和不避讳的坦诚态度。特别需要强调的是，环境保护与防治需要全民动员，而及时告之中国环境问题与治理措施、成效、困难等，不仅是为了满足公众的知情权，也有助于提高公民的环境素养、环保意识与能力，提高其参与环境保护的意愿。

8.3.8 加强环境保护宣传教育，提升公众对环境保护的认知

大多数公众的环境保护意识比较强，但对途径、方法、个人可贡献空间与责任还需要加强认识，环保行为层面仍需加强，这就需要政府加强环境保护宣传教育。

（1）细化深化环境保护认知宣传

我国公众对于环境保护的认知较为健全，都明确基本的环境保护常识，例如，应尽量使用公共交通工具、不乱扔垃圾、杜绝浪费等。但是更加细分的环境保护认知较为欠缺，例如，分类垃圾不同分类的标志及分类品种、家电家居等的能耗日用情况等并不是十分的熟悉。所以要对环境保护认

知不强的公众继续采取案例、故事、窍门、贴士作为传播的内容；对于更加细分的环境保护认知则应采取多维度多方位的传播和宣传。

调查显示，被调查者对环境的认知受到媒体和各界意见影响，并认为大众传媒、公共场所、学校是公众环境教育的最有效平台。因此，可以通过学校教育平台等途径开展环境传播。

名人微博的影响力较大，媒体微博在环境宣传方面的影响力较大。通过加强名人和媒体微博在环境问题方面的信息传播，强化这两类微博在环境问题、环境保护方面的意见领袖作用，进而有效影响公众对环境问题、环境保护的认识及行为。但要注意的是，大V与公众在环境问题方面的关注重点不完全趋于一致，因此在发挥大V舆论引导作用的同时，要尽量规避其不良影响。

（2）“上行下效”推广环保行为

“尽量乘坐公共交通工具”“避免使用一次性物品”“废物利用”“杜绝乱扔垃圾”等环保宣传口号可能深入人心，但是实践上却并非人人能做到。对于公众来说，“说”和“做”是两个对立但是又不相互矛盾的过程。

结合传播规律，单纯的灌输式宣传引导作用有限。公共议题的宣传引导，应参照“上行下效”方式。一则，政府带头，可产生民间效仿作用；二则，政府首当其冲，可在宣传公关中取得一定优势。

在调查中发现，超过六成的被调查者为企事业单位人员，说明他们在对环保问题的关注方面都相较其他职业更直接。这构成了“政府带头”的天然优势，利用政府单位人员的认知优势，以规章制度激励其环保行为相对可行。

因此，我们今后应该鼓励政府部门、大众媒体、相关企业和城市社区联合进行相关环境保护自我行为的推广和传播，并且对做得好的企业和个人进行相关奖励和扶持。

本报告执笔：
环境规划院：王倩、温丽丽；
宣教中心：贾峰；
中国人民大学：钟新、张建宇、于美娜、金纯斯

第2篇

“十三五”生态环境保护规划总体思路研究

1 国家环境保护"十三五"规划基本思路研究

1.1 关于 2013 年环境保护规划目标进展

2010 年以来，世界经济增长持续低迷，国内经济增速超过规划预期，能耗增速仍高于预期，产业结构优化升级缓慢，能源结构优化调整进展不快，城镇常住人口增加，经济增长、人口增加、能源资源消耗和城市扩展对生态环境的压力进一步加大。在诸多因素影响下，2012 年能源消费强度、CO_2 排放强度、能源消费结构、NO_x 排放量 4 个国民经济和社会发展"十二五"规划节能环保方面的约束性指标实现进度滞后[1]。据统计，2010—2012 年，我国城镇污水处理率由 72%提升到 85%，平均负荷率达到 78%，火电脱硫机组比例由 82.6%提高到 90%。"六厂（场）一车"等重点减排工程项目稳步推进。到 2012 年底，COD、氨氮、SO_2、NO_x 四项主要污染物减排累计完成"十二五"减排目标的 62.88%、41%、82.8%、-28.2%，COD 排放量已经降至 1997 年水平（表 2-1-1，图 2-1-1）。[2]

表 2-1-1 2010 年以来环境与经济关联指标变动情况

指标	2010 年	2015 年	年均增长	2011 年	2012 年	2013 年	对环境影响
GDP 同比增长/%	39.8	55.8	7.0	9.2	7.8	7.7	逆向
单位 GDP 能耗降低/%			[16]	2.01	3.6	3.7	正向
城镇化率/%	47.5	51.5	[4]	51.3	52.6	53.73	逆向
服务业增加值比重/%	43	47	[4]	43.4	44.6	46.1	正向
煤炭消费量（标准煤）/亿 t	22.1	—	—	23.8	24.0	24.7	
机动车保有量/亿辆	1.9	—	—	2.08	2.4	2.6（预计）	
城镇人口/亿人	6.70	—	—	6.90	7.12	7.31	
火电发电量同比增长/%	13.3	—	—	13.9	0.3	7.0	
COD 排放总量下降/%	3.09	—	[8]	2.04	3.05	2.5（预计）	
氨氮排放总量下降/%	—	—	[10]	1.55	2.63	2.8（预计）	
SO_2 排放量下降/%	1.32	—	[8]	2.2	4.52	2.5（预计）	
NO_x 排放总量/%	—	—	[10]	-5.74	2.77	3.5（预计）	

注：[ ]为 5 年累计数。

资料来源：国家统计局、国家能源局、环保部官方网站。

1 资料来源："十二五"规划纲要实施中期评估报告，http：//www.gov.cn/jrzg/2013-12/25/content_2554409.htm。

2 资料来源：根据 2007—2012 年中国环境统计年报数据整理。

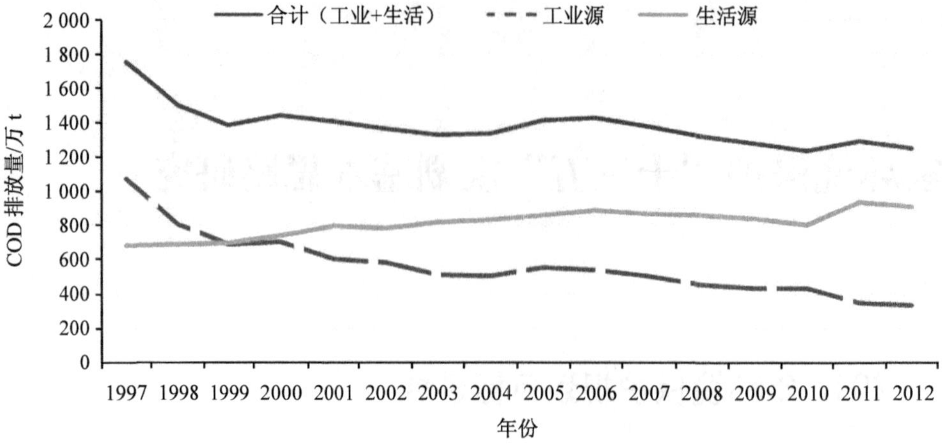

图 2-1-1 1997—2012 年全国 COD 排放趋势

2013 年，脱硝电价提高到 1 分，实施除尘电价 0.2 分。全国脱硝装机容量将突破 4 亿 kW，占火电总装机的 50%，新增建设规模是“十二五”前两年总和的 1.3 倍[1]。水泥脱硝规模达到年度目标责任书要求的 5 倍，预计农业源治理数量（1.7 万个规模化畜禽养殖场完成治理）、机动车淘汰规模（160 万辆黄标车）与前两年总和相当。综合研判，我们预测 2013 年能够完成 COD、氨氮、SO_2 和 NO_x 排放量减少 2%、2.5%、2%和 3%的既定目标，2013 年可望分别减排 2.5%、2.8%、2.5%和 3.5%左右，氮氧化物排放量有望降至 2010 年历史水平。预计到 2013 年底，四项污染物减排目标累计约完成 5 年目标要求的 92%、68%、112%、8%。

2013 年，出台《大气污染行动计划》《全国农村饮水安全工程“十二五”规划》等，灰霾监测体系与防治手段不断完善，饮用水水源保护和地下水污染防治得到强化。重金属污染持久性有机污染物、危险化学品、危险废物等污染防治成效明显。累计治理铬渣 230 万 t，是前 6 年年均处理量的 3 倍，全国历史堆存的 670 万 t 铬渣基本处置完毕。突出的环境民生问题解决速度加快，力度加大，实效增加。

2012 年七大水系好于Ⅲ类水质比例 62.9%，全国地表水劣Ⅴ类水质比例降至 10.9%，分别比 2010 年改善 7.2 个、4.7 个百分点，已分别超过“十二五”规划水质目标 2.9 个、4.1 个百分点。截至 2013 年 11 月，全国地表水监测 972 个国控断面中，共有 101 个劣Ⅴ类水质断面（占 10.4%），主要涉及太湖流域 5 个、巢湖流域 3 个（分布在环湖河流上）、滇池流域 20 个（湖体 10 个，环湖河流 10 个），白洋淀、贝尔湖、达赉湖、乌伦古湖、程海 5 个湖泊共 8 个；新疆克孜河 1 个（属内陆诸河）[2]（表 2-1-2）。

表 2-1-2 全国地表水环境质量状况

指标	2010 年	2011 年	2012 年	2015 年目标
地表水国控断面劣Ⅴ类水质的比例/%	15.6	12.7	10.9	＜15
七大水系国控断面水质好于Ⅲ类的比例/%	55.7	56.3	62.9	＞60

[1] 资料来源：翟青副部长在 2013 年度主要污染物总量减排核查核算视频会议上的讲话，2013.12.20。

[2] 资料来源：中国环境监测总站。

SO_2浓度不达标城市比例降至 1.2%，酸雨污染降至 1999 年水平，但出现了大面积、长时间的灰霾天气，引起公众普遍关注。2012 年，325 个地级及以上城市环境空气质量仍执行《环境空气质量标准》（GB 3095—1996），据此评价，达标城市比例为 91.4%，超过“十二五”规划达标城市比例不低于 80%的目标；但如果根据《环境空气质量标准》（GB 3095—2012）进行评价，在仅考虑 SO_2、NO_2和 PM_{10}三种污染物的情况下，达标城市比例仅为 40.9%，如果把 $PM_{2.5}$和 O_3纳入考虑范围，达标城市比例将进一步下降。

2013 年，区域性灰霾多次影响我国。除开展监测的 74 个城市 $PM_{2.5}$浓度普遍偏高，全国大部分城市 PM_{10}浓度也比 2012 年同期有了大幅增长。特殊气象条件可能是造成这一现象的外部因素。但随着《环境空气质量标准》（GB 3095—2012）的实施，更严格的监测数据质量控制/质量保证要求、与 $PM_{2.5}$数据协调等也可能使得 PM_{10}监测数据更加客观和可靠，在一定程度上使 PM_{10}监测数据逐步归真。

当前我国东部几乎所有区域的年平均能见度较 20 世纪 60 年代初期都有 7～15 km 以上水平视距的损失，其中河南中部到南部、湖北北部、安徽中到南部、浙江大部、江苏中到北部以及山东东部的能见度下降更为显著（损失超过 15 km），这样下降幅度的区域还包括珠三角区域，以及东三省中的辽宁南部、吉林中东部和黑龙江中北部的三个区域。整体而言，东部年平均能见度下降速率为达到 0.4 km/a。而西部能见度下降的幅度和速率约为东部的一半，新疆大部、内蒙古西部、陕西关中和甘肃东部的能见度有明显的下降。

能见度下降指示了灰霾天气的变化和严重的程度。2011 年，对天津、上海、重庆、南京、苏州、宁波、深圳、广州市站及广东省站 9 个单位的监测点位以及环保部灰霾试点监测的结果进行了分析，结果表明，2011 年各试点城市发生灰霾天数占全年天数的比例介于 9.3%～53.4%，城市灰霾天气出现频率较高，各地的灰霾天数存在的差异主要受气象因素影响。当前无论是灰霾出现的次数还是灰霾天气的污染程度，都呈现出增多增强的趋势。

10 年来（2000—2010 年）我国生态系统类型发生了较大变化，其中森林、湿地、城镇生态系统面积增加，灌丛、草地、农田生态系统面积减少。从空间上看，东部地区生态系统类型变化较大，中西部地区较小。我国生态系统类型变化与人类经济活动密切相关，主要表现为农田与林地、草地和城镇生态系统之间的相互转化。我国生态系统景观破碎化程度总体有所降低，但北方部分省份景观呈加速破碎趋势。我国森林生态系统向人工林方向转化的趋势十分明显，同时森林生态系统变化呈现空间差异性，云贵高原、新疆、黄土高原等中西部环境脆弱区森林增加更为明显。我国中部生态环境脆弱地区草地增加更加明显，而在我国传统的重要牧业区新疆南北疆绿洲边缘区以及华南草地分布区，草地减少较为严重，并呈现景观破碎化趋势。湿地生态系统格局变化总体表现为扩大与消失的趋势并存，湿地增加趋势更为明显，尤其是在西部地区，但东北地区湿地明显减少。农田生态系统变化呈现空间差异性，东部自然条件优越地区与中部生态脆弱区耕地大幅减少，而在西部干旱半干旱缺水区，新增了大量耕地。

我国生态系统服务功能以增强为主，其中土壤保持功能呈现先减弱后增强的趋势，总体上小幅增强；防风固沙功能整体呈现增强趋势，但局部地区有所下降；水源涵养功能总体增强，但草地生态系统水源涵养功能则有所减弱；与此同时，我国生态系统生物多样性保护功能则呈现减弱趋势。10 年来，我国生态足迹不断扩大，中西部地区的生态足迹增加较东部地区更为明显，同时我国生态承载力不断下降，在空间上由东南到西北呈从严重超载到富富有余的分布态势。10 年来，我国生态赤字不断加重，处于生态赤字状态的省份数量不断增加，但2005—2010年较2000—2005年，生态赤字的增长速度有变缓趋势。[1]

1.2 关于到2015年环境保护形势研判

1.2.1 水环境形势分析

1.2.1.1 新增量预测

结合“十二五”减排重点任务，根据重点行业结构、工程、监管三大措施定量评估“十二五”后期减排潜力。从新增量看，按照GDP增速每年8%、城镇人口增速3.2%情景测算，预计全国分别新增COD和氨氮排放量147.2万t和15.96万t。其中，2014—2015年全国新增人口4 770万人，COD、氨氮产污系数分别按66g/（人·d）和7.55g/（人·d）测算，城镇生活分别新增COD和氨氮排放量113万t和13.14万t；按照GDP 8%的增速和10%的排放强度下降比例测算，2014—2015年，工业分别新增COD和氨氮34.2万t和2.82万t（表2-1-3）。根据2013年农业源核算方法调整要求，不再考虑畜禽养殖、水产养殖等养殖量变化带来的主要水污染物新增排放量。[2]

表2-1-3 2013—2015年COD和氨氮新增排放量

领域	COD/万t	氨氮/万t
工业新增排放量	34.2	2.82
城镇生活新增排放量	113	13.14

1.2.1.2 减排潜力

结构减排潜力分析。“十二五”中后期，通过对不符合国家产业政策或长期无法达到国家环境保护政策的企业采取结构调整措施，如淘汰3万t以下草浆生产线、淘汰未配套建设碱回收装置的碱法制浆企业、淘汰率比大于1∶10的间歇式染色设备、淘汰年产量6万t以下的氮肥落后产能等，预计可分别实现COD减排5.5万t左右、氨氮减排1.5万t左右。

工业深度治理潜力分析。根据2012年环境统计数据，筛选未达到行业废水排放标准的企业，按行业废水排放标准及2012年废水排放量，测算工业企业废水深度治理的减排潜力。预计可分别实现COD减排60万t左右、氨氮减排16万t左右。

城镇生活污水处理体系完善潜力分析。“十二五”中后期，预计全国将新增2 100万t/d左右污水处理规模，新增生活污水处理量2 000万t/d，其中原有设施处理负荷提高新增生活污水处理量425万t/d，COD和氨氮进出水浓度差分别按240 mg/L和21 mg/L的全国平均水平计算，可分别新增COD和氨氮减排量175万t和15.33万t。全国各地区通过加快污水管网建设、污水处理设施提标改造、加强污水收集系统和污水处理设施的运行管理、提高污水回用率，可以进一步提高污水处理

[1] 资料来源：全国生态环境十年变化（2000—2010年）遥感调查与评估项目初步成果。

[2] 本章节水、大气主要污染物减排预测数据来源：环境规划院《“十三五”总量减排路线研究》。

设施的进出水浓度差，提升污染防治成效。按照总量减排核查核算中各地区污水处理设施进水浓度限值和排放标准，全国通过上述措施可分别实现 COD 和氨氮减排量 34.94 万 t 和 6.77 万 t。按照国家对各地区再生水回用的要求，“十二五”中后期，全国将新增再生水回用量 300 万 t/d 左右，再生水处理设施 COD 和氨氮进水浓度分别按 45 mg/L 和 8 mg/L 的污水处理厂平均水浓度计算，预计可分别新增 COD 和氨氮减排量 4.9 万 t 和 0.9 万 t。

农业源减排潜力分析。通过规模化畜禽养殖（小区）废弃物的处理处置，可将 COD 和氨氮的去除率分别提高到 90%和 80%，分别实现 COD 和氨氮减排量 50 万 t 和 7 万 t 左右（表 2-1-4）。

表 2-1-4 2013—2015 年主要水污染物减排潜力汇总

		COD	氨氮
2010 年排放量/万 t		2 552.03	264.45
2013 年排放量/万 t		2 363	247
2014—2015 年新增量/万 t		147.2	15.96
2014—2015 年新增减排量/万 t	结构调整	5.5	1.5
	工业深度治理	60	16
	城镇生活污水处理体系完善	214.84	23
	规模化畜禽养殖场（小区）污染治理	50	7
	新增削减量合计	330.34	47.5
2015 年预测排放量/万 t		2 179.86	215.46
较 2010 年下降比例/%		14.58	18.53

1.2.1.3 综合分析

预期经努力，COD、氨氮排放量能完成减排目标。“十二五”中后期，全国通过一系列的总量减排措施，在消化新增排放量的基础上，预计可实现 COD 和氨氮净削减量 183 万 t 和 31.54 万 t。到 2015 年，在严格控制新增量、持续大力推进总量减排工程的条件下，COD 和氨氮排放量具有分别较 2010 年下降 14.58%和 18.53%的理论或可能的减排潜力，经落实后能保障“十二五”总量减排目标的完成。上述测算，需要将各种不可控、不确定因素对减排潜力的影响，控制在 30%以内。

应特别注意农业源减排压力较大。根据对中国 1995—2012 年的猪养殖存栏量、出栏量以及猪肉供给的趋势分析来看，全国的猪养殖量一直在稳定上升，近两年有增速加快的趋势，有可能引发畜禽养殖污染排放量的超预期增长（图 2-1-2）。

预期水环境质量指标能超额完成目标。规划要求在“十二五”期末（2015 年）地表水国控断面劣Ⅴ类水质的比例小于 15%，七大水系国控断面水质好于Ⅲ类的比例大于 60%。“十二五”以来，我国地表水国控断面劣Ⅴ类水质的比例逐年减小，七大水系国控断面水质好于Ⅲ类的比例逐年增大，目前这两项指标均已达到规划目标要求，分别为 10.9%和 62.9%，而且呈稳定改善趋势。随着《清洁水行动计划》颁布实施以及《重点流域水污染防治规划（2010—2015 年）》不断推进，人民群众环保意识不断增强，地方政府水污染防治的工作力度也将进一步加大，预测到 2015 年，两项指标在现有基础上有望进一步改善。

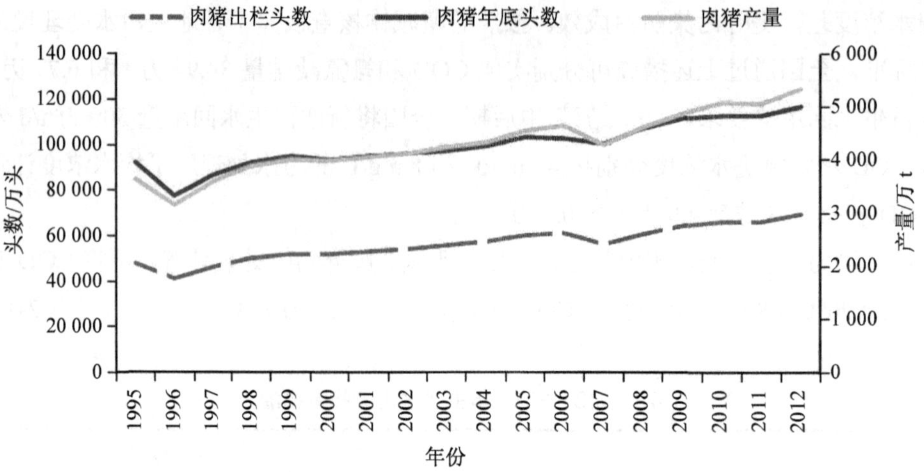

图 2-1-2 1995—2012 年全国猪养殖状况趋势

水环境保护总体态势稳中有降。根据环境规划院开发的年度水环境形势预警系统分析测算，从社会经济发展和环境形势影响关系来看，“十五”时期是我国水环境压力最大的时期，该时段也是社会经济快速发展，且发展模式相对粗放阶段，水环境预警指数阈值划分处于危险区间[71.99，91.25]。2006 年之后水环境预警先行指数表征的水环境形势从顶峰平台逐步下降，大部分年份都在水环境预警临界区间[52.73，71.99]。虽然期间存在 2008—2010 年国际金融危机—投资刺激拉动的脉冲式下降和上升，但从总体趋势看是呈下降态势，2017 年水环境预警指数下降到 50.08，基本接近 2000 年之前的水平（图 2-1-3）。

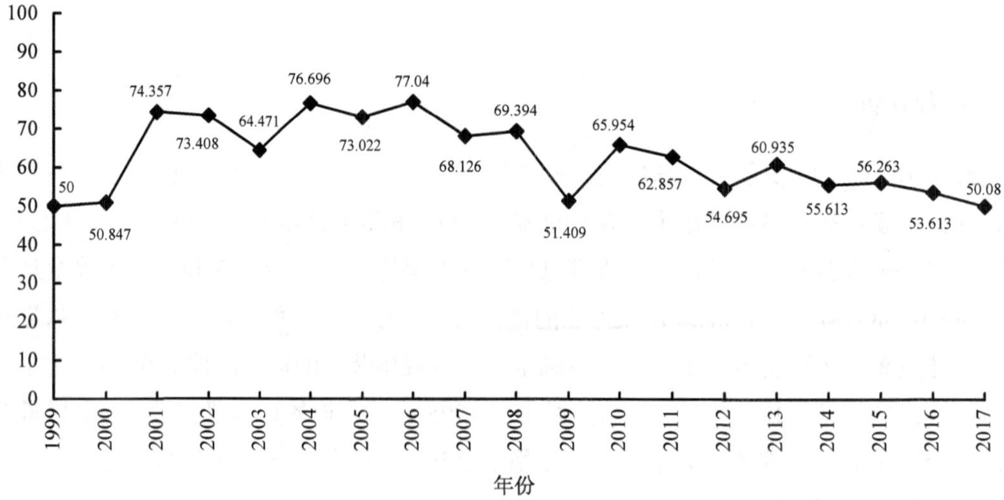

图 2-1-3 水环境预警先行指数变化情况

1.2.2 大气环境形势分析

1.2.2.1 新增排放量测算

按照总量减排指南要求，根据“十二五”国民经济发展规划目标和 2011 年、2012 年总量减排核查核算结果，采用宏观预测的方法，测算“十二五”中后期主要大气污染物新增排放量。

测算原则：按电力、机动车、非电非机动车三部分分别测算 SO_2、NO_x 新增排放量，其中电力部分 SO_2 按照物料平衡法、NO_x 按照排污系数法，非电部分按排放强度法测算。考虑“十二五”期间非电行业 SO_2 排放控制水平强于 NO_x，SO_2 非电排放强度按 2010—2012 年年均下降比例推算 2015 年数值，NO_x 按 2012 年排放强度来推算 2015 年非电 NO_x 排放量。机动车 NO_x 排放量按环保部机动车排污监控中心提供的数据进行测算。

电力行业：2013—2015 年新增装机容量为“十二五”电力行业规划装机容量与 2011—2012 年新增装机容量（根据电力核查核算表新增装机容量进行确定）的差值，为 1.04 亿 kW，SO_2 新增排放量按照全国平均硫分、脱硫效率 90%计算新增排放量，NO_x 新增排放量按照单位燃煤量的排污系数（1.72 kg NO_x/t）进行测算，则新增 SO_2、NO_x 排放量分别为 39.89 万 t、42.70 万 t。

非电非机动车行业：非电行业煤炭消耗量为 2015 年煤炭消耗总量与电力行业煤炭消耗量的差值，2012 年 SO_2 排放强度为 7.2 g/kg 原煤，按年均下降 7.65%测算 2015 年 SO_2 排放强度为 5.7 g/kg 原煤，NO_x 排放强度按 2011 年非电 NO_x 排放强度 3.5 kg NO_x/t 测算，新增 SO_2 排放量 69.93 万 t，新增 NO_x 排放量 43.29 万 t。

机动车：按环保部机动车排污监控中心测算，2013—2015 年机动车 NO_x 排放量将新增 232.1 万 t。

2013—2015 年新增 SO_2 排放量为 109.81 万 t，新增 NO_x 排放量为 318.09 万 t（表 2-1-5）。

表 2-1-5 2013—2015 年主要大气污染物新增排放量

	SO_2 /万 t	NO_x /万 t
电力	39.89	42.70
非电	69.93	43.29
机动车	—	232.1
新增排放量合计	109.81	318.09

1.2.2.2 SO_2 减排潜力测算

（1）结构减排

测算原则：除焦炭行业按照国家淘汰要求、根据行业平均排放强度测算后三年减排潜力外，其余重点行业按照《“十二五”节能减排规划》要求，根据 2012 年底核查核算表，筛选落后产能规模，根据 2012 年排放基数，测算削减量。淘汰削减量仅考虑淘汰落后产能的实际削减量，不考虑等量替代部分导致的新增排放量。

电力行业：按照国家产业政策，淘汰大电网覆盖范围内单机容量在 10 万 kW 以下的常规燃煤火电机组、设计寿命期满的单机容量 20 万 kW 以下的常规燃煤火电机组、单机容量 5 万 kW 及以下的常规小火电机组、以发电为主的燃油锅炉及发电机组（5 万 kW 及以下）。按照以上条件，全国还有 934.53 万 kW 常规燃煤机组（20 万 kW 以下机组）需淘汰，可实现 SO_2 减排 47.41 万 t。

钢铁行业：按照国家产业政策，“十二五”后三年淘汰 90 m^2 以下的钢铁烧结机，可实现 SO_2 减排 36.98 万 t。

焦炭行业：根据工业和信息化部和能源局公布的“十二五”淘汰落后产能目标及前两年已完成

的淘汰任务，按照 SO_2 排放强度 1.113 kg/t 焦炭计算，可实现 SO_2 减排 0.16 万 t。

（2）工程减排

测算原则：按照总量控制要求，根据 2012 年底核查核算表，筛选未安装脱硫设施的火力发电机组和钢铁烧结机，按治污设施运行要求达到的效率，测算削减量。

电力行业：截至 2012 年未安装脱硫设施的 20 万 kW 以上机组全部安装脱硫设施，按脱硫效率 80%计算，可实现 SO_2 减排 11.26 万 t。

钢铁行业：截至 2012 年所有未安装脱硫设施的 90 m^2 以上烧结机全部安装脱硫设施，按脱硫效率 45%计算，可实现 SO_2 减排 20.82 万 t。

（3）管理减排

测算原则：按照总量控制要求，根据 2012 年底核查核算表，筛选燃煤发电机组未取消烟气旁路的机组规模，测算削减量。

电力行业：截至 2012 年未取消烟气旁路的燃煤机组，按取消旁路后脱硫效率提高到 90%，可实现 SO_2 减排 130.76 万 t。

以上共可实现 SO_2 减排 247.39 万 t，见表 2-1-6。

表 2-1-6 SO_2 2013—2015 年减排潜力

		电力/万 kW	钢铁/万 t	焦炭/万 t
结构	“十二五”计划淘汰规模	1 632.55	35 279	4 200
	前两年已淘汰规模	698.05	10 331	4 057
	后三年预计淘汰规模	934.53	24 948	143
	后三年可实现削减量/万 t	47.41	36.98	0.16
工程	前两年已上工程	10 916.71	22 592	
	后三年预计工程规模	1 458.7	42 307	
	后三年可实现削减量/万 t	11.26	20.82	
管理		130.76		
各行业合计削减量		189.43	57.8	0.16
SO_2 新增削减量		247.39		

1.2.2.3 NO_x 减排潜力测算

（1）结构减排

测算原则：电力行业按照总量控制要求，根据 2012 年年底核查核算表，筛选落后产能规模，根据 2012 年排放基数，测算削减量。水泥、焦炭行业根据国家淘汰要求及行业平均 NO_x 排放强度测算削减量。淘汰削减量仅考虑淘汰落后产能的实际削减量，不考虑等量替代部分导致的新增排放量。

电力行业：按照国家产业政策，淘汰大电网覆盖范围内单机容量在 10 万 kW 以下的常规燃煤火电机组、设计寿命期满的单机容量 20 万 kW 以下的常规燃煤火电机组、单机容量 5 万 kW 及以下的常规小火电机组、以发电为主的燃油锅炉及发电机组（5 万 kW 及以下）。按照以上要求，全国还有 934.53 万 kW 常规燃煤机组（20 万 kW 以下机组）需淘汰，可实现 NO_x 减排 29.15 万 t。

水泥行业：根据工信部和能源局公布的“十二五”淘汰落后产能目标及前两年已完成的淘汰任务，按照 NO_x 排放强度 0.243 kg/t 熟料计算，可实现 NO_x 减排 2.7 万 t。

焦炭行业：根据工来和信息化部和能源局公布的“十二五”淘汰落后产能目标及前两年已完成的淘汰任务，按照 NO_x 排放强度 0.392 kg/t 焦炭计算，可实现 NO_x 减排 0.06 万 t。

（2）工程减排

测算原则：按照总量控制要求，根据 2012 年年底核查核算表，筛选未安装脱硝设施的火力发电机组和水泥生产线规模，按治污设施运行要求达到的效率，测算削减量。

电力行业：截至 2012 年 30 万 kW 以上未安装脱硝设施的机组全部安装脱硝设施，考虑到低氮燃烧技术，按综合效率 60%计算，可实现 NO_x 减排 304.6 万 t。

水泥行业：按照总量控制要求，3 000 t 熟料/d 以上未安装脱硝设施的水泥熟料生产线烧结机都安装脱硝设施，脱硝效率按 35%测算，可实现 NO_x 减排 35.91 万 t。

（3）管理减排

测算原则：随脱硝设施管理水平提高，电力、水泥行业脱硝设施运行稳定的按一定比例提高脱硝效率。

电力行业：除“十二五”后新建机组外，所有机组脱硝设施脱硝效率提高到 60%（2012 年平均脱硝效率为 48%），可实现 NO_x 减排 58.32 万 t。

水泥行业：截至 2012 年年底已建脱硝设施的，按脱硝效率提高到 40%，可实现 NO_x 减排 3.66 万 t。

（4）机动车

测算原则：根据国家淘汰老旧机动车目标及前两年淘汰情况，测算 2013—2015 年淘汰削减量，管理减排和油品升级带来的削减量按照环保部机动车排污监控中心测算的保守状况下削减量测算。

预计 2013—2015 年将淘汰老旧机动车 777 万辆，根据前两年淘汰车辆平均排放强度 0.226 9 t/辆，可实现 NO_x 减排 176.28 万 t，管理减排和油品升级带来的削减空间按环保部机动车排污监控中心测算的保守状况下可削减 45.5 万 t，则机动车 2013—2015 年共可实现 NO_x 减排 221.78 万 t。

以上共可实现 NO_x 减排 656.18 万 t（表 2-1-7）。

表 2-1-7 NO_x 2013—2015 年减排潜力

		电力/万 kW	水泥/万 t	焦炭/万 t	机动车/万辆
结构	“十二五”计划淘汰规模	1 632.55	37 000	4 200	1 000
	前两年已淘汰规模	698.05	25 900	4 057	223
	后三年预计淘汰规模	934.5	11 100	143	777
	后三年可实现削减量/万 t	29.15	2.7	0.06	176.28
工程	前两年已上工程	14 622	43.6		
	后三年预计工程规模	44 009	232.13		
	后三年可实现削减量/万 t	304.6	35.91		
管理		58.32	3.66		45.5
各行业合计削减量		392.07	42.27	0.06	247.28
NO_x 新增削减量		656.18			

1.2.2.4 总量目标：SO_2减排目标有望实现，NO_x减排目标实现难度较大

“十二五”中后期，全国通过一系列的总量减排措施，在消化新增排放量的基础上，预计可实现SO_2和NO_x净削减量137.85万t和338.09万t。到2015年，在严格控制新增量、持续大力推进总量减排工程的条件下，SO_2和NO_x排放量有可能分别较2010年下降12.69%和12.05%。届时SO_2、NO_x排放量大体和2002年、2008年水平相当（表2-1-8，表2-1-9）。

表2-1-8 “十二五”SO_2、NO_x减排情况预测

	SO_2	NO_x
2012年排放量/万t	2 117.6	2 337.8
2013—2015年新增量/万t	109.81	318.09
2013—2015年削减量/万t	247.39	656.18
2015年排放量/万t	1 980.02	1 999.71
2015年比2010年下降/%	12.69	12.05

表2-1-9 2001—2015年SO_2、NO_x排放量变化情况

年份	SO_2排放总量/万t	NO_x排放总量**/万t
2001	1 947.2	
2002	1 926.6	
2 003	2 158.5	
2004	2 254.9	
2005	2 549.4	
2006	2 588.8	
2007	2 468.2	1 797
2008	2 321.3	
2009	2 214.4	2010
2010	2 267.8	2 273.7
2011	2 217.9*	2 404.3
2012	2 117.6	2 337.8
2015	1 980.02	1999.71

注：* 2010年SO_2排放量在污普动态更新前为2 185.1万t。** NO_x排放量为污普数据。2015年排放量为本研究预测值。

由于存在增量测算的不确定性、技术管理水平等因素，有可能出现测算结果与实际不一致的情况，甚至造成“十二五”减排目标不能完成。

（1）新增污染物预测的不确定性

对我国“十二五”发展形势、能源消耗水平的判断等会直接影响减排目标的完成。我国产业结构偏重，经济发展对煤炭资源的依赖度很高，水泥、粗钢等产量已经位居全球首位，虽然“十二五”前两年经济增速适度放缓，从长期因素来看，内外环境都没有出现本质变化，经济发展方式没有得到有效的转变，而随着城镇化规划等出台，中国经济增速可能会在2013年后迎来明显反弹（可能高于本测算的假设年均增速8%），未来经济发展等污染物新增量压力较大。

此外，21世纪特别是“十一五”以来，全国煤炭消费总量统计数据与地方煤炭消费量统计数据

之和的差额在不断扩大，到 2011 年已达到 8.6 亿 t，占全国煤炭消费总量的 25.1%，给能源消费形势和污染物排放控制压力分析带来了较大的不确定性。

（2）减排项目落实的不确定性

工程、结构、监管三大减排任务的落实是目标实现的根本，减排任务的落实受资金、生产状况、施工进度、行政审批等多方面因素的影响，存在很大的不确定性。

（3）减排设施运行状况的不确定性

治污设施的稳定、高效运转是实现减排目标的前提。若污染控制措施未能得到有效运行或者监管不力都有可能导致实际的新增排放量高于测算值，尤其是目前缺乏有效运行经验的脱硝机组，增大了减排目标实现的难度。

（4）大气行动计划等政策对总量减排的影响

“十二五”初期国家加严了火电、炼焦等行业的排放标准，2013 年又出台了《大气污染防治行动计划》，各地、各部委也同时在制定一系列文件以配合《大气污染防治行动计划》的顺利推行，这些文件的出台和实施将促进总量减排工作的落实和推进。本研究只部分结合了最新的环境形势和环保要求，若各项政策措施落实到位，可能实际减排效果好于预期。

1.2.2.5 空气质量规划目标

2015 年大气环境质量目标按老标准有望实现，按新标准达标率不足 50%，到 2017 年可能有超过 50%的地级及以上城市达标。

从单项污染物来看，按照新标准评价，PM_{10} 不达标的城市超过 60%，仍有许多城市 PM_{10} 浓度位于较高水平。城市 SO_2 达标比例高达 97%，但也有个别城市 SO_2 浓度处于极端高值，亟须继续强化 SO_2 治理。对于 NO_2 而言，15%的城市不达标，虽然全国平均 NO_2 浓度保持稳定，但从“十一五”以来有近 45%的城市 NO_2 浓度在升高，这可能与我国城市机动车保有量快速增长导致机动车尾气污染排放贡献增加有关。此外，我国一些经济发达的区域和城市，如珠三角、上海、北京，夏季臭氧污染严重。

在目前质量现状基础上，假设：①到 2015 年，各省（区、市）$PM_{2.5}$ 或 PM_{10} 年度浓度相比于 2012 年的下降比例达到《大气污染防治行动计划》考核目标要求；②“十二五”后期京津冀及周边地区、长三角、珠三角 $PM_{2.5}$ 与 PM_{10} 的比例保持不变，即 $PM_{2.5}$ 与 PM_{10} 浓度同比例下降；③各省辖区范围内所有城市 PM_{10} 浓度均按照全省平均水平下降；④各个城市 SO_2、NO_2 年均浓度按照 2005 年以来的平均水平下降。

基于上述假设条件，如果以 2013 年全年城市环境空气质量作为参考，按照新空气质量标准和传统老三项污染物（$PM_{2.5}$ 缺乏系统监测数据）评价，到 2015 年底仅有不足 50%的地级及以上城市达标。预计“十二五”期间，全国 SO_2 年均浓度下降 10%，NO_2 年均浓度下降 5%。

基于 2013 年 1—11 月 74 个城市空气质量状况报告中重度污染与严重污染天数比例，推算 2 013 全年全国城市重污染天数占全年总天数为 7%左右，京津冀区域重污染天数约占 11%。根据《大气污染防治行动计划》中关于“2017 年，重污染天气大幅度减少；力争在用 5 年或更长时间，逐步消除重污染天气”的要求，初步估计到 2015 年，全国重污染天数下降 60%以上，约占全年总天数的 2.5%；京津冀区域重污染天数下降 70%以上，约占全年总天数的 3%；到 2020 年，全国重污染天数约占全年总天数的 1%，京津冀区域约占 1.5%。

除此之外，根据 2013 年发布的《环境空气质量评价技术规范（试行）》（HJ 663—2013），除了年均值外，$PM_{2.5}$、PM_{10}、SO_2、NO_2 的日均值和 O_3 的小时均值均应纳入达标与否的评价依据。2013 年 1—11 月，74 个重点城市平均达标天数比例仅 60%，由此可见若考虑日均值达标，全国地级及以上城市空气质量达标率将进一步下降。

应当注意到，大气污染叠加全球气候变化，灰霾污染将日益加重，呈现出频率增高、持续时间增加、影响范围不断扩大等特点，这种常态化情景短期内不一定能改善，会直接影响“十二五”后两年乃至“十三五”期间环境空气质量改善进程。

污染物排放是导致灰霾发生的内因，气象因素是外因。内因方面一个需要注意的特征是，伴随 NO_x、VOCs 及 NH_3 等污染物排放量急剧增加，大气化学结构不稳定态势加剧，加速一次污染物向二次污染物转化的进程，这些驱动因子有所变化，排放量已经达到触发灰霾的临界区间。外因方面一个需要注意的现象是，在全球变暖的大背景下，静稳、逆温天气发生频率显著升高，气象条件更加敏感、灰霾发生门槛变低。可以预见短时间内灰霾高发、强度提高的趋势很难改变。

1.2.3 环境风险形势分析

2012 年，我国 15 台运行核电机组处于安全状态，29 台在建核电机组建造质量处于受控状态，19 座民用研究堆总体情况良好。重金属污染防治工作取得进展，持久性有机污染物和危险化学品环境风险防控体系初步建立，地市级以上危险废物和医疗废物无害化处置工作全面推进，部分地区环境风险防控能力得到提升。然而当前我国仍然面临着结构性布局性环境风险凸显、突发环境事件频发、历史遗留污染导致的健康与生态风险底数不清、公众环境诉求不断提升、环境损害鉴定评估与赔偿机制不完善、环境风险防控综合管理技术体系尚未构建、基层环境风险防范与应对能力薄弱等问题。到 2015 年，我国环境风险形势难以明显好转。

产业结构与布局不合理带来的环境风险较高。过去 10 年，中国重化工产业发展迅猛，石化类行业的总产值增加了 8.6 倍。目前，我国水泥总产能产量 22.9 亿 t，粗钢产能超过 10 亿 t，900 多种产品产量位于世界第一，主要污染物排放量也都位居世界第一。以重化工为特征的粗放式产业发展模式与人口聚集效应，造成我国区域产业布局与资源环境矛盾突出，局部区域的大气健康风险、水与土壤环境健康与生态风险日益加重。上述局面短期内难以根本性调整，到 2015 年乃至“十三五”“十四五”期间，由于产业结构与布局不合理带来的环境风险依然较高。

重金属污染防治工作得到不断加强，但形势不容乐观。截至 2012 年年底，落后产能淘汰完成规划任务的七成，突发性重金属污染事件从 2011 年的 16 起下降到 3 起；全国废水中重点重金属污染物排放量比 2007 年下降 5.9%，138 个重点区域重金属污染物排放量比 2007 年削减 12.3%，非重点区域排放量比 2007 年削减 0.7%。已经安排中央财政专项资金 119 亿元，规划重点项目合计完成 42.7%。目前重点区域排放量和重点项目实施进度快于时间进度，预计 2015 年全国可完成目标。但我国重金属污染防控形势依然十分严峻，涉重行业发展势头猛，2012 年 15 个省非重点区域排放量比 2007 年增加；规划治理类项目推进缓慢，特别是历史遗留和民生应急保障类项目仅完成 7.2%，后续项目多为硬骨头；很多地方采选冶炼等涉重金属企业数量多、规模小、技术落后，环境风险隐患大，企业主体责任落实难。

化学品环境风险防控“十二五”规划实施取得一定进展，完成规划目标难度很大。在建立完善管理法规方面取得了积极进展，各省积极推进化学品环境管理登记，制定了加强化工园区环境保护的实施意见，部分省份制订了规划实施方案。基本完成了全国生产化学品环境情况调查、汞污染排放源现状等相关专项调查和检查。但当前化学品风险防控形势严峻，大部分地方政府和环保部门对化学品风险防控认识不足、重视不足；各省管理机构和专职人员尚未全面建立，严重滞后于实际工作需要；规划任务推进较为缓慢；化学品产业结构调整与布局优化较为缓慢，资金短缺仍是规划实施面临的主要“瓶颈”。

安全生产事件引发的次生环境事件数量居高不下。当前化工、石化、采选冶炼、电力等高污染、高风险行业仍然是各地投资重点。由于企业环境风险管理主体责任落实不到位，环境保护意识不强，部分涉及危险化学品生产加工企业设备老化、生产不规范，极易发生安全生产事件，加之企业环保投入不足，环境风险管理制度未能落实，环境应急基础设施缺位，安全生产事件极易演化成为突发环境事件。未来一段时间内，安全生产事件诱发的次生突发环境事件仍将保持高位。

突发环境事件频发，环境问题成为影响社会稳定的重要因素。环境统计数据显示，2009—2012 年全国年均突发环境事件发生数量为 400 起以上，突发环境事件造成水、大气、土壤污染，由突发环境事件造成的经济损失数额大，年均经济损失达到 1 亿元。而公众环境诉求不断提升，随着温饱问题的解决，人民将更加关注生活质量的提升。与之不相匹配的是，长期的粗放型发展带来了严重的环境破坏，重点河流污染、饮用水水源地频遭威胁、空气质量恶化、灰霾集中爆发、重金属污染与食品安全问题的频繁发生严重影响了人民群众生存、生活和生产质量，激起了公众的环境诉求。环境统计年报数据显示，目前中国的环境污染问题引发的投诉和群体性事件正以每年 30%的速度上升。

能力建设尚不能够满足风险防控的需求。现阶段环境预警和应急能力较为薄弱。一是环境风险防控的监测预警能力缺乏。环境监测仍然立足于常规污染物，缺乏特征污染物和重点风险监管物质的监测仪器设备与关键技术，化工园区、重点流域环境预警技术设备配置不足。二是环境风险评估技术制度尚未健全。现阶段环保部出台多个环境风险评估技术，应用范围与评估主体尚未明确，缺乏管理办法与制度文件，环境风险评估工作推进不利，仅在部分试点地区得到推广。三是环境应急基础能力依然薄弱。各省市环保部门多数仍没有专门的环境应急机构，环境应急技术力量不足，应急物资储备和救援专业队伍匮乏，应急基础能力在重点区域和流域层面的配置缺少统筹考虑。国家环境监管能力建设“十二五”规划已于 2013 年 8 月发布，但能力建设与形成，还需要较长时期，预计至 2015 年，能力建设仍不能够满足风险防控的需求。从重金属、危险废物、化学品风险防控规划实施情况来看，各地普遍存在的问题仍集中于监测监管能力不足，应急能力缺乏，基础薄弱。

1.2.4 分析结论

从当前减排进度来看，COD 和 SO_2 两项指标均超额完成任务，氨氮和 NO_x 减排进度相对较为缓慢，其中 NO_x 减排形势较为严峻。未来两年，预期在经济转型、产业结构调整稳步向前、环境管理顶层设计正确指引、环保工程措施政策机制有序推进，以及专项行动计划加速治理等协同推动下，COD、SO_2 减排目标预期能实现，氨氮污染物总量控制目标经努力能基本实现，国控断面水质、空气等主要环境质量指标有望实现目标要求（按规划要求的老标准评价），环境形势“稳得住”、环境质量稳中有好的态势有望继续维持；但是，未来两年经济社会发展的不确定性加大了环境保护的难度，氮氧化物完成总量减排目标的难度大，有减排的潜力但是需要采取更大的措施将其转化为现实、稳定的实际削减量，城市空气环境质量指标无法达到新标准要求。特别应该说明的是，虽未设定具体指标，但关注度高的城市内河水体黑臭、地下水与饮用水水质污染等形势严峻与改善难度大，“十二五”规划的环境质量改善指标与公众感知环境质量状况之间存在较大差距，部分地方环境质量数据的真实性存疑，这些情况都成为公众对“十二五”末期规划目标指标完成效果的认同感降低的挑战。

1.3 关于影响“十三五”环境保护形势的若干重要因素

1.3.1 经济增长因素分析

总体判断：经济增长速度换挡转入中速通道，投资驱动因素有所下降，经济增长带来的环境压力呈高位舒缓。

一是世界经济仍处于后危机时代缓慢恢复期，推动增长的力量格局正在转变，风险性因素增多。世界经济将呈现持续“慢增长”态势，脆弱性、不确定性和不平衡性成为其重要特征。新兴经济体增速放缓趋势明显，相对发达国家的增长优势进一步弱化。美国量化宽松政策退出，短期内将加大我国等新兴市场的经济下行风险。国际潜在的金融风险与国内财政风险交织，地方债务危机加剧的可能性加大。

未来10年，世界人口增长，粮食、能源、资源、环境等约束加剧，相关博弈将更加激烈。可再生能源和节能环保产业等将成为产业发展的重要方向，美国提出 2020 年实现可再生能源发电量较2012年翻一番，欧盟提出2050年实现能源消费100%可再生的目标。发达国家再工业化、能效技术研发及美国重返亚太等经济政治因素，给中国经济绿色转型、工业升级带来重大压力。“后德班”时代国际对中国环境履约的持续施压或有增无减，国际环境协议和“绿色壁垒”仍将是制约中国经济发展的隐性手段。全球应对气候变化的行动正处于由以发达国家率先总量减排向要求所有主要的温室气体排放国家都需要承担减排的阶段过渡，在发达国家与发展中国家的矛盾、发展中国家内部矛盾、新兴经济体内部的矛盾等诸多矛盾中，我国均处于矛盾的最前端，要求我国在减排温室气体方面做出更加具体的承诺和相应安排的压力日益加大（图2-1-4）。

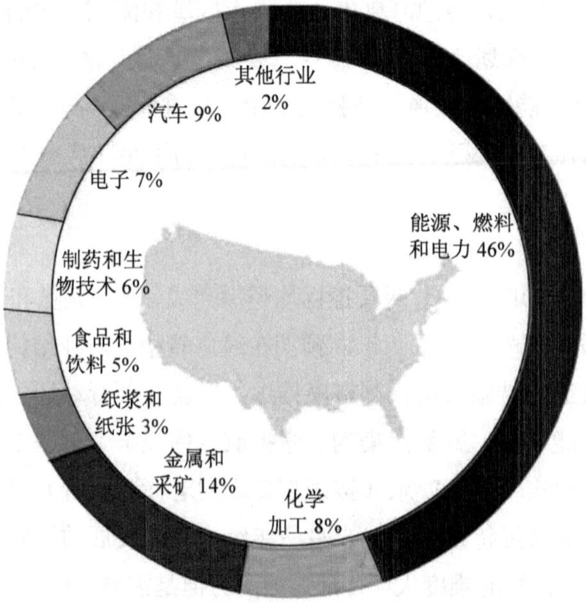

图2-1-4 未来5年美国制造业资金流向

资料来源：埃森哲预测。

二是国内经济增长进入中速通道，增长动力机制发生转换，但新旧动力都呈趋弱态势，转型、改革能否成功面临考验。1978 年以来，我国确立了以经济建设为中心的正确方向，利用人口、资源环境与入世红利等，保持了 30 年的高速增长。自 2010 年第四季度以来，经济开始持续放缓（图 2-1-5），从经济长周期看已进入下行阶段，保持 6%～8%的中速增长区间。国际经验表明，高速增长期结束，并不意味着中速增长会自然到来。如果新旧增长动力接替不成功，新的发展方式未能及时确立，中速增长也难以稳住，经济增长出现大幅下滑，则可能引发系统性风险。各项“红利”正在消失，后发追赶的工业化拉动经济优势正在减弱。

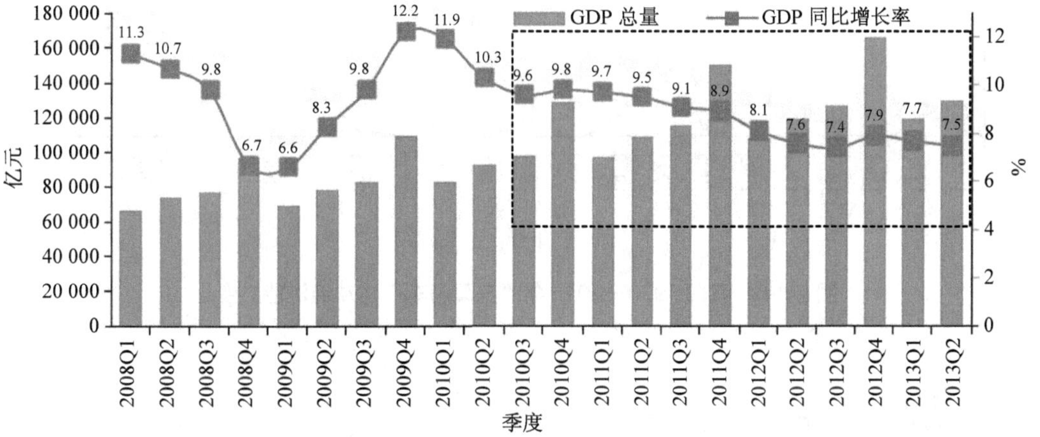

图 2-1-5 2008 年以来分季度 GDP 总量及增速变动趋势

我国“十三五”及中长期经济发展预期、发展路径，权威机构及专家观点差异较大，也间接说明了我国经济增长发展态势存在很大不确定性。以林毅夫为代表的乐观派认为未来 20 年，我国依然具有维持 8%的经济增长空间，潜力来自内需增长，增长路径是依靠基础设施投资投入，强调以政府主导；以吴敬琏、张维迎等大部分经济学家认为我国经济发展路径“瓶颈”显现，微观领域技术进步缓慢、劳动者收入提高缓慢、大众消费不足；宏观领域资产泡沫生成、通货膨胀压力增大等问题凸显，保持 8%增速的可能性并不大。改革尚在半途，成功转型压力大。过去高速增长积累起来，但被短期业绩掩盖的经济社会矛盾几乎到了临界点，如果政府继续大规模投资，体制机制障碍不消除，问题会以“更大经济危机”的形式爆发。国内权威机构预期中国经济在“十二五”后两年将维持在 8%上下的增长速度，然后在“十三五”时期逐步过渡到 6%～7%的增长速度，将比过去 10 年的平均水平下降 2～3 个百分点（表 2-1-10）。

表 2-1-10 中国经济发展主要指标展望

指标	2012 年	2013 年	2014 年	2015 年	2017 年	2020 年
GDP/万亿美元	8.2	9.3	10.6	12.0	15.1	21.4
GDP 增速/%	7.8	8.1	8.1	7.8	7.3	6.7
人均 GDP/万美元	6 064	6 825	7 740	8 757	10 951	15 300
投资率/%	48.1	47.5	46.7	46.0	44.3	42.7
消费率/%	49.3	50.0	50.7	51.4	53.1	54.7

资料来源：国务院发展研究中心。

拉动经济增长动力机制发生转变，但形态仍需稳固。投资、出口拉动能力减弱。近10年来，基础设施投资占固定资产投资比重由30%下降至20%，投资潜力和空间明显缩小。消费拉动有所增强，可能开启“消费驱动型经济增长”模式，但仍处于疲弱状态。多年来依托出口拉动经济增长的局面正在消失，大量投资形成的产能难以被世界市场消化，国内消费市场难以大幅度增长，长期性产能过剩态势显现（图2-1-6，图2-1-7）。

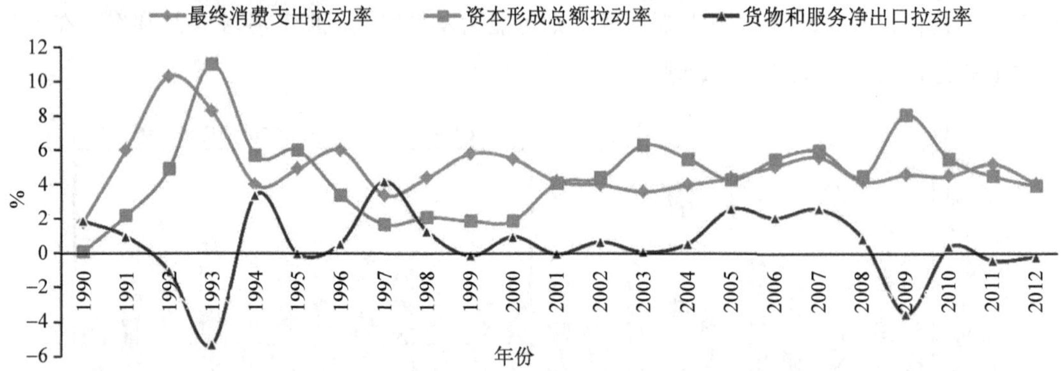

图2-1-6 我国1990—2012年“三驾马车”拉动经济能力变化

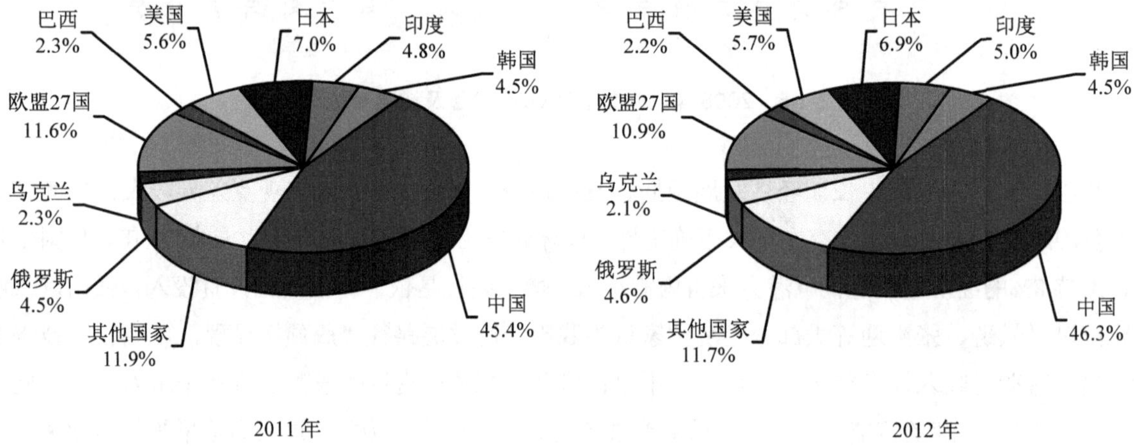

图2-1-7 2011年和2012年各国在全球钢铁产量中的比例

资料来源：世界银行数据库。

我国资源禀赋先天不足，经济增长主要依赖资源过度开发和利用的，资源能源高消耗、污染排放高强度、产出和效益低下的特征明显，这种状态在短短的7年左右能有多大状态的改变难以估计，经济增速降低、消费驱动因素有所加强，总体上有利于减缓环境压力，但存在较大的不确定因素。

1.3.2 资源能源因素分析

总体判断：发展阶段总体转入后工业化新阶段，结构调整艰难前行，重化工业快速发展的势头减缓，资源能源消费进入平台期。

一是2020年前后基本进入后工业化发展阶段，产业结构正发生重要变化，三产占比有可能超过50%，但产业转型升级难度较大。预期到2020年，我国人均GDP达到1.5万美元左右（现价美元），基本进入世界高收入国家行列，经济总量接近美国；三次产业结构调整为6∶42∶52；城镇化率达到 60%左右，基本完成工业化进程，进入城镇化中后期阶段[1]。但区域之间差异较大，经济发展各阶段在我国都有所表现。我国北京、上海等发达城市进入后工业化社会，江浙等省进入到工业化后期，而贵州、云南等西部省份仍处于工业化初期阶段，大部分中西部地区正处于工业化中期、重工业集聚发展阶段。未来 10 年，东部发达地区面临转型升级的压力挑战，中西部地区面临标准加严、经济增长与环境保护压力持续增大的挑战。反映在环境效应上，东部地区经济增长对环境的压力有所降低，但由于经济总量高，污染物的排放量增长依然不可忽视；而中西部和东北地区由于经济增长的速度较高，从而引发的污染物排放量增长压力将呈现出加剧的趋势，尤其要引起重视（表 2-1-11）。

表 2-1-11　2020 年中国工业化发展的阶段判断

指标	预期	工业化阶段判断
人均 GDP	1.5 万美元（当年美元）	后工业化阶段
三次产业产值结构（产业结构）	6∶42∶52	后工业化阶段
第一产业就业人员占比（就业结构）	23%左右	工业化后期
人口城市化率（空间结构）	60%左右	工业化后期
总体判断	后工业化经济发展阶段	

资料来源：国务院发展研究中心。

我国第二产业占 GDP 的比重由 2005 年的 47.4%下降到 2012 年的 45.3%，第三产业比重由 40.5%提高到 44.6%，二产比重持续下降，三产比重保持上升趋势，反映了产业结构进一步优化调整的基本态势。但是“倚重”产业结构调整步伐缓慢。从工业内部结构看，1997 年重工业比重超过轻工业，工业主导型特征显现，2002 年以后二者比值差距逐步拉大，重工业比稳定在 70%左右的较高水平（图 2-1-8，图 2-1-9）。

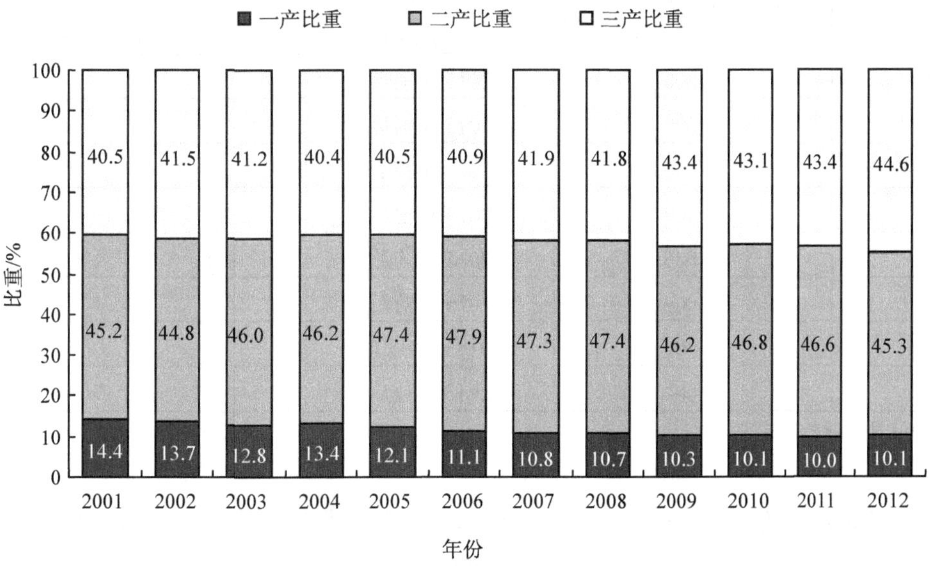

图 2-1-8　2001—2012 年我国产业结构变动趋势

[1] 本章经济、社会、能源预测综合了《中国经济增长十年展望》（国务院发展研究中心）、《实现“十二五”环境目标机制政策研究报告》（国合会）、《2013 年中国可持续发展战略报告》（中国科学院）、《中国能源中长期发展战略研究》（中国工程院）等研究数据和结论。

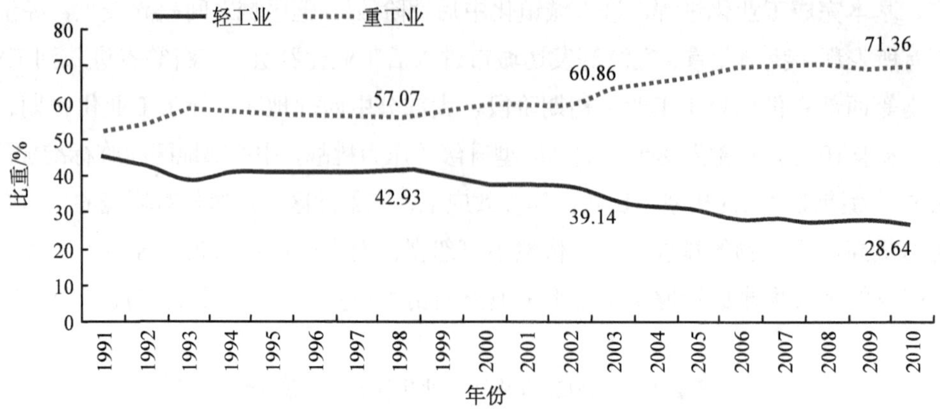

图 2-1-9 1991—2010 年我国轻重工业比

二是重化工业快速发展的势头将减缓，主要重化工产品产能峰值苗头显现，但达到峰值后仍将可能有一个较长的平台期，资源环境压力整体不会剧增但依然较大。钢铁、化工、建材等重化工业峰值临近。2012 年我国粗钢产量达到 7.17 亿 t，估计 2015 年或 2018 年达到 8.7 亿 t（低限情景）、10.7 亿 t（正常情景）峰值；2012 年我国水泥产量 21.8 亿 t，产能接近 30 亿 t，超过 2015 年 25 亿 t 的需求预期目标，人均水泥累积消费量远超发达国家消费饱和时 22 t 水平；铜、铝、铅、锌等主要有色金属产量也将在 2020 年达到峰值；我国汽车的长期需求年度峰值将在 2020 年前后出现，后续将基本保持略高于 GDP 的增长率；城镇住宅 1 300 万套的长期需求年度峰值预计出现在 2015 年（表 2-1-12）。

表 2-1-12 中国主要重工业行业占 GDP 比重达到峰值时间预测

主要工业行业/产品	达到峰值人均 GDP/（1990 年国际元）	中国达到峰值时间预测	2015 年占 GDP 比重/%	2020 年占 GDP 比重/%
冶金	11 000	2015 年前后	5.8	3.8
电力	11 000	2015 年前后	2.3	1.5
建材及其他非金属矿	11 000	2015 年前后	3.3	2.2
煤炭	11 000	2015 年前后	2.1	1.4
石油	11 000	2015 年前后	2.8	2.8
化工	11 000	2015 年前后	4.0	3.9
钢铁	11 000	2015—2018 年	—	—
水泥	11 000	2015 年前后	—	—

资料来源：国务院发展研究中心。

三是能源消费增速趋缓，短中期内能源结构仍将以煤炭为主，煤炭消费 2030 年前后到达高峰。煤炭消费是 70%左右的一次能源及 80%的电力资源的主要来源（图 2-1-10）。区域煤炭总量控制落实难度大，“气荒”带来国内天然气供需矛盾凸显，预计短中期内我国能源消费结构仍将以燃煤为主。页岩气资源潜力较大，但近期开采规模受技术及作业条件制约，未来开采规模存在很大的不确定性。国内外不同研究机构对中国能源消费总量的预测值存在差异，总体认为，2030 年以前中国能源消费总量都将保持增长态势。预测到 2020 年我国能源消耗强度继续下降，但能源消费总量持续增长，能源需求年均增长 4.8%（低于过去 10 年平均 8.4%的增速），悲观预测能源消耗达到 52 亿 t 标煤（其中煤炭 32 亿 t)、煤炭占比仍将超过 50%，也有预测 2020 年我国能源消费总量为 45 亿～49 亿 t 标煤。一般认为，工业能源消费需求量实现近零增长，但建筑和交通能源消耗仍然增长（表 2-1-13)。到 2030 年，我国基本完成城镇化进程，人均电力需求达到 7 500 kW·h/a 的峰值，非化石能源消费比例提高，煤炭消费总量达到峰值（也有预测乐观预测煤炭消费总量有望在 2020—2025 年达到峰值），在一次能源中的比例大幅降低。部分发达地区煤炭消费总量已经达到或接近高峰，其中北京市煤炭消费量从 2006 年开始持续下降，天津、上海、浙江、广东的煤炭消费量在 2012 年出现下降。

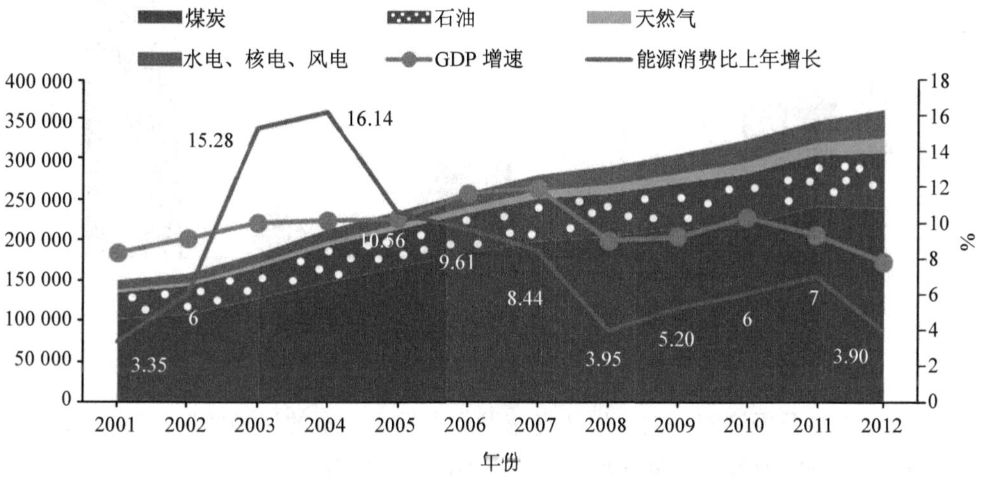

图 2-1-10　2001—2012 年我国能源消费增速及能源结构

表 2-1-13　我国未来能源的需求结构

能源品种	能源需求量（标煤）/10^6t		需求占比/%	
	2010 年	2020 年	2010 年	2020 年
煤炭	2 210	3 255	68.0	62.5
石油	617	744	19.0	14.3
天然气	143	418	4.4	8.0
核能	25	152	0.8	2.9
水电	213	358	6.6	6.9
太阳能光伏	0	14	0.0	0.3
太阳能光热	13	47	0.4	0.9
风能	16	113	0.5	2.2
生物质及其他	14	110	0.4	2.1

1.3.3　区域发展和城镇化因素分析

总体判断：区域经济格局和城镇化形态发生转变，区域和城乡环境可能差异加大、失衡加剧。

一是区域经济格局发生转变，带来环境污染空间布局的变化。2008 年以来，中西部地区发展速度持续超过东部地区，区域经济多元化增长格局正在形成，经济增长重心呈现向中部、西部转移特征，发展阶段差异、产业的区域梯度转移带来了资源能耗、环境污染空间结构的变化[1]。我国与发达国家环境问题的阶段性差异，“十三五”期间会在中国区域间表现尤为明显。区域性大气灰霾、流域水体等同时期、大面积、长周期的环境污染问题日益突出。优化开发区、重点开发区环境质量改善的难度大（图 2-1-11）。

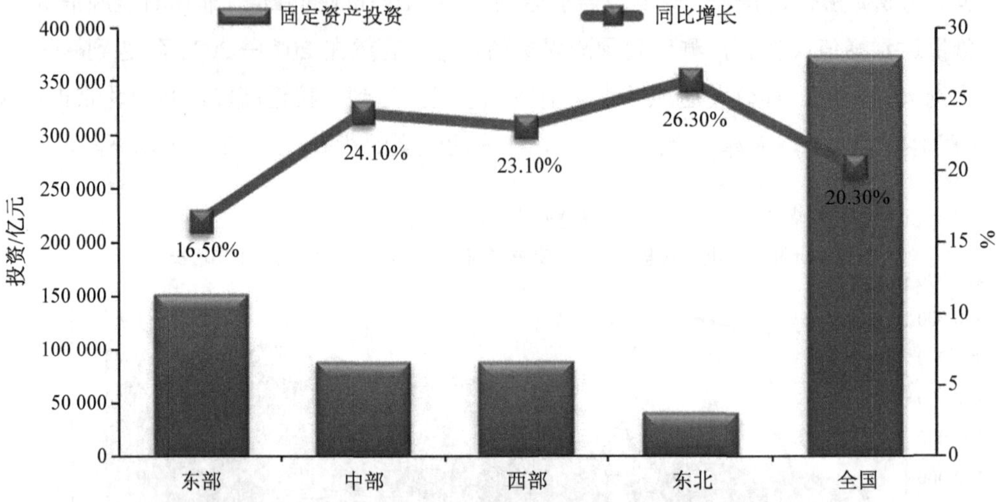

图 2-1-11 2012 年区域固定资产投资额及增速

东部沿海地区人口及经济密度大，长期高速发展占据了大量的资源能源，环境承载力已严重不足，区域性累积的环境压力与风险积重难返。未来 10 年，受国际技术、创新竞争加剧，国内优惠政策退出、要素成本提升、经济转型先行试水经验不足等影响，增长的新动力机制稳中趋强的压力依然较大，区域性灰霾等环境问题成为未来长期治理的重点、难点。

中部地区皖江城市带、长江中游地区、中原经济区等是东部地区、国外高耗能、重污染企业转移的集中承接区，环境污染排放呈加剧上升态势，未来面临着区域型环境污染加重的态势。

西部地区内蒙古、新疆、陕西等是我国资源能源富集区，能源开发加重了西部地区生态环境的脆弱性，生态系统退化形势严峻。重金属等重污染行业向中西部等非重点区域转移的趋势明显，如内蒙古在 2012 年 PVC 产能比 2007 年增长了近 4 倍的情况下，还有 7 个已批复的 340 万 t 产能将在“十二五”后几年陆续释放；新疆煤制气项目水资源的过度取用与水体污染等问题日益凸显（表 2-1-14）。

表 2-1-14 2009 年长三角、珠三角和京津冀鲁区域资源消耗量

	全国	三大区域	三区占全国比例/%
国土面积/万 km^2	960	76.57	7.98
人口/亿人	13.247	4.395	32.9
煤炭消耗量/亿 t	30.22	18.11	40.3
水泥产量/亿 t	16.50	6.26	38.1
粗钢产量/亿 t	5.72	3.10	54.2
纸产量/万 t	8 965	5 718	63.8
印染制品/亿 m	753	570	75.7
汽油消耗量/万 t	6 145	3 554	57.8

资料来源：2011 年中国绿色发展指数报告。

[1] 资料来源：国家统计局.2012 年国民经济和社会发展统计公报。

二是城镇化发展思路导向发生转变，城乡环境问题日益凸显。党的十八届三中全会提出“推进大中小城市和中小城镇协调发展、推进城乡一体化”的新思路，预期中小城镇将成为未来城镇化进程的主要方向。中央城镇化工业会议提出的解决 2 亿多人半城市化、禁止摊大饼及发放地方债券、补齐县区基础设施等新思路，将为缩小城乡不平衡差距、中小城镇实现环境公共服务均等化提供重要契机。未来 10～20 年，我国城镇化速度有所趋缓，质量“里子”会有所提升，预期到 2020 年达到 60%水平，年均增长 0.9 个百分点左右。国际经验表明，美国、澳大利亚等地广人稀的新大陆国家，城镇化成熟阶段到 80%～90%，德国、法国、意大利、日本等历史悠久，农耕文化深厚、地形地貌多样的国家，容易发生逆城市化，城市化率最高不会超过 70%，我国上海、浙江已经开始出现逆城市化现象。因此预期到 2030 年，我国城市化率达到 65%左右峰值并相对稳定，人口将呈现向大城市和中小城镇两端聚集特征。

到 2020 年我国仍然处于城市化和工业化持续发展进程中，环境压力仍在增加。未来城镇化率每提高 1 个百分点，将增加城镇人口 1 300 万人左右、生活垃圾 1 200 万 t、生活污水 11.5 亿 t，消耗 8 000 万 t 标煤。伴随城镇化进程，尽管未来质量有所提升，但也是城镇人口增长、资源能源消耗的过程，对城市环境容量负荷、空间布局、环境基础设施建设等都带来较大压力。在原有发展城市群战略下，污染区域性特征主要表现在大中城市之间，未来中小城镇发展可能导致不同区域、城市群间由隔离式的“大碎片污染”转为“连片污染”，城市灰霾、内河水体黑臭、饮水不安全、垃圾围城等环境问题已成为社会关注的焦点。

“十三五”时期，人口增长及城乡居民生活水平提升，带来农产品及食品消费需求增长速度加快，预期到 2020 年，我国粮食需求量 67 935 万 t，将比 2011 年增长约 8 000 万 t，供需平衡压力加大。施用农药、化肥提高产量态势可能无法减缓，带来农村面源污染、土壤环境不安全等问题依然严峻。粮食和主要农产品消费进入结构转型期，农副产品加工等现代农业产业将呈上升趋势，带来新型环境污染。

1.3.4　体制机制改革因素分析

总体判断：改革总体利好，但政策制度存在不确定性，短期“阵痛”影响现实不容忽视，特别注意新老接续、平稳过渡问题。

经济发展方式根本转变、财税等体制机制改革仍存在不确定性、难度大。党的十八届三中全会确立了改革的总基调，经济体制改革、政府职能转变、财税体制改革等成为中国体制改革的重要方面，并将深化生态文明体制改革作为六条主线之一，确定了生态文明制度在改革中的重要地位。预期在“资源产权、用途管制、生态红线、有偿使用、生态补偿、管理体制”等改革到位，红利释放较大等形势下，生态环境保护、环境管理体制机制成效将取得突破。近期，生态文明建设目标体系制定实施、生态环境保护红线划定、横向生态补偿机制建设完善、排污许可和企事业单位污染物排放总量控制、《环境保护法》修改完善，以及发挥市场机制作用、强化责任考核和追究、推进环境管理战略转型等试点都将对“十三五”期间环境保护工作产生重大深远的利好影响。

但未来政府、市场及社会体制机制改革任务繁重，深层改革推进难度大，转型仍存在很多障碍。固有的经济发展轨迹惯性大、资源能源低水平利用、财税及政绩考核等问题加大了经济转型的难度。

在环保投融资机制不健全、全面改革尚未完全到位时，近期财税体制一些具体做法将对环保投资和环保部门经费保障产生“阵痛”影响不容忽视，部分环保投资稳定的来源渠道将进一步丧失，基层政府环保支出和环保部门经费将受到较大的冲击，环境监管能力建设资金日益缺乏保障。环境保护费改税将使近三成的政府环保投资、近四成的基层政府环保支出和部门经费、七成多的能力建设资金受到影响，需要切实先行解决环保投资和部门经费保障的财政预算“硬”约束问题。财政转移支付制度改革将波及近一半的中央政府环保支出，中央和省级专项的带动性和针对性受到影响，最重要的是有可能被基层和财政保障情况较差的地区“统筹”用于其他经济社会事务。

环保部门体制机制存在较多问题，建立和完善严格监管所有污染物排放的环境保护管理制度、独立进行环境监管和行政执法等改革还需要重点研究，“十三五”期间推进力度和方向还存在一定的不确定性。一是对森林、草原、水体、海洋、农田、荒漠等生态环境关注较少，生态环境管理分散在各部门，统一的生态环境管理体制改革关系到多个部门职能权利，调整难度大。二是职能交叉，执法主体和监测力量分散，环保部门切块监管、多头执法等问题突出。三是环境保护改革进入“深水区”，越来越受到机制体制等方面的制约。环境管理存在严重的交叉错位现象，需要重构碎片化的管治体系，积极探索实行职能有机统一、运行高效顺畅的环保大部门体制，科学划分中央和地方的环境事权，强化环境资源统筹能力。

1.3.5 重大环境问题分析

总体判断：复杂性加大，改善难度加大，全面达标可能性不大，供需矛盾突出，但社会环境预期不会留出太多回旋空间。

一是新老问题复杂多样，环境问题解决难度在加大，环境质量全面达标是长期性的艰巨任务。经济全球化和技术发展对我国环境产生的风险不容忽视，不当的农村和农业发展方式可能进一步加大环境压力。目前治污潜力收窄，一些污染因子尚未纳入有效管理，长期累积和新型环境问题应对的难度加大，消费结构和消费方式转型升级影响深远，O_3、Hg 及土壤环境质量等尚未纳入控制目标因子有可能在“十三五”时期成为关注热点。化学品等高毒性、难降解污染物等新型环境问题及老问题交织，水、大气、土壤等多介质复合污染综合防控问题日益突出，土壤环境质量总体下降趋势尚难得到根本扭转，环境问题更为复杂和不确定。预计未来 5～10 年，尤其要对大规模环境公共健康危机、超大区域灰霾和跨区域水污染继续蔓延、土壤和地下水污染产生的食品安全危机、与周边国家的环境冲突和环境威胁论、环境公民运动和生态政治危机、生态环境管理体制改革的不确定性等问题予以充分关注和考虑。

以大气污染防治为例，发达国家大气污染防治历程表明，大气污染防治是一项漫长而艰巨的任务，从大规模治理到达到空气质量标准都需要 30～40 年。20 世纪 50 年代美国发生了洛杉矶光化学烟雾事件，1970 年出台了《清洁空气法》。2005 年美国 EPA 发布了“清洁空气州际法规”，旨在通过同时削减 SO_2 和 NO_x 促进近地面 O_3 和 $PM_{2.5}$ 达标。经过 40 多年综合治理，美国 $PM_{2.5}$ 污染虽然已经大幅降低，但是 2011 年监测分析仍有 121 个县（占全国 4%左右县）不能达到新标准。1960 年前后，日本国内石化工厂附近患哮喘类疾病的病人数量激增。1968 年日本政府颁布了《大气污染控制法》，并从 20 世纪 80 年代开始关注 $PM_{2.5}$ 的人体健康影响，2009 年制定的 $PM_{2.5}$ 标准为年平均值不得超过 15.0 $\mu g/m^3$。经过 30 多年的努力，日本空气质量得到明显改善，但在大城市的中心城区 $PM_{2.5}$ 浓度达标存在较大困难。

截至 2020 年，制约环境风险管控工作的法律依据、制度政策、基础研究、企业责任等问题仍将难以得到全面突破，生态系统改善任重道远，我国环境健康工作压力陡增。一是区域性的重污染天气仍将持续对公众健康造成严重的威胁，长期的空气污染暴露仍将造成沉重的疾病负担。二是局地地表水源地和地下水源地污染仍将对公众的饮水健康构成潜在威胁。三是土壤污染导致的食品安全仍是我国公众健康的重大威胁。四是因环境污染导致健康损害而引发的群体性事件风险需要引起高度重视。

二是大数据正成为社会信息化发展的重要方向，社会公众环境权益观增强、环境公平正义与质量改善要求快速提升。大数据、云计算实现了从海量数据中高效便捷地获取相关数据，对个体特征更易于掌握，深刻改变了社会生活行为方式，成为未来信息化的主导方向，对环境数据整合、动态更新及信息公开透明等带来了新挑战。网络、微博、微信等新媒体发展迅速，灰霾天气、污染事件等成为关注焦点并“烙印”强烈，但环境知识普及和环境责任意识明显不足。从邻近地区建设项目决策、环境质量评价、政府问责等，反映出公众维权意识与参与意识正在增强。环境保护的战略相持期与老百姓速战速决的心态之间存在矛盾凸显。

社会公众对环境风险的认知和防范意识越来越强，对环境风险容忍度越来越低，社会公众的“可接受环境风险水平”处于转变期，对环境保护、风险防控的要求越来越高。“十三五”是我国全面建设小康社会的关键时期，也是社会公众的“可接受环境风险水平”的重要转变期。随着社会富裕程度的提高，社会公众的最大可接受风险水平、可忽略风险水平逐步降低，且在“温饱”“小康”“富裕”阶段具有“数量级”的差异。因此，总体上看，“十三五”时期，我国社会公众对环境风险防范的期许和要求将越来越高，且存在地区和城乡差异（表 2-1-15）。

表 2-1-15　恩格尔系数与社会发展阶段、MARL 之间的对应关系

发展阶段	贫困	温饱	小康	富裕	极富
恩格尔系数	＞60%	50%～60%	30%～50%	20%～30%	＜20%
最大可接受风险水平	10^{-3}	10^{-4}	10^{-5}	10^{-6}	10^{-7}
可忽略风险水平	10^{-5}	10^{-6}	10^{-7}	10^{-8}	10^{-9}

资料来源：毕军等（2006），区域环境风险分析和管理。

1.3.6　综合分析

总体判断：环境压力继续增加但增速趋缓、进入平台期，环境问题现状已经十分严峻且存在无法回避的现实难度和路径依赖，各方面不确定性、风险性、分异性明显加大，“十三五”时期十分关键且敏感。

综合上述，5 大领域 10 个方面的分析，我国经济与生态环境正处于工业化中后期的深度变革阶段，存在一定的有利因素。未来 10 年，支撑过去 30 多年高速增长的一些基本面因素将发生重大转变，经济进入到中长期增长率下降、增长平台转换、生产要素重新组合及增长动力转变阶段。“十三五”时期，我国工业化阶段转变带来经济增长资源能源需求高位趋缓；经济发展动力机制转换带来内需与外需、投资与消费失衡情况有所改善，减少大规模投资的环境压力；重工业产品等资源能源苗头峰值显现带来新增污染排放压力趋缓；区域增长格局多元化带来、城镇化“提质”与中小城镇协调发展思路带来区域、城市环保新机遇；生态文明制度及财税体制改革等制度红利释放带来发展潜力增长、环境管理转型等。如果转型、改革较为成功，我国将在 2020 年前后总体完成工业化进程，2030 年前后城镇化率基本稳定，资源能源消费压力、一般污染物排放的峰值也相应在 2020 年、2030 年前后陆续来到，污染排放压力有望减小，传统的环境问题有望开始得到根治。

但是，“十三五”时期环境保护仍存在众多不利因素。国际再工业化、“绿色”壁垒等加大我国产业绿色转型难度；经济发展固有惯性大，产业转型调整难度大；资源约束趋紧、环境容量超载已成为制约经济持续健康发展的重大矛盾；重工业产品平台整理期限长，新增污染排放量较长时间仍居高位，环境负荷依然较大；中西部地区承接落后产能态势凸显，面临污染集中、加剧的压力；城镇化带来新增人口、机动车、消费转型等污染排放增加；公众参与意愿、信息公开要求上升，对未来环境管理转型构成挑战；污染介质相间转移、复合型及二次污染成因复杂、新老环境问题交织，环境质量改善的难度正在加大。

转型期往往也是经济运行的不稳定性、脆弱性、系统性风险加大期，存在不少不确定性因素。中速增长形态能否稳固、增长因素能否由“潜在”变为“显在”、经济增长新动力能否顺利接替旧动力、技术创新和产业结构升级能否取得实质性突破仍难以预期。财税体制、政府职能、考核机制、结构矛盾等现有制约环境保护的体制机制性障碍改革的深度仍不确定；公众关注环境焦点瞬息变化给环境污染控制因子与治污效果认可度带来了较大的不确定性；环境管理转型、体制机制变革速度能否适应环境形势变化的需要仍有待考量。

总体来看，到 2020 年前后，是“青山绿水”与“金山银山”战略抉择的“两难”期，也是发展转型、污染防治的攻坚期、相持期，还可能是环境质量改善速度和老百姓需求差距最大、资源环境瓶颈约束和发展矛盾最尖锐的困难期，将是环境保护负重前行但充满希望的历史时期。到 2020 年前后，我国新老环境压力叠加空前，总体形势谨慎乐观。

1.4 关于规划目标

1.4.1 落实党的十八大关于 2020 年的目标要求

党的十八大报告提出到 2020 年全面建成小康社会的目标是：经济持续健康发展，转变经济发展方式取得重大进展，在发展平衡性、协调性、可持续性明显增强的基础上，实现国内生产总值和城乡居民人均收入比 2010 年翻一番；人民民主不断扩大；文化软实力显著增强；人民生活水平全面提高；资源节约型、环境友好型社会建设取得重大进展。其中，生态环境和可持续发展方面的目标为：主体功能区布局基本形成，资源循环利用体系初步建立。单位国内生产总值能源消耗和二氧化碳排放大幅下降，主要污染物排放总量显著减少。森林覆盖率提高，生态系统稳定性增强，人居环境明显改善。

党的十八届三中全会《中共中央关于全面深化改革若干重大问题的决定》提出：2020 年重要领域和关键环节改革取得决定性成果，完成本决定提出的改革任务，形成系统完备、科学规范、运行有效的制度体系，使各方面制度更加成熟定型。其中生态环境方面要求，紧紧围绕建设美丽中国深化生态文明体制改革，加快将建立生态文明制度，健全国土空间开发、资源节约利用、生态环境保护的体制机制，推动形成人与自然和谐发展建设新格局。

综合上述战略安排，到 2020 年，环境保护需要实现：资源能源、污染物排放强度大幅度下降或总量显著减少；人居环境明显改善，生态系统稳定性增强；主体功能区布局或国土空间开发格局基本形成；生态文明制度体系系统完备、科学规范、运行有效。

1.4.2 综合确定全面小康社会的环境底线

把握生态环境可达、经济技术可行、人民群众可接受的平衡，综合确定全面小康社会的环境底线。从现状问题来看，我国处于世界产业格局的低端，经济增长主要依赖投资推动和资源利用的扩展，资源能源高消耗、污染排放高强度、产出和效益低下的特征明显。我国产业结构调整偏慢，二产比重依然较高，重工业产值占工业总产值的比重保持在 70%左右，且仍保持较快发展势头，产业低端化特征明显。形成污染产业输入、资源环境产品输出“生态逆差”现象。消费模式不可持续进一步加剧环境污染态势。社会对环保投入不足，机制体制制约问题越来越突出。发达国家上百年工业化、城镇化中遇到的环境问题，在我国集中在 40 年间出现，环境问题存现压缩性、复合型、累积性特征。尽管经过多年的努力，尤其是“十一五”“十二五”开展了大规模治污减排，我国生态环境问题依然突出，环境形势依然严峻。上述存在问题解决的难度大、不可能一蹴而就，我国仍处于工业化、城镇化快速发展阶段，在社会经济发展方式转型尚未完成、环境治理投入没有持续明显提升的情况下，大幅度、全面改善环境质量还存在很大障碍。

从环境形势分析，未来一段时期，我国工业化、城镇化尚未完成，社会经济发展仍将“高歌猛进”，资源能源消费和污染物排放量峰值处于缓慢增长的平台期，环境风险累积，新型环境问题不断涌现，环境保护仍将长期处在“负重爬坡”的历史阶段，在常规污染物仍“还旧账”时，风险、累积性污染等新问题进入集中爆发期，全国环境问题区域间转移、区域内新老问题交织，环境问题与食品、生态、人体健康问题迁移性更加明显。

根据国家统计局《中国全面建设小康社会进程统计监测报告》预判，到 2020 年经济发展的五项指标可以全部达成，社会和谐方面有三项指标已经达到或接近 100%，生活质量方面除已经达标或接近达标的四项，居民人均可支配收入的目标也可于 2020 年实现，民主法制的两项指标都离目标值不远，文化教育方面虽然实现程度最低，但三项监测指标都保持增长态势，全面小康社会的经济及社会发展目标不难实现。反观环境指标，虽然监测报告资源环境的达标程度为 78.2%，但其指标选择有乐观倾向，资源环境可能是全面建成小康社会进程中最困难的环节。因此不能乐观估计小康社会情景下的环境与经济、社会的不平衡、不协调、不可持续程度能够有大幅度改变，小康社会的资源环境指标“短板效应”甚至会更加明显，环保工作力度可以加大，但是环境保护目标不宜过于受“全面小康”的拘泥而不切实际地“高攀”（图 2-1-12）。

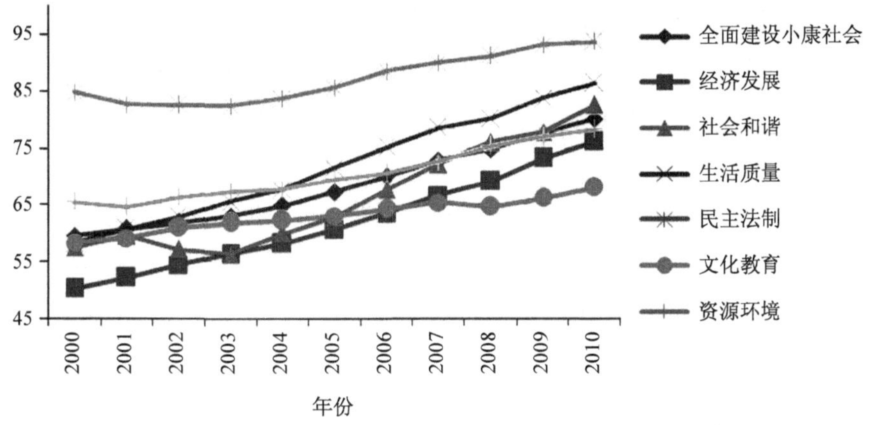

注：*数据来源：国家统计局《中国全面建设小康社会进程统计监测报告（2011）》。

**资源环境指标：单位 GDP 能耗、常用耕地面积指数、环境质量指数（包括城市空气质量达标率、地表水达标率和国土绿化达标率）。

***有学者认为此指标体系未全面反映环境问题和进展，尤其是新空气质量标准下会使资源环境指标实现率大大降低。

图 2-1-12 中国全面建设小康社会进程统计结果

从公众环境期待来看，现阶段环境问题已成为社会关注前三位的热点和焦点问题，社会环境意识尤其是环境权益意识高涨，安全健康的环境需求已成为老百姓丰衣足食之后的“刚需”，在老百姓价值观中的权重越来越大。未来随着信息化发展，人民群众关心、参与环境保护的渠道越来越多，国内外环境信息越来越丰富，人民群众对环境质量、环境权益和环境公共服务的需求也将持续增长，而且很可能超过资源环境客观条件和环境保护工作进展的速度，导致人民群众期待与环境保护的差距在某些领域进一步拉大。因此，充分尊重公众对基本环境质量需求，充分维护公众知情、参与、监督环境保护的权益，充分构建公众参与环境保护的渠道，正确引导发挥公众保护环境的正能量，将是全面小康社会建设需要充分考虑的重大问题。

考虑三者的平衡，在从技术方面客观准确把握可达和可行的同时，对于一些公众关注的重大环境问题，一定要提前谋划，坚持问题导向，给出明确的预期和解决方案，确保基本的环境质量和环境公共服务水平，满足覆盖社会全体的环境目标指标要求。

1.4.3 充分考虑未来环境质量明显改善的可能性和积极因素

国际经验或案例表明，存在人均 GDP 3 000～8 000 美元环境状况开始转变的库兹涅茨倒 U 形曲线（Kuznets curve）拐点现象，美国、欧盟等国家大规模治污到环境质量明显改善（不一定达标）的时间跨度约为 20 年。

欧美国家在 1970—1990 年 20 年间控制 SO_2、NO_x 等常规污染物排放、1990—2010 年 20 年控制 PM_{10} 和 $PM_{2.5}$ 排放都取得了明显成效，美国 2010 年 PM_{10}、$PM_{2.5}$ 浓度分别下降到 51 μg/m^3、9.99 μg/m^3。

我们分析，莱茵河在 1970 年前后水质、水生态状况最差，经过 30 年左右的治理，大概在 2000 年，恢复到 1900 年水平。即使最难治理的湖泊，琵琶湖 35 年已由过去的Ⅲ～Ⅳ类水，恢复到现在的Ⅱ类水质，20 世纪 80—90 年代频频暴发的淡水赤潮与蓝藻水华已不见踪影。日本霞浦湖历经 30 多年治理，德国波登湖历经 26 年（1980—2006 年）治理，虽然湖泊的生态环境现状仍然不尽乐观，但基本处于社会公众可以接受水平之上。

2009 年 91 个国家数据显示，达到欧盟 PM_{10} 年均浓度 40 μg/m^3 标准时人均 GDP 在 1 万～1.5 万美元，环境质量全面改善时点人均 GDP 约为 1.5 万美元，与预计 2020 年我国的经济发展水平基本相当。我国大规模治污从“九五”淮河治污开始，历经多年持续治污，未来再经过 10 年的统筹部署、积极应对、有所作为，应能取得明显成效，未来可能是环境保护大有作为一个阶段，经艰辛努力可以积小胜为大胜。

我们不能使环境系统与经济系统、社会系统不平衡性再进一步加大，应使 2020 年前后的我国具备环境保护形势转折的基本条件，传统的环境问题有望开始得到根治，这应该是我国环境保护工作不能退却的底线。但国际经验表明环境质量全面改善、人体健康保障和生态系统的平衡还需要 10 年以上的继续努力。

1.4.4 充分认识“十三五”环境规划目标的特点

全面小康社会的环境规划目标具有小康阶段、基本底线、全面覆盖、工作彰显、局部突破等特点，应基于上述特点设计“十三五”环境规划目标。

在实现环境质量全面改善达标、生态系统良性循环、人体健康充分保障环境保护总进程上，我国目前还处艰难的攻坚期，主要任务是减少主要污染物排放、环境质量明显改善、使环境状况与全面实现小康社会基本相适应。根据宏观战略研究等相关研究，要实现环境与经济社会基本协调、环境质量全面改善需在 2030 年，要使人口、资源、环境、发展全面协调，生态系统良性循环、人体健康充分保障预计要在 2050 年才可达到。基于此，从 2020 年小康社会所处的历史阶段决定其环境目标定位为阶段性小康目标，“十三五”规划研究应展望到 2025—2030 年环境情景，给社会良好的中长期预期。

要设置保基本底线、促公平正义类、具有环境基本服务性质的基本型的指标。明确提出能够满足老百姓可以接受的环境底线的全国性指标，在重点要素和领域如水、大气、生态、土壤以及环境风险等要反映老百姓可接受的环境质量底线、环境保护基线，如饮水安全、重要生态功能区维护、基本农田或者农业区的土壤质量等高功能地区，遏制退化，高标准保护，源头预防。

2020 年的环境目标应是覆盖全体公众的小康目标。全面小康社会代表社会期待，核心理念是以人为本，公平正义，核心目标是以环境质量为重点、保障社会绝大部分群体享有基本安全的环境质量，因此是代表国家战略中的环境质量底线，具有全国范围覆盖意义。指标的评价方式和表达方式，要覆盖所有老百姓，可以有每个老百姓都不完全达到一定水平，但不能缺少部分群体。指标表达方式要覆盖所有公众，如大气环境质量采用达到二级以上天数而非达标城市个数的方式，不患寡而患不均。

“十三五”的环境保护规划目标是基于小康环境目标基础上的国家环境管理战略目标。从工作角度可以存在重点、节奏、分类和优先，允许在达到小康环境目标的基础上，在矛盾尖锐的地区和区域，鼓励优先解决突出问题。由于有差异（或者说环境小康是基本型的环境小康），所以“十三五”规划目标指标设计上需要彰显环境保护成效、工作力度的短期性指标。如遏制重污染天气、削除劣Ⅴ类水体或者黑臭水体、因污染而导致的环境突发事件或环境健康事件等，该类指标要有大幅度的降低。如在强力确保饮用水水源地等高功能水体稳定达标的同时，集中力量把最差的劣Ⅴ类水体治好，尤其是消灭一批影响群众多、公众关注高的城镇黑臭水体，彰显多年治污成效，树立信心。该目标实际上是抓非常恶劣的质量超标问题，实施起来难度非常大，但距离功能区全面达标、水体的清洁（如类似美国提出的维护水体的物理、化学、生物完整性）、人体健康、生态系统平衡等长期目标仍然差距很大。

同时，要推出一批环境小康程度较高的区域、城市或者乡村，提出一些区域差异化要求，在全国环境小康水平不高的总体状况下，力争部分地区有亮点、做样板、树标杆。有的地区在努力率先实现现代化，有的地区生态环境本底良好，对于这些地区，环境目标可以高于基本型全面小康的基本要求，并较多地促进生活质量的提升、生态系统的良性循环等。

1.4.5　2020 年环境保护目标的初步考虑

基于上述分析，综合平衡预期和可能，“十三五”期间环境保护奋斗目标初步考虑为：

2020 年前，重在攻坚，实现对污染的有效管控，主要污染物排放总量显著减少，人居环境明显改善，生态系统稳定性增强，生态文明制度体系基本建立。基本解决城镇污染和工业污染，环境安全得到有效保障，全国水体基本消灭黑臭现象，危害人体健康的大气灰霾、饮用水水源不安全、有毒有害及持久性有机物等得到初步遏制，达到全面建成小康社会的基本环境目标。

具体目标初步考虑：水环境质量方面，全国主要河流基本消除劣Ⅴ类水体，城市水体基本消除黑臭，城镇集中式饮用水水源稳定达标（背景值超标除外），现状水质优于Ⅲ类的水体持续改善等。

大气环境方面，全国城市细颗粒物浓度持续下降，优良天数逐年提高，大幅度减少重污染天气，空气质量达标天数提高。土壤环境方面，首先保证基本农田、菜地和集中式饮用水水源地土壤环境安全。生态环境方面，要体现生态系统维持稳定、生态服务功能有所改善的内容。

相对而言，“十三五”期间，水环境质量有可能率先明显改善，老百姓满意度将因水体黑臭等问题的解决而明显提高，但水体清洁（有毒有害物质等）和水生态系统完整性仍然不会有大的改变；大气污染逐步改善，但距离达标差距遥远且社会公众感知和满意程度不会有大幅度的提升；土壤环境质量改善进程相对最慢，但主要为局部点状污染，要抓好重点区域和领域。

2020—2030 年，贵在持续，实现环境质量的全面改善，大部分地区环境质量达标：主要水系可钓鱼、游泳，全国城市空气质量全面达标，非点源、新型环境问题得到基本解决，土壤特别是耕地土壤环境质量有明显改善，人体健康得到有效保障。

1.4.6 “十三五”规划指标体系设置的基本想法

总体要求：以环境质量导向为主线，以治污减排、风险防范、空间优化、制度政策为手段，适应社会公众对环境的期待，建立国家、区域、城市相结合的目标指标体系。

一是突破土壤和生态规划目标指标“瓶颈”，构建全要素的指标体系。在构建适应建设全面小康社会、提高生态文明水平的要求，指标体系构建适应建设全面小康社会、提高生态文明水平的要求，重点突破土壤、自然生态、生物多样性保护、核与辐射安全等量化评估指标，力争实现水、大气、土壤、生态系统等全要素指标体系，强化污染减排、质量改善、风险防范、人群健康维护的关联，加强国家目标、区域（流域）目标、省市目标、重点单元目标的衔接。

二是提高指标的可感知度，优化指标表达方式。“十三五”期间环境保护目标表达方式需要突破环境目标、指标与公众感官感受不一致的问题。在体现浓度值、类别达标率、主观直接感受方式之间的差异的基础上，研究增加理化指标之外生态、感官指标可行性，探索理化指标和群众认知指标相互对应一一并行的表达方式（如水质指标与“干净的水”“可游泳可钓鱼”挂钩，空气指标与“清新”“能锻炼”“宜出行”挂钩，土壤指标与“能种菜”“能种粮”挂钩）。增加社会公众身边环境（如城市水体）等质量内容，研究解决区域性监测点位评价结果与公众感受不一致等问题。

三是强调合理化，注重指标可达性和任务关联性。总量控制目标逐步与环境质量挂钩。进行环境质量改善措施、方法适用性评价和有效性分析。分区域设置规划目标和指标，确保规划的可操作性和可考核性，改进规划目标指标考核方法。体现全过程管理的思路，指标设置要考虑国家层面、任务型、工作性指标相结合，统筹质量、状况、工作、管理等多层面指标，兼顾政府、企业、社会、NGO 的要求与需求。加强与核安全、地下水等“十二五”规划中明确的“十三五”远景目标的统筹、协调、衔接。

四是体现差异化，指标体现层次性、区域特性和阶段性，能评估、分解、考核。从空间规划角度依环境功能，分区域、分类别、分层级确立国家层面中长期环境保护目标和重点区域环境控制目标，并在编制规划时将国家指标分解到区域、省市、重点单元。在指标和重点任务设置时，提高预见性。部分目前监测统计基础不具备但属于规划需要重点考虑的指标也应纳入。

1.5 关于“十三五”总体考虑

1.5.1 总体思路

“十三五”环境保护规划，是一个十分特别的五年规划，一是规划目标第一次已经大致总体定性确定（全面小康）；二是对现状认识差异大、未来社会期盼高；三是生态文明建设体制机制和政策面临重大改革，不确定性、敏感性加大；四是环境形势面临转折，可达可行性存在波动；五是对社会经济环境关系、发展阶段、治理路径等需要进行重新认识。我们综合研究，认为未来我国环境保护的总体思路为：

“十三五”期间，环境压力趋缓但仍然很大，各方面因素不确定性增加，环境基本公共服务供给与需求差距较大，从严峻的污染形势和迫切的质量改善需求出发，必须坚持以党的十八大、十八届三中全会精神为指导，全面深化生态环境保护领域改革，强化环境保护的国家意志，加大环境保护的政策力度、工作力度和投入力度。坚持从硬从严、治理为主、全民行动的方针，以改善环境质量为主线，打好大气、水体、土壤污染防治三大战役，务必遏制经济增长的资源环境代价过大、污染物新增量过大的问题，务必以严格的排污许可和责任追究为核心解决污染源管控问题，积极探索环境保护新路，建立系统完善生态文明建设制度，达到小康社会的基本环境要求，为实现中华民族的永续发展、建设美丽中国提供稳固的环境基础。

1.5.2 基本方针

一是坚持保护优先、治理为主的基本基调。处理好控新和治旧的关系，两者并不矛盾、都需要加强，制度措施、空间管控上执行上严格落实预防和保护要求，投入和工作上要多还旧账、现账，显著加强事后追责，近期见实效、取信于民还主要靠综合治理。以城市、单元、环境功能区、生态红线等为环境空间管控载体，实施分区指导，合理安排预防与治理的关系。继续做好、做实预防保护工作，基于不同环境质量现状全面实施新（改、扩）建项目不同倍量的总量置换削减、排污指标申购，实行实质性的排污许可，真正实现增产减污、不欠新账。尤其是要划定并严守生态红线，把基本的生态空间保护起来，落实用途管制，突出抓好空间环境管控。与此同时，应深刻认识到社会公众环境期待与环境质量现状之间的巨大差距，结合污染物新增量逐步减少的阶段特征，必须旗帜鲜明地提出治理为主的工作重点，按照“稳、准、狠”的要求，推进多污染源综合治理，显著降低资源能源消费量、污染物产生量、污染物排放量，以大工程、大投入带动大治理、大修复，使一部分区域或城市环境质量能明显改善乃至全面改善。

二是坚持质量为本、协同增效的基本路径。以生态环境质量改善为核心，使质量管理、治污减排、风险管控、生态保护、制度政策等多位一体共同服务于质量改善和环境健康的维护，目标一致、节奏一致、步调一致。将环境质量作为根本出发点和立足点，明确阶段性环境质量改善目标和中长期预期，明确地方政府保“基本公共环境服务”的“底线”，并落实于具体断面（点位）、河流（区块）、城市（农村）等清单，确保环境质量“不降级、反退化”。对超标单元、污染严重城市实施以环境质量目标为约束的企事业单位总量控制和排污许可，推行区域性特征污染物控制因子。要特别注意环境质量改善的民生导向，高度关注环境健康，“走群众路线”，抓“大”同时也抓“小”，将居民身边的城镇内河黑臭水体改善、小企业扰民违法排放等作为重点，优化调整目标指标表达方式，环境数据情况要与社会公众切身感觉一致。做实质量管理的配套能力、政策、措施，以质量倒逼经济发展方式转型和环境管理转型，从管地方治理项目、治理任务要求转变到管地方质量目标达标进程，把差异化措施选择交给地方政府，显著加强区域性总量控制与风险防范的针对性、有效性，协同实现环境质量逐步改善和生态系统逐步恢复。

三是坚持从硬从严、综合整治的基本导向。要在污染源管控和质量管理两个层面上，改变社会公众对环保系统“偏软、偏松”的不利印象，各级政府和环境保护系统要树立、塑造更加强烈的“环境守护者”形象。要更多地向社会宣示环境保护的工作力度、公示环境违法行为，严字当头，集中力量、重拳出击，将违法成本大幅度提高到足以遏制违法行为的程度，让社会公众能更加理解、支持政府环境施治行为。要监督地方政府保护环境履责情况，实施严格的离任审计、责任追究，逼迫地方政府以城市和单元为载体，强化对已经建成的治污设施运营监管，系统考虑流量、风场、产业和城市布局等减污增容因素，采取强化灵活多样、针对性强的综合整治技术手段，呼应社会公众的环境诉求。

四是坚持信息公开、社会监督的基本方式。要想在环境质量短时间内难以全面改善的同时社会公众对环境保护工作满意，唯一途径就是让社会公众参与其中；在环境监管力量不可能“看死”所有污染源和排污行为的同时能实现最严格的环境监督，唯一手段是让社会公众有序参与社会监督，以公开推动监督，以监督推动落实，改变环境管理被动、滞后局面。不公开的直接后果就是社会公众认为环保系统“有猫腻”“包庇污染”、不相信官方数据，不参与的直接后果就是社会公众认为环保系统不作为、工作努力社会不认可，不监督的直接后果就是环保系统管不过来、社会公众有激情但无序。目前信息公开和社会监督在技术、传播、需要等方面都具有不可阻挡性，城市空气质量信息公开是个成功的尝试。环境信息公开机制不健全加剧了“环境恐慌”。不公开是最大的风险，要调整思路、转换角色，将不公开作为例外，及时主动、全面详细的公开环境监测、监管、决策等方面的环境信息，尽可能实时公开城市环境质量状况并实施排名，将环境问题引向真正的责任主体，有序加强社会对地方政府、企事业单位的监督，知行合一，促进环境保护全民行动，建成环境保护的统一战线。建立沟通协商平台，引入专家代理制，充分尊重、听取公众关于环境保护的诉求、意见和建议。发挥 NGO 作用，实施有奖举报，试行社会化监测，推行公益诉讼，规范舆论监督。

五是坚持系统管理、制度突破的基本机制。要标本兼治，把长效的机制、制度、政策作为“十三五”的主要任务之一，以使 2020 年系统完备、科学规范、运行有效的制度体系以及国家治理体系的现代化中，环境保护和生态文明建设不缺项。制度政策是老问题，即解决政府失灵、市场失灵问题，也有新要求，即建设环境保护国家治理体系任务。重点在于处理好政府、社会、市场以及不同层级政府、不同部门之间的关系，尤其要特别注意财税政策、产业政策、土地政策等与环境政策的协同性，建立以环境全成本内在化的经济政策体系，要狠抓政策制度的落实，在评估分析现有制度政策基础上结合新形势系统构建起生态文明制度体系，初步完成历史性转变，用制度保护生态环境，用长效机制支撑“十三五”目标任务的完成。

1.6 关于战略任务

1.6.1 质量管理

长期坚持生态环境质量改善的主线，以城市和单元质量目标清单公示式管理为主要抓手，强化环境质量监测、评估、监督和考核，着力解决群众身边的环境问题，力争不退化、不降级的基础上部分目标清单质量明显改善、见到实效、取信于民。

良好的生态环境是最公平的公共产品，是最普惠的民生福祉，坚持将环境质量改善，作为环境保护的根本出发点和立足点，确立并长期坚持环境质量改善的主线，以环境质量“不降级、反退化”为基本要求，以城市和单元为重点，继续强化城市或地方政府环境质量排名和信息公开等工作，做实地方政府环境质量负责的机制，合理引导社会公众环境质量预期，把环境基本公共服务作为 2020 年全面小康的底线、把环境质量明显改善作为不可退却的奋斗目标。

将环境质量不降级、环境服务功能不退化作为发展的底线和最基本要求，实行刚性约束。将环境质量改善，维持基本安全的环境质量作为新型城镇化的应有之义，任何地方政府和部门，在发展中不得造成环境质量的恶化和环境功能的退化。将基本型的环境质量要求列入环境基本公共服务的重要内容，各级政府应采取有力措施，保障并不断提高基本环境质量类生态产品的供给水平，国家要加大调控力度保基本。将环境质量变化情况，纳入对地方人民政府监察的范围。通过探索编制生态资产负债表、健全环境质量目标考核机制，实施主要领导干部任中和离任环境审计、建立领导干部生态环境损害责任终身追究制度。

以城市和控制单元为抓手，向社会公示环境质量改善目标的清单，实施环境质量改善的网格化管理。国家和各省都需要建立城市清单，明确各城市环境质量达标的进程。各城市和各单元，要明确环境质量改善分区域、分阶段目标，面向社会公布，引入社会监督。在“十三五”期间难以实现全面改善的城市和单元，也需建立环境整治清单。某些流域性或者区域性环境问题整体解决也还需要较长时间，所以这种公示管理的清单不一定是连片性的亮点，也不一定是社会公众平时接触不多的大江大河断面，要针对群众反映强烈的突出环境问题和典型区域、河流集中采取措施，给出阶段性的治理目标。继续强化环境保护重点城市环境质量改善的先行示范作用。建立全国历史遗留场地清单，建立污染场地数据库并实现动态管理，建立历史遗留污染场地修复治理基金制度，开展污染场地修复试点。制定历史遗留场地风险等级划分及治理优先排序方法，确定国家优先治理和监管名录。开展地下水污染调查、防治和修复试点。

按照突出重点、彰显成效、有限目标、确保底线的原则，抓好水、大气和土壤三大要素的“好坏两头”的环境质量改善工作。重点是打掉一批“刺头”，如强化城市内河或流经城市的河流整治，基本消灭密集人群周边的劣Ⅴ类水体、解决一批群众反映强烈的身边环境问题。各地也要因势利导地推进不达标单元的改善工作，树立群众对环境保护的信心。同时，环境保护工作要“托底”，对饮水安全、基本农田、菜篮子基地的土壤安全等尽一切可能予以保障，高功能高标准保护与修复，确保在最低水平上的环境质量、污水垃圾处理服务不存在明显的地域差异、城乡差异，保障环境公平与环境正义不失衡。

建立环境质量管理的配套政策。考虑将重点流域水污染防治扩大到全国水体，建立覆盖全国的控制单元体系，全面筛选“十三五”应重点解决的单元和各单元在“十三五”期间需要落实目标与任务。在城市和单元上，建立治污减排和质量改善的响应关系，建立精细化的环境管理平台。对城市水土资源、环境容量等要素建立承载能力监测预警机制，对接近承载能力的区域提出警告警示，超过承载能力的区域实行限制性措施，防止过度开发造成不可逆的严重后果。对环境质量不达标的区域或者单元，需要在考核基础上实施区域限批、特别排放限值等政策。做好技术方法贮备，建立基于环境质量改善的环境综合整治技术规范、标准、设计要求、政策等。

落实环境基本公共服务均等化，确保环境公平正义。将城乡区域基本安全的环境质量，作为环境基本公共服务的底线，以基本环境质量均等为导向，逐步实现环境监管和信息服务能力、环境基础设施建设（污水、大气、固体废物等公共污染防治和应急设施以及饮用水、生态等公共产品提供设施）和服务能力的区域和城乡均等。提高中央和地方财政对环境基本公共服务的投入水平。在满足普遍的环境基本公共服务需求的基础上，发展多样化的环境公共服务供给内容和供给模式，满足不同地区环境保护特点和社会经济发展水平的需求。

增加社会公众关注环境单元的质量监控手段。要在国家大区域、大流域监控的基础上，积极延伸，寻找合适的方式方法，试点环境监测的社会化，对城镇内河等社会公众关注的领域显著增强监控力度。将环境质量监测结果通过媒体、网络、手机等渠道，实时向社会公布，最大限度地实行信息公开，要让社会公众参与清单选择、目标制订、措施安排、绩效评价等决策进程。完善环境质量监测体系使环境质量监测结果与老百姓的直观感受能基本保持一致，有公信力、有亲和力。空气质量，要反映重污染天气的频次，要覆盖所有密集人口区域；水环境质量，要反映密集人群身边的河流水体环境质量；土壤环境质量，要对饮用水水源、重要农产品生产区的土壤加密监测。

必须实施环境综合整治和综合管控战略。发达国家环境保护成功，70%是靠产业结构调整和产业转移。环境质量的明显改善，必须采取多种技术手段，实施综合整治。必须尽快制订综合战略，对 SO_2、NO_x、VOCs 和一次颗粒物都提出控制要求，并开始谋划对 NH_3 的排放控制，实施多污染物协同控制。控制领域除了电力、钢铁、水泥等行业外，需要涵盖燃煤锅炉、工业窑炉等低矮污染源和移动源等领域，从而建立多污染源、多污染物综合控制体系。尤其是能源结构的调整十分重要，发达国家空气污染治理的历史本身就是一部能源清洁化的历史，煤炭“退出”城市是实现城市清洁空气的必要条件，能源结构调整和经济结构调整是降低污染物排放、改善环境质量最直接有效和最根本的途径。对于水环境质量改善，要特别强调生态流量保障，强调保护水生态空间，减污增容。2014 年开始，要抓紧陆续出台相关技术要求，规范综合整治技术路线、建设标准，强化环境质量导向。

要特别关注环境健康领域。加强环境健康领域的统筹管理和顶层设计，推进《环境与健康行动计划》，明确环境健康管理的战略任务和阶段性目标。集中力量解决当前严重威胁群众健康的重金属、$PM_{2.5}$、危险化学品等突出环境问题。推进环境健康基本状况调查，初步建立环境健康监测体系，探索环境健康信息公开机制。加强环境健康管理的相关基础研究，重点开展基于健康优先的环境风险管理制度和环境标准体系研究，初步构建以人为本的环境健康管理体系。

1.6.2 治污减排

将单纯的污染减排目标数据管理提升为系统性的治污减排全过程管理，将区域质量改善要求落实到企事业单位排放总量差异化和精细化管理，以综合性排污许可为载体，实现对所有污染源（尤其是工业源）、所有排污过程的有效管控。

工业化和城镇化还未完成，资源能源消耗和污染物排放高峰尚未见顶，污染物排放总量居高不下，资源环境超载严重，决定了总量控制需要坚持，要在整个经济社会发展、新型城镇化、农业现代化过程中着眼于降低资源能源消耗、污染物产生与排放总体态势的同时，需要丰富污染减排内涵、优化政策、完善实施，积极探讨污染减排与其他管理制度的有机衔接，将单纯的污染减排目标数据管理提升为系统性的治污减排全过程管理，适度分离行业性总量控制优化发展、区域性总量控制质量改善的功能，实现对所有污染源、所有排污过程的有效管控。

夯实数据精细化管理基础。需要下大力气重新梳理几套统计与数据，努力扭转目前数量巨大的小、微企业未进入环境统计口径的现实局面，实现数据整合与归真，更强调治污减排精细化管理和政策谋划。要想办法落实企业自主、真实申报排污信息的机制并向社会公开，要有惩罚措施，必须强制性要求企业将其数据真实性置于社会监督之下，摆脱环保系统不得已通过在线监测设备对企业排污行为严防死守的越位、被动行为。需要超前谋划 2017 年第二次污染源普查的技术路线、基础贮备，是采用产排污系数法还是其他方法是一个重大问题，这也提供了一个全面推行企事业排放总量控制、全面加强环境监管的基础条件。

实施基于环境质量目标导向的总量控制。国家层面上总量控制有多个价值取向，往往起着优化行业发展的目的，今后要适当淡化并重点转向服务于区域环境质量改善目标。基于资源环境禀赋差异性、环境功能要求差异性、质量改善需求差异性，有增有减，以自下而上为主，不搞计划式省内平均总量分配，减少以削减潜力开展分配的权重。污染因子的控制应逐步淡化 COD 等综合因子、常规因子，重点转向控制区域性和行业性有毒有害物质、VOCs、营养物质等，更好地发挥多污染物控制的协同效应，对工业烟粉尘、重金属、总磷、持久性有机物等进行深入论证研究，可考虑在一定区域、流域内先行试点。要重点突破质量目标、区域性污染物排放总量控制要求和辖区内污染源排放许可量之间的关联，2014 年开始，选择污染来源明确、环境质量超标的城市、区域或者小流域，建立输入响应关系，制定基于环境质量改善目标的总量控制方案，通过设置区域性总量控制因子及其特别排放限值，根据环境质量改善需求确定污染减排要求。

将实质性的治污减排工程、技术、管理、政策推动作为总量控制重点。对基数不清的污染因子，可考虑以强调减量为原则，以推进工作为目的，淡化对排放基数削减的考核，从总量控制演变为控制总量（实际上在不考核新增量前提下现行的农业源总量控制在某种意义上也就是控制总量、落实治污要求）。加大对企事业单位全面稳定达标排放的方案设计、工程建设、竣工验收、运行监管、过程管理。研究实现从污水处理率到污染物处理率、管网覆盖率、污水处理服务率等转变。将总量控制优化发展的功能主要转移到行业性总量上，对发展势头猛或正在处于上升周期或与环境质量超标密切关联的电力、钢铁、水泥、有色金属、造纸、印染、化工等行业，根据产能、产量宏观调控需求，选择适合的行业特征因子，严格实施行业性总量控制。强化对治污设施的过程监管，实现治污设施技术经济可能的稳定达标，推行第三方运营，鼓励环境服务模式和业态创新，发展环保产业，壮大绿色经济，打造经济升级版。

实施企事业单位污染物排放总量控制和综合性的排污许可。应尽快出台排污许可方面的条例起草工作，以取得排污许可作为企事业单位发生排污行为的必要条件，明确无许可排污的法律责任。建议在 2014 年选择典型地区开展企事业单位总量控制试点，在市、县级层面将污染物排放总量逐个落实到企事业单位，使排污者责任得以落实。“十三五”期间，基于环境质量达标前提，按照区域、流域总量控制要求，兼顾行业公平、技术经济可能性，统筹确定控制单元/区域内各企事业单位的总量控制指标，将企事业单位总量排放指标、环境影响评价文件中的各项要求，以及与污染物排放密切相关的原材料使用、生产工艺、生产设备等要求，纳入排污许可，建立以排污许可管理为载体的污染源综合管理体系。

加大工业行业环境监督管理力度。工业污染排放量大、危害重、风险高，稳定达标排放和风险防控水平被高估，诸多“零排放”企业有名无实，各地环境执法尺度不一、水平参差不齐，仍然是我国污染防治的重点。应继续把工业污染源监管作为一段时期内总量控制的重点，不过多地将经济社会影响作为环保部门考虑问题的基点，加大各项法律、政策、技术要求的落实性检查，要注意处理好提高排放标准和严格稳定达标排放之间的关系，不一味地追求难以实现的、形式的高标准。特别抓好重污染行业、工业园区管控。要启动有毒有害微量物质的防控工作，避免累积性环境问题。要注意创新方式方法，加大对“小微”排污企业的监管。明确典型行业相关各要素的统筹要求，力争实现新型工业化、新型城镇化、信息化与环境保护的多赢。

基于现实可能，在积极推进 CO_2 控制的同时，做实与污染更密切关联的非 CO_2 温室气体排放控制抓手，新领域和薄弱环节取得突破。深入研究重点领域（垃圾填埋场、污水处理厂等）的甲烷、氧化亚氮与传统污染物排放的机理、过程和关联，建立重点领域非 CO_2 温室气体与典型污染物协同控制技术路线和定量评估方案。开展非 CO_2 温室气体和污染物协同治理试点工作，并研究协同减排技术规范。加强协同减排技术研发，建立具有污染物和温室气体协同减排的中国绿色低碳技术评估筛选体系，技术来源重点考虑电力、钢铁、石化、水泥等污染排放和碳排放强度较大的行业。同时提出中国绿色低碳技术征集、评估、管理及鼓励、推广和技术目录发布等管理办法，研究针对绿色低碳技术的配套环境经济政策。以非 CO_2 温室气体作为气候友好型环境管理的重要切入点。

强化统一监管所有污染物排放、所有环境介质的环境执法监督。在“十三五”期间，完成以控制单元为代表的网格划分，确认污染源与断面/监测点位的输入响应范围，创造条件实现监督执法的精细化和网格化。厘清不同层级监督执法的重点和差异，实现要素综合、职能综合和手段综合，引入社会监督和向社会购买服务（如环境监测社会化），解决环境保护主管部门监管人员不足、手段单一、执法难度大的困境，也可以通过参与而增强社会公众对环境保护工作的信任。

1.6.3 风险管控

严格源头防控、深化过程监管、强化事后追责，落实企业主体责任，努力将环境风险防范纳入常规环境管理，将环境风险管控到与经济社会可接受水平相适应，守住底线。

我国仍处于工业化中后期阶段，轻重工业结构倒置和高风险、重污染企业布局缺陷短期内难以扭转，工业化、城市化带来的“历史遗留”环境风险隐患不断显现，引发环境污染诱因具有复杂性和多重性，加之处于转型时期的社会公众异常敏感，对环境风险认知不足，往往把小概率风险也看作不可接受，环境风险容易引起恐慌，尤其一些敏感事件、突发环境事件发生给社会公众极其深刻的“负面烙印”。“十二五”时期，环境风险防范的理念已得到体现和重视，重点领域的环境风险防控工作进行了积极的探索，但不足以满足现实需要，特别是制度政策“供给”与环境风险防范的严峻形势不相匹配。要在“十二五”风险防范思路的基础上，继续做深做实，进一步加强顶层设计，从环境风险发生的全过程着手，完善以“事前严防严控、事中响应、事后追责赔偿”为基础的环境风险管控体系，并将其与人体健康、生态系统完整性逐步挂钩。

从布局和结构入手，改善“面上”环境安全总体态势。转方式、调结构、优布局、评风险，从源头降低突发和累积性环境风险。从环境质量要求等倒逼我国产业结构和布局调整，降低资源能源消耗量和污染物排放量。充分考虑环境风险因素，限制和淘汰高风险产业，降低结构性风险。合理布局工业发展和城市建设，减少由于生产力布局和资源配置不合理造成环境隐患，不能简单地一搬了之。完善项目和区域、流域环境风险评价方法，加强区域开发和项目建设的环境风险评价，探索开展重点区域、流域环境风险评价。

加强重点领域“线上”环境风险管理，实现“本质”安全。强化核与辐射、重金属、化学品、危险废物、持久性有机物等相关行业全过程环境风险管理，严格控制高风险、高污染项目。加强危险化学品环境登记管理，加快推进重点环境管理危险化学品生产使用企业环境风险评估和监督管理。建立健全特征污染物排放标准、环境质量标准、监测技术规范，完善行业准入标准，加快推进污染物排放、转移报告制度。完善预防为主的企业环境安全管理体系，提升生产工艺设备的“本质安全”水平，防止“次生”突发环境事件发生。加强企业环境应急能力建设，完善监测、预警、应急处置和救援体系，完善基于环境风险评估的环境应急预案编制和审备管理，提高预案的针对性、有效性和可操作性。

落实“点上”工作，强化企业环境风险防范的主体责任。建设企业环境信用分级、环境会计审计、环境风险排查与评综等政策制度，综合运用绿色信贷、环境责任基金、强制环境污染责任保险、污染修复保证金等金融手段，引导和督促企业落实主体责任，逐步转变目前主要依托行政手段的管理模式。完善环境刑事责任追究和民事赔偿法律法规，强化对违法违规的严惩和威慑作用。实施企业分类分级管理，严格高风险企业监管，探索企业环境风险管理体系认证，加强环境风险交流机制建设。完善环境污染责任保险制度，加快推进强制责任保险，鼓励企业参与自愿环境责任保险。

建立健全环境损害赔偿制度，严格事后追责。重视国家环境风险防控体系的顶层设计与基础调查，加强环境风险管控基础能力建设。加强环境风险防范与应急管理标准、规范、指南等制度“供给”，实现履责“有章可循”“有据可依”。深入开展环境损害赔偿立法的专门研究，从立法的角度寻求个体环境利益和公共环境利益的结合点与平衡点，从实体和程序上进行环境损害赔偿的顶层设计。着重探索构建适合中国国情的环境行政调解和环境公益诉讼制度，在调解机构与队伍、调解程序和诉讼审判组织、审判模式等方面进行改革试点，并大力探索环境损害赔偿行政调解、环境公益诉讼制度与环境损害鉴定评估的衔接融合机制。探索通过财政、金融、税费等手段，加强促进环境损害赔偿责任承担方式的多元化转变，强化环境风险社会化治理。

1.6.4 生态保护

划定并严守空间红线，强化监管，加强自然生态系统保护力度，不断提高生态系统服务功能。

要发挥生态文明建设主阵地作用，同时“十三五”又涉及生态环境保护管理体制改革的敏感时期，必须将保护生态作为“十三五”战略抓手之一，进一步明确生态保护与监管在资源开发和利用中的重要作用，进一步增强污染防治和生态保护的协调性和统一性，并为实现生态系统良性循环等中长期目标做好谋篇布局。

（1）最重要的就是划定并严守空间型的生态保护红线，做好环境差异化要求空间落地和用途管制工作

对环境保护而言，布局性的污染，是最难治理的污染；格局性的破坏，是最难恢复的破坏。在我国尤其是城镇化快速发展地区，生态格局破坏、区域资源环境超载以及布局性的环境污染、隐患问题突出，随着城镇化和城市群的快速发展，此类问题将更加严峻。要以环境系统规律和资源环境承载力为基础，划定并严守生态保护红线，把水、大气、生态环境系统敏感区、重要区和脆弱区保护起来，控制资源环境承载力减弱区域的开发强度，让不堪重负的生态系统休养生息。

各资源管理部门纷纷提出数量性的管理红线，如耕地红线、水资源红线、森林蓄积量红线等。对环境保护而言，生态保护红线具有更加丰富的内涵和尺度特征，但其核心内容是环境空间管控平台，通过划定生态保护红线，先行引导，实现环境保护优化城市建设、土地开发、产业布局的空间格局。国家层面上，确立生态功能保护的基本线，保护重要生态功能区、敏感区和脆弱区，与生态保护与生态补偿政策相结合，发挥宏观指导作用。在省级层面上，建立底线思维，确定各城市之间基本平衡的生态底线，控制生态资源和环境容量开发强度，控制污染物排放和资源能源利用上限。在地市层面，则是环境空间管控的最能发挥作用的层级，要做好环境总规的研究编制和实施，针对水、大气、生态环境系统本身的结构、过程和功能特征，划分保护等级不同的控制单元，与环境容量与资源承载力开发限值结合，实现环境管控要求空间落地。

要建立配套政策制度，将红线用起来、活起来、管起来，做成政府宏观调控、市场空间准入的重要抓手。全国范围内的主体功能区定位初步形成，但空间管控尚难有效落地，生态保护红线应该成为落实主体功能区规划环境管理政策体系的突破口、制定环境功能区划管理体系的切入点。在国家层面，应根据区域环境功能定位，稳定和扩大森林、草原、湿地等生态空间，在严重污染地区和地下水严重超采区域调整现有耕地用途，有序实现耕地、河湖休养生息。对环境重要、敏感或脆弱地区内的水域、林地、海域、滩涂等生态空间建立用途管制制度，切实增强生态环境效益。在省域层面上，加强生态红线统筹，避免“以邻为壑”，将生态保护红线作为区域协调的基本平台。在城市层面，利用反规划、空间留白、生态环境优先等规划手段，确定城市发展空间、功能定位、战略部署，划定城市开发和保护区域的界限，加强开发区域工业、居住、商业混合发展，实现城市“精明增长”。

（2）要保护高功能区域，提升生态产品供给能力，提升生态系统质量

对于高功能区域，应转变“抢救性保护”思路，强化精细化管理，注重保护效益，提高保护质量。加强纳入生态保护红线区域的重要、敏感和脆弱区的保护，强化生态服务功能保护。维持高功能水体和水生态系统的安全与健康。加强红线内自然生态系统的保护与恢复，增强区域生态产品供给能力。以城市生态红线为核心，构建城市生态环境屏障，改善城市环境质量。以建设国家公园体制为契机，理顺我国自然保护地体系。对切割自然生态系统和野生动植物生境空间的保护体制进行整合重构，采用经济与行政相结合的手段理顺土地权属，禁止影响保护对象原真状态的开发建设活动。

（3）以生态资产、环境资产核算为基础，积极完善生态补偿

目前中国在生态补偿研究与实践等方面循序渐进地开展了大量工作，基本形成了自上而下由中央相关部委推动实施的系列生态补偿政策、自下而上由地方开展的自主性探索，涉及的重点领域集中在流域和水资源、森林、草原、湿地、矿产资源开发、重点生态功能区和海洋等。国家对生态补偿投入不断增加。但也存在不少问题，突出表现为：一是缺乏顶层设计和管理规范，导致“生态补

偿是个筐，什么都往里装”和“会哭的孩子有奶吃”等现象；二是出现了一些生态要素之间不合理、不科学的竞争，部分补偿领域交叉重复，受补偿方片面强调资金的补偿，弱化或者逃避保护的责任；三是平等协商较少，市场手段不足；四是缺乏效益评估考核机制和有效的公众参与；五是相关政策的传导不到位、落实有偏颇，有了钱又未能真正有效用于生态补偿；六是分行业生态补偿实践缺乏统一指导，导致部门利益色彩严重。

未来生态补偿按照体现价值、双向认可，政府干预、顶层设计，有限目标、循序渐进，协商补偿、淡化标准，科学评估、过程监管，拓宽思路、完善方式的原则积极推进。要以生态资产和生态环境成本核算作为基本依据，探索建立多样化的生态补偿机制。对于生态产品受益人不明确的高功能区，中央和省级政府应当发挥主体作用，充当生态产品直接受益人，通过均衡性财政转移支付方式，完善对重点生态功能区的生态补偿，使生态产品提供地区获得必要的价值补偿，增强提供生态产品的积极性。对于生态产品受益人十分明确的开发与保护地区之间、上下游之间、生态受益和保护地区之间，按照“谁受益、谁补偿”原则，推动地区间建立横向生态补偿机制，发挥地区依靠禀赋进行合理分工，增强社会整体生态产品和效益。

（4）进一步强化生态环境统一监管，努力做好生态资源开发利用的“守望者”和监管者

在自然资源产权制度建立和实施中，围绕生态环境统一监管的基本导向，厘清责权，积极明确生态环境监管者的职责，完善监管手段，转变监管方式，提高监管能力。努力建设国家统一、天地一体的生态监测、评估和预警体系。统一和完善监测网络，建立评估标准，开展国家生态安全评估，逐步建立国家生态安全预警机制。建立常规化、定期化的生态环境动态评估制度，评估结果作为制定绩效考核、责任追究制度的依据。

1.6.5 制度建设

重点抓好政府和企业责任，充分发挥社会治理作用，标本兼治，着力构建国家调控、政府有为、企业负责、社会监督、市场有效的环境“良治”。

2020年这一节点，环境保护制度政策等方面建设任务十分重要和繁重，而且“上层建筑”越来越落后和制约于环境保护本身，因此将其不应该仅仅作为保障措施，这既是规划前期研究的重点，而且也是环境保护需要突破的重点。《中共中央关于全面深化改革若干重大问题的决定》要求紧紧围绕建设美丽中国深化生态文明体制改革，加快建立生态文明制度，健全生态环境保护体制机制。从现在到2020年，需要把握环境管理转型和生态文明体制改革的基本态势，顺势而为，按照环境保护国家治理体系和治理能力现代化的要求，分清责任，理顺体制，创造条件，建立环境“良治”，健全多主体制衡、多手段长效的机制体制。

（1）改变政府缺位与越位并存的局面，做实政府作为规则制定者和行为监督者的角色，落实地方政府环境质量负责职责，强化中央环境保护宏观调控作用

《中共中央关于全面深化改革若干重大问题的》中明确提出“处理好政府和市场的关系，使市场在资源配置中起决定性作用和更好发挥政府作用”。一些人甚至也认为环境保护主要靠市场，市场也能发挥决定性作用，甚至认为现阶段市场就能发挥决定性作用。我们研究认为，市场在资源配置中起决定性作用，应理解为主要在经济建设领域。由于环境保护的外部性，环境作为公共产品，在世界上任何一个国家，都需要政府进行保护。在环境保护方面，政府和市场都有各自独特的作用和互补的效果，完全依靠于市场或完全依赖于政府来保护环境都是不可取的。在环境保护的不同领域，

政府与市场发挥的作用和着力点不尽相同，强化一方的作用并非就是弱化和否定另一方的作用，现阶段政府和市场两者都需要大力强化。这需要改革政绩考核体系、转变政府职能、强化政府、部门和领导的环境责任，约束和规范政府环境行为，尤其特别需要系统绿色现行财税体制，实施绿色新政。

分析研究表明，GDP 挂帅的政绩观是政府失灵的制度原因，以分税制为核心的现行财税体制是造成环保要求难落实的内在原因，现行制度忽视了政府环境保护责任的落实，这些都是造成政府在环境保护领域长期缺位、不到位的原因。基于此，三中全会决定明确强化地方政府环境保护的职责，《中共中央关于全面深化改革若干重大问题的决定》清晰界定了地方政府保护环境职责。环境产品具有公共性、外部性、不可分隔性等基本属性决定了保护环境，尤其是环境基本公共服务提供的责任主体是政府，政府率先履行保护环境职责是市场长效机制建设的基本前提。政府应强化环境保护的宏观调控、提供环境基本公共服务、加强环境保护市场监管与调节作为履责的主要内容。

同时不应该简单地将保护环境理解为单纯的地方政府事权，在进一步落实地方政府保护环境职责的同时，中央政府主要在五个方面承担宏观调控等事权或者财权：一是环境保护宏观调控与统一环境保护规划和管理；二是国家本级环境保护能力建设与运行；三是维护国家环境安全与负责任的大国形象；四是跨区域环境基本公共服务均等化；五是薄弱领域与环节环境保护引导，同时对于不属于中央事权但是属于财权范畴的也要积极予以补助。

为此，中央政府做好顶层制度框架设计，加强环境保护的国家统筹和国家意志，解决跨区域环境基本公共服务水平差异问题，尤其是区域环境不公平、城乡环境不公平、群体环境不公平、代际环境不公平等问题，通过规划、计划等做好薄弱领域与环节的引导，做好宏观调控；地方政府重点解决环境产品的公共属性，承担地方环境质量改善的主体责任，保障地区环境安全。

长期而言，应改革财税体制，着力构建地方主体税种，增强地方政府财力，提高地方政府环境保护投入的积极性和主动性，强化资金投入的环境效益，健全中央和地方财力与事权相匹配的体制实现标本兼治。近期在财税体制改革难以到位、环境保护地方责任难以完全落实、市场和社会融资机制难以健全畅通的情况下，建议采取治标的方式，即加大政府尤其是中央政府投入，上收部分事权，为最终财税、事权、财权、财力等方面的治本改革留出时间，这可能是最简便易行的方式：考虑环境保护的特殊性和阶段性，对环境基本公共服务差距较大的地区、行业和部门，要加大专项和一般转移支付力度；适度上收流域性、跨区域性污染治理的事权和支出责任；对国家确定的专项规划、计划和方案要给予适当的引导性支持。

同时，发挥环境保护部门综合监督的职能，按照环境统一监管的基本导向，加强能力建设，强化四大监督机制。一是强化对所有污染源、排污主体的监督，建立完善以排污许可为核心的监督制度；二是强化环境质量监督，建立完善监测评价体系和考评机制，建立完善对各级政府环境质量的监督机制；三是规范信息公开制度，引导社会公众发挥正能量，对企事业单位和各级政府环境行为的监督；四是规范市场，加强对环保产业市场的监督。与之相适应，加强环境监管能力建设，建立覆盖所有工业点源、农业面源、交通移动源等全部污染物排放的所有污染物，对大气、土壤、地表水、地下水和海洋等所有纳污介质的监管体系。加强环境监察队伍建设，有序整合不同领域、不同部门、不同层次的监管力量，有效进行环境监管和行政执法。

（2）显著而有序地提升信息公开、公众参与和社会监督，激发环保民意，激活正能量，形成全程严控、全民行动氛围

一是加强环境信息公开，完善公开方式，保障公众环境知情权、参与权和监督权。及时向公众

公布环境信息，充分公开涉及民生、社会关注度高的环境质量监测、建设项目环评审批、企业污染物排放等重要信息，主动通报环境状况、重要政策措施和突发环境事件。规范企业真实、客观的披露环境信息，监督企业公开污染物排放等环境信息，引导建立环境诚信。

二是建立沟通协商平台。对于涉及群众利益的重大决策和建设项目，广泛听取公众意见和建议；对于事关切身利益的群体，要有信息沟通机制和听证制度。引入公众参与的专家代理制度，在专业与公开的平台上，做理性与多元的探讨，藉由专家与利益团体、公众的讨论与沟通，达到环保知识的提升与共识凝聚建立。

三是鼓励公众采用合法的方式，对生态环境保护问题进行举报，加强对政府、企业的监督。世界上发达国家都注重发挥公众环保监督在环保工作中的基础性作用。美国联邦法法律规定，政府机构的行政行为如果可能会产生污染环境后果，必须向公众公开并且为其提供评论的机会，美国许多州颁布的环境法也规定公民可以通过顾问委员会来积极参与环境管理。对非政府组织参与环境保护的外部环境宽严适中，完善支持公众和环保团体有序参与、有序保护、有序维权。有序推进有奖举报，理顺环境公益诉讼体制机制，及时化解群众纠纷。提升环境社会舆情引导能力，建立健全公众舆论监督机制。

四是培育环境道德体系，构建全民行动格局。目前公众环保意识水平与自身环境行为表现严重“不对称”，有享受到权力，没有保护的义务，社会共治有些走入误区。要大力发展环境慈善和救助，全面提升环境保护社会治理方式，使社会公众成为环境维护者、创造者、实践者，形成“环境情况社会知悉、环境保护社会参与、环境问题共同解决、环境福利公众享有”的良好局面。

（3）推动环境保护全成本内在化，发挥市场配置环境资源要素的决定性作用，改变以“资源环境红利”支撑增长的局面，健全长效市场化机制

外部性问题是导致市场机制失灵的根本原因，环境资源产权不清晰是导致市场机制失灵的基础原因，环境资源价格不到位、环境污染责任难以明确也直接导致市场机制的失灵。应加快建立充分反映市场供求、资源稀缺程度以及环境损害成本的价格体系，要按照“环境就是资源、资产和资本”的原则，逐步实行环境资源有偿使用和强化减少污染物排放的价格约束机制，才能将资源环境成本真正内部化，避免排污者将污染成本转嫁给社会，才能使节约资源、保护环境真正成为人们的自觉行为。

在中央、地方政府充分履责的前提下，通过顶层制度设计，剥离环境产品的公共属性部分，充分发挥市场机制调节作用，最终实现政府“看得见的手”规范、市场“看不见的手”有效的环境良治。政府在解决环境问题中有着主导作用，但并非去替代市场，而是为创造和培育市场提供条件。环境保护领域，市场机制发挥作用的前提是政府要有为，创造具备两个关键性的制度条件：一方面，环境监管必须到位，从而催生治污市场和环保产业的需求；另一方面，环境成本内部化，环境治理必须有价，在此基础上研究探索实现环境资源产权化，从而保障市场机制真正启动。因此，政府应在切实负责对法规、贸易、价格、税费政策进行绿色化改的基础上，充分调动发挥市场机制在保护环境中的长效作用。

一是建立环境资源产权制度。产权明晰是环境资源合理配置的前提，产权交易是环境资源合理定价的重要途径。政府通过建立环境资源的产权规则来完善环境资源市场，通过立法和法律保证对环境资源给予清晰的初始产权界定，使环境资源的产权能在此基础上通过市场交易进行转移、重组和优化。

二是改革环保收费与环境价格政策。应加快环境资源价格改革，全面反映市场供求、资源稀缺程度、生态环境损害成本和修复效益。秉持使用资源付费和谁污染环境、谁破坏生态谁付费原则，尽快将资源税扩展到占用各种自然生态空间，改变环境无价、资源低价的外部性行为。在计划经济、国有经济过去形成的低标准排污收费水平，已经制约了企业治污的积极性，应首先予以解决，包括污水处理厂实施收费、工业源其他因子收费都应该积极研究予以推动。

三是建立和完善环境资源有偿使用制度。我国部分资源实行了资源补偿费制度，但补偿费用标准过低，资源的所有权和开发权划分不清，使用资源的地区和企业往往为了短期利益进行破坏性开采，不重视资源综合利用。因此应充分运用市场机制强化资源有偿使用制度，根据资源的稀缺程度将环境成本纳入其价格。政府可收取环境资源税，将生态环境纳入经济循环过程中参与定价和分配，改变生产的社会成本与私人部门获利的不对称性。

四是完善有利于资源节约、环境保护的税收政策。包括取消不符合节能环保的产品、技术、工艺等出口退税政策，配合节能环保调整消费税，对环保节能产业、现代服务业给予所得税方面优惠等。特别要结合国家的结构性减税工作，改革资源税，逐步提高税率，强化税收的行为调控功能。

五是建立和完善激励企业参与环境保护的市场机制。建立排污总量有价分配和可交易的排污许可制度，探索排污权交易制度，试行水污染物和二氧化硫等其他污染气体排放总量的“初始有偿分配”使用机制。增强中央财政、政府公共投资的引导、“乘数”与“杠杆”作用，引导社会资金投入环境保护治理，多渠道筹集环保投资。探索利用地方债券加强环保投入。进一步放开公共服务的市场准入，通过贴息、补贴等引导社会资本进入环境保护领域，推行环境污染第三方治理。

（4）基于政府和社会监督、环境纳入成本，做实企业保护环境的主体责任，这是环境保护制度设计的基本出发点之一

我国有关法律法规中对造成生态环境损害的处罚数额太少，远远无法弥补生态环境损害程度和治理成本，更难以弥补对人民群众健康造成的长期危害。同时多数企业的环保行为还是一种政府管制约束下的“被动”行为，而不是将环保工作作为其应该履行的最基本的社会责任来看，不少企业环境社会责任缺失，甚至缺乏最基本的环境道德底线。因此，应通过严格的法制手段强化企业环境法律是不二的选择，让企业环境行为和信用透明化、公众监督企业环境行为是现阶段社会治理的关键途径。

将所有企业纳入排污许可管理范围，以排污许可为核心，明确企业开发利用资源和保护环境的法律责任。修改法律法规，显著提高罚则，实现按日计罚、连续处罚，并对污染行为的受益人予以适当连带责任，对严重污染环境行为实施无追索限期的严格追究。建立环境违法企事业单位责任延伸追究制度、实行环境损害赔偿制度等制度建设，让违法者掏出足额的真金白银。

将总量控制、污染减排、风险防范、资源节约、达标排放、信息公开等作为企业法定义务予以明确。法定责任之外，完善相应的激励和监督制度体系，促使企业主动履行环境社会责任。强化企业环境信息公开，实施企业环境信用评价，引导公众加强对企业环境行为的监督评价。

参考文献

[1] “十三五”环保规划前期外委课题. 国际社会经济发展形势、环境保护动态及需关注的问题[J]. 外经办，2013.

[2] 仇保兴. 城镇化与城乡统筹发展[M]. 北京：中国城市出版社，2012.

[3] 吴舜泽，万军，于雷，等. 突破环境空间规划成套技术瓶颈，将环境强制性要求实质性落地，从源头解决格局性环境问题[J]. 重要环境决策参考，2013，9（9）：1-5.

[4] 十八届三中全会. 中共中央关于全面深化改革若干重大问题的决定，2013，11，12.

[5] 吴舜泽，李新. 如何推进环境管理战略转型[N]. 中国环境报，2012，9，26（2）.

[6] 周生贤. 改革生态环境保护管理体制[M]. //中共中央关于全面深化改革若干重大问题的决定辅导读本.北京：人民出版社，2013，11：329-331.

[7] 吴舜泽，逯元堂，朱建华，等. 尽快构建完善的环保投融资政策体系，化解财税改革产生的环保投资和经费保障“阵痛”[J]. 重要环境决策参考，2014，10（2）：1-5.

[8] 吴舜泽，李新. 如何客观认识当前环保形势[N]. 中国环境报，2013，12，9（2）.

[9] 胡锦涛. 坚定不移沿着中国特色社会主义道路前进，为全面建成小康社会而奋斗——在中国共产党第十八次全国代表大会上的报告[R].

[10] 中科院可持续发展战略研究组. 2013 中国可持续发展战略报告——未来 10 年的生态文明之路[M]. 北京：科学出版社，2013，3：130-131.

[11] 中央财经领导小组办公室. 社会经济发展若干重大课题研究[A]. 环境保护与污染治理研究报告[C]. 环境保护部，2013.

[12] 《中国实现“十二五”环境目标机制与政策》课题组. 治污减排中长期路线图研究[M]. 北京：中国环境出版社.

本报告根据 2014 年全国环境规划财务年会上提交的报告整理

2 中国绿色发展中长期战略路线研究

2.1 中国 2020 年、2030 年、2050 年经济社会态势分析

2.1.1 中国经济发展阶段预期及特征分析

2.1.1.1 工业化阶段判断

2020 年中国将基本实现工业化，但区域间存在进程差异。尽管经济先行国家完成工业化的时间、路径存在明显不同，但工业化进程的标志主要有工业经济比重达到相当高度、城镇化率与非农就业比重大幅提高、工业制成品的国际影响大等。英国 1860 年前后拥有全球 40%～45%的现代工业生产能力，1863—1867 年工业在国民经济占比达到 54.6%，1851—1861 年工业劳动力是农业的 2 倍以上。美国在 1890—1913 年，钢产量、生铁产量、煤产量、石油产量等居世界第一位。从中国当前发展来看，中国经济占世界经济比重达到 13%，形成了完整的工业体系与较为强大的工业经济，200 多种工业产品居世界第一位，工业经济占国民经济比重达到 40%以上。按照中国社科院研究，2010 年中国的工业化综合指数已经达到 66，2012 年基本进入到工业化后期发展阶段。国家信息中心认为 2015 年进入工业化后期阶段。国务院发展研究中心分析提出中国正处于由中期向后期过渡的转折性变化阶段。总体来看，当前我国已经完成中期阶段，工业化后期特征明显。但我国经济发展梯度差异特征明显，北京市、上海市已进入到后工业化社会，长三角整体进入后期的后半阶段，珠三角、环渤海和东三省处于后期的前半阶段，中部六省处于工业化中期的后半阶段，大西北处于工业化中期的前半阶段。对中国何时能基本实现工业化，社科院认为若能够保持"十五"时期工业化速度，到 2020 年前后我国将基本实现工业化，但考虑当前工业化逐步放缓的趋势，预计工业化完全实现时间将会在 2025—2030 年。国研中心认为 2020 年前后基本实现工业化。中国国际经济交流中心构建了"五大标志+十大指标"体系，指出除了人均 GDP、人口城镇化率和第一产业就业比重指标滞后，其余指标到 2020 年能达到工业化水平，有望基本实现工业化。总体而言，2020 年前后是我国大体能够基本完成工业化，进入向后工业化阶段迈进的重要转折期。但处于工业化中期阶段的地区难以同步实现，将在 2020 年后继续工业化进程。

2030 年中国将基本进入到知识经济时代。2020—2030 年是我国向后工业化知识、创新时代迈进的过渡时期。后工业化阶段一般呈现工业规模大幅度增长与比重明显下降并存、服务业占比上升，工业生产率大幅度提高与就业人数明显下降、工业与服务业交叉融合，生产性服务业、信息产业、知识产业大发展等特征。当前，中国服务业占比上升成为主导，工业规模大幅增长、工业占比有所下降、信息产业发展较快，标志中国已经出现转型发展的苗头。国家信息中心预测到 2020 年有望整

体进入到信息化社会初级阶段，将有 11 亿网民，2020—2030 年是我国信息化的重要阶段。世界银行在《2030 年的中国》报告中提出，中国有可能到 2030 年成为现代、和谐、有创造力的高收入社会，成为世界第一大经济体。国际货币基金指出到 2030 年亚洲可能成为全球最大的经济区，中国有望维持年均 6%左右的增长，继续支撑全球经济发展。OECD 预测到 2030 年，中国 GDP 将占世界的 28%，欧元区和美国将分别降至 12%和 18%。预期到 2030 年中国的三次产业比重将持续上升，清洁生产、节能减排、精致制造等将成为工业发展的重要特征。服务环节在制造业价值链的作用将越来越大。有望进入到以知识、技术、效率、创新为基础的后工业化阶段。

2050 年中国将进入到现代化强国时代。从中国经济发展的长期表现来看，21 世纪中叶是中华人民共和国成立百年的时间节点。关于这一时期中国的经济发展，国外研究机构对提出了相关看法。世界银行曾预测，到 2050 年中国人均 GDP 将超过 7 万美元，接近美国的一倍。IMF 预测到 2050 年，中国的整体实力甚至可能超过美国和欧洲。OECD 报告预测，到 2060 年，中国的世界 GDP 份额将会是 27.8%，人均 GDP 将达到 6 万美元。从国内研究看，中科院在 2020 年科技发展路线图报告中预测，2050 年中国将进入世界中等发达国家行列，成为政治、物质、社会、精神、生态五大文明高度发达且高度开放的国家。民间智库版《中国 2049 战略》研究报告显示，到 2049 年，按市场汇率法预计中国 GDP 总量达到 155.5 万亿美元，占世界比例 24.9%，人均 GDP 有望赶上意大利、西班牙、韩国等中等发达国家。

2.1.1.2 产业发展形势

2020 年前后重工业产品产量将达到峰值，三产服务业比重持续提升。当前，我国钢铁、水泥、有色等产能过剩问题突出，但从发展进程上，重点工业行业仍处于整合、优化、化解过剩产能的进程中。尤其在我国中西部地区处于工业化中期水平，重工业仍处于持续发展中。预期重工业产品产能产量仍将有上升空间。根据行业协会相关预测，水泥产量、粗钢、电解铝消费量峰值大概在 2020 年，分别约 28 亿 t、7.95 亿 t、3 500 万 t 左右，并将保持一个缓慢的平台期。自 2012 年中国第三产业超过二产以后，三产保持持续上升态势，根据国研中心发展预测，到 2020 年，中国经济结构将达到 1.6∶39.4∶53.0。中国科学技术发展战略研究院分析到 2020 年，第三产业增加值将达到 53%左右，发展潜力最低达到 20 万亿美元左右。

2030 年前后中国产业高端化、创新化的主导地位凸显。在“十三五”时期主要化解过剩、落后产能，基本完成工业化的基础上，2020—2030 年，我国将继续深化工业化和信息化相互融合，移动互联、云技术等有助于改善实体经济的产业环境，实现工业由 2.0、3.0、4.0 转型升级，高端装备制造、新医药、生物智能、航空航天、海洋经济等行业领域预期将会有跨越式的发展，带动生产性服务业也将得到较快发展。根据埃森哲《物联网：推动中国产业转型》报告预测，到 2030 年物联网可为中国额外创造 1.8 万亿美元的经济总量。

2.1.1.3 能源资源发展形势

2020 年前后中国煤炭消费、矿产需求将陆续达到峰值。煤炭行业正面临产能高速释放、环保要求提升及新能源开发等外部影响，2014 年全国原煤产量 38.7 亿 t，同比下降 2.5%，首次呈现负增长态势。煤炭是中国的主要能源，占比达到 65%左右，预期到 2020 年煤炭消费总量仍将保持上升，但增速将持续放缓。煤炭工业协会预测，2020 年中国煤炭需求将达到 45 亿～48 亿 t 的峰值水平。中国能源研究会煤炭分会预测，煤炭需求将在 2020 年达到峰值 41 亿～47 亿 t。发改委能源研究所最新报告显示煤炭消费的峰值将在 2020 年到来，达到 40.6 亿 t 原煤。电力用煤仍将是煤炭消费的重点，煤电占比将继续增加，2020 年达到 54.74%。受新型煤化工需求的拉动，化工用煤占比将增加，2020 年达到 15.45%。中国是全球矿产资源第一消费大国，主要矿产品的消费依然处于高位态势，特别是铁矿石、铜等大宗矿产，进口资源占消费的比例超过了 50%。随着中国钢铁产量峰值到来、废钢积蓄量的增长以及国外巨头产能的扩张，对铁矿石消费可能在 2020 年前后到来。根据发达国家经验，一般在人均 GDP 达到 7 000～10 000 美元，铜消费增速达到峰值。根据中国地质科学院预测，中国的铜消费峰值将在 2025 年前后到来，消费需求将达到 1 400 万～1 600 万 t 峰值。

2030 年前后中国能源消费将达到峰值，碳排放有望达到峰值水平。当前能源消费已进入到低增速、低增量的发展阶段，2014 年能源消费总量 42.6 亿 t 标煤，同比增长 2.2%。根据发达国家经验，随着工业化、城镇化进程的完成，能源消费将基本达到峰值，并保持稳定或缓慢下降。中国在 2030 年前后工业化、城镇化完成后，以及在碳减排的国际承诺、城市灰霾治理加快等形势下，能源消费预期在 2030 年达到峰值平台，清洁能源体系将进一步完善。国家气候变化中心设计蓝绿四类情景，预测在 2030 年的能源消费总量为 50 亿～59 亿 t 标煤，人均能源消费量为 3.6～4.2 t/人，碳排放总量有望达到峰值，范围在 110 亿～130 亿 t。中石油经济技术研究院预计我国石油需求将在 2030 年前后达到峰值 6.8 亿 t。但根据 BP《世界能源展望 2035》预测，到 2035 年中国能源消费量增加 60%，化石能源、可再生能源电力、核电和水电均将保持增长，但煤炭占比降至 51%，天然气的比重翻倍至 12%，石油的比重约为 18%，页岩气产量将占全球页岩气增量的 13%。

2050 年前后中国洁净高效多元的能源体系将更加完善。从能源消费长期发展看，随着 2030 年能源消费、碳排放达到峰值水平，以及清洁能源占比的持续提升，清洁、绿色、低碳、多元、安全的能源体系成为愿景发展目标。发改委预期到 2050 年，煤炭消费将下降至 23.5 亿 t 原煤，相当于 2020 年峰值水平的 58%左右。周大地等预期 2050 年中国将拥有一个特色的能源新体系，进入比较自由的绿色低碳能源发展阶段。

2.1.2 中国社会发展阶段预期及特征分析

2.1.2.1 人口发展阶段判断

2030 年前后中国人口有望达到峰值期。目前人口处于低增长率水平，预期在“全面放开二胎”等政策影响下，人口增速将有所提升，但长期仍将保持放缓态势。根据联合国、国研中心等研究机构预测，中国人口将在 2028 年前后达到 14.5 亿人的峰值水平，之后将保持下降趋势。不少研究表明，2008 年前后越过了刘易斯拐点，2012 年劳动年龄人口开始净减少，农村劳动力供给不足问题显现，人口老龄化加快。预计“十三五”期间，基于廉价劳动力优势参与国际垂直分工格局驱动经济增长的时代基本结束，低成本比较优势发生转化，技能结构矛盾将进一步凸显，就业压力大，人力资本的积累和素质提升将成为中心工作。

2.1.2.2 城镇化发展阶段判断

2030 年前后城镇化进程将基本走完。城镇化是带动经济增长、资源能源消耗的重要动力。根据发达国家经验，城镇化率一般达到 70%左右将完成城镇化进程。中国的城镇化进程相对滞后工业化，当前城镇化进程放缓至每年增长 1 个百分点左右，城镇建成区面积由前 10 年年均增长 7%左右下降至 5%左右，城镇化进入中后期阶段，以效率驱动城镇化稳速增长成为新特征。从发展趋势预测，国家新型城镇化规划提出到 2020 年中国的城镇化率达到 60%左右水平，进入到城镇化后期阶段。2020—2030 年，仍是我国走完城镇化，提高城镇化质量的时期，也将带动运输、水、电和通信所需的基础设施投资。目前较为一致观点是在 2030 年前后我国城镇化将基本走完，届时城镇化率预期在 65%～75%。联合国预期 2030 年，中国城镇化水平将达到 70%，中国城市人口总数将达到 10 亿人左右，城市对经济增长贡献达到 75%。国研中心预期到 2030 年中国城镇化率将达到 66%左右。仇保兴等认为从实际国情出发，与外来移民为主的城市化进程不同，中国更易发生逆城市化，2030 年前后城镇化率将保持在 65%左右。

2.2 中国“三步走”战略及环境阶段目标分析

2.2.1 中国前两个“三步走”战略

“三步走”是中国分阶段、分步骤实现现代化发展蓝图的重要战略路线。从历史发展维度看，邓小平同志在 1987 年党的十三大提出中国社会发展的大“三步走”战略构想。即以 1980 年为基期第一步：到 20 世纪 80 年代末，人均 GDP 翻一番至 500 美元，解决温饱问题；第二步：到 20 世纪末，人均 GDP 再翻一番至 800～1 000 美元，人民生活达到小康水平；第三步，到 21 世纪中叶人民生活比较富裕，基本实现现代化，人均国民生产总值再翻两番，达到中等发达国家水平，人民过上比较富裕的生活。当前，前两步已经实现。到 2000 年，中国 GDP 达到 10 810 亿美元，人均 GDP 突破 800 美元。

1997 年，党的十五大根据变化了的实际，把“三步走”战略的第三步进一步具体化，提出 21 世纪中国社会发展的小“三步走”或新“三步走”战略设想，凸显了 2010 年、2020 年两个翻番。以 2000 年为基期，第一个 10 年，实现国民生产总值比 2000 年翻一番，使人民的小康生活更加富裕，实现全面建设小康，形成比较完善的社会主义市场经济体制；第二个 10 年，使国民经济更加发展，各项制度更加完善，GDP 再翻一番，全面建设小康社会；到 2050 年，基本实现现代化，建成富强民主文明的社会主义国家。从发展进展来看，第一步已经实现：2010 年人均 GDP 达到 2 690 美元，实现了翻一番目标要求。

2.2.2 “新三步走”战略对环境愿景的刻画日益清晰

在新“三步走”战略指引下，根据实践进程，党的十八大提出新的“两个一百年目标”的战略构想，即建党 100 周年时，全面建成小康社会；在中华人民共和国成立 100 周年时，建成富强、民主、文明、和谐的社会主义现代化国家，实现中华民族的伟大复兴。这凸显了 2020 年这一关键节点，是对新“三步走”第二步的具体阐述。

从发展战略目标的细化、实现路径来看，绿色、低碳、节能环保、生态文明、美丽中国等正成为重要目标词汇，对环境保护的战略路线也出现了零星勾画。如在第一步 2020 年全面建成小康社会的目标中，将绿色发展作为“五大发展”战略目标之一，提出了生态文明建设水平与全面建成小康社会目标相适应；资源循环利用体系初步建立，资源节约型、环境友好型社会建设取得重大进展；

单位国内生产总值能源消耗和二氧化碳排放大幅下降；主要污染物排放总量显著减少，人居环境明显改善，森林覆盖率提高，生态系统稳定性增强等目标。

2.2.3 “再三步走”框架逐步浮出

正如“新三步走”战略是对“老三步走”最后一步的日益细化一样，随着2020年战略节点的逐步来临，原2020—2050年确需构建新的战略节点，2030年重要性日益浮出水面，构建2020年、2030年、2050年“再三步走”的意义日益凸显。

2020—2030年是在经济社会发展中具有十分重要的过渡期、整理期意义，这决定了必须前瞻性的部署好2030年战略，处理得好将使战略机遇发展壮大为战略优势。2020—2030年将是我国有工业经济向知识经济的过渡期，城镇化将处于由后期向基本成熟的推进期。由于幅员辽阔、地区差异大、因素之间不协调，2020年我们基本实现工业化，但是三次产业人口比重、人口城镇化率等指标就相对滞后，东中西部工业化进程也相差20年左右，2030年各项指标表征进度不同的工业化、各地区不同步伐的工业化进程将全面完成，后工业化进程与知识创新进程将形成主流态势。这一时期人口、城镇化、能源等多个与环境密切关联的要素将迎来峰值转折，中国人口将在2028年前后达到14.5亿人的峰值水平，城镇化率将在2030年前后达到68%左右并保持相对稳定。

目前大家对2030年研究日益活跃，各项国家规划、政策文件等也开始勾画2030年相关要求，2030年作为“老三步走”“新三步走”的中间节点地位日益凸显，这也使2020年、2030年、2050年构成的“再三步走”战略蓝图逐步形成框架。中国已承诺2030年CO_2排放达到峰值，若完成这一目标需加快产业、能源结构调整和技术进步水平，能源消费将在2030年前后达到峰值。水利部提出在2020年水功能区达标80%的基础上，实现2030年水功能区基本达标的更进一步要求。《中国制造2025》以2025年为起点，部署了“三步走”的任务安排。国务院新颁布的《水污染防治行动计划》，明确提出了水环境领域“三步走”战略，即2020年水环境质量阶段性改善，污染严重水体较大幅度减少，饮用水安全保障水平持续提升；2030年水环境质量总体改善，水生态系统功能初步恢复；2050年前后实现生态环境质量全面改善，生态系统实现良性循环。

2009年笔者负责中国宏观战略目标研究来看，提出了到2020年实现两个有效，即主要污染物排放得到有效控制，环境安全得到有效保障。2030年，实现两个全面，污染物排放总量得到全面控制，环境质量全面改善。2050年实现两个适应，即环境质量与人民群众日益提高的物质生活水平相适应，与现代化社会主义强国相适应。从治污减排中长期战略路线图研究来看，提出了“十三五”至“十五五”由总量约束向质量约束考核管理的路线，并对“十三五”至2020—2030年、2030—2050年治污减排领域主要着力点、考核机制、约束性控制因子，控制领域、行业以及减排路径、实施机制进行了分析。

2.3 研究制定绿色发展战略“再三步走”路线图

环境质量的全面改善必须以污染物排放量持续稳定下降为基础，污染物排放量持续稳定下降必须以资源能源消费量大幅度下降为前提，资源能源消费量大幅度下降必须以发展方式实质性转型为根本。基于上述分析，影响环境的重要因素在2020年、2030年、2050年基本会有相对转折的发展态势，对生态环境保护阶段目标指标合理设定、环境质量改善进程、污染排放总量结构、环境风险形势等都将带来深远的影响。这需要着眼于中国中长期发展形势，与工业化城镇化驱动力变化、与中国发展战略部署同步，开展顶层设计，分阶段研究制定 2020 年、2030 年、2050 年环境保护形势与路径，支撑绿色发展“再三步走”战略。

2020 年前后，中国将基本实现工业化进程，服务业占比将持续上升，钢铁、建材等重工业产能产量以及铁矿、铜矿、电解铝等资源消费峰值将陆续到达，严重过剩产能有望得到化解，煤炭消费有望达到峰值水平，能源消费保持低速增长，城镇化有望进入后期阶段。预期这一时期，重化工业的新增环境压力高位舒缓，主要污染物排放将延续减少趋势，但污染累积量大面广、成因复杂、减排潜力下降，预期容量超载形势仍将持续，环境质量有望得到阶段性改善，部分地区环境质量有望达标。

2030 年前后，中国有望进入到后工业化信息社会、知识、绿色经济时代，物联网等生产性服务业增长较快，实现制造业大国向强国转变，人口达到峰值水平，完成城镇化进程，基础设施等投资饱和，能源消费增长、碳排放达到峰值水平，能源结构更加清洁。在绿色发展、结构优化、人口及能源等压力减轻形势下，环境质量有望实现总体性改善，经济社会发展与环境保护基本协调，中国有望进入更加清洁的环境阶段。

2050 年远景期，中国人均 GDP 将达到中等发达国家行列，占世界经济比重持续上升，制造业强国地位更加稳固，煤炭占比持续下降，完整的低碳、绿色、高效能源体系有望建立。这一时期经济社会发展的环境压力持续减小，在环境质量总体改善的形势下，以实现中国梦、美丽中国建设为目标，环境保护更加关注人体健康、生态系统等内容，预期经济社会发展与环境保护实现总体协调，生态系统良性循环、生态现代化有望得到实现。

围绕工业化、城镇化进程及对环境的影响、可能达到的环境目标，研究制定环境保护三步走战略图，在统筹部署、全面推进的同时务求重点突破、打好阶段歼灭战。①到 2020 年，实施质量和总量双管控，坚持“五位一体”和“五化同步”，着力保障环境安全，以明显环境质量改善、遏制群众反映强烈的灰霾天气和黑臭水体为目标，着力推动三大行动计划，分区域、分流域改善环境质量，分单元、分城市实现部分地区达标；优化总量控制制度，研究推进 O_3、VOCs、总氮、总磷等污染物减排；开展分区分级环境管控保护，系统提升生态保护水平；强化全过程管控，降低重点领域环境风险。②2030 年，实施质量约束性控制，着力推进环境清洁，以实现中国环境质量全面改善、总体达标为目标，重点解决新型、复合和持久性有机污染物排放，大幅度推进生态系统和人体健康领域工作。深化重点行业、区域、流域等分区分类分级保护，重点解决达标难度较大地区、流域的环境问题；着力推动生态系统平衡健康，生态生态系统空间管控与过程管理机制。③2050 年，着力推进环境健康，以生态系统良性循环为目标，以环保法治、环保标准和环境政策、社会共治为主要手段，系统施治，进一步减少对全球变化有显著影响的污染物、微量有毒有害污染物排放。三个阶段的实现目标、控制重点、任务要求依次提高，最终人口、资源、环境、发展全面协调。

本报告执笔：吴舜泽、李新、储成君

3 环境质量管理思路、任务与政策研究

3.1 实施环境质量管理战略的紧迫性和可行性

3.1.1 环境质量改善是生态文明建设和全面建成小康社会的迫切需求和必然要求

（1）“十三五”时期环境与经济、社会的不平衡、不协调、不可持续程度将缓慢加大，环境质量改善迫在眉睫

自“十一五”规划实施以来，从工程措施与任务完成情况看，我国环境保护工作力度应谓之为大。2010—2012 年，我国城镇污水处理率由 72%提升 85%，到 2012 年底，COD、氨氮、SO_2、NO_x 4 项主要污染物减排累计完成“十二五”减排目标的 62.88%、41%、82.8%、–28.2%，COD 排放量已经降至 1997 年水平。

但全国环境总体形势仍相当严峻，近年来环境与经济、社会的不平衡、不协调、不可持续程度在缓慢加大。污染物排放总量方面，2012 年全国 COD 排放总量与 SO_2 排放总量仍居世界第一。环境质量方面，大气传统污染因子 SO_2、PM_{10} 污染仍维持在较高水平，为欧美等发达国家的 2～4 倍，以 $PM_{2.5}$、O_3 为特征的二次污染呈加剧态势。全国地表水劣Ⅴ类水质比例仍有 10.9%，有 90%以上的城市内河受到不同程度污染。环境风险方面，突发性污染事故和累积性健康损害事件呈逐年增加趋势且影响人群范围逐年扩大，重金属污染，危险化学品，危险废物等有毒有害物质环境风险处于高发态势。

我国环境污染区域性、复合型、压缩性、累积型、难治理等特征，导致环境质量在较长时期仍难以全面改善，“十三五”时期，随着工业化与城镇化向纵深发展、农业现代化与居民消费升级逐步启动加速，环境问题已经十分严峻且存在无法回避的现实难度和路径依赖，各方面不确定性、风险性、分异性明显加大，环境质量改善具有时不我待的紧迫性。

（2）生态文明建设与经济社会转型发展均以环境质量改善为基础，良好的环境质量是全面小康社会的必要条件，也是公众最迫切需求

习近平总书记在 2013 年 5 月中央政治局就大力推进生态文明建设第六次集体学习中指出，生态环境保护是功在当代、利在千秋的事业。要清醒认识保护生态环境、治理环境污染的紧迫性和艰巨性，清醒认识加强生态文明建设的重要性和必要性。良好生态环境是人和社会持续发展的根本基础。环境保护和治理要以解决损害群众健康突出环境问题为重点。

党的十八届三中全会明确了地方政府环境保护的职责，确定了保护环境的责任主体是政府，当前环境质量恶化及政府公信力不足，导致公众对地方政府缺乏信任，政府陷入“塔西佗”陷阱，改善环境质量是加强政府公信力、提升执政能力的必要条件。

我国经济过去 30 年高速增长的动力之一是资源低价、环境无价的“环境红利”，当前经济正处于增速换挡、提高质量和效益的新阶段，加大环境保护力度、提升环境质量是倒逼经济转型升级、优化经济发展的重要手段。

良好生态环境是最公平的公共产品，是最普惠的民生福祉，也是 2020 年全面建成小康社会的目标之一。而当前公众环境意识和维权自主性不断提升，公众成为环境政治中备受关注的角色，日益增长的环境公共服务需求与滞后的供给之间矛盾已迅速上升为当今社会主要矛盾的突出表现形式，改善环境质量是满足公众期待、缓解社会矛盾的必需选择。

3.1.2 环境质量改善是治污减排和风险防范的目标指向

（1）以总量为核心的环境管理方式与环境质量改善存在脱节，以总量控制为核心的管理体系与公众对环境质量改善的需求难以有效匹配

在我国现行环境管理制度中，污染物排放总量控制制度是目前最具行政约束力的环境政策，也是环境管理的核心抓手，这一制度在“十一五”期间实现了有总量、有控制的制度化建设并大规模实践，成为带动环保工作的有力抓手。当前我国整体处于总量控制向质量改善的过渡时期，以总量为核心的制度体系与当前的环境形势存在一定脱节。

从中长期发展趋势看，以总量控制为主要抓手的环境管理模式受经济发展周期波动影响较大。在经济高速发展的时期，以加大削减量为主的总量控制措施可能事倍功半。在经济发展速度放缓、经济发展动力机制深度调整期间，以遏制新增量为主的总量控制措施可能会与形势匹配度不高。总体来说，我国总量控制已经奠定了质量管理的基础。总量控制政策目标设计具有双重目的，一是在工业化阶段比较强调的宏观调控，二是改善环境质量。现阶段国家比较强调前者，我国大部分区域环境状况不佳，环境容量难以准确定量。因此国家在制定总量控制目标时将总量减排潜力作为主要考虑因素，环境质量因素作为次要因素，部分区域的目标总量指标与环境容量并未直接挂钩，污染控制偏重排放量控制和治污工程建设，并未明确指向与环境质量特别是与人群生活息息相关的城市水体和空气质量改善。而社会公众往往强调后者并将后者作为唯一的判定标准，以总量控制为核心的管理方式与公众对环境质量改善的需求难以有效匹配。

（2）环境质量是环境保护的出发点和落脚点，是环境管理工作的目标，治污减排与风险管控最终都指向环境质量

环境管理应根据国家经济社会发展阶段的不同而对总量控制—质量改善—风险防范三者关系进行调整，不同时期有不同重点。美国、日本等发达国家的环境管理基本历经总量—质量—风险—人体健康—生态平衡的发展阶段，第二次世界大战后快速工业化造成环境急剧恶化，先以总量控制、治污减排作为环境保护工作重心，经历约 20 年后转向环境质量和风险防范，经济转型后环境压力有所减轻，常规污染物总量控制的必要性降低，将人体健康和生态系统平衡作为环境保护出发点。以日本为例，1955 年之前，日本致力于污染源排放强度控制，1956—1991 年逐步过渡到环境质量和污染物排放强度并重，1992 年后确定为保护生态环境和人体健康、建立可持续发展社会。

当前我国工业化和城镇化仍在持续发展，资源能源消耗和污染物排放高峰尚未见顶，污染物排放总量居高不下，资源环境超载严重，决定了治污减排需要坚持，且应以环境质量为目标导向，与环境质量改善的要求相契合。基于资源环境禀赋差异性、环境功能要求差异性、质量改善需求差异性实施治污减排，理顺质量目标、区域性污染物排放总量控制要求和辖区内污染源排放许可量之间

的关联，制订基于环境质量改善目标的总量控制方案，根据环境质量改善需求确定污染减排要求。

当前我国仍然面临着结构性布局性环境风险凸显、突发环境事件频发、历史遗留污染导致的健康与生态风险底数不清、公众环境诉求不断提升、环境损害鉴定评估与赔偿机制不完善、环境风险防控综合管理技术体系尚未构建、基层环境风险防范与应对能力薄弱等问题。“十三五”时期要在“十二五”风险防范思路的基础上进一步加强顶层设计，从环境风险发生的全过程着手，与人体健康、生态系统完整性逐步挂钩，将风险管控落脚于良好的环境质量。

3.1.3 环境质量管理是落实地方政府环境保护责任刚性约束的重要抓手

（1）新《环境保护法》明确了地方政府对环境质量负责的主体责任，以总量为核心的环境管理制度难以有效落实地方政府环境保护责任

2014 年颁布的新《环境保护法》明确规定：地方各级人民政府应当对本行政区域的环境质量负责。国家实行环境保护目标责任制和考核评价制度。县级以上人民政府应当将环境保护目标完成情况纳入对本级人民政府负有环境保护监督管理职责的部门及其负责人和下级人民政府及其负责人的考核内容，作为对其考核评价的重要依据。考核结果应当向社会公开。新《环境保护法》明确了地方政府对环境质量负责。

以总量管理为核心的环境管理制度与环境质量目标导向存在一定脱节，对地方政府的“质量负责”与“总量考核”存在矛盾，当前政府政绩考核体系仍以总量指标完成情况作为考核依据。从污染物指标的动态变化来看，我国总量控制制度实施成效显著，治污设施建设明显提速，初步遏制了污染扩张和总量增加态势。不过随着社会环境意识空前高涨，公众维权意识普遍增强，目前，社会公众从环境健康、环境权益、公平公正等视角，对 $PM_{2.5}$ 等污染问题快速解决的需求正迅速提升，并将环境质量改善作为衡量环境保护工作成效的主要标准，诉求强烈。而总量为目标的环境管理方式与环境质量改善的需求难以契合。因此基于改善环境质量、满足人体健康需求的环境管理方式，具有长期性、根本性，并与公众切身感受关联较大，较能体现控源减排的效率和效果，应成为落实地方政府环境保护责任刚性约束的重要抓手。

（2）当前国家和地方已经开始探索实施环境质量导向的考核管理制度，实践表明环境质量管理具有操作性和可行性

“十二五”以来，我国从国家到地方、从规划到政策、从考核到监测进行了环境质量为目标的有益尝试，为全面建立环境质量为核心的管理模式积累了实践基础。

从国家层面看，环境质量管理思路已经在相关专项规划目标、任务制定和管理措施中进行了强化。2013 年 9 月实施的《大气污染防治行动计划》（国发〔2013〕37 号）中明确了以改善环境空气质量为核心，以全面改善环境质量作为直接的工作目标，把空气质量改善作为大气管理的核心内容，在《国务院办公厅关于印发大气污染防治行动计划实施情况考核办法（试行）》（国办发〔2014〕21 号）强化空气质量改善的刚性约束作用，提出对大气污染严重的重点区域实施空气质量改善目标完成情况、大气污染防治重点任务完成情况双考核即“双百分”制，终期考核实施质量改善绩效“一票否决”，对其他地区实施空气质量改善目标完成情况单一考核。在《国家重金属污染综合防治“十二五”规划》（国函〔2011〕13 号）年度考核的 10 个目标指标中，环境质量指标占 3 个，分别为“城镇集中式地表饮用水水源重点重金属污染物达标率、地表水国控断面重点重金属污染物达标率和重点区域水和大气环境质量指标达标率”，强化了环境质量的重要性；同样，《重点流域水污染防治规

划（2011—2015 年）》（国函〔2012〕32 号）在制定了具体的水质目标“到 2015 年，重点流域水质持续改善，总体由中度污染改善到轻度污染，Ⅰ～Ⅲ类水质断面比例提高 10%，劣Ⅴ类水质断面比例降低 10%”和具体重点流域的水质目标改善要求下，在年度考核中环境质量的考核占分也达到了 30%。此外，在城市综合整治定量考核、创建模范城市考核中也强调了环境质量的分量。此外，我国环境质量监测体系和监测网络初步形成，以 AQI 为代表的空气质量监测数据实时向社会发布，体现了环境质量管理的思路。

从地方实践看，辽宁省制定了《辽宁省城市环境空气质量考核暂行办法》（辽环发〔2009〕48 号），要求省行政区域内的 14 个省辖市城市环境空气质量中 SO_2、NO_2 日平均浓度值限制进行规定，对于超标地区，经省政府同意，由省环境保护行政主管部门给予有关市红色通报，要求有关市制定整改措施限期进行整改。山东省 2014 年 2 月印发了《山东省环境空气质量生态补偿暂行办法》（鲁政办字〔2014〕27 号），按照“将生态环境质量逐年改善作为区域发展的约束性要求”和“谁保护、谁受益，谁污染、谁付费”的原则，以各设区的市 $PM_{2.5}$、PM_{10}、SO_2、NO_2 季度平均浓度同比变化情况为考核指标，建立考核奖惩和生态补偿机制。新安江水环境补偿机制对转变现有政绩考核理念、落实跨界水质保护目标责任制、建立上下游水污染防治联动机制起到了较好的推动作用和示范效果。

以上实践表明，环境质量管理模式具有可行性和可操作性，且成效明显。但总体来看，以总量减排为核心的环境管理模式仍未改变，地方政府“唯总量、轻质量”的环境管理思路较为明显，总量减排绩效和环境质量改善未能明显挂钩，老百姓身边环境质量改善程度不明显。同时，环境管理模式如环境质量数据监测体系、质量公众监督机制等欠缺。“十三五”期间需进一步完善、推广环境质量考核制度，将地方政府的环境保护责任真正反映到与百姓生活密切相关、直观可感的环境质量上。

3.1.4 环境质量管理是统筹解决新型复合环境污染问题的有效手段

（1）当前我国环境污染已进入复合型污染阶段，多源并存，形势复杂，治理难度大

大气环境形势总体上进入了多污染物共存、多污染源叠加、多尺度关联、多过程演化、多介质影响为特征的复合型大气污染阶段，我国城市能见度 10 年来下降了 2 km，个别城市灰霾天数超过 200 d。2013 年上半年，第一批实施空气质量新标准的 74 个城市 $PM_{2.5}$ 浓度范围在 24～172 μg/m，平均浓度为 76 μg/m，按年均值二级标准（35 μg/m）评价，70 个城市未达标。全国国控断面 2013 年上半年劣Ⅴ类水质比例占 11.5%，基本丧失水体环境功能，城市水体黑臭现象普遍，地表水污染向地下水蔓延，形成了常规污染物、有毒有机物、重金属、藻毒素、持久性有机污染物（POPs）等水体污染衍生物相互作用的复杂的流域性复合态势，湖泊富营养化、近岸海域赤潮等生态退化问题日趋严重，流域水资源过度开发、水生态严重失衡、水质性缺水和水量性缺水问题并存。

（2）环境质量管理可有效应对当前环境形势，解决复合型环境污染

当前环境污染来源复杂，基于环境质量改善目标的环境管理策略，可以促进多污染物协同控制，并形成以环境质量倒逼总量减排、以总量减排倒逼经济转型的联合驱动机制。地方政府要把环境质量改善放在首要位置，将维护基本的环境质量作为城市发展的底线。将环境质量作为对政府环保目标考核的约束性指标。把基本的环境质量作为政府必须提供的公共产品，多污染物协同管控，多手段共同推进，切实推动环境质量的逐步改善。建立污染减排、风险防范与环境质量改善的响应关系，

对影响环境质量的关键污染因素，有针对性地采取控制措施，合理确定污染减排类型、目标和减排幅度。

3.2 我国推进环境质量管理的总体思路

遵循我国中长期环境保护战略目标，"十一五"期间是以污染减排为核心，"十二五"期间以总量控制、质量改善、风险防范、公共服务为战略任务，在新形势下，"十三五"期间的环境保护战略任务要强调质量改善的导向作用，以质量管理为核心，精准的治污减排、系统化风险管控、强调空间生态保护和以制度建设为核心的长效机制建设为重要支撑。

环境质量管理具有长期性、稳定性，应采取有效手段真正落实环境质量的战略地位，将保护人体健康以及赖以生存的生态系统作为环境法律法规的目标。环境管理的关口，可以分为排污口达标排放管理、排污总量控制到环境质量管理。从中长期环境经济发展趋势看，以总量控制为主要抓手的环境管理模式受经济发展周期波动影响较大。在经济高速发展的时期，以加大削减量为主的总量控制措施可能事半功倍，在经济发展速度放缓、经济发展动力机制深度调整期间，以遏制新增量为主的总量控制措施可能会落空。而基于改善环境质量、满足人体健康需求的环境管理方式，则具有长期性、根本性，并与公众切身感受关联较大，较能体现控源减排的效率和效果，并能进一步强化污染减排、总量控制的手段效果。

"十三五"期间应尽早确立基于环境质量改善目标的环境管理策略，污染减排和环境风险管理应更多地考虑以环境质量改善导向，形成以环境质量倒逼总量减排、以总量减排倒逼经济转型的联合驱动机制。应适当超前研究，并尽早启动环境质量改善系列活动，建立污染减排、风险防范与环境质量改善的响应关系，对影响环境质量的关键污染因素，有针对性地采取控制措施，合理确定污染减排类型、目标和减排幅度。应尽快建立污染物数据库，评估污染物对人体健康和环境的影响，建模分析排污控制手段的效果，将最有效的措施运用到减排治理中。

3.3 明确我国推进环境质量管理的战略任务

3.3.1 建立环境质量管理目标指标体系、评估考核体系和质量监测体系

3.3.1.1 研究确定环境质量改善的重点领域和约束性指标

（1）明确全国性质量控制指标

将影响范围广、改善需求迫切，有利于统筹全局性污染防治任务的重要指标作为全局性约束性控制指标。在水、大气、土壤、生态各个环境要素选定全国性指标。水方面重点考核国控断面、城市内河、饮用水水质、水生态系统、生态流量等；大气方面重点考核 SO_2、NO_2、PM_{10} 浓度、空气达标比例、优良天数、重污染天气；土壤方面重点考核土壤环境质量；生态方面重点考核生态安全格局等（表 2-3-1）。

表 2-3-1 全国性指标筛选

环境要素	考核指标
水	• 地表水国控断面消除劣Ⅴ类断面 • 地表水国控断面好于Ⅲ类的断面比例达到 90% • 城市黑臭水体基本消除 • 城市河流出境断面消除劣Ⅴ类 • 水生态系统不恶化，流域生态环境得到改善 • 城市水质达标的水源地比例达到 95% • 农村水质达标的水源地比例达到×% • 现状水质优于Ⅲ类的水体持续改善 • 维持最小生态流量不低于多年平均径流量的 10% • 江河湖海岸带自然岸线不减少 • 地下水水质监测点位为较差～极差级别比例小于 60%
大气	• 全国城市可吸入颗粒物浓度比 2012 年下降 10%以上 • 全国 SO_2 年均浓度下降至 20 世纪 90 年代初期水平；NO_2 年均浓度保持稳定，力争恢复到 21 世纪初期水平 • 全国城市空气质量达标比例达到×% • 全国城市优良天数提高×% • 全国重污染天数降至全年总天数的 1%
土壤	• 基本农田和集中式饮用水水源地土壤环境基本满足二级标准要求 • 耕地土壤环境质量达到国家土壤环境质量标准的比例达到×% • 基本消除土壤污染带来的农产品质量超标问题
生态	• 全国生态环境恶化趋势得到初步扭转，生态良好转变的态势明显 • 国家生态安全战略格局初步形成

（2）针对重点区域（流域）、重点领域确定区域性质量控制指标

在巢湖、滇池及总磷超标或有富营养化趋势的小流域，提出以环境质量约束总量减排的指标；在京津冀及周边地区、长三角区域、珠三角区域、重庆市，提出 $PM_{2.5}$ 年均浓度下降比例指标；京津冀地区提出重污染天数比例指标；重点区域与非重点区域制定差异化的空气质量达标比例。

（3）鼓励地方政府制定严于国家要求的环境质量控制目标

鼓励地方政府根据地方实际制定比国家要求更严格的环境质量目标。对于环境品质较高的城市，应自我加严，制定更高的环境目标、更严格的排污标准、更高效的资源利用方式，以长期维持高品质环境质量；对于环境质量状况较差、改善难度较大的城市，政府可在国家环境质量控制目标的指导下，制定严格的治污减排、风险管控措施，加大治理力度，促进全面管理，以有效改善环境质量，达到国家规定目标。

（4）守住底线

把环境质量不降级、环境服务功能不退化作为发展的底线和最基本要求，实行刚性约束。将环境质量改善，维持基本安全的环境质量作为地方政府必须提供的公共服务，任何地方政府和部门，在发展中不得造成环境质量的恶化和环境功能的退化。将基本型的环境质量要求列入环境基本公共服务的重要内容，各级政府应采取有力措施，保障并不断提高基本环境质量类生态产品的供给水平，国家要加大调控力度保基本。将环境质量变化情况，纳入对地方人民政府监察的范围。通过探索编制生态资产负债表、健全环境质量目标考核机制，实施主要领导干部任中和离任环境审计、建立领

导干部生态环境损害责任终身追究制度。

3.3.1.2 构建以环境质量改善为核心的目标责任考核评估体系

（1）强化政府环境质量目标考核，以考核促进环保工作的开展

目前，我国对省级政府已开展一些涉及环境质量的责任考核实践，如重点区域大气污染防治“十二五”规划、重点流域水污染防治“十二五”规划、《大气污染防治行动计划》、实行最严格水资源管理制度考核办法等，上海、北京、山西、山东等一些地方政府已开始积极探索将环境质量纳入政府考核，为我国开展环境质量管理奠定了基础。具体而言，为了实现地方政府环保执行情况的评估、反馈与控制，应以环境质量改善为核心的环境目标责任考核，其考核内容近期可综合考虑环境改善工作任务与环境质量，将环境质量指标设计为硬指标和刚性指标，实施以质量为核心的约束性考核，如《大气污染防治行动计划》考核为质量和工作双考核，空气质量改善程度实行 “一票否决”。将考核结果作为干部选拔任用的参考依据，引导官员重视环境保护工作，增强领导干部保护环境的责任感和紧迫感。

（2）制定环境质量目标管理条例，为开展以环境质量为核心的环境管理提供依据

新《环境保护法》明确规定，地方各级人民政府应当对本行政区域的环境质量负责；企业事业单位和其他生产经营者应当防止、减少环境污染和生态破坏，对所造成的损害依法承担责任。要求各级政府要把确保生态环境安全和基本环境质量作为重要公共服务职责，落实环境保护目标责任制和考核评价制度。“十三五”时期是我国实现全面建设小康社会的关键时期，经济社会发展已进入转型期。环境保护面临着新的形势与问题，呈现一些新特征、新趋势。但当前，我国环境管理模式已经滞后于环境问题的转变速度，以改善环境质量为目标的环境管理模式尚未系统建立。以环境质量控制为目标机制，是环境管理转型的方向与必然趋势。制定环境质量目标管理条例是贯彻落实新环保法的重要手段，对促进环境管理实现由总量控制向质量控制转型、优化行政管理效能具有重要作用。环境质量目标管理条例的内容：一是应明确各级环境保护部门在环境质量目标管理方面的权责；二是应明确环境质量目标的制定方式；三是加强环境质量监测体系建设和管理，确保数据真实性；四是构建公共参与平台，与社会共治留下窗口；五是应确立考核、评估、奖励、惩罚机制。

（3）实施党政干部环境责任追究，解决“政府失灵”的问题

近年来，我国频繁发生的环境事故和由此引发的诸多环境问题发人深思。造成目前环境事故频发和环境问题严峻的原因很多，其中，政府在环境保护方面不作为、干预执法及决策失误是造成环境问题久治不愈的主要原因。只有明确政府在环境领域的监管职责以及不履行该职责应当承担的法律后果，才能促使政府更好地履行其在环境领域的责任，更好地服务于环境保护工作。政府环境责任终身追究，厘清责任主体非常关键。环保法明确规定地方人民政府负有发展经济和保护环境的双重责任，政府在环境保护中要承担决策和监督责任。同时，从我国的政体来看，党政干部也是地方环境保护最重要的利益相关者，因此，需要将党政干部同时纳入责任追究对象范围内。建立严格的环保问责制度，要把环境目标考核结果作为“硬依据”使用好，真正体现正确的用人导向。对环境质量明显下降、污染事故频发、生态环境持续恶化的地方，要严格追究相关责任人的法律责任；对因工作不力、履职缺位等导致环境质量严重退化的，未能有效应对环境事故的，以及干预、伪造监测数据的，监察机关依法追究有关单位和人员的责任。

3.3.1.3 完善环境质量监控体系

（1）优化环境监测网络建设，实现环境监测规划、布局、技术、信息发布、管理的统一

由于缺乏统一规划，目前我国环保、林业、国土、农业、水利、建设、交通、气象、卫生、海洋等部门建立了各自的生态环境监测网络，重复建设严重，协调较困难，难以形成国家环境监测整体实力；同时各监测部门监测规范不统一，监测结果缺乏可比性，甚至出现数据矛盾的情况。为了解决环境监测部门职能交叉的问题，统筹监测水、大气、土壤和生态环境质量，需对我国现有环境监测职能进行优化调整，建设“陆海统筹、天地一体”的立体环境监测网络体系，增强环境监管的统一性和有效性。对此，根据新修订的《环境保护法》，由环境保护主管部门制定环境监测规范，会同其他环境监测部门调整现有各环境监测部门的环境监测网络，统一规划环境质量监测站的布局，同时建立监测数据共享机制，由环保监测部门统一发布国家环境质量、重点污染源监测信息及其他重大环境信息。在规划环境质量监测站点时，要特别规范点位设置以确保监测数据的代表性。地方环境监测部门应对环境质量监测点位设置情况进行全面调查，按照国家有关技术规范，对现有监测点位进行技术评估，对不符合要求的提出整改意见和建议。

（2）提升环境监测的软硬件水平，加大监测公共服务供给能力

我国环境监测能力总体水平不高，主要表现为环境监测技术体系不健全、科技支撑能力不强、监测队伍人员编制紧缺、新增业务没有同步安排工作经费、基础设施缺口较大、运行保障经费不足等；各区域间、城乡间的环境监测能力也存在差异，中西部地区能力相对薄弱，省、市、县（区）的监测水平逐级下降。为了使环境监测综合能力与日益繁重的监测任务相适应，必须加强市、县级生态环境监测能力建设，积极推进环境监测基本能力建设，向社会提供一般化、保障性的环境监测服务。补充配套环境监测站及相应的设备装备与人员配置，加强环境监测站的标准达标建设。缩小不同层级的环境监测能力差距，推进东中西部、城乡区域环境监测能力均等化。

（3）完善环境监测信息统计体系，夯实环境质量精细化管理基础

完善的监测和统计体系是有效开展治污减排工作的有力基础。以美国南加州地区为例，硫氧化物、氮氧化物、有机化合物、颗粒物等因子排放超过 4 t/a、一氧化碳排放超过 100 t/a 的设施，作为点源管理，每年必须上报排放数据，并在清单数据库中更新，其余视为面源；移动源排放数据由州环保部门统计。同时，对清单排放趋势进行预测，对将来的排放进行管制。通过排放清单和模型计算，可以分析在采取一系列控制措施后，到规定的年限是否能够达到预期环境质量目标，如果无法满足，还要在技术经济可行的条件下，采取更为严格的措施。我国“十三五”期间应强化点源数据监测，落实企事业单位自主监测法律责任，提高监测数据的真实性和准确性。提前准备并适时开展第二次污染源普查，力争实现污染源数据调查的常态化，强化数据整合与综合分析。加强烟（粉）尘、VOCs、总氮、总磷等污染物的统计、监测。

3.3.2 明确质量改善重点领域

3.3.2.1 抓好大气、水、土壤行动计划实施，总体改善全国环境质量

按照突出重点、彰显成效、有限目标的原则，抓好水、大气和土壤三大要素的“好差两头”的环境质量改善工作。

实施空气质量分区分级管理，以质量改善为核心，结合区域污染潜势与减排潜力，提出可行、差异化的管理目标。国家对长距离输送、累计性影响、复合性污染、区域性耦合等因子提出自上而下的要求，地方在落实上一层级区域要求的基础上实施属地质量改善的自选动作。

持续推进重点流域水污染防治，统筹推进地表水与地下水、陆域和海域污染防治工作，建立陆海统筹的生态系统保护修复和污染防治区域联动机制。强化饮用水水源地、生态良好湖泊等良好水体保护。对城市内河或流经城市的河流、密集人群周边的劣V类水体、群众反映强烈的身边环境问题重点击破，消灭国控、省控断面劣V类水体。

切断土壤污染来源。开展土壤污染状况详查，划分农用地土壤环境质量等级。优先保护农用地土壤环境，将全国耕地土壤环境质量达标率不低于现状值作为土壤环境安全底线严格管控，并对关系饮水安全、基本农田、菜篮子基地的土壤安全等尽可能予以保障。加强工业污染场地风险管理，建立建设用地流转强制调查评估机制。实施污染场地分类管理，开展土壤污染治理与修复。

3.3.2.2 各地全面启动实施环境质量达标行动，持续精准改善城乡环境质量

制定质量目标管理相关办法。对城市水土资源、环境容量等要素建立承载能力监测预警机制。以城市环境总体规划编制实施为平台，构建有利于环境质量改善的空间布局。

建立覆盖全国的控制单元体系，筛选“十三五”应重点解决的单元和相应目标、任务清单，建立治污减排和质量改善的响应关系。以城市和控制单元为抓手，向社会公示环境质量改善目标的清单，实施环境质量改善的网格化管理，实施精准治理，明确各城市环境质量达标的进程。将分区域、分阶段目标向社会公布，借鉴“气十条”的做法，实施质量信息公开和排名。增加社会公众参与治理清单选择、目标制订、措施安排、绩效评价等决策进程途径，完善环境质量监测体系使之结果与老百姓的直观感受能基本保持一致。

3.3.3 以质量和总量双重约束为手段，推进多源、多污染物协同控制

3.3.3.1 以质量改善为出发点优化总量控制实施

一是夯实数据精细化管理基础，使总量控制切实服务于环境质量改善。

二是实施基于环境质量目标导向的总量控制。挂钩质量改善的总量目标确定，可知、可控、可统计的污染物考虑实施区域性、行业性总量控制等。

三是实施企事业单位污染物排放总量控制和综合性的排污许可。衔接区域环境质量改善要求，完善精细化环境管理。

3.3.3.2 明确重点领域的治污减排技术路线选择

建立包括总量控制指标外、总量控制区域外、总量控制行业外、为纳入总量统计体系内的污染物、污染源的治污减排技术路线。实际上就是为地方开药方，各地根据实际情况结合自身质量改善要求，选择吃哪些药，从而保障区域环境质量达标。

3.3.3.3 实施资源—能源—环境总量的系统管理，实行全过程治污减排

将总量控制关口前移，实现污染源排放总量控制与资源能源总量控制、机动车总量控制等统筹

联动。将结构调整和技术进步作为推动污染减排的重要手段，抑制高排放行业过快增长。

继续把工业污染源监管作为未来一段时期内总量控制的重点。创新方式方法，加大对“小微”排污企业的监管。加大重点行业和工业集聚区环境监管，提升治污水平。推动循环发展，通过企业间、行业间、产业间的生产要素耦合，推动工业园区和企业治污设施的集约化和燃料的清洁化。

3.3.3.4 加大综合整理力度，协同控制多污染物排放

将实质性的治污减排工程、技术、管理、政策推动作为总量控制重点，推行第三方治理，提高治污设施运营效能。统筹考虑大气、水与土壤污染治理，减少二次污染。

加大工业、机动车、扬尘、农业面源等多污染源综合防控，协同二氧化硫、氮氧化物、颗粒物等多污染物排放控制，推动 VOCs、氨污染排放控制试点，加大低矮污染源和移动源等领域控制。

对于劣Ⅴ类的断面，以水质改善为核心目标，削减总量和增加水量并重，选取部分典型流域或区域率先试点建立生态流量综合保障机制。

基于现实与可能，在积极推进二氧化碳控制的同时，做实与污染更密切关联的非二氧化碳温室气体排放控制抓手，新领域和薄弱环节取得突破。

3.3.4 实施环境质量清单式管理政策

以清单为基础开展分区分类管理。“十三五”期间国家环境保护目标、战略任务等均实施分区分类管理。清单是实施分区分类管理的基础，对全国环境质量进行清单式摸底，以此为数据基础分区域、分流域、分行业提出控制要求。以大气质量为例，京津冀和成渝地区主要是 $PM_{2.5}$ 和 PM_{10} 超标，珠三角地区主要是 $PM_{2.5}$ 和 O_3 超标，以问题为导向提出差异化管理目标与任务措施。

以清单为基础实施差异化总量控制与项目准入。“十三五”期间总量控制也逐步转向差异化、精细化。清单是实施差异化总量控制的依据。对于环境质量超标单元、环境容量超载单元加大总量控制力度，实施更严格的项目准入政策。对环境质量优良、环境容量有较大空间的单元可由削减总量转向控制总量，在保障环境质量不退化的基础上加快发展步伐。

以清单为基础安排生态补偿资金。党的十八届三中全会《中共中央关于全面深化改革若干重大问题的决定》提出实行资源有偿使用制度和生态补偿制度，坚持“谁受益、谁补偿”原则，完善对重点生态功能区的生态补偿机制，推动地区间建立横向生态补偿制度。根据清单所列自然保护区、重要生态功能区、流域水环境等安排纵向和横向生态补偿资金，促进环境保护和不同地区和谐发展。

以清单为基础安排环境保护专项资金。目前中央已经设立大气污染防治专项资金和江河湖泊生态环境保护专项资金。可根据大气清单，对大气治理任务重、群众改善要求迫切的单元安排大气污染防治专项资金。根据全国水环境清单情况，按照《江河湖泊生态环境保护项目资金管理办法》，安排江河湖泊生态环境保护专项资金。

以清单为基础实施财政奖惩。根据清单目标达标情况、清单单元环境质量状况与财政挂钩，环境质量好或改善幅度大的单元奖励资金，环境质量差或退化的惩罚资金，以财政压力倒逼城市改善环境质量。

3.3.5 环境质量改善的社会行动体系建设

搭建公众参与环境质量改善的全方位参与平台，特别是要在城市和单元质量目标的清单管理模

式下提出社会公众参与清单选择、目标制订、措施安排等决策的方式。完善公众参与决策的保障制度。制定环境决策公众参与目录，确保在政策法规制定、规划编制布局、治理清单筛选、重大项目建设等过程中实行公众参与。采取公告公示、听证、问卷调查、专家咨询、圆桌会议等形式广泛听取专家和公众意见。建立公众参与环境决策意见处理情况反馈制度，及时公开公众参与行政决策的意见建议采纳情况。

完善政府和企业的信息公开制度。规范环境信息公开程序，保障信息公开的速度。明确环境信息公开的范围及重点，对于不能公开的国家秘密、商业秘密和个人隐私要进行明确界定，不能以此为环境信息不予公开的借口。明确不同主体环境信息公开的方式方法、途径和时间要求，构建统一的环境信息公布与管理平台，发挥政府公报、报刊、广播、电视等主流媒体作用，积极探索网络、手机短信等新兴媒体作用，多渠道发布环境保护信息。健全环境信息公开监督和保障机制。

建立环境质量改善的公众满意度评价制度。包括利用微博、微信等信息技术手段和调查问卷等方法，调查统计公众对环境质量改善的满意度。

本报告执笔：吴舜泽、万军、王倩、姜文锦

4 城乡环境总体规划与“多规合一”政策研究

4.1 城市环境保护形势与环境规划需求

4.1.1 我国城市环境保护形势与问题

1978—2013 年，中国城镇化率由 17.92%上升到 54.77%，城市数量由 193 个增加到 641 个，城镇人口规模增长逾 4 倍。中国用 30 年的时间，走过了欧美国家上百年的城镇化历程，城市格局性、空间性、底线性环境问题突出（图 2-4-1）。

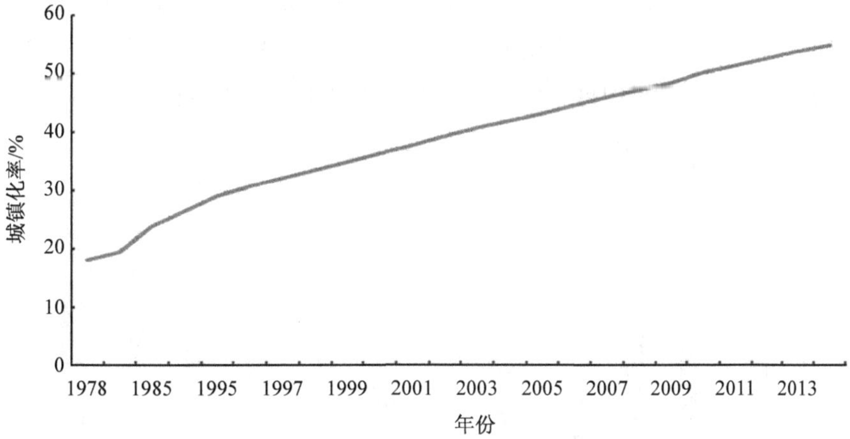

图 2-4-1 中国 1978—2013 年城镇化率

4.1.1.1 城市发展缺乏承载力约束手段，资源环境超载严重

我国城镇化快速推进，1978—2013 年，我国设市城市数量增长 2.5 倍，城镇化率增长近 36 个百分点，城镇人口增长逾 3 倍（图 2-4-2）。研究数据表明，城镇化率每提高 1 个百分点，将增加城镇人口 1 300 万人左右、生活垃圾 520 万 t、生活污水 11.5 亿 t，消耗 8 000 万 t 标煤。我国城市经济发展利益驱动下，城市人口集聚与产业发展未充分考虑资源环境承载能力，城市发展缺乏资源环境的约束和引导。一方面，大部分城市资源消耗需求超出正常供给能力。全国 655 个城市，超过 300 个城市缺水，水资源问题突出。2000—2013 年我国城镇建设用地增长了 70%，土地资源开发程度高。另一方面，主要污染物排放总量超过环境容量。京津冀、长三角、珠三角等地 $PM_{2.5}$ 污染问题突出；七大水系近 20%的监测断面污染严重，90%的城市河段受到不同程度的污染。

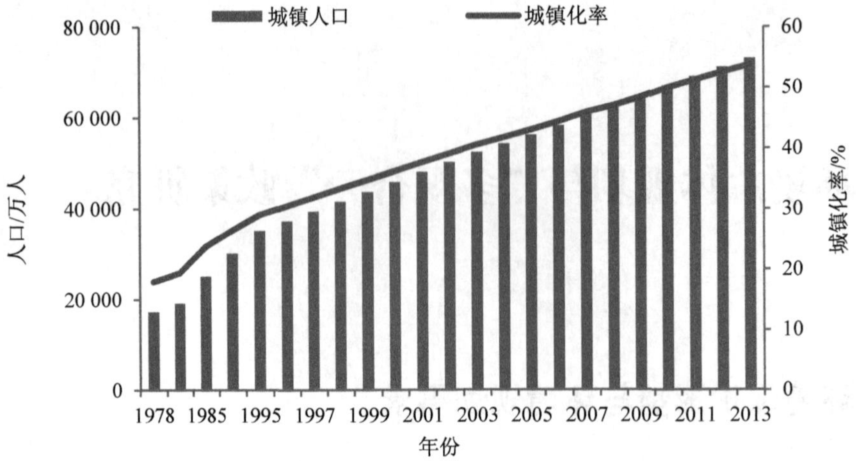

图 2-4-2 1978—2013 年中国城镇化率与城镇人口变化情况

资料来源：中国统计年鉴。

4.1.1.2 城镇化过程土地开发强度高，破坏生态安全格局

我国城镇化快速推进，城市普遍呈现“摊大饼”式蔓延发展，城市建设用地扩展严重。根据国土部门相关数据，1991—2000 年全国建设用地每年平均增加 1 000 km^2，而 2001—2012 年全国建设用地平均每年增加 4 258 km^2，平均每年建设用地占用耕地面积 2 190 km^2（图 2-4-3）。

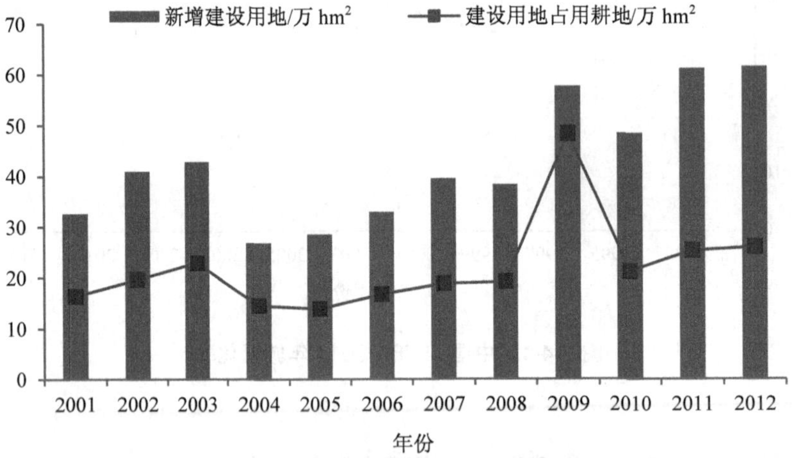

图 2-4-3 2001—2012 年我国建设用地增长与占用耕地情况

资料来源：中国国土资源公报。

我国大城市土地开发强度严重超过 30%这一国际警戒线，东部地区很多城市土地开发强度逼近 20%，土地开发强度较高。我国单位面积的城市土地承载人口数量近 9 000 人/km^2，是发达国家的 10～20 倍。根据住房和城乡建设部相关数据，全国 661 个大中小城市中，有 183 个提出“建立现代化国际大都市”的发展目标；全国 12 个省、区的 156 个地级市和 161 个县级市中，12 个省会城市共规划建设 55 个新城新区，90%以上的地级市正在规划建设新城新区，其中一个省会城市就要新建 13 个新区。大拆大建的城市扩张与建设过程中，缺乏对区域生态安全格局的严格保护，城市生态重要区与敏感点（带）被挤占破坏现象普遍，城市自然生态系统完整性遭到破坏。

专栏 2-4-1 国内外城市土地开发强度对比

国内大城市：扣除山区，2012 年北京市开发强度约为 48%；扣除崇明、长兴、横沙三岛，上海市开发强度在 50%左右；珠三角中心多数城市土地开发强度已逾 30%，其中，深圳土地开发强度已经达 50%，广州、佛山、东莞开发强度已经达到 40%。

中国香港：中国香港开发强度 23.7%，灌丛、草地、湿地占整个面积的 66%，其中城市近一半面积划为受保护地区。

西方发达城市：英国伦敦的开发强度仅为 23.7%；德国斯图加特市区只开发 45%；日本三大都市圈平均开发强度为 15%，日本东京的开发强度最高，也只有 29.4%。

［资料来源：[1]珠三角多城市土地开发强度逾 30%，中国新闻周刊[N]. 2014-01-22；
[2]深圳土地开发强度达 50%，南方日报[N]. 2013-5-17（8）］

4.1.1.3 城镇化与工业化交织，环境质量提升难度大

中国以超出世界平均水平的高工业化率来驱动城市化和经济发展，既带来高额的资源与环境发展成本，又使其城市环境问题整体上呈现工业化过程的污染特征。2014 年，我国 220 多种产品产量占全球第一，一次能源消费占全球 22.4%，煤炭消费量占 50%，多项污染物、温室气体排放量世界第一。2013 年 1 月华北地区大规模雾霾天气表明，城市环境污染已经不是单纯的环境治理问题，环境保护已经与城镇化建设、工业产业发展密切结合。新形势下，环境承载能力已达到或接近上限，必须推动形成绿色低碳循环发展新方式，是我国经济发展新常态的基本判断。城市建设与经济发展过程中“环境底线”的缺失成为环境问题难以根治的关键。

4.1.2 我国城市环境规划发展历程与不足

4.1.2.1 我国城市环境规划发展历程

中国环境保护工作大概从 1973 年开始，环境保护重心呈现“污染控制—城市环境综合管理—生态环境质量与系统功能维护”的演变过程。伴随我国城市环境问题与环境管理思路的转变，我国的环境规划也在不断地发展完善，大致分为五个阶段：1973—1988 年为起步探索与框架搭建阶段，规划以工业污染防治为主；1989—1995 年，逐渐进入关注综合诊断阶段，环境保护逐渐萌发向产业结构布局调整、宜居环境维护等方面转变的思路，表现为大范围的城市环境综合整治规划及城市总量控制试点；1992—2001 年为规划铺开和理念提升阶段，涌现出大量生态市和模范市规划，包括一批城市环境保护总体规划，为环境保护规划创造了内涵多样、内容丰富的实践；2002 年开始为规划强化落实和体系分化阶段，环境保护规划从污染末端控制转向优化产业结构、生产合理布局、污染治理的全过程转变，城市环境保护规划呈现一个飞跃，城市环境保护规划开始关注区域、城镇群的角度，这一阶段珠三角、长三角环境保护规划，包括最近这一段时间各个主题功能区概念下三区六群等各种各样经济发展规划，拓展了城市发展保护规划的内涵。

对 1973—2010 年国内外环境保护相关领域 5 300 多篇文献进行梳理发现，我国环境保护规划从

研究尺度、研究对象、研究方法上，都呈现一个不断攀升的趋势，研究尺度从城市单一体到整个城镇群、整个区域转变，城市环境问题的解决从依赖于污染防治向放置于城乡统筹、城市城镇化与工业化发展的角度加以解决，环境规划的研究方法也从环境领域向地学、生态学、经济学、城市规划学等领域不断拓展。

4.1.2.2 我国城市环境规划面临的问题

我国的环境保护规划领域不断拓展，规划理念不断提升，但总体上仍滞后于城市发展。环境保护规划缺乏长远性的环境保护视野，单要素环境保护规划难以支撑城市环境问题综合解决，法律地位严重不足，使环境保护规划往往跟在城市建设或者产业后面被动起一些修修补补的作用。

一是受制于污染防治性规划的内容和任务，难以融入经济社会发展进程。当前，我国的环境保护规划体系仍以污染治理、污染防治型专项规划为主，区域生态环境格局和资源环境承载力等内容难以体现，缺乏与经济社会发展相挂钩的手段与途径，难以从根本上建立与自然生态系统相协调的环境保护基础框架和城市发展模式，规划的约束性不足。

二是受制于分要素管理的环境管理模式，规划内容条块分割严重。环境保护规划的对象覆盖水、土壤、大气等多个要素，实施部门除了环保部门外还涉及农、林、水利、城建、海洋等部门，各自为政，难以对城市环境系统保护与优化进行系统性、整体性、综合性考虑，也难以协调和应对复合型、交叉型的环境问题。

三是规划时限较短，难以应对长期性、战略性环境问题。城市建设、土地利用、主体功能区、产业发展、工业园区建设等开发建设规划期限一般都在10～20年以上，从中长期角度对资源开发和经济建设活动做出安排。但现行的城市环境保护规划期限一般只有5～10年，规划缺乏长远战略，难以对中长期开发建设活动提出统筹性控制引导要求。

四是技术规范和法律保障不足，实施效力难以保障。与其他基础性规划相比，我国城市环境规划还处于“初级”阶段，规划体系不完善，规划技术规范与法规保障不足，规划规范性不强，制度体系尚不完善。同时，城市规划、土地规划经过长期发展，已经具有相当坚实的法理基础，而我国的环境保护规划保障机制尚不健全，难以承担促进和支撑城市化健康发展的重任。

总体来看，中国城市环境问题转型背景下，当前的环境规划已经不能较好地适应新型城镇化建设与发展。环境保护规划目标亟须由污染治理向综合决策转变，将生态环境要求作为城市发展的资源约束；规划导向亟须由问题解决型规划向发展引导型规划转变，将环境问题放置于城市经济社会发展的进程中，逐步纳入城市发展进程；规划内容亟须由宏观任务型规划向底线调控型规划转变，关注生态环境安全与资源环境承载的阈值，从根源上解决环境问题；规划体系亟须从专项规划向综合规划转变，统筹环境各要素、各领域，突出环境战略性保护。

4.1.3 我国城市环境规划需求

伴随着我国经济快速发展，城市作为城镇化快速发展的主要载体，大量累积性环境问题集中爆发，同时格局性、底线性环境问题日益凸显。资源环境已经超过承载底线，是我国经济发展新常态的基本判断之一。新型城镇化发展阶段，单纯依赖污染治理难以满足城市环境质量改善的需求，城市环境规划理念应逐步从环境保护末端控制向优化产业结构、经济布局等宏观引导转变。

（1）遵循客观规律，维护生态环境在结构、功能上的基本特征

城市领域的城市建设、经济发展、资源开发等规划主要是空间规划，而环境规划主要是各要素、各领域的任务规划，缺乏环境空间管理的理念、思路、手段和相应的实施保障政策，环境规划与城市规划之间缺乏统一的对话平台，导致城市建设和经济发展难以在空间上与环境要求衔接。环境规划应从要素型、任务型规划向空间性、引导性规划转变，逐步构建起环境空间的管理的理念、思路与实施框架，明确环境空间管控的方式，落实环境系统本身的结构、过程和功能要求。

（2）将环境保护放置于城镇化、工业化背景中，引导城市协调发展

城市环境问题不孤立存在，城市环境问题的产生源自城市经济社会的发展。影响城市环境发展的底层的、宏观的、战略性的重大环境问题源自城市发展，同时也需要在城市发展中解决。因此，强调规划对经济社会发展的引导性作用，突破传统技术方法，探索解析环境保护要求与经济社会发展相互关联、相互反映的耦合关系，将环境保护要求落实到城市经济社会发展过程中，促进环境保护与经济社会发展的相互协调是规划的最终目的。

（3）强调环境空间管控，奠定城市健康发展的自然环境空间框架基础

空间性规划是城市、经济、资源规划的发展导向，也是多规融合、一张图干到底的核心内容。环境系统的核心特征空间差异、区域影响与空间耦合，环境总规必须打破传统任务型、指标性环境规划的思维模式，创建一套空间系统解析、评估、决策、规划的技术体系，才能实现环境规划的空间落地以及与城市规划、土地规划、经济规划在空间上的有效衔接。生态优先的理念和社会经济与环境协调发展的准则，首先需要在空间上得到尊重和体现。环境保护相关制度与政策，也需要在科学解析环境系统空间特征的基础上，实施差异化的管理。

（4）强调容量底线控制，引导城市发展规模与环境承载能力相协调

环境资源超载直接的反映就是环境质量恶化、生态系统服务功能的退化与衰竭。污染物排放总量、煤炭消费总量、机动车保有量、水、土地资源开发利用总量等是控制环境资源开发强度的有效手段。以环境资源承载力为基础，优化城市发展，需要以环境资源承载力为基础，将管控的关口前移，采取综合手段进行管理，不断推动城镇体系的发展布局、建设规模、人口聚集、产业布局等需要与环境资源承载力状况相适应，逐步将社会经济活动的环境影响控制在环境资源承载能力容许的范围之内。

4.2 城乡环境总体规划主要任务与内容

4.2.1 城乡环境总体规划拟解决的主要问题

格局性、根源性环境问题逐渐成为中国新型城镇化发展的关键制约，但传统的环境规划难以应对新形势的要求，城乡环境总体规划的发展成为必然。

（1）资源环境承载力约束难实施，缺少与城镇化工业化发展的衔接

城镇化的快速推进，城市和城市周边地区环境承载力、污染净化和生态平衡维系压力负荷不断加大。经初步统计，我国城市建设占全国 GDP 的 70%和国家财政收入的 80%左右，全国城镇化率每增加 1%，新增城镇人口 0.13 亿人，住房 3 亿～4 亿 m^2、土地消费 1 800 km^2、能源开发 64 000 万 kW。然而，不少城市无限制的扩大城市规模、提高环境资源开发利用强度，当前的城市规划、环境规划

都难以将资源能源开发利用、环境承载力作为硬性约束手段纳入规划，造成不少城市过度开发、环境资源过度消费、低效率利用。

（2）环境空间管理难落地，缺乏相应的思路、手段和政策

城市领域的城市建设、经济发展、资源开发等规划主要是空间规划，而环境规划主要是各要素、各领域的任务规划，缺乏环境空间管理的理念、思路、手段和相应的实施保障政策，环境规划与城市规划之间缺乏统一的对话平台，导致城市建设和经济发展难以在空间上与环境要求衔接。环境规划应从要素型、任务型规划向空间性、引导性规划转变，逐步构建起环境空间的管理的理念、思路与实施框架，明确环境空间管控的方式，落实环境系统本身的结构、过程和功能要求。

（3）环境优先难落实，缺少技术平台和制度载体

由于法理基础、规划地位等的不对等性，导致环境保护规划在城市建设发展中长期处于劣势地位，环境优先的地位难以保障。未来20～30年，我国仍将处于城市化快速发展阶段，城镇化率将提高到70%～80%，基本完成城镇化进程。外延式扩张的城镇发展模式仍将持续，城市内部布局与功能也将不断调整，在此背景下，迫切需要建立城乡环境总体规划制度，从源头奠定城市环境保护格局，构建符合区域环境格局和生态系统管理方式的城市发展基础框架，促进城镇化健康发展。

4.2.2 城乡环境总体规划的基本考虑

（1）深刻领会生态文明建设要求：空间有序、资源节约、承载合理、质量优良、制度完善

党的十八大报告站在全局和战略的高度，把生态文明建设与经济建设、政治建设、文化建设、社会建设一道纳入中国特色社会主义事业总体布局，并对推进生态文明建设进行全面部署，要求全党全国人民更加自觉地珍爱自然、更加积极地保护生态。习近平总书记自党的十八大以来，更是在不同场合60多次谈及生态文明。

认真学习习近平、李克强等国家领导讲话精神，深刻体会生态文明建设、生态环境保护相关文件精神，不难发现，站在生态环境保护的角度，生态文明建设的聚焦点相对集中，集中体现为生态保护红线划定、城市扩张边界的划定、资源环境承载力的合理利用、环境质量维护、生态文明制度建设等内容。

因此，我们认为，在我国新型城镇化推进过程中，从生态环境保护的角度出发，生态文明的特点可以概括为：空间有序、资源节约、承载合理、质量优良、制度完善。

（2）环境问题的解决要放置于经济社会发展的进程中：在格局、规模等方面进行统筹

环境保护已经成为我国新型城镇化发展的主要短板之一。然而，环境本身并不会产生问题，环境问题是城镇化进程中的环境问题。城镇化建设过程中环境问题产生的根源在于经济发展、产业布局等缺乏对环境质量全面的重视，缺乏对资源环境承载能力的尊重，缺乏对城市经济发展系统与生态环境格局系统协调性的考虑，最终表现为开发粗放、承载过度、质量下降等环境问题。

城市发展与环境问题的因果关系，在学术界长期持有不同的观点。但是，从当前我国城镇化健康发展的需求来看，环境问题的解决需放置于整个城镇化、工业化发展的进程中去统筹，从格局、规模等根源上去统筹。

（3）坚决避免先污染后治理的老路，从源头解决环境问题：向空间要效率，向容量要质量

未来10～15年，我国将处于城市化快速发展阶段，城镇化率将提高至85%～95%，基本完成城镇化进程。按照传统的城镇化发展模式，外延式扩展不可避免，人口增长、建设用地扩张、污染排

放加剧等问题不断涌现。

城乡环境总体规划应站在环境保护与经济社会发展相协调的高度，在城市建设发展过程中，利用好自然客观规律的空间特征与容量特征，在有限的空间和容量范围内扩容提质，努力提高经济社会发展规律与自然环境客观规律的协调性，向空间要效率，向容量要质量，统筹好环境保护与经济发展之间的关系，坚决避免先污染后治理的老路。

（4）编制一个可用、好用、实用的战略性环境保护规划：强化空间表达，变生态环境客观规律为环境规划语言，变环境规划语言为城市规划语言

城市领域的城市建设、经济发展、资源开发等规划主要是空间规划，而环境规划主要是各要素、各领域的任务规划，缺乏环境空间管理的理念、思路、手段和相应的实施保障政策，环境规划与城市规划之间缺乏统一的对话平台，导致城市建设和经济发展难以在空间上与环境保护要求衔接。

因此，环境总体规划应跳出原有的要素型、任务型规划思路禁锢，向空间性、引导性规划转变，强化环境保护要求的空间表达性，落实环境系统本身的结构、过程和功能要求，明确环境空间管控的方式，逐步构建起以环境空间管控为核心的理念、思路与实施框架，才能为城市总体规划、土地规划及产业规划提供空间指引，才能为城镇化发展在空间布局、经济结构谋划等方面提供一个基础性依据。

（5）所有的分析都指向一个途径：空间、承载、质量

通过以上分析，上至落实国家生态文明建设层面，中至协调城市环境保护与经济发展的关系，下至解决城市环境问题层面，空间、承载、质量均是城乡环境总体规划要核心解决的关键问题。

4.2.3 城乡环境总体规划的主要特征

为解决以上城市建设与发展中的环境问题，城乡环境总体规划应把握以下特征：

一是基础性。现有环境规划属于城市建设中的专项规划，难以发挥环境保护的统筹性作用。环境总规应跳出现有专项规划的局限性，打破各环境要素之间分割隔离、各自为政的局面，重点解决影响城市发展的底层的、格局性的、战略性的重大环境问题，形成具有整体性、系统性、协同性的中长期环境保护与经济协同发展方案，促使环保部门与城市建设、工业发展等部门联动，奠定环境保护的基础框架。

二是底线性。环境保护底线不明、约束不力是环境保护问题产生的根源之一。以城市可持续发展与维护城市环境质量为宗旨，明确城市建设开发的空间界限，明晰环境资源开发利用的阈值，是支撑我国新型城镇化发展的重要保障。环境总规需要从环境的角度提前对城市定位、建设规模与布局、经济发展方式等做出引导性要求。

三是空间性。环境保护要求不能实现空间落地，缺乏与城市规划、土地规划相互衔接的手段和平台，是制约环境保护参与综合发展决策最重要的原因之一。当前，城市规划体系中的空间管制已经具有相当坚实的法理基础，对城市总体规划及控制性详细规划设置了以“四区”划定、“七线”管制为主线的空间管控内容和要求；土地规划也明确了禁止建设区、限制建设区等空间分区的概念。城乡环境总体规划亟须在空间管理的相关思路、技术方法、表达方式等方面与城市规划、土地规划相互衔接，为环境保护参与城市综合发展决策搭建起基础平台。

4.2.4 城乡环境总体规划的主要任务

基于以上分析，我们认为，城乡环境总体规划主要任务与内容应包括：

（1）确定城市环境功能定位，开展环境经济形势分析

从可持续发展的长远战略角度来看，每个城市在区域、流域，乃至国家层面都承担着一定的生态与环境维护功能，规划从国家、区域、流域环境质量与生态功能的维护角度，确定城市的环境功能定位，奠定城市发展的总基调。分析城市城镇化与工业化发展的过程中的环境问题，以城市建设、经济社会发展与环境保护的关系为主线，开展环境经济形势分析，提出服务于新型化城镇建设与城市可持续发展的环境目标指标，设计中长期环境保护战略线路图。

（2）以生态环境结构、功能特征为基础，科学划定城市生态保护红线

对生态环境重要、敏感、脆弱区实施严格保护，禁止开发。城市环境规划的发展，已经能通过RS/GIS手段和大气、水环境系统模拟解析系统，对城市生态、大气、水环境系统进行全面的评估解析，根据区域和城市生态系统结构、大气流场系统、水系统结构，识别功能中要素、过程脆弱区和结构敏感区，依据重要、脆弱、敏感程度实施分级管理。城镇化发展和城市建设，需要对于高敏感、极重要和高脆弱区域和生态系统实施红线管控，确立环境空间底线，包括生态功能的空间底线和环境安全的空间底线。

（3）合理控制环境资源开发利用阈值，确立环境资源开发的底线

以环境资源承载力为基础，尤其是区域或者城市的水、土地等自然资源和大气、水环境容量，城镇体系的发展布局、建设规模、人口聚集、产业布局等需要与环境资源承载力状况相适应，对超标过载地区严格管控，不断调整，将城镇化发展控制在环境资源承载能力容许的范围之内。

（4）以人群健康和生态平衡为基准，确立生态环境质量底线

人民为了生活来到城市，为了生活得更好留在城市。城市不仅仅是提供良好的公共服务、更好的就业和发展机会，还包括健康的环境质量和安全的生态服务，必须保障确保城镇地区空气质量、饮用水质量、城镇场地等满足人群健康生活的需求。健康的环境质量和更加平衡的生态系统是新型城镇化发展的重要内容和应有之义，也是新型城镇化发展不容忽视、突破的底线。

（5）开展环境风险评估，完善城市环境风险防范体系

排查区域内现有及潜在风险源，识别城市建设与产业发展的环境风险，辨析各风险源环境影响与污染物传输模式，以保障饮用水安全、防范重大环境事故为重点，重点针对重金属、危险化学品、有毒有害物质，分析主要环境风险因素及可能的风险事件情景，针对重点区域、重点行业以及典型事件，完善预警体系，建立阻断污染传输、快速切断污染传输的应急响应机制，建立内外兼顾、主动防控为主的环境风险风控体系。

（6）完善城市环境基础设施，提高环境基本公共服务水平

根据城市未来经济社会发展情景和人口、产业发展趋势，提出城市污水处理、中水利用、固体废物收集处理等环境设施建设需求。将安全的饮用水、基本的环境设施和环境监管能力作为近期环境基本公共服务的重点内容，确定环境基本公共服务供给与分享的保障性标准，鼓励政策和机制创新，研究城乡一体化环境保护机制体制，提升环境公共服务水平。

4.3　城乡环境总体规划关键技术研究

4.3.1　城乡环境总体规划需突破的关键技术

城乡环境总体规划作为一项创新性的制度，面临着技术方法的创新与突破。

（1）环境空间管控技术的创新构建

我们认为，环境作为一种资源，同生态系统一样存在需严格保护的区域，环境空间管控势在必行。具体围绕以下问题展开：一是生态系统健康维护建立了自然保护区、风景名胜区等管理制度，环境空间管控应在生态系统空间管控的基础上，积极向环境空间延伸，明确环境管控空间的范围与边界。二是国内外生态学、景观生态学等城乡生态系统空间解析的技术方法已经相对成熟，但在环境领域，大气、水等要素区域空间差异的解析方法与技术框架尚未建立，是环境要求难以落实的关键原因。因此，环境总规应探索建立环境空间解析与环境空间管理的技术框架。

（2）资源环境约束底线的科学确定

城市可持续发展要求城市经济社会活动控制在资源环境开发利用的极限之内，环境总规应积极探索资源环境的底线约束。具体围绕以下问题展开：一是当前环境容量技术方法如何转换为规划应用手段尚不明确，环境总规应积极探索相关环境容量转化为现实可用的管理手段，建立环境容量基础理论与社会经济发展的关联性；二是在技术研究层面，环境容量、资源承载力与环境质量之间的传输响应关系尚不明确，环境容量的时空动态性特征导致其与环境质量脱钩，环境总规应在相关技术方法上进行探索研究。

（3）技术方法向环境规划语言的合理转变

伴随着我国城镇化、工业化的快速推进，城市生态环境服务功能不断下降，城市环境品质不断恶化。从科学研究的角度，很多问题的解决都有充分的理论依据和严格的技术方法做支持。但在具体城市环境中，对于模型参数的合理确定、城市发展标准和情景的合理模拟等问题均难以统一。规划不同于技术研究，是一种应用性的决策科学，在规划中合理把握尺度，将理想严谨的科学情景，转变成可为现实城市中符合科学精神、更切实可行的生态环境保护要求，则需要进一步的技术方法探索和理论应用实践。

4.3.2　城乡环境总体规划关键技术的国际经验借鉴

4.3.2.1　资源环境承载力国际经验借鉴

环境承载力是作为环境限制规划理论的一种论述方向而提出的。以欧美地区的标准而言，许多第三世界城市的发展负荷已经超过其自然系统所能供给资源的门槛值，因此承载力的观念可视为一种相对的标准值，通过城市环境总量的制定，可以成为一种有效的政策性工具。而规划思路也从目标愿景型向空间资源约束型及环境效益导向型转变。

国内外在规划理念、具体规划技术等方面为我国环境承载力的管理应用提供了借鉴经验。尤其是香港对全港发展战略的检讨，对全国有较强的借鉴意义（表 2-4-1）。

表 2-4-1 国内外环境承载力典型案例分析与经验借鉴

案例	关键内容	现状	借鉴
中国香港全港发展策略的检讨	提出各个次区域发展的“城市环境的可承载”的能力	城市建设合理与否的重要评定依据	与当前资源环境承载力管理方向相吻合
“精明增长”发展模式	通过规划紧凑型社区，充分发挥已有基础设施的效力，提供更多样化的交通和住房选择来努力控制城市蔓延	通过高密度、更紧凑的发展模式成功遏制了美国城市无序蔓延的态势	中国有些城市在探索。应充分考虑特殊的工业化和城市化背景，中国城市蔓延的产物是城乡接合部，蔓延方式也不一定是国外的高速公路和小汽车等特殊国情
美国的最大污染负荷 TMDL	将可分配的污染负荷分配到各个污染源（包括点源和非点源），同时要考虑安全临界值和季节性变化，从而采取适当的污染控制措施来保证目标水体达到相应的水质标准	美国许多州已对各自行政区域内的水质受限水体实施了 TMDL 计划，在改善水质方面发挥了积极的作用	可先在试点流域推行，应充分考察水生态相关，而不仅仅是水质监测，并注重 TMDL 方案的使用效果反馈和及时调整，并邀请利益共享体全程参与

专栏 2-4-2 中国香港全港发展策略的检讨

香港对城市规划和环境保护间关系的认识也经历了一个过程，它与经济发展的阶段性密切相关。伴随着工业化的全面推进，香港政府于 20 世纪 60 年代中首次拟就了“全港发展策略”（深度和内容相当我国的城市总体规划），旨在合理安排各类用地、人口分布和相关的基础设施建设。当时环境因素并没有被考虑到该次规划中。

截至 20 世纪 70 年代末，持续、高强度的工业化和城市化，使香港出现废水、废气、噪声、废弃物、海面垃圾和油污等生态环境造问题，污染引起的公害备受公众关注。1987 年，开展一项“都市计划研究”，成为开埠以来首份改造香港环境的研究报告，这对香港的环境治理起到了一定的作用，但就整体效果来看，城市规划和环境保护脱离。

1989 年香港环境地政司在城市规划层面上进行一系列的修改和检讨工作，全面检讨“全港发展策略”（1990 年）。在该次策略检讨中，环境因素被明确列为城市发展的主要限制性因素，并提出本次修改的主要目标是“制订一个整体的、长远的土地用途—运输—环境规划大纲”，以便政府能在“资源许可的情况下，按照大纲的建议，提供必需的土地和基础设施”，为香港谋求一个“较美好的居住和工作环境”。

为此，首先进行了一项“基本”环境研究，主要目的是通过鉴定全港的环境实况，提出各个次区域发展的“城市环境的可承载”的能力，为策略评价各种发展方案提供依据。无论是运输系统的建立还是新市镇的发展规模，合理与否的评定的重要依据之一，都从环境的整体承受能力，就可动用的资源和对环境的影响两方面加以衡量，看其能否适合香港的环境。

从研究与应用方向上来看，以单要素承载力研究的局限性越来越突出，已不能适应生态系统资源开发与发展的要求，以系统的观点，从综合多要素角度研究环境复合承载力（生态承载力）是今后生态承载力研究的方向和趋势。

从技术研究上来看，承载力研究也将继续向精细化和动态模拟化方向发展。城市生态系统的复杂性决定了其承载力研究方法和手段的复杂性。在计量分析手段上，除了系统动力学（SD）外多因子分析、投入—产出分析、资金劳动力生产函数、人口迁移矩阵及马尔可夫过程都将成为主要方法。现代技术如遥感（RS）、地理信息系统（GIS）等必将应用到承载力精细化研究领域中。

对于土地承载力的评估技术，国内目前对于"非城市建设用地"的研究中普遍接受了从区域到城市"逆向排除"的思维方式，即先将不可建设用地划出来，而更为从容地在剩下的区域考虑城市将来可能的扩展方向。再在剩余的空间范围内选择基础设施完备以及位于城市主导发展方向上的区位作为"鼓励建设区"或"引导发展区"，这种综合自然生态、基础设施、经济效益、社会文化等多因素，以"规划全覆盖"思路对整体区域空间进行分等定级的思路，与主体功能区划、土地适宜性评价以及四区管制等有着异曲同工之处，问题的关键是能否通过城市增长边界这一工具使三个规划在类似的管理内容上达成一致。

综合国际实践及相关研究，环境承载力技术研究与规划应用对我国的经验启示如下：

一是注重环境承载力在环境保护与规划中的基础性地位。环境承载力可以成为城市建设发展合理性评估的重要意义与指引。

二是加强精细化探索。成熟的模型分析和遥感、地理信息系统技术相结合的分析方法以及各种模型相结合的研究方法将对承载力的研究提供更准确、更深入、更全面的定量研究结果。

三是加强动态性模拟。为了提高承载力研究的科学性与实用性，必须加强承载力的动态模拟研究，实现对承载潜力的估算与动态变化过程的预测，以反映承载力问题的多元性、非线性、动态性、多重反馈的基本特征。同时还需要加强对承载能力基础理论研究，找出最大承载能力，为城市规划、决策提供科学依据。

4.3.2.2 环境空间管控国际经验借鉴

空间管控的核心是通过对城乡空间利用实施战略性的划分，并进行规划控制与发展引导，实现城乡土地空间资源的有效配置，协调和解决城镇和基础设施建设与生态环境保护的矛盾，以促进城乡区域的健康可持续发展。

总体来说，国外的生态空间管控主要有三种类型。一是分类控制型规划，是在生态空间结构型规划的基础上，对生态空间要素进行分类识别和整合，提出非建设用地规划内容和控制要求。二是边界控制型规划，通过划定一条清晰的空间界限，限制城市的发展规模，明确城市非建设保护范围。三是禁限建区规划，来源于生态要素分层叠加分析方法。通过对生态要素进行重要性评估，确定保护与利用的级别。国外的空间管控，多采取精细化管理手段对于环境空间功能和规模上实行永久性保护。下面以英国绿带、美国城市增长边界等为案例进行重点介绍。

通过对英国的绿带、美国的 UGB、荷兰的绿心、德国的埃姆舍尔公园、斯图加特的城市风道、日本东京的绿道系统和美国 EPA 淡水生态分区在中国的适用性进行了分析，见表 2-4-2。他们之所以能够成功实施，有 3 个共同点：①符合大多数人的利益；②有一套制定程序能够让各方协调并最终法制化；③有一套严格的调整程序。

英国的绿带、荷兰的绿心和日本东京的绿道系统是国际上公认的较为成功的保护城市绿色空间和生态用地的做法，并具备一定的限制城市增长边界的作用。美国的 UGB 则仅限制城市增长边界，对于保护环境的具体做法指导较少。美国 EPA 淡水生态分区重在保护水生态健康，保住水源涵养功能和水生生物多样性，可在 UREMP 中借鉴增加对气候、植被和水生生物多样性的考虑，但是由于数据问题，操作难度较大。斯图加特的城市风道是当前热点，尤其是在其解决北京的雾霾问题上争议较大，但是专家们普遍承认其对于城市的微气候，热岛效应是有一定的影响的，关键是如何在当前快速城镇化背景下落实并保住城市风道。

表 2-4-2 国际生态环境空间管控案例分析与经验借鉴

案例研究	关键特色	现状	对中国的借鉴
英国“绿带”（伦敦和全国范围）	国家区划和土地使用政策工具，被用作解决当时的环境保护关注问题，推动可持续城市和日益重要的气候变化日程	处于与首都住房土地成本影响相关的威胁之中，在经济衰退时期违反了自由市场经济的放任原则。不过，绿带受到广泛的民众支持，很有可能平稳渡过短期政治压力	中国：即将发布的环境法支持按环境标准分区；英国：基于空间组织和规划标准的工具，可在无具体生态和景观标准下使用
美国“城市增长边界”（波特兰）	有限的地点和具体的倡议，在发展压力下不断进行修正，但在减少城市分散和零星发展方面仍有价值	处于与波特兰住房土地成本影响相关的威胁之中，违反了宪法第五修正案中规定的自由市场经济的放任原则	适用于中国，但实际上在解决快速城市化相关的环境问题上，并未增加新的理论和工具
荷兰“兰斯台德”（“绿色心脏”“三角都会圈”）	对城市发展模式的一种描述，而非已规划或已实现的概念。不过，由此产生的城市结构和城市环境品质已经在规划城乡土地混用方面展示了极具影响力的内在价值	不足以充分抵制郊区化的压力。不过，新的区域发展“概念”是低密度郊区和整体“绿肺”可复制的模型。可适时规划更为明确的三角洲水景元素整合	当前系统与即将发布的环境总体规划提出的目标不太兼容，因此，其在中国的应用有限，但证明了明确“理想”发展模式的价值，以尽可能确保开发出健康有力的绿色结构
德国“地区公园”（埃姆舍尔）	位置具体的提案，用于解决普遍的工业遗弃地	作为整合重建淘汰城市经济体和城市模式的典型，重要性日益增长	在东北地区已被城市化的“铁锈地带”有正在实施的类似提案，以支持该地区的城市再生和产业结构调整
德国斯图加特市——城市风道	基于风环境对城市的影响，为城市建成区留出通风廊道和风道口，利用城市自然气象条件改善城市大气环境，缓解热岛效应和雾霾	城市风道一方面广受追捧，另一方面饱受质疑，对缓解城市热岛效应有一定效果。国内香港、上海、杭州、武汉、南京、株洲、贵阳、绍兴、福州等地纷纷开展了城市风道研究和规划	适用于中国，对中国在宏观尺度上适用性需要通过规划先行、法律地位提升等保障落实，同时其效果可能在中小尺度上更容易实现
日本东京——绿地系统规划	重在公共绿地的建设和绿地系统的保护，要求私有土地的义务绿化，针对“历史风景区”“生态绿地”“农地”“树林地”分别制定法律进行保护	实行手法增加了支付补偿金、减免税金等制度，使绿地保护由强硬的、令人抵触的政策逐渐转变为引导性政策。绿地政策趋于成熟，主要颁布了引导鼓励绿地建设、促进绿地使用和有效管理的法律法规	中国的城市绿地相关法律法规还处于初级阶段，主要靠规定绿化率以及建设公园来形成绿地系统。应该尽快制定城市绿地保护法律法规，抑制现在“大公园变多，小公园变少”的趋势，形成科学合理的绿地结构
美国 EPA 淡水生态分区	通过对美国的森林、牧场和土地利用进行优化分析，为区域多尺度的森林分析与评价提供依据。以生态整合为目的的水生态分区，解决水资源评价、水环境管理评价、河流恢复评估和地表水质问题等	对水生态的保护有一定的效果。水生态分区最大的挑战是如何能成为环境管理者严厉且有效的工具，但由于概念和指标体系的不统一，分区方法的可靠性和准确性无法得到印证等问题导致必须依靠法律手段保障实施	中国现有生态水文分区与之类似，但分区指标主要是水质、水文和生态需水量，可以借鉴美国更多的考虑森林和土地利用，宏观加入气候，中观加入植被类型，微观加入水生生物多样性等分区指标，进一步完善生态水文分区。但数据获取难度大，前期需耗费大量人力物力

综合生态环境空间管控国际实践及相关研究，对我国的经验启示如下：

一是实施生态红线的刚性保护。生态环境系统建设的重点除树立可持续发展观念外，红线划定落地和刚性保护同样重要。

二是建立分类型、分等级的保护机制，实施引导和政策保障，更加符合中国的乡土国情。

三是探索实施环境保护管理优先权。红线区域优先管理，赋予行政管理部门在用地、资金、合作方式等方面的“管理优先权”，以缓冲区控制和管理城市增长边界。

四是红线管理应采用多措施、多方法综合手段。仅靠单一的控制性规划政策很难从根源上改变城市蔓延式扩张问题，因此要加强时代背景研究，综合考虑与绿带相匹配的空间策略，实现多项政策的互补，控制与引导相结合，惩罚与补偿、奖励相结合。

五是红线划定需综合权衡多方利益。红线管理政策在城市化快速发展阶段的实施比在城市化成熟阶段更难，中心城区红线应保持适度规模，同时还应宏观权衡城市的总体发展及周边使用者的利益。

4.3.2.3　生态绿地管控的国际经验借鉴

在国外城市规划与建设中，对环境功能与生态服务的提升，通常都是根据城市自身的条件，规划与建设具有明确生态服务提升功能的生态设施（绿带、绿道、绿色基础设施），如绿化控制带、绿楔、绿色廊道、绿地、缓冲带和绿心等（表 2-4-3）。

表 2-4-3　绿化控制带在城乡规划中生态服务功能提升中的作用

概念	空间结构	定义	生态服务功能
绿带	带状	通过政策或立法的方式，在城市外围地区设立一定规模、连续或基本连续的、永久性的绿色开放空间，将城市建成区与乡村进行分隔	抑制城市蔓延 控制城市形态结构 保证城市农业发展、环境保护、休闲游憩等特定功能
绿道	线性	沿自然廊道（河岸、溪谷或山脊线）或人工廊道（铁路、风景道路）建设的可供游人和骑行者徜徉其中的、与自然生态环境密切结合的线性开放空间	承担信息、能量和物质的流动作用 促进景观生态系统内部的有效循环 休闲、文化和美学
绿色基础设施	网络	相互联系的绿色空间网络构成的生命支持系统，由各种开敞空间和自然区域组成，包括河流、绿道、湿地、森林、乡土植被等	保护生物多样性和物种栖息地 保护地方景观 降低城市对灰色基础设施的依赖 减少城市对自然灾害的敏感性 塑造城市成长框架

综合分析可以看出，绿带、城市服务边界和城市增长边界是 3 种常用的容纳式城市生态服务提升政策工具，其目的在于使用填充式的开发方式，将城市的蔓延式生长限定在一定的边界内。在这三种形式的城市生态服务提升政策工具中，绿带对于城市扩展的限制作用最强。很多国家实行绿带政策是因为它被认为是国际上公认最能够有效提升城市生态服务的方法，一般呈环绕城区的状态以防止蔓延。

在具体操作上，国外城市带具有如下特点：绿化控制带多围绕城市建成区周围，主要目标是控制城市无序扩展，保障城市合理格局的形成。绿化控制带的宽度多为 5～15 km，大城市绿化控制带的总长度在 100 km 以上。绿化控制带面积大，大城市如巴黎、伦敦、莫斯科多在 800 km^2 以上，中等城市绿化控制带面积也有 100 km^2 多（表 2-4-4）。

表 2-4-4 国外部分城市绿带空间结构与用地类型

城市	规模/km^2	空间结构	用地类型
莫斯科	4 630	环形绿带+楔形绿带	森林公园、野营基地、墓园、果园、林地等
伦敦	5 780	环形绿带	林地、牧场、乡村、公园、果园、农田、室外娱乐、教育、科研、自然公园
渥太华	200	环形绿带	农场、森林、自然保护区、公园、高尔夫球场、跑马场等
巴黎	1 187	环城卫星绿带	国有公共森林、树林、公园、花园、私有林地、大型露天娱乐场、农业用地、赛马场、高尔夫球场、野营基地、公墓等
首尔	1 557	环形绿带	农业、渔业、部分公共建筑
柏林	2 866	环城卫星绿带	区域公园

值得注意的是，绿带政策实施后，给城市带来的有积极效应，也有消极效应。积极效应有：①明显抑制都市建成区蔓延速度；②保护都市周边农业，保证了城市和乡村间的合理过渡；③为城市及都市区周边提供休闲空间；④减少城市热岛效应、风暴和洪水等极端气候变化对城市中心区的影响，维护城市生态安全格局。消极效应有：①限制不当容易引起“蛙跳式”土地利用结构，导致城市通勤量和基础设施建设增加；②加剧中心区住宅价格高涨，促使社会不公平现象激化；③绿带内土地为多种产权单位拥有，国有土地及集体土地进入市场机会不平等，导致圈地现象屡禁不止。

综合国际实践及相关研究，国外生态服务提升政策及对我国的经验启示如下：

一是在规划中应巩固生态优先的基础地位。

二是生态格局应以生态功能量化为基础，生态服务功能精细化定性、定量、评估技术开发是生态功能提升的关键环节。生态系统结构的空间异质性导致了功能或生态学特性上的空间异质性，生态系统服务功能在城市规划中的精确定性、定量和评估就十分重要了。精确地定性、定量和评估是生态系统服务功能研究的必然趋势，它提供了一种认识生态系统的途径，通过它可以了解“系统结构、系统功能、系统服务”的关系。

三是政策设计应防止因生态服务功能空间转移造成“利益获取的失误”。生态系统服务功能的空间转移导致了生态系统资源在拥有与使用上的分离，这种分离有可能使当地居民无法从生态系统中获得利益，出现了所谓的“利益获取的失误”。只有让当地人能够从他们对生态系统的保育中获得经济收益，生态系统才能真正得到保育。因此，相关的政策措施对于城市生态规划也是非常必要的。

4.3.3 城乡环境总体规划关键技术突破

4.3.3.1 资源环境承载力理论和技术突破

资源环境承载力评估测算的基础理论和技术方法已经相对成熟。尽管其精准性难以测量，但作为自然界的一种约束的客观存在，其科学性毋庸置疑。在规划实践中我们感受到，一味地追求资源环境承载能力绝对值的精准性没有太大的必要，每种技术方法都存在一定的瑕疵与问题，资源环境承载相对值的应用在规划中具有更重要的意义。

在实践中我们发现，资源环境承载力作为一种技术方法，在应用中遭遇两个难题。一是如何科学确定资源环境承载力的限值，尽管其精确绝对值难以确定，但成熟的技术方法会提供一个更为科学的衡量标准。二是如何将资源环境承载力这一技术方法，转化为人口、经济规模限制等约束性管理手段，落实到经济社会发展进程中，将资源环境承载力这一科学概念与城市管理政策挂钩，引导城市科学可持续发展，存在技术难度（图 2-4-4）。

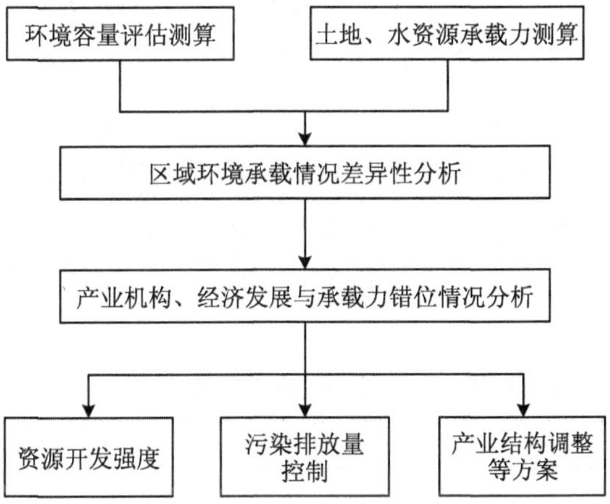

图 2-4-4 资源环境承载力技术思路

在试点城市环境总规编制中，针对以上问题不断探索，重点集中在资源环境承载力从"数量"到"空间"，即技术方法转变为规划约束性手段的探索和实践上。总体上确定资源环境承载力调控的总体思路为：分区县开展土地资源、水资源的承载能力，以及水环境、大气环境容量的评估测算；针对土地、水等自然资源，基于生态环境安全需求，研究确定资源开发的合理阈值，控制土地、水资源消耗强度；针对大气、水环境系统，明晰环境容量区域格局，基于主要控制目标确定污染排放总量限制，倒逼能源消耗和产业结构调整，建立与环境容量相匹配的产业发展格局与规模。

4.3.3.2 环境空间管控理论与技术突破

环境空间管控是环境保护规划实现同城市规划、土地规划相互衔接，落实环境保护要求的必然需求。然而，从环境规划内容和技术方法上来看，长期以来，环境保护规划侧重于环境污染治理任务和工程的设计，在空间统筹保护上缺少抓手和相应的技术方法，其成果表达缺乏基于地理信息的图形表达，尤其是在需要严格控制开发的区域规划要求不落地，既不适应全域规划需求，同时在与城市总体规划、土地利用总体规划等注重"用图说话"的规划进行衔接时，缺乏对接平台。因此，无法实现环境保护要求的空间落地，也就难以在宏观上建立统筹城乡经济发展和环境保护的良好基础格局，城市的根源性、格局性环境问题难以得到有效解决。明确环境空间管控的具体内容，界定好环境管控空间的技术方法，配套好环境空间的管控措施是实现环境空间管控的核心环节。

实现环境保护的空间管控，一是需要突破传统的环境保护任务性思维，将环境保护要求落实到空间，搭建环境空间管控的思路框架，建立环境空间保护的硬性约束；二是积极进行技术方法创新，将环境保护相关理论转化为环境空间管控的技术手段，实现环境保护的空间落地；三是建立环境空间的管控政策措施，保障环境空间管控的管理和实施。

2003 年，环境规划院开始环境空间管控技术思路和方法的探索，在牵头承担的珠三角环境保护战略规划提出了“红线管控”的思路，是环境空间管控的雏形。珠三角环境保护战略规划以景观生态学为基础，将斑块、廊道、生境等景观生态学相关理论、技术方法纳入环境管控空间的划定过程中，强调区域自然山水格局的连续性维护、区域大型自然斑块保护，多样化的乡土生境系统恢复等内容，搭建区域生态体系结构框架，确定生态管控空间范围。

随着中国城镇化进程的快速推进，传统的景观生态学方法难以满足城市环境空间保护的需求。我们认为，城市资源环境系统中，大气、水、生态等各个环境要素，以及陆域、海洋、风险等各个领域，在污染产生、扩散、受体影响等污染作用发挥机制，以及环境系统质量、组成、结构、生态功能发挥等方面，都会产生影响或维护生态环境安全与健康各种问题与关键环节。因此，城市生态环境空间管控应以生态、水、大气、海洋等环境要素系统结构解析为基础，基于各要素（领域）环境要素结构的敏感性、过程的脆弱性、生态功能的重要性等的差异，确定各要素及领域环境保护强度等级，配套区域全覆盖的分级管控要求，实施分级管理控制的综合体系（表 2-4-5）。

表 2-4-5　纳入环境空间管控的要素类型与环境总规试点实践成果

	珠三角	福州	广州	宜昌
管控要素	生态系统	生态系统、水环境、大气环境	生态系统、水环境、大气环境	生态系统、水环境，以及自然资源保护空间
基本理论与主要技术	斑块、廊道、生境等景观生态学相关理论与技术方法	生态环境系统评价模型、水环境污染物传输分析模型、水环境控制单元划定技术、高频率气象场模拟分析技术、空气质量模拟模型等		
管控成果	生态红线	生态功能红线、水环境质量质量红线、大气环境质量红线（包括红线区、黄线区、绿线区）	生态保护红线（一级、二级）、大气环境分级管控、水环境分级管控（一级、二级）	生态功能红线、水环境质量红线、大气环境质量红线（包括红线区、黄线区、绿线区）

经过实践探索，搭建环境空间管控的总体技术路线为：一是建立地理信息空间库，包括地形、植被、土地利用类型、城市用地类型等基本信息。二是开展大气、水、生态等环境系统进行解析，据环境系统自身的结构、过程、功能特征，识别各环境系统的敏感区域、重要区域和脆弱区域，建立城市生态红线体系，明确分要素、分级管理的生态环境管控空间。环境空间管控内容上，按照环境要素和领域的不同，包括大气环境管控空间、水环境管控空间、生态环境管控空间、海洋环境管控空间等类型。环境空间管控范围上，按照环境保护要求的不同，划定为一级生态环境管控区、二级生态环境管控区等级别，实施分级管理。三是依据管控类型、具体管控内容等的不同，配套以相应的管控政策，保障实施。

4.4　城乡环境总体规划参与“多规合一”的需求与途径

4.4.1　城乡环境总体规划与其他基础性规划的关系

（1）属于基础性规划的范畴，与城市总体规划、土地利用总体规划为平行规划

城乡环境总体规划与城市总体规划、土地利用规划在定位与内涵、规划范围与期限、规划空间

体系、规划的组织实施等方面有很多相似之处，同属于基础性规划的范畴，三者之间相互支撑，相互融合，是一种相互平行的关系，并驾齐驱地推动城市建设和发展。

首先，从定位和内涵上看。三大规划最终的落脚点都是“城市空间和布局”，城市空间资源是其共同的主体，规划的不同在于侧重点与关注点不同，城市总体规划侧重将城市发展落实到空间布局，土地利用总体规划侧重于控制土地利用规模和速度，而城乡环境总体规划侧重于城市建设与发展的“阈值”控制。从这个角度上来讲，三大规划均是为城市建设与城市发展做出的战略性安排，均是为城市科学发展、合理利用空间资源所制定的，同属于基础性规划的范畴。

其次，从规划范围与期限上看。城乡环境总体规划的规划范围分为全市域、城市规划区和中心城区三个空间层次，具体规划内容的侧重点与规划范围相匹配，这与城市总体规划的空间规划层级、规划体系层级相吻合。城乡环境总体规划充分考虑城市发展的战略性，设定规划期限为10～20年，与城市总体规划、土地利用总体规划的长期性相一致，为更好地共同谋划城市可持续发展之路埋下伏笔。

再次，从规划体系上看。城乡总体规划与土地利用总体规划已经建立形成了完善的空间体系，依据《城乡规划法》，城乡总体规划包括城镇体系规划、城市规划、镇规划、乡规划和村庄规划，城市规划、镇规划分为总体规划和详细规划，在整个城乡规划体系中，城市总体规划与上级规划相协调，同时又是下级规划的依据。土地利用规划体系的设计也采用了层级关系，上级土地利用指标控制下级指标。同样，城乡环境总体规划在整个环境规划的空间体系上，是上一层级的国家级、省级、重点区域、流域环境保护规划的落脚点，也是指导短期环境保护规划、争先创优型环境规划、环境要素专项规划以及其他相关领域规划的纲领，为同级地域空间上环境保护相关规划的编制提供依据。

最后，从规划的组织实施上看。《城市规划编制办法》（中华人民共和国建设部令第146号）明确规定“城市人民政府负责组织编制城市总体规划和城市分区规划”，2010年国土资源部出台的《市（地）级土地利用总体规划编制规程》中规定“市级规划的编制主体为市级人民政府，在市人民政府的统一领导下进行，建立完善的组织、协调和决策机制”。环境保护部拟将发布的《试点城乡环境总体规划审核审查办法（暂行）》中，也将对试点城乡环境总体规划的主体进行规定，明确规定“试点城市人民政府负责组织编制城乡环境总体规划”，明确城市人民政府是规划编制的主体和组织者，这就使得规划跳出了单纯的“环境”范畴，为规划编制、实施的效力提供保障，为提升环境保护参与城市经济社会发展综合决策的能力增添源动力。

（2）环境总体规划是城市总体规划、土地利用总体规划的先导和前置

与侧重生产生活排放污染物防治的现行环境保护规划不同，城乡环境总体规划把环境保护目标、任务等放在城市长期发展的大背景下去谋划和考量，系统分析城市发展进程中各种环境问题，通过确定城市生态环境阈值、划定生态红线、明确环境分析源等技术方法和手段，调控城市发展规模与发展布局，建立以资源和环境承载力为基础的发展方式、经济结构和消费模式，在合理开发利用城市土地，优化城市规模、发展方向及空间格局方面为城市发展确定主基调，从源头奠定城市环境保护格局。城乡环境总体规划据此为城市总体规划、土地利用总体规划提供技术支撑和科学保障，并通过二者的传导作用，将环境保护的前期介入和全过程参与渗入城市发展建设之中，积极促进城市健康、科学发展。

（3）环境总体规划为城市总体规划、土地利用总体规划破解编制难题提供突破口

我国城市化快速发展阶段，城镇化率快速上升倒逼城乡规划不断调整，城乡建设用地急剧扩大

甚至失控，经济增长过速引发用地空间紧缺，新区开发与园区建设对城乡规划的冲击越来越大等问题不断凸显。换言之，城市总体规划编制的限制性约束越来越大，如何科学利用空间各种资源，提高规划的科学性，成为城乡总体规划的瓶颈性问题，是城市总体规划应突破的第一道关口。而城市总体规划从资源环境本底出发，以自然资源环境第一主体，通过对城市资源环境的系统分析和解读，从更加深入、更加专业的角度，为城市空间资源的合理开发和利用提供科学方案，促进城市健康发展，为城乡总体规划发展中面临的难题提供突破口，引导城市布局更加合理，协同构建城市可持续发展模式。

目前，土地利用总体规划难以解决的难题之一是耕地保护与建设用地扩张之间的矛盾，城乡建设指标不断被突破。未来一段时期内，区域资源合理开发利用、保护与环境治理，社会经济建设在地域空间的总体布局，人口、资源与社会经济发展的协调，资源开发与国民经济发展的空间格局，以及重大资源、发展与环境问题等都将是新形势下土地利用规划所面临的突出问题。人与环境的和谐、经济结构的优化、防灾与资源环境保护、区际间的协调发展等都是新形势下土地利用规划应强调与重视的问题。总体而言，新形势下土地利用总体规划面临的主要问题的焦点集中于城市资源约束、空间布局、经济结构优化、资源环境保护等几个方面。而城乡环境总体规划将通过城市发展阈值（规模与速度）的确定，以人体健康为目标的环境目标指标设计，生态红线划定及环境功能分区、风险源分析等研究回答土地利用总体规划关注的部分要点问题，为土地利用总体规划突破自身瓶颈提供通道。

4.4.2 城乡环境总体规划基础性研究成果与城市发展中的“量”

城乡环境总体规划着眼于空间性、基础性、战略性的研究，将产出大量基础性研究成果与图件。从城乡环境总体规划的主要内容和主要产出成果上来看，作为基础性规划，城乡环境总体规划与城乡总体规划、土地利用总体规划等基础性可以相互支撑。

城乡环境总体规划将彻底为城市的环境健康状况“把脉”。生态安全状况调查分析、生态敏感性与重要性评估、资源承载力测算、水与大气环境容量测算等内容将确定城市发展的阈值，污染排放与环境形势分析将明确城市在各种发展模式下的污染排放与环境质量状况，在此基础上形成的城市环境目标指标将明确城市环境发展的坐标。这些内容将为城市人口规模、建设用地规模、城镇化速度、产业结构调整速度的确定等城市发展最首要的问题提供基础性研究支撑，解决城市发展中“量”的问题。

4.4.3 城乡环境总体规划空间性研究成果与城市发展中的“向”

将环境保护的要求“落地”是城乡环境总体规划的重点突破之处，城乡环境总体规划将产生大量的图件，主要通过图件的形式与城市总体规划、土地利用总体规划进行对接，进而影响城市发展的布局和走向。主要图件分为四类：①背景与现状图。主要包括地形、地貌、水系、土壤、植被状况现状图，环境区位图，各环境要素主要污染源分布及排放现状图、主要污染物浓度分布现状及排污去向图、环境基础设施分布图等。②发展趋势图。包括主要污染物排放量预测图、主要污染物浓度空间分布预测图。③重要的中间评估分析图。包括生态环境质量指数图、土壤污染调查综合评价指数图、生态系统敏感性评估图、生态系统重要性分级图、大气和水环境容量分析图。④规划方案图。包括生态红线空间管制图、环境保护重要区域分区规划图、环境容量空间分布图、环境基础设施建设规划图、重大工程布局图、环境风险源布局规划图、产业布局规划图、环境监测点位规划图、环境质量目标规划图等。规划方案图是城乡环境总体规划的核心部分，体现了环境保护对城市发展空间与布局的要求，为城市的科学、可持续发展提供方向。

4.4.3.1 与城市总体规划的空间衔接

具体而言，城乡环境总体规划将在三个方面与城市总体规划在空间上进行对接。一是明确城市禁止开发区、限制开发区，明确建设用地扩张方向；二是优化建设用地内部布局，调整工业、居住等功能分区；三是优化城市绿色空间与城市基础设施布局，据此扩大城市环境容量。

生态红线、环境保护重点区域将与城市总体规划中的“绿线”“蓝线”进行对接，从环境角度明确城市禁止开发区域，守住城市开发的底线。

环境功能区划、产业布局规划将明确城市的功能布局与产业布局，这对城市扩张方向、城市功能分区、新城发展选址与定位、工业布局调整等宏观与微观层面都具有积极影响。

大气质量模拟、水的产汇流分析等内容将明确城市的传输通道，为平衡城市居住与工业、工业内部的关系提供依据。简言之，即在建设用地总量不变的情况下优化城市工业与生活用地布局，工业用地不变的前提下通过调整工业内部布局扩大环境容量，提升土地利用效率。

基于生态学角度的绿色空间构建与基于环境科学角度的基础设施布局调整等内容，将通过调整城市绿化与基础设施建设格局，与城市的交通规划与基础设施规划对接，优化城市基础设施建设格局。

环境保护重点区域、环境风险源布局等内容影响城市整体布局的同时，也为重大工程的选址提供依据，保障城市环境安全。

4.4.3.2 与土地利用总体规划的空间衔接

城乡环境总体规划与土地利用总体规划的空间衔接主要体现在完善建设用地空间管制分区、优化城市建设用地布局、提高土地综合整治效益三个方面。

规划将对土地利用总体规划中划定土地利用空间管制分区与优化新增建设用地布局提供重要依据。规划产出的生态红线、基于生态敏感性分析生态分区、绿地空间构建、重点保护区域等内容将对土地利用总体规划中城乡建设用地管制的“允许建设区、有条件建设区、限制建设区、建设控制区”与等内容进行衔接，从宏观层面明确新增建设用地方向，为优化建设用地布局与上地利用结构，协助保护城市生态环境，引导城市建设用地扩张方向发挥重要作用。

规划产出的生态红线、环境保护重点区域等内容还将影响城市交通等公共设施建设与重大工业项目的选址，在微观层面上与土地利用总体规划衔接，为优化城市建设用地布局提供支撑。

此外，城市环境规划通过重点风险源、重要敏感地带、土壤污染情况调查等内容，明确城市风险源及重要污染场地，为土地利用总体规划中“建设用地拆建挂钩、占补平衡”及“土地综合整治规划”等内容提供支撑，提高土地利用及综合整治的环境与经济效益。

4.4.4 城乡环境总体规划参与“多规合一”亟须破解的难题

城乡环境总体规划作为城市总体规划、土地利用总体规划的先导与前置，将在引导城市可持续发展方面发挥巨大作用。但目前，城乡环境总体规划欲实现与城市总体规划、土地利用总体规划的无缝对接，仍面临一些难题。

就具体规划内容而言，城乡环境总体规划、城市总体规划、土地利用总体规划三者的确存在交叉，尤其是在城市的基础性研究，如城市社会经济发展、人口增长、土地需求预测等内容上，由于研究基数、侧重点、技术方法等的不同，不同的规划预测结果之间可能会存在较大差异，甚至存在一些矛盾。如何更好地调和类似矛盾，城乡环境总体规划还需开展大量研究工作。

就技术方法而言，对环境容量阈值确定、资源承载力测算、空气流场模拟等城乡环境总体规划所涉及的关键技术方法，环境科学相关领域已经形成相对完善的技术方法体系，但不同的方法之间的差异较大，各个方法的科学性和适用性也存在较大争议。如何更为科学、合理地解决这类问题，也是影响城乡环境总体规划效力的关键因素，城乡环境总体规划技术方法体系亟须完善。

在规划实施上，目前，城市总体规划、土地利用总体规划均有相对完善的法律支撑，同时经过较长时期的发展，两规划的地位已经得到社会舆论的支持。城乡环境总体规划作为新生事物，尚无法律与社会舆论的支撑，城乡环境总体规划实施力度与效力的保障性较弱，城乡环境总体规划在搞好技术性研究的同时，在宣传等方面的组织实施工作应尽快跟进。

4.5 城乡环境总体规划管理制度搭建与“多规合一”

4.5.1 国内外相关制度构建的经验借鉴

4.5.1.1 国内现行基础性规划的制度分析

我国现有的规划种类较多，各类规划对国家及各地的发展起到了一定的引导作用。在现有规划体系中，国民经济和社会发展规划、城市总体规划、土地利用总体规划和主体功能区规划占有重要地位，是关系城市经济社会发展和空间利用的基础性规划。规划的“基础性”或者“总体性”地位体现在法律效力、规划体系、规划规范、强制性内容以及管理制度等方面，值得城乡环境总体规划借鉴（表 2-4-6）。

表 2-4-6 国内现行基础性规划的对比分析

规划名称	编制部门	法律法规	规划体系	审批制度	强制性内容	性质	实施评述
国民经济和社会发展规划	发改部门	《关于加强国民经济和社会发展规划编制工作的若干意见》	三级三类：按行政层级分为国家级、省（区、市）级、市县级；按对象和功能类别分为总体规划、专项规划、区域规划	国家级专项规划由国务院或其有关部门审批；跨省（区、市）的区域规划由国务院批准；总体规划草案由同级发改部门编制并由同级人民代表大会审议批准	落实重点发展目标及项目	5 年期非空间规划	关注发展目标与策略，重宏观轻建设，导致项目难以落地，政策缺乏空间载体
主体功能区规划	发改部门	《国民经济和社会发展第十一个五年规划纲要》《国务院关于编制全国主体功能区规划的意见》	全国和地方级别	国务院审批全国主体功能区规划，省市根据全国主体功能区规划编制地方主体功能区规划	基于主体功能区定位的空间开发格局	20 年空间规划	过多思考功能区的政策属性，忽略了其空间属性和发展属性，导致未能有效落实

规划名称	编制部门	法律法规	规划体系	审批制度	强制性内容	性质	实施评述
城市总体规划	住建部门	《中华人民共和国城市规划法》	没有全国级别，只有城市、县和乡（镇）级别	分级审批。国务院审批省、自治区、直辖市政府所在地城市、100 万人口以上的大城市；省、自治区、直辖市人民政府审批除以上城市以外的市、县的总体规划；县级人民政府审批其他建制镇的总体规划；城市人民政府审批城市分区规划	城市开发范围、控制开发区域、开发强度、城市建设用地等	20～30 年空间规划自下而上“以人定地”“以需定供”	关注土地的用途、开发强度、开发时机，但缺乏对耕地占补平衡统筹考虑。强调与土规的衔接，但是未明确衔接方式和争议解决程序
土地利用总体规划	国土部门	《中华人民共和国土地管理法》实施土地用途管制制度，基本农田保护和占用耕地补偿等制度	根据我国行政区划，规划分为全国、省（自治区、直辖市）、市（地）、县（市）和乡（镇）五级	分级审批。只有国务院和省级人民政府能够审批土地利用总体规划，乡镇土地利用总体规划可由省级人民政府授权的市、自治区人民政府审批	强调对基本农田的长期管控。18 亿亩耕地红线	15～20 年空间规划自上而下“保住耕地红线”	关注土地的天然界限，欠缺对城镇化的考虑，导致城镇布局结构不完整，基础设施难以实施。法律地位较高，强调与城规的衔接，但是未明确衔接方式和争议解决程序

通过对国内现行总体规划基本情况的梳理，在规划编制方面，城乡环境总体规划必须考虑如下几方面内容：

一是城乡环境总体规划必须要有明确的法律依据。城市总体规划、土地利用总体规划等规划，都具有明确的法律法规依据。为确保环境总体规划的地位，保障环境总体规划顺利实施，明确其法律地位十分关键。

二是城乡环境总体规划要有成熟的编制技术规程。城市总体规划、土地规划等经过几十年的经验积累，目前已经形成一套相对完整的业务化的技术方法，而城乡环境总体规划目前还处于科学探索阶段，迫切需要建立一套完整的规划技术准则。

三是城乡环境总体规划要有规范的审批和管理程序。现行总体规划在编制过程中对于审批和管理程序均有明确的法律法规规定，并在编制过程中要求编制部门组织对规划实施情况的评估。因此，城乡环境总体规划在编制的审批、管理和评估过程中也要充分借鉴已有经验，建立起规范的审批、管理和评估程序。

四是城乡环境总体规划要有空间可操作性。规划更多是对各种要素的时间与空间安排。没有明确空间边界的规划，在现有的管理模式中很难落地，因此，迫切需要将环境总体规划的空间尺度与城市总体规划、土地规划进行匹配。

五是城乡环境总体规划要明确环境保护要求的硬抓手。传统的规划较多具有其关键内容，如城市总体规划的城市属性、人口规模、空间布局；土地规划的土地规模及其分布等，这就需要明确环境总体规划的关键环节，建议将生态红线、环境承载力作为其核心内容，将其与其他规划进行对接。

六是城乡环境总体规划要作为其他规划编制的前置条件。我国现存规划存在一些不协调的内容，因此在规划过程中应注重构建规划的协调衔接和融合共享机制。良好的生态环境是经济社会和谐发展的基础，因此，应该先确定“自然的”生态系统的规划，然后再开展“人类的”经济社会发展规划、土地利用规划与城市总体规划等，才能体现生态优先的发展理念。

4.5.1.2 国际相关制度分析

尽管国外没有相关规划，但是有一些类似的规划还是对中国的环境总规制度有借鉴作用的。前面我们已经通过梳理总结了英国、荷兰、美国和德国的规划制度情况。为了比较，我们从法律基础、管理体系、协调机制、实施监管等方面对中国环境总规、英国绿带、荷兰空间规划、丹麦指型规划和美国城市增长边界进行制度分析。

在法律基础方面，国外相似规划有很好的法律基础，如荷兰制定了空间规划法、丹麦制定了规划法和专门的“指型”规划 2007 等。由于中国的环境总规近几年才提出，法律基础不扎实，如要进一步发挥作用，就需要加强法律基础工作。

在管理体系方面，国外规划明确了规划实施主体，如英国绿带规划由规划局负责实施，荷兰空间规划由市政当局负责实施等，在中国环境总规开展试点城市中，目前由当地环保局负责实施。

在协调机制方面，目前中国有许多空间规划和总体规划，均由不同部门负责编制和实施，尽管在编制过程中有征求部门和公众意见，但仍存在不同规划在空间上安排不协调，甚至相互矛盾，国外类似规划在规划编制过程中强调部门和公众参与，如荷兰的城市规划，热心公益事业的公众会密切参与到决策过程中，尽管过程比较长，但实施起来比较顺畅。

在实施监督方面，国外类似规划由相关机构来负责实施监督，如荷兰环境评估局负责对荷兰空间规划的评估，美国俄勒冈州土地利用监管体系对州城市增长边界进行监督控制。中国环境总规还处于试点阶段，目前在实施监督方面还没有开展。中国可以国外相似规划方面学习，改善城乡环境总体规划的实施监督管理（表 2-4-7）。

表 2-4-7 国内外规划制度情况对比

	立法	衔接	实施	监管
中国 UREMP	尚未立法，城市环境总规编制技术要求（试行）	正在开展“多规融合”试点探索，尚未形成衔接机制	规划编制实施管理机制已基本建立	尚未建立监管机制
英国绿带	国家规划政策指南，规划法	规划部门与环境部门协调是条例中的强制规定。英国没有环境总体规划，但需要将解决环境问题的策略纳入城市规划中	由当地规划当局通过积极的规划手段强化绿带实施	在英格兰和威尔士有专门的规划督察机构（Planning Inspectorate）负责检查当地规划并处理上诉
荷兰空间规划	空间规划法	规划部门与环境部门是同一部门（住房、空间规划和环境部）	市政当局负责实施；城市用地和建设规模进行年度计划控制，城镇规划经环评审批	荷兰环境评估局将被要求会同移动专业中心（Mobility Expertise Centre）对基础设施和空间规划进行监测

	立法	衔接	实施	监管
丹麦“指型”规划	规划法，“指型”规划 2007(大哥本哈根地区的国家规划指令)	环境部负责丹麦的自然规划，包括确保城乡质量的空间规划法。规划平衡和整合土地利用各方的利益； 哥本哈根“指型”规划由市政当局负责。区域城市发展必须与大哥本哈根的整体基础设施相协调，尤其是公共交通服务	环境部所属 7 个环境中心中的 3 个将与各个城市就空间规划进行协调，以结合整个国家的利益； 哥本哈根“指型”规划的实施基于将整个区域作为一个整体对其发展进行评估，必须符合整个“指型”城市结构的原则	丹麦规划体系职权分散。市政议会负责市级和地方的综合土地利用规定，区域议会制定每个区域的空间发展战略规划，环境部通过制定国家规划确保国家利益。环境部长确保市级规划符合国家要求
美国俄勒冈州城市增长边界（UGB）	俄勒冈州土地利用规划法令	UGB 是环绕城市的增长地区，土地或属于相邻城镇管辖范围，需由州土地保护和发展委员会协调	Metro 是专门制定与管理 UGB 的区域性机构，即地区政府和大都市规划组织。Metro 是一个区域性的政府机构，包含了三个郡的城市区域	州土地利用监管体系。地方政府提交城市增长边界提案，土地保护和发展委员会批准

4.5.2 推进城乡环境总体规划制度的政策建议

制度包括宪法和各种具体法规、政府制定的规章条例以及实施机制三个部分构成。广义的制度包括法律、机制、政策等。狭义来讲，制度一般指要求大家共同遵守的规程或准则。城乡环境总体规划制度，包括法律基础、管理安排、配套政策以及技术支撑等部分构成。城乡环境总规制度的推进需要确定规划的法律基础，建立管理体系，提出管理政策和配套措施，从而保证规划的地位和顺利实施。本章从立法、管理机制、制度支持体系、能力建设、技术指南、以及推进方案等方面，给出推进城乡环境总体规划制度的政策建议。

4.5.2.1 提升法律地位与完善管理制度

（1）确立城乡环境总体规划的法律地位

国家立法。推进城乡环境总体规划的立法，将编制实施城乡环境总体规划的法律要求纳入相关法规和实施办法的修订和拟定。在制定《中华人民共和国环境保护法》实施办法、条例等法律规范中，明确编制城乡环境总体规划的要求。在《中华人民共和国大气污染防治法》等法律规范修订中，明确重点城市编制城乡环境总体规划的要求。在城乡规划法等法律规范修订过程中，明确城乡规划等相关规划，需要与城乡环境总体规划相衔接的内容。

地方立法。环境保护部出台相关指导文件，建议各级人民政府编制城乡环境总体规划，由同级人民代表大会审议，由同级人民政府印发实施。

（2）建立城乡环境总体规划编制实施的管理制度

城乡环境总体规划编制要建立政府统一领导、环境保护部门综合协调、各部门和区县配合协作、人大政协监督建议、专家领衔、技术单位支撑、公众参与的完整体系。上级人民政府的环境保护主管部门要指导、支持城乡环境总体规划的编制与实施。

规划编制的主体为城市人民政府。城乡环境总规的编制应由城市人民政府统一领导、环保部门综合协调、各部门和区县政府协作。受城市人民政府委托，环境保护主管部门可以承担规划编制的组织协调工作。各部门要根据部门职能，积极参与支持规划的研究编制。财政主管部门要将规划研究编制的经费纳入同级政府年度财政预算。

环境保护主管部门组织规划编制工作。受城市人民政府委托，环境保护主管部门承担规划编制的组织工作，组织符合相关条件和资质的技术支持单位，承担规划编制的技术工作。规划编制的技术单位，应具备环境规划咨询领域相关资质，具备专业结构合理的高级技术人才队伍，项目负责人和技术团队应具有编制城市相关环保规划和为环境规划与管理工作提供技术支撑的经验。

分阶段推进规划研究编制。规划的编制包括大纲和规划编制两个阶段，规划大纲确立规划的基本思路、总体目标、技术路线和空间布局的初步方案。依据通过专家论证的规划大纲，编制规划文本。对涉及城市发展的资源环境承载力、生态保护红线等重大问题，城市环境保护行政主管部门应当组织专家进行专题研究和论证。规划编制应征求有关部门和公众意见。

建立规划审批机制。城市人民政府将通过专家论证的规划，提请同级人民代表大会常务委员会审议，通过后由城市人民政府印发并组织实施。

建立规划的实施和监督机制。环境总规确立的强制性内容，需要在政府的综合决策、城市建设、资源开发和经济发展等活动中贯彻落实。其他相关规划，需要与城乡环境总体规划衔接。对于规划的主要内容，由城市人民政府委托环境保护主管部门定期评估，评估结果向人民政府和人大汇报。

定期开展规划的实施评估。基于城乡人居环境可持续发展评价和城乡适宜性分析，评估城乡环境总规的社会效益和潜在的负面社会影响，提出消除负面影响的措施。社会影响评价贯穿规划全过程，加强社会影响评价公众参与，同时开展社会影响评价相关技术研究。开展城乡环境总体规划的生态环境效益评估，评估规划实施以来生态环境效益情况、重要环境功能的保护情况以及规划任务的落实情况。

强化城乡环境总体规划的组织指导。国务院环境保护主管部门及各省（自治区、直辖市）人民政府的环境保护主管部门，要对城市（城乡）开展环境总体规划加强指导和管理。总结各城市开展城乡环境总体规划编制的经验，制定并完善城乡环境总体规划编制的管理规程、技术方法规程以及规划实施办法，提出城乡环境总体规划立法建议。参与城乡环境总体规划的审议，接受城乡环境总体规划报备案。

（3）开展宣传与技术交流

面向试点城市开展规划交流与培训。建议由环境保护部组织首批开展环境总体规划编制试点的城市，总结试点和 UREMP 经验，开展规划经验交流与技术培训。

面向城市管理者和规划编制人员开展规划交流与培训。一是加强规划编制、管理人员培训，加强环境规划院所能力建设，提高城乡环境总体规划编制实施的技术支撑能力。二是开展宣传，向城市建设管理决策者、管理者、建设者宣传城乡环境总体规划的理念、思路、经验、政策，提高地方政府相关认识与能力。

面向城市规划管理和国际交流平台，宣讲试点城市和 UREMP 经验与成果。加强与国际组织、相关行业与领域、相关技术研究机构的交流与共享。

4.5.2.2 完善技术支撑体系

（1）建立城乡环境总体规划的技术支撑体系

能力支持。加强各省（自治区、直辖市）环境规划院所能力建设，有条件的城市应建立环境规划院所，各环境规划院所应建立业务领域齐全、专业完备、人员结构合理的环境规划队伍。配备必要的仪器设备、服务系统、模型工具。承担或者联合承担城乡环境总体规划的研究、编制、实施、评估等技术支持工作。

数据支持。整合环境监测、污染源普查、环境监督、环境功能区划、生态监测评估等环境领域基础数据，集成基础地理信息、国民经济与社会发展、相关资源能源、城市规划建设等相关数据，搭建城乡环境总体规划的基础数据平台。建立完善城乡环境总体规划的数据规范体系、分类分级体系、规划应用管理体系，将城乡环境总体规划的成果与城市发展、经济建设、资源开发和环境保护的决策、管理工作紧密结合起来。

衔接制度。在规划体系、规划目标、空间布局、管理政策和规划数据五个层面，加强城乡环境总体规划与城市总规、土地总规、主体功能区规划、经济规划等规划的衔接。尤其是在约束性指标、空间布局、空间管控方面，坚持环境优先、环境先导，明确生态保护红线、环境质量底线、环境资源上线，为其他规划的编制提供环境基础依据。

（2）制定城乡环境总体规划编制技术指南

总结试点城市经验、借鉴国际经验和其他规划经验，研究制定城乡环境总体规划的技术指南。城乡环境总体规划的技术指南应包括一系列的技术规范和技术文件体系。技术指南的制定，应遵循总体设计、分步实施、实践总结、逐步完善的原则推进。技术指南包括规划技术导则、关键领域的技术规程等。

规划技术导则。主要包括适用范围、规范性引用文件、总则、规划程序与方法、规划关键内容和技术方法等方面的内容。

规划总则明确规划范围、原则、方法、过程、任务、指标体系等总体性内容。规划关键内容包括环境功能定位与战略，城乡生态系统评估、分区管控与功能提升规划，环境系统解析与空间管控，环境资源承载力评价，规划评估等内容的相关规定与技术指引。

关键领域的技术规程。针对规划研究编制的各个关键领域，逐步建立系统严谨的技术规程，包括《城乡区域的环境功能识别、评估与定位技术规程》《大气环境系统解析、模拟技术规程》《大气环境系统敏感性、脆弱性和重要性评价技术规程》《水环境系统解析与控制单元划分技术规程》《水环境系统敏感性、重要性、脆弱性评价技术规程》《生态系统评价与管理分级技术规程》《水、大气环境容量测算与规划技术规程》《水、土资源承载力评估与规划技术规程》《生态系统服务功能评估规划技术规程》《环境风险评估与规划技术规程》《环境分区规划指引编制规程》《城乡环境总体规划制图规程》《城乡环境总体规划系统管理设计规程》《城乡环境总体规划数据标准化处理规程》《环境参与多规融合技术规程》等。

4.5.2.3　完善政策支撑体系

以城乡环境总体规划为平台，基于差异化、精细化管理基础，完善现行的环境保护管理政策，用政策促进规划的落实实施。

完善总量控制政策。严格落实国家和省级制定的主要污染物排放总量控制政策，将主要污染物排放总量控制要求分解到各区县和重点行业；以子流域和单元精细化管理为基础，从环境质量出发，因地制宜，自下而上的优化总量控制政策。

环境资源承载力监测预警制度。分区开展资源和环境容量测算评估，分析不同区域环境资源承载压力状况与变化趋势，建立环境资源承载能力的监测、评估、调度、预警等一条龙的处置处理机制。将环境资源承载力监测预警与规划环评、项目环评、总量控制、应急监测等结合起来，以环境资源承载力的区域差异和时间差异，优化环境管理相关政策。

环境空间管控政策。规划划定的生态功能红线、环境质量基线，应作为区域资源开发和项目建设的基本依据。规划环评、项目环评、落后产能淘汰、环境风险防范、污染减排等工作，应结合三条红线的不同要求，实施差异化管理。

环境质量评估管理。建立以环境质量评估考核为核心的环境管理政策，加大对各区县环境质量考核指标的权重。对空气环境质量、集中式饮用水质量、区县交接断面水质等进行监测评估，将监测结果向社会公布。

环境风险防范政策。实施环境风险红线区禁止和黄线区警戒的管控机制。建立环境风险评估、环境损害评估和环境污染损害赔偿机制。

生态补偿政策。以生态保护红线为基础，对红线保护区内，尤其是禁止建设的生态功能红线区，建立生态补偿政策。建立生态用地占用、饮用水水源保护区和自然保护区的生态补偿政策，建立区域环境基本公共服务均等化的补偿政策。

4.5.2.4 “十三五”推进城乡环境总体规划制度的建议

持续提升规划技术能力水平。一是全面总结 24 个试点城市规划编制、实施、管理的经验与技术方法。二是加快环境总规技术规范研究，加强技术总结凝练，尽快就城乡环境总体规划研究实践中的关键技术方法等进行总结提升，形成城乡环境总体规划编制技术规范。

全方位推进环境总体规划编制实施工作。将环境总规编制作为“十三五”的重点工作，建议从国家环保模范城市、国家环境保护重点城市、大气污染行动计划和水污染行动计划涉及的重点城市，以及设立新区、新城的城市中，筛选一批典型城市开展环境总体规划的编制工作，扩大实施范围。

探索构建环境总规管理制度。进一步完善环境总规的编制、论证、审批、实施、评估、考核等管理政策，逐步确立环境总规的法律地位。建议环境总体规划由同级城市人大审议批复实施。建议将重点城乡环境总体规划编制报环境保护部备案。

积极推动环境总规参与“多规融合”。在市县层面，探索推进发改委、国土部、环保部、住建部联合开展的“多规融合”，尤其是在空间功能布局、环境资源承载力约束等方面，实现环境优先、有机衔接。

搭建环境总规知识共享与创新平台。一是创新规划编制机制，开门编规划，最大吸收试点地方政府、研究机构、相关专家和居民代表的意见，确保政策制定符合地方实际情况，为成果组织实施奠定基础。二是依托已有国内、国际合作平台，分享项目研究和实践成果。三是拓展规划编制融资渠道，从中央政府、地方政府、国际机构等多方筹集资金，支持环境总规的推广与成果应用。

参考文献

[1] 环境保护部环境规划院.城乡环境总体规划理论方法探索与实践[M]. 北京：中国环境出版社，2014.

[2] 环境保护部环保规划院. 亚洲开发银行资助项目：推动环境总体规划制度化建设结题报告[R]. 2015.12.

[3] 万军，吴舜泽，于雷，等. 用环境空间规划制度促进新型城镇化健康发展[J]. 环境保护，2014（7）.

[4] 万军，吴舜泽，于雷，等. 城镇化：要速度更要健康——建立城市生态环境保护总体规划制度探究[J]. 环境保

护，2012（11）.

[5] 吴舜泽，万军，于雷. 城乡环境总体规划编制实施的技术实践和初步思考[R]. 重要环境信息参考，第 9 卷 第 9 期. 2013.

[6] 吕红迪，王成新. 城乡环境总体规划与相关总体规划的关系浅析[J]. 环境保护，2012（总第 39 期）.

[7] 国家环保局计划司. 环保规划指南[M]. 北京：清华大学出版社，1994.

[8] 田育红，任飞鹏，熊兴，等. 国内外水生态分区研究进展[J]. 安徽农业科学，2012，40（1）：316-319.

[9] 史育龙. 主题功能区规划与城乡规划、土地利用总体规划相互关系研究[J]. 宏观经济研究-理论研究，2008，8：35-47.

[10] 王红英. 城市环保规划法律效力研究[D]. 北京：中国政法大学，2007.

[11] OMERNIK J. M. Ecoregions：a spatial framework for environmental management[M].//DAVIS W S，SIMON T P. Biological Assessment and Criteria-Tools for Water Resource Planning and Decision Making. Florida：Lewis Publishers，1995：46-62.

[12] HUGHES R. M.，WHITTER T. R.，ROHM C. M.，et al. A regional framework for establishing recovery criteria[J]. Environmental Management，1990，14：673-683.

[13] National Planning Policy Framework，Department for Communities and Local Government，UK，2012.

[14] Summary National Policy Strategy for Infrastructure and Spatial Planning，Ministry of Infrastructure and the Environment，Netherland，2011.

[15] Spatial Planning in Denmark，Danish Ministry of Environment，Denmark，2007.

本报告执笔：于雷、吕红迪、张培培、王成新

5 环境功能区划体系框架与政策制度

5.1 国内外分区管理的实践经验

5.1.1 我国分区管理的实践经验

5.1.1.1 自然地理区划

自然地理地带性和区域分异规律是20世纪地理学研究的最重大成果。自然地理区划就是依据自然地理地带性和区域分异规律进行自然地域划分，自然地理区划主要表达了地理现象与特征的区域分布规律。对自然地理单一要素的区划仍是区划工作的主体，中华人民共和国成立以来我国先后开展了气候、植被、地貌、水文、生物等自然区划，对相关自然环境进行了科学、客观的分区和分类，对实际生产起到了一定的指导意义。农业、林业、水利、国土、经济等部门区划，探索建立分区差异化的管理政策，对于充分合理地利用各地区人力、物力资源，促进经济社会发展发挥了重大作用。

黄秉维《中国综合自然区划》方案揭示并肯定了地带性规律的普遍存在，这对中国自然地域分异规律是一个历史性的突破。该方案建立了经典的区划方法论，是我国影响最大的一个方案，一直为农、林、牧、水、交通运输及国防等有关部门作为查询、应用和研究的重要依据，有力地推动了全国和地方自然区划工作的深入。郑度等在分析总结各种自然地理区划方案研究的基础上，提出了包括区划本体、区划原则、区划等级系统、区划模型和区划信息系统的自然地理区划范式，指出在地理空间单元理论的指导下，可以实现在统一的科学框架下的各种自然地理区划的集成，并为开展综合区划研究提供可用的技术方法。

从自然地理区划发展历程看，我国的自然地理区划虽然经历了从单一要素分区到综合分区的发展，但总体上以空间区域的自然地理研究为主，社会经济分区研究发展相对薄弱。另外，分区的最终目的是完善对区域自然现状和规律的认识与理解，在符合自然客观规律的基础上加强对区域的宏观调控与管理。自然地理区划遵循综合性原则和主导因素原则，能够为环境功能区划的理论方法提供借鉴。

5.1.1.2 经济区划

经济区划的目的是实现地区经济发展层级的划分。从我国经济区划发展历程来看，中华人民共和国成立以后的较长时期，中国经济区划一直采用“两分法”，即全国划分为沿海与内地；1954 年建立了东北、华北、华东、华中、华南、西南、西北七大经济协作区；1961 年华中区与华南区合并为中南区，全国划分为六大经济协作区；“七五”期间提出东、中、西三个经济带；“九五”期间形成七大经济区，即东部地区、环渤海地区、长江三角地区、东南沿海地区、中部地区、西南和东南部分省区、西北地区。

中国地区经济体现出巨大的差异性和差距性，我国经济区划通过对不同层次地区制定相关针对性发展策略，实现差异共存基础上的缩小差距、消灭差距的协调发展，保证国民经济的持续、协调发展。

5.1.1.3 环境分区管理

在环境保护领域，大气功能区划、水功能区划、海洋功能区划、水土流失治理区划、生态功能区划等各类环境保护和治理区划的相继出台和实施，为环境保护与生态建设提供科学依据。

国内环境区划的研究始于国家“八五”攻关课题，一些学者分别从环境区划的原则、方法及构成等方面对我国的环境区划进行了有意义的探讨。姜林等在对环境区划的方法进行了探讨基础上，以北京市为例进行了环境保护分区，将北京市划分为大区、区、亚区、小区 4 个层次的环境分区。吴忠勇等在对环境区划的理论方法进行阐述的基础上，探讨了我国环境区划的原则，并提出了环境区划的指标体系。从“九五”开始，清华大学环境科学与工程系、中国环境规划院、中国科学院生态环境研究中心、中国水利水电科学研究院、中国环境科学研究院等单位先后开展了“两控区”划分、水环境功能区划、水功能分区、生态功能分区等工作。全国省级水环境功能区划到 2001 年基本完成，2002 年原国家环境保护总局主持汇总形成了全国的水环境功能区划方案。水功能区划根据水资源的自然条件、功能要求、开发利用现状，按照主导功能划定了不同水域的质量标准，为满足水资源合理开发和有效保护制订了详细的目标。1998 年国务院批准同意了国家环境保护总局完成的 SO_2 和酸雨两控区的划分方案，各省市在城市环境保护规划中，都开展了大气环境功能区划分。酸雨和二氧化硫污染控制区的划分，实现了控制我国大气污染水平、扭转酸雨恶化趋势的目标。环境保护部和中国科学院也联合组织开展了全国范围的生态功能区划工作。生态功能区划根据生态特征、生态系统服务功能及生态敏感性空间分异规律确定了不同地域单元的主导生态功能，为生态保护与建设提供了理论支撑。

目前关于环境区划，基于单要素（水、大气、土壤、生态等）的环境功能区划研究与实践较多，但在区域层面上以协调区域环境保护与经济社会发展，提高环境管理能力为目的综合性环境区划研究与实践较少；另外，基于宏观层面以我国社会经济发展、环境保护、自然资源各要素为基础，为我国其他部门区划提供参考的国家层面的环境区划研究较少，并且我国环境区划体系框架不明确、不统一也是当前环境区划研究中存在的主要问题。

以上区划虽然在环境要素保护方面发挥了积极作用，但是对环境、经济、社会的综合考虑不足，各专项规划、区划间的有效衔接不够，环境保护的统筹指导作用有限。因此，借鉴国内外区划工作经验，提出保障区域生态安全和人群环境健康的环境功能区划，对于促进自然资源有序开发和产业合理布局，实现生态环境与经济社会的协调发展，建设两型社会和提高生态文明水平具有重大作用。

5.1.1.4 主体功能区规划

主体功能区规划是根据资源环境承载能力、现有开发密度和发展潜力，统筹考虑未来中国人口分布、经济布局、国土利用和城镇化格局，确定不同区域的主体功能，明确开发方向，完善开发政策，控制开发强度，规范开发秩序，逐步形成人口、经济、资源环境相协调的空间开发格局。

主体功能区划分的主要依据是区域自然条件、主体功能、资源环境承载能力、开发强度与开发潜力、空间结构合理性等。主体功能区规划遵循以下原则：一是部分覆盖国土空间。确定四类主体功能区的标准后，只有符合标准的区域划入四类主体功能区，其他区域目前并不进入，待以后时机成熟调整标准后逐步划入四类主体功能区内。二是适度突破行政区。科学合理的区划方案，可以发挥规范国土空间开发秩序、协调国土空间开发结构的作用，但长期以来形成的行政分割在短时期内很难消除。主体功能区规划要依托现有的行政区划，在局部一些区域适度打破行政区，构建跨行政区的主体功能区。三是采用自上而下的方法。主体功能区规划具有全局性、引导性、约束性或强制性的特点，采用自上而下的划分方法。

主体功能区按照提供主体产品的类型为基准，划分为以提供工业品和服务产品为主体功能的城市化地区、以提供农产品为主体功能的农业地区和以提供生态产品为主体功能的生态地区。

按照不同区域的资源环境承载能力、现有开发强度和未来发展潜力，以是否适宜或如何进行大规模高强度工业化城镇化开发为基准，划分为优化开发区域、重点开发区域、限制开发区域和禁止开发区域四类。优化开发区域是经济比较发达、人口比较密集、开发强度较高、资源环境问题更加突出，应优化进行工业化城镇化开发的地区。重点开发区域是有一定经济基础，资源环境承载能力较强，发展潜力较大、积聚人口和经济的条件较好，应重点进行工业化城镇化开发的地区。它和优化开发区域都是城市化地区，开发内容相同、方式不同。限制开发区域是指以增强农业综合生产能力为首要发展任务的农业地区和以增强生态产品生产能力作为首要任务的生态地区，应限制进行大规模高强度工业化和城镇化开发。禁止开发区域是指依法设立的各类自然资源保留区域，应禁止进行工业化城镇化开发。

主体功能区规划具有基础性、综合性和战略性三大特点，具体体现为：一是基础性特征，主体功能区规划是宏观层面制定国民经济和社会发展战略与规划的基础，也是微观层面进行项目布局、城镇建设和人口分布的基础，在各类空间规划中居于总控性地位。二是综合性特征，主体功能区规划既要考虑资源环境承载能力等自然要素，又要考虑现有开发密度、发展潜力等经济要素，同时还要考虑已有行政辖区的存在，是对于自然、经济、社会、文化等因素的综合考虑。三是战略性特征，主体功能区规划事关国土空间的长远发展布局，区域的主体功能定位在长时期内应保持稳定，因而是将长期发挥作用的战略性方案。

5.1.2 相关国际经验和启示

5.1.2.1 水环境分区管理

美国国家环境保护局（United Stated Environmental Protection Agency，USEPA）早在 20 世纪 70 年代末就提出水环境管理不仅要关注水化学指标和水污染控制问题，同时也应该关注水生态系统结构和功能的保护，这就要求一套既可以指导水质管理，而且能够反映水生生物及其自然生活环境特征的水生态系统的区划体系。到了 20 世纪 80 年代中期，基于美国学者 Omenik 的研究成果，USEPA 提出了水生态区方案，通过考虑土壤、自然植被、地形和土地利用 4 个区域性特征指标，将具有相对同质的淡水生态系统及其与环境相关的土地单元划分为 1 个生态区。该划分方法既体现了水生态系统空间特征的差异，又能够为水生态系统完整性标准制定提供依据的管理单元体系，并且还实现了从水化学指标向水生态指标管理的转变。水生态区划方案从 1987 年发布，至今已被多次修改，整个北美大陆被划分为 15 个Ⅰ级水生态区、52 个Ⅱ级水生态区和 84 个Ⅲ级水生态区，Ⅰ级区和Ⅱ级区的划分较为粗略，Ⅲ级区的划分相对细致，为了管理和监测非点源污染问题，几个州开始进行Ⅳ级的水生态区的划分，USEPA 的目标是最终利用Ⅳ级水生态区来管理各州的水环境。

1998 年 6 月，USEPA 开始对不同的水生态区制定有针对性的监测技术指导手册；2000 年 4 月，首先完成了溪涧和河流水生态区的技术指导手册，确定了总氮、总磷、透明度和叶绿素 a 等指标的营养状态基准值；2000 年 7 月、2001 年 9 月和 2001 年 12 月，又相继完成了针对湖泊和水库、河口区和海岸带、湿地等生态区的技术指导手册，水生态区已很好地应用于美国的水环境管理。

美国所提出的综合考虑水体生态、环境和陆域生态系统的水生态区划的管理思路，通过奥地利（ASI，1997）、澳大利亚（Davies，2000）和欧盟（Moog，2004）等地区的研究和应用得到进一步推广。

奥地利标准协会（Austrian Standards Institute，ASI）运用 USEPA 模型“自上而下”的基本分区方法，用气候、地文学、植被等大尺度因素控制水质、大型无脊椎动物等小尺度因素，最后结合专家的判断确定区域边界，将奥地利划分为 17 个水生态区，为资源管理与生物多样性保护提供依据。

澳大利亚学者 Davles 运用 USEPA 模型开展水体健康状况的研究，并提出了评价体系，在选取气候、地文、植被类型等环境因子的基础上，通过专家判断，将维多利亚州划分成 17 个水生态区。

欧盟在 2000 年颁布的“欧盟水政策管理框架指令”中，也明确提出以水生态区和水体类型为基础确定水体的参考条件，并据此评估水体的生态状况，最终确定生态保护和恢复目标的淡水生态系统保护原则。欧盟分区方法相对而言更注重于化学整治与生物整治相结合，关注水生态系统健康，方案选取决定流域特征和动力学特征的主要景观组成因素（地形、地质、气候）及控制河流生物群落的主要因素（河道形态、水流形式、河床形态和河岸带植被），大尺度生态分区基于生态学、地形学或生物学相似描述，小尺度水生态分区，遵循“从上到下”基本原理。

5.1.2.2 大气环境分区管理

在大气环境分区管理方面以美国的《清洁大气法》（Clean Air Act，CAA）中提到的空气质量控制区最为典型。美国通过立法来管理大气环境的主要目的是达到国家环境空气质量标准（National Ambient Air Quality Standards，NAAQS），1990 年《清洁大气法修正案》中要求美国国家环保局划定空气质量控制区，空气质量控制区的界限可与行政边界不一致，全国共被划分为 247 个空气质量控制区。除州内空气质量控制区外，美国国家环保局还有权划定州际的空气质量控制区，并由有关州政府联合组建的州际空气污染控制机关来管理际空气质量控制区的污染问题。

《清洁大气法》要求各州必须在国家空气质量标准颁布后 9 个月内，向美国国家环保局呈报该州内各空气质量控制区的国家空气质量标准实施计划，美国国家环保局在 4 个月内完成州实施计划的审查，做出批准或不批准的决定。州实施计划中应包括各空气质量控制区的达标计划和时间表，为达到和保持初级和二级标准所必须采取的排放限制及其他措施，为监测和分析空气质量数据所必需的设备、方法和程序，固定污染源的改造、建设和运转方案，定期检查和测试机动车遵守排放限制的情况等内容。

根据污染物是否超出国家环境空气质量标准，空气质量控制区可进一步分成达标区和未达标区，这一划分有利于根据不同污染状况对某一地区实行不同的管理措施，使其以最有效的方式、最快的速度达到国家环境空气质量标准的要求。达标区和未达标区的主要管制区别是对新排放源的许可和既有排放源的管理。

达标区对新排放源执行较为防止严格的显著恶化（Prevent Significant Deterioration，PSD）许可，未达标区执行的是最为严格新排放源评估（New Emission Source，NSR）建设前许可，这两种许可的区别是它们的技术要求不同，PSD 许可在技术上必须采用最佳可用控制技术（Best Available Control Technology，BACT），NSR 建设前许可必须采用可用最低排放率技术（Lowest Achievable Emission Rate，LAER），LAER 是所有州执行计划（State Implement Plan，SIP）中最为严格的排放要求，如果某一控制区内的新排放源被视为主要排放源（达标区与未达标区对主要排放源这一概念的界定存在差别），那么它必须根据所处的地区是达标还是未达标区，按照州的相关规定履行 PSD 许可或 NSR 建设前许可程序；达标区对于既有排放源没有强制的管理要求，可以采取任何控制措施，而未达标区会根据不同的污染物有技术上的控制要求。

5.1.2.3 生态环境分区管理

将生态区作为区划单元进行生态功能区划，因地制宜地制定产业发展方向，引导区域社会、经济、生态的可持续协调发展是国际上的通用做法，在美国（Bailey，1976）、加拿大（Marshall & Schut，1999）、荷兰（Albert，1995）和新西兰（Harding & Winterbourn，1997）等国得到很好的应用。

1976 年，美国学者 Bailey 首次提出了一个初步的生态区划方案，先根据气候影响因子划分美国的生态大区，再根据局域地形、植被、土壤的分布状况对大区进行细化。Bailey 认为区划就是按照其空间关系来组合自然单元的过程，并按照地域（Domain）、区（Divison）、省（Province）和地段（Section）4 级标准划分美国的生态区域；他将地理学家的工具——地图、尺度、界限和单元等引入生态系统的研究中，有助于将生态学的数据、资料应用于生物多样性的监测、土地资产的管理和气候变化结果的解释等方面。Bailey 认为生态区与其他土地分类方式不同，生态系统的界限不仅要依据现存的生物资源，而且应建立在影响不同尺度生态系统分类的因子之上，这样对于生态系统的识别和比较就不会受现有的土地利用方式和其他因素干扰（Bailey，1989）。1998 年他为美国农业部（United Stated Department of Agriculture，USDA）编制了美国生态区划，该区划为有效指导农业生产提供了科学基础（Bailey，1998）。在 Bailey 的美国生态区划图的基础上，McNab 等（1994）进一步进行了小区域（Subregions）的生态区域划分，并对各区域进行了详细论证。

1995 年世界野生生物基金组织联合世界银行制定了生态区划，为生物多样性保护，维持生态系统与生境多样性提供了新的研究框架（Dinerstein et al.，1995）。1996 年，美国以 MLRA（Major Land Resource Areas）、美国林务局和美国国家环境保护局生态框架为基础，研究开发“美国的生态单元空间框架”，建立了通用的生态区域框架。它不仅综合了各领域专家对研究区域的研究成果，探讨了不同要素之间的相互作用、相互联系的互动机制，深化了对陆地表层系统的全面理解，而且为各部门协作配合，评估自然资源，制定和执行规划提供了一个平台（McMahon et al.，2001；Thomas，2004）。

加拿大环境合作委员会（Conmmission for Environmental Coopeeration，CEC）开展生态区划研究，为开展全国尺度及区域尺度的环境报告与评价提供了基础框架（CEC，1997）。

20 世纪 70 年代世界自然保护联盟（IUCN）提出依据世界生物地理区划系统建立各国完善的自然保护区网络系统，目的是使各自然保护区的布局符合生物地理省份分区体系，并被人与生物圈（MAB）计划采纳。

生态区划主要应用于陆地生物多样性评价，野生动物生境累积威胁的等级划分、森林调查清单、土地利用、物种分布与生态区关系等，对生态建设和环境保护起到积极的推动作用。

5.1.2.4 综合环境分区管理

在综合环境分区管理方面以荷兰的全国环境政策计划最为典型。20 世纪 70 年代初，荷兰为了解决制造业发展和密集农业给荷兰带来的严重污染问题，实施了地表水污染、空气污染和土地保护法案，由于不同的机构负责管理不同的法规，以及一些政策的重叠，实施这些不同的法规需要付出繁重的代价。1989 年荷兰政府针对上述问题，在第一次全国环境政策计划中提出最具创新性和空间导向性的综合环境分区，将环境质量标准、污染防治措施和土地利用法规相结合，并对主要的环境问题进行累积处理。

全国环境政策计划由荷兰的住房、规划和环境部门提出，对综合环境分区方案进行设计和测试。1990 年发布综合环境分区暂行规程，制定了噪声、气味、有毒物、致癌物以及危险五类环境影响的分级标准，为评估工厂群可能对周边居民区的几种环境影响及如何减轻这些影响提供了方法。几个应用了综合环境分区的项目都揭露了比预想的要更严重的情况，同时也表明运用暂行规程中所采取的相关分析的重要性，以及给予地方在研究针对分析所识别的环境影响的可行的解决方法上更多的灵活性的价值。

荷兰综合环境分区方案是一项具有创新性和大胆的政治行动，一方面可用于识别工业活动对周边居民区的环境影响，另一方面可用于如何解决为了实现健康和可持续的城市环境所需要采取的措施。该方法的设计和从试点项目中所得到的经验教训对设计适合其他国家的城市环境的对应方案的规划人员来说，是很有价值的资源。

5.1.3 我国环境功能区划的差距和需求

环境功能区划是基于经济社会发展需求，面向生态环境可持续利用的环境介质质量及生态状况在空间与时间上的定量划分。其目的是在把握区域空间资源和环境承载能力的基础上，通过辨析面临的环境问题和环境保护压力，分区制定环境保护目标和明确环境保护相关政策措施，主动引导国家环境与经济社会的协调发展。

与国际环境保护的先进水平和我国环境保护的现实需求相比，我国环境功能区划还存在很多问题和显著差距：一是基于要素的环境功能区划进度和精细程度不一，缺乏系统的框架和尺度控制体系；二是单要素的环境功能区划主要强调了环境质量，缺乏生态系统和人类健康因素的考虑；三是自下而上的区划思路导致分区目标不公平，协调难度大，难以适应区域性、复合型和交叉性污染控制和环境管理的需求；四是基于单要素的环境功能区划难以适应国家主体功能区规划的需要；五是不同要素的功能区划分管理职能交叉，法律地位不明确，配套政策不完善。

上述问题需要借鉴国内外环境分区管理的先进技术，总结我国环境功能区划的经验教训，充分认识我国环境保护所处阶段和面临的问题，系统研究建立健全国家环境功能区划体系，为保障国家环境安全提供坚实的基础。

5.1.4 环境功能区划的意义和必要性

（1）我国“一刀切”的环境管理模式严重影响了环境管理效率和不同区域的环境保护积极性

长期以来，我国各项环境保护规划计划、保护目标和标准、环境政策和管理以及各种考核制度，都没有反映出环境问题的区域特征，难以适应不同环境功能区域的环境保护管理需要。社会经济发展和环境保护目标制定和考核中“一刀切”的现象非常严重，例如，用“集中和优化”开发区的考核指标标准去考核“限制和禁止”开发区，不同环境功能区之间的环境质量目标、污染物排放总量控制以及产业准入没有充分体现差异性。由于区域环境功能不一样，同样的投入往往难以产生同样的环境绩效，对地方环境保护工作的积极性和主动性也造成了很大影响。实行环境功能区划制度就是要根据环境功能区划提出不同区域环境管理目标和对策，进一步在环境质量目标设置、污染排放标准实施、排放总量分配和削减、产业环境准入、环境监督监管、环境绩效考核等方面实施差异化的环境管理，将为我国形成科学化、差异化、精细化的环境管理体系提供依据。

（2）区域不同自然环境条件、经济发展水平和环境功能定位迫切要求实行区域化的环境保护战略

自然环境的差异决定了各项基本环境要素、环境本底和环境承载能力差异悬殊，各地生态系统和环境功能也千差万别。同时，不同区域社会经济发展水平和发展模式也呈现巨大差异。东部沿海地区发展模式已基本实现粗放型向集约型的转变，而中西部内陆地区则还大多处于粗放发展阶段，更多依赖资源型经济发展模式。从城镇化发展程度上，山地区城镇化水平低、基础设施建设滞后、经济发展多依赖农业生产和矿产资源开发利用，而平原区城镇化水平相对较高、基础设施建设相对完善，工业化和集约型经济相对发育。未来我国将继续实施东部率先发展，中部崛起，振兴东北，西部大开发的区域发展战略。这些因素都决定了我国的环境保护模式必须与区域自然环境条件、经济发展水平和环境功能定位相适应。

（3）环境功能区划制度作为保护环境的有效手段得到国际广泛认可和实施，我国也有很好的基础

基于环境功能的环境分区制度是国际上，特别是发达国家普遍应用的一项制度。美国、加拿大、荷兰和新西兰等国，一般将生态区作为区划单元进行环境功能区划，以此制定环境质量标准适用范围、排污许可证许可内容、项目环境影响评价以及产业准入条件等，引导区域社会、经济、生态的可持续协调发展。自 1987 年美国提出了首份水生态区功能区划方案以来，综合考虑水体生态、环境和陆域生态系统的水生态功能区划思路得到推广。之后，欧盟、英国和澳大利亚也相继实施了环境功能区划。随着世界各国环境问题认识的提高，发展建立和完善环境功能区划制度，实施分区管理已成为环境保护的有效手段和主要途径。

（4）编制实行环境功能区划制度，是主体功能区规划的环境保护“落地”管理和必然要求

所谓环境功能是指环境各要素及其组成系统为人类生存、生活和生产所提供环境服务的总称，具体包括维护人居环境健康和保障自然生态安全两个方面。环境功能区是依据不同地区在生态环境结构、状态和功能上的差异，结合经济社会发展战略布局，合理确定环境功能并执行相应环境管理要求的区域。目前，《全国主体功能区规划》提出了推进形成主体功能区的宏观发展战略，但在推进实施方面遇到了很大的阻力。《国务院关于印发全国主体功能区规划的通知》也明确要求编制全国环境功能区划。为了加快推进主体功能区战略，必须在环境保护领域制定与主体功能区战略相呼应、相协调的环境功能区划制度。具体而言，要用“自然生态保留区”对接“禁止开发区”，用“生态功能保育区、食物环境安全保障区”去对接“限制开发区”，用“聚居环境维护区、资源开发环境引导区”去对接“集中开发区和优化开发区”，通过环境功能区“倒逼”机制保护四大主体功能区。

（5）实行环境功能区划制度是全面落实全国人大赋予环境保护重要职责的根本途径

2008 年 3 月 17 日，十一届全国人大一次会议通过的国务院机构改革方案决定：为加大环境政策、规划和重大问题的统筹协调力度，组建环境保护部。决定赋予环境保护部 4 项主要职责，一是

拟订并组织实施环境保护规划、政策和标准；二是组织编制环境功能区划；三是监督管理环境污染防治；四是协调解决重大环境问题等。

同时，党中央、国务院高度重视环境功能区划工作。习近平总书记、李克强总理多次提出了编制全国环境功能区划和划定生态红线的指示。自 2008 年以来近 10 个国务院文件都明确提出实施环境功能区划的具体部署。早在 1998 年《国务院关于机构改革的通知》（国发〔1998〕5 号）中就提出了国家环境保护局要负责组织编制环境功能区划工作，2008 年之后在《国务院办公厅关于印发环境保护部主要职责内设机构和人员编制规定的通知》（国办发〔2008〕73 号）、《国务院关于印发全国主体功能区规划的通知》（国发〔2010〕46 号）、《国务院关于加强环境保护重点工作的意见》（国发〔2011〕35 号）、《国家环境保护“十二五”规划》（国发〔2011〕42 号）等一系列文件中都明确提出了编制和实施环境功能区划的具体部署和各项要求。2011 年 12 月，李克强总理在第七次全国环保大会上明确提出：“要结合实施主体功能区规划，编制全国环境功能区划，在重要生态功能区、陆地和海洋生态环境敏感区脆弱区等区域划定生态红线，履行好环境管理职责。”2013 年 5 月 24 日，习近平总书记在中共中央政治局第六次集体学习时更强调：“要严格实施环境功能区划，严格按照优化开发、重点开发、限制开发、禁止开发的主体功能定位，在重要生态功能区、陆地和海洋生态环境敏感区、脆弱区，划定并严守生态红线，构建科学合理的城镇化推进格局、农业发展格局、生态安全格局，保障国家和区域生态安全，提高生态服务功能。”把环境功能区划工作提到一个新的高度。

5.2 环境功能区划方案总体设计

5.2.1 指导思想

深入贯彻落实科学发展观，大力推进生态文明建设，以保障自然生态环境安全和维护人居环境健康为主线，遵循自然环境的空间分异规律，充分利用区域各项环境资源，统筹协调、综合管理，建立分区管理、分类指导的环境功能区划体系，牢固树立生态红线的观念，引导经济社会发展合理布局，促进环境管理科学化、差异化、精细化，提升环境保护参与宏观决策的能力和水平，保障经济社会与生态环境的协调、健康发展。

5.2.2 总体目标

一是优化国土生态安全格局。按照人口资源环境相均衡、经济社会生态效益相统一的原则，整体谋划国土空间开发，统筹人口分布、经济布局、国土利用、生态环境保护，科学布局生产空间、生活空间、生态空间，科学布局生产空间、生活空间、生态空间，构建科学合理的城镇化推进格局、农业发展格局、生态安全格局，保障国家和区域生态安全。

二是强化人居环境健康维护。引导人口分布和城镇、产业布局与区域环境功能要求相适应，明确水、气、土壤等环境要素的防控重点，确保环境资源得到集约、节约利用，保障人居环境健康。

三是提高生态系统服务功能。加快恢复重要区域生态功能，增强生态系统稳定性，划定并严守生态红线，保障国家和区域生态安全，提高生态系统服务功能。

四是保障资源开发的环境安全。通过强化环境管控、规范资源开发秩序，落实“点上开发、面上保护”的战略，引导资源开发规模和布局与区域资源环境承载力相协调。

五是构建分区环境管理体系。完善分区生态环境考核评价体系和建立责任追究制度，建立健全资源生态环境管理和国土空间开发保护制度，实现环境管理的差异化和精细化，为国家生态环境安全提供基础性制度保障。

5.2.3 基本原则

一是综合评价，科学界定。按照区域区位、自然资源和自然环境的自然属性和空间分异规律，根据区域经济社会发展的需要，科学评估人类生存、生活和生产对环境功能的不同需求，以区域主体功能定位为基础，界定区域环境功能的基本定位。

二是结合现状，分类管理。统筹考虑既有相关规划区划的衔接，综合协调水、大气、土壤等环境要素间的相互关系，与已制定和实施的分区管理制度相结合，明确不同环境功能区的战略目标，建立以环境功能区划为基础的环境管理体系，强化行业准入和环保监督管理，通过严格执行环境排放标准，引导企业进一步转型升级。

三是突出主导，优化格局。突出区域主导环境功能，兼顾区域多重环境功能，制定有利于主导环境功能保护的环境管理目标和对策，牢固树立生态红线理念，优化经济社会发展格局，保障国家生态环境安全。

四是全面覆盖，逐级落实。以国家生态安全格局和经济社会战略布局为基础，覆盖全国陆地国土空间及近岸海域，自上而下、逐级落实国家环境分区管理战略。

5.2.4 相关理论基础

环境功能区划是综合环境要素、生态系统和人类健康等因素，设计系统的框架和尺度控制体系，要统筹考虑众多因素。总体而言，环境功能区划的相关理论基础如下。

一是地域分异规律。不同地区在环境结构、环境状态和使用功能上存在分异，考虑社会经济发展和自然环境的空间分异规律，通过空间分区实现差异性管理。

二是系统科学原理。自然环境是由各个要素组成的整体，各要素不是孤立存在的，要综合分析各要素的特征及其相互作用的方式和过程，将各要素评价综合统筹考虑。

三是主导因素原则。每个区域都有多项环境功能，分析各要素之间的关系，找出地区的主要环境功能，并据此进行环境功能区的划分。

5.2.5 环境功能区划框架

环境功能区划体系是由综合及各专项环境功能区划组成的一个互相联系的多层次系统，主要由按环境要素控制的横向区划体系和按空间尺度控制的纵向区划体系组成。体现从宏观引导到微观落实的系统思想，是一个下级体现上级要求，逐渐融入地方实际情况并逐级细化的过程。在宏观层面是以综合引导区划为主，在区域层面以要素控制区划为主。综合环境功能区划是对区域经济、社会、自然的综合调查和各专项环境功能区划成果的有机综合与概括，是整个环境功能区划体系的主体和核心。

从环境要素上，可分为大气环境功能区划、水（环境）功能区划、土壤环境功能区划、噪声环境功能区划、生态功能区划等。其中，水、大气、土壤、生态等专项环境功能区划是根据各环境要素的地域分异规律和突出问题，对本要素建立具体的分区管理目标和指标，不同要素功能区划的划分方法、功能类型、空间范围等可能有较大差异。

从空间尺度上，可分为全国环境功能区划、省级（区域、流域）环境功能区划和市县（城镇）环境功能区划等。全国环境功能区划是宏观引导型区划，明确全国范围内区域间主要的特征差异和各自的环境战略，为环境管理宏观决策提供科学依据。对国家主要社会经济布局、生态安全格局、资源开发利用方向的引导，将以综合环境功能区划为主，专项环境功能区划只能对环境管理的某一要素方面提出细化的辅助引导策略。市县（城镇）环境功能区划是微观管理型区划，为具体的环境事务管理服务，有准确的地理单元、功能定位、面积边界等内容。要以专项（水、大气、噪声、土壤、生态等）环境功能区划明确专项环境管理的具体标准和指标类别。地方综合环境功能区划仅在地方尺度作为与其他部门宏观区划衔接的接口。省级（区域、流域）环境功能区划是全国区划和市县区划之间的过渡和衔接，既可以作为在宏观引导型区划，侧重明确省域（区域、流域）内各分区主要特征差异和分区环境引导战略；也可以作为微观管理控制区划，对部分规模较大或较重要的环境功能区明确其地理单元、功能定位、面积边界、标准限制等内容，以综合环境功能区划和专项环境功能区划兼顾，但是精度要求可以有所不同。

要素区划是综合区划的基础、综合区划是要素区划的指导，同样，下一级区划是上一级区划的基础、上一级区划是下一级区划的指导；各类区划互相衔接，相互参证。在同一区域空间，既存在基于维护国家生态环境安全格局需求的综合引导区划，也存在若干针对要素功能控制的区划方案（如针对水环境保护、生态保护、土壤污染防治、大气环境保护的区划方案等），针对不同要素功能区划其划分方法、功能类型、空间范围等可能有较大差异。环境功能区划体系科学全面地反映了环境功能的地域差异，为因地制宜指导人类生产生活服务提供基础，便于在管理实践中建立“分区管理、分类指导”的环境管理制度（图 2-5-1）。

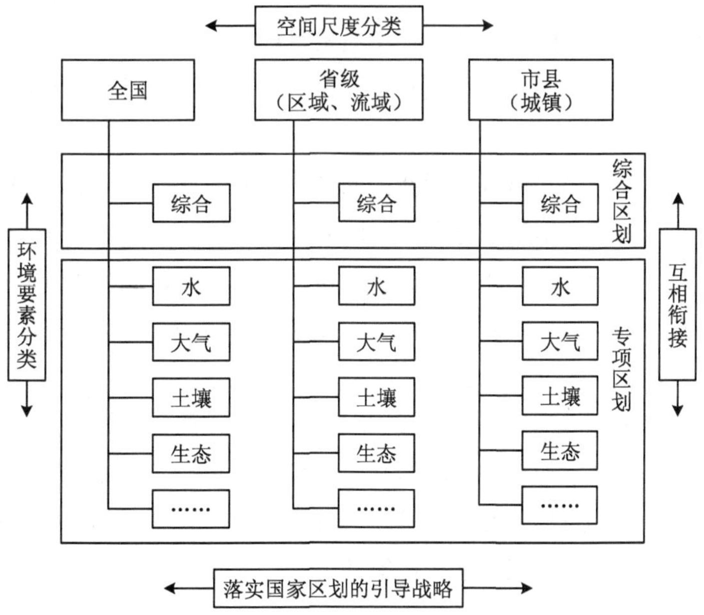

图 2-5-1 环境功能区划体系框架

5.2.6 环境功能区划体系的特点

（1）多尺度特征

从空间上看，环境功能区划具有多尺度的特点，具体可从国家层面、区域（流域、海域）层面、城市（农村）层面等大小尺度不一的层面进行划分。这些不同尺度的环境功能区划，区划的方法、范围、作用等亦有所不同。如在国家尺度上，重点关注宏观性的引导，区划单元范围相对较大；而在区域尺度（跨省区域、省域、市域），则重点关注具体的要素控制，区划单元范围相对较小。

（2）多要素特征

从环境要素看，环境功能区划具有多要素的特点，如可分为水环境功能区划、大气环境功能区划、土壤环境功能区划、噪声环境功能区划、生态环境功能区划等。在不同尺度上的环境功能区划，都存在若干针对环境要素的功能区划方案，不同要素功能区划其划分方法、功能类型、空间范围等可能有较大差异。

（3）多手段特征

无论是从空间尺度上还是环境要素上的环境功能区划方案，环境功能区划都存在不同的管理目标要求和多政策手段的应用。需要结合不同的环境功能区划体系，提出不同的分区控制目标和要求，建立和完善相应的配套环境管理措施与手段，使区划的作用真正“落到实处”。

5.2.7 环境功能区划制度的特征

国家环境功能区划将作为我国环境保护的一项长期基本制度在环境保护领域执行，具有约束性、引导性、基础性和长期性 4 个基本特征。

（1）约束性特征。国家环境功能区划对各级政府、企业、民众的行为具有限制性作用，国家环境功能区划所提出的环境功能分区、功能区环境质量目标、总量控制目标、产业准入要求、环境管理对策等具有法定约束力，任何单位或个人在进行生产、生活活动时都必须严格按照国家环境功能区划的要求执行。

（2）引导性特征。国家环境功能区划对我国的经济建设、社会发展、环境保护等行为以及各单位和个人的生产、生活活动具有明确的导向性。国家环境功能区划通过制定产业准入标准、污染物排放总量控制、排污许可证增减、环境影响评价审核、绿色信贷、绿色保险和绿色证券等手段引导各个环境功能区的生态系统保护与恢复、环境污染预防与治理、产业聚集与转移、人口集中与疏散、资源开发与保护，保障各功能区经济社会良性发展。

（3）基础性特征。国家环境功能区划是我国环境保护工作的基础性工作，环境保护相关的法律法规、政策、规划的制定都必须遵守国家环境功能区划的要求。在国家制定区域环境质量目标、产业准入要求、污染物总量控制目标、环境经济政策等环境保护要求时都必须贯彻国家环境功能区划分区管理、分类指导的环境管理策略，按照国家环境功能区划提出的总体要求制定更为详细的环境保护要求。

（4）长期性特征。国家环境功能区划需要在我国的环境保护领域长期执行，同时国家环境功能区划将根据实际情况进行适当调整以适应我国环境保护工作局面的变化。国家环境功能区划出台后，我国的环境保护工作将在较长的一段时间内按照区划的要求开展工作。与此同时，为了应对环境保护局面的不断变化，国家环境功能区划将定期进行修编，以保证分区管理、分类指导的环境保护战略具有时效性。

5.2.8 环境功能区划与相关部门区划的关系与衔接

环境功能区划作为一种结合环境、经济、社会等多重因素的区划，与自然地理综合区划、综合经济区划等有着密切联系，定位于为相应职能部委服务，作为部门区划与其他相关部门区划衔接。已有的相关部门区划可成为环境功能区划的基础，相关区划的技术方法是环境功能区划的参考和借鉴。一方面，尽管环境区划主要强调改善区域环境质量，维护区域环境安全，但最终目的是实现环境保护与经济社会发展相协调。其他部门专业区划，无论是农业、林业、土壤、公路或经济区划等，或多或少都会涉及自然资源利用和生态环境问题，因此环境区划要对各部门制定的区划形成指导，成为其他部门区划制定的重要基础，是一项重要的综合性区划。例如，海洋功能区划的制定需要考虑不同海域环境质量和海洋生态服务功能；水功能区划需要考虑不同水体的环境质量和水生态功能；洪水灾害危险程度区划需要考虑不同区域的生态调节功能等。另一方面，由于环境系统本身的开放性和关联性，具有自然、经济和社会属性的特点，环境区划的制定必然与农业、林业、土壤、经济等其他部门专业区划相关联并形成制约，不可能脱离部门区划而单独进行区域划分，环境区划与其他部门专业区划是相辅相成的。

5.3 环境功能区划体系设计

5.3.1 环境功能区划体系框架

环境功能区划体系是由综合及各专项环境功能区划组成的一个互相联系的多层次系统，主要由按环境要素控制的横向区划体系和按空间尺度控制的纵向区划体系组成。体现从宏观引导到微观落实的系统思想，是一个下级体现上级要求，逐渐融入地方实际情况并逐级细化的过程。在宏观层面是以综合引导区划为主，在区域层面以要素控制区划为主。综合环境功能区划是对区域经济、社会、自然的综合调查和各专项环境功能区划成果的有机综合与概括，是整个环境功能区划体系的主体和核心。

从环境要素上，可分为大气环境功能区划、水（环境）功能区划、土壤环境功能区划、噪声环境功能区划、生态功能区划等。其中，水、大气、土壤、生态等专项环境功能区划是根据各环境要素的地域分异规律和突出问题，对本要素建立具体的分区管理目标和指标，不同要素功能区划的划分方法、功能类型、空间范围等可能有较大差异。

从空间尺度上，可分为全国环境功能区划、省级（区域、流域）环境功能区划和市县（城镇）环境功能区划等。全国环境功能区划是宏观引导型区划，明确全国范围内区域间主要的特征差异和各自的环境战略，为环境管理宏观决策提供科学依据。对国家主要社会经济布局、生态安全格局、资源开发利用方向的引导，将以综合环境功能区划为主，专项环境功能区划只能对环境管理的某一要素方面提出细化的辅助引导策略。市县（城镇）环境功能区划是微观管理型区划，为具体的环境事务管理服务，有准确的地理单元、功能定位、面积边界等内容。要以专项（水、大气、噪声、土壤、生态等）环境功能区划明确专项环境管理的具体标准和指标类别。地方综合环境功能区划仅在地方尺度作为与其他部门宏观区划衔接的接口。省级（区域、流域）环境功能区划是全国区划和市县区划之间的过渡和衔接，既可以作为在宏观引导型区划，侧重明确省域（区域、流域）内各分区主要特征差异和分区环境引导战略；也可以作为微观管理控制区划，对部分规模较大或较重要的环境功能区明确其地理单元、功能定位、面积边界、标准限制等内容，以综合环境功能区划和专项环境功能区划兼顾，但是精度要求可以有所不同。

5.3.2 纵向区划体系

按照空间尺度，环境功能区划分为全国环境功能区划和地方环境功能区划两个层面。各级环境功能区划根据各级政府的环境管控职责重点划分本级环境功能区划，作为建立健全本级环境管理体系的基础。

全国环境功能区划在国家尺度上对全国陆地国土空间及近岸海域进行环境功能分区，明确各区域的主要环境功能，分区提出维护和保障主要环境功能的总体目标和对策，并对水、大气、土壤和生态等专项环境管理提出管控导则。全国环境功能区划为优化国家经济社会布局、维护生态安全格局、规范资源开发利用等宏观环境管理决策提供依据，以宏观引导为主。

地方人民政府根据全国环境功能区划的总体部署划分省（区域、流域）级环境功能区划和市级环境功能区划。地方环境功能区划，结合本辖区环境管理需求，细化和落实国家环境功能区划和省级主体功能区划的总体要求，明确区域内水、大气、土壤、生态等环境要素的管控措施。地方各级环境功能区划的环境功能类型划分指标及阈值设定可有所不同，但环境功能目标、管理措施和要求应不低于全国环境功能区划相应类型区的标准，原则上应按照《全国环境功能区划纲要》的分区类型划分为五类区，也可根据实际情况进行具体调整，但应有自然生态保留区、生态功能保育区和食物环境安全保障区。

省级（直辖市、自治区）环境功能区划既是全国区划在省级尺度的贯彻落实，也是下一级区划编制实施的宏观引导，要结合省域（直辖市、自治区）内各功能分区主要特征差异和分区环境管控战略，明确主要环境功能类型区的地理位置、功能定位、边界范围、目标和管理要求等。可参照省级环境功能区划要求，编制区域和流域环境功能区划，要体现区域和流域的特色。

县级（市、区）环境功能区划是落实全国和省级环境功能区划的操作层面区划，要明确各类环境功能区的地理位置、功能定位、边界范围，以及水、大气、噪声、土壤、生态等环境要素管理的具体指标和标准阈值。城市（地、州、盟）环境功能区划要把城市建成区及近郊区县统一考虑编制环境功能区划，并纳入城市总体规划编制体系之中，远郊区县可以因地制宜采用单独编制或者和全市统筹考虑的方式编制环境功能区划（图 2-5-2）。

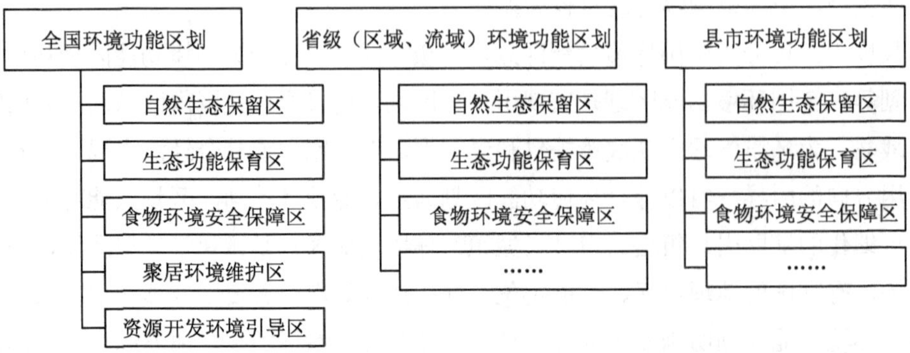

图 2-5-2 国家环境功能区划体系

5.3.3 横向区划体系

横向区划体系可从环境要素来看，将国家环境功能区划分为水（环境）功能区划、大气环境功能区划、土壤环境功能区划、声环境功能区划、生态功能区划等。其中，水、大气、土壤、生态等要素环境功能区划是根据各环境要素的地域分异规律和突出问题，对本要素建立具体的分区管理目标和指标。

5.4 环境功能与类型区界定

5.4.1 内涵界定

5.4.1.1 环境功能的内涵

环境一般是指影响人类生存、发展的各种天然的和经过人工改造的自然因素的总体，包括大气、水、海洋、土地、矿藏、森林、草原、野生生物、自然遗迹、人文遗迹、城市和乡村等。环境的属性具有健康保障和资源供给两方面。本区划重点关注环境为人类生存发展提供清洁的水、干净的空气、稳定的自然生态系统等健康保障属性。

环境功能是指环境各要素及其构成的系统为人类生存、生活和生产所提供的环境服务的总称，包括保障自然生态安全和维护人居环境健康两个方面。一方面保障与人体直接接触的各环境要素的健康，即维护人居环境健康；另一方面保障自然系统的安全和生态调节功能的稳定发挥，构建人类社会经济活动的生态环境支撑体系，即保障自然生态安全。

5.4.1.2 环境功能区的内涵

环境功能区是主体功能区战略关于生态环境保护领域政策要求的延伸，是以《全国主体功能区规划》为依据，结合不同地区在生态环境结构、状态和功能上的差异，结合经济社会发展战略布局，合理确定环境功能并执行相应环境管理要求的区域。

5.4.1.3 环境功能区划的内涵

环境功能区划是生态环境保护决策在空间上的具体安排，遵循自然环境的空间分异规律，坚持节约优先、保护优先、自然恢复为主的方针，按照优化开发、重点开发、限制开发、禁止开发的主体功能定位，划分不同的环境功能区，建立分区管理、分类指导的环境功能区划体系，分区制定环境功能的保护、恢复、修复和合理利用，实现环境资源的合理配置，促进我国经济社会和环境保护的协调发展。

5.4.2 环境功能类型划分

基于环境系统的“安全或健康”功能属性，进一步将环境各要素及其构成的系统，为人类生存、生活和生产提供的各种环境服务，归纳为两个方面：一方面保障自然系统的安全和生态调节功能的稳定发挥，构建人类社会经济活动的生态安全格局，即保障自然生态安全；另一方面保障与人体直接接触的各环境要素的健康，如空气的干净、饮水的清洁、食品的卫生等，即维护人群环境健康。

保障自然生态安全方面：服务于保障区域自然本底状态，维护珍稀物种的自然繁衍，保留可持续生存发展空间，划为自然生态保留区，包括有代表性的自然保护区，有特殊价值的自然文化遗迹，以及未受大规模人类活动影响留作未来可持续发展的地区。服务于保障水源涵养、水土保持、防风固沙、维持生物多样性等生态调节功能的稳定发挥，保障区域生态安全，划为生态功能保育区，包括生态系统重要或者区域生态调节功能重要，关系全国或较大范围区域的生态安全的区域。

维护人群健康方面：服务于保障粮食、油料、蔬菜等主要农产品主要产地的环境安全，划为食物环境安全保障区；我国人多地少、土壤污染比较严重，现在及未来的粮食（畜牧、水产）主要产区，食物安全保障功能需要特别关注。服务于保障人口密度较高、城市化水平较高地区集居人群的饮水安全、空气清洁等居住环境的健康，划为聚居环境维护区，在目前和未来城镇化和工业化水平较高、发展潜力较大的地区，聚居环境维护功能最为重要。服务于矿产资源开发的环境维护，保障周边区域的环境安全，划为资源开发环境引导区，如人类社会经济所需的各类矿产与能源储量丰富，且备较好的开发条件，以引导资源开发活动，保障区域环境安全的地区。

5.4.3 环境功能类型区及亚类

5.4.3.1 环境功能类型区定义

基于上述环境功能区类型的考虑，全国环境功能区分为 5 类：Ⅰ. 自然生态保留区；Ⅱ. 生态功能保育区；Ⅲ. 食物环境安全保障区；Ⅳ. 聚居环境维护区；Ⅴ. 资源开发环境引导区。

自然生态保留区是指服务于保障区域自然本底状态，维护珍稀物种的自然繁衍，保留可持续发展的环境空间区域。包括有代表性的自然保护区，有特殊价值的自然文化遗迹，以及未受大规模人类活动影响、留作未来可持续发展的地区。

生态功能保育区是指生态系统十分重要，保障水源涵养、水土保持、防风固沙、维持生物多样性等生态调节功能稳定发挥，保障区域生态安全的区域。

食物环境安全保障区是指服务于保障粮食、畜牧、水产等农副产品主要产地的环境安全的区域。包括现在及未来的粮食、畜牧、水产的主要产区。

聚居环境维护区是指服务于保障人口密度较高、城市化水平较高地区的饮水安全、空气清洁等居住环境健康的区域。包括目前城镇化和工业化水平较高及未来城镇化和工业化发展潜力较大的地区。

资源开发环境引导区是指服务于能源、矿产资源开发的环境维护，保障周边区域的环境安全的区域。包括矿产与能源资源储量丰富、具备较好的开发条件的区域。

5.4.3.2 二级环境功能区

在各类环境功能类型区内，根据环境功能的体现形式差异或环境管理要求差异，划分二级环境功能区，形成若干亚类。

（1）自然生态保留区根据保护等级进一步划分为自然资源保留区和后备保留区。

（2）生态功能保育区根据生态功能类型进一步划分为水源涵养区、水土保持区、防风固沙区和生物多样性保护区。

（3）食物环境安全保障区根据主要产品种类和环境管理特点划分为粮食及优势农产品环境安全保障区、畜产品环境安全保障区和水产品环境安全保障区。

（4）聚居环境维护区根据环境质量本底、污染排放份额和环境监管手段等因素划分为环境优化区、聚居环境维持区和环境治理区。

（5）资源开发环境引导区不划分亚类功能区。

5.4.4 环境功能类型区的功能定位和特点

自然生态保留区服务于保障自然生态系统安全和可持续发展的环境空间，生态功能保育区服务于保障区域主体生态功能稳定，食物环境安全保障区服务于保障主要食物生产地环境安全，聚居环境维护区服务于保障主要人口集聚区环境健康，资源开发环境引导区，服务于保障区域环境安全。在自然生态保留区和生态功能保育区内应划定生态红线，对重要生态系统和生态服务功能加以保护。

从人类活动强度和区域环境质量来讲，各类环境功能类型区有一定的递进关系：区域人类活动强度越低，受人类活动的影响程度越小，自然保留和生态功能保育区的价值越高，环境质量现状越好，也要求更加严格地控制人类活动的影响；区域人类活动强度较高的城镇化工业化地区，污染物排放的种类和总量越高，对聚居环境维护的需求越高。各类环境功能类型区功能定位、人类扰动情况和环境质量状况如表 2-5-1 所示。

表 2-5-1 环境功能类型区的功能定位

分级	分类	功能定位	人类活动扰动强度	环境质量
Ⅰ类区	自然生态保留区	服务于保障自然生态系统和可持续生存与发展	最低	最优
Ⅱ类区	生态功能保育区	服务于保障区域主体生态功能稳定	较低	较优
Ⅲ类区	食物环境安全保障区	服务于保障主要食物生产地环境安全	一般	一般
Ⅳ类区	聚居环境维护区	服务于保障主要人口集聚区环境健康	单位面积较高	一般
Ⅴ类区	资源开发环境引导区	服务于保障区域环境安全	单位面积最高	局部最差

5.5 环境功能评价指标体系研究

5.5.1 环境功能评价技术路线

区域的环境功能是多重环境功能的综合体，但必有一种主体功能。环境功能评价就是从环境功能的内涵出发，综合考虑区域背景（自然条件、社会经济发展和生态环境状况）条件，分析环境功能与社会经济的关系，在基于指标体系的定量评价基础上，再根据未来发展需求和相关规划等进行定性评价的修正，参照全国主体功能区规划等相关区划方法成果，评价区域体现的主要环境功能，并把区域划分为不同的环境功能类型区，明确区域环境功能实现所必需的条件。

定量评价指标体系通过了指标可获取性分析、空间自相关性、聚类分析、稳定性分析、系统性分析等一系列科学筛选和梳理的过程。从区域环境支撑条件（污染物排放、环境质量等）、资源利用效率（单位GDP能耗、单位GDP水耗）、社会经济发展（人口密度、城镇化率、工业经济密度、农业经济密度等）、自然资源条件（林草覆盖率、生态脆弱性、生态重要性等）、食物保障重要性（粮食产量、畜牧产品产量、水产品产量等）等方面建立区域环境功能评价指标体系。对每一个空间单元就每一个具体指标进行标准化分级打分，并根据指标项的内在含义及指标之间的相互关系，将分项指标项综合归纳为一个综合指数。选择环境支撑指标，对区域发展类指标进行修正，再与区域生态保育类指标进行比较（相减），分值之差越高的地区地域功能越偏向于发展为主体的环境功能区，反之则偏向于生态保育为主体的功能区。把食物保障重要性指标作为优先考虑因素，当与其他类型重叠时优先考虑食物安全的重要性。

根据环境功能评价指标体系，以区县为单元进行定量评价之后，每个单元都有一个相应的赋值，再根据自然地理区划和生态区划的自然边界对行政边界评价结果进行修正。考虑赋值特殊因子（如生态环境的重要程度、食物保障重要性、依法强制保护地区等），依据相关规划对未来社会经济发展布局，对区域不同环境功能类型进行综合评价，识别主体环境功能类型区（图2-5-3）。

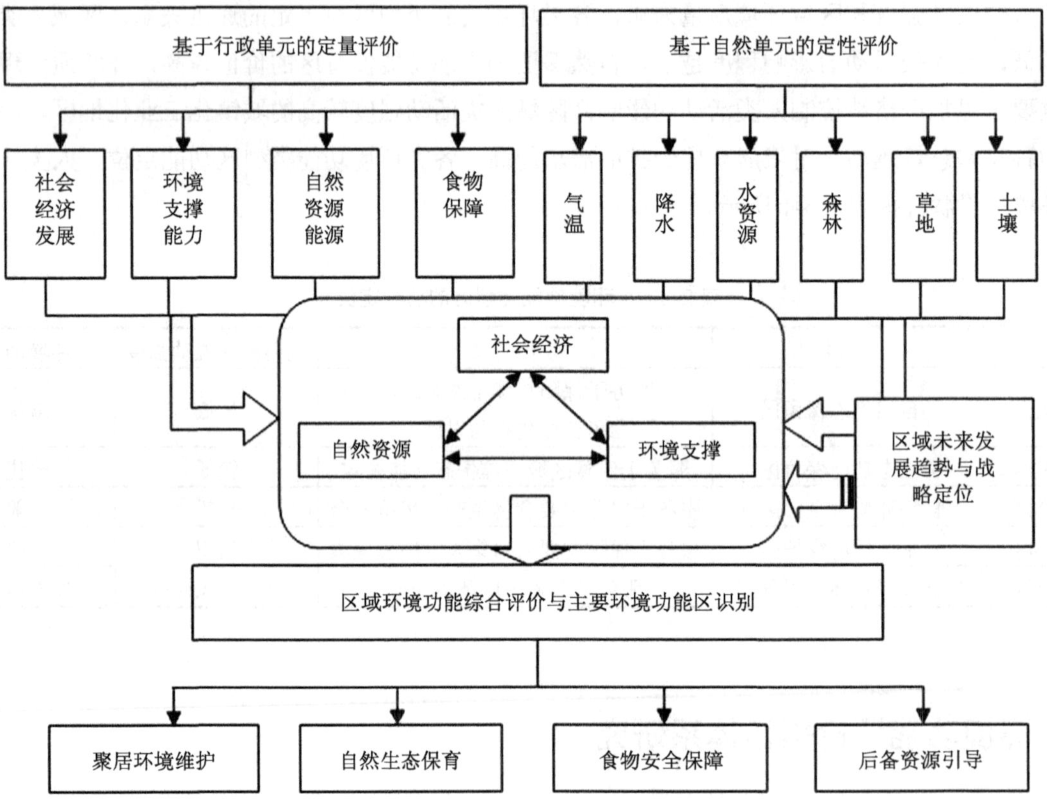

图2-5-3 环境功能综合评价与环境功能区识别技术路线

5.5.2 环境功能评价指标体系

从保障自然生态安全、维护人群环境健康和区域环境支撑能力三个方面，构建环境功能评价指标体系（表2-5-2）。

表 2-5-2 环境功能评价指标基础数据库

一级指标	二级指标	三级指标	基础指标
自然生态安全类指数	生态系统敏感性指数	沙漠化敏感性	湿润指数
			冬春季大于 6 m/s 大风的天数
			土壤质地
			植被覆盖（冬春）
		土壤侵蚀敏感性	降水侵蚀力
			土壤质地
			地形起伏度
			植被类型
		石漠化敏感性	喀斯特地形
			坡度
			植被覆盖
		盐渍化敏感性	蒸发量/降雨量
			地下水矿化度
			地形
	生态系统服务功能重要性指数	水源涵养重要性	城市水源地
			农灌取水区
			洪水调蓄
		土壤保持重要性	1～2 级河流及大中城市主要水源水体
			3 级河流及小城市水源水体
			4～5 级河流
		防风固沙重要性	半流动沙地
			半固定沙地
			流动沙地
			固定沙地
		生物多样性保护重要性	生态系统或物种占全省物种数量比率
			优先生态系统或物种数量比率＞30%
			物种数量比率 15%～30%
			物种数量比率 5%～15%
			物种数量比率＜5%
			国家与省级保护物种
			国家一级保护物种
			国家二级保护物种
			其他国家与省级保护物种
			无保护物种
人群健康维护类指数	人口集聚度指数	人口密度	总人口
			土地面积
		人口流动强度	暂住人口
	经济发展水平指数	人均 GDP	GDP
		GDP 增长率	近 5 年的 GDP

一级指标	二级指标	三级指标	基础指标
区域环境支撑能力指数	环境容量指数	大气环境容量	区域总量控制系数
			大气环境质量标准
			污染物背景深度
			功能区面积
			建成区面积
		水环境容量	功能区的目标浓度
			污染物的本底浓度
			可利用地表水资源量
			污染物综合降解系数
		承载能力	污染物的环境容量
			污染物的排放量
	环境质量指数	大气环境质量	二氧化硫污染指数
			氮氧化物污染指数
			总悬浮颗粒物污染指数
		地表水环境质量	Ⅰ～Ⅲ类水质比例
			劣Ⅴ类比例
		土壤环境质量	重金属土壤污染指数
			有机物土壤污染指数
	污染物排放指数	水污染物排放指数	化学需氧量排放强度
			氨氮排放强度
		大气污染物排放指数	二氧化硫排放强度
			氮氧化物排放强度
	可利用土地资源指数	可利用土地资源	适宜建设用地面积
			已有建设用地面积
			基本农田面积
	可利用水资源指数	地表水可利用量	多年平均地表水资源量
			河道生态需水量
			不可控制的洪水量
		地下水可利用量	与地表水不重复的地下水资源量
			地下水系统生态需水量
			无法利用的地下水量
		已开发利用水资源量	农业用水量
			工业用水量
			生活用水量
			生态用水量
		入境可开发利用水资源潜力	现状入境水资源量
			分流域片取值范围

5.5.3 环境功能评价方法

5.5.3.1 自然生态安全指数评价

保障自然生态安全是指保障区域内自然系统的安全和生态调节功能的稳定发挥，可用生态系统敏感性指数和生态系统重要性指数描述。保障自然生态安全指数（P_1）计算方法如下：

$$P_1=\text{Max}\{［生态系统敏感性指数］,［生态系统服务功能重要性指数］\}$$

式中：

生态系统敏感性指数是指生态系统对区域中各种自然和人类活动干扰的敏感程度，它反映的是区域生态系统在受到干扰时，发生生态环境问题的难易程度和可能性的大小，生态系统敏感性评价内容主要包括土壤侵蚀敏感性、沙漠化敏感性、土壤盐渍化敏感性和石漠化敏感性等；

生态系统服务功能重要性指数是指区域各类生态系统的生态服务功能及其对区域可持续发展的作用与重要性，生态重要性评价选择生物多样性维持与保护、土壤保持、水源涵养、防风固沙等因素进行。

5.5.3.1.1 生态系统敏感性指数

计算公式：

[生态系统敏感性]= Max{[沙漠化敏感性]，[土壤侵蚀敏感性]，[石漠化敏感性]，[土壤盐渍化敏感性]}

计算说明：采用千米网格的沙漠化敏感性分级、土壤侵蚀敏感性分级、石漠化敏感性和土壤盐渍化敏感性分级数据，根据沙漠化、土壤侵蚀、石漠化和土壤盐渍化敏感性分级标准，实现生态环境问题敏感性单因子分级。对分级的生态环境问题单因子图进行复合，判断敏感生态系统出现的千米网格生态系统敏感类型是单一型还是复合型生态系统敏感类型。对单一型生态系统敏感类型区域，根据其生态环境问题敏感性程度确定生态系统敏感性程度；对复合型生态系统敏感类型，采用最大限制因素法确定影响生态系敏感性的主导因素，根据主导因素的生态环境问题敏感性程度确定生态系统敏感性程度。对千米网格的生态系统敏感性程度分析结果，确定区域生态系统敏感性，生态系统敏感性程度划分为敏感、较敏感、一般敏感、略敏感、不敏感 5 级。

数据来源：参考《中国生态功能区划》。

（1）沙漠化敏感性评价方法

土地沙漠化可以用湿润指数、土壤质地及起沙风的天数等来评价区域沙漠化敏感性程度，具体指标与分级标准见表 2-5-3。

表 2-5-3 沙漠化敏感性分级指标

指标 \ 敏感性	不敏感	轻度敏感	中度敏感	高度敏感	极敏感
湿润指数	＞0.65	0.5～0.65	0.20～0.50	0.05～0.20	＜0.05
冬春季大于 6m/s 大风的天数	＜15	15～30	30～45	45～60	＞60
土壤质地	基岩	黏质	砾质	壤质	沙质
植被覆盖（冬春）	茂密	适中	较少	稀疏	裸地
分级赋值（D）	1	3	5	7	9
分级标准（DS）	1.0～2.0	2.1～4.0	4.1～6.0	6.1～8.0	＞8.0

沙漠化敏感性指数计算方法：

$$DS_j = \sqrt[4]{\prod^{4} D_i}$$

式中：DS_j ——j 空间单元沙漠化敏感性指数；

D_i ——i 因素敏感性等级值。

（2）土壤侵蚀敏感性评价方法

土壤侵蚀敏感性评价是为了识别容易形成土壤侵蚀的区域，评价土壤侵蚀对人类活动的敏感程度。可以运用通用土壤侵蚀方程进行评价，包括降水侵蚀力（R）、土壤质地因子（K）和坡度坡向因子（LS）与地表覆盖因子（C）5 个方面的因素。也可以直接运用水利部发布的《土壤侵蚀分类分级标准（SL190-96）》中的方法与标准。根据目前对中国土壤侵蚀和有关生态环境研究的资料，确定影响土壤侵蚀的各因素的敏感性等级（表 2-5-4）。

表 2-5-4 土壤侵蚀敏感性影响的分级

敏感性 指标	不敏感	轻度敏感	中度敏感	高度敏感	极敏感
降水侵蚀力	<25	25～100	100～400	400～600	>600
土壤质地	石砾、沙	粗沙土、细沙土、黏土	面沙土、壤土	沙壤土、粉黏土、壤黏土	沙粉土、粉土
地形起伏度/m	0～20	20～50	51～100	101～300	>300
植被	水体、草本沼泽、稻田	阔叶林、针叶林、草甸、灌丛和萌生矮林	稀疏灌木草原、一年二熟粮作、一年水旱两熟	荒漠、一年一熟粮作	无植被
分级赋值（C）	1	3	5	7	9
分级标准（SS）	1.0～2.0	2.1～4.0	4.1～6.0	6.1～8.0	>8.0

土壤侵蚀敏感性指数计算方法：

$$SS_j = \sqrt[4]{\prod^{4} D_i}$$

式中：SS_j——j 空间单元土壤侵蚀敏感性指数；

C_i —— i 因素敏感性等级值。

（3）石漠化敏感性评价

石漠化敏感性主要根据其是否为喀斯特地形及其坡度与植被覆盖度来确定的（表 2-5-5）。

表 2-5-5 石漠化敏感性评价指标

敏感性	不敏感	轻度敏感	中度敏感	高度敏感	极敏感
喀斯特地形	不是	是	是	是	是
坡度/（°）		<15	15～25	25～35	>35
植被覆盖/%		>70	50～70	20～30	<20

(4) 土地盐渍化敏感性评价方法

土地盐渍化敏感性是指旱地灌溉土壤发生盐渍化的可能性。可根据地下水位来划分敏感区域，再采用蒸发量、降雨量、地下水矿化度与地形等因素划分敏感性等级。

在盐渍化敏感性评价中，首先应用地下水临界水位深度（在一年中蒸发最强烈季节不致引起土壤表层开始积盐的最浅地下水埋藏深度）划分敏感与不敏感地区（表 2-5-6）。再运用蒸发量、降雨量、地下水矿化度与地形指标划分等级。具体指标与分级标准参见表 2-5-7。

表 2-5-6 临界水位深度

单位：m

地 区	轻沙壤	轻沙壤夹黏质	黏质
黄淮海平原	1.8～2.4	1.5～1.8	1.0～1.5
东北地区	2.0		
陕晋黄土高原	2.5～3.0		
河套地区	2.0～3.0		
干旱荒漠区	4.0～4.5		

表 2-5-7 盐渍化敏感性评价

要素 \ 敏感性	不敏感	轻度敏感	中度敏感	高度敏感	极敏感
蒸发量/降雨量	＜1	1～3	3～10	10～15	＞15
地下水矿化度/（g/L）	＜1	1～5	5～10	10～25	＞25
地形	山区	洪积平原、三角洲	泛滥冲积平原	河谷平原	滨海低平原、闭流盆地
分级赋值（S）	1	3	5	7	9
分级标准（YS）	1.0～2.0	2.1～4.0	4.1～6.0	6.1～8.0	＞8.0

盐渍化敏感性指数计算方法：

$$YS_j = \sqrt[3]{\prod_{i}^{3} S_i}$$

式中：YS_j —— j 空间单元土壤侵蚀敏感性指数；

S_i —— i 因素敏感性等级值。

5.5.3.1.2 生态系统服务功能重要性指数

计算公式：

[生态系统服务功能重要性]=Max{[水源涵养重要性]，[土壤保持重要性]，[防风固沙重要性]，[生物多样性维护重要性]}

计算说明：采用千米网格的水源涵养重要性、土壤保持重要性、防风固沙重要性、生物多样性维护重要性分级数据，根据生态重要性单因子分级标准，实现生态重要性单因子分级。对生态服务功能重要性单因子分级图进行复合，判断重要生态系统出现的千米网格生态系统重要类型是单一型还是复合型生态系统重要类型。对单一型生态重要类型区域，根据其单因子重要性确定生态重要程度；对复合型生态重要类型，采用最大限制因素法确定生态系统重要程度。对千米网格的生态重要性程度分级结果，进行生态重要分级，生态重要性程度划分为重要性高、重要性较高、重要性中等、重要性较低和不重要。

资料来源：参考《中国生态功能区划》。

（1）水源涵养重要性评价

区域生态系统水源涵养的生态重要性在于整个区域对评价地区水资源的依赖程度及洪水调节作用。因此，可以根据评价地区在对区域城市流域所处的地理位置，以及对整个流域水资源的贡献来评价。分级指标参见表 2-5-8。

表 2-5-8　生态系统水源涵养重要性分级

类型	干旱	半干旱	半湿润	湿润
城市水源地	极重要	极重要	极重要	极重要
农灌取水区	极重要	极重要	中等重要	不重要
洪水调蓄	不重要	不重要	中等重要	极重要

（2）土壤保持重要性评价

土壤保持重要性的评价在考虑土壤侵蚀敏感性的基础上，分析其可能造成的对下游河流和水资源的危害程度，分级指标参见表 2-5-9。

表 2-5-9　土壤保持重要性分级

土壤保持敏感性 影响水体	不敏感	轻度敏感	中度敏感	高度敏感	极敏感
1～2 级河流及大中城市主要水源水体	不重要	中等重要	极重要	极重要	极重要
3 级河流及小城市水源水体	不重要	较重要	中等重要	中等重要	极重要
4～5 级河流	不重要	不重要	较重要	中等重要	中等重要

（3）防风固沙重要性评价

防风固沙重要性见表 2-5-10。

表 2-5-10　防风固沙重要性评价

生态系统类型	沙漠化程度	防风固沙重要性
森林生态系统 草原生态系统 草甸生态系统 荒漠生态系统 湿地生态系统	半流动沙地	高
	半固定沙地	高
	流动沙地	较高
	固定沙地	中等

（4）生物多样性维护重要性评价

主要是评价区域内各地区对生物多样性保护的重要性。重点评价生态系统与物种的保护重要性。地区生物多样性保护重要性评价可以参见表 2-5-11。

表 2-5-11　生物多样性保护重要地区评价

生态系统或物种占全省物种数量比率	重要性
优先生态系统，或物种数量比率＞30%	极重要
物种数量比率 15%～30%	中等重要
物种数量比率 5%～15%	比较重要
物种数量比率＜5%	不重要

也可以根据重要保护物种地分布，即评价地区国家与省级保护对象的数量来评价生物多样性保护重要地区，参照表 2-5-12。

表 2-5-12　生物多样性保护重要地区评价

国家与省级保护物种	重要性
国家一级	极重要
国家二级	中等重要
其他国家与省级保护物种	比较重要
无保护物种	不重要

5.5.3.2　人群环境健康指数

维护人群环境健康是指保障与人体直接接触的各环境要素的健康，可用人口集聚度和经济发展水平描述区域经济社会发展状况以及对维护人群环境健康方面环境功能的需求程度；维护人群环境健康指数（P_2）计算方法如下：

$$P_2=\sqrt{\frac{1}{2}([\text{人口集聚度}]^2+[\text{经济发展水平}]^2)}$$

式中：人口集聚度是指一个地区现有人口集聚程度，人口集聚度通过人口密度和人口流动强度等指标进行评价。

经济发展水平是指一个地区经济发展现状和增长活力，经济发展水平的评价可以通过人均地区 GDP 和地区 GDP 的增长比率等要素进行。

（1）人口集聚度指数

计算公式：

[人口集聚度] = [人口密度] ×d（[人口流动强度]）

[人口密度] = [总人口] ÷ [土地面积]

[人口流动强度] = [暂住人口] ÷ [总人口] ×100%

[总人口] 指各评价单元的常住人口总数

[暂住人口] 指评价单元内暂住半年以上的流动人口

d（[人口流动强度]），根据评价单元内暂住人口占常住总人口的比重分级状况取值。

当人口流动强度＜5%时，d=1；

当 5%＜人口流动强度＜10%时，d=3；

当 10%＜人口流动强度＜20%时，d=5；

当 20%＜人口流动强度＜30%时，d=7；

当人口流动强度＞30%时，d=9。

计算说明：计算评价单元的人口集聚度；在 GIS 制图软件功能支持下，将“人口集聚度”指标值由高值样本区向低值样本区依次安样本数的分布频率自然分等；按照人口集聚度高低差异，依次划分为 5 个等级。

数据来源：评价单元统计年鉴等。

（2）经济发展水平指数

计算公式：

［经济发展水平］=［人均 GDP］×$K_{(\text{［GDP 增长率］})}$

［人均 GDP］=［GDP］÷［总人口］

［GDP 增长率］=（［GDP_{i+5}］÷［GDP_i］）$^{1/5}$−1

［GDP 增长率］指近 5 年，各评价单元 GDP 的增长率。

式中：$K_{(\text{［GDP 增长率］})}$，根据评价单元的 GDP 增长率分级状况取值。

计算说明：计算评价单元的经济发展水平。在 GIS 制图软件功能支持下，将经济发展水平指标值从高值样本区向低值样本区依次按样本数的分布频率自然分等。按照经济发展水平高低差异，依次划分为 5 个等级。

数据来源：评价单元统计年鉴等。

5.5.3.3 区域环境支撑能力指数

经济社会发展所需的区域环境支撑能力可用环境容量指数、环境质量指数、区域污染排放指数、可利用土地资源指数和可利用水资源指数描述维护人群环境健康方面环境功能的供给程度。区域环境支撑能力系数（K）计算方法如下：

$$K=f\left(\frac{\text{Min}\{[\text{可利用土地资源}],[\text{可利用水资源}],[\text{环境质量}]\}}{\text{Max}\{[\text{污染排放}],[\text{环境容量}]\}}\right)$$

式中：

环境容量是指在人类生存和自然生态系统不受威胁的前提下，某一环境所能容纳的污染物最大负荷量。区域环境容量选择大气环境容量和水环境容量等因素进行评价。

环境质量是指表述环境优劣程度，指在一个具体的环境中，环境总体或某些要素对人群健康、生存和繁衍以及社会经济发展适宜程度的量化表达。环境质量指数通过区域的大气环境质量、水环境质量和土壤环境质量进行评价。

污染排放指数是指一个地区排入环境或其他设施的污染物排放情况。污染物排放指数选择大气污染物排放压力和水污染物排放压力等要素进行评价。

可利用土地资源是指一个地区剩余或潜在可利用的土地资源对未来人口集聚、工业化和城镇化发展的承载力。可利用土地资源指数选择后备适宜建设用地的数量、质量、集中规模等要素进行评价。

可利用水资源是指一个地区剩余或潜在可利用水资源对未来社会经济发展的支撑能力。可利用水资源指数选择水资源丰度、可利用数量及利用潜力等要素进行评价。

（1）环境容量指数

计算公式：

$$［环境容量］=\mathrm{Max}\{[大气环境容量],\ [水环境容量]\}$$

①大气环境容量的计算

$$［大气环境容量］=A(C_{ki}-C_0)\cdot S_i/\sqrt{s}$$

式中：A——地理区域总量控制系数，根据评价区域的地理位置和《制定地方大气污染物排放标准的技术方法》（GB/T 13201—91）确定。

C_{ki}——国家或者地方关于大气环境质量标准中所规定的与第 i 类功能区类别一致的相应的年日平均浓度，mg/m^3；

C_0——背景深度，在有清洁监测点的区域，以该点的监测数据为污染物的背景浓度，在无条件的区域，背景浓度 可以假设为 0。

S_i——第 i 类功能区面积；

s——评价单元的建成区面积。

数据来源：《制定地方大气污染物排放标准的技术方法》（GB/T 13201—91）、《环境空气环境质量标准》（GB 3095—2012）、各评价单元环境质量公报、大气环境功能区划、统计年鉴等。

②水环境容量的计算

$$［水环境容量］=Q_i\cdot(C_i-C_{i0})+kC_iQ_i$$

式中：C_i——第 i 功能区的目标浓度；

C_{i0}——第 i 种污染物的本底浓度。无监测条件的区域，该参数可以假设为 0；

Q_i——第 i 功能区可利用地表水资源量；

k——污染物综合降解系数。根据一般河道水质降解系数参考值。

数据来源：地区水功能区划、环境质量公报、水资源公报。

③ 承载能力的计算

对于特定污染物的环境容量承载能力指数 α_i：

计算公式：

$$\alpha_i=\frac{P_i-G_i}{G_i}$$

式中：G_i——i 污染物的环境容量；

P_i——i 污染物的排放量。

计算说明：按照数值的自然分布规律，对单因素环境容量承载指数（α_i）进行等级划分，分别是无超载（$\alpha_i\leqslant 0$）、轻度超载（$0<\alpha_i\leqslant 1$）、中度超载（$1<\alpha_i\leqslant 2$）、重度超载（$2<\alpha_i\leqslant 3$）和极超载（$\alpha_i>3$）。将主要污染物（SO_2，NO_2，化学需氧量，氨氮）的承载等级分布图进行空间叠加，取最高的等级为综合评价的等级，评价等级分为 5 级。

数据来源：环境质量公报等。

（2）环境质量指数

计算公式：

$$［环境质量指数］=\mathrm{Min}\{[大气环境质量],\ [地表水环境质量],\ [土壤环境质量]\}$$

计算说明：根据水环境、大气环境质量监测数据，对地表水环境质量、大气环境质量和土壤环境质量达标情况进行评价，按照达标情况较差的指标表征评价单元环境质量指数，根据环境质量达标程度划分为优、良、一般轻度污染、中度污染和重度污染 5 级。

数据来源：环境质量公报、环境质量报告书等。

①大气环境质量

大气环境质量用空气污染指数（API）表示。

API=Max｛二氧化硫污染指数，氮氧化物污染指数，总悬浮颗粒物污染物指数｝

表 2-5-13　大气环境质量评价

API 取值	空气质量状况
＜50	优
51～100	良好
101～150	轻微污染
151～200	轻度污染
201～300	中度污染
＞300	重度污染

②地表水环境质量

河流、流域（水系）水质评价：当河流、流域（水系）的断面总数少于 5 个时，计算河流、流域（水系）所有断面各评价指标浓度算术平均值，然后按照表 2-5-14 的方法评价。

表 2-5-14　断面水质定性评价

水质类别	水质状况
Ⅰ～Ⅱ类水质	优
Ⅲ类水质	良好
Ⅳ类水质	轻度污染
Ⅴ类水质	中度污染
劣Ⅴ类水质	重度污染

当河流、流域（水系）的断面总数在 5 个（含 5 个）以上时，采用断面水质类别比例法，即根据评价河流、流域（水系）中各水质类别的断面数占河流、流域（水系）所有评价断面总数的百分比来评价其水质状况。河流、流域（水系）的断面总数在 5 个（含 5 个）以上时不做平均水质类别的评价。河流、流域（水系）水质类别比例与水质定性评价分级的对应关系见表 2-5-15。

表 2-5-15　河流、流域（水系）水质定性评价分级

水质类别	水质状况
Ⅰ～Ⅲ类水质比例≥90%	优
75%≤Ⅰ～Ⅲ类水质比例＜90%	良好
Ⅰ～Ⅲ类水质比例＜75%，且劣Ⅴ类比例＜20%	轻度污染
Ⅰ～Ⅲ类水质比例＜75%，且 20%≤劣Ⅴ类比例＜40%	中度污染
Ⅰ～Ⅲ类水质比例＜60%，且劣Ⅴ类比例≥40%	重度污染

③土壤环境质量

土壤环境质量利用土壤污染指数（SPI）衡量。

$$\mathrm{SPI}=\frac{\sum P_i}{i}\text{，}\quad P_i=\frac{C_i}{S_i}$$

式中：P_i——第 i 类土壤污染物单因子土壤污染程度；

C_i——i 类土壤污染物的实测值；

S_i——i 类土壤污染物的评价标准。

（3）污染物排放指数

计算公式：

［污染物排放指数］= Max{［水污染物排放指数］，［大气污染物排放指数］}

［水污染物排放指数］= Max{［化学需氧量排放强度］，［氨氮排放强度］}

［大气污染物排放指数］= Max{［二氧化硫排放强度］，［氮氧化物排放强度］}

计算说明：根据区域大气、水环境主要污染物排放情况，按照排放压力较大的指标表征区域污染物排放指数，根据污染物排放强度换算污染物排放等级。

数据来源：统计年鉴、环境质量公报、环境质量报告书等。

（4）可利用土地资源指数

计算公式：

［人均可利用土地资源］=［可利用土地资源］÷［常住人口］

［可利用土地资源］=［适宜建设用地面积］-［已有建设用地面积］-［基本农田面积］

［适宜建设用地面积］=［地形坡度及海拔高度符合要求的面积］-［所含河湖库等水域面积］-［所含林草地面积］-［所含沙漠戈壁面积］

［已有建设用地面积］=［城镇用地面积］+［农村居民点用地面积］+［独立工矿用地面积］+［交通用地面积］+［特殊用地面积］+［水利设施建设用地面积］

［基本农田面积］= {［适宜建设用地面积］内的耕地面积} ×β[0.8，1]

计算说明：按指标计算方法的要求和所需参量进行评价单元数据的提取和计算。按指标计算方法计算可利用土地资源，进行丰度分级：丰富、较丰富、中等、较缺乏、缺乏。

数据来源：地区统计年鉴、土地利用总体规划、城市总体规划等。

（5）可利用水资源指数

计算公式：

［人均可利用水资源潜力］=［可利用水资源潜力］÷［常住人口］

［可利用水资源潜力］=［本地可开发利用水资源量］-［已开发利用水资源量］+［可开发利用入境水资源量］

［本地可开发利用水资源量］=［地表水可利用量］+［地下水可利用量］

［地表水可利用量］=［多年平均地表水资源量］-［河道生态需水量］-［不可控制的洪水量］

[地下水可利用量]=［与地表水不重复的地下水资源量］-［地下水系统生态需水量］-［无法利用的地下水量］

［已开发利用水资源量］=［农业用水量］+［工业用水量］+［生活用水量］+［生态用水量］

［入境可开发利用水资源潜力］=［现状入境水资源量］×分流域片取值范围（0～5%）

计算说明：采集多年平均水资源量；计算河道生态需水和不可控制洪水量，最后得出地表水可利用量；采集各评价单元多年平均地下水资源量；计算地下水系生态需水量和无法利用的地下水量，最后得出地下水可利用量；将地表水可利用量和地下水可利用量相加得到本地可开发利用水资源量。采集农业、工业、居民生活、城镇公共的实际用水量和生态用水量，计算已开发利用水资源量。采集上游临近水文站实测的平均年流量数据作为多年平均入境水资源量，计算入境可开发利用水资源潜力。计算可利用水资源潜力和人均可利用水资源潜力，并划分为丰富、较丰富、中等、较缺乏和缺乏 5 个等级。

资料来源：水资源公报、统计年鉴等。

5.5.4 环境功能综合评价指数

建立环境功能综合评价指标体系和环境功能综合评价指数（A），计算方法如下：

$$A=KP_2-P_1$$

式中：P_1——区域保障生态安全类指数；

P_2——区域维护人群环境健康类指数；

K——区域环境支撑能力指数。

区域综合评价指数越高的地区环境功能越偏向于维护人群环境健康，反之则偏向于保障自然生态安全。

P_1、P_2 及 K 的评价指标见表 2-5-16。

表 2-5-16 环境功能综合评价指标体系

一级指标	二级指标
（一）保障自然生态安全（P_1）	生态系统敏感性
	生态系统重要性
（二）维护人群环境健康（P_2）	人口集聚度
	经济发展水平
（三）区域环境支撑能力（K）	环境容量
	环境质量
	污染排放
	可利用土地资源
	可利用水资源

5.6 环境功能指标的评价研究

5.6.1 保障自然生态安全指数评价结果

根据构建的环境功能评价指标体系，生态系统敏感性指数和生态系统服务功能重要性指数评价结果如下。

5.6.1.1 生态系统服务功能重要性评价结果

生态系统服务功能是指生态系统与生态过程所形成及所维持的人类赖以生存的自然环境条件与效用。生态系统服务功能重要性评价的目的是要明确回答区域各类生态系统的服务功能及其对区域可持续发展的作用与重要性，并依据其重要性分级，明确其空间分布。生态系统服务功能重要性评价是针对区域典型生态系统，评价生态系统服务功能的综合特征，根据区域典型生态系统服务功能的能力，按照一定的分区原则和指标，将区域划分成不同的单元，将其分为极重要、重要、中等重要、一般地区 4 个等级，以反映生态系统服务功能的区域分异规律。

根据中国陆地生态系统的特点，选择生物多样性保护、土壤保持、水源涵养、防风固沙、洪水调蓄等因素进行生态系统服务功能重要性评价。

5.6.1.1.1 水源涵养重要性评价

区域生态系统水源涵养能力由地表覆盖层涵水能力和土壤涵水能力构成，二者分别取决于植被结构，地表层覆盖状况，以及土壤理化性质等因素。其生态重要性在于整个区域对评价地区水资源的依赖程度。因此，可以根据评价地区在所处的地理位置，以及对整个流域水资源的贡献来评价。本研究从国家区域上进行评价，只对全国重要的大江大河源头进行评价。评价结果见表 2-5-17。

表 2-5-17 水源涵养重要性评价结果

重要性等级	面积/10^4 km^2	占全国总面积的比例/%
一般地区	825.1	86.0
中等重要	22.0	2.3
重要	14.8	1.5
极重要	98.1	10.2

评价结果表明，全国水源涵养重要区域主要有昆仑山塔里木河源头，雅鲁藏布江源头，祁连山黑河和疏勒河源头，三江源，大兴安岭北部黑龙江、长白山松花江、东辽河源头、海拉尔河源头，大兴安岭南部西辽河源头，滦河源头、秦巴山区渭河、汉江、淮河源头、嘉陵江源头，乌蒙山珠江、乌江源头、湘江源头、北江源头以及大别山、南岭等地区水源涵养区域。

5.6.1.1.2 土壤保持重要性评价

生态系统土壤保持重要性评价是在评价水土流失敏感程度的基础上，通过分析该地区水土流失所造成的可能生态环境后果与影响范围和影响人口数量来进行重要性评价的。评价结果见表 2-5-18。

表 2-5-18 土壤保持重要性评价结果

重要性等级	面积/10^4 km^2	占全国总面积的比例/%
一般地区	774.1	80.6
中等重要	97.5	10.2
重要	61.2	6.4
极重要	27.1	2.8

根据评价结果，全国土壤保持的极重要区域主要包括黄土高原、三峡库区、西藏东南部、大兴安岭东南侧也有零星分布；重要区域为云贵高原、四川盆地东部、黄土高原中部地区、阴山山脉西部地区、大兴安岭东侧、横断山地区、西藏东南部和新疆的天山山脉西段、北麓及塔里木河南段；中等重要地区主要分布在太行山东部、西藏东部、青海东南部和四川西部、大兴安岭中部、东北平原大部、江南丘陵、山东半岛等的广大地区。

5.6.1.1.3　生物多样性保护重要性评价

主要评价区域内各地区对生物多样性保护的重要性。重点评价生态系统与物种的保护重要性。优先保护生态系统与物种保护的热点地区均可作为生物多样性保护具有重要作用的地区。

根据评价结果，全国生物多样性保护的极重要区域主要包括小兴安岭北部、祁连山南部地区、川西高山峡谷地区、藏东南地区、滇西北地区、武陵山地区、南岭地区、十万大山地区、西双版纳、雪峰山南部、仙霞岭、海南岛中部山区地区等，面积为 $37.2\times10^4\ km^2$；生物多样性保护重要区面积为 $139.5\times10^4\ km^2$，主要包括小兴安岭北部、长白山、湖北西部、安徽南部、湖南西北、广东北部、浙江西北、福建中部以及北山、祁连山北部、黄河源头、秦巴山区、横断山脉中部、云南西部、广西北部、南部地区以及若羌、科尔沁右翼前旗、额敏、错那、基隆等地区；生物多样性保护中等重要地区面积为 $224.4\times10^4\ km^2$，分布在小兴安岭中部、张广才岭、长白山北部、千山北部、江西西部、广东中部以及新疆乌伦古河、天山、塔里木河下游、昆仑山西部、青藏高原东部、黑河下游、河套平原以西、陕西中部、云南东部、贵州中部、广西中部等地区。

5.6.1.1.4　防风固沙重要性评价

生态系统防风固沙重要性评价是在评价沙漠化敏感程度的基础上，通过分析该地区沙漠化所造成的可能生态环境后果与影响范围和影响人口数量，以及沙尘源区影响后果，来评价该区防风固沙作用的重要性。评价结果见表 2-5-19。

表 2-5-19　防风固沙重要性评价结果

重要性等级	面积/$10^4\ km^2$	占全国总面积的比例/%
一般地区	509.28	53.1
中等重要	252.48	26.3
重要	102.72	10.7
极重要	95.136	9.9

根据评价结果，全国防风固沙极重要区主要分布在内蒙古浑善达克沙地、呼伦贝尔西部、科尔沁沙地、毛乌素沙地、柴达木盆地东部、河西走廊和阿拉善高原西部、准噶尔盆地周边、塔里木河流域、黑河下游以及环京地区和西藏“一江两河”（雅鲁藏布江、拉萨河、年楚河）等地区；防风固沙重点区为严重沙漠化区域；中等重要地区主要是指中国三北防护林地区、黄淮平原、东北平原沙漠化中度敏感以及东部沿海沙土分布区域；其余为防风固沙一般地区。

5.6.1.1.5　洪水调蓄重要性评价

主要考虑具有滞纳洪水、调节洪峰的湖泊湿地生态系统。根据评价结果，全国防洪蓄洪重要区域主要集中在一级、二级河流下游蓄洪区，其面积为 $3.6\times10^4\ km^2$，分布在淮河、长江、松花江中下游蓄洪区及其大型湖泊等。

5.6.1.1.6 生态系统服务功能重要性综合评价

将生物多样性保护、水源涵养、土壤保持、防风固沙和洪水调蓄的重要性评价结果进行空间叠加，得到全国综合生态系统服务功能重要性空间分布状况。评价结果见表 2-5-20，结果表明全国生态系统服务功能极重要地区面积达 248 万 km^2，约占国土面积的 25.8%，主要分布于内蒙古东部、黄土高原、新疆西部、秦巴山地、三江源、西南山地等地。重要地区面积达 188 万 km^2，约占国土面积的 19.6%；而中等重要和一般地区分别占国土面积的 31.2%和 23%。

表 2-5-20 全国生态系统服务功能综合评价结果

重要性等级	面积/10^4 km^2	面积/%
一般地区	221	23.4
中等重要	304	31.2
重要	188	19.6
极重要	248	25.8

生态系统服务功能重要的区域分布呈现全区域性的、集中连片分布，这种分布格局与生态系统类型分布格局直接相关。东北地区有大面积的针叶林、针阔混交林和草甸草原，沼泽面积广大，森林资源丰富是本区得天独厚的优势；华北地区以落叶阔叶林为主，生态重要区域主要分布在山区；华北地区以亚热带常绿阔叶林为主，川西南、滇西北的森林资源是我国西南林区的重要组成部分；华南地区以热带性植被为主，常绿阔叶雨林一季雨林特征明显；内蒙古地区以典型草原、荒漠草原为主；西北地区以荒漠草原为主；青藏地区以高原荒漠、草甸、草原为主。

这些区域包括大小兴安岭、长白山、西南林区、秦巴山地、藏东南、祁连山、天山、三江源、塔里木河、羌塘高原、松嫩平原、黄河三角洲、辽河三角洲、洞庭湖、鄱阳湖、呼伦贝尔草原、浙闽山地、南岭山地等地区，这些地区具有不同的生态重要类型。

5.6.1.2 生态系统敏感性评价结果

生态环境敏感性是指生态系统对区域中各种自然和人类活动干扰的敏感程度，它反映的是区域生态系统在遇到干扰时，发生生态环境问题的难易程度和可能性的大小，也就是在同样的干扰强度或外力作用下，各类生态系统出现区域生态环境问题的可能性的大小。生态系统敏感性评价的实质就是评价具体的生态过程在自然状况下潜在变化能力的大小，用来表征外界干扰可能造成的后果。敏感性高的区域易产生生态环境问题，是生态环境保护与恢复的重点。

根据区域生态系统特征和生态环境主要影响因子，选择的生态环境敏感性评价内容主要包括土壤侵蚀敏感性、沙漠化敏感性、盐渍化敏感性、冻融侵蚀敏感性、石漠化敏感性等。

5.6.1.2.1 土壤侵蚀敏感性评价

评价结果表明，中国土壤侵蚀敏感性受降水量分布影响很大，极敏感区域面积为 27.1×10^4 km^2，占全国总面积的 2.8%，主要分布在黄土高原、西南山区、太行山部分、汉江源头山区、大青山、念青唐古拉山脉成片、横断山脉河谷地区等，其中黄土高原水土流失是一种长期的地质现象，但由于人类活动对土地、植被等自然资源实行掠夺式开发利用导致植被退化严重，是引起这个地区水土流失的主要因素。高度敏感区面积为 61.2×10^4 km^2，占全国总面积的 6.4%，主要分布在西南地区以及燕山、努鲁儿虎山、大兴安岭东部，这些区域降水侵蚀力较大，很多区域土壤为沙壤土或壤黏土，且横断山脉、川西、滇西、秦巴山地以及贵州、广西、湖南、江西等山区地形起伏较大，一旦植被破坏，容易发生水土流失；另外，天山山脉、昆仑山山脉局部降水较高，零星地区对水土流失高度敏感。中度敏感区面积为 $97.5\times10^4\,km^2$，占全国 10.2%，主要集中于降水量介于 400～800 mm 区域，呈带状南北分布，东北平原大部、四川盆地东部丘陵，阿尔泰山、天山、昆仑山都有大量分布，本区域虽多为山地，但降水侵蚀较小。水土流失轻度敏感区，面积为 $365.0\times10^4 km^2$，主要为华北平原、长江中下游平原等地势平坦区域，长白山东部虽为山区，但降雨较小，植被保护较好，水土流失轻度敏感。西北部地区由于降水低于 300 mm，几乎不会发生大面积的水土流失，面积为 $409.2\times10^4 km^2$。

5.6.1.2.2　沙漠化敏感性评价

根据评价结果，中国沙漠化敏感区域主要集中分布在西北干旱、半干旱地区。其中，沙漠化极敏感区域面积为 $111.2\times10^4\,km^2$，主要是沙漠地区周边绿洲和沙地，包括准噶尔盆地边缘、塔克拉玛干沙漠沿塔里木河、和田河、车尔臣河地区、吐鲁番盆地、巴丹吉林沙漠、腾格里沙漠周边绿洲，柴达木盆地北部，以及呼伦贝尔高原、科尔沁沙地、浑善达克沙地、毛乌素沙地、宁夏平原等地，另外藏北高原、三江源、黄河古道等有零星分布，这些位于沙漠戈壁中的绿洲，生态环境异常脆弱，沙漠植被一旦破坏就会引起沙丘活化、流沙再起等，造成绿洲退化；而沙地多为半湿润半干旱农牧交错带，年际气候变化较大，对于人类活动极其敏感。新疆天山南脉至塔里木河冲积洪积平原如伽师、疏勒、温宿、轮台等地，古尔班通古特沙漠南部乌苏－阜康平原地区，疏勒河北部、柴达木盆地南部、四川若尔盖、河套平原、阴山山脉以北以及黄河三角洲、科尔沁沙地以北广大地区等均为沙漠化高度敏感区域，面积为 $43\times10^4\,km^2$，该区域特征是气候干燥，大风日数较多，土壤质地多为沙质，且植被覆盖率低，容易发生沙化。中度敏感区面积为 $71.3\times10^4\,km^2$，主要分布在大兴安岭至科尔沁沙地过渡低丘、平原带，银山山脉以南、青海湖以北大通河流域、东北平原、黄淮平原以及东南部沿海沙质土壤分布区域。青藏高原西部、柴达木盆地东北部、大兴安岭北部森林与草原过渡区为沙漠化轻度敏感区，面积为 $39.6\,km^2$，其余为沙漠化不敏感地区，占总面积的 72.4%。

5.6.1.2.3　盐渍化敏感性评价

根据评价结果，盐渍化敏感地区分布在西北干旱、半干旱地区。极敏感区面积为 $79.5\times10^4\,km^2$，除滨海半湿润地区的盐渍土外，大致分布在沿淮河—秦岭—巴颜喀拉山—唐古拉山—喜马拉雅山一线以北广阔的半干旱、干旱和漠境地区，主要分布在塔里木盆地周边、和田河谷、准噶尔盆地周边、柴达木盆地、吐鲁番盆地等闭流盆地、罗布泊、疏勒河下游、黑河下游、河套平原西部、阴山以北浑善达克沙地以西、呼伦贝尔东部、西辽河河谷平原、三江平原以及环渤海、江苏沿海滨海低平原等地区，西北地区由于处于干旱和半干旱和漠境地区，蒸发量远远大于降水量，自然因素导致盐渍化严重；沿海地区主要由于滨海盐土导致。高度敏感区面积为 $50.5\times10^4\,km^2$，主要集中分布在准噶尔盆地东南部、哈密地区、北山洪积平原、河西走廊北部、阿拉善洪积平原区、宁夏平原、河套平原东部、海河平原、阴山以北河谷区域、东南沿海地区、大兴安岭、东北平原河谷地区以及青藏高原内零星分布，主要为洪积湖积平原区域。中度敏感区面积为 $58.9\times10^4\,km^2$，主要分布在额尔齐斯河、伊犁河形成地冲积洪积平原、塔城、青海湖以西布哈河流域平原地区、河西走廊南部、鄂尔多斯高原西部、黄淮平原、锡林浩特地区、黄淮平原、江苏南部，以及江西中部、广东南部和三江源等有零星分布；轻度敏感区面积为 $64.8\times10^4\,km^2$，分散在西北部及青藏高原、长江中下游等地；其余地区均为盐渍化不敏感区域，面积为 $706.4\times10^4\,km^2$。

5.6.1.2.4 石漠化敏感性评价

评价结果表明，各个敏感性级别面积比例差异很大，空间分布差异明显。极敏感区面积为 $3.6\times10^4\,km^2$，集中分布在贵州西部、南部区域，包括遵义、贵阳、毕节南部、安顺以南、六盘水、黔南州，铜仁、遵义也有少量分布，百色、崇左、南宁交界处，桂林、贺州、四川西南峡谷山地大渡江下游及金沙江下游地区等地有成片分布；高度敏感区面积为 $15.2\times10^4\,km^2$，它与极敏感区交织分布，主要在贵州西部、中部、南部，广西西部、东部、四川西南、东北、云南东部、湖南中西、广东北部等有片状分布；中度敏感区分布较广，总面积为 $32.9\times10^4\,km^2$，主要在四川盆地周边、四川西部、云南东部、贵州中部、广西中部、湖南南部、湖北西南以及江西和湖北交界地区等；轻度敏感区分布零散，总面积为 $14.0\times10^4\,km^2$；不敏感区面积最大，总面积为 $894.4\times10^4\,km^2$，主要为非碳酸盐或埋藏性可溶性岩分布地区。

5.6.1.2.5 冻融侵蚀敏感性评价

评价结果表明，冻融侵蚀极敏感区面积为 $46.1\times10^4\,km^2$，主要分布在青藏高原西南部，海拔普遍高于 4 500 m，且坡度大多在 30° 以上，主要包括阿里、冈底斯山脉以南，巴青、比如、丁青三县交界处，以及甘孜、色达、炉霍交界处，九龙、松潘、康定、金川等也有零星分布。高度敏感区面积为 $74.7\times10^4\,km^2$，集中分布在阿尔泰山、天山、祁连山脉北部、昆仑山脉北部、横断山脉以及大兴安岭高海拔地区；中度敏感区面积为 $92.7\times10^4\,km^2$，分布在祁连山南部、阿尔金山以南、可可西里山以东、冈底斯山以北、三江源东南部以及大兴安岭等地区；青海高原西部以及怒江源头高原区域为冻融侵蚀轻度敏感区，面积为 $39.4\times10^4\,km^2$；其他东部低海拔区域为冻融侵蚀不敏感区，面积为 $707.0\times10^4\,km^2$。

5.6.1.2.6 生态系统敏感性综合评价

将水土流失、沙漠化、盐渍化、石漠化和冻融侵蚀的评价结果进行空间叠加，得到全国综合生态敏感性空间分布状况。评价结果表明，全国生态极敏感区和高度敏感区的面积分别为 217 万 km^2 和 164 万 km^2，占全国国土面积的 22.6%和 17.1%（表 2-5-21），主要分布于西部与东部沿海等地区。从空间分布来看，西北与华北地区的许多地区为沙漠化和盐渍化极敏感区，黄土高原多水土流失极敏感区，青藏高原的许多地区为冻融侵蚀极敏感区，而西南山地多石漠化和水土流失极敏感区，东部沿海地区多盐渍化极敏感区，而华中华南的广大地区，除少数地区为水土流失极敏感区外，其他生态极敏感区较少。另外，中度敏感区面积为 227 km^2，占国土面积的 23.7%，其余为轻度和不敏感区。

表 2-5-21 全国生态敏感性合评价结果

敏感性等级	面积/$10^4\,km^2$	面积/%
不敏感	100	10.4
轻度敏感	252	26.2
中度敏感	227	23.7
高度敏感	164	17.1
极敏感	217	22.6

5.6.2　维护人群环境健康指数评价结果

5.6.2.1　人口集聚水平评价结果

在我国长期形成的人口分布总体格局之下，由于近些年产业发展以及城镇化的快速发展的深刻影响，以长江三角洲、珠江三角洲、京津都市圈为核心的地区，人口集聚程度极为突出，已经成为我国人口资源环境矛盾比较紧张地区。人口集聚指数高的地区，已经开始由都市区向外围地区拓展，核心都市区之间也呈现出连片的态势。

在辽中南、胶东半岛、长江中游地区、成渝地区、福建沿海地区也初步形成了人口规模集聚的态势。其他几个值得关注的地区是：武汉为核心的长江中游地区、郑洛卞为核心的中原地区、长株潭及湘赣铁路沿线、西安为核心的关中地区、徐淮鲁南地区以及天山北麓中段、南梧西江走廊等，初显人口集聚分布的趋向。

5.6.2.2　经济发展态势评价结果

除特殊地区如内蒙古、新疆、青海和西藏外，“经济发展水平”分值自东向西逐级递减，即东部地区分值明显高于中西部地区，这一特征与我国区域经济发展的现状基本一致。这说明该指标能够准确地刻画我国区域经济发展的格局。

“经济发展态势”的高值区集中且连片分布的区域，主要分布在长江三角洲、珠江三角洲和京津唐地区。属于我国最发达的地区，也是我国城市化和工业化水平最高的地区。“经济发展水平”分值较高、相对集中，但不连片分布的地区，主要集中分布在胶东半岛、辽中南、长（春）吉（林）地区、哈尔滨—大庆沿线、中原地区、关中地区、武汉周边、长株潭地区、福州—厦门地区等。“经济发展水平”低值地区，主要集中在我国西南、中部的一些山地和丘陵集中的地区，与我国贫困人口的分布状况具有一定的相似性。

5.6.3　区域环境支撑能力评价结果

5.6.3.1　环境胁迫性评价结果

根据区域环境质量风险状况、区域污染物排放情况、区域环境容量状况，提出区域环境胁迫性评价方案。

受产业化和经济的高速发展的影响，我国东部，特别是几个经济发展地区如长三角，珠三角地区的大气和水环境容量超载比较严重，SO_2 污染造成的酸雨、水污染造成的饮用水安全和水生态退化等环境问题突出。这些区域必须注意控制经济规模、促进经济与环境的协调发展。

与东部发达地区相比，西部地区的环境胁迫程度高的地区较少，但是分布特征不同。在西北地区，由于污染企业较少，除个别工业城市如甘肃兰州等，大部分地区有剩余的 SO_2 环境容量。在水环境方面，造成环境胁迫程度高的地区，可以分为两种类型，一种是工业污水和生活污水导致，如新疆的库尔勒地区、四川成都、甘肃兰州等；另一种是由于农田的非点源污染，造成宁夏和内蒙古河套灌区的水环境容量超载。虽然目前大部分地区化学需氧量排放没有超过环境容量，但是由于该地区水资源匮乏，加上青海是三江源头地区，水质量要求高，水环境容量低。所以在开发过程中要谨慎考虑，必须杜绝污染，重视保护水源，规划与建立水源保护区。

在我国的西南地区，大气环境胁迫比较严重，如贵州、四川、重庆是使用高硫煤的地区，加上受地形条件的影响，不利于大气污染物的扩散和自净。目前没有超过大气 SO_2 环境容量的区域只有四川和云南西部。但是在这个区域，由于水资源量比较丰富，水环境容量较大，可以适度开放。但也要考虑到由于西南地区近水源地区用水不受限制，用水越多，排水越多，造成滇池等湖泊的水污染问题也日渐严峻。

全国范围内，相对于大气环境胁迫状况，水环境胁迫程度分布范围更加广泛。目前严重超过 COD 的环境容量、胁迫较大的区域主要是辽河、海河、淮河、松花江、长江和黄河中下游流域。珠江流域除广西中部和珠三角外，水环境胁迫程度较低，是水环境较好的区域。

从污染物排放量和环境胁迫状况分布，可以发现，大气 SO_2 高排放地区基本上是高胁迫地区。而对于水环境而言，COD 的低排放、高胁迫的区域主要分布在甘肃东部、山西中部和河北南部，高排放、低胁迫的区域主要是湖南中部、北部，湖北中部，广西南部。

全国污染物胁迫综合分析发现，我国的京津冀北、河南新郑洛工业带、长三角和珠三角地区、四川盆地、贵州大部分地区是环境胁迫比较严重的区域，必须对产业结构和布局进行优化。西部的大部分地区、内蒙古东部和大兴安岭地区，东南沿海、安徽、江西等区域的环境容量较大，可以适度开发。

5.6.3.2 人均可利用土地资源评价结果

我国人均可利用土地资源在空间分布上的基本特征是北方多于南方、人口稀疏区多于人口密集区。人均可利用土地资源的高值区相对集中于东北、华北北部、西北以及黄河中游地区；低值区成片集中于青藏高原和中、东部人口密集地区。

丰富类含 79 个地域单元，主要分布在东北、华北北部、陕甘宁接壤区、新疆北部及藏东南等地；较丰富类含 176 个单元，主要分布在东北、华北北部、陕甘宁地区、新疆北部及藏东南等地的丰富类周围，此外在青海、山东、江西、云南等地有零星分布；中等类含 813 个单元，空间分布较为广泛，各省市区都有分布，相对集中于我国地形二级阶梯上；较缺乏类含 1 025 个单元，主要分布于东部沿海及豫皖鄂湘赣等省市区；缺乏类含 282 个单元，除青藏高原地区的大面积分布外，其他地区的分布基本与城市密切相关，此外在内蒙古、新疆等省（区）有零星片状分布。

我国人均可利用土地资源的空间分布格局是由地理环境特征、区域开发历史、人口聚集过程以及经济发展状况等长期共同作用的结果。青藏高原人均可利用土地资源缺乏是因地理环境的高寒造成的；东北、华北北部和西北地区人均可利用土地资源丰富除了自然条件相对较差和人口较为稀疏，开发历史较短也是重要原因；而位于我国人口特征线以东以南的绝大部分地区人均可利用土地资源普遍较为缺乏的原因在于这些地区地理环境条件较为优越、人类开发历史较早、人口密度高以及经济发展水平和城市化程度较高。

5.6.3.3 人均可利用水资源评价结果

我国人均可利用水资源潜力分布极不平衡，总体趋势是南多北少，山区多平原少。南方地区人均可利用水资源潜力较大，大部分地区在 500 m^3 以上；北方除东北部分地区有较大潜力外，缺水问题都较为突出，甚至存在大范围的过度开发地区。

按照人均可利用水资源潜力值，把全国各行政单元分为 5 级，分别为水资源丰富区、较丰富区、中等区、较缺乏区、缺乏区。

丰富区：主要分布在西南诸河流域、长江流域、东南诸河流域、珠江流域以及松花江流域的部分地区，分布较集中。水资源丰富区多为人口稀少地区，区内总人口 23 256 万，仅占全国总人口的 18.5%；区内 GDP 共计 29 318 亿元，仅占全国总值的 16.3%。其中，新疆南部、内蒙古西部地区虽然人均水资源潜力较大，但地处干旱区，属于水资源相对短缺地区。

较丰富区：主要分布在长江、珠江以及东南诸河流域。总面积 102.6 万 km^2，占全国面积的 10.9%；区内人口 14 058 万，占总人口的 11.2%；区内 GDP 共计 12 533 亿元，占全国总值的 7.0%。

中等区：所占面积较小，在四川、云南、贵州、湖南、陕西等省份有连片。区域面积总计 69.1 万 km^2，占全国总面积的 7.3%；区内人口 14 913 万人，占全国总人口的 11.8%；区内 GDP 共计 16 154 亿元，占全国总值的 9.0%。

较缺乏区：零星分布在陕西、山西、辽宁、湖南等省份。共包含 275 个行政单元，总面积 60.2 万 km^2，占全国总面积的 6.4%；区内人口总量为 16 615 万，占全国总人口的 13.2%；区内 GDP 共计 18 331 亿元，占全国总值的 10.2%。

缺乏区：主要分布在华北地区、辽中南地区、松嫩平原、汾渭盆地、河西走廊、天山北麓等地区，其余主要为城市中心区域。总面积 185.5 万 km^2，占全国总面积的 19.6%。水资源缺乏区多为人口集中、经济集聚的地区，区内人口 57 030 万，占总人口的 45.3%；区内 GDP 共计 103 641 亿元，占全国总值的 57.6%。

总体来看，我国缺水问题较为突出，并且水资源短缺地区多为人口集中、经济发达的地区，在国土面积 19.6%的水资源缺乏区内，集中了全国 45.3%的人口与 57.6%的 GDP。

5.6.4 环境功能综合评价结果

每个县级单元指标进行标准化分级打分后进行综合，将定量评价指标体系综合归纳为一个指数，每个县级单元都相应的有一个赋值，共划分为 8 级，根据赋值的高低，以及生态环境的重要程度等特殊因子，对不同环境功能类型区进行划分。结合定性评价结果，参照相关规划对未来社会经济发展布局，对区域不同环境功能类型进行综合评价。

5.7 环境功能类型区划分方法研究

5.7.1 类型区划分技术路线

环境功能区划分应遵循以下技术路线：

（1）从环境功能的内涵出发，从保障自然生态安全和维护人居环境健康两个方面界定环境功能类型；

（2）建立环境功能评价指标体系和方法，以县（区、市）为单位进行环境功能评价，形成环境功能综合评价结果；

（3）根据环境功能综合评价结果，划分环境功能类型区；

（4）根据主导因素，对相关部门现有分区进行归整，依次识别环境功能类型区；

（5）进行总体复核和调整，确定环境功能区划初步方案；

（6）在各类环境功能区内，根据环境功能的体现形式差异或环境管理要求差异，划分环境功能区亚类；

（7）根据各环境功能区特征，提出有针对性的环境管理目标和对策。

前两个步骤在本章的 5.3、5.4、5.5 节进行了详细阐述，第三、第四个步骤将在本节详细介绍，后三个步骤将在第三篇中阐明。

5.7.2 基于环境功能综合评价的分区

根据环境功能综合评价结果，从保障自然生态安全和维护人居环境健康两大类环境功能的角度，初步划分出两个大类，即生态功能保育区和聚居环境维护区。区域环境功能综合评价指数越高的地区环境功能越偏向于维护人群环境健康，反之则偏向于保障自然生态安全。

聚居环境维护区的划分：综合指数大于 1.0 的原则上确定为聚居环境维护区。这些地区属于城市化和工业化地区，面临的生态和环境问题比较突出，需要在发展中加大环境保护力度。这一大类中，综合指数大于 2.5 的确定为环境优化区，这类区域是我国城市化水平最高的地区，需要率先转变发展方式，加大环境治理力度，营造良好的人居环境；综合指数在 1.0～2.5 的原则上定为环境控制区，这类地区未来是我国人口、产业重点集聚区，因此，需要在发展的同时，加大环境质量的调控力度，避免发展对人居环境造成过大的压力；同时，这类地区当中也有部分地区经济发展水平相对较高，环境质量较差，这类地区将通过进一步地划分确定为环境治理区。

生态功能保育区的划分：按照上述方法，综合指数小于–0.3 的原则上确定为生态功能保育区。这些地区以提供生态服务和生态产品为核心，因此，要加大对这些地区的生态保育和环境防治力度，确保和提高全国环境功能质量。这类地区基本为水源涵养区、水土保持区、防风固沙区、生物多样性保护区等重要的生态环境地区，且在全国尺度的生态安全具有重要意义。

5.7.3 基于主导因素法的分区

5.7.3.1 主导因素法

综合考虑对评价单元具有重要影响的主导因子以及相关的国家政策、规划等，通过选取决定不同类型环境功能区形成的主导因素，划分自然生态保留区、生态功能保育区、食物环境安全保障区、聚居环境维护区和资源开发环境引导区，对评价结果进行修正，提出全国环境功能区划备选方案。

需要考虑的国家层面的相关规划、政策包括：《全国主体功能区规划》《中国生态功能区划》《重点流域水污染防治规划》《重金属污染综合防治“十二五”规划》《全国土壤环境保护规划》《全国城镇体系规划纲要》等。

主导因素法是自上而下划分环境功能区的技术方法，划分各类型区的主导因素见表 2-5-22。

表 2-5-22 各环境功能类型区的主导因子

环境功能区	主导因子
自然生态保留区	人口密度极低，人口流动性差
	经济总量小，经济活力低

环境功能区	主导因子
生态功能保育区	存在沙漠化、土壤侵蚀、石漠化、土壤盐渍化等风险
	具有较高的水源涵养、水土保持、防风固沙、生物多样性保护及其他生态系统服务功能
	生态系统的完整性、稳定性
食物环境安全保障区	国家主要耕地、牧场分布，主要农产品产地
	海产品产量较高
聚居环境维护区	区域人口聚居规模较大，人口流动性强，城镇化水平高
	区域的产业聚集度高，经济总量大，经济增速快
	区域存在一定的环境问题或环境风险
资源开发环境引导区	能矿资源主要开发地区
	具有相对稀缺的特色资源

5.7.3.2 主导因素法划分食物环境保障区

食物环境安全保障区的划分不是根据综合指数法来划分的，因为在生态功能保育区和聚居环境维护区两大类型区中，均存在食物环境安全保障区。食物环境安全保障区主要是应用主导因素法，根据全国食物安全保障的重要性来划分，根据国家重点建设的优势农产品主产区进行划分。也就是说如果食物环境安全保障区与其他区域相重叠时，要优先划分为食物环境安全保障区。这类地区分为三类：粮食及优势农产品环境安全保障区、畜禽产品环境安全保障区和水产品环境安全保障区。

粮食及优势农产品环境安全保障区按照粮食保障重要性作为主导因素进行选择，并参考商品粮基地县名录、农业区划以及全国主体功能区规划中对于国家级限制开发的农业地区的划分。

畜禽产品环境安全保障区在未被划分的区域中，按照草场分布以及纯牧业县的分布进行划分。其中部分重要牧区在生态保育上的重要性非常高，如阿尔泰、呼伦贝尔、三江源等地区，因此未被划分入这类地区。

水产品环境安全保障区划分原则是海岛县、半海岛县和南海诸岛，共划分出 8 个区。

5.7.4 环境功能区的划分条件

以各评价单元环境功能综合评价值为基础，考虑各类功能区识别的主导因素，划分各类环境功能区及其亚区。各类环境功能区及其亚区划分条件如下。

（1）I 类区——自然生态保留区

具有一定的自然文化资源价值的区域，包括有代表性的自然生态系统、珍稀濒危野生动植物物种的天然集中分布地，有特殊价值的自然遗迹所在地和文化遗迹等，以及受到人类活动破坏规模较小、资源储备不具备开发价值且暂时不再开发的区域。自然生态保留区的亚区划分如下：

①I-1 自然资源保留区：依据法律法规，在国家层面划分出一定面积予以特殊保护和管理的区域，包括国家级自然保护区、风景名胜区、地址公园、森林公园和世界自然文化遗产，参考《全国主体功能区规划》划定的禁止开发区。

②I-2 后备保留区：法律法规在国家层面未做划定，尚未受到大规模人类活动干扰，生态服务功能不显著，暂不具备农牧业及资源开发价值，应受到保护以保留其自然状态和满足可持续发展需求的区域。

（2）Ⅱ类区——生态功能保育区

生态系统比较重要，区域生态调节功能重要，关系全国或较大范围区域的生态安全的区域，参考《全国主体功能区规划》划定的 25 个国家级重点生态功能区。生态功能保育区的亚区划分如下：

①Ⅱ-1 水源涵养区：重要河流上游和重要水源补给区、水源涵养生态功能重要性突出的地区，参考《全国主体功能区规划》划定的 8 个国家级水源涵养型重点生态功能区。

②Ⅱ-2 水土保持区：土壤侵蚀敏感性高、对下游的影响大、水土保持生态功能重要性突出的地区，参考《全国主体功能区规划》划定的 4 个国家级水土保持型重点生态功能区。

③Ⅱ-3 防风固沙区：降水量稀少、蒸发量大的干旱、半干旱地区等沙漠化敏感性高，沙尘对周边影响范围广、影响程度较大的地区，参考《全国主体功能区规划》划定的 6 个国家级防风固沙型重点生态功能区。

④Ⅱ-4 生物多样性保护区：濒危珍稀动植物的分布较广，典型的生态系统分布较多的地区，参考《全国主体功能区规划》划定的 7 个国家级生物多样性维持型重点生态功能区。

（3）Ⅲ类区——食物环境安全保障区

以确保我国食物初级生产重要地区的环境安全为主要目的，保障农产品生产安全的地区，参考主要粮食（油料、经济作物等优势农产品）主产地分布区，主要耕地分布地区，重点牧区、牧业县等地区。食物环境安全保障区的亚区划分如下：

①Ⅲ-1 粮食及优势农产品环境安全保障区：将具备较好的粮食（油料、经济作物等）生产条件，以提供农产品生产为主并保障农产品生产安全的地区，参考农业部门确定的主要粮食（油料、经济作物等）产地分布区，国土部门划分的全国主要耕地分布地区，海洋部门划定的渔业保障区范围内的陆地地区。

②Ⅲ-2 畜产品环境安全保障区：以畜牧生产为主的地区，参考农业部门确定的重点牧区、牧业县等范围。

③Ⅲ-3 水产品环境安全保障区：以海洋渔业、海水养殖业为主的海岛县、半海岛县地区，参考海洋部门划定的渔业保障区范围内的陆地范围。

（4）Ⅳ类区——聚居环境维护区

人口分布密度较高、城市化水平较高、区域开发建设强度较高，未来城镇化和工业化发展潜力较大的地区，是以维护人口聚居环境卫生健康为主的区域。聚居环境维护区的亚区划分如下：

①Ⅳ-1 环境优化区：将人类活动聚居度高、经济社会发达、污染治理设施完善、环境质量较好的地区划为环境优化区，参考环境保护部命名的生态市、县以及环境保护模范城市等。

②Ⅳ-2 聚居环境维持区：将城镇化和工业化潜力较大、污染排放和环境风险防范压力较大、环境质量尚可的地区划为环境维持区。

③Ⅳ-3 环境治理区：将人口聚居度较高但污染较重、污染治理设施不完善、环境质量较差的地区划为环境治理区，参考相关规划确定的水污染防治优先控制单元，大气污染控制重点区域，重金属治理重点区和土壤污染重点防控区等。

（5）Ⅴ类区——资源开发环境引导区

各类矿产与能源储量丰富，具备较好的开发条件，需要引导资源开发活动，保障区域环境安全的地区。参考国土部门确定的能矿资源重点开发地区，以及《全国主体功能区规划》确定为能源矿产资源点状开发的地区。

各类环境功能区空间范围的主要划分条件见表 2-5-23。

表 2-5-23 环境功能类型区划分条件

分类	亚类	划分条件
Ⅰ 自然生态保留区	Ⅰ-1 自然资源保留区	（1）依《自然保护区条例》划为国家级自然保护区 （2）依《保护世界文化和自然遗产公约》纳入《世界遗产目录》的地区 （3）依《风景名胜区条例》划为国家级风景名胜区范围的地区 （4）依《森林公园管理办法》批准为国家森林公园 （5）依《国家地质公园规划编制技术要求》批准为国家地质公园的地区
	Ⅰ-2 后备保留区	（1）人类活动影响较少，人口密度小 （2）资源储量少且不具备开发价值
Ⅱ 生态功能保育区	Ⅱ-1 水源涵养区	（1）重要河流上游和重要水源补给区 （2）《全国主体功能区规划》列入重点生态功能地区
	Ⅱ-2 水土保持区	（1）土壤侵蚀敏感性高，对下游的影响大 （2）《全国主体功能区规划》列入重点生态功能地区
	Ⅱ-3 防风固沙区	（1）干旱、半干旱地区等沙漠化敏感性高；沙尘对周边影响范围广、影响程度较大 （2）《全国主体功能区规划》列入重点生态功能地区
	Ⅱ-4 生物多样性保护区	（1）濒危珍稀动植物的分布较广，典型的生态系统分布较多地区 （2）《全国主体功能区规划》列入重点生态功能地区
Ⅲ 食物环境安全保障区	Ⅲ-1 粮食及优势农产品环境安全保障区	（1）农业部门确定的主要粮食（油料、经济作物等）产地分布区 （2）国土部门划分的全国主要耕地分布地区
	Ⅲ-2 牧产品境安全保障区	（1）以放牧为主的草原地区 （2）农业部门确定的重点牧区、牧业县等范围
	Ⅲ-3 水产品环境安全保障区	（1）海岛县、半海岛县和南海诸岛等地区 （2）参考海洋部门海洋功能区划确定的近海渔业养殖捕捞区范围
Ⅳ 聚居环境维护区	Ⅳ-1 高度集居区	（1）人口分布密度较高、城镇化水平较高，经济规模较大，综合实力较强，区域开发强度较高 （2）参考《全国主体功能区规划》确定的重点开发区域
	Ⅳ-2 一般集居区	（1）人口分布密度高、城镇化水平高，经济规模大、综合实力强、区域开发强度高 （2）参考《全国主体功能区规划》确定的优化开发区域
Ⅴ 资源开发环境引导区	—	（1）矿产资源具备开发的技术经济条件 （2）参考国土部门确定的主要矿产资源分布地区 （3）参考《全国主体功能区规划》确定的矿产资源点状开发的地区

5.8 全国环境功能区划空间方案

5.8.1 总体方案

结合区域自然环境、社会经济特征和区域间相互关系，根据区域环境功能类型的突出体现形式，把全国陆地范围分为 5 类环境功能类型区。

把构建我国生态安全格局，为国民经济的健康持续发展提供了生态保障的区域划为自然生态保留区和生态功能调节区，占国土面积的 53.2%。其中自然生态保留区总面积约 227.2 万 km^2、占国土面积约 23.8%，对具有一定的自然文化资源价值区域进行了强制保护，对大片尚未受到大规模人类活动影响仍保留着其自然的特点的区域进行了保留，为人类可持续生存与发挥预留了空间。生态功能调节区总面积约 280.7 万 km^2，占国土面积约 29.4%，对我国生态系统重要，关系全国或较大范围区域生态安全的区域进行了保护，限制大规模的城镇化和工业化开发，减少人为活动影响，保持并提高区域的水源涵养、水土保持、防风固沙、生物多样性维护等生态调节能力，服务于保障区域主体生态功能稳定。

把主要从事农业生产、城镇化和工业化开发以及资源开发利用的区域划为食物安全保障区、聚居发展维护区和资源开发引导区，占国土面积的 46.8%，是人口主要分布区，国民经济和社会发展活动的主要集中地区，重点维护人群环境健康。其中食物安全保障区总面积约 216.2 万 km^2、占国土面积约 22.6%，涵盖了我国主要粮食主产区和主要牧业地区，包括东北平原，黄淮海平原、长江流域、汾渭平原、河套灌区、华南和甘肃新疆等农产品主产区，以及主要牧业地区和沿海渔业养殖捕捞地区，土壤污染现状比较严重的区域得到关注，服务于保障主要食物生产地的环境安全。聚居发展维护区总面积约 162.6 万 km^2、占国土面积约 17%，包括我国人口分布密度较高、城市化水平较高、区域开发建设强度较高，未来城镇化和工业化发展潜力较大的地区，涵盖了大气污染或地表水污染比较严重的城镇地区，服务于保障主要人口集居区环境健康。资源开发引导区总面积约 69.6 万 km^2、占国土面积约 7.2%，包括鄂尔多斯盆地、新疆、山西、西南、东北等化石能源地区，攀枝花西部钒钛矿、滇黔磷矿、包头铁稀土矿、柴达木盐矿、河南铝土矿、长江中下游铜铅锌锡钨矿、鞍本铁矿等重要矿产资源开采区，要引导资源开发秩序，控制资源开发对周边区域的影响，保障区域矿产资源开发的环境安全。具体见表 2-5-24。

表 2-5-24 环境功能区划方案

大类	功能定位	与主体功能区规划关系	亚类	面积/万 km^2	占全国比例/%	控制单元（举例）	管理目标
Ⅰ 自然生态保留区	保障自然生态系统和可持续生存发展	禁止开发区	Ⅰ-1 自然资源保留区	120.0	12.5	纳木错国家自然保护区	依法实施强制性保护，禁止开发活动
		—	Ⅰ-2 后备保留区	107.2	11.3	塔克拉玛干沙漠	控制人类干扰，保留潜在环境功能
Ⅱ 生态功能保育区	保障区域主体生态功能稳定	限制开发的重点生态功能区	Ⅱ-1 水源涵养区	82.7	8.7	大兴安岭森林生态功能区	维护区域水源涵养生态调节功能稳定
			Ⅱ-2 水土保持区	24.3	2.5	大别山水土保持功能区	维护区域水土保持生态调节功能稳定
			Ⅱ-3 防风固沙区	86.6	9.1	科尔沁草原生态功能区	维护区域防风固沙生态调节功能稳定
			Ⅱ-4 生物多样性保护区	87.1	9.1	秦巴生物多样性功能区	维护生物多样性保护生态调节功能稳定
Ⅲ 食物环境安全保障区	保障主要食物生产地环境安全	限制开发的农产品主产区	Ⅲ-1 粮食及优势农产品环境安全保障区	170.3	17.8	黄淮海商品粮基地	保障国家主要粮食生产地环境安全
			Ⅲ-2 畜禽产品环境安全保障区	45.1	4.7	内蒙古东部草甸草原	确保畜牧产品产地的环境安全
			Ⅲ-3 水产品环境安全保障区	0.8	0.1	南海诸岛	保障近岸海水产品产地的环境安全

大类	功能定位	与主体功能区规划关系	亚类	面积/万 km^2	占全国比例/%	控制单元（举例）	管理目标
Ⅳ 聚居环境维护区	保障主要人口集聚区环境健康	重点开发区和优化开发区	Ⅳ-1 环境优化区	10.2	1.1	大连国家环保模范城市	经济发展和环境保护协调的先导示范区域
			Ⅳ-2 环境控制区	129.4	13.5	南宁等	提高集聚人口能力，保障环境质量不降低
			Ⅳ-3 环境质量区	23.0	2.4	珠三角大气灰霾重点治理区	加大环境治理改善环境质量
Ⅴ 资源开发环境引导区	保障区域环境安全	能源与矿产资源基地	Ⅴ 资源开发环境引导区	69.6	7.2	鄂尔多斯盆地	控制资源开发对周边区域环境功能的影响

5.8.2 类型区分级特征

各类环境功能区在人类活动强度、区域生态环境压力和质量等方面表现出层级特征。区域人类活动强度越低，受人类活动的影响程度越小，自然保留和生态调节区的价值越高，环境质量现状越好，也要求更加严格地控制人类活动的影响；区域人类活动强度较高的城镇化工业化地区，污染物排放的种类和总量越高，对聚居环境维护的需求越高。

从自然生态保留区到生态功能保育区、食物环境安全保障区、聚居环境维护区、资源开发环境引导区，维护自然生态系统健康的功能逐步减小，而人类活动压力逐渐增大，污染排放强度和生态破坏等逐级增加，保障地区经济社会发展的需求、维护人居环境健康的功能需求逐步增强。

将上述 5 类区依次确定为Ⅰ、Ⅱ、Ⅲ、Ⅳ和Ⅴ级，各级环境功能类型区在环境质量、环境压力、人类活动强度和粗放程度等状况表现出层级关系，根据环境功能的要求，从环境质量、污染物排放、环境准入等方面分区、分级制定的环境管理和发展引导要求。

5.8.3 类型区的空间方案

5.8.3.1 Ⅰ类区——自然生态保留区

自然生态保留区具体内容如下：

（1）Ⅰ-1 自然资源保留区

自然资源保留区包括依法设立的各类自然文化保护区域，其中国家级自然保护区 319 个、世界文化自然遗产 46 个、国家重点风景名胜区 208 个、国家森林公园 738 处和国家地质公园 138 处，总面积约 120 万 km^2，占全国的 12.5%。新设立的国家级自然保护区、世界文化自然遗产、国家重点风景名胜区、国家森林公园和地质公园等自动进入自然资源保留区。

要依据法律法规规定和相关规划实施强制性保护，严格控制人为因素对自然生态和文化自然遗产原真性、完整性的干扰。引导人口逐步有序转移，限制和逐步降低污染并实现污染物零排放，提高环境质量，保障生态服务功能。

（2）Ⅰ-2 后备保留区

后备保留区包括羌塘、可可西里、阿尔金山和罗布泊等荒漠无人区，古尔班通古特沙漠、腾格里沙漠地区，青藏高原等高海拔地区。总面积约 107.2 万 km^2，约占全国的 11.3%。目前技术经济水平对这一类区域不具备开发利用条件。

要作为后续发展环境空间，控制人类活动干扰，保留自然原真状态，保留其潜在环境功能不被破坏。

5.8.3.2　Ⅱ类区——生态调节功能区

生态功能保育区具体内容如下：

（1）Ⅱ-1 水源涵养区

主要包括大兴安岭、秦巴山地、大别山、淮河源、南岭山地、东江源、珠江源、海南省中部山区、岷山、若尔盖、三江源、甘南、祁连山、天山以及丹江口水库库区等，总面积 82.7 万 km^2，占全国国土面积的 8.7%。区域主要生态问题是人类活动干扰强度大，生态系统结构单一、生态功能衰退，森林资源过度开发、天然草原过度放牧等导致植被破坏、土地沙化、土壤侵蚀严重，湿地萎缩、面积减少。

要推进天然植被恢复，治理水土流失，维护或重建湿地、森林、草原等生态系统，保护具有水源涵养功能的植被，维护区域水源涵养生态调节功能稳定发挥，保障区域生态安全。

（2）Ⅱ-2 水土保持区

水土保持生态功能区包括太行山地、黄土高原、三江源区、四川盆地丘陵区、三峡库区、南方红壤丘陵区、西南喀斯特地区、金沙江干热河谷等，总面积 24.3 万 km^2，占全国国土面积的 2.5%。区域主要生态问题是不合理的土地利用，特别是陡坡开垦，导致地表植被退化、土壤侵蚀和石漠化危害严重。

要调整产业结构，发展旱作节水农业，限制陡坡开垦和超载过牧，加强小流域综合治理，维护区域水土保持生态调节功能稳定发挥，保障区域生态安全。

（3）Ⅱ-3 防风固沙区

防风固沙生态功能区主要包括科尔沁沙地、呼伦贝尔沙地、阴山北麓—浑善达克沙地、毛乌素沙地、黑河中下游、塔里木河流域，以及环京津风沙源区等。总面积约 86.6 万 km^2，约占全国国土面积的 9.1%。区域主要生态问题：过度放牧、草原开垦、水资源严重短缺与水资源过度开发导致植被退化、土地沙化、沙尘暴等。

要严格控制放牧和草原生物资源的利用，加强西部内陆河流域规划和综合管理，合理利用水资源，保障生态用水，保护沙区湿地，加强植被恢复和保护，维护区域防风固沙生态调节功能稳定发挥，保障区域生态安全。

（4）Ⅱ-4 生物多样性保护区

生物多样性保护生态功能区主要包括长白山山地、秦巴山地、浙闽赣交界山区、武陵山山地、南岭地区、海南岛中南部山地、桂西南石灰岩地区、西双版纳和藏东南山地热带雨林季雨林区、岷山—邛崃山、横断山区、北羌塘高寒荒漠草原区、伊犁—天山山地西段、三江平原湿地、松嫩平原湿地、辽河三角洲湿地、黄河三角洲湿地、苏北滩涂湿地、长江中下游湖泊湿地、东南沿海红树林等。总面积 87.1 万 km^2，占全国国土面积的 9.1%。主要生态问题是人口增加以及农业扩张，交通、水电水利建设，生物资源过度开发，外来物种入侵等，导致自然栖息地破碎化、岛屿化严重；生物多样性受到严重威胁，许多野生动植物物种濒临灭绝。

要禁止对野生动植物进行乱捕滥采，实现物种资源的良性循环和可持续利用，加强对外来物种入侵的控制，保护自然生态系统与重要物种栖息地，维护区域生物多样性保护生态调节功能稳定发挥，保障区域生态安全。

5.8.3.3 Ⅲ类区——食物环境安全保障区

食物环境安全保障区具体内容如下：

（1）Ⅲ-1 粮食及优势农产品环境安全保障区

按照传统农业区划，参考农业地理知识，去掉近期农业地位急剧下降的地区，包括东北平原、黄淮海平原、长江流域、汾渭流域、河套灌区、华南地区和甘肃新疆地区等，共 7 区 23 片。总面积约 170.3 万 km^2，占全国的 17.8%。该区具备良好的粮食生产条件，是全国的粮食主产区。

要保障国家主要粮食生产地环境安全，为粮食生产提供安全健康的生产环境。

（2）Ⅲ-2 畜禽产品环境安全保障区

畜禽产品环境安全保障区包括肉用牛羊、奶牛等放牧和养殖区，按照草场分布以及牧业县的分布划分，分布于北部和西部边疆，包括内蒙古、新疆、西藏、青海、四川、甘肃、宁夏、黑龙江等省（自治区），总面积约 45.1 万 km^2，占全国的 4.7%。

要保障畜牧产品质量和数量，确保畜牧产品产地的环境安全。

（3）Ⅲ-3 水产品环境安全保障区

水产品环境安全保障区是我国海水养殖和捕捞的主要作业区，主要是海岛县、半海岛县和南海诸岛，由南到北分为不同的养殖和捕捞区，共 8 个区。总面积约 0.8 万 km^2，占全国的 0.1%。

要保障近岸海水产品的质量和数量，确保海水产品产地的环境安全。

5.8.3.4 Ⅳ类区——聚居环境维护区

聚居环境维护区空间具体内容如下：

（1）Ⅳ-1 环境优化区

环境优化区是聚居环境维护区中经济社会发达、环境管理有效、生态环境质量较好的地区，包括国家环境保护模范城市、国家生态市县等，是环境-经济协调发展的先导示范区。总面积约 10.2 万 km^2，占全国的 1.1%。

环境优化区产业布局和结构合理，城镇体系比较完善，作为全国经济发展和环境保护协调的先导示范区域，是带动全国经济社会发展提升国家竞争力的重要区域，要协调好发展与保护的关系，进一步加大环境保护投入，为进一步集聚人口和产业创造条件。

（2）Ⅳ-2 环境控制区

环境控制区是聚居环境区中工业化和城镇化发展较快、生态环境压力较大、资源和环境问题逐渐显现、总体上环境承载力较强，生态尚未遭到严重破坏的地区，总面积约 129.4 万 km^2，占全国的 13.5%。

环境控制区是全国重要的人口和经济密集区，是支撑我国经济快速发展的核心地区，未来主要城市化和工业化发展地区。要优化产业结构，降低能源和资源消耗，减少污染物排放，在保护环境的基础上推动经济持续发展，进一步加大环境保护和生态建设投入，加强环境风险防范，保障生态环境质量不降低，提高集聚人口能力。

（3）Ⅳ-3 环境治理区

环境治理区是聚居环境区中环境质量较差、生态问题凸显、进一步持续发展受到威胁的地区，包括水污染防治规划中的全国优先控制单元、大气污染重点治理区、重金属污染防治规划中的全国重点防控区、土壤环境保护规划确定的土壤污染防控重点区域等，总面积约 23.0 万 km^2，占全国的 2.4%。

环境治理区是受长期环境污染和生态破坏，或者是不利于污染扩散或者环境本底较差导致区域生态环境质量较差，但该区域是国家产业经济不可或缺的重要组成部分，在区域经济社会发展和城镇体系布局也有重要意义。要升级产业结构、转变生产方式，减少资源能源消耗和污染排放，加大生态环境综合治理，切实解决危害人体健康的环境问题，逐步改善人居环境质量，保障区域环境健康。

5.8.3.5 Ⅴ类区——资源开发环境引导区

资源开发环境引导区具体内容如下：

包括鄂尔多斯盆地、新疆、山西、西南、东北等化石能源地区，攀枝花西部钒钛矿、滇黔磷矿、包头铁稀土矿、柴达木盐矿、河南铝土矿、长江中下游铜铅锌锡钨矿、鞍本铁矿等重要矿产资源开采区域，总面积约 69.6 万 km^2，占国土面积约 7.2%。以保障区域矿产资源开发的环境安全为主要环境功能的区域。区域人类干扰强度较大，生态破坏严重，特定污染物排放浓度较高。

总体目标是引导环境资源开发的秩序，严格资源开发环境准入条件，合理开发利用清洁型矿产资源，加强矿山迹地的生态恢复。控制资源开发对周边区域的影响，以不影响周边区域环境功能为基本要求。

5.9 基于区划的红线管控体系

5.9.1 基于区划的资源环境生态红线管控体系设计

各环境功能区内进一步根据生态服务功能重要性、生态环境敏感性和脆弱性划分生态红线，在生态环境质量目标、生态破坏、污染排放和生态环境风险防范等方面设定最严格环境保护措施，即划分并严守生态红线，由生态保护红线、环境质量红线和资源利用红线构成。

自然生态保留区主要环境功能是维持区域自然本底状态，维护珍稀物种的自然繁衍，保障未来的可持续发展；生态功能保育区主要环境功能是维持水源涵养、水土保持、防风固沙、维持生物多样性等生态调节功能的稳定发挥，保障区域生态安全。上述区域重点保障自然系统的安全和生态调节功能的稳定发挥，构建人类社会经济活动的生态环境支撑体系，即以保障自然生态安全功能为主体，要划分生态保护红线。

食物环境安全保障区即限制开发区域的农产品主产区，主要环境功能是保障主要食物产区的环境安全，防控食物产品对人群健康的风险；聚居环境维护区即优化开发和重点开发区域，属于城市化地区，开发内容总体上相同，主要环境功能是保障主要人口集聚地区环境健康；上述区域重点保障与人体直接接触的各环境要素的健康，即以维护人居环境健康功能为主体，要划分环境质量底线。

资源开发环境引导区即能源和矿产资源富集地区，主要环境功能是保障资源开发区域生态环境安全，要划分资源利用上限。

5.9.2　生态保护红线划定

生态保护红线是指在自然生态保留区和生态功能保育区等保障自然系统的安全和生态调节功能的稳定发挥、构建人类社会经济活动的生态环境支撑体系的区域，根据生态系统服务功能重要性、生态敏感性和脆弱性评价结果，划定需要特别关注的区域，并且设定严格的生态保护和建设要求。

5.9.3　环境质量底线划定

环境质量安全底线是指在食物环境安全保障区和聚居环境维护区等以维护人居环境健康功能为主体的区域，重点保障与人体直接接触的各环境要素的健康，根据环境功能重要性、敏感性和脆弱性评价结果，划定需要特别关注的区域，并且设定严格的环境质量考核、污染排放和环境风险防范等环境监管要求。

（1）水环境红线。基于水环境功能重要性、敏感性及脆弱性评价结果，划定水环境红线控制单元，并设立相应的环境质量目标、污染物排放控制目标和风险管理要求。

（2）大气环境红线。基于大气环境功能重要性、敏感性与脆弱性评价结果，划定大气环境红线控制单元，并设立相应的环境质量目标、污染物排放控制目标和风险管理要求。

（3）土壤环境红线。保障农产品质量安全，将 18 亿亩耕地划定土壤环境红线区予以管控，并设立相应的环境质量目标和风险管理要求。

5.9.4　资源利用上限划定

资源利用上限是指在资源开发环境引导区以保障资源开发区域生态环境安全为主体的区域，根据资源承载能力、生态系统服务功能重要性、生态敏感性和脆弱性评价结果，划定需要特别关注的区域，并且设定严格的生态环境保护和建设要求。

（1）能源消耗。依据经济社会发展水平、产业结构和布局、资源禀贱、环境容量、减排要求等因素，确定能源消费总量控制目标。京津冀、长三角、珠三角和山东省等大气污染治理重点地区及城市，要明确煤炭占能源消费比重、煤炭消费减量控制等指标要求。

（2）水资源消耗。依据水资源禀赋、生态用水需求、经济社会发展合理需要等因素，确定用水总量控制目标。严重缺水以及地下水超采地区，要严格设定地下水开采总量指标。

（3）土地资源消耗。依据粮食和生态安全、主体功能定位、开发强度、城乡人口规模、人均建设用地标准等因素，确定耕地保有总量目标，并与划定永久基本农田、落实耕地占补平衡等政策要求相衔接。用地供需矛盾特别突出地区，要设定城乡建设用地总量控制目标。

5.10　基于区划的分区环境管理体系设计

5.10.1　分区环境功能目标

Ⅰ类区——自然生态保留区：对具有一定的自然资源价值区域进行强制保护，设定自然保护区、森林公园、湿地公园、风景名胜区等。对尚未受到大规模人类活动影响仍保留着自然特点的较大区域进行保留，保障自然生态系统原真性和可持续发展空间，保留自然环境本底状态，维护生态系统结构和功能的完整。

Ⅱ类区——生态功能保育区：保障区域生态调节功能稳定，重点在重要生态功能区、陆地和海洋生态环境敏感区、脆弱区等区域划定生态红线，保持并提高区域的水源涵养、水土保持、防风固沙、生物多样性保护等生态调节功能，保障区域生态系统的完整性和稳定性，维护国家生态安全。

Ⅲ类区——食物环境安全保障区：保障主要粮食及优势农产品生产地、畜禽产品产地和水产品产地的环境安全，优先保护耕地土壤环境，严控重金属污染。

Ⅳ类区——聚居环境维护区：保障主要人口集聚区环境健康，改善环境质量，防范环境风险，深化主要污染物总量减排，实现环境公共服务均等化。

Ⅴ类区——资源开发环境引导区：引导资源有序开发，严格总量控制制度，完善水能资源开发的环境管理措施，确保环境质量稳定达标。重点要控制资源开发对周边生态环境的影响，保障区域生态环境安全。

5.10.2 环境管理措施

5.10.2.1 环境质量要求

根据《全国环境功能区划》落实环境质量要求。根据各类环境功能区所承载的主体环境功能的不同，判断各类功能区环境服务的主体，根据其主体提出各类环境功能区对生态环境质量的总体要求，以及对水环境、大气环境、土壤环境、生态环境、噪声环境和核与辐射环境的质量要求，具体见表 2-5-25。

表 2-5-25 环境功能区环境质量要求一览表

一级区	二级区	环境质量要求					
		水	大气	土壤	生态	噪声	核与辐射
Ⅰ自然生态保留区	自然资源保留区	本底值	本底值	本底值	本底值	本底值	不超过本底值
	后备保留区	本底值	本底值	本底值	本底值	本底值	不超过本底值
Ⅱ生态功能保育区	水源涵养区	Ⅱ	一级	一级	水源涵养能力不退化	本底值	不超过本底值
	水土保持区	Ⅱ	一级	一级	风力侵蚀强度小于中度	本底值	不超过本底值
	防风固沙区	Ⅱ	一级（PM_{10}除外）	一级	风力侵蚀强度小于中度	本底值	不超过本底值
	生物多样性保护区	Ⅱ	一级	一级	生态多样性指数不降低	本底值	不超过本底值
Ⅲ食物环境安全保障区	粮食及优势粮食及优势农产品环境安全保障区	渔业水Ⅲ类、灌溉水Ⅴ类	一级（执行《保护农作物的大气污染物最高允许浓度》）	菜地一级，一般农田二级；（执行《食用农产品产地环境质量评价标准》）	农田生态系统健康	本底值	不超过本底值
	畜禽产品环境安全保障区	Ⅳ	一级	二级	草原生态系统健康	本底值	不超过本底值
	水产品环境安全保障区	近岸海水《海水水质标准》一类	一级	二级	近海海洋生态系统健康	本底值	不超过本底值

一级区	二级区	环境质量要求					
		水	大气	土壤	生态	噪声	核与辐射
Ⅳ聚居环境维护区	环境优化区	集中式饮用水水源地水质达标率>96%，水功能区达标率达到100%	二级以上天数>80%	土壤环境质量达标率>90%	建成区绿化覆盖率>35%	噪声达标区覆盖率>60%	核辐射：公众人员年有效剂量当量不超过0.1 mSv；电磁辐射：公众1 d内任意连续6 h全身平均比吸收率<0.002 W/kg
	环境控制区	集中式饮用水水源地水质达标率>90%，水功能区达标率达到90%	二级以上天数>70%	土壤环境质量达标率>70%	建成区绿化覆盖率>30%	噪声达标区覆盖率>50%	核辐射：公众人员年有效剂量当量不超过0.3 mSv；电磁辐射：公众1 d内任意连续6 h全身平均比吸收率<0.006 W/kg
	环境治理区	集中式饮用水水源地水质达标率>80%，水功能区达标率达到60%	二级以上天数>60%	土壤环境质量达标率>50%	建成区绿化覆盖率>20%	噪声达标区覆盖率>30%	核辐射：公众人员年有效剂量当量不超过1 mSv；电磁辐射：公众1 d内任意连续6 h全身平均比吸收率<0.02 W/kg
V资源开发环境引导区		IV/V	二级	三级	基本保持稳定	局部可超标	核辐射：辐射工作人员年有效剂量当量限值为50 mSv；电磁辐射：职业照射每天8 h工作时间内全身平均比吸收率<0.1 W/kg

5.10.2.2 环境管理要求

通过《全国环境功能区划》落实环境管理要求。根据各类环境功能区的环境特征和环境保护重点，制定相关的污染物总量控制要求、环境质量控制要求、环境风险防范要求和自然生态保护要求，为相关环境保护政策的制定提供分区依据，具体如表2-5-26所示。

表2-5-26 环境功能区环境管理要求一览表

一级区	二级区	环境管理要求			
		总量控制	环境质量	环境风险	生态保护与建设
I自然生态保留区	自然资源保留区	零排放	维持现状	确保零风险	强制性保护
	后备保留区	零排放	维持现状	确保零风险	引导性保护

一级区	二级区	环境管理要求			
		总量控制	环境质量	环境风险	生态保护与建设
Ⅱ生态功能保育区	水源涵养区	大规模削减	生态服务功能不退化	防治水源涵养区生态破坏	以区域水源涵养林草保护为主
	水土保持区	大规模削减	生态服务功能不退化	防范水土流失风险	以区域水土保持项目区建设为主
	防风固沙区	大规模削减	生态服务功能不退化	防控沙尘源	以区域防风固沙林草保护为主
	生物多样性保护区	大规模削减	生态服务功能不退化	防范生物多样性丧失风险	以区域生物生境保护为主
Ⅲ食物环境安全保障区	粮食及优势粮食及优势农产品环境安全保障区	大规模削减，增加重金属、POPs 等指标	土壤质量不恶化，灌溉水质量达标	防范面源污染、土壤污染、土壤沙化风险	强化农田生态系统管理
	畜禽产品环境安全保障区	大规模削减，增加生物富集类指标	牧场土壤环境质量不恶化，保证牧草安全	防范草场退化、牧草污染风险	保护草原生态系统，舍饲圈养和以草定畜
	水产品环境安全保障区	大规模削减排放总量	近海海水质量不恶化	水体富营养化、近海水体污染	海岛、半岛、海洋生态系统保护
Ⅳ聚居环境维护区	环境优化区	适度削减	稳步提升	人口和产业聚集引起的群体性环境风险	城乡人居环境
	环境控制区	较大规模削减	较大幅度提升	高速工业化和城市化进程中的环境风险	城乡人居环境
	环境治理区	大规模削减	大幅度提升	评估现存的环境风险，加强预防	城乡人居环境
Ⅴ资源开发环境引导区		适当削减	不降低	资源开发环境风险	面上保护自然生态系统，点上矿山治理与恢复

5.10.2.3　环境管理措施

（1）Ⅰ类区——自然生态保留区

根据相关法律实行有针对性的强制保护措施。环境质量要求保持自然本底状态，保护珍稀物种等敏感对象。

禁止违反法律法规规定的开发建设活动，不得新建工业企业和矿产资源开发企业，现有各类企业污染物排放不能达到国家和地方排放标准的，限期迁出或关闭。

各种餐饮、宾馆及游乐设施，其污染物排放必须达到国家或地方相关标准。

加强生态保护相关知识的培训和教育，提高保护区域各类基础能力建设水平。

（2）Ⅱ类区——生态功能保育区

严格控制污染物排放总量，对污染物排放总量和浓度标准实施较严格的要求，将排污许可证允许排放量作为污染物排放总量管理的依据，实现污染物排放总量的持续下降。

加强环境基本公共服务设施建设，完善环境监测、环境信息公开、环境监管能力，提高污水和垃圾收集处理设施等环境保护基础服务设施水平。大力推进生态保护与建设，在生态环境脆弱敏感的地区开展生态移民，划定生态红线，实施国家重点生态功能区生态环境质量监测、评价和考核，减轻人类活动对生态环境的压力。

主要河流径流量保障基本稳定并满足生态需求，水源涵养和生物多样性维护型生态功能区的水质达到《地表水环境质量标准》Ⅱ类以上（包含Ⅱ类），地下水达到《地下水质量标准》相关要求；水源涵养区、水土保持区和生物多样性保护区环境空气质量标准均应达到《环境空气质量标准》一级标准（包含一级标准）；土壤环境质量达到《土壤环境质量标准》一级标准。

（3）Ⅲ类区——食物环境安全保障区

根据区域环境质量限制污染物排放总量，严格控制重金属类污染物和挥发性有机污染物等有毒物质排放，将排污许可证允许排放量作为污染物排放总量管理的依据，建立农业主产区环境质量监测网络，加强土壤污染治理与修复。各项环境质量指标要考虑食物链的累积影响，农村区域执行《环境空气质量标准》二级标准；主要水产渔业生产区中珍稀水生生物栖息地、鱼虾类产卵场、仔稚幼鱼的索饵场等地表水达到《地表水环境质量标准》Ⅱ类要求，其他水产渔业生产区达到《地表水环境质量标准》Ⅲ类要求，并满足《渔业水质标准》，地下水达到《地下水质量标准》相关要求；农田灌溉用水应满足《农田灌溉水质标准》，严格控制重金属类污染物和有毒物质；近岸海水水质达到《海水水质标准》一类标准；重点粮食蔬菜产地执行《食用农产品产地环境质量评价标准》和《温室蔬菜产地环境质量评价标准》要求，一般农田土壤达到《土壤环境质量标准》二级标准。

粮食及优势农产品环境安全保障区要逐步削减农业面源污染物排放量，控制农田化肥农药施用量，加大土壤和地下水环境保护力度，重点治理重金属、持久性有机污染物和残留农药超标污染地区的农田土壤，综合利用农业生产废弃物，控制农村地区畜禽养殖污染，确保土壤环境质量安全，确保粮食生产质量稳定，加强人工增雨（雪）、防雹作业，保障粮食稳产增产。

畜禽产品环境安全保障区要控制牧区生活污染排放，推动超载减畜，加快传统能源替代和植被恢复，防治土地沙化。

水产品环境安全保障区要控制陆源污染物排放，严格控制岸线工业开发和港口运输造成的环境污染，重点恢复和改善近岸海域的水质和生态环境，以整治陆源污染和海岸带综合治理为重点，陆海兼顾、河海统筹，促进海域环境质量的改善，努力增强海洋生态系统服务功能。

（4）Ⅳ类区——聚居环境维护区

环境质量指标要综合考虑人口聚居、产业发展的压力和区域环境承载能力。一般城镇和工业区环境空气质量执行《环境空气质量标准》二级标准。地表水环境依据《地表水环境质量标准》，集中式生活饮用水地表水水源地一级保护区应达到Ⅱ类标准，集中式生活饮用水地表水水源地二级保护区及准保护区应达到Ⅲ类标准，工业用水应达到Ⅳ类标准，景观用水应达到Ⅴ类标准，纳污水体要求不影响对下游水体功能，地下水达到《地下水质量标准》相关要求。土壤环境依据《土壤环境质量标准》和土壤环境风险评估规范确定的目标要求，加强城镇辐射环境质量监督管理。

环境优化区增加污染物总量控制指标，提高主要污染物总量减排指标削减率，全面推行主要污染物排污交易制度，制定严格的地方排放标准，积极开展以应对水体污染、降温除尘等为目的的人工增雨（雪）作业，对重化工业集中区、开发区实行循环化和生态化改造，区域污染物排放水平要达到国际先进水平。加强城镇人居环境体系建设，加快建立生态绿地、防护绿地和生态廊道，扩大公共设施空间和绿色生态空间，全面开展城镇生态系统保护与生态功能修复，提高城镇生态文明水平。

环境控制区要严格环境影响评价制度，强化环境风险评价，建立区域环境风险评估和防控制度，强化建设项目和现有企业环境风险监管，工业污染物必须全面稳定达标排放，建立环境污染和生态破坏严重地区的"区域限批"制度，科学规划开发建设布局，合理利用环境容量，严格发放排污许可证，完善排污权交易制度，提高区域资源、能源利用效率，加大生态建设投入，维护区域生态良好状态，增强区域生态承载能力。

环境治理区要重点实施污染物减排，对排污许可证的申请实施严格审核，严格控制地区特殊污染物的排放，加强环境综合治理，大力实施水环境综合整治、大气环境综合整治、土壤污染治理、重金属污染治理等环境综合治理工程，强化城镇污水、垃圾收集与处理设施建设，加强环境管理和监督力度，提高各类治污设施的效率，强化对企业污染物稳定达标排放的监管。限期实现功能区区域、流域达标，逐步恢复生态功能。

（5）V类区——资源开发环境引导区

制定资源开发环境保护与生态恢复治理等技术规范和标准，实施生态环境恢复治理重点工程，积极推进实施矿山生态环境恢复治理相关制度，将资源开发生态环境保护与恢复治理目标纳入企业年检重要内容，并实行较高的返还治理比例。明确各级政府对本行政区域内资源开发生态环境恢复治理的目标任务，列入各级政府的任期目标和年度工作目标。建立资源开发利用规划和建设项目环境影响评价文件审批联动机制，禁止新、扩、改建不符合资源开发利用规划要求的项目，加强资源开发活动对生态环境影响的控制，建立资源开发生态环境监测网络，对造成严重环境污染和生态破坏的，责令限期整改，逾期整改不达标的予以关闭。

5.10.3 发展引导措施

5.10.3.1 产业准入环境要求

通过《全国环境功能区划方案》落实产业准入条件。根据各类环境功能区的环境特点、保护重点和环境承载能力，从产业的水污染物排放标准、气体污染物排放标准、清洁生产标准和环境影响评价要求等方面，提出分区的产业准入标准制定原则，为各区产业准入标准的制定提供指导，具体如表 2-5-27 所示。

表 2-5-27 环境功能区产业准入环境要求一览表

一级区	二级区	产业准入标准			
		废水排放标准	废气排放标准	清洁生产要求	生态影响要求
I 自然生态保留区	自然资源保留区	无污染物排放	无污染物排放	无清洁生产项目	局部旅游开发类项目不可对区域环境造成任何负面影响
	后备保留区	无污染物排放	无污染物排放	无清洁生产项目	建议不实施项目开发
II 生态功能保育区	水源涵养区	执行行业污染物排放标准中的特别排放限值和基准排水量	执行行业污染物排放标准中的特别排放限值	执行行业清洁生产一级水平	不破坏区域水源涵养能力
	水土保持区				不破坏区域水土保持能力
	防风固沙区				不破坏区域防风固沙能力
	生物多样性保护区				不破坏区域生物多样性维护能力

一级区	二级区	产业准入标准			
		废水排放标准	废气排放标准	清洁生产要求	生态影响要求
Ⅲ食物环境安全保障区	粮食及优势粮食及优势农产品环境安全保障区	执行行业污染物排放标准中的特别排放限值和基准排水量，特别控制重金属、POPs 等可能造成土壤污染的污染物排放限值	执行行业污染物排放标准中的特别排放限值，严格控制烟尘、重金属、POPs 污染物	执行行业清洁生产一级水平	以保护土壤和灌溉水环境质量为基本要求
	畜禽产品环境安全保障区	执行行业污染物排放标准中的特别排放限值和基准排水量，特别控制可能导致草场退化的具有生态毒性的污染物和具有富集作用的污染物	执行行业污染物排放标准中的特别排放限值，严格控制烟尘、重金属、POPs 污染物	执行行业清洁生产一级水平	以保证牧场承载力不降低、土壤环境质量不恶化、牧草质量达标为基本要求
	水产品环境安全保障区	控制氮、磷等富营养化指标、重金属等生物富集指标		执行行业清洁生产一级水平	保证近海海洋环境质量
Ⅳ聚居环境维护区	环境优化区	执行行业污染物排放标准中的特别排放限值和基准排水量	执行行业污染物排放标准中的特别排放限值	执行行业清洁生产一级水平	产业升级，要求建设循环经济，严格控制产业能耗、水耗
	环境控制区	严格控制 COD、氨氮等常规污染物排放标准，重点控制对饮用水造成威胁的有机、重金属、生物类污染物，适当控制排污许可证	严格控制 PM_{10}、SO_2、NO_x、粉尘等常规污染物排放标准，重点控制重金属、有机类污染物，适当控制排污许可证	执行行业清洁生产二级水平	严格评估产业发展中可能产生的各种环境风险，做好避免和缓解措施
	环境治理区	以严格 COD、氨氮污染物排放标准为主，适当增加特征污染物，逐步减少排污许可证总量	以严格 SO_2、NO_x 污染物排放标准为主，适当增加特征污染物，逐步减少排污许可证总量	执行行业清洁生产三级水平	项目以污染物治理为主，新建项目必须有腾挪出的环境容量
Ⅴ资源开发环境引导区		执行现有企业污染物排放限值，特征污染物排放限值可适当放宽，但以环境质量不恶化为前提		执行行业清洁生产三级水平	全面评估资源开发过程中的环境污染，将污染控制在可控范围内

5.10.3.2 发展引导要求

（1）Ⅰ类区——自然生态保留区

坚持“依法管理、强制保护”，根据各类保护区域的法律规定，实行强制性保护。禁止与保护无关的建设活动，制定生态补偿政策和专项财政转移支付政策。拓宽保护区建设的资金渠道，加强环境基础公共服务设施建设，提高地方政府的公共服务能力。

（2）Ⅱ类区——生态功能保育区

坚持“保护优先、有保有压、适度发展”，发展不影响生态功能的旅游等产业，限制大规模的工业化和城镇化开发，控制人类活动开发强度。以恢复和保育生态服务功能为目标，加强生态建设，科学开发利用空中云水资源。设置较为严格的产业准入环境标准，严格执行环境影响评价制度。制定并实施流域水资源、森林资源、草地资源、生物多样性等的生态补偿政策和用于生态保护工程的信贷优惠政策，对于区域内为生态保护做贡献的居民实施直接的生态补偿。

（3）Ⅲ类区——食物环境安全保障区

坚持“保障基本、安全发展”，以保障农业生产环境安全为基本出发点，适度进行工业和海岸线的开发建设，有序推进城镇化进程。限制大规模的工业化、城镇化开发建设，按照保障农业生产环境安全的原则设置环境准入标准，积极推进农村环境综合整治工作，努力实现农业生产集约化。畜禽产品环境安全保障区要重点处理好载畜量与牧草承载力的关系，确保草地生态系统的稳定性，合理安排农牧业用地。水产品环境安全保障区要限制大规模工业和岸线开发建设，按照保障水产品环境安全的原则设置环境准入标准，确保水产品环境安全和沿海地区经济社会的可持续发展。

（4）Ⅳ类区——聚居环境维护区

坚持“以人为本、优化发展”，以保障人居环境健康为根本出发点，引导人类开发建设活动的优化布局，促进经济社会与生态环境协调发展。

环境优化区要执行严格的产业准入标准，逐步淘汰落后产能和高污染高环境风险产品，鼓励高新技术、高端服务业等资源节约型、环境友好型产业落户，优化城镇、开发区、产业区的布局，提升产业层次。

环境控制区要在充分考虑区域环境承载力的前提下，合理加快工业化和城镇化进程，承接优化开发区域产业的有序转移、限制开发区域和禁止开发区域的人口转移的过程中，防止工业化、城镇化造成占地和用水过多、生态环境压力过大等问题，强化绿色信贷、绿色保险和绿色证券在产业发展中发挥的引导作用。

环境治理区要加快淘汰落后产能，严把标准关，对于新上项目严格按相关标准和程序执行，不合规、不达标的现有项目予以淘汰或关停整改，新建项目的立项和审批必须腾出有效的污染物允许排放量指标，建立新建项目与污染减排、淘汰落后产能相衔接的审批机制，落实产能等量或减量置换制度，并强化新建项目和已有项目扩大再生产的环境影响评价，产业园区要配套建设污染集中处理设施，提高达标排放率、推广清洁生产等强化管理措施。

（5）Ⅴ类区——资源开发环境引导区

坚持“规划先行、有序发展”，着眼于经济社会的长远发展，制订资源开发利用规划，规范各类资源的开发秩序，提高资源利用效率。严格控制矿产资源开发利用活动对生态环境的影响范围，依据资源环境承载能力，合理布局后续加工基地。加强矿产资源开发整合，提高新建矿山最低开采规模标准和采选技术准入条件，引导资源向大型、特大型现代化矿山企业集中，促进形成集约、高效、协调的矿山开发格局。统筹流域上下游关系，系统分析水能和水资源开发的生态环境影响，规范水能资源的开发秩序。

参考文献

[1] Miller D，DE R G. Integrated environmental zoning [J]. Journal of the American Planning Association，1996，62（3）：372-379.

[2] Li Y M，Zeng W L，Zhou Q X. Research progress in water eco-functional regionalization[J]. The Journal Of Applied

Ecology，2009，20（12）：3101-3108.

[3] Brady D J. The watershed protection approach[J]. Water Science and Technology，1996，33（4-5）：17-21.

[4] National Research Council. New strategies for America's watersheds[J]. Washington DC：National Academy Press，1999：l-36.

[5] Westervelt J D. Simulation modeling for watershed management[J]. New York：Springer，2001：l-4.

[6] Bai Y，Zheng H，Ou Yang Z Y，et al. Ecological function regionalization of Haihe River basin[J]. The Journal Of Applied Ecology，2011，22（9）：2377-2382.

[7] Yu XY， Li JX，Zhang X L. The Researches on Integrating Water Function Zones and Water Environmental Function Zones Basing HaiNHD in Hai River Basin[J]. River Basing Research and Planning Approach，2009，2：252-256.

[8] Fu B J，Liu G H，Lu Y H，et al. Ecoregions and ecosystem management in China[J]. International Journal of sustainable development and world ecology，2004，11（4）：397-409.

[9] Yang A M，Tang K W，Wang H，et al. Eco-hydrological regionalization in China[J]. Journal of Hydraulic Engineering，2008，39（3）：332-338.

[10] 王金南，许开鹏，陆军，等. 国家环境功能区划制度的战略定位与体系框架[J]. 环境保护，2013，22：35-37.

[11] 王金南，许开鹏，迟妍妍，等. 我国环境功能评价与区划方案[J]. 生态学报，2014，1：129-135.

[12] 张惠远. 我国环境功能区划框架体系的初步构想[J]. 环境保护，2009，2：7-10.

[13] 张惠远，金陶陶，张萧. 环境功能区划概念和区划思路[J]. 环境保护，2010，14：14-16.

[14] 许开鹏，黄一凡，石磊. 已有区划评析及对环境功能区划的启示[J]. 环境保护，2010，14：17-20.

[15] 卢亚灵，蒋洪强，王金南，等. 环境功能区划与主体功能区划关系的思考[J]. 环境保护，2010，20：29-31.

[16] 许振成，张修玉，胡习邦，等. 全国环境功能区划的基本思路初探[J]. 改革与战略，2011，9：48-50，65.

[17] 黄宝荣，李颖明，张惠远，等. 中国环境管理分区：方法与方案[J]. 生态学报，2010，20：5601-5615.

[18] 王晶晶，刘敏，鲁海杰. 环境分区管理的国际经验及启示[J]. 环境经济，2012，12：38-40.

[19] 黄宝荣，饶胜，王晶晶，等. 环境管理政策分区构想[J]. 环境保护，2010，14：21-23.

[20] 国务院. 全国主体功能区规划[R]，2010.

[21] 许开鹏，王晶晶，迟妍妍，等. 基于主体功能区的环境红线管控体系初探[J]. 环境保护，2015，23：31-34.

[22] 王金南，吴文俊，蒋洪强，等. 构建国家环境红线管理制度框架体系[J]. 环境保护，2014，Z1：26-29.

[23] 王金南，许开鹏，薛文博，等. 国家环境质量安全底线体系与划分技术方法[J]. 环境保护，2014，7：31-34.

本报告执笔：许开鹏、王晶晶、迟妍妍、张箫、张丽苹、葛荣凤

第3篇

“十三五”生态环境保护目标与指标分析

1 全面小康社会下的经济社会与环境指标国际比较研究

1.1 经济社会发展水平基本判断

1.1.1 同等经济情景国际对标年份

根据中国 2010 年、2015 年、2020 年、2030 年人均 GDP，与主要发达国家进行发展阶段对标。中国 2010 年人均 GDP 为 4 433 美元，基本相当于美国 1967 年、西欧、北欧、日本、加拿大等国 1970—1975 年和西班牙、意大利、希腊等国 1977—1978 年水平。中国 2015 年人均 GDP 预测为 8 211 美元，基本相当于美法德日及北欧等主要发达国家 1974—1978 年和英国、意大利、西班牙等国 1984—1987 年水平。中国 2020 年人均 GDP 预测为 1.2 万美元，基本相当于美国、加拿大、西欧、北欧等主要发达国家 1978—1981 年、日本、意大利、英国等国 1985—1987 年水平，以及西班牙、希腊、韩国等国 1989—1995 年水平。中国 2030 年人均 GDP 预测为 2 万美元，基本相当于主要发达国家 1990 年前后水平（表 3-1-1、图 3-1-1）。

表 3-1-1 以人均 GDP（现价美元）为指标确定基本情景对应的典型国家年代

国家	人均 GDP（对应年份）	人均 GDP（对应年份）	人均 GDP（对应年份）	人均 GDP（对应年份）
中国	4 433（2010 年）	8 211（2015 年）	11 902（2020 年）	21 818（2030 年）
瑞典	4 669（1970 年）	7 975（1974 年）	12 442（1978 年）	21 485（1987 年）
丹麦	4 601（1972 年）	7 954（1975 年）	11 810（1978 年）	21 289（1987 年）
荷兰	4 036（1972 年）	7 793（1976 年）	10 993（1978 年）	21 370（1991 年）
挪威	4 378（1972 年）	8 126（1975 年）	11 337（1978 年）	22 080（1987 年）
美国	4 336（1967 年）	8 611（1976 年）	11 695（1979 年）	21 483（1988 年）
法国	4 984（1973 年）	7 540（1977 年）	11 200（1979 年）	21 833（1990 年）
德国	5 027（1973 年）	7 653（1977 年）	12 092（1980 年）	22 219（1990 年）
芬兰	4 176（1973 年）	7 634（1978 年）	11 232（1980 年）	22 056（1988 年）
澳大利亚	4 760（1973 年）	8 235（1978 年）	11 828（1981 年）	21 921（1996 年）
加拿大	4 579（1971 年）	8 770（1976 年）	12 279（1981 年）	21 709（1997 年）
日本	4 581（1975 年）	8 675（1978 年）	11 465（1985 年）	20 355（1987 年）
意大利	4 590（1977 年）	7 967（1985 年）	11 281（1986 年）	21 892（1991 年）
英国	4 400（1975 年）	8 139（1984 年）	12 906（1987 年）	21 295（1995 年）
新西兰	4 302（1973 年）	7 524（1985 年）	12 215（1987 年）	21 712（2003 年）
西班牙	4 343（1978 年）	8 228（1987 年）	10 662（1989 年）	21 495（2003 年）
希腊	4 711（1978 年）	7 875（1989 年）	11 249（1992 年）	21 677（2004 年）
韩国	4 813（1988 年）	8 140（1992 年）	12 403（1995 年）	22 151（2010 年）
欧盟	4 440（1974 年）	8 865（1979 年）	11 066（1986 年）	21 675（1992 年）
波兰	4 351（1998 年）	7 679（2005 年）	11 252（2007 年）	—

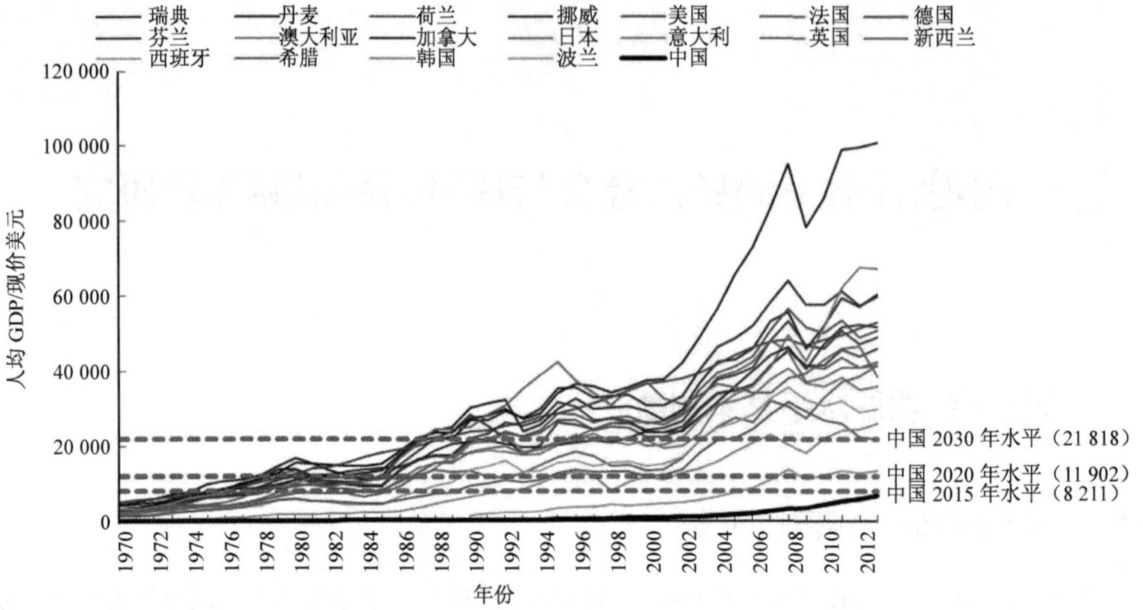

图 3-1-1 典型发达国家 1970—2013 年人均 GDP 变化情况

资料来源：世界银行 http：//data.worldbank.org.cn。其中，中国 2015 年、2020 年、2030 年人均 GDP 为环境规划院预测。

1.1.2 我国“十三五”时期经济增长速度高于发达国家当年同期水平，环境压力较大，但经济步入新常态可能为环境保护带来机遇

经济发展速度从国际对标情况看，发达国家对应我国 2015—2020 年的时期 GDP 平均增速，除韩国达到 7.4%外，大部分国家 GDP 增速介于 2%～5%，我国“十三五”时期经济增速预期在 6%～6.5%，相比发达国家同期水平，我国经济中高速增长带来的环境压力较大。从国内情况看，从改革开放 30 多年平均 10%左右的高速增长逐步进入经济新常态，环境压力进入调整期，有望通过经济转型升级降低资源能源消耗、减少污染物排放总量，为环境质量改善打开“窗口”（图 3-1-2）。

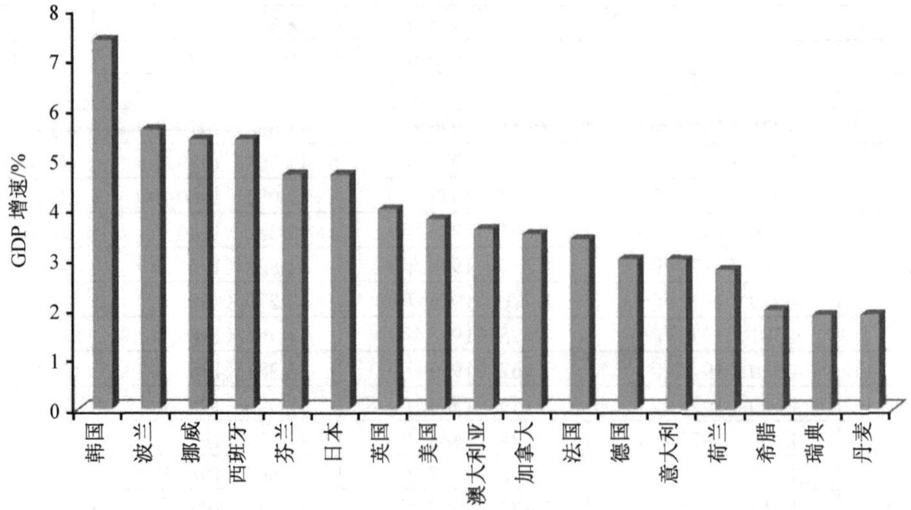

图 3-1-2 典型发达国家人均 GDP 对应我国 2015—2020 年时期的 GDP 平均增速

资料来源：联合国统计司http：//unstats.un.org/unsd/snaama/dnlList.asp。

1.2 工业化发展阶段研判

1.2.1 经济发展阶段、发展方式是环境问题产生的根源

环境问题是伴随着经济社会发展产生的，但经济增长并非必然带来环境问题，其与所处的发展阶段，以及采取的发展方式密切相关。环境库兹涅茨倒 U 形曲线理论解释了经济与环境的相互关系，尽管这一理论存在争议，但全球有 50%左右的国家实证经验符合这一经验（图 3-1-3）。如美国在 20 世纪 40 年代左右，处于工业化中期水平，工业化率达到 40%左右，这一阶段爆发了严重环境危机，发生多诺拉烟雾、洛杉矶光化学烟雾等事件。随着工业化进程实现与环境治理开展，发展方式由传统的资本积累、资源消耗逐步转向技术、效率驱动，人均收入持续增长带来环境质量持续改善并保持稳定。

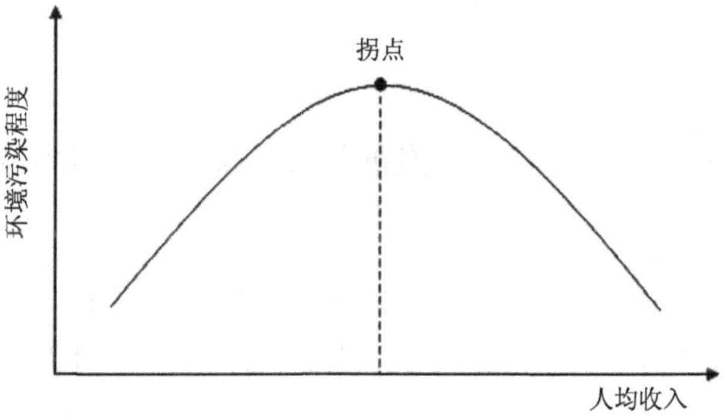

图 3-1-3 环境库茨涅茨曲线示意图

1.2.2 中国已进入到工业化后期阶段，处于上中等收入国家行列

改革开放以来，中国历经 30 余年压缩型、追赶型的工业化进程，尤其 20 世纪 90 年代进入工业化加速期以来，工业化水平持续提升，截至 2006 年工业化率达到 42.2%的峰值。基于传统钱纳里工业化阶段理论分析，结合人均 GDP、产业结构、工业结构、就业结构等相关数据判断，中国大体在 1995 年进入到工业化中期阶段，2003 年进入到工业化中期的后半阶段，2014 年，除城镇化进程相对滞后，其余指标均进入或接近工业化后期水平，总体而言，中国已基本进入到工业化后期阶段（图 3-1-4、表 3-1-2）。

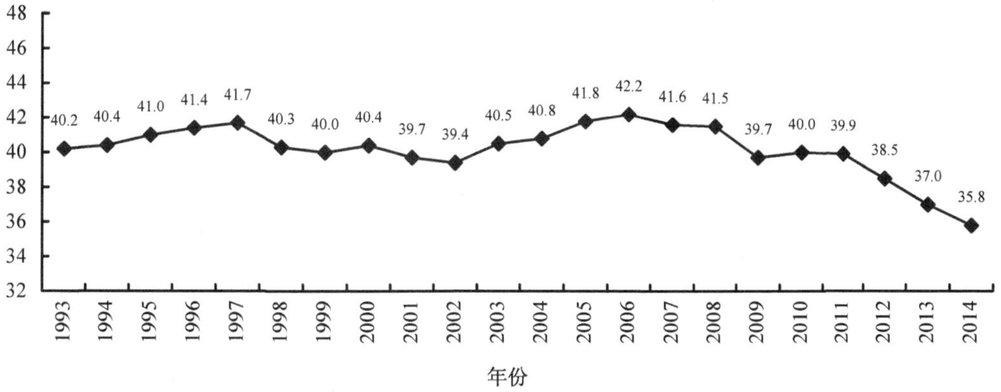

图 3-1-4 工业化水平变化趋势

表 3-1-2 中国工业化阶段研判

基本指标	工业化实现阶段			后工业化阶段	2014 年
	初期	中期	后期		
人均 GDP/2010 年美元	1 654～3 308	3 308～6 615	6 615～12 398	12 398 以上	6 504
三次产业产值结构（产业结构）	A＞20%，且 A＜I	A＜20%，I＞S	A＜10%，I＞S	A＜10%，I＜S	9.2∶42.6∶48.2
第一产业就业人员占比（就业结构）	45%～60%	30%～45%	10%～30%	10%以下	31.4%（2013）
人口城市化率（空间结构）	30%～50%	50%～60%	60%～75%	75%以上	54.7%

注：A 代表第一产业；I 代表第二产业；S 代表第三产业。

1.2.3 从国际比较来看，中国当前经济发展特征与欧美、日韩等工业化后期表现也较为相似

美国 1919—1950 年是工业化大发展时期，工业制品是经济的支柱，这一时期，农业增加值下降至 14%左右，工业占比在 40%左右，机器、钢铁制品、石油和石油制品、汽车及汽车零部件等出口位居前列。1950—1970 的 20 年间，是美国工业化后期阶段，借助战后恢复，美国推出马歇尔计划，加强了重工业转出及对外投资，国内工业发展速度大幅减缓，截至 70 年代末期，工业占比保持在 35%左右水平，三产占比达到 65%左右[1]，就业人口大量从第一产业、第二产业向第三产业转移（表 3-1-3）。

表 3-1-3 美国劳动力变化情况

年份	总就业人数	第一产业		第二产业		第三产业	
		人数	%	人数	%	人数	%
1900	2 903.0	1 149.7	39.6	651.6	22.4	1 101.8	38.0
1910	3 729.1	1 231.4	33.1	1 072.1	28.7	1 425.6	38.2
1920	4 217.6	1 214.6	28.8	1 337.7	31.7	1 665.3	39.5
1930	4 868.6	1 098.1	22.6	1 473.6	30.3	2 296.9	47.2
1940	5 173.2	955.9	18.5	1 615.8	31.2	2 601.5	50.3
1950	5 899.9	755.1	12.8	1 967.7	33.4	3 177.1	53.9
1960	7 214.2	591.6	8.2	2 488.9	34.5	4 133.7	57.3
1970	7 867.8	346.3	4.4	2 608.0	33.1	1 913.5	62.5
1980	9 930.3	336.4	3.4	2 913.6	29.3	6 680.3	67.3
1985	10 715.0	317.9	3.0	2 880.5	26.9	7 516.6	70.2

资料来源：《美国经济》第 34 页。

1845—1970 年，日本依靠引进国外资本与技术，实现了产业结构重化，钢铁、汽车、造船、电子等产品推向了国际市场，重工业产品出口比重由 1951—1955 年的 41.9%上升至 1966—1970 年的

72%。20 世纪 70 年代至八九十年代，是日本工业化的后期阶段，第二产业的增长率及对经济贡献度显著下降，第三产业贡献及就业保持增长态势。从中国当前形势看，2014 年，工业增加值占比、第三产业占比达到 35.9%、48.2%，第二产业劳动就业人数达到 31.4%，与美国 70 年代、日本 80 年代的增长水平较为相似（表 3-1-4）。

表 3-1-4 日本三次产业增长、就业结构分析

单位：%

年份	三次产业 GDP 增长及其相对贡献度						三次产业就业结构及其相对就业增长相对贡献度					
	GDP 增长率			相对贡献度			就业结构			相对就业增长相对贡献度		
	第一产业	第二产业	第三产业	第一产业	第二产业	第三产业	第一产业	第二产业	第三产业	第一产业	第二产业	第三产业
1956—1960	3.34	14.47	7.83	5.9	56.6	37.5	37.1	29.7	33.3	44.8	80.6	64.2
1961—1970	2.10	12.93	9.25	2.0	59.9	38.1	30.1	34.0	35.9	69.3	94.6	74.8
1971—1980	0.29	4.43	5.72	0.3	47.6	52.7	17.2	41.8	41.0	-64.3	36.0	128.3
1981—1987	0.71	4.29	4.32	0.6	49.7	49.7	10.6	41.3	48.1	-24.0	25.4	98.6

资料来源：[日]南亮进. 日本的经济发展（修订版）[M]. 北京：经济管理出版社，1992. 该表根据该书第 103、106、222～223 页相关数据整理而得。

1.2.4 “十三五”时期是工业化后期向完成期的过渡期，工业化过渡阶段是环境问题缓解的重要驱动因素

一般规律表明，工业化后期阶段，产业、工业等生产效率、创新驱动的能力会得到显著提升，知识经济的特征逐步增强。从供给角度看，劳动力、资本要素对经济增长的贡献呈现稳定或趋于下降的态势，技术进步对经济增长的贡献逐步上升。如美国、日本在工业化后期阶段生产效率有明显提升，如美国 1929—1966 年、日本 1958—1970 年全要素生产率全要素生产率分别提升了 0.7、2.6 个百分点（表 3-1-5、表 3-1-6），对经济贡献率提升至 78%、54%，我国自改革开放以来至 2013 年全要素生产率保持在 3.3%左右，对经济贡献率较低为 33.48%。预测十三五时期，在我国经济放缓的形势下，全要素生产率稳定在 3%左右水平，对经济增长贡献将提升至 50%[2]。

表 3-1-5 美国全要素生产率提升情况

年份	资本的收入份额 β（1）	年均增长/%				全要素生产率的贡献/% (6) = (5) / (2)
		劳动生产率 G（Y/L）(2)	资本劳动比率 G（K/L）(3)	资本的贡献 βG（K/L）(4) = (1) × (3)	全要素生产率 G（A）(5) = (2) − (4)	
1800—1855	0.34	0.4	0.6	0.2	0.2	50
1855—1927	0.45	1.1	1.5	0.7	0.4	36
1890—1927	0.46	2.0	1.3	0.6	1.4	70
1929—1966	0.35	2.7	1.7	0.6	2.1	78

注：Y：GDP；L：劳动小时数；K：固定资本数。

资料来源：Abramovitz（1993）：“The search of the soures of Growth：Area of Ignorance，Old and New”.Journal of economic History。

表 3-1-6 日本全要素生产率提升情况

年份	资本的收入份额 β（1）	年均增长/%				全要素生产率的贡献/% （6）=（5）/（2）
		劳动生产率 G（Y/L）（2）	资本劳动比率 G（K/L）（3）	资本的贡献 βG（K/L）（4）=（1）×（3）	全要素生产率 G（A）（5）=（2）-（4）	
1888—1900	0.33	2.1	5.7	1.9	0.2	10
1900—1920	0.39	2.7	6.1	2.4	0.3	11
1920—1937	0.43	2.3	2.8	1.2	1.1	48
1958—1970	0.33	8.2	11.6	3.8	4.4	54

注：Y：GDP；L：劳动小时数；K：固定资本数。

资料来源：Hayami and Ogasahara（1999）：“Changes in the Source of Modern Economic Growth：Japan Compared with the U.S.”，Journal of Japanese and International Economics，13（March）：1-21。

1.2.5 工业化后期阶段是资源、重化工产品峰值到来期，能耗、污染新增压力降有所减轻

从国际比较来看，这一时期重工业增长持续放缓，如美国、英国、日本、韩国、德国等均在向后工业化时期迈进阶段重工业达到峰值，中国在 2008 年重工业占比达到 70%的峰值，时间处于中后期阶段，占比高于其他国家，体现了国家压缩型发展的特征（表 3-1-7）。

表 3-1-7 各国（地区）重工业比例峰值

	美国	英国	日本	韩国	台湾	西德	中国
出现年份	1979	1974	1991	2002	1996	1986	2008
人均 GDP/(1990 年国际元)	1 878	11 859	19 355	15 764	14 052	15 469	6 725
人均 GDP/（2000 年不变价美元）	22 840	14 269	34 288	11936	—	17 171	2 074
重工业比重峰值	61.9%	58.9%	63.4%	67.7%	66.1%	68.4%	70%

资料来源：UNIDO、WDI 和国务院发展研究中心数据库。

1.2.6 从钢铁、建材、冶金等行业发展来看，一般也出现在这一时期，但有所差异

从数据来看，美国、英国人均钢铁产量在 20 世纪 70 年代、日本在 80 年代初达到峰值水平，韩国则仍保持上升的态势。不同的是英国、美国等先发国家人均钢铁产量增长时间较长，但产量峰值较低，人均粗钢产量在 600 kg/人达到峰值，日本韩国等后发国家人均钢铁产量增长速度更快，人均粗钢产量的峰值也更高，在 1 000 kg/人的水平上（图 3-1-5）。

2009 年以来，我国钢铁产量增长保持持续放缓态势，2014 年，仅增长 0.9%。产能过剩情况较为突出，2012—2014 年，我国粗钢产能分别为 10 亿 t、10.4 亿 t、超过 11 亿 t，粗钢产量分别为 7.2 亿 t、7.79 亿 t 和 8.23 亿 t，产能利用率分别为 72%、74.9%、低于 74.8%。从人均钢铁产量来看，2009—2014 年，由人均 58.45 kg 上升到 601 kg，增长持续放缓。预测表明，我国钢铁产量将在 2018 年前后达到峰值，并将在峰值平台期保持 5～10 年，然后开始下降（图 3-1-6、表 3-1-8）。

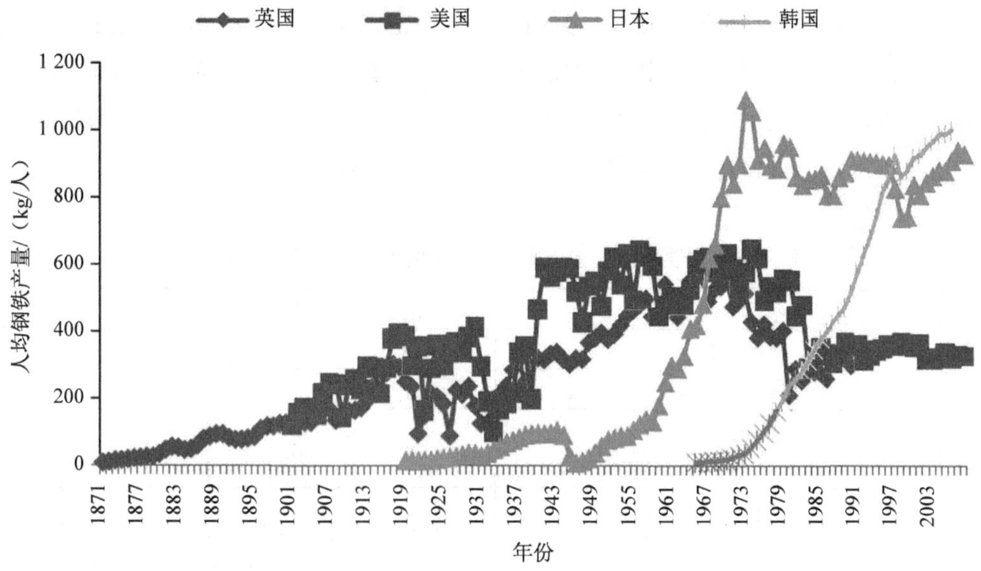

图 3-1-5 典型国家的人均钢铁产量

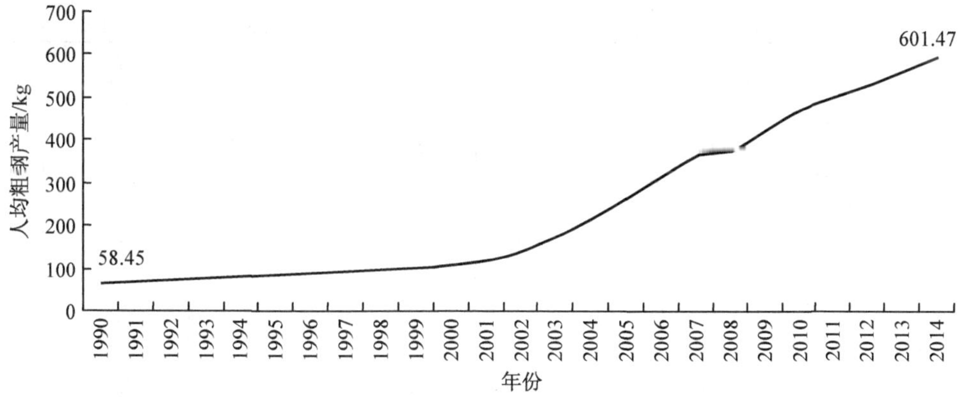

图 3-1-6 中国人均钢铁产量（1990—2014 年）

表 3-1-8 发达国家人均钢铁生产和积累的总结及对中国钢铁产量的预测

国家	峰值年份	峰值时人均钢铁存量（往前推 60 年，按 5%折旧）	峰值时人均钢铁存量（往前推 60 年，不折旧）	钢铁蓄积量稳定值（按 5%折旧）	峰值增长发生拐点
美国	1955	0.64	7.26	15.76	8.8
英国	1966	0.51	6.17	13.93	7.6
法国	1974	0.50	5.66	11.69	—
日本	1973	1.10	6.79	9.61	10.5
韩国	2003	0.97	10.8	15.76	9.5
中国	2014	0.60	2.94	4.26	2.94
	2018	0.80	6.34	9.38	10.1
	假设经济增长 7%				

从水泥生产来看，美国到来时间较早，德国、日本等在20世纪70年代，韩国则在2003年前后达到峰值。从峰值拐点看，日本、韩国等后发国家人均生产峰值明显高于先行国家。中国水泥行业产能过剩相对严重，产能利用率仅有75%，2014年，水泥产量达到24.76亿t，仅增长1.8%左右，初步预期在近两年水泥产量将达到峰值平台期（表3-1-9、图3-1-7）。

表3-1-9 主要国家人均产量出现峰值时的经济社会发展水平

		美国	德国	日本	韩国
水泥生产和积蓄情况	年份	1956	1972	1979	2003
	生产峰值（t/人）增长发生拐点	0.33	0.52	0.80	1.27
	峰值时人均水泥存量（往前推55年，按5%折旧）	3.38	4.78	5.12	13.47
	峰值时人均存量（往前推55年，不折旧）	7.30	7.02	6.25	21.55
经济发展水平	人均GDP（1990国际美元）	10 914	11 481	13 163	16 177
	人均GDP（2008国际美元）	16 225	24 531.92	22 185.37	15 765.409
	人均GDP（2008国际美元）	16 225.18	19 524.45	19 689.97	22 811.23
	第二产业比重	38.00%	45.68%	40.91%	36.66%
基础设施	城市化率	66.00%	72.42%	59.04%	80.32%
	铁路保有量/（km/千人）	2.10	0.39	0.24	0.07
	汽车保有量/（辆/千人）	385.71	239.08	253.98	303.00
交通和物流	人均铁路货运量/（10^3t·km/人）	5.38	1.42	0.37	0.23
	人均铁路客运量/（千人·km/人）	0.27	0.76	2.71	0.60
	人均民航货运量/（10^3t·km/人）	0.00	0.01	0.01	0.15
	人均民航客运量/（千人·km/人）	0.26	0.15	0.44	0.00
	铁路和民航货运量/（10^3t·km/人）	5.38	1.42	0.39	0.38
	铁路和民航客运量/（千人·km/人）	0.53	0.90	3.15	0.60

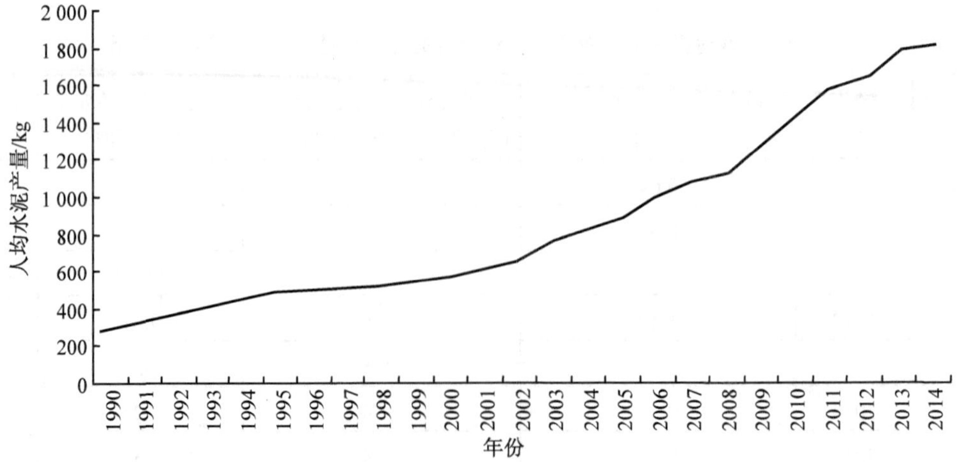

图3-1-7 中国水泥的人均产量（1990—2014）

1.3 城镇化发展趋势

1.3.1 发达国家城市化伴随着工业化进程、城镇化进程完成后，进入缓慢增长阶段

从美国、法国、日本、韩国的城市化进程看，伴随工业化进程，都经历一个明显的城市化进程，即城市化率出现一个明显的上升期，并且这一过程会持续几十年的时间，大体上在城市化率达到 70%以上，这个过程出现明显转折，城市率基本稳定或出现极为缓慢的增长。略有差别的是后发国家的城市化速度更快，美国、法国等先发国家用了 70～80 年的时间完成了城市化，城市化率水平由 40%提高到 70%～80%。日本和韩国等后发国家用 30～40 年时间完成城市化，将城市化率的水平提高到 70%～80%（图 3-1-8）。

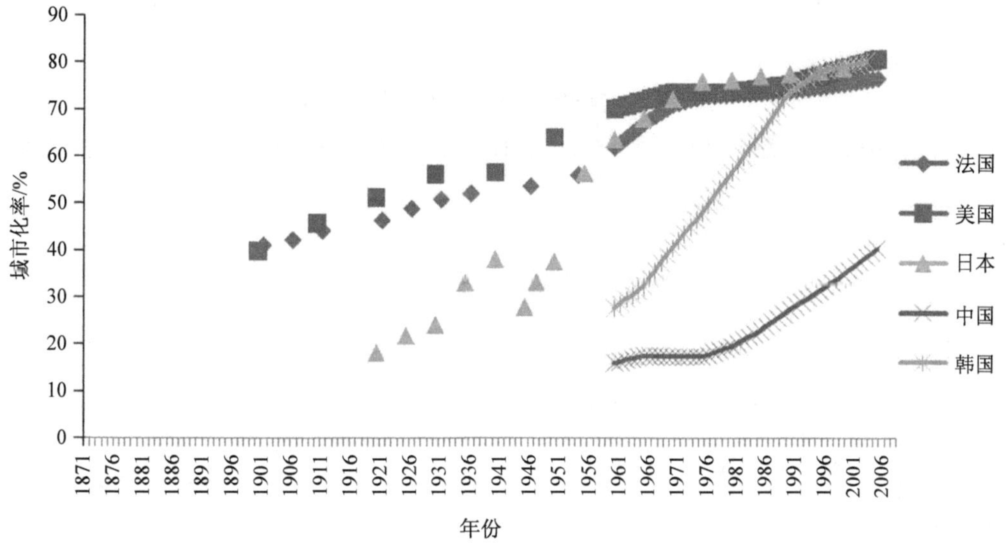

图 3-1-8 典型国家的城市化进程

1.3.2 中国的城镇化进程相对滞后，在工业化后期阶段，城镇化进入到增长放缓阶段，但仍处于推进期

受制于中国户籍制度、土地流转制度等影响，催生了农民工这一群体，中国工业化进程伴随着是半城市化的状态，城镇化进程相对滞后。从国际比较来看，如美国 1920—1970 年伴随着工业化进程，城镇化率由不足 30%迅速提升至 70%以上，城市数量有 2 000 多座上升至超过 6 000 座。日本“二战“后就业人口迅速由第一产业转至第二产业，截至 70 年代，第一产业就业人数持续为负。中国自 90 年代以来开始工业化加速发展，伴随城镇化进程仅由 1990 年的 27%左右上升至 2014 年的 54%，上升了 27 个百分点。当前，伴随着工业化后期阶段到来，中国的城镇化率进程已经开始放缓，由年均增长 1.3 个百分点下降至 0.9 个百分点左右，预期未来城镇化仍将保持发展态势，至 2020 年将达到 60%左右（图 3-1-9～图 3-1-11）。

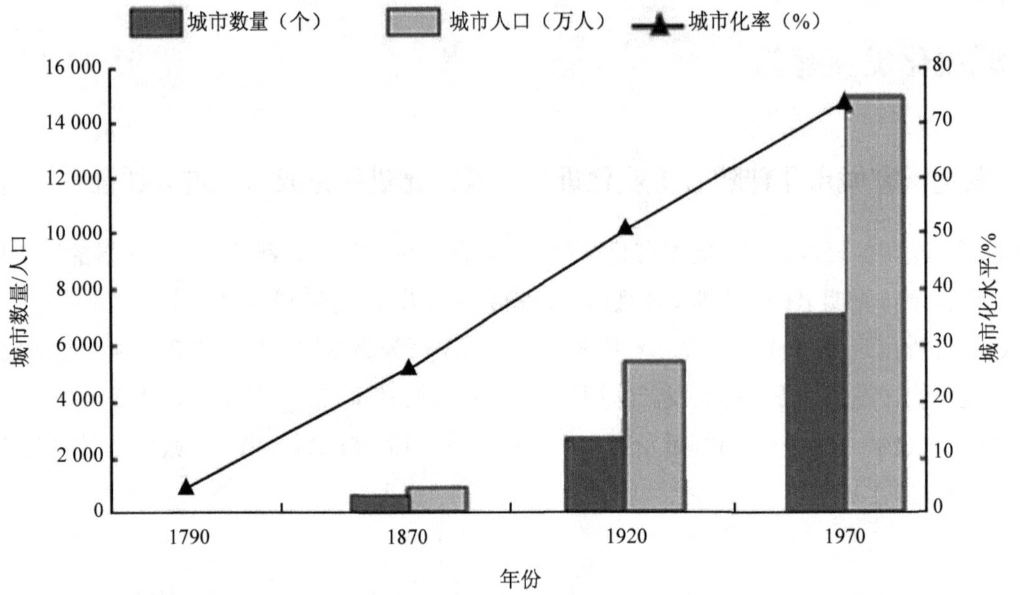

图 3-1-9　美国城市人口及占总人口比例

资料来源：《美国历史统计：殖民地时期到 1970 年》，第 11～12 页。转引自：陈奕平，农业人口外迁与美国的城市化，《美国研究》，1990（3）。

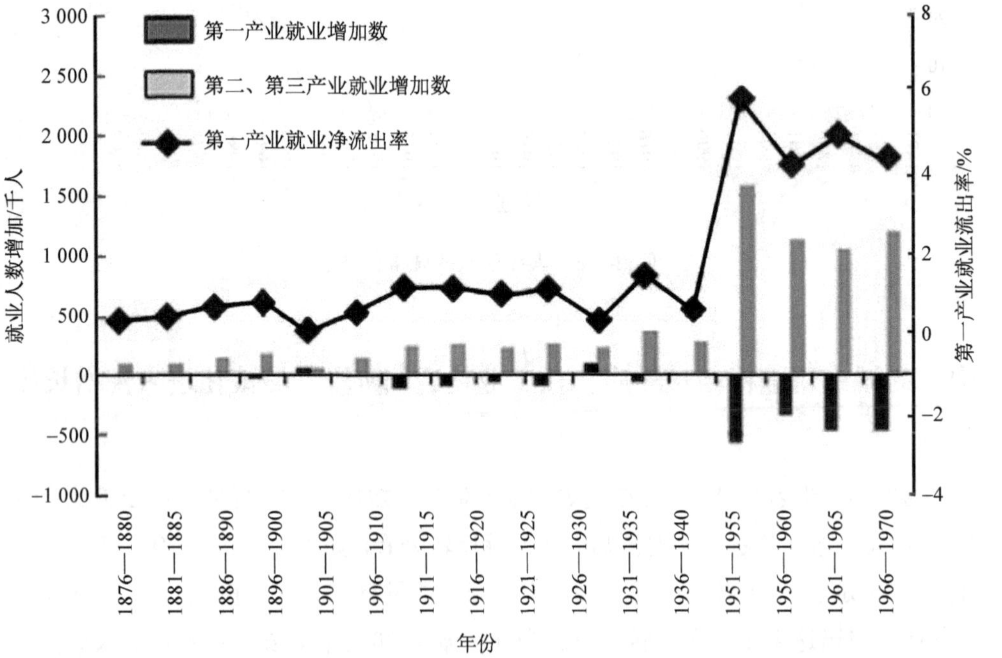

图 3-1-10　日本第一产业就业者人数的变化

资料来源：南亮进：《经济发展的转折点：日本经验》，第 93 页。

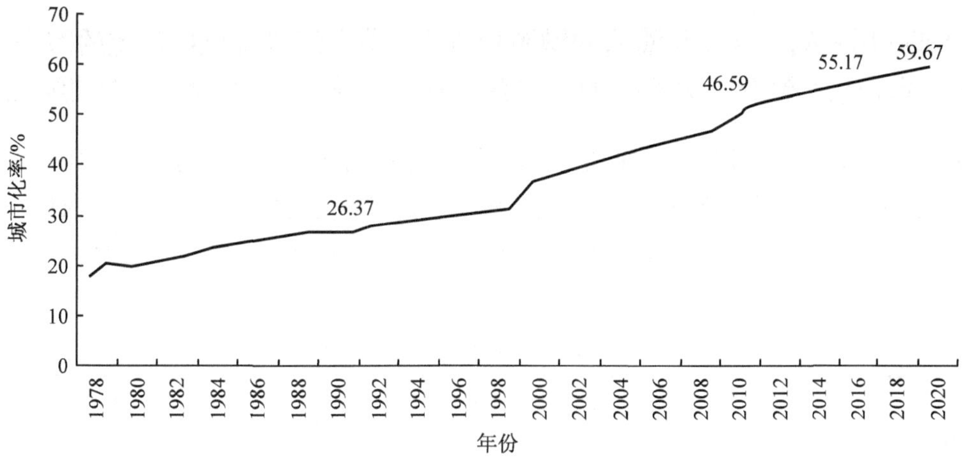

图 3-1-11 中国城镇化进程预期（1978—2020）

人均 GDP 8 200 美元情景下，发达国家城镇化率平均为 74%，我国为 55.5%，我国城镇化率比发达国家当年同等经济情景低 18 个百分点，人均 GDP 1.2 万美元情境下，我国城镇化率比发达国家当年同等经济情景低 15 个百分点，到人均 GDP 2 万美元情景下，我国城镇化水平与发达国家同等经济情景时的差距进一步缩小，低 10 个百分点（表 3-1-10）。

表 3-1-10 典型发达国家人均 GDP 对应我国 2015 年、2020 年、2030 年时的城镇化率

国家	人均 GDP 8 200 美元 城镇化率/%	人均 GDP 1.2 万美元 城镇化率/%	人均 GDP 2 万美元 城镇化率/%
瑞典	82.52	82.94	83.10
丹麦	82.15	83.17	84.57
荷兰	63.50	64.12	69.33
挪威	68.19	69.61	71.57
美国	73.66	73.69	74.94
法国	73.07	73.21	74.06
德国	72.67	72.84	73.12
芬兰	70.20	71.73	78.00
澳大利亚	85.88	85.70	86.28
加拿大	75.50	75.71	78.34
日本	76.06	76.71	76.96
意大利	66.83	66.83	66.71
英国	78.44	78.29	78.35
新西兰	83.67	84.03	86.00
西班牙	74.67	75.13	76.78
希腊	71.28	71.76	74.07
韩国	75.82	78.24	81.94
波兰	61.45	61.23	—
中国	55.5（2015 年）	60（2020 年）	66.8（2030 年）

1.3.3 中国挤压式的工业化与滞后的城镇化进程，带来消费既包括传统的汽车、住房排浪式消费，也带来个性化、多样化的新消费需求，影响生活型环境污染问题交织复杂

汽车产业是城镇化进程下的一项重要消费需求。从国际来看，英国、德国、法国和日本的汽车工业基本上都是战后才开始大规模发展的，其达到顶点大都是在 1980 年前后，这一时期也是城镇化进程快速发展期。美国汽车工业在 1965 年突破 1 亿辆，在 2000 年后又达到了新水平（表 3-1-11）。

表 3-1-11 主要国家汽车生产量的增加情况 单位：10^3 辆

年份	美国	德国	英国	法国
1930	3 356	71	237	230
1940	4 513	72	134	
1950	8 006	306	784	358
1960	7 905	2 055	1 811	1 369
1970	8 284	3 842	2 098	2 750
1980	8 010	3 879	1 313	3 378
1985	11 653	4 446	1 314	3 016
1990	9 783	4 977	1 566	3 769
1995	11985	4 677	1 765	3 475
2000	12 774	5 527	1 814	3 348

从中国汽车消费来看，近年来仍保持年均 1 100 万辆的增长水平，仍处于快速增长的势头，但是与发达国家仍存在不小差距，美国千人保有量超过 800 辆，而中国不足百辆。当前至 2020 年，仍是汽车需求的增长期，预期 2020 年，中国的汽车消费需求将达到峰值。但是从分布上看，不同于美国等其他发展国家，中国的汽车消费主要集中在城市，超过了 80%比例，美国城市、郊区的汽车比例基本为 36%、45%。从数据来看，机动车尾气是城市灰霾的重要来源之一。如北京地区空气污染源解析重达到 22%。2011—2013 年，中国机动车氮氧化物排放量达到 640 t。汽车消费增长带来的环境压力仍将保持上升势头（图 3-1-12、图 3-1-13）。

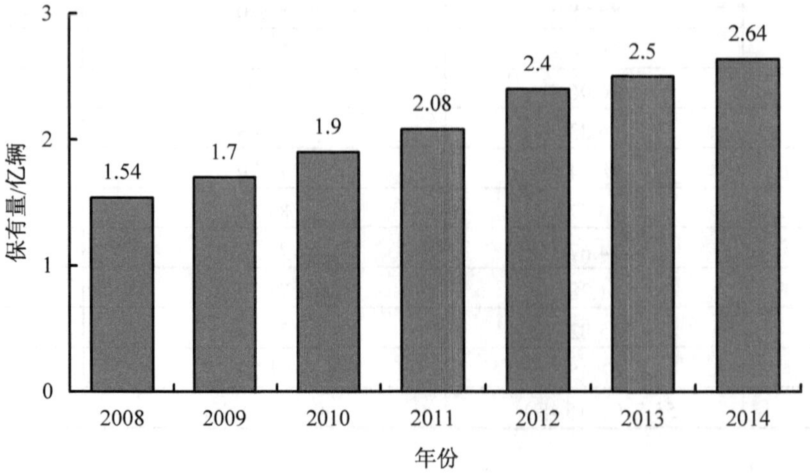

图 3-1-12 2008—2014 年我国机动车保有量

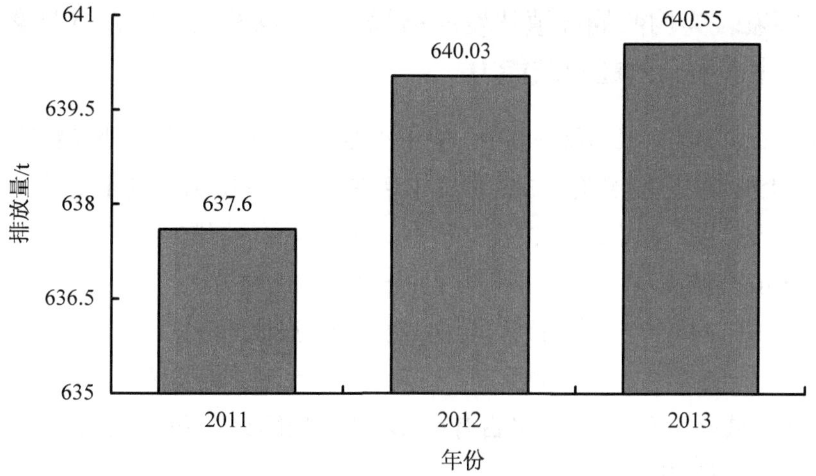

图 3-1-13 2011—2013 年机动车氮氧化物排放量

当前，中国进入到工业化后期，创新的动力来自多样化、客制化的消费需求。国家提出了中国消费的转型问题，带来的新型环境污染。从国际比较来看，发达国家普遍在 20 世纪七八十年代完成传统工业化进程后，进入到以电子信息等为主导的信息化、知识化发展阶段。但技术升级、产品更新换代带来的电子废弃物等环境问题突出，并采取了向发展中国家倾售的策略。从中国当前形势看，正进入到传统工业与新兴工业、信息工业同时并存的时期，由个性化、多元化消费带来的新型环境污染等问题日益复杂多样，影响深远。

1.3.4 我国城市土地占国土面积比例低于发达国家，但城市土地承载人口密度远高于发达国家，城镇化的生态胁迫效应更显著

发达国家城镇化进程中人口与土地利用模式可以分为集约模式、分散模式和中间模式，集约模式以西欧和日本为代表，土地利用较为集约，人均城市用地面积约 1 200 m^2。分散模式以美国、加拿大、澳大利亚等北美和大洋洲国家为代表，这些国家人少地多，交通发达，城市用地较为分散，人均城市用地面积约 3 000 m^2。北欧和南欧国家人口和土地面积适中，土地利用效率介于上述两者中间。

根据中国土地勘测规划院《全国城镇土地利用数据汇总成果分析报告》，截至 2013 年底，我国城镇土地总面积为 858 万 hm^2。我国土地面积辽阔，与发达国家相比，城市土地面积占国土面积比例较低，只有 0.89%。但单位面积的城市土地承载人口数量近 9 000 人，约是发达国家是 10～20 倍。我国人口高度密集型的城镇化给城市土地造成严重的生态胁迫效应，单位城市土地面积消耗更多的资源能源、排放更多的污染物，增加了城市地区环境压力（表 3-1-12）。

表 3-1-12 城市土地承载状况分析

	集约模式		分散模式		居中模式		
地区/国家	西欧	日本	北美	大洋洲	北欧	南欧	中国
城镇化率	76%	66%	81%	70%	84%	66%	54.77%
城市土地占国土面积比例	16.6%	28.6%	4.8%	0.6%	9.6%	15.1%	0.89%
每平方千米城市土地面积人口数	788	809	303	477	512	511	8 734

注：发达国家数据为 2005 年，我国城镇化率为 2014 年数据，城市土地占国土面积比例为 2013 年数据。

1.3.5 与发达国家较为均衡的城镇化发展格局不同，我国城镇化人口集聚的空间非均衡性突出，大城市生态负荷远超承载能力

德国、法国、日本等国家城镇化进程中，大中小城镇发展较为均衡。小城镇德国约有 1/3 的居民生活在 10 万以上的城市里，约有 1/3 的居民生活在 0.2 万～10 万人的小城镇，德国共有 580 多个城市，其中百万人口以上城市只有 3 个。日本、法国等发达国家也以发展中小城市为主，日本 1980 年全国约有 670 个城市，百万人城市只有 20 个。我国 1 000 万人口以上的城市有 6 个，100 万～1 000 万人口的城市达 134 个。新增城市人口过度集中于沿海地区的城市群和特大城市，其增速高于全国平均水平数倍，全国有 50%以上的城市人口聚集在城市群与特大城市，人口规模过于庞大导致生态赤字急剧扩大，城市居民人均水资源占有量仅相当于国际红色警戒线的 20%左右，大城市环境压力过大，环境质量改善难度大。

1.3.6 我国城镇化的过度建设与低效回收模式，进一步增加了资源能源消耗，加重了城市环境压力

我国城镇化过程中“大建”现象突出，大中小城市新建建筑量高速增长，2001—2010 年我国城镇化率提高了约 12 个百分点，但城镇建筑面积增加了一倍，从 110 亿 m^2 增长到 220 亿 m^2。新建建筑需求带动钢铁、建材、玻璃等高污染产业发展，加大了污染物排放总量。在城市建设与发展过程中，废旧金属与电子电器、工业固体废物、建筑垃圾、生活垃圾与污泥等废物年产生量超过 40 亿 t，但综合利用率不到 40%。固体废物丢弃加大了环境压力，也造成大量资源浪费（表 3-1-13）。

表 3-1-13 我国与发达国家金属再生利用率对比

	铜	铝	铅	铁
发达国家	＞40%	＞33%	＞35%	＞70%
中国	27%	16%	34%	13%

1.4 主要污染物排放量和环境质量变化趋势

1.4.1 发达国家经验表明，污染物排放量不会长期高居不下，经过大规模治理，污染物排放可以实现大幅削减，从峰值削减一半需要 20～25 年

发达国家 SO_2 的峰值年份多在 20 世纪 60 年代末 70 年代初（相当于我国 2010 年经济水平），SO_2 排放总量达到峰值后，美国和英国均用了 25 年使污染物排放总量降低了 50%左右，至今共降低 8 成以上。发达国家氮氧化物的排放量峰值集中在 80 年代末 90 年代初，氮氧化物排放总量达到峰值后，美国用 18 年削减了 56%，英国用 21 年削减了 64%，欧洲用 24 年削减了 46.2%，日本用 12 年削减了 24.2%（表 3-1-14）。

在城镇化率增长变化不大、第二产业占比变化不明显但人均 GDP 增长较快的情况下，发达国家的基本用 20～25 年的时间削减了一半左右的污染物排放量。

表 3-1-14 大气主要污染物排放量峰值一览表

污染物	国家	峰值时间	峰值时排放量/万 t	当前排放量/万 t	降幅/%
SO_2	美国	1974	3 003	562	81.3
	英国	1968	637	38	94
	欧洲	20 世纪 70 年代	—	619.5	—
	日本	1967	500	93.7	81.2
NO_x	美国	1994	2 537.2	1 116（2012）	56
	英国	1989（1990）	287	103（2011）	64
	欧洲	20 世纪 90 年代	1 723	927	46.2
	日本	2002	215	163	24.2
VOCs	美国	1970	3 029.7	1 568	48.2
	英国	1990	270	75	72
	欧洲	1990 前后	1 706	738	56.7
	日本	1990 前后	194	154	20.6

1.4.2 随着污染物排放总量的削减，污染物浓度也开始逐步下降，但环境质量全面改善需要 20～30 年时间

美国 PM_{10} 排放量由 1990 年的 2 775 万 t 减少到 2010 年的 1 819 万 t，下降了 34.4%；PM_{10} 美国年均浓度也由 1990 年的 82 μg/m^3 下降到 2010 年的 51 μg/m^3，下降了 37.8%，PM_{10} 用 20 年时间下降了 1/3。

2000 年以来，美国开始大力控制 $PM_{2.5}$。2000—2010 年 $PM_{2.5}$ 排放量由 650 万 t 下降到 328 万 t，下降了 49.5%；$PM_{2.5}$ 年均浓度由 13.62 μg/m^3 下降到 9.99 μg/m^3，下降了 26.5%。$PM_{2.5}$ 用 10 年时间下降了 1/4（图 3-1-14、图 3-1-15）。

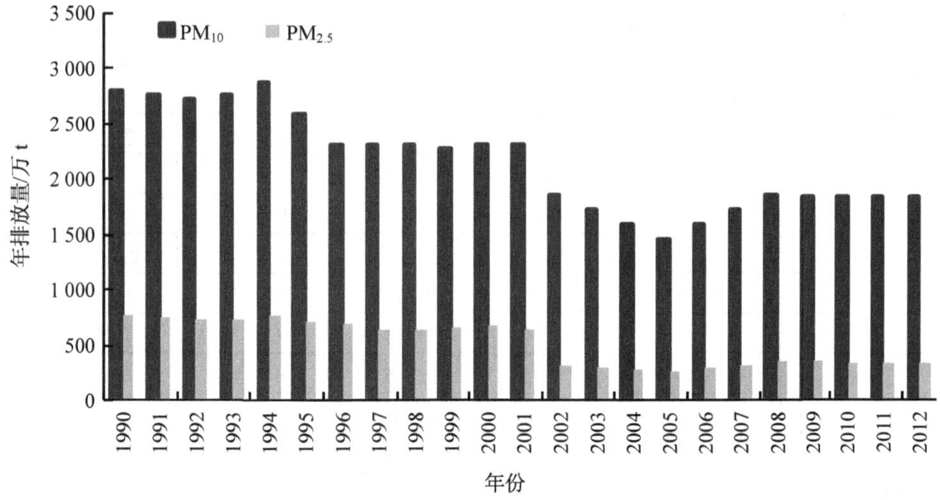

图 3-1-14 1990 年以来美国 PM_{10} 与 $PM_{2.5}$ 排放量

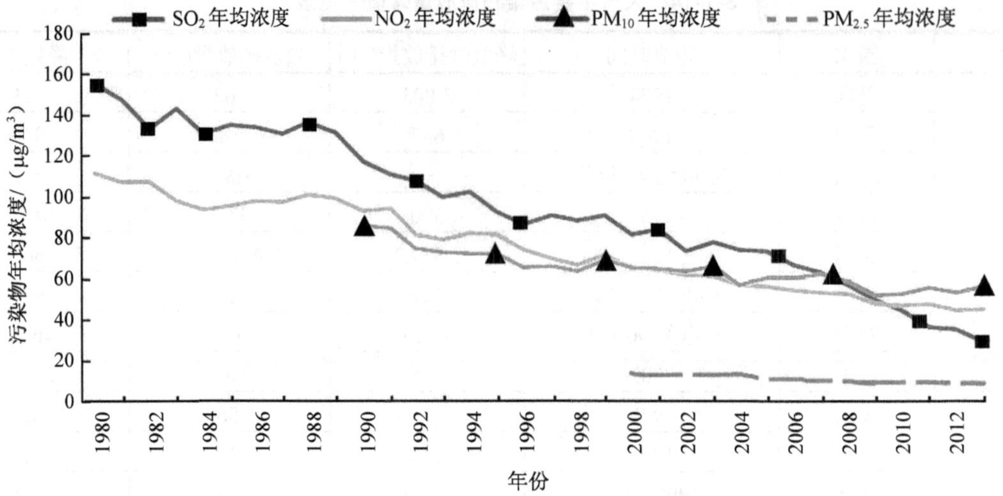

图 3-1-15 美国主要大气污染物年均浓度

欧洲自 1990—2012 年 22 年间 PM_{10} 排放总量总体下降了 39.64%，其中卢森堡、荷兰、英国等国家下降幅度达到一半以上，法国、捷克、丹麦、波兰、比利时、匈牙利、意大利、德国等国家下降幅度在 30%～50%。这一时期主要国家的 PM_{10} 浓度下降幅度在 35%～60%（表 3-1-15、表 3-1-16）。

表 3-1-15 欧盟国家 1990—2012 年 PM_{10} 排放总量 单位：t

国家	1990	1995	2 000	2005	2010	2012	削减率/%
卢森堡	379 119	158 251	5 321	10 236	9 763	9 614	97.46
荷兰	75 412	57 533	47 014	40 491	34 281	31 323	58.46
英国	284 260	225 009	177 611	145 802	133 120	127 780	55.05
法国	554 746	519 211	436 972	362 023	304 605	286 818	48.30
捷克	57 350	52 320	42 025	34 346	37 011	34 426	39.97
丹麦	47 713	42 790	38 531	38 768	33 842	29 120	38.97
波兰	427 723	342 122	269 302	270 664	282 697	265 952	37.82
比利时	62 996	57 138	53 242	46 517	43 682	39 355	37.53
匈牙利	65 768	58 410	65 009	42 538	42 917	42 740	35.01
意大利	249 060	246 574	209 029	188 231	174 169	166 153	33.29
德国	328 429	304 324	268 102	231 744	228 600	224 377	31.68
瑞士	28 277	25 368	21 832	20 458	20 037	19 560	30.83
爱尔兰	17 444	17 547	18 139	17 647	13 528	13 387	23.26
瑞典	57 160	52 649	46 652	51 155	49 252	45 534	20.34
葡萄牙	90 224	98 497	102 786	102 149	81 411	77 652	13.93
挪威	52 239	52 448	52 800	49 960	47 860	47 445	9.18
西班牙	167 904	183 607	196 973	211 483	184 771	182 284	–8.56
土耳其	706 253	685 098	692 395	643 558	786 634	809 935	–14.68
芬兰	25 064	25 586	57 831	57 388	54 690	50 040	–99.65
冰岛	314	319	435	481	651	636	–102.55
欧盟	3 294 638	2 809 479	2 390 269	2 234 730	2 082 179	1 988 766	39.64

表 3-1-16 主要国家 1990—2011 年 PM_{10} 浓度变化 单位：μg/m³

年份	1990	1995	2000	2005	2006	2007	2008	2009	2010	2011	20 年间降幅/%	PM_{10} 排放总量降幅/%
中国	—	—	—	76	100	94	89	74	75	78	—	—
日本	40	35	27	23	23	22	21	20	19	19	52.50	—
德国	38	34	29	27	27	26	26	25	24	24	36.84	31.68
法国	37	31	28	27	27	26	26	25	24	24	35.14	48.3
巴西	63	61	46	42	42	41	41	41	38	36	42.86	—
英国	31	28	24	22	22	22	21	20	19	20	35.48	55.05
意大利	58	45	40	39	40	39	38	36	34	34	41.38	33.29
俄罗斯	67	41	36	35	34	33	31	30	28	27	59.70	—
西班牙	45	38	37	35	37	34	33	32	30	27	40.00	–8.56

从水环境治理情况看，发达国家用了 20 余年时间水质状况才有较大幅度改善。其中部分污染严重水体，治理时间可能需要 30～35 年。20 世纪 70 至 80 年代，针对境内水体不断恶化，欧盟开展了第一批水环境立法工作，制定了用于游泳、渔业、饮用水等不同类型水体的水质标准，确保水体质量能够达到相应功能要求。同时污水处理设施不断建设完善，90 年代欧洲易北河流域新建、改建扩建了 181 座市政污水处理厂，处理了相当于 1.29 亿德国人和 850 万捷克人的生活污水，德国共投资 30 亿欧元，捷克共投资 121 亿捷克币。易北河和北海的 BOD 排放年均减少 8.377 万 t，相当于 1990 年全部负荷的 27%；总磷减少 3 320 t，相比 1990 年削减了 36%，氨氮削减了 14 250 t，削减了 62%。工程措施对促进水环境质量改善发挥了重要作用（图 3-1-16、表 3-1-17）。

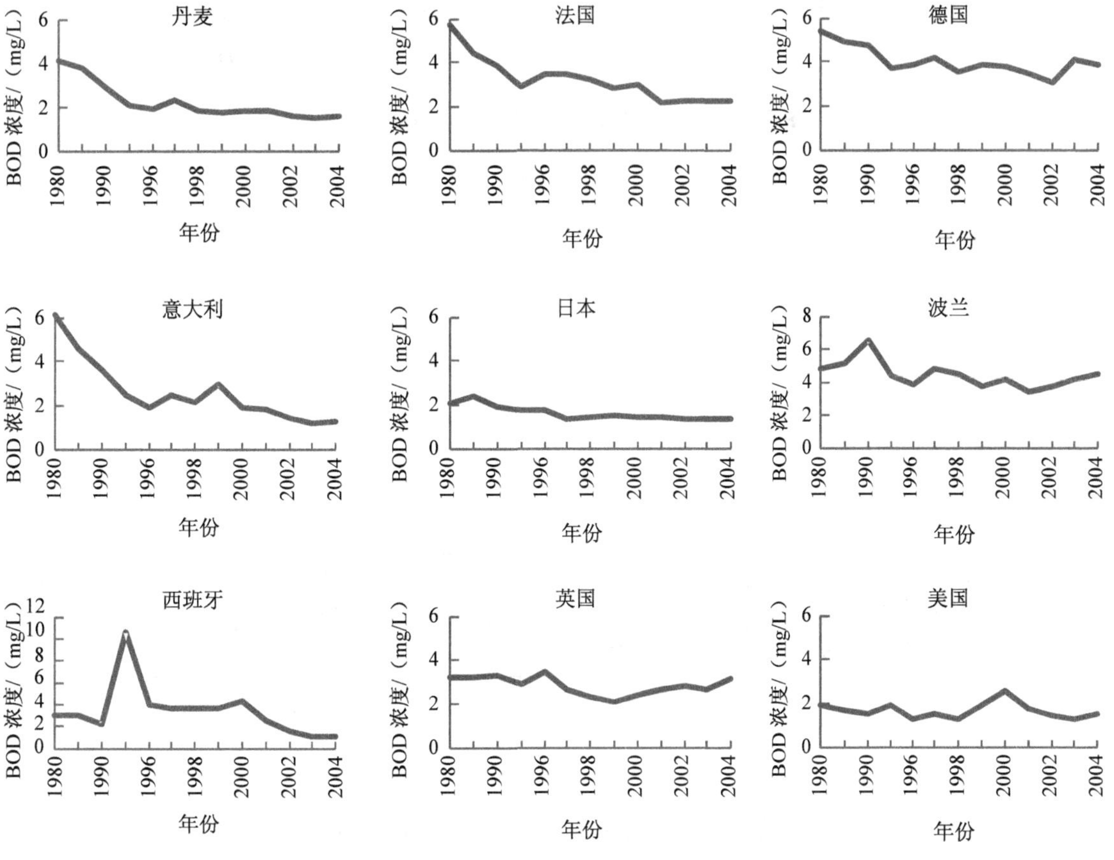

图 3-1-16 9 个国家河流 BOD 浓度变化趋势

表 3-1-17 部分污染严重水体治理时间与效果

国家	污染河流	治理期	效果
德国	莱茵河	30 年	由 1970 年最差恢复至 1900 年前后水质，恢复了 150 余种野生生物物种
日本	琵琶湖	35 年	由Ⅲ～Ⅳ类水恢复至Ⅱ类水质，淡水赤潮与蓝藻水华得到了遏制
日本	霞浦湖	30 年	总氮含量下降较为明显
德国	博登湖	26 年	基本处于社会公众可以接受水平

1.4.3 我国主要污染物浓度绝对值超过发达国家同期水平，环境改善难度将比任何发达国家都大

空气环境质量方面，对比我国现在城市主要污染因子 $PM_{2.5}$ 和 PM_{10}，在同等经济发展水平下，我国的两项污染物浓度都远远高于发达国家同期（图 3-1-17）。

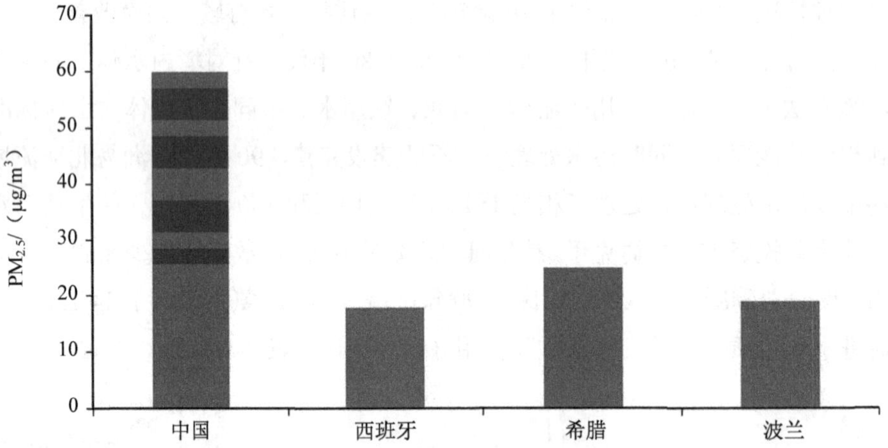

图 3-1-17 人均 1.2 万美元的 $PM_{2.5}$ 浓度值比较

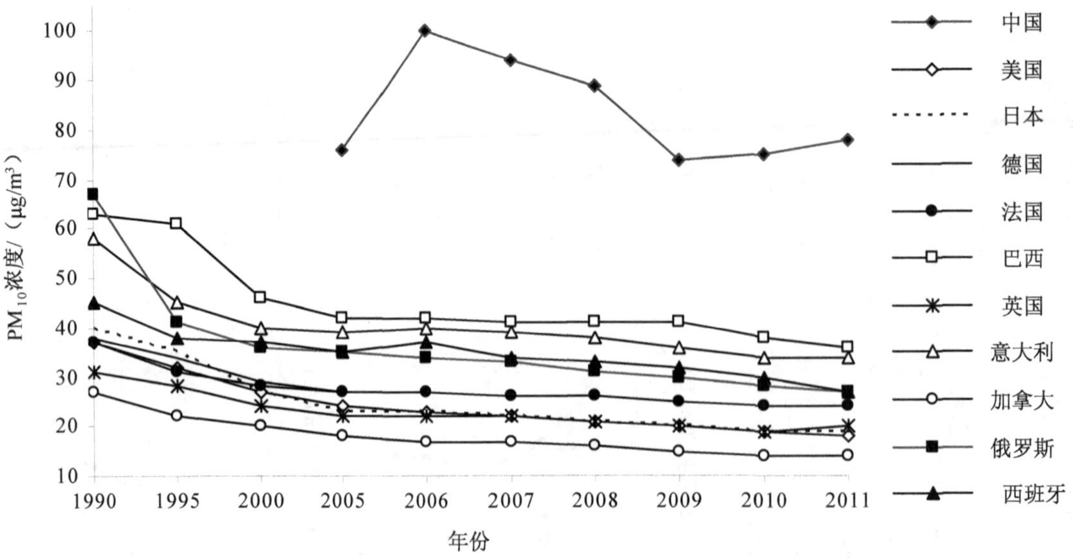

图 3-1-18 1990—2011 年世界主要国家 PM_{10} 浓度变化

水环境方面，将发达国家人均 GDP 8 200 美元时期的主要河流 BOD 浓度与我国 2014 年地表水国控断面水质对比，我国呈现“两头高”特征，即好Ⅲ类比例高于发达国家当年同期 6 个百分点，但同时劣Ⅴ类河流比例也高于发达国家当年 9 个百分点，消除劣Ⅴ类是水环境治理重点。发达国家人均 1.2 万美元时地表水环境质量状况 77%的河流的 BOD 值在 4 以内（相当于Ⅲ类水），根据《水污染防治行动计划》，到 2020 年长江、黄河、珠江、淮河、海河、辽河、松花江七大流域干流及主要支流优于Ⅲ类的断面比例达到 80%左右，与发达国家当年水平基本吻合（图 3-1-19、图 3-1-20、表 3-1-18）。

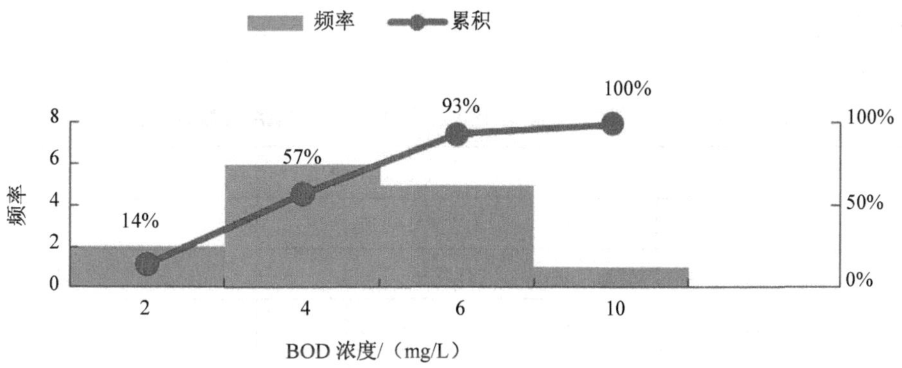

图 3-1-19 2015 年情景发达国家河流 BOD 浓度统计分析

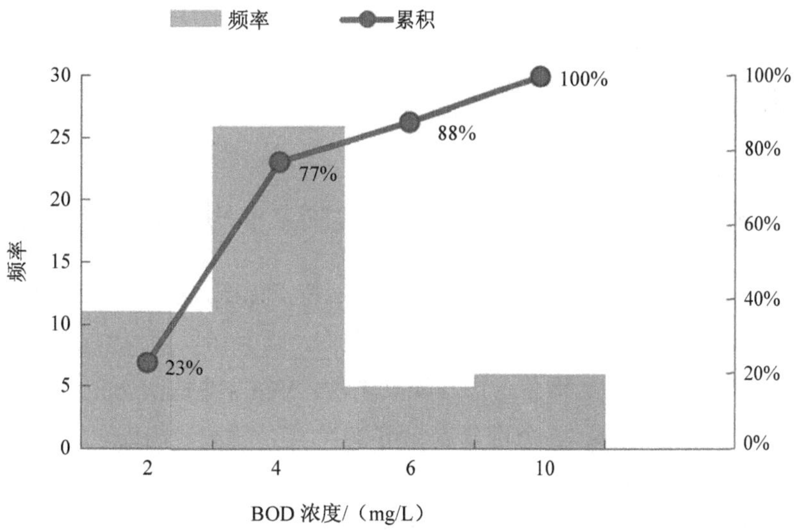

图 3-1-20 2020 年情景发达国家河流 BOD 浓度统计分析

表 3-1-18 人均 GDP 约 8 200 美元时期河流水质对比 单位：%

国家	好Ⅲ类河流比例	Ⅳ类河流比例	Ⅴ类河流比例	劣Ⅴ类河流比例
发达国家	57	36	7	0
中国（2014）	63.2	20.8	6.8	9.2

根据我国《地表水环境质量标准（GB 3838—2002）》，Ⅰ类水体溶解氧浓度不低于 7.5 mg/L，Ⅱ类水体不低于 6 mg/L，Ⅲ类水体不低于 5 mg/L，Ⅳ类水体不低于 3 mg/L。发达国家河流溶解氧浓度较高，不构成水体质量改善的制约性因子。但我国城市内河黑臭现象普遍，黑臭水体是我国不同于发达国家的环境问题，也是水环境治理的重点和难点（表 3-1-19）。

表 3-1-19 OECD 部分国家 1980—2010 年溶解氧浓度统计分析

年份	河流数	平均	中位数	最小值	最大值
1980	37	9.0	9.4	3.1	11.9
1985	39	9.1	9.3	3.9	11.8
1990	47	9.3	9.7	3.9	13.7
1995	51	9.7	9.9	5	12
2000	50	9.8	10	7.1	12.2
2005	26	10.3	10.6	7.9	11.6
2010	21	10.1	10.5	6.39	11.9

1.5 能源结构

1.5.1 我国能源消费结构中煤炭占比远高于欧美国家平均水平，大气污染物排放压力大

与世界其他国家相比，“富煤贫油少气”的能源禀赋特点加剧了我国同等发展阶段的环境压力。从现状看，我国煤炭消费总量占一次能源比例在 2/3 左右，而美国同期仅为 19%，欧洲为 30%，平均比欧美国家高出约 40 个百分点。即使考虑与氮氧化物、VOCs 排放密切相关的石油消费，我国煤炭和石油的消费比重比欧美国家高 15 个百分点。到 2020 年，预测我国煤炭占比将降至 57%左右，相比欧美同期仍高出 33 个百分点。

从较远期来看，中国能源结构逐步调整，到 2030 年预计煤炭消费占一次能源比例降到 50%以下，相比发达国家同期水平仍高出约 30 个百分点，煤炭与原油消费比重之和仍高出发达国家约 8 个百分点，煤炭占比过高将是长期制约环境质量改善的重要因素（图 3-1-21、表 3-1-20～表 3-1-22）。

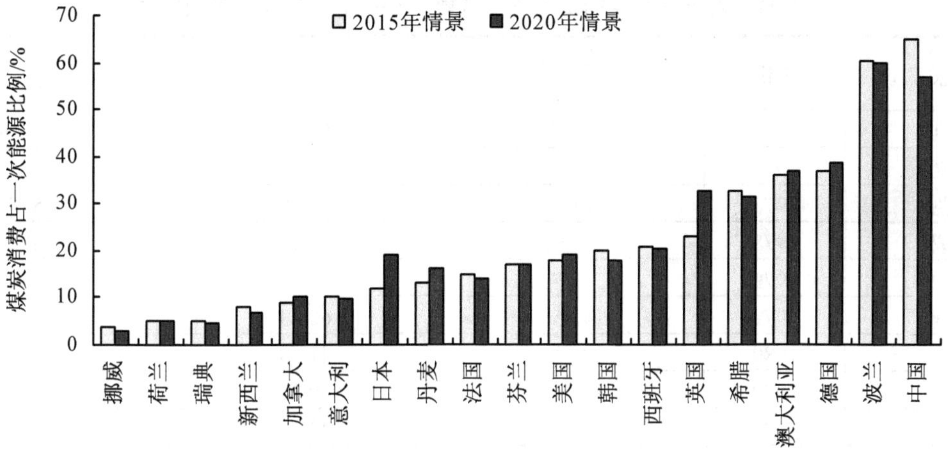

图 3-1-21 典型发达国家人均 GDP 对应我国 2015 年、2020 年煤炭消费占比

表 3-1-20 人均 GDP 8 200 美元情景下（中国 2015 年）各国能源情况

国家	年份	煤炭占一次能源消费比例/%	原油所占一次能源消费比例/%	煤炭+原油所占一次能源消费比例/%
瑞典	1974	4.55	63.08	67.63
丹麦	1975	13.63	86.34	99.97
荷兰	1976	4.17	51.25	55.43
挪威	1975	3.68	30.45	34.13
美国	1976	18.92	46.56	65.47
法国	1977	15.99	61.45	77.45
德国	1977	38.36	44.69	83.05
芬兰	1978	17.68	63.22	80.91
澳大利亚	1978	36.34	47.00	83.34
加拿大	1976	9.27	43.28	52.55
日本	1978	13.15	74.73	87.88
意大利	1985	10.90	61.02	71.92
英国	1984	24.43	46.32	70.75
新西兰	1985	8.70	28.83	37.53
西班牙	1987	22.20	55.16	77.36
希腊	1989	33.77	63.58	97.35
韩国	1992	20.80	63.68	84.48
波兰	2005	61.07	24.56	85.63
中国	2015	65～65.5	18.5～19	83.5～84.5

资料来源：世界银行、BP。其中，中国 2015 年、2020 年、2030 年数据为环境规划院预测。

表 3-1-21 人均 GDP 约 1.2 万美元情景下（中国 2020 年）各国能源情况

国家	年份	煤炭所占一次能源消费比例/%	原油所占一次能源消费比例/%	煤炭+原油所占一次能源消费比例/%
瑞典	1978	3.42	56.94	60.36
丹麦	1978	17.14	82.83	99.97
荷兰	1978	4.14	50.59	54.73
挪威	1978	2.95	33.28	36.23
美国	1979	20.17	45.37	65.54
法国	1979	14.65	60.83	75.48
德国	1980	39.21	41.40	80.61
芬兰	1980	17.70	60.21	77.91
澳大利亚	1981	37.93	42.16	80.09
加拿大	1981	10.68	39.73	50.41
日本	1985	19.84	55.85	75.69
意大利	1986	10.42	60.77	71.18
英国	1987	33.63	36.33	69.97
新西兰	1987	7.61	28.09	35.69
西班牙	1989	21.55	54.08	75.63
希腊	1992	32.83	64.49	97.32
韩国	1995	19.11	64.47	83.59
波兰	2007	60.53	25.26	85.78
中国	2020	57.5	25	82.5

资料来源：世界银行、BP。其中，中国 2015 年、2020 年、2030 年数据为环境规划院预测。

表 3-1-22 人均 GDP 约 2 万美元情景下（中国 2030 年）各国能源情况

国家	年份	煤炭所占一次能源消费比例/%	原油所占一次能源消费比例/%	煤炭+原油所占一次能源消费比例/%
瑞典	1987	5.16	33.89	39.05
丹麦	1987	39.37	53.08	92.44
荷兰	1991	10.13	44.93	55.06
挪威	1987	2.80	27.11	29.90
美国	1988	24.90	41.30	66.19
法国	1990	9.19	40.70	49.89
德国	1990	37.07	36.41	73.48
芬兰	1988	15.32	46.95	62.27
澳大利亚	1996	41.95	36.49	78.44
加拿大	1997	9.54	29.67	39.22
日本	1987	18.30	55.49	73.79
意大利	1991	8.74	58.46	67.20
英国	1995	22.13	38.19	60.32
新西兰	2003	10.70	36.26	46.96
西班牙	2003	13.93	52.74	66.67
希腊	2004	26.52	62.24	88.76
韩国	2010	29.81	41.22	71.02
平均		19	43	62
中国	2030	49.5	20	69.5

资料来源：世界银行、BP。其中，中国 2015 年、2020 年、2030 年数据为环境规划院预测。

1.5.2 欧美国家在大气污染治理过程伴随着能源结构的调整，煤炭占比长期总体下降，主要大气污染物排放量也随之下降

由于 20 世纪 50 年代至 70 年代化石燃料消费大幅增加导致空气污染日益严重，欧美等国家开始发布一系列大气污染防治相关法律和指令，1965—1975 年是发达国家能源结构重要调整期，煤炭消费占比明显下降，10 年间英国煤炭消费占比下降 24 个百分点，德国、荷兰下降 23 个百分点，西班牙下降 17 个百分点，法国下降 14 个百分点。1973—1974 年，在阿拉伯国家采取的石油减产、禁运、提价等措施的综合作用下，国际石油价格暴涨，爆发了世界石油危机，受其影响，1975—1985 年部分国家煤炭占比重新回升，1985 年以后，各国煤炭消费占比缓慢下降。主要大气污染物排放量也随之下降（图 3-1-22、图 3-1-23）。

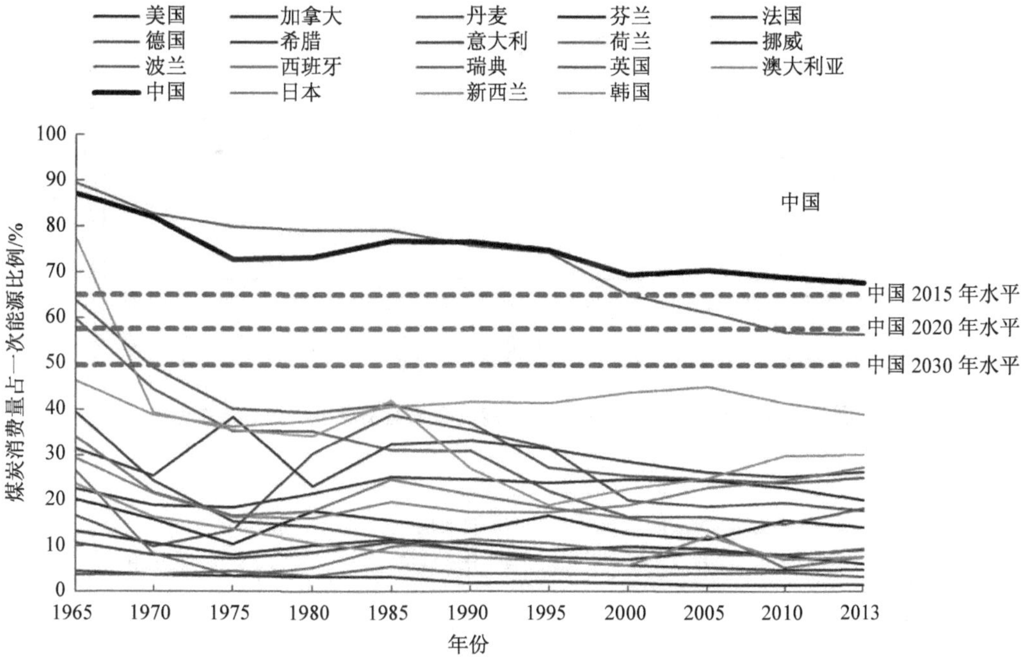

图 3-1-22 典型发达国家 1965 年以来煤炭消费占一次能源比例变化

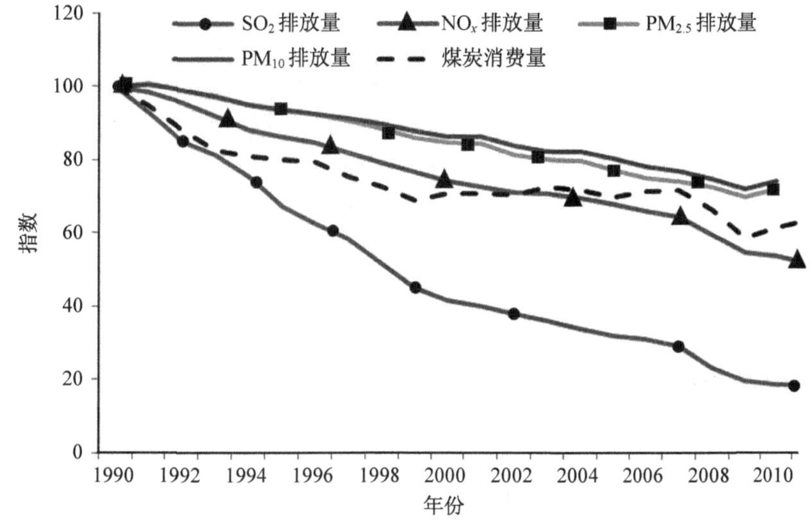

图 3-1-23 1990—2010 年欧盟主要大气污染物排放与煤炭消费变化趋势（以 1990 年为 100）

1.5.3 在煤炭消费占比过高的先天不足形势下，降低煤炭占比对减少大气污染物排放量仍将产生明显效果

波兰与中国能源消费结构较为接近，波兰 1998—2008 年人均 GDP 水平与我国 2010—2020 年水平相当，这期间波兰能源消费总量变化不大，煤炭消费占一次能源比例从 67%降到 60%，SO_2 排放总量从 190 万 t 降低到 100 万 t，减少了约一半。若我国煤炭消费占一次能源比例能在“十三五”期间由 65%左右下降至 58%左右，SO_2 排放总量预期可大幅降低，SO_2 作为 $PM_{2.5}$ 重要的二次源，其排放总量的减少对降低 $PM_{2.5}$ 浓度也将产生积极作用（图 3-1-24、图 3-1-25）。

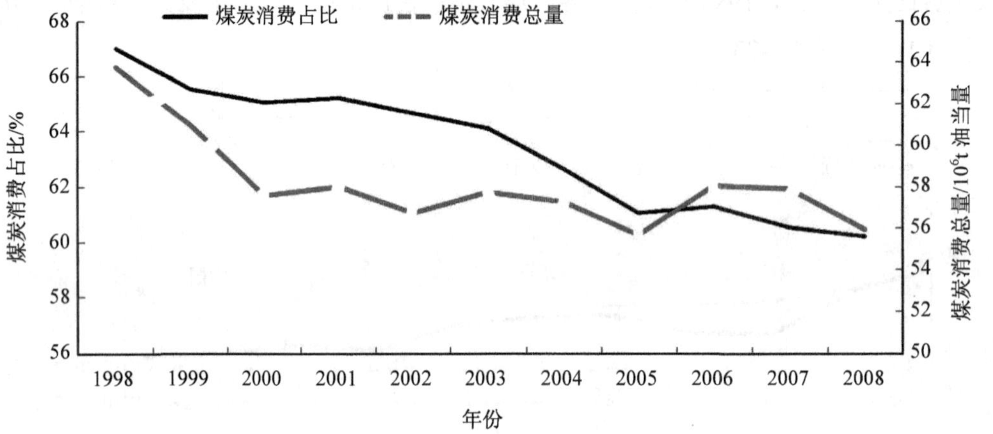

图 3-1-24 波兰 1998—2008 年煤炭消费总量及煤炭消费占比变化

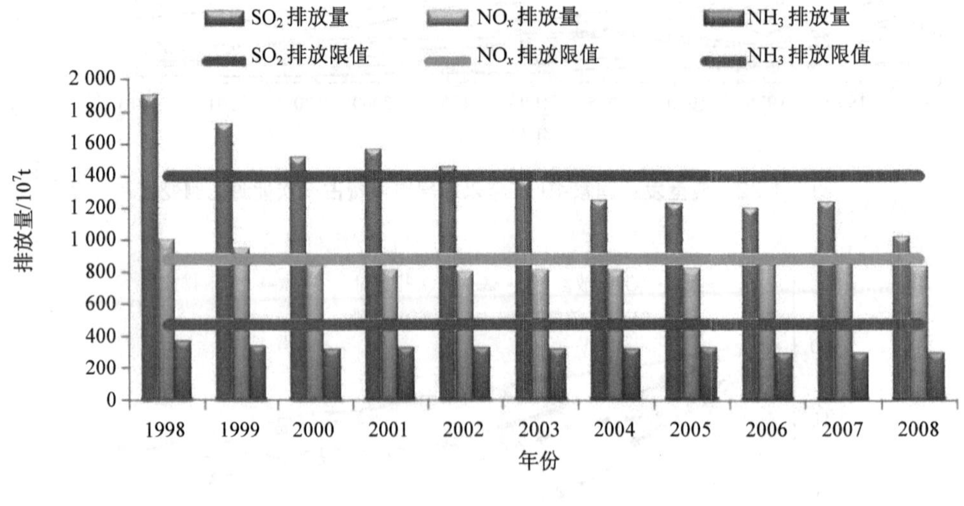

图 3-1-25 波兰 1998—2008 年各项污染物排放总量变化

1.5.4 煤炭是污染物排放的主要贡献源

经计算：

SO_2：煤炭=3.04 倍石油=145.13 倍天然气的燃烧单位标煤的污染物排放量；

NO_x：煤炭=2.02 倍石油=1.54 倍天然气的燃烧单位标煤的污染物排放量；

烟粉尘：煤炭=55.76 倍石油的燃烧单位标煤的污染物排放量。

能源-污染物产生系数表见表 3-1-23。

表 3-1-23　能源-污染物产生系数表

项目	煤炭/（t/万 t 标煤）	油品/（t/万 t 标煤）	天然气/（t/万 t 标煤）
SO_2	224.09	73.61	1.54
NO_x	127.17	63.08	82.37
烟粉尘	1 120.45	20.10	0.00

根据计算，测算出以煤为当量的石油和天然气的排放因子见表 3-1-24。

表 3-1-24　煤当量的石油和天然气的排放因子

项目	煤炭	油品	天然气
SO_2	1.00	0.33	0.01
NO_x	1.00	0.50	0.65
烟粉尘	1.00	0.02	0.00

根据计算，测算出煤炭与石油和天然气的排放倍数见表 3-1-25。

表 3-1-25　煤炭与石油和天然气的排放倍数

项目	煤炭	油品	天然气
SO_2	1.00	3.04	145.13
NO_x	1.00	2.02	1.54
烟粉尘	1.00	55.76	—

1.5.5　由于能源结构的差异，导致中国污染物排放量高于发达国家

中国 SO_2 产生量是美国的 3.3 倍、北美的 2.9 倍、欧盟的 3.03 倍；NO_x 产生量是美国的 1.74 倍、北美的 1.47 倍、欧盟的 1.45 倍；烟粉尘产生量是美国的 4.11 倍、北美的 3.81 倍、欧盟的 3.68 倍。

筛选出一次能源消费总量与我国相差不多的地区，为美国、北美地区、欧盟地区。具体能源消费情况如表 3-1-26 所示。

表 3-1-26　主要地区一次能源消耗情况　　单位：百万吨油当量

地区	一次能源消费总量	煤炭消费量	原油消费量	天然气
美国	2 265.83	455.71	831.03	671.01
北美	2 786.69	488.43	1 024.20	838.62
欧盟	2 925.26	508.71	878.59	958.27
中国	2 852.36	1 925.30	507.38	145.45

能源占比情况如表 3-1-27 所示。

表 3-1-27 主要地区煤炭、原油和天然气占一次能源消耗比例

单位：%

地区	煤炭消费量	原油消费量	天然气
美国	20.11	36.68	29.61
北美	17.53	36.75	30.09
欧盟	17.39	30.03	32.76
中国	67.50	17.79	5.10

根据计算，发现以上地区的由于能源消费产生的污染物如表 3-1-28 所示。

表 3-1-28 主要地区煤炭、原油和天然气的污染物产生量

单位：万 t

地区	能源类型	SO_2	NO_x	烟粉尘
中国	煤炭	4 314.391 5	2 448.417 2	21 571.957 6
	油品	1 136.978 1	320.074 8	101.960 8
	天然气	2.245 9	119.812 1	0.00
	总量	5 453.615 6	2 888.304 1	21 673.918 5
美国	煤炭	1 021.195 8	579.528 6	5 105.979 1
	油品	611.725 1	524.248 4	167.000 9
	天然气	10.361 1	552.728 0	0.00
	总量	1 643.282 0	1 656.505 0	5 272.980 0
北美洲	煤炭	1 094.5119	621.135 5	5 472.559 5
	油品	753.922 9	646.111 9	205.821 0
	天然气	12.949 2	690.791 9	0.00
	总量	1 861.384 0	1 958.039 4	5 678.380 4
欧盟	煤炭	1 139.957 1	646.925 7	5 699.785 6
	油品	646.736 0	554.252 7	176.558 9
	天然气	14.796 6	789.345 7	0.00
	总量	1 801.489 7	1 990.524 1	5 876.344 5

进一步计算不同地区污染物产生的贡献源比例见表 3-1-29。

表 3-1-29 主要地区污染物产生的贡献源比 单位：%

地区	能源类型	SO_2	NO_x	烟粉尘
中国	煤炭	79.11	84.77	99.53
	油品	20.85	11.08	0.47
	天然气	0.04	4.15	0.00
	总量	100.00	100.00	100.00
美国	煤炭	62.14	34.99	96.83
	油品	37.23	31.65	3.17
	天然气	0.63	33.37	0.00
	总量	100.00	100.00	100.00
北美洲	煤炭	58.80	31.72	96.38
	油品	40.50	33.00	3.62
	天然气	0.70	35.28	0.00
	总量	100.00	100.00	100.00
欧盟	煤炭	63.28	32.50	97.00
	油品	35.90	27.84	3.00
	天然气	0.82	39.66	0.00
	总量	100.00	100.00	100.00

根据以上各表可以初步测算，由于不同地区能源结构的差异，使得中国 SO_2 产生量是美国的 3.3 倍、北美的 2.9 倍、欧盟的 3.03 倍；NO_x 产生量是美国的 1.74 倍、北美的 1.47 倍、欧盟的 1.45 倍；烟粉尘产生量是美国的 4.11 倍、北美的 3.81 倍、欧盟的 3.68 倍。

1.6 质量改善路径选择

1.6.1 发达国家的教训表明，质量路径的选择对环境质量改善的进程影响很大

受当时环境问题认识水平的影响，发达国家的不同污染物的治理进程和治理措施是逐步启动的，这拉长了环境质量全面改善的时间。我国可吸取发达国家经验教训，采取多污染物协同治理、多领域治理措施同步推进，大大压缩环境质量改善的时间，但这种压缩型、复合型的环境质量也给我国的治理投入提出了极大的挑战。

1.6.2 不同污染物峰值时间序列表明，我国峰值时间大幅压缩，几种污染物峰值的显现时间压缩，采取的措施更为集中

我国峰值时间表明，利用成熟技术和治理方式，阻止了后期污染物峰值的攀升，峰值过后随着污染物排放量逐渐下降，污染物浓度也将逐步下降，治理成效将逐步显现。

1.7　分区施策

1.7.1　由于能源结构的不合理，我国单位国土面积的煤炭消费量远超主要发达国家，我国煤炭消费强度约为美国的 10 倍，欧盟的 4 倍

我国煤炭消费强度如表 3-1-30 所示。

表 3-1-30　我国各省煤炭消耗强度

地区	总面积煤炭强度/（t/m^2）
北　京	1 351.190 5
天　津	4 688.495 6
河　北	1 670.697 9
山　西	2 210.556 6
内蒙古	309.551 99
辽　宁	1 248.732
吉　林	591.408 75
黑龙江	307.058 05
上　海	9 052.381
江　苏	2 705.848
浙　江	1 409.215 7
安　徽	1 052.541 2
福　建	699.505 36
江　西	407.305 39
山　东	2 615.929 8
河　南	1 511.377 2
湖　北	849.865 52
湖　南	570.538 24
广　东	979.666 67
广　西	307.796 61
海　南	273.823 53
重　庆	820.170 11
四　川	246.614 04
贵　州	757.272 73
云　南	256.978 87
西　藏	—
陕　西	767.217 9
甘　肃	144.322 18
青　海	25.737 228
宁　夏	1 213.102 4
新　疆	72.457 831
全国	454.639 58

注：港、澳、台数据未统计。

选取美国、日本、德国、英国几个发达国家为例，见表 3-1-31。

表 3-1-31 典型国家煤炭消耗强度

地区	煤炭消费量（标油）/10^6t	国土面积/万 km^2	总面积煤炭强度（标油）/（t/m^2）
美国	455.7	962.909 1	47.33
日本	128.6	37.787 3	340.33
德国	81.3	35.702 2	227.72
欧盟	508.7	440.335 7	115.53
中国	1 925.3	963.41	454.64

通过以上各表可以看出，我国煤炭消费强度远远大于上述发达国家。

1.7.2 我国污染物排放强度较低，低于发达国家水平

表 3-1-32 为发达国家和我国污染物排放强度对比表。

表 3-1-32 典型国家污染物排放强度

地区	SO_2	NO_x	国土面积/万 km^2	SO_2 排放强度/（t/km^2）	NO_x 排放强度/（t/km^2）
美国	2 092.47	2 282.997	962.91	2.17	2.37
日本	125.395	204.263	37.79	3.32	5.41
德国	528.26	287.695	35.70	14.80	8.06
法国	130.555	186.822	55.15	2.37	3.39
中国	2 043.5	2 222.8	963.41	2.13	2.32

可以看出，我国污染物排放强度较低，低于发达国家水平；德国的污染物排放强度较高。而这与我国东、中、西部产业发展不平均有很大的关系（表 3-1-33），从我国全省的污染物排放强度来看，内蒙古、吉林、黑龙江、广西、海南、四川、云南、西藏、甘肃、青海和新疆地区的污染物排放强度远低于我国平均水平，而天津、上海的污染物排放强度远远高于我国平均水平，高于德国。

表 3-1-33 为我国建成区和总面积的污染物排放强度。

表 3-1-33 典型国家污染物总面积和建成区排放强度 单位：t/m^2

地区	二氧化硫排放量		氮氧化物排放量		烟粉尘排放量	
	建成区	总面积	建成区	总面积	建成区	总面积
北 京	66.62	5.18	127.11	9.88	45.18	3.51
天 津	290.50	19.20	417.67	27.61	117.80	7.79
河 北	719.08	6.85	925.01	8.81	734.75	7.00
山 西	1 205.57	8.03	1 112.39	7.41	986.55	6.57
内蒙古	1 126.87	1.15	1 142.62	1.16	681.59	0.69

地区	二氧化硫排放量		氮氧化物排放量		烟粉尘排放量	
	建成区	总面积	建成区	总面积	建成区	总面积
辽　宁	430.43	7.04	400.25	6.55	281.22	4.60
吉　林	284.23	2.04	417.41	2.99	238.10	1.71
黑龙江	278.16	1.08	427.76	1.65	411.26	1.59
上　海	216.22	34.29	380.38	60.32	81.08	12.86
江　苏	247.24	9.18	351.18	13.04	131.23	4.87
浙　江	247.19	5.81	313.88	7.38	133.39	3.14
安　徽	281.94	3.59	486.21	6.18	235.79	3.00
福　建	285.83	2.98	346.79	3.61	205.07	2.14
江　西	484.80	3.34	495.22	3.41	309.30	2.13
山　东	392.88	10.70	394.32	10.73	166.47	4.53
河　南	547.84	7.51	684.14	9.38	280.03	3.84
湖　北	298.46	3.22	304.93	3.29	179.37	1.94
湖　南	425.91	3.03	390.70	2.78	238.54	1.69
广　东	145.64	4.23	230.12	6.69	67.66	1.97
广　西	409.01	2.00	436.74	2.14	251.30	1.23
海　南	108.11	0.94	337.84	2.94	60.81	0.53
重　庆	491.48	6.66	324.66	4.40	171.30	2.32
四　川	396.99	1.70	303.21	1.30	143.83	0.61
贵　州	1 418.71	5.60	801.44	3.16	433.09	1.71
云　南	708.33	1.73	559.83	1.37	413.46	1.01
西　藏	33.33	—	366.67	—	58.33	—
陕　西	880.87	3.92	829.51	3.69	587.98	2.62
甘　肃	773.04	1.24	609.35	0.97	312.24	0.50
青　海	1 000.00	0.22	840.76	0.18	1 108.28	0.24
宁　夏	926.37	5.87	1 038.00	6.58	548.69	3.48
新　疆	778.40	0.50	832.86	0.53	709.86	0.46
全国	427.04	2.13	464.51	2.32	267.17	1.33

注：港、澳、台数据未统计。

1.7.3 区域间经济结构、能源结构、扩散能力、消纳能力的存在巨大差异，决定了我国环境质量改善必须分区施策

1.7.3.1 经济结构

我国京津冀、长三角和珠三角地区三大区域经济情况如表 3-1-34 所示。

表 3-1-34 重点区域经济情况　　单位：亿元

地区	第一产业增加值	第二产业增加值	第三产业增加值	GDP
京津冀	3 851	26 391	31930	62 172
长三角	5 560	55 588	57 204	118 332
珠三角	3 047	29 427	29 689	62 164
全国	55 322	256 810	275 887	585 337

经过折算后，三大区域的产业结构如表 3-1-35 所示。

表 3-1-35 重点区域产业结构 单位：%

地区	第一产业增加值	第二产业增加值	第三产业增加值
京津冀	6.19	42.45	51.36
长三角	4.70	46.98	48.34
珠三角	4.90	47.34	47.76
全国	9.45	43.87	47.13

三大区域均表现为“三、二、一”的产业结构，其中京津冀地区第三产业高于第二产业近 9 个百分点。长三角和珠三角经济由第二产业和第三产业共同带动。

1.7.3.2 重点区域能源结构

我国三大区域京津冀、长三角和珠三角主要能源产品消费量如表 3-1-36 所示。其中，长三角能源消费总量与煤炭消费居三大区域之首，珠三角能源与煤炭消费较低。

表 3-1-36 重点区域主要能源消费情况 单位：万 t 标煤

地区	煤炭	焦炭	原油	汽油	煤油	柴油	燃料油	天然气	电力	能源消费总量
京津冀	27 808	9 051	5 954	1 454	707	2 062	321	2 062	15 555	64 974
长三角	34 174	4 172	11 273	3 176	789	3 368	1 610	2 739	29 904	91 204
珠三角	12 597	530	6 445	1 853	358	2 248	621	1 414	15 106	41 172

从三大地区能源主要能源消费品种的占比情况来看，京津冀煤炭占比最高，高达 42.80%，珠三角的煤炭占比为 30.60%左右，具体如表 3-1-37 所示。

表 3-1-37 重点区域主要能源消费结构 单位：%

地区	煤炭	焦炭	原油	汽油	煤油	柴油	燃料油	天然气	电力
京津冀	42.80	13.93	9.16	2.24	1.09	3.17	0.49	3.17	23.94
长三角	37.47	4.57	12.36	3.48	0.86	3.69	1.76	3.00	32.79
珠三角	30.60	1.29	15.65	4.50	0.87	5.46	1.51	3.44	36.69

1.7.3.3 重点区域煤炭消费强度

通过计算得到三大区域的单位面积煤炭消费量，如表 3-1-38 所示。上海的单位面积煤炭消费量为 1 620.39 万 t 标煤/km^2，位于第一位，京津冀次之，珠三角位于末位。三大区域的煤炭消费强度远远高于全国平均水平。而从单位建成区面积煤炭消费强度来看，京津冀地区单位建成区面积上的煤炭消费量最高。

表 3-1-38 重点区域单位面积煤炭消费量

地区	煤炭/万 t 标煤	土地面积/万 km^2	建成区面积/km^2	单位土地面积煤炭消费量（标煤）/（t/km^2）	单位建成区煤炭消费量（标煤）/（万 t/km^2）
京津冀	27 808	21.58	3 840	1 288.60	7.24
长三角	34 174	21.09	7 208	1 620.39	4.74
珠三角	12 597	18.00	5 232	699.83	2.41
全国	247 500	960	47 853	257.81	5.17

1.7.3.4 重点区域污染物排放量级排放强度

我国三大区域京津冀、长三角和珠三角地区主要污染物排放情况如表 3-1-39 所示。

表 3-1-39 重点区域主要污染物排放情况

地 区	二氧化硫排放量/万 t	氮氧化物排放量/万 t	烟粉尘排放量/万 t
京津冀	158.9	213.1	146.1
长三角	175.1	247.1	90.1
珠三角	76.2	120.4	35.4
全国	2 043.9	2 227.2	1 278.5

重点区域的污染物的排放强度如表 3-1-40 所示。其中 SO_2 和 NO_x 的排放量和排放强度，长三角位于第一位，京津冀次之，珠三角位于末位；而从烟尘的排放量和排放强度来看，京津冀位于第一位，长三角次之，珠三角位于末位。

表 3-1-40 重点区域主要污染物总面积排放强度

地 区	SO_2 排放强度/（t/km^2）	NO_x 排放强度/（t/km^2）	烟尘排放强度/（t/km^2）
京津冀	7.36	9.87	6.77
长三角	8.30	11.72	4.27
珠三角	4.23	6.69	1.97
全国	2.13	2.32	1.33

重点区域的建成区面积污染物的排放强度如表 3-1-41 所示。可以看出京津冀地区建成区面积的 SO_2、NO_x 和烟尘排放强度最高。

表 3-1-41 重点区域主要污染物建成区面积排放强度

地 区	单位建成区 SO_2 排放强度（标煤）/（t/km^2）	单位建成区 NO_x 排放强度（标煤）/（t/km^2）	单位建成区烟尘排放强度（标煤）/（t/km^2）
京津冀	413.80	554.95	380.47
长三角	242.92	342.81	125.00
珠三角	145.64	230.12	67.66
全国	427.12	465.43	267.17

1.7.3.5 重点区域平均年均风速

从地区气象条件来说，以风速为例，京津冀地区平均年均风速最低，最不利于污染物的扩散。

表 3-1-42 重点区域年均风速

地 区	年均风速/（m/s）
京津冀	4.92
长三角	5.66
珠三角	5.58
全国	2.13

而根据相关报告（张南南研究成果），构建的污染物排放与空气质量响应方程，计算得出全国 31 省市烟粉尘排放与 $PM_{2.5}$ 浓度的相关性系数高达 0.76，说明我国烟尘排放量的排放是造成 $PM_{2.5}$ 大范围超标的主要原因。

1.7.3.6 重点区域环境质量情况

三大区域具体主要污染物浓度如表 3-1-43 所示。

表 3-1-43 全国部分区域 $PM_{2.5}$、PM_{10}、SO_2 和 NO_2 年均浓度 单位：μg/m³

地 区	$PM_{2.5}$ 浓度	PM_{10} 浓度	SO_2 浓度	NO_2 浓度
京津冀	93	158	52	49
长三角	60	92	25	39
珠三角	42	61	21	37
全国	64	105	32	42

资料来源：《2014 年环境状况公报》。

京津冀、长三角、珠三角三大区域的环境质量与区域的煤炭占比、单位建成区面积煤炭消费强度、单位建成区面积污染物排放强度和风速成呈现显著梯度关系。京津冀地区煤炭消费占比最高，建成区的煤炭消费和污染物排放强度最高，而风速最低，其环境质量最差。

总体来看，我国的经济发展和环境保护与发达国家相比在同等发展阶段有趋势上的相似性，“十三五”时期工业化基本完成，有望迎来环境质量改善的“窗口期”，但受能源结构的不合理和煤炭消费的高强度影响，主要污染物的绝对浓度远高于发达国家，治理难度前所未有。

本报告执笔：王倩、万军、秦昌波、姜文锦

2 中国环境质量取得根本改善时间节点研究

2.1 目前我国总体处于环境质量有所改善但问题仍然交织的战略相持期

近年来，我国环境治理力度在全球前所未有，主要污染物减排成效明显，部分地区环境质量有所改善。2014 年，京津冀、长三角、珠三角三个重点地区 $PM_{2.5}$ 浓度同比分别下降了 12.3%、10.4%、10.6%，空气质量恶化趋势得到遏制、初见成效。劣 V 类断面比例由 2010 年的 15.6%占比下降至 2014 年的 9.2%，大江大河水质总体改善。可以说，常规污染物、一次污染物排放得到控制，我国环境质量全面恶化最严重的时段已经过去，稳中趋好的局面显现，已经步入环境质量改善的上行通道中。

然而在承认短中期改善的同时，也必须说明，这种改善的速度、幅度与公众预期之间存在较大差异，距离质量标准要求、国际先进水平还有相当差距。与 20 世纪中期环境状况长周期相比，环境质量仍然严重恶化。目前环境问题的类型、规模、结构、性质正在发生深刻变化，新型环境问题不断凸显，持续多年的复合型环境问题效应在放大。在一部分地区、一部分指标得到控制的同时，另外一些问题和指标在恶化。环境问题的区域分异日益加大，不同区域、不同城市、不同流域的环境问题存在很大差别。

总体来看，近期环境质量有所好转，积极因素在积累，但这种量变在规模上、时空上还没有积累形成质变，环境容量承载的局面短期内不会根本改变，环境状况整体明显好转的态势还未出现，我国既不是恶化程度加剧的溃败期，也不是环境质量达标和根本改善的战略决战期，环境保护目前已经处于，并将在一定时间内长期处于战略相持期，需持之以恒，积小胜为大胜。

2.2 经济社会发展阶段的特征规律决定了环境质量全面改善需要久久为功

工业化及其耦合的城镇化是我国环境问题演变的驱动力，中国资源环境问题与经济社会发展阶段密切关联，这既是认识中国环境问题的世界观，也是从根本上解决环境问题的方法论。我国正处于工业化后期向基本实现工业化阶段转型，城镇化正处于快速、粗放城镇化向存量城镇化、绿色城镇化转型，经济社会发展进入新常态，环境保护必须基于这种经济社会发展的阶段性固有特征开展工作。

与其他发达国家相比，我国经济社会发展特征给环境治理带来四大难度：一是经济增长速度高、经济总量大、污染物增量大。与我国 2020 年人均 GDP1.2 万美元左右对应的历史时期，发达国家 GDP 增速大部分介于 2%～5%之间，我国经济增量是美国 4 倍、英国 9 倍。我国与发达国家历史同期相比第二产业占比高出约 5～10 个百分点，第二产业增加值约相当于美国 6 倍、日本的 11 倍。加之技术水平不高，污染物增量远超过发达国家历史同期。二是工业化转段过程中的经济社会发展梯度带来环境治理难度。2014 年我国总体进入或接近工业化后期水平，但中部和西部总体上处于工业化中期，西部 5 省仍处于工业化中期的前半阶段。预计全国工业化中后期向全面工业化的转段还将持续 10～15 年，能耗、污染压力仍将持续，环境问题在时间上呈现压缩型，在分区环境质量改善进程必将不同步而“拖尾”。重工业产能规模大甚至过剩、峰值年份早且峰值高，峰值钢铁产量为美国当年的 8～10 倍，生铁、水泥、平板玻璃等工业产品产量占世界比例均超过 50%，使中国面临更大、更久的环境压力。三是我国城镇化进程滞后于工业化并持续到 2030 年。欧美主要发达国家城镇化伴随工业化基本同步完成，基本保持稳定。但我国城镇化率未来增速仍有 0.9 个百分点，每年约 1 200 万人口进入城市，排浪式、模仿型消费升级带来了较大的生活型消费污染，城市开发强度过大、生态空间压缩，大城市生态负荷超载。四是能源结构中的“高煤”特点短期难以改变。我国煤炭消费总量占一次能源比例在 2/3 左右，而美国历史同期仅为 19%，欧洲为 30%，我国平均比欧美国家高出约 40 个百分点左右。即使考虑与氮氧化物、VOCs 排放密切相关的石油消费，我国煤炭和石油的消费比重比欧美国家高 15 个百分点。

因此，在工业化和城镇化的依旧双快驱动下，经济增长的资源环境代价过大导致我国环境问题具有资源约束紧、污染负荷高、积累时间长、多污染交织、多要素耦合、区域分异性大的本质特征，由此带来我国环境问题的解决过程具有环境问题压缩、污染因子复合、治理进程“拖尾”、改善时间漫长的特点，全国质量改善的步伐既不可能“齐步走”，水、气、土壤、环境风险改善进程也不可能“同频率”，更不可能与发达国家的环境质量“同水平”，短期内环境质量根本改善难度极大。

2.3　国际对标来看“十三五”还难以实现全国环境质量根本性改善

在城镇化率增长变化不大、第二产业占比变化不明显但人均 GDP 增长较快的情况下，从开始大规模治理，到污染物排放量以实现大幅削减，发达国家的基本用 20～25 年的时间将污染物排放量从峰值削减了一半。发达国家在达到工业化后期阶段之前也是面临严重的环境问题，SO_2 的峰值年份多在 60 年代末 70 年代初（相当于我国 2010 年经济水平），达到峰值后，美国和英国用了 25 年使污染物排放总量降低了 50%左右。氮氧化物排放总量在 80 年代末 90 年代初达到峰值后，美国用 18 年削减了 56%，英国用 21 年削减了 64%，欧洲用 24 年削减了 46.2%，日本用 12 年削减了 24.2%。颗粒物削减方面，欧洲 1990—2012 年 22 年间 PM_{10} 排放总量总体下降了 40%左右。

随着污染物排放总量的削减，污染物浓度进入下降通道，达到环境质量全面改善需要 20～30 年时间。美国、英国、法国等国家 1990—2010 年 20 年间 PM_{10}、$PM_{2.5}$ 浓度均下降了 35%～50%。莱茵河从 1970 年水质、水生态最差的状况开始治理，至 2000 年恢复到 1900 年水平，用了约 30 年时间。琵琶湖由Ⅲ～Ⅳ类水质恢复到Ⅱ类且 80 年代到 90 年代频发的蓝藻水华得到有效控制用了 35 年时间。日本霞浦湖历经 30 多年、德国波登湖历经 26 年治理，尽管生态现状仍不尽乐观，但基本达到公众可接受水平之上。

欧洲国家在治理过程的重要手段是调整能源结构，使煤炭占比长期总体下降，直接削减大气污染物排放量。1965—1975 年是欧洲能源结构重要调整期，煤炭消费占比明显下降，十年间英国煤炭消费占比下降 24 个百分点，德国、荷兰下降 23 个百分点，西班牙下降 17 个百分点，法国下降 14 个百分点。波兰在能源消费总量维持稳定情况下，在 1998—2008 年将煤炭消费占一次能源比例从 67%降到 60%，SO_2 排放总量从 190 万 t 降低到 100 万 t，减少了约一半。

发达国家治理历程逐步深化，根治环境问题需要避免“按下葫芦，浮起瓢”。20 世纪五六十年代，煤烟型污染造成的酸雨问题突出，美国、英国、欧洲和日本以治理 SO_2 为主，经 20 年治理取得了明显成效。70—80 年代光化学污染、水体富营养化突出，发达国家集中治理氮氧化物和挥发性有机物，EPA 在 1990 年的《清洁空气修正法》（CAAA）中明确了 VOCs 的定义，从 70 年代开始着手治理到全面根治大概持续了 25～30 年时间。21 世纪以来，国际环境开始持续关注细颗粒物污染、臭氧层破坏、全球环境变暖、生态足迹破坏等生态环境系统性问题。

国际经验不断证明了环境问题解决的根本之路，即环境质量的全面改善必须以污染物排放量持续稳定下降为基础，污染物排放量持续稳定下降必须以资源能源消费量大幅度下降为前提，资源能源消费量大幅度下降必须以发展方式实质性转型为根本。我国自 2006 年起实施主要污染物排放总量控制，取得了阶段性成果，但主要污染物排放量仍处于 2 000 万 t 左右的高位，细颗粒物、臭氧、总磷超标等问题仍然严峻，尤其是区域环境问题不均衡性、多样化、复杂性突出，处在资源环境瓶颈约束和发展矛盾最尖锐期，环境质量改善只能分区域、分步骤，“十三五”期间经努力环境质量可望明显改善，但无法全面达标、无法追平国际先进水平。

2.4 经努力 2030 年全国环境质量有望实现基本达标

2.4.1 根据经济社会发展阶段性力争实现 2020 年环境质量明显改善、2030 年基本达标

“十三五”期间，在经济发展的新常态下，环境态势将更为复杂，可总结为“利弊共存，喜忧参半”。有利的方面，未来一段时期中国处于政治、法制、经济、社会等多领域红利释放的集中期，产业结构转型整体利好，重工业增长达到峰值平台，资源能源新增量增速放缓，煤炭峰值即将到来，社会公众参与环境保护愿望强烈。不利的方面，污染型、高耗能型产业中西部转移的态势加剧，传统煤烟型污染与臭氧、$PM_{2.5}$、VOCs 等新老环境污染问题突发，生产流通等环节的环境污染与消费等生活型污染相交织，经济社会环境问题日益交织，法规、体制、机制、制度、政策“绿化”尚未形成，环保系统承受的要求与其支撑能力、调控手段存在一定差异，系统推进环境保护的难度越来越大。

总体来看，到 2020 年，预期存在中国将基本实现工业化进程、城镇化趋稳、能源低增长、煤炭和重化工业峰值或将到来等积极因素，主要污染物排放将延续减少趋势，但污染累积量大面广、成因复杂、减排潜力下降但全国预期容量超载形势仍将持续，环境质量得到明显改善，传统的环境问题有望开始得到根治，灰霾天气、劣Ⅴ类水体等社会高度关注的民生型、生活环境问题得到基本解决，实现全面建成小康社会的环境目标，让社会公众提高环境质量改善的获得感。

2020—2030 年，绿色发展、结构优化、人口及能源等压力将会减轻，在坚持不懈的持续大规模治理的 25～30 年后，预期主要污染物排放总量会显著减少，灰霾天气、黑臭水体等环境问题有望根治，环境质量有望实现总体性改善，重点解决新型、复合和持久性有机污染物问题并对环境健康有所侧重，但土壤、人体健康保障和生态系统的平衡仍然只能实现有所控制。

2030—2050 年，预期经济社会与环境全面协调、良性循环，生态文明蔚然成风，生态系统健康安全、结构稳定，环境质量全面改善，与富强、民主、文明的社会主义现代化国家相适应。以实现中国梦、美丽中国建设为目标，环境保护外延将扩展，将全面关注人体健康、生态系统等。

2.4.2 分阶段分梯次推进三大区域依次达标，力争到 2030 年绝大部分城市空气质量全面改善

受资源环境禀赋，经济发展阶段等因素影响，2020 年不具备全国环境空气质量全面达标的技术可能。2014 年，全国 31 省市，二氧化硫、氮氧化物、一次 $PM_{2.5}$ 三项污染物平均超载率分别为 150%、180%、210%。与发达国家经济发展水平类似的历史同期相比，空气中 PM_{10}、SO_2、NO_2 浓度相当于美国、德国历史同期的 2 倍多，煤炭消费强度是美国当年的 5 倍。若我国 PM_{10} 浓度如果从现状（105 μg/m³）到发达国家历史同期平均水平（PM_{10} 平均约为 44 μg/m³，$PM_{2.5}$ 年均浓度 18～25 μg/m³左右），需削减近 60%，难度极大。2015 年上半年，全国达标城市数量 56 个，仅占 17%，短时期不可能全部达标。

以珠三角为代表的第一梯队经努力有可能在“十三五”期间率先达标。珠三角的环境质量、经济社会发展指标等均与欧美国家差距最小。煤炭占比 45%，略高于欧美同期。煤炭消费强度较低，相当于欧洲国家当年的 2 倍。2014 年 $PM_{2.5}$ 平均浓度为 42 μg/m³，为国家标准的 1.2 倍，轻微超载。预计 2020 年，在完成“大气十条”目标的基础上，珠三角等一批城市空气质量基本达标，全国空气质量达标的城市有望提升 20%左右，全国 $PM_{2.5}$ 平均浓度有望下降 25%～30%左右，大部分城市实现日均值达标，长三角总体达到珠三角目前水平，京津冀总体达到长三角目前水平、得到有效改善。

长三角等区域有望在 2025 年前后基本达标。2014 年全国 161 个开展监测的城市 $PM_{2.5}$ 平均浓度在 62 μg/m³，长三角与之相当。再经 5 年治理，长三角区域以及我国大部分区域有望实现基本达标。此时，在“十三五”主攻日均值达标和遏制重度污染天气的基础上，全国空气质量年均值稳步下降，臭氧超标问题将得到基本遏制。

京津冀为代表的高煤、倚重、质量极差地区的达标进程还要延长至 2030 年。当前京津冀地区能源消费中煤炭占比约 69%，颗粒物排放强度是美国的 6.7 倍、欧盟的 3.7 倍，$PM_{2.5}$ 年均浓度是国家标准的 2.7 倍，在每月公布的污染最差城市排名中，京津冀区域的城市占大多半。因此，京津冀大气治理难上加难，力度还需更大。2009 年 91 个国家数据显示，达到欧盟 PM_{10} 年均浓度 40 μg/m³ 标准时人均 GDP 在 1 万～1.5 万美元，2030 年前后我国空气质量面临大转折的条件基本具备。假如从 2015 年起“猛火快攻”，治理力度大于“大气十条”，达到每五年浓度下降比例至少保持在 30%以上，总体相比 2014 年下降 2/3，则有可能在 2030 年达标。即使如此，也远高于发达国家同期历史水平的浓度（18～25 μg/m³）。我们初步预判，2030 年京津冀环境质量有望达到总体良好。

2.4.3 大小并重、好差两头，确保 2030 年全国水环境质量总体改善

当前大江大河持续改善，力争在 2020 年基本消除劣Ⅴ类水体。经过“九五”“十五”“十一五”“十二五”四个五年规划实施，大江大河水质恶化趋势在 20 世纪末得到遏制，淮河、辽河、松花江、太湖等污染状况都有质的变化，全国大江大河水体总体改善到轻度污染。但主要江河按功能达标为 60%左右，海河流域等污染仍然十分严重且短期改善存在径流量缺乏等制约。以 BOD 指标判别，我国劣Ⅴ类河流比例高于发达国家当年 9 个百分点。到 2020 年，在保障饮用水水源地水质的同时，力争大幅遏制乃至消灭劣Ⅴ类水体（京津冀区域有望基本消除劣Ⅴ类断面的时间阶段可能在 2030 年），是多年重点流域治理的“毕其功于一役”的攻坚战。

黑臭水体是当前水环境质量改善的难点，2030 年若能总体消除将实现环境质量的根本性好转。

因城市规划建设开发不尽合理、排污集中、截污不够、脏乱差突出、流量不足等历史因素多年沉疴，城市内河、小沟小汊的“黑臭”问题凸显。据估算，黑臭水体占全国地级城市水体 4 成左右。“水十条”明确提出了“2020 年地级及以上城市建成区黑臭水体均控制在 10%以内”的控制目标，这是在总结经济发达地区治污进程经验、呼应社会公众诉求、国际对标差距分析之后得到的结果，是水环境治理工作重点的重大转型。“水十条”提出 2030 年以前基本消除黑臭问题，这是一个十分艰巨但同时群众感受强烈的民心工程。江苏、浙江、河南、广东、北京等地均已提出 2015 年或 2017 年消除黑臭的要求。经验表明，实施控源截污、垃圾清理、清淤疏浚、生态修复等“组合拳”，是城市水体黑臭问题治理的有效途径。

2030 年力争实现水环境质量达标，2030—2050 年主攻水生态系统健康。我国大规模治污从“九五”淮河治污开始，历经多年持续治污，未来再经过 10 年左右的统筹部署、积极应对、有所作为，应能取得明显成效。中央有关文件提出，到 2030 年，全国江河湖泊水功能区基本实现达标。这一目标包含了主要江河湖泊水功能区 1 027 条河流，约占全国 1 000 km^2 以上河流总数的 2/3。同时，“水十条”也提出到 2030 年全国七大重点流域水质优良比例总体达到 75%以上的目标。假如以上目标实现，则到 2030 年，全国水环境质量能够实现总体改善。从阶段攻坚重点分析，在 2020 年着力解决传统污染问题、2030 年着力解决环境质量改善后，2030—2050 年，在巩固、坚持前期工作成效的基础上，将着力实现经济、社会、环境系统的平衡与可持续发展，将基本解决生态环境问题，人与自然高度和谐。这也是“水十条”提出三步走战略目标的核心。

2.5 标本兼治，提高“十三五”环境质量改善战役的实效

从环境保护与社会经济发展的中长期战略层面出发，着眼于环境质量根本改善，把中国环境宏观中长期战略分为“三步走战略”，即到 2020 年，要充分利用经济社会阶段转型契机、加大硬软投入，目标是保环境安全、保小康环境底线，以环境质量改善为主线，实施质量、总量双约束，实施精准治理、科学治理、系统治理；2020—2030 年，是巩固污染治理成果、全面改善环境质量的关键期，目标是实现环境基本清洁，水、大气基本实现达标，环境风险、人体健康得到保障；2050 年，最终实现对人类和生态系统的环境健康，实现生态系统平衡与良性循环。三个阶段的实现目标、控制重点、任务要求依次提高，最终人口、资源、环境、发展全面协调。

这种分阶段战略目标、战略重点的把握，既要充分意识到环境保护的长期性和艰巨性，不急躁冒进地提出不合理的、有后遗症的 2020 年目标，同时也要对 2020 年环境质量能明显改善有信心，不能坐等资源能源消费峰值和发展阶段的转型到来，不能以客观条件推诿、漠视社会公众环境诉求。“十三五”期间，是解决传统环境问题的攻坚期，战略上要做好统筹打持久战与歼灭战的准备，战术上要找准问题、锚定方向、标本兼治、逐个击破。

一是建制度。完善环境质量管理监测、监督、评估、考核和目标管理制度。重构环境监测监管体系，做实环境质量监督考核，上收环境质量考核监测事权。以三个十条的出台和实施为基础，做实地方政府环境质量负责的机制，环境保护部门转变角色，从“督企”转向“督政”。实行信息公开，有序引导社会公众监督。

二是保底线。将环境质量不降级、环境服务功能不退化作为发展的底线和最基本要求，实行刚性约束。建立符合全面建成小康社会环境要求的、表达方式覆盖所有公众的、老百姓可以接受的环

境底线的指标体系，如遏制重污染天气、削减劣 V 类水体或者黑臭水体、因污染而导致的环境突发事件或环境健康事件等。

三是打刺头。针对超标严重、环境问题复杂、质量改善难度大的区域，提高治理目标、加严管理措施、提出差别化的管理政策，并适当进行政策扶持与财政投入，污染物总量排放与资源环境协同管理措施先行先试。

四是抓单元。突出管理措施的“点”上累积效应，以城市和控制单元为抓手，实施环境质量改善的网格化、精细化管理，引入公众力量参与制定环境质量改善清单，明确工作重点、治理进程、阶段目标。以清单为基础开展分区分类管理、实施差异化总量控制与项目准入、安排生态补偿资金和环境保护专项资金、实施财政奖惩等。

五是促协同。在把握环境治理的客观规律的基础上，吸取国际经验教训，实施综合整治，开展区域/流域的协同治理，实施多污染物协同控制，对 SO_2、NO_x、VOCs、一次颗粒物和 NH_3 的排放控制制定综合管控策略，保护水生态空间，减污增容，从而建立多污染源、多污染物综合控制体系。

本报告执笔：吴舜泽、王倩、张南南、张涛

3 “十三五”空气质量基数与目标测算研究

3.1 国内外颗粒物改善历程

3.1.1 国内外可吸入颗粒物改善历程

3.1.1.1 欧洲典型城市 PM_{10} 浓度改善历程

3.1.1.1.1 伦敦

自 20 世纪 50 年代开始，欧洲城市大气污染逐渐显现，伦敦致死性烟雾便是其典型危害事件之一。英国于 1956 年出台了专门针对空气污染的《清洁空气法》，该法提出禁止黑烟排放、升高烟囱高度、建立无烟区等措施。《清洁空气法》以及后续的修订还催生了一系列空气管理部门和管理机制的成型，如清洁空气委员会、环保局、地方政府的参与等。通过英国国家政府和伦敦地方政府的合作与努力，相关的管理措施得以有效执行。在烟雾事件后的 60 年间，伦敦的空气质量特别是颗粒物浓度有了显著变化。从图 3-3-1 中可以看出伦敦 60 年颗粒物污染控制历史可以大致分为三个重要阶段，它们分别是：准备阶段（第一阶段，1953—1960 年）、显著削减阶段（第二阶段，1960—1980 年）、平稳改善阶段（第三阶段，1980—2000 年）。从伦敦的黑烟（颗粒物）浓度变化情况来看，在显著削减阶段伦敦 PM_{10} 浓度由约 113 μg/m^3（根据黑烟浓度估算得到）下降至 13 μg/m^3，20 年内共计下降 100 μg/m^3，平均每年下降 5 μg/m^3。之后进入平稳阶段，但 PM_{10} 浓度仍在持续改善。

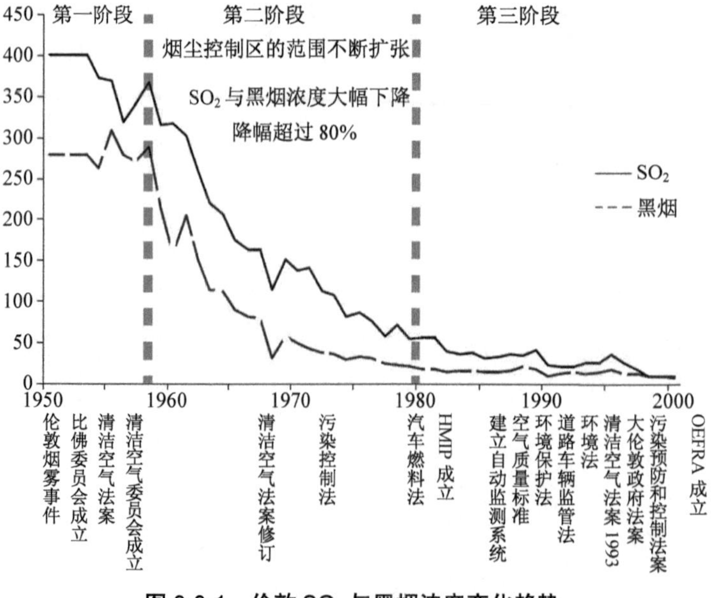

图 3-3-1 伦敦 SO_2 与黑烟浓度变化趋势

3.1.1.1.2 奥斯陆

从奥斯陆的黑烟浓度变化情况来看（图 3-3-2），在 20 世纪 60—80 年代，黑烟浓度下降最为明显，其中 PM_{10} 浓度由 1958 年的 114 μg/m^3（根据黑烟浓度估算得到）下降至 1978 年的 21 μg/m^3，20 年共下降 93 μg/m^3，平均每年下降 4.7 μg/m^3。

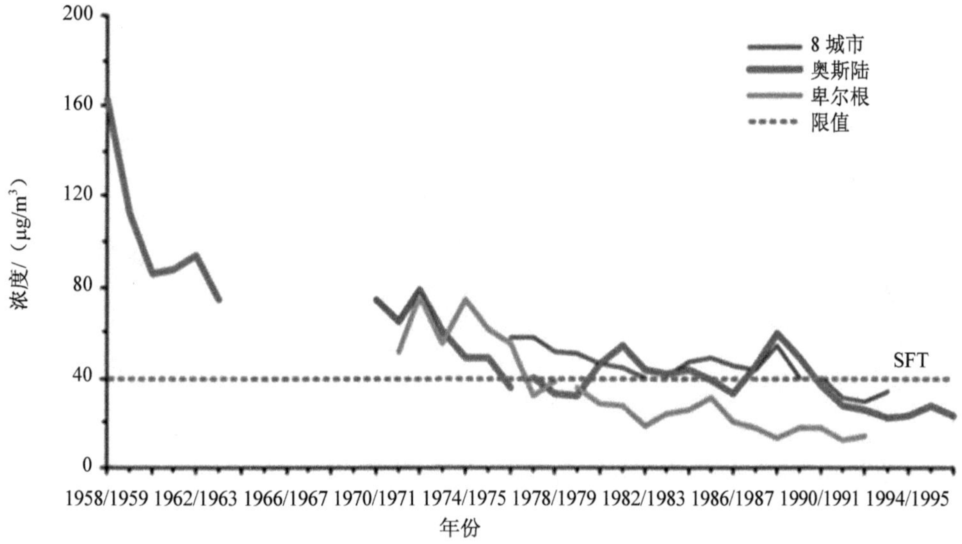

图 3-3-2 奥斯陆及周边城市黑烟浓度变化趋势

3.1.1.1.3 柏林

从柏林的总悬浮颗粒物浓度变化情况来看（图 3-3-3），20 世纪 90 年代，总悬浮颗粒物浓度下降明显，其中 PM_{10} 浓度由 1989 年的 67 μg/m^3（根据总悬浮颗粒物与 PM_{10} 浓度比值估算得到）下降至 1999 年的 27 μg/m^3，10 年内下降 40 μg/m^3，平均每年下降 4 μg/m^3。

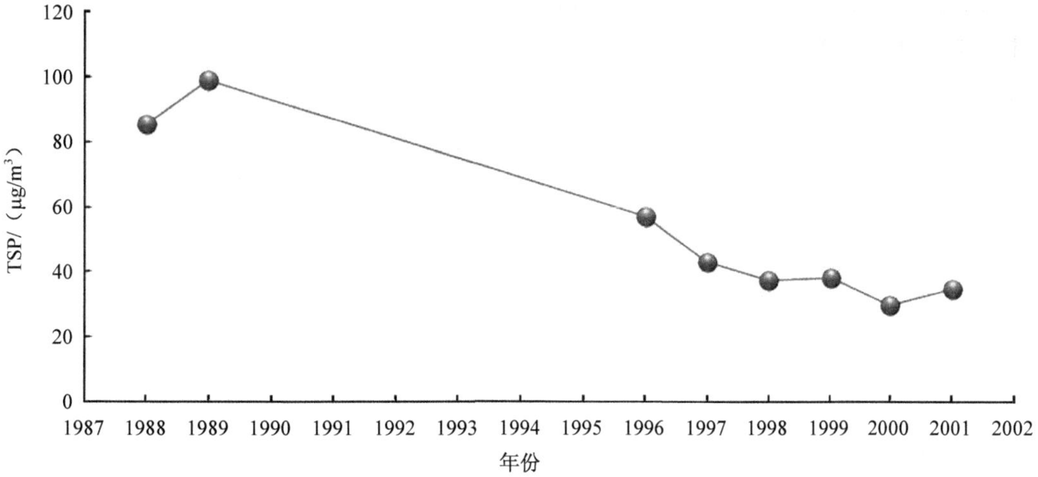

图 3-3-3 柏林总悬浮颗粒物（TSP）浓度变化趋势

3.1.1.2 美国及典型重污染城市 PM_{10} 浓度改善历程

如图 3-3-4 所示，1990—2005 年美国全国 PM_{10} 浓度由 85 μg/m^3 下降至 60 μg/m^3，平均每年下降

1.7 μg/m^3；之后，基本保持平稳，但仍持续改善，从 2005 年的 60 μg/m^3 下降至 2014 年的 55 μg/m^3。需要说明的是美国的 PM_{10} 监测站点多分布在沙漠地区，受沙尘暴等不利自然条件影响较大，在此情况下美国通过严格的污染控制措施，仍然能够实现 PM_{10} 浓度的大幅度下降。根据美国 EPA 公开空气质量历史数据，以 1985 年为基准年，选取 PM_{10} 污染较为严重的 6 个城市，分析其 PM_{10} 浓度下降历程。

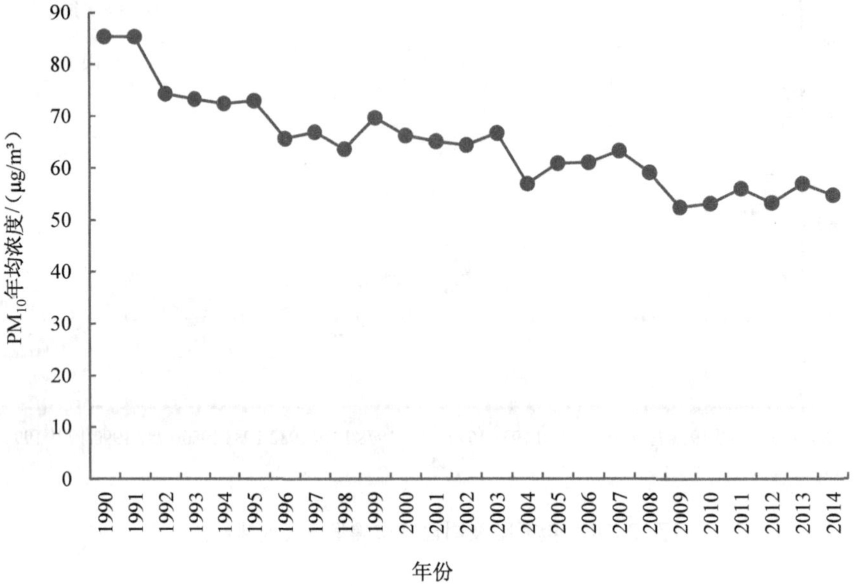

图 3-3-4 1990—2014 年美国全国 PM_{10} 浓度变化情况

3.1.1.2.1 梅德福

梅德福（Medford）位于俄勒冈州（OR），1985 年，其 PM_{10} 年均浓度为 181 μg/m^3（图 3-3-5），1990 年相较于 1985 年下降 59.11%，1995 年相较于 1990 年下降 55.40%，其后，1995—2014 年继续保持平稳下降趋势，1985—2014 年 PM_{10} 年均浓度共计下降幅度为 166 μg/m^3，年均下降幅度为 6.64 μg/m^3，但主要下降时期为 1985—1990 年，10 年年均下降幅度为 14.8 μg/m^3。

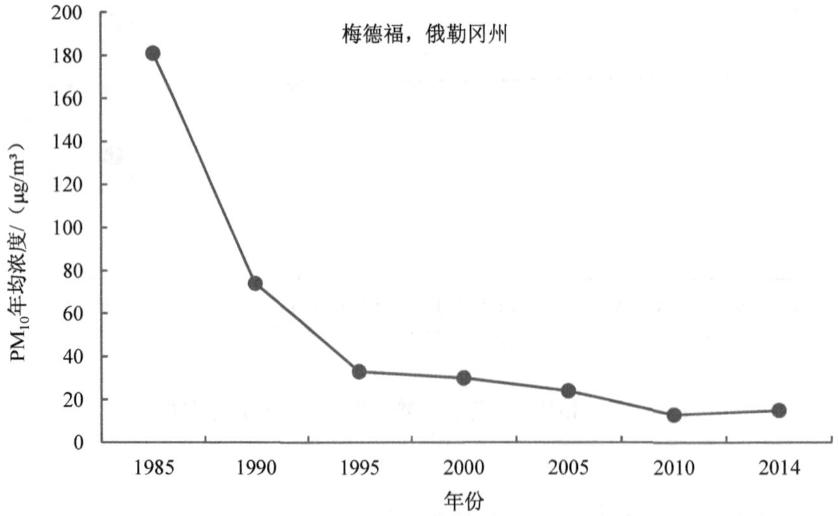

图 3-3-5 梅德福 PM_{10} 年均浓度下降历程

3.1.1.2.2 雅吉瓦

雅吉瓦（Yakima）位于华盛顿州（WA），1885 年，其 PM_{10} 年均浓度为 134 μg/m^3（图 3-3-6），1990 年相较于 1985 年下降 64.93%，1990 年相较于 1985 年下降 44.68%，其后保持平稳波动，1985—2014 年 PM_{10} 年均浓度共计下降幅度为 118 μg/m^3，年均下降幅度为 4.72 μg/m^3，但主要下降时期为 1985—1990 年，10 年年均下降幅度为 10.8 μg/m^3。

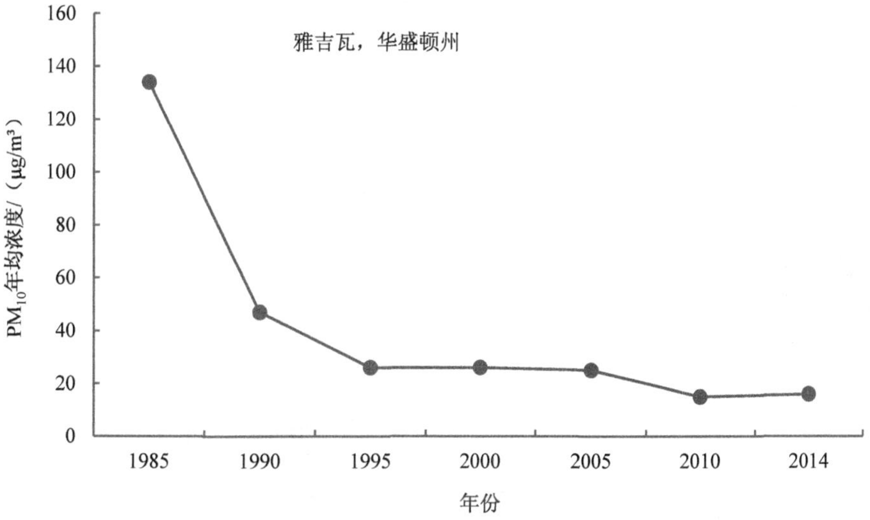

图 3-3-6 雅吉瓦 PM_{10} 年均浓度下降历程

3.1.1.2.3 塞拉

塞拉（Sierra Vista-Douglas）位于亚利桑那州（AZ），1985 年，该城市 PM_{10} 年均浓度为 106 μg/m^3（图 3-3-7），1995 年相较于 1985 年下降 69.00%，其后，1995—2014 年 PM_{10} 年均浓度保持平稳，有略微上升趋势，1985—2014 年 PM_{10} 年均浓度共计下降幅度为 68 μg/m^3，年均下降幅度为 2.72 μg/m^3，主要下降时期为 1990—1995 年，5 年年均下降浓度为 14.8 μg/m^3。

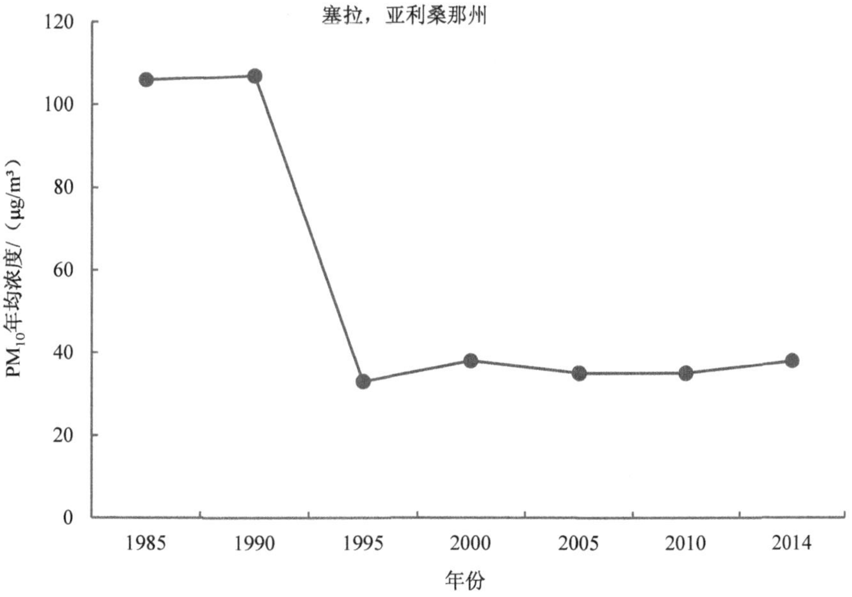

图 3-3-7 塞拉 PM_{10} 年均浓度下降历程

3.1.1.2.4 尤金

尤金（Eugene）位于俄勒冈州（OR），1985 年，该城市 PM_{10} 年均浓度为 97 μg/m³（图 3-3-8），1990 年相较于 1985 年下降 37.11%，1995 年相较于 1990 年下降 50.82%，其后，1995—2014 年保持平稳下降趋势，1985—2014 年 PM_{10} 年均浓度共计下降幅度为 3.28 μg/m³，主要下降时期为 1985—1995 年，10 年年均下降幅度为 6.7 μg/m³。

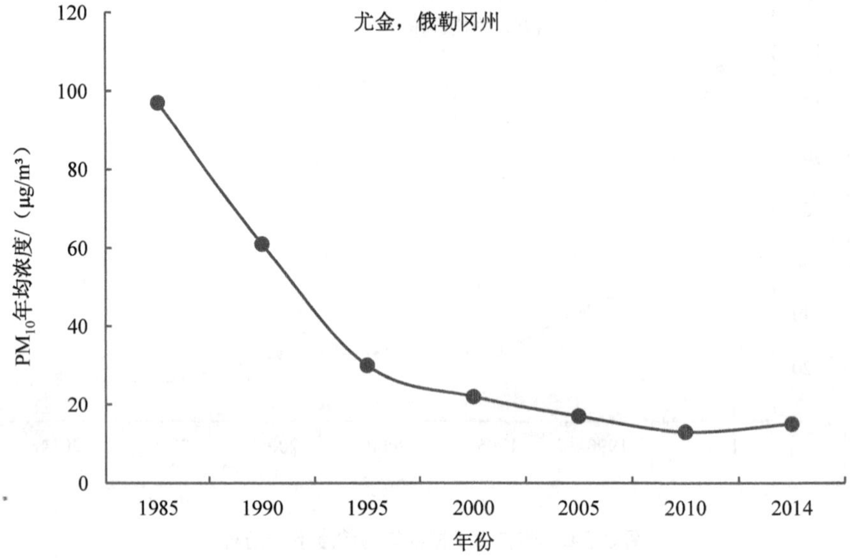

图 3-3-8 尤金 PM_{10} 年均浓度下降历程

3.1.1.2.5 米苏拉

米苏拉（Missoula）位于蒙大拿州（MT），1985 年，该城市 PM_{10} 年均浓度为 87 μg/m³（图 3-3-9），1990 年相较于 1985 年下降 70.11%，其后，1990—2014 年保持平稳下降趋势，1985—2014 年 PM_{10} 年均浓度共计下降幅度为 2.28 μg/m³，主要下降时期为 1985—1990 年，5 年年均下降幅度为 12.2 μg/m³。

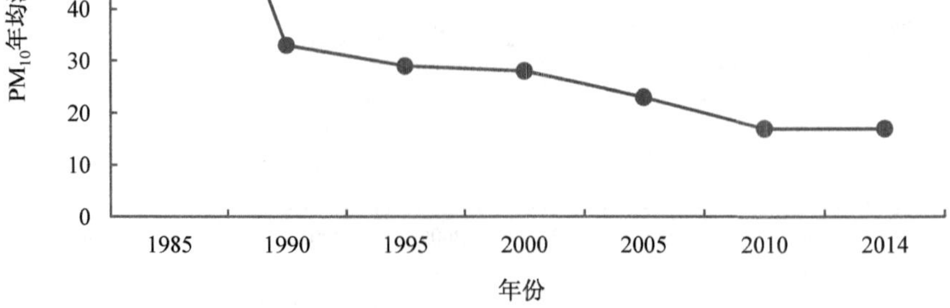

图 3-3-9 米苏拉 PM_{10} 年均浓度下降历程

3.1.1.2.6　巴特西波

巴特西波（Butte-Silver Bow）位于蒙大拿州（MT），1985 年，该城市 PM_{10} 年均浓度为 86 μg/m^3（图 3-3-10），1990 年相较于 1985 年下降 44.19%，其后，1990—2014 年呈现先下降后略微上升的趋势，1985—2014 年 PM_{10} 年均浓度共计下降幅度为 2.6 μg/m^3，主要下降时期为 1985—1990 年，5 年年均下降幅度为 7.6 μg/m^3。

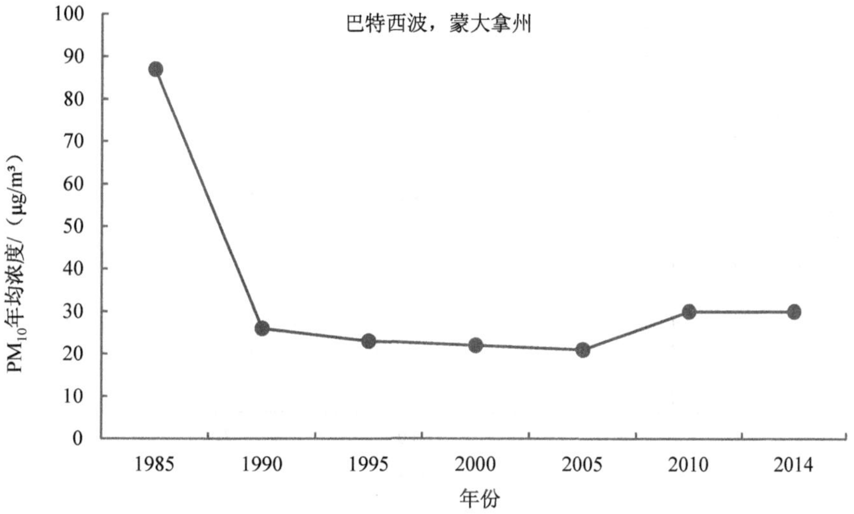

图 3-3-10　巴特西波 PM_{10} 年均浓度下降历程

3.1.1.3　日本 PM_{10} 浓度改善历程

日本 1973 年设立了 SPM 质量标准（相当于粒径小于 6.5 μm 的颗粒物），并通过路边站和城市站监测其浓度。从监测数据来看（图 3-3-11），日本 SPM 平均浓度 1974—1999 年下降较为迅速，路边站从 1974 年的 160 μg/m^3 下降至 1999 年的 40 μg/m^3，平均每年下降 4.8 μg/m^3，进入 2000 年以来进入平稳阶段，但仍在持续改善；对于城市站，由于基准浓度较小，其从 1974 年的约 60 μg/m^3 下降至 1999 年的 30 μg/m^3，平均每年下降 1.2 μg/m^3。

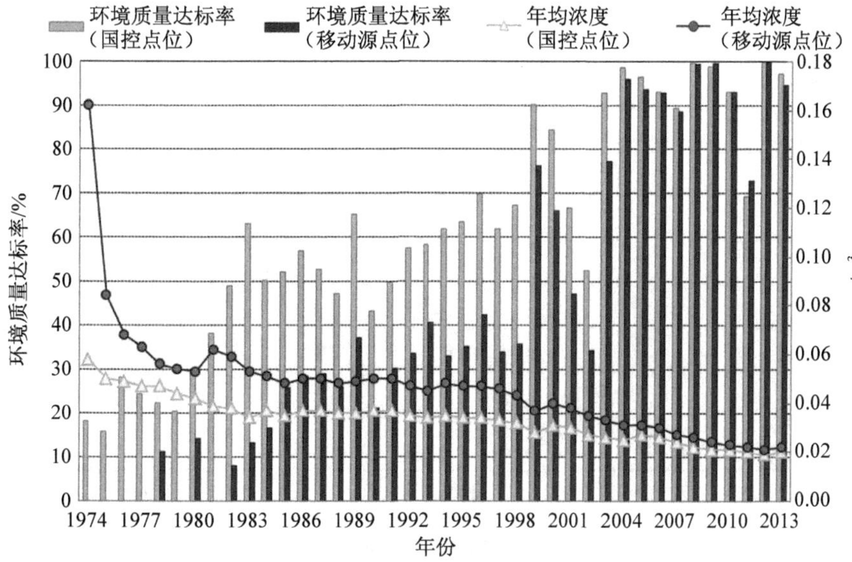

图 3-3-11　日本 SPM 年均浓度下降历程

3.1.1.4 韩国 PM_{10} 浓度改善历程

韩国首尔大都市区（包括首尔、仁川、京等 24 个城市）在过去 15 年内通过采取控制柴油车排放包括安装 DPF、提供低排放车辆和加严排放标准限制等措施，使得 PM_{10} 排放量大幅度下降，空气中 PM_{10} 浓度也逐步改善，从 2001 年的 71 μg/m³ 下降至 2014 年的 40 μg/m³（图 3-3-12），平均每年下降 3.4 μg/m³。

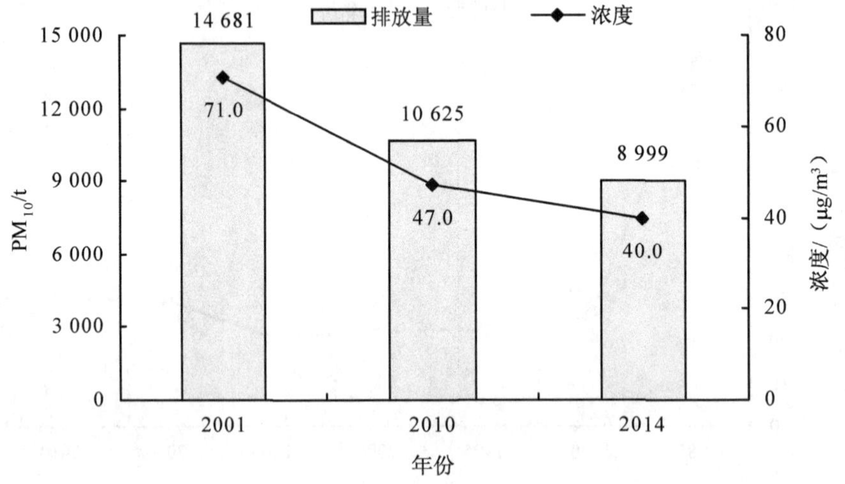

图 3-3-12 韩国首尔大都市区 PM_{10} 浓度下降历程

3.1.1.5 国内重点城市 PM_{10} 浓度改善历程

3.1.1.5.1 第一阶段执行新空气质量标准的 74 个重点城市

如图 3-3-13 所示，74 个城市 2013 年浓度在 84 μg/m³ 以下的城市，经过 2 年到 2015 年 PM_{10} 浓度均达到二级标准；浓度在 84～100 μg/m³ 的城市，平均每年下降 10 μg/m³；浓度在 100 μg/m³ 以上的平均每年下降 16 μg/m³。

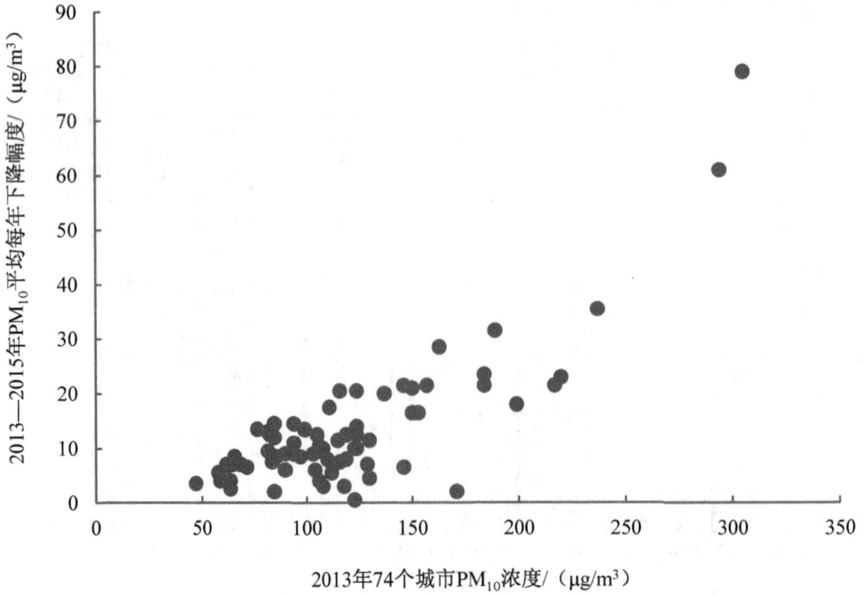

图 3-3-13 74 个重点城市 2013—2015 年 PM_{10} 浓度年均下降幅度

3.1.1.5.2 北京

北京市从 2005—2015 年 10 年间，PM_{10} 年均浓度共计下降约 40 μg/m^3，平均每年下降约 4 μg/m^3（图 3-3-14）。

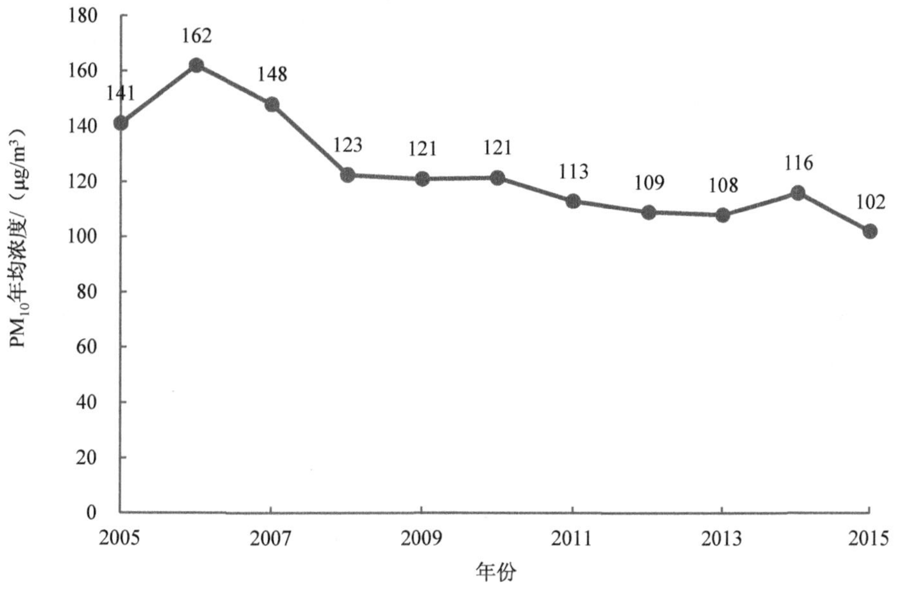

图 3-3-14 北京市 PM_{10} 浓度下降历程

3.1.1.5.3 上海

上海市从 2005—2015 年 10 年间，PM_{10} 年均浓度共计下降约 19 μg/m^3（图 3-3-15），平均每年下降约 1.9 μg/m^3，通过两个 5 年计划实现达标。

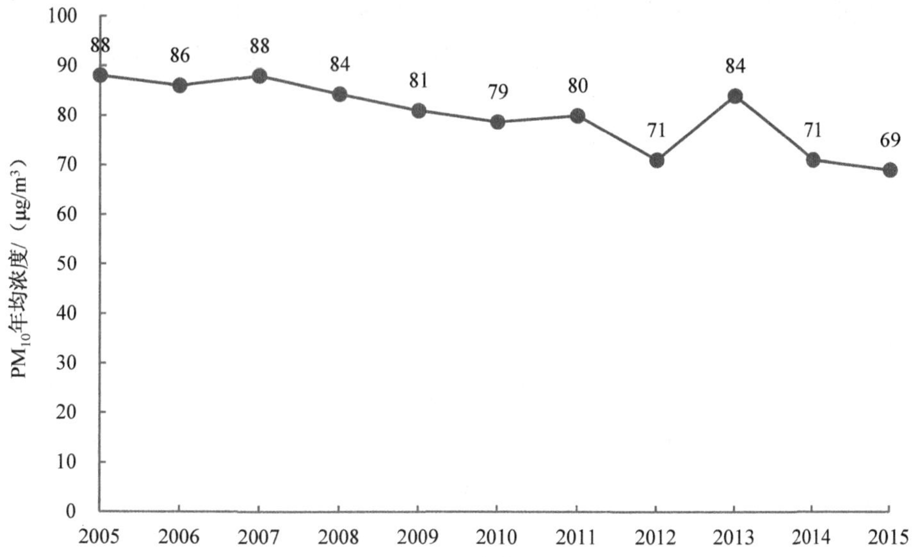

图 3-3-15 上海市 PM_{10} 浓度下降历程

3.1.1.5.4 珠三角

依据粤港澳珠江三角洲区域空气监测网络监测数据，珠三角 PM_{10} 年均浓度变化趋势如图 3-3-16 所示，2006—2014 年，PM_{10} 年均浓度从 77 μg/m^3 下降至 59 μg/m^3，年均下降幅度为 2.2 μg/m^3，一个 5 年内已实现达标。

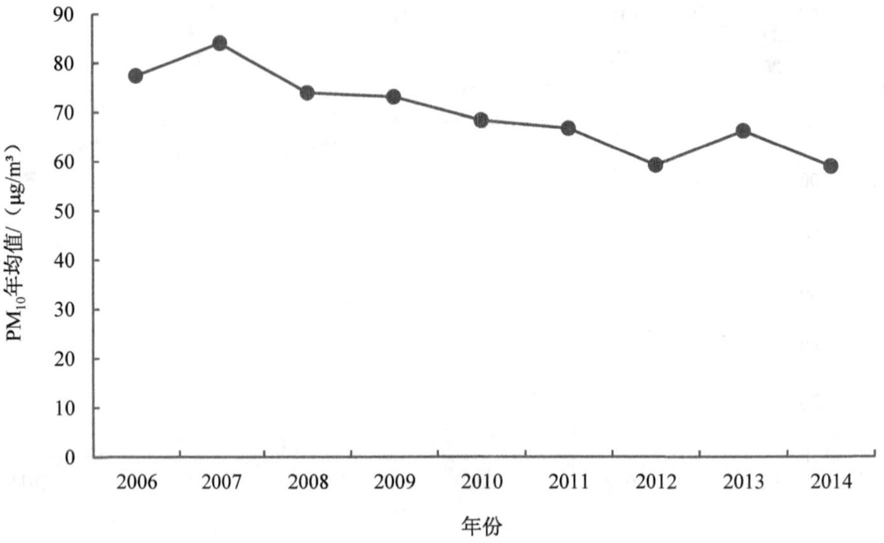

图 3-3-16 珠三角 PM_{10} 年均浓度下降历程

3.1.1.6 小结

从国内外 PM_{10} 浓度长期改善历程来看，PM_{10} 年均浓度大于 100 μg/m^3 的城市，平均每年下降幅度可达 5 μg/m^3 左右；浓度在 84～100 μg/m^3 的，基本上经过 10 年下降至 70 μg/m^3 左右；浓度在 84 μg/m^3 以下的城市在 5 年内能下降至 70 μg/m^3 左右。如果遵循国内外 PM_{10} 浓度变化规律，以 2015 年全国地级及以上城市 PM_{10} 浓度为基数，到 2030 年全国将有 94%的城市实现 PM_{10} 达标。

3.1.2 国内外细颗粒物浓度改善历程

3.1.2.1 欧盟

欧盟开展 $PM_{2.5}$ 监测较晚，从 2006 年才开始进行系统监测，目前已经有 926 个站点发布了 $PM_{2.5}$ 监测数据。2012 年，欧盟共计有 9%的站点超过了欧盟 $PM_{2.5}$ 浓度限值（25 μg/m^3），多数站点 $PM_{2.5}$ 的浓度集中在 10～25 μg/m^3。从欧盟 28 国可比的 61 个城市监测点位、47 个城市交通监测点位以及 22 个农村背景站的 $PM_{2.5}$ 监测结果来看（图 3-3-17），从 2006—2012 年，交通和其他（主要是工业区）站点的浓度有所下降，平均每年下降 0.36 μg/m^3；而城市站点和农村背景站 $PM_{2.5}$ 浓度下降不明显，甚至有所上升，其中城市站点平均每年下降 0.01 μg/m^3，农村背景站平均每年上升 0.07 μg/m^3。

而 2006—2012 年，欧盟一次 $PM_{2.5}$ 排放量减少 10.2%，二次 $PM_{2.5}$ 的前体物 SO_2、NO_x、VOCs 排放量分别减少 47.4%、24.1%和 17.7%，而 NH_3 的排放量上升了 1.5%。

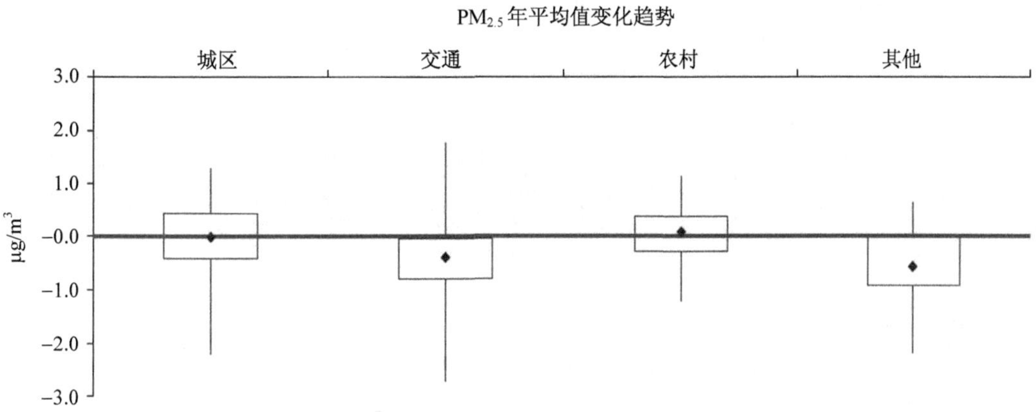

图 3-3-17 欧盟 $PM_{2.5}$ 浓度变化趋势（2006—2012）

3.1.2.2 美国

1999—2003 年 5 年间，美国全国 $PM_{2.5}$ 年均浓度下降了 10%。在 $PM_{2.5}$ 浓度较高的东南地区（15.7 μg/m^3）下降 20%（至 12.6 μg/m^3）（图 3-3-18）；南加州（20 μg/m^3）下降 16%（至 16.9 μg/m^3）。而在此过程中，美国全国一次 $PM_{2.5}$ 排放量下降 5%，二次 $PM_{2.5}$ 前体物 SO_2、NO_x 和 VOCs 分别下降 9%、9%和 12%。

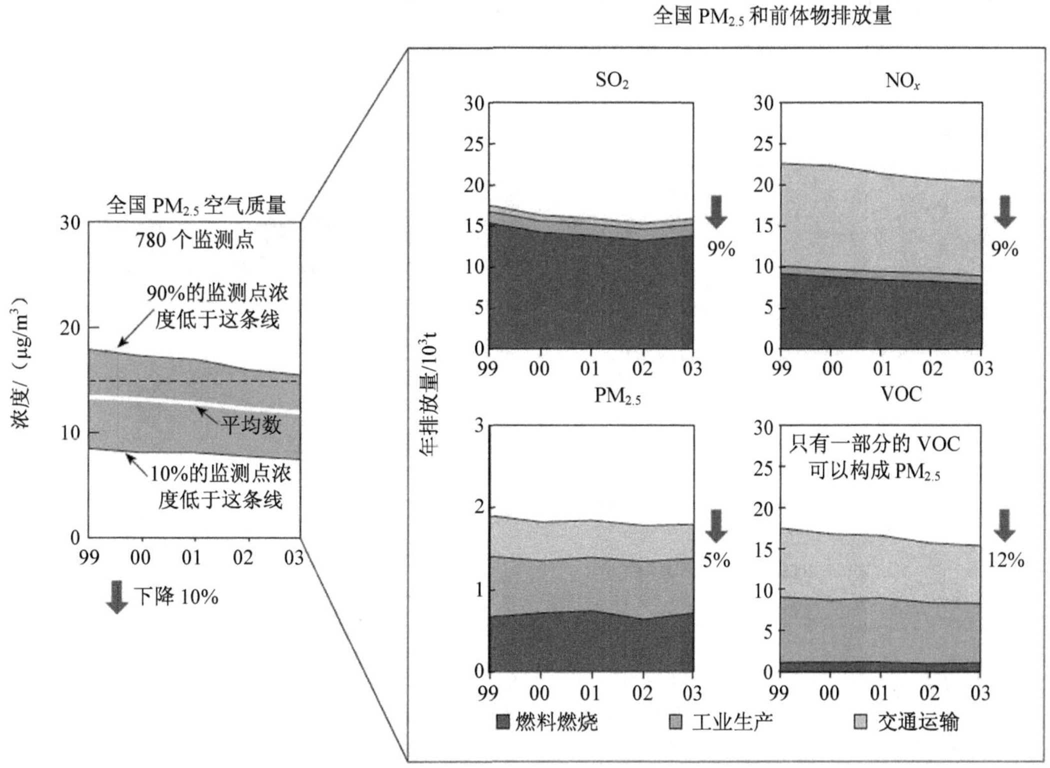

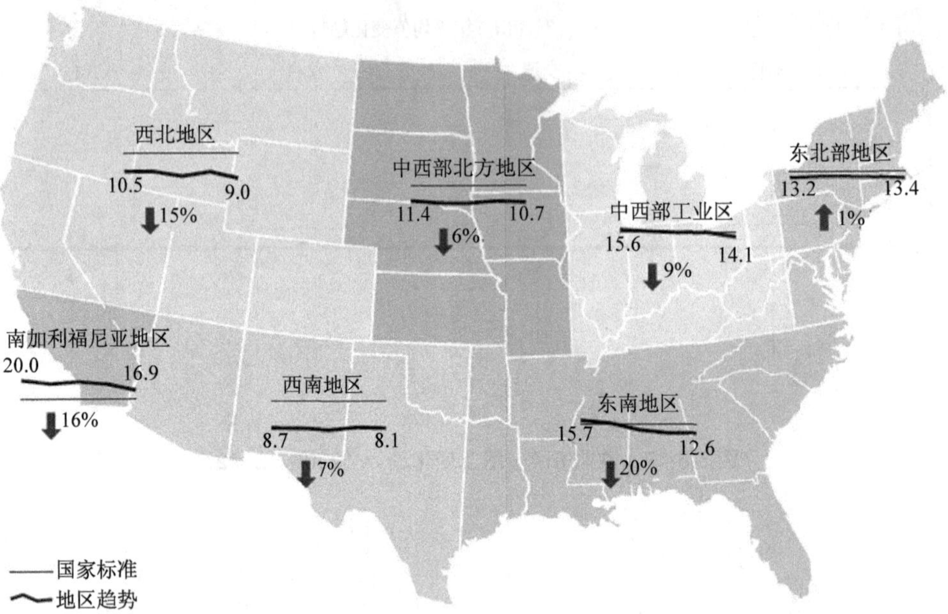

图 3-3-18 美国 $PM_{2.5}$ 浓度变化趋势（1999—2003）

而从更长远的趋势来看（图 3-3-19），美国 1979—2003 年 25 年期间，39 个主要城市 $PM_{2.5}$ 年均浓度平均下降 30%左右。其中洛杉矶 $PM_{2.5}$ 年均浓度从 1979 年的 30 μg/m³ 下降至 2003 年的 18 μg/m³，共计下降 40%；华盛顿特区 $PM_{2.5}$ 年均浓度从 1981 年的 28 μg/m³ 下降至 2003 年的 14 μg/m³，共计下降 50%；芝加哥 $PM_{2.5}$ 年均浓度从 1983 年的 28 μg/m³ 下降至 2003 年的 15 μg/m³，共计下降 46%。

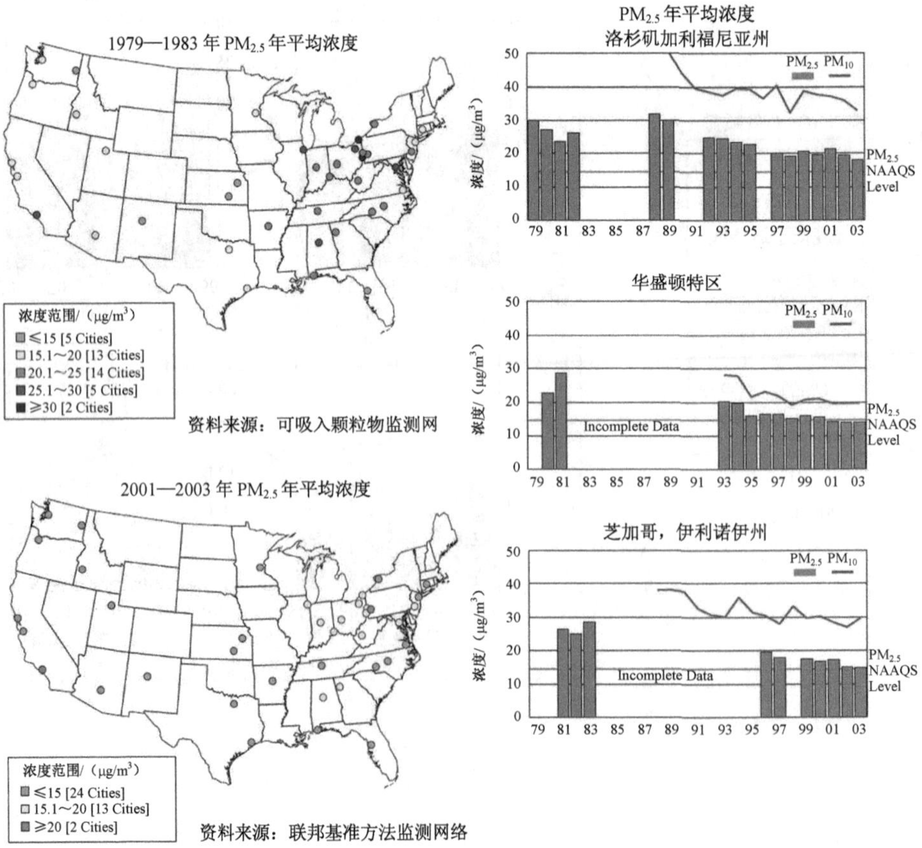

图 3-3-19 美国 $PM_{2.5}$ 浓度变化趋势（1979—2003）

而近年来，美国 $PM_{2.5}$ 年均浓度虽然处于较低水平，但仍在持续下降。2000—2014 年，全国 $PM_{2.5}$ 年均浓度从 13 μg/m³ 下降至 9 μg/m³，共计下降 35%。而全国不同区域下降幅度各不相同，中部区域从 16 μg/m³ 下降至 10 μg/m³，共计下降 37%；中西部地区从 13 μg/m³ 下降至 10 μg/m³，共计下降 30%；东北区域从 13 μg/m³ 下降至 8 μg/m³，共计下降 37%；西北区域从 11 μg/m³ 下降至 8 μg/m³，共计下降 24%；南部区域从 13 μg/m³ 下降至 9 μg/m³，共计下降 29%；东南区域从 14 μg/m³ 下降至 8 μg/m³，共计下降 41%；西南区域从 9 μg/m³ 下降至 7 μg/m³，共计下降 20%；西部区域从 14 μg/m³ 下降至 10 μg/m³，共计下降 33%。

3.1.2.3 日本

2001—2010 年，路边站 $PM_{2.5}$ 年均浓度从 30 μg/m³ 下降至 16 μg/m³（图 3-3-20），共计下降 47%；城市站路边站 $PM_{2.5}$ 年均浓度从 23 μg/m³ 下降至 16 μg/m³，共计下降 30%。对于东京而言，$PM_{2.5}$ 年均浓度改善幅度更大（图 3-3-21），东京中心区城市站 $PM_{2.5}$ 年均浓度从 2001 年的 26 μg/m³ 下降至 2012 年的 17 μg/m³，共计下降 35%，东京郊区城市站 $PM_{2.5}$ 年均浓度从 2001 年的 22 μg/m³ 下降至 2012 年的 13 μg/m³，共计下降 41%；东京中心区路边站 $PM_{2.5}$ 年均浓度从 2001 年的 35 μg/m³ 下降至 2012 年的 19 μg/m³，共计下降 46%，东京郊区路边站 $PM_{2.5}$ 年均浓度从 2001 年的 34 μg/m³ 下降至 2012 年的 15 μg/m³，共计下降 56%。

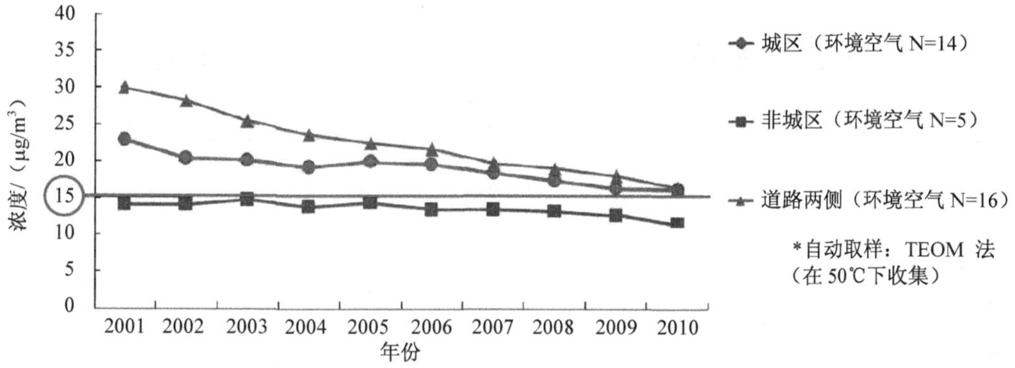

图 3-3-20 日本 $PM_{2.5}$ 浓度变化趋势（2001—2010）

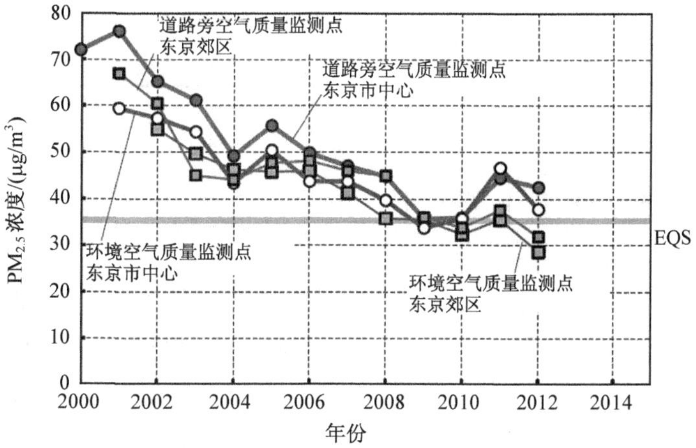

图 3-3-21 东京 $PM_{2.5}$ 浓度变化趋势（2000—2014）

综上可见，国外开展 $PM_{2.5}$ 监测时，$PM_{2.5}$ 浓度基本均在 35 μg/m^3 以下。长期空气质量监测数据表明，$PM_{2.5}$ 年均浓度在 30～35 μg/m^3 时，可实现每年下降 1 μg/m^3。

3.1.2.4 国内经验

3.1.2.4.1 国控城市空气质量监测网

国内系统开展 $PM_{2.5}$ 监测的时间较晚。根据第一批开展 $PM_{2.5}$ 浓度监测的 74 个城市 2013—2015 年监测结果，发现年均浓度达标的城市，平均每年下降幅度为 1.2 μg/m^3；年均浓度超标 30%以内的城市，平均每年下降幅度为 3.3 μg/m^3；年均浓度超标 30%～60%的城市，平均每年下降幅度为 4.8 μg/m^3；年均浓度超标 60%～90%的城市，平均每年下降幅度为 7 μg/m^3；年均浓度超标 90%～120%的城市，平均每年下降幅度为 8 μg/m^3；年均浓度超标 120%～150%的城市，平均每年下降幅度为 9 μg/m^3；年均浓度超标 150%～180%的城市，平均每年下降幅度为 12.4 μg/m^3；年均浓度超标 180%以上的城市，平均每年下降幅度为 19 μg/m^3。

3.1.2.4.2 粤港珠三角区域空气质量监测网

根据粤港空气质量监测网络数据（表 3-3-1），2006—2014 年，珠三角 PM_{10} 浓度从 74 μg/m^3 下降至 56 μg/m^3，假定 $PM_{2.5}$ 占 PM_{10} 的比例不变，为 60%左右，则 $PM_{2.5}$ 年均浓度平均每年下降约 1.35 μg/m^3，和欧、美、日的趋势基本保持一致。

表 3-3-1 粤港澳珠江三角洲区域空气质量监测网络污染物浓度年均值 单位：μg/m^3

年份	二氧化硫	二氧化氮	臭氧	颗粒物 PM_{10}
2006	47	46	48	74
2007	48	45	51	79
2008	39	45	51	70
2009	29	42	56	69
2010	25	43	53	64
2011	24	40	58	64
2012	18	38	54	56
2013	18	40	54	63
2014	16	37	57	56

3.2 “十三五” $PM_{2.5}$ 浓度下降目标

以 2015 年细颗粒物年均浓度为基础，已经达标的 76 个城市“十三五”期间空气质量需进一步改善，包括：张家口、鄂尔多斯、锡林浩特、鸡西、伊春、佳木斯、黑河、大兴安岭、舟山、黄山、池州、福州、厦门、莆田、三明、泉州、漳州、南平、龙岩、宁德、韶关、深圳、珠海、汕头、江门、湛江、茂名、惠州、梅州、汕尾、河源、阳江、清远、中山、云浮、北海、防城港、海口、三亚、攀枝花、广元、马尔康、康定、西昌、安顺、铜仁、黔西南、毕节、凯里、都匀、昆明、曲靖、玉溪、昭通、丽江、普洱、临沧、楚雄、蒙自、景洪、大理、潞西、六库、香格里拉、拉萨、昌都、山南、日喀则、阿里、林芝、嘉峪关、玉树藏族自治州、克拉玛依、博乐、塔城、阿勒泰；未达标城市 $PM_{2.5}$ 平均浓度在 2015 年的基础上下降 18.8%。

3.3 “十三五” $PM_{2.5}$ 目标分解方法

3.3.1 依据基准年浓度计算 $PM_{2.5}$ 浓度改善目标

根据 74 个城市 2013—2015 年 $PM_{2.5}$ 年均下降浓度与 2013 年 $PM_{2.5}$ 的年均浓度进行相关性分析（图 3-3-22），发现一段时期内 $PM_{2.5}$ 年均浓度的下降幅度与其基准年的 $PM_{2.5}$ 浓度之间呈现指数关系，即基准年 $PM_{2.5}$ 浓度越高，经过一段时间内的改善幅度与改善比例越大。

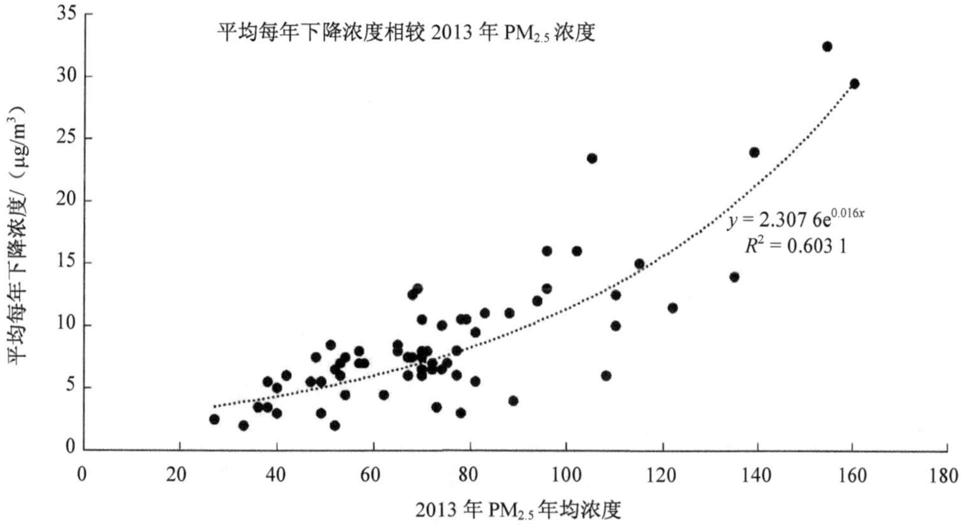

图 3-3-22 74 个环保重点城市 2013—2015 年间 $PM_{2.5}$ 平均每年下降浓度与 2013 年 $PM_{2.5}$ 年均浓度对比分析

参考 74 个第一批实施新标准城市 2013—2015 年 $PM_{2.5}$ 浓度改善趋势，结合对 2015 年未达标城市 $PM_{2.5}$ 达标路线图设计，对指数关系的函数 $y = a \cdot e^{b \cdot x}$ 参数 a 和 b 进行修订，依次从 5 组设定的方案中选择 2 组进行计算，分别计算参数 a 和 b（表 3-3-2）；然后以 a 和 b 的平均值作为函数参数，得到函数为 $y = 2.625\,88 \cdot e^{0.024\,16 \cdot x}$。基于此函数，运用 262 个未达标地级及以上城市 2015 年 $PM_{2.5}$ 年均浓度计算其各自“十三五”期间应达到的浓度下降幅度（图 3-3-23）。

表 3-3-2 通过 4 组设定的方案计算函数参数 a 和 b，其中 x 为城市 2015 年 $PM_{2.5}$ 年均浓度，y 为“十三五”期间 $PM_{2.5}$ 下降浓度，a 和 b 为函数参数

	x=42 y=7	x=52.5 y=9.45	x=70 y=14	x=100 y=25	x=107 y=32.1
x=42 y=7					
x=52.5 y=9.45	a = 2.11 b = 0.03				

	x=42 y=7	x=52.5 y=9.45	x=70 y=14	x=100 y=25	x=107 y=32.1
x=70 y=14	a=2.47 b=0.02	a=2.91 b=0.02			
x=100 y=25	a=2.78 b=0.02	a=3.22 b=0.02	a=3.62 b=0.02		
x=107 y=32.1	a=2.62 b=0.02	a=2.91 b=0.02	a=2.91 b=0.02	a=0.07 b=0.04	

注：（1）年均浓度在 36～42 μg/m³ 的 51 个城市要求“十三五”期间实现细颗粒物年均浓度达标，包括：大同、赤峰、呼伦贝尔、乌兰浩特、巴彦浩特、延吉、齐齐哈尔、绥化、台州、丽水、新余、鹰潭、赣州、宜春、吉安、抚州、威海、广州、佛山、肇庆、东莞、潮州、揭阳、南宁、梧州、钦州、贵港、玉林、贺州、崇左、雅安、巴中、贵阳、遵义、保山、文山、榆林、金昌、白银、天水、武威、张掖、庆阳、定西、陇南、合作、海北、海西、固原、哈密、伊宁。

（2）年均浓度 43～52.5 μg/m³ 的 64 个城市每 5 年下降 18%左右，通过两个 5 年计划达到环境空气质量标准的要求；

（3）年均浓度 53～70 μg/m³ 的 102 个城市每 5 年下降 20%左右，通过三个 5 年计划达到环境空气质量标准的要求；

（4）年均浓度 71～100 μg/m³ 的 41 个城市每 5 年下降 25%左右；

（5）年均浓度在 100 μg/m³ 以上的城市每 5 年下降 30%左右。

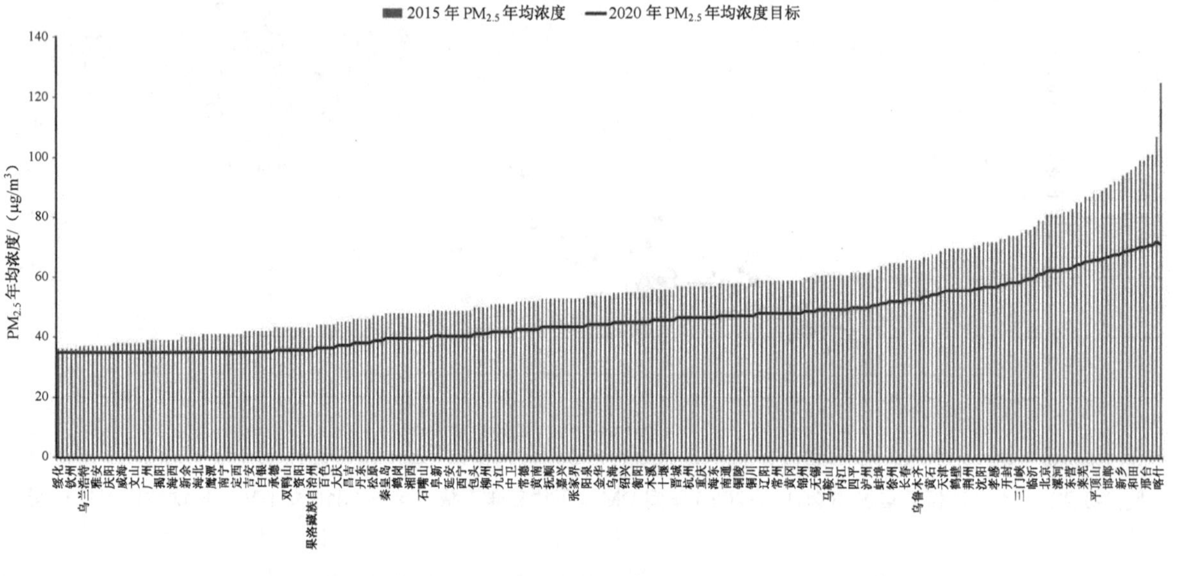

图 3-3-23 262 个未达标城市 2020 年 $PM_{2.5}$ 年均浓度目标计算值

3.3.2 依据地方相关规划调整 $PM_{2.5}$ 浓度改善目标

在各省区市“两会”政府工作报告中，地方政府均提及大气污染防治工作。经统计，北京、河北、上海、天津及浙江 5 个省（市）明确提出了 $PM_{2.5}$ 浓度“十三五”改善目标（表 3-3-3）。

表 3-3-3 省（市）两会工作报告中 $PM_{2.5}$ 改善目标

省（市）	“十三五” $PM_{2.5}$ 改善目标
北京	较 2015 年前 10 月平均浓度：69.7 μg/m³ 下降 15%，相当于较 2015 年下降 27%，即 59.1 μg/m³
河北	较 2013 年年均浓度下降 40%，相当于较 2015 年下降 16%，即 65 μg/m³
上海	42 μg/m³，相当于较 2015 年下降 20.8%
天津	较 2015 年年均浓度下降 25%，即 52.5 μg/m³
浙江	40 μg/m³，相当于较 2015 年下降 14.2%

3.3.3 依据生态保护规划与相关区域规划调整 $PM_{2.5}$ 浓度改善目标

根据“十三五”生态环境保护规划，关于“京津冀区域 $PM_{2.5}$ 浓度下降 25%，长三角区域下降 20%，珠三角区域所有地级及以上城市实现 $PM_{2.5}$ 年均浓度达标”的目标要求，对京津冀区域未达标 12 个城市 $PM_{2.5}$ 浓度改善目标进行统一提挡，使其降幅不低于 25%，张家口市按照冬奥会空气质量保障的要求，细颗粒物年均浓度力争达到 30 μg/m^3；对长三角区域 $PM_{2.5}$ 年均浓度超过 42 μg/m^3 的 22 个城市统一提挡，使其 $PM_{2.5}$ 浓度改善目标不低于 20%。

根据《京津冀协同发展生态环境保护规划》的要求，到 2020 年，京津冀地区 $PM_{2.5}$ 浓度控制在 64 μg/m^3 左右，而按照本分解方案设定的情景，到 2020 年，京津冀地区 $PM_{2.5}$ 浓度将达到 57 μg/m^3，高于其要求。

3.3.4 适度降低受沙尘等自然因素影响较大的未达标城市 $PM_{2.5}$ 浓度改善目标

考虑到西部省份未达标城市 $PM_{2.5}$ 本底浓度受沙尘暴等自然因素影响较大，本方案将甘肃、青海、宁夏和新疆维吾尔自治区 4 省（区）的非省会未达标城市 $PM_{2.5}$ 浓度改善目标统一下调 20%，对基准年浓度较大的喀什与和田两市，要求其下降幅度与其省会城市乌鲁木齐保持一致。

3.3.5 各省（区、市）$PM_{2.5}$ 浓度改善目标分解方案

综合计算过程，可得到 262 个未达标城市“十三五”$PM_{2.5}$ 浓度改善目标。若所有城市均实现其下降幅度，到 2020 年，达标城市由 2015 年的 76 个增加到 121 个，262 个未达标城市 $PM_{2.5}$ 年均浓度相对于 2015 年平均下降 18.8%。到 2030 年，全国 338 个城市中约 85%的城市 $PM_{2.5}$ 年均浓度达到环境空气质量二级标准。在此基础上，“十三五”各省（区、市）$PM_{2.5}$ 浓度改善目标分解方案见表 3-3-4。

表 3-3-4 “十三五”各省（区、市）$PM_{2.5}$ 年均浓度下降目标

省级	达标城市数	超标城市数	2015 年全省（区域）超标城市平均浓度/（μg/m^3）	2015 年全省（区域）平均浓度/（μg/m^3）	2020 年全省（区域）超标城市平均浓度/（μg/m^3）	2020 年全省（区域）平均浓度/（μg/m^3）	全省（区域）超标城市平均下降比例/%	全省（区域）平均下降比例/%
京津冀区域	1	12	81	77	59	57	27	26
北京市	0	1	81	81	59	59	27	27
天津市	0	1	70	70	53	53	25	25
河北省	1	10	82	77	60	57	27	26
山西省	0	11	56	56	46	46	18	18
内蒙古自治区	2	10	45	41	36	35	19	13
辽宁省	0	14	55	55	45	45	18	18
吉林省	0	9	55	55	45	45	18	18
黑龙江省	5	8	48	41	40	36	16	12
长三角区域	1	24	54	53	43	43	20	19
上海市	0	1	53	53	42	42	21	21

省级	达标城市数	超标城市数	2015年全省（区域）超标城市平均浓度/（μg/m³）	2015年全省（区域）平均浓度/（μg/m³）	2020年全省（区域）超标城市平均浓度/（μg/m³）	2020年全省（区域）平均浓度/（μg/m³）	全省（区域）超标城市平均下降比例/%	全省（区域）平均下降比例/%
江苏省	0	13	58	58	47	47	20	20
浙江省	1	10	48	47	39	38	19	18
安徽省	2	14	58	55	47	46	19	17
福建省	9	0	—	30	—	30	—	0
江西省	0	11	45	45	37	37	17	17
山东省	0	17	77	77	59	59	24	24
河南省	0	17	81	81	62	62	23	23
湖北省	0	13	66	66	53	53	20	20
湖南省	0	14	54	54	44	44	18	18
广东省	15	6	38	34	34	33	10	3
珠三角	5	4	38	34	35	33	9	5
广东其他地区	10	2	39	33	34	33	11	2
广西壮族自治区	2	12	37	33	34	33	8	2
海南省	2	0		20		20		0
重庆市	0	1	57	57	47	47	18	18
四川省	5	16	55	48	45	40	18	15
贵州省	6	3	42	32	35	30	16	7
云南省	14	2	38	28	35	28	8	1
西藏自治区	6	1	56	26	46	24	18	6
陕西省	0	10	54	54	44	44	18	18
甘肃省	1	13	43	42	38	7	12	12
青海省	1	7	46	43	40	37	14	13
宁夏回族自治区	0	5	47	47	41	41	14	14
新疆维吾尔自治区	4	12	64	55	54	47	17	15
全国	76	262	57	50	46	42	19	17

本报告执笔：宁淼、雷宇、孙亚梅、刘伟

4 “十三五”水环境质量基数与目标测算研究

4.1 考核断面及目标的确定方法

4.1.1 总体考虑

按照《水污染防治行动计划》提出的“强化环境质量目标管理”的要求，以“十二五”国控、省控、市控及县控断面为基础，筛选、确定全国考核断面，并逐一确定各考核断面2020年水质目标。其中，考核断面的确定有以下几点考虑：

（1）考核断面的确定应以控制单元为基础

控制单元自“九五”时期首次应用于淮河流域开始，已经历了四个五年的发展与完善，并于“十二五”时期在重点流域得到全面落实。按照《水污染防治行动计划》提出的“研究建立流域水生态环境功能分区管理体系”的要求，“十三五”时期应继续沿用控制单元这一有效工具，在控制单元划分基础上确定全国考核断面，并以断面水质目标约束控制单元污染物排放。

（2）考核断面的确定应满足精细化管理要求

为实现全国水环境精细化管理，“十三五”控制单元边界细化到乡镇行政区，控制单元范围较“十二五”时期也大幅缩窄，因此考核断面的布设则更加密集。考虑每5 000 km^2划分1个控制单元、设置1个考核断面，则全国应划分2 000个左右控制单元，设置2 000个左右考核断面。

（3）考核断面的确定应体现空间差异性

考核断面应结合区域人类活动情况、环境本底状况以及环保需求等实施差异化设置，考虑在人口密集且水系相对发达地区平均每2 000 km^2设置1个考核断面，在人口相对稀疏或水系欠发达地区平均每6 000 km^2设置1个考核断面，京津冀、长三角、珠三角等重点区域加密设置考核断面。

4.1.2 技术路线

以自然水系、乡镇行政区划、现有的水质监测断面为基础，初步划分全国控制单元；在此基础上充分考虑环境管理需求，选取关键的监测断面作为国家考核断面，并逐一确定各考核断面2020年水质目标，同时进一步修正控制单元范围。技术路线如图3-4-1所示。

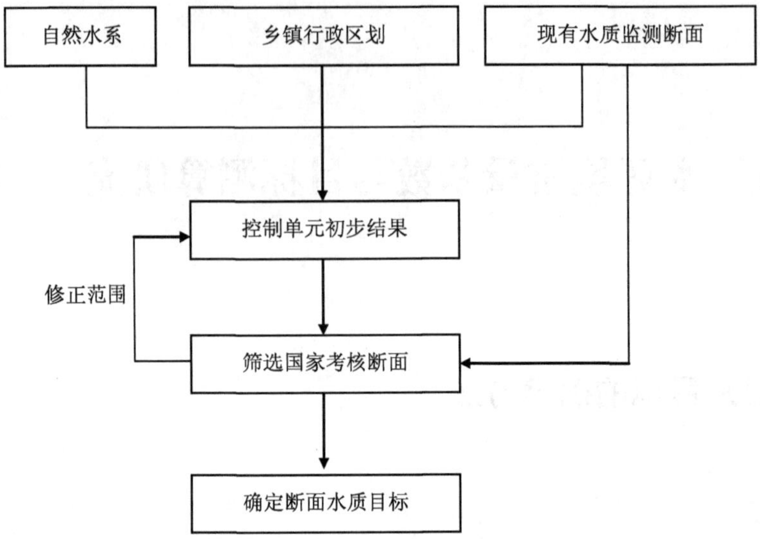

图 3-4-1 考核断面及目标确定的技术路线

4.1.3 控制单元划分方法

4.1.3.1 划分原则

水陆统筹原则。控制单元为水陆对应面状区域，自然水系为陆域划分的基准，应根据自然水系、断面位置确定陆域汇水范围；同时，考虑行政管理需求，尽可能维持行政区界的完整性。

以乡镇为组成单位原则。为推进水环境精细化、网格化管理，将乡镇行政区作为控制单元的基本组成单位，落实相应的环境数据调查、统计、分析等工作。

完整性与唯一性原则。控制单元划分时必须保证流域的完整性，不能出现空白；同时，考虑到落实地方行政责任，各控制单元之间不能交叉或重叠。

与功能区衔接原则。为突出对水体使用功能的保护，控制断面水质目标应与水功能区、水环境功能区目标充分衔接，并提前考虑与水利部门数据接口。同时，部分水质较好控制单元提出水生态功能目标和保护要求，体现“山水林田湖”的系统治理思想。

4.1.3.2 主要方法

控制单元主要采用定性方法划分，主要包括以下三种方法：

（1）空间叠图法

以水资源分区图、行政区划图为基础，通过空间叠置，以行政区界作为划定界限的主要依据（必要时根据环境管理需求进行调整和修正），确定分区。

（2）顺序划分法（又称“自上而下”法）

以空间异质性为基础，按区域内差异最小、区域间差异最大以及区域共扼性划分最高层次的分区，然后依此逐级向下划分。

（3）合并法（又称“自下而上”法）

以空间水环境特征相似性为基础，按区域间相对一致性和共扼性依此向上合并。

4.1.3.3 主要步骤

控制单元区划分包括四个主要步骤，即水系概化、陆域范围确定、控制单元边界修正以及控制单元命名。

步骤一：水系概化

河网的自然分布和水系构成是控制单元划分的基础，水系概化是控制单元划分的一个重要准备工作。国家、地方及有关部门可以根据自身所掌握的河流水系情况进行水系概化。

（1）基础数据收集

尽可能收集大比例尺（矢量数据）或者高分辨率（栅格数据）的原始数据。矢量数据比例尺至少应达到 1∶250 000 或更高精度；栅格数据分辨率至少达到 90 m 或更高精度。

（2）DEM 数据采集与预处理

数字高程模型（DEM）包括平面位置和高程数据两种信息，可以通过 GPS、激光测距仪等测量获取，也可以间接从航空或遥感影像和已有地图上获取。在条件许可的前提下，应尽量采用分辨率更大、精度更高的 DEM 数据。若没有大分辨率和高精度 DEM 数据，也可以从网络上获取 SRTM（航天飞机雷达地形测量任务）DEM 数据（如在中国科学院国际科学数据服务平台 http://datamirror.csdb.cn/admin/datademMain.jsp 可以下载到我国任意一个地理区域的分辨率为 90 m 或更高精度的 DEM 数据）。若采集的 DEM 栅格数据中有洼地和尖峰，可以采用 Arc Hydro 水文模块的相关命令进行预处理，避免水出现水流逆流的现象，得到无凹陷的栅格地形数据。

（3）DEM 提取河网及核对

应用 ArcGis 中 ArcHydro 水文模块的相关命令生成河流网络。首先按照“地表径流在流域空间内从地势高处向地势低处流动，最后经流域的水流出口排出流域”的原理，确定水流方向。根据“流域中地势较高的区域可能为流域的分水岭”等原则，确定集水区汇水范围。根据河流排水去向，从汇流栅格中提取河网，并将河网栅格转换为矢量化的河网或水系图层（Shape 格式）。提取的河网应与下载的水系数据进行详细核对，形成相对准确的水系底图（图 3-4-2）。

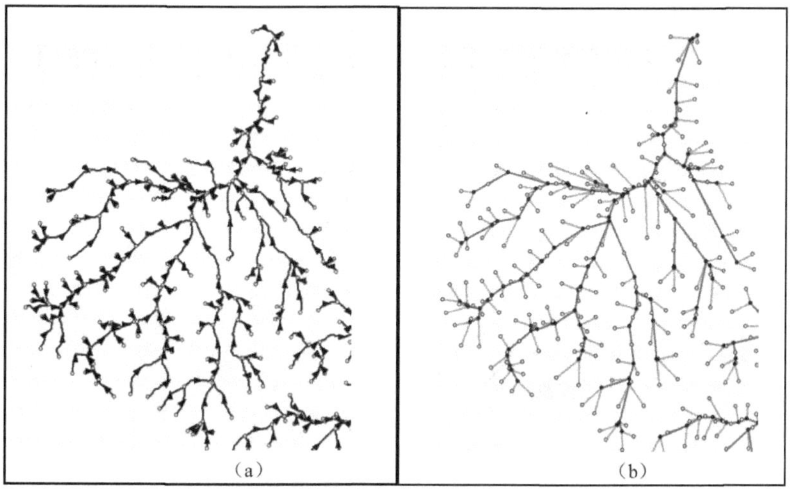

图 3-4-2 河网提取示例

（4）水系概化

包括检查河流的相互连接状况、检查河流流向、依据河流等级完成水系概化等。此外，对于环境管理部门关注的重要河段［如流域干流、重点支流（至少到5级河流）、重点湖泊、城市水体、重污染支流或小流域等］，应在水系概化后予以重点检查和补充（图3-4-3）。

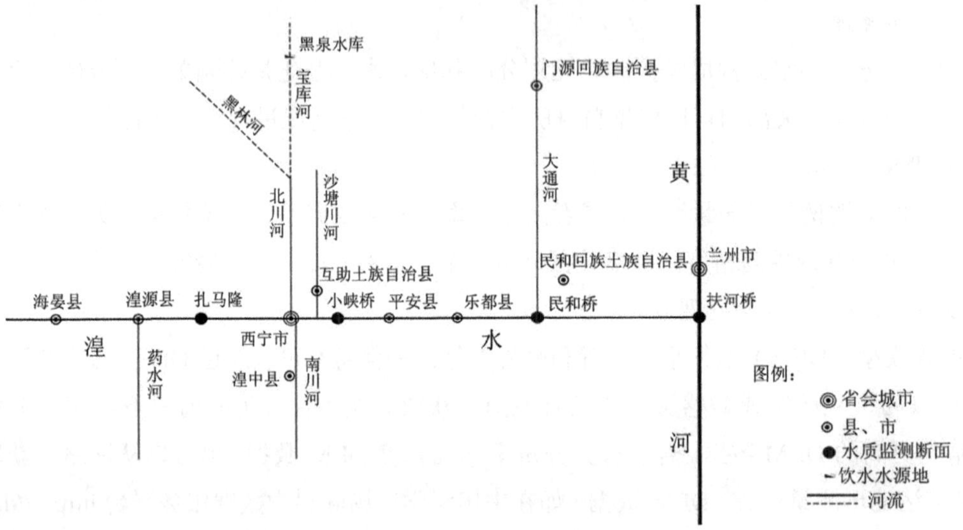

图3-4-3 湟水流域水系概化

（5）汇水范围提取

配好基础地图和完成水系概化后，提取水系对应的陆域汇水范围。

①首先将DEM数据、航片和卫星影像与已配好的基础地图叠加。

②按照“每个子流域只能有一条主干河流（一条流径），且子流域内所有河流的水流方向都应该指向主干河流（指向流径）”的原则，参照水资源分区的情况，大致构建出陆域汇水范围。

③参考DEM数据、航片和卫星影像信息，重点参考高程值较大的区域（如山脉等可作为分水岭），通过手工编辑方式，形成实际的矢量图层（面状图层），形成各子流域范围。

步骤二：陆域范围确定

结合子流域划分结果，以现有水质监测断面为节点，组合同一汇水范围的子流域形成控制单元陆域范围（图3-4-4）。

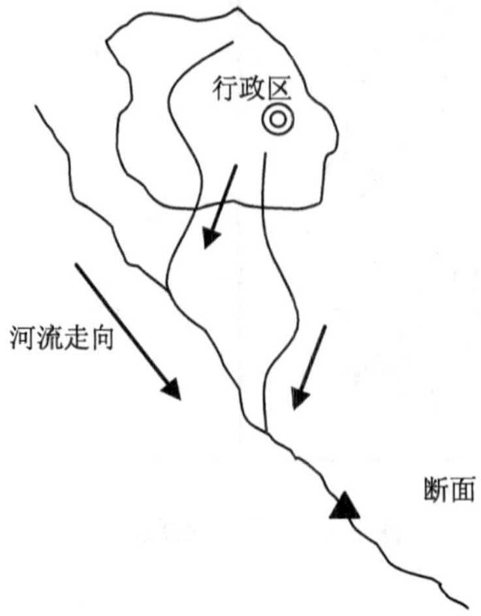

图3-4-4 控制单元陆域范围确定

步骤三：控制单元边界修正

按照不分割行政边界的基本原则，对控制单元陆域范围进行修正，以维持县级或乡镇级边界的完整性。根据东、中、西部水系特征以及管理需求，确定控制单元的最小行政单位（区县或乡镇），东、中部地区可以乡镇行政区为最小单位，西部地区可以县级行政区为最小单位。对于几种特殊的行政区，处理方式如下：

①若行政区存在多个汇水去向，则需结合行政中心位置判断其主导去向，将其完整地划至某一个控制单元。

②对于受人为干扰较大、涉及截污导流的行政区，应根据实际的排水去向确定所属单元。例如处于南水北调输水干渠沿线的行政区，截污后污水全部入海，应计入排海控制单元。

③对于排海的行政区，若其在空间上连片，则可划为一个控制单元；若其在空间上被分水岭或其他河流划成两片或两片以上，则划为多个控制单元。

④对于内流区的行政区，结合水环境特征及环保需求，将其划分为一个或多个控制单元。

⑤对于水系复杂、湖泊众多、河道水流方向复杂多变且人为干扰较大的湖泊河网区域（如太湖流域），可在维护自然水系基础上，以县级行政区划分控制单元。

步骤四：控制单元命名

控制单元以“水+陆”的方式进行命名，即采用主要的水体或河段+地市的形式，如××河××市控制单元，如湟水海东地区—西宁市控制单元。

对于完整的河流或湖体控制单元，可直接以河流或湖体名称命名控制单元，如××河（湖）控制单元，如松花湖控制单元。

4.1.4　考核断面及目标确定方法

4.1.4.1　考核断面确定原则

“十三五”流域考核断面确定主要遵循以下原则：

原则一：在现有的国控、省控、市控断面中筛选国家考核断面，并以国控、省控断面为主。

原则二：跨国界、省界、市界河流应设置考核断面。

原则三：重要支流入河口、主要入海河流、重点湖库和国家支持的良好湖泊应设置考核断面（点位）。

4.1.4.2　水质目标确定的考虑与原则

（1）总体考虑

《水污染防治行动计划》要求到 2020 年，长江、黄河、珠江、松花江、淮河、海河、辽河七大重点流域水质优良（达到或优于Ⅲ类）比例总体达到 70%以上，各流域分解目标的考虑如下：

①以现状水平为基准，保证各流域水质优良比例均有所提升，七大重点流域总体达到 70%以上。

②统筹考虑各省份水质优良比例现状水平、区域社会经济发展、污染减排潜力、水资源情况以及地方治污力度，提出差别化的水质提升要求。如对于江苏、浙江、广东等经济较发达、水资源相对丰富、水质有提升空间且环保工作基础较好的区域，适当提高水质改善要求；对于海南、广西、西藏、新疆等现状水质较好、水质提升空间有限的区域，适当放宽水质改善要求；对于天津、北京

等水资源严重短缺、较多河道生态流量难以保证的区域，充分衔接《全国重要江河湖泊水功能区划（2011—2030 年）》，在全面分析各断面目标可达性的基础上，提出相对较严的水质改善要求。

（2）断面考核目标确定原则

考核断面水质目标的确定主要遵循以下原则：

原则一：遵照水质反退化原则，考核断面水质目标原则上不低于水质现状值。

原则二：以《全国重要江河湖泊水功能区划（2011—2030 年）》为重要依据，断面水质目标充分衔接水功能区目标，但不高于水功能区目标。

原则三：结合区域社会经济发展、污染减排潜力以及断面近几年水质变化情况，科学确定考核断面水质目标。

原则四：衔接国务院已批复规划中的断面水质目标。

4.2 水环境质量基数与目标测算

4.2.1 单元与考核断面个数

目前，全国共划分了 1 857 个控制单元，确定了 1 940 个考核断面。其中，七大重点流域划分了 1 582 个控制单元，确定了 1 649 个考核断面（表 3-4-1）。

表 3-4-1 各流域控制单元、考核断面个数统计

流域		控制单元个数	考核断面个数
七大重点流域	海河流域	165	172
	淮河流域	196	204
	黄河流域	137	147
	辽河流域	101	110
	松花江流域	120	129
	长江流域	693	709
	珠江流域	170	178
	合计	1 582	1 649
三大片区	西北诸河	85	90
	西南诸河	62	67
	东南诸河	128	134
总计		1 857	1 940

4.2.2 水环境质量基数测算

按照 1 940 个考核断面测算，2014 年全国水质优良比例为 66.19%，劣Ⅴ类比例为 9.71%；七大重点流域水质优良比例为 63.46%，劣Ⅴ类比例为 10.77%，与《2014 年全国水环境状况公报》结果基本一致。

表 3-4-2 全国水环境质量基数测算

流域		断面个数	2014 年水质现状				
			Ⅰ类比例/%	Ⅱ类比例/%	Ⅲ类比例/%	Ⅰ～Ⅲ类比例/%	劣Ⅴ类比例/%
七大重点流域	海河	172	0.00	14.20	23.67	37.87	39.05
	淮河	204	0.00	2.01	50.25	52.26	12.06
	黄河	147	1.36	19.73	35.37	56.46	12.24
	辽河	110	0.00	18.52	27.78	46.30	3.70
	松花江	129	0.00	5.13	49.57	54.70	3.42
	长江	709	1.56	32.66	39.04	73.25	6.84
	珠江	178	3.95	49.72	33.33	87.01	4.52
	合计	1 649	1.22	24.42	37.82	63.46	10.77
三大片区	西北诸河	90	0.00	67.12	20.55	87.67	5.48
	西南诸河	67	0.00	47.76	40.30	88.06	2.99
	东南诸河	134	3.73	35.07	36.57	75.37	2.99
总计		1 940	1.31	27.75	37.13	66.19	9.71

4.2.3 水环境质量目标测算

根据 1 940 个考核断面水质目标进行测算，到 2020 年，全国水质优良比例将达到 73.50%，劣Ⅴ类比例将下降至 4.03%；七大重点流域水质优良比例将达到 70.51%，劣Ⅴ类比例将下降至 4.62%，可满足《水污染防治行动计划》提出的七大重点流域水质优良比例达到 70%以上的要求。

海河、淮河、黄河、辽河、松花江、长江、珠江等流域水质优良比例将分别达到 43.20%、61.81%、63.95%、51.85%、63.25%、81.03%和 89.83%，劣Ⅴ类比例将分别下降至 24.85%、2.01%、5.44%、1.85%、1.71%、1.87%和 1.13%。

各流域、各省份水环境质量目标测算结果见表 3-4-3～表 3-4-6。

表 3-4-3 各流域水环境质量基数与目标测算

流域		断面个数	2014 年水质现状					2020 年水质目标				
			Ⅰ类比例/%	Ⅱ类比例/%	Ⅲ类比例/%	Ⅰ～Ⅲ类比例/%	劣Ⅴ类比例/%	Ⅰ类比例/%	Ⅱ类比例/%	Ⅲ类比例/%	Ⅰ～Ⅲ类比例/%	劣Ⅴ类比例/%
七大重点流域	海河	172	0.00	14.20	23.67	37.87	39.05	0.00	14.20	28.99	43.20	24.85
	淮河	204	0.00	2.01	50.25	52.26	12.06	0.00	2.01	59.80	61.81	2.01
	黄河	147	1.36	19.73	35.37	56.46	12.24	1.36	19.73	42.86	63.95	5.44
	辽河	110	0.00	18.52	27.78	46.30	3.70	0.00	18.52	33.33	51.85	1.85
	松花江	129	0.00	5.13	49.57	54.70	3.42	0.00	5.13	58.12	63.25	1.71
	长江	709	1.56	32.66	39.04	73.25	6.84	1.56	32.66	46.81	81.03	1.87
	珠江	178	3.95	49.72	33.33	87.01	4.52	3.95	51.41	34.46	89.83	1.13
	合计	1 649	1.22	24.42	37.82	63.46	10.77	1.22	24.62	44.68	70.51	4.62
三大片区	西北诸河	90	0.00	67.12	20.55	87.67	5.48	0.00	67.12	26.03	93.15	0.00
	西南诸河	67	0.00	47.76	40.30	88.06	2.99	0.00	47.76	46.27	94.03	2.99
	东南诸河	134	3.73	35.07	36.57	75.37	2.99	3.73	35.07	48.51	87.31	0.00
总计		1 940	1.31	27.75	37.13	66.19	9.71	1.31	27.92	44.27	73.50	4.03

表 3-4-4 各省份水环境质量基数与目标测算

省份	断面个数	2014 年水质现状					2020 年水质目标				
		Ⅰ类比例/%	Ⅱ类比例/%	Ⅲ类比例/%	Ⅰ～Ⅲ类比例/%	劣Ⅴ类比例/%	Ⅰ类比例/%	Ⅱ类比例/%	Ⅲ类比例/%	Ⅰ～Ⅲ类比例/%	劣Ⅴ类比例/%
安徽省	113	0.00	26.42	38.68	65.09	6.60	0.00	26.42	48.11	74.53	0.94
北京市	25	0.00	16.00	8.00	24.00	52.00	0.00	16.00	8.00	24.00	28.00
福建省	55	0.00	34.55	52.73	87.27	0.00	0.00	34.55	58.18	92.73	0.00
甘肃省	38	0.00	47.37	42.11	89.47	2.63	0.00	47.37	44.74	92.11	0.00
广东省	72	1.41	47.89	29.58	78.87	8.45	1.41	50.70	32.39	84.51	0.00
广西壮族自治区	52	1.92	63.46	30.77	96.15	0.00	1.92	63.46	30.77	96.15	0.00
贵州省	55	10.91	45.45	25.45	81.82	10.91	10.91	45.45	32.73	89.09	3.64
海南省	17	0.00	64.71	35.29	100.00	0.00	0.00	70.59	29.41	100.00	0.00
河北省	77	0.00	10.81	28.38	39.19	43.24	0.00	10.81	37.84	48.65	25.68
河南省	96	0.00	5.32	45.74	51.06	20.21	0.00	5.32	52.13	57.45	9.57
黑龙江省	70	0.00	1.61	48.39	50.00	1.61	0.00	1.61	58.06	59.68	0.00
湖北省	127	0.88	31.58	47.37	79.82	8.77	0.88	31.58	56.14	88.60	6.14
湖南省	69	3.33	48.33	30.00	81.67	0.00	3.33	48.33	41.67	93.33	0.00
吉林省	50	0.00	8.33	45.83	54.17	6.25	0.00	8.33	54.17	62.50	4.17
江苏省	122	0.00	6.73	54.81	61.54	3.85	0.00	6.73	63.46	70.19	0.00
江西省	89	0.00	21.33	57.33	78.67	0.00	0.00	21.33	64.00	85.33	0.00
辽宁省	88	0.00	17.44	26.74	44.19	3.49	0.00	17.44	33.72	51.16	1.16
内蒙古自治区	54	0.00	13.46	44.23	57.69	9.62	0.00	13.46	46.15	59.62	3.85
宁夏回族自治区	15	0.00	33.33	33.33	66.67	0.00	0.00	33.33	40.00	73.33	0.00
青海省	19	15.79	52.63	15.79	84.21	0.00	15.79	52.63	21.05	89.47	0.00
山东省	83	0.00	0.00	53.01	53.01	10.84	0.00	0.00	61.45	61.45	0.00
山西省	58	0.00	34.48	13.79	48.28	22.41	0.00	34.48	20.69	55.17	13.79
陕西省	50	2.00	38.00	20.00	60.00	6.00	2.00	38.00	32.00	72.00	0.00
上海市	20	0.00	0.00	35.00	35.00	20.00	0.00	0.00	45.00	45.00	0.00
四川省	87	3.45	41.38	32.18	77.01	9.20	3.45	41.38	36.78	81.61	0.00
天津市	20	0.00	5.00	20.00	25.00	65.00	0.00	5.00	20.00	25.00	50.00
西藏自治区	22	0.00	27.27	72.73	100.00	0.00	0.00	27.27	72.73	100.00	0.00
新疆维吾尔自治区	64	0.00	76.60	10.64	87.23	6.38	0.00	76.60	17.02	93.62	0.00
云南省	108	2.00	42.00	22.00	66.00	12.00	2.00	42.00	29.00	73.00	6.00
浙江省	103	4.85	29.13	30.10	64.08	5.83	4.85	29.13	42.72	76.70	0.00
重庆市	42	0.00	23.81	57.14	80.95	0.00	0.00	23.81	71.43	95.24	0.00

表 3-4-5 各省份所辖流域水环境质量基数与目标测算

省份/流域	断面个数	2014 年水质现状					2020 年水质目标				
		Ⅰ类比例/%	Ⅱ类比例/%	Ⅲ类比例/%	Ⅰ～Ⅲ类比例/%	劣Ⅴ类比例/%	Ⅰ类比例/%	Ⅱ类比例/%	Ⅲ类比例/%	Ⅰ～Ⅲ类比例/%	劣Ⅴ类比例/%
安徽省/东南诸河	6	0.00	83.33	16.67	100.00	0.00	0.00	83.33	16.67	100.00	0.00
安徽省/淮河区	40	0.00	7.50	35.00	42.50	7.50	0.00	7.50	50.00	57.50	0.00
安徽省/长江区	67	0.00	33.33	43.33	76.67	6.67	0.00	33.33	50.00	83.33	1.67
北京市/海河区	25	0.00	16.00	8.00	24.00	52.00	0.00	16.00	8.00	24.00	28.00
福建省/东南诸河	52	0.00	34.62	51.92	86.54	0.00	0.00	34.62	57.69	92.31	0.00
福建省/珠江区	3	0.00	33.33	66.67	100.00	0.00	0.00	33.33	66.67	100.00	0.00
甘肃省/黄河区	18	0.00	33.33	55.56	88.89	0.00	0.00	33.33	55.56	88.89	0.00
甘肃省/西北诸河区	16	0.00	50.00	37.50	87.50	6.25	0.00	50.00	43.75	93.75	0.00
甘肃省/长江区	4	0.00	100.00	0.00	100.00	0.00	0.00	100.00	0.00	100.00	0.00
广东省/珠江区	72	1.41	47.89	29.58	78.87	8.45	1.41	50.70	32.39	84.51	0.00
广西壮族自治区/珠江区	50	2.00	62.00	32.00	96.00	0.00	2.00	62.00	32.00	96.00	0.00
贵州省/长江区	37	5.41	48.65	18.92	72.97	16.22	5.41	48.65	29.73	83.78	5.41
贵州省/珠江区	18	22.22	38.89	38.89	100.00	0.00	22.22	38.89	38.89	100.00	0.00
海南省/珠江区	17	0.00	64.71	35.29	100.00	0.00	0.00	70.59	29.41	100.00	0.00
河北省/海河区	76	0.00	10.96	27.40	38.36	43.84	0.00	10.96	36.99	47.95	26.03
河北省/辽河区	1	0.00	0.00	100.00	100.00	0.00	0.00	0.00	100.00	100.00	0.00
河南省/海河区	15	0.00	6.67	40.00	46.67	40.00	0.00	6.67	40.00	46.67	33.33
河南省/淮河区	50	0.00	0.00	42.00	42.00	26.00	0.00	0.00	50.00	50.00	8.00
河南省/黄河区	18	0.00	0.00	55.56	55.56	0.00	0.00	0.00	66.67	66.67	0.00
河南省/长江区	13	0.00	36.36	54.55	90.91	0.00	0.00	36.36	54.55	90.91	0.00
黑龙江省/松花江区	70	0.00	1.61	48.39	50.00	1.61	0.00	1.61	58.06	59.68	0.00
湖北省/长江区	127	0.88	31.58	47.37	79.82	8.77	0.88	31.58	56.14	88.60	6.14
湖南省/长江区	68	3.39	49.15	28.81	81.36	0.00	3.39	49.15	40.68	93.22	0.00
湖南省/珠江区	1	0.00	0.00	100.00	100.00	0.00	0.00	0.00	100.00	100.00	0.00
吉林省/辽河区	12	0.00	33.33	16.67	50.00	8.33	0.00	33.33	16.67	50.00	8.33
吉林省/松花江区	38	0.00	0.00	55.56	55.56	5.56	0.00	0.00	66.67	66.67	2.78
江苏省/淮河区	52	0.00	2.13	65.96	68.09	4.26	0.00	2.13	72.34	74.47	0.00
江苏省/长江区	70	0.00	10.53	45.61	56.14	3.51	0.00	10.53	56.14	66.67	0.00
江西省/长江区	87	0.00	21.92	56.16	78.08	0.00	0.00	21.92	63.01	84.93	0.00
江西省/珠江区	2	0.00	0.00	100.00	100.00	0.00	0.00	0.00	100.00	100.00	0.00
辽宁省/辽河区	88	0.00	17.44	26.74	44.19	3.49	0.00	17.44	33.72	51.16	1.16
内蒙古自治区/海河区	2	0.00	0.00	50.00	50.00	0.00	0.00	0.00	50.00	50.00	0.00
内蒙古自治区/黄河区	16	0.00	6.25	43.75	50.00	25.00	0.00	6.25	50.00	56.25	6.25

省份/流域	断面个数	2014年水质现状					2020年水质目标				
		Ⅰ类比例/%	Ⅱ类比例/%	Ⅲ类比例/%	Ⅰ～Ⅲ类比例/%	劣Ⅴ类比例/%	Ⅰ类比例/%	Ⅱ类比例/%	Ⅲ类比例/%	Ⅰ～Ⅲ类比例/%	劣Ⅴ类比例/%
内蒙古自治区/辽河区	9	0.00	11.11	44.44	55.56	0.00	0.00	11.11	44.44	55.56	0.00
内蒙古自治区/松花江区	25	0.00	21.74	43.48	65.22	4.35	0.00	21.74	43.48	65.22	4.35
内蒙古自治区/西北诸河区	2	0.00	0.00	50.00	50.00	0.00	0.00	0.00	50.00	50.00	0.00
宁夏回族自治区/黄河区	15	0.00	33.33	33.33	66.67	0.00	0.00	33.33	40.00	73.33	0.00
青海省/黄河区	12	16.67	41.67	16.67	75.00	0.00	16.67	41.67	25.00	83.33	0.00
青海省/西北诸河区	6	0.00	83.33	16.67	100.00	0.00	0.00	83.33	16.67	100.00	0.00
青海省/长江区	1	100.00	0.00	0.00	100.00	0.00	100.00	0.00	0.00	100.00	0.00
山东省/海河区	12	0.00	0.00	16.67	16.67	25.00	0.00	0.00	25.00	25.00	0.00
山东省/淮河区	62	0.00	0.00	54.84	54.84	9.68	0.00	0.00	64.52	64.52	0.00
山东省/黄河区	9	0.00	0.00	88.89	88.89	0.00	0.00	0.00	88.89	88.89	0.00
山西省/海河区	25	0.00	40.00	20.00	60.00	8.00	0.00	40.00	24.00	64.00	4.00
山西省/黄河区	33	0.00	30.30	9.09	39.39	33.33	0.00	30.30	18.18	48.48	21.21
陕西省/黄河区	32	0.00	12.50	25.00	37.50	9.38	0.00	12.50	43.75	56.25	0.00
陕西省/长江区	18	5.56	83.33	11.11	100.00	0.00	5.56	83.33	11.11	100.00	0.00
上海市/长江区	20	0.00	0.00	35.00	35.00	20.00	0.00	0.00	45.00	45.00	0.00
四川省/黄河区	1	0.00	100.00	0.00	100.00	0.00	0.00	100.00	0.00	100.00	0.00
四川省/长江区	86	3.49	40.70	32.56	76.74	9.30	3.49	40.70	37.21	81.40	0.00
天津市/海河区	20	0.00	5.00	20.00	25.00	65.00	0.00	5.00	20.00	25.00	50.00
西藏自治区/西北诸河区	2	0.00	0.00	100.00	100.00	0.00	0.00	0.00	100.00	100.00	0.00
西藏自治区/西南诸河区	19	0.00	26.32	73.68	100.00	0.00	0.00	26.32	73.68	100.00	0.00
西藏自治区/长江区	1	0.00	100.00	0.00	100.00	0.00	0.00	100.00	0.00	100.00	0.00
新疆维吾尔自治区/西北诸河区	64	0.00	76.60	10.64	87.23	6.38	0.00	76.60	17.02	93.62	0.00
云南省/西南诸河区	48	0.00	56.25	27.08	83.33	4.17	0.00	56.25	35.42	91.67	4.17
云南省/长江区	44	2.78	30.56	11.11	44.44	22.22	2.78	30.56	16.67	50.00	5.56
云南省/珠江区	16	6.25	25.00	31.25	62.50	12.50	6.25	25.00	37.50	68.75	12.50
浙江省/东南诸河	76	6.58	31.58	27.63	65.79	5.26	6.58	31.58	44.74	82.89	0.00
浙江省/长江区	27	0.00	22.22	37.04	59.26	7.41	0.00	22.22	37.04	59.26	0.00
重庆市/长江区	42	0.00	23.81	57.14	80.95	0.00	0.00	23.81	71.43	95.24	0.00
广西壮族自治区/长江区	2	0.00	100.00	0.00	100.00	0.00	0.00	100.00	0.00	100.00	0.00

表 3-4-6 各流域各省份水环境质量基数与目标测算

流域/省份	断面个数	2014 年水质现状					2020 年水质目标				
		Ⅰ类比例/%	Ⅱ类比例/%	Ⅲ类比例/%	Ⅰ～Ⅲ类比例/%	劣Ⅴ类比例/%	Ⅰ类比例/%	Ⅱ类比例/%	Ⅲ类比例/%	Ⅰ～Ⅲ类比例/%	劣Ⅴ类比例/%
东南诸河/安徽省	6	0.00	83.33	16.67	100.00	0.00	0.00	83.33	16.67	100.00	0.00
东南诸河/福建省	52	0.00	34.62	51.92	86.54	0.00	0.00	34.62	57.69	92.31	0.00
东南诸河/浙江省	76	6.58	31.58	27.63	65.79	5.26	6.58	31.58	44.74	82.89	0.00
海河区/北京市	25	0.00	16.00	8.00	24.00	52.00	0.00	16.00	8.00	24.00	28.00
海河区/河北省	76	0.00	10.96	27.40	38.36	43.84	0.00	10.96	36.99	47.95	26.03
海河区/河南省	15	0.00	6.67	40.00	46.67	40.00	0.00	6.67	40.00	46.67	33.33
海河区/内蒙古自治区	2	0.00	0.00	50.00	50.00	0.00	0.00	0.00	50.00	50.00	0.00
海河区/山东省	12	0.00	0.00	16.67	16.67	25.00	0.00	0.00	25.00	25.00	0.00
海河区/山西省	25	0.00	40.00	20.00	60.00	8.00	0.00	40.00	24.00	64.00	4.00
海河区/天津市	20	0.00	5.00	20.00	25.00	65.00	0.00	5.00	20.00	25.00	50.00
淮河区/安徽省	40	0.00	7.50	35.00	42.50	7.50	0.00	7.50	50.00	57.50	0.00
淮河区/河南省	50	0.00	0.00	42.00	42.00	26.00	0.00	0.00	50.00	50.00	8.00
淮河区/江苏省	52	0.00	2.13	65.96	68.09	4.26	0.00	2.13	72.34	74.47	0.00
淮河区/山东省	62	0.00	0.00	54.84	54.84	9.68	0.00	0.00	64.52	64.52	0.00
黄河区/甘肃省	18	0.00	33.33	55.56	88.89	0.00	0.00	33.33	55.56	88.89	0.00
黄河区/河南省	18	0.00	0.00	55.56	55.56	0.00	0.00	0.00	66.67	66.67	0.00
黄河区/内蒙古自治区	16	0.00	6.25	43.75	50.00	25.00	0.00	6.25	50.00	56.25	6.25
黄河区/宁夏回族自治区	15	0.00	33.33	33.33	66.67	0.00	0.00	33.33	40.00	73.33	0.00
黄河区/青海省	12	16.67	41.67	16.67	75.00	0.00	16.67	41.67	25.00	83.33	0.00
黄河区/山东省	9	0.00	0.00	88.89	88.89	0.00	0.00	0.00	88.89	88.89	0.00
黄河区/山西省	33	0.00	30.30	9.09	39.39	33.33	0.00	30.30	18.18	48.48	21.21
黄河区/陕西省	32	0.00	12.50	25.00	37.50	9.38	0.00	12.50	43.75	56.25	0.00
黄河区/四川省	1	0.00	100.00	0.00	100.00	0.00	0.00	100.00	0.00	100.00	0.00
辽河区/河北省	1	0.00	0.00	100.00	100.00	0.00	0.00	0.00	100.00	100.00	0.00
辽河区/吉林省	12	0.00	33.33	16.67	50.00	8.33	0.00	33.33	16.67	50.00	8.33
辽河区/辽宁省	88	0.00	17.44	26.74	44.19	3.49	0.00	17.44	33.72	51.16	1.16
辽河区/内蒙古自治区	9	0.00	11.11	44.44	55.56	0.00	0.00	11.11	44.44	55.56	0.00
松花江区/黑龙江省	70	0.00	1.61	48.39	50.00	1.61	0.00	1.61	58.06	59.68	0.00
松花江区/吉林省	38	0.00	0.00	55.56	55.56	5.56	0.00	0.00	66.67	66.67	2.78
松花江区/内蒙古自治区	25	0.00	21.74	43.48	65.22	4.35	0.00	21.74	43.48	65.22	4.35
西北诸河区/甘肃省	16	0.00	50.00	37.50	87.50	6.25	0.00	50.00	43.75	93.75	0.00
西北诸河区/内蒙古自治区	2	0.00	0.00	50.00	50.00	0.00	0.00	0.00	50.00	50.00	0.00
西北诸河区/青海省	6	0.00	83.33	16.67	100.00	0.00	0.00	83.33	16.67	100.00	0.00
西北诸河区/西藏自治区	2	0.00	0.00	100.00	100.00	0.00	0.00	0.00	100.00	100.00	0.00

流域/省份	断面个数	2014年水质现状					2020年水质目标				
		Ⅰ类比例/%	Ⅱ类比例/%	Ⅲ类比例/%	Ⅰ～Ⅲ类比例/%	劣Ⅴ类比例/%	Ⅰ类比例/%	Ⅱ类比例/%	Ⅲ类比例/%	Ⅰ～Ⅲ类比例/%	劣Ⅴ类比例/%
西北诸河区/新疆维吾尔自治区	64	0.00	76.60	10.64	87.23	6.38	0.00	76.60	17.02	93.62	0.00
西南诸河区/西藏自治区	19	0.00	26.32	73.68	100.00	0.00	0.00	26.32	73.68	100.00	0.00
西南诸河区/云南省	48	0.00	56.25	27.08	83.33	4.17	0.00	56.25	35.42	91.67	4.17
长江区/安徽省	67	0.00	33.33	43.33	76.67	6.67	0.00	33.33	50.00	83.33	1.67
长江区/甘肃省	4	0.00	100.00	0.00	100.00	0.00	0.00	100.00	0.00	100.00	0.00
长江区/贵州省	37	5.41	48.65	18.92	72.97	16.22	5.41	48.65	29.73	83.78	5.41
长江区/河南省	13	0.00	36.36	54.55	90.91	0.00	0.00	36.36	54.55	90.91	0.00
长江区/湖北省	127	0.88	31.58	47.37	79.82	8.77	0.88	31.58	56.14	88.60	6.14
长江区/湖南省	68	3.39	49.15	28.81	81.36	0.00	3.39	49.15	40.68	93.22	0.00
长江区/江苏省	70	0.00	10.53	45.61	56.14	3.51	0.00	10.53	56.14	66.67	0.00
长江区/江西省	87	0.00	21.92	56.16	78.08	0.00	0.00	21.92	63.01	84.93	0.00
长江区/青海省	1	100	0.00	0.00	100.00	0.00	100.00	0.00	0.00	100.00	0.00
长江区/陕西省	18	5.56	83.33	11.11	100.00	0.00	5.56	83.33	11.11	100.00	0.00
长江区/上海市	20	0.00	0.00	35.00	35.00	20.00	0.00	0.00	45.00	45.00	0.00
长江区/四川省	86	3.49	40.70	32.56	76.74	9.30	3.49	40.70	37.21	81.40	0.00
长江区/云南省	44	2.78	30.56	11.11	44.44	22.22	2.78	30.56	16.67	50.00	5.56
长江区/浙江省	27	0.00	22.22	37.04	59.26	7.41	0.00	22.22	37.04	59.26	0.00
长江区/重庆市	42	0.00	23.81	57.14	80.95	0.00	0.00	23.81	71.43	95.24	0.00
长江区/广西壮族自治区	2	0.00	100.00	0.00	100.00	0.00	0.00	100.00	0.00	100.00	0.00
长江区/西藏自治区	1	0.00	100.00	0.00	100.00	0.00	0.00	100.00	0.00	100.00	0.00
珠江区/福建省	3	0.00	33.33	66.67	100.00	0.00	0.00	33.33	66.67	100.00	0.00
珠江区/广东省	72	1.41	47.89	29.58	78.87	8.45	1.41	50.70	32.39	84.51	0.00
珠江区/广西壮族自治区	50	2.00	62.00	32.00	96.00	0.00	2.00	62.00	32.00	96.00	0.00
珠江区/贵州省	18	22.22	38.89	38.89	100.00	0.00	22.22	38.89	38.89	100.00	0.00
珠江区/海南省	17	0.00	64.71	35.29	100.00	0.00	0.00	70.59	29.41	100.00	0.00
珠江区/湖南省	1	0.00	0.00	100.00	100.00	0.00	0.00	0.00	100.00	100.00	0.00
珠江区/江西省	2	0.00	0.00	100.00	100.00	0.00	0.00	0.00	100.00	100.00	0.00
珠江区/云南省	16	6.25	25.00	31.25	62.50	12.50	6.25	25.00	37.50	68.75	12.50

本报告执笔：谢阳村、赵康平、孙运海

5 关于"十三五"环保规划目标的考虑与建议

5.1 关于中长期经济社会环境发展阶段

工业化及其耦合的城镇化是我国环境问题演变的驱动力，中国资源环境问题与经济社会发展阶段密切关联，应着眼长远，从环境保护与社会经济发展的中长期战略层面出发，从长期环境质量改善进程下研究确定"十三五"环保规划目标。

2020 年、2030 年、2050 年（或 2049 年）三个关键节点和战略阶段，从社会经济发展形势预判：

2020 年前后，我国基本实现工业化，部分基础原材料行业产能和煤炭消费将在 2020 年前后进入峰值平台期，煤炭消费量有望达到峰值，以存量、绿色为特征的新型城镇化建设取得重大进展，国民收入接近高收入国家的下限水平，全面建成小康社会。

2030 年前后，全国完成工业化，有望进入创新发展，我国人口进入峰值，城镇化建设趋于平稳成熟，能源消费和温室气体排放达到峰值。

2050 年前后，建设社会主义现代化强国，建成美丽中国，实现中国梦。

与经济社会发展阶段相衔接，根据中国环境宏观战略研究，未来我国环境保护战略目标也分为三个阶段：

到 2020 年（两个有效），主要污染物排放得到有效控制，环境安全得到有效保障，生态环境质量明显改善，基本解决城镇污染与工业污染，饮用水水源不安全因素基本消除，生态恶化趋势得到基本控制，生态系统服务功能得到提升，环境状况与全面建成小康社会相适应。

到 2030 年（两个全面），污染物排放总量得到全面控制，环境质量全面改善。全国水体基本消除黑臭，农村污染、非点源、新型环境问题得到基本解决，饮用水水源、城市空气质量基本达到要求，生态系统结构趋于稳定，农村环境质量实现根本好转，人体健康得到有效保障，环境与经济社会基本协调。

到 2050 年（两个适应），环境质量与人民群众日益增长的物质生活水平相适应，与现代化社会强国相适应，生态环境质量全面改善，生态环境质量全面改善，生态系统健康安全、结构稳定，人体健康得到充分保障，人口、资源、环境、发展全面协调，经济环境实现良性循环，建成美丽中国。

总体上，到 2020 年，环境保护以环境质量改善为主线，实施总量、质量双控，力图改善环境质量；到 2030 年，水、大气基本实现达标，环境风险、人体健康得到保障；到 2050 年，实现生态系统平衡与良性循环。

5.2 关于2020年总目标的不同表述梳理分析

5.2.1 环境质量改善程度的定性描述

十八大以来，中央高度重视生态文明建设，研究出台了一系列重大文件，对环境保护、生态文明建设目标任务进行了不同表述，由于部门看法、时间先后、激进程度等因素不一，有些表述还存在一定的差异，并直接影响“十三五”环境保护规划目标的总体表达：

①“大气十条”确定到2017年，全国空气质量总体改善，重污染天气较大幅度减少。②“水十条”确定到2020年，全国水环境质量得到阶段性改善，污染严重水体大幅度减少，近岸海域环境质量稳中趋好。到2030年水环境质量总体改善。③“土十条（征求意见稿）”提出到2020年，土壤污染恶化趋势得到遏制，部分地区土壤环境质量得到改善，全国土壤环境状况稳中向好。④“生态文明建设意见”要求到2020年，生态环境质量总体改善。具体要求为：大气环境质量、重点流域和近岸海域水环境质量得到改善，重要江河湖泊水功能区水质达标率提高到80%以上，饮用水安全保障水平持续提升，土壤环境质量总体保持稳定，生物多样性丧失速度得到基本控制，全国生态系统稳定性明显增强。

从上述对比分析可以看出，近岸海域环境质量由“水十条”稳中趋好与生态文明建设意见得到改善，两者间表述略有不同，程度有所提升，但差异不大。差异最大的在于总体改善的表述。“水十条”将水环境质量总体改善确定为2030年，“生态文明建设意见”将包括水、大气、土壤和生态系统在内的全部生态环境质量总体改善定位为2020年，无论是时间还是要素范畴的要求都有较大的提高。

问题产生的原因在于各方对总体改善理解不一。“大气十条”2017年总体改善目标应理解为低于2022年明显改善的阶段性、面上的一般性改善要求。“水十条”理解为程度和面两者都要有较大程度改善，且与基本达标相当，因此其中2030年“城市建成区黑臭水体总体得到消除”中“总体”两字是在2020年小于10%的基础上对进一步从严要求。“生态文明意见”将其理解为多要素都要改善。

查询《辞海》等工具书，“总体”意指“若干个体合成的事物或整体”，总体改善意指整体上改善，具体到规划目标中，总体改善应该指的是全国绝大部分区域、生态环境绝大多数要素都得到改善，而且改善程度量的积累已经达到生态环境系统整体大部好转的水平或层次。

从“生态文明意见”总体改善的具体要求来看，其具体指标要求并不高，即大气环境质量、重点流域和近岸海域水环境质量得到改善，土壤环境质量总体保持稳定，生物多样性丧失速度得到基本控制，全国生态系统稳定性明显增强等这些分项指标改善幅度不大、水平层次并不高。从逻辑上看，这些具体一般性改善要求难以与总体改善相吻合。从客观上看，若已经实施了4个五年流域规划、较有可能在多年治污基础上率先明显改善的水环境质量2030年才实现总体改善，期望大气、土壤、生态系统在2020年之前有总体性改善似有较大的技术难度。

“水十条”编制研究过程中，国务院领导曾组织对目标指标段落进行多次讨论、论证，逐字进行诵读、校核、推敲，各有关部委领导都充分发表意见，对水污染防治的艰巨性、复杂性及目标可达性进行了研究，形成的水环境质量目标指标相对稳妥、积极可行。

鉴于各方面环境质量改善程度定性认识、判断、表述不同，要完全拘泥于总体改善的用词，可能难以找到一个可行的解决方案。建议回避此问题，跳出来并借用宏观战略研究表达方式，将2020

年“生态环境质量明显改善”作为规划总体定性目标，既能解决字面表述之间矛盾，也能呼应社会公众对生态环境质量改善程度的需求和定性理解。

此处的明显改善，实际上与十八大要求“人居环境明显改善”、国务院《近期土壤环境保护与综合治理工作安排》全国土壤环境质量得到明显改善、“大气十条”2022 年全国空气质量明显改善等表述保持一致，也是与“水十条”过程性版本提出的明显改善提法吻合，是各版本表述的最大公约数。

5.2.2 关于总量控制、风险管控与生态保护目标

十八大报告提出到 2020 年，主要污染物排放总量显著减少，中央关于加快生态文明建设意见提出主要污染物排放总量继续减少，也强调了进一步减少污染物排放总量的要求。考虑到每五年 10%左右的污染物排放量削减指标与传统语境中“显著”一词还是有较大的差异，兼顾污染物总量控制潜力在下降等现实因素，建议“十三五”规划按照生态文明建设意见中的主要污染物排放总量继续减少的表述。

同时，中央关于生态文明建设意见，强调了“环境风险得到有效管控”，尤其是要确保核安全万无一失，这是对十八大等前期文件的有益补充，也与宏观战略研究表述一致。长期累积性的环境污染积累的大量的环境风险因素，同时社会发展对环境敏感度显著提高，环境风险对环境保护成效的冲击日益凸显，建议将环境风险有效管控纳入“十三五”规划目标中。

在生态文明建设和生态环境保护管理制度改革进入实质性推进的阶段，我们需要统筹提出生态保护的目标，落实国家要求。十八大报告提出到 2020 年生态系统稳定性显著增强；生态文明建设意见提出到 2020 年生物多样性丧失速度得到基本控制，全国生态系统稳定性明显增强。两者相比，后者有所软化，建议采用明显增强的最近表述，这也可以与 2020 年生态环境质量明显改善的拟议目标相互吻合（表 3-5-1）。

表 3-5-1 国家有关文件对 2020 年环境保护目标指标的要求

文件	阶段	总体目标	具体要求	具体指标
十八大报告（2012 年 11 月 8 日）	2020 年	资源节约型、环境友好型社会建设取得重大进展	主体功能区布局基本形成，资源循环利用体系初步建立。单位国内生产总值能源消耗和二氧化碳排放大幅下降，主要污染物排放总量显著减少。森林覆盖率提高，生态系统稳定性增强，人居环境明显改善	
中共中央关于全面深化改革若干重大问题的决定（2013 年 11 月 12 日）	2020 年	加快生态文明制度建设	建设生态文明，必须建立系统完整的生态文明制度体系，实行最严格的源头保护制度、损害赔偿制度、责任追究制度，完善环境治理和生态修复制度，用制度保护生态环境	
近期土壤环境保护与综合治理工作安排（2013 年 1 月 23 日）	2015 年	初步遏制土壤污染上升势头		确保全国耕地土壤环境质量调查点位达标率不低于 80%
	2020 年	全国土壤环境质量得到明显改善		

文件	阶段	总体目标	具体要求	具体指标
土壤污染防治行动计划（2014 年底征求意见稿）	2020 年	土壤污染恶化趋势得到遏制，部分地区土壤环境质量得到改善，全国土壤环境状况稳中向好	农用地土壤环境得到有效保护，建设用地土壤环境得到严格监管，土壤环境管理体制机制建立健全	到 2020 年，完成 4 000 万亩轻中度污染耕地土壤治理与修复，全国耕地土壤环境质量达标率不低于 82%；牧草地土壤环境质量达标率不低于 90%。其中，到 2017 年，完成 200 个土壤污染治理与修复试点；建设 6 个土壤污染综合治理示范区；实施 2 000 万亩重度污染耕地种植结构调整
土壤污染防治行动计划（目前修改版）	2020 年	到 2020 年，全国土壤污染加重趋势得到遏制，土壤环境质量状况稳中向好	农用地土壤环境得到有效保护，建设用地土壤环境安全得到基本保障，土壤污染防治试点示范取得明显成效，初步建立国家土壤污染防治体系	到 2020 年，全国耕地土壤环境质量达标率不低于 82%，牧草地土壤环境质量达标率不低于 90%，建设用地再开发利用的土壤环境安全管控率达到 100%；完成 200 个土壤污染治理与修复试点，建成 6 个土壤污染综合防治示范区，实施 2 000 万亩重度污染耕地种植结构调整或退耕还林还草，完成 4 000 万亩中轻度污染耕地土壤治理与修复
大气污染防治行动计划（2013 年 9 月 10 日）	2017 年	全国空气质量总体改善	全国空气质量总体改善	全国地级及以上城市可吸入颗粒物比 2012 年下降 10%以上；优良天数逐年提高
			重污染天气较大幅度减少	
			京津冀、长三角、珠三角等区域空气质量明显好转	京津冀、长三角、珠三角等区域细颗粒物浓度分别下降 25%、20%、15%左右，其中北京市细颗粒物年均浓度控制在 60 μg/m^3 左右
	2022 年	全国空气质量明显改善	逐步消除重污染天气	
水污染防治行动计划（2015 年 4 月 2 日）	2020 年	全国水环境质量得到阶段性改善	重污染水体较大幅度减少	长江、黄河、珠江、松花江、淮河、海河、辽河七大重点流域水质优良（达到或优于Ⅲ类）比例总体达到 70%以上；地级及以上城市建成区黑臭水体均控制在 10%以内；长三角、珠三角区域力争消除丧失使用功能的水体
			饮用水安全保障水平持续提升	地级及以上城市集中式饮用水水源水质达到或优于Ⅲ类比例总体高于 93%
			地下水超采得到严格控制，地下水污染加剧趋势得到初步遏制	全国地下水质量极差的比例控制在 15%左右
			近岸海域环境质量稳中趋好	近岸海域水质优良（一、二类）比例达到 70%左右
	2030 年	全国水环境质量总体改善，水生态系统功能初步恢复		全国七大重点流域水质优良比例总体达到 75%以上
				城市建成区黑臭水体总体得到消除
				城市集中式饮用水水源水质达到或优于Ⅲ类比例为 95%左右
	2050 年	生态环境质量全面改善，生态系统实现良性循环		

文件	阶段	总体目标	具体要求	具体指标
中共中央国务院关于加快推进生态文明建设的意见（2015 年 4 月 25 日）	2020 年	生态环境质量总体改善	主要污染物排放总量继续减少	
			大气环境质量、重点流域和近岸海域水环境质量得到改善，饮用水安全保障水平持续提升，土壤环境质量总体保持稳定	逐步消除重污染天气 确保饮用水安全
			环境风险得到有效管控	
			自然岸线保有率不低于 35%，生物多样性丧失速度得到基本控制，全国生态系统稳定性明显增强	
		生态文明重大制度基本确立	基本形成源头预防、过程控制、损害赔偿、责任追究的生态文明制度体系	
			自然资源资产产权与用途管制、生态保护红线、生态保护补偿、生态环境保护管理体制等关键制度建设取得决定性成果	

5.2.3 总体目标建议

基于上述分析，并兼顾生态文明制度建设的重要性，建议 2020 年总体目标为：

到 2020 年，我国生态环境质量明显改善，主要污染物排放总量继续减少，环境风险得到有效管控，生物多样性丧失速度得到基本控制，生态系统稳定性明显增强，生态文明重大制度基本确立，生态文明建设水平与全面小康社会相适应。

5.3 关于 2020 年全面建成小康社会的环境要求

“十三五”规划不同于其他五年规划，就在于 2020 年战略节点已经定性确定了环境要求。目前来看，各方面对全面建成小康社会环境要求有不同理解。必须研究提出小康环境要求体系，并基于此科学合理确定“十三五”规划目标及其约束性指标。

5.3.1 对全面小康社会环境要求的认识

我们认为，需要从人民群众对环境的需求入手，综合考虑社会可接受、经济可承受、环境可行可达，确定全面小康社会环境底线型、评价性要求。

全面小康环境要求核心是质量要求。十八大报告提出的 2020 年全面建成小康社会的目标中，包含主要污染物排放总量显著减少、人居环境明显改善、生态系统稳定性增强等与环保直接相关的目标。随着社会经济发展和人们环境意识的提高，全社会更加关注环境质量的改善，从目前形势来看，环境质量改善也是全面小康社会难度最大的任务。习近平总书记在 2014 年指出“小康全面不全面、生态环境质量是关键”，说的也是这个道理。

全面小康环境要求是阶段性评价要求，要与达标等规划目标要求适度“脱钩”。“十三五”期间，重化工业的新增环境压力高位舒缓，主要污染物排放将延续减少趋势，但污染累积量大面广、成因复杂、减排潜力下降，预期容量超载形势仍将持续，环境质量有望得到阶段性改善，部分地区环境质量有望达标，但难以全面达标。预计要到 2030 年，才能实现城市空气质量（80%左右的城市）、水环境功能区全面达标。因此，全面小康指的是在实现小康社会进程中生态环境不缺项、群体能基本覆盖，这并不意味着经济社会环境完全平衡，环境目标值的确定需要考虑生态环境可达、经济技术可行、人民群众可接受，不宜不切实际地攀高。

全面小康环境要从“好”“坏”两头，以群众看得见、可感知、能接受的方式呼应并解决生活环境质量改善状况。“好”的方面反映全国人民群众生活环境质量的基本水平，如城市空气质量优良率、饮用水水源地安全等指标，类似于全国人均收入或者人均 GDP 的总体性指标；“坏”的方面是老百姓反映强烈的环境问题的控制水平，如劣Ⅴ类断面比例、城市黑臭河流的比例、重污染天气天数比例等指标，类似于全国贫困人口数量的底线型控制指标。经济发展不能完全消除部分人口贫困，环境保护也难以彻底消除部分河流黑臭和重污染天气，但需要将此类问题控制在较低、社会能接受的水平。

5.3.2　全面小康环境目标与“十三五”规划目标的关系

我们认为，小康要求与“十三五”规划目标、约束性指标内涵相同，但表达形式和指标项选择实际上是有差异的，并不能直接套用、简单雷同。

第一，全面小康社会环境质量要求为评价性指标，重点补足环境质量的“短板”，应是“十三五”规划的底线目标。全面小康的环境要求阈值按照“底线倒逼”的原则设置，是底线型指标，类似于基本公共服务均等化的阶段性基线，不能作为总体性和平均性规划目标指标要求，不一定是国家环境质量标准达标情况；目标指标的设置必须覆盖绝大多数群体，不能让一部分人长期处于达不到全面小康底线的处境。“十三五”规划按照“跳一跳、够得着”的原则设置，可以有更高的要求，环境保护基础好的地区，要提出更高的目标，形成标杆和亮点。

第二，小康指标突出老百姓的直接感受，社会公众喜闻乐见。如小康要求选择空气优良天数比例，既能全面反映环境质量状况，克服单一 $PM_{2.5}$ 或者 PM_{10} 指标与环境质量评价结果不一致等问题，同时群众喜闻乐见，且符合“十三五”阶段目标控制要求。但这一小康指标并不排斥“十三五”规划指标采用污染物浓度下降比例等科学量化指标。小康环境要求关注点在于生活环境，并不代表全部生态环境的系统性评价，也不一定十分科学合理，但紧紧扣住小康环境要求，能在生态环境质量未全面达标的情况下极大地增加社会公众的环境满意度。

5.3.3　全面小康社会环境要求指标方案

如何在环境质量全面达标不可能实现的情况下，突出重点抓出成效，让社会公众认可环境治理的实效，是环境小康要求确定的难点，也是“十三五”环境保护工作的着力点。从中长期环境保护形势来看，我国积累了几十年污染问题，难以在短期内全面解决。但“十三五”期间需要主动担当、积极作为、抓住重点，努力解决一批人民群众反映强烈的突出环境问题，实现环境质量较大幅度的好转，尽量满足人民群众对全面小康社会的基本期待，为 2030 年环境质量显著改善、基本达标奠定基础。

基于上述分析，我们提出 2020 年与全面建成小康社会相适应的环境要求见表 3-5-2。

表 3-5-2 全面建成小康社会的环境要求

要素	指标项	评价阈值
水环境	城市集中式饮用水水源水质达到或优于III类比例	地级及以上城市高于 93%
	全国地表水国控断面列Ⅴ类水质比例，或者地级及以上城市建成区黑臭水体比例	控制在 5%或 10%以内
大气环境	城市空气质量优良（达标）天数	提高至 80%以上
	重度及以上污染天气较减少幅度或比例	控制在 3%以内
土壤环境	耕地土壤环境质量点位达标率	不低于 82%
生态环境	达到环境综合整治要求的建制村比例	

5.4 关于国家约束性指标选择建议

目前就约束性指标谈总量控制指标的多、质量考核指标的少，单纯就总量指标谈约束性的多、未将质量和总量约束性指标统筹考虑。

“十三五”环境保护思路核心为以改善环境质量为核心，实施质量和总量双管控、协同管控。基于此思路并做实，建议“十三五”期间约束性指标不按照总量质量分列，而统一将其置于水、气等要素下，实施总量质量耦合激励的约束性指标体系，并对总量约束性指标考核方式方法做较大的优化调整。

总体来看，我们认为，①应优先考虑在国家约束性指标中增加质量约束性指标；②质量约束性指标和总量约束性指标应协调，但在环境约束性指标总数受到一定限制、质量和总量约束性指标高度一致关联时，最好选择其中一种条件成熟的约束方式而不应浪费环境约束性指标资源（如 $PM_{2.5}$ 或环境空气质量约束与工业烟粉尘排放量约束最好不用同时安排)；③环境质量约束性指标选择宜综合、多因子，以与质量评价结果一致。污染物排放量约束指标选择宜单项，体现控制的精准性。

我们研究认为，由于 $PM_{2.5}$ 等自动监测、数据质量控制具备较好基础，再加上随着生态环境监测网络建设方案和环境保护督察工作的逐步深入，若实施环境空气质量约束性考核将对工业烟粉尘（一次颗粒物）总量控制起到较好的倒逼作用，此时工业烟粉尘（一次颗粒物）约束性排放量总量控制的必要性会弱于 VOCs（VOCs 无法进行质量约束性控制，且对目前日益凸显的臭氧超标有直接驱动作用)，从总体上看，我们推荐 VOCs 作为大气最优先争取到总量控制因子。又如，目前总磷超标现象日益严重，且各地对总磷环境质量控制认识不清，还缺乏有效的抓手，亟须通过排放量约束性控制将总量控制做实。

我们认为，应大力推行区域性、行业性特征污染物总量控制，激励、引导地方做好自选动作。北京拟提出对 SO_2、NO_x、烟粉尘（含扬尘，按照清单法进行考核，大于环境统计工业烟粉尘范畴)、VOC、氨 5 项大气污染物实施总量控制，就比较符合北京实际。但需要指出的是，在国家层面和宏观尺度不可能将总量和质量关系定量耦合。我国区域性总量控制、地方性排放标准等过去探索不多、效果不好，流域规划中的总量控制目标基本不落实、未纳入考核评价，总量控制基本上全国 “一盘棋”、上下“一般粗”、说话“一个音”，长此以往，国家和地方之间的矛盾也会日益突出。“十三五”期间，需要着力建立区域性、行业性总量控制的机制、制度、政策，要将大区域、大流域总量控制目标确定及其考核适当上收国家，也作为国家总量控制制度的一部分，实施国家定点要求、地方定量测算、统一计算规则、地方自查、国家抽测并参与考核的新模式，避免流于形式。

建议根据国民经济和社会发展“十三五”规划约束性指标选择可能进行多情境设计，建议优先争取方案3，底线为方案1，即确保增加水、气各一项环境质量约束性指标（地级及以上城市建成区黑臭水体比例、城市环境空气优良天数比例），并以VOCs替代SO_2进行排放量约束性控制，并在此基础上尽可能多地争取国家环境约束性指标数量（表3-5-3）。

表3-5-3 国家约束性环境指标方案建议

要素	方案1（3+3）	方案2（3+4）	方案3（4+4）	方案4（4+5）
水环境	1. 全国地表水国控断面劣V类水质控制比例或地级及以上城市建成区黑臭水体控制比例 2. 全国化学需氧量排放总量下降 3. 全国氨氮排放总量下降	同方案1	增加总磷指标	同方案3
大气环境	1. 城市环境空气优良（二级及以上）天数（AQI小于100） 2. 全国氮氧化物排放总量下降 3. 全国VOC排放总量下降	保留“全国二氧化硫排放总量下降”	同方案2	增加大气一次性颗粒物约束性总量控制指标

方案1：(3+3)

（1）水约束性指标（3项）：

地级及以上城市建成区黑臭水体比例或全国地表水国控断面劣V类水质比例，全国化学需氧量排放总量，全国氨氮排放总量。

考虑到全国不少省份不存在国控断面劣V类水体，若选择国控断面劣V类水体控制作为约束性指标，有可能出现部分地区落空的现象。建议优先选择地级及以上城市建成区黑臭水体均控制在10%以内作为质量约束性指标。此指标与“水十条”主攻方向吻合，无须分解，责任主体在政府和住房建设部门，且为小康社会环境目标的核心要求。

继续对水质制约严重、综合性污染特征明显的COD、氨氮继续深化实施总量控制，提高城市水体质量改善针对性。此情景下，总氮、总磷按照区域性特征污染物总量控制，在流域规划中予以落实，明确需要控制的地区范围和大致方向，并以地方自查、国家核查等方式将区域性总量控制予以做实。

（2）大气约束性指标（3项）：

城市环境空气优良天数（AQI不大于100），全国氮氧化物排放总量下降比例，全国VOCs排放总量下降比例。

我们认为，环境质量约束性因子选择宜与环境质量标准和评价方法相一致，尽可能是全因子，以使约束性指标考核结果与环境质量状况公报、未来实施的环境督察工作相衔接，因此尽可能不选择单一$PM_{2.5}$或者PM_{10}。尤其是近来臭氧超标对北京、上海、珠三角等地区影响日益加大，已经成为2015年首要污染物，应统筹部署，避免“按住葫芦起来瓢”。另外，我国不少区域以及广大小县城和农村等仍然是以PM_{10}超标为主，以单纯的$PM_{2.5}$浓度进行质量约束性考核，可能会对地方大气污染防治工作有一定的误导。

我们认为，基于AQI的城市空气优良天数（二级及以上），空气质量可接受，与环境空气质量信息公开情况也能较好衔接，群众喜闻乐见、简单易懂、已经深入人心，符合小康要求特征；同时不需进行区域分解，不需要考虑各地超标因子差异问题。另外，也应该指出的是，由于全国 $PM_{2.5}$ 年均值达标在 2030 年前后，把远期性控制要求的 $PM_{2.5}$ 年均值作为近期性的 2020 年规划目标值，将使规划目标和全国城市空气质量达标比例数据（约 40%）非常难看，凸显了与全面建成小康社会的战略要求之间矛盾，将面临非专业的社会公众的大量质疑和政治压力；而城市空气质量二级及以上天数实际上可以作为长期奋斗目标的中间环节，经努力可以实现 80%～85%的二级及以上天数，既积极，也有客观可见的成效。相对而言，城市空气优良天数比单一的 $PM_{2.5}$ 浓度控制要求更适合作为国家约束性控制指标，$PM_{2.5}$ 或者 PM_{10} 等单因子指标宜作为次一级的规划指标。

考虑到 SO_2 总量控制已经形成机制，较大部分治理工作已经取得成效，有关脱硫、燃煤锅炉治理等工作可以结合氮氧化物总量控制等进行，其对 $PM_{2.5}$ 生产的二次影响可以通过空气质量约束性控制解决，同时以 $PM_{2.5}$ 自动监测、实时公布的大气环境质量约束性考核基本具备条件，在只能保证 3 个大气约束性指标数量的情境下，可以考虑以 VOCs 替代二氧化硫总量控制指标。

VOCs 约束性排放量控制应尽早启动，避免过去“十一五”期间氮氧化物排放量控制未启动导致五年期间排放量显著升高带来的一系列不利后果。实际上，VOCs 排放清单、收费办法、行业标准、重点行业治理、产品标准及消费税等工作、措施都在积极启动，总量控制条件日趋成熟，需要尽快遏制增量、扭转趋势，并采取差异化、行业化的控制要求。

方案 2：(3+4)

大气约束性总量控制指标在“十二五”两项基础上净增 VOCs。

方案 3：(4+4)

水总量控制指标增加总磷，大气指标同方案 2，水、气保持均衡。

方案 4：(4+5)

在上述方案基础上增加大气一次性颗粒物约束性总量控制。

5.5 关于“十三五”规划目标指标体系

按照质量主线、小康社会、总量质量双控、加强衔接、突出重点的原则，构建“十三五”规划的目标指标体系。

基本考虑，一是大气、水、土壤、生态、核与辐射等要素为基础，统筹设计质量、总量、风险、管理等指标，加强指标间的联系与协调。二是突破薄弱环节，增加生态保护指标。三是突出区域差异性，增加区域性指标，强化指标的分区指导。

以三大计划为脉络，覆盖全国、贯穿整个“十三五”，统筹所有环境要素领域，制定“十三五”规划目标。三大行动计划是当前到“十三五”期间中央推进环境保护的重要纲领性文件，历经广泛研究磨合形成的共识，是“十三五”规划目标指标制定的重要依据。“十三五”规划目标，需要在三大行动计划的基础上，需要做全面的延展与深化。“大气十条”的实施年限是 2013—2017 年，“十三五”需要将目标年延伸到 2020 年，以 2015 年为基期，有机梳理“十三五”期间尤其是后三年的目标与任务。水环境需要在“水十条”的基础上，进一步加强分水系、分流域研究，加强重污染河流、黑臭水体的消除目标与措施的研究。

同时在三大计划的基础上，以环境质量改善为主线，统筹考虑污染减排、风险管控、生态保护等领域的目标。指标的选取，要与三大行动计划有机衔接，尽量与“十二五”规划保持延续，便于规划的稳定实施。

以约束性指标牵头，以全面小康社会环境质量目标为核心，进一步考虑其他大江大河和主要湖库的水质指标、空气质量达标的城市比例，制定主要污染物总量控制目标、环境风险管控目标、生态保护目标、环境管理目标等，系统构建了分要素、分类型的“十三五”规划目标指标体系建议。

本报告执笔：吴舜泽、万军、王倩、秦昌波

第 4 篇

大气环境保护研究

1　大气污染防治“十三五”规划思路研究

1.1　加快建立面向空气质量的大气环境管理体系

1.1.1　“十三五”是建立大气环境质量管理体系的关键窗口期

1.1.1.1　“大气十条”吹响了我国大气环境质量管理的号角

“十二五”期间，尤其是“大气十条”开始实施后，我国大气污染防治工作取得突破性进展，在持续推进大气污染物总量减排的同时，空气质量总体上得到明显改善。

以“大气十条”为标志，“十二五”期间我国大气污染防治覆盖的广度和深度都前所未有。“大气十条”是在“十二五”大气主要污染物减排工作和重点区域大气污染防治的思路上加强力度、拓宽领域，并在国务院领导下，成功和相关部门凝聚共识，形成合力产生的丰硕成果。通过实施“大气十条”，既突破了车用油品升级等长期存在的“瓶颈”，又在落实空气质量目标责任、实施煤炭消费总量控制等大气污染防治的全新领域积累了经验，为进一步深化完善我国空气质量管理体系打下了良好基础。

各项措施形成合力，推动了大气污染物排放量快速削减。以电力、钢铁、水泥、平板玻璃和机动车为重点的主要大气污染物总量减排持续深入，新排放标准的逐步实施，以及新《环境保护法》实施后执法力度的明显加强，推动大气污染物排放量快速削减。根据“十二五”前 4 年和 2015 年上半年的总量核查结果，估计“十二五”期间 SO_2 和 NO_x 两种污染物的减排比例都将在 15%左右，均大幅超过“十二五”减排目标。除此之外，烟粉尘和扬尘等一次颗粒物的排放总量也得到了较好的控制。

大气污染物排放量的削减推动了全国空气质量的明显改善。除 NO_2 和 O_3 外，其他大气污染物的环境浓度都明显降低，尤其是“大气十条”开始实施之后。2014 年与 2013 年相比，全国 328 个地级以上城市 SO_2 和 NO_x 平均浓度分别下降 11%和持平，74 个第一批执行《环境空气质量标准》（GB 3095—2012）的城市 $PM_{2.5}$ 平均浓度下降了 11%；2015 年与 2014 年上半年相比，全国 74 个可比城市的 $PM_{2.5}$ 平均浓度下降了 17.1%。

1.1.1.2　《环保法》和《大气法》修订为建立大气环境质量管理体系奠定了基础

2013 年以来，在“大气十条”的制定和实施的过程中，社会各界的关注使得我国大气污染防治和空气质量管理中的一些关键瓶颈和制约因素逐渐暴露出来，也使得社会各界对大气环境质量改善需要政府、企业和公众三方共同参与这一点有了更深的体会。在此基础上，《环境保护法》和《大气污染防治法》分别于2014年和2015年进行了修订。这两项法律的本次修订，在社会广泛关注的程度、学界和修订主体间讨论交流的热度、涉及领域的广度等方面，都比以前几次修订有了明显的进步，也从法律体系上，给几项关键制度的推出奠定了坚实的法律基础。其中最关键的修订包括以下几个方面：

一是进一步明确了各级地方政府在环境质量管理中的主体责任。《环境保护法》中明确了地方政府对当地环境质量负责，《大气污染防治法》不仅明确了地方政府在大气环境质量管理中的主体地位，加强对地方政府大气环境质量改善目标完成情况的考核监督，还对未达到国家大气环境质量标准的城市人民政府制定并实施空气质量限期达标规划提出了明确要求。

二是为排污许可管理制度的实施扫清了法律障碍。在《大气污染防治法》中首次提出了对排放大气污染物的企事业单位、集中供热设施的燃煤热源生产运营单位实行排污许可管理，以排污许可证为主线，将环境影响评价、达标排放、总量控制、排污收费、限期治理等管理制度对污染源的分散、具体的要求，通过排污许可证一证管理贯穿衔接起来，为实施污染源系统、全面、精细化管理奠定了坚实基础。

三是大气环境管理的广度和深度均有所扩展。在管理手段上，从“重末端治理”向“坚持源头治理，推动转变经济发展方式，优化产品结构和布局，调整能源结构，提高相关产品质量标准”拓展；在管理对象上，从“燃煤污染、机动车船排放、废气、尘和恶臭污染”扩大到“燃煤和其他能源污染、工业污染、机动车及船舶等非道路移动机械、扬尘污染、农业和其他污染”等众多领域；在管理主体上，从“环保部门的单打独斗”向“各部门各司其职、密切配合、统一行动”转变。

四是大幅提高了违法成本。通过修改罚则，以及提出按日记罚等违法惩罚方式，进一步明确了各主体在大气污染防治中的责任和义务。同时赋予了环境执法人员更多的执法权限，大幅降低了违法主体通过不同方式躲避、抗拒执法的可能性。

1.1.1.3 顺势而为建立大气环境质量管理体系是确保大气环境持续改善的基础

欧美发达国家都经历了相似的大气环境质量改善历程：从污染最严重的时候开始，出台大量控制措施，用10年左右的时间，实现污染物浓度的大幅降低；在此之后保持相对平稳的速度，亟须降低污染物浓度，改善大气环境质量。借鉴欧美发达国家的经验，并考虑到我国现有的环境空气质量标准仅仅与世界卫生组织第一阶段的目标值相接轨，与发达国家的环境空气质量要求还有相当大的差距，因此我国的大气污染防治工作，也需要在短期和中期实现空气质量的明显好转后，进一步使空气质量以相对稳定的速度继续改善。

根据欧洲和美国的经验，在污染相对严重的时候，利用社会各界的广泛关注和立法资源，建立有效的大气环境管理制度框架，是保证空气质量持续改善的前提。以美国为例，在20世纪60年代末和70年代初，在全国人民和社会各界对治理大气污染呼声最强的时候，通过了要求非常具体的《清洁空气法》，在此基础上建立了以“州实施计划”为中心，联邦、州和地方各负其责的大气环境管理体系；在1990年，结合全国人民和国际社会对酸雨的广泛关注，通过了《清洁空气法》修正案，在已有的管理框架内，增加了排污许可管理制度和排污交易制度。这些关键制度的形成，都是在需要应对重大大气环境问题的时间点上，但是这些制度发挥的作用，则一直持续几十年。

欧美发达国家的经验对我国的大气污染防治具有重要启示：必须在社会各界对大气污染防治高度重视的时候，制定并完善能长期发挥作用的大气环境管理体系和关键制度。“大气十条”作为一个阶段性的行动方案，作用只能持续到 2017 年。2017 年以后的大气环境保护，需要有一个完善的体系来支撑。这个体系的建立，必须在“十三五”期间基本完成，否则将可能丧失这一个全国人民关注最热切、立法和行政资源最集中的重要时间窗口。

1.1.2 大气环境质量管理体系的基本内涵

所谓大气环境质量管理体系是以保障人体健康为核心、以改善环境空气质量为目标的大气环境管理体系。一个系统、完善的大气环境质量管理体系应包含如下构成要素。

一是确立以保障公众健康为宗旨的环境空气质量标准及其定期评估更新机制。空气质量标准是整个空气质量管理的基础，而保障公众健康是制定空气质量标准的基本准则，也是整个空气质量管理体系的核心。相比其他大气环境管理政策的制定，空气质量标准应该抛开经济因素，单纯从保护公众健康的角度来设定。同时定期展开空气质量带来健康影响的科学评估，展示空气质量改善带来的健康效益，识别不同阶段影响公众健康的重要污染因子，有针对性地进行改善管理，逐步提高环境空气质量标准，最终与世界卫生组织推荐的安全限值接轨。

二是全面建立环境空气质量达标管理机制。空气质量达标管理作为空气质量管理体系的核心机制，不仅仅是编制规划，而是一种将空气质量全面达标要求前置的大气环境管理机制。一个完整的达标管理机制要求地方政府作为责任主体，以空气质量全面达标为目标，开展定期监测和评估，并基于空气污染源清单、空气质量模型等手段开展规划编制，科学确定空气质量达标期限，设计不同阶段的大气污染防治目标，筛选成本效益最优的大气污染防治措施，以实现空气质量持续改善。空气质量达标管理使得空气质量标准成为约束性指标，对城市的能源发展、交通发展、产业发展做出前置性约束，从而实现城市空气质量最终达标。

三是理顺、完善现有大气环境管理制度，使之与环境空气质量达标机制相配套。理顺排放标准制定与空气质量达标之间的关系。在考虑经济技术可行性的基础上，依据空气质量标准制定大气污染物排放标准，使污染物容许排放量满足空气质量目标的要求。理顺总量控制与空气质量达标之间的关系，制定、实施基于空气质量目标的多污染物容量总量控制，提高总量控制的空气质量改善效果；对具有远距离传输影响及可监测、可统计、可核实的污染源、污染物，实施全国和区域总量控制；对仅限于局地影响及监测、统计基础薄弱的污染源、污染物，强调地方主观能动性以及对空气质量标准、排放标准落实的监管。理顺区域联防联控与城市空气质量达标的关系，减少污染传输对城市空气质量的影响。理顺环境监督监管机制与空气质量达标之间的关系。综合采用人大监督、层级监督、国家监察、生态环保决策责任终身追究、资源环境离任审计等多种机制，推动地方政府有效落实空气质量改善责任；进一步完善排污许可，严格环境执法，健全市场化机制，督促企业落实大气污染防治责任；积极推进环境信息公开与环境公益诉讼，加大社会舆论监督。

四是合理划分“国家、省、市”三级事权，建立科学的大气环境质量管理模式，以最小成本实现最优空气质量改善效果。空气质量管理相对于传统污染源管理，复杂程度和精细化程度均大为提高，而且不同地区的差异性较大，为此应合理划分国家、省以及城市等不同行政级别的职责，将具体空气质量管理职责逐级下移，提高空气质量管理的针对性和效率。国家层级应弱化对污染源的监管，充分发挥宏观调控职能，做好空气质量达标及持续改善中长期战略的顶层设计，充分调动各地各部门治污积极性，重点做好空气质量目标管理、监督考核以及围绕推进空气质量改善的规划、制度、标准制定工作。省级政府作为承上启下的关键一环，肩负统筹推进辖区内各城市空气质量改善的职责。而城市政府作为空气质量管理的基本单元，负责指定和组织实施空气质量达标规划，提高大气污染防治措施针对性，强化污染源监管，以最小行政成本和治理成本实现环境效益的最大化。

五是强化大气环境质量管理综合决策和协调机制，对能源、工业、生活、交通、农业等多种污染源进行统一监管。影响空气质量的污染源构成十分复杂，这就要求大气环境管理工作从单一的污染治理上升到提高相关产品质量标准、转变经济发展方式、优化产业结构和布局、调整能源结构、调整生活方式上来，进而需要有序整合不同部门的监管力量，进一步落实各职能部门的空气质量管理责任，适当归并大气环境管理职能，减少职能交叉，形成齐抓共管、运行高效的大气环境监管格局。

1.2 关于国家“十三五”大气污染防治规划的建议

1.2.1 空气质量目标的选择和制定

1.2.1.1 目标的选择

“十三五”时期，是建立以质量改善为目标导向的环境管理模式的关键时期，在空气质量的指标选取上，应兼顾代表性和综合性。建议在设立城市空气质量达标目标的同时，将 $PM_{2.5}$ 年均浓度作为“十三五”大气污染防治的首要指标，并对其他污染物的环境浓度提出要求。主要理由如下：

首先，$PM_{2.5}$ 污染是我国最具代表性的污染问题。由前面的分析可知，$PM_{2.5}$ 是影响我国城市空气质量达标、造成重污染的最主要污染物。从中长期城市空气质量达标管理的角度出发，$PM_{2.5}$ 也是影响我国绝大多数城市空气质量达标期限的最关键的限制因素，因此，“十三五”期间 $PM_{2.5}$ 浓度的下降幅度，将直接决定我国空气质量达标的中长期战略目标何时能够完成。

其次，$PM_{2.5}$ 最具综合性，其浓度下降可带动多污染物的协同控制。我国在“大气十条”中提出了 PM_{10} 与 $PM_{2.5}$ 的年均浓度目标，为降低 PM_{10} 与 $PM_{2.5}$ 浓度，各地政府采取的多项措施也带动了 SO_2、NO_2、CO 浓度的降低。同 2013 年相比，2014 年我国 95%的城市 $PM_{2.5}$ 年均浓度下降，83%的城市 PM_{10} 浓度下降，85%城市的 SO_2 浓度下降，65%城市的 NO_2 浓度下降，全国城市平均 SO_2 浓度的下降幅度甚至超过 $PM_{2.5}$ 浓度的下降幅度。这反映出将 $PM_{2.5}$ 作为大气污染的目标指标，对带动其他污染物排放削减和环境浓度下降有带动作用。

最后，将 $PM_{2.5}$ 作为约束性指标，有助于政策延续“大气十条”的思路，长期稳定推进工作。“大气十条”中提出了到 2017 年全国 PM_{10} 浓度控制目标与重点区域 $PM_{2.5}$ 浓度控制目标，经过近 2 年的落实推进，各地已经形成了多部门联动的大气污染防治新格局，初步建立了大气污染防治工作新模式。“十三五”时期的前两年，是落实“大气十条”的关键时期，2017 年是环境质量目标的终期考核年度，为保证“大气十条”目标顺利完成，建议“十三五”规划中继续以 $PM_{2.5}$ 浓度作为约束性指标，加强大气污染防治。

除 $PM_{2.5}$ 之外，建议在“十三五”大气污染防治规划中对其他污染物也提出要求。具体而言，PM_{10} 的浓度下降比例要求应于 $PM_{2.5}$ 相当或略低，对于 SO_2 和 CO 这两种绝大多数城市已经达标的污染物，可要求“十三五”期间实现全国所有城市基本消除超标；对于 O_3 和 NO_2 这两种和光化学污染密切相关的污染物，要求“十三五”期间污染不进一步恶化。

1.2.1.2 目标制定方法与程序

新修订的《大气污染防治法》对城市提出了限期达标的要求。为了与法律要求衔接，“十三五”大气污染防治规划可试行以城市空气质量达标为基础，“自下而上、自上而下”程序相结合的规划目标制定新方法。具体而言，以 2030 年全国城市基本达到空气质量标准为总体战略目标，依据各城市污染超标程度不同，明确差异化的达标时限。参考发达国家空气质量改善进程，将各城市的达标期限根据超标程度进行分挡：如要求首要污染物浓度超标 30%以内的城市在“十三五”实现空气质量达标；超标 30%～60%的城市到 2025 年实现达标；超标 60%以上的到 2030 年基本实现达标。

在上述原则基础上，各城市结合自身情况，制定分阶段的空气质量改善目标，自下而上汇总，确定各省（区、市）的“十三五”空气质量目标。经统筹协调后，确定全国和重点区域的“十三五”空气质量目标，并将最终目标分解到各地市。

1.2.1.3 目标的可达性

国际经验或案例表明，环境空气质量全面改善具有长期性，从大规模治理到质量显著改善一般要经过 30～40 年的治理历程。“十二五”以来，我国以治理灰霾为起点，开始大规模实施改善环境质量的行动措施，可能需要 20 年左右的时间，基本实现全国城市达标，再使用更长的时间，基本达到发达国家目前的空气质量水平。

与美国相比，我国的 PM_{10}、$PM_{2.5}$ 污染更加严重。我国 2013 年的城市平均 PM_{10} 浓度为 95 μg/m^3，相当于美国 1990 年之前的浓度水平（1990 年美国 PM_{10} 平均浓度为 86 μg/m^3）。1990—1995 年的 5 年间，美国 PM_{10} 浓度下降了 16%；SO_2 排放量减少了 19%；NO_x 排放量减少了 2%；一次颗粒物排放量减少了 7%。在更加成熟和高效的污染治理技术与措施支撑下，以及大力度的污染减排要求推进下，初步判断“十三五”全国 $PM_{2.5}$ 和 PM_{10} 浓度下降 15%左右的目标是可以实现的。

1.2.2 规划需要明确的重点任务

1.2.2.1 进一步推进重点行业的 SO_2、NO_x、颗粒物污染治理

延续“十二五”对电力、水泥、钢铁、石化、平板玻璃等行业以及工业锅炉的污染治理要求，结合新修订排放标准的实施和新《环境保护法》实施，提高这些重点行业烟气的全面治理和达标水平。推进重点措施的持续深入，深挖减排空间。加快钢铁企业脱硫设施建设，所有烧结机和球团生产设备全部安装脱硫设施，实施全烟气脱硫并拆除烟气旁路，2020 年底前，综合脱硫效率达 80%以上；加大水泥企业脱硝改造力度，新型干法水泥窑实施低氮燃烧技术改造，配套建设烟气脱硝设施，综合脱硝效率不低于 85%；加强石化行业烟气 SO_2 治理工程，石油炼制行业新建催化裂化装置必须进行烟气治理，现有石油炼制设备全部安装高效硫黄回收装置，硫黄回收率达 99%以上；加快推进有色金属冶炼行业生产工艺设备更新改造，加大冶炼烟气中硫的回收利用率，要求 SO_2 含量大于 3.5%的烟气采取烟气制酸或其他方式回收烟气中的硫，低浓度烟气和制酸尾气排放超标的进行脱硫处理；加大焦化行业炼焦炉荒煤气脱硫力度，硫化氢脱除效率达 95%以上；加强对大中型燃煤锅炉的烟气治理，新建锅炉必须安装脱硫脱硝设施，对规模 35 t 以上的现有燃煤锅炉实施烟气脱硫；推进平板

玻璃企业大气污染综合治理，实施玻璃企业“煤改气”“煤改电”工程，禁止掺烧高硫石油焦，截至2020年底前，所有玻璃熔窑配套建设高效脱硝设施，综合脱硝效率不低于85%。

1.2.2.2 从重点行业入手强化VOCs排放控制

VOCs是产生二次有机气溶胶的重要前体物，也是造成大气氧化性增强，促使SO_2和NO_x转化成硫酸盐和硝酸盐的关键物质。对VOCs排放进行控制，是减少灰霾和光化学烟雾污染、降低大气环境中$PM_{2.5}$浓度、改善城市与区域大气环境质量的一项重要举措。在我国已有的VOCs污染防治技术和政策积累基础上，从“十三五”开始，以石化、印刷行业和工业涂装环节为重点突破口，结合重点工业园区整治，全面推进VOCs排放控制工作。通过对生产行业末端VOCs排放进行回收处理，对生产过程加强管理、减少泄漏和挥发，对含VOCs产品提出VOCs限值标准等方式，使VOCs和NO_x的排放量同步下降。

1.2.2.3 通过能源清洁化挖掘减排空间

煤炭的大量消费是造成我国大气污染的重要原因。优化能源结构，减少煤炭使用量；改善煤炭的使用方式，促进煤炭清洁化利用，是从源头减少大气污染物排放的重要路径。“十三五”期间，需要在以上两点大力挖掘减排空间。一是推进建设清洁高效煤电体系，东部地区新建燃煤发电机组大气污染物排放浓度基本达到燃气轮机组排放限值，中部地区新建机组原则上接近或达到燃气轮机组排放限值，鼓励西部地区新建机组接近或达到燃气轮机组排放限值，并对清洁高效燃煤电厂的电力进行优先调度。二是集中利用优质天然气资源，精准发力，把握“十三五”期间天然气新增2 000亿m^3的机遇，在大气污染严重的重点区域，实施天然气替代煤炭的气化工程，通过天然气消费量的增加减少煤炭消费量。三是加快实施热电联产集中供热替代燃煤小锅炉。要求城市建成区结合大型发电或热电企业，合理制定区域供热规划，合理布局集中热源点和供热管网，加大供热管网等基础设施建设力度，逐步扩大热管网覆盖范围，推进集中供热替代燃煤小锅炉。实现热网覆盖范围内的燃烧高污染燃料的锅炉全部拆除，剩下的10蒸吨/h及以下燃烧高污染燃料锅炉全部实现清洁能源、可再生能源替代或淘汰。四是加大民用散煤清洁化治理力度，减少煤炭分散直接燃烧。通过落实优质煤源、建设洁净煤配送中心、推广先进民用炉具、制定标准、加强监管等措施，施行散煤减量替代与清洁化替代并举、疏堵结合，全面禁止劣质散煤的销售和使用。实现到2020年底，全国散煤清洁化替代率达100%。

1.2.2.4 持续推进移动源大气污染综合治理

加强城市交通管理，严格控制机动车保有量；加速黄标车和老旧车辆淘汰，加快油品质量和车排放标准双升级；强化车辆环保监管，加速推进低速汽车转型升级，大力推广使用新能源汽车。到2017年底，全国范围黄标车全部淘汰。2019年底，全国供应国六车用汽柴油，京津冀、长三角、珠三角地区提前至2017年。2018年，全国实施第五阶段新车排放标准，东部地区提前至2016年；到2020年，分区逐步实施第六阶段新车排放标准，对非道路机械实施第四阶段排放标准。

1.2.2.5 加快启动NH_3排放控制试点

NH_3作为铵盐的前体物，是影响二次气溶胶质量平衡的关键物质。我国是全球NH_3排放量最高的国家，粗放的施肥方式和农业操作习惯导致化肥滥用，在浪费的同时增加了很多不必要的 NH_3 排放；同时畜牧业的 NH_3 排放基本处于无控的状态。建议在“十三五”开始在局部地区开展 NH_3 排放控制试点，摸索主要的控制技术和适用政策；在“十四五”和“十五五”期间在全国启动 NH_3 排放控制工作。

本报告执笔：雷宇、宁淼、陈潇君

2　发达国家颗粒物防治经验启示及我国控制思路

2.1　欧盟 $PM_{2.5}$ 污染防治经验

2.1.1　多数成员国 $PM_{2.5}$ 年均浓度实现达标

欧盟在 1999 年首次颁布的环境空气质量指令（99/30/EC）中，提出 PM_{10} 的环境质量标准值，其中 PM_{10} 年均浓度限值为 40 μg/m^3，日均浓度限值为 50 μg/m^3。现行的环境空气质量指令（2008/50/EC）于 2008 年 5 月 21 日获得通过，并于 2010 年开始实施。除沿用 99/30/EC 中 PM_{10} 浓度限值，2008/50/EC 中还增加了 $PM_{2.5}$ 年均浓度标准，并且规定了成员国达到相关大气颗粒物浓度标准的时限（表 4-2-1）。

表 4-2-1　欧盟空气质量标准中颗粒物浓度限值

因子	平均时间	标准值	备注
PM_{10}，限制值	24 小时平均	50 μg/m^3	一年中超过标准的天数必须小于 35 d；实施时间为 2005 年 1 月 1 日
PM_{10}，限制值	年平均	40 μg/m^3	实施时间为 2005 年 1 月 1 日
$PM_{2.5}$，目标值	年平均	25 μg/m^3	实施时间为 2010 年 1 月 1 日
$PM_{2.5}$，限制值	年平均	25 μg/m^3	实施时间为 2015 年 1 月 1 日
$PM_{2.5}$，限制值*	年平均	20 μg/m^3	实施时间为 2020 年 1 月 1 日

*2013 年，欧盟委员会将依据最新的关于健康、环境影响和技术可行性的信息及各成员国的减排经验，对其进行重新评估。

2010 年 $PM_{2.5}$ 监测数据显示，保加利亚、捷克、意大利和斯洛伐克等国普遍存在 $PM_{2.5}$ 年均浓度超标的城市，欧洲大陆的大多数城市 $PM_{2.5}$ 年均浓度都达标，但高于更严格的 WHO 准则值（10 μg/m^3），北欧国家的城市 $PM_{2.5}$ 年均浓度普遍低于 WHO 准则值。

2.1.2　各种污染物排放均呈现不同程度下降

近 20 年，欧洲二次颗粒物前体物的排放量大幅下降。其中，SO_x 的排放量下降幅度最大，下降了 82%；其次是 NMVOCs，下降了 56%；NO_x 和 NH_3，分别下降了 47%和 28%。2000 年之后“远距离越境空气污染公约”的缔约国被正式要求报告 PM 的排放数据，据统计，2000 年以来，欧州 $PM_{2.5}$ 的排放量削减了 15%（图 4-2-1）。

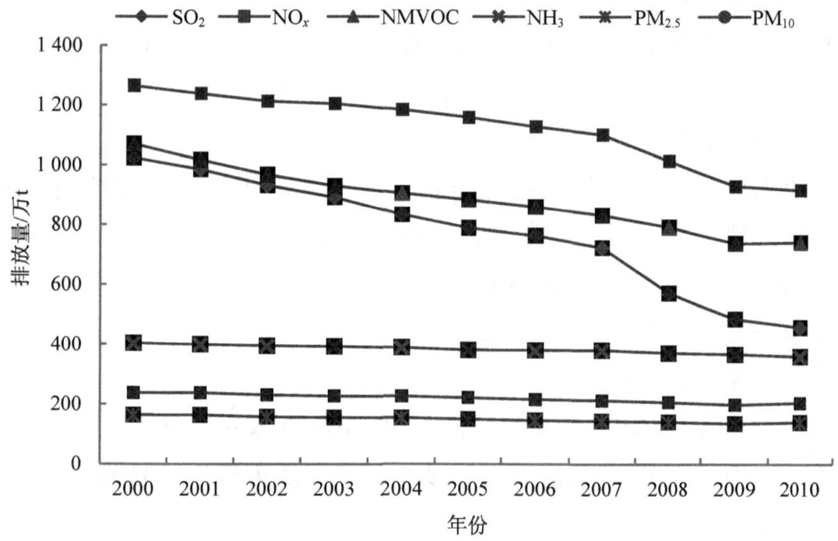

图 4-2-1　欧洲一次颗粒物及二次颗粒物前体物排放变化情况

2.1.3　欧盟控制空气污染的主要策略

2.1.3.1　实施空气质量改善计划

在 1999 年颁布的空气质量标准中首次设置了 PM_{10} 的浓度限值，并在此后颁布的空气质量标准（2008/50/EC）中增加了 $PM_{2.5}$ 年均浓度标准，严格要求成员国按期达标，2001—2010 年欧洲 90%以上的监测点位 PM_{10} 年均浓度年均减少 1%。伴随环境空气质量标准的实施，欧盟理事会要求欧盟成员国广泛开展 PM_{10} 和 $PM_{2.5}$ 的监测，特别是对 $PM_{2.5}$ 监测点位的选取和数量提出严格要求，目前欧洲共有 3 000 多个 PM_{10} 监测点位，较 2001 年增加了 1 倍。

根据空气质量指令的要求，成员国应将其领土划分为若干区域和城市群，并应使用监测和模拟等技术对这些区域和城市群的空气污染水平进行评估。如果区域和城市群污染物浓度超过空气质量指令规定的浓度限值，成员国要为该区域或城市群制定空气质量改善计划和方案，以确保按期达标。为了确保不同的政策之间的连贯性，在可行的情况下，空气质量计划应与污染物排放量控制计划保持一致和协调。此外，空气质量计划可能包括旨在保护敏感人群，包括儿童的具体措施。

2.1.3.2　建立完善的标准体系

作为区域性组织，欧盟的环境行动计划属于政策性文件，需要条例、指令等立法予以实施。欧盟颁布了大量有关大气环境的指令，这些指令的实施对保护和改善成员国空气环境质量、预防和控制颗粒物污染、实现共同的环境目标起到了至关重要的作用。与颗粒物污染防治相关的法令主要包括：

（1）环境空气质量标准指令

现行的环境质量标准法令是 2008/50/EC，规定了 PM_{10}、$PM_{2.5}$ 的空气质量标准，以及实现标准的时限。

（2）国家污染物排放上限指令（NEC Directive）

2001 年颁布 NEC 指令规定了 2010 年各成员国 SO_2、NO_x、VOCs 和 NH_3 的排放上限。欧盟还将出台新的 NEC 指令，继续对上述二次颗粒物前体物及一次 $PM_{2.5}$ 实施总量控制。

（3）固定源污染排放控制指令

欧盟实施过的重要的固定源排放指令包括：限制大型燃烧设备空气污染物排放限值的 2001/80/EC 指令，关于废物焚烧污染控制的 75/439/EEC，设定 VOCs 排放限值的 1994/63/EC 指令和 1999/13/EC 指令以及综合污染预防与控制指令（IPPC，96/61/EC）。2010 年欧盟通过的《工业污染物排放指令》（2010/75/EU），统一了上述指令。

（4）移动源大气污染物排放控制指令

道路车辆排放标准包括轿车和轻型车排放指令（Euro1–6）及重型商用车排放指令，主要规定了各种道路车辆 PM 和 NO_x 等污染物的排放限值。此外，欧盟还实施了 2002/88/EC，控制非道路移动机械大气污染物排放。

（5）燃料质量管理指令

燃料质量管理指令（2003/17/EC），限定发动机燃料中硫、VOCs 等的含量。

2.1.3.3 规定污染物排放上限

为有效控制 $PM_{2.5}$ 污染，欧盟一直致力于通过协同减少一次颗粒物及二次颗粒物前体物（SO_2、NO_x、NH_3）的排放，降低环境空气中 $PM_{2.5}$ 浓度。为控制前体物的排放，欧盟实施了国家污染物排放总量政策。欧洲总量控制的政策有两个，分别是国家排放上限指令和在《长距离越界空气污染公约》（UNECE-CLRTAP）框架下签署的哥德堡协议。

（1）国家排放上限指令

欧盟国家排放总量控制的实施具有完善的配套保障措施，如国家规划、成员国报告制度、委员会报告制度和与第三国合作制度等。若成员国违反区域控制措施的规定，则应当承担法律责任。欧盟 NEC 指令（EU，2001b）为各成员国设定了 2010 年各项大气污染物排放上限，以控制各成员国污染物排放总量（图 4-2-2）。

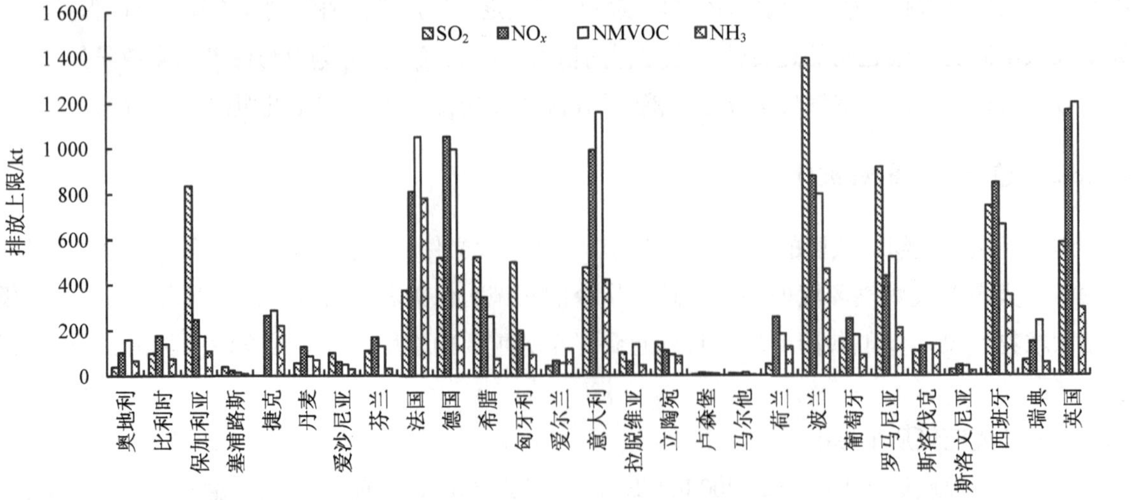

图 4-2-2 欧盟成员国 2010 年国家排放上限

随着 NEC 指令的实施，欧盟二次颗粒物前体物排放量的减排效果显著。2010 年欧盟实现了 SO_2、NMVOCs 和 NH_3 的总量控制目标，但欧盟 27 国中有 15 个国家 2010 年 NO_x 排放量超过了国家排放上限，导致了欧盟没有实现 NO_x 总量控制目标（超过排放控制上限 8%）。全部成员国均实施了 SO_2 总量控制目标，仅西班牙和德国超过了 NMVOCs 的排放上限，而在 NH_3 排放方面，西班牙和芬兰超过了 2010 年排放控制上限。

（2）哥德堡协议

针对大气污染物的跨界输送问题，1979 年在联合国欧洲经济委员会支持下，欧洲各国签署了长距离越境空气污染公约（LRTAP）。在公约框架下欧洲各国签署了一系列跨国协议，规定了各国 SO_2、NO_x 等跨界传输污染物的排放上限。1999 年签署的哥德堡协议针对 SO_2、NO_x、NH_3 和 NMVOCs 制定了 2010 年的排放上限（表 4-2-2）。

表 4-2-2 长距离越境空气污染公约框架下签署的协议及污染物控制目标

污染物/协议	基准年	目标年	减排率/%
《长距离越界空气污染公约》（UNECE-CLRTAP）			
SO_2（1994 奥斯陆协议）	1980	2000	62
SO_2（1999 哥德堡协议）	1990	2010	75
NO_x（1988 索菲亚协议）	1987	1994	保持稳定
NO_x（1999 哥德堡协议）	1990	2010	50
NMVOCs（1991 日内瓦协议）	1987	1999	30
NMVOCs（1999 哥德堡协议）	1990	2010	58
NH_3（1999 哥德堡协议）	1990	2010	12

欧盟成员国联合中欧和东欧国家在远距离越境空气污染公约框架下，签署了哥德堡协议，旨在实施多污染物协同控制。对于欧盟成员国来说，国家排放上限指令中设定的排放控制目标等于或小于哥德堡议定书中的目标。哥德堡公约实施后，欧洲污染物控制策略打破了以往仅针对单一污染物进行限制的格局，开始更加注重多种污染物之间的相互影响和协同控制。哥德堡协议于 2012 年 5 月修订，设定了 2020 年 SO_2、NO_x、NH_3、NMVOCs 和 $PM_{2.5}$ 的排放控制的目标。

2.1.3.4 加强重点领域污染控制

为满足颗粒物浓度标准，实现总量控制目标，欧盟各成员国根据本国情况采取了相应的控制手段。总体而言，采取的政策及措施主要涉及以下几个方面：能源供应、交通运输、工业过程、畜牧业、种植业和废物处置（表 4-2-3）。

表 4-2-3 欧洲颗粒物污染防治措施汇总

控制领域	控制措施	减排污染物	实施国家（部分）
工业领域	控制装机容量 50MW 以上大型电站燃烧排放	SO_2、NO_x	英国、比利时、德国、丹麦、荷兰、斯洛文尼亚
	控制非许可的小型燃烧设备排放	SO_2	德国
	实施污染整体防治（IPPC）、推行最佳可行技术（BAT）	SO_2、NO_x、VOCs	英国、比利时、德国、丹麦、荷兰、斯洛文尼亚
	降低燃料中的硫含量	SO_2	比利时、捷克、德国、丹麦，法国、荷兰、斯洛文尼亚、英国
	设置锅炉排放标准	SO_2、NO_x	奥地利、比利时、英国
	征收排污税	SO_2、NO_x	丹麦、瑞典
	开展 NO_x 排污交易	NO_x	荷兰
	强化溶剂使用的管理	VOCs	奥地利、比利时、荷兰、斯洛文尼亚、英国
	装潢油漆、汽车喷涂材料等产品的标准化管理	VOCs	比利时、英国
	采取措施控制工业及燃烧过程	VOCs	比利时、斯洛文尼亚
	减少炼油厂储存和处理过程排放	VOCs	比利时
	控制废物燃烧设施及废物处置过程排放	VOCs	德国、丹麦
能源供应部门	制定节能政策	SO_2、NO_x、	比利时、捷克、瑞典、斯洛文尼亚、英国
	为每个电厂设定 SO_2 排放的年度配额	SO_2	丹麦
	加强煤炭清洁化利用、使用生物质等可再生资源	SO_2、NO_x	比利时、捷克、丹麦、荷兰、瑞典、斯洛文尼亚、英国
	燃料替代	SO_2、NO_x	捷克
交通运输	发展可持续交通	NO_x、VOCs、NH_3	奥地利、捷克、瑞典、斯洛文尼亚、英国
	减少船舶排放	SO_2	丹麦、法国、荷兰、英国
	实施路机动车排放标准	NO_x、VOCs	奥地利、荷兰、瑞典、英国
	限制非道路移动源排放	SO_2、NO_x	丹麦、法国、荷兰、瑞典、斯洛文尼亚、英国
	实施油气回收指令	VOCs	比利时、德国、斯洛文尼亚、英国
	对小排量汽车实施消费税优惠	NO_x、VOCs	德国、丹麦、英国
农业领域	促进环境友好型农业的发展	NH_3	奥地利、比利时、捷克、英国
	减少家庭养殖数量	NH_3	比利时
	减少肥料堆存、施用过程排放	NH_3	比利时、法国、瑞典
	鼓励减少氮肥的使用	NH_3	法国、瑞典
	加强农业源排放管理	NO_x、NH_3	比利时、瑞典、荷兰、英国
其他	加强集中供热锅炉 NO_x 排放监管	NO_x	荷兰
	提供技术指导	SO_2、NO_x、VOCs、NH_3	德国、丹麦、法国

2.1.3.5 加强环境信息公开

按照欧盟理事会决议（2001/752/CE）的规定，欧盟成员国各地区需按照人口数量、颗粒物浓度情况及其他污染物浓度情况等多种因素确定本地区最少空气质量监测站的数量。目前，大部分欧洲国家都是同时监测 PM_{10} 和 $PM_{2.5}$。按照欧盟指令的规定，空气质量信息应该向公众及时发布，同时需要制定应急预案和行动计划，即在一定情况下如果污染物浓度即将到达或超过了临界水平，政府将会采取怎样的措施在短期内做出响应。此外，成员国要保证相互之间数据、技术和信息的共享，并接受来自欧盟委员会的监督和检查。

2.2 美国 $PM_{2.5}$ 污染控制经验

2.2.1 $PM_{2.5}$ 年均浓度显著下降

根据 EPA 发布的相关数据，1990—2000 年，美国 PM_{10} 年均浓度下降了 24%；2000—2012 年，美国 PM_{10} 和 $PM_{2.5}$ 的年均浓度分别下降了 27%和 33%。以加州洛杉矶为例，1955 年 9 月发生严重光化学烟雾事件，造成 400 多老人死亡。根据洛杉矶环保部门统计，洛杉矶一级污染警报（非常不健康）的天数从 1977 年的 121 d 下降到 1989 年的 54 d，而到了 1999 年就消除了一级污染警报天，颗粒物治理前后经历了约 50 年的时间（图 4-2-3）。

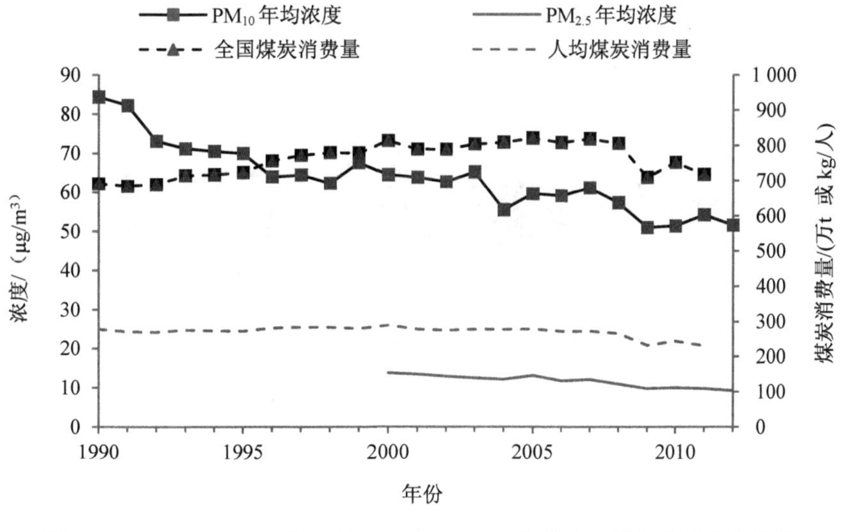

图 4-2-3 1990—2012 年美国 PM_{10}、$PM_{2.5}$ 年均浓度及煤炭消费变化趋势

2.2.2 污染物排放量呈明显下降趋势

根据美国 EPA 的排放清单模型计算结果显示，1990—2011 年，美国 PM_{10} 排放量下降了近 25%，$PM_{2.5}$ 一次排放量下降了近 17%；1990—2006 年，美国的 $PM_{2.5}$ 前体物 SO_2、NO_x 和 VOCs 的排放量分别下降了 11%、16%、20%和 8%（图 4-2-4）。

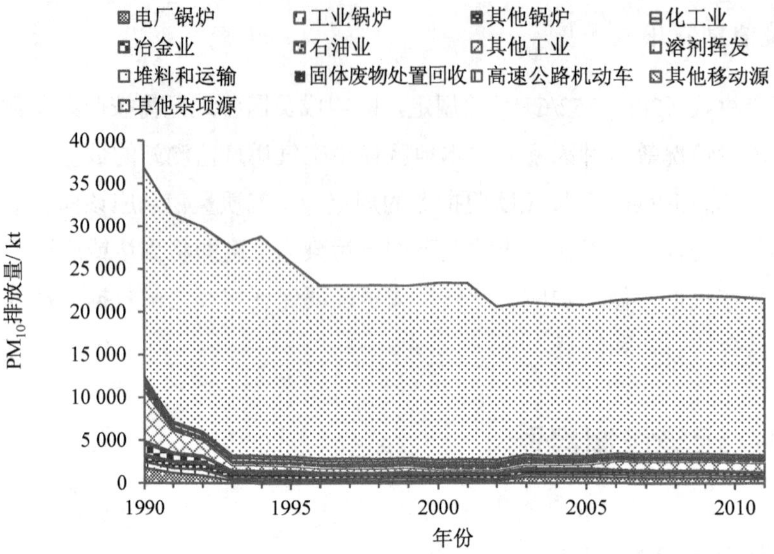

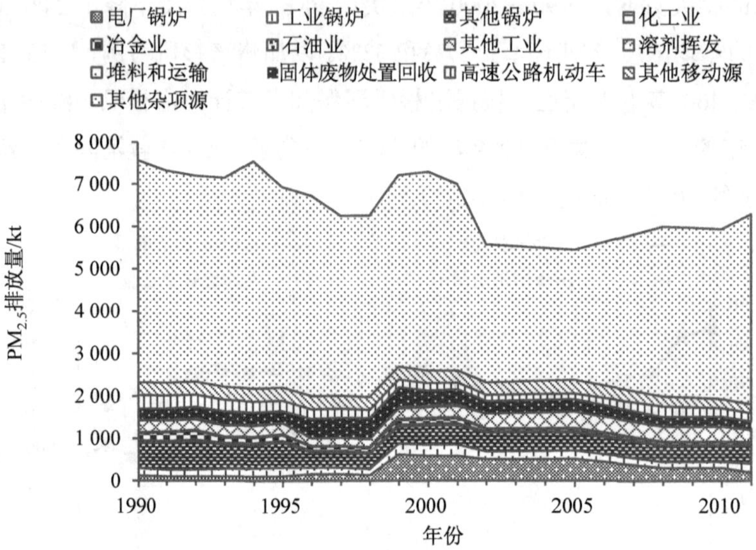

图 4-2-4 1990—2011 年美国颗粒物 PM_{10} 和一次 $PM_{2.5}$ 排放量变化趋势

注：EPA 分别于 1996 年、2002 年、2005 年、2008 年、2011 年对 NEI 计算方法进行了调整；图中显示 2005 年至今的 $PM_{2.5}$ 排放量增长主要是由计算方法变更所导致的。

此外，美国对燃料燃烧、工业工艺、交通运输等重要的人为排放源开展重点专项治理，颗粒物减排效果十分显著。2000 年以来，美国 PM_{10}、$PM_{2.5}$ 以及 $PM_{2.5}$ 主要前体物的工业工艺排放量基本保持零增长；燃料燃烧和交通运输的减排成效更为显著，其排放的 PM_{10}、$PM_{2.5}$ 以及 $PM_{2.5}$ 主要前体物均有明显降低（图 4-2-5、图 4-2-6）。

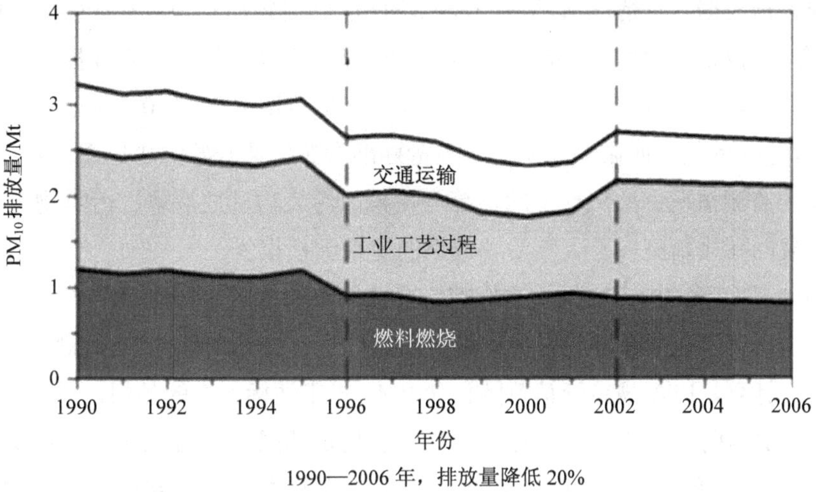

图 4-2-5　1990—2006 年美国重点人为源 PM$_{10}$ 排放量的变化

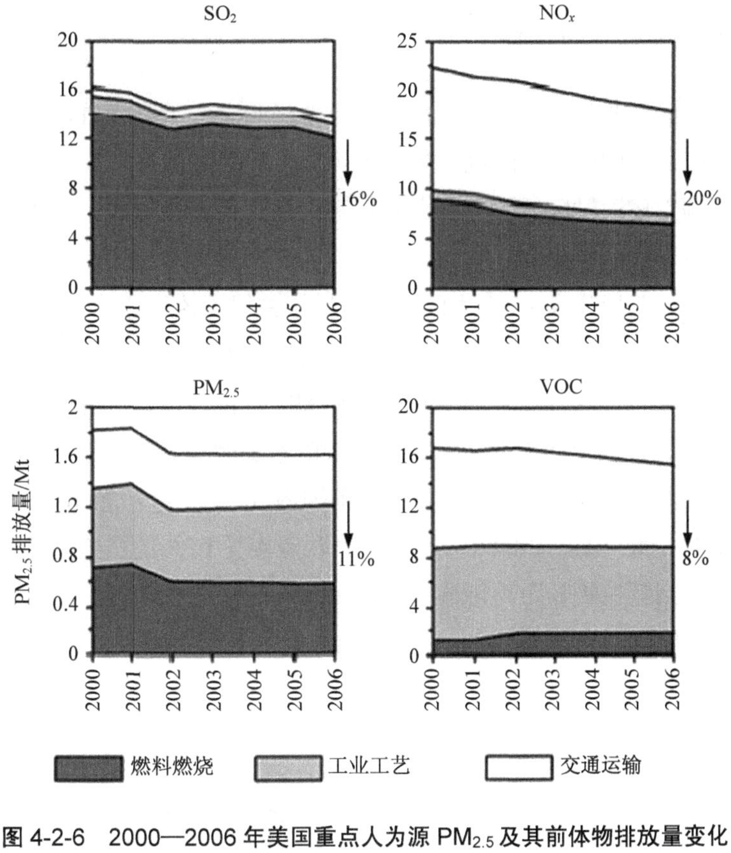

图 4-2-6　2000—2006 年美国重点人为源 PM$_{2.5}$ 及其前体物排放量变化

2.2.3　美国控制空气污染的主要策略

2.2.3.1　基于空气质量达标的州实施计划

为使空气质量达到《国家空气质量标准》的要求，《清洁空气法》规定，各州需定期向美国国家环保局（EPA）提交包括颗粒物治理在内的治理大气污染的 SIP。每当新的空气质量标准出台，美国国家环保局要求各州根据自身情况，必须提出各自的SIP并制定出实施新标准的具体时间表。以$PM_{2.5}$为例，当2006年新标准颁布后，要求各州要在2008年前主动申报实施新版标准的时间，各州开始执行新标准的时间可以不一致，全国开始执行新标准的最迟期限是2010年4月。

一般情况下，SIP的提交时限为国家空气质量标准颁布日期开始的3年内。SIP一般包括以下内容：大气污染物的监测情况、空气质量的核算与模拟、污染物排放清单、污染物排放控制措施的研究成果、正在开展的减排措施以及大气治理效果的定期审核报告。

此外，当EPA颁布新的国家空气质量标准或修订原有标准时，根据《清洁空气法》的规定，EPA需依照此标准对全国范围包含颗粒物在内的6种污染物进行评估，划定“达标区”与“未达标区”。针对颗粒物的达标计划，EPA规定管辖范围包含$PM_{2.5}$“未达标区”的各州，需在评估生效期开始3年内，提交治理$PM_{2.5}$污染的SIP，使当地空气质量在规定期限内达到EPA指定的标准；管辖范围包含$PM_{2.5}$“未达标区”的各州，需在评估生效期开始18个月内，提交治理PM_{10}污染的SIP，使当地空气质量在规定期限内达到EPA指定的标准。达标时间是各州确定的执行新标准时间之后5年之内。达标有困难的州可以申请延期5年达标，也就是说法律上给出了最长10年的达标宽限期。

2.2.3.2 开展重点区域大气污染治理

美国治理大气污染的经验值得我们借鉴，其中重要经验之一就是大气污染治理的区域机制。区域环境管理机制就是区域范围内建立起统一的管理机构，对区域的环境问题进行全盘整合式管理，从操作方式，这一机制主要通过区域环境自主管理和区域合作两种方式。而大气污染治理区域机制及区域环境管理机制的一种。

美国国家环保局将全美划分成10个大的地理区域，并根据该划分建立了10个区域办公室来进行管理。各区域办公室有针对性地对污染问题充分灵活地与各州合作。在雾霾问题的治理上，针对O_3和$PM_{2.5}$不达标问题，美国采取了重点保护区治理和区域治理综合进行的方法。根据空气质量状况，美国EPA在全国范围内指定了156个一级地区（国家公园和野生动植物保护区）作为雾霾问题的重点治理对象。同时根据地域和空气质量，全国范围内成立了5个民间区域治理联盟（WRAP、CENRAP、LADCO、MANE-VU、VISTAS），该5大联盟接受EPA的资金支持对各自区域内的颗粒物污染进行整治。考虑到颗粒物长距离传输的特性，这种区域联盟的做法冲破了州界范围的束缚，有利于开展颗粒物的多地区联合治理工作，推动区域环境空气质量的改善。图4-2-7所示为美国EPA指定的156个一级地区和五大民间联盟的在全国范围内的空间分布。

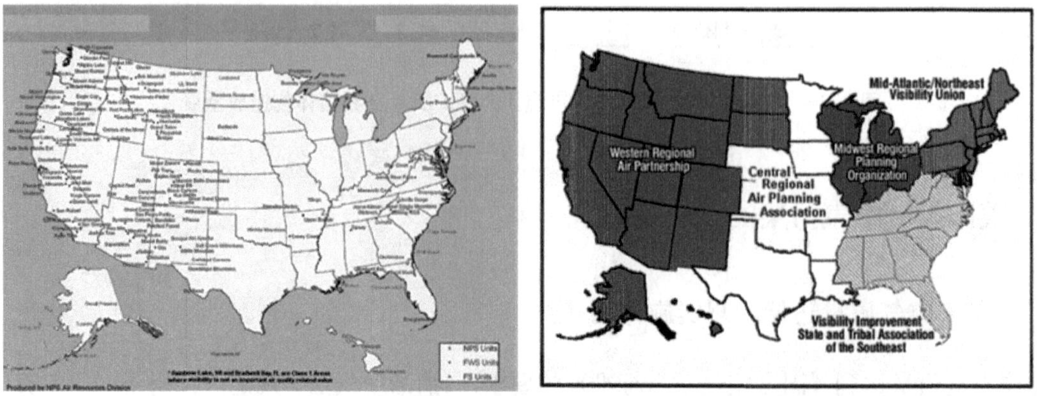

图4-2-7 美国156个一级地区（左）及五个区域治理联盟（右）的空间分布

美国实施区域治理机制方面已经有了将近 40 年的经验，这套机制产生了一些可量化的成绩。1980—2010 年，美国的国内生产总值增加了 127%，机动车行驶里程数增加了 25%，能源消费量增加了 25%，美国人口增加了 36%，但同其主要大气污染物排放量却降低了 67%（图 4-2-8）。

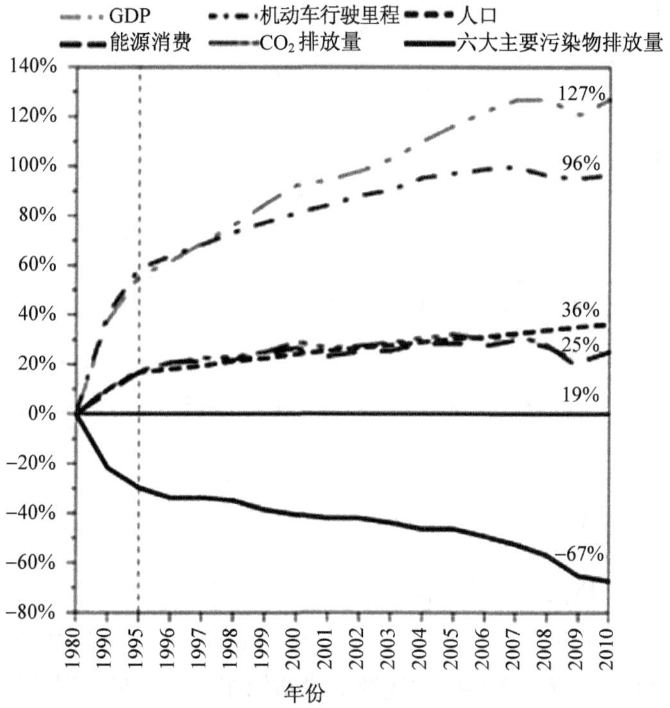

图 4-2-8　美国 GDP、机动车行驶里程、人口、能源消费和污染物排放情况

2.2.3.3　重点控制电力和工业污染排放

目前，EPA 开展的颗粒物减排工作主要集中在电力、工业以及移动源三个方面，为各州分别制定了排放削减量的预期目标。EPA 采取的颗粒物减排方式可分为控制一次颗粒物排放以及控制颗粒物前体物排放两种方式，其中，颗粒物前提体的控制工作主要集中在对 SO_2 和 NO_x 排放量的控制。

电力和工业是美国颗粒物污染的重要来源，美国 EPA 通过实施清洁空气州际条例、清洁空气能见度条例、国家酸雨计划以及 NO_x“州实施计划”召集令等法规或计划，对颗粒物及其前体物 SO_2 和 NO_x 在电力和工业生产中的排放量进行了严格控制。

电厂减排尤其是美国大气污染物控制的工作重点。2002 年，美国 SO_2 排放量中的 67%来自于电力生产，NO_x 排放量中的 22%来自于电力生产。目前，美国的电厂已基本全部实现了污染控制设施的技术改造。因此，除了最佳可用改造技术（BART）的推进使用，针对电力行业 SO_2 和 NO_x 的排放削减目标，EPA 鼓励进行排放交易，鼓励减排成本较低的电厂大力减排，将额外的减排额度出售给减排成本较高的电厂，从而有效地实现区域减排目标。预计到 2020 年美国电厂 SO_2 和 NO_x 的排放量均会下降到 1 000 万 t 以下（图 4-2-9）。

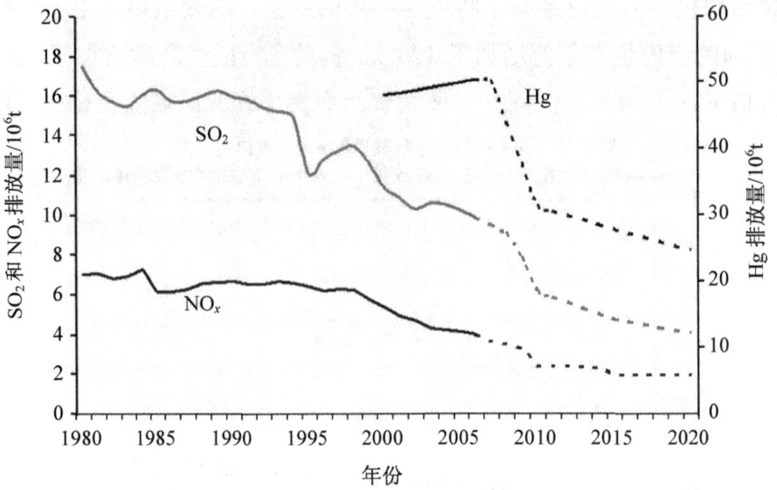

图 4-2-9 1980—2020 年美国电厂污染物排放变化（虚线为预测值）

2.2.3.4 调整能源结构，降低煤炭使用比重

美国城市和大部分地区都供应清洁的能源。2011 年一次能源消费为 22.69 亿 t 油当量（约为 32.41 亿 t 标煤），其中石油占 36.7%，天然气占 27.6%，煤占 22.1%，核电占 8.3%，水电占 3.3%，可再生能源占 2%。与 20 世纪五六十年代的能源消费结构相比，煤炭利用的比重大幅下降。城市的能源消费中，除了交通部门的燃油消耗，大都由天然气和电力供应，城市中燃煤量很少，城市煤烟型的空气污染能够得到彻底解决。美国 2011 年消费 10 亿多 t 煤炭中，90%以上煤炭用于发电。由于美国公众对健康和环境保护的关心，美国近年来没有新建大型的煤电厂。页岩气近 10 年井喷式的发展，占到总天然气产量的 30%，使天然气价格大幅下降，页岩气和天然气发电成本比煤发电更有竞争力。煤发电在电力部门的比例从 1985 年的 57%下降到 2012 年底的 34%以下。美国煤炭利用在今后几年仍会逐步下降，美国空气质量将会进一步改善。清洁天然气的供应，也为城市的公交汽车和私用车提供了另一条低污染、低碳的燃料选择。

此外，美国的风能、太阳能、地热能和生物质能等可再生能源发展迅速，分布式可再生能源尤其受到联邦和各州政府的鼓励。可再生能源发电装机容量占世界第二位，发电量世界第一（欧盟除外），2011 年发电量折算约为 4 530 万 t 标油（约 6 470 万 t 标煤）。生物质燃料产量 2 825 万 t 标油（约 4 035 万 t 标煤），居世界第一。

1990—2011 年 20 余年间，美国的能源结构得到了显著优化，煤炭和石油的使用占比均有所下降，煤炭在美国能源消费结构中的比重由 26.1%降低到了 23.6%，石油的比重由 41.7%下降到了 39.3%；天然气的使用比重则有所升高，由 27.3%增长至 30.3%。2000—2011 年，美国人均年煤炭消费量从 277 kgce 降低到了 230 kgce；结合清洁空气州际条例和国际酸雨计划的环境管制，美国电厂燃料中煤炭的使用比例也呈现显著降低，从 20.7%减少到了 18.2%。煤炭消耗强度的降低，有效减少了燃煤引起的颗粒物排放。

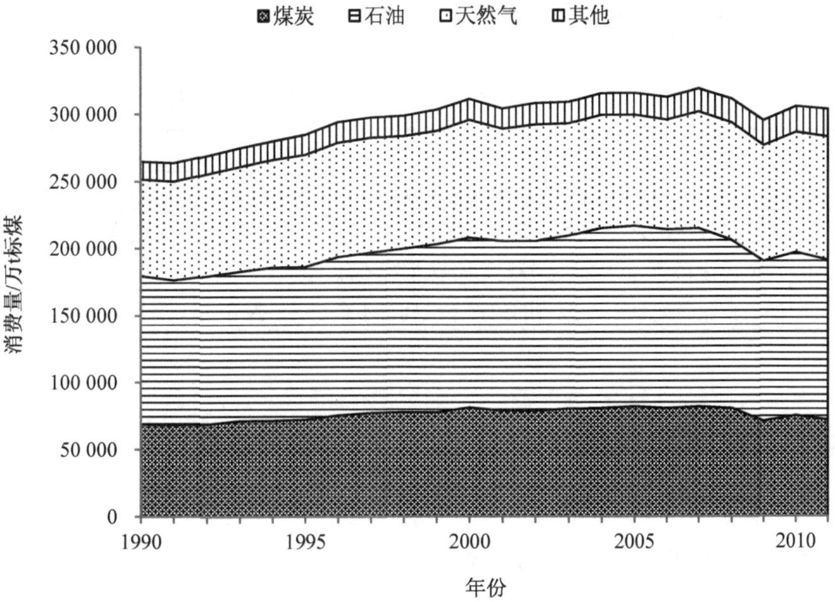

图 4-2-10　1990—2011 年美国能源消费结构变化情况

2.2.3.5　采用经济手段促进交通部门污染治理

目前，影响美国城市空气质量的主要污染源是机动车尾气排放。在美国许多城市，交通规划是为驾车出行设计的，一旦交通模式锁定，美国人驾车出行的方式就很难得到根本解决。在交通部门减少 $PM_{2.5}$ 和其他污染物的排放是复杂的系统工程，不仅要考虑减少汽车的使用和提高油品质量，增加燃油效率，减少汽车尾气排放，更要考虑到公共交通的发展，社区的小型化，信号系统有效控制，以及设置自行车专用道和人行道等措施。发展公交系统的主要目的之一，是让更多人采用公交出行。以国际大都会城市纽约为例，地铁和公交系统发达，城区的停车费用奇高且不易找到车位。纽约市民大都采取公交系统出行，交通拥堵状况比美国其他大城市好很多。

与中国的减排多靠行政手段不同，美国城市管理部门很少采取行政干预，而是采取经济手段来调节开车出行。在城市交通中贯彻"谁污染、谁付费"的原则，如提高油品质量和燃油效率的成本由开车人承担，在城市主要地段提高停车费等。此外，与欧洲和日本相比，美国的汽油价低、燃油税低，提高燃油税以限制驾车在美国遇到重重阻力。美国加州政府对购买耗油量低、节能环保的汽车给予补贴，鼓励发展电动汽车以及混合动力汽车等。美国通过综合运用价格、财税等经济杠杆，增加了驾车出行的经济成本，减少拥堵所造成的经济、社会和环境上的损失。

此外，美国的车辆实施方案是目前全世界最全面且影响最深远的车辆达标管理和实施方案。经过多年的不断完善，车辆实施方案从最初侧重于确保样车和新车达标发展到现在重点强调在用车的测试方案，以确保车辆在整个使用周期内满足排放标准的要求。

2.2.3.6　严格处罚措施，确保治理顺利进行

为了保障颗粒物治理工作的贯彻执行，防止违规乱纪行为的出现，美国 EPA 针对政府机构和企业单位均规定了多项严厉的处罚措施。例如，对政府机构不按时提交 SIP 的，在上文中提到，处以排放补偿制裁或公路基金制裁；对违规排放的企业处以超标罚款、特殊情况罚款不设上限等。部分

《清洁空气法》对企业的处罚规定如表 4-2-4 所示。

表 4-2-4 部分《清洁空气法》规定的企业处罚措施

违规内容	处罚措施
污染物排放不达标	电厂 SO_2、NO_x 或烟粉尘排放量每超标 1 t，将被罚款 2 000 美元
污染物排放不规范	对于违反《清洁空气法》污染排放规定的企业，EPA 可处以每天高达 2.75 万美元的罚款，通常情况上限不超过 20 万美元，特殊情况不设上限
数据造假	如果企业向美国 EPA 报告的数据不准确、不全面，一经查实，企业授权代表将被追究刑事责任

2.3 发达国家经验及对我国的启示

2.3.1 空气质量改善是漫长而艰巨的任务

纵观欧美日等发达国家大气污染防治历程，实现空气质量达标是一项漫长而艰巨的任务。欧洲大气污染高峰始于 1952 年发生在英国的震惊世界的伦敦烟雾事件，此后欧洲多个城市遭受了严重的烟雾事件的侵袭，随着煤烟型污染愈演愈烈，欧洲国家通过采取燃料替代、消灭低矮点源和大规模开发消烟除尘等措施，困扰多年的煤烟型污染才得以解决。此后，酸雨与污染物跨接传输问题的凸显，促使欧洲开始采取积极地总量削减控制策略。直到 20 世纪 80 年代，传统的大气污染基本得到治理。随着颗粒物污染尤其是 $PM_{2.5}$ 污染对人体健康的危害，欧盟逐步加强对颗粒物污染的控制，2010 年欧盟委员会首次制定了 $PM_{2.5}$ 空气质量标准，但是多数成员国存在超标现象。颗粒物尤其是 $PM_{2.5}$ 污染防治是当前和未来欧洲环境污染治理防治的重点之一。美国大气污染高峰源于 20 世纪 50 年代发生的洛杉矶光化学烟雾事件，该事件直接催生了历史上第一部《空气污染控制法》。后经多次调整和修订，到 1970 年美国出台了《清洁空气法》，构建了美国大气环境质量标准与排放总量相结合的大气污染防治策略体系。随着近地面 O_3 和 $PM_{2.5}$ 污染成为突出问题，2005 年美国 EPA 进一步发布了“清洁空气州际法规”，旨在通过同时削减 SO_2 和 NO_x 帮助各州的近地面 O_3 和 $PM_{2.5}$ 达到环境空气质量标准。虽然经过 40 多年的综合治理，美国 $PM_{2.5}$ 污染虽然已经大幅降低，但是根据美国 EPA 关于 2011 年的监测分析，仍有 18 个州的 121 个县不能达到国家空气质量标准。日本也是世界上开展大气污染防治工作较早的国家。1960 年前后，日本国内石化工厂附近患哮喘类疾病的病人数量激增，大气污染问题开始得到日本政府的关注。1968 年，日本政府颁布了《大气污染控制法》，规定通过控制工厂及机动车排放的尾气中颗粒物的含量来保护大气环境。从 20 世纪 80 年代开始关注 $PM_{2.5}$ 的人体健康影响，认为大城市中的 $PM_{2.5}$ 的主要来源是汽车尾气。2009 年制定的 $PM_{2.5}$ 标准为年平均值不得超过 15.0 $\mu g/m^3$，这相当于 WHO《空气质量准则》第三阶段的水平。经过 30 多年的努力，日本空气质量得到明显改善，$PM_{2.5}$ 年均浓度呈现逐年下降趋势，但在大城市的中心城区，$PM_{2.5}$ 浓度达标存在较大困难。从发达国家大气污染的历史来看，严重的污染事件直接催生了大气污染治理，从空气污染高峰到治理实现较好的空气质量，一般需要大约 40 年的时间。

2.3.2 空气质量标准是大气治理的核心

国际上普遍重视对颗粒物的研究与防治，并基于对人体健康的影响逐步调整和加严颗粒物浓度限值。1987 年为防治环境中 PM_{10} 对人体健康的影响，美国率先制定了 PM_{10} 的国家空气质量标准，并在公众和民间组织的推动下，于 1997 年增加了 $PM_{2.5}$ 的国家空气质量标准。考虑到 $PM_{2.5}$ 浓度与潜在的致病性的关系，$PM_{2.5}$ 的浓度限值为 15 μg/m^3（年均值）和 65 μg/m^3（日均值）；2006 年，美国继续修订空气质量标准，对 $PM_{2.5}$ 浓度提出了更为严格的限定标准，将 $PM_{2.5}$ 的日均浓度限值降低为 35 μg/m^3；2012 年美国新的空气质量标准规定，在 2020 年前所有城市空气中 $PM_{2.5}$ 年均浓度达到 12 μg/m^3 以下。欧盟从 1980 年起，逐步颁布了一些污染物的浓度限制和建议值标准。目前，欧盟 PM_{10} 日均浓度限值（50 μg/m^3）已达到 WHO 所设定的准则值标准，是世界上对 PM_{10} 监控标准最严格的地区之一。基于对人体健康的考虑，欧盟于 2010 年制定了中长期 $PM_{2.5}$ 达标的目标值，即 2015 年目标标准为 20 μg/m^3，2020 年标准为 18 μg/m^3。同时，欧美等发达国家针对各行业或各类污染源的具体特点制定了相应的排放标准和最佳可行技术，推动各行业、各种污染物排放量下降，从而实现空气质量达标。

我国于 1982 年颁布并实施了首个环境空气质量标准《大气环境质量标准》（GB 3095—82），历经 3 次修订。2012 年基于对公众健康的保护和对保护生态环境和社会物质财富的重视，我国颁布新的环境空气质量标准，增设了 $PM_{2.5}$ 浓度限值和 O_3 的 8 h 平均浓度限值，同时收紧了 PM_{10}、NO_2 浓度限值。但是与发达国家相比，我国的颗粒物浓度标准仍然相对较宽松。为实现空气质量达标，需要进一步严格行业污染物排放标准，鼓励地方结合实际管理需求，出台严于国家的污染物排放标准，并加强污染排放监督管理，促进空气质量达标。

2.3.3　实施多污染物和多污染源协同控制

大气中 $PM_{2.5}$ 来源既包括燃料燃烧、工业过程等一次直接排放的烟粉尘、扬尘和土壤尘，又包括由 SO_2、NO_x、VOCs、NH_3 等经过二次转化后生成的二次颗粒物。欧美等发达国家经验表明，单纯控制一次颗粒物排放不能有效降低环境空气中 $PM_{2.5}$ 浓度，需要同时控制 SO_2、NO_x、VOCs、NH_3 等前体物的排放。1999 年欧盟成员国联合中欧和东欧国家在远距离越境空气污染公约框架下，签署了哥德堡协议，设定了 2020 年 SO_2、NO_x、NH_3、NMVOCs 和 $PM_{2.5}$ 的排放控制目标，旨在实施多污染物协同控制，从此欧洲污染物控制策略打破了以往仅针对单一污染物进行限制的格局，开始更加注重多种污染物之间的相互影响和协同控制。美国通过实施清洁空气洲际条例、清洁空气能见度条例、国家酸雨计划以及 NO_x“州实施计划”召集令等法规或计划，对颗粒物及其前体物 SO_2 和 NO_x 在电力和工业生产中的排放进行了严格控制。

要满足我国城市空气质量达标要求，至少要使我国二次颗粒物气态前提物和一次颗粒物排放量削减 40%～50%，空气质量超标严重的地区，需要实现更大力度的减排。“十一五”以来，我国重点开展了 SO_2 和 NO_x 总量控制，控制重点行业为电力、钢铁和水泥等高架点源，通过采取工程措施、结构调整和强化管理等综合措施，实现 SO_2 排放量大幅度下降，NO_x 排放量增长趋势得到一定遏制，但是这两种污染物排放总量的下降对空气质量改善的效应不够显著。必须尽快制定综合战略，对 SO_2、NO_x、VOCs 和一次颗粒物都提出排放量大幅削减的控制目标，并开始谋划对 NH_3 的排放控制。控制领域除电力、钢铁、水泥等行业外，需要涵盖燃煤锅炉、工业窑炉等低矮污染源和移动源等领域，从而建立多污染源、多污染物综合控制体系。

2.3.4　建立区域空气质量联合保护机制

欧美日的颗粒物控制历程表明，空气污染控制基本上经历了“企业污染—局域污染—城市污染—区域污染”这样一个同样的治理历程。欧盟一体化的污染控制框架以及美国清洁空气洲际条例、清洁空气能见度条例、国家酸雨计划以及 NO_x“州实施计划”召集令等法规或计划，都是区域空气质量管理的成功模式。欧美的空气质量管理经验表明，区域空气质量的改善，必须依赖于强大的区域大气污染协调控制能力。随着城市化和工业化进程的快速发展，我国空气污染区域复合型特征日益突出，以属地管理为主的环境管理体制，不利于解决区域空气污染问题。北京奥运空气质量保障措施、广州亚运空气质量保障措施和上海世博会空气质量保障措施的成功实践为我国建立区域联防联孔机制奠定了良好的基础。我国已经建立了 6 个区域环境保护督察中心，但是这些中心的主要职能在于环保督察工作，在区域大气污染防治方面既缺乏相关的职能定位，也缺乏统筹区域进行大气污染控制的技术力量和科技支撑，远不能起到承接中央和地方管理职能的作用。需要通过强化区域督察中心职能，设立区域大气质量管理办公室，负责组织实施大气污染防治相关政策；建立区域大气环境联合执法监管机制、重大项目环境影响评价会商机制，协调处理跨界重大污染纠纷，强化区域内工业项目环境监管；建立区域环境信息共享机制，促进区域内环境信息交流；同时建立区域大气污染预警应急机制，加强极端不利气象条件下大气污染预警体系建设，从而逐步完善区域联防空管理体制，促进区域空气质量有效改善。

2.3.5 煤炭减量化是清洁空气的必要条件

纵观发达国家污染控制措施，其 SO_2、NO_x 和 $PM_{2.5}$ 等污染物排放量的下降与能源结构的转变和煤炭消费量的减少密不可分。早在 20 世纪 70 年代，以英国为首的一些欧洲国家已经通过采取燃料替代的方式，减少燃煤引起的煤烟型污染，1960—1980 年英国 PM_{10} 年均浓度由 200 μg/m^3 下降至 30 μg/m^3 左右，煤炭消费量的削减发挥了重要作用。20 世纪 90 年代哥德堡议定书签订之后，为实现大气污染物排放上限目标，欧洲各国纷纷将减少煤炭消费，增加天然气等清洁能源的使用作为重要措施，如在能源生产部门使用天然气发电替代燃煤发电，减少工业生产中煤炭的使用等。1990—2010 年欧盟燃烧源排放的一次颗粒物减排最为显著，能源生产、工业能源使用部门分别贡献了一次 PM_{10} 总减排量的 39%和 25%；一次 $PM_{2.5}$ 总减排量的 32%和 19%。1990—2011 年，美国通过调整能源结构，提高天然气等清洁能源利用比重，减少煤炭在能源消费结构中的比重，有效地减少了颗粒物等污染物的排放。根据美国 EPA 的排放清单模型计算结果显示，1990—2011 年，美国煤炭在能源消费结构中的比重由 26.1%降低到了 23.6%，天然气的使用比重由 27.3%增长至 30.3%，PM_{10} 一次排放量下降了近 25%，$PM_{2.5}$ 一次排放量下降了近 17%；1990—2006 年，美国的 $PM_{2.5}$ 前体物、SO_2、NO_x 和 VOCs 的排放量分别下降了 11%、16%、20%和 8%。

我国是世界上能源生产和消费大国，燃煤排放是造成大气污染的根本原因。据估算，我国 SO_2 排放量的 90%、NO_x 排放量的 67%、烟尘排放量的 70%和人为源大气汞排放量的 40%都来自于燃煤。此外，我国煤炭消费还存在着空间分布不平衡、消费结构不合理和清洁高效利用水平较低等突出问题，在一定程度上加剧了区域与城市的大气污染。因此，从根本上解决我国空气污染，改变能源消费结构是关键，全国严格实施煤炭消费总量控制，按照空气污染严重程度分别执行煤炭消费负增长、零增长和天花板的总量控制方案；大力发展新能源和可再生能源，提高化石能源的加工转化效率和清洁化利用水平，理顺天然气价格，积极推动煤层气、页岩气等非常规天然气的勘探开发和利用。此外，我国量多面广的燃煤锅炉，广泛分布在城市周边，是影响城市空气质量的主要原因之一。亟须全面整治燃煤小锅炉，综合采取能源替代、结构调整和工程治理的手段。通过大力发展集中供热逐步淘汰分散燃煤小锅炉，有条件的地方积极采用天然气、电等清洁能源替代燃煤小锅炉，全面淘汰 10 蒸吨/h 以下的燃煤锅炉。

2.3.6　日益关注交通运输部门的污染控制

机动车排放是目前增长最快的空气污染源。在发达国家大多数城市区域，汽油车是 CO、NO_x、HC 等空气污染物的主要来源。欧盟通过制定机动车排放标准，燃料质量指令，发展可持续交通体系，利用经济手段等减少颗粒物排放量。美国拥有全世界最强大最全面的机动车污染控制计划，包括定期更新以健康为基础的空气质量标准，严格的技术强制要求，要求将汽油和柴油的硫含量降至最低，并要求燃料管理标准先于车辆管理标准实施，从而实现减排幅度的最大化。日本环境省积极开展针对机动车尾气造成的颗粒物污染控制，于 2002 年将颗粒物浓度限值加入到了机动车与其他类型发动机（如建筑用机械）的尾气排放标准中，并联合其他相关省厅来保障这些标准得以顺利执行。自 2001 年起，加拿大政府制定了一系列法律法规来治理由运输业造成的污染，其中包括：汽油含硫量控制；定期检测机动车排放；提供奖励机制来加速老旧机动车的报废等。

近几年我国机动车保有量每 7～8 年翻一番，而且随着经济的持续快速发展，未来一段时间机动车保有量快速增长的趋势不会改变。机动车排放污染物已经成为导致环境空气质量问题的一个突出因素，特别是城市群地区。相关研究表明，北京和上海等大城市以及东部人口密集区域，移动源对 $PM_{2.5}$ 污染的贡献可高达 20%～25%。为有效控制移动源污染，需要从移动源管理、车用能源和城市规划等角度，对“油—车—路”系统制定综合政策。加速实现车用燃料的低硫化和无硫化，推进非道路移动源油品的低硫化；建立全新的城市可持续交通体系，发展城市公共交通系统，优化交通管理，减少污染物排放量；针对非道路移动源污染加速排放标准、油品标准、管理制度的制定和实施。

2.3.7　建立城市区域空气质量管理体系

城市是公众关注的重点，城市空气质量是否得到改善关系到公众身体健康保障和生活质量的提高。2012 年我国新修订的环境空气质量标准，首次规定了 $PM_{2.5}$ 浓度限值，并收紧了 PM_{10} 浓度限值。根据 2013 年首批开展 $PM_{2.5}$ 监测的 74 个城市前三季度数据，我国 $PM_{2.5}$ 污染形势十分严峻，空气质量达标任务十分艰巨。参考欧美等国家的大气管理经验，应将空气质量达标作为管理工作的核心和目标，将重污染天气应急管理转变为常态化管理把 $PM_{2.5}$ 及其相关前体物的总量减排作为质量改善的重要手段，建立面向空气质量的管理模式。鉴于我国各地的经济化水平、产业结构、自然地理等因素存在较大差异，$PM_{2.5}$ 污染特征和污染水平存在显著的区域差异，不同地区实现 $PM_{2.5}$ 年均浓度达标需要付出的社会经济代价和达标时限不同。应根据不同区域经济发展水平、$PM_{2.5}$ 污染特征、污染程度，制定分区分阶段 $PM_{2.5}$ 浓度限期达标管理机制，加强人口密集地区和重点大城市 $PM_{2.5}$ 治理，构建大气环境整治目标责任考核体系，将空气质量达标纳入领导干部政绩考核体系，建立相应的奖惩机制，实行党政领导行政问责。

2.3.8　运用信息公开推动空气质量改善

环境信息公开对于提高环境决策质量、改善空气质量、较少污染的健康损害等具有非常重要的作用。目前世界发达国家均将信息公开作为空气质量管理中的一项重要监督机制。如欧盟委员会规定，空气质量信息应向公众及时发布，并制订应急预案和行动计划，确保污染物浓度即将到达或超过了临界水平时，政府能够在短期内做出响应。日本未来几年将发展并完善全国范围内的 $PM_{2.5}$ 自动监测网络体系，加强对企业及普通民众的教育宣传工作。加拿大通过多种方式加强普通民众环保意识，如设立清洁空气日，向公众提供加拿大全境 48 h 的空气质量预报，提升公民对空气污染的认识。

目前，我国已经将城市各点位 SO_2、NO_2、PM_{10}、$PM_{2.5}$、O_3、CO 6 项监测指标的实时小时浓度值、连续 24 h 滚动浓度值、日均浓度值、AQI 指数、健康提示以及监测点位的代表区域等信息分别在环境保护主管部门政府、环境监测机构等网站进行发布，便于公众及时了解空气质量状况，强调对公众健康的指引，为公众合理安排生活与出行提供参考。下一步应不断完善空气质量监测网络和空气质量信息发布系统，充分利用电视、报纸、互联网、手机等媒介及时向公众发布按照新标准监测的数据，使公众能够从多种渠道方便快捷地获取环境空气质量信息，满足公众的环境知情权。

2.4 我国颗粒物排放控制总体思路

我国大气污染控制工作大致经历从“排放浓度控制-总量控制-质量控制”三个阶段。初期阶段，污染物排放浓度控制主要基于特定行业的大气污染物排放标准；但随着污染物排放总量的逐步增大，环境空气质量呈快速恶化趋势，自“十五”开始我国逐步实施了总量控制制度，“十一五”期间，实施 SO_2 总量控制。“十二五”期间实施了 SO_2、NO_x 双指标总量控制。近年来，以 $PM_{2.5}$ 为主的区域复合型污染日益严重，以传统的目标总量控制已经很难有效解决区域性复合型大气污染问题。我国大气污染管理模式迫切需要由“总量控制模式”向“质量导向模式”转变，并构建以空气质量为导向或约束的大气污染物总量控制体系。

当前颗粒物排放控制须将“基于空气质量改善的污染物排放量控制”作为总体战略，以“空气质量达标”为约束对颗粒物排放开展控制任务的制定与分配。逐步实现由结合环境质量现状的任务目标导向的污染减排模式向以环境质量目标为导向的控制模式转变。对于污染严重的地区，应建立总量-质量的响应关系，以环境质量作为目标导向，确定控制方案，实现精准和科学减排。

基于环境质量的总控制，其核心特点可归纳为“质量导向，差异管理”，建议依据环境容量超载程度，实施控制指标与控制目标双重差异化管理。结合不同地区的污染物排放超载特征，探索在不同地区实施不同污染指标，基于环境容量超载率确定减排目标，确保控制任务能够与各省市首要环境问题对应、能够与各省市大气污染程度相对应。

2.5 控制路径

2.5.1 实施多污染源综合控制

我国细颗粒物来源非常复杂。一些学者对我国各大城市大气细颗粒物的污染状况进行了调查，并逐渐积累总结出我国各大城市细颗粒物的排放源清单。曹国良等研究表明，我国人为源排放的 $PM_{2.5}$ 中，工业源占 68%。现阶段煤炭在我国城市能源结果中占有相当比重，因此燃煤一直是城市颗粒物的主要贡献源之一，也是 SO_2、NO_x 等二次粒子重要前体物的主要来源；机动车是 NO_x 和 VOCs

的重要来源。多数北方城市环境空气可吸入颗粒物中扬尘的贡献率都在 50%左右。因此，控制细颗粒物排放需要综合控制燃煤、工业过程、机动车等多污染源排放。

2.5.2 开展多污染物协同控制

大气细颗粒物来源和构成的复杂性决定仅控制一次颗粒物排放不能降低 $PM_{2.5}$ 排放量，需要同时控制 SO_2、NO_x、VOCs、NH_3 等前体物的排放量。目前，我国已经开展了 SO_2、NO_x 总量控制，并且通过采取工程措施、结构调整和强化管理等综合措施，实现 SO_2 排放量大幅度下降，NO_x 排放量增长趋势得到一定遏制，从而减少空气中 SO_4^{2-}和 NO_3^-的含量。但是 VOCs 的排放控制处于起步阶段，尚未开展氨的排放控制，而且挥发性有机物和氨两种污染物的排放基数尚不清楚，环境统计相对滞后，缺乏空气质量标准和相关的排放标准，挥发性有机物和氨的环境管理基础处于空白状态。亟须加强环境统计、完善法规标准体系，研究制定与环境质量改善相对应的挥发性有机物和氨的总量控制框架。同时应加强工业行业烟粉尘排放控制，采取综合措施提升环境管理水平。

2.5.3 开展多途径控制

以末端治理为主的控制途径不能满足细颗粒物污染控制的需求，需要建立源头防范为主，末端治理为辅的多途径管理模式。首先通过提高清洁能源消费比重，探索实施煤炭消费总量控制，降低煤炭消费增长速度，从而减少燃煤排放 SO_2、NO_x、颗粒物等污染物；其次要加大落后产能、生产工艺等淘汰力度，关停小型燃煤设备，促进产业结构优化升级，提高能源利用效率；最后要通过加大资金投入力度，加强环境监管，强化末端治理措施，促进工业企业大气污染物稳定达标排放。对于机动车污染排放，应采取提升油品质量、加速淘汰黄标车以及开展机动车定期检验等综合措施，控制机动车氮氧化物、挥发性有机物和颗粒物排放量。

2.5.4 强化达标排放管理

浓度控制和总量控制是我国环境管理的两项基本手段，二者相辅相成、优势互补，成为我国控制环境污染的根本方法。相对于总量控制而言，目前浓度控制更具有法律依据。为加强对颗粒物排放的控制，2012 年以来国家先后对《火电厂大气污染物排放标准》《水泥行业大气污染物排放标准》《钢铁行业大气污染物排放标准》《锅炉大气污染物排放标准》等行业排放标准进行了修订，新的行业排放标准均加严了颗粒物排放浓度限值，并结合区域大气环境管理需求，对重点区域制定了特别排放限值，严于一般区域。

污染物排放标准是对企业污染物排放的基本要求，但是目前全国工业企业污染物排放稳定达标情况并不乐观，主要原因：一是目前企业除尘技术水平达不到排放标准的要求，大部分工业企业需要开展除尘技术升级改造；二是由于违法成本低，企业偷排漏排等违法行为屡禁不止，导致大气污染物排放量居高不下，环境质量恶化。因此，需要通过提高企业除尘技术水平，加强监督管理，促进工业企业颗粒物排放全面稳定达标是关键。

2.5.5 实施排污许可证管理制度

排污许可证时环境管理部门颁发的，赋予组织和个人排放污染物权力的凭证，其目的在于明确排污单位在进行污染物排放活动过程中应当遵守的规定，以实现排污单位日常生产阶段的排污行为控制。但目前由于缺乏必要的法律依据和有效的许可证分配方法，排污许可证制度在我国没有取得突破性进展，排污许可证仍没有真正意义上成为环境管理的有效手段，这直接影响我国污染排放控制效果。建议：一是制定完善实施排污许可证制度的法规及配套的行政办法。首先要制定完善关于证照管理的规定，抓紧制定出台《排污许可证管理条例》，使排污许可证用法律程序固定下来。二是加强排污许可证的监督和证后管理。应加强监测能力和计量手段建设，及时准确掌握企业环境污染排放状况；加强许可证管理工作。三是强化与其他相关环境管理制度的衔接。排污许可证制度与其他相关环境管理制度是相辅相成的关系，推行排污许可证制度需要其他环境管理制度的支撑，同时又能促进相关环境管理制度的发展。如与环境影响评价制度衔接，可规定建设项目投入试生产前，根据环境批复的排污量核发临时排污许可证，建设项目竣工环境保护验收、投入正式生产前，根据验收批复，若达到总量要求，则换发排污许可证；与总量控制制度进行结合，根据排放标准、环境质量要求、企业生产及环保设施运行情况，通过排污许可证将总量分解下达到企业，并通过相应的证后管理办法来落实总量控制任务。

2.6 控制措施

2.6.1 优化能源消费结构，实行煤炭清洁利用

煤炭是我国重要的基础能源。2000 年以后，我国煤炭消费量迅速增长，在 10 年间从 14 亿 t 增加到 31 亿 t；到 2010 年，中国的煤炭消费量已占全球煤炭消费总量的 48.2%。从 20 世纪 80 年代以来，煤炭占我国一次能源消费量的比重一直在 70%左右，远高于其他国家 20%左右的比例。以煤为主的能源结构是我国大气污染物大量排放的重要原因，华北地区是我国煤炭消费强度最高的地区，大量煤炭消费是造成采暖季区域灰霾的重要原因，大幅降低燃煤过程的大气污染物排放量，是改善我国环境空气质量的必要条件。

虽然煤炭在未来相当长一段时间还将继续作为我国主要的一次能源，但是随着能源品种的多元化，有可能在大气污染严重的华北区域，开始实施煤炭消费总量控制，在近期有效降低区域煤炭消费量增长速度，并在“十三五”后期开始逐步减少区域内的煤炭消费量。

在控制区域煤炭消费总量的同时，需要大力改善区域煤炭消费结构。美国在近 50 年来，使工业、民用的燃煤消费比例从 60%降低至 7%，大大增强了煤炭消费过程的清洁化水平。在我国，需要促进煤炭消费向使用最佳可行技术的电力等大型燃煤设备转移，并通过热电联供等方式，减少煤炭在工业和民用部门的终端消费，特别是不加处理的直接燃烧和排放。此外，要强调煤炭生命周期全过程的污染控制，推进煤炭的洗选和输配。除此之外，我国作为世界上煤炭消费量最大的国家，必须开发并使用全球最佳的燃煤污染控制技术，在煤炭使用的清洁化水平上逐渐达到全球领先。通过严格的排放标准和准入措施，推进高效脱硫、脱硝、除尘等大气污染控制最佳可行技术的研发和使用，并保证这些技术在燃煤污染源上高效稳定运行，减少污染物排放量。

2.6.2 转变经济发展方式，调整产业结构

随着我国主要大气污染物减排工作的推进，进一步的污染物排放量削减正在或将要接近技术“瓶颈”，尤其是针对工艺复杂的各类工业部门，仅仅依靠技术手段，要在各类工业产品产量进一步

高速增长的情况下实现各种大气污染物排放量削减过半的目标，几乎是不可能完成的目标。发达国家的经验表明，在不同的历史阶段，欧洲和美国的大气污染物排放量也曾超过了我国现在的水平，但是伴随着经济发展模式的转变，其最终实现了大气污染物排放量的大幅削减和空气质量的大幅改善。虽然与 1990 年相比，我国多种大气污染物的单位 GDP 排放强度分别降低了 40%～80%，但是由于在经济高速发展过程中，重化工业迅速增长，我国的 SO_2 和 NO_x 等大气污染物排放量仍然增加了 1～3 倍。尤其是 2000 年以来，我国粗钢产量增长了 4 倍，水泥产量增长了 2 倍；到 2010 年，华北区域内北京、天津、河北、山东 4 个省（市）的粗钢和水泥产量分别达 2.26 亿 t 和 2.94 亿 t，分别是美国全国产量的 2.8 和 2.7 倍，并高于世界上除中国外所有国家的产量。如此密集布局的重工业给区域带来了异常沉重的大气污染物排放负荷，如果不能大幅降低区域内钢铁、建材、石化等污染排放集中的工业产品产量，仅依靠减排技术的使用，无法使区域内的大气污染物排放量得到有效削减。

因此，必须利用社会经济发展转型，积极推进产业结构调整，调整产业布局，逐步疏散区域内重化工业产能。

在国家宏观经济结构层面，通过财税政策的引导，建立可持续的投资和消费模式，减少经济发展对重化工业的依赖。同时充分利用行业性的污染物排放总量或能源消费总量控制制度形成倒逼机制，力争使区域内钢铁、水泥等重化产业的产量上升趋势得到遏制并尽快实现下降。

在污染产业自身发展层面，提高技术水平，在提升行业产值的同时降低总体能耗和大气污染物排放量。一方面要停止区域内一切重化工业的新建产能；另一方面推进淘汰钢铁、建材等重污染行业的落后产能，提高这些行业的整体技术水平，从而促进其产业优化，减少大气污染的排放。在此过程中推动清洁生产技术和污染物排放控制的最佳可用技术在全行业中的普及和高效使用，同时延长产业链，通过增加精加工的高附加值产品比例。

2.6.3 持续深化污染源末端治理，大幅削减各种污染物排放量

我国在大气污染防治方面面临着极大压力，既要快速推进空气质量改善，最终实现达标，又要防范区域重污染事件在短期内对人民身体健康和能见度的严重影响。二次颗粒物的气态前体物和一次颗粒物的大量、密集排放不仅是造成城市空气质量恶化的主要原因，更给不利气象条件下污染物的快速反应和累积创造了条件，是加速区域灰霾重污染生成、推高其污染程度的主要原因。如果不大幅协同推进区域内二次颗粒物的气态前体物和一次颗粒物的排放量削减，无法使区域大气污染得到根本性的改善。

中国环境与发展国际合作委员会组织的研究提出，要满足我国 80%以上城市空气质量达到《环境空气质量标准》（GB 3095—2012）二级标准的要求，至少要使我国二次颗粒物的气态前体物和一次颗粒物的排放量在 2010 年的基础上削减 40%～50%。我国“十二五”提出了 SO_2 和 NO_x 减排 8%和 10%的目标，如果保持这种减排速度，需要 7～8 个五年计划才能使 SO_2 和 NO_x 排放量降低 50%，这显然无法满足我国民众对于空气质量改善的要求，也与建设生态文明、打造美丽中国的精神背道而驰。此外，虽然在《大气污染防治行动计划》和《重点区域大气污染防治“十二五”规划》中对一次颗粒物和 VOCs 提出了减排需求，但控制起步较晚、配套技术和政策支撑不足，其力度尚远远不能使空气质量快速得到改善。因此，在削减区域大气污染物排放量的过程中，需要尽力打破连片的污染物高排放带，同时需要在对电力、移动源深化减排的同时，对重点工业部门污染物的排放量采取更加有效的手段，切实降低排放。

2.6.4 全面推行清洁生产

清洁生产是削减污染、改善环境的有效途径，更多考虑的是污染预防，消除了长期以来末端处理的各种弊端，并且可以有效地解决有关合理利用现有资源的问题，保护环境，提高产品质量。中国从清洁生产立法到强制清洁生产审核制度建立，全国重点企业清洁生产审核、评估验收工作的全面启动以来，取得显著成效。但是仍然存在一些问题，如清洁生产意识薄弱、资金支持不足、缺乏技术政策等支持。为全面改善大气环境质量，大气污染防治行动计划明确提出对钢铁、水泥、化工、石化、有色金属冶炼等重点行业进行清洁生产审核，针对节能减排关键领域和薄弱环节，采用先进适用的技术、工艺和装备，实施清洁生产技术改造。

2.6.5 加强环境监督管理

严格执法是排放监管的重要基础。但目前，无论是监督性监察还是对新建项目审批时环境影响评价和三同时制度的执行情况，都存在诸多问题。归纳总结，监督监察不到位、环境违法成本低等是导致问题出现的根本原因，建议从以下几方面强化监督管理。一是完善在线监测系统，基于现有国家污染源在线管理平台，逐步将工业企业颗粒物排放数据纳入监控管理，实现大中型燃煤锅炉、水泥、钢铁及工业炉窑等主要排放源与国家在线监控系统实时联网，实现实时监控、数据采集、计量分析和信心传输，从而建立污染物排放管理的长效机制。二是加强监督检查，建立国家督察、省级环保部门定期抽查、地方环保部门日常检查的三级监督管理体系，加大违法排污处罚力度。

2.6.6 强化环境信息公开

环境信息公开是强化环境管理、监督企业行为的一种有效手段，同时还能及时得到反馈信息，弥补环境监督能力不足、监察不到位产生的问题，是有效挖掘社会监督的一种有效方法。因此，电力 SO_2 总量控制需要充分利用信息公开制度，利用社会舆论压力以增强重点任务的执行力度。这也是完成环保部“每半年公布各省和六家电力集团公司的完成情况，并将考核结果向国务院报告，向全社会公布”承诺的基本要求。建议国家建立重点污染源监控名单，公开企业污染治理情况、污染物排放达标情况等环境信息，保证公众环境知情权，调动全社会参与监督管理。

参考文献

[1] http：//www.eea.europa.eu/highlights/eleven-member-states-exceed-air/.

[2] European Environment Agency，2010. The European environment –State and outlook 2010. Synthesis pp. 96-100. Copenhagen. Via http：//www.eea.europa.eu/soer.

[3] Commission of the European Communities，2005. Communication From the Commission to the Council and the European Parliament. http：//eur-lex.europa.eu/LexUriServ/site/en/com/2005/ com2005_0446en01.pdf.

[4] 刘洁，万玉秋，沈国成，等. 中美欧跨区域大气环境监管比较研究及启示[J].四川环境，2011，30（5）：128-132.

[5] 胡必斌，孟伟. 欧盟大气环境标准体系研究[J]. 环境科学与技术，2005（4）：61-62+68-118.

[6] 薛志钢，郝吉明，陈复，等. 国外大气污染控制经验[J].重庆环境科学，2003，25（11）：159-161，183.

[7] 云雅如，王淑兰，胡君，等. 中国与欧美大气污染控制特点比较分析［J］. 环境与可持续发展，2012（4）：32-36.

[8] EEA. NEC Directive status report [R]. 2011.

[9] http：//ec.europa.eu/environment/air/pollutants/stationary/lcp.htm.

[10] 周扬胜. 欧盟的机动车环保法规[J].世界环境，2002，1：25-28.

[11] http：//eur-lex.europa.eu/LexUriServ/LexUriServ.do？uri=OJ：L：2003：076：0010：0019：EN：PDF.

[12] National Air Quality Trends through 2010，USEPA. http：//www.epa.gov/airtrends/2011/report/particlepollution.pdf.

[13] National Air Quality Trends through 2006，USEPA. http：//www.epa.gov/air/airtrends/2007/report/particlepollution.pdf.

[14] 美国 2008 年国家排放清单（2008 National Emission Inventory），USEPA. http：//www.epa.gov/ttn/chief/net/2008inventory.html.

[15] 美国 2003 年国家排放清单（2003 National Emission Inventory），USEPA.

[16] 大都市地域における大気環境の保全に関する政策評価書，総務省，2006 年 3 月.

[17] 大気汚染物質排出量総合調査（平成 20 年度実績），応用技術株式会社，2011 年 3 月.

[18] 今後の自動車排出ガス総合対策の 在り方について （中間報告），中央環境審議会大気環境部会，自動車排出ガス総合対策小委員会，2011 年 1 月.

[19] 日本环境省网站，http：//www.env.go.jp/.

[20] Fine Particles and Ozone in Canada：A Canada-wide Standards Perspective 2003 National Summary，Environment Canada，October 2005.

[21] Government of Canada Five-year Progress Report：Canada-wide Standards for Particulate Matter and Ozone，Government of Canada[R]. January 2007.

[22] Progress Report for the Federal Sustainable Development Strategy 2010-2013，Sustainable Development Office Environment Canada[R]. June 2011.

[23] Canada-wide Standards for Particulate Matter（PM） and Ozone，Canadian Council of Ministers of the Environment，June 2000.

[24] Environment Canada website，http：//www.ec.gc.ca/.

[25] Chip Jacobs. Smog town：The Lung-burning History of Pollution in Los Angeles. Overlook Press，2008.

本报告执笔：燕丽、贺晋瑜、汪旭颖

3 中国燃煤电厂超低排放控制技术经济和政策路线图

3.1 燃煤发电机组超低排放改造现状分析

3.1.1 应对环境污染与总量减排的压力

2013年大面积雾霾发生更加坚定了政府污染减排的决心，强化了企业的社会责任，公众对环境质量改善的要求也更为迫切。2013年9月国务院发布《大气污染防治行动计划》。奋斗目标是：经过五年努力，全国空气质量总体改善，重污染天气较大幅度减少；京津冀、长三角、珠三角等区域空气质量明显好转。力争再用五年或更长时间，逐步消除重污染天气，全国空气质量明显改善。首要任务就是加大综合治理力度，减少多污染物排放。2014年，电力烟尘、二氧化硫、氮氧化物排放量预计分别降至98万t、620万t、620万t左右，分别比2013年下降约31.0%、20.5%、25.7%；2014年全国二氧化硫排放量1 974.4万t、氮氧化物排放量2 078万t，电力行业分别占31.4%和29.8%，仍居首要行业。

《火电厂大气污染物排放标准》（GB 13223—2011）被称为史上最严的火电排放标准，2012年1月1日起实施，污染物排放限值较2003版本提高了很多，2012年1月1日起新建锅炉和燃气机组执行；2014年7月1日起，现有火力发电锅炉和燃气轮机执行表1规定的浓度排放限值；重点地区执行特别排放限值。《国家重点区域大气污染防治“十二五”规划》划定规划范围为京津冀、长三角、珠三角等“三区十群”19个省（区、市）47个地级及以上城市，包括火电、钢铁、石化、水泥、有色、化工六大行业以及燃煤锅炉项目执行大气污染物特别排放限值。要求火电行业现有燃煤机组自2014年7月1日起执行烟尘特别排放限值。

2014年4月，环境保护部要求京津冀地区所有燃煤电厂在2014年底前完成特别排放限值改造。由于担心排放标准还会继续下调，部分发电集团主动将改造目标调整至国家要求以下，力求一步到位、避免返工。2014年5月30日，浙江省能源集团有限公司对外宣布国内首套烟气超低排放装置在浙能嘉兴电厂已建成的8号机组改造成功投入运行，2014年6月25日首台新建超低排放项目在舟山投产。

2014年9月12日国家发展改革委、环境保护部、国家能源局关于印发《煤电节能减排升级与改造行动计划（2014—2020年）》的通知（发改能源〔2014〕2093号），要求东部地区燃煤电厂达到燃机排放水平，提出的燃煤发电机组大气污染物排放浓度基本达到燃气轮机组排放限值即烟尘、二氧化硫、氮氧化物排放浓度分别不高于10 mg/m^3、35 mg/m^3、50 mg/m^{3}作为超低排放的参考标准。

李克强总理在2015年政府工作报告中指出，推动燃煤电厂超低排放改造。2015年12月2日国务院常务会议决定，在2020年之前对燃煤电厂全面实施超低排放和节能改造。同时出台了燃煤电厂超低排放电价支持政策等鼓励措施。

3.1.2　国家逐步推进节能减排升级改造计划

2014 年 6 月，国家能源局印发《关于下达 2014 年煤电机组环保改造示范项目的通知》（以下简称《通知》），明确 2014 年煤电机组环保改造示范项目名单，《通知》共涉及天津、河北、山东、江苏、浙江、上海、广东 7 省（市）的 13 台在役燃煤发电机组，其中 103 万 kW 机组 1 台、100 万 kW 机组 4 台、60 万 kW 机组 4 台、35 万 kW 机组 3 台、33 万 kW 机组 1 台（表 4-3-1），先期进行超低排放改造探索。

表 4-3-1　示范电厂改造情况

序号	省份	企业名称	机组名称	容量/万 kW
1	天津	国投公司	北疆 1 号	100
2	天津	华电集团	军粮城 9 号	35
3	河北	神华集团	国华三河 1 号	35
4	山东	华能集团	黄台 9 号	35
5	江苏	国电集团	常州 1 号	60
6	江苏	国电集团	泰州 2 号	100
7	江苏	华能集团	金陵 1 号	103
8	浙江	大唐集团	乌沙山 4 号	60
9	浙江	浙能集团	嘉华 8 号	100
10	浙江	浙能集团	乐清 1 号	60
11	上海	中电投集团	上电漕泾 2 号	100
12	广东	华润集团	南沙热电 1 号	33
13	广东	粤电集团	珠海金湾 3 号	60

2014 年 9 月 30 日，国家能源局印发《关于分解落实煤电节能减排升级改造目标任务的通知》（国能综电力〔2014〕167 号）将环保改造任务分解到 10 大发电集团和东部地区，分别见图 4-3-1、图 4-3-2、图 4-3-3。

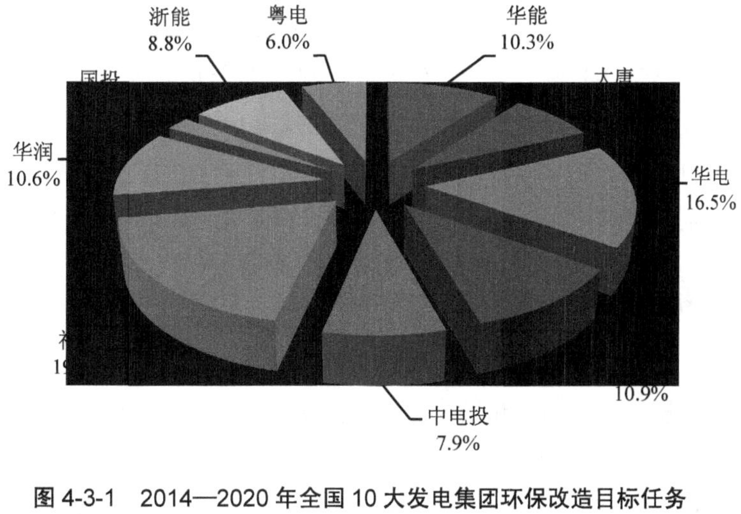

图 4-3-1　2014—2020 年全国 10 大发电集团环保改造目标任务

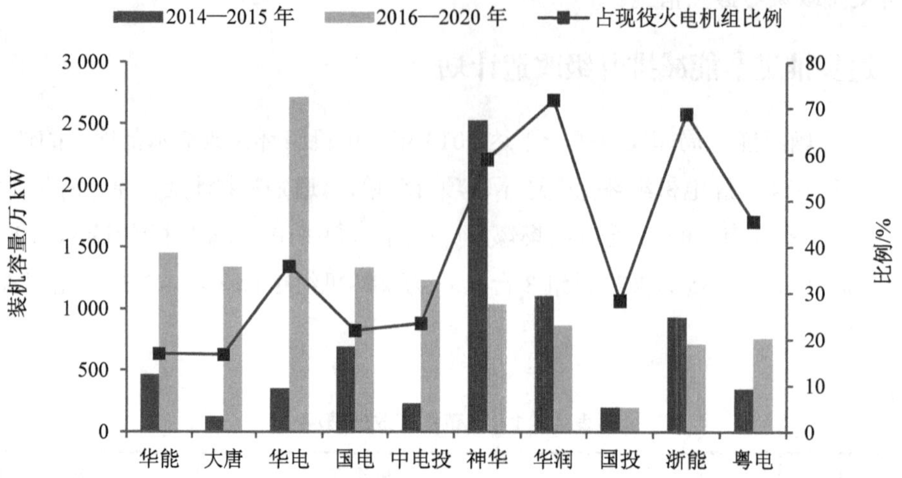

图 4-3-2 全国 10 大发电集团分阶段环保改造任务以及其占现役火电机组比例

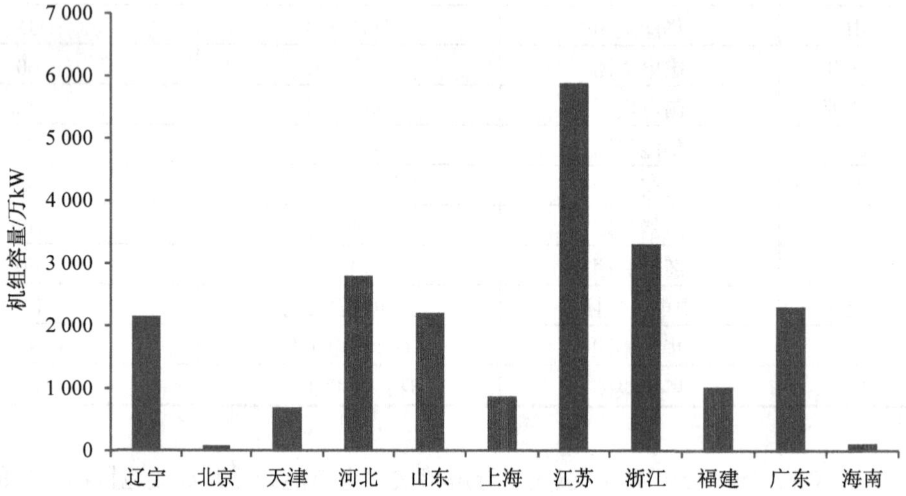

图 4-3-3 东部地区现役机组环保改造目标任务

2015 年 3 月 25 日国家能源局《关于印发 2015 年中央发电企业煤电节能减排升级改造目标任务的通知》(国能电力〔2015〕93 号)要求，结合各中央发电企业报送的煤电节能减排升级改造计划和 2015 年度实施方案，2015 年中央发电企业煤电节能减排升级改造目标任务为：节能改造 8 974 万 kW，环保改造 4 093 万 kW，增加了华能、大唐、华电、中电投的任务，相应调低了神华集团的任务。要求各中央发电企业要细化制定具体实施方案，及时将 2015 年目标任务分解到具体电厂。

3.1.3 超低排放改造进展不一

随着 2014 年 6 月 25 日舟山电厂 4 号新建超低排放机组投产，超低排放机组建设和改造全面展开。五大发电集团对其燃煤电厂的“超低排放”都提出了改造规划和明确的工作目标，五大集团均表示到 2017 年底基本实现全部机组达到超低排放。神华集团国华电力公司宣布，新建燃煤机组全部实现“超低排放”，2017 年前对大部分已投产机组进行“超低排放”技术改造。浙能集团计划在 2016 年底前完成所属 60 万 kW 及以上机组改造工作，2017 年底前完成 30 万 kW 机组改造工作，从而实现集团燃煤机组超低排放全覆盖。浙江省力争在 2017 年前完成所有燃煤机组的清洁排放改造工作。河北省要求，2015 年底前，燃煤电厂全部实现超低排放，否则坚决予以关停，出台了《燃煤电厂大气污染物排放标准》（DB 13/2 209—2015）。山西省人民政府办公厅印发《关于进一步加快推进全省燃煤发电机组超低排放改造工作的通知》，要求山西现役单机 30 万 kW 及以上燃煤机组在 2017 年底，全部完成超低排放改造。火电“超低排放”改造遍及到浙江、广东、江苏、山东、河北、山西、陕西、宁夏等省。

截至 2015 年 6 月底，全国已建和在建超低排放燃煤机组装机容量达 8 300 万 kW，占燃煤机组总装机容量的 9.8%，超额完成 2014—2015 年改造任务。其中 70.%属于神华集团和其他电力集团，神华集团已实现和在建超低排放机组比例居首位，占 17.8%，但尚未完成 2014—2015 年改造任务。29.5%属于五大电力集团，其中华能和国电集团分别有 7.5%和 7.4%机组容量已实现和在建超低排放，超额完成 2014—2015 年改造任务，见图 4-3-4、图 4-3-5、图 4-3-6。

超低排放电厂在长三角地区分布最多，其次是京津冀地区。京津冀超低排放改造进展较快，已有 31.7%的燃煤机组实现了或正在实施超低排放改造，其中河北省要求 2015 年底全部实现超低排放改造。

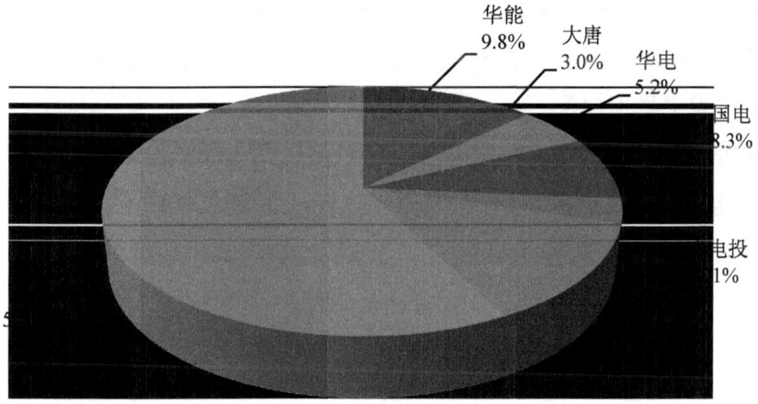

图 4-3-4　已实现超低排放和正在改造的机组分布情况

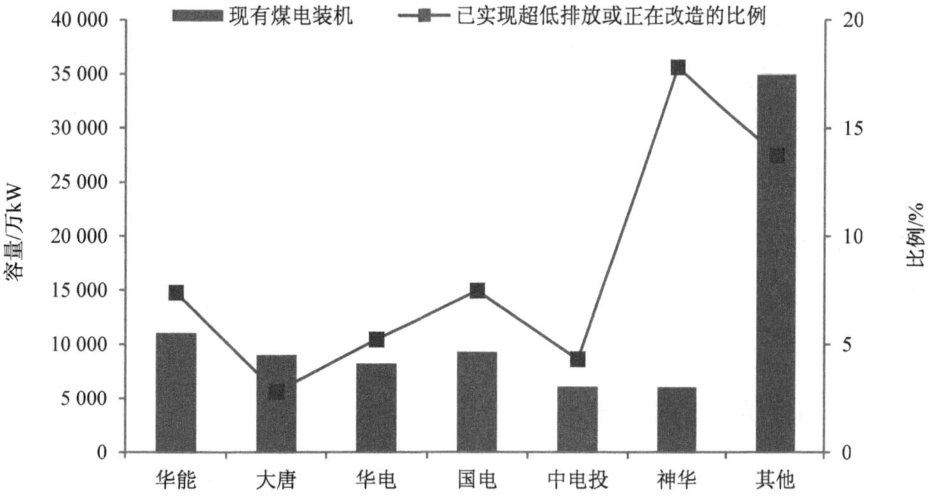

图 4-3-5　各电力集团超低排放机组情况

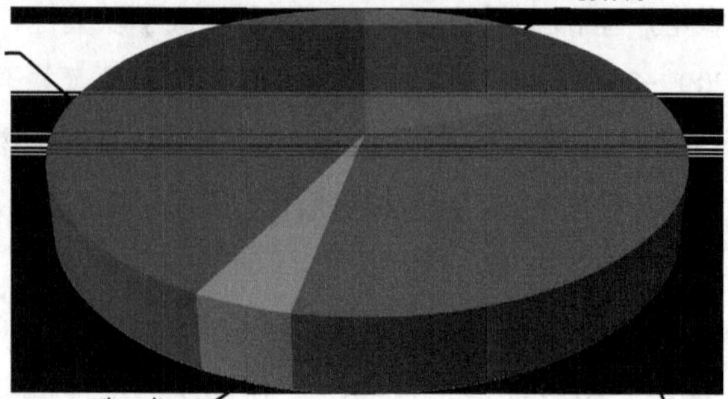

图 4-3-6 已实现超低排放和正在改造的机组的地区分布情况

3.1.4 燃煤发电仍需要增长空间

煤炭在我国能源结构中占主导地位，也是火力发电的主要来源。截至 2014 年底，全国发电装机容量达 13.6 亿 kW，发电量 5.55 万亿 kW·h，其中煤电 8.3 亿瓦，发电量约 3.91 亿 kW·h，分别占全部电力的 61.03%和 70.5%。尽管为了应对气候变化，可再生能源比例增长，但是我国能源结构决定了煤电在一定时期内为主导地位。

根据“十二五”电力规划，2015 我国总装机容量将达到 14.63 亿 kW，煤电 9.28 亿 kW。据有关专家预测，2020 年电力总装机容量将达到 19.93 亿 kW，煤电达到 11 亿 kW[1]。据电力规划设计总院预测，到 2020 年，全国火电装机容量将达 12.2 亿 kW，新增装机容量约 3 亿 kW。煤电发展需要有一定的环境容量。

表 4-3-2 全国燃煤机组发展现状和预测

	年份	装机容量	发电量/万 kW·h
全国	2013	12.576 8	53 721
	2015	14.63	73 150
	2020	19.93	85 600
燃煤	2013	7.957 8	39 805
	2015	9.28	46 400
	2020	11.0	58 000

此外，还面临为电力发展腾出空间，国家能源局《关于促进低热值煤发电产业健康发展的通知》（国能电力〔2011〕396 号），力争到 2015 年，全国低热值煤发电装机容量达到 7 600 万 kW，年消耗低热值煤资源 3 亿 t 左右。

3.1.5 超低排放与发达国家标准比较

从国际能源结构和使用，以及环境标准制定中，主要参照欧盟、美国和日本，因此，我们主要

[1] 王志轩. 新常态下中国煤电清洁高效发展的思考.

介绍美国、欧盟和日本的主要行业污染物排放标准。

3.1.5.1　美国

美国大气污染物排放标准是将常规污染物与有害大气污染物分开进行的。常规污染物包括已制定国家空气质量标准的颗粒物、一氧化碳、臭氧、二氧化硫、氮氧化物、铅及尚未制定国际空气质量标准且其空气质量基准文件尚未发布的污染物，如城市废物焚烧炉排放的金属物、有机物、酸性气体（SO_2、HCl）等。对于常规污染物的控制按照新源和现有源分别进行，对新源要求严，对现源相对宽松。美国国家环保局制定适合于所有新源的全国统一的新污染源国家实施标准（New Source Performance Standard，NSPS）。对于主要的污染源，制定 NSPS 所依赖的控制技术是最佳示范技术（Best Demonstrated Technology，BDT）。对于现源，由国家环保局制定一些规定，各州依此规定向国家环保局提交制订现源排放标准的计划。各州制定现源的排放标准时一般采用合理有效的控制技术（RACT），也可以采用各种混合型的控制技术。如果环保局对某州的计划不满意，有权为该州制订计划；如果某州没能很好地执行州计划，则国家环保局有权执行州计划的有关规定。此外还规定指定污染源的排放限值，指定污染源指的是排放指定污染物的现有污染源，指定污染物指的是尚未制定空气质量标准且空气质量未达标的地区。

美国国家环保局于 1970 年颁布首个燃煤电厂新源大气污染物排放标准，该标准对功率大于 73MW 的新建发电机组的 SO_2、NO_x 和颗粒物 3 类污染物设置了排放限值。之后又分别于 1977 年、1997 年和 2005 年对排放标准进行了修订。2005 年颁布现行新源排放标准，该标准进一步加严 SO_2、NO_x 和颗粒物的排放限值，SO_2 排放限值由 740～1 480 mg/m^3 降为 184 mg/m^3，降幅达 70%以上，同时要求所有电厂必须安装脱硫装置，脱硫效率不得小于 95%；NO_x 由 218 mg/m^3 降为 135 mg/m^3，降幅约为 38%，同时均需要电厂在低 NO_x 燃烧技术基础上安装烟气脱硝装置；颗粒物由 40 mg/m^3 降为 20 mg/m^3，降幅为 50%。

美国现行标准中 NO_x 和二氧化硫排放限值宽松，对颗粒物要求为新建电厂与我国特别排放限值相当；老电厂为 40 mg/m^3，比我国宽松。美国排放标准以 30 天的滚动平均值考核，煤矸石机组则是以 12 个月的滚动平均值进行考核。

3.1.5.2　欧盟

1988 年欧共体发布《大型燃烧器也大气污染物排放限制指令》（88/609/EEC），并要求欧盟各国在 1990 年底前对建造的新污染源，同时还对欧盟各国的现有电厂提出不同的削减要求，但允许有些国家（如希腊等）增加排放量。欧盟《大型燃烧企业大气污染物排放限制指令》（2001/80/EC），替代（88/609/EEC）。之后该导则经过多次修改，2010 年 11 月 24 日发布 DIRECITVE 2010/75/EC，该指令将火电厂划分为两类管理：一类是 2013 年 1 月 7 日之前取得许可证，或业主在该日期之前提交许可证申请材料，且最迟在 2014 年 1 月 7 日投入运行，即现有机组；二类为一类以外的电厂，新建机组。欧盟指令适用于热功率大于 50 MW 燃烧装置，排放限值执行时间第一类是 2016 年 1 月 1 日，第二类是 2013 年 1 月 7 日。将固态燃料划分为煤、褐煤及其他固态燃料、生物质、泥煤 3 类，标准氧含量为 6%，排放限值见表 4-3-3。

表 4-3-3 欧盟 2010/75/EU 指令对于燃煤电厂污染物排放规定

类型	规模	SO_2	NO_x	烟尘	最低脱硫效率/%
一类（现有）	50～100	400	300/450**	30	92/80*
	100～300	250	200	25	92/90*
	＞300	200	200	20	96/95*
二类（新建）	50～100	400	300/400**	20	93
	100～300	200	200	20	93
	＞300	150	150	10	97

注：*2002 年 11 月 27 日前获得许可证，或在该日期前提交许可证申请且不迟于 2003 年 11 月 27 日投入运行。**对于褐煤煤粉炉。

（1）新建电厂已从 2013 年 1 月 7 日起执行 2010/75/EU 指令，现有电厂将从 2016 年 1 月 1 日起全面执行 2010/75/EU，达不到要求的机组需进行技改。改扩建机组应一并考虑现有机组容量，由全厂的机组容量大小来确定应执行的排放要求。

（2）对电厂机组大小、燃料类别的划分较为细致，机组越大，污染物排放控制要求越为严格。

（3）在共有污染物指标中，欧盟的 SO_2 和氮氧化物排放限值总体上要宽松于中国；烟尘排放限值总体上严于中国。

（4）欧盟需对电厂脱硫装置进行最低脱硫效率的性能考核。

（5）欧盟 2010/75/EU010/75/EU 指令对汞的排放未作具体要求。

（6）欧盟按月均值考核，同时规定小时均值不应超标准 200%，日均值不超 110%。

3.1.5.3 日本

日本不是按行业，而是按污染物项目制定排放标准，类似我国的《大气污染物综合排放标准》，地方可以制定严于国家排放标准的地方排放标准。固定源大气污染物分为 5 类：烟气、挥发性有机物（VOC）、粉尘、特定物质（28 种）和有害大气污染物（234 种，其中优先污染物 22 种）。对于固定源污染控制采用的基本方法有 3 种：

（1）浓度控制法。该方法是通过控制污染源排放口污染物的浓度，对于烟尘、粉尘（含石棉尘）、有害物质（Cd 及其化合物、Cl_2、HCl、氟化物、Pb 及其化合物、NO_x）、28 种指定物质，以及 234 种空气毒物（其中 22 种需要优先采取行动），由国家制定统一的排放标准。规定了烟尘一般排放限值、特别排放限值、追加排放限值；对于 NO_x 区分了锅炉、熔炼炉、加热炉、水泥窑等的排放浓度限值。

（2）K 值控制法。该方法是通过调整污染源排放高度（烟囱）和排放量，降低近地面大气中的污染物浓度；对于二氧化硫，按各个地区实行 K 值控制，同时配合燃料 S 含量限制。K 值标准是基于大气扩散模式，根据 SO_2 环境质量要求、排气筒有效高度确定 SO_2 许可排放量。

（3）总量控制法。该方法的基本含义是为确保在给定区域内实现国家规定的环境质量标准，根据环境科学基本理论计算出该区域所允许的污染物排放总量，并将其合理地分配给该区域内的每一个排放源，每一个排放源只允许排放在总量控制下所分到的污染物排放数量。二氧化硫、NO_x 实行总量控制（表 4-3-4）。

表 4-3-4　燃煤锅炉污染物排放量

规模	标准氧质量浓度%	煤烟和煤灰/（mg/m^3）		NO_x/（mg/L）
		普通	特殊	
≥200 000	6	100	50	200～250
40 000～200 000	6	200	100	250～320
＜40 000	6	0.30	0.15	250～350

3.1.6　超低排放机组稳定运行尚需检验

燃煤电厂实现超低排放已经有一年多时间，相关政策也陆续实施，但是尚缺乏超低排放的监管规范，燃煤机组是否能够长期稳定达到燃机排放水平仍是未知。目前电力行业超低排放试点项目真正正常运转的时间还很短，而且采取不同的技术和工艺，缺乏统一的技术规范和基本要求，对判定是否超低带来一定的难度。同时，需要确定超低排放稳定达标的判定条件。

连续监测技术规范的精度要求削弱了达标判定的准确性。尽管《固定污染源烟气排放连续监测技术规范（试行）》（HJ/T 75—2007）明确了固定污染源烟气排放连续监测系统的安装位置要求以及经验收合格后的烟气排放连续监测系统数据传输到污染源自动监控网络后的数据审核和处理要求，规定了固定污染源烟气排放连续监测系统的运行管理和质量保证要求，规范了固定污染源烟气排放连续监测系统的调试检测和比对监测的方法、技术要求和相关记录表格，但是对超低排放的在线监测还缺乏足够的考虑。

根据《固定污染源烟气排放连续检测技术规范（试行）》要求，绝对误差不超过±15 mg/m^3，烟尘排放限值是 10 mg/m^3 或者 5 mg/m^3，甚至是 1 mg/m^3，现有设备已经不能适应超低排放的监测要求。此外，超低排放改造后，脱硝温度高、含尘量大等导致原有 CEMs 测量准确性和可靠性不高，需要进行改造。现有测量技术是有效评估超低排放成效的“瓶颈”。

市场上烟气汞监测设备、$PM_{2.5}$ 监测设备、超低量程监测设备、烟尘监测设备既有国产的，也有进口的，存在质量和价格差异。目前采购中，大部分市场份额被进口产品占领，国内企业生产的设备很多都达不到要求。即使进口的仪器设备也存在技术参数不能满足超低排放监测要求。

3.1.7　小结

从超低排放总体实施进程看，虽然企业发起，但是政府推动起到了主导作用：一方面通过排放标准等行政命令手段，从排放标准的实施、重点区域污染防治计划到节能减排改造计划、节能环保改造目标任务的分解等，使企业感到压力；另一方面通过经济鼓励政策加以引导。首先是地方政府出台相应的鼓励措施，如河北省从大气治理专项资金给予奖励，山西省对于超低排放投资给财政资金支持，陕西省关中地区环保专项资金支持。江苏正式出台了燃煤发电企业超低排放电价，电价金额为每千瓦时 1 分钱。河北、山西、山东等地在国家脱硫、脱硝、除尘电价的基础上，给予相应的补贴。包括投资补助、环保电价和环保专项资金补贴、上网电量奖励等。其次是国家出台环保电价支持等政策。

对现有企业超低排放要求严于发达国家，但是涉及的污染物范围较窄。总体来看，欧盟的 SO_2 和 NO_x 排放限值总体上要宽松；烟尘排放限值总体上严于我国火电厂大气污染物排放标准。美国和欧盟大容量新建机组排放标准严于我国；烟尘排放标准严于我国，美国新建机组排放标准与我国特别排放限值相当；欧盟 2013 年 30 万 kW 以上机组排放限值执行烟尘 10 mg/m³，接近我国超低排放限值。我国按 1 小时达标的方法要求也严于欧美国家。相比较而言，我国排放标准控制的污染物种类较少。

3.2 燃煤电厂超低排放控制技术经济分析

3.2.1 燃煤电厂大气污染物治理技术概述

全国燃煤电厂现有燃煤锅炉自 2014 年 7 月起执行《火电厂大气污染物排放标准》以来，燃煤电厂大气污染物排放量快速下降，实现了“十一五”以来的最大降幅。

这得益于燃煤电厂大气污染物治理设施的迅猛发展。据中国电力企业联合会统计，2014 年我国新建投运火电厂烟气脱硫机组容量约 0.36 亿 kW。截至 2014 年底，全国已投运的火电厂烟气脱硫机制容量约 7.6 亿 kW，占全国煤电机组容量的 91.4%。考虑到国家对火力发电行业的控制，以及火电脱硫机组占比较高的现状，新建火电脱硫机组未来几年市场空间较小。从脱硫技术看，至 2014 年底，石灰石-石膏湿法占 92.46%，海水法占 2.67%，氨法占 1.94%，循环流化床法占 1.93%，其他占 1.00%。已签订的脱硫特许经营方式的第三方治理合同机组容量约 1.15 亿 kW。图 4-3-7 列出了我国历年累计火电厂脱硫机组装机容量和占比。

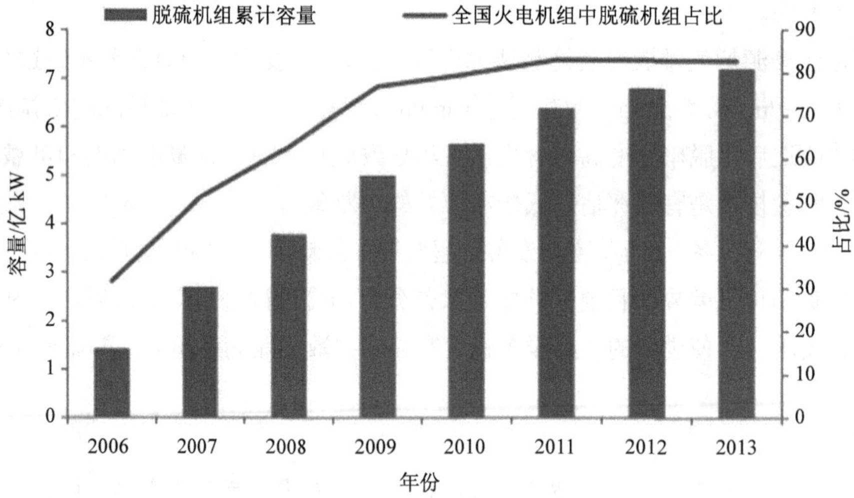

图 4-3-7 我国历年累计火电厂脱硫机组装机容量和占比

资料来源：中国电力企业联合会、国金证券。

从烟气脱硝装机容量来看，2014 年当年投运火电厂烟气脱硝机组容量约 2.57 亿 kW。至 2014 年底，已投运火电厂烟气脱硝机组容量约 6.87 亿 kW，占全国燃煤机组容量的 82.7%。2014 年火电厂脱硝机组增长迅速，相比于脱硫机组，新建脱硝机组未来还有一定市场空间。已签订的脱硝特许经营合同的机组容量约 0.33 亿 kW。图 4-3-8 列出了我国近年累计火电厂脱硝机组装机容量和占比。

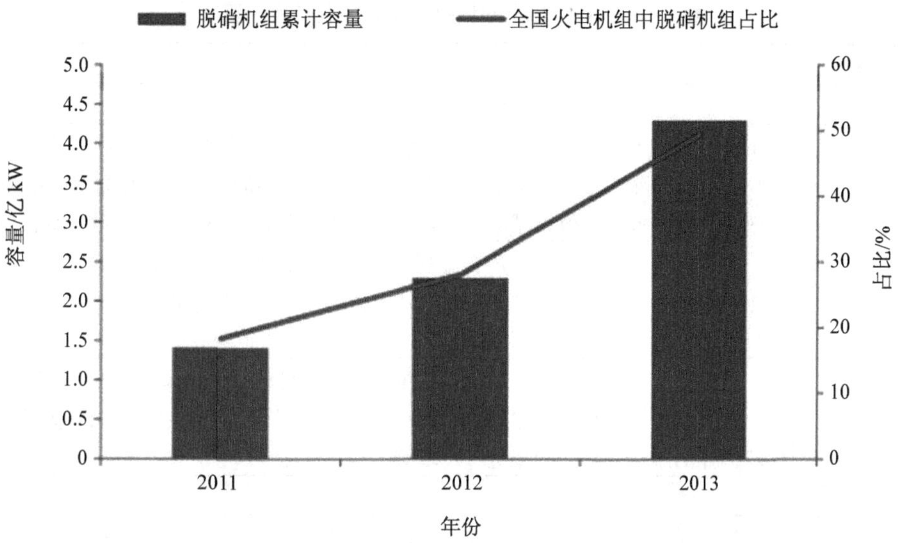

图 4-3-8 我国近年累计火电厂脱硝机组装机容量和占比

资料来源：中国电力企业联合会、国金证券。

从除尘装机容量来看，目前基本上所有的电厂都配备了除尘设备。至 2014 年底，燃煤电厂电除尘器、袋式除尘器、电袋复合式除尘器分别占全国燃煤机组容量的 77.3%、9.0%、13.7%。其中，电除尘器机组容量约 6.44 亿 kW，电袋复合式除尘器机组容量超过 1.14 亿 kW，袋式除尘器机组容量约 0.75 亿 kW。

3.2.2 超低排放控制技术分析

目前我国燃煤电厂超低排放所应用的技术主要包括高效脱硫技术、高效脱硝技术和高效除尘技术。一些技术在市场上已得到成熟广泛应用，有的技术还处于研发或中试阶段。在超低排放技术多样化，且各项技术在一定程度上均能实现超低排放标准的情况下，经济性和技术改造的便捷性成为超低排放技术的核心生命力。本节将通过分析差异化控制技术减排、不同技术经济参数，以及不同区域煤质对减排的影响分析，探析超低排放技术的适应性、经济性和减排效果。

3.2.2.1 控制技术减排分析

燃煤电厂超低排放的主要技术中，高效脱硫技术包括：脱硫除尘一体化技术、单塔双分区高效脱硫除尘技术、双托盘技术、海水脱硫技术、双塔双循环技术。高效脱硝技术包括：低低氮燃烧器改造+SCR、脱硝催化剂增加备用层。高效除尘技术包括：低低温电除尘、湿式静电除尘、电袋复合除尘、电除尘高频电源改造、旋转电极除尘。各控制技术及其主要减排特点详见表 4-3-5 所述。

在脱硫技术方面，相对于常规的石灰石-石膏湿法脱硫系统，实现超低排放的脱硫新技术主要有双循环技术（包括单塔双循环、双塔双循环）、托盘塔技术（包括单托盘、双托盘）、增加喷淋层、性能增强环、添加脱硫增效剂、旋汇耦合脱硫技术等。

表 4-3-5 燃煤电厂超低排放主要控制技术一览表

超低排放技术	主要减排特点
高效脱硫技术	
单塔双区高效脱硫除尘	将浆液池分成上下两层，上层低 Ph 区主要负责氧化，生成高纯石膏；下层高 Ph 区主要负责吸收，高效脱除 SO_2。此外通过安装提效环、喷淋层加层、多孔分布器等措施进一步提高脱硫效果。采用多级高效机械除雾器，并在原烟道处设置喷雾除尘系统以提高除尘效果
双托盘技术	在原单层托盘基础上新增一层合金托盘（若原来没有托盘，则需安装两层托盘），双托盘气液相调整充分，气相均布好，脱硫增效明显。且双托盘比单盘多了一层液膜，气液相交换更充分
双塔双循环技术	将湿法脱硫的吸收和氧化过程分开，在吸收塔外另设一个罐体用于 SO_2 的吸收，而吸收塔浆液池负责氧化。即将辅助罐体升级为吸收塔，利用双循环技术，同时设置喷淋层和除雾器，使双循环的脱硫和除尘效果进一步增强
高效脱硝技术	
炉内低氮燃烧+SCR 脱硝	超低排放脱硝技术一般采用此法。低氮燃烧采用复合式低氮燃烧器配合空气分级的空气燃烧技术，同时优化主燃烧器区域的风门结构。并进行省煤器分级改造、设置高温烟气旁路、给水旁路或再循环，实现锅炉最低稳燃工况以上全负荷喷氨脱硝运行
低低氮燃烧器改造	通过改造燃烧器，调整二次风和燃尽风的配比，增加燃尽风的比例，大幅减少燃尽风区域产生的 NO_x，有效降低 NO_x 排放
脱硝催化剂加层	通过增加催化剂和喷氨量，进一步增加烟气中 NO_x 和氨的反应量，减少 NO_x 排放
高效除尘技术	
电除尘高频电源改造	高频电源有超过 93%的电能转换效率，更好的荷电强度，大幅减少电场供电功率。提高电晕功率，增加粉尘荷电能力。同时具有更好的电源适应性
电袋复合除尘	前级电场预收尘、荷电作用和后级滤袋区过滤除尘。近年增加了超长滤袋和覆膜过滤等技术
低低温电除尘（低温省煤器）	电除尘前增设热回收器，降低除尘器入口温度，从而减少粉尘比电阻使其更容易被捕集，同时降低烟气体积流量增加烟气在电除尘内部停留时间。使用低温省煤器，将回收的热量用于加热汽机房凝结水
低低温电除尘（MGGH）	电除尘前增设热回收器。在吸收塔后增加再加热器，利用烟气余热抬升烟气温度，防止下游设备腐蚀，基本消除白烟及石膏雨
湿式静电除尘	通过高压电晕放电使粉尘荷电，并在电力场的作用下到达集尘板/管。用来去除含水较高乃至饱和的湿气体中的烟尘、酸雾、水滴、气溶胶、臭味、$PM_{2.5}$ 等
脱硫除尘一体化技术	
脱硫除尘一体化技术（如 SPC-3D 技术）	脱硫除尘一体化装置是旋汇耦合装置、高效节能喷淋装置、管束式除尘装置三套系统优化组合的一体化设备，可在一个吸收塔内同时实现脱硫、除尘除雾，脱硫效率高达 99%以上，满足二氧化硫排放 35 mg/m³、烟尘 5 mg/m³ 的超低排放要求

对于脱硝技术，首先是采用先进的低氮燃烧技术，在不影响锅炉效率与安全的前提下尽可能低的控制锅炉出口烟气中氮氧化物的浓度，然后采用选择性催化还原 SCR 烟气脱硝。与传统的 SCR 脱硝相比，超低排放机组脱硝系统区别主要在于 SCR 催化剂的填装层数或催化剂的体积，改造工程多将原有的 2+1 层催化剂直接更改为 3 层全部填装，部分电厂采用 3+1 层 SCR 催化剂。改造后，系统脱硝效率可以达到 85%～90%。

对于除尘技术，初期燃煤机组超低排放改造技术大多采用在湿法脱硫后增加湿式电除尘（ESP）配置；湿法脱硫（包括石灰石-石膏湿法脱硫、海水脱硫等）前可以采用电除尘器、袋式除尘器、电袋复合除尘器，如果单独采用电除尘器，一般需配套采用电除尘器新技术，包括低低温电除尘技术、旋转电极技术、新型高压电源与控制技术等。

此外，脱硫除尘一体化技术等协同减排工艺设计，在投资成本、污染物减排，以及节能降耗等方面具有一定优势。例如，单塔一体化脱硫除尘深度净化技术（SPC-3D 技术）。该技术是烟气通过旋汇耦合装置与浆液产生可控的湍流空间，提高气液固三相传质速率，完成一级脱硫除尘，同时实现快速降温及烟气均布；烟气继续经过高效喷淋技术，实现二氧化硫的深度脱除及粉尘的二次脱除；烟气再进入管束式除尘除雾装置，在离心力作用下，雾滴和粉尘最终被壁面的液膜捕获，实现粉尘和雾滴的深度脱除。该技术具有单塔高效、能耗低、适应性强、工期短、不额外增加场地、操作简便等特点。可在一个吸收塔内同时实现脱硫、除尘除雾，脱硫效率高达 99%以上，满足二氧化硫排放 35 mg/m^3、烟尘 5 mg/m^3 的超低排放要求。该技术在费用方面也具备优势。该技术改造吸收塔内构件，实现脱硫除尘一体化，投资低于常规技术约 30%～50%。且离心管束式除尘器不耗电，阻力与除雾器相当。运行费用是常规技术的 20%～30%。该技术适用于燃煤烟气二氧化硫和烟尘的深度净化，尤其为我国燃煤电厂实现烟气的超低排放提供了最佳解决方案。除了万州电厂，目前已在国内成功应用于大唐山西云冈电厂、华润首阳山电厂、神华安庆电厂、国华孟津电厂、国华三河电厂等在内的百余台火电机组。

3.2.2.2 不同技术经济参数

下面对上述各超低排放技术的经济性进行比较分析，主要对比各类技术的投资估算、总工期、停机工期、阻力上升等情况，具体如表 4-3-6 所示。需要注意的是，由于各电厂改造时间、现场具体情况、改造单位等的不同，其投资、工期和阻力上升等情况会有较大差别。

表 4-3-6 超低排放各项技术经济性比较

技术名称	建设成本/万元	总工期/d	停机工期/d	阻力上升/Pa
脱硫除尘一体化	2 000	60	40	650
浆液分区技术	1 200～1 800	60	50	600～1 000
双塔双循环	1 200	180	35	1 000
双托盘+交互式喷淋	2 500	75	50	1 200
引风机改造	900～1 500	50	45	0
低氮燃烧器	3 000	60	60	0
脱硝加层+喷氨优化	1 500	44	34	150
电袋除尘	3 800	75	60	1 000
高频电源改造	400～500	30	30	0
低温省煤器	2 500～4 000	60	35	600
MGGH	4 000～7 200	60	35	1 050
湿电除尘	4 000～5 000	115	50	500

资料来源：《火电厂超低排放技术路线介绍》，电厂运营分析之道。http: //chuansong.me/n/1507135，2015 年 7月。

超低排放不同技术组合方案的技术经济分析是通过选取目前较为流行的几种技术组合方案，对其投资估算、停工期、优势及不足之处进行对比分析。如表 4-3-7 所示。

表 4-3-7 超低排放不同技术组合方案技术经济性对比

技术组合方案	投资估算	停工期	优势	不足
脱硫除尘一体化+脱硝催化剂加层+高频电源改造	0.5 亿～1.0 亿元	40 d	运行阻力较低，运行维护费用较低	长期除尘稳定性待验证
脱硫除尘一体化+脱硝催化剂加层+高频电源改造+MGGH	1.0 亿～1.5 亿元	40 d	长期稳定，解决“白烟”和烟囱腐蚀问题	投资相对较高
脱硫除尘一体化+脱硝催化剂加层+高频电源改造+湿电除尘	1.0 亿～1.3 亿元	50 d	除尘效果好，同时脱除酸雾、水滴、气溶胶、臭味等	无法解决“白烟”和烟囱腐蚀问题
空塔喷淋脱硫除尘技术+脱硝催化剂加层+高频电源改造+MGGH	1.0 亿～1.5 亿元	50 d	除尘效果好，解决“白烟”和烟囱腐蚀问题	石膏脱除效果较差，影响固体颗粒排放值，可否控制在 5 mg/m^3 以下有待验证
空塔喷淋脱硫除尘技术+脱硝催化剂加层+高频电源改造+湿式除尘	1.0 亿～1.3 亿元	50 d	可解决末端烟囱排放较高的问题	无法解决“白烟”和烟囱腐蚀问题
空塔喷淋脱硫除尘技术+脱硝催化剂加层+高频电源改造+低温省煤器	1.0 亿元左右	50 d	煤耗较低	无法解决“白烟”和烟囱腐蚀问题

资料来源：《火电厂超低排放技术路线介绍》，电厂运营分析之道。http：//chuansong.me/n/1507135，2015 年 7月。

业内人士认为，在燃煤电厂烟气治理领域，污染物协同处理是发展趋势，研究人员通过获取调研信息，对比脱硫除尘一体化技术的投资成本、运营成本、能耗和污染物去除效率等情况，进一步分析超低排放一体化技术的技术经济性（表 4-3-8）。

表 4-3-8 超低排放一体化技术案例与非一体化技术对比分析

技术组合	脱硫效率	除尘效率	投资成本	运营成本	能耗
SPC-3D 一体化技术	99.1%～99.9%	70%～90%（要求入口浓度在 40 mg/m^3 以下）	较低	较低	较低
沸腾式泡沫脱硫除尘一体化技术	99.1%～99.9%	88%～91%（要求入口浓度在 20 mg/m^3 以下）	较低	较低	—
非一体化技术（如空塔喷淋+湿式除尘）	99%	较高	较高	较高	较高

此外，脱硫除尘一体化技术在能耗方面也具有较明显优势。下面以单塔一体化技术与常规方案的能耗对比情况为例，说明脱硫除尘一体化技术的节能情况与节约成本。经对比具体两种技术的能耗可知，600 MW 机组单塔一体化技术较常规空塔喷淋加湿式除尘技术可节能 29.4%，1 000 MW 机组可节能 33.8%；年节约成本分别超过了 300 万元和 600 万元，节能效果较为明显。

3.2.2.3 不同区域煤质对减排的影响分析

目前国内超低排放控制在技术上没有区域性的差别。但有一点需要考虑的是，燃煤煤质的优劣也会影响电厂超低排放的效果和成本，好的煤质如硫含量低、灰分低、挥发分高、热值高的烟煤，对于电厂应用超低排放技术是一个有利的条件。

使用高质燃煤的地区，在相同的投入情况下，电厂超低排放减排更具备优势，而使用低质燃煤的地区甚至可能无法达到超低排放烟尘、二氧化硫、氮氧化物排放浓度分别不高于 10 mg/m^3、35 mg/m^3、50 mg/m^3 的排放限值。例如，若燃煤的低位发热量为 4 000 kcal/kg，灰分为 35%，除尘前烟气中烟尘浓度约为 53.8 g/m^3，即使总的除尘效率高达 99.99%，烟尘排放浓度仍大于 5 mg/m^3 的超超低排放要求；又如，燃煤含硫量为 3%的煤，其产生烟气中二氧化硫的浓度在 6 900 mg/m^3 左右，脱硫效率即使长期稳定达到 99%，其排放浓度仍高达 69 mg/m^3，不能满足超低排放 35 mg/m^3 的要求。

假设各地方燃煤电厂均使用本地或就近的煤炭，通过分析各地燃煤质量情况，可初步推断超低排放减排情况的区域性差别。通过汇总和计算，研究人员得出我国东中西部燃煤质量情况，由表 4-3-9 可知，东部平均燃煤质量高于中部，而中部平均煤质又高于西部。但也有个别例外，若单看挥发分，中部燃煤的挥发分要优于东部。当然，各电厂使用的燃煤情况还要看具体采用的煤矿的煤质。但总体判断，在其他条件如投资和技术相似的情况下，东部燃煤电厂超低排放减排效果较中部更具优势，而中部则较西部更有优势。

表 4-3-9　东中西部燃煤质量情况对比

地区	煤种类	灰分（A_d）/%	挥发分（V_{daf}）/%	含硫量（$S_{t.daf}$）/%
东部	无烟煤	9.70	8.14	0.73
	烟煤	10.55	28.25	1.33
中部	无烟煤	10.32	7.88	1.17
	烟煤	9.93	21.47	1.85
西部	无烟煤	11.13	8.39	1.35
	烟煤	11.44	26.56	2.66

注：A_d 为煤干燥基灰分含量，V_{daf} 为干燥无灰基挥发分含量，$S_{t.daf}$ 为煤中干燥无灰基硫含量。数据根据全国各省市煤矿煤质情况整理。

3.2.3　污染物治理成本核算方法

3.2.3.1　燃煤电厂污染治理成本构成

大气污染物治理成本包括建设成本与运行成本两部分，其中建设成本包括设备购置费、工程建筑费、安装费、工程技术服务费等（折合成年折旧费），运行成本包括脱硫剂（脱硫）、催化剂（脱硝）、材料和备件的消耗（除尘）、年维修费、年人工费等。

$$C_{建设成本}=C_{设备购置}+C_{工程建筑}+C_{安装费}+C_{工程服务费}+C_{其他} \quad (1)$$

$$C_{年运行成本}=C_{药剂}+C_{材料和备件}+C_{年维修费}+C_{年人工费}+C_{其他} \quad (2)$$

$$C_{总成本}=C_{年建设成本}+C_{年运行成本} \quad (3)$$

3.2.3.2　污染物平均治理成本法

根据计算的建设成本、运行成本，结合各机组发电装机容量和发电量，可进一步测算出单位建设成本、单位发电成本、单位污染物治理成本，分别以下列公式表示：

$$C_{单位建设成本}=C_{建设成本}\div P_{发电装机容量} \quad (4)$$

$$C_{单位运行成本} = C_{年运行成本} \div Q_{年发电量} \tag{5}$$

$$C_{单位总成本} = (C_{年建设成本(合折旧)} + C_{年运行成本}) \div Q_{年发电量} \tag{6}$$

$$C_{超低改造单位建设成本} = C_{(原建设成本+超低改造建设成本)} \div P_{发电装机容量} \tag{7}$$

$$C_{超低改造单位总成本} = C_{超低改造建设成本} \div Q_{年发电量} \tag{8}$$

$$C_{超低改造增加的建设成本} = C_{超低改造建设成本} \div P_{发电装机容量} \tag{9}$$

$$C_{单位污染物治理成本} = (C_{年建设成本} + C_{年运营成本}) \div Q_{污染物削减量} \tag{10}$$

$$C_{超低改造增加的减排成本} = C_{超低改造建设成本(合年折旧)} \div Q_{增加的污染物削减量} \tag{11}$$

$$C_{平均治理成本} = \sum C_{第j个机组的单位污染治理成本} \div j \tag{12}$$

3.2.3.3 污染物边际治理成本法

从环境经济学理论来看，污染物的边际处理费用就是在一定的污染削减水平下，增加单位污染物削减所需要的费用，对于生产和消费中排放的污染物，主要是指所需要的末端治理费用。由定义可知，污染物边际处理费用可以看作“污染的价格”，是单位污染物排放所需缴纳的排放费用，可以作为单位污染物的治理成本。具体方法如下：

根据《中国工业污染经济学》[1]，对于处理 n 种污染物的第 i 个企业的污染治理，其联合削减费用函数形式为：

$$C_i = f\left(W_i, \frac{E_{\text{in}}}{I_{\text{in}}}, M_j, X_i\right) \tag{13}$$

式中：C_i——第 i 个企业的污染物削减总费用；

M_j——企业 i 所在的 j 地区的成本（包括煤价、劳动力等）；

W_i——企业 i 的废气排放量；

X_i——企业 i 的特性；

E_{in}——n 种污染物的出口浓度；

I_{in}——n 种污染物的进口浓度。

采用二阶二级函数对费用函数进行逼近，可以得到 4 种形式的治理费用函数，资料显示简单的固定弹性模型能够较好地解释变量之间的关系，对模型简化表示成如下形式：

$$C_i = \mathrm{e}^{\alpha_0} \cdot W_i^{\alpha_1} \cdot \prod_{k=1}^{n}\left[\frac{E_k}{I_k}\right]\beta_k \tag{14}$$

注：α_0、α_1、β_k 为系数。

对第 i 种污染物的排放量进行偏导，即可得到指定污染物的边际处理费用函数：

$$\frac{\partial C_i}{\partial E_i} = \frac{\beta_i}{E_i} \cdot \mathrm{e}^{\alpha_0} \cdot W_i^{\alpha_1} \cdot \prod_{k=1}^{n}\left[\frac{E_k}{I_k}\right]\beta_k \tag{15}$$

3.2.4 典型燃煤电厂超低排放经济分析

本节采用结构式调查方式，研究超低排放推行的执行成本、环保设施建设成本及运行成本，充分考虑不同的装机容量、区域、技术经济参数带来的成本差异。分析超低排放带来的综合效益，包

[1]曹东.中国工业污染经济学[M]. 北京：中国环境科学出版社，1999：96-97.

括经济效益、社会效益、生态效益。通过对比分析“超低排放”的成本与效益差值，定量研究实施超低排放的可行性。

3.2.4.1　数据收集与分析

课题组对河北省、安徽省和广东省的 6 家电厂进行调研和数据收集，同时通过文献资料整理，浙江和天津 3 家电厂超低排放设施进行分析。据了解，所有电厂超低排放的脱硝技术路线均采用了低氮燃烧+SCR（选择性催化还原法）技术，脱硫一般采用石灰石-石膏湿法及脱硫除尘一体化技术，除尘多采用静电除尘和湿式电除尘。绝大多数机组的脱硫效率达到了 97%以上，脱硝效率达到了 80%以上，除尘效率超过 99.9%。经初步整理，筛除数据不全及不明晰的情况，选出 A、B、C、D、E、F、G、H 这 8 家电厂共 18 台机组的数据，进行下一步的成本核算及技术经济分析。各电厂与机组的污染物治理设施具体情况如表 4-3-10 所示。右栏的脱硫技术和除尘技术含脱硫除尘一体化技术。

表 4-3-10　燃煤电厂超低排放技术改造情况汇总

<table>
<tr><th>电厂</th><th>机组容量/MW</th><th>超低排放项目类型</th><th>脱硝技术</th><th>除尘技术</th><th>脱硫技术</th><th>除尘技术</th></tr>
<tr><td>A1</td><td>350</td><td>技术改造</td><td>低氮燃烧+SCR</td><td rowspan="2">低温电+高频电源</td><td rowspan="2">石灰石-石膏湿法（拆除 GGH+吸收塔总体提效）</td><td rowspan="2">湿式电除尘</td></tr>
<tr><td>A2</td><td>350</td><td>技术改造</td><td>低氮燃烧+SCR</td></tr>
<tr><td>A3</td><td>300</td><td>技术改造</td><td>低氮燃烧改造+SCR</td><td rowspan="2">低温换热器+高频电源</td><td colspan="2">脱硫除尘一体化改造</td></tr>
<tr><td>A4</td><td>300</td><td>技术改造</td><td>低氮燃烧+SCR</td><td colspan="2">脱硫除尘一体化改造+湿式除尘</td></tr>
<tr><td>B4</td><td>2×1 050</td><td>同步建设</td><td>低氮燃烧+SCR</td><td>静电除尘</td><td colspan="2">石灰石-石膏湿法脱硫+管式除尘</td></tr>
<tr><td>C1</td><td>600</td><td>技术改造</td><td>低氮燃烧+SCR</td><td>静电</td><td>单塔双循环</td><td>湿式</td></tr>
<tr><td>C2</td><td>600</td><td>技术改造</td><td>低氮燃烧+SCR</td><td>静电</td><td>单塔双循环</td><td>湿式</td></tr>
<tr><td>D1</td><td>200</td><td>技术改造</td><td>—</td><td>—</td><td>石灰石-石膏湿法</td><td>—</td></tr>
<tr><td>D2</td><td>200</td><td>技术改造</td><td>—</td><td>—</td><td>石灰石-石膏湿法</td><td>—</td></tr>
<tr><td>D3</td><td>200</td><td>技术改造</td><td>—</td><td>—</td><td>石灰石-石膏湿法</td><td>—</td></tr>
<tr><td>E1</td><td>300</td><td>技术改造</td><td>低氮燃烧+SCR</td><td>静电</td><td>石灰石-石膏湿法</td><td>—</td></tr>
<tr><td>E2</td><td>300</td><td>技术改造</td><td>低氮燃烧+SCR</td><td>静电</td><td>石灰石-石膏湿法</td><td>—</td></tr>
<tr><td>F1</td><td>660</td><td>技术改造</td><td>低氮燃烧+SCR</td><td>低低温除尘</td><td>石灰石-石膏湿法</td><td>—</td></tr>
<tr><td>F2</td><td>660</td><td>技术改造</td><td>低氮燃烧+SCR</td><td>低低温除尘</td><td>石灰石-石膏湿法</td><td>—</td></tr>
<tr><td>G1</td><td>1 000</td><td>技术改造</td><td>低氮燃烧+SCR+第三层催化剂</td><td>GGH+低低温电除尘+湿式除尘器</td><td>双托盘吸收塔+新型增效装置</td><td>—</td></tr>
<tr><td>H1</td><td>350</td><td>同步建设</td><td>低氮燃烧+SCR</td><td>GGH+低低温静电除尘+湿式除尘器</td><td>石灰石-石膏湿法</td><td>—</td></tr>
</table>

3.2.4.2　燃煤电厂超低排放改造成本分析

机组装机容量是影响单位污染物削减成本的主要因素之一，调研数据显示，电厂超低排放的初始单位投资成本随着机组容量的增大而呈明显下降的趋势，而单位运行成本则随着装机容量的增大而增大。

（1）脱硫技术经济分析

经调研数据整理测算得出，调研电厂超低排放改造后平均脱硫总成本为 1.17 分/kW·h。其中，装机容量为 200 MW 的机组，平均脱硫建设成本为 670 元/kW，平均脱硫总成本（运营成本+建设成本）为 1.75 分/kW·h；装机容量为 300 MW 的机组，平均脱硫建设成本为 295 元/kW，平均脱硫总成本（运营成本+建设成本）为 0.88 分/kW·h；装机容量为 600 MW 的机组，平均脱硫建设成本为 113 元/kW，平均脱硫总成本（运营成本+建设成本）为 1.02 分/kW·h。不同机组规模单位脱硫建设成本和单位运营成本如表 4-3-11 所示。设备折旧按 20 年计。

表 4-3-11 燃煤电厂超低排放不同机组规模脱硫技术经济分析

机组	机组容量	年发电量/万 kW·h	建设成本/万元	运营成本/万元	单位建设成本/（元/kW）	单位运营成本/（分/kW·h）	单位总成本/（分/kW·h）
D1	200	119 628	13 559	1 155	678	0.97	1.73
D2		114 525	13 559	1 155	678	1.01	1.80
D3		111 253	13 096	1 046	655	0.94	1.72
200 MW 机组平均单位脱硫成本					670	0.97	1.75
E2	300	170 740	11 000	1 405	367	0.82	1.25
A3		165 000	6 034.8	820	201	0.50	0.74
A4		165 000	6 034.8	820	201	0.50	0.74
A1	350	192 500	12 053	820	344	0.43	0.85
A2		192 500	12 053	820	344	0.43	0.85
300～350 MW 机组平均单位脱硫成本					295	0.54	0.88
C1	600	380 553	6 755	3 042	113	0.80	0.92
C2		279 343	6 755	2 648	113	0.95	1.11
600 MW 机组平均单位脱硫成本					113	0.86	1.02

注：2015 年实际运行小时数下降，运营成本有一定提高。

（2）脱硝技术经济分析

经调研数据整理测算得出，调研电厂装机容量为 300～350 MW 的机组，超低排放改造后平均脱硝建设成本为 193 元/kW，平均脱硝总成本（运营成本+建设成本）为 0.53 分/kW·h。300～350 MW 机组规模单位脱硝建设成本和单位运营成本如表 4-3-12 所示。设备折旧按 20 年计。

表 4-3-12 燃煤电厂超低排放不同机组规模脱硝技术经济分析

机组	机组容量	年发电量/万 kW·h	建设成本/万元	运营成本/万元	单位建设成本/（元/kW）	单位运营成本/（分/kW·h）	单位总成本/（分/kW·h）
E1	300	159 949	6 700	1 045.85	223	0.65	0.93
E2		170 740	6 700	1 045.85	223	0.61	0.87
A3		165 000	4 360.85	200	145	0.12	0.30
A4		165 000	4 360.85	200	145	0.12	0.30
A1	350	192 500	7 663	260	219	0.14	0.41
A2		192 500	6 823	260	195	0.14	0.38
300～350 MW 机组平均单位脱硝成本					193	0.29	0.53

（3）除尘技术经济分析

经调研数据整理测算得出，调研电厂超低排放改造后平均除尘总成本为 0.47 分/kW·h。其中，装机容量为 300～350 MW 的机组，平均除尘建设成本为 359 元/kW，平均除尘总成本（运营成本+建设成本）为 0.61 分/kW·h；装机容量为 600 MW 的机组，平均除尘建设成本为 77 元/kW，平均除尘总成本（运营成本+建设成本）为 0.21 分/kW·h。不同机组规模单位除尘建设成本和单位运营成本如表 4-3-13 所示。设备折旧按 20 年计。

表 4-3-13 燃煤电厂超低排放不同机组规模除尘技术经济分析

机组	机组容量	年发电量/万 kW·h	建设成本/万元	运营成本/万元	单位建设成本/（元/kW）	单位运营成本/（分/kW·h）	单位总成本/（分/kW·h）
A3	300	165 000	5 806.29	300	194	0.18	0.41
A4		165 000	8 706.29	325.8	290	0.2	0.55
A1	350	192 500	15 808.78	300	452	0.16	0.71
A2		192 500	16 286.13	307	465	0.16	0.72
300～350 MW 机组平均单位除尘成本					359	0.17	0.61
C1	600	380 553	4 000	417.87	67	0.11	0.18
C2		279 343	5 215	320.07	87	0.11	0.23
600 MW 机组平均单位除尘成本					77	0.11	0.21

（4）超低排放改造总成本

根据上述测算，将脱硫、脱硝和除尘 3 项污染物平均治理成本相加，得到 3 种污染物超低排放总的单位成本，主要包括 3 种污染物单位建设成本、单位总成本以及改造增加的建设成本。具体各调研电厂改造机组超低排放成本如表 4-3-14 所示。设备折旧按 20 年计。

表 4-3-14 燃煤电厂改造机组超低排放成本核算

机组	容量/MW	年发电量/万 kW·h	单位建设成本/（元/kW）	单位总成本/（分/kW·h）	改造增加建设成本	
					（元/kW）	（分/kW·h）
D1	200	13 559	1 230（678）	2.86（1.73）	—	—
D2		13 559	1 230（678）	2.93（1.80）	—	—
D3		13 096	1 207（655）	2.85（1.72）	—	—
A3	300	165 000	540	1.45	154	0.14
A4	300	165 000	637	1.59	251	0.23
A1	350	192 500	1 015	1.97	181（不含脱硝）	0.16（不含脱硝）
A2	350	192 500	1 004	1.95	195（不含脱硝）	0.18（不含脱硝）
E2	300	170 740	949（590）	2.73（2.12）	263（不含除尘）	0.23（不含除尘）
C1	600	380 553	373（180）	1.62（1.1）	188	—
C2		279 343	393（200）	1.86（1.34）	208	—

D1～D3 机组各成本仅为脱硫成本。若加上调研电厂 300 MW 机组平均除尘建设成本 359 元/kW 和单位总成本 0.61 分/kW·h，平均脱硝建设成本 193 元/kW 和单位总成本 0.52 分/kW·h，则 D 机组平均单位建设成本为 1 222 元/kW，平均单位总成本为 2.88 分/kW·h。

E2 机组各项成本不含除尘成本，若加上调研电厂 300MW 机组平均除尘建设成本 359 元/kW 和单位总成本 0.61 分/kW·h，则 E2 机组单位建设成本为 949 元/kW，单位总成本为 2.73 分/kW·h。

C1、C2 机组各项成本不含脱硝成本，若加上调研电厂 300 MW 机组平均脱硝建设成本 193 元/kW 和单位总成本 0.52 分/kW·h，则 C 机组单位建设成本为 383 元/kW，单位总成本为 1.74 分/kW·h。

根据测算可以得出，200 MW 机组单位建设成本和单位总成本均最高，分别为 1 222 元/kW 和 2.88 分/kW·h；300 MW 机组单位建设成本和单位总成本次之，分别为 829 元/kW 和 1.94 分/kW·h；而 600 MW 机组单位建设成本和单位总成本均最低，分别为 383 元/kW 和 1.74 分/kW·h。因此，调研机组除 200 MW 机组外，其他机组超低排放总成本均低于目前 2.7 分/kW·h 的环保电价补贴。

3.2.4.3 超低排放改造减排成本

由于排放浓度降低，燃煤电厂经超低排放后，所获得的减排量也将增加。研究人员通过收集和整理调研电厂数据，测算出电厂经超低排放改造后，污染物减排增量和单位减排增量成本。由表 4-3-15 可得，经超低排放改造后，燃煤电厂平均单位脱硫改造成本[1]增加了 10.07 元/kg，约 0.09 分/kW·h；平均单位脱硝改造成本增加了 0.98 元/kg，约 0.03 分/kW·h；平均单位除尘改造成本增加了 15.49 元/kg，约 0.10 分/kW·h。合计超低排放总污染物减排增加的改造成本为 0.22 分/kW·h。

脱硝成本较低的原因是超低排放的脱硝改造较少。由于 F1、F2 机组相对运行小时数较低（平均不到 2 000 h），因此测算成本较高，平均值未包括这两个机组。

由于未获得改造前污染物减排数据，假设改造前 SO_2 出口浓度按特别排放限值 50 mg/m^3 计，改造前 NO_x 出口浓度按特别排放限值 100 mg/m^3 计，改造前烟尘出口浓度按特别排放限值 20 mg/m^3 计。且假设改造前后进口浓度相同。设备折旧按 20 年计。

表 4-3-15 燃煤电厂超低排放改造前后污染物减排成本核算

电厂	机组容量/MW	发电量/万 kW·h	超低改造增加费用/万元	增加的减排量/t	超低减排成本/（元/kg）	超低排放增加成本/（分/kW·h）
脱硫						
A1	350	192 500	100	123	8.15	0.05
A2	350	192 500	100	123	8.15	0.05
A3	300	165 000	100	236	4.23	0.06
A4	300	165 000	100	236	4.23	0.06
C1	600	380 553	338	216	15.60	0.09
C2	600	279 343	338	202	16.72	0.12
E2	300	380 553	310	232	13.38	0.18
F1	660	279 343	415	86	48.41	0.44
F2	660	170 740	540	145	37.27	0.33
脱硫平均					10.07	0.09

[1]由于未获得超低排放改造前运行成本，本阶段仅对投资成本进行核算。

电厂	机组容量/ MW	发电量/ 万 kW·h	超低改造增加费用/ 万元	增加的减排量/t	超低减排成本/ (元/kg)	超低排放增加成本/ (分/kW·h)
脱硝						
A3	300	165 000	50	506	0.99	0.03
A4	300	165 000	50	506	0.99	0.03
C1	600	380 553	25	722	0.35	0.01
C2	600	279 343	25	673	0.37	0.01
E1	300	159 949	85	511	1.66	0.05
E2	300	170 740	85	556	1.53	0.05
脱硝平均					0.98	0.03
除尘						
A1	350	192 500	217	123	17.72	0.11
A2	350	192 500	241	139	17.35	0.13
A3	300	165 000	81	115	7.06	0.05
A4	300	165 000	226	128	17.61	0.14
C1	600	380 553	200	144	13.86	0.05
C2	600	279 343	261	135	19.36	0.09
F1	660	94 441	393	30	132.87	0.42
F2	660	164 599	393	50	78.83	0.24
除尘平均					15.49	0.10

3.2.4.4　新建机组超低排放成本分析

对于新建燃煤机组，环保设施与主体工程同时设计、同时施工和同时投产，环保设施建设投资增加幅度较小，新建超低排放机组污染减排成本较低。根据某电厂调研情况，现行脱硫 1.5 分/（kW·h）电价可满足新建大机组超低成本；现行除尘 0.2 分/（kW·h）电价可满足新建大机组超低运行成本，不能弥补投资成本。

根据调研电厂提供数据测算[1]，1 000 MW 新建机组单位建设成本 218 元/kW，单位治理成本 2.3 分/（kW·h），低于目前 2.7 分/（kW·h）的电价。因此，现行环保电价可满足新建大机组（1 000 MW）超低排放成本。

此外，通过相关文献及报道，初期实现“近零排放”的某新建 300 MW 燃煤机组，采取“旋转电极除尘器+湿式除尘器+低氮燃烧器+脱硫增效”改造技术路线，大气污染治理总投资 14 003 万元，其中为实现超低排放增加设备投资 3 455 万元，发电成本增加 0.42 分/（kW·h）。

3.2.4.5　国内相关专家的研究

研究人员对国内相关燃煤电厂超低排放成本效益分析的文献进行调研，分析汇总了超低排放单位建设成本、单位总成本，以及超低排放增加的单位成本。具体各成本细目如表 4-3-16 所示。由表 4-3-16 可见，本研究测算结果中新建机组各项成本与国内研究结果基本一致。改造机组增加的建设成本与国内研究结果基本一致，但单位发电增加成本比国内研究结论偏小。原因可能：一是国内研

[1] 由于获得新建机组样本量较小，此数据仅可作为参考。

究结论是全国平均值，既包括新建机组也包括改造机组，新建机组比改造机组成本低；二是本研究样本量较小且地区相对集中，多数样本为河北省内电厂。

表 4-3-16 国内超低排放成本研究结果汇总

机组容量/MW	单位建设成本/（元/kW）	单位总成本/（分/kW·h）	增加的成本/（分/kW·h）	研究学者	单位
300	136	0.64～1.08	—	王树民等	神华国华
	—	—	1.87	朱法华等	国电
	—	0.466	1.87	张东辉，庄烨等	龙源，国电新能源
	208		1.6	李敏，周时畅	中金公司
600～630	—	—	1～2	王志轩	中电联
	219	—	1.43	朱法华等	国电
1 000	127	—	0.96	朱法华等	国电

3.2.5 与其他行业污染物减排成本比较分析

通过测算电力行业与典型高污染行业的脱硫、脱硝、除尘的治理成本，模拟分析采用与超低排放成本相同的投资，用于其他污染物排放较高行业的大气污染防治的经济可行性。研究行业间污染物协同控制水平及管理成本等因素差异，对比研究出成本更低、经济更可行的治理方式。

课题组通过实地调研和发放调查问卷的方式，共获取全国 29 个省市自治区的有效数据近 700 份，主要涵盖电力、水泥、钢铁、化工、有色金属、采矿、电镀等多个重点行业。此外，结合 2013 年环境统计数据。根据数据收集数量和有效性，本研究将重点选取钢铁和水泥这两个行业与电力行业的减排成本及效果进行对比分析。所有数据均为 2013 年数据。

3.2.5.1 数据收集与处理

课题组以实地考察和发放污染物治理成本调查问卷的形式，在全国范围收回有效问卷五百余份。其中，电力行业有效数据 202 组、钢铁行业有效数据 137 组、水泥行业有效数据 169 组，共 508 组。具体数据收集情况如表 4-3-17 所示。

表 4-3-17 大气污染物治理成本数据收集情况

项目	电力	钢铁	水泥	合计	选取技术
有效数据	202 组	137 组	169 组	508 组	
脱硫	72 组	53 组	—	125 组	石灰石-石膏湿法，炉内喷钙脱硫，循环流化床干法，双碱法脱硫等
脱硝	54 组	—	76 组	130 组	SCR，SNCR，低氮+SCR 等
除尘	76 组	84 组	93 组	253 组	电袋除尘、静电除尘、布袋除尘、多管旋风除尘等

3.2.5.2 平均治理成本

全国电力行业污染物治理成本调研共收集有效数据 202 组，包括脱硫（72 组）、脱硝（54 组）、除尘（76 组）。按算术平均测算的平均单位污染物脱硫、脱硝和除尘成本分别为 3.09 元/kg、4.18 元/kg、0.29 元/kg。表 4-3-18 列出了全国电力行业按区域划分的平均单位污染物治理成本。

表 4-3-18 全国电力行业平均单位污染物治理成本　　单位：元/kg

项目	脱硫	脱硝	除尘
算术平均	3.09	4.18	0.29
东部	3.21	3.88	0.26
中部	2.67	4.93	0.36
西部	1.61	3.72	0.27

全国钢铁行业污染物治理成本调研共收集有效数据 137 组，包括脱硫（53 组）、除尘（84 组）。按算术平均测算的平均单位污染物脱硫和除尘成本分别为 4.52 元/kg 和 0.90 元/kg。表 4-3-19 列出了全国钢铁行业按区域划分的平均单位污染物治理成本。

表 4-3-19 全国钢铁行业平均单位污染物治理成本　　单位：元/kg

项目	脱硫	除尘
算术平均	4.52	0.90
东部	4.25	1.06
中部	6.19	0.82
西部	4.11	0.59

全国水泥行业污染物治理成本调研共收集有效数据 169 组，包括脱硝（76 组）、除尘（93 组）。按算术平均测算的平均单位污染物脱硝和除尘成本分别为 4.53 元/kg 和 0.17 元/kg。表 4-3-20 列出了全国水泥行业按区域划分的平均单位污染物治理成本。

表 4-3-20 全国水泥行业平均单位污染物治理成本　　单位：元/kg

项目	脱硝	除尘
算术平均	4.53	0.17
东部	5.31	0.27
中部	3.44	0.15
西部	4.26	0.08

3.2.5.3 边际治理成本

根据 3.2.3.3 中的式（13），二氧化硫、氮氧化物、烟尘的边际处理成本函数可以表示为：

$$C_i = \mathrm{e}^{\alpha_0} \cdot W_i^{\alpha_1} \cdot \left[\frac{E_{\text{in}}}{I_{\text{in}}}\right] \beta_i \tag{16}$$

式中：C_i——第 i 个电厂的污染物削减总费用；

W_i——电厂 i 的废气排放量；

E_{in}——污染物出口浓度；

I_{in}——污染物进口浓度。

对应的边际处理费用函数，可以表示为：

$$\frac{\partial C_i}{\partial E_i} = \frac{\beta_i}{E_i} \cdot \mathrm{e}^{\alpha_0} \cdot W_i^{\alpha_1} \cdot \left[\frac{E_{\text{in}}}{I_{\text{in}}}\right] \beta_i \tag{17}$$

根据式（16），结合调研数据，用 Stata 软件对样本数据进行回归，将计算出的结果代入式（17），得出全国电厂平均边际脱硫成本为 4.80 元/kg，平均边际脱硝成本为 7.57 元/kg，平均边际除尘成本为 2.14 元/kg；全国钢铁厂平均边际脱硫成本为 5.74 元/kg，平均边际除尘成本为 1.52 元/kg；全国水泥厂平均边际脱硝成本为 6.28 元/kg，平均边际除尘成本为 3.44 元/kg。

3.2.5.4 行业间污染物减排成本差异分析

通过前面对电力行业、钢铁行业、和水泥行业三个典型高污染行业的污染物减排平均成本和边际成本的测算可得：在脱硫成本中，电力行业的平均和边际脱硫成本均较低；在脱硝成本中，电力行业的平均脱硝成本较低；在除尘成本中，水泥行业的平均除尘成本较低、钢铁行业的边际除尘成本较低。表 4-3-21 总结了三个行业脱硫、脱硝、除尘的污染物平均治理成本和边际成本。

表 4-3-21 高污染行业单位污染物治理成本汇总 单位：元/kg

测算方法	重点行业	脱硫	脱硝	除尘
平均成本法	电力	3.09	4.18	0.29
	钢铁	4.52	—	0.90
	水泥	—	4.53	0.17
边际成本法	电力	4.80	7.57	2.14
	钢铁	5.74	—	1.52
	水泥	—	6.28	3.44

在相同的投资下，单位污染物治理成本较低的行业将获得更大的减排效益。因此在资金有限的情况下，由于较低的脱硫、脱硝单位成本，电力行业可作为脱硫和脱硝的首选行业。除尘相关鼓励政策可向钢铁和水泥行业稍作倾斜。

然而，除了核算污染物减排成本，在政策选择前还需综合考虑其他因素，如管理成本因素。由于我国电力行业属于垄断性行业，电厂基本为大型国有集团企业旗下，易于政策传达管理；而在水泥、钢铁等行业及其他重工业中，民营企业占有较大比例，相对于电力企业管理较为分散，政策实施起来成本较电力企业高。因此，在全国范围内和全行业推广污染物超低排放技术和政策之前，由电力行业作为超低排放先试先行的行业是正确的。

通过绘制各行业污染物边际治理成本曲线，可以得出不同削减率下不同行业污染物超低排放边际成本。经测算得出，电力和钢铁行业实行超低排放改造，增加的脱硫成本较多，如将削减率从 70%

提高至 99%，成本将增加 2～3 倍；而除尘成本则相对增加较小，如削减率由 99.7%提高至 99.99%，成本仅提高 5%～7%；对水泥行业如果实行超低排放改造，其除尘成本将增加两倍多（如削减率由 99.7%提高至 99.99%）。因此，可以加大对钢铁行业除尘改造的鼓励力度。

3.2.6 小结

超低排放技术种类繁多且发展迅猛，在燃煤电厂烟气治理领域，污染物协同处理是发展趋势。脱硫除尘一体化技术被认为是高效、经济的燃煤电厂大气污染物治理技术。

超低排放在技术上没有区域性的差别。但燃煤煤质的优劣会影响电厂超低排放的效果和成本。基于煤质的对比，在其他条件如投资和技术相似的情况下，东部燃煤电厂超低排放减排效果较中部更具优势，而中部则较西部更有优势。

新建大容量机组超低排放建设成本和运行成本较低，对于 1 000 MW 机组来讲，建设成本仅为 112 元/kW，治理总成本 2.3 分/kW·h，低于目前环保电价。相对来讲，现有机组超低排放改造成本较大，特别是最近几年新进行环保改造的机组。根据调研数据测算得出，超低排放改造增加建设成本为 154～263 元/kW，合计达到超低排放标准处理污染物增加的总成本 0.22 分/kW·h。

经测算在资金有限的情况下，由于较低的脱硫、脱硝单位成本，电力行业可作为脱硫和脱硝的首选行业。除尘相关鼓励政策可向钢铁行业稍作倾斜。在综合考虑如管理成本等其他因素后，在全国范围内和全行业推广污染物超低排放技术和政策之前，由电力行业作为超低排放先试先行的行业是正确的。

3.3 超低排放减排和质量改善贡献分析

3.3.1 超低排放对大气污染物总量减排贡献分析

电力行业是总量减排的主要领域之一，“十一五”期间，电力行业提前一年完成了 SO_2 排放总量控制在 1 000 万 t 的目标。在“十二五”规划中，电力行业仍然是重点减排行业之一，根据国务院分别发布的《能源发展“十二五”规划》，到 2015 年供电煤耗降至 323 g/kW·h；SO_2、NO_x 排放量分别降至 800 万 t、750 万 t，电力行业已经提前实现了污染物总量控制目标。全面实施超低排放后，电力行业污染物排放量将大幅下降。

3.3.1.1 电力行业污染物排放现状

2013 年，电力行业 SO_2、NO_x 和烟粉尘排放量分别为 720.6 万 t、896.9 万 t 和 270.3 万 t[1]。其中，独立火电厂排放 SO_2 634.1 万 t、NO_x 861.8 万 t、烟（粉）尘 183.9 万 t。

随着 2014 年 7 月 1 日新的《火电厂大气污染物排放标准》实施，电力行业大气污染物排放量大幅下降。经中电联初步统计分析，电力烟尘、SO_2、NO_x 排放量预计分别降至 98 万 t、620 万 t、620 万 t 左右，分别比 2013 年下降约 31.0%、20.5%、25.7%。与 2006 年排放最高时相比，烟尘、SO_2、NO_x 三项污染物排放之和减少了约 50%。超低排放比现有的《火电厂大气污染物排放标准》又有了

[1] 中国环境统计年报，2013。

更严格的要求，会进一步促进火电行业的减排。

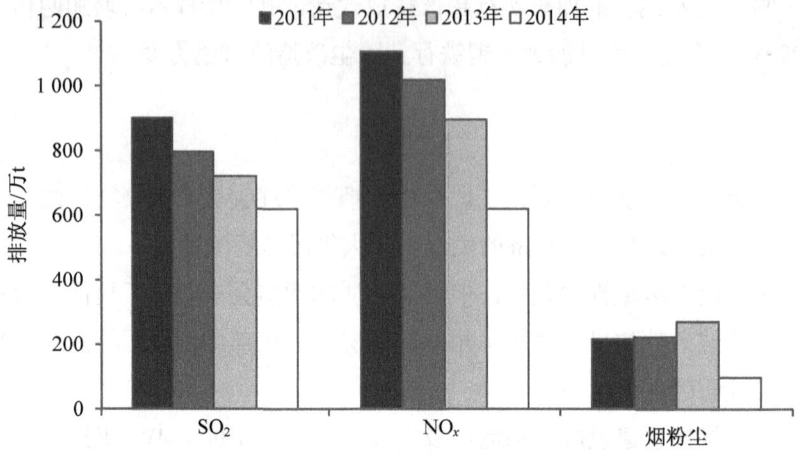

图 4-3-9　火电行业污染物排放情况

3.3.1.2　目前国家要求减排贡献分析

全国共有投产在运煤电总装机容量 79 578 万 kW，其中，300 MW 以上机组容量 63 661 万 kW[1]。《火电厂大气污染物排放标准》（GB 13223—2011）实施后，污染物排放浓度限值要求大幅提高，见表 4-3-22。

表 4-3-22　不同时段的火电厂大气污染物排放标准要求

<table>
<tr><th>执行时间</th><th>建成投产时间</th><th>烟尘</th><th>SO_2</th><th colspan="2">NO_x/V_{daf}</th><th>标准编号</th></tr>
<tr><td rowspan="5">2010 年 1 月 1 日起执行</td><td rowspan="2">1997 年前</td><td rowspan="2">200</td><td rowspan="2">1 200</td><td>1 500</td><td>＜10%</td><td rowspan="8">GB 13223—2003</td></tr>
<tr><td>1 100</td><td>≥10%</td></tr>
<tr><td rowspan="3">1997—2003 年</td><td>50</td><td>400</td><td>1 300</td><td>＜10%</td></tr>
<tr><td>100 (1)</td><td>1 200 (1)</td><td>650</td><td>≥10%</td></tr>
<tr><td>200 (2)</td><td></td><td></td><td></td></tr>
<tr><td rowspan="3">氮氧化物排放限值 2005 年 1 月 1 日起执行</td><td rowspan="3">2004—2011 年</td><td>50</td><td>400</td><td>110</td><td>＜10%</td></tr>
<tr><td>100 (1)</td><td>800 (2)</td><td>650</td><td>≥10%
≤20%</td></tr>
<tr><td>200 (2)</td><td>1 200 (3)</td><td>450</td><td>＞20%</td></tr>
<tr><td rowspan="2">2014 年 7 月 1 日起</td><td rowspan="2">2011 年 12 月 31 日之前</td><td rowspan="2">30</td><td>200</td><td colspan="2" rowspan="4">100
200 (5)</td><td rowspan="5">GB 13223—2011</td></tr>
<tr><td>400 (4)</td></tr>
<tr><td rowspan="2">2012 年 1 月 1 日起</td><td rowspan="2">2012 年 1 月 1 日至今</td><td rowspan="2">30</td><td>100</td></tr>
<tr><td>200 (4)</td></tr>
<tr><td>2014 年 7 月 1 日起</td><td>重点控制区</td><td>20</td><td>50</td><td colspan="2">100</td></tr>
</table>

注：2010 年后增加了汞及其化合物的浓度限值，0.03 mg/m³。

（1）本标准实施前，环境影响报告书已批复的脱硫机组，以及位于西部两控区的燃用特低硫煤（入炉燃煤收到基硫分小于 0.65%）的坑口电厂锅炉执行该限值。

（2）以煤矸石邓为主要燃料（入炉燃料收到基低位发热量小于等于 1 255 kJ/kg）的资源综合利用火力发电锅炉执行该限值。

（3）位于西部非两控区的燃用特低硫煤（入炉燃煤收到基硫分小于 0.5%）的坑口电厂锅炉执行该限值。

（4）位于广西壮族自治区、重庆市、四川省和贵州省的火力发电锅炉执行该限值。

（5）采用 W 形火焰炉膛的火力发电锅炉，现有循环流化床火力发电锅炉，以及 2003 年 12 月 31 日前建成的投产或通过建设项目环境影响报告书审批的火力发电锅炉执行该限值。

---

[1] 电力统计资料汇编，2013。

2011 年 12 月 31 日之前现有燃煤发电机组环保设施需要改造升级，机组容量达 70 929 万 kW。根据环境保护部发布的《关于执行大气污染物特别排放限值的公告》，京津冀、长三角、珠三角等“三区十群”19 个省（区、市）47 个城市划为重点控制区，区域内的火电、钢铁、石化、水泥、有色、化工六大行业以及燃煤锅炉项目执行大气污染物特别排放限值。如果全国重点控制区燃煤机组在 2015 年全部达到《火电厂大气污染物排放标准》（GB 13223—2011）中特别限值要求（表 4-3-22），其他地区达到一般要求，根据测算，全国煤电排放水平大致在 SO_2 449 万 t，NO_x 499 万 t、烟尘 78 万 t。

3.3.1.3　超低排放的贡献

如果京津冀、长三角、珠三角等 19 个重点省全部达到超低排放，可以削减 SO_2 排放 208 万 t、NO_x 224 万 t、烟尘 42 万 t。根据《国家环境保护“十二五”规划》，到 2015 年全国 SO_2 排放总量 2 084 万 t，NO_x 2 046 万 t，19 个重点省实现超低排放后增加的 SO_2、NO_x 减排量占全国总量 7.7%和 4.1%。而重点控制区的 47 个城市中，总计 1 亿 kW 的燃煤电厂从特别排放限值改造为超低排放后，SO_2、NO_x 减排量仅为 17 万 t、18 万 t。

按照全国 30 万 kW 及以上燃煤机组和东部地区 10 万 kW 及以上自备燃煤机组全部实施超低排放改造考虑，扣除西南高硫份地区、W 形火焰锅炉和循环硫化床锅炉等由于 SO_2、NO_x 产生浓度过高暂不具备全面实施超低排放改造条件的机组外，具备超低排放改造条件的煤电机组合计 5.8 亿 kW，全部达到超低排放，其他机组执行现行标准，SO_2、NO_x、烟尘排放量分别为 214 万 t、257 万 t、39 万 t，比 2015 全部达到标准后减少 SO_2 排放量 235 万 t、NO_x 排放量 242 万 t、烟尘排放量 48 万 t、SO_2、NO_x 减排量占全国总量控制目标的 10.3%和 12.6%。

3.3.2　超低排放对环境质量的贡献不明显

煤电厂超低排放将进一步减少污染物排放，同时带来一定环境效益和社会效益，主要体现在促进环境质量的改善和减少环境污染对人体健康的损害。

我们利用 CAMx 空气质量模型模拟分析了火电行业排放对空气质量的影响。结果表明：火电行业对全国城市 SO_2、NO_2 及 $PM_{2.5}$ 年均浓度平均贡献率分别为 15.57%、19.57%、8.46%，其呈现“对 NO_2 影响＞对 SO_2 影响＞对 $PM_{2.5}$ 影响”的总体特征。由于 SO_2、NO_x 总量控制政策的实施，全国城市 SO_2 年均浓度显著下降，NO_2 污染的趋势得到有效遏制。2014 年全国空气质量监测数据表明，地级及以上城市 SO_2、NO_2 年均浓度超标率分别为 11.8%、37.3%，大部分城市 SO_2 年均浓度已经达标。然而 2014 年 161 个开展 $PM_{2.5}$ 监测的城市中，$PM_{2.5}$ 年均浓度超标率高达 88.8%，$PM_{2.5}$ 已经成为大气污染的首要污染物。但火电行业对全国城市 $PM_{2.5}$ 年均浓度的贡献率仅为 8.46%。此外，火电行业对 SO_2、NO_2 及 $PM_{2.5}$ 年均浓度贡献的空间差异性显著，呈现“空气污染越重地区，火电行业贡献越低”的总体特征。京津冀鲁豫、长三角、以武汉城市群及长株潭城市群为中心的两湖平原地区、成渝地区中大部分空气污染最为严重的区域，火电行业对 $PM_{2.5}$ 的贡献率低于 8%。因此，要改善重污染地区空气质量，相比全国层面控制火电行业的效果更加有限，必须强化非电行业的污染控制。考虑到火电行业属于高架源，排放的污染物易于远距离传输，进一步控制火电行业将有利于降低区域间的相互影响，改善区域环境空气质量。但在重污染地区强化非电行业多种污染物的协同控制至关重要，是改善空气质量的根本出路。

3.3.3 实现超低排放的成本分析

3.3.3.1 超低排放达标投资需求

超低排放的投资主要包括建设成本与运行成本两部分，其中建设成本包括设备购置费、工程建筑费、安装费、工程技术服务费等，运行成本包括脱硫剂（脱硫）、催化剂（脱硝）、材料和备件的消耗（除尘）、折旧费、年维修费、年人工费等。燃煤机组超低排放改造的费用差异较大，所选技术、机组规模、原有技术设备都是影响改造成本的因素。新建大容量机组超低排放建设成本和运行成本较低。相对来讲，现有机组超低排放改造成本较大，特别是最近几年新进行环保改造的机组。根据调研数据测算得出，经超低排放改造后，合计达到超低排放标准处理污染物增加的总改造成本为154～250/kW，现有机组按 200 元/kW 改造投资计算，5.8 亿 kW 机组全部改造需要投资 1 160 亿元，每年还需要增加 290 亿元的运行费用（按照运行费用增加 30%，0.9 分/kW·h 计算[1]）。我国现行环保设施建设时间较短，脱硫机组大规模发展自 2005 年以后，脱销更是在“十二五”期间。按机组容量算 90%以上的脱硫机组投运时间是在 2006 年以后，近 90%的脱销机组投运时间是在 2010 年以后。刚刚建成的设施改造将造成极大浪费。

3.3.3.2 超低排放监测成本

国家和地方政府提出了超低排放要求，排放限值差别较大，下一步应制定相应的技术体系指南。加强超低排放达标的监督管理，要对燃煤电厂烟气排放连续监测系统进行改造，增加精度，使其可以科学地反映电厂超低排放的实际浓度。现有的超低排放技术都是企业各自开发，新技术、新工艺、新设备应缺乏相应的技术评价体系，超低排放所运用的技术、工艺、设备是否成熟、可靠、可复制性及推广性缺乏相关部门的评价认定。烟尘监测设备更换费用需要 60 万元/台左右，2013 年火电厂除尘设施 6 709 台，烟尘超低排放监控设备粗略估计需要 40 亿元投资。

3.3.4 钢铁和水泥行业减排潜力分析

3.3.4.1 钢铁行业减排潜力分析

（1）美国和欧盟钢铁行业排放标准

美国对钢铁企业气体污染物排放（针对颗粒物）标准非常详细[2]。除了有国家的排放标准，各州根据本地区钢铁企业生产及环保设备的情况，对每个企业的不同工序、不同排放点都制定了排放标准。对于不同钢铁企业的同一类排放点，各州污染物排放标准的差距比较大，见表 4-3-23。

欧盟钢铁行业烧结工序严格控制烟气中粉尘排放量，按烧结矿量计算，烧结厂粉尘排放量控制在 155～255 g/t，球团厂粉尘排放量控制在 20～130 g/t。对于烧结烟尘排放德国执行阶梯标准，在每小时烟尘总排放量小于 0.2 kg 时，执行排放限制为 150 mg/m^3，在每小时烟尘总排放量大于 0.2 kg 时，执行粉尘排放限制 20 mg/m^3（表 4-3-24）。欧盟钢铁行业对烧结烟气中的 SO_2 控制要求严格，其不仅要求烧结工序采用低硫分焦粉和铁矿石作为原料，使产生废气中 SO_2 浓度要求小于 500 mg/m^3，

[1] 朱法华，等. 超低排放技术经济分析。
[2] 付本金，等. 我国钢铁行业“三废”排放标准及发展趋势。

而且烟气中 SO_2 也要求采用脱硫工艺，使 SO_2 的排放浓度小于 100 mg/m³。德国钢铁行业烧结厂的排放控制要求为 NO_x 小于 400 mg/m³。英国钢铁工业 NO_x 排放标准则为 200～300 mg/m³。

表 4-3-23　美国部分钢铁公司粉尘排放标准

企业名称	州	控制方式	限制浓度/（mg/m³）
内陆钢铁公司	印第安纳州	布袋除尘	16.02
美国钢铁公司	印第安纳州	布袋除尘	22.88
LTV 钢公司	印第安纳州	湿式除尘	45.77
伯利恒钢铁公司	印第安纳州	湿式除尘	0.14
AK 钢公司	俄亥俄州	湿式除尘	22.7
惠林—匹兹堡公司	弗吉尼亚州	湿式除尘	68.65

表 4-3-24　TA-Luft—2002 空气质量控制要求（部分）

项目	烧结厂总烟尘量/（mg/m³）	烧结厂（脱硫前）SO_2/（mg/m³）	烧结厂 NO_2/（mg/m³）	二噁英/（ng/m³）	铅/（mg/m³）
限值	20 (1)/150 (2)	500	400	0.4	1

注：（1）每小时烟尘排放大于 0.2 kg 时；（2）每小时烟尘排放小于 0.2 kg 时。

（2）钢铁行业减排潜力分析

钢铁行业是继火电行业之后的又一大污染性行业，钢铁冶炼生产过程产生大量的 SO_2、NO_x 和烟尘等污染物，据环保部统计，2013 年钢铁行业的 SO_2、NO_x 和烟尘排放量分别为 200 万 t、54.3 万 t 和 60.1 万 t，其中 SO_2 排放量占到工业源总排放量的 10.5%，仅次于火电行业的排放量。根据《钢铁烧结、球团工业大气污染物排放标准》规定，经过 3 年过渡期后，2015 年 1 月 1 日起，所有钢铁企业烧结要达到标准所规定限值（表 4-3-25）。

表 4-3-25　钢铁烧结、球团工业大气污染物排放标准　单位：mg/m³

生产工序	污染项目	限值	污染物排放监控位置
烧结机球团焙烧设备	颗粒物	50	车间或生产设备排气筒
	SO_2	200	
	NO_x	300	
	氟化物	4	
	二噁英	0.5	
烧结机机尾	颗粒物	30	

经过渡期后，SO_2 排放要达到 200 mg/m³，颗粒物要达到 50 mg/m³、30 mg/m³ 的限值，现有污染治理设备很难达到标准要求。因此，需要增加较大的资金投入。烧结（球团）设备需要安装脱硫装置，烧结脱硫装置具有协同作用，不仅使 SO_2 排放满足 200 mg/m³ 要求，而且颗粒物也能够满足 50 mg/m³ 要求。按全国总烧结面积 38 000 m² 计算，折算成 360 m² 烧结机 105 台。每台烧结机脱硫装置费用约 1 亿元，则全国烧结机脱硫需投资 105 亿元，另外，还有约 100 套球团生产设备脱硫需

投资 100 亿元，总共需要大约 205 亿元的投资。年运行费用 20.5 亿元。其他生产设备还有 25.3%的电除尘器，要达到 30 mg/m^{3}排放要求，有一定的困难，如果改成布袋除尘器还需投资 37.8 亿元。

以 2013 年全国烧结矿（包括球团矿）年产量 10 亿 t 计算，若按新标准现源计算：①吨产品排尘量为 0.50 kg，总排尘量约为 25 万 t，比执行原标准削减 17 万 t 排放量；②SO_2执行现行标准时，烧结机达标排放的吨产品 SO_2约为 2.7 kg，总排放量约为 140 万 t。若按新标准现源计算，吨产品 SO_2排放量为 2.00 kg，总排放量约为 100 万 t，比执行原标准削减 40 万 t。

3.3.4.2 水泥行业减排潜力分析

（1）水泥行业排放标准比较

美国水泥行业大气污染物排放控制标准基于污染控制技术而制订[1]，针对常规污染物的新源特性标准（NSPS），列入联邦法规典 40 CFR 60 Subpart F（表 4-3-26），NSPS 是基于最佳示范技术（BDT）；另一是针对 189 种空气毒物(Air Toxics，近几年有修订)的危险空气污染物国家排放标准(NESHAP)，列入联邦法规典 40 CFR 63 Subpart LLL（略），NESHAP 是基于最大可达控制技术（MACT）。

表 4-3-26 美国水泥行业新源排放标准

受控设施/工艺	污染物	1971.8.17—2008.6.16 建设、重建、改建	2008.6.16 后 建设、重建、改建	说明
水泥窑（包括窑磨一体机）	PM	0.3 磅/t 生料（干态） 0.01 磅/t 熟料	（约 2 mg/m^3）	1 磅≈0.454 kg，按每吨熟料 2 000～3 000 m^{3}烟气量计算
	不透光率	20%	20%	
	NO_x	1.5 磅/t 熟料	（约 300 mg/m^3）	
	SO_2	0.4 磅/t 熟料	（约 80 mg/m^3）	
熟料冷却机	PM	0.1 磅/t 生料（干态）	0.01 磅/t 熟料	
	不透光率	10%	10%	
其他——原料磨；水泥磨；原料干燥机；原料、熟料及水泥产品贮库；输送系统转运点；包装；散装水泥装卸系统等	不透光率	10%	10%	

欧盟将工业点源的污染物排放纳入综合污染预防与控制（IPPC）指令进行多环境介质（水体、大气、土壤、噪声等）的统一管理。它将工业生产活动划分为能源工业、金属工业、无机材料工业、化学工业、废物管理以及其他活动 6 大类共 33 个行业，水泥行业是其中之一。水泥行业 BAT 文件最初发布于 2001 年 12 月，最新的文件是 2010 年 5 月，相应 BAT 排放要求见表 4-3-27。

我国一些省级人民政府制定了更严格的地方水泥工业排放标准，如北京市从 2007 年、广东省从 2012 年分别开始执行 NO_x500 mg/m^{3}或 550 mg/m^{3}的严格限值，走在了全国前列。福建、重庆等省（市）也在抓紧制定地方标准，见表 4-3-28。

[1] 江梅，等. 国内外水泥工业大气污染物排放标准比较研究。

表 4-3-27　欧盟水泥行业 BAT

污染物	排放源	BAT 相关排放水平	排放水平说明
颗粒物	水泥窑	<10～20 mg/m^3	
	冷却、粉磨	<10～20 mg/m^3	
	其他产尘点	<10 mg/m^3	
NO_x	预热器窑	<200～450 mg/m^3	1. 窑况良好时，可实现<350 mg/m^3；200 mg/m^3 仅三家工厂有过报道。 2. 如果采用初级措施/技术后，NO_x>1 000 mg/m^3，则 BAT 排放水平为 500 mg/m^3
	立波尔窑、长窑	400～800 mg/m^3	基于初始排放水平和氨逸出率
SO_2	水泥窑	<50～400 mg/m^3	与原料中 S 含量有关
HCl	水泥窑	<10 mg/m^3	
HF	水泥窑	<1 mg/m^3	
PCDD/F	水泥窑	<0.05～0.1 ng/m^3	
Hg	水泥窑	<0.05 mg/m^3	
Cd+Tl	水泥窑	<0.05 mg/m^3	
As+Sb+Pb+Cr+Co+Cu+Mn+Ni+V	水泥窑	<0.5 mg/m^3	

表 4-3-28　部分省、直辖市地方水泥工业排放标准

省市	标准号	区域	实施日期	SO_2	NO_x	PM	F
北京市	DB11/237—2004	A 区	2007.1.1	禁排	禁排	禁排	禁排
		B 区	2007.1.1	30	500	30	2
广东省	DB44/818—2010	A 区	2012.1.1	100	550	30	3
		B 区	2014.1.1				
福建省	报批稿	所有	2014.1.1	100	400	30	5
重庆市	报批稿	主城区	2013.1.1	150	250	15	—
		影响区	2013.1.1	200	350	30	—
		其他区域	2013.1.1	200	550	50	—

注：杭州市下发文件《杭州市燃煤电厂（热电）和水泥熟料脱硝工程实施计划》，要求水泥窑 NO_x 控制在 150 mg/m^3 以下。

（2）水泥行业减排潜力分析

我国是水泥生产与消费大国，2011 年我国水泥产量达到 20.9 亿 t，占世界水泥产量的一半以上。水泥工业颗粒物排放占全国颗粒物排放量的 15%～20%，SO_2 排放占全国 SO_2 排放量的 3%～4%，NO_x 排放占全国 NO_x 排放量的 10%～12%。2013 年颁布的《水泥工业大气污染物排放标准》要求 2015 年 7 月 1 日达到限值要求（表 4-3-29）。

表 4-3-29 水泥行业排放标准

单位：mg/m^3

生产过程	生产设备	颗粒物	二氧化硫	氮氧化物	氟化物	汞及其化合物	氨
矿山开采	破碎机及其他通风生产设备	20	—	—	—	—	—
水泥制造	水泥窑及窑尾余热利用系统	30	200	400	5	0.05	10
	烘干机、烘干磨、粉磨及冷却机	30	600	400	—	—	—
	破碎机、磨机包装机及其他通风设备	20	—	—	—	—	—
散装水泥中转站及水泥制品	水泥仓库	20	—	—	—	—	—

为了达到 NO_x 排放浓度 400 mg/m^3 的要求，需要对现有生产进行改造。全国现有的 1 400 条生产线（含少量其他回转窑）需进行达标改造。现有水泥生产线安装 SNCR 脱硝装置，单线投资约 500 万元（不进行工艺改造），预计全国安装费用约 70 亿元。

3.3.5 小结

随着电力行业排放标准的不断提高，减排成本也在逐渐增加。在减排的初期阶段，电力行业技术成熟和成本相对较低、减排贡献大；但是随着标准的不断提高，电力行业的减排成本不再具有优势。根据调查，目前钢铁行业除尘和水泥行业脱硝成本低于火电行业，电力行业污染减排成本优势已经不明显，而超低排放减排不具备成本优势。

在推进电厂超低排放的过程中，也应该加强其他行业的减排力度。如果京津冀、长三角、珠三角等 19 个重点省全部达到超低排放，可以削减 SO_2 排放 161 万 t、NO_x 84 万 t、烟尘 23 万 t。火电行业对全国大气污染的首要污染 $PM_{2.5}$ 年均浓度的贡献率仅为 8.46%，因此不应仅将火电行业作为污染减排的重点，必须强化非电行业的污染控制。

超低排放也会带来较大的改造成本。全部实现超低排放，现有机组按照 200 元/kW 改造投资、增加运行费用按 1 分/kW·h 计算，全国具备超低排放改造条件的煤电机组合计 5.8 亿 kW 机组全部改造需要投资 1 160 亿元，每年增加运行费用 290 万元左右。

3.4 超低排放环保政策及其影响分析

3.4.1 超低排放相关的环保政策

3.4.1.1 国家排放标准和各地区超低排放要求

《火电厂大气污染物排放标准》（GB 13223—2011）在 2012 年颁布实施，标准规定到 2014 年 7 月 1 日，现役燃煤电厂必须达到 SO_2 100 mg/m^3、NO_x 100mg/m^3、烟尘 30 mg/m^3 的排放要求，同时在 47 个城市实行更严格的特别排放限值。在 2014 年 9 月国家发展改革委、环境保护部和国家能源局等三部委联合发布《关于印发〈煤电节能减排升级与改造行动计划（2014—2020 年）〉的通知》后，河北、天津、山西、山东、江苏、浙江、福建、广东、安徽、河南、陕西 11 个省市自行出台的超低排放政策。河北省出台地方排放标准，《燃煤电厂大气污染物排放标准》（DB 13/2209—2015），自 2016 年 1 月 1 日起，现有及新建单台出力 65 t/h 以上（除层燃炉、抛煤机炉外）燃煤发电锅炉执行表 4-3-30 规定的排放限值（其他略）。

表 4-3-30　燃煤发电锅炉大气污染物排放浓度限值　　单位：mg/m^3 烟气黑度除外

设施类型	污染物项目	限值	污染物排放监控位置
燃煤发电锅炉	烟尘	10	烟囱或烟道
	SO_2	35	
	NO_x（以 NO_2 计）	50 100 (1)	
	氨逃逸	2.3 (2) 7.6 (3)	
	汞及其化合物	0.03	
	烟气黑度（林格曼黑度，级）	1	烟囱排放口

注：（1）W 型火焰炉膛的燃煤发电锅炉及现有循环流化床燃煤发电锅炉执行该限值。
（2）采用 SCR 和 SNCR－SCR 的燃煤发电锅炉执行该限值。
（3）采用 SNCR 的燃煤发电锅炉执行该限值。

3.4.1.2　总量控制政策

污染物总量控制制度是一项重要的环境管理制度，我国的污染物总量控制制度已经逐渐成为环境法的重要组成部分。“九五”期间，我国首次提出对污染物实行总量控制制度，总量控制逐渐成为每个五年计划的考核目标之一。在《国家环境保护“十二五”规划》中要求，到 2015 年二氧化硫排放总量要比 2010 年减少 8%，氮氧化物排放总量要比 2010 年减少 10%。电力行业是总量减排的主要领域之一，“十一五”期间，电力行业提前一年完成了 SO_2 排放总量控制在 1 000 万 t 的目标。在“十二五”规划中，电力行业仍然是重点减排行业之一，根据国务院分别发布的《能源发展“十二五”规划》，到 2015 年供电煤耗降至 323 g/kW·h；SO_2、NO_x 排放量分别降至 800 万 t、750 万 t。

总量控制与项目环境影响评价审批结合，实行“可替代总量指标”。《建设项目主要污染物排放总量指标审核及管理暂行办法》规定：建设项目主要污染物排放总量指标审核及管理应与总量减排目标完成情况相挂钩，对未完成上一年度主要污染物总量减排目标的地区或企业，暂停新增相关污染物排放建设项目的环评审批。建设项目主要污染物排放总量指标，应来源于本五年规划期前建成投运的企事业单位（城镇污水集中处理设施不受五年规划期限制）采取减排措施并稳定达到排放标准后形成的“可替代总量指标”。实行排污权交易的地区，建设项目可通过排污权交易获取总量指标。集中供热或企业内以新带老等建设项目的总量指标，可从拟替代关停的现有企业或设施可形成的削减量中预支，替代削减方案须在建设项目试生产前落实到位。对于上一年度环境空气质量年平均浓度不达标的城市，细颗粒物（$PM_{2.5}$）年平均浓度不达标的城市，做出了两倍削减替代的规定，而燃煤发电机组大气污染物排放浓度基本达到燃气轮机组排放限值的除外。火电厂超低排放不仅削减了现有火电行业的污染物排放量，实现总量削减，也为区域内新建项目腾出了环境容量，解决了企业的发展问题。

3.4.1.3 排污收费政策

排污收费制度是中国最早制定并实施的三项环境政策之一。也是中国实施时间最长的环境经济政策之一。20 世纪 70 年代末期，中国环境保护主管部门根据中国的实际情况，并借鉴国外的经验，提出了“谁污染、谁治理”的原则。根据这一原则，开始实施排污收费制度。这项政策要求一切向环境排放污染物的单位和个体经营者，应当依照政府的规定和标准缴纳一定的费用，以使其污染行为造成的外部费用内部化，促使污染者采取措施控制污染。排污收费政策自实施以来，经过多次修订，地方也出台了各自的标准。目前国家对于废气中的 SO_2 和 NO_x 排污费征收标准为每污染当量 1.2 元。

为了更好地促进企业减排，2014 年国家发展改革委发布的《关于调整排污费征收标准等有关问题的通知》第三条规定：实行差别收费政策，建立约束激励机制。企业污染物排放浓度值高于国家或地方规定的污染物排放限值，或者企业污染物排放量高于规定的排放总量指标的，按照各省（区、市）规定的征收标准加一倍征收排污费；同时存在上述两种情况的，加二倍征收排污费。企业污染物排放浓度值低于国家或地方规定的污染物排放限值 50%以上的，减半征收排污费。各地要加强对超限值排放污染物的监测和动态甄别工作，确保差别排污收费政策落实到位。

3.4.1.4 环保电价政策

2006 年实施燃煤电厂脱硫环保电价以来，对于电力环保设施的安装起到了很大的促进作用。目前，脱硫电价加价标准为每千瓦时 1.5 分钱，脱硝电价为 1 分钱，除尘电价为 0.2 分钱。国家发改委和环保部 2014 年联合印发《燃煤发电机组环保电价及环保设施运行监管办法》明确，燃煤发电机组上网电量在现行上网电价基础上执行脱硫、脱硝和除尘电价加价等环保电价政策。为了鼓励燃煤电厂超低排放，相继有些省份对超低排放单独进行了电价，江苏省规定：燃煤发电企业新建或改造后机组的排放达到燃气发电的超低排放标准，即烟尘、SO_2、NO_x 排放浓度分别不高于 5 mg/m^3、35 mg/m^3、50 mg/m^3，上网电价每千瓦时加价 1 分钱。如果一家企业在享受脱硫、脱硝、除尘电价的基础上，再获得省内的超低排放电价，累计能获得上网电价每千瓦时 3 分 7 厘钱。河南省颁布实施了《关于烟气超低排放燃煤机组基础电量奖励政策的通知》，对达标运行所发电量的超低排放燃煤发电机组，上网电价每千瓦时提高 1 分钱。2015 年 12 月 2 日，发展改革委、环境保护部和能源局联合发布了《关于实行燃煤电厂超低排放电价支持政策有关问题的通知》发改价格〔2015〕2835 号，明确超低排放电价支持标准，对 2016 年 1 月 1 日以前已经并网运行的现役机组，对其统购上网电量加价每千瓦时 1 分钱（含税）；对 2016 年 1 月 1 日之后并网运行的新建机组，对其统购上网电量加价每千瓦时 0.5 分钱（含税）。

3.4.1.5 节能发电调度

为提高电力工业能源使用效率，节约能源，减少环境污染，促进能源和电力结构调整，确保电力系统安全、高效运行，实现电力工业的可持续发展，发展改革委、环保总局、电监会、能源办在 2007 年发布了《节能发电调度办法（试行）》，该办法以节能、环保为目标，通过对各类发电机组按能耗和污染物排放水平排序，以分省排序、区域内优化、区域间协调的方式，实施优化调度，并与电力市场建设工作相结合，充分发挥电力市场的作用，努力做到单位电能生产中能耗和污染物排放最少。

一些省（区）也出台了对超低排放实施节能发电奖励的政策，《山西省人民政府办公厅关于推进全省燃煤发电机组超低排放的实施意见》规定：对超低排放电力企业予以电量奖励：对达到超低排放标准的机组，每年给予不低于 200 h 的电量奖励。

3.4.1.6 税收优惠

对于利用先进技术减排，国家已经出台了一些鼓励政策。这些政策目标在于鼓励企业利用先进技术减排的积极性，政府对这些行业给予一定的税收优惠政策。主要包括减免企业所得税政策、投资抵免企业所得税政策、减计收入计算企业所得税政策等。

（1）减免企业所得税政策

2008 年 1 月 1 日起，企业从事符合条件的环境保护、节能节水项目的所得，可以免征、减征企业所得税。即对从事公共污水处理、公共垃圾处理、沼气综合开发利用、节能减排技术改造、海水淡化等环境保护、节能节水项目的企业，给予“三免三减半”（取得生产经营收入所属纳税年度起，第一年至第三年免征企业所得税，第四年至第六年减半征收企业所得税）所得税优惠政策。

（2）投资抵免企业所得税政策

企业自 2008 年 1 月 1 日起购置并实际使用列入《环境保护专用设备企业所得税优惠目录（2008 年版）》和《节能节水专用设备企业所得税优惠目录（2008 年版）》范围内的环境保护、节能节水专用设备，可以按专用设备投资额的 10%抵免当年企业所得税应纳税额；企业当年应纳税额不足抵免的，可以向以后年度结转，但结转期不得超过 5 个纳税年度。

（3）固定资产加速折旧政策

《企业所得税法》规定，企业的固定资产由于技术进步等原因，确需加速折旧的，可以采取缩短折旧年限或采取加速折旧的方法。企业可以采取缩短折旧年限或者采取加速折旧的方法的固定资产，包括由于技术进步，产品更新换代较快的；常年处于强震动、高腐蚀状态的。采用加速折旧方法的同时，固定资产必须具备四个条件：企业拥有的固定资产；企业用于生产经营的固定资产；企业主要或关键的固定资产；确实需加速折旧的固定资产。环保企业固定资产大多或更新换代较快或常年处于强震动、高腐蚀状态，对符合条件的固定资产可以加速折旧。根据财政部、国家税务总局于 2014 年最新发布的《关于完善固定资产加速折旧企业所得税政策的通知》，规定对生物药品制造业，专用设备制造业，铁路、船舶、航空航天和其他运输设备制造业，计算机、通信和其他电子设备制造业，仪器仪表制造业，信息传输、软件和信息技术服务业 6 个行业的企业新购进的固定资产，可缩短折旧年限或采取加速折旧的方法。

3.4.2 环保相关政策的影响

经调研可知，现有环保电价对于燃煤电厂可以说是苦乐不均，影响燃煤电厂污染减排成本由建设投资和运行费用构成，影响因素有机组容量、煤炭质量和排放标准。如煤炭含硫量影响脱硫成本，灰分影响除尘成本，仅能弥补大容量机组建设成本，无法弥补运行成本。可额外增加超低排放电厂的运行小时数，弥补增加的成本。

3.4.2.1 对企业运行的影响

（1）环保电价的影响

某电厂建设 350 MW 燃煤亚临界发电机组。在超低改造过程中，增加了高效低氮燃烧器，在省煤器后加装 SCR 脱硝装置，脱硝效率达到 80%，在电除尘器前加装低温省煤器，烟温从 150℃降低至 105℃，烟气体积流量降低 10%，粉尘比电阻从 1 011 降低至 109，并对干式电除尘器所有电场全部进行高频电源改造，电除尘器除尘效率达到 99.9%。同时对脱硫设备进行扩容改造。自 2014 年投产以来，烟粉尘、SO_2、NO_x 平均排放浓度（标态）为 2.72 mg/m^3、15.76 mg/m^3、32.52 mg/m^3，实际年减排 129.39 t、256.39 t、505.29 t。之前，环保电价为每千瓦时 2.7 分，按发电量计算，企业可获环保电价 5 197.5 万元。超低排放后，加价 1 分/kW·h，可再获环保电价 1925 万元。

（2）发电调度的影响

河北省规定，对达到超低排放标准的机组，每年给予不低于 200 h 的电量奖励。按照河北省北网燃煤发电上网电价 0.397 1 元计算，每台 35 万 kW 机组每年可多发电 2 700 万元。以 2014 年全国第一季度电力行业销售利润率为 6.9%计算，可以产生利润 186 万元，基本可以维持企业超低排放 192 万元的运行费用。

（3）排污费/税的影响

目前执行的地方排放标准要求燃煤锅炉 NO_x 排放限值为 100 mg/m^3，SO_2 为 50 mg/m^3，烟尘为 20 mg/m^3。1 号机组实际烟气量为 1 487 000 m^3/h，按照每当量污染物 1.2 元的标准，年缴纳排污费为 149 万元。执行河北省制定的超低排放标准后，排污费将降低至 82 万元。如果减排达到标准的 2 倍以上，排污费还将优惠一半，因此企业执行超低排放后，减免的排污费可以对企业产生一定的刺激作用。

（4）经济政策综合分析

综上所述，对于超低改造机组来讲，现有经济政策的激励作用较为明显，特别是环保电价，可以弥补环保设施的治理成本（含折旧），见表 4-3-31。企业可获收益 3 452.5 万元，合计 1.8 分/kW·h。

表 4-3-31 经济政策对电厂 35 万 kW 机组超低排放的激励作用

项目	数值
年发电量/万 kW·h	192 500
总建设成本/万元	35 525
运营成本/万元	1 380
单位总成本/（万元/a）	3 748
排污费减征额/万元	108
环保电价/万元	5 197.5
调度收益/万元	186
合计收益/万元	3 452.5

3.4.2.2 对电力价格的影响

自实施脱硫机组环保电价以来，脱硫机组上网电价和电网销售电价均有不同程度的提高，根据几次电价调整政策分析，环保电价已经纳入电价调整中。如自2006年6月30日起，全国销售电价平均每千瓦时提高2.5分钱，这次调整电价，主要解决煤价上涨、可再生能源发展、电厂脱硫改造以及电网建设资金不足等矛盾。2011年执行0.8分的脱销电价，2011年12月1日起，提高销售电价。2013年9月25日起，下调统调燃煤机组上网电价，脱硝达标电价提高到1分/（kW·h）和烟尘排放浓度低于30 mg/m^3（重点地区低于20 mg/m^3）企业上网电价提高0.2分/kW·h，销售电价不变。各地区销售电价调整情况见表4-3-32。从中可以看出，环保电价资金通过提高销售电价来弥补，即由消费者来承担。

对实施超低排放的燃煤机组给予1.0分/kW·h的电价，以2013年燃煤发电量计算，每年需要资金397.76亿元，分摊到全国发电量，电价将抬高0.74分/kW·h。

表4-3-32 各电网销售电价调整情况表

单位：分/kW·h

电网	地区	2008	2011	电网	地区	2008	2011
华北	北京	3.97	3.3	华东	上海	3.6	3.5
	天津	3.35	4.13		浙江	2.9	3. 4
	河北北部	3	2.93		江苏	3.1	3.54
	河北南部	2.99	3.44		安徽	2.72	2.4
	山东	3.28	2.84		福建	3.32	3.5
	山西	3.88	3.69	华中	湖北	3.2	3.52
	内蒙古西部	2.4	3.11		湖南	2.7	3.7
东北	辽宁	2.8	3		河南	3.45	3.37
	吉林	2.8	3.6		江西	2.84	3.56
	黑龙江	2.5	3.2		四川	2.24	2.71
	内蒙古东部	2.6	2.58		重庆	3.20	3.78
西北	陕西	3.67	3.58	南方	广东	1.9	2.65
	甘肃	2.01	2.11		广西	2.4	3.53
	青海	2.02	2.16		云南	2.28	1.8
	宁夏	2.23	2.11		贵州	2.61	4.99
					海南	3.45	2.5

3.4.3 小结

由于我国丰富的煤炭资源，在未来相当长时期内，以煤为主的能源供应格局不会发生根本性改变。并且随着经济的发展，火电装机容量仍将不断增长。燃煤电厂是煤炭清洁化利用的一种途径，但因其总量较大，仍是我国大气污染的主要排放源之一。超低排放降低燃煤电厂的污染物排放量的同时，对于改善大气质量的贡献有限，推行真正意义上的超低排放仍面临诸多挑战，还应加强非电行业的污染控制以及有毒有害污染物的治理。从《大气污染防治法》和《火电厂大气污染物排放标准》来看，只要严格执行现有排放标准，就可实现对燃煤电厂污染物排放的有效控制。其次是超低排放减排成本很高，通过环保电价等鼓励政策可转嫁企业经济负担，但在一定程度上促使电价上涨。因此，建议国家鼓励超低排放的同时，加强达标排放的监管，促进环境质量改善。

3.5 结论和建议

3.5.1 主要结论

燃煤机组超低排放改造是由企业发起、政府推动下快速发展起来，但是还面临污染减排成本高、监管难度大等问题。

3.5.1.1 企业发展和节能减排的压力促使企业采取超低排放策略

随着现有火电厂2014年7月1日执行《火电厂大气污染物排放标准》限值日期的临近，现有燃煤电厂面临环保设备改造，2014年9月30日，国家能源局下达了2014—2020年节能、环保改造任务，其中节能改造63 366万kW、环保改造21 397万kW；并将任务落实到10大发电集团。2014年12月31日，环境保护部印发《建设项目主要污染物排放总量指标审核及管理暂行办法》，对于上一年度环境空气质量年平均浓度不达标的城市，细颗粒物（$PM_{2.5}$）年平均浓度不达标的城市，做出了2倍削减替代的规定，而燃煤发电机组大气污染物排放浓度基本达到燃气轮机组排放限值的除外。因此，燃煤电厂超低排放解决了企业发展问题也解决了总量指标的制约。

截至2015年6月，全国已建和在建超低排放燃煤机组装机容量达8 300万kW，占燃煤机组总装机容量的9.8%。其中超低排放机组容量在长三角分布最多，其次是京津冀、珠三角。神华和浙能是发展最快的两个集团，雾霾严重的京津冀地区发展较快，已有31.7%的燃煤机组实现了或正在实施超低排放改造，河北省要求2015年底全部实现超低排放改造，并出台了燃煤电厂大气污染物排放标准。

3.5.1.2 超低排放治理技术发展迅速，单位发电成本增加幅度下降

超低排放改造初期，采用的技术基本上采取串联技术路线，即在现有环保设备上提效改造基础上，再在尾部加装湿式电除尘器，利用协同处理作用达到减排提效。随着超低排放项目的推进，逐渐出现了一些新型的脱硫除尘一体化处理技术，单塔一体化脱硫除尘深度净化技术（SPC-3D）、沸腾式泡沫脱硫除尘一体化技术等，超低排放技术种类繁多且发展迅猛，超低排放提效改造成本也有所下降，同时企业通过提高煤质等方法降低成本，根据调研数据，30万kW机组超低排放改造增加建设成本为154～250元/kW，超低排放总成本低于2.0分/kW·h；新建机组超低排放增加的总成本低于0.5分/kW·h；某些新建100万kW机组超低排放的总成本可低于目前2.7分/kW·h的环保电价。

3.5.1.3 环保电价等鼓励政策激励作用较大

为了推动燃煤电厂开展超低排放改造，在落实环保电价、节能发电调度、差别化排污收费等国家有关鼓励政策基础上，河北、天津、山西、山东、江苏、浙江、福建、广东、安徽、河南、陕西等省（市）出台本省的超低政策，排污费减征、电价加价、增加发电小时数、大气污染防治资金、环境保护专项资金以及政府收购排污权等方式予以奖励，如江苏省规定每千瓦时增加电价补贴1分钱，河北省给予0.8分钱的电价补贴政策，并每年给予不低于200 h的电量奖励。目前2.7分/kW·h环保电价以及增加发电量奖励、减征排污费（环境保护税也有此设计）鼓励政策，可弥补超低排放增加的发电成本。

3.5.1.4 超低排放规定的范围较窄

国务院决定明确规定了超低排放的实施时间，接近或达到天然气燃气轮机组的排放标准，但是

没有明确的排放限值。从各地实施情况看，除河北省以地方排放标准规定超低排放要求外，其他省市以政府文件形式规定。主要根据发电工艺和燃煤质量，有三种限值规定，即 NO_x、SO_2 和烟尘排放浓度分别为 50 mg/m^3、35 mg/m^3、10 mg/m^3；50 mg/m^3、35 mg/m^3、5 mg/m^3；100 mg/m^3、35 mg/m^3、5 mg/m^3。单从这三项污染物来看，我国《火电厂大气污染物排放标准》（GB 13223—2011）其严格程度与欧盟、美国以及日本不相上下，某些排放限值甚至比欧盟更严格。无论是新建机组还是现有机组，我国燃煤电厂 SO_2 和 NO_x 排放标准均严于欧盟最新标准；美国新建机组排放标准与我国特别排放限值相当；欧盟 2013 年新建 30 万 kW 以上机组排放限值执行烟尘 10 mg/m^3，严于排放标准，接近我国超低排放限值。但是，国外污染物排放标准控制项目比我国多，如美国对于燃煤电厂除了 SO_2 和 NO_x 和汞，对可吸入颗粒物和非汞重金属等也有规定，并有明确的监测的要求。

3.5.1.5　超低排放污染物减排成本较高

超低排放在技术上没有区域性的差别，燃煤机组超低排放改造的费用差异较大，影响成本的因素主要在技术选择和燃煤质量以及运行管理。调查发现，现有机组超低排放改造成本较大，特别是最近几年新进行环保达标改造的机组。超低排放改造污染物削减成本较高，平均单位脱硫成本 10.07 元/kg，平均单位除尘成本 15.49 元/kg。一直以来，普遍认为电力行业技术成熟和成本相对较低、减排贡献大；但是，我们根据现阶段调研和环境统计得到的企业数据，通过回归分析发现，钢铁行业除尘和水泥行业脱硝成本低于火电行业，电力行业污染减排成本优势已经不明显，而超低排放减排不具备成本优势。超低排放电价将推高电网销售电价，增加污染减排的社会成本。按照燃煤机组超低排放电价增加 1.0 分/kW·h 标准，以 2013 年燃煤发电量计算，每年需要资金 397.76 亿元，分摊到全国发电量，电价将升高 0.74 分/kW·h。

3.5.1.6　超低排放对环境质量改善的贡献有限

雾霾形成机理复杂、来源较多，非电行业污染排放影响也较大。利用 CAMx 空气质量模型模拟计算，火电行业对全国城市 SO_2、NO_2 及 $PM_{2.5}$ 年均浓度平均贡献率分别为 15.57%、19.57%、8.46%，全部超低排放改造后，火电行业对全国城市 SO_2、NO_2 及 $PM_{2.5}$ 年均浓度平均贡献率相应下降，因此，必须强化非电行业的污染控制。燃煤机组在 2015 年全部达到《火电厂大气污染物排放标准》，全国煤电排放水平大致在 SO_2 343 万 t、NO_x 238 万 t、烟尘 48 万 t，与 2014 年排放相比，SO_2、NO_x、烟尘三项污染物排放量削减 40%；全部实现超低排放将削减 60%的排放量。若全部实现超低排放，现有机组按照 200 元/kW 改造投资、增加运行费用按 1 分/kW·h 计算，全国具备超低排放改造条件的煤电机组合计 5.8 亿 kW 机组全部改造需要投资 1 160 亿元，每年增加运行费用 290 万元左右。

3.5.1.7　超低排放监管难度较大

对于火电厂低浓度的烟尘测试方法很多，但是没有出台相关的符合国家标准规范的标准测试方法，目前的《固定污染源烟气排放连续检测技术规范（试行）》要求，绝对误差不超过±15 mg/m^3，而超低排放的限值是 5 mg/m^3 和 10 mg/m^3，已经不能适应超低排放的浓度。同时烟气汞监测设备、$PM_{2.5}$ 监测设备、超低量程监测设备、烟尘监测设备的采购中，大部分市场份额被进口产品占领，国内企业很多达不到要求。从目前企业排放浓度监测看，最低可达 1 mg/m^3，监测设备和监测规范的缺乏给超低排放监管带来了困惑。

3.5.2　政策建议

推进燃煤电厂超低排放是应对空气污染的重要举措，污染物协同处理是发展趋势，电力行业污染物总量的削减对于环境质量改善有重要作用。但是，雾霾、臭氧成因复杂，非电固定污染源、机动车等都是形成的重要因素，此外，除 SO_2、NO_x 和烟尘常规污染物外，还应控制挥发性有机污染物等有毒有害物的排放量。应从最低成本控制出发，采取综合治理措施，强化污染源达标排放的监管，逐步推进燃煤电厂超低排放改造，认真落实国家相关环境保护政策，同时加强非电行业的污染减排。

3.5.2.1 逐步推进超低排放改造

超低排放是一个系统工程，超低排放推行面临诸多挑战。我国现行环保设施建设时间较短，脱硫机组大规模发展自 2005 年以后，脱硝机组更是在“十二五”期间，按照 20 年运营期计算，还有 10～15 年的寿命。为了满足 2011 年排放标准的要求，一些企业已经进行了达标改造，全面推行超低排放标准将加重企业和社会负担。因此，应在严格执行现行火电厂大气污染物排放标准基础上，采取逐步推进战略。首先明确超低排放要求，其次在新建机组和东部地区优先推行。

明确超低排放要求和推进路线图。2015 年政府工作报告以及 2015 年 12 月 2 日国务院常务会议决定“推动燃煤电厂超低排放改造”，统一采用超低排放名称，结合地方经验，明确排放浓度要求。充分考虑我国地区环境质量状况和环境容量、能源结构、经济发展等差异，针对不同地区推进超低排放改造。新建大容量机组和现有不达标机组首先进行。截至 2014 年，尚有 8.6%的燃煤机组未安装脱硫设施、17.3%的机组未安装脱硝设施，首先对这部分机组按照超低排放限值要求安装环保设施。同时，东部地区执行特别排放限值，而尚未完成改造的企业，在改造过程中增加设备，满足超低排放要求。有些企业已经完成改造或正在进行，建议缓行。由东部逐步向西部推进。建议 2015—2017 年为短期规划，在京津冀、长三角、珠三角等 19 个重点省推进超低排放改造，2018—2020 年为中期规划，在京津冀、长三角、珠三角等 19 个重点省推进超低排放的基础上，要求非重点区域新建火电项目达到超低排放。2021—2025 年为远期规划，全国有条件的机组均达到超低排放。

3.5.2.2 要认真落实和修订国家有关鼓励政策

利用发电调度和排污费减征政策推进超低排放。参照《节能发电调度办法》，对超低排放电厂实施优化调度，给予发电时间不低于 200 h 奖励，提高企业超低排放改造的积极性，在不增加电网负担情况下，不影响电网销售电价，降低电网电量总体污染物排放量，同时促进经济发展。排污收费政策对于排放浓度低于标准 50%的实施减半征收，可以将超低排放纳入减征范围，予以减半征收。

调整环保电价。清洁煤炭发展战略以及煤炭质量管理办法实施，煤炭质量在逐步提高，燃煤电厂单位减排成本也将下降；大气污染治理设备国产化率的提高，设备投资逐步下降。综合考虑燃煤电厂的污染减排成本，鼓励企业技术创新，调整目前环保电价，适当降低总水平，并考虑向二氧化碳税改革。

鼓励超低排放技术的研发。利用大气污染防治专项资金和环境保护专项资金以及税收优惠等财税政策，鼓励企业技术创新。研究将技术成熟、减排成本低的超低排放技术设备纳入《环境保护专用设备企业所得税优惠目录》，按专用设备投资额的 10%抵免当年企业所得税应纳税额。

3.5.2.3 制定并实施超低排放监测和监管的技术规范

从目前环保设施运行情况看，超标排放现象时有发生，企业长期稳定保持超低排放水平面临挑战，对于监管部门也许加强监管。建议国家出台针对燃煤电厂超低排放的环境监测和污染物减排认定办法。在日常的监管中，环保部门定期对超低排放企业烟气排放连续监测系统进行监督考核，确保其自动监测设备正常运行，数据可靠准确。定期跟踪监测设备运行情况，评估减排效果。

参考文献

[1] 朱法华，王临清. 煤电超低排放的技术经济与环境效益分析[J]. 环境保护，2014，21：28-33.

[2] 朱法华，王圣. 煤电大气污染物超低排放技术集成与建议[J]. 环境影响评价，2014，5：25-29.

[3] 张东辉，庄烨，朱润儒，等. 燃煤烟气污染物超低排放技术及经济分析[J]. 电力建设，2015，5：125-130.

[4] 王树民，宋畅，陈寅彪，等. 燃煤电厂大气污染物“近零排放”技术研究及工程应用[J]. 环境科学研究，2015，28（4）：487-494.

[5] 中国电力联合会. 中国电力工业现状与展望. 2014.

[6] 王志轩. 新常态下中国煤电清洁高效发展的思考[J]. 中国电力企业管理，2015（11）：33-37.

[7] 周洪光，赵磊，陈创社，等. 燃用神华煤火电厂近零排放技术路线与工程应用[J]. 中国电力，2015，48（5）：89-92，96.

[8] 周军英，汪云岗，钱谊. 美国大气污染物排放标准体系综述[J]. 农村生态环境，1999，（1）：53-58.

[9] 邓伟妮.中欧火电厂烟气排放规定对比研究[J].中国电力，2015，48（3）：156-160.

[10] 盛青，武雪芳，李晓倩，等.中美欧燃煤电厂大气污染物排放标准的比较. 环境工程技术学报，2011（6）.

[11] 付本全，黄建阳，张垒，等. 我国钢铁行业“三废”排放标准及发展趋势[J]. 武钢技术，2012，50（6）：56-61.

[12] 江梅，李晓倩，纪亮，等. 国内外水泥工业大气污染物排放标准比较研究[J]. 环境科学，2014，35（12）：4752-4758.

[13] 吴旸，朱庚富. 日本氮氧化物的排放标准研究[J]. 环境科学与管理，2008（11）：32-35.

[14] 杨晓东，张玲，姜德旺，等. 钢铁工业废气及 $PM_{2.5}$ 排放特性与污染控制对策. 工程研究——跨学科视野中的工程，2013，5（3）：240-251.

[15] 杨金田，王金南，等. 中国排污收费制度改革与设计[M]. 北京：中国环境科学出版社，1998.

[16] 葛察忠，李晓琼，王金南，等. 环境保护税：环境税费改革的积极进展与建议[J]. 环境保护，2015（20）.

[17] 李晓琼，杨春玉，董战峰，葛察忠，等. 电力行业氮氧化物减排成本核算与价格政策研究[J]. 电力需求侧管理，2014（16）.

[18] 曹东. 中国工业污染经济学[M]. 北京：中国环境科学出版社，1999.

[19] 薛文博，王金南，杨金田，等. 中国环境管理，2015（2）：25-30.

[20] 环境保护部环境规划院. 区域煤炭消费总量控制技术方法与政策体系研究. 2012.

[21] 迟颖，王海新. 环境监测仪器行业 2014 年发展综述[J]. 中国环保产业，2015（6）：16-21.

本报告执笔：葛察忠、龙凤、杨琦佳、高树婷

4 挥发性有机物（VOCs）控制思路与任务研究

4.1 VOCs 概述

4.1.1 VOCs 及其来源

4.1.1.1 VOCs 的定义

与 SO_2、NO_x 等传统大气污染物不同，VOCs 不是一种单一的污染物，而是一类化合物的统称。它包括非甲烷总烃（NMHC）（烷烃、烯烃、炔烃、芳香烃）、含氧有机化合物（OVOCs）（醛、酮、醇、醚等）、卤代烃，含氮化合物，含硫化合物等几大类。

目前，世界卫生组织（WHO）、欧盟（EU）、美国国家环保局（USEPA）、美国材料与试验协会（ASTM）等对于 VOCs 的定义不完全相同、各有侧重（表 4-4-1）。USEPA、ASTM 是从环境保护角度对 VOCs 进行定义，侧重于 VOCs 的光化学反应活性，不参与大气光化学反应的就叫作豁免物质，如丙酮、四氯乙烷等；WHO、EU 则是从物理特性角度定义的，基于现阶段科学认识和环境管理的长期需求，既注重 VOCs 的已知危害，又考虑其未知影响。我国也尚未统一关于 VOCs 的定义，表 4-4-2 列举了部分国家环境保护标准中对 VOCs 的相关定义。

表 4-4-1 世界不同机构的 VOCs 定义

机构名称	VOCs 定义
WHO	总挥发性有机化合物（TVOC）是指熔点低于室温而沸点在 50～260℃的挥发性有机化合物的总称
EU	有机溶剂使用指令 1999/13/EC：VOCs 是指在 293.15 K 温度下，蒸汽压大于或等于 0.01 kPa 的任何有机化合物 涂料指令 2004/42/CE：VOCs 是指在 101.3 kPa 压力下，沸点最高可达 250℃的挥发性有机物
USEPA	VOCs 是指除一氧化碳（CO）、二氧化碳（CO_2）、碳酸（H_2CO_3）、金属碳化物、金属碳酸盐、碳酸铵以外，参加大气光化学反应的含碳化合物的总称
ASTM	VOCs 是指任何能参加大气光化学反应的有机化合物

表 4-4-2　国家环境保护标准中的 VOCs 定义

标准名称	VOCs 定义
合成树脂工业污染物排放标准（GB 31572—2015）	VOCs 是指参与大气光化学反应的有机化合物，或者根据规定的方法测量或核算确定的有机化合物
石油化学工业污染物排放标准（GB 31571—2015）	
石油炼制工业污染物排放标准（GB 31570—2015）	
合成革与人造革工业污染物排放标准（GB 21902—2008）	VOCs 是指常压下沸点低于 250℃，或者能够以气态分子的形态排放到空气中的所有有机化合物（不包括甲烷）
大气挥发性有机物源排放清单编制技术指南（试行）	VOCs 是指在标准状态下饱和蒸气压较高（标准状态下大于 13.33 Pa）、沸点较低、分子量小、常温状态下易挥发的有机化合物。本指南适用的挥发性有机物包括烷烃、烯烃、芳香烃、炔烃的 C2～C12 非甲烷碳氢化合物（NMHCs），醛、酮、醇、醚、酯、酚等 C1～C10 含氧有机物（OVOCs），卤代烃，含氮有机化合物，含硫有机化合物等几类 152 种化合物

4.1.1.2　VOCs 的来源

VOCs 排放源非常复杂，从大类上划分，主要包括自然源和人为源，自然源主要为植被排放、森林火灾、野生动物排放和湿地厌氧过程等，目前仍属于非人为可控范围。人为源大致可分为工业源、生活源、农业源和移动源。工业源 VOCs 排放所涉及的行业众多，基于 VOCs 物质的流动过程，可以将其归类于四个环节：含 VOCs 产品的生产过程，含 VOCs 产品的储存、运输和营销，以含 VOCs 产品为原料的生产过程以及含 VOCs 产品的使用过程。生活源主要包括建筑装饰、服装干洗、餐饮油烟、垃圾焚烧等。农业源主要包括秸秆焚烧、农药使用等。移动源主要包括道路机动车、非道路移动源等。VOCs 排放源分类见表 4-4-3。据估算，全球 VOCs 的自然源排放量远超过同期的人为源。在我国，全国尺度上，自然源和人为源的 VOCs 排放水平接近，在城市地区，VOCs 主要来源于人为排放。

表 4-4-3　VOCs 排放源分类

类型				排放源
自然源				植被排放、森林火灾、野生动物排放和湿地厌氧过程等
人为源	固定源	工业源	含 VOCs 产品的生产过程	石油炼制、石油化工、有机化学原料制造等溶剂提炼或有机物产生的行业
			含 VOCs 产品的储运销过程	油品、燃气、有机溶剂的储存、转运、配送和销售过程
			以含 VOCs 产品为原料的生产过程	涂料制造、油墨制造、合成材料制造、胶黏剂制造、日用化学产品制造和轮胎制造等行业
			含 VOCs 产品的使用过程	工业涂装（主要涉及汽车、船舶、集装箱、家具、工程机械、钢结构、卷材制造等行业）、包装印刷、医药化工、电子信息、橡胶和塑料制品、制鞋、纺织印染、人造板制造、造纸、钢铁冶炼等行业
		生活源		建筑装饰、服装干洗、餐饮油烟、垃圾焚烧等
		农业源		秸秆焚烧、农药使用等
	移动源			道路机动车、非道路移动源等

4.1.2 VOCs污染对生态环境的影响

$PM_{2.5}$和低空O_3是复合型大气污染的两种核心污染物。而VOCs恰既是生成$PM_{2.5}$中二次有机气溶胶（SOA）的关键前体物，又是O_3的前体物。

4.1.2.1 VOCs对$PM_{2.5}$污染的影响

空气动力学当量直径小于等于2.5 μm的颗粒物，称为$PM_{2.5}$。霾污染的本质是$PM_{2.5}$浓度过高，大量极细微的干气溶胶粒子悬浮在空气中，使水平能见度小于10 km的空气普遍混浊现象。$PM_{2.5}$主要包括硫酸盐、硝酸盐、铵、有机碳、黑炭和矿物成分等。它既有由多种污染源直接排放的一次颗粒物，也有由气态前体物通过均相和非均相反应转化而成的二次无机气溶胶（SNA）和SOA。其中，二次污染物对$PM_{2.5}$的贡献显著，SNA占$PM_{2.5}$的20%～60%，SOA占$PM_{2.5}$的30%～77%。而VOCs正是SOA的关键前体物。一些活性较强的VOCs与大气中的·OH、NO_3^-、O_3等氧化剂发生多途径反应，形成有机酸、多官能团羰基化合物、硝基化合物等半挥发性有机物，再通过吸附、吸收等过程进入颗粒相，生成SOA。

我国是全球$PM_{2.5}$污染高值区之一。根据中国环境状况公报及其他相关研究报告的数据，2014年，从161个新标准监测实施城市总体情况来看，$PM_{2.5}$年均浓度范围为19～130 μg/m^3，平均为62 μg/m^3，依据《环境空气质量标准》（GB 3095—2012）和《世界卫生组织关于颗粒物、臭氧、二氧化氮和二氧化硫的空气质量准则》（2005年全球更新版）分别超标1.7倍和6.2倍，超标城市比例为88.8%，以$PM_{2.5}$为首要污染物的污染天数占超标天数的70.7%；从三大重点区域来看，京津冀、长三角和珠三角地区$PM_{2.5}$年均浓度分别为93 μg/m^3、60 μg/m^{3}和42 μg/m^3，超标城市比例分别为92.3%、96.0%和66.7%，以$PM_{2.5}$为首要污染物的污染天数占超标天数的比例分别为70.6%、72.2%和47.6%。根据中国科学院《我国大气$PM_{2.5}$污染现状及控制对策建议》报告，我国$PM_{2.5}$主要成分为硫酸盐（主要由气态SO_2转化形成）、有机物（包括直接的一次排放和由气态VOCs转化形成的二次有机物）、粉尘（直接排放）、硝酸盐（由气态NO_x转化形成）和铵盐（由气态氨NH_3转化形成）。北京、上海、广州和西安$PM_{2.5}$中SO_2、NO_x、VOCs经化学转化形成的硫酸盐、硝酸盐和有机物等二次组分是其主要组成。而我国冬季重灰霾期间，SOA对$PM_{2.5}$的贡献达到27%，这与燃煤、工业排放和生物质燃烧产生的大量VOCs密切相关。

针对$PM_{2.5}$污染问题，欧美等发达国家经验也表明，单纯控制一次颗粒物排放不能使环境空气中$PM_{2.5}$浓度有效降低，尚需同时控制SO_2、NO_x、VOCs、NH_3等二次颗粒物前体物的排放。欧盟$PM_{2.5}$污染防治体系的特点是在设定环境空气质量标准的同时，对成员国的排放设定多项大气污染物排放上限，以控制总排放量。控制的污染物包括直接排放的$PM_{2.5}$和SO_2、NO_x、VOCs、NH_3等二次颗粒物的前体物。美国$PM_{2.5}$污染防治体系主要以《清洁空气法》为基本依据，制定并不断加严国家空气质量标准，强制要求各州制定并执行以区域空气质量达标为目的的“州实施计划”；同时，建立多项清洁空气法律体系下游条例，通过技术改造和排放总量控制，有针对性地对电厂机组、工业设施、面源以及移动源的一次颗粒物和二次颗粒物前体物排放进行严格控制。

4.1.2.2 VOCs对O_3污染的影响

对流层中的O_3主要来自大气中的光化学反应过程，是一种典型的二次污染物。科学家常用“缓慢燃烧的火焰”来形容此反应体系：前体物 VOCs 当燃料，紫外线是引燃的明火，前体物 NO_x 为重要的助燃剂，在大气自由基反应的循环过程中有机物逐步被氧化，O_3 则逐渐累积起来。O_3 形成机制的相关研究表明，O_3 生成与前体物 VOCs 与 NO_x 排放之间是非线性响应关系。而上述反应过程中的反应物和产物所形成的高氧化性混合气团被称为光化学烟雾，O_3 是其污染的重要指示因子。

在我国，自 2013 年“大气十条”颁布实施以来，大气颗粒物治理力度加大，现阶段 O_3 污染问题日益凸显，在京津冀、长三角、珠三角地区及部分中心城市对空气质量的影响仅次于 $PM_{2.5}$，且相对于其他五项主要大气污染物浓度下降的趋势，O_3 浓度是唯一不降反升的。根据中国环境状况公报及其他相关研究报告的数据，2014 年，从 161 个新标准监测实施城市总体情况来看，O_3 日最大 8 h 平均值第 90 百分位数浓度范围为 69～210 $\mu g/m^3$，平均为 140 $\mu g/m^3$，超标城市比例为 21.8%，以 O_3 为首要污染物的污染天数占超标天数的 14.3%；从三大重点区域来看，京津冀、长三角和珠三角地区 O_3 日最大 8 h 平均值第 90 百分位数浓度分别为 162 $\mu g/m^3$、154 $\mu g/m^3$ 和 156 $\mu g/m^3$，超标城市比例分别为 61.5%、40.0%和 44.4%，以 O_3 为首要污染物的污染天数占超标天数的比例分别为 13.0%、22.3%和 49.2%。与颗粒物污染的全国普遍性特征不同，O_3 污染主要集中在京津冀、长三角、珠三角三大重点区域以及山东、辽宁等沿海省份。而这些地区基本上也正是我国人为源 VOCs 排放强度高值区。由此说明，该地高浓度 O_3 的形成可能与其 VOCs 的大量排放密切相关。关于我国地区 O_3 前体物对地面 O_3 影响的研究表明，我国东部主要经济发达地区均属于典型的 VOCs 主导控制 O_3 生成的地区。

继 1943 年在美国洛杉矶地区首次出现光化学烟雾污染之后，全球范围内都不同程度地出现了这种污染问题，特别是日本、德国、意大利的光化学烟雾污染曾十分严重。鉴于 O_3 生成机制的复杂性和前体物来源的多样性，使得 O_3 污染治理显得尤其困难。世界各国对 O_3 形成机制开展了系统研究。研究表明，低空 O_3 质量浓度与前体物 NO_x、VOCs 排放量之间是复杂的非线性关系，只有科学地按照一定比例协同削减 NO_x 和 VOCs 排放量，才能实现 O_3 浓度的有效降低。而现阶段我国 NO_x、VOCs 控制力度并不匹配，尚不能满足 O_3 污染控制的需求。“十二五”期间，前四年全国 NO_x 排放量累计下降 8.6%，而 VOCs 污染防治工作刚刚起步，据估算其排放量仍在快速增长。因此，我国应依据各地 O_3 敏感性分析结果，科学确定 VOCs 排放量削减目标，着力推进重点行业 VOCs 排放控制，实现 VOCs 与 NO_x 的协同减排。

4.1.3　VOCs 污染对人体健康的影响

VOCs 对人体健康的影响也是其备受人们关注的重要原因之一，可分为直接影响和间接影响。首先，VOCs 所表现出的毒性、致癌性和恶臭，危害人体健康。表 4-4-4 总结了典型 VOCs 物种对人体健康的影响情况。其次，VOCs 可导致光化学烟雾，光化学烟雾对眼睛的刺激作用特别强，且对鼻、咽喉、气管和肺等呼吸器官也有明显的刺激作用，并伴有头痛，使呼吸道疾病恶化。

清华大学研究表明，我国人为源排放的 VOCs 在化学组分方面主要由苯系物（30%）、不饱和烃（21%）、烷烃（20%）构成，毒性 VOCs 的排放比重约占 30%，全国范围排放 VOCs 的平均光化学臭氧生成潜势（POCP）约为 53.7。因此，鉴于我国 VOCs 排放量大且具有较高的毒性和大气氧化活性，VOCs 污染对公众的身体健康和生命安全的影响不容忽视。

表 4-4-4 VOCs 对人体健康的毒性

VOCs	刺激性、腐蚀性			器官毒性				致癌性
	皮肤	眼睛	呼吸道	神经系统	肝脏	肾脏	胃	
苯	△	△	△	△				★
甲苯	△	△	△	▲	▲			
间二甲苯	△	△	△		▲	▲	△	
氯苯	△	▲	△	▲	△	△		
丙酮	▲	△	▲	▲				
乙酸乙酯	▲			▲				
二氯甲烷	▲	▲	▲	▲	▲	▲		☆
三氯甲烷	▲	▲		▲	△	△	▲	☆
四氯乙烯	▲	▲	▲	▲	△	△		☆
四氯化碳		▲	▲	△	△	△		☆
1,2-二氯乙烯	△	△	△	△				
偏二氯乙烯	△	▲	▲					
1,3-丁二烯	△	△	△	△		△		
乙醛	△	△	△	▲	△	△	△	
乙醚				▲	▲	▲		
乙腈	▲		△	△	▲	▲	▲	
丙烯腈	△	△	△	△	△	△	△	☆

注：△表示低浓度健康损害；▲表示高浓度健康损害；★表示 IARC 确认的人类致癌物；☆表示 IARC 认为可能是人类致癌物。

4.2 国内外 VOCs 污染控制评估

4.2.1 我国 VOCs 排放控制管理体系

4.2.1.1 我国 VOCs 排放情况

（1） VOCs 排放量和单位面积 VOCs 排放强度巨大

由于 VOCs 排放来源复杂、排放形式多样、物质种类繁多，所以 VOCs 在我国长期以来一直未列为常规污染控制因子，也未纳入环境统计或污染源普查等官方数据统计范畴。目前，我国尚无人为源 VOCs 排放量的权威发布数据。学术界运用不同方法对我国人为源 VOCs 排放量进行了估算，图 4-4-1 列举了华南理工大学、北京大学和清华大学的估算结果。可见，近年来我国人为源 VOCs 排放量介于 2 200 万～3 000 万 t，约为美国的 2.3 倍，远超出同期我国烟（粉）尘的排放量，与 SO_2、NO_x 的排放量接近。我国单位面积 VOCs 排放强度约达 2.6 t/km^2。

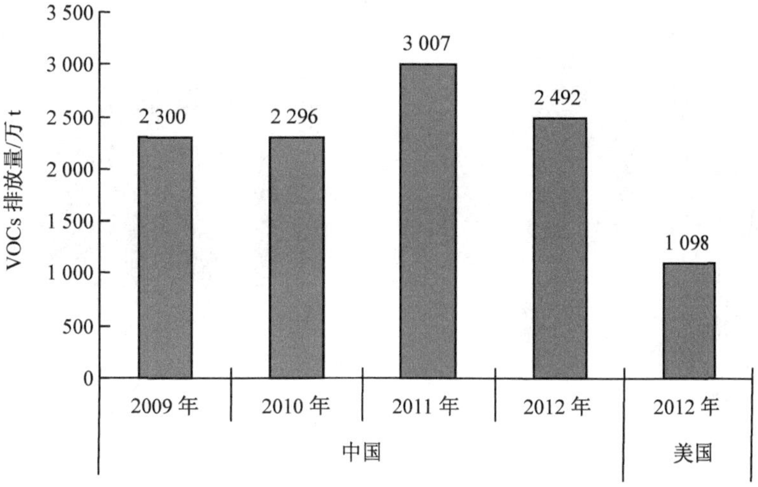

图 4-4-1　中美人为源 VOCs 排放量的比较情况

（2） 工业部门是 VOCs 排放的最大人为源

根据清华大学中国多尺度排放清单模型，2012 年我国人为源 VOCs 排放量部门分布情况如图 4-4-2 所示。可见，工业部门对我国人为 VOCs 排放的贡献最大，排放量为 1 699.0 万 t，贡献率达 68.2%；民用部门是第二大排放贡献源，排放量为 581.6 万 t，贡献率亦达 23.3%；再次是交通部门，排放量为 203.4 万 t，贡献率为 8.2%；电力部门的排放贡献较低，排放量仅为 7.7 万 t，只占 0.3%。另外，从分省排放角度来看，除西藏以外（港、澳、台地区未统计），工业部门对各省人为 VOCs 排放总量的贡献率均接近或超过 50%。

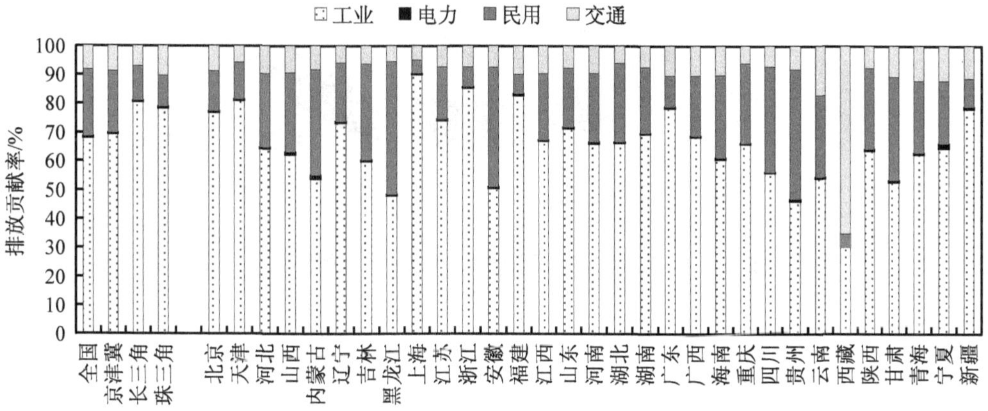

图 4-4-2　2012 年各地区人为 VOCs 排放量部门构成

（3）含 VOCs 产品的使用过程是工业源 VOCs 排放的最大环节

中国科学院生态研究中心等高等院校和科研院所对 2009 年中国人为 VOCs 排放源构成进行了分析，给出了工业源含 VOCs 产品的生产过程、含 VOCs 产品的储运销过程、以含 VOCs 产品为原料的生产过程、含 VOCs 产品的使用过程四个产污环节 VOCs 排放量的分布情况。如图 4-4-3 所示，含 VOCs 产品的使用过程对我国工业源 VOCs 排放总量的贡献最大，占 63.1%。

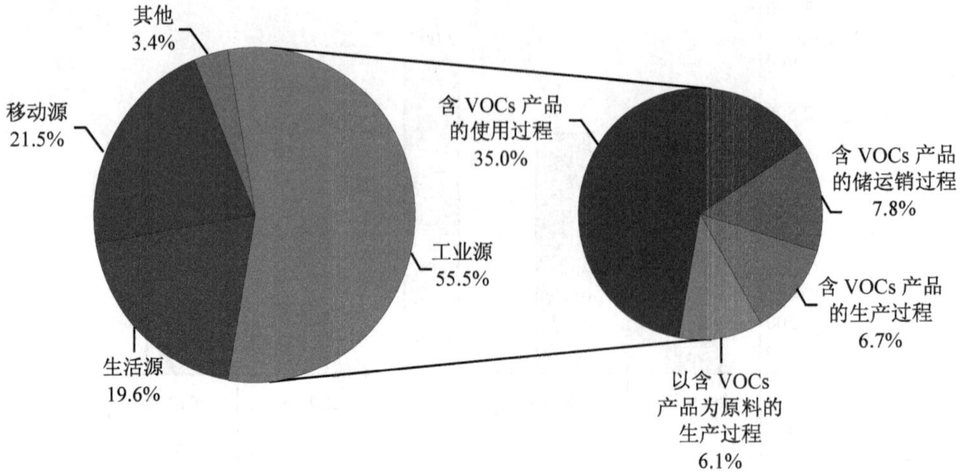

图 4-4-3 2009 年中国工业 VOCs 排放量产污环节构成

另外，根据北京大学和华南理工大学的估算，如图 4-4-4 给出 2014 年我国工业 VOCs 排放量行业构成情况。可见，石化、化工、印刷行业以及工业涂装过程 VOCs 排放量较大，合计约占工业源 VOCs 排放总量的 62.6%，对全国的贡献率是 25.5%。

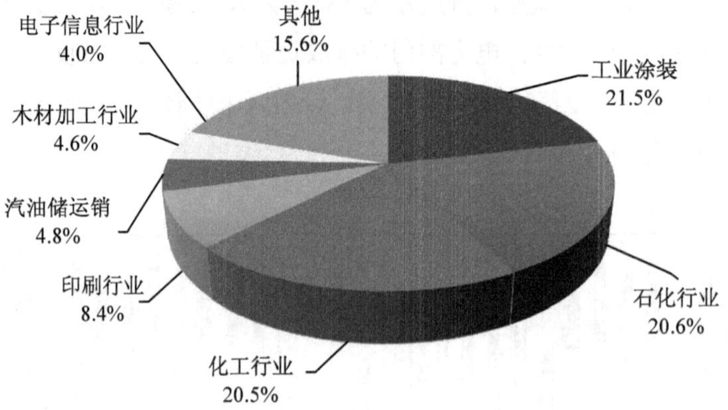

图 4-4-4 2014 年我国工业源 VOCs 排放量行业构成

4.2.1.2 我国 VOCs 污染控制情况

4.2.1.2.1 国家 VOCs 污染治理处于起步阶段

（1）“大气十条”将 VOCs 列为重点防控污染物

鉴于我国 VOCs 排放量巨大，且对区域复合型污染的形成有重要作用，控制 VOCs 排放在我国减少灰霾和光化学烟雾污染、改善城市与区域大气环境质量方面具有重要意义。2013 年 9 月，国务院印发了“大气十条”，将 VOCs 与 SO_2、NO_x 及颗粒物一并列为重点防控的污染物，并对未来五年我国 VOCs 污染防治工作做出全面部署。在重点行业综合治理方面，在石化、有机化工、表面涂装、包装印刷等行业实施 VOCs 综合整治，在石化行业开展“泄漏检测与修复”技术改造；限时完成加油站、储油库、油罐车的油气回收治理，在原油成品油码头积极开展油气回收治理；完善涂料、胶黏剂等产品 VOCs 限值标准，推广使用水性涂料，鼓励生产、销售和使用低毒、低挥发性有机溶剂。

在科技研发方面，加强 VOCs 控制技术研发，推进技术成果转化应用。在价格税收政策方面，将 VOCs 纳入排污费征收范围。

（2）新修订的大气法要求对 VOCs 与其他主要大气污染物实施协同控制

与 2000 年的修订版相比，自 2016 年 1 月 1 日起所施行的新《中华人民共和国大气污染防治法》（以下简称《大气法》）对 VOCs 有了较为明确的污染防治要求。一是在第一章“总则”的第二条中提出，对颗粒物、SO_2、NO_x、VOCs、NH_3 等大气污染物和温室气体实施协同控制。二是在第二章“大气污染防治标准和限期达标规划”的第十三条中提出，制定燃煤、石油焦、生物质燃料、涂料等含 VOCs 的产品、烟花爆竹以及锅炉等产品的质量标准，应当明确大气环境保护要求。三是在第四章“大气污染防治措施”第二节“工业污染防治”的第四十四条至第四十七条中提出，生产、进口、销售和使用含 VOCs 的原材料和产品的，其 VOCs 含量应当符合质量标准或者要求，国家鼓励生产、进口、销售和使用低毒、低挥发性有机溶剂；产生含 VOCs 废气的生产和服务活动，应当在密闭空间或者设备中进行，并按照规定安装、使用污染防治设施；无法密闭的，应当采取措施减少废气排放；工业涂装企业应当使用低 VOCs 含量的涂料，并建立台账，记录生产原料、辅料的使用量、废弃量、去向以及 VOCs 含量，台账保存期限不得少于 3 年；石油、化工以及其他生产和使用有机溶剂的企业，应当采取措施对管道、设备进行日常维护、维修，减少物料泄漏，对泄漏的物料应当及时收集处理；储油储气库、加油加气站、原油成品油码头、原油成品油运输船舶和油罐车、气罐车等，应当按照国家有关规定安装油气回收装置并保持正常使用。四是在第四章“大气污染防治措施”第五节“农业和其他污染防治”的第七十四条中提出，农业生产经营者应当改进施肥方式，科学合理施用化肥并按照国家有关规定使用农药，减少 NH_3、VOCs 等大气污染物的排放。五是在第七章“法律责任”的第一百零三条中提出，违反本法规定，生产、销售 VOCs 含量不符合质量标准或者要求的原材料和产品的，由县级以上地方人民政府质量监督、工商行政管理部门按照职责责令改正，没收原材料、产品和违法所得，并处货值金额一倍以上三倍以下的罚款；第一百零四条中提出，违反本法规定，进口 VOCs 不符合质量标准或者要求的原材料和产品的，由出入境检验检疫机构责令改正，没收原材料、产品和违法所得，并处货值金额一倍以上三倍以下的罚款，而构成走私的，由海关依法予以处罚；第一百零八条中提出，违反本法规定，产生含 VOCs 废气的生产和服务活动，未在密闭空间或者设备中进行，未按照规定安装、使用污染防治设施，或者未采取减少废气排放措施的，工业涂装企业未使用低 VOCs 含量涂料或者未建立、保存台账的，石油、化工以及其他生产和使用有机溶剂的企业，未采取措施对管道、设备进行日常维护、维修，减少物料泄漏或者对泄漏的物料未及时收集处理的，储油储气库、加油加气站和油罐车、气罐车等，未按照国家有关规定安装并正常使用油气回收装置的，由县级以上人民政府环境保护主管部门责令改正，处 2 万元以上 20 万元以下的罚款，而拒不改正的，责令停产整治。

（3）已出台部分涉及 VOCs 的国家环境保护标准

见表 4-4-5 给出我国涉及 VOCs 的国家环境保护标准名录。

表 4-4-5 我国涉及 VOCs 的国家环境保护标准名录

标准类型	标准名称	标准编号	发布时间	实施时间
大气污染物排放标准	大气污染物综合排放标准	GB 16297—1996	1996-04-12	1997-01-01
	恶臭污染物排放标准	GB 14554—93	1993-08-06	1994-01-15
	合成树脂工业污染物排放标准	GB 31572—2015	2015-04-16	2015-07-01
	石油化学工业污染物排放标准	GB 31571—2015	2015-04-16	2015-07-01
	石油炼制工业污染物排放标准	GB 31570—2015	2015-04-16	2015-07-01
	炼焦化学工业污染物排放标准	GB 16171—2012	2012-06-27	2012-10-01
	轧钢工业大气污染物排放标准	GB 28665—2012	2012-06-27	2012-10-01
	橡胶制品工业污染物排放标准	GB 27632—2011	2011-10-27	2012-01-01
	合成革与人造革工业污染物排放标准	GB 21902—2008	2008-06-25	2008-08-01
	储油库大气污染物排放标准	GB 20950—2007	2007-06-22	2007-08-01
	汽油运输大气污染物排放标准	GB 20951—2007	2007-06-22	2007-08-01
	加油站大气污染物排放标准	GB 20952—2007	2007-06-22	2007-08-01
	饮食业油烟排放标准（试行）	GB 18483—2001	2001-11-12	2002-01-01
	炼焦炉大气污染物排放标准	GB 16171—1996	1996-03-07	1997-01-01
监测方法标准	环境空气 挥发性有机物的测定 罐采样/气相色谱-质谱法	HJ 759—2015	2015-10-22	2015-12-01
	环境空气 挥发性有机物的测定 吸附管采样-热脱附/气相色谱-质谱法	HJ 644—2013	2013-02-17	2013-07-01
	固定污染源废气 挥发性有机物的测定 固相吸附-热脱附/气相色谱-质谱法	HJ 734—2014	2014-12-31	2015-02-01
	泄漏和敞开液面排放的挥发性有机物检测技术导则	HJ 733—2014	2014-12-31	2015-02-01
	固定污染源废气 挥发性有机物的采样 气袋法	HJ 732—2014	2014-12-31	2015-02-01
清洁生产标准	清洁生产标准化纤行业（涤纶）	HJ/T 429—2008	2008-04-08	2008-08-01
	清洁生产标准石油炼制业（沥青）	HJ 443—2008	2008-09-27	2008-11-01
	清洁生产标准化纤行业（氨纶）	HJ/T 359—2007	2007-08-01	2007-10-01
	清洁生产标准基本化学原料制造业（环氧乙烷/乙二醇）	HJ/T 190—2006	2006-07-03	2006-10-01
	清洁生产标准汽车制造业（涂装）	HJ/T 293—2006	2006-08-15	2006-12-01
	清洁生产标准人造板行业（中密度纤维板）	HJ/T 315—2006	2006-11-22	2007-02-01
	清洁生产标准石油炼制业	HJ/T 125—2003	2003-04-18	2003-06-01
	清洁生产标准炼焦行业	HJ/T 126—2003	2003-04-18	2003-06-01
环境标志产品技术要求	环境标志产品技术要求 木塑制品	HJ 2540—2015	2015-02-10	2015-05-01
	环境标志产品技术要求 印刷 第三部分：凹版印刷	HJ 2539—2014	2014-09-28	2014-12-01
	环境标志产品技术要求 印刷 第二部分：商业票据印刷	HJ 2530—2012	2012-11-16	2013-02-01
	环境标志产品技术要求 印刷第一部分：平版印刷	HJ 2503—2011	2011-03-02	2011-03-02
	环境标志产品技术要求 人造板及其制品	HJ 571—2010	2010-05-04	2010-07-01
	环境标志产品技术要求 皮革和合成革	HJ 507—2009	2009-10-30	2010-01-01
	环境标志产品技术要求 防水涂料	HJ 457—2009	2009-02-04	2009-05-01
	环境标志产品技术要求 胶印油墨	HJ/T 370—2007	2007-11-02	2008-02-01
	环境标志产品技术要求 凹印油墨和柔印油墨	HJ/T 371—2007	2007-11-02	2008-02-01
	环境标志产品技术要求 胶黏剂	HJ/T 220—2005	2005-11-28	2006-01-01
	环境标志产品技术要求 水性涂料	HJ/T 201—2005	2005-11-22	2006-01-01
污染防治技术政策	挥发性有机物（VOCs）污染防治技术政策	—	环保部 2013 年第 31 号公告	2013-05-24
可行技术指南	大气挥发性有机物源排放清单编制技术指南（试行）	—	环保部 2014 年第 55 号公告	2014-08-20

在大气污染物排放标准方面，《大气污染物综合排放标准》（GB 16297—1996）将苯、甲苯、二甲苯、酚类、甲醛和乙醛等列入 33 种需要控制的大气污染物名单；行业排放标准涉及合成树脂、石油化学、石油炼制、炼焦化学、轧钢、橡胶制品、合成革与人造革、储油库、汽油运输、加油站、饮食业和炼焦炉 12 个领域，包括苯、甲苯、二甲苯、酚类等具体控制指标和非甲烷总烃、VOCs 综合指标；《恶臭污染物排放标准》（GB 14554—1993）规定了甲硫醇、甲硫醚、三甲胺等散发恶臭气味的 VOCs 排放限值。

在监测方法标准方面，环境空气中 VOCs 的监测方法包括吸附管采样-热脱附/气相色谱-质谱法和罐采样/气相色谱-质谱法；固定污染源废气中 VOCs 的测定方法有固相吸附-热脱附/气相色谱-质谱法，采样方法有气袋法；规范了 VOCs 泄漏和敞开液面排放源的检测技术要求。

在清洁生产标准方面，涉及的行业包括化纤（涤纶和氨纶）、人造板（中密度纤维板）、汽车制造（涂装）、基本化学原料制造（环氧乙烷/乙二醇）、炼焦和石油炼制等，标准中规定了 VOCs 及具体控制指标的产生量。

在环境标志产品标准方面，提出环境保护标志产品技术要求的有木塑制品、印刷-凹版/商业票据/平版印刷、胶印油墨、凹印油墨和油印油墨、人造板及其制品、水性涂料、防水涂料、皮革和合成革、胶黏剂等，标准中明确提出产品中不得添加的物质和产品中 VOCs 含量限值。

在污染防治技术政策方面，《挥发性有机物（VOCs）污染防治技术政策》提出了生产 VOCs 物料和含 VOCs 产品的生产、储存、运输、销售、使用、消费各环节的污染防治策略和方法。所涉及的工业源主要包括石油炼制与石油化工、煤炭加工与转化等含 VOCs 原料的生产行业，油类（燃油、溶剂等）储存、运输和销售过程，涂料、油墨、胶黏剂、农药等以 VOCs 为原料的生产行业，涂装、印刷、黏合、工业清洗等含 VOCs 产品的使用过程；生活源包括建筑装饰装修、餐饮服务和服装干洗。

在可行技术指南方面，《大气挥发性有机物源排放清单编制技术指南（试行）》将 VOCs 排放源划分为生物质燃烧源、化石燃料燃烧源、工艺过程排放源、溶剂使用源、移动源五类，采用排放系数法计算 VOCs 排放量。该指南适用于指导城市、城市群及区域、企业 VOCs 源排放清单的编制。

（4）推进重点行业 VOCs 综合整治

为落实"大气十条"中关于开展重点行业 VOCs 综合整治的要求，以石化行业为工作先锋，2014 年 6 月，环境保护部发布了《关于印发〈石化行业挥发性有机物综合整治方案〉的通知》（环发〔2014〕177 号），大力推进石化行业 VOCs 污染治理。方案明确提出，全面开展石化行业 VOCs 综合整治，主要任务包括：开展 VOCs 污染源排查，严格建设项目环境准入，完善 VOCs 监督管理体系，以工艺废气排放、生产设备密封点泄漏、储罐和装卸过程挥发损失、废水废液废渣系统逸散等环节及非正常工况排污为近期 VOCs 控制工作重点实施 VOCs 全过程污染控制，建立 VOCs 管理体系；方案明确规定，2017 年 7 月 1 日前，全国石化行业全面完成综合整治工作，达到石油炼制、石油化学、合成树脂等工业污染物排放标准的相关要求，位于重点区域的石化企业应按规定达到特别排放限值要求，建成全国石化行业 VOCs 监测监控体系，VOCs 排放总量较 2014 年削减 30%以上。

（5）开展 VOCs 治理试点工作

2015 年 6 月，财政部、国家发展改革委、环境保护部联合发布了《关于印发〈挥发性有机物排污收费试点办法〉的通知》（财税〔2015〕71 号），选择石油化工和包装印刷行业在全国范围内先行试点征收 VOCs 排污费，为建立 VOCs 排污收费政策框架积累经验和奠定基础。办法明确规定，VOCs 排污费的收费项目是 VOCs，为废气排污收费的加征项目，亦以"污染当量"为收费依据。

另外，为探索适合我国工业 VOCs 控制的环境管理体系和医药化工行业 VOCs 排放控制技术路线，2010 年 11 月环境保护部同意将台州市浙江化学原料药基地作为 VOCs 治理工作试点。通过 2 年多来的工作，已在园区 VOCs 排放核算、重点污染源 VOCs 治理、VOCs 排放源监督管理等方面积累了一定经验。这不仅为全国全面开展 VOCs 污染综合防治试点工作做出了表率作用，还在相应行业中起到了带头作用并可以示范所得的 VOCs 控制、管理经验。

4.2.1.2.2 部分地方已率先推进 VOCs 污染防治工作

在 VOCs 污染控制方面，北京市、上海市、广东省等地区走在前列，正在积极推进其污染防治工作。地方 VOCs 污染防治工作的开展，可为国家层面管理政策和控制措施的制定提供有益的参考与经验借鉴。

2011—2013 年，北京市通过日常检查和专项行动的方式，加强了对石油化工行业、印刷行业、汽修行业和汽油储油库等 VOCs 排放的监管；2012 年制定了《北京市工业污染源挥发性有机物（VOCs）总量减排核算细则（试行）》，开展 VOCs 总量减排核查核算；2007 年发布了涉及 VOCs 的地方标准《北京市大气污染物综合排放标准》（DB 11/501—2007）、《炼油与石油化学工业大气污染物排放标准》（DB 11/447—2007），对 VOCs 排放提出了较为严格的控制要求。

上海市以加油站、石化企业和造船行业为突破口，启动了 VOCs 减排工作，目前已完成全部油罐车、储油库以及 95%的加油站油气治理工作，在上海石化、高桥石化、上海赛科、华谊集团 4 家企业开展 LDAR（泄漏检测与修复）试点示范工程，采取源头控制与末端治理相结合的方式来加强上海长兴岛船舶制造基地 VOCs 污染控制；2006 年发布了《半导体行业挥发性有机化合物排放标准》（DB 31/374—2006）。

2012 年广东省印发了《关于珠江三角洲地区严格控制工业企业挥发性有机物（VOCs）排放的意见》，明确了珠三角地区 VOCs 污染控制分步实施的目标，并提出严格 VOCs 排放类企业环境准入、加快 VOCs 重点污染源整治、加强 VOCs 工业源环境监管等具体举措；2010 年相继出台了《家具制造行业挥发性有机化合物排放标准》（DB 44/814—2010）、《包装印刷行业挥发性有机化合物排放标准》（DB 44/815—2010）、《表面涂装（汽车制造业）挥发性有机化合物排放标准》（DB 44/816—2010）和《制鞋行业挥发性有机化合物排放标准》（DB 44/817—2010）4 个地方 VOCs 排放标准。

4.2.1.2.3 VOCs 污染防治工作基础十分薄弱

针对 VOCs 污染防治，我国虽然已采取了一些相应的治理措施，但是由于 VOCs 排放来源复杂、排放形式多样、物质种类繁多，使得 VOCs 的监管难度较大，所以 VOCs 在我国长期以来一直未列为常规污染控制因子，其污染不处于受控状态。这就导致我国人为源 VOCs 污染控制形势及压力与环境管理极其不相适应。

（1）排放基数不清，导致 VOCs 污染控制管理工作缺乏科学依据

如前文所述，目前我国尚未将 VOCs 纳入环境统计或污染源普查等官方数据统计范畴，因而缺乏关于 VOCs 排放特征和排放量的权威发布数据。而学术界采用不同方法对我国 VOCs 排放量进行估算，研究结论也呈现出较大的差异性，导致其对 VOCs 污染控制和管理的参考价值大大降低。

鉴于摸清 VOCs 排放基数，掌握其时空分布特征、行业分布特征和物种分布特征等信息，是科学制定 VOCs 排放控制目标、控制技术路线、控制对策的重要基础和依据，因此迫切需要强化我国 VOCs 排放与控制基本情况的摸底调查，为针对性地治理 VOCs 污染奠定基础。

（2）环境监管基础薄弱，阻碍了 VOCs 污染防治工作的有效落实

首先，我国 VOCs 排放控制标准体系不完善。主要表现为：一是 VOCs 排放标准体系尚不完善，而且现有标准也存在较多问题。目前我国涉及 VOCs 的排放标准仅有 14 项，还有相当一部分重点行业需尽早制定标准。北京市、广东省、上海市等地区制定了一系列 VOCs 排放标准，但其体系也还不完善。现有一些标准尚存在问题，主要表现为系统性不强、行业针对性差、控制不够全面，有些标准的排放控制不能适应当前的环境管理需要，排放限值水平需要提高。二是重点行业 VOCs 污染防治技最佳可行技术指南等规范性技术指导文件缺失，使得环保部门和企业缺少开展控制工作的技术依据。其次，我国 VOCs 环境监测能力严重滞后。目前我国现有的监测能力不能满足 VOCs 监控工作的基本需要，有组织和无组织排放源监测能力十分薄弱，VOCs 环境监测体系建设差距较大。环境监测能力跟不上，就无法准确掌握我国 VOCs 污染状况，使得管理与执法苍白无力。

鉴于建立完善且适合我国国情的 VOCs 排放环境监管体系是深化 VOCs 污染防治、强化 VOCs 管理和执法的前提，为此迫切需要我国健全 VOCs 排放控制标准体系、创新 VOCs 排放控制管理政策、提高 VOCs 排放控制效率、增强 VOCs 排放监测能力。

（3）污染防治可行技术不清晰，不利于实现 VOCs 最佳治理效果

VOCs 排放来源复杂、排放形式多样、物质种类繁多，VOCs 治理技术也比较多样。但是，目前我国 VOCs 治理技术缺乏包括技术、经济和可行性等因素在内的综合评估，还不能够对 VOCs 治理工作提供有效的技术支持和推荐各行业最优控制技术，在一定程度上影响到了治理工作的进程和效果。因此，迫切需要从源头控制、过程控制和末端控制等角度筛选我国典型行业 VOCs 污染防治可行技术，加强 VOCs 污染的全过程控制，有效减少 VOCs 排放。

4.2.2　国外及中国台湾地区 VOCs 污染控制经验

为了去除光化学烟雾、降低颗粒物污染、提高大气环境质量、保护人体健康，美国、欧盟、日本等发达国家和中国台湾地区都对 VOCs 排放实施了管理控制，建立了较为完善的 VOCs 污染防治体系。经过多年的努力治理，VOCs 排放得到了有效抑制，有力地推动了空气质量改善。例如，1970—2012 年美国 VOCs 排放量削减了 62%，1990—2010 年欧盟削减了 55.7%，2004—2010 年日本削减了 44.2%（图 4-4-5）。

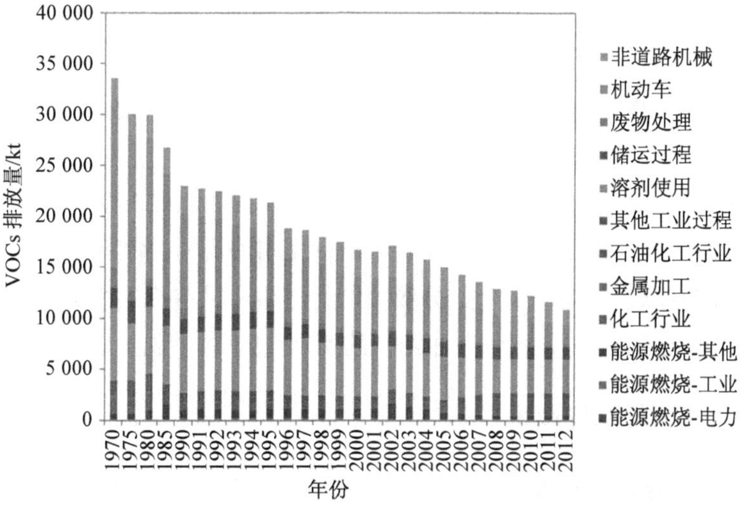

a. 美国

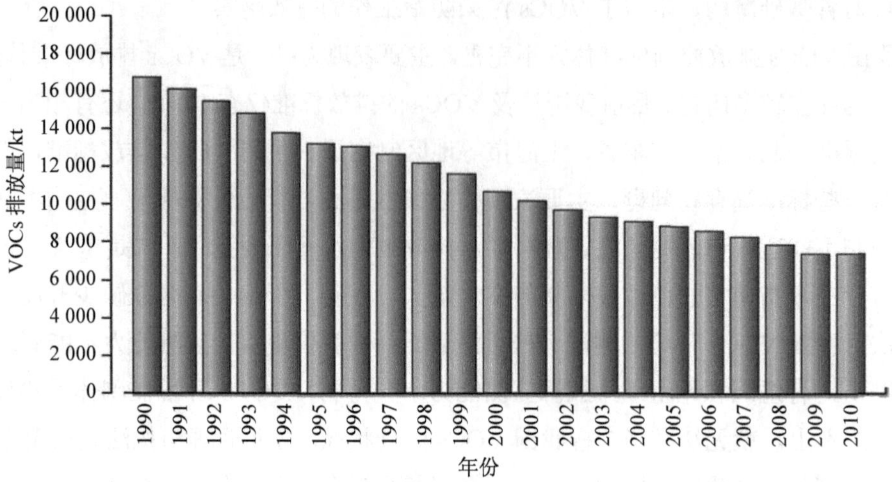

b. 欧盟

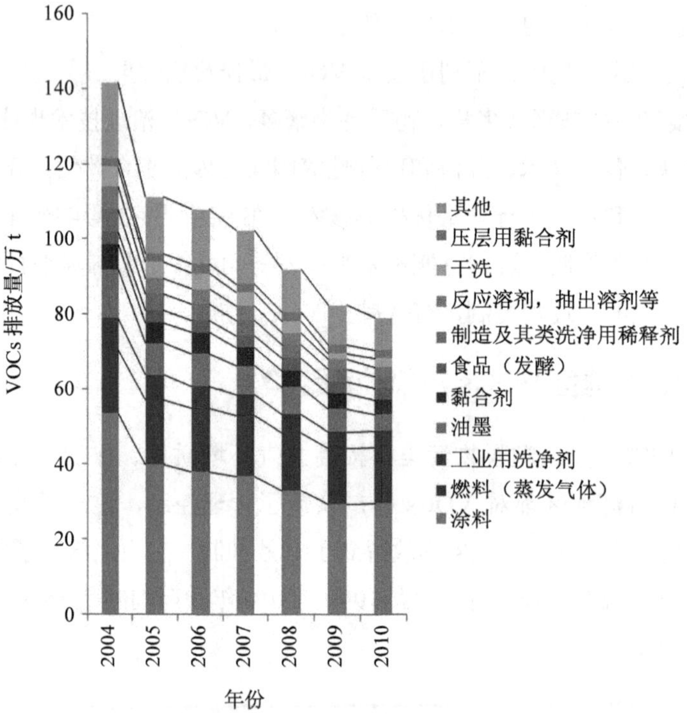

c. 日本

图 4-4-5 美国、欧盟和日本 VOCs 排放量变化情况

在我国开展 VOCs 污染防治工作之初，以上这些国家和地区针对 VOCs 排放控制的一些有益经验，包括美国 VOCs 五类源的管理框架、欧盟有机溶剂使用的通用控制要求（特别是基于物质平衡的 VOCs 排放总量控制方法）和 VOCs 分类分级控制的思路、日本按工艺操作的共性特征简化管理的做法、中国台湾地区经济手段与行政管理相结合的治理方式等，都值得借鉴。

4.2.2.1 美国 VOCs 排放控制管理体系

1900—1970 年的 70 年，美国 VOCs 的排放量增加了 260%，SO_2 的排放量增加了 210%，NO_x 的排放量增加了 690%。为了应对这一问题，美国在 1970 年颁布了《清洁空气法》（CAA），成立了美国国家环境保护局（EPA）。在该法案的指导下，EPA 于 1970 年制定了美国国家环境空气质量标准（NAAQS），将 O_3、CO、Pb、NO_2、SO_2 及总悬浮颗粒物（TSP）6 种常见的空气污染物纳入标准。EPA 对 CAA 进行了两次重要的修正：1977 年的 CAA 主要针对区域性空气污染问题；1990 年的 CAA 主要在于完善 CAA 的核心内容 NAAQS。其中，EPA 在 1990 年的 CAA 中明确了 VOCs 的定义，即是指除 CO、CO_2、碳酸、金属碳化物、碳酸盐、碳酸铵以外，参加大气光化学反应的含碳化合物的总称。

（1）基于 NAAQS 的 VOCs 排放标准体系

美国大气污染控制的最终目标是达到 NAAQS，其主要手段就是根据 CAA 的规定，对污染源实行排放限制，排放限制包括排放标准，以及为减少污染排放而对污染源所作的任何规定。其中，排放标准是排放限制的核心内容。对于固定源 VOCs 排放控制，美国的新源特性标准（NSPS）和有毒空气污染物排放标准（NESHAP）都提出了相关要求。NSPS 是基于最佳示范技术（BDT）制定的，列入联邦法规典 40 CFR 60 部分。NSPS 适用于被 EPA 认为是足以危害公众健康和福利的特定工业类别的新建、改建和重建排污设施，不管排污设施所在地区是达标区还是非达标区。NESHAP 是基于最大可达控制技术（MACT）制定的，列入联邦法规典 40 CFR 61 和 40 CFR 63 部分。它的控制对象是 188 种有毒空气污染物，其中的 28 种属于有机 HAPs（表 4-4-6），主要针对的是排放速率显著的重要排污设施，既适用于新建源也适用于现役源。表 4-4-7 列举了部分涉及 VOCs 的 NSPS 和 NESHAP。

美国固定源 VOCs 排放标准体系的特点主要表现为，按照行业、源类的划分而分门别类地加以制定。行业排放标准涉及炼油、石化、精细化工（杀虫剂、涂料、染料、颜料等杂项有机化学品）、油品储运、制药、表面涂装、出版印刷、铸造、服装干洗等领域。在行业排放标准中又根据排放源类型的差异，分工艺排气、设备泄漏、废水挥发、储罐和装载操作 5 类源，分别规定了排放限值或工艺设备、运行维护要求。其中，后 4 类源均为逸散源。

表 4-4-6 美国有机 HAPs 目录

化学名称	CAS 代码	化学名称	CAS 代码
苯	71432	乙二醇	107211
联苯	92524	正己烷	110543
1,3-丁二烯	10990	甲醇	67561
二硫化碳	75150	甲基乙基酮（2-丁酮）	78933
氧硫化碳	463581	甲基异丁基酮（异己酮）	107101
甲酚（多种异构体）	1319773	甲基叔丁基醚	1634044
间甲酚	108394	萘	91203
邻甲酚	95487	酚	108952
对甲酚	106445	甲苯	108883
异丙基苯	98828	2,2,4-三甲基戊烷	540841
1,2-二溴乙烷（二溴化乙烯）	106934	二甲苯（多种异构体）	1330207
1,2-二氯乙烯	107062	间二甲苯	108383
二乙醇胺	111422	邻二甲苯	95476
乙烯	100414	对二甲苯	106423

表 4-4-7 美国涉及 VOCs 的 NSPS 和 NESHAP

标准类型	编号	标准名称
NSPS	C 40 CFR 60	石油炼制设备泄漏 VOCs 排放标准
		石油炼制废水处理系统 VOCs 排放标准
		有机合成化学品制造业（SOCMI）空气氧化单元 VOCs 排放标准
		有机合成化学品制造业（SOCMI）蒸馏单元 VOCs 排放标准
		有机合成化学品制造业（SOCMI）反应过程 VOCs 排放标准
		有机合成化学品制造业（SOCMI）设备渗漏 VOCs 排放标准
		有机合成化学品制造业（SOCMI）废水处理 VOCs 排放标准
		石油干洗排放标准
		散装汽油设施排放标准
		石油液体储存容器排放标准
		橡胶轮胎制造排放标准
		聚合物制造中 VOCs 排放标准
		合成纤维生产设施排放标准
		陆上天然气处理设施 VOCs 泄漏排放标准
NESHAP	C 40 CFR 61	苯设备泄漏（无组织排放源）国家排放标准
		氯乙烯国家排放标准
		苯储存器苯国家排放标准
		设备泄漏（无组织排放源）国家排放标准
		苯传输操作过程苯国家排放标准
		苯废物处理排放标准
	C 40 CFR 63	工业冷却塔 NESHAPs
		弹性聚氨酯泡沫塑料 NESHAPs
		人造有机化学制造业通风、存储、传输和废水处理过程 NESHAPs
		危险废物焚烧装置 NESHAPs
		石油和天然气生产设施 NESHAPs
		炼油厂 NESHAPs
		合成有机化学制造业 NESHAPs
		厂外废物处理和回收利用过程 NESHAPs
		汽油配送设施国家排放标准
		设备泄漏有机毒气国家排放标准
		沥青加工 NESHAPs
		其他有机化工生产 NESHAPs

（2）制订分级的州实施计划

EPA 在地方层面上要求环境空气质量未达标的州以及美国东北部各州必须每三年制订一份州实施计划（SIP），以促使地方的空气质量在限定的时间内达标。SIP 主要内容包括：排放清单、监测网络、排放限值、执行机制、技术指南以及其他促使地方的环境空气质量达标的措施。表 4-4-8 给出美国 O_3 超标分级管理情况。

表 4-4-8 美国 O_3 超标分级管理情况

O_3 超标分级	轻度超标	中度超标	重度超标	严重-15 超标	严重-17 超标	极度超标
浓度范围（1 小时 ppm）	0.121＜ ≤0.138	0.138＜ ≤0.160	0.160＜ ≤0.180	0.180＜ ≤0.190	0.190＜ ≤0.280	＜0.28
达标期限	3 年	6 年	9 年	15 年	17 年	20 年
固定污染源定义*	100 t	100 t	50 t	25 t	25 t	10 t
VOCs 削减量		15%/6 年	3%/年			
新源审查（倍量替代）	1.1∶1	1.15∶1	1.2∶1	1.3∶1	1.3∶1	1.5∶1
机动车 I/M	基础级	基础级	加强级	加强级	加强级	加强级
治理技术 RACT	基础级	加强级	加强级	加强级	加强级	加强级
加油站油气回收		✓	✓	✓	✓	✓
光化学污染监测站			✓	✓	✓	✓
清洁机动车			✓	✓	✓	✓
清洁锅炉燃料				✓	✓	✓
减少用车计划				✓	✓	✓
排污收费				✓	✓	✓

*：根据 O_3 超标等级，各州主要固定污染源的范围随着超标等级的提升而扩大。例如，在轻度超标地区，把 VOCs 和 NO_x 排放量大于 100 t/a 的企业纳入主要固定污染源；在极度超标地区为大于 10 t/a 的企业。

4.2.2.2 欧盟 VOCs 排放控制管理体系

欧洲意识到 VOCs 可形成光化学烟雾污染，危害人体健康，而且 VOCs 在长距离输送过程中也会对邻近国家的空气质量产生影响，于 20 世纪 90 年代开始控制 VOCs 排放。

（1） VOCs 控制指令

欧盟在 20 世纪 90 年代出台的《欧洲清洁空气计划》对 VOCs 的排放标准和排放源进行限制，通常以控制指令的形式发布，并逐渐改进，日趋严格。欧盟 VOCs 控制指令主要包括通用指令（如有机溶剂使用指令 1999/13/EC、涂料指令 2004/42/CE）和行业指令（如油品储运指令 1994/63/EC 及综合污染预防与控制指令 1996/61/EC、2008/1/EC）2 类（表 4-4-9）。

表 4-4-9 欧盟主要 VOCs 控制指令

控制指令		主要内容
通用指令	1999/13/EC	规定了 20 种有机溶剂使用装置和活动的 VOCs 排放限值，包括有组织排放限值（废气中 VOCs 的浓度）和无组织排放限值（使用溶剂量的百分比）。并根据 VOCs 环境归宿的不同，建立了一套基于物质平衡的 VOCs 排放总量控制方法，并据此提出了逸散率（%）和单位产品排放量（g/kg，VOCs 排放量与溶剂使用量的比值；或者 g/m^2，VOCs 排放量与涂装面积的比值）指标
	2004/42/CE	从产品源头规定了建筑涂料、汽车涂料中的 VOCs 含量（g/L）。对于工业生产活动，实施有组织排放和无组织排放管控；对于建筑与市政工程、消费类产品（发胶、空气清新剂等）等，要求保证产品本身是清洁的、环境友好的；对于汽车涂料等工业涂料，规定 VOCs 含量限值，要求工业企业采用清洁的原材料

控制指令		主要内容
行业指令	1994/63/EC	为了防止油品贮存和配送过程的 VOCs 污染，要求储油库采取措施减少蒸发损失，配送过程（油品装入罐车，运至加油站）要进行油气回收。对于储油库储罐，要求采用一级密封或二级密封的内浮顶罐、外浮顶罐，减少蒸发损失 90%或 95%以上；对于储油库固顶罐，要求连接到油气回收装置，任何 1 h 平均的油气排放浓度不超过 35 g/m^3；对于储油库的发油过程，要求收集从罐车内置换出的蒸汽，通过密闭管线输送至油气回收装置；对于油罐车加油站卸油，要求收集从储罐置换出的油气并存留于罐车内直至下次装油
	1996/61/EC、2008/1/EC	通过颁发许可证，对能源工业、金属工业、无机材料工业、化学工业、废物管理以及其他活动 6 大类共 33 个行业，涉及 VOCs 排放的主要行业包括石油精炼、大宗有机化学品、有机精细化工、储存设施、涂装、皮革加工等，进行控制。许可证中规定有污染排放限值（废水、废气、噪声、固体废物等），以及一些等效的技术参数或工艺措施。这些排放限值、等效参数或技术措施必须在不妨碍环境质量达标的前提下，基于最佳可行技术（BAT）

（2）VOCs 分级控制标准

鉴于 VOCs 来源复杂，种类繁多，不可能针对每个行业都制订专项排放标准，排放标准也不可能涵盖所有物种，欧洲一些成员国还建立了 VOCs 分级控制标准，即按健康毒性的大小，将 VOCs 分为高毒害、中等毒害和低毒害 3 类，排放标准分别控制在 5 mg/m^3、20 mg/m^3 和 100 mg/m^3。表 4-4-10 给出了欧盟有机化合物按 MAC 值（最高允许浓度）的毒性分级情况。

表 4-4-10 欧盟有机化合物按 MAC 值的毒性分级

等级	高毒害	中等毒害	低毒害
MAC 值	$<$25 mg/m^3	$\geqslant$25 mg/m^3 而 $<$500 mg/m^3	$\geqslant$500 mg/m^3
化合物名称	一氯甲烷 三氯甲烷 四氯甲烷 1,2-二氯乙烷 1,1-二氯乙烯 甲醛 乙醛 甲酸 丙烯酸 硝基苯 苯胺 酚 ……	1,1-二氯乙烷 丙醛 丁醛 环己酮 乙酸 丙酸 甲苯 二甲苯 乙苯 异丙苯 苯乙烯 CS2 甲酸甲酯 醋酸甲酯 醋酸乙烯酯 ……	烷类 烯类 二氯甲烷 一氯乙烷 1,2-二氯乙烯 乙二醇 甲醚 乙醚 异丙醚 丙酮 2-丁酮 醋酸乙酯 醋酸丁酯 ……

4.2.2.3　日本 VOCs 排放控制管理体系

由于浮游粒子状物质（SPM）对人体健康的影响，光化学污染投诉事件的增多，而考虑到 VOCs 是 SPM 和光化学污染的主要成因物质，日本政府于 2004 年紧急采取控制 VOCs 排放这项措施来应对 SPM 和光化学污染。日本通过国家排放管制与企业自主减排相结合的方式，以有效控制 VOCs 排放。

（1）基于工艺操作共性的 VOCs 排放标准

日本 2004 年在修订的《大气污染防止法》中新增了一章《VOCs 排放规制》，2005 年发布了施行令（政令）、施行规则（省令）和 VOCs 测定方法（环境省公告），要求自 2006 年 4 月 1 日起对化学品制造、涂装、工业清洗、黏接、印刷、含 VOCs 物质储存 6 类重点源一定规模以上的 9 种排污设施实施 VOCs 排放控制，且明确提出 2010 年 VOCs 排放量要比 2000 年减少 30%。以上这 6 类重点源是在归纳 VOCs 排放行业的工艺特点基础之上确定的，能够涵盖大部分 VOCs 排放源，其 VOCs 排放限值（以 C 计）介于 400～60 000 ppm[1]（体积分数）（表 4-4-11），测定方法为非分散红外法（NDIR）或火焰离子化法（FID）。

表 4-4-11　日本被规制的排污设施 VOCs 排放限值

<table>
<tr><th>排污设施</th><th>规模条件</th><th colspan="2">VOCs 排放限值</th></tr>
<tr><td>化学品制造的干燥设施</td><td>排风机风量在 3 000 m^3/h 以上</td><td colspan="2">600 ppmC</td></tr>
<tr><td rowspan="2">涂装设施（限于吹干涂装）</td><td rowspan="2">排风机风量在 100 000 m^3/h 以上</td><td>汽车制造</td><td>现役源：700 ppmC；
新源：400 ppmC</td></tr>
<tr><td>其他</td><td>700 ppmC</td></tr>
<tr><td rowspan="2">用于涂装的干燥设施
（除了吹干涂装以及电涂装以外）</td><td rowspan="2">送风机风量在 10 000 m^3/h 以上</td><td>木材和木制品（包含家具）</td><td>1 000 ppmC</td></tr>
<tr><td>其他</td><td>600 ppmC</td></tr>
<tr><td>印刷电路所用的层压板、胶带胶纸或剥离纸、包装材料（仅限于压合合成材料）的制造过程中黏合用的干燥设施</td><td>送风机风量在 5 000 m^3/h 以上</td><td colspan="2">1 400 ppmC</td></tr>
<tr><td>黏接用的干燥设施（前项所提及的和包含家具在内的木材木制品除外）</td><td>送风机风量在 15 000 m^3/h 以上</td><td colspan="2">1 400 ppmC</td></tr>
<tr><td>印刷的干燥设施（仅限轮转胶印）</td><td>送风机风量在 7 000 m^3/h 以上</td><td colspan="2">400 ppmC</td></tr>
<tr><td>印刷的干燥设施（仅限凹版印刷）</td><td>送风机风量在 27 000 m^3/h 以上</td><td colspan="2">700 ppmC</td></tr>
<tr><td>工业制品的洗净设施（包含干燥设施）</td><td>洗净剂和空气的接触面积在 5 m^2 以上</td><td colspan="2">400 ppmC</td></tr>
<tr><td>汽油、原油、轻油和其他温度在 37.8℃且蒸汽压超过 20 kPa 的 VOCs 储藏罐（密闭式以及浮顶式除外）</td><td>1 000 kL 以上</td><td colspan="2">60 000 ppmC</td></tr>
</table>

（2）企业及其所属行业协会自主减排

根据《大气污染防止法》，必须努力控制 VOCs 排放是所有相关企业的责任。日本积极推进各个行业协会进行 VOCs 排放控制的自主行动规划，要求每年提交年度自主行动计划，由企业自主地进行检讨、计划和立案。首先企业要将排放情况的实际报告上交到相关的行业协会，由行业协会整理好后上交到国家经济产业部。上交的报告中不仅仅有削减量的数据，还包括控制技术、运营成本等

[1] 1 ppm=10^{-6}，全书同。

附加说明。国家经济产业部再通过产业构造审查会，对各行业提出减排意见和整治措施。目前，日本 VOCs 自主减排行业协会已有 50 多个，包括日本燃气协会、日本涂装协会、日本染色协会、日本纸业协会、日本钢铁协会、日本汽车零部件工业协会、日本化学工业协会等。

4.2.2.4 中国台湾地区 VOCs 排放控制管理体系

自 20 世纪 90 年代以后，O_3 成为中国台湾地区主要的空气污染物，O_3 浓度超过法规标准日的比例从 90 年代初的 3.3%提高到 2002 年的 77%。另外，某些 VOCs 具有臭味，也是民众反映案件的主要原因。因此，VOCs 成为 20 世纪 90 年代末期以来中国台湾地区大气污染控制的重点对象。

（1）VOCs 排放控制行政管制措施

在固定源 VOCs 排放控制行政管制方面，利用严格的排放标准进行管制，强化许可登记与排放量申报，并配合一些行为管制措施。

①固定源 VOCs 排放标准体系

中国台湾地区 1997 年颁布了《挥发性有机物空气污染管制及排放标准》，对石化行业的 VOCs 排放控制进行了严格的规定，此标准后于 2005 年进行了重新修订。21 世纪以来，对于涉及 VCOs 排放的半导体制造业、聚氨基甲酸酯合成皮革业、汽车制造业表面涂装作业、光电材料及元件制造业和胶带制造业等行业，中国台湾地区也先后制定了空气污染物排放标准。在最新颁布的《固定污染源空气污染物排放标准》中，直接针对的 VOCs 物种有 12 项，包括：硫醇、硫化甲基、二硫化甲基、一甲基胺、二甲基胺、三甲基胺、二硫化碳、甲醛、苯、甲苯、二甲苯和氯乙烯单体。该标准对以 VOCs 为主的异味污染物进行了严格的定义和排放限制，对于未列排放管道排放标准的气体污染物也给出了相应的计算方法。

②许可证制度

中国台湾地区《固定污染源设置与操作许可证管理办法》的许可核查项目如图 4-4-6 所示，其规定极为细致和严格，具有较强的可操作性。工厂在取得许可证后，依许可规定事项进行设置、操作、排放污染物。设置许可或变更许可的污染源，设立后应先申请操作许可，才能操作。公告前已建立的固定污染源，应于公告后 2 年内申请操作许可。台湾地区许可制度采取分批公告管制方式，截至 2009 年已完成的 8 次公告，可掌握全台湾固定污染源 80%以上的挥发性有机污染物排放量。

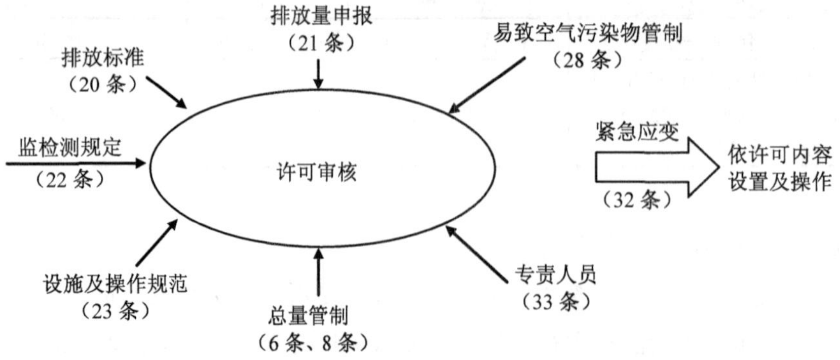

图 4-4-6 台湾许可证制度规定的许可核查项目

③排放量申报系统

中国台湾地区主要是通过申报和核查制度来统计 VOCs 的排放情况，并制定排放清册作为储存各类污染源排放量的总排放量资料库。中央主管机关通过建立污染物排放量网络申报系统，由工厂自行登录该系统申报各自的污染物排放量。排放量网络申报系统包括排放量申报主系统和排放量试算系统，如图 4-4-7 所示。具体操作步骤如下：申报者上网获取申报账号和密码，采用统一的网络申报资料登录方式，登录污染物申报系统后按照相关的操作规范对该厂的污染物排放量进行申报。申报的主要内容包括：全厂所有管道及未经排放管道逸散的空气污染物排放量；各过程原料、燃料、产品及有机溶剂使用等，与空气污染物排放有关的活动强度资料；非生产制造或作业过程使用的有机溶剂资料；排放量计算推估方式说明。一般而言申报者仅需进入主系统内输入资料即可完成申报作业，而试算系统仅是辅助工具。工厂可借助排放量试算工具计算该厂的排放量，也可自行进行计算并填入申报系统内，工厂在计算排放量时，应根据本厂的实际情况选择相应的计算方法并按照相应标准规范进行计算。

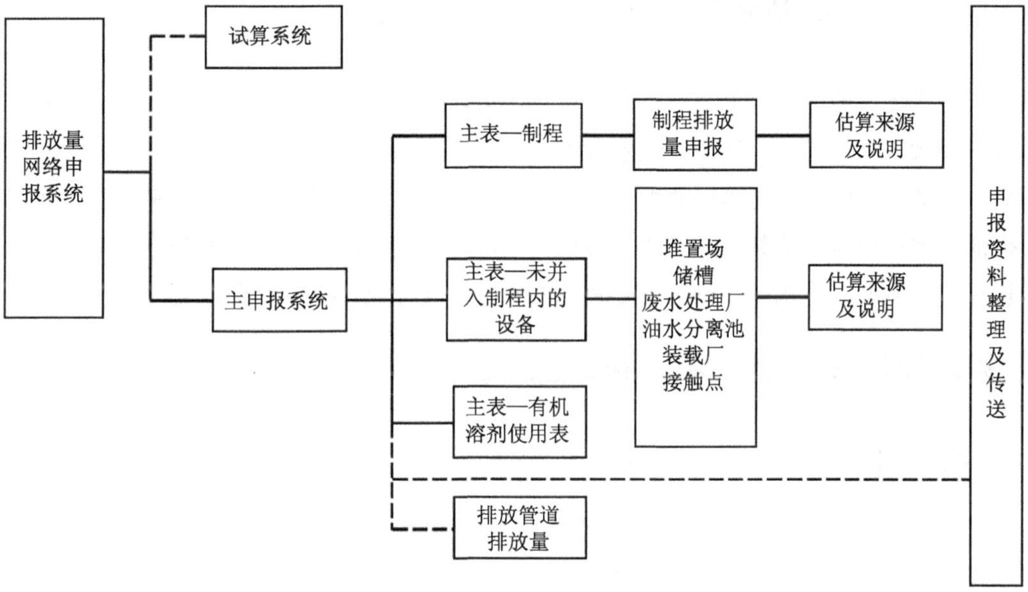

图 4-4-7 台湾 VOCs 排放量网络申报系统

为了获得准确的排放量，中国台湾地区制定了详细的申报操作手册和包括各行业细分制程排放因子表，在企业申报完成之后对各个环节进行审核和监测，验证申报结果。此外，为了鼓励企业参与到申报过程当中，中国台湾地区环保部门还制定了自建厂排放系数建立手册，企业可以通过规范的方法检测出生产过程中的实际排放因子，这样不仅能够使企业进一步熟悉各个环节的 VOCs 排放情况，还能进一步完善排放因子体系。

④行为管制

中国台湾地区环保主管部门制定了《空气污染行为管制执行准则》，指导主管部门利用官方检查方式来判断未经排放管道排放空气污染物的污染环境行为，并辅导业者改善。对于臭味 VOCs 散逸等污染行为，行为管制是相当具有时效性的。

（2）VOCs 排放控制经济奖惩措施

中国台湾地区自 20 世纪 90 年末开始规划启动 VOCs 排污收费的工作，2005 年立法部门通过决议，于 2007 年 1 月 1 日起开征 VOCs 排污费。兼顾行业冲击与污染减量效益，中国台湾地区 VOCs 排污收费制度分成 2 个期程实施。第一期程（2007 年 1 月 1 日至 2009 年 12 月 31 日）：征收项目为 VOCs，实行 12 元新台币/kg 的单一费率，起征门槛为 1 t/季度，以均化排放系数计量，征收额约为

28.87 亿元新台币/年；第二期程（2010 年 1 月 1 日起）：征收项目为 VOCs 和 13 个个别有害种类，采用三级排放量累进费率并纳入防治区差别费率（15～30 元新台币/kg）且加征有害 VOCs 种类，起征门槛仍为 1 t/季度，以质量平衡方式计量，征收额约为 38.46 亿元新台币/年。通过征收排污费，中国台湾地区每年约可减少 1.5 万 t VOCs 的排放。

值得注意的是，中国台湾地区还建立了配套的减量奖励制度和总量管理制度，形成相对完整的经济奖惩体系。减量奖励制度设有减量奖励金和监测奖励金，鼓励企业主动监测和减排；总量管理制度的核心是排污权交易，企业可以保留、抵换及交易实际排放与指定排放的差额，这使得减排更具经济诱因，不仅有利于企业实现经济与环境双赢，而且有助于推动研发出更经济的减排技术。

4.3 VOCs 排放控制思路与任务

以大工程带动大治理，突出重点行业和重点区域，全面实施 VOCs 总量控制。VOCs 总量控制范围包含工业源、交通源、生活源、农业源四大部分。在全国层面，全面推进石化、化工、工业涂装、印刷、交通源、电子信息等行业 VOCs 排放控制。京、津、冀、鲁、江、浙、沪、粤等省份和全国其他地区重点城市因地制宜开展建筑装饰、干洗、餐饮等生活源 VOCs 排放控制工作。纺织印染、木材加工、制鞋、焦化等行业集中度较高的省份开展行业 VOCs 综合整治。

4.3.1 实施工业企业 VOCs 综合治理

4.3.1.1 实施石化行业 VOCs 达标改造

“十三五”期间，石化行业所有企业均应实施 VOCs 综合治理，确保稳定达标排放，VOCs 综合去除效率达到 70%以上。对于设备与管线组件，全面推行泄漏检测与修复技术；对于有机液体储罐，采用压力罐、低温罐、高效密封的浮顶罐或安装顶空联通置换油气回收装置的拱顶罐；对于有机液体装卸，采取全密闭、液下装载等方式，采用具备油气回收接口的车船；对于废水处理，在逸散 VOCs 和产生异味的环节加盖密闭，安装有机废气收集与治理设施；对生产过程中有组织排放的工艺尾气，采用气柜回收利用，同时采取焚烧等方式予以处理。

4.3.1.2 强化化工行业 VOCs 综合治理

所有化工企业均应实施 VOCs 综合治理，VOCs 综合去除效率达到 70%以上。具体减排途径除参考石化行业要求外，还应采取如下主要措施：一是推进源头控制，减少高 VOCs 含量原辅材料的使用。二是强化过程控制，推广采用先进的干燥、固液分离及真空设备，淘汰落后生产工艺及设备，推广采用连续化、自动化、密闭化生产工艺替代间歇式、敞开式生产工艺，减少物料与外界接触频率，加强非正常工况的过程控制，采取停工退料等措施防止检修时残余物料造成环境污染。三是深化末端治理，在各行业主要排放环节安装集气罩或密闭式负压收集装置，有效收集的废气应采取回收或焚烧方式进行末端治理。加强化工厂区外有机化工物料储运管理，参照石化行业执行。

4.3.1.3 推进工业涂装 VOCs 综合整治

工业涂装汽车、船舶、集装箱、家具、工程机械、钢结构、卷材制造七大重点行业所有企业均应实施 VOCs 综合治理，其中汽车制造企业的 VOCs 综合去除效率达到 80%以上，集装箱、卷材制造企业达到 70%以上，家具、工程机械制造企业达到 60%以上，船舶制造企业达到 50%以上，钢结构企业达到 40%以上。主要采取以下减排措施：一是低 VOCs 含量涂料替代工程。在汽车、集装箱、工程机械、钢结构制造行业，推广使用水性（施工状态 VOCs 含量低于 10%）、高固体分（施工状态 VOCs 含量低于 40%）涂料；在船舶制造行业，压载舱涂装推广使用高固体分涂料，机舱和生活舱涂装推广使用水性涂料；在家具制造行业，推广使用水性、紫外光固化（施工状态 VOCs 含量低于 20%）涂料；在卷材行业，推广使用水性涂料。二是涂装工艺与设备改进工程。汽车制造行业推广使用 3C1B、2C1B 等紧凑型涂装工艺，采用内外板全自动、静电喷涂技术；船舶、钢结构、工程机械制造行业，推广使用高压无气喷涂、空气辅助无气喷涂技术；集装箱底漆、卷材行业推广使用全自动辊涂技术；平面板式家具制造推广使用自动喷涂。三是 VOCs 收集与治理工程。喷漆室、流平室和烘干室原则上建成完全封闭的围护结构体，配备高效有机废气收集系统，采取回收或焚烧方式进行末端治理。

4.3.1.4 开展印刷行业 VOCs 综合整治

包装印刷企业 VOCs 减排重点推进印刷、复合、涂布环节 VOCs 排放控制工作，VOCs 综合去除效率达到 70%以上；出版物印刷企业应重点推进印刷、胶订、覆膜环节 VOCs 排放控制工作，综合去除效率达到 30%以上。主要采取以下减排措施：一是低 VOCs 含量原辅料替代和生产工艺改进工程。印刷环节应采用符合环境标志产品技术要求的油墨，鼓励使用水性油墨、光固化油墨、电子束固化油墨；复合环节重点推广应用无溶剂复合，鼓励使用挤出复合、水性胶复合、光固化胶复合等环境友好型复合技术；涂布环节推广使用水性胶涂布、光固化涂布；胶订环节采用符合环境标志产品技术要求的热熔胶或聚氨酯胶；覆膜环节推广使用水性胶。提倡使用柔版印刷、胶版印刷等低 VOCs 排放的印刷方式。二是 VOCs 收集与治理工程。在印刷、复合、涂布等环节，配备高效有机废气收集系统，采取回收或焚烧方式进行末端治理。

4.3.1.5 其他行业 VOCs 综合整治

各地要根据本地产业特点和 VOCs 排放特征，选择其他一些重点行业开展 VOCs 治理工作，如煤化工、电子信息、制鞋、纺织印染、木材加工、建筑装饰、干洗、餐饮等。现代煤化工行业要参照石化行业要求全面推进 VOCs 治理。针对溶剂清洗、光刻、涂胶、涂装等工序，开展规模以上电子专用材料、电子元件制造、印制电路板、电子终端产品制造等电子信息行业 VOCs 治理。纺织印染、木材加工、制鞋、焦化等行业集中度较高的省份开展行业 VOCs 综合整治。

此外，要加大结构减排力度，按照国家产业政策淘汰 100 万 t/a 及以下低效低质的生产汽、煤、柴油的小炼油生产装置，以及污染严重的小型化工、家具、钢结构、印刷等企业。

4.3.2 推进交通源 VOCs 综合治理

4.3.2.1 深入推进油品储运销油气回收治理

油品储运销过程的 VOCs 排放分为原油储运、汽油储运销两类。“十三五”期间，主要采取以下措施：一是油气回收改造工程。所有汽油加油站、储油库、油罐车实施油气回收治理改造，确保油气排放稳定达到《加油站大气污染物排放标准》（GB 20952—2007）、《储油库大气污染物排放标准》（GB 20950—2007）、《汽油运输大气污染物排放标准》（GB 20951—2007）等标准规定的要求。原油储油库、原油成品油码头、原油成品油运输船舶和油罐车，按照有关规定实施油气回收治理改造。到 2017 年底前，全面开展原油成品油码头油气回收治理。二是强化管理减排。对已安装油气回收设施的加油站、储油库、油罐车全面加强运行监管，油气回收率由目前估算的 30%左右提高到 90%以上。加强在线监测设施建设，重点城市对年销售汽油量大于 5 000 t 的加油站安装油气回收在线监测系统，其他城市对年销售汽油量大于 8 000 t 的加油站安装油气回收在线监测系统。

4.3.2.2 推进移动源 VOCs 综合治理

移动源 VOCs 排放主要来自机动车，包括尾气排放和蒸发排放。“十三五”期间，主要采取以下减排措施：一是按照移动源 NO_x 控制要求，实施新车提标工程和黄标车、老旧机动车淘汰工程，重点区域基本淘汰国Ⅱ及之前阶段老旧摩托车。二是加强管理减排。将蒸发排放泄漏检测纳入在用车检测范围。京津冀、长三角、珠三角等重点区域内城市全面推行在用车蒸发排放泄漏检测，鼓励有条件的其他地区实施在用车蒸发排放泄漏检测。

4.3.3 推动生活源 VOCs 污染治理

4.3.3.1 推动建筑装饰行业 VOCs 污染治理

积极推进建筑材料替代，建筑内外墙涂饰必须使用水性涂料；对于其他建筑装饰活动，推动使用符合环境标志产品技术要求的涂料、黏合剂等建筑材料，使用比例达到 50%以上。通过鼓励开展装修后室内空气质量检测验收等措施，推进建筑装饰行业对 VOCs 排放的管控。

4.3.3.2 开展干洗行业 VOCs 污染治理

干洗经营单位应加强设备改造，必须使用全封闭式干洗机，或者对在用的开启式干洗机进行改装，增加压缩机制冷回收系统；需定期进行干洗剂泄漏检查，对干洗溶剂及其废弃物实行统一回收、密闭储存处理。

4.3.3.3 加强餐饮油烟 VOCs 污染治理

城市建成区的大型、中型、小型餐饮业单位原则上均要安装与其经营规模相匹配的具有油雾回收功能的抽油烟机和高效油烟净化设施，油烟净化设施去除效率应分别达到 85%以上、75%以上、60%以上，确保油烟稳定达标排放；位于环境敏感区的餐饮业单位，要安装不增加臭氧等污染物排放的油烟异味处理设施；积极引导露天烧烤入户经营，取缔市区露天烧烤点。

本报告执笔：杨金田、宁淼、王宁、郑伟

第5篇

水环境保护研究

1 “十三五”期间水污染物减排指标和思路

1.1 “十二五”主要水污染物减排情况分析

1.1.1 减排进展

“十二五”期间，党中央、国务院高度重视主要污染物总量减排工作，并持续将污染减排作为国民经济和社会发展的约束性指标，国务院发布了节能减排综合性工作方案，通过强化目标责任、调整产业结构、实施重点工程、推动技术进步、完善激励政策、加强监督管理、开展全民行动等措施，使得节能减排取得显著成效。截至2014年底，全国化学需氧量、氨氮排放总量分别为2 294.6万t、238.5万t，分别较2010年下降了10.1%、9.8%、，其中，化学需氧量已提前完成“十二五”的总量削减任务，氨氮已接近完成目标任务。

通过污染减排的推进，扭转了我国工业化、城镇化快速发展阶段主要污染物排放强度大幅上升的势头，缓解了经济发展与环境资源之间的矛盾，改善了环境质量，为经济平稳较快发展提供了有力支撑。“十二五”期间，全国地表水国控断面化学需氧量和氨氮年均浓度分别下降17.0%和38.1%。

减排工作有力地促进了产业结构升级和技术进步。通过大力淘汰落后产能，支持大型高效装备和产品的推广应用，使得先进的、清洁的生产能力比重明显提高，主要污染物单位产品排放强度大幅降低，高效节能产品市场占有率明显提高。“十二五”以来，全国共关停造纸企业（或生产线）3 184家（条），淘汰落后产能总规模2 799万t；关停印染企业（或生产线）1 467家（条），淘汰落后产能总规模84亿m，关闭化工、农副食品加工、皮革等重污染企业（或生产线）8 253家（条）。

在中央预算内投资和中央财政安排专项资金等多方支持下，全国主要污染物减排能力进一步增强。在主要水污染物减排方面，“十二五”以来，全国新建、改造工业废水处理设施3 000余项，工业废水达标排放率显著提升；新增城镇污水日处理厂2 829座，新增污水处理能力3 600万t/d、生活垃圾无害化日处理能力10.5万t，城市污水处理率、城市生活垃圾无害化处理率分别达到89%和90%以上；4万余家规模化畜禽养殖场完善了废弃物处理和资源化利用设施，其化学需氧量和氨氮去除效率分别提高了5%和20%左右。

1.1.2 存在问题

伴随减排工作的不断推进，也暴露出一些短板，主要体现在以下几方面：

一是对污染减排的战略性、长期性、艰巨性认识不足。一些地区不能正确处理经济发展与污染减排的关系，把经济高速增长、城镇化快速发展作为硬任务，把污染减排作为软指标，不能坚决持续地把污染减排作为调结构、转方式的重要抓手，要求时松时紧，局部地区工作容易出现反复。

二是产业结构调整缓慢。一些地方淘汰落后产能缺乏激励措施，结构调整对污染减排贡献率不足10%，仍然存在大量生产工艺老旧、污染防治水平低下的落后企业。

三是部分行业产能过剩导致效益下滑，企业治污设施运行效率降低，治污设施不正常运行、超标排放、偷排漏排等现象在一些地方仍普遍存在。

四是污染减排配套政策体系仍不完善。有利于污染减排的价格、财税、金融等经济政策还不健全，创新驱动不足，排污许可、排污权交易、污染治理以奖促治、生态补偿等机制有待进一步完善，污染减排的长效机制尚未形成，市场作用发挥不够，政府监管处罚不能完全到位。

1.1.3 面临形势

“十三五”期间，经济形势进入“新常态”发展，人民群众对环境质量改善的需求也越来越强烈，因此减排形势十分严峻，主要体现在以下几方面：

一是主要污染物总量减排虽然取得显著进展，但污染物排放总量仍处于高位水平，环境形势依然严峻，黑臭水体仍普遍存在，水体富营养化事件频发。大量科学研究表明，我国主要污染物排放总量需在现状基础上削减50%左右，才可能实现环境质量全面达标，东部重污染地区需要削减的幅度更大，污染物总量减排的任务仍然十分艰巨。

二是环境压力仍在持续增长，水环境富营养化、江河源头生态平衡等很多环境问题已经处于临界状态，敏感性加大，继续超载会出现质的变化。很多地区环境污染积重难返，水体消失或丧失环境功能，需要长时期的投入、减污、治理、修复才可能见到成效。

三是社会对环境的关注与敏感程度大幅度提升，远远超过环境质量改善的幅度，也超过社会行动与责任意识提升的幅度，三者失衡增加了环境矛盾成为社会突出矛盾的风险，环境公共服务供给不能满足人民群众日益增长的需求将成为社会主要矛盾之一。

四是经济增速放缓，污染防治投入难度加大，落后产能与过剩产能淘汰难度加大。在经济下行压力加大的情况下，一些地方政府和企业治污决心和行动出现迟疑，有的企业可能不上治污设施，即使上了治污设施也不正常运行，甚至偷排漏排。许多产能由既落后又过剩转变为过剩但不落后，进一步淘汰压减将更多涉及非落后产能，企业抵触心理大，政府赔偿企业损失的负担显著加重。

五是监察、监测、统计等减排支撑体系不能满足总量控制工作发展的需求。总量控制领域将逐步扩展至微型企业、农业面源等；控制指标随着环境质量问题的凸显也将逐步增加，如总氮、总磷等；总量控制精细化管理对污染源、环境质量监测的数据精度、密度等方面要求均将大幅提高。

1.2 “十三五”总量控制指标研究

1.2.1 主要水污染因子分析

1.2.1.1 七大水系环境质量状况

2013年，全国七大水系共有国控断面 577个，其中，达到或优于Ⅲ类的断面385个，占66.7%，较2005年增加25.6个百分点；Ⅳ类断面96个，占16.6%；Ⅴ类断面34个，占5.9%；劣于Ⅴ类断面62个，占10.8%，其中珠江、长江水质总体优良，优于Ⅲ类断面比例在90%左右，黄河、松花江、淮河、辽河水质总体呈轻度污染，淮河呈中度污染，劣Ⅴ类断面个数为 25 个，占流域总断面数的 39.1%。国控优于Ⅲ类断面比例及地表水劣Ⅴ类断面比例达到《国家环境保护“十二五”规划》大于 60%、小于 15%的目标要求。

河流主要超标因子包括化学需氧量、高锰酸盐指数和五日生化需氧量。其中黄河流域主要超标因子包括五日生化需氧量和化学需氧量；松花江流域主要超标因子包括高锰酸盐指数、化学需氧量和总磷；淮河流域主要超标因子包括化学需氧量、五日生化需氧量和高锰酸盐指数；海河流域主要超标因子包括化学需氧量、五日生化需氧量和总磷；辽河流域主要超标因子包括五日生化需氧量、石油类和高锰酸盐指数。

1.2.1.2 重点湖泊水库状况

2013 年，国家开展监测的 62 个重点湖泊水库中，中度污染和重度污染的国控重点湖泊（水库）比例 13.1%，27.8%出现不同程度的富营养化现象，主要污染指标为高锰酸钾指数、化学需氧量（COD）、氨氮、总磷及总氮。城市水体污染较为严重，仍存在大量黑臭水体。2013 年，地下水环境质量的监测点总数为 4 778 个，水质较差和极差比例为 59.6%。

1.2.2 实施总氮、总磷总量控制的可行性研究

1.2.2.1 氮指标实施总量控制的背景

在众多污染指标中，氮指标污染范围广、对水生生物具有毒性、对人体健康具有危害且易引起水体富营养化，因此被纳入水质标准、污染物排放标准，“十二五”期间氨氮还被选为污染物总量控制指标。总氮包括氨氮、硝态氮、亚硝态氮（以上三种统称无机氮）和有机氮，氮元素在不同环境下会以不同形式存在，有机氮除吡啶、*N*-乙烯基咔唑、喹啉等有毒性外，多数来自生物体及其排泄物，不具有毒性。

由于氨氮和总氮的危害、影响范围均不一致，在目前环境管理体系中的统计、监测水平差距也较大，选用氨氮还是总氮进行总量控制在业内一直存在争议。基于从环境污染影响、水质、污染来源等角度全方位的分析，得出关于实施总氮和氨氮总量控制的必要性和可行性。

（1）对水环境质量的影响程度

我国不同类型水体水质差别较大，与湖库和海洋等封闭类型水域相比，河流的氨氮浓度较高，超标水域氨氮浓度多为 1.0～46.1 mg/L，对水生生物和人体健康均有一定危害；湖库、海洋氨氮浓度相对较低，一般为 1.0～18.3 mg/L，对水生生物的毒性影响相对较小，其水质问题主要是受总氮（超标水域总氮浓度多为 1.0～28.4 mg/L）等指标影响而产生富营养化。一般情况下，硝态氮达到 1 000～1 600 mg/L、亚硝态氮达到 0.16 mg/L 才会对人体健康产生危害。而我国大部分水体硝态氮和亚硝态氮的浓度均未达到上述浓度，故这两项指标对水生生物影响和人体健康的危害较轻。因此，从对水环境质量的影响程度及毒理学角度考虑，氨氮的影响更大，总氮更适合在发生富营养化的局部超标水域开展总量控制。

（2）在污水处理设施中的降解过程

污（废）水中氨氮和总氮（主要是硝态氮）的去除分别依靠硝化和反硝化两个独立的反应过程，其反应条件也不相同。硝化过程是在有氧条件下利用氨氧化菌和硝酸盐氧化菌将氨氮转化为硝态氮；

反硝化过程是在缺氧条件下利用反硝化菌将硝态氮转化为氮气。污水处理设施在正常只控制总氮出水浓度的情况下，很难确保氨氮也能稳定达标。因此，氨氮目前仍应作为处理设施运行、监管的重要指标之一，还不具备被总氮替代的条件。

（3）污染源的控制条件

从污染物排放情况来看，氨氮、总氮的主要排放源（城镇生活、农业源）对这两项污染物的去除率基本一致。这主要是由于半数以上城镇生活集中式处理设施具备脱氮能力，总氮去除效果相对较好；另外农业源畜禽养殖污染的治理方式以废弃物资源化利用为主，其对各项污染物的协同去除效果较强，在去除氨氮的同时也实现了总氮的削减。

对于企业来讲，其污染防治多以国家重点控制的污染物（化学需氧量和氨氮）为主，目前大部分企业治理设施不具备脱氮能力，或总氮去除效果较差。据了解，全国工业企业污染治理设施的脱氮能力改造需要投资较高，难以在近期全面推进，加之，工业源总氮的监测和统计基础薄弱，不利于总量控制目标的确定、日常监管和考核工作。

因此，从污染源角度来讲，生活源和农业源具备氨氮、总氮协调控制的基础，工业源还不具备实施总氮控制的条件。

（4）监管能力

从监管能力的支撑情况来看，氨氮的监测、统计和标准在总量控制制度的推动下，目前已相对完善，绝大多数排水企业均有氨氮日常监测、监督性监测数据，国控污染源还设置了在线监控系统；但是总氮的监测、统计、标准和监管的基础相对较差，绝大部分企业并未开展总氮的日常监测、监督性监测及在线监测，难以达到实施总氮总量控制的要求。

1.2.2.2 磷指标实施总量控制的背景

总磷的环境危害主要是造成水体富营养化。过多的含磷污染物排入水体，破坏了原有的生态平衡，引起了藻类的大量繁殖，使鱼类、浮游生物缺氧死亡，水生生物的尸体腐烂又造成水质污染，水体溶解氧含量大幅度下降，引发水体发黑、发臭，直接影响水体的使用功能。

（1）区域影响

从全国水环境质量的现状来看，总磷污染仍是局部流域和区域问题，主要集中在湖库（如太湖、巢湖、滇池、三峡库区）、海河流域、沿海地区（如长江口和珠江口）以及城市内河。

（2）行业影响

农业源是总磷排放的主要污染源，以畜禽养殖业和种植业为主。生活源的总磷排放次之，主要归功于城镇生活污水处理设施对总磷的去除效果（根据 2012 年环境统计数据，全国城镇生活总磷产生量约为 22 万 t，城镇生活污水处理设施去除 13 万 t）。工业源总磷排放无相关统计数据，但其行业特征分布明显，主要集中在造纸、磷肥工业、生物制药、金属表面处理等行业。此外，一些研究还提出了内源释放（主要指底泥）对水体总磷浓度的影响，但研究结果不一致，大部分学者认为在不扰动的情况下，底泥总磷释放对水体总磷浓度提升的影响很小。

（3）处理工艺

工业废水和城镇生活污水的除磷工艺基本一致且相对成熟，已有大批具备除磷能力的工艺广泛应用于城镇污水处理工程，如 A/O、A^2/O、氧化沟以及 SBR 等传统工艺以及在上述传统工艺基础上的改良工艺，如倒置 A^2/O、CASS、OCO 等。农业源总磷控制可通过现有总量控制措施实现协同控制。

（4）监管能力

全国对污染源总磷排放情况的监管比较薄弱。绝大部分排水单位未开展总磷日常监测、监督性监测及在线监测，无法支撑总量控制工作。同时，现行水质标准和排放标准并未对所有水体和所有废水的总磷浓度做出规定，难以评价总磷对水体的影响程度，且已经制定的废水排放标准和水质标准仍有不合理的地方（我国工业水污染排放标准总磷浓度限制通常为 15～50 mg/L，特别排放限值通常为 10 mg/L，与地表水Ⅲ类水总磷浓度要求和海水水质第二类水质要求相比仍较高），需要修订。

1.2.3　小结

综上所述，伴随减排工作的逐步深入，从国家层面来看，化学需氧量、氨氮浓度虽然逐年下降，但仍是主要污染指标；因化学需氧量、氨氮浓度下降，总氮、总磷污染逐步凸显，但其污染分布的区域特征明显，且在开展全国总量控制中存在治理措施、监管等方面的局限性。因此，建议在全国层面开展化学需氧量、氨氮总量控制，在区域层面开展氮、磷总量控制。

1.3　“十三五”主要水污染物总量控制思路

1.3.1　全国开展化学需氧量、氨氮总量控制

1.3.1.1　主要任务

（1）推进重点行业结构优化调整，严格控制新增量

工业重点行业的污染物削减仍然是“十三五”总量控制的重点任务，应从源头减少污染物新增量，进一步加大治理力度，避免形成生活污染持续削减但工业污染物排放量不断上升的局面。一是大幅度加大结构调整力度，优化产业结构，严格行业准入，以技术经济可行为依据，对重点行业的排放标准、清洁生产标准以及落后产能标准进行更新，倒逼造纸、纺织印染、酿造、化工、制革、制糖等重点行业提升产业技术水平，优化发展方式，减少污染物新增量，全部取缔不符合国家产业政策的小型造纸、制革、印染、染料、炼焦、炼硫、炼砷、炼油、电镀、农药等严重污染水环境的生产项目，深入强化落后产能淘汰。二是继续加大工业企业污染防治力度，以造纸、焦化、氮肥、有色金属、印染、农副食品加工、原料药制造、制革、农药、电镀等行业为重点，提高行业污染治理技术水平，严格执行行业排放标准、清洁生产标准，降低污染物产生强度、排放强度，从根本上促进工业企业全面、稳定达标排放。三是强化经济技术开发区、高新技术产业开发区、出口加工区等工业集聚区污染治理，强化集聚区内工业废水预处理及最终的污水集中处理达标排放。

（2）加快县城和重点建制镇污水处理设施建设，大力提高治污设施环境绩效

一是提高现有污水处理厂的负荷率和城镇污水管网覆盖率。二是采取适宜工艺推进县城和有条件的重点建制镇建设污水处理设施，大力推进环境基本公共服务均等化。三是对重点区域、流域城市污水处理设施实施提标改造，提升其氮、磷去除效果，重点流域范围内的城市污水处理厂要实现污染物排放标准中规定的基本控制项目全面达标。四是把城市污水处理厂的污泥处理处置设施建设纳入减排工作的重要内容，未达到相关要求的予以扣减削减量。五是北方缺水城市要继续提高污水

回用规模，明确污水回用方式和途径。

（3）废物资源化利用为主，治理为辅，继续深入推进畜禽养殖污染防治工作

“十三五”期间将继续以规模化畜禽养殖场（养殖小区、养殖专业户）为主要切入点，推进农业源减排。一是以集约化养殖场（养殖小区、养殖专业户）为重点，加快建设养殖场粪污规范存储设施和污染治理设施，促进粪污资源化利用，防治畜禽养殖污染。建设秸秆、粪便、生活垃圾等有机废弃物处理设施，推进人畜粪便、生活垃圾等向肥料、饲料、燃料转化。二是大力推广节约型农业技术，推广测土配方施肥技术，提倡增施有机肥。科学合理使用高效、低毒、低残留农药。三是推行农村生活污染源排放控制，探索分散型污水处理技术的推广和应用。落实好“以奖促治”“以奖代补”政策措施，推进农村环境综合整治。

（4）夯实精细化管理基础

进一步完善污染物统计监测体系，明确企事业单位自主监测法律责任。加强总氮、总磷等污染物的统计、监测。继续把工业污染源监管作为未来一段时期内总量控制的重点。创新方式方法，加大对“小微”排污企业的监管，加大重点行业和工业集聚区环境监管，提升治污水平。

（5）推动全过程，协同治污减排

将总量控制关口前移，实现污染源排放总量控制与资源能源总量控制、机动车总量控制等统筹联动。研究经济结构优化、能源结构调整、有序推进产业转移和生产力布局调整的政策措施，对产能过剩行业和高污染、高排放行业实行新上项目产能减量置换。将结构调整和技术进步作为推动污染减排的重要手段，抑制高排放行业过快增长。推动循环发展，通过企业间、行业间、产业间的生产要素耦合，推动工业园区和企业治污设施的集约化。

要以改善环境质量为目标导向，从单纯防治一次污染物向既防治一次污染物又防治二次污染物转变，从单独控制个别污染物向多种污染物协同控制转变，加大工业、农业面源等综合防控，形成以环境质量改善倒逼治污减排，进而倒逼转方式调结构的联合驱动机制。要加强顶层设计，实施多污染源、多污染物综合控制，强化总量控制因子和非总量控制因子的协同，多打“组合拳”，实现“一石多鸟”。统筹大气、水、土壤污染防治，减少二次污染。

1.3.1.2 途径和要求

1.3.1.2.1 工业

1）整体要求

强化落后产能淘汰，坚决取缔不符合国家产业政策的小型造纸、制革、印染、染料、炼焦、炼硫、炼砷、炼油、电镀、农药等严重污染水环境的生产项目。深入开展造纸、焦化、氮肥、有色金属、印染、农副食品加工、原料药制造、制革、农药、电镀等重点行业的污染防治及清洁化改造。重视经济技术开发区、高新技术产业开发区、出口加工区等工业集聚区污染治理。集聚区内工业废水必须经预处理达到集中处理要求，方可进入污水集中处理设施。新建、升级工业集聚区应同步规划、建设污水集中处理等污染治理设施。

2）重点行业

（1）造纸及纸制品业

目前全国机制纸及纸板产量近 1.2 亿 t，主要集中在山东、浙江、广东、河南、江苏、河北、福建、湖南、四川、安徽等地。造纸及纸制品业 2014 年废水排放量 28 亿 t，化学需氧量排放量 53.3

万t，占全国工业排放量的17.2%，居工业行业之首；氨氮排放量1.78万t，占全国工业排放量的7.7%。

“十三五”期间，造纸行业的减排途径及要求如下：

一是结构减排。2016年底前取缔不符合产业政策的小型造纸生产项目。淘汰年产3.4万t以下非木浆生产线、年产5.1万t以下化学木浆生产线，以废纸为原料、年产1万t以下的制浆生产线。淘汰幅宽在1.76 m及以下并且车速为120 m/min以下的文化纸生产线，幅宽在2 m及以下并且车速为80 m/min以下的白板纸、箱板纸及瓦楞纸生产线。淘汰一般水平和低水平的圆网及长网纸机和纸板机，以及遗留下来的未经改造的老纸机。淘汰自制草类浆或废纸浆抄造低档产品，尤其是亚铵法制浆生产线。鼓励各省结合自身实际和环境需求确定更严格的产业要求。“十三五”期间，预计全国逐步淘汰纸及纸板落后产能约800万t。

二是清洁生产和深度治理。碱法化学制浆企业要限期建设碱回收装置，黑液提取率达到90%以上；铵法制浆企业要建设木质素回收装置；造纸行业要力争在2017年底前完成纸浆无元素氯漂白改造或采取其他低污染制浆技术。完善中段水生化处理工艺，鼓励企业在厌氧—好氧等生化处理工艺基础上，增加芬顿等强氧化深度治理工艺，稳定达到新的行业排放标准。此外，在加强治污设施改造的同时，进一步完善中控系统建设，强化治污设施运行监管，提高行业整体的治污管理水平。按照高情景发展，预计到2020年，我国造纸行业产量将达到1.08亿～1.19亿t。

（2）纺织印染业

我国纺织业主要集中在珠江三角洲、长江三角洲和环渤海湾地区，浙江、江苏、广东、山东、福建五省印染布产量约占全国总量的95%。纺织业2014年废水排放量20亿t，化学需氧量排放量25.4万t，占全国工业排放量的8.2%；氨氮排放量1.79万t，占全国工业排放量的7.8%。

“十三五”期间，纺织印染行业的减排途径及要求如下：

一是结构减排。淘汰使用年限超过15年的国产和使用年限超过20年的进口印染前处理设备、拉幅和定形设备、圆网和平网印花机、连续染色机。淘汰使用年限超过15年的浴比大于1∶10的棉及化纤间歇式染色设备，淘汰未经改造的74型染整设备、蒸汽加热敞开无密闭的印染平洗槽。淘汰落后型号的印花机、热熔染色机、热风布铗拉幅机、定形机，淘汰高能耗、高水耗的落后生产工艺设备。淘汰R531型酸性粘胶纺丝机，2万t/a及以下粘胶常规短纤维生产线，湿法氨纶生产工艺，二甲基甲酰胺（DMF）溶剂法氨纶及腈纶生产工艺，硝酸法腈纶常规纤维生产工艺及装置，常规聚酯（PET）间歇法聚合生产工艺及设备，常规涤纶长丝锭轴长900 mm及以下的半自动卷绕设备，螺杆挤出机直径小于或等于90 mm，2 000 t/a以下的涤纶再生纺短纤维生产装置等落后化纤产能。预计可淘汰75亿m的生产规模，占目前产量的14%。

二是清洁生产和深度治理。印染企业要实行生产排水清浊分流、分质处理、分质回用，水重复利用率达到35%以上；采用丝光工艺的要配置碱液自动控制和淡碱回收装置；采用减碱量工艺的要实施对苯二甲酸回收利用。推广三级计量综合节水、实施印染加工数字化和自动化等先进技术，到2020年，力争将在线检测控制技术、印染信息智能化动态管控系统、染缸集控系统、精确耗水智能测控系统等推广到行业的20%～40%。持续推进生物酶精炼技术、高效短流程前处理工艺技术、冷轧堆前处理技术、棉织物低温漂白关键技术等先进技术，进一步提升行业的清洁生产和治污管理水平。完善中段水生化处理工艺，鼓励企业在厌氧—好氧等生化处理工艺基础上，增加强氧化、膜处理等深度治理工艺。鼓励印染企业进入工业园区，由集中式工业污水处理设施统一处理。

（3）农副食品加工业

农副食品加工业包括制糖、淀粉制造、屠宰及肉类加工等行业，这三个行业化学需氧量和氨氮排放量分别占全行业排放量60%以上，要重点抓好这三个行业的污染防治工作。

①制糖行业

我国有15个省区产糖，沿边境地区分布，甘蔗糖产区主要分布在广西、云南、广东、海南及邻近省区；甜菜糖产区主要分布在新疆、黑龙江、内蒙古及邻近省区。2013—2014年制糖期全国食糖总产量中，甘蔗糖占94.4%，甜菜糖占5.6%。全国共有开工制糖生产企业（集团）48家，开工糖厂260间，其中，甘蔗糖生产企业（集团）43家，糖厂229间；甜菜糖生产企业（集团）5家，糖厂31间。全国共生产食糖1 331.8万t，其中优级和一级白砂糖1 247.25万t，精制糖6.12万t，绵白糖31.13 t，赤砂糖和红糖33.52万t，原糖及其他13.78万t。食糖消费量1 480万t，比上个制糖期增加90万t，同比增长6.5%。目前，制糖行业污染物排放执行《制糖工业水污染物排放标准》（GB 21909—2008）。甘蔗制糖和甜菜制糖单位产品COD的排放限值是5.1 kg和3.2 kg（水污染物特别排放区域，甘蔗制糖和甜菜制糖单位产品COD的排放限值是1.7 kg和1 kg）。

“十三五”期间，制糖行业的减排途径及要求如下：

一是结构减排。建议淘汰日处理能力3 000 t以下的甘蔗糖生产企业、日处理能力1 500 t以下的甜菜生产企业。

二是清洁生产与深度治理工程。开展清污分流工程，加强回用。将炼制车间通洗罐水、设备清洗水、冲洗地坪水、化验室排水、冷凝水分流部分等COD超标的中低浓度有机废水，通过采用末端废水深度治理技术，进行生化处理后回用。煮糖罐、蒸发罐、加热器及原料箱等设备通洗罐水和各车间冲洗设备及地坪的冲洗水统一集中进行油水、渣水分离，生产有机肥。开展污污分离，采用不同的技术进行处理。推广循环供水工艺提高低浓度废水循环利用率，采用干法输送甜菜制糖、无滤布甘蔗制糖等生产工艺，减少中高浓度废水产生量；采用闭路循环回用处理中浓度废水，采用厌氧—好氧技术（UASB、AF填料）处理高浓度废水。甜菜制糖废水不宜采用生物滤池、生物转盘等暴露式生物膜技术。敏感区域执行相关特别排放限值。高浓度污水采用深度氧化、生物发酵等方式进行深度处理，减轻对周边水环境的影响。

三是加强管理措施。要进一步严格产业准入门槛，广西等地新建甘蔗糖生产企业加工能力应在8 000 t/d以上，其他地区新建甘蔗糖生产企业加工能力在5 000 t/d以上；新建甜菜糖生产企业日加工能力在3 000 t以上。推广废糖蜜制酒精、废醪液发酵还田技术的应用，完善相关的管道与在线监测系统建设，建立和完善相关的减排台账系统资料。

②淀粉制造行业

我国淀粉主要以玉米、薯类、小麦、大麦、燕麦以及其他富含淀粉的植物块根为原料。其中，以玉米为原料生产淀粉产量最大，每年约占淀粉总产量的90%以上。产量主要集中在河北、内蒙古、黑龙江、山东、广西、贵州和宁夏等地。

“十三五”期间，淀粉行业的减排途径及要求如下：

一是结构减排。对于玉米淀粉生产能力在10万t以下，马铃薯和木薯淀粉生产能力在1万t以下的生产企业，集中进行行业结构调整升级，约可以淘汰落后产能100万t。

二是深度治理工程。针对不同的工艺采用EGSB+生物接触氧化、UASB+A/O等厌氧+好氧生化处理技术，实现外排污水的持续达标。进一步推进和完善污水处理设施在线监测和中央监控系统建设。建议现有企业进一步集中，产生的污染物排入集中式工业污水处理厂进行统一集中处理。

③屠宰行业

2013 年中国生猪出栏 71 557 万头，比上年增长 3.6%，猪肉产量 5 493 万 t，约占全球猪肉总产量的 50.6%，比上年增长 2.8%，猪肉是中国肉类食品的当家品种，占全国肉类总产量的 64.3%。生猪定点屠宰厂（场）由 5 919 家减至 4 585 家，削减幅度达 22.5%；小型生猪屠宰场点由 14 019 家减至 10 135 家，削减幅度达 27.7%。生猪屠宰企业总数由 19 938 家减至 14 720 家，减少 5 218 家，降幅达 26.2%。2012 年底全国生猪屠宰行业的情况是：商务部统计的生猪定点屠宰企业 4 585 家，占生猪屠宰行业的 31%；小型生猪屠宰场点 10 135 家，占生猪屠宰行业的 69%。小型生猪屠宰场点约占行业的 70%。

“十三五”期间，屠宰行业的减排途径及要求如下：

一是结构减排。淘汰手工、半机械化的落后产能，提高集中屠宰率，集中淘汰中小型（100 头/d 以下）屠宰点。

二是深度治理工程。屠宰与肉类加工废水的处理应采用生化处理为主，物化处理为辅的组合处理工艺，并按照国家相关政策要求，因地制宜考虑废水深度处理回用工程。屠宰企业应做好雨污分流工程，提高血水回收率，减少粪便废水排放，对于处理后达标的中水回用至前段工艺。宰行业所产生的废水有机物浓度含量较高，但生化性好，化学需氧量浓度一般在 1 000 mg/L 以上。外排污水应采用气浮（沉淀）—UASB（水解酸化）—SBR（生物接触氧化）预处理—厌氧—好氧等成熟处理工艺，有条件的可以采用膜生物反应器（MBR）工艺，降低废水污染物浓度，做到稳定达标排放。部分敏感区域应执行特别排放限值，采用曝气生物滤池（BAF）、生物活性炭、混凝沉淀等技术对废水进行进一步深度处理。

（4）化学原料及化学品制造业

化学原料及化学品制造业包括肥料制造、农药制造、染料制造等行业。其中，氮肥、农药、染料行业的氨氮排放量占全行业氨氮排放量的 60%以上，化学需氧量排放量占全行业的 35%，是“十二五”期间化学原料及化学品制造业污染减排的重点。

①氮肥行业

目前全国有各类氮肥企业 300 余家，主要集中在山西、山东、河南、河北、四川、云南、安徽、江苏、湖北等地。2014 年环境统计中，废水排放量 6.2 亿 t，COD 排放量 15 万 t，氨氮排放量 6.5 万 t。

“十三五”期间，氮肥行业的减排途径及要求如下：

一是结构减排。“十三五”期间，合成氨总需求量保持 1%～2%的增速，需求量 6 660 万 t，其中化肥生产用氨 5 760 万 t，工业用氨 900 万 t；合成氨总量保持年均 1.8%的增速，到 2020 年，合成氨产能 7 850 万 t，其中新增合成氨产能 1 300 万 t，淘汰落后产能不少于 1 000 万 t。

二是开展深度治理工程，大力推进节能减排工作和资源综合利用水平。首先，重点推广节能型全循环尿素生产技术、废气废固余热余压综合利用技术、能量梯级利用技术实施节能减排技术、节电集成技术（包括汽轮机驱动替代电动机驱动、涡轮机余压利用技术、溴化锂制冷机组的应用技术）、节能集成技术（包括等温变换技术、变压吸附脱碳改造技术、大型低压氨合成、合成氨尾气回收 LNG 技术）、节水集成技术（包括循环冷却水超低排放技术、末端废水中水回用技术、风冷应用技术）、末端治理技术（包括造气含硫含酚氰废水治理技术、锅炉超低排放综合改造技术）。发展煤基多联产产品，在现有合成氨装置的基础上，联产石脑油、液化天然气、芳烃等系列产品，提高煤炭综合利用效率。

②农药行业

2014 年，全国农药行业规模以上企业约 850 家，其中原药生产企业 400 多家，农药年总产量近 180 万 t。我国农药生产企业主要分布在江苏、浙江、山东、安徽等人口密度大、环境容量小、国家重点保护的太湖、巢湖、长江、淮河等环境敏感水域的地区。部分企业工艺技术水平较为落后，污染治理的资金投入和技术水平有限，污染物处理技术和处理程度滞后于生产的发展，对于周围环境的污染较为严重。

“十三五”期间，农药行业的减排途径及要求如下：

一是结构调整。国内部分农药企业存在规模小、生产能耗较大，环境污染重，生产过程中未反应的原材料和副产物回收率较低等问题。集中关闭产能小于 100 t 的小企业。提高企业对于环境风险的防范水平，杜绝环境污染事件的发生。积极开发低毒高效、低能耗、不产生二次污染的新产品，减少污染物产生。

二是开展深度治理工程。对于不同工艺阶段产生的废水开展清污分流、污污分流工程，分别处理。设备清洗水、地面冲洗水、真空系统废水、外排的部分冷却循环水以及生活污水等 COD 浓度在 500～1 000 mg/L 的污水可以采用一般的 A/O 等生物处理技术进行处理。农药品种繁多，污染物复杂，要重点开发和推广先进的农药三废处理技术，如氨氮废水减排及资源化利用关键技术、农药废水高效组合催化氧化处理技术、含氰农药废水超低排放处理新技术、含吡啶农药废水的资源化回收和超低排放新技术等。对于部分敏感地区，可采用活性炭吸附、蒸发浓缩—釜残焚烧等高费处理技术进一步降低排放。

③染料行业

全国共有染料企业 500 多家，产量近 70 万 t，主要分布在浙江、江苏、山东和内蒙古等地。其中的规模较大的前 50 家企业的产值和产量超过我国染料总产值和总产量的 80%，行业的集中程度较大，小企业数量众多。

“十三五”期间，染料行业的减排途径及要求如下：

一是结构减排。顺应市场与行业结构调整的需求，淘汰无法正常生产的中小企业，可淘汰各种产能约 10 万 t。

二是开展深度治理工程。染料废水具有 COD 值高、色度高、特征污染物含量高以及含盐量高等特点，染料废水需要综合运用物理、化学、生化等处理方法进行治理。“十三五”期间，染料行业要推广催化技术、三氧化硫黄化技术、连续硝化技术、绝热硝化技术、定向氯化技术等清洁生产工艺，加强冷却水系统工艺管理，提高循环水利用。染料废水不易生物降解，应采用多级絮凝—多级生化工艺进行处理。

（5）饮料制造业

饮料制造业包括酒精制造、酒的制造、软饮料制造等行业。其中酒精、啤酒、软饮料是饮料制造业的主要排污行业，排污量占全行业排放量的 90%以上。

目前全国酒精总产量约 540 万 t，有近 240 家企业；啤酒总产量约 4 000 万 kL，近 250 家企业，其中华润、青岛、燕京三大集团的产量占全国产量的 42%；软饮料总产量约 6 500 万 t，近 6 000 家企业，具有一定规模的饮料企业有 1 000 多家。从啤酒产量各省市分布来看，300 万 kL 以上的省市区 3 个，200 万 kL 以上和 100 万 kL 以上的省（市、区）分别为 3 个和 12 个。山东、河南、广东和浙江的产量较大。

2014 年，全国啤酒行业产量为 4 921.9 万 kL，其中上半年累计增长 5.66%，下半年出现连续 6 个月的负增长，山东、广东、河南是消费量最高的三个省份。我国啤酒业企业数量和生产工厂数量均大幅减少，企业数量减少的数量相比生产工厂减少的数量为多，显示出规模化、集约化趋势较为明显。2014 年，全国共有企业 110 家，419 家工厂，三大集团的产量占全国产量的 41.3%。

“十三五”期间，酒精制造及啤酒行业的减排途径及要求如下：

一是结构调整。要按照国家产业结构调整要求，淘汰落后酒精生产工艺及年产 3 万 t 以下的酒精生产企业（废糖蜜制酒精除外）；建议淘汰年产 10 万 t 规模以下的啤酒企业。

二是开展清洁生产与深度治理工程。现有企业要开展清污分流，提高企业废水循环利用率，将再生水回用于冷却水、设备清洗、原料清洗等生产环节。糖化和发酵工艺采用 CIP 清洗技术，采用高压喷嘴水管清洗设备、安装次酒回收罐和硅藻土过滤技术，减少生产过程中的次酒损失，减少污染物的产生，增加水资源利用效率。对于不同浓度的废水采取有针对性的治理措施，对高浓度废水，采用“加药+混凝池+沙滤池+反冲洗”等成熟的预处理-厌氧-好氧生及深度氧化处理工艺；对低浓度废水，采用物化-活性污泥法进行处理，确保企业达标排放。鼓励制药企业进入工业园区，由集中式工业污水处理设施统一处理。

（6）食品制造业

食品制造业包括调味品和发酵制品制造、液体乳及乳制品制造、罐头制造等行业。其中调味品和发酵制品制造业是食品制造业的主要排污行业，排污量占全行业排放量的 40%以上。

2014 年，味精产量为 225 万 t，主要分布在内蒙古、陕西、东北和新疆等地，近 90%的产量集中在 4 个集团中，生产企业的数量已经从 20 世纪 80 年代的 150 余家减少到如今的不足 40 家，产业集聚性极高。

2014 年，全国柠檬酸产量为 129 万 t，主要分布在江苏、山东，生产企业的规模较大且集中。

“十三五”期间，味精和柠檬酸行业的减排途径及要求如下：

一是结构减排。行业要加快产业结构调整，淘汰年产 3 万 t 以下味精生产装置，建议淘汰等电离交生产工艺，预计可淘汰 50 万 t 落后产能。

二是开展清洁生产和深度治理工程。味精行业有限筛选、改造和构建高效菌种生产体系从源头减少污染物的产生。味精生产系统应采用冷却水和冲洗水循环利用、分离尾液和离交尾液采用絮凝气浮和蒸发浓缩等技术措施降低废水和污染物排放量。电离交工艺产生的初期高浓度树脂洗涤水宜进行综合利用。产生的污水采取 IC、UASB、A/O，ASDN 等厌氧—好氧二级生化处理工艺保证排水稳定达标。对于部分敏感区域，应进一步增加混凝沉淀、过滤等工艺，提升出水水平。

对柠檬酸行业采用成熟的低浓废水循环再利用技术，降低废水产生量；对高浓度废水进行喷浆造粒制取有机肥，低浓度废水采用厌氧—好氧生物处理技术。淘汰环保不达标的柠檬酸生产装置。推进柠檬酸洗糖水等废水再生利用的成熟技术，浓糖水、洗糖水等高浓废水采用沼气综合利用技术。鼓励企业进入工业园区，由集中式工业污水处理设施统一处理。

（7）医药制造业

目前全国医药工业企业 4 800 余家，年废水排放量约 2 500 万 t，主要集中在辽宁、黑龙江、河南、天津、四川、山东、浙江以及江苏等地。目前行业企业规模小，数量多，产品技术含量偏低，淘汰落后生产能力的任务较重。

“十三五”期间，医药行业的减排途径及要求如下：

一是结构减排。“十三五”期间，要按照国家产业结构调整要求，淘汰制药生产企业塔式重蒸馏水器、无净化设施的热风干燥箱、软木塞烫腊包装药品工艺、“三废”治理不能达到国家标准的原料药生产装置。

二是开展清洁生产与深度治理工程。现有企业应开展清污分流工程和污污分流。达到回用标准的污水可用于前段原料、设备清洗的工段，减少新鲜水消耗。发酵类和化学合成类制药生产废水应分类收集处理，将不同浓度的污水进行分别处理。采用酸化水解、UASB、AO、接触氧化等预处理-厌氧-好氧的二级生化处理技术。医药生产企业要采用成熟的污染治理技术，高浓度废水经预处理、厌氧处理后，再与低浓度废水混合进行好氧生化后续深度处理；对提取类、中药类和混装制剂类制药生产废水，应采用水解酸化—好氧生化工艺处理。鼓励制药企业进入工业园区，由集中式工业污水处理设施统一处理。

（8）皮革、毛皮、羽毛（绒）及其制品业

目前，制革行业共有各类企业 1 000 余家，主要分布在河北、浙江、山东、广东、河南等地。制革行业生产集中度较低，布局分散，企业规模小、数量多，规模以下企业近 1 000 家，淘汰落后生产能力的任务仍然较重。2014 年，全行业年废水排放量约 1.5 亿 t，化学需氧量排放量约 6.9 万 t，氨氮排放量约 0.61 万 t。

“十三五”期间，制革行业的减排途径及要求如下：

一是结构减排。继续按照国家产业结构调整要求，淘汰年加工 3 万标张以下的制革生产线。提高行业准入门槛，严格限制新建年加工 10 万标张以下的制革项目。

二是开展清洁生产与深度治理工程。合理规划区域布局，促进制革产业梯度转移；在全国培育承接转移的制革集中生产区，鼓励“企业预处理—园区二级处理—直排”的综合处理模式，对含铬废水重点处理。鼓励制革企业进入产业定位适当、污水治理条件完备的工业园区，由集中式工业污水处理厂进行统一处理。集中式工业园区污水处理设施需要配备格栅、调节池等污水前处理设施，采用投药沉淀池降低污染物浓度，采用水解酸化段 HRT 等生物处理技术进一步降低污染物浓度，做到排水稳定达标。进一步推进园区污水厂的在线监测和中央控制系统的建设，完善在线监测系统和日常运行管理台账。

（9）钢铁行业

2014 年，全国炼钢企业 350 余家，全年日均产量 225 万 t，重点大中型钢铁企业粗钢产量 6.6 亿 t，同比增长 1.7%；中小钢铁企业粗钢产量 1.7 亿 t，同比降低 1.8%，占全国粗钢产量比重为 20%，同比降低 1 个百分点。全行业废水排放量 4 亿 t，COD 排放量 6.9 万 t，安定那排放量 0.29 万 t。

“十三五”期间，钢铁行业的减排途径及要求如下：

一是结构减排。由于钢铁行业存在较为严重的产能过剩情况，“十三五”应进一步推进行业结构优化，淘汰落后产能和小型企业，提高行业平均工艺和排放水平。

二是开展清洁生产与深度治理工程。对于钢铁工业中的浊循环水，可采用“干式”除尘工艺取代一直使用的湿式洗涤工艺，减少钢铁行业的新鲜水消耗。采用“分质供水—串级用水——水多用”“废水—无害化—资源化回用”“综合废水—净化—回用”的使用模式，不同水质的污水采用不同的处理方法，实现水资源的最大限度地合理使用。采用投药沉淀、沉降、离子交换、活性炭吸附、浮选、电渗析、A/O 等物化—生化联合工艺针对钢铁废水中的有机污染物、油类、酸类和无机污染物等不同类型的污染物进行处理，做到持续稳定达标。

（10）炼焦行业

20 年来，我国焦炭产量一直居于世界首位，占全球焦炭产量的比重由 2000 年的 35.33%上升到 2013 年的 60%以上。2013 年，我国焦炭产量达 47 636 万 t，同比增长 7.47%。焦炭的主要消费地集中在钢铁企业比较集中的省份，华北、华东及其周边地区的生铁产能占全国总产能的 64%，占焦炭消费的 66%以上。2013 年，我国焦炭产量山西、河北、山东、陕西和内蒙古位列前 5 名，位居前 3 名的山西、河北和山东全年焦炭产量分别为 9 077 万 t、6 396 万 t 和 4 317 万 t。2014 年，全国炼钢企业近 700 家，全行业年废水排放量约 2 亿 t，化学需氧量排放量约 9.2 万 t，氨氮排放量约 1.1 万 t。

“十三五”期间，炼焦行业的减排途径及要求如下：

一是结构减排。炼焦行业与煤炭、钢铁等行业存在较大的相关性，存在一定的产能过剩的情况。

二是开展清洁生产与深度治理工程。大力发展干熄焦，减少湿熄焦。使用湿熄焦应采用处理后的废水，减少新鲜水使用。采用两段好氧生物脱酚工艺，将污水送蒸氨装置脱除大部分氨氮污染物，采用 A/O 等生物处理工艺降解焦化废水中的酚类、氰化物等污染物。在部分敏感区域，建议采用生物强化技术对焦化废水的深度处理，进一步减少外排污水中的氮磷污染物。

（11）天然橡胶行业

我国天然橡胶行业主要分布在云南和海南，2014 年环统中，有橡胶及其相关行业企业 1 000 余家，废水排放量 5 000 万 t，COD 排放量 1.2 万 t，氨氮排放量 930 t。

“十三五”期间，橡胶行业的减排途径及要求如下：

一是结构减排。目前橡胶行业处于持续下跌低谷期，应把握行业调整的时机，淘汰技术落后、超标排放的中小企业，提升行业的整体工艺和排放水平，增强行业竞争力。

二是开展清洁生产与深度治理工程。持续实施中水回用工程，减少生产过程中的新鲜水使用。橡胶制造废水偏酸性，化学需氧量、悬浮物和氨氮等浓度均较高。废水中的污染物除了天然橡胶本身所含有的橡胶、烃、蛋白质、天然树脂类、糖类、无机盐等污染物，需要采用水解酸化—厌氧—好氧等工艺较为复杂、停留时间相对较长的生化工艺，以保证对污染物的有效去除。

1.3.1.2.2 生活

（1）新建和扩建污水处理设施

截至 2014 年底，全国污水处理能力达到 1.71 亿 t/d，城镇污水处理量达到 1.35 亿 t/d，负荷率约 79%，城市污水处理率为 90.2%，县城污水处理率为 82.1%。现有污水处理能力主要集中在经济发达区域、大型城市、城市市区、县城中心镇等地区，而城市卫星城、县城一般建制镇、中西部县（市）、城乡接合部以及广大农村地区，环境基础设施建设滞后，污水处理能力不足，污水处理率远低于全国平均水平。

“十三五”时期全国各县均应建设生活污水处理厂，逐步将污染源普查范围内的重点建制镇纳入污水处理范畴，推进小城镇环境基础设施建设；加快农村分散型污水治理设施建设，推进城镇污水处理设施和服务向农村延伸。到 2020 年底前，所有县和重点镇均应具备污水收集处理能力，全国重点镇、县城、城市污水处理率分别达到 70%、85%、95%左右，京津冀、长三角、珠三角等区域提前一年完成；郑州、南宁、兰州、哈尔滨、长春、昆明和福州等 36 个重点城市污水处理率达到 100%；

16 万个行政村完善农村环保基础设施，生活污水处理率达到 60%以上。全国新增污水处理量实现 99 亿 t/a（折合每日处理能力约 2 700 万 t），其中，东部地区新增污水处理量实现 36 亿 t/a，折合每日处理能力约 1 000 万 t，重点提高山东、广东等地区的污水收集能力；西部地区新增污水处理量实现 31 亿 t/a，折合每日处理能力约 860 万 t，重点提高宁夏、甘肃和广西等地区的污水收集能力；中部地区新增污水处理量实现 30 亿 t/a，折合每日处理能力约 840 万 t，重点提高山西、湖北、河南地区的污水收集能力。

（2）现有污水处理设施的升级改造

截至 2014 年底，全国城镇污水处理设施中，约 368 座污水处理厂无法达标排放，涉及处理规模为 1 000 万 t/d；约 34 座污水处理厂执行三级标准，处理规模为 146 万 t/d；472 座执行二级标准，处理规模为 2 716 万 t/d。全国敏感区域（重点湖泊、重点水库、近岸海域汇水区域）内城镇污水处理设施未达到一级 A 排放标准的共计 703 家，涉及处理水量为 4 264 万 t/d。部分城镇污水处理厂存在处理工艺单一、除磷脱氮能力欠缺的问题。

“十三五”应推进污水深度脱氮除磷工艺，确保污水处理设施达到更严格的排放标准。截至 2017 年底，敏感区域（重点湖泊、重点水库、近岸海域汇水区域）内所有城镇污水处理设施、七大流域日处理能力 5 万 t 以上的城镇污水处理设施应实施二级强化处理、生物滤池、混凝沉淀、过滤、消毒等工程措施，全面完成提标改造，达到城镇污水处理厂一级 A 排放标准；重点推进太湖流域杭嘉湖地区、洞庭湖、鄱阳湖、洪泽湖、松花湖、湖北各大小湖泊和丹江口水库等重点湖库区域内 175 个（涉及处理能力 916 万 t/d）城镇污水处理厂提标改造，确保 2017 年底前全面达到一级 A 排放标准；重点推进辽宁、河北、天津、山东、江苏、上海、浙江、福建、广东、广西、海南等省份近岸海域汇水区域内的 291 个（涉及处理能力 1 225 万 t/d）城镇污水处理厂的提标改造，确保 2017 年底前全面达到一级 A 排放标准；重点推进上海、大连、杭州、宁波、广州、天津和深圳等重点城市中排放标准低于一级 A 的污水处理厂的提标改造。

全国非敏感区域的城镇污水处理设施执行标准应全面达到或高于一级 B 标准，不达标的应于 2017 年底前完成升级改造，京津冀区域地级及以上城市应提前一年完成。建成区水体水质达不到地表水Ⅳ类标准的城市、日处理能力 4 万 t 以上的新建城镇污水处理设施必须执行城镇污水处理厂一级 A 排放标准。

（3）完善污水管网系统

“十二五”期间，部分地区仍然存在污水管网覆盖率低、管网渗漏等问题，导致部分污水处理厂负荷率低、污染物进水浓度低，影响了污水处理设施减排实际效果。“十二五”要求完成的 16 万 km 的城镇污水管网建设，预计截至 2015 年底，尚余 5 万 km 管网结转于“十三五”期间完成。

“十三五”全国应推广网格化的城市精细管理模式，加强污水收集管网建设。城市、城中村和城乡接合部应于 2016 年底前完成建成区河段排查，整治污水直排口；截至 2017 年底前，完成污水截流、收集，补建配套管网。重点加强中西部地区设市城市以及东部发达地区的县城和建制镇的配套管网建设，新建管网应与污水处理设施同步设计、同步建设、同步投运。除干旱地区外，城镇新区建设应实行雨污分流，有条件的地区要推进初期雨水收集与处理。现有合流制排水系统应加快实施雨污分流改造，无须改造或难以改造的要采取截留、调蓄和处理等措施。对管网渗漏严重地区，应加强渗漏管网修复改造工程建设。到 2017 年，直辖市、省会城市、计划单列市，及七大流域内其他地级及以上城市建成区污水基本实现全收集、全处理，其他地级城市应于 2020 年底前基本完成，全国建设 15 万 km 的城镇污水管网。

（4）重视污泥安全处理处置

截至 2014 年底，我国城镇污水处理能力约 620 亿 t/a，处理水量达到 490 亿 t/a，产生污泥 3 500 万 t/a，污泥无害化处理处置率不足 30%。大量剩余污泥未经无害化处理，直接排入环境，大大降低了污水处理厂削减污染物、改善环境质量的实际能力。

"十三五"期间，我国城镇污水处理能力将达到 680 亿 t/a，相对应的污泥产生量为 4 000 万 t/a，应加强污泥的无害化处理处置，因地制宜地采用土地利用、工业协同处置、焚烧等方式；禁止未经无害化处理处置的污泥在农业生产中使用，一律取缔非正规污泥堆放点。到 2017 年，完成不达标污泥处理处置设施整改任务，京津冀区域应于 2016 年底前完成。新建（改、扩建）污水处理厂应同步配套建设污泥处理处置设施。截至 2020 年底前，地级及以上城市污泥无害化处理处置率达到 90%以上，京津冀区域应达到 95%以上；全国新建污泥处理处置设施能力为 3 000 万 t/a 以上，污泥无害化处理处置率要达到 80%。

（5）加大再生水回用力度

截至 2013 年底，全国再生水回用工程规模达到 456 万 t/d，再生水回用率仅为 3.6%。各地再生水回用工程在工艺技术、建设进度、回用途径等方面差异较大，部分缺水城市尚未实现再生水回用零突破，部分已建再生水回用工程用水无使用去向。

"十三五"期间，北方城市和沿海地区缺水城市要完善再生水利用设施，配套管网要与再生水利用设施同步规划、同步建设。完善以再生水为动态水源的河道生态循环补水体系，工业生产、城市绿化、道路清扫、车辆冲洗、建筑施工以及生态景观等，要优先使用再生水。极度缺水的城市，新建 10 万 m^2 以上住宅小区或建筑群体工程应安装使用再生水回用设施。到 2020 年，严重缺水的城市城镇污水处理设施再生水利用率要达到 20%以上，极度缺水的城市达到 30%以上，京津冀区域达到 30%以上，全国实现新增 40 亿 t 水/a 的再生水利用，新增再生水回用工程规模达到 1 100 万 t/d，其中，东部地区新增再生水回用工程规模达到 800 万 t/d，中部新增再生水回用工程规模达到 200 万 t/d，西部再生水回用工程规模达到 100 万 t/d。

1.3.1.2.3 农业

根据全国污染源普查结果，农业源污染主要来自畜禽养殖业、水产养殖和种植业等，经过"十二五"总量减排治理，畜禽养殖业 COD 排放量虽有所下降，但占农业源 COD 排放总量高的基本趋势仍未扭转，仍是"十三五"期间农业源污染减排的主攻方向。

（1）畜禽养殖业

畜禽养殖业污染根源于养殖废弃物未能有效利用，开展畜禽粪污资源化利用是推进"十三五"畜禽养殖业污染治理的关键。从科学规划种养布局、促进养殖场清洁生产以及粪污资源化利用三个主要途径实施治污减排。

加强规划，优化养殖布局。根据"水十条"科学划定畜禽养殖禁养区，关闭或搬迁禁养区内的养殖场（小区）和养殖专业户，禁养区关停企业可作为治理项目纳入各省规模化养殖场（养殖小区、养殖专业户）治理率指标的考核。养殖场推行清洁养殖方式。一是养殖场需采用便于粪污综合利用的干清粪养殖方式，逐渐淘汰高耗水、高污水量的水冲粪、水泡粪等湿法清粪方式。二是养殖场需配套建设节水控水设施、粪污贮存设施需防雨防渗防溢流，实现固液分离、雨污分流。三是养殖粪污须规范贮存，要按照当地农业种植施用粪肥的最大间隔期建设防雨防渗的粪便堆放场和防渗尿液（污水）贮存池，确保非农业施肥期粪污有效贮存。到2020年，要求全国80%的规模化畜禽养殖场（养殖小区）配套完善的粪污贮存设施；30%的养殖专业户实施粪污集中收集处理和利用。

促进粪污资源化利用。要根据各地自然环境及养殖压力选择适宜治理模式，常见粪污资源化利用技术模式包括：堆肥发酵还田模式、厌氧发酵沼液沼渣还田模式、生产有机肥模式、生物发酵床垫料农用模式、污水净化后冲洗粪沟或圈栏，粪便熟化、干化后作为牛床垫料、燃料等循环利用模式、养殖密集区中小规模养殖专业户依托粪污统一处理设施进行集中处理利用模式等。各地选择治理模式时，需根据养殖场周边耕地配备情况实行“一场一策”，须配套与养殖粪污产生量相匹配的消纳土地。确无足够消纳土地的养殖场，养殖污水可通过厌氧—好氧—深度处理后达标排放。

（2）水产养殖业

根据水域条件，合理规划布局，控制规模，规范养殖活动。鼓励研发和推广新型健康养殖和生态养殖模式。加强水产健康养殖示范场建设，推广工厂化循环水养殖、池塘生态循环水养殖及大水面网箱养殖底排污等水产养殖技术。鼓励科学调节养殖水质，保持养殖水体生态系统平衡，增强自净能力。鼓励研发和推广应用高效、环保的配合饵料或优质饵料，加强投饵管理，提高饵料质量和饵料转化率，从源头实现污染物减量化。“十三五”期间，着力推进国家重点流域、区域以及各地确定的重点保护水体网箱养殖取缔工作，减少水产养殖业污染物排放。

（3）种植业

大力发展节水农业，加强灌溉水质监测与管理，严格控制入河湖排污总量。加强节水灌溉工程建设和节水改造，推广保护性耕作、农艺节水保墒、水肥一体化、喷灌、滴灌等技术，改进耕作方式。实施化肥零增长行动。扩大测土配方施肥在设施农业及蔬菜、果树、茶叶等园艺作物上的应用，基本实现主要农作物测土配方施肥全覆盖；集成推广种肥同播、化肥深施等高效施肥技术，不断提高肥料利用率。鼓励开展秸秆还田、种植绿肥、增施有机肥，合理调整施肥结构，引导农民积造施用农家肥。实施农药零增长行动，加快绿色防控技术推广，因地制宜集成推广适合不同作物的技术模式。到2020年，农田灌溉水有效利用系数达到0.55，测土配方施肥技术推广覆盖率达到90%以上，化肥利用率提高到40%以上，农作物病虫害统防统治覆盖率达到40%以上。

1.3.1.2.4 生活垃圾填埋场

生活垃圾填埋场应严格控制渗滤液污染。生活垃圾填埋场必须有关技术规范进行工程设计和建设垃圾渗滤液处理设施，确保渗滤液达标排放。垃圾渗滤液处理优先选用“预处理+生物处理+深度处理”组合工艺，其中深度处理工艺以纳滤和反渗透为主。纳滤和反渗透产生的浓缩液应通过蒸发、焚烧等方法进行处理。垃圾渗滤液处理厂（站）应按照《污染源自动监控管理办法》的规定，安装污染物排放连续监测设施，有条件的地区鼓励为垃圾渗滤液处理设施配备完善的设施运行监控装置和排水监测设施，以强化监管。

1.3.2 局部地区开展氮、磷总量控制

1.3.2.1 总氮控制区域和措施

（1）以一线（沿海）多点（重点湖库、行业）为试点，实施区域和行业相结合的总量控制制度。

根据全国各地区氮污染的情况、污染源的构成，以持续改善环境质量为基本出发点，对氨氮、总氮的排放总量提出控制要求。但目前总氮总量控制在经济和监管能力等方面的可行性仍相对较差，因此，近期氨氮总量控制可继续延续“十二五”总量控制的思路和途径；总氮总量控制工作可在识别重点区域和重点行业的基础上，在富营养化问题严重、水华事件发生频次高、范围广、水体大面积发黑发臭的地区和总氮排放总量较大、较集中、毒性较强的行业中推行总氮总量控制试点工作。

从水环境质量现状和改善需求分析，目前，太湖、滇池、巢湖、丹江口水库、洞庭湖以及三峡库区总氮浓度以超过Ⅲ类水质标准，部分湖库总氮浓度近年来呈上升趋势，水华事件频繁发生，上述湖库汇水范围可作为近期我国总氮总量控制的重点区域；渤海湾、长江口、珠江口和闽江口主要受入海河流污染物通量影响，海水水质超标严重，上述海域沿海地区也可作为近期我国总氮总量控制的重点区域；另外，海河流域水资源较匮乏，河水流动性较差，且总氮浓度较高，水体富营养化程度比较严重，也可作为总氮总量控制的重点区域。

从氮来源分析，氮肥、有色金属、农副产品加工、农药制造、炼焦、石化等行业氮排放量较大，浓度高，对周边水生态环境影响较大，尤其农药制造和炼焦行业排放的氮毒性强，可作为近期我国总量控制的重点行业。

（2）强化源头控制措施，实施精细化总量控制

在工业源方面，对于氮肥、味精等含氮物质是重要产品的企业，应通过提高原辅料利用效率、加大资源回收力度的方式，减少氮的产生；对于印染、制革等生产过程中产生含氮废水的企业，应通过积极推广清洁生产技术，采用能够减少氮产生量和废水排放量的生产技术，如降低尿素的使用量或使用尿素替代助剂等生产工艺；对于造纸等废水处理过程中需要添加含氮营养盐的企业，应加快废水处理设施的精细化管理，严格控制营养盐的投加量，减少氮排放。

在城镇生活源方面，根据统计数据，全国污水处理设施收集污水中总氮排放量仅占产生总量的40%左右，氮的收集处理率仍相对较低。为提高污水管道的收集能力及污染物的输送率，确保处理设施处理效果的充分发挥，全国各地应加快污水管网的维护和建设，特别在南方地区，应提高管网建设质量，加强管网检修维护工作，减少管网渗漏。

在农业源方面，应统筹考虑畜禽养殖和种植的污染防治，积极推进种养结合、种养平衡，同步推进畜禽养殖废弃物的资源化利用和化肥施用量减少工作。

（3）总量控制区域应全领域控制、重点领域削减

农业源和生活源的氮排放量较大，工业源氮排放浓度较高、影响较大，各类污染源氮排放对水体的影响均不容忽视，对于总氮污染比较严重的地区，应实施区域内所有污染源的总氮控制。但考虑到目前各类污染源的污染防治技术、环境监管基础以及资金投入等方面的差异，应将总氮总量控制任务落实可操作性强的措施上。

对于工业源，近期应在全面推进工业行业氨氮排放总量控制的基础上，以造纸、印染、氮肥、农药、有色金属、炼焦、石化等行业为重点，推行总氮行业总量控制试点，要求上述行业企业分期分批开展末端治理设施改造，增加具备脱氮能力的厌氧工段，降低总氮出水浓度，控制总氮排放总量。对于部分废水中氮含量较高的企业，应要求其采用氨吹脱法和厌氧氨氧化（ANAMMOX）、全程自养脱氮（CANON）等特种工艺处理其废水。

从全国层面来看，城镇生活源总氮污染防治技术较为成熟，大部分现有处理设施已经具备脱氮

能力，提标改造所需的资金投入相对较小。在实施总氮总量控制的地区，对于已经具备脱氮能力的处理设施，应通过合理控制废水碳氮比、增加厌氧段停留时间等优化运行管理的措施，遏制仅依靠简单曝气方式实现减排目标的管理方式，降低总氮出水浓度；对于仍不具备脱氮能力的，应要求其加快工艺改造，采用 A/O、A^2/O、氧化沟等脱氮能力较好的工艺。

农业源总氮总量控制在经济和监管能力支撑等方面均存在一定的困难，特别是对种植业和养殖专业户等面源，近期难以开展定量的总量控制。考虑到协同控制作用，应以种养平衡为主导方向，以推进废弃物综合利用、减少农田径流流失为主线，降低农业源氮污染的产生和排放。

（4）完善“三大体系”建设，夯实氮总量控制体系支撑

加快总氮统计体系的建立。产排污系数是污染物排放核算的重要依据，应尽快制定工业企业总氮产排污系数，一方面为全国环境统计工作奠定基础，另一方面为第二次全国污染源普查工作提前做好准备。尽快更新生活源和农业源的产排污系数，对现有的系数进行评估，对于不符合现实状况的系数进行更新调整。在总氮尚未正式纳入环境统计体系之前，做好各类排放源统计技术路线、核算技术方法体系、数据审核技术要点等相关研究，先期开展试点，积累经验，为将来开展总氮排放统计做好准备。

进一步加强污染源监测能力建设。按照规定，各地应严格按照排放标准的要求完成包括总氮在内的全部污染指标的监测，其任务量不可小视，应从经费、人员配置、技术指导等多方面对各级环保监管部门予以支持。监控重点为城镇生活源，兼顾重点工业行业和规模化畜禽养殖场，其他农业源类型由于量大、面广，暂不具备监管能力，可不作为监管重点。

以现有主要污染物总量控制考核体系为指导，建立总氮总量控制考核体系。实施总氮总量控制的地区，可参照现有主要污染物总量控制体系，设计建立适用于各地区的总氮总量控制考核体系，出台总氮总量考核的办法。总氮超标地区可对污染源提出总氮控制要求并把握总氮控制情况。

尽快补充完善总氮排放标准限值。一是加快修订《城镇污水处理厂污染物排放标准》（GB 18918—2002），增加总氮二级、三级排放标准限值。二是对于 2008 年以前制修订的行业排放标准，应增加总氮的间接排放限值。三是对于未制定行业排放标准而执行《污水综合排放标准》且排放总氮、总磷的行业，应通过一定的方式提出总氮、总磷排放要求。

1.3.2.2 总磷控制区域和措施

与化学需氧量、氨氮、总氮相比，总磷的污染问题不突出、涉及领域窄、工作基础薄，建议暂缓实施总磷总量控制，可基于环境质量现状及典型行业排放特征提出水质改善和废水排放要求，并同步完善总磷排放监管工作。具体如下：

①在太湖、巢湖、滇池、三峡库区、海河流域、长江口和珠江口等地区部分水源地总磷超标或水体富营养化程度严重的区域，提出水质改善要求。

②强化农业源主要水污染物的协同控制和合理利用。主要体现在现有规模化畜禽养殖业总量减排工作中对总磷的协同控制作用，以及实施种养结合过程中，对种植业农药、化肥施用量的削减和对畜禽粪污的合理消纳。

③提升污水处理厂的总磷处理水平。对具有除磷工艺的污水处理设施，强化运行管理；对于无除磷工艺的污水处理设施，加紧升级改造，以确保总磷达标排放。

④抓好典型行业的废水达标排放工作。从造纸、磷肥工业、生物制药、金属表面处理等行业入

手，兼顾源头管理和过程控制，降低废水中总磷的排放浓度。

⑤完善监管体系和排放标准。在统计方面，开展总磷产排污系数的研究工作；在监测方面，将总磷纳入日常监测、监督性监测和在线监测范畴中；在标准方面，完善河流总磷的评价方法，并考虑环境质量标准和废水排放标准中总磷浓度的衔接问题。

本报告执笔：刘雅玲、王强、高涵

2 重点流域水污染防治“十三五”规划思路研究

2.1 关于《重点流域水污染防治“十三五”规划》定位

2.1.1 与《水污染防治行动计划》的关系

《中华人民共和国水污染防治法》第十五条规定：“防治水污染应当按流域或者按区域进行统一规划。国家确定的重要江河、湖泊的流域水污染防治规划，由国务院环境保护主管部门会同国务院经济综合宏观调控、水行政等部门和有关省、自治区、直辖市人民政府编制，报国务院批准。”自“九五”时期以来，国家先后将 10 个流域列为水污染防治重点流域，连续实施了四期重点流域水污染五年规划。

面对人民群众日益增长的环境需求，面向 2020 年全面建成小康社会的宏伟目标，党中央、国务院相继作出一系列重要部署，旗帜鲜明地向污染宣战，编制和实施大气、水、土壤三大环境要素的污染防治行动计划，加大治污力度，加快推进环境质量改善。《大气污染防治行动计划》已于 2013 年 9 月由国务院批复实施，《水污染防治行动计划》（以下简称“水十条”）也将于近期出台。

“水十条”与《重点流域水污染防治“十三五”规划》（以下简称《“十三五”规划》）一脉相承，两者的核心目标都是加大水污染防治力度，改善全国水环境质量，保障国家水安全。“水十条”是结合当前和今后一段时期我国水污染防治工作的实际需要，编制的纲领性、指导性文件，与《重点流域水污染防治“十二五”规划》（以下简称《“十二五”规划》）、《全国地下水污染防治规划（2011—2020 年）》《全国城市饮用水安全保障规划（2006—2020 年）》《全国农村饮水安全工程规划》等一系列水环境保护专项规划进行了衔接，并提出一系列强化水污染防治的新思路与新举措，共 10 条 35 款；《“十三五”规划》主要依据水污染防治法，针对全国重点流域而进行编制的，以各流域水污染防治问题与目标为导向，把“水十条”提出的问题清单、目标清单与责任清单落实到流域，细化成具体的任务、方案以及工程项目。

总体来讲，“水十条”引领指导《“十三五”规划》，《“十三五”规划》是“水十条”各项目标、任务与措施的落实、细化与延伸。某种意义上看，《“十三五”规划》也是“水十条”的实施方案。

2.1.2 规划范围

“水十条”是全国范围内的水污染防治纲领性文件，明确提出“编制实施七大重点流域水污染防治规划”，七大重点流域是指松花江、辽河、海河、黄河、淮河、长江、珠江流域。

《“十三五”规划》编制范围在“十二五”基础上进行调整与完善，尤其是长江流域，在“十二五”之前拆分成三峡库区及其上游、长江中下游、丹江口库区及上游、太湖、巢湖、滇池等流域，需要在“十三五”期间进行大的整合。珠江流域以往在国家层面没有编制过水污染防治规划，“十三五”期间需要补充编制。同时，“水十条”中明确提出了七大流域、浙闽片河流、西南诸河、西北诸河及跨国界水体水质总体目标，需要在“十三五”规划编制时，对各流域目标进行衔接并细化到具体断面。

2.1.3　规划时限

规划时限为“十三五”，即 2016—2020 年。

2.2　“十三五”规划基础与形势

2.2.1　“十二五”规划实施进展

2.2.1.1　总量减排目标完成情况

截至 2013 年底，全国化学需氧量和氨氮排放总量分别为 2 352.7 万 t 和 245.7 万 t，比 2010 年分别削减了 7.81%和 7.11%[3]。初步估计到 2015 年底，化学需氧量和氨氮排放总量可分别削减 9.7%和 10.9%左右，可超额完成“十二五”减排任务。其中，通过废水深度治理工程，工业源预计实现化学需氧量和氨氮排放量分别削减 10.1%和 10.6%左右；通过提高生活污水处理率，生活源污染物排放量分别削减 10.8%和 10.9%左右；通过推行干清粪和废弃物资源化利用，农业源排放量削减 8.6%和 10.6%左右。

2.2.1.2　环境质量目标完成情况

（1）七大水系环境质量状况

衔接“水十条”要求，对七大水系环境质量状况进行分析。2013 年，全国七大水系共有国控断面 577 个，其中，达到或优于Ⅲ类的断面 385 个，占 66.7%，较 2005 年增加了 25.6 个百分点，详见图 5-2-1；Ⅳ类断面 96 个，占 16.6%；Ⅴ类断面 34 个，占 5.9%；劣于Ⅴ类断面 62 个，占 10.8%，其中珠江、长江水质总体优良，优于Ⅲ类断面比例在 90%左右，黄河、松花江、淮河、辽河水质总体呈轻度污染，淮河呈中度污染，劣Ⅴ类断面个数为 25 个，占流域总断面数的 39.1%，详见表 5-2-1。国控优于Ⅲ类断面比例及地表水劣Ⅴ类断面比例达到《国家环境保护“十二五”规划》大于 60%、小于 15%的目标要求。预计到 2015 年底，七大水系国控断面水质好于Ⅲ类的比例有望达到 69%左右，地表水国控断面劣Ⅴ类水质的比例降到 9%左右。

河流主要超标因子包括化学需氧量、高锰酸盐指数和五日生化需氧量。其中黄河流域主要超标因子包括五日生化需氧量和化学需氧量；松花江流域主要超标因子包括高锰酸盐指数、化学需氧量和总磷；淮河流域主要超标因子包括化学需氧量、五日生化需氧量和高锰酸盐指数；海河流域主要超标因子包括化学需氧量、五日生化需氧量和总磷；辽河流域主要超标因子包括五日生化需氧量、石油类和高锰酸盐指数。

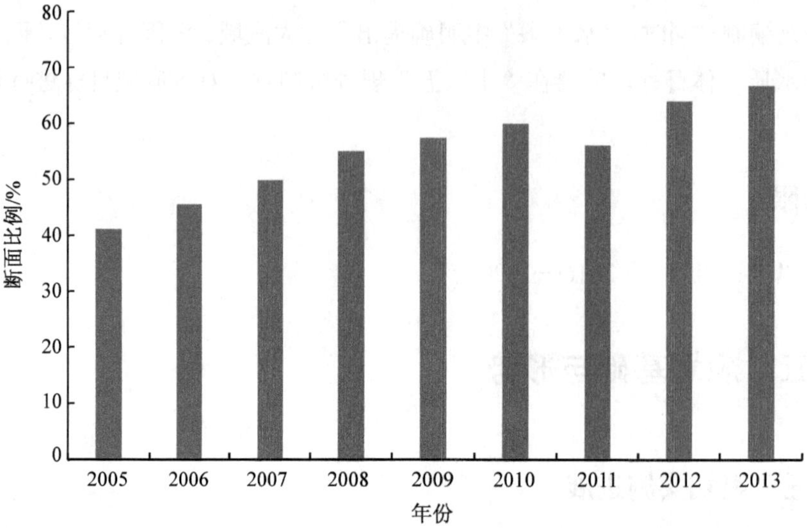

图 5-2-1 2005—2013 年七大重点流域Ⅰ～Ⅲ类断面比例

表 5-2-1 七大重点流域 2013 年水质状况

流域	总体情况	断面个数				断面比例/%		
		Ⅰ～Ⅲ	Ⅳ～Ⅴ	劣Ⅴ	小计	Ⅰ～Ⅲ	Ⅳ～Ⅴ	劣Ⅴ
长江	良好	143	12	5	160	89.4	7.5	3.1
黄河	轻度	35	16	10	61	58.1	25.8	16.1
珠江	优	51	0	3	54	94.4	0.0	5.6
松花江	轻度	49	34	5	88	55.7	38.6	5.7
淮河	轻度	57	27	11	95	59.6	28.7	11.7
海河	中度	25	14	25	64	39.1	21.8	39.1
辽河	轻度	25	27	3	55	45.5	49.1	5.4
七大流域合计		385	130	62	577	66.7	22.5	10.7

注：来自《中国环境状况公报》，表中轻度、中度系指轻度污染、中度污染。

（2）《“十二五”规划》确定的重点流域环境质量状况

截至 2013 年底，全国重点流域水质考核断面确定 428 个考核断面，有 15 个因断流不计入考核，实际考核断面 413 个，其中达标断面 323 个，占 78.2%，与上一年度相比基本保持稳定；不达标断面 90 个，占 21.8%。长江中下游、淮河、辽河、松花江、海河、三峡库区及其上游、黄河中上游、巢湖和滇池流域达标断面比例分别为 93.8%、93.3%、88.0%、79.4%、77.3%、75.5%、70.0%、58.3% 和 29.0%。滇池流域云南省，黄河中上游流域陕西省，海河流域天津市、北京市，巢湖流域安徽省等区域达标断面比例较低，见图 5-2-2。

2013 年重点流域考核不达标断面共有 90 个，其中松花江流域 7 个，辽河流域 3 个，海河流域 17 个，黄河中上游流域 15 个，淮河流域 6 个，长江中下游流域 3 个，三峡库区及其上游流域 12 个，巢湖流域 5 个，滇池流域 22 个；按省份统计，云南省（滇池流域）不达标断面数量最多，为 22 个，详见表 5-2-2。

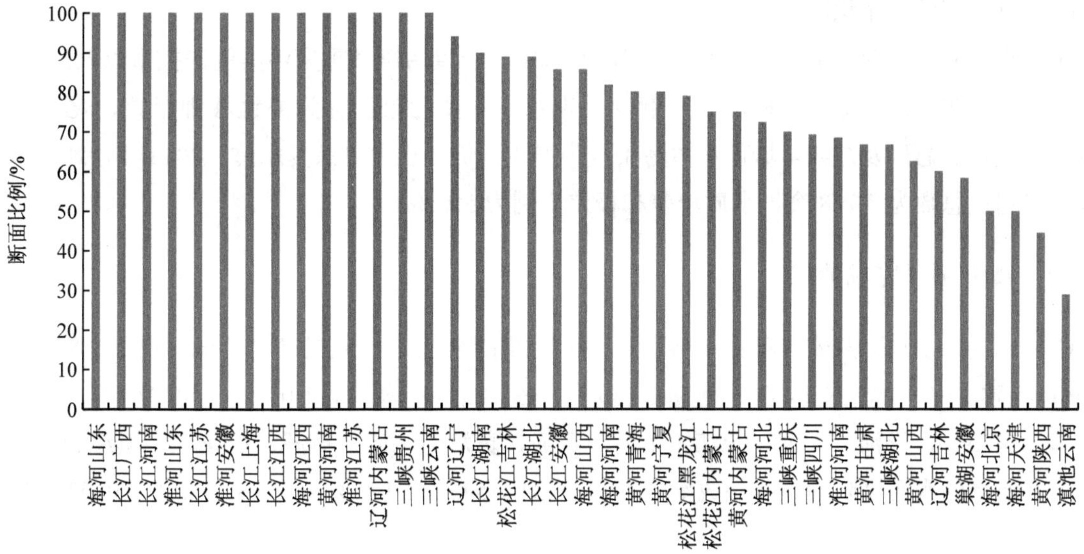

图 5-2-2　2013 年重点流域断面考核结果

表 5-2-2　2013 重点流域考核不达标断面分布表

流域	省份	不达标断面数	其中：国控断面	其中：跨省界断面
松花江流域	内蒙古自治区	2	1	2
	吉林省	1	0	0
	黑龙江省	4	4	0
辽河流域	辽宁省	1	1	0
	吉林省	2	2	2
海河流域	北京市	3	2	3
	天津市	2	1	0
	河北省	8	5	4
	山西省	2	1	2
	河南省	2	2	2
黄河中上游流域	山西省	3	2	2
	内蒙古自治区	2	1	0
	陕西省	5	3	3
	甘肃省	3	2	1
	青海省	1	1	1
	宁夏回族自治区	1	0	0
淮河流域	河南省	6	5	5
长江中下游流域	安徽省	1	1	1
	湖北省	1	1	0
	湖南省	1	1	0
三峡库区及其上游流域	湖北省	1	0	0
	重庆市	3	3	0
	四川省	8	4	4
巢湖流域	安徽省	5	5	0
滇池流域	云南省	22	21	0
合计		90	69	32

（3）重点湖泊水库状况

2013 年，国家开展监测的 62 个重点湖泊水库中，中度污染和重度污染的国控重点湖泊（水库）比例 13.1%，27.8%出现不同程度的富营养化现象，主要污染指标为高锰酸钾指数、化学需氧量（COD）、氨氮、总磷及总氮。城市水体污染较为严重，仍存在大量黑臭水体。2013 年，地下水环境质量的监测点总数为 4 778 个，水质较差和极差比例为 59.6%。

2.2.1.3　规划项目完成情况

《“十二五”规划》共安排项目 6 844 个，截至 2013 年底，已完成（含调试）项目 2 852 个，占 41.7%；在建 1 662 个，占 24.3%；前期 1 235 个，占 18.0%；未启动 1 095 个，占 16.0%。项目总体开工率为 65.9%，淮河、海河、长江中下游、辽河、黄河中上游、巢湖、松花江、滇池和三峡库区及其上游流域的水污染防治项目完成率分别为 56.3%、54.0%、49.1%、42.0%、37.0%、30.5%、30.4%、22.8%和 16.5%。

从项目类型来看，工业污染防治及畜禽养殖污染防治项目进展较高，其完工率分别为 60%和 58%，城镇生活垃圾处理处置项目、重点区域污染防治项目、饮用水水源地污染防治项目完成率较低，分别为 11%、17%和 20%，见表 5-2-3 和图 5-2-3、图 5-2-4。

表 5-2-3　2013 年重点流域规划项目实施进展情况

项目类别	完成	调试	在建	前期	未启动	小计	完工率/%	开工率/%
城镇生活垃圾处理处置项目	18	2	23	89	43	175	11	25
城镇污水处理及配套设施项目	822	222	805	684	456	2 989	35	62
畜禽养殖污染防治项目	338	29	103	46	117	633	58	74
工业污染防治项目	897	135	304	200	198	1 734	60	77
区域水环境综合整治项目	284	25	274	123	176	882	35	66
饮用水水源地污染防治项目	38	7	87	56	33	221	20	60
重点区域污染防治项目	33	2	66	37	72	210	17	48
合计	2 430	422	1 662	1 235	1 095	6 844	41.7	65.9

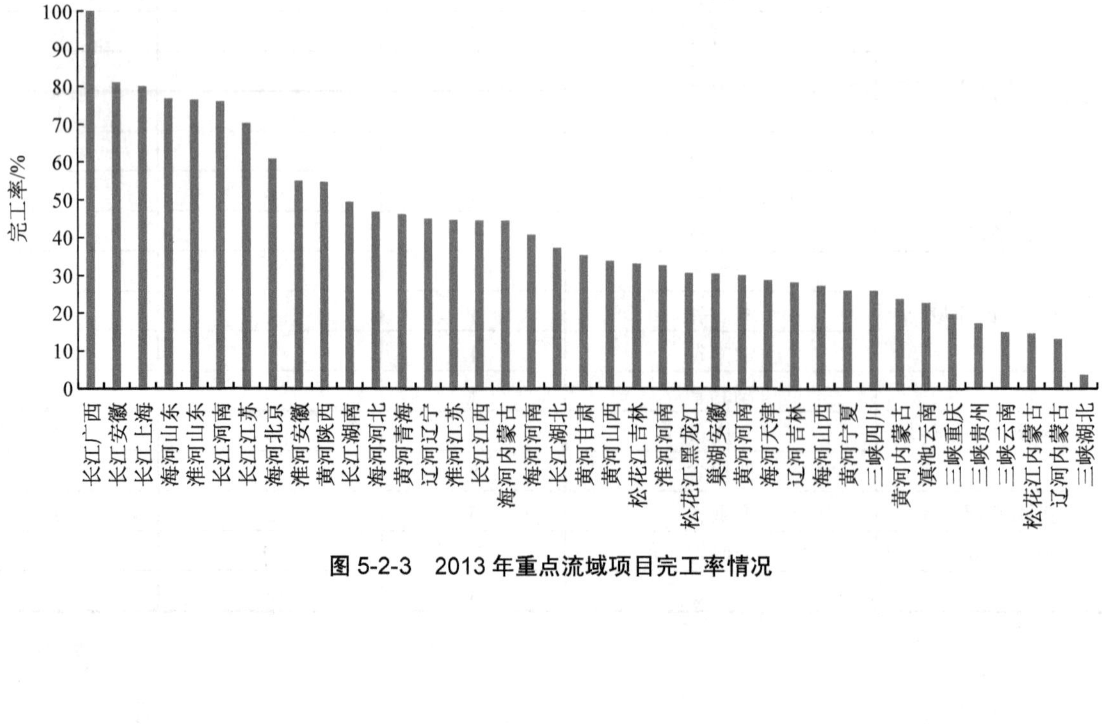

图 5-2-3　2013 年重点流域项目完工率情况

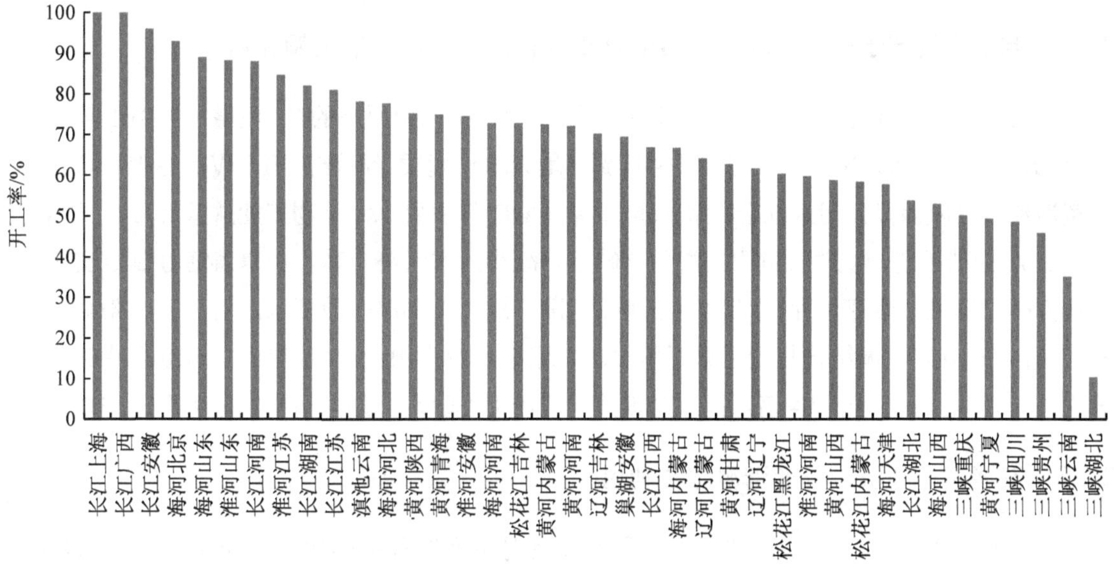

图 5-2-4　2013 年重点流域项目开工率情况

2.2.2　地方做法与经验

2.2.2.1　采取多种措施，积极应对城市黑臭水体

浙江省委、省政府提出了“五水共治”（治污水、防洪水、排涝水、保供水、抓节水）的战略决策，工作路线图强调治污先行，确定了“清三河”“两覆盖”“两转型”的治污重点。“清三河”主要通过狠抓截污纳管工作，整理黑河、臭河、垃圾河，通过在当地新闻媒体公布河长名单、黑臭河、考核结果、举报方式等，发动群众做环保，接受公众监督。山东省环保、住建部门组织对全省城市（含县城）建成区污水直排口进行了排查、整治，并开展“随手拍”活动，鼓励公众举报污水直排口，为彻底解决城市水体黑臭问题奠定了基础。

2.2.2.2　健全性或者执法和刑事司法衔接机制，强化多部门联合执法

云南省建立了环保监管机制，率先成立公安、检察及法院环保执法管理机构，形成公检法环保执法联动机制。山东省环保、监察、公安等部门联合出台了《全省公安环保联勤联动执法工作机制实施意见》《全省环境保护部门调查与移送涉嫌环境污染犯罪案件的工作程序》和《关于移送环境违法违纪案件规定》，为严厉打击环境污染违法犯罪提供了依据。截至 2013 年底，山东全省公安机关侦办涉刑环境案件 188 件，其中环保部门移送案件 68 件。山东省环保厅还依法查处了 17 家在线监测数据弄虚作假企业，2 家移交公安机关处理，有力震慑了监测数据弄虚作假的违法行为。

2.2.2.3　创新工作方式，构建环境安全防控体系

山东省在跨省、市界河流断面设置环境风险预警点位 61 个，严格落实预警监测措施。创新实行“超标即应急”零容忍工作机制和“快速溯源法”工作程序，及时解决突出环境问题。安徽省自 2007 年起，每年 4 月至 10 月均开展巢湖蓝藻应急防控工作。防控期内启动蓝藻“水华”预警预报机制，采取卫星观测、现场巡查以及人工监测相结合的方式，密切关注水质、水情变化，每周通报防控进展。

2.2.2.4 制定实施严于国家的地方水污染物排放标准，发挥标准引领作用

北京市新修订的《北京市水污染物排放标准》，控制指标由原来的 75 项增加到 101 项，主要指标（COD、BOD_5、NH_3-N、TP）排放限值达到《地表水环境质量标准》Ⅲ～Ⅳ类标准。陕西省制定了《黄河流域（陕西段）污水综合排放标准》，将 COD 等主要水污染物工业排放标准与城镇污水处理厂一级 A 标准相统一，改善黄河上游生态缺水，减少入水污染负荷。山东省通过制定实施覆盖全省的地方排放标准，修订 4 个流域性地方排放标准，进一步加严排放要求，对全省污染减排和促进"两高"行业转方式、调结构起到了重要作用。以造纸行业为例，2012 年山东造纸行业的规模和利税分别是 10 年前的 2.5 倍和 4 倍，高居全国第一位，而 COD 排放量却同比减少了近七成。

2.2.2.5 发展循环经济，开展资源综合利用

山东泉林纸业通过对农作物秸秆深度利用以及对生产过程中的黑、白两种废液资源化回收利用，中段水进入污水处理系统，积极探索出造纸业的"泉林模式"，目前，企业总排口 COD 浓度稳定在 30 mg/L 以下，远低于现行国家标准规定的 COD≤90 mg/L 的水质要求（山东地方标准 COD≤60 mg/L），外排水多项指标同时优于国外木浆环保标准。

2.2.2.6 推行环保部门垂直管理体制，提升环境监管效能

陕西省在全省范围实行市以下环保部门垂直管理体制，陕西各县（包括县级市）环保局为市环保局的直属机构，规格与县级政府组成部门相同，各市辖区环保局作为市环保局派出机构；在干部管理方面，实行市环保局和县政府双重管理并以市环保局为主。湖北省也推行监测站垂直管理体制，由湖北省监测中心站垂直管理市级监测站，由湖北省环保厅任命市级监测站管理层。

2.2.2.7 成立专门机构，专职负责江河保护工作

辽宁省为强化辽河、凌河水环境管理，组建了 2 个正厅级建制的保护区管理局、1 个副厅级建制的省江河管理局，针对大伙房水库建立了 1 个正厅级建制的大伙房水源地保护区管理委员会办公室，并配备大伙房水源地保护区公安局。江西省人民政府成立由环保、发改、财政、工信、农、林、水利、国土、住建、交通、科技、旅游、统计等主管部门组成的鄱阳湖生态经济区环境保护综合协调机构。

2.2.2.8 开展水生生物监测，全面反映流域水质改善成效

黑龙江在目前地表水常规理化指标监测的基础上，制定了《松花江流域水生生物试点监测站建设方案》，组织开展松花江流域水生生物试点监测工作。将在松花江流域的哈尔滨、佳木斯、齐齐哈尔、同江、肇源等断面建立水生生物监测站，以此全面评价"让松花江休养生息"政策措施取得的成效。

2.2.2.9 拓宽融资渠道，积极筹措污染治理资金

北京市完成市级水务融资平台组建，成立了北京水务投资中心。同时，北京市排水集团加强与国家开发投资公司等央企合作，联合全国社保基金、浦发银行，共同发起设立"北京水环境产业投

资基金”，并与国投创新公司联合成立了投资公司，形成两个水务投融资平台，为污水处理与再生水利用设施建设等提供资金保障。湖南省发行了重金属污染治理债券 67 亿元，为筹措污染治理资金走出了一条新路。此外，各地还探索实施了包括保障河流生态需水、生态补偿、反退化制度、落实责任等一些好的经验与做法，如辽宁省针对辽河流域枯水期水量小、水质差的特点，测算出保证河流断面水质稳定达标的最低保障流量，建立了生态水调控机制。

2.2.3　存在问题

2.2.3.1　大江大河水质总体持续改善，但在一定范围内存在一些“死角”，部分水体水质差、改善难度大

根据 2013 年及近年来的《中国环境状况公报》，河流、湖泊、地下水等各类水体均存在一定范围的污染严重水体，海河、巢湖、滇池等流域内部分水体水质持续处于劣Ⅴ类，尚无明显好转趋势。

一是地表水污染严重水域仍然大量存在。2013 年，全国仍有 9.0%的地表水国控断面水质劣于Ⅴ类；辽河吉林段、海河、巢湖、滇池污染仍然严重，其他流域，即便是水质最好的长江、珠江，也均不同程度存在一些污染严重的水域；流经城市的河段、城市偏僻区域、城乡接合部和农村人口聚集区的河流沟渠普遍受到污染。据部分地方的相关统计数据推算，江苏省城市黑臭水体的比例至少达到 20%，广州市黑臭水体比例高达 58.7%，北京市城市黑臭水体的比例至少达到 40%，严重影响老百姓对环境质量改善的感知和认识。

二是湖泊环境质量呈下降趋势。与 20 年前相比，各大湖区湖泊水质和生态状况均有所下降。东部地区由于工业化、城镇化快速发展，一些湖泊出现富营养化；中部和东北部地区的湖泊保护与经济社会发展矛盾日益突出，如镜泊湖水质由Ⅰ类降为Ⅳ类、营养状态由贫营养降至中度富营养，高纬度地区的兴凯湖局部出现蓝藻水华；西部一些生态系统较完整的湖泊也存在入湖污染负荷增加、湖泊水质恶化及湖体萎缩等问题。2013 年，国家开展监测的 61 个重点湖泊水库中，39.3%水质劣于Ⅲ类标准，27.8%出现不同程度的富营养化现象。

三是饮用水源水质堪忧。“十一五”末，全国近 1/5 城镇集中式饮用水水源水质不达标，乡镇、农村地区超标率更高。2013 年，地级以上城市集中式水源不达标供水量占总供水量的 2.7%。地表水源主要是总磷、锰和氨氮等指标超标，部分水源重金属超标，如辽宁葫芦岛乌金塘水源钼超标、江苏盐城苏州新洋港水源锰超标；部分特定污染指标检出频次较高，如甲醛及三氯甲烷分别在 115 个水源检出 722 次及 562 次，虽未超过标准限值，但其环境风险不容忽视。地下水源主要是铁、锰和氨氮等指标超标，多为地质结构影响导致。

四是地下水质量状况不容乐观。2000—2002 年国土资源部“新一轮全国地下水资源评价”显示，全国地下水资源符合Ⅰ～Ⅲ类水质标准的占 63%、符合Ⅳ～Ⅴ类的占 37%。2013 年，4 778 个地下水环境质量监测点中，59.6%的监测点位水质为较差—极差，主要超标指标为总硬度、铁、锰、溶解性总固体、“三氮”（亚硝酸盐、硝酸盐和氨氮）、硫酸盐、氟化物、氯化物等，个别监测点存在重金属项目超标现象。东部主要平原地下水砷、铅、镉、铬及汞等重金属和部分有机物检出率较高；华北平原地下水重金属污染呈点状分布，“三氮”超标呈面状分布，有机物检出率较高。据近十几年地下水水质变化情况的不完全统计分析，初步判断我国地下水污染由点状、条带状向面上扩散，由浅层向深层渗透，由城市向周边蔓延。

五是局部近岸海域污染严重。大范围海岸带受到破坏，大陆自然岸线保有率已由 20 年前的高于 90%降至现在的不到 40%。近海富营养化加剧，2012 年富营养状态的海域面积达 9.8 万 km^2，重度富营养区域主要集中在辽河口、渤海湾、莱州湾、长江口、杭州湾和珠江口的近岸海域。赤潮绿潮灾害呈多发态势，2001—2012 年，我国年均爆发赤潮 80 次、面积达 14 660 km^2，有毒有害赤潮发生率升高，对海洋渔业资源和生态系统的威胁加大。重金属、持久性有机污染问题逐步显现，渤海、浙江沿岸等海域的贝类体内重金属和石油烃残留水平较高，检出持久性有机物，对生态系统、食品安全及人体健康构成潜在危害。

2.2.3.2　水质主要超标指标呈现多元化趋势，现行总量控制制度难以保证水环境质量全面改善

污染物排放总量控制制度仍是当前最具行政约束力的环境政策，也是环境管理的核心抓手，这一制度在“十一五”期间实现了有总量、有控制的制度化建设并大规模实践，成为带动环保工作的有力抓手。但从各流域水质超标指标来看，化学需氧量、氨氮仍是主要超标指标，而总磷等未纳入总量控制的指标也逐渐成为影响水质的主要指标。随着我国环境污染问题的多元化，现行总量控制制度面临指标较单一、统计监测体系不够完善等问题，亟待完善。

一是指标相对单一。目前，COD 和氨氮两项主要水污染物排放量及相关污染问题得到初步控制，排放量削减空间不断被压缩，在局部地区，COD 和氨氮排放情况有所好转。但我国水环境形势依然严峻，某些流域、区域由于水体自身特点和污染源排放特征，总氮、总磷和重金属等新问题日益凸显。滇池、太湖、巢湖、丹江口水库、洞庭湖和鄱阳湖等重点湖库总氮和总磷的污染程度均已超过 COD 和氨氮。我国近岸海域主要污染指标为无机氮和活性磷酸盐，特别是在渤海湾、胶州湾、杭州湾、象山湾、三门湾、三沙湾、罗源湾等封闭或半封闭海域无机氮、活性磷酸盐超标现象严重，是导致赤潮频发的重要原因，给当地海洋生态环境和海洋渔业经济带来较大的影响。鉴于当前环境问题呈多元化，仍在全国统一控制两项或几项污染物的排放总量已不能适应新的形势，难以满足水环境质量全面改善的目标要求。

二是统计体系不完善。工业源方面，环境统计数据库中并未将工业企业总氮、总磷的排放情况纳入，导致总氮、总磷总量控制排放量基数不完整；工业源产排污系数手册主要针对 COD 和氨氮两项污染物制定，总氮、总磷、挥发酚等特征污染物的产排污系数仍未制定，阻碍了工业源全指标排放量的统计工作。农业源方面，畜禽养殖业采用产排污系数法统计排放量，但产排污系数并未考虑不同地区、不同养殖方式污染物产生量的差异，针对性相对不足，与实际排放情况存在一定差距。水产养殖业的产排污系数和种植业的流失率系数存在与畜禽养殖同样的问题，种植业统计工作基础尤其薄弱，我国仅在 2007 年污染源普查中对全国种植业污染进行了调查，种植业的年度、季度统计工作仍存在技术、人力和物力等一系列“瓶颈”。此外，船舶等涉水移动污染源目前也未纳入统计体系中。

三是监测体系支撑不足。污染源监测是总量控制监管和考核的重要依据。目前，全国大部分工业企业、污水集中处理设施等点源已经具备 COD 和氨氮的监测能力，并分别建成省级、市级和县级环境监测机构 46 个、351 个和 2 327 个。但污染源监测自动化程度较低，截至 2012 年底，全国 8 万多个国控重点源仅有 7 293 个安装了废水自动在线监测设备，4 503 家国控重点源 COD 监控设备与环保部门联网，3 194 家企业国控重点源氨氮监控设备与环保部门联网，可实现实时监控。另据不完全统计，全国监测总氮、总磷排放浓度的工业污染源和集中式污水处理设施分别仅有 4 256 家和 4 908

家，其中包括 1 000 余家工业企业和 3 000 家左右污水处理设施，仅占全国工业企业总数和污水处理设施总数的 1%和 70%左右；大部分工业污染源和集中式污染处理设施仍不具备重金属、挥发酚等全指标监测能力；畜禽养殖、水产养殖以及种植业等农业源的水污染物排放监测基础较为薄弱，大部分的规模化畜禽养殖场（小区）均不具备 COD、氨氮等常规指标的监测能力；水产养殖及种植业的污染物排放监测由于技术“瓶颈”和监管能力不足等原因，目前仍是空白。

此外，目前的总量控制属于目标总量控制而非容量总量控制，一些重污染地区即使满足了总量减排目标，污染物排放仍然超过环境容量，出现旧账未还、新账还在增多的情况，水质仍然没有明显改善，总量控制与质量改善脱钩，难以满足人们对水环境改善的迫切需求。

2.2.3.3　部门分割、九龙治水局面依然存在，尚未形成水质、水量、水生态三位一体的水环境保护格局

水环境是由水量、水质和生物群落有机组合而成的整体，水环境保护需要同时关注这三个方面。同时，围绕这三个方面开展的工作又相互促进。研究和实践表明，如果缺少生态基流，即使所有的污水处理厂均按一级 A 标准排放，河流水质仍然是劣Ⅴ类；相反，充足的水量有利于污染物的稀释、迁移和降解，从而改善水质。良好的水质保障了水资源的使用价值，也是生物群落健康生存的必要条件。以人工湿地建设等手段为代表的水生态修复，不仅可以改善水质，而且也是恢复江河湖泊生机和活力的内在要求。然而，当前水资源管理、水生态保护与水污染防治尚未有机结合，阻碍了水环境保护进展。

一是水资源开发利用强度持续加大。局部地区水资源无序开发，不合理的水资源调度和水电开发对生态环境影响突出，中小河流断流现象十分普遍，局部地区已没有水环境容量。2000—2008 年，全国水资源开发利用率为 21%，北方地区水资源开发利用率平均 50%，其中海河区、辽河区、黄河区分别为 134%、87%和 73%（源自《全国重要江河湖泊水功能区划》）。2011 年，全国总用水量中，城镇和农村居民生活用水占 8.5%，生产用水占 89.6%，生态环境补水仅占 1.9%（水资源公报），生态流量难以保障，水质改善的基础性、前置性条件欠缺。

二是水生态空间挤占严重。河湖滨岸带是河湖水体周期性淹没的或水体直接影响的水陆过渡地带，是保护河湖生态系统的最后一道天然屏障，也是我国人口密集的地区，存在开发过度的问题；我国有 252 个地级以上城市沿河湖而建，为了城市发展和防洪需要，不断筑堤占地、裁弯取直、围垦湖泊，阻断了河流与河漫滩之间的横向连通性，导致大量河漫滩生态空间丧失。同时，滨岸带湿地面积萎缩，新中国成立以来，我国因围垦而消亡的天然湖泊超过 1 000 个；另据《中国国家级湿地自然保护区保护成效初步评估》报告，30 年来我国湿地自然保护区内湿地面积总体呈下降趋势，净减少 8 152.47 km^2，占全国湿地净减少总量的 9%，其中近 10 年湿地面积约减少 2.9%。

2.2.3.4　产业结构偏重、空间布局不合理等因素导致环境风险高、水污染事件频发，保障水环境安全压力大

据 2012 年环境统计数据，造纸、焦化、氮肥、有色金属、印染、农副食品加工、原料药制造、制革、农药、电镀等 10 个重点行业企业数量占统计企业总数的 23.60%，工业废水排放量占 44.67%，COD 排放量占 54.21%，氨氮排放量占 56.36%，并且在空间分布上具有较高的区域聚集度。2011 年，全国 1 444 个石油化工、炼焦、化学原料及化学制品制造、医药企业位于水源上游 5 km 范围，威胁

饮水安全。开展环境风险及化学品检查的4.6万多家企业中，12%距饮用水源保护区、重要生态功能区等环境敏感区域不足1 km，10%距人口集中居住区不足1 km，72%分布在长江、黄河、珠江和太湖沿岸。沿海石油勘探开采、炼制、储运和销售项目达1.3万家，局部地区高度密集，环境风险大。

据近年来的环境状况公报，水污染突发环境事件呈现高发态势。2012年原环境保护部调度处置的突发环境事件中，水污染事件占91%。2013年，全国共发生突发环境事件712起，较2012年增加31.4%，其中涉及水污染的突发环境事件占45.2%；2014年，全国共发生突发环境事件471起，较2013年减少241起，但发生的3起重大突发环境事件中有2起都是水污染事件，分别是湖北省汉江武汉段氨氮超标事件、湖北省恩施自治州建始县磺厂坪矿业有限公司致重庆市巫山县千丈岩水库污染事件。

2.2.3.5 环境制度、政策和机制还有不少亟待突破和完善的环节

目前虽已制定实施了一系列法律、标准、制度、政策，但制度、政策和机制还有不少薄弱环节。地方政府环境保护责任不到位，企业的主体责任不落实，社会参与不足，法治偏软、投入偏少、手段偏弱的问题十分突出，市场失灵，长效机制尚未建立。国外实践表明，环境问题的根本解决取决于经济结构的调整和效率的提高，要从源头防、过程管、事后督等多环节坚持推进综合防治，特别注重经济政策和科技支撑，并着力建立政府—企业—公众的伙伴制衡关系；而这些工作的开展需要完善的制度体系为依据。目前我国水环境保护制度层面存在涉水管理部门权力分割，地方政府环境保护责任不到位，企业的主体责任不落实，社会参与不足，法治偏软、投入偏少、手段偏弱的问题十分突出，市场失灵，长效机制尚未建立等问题，严重制约水环境保护工作进展。

党的十八届三中全会明确提出建立系统完整的生态文明制度体系，用制度保护生态环境，十八届四中全会提出用严格的法律制度保护生态环境，完善水污染防治法律、法规，为新形势下的水环境保护指明了方向和途径；新修订的《环境保护法》出台，突出保护优先，强调了公民、企业和政府的责任，被形容为“史上最严”，为新形势下的水环境保护设计了总体框架；但相关的制度、政策和机制仍需要不断细化，建立完善的制度体系还需要一个过程。

2.2.4 “十三五”时期形势

“十三五”时期，我国社会经济发展的基本特征将发生重要变化，水环境保护将面临巨大的机遇及前所未有的挑战，环境压力有望高位舒缓，环境形势总体谨慎乐观。

2.2.4.1 十八大、三中全会、四中全会宏观部署为理顺环保机制体制奠定了制度基础

党的十八大提出了将生态文明建设纳入“五位一体”建设的总体布局，十八届三中全会提出建立生态文明制度体系，深化改革生态环境保护管理体制，十八届四中全会提出强化环境法治的战略部署等，为从根本上解决好生态环境问题提供了“自上而下”的强大动力，为理顺环境保护体制机制、强化法规政策手段提供了历史性机遇。新《环境保护法》的实施及20余项环境保护重大制度的确立，为环境保护提供了强有力的执行手段。与此同时，政府、市场及社会体制机制改革任务繁重，步履艰难，深层改革推进难度大，体制机制改革的阵痛持续时间较长，五年之内可能难以见到成效，需要基于目前破碎化的环境保护体制机制，支撑起生态文明建设的重任。

2.2.4.2　全面建成小康社会及人们对友好环境的需求强烈

“十三五”是我国全面建成小康社会的关键时期。十八大提出在建党一百年时全面建成小康社会，要求科学谋划“十三五”目标指标，既满足全面建成小康社会目标的新要求，又脚踏实地、能够达成。“十三五”时期是社会公众的“可接受环境风险水平”的重要转变期，社会公众环境权益观增强、环境公平正义与质量改善要求快速提升，而黑臭水体，污水管网建设等城市环境问题突显，改善难度较大，直接影响民众生活质量，环境基本公共服务供给与需求差距较大，可达、可行、可接受之间的综合平衡难度较大。

2.2.4.3　经济发展新常态使环境形势舒缓而工作压力增大

“十三五”时期，在经济发展新常态下，我国经济增长速度由高速转为中高速，经济结构不断优化升级，发展动力由要素驱动、投资驱动转向创新驱动，现代制造业、生产性服务业仍将是拉动经济增长的重要动力，高新技术产业和装备制造业增速高于工业平均增速、单位 GDP 能耗下降，资源环境要素投入呈现下降态势。经济新常态时期，环境形势将不会继续紧张，能源资源消耗的平台期有望提前达到，总量和结构有利于环境保护。然而，在经济下行压力加大的情况下，一些地方政府和企业治污决心和行动出现迟疑，有的企业可能不上治污设施、上了治污设施也不正常运行，甚至偷排漏排。许多产能由既落后又过剩转变为过剩但不落后，进一步淘汰压减将更多涉及非落后产能，企业抵触心理大，政府赔偿企业损失的负担显著加重。

2.2.4.4　新型工业化、城镇化、信息化、农业现代化所带来的环境问题依然严峻

十八大报告提出“坚持走中国特色新型工业化、信息化、城镇化、农业现代化道路”的“新四化”思想是党立足全局、着眼长远、与时俱进的重大战略决策。随着新型城镇化的推进以及“一带一路”、京津冀协同发展、长江经济带战略实施，我国经济发展的空间格局也在发生深刻变化。东部地区城市内河污染等环境问题胶着，成为长期治理的重点、难点；长江经济带快速发展，化工等行业沿江向上游地区转移，长江中上游环境风险增加；高耗水、高耗能资源能源产业基地沿北方农牧交错带和干旱—绿洲交错带延伸，将进一步加大西部地区水源保护、生态平衡的压力。预期到 2020 年，我国粮食需求将比 2011 年增长约 8 000 万 t，施用农药、化肥提高产量态势可能无法减缓，带来农村面源污染、土壤环境不安全等问题依然严峻。

2.3　关于指导思想、基本原则与目标

2.3.1　指导思想

全面贯彻党的十八大、十八届三中、四中全会精神，从严峻的环境形势和迫切的质量改善需求出发，适应并促进社会经济新常态发展，积极探索环境保护新路，充分落实《水污染防治行动计划》任务措施，以改善水环境质量为核心，系统治理，协同管理，深化改革，依法治理，严格落实，强化考核，为全面建成小康社会、实现中华民族的永续发展、建设美丽中国提供稳固的环境基础。

2.3.2 基本原则

2.3.2.1 质量为本，协同增效

将环境质量作为根本出发点和立足点，明确阶段性环境质量改善目标，显著加强区域性总量控制及风险防控的针对性、有效性，逐渐转变地方管理思路，使质量改善、治污减排、风险管控、生态保护、制度政策等多位一体。

2.3.2.2 深化分区，精细管理

深化“十二五”水污染防治分区管理体系，衔接水（环境）功能区划成果，实施网格化精细管理，明确各控制单元水体的水质目标，制定控制单元达标方案，对于问题突出、风险防范能力薄弱、水体功能高的区域，加强分类指导，优先落实污染源的排污许可和防治措施，加大治理和保护力度。

2.3.2.3 综合防治，系统治理

以水污染特征和水功能需求为依据，综合运用多种污染防治手段，统一部署污染防治工作，深刻认识社会公众环境期待与环境质量现状之间的巨大差距，统筹水环境、水资源和水生态的系统思维，以保护优先、治理为主为基本基调，严格落实预防和保护要求，体现“山水林田湖同保、工农生交源齐抓”的治水系统思维。

2.3.2.4 陆海统筹，河海兼顾

统筹协调流域水污染防治与近岸海域环境保护的关系，充分考虑近岸海域环境容量要求，加强氮、磷等陆源污染物控制力度，不断降低入海河流的污染负荷，推进流域与近岸海域整体水环境质量持续改善。

2.3.2.5 信息公开，社会监督

定期公布重点流域“十三五”污染防治工作进展及考核结果，公布城市水环境质量，有序加强社会对地方政府、企事业单位的监督，以公开推动监督，以监督推动落实，让社会公众能更加理解、支持政府环境施治行为。

2.3.3 规划目标

2.3.3.1 总体目标

到“十三五”末（2020 年），全国水环境质量得到阶段性改善，主要污染物排放总量显著减少，污染严重水体较大幅度减少，饮用水安全保障水平持续提升，城市建成区黑臭水体得到有效控制，促进近岸海域环境质量稳中趋好，京津冀、长三角、珠三角等区域水生态环境状况明显好转。

2.3.3.2 具体指标

到 2020 年，长江、黄河、珠江、松花江、淮河、海河、辽河等七大重点流域水质优良（达到或

优于Ⅲ类）比例总体达到70%以上，地级及以上城市建成区黑臭水体均控制在10%以内，地级及以上城市集中式饮用水水源水质达到或优于Ⅲ类比例总体高于93%；京津冀区域丧失使用功能（劣于Ⅴ类）的水体断面比例下降15个百分点左右，长三角、珠三角区域力争消除丧失使用功能的水体。

2.4 关于战略任务

在继承“十二五”三大战略任务（总量控制、质量改善、风险防范）的基础上，“十三五”期间，应突出三个导向：一是坚持环境质量改善的导向，增加公共服务和公共产品供给，将总量控制拓展为系统性的治污减排措施要求以突出其对质量改善的支撑作用；二是强化系统思维，统筹水质、水量与水生态保护，发挥三方面工作的协调作用，以生态流量保障、水生态空间保护为主要抓手，推进生态系统管理；三是重视依法行政和改革导向，按照环境保护国家治理体系和治理能力现代化的要求，做实制度建设。在“十三五”时期着力抓好五大战略任务，即质量改善、治污减排、生态保护、风险管控、制度建设。

2.4.1 质量改善

“十三五”时期将水环境质量改善作为环境保护的根本出发点，“抓中间，带两头”，保护和治理并重，大力开展水污染防治工作，强化饮用水水源地、生态良好湖泊等良好水体保护，加强城市建成区黑臭水体整治，统筹推进地表水与地下水、陆域和海域污染防治工作，全国近岸海域水质整体保持稳定。

2.4.1.1 分流域推进水质改善进程

长江流域建立健全全流域水生态环境保护制度，有效控制总磷污染，重点解决沿江工业园区及航运对饮用水安全的潜在威胁。主要支流全面消除劣Ⅴ类，好于Ⅲ类断面的比例提高2～3个百分点，流域总体水质由良好状态达到基本优良状态。实现对太湖、巢湖、滇池富营养状况的有效控制。太湖重点防范蓝藻暴发影响饮用水安全，降低总氮和总磷排放量。巢湖流域重点削减西北区域的污染负荷，南淝河、十五里河和派河由重度污染改善为轻度污染，兆河由中度污染改善为轻度污染，建设巢湖人工湿地和湖滨带，提高蓝藻应急处置能力。滇池流域加强污水处理厂氮磷深度处理，加大草海与外海内源污染负荷的削减力度，提高滇池流域生态系统健康水平。

黄河流域持续改善汾河、渭河、涑水河等支流水质，重点控制能源化工行业、企业的排放水平，降低中上游的水环境风险。实现主要支流基本消除劣Ⅴ类，干流稳定达到使用功能要求，流域总体水质在轻度污染基础上有所改善。

珠江流域建立健全广东、广西联合治污防控体系，重点保障东江、西江供水安全，主要支流全面消除劣Ⅴ类，干流好于Ⅲ类断面的比例提高1～2个百分点，流域总体水质保持在优良状态。

松花江流域持续改善阿什河、伊通河、饮马河等支流水质，重点解决石油化工、食品酿造、制药、制浆造纸等行业污染，加大水生态保护力度，进一步增加野生鱼类种群数量，加快恢复湿地生物多样性。力争实现主要支流基本消除劣Ⅴ类，干流及主要支流好于Ⅲ类断面的比例提高9～10个百分点，流域总体水质由轻度污染改善到良好。

淮河流域抓好氨氮控制，大幅降低造纸、化肥、酿造等行业污染物排放强度，做好重大突发污染事件的防控。主要支流基本消除劣Ⅴ类，干流好于Ⅲ类断面的比例提高 5～8 个百分点，流域总体水质在轻度污染基础上进一步改善。

海河流域加强水资源利用与水污染防治统筹，以饮用水安全保障、城市水环境改善和跨界水污染协同治理为重点，大幅减少污染负荷，有效降低水资源开发利用率，突出节水和再生水利用，强化跨界断面水质达标治理，加大滦河的生态保护力度，逐步恢复白洋淀、衡水湖、永定河的自然流量和生态。力争干流及主要支流基本消除劣Ⅴ类，干流好于Ⅲ类断面的比例提高 2～3 个百分点，流域总体水质在中度污染基础上有所改善。

辽河流域大幅降低石化、造纸、化工、农副食品制造等行业污染物排放强度，持续改善条子河、招苏台河等支流水质，显著恢复辽河保护区水生态，全面恢复湿地生态系统。力争主要支流基本消除劣Ⅴ类，干流好于Ⅲ类断面的比例提高 5～8 个百分点，流域总体水质在轻度污染基础上进一步改善。

2.4.1.2 优先保障饮用水水源安全

进一步提升饮用水安全保障水平，建立“从水源到龙头”的全过程监管制度。优先解决水源地超标问题，制定并落实超标水源达标治理方案。加强水源地规范化建设，2020 年前完成集中式饮用水水源保护区划定，依法取缔、搬迁保护区内违法建设项目和活动。建设备用水源或应急水源，强化供水设施建设和处理工艺提升改造，定期向社会公开集中式饮用水水源、供水厂出水和自来水水质及管理状况。加快解决农村人口饮水不安全问题，完成农村集中式饮用水源保护区划定，开展农村饮用水水源地调查评估，积极推进农村饮水安全工程。

2.4.1.3 加强水生态综合治理，优先保护良好湖泊、江河源头等优良水体

在试点流域研究建立流域水生态环境功能分区管理体系。严格水域岸线用途管制，基于水质敏感性、重要性和脆弱性划定水环境保护红线与生态空间，研究制定包括水污染治理、水源涵养、城市建成区截污治污、湿地保护、生物多样性保护、环境综合整治等方面与水生态保护的相关措施。

坚持保护优先和自然恢复为主的方针，开展流域生态安全评估，制定实施水质较好江河湖泊（水库）生态环境保护方案，全面深入分析湖泊生态安全影响因素，提出针对性、可行的技术路线、项目清单。实施湖泊湿地保护修复工程，保护流域生态系统完整性。

2.4.1.4 有效整治城市黑臭水体

采取控源截污、垃圾清理、清淤疏浚、生态修复等措施，加大黑臭水体治理力度，各级政府要排查并每半年向社会公布城市黑臭水体清单及治理时限，制定实施“一河一策”深度治理方案。地级及以上城市建成区应于 2015 年底前完成水体排查，公布黑臭水体名称、责任人及达标期限；于 2017 年底前实现河面无大面积漂浮物，河岸无垃圾，无违法排污口；2020 年底前完成黑臭水体治理目标。直辖市、省会城市、计划单列市建成区要于 2017 年底前基本消除黑臭水体。

2.4.1.5 改善河口和近岸海域环境质量

坚持陆海统筹、河海兼顾，着力控制削减目前海域环境质量较差的河口海湾氮磷、重金属及其他污染物排放量，排查直排海污染源，清理非法或设置不合理的入海排污口，恢复入海河流的环境

功能。进一步提升沿海城市污水处理水平，推进黄河口、长江口、闽江口、珠江口、辽东湾、渤海湾、胶州湾、杭州湾、北部湾等河口海湾污染等重点海湾综合治理。

推进生态健康养殖，控制近海养殖密度，严格控制环境激素类化学品污染。实施滨海自然湿地和重点岸段生态保护和修复。加强对海岸工程、海洋工程、海洋倾废和船舶污染的环境监管，在生态敏感地区严格控制围填海活动。加强海岸防护林建设，保护和恢复红树林、滨海湿地、珊瑚礁、海草床、河口和海湾等典型海洋生态系统。制订并实施自然海岸线保护计划。

2.4.2 治污减排

“十三五”期间，我国工业化和城镇化还未全面完成，污染物排放总量仍然会居高不下，在夯实基础、突出质量改善导向的同时更多地抓实区域性、行业性总量控制，在强化国家统一要求的同时更多地抓好工业、生活、农业、流动源的差异化精细化管理，力求在多年污染减排持续努力的基础上彰显成效，实现有效管控所有污染源和有效改善环境质量。

2.4.2.1 继续严控工业源污染物排放

狠抓工业污染防治。“十三五”时期，要逐步由重点行业、重点企业减排向全面削减、全面控制转变，抓住工业污染防治基础较差的薄弱环节，全面排查装备水平低、环保设施差的小型工业企业。严格执行各项环境保护标准及排污许可等相关环境保护制度，不断提高工业污染物达标排放率。强化工业聚集区污水处理设施建设。

适度扩大主要污染行业控制的范围。加强造纸、印染、化工等 3 个重点行业污染物排放的全过程控制和管理，并逐步建立重点行业取水量总量和污染物排放总量双总量控制，实施行业内新建项目等量或倍量替代机制，从源头控制污染物排放。

优化产业发展布局与结构。以转变传统发展方式为根本，推进工业结构优化和调整，实施“结构调整、技术进步、源头预防”为主的控制路线，大幅度减少工业污染物产生和排放。合理确定发展布局、结构和规模，推进循环发展，强调清洁生产，加强工业水循环利用，促进再生水利用，推动海水利用。

强化工业聚集区污水治理。强化经济技术开发区、高新技术产业开发区、出口加工区等工业集聚区污染治理。集聚区内工业废水必须经预处理达到集中处理要求，方可进入污水集中处理设施。新建、升级工业集聚区应同步规划、建设污水、垃圾集中处理等污染治理设施。

2.4.2.2 深化生活污染防治

完善城镇污水收集处理系统。“十三五”应将完善城镇污水管网作为最优先的任务，推进城中村和城乡接合部污水截流、收集、纳管，加强高风险污水管道的整改、监控以及老旧管网改造，加快雨污分流改造，解决雨水和污水管网混接、错接问题，封堵污水直排口，消除污水直排现象，提升污水处理设施服务范围，力争城市建成区污水全收集、全处理。污水处理设施产生的污泥应进行稳定化、无害化和资源化处理处置，禁止处理处置不达标的污泥进入耕地。非法污泥堆放点一律予以取缔。要以完善运行管理监控平台、加强污水处理设施运营监管为手段，推进污水处理系统功能完善、效益发挥、水平提升。污水处理设施新增能力建设重点向中部、西部和东北地区等中小城市和县城倾斜。

大力推动农村连片整治。深入实施“以奖促治”政策，推进农村环境连片整治。以县域为基本单元整县推进，重点整治生活污水和垃圾、畜禽养殖污染。完善分散式污水处理设施建设、收集处理垃圾渗滤液，避免造成环境污染。鼓励地方建设分散式污水处理设施，采用 PPP 运营模式对区域内的污水处理设施进行统一管理。

2.4.2.3 强化农业源污染防治

综合防治规模化畜禽养殖场污染。持续提升规模化畜禽养殖场清洁生产水平，从源头控制水污染物的产生。引导养殖场实施清洁养殖和规范化养殖小区建设，推广干清粪，建设符合区域特点、养殖规模和防治要求的粪污存储设施、治理设施。调整区域养殖结构和布局，推进规模化养殖进程；实施禁养区关停，限养区总量控制等措施。贯彻“种养结合”理念，提高畜禽养殖废弃物资源化利用比例。结合有机农业、设施农业和连片种植基地建设的发展方向，减施化肥，鼓励施用有机肥，逐步改良土壤性质。细化畜禽养殖污染防治扶持政策实施办法，各地需根据区域特点，细化相关资金补贴及政策优惠等规定，促进有机肥生产和施用。

逐步推进面源污染防治工作。推广精准化施肥施药技术和机具，推广高效、低毒农药，鼓励使用生物农药，开展农作物病虫害绿色防控和统防统治。严格管理投饵饲料，推进水产健康养殖。推广测土配方施肥，提高肥料利用率。整理现有沟渠，清挖淤泥，配置水生植物、格栅和透水坝，实施过程拦截，降低农田排水氮磷等污染物含量。利用现有沟、塘、窖等，建设生态沟渠、区域性面源污水净化塘、地表径流集蓄池等，实现农田排水、地表径流净化和再利用。

2.4.2.4 加大交通源治污减排力度

加大船舶水污染防治力度。建立非道路移动源污染控制管理台账，推进燃料低硫化供应。鼓励船舶污水收集上岸处理。积极推进船舶含油废水处理设施的建设，降低船舶污水石油类污染排放；鼓励大型船舶安装密闭污水收集设施，并集中生活污水上岸处理；对于不具备上岸处理废水的船舶，应强制要求其配套污水处理设施，并确保废水达标排放。航行于我国水域的国际航线船舶，要实施压载水交换或安装压载水灭活处理系统。规范拆船行为，禁止冲滩拆解。

编制实施全国港口、码头、装卸站污染防治方案。加快垃圾接收、转运及处理处置设施建设，提高含油污水、化学品洗舱水等接收处置能力及污染事故应急能力。

2.4.3 统筹水资源管理和水生态保护

水环境是由水质、水量、水生态有机组合而形成的整体，水质改善是“十三五”水环境保护的核心目标，有效节约水资源，增加水量，提升水生态等均与之相辅相成。控制水量、节约水资源是水质提升的重要手段，水生态作为生态系统的重要组成部分，为人民生存及发展提供必要的服务功能。

2.4.3.1 着力节约保护水资源

有效控制用水总量。衔接国务院《关于实行最严格的水资源管理制度的意见》提出相关要求，实施最严格水资源管理，健全取用水总量控制指标体系。

提高用水效率。建立万元国内生产总值水耗指标等用水效率评估体系，把节水目标任务完成情况纳入地方政府政绩考核。将再生水、雨水和微咸水等非常规水源纳入水资源统一配置。抓好工业节水，完善高耗水行业取用水定额标准，严格用水定额管理；加强城镇节水，加大节水器具的使用率，减少全国公共管网漏损率；发展农业节水，推广渠道防渗、管道输水、喷灌、微灌等节水灌溉技术，完善灌溉用水计量设施。

严控地下水超采。地面沉降、地裂缝、岩溶塌陷等地质灾害易发区开发利用地下水应进行地质灾害危险性评估。严格控制深层承压水开采。地热水、矿泉水开发应严格实行取水许可和采矿许可。依法规范机井建设管理，已建成机井要排查登记，未经批准的和公共供水管网覆盖范围内的自备水井，一律予以关闭。实行地下水取水总量和水位双控制。依法规范机井建设审批管理，禁止开采深层承压水，超采区禁止工农业生产新增取用地下水。开展华北地下水超采区综合治理，地下水超采区内禁止工农业生产及服务业新增取用地下水。

2.4.3.2 保障生态流量

制定相关法律、法规。借鉴国外发达国家生态流量管理经验，尽快制定完善相关法律、法规标准，明确河流生态流量的法律地位，对生态流量概念、计算方法等出台相关的技术指南与标准，将生态流量保障纳入法制轨道。

科学确定生态流量。充分考虑工农业生产及生活需水、维持水生生态系统稳定需水、维持河口泥沙冲淤平衡和防止咸潮上溯所需水量、维持地下水位动态平衡所需要的补给水量、河道外生态需水量等因素，以河湖重要控制断面（点位）、生态敏感区等为关键节点，以纳污、生态、防洪、发电、航运、灌溉等功能协调为准则，经流域管理机构、水电站业主和水资源用户等利益相关方协商一致，按“一河一量”的原则确定生态流量，绘制生态流量（水位）过程线，作为水量调度的重要参考。

强化调度管理加以保障。按照《国务院关于实行最严格水资源管理制度的意见》（国发〔2012〕3号）要求，将生态流量纳入水资源调度方案，经批准后有关地方人民政府和部门等严格执行，区域水资源调度服从流域水资源统一调度，水力发电、供水、航运等调度服从流域水资源统一调度，切实保障生态流量。

2.4.3.3 加强水生态保护

加强河湖水生态保护，科学划定生态保护红线。将生态环境系统敏感区、重要区和脆弱区等影响国家和区域生态安全的重要区域，依法划定为生态保护红线，保护生态空间。禁止侵占自然湿地等水源涵养空间，强化水源涵养林建设与保护，开展湿地保护与修复，加大退耕还林、还草、还湿力度。加强滨河（湖）带生态建设，在河道两侧建设植被缓冲带和隔离带。

加大水生野生动物类自然保护区和水产种质资源的就地和迁地保护，实施水生生物增殖放流，提高水生生物多样性，开展珍稀濒危水生生物和重要水产种质资源的就地和迁地保护。

加大近岸海域生态保护力度。针对红树林、珊瑚礁、海草床等滨海湿地、河口和海湾典型生态系统，以及产卵场、索饵场、越冬场、洄游通道等重要渔业水域，应继续加强保护，实施增殖放流，建设人工鱼礁。

全面提升生态系统服务功能，加强规范化管理。坚持以恢复为主，针对生态脆弱及敏感的区域，实施产业结构调整、合理控制人口规模和分布，控制开发强度，降低生态压力，实施生态系统休养生息。建立规范化管理制度，加强管护能力建设，大力开展生物多样性恢复试点建设，根据不同区域不同问题，建设生态保护综合治理工程。

2.4.4 风险管控

“十三五”期间，要以“融入”和“联动”为理念，将环境风险管控措施有效“嵌套”到常规环境监管体系，构建多部门协调、与公共安全保障体系衔接的全过程管控制度体系；以落实企业主体与政府监管责任为方向，推动环境风险防控由事后应急管理向全过程管控转变，实现事前严防严控、事中响应、事后追责赔偿；“防”与“控”并重，健全精细化管理模式，构建多元化管控手段，努力降低高风险化学品等重点领域区域性环境风险，将环境风险管控达到与经济社会发展阶段相适应的可接受水平。

2.4.4.1 加强风险评估，深化环境风险全过程管理

从调整结构和优化布局入手，改善“面上”环境安全总体态势。统筹考虑各类风险源危害性和敏感目标脆弱性，倒逼产业结构和布局调整，将环境风险评估与管理纳入地方经济社会发展决策。建立健全多层级的环境风险评估与管理体系，紧握拟建项目审批和已建项目监管两个关口，建立规划环境风险评估制度，探索区域、流域环境风险评估制度。

落实企业环境风险防范主体责任，加强“点上”环境风险管控。完善企业环境风险排查、评估、预警、应急以及责任追究等配套制度，健全“企业为主、政府引导、公众参与”的企业环境风险防范格局。实施企业环境风险分类、分级管理，严格高风险企业监管，提高管控措施的针对性、有效性。充分发挥保险、信贷等经济手段作用，加强企业环境风险信息公开。

2.4.4.2 严格管控高风险化学品

加快化学品环境管理的立法工作，完善水体中有毒有害物质的标准体系。加强水体中有毒有害物质的水环境基准研究，完善有毒有害化学物质管控等环境标准体系，健全行业污染防治技术政策和清洁生产评价指标体系。

组织开展现有化学物质风险评估和筛选工作，研究制定优先控制的化学品名录。定期评估沿江河（湖、库、海）工业企业、工业集聚区等环境和健康风险，落实防控措施。评估现有化学物质和环境风险，2017 年底前公布优先控制的化学品名录。

对高风险的化学品实施严格限制，并逐步予以替代淘汰。限制生产和使用高环境风险化学品和累积风险类重点防控化学品，合理控制高环境风险化学品的生产和使用，鼓励实施区域性、行业性生产规模总量控制。定期发布高毒、难降解、高环境危害的淘汰物质名单和国家鼓励的有毒有害化学品替代品目录，制定危险化学品生产和使用量大、自动化程度低、污染物排放量大的落后工艺名录，并将其纳入产业结构调整目录。

加强有毒有害物质全过程监管。开展化学品环境管理登记、危害识别和风险评估，监管有毒有害化学品生产、运输、使用、进出口等各环节的环境安全。逐步对工业废水排放的有毒有害化学物质开征排污费。

强化饮用水水源有毒有害物质监测和风险防控。全面排查水源保护区及汇水区内的有毒有害物质环境风险隐患，提升饮用水源中有毒有害物质环境风险防控能力，推进饮用水水源有毒有害物质环境监测社会化服务。

2.4.4.3 强化突发环境事件防控

健全环境风险预测预警体系。强化饮用水水源地等关系公众健康的重点领域风险预警，建立健全预测预警制度、技术和工程体系。

强化突发环境事件应急管理。制定和完善水污染事故处置应急预案，落实责任主体，明确预警预报与响应程序、应急处置及保障措施等内容，依法及时公布预警信息。定期组织应急预案演练，做好演练的先期筹备、组织开展和后期总结归档工作，提高应急预案的针对性和可操作性。建立合理的环境应急响应分级体系，加强应急救援队伍建设和物资储备，增强环境应急专业化、信息化和特征化，健全综合应急救援体系。

2.4.4.4 推行环境损害赔偿

建立环境损害责任追究制度，开展环境损害赔偿制度顶层设计，创新环境损害责任追究与损害赔偿管理模式。建立环境损害司法鉴定机制，完善环境损害司法鉴定配套制度，推进环境损害司法鉴定规范化管理。建立健全环境损害鉴定评估管理制度，加强环境损害鉴定评估行业规范化管理，逐步实现环境损害鉴定评估工作的市场主导、行业自治。健全环境损害赔偿社会化分担机制，明确环境损害赔偿及鉴定评估资金来源；推动环境损害赔偿地方试点。

2.4.5 制度建设

贯彻落实十八届三中全会、四中全会精神，加快完善水环境保护制度建设，在依法治国方略指导下，按照环境保护国家治理体系和治理能力现代化的要求，落实政府、企业、公众责任，构建全民行动格局，以制度的约束力保护水环境。

2.4.5.1 完善法规标准

统筹资源、环保类法律制（修）定，协调关系，强化资源保护和修复，完善环境保护法律体系。以《环境保护法》为基础，落实各项环境保护制度，严格环境法律责任。加快水污染防治、排污许可、化学品环境管理等法律法规制（修）定步伐，研究制定环境质量目标管理、环境功能区划、节水及循环利用、饮用水水源保护、污染责任保险、水功能区监督管理、地下水管理、环境监测、生态流量保障、船舶和陆源污染防治等法律法规，出台实施细则，健全管理制度，完善监管体系，加大惩罚力度。

加快修订《地表水环境质量标准》。研究制定石化、化工、农药、再生有色、酿造、农副食品加工等重点行业排放标准。重点跟踪新兴行业、城镇污水处理、污泥处理处置、农田退水、重点行业水污染物特别排放限值等问题，及时制修订和立项启动相关排放标准。完善涉水的环境污染物分析测试方法标准、环境标准样品和环境监测技术规范，适时出台针对各类环保工作需求的技术导则、规范、指南、要求。

2.4.5.2 推动政府履职尽责

细化分区体系，提高精细化管理水平。整合《重点流域水污染防治规划（2011—2015 年）》“流域—控制区—控制单元”三级分区管理体系与《全国重要江河湖泊水功能区划》等成果，进一步细化和完善各流域水环境管理分区体系。控制单元以乡镇为边界，加强与水（环境）功能区的衔接。率先完成京津冀、长三角控制单元划分工作。

强化环境质量目标管理，完善地方政府环境质量负责制度。以分区体系为框架，细化水体功能区划，明确各级政府主管水体及其水质保护目标。以城市黑臭水体等与百姓生活密切水体整治为重点，开展水质达标情况排查，不达标地区制定达标方案，明确达标时限、措施任务、工程项目，并逐一分解细化落实到汇水范围内的排污单位。建立生态产品和环境公共服务保障机制，促进地方有效提供生态产品和环境公共服务。推行环境保护党政同责、一岗双责制度。

建立差异化的地方政府考核问责制度，规范政府环境行为。建立体现区域差异性特征的环境质量目标考核，并提高在地方政府政绩考核中的权重。推进建立环境绩效评价机制，实施自然资源资产负债表重视“绿色政绩”考核结果的运用，对盲目决策、不顾生态环境红线的行为要终身追责，严格问责。

2.4.5.3 推进信息公开与公众参与

一是通过加强环境宣传教育、培育环境道德体系等手段构建社会自我行动体系。完善环境宣传教育机制，开展多层次、多形式、多渠道的环境宣传教育，提高环境意识。

二是优化公众参与环境决策的途径，将环境决策由自上而下转向自上而下并与自下而上相结合，体现利益相关方的意愿。及时向公众公布环境信息，保持公众获取环境信息渠道的畅通，保障公众环境知情权。

三是重点突破社会监督制度，鼓励公众采用合法的方式，对生态环境保护问题进行举报，加强对政府、企业的监督。完善支持公众和环保团体有序参与、有序保护、有序维权。有序推进有奖举报，理顺环境公益诉讼机制。加强环境舆情引导，健全公众舆论监督机制。

2.4.5.4 强化市场机制建设

加快环境资源价格改革，推动环境保护全成本内在化，改变以资源环境公共产品支撑增长的局面，创建和利用环保市场，健全长效市场化机制。

一是以环境资源产权化和有偿使用为基础创建环境资源市场，保障市场机制真正启动。大力推进总量减排约束下的排污权有偿使用以及排污权交易，完善环境资源权益流转的制度环境，盘活环境资源权益流转，优化环境资源配置。

二是以全成本内在化为导向完善环境资源价格形成机制，促进市场机制顺畅运行。重点完善城镇污水和垃圾收费政策、处理处置污染物的收费制度；推进环境会计，使得企业将环境成本纳入成本核算。

三是激励与约束并举逐步健全绿色财税体系，完善市场调控机制，避免“劣币驱逐良币”。推行绿色信贷，完善有利于资源节约、环境保护的税收体制，包括取消不符合节能环保的产品、技术、工艺等出口退税政策，配合节能环保调整消费税，对环保节能产业、现代服务业给予所得税方面优惠等；特别要结合国家的结构性减税工作，改革资源税、开征环境税，逐步提高税率，强化税收的行为调控功能。

四是以治理模式和环境金融创新拓宽市场利用渠道，推进环境治理市场化。创新环境污染市场化治理模式，以环境污染第三方治理、政府与社会资本合作（PPP）模式等市场机制，推进监测社会化服务、工业园区、工业污水专业化运营服务、基于环境质量改善需求的综合环境服务等模式与机制创新。

2.5　关于工程项目

《“十二五”规划》中确定了城镇污水处理及配套设施建设、工业污染防治、饮用水水源地污染防治、畜禽养殖污染防治、区域水环境综合整治等 5 类项目。2013 年 11 月，《江河湖泊生态环境保护项目资金管理办法》（财建〔2013〕788 号）出台，原《财政部 环境保护部关于印发〈湖泊生态环境保护试点管理办法〉的通知》（财建〔2011〕464 号）和《财政部 环境保护部关于印发〈三河三湖及松花江流域水污染防治项目资金管理办法〉的通知》（财建〔2012〕601 号）同时废止，原有的三河三湖及松花江流域水污染防治项目资金与湖泊生态环境保护试点资金整合为江河湖泊治理与保护专项资金。根据该办法，专项资金主要支持饮用水水源地保护、流域污染源治理、生态修复与保护、江河湖泊生态安全调查与评估、环境监管能力建设等 5 类项目，其中前 3 项是重点。综合考虑，《“十三五”规划》工程项目可设置城镇污水处理及配套设施建设、工业污染防治、饮用水水源地污染防治、畜禽养殖污染防治、区域水环境综合整治、江河湖泊生态安全调查与评估、环境监管能力建设共 7 类项目。其中，区域水环境综合整治内容较复杂，技术性强，需要强化技术指导。

参考文献

[1]　国务院. 国务院关于印发大气污染防治行动计划的通知（国发〔2013〕37 号）（Z）. 2013-09-10.

[2]　环境保护部. 关于印发《重点流域水污染防治规划（2011—2015 年）》的通知（环发〔2012〕58 号）（Z）. 2012-05-16.

[3]　环境保护部. 《中国环境状况公报（2013 年）》[EB/OL].（2014-06-05）. http：//jcs.mep.gov.cn/hjzl/zkgb/2013zkgb/.

[4]　环境保护部. 关于发布重点流域水污染防治专项规划 2013 年度考核结果的公告（环保部公告　2014 年　第 73 号）（Z）. 2014-10-31.

本报告执笔：马乐宽、杨文杰

3 城市水体环境综合整治经验与总体思路分析

3.1 城市水体综合整治存在的问题

3.1.1 系统性整体性不足

国内城市水体环境综合整治表现出来的首要问题是系统性、整体性不足，包括治理措施与水环境问题关联不密切，治理目标单一、片面，忽视城市水体的系统性。

目前，国内部分城市水体环境综合整治普遍缺乏污染源调查和污染贡献分析，不能理清导致水环境问题的根本原因，方案目标也未能与城市排水规划、城市土地利用规划等衔接，导致措施与问题缺乏关联、各项目之间缺少关联性、项目建设内容又不能有效支撑项目目标等问题。如某城市的水环境综合治理工程，实施了截污工程、堤防整治工程、橡胶坝工程、堤防防渗工程和水污染在线监测工程等，工程建设内容明显与水体水质目标改善缺乏关联，各项内容之间也缺少系统性。

整治目标的单一、片面，在中小城市表现尤为突出。辽宁省环境科学院曾经对辽宁鞍山及抚顺两城市 14 份城市支流污染综合整治规划方案进行分析发现，它们主要围绕疏浚清淤、护岸建设、新建城镇污水处理厂及工业废水整治等作为整治的主要措施，主要针对水质改善目标，而忽视了水量的作用。

部分城市水体综合整治忽视了干流与支流的关系、上下游的统筹。流经城市主要区域的干流上治理工程效果颇佳，景观建设也相当到位，但对蜿蜒于城市内部的小支流、小河涌或者流经城乡接合部的小河流往往忽视，污水横流，垃圾丛生，企业直排。

3.1.2 缺乏规范性指导

目前，城市水体环境综合整治缺少对项目的立项和环评等方面的管理规定，导致经常出现项目立项不严、环评审批环节缺失等问题。如有的城市水体综合整治方案编制深度不足，缺少对整治方案的可行性分析，技术可行性分析没有详细的技术评估或方案对比，整治措施显得牵强而空洞；关于环评，部分项目实施单位认为城市水体综合整治项目是环境治理项目，在项目实施过程中并未开展环境影响评价。

清淤工程、人工湿地工程、水体生态修复等缺少投资估算规范，导致项目投资估算极不规范：个别项目投资估算前后采用的定额差异很大，同一项目中不同子项目的清淤综合单价为 50～200 元/m^3，投资估算编制较为随意；有的项目直接参考过国内其他类似项目的投资综合单价，未充分考虑不同项目条件的差异性和技术的差异性，投资估算编制缺少合理性。

3.1.3　治理手段相对单一

部分城市水体综合治理手段主要依靠污水截流、清淤、筑坝、护岸等措施，技术手段千篇一律。针对外源污染问题，则主要依靠沿河排污干管截污等方式进行处理；针对水体内源污染问题，主要通过清淤措施解决；针对水量少的问题则通过橡胶坝的建设来蓄水，并且通过护岸水泥硬化、铺设防渗膜等措施减少下渗流量；针对生态退化，则主要通过植树造林和岸边绿化等手段处理。

治理手段单一还表现在重视工程性措施，忽视管理措施上。目前，部分地方政府仍强调“治”的实施，忽略了流域自然的、水文的、生态的特性，没有“用”和“保”的配套措施，投资大，成效差。在进行大规模的城市水体综合整治后，一部分城市水体的总体水环境质量的确得到了较大程度的改善，但如何解决好城市水体后续维护的问题，一直以来是城市水体环境综合整治中突出的矛盾和问题，河流后续维护的不当直接影响综合整治的效果，如果处理不当更会使得河流整治的效果又回复到整治前的水平。

3.1.4　治理措施非生态化

现阶段很多治理措施仍停留在最初的“强干预”阶段。如有些地方采用在河沟、河渠上“加盖”，当作排污沟，虽然暂时避免了臭味的散发，改善了感观，但加盖后封于地下的河流水质也会进一步恶化，最终破坏了水体的生态环境。为了打造城市水体景观，很多地方建设了橡胶坝，由此导致下游地区基本断流，断头河、有河皆干、有水皆污的现象比比皆是。为了防洪泄洪，部分地方改河道自然护坡为混凝土护坡，甚至“三面光”，河的两岸和河底均被混凝土衬上，严重阻碍了水陆生态系统的联系，破坏了水体的生态系统平衡。

3.1.5　管理要求不衔接

目前，城市水体污染治理中存在较多的考核机制，通过调研发现部分考核内容及标准的实施结果与城市水体环境改善的目标相背。如跨界断面考核只考核水质，而不涉及水量，地方为了避免出现考核不达标的情况，就会采取非常手段致使考核断面无水，不但污染治理的目标没达到，采取的非常手段更不利于水体生态环境的修复。北京小红门污水处理厂设计日处理能力 60 万 t，但实际服务面积内能收集 78 万 t 水，若将 78 万 t 水全部处理，则不能处理达标，污水处理厂为了满足达标排放的考核要求，将 18 万 t 的污水直接排放，这种做法显然能够保障考核的达标，但是并未对水体环境有所改善，相反加重了水体的污染。

3.2　城市水体综合整治的工程技术经验

3.2.1　完善的污水截流与收集系统大幅度降低入河污染

城镇化快速发展过程中环境基础设施滞后、污水收集处理系统不完善是造成我国城市水体水质超标的主要因素。要想污水真正得到处理，让老百姓感觉水变清了，首要问题是解决管网问题。这也是国外开展城市污染水体治理的优先措施。

德国 2002 年城市排水管道长度总计达到 44.6 万 km，人均长度为 5.44 m；日本 2004 年城市排水管道长度已达到 35 万 km，排水管道密度平均为 20～30 km/km^2；美国 2002 年城市排水管道长度大约为 150 万 km，人均长度为 4 m 以上，城市排水管网密度平均为 15 km/km^2。与此相比，2010 年，我国城镇排水管道长度达 47.8 万 km，其中污水管道 16.6 万 km，城市排水管道密度为 9.0 km/km^2。

在管网数量存在与发达国家存在巨大差距的同时，管网质量方面的差距同样显著，雨污不分流，错接、漏接、混接现象普遍。我国北京、天津等北方地区的污水处理厂进水生化需氧量浓度大多在 350 mg/L 以上，而南方地区的污水处理厂进水生化需氧量浓度大多不高于 200 mg/L，部分厂的浓度甚至低于 150 mg/L。

作为全国污水处理设施较为完善的上海，2011 年污水处理率仅为 84.1%，只接近全国平均水平。原因在于上海污水处理率计算没有采用其他地区通用的污水处理厂的运行水量，而是采用旱季流量，扣除了雨水和地下水渗入量。这种计算方法更接近真实情况，由此也可以看出完善管网、提高负荷的重要性。

（1）实施污水截流

在城中村或老城区局部地区，污水管网缺失导致污水就近排入城市水体。采用的比较快捷而实用的做法是在河道两岸建设截污管网，把污水改道至截污干管，然后输送到污水厂进行处理。

（2）实施分流制改造

针对雨污不分流，错接、漏接、混接等问题，中小城市一方面采用雨污的彻底分流，如埃姆舍河整治过程中对周边城市实施的分流制改造；另一方面进行雨水排水管网的排查，切断混排污水支管，将其就近改入市政污水管道。

对于大城市和特大城市，实施雨污分流的难度较大，很难短期实现彻底分流，通常近期建设截污工程，采用截流井和截留管道等措施将雨水管网内的污水截流到污水管网系统中，最终送至污水处理厂进行处理。

（3）提高合流制管网的输水能力

随着城市人口的增加，加上城市的不合理开发建设，原有的合流制管网通常会出现负荷过高、无法满足输水能力的要求，很多城市合流制管网在雨天时过量的污水排入城市水体。针对此问题，胶州云溪河合流制管网的截留倍数从 1 提高至 3，通过减少污水的溢流量实现入河污水的减少；在英国伦敦，政府计划于 2020 年前在伦敦地下水 80 m 处修建一条长达 32 km 的污水隧道，提高对城区污水的输送能力；有的城市通过局部分流措施减少污水负荷过多管段的输水量（见表 5-3-1）。

表 5-3-1 国内外河流治理中应用的污水管网技术措施

城市/河流	污水管网存在问题	采取的治理措施
南京秦淮河	污水管网不完善，合流制管网不合理导致雨天时过多污水进入秦淮河；污水处理厂处理规模不能满足实际需求	• 建设污水管网和雨水管网； • 截留大量排污口； • 扩建区域内污水处理厂的规模
胶州老城区/云溪河	合流制管网不能满足雨天排污要求，过多污水进入云溪河；合流制管网污水管网输水负荷过高；污水管网不系统，部分有干管没支管	• 提高合流制管网的截留倍数； • 优化合流制管网，通过分流污水减轻其负荷

城市/河流	污水管网存在问题	采取的治理措施
伦敦/泰晤士河	由于建设久远原因，随着城市的发展、人口剧增，原有合流制下水道输水能力不能满足要求，导致污水溢流量过高	• 2010 年，政府计划于 2020 年前在伦敦地下水 80 m 处修建一条长达 32 km 的污水隧道，提高对城区污水的输送能力
德国鲁尔工业区/埃姆舍河	埃姆舍河周边城市由于年代悠久，基本实行的是雨污合流，现不能满足输水要求	• 分流改造，沿着埃姆舍河道铺设长达 51 km 的管网； • 建设暴雨洪水处理设施，对初期雨水与暴雨雨水进行单独处理
韩国清溪川	原来每天有大量污水注入清溪川，清溪川作为排水渠使用	• 在清溪川两岸建造了截流式合流制下水道，截留倍数取 2，不仅能截留全部污水，在降雨时还能截留初期雨水

专栏 5-3-1　山东胶州市老城区合流制管网改造技术措施

胶州市老城区的大部分管道为雨污合流，随着经济和城市的发展，部分合流制管道已不能满足需要。落后的排水系统使得大量污水未经处理直接排入河道，造成水体的严重污染。虽然，近几年来胶州市在老城区敷设了一些分流用的污水干管，但是，由于部分道路的污水支管还没有铺设、局部地区缺少排水系统，新建污水干管并不能充分发挥其作用。

针对胶州市老城区管网问题，在“充分发挥原排水管渠效能、节省资金”的原则下，采取以下技术措施对合流制排水系统的输水能力和截污能力进行升级改造：①识别不能满足输水能力的合流制管段，在其附近新建管网分担输水能力。②在管网缺失区域新增排水管网；③将合流制管网的截留倍数从 1 提高至 3。

除以上技术措施之外，国外还通过技术创新和科学管理提高污水收集和处理的可持续性。日本东京拥有最著名的可持续性下水道系统，将传统污水管网和污水处理厂从早期的功能性转向综合利用。一方面，利用下水道的高差进行发电。为了充分利用下水道的势能和减少消耗的电力，2004 年，东京下水道局制定了利用下水道的高差，在排水口建造微型水电站的方案，并在森崎处理厂实施了微型水电站建造方案。另一方面，对污水和污泥进行资源化利用。在东京，污水被看作可以利用的水资源，经深度处理后作为再生水使用。其中，从 1995 年开始，东京落合污水处理厂的深度处理水作为源水供给 16 km 以外的东京南部中心区 3 条平时水流极少的河流：涉谷川、吞川和目黑川。利用污泥处理过程中的沼气发电，作为污水处理厂自身动力，减少运行成本。部分污水处理厂则采用焚烧工艺处理污泥，利用污泥焚烧时产生的大量余热发电，产生的电力反过来用于焚烧工艺的动力系统，节约 80%～95%的电力。

巴黎拥有世界上最为复杂的下水道系统，借助于数字化的管理为下水道的管理维护、改建提供技术支撑。利用地理信息系统定期观察地下水管道状况、追踪是否达到需要清除的程度等，每年固定对各段管道做两次检验并建立数据库，掌握最新的管网系统数据。

3.2.2　城市污水厂尾水深度处理进一步减少污染物排放

在大部分城市地区，即使城市污水处理厂处理到一级 A 标准，由于城市水体旱季水量少，排入到城市水体的污水处理厂尾水仍能够造成水体的污染，因此，城市污水厂尾水的深度处理就显现出其重要性。

在国外，城市污水处理厂尾水一般采用人工湿地、净化塘等生态处理技术，不仅对氮、磷污染物有很好的去除效果，而且能够与河道、滩地等的景观建设相结合。德国鲁尔河流域内约有 40%的污水处理厂采用净化塘作为其三级处理，使其最后出水达到很高的水质，如 Bochum-Olbachtal 污水处理厂采用 4 塘串联净化塘对二沉池的出水进行进一步的净化。近几年，在国内城市水体整治中，净化塘等生态处理技术也被成功应用到城市污水处理厂尾水的深度处理中，如山东淄河、深圳观澜河、清远乐排河等治理项目，生态处理系统将污水处理厂的出水净化至景观用水标准或地表水Ⅳ类标准后再排入河流，大大减少了河流的污染负荷（表 5-3-2）。

表 5-3-2　国内外生态处理技术在城市污水处理厂尾水处理中的应用

城市/污水厂或河流	深度处理工艺
德国 Bochum-Olbachtal 污水处理厂	4 塘串联净化塘
山东省淄博/淄河	2 级串联人工湿地-净化塘
深圳/观澜河	高效垂直流人工湿地
清远/乐排河	垂直流人工湿地

相比其他深度处理技术，生态处理技术具有处理成本低、环境安全的优势，但是需要一定的土地资源，因此，采用生态技术处理城市污水处理厂尾水需要与城市的土地规划和景观规划有机结合起来。

专栏 5-3-2　山东临淄城市污水厂出水人工湿地-净化塘处理系统

山东省淄博市在临淄城市污水处理厂建设 2 级串联人工湿地-净化塘系统处理污水处理厂二级出水和淄河雨水径流混合水，2 级串联人工湿地出水达到《地表水环境质量标准》（GB 3838—2002）的Ⅳ类标准，净化塘出水达到 GB 3838—2002 的Ⅲ类标准；人工湿地和净化湖所在地方由原来的垃圾堆放场变成生态景观优美的地区，地价提高 10 余倍。这是我国污水二级处理出水与雨水径流合并处理净化和实现污水与雨水资源化的成功范例。

专栏 5-3-3　深圳观澜河清湖段高效垂直人工湿地处理污水处理厂尾水

观澜河干流清湖段多年平均径流量仅为 0.33～0.88 m^3/s，旱季流量进一步减少，其水质目标为地表水Ⅲ类水体。区域内龙华污水处理厂出水水质达到城镇污水处理厂一级 A 标准后直接排入观澜河，但仍无法满足观澜河水质要求。

该工程结合观澜河补水需要对龙华污水处理厂尾水进行深度处理。利用河岸河滩地采用生态氧化池—生态砾石床—高效垂直流人工湿地等深度处理系统进一步净化龙华污水处理厂尾水，深度处理建设规模为 2 万 m^3/d，主要出水水质指标达到《地表水环境质量标准》（GB 3838—2002）Ⅲ类水质要求，补充旱季河道景观用水及周边中水回用水，不仅满足观澜河水源保护区的水质排放要求，同时结合河道整治把沿河两岸建设成一个园林式的河滩生态湿地公园，美化了观澜河两岸环境。

3.2.3 低影响开发模式从源头上预防城市地表径流污染

低影响开发模式是指通过分散的、小规模的源头雨水控制设施，维持和保护场地自然水文功能，有效缓解不透水面积增加造成的洪峰流量增加、径流系数增大、面源污染负荷加剧等不利影响的城市雨水管理理念。低影响开发模式具有多重效益，在减少城市地表径流、改善城市生态系统、削减地表径流污染等方面具有良好的效果，在发达国家普遍应用。

20 世纪 90 年代初，第一个低影响开发技术被应用在美国马里兰州的乔治王子县。随后，美国切萨皮克湾地区的几个社区也开始尝试一些低影响开发技术示范项目，随着时间的推移，逐步推广到美国的其他地区。在美国，应用的成熟技术主要包括生物沟、暴雨滞留池、雨水花园、绿色街道、透水铺装、植被缓冲带等。英国也以这种可持续发展方式控制地表径流，应用的措施主要有过滤带、洼地、渗透地面、过滤水沟、促渗装置以及池塘系统等。在德国，控制雨水污染最典型的措施是修建大量的雨水池截留处理合流制和分流制的污染雨水，以及采取分散式源头生态措施削减相净化雨水。

国内低影响开发模式的实践相对起步较晚。深圳市于 2004 年在全国率先引入低影响开发模式，探索在城市发展转型和南方独特气候条件下的城市建设新模式。2013 年 4 月，国务院办公厅颁布《关于做好城市排水防涝设施建设工作的通知》（国办发〔2013〕23 号），提出积极推进低影响开发的建设模式。住房和城乡建设部城市建设司在 2014 年工作要点中提出，大力推行低影响开发建设模式，选取试点城市建设下沉式绿地等示范项目，实现城市绿地调蓄雨洪等“城市海绵体”功能。

低影响开发模式可以利用的技术很多，由于本研究主要是针对城市地表径流污染控制，所以只选择了常用的植草沟、透水铺装、植被缓冲带等技术（表 5-3-3）。

表 5-3-3 国内低影响开发模式的应用情况

城市/项目	技术手段
深圳市政道路	在两条市政道路上采用“透水沥青+砾石层+路基”技术代替传统路基
深圳牛山科技公园	建设植草沟代替雨水排水管道，同时建设带有蓄水功能的植草沟暂时蓄水
陕西西咸新区	利用生物滞留槽和下凹式绿地建设了一条低影响开发模式道路-尚业路

植草沟，也称为生物滞留槽，属于生物滞留系统的一种，是在地表沟渠中种有植被的工程性设施，一般通过重力流收集、输送雨水并通过植被截流和土壤过滤处理雨水径流。地表径流以较低流速经植草沟持留、植物过滤和渗透，雨水径流中的多数悬浮颗粒污染物和部分溶解态污染物有效去除。植草沟主要适用于居住区绿地，道路中央隔离带及两侧绿化带，广场、停车场等不透水地面周边的绿地以及各类集中绿地。如在陕西西咸新区尚业路的开发建设中，就主要采用了生物滞留槽，在道路两侧的绿化带内，间隔 20 m 设置一组，槽内自上而下分为蓄水层、种植土层、粗砂填料层、砾石层。深圳牛山科技公园的建设依照低影响开发模式，公园几乎没有使用雨水排水管道，公园沿路建设植草沟，路面雨水与绿地雨水径流经植草沟收集、入渗与排放。根据公园地形，某些区域汇流面积较大时，建造带有调蓄功能的植草沟，雨季时将雨水暂时储存，然后慢慢入渗。目前，公园生态本底良好，雨水水质好。

透水铺装按照材料分为透水砖、草坪砖、透水水泥混凝土路面和透水沥青路面，均可以提高城市地面透水率。雨水通过透水砖下渗到土壤中，促进污染物的处理和地下水的补给。透水铺装适合在城市非机动车道、步行道、露天停车场、广场及车流量较少的道路。在深圳市光明新区示范项目中，完成的三十六号路与三十八号路两条市政公路的路面均采用透水性路面，路基从上层到下层一次是透水沥青、砾石层与普通路基；在绿化带的建设中，采用下凹式生物滞留槽，下雨时，路面雨水经透水沥青入渗，经下层砾石层储存、汇集至道路一侧的边沟，再流入下凹式植生滞留槽入渗，超渗雨水经雨水口流至市政雨水管道。

专栏 5-3-4 美国西雅图临近 Venema Creek 居民区地表径流控制项目

美国西雅图临近 Venema Creek 河有一块占地 70 英亩的居民区，由于河流附近的水土流失比较严重，对下游河流的水生态环境造成了影响。因此，当地改造了现有居民区的排水系统，在道路两侧构建生态滞留池和植草沟系统，地表径流量减少到降雨量的 10%，减少了入河的雨水径流量，去除了雨水中的污染物，减轻对河流的污染，同时美化了社区。

专栏 5-3-5 美国明尼苏达州 Arlington Pascal 雨水改善项目

明尼苏达州 Arlington Pascal 雨水改善项目完成于 2007 年，建设内容包括 8 个雨水花园，8 个地下渗透沟，1 个大型地下过滤/蓄水池，1 个雨水塘，通过这些措施，不仅降低了地表径流，控制了洪水量，同时大大降低了雨水中的氮、磷、汞、浊度等污染物，减少 Como 湖和密西西比河的排污量。

植被缓冲带是具有一定宽度和坡度的植被带，经植被拦截及土壤入渗去除径流中的部分污染物。植被缓冲带多为坡度较缓的植被区，一般设置于潜在的污染源与受纳水体之间，如滨河绿地等，也可以设于道路两侧绿带及不透水铺装地面周边，常与植草沟等设施合建。

3.2.4 雨水处理可以进一步减少城市地表径流的污染

3.2.4.1 水力旋流筛网除污器

水力漩流分离器是一项专利技术，不同于普通的格栅分离，进水水流不直接冲击格栅，而是保持切向流，在通过格栅时产生了连续的切线旋流，使一些大的固体如树叶、碎屑和塑料袋保持运动状态不会贴在格栅上造成阻塞。主要用于合流制下水道干渠或分流制雨水道溢流水，在其排入受纳水体前的处理设施，或雨水处理设施前的预处理设施。在美国及澳大利亚的雨水净化处理中对水质改善有明显效果。

专栏 5-3-6 水力旋流分离器在悉尼奥运会工程项目中的应用

由于水力旋流分离器具有高流速和不堵塞的优越性，悉尼奥运会建设时被指定用于所有的主要排水工程项目（雨水道出水和合流制下水道溢流水）中作为预处理设施。2000 年 7 月在悉尼已经安装了 26 个水力旋流分离器作为绿色奥运会的一部分，其中具有代表性的有三处：一处是北水景构筑物，它使用循环的雨水作为喷泉景观，并安装了水力旋流分离器，其最大处理流量为 3.5 m^3/s，雨水在用于喷泉之前从其中去除所有的大块污物。另一处位于悉尼某商业区，该设备负责处理汇水区面积为 133 hm^2 的雨水径流，它位于一个主要的排水口上，直对 Hornchurch 海湾；第三处是为了防止当地商业区发生洪水泛滥的危险，将水力旋流分离器设在雨水主干管的末端，用以将暴雨径流排入 Parramatta 河之前，除去其中的大块污物。

3.2.4.2 雨水的生态处理

国外很多国家利用净化塘和人工湿地来控制雨水污染。在英国，人工湿地-净化塘系统广泛被用于处理雨水。2000 年时，英国用于处理城市雨水的人工湿地系统已经超过 100 座。其中，伦敦东郊 Dagenham 的人工湿地为 1 750 m^2 规模的表面流湿地，能够处理 440 hm^2 的居民区和商业区的雨水，经过人工湿地的净化，雨水中的生化需氧量、铅、锌和悬浮物等污染物浓度下降约 50%。德国鲁尔河流域共建造和运行 549 座雨水径流处理设施，接受雨季合流制的溢流混合污水和分流制下水道系统干渠雨水，送入塘和/或湿地进行处理，使净化雨水达到德国地表水质Ⅱ级标准，净化雨水排入鲁尔河，作为水资源之一。澳大利亚采用人工湿地技术取代传统的雨水调蓄池技术净化合流溢流污水，并积累了相关工程经验。在美国的弗吉尼亚州、明尼苏达州、缅因州等地区，也是利用人工湿地系统处理城市地表径流。在国内，重庆的棕榈泉、武汉的桃花岛和云南的马料河也有应用。

人工湿地技术和净化塘在水环境污染治理中对氮、磷具有良好的去除效果。由于占地面积较大，人工湿地适合于与公园、居民小区等其他景观建设相结合。

专栏 5-3-7 重庆棕榈泉人工湿地处理雨水

棕榈泉人工湿地为典型城市住宅区径流处理人工湿地，其汇水区所在的重庆市年均降雨量 1 280 mm。来水为住宅区分流制雨水管道收集的地表雨水径流，出水排至棕榈泉。棕榈泉人工湿地系统是潜流湿地与表流湿地结合的复合式处理系统，包括前处理系统和塘床系统。前处理设施有事故溢流井、格栅、沉沙塘和调蓄沉淀池。塘床系统包括景观池、潜流床、多级跌水小溪和表流床。

棕榈泉人工湿地在无冲击负荷下运行时，除总磷外，生化需氧量、悬浮物、氨氮、总氮去除率均在 80%以上，各污染物出水均值均优于《城市污水再生利用景观环境用水水质》（GB/T 18920—2002）中湖泊水质要求和《地表水环境质量标准》（GB 3838—2002）湖泊类Ⅴ类水质要求。

3.2.5 生态堤岸促进水体生态系统的平衡

生态堤岸是基于“亲近自然河流”概念和“自然型护岸”的技术，放弃单纯的钢筋混凝土结构，改用无混凝土护岸或钢筋混凝土外覆盖植被。在考虑具有一定强度、安全性和耐久性的同时，充分考虑生态效果，把河堤由过去的混凝土人工建筑改造成适合动植物生长的模拟自然状态的护堤。生态堤岸按其承受的水流冲刷强度可分为 3 类：①低强度型堤岸，可采用生物材料（植物）；②中等强度型堤岸，可采用混合材料（植物与木材或石材混用）；③高强度型堤岸，即遇有洪水凶猛、对河岸侵蚀强度很大的场合，也可选用坚固材料（木材、石材）。生态堤岸的形式很多，需要结合河道的防洪功能、景观需求等因素进行选择。

专栏 5-3-8 瑞典雨水径流处理塘-湿地系统

在瑞典 Malmo 市 Toftanas 雨水径流塘-湿地处理工程中，来自占地为 200 hm^2 的新开发工业区的暴雨径流，被排入了 1 000 hm^2 的绿化区中，这是一块精心设计的由湿地和塘组成的人工生态处理系统。

塘的总容积为 58 000 m^3。在旱季和少量降雨期，从几个排水口排出的地表径流水，流经曲折的小溪流入下游的河段。在雨量特别大的时期，整个塘系统都被淹没。

在降雨期间，系统中三块比较高的圆形部分就变成了孤岛。在岛上及其边缘地区被柳属植物所覆盖，由于柳属植物的根区存在厌氧区，使重金属在根系的土壤中通过化学反应形成硫化物或氢氧化物而被土壤截留和吸收。淹没区表面和水流表面的好氧区也对污水提供了非常有效的处理，特别是对氮和磷的去除。

生态堤岸被成功应用在德国埃姆舍河及新加坡加冷河的整治中。德国埃姆舍河通过在河道两边种植大量的绿色植物并设置防护带，间接改善河流水质和河道景观。新加坡加冷河则将笔直的混凝土排水河道改造为蜿蜒的天然河流，利用土壤生物工程技术（植被、天然材料和土木工程技术的组合）来巩固河岸和防止土壤被侵蚀的工程，通过这些技术的应用，为动植物创造了栖息地，新的河流孕育了很多生物，生物多样性也增加了约 30%。

国内，无锡长广溪综合整治和北京转河的改造属于较成功的案例。无锡长广溪综合整治过程中，大量实施生态驳岸工程，改造河流驳岸 10 多 km，采用了缓坡草地、湿生林地、沙滩、砾石滩等自然生态的驳岸形式，结合生态驳岸的建设，两岸种植大量植物，种类繁多、层次丰富，大大改善了长广溪的生态系统。北京转河，20 世纪 70 年代被填埋，2001 年启动重新改造计划，摒弃了将水与土壤割裂的石材或混凝土的硬质堤岸，采用近自然型的生态堤岸，利用植物、木桩和块石等来防风护岸，使水、土壤和各类水生动植物共生共存，改造后的转河拥有多样性的生态系统。

除了生态堤岸，还有其他促进水体生态系统平衡的做法。如韩国的清溪川整治，拆除原覆盖在河道上的设施，还原了河道的自然属性；在美国洛杉矶，洛杉矶河逐步拆除衬砌，恢复河流的生物多样性以及自然的曲流河道的状态；美国菲尼克斯市意识到大规模地筑坝和用水在很大程度上破坏了水流状况、地形、植被以及索尔特河生态系统中的动物体系，将筑坝拆除恢复河流的自然原貌，使其在城市生态系统循环中发挥更大的作用。

3.2.6 河道生态净化技术提高水体的自净能力

在国内，生态净化技术已被应用到河水的净化中。这些技术手段包括，在不影响河道行洪的前提下在河道上建设自然湿地或半人工湿地；设置跌水设施或瀑布等水景，在跌水的过程中实现了水体的复氧；在河底铺设生态石，通过微生物降解水体中的营养物；将河水引导至人工湿地等自然生态的净化系统净化，之后重新排入河道中。这些技术手段属于低耗、生态的技术，能对污染水体进行净化处理，适用性较广（有关国内外的案例见表 5-3-4）。

表 5-3-4 国内外净化河水的技术手段

河流	技术手段
韩国清溪川	喷泉、瀑布和跌水等多样化的跌水设施+河床上铺设生态石+河道两岸建设人工湿地
抚顺海新河	一级絮凝沉淀+人工湿地（芦苇、蒲草）
无锡长广溪	在河道上建设表流湿地和潜流湿地，种植具有观赏性的水体净化植物
深圳福田河	半人工湿地+跌水设施+河底铺填砾石
郑州贾鲁河	河道复合型湿地+ 5 万 m^2 的生态浮床
成都府南河	从府南河上抽取受到污染的河水，经活水公园的人工湿地系统净化处理，最后变为达标的活水重新回归到府南河

专栏 5-3-9 韩国清溪川水体的生态净化措施

为保持溪水清洁美观，韩国清溪川的整治采用了多种生态措施净化溪水，包括：沿途建造许多喷泉、瀑布和跌水等水景，不仅形成了靓丽的景观，又对溪水曝气增氧，使溪水处于稳定和洁净状态；在河床上铺设生态石，表面上形成生物膜，其中的细菌能氧化降解溪水的有机污染物，其中的藻类通过光合作用吸收二氧化碳并释放出氧气；在河道两侧设置浅水平台，种植芦苇形成人工湿地，对溪水进行净化。

专栏 5-3-10 深圳市福田河人工生态及自然生态净化系统

福田河是深圳市城市水体深圳河的一条支流。过去，福田河河道进行了以防洪、排洪为主的河道整治，修筑了硬质提坡使得河道沟渠化，破坏了河道本身的生态系统，致使河流水质越来越差。

在该项目中，采用多种净化方法，包括：①在中心公园等地方设立翻板闸，形成3处净化河段。在翻板闸之上的河道内装填软性填料（如仿水草填料）、曝气增氧设施、投加特效菌种、放养杂食性鱼类等，建立起人工生态净化系统，高效地净化受污染的河水；②在翻板闸溢流跌水后的净化河段，河底铺填砾石，形成水面波浪，自然曝气充氧良好；③部分河段两岸改造成自然生态护坡、构建潜水湿地。通过治理，福田河水体化学需氧量接近V类标准，溶解氧达到IV～III类标准，生态景观显著改善；野生鲫鱼大量出现，沿岸游人和晨练人员显著增加。

3.2.7 生态补水缓解资源性缺水和水质急剧恶化问题

生态流量不足是城市水体自净能力差、造成污染的主要原因之一，特别是截污完善后的部分城市水体，水量极少，水流缓慢，不能满足生态用水的需求。生态补水可以增加水体的流量，促使水体加快流动，缩短水体循环周期，从而提高河流的自净能力和生态功能。

国外不乏成功的城市水体生态补水案例。最著名的有韩国清溪川补水工程。在清溪川起源处建造清溪川补给水处理厂（200万m^3/d），取汉江水作原水，将其处理到出水达到地表水II类标准后输送至清溪川起点，并自上游向下游流动。在多项措施综合作用下，清溪川的溪水已清澈透明。

国内也有城市水体成功实施了补水工程。如在南京秦淮河综合治理中，引南源外秦淮河河水入内秦淮河，引水流量4.0 m^3/s，同时建设河西北地区引水补水系统，引水能力5 m^3/s；南宁凤凰江综合整治项目中，将邕江水引入凤凰江进行水体置换；胶州规划将城市污水厂尾水深度处理后通过管道输送至三里河公园上游，提高三里河水体的更新速度。除经常性补水工程之外，部分城市将补水作为应急性措施来缓解河流水质急剧恶化的问题，如天津先后于2013年3月和4月实施两次引滦生态补水，向海河及相关河道补充水量约2 600万m^3，短期有效改善了河道生态环境；山东胶州市为了维持三里河公园夏季景观水体的水质，在水质出现恶化倾向时，及时开启调水泵，从青年水库调入III类水。

专栏 5-3-11 南宁凤凰江补水工程

南宁凤凰江河长16.75 km，主要功能为行洪和接纳工业废水和生活污水。河道长期没有彻底清淤、清障，致使河道淤塞严重，过水断面缩窄，排水能力下降不能满足流域排水蓄洪需要。河流污染严重，中下游水质为劣V类。枯水期评价流量仅为0.12 m^3/s，来水不足。

在综合整治方案中，除了采取截污治污、河道疏浚、生态护岸、生态修复等措施外，为防止河水的富营养化，满足生态环境和城市水景观用水要求，采取引水补水的工程措施，在枯水期抽取水质较好的邕江水引入凤凰江，使水体流动起来，并稀释降低营养盐与污染程度，提高河流水体自净能力，改善水质。

3.2.8 技术集成模式可提供系统解决方案

除以上单方面的技术之外，国内在流域水环境综合治理方面探索出了一些集成的技术模式，如南四湖的“治用保”和贾鲁河的“三三三”模式。这些技术模式是根据流域的水环境、行业结构等特点，通过科学研究、工程示范等逐步探索建立起来的，对于城市水体的综合整治具有借鉴意义。

南四湖治理是以流域为基本控制单元，通过“污染治理、循环利用、生态修复和保护”为核心的“治用保”模式进行了流域的污染治理与控制，其中，“治”是从废水的末端治理入手，通过提高流域内的主要造纸工业废水技术和城市污水脱氮除磷技术，实现污染物的工程减排；“用”是建立再生水的调蓄库塘和区域再生水回用体系，进一步控制了总氮和总磷的入湖量；“保”是通过实施规模化退耕还湿工程、河口人工湿地构建工程等，净化入湖水质，提升水体自净能力。

贾鲁河原来属于基流匮乏型重污染河流，针对其污染状况，实施了以“三级控制、三级标准、三级循环”为核心的“三三三”模式。“三级控制”是指重污染行业污染控制、区域综合污染控制和流域污染控制；“三级标准”包括间接排放标准、流域排放标准与河流功能与生态健康标准；“三级循环”分为企业/园区内部循环、区域再生水循环、流域生态补给水循环。依托此模式，基于河流水质目标管理策略，制定了河南省制药行业、酒精行业等水污染间接排放地方标准，修订了工业园区废水排放标准；在支流沙颍河流域内，突破了合成氨行业、制革行业、味精行业等重污染行业的废水处理技术，实施了多家企业的废水处理工程建设，支撑了支流的水质大幅度好转；在污染综合控制方面，构建了淮河—沙颍河水质水量联合调度系统，实现了洪污发生、发展与时空演示的全过程预警预报和一体化调度，确保淮河干流水质安全。

3.3 城市水体综合整治的管理经验

3.3.1 强化跨部门协同

从泰晤士河、埃姆舍河的治理经验来看，一体化流域管理机构是整治流域水污染的有利条件。目前，欧洲许多国家都采用一体化的流域管理方式。虽然欧洲各国流域管理机构的职能不尽相同，但其管理的基本特征都是以水循环为着眼点，对流域内各种水资源实行统一规划、统一管理和统一经营，具有广泛的水管理职能，并且都具有控制水污染和管理水生态环境的职能。

由于国内外体制的不同，国内尚难以像国外一样组建一体化流域管理机构。但是，国内的水环境综合整治涉及规划、环保、园林、建设、水利等多个政府部门，按照传统的行政管理模式又难以保障综合整治的顺利实施，所以，在过去的实践中，各级政府通常组建不同形式的组织运作机构或协调机制，促进政府部门之间的沟通协调、共同促进水环境综合整治的实施。这些管理措施包括：

（1）跨部门的协调领导小组

浙江省在实施“五水共治”过程中，各级政府均成立了“五水共治”领导小组，下设办公室和工作组，在环保厅实体运作，为“五水共治”的实施提供组织保障。2013 年，佛山市成立市环境保护委员会，以统筹、协调、推动全市的环境保护工作，下设办公室负责处理日常工作。沈阳蒲河新城区域内实行“封闭式”管理，蒲河新城管委会成立蒲河改造工程领导小组，由管委会领导担任组长，小组成员由各职能部门领导组成，领导小组将河流治理工程内容细化，从工程前期的立项、资金筹集、征地拆迁和招投标到建设过程，以及建成后养护进行明确分工。部门之间出现问题时，由组长负责协调。

（2）跨行政区域的联席制度

在跨行政区域的水体治理中，通常建立更高层面的沟通协调机制。如在辽宁浑河综合治理中，为了协调沈阳、鞍山、抚顺等7个城市的综合治理工作，2005年，由沈阳牵头，7个城市共同签订了《辽宁中部城市群（沈阳经济区）水环境综合整治一体化合作框架协议》，设立“辽宁中部城市群环境保护联席会议”制度，指定专门的联络员，来统一协调，使多城市协作治理河流污染能真正见到实效。

（3）流域管理和行政区域管理相结合的管理机制

北京已经开始打破行政区域管理，建立流域管理和行政区域管理相结合的管理机制，强化水务资产产权和用途管制制度，调整流域管理职能，重点强化在治理规划、防洪调度、水资源配置、水环境管理保护、水事协调等方面职责。

3.3.2 实施市场化机制

在国外，市场机制较为灵活，公私合作关系（Public-Private-Partnership，PPP）较多地应用到项目实施中。埃姆舍河的治理建立了公私合作的“埃姆舍协会”，负责埃姆舍的综合治理。该机构实行会员制和选举制。会员的组成包括地方政府、煤矿公司和其他行业的企业。这些会员机构推出一部分代表进入“会员大会”，代表不同的会员机构。会员大会相当于一个国家的“议会”，从中选举出部分代表组成理事会，充当监督机构并负责选举出董事会人员。董事会负责一切日常事务和决策。埃姆舍协会的监管当局是环保署，该部门可以对协会提供决策意见。此外，协会还设有投资委员会，负责筹款。

在苏州河综合整治中，上海市也积极尝试建立PPP模式。上海市试行“以水养岸”和“以岸养岸”的做法。“以水养岸”是指由政府投资鱼苗，由私人承包管理，政府以渔业养殖的收益支持河岸养护。“以岸养岸”是指负责护岸绿化的农民有权利承包河坡，种植桃树等经济作物，在承担公共责任的同时获取经济利益。2008年11月启动的黄浦江上游大莲湖湿地生态修复项目中，当地民众负责湿地修复项目的部分建设与维护，包括种植水芹、慈姑、荸荠等经济作物及养殖鱼、虾水生动物，不仅实现了有机农业和生态修复的共同发展，而且从机制上保证了湿地修复项目的可持续性。

在国内，有的地方实施了水环境综合整治的项目法人制度。上海苏州河、无锡长广溪、南京秦淮河、桂林两江四湖等均按市场化运作的要求组建了项目运作平台，项目公司按项目法人管理制的要求全面负责综合整治工程的融资、建设、运行及还贷。项目法人制度解决了多头向政府负责、参建单位权责不清的问题，明确了责任主体，形成了各负其责、相互协作的建设管理框架，降低了建设成本和管理费用，提高了工作效率，是项目顺利实施的保障。

虽然水环境综合整治的市场化机制仍不足，但是也有企业积极通过综合环境服务促进污染的治理和水环境的改善。例如，2011年，中持水务分别在宁波市杭州湾新区漂印染园区和沧州市肃宁县皮毛硝染园区发展出了不同类型的工业园区综合环境服务模式（Integrated Environmental Service，IES），融合使用资金融通、技术提升、人才供给和新型管理模式等多种手段，实现了从企业生产车间到园区河道的全链条服务。

专栏 5-3-12 中持水务的工业园区水环境综合运营管理模式

中持水务提出的工业园区水环境综合运营管理模式，通过一体化运营服务、建立收费机制、完善排污管理三种手段，实现治污全流程管控，保障治污资金的缴纳，建立三方制衡机制，实现专业化分工和可持续性管理。

一体化运营服务是以园区污水处理厂的运营管理为核心，从企业生产车间到园区河道的工业园区水环境综合服务；根据园区实际情况和需求，在污水产生、处理、排放、再利用等污染防治各环节提供服务，实现园区水环境质量的总体改善。

在提供一体化运营服务的基础上，基于对服务园区的了解和污水处理厂的运营经验，环境服务商可为园区管理机构提供收费机制咨询服务，以保证园区企业有序足额地缴纳污水处理费。咨询内容包括管网和计量设施的设计方案、收费标的、收费标准制定、收费保障机制建立等。

在上述运营和资金服务体系的基础上，为保障服务质量，环境服务商将对工业园区的企业排污行为进行管理，保障其排污量和排污水质符合环评报告中规定的污水处理厂处理负荷，实现污水处理厂的稳定达标。为实施管理行为，在园区管理机构的授权下，环境服务商建立协管团队，为企业建立排污档案，进行企业巡视、园区管网巡查、排污水质监测、异常情况记录与举报等，协助监管部门对排污行为进行监督管理。

在环境服务商提供综合运营管理服务后，工业园区的环境管理体系和各主体职责发生了改变。园区监管部门以治污效果为标的，为环境服务商的服务付费、监督服务质量；环境服务商为保证服务质量，对园区企业的排污行为进行监管和服务，为园区监管部门提供管理建议；园区企业雇佣环境服务商提供治污服务，专注生产，从而有效减少因突发环境事件被动停工事件的发生，专注企业发展。形成了高效而清晰的专业化分工。

3.3.3 拓展融资渠道

在国外，公私合作关系（PPP）较多的应用到项目资金的融资中。如埃姆舍协会，协会的资金来自会费和外部投资两大块，其中，会费占资金的大部分。水污染越严重的地区，其政府和企业要缴纳的会费就越高。据统计，协会总会费约 60%的资金由各地政府承担，煤矿企业和其他企业各占余下的 20%。

在国内，资金筹集渠道较多的是地方财政、河道资源开发收入、银行贷款等。

（1）地方财政

水环境综合整治的公益性特点决定了对地方财政的依赖性，为了公平，部分政府建立了财政补贴机制。上海市为推进四个三年行动计划的实施，市级财政在郊区污水厂和配套管网建设、河道治理、在线监测、化学需氧量超额减排、水源地保护、郊区集约化供水等方面均建立了经济补贴机制，为筹集资金、带动社会投入发挥重要引导作用。2010 年 5 月，上海市水务局、财政局发布了《农村生活污水处理工程项目和资金管理暂行办法》，规定对于农村生活污水处理项目的工程费用，在崇明县、金山区、奉贤区市、区县财政按 7∶3 的比例分担，在其余区由市、区县财政按 5∶5 的比例分担，征地、动拆迁等前期费用由区县自筹。

（2）河道资源开发收入

该资金筹集模式是将水环境综合整治和河道资源的开发经营相结合，对河道具有的水面、旅游、水电等资源，采取租赁、承包、拍卖等方式筹集资金。包括两种方式，一种方式是按照“谁开发，谁负责”的原则，积极探索将整治项目交由开发商负责建设、经营和管理的做法。如在房屋开发、工业、农业等各类园区开发时，将周边的河道按照统一的规划设计要求、整治目标，一并交给项目开发商负责整治，即将建设项目附近的河道整治责任转嫁到开发商身上，作为开发该区域的附加条件或者说是应尽的义务。另外一种方式是从城市的土地收益中切出一部分用于水环境综合整治项目的建设，在浙江省等地广泛应用。如嘉兴市从土地出让金收入中划出 10%（旧城改造划 5%）用于城市防洪建设，苍南县划出 5%，缓解了财政资金的压力，同时弥补了水环境综合整治获取的外部性效益。

（3）政策性银行贷款

水环境综合整治项目与国际金融机构及国家政策性银行的贷款政策相一致，可以获得这些政策性贷款机构的支持。相比商业银行贷款，政策性银行贷款低息要低。上海苏州河综合治理一期项目分别向国家开发银行和亚洲开发银行争取了 24 亿元和 13.7 亿元的长期贷款，占项目总投资的 55%，秦淮河环境综合整治工程项目、安徽巢湖综合治理等项目均成功取得亚洲开发银行贷款，保障了综合整治的实施。

水体环境综合整治不仅需要考虑建设资金的筹集，若有贷款资金还必须考虑稳定的还款资金来源。水环境综合整治项目包含两类项目，一种属于经营性项目，如污水处理厂，项目的运行能够带来稳定的现金收入，可以依靠项目收入偿还银行贷款。另外一种属于非经营性项目，如底泥疏浚、截污工程等纯公益性项目，只有投入没有收入，此类项目无还贷的能力。对于后者，各地积极探索了可行的还贷资金来源，包括排污费收入、财政补贴、特许经营权出租、土地出让金等。苏州河综合治理一期项目，积极落实了包括排污费收入、财政补贴等作为还款来源。秦淮河环境综合整治工程紧紧抓住政府给予的旅游、广告开发的两个特许经营权，利用旅游开发的收入偿还贷款。无锡长广溪环境综合整治的实施直接带动周围土地价值的上升，项目公司在市政府的积极支持下利用土地的部分出让金偿还贷款。

3.3.4 强化考核制度

考核制度是实现水环境综合整治目标的重要抓手，其重要基础是建立责任清晰的领导责任机制。我国广东、浙江、江苏等省在河流综合整治过程中建立了以“河长制”为代表的组织领导责任机制。以浙江省为例，全省全面推行“河长制”，依据河道分级情况，建立了省级、市级、县级、乡（镇）不同级别的河长体系，到 2013 年底，实现了“河长制”的全覆盖。“河长制”是把流域治理的地方政府负责制度与领导负责制度结合起来，保障了河长的有效作为。

在“河长制”的基础上，浙江省建立健全了各级“河长制”考核实施细则。重点考核污染减排、水环境质量、交接断面水质、推进水环境治理重点项目、消除黑臭垃圾河和实施“河长制”等情况。考核结果纳入“五水共治”和各级生态建设考核体系，作为对领导班子和领导干部综合考核评价的重要依据。针对太湖综合治理，无锡市制定《无锡市河（湖、库、荡、氿）断面水质控制目标及考核办法（试行）》，列举了 11 条考核办法，明确要求将 79 个河流断面水质的监测结果纳入各市（县）、区党政主要负责人的政绩考核中。

专栏 5-3-13 浙江省五水共治“河长制”

浙江省全面落实“河长制”，建立了省、市、县、乡（镇）级河长体系。省级河长由省领导担任，省级相关部门为联系部门，流域所经市、县（市、区）政府为责任主体，市、县（市、区）党委、人大常委、政府、政协的主要负责人和相关负责人担任辖区内河道的河长，同时明确联系部门和责任主体。各级河长负责水质和污染源现状调查、制定水环境治理实施方案、推动落实重点工程项目、协调解决重点难点问题，做好督促检查，确保水环境治理的目标任务。省级河长负责指导实施跨设区市水系水环境综合整治规划，协调解决工作中存在的问题，做好督促检查工作。市、县（市、区）政府是河道水环境治理的责任主体，市、县（市、区）河长具体承担包干河道治理工作的指导、协调和监督职责，组织实施水环境治理工作方案，推进河道整治和保洁、截污纳管、生态修复、水质改善等水环境治理工作。每位河长确定一个联系部门，协助河长履行指导、协调和监督职能，开展日常巡查，发现问题及时报告河长。

除作为领导班子和领导干部综合考核的依据之外，有的地方政府还将水环境综合目标考核结果作为资金下拨的重要参考。上海市市水务局制定的《“万河整治行动”考核办法》，是对各区县的河流整治行动开展综合考核，考核结果直接与经济奖惩挂钩：考核基本合格者，全额下拨市级财政补贴；考核优良者，再额外奖励一定数额的资金；考核不合格者，扣减甚至完全取消当年的市级财政补贴。又如，广东省河源市出台了《关于东江水环境综合整治绩效评价及奖惩的意见》，将市辖区东江流域47条支流50个断面水质纳入考核范围，明确了2013—2016年每个断面的年度水质保护目标，通过考核，每年度对达到整治目标要求的河流予以资金补助，对整治不力的，视造成水环境质量下降的情况，对相关县区委书记、县区长及分管领导等责任人进行通报批评、诫勉谈话、停职检查，甚至调整工作岗位。

3.3.5 加强监管执法

为了减少污染源的排污，地方环保部门采取了各种有力措施加强对区域或流域内工业污染源的监管。佛山市从2013年8月推行环境监察网格化管理工作。通过对佛山整个地理空间实行网格化管理，全市共划分为57个镇街单元网格、11个区级网格和6个市级网格，将辖区内国控重点监控企业和重点环境风险企业纳入网格化管理范围，明确监管人员，落实监管责任，提高了环境执法效能，从而避免了非法排污。

除环保部门的独立执法之外，浙江、山东、北京等省（市）积极推进多部门的联合执法。浙江省在“五水共治”中各级政府狠抓公安、工商等多部门的联合执法，严格按照国家有关规定关停违法违规企业、高污染企业，打击环境犯罪行为，各市、县（市、区）环保部门与公安机关建立健全了环境执法联动协作机制。宁波、绍兴等市公安局成立了环境执法大队派驻市环保局。台州市的纪检、监察、检察、公安、法院、环保、工商7个部开展联合执法，形成了环境案件调查、移送、起诉、执行“一条龙”。山东省环保、监察、公安等部门联合出台了《全省公安环保联勤联动执法工作机制实施意见》《全省环境保护部门调查与移送涉嫌环境污染犯罪案件的工作程序》和《关于移送环境违法违纪案件规定》，为严厉打击环境污染违法犯罪提供了依据。北京市区县水务、国土、环保、规划、农业、城管执法等部门要在 2013—2015 年建立综合执法联动机制，严厉查处违法建设、排污、捕鱼、采沙等危害河湖生态环境的行为。多部门的联合执法解决了环保执法能力弱的问题，打击了环境违法犯罪行为。

3.3.6 提高污染物排放标准

山东省流域治污的成功经验，最值得称道的，莫过于用 8 年时间逐步加严的地方排放标准。自 2002 年起，山东省开始组织编制和发布实施分阶段逐步加严的地方污染物排放标准，利用 8 年时间，分 4 个阶段，逐步实现从行业排放标准到流域性综合标准的过渡。截至 2010 年 1 月 1 日，率先在全国实行了最严格的水污染物统一排放标准，高污染行业排放特权成为历史。随后，山东省又发布了 4 个重点流域水污染物排放标准修改单，自 2013 年 1 月 1 日起进一步加严全省重点河流水质控制要求，以科学的标准体系引导治污减排。

北京市通过颁布《城镇污水处理厂水污染物排放标准》（DB11_890—2012）进一步降低化学需氧量等污染物的排放浓度，另外，要求新建再生水厂主要出水指标一次性达到地表水Ⅳ类标准。

3.3.7 实行信息公开与公众参与制度

浙江省、山东省积极实行信息公开和公众参与制度，引导、鼓励公众参与环境保护和监督，形成了“人人都是监督员”的良好局面。

浙江省“五水共治”过程中，在当地新闻媒体上公布河长名单、黑臭河、考核结果、举报方式等信息。在河岸显要位置设立河长公示牌，标明河长职责、整治目标和监督电话等内容，并接受公众监督。将群众满意度纳入考核指标中，问效于民。

2013 年，山东省质监、环保部门联合出台了《山东省污水排放口环境信息公开技术规范》，率先开展排污口环境信息公开，积极引导企业实施排污口标准化改造，自觉公示企业名称、排放去向、主要污染物、排放标准等基本信息，接受公众监督。同时，在河道排污口上悬挂了《污水排放口信息公开科普知识》和《排水流向示意图》宣传图板，让群众了解污水排放相关信息。

3.4 城市水体综合整治的总体思路

3.4.1 实施全流域治理，统筹协调上下游、干支流的治理

一些城市水体通常只是河流经过城市的一段，城区段水质和水量受上游来水的影响，也受支流水质的影响。当河流上游存在农业面源污染或工业污染时，位于下游的城区段河流也会遭受农业面源性污染或工业性污染。若只关注城区河段而忽视上游污染源，显然并不能根治河流的污染问题；当上游考虑用水需要而随意建设闸坝蓄水，下游的河段则容易出现生态流量缺失的问题。这种情况下，下游无论如何在减少污染源排放方面努力，也很难实现城市水体的环境目标。因此，城市水体环境综合整治必须考虑水体的系统性、流域性特点，实施全流域的综合治理，不能仅着眼于流经城区段的水体，而必须强调上游和下游的统筹。

在国内，城市水体环境综合整治中经常出现的情况是，流经城市主要区域的干流上治理工程效果颇佳，景观建设也相当到位，但是对蜿蜒于城市内部的小支流、小河涌或者流经城乡接合部的小

河流往往被忽视，污水横流、垃圾丛生的现象很普遍，严重影响在周围生活的居民健康，也影响城市河流的总体改善和持续改善。因此，城市水体环境综合整治还必须强调干流治理与支流管理的统筹。

3.4.2 以水质改善尤其是消除黑臭为目标，实施水质水量统筹管理

虽然城市水体拥有多种功能，包括防洪除涝、水环境功能、生态环境功能、水资源功能、景观功能、休闲娱乐功能、航运和渔业功能等，但城市水体综合整治的最根本目标是改善水质，只有水质改善其他功能目标才得以真正实现。我们研究确定了溶解氧不低于 2 mg/L、水面无垃圾等漂浮物和水体无异味的消除黑臭要求，这可与周边居民的直观感受相契合。实际上是对劣Ⅴ类水质的阶段化改善要求，也主要针对应最先解决、也最易解决的有机污染问题。目前，生态流量的缺少已经成为制约很多城市水体水质改善的最根本原因之一。重视水质管理而忽视水量管理，并不能有效改善水体水质。必须加强水质水量的统筹管理，以防洪安全保证为前提，以保障城市水体的生态流量为导向，依托各种水利或非水利调度措施，优化调整径流的时空分配特征，从而实现水质改善的目标。

3.4.3 以技术为支撑，坚持工程与管理两手抓

无论是泰晤士河治理过程中以生物污水处理厂替代了简单化学沉淀的污水处理厂，还是巴黎塞纳河先进的城市下水道管理技术，都证明了技术应用对河流水环境改善的促进作用。城市水体环境综合整治是一项复杂性工作，必须以技术为支撑。在综合整治中，必须加大技术的研究、示范与应用，利用技术手段解决水体污染问题。

城市水体综合整治还应改变重视工程轻视管理的做法，坚持工程措施与管理措施两手抓，特别关注长效管护机制建设。一个层面是工程的后续管理，主要是考虑工程项目的可持续性，许多工程项目在实施之后需要有人员定期检查、监督、运营、清理、转运，才能够发挥更好的环境效益，因此必须抛弃“工程结束治理就算完成”的思路，通过工程的持续管理促进其作用的发挥；另一个层面是指城市水体环境综合整治的管理措施，可以是加强城乡接合部的管理，禁止违章建筑的乱建，规范生活服务设施的排污等预防性管理措施，也可以建立河道管理办法等规章制度、奖罚措施、通过跨部门的联合执法加强工业企业的排污监管等。

3.4.4 优先开展截污治污，抓好分步实施

英国的泰晤士经历了 100 多年才彻底恢复，德国埃姆舍河的治理与修复之路也走了几十年，目前仍在治理之中。城市水体环境综合整治是一个漫长的过程。为避免整治的随意性、不可持续性，必须统筹规划，分步实施。

遭受污染的城市水体，在综合整治时最根本的治理措施是截污治污。从国内外的实践来看，任何城市水体的污染治理均是从截污治污入手。当前，国内大多数城市尚不具备完善的雨污水收集系统，城镇污水处理厂管网覆盖率仍有待提高，污水仍有直排现象，这是城市水体污染的直接原因。因此，开展城市水体环境综合整治的首要任务是针对各类污染源开展截污治污。

3.4.5 尊重水体自然属性，选择生态化整治措施

城市水体是城市生态环境的组成部分，具有自然、生态属性。国外发达国家对城市水体的整治，早已经摒弃经济高速发展时期所形成的“唯效率主义”的非生态手段，而是进行河流回归自然的改造，注重河流自然生态和自然环境的恢复和保护。国内城市水体环境综合整治也应充分尊重河流的自然、生态属性，选择生态化的整治措施。

生态化整治，一方面要求采用自然的、生态的修复方式，如采用生态化的驳岸技术代替混凝土砌岸，采用低影响开发技术模式促进地下水的补给、减少入河污染物，采用生态化技术原位净化河流水体等；另一方面，它要求应遵循河流的自然规律尽可能地减少人工干扰，如改变过去对河流简单的拓宽、裁弯取直和硬化河床，恢复自然河道，提高生态净化能力。

3.5 开展城市水体综合整治的若干建议

3.5.1 建立城市发展的环境约束机制，预防新型城镇化的新污染问题

2014 年 3 月，中共中央、国务院印发了《国家新型城镇化规划（2014—2020 年）》，强调“以人为本”是核心，强调生态文明建设，着力推进绿色发展、循环发展、低碳发展，要节约集约利用水、土地、能源等资源，强化生态修复和环境治理，推进绿色城市、可持续城市的建设，要推动形成绿色低碳的生产生活方式和城市建设运营管理模式，尽可能地减少对自然的干扰，尽可能地降低对环境的损害。

为避免走“先污染、后治理”的道路，建议围绕《国家新型城镇化规划》目标建立城市发展的环境约束机制，包括：①建立城市环境总体规划对城市发展的约束机制，通过城市环境总体规划约束经济社会发展、人口增长及土地开发对城市水体的不利影响；②建立动态的城市发展影响评价机制，动态跟踪城市发展过程中人口、经济社会发展、土地开发等情况，评价对城市水体的影响，当有不利于城市水体环境保护趋势出现时，及时提出应对策略；③细化可操作的环保基础设施与城市开发的同步机制。城镇化建设过程中，做到环保基础设施建设应与城市开发建设同步，加强环评管理，将环保基础设施完善情况作为审批许可的必要条件。

3.5.2 加大城市水体综合整治力度，着力改善城市人居环境

《国家新型城镇化规划》为城市水体环境综合整治提供了有利的机遇，包括城市开发或改造建设带来的重新规划、基础设施建设、产业升级、大量资金投入等。建议充分利用城市开发建设的有利机遇加大城市水体环境综合整治力度。各城市应建立综合整治的水体清单，把公众反映强烈的城市建成区及周边的黑臭水体作为整治重点，设定整治目标和实施计划。

中央和地方各级政府要进一步加大对城市水体环境整合的投入。考虑到各地经济发展水平不均衡的现状，部分地方政府整治城市水体的财政压力较大，建议根据东中西经济的差距建立中央资金的分区补助标准，支持地方实施城市水体环境综合整治。

3.5.3 出台系列环境综合整治技术管理规范，指导地方有序开展环境综合整治工作

从生态文明建设的高度和群众的整体环境效益出发，建议尽快出台《城市水体环境综合整治方案编制技术指南》《城市水体环境综合整治项目建设和投资标准》《城市水体环境综合整治项目监测与绩效评估技术指南》《城市水体环境综合整治长效机制建立指南（含管理机制、投融资政策等）》等技术文件，加强城市水体环境综合整治的全过程管理，指导地方各级政府开展环境综合整治工作。

《城市水体水环境综合整治方案编制技术指南》，要确定实施方案的编制依据、技术路线、关键活动、技术方法、编制内容及深度等，并对方案编制单位提出明确的资质要求，着力提高方案编制质量。《城市水体环境综合整治项目建设和投资标准》要研究建立城市水体水环境综合整治标准，依据建立的标准体系逐步完善相关技术标准和投资标准。《城市水体环境综合整治项目监测与绩效评估技术指南》是建立项目实施的监测与绩效评估制度，在项目实施过程中跟踪监测项目指标、项目成果的完成情况及存在问题，在项目完成后一段时间内开展项目绩效评估，对项目的目标完成情况、项目效益和效率、项目可持续性、经验与教训等开展评估。《城市水体环境综合整治长效机制建立指南》要确定城市水体的长效管理机制和资金来源，明确含管理机制、投融资政策等，确保工程项目的顺利实施并持续发挥环境效益。

3.5.4 完善综合整治考核制度，强化地方政府环境质量的主体责任

建议党委、政府等负责人牵头组织、指导协调、推动落实城市水体环境综合整治，强化地方政府是城市水体环境质量的主体责任，为解决城市水体污染问题提供制度保障。建议制定《城市水体环境状况评估与考核办法》，落实责任约束机制。水环境状况的表达，需综合考核水质指标、水量指标、工作指标和长效管理机制建设指标等四方面因素。水质指标包括城市水体本身的水质状况、城市水体入境、出境的水质变化以及水体污染程度的变化；水量指标是水体的生态流量满足情况；工作指标主要为综合整治实施情况、制定的河道综合整治方案切实可行，以及落实截污、清淤、活水、保洁和生态修复等工程项目。长效管理机制建设指标包括建立完善的责任体系、有运行管理的专项资金保障、制定河道保洁、活水和生态修复等长效管理制度。

3.5.5 完善信息公开与公众参与制度，形成公众监督和社会化评价机制

公众是城市水体的最大利益相关者，对城市水体具有知情权、表达权和监督权。完善的信息公开与公众参与机制可以增强公众自主管理环境事务的意识和能力，形成全社会共同推动水环境综合治理工作的良好社会氛围。建议建立完善的信息公开与公众参与机制。一方面，治理哪些河流要听取公众意见，问需于民，定期向社会公布城市水体环境综合整治清单及目标、整治措施及实施进展、水体水质现状及改善情况等信息，让社会公众参与治理进程；另一方面，设立电话、邮箱等沟通渠道，让公众积极参与各类污染源的排放监督、城市水体环境综合整治实施效果的评价等。从可行性角度来看，对城市水体的监测监控不宜走传统的监测布点路线，还得问计于民、问绩于民。

3.5.6 加强机制建设，充分发挥市场作用促进问题有效解决

目前，城市水体综合整治的市场化机制不足，资金筹集以地方财政收入为主，未充分调动社会资金的参与。国外实践证明，虽然城市水体环境综合整治具有较强的公益性，但是仍有很大的市场发挥空间。建议加强城市水体综合整治的市场化机制研究，以企业、金融机构以及民间资本为重点，识别不同投资主体城市水体环境综合整治中的投资机会和障碍，研究提出差异化、针对性的运作机制及政策措施，建立多元化的投资格局。

本报告执笔：徐敏、路瑞

4 地表—地下水污染协同控制管理研究

4.1 绪论

4.1.1 研究目标

研究地表水和地下水水质水量的相互转化关系，以保护水源为重点，建立地表—地下水水质输入响应关系，构建地表—地下水污染协同管理格局。

4.1.2 研究背景

地表—地下水的相互作用在全球水循环中发挥着重要的作用。1974—2001 年联合国教科文组织（UNESCO）实施了五个阶段的国际水文计划（IHP），第六阶段（2002—2007 年）的研究目标是“水的相互作用：来自风险和社会挑战的体系”，其中主要的研究方向是地下水与地表水的相互作用，表明地下水与地表水的相互作用已引起了国际组织与机构的高度重视。

我国在地表水污染防治领域已积累了大量经验，但对地下水的污染防治工作在《全国地下水污染防治规划（2011—2020 年）》（以下简称《规划》）正式出台后才真正开始。《规划》是我国地下水污染防治第一部纲领性文件，标志着地下水这一战略资源的污染防治工作，正式、高层次的纳入国家层面的决策。《规划》明确提出了地表水和地下水污染协调控制理念，要求建立我国地下水与地表水协同控制的水污染防治格局。

4.1.3 研究内容与方法

通过文献整理、横纵对比分析等方法，研究国内外地表—地下水污染协调控制管理政策、技术方法和应用案例，结合我国目前地表水和地下水污染防治现状，提出我国地表—地下水协同控制管理对策建议。图 5-4-1 为技术路线图。

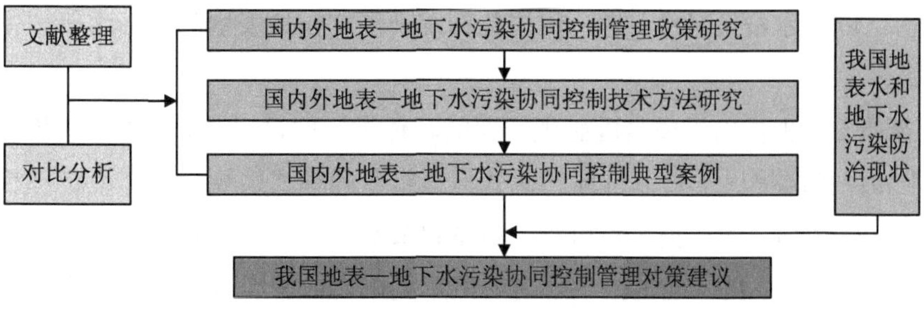

图 5-4-1 技术路线图

4.2 国内外研究进展

4.2.1 地表—地下水污染协同控制管理理念

4.2.1.1 美国

《清洁水法》第 118 条“北美五大湖”要求在每个财政年度结束后的 90 d 内，环保局局长必须向国会提交一份关于“五大湖地下水和沉积物的水质监控系统的实施进展”。第 202 条“联邦投资”规定如果污水处理厂的出水不能达到回灌地下水的标准，则要对地下水保护补助相关的建设工程投资。第 211 条“污水收集系统”规定要评估污水收集和管网系统对地表水或地下水的水质产生的影响。第 319 条“非点源管理计划”规定对地下水水质保护的非点源污染控制计划，包括研究、规划、地下水评价、执法、技术支持、教育和培训等，要列入相关的拨款计划以保护地下水水质和预防地下水受非点源的污染。可以说，早在 1996 年美国修订的《清洁水法》就对地下水保护规定了地表相关污染源的监管并给予资金支持。

《安全饮用水法》最初是于 1974 年由美国国会通过的，旨在通过对美国公共饮用水供水系统实行规范管理，以确保公众的身体健康。该法律曾于 1986 年和 1996 年两次修订，要求采取更多行动来保护饮用水及其水源——河流、湖泊、水库、泉水和地下水水源（不包括用水人数少于 25 人的井）。该法授权美国环保局制定饮用水中污染物最大允许浓度标准，规范在深水井中进行废物处理的行为，划定依赖单一地下蓄水层供水的地区，建立一个全国范围的计划以鼓励各州建立保护公用供水井的项目，包括水源保护项目（WHPP）和地下灌注控制项目（UICP）等。

《地下水条例》是基于《安全饮用水法》制定的，于 2000 年 5 月发布初稿，2006 年 3 月发布数据有效性公告，2006 年 11 月 8 日在联邦法典上发布，2007 年 1 月 8 日正式生效。《地下水条例》主要有三个目的：一是对使用地下水的公共供水系统，增加其微生物病原体的处置能力；二是关注易受到排泄物污染的地下水系统；三是增强易感染人群的健康防护；该条例适用于所有使用地下水的公共饮用水系统（包括社区饮用水系统和非社区饮用水系统），不适用于受地表水影响的地下水水源以及地下水与地表水水源混合的系统。条例强化了对地下水健康风险和病毒指标监测的管理。

4.2.1.2 欧盟

根据《欧盟水框架指令》，欧洲委员会针对水环境重点污染物质、地下水保护和防洪管理发布了三个提案。由此，《欧盟水框架指令》进一步规范和统一了欧盟地表水和地下水管理中不同方面的目标、措施和计划。

《欧盟水框架指令》也提出了成员国必须实现的具体指标性目标。指令第 4 条第 1 款至第 3 款对地表水、地下水和保护区提出了具体目标。此外，该指令列举式地规定了环境管理目标的豁免情形（第 4 条第 4 款至第 7 款），即在技术不可行、成本极其高昂、不可预见意外事件、重大水体改变等几种特殊情形之下，允许成员国延迟指令规定的最后期限，或者实现比指令规定目标稍低的环境目标，或者其不能实现环境管理目标的行为不被视为对指令的不遵守。

对地下水管理来说，水框架指令最重要的特点是：

（1）基线分析。于 2004 年前，将所有水体的自然特性和现状登记注册，对每一流域绘制完成压力和影响图。

（2）分析每一水体的差距。水框架指令和其他指令中规定的基本措施是否足以使水体在 2015 年前达到良好状况。

（3）对各流域区内的保护区进行登记注册。与地下水有关的保护区是用于抽取饮用水的地下水体以及依据硝酸盐指令确定的脆弱地区。

（4）基于特征分析结果来建立地下水监测网络，以便对地下水的化学状况和水量状况提供综合判断。

（5）为各个水体制定环境目标。根据不同类型地表水体的自然特性，确定了一个五级生态状况。对地下水来说，水量状况和化学状况采用两级分类，分别为良好状况和不良状况。水框架指令对地下水化学状况和水量状况的环境目标做了规定，但是地下水指令对化学目标的规定更为详细，考虑了不同含水层天然的水文—地质—化学条件。因技术可行性、成本异常高或自然条件等原因而不能达到良好状况的水体可以例外。在这些情况下，更长的时间表和不太严格的目标是可以接受的。

（6）为每个流域制订措施计划。措施计划包括水框架指令和相关指令中规定的基本措施，这些措施必须在各个流域实施；另外，为实现环境目标，如有必要，措施计划还要包括补充措施。措施计划还包括地下水管理的重要基本措施，诸如控制地下水抽取（包括对地下水抽取进行登记造册，要求预先获得许可），对地下水体人工补给进行管理等。措施计划还包括对污染源和农业源硝酸盐进行控制，同时保护地下水，避免污染物直接进入地下水。应采用成本效率分析来评估和确定最适合的措施计划。地下水水位变化和质量变化需要很长时间，因此，对一些地下水体来说，对水框架指令设定的时间限度进行几次延期是必要的。

在欧盟，地下水是根据水框架指令的一般性规定进行管理的，直到 2006 年颁布的地下水指令对水框架指令做了补充。地下水指令是水框架指令的首部重要的附属法律。地下水指令的规定对水框架指令以下总体目标起到了支撑作用：①减少污染，防止水生态系统（包括湿地）状况恶化并改善其状况；②促进水资源的可持续利用；③减少有害物质造成的污染；④逐步减少地下水污染；⑤减轻洪灾影响，更重要的是减轻旱灾影响，特别是当地下水构成战略储备时。两个指令的关键目标是，到 2015 年时，欧洲所有水体达到良好状况。

根据水框架指令，地下水良好状态定义如下：

（1）良好水量状况

具有良好水量状况的地下水体指：①具有稳定的地下水水位，平均年抽取量不减少可用地下水资源量（平均年补给量）；②不会对地表水体和依赖于地下水的陆地生态系统产生负面影响；③降低了盐水和其他物质入侵的风险。

（2）良好化学状况

具有良好化学状况的地下水体指：①符合水框架指令和地下水指令以及相关指令的质量标准；②不会对地表水体和相关陆地生态系统产生负面影响；③没有盐水或其他物质入侵的迹象或影响。

《欧盟地下水指令》将地下水管理建立在对地下水系统的概念理解之上，并认为地下水与地表水是相互联系的，因此应将相关联的地表水水体和陆地生态系统的状况纳入地下水水量和化学状况评估。

4.2.1.3 中国

我国地下水污染防治工作起步较晚，目前仍存在地下水污染底数不清、防治资金不足、法律法规不完善、技术储备不足等问题。2011 年 10 月 10 日，国务院正式批复《全国地下水污染防治规划（2011—2020 年）》（以下简称《规划》），首次对全国地下水污染防治工作做出总体部署，是我国地下水污染防治第一部纲领性文件。《规划》的出台是我国水污染防治史的重要里程碑，标志着地下水这一战略资源的污染防治工作，正式、高层次的纳入国家层面的决策。《规划》丰富和完善了我国的水污染防治体系，为我国地下水与地表水协同控制的水污染防治格局的建立，为实现水环境质量的总体改善奠定了坚实的基础，对于支撑我国社会经济发展具有举足轻重的战略地位。

2013 年 4 月 22 日，国务院批准了环境保护部、国土资源部、住房和城乡建设部和水利部联合编制的《华北平原地下水污染防治工作方案》（以下简称《方案》）。《方案》是全面推动《全国地下水污染防治规划（2011—2020 年）》贯彻落实，在华北平原开展地下水污染防治的纲领性文件，具有重要指导意义。《方案》明确提出“充分结合海河和黄河流域水污染防治要求，建立地下水与地表水协同控制的水污染防治格局”。

4.2.2 地表—地下水污染协同控制研究进展

4.2.2.1 地表水与地下水转化关系研究

自 20 世纪 40 年代以来，国外的许多学者对河流与地下水转化关系做了大量研究，并且取得了很大进展。Theis（1941）通过研究河流完全切割含水层情况下，傍河取水对河流与含水层水位的影响，首先提出了抽水井抽水对河流及含水层水位影响的解析模型。Hantush（1965）在 Theis 模型的基础上，研究了河床周围存在弱透层的情况下，河流与地下水转化的影响，并指出了完整切割含水层时，抽水井抽水驱动的影响下，河水与地下水转化的解析解模型。Chen Xunhong 和 Yin Yanfeng 等（2001）通过建立三维数学模型，讨论了不同因素（河流宽度、河流水位、河底淤泥层厚度，以及渗透系数等）的影响，进而分析了地下水的季节性开采引起的河流减少量，包括基流量和径流量两个部分。Zlotnik 和 Huang（1999）深入研究了河流—地下水的转化关系，将河流对地下水的补给量的影响做了系统的分析。Yakup Darama（2001）通过研究周期性抽水井影响下的河流与地下水转化关系模型，得出了影响河流—地下水系统动态变化响应的决定性因素是弱透层的有效阻力系数。Garey A.Fox 和 A. M.A.ASCE（2007）运用软件 MODFLOW 的河流模块对河流—地下水的相互转化关系的三个阶段，即 saturated flow（one-regime）、transition flow（two-regime）、unsaturated gravity-driven hyporheic zone flow（three-regime）进行了数值模拟。Jurgen Shubert（2002）在莱茵河进行了长期的抽水试验和观测，发现含水层的渗透系数并不是一个定值，整个含水层是非均质的，并且河床的入渗系数是随季节变化而变化的。

国内学者对于河流与地下水的相互转化关系研究开始较晚，但近年来成果显著。刘国东（1997）采用砂槽模型与理论模型相结合的方法，来模拟傍河地下水与河水脱节过程，得出如下结论：河流—地下水失去统一浸润曲线之前，河水浸润曲线是一条弯向河流的上凹曲线，脱节点不是位于通常认为的河床面而在河床以下某位置的含水层内部，河流与地下水脱节后在河床下形成上下两个饱和层；郭东屏等（1993）采用了连续介质电模拟实验，分别对单井、多井抽水的情况下，对不完整河旁三维井流与完整河旁二维井流做了对比研究。李俊亭、王文科（1994）通过分析研究野外及室内的实验资料，结合水文地质条件指出：当地下水位持续降低时，即使河床下不存在明显的隔水层，地下水位和河流也会失去统一的浸润曲线，河床下产生包气带，从而发生脱节现象，河流对地下水的补给量绝不是无限的，并且根据室内模拟实验计算了河流临界入渗速度用来表征河流对地下水的补给能力。刘国东、李俊亭（1997）首先用室内砂槽模拟傍河强采的物理过程，运用饱和—非饱和理论建立数学模型，然后用计算机进行模拟，研究了具有脱节现象的含水层中地下水流的运动规律，初步获得了河流切割深度、河流宽度、河水深度、含水层条件以及开采井到河岸的距离对河流与地下水脱节的影响规律。蒋兴放、张兴有（1999）通过分析河流与地下水相互转化关系的规律，建立了河流含水层相互作用水力耦合模型，很好地模拟了系统中水量的动态变化，但是该模型在计算时，只是将水流运动概化为一维流，使结果不够准确。王文科、李俊亭等（2004）通过分析黄河流域河流与地下水相互转化关系后指出：在黄河流域，河流与地下水之间存在八种转化模式，且这八种模式水动力特征有着明显差异，各种转化关系随着河流流量、河流水位、地下水水位、水利设施工程、河流河床淤泥层以及人为因素等因素的影响而发生变化。王文科、冯西州、杨丽君（2008）等通过室内砂槽试验仿真模拟了河流与地下水的不同转化关系，探讨了河流与地下水转化关系的影响因素，如河流水位、排泄水位、河床介质的渗透性、含水层介质的均质与非均质、河流水深等因素的影响，为河流与地下水的转化关系的研究提供了合理的科学依据，对河流—地下水的水动力场仿真模拟提供了借鉴，同时对傍河水源地的水资源合理开发利用有着重要的科学意义。吴亚娜等（2011）研究了以渭河细沙为介质做了室内渗流沙槽实验，得出了河流水位为 160 cm，细沙的临界脱节水力坡度为 0.78，临界脱节水位为 90 cm，指出了在纯弥散作用下，溶质运移表现出重力分异现象，污染质在河流与地下水临界脱节时的运移速度最大，同时利用 GMS 软件构建了对流弥散等作用下的污染质运移耦合模型。

4.2.2.2　污染物在地表—地下水系统中的运移现状研究

国外学者从 20 世纪初就开始对污染物在地下水中的运移做了积极而有意义的研究与探讨。许多学者对各种问题如重力分异、多维弥散、吸附效应等对污染质的运移影响做了研究。Bourg 和 Bertin（1993）、Macher（1995）研究了傍河抽水时，不同影响因素（河床、河岸和含水层等）对生物、化学类污染物向地下水及傍河水源地运移的影响；Grischek et al（1998）、Verstraeten et al（1999）研究了通过过滤、吸附、自然衰减等的相互作用，河床及含水层生物污染物的天然过滤对污染质运移的影响；Alexandra Coynel 等（2007）通过研究开采煤矿和冶炼金属所产生的地下水铬锌污染物，在地下水向河流运移过程中的自然衰减过程；R.A.Sheets 和 R.A.Darner 等（2002）进一步深入研究了病原体从地下水中向傍河的运移规律，并且对从河流到抽水井的平均运移速率做了科学合理的估算；Steven W. Chapman 和 Beth L. Parker（2007）分析了不同河流与地下水的转化关系对 TCE 污染范围自然衰减的影响。

我国学者从 20 世纪 80 年代初才开始研究污染质在地下水中运移的规律。我国近年来河流污染现象比较严重，学者对于河流污染对地下水的影响方面研究也比较常见。俞艳荣和李同福（1998），用地表水和地下水污染物运移模型计算地下水污染运移机理相结合，扩散率进行了分析和计算，揭示了对地下水的污染影响的主要因素，污染范围，其污染程度。术洪亮和魏保军（1999）通过建立莱州湾地区地表水和地下水污染迁移的数学模型，分析地下水和地表水的污染和污染状况调查的特点，对合理利用地下水资源发展提供了基础。吴耀国和沈照理（1999）从水量和水质两个方面切入研究，造成河流污染的主要原因是矿井水排入河水和裂隙水之间的接触，发现二者只存在之间的接触的渠道，裂隙水头明显比河流水头低，表明供水泄漏裂隙水的形式，造成裂隙水污染。毕桂超(2004)等通过对锦州地区地下水饮用水水源水质监测数据的分析，来评价水质，并对水质超标现象分析成因，从工农业、养殖业、农业以及不合理开发水源等多个方面分析了地下水的污染因素。周睿和赵勇胜（2006）等从渗滤液场龄和包气带岩性两个方面入手，研究了不同岩性包气带对不同淋滤液中有机污染物的截留作用规律。王昭等通过实地野外调查和采样分析，运用数理统计、GIS 图件分析以及模型模拟计算等方法，对华北平原地下水水质进行评价分析，对有机污染物淋溶迁移转化机理做了研究。肖利萍、梁冰等（2003）通过煤矸石淋溶试验以及土柱动态模拟试验研究，测定了硫酸盐等在土壤中的吸附分配系数，建立了综合考虑对流、水动力弥散、吸附解吸条件下多组分运移的三维耦合数学模型。赵霞则、詹美礼等（2004）通过对调性溶质在土壤中的运移试验和非饱土壤水分运动试验，采用对流弥散方程，对溶质在土壤中的运移规律进行了深入探讨，定量地描述了淋滤液溶质浓度随时间的衰减规律；李志萍和陈肖刚等（2006，2007）选取 3 种天然沙土作为渗透介质进行室内试验研究，研究了的六价铬从河流进入地下水的过程及苯系物对浅层地下水的影响；张红梅、速宝玉等（2006）采用垂直土柱易混置换法就不同质地及不同的溶质加入方式对氟在土中运移规律的影响进行了研究。赵金香等（2008）针对多年来由于上游和境内工业、生活污废水，山东淄河、阳河、织女河三条河流形成的 2 km 左右的浅层地下水污染带，分析污染带内地下水水质现状评价并应用模糊综合评价法进行污染程度评价。要定量描述污染物质在河流-地下水系统中运移转化过程，动力学模型是关键。值得提出的是，已有学者构建了污染物质在河流-含水层系统中迁移转化的数学模型。李铎等（2000）通过分析河流与地下水的各种转化关系，给出了河流污染地下水的各种模式，然后综合得出各种模式下的数学模型及其解，最后通过模型对金堤河流受 COD 污染时水源地的污染进行预测。王超和王沛芳等（2002）在分析野外现场观测资料的基础上，建立了河流污水饱和入渗对沿岸地下水质影响的数学模型。梁斌和王超（2003）在分析河流污水非饱和入渗过程和运移机理的基础上，建立了河流污水非饱和入渗对沿岸地下水质影响的预测预报模型。王文科、李永涛和赵彦琦（2003）等在草滩、渭河漫滩建立了原位试验场，重点研究含水层的各向异性与非均质对污染质在含水层中运移的影响，研究表明即使有厚度很小的弱透水层，也会对污染质运移产生非常明显的阻碍作用；建立了六价铬运移的数值仿真模型，科学而又合理的定量描述了六价铬在地下水含水层不同介质情况下的迁移过程，得出了不同介质对六价铬的吸附阻隔能力。张文静和林学钰等（2007）通过室内渗流砂槽模拟试验对硝基苯在含水层中的运移做了研究，建立了一个能描述有机污染质硝基苯的迁移转化的数学模型，研究了硝基苯在含水层中的迁移转化规律和机理，这个模型是一维运移模型。章少辉等（2011）分别运用了有限差分法、有限体积法和有限单元法等数值方法对由隐时间格式生成的物理矢量线性近似式空间导数、物理矢量空间导数、溶质扩散矢量和地形矢量项进行空间离散，构建了地表水流与溶质运移耦合模型。杨晓婷、吴亚娜、王文科（2011）等通过室内砂槽实验对保守性污染质 NaCl 和非保守性物质硝基苯在傍河抽水驱动下的运移规律做了对比研究，并构建了水流溶质运移耦合模型来模拟复杂条件下的水流污染质运移。李云开、杨培岭（2005）等通过研究土壤中的溶质运移现象，对分形理论在水分特征曲线、渗透性能等的分形模型、土壤水分的运移过程、土壤污染质的运移中的诸多问题如非费克现象、弥散度的尺度效应做了相应的研究。孙才志、左海军等（2007）在参照 DRASTIC 方法的基础上，对辽河平原的地下水做了脆弱性评价，评价体系中选取了地下水埋深等 11 个因素，根据层次分析法和决策分析法的权重体系，对地下水的污染做了评价，评价结果与当地的污染情况拟合较好。张红梅、速宝玉等（2005）开展了污染质氟在土壤及地下水中运移规律的研究，研究了氟、氯离子的运移做了竞争对比研究，揭示了尺度效应、饱和非饱和、不同质地、不同分层的土壤中的污染质运移规律，并用经验公式描述了污染质浓度在淋滤净化阶段的衰减情况，利用 VG 模型对实验进行了拟合研究。刘瑾等通过对太原市化工区域的研究，建立了地下水流溶质运移和弥散的二维数学模型，模拟研究了氯离子的运移规律，探讨了研究区的地下水的污染成因、途径等，对地下水的水质的合理预报预警有着积极的意义。谭文清、孙春（2008）等通过 GMS 软件对研究区污染物在地下水系统中的运移做了模拟，模拟结果显示，规划基地的防渗能减少污染质对地下水的影响。

4.2.2.3 地表—地下水系统中污染物来源分析

Kreitler（1975）测定了得克萨斯州兰纳尔斯郡南部和密苏里州马孔郡地下水硝酸盐的$\delta^{15}N$值，发现前者的$\delta^{15}N$值与来自土壤有机氮矿化的硝酸盐$\delta^{15}N$值相近，后者的$\delta^{15}N$值与来自动物粪便降解的硝酸盐$\delta^{15}N$值相近，说明得克萨斯州兰纳尔斯郡南部地下水硝酸盐污染主要来自土壤有机氮矿化，而密苏里州马孔郡地下水硝酸盐污染主要来自动物粪便降解。Gormly 等（1979）在内布拉斯加州采集了 256 个地下水水样，通过比较这些水样与潜在污染源的硝酸盐的$\delta^{15}N$值，发现大部分水样的硝酸盐污染来自化肥使用，只有小部分水样的硝酸盐污染来自动物粪便降解。Deutsch 等在对德国梅克伦堡某条河流的硝酸盐污染进行源识别时，同时测定了灌溉水、地下水、大气沉降和河水中硝酸盐的$\delta^{15}N$和$\delta^{18}O$值，并使用该模型量化了各个污染源的贡献率，结果表明灌溉水、地下水和大气沉降对河水硝酸盐污染的贡献率分别为 86%、11%和 3%。

张东等（2007）采用联合稳定同位素与水化学方法对地下水污染进行溯源研究，结果表明，如果遭到地表污水的影响，利用稳定同位素方法，一旦地下水与地表水的δD和$\delta^{18}O$存在一定的联系，就可以判定该地下水与地表水之间的水力联系，确定污水的地表来源；刘相超等（2009）运用水化学分析技术测定了三峡库区受人类活动影响的梁滩河地表水和地下水水体的水化学和硝酸盐氮污染水平。结果表明：自流域中上游，地表水体均受到了污染，并且向下游呈现出污染加重的趋势；在流域上游和中上游，地下水体受地表水体的影响，呈现出严重的污染，上游地下水硝酸盐氮污染呈现出超标趋势。受河水下渗的影响，梁滩河流域地下水中的硝酸盐氮浓度自上游而下至中游呈现出急剧升高的趋势，上游和中游区域之间的地下水的硝酸盐浓度超过了 10 mg/L 的标准，而向流域下游和河口处呈现出浓度降低的趋势；魏静文（2012）对华北平原地下水与地表水的水文地球化学及氢氧同位素特征进行了分析，研究区采样点的δ^2H-$\delta^{18}O$关系、主要离子 Cl 以及 TDS 等分析结果表明，山前黄壁庄水库水渗漏补给地下水，从冲洪积扇顶端到扇间，滹沱河河道带附近的地下水接受河水的补给，而距河道带较远的水样中无河水混合，其各离子含量可近似代表只接受降水入渗补给的水化学特征值。中部平原子牙新河河道带，河水和地下水相互转化频繁，其中河水混入地下水的比例为 60.2%，地下水混入河水的比例接近 100%。滨海平原受海水入侵的影响，大部分地表水和地下水中均有海水的混入，在 Na-Cl 关系图上表现为采样点接近海水稀释线分布，该区地表水和地下水之间的相互转化主要发生在南大港地区；王俊杰（2013）研究沈阳浑河傍河区域地下水氮素污染，发现研究区南北部地下水存在不同的氮素污染来源，结合研究区实际条件及氮氧同位素的分析表明，研究区地表水、地下水氮素的最主要来源为人为活动排放的粪便及污水。从垂向包气带及水平向含水层开展的数值模拟研究定量揭示出不同途径氮素污染源的贡献率。北部地下水的硝氮主要来源于地表污染源的垂向入渗及上游地下水径流，其比例分别为 43.92%、27.37%。南部地下水的铵氮主要来源于浑河河水及上游径流，其比例分别为 61.79%、38.06%。整体上看，研究区氮素主要来源于地表垂向入渗；刘丽雅（2013）就浑河傍河区地下水氮污染来源贡献识别又深入研究，发现研究区氨氮主要来源于浑河补给，贡献率为 47.07%；硝酸盐氮主要来源于地表垂向入渗，贡献率为 52.39%。

4.3 地表—地下水污染协调控制方法

4.3.1 稳定同位素法

稳定性同位素技术是从 20 世纪 60 年代开始定型并逐步发展起来的一门分支学科，由于此项技术适用广泛，很快被应用于矿床学、医学、生物工程、食品工程等研究领域，并且稳定性同位素可以指示物质的来源或成因，使这项技术成为有机地球化学研究中一项重要的分析测试技术和研究手段。在进行各种环境介质的判源分析中，C、N 稳定性同位素示踪是一种最为广泛利用的方法，其中碳同位素被广泛用于探讨在各种生态环境中的物质来源和迁移规律，而氮同位素则被广泛应用于生物氮循环的示踪研究。同时，由于稳定性同位素在特定污染源中组成确定，且具有分析结果精确可靠、在污染物迁移与转化过程中不发生显著变化的特点，故已被广泛应用于环境污染事件的仲裁、环境污染物的来源分析与示踪研究中。

稳定性同位素示踪是相对于放射性同位素示踪而言的，虽然不释放射线，但可以利用它与普通相应同位素的质量之差，通过质谱仪、气相层析仪、核磁共振等质量分析仪器来测定。虽然其应用范围不及放射性同位素应用广泛，但稳定性同位素的分馏效应使不同元素的同位素在自然界中各种生物地球化学过程中产生了丰度的变化，造成不同物质或同一物质内部不同部分的同位素分布不均匀。因此，我们通过对稳定性同位素的研究，使其运用到地圈和生物圈的各个领域。

由于引起同位素效应的根本原因在于同位素质量的差异，所以质量差越大，同位素效应也越显著。目前在地球化学和生态学研究中应用的稳定性同位素主要为轻元素，例如 H、C、N、O、S 等。

稳定性同位素比值为某一元素的重同位素原子丰度与轻同位素原子丰度之比，例如 $^{13}C/^{12}C$、$^{15}N/^{14}N$ 等；但在实际的测量当中这一比值极难测定，所以实际测量工作中采用的是相对测量法，即所测样品的同位素比值与相应的标准物质的同位素比值做比较，比较结果称为样品的稳定性同位素比率，即δ值。

$$\delta_X(‰)=\left(\frac{A_{\text{sample}}}{A_{\text{standard}}}-1\right)\times 1\,000$$

式中：X——代表所测定的种同位素（如 ^{13}C 和 ^{15}N）；

A——重同位素与轻同位素的比值（如 $^{13}C/^{12}C$、$^{15}N/^{14}N$）。

当δ值为正时，表明样品的重同位素 含量高于标准物质的含量，即可以说样品比标准“重”；当δ值为负值时，表明样品的种同位素含量低于标准物质的含量，即可以说样品比标准“轻”。因此，进行样品的稳定性同位素分析时首先要选择合适的标准物质，以此保证样品分析的准确性和可比性。

目前，国际通用的稳定性同位素标准是由国际原子能机构（IAEA）和美国国家标准和技术研究所（NIST）制定和颁布的。在地球化学和生态学领域应用较多的 C、N 稳定性同位素的国际分析标准为：碳稳定性同位素分析标准 VPDB，其稳定性同位素比率为 1.95‰；氮稳定性同位素分析标准为空气（AIR 或 Atmospheric Nitrogen），其 $^{15}N/^{14}N$ 值为（3 676.5±8.1）$\times10^{-6}$，其 ^{15}N 值被定为 0‰。

4.3.2 耦合模型模拟法

地表水和地下水耦合模型（以下简称耦合模型）是融合地表水和地下水的模型，同时考虑地表水和地下水模型耦合中的各个细节问题。地表水模型是利用经验公式、明渠圣维南原理的连续性和动力波方程来建立的，经常是小的时间步长和小、中、大的空间尺度，土壤水和地下水模型则是根据达西定律和水量平衡原理建立的，经常为大的时间步长和中、大的空间尺度，因此当耦合两者时，需要在时空尺度上进行数据整合。包气带作为联系地表水和饱和地下水的纽带，其厚度虽然在不同地理位置或厚或薄，但它具有储存和运输作用，其作用不容忽视，因此当集成模型考虑包气带的运动规律时，模型的物理机理将更趋完善，最近国际上流行的地表水与地下水耦合模拟模型都对包气带水文过程进行了处理。

就目前有关地表水与地下水联合模拟评价和管理的数学模型而言，无论是水文学家所研制的以地表水评价为主的联合模拟管理模型，还是水文地质学家所开发的以地下水资源评价为主的联合模型，尽管建立模型的数学、数值方法有所不同，但它们大多数都具有一个共同特点，即所建立的数学模型仅考虑主要研究对象的水流运动规律，而不直接考虑与主要研究对象存在水力联系的其他水源的运动规律，仅仅把这些具有水力联系的水源作为主要评价对象的一个源（汇）项加以间接考虑，这些方法实际上未能将地表水与地下水两大子系统进行真正意义上的联合评价。

针对地表水和地下水相互作用的内容，一个良好的模型应解决以下问题：①能够真实地模拟各种水文现象和水文地质要素，既包括对水量的时空变化的刻画，又包括水体点源和非点源污染、地下水溶质运移的描述；既能反应瞬时发生的暴雨径流过程，又能描述区域性长期的水文和水文地质变化过程等。②时间尺度整合的灵活性，包括对地表水模型以秒、分等为步长，地下水模型以天、月等为步长的耦合；对每一水文过程采用不同的空间尺度规模，既能反映区域主要的水文过程，又要能反映局部地域的集水区性质变化。③程序结构设计灵活，利于扩充和兼容，尽可能支持 3S 数据和信息提取。④合理的数据求解算法，更好地进行不确定参数的反演以及对各个参数进行敏感度分析等，支持不同的数据格式输入和转化。⑤注重典型实例应用展示，这有助于模型的推广和应用；具有良好的使用说明手册，易于使用。表 5-4-1 为国内外代表性地表水地下水耦合模拟模型对比表。

表 5-4-1 国内外代表性地表水地下水耦合模拟模型对比

模型名称	开发单位	模型基本结构	主要研究对象和应用领域
Mike-SHE	丹麦水利研究所	矩形网格（GRID）的二维地表径流模型；竖立在每个网格单元内的一维土柱模型和矩形网格二（三）维地下水（潜水）有限差分模型；考虑复杂的土壤侵蚀和污染物平衡	流量、水位、泥沙输送氮、磷和农药等
SWATMOD	美国农业部 农业研究局	分布式水文学模型 SWAT 和美国地质调查局开发的 MODFLOW 模型的耦合	模拟分析灌溉、施肥和耕作措施对农业生产和水资源利用方面的影响
HydroGeoSphere	加拿大滑铁卢大学	分布式水文模型 Integrated Hydrology Model 和三维有限元模型 FRAC3DVS 的耦合	地表水地下水流交互，营养盐输移

模型名称	开发单位	模型基本结构	主要研究对象和应用领域
IGSM	美国加利福尼亚大学	地表水模型是基于河流汇流的原理，对于地下水以有限元理论为基础；时间上以月为时间步长，采取半隐式的时间离散格式，平面离散为三角形网络，垂向为四边形网络	水资源的管理与规划
GSFLOW	美国内政部和美国地质调查局	美国地质调查局降雨径流模拟系统 PRMS 和三维有限差分模型 MODFLOW-2005 的耦合	水资源的管理与规划，流域地表水与地下水联合模拟
LL-II	武汉大学	垂直方向将模型分为 3 层，第 1 层为林冠层，中间 10 层为变动层（包括非饱和土壤水层、饱和土壤水层），最下一层为饱和、稳定的地下水层，模型分层计算产流得到各层的净雨深	水文过程模拟和预报
WEP-L	中国水利水电科学研究院	由自然水文、能量传输和用水 3 个模拟过程组成	水量、水资源评价，流域水循环
WATLAC	中国科学院南京地理与湖泊研究所	模型由两个完全耦合的计算模块组成：地表水流模块和地下水流模块。可模拟植被对降雨的拦截、土壤蓄水、坡面径流、河道径流、饱和地下水运动等水文过程及其交互作用	湖泊集水域水文过程、入湖径流量及研究湖泊与流域的相互作用

4.3.3 人工神经网络法

人工神经网络是一种应用类似于大脑神经突触连接的结构进行信息处理的数学模型。在工程与学术界也常直接简称为神经网络或类神经网络。神经网络是一种运算模型，由大量的节点（或称神经元）之间相互联接构成。每个节点代表一种特定的输出函数，称为激励函数（activation function）。每两个节点间的连接都代表一个对于通过该连接信号的加权值，称为权重，这相当于人工神经网络的记忆。网络的输出则依网络的连接方式，权重值和激励函数的不同而不同。而网络自身通常都是对自然界某种算法或者函数的逼近，也可能是对一种逻辑策略的表达。

4.3.3.1 基本特征

人工神经网络是由大量处理单元互联组成的非线性、自适应信息处理系统。它是在现代神经科学研究成果的基础上提出的，试图通过模拟大脑神经网络处理、记忆信息的方式进行信息处理。人工神经网络具有四个基本特征：

（1）非线性

非线性关系是自然界的普遍特性。大脑的智慧就是一种非线性现象。人工神经元处于激活或抑制二种不同的状态，这种行为在数学上表现为一种非线性关系。具有阈值的神经元构成的网络具有更好的性能，可以提高容错性和存储容量。

（2）非局限性

一个神经网络通常由多个神经元广泛连接而成。一个系统的整体行为不仅取决于单个神经元的特征，而且可能主要由单元之间的相互作用、相互连接所决定。通过单元之间的大量连接模拟大脑的非局限性。联想记忆是非局限性的典型例子。

（3）非常定性

人工神经网络具有自适应、自组织、自学习能力。神经网络不但处理的信息可以有各种变化，而且在处理信息的同时，非线性动力系统本身也在不断变化。经常采用迭代过程描写动力系统的演化过程。

（4）非凸性

一个系统的演化方向，在一定条件下将取决于某个特定的状态函数。例如能量函数，它的极值相应于系统比较稳定的状态。非凸性是指这种函数有多个极值，故系统具有多个较稳定的平衡态，这将导致系统演化的多样性。

人工神经网络中，神经元处理单元可表示不同的对象，例如，特征、字母、概念，或者一些有意义的抽象模式。网络中处理单元的类型分为三类：输入单元、输出单元和隐单元。输入单元接受外部世界的信号与数据；输出单元实现系统处理结果的输出；隐单元是处在输入和输出单元之间，不能由系统外部观察的单元。神经元间的连接权值反映了单元间的连接强度，信息的表示和处理体现在网络处理单元的连接关系中。人工神经网络是一种非程序化、适应性、大脑风格的信息处理，其本质是通过网络的变换和动力学行为得到一种并行分布式的信息处理功能，并在不同程度和层次上模仿人脑神经系统的信息处理功能。它是涉及神经科学、思维科学、人工智能、计算机科学等多个领域的交叉学科。

人工神经网络是并行分布式系统，采用了与传统人工智能和信息处理技术完全不同的机理，克服了传统的基于逻辑符号的人工智能在处理直觉、非结构化信息方面的缺陷，具有自适应、自组织和实时学习的特点。

4.3.3.2　网络模型

人工神经网络模型主要考虑网络连接的拓扑结构、神经元的特征、学习规则等。目前，已有近 40 种神经网络模型，其中有反传网络、感知器、自组织映射、Hopfield 网络、波耳兹曼机、适应谐振理论等。根据连接的拓扑结构，神经网络模型可以分为：

（1）前向网络

网络中各个神经元接受前一级的输入，并输出到下一级，网络中没有反馈，可以用一个有向无环路图表示。这种网络实现信号从输入空间到输出空间的变换，它的信息处理能力来自简单非线性函数的多次复合。网络结构简单，易于实现。反传网络是一种典型的前向网络。

（2）反馈网络

网络内神经元间有反馈，可以用一个无向的完备图表示。这种神经网络的信息处理是状态的变换，可以用动力学系统理论处理。系统的稳定性与联想记忆功能有密切关系。Hopfield 网络、波耳兹曼机均属于这种类型。

4.3.3.3　特点和优越性

人工神经网络的特点和优越性，主要表现在三个方面：

（1）具有自学习功能

例如实现图像识别时，只在先把许多不同的图像样板和对应的应识别的结果输入人工神经网络，网络就会通过自学习功能，慢慢学会识别类似的图像。自学习功能对预测有特别重要的意义。预期未来的人工神经网络计算机将为人类提供经济预测、市场预测、效益预测，其应用前途是很远大的。

（2）具有联想存储功能

用人工神经网络的反馈网络就可以实现这种联想。

（3）具有高速寻找优化解的能力

寻找一个复杂问题的优化解，往往需要很大的计算量，利用一个针对某问题而设计的反馈型人工神经网络，发挥计算机的高速运算能力，可能会很快找到优化解。

4.4 我国地表水和地下水环境现状及污染防治趋势分析

4.4.1 我国地表水和地下水环境现状

4.4.1.1 地表水环境现状

2012 年，全国地表水国控断面总体为轻度污染。

（1）河流

长江、黄河、珠江、松花江、淮河、海河、辽河、浙闽片河流、西北诸河和西南诸河十大流域的国控断面中，Ⅰ～Ⅲ类、Ⅳ～Ⅴ类和劣Ⅴ类水质断面比例分别为 68.9%、20.9%和 10.2%。主要污染指标为化学需氧量、五日生化需氧量和高锰酸盐指数。

海河流域为中度污染。64 个国控断面中，Ⅰ～Ⅲ类、Ⅳ～Ⅴ类和劣Ⅴ类水质断面比例分别为 39.1%、28.1%和 32.8%。主要污染指标为化学需氧量、五日生化需氧量和氨氮（图 5-4-2）。

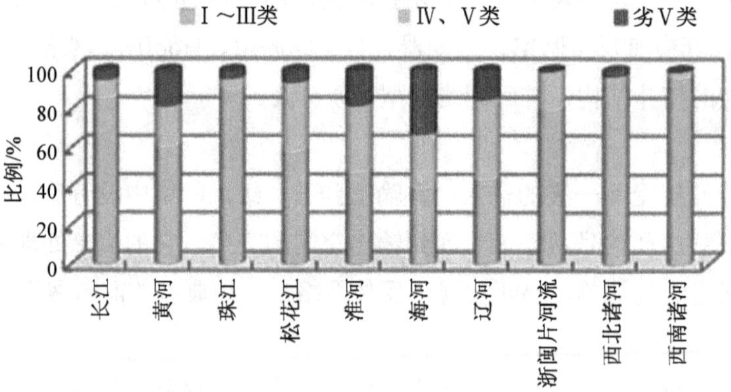

图 5-4-2 2012 年十大流域水质类别比例

（2）湖库

2012 年，62 个国控重点湖泊（水库）中，Ⅰ～Ⅲ类、Ⅳ～Ⅴ类和劣Ⅴ类水质的湖泊（水库）比例分别为 61.3%、27.4%和 11.3%。主要污染指标为总磷、化学需氧量和高锰酸盐指数。

除密云水库和班公错外，其他 60 个湖泊（水库）开展了营养状态监测。其中，4 个为中度富营养状态，占 6.7%；11 个为轻度富营养状态，占 18.3%；37 个为中营养状态，占 61.7%；8 个为贫营养状态，占 13.3%（图 5-4-3）。

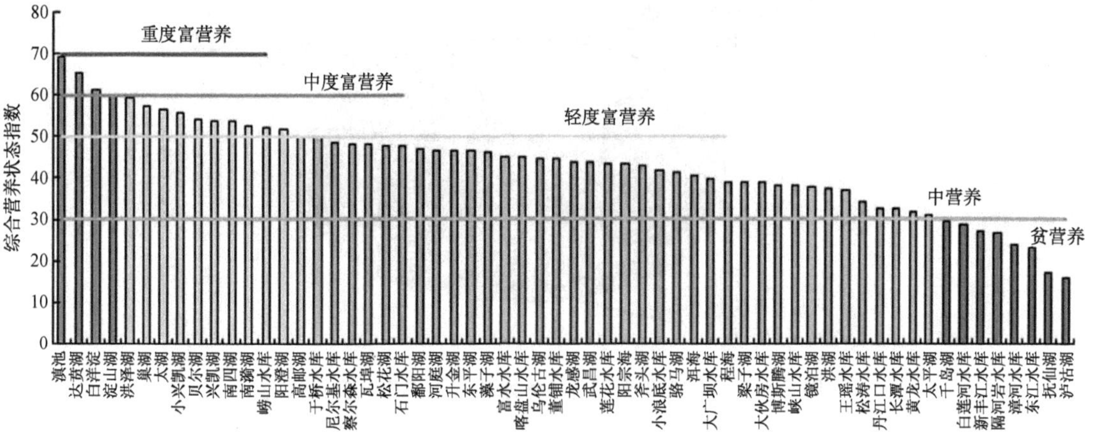

图 5-4-3　2012 年重点湖泊（水库）富营养化状态

4.4.1.2　地下水环境现状

2012 年，全国 198 个地市级行政区开展了地下水水质监测，监测点总数为 4 929 个，其中国家级监测点 800 个。依据《地下水质量标准》（GB/T 14848—93），综合评价结果为水质呈优良级的监测点 580 个，占全部监测点的 11.8%；水质呈良好级的监测点 1 348 个，占 27.3%；水质呈较好级的监测点 176 个，占 3.6%；水质呈较差级的监测点 1 999 个，占 40.5%；水质呈极差级的监测点 826 个，占 16.8%。主要超标指标为铁、锰、氟化物、“三氮”（亚硝酸盐氮、硝酸盐氮和氨氮）、总硬度、溶解性总固体、硫酸盐、氯化物等，个别监测点存在重（类）金属超标现象（图 5-4-4）。

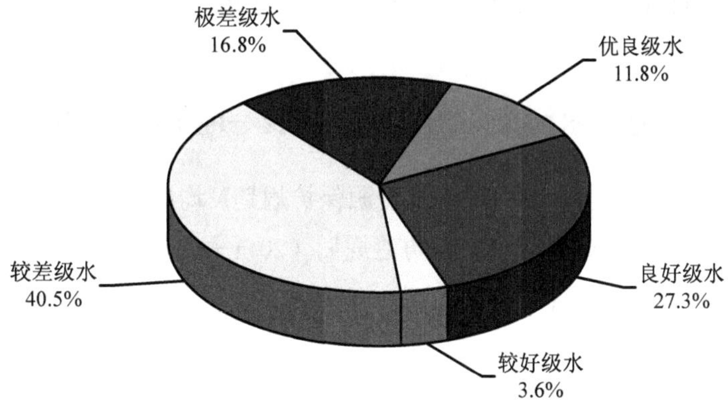

图 5-4-4　2012 年全国地下水水质状况

与上年相比，有连续监测数据的水质监测点总数为 4 677 个，分布在 187 个城市，其中水质呈变好趋势的监测点 793 个，占监测点总数的 17.0%；呈稳定趋势的监测点 2 974 个，占 63.6%；呈变差趋势的监测点 910 个，占 19.4%（图 5-4-5）。

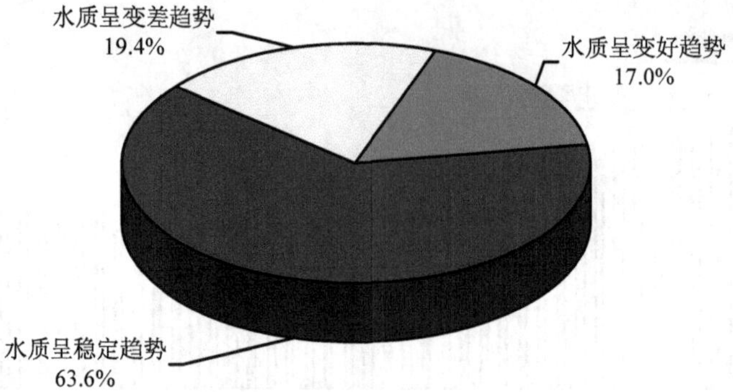

图 5-4-5 2012 年全国地下水水质与上年相比变化情况

4.4.2 我国地表水和地下水污染防治趋势分析

地下水环境质量与地表水污染问题息息相关，经过近 20 年的研究表明，黄河、辽河、海河和松花江等流域部分河段，地表与地下水的水量交互补给明显，地表水通过河床渗漏、侧渗补给浅层地下水，然后通过越流补给深层地下水。河南、河北、山东等地区，地表与地下水水质相互影响显著，在农业高度发达的地区，地下水是地表水中总氮污染物的主要来源。

可见无论是从水量角度还是从水质角度，地表水和地下水都是密不可分的，要想做好我国水污染防治工作，就要对地表水和地下水环境进行协同控制管理，构建我国地表水与地下水协同控制的水污染防治格局。

4.5 我国地表—地下水污染协同控制管理对策建议

4.5.1 统筹规划地表—地下水污染防治，构建地表—地下协同控制水污染防治格局

我国目前出台的《流域综合规划》《流域水资源保护规划》均侧重于地表水资源保护方面，对地下水仅关注水资源量问题；《重点流域水污染防治规划（2011—2015 年）》侧重于对地表水体的环境保护，未涉及地下水环境保护内容；《全国地下水污染防治规划（2011—2020 年）》第一次将地下水环境保护纳入国家层面的决策。

可见，我国的地下水环境保护工作相对滞后，从国家决策层面“地表水”和“地下水”领域相对独立，仍未形成一个完整、统一的地表—地下协同控制水污染防治格局。可借鉴欧盟水框架思想，在“十三五”环境保护规划中，应将“流域”概念进一步扩大，既包括地表水流域，也包括地下水流域，形成一个大流域系统下地表—地下统筹规划体系。

4.5.2 完善水环境监测网络，形成地表—地下水环境信息平台

美国“国家水质评估计划”（NAWQA）自 1991 年实施以来，收集和分析了全美 51 个研究单元的地表流域和地下含水层数据，获得了河流、地下水、水生生态系统长期有效的综合信息资料并建立了 NAWQA 数据库，实现了信息资源共享，为合理作出管理和政策决定打下基础。台湾环保署建立“土壤及地下水监测信息整合供应平台”，对水利署、工业局、台湾自来水公司的监测井网信息进

行统一整合发布，在规划新设监测井网时优先利用已有监测资源。

我国大陆地区也应借鉴上述美国和台湾地区的先进经验，积极整合国土、水利等部门的地下水相关资料以及目前我国较为完善的地表水环境管理信息，初步建立地表水—地下水环境监测空间布点方案。

4.5.3 研究地表—地下水污染物转化关系，提出协同控制管理指标体系

（1）从大区域尺度，研究我国地表水系和地下水系相互转化关系

辽河、淮河、西南岩溶等部分地区地表水和地下水或时域存在相互转化关系。有研究表明，我国黄河、辽河、海河和松花江等流域部分河段，地表与地下水的水量交互补给明显；河南、河北、山东等地区，地表与地下水水质水量相互影响显著。我国西南岩溶地区，地表水与地下水的相互转化更加明显，地表水在一些地区直接流入地下，转化成地下暗河。所以，应优先研究我国大区域地表水系和地下水系的相互关系，找到联系密切区域，结合地表水功能区划、地下水污染防治区划和水源保护区划，划分重点保护和控制的地表—地下水系协调管控单元。

（2）从污染源管理角度，研究地表—地下水协同管理指标体系

以地表—地下水氮污染溯源研究为试点，逐步建立地表—地下水协同管理指标。三峡库区梁滩河地表水和地下水中硝酸盐氮污染呈明显相关性，地下水中硝酸盐氮污染由河水下渗造成；沈阳浑河傍河区域地下水氮素，北部硝酸盐氮主要来源于地表污染源的垂向入渗及上游地下水径流，其比例分别为 43.92%、27.37%，南部地下水的氨氮主要来源于浑河河水及上游径流，其比例分别为 61.79%、38.06%。可见地面入渗和地表水体下渗是地下水中氮污染的重要来源。

4.5.4 重点关注地下水源保护，加强傍河地下水源污染防治

傍河地下水水源地即在紧靠常年性河流旁建立的地下水水源地。它具有一定的储存和调蓄能力、便于开采井集中建立、河水水质经含水层得到净化。可见傍河地下水水源具有广阔的开发前景。

傍河型地下水水源地在我国北方城市供水中具有举足轻重的地位。应深化研究我国北方地区各流域地表—地下水水质水量相互转化关系，规范相关技术要求，丰富傍河水源地论证内容，完善傍河水源的开发管理机制。在量化地表—地下水系统污染物迁移转化关系前提下，制定傍河水源地保护区划分方案和污染防控措施。

本报告执笔：刘伟江、井柳新、李璐、张涛

5 我国工业污染源水污染物达标情况测算及对策

5.1 测算方法

5.1.1 排放标准中有排水定额的工业企业减排潜力测算方法

当工业企业有行业排水定额时，根据排水定额和主要水污染物允许排放浓度计算单位产品主要水污染物排放限值，当该工业企业2013年环境统计单位产品主要水污染物排放量超出排放限值时，视为其超标企业。对于超标企业，以企业产品数量、排水定额、达标排放浓度计算企业达标排放时的排放量，用现有环统排放量减去计算所得排放量，即为该工业企业的减排潜力。计算公式为：

$$\Delta E_i=E_{i2013}-A_i\times B_i\times C_i$$

式中：ΔE_i——第 i 个工业污染源的减排潜力；

E_{i2013}——第 i 个工业污染源2013年环统排放量；

A_i——第 i 个工业污染源2013年的产品数量；

B_i——第 i 个工业污染源所属行业单位产品最高排水定额；

C_i——第 i 个工业污染源废水允许排放浓度。

5.1.2 排放标准中无排水定额、有用水定额的工业企业减排潜力测算

当工业企业无行业排水定额，但有用水定额时，利用用水定额乘以排水系数再乘以主要水污染物允许排放浓度计算单位产品主要水污染物排放限值，当该工业企业2013年环境统计单位产品主要水污染物排放量超出排放限值时，视为其超标企业。对于超标企业，以企业产品数量、用水定额、排水系数、达标排放浓度计算企业达标排放时的排放量，用现有环统排放量减去计算所得排放量，即为该工业企业的减排潜力。计算公式为：

$$\Delta E_i=E_{i2013}-A_i\times D_i\times q\times C_i$$

式中：D_i——第 i 个工业污染源单位产品用水定额；

q——排水系数，一般按0.6～0.8计算。

其他符号同上式。

5.1.3 排放标准中仅有浓度限值的工业企业减排潜力测算

如果企业所属行业无排水定额、用水定额等相关数值，则采用企业2013年环统中主要水污染物

排放浓度与排放标准中的浓度限值做比较，超出限值，即为超标企业，其减排潜力通过 2013 年排水量乘以企业实际排放浓度与标准中浓度限值之差来计算。计算公式为：

$$\Delta E_i = Q_i \times (C_{i2013} - C_i)$$

式中：Q_i——第 i 个工业污染源 2013 年排水量；

C_{i2013}——第 i 个工业污染源 2013 年主要水污染物排放浓度；

其他符号同上式。

5.2 工业企业主要水污染物达标潜力测算

在 2013 年环境统计的基础上，将全国的主要工业企业根据行业进行分类，并根据行业排放标准限值要求，测算全国环境统计工业企业减排潜力综合为 COD 118.47 万 t，氨氮 6.74 万 t，分别占 2013 年所有环境统计企业排放总量的 41.5%和 30%（表 5-5-1）。

表 5-5-1 工业企业达标排放测算汇总 单位：万 t

行业名称	能够计算排放强度企业减排潜力				不能计算排放强度企业减排潜力				减排潜力总和	
	企业家数	有潜力企业数	COD	氨氮	企业家数	有潜力企业数	COD	氨氮	COD	氨氮
硝酸制造行业	—	—	—	—	—	—	—	—	0	0
提取制药行业	—	—	—	—	—	—	—	—	0	0
电池行业	37	34	175	16.3	587	18	10.9	1.27	185.9	17.57
电镀行业	—	—	—	—	—	—	—	—	0	0
淀粉行业	1 386	1 207	130 887	3 495	94	26	3 939	68.4	134 826	3 563.4
发酵类制药行业	—	—	—	—	—	—	—	—	0	0
钒冶炼行业	—	—	—	—	—	—	—	—	0	0
纺织整染行业	2 743	1 158	36 793	2 247.4	1 525	822	27 548	1 326.5	64 341	3 573.9
钢铁行业	6 679	1 300	46 533	4 060.4	924	68	2 078	510.4	48 611	4 570.8
合成革与人造革行业	59	55	752	67.8	1 334	857	27 730	2 627.5	28 482	2 695.3
混装制剂类药物行业	—	—	—	—	—	—	—	—	0	0
酵母行业	—	—	—	—	—	—	—	—	0	0
炼焦化学行业	684	133	18 992	3 255.6	52	5	581	53.6	19 573	3 309.2
磷肥行业	221	88	2 552	621	22	3	69	2.7	2 621	623.7
硫酸行业	—	—	—	—	—	—	—	—	0	0
铝冶炼行业	639	414	7 283	508.2	76	20	95	18.3	7 378	526.5
麻纺行业	104	25	2 043	27.3	21	5	103	3.5	2 146	30.8
羽毛（绒）、毛纺加工行业	1 045	855	24 359	1 195.9	789	447	12 388	463.5	36 747	1 659.4
镁冶炼行业	95	9	446	41.8	—	0	—	—	446	41.8
柠檬酸行业	—	—	—	—	—	—	—	—	0	0

行业名称	能够计算排放强度企业减排潜力				不能计算排放强度企业减排潜力				减排潜力总和	
	企业家数	有潜力企业数	COD	氨氮	企业家数	有潜力企业数	COD	氨氮	COD	氨氮
啤酒行业	454	6	612	88.6	22	10	175	15.2	787	103.8
铅锌冶炼行业	1 243	599	17 103	135.8	726	1	79	12.9	17 182	148.7
肉类加工行业	638	479	10 075	1 017	160	119	412	556.6	10 487	1 573.6
缫丝加工行业	338	168	4 122	69.3	118	46	701	22.2	4 823	91.5
生物工程类制药行业	256	108	2 877	202.4	—	0	—	—	2 877	202.4
钛冶炼行业	—	—	—	—	—	—	—	—	0	0
陶瓷类加工行业	1 640	134	698	75.8	2 299	701	4 751	306.7	5 449	382.5
铁合金行业	778	173	1 599	1 144.4	167	4	183	12.7	1 782	1 157.1
铁矿采选行业	2 877	486	3 939	251.7	1 461	15	78	0.05	4 017	251.75
铜镍钴冶炼行业	623	297	9 104	158.4	623	140	2 824	125.4	11 928	283.8
味精行业	36	3	2 004	331.3	7	2	12	0	2 016	331.3
稀土行业	131	109	2 933	426.2	32	13	165	1 141.3	3 098	1 567.5
橡胶制品行业	268	87	849	49.3	603	244	1 643	173	2 492	222.3
油墨行业	72	28	67	14.8	—	0	—	—	67	14.8
羽绒行业	173	141	3 577	173	2	0	0	0	3 577	173
皂素行业	127	117	1 694	94.1	—	0	—	—	1 694	94.1
制革及毛皮加工行业	271	220	9 034	397.3	1 299	300	15 814	1 135.5	24 848	1 532.8
制浆造纸行业	4 174	2 398	352 637	8 659.5	548	42	21 844	468	374 481	9 127.5
制糖行业	189	100	70 187	470	138	65	26 131	146.9	96 318	616.9
中药类制药行业	208	106	2 746	92.1	916	446	8 577	464	11 323	556.1
其他工业行业	34 629	10 466	265 226	28 723	—	—	—	—	265 226	28 723

5.2.1 各行业减排潜力测算

（1）电池行业

2013 年环境统计数据中，该行业企业共有 665 家，应执行《电池工业污染物排放标准》（GB 30484—2013），其中，基准排水量 0.2 m^3/万只，COD 和氨氮排放浓度限值分别为 70 mg/L 和 10 mg/L，折合 COD 和氨氮的排放强度分别为 14 g/万只和 2 g/万只。

按照测算方法，能够计算排放强度的企业 37 家，具有减排潜力的企业 34 家，COD 和氨氮的减排潜力分别为 175 t 和 16.3 t。无法核算排放强度的企业 587 家，具有减排潜力的企业 18 家，COD 和氨氮的减排潜力分别为 10.9 t 和 1.27 t。

（2）淀粉行业

2013 年环境统计数据中，该行业企业共有 1 480 家，应执行《淀粉工业水污染物排放标准》（GB 25461—2010），其中，基准排水量 8 m^3/t 产品，COD 和氨氮排放浓度限值分别为 100 mg/L 和

15 mg/L，折合COD和氨氮的排放强度分别为0.8 kg/t产品和0.12 kg/t产品。

按照测算方法，能够计算排放强度的企业1 386家，具有减排潜力的企业1 206（1 207）[1]家，COD和氨氮的减排潜力分别为130 887 t和3 495 t。无法核算排放强度的企业94家，具有减排潜力的企业26（14）家，COD和氨氮的减排潜力分别为3 939 t和68.4 t。

（3）纺织整染行业

2013年环境统计数据中，该行业企业共有4 268家，应执行《纺织染整工业水污染物排放标准》（GB 4287—2012代替GB 4287—92），其中，基准排水量85 m^3/t产品，COD和氨氮排放浓度限值分别为80 mg/L和10 mg/L，折合COD和氨氮的排放强度分别为6.8 kg/t产品和0.85 kg/t产品。

按照测算方法，能够计算排放强度的企业2 743家，具有减排潜力的企业1 158（780）家，COD和氨氮的减排潜力分别为36 793 t和2 247.4 t。无法核算排放强度的企业1 525家，具有减排潜力的企业822（409）家，COD和氨氮的减排潜力分别为27 548 t和1 326.5 t。

（4）钢铁行业

2013年环境统计数据中，该行业企业共有7 604家，应执行《钢铁工业水污染物排放标准》（GB 13456—2012代替GB 13456—92），其中，基准排水量1.8（0.1）m^3/t产品，COD和氨氮排放浓度限值分别为50 mg/L和5 mg/L，折合COD和氨氮的排放强度分别为90（5）g/t产品和9（0.5）g/t产品。

按照测算方法，能够计算排放强度的企业6 679家，具有减排潜力的企业1 300（485）家，COD和氨氮的减排潜力分别为46 533 t和4 060.4 t。无法核算排放强度的企业924家，具有减排潜力的企业68（41）家，COD和氨氮的减排潜力分别为2 078 t和510.1 t。

（5）合成革与人造革行业

2013年环境统计数据中，该行业企业共有1 394家，应执行《合成革与人造革工业污染物排放标准》（GB 21902—2008），其中，基准排水量15 m^3/万m^2，COD和氨氮排放浓度限值分别为80 mg/L和8 mg/L，折合COD和氨氮的排放强度分别为1.2 kg/万m^2和0.12 kg/万m^2。

按照测算方法，能够计算排放强度的企业59家，具有减排潜力的企业55（52）家，COD和氨氮的减排潜力分别为752 t和67.8 t。无法核算排放强度的企业1 334家，具有减排潜力的企业857（773）家，COD和氨氮的减排潜力分别为27 730 t和2 627.5 t。

（6）炼焦化学行业

2013年环境统计数据中，该行业企业共有736家，应执行《炼焦化学工业污染物排放标准》（GB 16171—2012代替GB 16171—1996），其中，基准排水量0.4 m^3/t产品，COD和氨氮排放浓度限值分别为80 mg/L和10 mg/L，折合COD和氨氮的排放强度分别为32 g/t产品和4 g/t产品。

按照测算方法，能够计算排放强度的企业684家，具有减排潜力的企业133（118）家，COD和氨氮的减排潜力分别为18 992 t和3 255.6 t。无法核算排放强度的企业52家，具有减排潜力的企业5（4）家，COD和氨氮的减排潜力分别为581 t和53.6 t。

（7）磷肥行业

2013年环境统计数据中，该行业企业共有243家，应执行《磷肥工业水污染物排放标准》（GB 15580—2011），其中，基准排水量0.15 m^3/t产品，COD和氨氮排放浓度限值分别为70 mg/L和10 mg/L，折合COD和氨氮的排放强度分别为10.5 g/t产品和1.5 g/t产品。

1 括号中为具有氨氮达标排放潜力的企业数量，下同。

按照测算方法，能够计算排放强度的企业 221 家，具有减排潜力的企业 88（58）家，COD 和氨氮的减排潜力分别为 2 552 t 和 621 t。无法核算排放强度的企业 22 家，具有减排潜力的企业 3（2）家，COD 和氨氮的减排潜力分别为 69 t 和 2.7 t。

（8）铝冶炼行业

2013 年环境统计数据中，该行业企业共有 715 家，应执行《铝工业污染物排放标准》（GB 25465—2010），其中，基准排水量 0.2 m^3/t 产品，COD 和氨氮排放浓度限值分别为 60 mg/L 和 8 mg/L，折合 COD 和氨氮的排放强度分别为 12 g/t 产品和 1.6 g/t 产品。

按照测算方法，能够计算排放强度的企业 639 家，具有减排潜力的企业 414（315）家，COD 和氨氮的减排潜力分别为 7 283 t 和 508.2 t。无法核算排放强度的企业 76 家，具有减排潜力的企业 20（12）家，COD 和氨氮的减排潜力分别为 95 t 和 18.3 t。

（9）麻纺行业

2013 年环境统计数据中，该行业企业共有 126 家，应执行麻纺工业水污染物排放标准（GB 28938—2012），其中，基准排水量 400 m^3/t 产品，COD 和氨氮排放浓度限值分别为 100 mg/L 和 10 mg/L，折合 COD 和氨氮的排放强度分别为 0.04 t/t 产和 0.004 t/t 产品。

按照测算方法，能够计算排放强度的企业 104 家，具有减排潜力的企业 25（11）家，COD 和氨氮的减排潜力分别为 2 043 t 和 27.3 t。无法核算排放强度的企业 21 家，具有减排潜力的企业 5（4）家，COD 和氨氮的减排潜力分别为 103 t 和 3.5 t。

（10）羽毛（绒）、毛纺加工行业

2013 年环境统计数据中，该行业企业共有 1 834 家，应执行《毛纺工业水污染物排放标准》（GB 28937—2012），其中，基准排水量 20 m^3/t 产品，COD 和氨氮排放浓度限值分别为 80 mg/L 和 10 mg/L，折合 COD 和氨氮的排放强度分别为 1.6 kg/t 产品和 0.2 kg/t 产品。

按照测算方法，能够计算排放强度的企业 1 045 家，具有减排潜力的企业 885（743）家，COD 和氨氮的减排潜力分别为 24 359 t 和 1 195.9 t。无法核算排放强度的企业 789 家，具有减排潜力的企业 447（155）家，COD 和氨氮的减排潜力分别为 12 388 t 和 463.5 t。

（11）镁冶炼行业

2013 年环境统计数据中，该行业企业共有 95 家，应执行《镁、钛工业污染物排放标准》（GB 25468—2010），其中，基准排水量 1 m^3/t 产品，COD 和氨氮排放浓度限值分别为 60 mg/L 和 8 mg/L，折合 COD 和氨氮的排放强度分别为 60 g/t 产品和 8 g/t 产品。

按照测算方法，能够计算排放强度的企业 95 家，具有减排潜力的企业 9 家，COD 和氨氮的减排潜力分别为 446 t 和 41.8 t。

（12）啤酒行业

2013 年环境统计数据中，该行业企业共有 476 家，应执行《啤酒工业污染物排放标准》（GB 19821—2005），其中，无基准排水量，COD 和氨氮排放浓度限值分别为 80 mg/L 和 15 mg/L，折合 COD 和氨氮的排放强度分别为 0.56/kL 和 0.105/kL。

按照测算方法，能够计算排放强度的企业 454 家，具有减排潜力的企业 6（4）家，COD 和氨氮的减排潜力分别为 612 t 和 88.6 t。无法核算排放强度的企业 22 家，具有减排潜力的企业 10（5）家，COD 和氨氮的减排潜力分别为 175 t 和 15.2 t。

（13）铅锌冶炼行业

2013 年环境统计数据中，该行业企业共有 1 969 家，应执行《铅、锌工业污染物排放标准》（GB 25466—2010），其中，基准排水量 8 m^3/t 产品，COD 和氨氮排放浓度限值分别为 60 mg/L 和 8 mg/L，折合 COD 和氨氮的排放强度分别为 0.48 kg/t 产品和 0.064 kg/t 产品。

按照测算方法，能够计算排放强度的企业 1 243 家，具有减排潜力的企业 599（82）家，COD 和氨氮的减排潜力分别为 17 103 t 和 135.8 t。无法核算排放强度的企业 726 家，具有减排潜力的企业 1 家，COD 和氨氮的减排潜力分别为 79 t 和 12.9 t。

（14）肉类加工行业

2013 年环境统计数据中，该行业企业共有 798 家，应执行《肉类加工工业水污染物排放标准》（GB 13457—92），其中，基准排水量 5.8 m^3/t 产品，COD 和氨氮排放浓度限值分别为 500 mg/L 和 20 mg/L，折合 COD 和氨氮的排放强度分别为 2.9 kg/t 产品和 0.116 kg/t 产品。

按照测算方法，能够计算排放强度的企业 638 家，具有减排潜力的企业 402（479）家，COD 和氨氮的减排潜力分别为 10 075 t 和 1 017 t。无法核算排放强度的企业 160 家，具有减排潜力的企业 18（119）家，COD 和氨氮的减排潜力分别为 412 t 和 556.6 t。

（15）缫丝加工行业

2013 年环境统计数据中，该行业企业共有 456 家，应执行《缫丝工业水污染物排放标准》（GB 28936—2012），其中，基准排水量 800 m^3/t 产品，COD 和氨氮排放浓度限值分别为 60 mg/L 和 15 mg/L，折合 COD 和氨氮的排放强度分别为 0.048 t 产品和 0.012/t 产品。

按照测算方法，能够计算排放强度的企业 338 家，具有减排潜力的企业 168（31）家，COD 和氨氮的减排潜力分别为 4 122 t 和 69.3 t。无法核算排放强度的企业 118 家，具有减排潜力的企业 46（8）家，COD 和氨氮的减排潜力分别为 701 t 和 22.2 t。

（16）生物工程类制药行业

2013 年环境统计数据中，该行业企业共有 256 家，应执行《生物工程类制药工业水污染物排放标准》（GB 21907—2008），其中，COD 和氨氮排放浓度限值分别为 80 mg/L 和 10 mg/L。

按照测算方法，以排放标准核算，具有减排潜力的企业 108（24）家，COD 和氨氮的减排潜力分别为 2 877 t 和 202.4 t。

（17）陶瓷类加工行业

2013 年环境统计数据中，该行业企业共有 3 940 家，应执行《陶瓷工业污染物排放标准》（GB 25464—2010），其中，基准排水量 2 m^3/t 产品，COD 和氨氮排放浓度限值分别为 50 mg/L 和 3 mg/L，折合 COD 和氨氮的排放强度分别为 0.1 kg/t 产品和 6 g/t 产品。

按照测算方法，能够计算排放强度的企业 1 640 家，具有减排潜力的企业 134（100）家，COD 和氨氮的减排潜力分别为 698 t 和 75.8 t。无法核算排放强度的企业 2 299 家，具有减排潜力的企业 701（473）家，COD 和氨氮的减排潜力分别为 4 751 t 和 306.7 t。

（18）铁合金行业

2013 年环境统计数据中，该行业企业共有 945 家，应执行《铁合金工业污染物排放标准》（GB 28666—2012），其中，基准排水量 2.5 m^3/t 产品，COD 和氨氮排放浓度限值分别为 60 mg/L 和 8 mg/L，折合 COD 和氨氮的排放强度分别为 0.15 kg/t 产品和 0.02 kg/t 产品。

按照测算方法，能够计算排放强度的企业 778 家，具有减排潜力的企业 173（115）家，COD 和氨氮的减排潜力分别为 1 599 t 和 1 144.4 t。无法核算排放强度的企业 167 家，具有减排潜力的企业 4 家，COD 和氨氮的减排潜力分别为 183 t 和 12.7 t。

（19）铁矿采选行业

2013 年环境统计数据中，该行业企业共有 4 338 家，应执行《铁矿采选工业污染物排放标准》（GB 28661—2012），其中，基准排水量 2 m^3/t 产品，COD 和氨氮排放浓度限值分别为 70 mg/L 和 15 mg/L，折合 COD 和氨氮的排放强度分别为 0.14 kg/t 产品和 0.03 kg/t 产品。

按照测算方法，能够计算排放强度的企业 2 877 家，具有减排潜力的企业 486（67）家，COD 和氨氮的减排潜力分别为 3 939 t 和 251.7 t。无法核算排放强度的企业 1 461 家，具有减排潜力的企业 15（1）家，COD 和氨氮的减排潜力分别为 78 t 和 0.05 t。

（20）铜镍钴冶炼行业

2013 年环境统计数据中，该行业企业共有 1 246 家，应执行《铜、镍、钴工业污染物排放标准》（GB 25467—2010），其中，基准排水量 1（10）m^3/t 产品，COD 和氨氮排放浓度限值分别为 60（100）mg/L 和 8 mg/L，折合 COD 和氨氮的排放强度分别为 0.06 kg（1 kg）/t 产品和 8 g/t 产品。

按照测算方法，能够计算排放强度的企业 623 家，具有减排潜力的企业 297（62）家，COD 和氨氮的减排潜力分别为 9 104 t 和 158.4 t。无法核算排放强度的企业 623 家，具有减排潜力的企业 140（58）家，COD 和氨氮的减排潜力分别为 2 824 t 和 125.4 t。

（21）味精行业

2013 年环境统计数据中，该行业企业共有 43 家，应执行《味精工业污染物排放标准》（GB 19431—2004），其中，基准排水量 150 m^3/t 产品，COD 和氨氮排放浓度限值分别为 200 mg/L 和 50 mg/L，折合 COD 和氨氮的排放强度分别为 0.03 t/t 产品和 7.5 kg/t 产品。

按照测算方法，能够计算排放强度的企业 36 家，具有减排潜力的企业 3（1）家，COD 和氨氮的减排潜力分别为 2004 t 和 331.3 t。无法核算排放强度的企业 7 家，具有减排潜力的企业 2 家，COD 和氨氮的减排潜力分别为 12 t 和 0 t。

（22）稀土行业

2013 年环境统计数据中，该行业企业共有 163 家，应执行《稀土工业污染物排放标准》（GB 26451—2011），其中，基准排水量 6 m^3/t 产品，COD 和氨氮排放浓度限值分别为 70 mg/L 和 15 mg/L，折合 COD 和氨氮的排放强度分别为 0.42 kg/t 产品和 0.09 kg/t 产品。

按照测算方法，能够计算排放强度的企业 131 家，具有减排潜力的企业 109（14）家，COD 和氨氮的减排潜力分别为 2 933 t 和 426.2 t。无法核算排放强度的企业 32 家，具有减排潜力的企业 11（13）家，COD 和氨氮的减排潜力分别为 165 t 和 1 141.3 t。

（23）橡胶制品行业

2013 年环境统计数据中，该行业企业共有 871 家，应执行《橡胶制品工业污染物排放标准》（GB 27632—2011），其中，基准排水量 7（80）m^3/t 产品，COD 和氨氮排放浓度限值分别为 70 mg/L 和 10（5）mg/L，折合 COD 和氨氮的排放强度分别为 5.6（0.49）kg/t 产品和 0.8（0.035）kg/t 产品。

按照测算方法，能够计算排放强度的企业 268 家，具有减排潜力的企业 87（55）家，COD 和氨氮的减排潜力分别为 849 t 和 49.3 t。无法核算排放强度的企业 603 家，具有减排潜力的企业 244（185）家，COD 和氨氮的减排潜力分别为 1 643 t 和 173 t。

（24）油墨行业

2013 年环境统计数据中，该行业企业共有 72 家，应执行《油墨工业水污染物排放标准》（GB 25463—2010），其中 COD 和氨氮排放浓度限值分别为 80 mg/L 和 10 mg/L。

按照测算方法，具有减排潜力的企业 27（28）家，COD 和氨氮的减排潜力分别为 67 t 和 14.8 t。

（25）羽绒行业

2013 年环境统计数据中，该行业企业共有 175 家，应执行《羽绒工业水污染物排放标准》（GB 21901—2008），其中，基准排水量 60 m^3/t 产品，COD 和氨氮排放浓度限值分别为 80 mg/L 和 12 mg/L，折合 COD 和氨氮的排放强度分别为 4.8 kg/t 产品和 0.72 kg/t 产品。

按照测算方法，能够计算排放强度的企业 173 家，具有减排潜力的企业 141（108）家，COD 和氨氮的减排潜力分别为 3 577 t 和 173.0 t。无法核算排放强度的企业 2 家，无减排潜力。

（26）皂素行业

2013 年环境统计数据中，该行业企业共有 127 家，应执行《皂素工业水污染物排放标准》（GB 20425—2006），其中，基准排水量 400 m^3/t 产品，COD 和氨氮排放浓度限值分别为 300 mg/L 和 80 mg/L，折合 COD 和氨氮的排放强度分别为 0.12 t/t 产品和 0.032 t/t 产品。

按照测算方法，具有减排潜力的企业 117（105）家，COD 和氨氮的减排潜力分别为 1 694 t 和 94.1 t。

（27）制革及毛皮加工行业

2013 年环境统计数据中，该行业企业共有 1 570 家，应执行《制革及毛皮加工工业水污染物排放标准》（GB 30486—2013），其中，基准排水量 55 m^3/t 原料皮，COD 和氨氮排放浓度限值分别为 100 mg/L 和 25 mg/L，折合 COD 和氨氮的排放强度分别为 5.5 kg/t 原料皮和 1.375 kg/t 原料皮。

按照测算方法，能够计算排放强度的企业 271 家，具有减排潜力的企业 220（148）家，COD 和氨氮的减排潜力分别为 9 034 t 和 397.3 t。无法核算排放强度的企业 1 299 家，具有减排潜力的企业 300（285）家，COD 和氨氮的减排潜力分别为 15 814 t 和 1 135.5 t。

（28）制浆造纸行业

2013 年环境统计数据中，该行业企业共有 4 722 家，应执行《制浆造纸工业水污染物排放标准》（GB 3544—2008），其中，基准排水量 20 m^3/t 纸（浆），COD 和氨氮排放浓度限值分别为 80 mg/L 和 8 mg/L，折合 COD 和氨氮的排放强度分别为 1.6 kg/t 纸（浆）和 0.16 kg/t 纸（浆）。

按照测算方法，能够计算排放强度的企业 4 174 家，具有减排潜力的企业 2 398（1 540）家，COD 和氨氮的减排潜力分别为 352 637 t 和 8 659.5 t。无法核算排放强度的企业 548 家，具有减排潜力的企业 35（42）家，COD 和氨氮的减排潜力分别为 5 410 t 和 210.1 t。

（29）制糖行业

2013 年环境统计数据中，该行业企业共有 327 家，应执行《制糖工业水污染物排放标准》（GB 21909—2008），其中，基准排水量 51 m^3/t 糖，COD 和氨氮排放浓度限值分别为 100 mg/L 和 10 mg/L，折合 COD 和氨氮的排放强度分别为 5.1 kg/t 糖和 0.51 kg/t 糖。

按照测算方法，能够计算排放强度的企业 189 家，具有减排潜力的企业 100（45）家，COD 和氨氮的减排潜力分别为 70 187 t 和 470 t。无法核算排放强度的企业 138 家，具有减排潜力的企业 65（41）家，COD 和氨氮的减排潜力分别为 26 131 t 和 146.9 t。

（30）中药类制药行业

2013 年环境统计数据中，该行业企业共有 1 124 家，应执行《中药类制药工业水污染物排放标准》(GB 21906—2008)，其中，基准排水量 300 m^3/t 产品，COD 和氨氮排放浓度限值分别为 100 mg/L 和 8 mg/L，折合 COD 和氨氮的排放强度分别为 0.03 t/t 产品和 2.4 kg/t 产品。

按照测算方法，能够计算排放强度的企业 208 家，具有减排潜力的企业 106（49）家，COD 和氨氮的减排潜力分别为 2 746 t 和 92.1 t。无法核算排放强度的企业 916 家，具有减排潜力的企业 446（268）家，COD 和氨氮的减排潜力分别为 8 577 t 和 464 t。

（31）其他工业行业

2013 年环境统计数据中，除以上 40 个重点行业企业之外，剩余各类工业企业 114 356 家。按照执行《污水综合排放标准》（GB 8978—1996）限值要求进行达标排放潜力测算，其中 COD 和氨氮的排放浓度限值分别为 100 mg/L 和 15 mg/L。

按照测算方法，有水量数据能够计算减排潜力的企业 34 629 家，其中有减排潜力的企业为 10 466（5 275）家，COD 和氨氮的减排潜力分别为 265 226 t 和 28 723 t。

5.2.2 小结

2013 年环境统计数据中，共有各类工业企业 147 658 家，COD 总排放量为 285.3 万 t，氨氮总排放量 22.5 万 t，以上工业企业的排放量占全部工业企业污染源排放量的比例在 80%以上。根据减排潜力测算结果，环境统计数据中具有减排潜力的企业数为 25 922 家，占全部企业数量的 17.56%；以上企业的 COD 和氨氮减排潜力总和分别为 118.9 万 t 和 6.77 万 t，分别占 2013 年环境统计中企业总排放量的 41.7%和 30.1%。

在具有减排潜力的 31 个重点行业中，制浆造纸行业、纺织染整行业、钢铁行业、羽毛（绒）、毛纺加工行业与淀粉行业具有减排潜力的企业数量较多，以上 5 个行业具有减排潜力企业数量之和占全部潜力企业数量的 53.8%；皂素行业、淀粉行业以及羽绒行业具有减排企业占全部企业数量的比例较大，在 80%以上。

制浆造纸行业、淀粉行业、制糖行业、纺织染整行业与钢铁行业的 COD 减排潜力较大，占全部工业企业 COD 达标排放潜力之和的 77%；制浆造纸行业、钢铁行业、纺织染整行业、淀粉行业与炼焦化学行业的氨氮减排潜力较大，占全部工业企业氨氮达标排放潜力之和的 62%。

5.3 工业污染源达标排放对策

5.3.1 深入调研，明确工业企业达标排放基数体系与计划

通过科学调研、专家咨询等多种方式，结合各行业生产的实际情况，从生产源头调查分析，明确污染产生的关键工艺环节，摸清污染物种类、性质及其排放规律、浓度、总量等。根据污染物的特征情况制定科学、合理、经济的污染治理技术方法体系，提出企业达标排放方案路线图。

5.3.2 落实目标责任制度体系，确保工业企业达标排放任务完成

达标排放不仅是完成国家总量控制任务，改善水环境质量，同时也关系企业的生存和发展，企

业作为责任主体应积极参与到其中。通过明确责任，签订目标责任书等方式，明确企业在达标排放中的主体地位，环保部门提供相应的技术支持，确保工业企业达标排放任务的完成，并根据任务完成情况进行明确的表彰与惩罚措施。

5.3.3　建立完善环境监督管理制度，促进环保部门职能转换

抓住国家机制改革契机，转变环保部门职能，进一步明确环境保护部门对于企业达标排放的监督、管理和技术支持职能。对企业的日常环保工作给予必要的技术支持和日常监管，及时发现和解决可能出现的问题，确保企业污染物排放长期稳定达标。对于不能稳定达标的企业，在依据新《环保法》进行严厉处罚的基础上，应帮助企业进行可行性技术改造，确保长期稳定达标。

5.3.4　尝试建立新型环保金融模式，确保达标排放技术改造资金支持

在设立政府专项资金支持的基础上，通过排污许可、排污交易、环保金融等多种方式，为企业达标排放技术改造提供必要的资金支持。通过 PPP 等先进环保技术推广理念，尝试建立最佳可行性技术体系与资金配套，为企业实现达标排放提供多种资金来源，并保证资金的持续稳定获益。

本报告执笔：韩旭、叶维丽、彭硕佳

6 全国总磷控制的思路

6.1 我国水环境总磷污染状况

6.1.1 我国水环境总磷污染现状及变化趋势

6.1.1.1 总磷已经成为影响重点流域水质的首要污染因子，近年来全国总磷浓度整体有所改善，但局部地区污染加重

目前，总磷已经成为影响我国河流水质的第三大污染指标，仅次于化学需氧量和氨氮。据 2014 年重点流域考核结果，我国重点流域河流型国控断面总磷平均浓度为 0.21 mg/L，全年考核断面总磷监测浓度超过水质目标要求的监测频次达 564 次，占监测频次的 11.1%，远高于化学需氧量（超标频次 302 次）和氨氮（超标频次 391 次）两项主要水污染物；总磷浓度劣于Ⅴ类水标准的监测频次共 382 次，占监测频次的 7.5%。其中，海河、巢湖、辽河、滇池等流域河流总磷平均浓度较高，分别为 0.37 mg/L、0.29 mg/L、0.28 mg/L 和 0.27 mg/L；巢湖、海河、三峡库区及上游和淮河流域总磷监测浓度超过水质目标要求的监测频次相对较高，分别为 26.9%、17.6%、14.2%和 10.2%。图 5-6-1、图 5-6-2 分别为我国重点流域河流总磷浓度分布情况和超标情况。

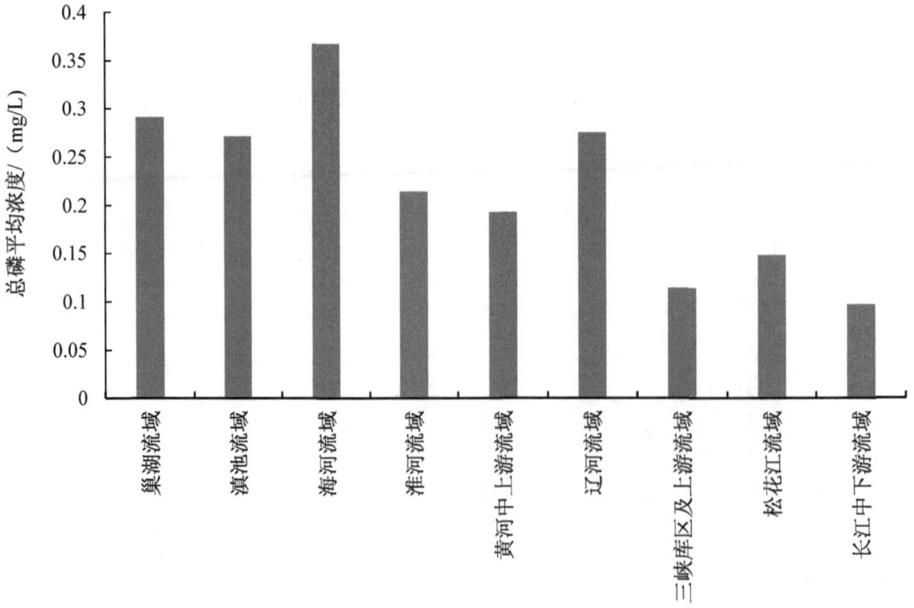

图 5-6-1 2014 年各重点流域河流型考核断面总磷平均浓度

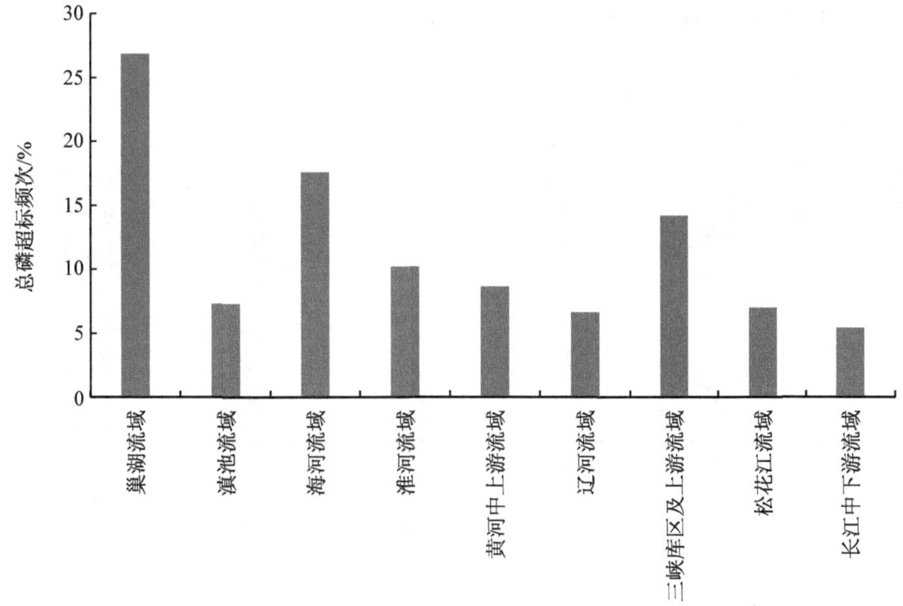

图 5-6-2　2014 年各重点流域河流型考核断面总磷超标频次比例

从历年变化趋势来看，2012—2014 年重点流域河流型国控断面总磷污染整体呈改善趋势，平均浓度由 0.24 mg/L 下降至 0.21 mg/L，下降幅度为 12.5%左右，略高于化学需氧量和氨氮平均浓度下降幅度（5.9%和 10.5%）。但是，海河和淮河等流域的总磷平均浓度仍呈上升趋势，上升幅度分别为 11.0%和 21.2%，见图 5-6-3。

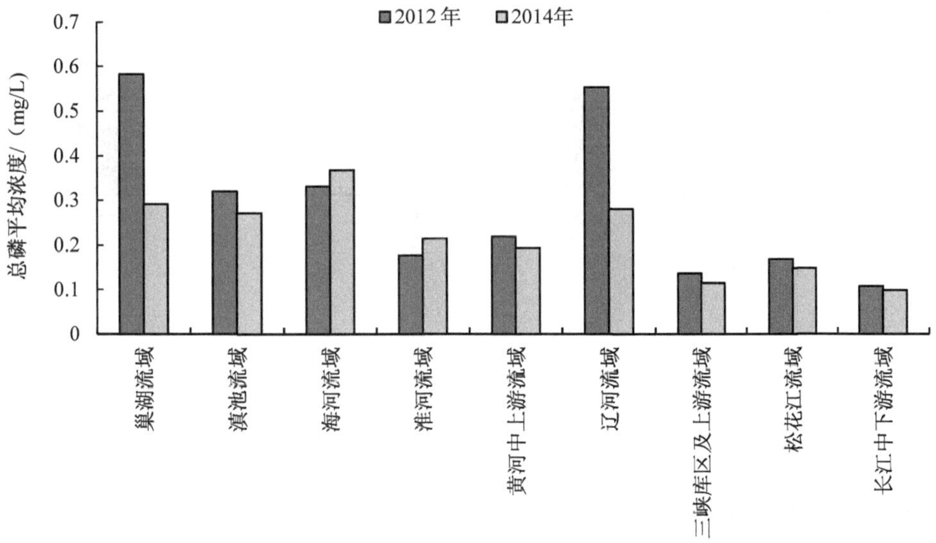

图 5-6-3　2012 年、2014 年各省（市、区）河流型考核断面总磷平均浓度对比

根据 2014 年重点流域考核结果，重点流域湖库型断面总磷平均浓度为 0.08 mg/L，已超过《地表水环境质量标准》（GB 3838—2002）Ⅲ类水标准（0.05 mg/L）。全年考核断面总磷浓度超标频次达 113 次，超标频次比例为 32.5%；监测浓度劣于Ⅴ类水标准的频次达 70 次，比例为 20.1%。

其中，巢湖、滇池、长江中下游和淮河流域的湖库总磷平均浓度较高，分别达到 0.074 mg/L、0.073 mg/L、0.059 mg/L 和 0.059 mg/L，总磷监测浓度超标准监测频次比例分别为 13.9%、48.0%、

37.5%和 1.4%，见图 5-6-4 和图 5-6-5。

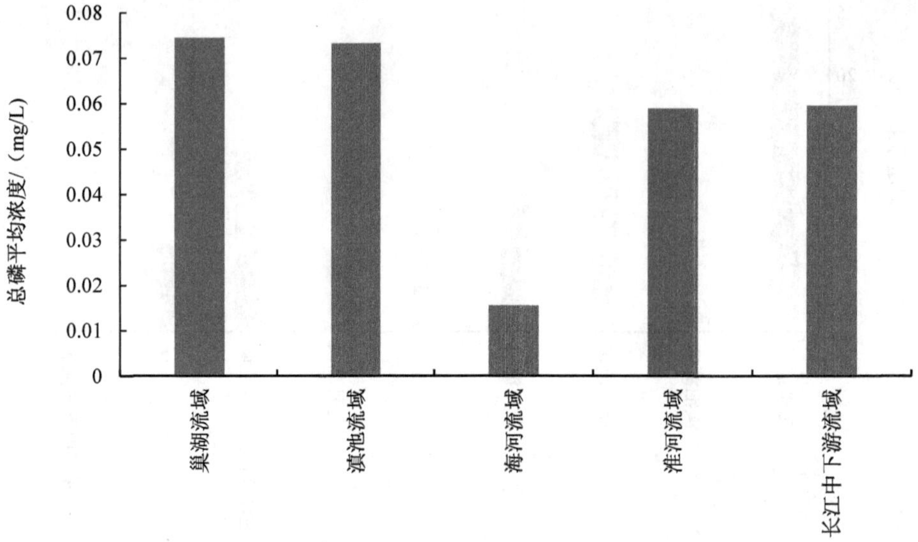

图 5-6-4 2014 年各重点流域湖库型考核断面总磷平均浓度

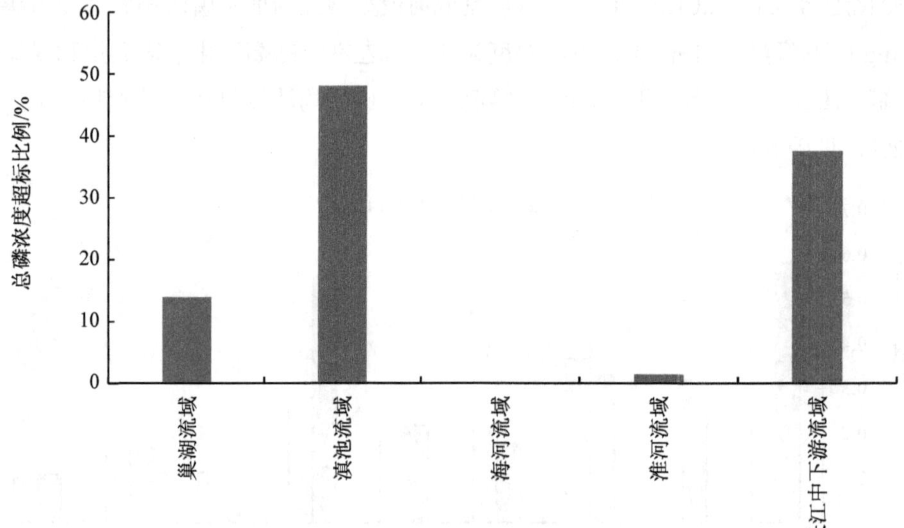

图 5-6-5 2014 年各重点流域湖库型考核断面总磷超标监测频次比例

6.1.1.2 近岸海域的活性磷酸盐污染问题逐步凸显

根据《2013 年中国海洋环境状况公报》，活性磷酸盐在全国近岸海域点位超标率较高，为 15.6%，测值浓度范围为未检出～0.188 mg/L，平均浓度为 0.017 mg/L 左右，达到海水第二类水质标准。2008—2013 年，全国近岸海域活性磷酸盐平均浓度基本保持稳定（0.015 mg/L 左右），但监测站点的超标比例呈小幅波动上升趋势，由 8%左右上升至 15.6%，见图 5-6-6。

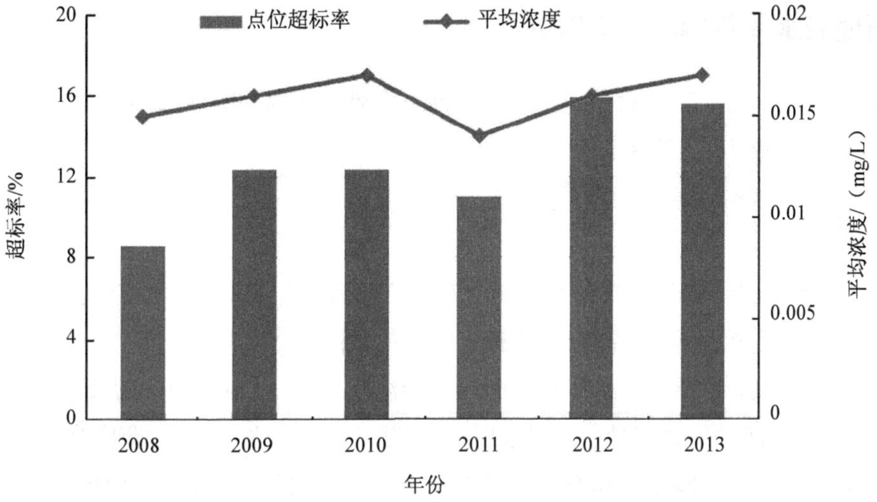

图 5-6-6 2008—2013 年近岸海域活性磷酸盐平均浓度和点位超标率趋势

根据海洋环境状况公报，按单因子评价方法，活性磷酸盐平均浓度超第一类海水水质标准的海域面积约 61 610 km^2，其中，渤海、黄海、东海和南海分别占 5 790 km^2、3 840 km^2、41 450 km^2 和 10 530 km^2；劣于第四类海水水质标准的海域面积分别为 90 km^2、260 km^2、10 220 km^2 和 1 210 km^2，主要分布在大连近岸、长江口、杭州湾、珠江口的局部海域。

6.1.1.3 城市内河总磷等有机污染物超标导致水体黑臭

城市内河是城市的经络和血脉，是城市的重要组成要素，其主要的功能包括排水、分流、蓄水、防洪、景观、生态涵养等。目前，全国 900 多个国控断面主要分布在各流域的主要河流干流上，其水质监测的结果并没有反映出目前我国城市内河的水环境质量现状。据调查，目前我国城市内河的水环境质量状况不容乐观，大部分城市内河处于严重污染、重度富营养化状态，主要污染因子包括化学需氧量、氨氮、生化需氧量、总磷等。

北方地区的城市内河作为城市的重要排污、纳污通道，由于缺乏天然径流和自净能力，加之地表水水质标准和污（废）水排放标准之间的差异，其水质常严重超标。如保定市一亩泉河，化学需氧量、氨氮、总氮、总磷浓度均较高，分别为 136.6 mg/L、51.4 mg/L、60.8 mg/L 和 2.1 mg/L，远超过Ⅴ类水标准；青岛胶州市云溪河、护城河等城市内河水质总体较差，局部河段仍存在黑臭的现象，据监测，全市 60%的城市内河监测断面水质类别为劣Ⅴ类，主要污染因子为总磷、化学需氧量、五日生化需氧量等。

在南方，由于部分河流的流动性较差以及城市径流的面源污染，水质问题也比较严重。如巢湖市城区水系长期水流不畅通，部分监测点位总磷监测浓度高达 6 mg/L，水体为重度富营养化状态；江西南昌青山湖从 2008 年起，连续六年遭遇蓝藻侵袭，湖体腥臭，严重影响城市景观。

6.1.1.4 总磷污染甚至威胁饮用水安全

根据 2013 年全国地级以上集中式饮用水源环境状况评估报告，受总磷影响的饮用水水源地主要为地表水饮用水水源地，其对水质的影响程度仅次于总氮和粪大肠菌群。总磷超标的饮用水水源地主要集中在长江流域和东南诸河流域。

6.1.2 我国地表水体总磷超标原因分析

总磷污染的来源广泛，工农业生产、居民生活与自然本地都有可能造成地表水体总磷浓度超标的显现，造成水体的富营养化现象。

6.1.2.1 工业生产

工业生产（磷矿采选、磷肥生产、有机磷农药生产、食品加工等），尤其是以磷化工为代表的工业企业产生的污染对区域水环境总磷浓度超标有重要的贡献。

研究显示，德阳市金轮断面和柳林村断面的总磷浓度 2013—2014 年与德阳市 GDP、第二产业的增长基本同步，且有较好的相关性。以岷江干流（乐山段）为例，该流域近 50%的总磷负荷来源于工业企业。工业企业的含磷原料和产品的储存、堆放和运输环节中存在管理漏洞均可能导致含磷污染物随着雨水浸出、流失并进入水体。部分磷化工企业的工业污水未得到充分有效治理，排放进入自然水体后，对受纳水体造成极大的磷负荷。根据对长江干流宜昌段相关企业的调研发现，磷矿企业选矿废水、尾矿库废水等工业污水总磷浓度在 100～120 mg/L 左右。此外，部分企业的排放总量较大，即便企业做到达标排放，对区域水环境中总磷浓度的压力仍然不可忽视。以岷江（乐山段）为例，该河段枯水期容量仅为 0.67 t/d，但是区域内仅和邦集团（9 万 t 双甘膦）与福华农科（12 万 t 草甘膦）两家企业的总磷排放强度就达到 0.61 t/d。

6.1.2.2 生活源

除工业污染排放的含磷废水之外，生活源（包括城镇污水处理厂与农村生活污水）排放废水中的磷也对水环境中的总磷浓度也产生了重要影响。

岷江干流（乐山段）的研究表明，生活源排放的总磷占该区域全部总磷负荷的 28%左右。

首先，我国的城镇生活污水主要以城镇生活污水集中收集处理的方式为主，城镇污水处理厂目前的主要控制指标为 COD 和氨氮，并未全面开展有针对性的脱氮除磷工艺。按照目前《城镇污水处理厂污染物排放标准》（GB 18918—2002）的要求，即便是一级 A（最高级别）的排放标准要求，总磷的排放浓度仍旧高达 0.5 mg/L。但该浓度在《地表水环境质量标准》中，属于劣Ⅴ类水体。所以，即便是城镇污水处理厂的达标出水仍然可能对水体中的总磷浓度造成负面影响。

其次，在农村污水处理方面，目前仅 5%左右的农村生活污水进行了收集并由分散型污水处理设施进行了处理。但是该类设施相对简陋，处理效果一般，出水水平远低于城镇污水处理厂。而更多的污水则是未经处理、直接排放进入环境，带来的污染触目尽心。按照我国 2014 年农村人口 6.2 亿人估算，每天直排进入环境的农村生活污水高达 5 000 万 t。

6.1.2.3 农业源

畜禽养殖、种植业集约化、规模化程度低、管理水平相对低下，农业生产产生的废物对表水体的总磷浓度超标也有较大的贡献。

畜禽养殖业产生的畜禽粪便得不到有效处理或是粪便在堆放期间未做好充分的防雨防渗工作，导致渗滤液进入水体，直接导致水体总磷浓度超标。种植业方面，由于我们目前的种植模式较为粗放，肥料的施用缺乏科学的管理，测土配方应用面积有限，肥料的流失率偏高，导致过多的肥料进入水体，引起水体总磷浓度超标。太湖流域化肥用量达 300 万 t/a 以上；上海郊区化肥消耗量在 80 万 t/a，流失率大于 40%。以四川德阳的石亭—双江桥断面为例，该断面的总磷浓度与德阳市农业施肥的时间有较好的关联性，断面总磷浓度较高的 5 月、10 月、11 月正是当地农业施肥的高峰期（5 月和 10 月）。

6.1.2.4　自然本底与底泥释放

自然本底与底泥释放也是造成地表水体总磷浓度超标的原因之一。

除了人为活动导致的地表水体总磷浓度超标，由于自然界的矿藏、底泥释放等原因，亦可造成部分水体出现总磷浓度超标的情况。由于磷矿的可溶性磷可以随着雨水进入水体，即便在无人为开采的情况下，亦可造成水体总磷浓度超标。以湖北宜昌香溪河为例，由于上游存在大量磷矿，即便无大范围人为开采，水体仍然有总磷超标现象。

此外，底泥中固定态磷由于水体水文条件的变化重新释放到水体之中成为游离态磷，这也是造成部分水域总磷浓度超标的原因之一。这类情况在部分湖库较为常见，主要是由于人为调水、水库调蓄等人为水资源调配使区域水体的水文条件造成较大程度的改变，影响了底泥中总磷的平衡状态，导致水体中的总磷浓度超标。

6.1.3　总磷统计与监测基础

6.1.3.1　环境统计调查情况

“十二五”环境统计中，工业源未将总磷产排情况纳入指标体系；城镇生活源仅调查总磷的产生量，采用人口与产污系数进行估算；农业源中，规模化畜禽养殖采用养殖数和产排污系数进行估算，水产和种植业平移 2007 年第一次全国污染源普查数据；污水处理厂调查了总磷的进出口浓度和污染物去除情况；垃圾填埋厂、危险（医疗）废物集中处置场调查了总磷的产排情况。

6.1.3.2　污染源监督性监测情况

污染源监测的主要依据是排放标准，部分地区可以根据需要对污染源监测项目提出要求。因此，企业所执行的排放标准中有总磷排放限值的，或者地方对总磷排放控制有特殊要求的，均需监测总磷。

我国目前工业源废水污染物排放标准中，直接排放企业总磷排放限值在 0.5～20 mg/L 范围内，其中排放限值为 0.5～1.5 mg/L 的较多，磷肥、硫酸等部分总磷重污染行业排放限值较高，达到 20 mg/L。间接排放企业总磷排放限值在 1～30 mg/L 范围内，其中排放限值 1～5 mg/L 的较多。《污水综合排放标准》中未规定总磷的排放限值。

我国现行污水处理厂排放标准《城镇污水处理厂污染物排放标准》（GB 18 918—2002）中总磷为 19 项必测项目之一，一级 A 标准总磷排放限值为 0.5 mg/L（2006 年 1 月 1 日起建设的）或 1 mg/L（2005 年 12 月 31 日前建设的），一级 B 总磷排放限值为 1 mg/L（2006 年 1 月 1 日起建设的）或 1.5 mg/L（2005 年 12 月 31 日前建设的），二级标准总磷限值为 3 mg/L，三级标准总磷限值为 5 mg/L。

目前我国适用于规模化畜禽养殖企业的排放标准为《畜禽养殖业污染物排放标准》（GB 18596—2001），总磷排放限值为 8.0 mg/L。

2013 年，共对 4 908 家国控企业开展了总磷的监督性监测，包括 1 492 家工业企业、3 343 家污水处理厂和 73 家规模化畜禽养殖场。由于监测任务繁重，各地普遍偏重 COD、氨氮两项总量减排考核指标的监测，总磷监测比例相对较低。《污水综合排放标准》中未规定总磷排放限值，故仅分析直接排放企业情况。以监测企业数较多的纺织、造纸行业为例进行说明，纺织、造纸行业新的国家排放标准中，均规定了直接排放企业 COD、氨氮、总磷的排放限值，即直接排放的纺织、造纸企业均应开展这四项污染物的监测。纺织行业直接排放企业中，开展 COD、氨氮、总磷排放监测的企业数分别为 290 家、280 家、119 家，开展 COD、氨氮排放监测的企业数是总磷的 2.5 倍左右。造纸行业的直接排放企业中，开展 COD、氨氮、总磷排放监测的企业数分别为 625 家、598 家、431 家，近 200 家开展了 COD、氨氮监测的企业未开展总磷监测。

6.1.4 环境统计调查中总磷排放情况分析

在工业源的排放量估算中，利用 2013 年国控企业监督性监测平均浓度与环境统计调查的废水排放量进行估算。对于监测企业数较多，且总氮、总磷排放浓度较高的行业，采用小类行业（4 级行业）平均浓度和废水排放量计算。对于其他行业，考虑到数据代表性的问题，选取监测企业数在 10 家以上大类行业（2 级行业）的平均浓度与废水排放量计算。值得说明的是，由于数据基础较弱，工业行业排放量未考虑磷矿开采总磷的排放量。

在城镇生活源的排放量估算中，城镇生活源总氮、总磷产生量根据全国环境统计推荐的各省总氮、总磷产生系数和城镇人口估算，城镇生活源总氮、总磷去除量根据环境统计填报数据及总体处理水平推算，从而计算出城镇生活源的排放量。

在农业源的排放量估算中，采用全国环境统计结果。

基于 74 013 家环境统计调查企业的废水排放量、总磷产生系数、人口等基础数据和 4 908 家国控企业污染源监督性监测数据估算，2013 年我国重点污染源总磷排放量约为 60 万 t 左右。其中工业源总磷排放量约为 1 万 t 左右，城镇生活源总磷量约为 10 万 t 左右，农业源总磷排放量 48 万 t 左右。从统计数据来看，目前农业源是我国总磷的最大排放源。农业源中，水产、种植、畜禽养殖总磷量分别为 1.5 万 t、10.6 万 t、35.8 万 t。各类别的污染源总磷排放量分布情况见图 5-6-7。

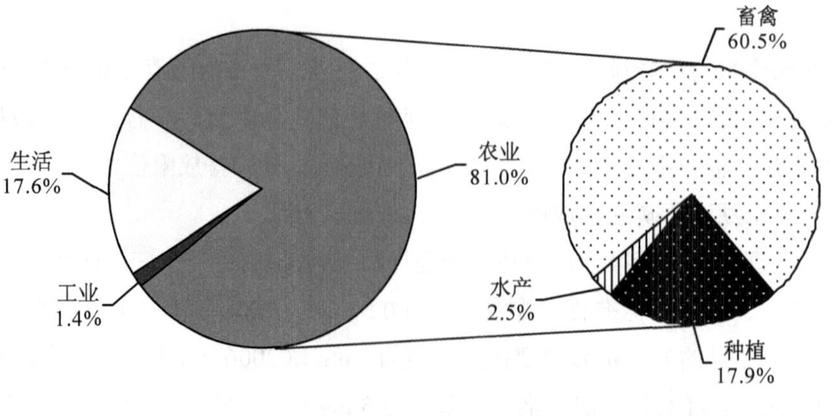

图 5-6-7 各类污染源总磷排放量分布

全国总磷排放主要集中在我国的中东部地区。其中，11 个东部地区总磷排放量占全国总量的 43.1%，8 个中部地区占 34.8%，13 个西部地区占 22.1%。总磷排放位居全国前五位的分别是山东、河南、河北、广东、四川，总磷排放量为 22.9 万 t，占全国总量的 38.6%；其中山东的总磷排放量最高，为 6.8 万 t，占全国总量的 11.5%。除青海外，其他地区的农业源总磷排放量均占排放总量的 50%以上；青海的生活源与农业源总磷排放量比例分别为 53.2%、44.0%（图 5-6-8）。

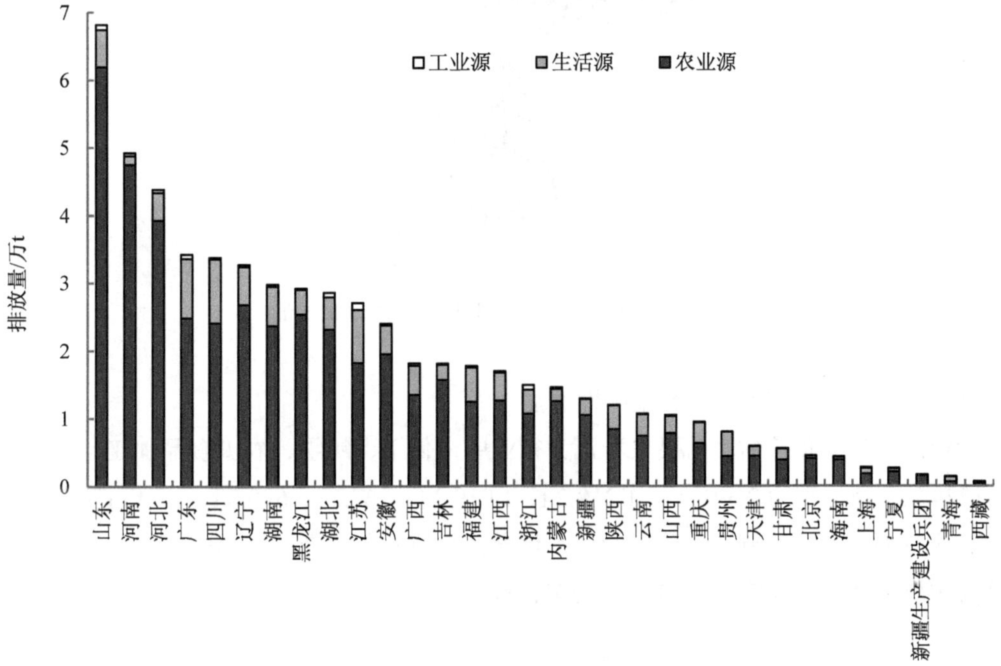

图 5-6-8　总磷地区排放量分布

6.1.4.1　工业总磷排放量虽小，但排放相对集中，且浓度较高

工业源总磷的排放量从统计数据来看相对较小，一方面是因为提供监督性监测数据的企业属于国控重点源，污染防治水平都比较高，环境保护监管工作比较到位。但是大部分的企业，特别是小微企业的废水处理并不规范，加之总磷并没有纳入总量控制政策，受到的关注度不高，日常监督性监测、在线监测都没有严格的将总磷作为考核指标，企业废水总磷超标排放的情况比较多。工业源的总磷排放相对比较集中，浓度较高，对局部水体的影响比较大。

（1）部分企业总磷超标排放

2013 年开展监督性监测的国控废水企业中，总磷排放出现超标的 172 家企业中，占所有监测总磷浓度企业数的 11.0%。总磷超标企业比例仅次于粪大肠菌群数、大肠菌群、可吸附有机卤素（AOX），高于 COD（8.6%）、氨氮（6.2%）的超标企业比例。

农副食品加工行业所占比例最大，占超标企业总数的 41.9%，其次为畜牧业、纺织、饮料制造、造纸、金属制品等行业，分别占 13.4%、11.0%、8.1%、8.1%、7.0%（图 5-6-9）。

共有 22 个地区出现总磷超标企业，其中西藏开展监测的 4 家废水国控企业均超标，全年平均达标率为 0。新疆、海南、广西、江西、湖北、甘肃和湖南 7 地区的总磷平均达标率介于 70%～90%，其他 23 个地区全年平均达标率均在 90%以上。出现超标的 172 家企业，主要分布在广西、江西和江苏，分别有 58 家、31 家、11 家总磷超标企业，累计占超标企业总数的 58.1%。

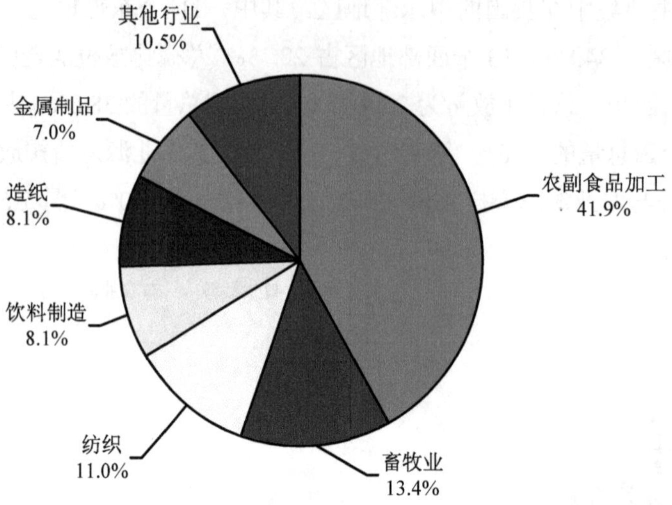

图 5-6-9 总磷排放出现超标企业的行业分布

（2）总磷排放的行业集中、区域集中性明显

从各行业总磷排放负荷估算结果来看，大行业中，化工、纺织、农副食品加工、饮料制造、造纸行业总磷排放负荷分别为 2 591.9 t、1 218.2 t、1 019.3 t、767.6 t、690.0 t，合计占工业总排放负荷的 74.8%。小行业中，淀粉制造、磷肥制造、化学药品原料药制造行业总磷排放浓度较高，排放量较大，总磷排放量分别为 595.5 t、554.3 t、333.7 t。

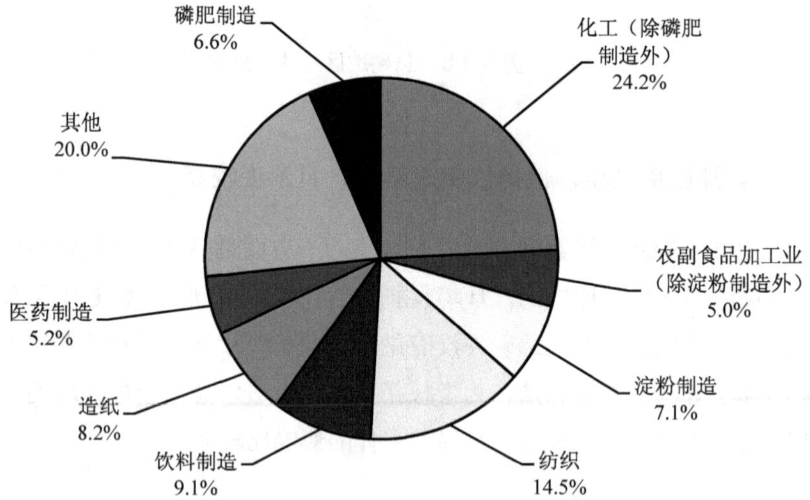

图 5-6-10 工业源总磷行业排放分布

据统计，全国总磷排放重点行业企业共有 5 万余家，主要集中在广东、浙江、江苏、山东、河北、四川和河南等地区。这些地区总磷的产生量相对较高，如磷肥制造行业企业总磷为 100～150 mg/L，含磷农药废水总磷可高达 2 000～5 000 mg/L。在环境监管不到位的情况下，总磷很容易超标排放，环境压力相对较大。其中，磷污染排放负荷较高的磷肥制造行业，主要集中在云南、湖北、四川、贵州等地，企业总数占全国总量的 83%。

（3）行业间总磷排放浓度具有一定差异

2013 年，监测企业数在 10 家以上的有 14 个行业，平均浓度范围为 0.24（造纸）～2.60 mg/L（化工），监测浓度中位数的范围为 0.11（有色金属矿采选）～0.50 mg/L（橡胶制品）。开展监测企业数在 100 家以上的行业有造纸、农副食品加工、纺织和饮料制造，其中农副食品加工和饮料制造行业的总磷平均浓度较高，分别为 0.96 mg/L 和 0.88 mg/L，造纸行业总磷平均浓度较低，为 0.24 mg/L。

从图 5-6-11 可以看出，化工和农副食品加工行业总磷平均浓度与浓度中位数差异较大，这是由这两个行业中不同类型企业总磷排放情况差异较大造成的，化工行业中磷肥制造、农副食品加工行业中淀粉制造行业总磷浓度相对较高，分别为 2.16 mg/L、12.8 mg/L，分别为所属大行业平均浓度的 2.3 倍、4.9 倍。

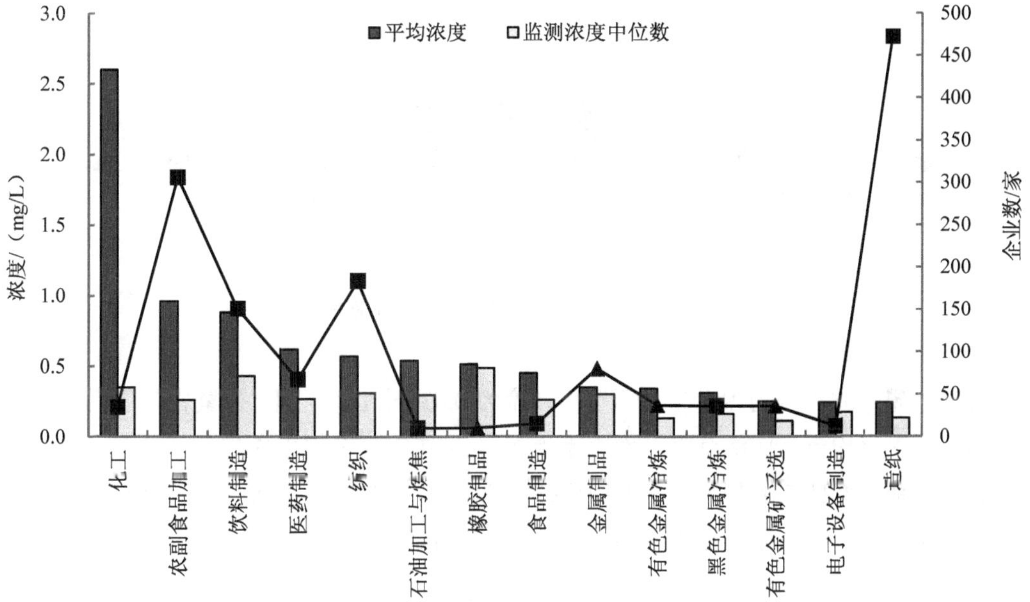

图 5-6-11　工业行业总磷监测浓度分布

6.1.4.2　生活源总磷排放量较大，且排放持续性强

生活源的排放有着量大、排放持续、浓度相对稳定的特点，对水环境质量的影响也是长期的，特别是城市内河以及排口附近水体的影响较大。农村生活源相对比较分散，但由于设施缺失，影响也不容小觑。

（1）生活污水处收集处理仍有提升空间，总磷直排量大

截至 2013 年底，全国城镇生活污水处理率超过 80%，大部分污水处理厂的总磷出水浓度低于 1.0 mg/L，达到污水处理厂一级 B 标准。但全国仍有近 20%的城镇污水以及大量的农村生活污水未经处理直接排放。据估算，这部分生活污水约直接排放总磷 20 万 t。

（2）总磷已经成为污水处理厂第一超标因子

开展总磷监测的 3 343 家国控污水处理厂中，259 家总磷超标，超标比例为 7.7%，高于 COD（3.7%）、氨氮（5.5%）的超标企业比例，是仅次于粪大肠杆菌的第二超标因子。

2013 年污水处理厂出水总磷浓度主要分布在 0.1～1.5 mg/L，占污水处理厂总数的 90.2%。其中，44.9%的污水处理厂出水浓度低于 0.5 mg/L，84.8%的污水处理厂出水浓度低于 1 mg/L，仅有 5.6%的污水处理厂出水总磷浓度高于 1.5 mg/L（图 5-6-12）。

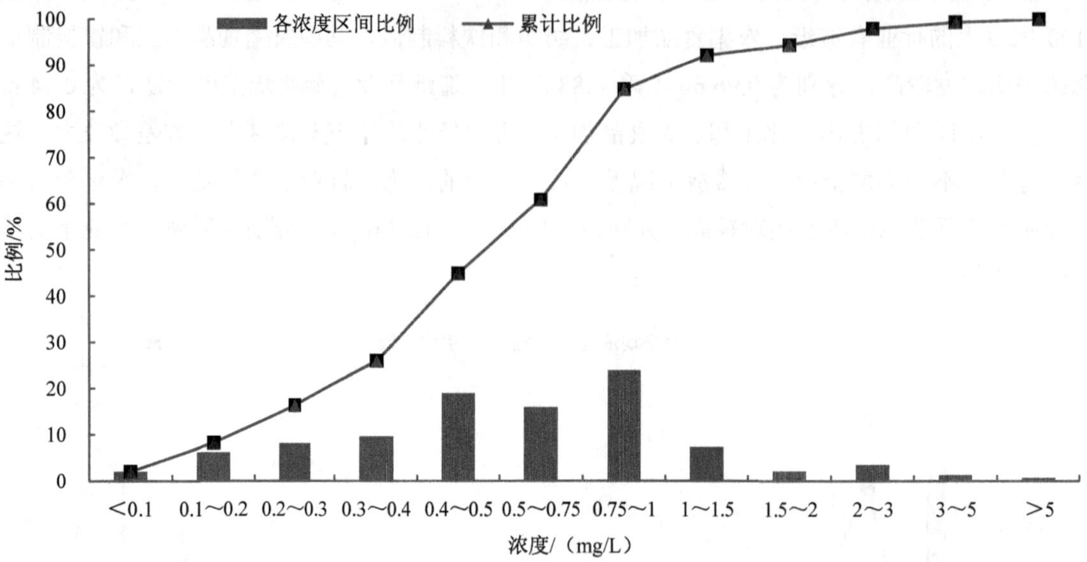

图 5-6-12 污水处理厂总磷浓度分布

全国开展总磷排放监测的污水处理厂平均浓度为 0.63 mg/L，新疆、内蒙古、宁夏等 7 个地区的平均浓度高于全国平均值，新疆总磷平均浓度为 2.14 mg/L，是全国平均值的 3 倍多。除新疆外，其他各省份总磷排放浓度地区差异不大，平均值范围为 0.35（江苏）～0.98 mg/L（内蒙古）。全国目前仍有 254 家污水处理厂的总磷平均出水浓度高于一级 B 标准限值，合计污水处理规模 1 171 万 t/d，主要分布在广东、新疆、北京、河南、山东、湖北等地。

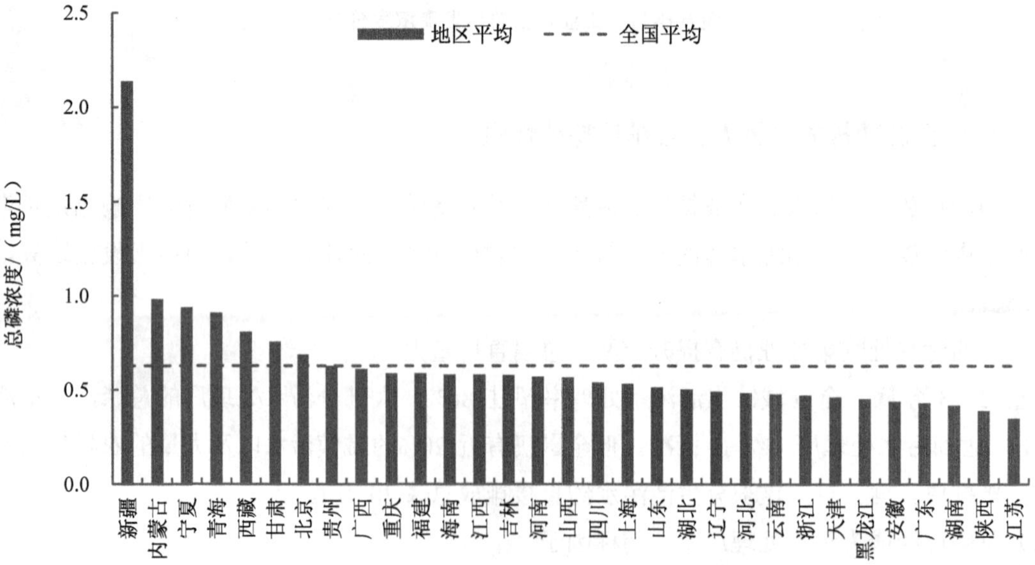

图 5-6-13 各地区污水处理厂总磷平均浓度

6.1.4.3 农业源是总磷排放大户，且区域分布差异很大

“十二五”期间，农业源被纳入减排口径范围内。随着减排工作的推进，总磷排放量也逐年降低。表 5-6-1 为环境统计年报中农业源各年总磷排放量。可知，农业源是我国总磷最大的排放源，占全国

总磷排放量的 81.0%。农业源排放量中，水产、种植、畜禽养殖总磷排放量分别为 1.5 万 t、10.6 万 t、35.8 万 t。畜禽养殖业排放量占农业总排放量的 75%，是我国当前最大的总磷排放源。水产养殖业的总磷排放量虽然占比小，但这些总磷直接进入水体，对水环境质量的影响不容忽视。

表 5-6-1　全国历年农业源总磷排放量　　单位：万 t

农业源类型	2011 年	2012 年	2013 年
畜禽养殖	43.1	38.64	35.8（75%）
种植业	11.6	10.9	10.6（22%）
水产养殖	1.6	1.65	1.5（3%）
总计	56.3	51.2	47.9

农业源总磷还有明显的区域分布特征，图 5-6-14 为全国各省农业源总磷排放状况，其中山东、河南、河北、广东、辽宁、湖北、黑龙江、四川、湖南 9 省既是种植业大省，也是养殖业大省，其农业源总磷排放量占到全国总排放量的 63%。

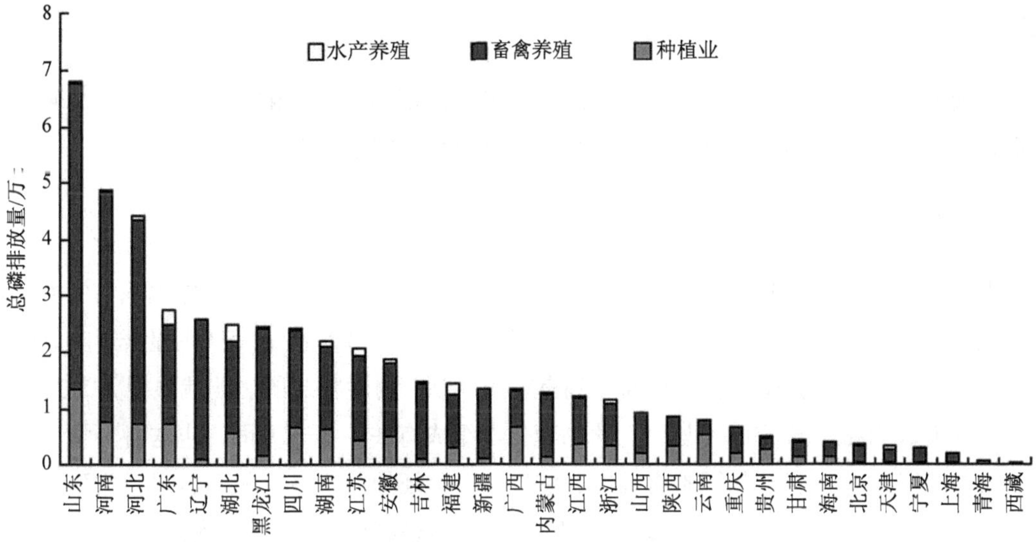

图 5-6-14　全国各省农业源总磷排放量

6.1.4.4　集中式总磷排放很小

2011—2013 年，我国集中式设施的总磷排放量分别为 289 t、254 t 和 264 t，其中主要来源于生活垃圾填埋场的排放，危险固废处理设施的总磷排放不足 1 t，完全可以忽略。与生活源、农业源数十万吨的总磷排放量相比，集中式设施的总磷排放占比不足 0.1%，所占比例微乎其微。

6.1.5　其他总磷排放来源分析

6.1.5.1　矿产资源

我国磷矿资源广泛分布于 27 个省（区），主要分布在云南滇池地区、贵州开阳地区和瓮福地区、四川金河—清平地区和马边地区、湖北宜昌地区、湖集地区和保康地区和湖南等。由于地表水与地下水水力联系、水土流失量等原因，地表水体受磷矿淋溶的影响较显著。

专栏 5-6-1 我国主要磷矿分布

文献 1：我国已探明磷矿资源分布在 27 个省自治区，云南、贵州、四川、湖北和湖南是磷矿富集区，5 省份磷矿已查明资源储量（矿石量）118 亿 t，占全国 76.7%。可说是磷矿之乡（其中沉积岩型磷块岩占总储量的 70%）。

文献 2：我国磷矿主要分布在以下 8 个区域：云南滇池地区、贵州开阳地区、瓮福地区、四川金河—清平地区、马边地区和湖北的宜昌地区、胡集地区（荆门市—宗关）、保康地区（襄阳，余家湖）。

文献 3：我国有六大磷矿山：云南省昆阳磷矿、贵州省开阳磷矿、四川省金河磷矿、湖北省荆襄磷矿、江苏省锦屏磷矿、湖南省浏阳磷矿。

6.1.5.2 降雨

降雨是影响总磷面源排放的关键因素。总磷浓度的高低与悬浮物浓度直接相关，总磷的流失需要一定强度的降雨形成的地表径流，将泥沙及农田中的有机质随降雨进入水体。

6.1.5.3 内源释放

沉积物中磷的释放是维持湖泊水体营养水平的重要因素之一。湖泊等水体沉积物中潜在的磷源与水体相比是巨大的，只要有少量的磷释放就可以对湖泊水体磷酸盐浓度产生显著影响。随着环境管理的不断完善，湖泊外源磷的输入逐渐得到有效的控制，内源释放的影响就显得尤为突出。

沉积物中磷的释放，一方面，与底泥的物理化学组成有关；另一方面，也与各环境因子关系非常密切。影响沉积物中磷释放的因素有温度、酸度、氧化还原状况、有机质含量及类型、微生物、藻类以及湖泊水体的化学组成等。pH 增大、温度升高、厌氧状态均可增加底泥磷释放，pH 在弱酸至中性范围内底泥释磷量较小，酸性和碱性条件都有利于磷的释放。浅水湖泊的内源释放量受风速影响显著，和风速变化趋势较为接近，水体中的营养物质随着风力的增大而增加，随着风速的减小而减少，最大的变化可能达到平时的 17 倍。

6.2 国外总磷控制经验

6.2.1 日本实施总磷总量控制

日本从 20 世纪 50 年代开始进入经济高速增长期，随之带来的环境问题日益加重，水环境质量急剧恶化。在 20 世纪 60—70 年代，日本由于环境污染引发的公害病频发，饮用水源取水中止事件、渔业灾害事件不断发生。为此，日本政府制定了《公共用水水域水质保全法》《工厂排水控制法》《公害对策基本法》以及《水质污浊防治法》等法律，其中《水质污浊防止法》规定了全国统一的排放标准（称作浓度控制），这个统一的排放标准是在考虑河流、海域等水域水体自净作用的基础上制定的，并针对违规排放做出了惩罚规定。

通过施行污水排放水质标准（浓度控制），改善了日本水质污染情况。但是东京湾、伊势湾和濑户内海 3 个封闭性海域，即使执行日本统一浓度控制和更严格的地方污水排放标准，其水环境标准达标率仍低于日本全国平均水平。这是由于这 3 个海域人口和产业集中，污染负荷量高，封闭性海域污染物容易累积，仅依靠浓度控制已远远达不到控制污染、改善环境的目的。

1980 年日本开始对这 3 个海域实行总量控制标准。1993 年，日本政府根据《水质污浊防治法》的规定，开始对全国 88 个封闭性海域实施氮磷排放浓度控制，并于 2004 年开始的第 5 次水质总量减排中增加了总氮、总磷水质总量控制内容。

在针对总磷排放的总量控制方面，日本在第 5 次水质总量减排（2001—2004 年）中，开始对总磷指标实施水环境标准分类，对工业企业编制了包含总磷指标在内的《废水处理技术手册》，推动小规模；对于生活源，推进污水管网等生活污水处理设施的建设及深度治理工作，如进行针对磷的混凝沉淀处理等；在农业领域优化施肥标准、降低施肥量，并通过实施《持续农业法》和《家畜回收法》促进削减农业和畜产品的负荷量。在第 6 次水质总量减排中，对于总磷的控制，根据第 5 次水质总量减排的实际效果，考虑处理技术最新动向，设定总量控制目标。对于农业，继续推进合理化施肥政策；对于畜产，推动家畜排泄物处理设施的建设和管理工作；对于生态，进行仅有的滩涂保护工作，修复已失去的滩涂，控制底泥营养盐的溶出，采取去除底泥覆盖沙子等措施改善底质，对产生贫氧水团的大规模坑洼地进行回填（表 5-6-2、表 5-6-3）。

表 5-6-2　日本第 6 次水质总量减排各类污染源总磷目标　单位：t/d

污染源	2004 年基数	减排目标
生活	10.4	9.5
工业	1.8	1.7
其他	3.1	2.7
总量	15.3	13.9

表 5-6-3　日本第 6 次水质总量减排各都县（地方政府）总磷目标　单位：万 t

各都县	2004 年基数	减排目标
埼玉县	4.1	3.8
千叶县	2.7	2.3
东京都	6.0	5.8
神奈川县	2.5	2.0
总量	15.3	13.9

经过 6 次水质总量减排，日本总量减排的重点海域水质得到了改善。1979—2003 年，东京湾、大阪湾总磷浓度呈下降趋势，其他海域长期维持稳定。东京湾赤潮发生次数在每年 50 次左右，呈基本稳定趋势；伊势湾赤潮发生次数从每年发生 159 次减少至 50 次左右，近几年基本维持不变；濑户内海 1975 年前后赤潮发生次数是每年 200～300 次，而后长期呈减少趋势，近几年维持在每年 100 次左右。

6.2.2 美国的总磷排放控制

为治理湖泊水华，2000 年 4 月美国环保局制定了《湖泊与水库营养物基准技术指南》，指导各州建立水体营养盐基准，并建议各州运用营养盐基准，控制水体富营养化。该基准是政府强制执行天然水体污染控制工作的基础，且《指南》中将控磷作为治理淡水湖泊水华重要手段。

从点源污染物排放来看，人类活动是天然水体中营养盐增加的主要原因，其中城市污水是营养盐的主要来源。因此，在污水处理厂削减污水中营养盐是减少天然水体富营养化的关键工作之一。2007年4月，美国环保局发布了污水处理厂通过深度处理降低出水总磷浓度的运行状况报告。表5-6-4为其中一些污水处理厂的处理工艺及运行效果信息。这些污水厂都进行了高级除磷工艺改造，出水总磷浓度大都低于 0.1 mg/L，甚至部分厂出水总磷浓度低于 0.01 mg/L。

表 5-6-4 美国污水处理厂微量磷处理工艺与处理效果

污水厂	处理能力/（万 t/d）	工艺	许可证排放标准	平均排放浓度/（mg/L）
Sand Creek WWRP Aurora，CO	1.90	BNR，过滤	—	0.1～0.2
Breckenridge S.D.，Iowa Hill WWRP，CO	0.57	BNR，加药，三级沉淀，过滤	0.5 mg/L（每日最大值）或 102.06 kg/a	0.055
Breckenridge S.D.，Farmers KornerWWTP，CO	1.14	BNR，加药，三级沉淀，过滤	0.5 mg/L（每日最大值）或 102.06 kg/a	0.007
Summit CountySnake River WWTP，CO	0.98	BNR，加药，三级沉淀，过滤	0.5 mg/L（每日最大值）或 154.22 kg/a	0.015
Pinery WWRF Parker，CO	0.76	BNR，二级过滤	0.5 mg/L（每日最大值）或 137.89g/a	0.029
Clean Water Services，Rock CreekWWTP，OR	14.76	加药，过滤	0.1 mg/L	0.07
Clean Water Services，Durham WWTP，OR	9.08	BNR，加药，过滤	0.11 mg/L	0.07
Stamford WTP Stamford，NY	0.19	加药，二级过滤	0.2 mg/L	＜0.011
Walton WWTP Walton，NY	0.59	加药，二级过滤	0.2 mg/L	＜0.01
Milford WWTP Milford，MA	1.82	多点加药，过滤	0.2 mg/L	0.07
Alexandria SanitationAuthority AWWTP，Alexandria，VA	20.4	BNR，多点加药，三级沉淀，过滤	0.18 mg/L	0.065
Upper Occoquan Sewerage Authority WWTP，VA	15.90	加药，过滤	0.10 mg/L	＜0.088
Fairfax County，Noman Cole WWTP，VA	25.36	BNR，加药，三级沉淀，过滤，活性污泥法	0.18 mg/L	＜0.061

* BNR 为生物营养物去除工艺（biological nutrient removal）。

随着美国点源污染治理取得一定成效，面源污染问题日益凸显。有资料表明，美国农田面源排放的磷约占各种污染源磷排放总量的 50%。20 世纪 80 年代美国开始关注面源污染控制技术和工程方法研究。根据各州污染状况调查结果，美国因地制宜贯彻落实最佳管理实践（BMPs），在农业生产技术和工程治理技术方面的不断创新，使技术简单化、经济化，有效提高了农户保护环境的积极性。

此外，日排放总量控制（TMDL）的提出是综合开展点源、面源污染防治的转折点。TMDL 的制定是将点源污染和面源污染组合起来进行综合考虑的总负荷分配过程，从而限定面源污染物的日排放总量，减少水质污染。控制的目标主要是污染水体，即 BMPs 没能有效缓解水质受损问题而被拉入“黑名单”的、需要进行优先控制的污染水体。

如切萨皮克湾，农用地的养分流失被鉴定为该流域水质受损的最主要因素，虽然 BMPs 已经在该地区得到广泛使用，一些农户也正在致力于加强养分管理和可持续的作物管理策略，但是高投入的作物管理系统依然增加了农户负担，水质没有得到有效改善。因此，为解决这一问题，美国环保局对切萨皮克湾支流的 TMDL 进行限制，美国政府在 2010 年发起了一项为期两年的里程碑计划来实现水质目标，TMDL 强制性的量化控制目标为切萨皮克湾的水质恢复起到了重要作用。TMDL 清晰界定了农业面源污染的概念和防控目标，其科学的量化控制技术成为污染水体治理和恢复的先决条件，促使美国防控政策取得重大成效。

6.3 我国总磷控制初步设想

6.3.1 总体思路

（1）结合水环境质量，在总磷污染突出区域开展试点，实施总磷总量控制

总量控制的核心目标是水环境质量改善，综合考虑环境质量、污染物环境影响等因素，建议对总磷开展区域总量控制。

从水环境质量变化趋势来看，总磷污染状况虽呈整体加重态势，但其区域分布特征明显，从大尺度的水环境来看，主要集中在太湖、巢湖、滇池、三峡库区、海河流域、长江口和珠江口等地区。从小尺度的水环境来看，主要集中在少部分水源地和城市内河、内湖。因此，从解决突出水环境问题的角度出发，建议实施区域总磷总量控制，主要涉及省份包括云南、贵州、四川、北京、天津、河北、上海、湖南、湖北、江苏、浙江、安徽、广东等。

从总量控制指标的环境毒性角度来看，总磷的环境危害主要是造成水体富营养化。过多的含磷污染物排入水体，会破坏水生态平衡，引起藻类大量繁殖，使鱼类、浮游生物缺氧死亡，同时，水生生物的尸体腐烂又造成水质污染，致使水体溶解氧含量大幅度下降，引发水体发黑、发臭。因此，可以说总磷环境毒性较弱，做好超标地区的总磷控制即可缓解水环境质量状况，使其满足环境需求。

（2）对于有需求的区域，采用全面推进、突出重点总磷总量控制

与化学需氧量、氨氮、总氮相比，总磷污染涉及领域相对集中。因此，建议对实施总磷总量控制的区域开展总磷排放全面控制，且在控制过程中突出重点。

农业源是总磷排放的主要污染源，且以畜禽养殖业为主，兼顾水产养殖。生活源的总磷排放次之，主要归功于城镇生活污水处理设施对总磷的去除效果，但提标改造、提高污水处理率仍有一定空间。工业源总磷排放的行业特征分布明显，主要集中在化工、农副、医药、印染和造纸等行业，可作为工业治污减排重点。集中式污染源不是总磷总量控制的重点，甚至在垃圾渗滤液生化处理工

段为保证微生物养分均衡，还需加入含磷营养盐。

当外源磷输入得到控制后，内源沉积物（底泥）磷释放仍然是维持该湖泊营养水平的重要因素之一。因此，在控制外源的同时，还应加强对水体内源沉积物的总磷排放的控制。

（3）对于无总磷总量控制要求的区域，严格达标排放，削减总磷排放

由于磷是引起水体富营养化、导致水体黑臭的主要因子之一，对于目前水环境质量较好、无磷污染的区域，仍要加强总磷排放控制，以保障水体功能。

考虑目前污染源总磷排放还未得到有效控制，工业企业、污水处理厂仍存在总磷超标排放现象，畜禽养殖场的粪污也未全部有效处理处置，种植业的农药化肥施用也未有效控制，因此，对于暂时不需要开展总磷总量控制的区域，应按照环境保护要求，首先严格要求工业企业和污水处理厂达标排放，然后强化畜禽养殖粪污合理处理处置，面源污染和内源污染暂不作为控制对象。

6.3.2 通过产业结构调整和治理升级，控制工业总磷排放

根据产业结构调整目录，对于涉磷产业（如单台产能 5 000 t/a 以下和不符合准入条件的黄磷生产装置等）实施关停。同时，限制新建高毒、高残留的农药等生产装置，如三聚磷酸钠、六偏磷酸钠、三氯化磷、五硫化二磷、饲料磷酸氢钙生产装置；黄磷生产装置；磷铵生产装置；高毒、高残留以及对环境影响大的农药原药（包括水胺硫磷、甲基异柳磷、甲拌磷、特丁磷、杀扑磷、灭线磷、磷化铝等）生产装置；草甘膦、三唑磷、热法生产三聚磷酸钠生产线；单线产能 1 万 t/a 以下三聚磷酸钠、0.5 万 t/a 以下六偏磷酸钠、0.5 万 t/a 以下三氯化磷、3 万 t/a 以下饲料磷酸氢钙生产装置等。

强化清洁生产和末端治理。在清洁生产方面，鼓励开展磷矿伴生资源综合利用，推进实施全热能回收热法开展磷酸生产，鼓励使用大型脱氟磷酸钙生产装置，推进磷石膏综合利用技术开发与应用，推进 10 万 t/a 及以上湿法磷酸净化生产装置的应用，推进草甘膦回收氯甲烷工艺清洁生产工艺的开发和应用等；在末端治理方面，加强废水生物除磷、化学除磷工艺建设。

6.3.3 提升污水处理率和污水厂除磷效率，减少生活总磷排放

从总磷的产生量和去除量来看，一方面，我国目前城镇生活污水处理设施的总磷收集能力较弱，需要全面加强配套管网建设；另一方面，已建污水处理设施的除磷效率还有待进一步提高。

黑龙江、甘肃、新疆、云南、青海、江西、四川、广西、湖南、贵州等省（区）的污水处理率还不足 80%，应该加强管网建设，强化城中村、老旧城区和城乡接合部污水截流、收集、处理。湖南、贵州、广西、江西、新疆等省（区）污水处理厂对总磷的削减效率不足 75%，应进一步强化污水处理厂除磷工艺。此外，广东、北京、河南、山东、湖北部分污水厂总磷出水浓度还高于一级 B 标准，应该实施提标改造，鼓励企业增加深度除磷设施，实现总磷达标排放。

对于具体污水处理厂，如无除磷工艺，应加紧升级改造，优先推动各种 A^2/O 变型工艺生物除磷工艺，确保总磷达标排放（按照国际经验，对于典型水质，A^2/O 工艺出水 TN 可达到 10～15 mg/L，TP 可低于 1.0 mg/L，通过优化运行参数，即可实现总磷达标排放）。对于除磷潜力较大的城镇污水处理厂，鼓励企业通过改造部分污水处理设施、将生物脱氮除磷工艺与化学除磷技术相结合，以提高总磷的去除能力。

6.3.4　以畜禽养殖场粪污资源化利用为主，兼顾水产养殖，推进农业总磷减排

农业源总磷总量控制以畜禽养殖污染防治为主，对规模化养殖场和专业户开展污染治理。具体工作从结构减排和工程减排两个方面入手。

在结构减排方面，主要结合“水十条”要求，积极推进禁养区关停；限养区搬迁，减少养殖密度。在工程减排方面，综合考虑“十二五”畜禽养殖化学需氧量、氨氮减排的协同相应，根据各区域自然环境特点和耕作习惯，开展指导，以“种养结合”为理念，继续推进污染防治工作。具体的工程减排措施可分为资源化利用模式和达标排放模式。对于资源化利用模式，首先，需明确有机肥取向，并在规模化养殖场建设规范的粪污存储设施和雨污分流设施，避免场区粪污随意堆积、流失；其次，粪肥还田过程，应实施深度施肥或施肥后翻耕，避免粪肥长期暴露地表，既造成养分挥发损失又容易随降雨径流流失到水体。对于达标排放模式，养殖场应建设处理能力满足养殖规模的养殖污水处理系统，如建设小型氧化沟、SBR 或者 A^2O 工艺的污废水处理设施，做到废水达标排放。

考虑水产养殖中总磷的排放量即为入河（湖）量，对于国家重点流域、区域以及各地确定的重点保护水体，应推进水产养殖业总磷总量控制，措施包括拆除的围网养殖、实施定量投饵等。

6.3.5　在充分控制外源的基础上，开展内源总磷释放控制工作

底泥中磷的释放是多因子的联合作用（温度、扰动、pH、溶氧、底泥组成、离子组成等）结果，磷的释放通量存在很大的不确定性。对于重点区域的底泥疏浚是目前控制水体富营养化的手段之一，同时可辅以水生植被种植等措施强化治理效果。

研究表明，浅水湖泊中的大型水生植被群里可以有效减少风浪扰动，抑制湖泊沉积物的再悬浮，改善沉积物特性，减少营养盐向上覆水的释放。同时，植物生长需要一定的氮、磷等营养物质，可以起到净化底泥和水体的作用。通过在水体的浅水区域合理种植大型水生植被，在吸收净化水体中磷的同时可以有效抑制底泥中磷的释放，实现磷的总量控制目标。但是，大型水生植物生长迅速，且生物量较大，需要加强收割、管理措施，避免出现植被未及时有效收割导致的内源磷再释放、生物淤积等其他环境问题。

此外，保持水体对沉积物的适度扰动性虽然在短期内可能造成沉积物中的磷释放到水体中，但是由于细小颗粒物对水体中溶解态磷的吸附作用使得磷的生物可利用性下降，在一定程度上也减轻了磷的污染效应。然后，通过底泥疏浚等工程措施，可以有效降低内源磷的总量。应根据污染底泥的分布状况，准确判断疏浚深度，尽可能避免底泥的悬浮和细颗粒物质的扩散。有研究表明，底泥疏浚后初期对内源磷有较好的控制作用，水体可溶性磷和总磷会明显下降，但随着时间的推移，磷浓度会逐步恢复到疏浚前的水平。因此，应在充分开展外源总磷控制的基础上，再实施内源总磷的总量控制。

6.4　保障措施

6.4.1　完善统计，夯实总磷总量控制基础

加快统计体系的建立。产排污系数是污染物核算的重要依据，应尽快制定工业企业总磷产排污系数，一方面为全国环境统计工作奠定基础；另一方面也为第二次全国污染源普查工作提前做好准

备。尽快更新生活源和农业源的产排污系数，对现有的系数进行评估，对不符合现实状况的系数进行更新调整。在总磷尚未全面纳入环境统计体系之前，做好各类排放源统计技术路线、核算技术方法体系、数据审核技术要点等相关研究，先期开展试点，积累经验，为将来开展总氮排放统计做好准备。

6.4.2 提升监测能力，为总磷总量控制

进一步加强污染源监测能力建设。按照规定，各地应严格按照排放标准的要求完成包括总磷在内的全部污染指标的监测，其任务量不可小视，应从经费、人员配置、技术指导等多方面对各级环保监管部门予以支持。监控重点为城镇生活源，兼顾重点工业行业和规模化畜禽养殖场，其他农业源类型由于量大、面广，暂不具备监管能力，可不作为监管重点。

6.4.3 加快标准修订，倒逼总磷总量控制

尽快补充完善总磷排放标准限值。一是对于 2008 年以前制（修）订的行业排放标准，应增加总磷的间接排放限值。二是对于未制定行业排放标准而执行《污水综合排放标准》且排放总磷的行业，应通过一定的方式提出总磷排放要求。三是在排放标准修订过程中，强化磷排放浓度限值与水质标准浓度要求的有效衔接。

6.4.4 注重与排污许可制度的有效衔接

根据前文统计，总磷的排放以农业源为主体，其次是城镇生活污染源，工业污染排放仅占 1.4%。以各行业总磷排放符合估算来看，工业总磷排放量符合较大的是化工、纺织、农副食品加工、饮料制造、造纸等行业，但由于基础薄弱，统计中未考虑磷矿开采总磷的排放量，这部分排放可能被低估。

在排污许可制度中实施磷排放许可在国外早已有基础，并以流域为单位开展。美国的清洁水行动计划根据各州的实际需求制订了小流域的总磷 TMDL 计划，例如，2004 年开始在爱达荷州博伊斯河开展的总磷 TMDL 计划，规定了向各自支流允许排放的总磷允许排放量，将该负荷分配给区域内的点源与非点源，并开展交易。

中国的排污许可实践虽然还未涉及非点源的排放许可，但可以针对点源首先许可。在总磷控制领域方面，较有可行性的是首先开展工业企业以及城镇污水处理设施的磷排放许可；当具备监测、统计、考核条件后，可以对规模化畜禽养殖场开展排污许可试点。

许可内容方面，首要考虑的是浓度许可。除了目前现行的废水综合排放标准、城镇污水处理设施综合排放标准以及工业行业标准，应当针对总磷超标的区域/流域设定特别排放限值，降低总磷浓度。许可内容除了考虑总磷在区域的排放浓度问题，还需要考虑根据不同水体的实际水环境状况和需求，对具体排污单位提出总量控制要求，限定许可排放量。

本报告执笔：续衍雪、赵越

7　农业源特征与水体污染贡献度分析

7.1　农业污染源构成

根据“十二五”我国农业污染源水体污染物总量减排规划，当前我国农业污染源主要包括种植业、畜禽养殖业和水产养殖业三类。鉴于当前治理技术和条件，我国“十二五”农业源总量减排中，各地种植业暂未开展全国性的减排措施，污染物排放量“十二五”期间保持不变，仅对各区域畜禽养殖业和水产养殖业开展了污染防控，减排效益主要依靠规模化畜禽养殖场污染治理实现，根据前三年减排数据，农业源污染物排放量占总排放量的比例不降反增反映出农业源由于基数大、治理源数量大分布广，与工业源和生活源相比，削减率较低，减排和治理效益的发挥都是一个缓慢的过程。可知，当前以及今后较长的一段时间之内，以种植业、畜禽养殖业和水产养殖业为主的农业源，污染格局与污染形势不会发生显著变化，仍是我国主要污染物防控重点源，也将是我国“十三五”水环境面源污染防治主体。

根据中国农业科学院土壤肥料研究所的研究结果：在中国水体污染严重的流域，农田、农村畜禽养殖和城乡接合部地带的生活排污是造成流域水体氮、磷富营养化的主要原因，其中，农村生活源与城镇生活源一并列入生活源，本报告不再考虑。

7.2　农业源污染排放现状

7.2.1　化学需氧量排放量

农业化学需氧量排放主要来源于畜禽养殖和水产养殖，2013 年全国畜禽养殖污染 COD 排放总量为 1 072 万 t，占农业源排放总量的 95.2%，相比 2010 年排放量占比 96%略有下降。其中，规模化养殖场 COD 排放总量为 334.2 万 t，专业户养殖场 COD 排放总量为 737.3 万 t，规模化养殖场与专业户排放量占比分别为 31%和 69%。水产养殖污染排放量为 53.82 万 t，占农业源排放总量的 4.8%。

从污染物排放的空间分布来看，华北区、华东区排放量最高，占比共达 48%，其次是东北区，占比为 22%，华南、西南及西北三大区域排放量较小，占比分别是 14%、7%和 8%。各区域规模化排放量平均占比为 30%，专业户排放量平均占比为 70%，与全国畜禽养殖 COD 总排放量中专业户与规模化排放量占比接近（图 5-7-1）。

2013 年减排数据表明：全国以及各区域畜禽养殖污染物化学需氧量排放量仍以专业户排放为主，约占 70%；华北、华东以及东北三大区域化学需氧量排放量显著高于其他区域，共占全国总排放量的 70%，是养殖污染防治的重点区域。

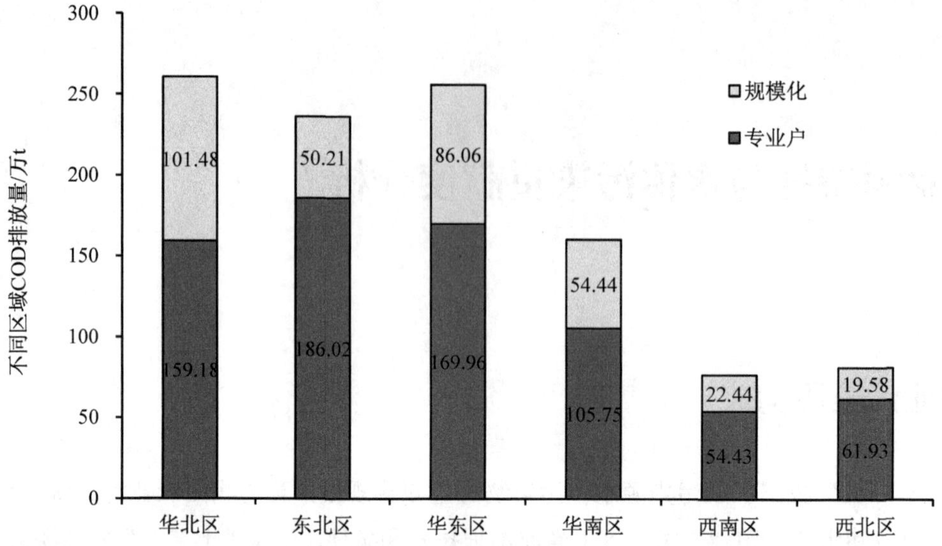

图 5-7-1 2013 年不同区域畜禽养殖 COD 排放量

根据 2013 年减排数据，占农业化学需氧量排放量 4.8%的水产养殖主要分布在华南区的湖北和广东两省，化学需氧量占水产排放总量的 47%。华东区以江苏、福建、浙江为重点水产养殖省份，占水产排放总量的 20.4%（图 5-7-2）。

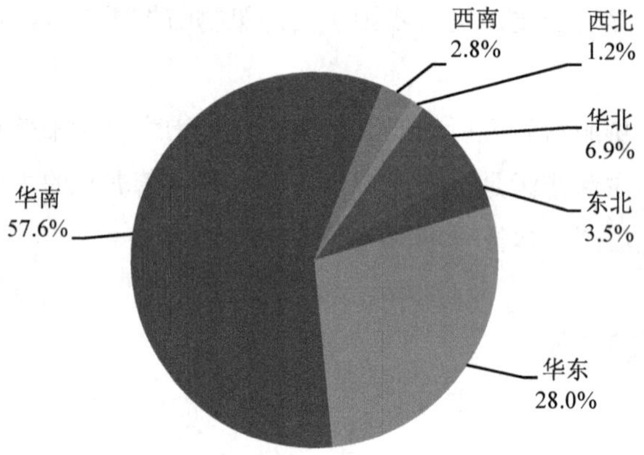

图 5-7-2 各区域水产养殖 COD 排放量占比

7.2.2 氨氮排放量

根据减排数据，2013 年全国农业源氨氮排放总量为 77.89 万 t，畜禽养殖污染氨氮排放总量为 60.47 万 t，占全国农业源排放总量的 77.6%，其中，规模化养殖场与专业户排放量占比分别为 53%和 47%。种植业氨氮排放量为 15.16 万 t，占农业源氨氮排放总量的 19.5%，水产养殖氨氮排放量为 2.26 万 t，占农业源氨氮排放总量的 2.9%。

7.2.2.1 畜禽养殖氨氮排放量与区域分布

全国畜禽养殖氨氮排放总量为 60.47 万 t，华东区排放量最高，为 17.69 万 t，占全国总排放量的 29%，规模化与专业户排放量占比分别为 54%和 46%；其次是华南区，排放量为 14.66 万 t，占全国总排放量的 24%，其中，规模化与专业户排放量占比分别为 56%和 44%。其他区域如华北、东北、西南及西北大区，与本区规模化排放量相比，专业户排放量占比约在 52%（图 5-7-3）。

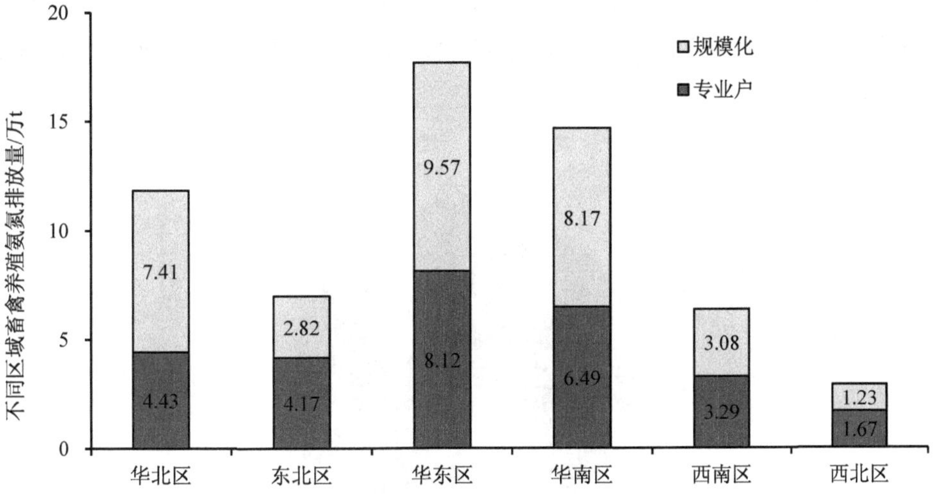

图 5-7-3　2014 年不同区域畜禽养殖氨氮排放量

全国规模化养殖场氨氮排放总量为 32.3 万 t，按区域排放量占比分析，华东区排放量占比最高，达 30%；其次是华南，占比为 25%，东北和西南排放量占比接近，分别为 9%和 10%；西北区排放量占比最小，为 4%。全国专业户养殖场氨氮排放总量为 28.2 万 t，从区域排放量占比来看，华东、华南两大区排放量最大，分别达 29%和 23%；其次是华北、东北和西南，占比分别为 16%、15%和 12%，西北区排放量占比最小，为 6%。

7.2.2.2　种植业氨氮排放量及区域分布

依据第一次全国污染源普查动态更新数据，种植业氨氮排放量为 15.16 万 t，占农业源氨氮排放总量的 19.5%，从区域分布来看，主要是华东、华南两大区域，排放占比共为 60%，其中，江苏、湖北、安徽、山东、湖南、四川、广东、广西、黑龙江等省份种植业发达，也是化学肥料高施用区，氨氮排放量占全国种植业氨氮排放总量的 59%。总体而言，种植业污染物排放量区域差异较小，说明种植业污染是全国普遍性的问题（图 5-7-4）。

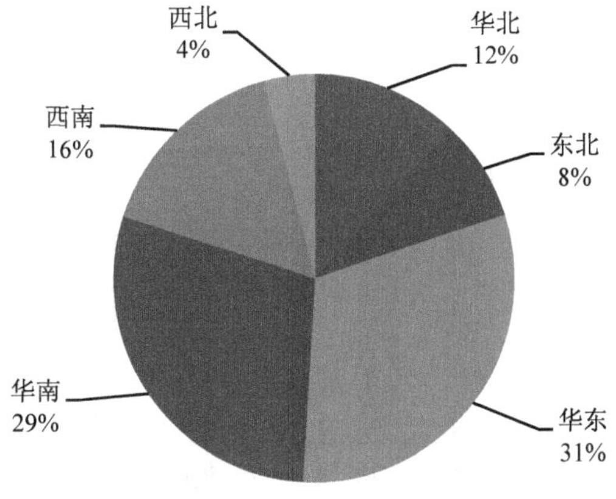

图 5-7-4　各区域种植业氨氮排放量占比

7.2.2.3 水产养殖氨氮排放量及区域分布

根据 2013 年减排数据，占农业氨氮排放量 2.9%的水产养殖主要分布在华东区的福建、江苏、浙江三省，氨氮占水产排放总量的 45%。华南区广东、湖北也是重点水产养殖省份，占水产排放总量的 21%（图 5-7-5）。

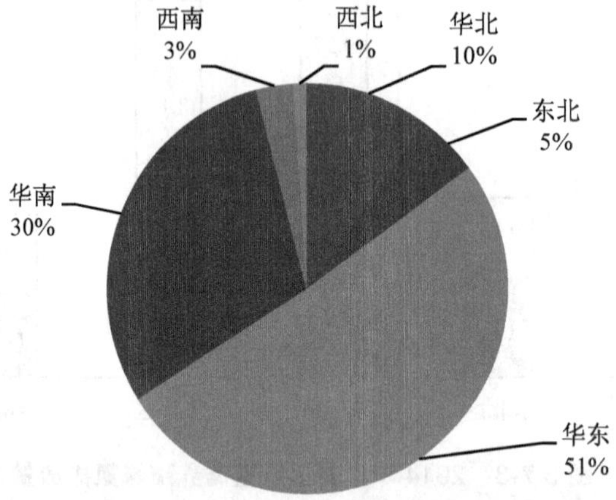

图 5-7-5 各区域水产养殖氨氮排放量占比

7.2.3 重点省份污染物排放量

畜禽养殖污染是农业污染物排放重点源，根据全国各省养殖数据和污染物排放量数据，山东、黑龙江、河北、辽宁、河南、内蒙古、湖南、四川、吉林、广东、安徽 11 个重点养殖省份，COD 排放量之和为 778.6 万 t，占全国畜禽养殖 COD 排放量之比为 73%。按照各省 COD 排放量高低排序如图 8 所示，以上省份，COD 排放量的 70%来自专业户养殖；30%来自规模化养殖。除河南规模化养殖 COD 排放量大于专业户排放量外，其余各省专业户排放量均占很大比例，如山东、黑龙江，专业户排放量占比分别达 76%、77%，显著高于本省规模化养殖场污染物排放量占比（图 5-7-6）。

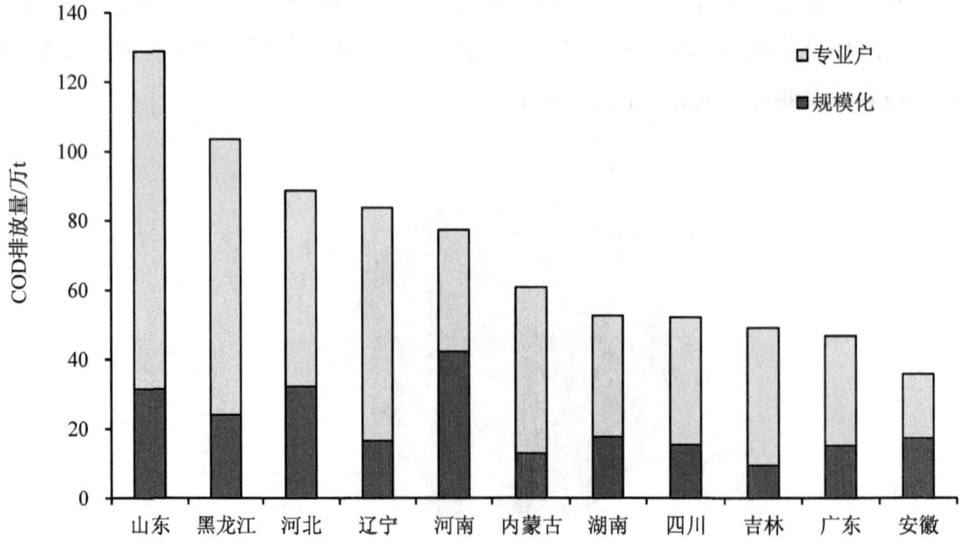

图 5-7-6 2013 年重点省份畜禽养殖 COD 排放量

山东、河南、湖南、四川、广东、河北、湖北、辽宁、安徽、黑龙江及江西 11 个重点养殖省份，氨氮排放量之和为 43.1 万 t，占全国畜禽养殖氨氮排放量之比为 71%。按照各省氨氮排放量高低排序如图 5-7-7 所示，以上省份，氨氮排放量的 45%来自专业户养殖；55%来自规模化养殖。河南、湖南、广东、湖北、河北、安徽及江西等省规模化养殖氨氮排放量均大于专业户排放量，而山东、四川、辽宁、黑龙江等省份专业户排放量均高于规模化排放量。由于规模化排放量与专业户排放量占比相差较小，依靠规模化养殖场的治理来承担削减任务，氨氮减排压力相对较小。

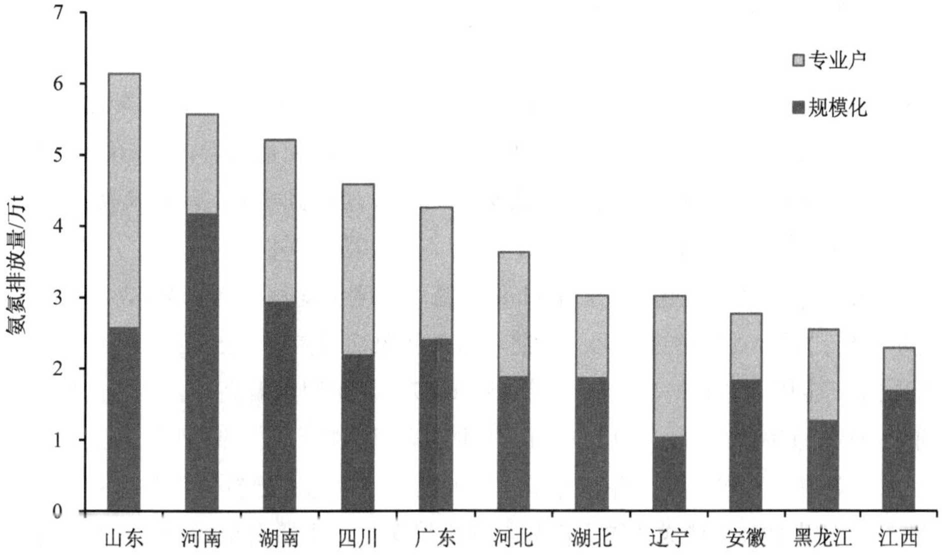

图 5-7-7　2013 年重点省份畜禽养殖氨氮排放量

7.3　农业源污染过程与特征

7.3.1　农业源污染过程

从三类农业源的污染过程看，畜禽养殖粪污大多还田农用，与种植业污染同属面源污染（少数畜禽养殖粪污直排入水体可认为点源污染），水产养殖污染物直接进入水体，造成水体面源污染。三类农业源的污染过程基本为未被作物吸收利用的营养物质经降雨、灌溉等方式的运移进入水体的过程。

改革开放以来，我国种植业与养殖业都快速发展，化肥农药的过量施用成为提高土地产出水平的重要途径，由于农业经营方式粗放，化肥利用率低，伴随地表径流和土壤淋溶过程，大量的营养物质进入了水体，造成水体富营养化。与此同时，化肥的过量使用严重压缩了以畜禽粪肥为主要原料的农家肥或有机肥的施肥空间，导致局部区域粪污直排进入水体，造成水体污染；水产养殖过程中，未被利用的残饵和养殖鱼类的排泄物进入了水环境，这些物质最终以无机氮、无机磷和一些有机质的形式留在水体中，促进了水体中浮游生物的繁殖，加速了水体的富营养化。因此，我国当前阶段面源污染面临污染源多、复合污染的局面。

7.3.2　农业源污染特

7.3.2.1　种植业污染特征

现阶段，我国种植业由于缺乏化肥、农药限量施用的相关规定，整体还处于粗放经营状态，化肥超量施用，施肥方式简单，作物吸收利用率低，营养物质随地表径流和地下淋溶最终进入水体的流失量大，造成的水体面源污染技术层面难以控制。

（1）源头高投入

基于我国农业发展水平与经营现状，农业种植业中，化肥用量过高、肥料配比不合理和流失严重是造成面源污染的主要原因。从历年我国农业单位耕地化肥施用量来看，从2000—2010年，在总播种面积仅增加3%的情况下，化肥施用总量从4 146.4万t增加到5 562万t，增加了34%，平均每年增加2.74%，且近年化肥施用总量增速仍未出现拐点，如图5-7-8所示。10年间，单位播种面积化肥施用量从265.28 kg/hm^{2}增加到346.17 kg/hm^2，施用强度平均每年增长2.43%，增速维持稳定，如图5-7-9所示。施肥强度远远超过国际上为防止水体污染而设置的225 kg/hm^{2}化肥使用安全上限。

在肥料配比上，全国N∶P∶K比例1∶0.45∶0.17，氮肥用量偏高，且肥料施用重化肥、轻有机肥，根据前瞻产业研究院发布的《2013—2017年中国有机肥料行业产销需求与投资预测分析报告》数据显示，目前，美国、日本、英国等西方国家有机肥料用量已占肥料使用总量的50%，而我国有机肥料使用量占比不到10%，造成我国大面积耕地土壤酸化，土壤有机质偏低，地力下降等一系列问题。

需特别关注的是，我国近年蔬果花种植面积增长迅速。从20世纪80年代至目前，滇池、五大湖泊、三峡库区等流域地区蔬果花种植面积平均增长了4.4倍，菜果花作物效益高，农药、化肥和有机肥的超量使用非常普遍。31个省20余种作物的调查显示，蔬果花农田上单季作物氮化肥纯养分用量平均为569～2 000 kg/hm^2，为普通大田作物的数倍甚至数十倍，面积占比较小的蔬果花种植区由于化肥的高投入导致对水体富营养化的贡献率已与大田作物相当。

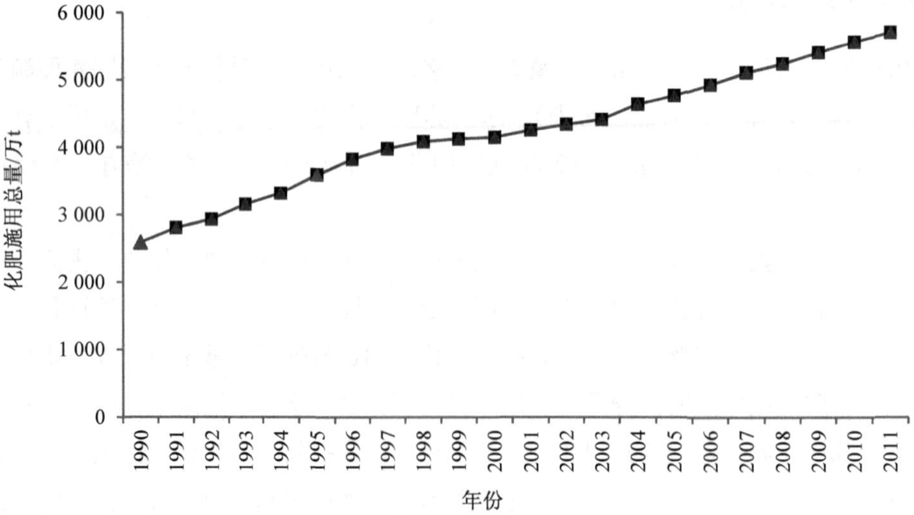

图5-7-8　我国化肥施用总量历年变化

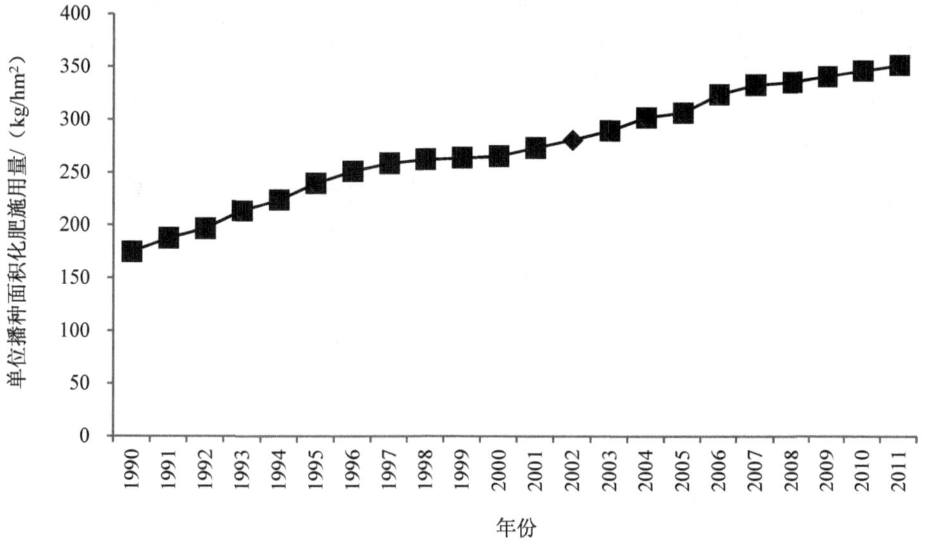

图 5-7-9　我国单位面积化肥施用量历年变化

（2）过程低吸收

农田化肥营养元素的低吸收率、高流失率构成了农业面源污染的最重要部分，中国的氮肥平均利用率约 35%，大约相当发达国家的 1/2，剩余的部分除以氨和氮氧化物的形态进入大气外，其余大都随降水和灌溉进入水体，导致地下水中氮磷物质含量增高、江河湖泊富营养化。据测算，我国重要流域当前每公顷耕地接纳的总养分量为 552 kg/hm^2，其中，化肥贡献率约为 368 kg/hm^2，是养分输入的主要来源。蔬果花作物氮素吸收总量一般不超过 400 kg/hm^2，氮肥利用率仅 10%左右，远低于中国大田作物的平均氮肥利用率（35%），成为流域水体富营养化最大的潜在影响因素之一。

根据 2001 年对滇池流域的调查分析和计算表明，每年从种植业流失的化肥中纯氮（N）达 2 575 t，纯磷（P）达 218 t，蔬菜和花卉地的单位面积氮流失量是水田和旱地的 7～20 倍。菜地年每公顷流失氮 204 kg；磷的流失也以蔬菜、花卉地为最高，蔬菜和花卉地的单位面积磷流失量是水田和旱地的 9～10 倍。中国农业科学院土壤肥料研究所的初步试验结果显示，目前在水体污染严重的滇池、太湖、巢湖和三峡库区，占流域农田总面积 15%～35%的菜果花农田，对流域水体富营养化的贡献率，接近或大大超过约占农田总面积 70%的大田作物。

由此可知，各流域蔬果花种植区虽然面积显著小于大田作物，但基于高施肥量、低利用率和高流失率的污染过程，在种植业还无法大面积开展污染物减排措施之前，应当优先考虑开展对各地蔬果花种植区的减排，通过种养协同控制，以源头控制为主，一方面降低化肥施用量，通过施肥技术的优化提高营养素的利用率；另一方面积极推进畜禽粪污还田农用，在保证农产品产量的同时提升产品品质，起到源头控制、协同减排的综合效益。

（3）末端难治理

作为种植业污染源头，化肥施用量目前仍无国家层面如限量施用、取消补贴或价格调整等宏观政策干预，化肥高投入现状还不能得到有效遏制；种植业养分利用过程中，我国大部分区域仍为比较粗放的种植方式，施肥以表施为主，灌溉多为漫灌，在化肥高投入情况下，土壤有机质含量降低，营养素的吸收率也相应降低，营养素在作物利用过程中流失率仍很可观。

末端治理仍是当前我国面源污染治理的主要方式。即按照点源污染的治理模式，通过一些河口、河道地带示范区的工程建设进行水体污染治理，包括河道治理工程、湿地污水处理工程以及采用污染生态化学原理对污染土壤进行修复等措施。但末端治理技术成本高，相对大范围、普遍存在种植污染的区域而言，经济、技术可行的治理区域仍很小，治理技术难度大，不能有效解决面源污染问题，更不是面源污染控制的长远之策。

各国实践经验表明，农业面源污染防治的管理体系主要是依靠政策、规章和立法及经济激励等手段有效减少农业非点源污染，着重于源头管理。各国通过政策法规、BMPs 技术支持体系、税费调整、补偿与激励机制的综合运用有效防治了世界范围内的农业面源污染。我国应将以末端治理技术为主的污染控制方式调整为源头控制和过程管理为主的综合控制体系，亟须出台肥料施用限量管理法律法规、实施农田养分管理、农药控制管理、畜禽养殖管理以及经济补偿、激励等经济管理手段对面源污染进行综合防治。

7.3.2.2 畜禽养殖业污染特征

（1）畜禽粪污具有无毒易降解性和资源性

畜禽粪污富含有机物和氮磷等营养元素，直排入水则成为水体富营养化的污染物，但与成分复杂和毒害较强的工业废水相比，畜禽粪污及所含的营养元素又具有无毒易降解的特性，只要科学处理，合理利用，就是很好的粪肥资源。农业部全国农业技术推广中心对我国 11 个省（市、区）各类畜禽粪便的养分含量进行了测定，数据表明，我国猪粪的氮、磷、钾养分含量总和为 4 111 g/kg，鸡粪为 4 818 g/kg，牛粪为 3 015 g/kg，羊粪为 1 716 g/kg。固体粪便通过无害化处理后堆肥、制作饲料、养殖蚯蚓或蝇蛆后作为农家肥还田或制成可远距离运输的商品有机肥运往外区农用，尿液污水经自然厌氧发酵、氧化塘等处理后直接还田或制成液态有机肥农用，都可使畜禽粪污中富含的 N、P、K 等常量元素，返回农田供农作物吸收利用。既解决了废弃物的出路问题，又减少了化肥的施用量，同时能起到改良和培肥土壤的效果，促进畜禽粪污资源还田利用作为一种经济实用的处理方法得到了世界各地的普遍应用。

（2）畜禽粪污经农用吸收降解后入河量可大幅度削减

显著区别于生活污水和工业废水，我国绝大部分区域畜禽养殖粪污并不是直接进入水体，一般而言，都经过不同方式还至农田供作物吸收利用，经过农作物吸收利用和土壤吸附消纳之后，在降雨形成的地表径流冲刷作用下，未被吸收消纳的粪污营养物质在进入水体之前还会通过自然植被带的再次吸收和拦截，很多研究基于实验数据对粪污流失率做了测算，从全国来看，畜禽粪便进入水体的流失率保持在 2%～8%的水平范围内。应该说，只要粪污进入农田系统循环利用后，真正进入水体的量就会显著降低。在这个环节，国外不少国家致力于研究减少粪肥流失率的施肥技术和方法，如荷兰对不同施肥深度下粪肥流失率做了对比试验，美国等国家则开展了一系列的 BMPs 保护性技术，通过地表覆盖秸秆法、农田边缘构筑田垄和拦截沟等保护性措施提高农田作物的营养素吸收效率，降低粪肥的流失率。

（3）畜禽粪污负荷及环境影响存在区域差异性

以 2010 年污染源普查动态更新数据为例，全国集中养殖五类畜禽污染物 COD 排放量为 1 149.16 万 t，氨氮排放量为 65.44 万 t。其中，华东、华南、西南三大东南部区域 COD 和氨氮排放量分别占总排放量的 54%和 74%，规模化养殖 COD 和氨氮排放量分别占全国规模化养殖排放量的 66%和 80%；而华北、东北、西北三大北方区域 COD 和氨氮排放量分别占总排放量的 46%和 26%。规模化养殖

COD 和氨氮排放量分别占全国规模化养殖排放量的 34%和 20%。可知南方区域养殖污染物排放量显著高于北方区域，主要集中在山东、河南、湖南、四川、广东、湖北及江苏等重点养殖省份。而这组数据所指的排放量均为经养殖场治污措施处理后的排放量，还未考虑南北方农田及自然植被带的消纳和降解能力的区域差异性。

结合区域自然气候特点考虑养殖污染区域特征，可知，北方区域养殖总量小、养殖结构以分散的专业养殖户为主，且具有降水偏少、河流水系较之南方而言并不发达、土地资源丰富的区域特点，畜禽养殖污染的水环境影响较小。而南方区域不但养殖总量大、集中的规模化养殖程度高，还面临降雨多、水系发达、化肥过量施用使得畜禽粪污农用空间小的现状，南方区域畜禽养殖污染的环境影响压力较大，存在显著的区域养殖环境影响差异性。

7.4　农业源水体污染贡献度分析

7.4.1　污染物排放量贡献度

基于我国第一次污染源普查更新数据，农业源污染物排放量化学需氧量 1 203.69 万 t，氨氮 82.96 万 t，总磷 28.47 万 t，总氮 270.46 万 t，分别占全国排放总量的 47.2%、31.4%、67%和 57%。其中，化学需氧量畜禽养殖污染排放占 96%，水产污染排放占 4%；氨氮畜禽养殖污染排放占 79%，种植业占 18%，水产污染排放占 3%。总氮种植业排放占 59%，畜禽养殖排放占 38%，水产养殖排放占 3%。总磷种植业排放占 38%，畜禽养殖排放占 56%，水产养殖排放占 5%。

经过“十二五”前三年的减排，2013 年农业源污染物排放总量化学需氧量为 1 125.82 万 t（畜禽养殖排放占比 95.2%，水产养殖排放占比 4.8%），氨氮排放量为 77.89 万 t（畜禽养殖排放占比 77.6%，水产养殖排放占比 2.9%，种植业排放占比 19.5%），分别占当年全国化学需氧量、氨氮排放总量的 47.9%和 31.7%，如图 5-7-10 和图 5-7-11 所示，与 2010 年农业源排放总量相比，分别下降 6.46%和 6.09%，但农业源污染物排放量占总排放量的比例却提高了。根据前 3 年减排数据，农业源污染物排放量占总排放量的比例不降反增反映出农业源由于基数大、治理源数量大分布广，与工业源和生活源相比，削减率较低，减排和治理效益的发挥都是一个缓慢的过程。

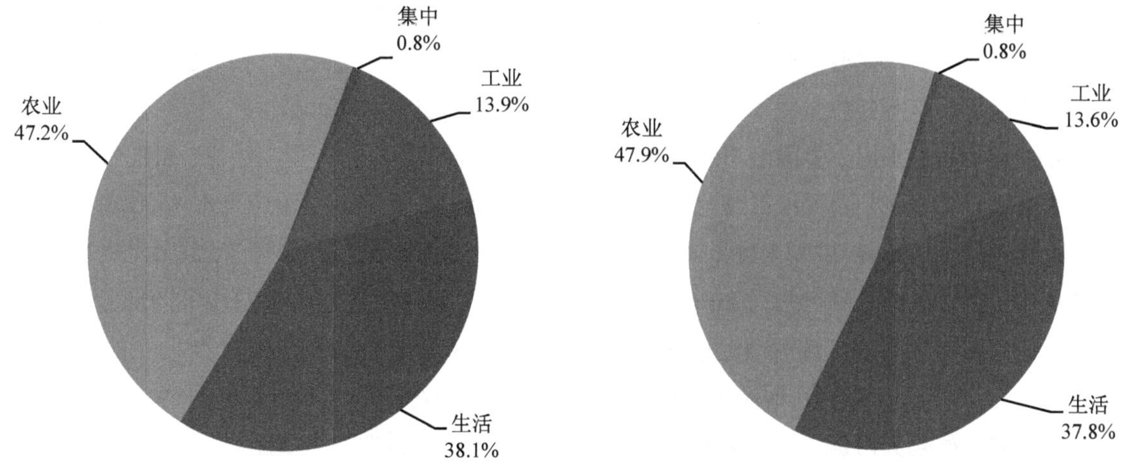

图 5-7-10　全国化学需氧量排放量构成（左图 2010 年；右图 2013 年）

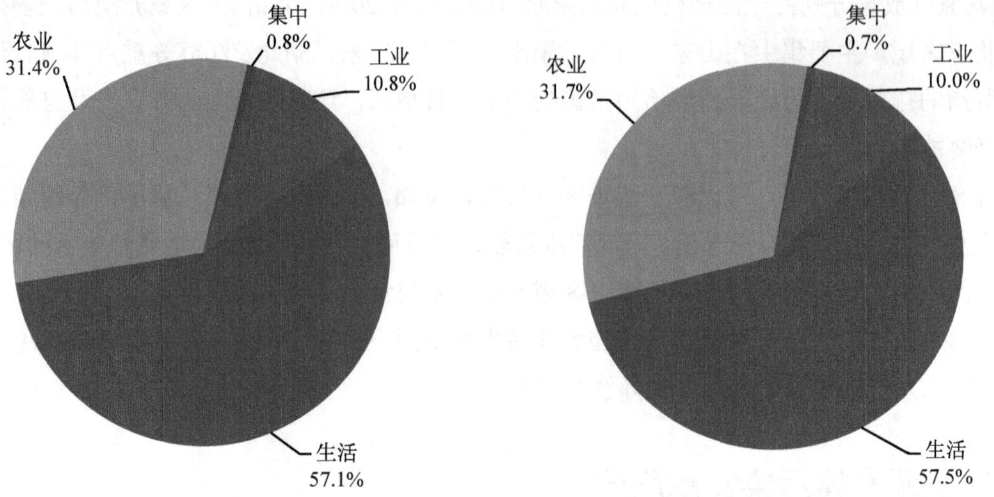

图 5-7-11 全国氨氮排放量构成（左图 2010 年；右图 2013 年）

单就农业源污染物排放量占污染物排放总量的贡献度而言，农业源化学需氧量排放量占全国总排放量接近 50%，以畜禽养殖排放为主，排放占比约为 95%，其中，规模化养殖化学需氧量排放贡献 30%，专业户养殖化学需氧量排放贡献率为 70%。农业源氨氮排放量占全国总排放量接近 32%，其中，畜禽养殖排放贡献占比为 77%，规模化与专业户养殖氨氮排放贡献分别为 53%和 47%。种植业对农业源氨氮排放贡献为 20%，根据前文种植业污染特征的分析，粮食作物与蔬果花的排放贡献约各占 50%。

7.4.2 水体污染贡献度分析

由于农业源污染物进入水体的数量不易精确估算，导致农业源水体污染贡献率的问题一直存有争议。本部分通过梳理总结现有国内外农业源水体污染贡献率相关文献及研究成果，分析我国农业源污染物水体污染贡献度。

发达国家的污染控制经验表明，随着对工业废水和城市生活污水等点源污染的有效控制，面源污染，尤其是有农业生产和生活活动引起的农业面源污染，已经成为水环境污染的最重要的来源。有研究数据表明：美国的面源污染占污染总量的 2/3，其中农业面源污染的贡献率为 75%左右，而氮、磷营养元素是农业面源主要的污染物质；在丹麦 270 条河流中 94%的氮负荷、52%的磷负荷来自面源污染；荷兰水环境污染总量中，60%的总氮、40%的总磷来自农业面源污染。

世界银行的报道指出，中国地下水有将近 50%被农业面源污染，有专家估算，目前中国水体氮、磷污染物中来自工业、生活污水和农业面源污染的比例大约各占 1/3，中国地表水的面源污染也占很大比重。地表湖泊的氮磷 50%以上来自于农业面源污染，在太湖流域，来源于农田、农村畜禽养殖业、城乡接合部地区的总磷分别为 20%、32% 和 23%，总氮分别为 30%、23% 和 19%，贡献率超过来自工业和城市生活的点源污染。巢湖流域，引起水体富营养化的氮、磷营养中，来自农业面源污染的分别占 38.5%、15.1%，面源污染的贡献率已超过点源污染。

对于畜禽养殖场粪污流失率也有相关研究，根据中国农业科学院土壤肥料研究所的初步测算，在降雨时，养殖场堆放和外泻的粪肥冲入河沟，易形成大量氮、磷径流。即使流域内只有 10% 畜禽粪便由于堆放或溢满随场地径流进入水体，对流域水体氮富营养化的贡献率可达到 10%，磷可达到

10%～20%。

以上研究数据表明，基于我国农业现处的发展阶段和污染治理技术水平，虽然量化农业源污染物对水体污染的贡献度仍存在困难，但定性而论，农业源污染对水体的贡献确实不可小视。种植业化肥污染中，源头的超量投入、中间过程缺乏能有效提高养分利用率的施肥措施和手段、导致较高的流失率，加之末端难治理、无治理，最后进入水体的污染物总量确实可观。畜禽养殖污染中，由于运输成本以及劳动力结构的变化，不能保证所有的畜禽粪污都能有效还田利用，一些养殖密集区粪污超过周边区域耕地消纳能力后随意堆放或直排，基于上述研究数据，随地表径流进入水体的量也不容忽视。

考虑到农业源量大面广的污染特点，末端控制技术发效甚微，基本无有效的措施手段用于控制、阻滞面源污染物进入水体。所以，我国面源污染防治的重点在“防”，应以生态农业为发展方向，高度重视面源污染的源头控制，出台相关法律法规对化肥施用量做严格限制，并注意施肥技术的应用，最大限度提高养分利用率；另外，减少化肥施用所腾让出的施肥空间同时可促进畜禽粪污的还田利用，促进施肥类型与施肥结构的优化，只有两类主要污染源防治结合、协同控制，才能有效减缓我国面源污染对水环境的影响，才能真正促进我国生态农业的发展进程。

本报告执笔：郭黎卿、张文静、刘雅玲

第 6 篇

环境风险防控与土壤环境保护研究

1　“十三五”环境风险管控与环境健康管理思路

1.1　环境风险状况

1.1.1　突发环境事件风险

1.1.1.1　突发环境事件高发、群发，应急压力大

近年来，随着工业化程度的不断提高，我国已进入环境污染事故高发期，给人民群众的生命、健康和财产造成了严重损害。统计显示，2001—2010 年，我国共发生环境污染及破坏事故 11 069 起，年均经济损失 1 亿元以上。2010—2015 年的突发环境事件数量呈现先升高后下降的趋势，从 2010—2013 年，全国突发环境事件数量逐渐上升，数量最高的 2013 年达 712 起，比 2012 年多出 170 起，上升 31.4%。2014 年开始下降，2014 年和 2015 年分别发生突发环境事件 471 起和 330 起，分别比上年下降 33.8%和 29.9%（表 6-1-1）。

表 6-1-1　近年来中国发生的突发环境事件数量

		重大	较大	一般	总计
2010 年	数量	3	12	405	420
	占比/%	0.7	2.86	96.4	100
2011 年	数量	12	12	518	542
	占比/%	2.2	2.2	95.6	100
2012 年	数量	5	5	532	542
	占比/%	0.9	0.9	98.2	100
2013 年	数量	3	12	697	712
	占比/%	0.4	1.7	97.9	100
2014 年	数量	3	16	452	471
	占比/%	0.6	3.4	96.0	100
2015 年	数量	3	5	322	330
	占比/%	0.9	1.5	97.6	100

2010—2015 我国发生的等级为重大的突发环境事件共有 29 起，约占所有突发环境事件数量的 1%。重大突发环境事件从 2010 年到 2015 年呈现先增多后减少的趋势，2011 年为发生数量最多的一年，达 12 起，占当年事件总数的 2.2%。2011—2013 年逐年下降，2013 年后保持在每年 3 起的水平（图 6-1-1）。

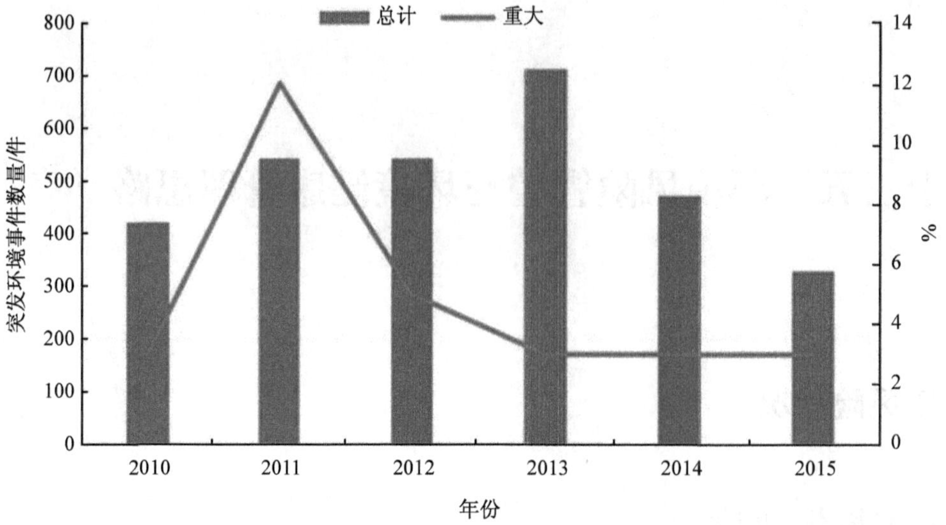

图 6-1-1　近年来中国发生的突发环境事件数量

1.1.1.2　次生事件比重大、诱因复杂，防范难度大

我国突发环境事件诱因复杂，次生突发环境事件比重大。一方面，我国正处于工业化、城镇化快速发展时期，化工、石化、采选冶炼、电力等高污染、高风险行业仍然是各地投资重点，企业环境风险管理主体责任落实不到位、环境保护意识淡薄、一味追求经济效益，部分涉及危险化学品生产加工企业设备老化、生产不规范，极易发生安全生产事件，加之企业环保投入不足，环境风险管理制度未能落实，环境应急基础设施缺位，生产安全事故多发且极易次生突发环境事件。另一方面，我国地域面积广，地形复杂，是世界上自然灾害最严重的国家之一，自然灾害种类多、发生频率高、造成的灾情较为严重，且我国自然灾害预测预警、应急处置能力薄弱，自然灾害也极易次生突发环境事件。此外，交通运输事故、企业排污等也易造成突发环境事件发生。

突发环境事件诱因复杂，既有生产安全事故、交通运输事故、企业排污等人为原因，也有地震、泥石流、台风灾害等自然原因。2010—2015 年，环保部调度处理的突发环境事件中，安全生产事故是突发环境事件的最主要起因，约占 48%，其次是交通事故原因，约占突发环境事件的 19%，企业排污引发的突发环境事件约占 10%，自然灾害引发的突发环境事件数量最少，约占 8%（图 6-1-2、图 6-1-3）。

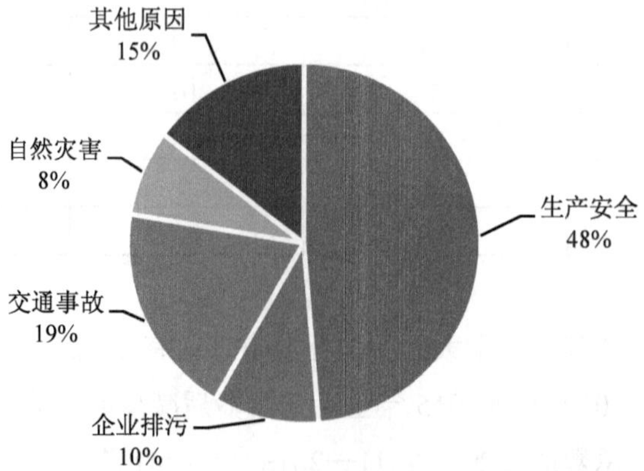

图 6-1-2　2010—2015 年不同原因导致的突发环境事件比例分布

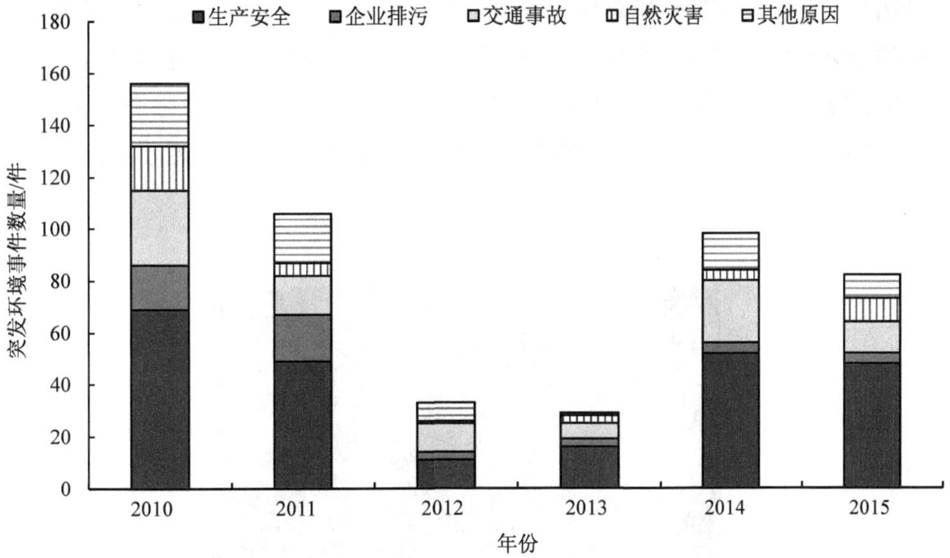

图 6-1-3　2010—2015 年不同原因导致的突发环境事件数量

1.1.1.3　事件类型复杂、污染因素众多，处置难度大

按照事件发生后的污染介质分类，突发环境事件可分为突发水环境污染事件、突发大气环境污染事件、突发土壤环境污染事件。环保部调度处理的突发环境事件中，突发水环境污染事件和突发大气环境污染事件占大多数。2010—2015 年，突发水环境污染事件约占 44.07%，突发大气环境污染事件约占 40.34%，远远多于其他污染类型事件。具体见表 6-1-2、图 6-1-4。

表 6-1-2　2010—2013 年突发环境事件导致的环境污染情况

年份	水污染	大气污染	土壤污染	海洋污染	其他	总计
2010	65	66	4	10	11	156
2011	39	52	2	4	9	106
2012	26	1	0	4	2	33
2013	26	3				29

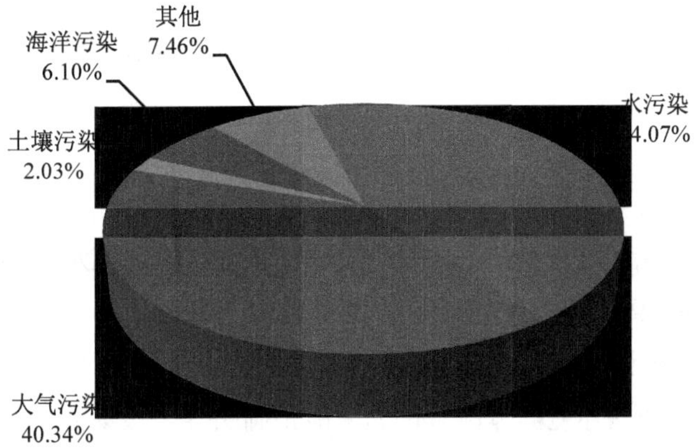

图 6-1-4　2010—2012 年突发环境事件环境污染情况比例

按照污染物类型分类，突发环境事件可分为重金属污染事件、危险化学品污染事件、油类污染事件以及其他类污染事件。突发环境事件当中，危险化学品污染事件所占比例最大，占所有事件的44%；其次是其他污染类型事件（包括天然气、硫化氢、次氯酸钠、液氨、氯气、浓硫酸、浓盐酸、氢氟酸等）；油类污染事件占17%；重金属污染事件占11%。见图6-1-5、图6-1-6。

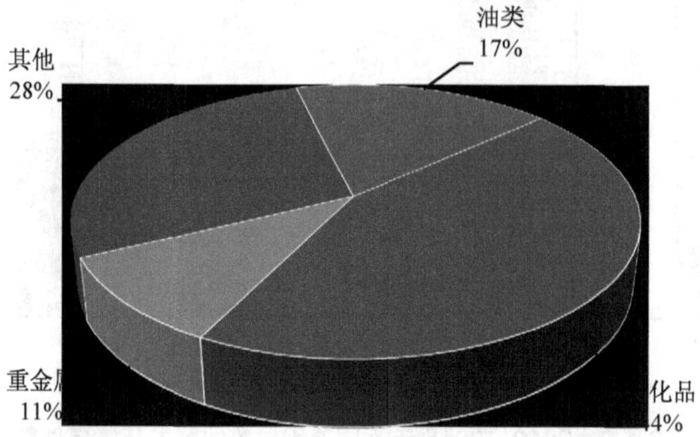

图6-1-5 2011—2014年突发环境事件污染物质类型

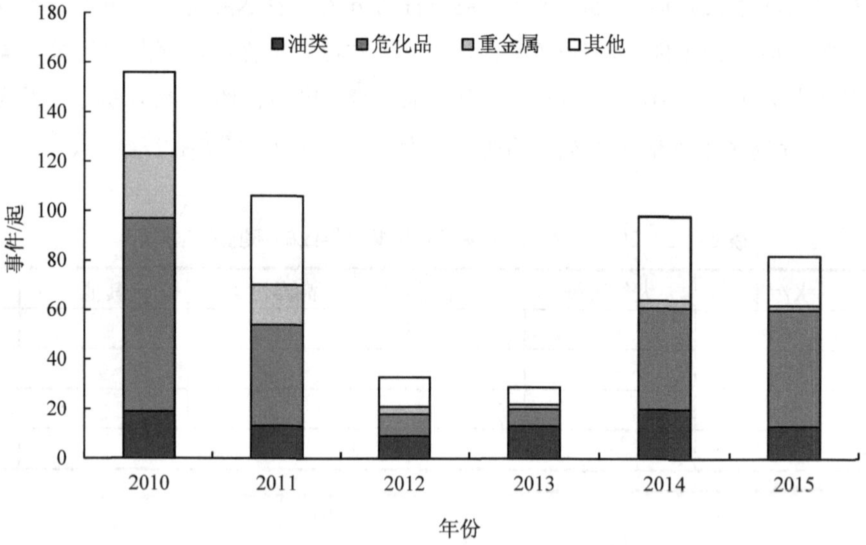

图6-1-6 2011—2014年突发环境事件污染物质类型

1.1.1.4 影响范围广且深远，恢复成本高

近年来，我国发生了多起造成跨界影响的突发环境事件，松花江水污染事件、武水河锑浓度异常事件、广西龙江河镉污染事件，均造成了跨国界、跨省界和跨市界的污染影响。公众环境安全诉求近年来急剧增加，环境统计年报数据显示，目前中国的环境污染问题引发的投诉和群体性事件正以每年30%的速度上升，一些环境群体性事件如未能正确引导，极易演变为恶性群体性事件，造成严重的社会经济影响。此外，一些地区违法向地下水排污、危险废物恶意倾倒、重金属污染的问题对生态环境造成难以估量甚至不可逆的影响。一些污染物在治理是长期和复杂的过程，以重金属以

及持久性有机污染物为例，将消耗大量的人力物力和时间，恢复成本高。

1.1.2　环境健康

近年来，国内累积性环境污染造成的隐患逐渐凸显，累积性环境污染导致的健康问题爆发。在陕西、湖南等地的局部区域，累积性重金属污染危害出现此起彼伏的爆发态势，先后发生湖南武冈血铅超标事件、湖南浏阳镉污染事件、陕西凤翔血铅超标事件等，对生态环境、人民健康及社会稳定造成极大隐患。2006—2010 年我国共发生 56 起较大以上环境健康事件，其中因累积性环境污染导致健康损害 26 起，占总数的 46.4%。近年来，太湖、滇池和巢湖等发生蓝藻爆发事件，严重影响了部分水域的水质，影响到水生生物的生存，也影响了某些区域居民的生活用水和饮用水安全。累积性环境污染严重威胁生态环境和人民群众的生活和身体健康，成为影响社会稳定和谐的重要因素。

（1）区域性雾霾天气和空气污染严重威胁公众的呼吸健康

近年来，尤其是 2012 年以来频繁发生的区域性雾霾事件，严重影响公众的健康，造成了沉重的疾病负担。据估计，我国每年由于细颗粒物导致的城市过早死亡人数 30 万～50 万，相当于城市居民人均损失寿命 0.72～1.85 年；2013 年 1 月雾霾天气导致北京、上海、广州和西安过早死亡人数高达 1 416 人。《大气污染防治行动计划》中提出“经过 5 年努力，全国空气质量总体改善，重污染天气较大幅度减少；力争再用 5 年或更长时间，逐步消除重污染天气，全国空气质量明显改善”的奋斗目标，大气污染防治工作任重道远。当前至 2020 年，区域性的重污染天气仍将持续对公众健康造成严重的威胁，长期的空气污染暴露仍将造成沉重的疾病负担。

（2）局地水体污染严重威胁公众的饮水健康

2015 年，全国 338 个地级以上城市的 557 个地表水源地达标比例为 92.6%，358 个地下饮用水水源地达标比例为 86.6%；2012 年试点村庄 1 370 个饮用水水源地监测断面（点位）水质达标率为 77.2%，其中，地表水和地下水饮用水水源地水质达标率分别为 86.6%和 70.3%。局部地区的水体污染严重，部分城市和工业企业周边地下水污染成恶化趋势，严重威胁地下水饮用水水源安全。“十二五”期间，环境保护部先后印发了《全国地下水污染防治规划》《华北平原地下水污染防治工作方案》等文件。由于地下水污染治理和修复难度非常大、成本高、周期长，形势严峻，当前至 2020 年，我国局地地下水污染严重的态势无法根本扭转，地表水源地和地下水源地污染仍将对公众的饮水健康构成潜在威胁。

（3）土壤污染导致食品安全问题严重威胁公众的饮食健康

2013 年社会科学文献出版社出版的《粮食安全——世纪挑战与应对》，我国受污染耕地约 1.5 亿亩，约占耕地总面积的 8.3%，其中，中重度污染耕地约 5 000 万亩。农作物对土壤中重金属、农药和持久性有机污染物等的生物富集，使得“镉大米”“重金属蔬菜”等摆上了餐桌，严重危害公众的健康。由于土壤污染治理成本高周期长且难度大，尽管“十二五”期间我国发布并实施了重金属污染综合防治规划、全国农产品产地土壤重金属污染防治技术方案等规划，土壤污染防治工作不容乐观。当前至 2020 年，土壤污染导致的食品安全仍是我国公众健康的重大威胁，“毒大米”“重金属蔬菜”“农药残留水果”等仍将是媒体上的热门词，“癌症村”等群体性事件仍将频繁发生。

（4）因环境污染导致健康损害而引发的群体性事件风险需要引起高度重视

近年来，因累积性环境污染造成的健康损害事件频繁发生，湖南浏阳镉污染事件、陕西凤翔铅污染事件等引发了群体性事件，太湖蓝藻暴发事件、长治苯胺泄漏事件等引起了公众的恐慌，导致抢购瓶装水风潮。当前至2020年，累积性环境污染导致的健康损害事件仍将处于高发态势，对于环境污染导致健康损害而引发的群体性事件风险应引起高度的重视，加强环境污染所致群体性事件的预警预判、合理应对、舆论引导和健康损害赔偿工作。

1.2 管控现状

1.2.1 现状

1.2.1.1 法制

我国已经形成了以基本法、单项法、部门规章为体系的环境风险管理法律法规体系。在《突发事件应对法》、新修订的《环境保护法》第四十七条指出，各级人民政府及其有关部门和企业事业单位，应当按照《中华人民共和国突发事件应对法》的规定，做好突发环境事件的风险控制、应急准备、应急处置和事后恢复工作。在《水污染防治法》《大气污染防治法》和《固体废物污染防治法》等单项法中，均提出了预防为主、预防与应急相结合的原则，对突发环境事件的防范于应急准备、应急处置与事后恢复提出了要求。《水污染防治法》中设有“水污染事故处置”专章，《大气污染防治法》中有应对大气污染事故的条款。为从根本上、全局上和发展源头上注重环境影响，控制污染，保护生态环境，制定《中华人民共和国环境影响评价法》。为防止建设项目产生环境污染和生态破坏，制定了《建设项目环境保护管理条例》。我国针对环境风险的管理目前仍停留在政策层面，还没有建立起统一的、适用范围较广的环境风险防范法律制度。

在环境应急管理法制建设方面，围绕突发环境事件的应急法律法规体系日渐完善，各项法规中均体现了全过程的应急管理思路。为健全突发环境事件应对工作机制，科学有序高效应对突发环境事件，制定了《国家突发环境应急预案》。按照环境应急分级、动态和全过程管理要求，修订《环境保护部突发环境事件应急响应工作办法》，印发了《突发环境事件信息报告办法》《突发环境事件信息报告情况通报办法》《突发环境事件应急处置阶段污染损害评估工作程序规定》，制定《突发环境事件调查处理办法》，为应急响应、事件调查、事件定级、加强事后管理等提供依据。

在环境健康管理法制建设方面，2014年4月新修订的《环境保护法》明确提出了“保护公众健康”的根本原则，第三十九条规定“国家建立、健全环境与健康监测、调查和风险评估制度；鼓励和组织开展环境质量对公众健康影响的研究，采取措施预防和控制与环境污染有关的疾病”等内容，明确环境与健康工作的任务和内容。《大气污染防治法》第七十八条规定“国务院环境保护主管部门应当会同国务院卫生行政部门，根据大气污染物对公众健康和生态环境的危害和影响程度，公布有毒有害大气污染物名录，实行风险管理”。上述法律的出台，为环境与健康工作的开展提供了法律依据。

1.2.1.2 体制

我国环境应急组织机构分为“国家、区域、地方”三个层级，在国家层面，环保部下设环境应急与事故调查中心，在区域层面设立了六个督察中心，在地方层面省、市设置了环境应急机构。

在国家层面，环境保护部负责重特大突发环境事件应对的指导协调和环境应急的日常监督管理工作。2002 年，国家环境保护部设立环境应急与事故调查中心，负责全国环境污染与生态破坏事故应急响应系统的建设和管理工作。环境保护部环境应急指挥领导小组办公室设在环境保护部环境应急与事故调查中心，负责重、特大突发环境污染事故和生态破坏事件的应急工作，承担重、特大环境事件的调查工作。

在区域层面，环保部设置了华东、华南、华北、东北、西南、西北六大环境保护督察中心，负责承办或参与重大环境污染与生态破坏案件的查办工作和重、特大突发环境事件应急响应与处置的督察工作。

在地方层面，北京市环保局、上海市环保局、江苏省环保厅、广东省环保厅与大连市环保局等省市都成立了环境应急中心，负责各省、市环境应急响应工作。这些应急机构主要承担突发环境污染事故和生态破坏事件应急和调查工作。依托于环境监测站、环境科学研究院等机构，初步形成了软硬件配置合理，人员结构得当、资金有效保障的环境应急能力。目前，全国约 70%的省级环保部门、50%的地市级环保部门经编办批复成立环境应急管理机构，其中独立运行的省级机构 13 家、地市级机构 84 家，江苏、重庆、甘肃等地基本建立了比较完善的省和地市两级环境应急管理机构。

环境健康管理体制方面，2008 年成立了国家环境与健康工作领导小组，负责国家环境与健康工作的宏观指导，研究制定国家环境与健康工作方针、政策，协调解决国家环境与健康工作重大问题，领导小组成员涵盖了卫生部、环保部等 17 个部委。目前，环境与健康管理工作主要由环保部和卫计委承担。环保部具体由科技标准司环境健康管理处负责，卫计委具体由疾病预防控制局环境卫生管理处负责。地方各级环境保护部门尚未成立环境健康管理专职机构，地方各级卫计委环境卫生工作由疾病预防控制处和疾病预防控制中心承担。总体而言，我国环境与健康管理体制建设尚未出起步阶段，且部门之间、国家和地方之间发展很不均衡。

1.2.1.3　制度机制

环境风险与应急制度包括突发环境事件报告制度、环境应急预案管理制度。环保部 2011 年发布《突发环境事件信息报告办法》（环保部 2011 年第 17 号令），根据突发事件的严重性和紧急程度，突发环境事件可以分为特别重大、重大、较大、一般四个等级。

2006 年 1 月国务院发布了包括《国家突发公共事件总体应急预案》，包括《国家突发环境事件的应急预案》（以下简称国家预案）等 25 个专项预案和 80 个部门预案，同年国务院印发《国务院关于全面加强应急管理工作的意见》，明确“以落实和完善应急预案为基础”作为应急管理工作的指导思想之一，要求建立覆盖各地区、各行业、各单位的预案体系，开启了我国突发环境事件应急预案体系建设的历程。

我国环境保护领域已基本形成由总体应急预案、专项应急预案、部门应急预案、企事业单位应急预案和临时应急预案组成的应急预案管理体系。当前应急预案动态管理机制初步成型，约半数的省级环保部门制定了应急预案管理制度，具体规范了本地环境应急预案管理工作，各地加强了企业应急预案管理工作，积极开展了企业环境应急预案编制试点工作。此外，自 2010 年制定实施《突发环境事件应急预案管理暂行办法》以来，除内蒙古、新疆、西藏、江西、湖北外，其他 25 各省（区、市）都制定实施了配套文件，对突发环境事件应急预案编制、评估、备案、培训与演练提出更加具体的要求。经过几年的努力，我国预案管理逐步规范、预案体系出局规模。

在预案管理方面，颁布《突发环境事件应急预案管理暂行办法》，对应急预案编制、评估、备案、修订、演练等程序进行规范。印发《石油化工企业环境应急预案编制指南》《企业突发环境事件风险评估指南（试行）》，稳步推进企事业单位突发环境事件应急预案编制备案工作。组织指导上海世博会环境安全保障应急演练、重庆市次生突发环境事件应急联合演练、云南省生产安全事故次生有毒有害气体突发环境事件环境应急演练等。

在预案体系方面，据统计，截至 2013 年底，省级环保部门环境应急预案编制做到了全覆盖，预案修订率约 80%；约半数的省级环保部门制定了应急预案管理制度，具体规范了本地环境应急预案管理工作；设区的市级环保部门预案编制率达 90%以上；北京、天津、山西、重庆等地市、县级环保部门环保应急预案备案率达到了 100%；各地加强了企业应急预案管理工作，积极开展了企业环境应急预案编制试点工作，重庆市企业环境应急预案备案率达到了 100%，江苏等地还开展了工业园区环境应急预案编制工作。

环境健康管理方面，2007 年，环保部和卫生部联合其他 15 个部位发布了《国家环境与健康行动计划（2007—2015 年）》；2011 年，环境保护部下发《国家环境保护“十二五”环境与健康工作规划》；2012 年，环境保护部下发《关于“十二五”期间加强环境与健康工作的指导意见》。2017 年，发布了《国家环境保护“十三五”环境与健康工作规划》《人体健康水质基准制定技术指南》《环境与健康现场调查技术规范　横断面调查》。但总体来看，环境与健康管理制度建设相对滞后，相关的配套制度建设尚处于起步阶段，环境健康管理制度和政策体系尚未形成。

1.2.1.4 能力建设

环境应急队伍建设逐步推进。在环境应急专家队伍建设方面，环保部印发了《环境保护部环境应急专家管理办法》，邀请科研院所、企事业单位、高等院校、军队和各行业协会共 300 多位专家纳入环境应急专家库。各省市环境应急中心，根据区域环境风险特点与突发环境事件类型，组建环境应急专家库。在应急救援队伍建设方面，探索总结出专职救援模式、应急抽组模式社会化模式等应急救援队伍建设模式。

环境应急能力标准化建设初见成效。为推进应急能力标准化建设，印发《全国环保部门环境应急能力建设标准》《全国环保部门环境应急能力建设达标验收暂行办法》，在江苏、辽宁和沈阳开展省级、市县级标准化建设试点示范，指导各地推进标准化建设。物资配置水平逐年提升，目前以中央财政补助、地方配套的形式，为 27 个省（区、市）、3 个计划单列市和新疆生产建设兵团配备 59 台可执行水、气和辐射应急监测的高性能环境应急监测车，初步实现以监测车驻在地为中心、辐射周边区域的移动应急监测网络。信息化建设稳步推进，环境保护部环境应急管理综合系统建成运行，环境应急指挥平台正在加快建设。为加强应急救援物资储备库（信息库）建设，建立国家环境应急物资信息平台（www.123 69.com.cn），包含 2 756 家审核通过的企业储备物资信息。推动地方建立小型环境应急物资储备库或委托企业储备管理应急物资。

分层次、按需求强化应急能力培训。针对应急指挥和现场处置的职能定位不同，分别组织环保厅（局）长、地市级环保局长、环境应急管理工作人员培训班，为厅（局）长加强环境应急管理宏观决策能力，为地市环保局长增强现场应急指挥和应变能力，为工作人员提高现场处置和救援能力。目前，全国 30 余名环保厅（局）长、400 余名地级市环保局长基本轮训一遍，累计培训环境应急管理工作人员 3 000 余人。

制定一系列环境风险防控技术规范。分别针对建设项目、重点行业、风险企业、化学品制定了风险评价技术导则。为贯彻《中华人民共和国环境保护法》和《建设项目环境保护管理条例》，制定《环境影响评价技术导则》，对建设项目环境影响评价的一般性原则、方法、内容和要求做了规定。为促进建设项目全过程风险管理，使其达到法制化、规范化和标准化要求，制定《建设项目环境风险评价技术导则》。针对硫酸、氯碱、粗铅冶炼等高风险行业制定了企业环境风险等级划分方法，以更好的推进环境污染责任保险的落实。为了防范近年来频发的突发环境事件，环保部应急中心制定了《企业突发环境事件风险评估指南（试行）》，划分企业等级，进行典型突发环境事件的情景分析。此外，《污染场地环境风险评价技术导则》《重点环境管理危险化学品环境风险评估技术方法》等的出台进一步完善了环境风险评估技术体系。当前的环境风险管理以预案管理为抓手，为了提高企业事业单位环境应急预案的编制质量，相继出台了《危险废物经营单位编制应急预案指南》《石油化工企业环境应急预案编制指南》《城市大气重污染应急预案编制指南》《尾矿库环境应急预案编制指南》《黄金采选企业突发重金属环境事件应急预案编制指南》，对高风险行业企业环境应急预案编制做出标准化规范性要求。

制定应急响应程序规范，应急处置、应急监测、应急阶段损害评估技术指南等环境应急响应技术规范。2006年，原国家环保总局编印了《突发环境事件应急响应使用手册》，为各地环境应急人员的应急处置工作提供了技术支持。针对尾矿库、石油泄漏事故频发的情况，组织有关专家编写了《尾矿事故环境保护应对技术措施》和《石油泄漏环境事故技术应急措施》。2010年10月颁布的《突发环境事件应急监测技术规范》规定了突发环境事件应急监测的布点与采样、监测项目与相应的现场监测和实验室监测分析方法、监测数据的处理与上报、监测的质量保证登的技术要求。为了服务于突发环境事件直接经济损失的计算以及事件定级，先后印发了《突发环境事件应急处置阶段污染损害评估工作程序规定》《突发环境事件应急处置阶段污染损害评估技术规范》。

环境与健康管理方面，通过开展全国环境与健康专项调查、淮河流域癌症综合防治项目、环境与健康哨点监测等项目有效带动了我国环境与健康基础工作能力，国家和部分省份初步形成了较为稳定的环境与健康工作队伍，建立了统一的环境与健康信息管理平台，为掌握我国环境与健康总体情况积累了大量信息。同时，加强了环境与健康科学研究及成果转化工作，发布了《国家污染物环境健康风险名录》《中国人群暴露参数手册》等成果；编制了环境与健康调查、监测和风险评估的相关技术规范、指南，并在全国环境与健康专项调查、淮河流域癌症综合防治等工作中试行，为环境与健康调查、监测和风险评估制度的建立完善提供了技术支撑。

1.2.2　问题与需求

1.2.2.1　法制

（1）问题

当前环境风险防范与应急管理法规力度不够，风险防范与损害鉴定赔偿制度建设缺位。

与发达国家相比，我国环境风险防范与应急管理法规执行力度不够、全过程环境应急管理法制体系存在缺位等差距。美国制定了针对环境应急的《综合环境应急、赔偿和责任法案》，建立了信息收集和分析制度，为应对危险物质泄漏、危险废弃物污染场地清理和受损自然资源恢复对联邦政府实施反应行动进行广泛授权，设置了“危险物质信托基金”，为联邦政府污染场地清理提供资金支持，建立了严厉的以污染者付费原则为基础的环境责任标准。

现阶段我国环境风险防范与应急管理规定执行力相对薄弱。虽然在我国《宪法》《突发事件应对法》、新修订的《环境保护法》等条款中均提及了突发环境事件的应对，环保部门《水污染防治法》等单行法律，以及近年来制定的《环境保护部关于加强环境应急管理工作的意见》与《突发环境事件应急预案管理暂行办法》《政府信息公开条例》《突发环境事件应急管理办法》等相关法规中对突发环境事件的风险防范、应急准备、应急响应和事后恢复的环境应急全过程应对做出了规定，但由于法律法规条文过于原则化化，管理办法适用性和执行力相对薄弱，强制力不足，仍不足以规范环境应急管理体系。此外，这些法律法规中均存在部门间和区域流域内环境应急权责不清晰的问题，严重影响了环境应急管理的效率和效果。

我国环境与健康管理法律法规尚不完善，现有的条款规定过于原则化，即使这样也仅仅在新修订的《环境保护法》和《大气污染防治法》中有所体现。关于环境与健康管理的法律规定也不成体系，未能显示出环境健康管理的目标、思路和要求。环境健康管理法制建设滞后，制约了整个环境与健康管理工作的制度建设、体制建设和能力建设。

（2）需求

重点领域环境应急法制缺位，亟须加快环境应急管理法律制度体系建设。鉴于目前环境应急相关法律法规普遍存在适用性和执行力相对薄弱的问题，亟待制定环境应急单项规范化文件，逐步完善环境应急管理法律制度。理顺企业、政府部门、公众在环境应急过程中的职责定位，理顺综合监管与专业监管、不同层级监管之间的关系。出台重点行业企业及工业园区环境风险预警体系、应急体系建设管理办法和配套标准、环境安全隐患排查、环境风险识别与评估规定和配套制度体系与方法研究，建立企业风险和隐患信息通报和公开制度研究制定突发环境事件中长期污染损害评估赔偿规范，完善污染损害鉴定评估与赔偿规范体系。

建立健全环境与健康管理法律法规体系。依据《环境保护法》关于环境与健康管理的总体要求，在《水污染防治法》《土壤污染防治法》等相关法律、法规制修订过程中，进一步突出强调环境与健康管理的地位和作用，明确环境健康管理的职责和措施；环境保护部根据相关法律要求，出台《环境健康管理工作办法》等部门规章；开展《环境健康管理法》立法准备工作，酝酿出台环境与健康管理的专门性法律。

1.2.2.2 体制机制

（1）问题

环境应急管理体制不顺畅，跨部门跨区域环境应急联动机制亟待加强。

与发达国家相比，我国还存在环境应急管理体制不顺畅的问题。英国十分重视多部门协调合作，尤其是环保部门与消防部门的协作。1997 年以来，环保与消防开始在培训上进行合作，设置了共同的课程。综观我国虽然在《突发事件应对法》《突发环境事件应急管理办法》中提出了环境应急联动机制，然而由于缺乏相关细则的要求，应急联动机制的实施效果仍不理想。

环境应急管理体制不顺畅。各级政府环境应急指挥机构设置和职责不统一，一些地区没有独立的环境应急机构，一些地方的环境应急机构设在环境监察、环境监测部门（2015 年 5 月问卷调查显示一半以上的受调查者表示有独立的环境应急管理机构，但是依然有 37.65%的受调查者表示没有独立的环境应急机构。大部分受调查者表示，所在机构环境应急管理工作的人员数量在 5 人以下）。由于无上下级对应关系，造成沟通不畅、应急指令传递不及时等问题，没有形成有机整体，影响了环境应急处置工作效率。

环境应急联动未能有效落实。突发环境事件波及面广，单一的环境应急指挥机构难以实施全面的应急指挥，往往需要安监、水利、公安、消防、卫生、市政等多部门协同作战，然而现有的管理体系对于环保部门是环境应急领导主体并未明确和强调，由于环保部门无法向其他部门下达指令，无法在第一时间得到其他部门的大力配合，大大降低了环境应急处置效率。各级政府的突发事件应急指挥机构和环境应急指挥机构、环保部门的关系需要进一步明确。当前环境应急管理缺乏有效综合机制，各方面力量难以形成合力。环境风险隐患排查、预测预警、信息报告、应急处置、信息发布、修复恢复等各个环节缺乏有机衔接。应对跨区域突发环境事件尚未形成制度化的区域联动和各部门联动协作机制。

2015 年环境应急管理岗位培训班问卷调查结果显示，基层环境应急人员普遍认为应当与安监与交通部门建立应急联动机制，同时社会化机构应与社会化环境服务公司建立环境应急联动，跨区域联动应针对突发水环境事件，与流域上下游城市建立应急联动机制。

环境与健康管理涉及环保部、卫计委、农业部等多个部门，虽然通过《国家环境与健康行动计划》（2007—2015 年）等文件以及全国环境与健康专项调查、淮河流域癌症综合防治项目等初步建立了多部门合作工作机制，但总体上工作机制并不畅通。国家和地方环境与健康工作进展失衡，目前环境与健康工作集中在国家层面，主要靠项目进行推动，地方在环境与健康工作方面缺乏主动性、积极性。总体来说，环境与健康管理工作尚未建立系统、完善、畅通的工作机制，不能满足目前环境健康管理工作日益增长的需求。

（2）需求

环境应急体制机制不顺，亟待理顺“上下左右”联动机制。推进环境应急管理由非常态管理拓展到常态管理的转变，由应急处置阶段前移至风险管理阶段，对突发环境事件实施全过程管理控制。明确规定各级环境保护部门的应急管理机构定位、职责。指导跨行政区域上下游地方环保部门建立联动机制，继续深化与交通运输、农业、海洋、公安消防、水利等相关部门应急联动机制建设工作，强化应急联动，规范健全环保系统、部门间、区域间环境风险预测预警信息与应急信息报送与通报体系。落实企业环境安全主体责任，充分调动公众参与环境应急管理的主动性积极性，畅通环境应急信息传播渠道，实现突发环境事件的共同防范、互通信息、联合监测、协同处置。

环境与健康管理领域，以《国家环境健康行动计划（2016—2020 年）》为契机，进一步明确卫生、环保、发改、农业等部门以及国家与地方各级政府在环境与健康工作中的职责，确立高效的合作协调机制。在国家环境与健康工作领导小组协调工作机制框架下，加强与卫生计生等相关部门的协作，形成合力。

1.2.2.3 制度

（1）问题

风险防范与应急管理制度缺乏，政府部门环境应急预案管理规范化制度化有待加强。

我国的环境风险防范与应急管理制度以环境应急预案管理为抓手，初步建立了企业、政府部门、行政区域、流域环境应急预案体系。比较而言，企业环境应急预案管理制度起步较早，在一系列管理规定的出台后，环境应急预案的质量与编制备案率有了大幅提升，政府部门、行政区域和流域环境应急预案由于起步晚，尚缺乏预案评估方法与规范，存在质量不高，相互之间借鉴现象严重等问题。此外，与发达国家相比，我国各级环境应急预案有效衔接缺乏。通过国内外经验学习可以发现，意大利非常重视环境应急预案的管理，要求企业制定内部预案，重点关注企业危险（风险）识别与分析，地方行政公署制定外部预案，强调环境敏感目标的保护。内部预案与外部预案衔接紧密，共同构成和应急预案体系。

自国务院颁布《国家突发公共事件总体应急预案》《国家突发环境事件应急预案》《突发环境事件应急管理办法》《企业事业单位突发环境事件应急预案备案管理办法（试行）》后，企业事业单位环境应急编制率与备案率得到大幅提升。然而企业事业单位在预案编制中更注重事中应急响应，忽略了事前环境风险防范和事后修复与损害赔偿。由于缺乏前端的风险识别与评估，不能够准确判断重点的突发环境事件，进而不能够针对事件提出现场处置方案和应急响应程序，应急预案的重点有失偏颇。针对区域、流域环境应急预案以及环保部门环境应急预案的管理由于起步较晚，缺乏科学的环境风险评估、应急预案评估机制与方案，应急预案较为原则、照搬照抄、重点不突出、质量参差不齐、可行性欠缺等问题依然存在。此外，企业事业单位环境应急预案、政府部门应急预案、区域流域环境应急预案的特点未能体现，各级、各部门预案较为独立，衔接不够，在信息公开和预案培训方面流于形式，不足以保障公民知情权，公众也不具备环境应急的能力。

环境风险防范和环境污染损害赔偿制度建设仍不健全成了制约环境应急管理的重要瓶颈。在风险防范中，环境安全隐患排查和环境风险评估缺乏制度约束，依然存在隐患排查不系统、风险评估不规范、环境风险评估开展不力等问题，影响了环境应急预案的可操作性与实施效果，加大了环境应急管理难度。在损害赔偿中，污染损害赔偿原则、赔偿范围、因果关系认定及损害的社会化承担等方面滞后于国家和人居环境权益保护的需求，环境资源损害的鉴定评估尚未正式开展，导致环境行政及司法机关在处理环境污染纠纷、审理环境污染案件过程中难以有效认定环境污染造成的损害程度及数额。环境污染纠纷解决机制不健全，救济途径不顺畅，诉讼主体不明、程序不清及依据不足，难以满足污染受害者对人身、财产和环境权益的诉求。降低了环境应急管理法规对污染者的责任追究与赔偿效力，提升了环境应急管理难度。

《环境保护法》对环境与健康管理制度建设提出了明确要求，即国家建立、健全环境与健康监测、调查和风险评估制度。《环境保护法》修订后，环境与健康配套管理制度建设刚刚起步，环境与健康监测、调查和风险评估制度框架尚未成型，仍处在探索阶段。

（2）需求

建立环境风险全过程管理制度体系，创新环境应急预案管理模式。推进环境风险评估、环境应急预案管理制度。完善企业、化工园区、行政区域、流域环境风险排查评估制度，进一步明确并规范风险排查评估的主体、方法、内容、程序及责任，将评估结果作为风险排查、隐患治理、监督检查以及预案编制与管理等重要依据。健全环境应急预案管理制度，深入落实《突发环境事件应急管理办法》《企业事业单位突发环境事件应急预案备案管理办法（试行）》，修订《突发环境事件应急预案管理暂行办法》，理顺政府、部门、企业环境应急预案之间的关系。完善预案管理模式，开展突发环境事件应急预案评估，开展重点行业应急预案标杆管理，落实环境应急预案规范化编制与管理，提高预案针对性与可操作性。推进重点领域、重点行业应急预案规范化管理，推进重点区域流域应急预案编制工作。将环境应急演练重在“演”向重在“练”逐步转移，通过加强环境应急预案培训、演练评估与指导性文件编写、预案演练基地建设等以练促改，提升应急预案的可操作性和基层环境应急能力。加强环境损害评估赔偿制度研究，加强污染损害赔偿原则、赔偿范围和因果关系鉴定、健康损害与生态环境损害评估等关键技术研究，厘清环境污染纠纷解决机制，明确诉讼主体和程序。以损害赔偿制度倒闭企业环境行为。

建立健全环境与健康监测、调查和风险评估制度。从保护公众健康的角度，明确环境与健康管理的目标和任务，厘清环境与健康监测、调查和风险评估制度各自的功能定位，确立环境与健康监测、调查和风险评估制度的总体框架。出台环境与健康工作管理办法、环境与健康监测管理办法、环境与健康调查管理办法、环境与健康风险评估办法等部门规章；同时，开展相关的配套政策和技术规范研究，编制和发布相关的实施细则和技术指南。

1.2.2.4　基础能力

（1）问题

我国风险防控综合能力缺乏，环境应急基础薄弱。

与发达国家和其他部门相比，现阶段环境应急综合防控能力和环境应急基础仍较薄弱。韩国在环境应急方面制定了各类手册，指导环境应急工作的有序开展，此外在监测预警、应急响应、应急管理等领域有着先进的研究成果。发达国家重视环境应急队伍建设，应急救援队伍专业化、社会化程度高。例如，美国要求全国割接应急管理人员必须参加规定时间、规定课程的培训，获得职业许可和有关部门认证，每年仅对直属系统培训就投入经费 8 亿美元。日本建立了“公救—共救—自救”多元协同的危机应对体系，政府与私营部门、事业单位之间通过法律法规或是签订协议等方式明确救灾职责分工，注重发挥社会各界在危机处置中的能动性。交通部十分重视应急物资库建设，“十二五”期间，交通运输部在全国范围内建设 13 个国家区域性公路交通应急装备物资储备中心。

虽然我国已经初步形成了基于事前防控、事中响应、事后修复与赔偿的环境应急全过程管理体系，但与之配套的技术水平与基础平台建设仍存在缺陷。环境应急管理的监测预警能力缺乏。环境监测仍然立足于常规污染物，缺乏特征污染物和重点风险监管物质的监测仪器设备与关键技术，化工园区、重点流域环境预警技术设备配置不足。环境风险评估技术尚未健全。现阶段环保部出台多个环境风险评估技术，应用范围与评估主体尚未明确，缺乏管理办法与制度文件，环境风险评估工作推进不利，仅在部分试点地区得到推广。

2015 年环境应急管理岗位培训班问卷调查结果显示，大部分受调查的基层环境应急人员表示并不清楚具体的风险评估工作开展情况，其余大部分清楚具体情况的表示这一比例在 10%以下。大部分受调查者表示辖区内环境风险企业环境风险评估开展比例在 10%以下。

环境应急基础薄弱。基层环境应急能力较低，当前我国环境应急能力建设存在严重不平衡现象，省级环保部门环境应急能力初步具备，市、区县等基层环保部门应急能力弱。一些地区依然存在没有独立的环境应急管理机构、环境应急人员编制少的问题。由于没有配备专职环境应急管理人员和环境应急物资装备，区县一级环保部门应急管理能力几乎为空白。环境应急物资储备、应急救援队伍建设底数不清，缺乏区域应急能力配置与优化，一旦发生突发环境事件，应急物资与队伍不能够及时投入，错过最佳应急时机。国家环境监管能力建设“十二五”规划已于 2013 年 8 月发布，但能力建设是一个长期过程，截至 2020 年，能力建设仍不能够满足风险防控的需求。

2015 年环境应急管理岗位培训班问卷调查结果显示，当前主要的环境信息应急平台为环境风险源信息收集与动态更新，此外，许多应急信息平台已经与应急指挥系统联网，大部分应急物资存储状况可查询。然而，有相当比例的受调查（约 30%）者表示并未建立环境应急信息平台。

环境与健康工作基础薄弱。主要体现在以下三个方面：第一，无论是国家还是地方层面，环境与健康管理和技术支撑机构专业人员短缺。环保部环境健康管理仍处于“半个处一个人”的局面，地方各级环保部门甚至没有设置环境健康管理工作的专职职位。环保部直属事业单位多数成立了环境与健康工作相关的技术单位，但总体上研究能力有限且定位不明确，尚不能为环保部环境健康管理提供有效的技术支撑。第二，环境与健康相关研究能力不足，实验室建设严重滞后，在环境健康基准、环境健康标准、健康风险评估和健康风险管理等关键领域研究不够深入。第三，从人才队伍方面来看，目前环境与健康领域缺乏优秀的领军人才和强大的支撑队伍。

（2）需求

加强环境应急能力建设和环境应急技术支撑。未来一段时期，基础支撑能力对环境应急能力的制约将进一步加大。需要提高省、市、县三级环境应急指挥体系、装备等配置能力，以《全国环保部门环境应急能力建设标准》为基础，结合区域环境风险状况开展环境应急队伍标准化建设，推进环境应急队伍专业化、社会化，提高全社会环境应急救援能力。推进典型行业、重点区域环境应急物资装备标准化能力研究提高环境应急预警及响应能力和环境风险防范水平。提升环境应急信息化，提高环境应急科技支撑能力，加强环境应急基础数据库与预测预警能力建设，做到环境应急精细化管理、科学化决策。建设环境应急宣教基地，深入开展环境应急专项宣传教育。

加强环境与健康能力和人才队伍建设。加强技术支撑机构建设，依托现有科研技术单位工作基础，组建国家环境健康风险评估中心、国家环境健康重点实验室等专业机构，夯实环境与健康科学研究基础能力。依托现有科研单位，通过创新人才引进机制和政策，多途径引进高层次的专业人才，着力培养中青年业务骨干，鼓励高校和科研院所加强环境与健康科研及人才队伍建设。

1.3 “十三五”风险与健康管控思路与对策

1.3.1 总体思路

以突发环境事件风险与环境健康问题现状与形势分析为切入点，以法规制度、体制机制、制度体系、能力建设等为重点，分析评估我国环境风险管控与健康管理体系现状，结合我国经济社会发展和环境保护的总体形势和战略，识别我国风险与健康管控面临的问题，研判“十三五”期间环境风险管控与健康管理需求。以全过程管理为主线，以风险防控为核心，以法律、制度、机制和能力建设为重点，按照统筹规划、重点突破的原则，围绕事前防范、事中应对、事后赔偿与恢复、能力建设、环境健康调查监测与评估五大任务，研究设计“十三五”风险与健康管控建设规划体系，系统提出规划目标指标、主要任务等，为提升风险与健康管控的法制化、系统化、专业化、效能化水平，为有效防控和妥善应对突发环境事件和环境健康问题提供规划指导和决策依据。

1.3.2 规划目标

通过构建以企业为主体的环境风险防控体系，优化产业布局，加强协调联动，提升应急救援能力，实施全过程管控，到 2020 年，环境风险防控和应急能力得到进一步提升，基本遏制重点领域重大突发环境事件，环境风险得到有效控制。初步建立环境与健康调查、监测、风险评估制度，推动环境健康工作向常规化业务化方向发展，在全国范围内建立较为稳定的环境与健康工作队伍。

1.3.3 主要对策

1.3.3.1 加强风险源头防控

（1）加强环境安全隐患排查治理

建立企事业单位突发环境事件风险排查治理制度，制定规范性文件，对排查治理主体、程序、内容、报告以及监督管理等内容进行规定。针对石油化工、有色金属采选和冶炼等重点行业，制定隐患排查治理和档案编制指南。实施环境安全隐患分类、分级管理，对于情况复杂、短期内难以完成治理，可能产生较大环境危害的环境安全隐患，要求制定隐患治理方案，落实整改措施、责任、资金、时限和现场应急预案，及时消除隐患。督促和引导企事业单位按照规范有效开展环境安全隐患排查治理。

（2）加快建立环境风险评估制度

加快推进企业环境风险评估。制定《企业突发环境事件环境风险评估管理办法》，对评估的主体、方法、内容、程序、结果运用及责任等予以规范。推进基于企业环境风险分类分级管理，探索建立企业突发环境事件风险第三方评估管理体系。针对重点行业发布行业评估报告范例，提高评估的效率和效果。将评估结果作为风险排查、隐患治理、监督检查以及预案编制与管理等重要依据。建立区域环境风险评估制度和方法体系。制定区域环境风险评估指导性文件，重点针对行政区域、化工园区、特定区域以及典型流域等不同尺度，分类制定环境风险评估方法，系统分析评估区域范围内的风险源、传输途径、风险受体以及可调用的应急能力资源。选择典型区域进一步开展评估试点。积极促进评估结果运用，推动区域环境风险评估纳入区域经济社会发展决策体系。

1.3.3.2 建立风险应对全过程监管体系

（1）健全环境风险预测预警体系

建设环境风险监测预警网络。加快地级以上城市和重点区域区县空气质量自动监测站网络、主要水系重点流域国控和省界水质自动监测网络的建设。加快推动重点城市饮用水水源地自动监测站点建立。以省级环境监测站为重点，配置必要的监测分析设备，提高典型环境问题预警监测能力。编制专项规划，加快推进高风险企业和化工园区有毒有害气体预警体系建设。开展重污染天气预警模型、系统开发应用试点建设，加强模型、系统推广应用。加强重点流域、跨境河流、重点海域环境预警能力建设。深入推动重金属、持久性有机物、危险废物、危险化学品、放射性物质、生物毒性等监测预警试点。

建立风险信息研判、报送及预警发布制度体系。依托各级政府、环保部门环境应急平台，开发综合研判系统、预警信息报送系统。建设各级人民政府统一管理、环境保护部门直接负责的各类突发环境事件预警信息发布系统，建立预警信息通报与发布制度，充分利用广播、电视、互联网、手机短信息、电话、宣传车等各种媒体和手段，及时发布预警信息。

加强危化品运输环境风险监控预警。加强危化品运输车辆跟踪监控，加快推进涉危化品企业危化品运输车辆加装 GPS 实时传输、危险快速报警系统设计及。进一步加大环境卫星的综合应用范围，充分利用卫星遥感技术对环境敏感区域、事故易发区进行卫星遥感加密监控，为决策提供及时、科学的依据。

（2）强化环境应急处置体系建设

完善应急指挥决策平台。依托各地环境应急指挥系统建设，建立健全国家、省、市环境应急指挥调度平台，重点加强市、县级环境应急指挥系统软硬件配置，将应急指挥平台与风险源、物资储备、应急能力等基础数据和监控预警系统、应急救援资源调度系统、环境损害评估系统以及环境应急处置后期监控评价系统等进行系统集成，实现信息共享，有效支持应急决策。

加强现场指挥与协调。通过制定相关指南、规范和标准，进一步完善现场指挥机构的设置和分工，明确现场决策、处置和保障主体，加强各部门的协调联动机制建设。理顺专项应急指挥部与现场指挥部的关系，明确现场指挥权限划分，建立、规范现场指挥权交接方式和程序。细化现场监测预警、处置救援、信息发布以及后勤保障等各类机制。

（3）完善环境应急预案管理体系

健全预案管理制度。大力推动实施《突发环境事件应急管理办法》《企业事业单位突发环境事件应急预案备案管理办法（试行）》。开展培训，并充分利用报纸、电视、网络等媒体，加强对两个办法的宣传、解读和对企业、地方环保部门以及预案编制服务机构等指导，推广应急管理先进地区经验。结合档案抽查、实地核查，加强对预案编制、审备、演练等监督，及时发现总结预案管理当中存在的问题，对违法反有关规定的，要严格按照办法中的罚则进行相应处罚。修订《突发环境事件应急预案管理暂行办法》。出台《突发环境事件应急预案管理办法》，将其上升为部门规章，进一步规范企业事业单位、政府以及环保部门预案编制、审备、评估、演练等环节，明确对重点行业、重点区域以及重点领域突发环境事件应急预案管理提出明确要求，加强突发环境事件应急预案的统筹管理，促进各级、各类突发环境事件应急预案之间以及突发环境事件应急预案与其他相关应急预案的有效衔接。

完善预案管理模式。开展突发环境事件应急预案评估。制定突发环境事件应急预案评审、评估指导性文件，对应急预案的评审和评估方法、程序、要点等进行规范。应急预案评审要切实保证预案的针对性、有效性和可操作性。评估过程应系统识别现有应急预案编制、实施、管理中存在的问题，促进应急预案修改完善。加强重点领域、重点行业应急预案管理。依据《石油化工企业环境应急预案编制指南》《尾矿库环境应急预案编制指南》，推动石油化工企业和尾矿库环境应急预案的规范编制。出台《危险化学品道路运输突发环境事件应急预案编制指南》，为危险化学品道路运输突发环境事件应急预案编制提供指导。在石油化工、涉重金属、危险化学品经营处置等高风险行业，将应急预案作为建设项目竣工环境保护验收条件。重点行业树立应急预案标杆，推行标杆管理，实现同一类型企业或事件的优化管理。加快推动重点区域应急预案管理。出台《饮用水水源地突发环境事件应急预案编制指南》，指导饮用水水源地突发环境事件应急预案的编制。规范流域跨界突发环境事件应急预案编制，明确跨界突发环境事件的信息通报、处置措施衔接、应急资源共享等联动机制。推动重要化工园区开展园区突发环境事件应急预案管理，明确政府、园区、企业及社会公众之间的应急处置职责分工，开展园区环境应急预案编制与评审试点示范，推广试点经验，提升全国各类化工园区防范和应对突发环境事件水平。

加强应急预案演练。组织编写突发环境事件应急预案演练指导性文件。明确突发环境事件应急演练的目的、原则、类型和组织实施方案，加强对预案演练的宏观指导。建立健全突发环境事件应急预案定期演练制度，鼓励政府、企事业单位定期开展桌面推演、重点环节演练、全面演练、无脚本演练等多种形式的演练。建立预案演练评估制度，加强对应急预案演练的评估考核，强化各级各类应急预案的演练频次、演练力度及演练效果。加强应急预案培训。面向高风险企业、相关部门和社会公众开展突发环境事件应急预案培训教育，普及应急救援知识。制定培训规划和考核标准，完善培训教材体系，充实师资队伍。建立应急演练基地。通过建立国家环境应急培训演练基地、开展省级环境应急培训演练基地试点建设，定期对各级突发环境事件应急协调指挥机构管理人员、指挥协调人员以及各级救援队伍指战员的培训和演练。

（4）理顺环境应急管理机制

健全环保部门全过程管理机制。以隐患排查、风险评估、监控预警、应急处置、损害评估赔偿、事后恢复为主线，将环境应急管理具体职责贯穿到环境管理的全过程、全方位，有效连接起项目审批、污染防治、环境监察、环境监测、生态保护以及环境应急等相关部门，建立信息共享、协调联动、综合应对的工作机制，形成合力。重点加强环境应急与化学品、重金属、固体废物环境监管协调联动，有效应对涉危化品、重金属、危险废物突发环境事件。将工作重心由非常态管理拓展到常态管理层面，由应急处置阶段前移至风险管理阶段，有效推进突发环境事件全过程管理控制。

大力推进“双跨”联动机制建设。加强跨部门应急协调联动机制建设，健全环境保护部门与交通、安监等部门联动机制，推动地方相应部门应急联动机制建设，加强危化品和危险废物运输中的环境管理，探索建立危化品运输车辆“环保卡”制度和危险化学品运输信息平台建设。健全环境保护部门与公安消防部门等综合性及专业性应急救援队伍建立长效联动机制。建立健全环境保护部门与发展改革、工商管理、行业管理等部门联动机制，加强“高污染、高环境风险”行业环境安全管理。加强环境保护部门与水利部门协调沟通机制。推进跨行政区域上下游环境应急联动机制建设，强化应急联动，共同防范、互通信息、联合监测、协同处置，做到应急防范“一条心”、应急指挥“一盘棋”、应急监测“一张图”、应急物资“一体化”，采取有效措施控制污染，确保饮用水水源地等环境敏感目标环境安全。

加强大气、水、土壤等重点领域环境应急管理制度机制建设。加强重污染天气应急管理。推动地方政府以预案为核心，做好重污染天气应急预案编制、备案和完善工作，开展交流、培训和调研，加强对重污染天气应对效果评估研究，不断改进重污染天气应急管理方式方法。建立健全重污染天气信息报告制度，规范重污染天气信息报告工作。加强重污染天气应急管理监督检查，环境保护部门会同监察、组织部门对重污染天气应对工作进行监督检查，对未落实应急措施的责任方依法追究责任。加大对重污染天气期间的企业环境违法行为处罚的处罚力度，对京津冀等区域重污染天气应急管理实施重点督办。强化饮用水水源地环境应急管理。开展饮用水水源地环境风险评估，针对饮用水水源保护区及其上游河流干支流沿线风险源、饮用水水源保护区环境应急预案体系、饮用水水源保护区管理制度落实、重点问题查处及整改完成情况等，实施重点防控。推动建设饮用水水源保护区综合风险防控工程，做好取供水管线周边污染场地排查修复，加强备用水源建设，强化供水单位应急能力，提高供水安全保障能力。建立健全突发土壤环境事件应急管理机制。加强与公安、国土、农业、住建等部门协调联动，进一步厘清各职能部门在事件防范、处置以及事后恢复各个环节的责任和义务，针对事件全过程建立健全联动机制。完善相关预案，充分发挥预案在事件应对中的作用。加强应急状况下危险废物收集、暂存、转移和处置监管，研究建立应急状况下危险废物暂存、转移的临时性豁免制度。进一步规范污染场地调查、监测、风险评估以及修复，开展修复土地再利用适用性评价。

1.3.3.3 加强环境损害评估、赔偿和责任追究制度机制建设

（1）完善环境损害鉴定评估制度

严格贯彻落实《环境保护法》，健全环境损害鉴定评估管理制度。完善环境损害鉴定评估技术体系。制定环境损害司法鉴定配套制度，推进环境损害司法鉴定规范化管理，明确环境损害鉴定评估资金来源，建立环境损害鉴定评估基金，将行政执法、刑事案件环境损害鉴定评估费用纳入政府预算。

（2）加快推行环境损害赔偿

探索通过财政、金融、税费等手段，促进环境损害赔偿责任承担方式的多元化转变。推动环境损害赔偿地方试点，初步形成基于污染修复和生态恢复为目标导向的生态环境损害赔偿制度体系。

（3）完善责任追究机制

综合运用法律、经济、技术、行政等手段，进一步细化并有效落实企业环境安全主体责任，规范企业环境安全行为，倒逼企业履行环境风险防范职责。明确环境风险防控涉及的规划、项目审批、监管等职责，理顺环保、安全、交通、公安以及环境影响评价、污染防治、环境监测、环境监察、环境应急等涉及环境风险防控的行政监管职能。规范环境致人身财产、生态价值损害的实体与程序内容，建立健全生态环境损害责任终身追究制，严格实行生态环境损害赔偿制度。

1.3.3.4 加强环境风险全过程管理能力建设

（1）强化环境风险评估与管理能力建设

强化环境风险统计分析能力，建立健全环境风险源数据库、敏感目标数据库、环境应急能力数据库及环境应急预案数据库，对全国重点环境风险源、敏感目标和应急物资、装备、队伍等能力信息进行集成优化管理。建立环境风险源、敏感目标与和环境应急能力网上填报系统，制定数据更新与动态管理制度，实现按年度更新数据，及时掌握各地区风险源、敏感目标与和应急能力状况，为环境应急管理提供基础数据支撑。整合环保、安监、交通、水利、海洋等监测预警能力，开发环境风险预测预警系统，搭建大气、水、危化品运输等环境风险监测预警网络。加强企业、工业园区、区域、流域环境风险评估技术方法研究，出台相关技术指南并进行规模化系统化培训，提升技术单位环境风险评估能力。建立环境风险源数据库、敏感目标数据库和环境应急能力数据库。

（2）加强环境应急机构和队伍建设

完善环境应急管理机构体系建设。建立健全环境应急管理机构建设标准，明确规定各级环境保护部门的应急管理机构定位、职责，确定各级环境应急管理机构建设基本内容与规模。推进地方环境应急管理机构建设，环境应急管理机构建设试点。加强区域环保督查中心应急管理能力建设，加大人员编制、资金与设备投入。强化应急救援队伍建设。各级人民政府以公安消防队伍、大型企业队伍及其他优势专业应急救援队伍为依托，建立或确定"一专多能"的综合性应急救援队伍。逐步建立政府主导的专职环境应急救援队伍、企业专项环境应急救援队伍、市场化环境应急救援队伍相结合的应急救援体系，提高全社会环境应急救援能力。加强企业专兼职队伍和职工队伍建设。大力推动市场化环境应急救援队伍建设。完善环境应急专家队伍建设。健全环境应急专家库管理，加强风险控制、环境损害鉴定评估、污染修复等领域专家配备，配套建立专家快速响应机制和工作评估制度，充分发挥专家的专业技能，为突发环境事件应急决策提供科学依据。推动省级环境保护主管

部门以及具备条件的市、县级环境保护主管部门应当设立环境应急专家库。

（3）提升环境应急综合保障能力

完善环境应急法律基础保障，研究制定《环境应急管理条例》，明确环保部门、政府相关部门、企业以及社会公众在环境应急过程中的职责定位，编制和修订与其配套的环境应急预案管理、信息管理、资源管理、科技管理、队伍建设、培训教育、运行保障等规章标准。完善应急物资装备。推进环境应急能力标准化建设，研究出台企业环境风险防范和应急物资储备标准规范。加快建立国家、省、市三级立体化的环境应急物资储备体系，探索研究环境应急物资装备社会化保障模式。提高环境应急技术支撑能力。加强环境应急基础性研究。深入研究我国不同种类、不同行业、不同区域突发环境事件发生特征、趋势、风险发生机理、应急处置效果以及事后损害鉴定评估、赔偿与修复体制、机制和技术方法。研发环境应急演练系统，建设环境应急模拟训练场。深入开展环境应急宣传教育。加强环境应急管理科普宣教工作，提高社会公众对环境风险防范的认知和应对突发环境事件能力，全面普及预防、避险、自救、互救、减灾等知识和技能。加强企业环境安全主体责任宣传教育，加大对环境风险防范、环境应急预案、环境应急处置等方面法律法规的宣传与普及，通过印制宣传册、开展专项培训等方式帮助企业、地方环保部门总结经验教训，推广先进经验。

1.3.3.5　建立健全环境健康调查、监测和风险评估制度

出台国家环境健康调查、监测和风险评估管理规定。制订并完善环境健康调查、监测和风险评估技术规范体系。开展重点区域、重点行业环境健康调查、监测和风险评估，纳入地方政府常规工作。建立保护公众健康的环境基准或标准体系，实施风险管理。建立健全环境健康综合监测体系，开展高风险区域环境健康风险哨点监测。将环境健康风险评价纳入规划环境影响评价和建设项目环境影响评价。加强环境健康基础科学研究。

本报告执笔：於方、曹国志、朱文英、贾倩

2 “十三五”重金属污染综合防治思路

2.1 重金属污染防治进展与成效分析

“十二五”时期，我国重金属污染防控处于刚刚起步的阶段，行业重金属防控问题突出，企业对重金属污染防控的意识淡薄，污染防治技术支撑能力有限，防控管理经验不足。各部门、各地区以“调结构、保安全、防风险”为着力点，突出重点污染要素、重点防控区域、重点防控行业和重点防控企业，克服困难，协同努力，重金属污染防治初见成效。

2.1.1 主要工作进展

2.1.1.1 加强涉重金属行业综合整治，产业结构趋于优化

不同于COD、氨氮等污染物，重金属污染具有行业指向性明显的特点，污染主要来自重有色金属矿采选业、重有色金属冶炼业、铅蓄电池制造业、皮革及其制品业、化学原料及化学制品制造业等的五大重点行业，因此，集中力量开展行业综合整治相较于其他污染治理能够收到事半功倍的效果。

“十二五”时期，国家和地方为推进落后产能淘汰制定了落后生产装备和产品目录，划拨中央财政资金奖励涉重金属行业产能淘汰，有效地推动涉重产能的淘汰。各地按照国家要求，新老并重，以严格行业准入和落后产能淘汰为抓手，严控与重金属相关行业的过剩产能，严格项目准入，对涉重金属建设项目环境影响评价按照“减量置换”或“等量置换”原则进行重金属排放量前置审批，加大落后产能淘汰力度，全国共淘汰铜冶炼288万t、铅冶炼381万t、锌冶炼86万t、制革3 471万标张、铅蓄电池9 622万kV时，超额完成“十二五”淘汰落后产能任务，铅蓄电池、铜冶炼、铅锌冶炼等主要涉重金属行业集中度、工艺装备和治污水平明显提升。

各地根据行业集中程度和行业特点，开展了一批重点行业专项整治行动，建设了一批专业化园区，大力推进产业升级。如浙江省从2011年开始，以电镀、皮革、铅蓄电池等特色行业为重点，建立了包含准入标准、整治标准、整治验收的综合整治技术方法体系，推动企业入园升级；江苏省先后开展了两轮以铅蓄电池和再生铅企业为重点的专项整治工作，统筹规划7个专业生产片区，要求铅蓄电池、电镀、有色金属冶炼等涉重项目，一律不得在专业生产片区外新建、扩建，对于区外的涉重项目逐步实行入园进区；湖南省加大专业工业园区基础设施建设支持力度，引导、鼓励涉重金属工业企业向园区聚集；广东省制定《电镀、印染等重污染行业统一规划统一定点实施意见（试行）》，倒逼现有电镀企业加快工艺改造升级，积极推动重金属排放企业入园进区、集中治污。

2.1.1.2　推进重点区域综合治理，环境整治成效初显

根据涉重企业分布、环境介质中重金属污染情况等，全国共确定涉重金属产业密集，污染相对严重的 138 个重点防控区域，并根据区域内主要行业和排放重金属污染物的不同划分为七种类型，即铅污染区域、汞污染区域、镉污染区域、铬污染区域、砷污染区域、综合污染区域和特殊区域，对每种区域提出了不同的防控综合策略。这是《重金属污染综合防治规划》（以下简称《规划》）的最大特点，体现分区分类、突出重点的规划导向。规划实施以来，国家把 138 个重点防控区域作为重点，实行“一图一表”的清单管理，采取综合治理措施，加大投入力度，推进重点区域环境治理。

2010 年，中央财政设立重金属污染防治专项资金支持《规划》项目实施，初期主要支持湖南、河南两个重点示范省和 138 个重点防控区域重点区域，2015 年环境保护部与财政部组织开展了重点区域重金属污染防治竞争性评审工作，通过竞争排名确定重点支持 30 个地市的 38 个重金属污染防治重点区域开展综合整治，中央资金将连续三年对重点区域进行支持。发展改革委启动历史遗留重金属污染治理试点，安排资金支持湘江重金属污染防治和江西、湖北等地实施历史遗留重金属污染治理试点。农业部在湖南省长株潭地区 170 万亩耕地开展重金属污染耕地修复及农作物种植结构调整试点。“十二五”期间，中央累计投入 210 多亿元，其中重金属污染防治专项资金 165 亿元支持重金属污染防治工作。在拓展融资渠道方面，部分省份创新思路，如湖南在全国率先发行重金属污染治理专项债券 67 亿元，极大带动社会投资。通过综合防治，部分重点区域重金属污染物减排明显，生态环境得到了初步恢复。

在“十二五”重点区域治理实践中，各地结合实际走出了不同的防控路径，初步形成了可资借鉴的区域污染综合整治路子，在促进行业可持续发展、降低区域排放数量、解决区域突出问题等方面取得了较好成效：①产业优化升级模式。将重金属污染整治与产业转型升级密切结合，通过重金属防控倒逼产业升级发展，走涉重金属产业绿色发展、优化发展之路。行业发展并未因加强重金属防控受到制约，行业竞争力和可持续发展能力大大提高。代表性区域包括浙江湖州长兴县的铅蓄电池行业和济源市的铅锌冶炼行业等。②产业退出与修复模式。此类区域由于环境区域的敏感性或者发展战略和方向的调整，曾经大力发展的重金属相关产业需要逐步退出或者已经退出，历史遗留的生产场地、土壤、废渣、河道、地下水等由于长期受到重金属污染，环境修复需求大，需要有序稳妥实施环境修复。代表性区域包括湖南湘潭竹埠港等重点区域，以及浙江、贵州的一些地区。

2.1.1.3　严格污染源环境监管，环境风险有所降低

从 2011 年开始，环境保护部连续三年将涉重金属企业作为“全国整治违法排污企业，保障群众健康环保专项行动”的重点目标，对涉重金属污染源实施重点监管，加大执法监督力度。2013 年对涉重金属企业开展“回头看”，共排查重金属采选冶炼、铅蓄电池、皮革、电镀等企业 10 704 家，查处环境违法企业 2 683 家，责令停产整治 806 家，取缔关闭 1 216 家。2015 年组织开展涉危涉化重点建设项目环评专项检查，依法处理 140 家有色金属行业违法建设单位。各省（区、市）通过报纸、网站等形式向社会公布涉重金属重点企业信息，在环保部网站发布《规划》的公开版本以及《规划》实施考核结果，接受社会监督。各地实行重点企业环境管理台账制度，实行痕迹管理、动态更新。针对重金属企业高环境风险特点，各省不断加大重金属环境风险隐患排查力度，从规范企业选

址布局、完善污染防治设施等方面，督促企业及时整改。2012—2015 年，平均每年发生涉重金属突发环境事件不到 3 起，与 2010 年的 12 起、2011 年的 16 起相比明显下降。

2.1.1.4 抓好建章立制，工作基础进一步加强

“十二五”重金属专项规划实施以来，涉重金属行业清洁生产标准、技术政策、最佳可行技术指南、工程技术规范，涉重行业污染防治技术标准体系不断完善，出台了一系列的铅锌、电镀、铅蓄电池、铬盐等行业污染防治技术管理文件。环境保护部制定《规划》实施考核办法，制（修）订铅锌、铜钴镍、稀土、制革及毛皮加工、电池、锡锑汞等工业污染物排放标准，发布汞、砷、再生汞、再生铅、电解锰、电镀废水、铅冶炼等污染防治技术政策和规范，提出 180 余种涉重金属污染的“高污染、高环境风险”产品名录。环境保护部、保监会联合发布《关于开展环境污染强制责任保险试点工作的意见》（环发〔2013〕10 号），在涉重金属行业企业推进环境污染强制责任保险试点工作；工业和信息化部发布《氯乙烯合成用低汞触媒》产品标准，发布铜冶炼、铅锌冶炼、电池等行业清洁生产技术方案，印发实施电石法聚氯乙烯行业汞污染综合防治方案，进一步明确电石法聚氯乙烯行业汞污染防治要求；卫生计生委印发了《重金属污染诊疗指南（试行）》《环境重金属污染健康监测技术指南（试行）》等文件，修订了食品安全国家标准重金属污染物指标。2013 年，环境保护部、国土资源部完成首次全国土壤污染状况调查，掌握现状，进一步夯实了工作基础。部分地区结合当地行业特点，制定了相关地方标准以及技术方法等，如上海市于 2012 年制定了地方标准《铅蓄电池工业大气污染物排放标准》（DB 31—603/2012）；贵州组织制定了本省锑污染物排放的地方标准；河南于 2013 年制定《河南省辖海河流域水污染物排放标准》（DB 41/777—2013），对重金属排放提出了具体要求；广东省组织编制了《电镀水污染物排放标准》（DB 44/1597—2015）地方标准；湖南省发布了《工业废水铊污染物排放标准》（DB 43/968—2014）。

2.1.2 规划重点任务与目标完成情况

总体来看，“十二五”时期是我国重金属污染防治的起步阶段，在工作任务和目标设定上，将重金属排放量控制、突发性重金属污染事件高发态势得到基本遏制作为两个核心的目标。同时，从规划实施考核中，也将这两个目标完成情况作为规划实施的首要考核任务。为实现这一目标，结合重金属污染分布特点和我国重金属污染防治工作条件，“十二五”规划按照确定了“突出重点、分类管理”原则，以重金属污染较为严重的区域、行业和企业为主，以污染源的监管防控为重点，着力加强重金属污染源排查与环境监管，全面整治排放重金属污染物的污染源，遏制重金属污染事故发生。经过各部门、各地区五年协同努力，重金属污染防治初见成效，规划确定的重点任务和工程实施进展较好，各项目标任务基本完成（表 6-2-1）。

规划考核表明，截至 2015 年底，全国五种重点重金属污染物（铅、汞、镉、总铬和类金属砷）排放总量比 2007 年下降 27.7%，超额完成排放量控制目标；《规划》安排的 2 900 个重点项目累计完成 89.9%；全国地表水重点重金属污染物达标率保持在 98%以上，2011—2015 年所有上报的城镇集中式地表水饮用水水源均未出现重点重金属污染物超标现象；涉重金属突发环境事件高发态势得到基本遏制，2013—2015 年每年环境保护部接报处理的重金属突发污染事件数量为 2 起、4 起和 2 起，与 2010 年 12 起、2011 年 16 起比较起来，数量明显下降（图 6-2-1）。

表 6-2-1　《“十二五”规划》主要任务实施情况

9 项分任务总体推进较好，成效较为显著，是支撑《“十二五”规划》取得成效的重要保障	加大落后产能淘汰力度，减少重金属污染物产生
	提高行业准入门槛，严格限制排放重金属相关项目
	推动产业技术进步
	加大执法力度
	确保污染源稳定达标排放
	加大污染源治理力度
	实施区域综合整治
	加强应急民生保障
	规范日常环境管理，严格落实企业责任
5 项分任务取得一定进展，但推进力度、落实程度等尚偏弱，成效显现尚需时日	大力推进清洁生产
	加强重金属监察执法能力建设
	完善重金属监测体系
	健全重金属污染事故预警应急体系
	减少含重金属相关产品消费
5 项分任务推进较慢	开展调查评估，建立污染场地清单
	强化种植结构调整，综合防控土壤重金属污染
	开展修复技术示范
	提升农产品安全保障水平
	健全重金属污染健康危害监测与诊疗系统

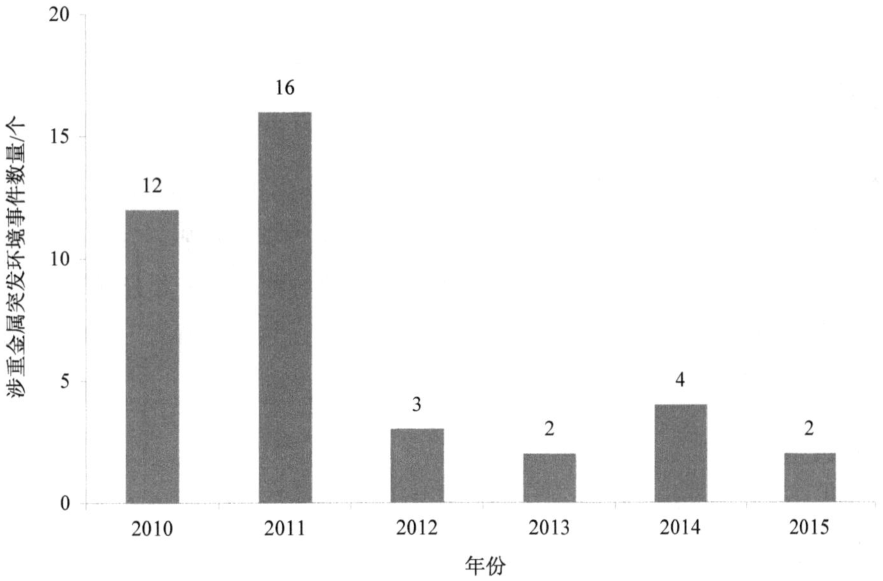

图 6-2-1　涉重金属突发环境事件数量变化情况

“十二五”共计完成重金属污染治理重点项目 2 608 个，占规划重点项目总数的 89.9%。其中，不同类别项目完成情况差别较大，落后产能淘汰类、污染源治理类、清洁生产示范类完成 90%以上，历史遗留类项目完成率约为 41%（图 6-2-2）。

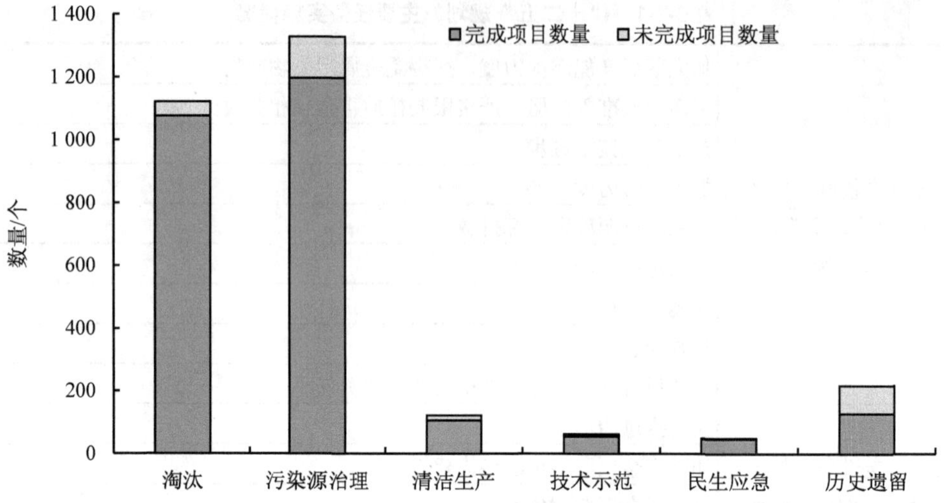

图 6-2-2 不同类别重点项目完成情况

从“十二五”时期重金属污染防治工作实践经验看，强有力的规划组织实施和考核机制是重金属污染工作有效推进重要的组织保障，2011 年环保部组织制定了《规划》考核办法和考核细则，在促进各地政府落实任务，调动工作积极性，营造良好社会氛围等方面发挥了重要作用，成为主体责任落实、推进规划实施最重要的保障。行业和区域相结合的综合整治方式是提高行业污染控制水平，改善区域环境的重要“抓手”。企业责任落实的“内因”和环保部门严格执法的“外因”相互结合、相互促进，是遏制重金属污染事件的有效途径。此外，国家财政资金的大力投入和引导，推动了环境保护工程项目的建设，成为工程减排的主要动力。

2.2 形势和问题分析

由于重金属污染污染防治工作的治理成本高，难度大，短期内全国整个重金属污染难以出现明显改观，需要逐步推进。“十三五”时期，我国面临的环境形势更趋复杂，各级政府和社会公众对涉及人体健康的环境问题更为关注，重金属污染仍将是各级政府和社会公众普遍高度关注的环境热点和焦点问题。同时我国在“十三五”期间还面临涉重金属行业发展不确定性、控制汞排放等环境履约压力，重金属污染综合防治工作任务仍然非常艰巨。

2.2.1 面临的形势

2.2.1.1 环境保护宏观形势

“十三五”时期我国多阶段多领域多类型环境问题长期累积叠加，环境质量差、区域分化、隐患多、风险高，与社会公众的需求和期待差距较大，已成为全面建成小康社会的“瓶颈”和短板。党中央、国务院发布两份重要文件——《关于加快推进生态文明建设的意见》《生态文明体制改革总体方案》。《大气污染防治行动计划》《水污染防治行动计划》和《土壤污染防治行动计划》出台实施，新《环境保护法》施行，新《大气污染防治法》发布，环境保护督察、党政领导干部生态环境损害责任追究、环境监测监察垂直改革指导意见等多份生态文明体制改革配套文件相继实施，环境保护的执政理念不断深化，日益成为国家意志，生态文明引领的新价值观加速形成。2016 年 1 月，陈吉宁部长提出了我国“十三五”环境保护的总体思路，即紧紧围绕“五位一体”总体布局和“四个全面”战略布局，牢固树立和贯彻落实五大发展理念，以改善环境质量为核心，实行最严格的环境保护制度，打好大气、水、土壤污染防治三大战役，推进主要污染物减排，严密防控环境风险，确保核与辐射安全，加强环境基础设施建设，强化污染防治与生态保护联动协同效应，不断提高环境管理系统化、科学化、法治化、精细化和信息化水平，加快推进生态环境治理体系和治理能力现代化，确保 2020 年生态环境质量总体改善。国家生态环境治理体系和治理能力现代化进程中，治理导向由总量控制逐步向质量控制转变，治理要求由统筹管理向分区分类、精细化管理转变。因此，在新阶段做好环境保护工作，应坚持分区域、分流域、分单元设计质量改善目标任务，分行业、分企业、分污染物提出不同控制要求，提升精细化管理水平，实施精准治理，精准发力。

2.2.1.2 以环境质量改善为核心和衡量标准

《中共中央关于制定国民经济和社会发展第十三个五年规划的建议》提出“以改善环境质量为核心、实行最严格的环境保护制度、形成政府、企业、公众共治的环境治理体系”。大气、水、土壤三个十条和《“十三五”生态环境保护规划》的目标指标也均是围绕环境质量改善这个核心制定的。由此可见，未来较长一段时间，我国环境保护均是以环境质量改善为核心作为最根本的工作目标和成效考核要求的，并以此引领我国生态环境保护各项领域的改革与创新。

“十三五”期间国家环境保护工作强调质量改善的导向作用，以重金属污染物为代表的有毒有害污染物的排放控制与环境介质含量达标是环境质量改善的重要组成部分。环境质量的改善不能仅仅局限于常规污染物的达标上，从长远来看，重金属污染物由于其环境危害的潜在性、持久性，对人体和生态环境造成的严重性和难逆性，“十三五”时期必须将重金属环境质量的改善作为重金属防控的重要目标和主要任务，应该受到更多的关注和投入，从而实现真正意义的环境质量改善。在“十三五”国家环境保护工作要求下，在不断减低重金属排放数量的同时，重点区域环境质量改善的任务更加迫切。从目前来看，部分重点区域地表水环境质量仍较差，重金属超标现象仍频繁出现，一些地区是由于企业排放造成，但是更多地区是由于历史遗留污染原因，如历史遗留废渣、河道底泥等污染造成河流地表水超标。加之，目前国家对重点区域环境质量监测缺乏针对性的环境质量监测点位，尚不能全面、准确、有效地反映重点区域环境中重金属的分布和污染水平。因此这部分重点区域环境质量改善的任务仍然艰巨。

2.2.1.3 排放量控制和风险防控管理并重

当前和今后一段时期仍是我国环境污染的高风险期，有的是环境自身的问题，有的是衍生出来的问题，区域性、布局性、结构性环境风险更加突出，环境事故呈高发频发态势。“十三五”时期环境风险管控较“十二五”有了更高要求，与质量改善、污染减排、生态系统稳定建设、环境治理能力等五个方面共同成为“十三五”环境目标的重要组成部分。

基于对我国中长期社会经济发展趋势以及环境问题转变的分析，“十三五”期间我国重金属污染防治进入排放控制与风险防控并重管理的阶段，并逐步完善和加强风险防控管理制度。一方面，我国重金属污染物排放量总体仍处于高位状态，《土壤污染防治行动计划》明确要求到 2020 年重点行业的重点重金属排放量要比 2013 年下降 10%，因此持续加强重金属污染物排放量控制，进一步降低重金属污染物排放仍将是“十三五”期间重金属污染防控的重点任务之一；另外，当前我国长期累积的重金属污染造成的环境风险隐患日益突出，主要依靠污染源末端治理、单纯注重重金属减排的管理模式已不适应新形势的需要。为持续深入推进重金属污染防控，切实降低环境风险，保障人体健康，需要调整转变重金属环境管理思路，以重金属风险防控为导向，改变过去单纯注重前端污染源的管理方式，逐步实现由新增污染和突发风险管理向累积污染和全过程风险防控管理转变，突出以保障公众健康和生态环境安全的根本指向，树立“防患于未然，管控于事先”的防控理念，更加强调排放量控制等各项措施手段对环境风险防控的有效性和针对性，建立重金属环境风险管控体系。

2.2.2 主要问题

从规划的实施过程来看，当前重金属污染综合防治工作形势依然非常严峻，仍面临一些不容忽视的问题。如我国涉重行业中小企业多，基础工作薄弱，技术支撑能力不足，管理制度不完善，对重金属排放状况尚未完全摸清，重金属排放系数还不完善，重金属排放的环境统计技术体系不健全，距离管理需求仍有较大差距，突出表现在如下几个方面：

（1）重金属污染防治基础薄弱

目前我国重金属污染综合防治工作还处于初始阶段，《规划》考核的基数来自 2007 年污染源普查的企业废水中重金属污染物排放量数据，还缺少废气、废渣数据。2014 年结合污染源普查企业数据与重金属环保公益项目中废气产排污系数才测算出全国 2007 年企业废气中重金属污染物排放量数据。目前的常规环境统计仅包括了涉水重金属污染物的统计，涉气和含重金属固废的统计工作仍没有充分有效开展；对重金属排放状况和环境受污染程度尚未完全摸清，重金属污染面积、种类和程度基础数据掌握仍然不充分。重点区域环境质量监测主要依靠现有国控和省控大气、水环境质量监测点位，但现有国家和省级环境质量监测点位从设置到运行侧重常规污染物监测，尚不能全面、准确、有效地反映重点区域环境中重金属的分布和污染水平，特别是对重金属污染企业集中以及重金属污染敏感区域，缺乏针对性的环境质量监测点位。

（2）缺乏有力的技术支撑

部分区域重金属污染来源不再是新生污染，而是历史遗留污染和累积性污染问题，重金属污染场地和农田污染也较为突出，但污染场地修复技术体系以及场地（土壤）环境修复责任机制尚未完全建立，修复产业尚不能支撑现有修复需求，修复技术研发还有待进一步加强。对于淘汰落后产能和提高环境准入门槛缺乏综合决策的技术支持，无法从环境绩效评估的角度对企业、行业、区域重金属污染排放进行判断和评估。重金属风险评估、土壤修复、环境健康等领域技术研发、产业支撑能力不足。从目前重点项目完成的情况来看，项目进度基本做到时间过半任务过半，但是落后产能淘汰项目进展得最快，历史遗留问题进展缓慢，技术和产业支撑弱是重要原因。

（3）基础能力依然薄弱

重金属污染防治监管能力不强、法规制度建设滞后、标准体系不完善、基础支撑能力不足的问题依然普遍存在。基层环保部门人员少，工作人员身兼多项职责，重金属防控管理专业技术力量不强。从企业来说，环境管理不到位问题仍较为严重。涉重金属企业稳定达标排放情况不乐观，安全防护距离、环境信息公开、环境风险防控和环境应急保障等未严格落实相关规定的仍较普遍，企业环境污染防治责任落实的政策制度抓手单一，行业全过程监管、企业环境信息披露、污染损害鉴定赔偿制度不健全，企业环境成本外在化，守法成本高、违法成本低问题依然突出，污染治理工程连续稳定运行保障能力较差，重点企业强制性清洁生产审核 “重审核、轻实施”问题突出。地方治理资金投入不足，主要依赖国家资金投入。

2.3 “十三五”重金属污染防治基本思路

重金属污染防治是一项长期而艰巨的任务，“十二五”规划的制定和实施是我国重金属污染防治的起步阶段，“十三五”时期我国仍然不具备全面、彻底解决重金属污染的客观条件，应在深化和优化“十二五”规划确定的控新治旧、综合整治等防治思路的基础上，坚持问题导向，抓住重点区域、重点行业和重点企业持续发力，坚持围绕重点行业重金属排放削减、重金属风险防控、区域质量改善三个核心问题，在管理措施、政策制度、治理途径等方面完善突破，统筹污染物协同控制，加大历史遗留问题治理力度，不求遍地开花，加快解决突出重金属污染问题，保障生态环境和人民群众健康安全。

2.3.1 从区域削减向行业和区域削减相结合的重金属排放控制模式转变

“十三五”期间，重金属排放控制仍将是重点任务之一。按照“土十条”提出的重金属排放控制目标，需持续推动污染排放总量削减，继续坚持将工业污染源作为重金属防控的重点对象，构建以排污许可证为核心的重金属减排监管体系，重点加强涉汞、砷、镉等重金属排放行业的总量控制，强化行业层面污染治理的综合管理。坚持问题导向，加强重点区域、重点行业“控新”“治旧”防控政策的针对性和有效性，对不同类别重金属、不同行业和区域采取差异化减排目标，实行行业削减和区域削减的排放量管理，强化减排实施效果。对不同区域，重金属减排必须聚焦区域主要问题，在紧密围绕主要重金属污染因子确定重点减排行业和减排企业，有针对性地加强行业控制、企业治理，管理措施与工程措施并举，有效控制重金属污染，实现精准减排。同时要在区域层面加强区域限批手段，在布局、排放量方面提出更加有力的环境保护约束性要求。环境风险高的区域，新建、改（扩）建项目实施排放量“等量置换”或“减量置换”，对于其中环境质量差、农产品超标、环境污染健康损害突出的区域，严禁新（扩）建重金属排放项目，并实施涉重金属产能压减等措施。加强无组织排放控制与治理，鼓励企业通过技术改造、完善收集处理设施等工程将无组织排放转化为有组织排放，持续有效减少无组织重金属排放。

2.3.2 逐步实现由新增污染和突发风险管理向累积污染和全过程风险防控管理转变

“十二五”时期，以遏制突发涉重环境事件为主要目的的环境风险防控工作取得积极成效。“十三五”期间，应继续深化环境风险防控工作，突出以保障公众健康和生态环境安全的根本指向，树立“防患于未然，管控于事先”的防控理念，探索建立重金属环境风险管控体系。一方面，强化重金属物质的全过程风险防控，从过去的侧重末端管理向全过程控制管理全面延伸，对重金属风险管控从生产、储存、销售、运输、使用直至其载体危险废物和污染场地实施风险控制，建立全生命周期、全过程管理的风险防控体系，减轻其对水、大气、土环境质量的不利影响，有效降低环境风险。另一方面，在区域风险防控上，充分考虑重点区域风险基本特征和已有工作基础，以“源头管控、受体防护”为出发点，以“源头管控、受体防护”为出发点，探索建立基于人体健康和生态环境风险的区域重金属风险评估技术方法，建立涵盖“源—途径—受体”的区域重金属污染风险评估指标体系，最终形成常态化重金属环境风险管理制度。

2.3.3 深入实施以效果为导向的重点区域分区综合整治和差别化管理

“十三五”时期应继续坚持“分区分类、综合防控”整治思路，在促进产业优化协调发展的基础上，对不同地区提出不同的产能控制、环境空间管控、优化产业布局等管控任务和要求，以区域带动重点行业治理。充分结合“十二五”期间在行业层面和区域层面探索积累起来的防控措施经验，以突出实际成效为目标，制定不同地区差异化的目标指标、防控重点及防控对策，并将这些经验做法在规划中予以固化，转化为措施要求，在同类地区予以推广。加强重点区域重金属监测体系的建设，从“十二五”常规污染物断面开展重金属监测的基本要求转变为“十三五”受纳环境质量和企业周边环境质量相结合的监测体系建设，结合重金属污染源的分布、重金属环境敏感点的分布等，有针对性地构建重金属环境质量监测体系，及时有效地监控和反馈环境质量变化情况，并研究建立区域环境质量改善的监控评价方法，将区域重金属污染综合防控和区域环境质量改善相结合，通过系统治理促使部分重点区域实现重金属环境质量明显改善，区域风险大大降低。

2.3.4 依托三大行动计划，注重发挥污染协同控制作用

重金属污染问题涉及大气、水、土壤、固体废物等多个领域，其环境影响更涉及人体健康和生态损害多个层面，污染防治工作的关联度和综合性高。“十三五”重金属污染防控应充分衔接“大气、水、土壤环境保护行动计划”的实施，在进行 $PM_{2.5}$、氮氧化物、二氧化硫以及水体、土壤有机污染物防控的同时，协同推动重金属污染防治工作。同时关注重金属污染物在水、气、土壤和固体废物等不同介质的转移规律，系统推进污染物协同控制、管理政策实施、监控点位设计、监管能力建设、污染管理平台等工作，加大污染场地、历史遗留问题治理力度。

2.4 主要任务

2.4.1 分区分类深化重点区域重金属环境综合整治

重点防控区域是“十二五”重金属规划的突出特点和亮点，也是规划实施重要抓手。“十三五”期间将继续以重点防控区域为抓手，继续深入推进区域内重金属防控，促进区域重金属污染防治和风险防控水平不断提升。

当前 138 个重金属重点区域各自面临的突出问题、重金属污染物削减潜力、重金属防控基础三个方面表现出较大的不同，部分重点区域涉重产业已基本退出或淘汰，后续主要以历史遗留重金属污染问题为主；部分重点区域依托资源政策优势，未来涉重金属产业还将进一步发展，排放量控制压力大；还有一些重点区域产业整合入园后，后续要开展产业升级，分类和差异管理成为必要要求。“十三五”期间，计划保持全国 138 个防控区域数量总体不变的情况下，按照成效导向，强化“一区一策、分区指导”，不同区域实行针对性的防控政策制度的设计和实施，实现重点区域“退出一批、提升一批、控制一批”。三个一批的分类充分体现了规划“成效导向，重点区域差异化”的管理思路，每个重点区域都要结合各自现状和问题，分别围绕“退出”“提升”“控制”的要求，找准工作定位，

明确区域努力的目标，根据目标确定工作任务，实现重点区域重金属污染治理水平的全面提升。三个一批中重点是退出一批，“退出类”区域的成效特征主要表现为：“十三五”期间涉重产业结构调整基本到位、布局有利（如园区化集中管理）；区域重金属环境质量监测与预警体系总体建立，区域内重金属环境质量取得较为明显的改善，历史遗留等问题得到较好的阶段性解决（并非要求全部解决到位）；区域内企业和园区重金属污染物排放数量进一步下降（不能高于 2015 年重金属排放量）、重金属防控技术水平能在相应行业发挥示范引领作用并能够实现稳定达标排放；区域内环境风险防控和应急体系较为完善；重金属环境管理长效管理制度体系较为健全。或者，区域内涉重产业基本退出或者保留下数量有限的涉重企业（或园区）继续生产，重金属防控技术水平能在相应行业发挥示范引领作用，企业（园区）能实现稳定的达标排放，区域内重金属环境质量取得较为明显的阶段性成效。

同时，国家将综合考虑工作基础、问题典型性、示范意义等因素，选择工作基础好、较好代表性和典型性的区域和流域，开展重金属污染防治、风险防控、制度建设的综合示范，通过示范区域和示范流域建设，探索区域和流域重金属污染综合治理的技术路线、管理体系和配套政策，为其他重点区域解决重金属污染突出问题积累经验、提供借鉴。重金属污染综合治理体系主要包括区域重金属污染防控目标指标体系构建方法、区域重金属环境质量监测预警体系建设、区域重金属综合防控分区整治技术、区域重金属环境风险评价和防控管理、分区重金属防控调控政策制度，研究区域重金属环境质量改善的监控体系及其运行机制。

2.4.2 深入推动重点防控行业重金属污染综合整治

我国重金属企业稳定达标排放水平还较低，涉重企业实现稳定达标排放将对我国重金属污染排放管理具有重要意义。“十三五”期间应以涉重企业实现稳定达标排放为目标，全面推动涉重企业综合整治。以行业综合整治为手段，从安全防护距离、清洁生产、重金属及特征性污染物产生控制、无组织排放控制、深度处理和资源回收、危险废物安全处置、污染排放监测和周边环境质量监测、危险废物规范化管理等方面，全面制定综合整治标准和要求，确保稳定达标排放和风险防范。

随着产业结构调整，园区集中发展成为“十二五”时期部分涉重金属行业发展的新形态。“十三五”时期应针对园区达标管理的特点，对涉重金属园区进行调查梳理，列出清单，加强对园区指标的考核要求、定量要求，开展重金属及有毒有害物质污染排放与风险的综合防控与管理，重点加强涉重园区环境准入要求制定，加强入园企业和污染集中处理处置企业之间责任义务的界定和监控设施的建设，积极引入第三方环境污染治理企业开展园区集中污染防治设施的建设运营，完善污染排放标准，使其适应园区排污特点。

强化企业自行监测责任，将污染排放从过去环保监管部门的监督性监测，向企业自行监测和抽查监督性监测转变，通过加强涉重企业重金属排放在线监测能力和采样监测能力建设，重点加强企业自我环境责任和举证能力，辅以抽查式的监督性监测，切实落实企业环境保护责任。由于重金属污染物的累积性特点，涉重企业环境责任不仅限于保证向外界环境的排污口处污染物的稳定达标，同时还应承担周边一定范围重金属环境质量的改善与人群健康保障任务。因此，企业应严格落实环境影响评价要求，承担企业周边一定范围重金属环境质量监测责任、风险评估责任和落实安全防护距离，定期开展环境影响后评估。企业应通过自行举证的方式，证明其对周边环境的影响是在可接受范围内的。

2.4.3 强化重金属环境风险防控

风险防控是重金属污染防控不同于常规污染物防控的根本特点，由于布局性风险、管理体系不健全、部分企业非法排污等因素的存在，我国重金属环境风险防控总体上仍在较低水平，涉重金属突发环境污染事件仍随时有发生可能。结合“十二五”重金属防控经验、突发环境风险事故发生情况和原因分析等，“十三五”风险防控重点开展三方面工作。

（1）加快布局性环境风险突出问题的解决。我国仍有部分涉重企业布局性环境风险问题突出，如城市主城区范围内仍有涉重企业，一些企业周边安全防护距离不落实，安全防护距离内仍有居民居住。“十三五”期间应将位于城市主城区范围内的涉重企业、安全防护距离不落实的风险突出问题，作为重点解决的专项问题予以大力推进。对整体搬迁有难度的企业，将重金属排放量大、风险突出的生产环节先行搬迁的情况下分步实施，从根本上解决风险。

（2）强化与饮用水水源保护相关的重金属环境风险。部分重点防控区域内存在饮用水水源保护地，或者其下游附近存在饮用水水源保护地，存在重金属污染的较大隐患。“十三五”期间应以饮用水水源保护为目标，逐一梳理饮用水水源风险防护突出问题的识别，识别风险源企业、风险场地等风险因素，建设风险预警监测体系，以及突发性污染事故后的应急处置体系，杜绝威胁饮用水水源安全的重金属突发性环境事故发生。更要切实加强农村安全饮用水工程建设，重点解决重金属污染地区的农村饮用水安全问题。

（3）持续推进和逐步解决社会关注的人体健康和食品安全相关的风险。“十二五”期间云南兰坪、湖南常德等重金属污染造成的人体健康损害问题，以及镉大米、镉小麦等事件等，引发社会广泛关注。“十三五”期间应持续推动这些问题的分步解决，制定阶段目标，并向社会公开，以切实解决群众关心的突出问题作为“十三五”的重点工作和衡量标准。同时，深化环境污染导致健康损害问题调查，结合全国重点地区环境与健康专项调查，推进环境与健康监测工作，系统地收集、分析重点区域的地表水、地下水、土壤、环境空气、食品、饮用水和人体等环境与公众健康基本信息，研究环境状况与健康损害之间的关系，了解其发展变化规律，确定剂量反应关系，为评估重点区域重金属污染的健康损害风险提供科学依据。在调查和监测的基础上，开展环境污染健康风险评估。根据国家经济社会发展状况，构建重金属风险评估制度，在具备条件的重点观察区域开展环境污染健康风险评估和分级。

2.4.4 加快推进突出历史遗留重金属污染治理

历史上长期有色金属开采加工遗留大量矿渣、冶炼渣、无主尾矿库，对周边水体和土壤存在环境安全隐患，由于重金属污染物的累积性及不可降解性，进入环境后易在河道底泥、土壤中累积，造成部分地区地表水和土壤重金属超标问题突出。很多关停或破产后的涉重企业，含重金属废渣仍堆存在厂区，大多尚未开展企业原址场地的环境调查、风险评估和修复工作，部分企业厂区内遗留的污染物或危险废物未得到安全处置，很多处于无人监管状态。一些历史累积污染问题突出地区，企业排放量仍在继续积累增加，造成治理难度进一步加大，已成为很多地区突出的环境风险隐患，环境风险问题突出。

目前仍存在大量历史遗留的涉重金属危险废物贮存不当问题，需全面排查历史遗留涉重金属危险废物情况，开展贮存方式、周边环境影响、环境风险等评估，按照评估结果制定安全贮存和处置方案。特别是要以湖南、广东、广西、云南、贵州等地为重点，加强含镉、含砷、含汞废渣等危险废物以及位于环境敏感区域的其他历史遗留危险废物的无害化处置和利用，研究制定综合整治方案并开展工程示范。对“十二五”期间关闭淘汰的冶炼、电镀、铅蓄电池等涉重企业污染地块开展环境调查、风险评估和治理修复，建立健全工业污染地块环境监管体系。在调查评估的基础上，实施一批重金属废渣安全处置和重金属污染场地（农用地）环境修复重点工程。重金属废渣堆放以及污染场地（农用地）是较为典型的重金属污染用地。“十三五”期间，通过实施一批典型的历史遗留重金属废渣安全处置工程，实现废渣堆放场所的环境质量改善，以及实施一批重金属污染建设用地（农用地）安全修复工程，实现一定规模的建设用地和农用地环境质量的改善。

“十三五”时期，重点加强我国铬污染场地和铬渣堆场的安全整治。铬污染物具有较强的环境迁移性和人体健康毒害性，其污染场地具有较大环境风险和人体健康风险。根据原环境保护部开展的铬渣污染场地初步调查情况表明，目前全国共有 61 块铬渣场地（包括堆场和停用生产场地），占地面积为 210 万 m^2，分布在全国 20 个省份，其中河南、内蒙古、甘肃和青海四省共有 31 块，占到全国的一半。全国 61 块铬渣场地中，有主场地 30 块，历史遗留的无主场地 31 块。“十三五”时期，应建立实施铬污染场地专项整治行动，将我国铬污染场地全面、有序地进行整治，通过工程实践，建立我国铬污染场地安全整治修复工程技术规范和技术体系。

2.4.5 完善重点区域环境质量监测体系

由于重金属污染的区域特征，其污染范围主要集中在重金属防控重点区域范围内，该区域内大气、水体和土壤重金属环境质量的监测就非常重要，是重金属环境质量改善监测和评判的重要基础性工作。“十二五”时期对重点区域地表水环境、大气环境质量均开展监测工作，印发了《地表水重金属专项监测方案》，对 14 个重点省份 98 个重点区域监测断面设置原则、监测指标等进行说明，2014 年重金属规划考核显示我国重点区域水环境质量监测达标率为 94.5%，大气环境质量监测达标率为 93.9%，达标情况虽然较好，但由于监测点位采用的国控省控断面，对重点区域而言，仅仅采用这些断面（或点位）去反映重点区域的变化和趋势明显是不足和不够的。点位数量少、不与污染源位置建立关联、避开真正存在问题的断面，不能捕捉和反映区域内重金属污染物排放对环境的影响，不能捕捉和反映重金属防控工程实施后对区域重金属环境质量改善的贡献，不能捕捉和反映重点区域内重金属环境质量的变化与趋势。

针对这些问题，“十三五”时期重点区域环境质量监测点位设计应以反映区域重金属防控绩效为目的，将能够捕捉反映区域内重金属污染物排放对重金属环境质量的影响、重点区域内重金属环境质量变化与趋势，以及反映重金属防控工程实施后对区域重金属环境质量改善贡献的点位，经充分设计后作为区域重金属环境质量监测点位，通过数据的不断监测和积累，提高重金属环境管理和决策支撑能力。

（1）根据区域重金属污染企业分布与污染特点，补充完善重点区域大气、水和土壤重金属环境质量监测点位，确保点位监测的环境质量能够切实反应区域重金属环境质量现状。应将重金属重点防控区域的环境质量监测点位需求，充分纳入地级市环境质量监测点位中，部分重要点位还应进一步纳入省级环境质量监测点位体系，按照相应等级，由不同级别的环境监测机构开展监测工作。

（2）加强区域重金属污染事件预警。在已有监测结果显示断面重金属环境质量超标的流域或重金属污染防治示范流域设置预警点位；结合预警数据，建立预警方法，以实现预警重金属环境事件的目的。不断完善预警数据库，积极发挥大数据分析、预测作用，提高预警准确性。

（3）不断强化监测能力建设。增加在编人员数量，调整人员结构，增加环境监测技术人员；加强业务培训，提高技术人员专业技能水平，提高中级以上技术人员比例；加大资金投入，加强监测设备的购置与建设，加强监测基础数据库建设。

2.5 重金属防控主要政策设计

2.5.1 严格涉重金属行业环境准入制度

制定出台重点行业重金属排放“等量置换”“减量置换”实施细则，大力推进涉重金属污染物排放总量指标前置审核制度。环境影响评价中未落实重金属排放指标的重点行业重金属排放新（改、扩）建项目和园区建设项目均不得批准。严格限制新上高耗能、高排放项目，强化能源、环保、土地和安全等方面的指标约束。新建立的涉重企业应在合法设立、环保设施齐全且已完成规划环评的工业园区内选址建设，符合园区发展定位，企业发展规模、布局、建设时序等应符合园区规划和规划环评要求。加强新增排放量环境管理。

2.5.2 加强涉重金属企业污染责任保险制度

将环境风险较高、对周边群众和生态环境存在较大影响的企业纳入投保环境污染强制责任保险的范围，将相关环境污染损害纳入环境污染责任保险的保障范围。环境污染责任保险公司应发挥在环境风险事前、事中、事后监管的积极作用，对企业开展“环保体检”，并将发现的环境风险隐患通报环保部门，为强化环境风险监管提供支持。

2.5.3 建立基于产排污强度管理的领跑者制度

研究建立重金属相关行业单位产值（产品产量）污染物产生排放强度的综合评价体系和企业分类管理制度，从基于产排污系数的污染排放总量控制向基于清洁生产水平的排污强度管理方向深化发展，建立涉重行业排污强度管理体系，包括排污强度计算方法、排污强度制度与清洁生产制度的联动实施，并在此基础上研究建立重金属排放企业“领跑者”制度，制定领跑者能效、排污强度领跑者标准、鼓励/惩罚措施、领跑者企业动态管理措施等配套政策，组织开展领跑者制度试点，将行业或区域排污强度作为一个重要指标，大力推动行业技术进步，促进涉重行业发展和重金属排放控制的“双赢”。

2.5.4 全面推行排污许可管理制度

建立相关企业台账管理制度，制定台账建档技术规范，加强企业自我排污管理，重金属污染防治重点企业按照自我申请、举证、监测、公开的程序申领排污许可，按照排污许可证载明的方式、去向、种类、浓度、总量排放污染物。强化取得排污许可后的监管，对于取得排污许可证的污染源，根据实际情况对分排污口的排放、重点行业生产环节的污染控制等提出要求，不断规范化与精细化环境监管，逐步归真企业排放数据。

2.5.5　实施企业自行监测与环境信息公开制度

建立重点企业重金属排放自行监测制度，提高企业在线监测水平并加快与当地环保部门联网。根据《企业事业单位环境信息公开办法》《关于加强污染源环境监管信息公开工作的通知》（环发〔2013〕74 号）等文件要求，明确涉重企业环境信息公开和各级环境监管信息公开主要内容、公开方式、公开责任主体等，制定涉重企业环境信息公开管理细则，建立重点企业信息公开制度。鼓励社会公众对涉重企业污染物排放和生产情况进行监督，高度重视群众举报的涉重事件，尤其是非法排污、人体健康损害、生态环境破坏等。

2.5.6　加强企业环境风险隐患排查与应急制度

涉重金属企业应建立环境风险隐患排查治理制度，根据国家排查治理主体、程序、内容、报告以及监督管理等内容要求，严格落实环境风险隐患自查自改。完善企业突发环境事件风险评估技术方法，加快研究制定累积性污染对环境健康、土壤、地下水、农作物、生态系统影响的评估技术方法。管理部门应建立环境风险隐患登记、整改和销号的全过程监管制度，对于重大环境风险隐患，实施公告公示、挂牌督办、跟踪治理和逐项整改销号。

2.5.7　探索建立重金属环境风险管理制度

由于重金属污染物具有累积性、不可逆性的特点，需探索建立基于环境风险的重金属管理制度，切实降低重金属环境风险，保障人体健康。充分考虑重点区域风险基本特征和已有工作基础，以“源头管控、受体防护”为出发点，研究提出区域重金属污染风险评估总体思路和技术路线，建立区域重金属污染风险评估技术方法，开展区域重金属污染风险评估试点。针对不同风险特征，制定区域重金属污染风险评估指导性文件。区域重金属污染风险评估相关工作纳入污染源普查前期工作和土壤污染详查总体部署。各区域结合防控基础、区域特点，开展区域重金属污染风险评估，对历史遗留重金属矿渣和冶炼废渣风险隐患进行分析排查。

2.5.8　加强典型地区涉重人体健康诊疗与跟踪监测制度建设

建立完善重金属污染检测、健康体检和诊疗救治机构，结合当地重金属污染特征，配备必要的重金属检测设备，完善重金属污染高风险人群健康监测网络和人体重金属污染报告制度。建立环境污染健康危害事件高风险人群，特别是工业园区内的从业人员及园区周边居民的定期体检制度，对确诊患者给予积极诊疗。依托覆盖中国疾病预防控制中心信息网络，对硬件设备、软件系统进行升级改造和完善，在充分整合相关数据资源和信息系统资源的基础上，建立重金属污染健康影响数据库和信息上报系统。

2.5.9　完善绿色信贷体系

探索建立重金属排放企业绿色信贷体系，将企业环境信用记录纳入信用评价体系，记入企业环境信用记录的信息分为环保行政许可等基础类信用信息和环境行政处罚等不良类信用信息。推动银行金融业将企业环境信用记录作为信贷审批、贷后监管的重要依据。对信用良好的企业，予以积极的信贷支持；对环境信用不良的企业，严格贷款条件；严格控制环保失信企业的信贷。

2.5.10 完善重金属污染责任追究、损害鉴定和赔偿制度

对造成重金属污染的肇事者依法惩处，实行终身责任追究，对造成的污染损害进行科学鉴定和评估，依法进行赔偿，形成法律震慑力。

本报告执笔：孙宁、吴舜泽、王兆苏、贾杰林、卢然、杨丽阎、牛韧、张红振、赵云皓

3　危险废物集中处置管理模式研究

3.1　我国危险废物处理处置设施建设与管理发展总体情况

3.1.1　危险废物处置设施的功能分类及功能定位

（1）危险废物处置设施分类

根据处理处置技术的不同，危险废物处置设施可分为：焚烧功能设施（含企业内部建设的危险废物焚烧设施，处置自行产生的废物；全国危险废物规划确定建设的焚烧处置设施）、填埋功能的设施（含企业内部建设的危险废物焚烧设施，含全国危险废物规划确定建设的安全填埋处置设施）、社会化危险废物综合利用设施、社会化物化处置设施。

（2）布局模式

现有危险废物处置设施布局时，其方法总体有如下类型：

①基于某一行政区域服务范围的收集和处置。危险废物综合性处置设施的布局一般主要考虑行政管理的方便，从行政区划出发，按照服务一个地市、省内相关地市、或者全省范围，进行统一布局，服务于特定服务范围内危险废物的收集和处置。

②服务某一园区（集聚区）内工业企业危险废物处置需要的集中处置设施。我国有相当数量的工业园区，园区内企业产生相当数量的危险废物，作为园区建设的配套设施，一些园区建设有服务该园区工业企业的危险废物集中处置设施。

③服务于某一范围的危险废物综合利用、物化处置设施。由于某些危险废物综合利用、物化处置过程中会产生一定经济效益，吸引社会化公司从事危险废物综合利用、物化处置。这类设施从地理位置布局来说，一方面有利于危险废物就近收集，另一方面要满足国家和地方危险废物处置设施建设选址的要求。这类设施的布局较为分散、布局上总体规律性不明显。

④特定废物类型的集中处置设施建设。对废旧荧光灯管、多氯联苯废物等特定类型的废物处置，当前国家规划建设区域性集中处置设施，从国家层面上，进行总体布局，划分服务范围。

⑤大型企业内的处置设施。依托某一企业，以处置该企业产生的危险废物，或者一并处置周边相关企业产生危险废物处置，这类处置设施总体属于该产生危险废物的处置企业，兼具有一定社会化服务功能。

⑥危险废物贮存设施。以危险废物贮存为主要功能，服务于一定区域范围内危险废物产生企业临时贮存的需要。该类设施的布局一方面满足收集和贮存的方便，另一方面满足危险废物贮存设施建设的选址要求。

（3）功能定位

区域内随着危险废物流动，构成了一张危险废物处置设施的网络，网络上的节点也就是每个处置设施，每个处置设施由于其所处的地理位置的不同、处理能力的不同、处理废物对象的不同、工艺技术水平的不同，在这个网络中，扮演着一定的功能角色，相似的功能角色在网络中形成一定的功能定位，不同的功能角色在网络中形成不同的功能定位。

危险废物集中处置设施功能定位，基于不同功能前提下的，在每种功能内，形成不同的定位，这是主要的。功能定位到底是什么，与处置设施在网络上所处的上下游层级有很大关系。

3.1.2 “十二五”期间危险废物处理处置设施建设与管理发展总体情况

“十二五”期间，《固体废物污染环境防治法》《危险废物经营许可证管理办法》《医疗废物管理条例》等法律法规得到进一步落实；我国危险废物环境管理已经形成包括危险废物台账制度、危险废物申报登记制度、危险废物管理计划备案制度、危险废物贮存和标识制度、产生单位自建利用处置设施备案制度、危险废物转移管理制度、事故应急预案制度、健全产生单位内部管理制度等一系列制度在内的管理体系，危险废物从产生、贮存、转移到利用处置的全过程监督管理的法规制度体系基本建立起来。各地在推进《全国危险废物和医疗废物处置设施建设规划》（以下简称《规划》）实施过程中，逐步建立了符合本地区实际的危废医废管理法规、制度和办法。浙江、江苏、广东、福建、吉林等省制定了固体废物（或危险废物）污染环境防治条例（办法），河南、宁夏等省（区）将危险废物管理法规的制定纳入年度立法计划。截至 2009 年底，环境保护部及全国 31 个省（自治区、直辖市）的环保部门共颁发危险废物和医疗废物经营许可证 1 400 余份，持危险废物经营许可证的单位实际利用处置危险废物近 800 万 t。从 2004 年开始至今，先后颁布了危险废物集中焚烧和安全填埋、医疗废物集中处置、医疗废物集中焚烧处置、高温蒸汽、化学消毒、微波处理等不同处理技术的工程技术规范，共 10 余项，涵盖了焚烧、安全填埋、非焚烧等各种不同的处理技术。从无到有基本建立了危险废物医疗废物处理处置技术、标准、政策体系，修订《国家危险废物名录》《国家危险废物鉴别标准》。为规范各地集中处置设施建设、加强危险废物环境管理发挥了重要作用。2007 年后，随着规划项目实施的需要，技术规范制定的重点从设施建设方面转向环境监测、竣工验收、监督管理以及特殊种类危险废物的管理上，先后颁布了二噁英排放监测的技术规范，焚烧处置设施性能测试技术规范、焚烧处置设施运行监督管理技术规范、多氯联苯废物焚烧处置工程技术规范、废铅酸蓄电池收集和处理污染控制技术规范以及清洁生产标准废铅酸蓄电池铅回收业。为满足履行《斯德哥尔摩公约》要求，促进危险废物和医疗废物进一步规范化处置，近期已开展医疗废物热解焚烧、高温蒸汽、化学消毒、微波消毒《医疗废物分类目录》4 项标准规范的修订工作，同时正在制定《医疗废物非焚烧处理污染控制标准》《医疗废物非焚烧处理设施运行管理技术规范》等技术标准。危险废物集中处置设施从设施建设到竣工验收、环境监测、监督管理等全过程的技术体系已经基本形成，技术标准正在日益完善中，有力地规范了处置设施的建设。

危险废物规范化利用处置数量和能力显著提升。2010 年，全国持危险废物经营许可证的单位年利用处置能力达 2 325 万 t（其中医疗废物年处置能力为 59 199 万 t），较 2006 年提高 226%；实际利用处置危险废物（不含铬渣）约 840 万 t，较 2006 年提高 180%。截至 2013 年 10 月底，《规划》内 333 个危险废物和医疗废物集中处置项目在近 60 亿元国债资金的支持带动下，投运和基本建成项目数量达到 294 个，占《规划》集中处置项目总数的 88%。其中 277 个项目投运，占《规划》集中处置项目总数的 83%、17 个项目基本建成。《规划》内 277 个医疗废物集中处置设施项目中，238 个医疗废物集中处置项目建成投运（投入正式运行和试运行），15 个项目基本建成，投运和基本建成 253 个项目，形成医疗废物处置能力 1 414 t/d。《规划》内 56 个危险废物集中处置设施项目中，39 个项目建成（正式运行或者试运行），2 个基本建成，投运和基本建成 41 个项目，占《规划》危险废物集中处置项目数量的 74%，形成危险废物处置能力 145 万 t/a。与 2003 年《规划》实施前危险废物集中处置能力 23 万 t/a 相比，增加了 5.3 倍。《规划》实施总体建设成效明显，已形成危险废物、医疗废物安全贮存、处置能力。在较大程度上缩小了与国外的差距，极大地促进了环境监管和环境意识的提升。全国 31 个省、自治区、直辖市按照《规划》要求全部设立省级固体废物管理中心，其中 27 个省级固体废物管理中心落实了人员编制，编制数量达到 374 人，在省级固废中心的带动下，13 个省（区、市）建立了 67 个市级固体废物管理中心，编制达到 494 人。《规划》的实施直接促成我国固体管理技术支持队伍的建设，为全面开展固废监管奠定了坚实基础。《规划》确定的七个国家环境二噁英监测中心的建成，基本形成覆盖全国的环境二噁英监测网络，提高了我国环保领域痕量持久性有机污染物的环境监测能力，建成后的各监测中心承担起各地二噁英环境监督性监测任务和多批次危险废物和医疗废物焚烧处置设施二噁英排放监测，对《规划》危险废物和医疗废物集中处置设施的环保验收监测、《全国持久性有机污染物污染防控“十二五”规划》实施、各地二噁英排放基础数据调查等都发挥了重要作用。危险废物管理和技术支持能力逐步加强。

2010 年，环境保护部首次组织各环境保护督察中心对全国各省（区、市）危险废物污染防治情况进行了督察考核，通报了督察考核结果，初步建立了危险废物规范化管理督察考核机制，有力地督促了地方政府、有关部门和相关企业进一步提高认识，加强危险废物管理，依法落实危险废物各项法律制度和相关标准规范。

危险废物处置技术自主研发和工程设计能力得到加强，一批具有自主知识产权的工艺技术设备设计，危险废物处理处置设施建设的综合集成能力有所提升。天津危险废物集中处置项目早在 2003 年采取引进法国技术、国内设计单位自主消化并设计的方式，该项目业主单位天津合佳威立雅环境服务有限公司经过近七年的运营，已经完全掌握了危险废物回转窑焚烧系统设计和运行技术，目前完全自主起承担天津滨海新区 100 t/d 以及河北沧州 30 t/d 危险废物回转窑焚烧系统的设计工作。杭州大地危险废物处置中心通过工程实践探索，已完全掌握焚烧系统、余热利用系统、尾气净化系统、自动控制系统的集成设计，掌握了焚烧系统建设和运行的关键参数，成功实现了危险废物焚烧系统的稳定运行，目前正在运行位于杭州乔斯基地的焚烧处置系统，因其技术优势还承担了昆明危险废物集中处置设施的投资、建设和运营权。北京机电院高科技有限公司、重庆中天环保产业集团公司等代表性企业已经发展成为国内突出的焚烧系统工程设计和工程总承包单位，承担了绝大多数《规划》危险废物处置项目。上海城市投资有限公司投资建设的上海 75 t/d 医疗废物焚烧系统完全依靠自身技术优势，在稳定进料、自控连续、系统防腐等方面取得了重大突破，实现了危险废物和医疗废物集中处置设施的自主设计和研发，在主要设备和材质上均使用国产设备。清华同方、唐山盾石、洛阳锅炉、杭州锅炉等为代表的企业已成为我国危险废物回转窑焚烧设备的主流设备制造商。

3.1.3 《规划》内处置设施建设与运营总体状况

从各地设施建设情况来看，危险废物集中处置设施均采用了回转窑焚烧技术，尾气脱酸工艺主要采用干湿法相结合或者半干法处理工艺，除尘技术均选用脉冲式布袋除尘技术，同时采用活性炭喷射工艺，达到除尘和二噁英目的。277 座医疗废物处置设施中，采用焚烧技术和非焚烧技术的设施各占约 50%。焚烧设施中，7 座采用回转窑焚烧技术、133 座采用热解焚烧技术；非焚烧设施中，122 座采用高温蒸汽技术、10 座采用干化学消毒技术、5 座采用微波消毒技术，热解焚烧和高温蒸汽灭菌处理技术已经成为医疗废物处置的主要技术方法。

截至 2013 年 10 月底，完成工程设施建设任务（投运和基本建成）的医疗废物集中处置设施 253 个，占《规划》医疗废物集中处置项目数量的 91%。北京、天津、上海、江西、宁夏、甘肃、湖北、山西、浙江、山东、内蒙古、陕西、广东、青海、重庆等 15 省（直辖市、自治区）全面完成《规划》医疗废物集中处置设施建设任务。投运和基本建成的 253 座医疗废物集中处置设施形成处置能力 1 414 t/d。与此同时，一些地方利用社会资金建成一批《规划》外医疗废物集中处置设施，形成医疗废物处置能力 101 t/d，与《规划》内设施一起，共形成医疗废物集中处置能力 1 515 t/d。与 2003 年《规划》实施前医疗废物处置能力 122 t/d 相比，处置能力增加了 11.6 倍。

截至 2013 年 10 月底，完成工程建设任务的危险废物集中处置设施 41 个，占《规划》危险废物集中处置项目数量的 74%。形成危险废物集中处置能力 145 万 t/a，与 2003 年《规划》实施前危险废物集中处置能力 23 万 t/a 相比，增加了 5.3 倍。北京、天津、上海、江苏张家港、江苏苏州、江苏南京、辽宁沈阳、广东惠州、浙江宁波、浙江杭州、浙江台州、安徽合肥、重庆长寿、山东青岛 14 个危险废物集中处置设施完成工程总体验收，并获得危险废物经营许可证。宁夏危险废物处置项目于 2013 月 5 月通过了宁夏回族自治区发展和改革委员会组织的总体验收，正在申请危险废物许可证验收。

工艺技术水平得到较大提升。重庆中天环保产业技术公司引进德国鲁奇公司回转窑高温熔融处置技术并进行了自主消化，在重庆主城区和长寿县、陕西咸宁、河南郑州等危险废物处置项目上得到应用。天津危险废物集中处置项目在 2003 年采取引进法国技术、国内设计单位自主消化并设计的方式，目前继续承担了天津滨海新区 100 t/d 以及河北沧州 30 t/d 危险废物回转窑焚烧系统的设计工作。北京机电院高科技有限公司、重庆中天环保产业集团公司等企业已经发展成为国内较为突出的焚烧系统工程设计和工程总承包单位，承担了大多数《规划》危险废物处置项目的建设。唐山盾石、洛阳锅炉、杭州锅炉等为代表的企业已成为我国危险废物回转窑焚烧设备的主要设备制造商。医疗废物高温蒸汽处理技术方面，先后引进德国 webeco 公司技术、美国 Bandteh（邦泰）技术、加拿大 hydroclave（海卓科）技术，通过国内代理商，在部分医疗废物处置项目上得到应用，产品实现了国产化。医疗废物处置技术和设备制造水平较 2003 年有了明显改善。

社会化投资与企业化运行格局已经形成。在国债资金的示范带动下，社会投资积极进入危险废物处置行业。深圳东江环保有限公司、威立雅环境服务中国有限公司（投资天津、沧州、杭州、昆明等危废设施）、北京桑德环保集团公司（投资湖北、内蒙古通辽、甘肃等危废设施）、北京北控公司（投资湖南衡阳危废设施），以及上海、贵州、吉林等城市开发投资公司等较为知名的环境保护公司和投资公司参与到危险废物处置工作中，并获得危险废物处置设施建设运营权。通过《规划》实施，国内已培养出一批危险废物和医疗废物处置的咨询设计单位。中国市政工程华北设计研究总院、南昌有色冶金设计院、湖南中冶长天国际工程有限公司三家工程设计公司承揽了大部分国内危险废物集中处置设施的设计工作。

3.1.4　危险废物政策法规

截至 2014 年 6 月，国家已经颁发实施的与危险废物处置相关的技术规范如表 6-3-1 所示。

表 6-3-1　我国危险废物政策法规一览表

	文件名称	颁发机关	文号	生效时间
法律	中华人民共和国环境保护法	全国人大常委会	中华人民共和国主席令 第 9 号	1989 年 12 月，2014 年修订
	中华人民共和国固体废物污染环境防治法	全国人大常委会	中华人民共和国主席令 第 31 号	1995 年 4 月，2004 年修订
	可再生能源法	全国人大常委会	中华人民共和国主席令 第 33 号	2006 年 1 月，2009 年修订
	清洁生产促进法	全国人大常委会	中华人民共和国主席令 第 54 号	2003 年 1 月，2012 年修订
	循环经济促进法	全国人大常委会	中华人民共和国主席令　第 4 号	2009 年 1 月
法规/规划/管理文件	危险废物经营许可证管理办法	国务院	国务院令　第 408 号	2004 年，2013 年修订
	全国危险废物和医疗废物处置设施建设规划	发改委 国家环保总局	环发〔2004〕16 号	2004 年 1 月
	“十二五”危险废物污染防治规划	环保部 发改委 工信部 卫生部	环发〔2012〕123 号	2012 年 10 月
	国家危险废物名录	环保部 原经贸委 原外经贸部 公安部	环境保护部令　第 1 号	1998 年 7 月，2008 年修订，正在修订
	医疗废物分类名录	卫生部	医发〔2003〕287 号	1998 年，正在修订
	危险化学品安全管理条例	国务院	国务院令　第 591 号	2002 年，2011 年修订
	医疗废物管理条例	国务院	国务院令　第 380 号	2003 年
	危险废物转移联单管理办法	国家环保总局	国家环境保护总局令　第 5 号	1999 年 10 月
	关于实行危险废物处置收费制度促进危险废物处置产业化的通知	发改委 国家环保总局 卫生部 财政部 建设部	发改价格〔2003〕1874 号	2003 年
	关于办理环境污染刑事案件适用法律若干问题的解释	最高人民法院 最高人民检察院		2013 年 6 月
技术标准/规范类	危险废物集中焚烧处置工程建设技术规范	国家环保总局	HJ/T 176—2005	2004 年 1 月
	危险废物安全填埋处置工程建设技术要求（试行）	国家环保总局		2004 年 1 月
	危险废物焚烧污染控制标准	国家环保总局 国家质监局	GB 18484—2001	2002 年 1 月，正在修订
	危险废物贮存污染控制标准	国家环保总局 国家质监局	GB 18596—2001	2002 年 7 月

	文件名称	颁发机关	文号	生效时间
技术标准/规范类	危险废物填埋污染控制标准	国家环保总局 国家质监局	GB 18598—2001	2002 年 7 月
	危险废物（含医疗废物）焚烧处置设施性能测试技术规范	环保部	HJ 561—2010	2010 年 6 月
	危险废物集中焚烧处置设施运行监督管理技术规范	环保部	HJ 515—2009	2010 年 3 月
	危险废物安全填埋处置工程建设技术要求	国家环保总局	环发〔2004〕75 号	2004 年
	危险废物污染防治技术政策	国家环保总局	环发〔2001〕199 号	2001 年 12 月，2013 年修订
	危险废物集中焚烧处置工程建设技术规范	国家环保总局	HJ/T 176—2005	2005 年 5 月，2012 年修订
	医疗废物集中处置技术规范	国家环保总局	环发〔2003〕206 号	2003 年 12 月
	医疗废物集中焚烧处置工程建设技术规范	国家环保总局	HJ/T 177—2005	2005 年 5 月，正在修订
	医疗废物微波消毒集中处理工程技术规范	国家环保总局	HJ/T 229—2006	2006 年 3 月，正在修订
	医疗废物化学消毒集中处理工程技术规范	国家环保总局	HJ/T 228—2006	2006 年 3 月，正在修订
	医疗废物高温蒸汽集中处理工程技术规范	国家环保总局	HJ/T 276—2006	2006 年 8 月，正在修订
	医疗废物焚烧环境卫生标准	住建部	GB/T 18773—2008	2008 年 6 月
	医疗废物专用包装袋、容器和警示标志标准	国家环保总局	HJ 421—2008	2003 年
	废铅酸蓄电池处理污染控制技术规范	环保部	HJ 519—2009	2010 年 3 月
	水泥窑协同处置危险废物环境保护技术规范	环保部	HJ 662—2013	2014 年 3 月
	危险废物收集贮存运输技术规范	环保部	HJ 2025—2012	2013 年
	危险废物处置工程技术导则	环保部	HJ 2042—2014	2014 年
	含多氯联苯废物焚烧处置工程技术规范	环保部	HJ 2037—2013	2013 年
	医疗废物焚烧炉技术要求	国家环保总局	GB 19218—2003	2003 年，正在修订
	危险废物鉴别标准 腐蚀性鉴别	国家环保总局	GB 5085.1—2007	2007 年 10 月
	危险废物鉴别标准 急性毒性初筛	国家环保总局	GB 5085.2—2007	2007 年 10 月
	危险废物鉴别标准 浸出毒性鉴别	国家环保总局	GB 5085.3—2007	2007 年 10 月
	危险废物和医疗废物处置设施建设环境影响评价原则和要求	国家环保总局	环发〔2004〕58 号	2004 年
	危险废物鉴别技术规范	国家环保总局	HJ/T 298—2007	2007 年

3.2 典型区域危险废物处置设施功能现状分析

3.2.1 研究区域选择

为了查明危险废物处置设施现状，分析现状设施功能定位及功能布局存在的问题，为区域危险废物设施重构设计提供基础，本书选择典型性区域进行调查研究。典型性区域应在危险废物的产生量上具有一定规模，且区域内存在多种类型的危险废物处置设施，且多年来危险废物相关统计数据记录完整，利于趋势分析。综上，本研究选择上海、浙江和江苏三省市作为区域危险废物处理处置设施功能优化的案例地区，理由如下：

（1）三省危险废物产生量居全国前列，危险废物安全处置需求量大

三省是经济发达的长三角地。据 2010 年上海市固体废物产生信息公告报告，2010 年上海市工业危险废物产生量为 51.25 万 t，比 2009 年增长 7.6%，综合利用量 28.47 万 t，占工业危险废物总量的 55.55%。贮存量为 0.04 万 t，占工业危险废物总量的 0.08%。焚烧、安全填埋处置量为 23.44 万 t，占工业危险废物总量的 45.74%。

（2）获得危险废物经营许可证的设施数量属全国前列，焚烧和填埋设施数量和许可处置能力较大，使功能重构和优化有了必要性

2011 年度，上海市危险废物经营许可证持证单位（以下简称“持证单位”）共 50 家，其中 48 家由上海市市区两级环保部门颁发，1 家（上海化学工业区升达废料处理有限公司）由环境保护部颁发，1 家（上海电子废弃物交投中心有限公司）同时拥有环境保护部和上海市核发的许可证。按照危险废物经营许可证经营方式来分，其中 49 家为危险废物综合经营许可证单位，1 家为危险废物收集经营许可证单位。截至 2012 年 3 月，其中 10 家持证单位或因产业结构调整搬迁、关闭，或因与上海市危险废物规划不符合，未再获发危险废物经营许可证。目前，上海市持证单位为 40 家，其中 1 家为危险废物收集经营许可证单位。

上海市持证单位危险废物处置以综合利用、物化处理、焚烧处置和安全填埋方式为主，经营范围覆盖了废有机溶剂、重金属废液及污泥、废包装桶清洗、废酸、废碱、废矿物油及含油污泥等 34 大类废物。2011 年总核准经营规模达到 51 万 t，其中填埋 4.2 万 t，焚烧 13.6 万 t，另有清洗废桶 134 万只。经统计，2011 年度上海市持证单位共利用处置了各类危险废物 28.3 万 t（不含医疗废物 2.30 万 t）。

（3）三省危险废物管理较为规范和严格

（4）该地区已形成危险废物区域协调机制，这在全国尚属首例

2008 年，沪苏浙环保厅（局）长签署《长江三角洲地区环境保护工作合作协议（2008—2010 年）》。提出健全区域环境监管与应急联动机制，2009 年合作建成区域危险废物管理信息系统，进一步提高区域危险废物转移审批和监管效率。为强化上海“世博会”的环境安全保障，确保危险废物安全转移和妥善处理，结合长三角地区实际，依托现有的长三角危险废物监管联动工作平台，上海市制定和实施了《上海世博会期间长三角区域危险废物处置联动和应急保障方案》。无论是市、区两级联动机制，还是长江三角洲固废应急保障方案，其根本目的都是为减少事故的发生，减少安全隐患。若发生立即启动安全保障，请求支援。以医疗废物、大宗危险废物、废弃危险化学品等上海处置能力

紧张或者现无能力处置的危险废物为重点，以“当前能力有余量、处置技术有保障、环保管理较规范”为筛选原则，江苏、浙江两省环保厅预先确定上海周边地区对应类别危险废物的备选利用处置单位。长三角固废应急保障方案合理调度区域内危险废物利用处置资源，开设应急设置“绿色通道”。在世博会期间，当上海及周边地区产生本地区无能力利用处置的危险废物，或者虽有相关利用处置设施，但因意外停运、减量运行，上海市内又无法及时平衡时，按照“就近套配、简化程序”的原则，通过调配单方式请求相关省份支持相关危险废物跨省处置。因相关危险废物利用处置设施意外停运、减量运行或者其他原因，产生的危险废物无法在本地消纳处理时，应及时启动跨省市应急处置程序。

3.2.2 典型区域内危险废物处置设施布局和功能现状分析

3.2.2.1 区域内危险废物产生和处置基本情况

（1）上海

“十一五”期间，上海市工业危险废物的产生及处置情况参见表 6-3-2。2010 年，上海市工业危险废物产生量前 10 位的企业见表 6-3-3，该 10 家企业年产生工业危险废物占全市总量的 60%。

表 6-3-2 “十一五”上海市工业危险废物产生及处置情况

工业危险废物	2006 年		2007 年		2008 年		2009 年		2010 年	
	产生量/万 t	百分率/%	产生量/万 t	百分率/%	产生量/万 t	百分率/%	产生量/万 t	百分率/%	产生量/万 t	百分率/%
产生总量	40.79	—	45.43	—	49.28	—	47.62	—	51.25	—
综合利用量	29.13	71.41	30.94	68.1	31.13	63.17	30.73	64.53	28.47	55.55
处置量	11.66	28.59	14.68	32.31	18.36	37.26	17.02	35.74	23.44	45.74
贮存量	0.03	0.08	0.05	0.1	0.05	0.1	0.04	0.08	0.04	0.08
排放量	0	0	0	0	0	0	0	0	0	0

表 6-3-3 2010 年上海市主要危险废物产生企业

排序	企业名称	危险废物产生量/万 t
1	中国石化上海石油化工股份有限公司	8.49
2	上海三爱富新材料股份有限公司	5.51
3	上海焦化有限公司	3.25
4	宝山钢铁股份有限公司不锈钢公司	3.13
5	宝山钢铁股份有限公司宝钢分公司	2.93
6	中国石油化工股份有限公司上海高桥分公司（炼油事业部）	2.03
7	宝山钢铁股份有限公司精密钢管厂	1.49
8	上海克虏伯不锈钢有限公司	1.34
9	奥特斯（中国）有限公司	1.30
10	上海浦城热电能源有限公司	1.28
	合 计	30.75

根据 2011 年上海市纳入许可证范围的 42 座危险废物处置设施统计，采用焚烧处理危险废物的设施共有 10 座，采用填埋处理危险废物的设施共有 1 座，采用物化、综合利用等其他处理方式的危险废物共有 31 座。2011 年上海市纳入许可范围的危险废物处置总量约为 47.4 万 t/a。许可数量排前 10 位的企业危险废物处置量为 30.3 万 t，约占全省总量的 64%。

（2）浙江

根据 2011 年浙江省纳入许可证范围的 72 座危险废物处置设施统计，采用焚烧处理危险废物的设施共有 14 座，采用填埋处理危险废物的设施共有 7 座，采用物化、综合利用等其他处理危险废物设施共有 51 座。2011 年浙江省纳入许可范围的危险废物处置总量约为 211.55 万 t/a。许可数量排前 10 位的企业危险废物处置量为 155.69 万 t，约占全省总量的 73.9%。

（3）江苏

根据 2011 年江苏省纳入许可证范围的 293 座危险废物处置设施统计和整理，采用焚烧处理危险废物的设施共有 29 座，采用填埋处理危险废物的设施共有 4 座，采用物化处理危险废物的设施共有 37 座，采用综合利用处理危险废物的设施共有 191 座，采用清洗、收集、储存等处理危险废物的设施共有 31 座。2011 年江苏省纳入许可范围的危险废物处置总量约为 414.4 万 t/a。许可数量排前 10 位的企业危险废物处置量为 129.1 万 t，约占全省总量的 31.1%（表 6-3-4）。

表 6-3-4 三省市危险废物处置设施数量、规模及处置方式汇总

省份	焚烧设施		填埋设施		其他	
	设施数量/个	许可规模/万 t	设施数量/个	许可规模/万 t	设施数量/个	许可规模/万 t
上海	10	12.94	1	4.2	31	30.27
浙江	14	7.58	7	1.77	51	153.46
江苏	29	45.2	4	7	260	362.2

3.2.2.2 区域内危险废物焚烧处置设施现状

（1）总体情况

上海、浙江、江苏三省市危险废物焚烧设施共有 53 座，其中上海 10 座，浙江 14 座，江苏 29 座，总处置规模 65.72 万 t/a，平均处置规模为 1.24 万 t/a，达到平均规模的设施数量为 9 个，占所有设施数量的 17%。处置规模最大的为江苏省苏州工业园区和顺企业环保服务有限公司，许可处置规模为 11.06 万 t/a，处置规模最小的为浙江省德清县银华化工有限公司，许可处置规模仅为 625 t/a。所有焚烧处置设施中，规模达到万吨以上的有 10 座，只占焚烧设施总数的 18.8%，万吨以下的有 44 座占焚烧设施总数的 81.2%。主要焚烧处置废物类型大致相同，主要为医药废物（HW02）、废药物、药品（HW03）、农药废物（HW04）、油/水、烃/水混合物或乳化液（HW09）、精（蒸）馏残渣（HW11）、染料、涂料废物（HW12）、有机树脂类废物（HW13）、废有机溶剂与含有机溶剂废物（HW06）、含有机卤化物废物（HW45）和其他废物（HW49）等。

三省焚烧处置设施中，处置规模前 10 位处置总量 41.5 万 t/a，处置量占总焚烧总量的 63.1%，这 10 个处置设施中江苏省设施有 8 个，上海市 2 个，浙江省没有项目的许可规模进入前 10（表 6-3-5）。

表 6-3-5 三省市焚烧设施许可规模前 10 位信息表

序号	省份	企业名称	许可证编号	经营规模/（t/a）
1	江苏	苏州工业园区和顺企业环保服务有限公司	JS0501OOI249—7	110 640
2	江苏	苏州市荣望环保科技有限公司	JS0507OSD222—8	68 500
3	上海	上海市升达废料处理有限公司	G3101160005	60 000
4	江苏	苏州工业园区中兴废物处置有限公司	JS0501OOI319—4	30 200
5	江苏	南京福昌化工残渣处理有限公司	JS0116OOI138—9	28 000
6	上海	上海康环固体废物处置有限公司	17	26 280
7	江苏	无锡市工业废物安全处置有限公司	JS0200COI032—5	26 000
8	江苏	苏州时钴环保实业有限公司	JS0583OOI283—5	23 000
9	江苏	苏州新区环保服务中心	JS0500COI146—6	21 800
10	江苏	吴江市绿怡固废回收处置有限公司	JS0584COI041—6	10 700

（2）上海市焚烧处置设施功能发挥现状

以上海为例，对上海市 10 座危险废物焚烧处置设施进行分析，如表 6-3-6 所示。除表中 9 座设施以外，列入《规划》内项目 1 个，即上海市固体废物处置中心。建设规模为 7.65 万 t/a，其中医疗废物焚烧处置 1.65 万 t/a，危险废物焚烧处置 4 万 t/a。是上海市除上海市升达废料处理有限公司以外的第二大焚烧处置装置。

由此可见，上海市危险废物焚烧处置设施核定焚烧处置规模较差较大，且总体建设处置规模偏小。焚烧处置能力在 10 000 t/a（日处置能力为 30 t 左右）的设施有两座，焚烧处置能力在 6 000～10 000 t/a（可认为 20～30 t/d）的设施有 4 座，其他 5 座设施处置规模均在 6 000 t/d 以下，设施规模较小。从焚烧处置的废物类型来看，不同设施之间大致相同，以农药废物（HW04）、有机溶剂废物、废矿物油、油/水、烃/水混合物或乳化液、精（蒸）馏残渣（HW11）、染料、涂料废物（HW12）、有机树脂类废物（HW13）、废有机溶剂、含有机卤化物废物（HW45）等废物类型为主。

表 6-3-6 上海危险废物焚烧处置设施处理废物类型和运行负荷率

序号	企业名称	区县	经营设施地址	核准处理的废物名称	核准经营规模合计	2011 年实际处置量	负荷率/%
1	上海市升达废料处理有限公司	金山区	上海市金山区神工路 18 号		60 000	45 576	76
2	上海万安企业总公司	金山区	金山区亭枫公路 4338 号	农药废物、有机溶剂废物、废矿物油、油/水&烃/水混合物或乳化液、染料涂料废物、有机树脂类废物、有机磷化合物废物、含醚废物、废卤化有机溶剂、废有机溶剂、其他废物	9 800	8 594	88
3	上海安亭环保有限公司	嘉定区	上海市嘉定区安亭园际路 836 号		7 500	7 500	100

序号	企业名称	区县	经营设施地址	核准处理的废物名称	核准经营规模合计	2011 年实际处置量	负荷率/%
4	上海星济工业废物处理有限公司	奉贤区	奉贤星火开发区莲塘路 299 号	医药废物、废药物药品、农药废物、有机溶剂废物、废矿物油、油/水&烃/水混合物或乳化液、精（蒸）馏残渣、染料涂料废物、有机树脂类废物、废卤化有机溶剂、废有机溶剂、含有机卤化物废物、其他废物	7 200	5 310	74
5	上海宏腾环保工程有限公司	松江区	松江区车墩镇新兴村	医药废物、废药物药品、农药废物、有机溶剂废物、废矿物油、油/水&烃/水混合物或乳化液、染料涂料废物、有机树脂类废物、有机磷化合物废物、含酚废物、含醚废物、废有机溶剂、含有机卤化物废物、其他废物	6 000	5 900	98
6	上海星月环保服务有限公司	闵行区	闵行区元江路 3198 号	医药废物、废药物药品、农药废物、有机溶剂废物、废矿物油、油/水&烃/水混合物或乳化液、染料涂料废物、有机树脂类废物、废碱、有机磷化合物废物、含酚废物、含醚废物、废卤化有机溶剂、废有机溶剂、其他废物	5 000	4 666	93
7	上海长盈环保服务有限公司	奉贤区	奉贤区化工分区联合北路 303 号		3 600	3 580	99
8	上海巨浪环保有限公司	青浦区	青浦区白鹤镇兴利路 885 号	医药废物、农药废物、废矿物油、油/水&烃/水混合物或乳化液、染料涂料废物、有机树脂类废物、有机磷化合物废物、废有机溶剂、其他废物	3 200	3 200	100
9	上海永程固废处理有限公司	崇明区	崇明县港沿新垦农场	医疗废物、废药物药品、农药废物、染料涂料废物、有机树脂类废物、含金属羰基化合物废物	800	790	99
合计					103 100	85 116	83

3.2.2.3 区域内填埋处置设施现状

上海、浙江、江苏三省市共有危险废物填埋设施 12 座，其中上海 1 座，浙江 7 座。江苏 4 座，总规模为 28.89 万 t/a，平均规模为 2.41 万 t/a，达到平均规模的设施数量为 5 个，占所有设施数量的 41.7%（表 6-3-7）。规模最大的为浙江易博环保科技有限公司，许可规模 10 万 t/a，规模最小的为浙江兰溪自立铜业有限公司，许可规模为 150 t/a。

各个处置设施所填埋的废物类型不全一致，但主要处置废物类型为含氰废物、表面处理废物、焚烧处置残渣、含金属羰基化合物废物、含铍废物、含铬废物、含铜废物、含锌废物、含砷废物、含硒废物、含镉废物、含锑废物、含碲废物、含铊废物、含铅废物、无机氟化物废物、无机氰化物废物、废酸渣、石棉废物、含镍废物（HW46）含钡废物和其他适合填埋的废物。

表 6-3-7　上海危险废物焚烧处置设施处理废物类型和运行负荷率

序号	省份	企业名称	许可证编号	经营规模/（t/a）
1	浙江	浙江易博环保科技有限公司	浙危废经第 79 号	100 000
2	上海	上海市固体废物处置中心	1	42 000
3	浙江	温州市中金岭南科技环保有限公司	浙危废经第 54 号	40 000
4	江苏	光大环保（苏州）固废处置有限公司	JS0506OOL258—5	40 000
5	浙江	宁波科环新型建材股份有限公司	浙危废经第 28 号	30 000
6	江苏	南京济德环境科技有限公司	JS0116OOD361—1	20 000
7	江苏	张家港市格锐环境工程有限公司	JS0582COL119—4	8 000
8	浙江	江山市三晟化工有限公司	浙危废经第 56 号	5 000
9	江苏	泰州市百川再生资源有限公司	JS1200OOD405	2 000
10	浙江	浙江宏达金属冶炼有限公司	浙危废经第 46 号	900
11	浙江	上虞市亚东金属冶炼有限公司	浙危废经第 42 号	800
12	浙江	兰溪自立铜业有限公司	浙危废经第 04 号	150

2011 年上海获得危险废物填埋处置许可的处置设施为位于嘉定区朱家桥镇嘉朱公路 2491 号的上海市固体废物处置中心。核定填埋处置的废物类型包括农药废物、有机溶剂废物、热处理含氰废物、表面处理废物、焚烧处置残渣、含铍废物、含铬废物、含铜废物、含锌废物、含砷废物、含硒废物、含镉废物、含锑废物、含碲废物、含汞废物、含铅废物、无机氟化物废物、无机氰化物废物、废酸、废碱、石棉废物、含镍废物、其他废物等，类型较多。核准经营规模为 42 000 t/d（设计库容量 271 400 m^3），2011 年实际处置量 38 236 m^3（截至 2011 年底已填埋容量 239 075 m^3）。

3.2.2.4　其他处置方法设施现状

上海、浙江、江苏三省市除建有焚烧和填埋设施之外，还有 342 座采用综合利用、物化、收集储存等方式处理危险废物的设施，处理总规模约为 557.68 万 t/a，平均单个设施规模 1.7 万 t/a，达到平均规模的设施共有 83 个，占所有设施数量的 24.3%。

危险废物其他处置方式主要包括综合利用、物化、清洗等。其中综合利用主要处置废物类型包括废矿物油、废酸、废碱、废有机溶剂、废乳化液、废催化剂、含金属的非电路板等，物化处置废物类型主要包括废酸、废碱、废有机溶剂废水、含染料涂料废水、含有机树脂废水、感光材料废液、表面处理废液及含各种重金属废水，清洗主要处置用于包装各类危险废物的包装容器等。

三省市处置设施规模前 20 位处置总量为 275.8 万 t/a，占所有设施处置总量的 49.5%。前 20 位中处置规模最大的为浙江舟山纳海油污水处理有限公司，许可规模为 66 万 t/a，处置规模最小的为江苏宜兴市金科桶业有限公司，许可规模为 6 万 t/a（表 6-3-8）。

表 6-3-8　三省市危险废物其他处置设施前 20 位信息表

序号	省份	企业名称	许可证编号	经营规模/（t/a）
1	浙江	舟山纳海油污水处理有限公司	浙危废经第 60 号	660 000
2	浙江	浙江环益资源利用有限公司	浙危废经第 71 号	196 000
3	江苏	无锡金鹏水处理有限公司	JS0206OOD243—5	194 500
4	江苏	海门市五洋化工有限公司	JS0684OOD018—3	150 000
5	江苏	海门市集海化工废品经营有限公司	JS0684CSO217—3	150 000
6	江苏	江阴龙鼎环保科技有限公司	JS0281OOD349—1	150 000
7	江苏	江苏永林油脂化工有限公司	JS0925OOD381	126 000
8	浙江	嘉兴市环科化工有限公司	浙危废经第 53 号	120 000
9	江苏	无锡中天固废处置有限公司	JS0200OOD379—1	106 000
10	江苏	苏州博瑞水处理有限公司	JS0506OOD322—2	104 000
11	江苏	如皋市天鹏冶金有限公司	JS0682OOD207—4	100 000
12	江苏	江苏宝利沥青股份有限公司	JS0281OOD216—2	100 000
13	浙江	浙江丰登化工股份有限公司	浙危废经第 74 号	86 400
14	江苏	江阴市环境工程有限公司	JS0281OOD284—4	81 800
15	江苏	仪征市茂瑞化工有限公司	JS1081OOD084—3	81 200
16	江苏	太仓凯源废旧容器再生有限公司	JS0585OOD230—4	80 000
17	江苏	江苏佳宇资源利用股份有限公司	JS0721OOD402	80 000
18	浙江	富阳申能固废环保再生有限公司	浙危废经第 33 号	70 000
19	浙江	杭州诚洁环保有限公司	浙危废经第 75 号	62 500
20	江苏	宜兴市金科桶业有限公司	JS0282OOD387—1	60 000

3.2.2.5　区域内危险废物流向分析

2003 年上海市工业危险废物主要以综合利用为主，在流向中占 72.13%，处置地域流向以上海市本地为主，受纳量占 82.65%，其中本市持证单位处理量占总处理量的 49.14%，去路不明的危险废物占总处理量的 0.43%。在本地流向中，处置方式以进行综合利用为主要处置方式，占总处理量的 54.86%，本地处理量的 66.38%；单位流向中，以持证单位为主，占本市处理量中的 59.46%，无证单位占较大一部分，为 25.51%；去向不明的占本地处理量的 0.52%。

3.2.3　区域内危险废物设施功能关系存在的主要问题

通过对典型区域危险废物处置设施现状的分析，可以归纳出现状危险废物设施功能关系存在如下问题：

（1）相关规划中对危险废物处置设施功能调整和优化涉及较少，数量、规模、废物流动的管理很少涉及，缺乏规划的引导和调控

过去较长一段时间，我国对危险废物的管理主要侧重于各项管理制度的执行情况，定期对危险废物处置设施开展管理制度执行、污染防治设施运行等方面的检查，但在危险废物处置设施准生环节，对该处置设施从一个区域废物流向分析的必要性和可行性分析方面较弱，不少地区危险废物综合利用实际能力大于该地区危险废物产生数量，这也从一个侧面反映出颁发危险废物许可证阶段存

在的问题。过度竞争和无人处置两张局面较为显著。

（2）处置设施处置规模能力发挥较低

从上述分析可以看出，中小规模处置设施普遍面临运行负荷率较低的问题。产生废物的企业也由于受到市场和自身影响废物产生数量不能保持稳定，处置设施的收集废物对象和数量不稳定，运行负荷总体处于60%～70%的水平之间。

（3）各自为政，不利于功能互补和最大化

由于在规划阶段，缺乏对焚烧处置设施和填埋处置设施在布局上的总体设计，各个处置设施盲目建设、无序建设现状较为普遍，各处置企业普遍根据自身对市场形势的判断和分析开展设施建设，管理部门也主要从污染防治设施和风险防范角度对设施建设提出环保方面的要求。不同设施之间主要是市场竞争关系，彼此之间各自为政，且处置的废物对象大多雷同，容易处置的，相对有经济价值的，都是各处置设施彼此争夺的对象，相反，一些难以处置的废物、高风险废物、经济价值较低的废物又难以找到处置企业，不同设施在运行过程中难以考虑设施功能之间的互补和最大化。

3.2.4 典型危险废物处置设施功能结构优化的相关要求

三省环境保护“十二五”规划中包含了危险废物处置方向的相关内容（三省均未制定专门的危险废物处置和管理方面的规划），如表6-3-9所示。上海市提出了“专业化”和“规模化”发展方面的要求，推动园区式的集聚发展，具有了对现有危险废物处置设施进行功能重构和优化的相关要求在其中。浙江省提出严格危险废物处置行业环境准入，健全危险废物区域监管联动和应急保障机制，加快推进城乡一体的危险废物、医疗废物收集处置体系建设，使得浙江省在新增危险废物处置设施方面有了更加严格的控制，在促进城乡之间的一体化建设上使得功能重构又有了新的含义。

表6-3-9 “十二五”环境保护规划确定的危险废物处置设施功能结构优化计划

省份	危险废物处置结构与布局优化、产业化发展、技术发展
上海	（1）按照“专业化、规模化、提标准、进园区”的原则，继续推进危险废物社会化处理处置企业向市级工业基地、工业区集聚，重点发展崇明岛“三废合一”综合处理环保静脉产业、嘉定危险废物集约化综合处理基地、化工园区集约化危险废物利用与物化处理静脉产业链和市级工业区电子废物处理处置静脉产业链。（2）点调整和提升焚烧处置、物化处理、废矿物油处理及重金属和废溶剂回收处理水平，推进废弃容器的回收处理和电子废物拆解分选后产生的阴极射线管（CRT）、树脂粉等废物的无害化处理能力建设
浙江	严格危险废物利用处置行业环境准入，规范危险废物利用处置行为，健全危险废物区域监管联动和应急保障机制。加快推进城乡一体的危险废物、医疗废物收集处置体系建设，建成温州危险废物集中处置设施。积极推进工业区配套焚烧处置设施规范化改造。到2015年，建成较为完善的危险废物回收、利用和处置体系
江苏	促进危险废物利用和处置行业的产业化、规模化发展，重点培育一批技术先进、具有龙头带动作用的危险废物利用和处置企业

3.3　区域危险废物处置设施功能重构与优化研究

3.3.1　功能重构应解决的主要问题及目的

区域危险废物处置设施功能重构与优化需要针对现状设施缺乏规划引导和调控、规模能力发挥较低、运营情况不佳以及特定重量危险废物处置方式不安全等问题，对现有及未来设施进行合理规划。

对于焚烧设施，功能重构时，应在现有焚烧设施之间进行不同设施的功能定位。对于企业内部焚烧设施，鼓励什么企业建设，鼓励上规模、鼓励专业化，处理废物对象的单一化，突出焚烧对象的针对性；对于社会上焚烧设施，包括工业园区内的焚烧处置设施，突出各种废物类型的普适性。应对现有设施进行布局的优化调整。一是根据所在地未来发展对地域的要求确定现有设施是否存在搬迁的必要；二是根据工艺技术水平的门槛淘汰规模较小，处置能力较低，技术落后的设施，即突出规模化、普适性，以及地域的长远合理性，该设施也多往专业化方向发展；三是对规划内危险废物焚烧处置设施，该设施定位在综合性处置设施。需要注意的是充分发挥已经建好的焚烧设施的功能，应能收集到足够数量，满足其正常运行，现有设施之间可能在一段时间内要互相处置废物，在这个前提下然后再考虑新建设施的问题。

对于安全填埋设施，应重点解决填埋废物的类型限定上，专业性和综合性危险废物填埋场可同时规划，在保障危险废物无害化处置率的同时，提高安全填埋场的服务年限。

3.3.2　重构总体思路和原则

对于危险废物处置设施的重构，应根据如下总体原则：

（1）政府主导

危险废物焚烧和填埋处置设施是城市环境基础设施，总体属于政府主导投资的范围，因此政府应对此进行总体设计和主导。

（2）统筹规划、合理布局原则

在处置设施总体布局、功能定位、设施之间彼此联动、互补等关系都需要政府进行总体设计和统筹把握，合理进行设施数量、布局、规模、主要服务范围、应急状态下联动机制等设计。

（3）充分利用许可证调控手段

危险废物经营许可证是开展处置设施门槛和调控的有效手段，应逐步提高危险废物焚烧和填埋处置设施经营门槛，提高行业技术水平，在功能重构优化上发挥更大作用。

（4）环境风险最小原则

危险废物本身及危险废物处置过程中具有较大的环境风险，功能优化重构方案应该充分考虑环境风险最小化原则，尽可能降低废物运输、贮存和处置过程中的环境风险。

（5）有利于龙头和规模化企业的出现，也有利于特色企业的培育发展

功能重构的本质即是解决不同处置设施之间的功能定位和功能分工。一方面，是将处置设施向规模化方向发展，促进其在区域内发挥更大的基础设施作用；另一方面，是促使向专业化方向发展，作为集中和综合性处置设施的配套设施，共同为区域危险废物安全处置服务，因此功能优化重构后

势必会出现规模化企业和特色企业的发展。

3.3.3 区域危险废物处置设施功能重构和优化措施建议

根据前述问题识别和数据分析，结合目前我国《规划》危险废物处置设施建设和运行的实际特点，着眼于最突出和紧迫的问题，分别从填埋、焚烧设施建设和运行、设施功能规划与分工、设施运行模式等方面提出相应的优化措施建议。

（1）严格限制填埋场入场废物量，促进填埋场可持续发展

《全国危险废物和医疗废物处置设施建设规划》共规划全国建设 31 个集焚烧、综合利用和填埋为一体的区域性综合性危险废物处置中心。其中填埋场作为危险废物处置的重要手段和危险废物的最终消纳场所，在危险废物处置设施的建设中具有非常重要的地位和标志性的意义。是否具有符合标准的、具备一定容量的填埋场，是一个处置设施能否承担起区域性的综合的危险废物处置任务的重要指标。从一定意义上讲，填埋场的容量和可使用时间决定了一座综合性危险废物处置中心的可持续运行时间。我国通过国债资金的有力支持，短短数年的时间内在全国各个省区都建立了符合标准要求的危险废物安全填埋场，完善了各地区的环境保护基础设施建设，极大地增强了各地区保障环境安全的能力。

但在这些填埋场实际运行的过程中，还存在一些不尽合理的方面。主要表现在对填埋场的粗放式利用，大量危害性不高的危险废物，或者可以通过焚烧、综合利用或其他理化方式处理、解毒的危险废物，被不加筛选、不加区分的送入填埋场填埋处置，造成宝贵的填埋空间和资源的极大浪费。分析造成这种状况的主要原因，可以概括为如下几个方面。

①填埋场的建设资金中的国债资金并未纳入企业的运行成本中，多数地区对这一部分资金如何管理没有明确的规定，从而造成企业在核算运行成本和确定废物收费时存在偏低的现象，导致废物直接填埋的处理方式相较于先进行减量和解毒处理后再填埋的处理方式具有经济上的比较优势，导致填埋的废物量大增。

②填埋场建设时所占用的土地多为划拨性质，土地费用低廉，客观上也造成填埋场运行时的成本较低，处置企业在进行填埋时没有考虑这部分土地的机会成本。近年来，随着各类土地使用费用的不断上升，这部分隐形成本也越来越高，目前而言这部分成本都由社会承担，但随着土地资源越来越稀缺，必将影响填埋场未来的再选址和滚动发展。

③目前部分填埋场在运行时并没有考虑计提充分的折旧费用。企业在近期利益目标的诉求下，倾向于尽量多的收集和填埋废物，尽快地回收自有和国债投资。从而导致收集废物的价格偏低，而废物量偏高。这种情况必将影响填埋场的可持续发展。

鉴于以上问题的存在，分别从技术角度、经济角度和规划角度，提出如下关于填埋场功能重构和优化措施建议：

①严格限制填埋废物入场技术标准。对于可以通过焚烧、分离、解毒、综合利用等方式进行减量化的废物，必须经过减量化之后才可进入填埋场。

②尽快推出生活垃圾焚烧飞灰等大宗危险废物的综合利用和安全填埋标准或可操作性强的技术指南，促进保障安全条件下的合理利用，避免大宗危险废物不经减量处理而直接填埋。

③明确填埋场的后续发展要求，规范危险废物处置企业的会计核算内容。填埋场在使用期间必须考虑各类资金的折旧和计提后续设施的再建设费用，必须考虑封场后的安全维护费用。必须保障

填埋设施的可持续发展，同时提高填埋场运行成本，减少不必要的废物填埋量。

④制订危险废物填埋设施的长期建设规划。一方面通过规划厘清未来可用容量，制订阶段性总量控制计划。另一方面通过规划及早谋划填埋场选址、资金渠道、运作方式等关键问题，保障填埋设施的长期合理稳定有效发展。

（2）鼓励规模化焚烧设施的建设和运行，保障环境安全，提升经济效益

焚烧设施的系统安全性、污染物排放控制水平、经济可行性等同焚烧系统的处理规模密切相关，处理规模越大，相应的安全控制措施越完善，处理单位废物的污染物排放量越低，单位处理成本越低。我国生活垃圾焚烧设施的单条生产线处理规模一般在每日数百吨至上千吨之间。对我国危险废物焚烧设施的建设规模进行统计和分析，单厂的平均处理规模在 20～30 t，处理规模普遍不高。由于处理规模的限制，在焚烧设施的运行过程中存在如下几类具有共性的问题：

①处理设施的单位管理和运行成本偏高，导致焚烧废物收费较高，企业经营效益偏低。焚烧设施的运行需要组建一支专业化的运行队伍，包括废物鉴别、废物配伍、焚烧炉操作、维护维修、监测分析、灰渣飞灰处理、市场运行等各类专业技术人员。同时焚烧设施运行需要开展常规分析、监测等工作，小规模焚烧炉由于规模和成本所限，专业人员配置较为困难，其日常运行成本分摊至单位废物处理量后偏高，影响企业的经济可持续性。

②设施的处理技术标准和污染防控措施难以再提高至新水平。焚烧处理规模偏小，设施的稳定性较差，频繁启停生产线将导致废物处理效果的不稳定和污染物排放量的增加。分散的处理设施排放的污染物总量也大大高于集中的处理设施。受规模和经济效益所限，生产线的技术和经济投入难以大幅提升，生产线的自身完善和技术提升能力受限，难以采取更为先进的系统控制和污染物削减措施，设施的持续发展能力不高。

③增加管理部门监督管理难度。相较于集中和大规模焚烧设施，对分散的小规模焚烧设施的监管，需要的技术和管理人员的数量会成倍增加，与之相配套的监督性监测、废物转移联单等管理成本也会成比例上升。如果监管力量配置不到位，很容易造成监管漏洞，为污染事故的发生埋下隐患。

鉴于以上问题的存在，提出如下关于焚烧设施功能重构和优化措施建议：

①通过政策调整等措施，鼓励大规模焚烧设施的建设和运行。危险废物焚烧生产线的规模一般不宜低于 30 t/d，鼓励 50 t/d 以上的焚烧设施的建设和运行。出台产业性政策，低于 30 t/d 的处置设施不再批准建设。废物产生企业自产可焚烧废物量低于 5 000 t/a 的，废物宜采取委托处置的方式，不鼓励自建焚烧设施。企业自产可焚烧废物量大于 5 000 t/a 小于 1 万 t/a 的，需要自建焚烧设施的，可采取协同处置周边企业产生废物的方式，建设达到一定标准的焚烧处置设施。企业自产可焚烧废物量大于 1 万 t/a 的，鼓励自建符合自身废物产生特点的、能够达到国家相关标准的焚烧设施，同时鼓励面向社会，收集处理性质相近的可焚烧废物。

②通过行业发展规划等措施，控制一定区域内的焚烧设施数量和总量规模，维持市场的良性竞争。对于一定区域内焚烧设施处理总规模较大，各焚烧设施废物量不足的情况，要逐步退出技术落后和规模偏小的设施，通过换发许可证、监督性监测等手段，逐步淘汰不达标企业。对于新兴产业地区，可焚烧废物量产生较大，焚烧处置能力相对不足的地区，一方面要积极发展废物焚烧处置的基础设施；另一方面要严格控制新建项目的规模和技术水平，努力引进规模化企业，防止出现一哄而上的局面。

（3）促进企业合理分工，提升企业专业化处置水平，降低区域内危险废物处置的系统风险，促进废物处置效率的提升

危险废物共有49大类600余子类，各种类废物之间的性质、数量、处理处置方式等差异巨大。危险废物处置企业之间的合理分工和专业化发展是未来的主要趋势，也是提升废物处置效率，降低废物处置风险的必然要求。促进处置企业合理分工和专业化发展可考虑从如下领域着手：

①建立区域内统一的危险废物收集和管理信息系统和调配体制。信息系统包含各废物产生单位和废物处理处置单位的系统信息，对区域内的废物产生种类、数量和性质能够即时掌握。通过市场化和必要的行政化手段，促进废物处理处置的选择同处置企业的能力、专业化方向相匹配，完成资源的优化配置。

②通过技术评估、许可证发放等手段，合理配置区域内的危险废物处理处置能力分布。做到焚烧设施、综合利用设施、填埋设施等不同处理方式之间的相互配合；做到废物预处理、废物中段处理和废物终端处理等不同环节之间的有效分工和衔接；做到小型处理企业和大型处理企业之间、专业化处理企业和综合性处理企业之间、废物产生单位自建设施和社会化运营设施之间处理能力的统筹分配，做到常规废物和特种废物管理和处理处置的合理区分，为区域内的废物处置合理分工打好物质基础。

③打破区域内的行政区域限制，建立区域内危险废物处置领域统一、高效的市场环境和政令通达的行政环境。地方政府出于维护地方环境安全的角度，通常不支持危险废物的跨界转移。这在一定程度上阻碍了一定区域范围内的危险废物处置企业统筹协调，分工合作的格局，无形中也增加了整个区域危险废物处置的风险水平。应加强地方政府间的沟通协调，加强培训和宣传，加大上层行政规范力度，使地方政府放下包袱，看到机遇，促进区域内统一市场的形成。

（4）发展危险废物处置企业连锁经营模式，促进国债支持项目实现所有权和经营权分开

危险废物的处置行业是技术集中度较高的领域，技术团队、运行经验、资本基础等软实力是决定一个企业处置能力水平的重要条件。目前我国规划危险废物处置项目在实际运行中过程中，运营主体的种类较多，有政府性的市政投资公司，有为项目运行而新成立的运行企业，有新近进入危险废物处置领域的民营企业。由于危险废物处置行业在我国属于较为新兴的产业，多数运营企业的经验不足，专业技术力量配置不强，对实际运行过程中存在的问题处理和解决能力不足。部分企业还存在政企不分，政府过度干预企业运行的情况。综观国际经验和国内的成功案例，实行危险废物处置企业的专业化、连锁化经营是未来的发展趋势，其具有如下优势：一是连锁化经营有利于企业运行经验的积累和应用，可以最大限度地缩短企业摸索实践的时间，减少企业失误、出现风险事故的概率；二是连锁化经营有利于企业扩大规模，降低废物处置的单位成本，提高危险废物的收集和处理率；三是连锁化经营可以在企业内部实现较高效率的资源优化配置，充分发挥各类设施互相配合的潜力，减轻社会负担；四是连锁化经营有利于管理部门的统一监管，对企业自身的风险管理措施也可以高标准要求，大大降低社会管理成本和系统风险发生的概率。

由上所述，可以对危险废物处置设施的经营管理模式提出如下建议：

①出台有利于企业实现连锁经营的政策和经济措施，打破地方保护主义壁垒，在更高层面上统一规划项目和选择企业运行单位，采用公开招标等方式确定运营企业。出台跨区域收费政策等经济管理措施。

②实现所有权与经营权分离。国债资金的出资人代表应通过制定和落实相关资金管理政策，切

实负担起国债资金的保值和增值责任。企业的直接经营和管理应委托具有专业化水平的运行公司进行，以提高企业的市场灵活性、适应能力，处置技术水平和污染防控责任水平。

3.3.4 功能重构的推进及政策建议

为保障对于危险废物处置设施功能重构的推进，必须建立健全一个完善的体系。该体系的建立与完善，既不能只依靠政府的行政命令，也不能只依赖市场的自发形成。完整的体系必须充分考虑到政府部门的宏观规划、政策支持、监督管理和市场机制的作用。

第一，应正确认识政府职能和政府在市场化中的作用，重视规划指引，探索制定区域危险废物规划，引导示范作用；第二，应推进许可证管理的改进，从严审批危险废物经营许可证，大力强化综合利用的准入门槛和监管，特许经营，适度竞争，定价约束；第三，应将危险废物处置设施明确定位为区域性环境保护基础设施的性质，享受相关政策，扶持重点处置企业的发展，扶持龙头企业的发展；第四，应运用现代化信息管理手段提高管理水平，对危险废物产生、转移、处置进行全过程管理和即时跟踪。

3.4 危险废物处置设施运营服务模式研究

3.4.1 《规划》内危险废物集中处置设施投资建设和运营现状

《全国危险废物和医疗废物集中处置设施建设规划》发布后，不同投资者加入危险废物集中处置行业中。《规划》实施初期，由于主要任务是设施建设，《规划》内项目的投资者很分散，基本是一个项目一个新的业主单位，部分项目明确采用特许经营方式。北京桑德由于一直从事固体废物处置业务，在《规划》实施初期，先后承接了吉林、湖北、甘肃、内蒙古通辽等设施建设的投资工作。青岛新天地固体废物综合处置有限公司承接了山东三个危险废物处置设施投资建设运营工作。

随着处置设施逐步建成和投运，一些原有业主单位无法继续承担起设施运营能力，开始出现了业主单位股东变换和调整的情况。如浙江（杭州）危险废物集中处置设施，原为杭州大地环保有限公司，设施建成后，威立雅环境服务中国有限公司投资参股，与杭州大地环保有限公司实现联合，于 2010 年 2 月共同成立杭州立佳环境服务有限公司，负责杭州危险废物及医疗废物处置项目的投资和运行。如云南（昆明）危险废物集中处置设施，设施建设过程中业主单位为杭州大地环保有限公司，建设过程中，与威立雅环境服务中国有限公司合资成立的杭州立佳环境服务有限公司开始设施的建设与运营。如湖南衡阳危险废物集中处置设施，建设过程中原建设单位为湖南衡兴环保科技开发有限公司，建设过程中北京北控环保有限公司投资收购，成为新业主开始该设施投资与运营。

目前，深圳东江环保有限公司、北京桑德环保集团公司（投资湖北、内蒙古通辽、甘肃等危废设施）、威立雅环境服务中国有限公司（投资天津、沧州、杭州、昆明等危废设施）、北京北控公司（投资湖南衡阳危废设施）、上海、贵州、吉林等城市开发投资公司等较为知名的环境保护公司和投资公司投入到危险废物处置中，来自北京北控、北京金隅集团、威立雅环境服务有限公司等兼有投资性质和环境服务性质的国内知名环保企业集团全面涉入。已经涌现出像天津合佳威立雅环境服务公司、杭州大地环保有限公司、青岛新天地固体废物综合处置有限公司等发展较早、危险废物处置经验较为丰富的骨干处置企业。《规划》内危险废物集中处置设施开展表现出一定的集中度。

3.4.2 危险废物集中处置设施运营服务上的主要问题

危险废物集中处置设施的运营是一项技术性很强的工作，涉及工艺技术、运营管理、废物收集、市场开发、风险防范等方方面面的工作。危险废物处置设施的建设和运营在我国起步较晚，技术水平总体不高，人才和储备相当薄弱，成为该行业发展最突出的制约因素。目前，危险废物集中处置设施运营单位总体相当分散，运营者主要是从建设过程中管理项目建设的人员转化过来，或者运营初期招聘的一些技术人员，这些人员大多没有从事过危险废物处置的有效经验，尤其是各个处置设施负责技术管理的人员，运营经验也比较缺乏。运营经验的缺乏直接导致各个处置设施普遍面临运营困难，尤其是运营初期，设施还处于磨合期，同时受废物收集困难的限制、处置收费水平较低，运营成本较高。

借鉴环保设施市场化运营程度较高的美国、法国等国经验，城市环境基础设施的运营集中在几个大型的企业手中。国内发展较快的市政污水处理行业投资运营队伍在“十一五”期间有了较为明显的集中。基础设施运营队伍的集中化，是发展的必然趋势，有利于行业做大做强，有利于运营服务水平的提高，有利于促进行业进步。

3.4.3 加强危险废物集中处置设施运营服务的建议

（1）实现所有权和经营权分离，通过经营权的竞争方式，引入实力较好的运营队伍

为了从根本上解决危险废物处置设施运营能力较低，环境风险较大的问题，提高运营服务队伍的集中度，培育几家技术力量较为雄厚、运营服务经验和水平较高的大型运营公司是解决问题的方法之一。当前，由于危险废物集中处置设施获得国债资金支持，国有出资人代表和项目业主单位之间的关系尚未完全厘清，处置设施股份变化的难度较大，建议危险废物处置设施采取所有权和经营权分离的方式，设施所有权保持不变，将设施经营权分离出来，面向社会公开招聘，通过经营权公开招标的方式，引入技术实力和运营经验较好、同时具有固体废物处置经营许可的单位，进入到危险废物设施运营中。所有权单位和运营队伍通过签订运营服务合同，明确双方责任义务，尤其是运营队伍运营服务水平的要求，以及支付运营服务报酬的方法。

（2）开展危险废物处置综合环境服务模式的试点

综合环境服务是一种新型的环境服务模式，要求服务提供方在投资、建设、运营、技术、培训等方面为业主单位提供全面的服务，全面解决业主单位面临的环境问题，代表了环境服务模式发展的方向。当前，水环境治理领域里，在一些地方开展了综合环境服务的尝试工作，即为环保企业带来的新的商机，重要的是，为当地环保主管部门提供了解决环境问题的新思路，促进了环境政策的创新。各地危险废物安全处置是各级环保部门管理的重点工作之一，可在一些环保产业发展较为活跃、环保市场化程度较好的地区，试点性开展危险废物处置综合环境服务的设计与实践工作，引入危险废物处置里综合实力较好的企业，以全面解决和提升当地危险废物产生、收集、处置和综合利用等工作。

3.5　成果应用及前景分析

基于我国“十一五”时期危险废物处置设施建设和运营的全面调研和对典型研究区危险废物不同类型危险废物设施的布局和功能的现状分析和评估，提出了区域危险废物处置设施重构的原则、方案和政策建议，研究成果可在危险废物处置设施的规划布局和运营方式选择方面为环境管理部门提供重要参考。

本报告执笔：张筝、卢静、贾杰林

4 我国核能发展形势趋势判断及重大核安全问题研究

4.1 我国核能需求分析

4.1.1 我国能源发展现状及问题

4.1.1.1 我国能源发展现状

改革开放以来，我国能源工业快速增长，实现了煤炭、石油、天然气、可再生能源和新能源的全面发展，为保障国民经济长期平稳较快发展和人民生活水平持续提高做出了重要贡献。

2000—2012 年我国一次能源生产总量、消费总量及构成见表 6-4-1 和表 6-4-2。从表 6-4-1 中可以看出，2012 年我国一次能源生产总量达到 33.3 亿 t 标准煤，居世界第一位。我国积极发展新能源和可再生能源，水电、核电、风电等非化石能源占能源生产总量的比重从 2000 年的 6.9%，增加到 2012 年的 10.1%。从表 6-4-2 中可以看出，我国能源消费以煤炭为主，2012 年非化石能源消费量占一次能源消费总量的比重为 9.1%，较 2000 年提高了 2.7 个百分点。我国能源消费结构有所优化，煤炭消费占一次能源消费比重下降，非化石能源消费占一次能源消费比重有所提高。

表 6-4-1 2000—2012 年我国一次能源生产总量及构成

年份	能源生产总量（标准煤）/亿 t	占能源生产总量的比重/%			
		煤炭	石油	天然气	水电、核电、风电
2000	13.5	73.2	17.2	2.7	6.9
2002	15.1	73.5	15.8	2.9	7.8
2004	19.7	77.1	12.8	2.8	7.3
2006	23.2	77.8	11.3	3.4	7.5
2008	26	76.8	10.5	4.1	8.6
2010	29.6	76.5	9.8	4.3	9.4
2012	33.3	76.6	8.9	4.4	10.1

注：数据来自中国国家统计局。

表 6-4-2 2000—2012 年我国一次能源消费总量及构成

年份	能源消费总量/（标准煤）/亿 t	占能源消费总量的比重/%			
		煤炭	石油	天然气	水电、核电、风电
2000	14.5	69.2	22.2	2.2	6.4
2002	15.9	68	22.3	2.4	7.3
2004	21.3	69.5	21.3	2.5	6.7
2006	25.8	71.1	19.3	2.9	6.7
2008	29.1	70.3	18.3	3.7	7.7
2010	32.5	68	19	4.4	8.6
2012	36.2	66.4	18.9	5.5	9.1

注：数据来自中国国家统计局。

4.1.1.2 我国能源需求展望

今后一段时期，我国仍将处于工业化、城镇化加快发展阶段，能源需求继续增长，能源供应保障任务更加艰巨。据发改委能源所分析预测，到 2020 年我国一次能源需求在 25 亿～30 亿 t 标准煤，到 2050 年我国能源需求量约为 50 亿 t 标准煤。未来我国可能继续保持较低的能源消费弹性系数，煤炭消费比例有可能继续下降，天然气、非化石能源发展速度可能较快。然而我国能源将面临更大的挑战，据预测，到 2020 年我国石油对外依存度将超过 55%，天然气进口依存度 25%～40%。2020 年后，我国能源供应缺口将进一步扩大。

4.1.1.3 我国能源发展问题

（1）资源约束矛盾突出

我国人均能源资源拥有量在世界上处于较低水平，煤炭、石油和天然气的人均占有量仅为世界平均水平的 67%、5.4%和 7.5%。虽然近年来中国能源消费增长较快，但目前人均消费水平还比较低，仅为发达国家平均水平的 1/3。随着经济社会发展和人民生活水平的提高，未来能源消费还将大幅增长，资源约束不断加剧。

（2）能源效率有待提高

我国产业结构不合理，经济发展方式有待改进。我国单位国内生产总值能耗不仅远高于发达国家，也高于一些工业化国家。高能耗工业能源消耗比重过高，能源密集型产业技术落后。能源效率相对较低，单位增加值能耗较高。

（3）环境压力不断增大

化石能源特别是煤炭的大量生产和使用中存在一系列问题，如资源回采率低、浪费严重，安全事故多发、死亡率高，对地表生态和地下水系破坏大，此外，二氧化硫、粉尘、烟尘及二氧化碳排放量也有所攀升，给环境污染的治理带来了难度。

（4）能源运输问题十分突出

我国能源资源分布与生产力布局不平衡。煤炭资源集中在华北、西北，水力资源集中在西南，而能源需求旺盛的区域处在人口密集经济发达的东南沿海。因此能源运输面临较大的压力，易造成资源的浪费。

（5）能源安全形势严峻

我国于 1993 年成为石油净进口国，缺口越来越大。2013 年我国进口原油 2.82 亿 t，同比增加 4.03%。国内石油消费对外依存度达到 58.1%。较高的对外依存度以及变化莫测的国际形势，增加了我国石油进口风险，进而影响我国的能源安全和国家安全。

4.1.2 核能的优势

核能在气候变化、环境保护、经济和安全等很多方面已显示出其特有魅力。作为长期能源发展战略，积极发展核电不仅是我国能源需求增长的需要，也是环境保护和可持续发展的需要。

4.1.2.1 核能链是对环境影响极小的清洁能源

与化石燃料对环境产生的污染相比，核能是一种对环境影响极小的清洁能源。与其他能源链相比，核能链对环境影响也是很小的。核燃料发电过程中本身并不排放温室气体，即使考虑核能链各种材料的制造过程中产生的温室气体，也要比煤电的温室气体排放量低两个数量级。调查统计，煤电排放二氧化碳约为 700 t，二氧化硫约为 6 万 t，氮氧化合物约为 9 万 t，火渣及飞灰约为 80 万 t，而核电生产过程中以上物质都是零排放。

世界核协会发布的一组数据显示，在部分核电厂被关闭的情况下，2011 年世界核电发电量仍达到了 2.518 万亿 kW·h，贡献了电力消费总量的 13%左右。每年因核电供应而减少的二氧化碳排放量约占全球电力工业二氧化碳的 1/3。由于电力工业排出的二氧化碳量约占全球排放二氧化碳总量的 30%，因此如果没有核电的电力供应，全世界二氧化碳的排放量将至少会增加 10%。作为低碳能源的支柱，世界核电正在经历快速发展，如果以核电代替煤电，可减少 18 亿 t/a 的碳排放量。

4.1.2.2 核电是经济能源

核电经济性因各国资源禀赋和技术条件差异而有所不同，在美国、法国和日本等国，核电已经具备很强的竞争力。

经过 20 年发展，我国已积累了核电厂设计建造及设备制造的经验，基本具备自主设计建造大型核电厂的能力，大大降低了核电厂的建设成本。目前秦山二期核电厂的上网电价为 0.414 元/kW·h，已具备与脱硫火电价格竞争的能力。

另外，核电的经济性还表现在核电原料运输成本很小，对燃料价格波动不敏感，因此核电能够平抑能源价格波动，发电成本比较稳定。

如果把燃烧煤炭造成的环境损失和二氧化碳排放成本计入，核电比煤电有更强的经济竞争优势和替代能力。

4.1.2.3 核电安全性增强

根据国际原子能机构（IAEA）的统计，截至 2007 年 12 月 31 日，全球累计运行 13 036 堆年（1 堆年即核电厂 1 个反应堆运行 1 年）。在过去 50 年里，平均每发 TWeY（10^{12} 瓦年）电的即时死亡人数，核能是最少的，是煤的 1/43、天然气的 1/10、水能的 1/110。2001 年美国核管理委员会（NRC）作了定量的研究，确定了核电厂达到“足够安全”的概率目标值，认为世界目前运行核电厂绝大多数是“足够安全”的。

我国现在建设的二代改进型机组，来源于美国20世纪70年代初建设的核电厂，这种机型占美国的2/3，多数由NRC颁发了延寿许可证。这种机型在法国得到较大发展，在大的构型不变的条件下，从细节上作了一些有利于安全和经济的改进。在我国引进法国技术以后，基于实践经验反馈，又进行了一些改进，安全性进一步提高，因此我国当前和后续建设的二代改进机型在安全上是可信赖的。2006年我国开始引进发生严重事故概率更低的第三代核电，并已开工建设。

4.1.3　我国核能发展现状及前景

4.1.3.1　我国核能发展现状

我国是世界上少数几个拥有比较完整核工业体系的国家之一。为推进核能的和平利用，20世纪70年代国务院做出了发展核电的决定，经过几十年的努力，我国核电从无到有，从少到多，取得了很大的发展。自1983年确定压水堆核电技术路线以来，目前在压水堆核电厂设计、设备制造、工程建设和运行管理等方面初步形成了一定的能力，为实现规模化发展奠定了基础。

（1）核电建设和运营取得良好业绩

自1991年我国第一座核电厂——秦山一期并网发电以来，截至2013年12月，我国投入商业运行核电机组数量17台，核电总装机容量1 476万kW，在建机组30台。我国核电厂的运行业绩良好，运行水平不断提高，核电机组放射性废物产生量逐年下降，放射性气体和液体废物排放量远低于国家标准许可限值。

（2）我国已具备较好的核电建设基础条件

在工程设计方面，我国已经具备了30万kW、60万kW级压水堆核电厂自主设计的能力；部分具备了百万千瓦级压水堆核电厂的设计能力。

在设备制造方面，自20世纪70年代就具有了一定的研制能力。目前，可以生产具有自主知识产权的30万kW级压水堆核电机组成套设备，按价格计算国产化率超过80%；基本具备成套生产60万kW级压水堆核电厂机组的能力，自主化份额可超过70%；基本具备国内加工、制造百万千瓦级压水堆核电机组的大部分核岛设备和常规岛主设备的条件。

在核燃料循环方面，我国已建成铀地质勘探、采冶、转换、铀同位素分离、核燃料原件制造直至堆后乏燃料处理一整套完整的核燃料循环体系，为核电厂安全稳定运行提供了可靠的保障，可以满足目前已投运核电厂的燃料需求。

在核能科研开发方面，我国已建立了比较完整的核能科研、设计和研制体系，培养了一批高水平、有丰富经验的核科学技术研究、设计队伍。实验快中子增殖堆和高温气冷实验堆等多项关键技术取得了可喜进展。

在核安全法规及核应急体系建设方面，我国已基本建立了覆盖各类核设施和核活动的核安全法规标准体系，初步形成了由国家、省、营运单位构成的核电厂核事故应急三级管理体系。

4.1.3.2　我国核能发展前景展望

随着我国国民经济发展，人民生活水平的提高，对能源特别是对电力的需求也在快速增加。党的“十八大”报告中提出，到2020年实现国内生产总值（GDP）和城乡居民人均收入比2010年翻一番。为实现此目标，未来10年我国国内生产总值保持8%左右的增速发展，预计到2020年发电需求量达到 72 000 亿 kW·h，相应的装机容量将达到 16.5 亿 kW 左右。考虑气候变化等一系列因素影响，到 2020 年我国火电装机比重将有所下降，包括水电、核电、风电及太阳能发电等新能源在内的清洁能源发电装机比重将有所提高，按照核电的装机容量达到总装机容量的 5%计算，即 8 000 万 kW 左右。此设想与《核电规划》提出的发展趋势基本一致，即到 2015 年核电建设规模运行机组达到 4 000 万 kW，在建 1 800 万 kW；2020 年运行机组达到 5 800 万 kW，在建 3 000 万 kW，总装机容量将达到 8 800 万 kW。核能利用和核电产业在中国还有很大的发展空间，中国将成为世界最大的核电市场。

4.2 核能发展影响因素分析

4.2.1 经济因素

4.2.1.1 核能发展经济体制因素

核能发展经济体制因素是指核能发展相关利益集团之间的平衡关系。当各相关利益集团之间的利益达到相对平衡，各集团目标一致并保有适当的竞争时，核能发展经济体制因素将对核能发展起到促进作用；反之，各利益集团可能为争抢利益，难以形成合力，甚至人为制造技术壁垒，阻碍核能技术发展，对核能发展造成不良影响。目前，中国核工业集团、中国广核集团、国家核电技术公司等几家大型央企组成了我国核能发展经济体制结构，这是一种由于核材料的敏感性而形成的国家支持下的寡头垄断体制。从企业规模上来看，中核最大，中广核次之，国家核电最小。但中广核近年来发展较快，而国家核电是国家确定的三代核电技术 AP1000 引进的唯一单位。三大集团各有优势，市场、技术路线之争日益激烈。“十三五”我国核能发展经济体制是否变化，核电三巨头之间的利益竞争能否呈现合理平衡，将决定其对核能发展是起促进作用还是阻碍作用。

4.2.1.2 核电建设的投融资方式与渠道

核电与其他行业相比，投资大、建设周期长、投资回报较慢。因此，在规模化、批量化的建设方式下，核电建设的投融资方式与渠道对核能发展有一定影响。投融资方式的多样化和渠道的畅通，有利于保证核电建设有充足的资金，促进我国核能良好、有序发展，反之，则会影响核能发展。由于我国核电良好的安全运行业绩和高回报率，目前我国核电的投融资模式和渠道相对畅通，基本能够满足核电发展所需。按照《核电规划》，到 2020 年核电建设规模将达到运行 5 800 万 kW、在建 3 000 万 kW 的规划目标。以 AP1000 造价 160 亿元/10^6kW 计，未来核电建设所需资金超过 6 900 亿元，若考虑通货膨胀、人工成本上升等因素，分摊到每年实际投入资金，累计所需投入资金可能超过 1 万亿元，如此庞大的资金投入，没有任何一家核电集团能够独立承担。若核电能继续维持良好的运行状态，保持较稳定的核电建设规模和速度，避免政策大起大落，核电的投融资模式和渠道将对推进我国核电建设起到积极的作用。

4.2.1.3 核电利润空间

企业的本质是追逐利润，核电利润越高，企业建设核电的积极性就越高，从而推动核能发展，反之，核能发展的推动力就会不足。因此，保持合理的利润空间将有利于核能发展。总体而言，目前我国核电的经济性比较突出，核电利润空间对核能发展起到促进作用。世界上 400 多台核电机组的电价在各个国家均比较低，日本的核发电成本为 9 美分/kW·h，比化石燃料发电成本 12～16 美分/kW·h 低很多；美国核电成本只有煤电的 3/4，油电、气电的 1/3；我国核电标杆上网电价（含税）为 0.43 元，低于核电厂所在地的煤电标杆电价，因此目前的核电利润空间是比较合理的。

未来影响核电利润空间的主要有三方面因素：一是核电建设成本，二是核电价格，三是核电运行管理。福岛核事故后，安全标准提高，核电升级换代是必然之选。然而 AP1000 等代表三代核电的新机型尚无成熟经验，建设周期增加，核电设备国产化率不高等问题，都会引发核电建设成本增加，压缩核电利润空间。核电价格方面，核电标杆上网电价是基于国产二代加机型的发电成本制定的，并不完全适用于三代核电等新机型目前较高的发电成本，可能导致核电利润空间降低。在运行管理方面，由于我国在核电建设、运行方面注重质量第一、安全至上，在长期良好的运行业绩下，核电机组存在延寿的可能性。核电延寿一般为 10 年，占到其设计寿期的 1/4～1/5，核电利润空间也随之扩大，美国已经开始了这方面的实践。但鉴于我国核电机组大多未到设计寿期，“十三五”期间不存在延寿的可能性。

4.2.2 能源因素

4.2.2.1 能源需求的规模及增长速度

随着经济、社会的发展，能源需求不断增长。同时，随着经济规模的快速增长，能源需求增长速度也必然高涨。核能是我国能源的重要组成部分，能源需求的规模及增长速度也必然影响核能发展。过去 30 年我国经济社会高速发展，能源需求的规模及增长速度不断突破预期，已成为限制我国经济社会发展的“瓶颈”之一。2008 年以来，随着国际金融危机全球范围的爆发，我国经济发展也受到影响，经济增长速度放缓已是不争的事实，据各方面经济预测，“十三五”期间我国经济将维持中速发展的态势，能源需求的规模及增长速度也必然放缓，其对核能发展的需求也会有所影响。

4.2.2.2 能源资源供应及布局情况

能源资源供应及布局情况是影响我国能源能否可持续发展、平衡发展的重要影响因素。随着人类的不断开采，化石能源的枯竭是不可避免的，大部分化石能源 21 世纪将被开采殆尽。从目前来看，全球化石能源资源供应日趋紧张，而铀资源供应相对充足。我国煤炭资源主要集中在西北、华北地区，经济发达的东南沿海地区煤炭资源较少，运输成本较高，不利于可持续发展。相对来说，核能所需的核燃料运输成本较低，有利于缓解东南沿海发达地区能源资源紧张的问题。“十三五”期间，我国能源资源供应及布局情况将不会有大的变化，因此，其对核能发展的影响也较为稳定。

4.2.2.3 能源结构失衡状况

能源结构相对平衡，可避免由于过于依赖某一种能源而威胁国家能源安全的问题。我国目前的能源结构是以化石能源为主，随着化石能源资源的日益减少及带来的环境影响，我国能源结构亟待调整。而在现有的非化石能源中，我国水电可开发的资源基本枯竭，风电、太阳能只能随电网的壮大而发展，由于风电、水电、太阳能自身特点的限制，核能是唯一可大规模替代常规化石燃料、实现稳定发电的能源。能源结构失衡的严重性和调整结构的迫切性均有利于核能发展。“十三五”期间，我国出于可持续发展理念而着手调整能源结构已是既定国策，其对核能发展应是正面影响。

4.2.2.4 新能源（页岩气等）开发利用对核能发展的影响

新能源的开发利用对日益紧张的能源需求有明显的缓解作用，有利于经济社会可持续发展，但同时会对已有的能源结构造成冲击。目前，国际社会正在大力开发的新能源是以美国为首的页岩气资源的开发利用，未来可替代已有的化石能源，我国也已将页岩气开发利用技术列入重点攻关项目。而核能作为化石能源的替代能源未来必将受到页岩气资源的冲击。“十三五”期间，若我国页岩气开发利用技术达到成熟水平，开发利用形成规模，则会大大影响我国的核能发展，若该技术尚未成熟，难以形成规模化生产，则对我国核能发展影响较小。

4.2.3 社会政治军事因素

4.2.3.1 公众对核电接受度

随着社会的不断发展，公众的受教育程度和社会文明化不断提升，公众对生活品质的要求越来越高，对其所处的自然环境和社会环境的要求也越来越高。在信息资讯越来越丰富的今天，任何可能威胁到公众利益的事物都会面临各种质疑。核能相关知识的复杂性、事故影响的深远性都在很大程度上给公众心理留下了恐惧感。因此，公众难以接受发展核能是非常正常的。在日益民主化、法制化的中国，公众对核电的态度对核能发展的影响越来越大。“十三五”期间，公众对核电接受度也必然对核能发展形成重大影响。

4.2.3.2 政府对核电发展所持的态度

政府对核电发展所持的态度代表国家对核电发展所持的态度。在我国传统行政文化与现行的政治制度的影响下，我国政府在管理上权力比较集中，执行力较强，对于政府认定的重大事务，可以举全国之力去完成。因此，在党和政府的正确决策和指导下，近几十年来我国经济社会高速发展，充分显示了我国政治体制的优越性。在我国核能发展的历史上，政府态度也一直起着决定性作用。而政府对核能发展所持的态度是政府综合我国经济、社会、国防、环境、科技等各方面因素之后，从国家角度出发得出的结论。近年来，随着社会文明不断进步，现代行政文化在政府体制改革中影响越来越大，我国政府也一直在朝着法制化、服务型政府的目标迈进，转变政府管理职能、做好中央与地方事权划分、实行科学管理是未来政府管理体制改革的方向。与此同时，地方政府在行使地方管理职能时出于地方自身利益考虑，其对核能发展的影响也越来越大。

4.2.3.3 国防核战略需求

我国最初发展核能的决定是基于新中国成立初期的国防核战略需求。我国奉行防御性的国防政策，在核战略方面采取的是有限自卫反击核战略，即有限威慑、有效自卫、重点反击，其本质是防御和自卫，目的是维护国家主权、安全、领土完整，保障国家和平发展。我国发展核力量就是要迫使超级大国不敢使用核武器，打破核垄断，最终消灭核武器。未来随着社会进步与全球一体化，国防核战略需求会逐步降低甚至消失。然而，在当前的国际形势下，我国面临的生存安全问题和发展安全问题，传统安全威胁和非传统安全威胁相互交织，出于国家安全和发展利益考虑，我国的国防核战略需求暂时不会改变。

4.2.4　环境资源影响因素

4.2.4.1　气候变化带来的碳减排压力

二氧化碳等温室气体排放导致全球气候变暖。随着我国经济社会快速发展，大量能源消耗导致的二氧化碳等温室气体排放有所增加，调整能源结构，增加非化石能源比例是减少二氧化碳等温室气体排放的根本措施。2009 年 12 月，我国政府在哥本哈根世界气候大会上承诺，到 2020 年全国单位国内生产总值二氧化碳排放比 2005 年下降 40%～45%。非化石能源比例提高到 15%～20%，并将这一目标作为约束性指标纳入我国国民经济和社会发展“十二五”规划纲要。核电开发利用过程中不产生二氧化碳等温室气体，对我国应对气候变化非常有利，气候变化所带来的碳减排压力或将促进我国核能发展的重要因素。

4.2.4.2　化石能源开发利用带来的环境污染压力

化石能源是目前全球消耗的最主要能源，也是造成环境变化与污染的关键因素。除能源消费引起温室气体排放导致全球气候变暖之外，化石能源特别是煤炭的使用带来大量的二氧化硫和烟尘排放，也是造成我国大气污染的主要来源。近年来，我国雾霾天气频发给人们的生产、生活带来了很大困扰，这种空气质量的持续恶化会给气候、环境、健康、经济等方面造成严重负面影响，而这些负面影响的背后则隐藏着巨大的经济成本。另外，开采化石能源过程中破坏地形地貌并诱发滑坡、地震等灾害，破坏和占用土地，大量排放废气，引起地下水水位下降，使地下水动态平衡遭到破坏，产生的矿山废水、尾矿及煤矸石等造成地表水和地下水源的严重污染，这些都造成了严重的生态破坏和环境污染。而核电运行过程中几乎不向环境排放污染物，因此，发展核能可大大缓解化石能源开发利用过程中造成的环境污染压力。

4.2.4.3　可用核电厂厂址数量

核电厂厂址是保证核电安全的第一步，符合条件的核电厂址能够大幅降低外部事件对核电安全的威胁，同时在事故发生时具备减缓事故严重性的能力，对核能发展具有积极的意义。核电厂的选址既要考虑电源布局要求，也要考虑厂址的地质、水文条件及社会可接受等一系列因素影响，并无沿海和内陆之分。

从全世界范围来看，约有一半以上核电厂选在内陆，美国和法国等核电发达国家更是将大部分核电厂置于内陆：美国 104 台运行机组中内陆机组占 84.6%，法国 58 台运行机组中内陆机组占 75.9%。中欧、东欧及俄罗斯等国的核电厂的也多数分布于内陆。目前我国 47 台核电机组所在厂址均分布在沿海地区，《核电规划》中确定了的 18 个新核电厂址中，仅有 3 个属于沿海厂址（辽宁徐大堡、山东荣成和广东陆丰），其余均属内陆厂址。拟开展重点论证的厂址目录中，也绝大部分为内陆厂址。沿海厂址的开发已经较为充分，潜力有限，核电想要进一步发展，除了内陆，别无他途。

当前内陆厂址的规划，具备较为稳定的地质结构，基本可以排除大规模地震发生的可能性。但是，考虑到公众的压力，“十三五”能否顺利启动内陆核电尚未可知。

4.2.5 国际核能发展政策

我国作为世界的一分子，必然会受到国际观点的影响，由于核能自身的特点，核能发展决策必须全面、综合、客观，因此，国际核能发展政策必然会影响我国的核能发展。一方面，即使发生过三次重大核事故，世界上最主要的几个国际核电大国如美国、法国、英国仍坚持发展核能的政策。就连日本政府在福岛核事故后综合考虑国家经济社会能源发展的需要，也计划重启核电。德国、意大利等国家虽计划放弃核电，但他们仍将享用周边国家核电产品。这表明核能的安全性是有保证的，相比其他能源，还是经济的，这对于核能发展将是积极的影响。另一方面，世界上许多资源匮乏的发展中国家出于自身发展需要热衷于发展核能。我国核能经过几十年的发展，已具备了较为成熟的核电设计、建造技术以及重要设备制造能力，形成了一定规模的人才储备，积累了较为丰富的核电安全监管经验，初步具备“走出去”的基础，国际核能发展的需求将对我国核能发展带来正面影响。

4.2.6 核安全事故影响因素

事实上，核能产业是安全的、环境友好的和低碳的产业，核能产业链发生严重事故的概率很小。根据联合国原子辐射效应科学委员会 2008 年向联合国大会提交的报告中提到，全世界核能产业链因事故引起的辐射致死人数为 37 人（均为工作人员）。我国核电迄今未发生过国际核事件分级（INES）2 级及以上的运行事件，也未发生过对人员或环境造成污染、危害事件，核工业尚无一人因辐射急性死亡，也无一例急性放射病。除日本福岛第一核电厂事故外，全世界内陆核电厂至今没有发生过导致水体污染的核事故，即使切尔诺贝利事故也未对水体产生明显的污染。

然而，由于在人类发展历史上，核能曾扮演过的不光彩的角色，人们闻核色变，混淆了核武器爆炸和核事故的界限，错误地把核事故与核武器爆炸联系在一起，导致在重大核事故发生时，除了造成环境和生态的重大影响，更对人们的心理形成巨大冲击，引发人们对核电安全性的担忧。因此，一旦发生重大核事故甚至是影响较小的核事件都会在一定时期内对核能发展形成较大的负面影响。

日本福岛核事故发生后，安全问题再次成为世界核电发展关注的焦点，我国政府也出台了“国四条”，暂停审批一切新建项目，核电建设戛然而止，由之前“十一五”期间的“大干快上”跌至冰点。《核安全与放射性污染防治“十二五”规划及 2020 年远景目标》（以下简称《核安全规划》）出台后虽在逐步解冻，但“十二五”期间已没有放开内陆核电审批的可能性，可见国际重大核事故对我国核能发展的影响。在当今的公众舆论压力下，如若国内发生重大核事故，其对我国核能发展的毁灭强度是可想而知的，即便是 2～3 级核事件也还是会引起公众对核安全的质疑，并因此影响我国核能的发展进程。

4.2.7 技术因素

4.2.7.1 技术路线的选择

核电技术路线选择对核能发展的影响是不言而喻的，选择先进、成熟、安全、经济、适合我国国情以及可持续发展的技术路线必定对核能发展起到促进作用，反之亦然。我国核电走的是以压水堆为主的技术路线，同时开展快堆和高温气冷堆的技术研发。在压水堆方面我国已有很多机型存在，不同机型之间的技术路线之争日益激烈。

目前运行的核电机组以第二代压水堆机型为主，有从法国引进的 M310 机型，有从加拿大引进的 CANDU6 机型，有从俄罗斯引进的 VVER 机型，还有中核集团自主研发的 CNP300、CNP600 机型和中广核集团自主研发的 CPR1000 机型。在建的核电项目机型除了 M310+、CNP600、CPR1000 机型等二代加核电机型和从俄罗斯引进的 VVER 机型，又从美国引进了 AP1000 机型，从法国引进了 EPR 机型等三代核电机型，同时在山东石岛湾建设高温气冷堆 HTR 示范项目。

在三代核电技术路线方面，国家从 2006 年起就已确定是 AP1000 和 CAP1400。但目前来看，由于 AP1000 离商用化批量推广还有很长的路要走。而由国家核电以 AP1000 为基础研发的 CAP1400，全盘继承了 AP1000 的非能动安全设计理念，又将单堆功率提高到 1 500 MW，其中的关键设备如屏蔽泵制造难度更大，国产化更困难。在此状况下，中核集团和中广核集团分别推出自主研发的 ACP1000 和 ACPR1000+三代核电机型，2011 年在国家推动下，中核集团和中广核集团将各自掌握的技术进行整合，共同推出了“华龙一号”。由此，国内三代核电技术路线之争硝烟再起。“十三五”期间，在我国核电力推“走出去”的战略背景下，核电技术路线是否会有变化，尚待观察。

4.2.7.2　核电技术自主化水平和程度

核电是一种技术密集型产业，是国家综合国力的重要体现。只有通过自主研发，提高创新能力，才能掌握核心技术，才能获得发展的主动权。

加快核电项目建设是国家扩内需保增长的重要举措，核电设备自主化不仅能够降低核电厂的造价，而且能够通过自行制造重大设备带动机电、冶金、仪表等装备制造业的发展。依托核电建设项目、推进核电技术装备自主化，是提高我国核电竞争力的必由之路。

所以，核电技术自主化的水平已成为影响我国核电长远发展的因素之一，并将成为我国由核电大国向核电强国转变的关键因素。

4.2.8　产业链影响因素

4.2.8.1　燃料供应能力

天然铀是保证国家安全和改善能源结构的重要矿产资源，随着核电的发展速度加快，对铀资源的需求必然要增加，核燃料的供应能力直接决定核能发展的规模和速度。

据国际经合组织（OECD）和国际原子能机构（IAEA）统计，我国铀矿查明资源仅占全球的 3%。目前铀矿产量最多只能满足核电需求的 1/3，缺口很大。另外，我国核电对铀资源的利用率太低，导致有限的铀资源存在过度浪费的现象。所以如何解决核燃料的供应问题已成为我国核电产业发展的燃眉之急。

4.2.8.2　乏燃料处理处置能力

乏燃料是指经过反应堆照射一定时间的核燃料。一般而言乏燃料具有高放射性，同时含有大量未用完的可增殖材料、未烧完和新生成易裂变材料以及核燃料在辐照过程中产生的超铀元素和裂变元素。乏燃料是否进行后处理，决定了核燃料的利用率及循环模式，是核能能否可持续发展的重要因素；乏燃料能否得到妥善贮存和处理处置，是重要的核安全问题，同样影响核能发展。

对于乏燃料的管理，国际上主要有两种战略。一是后处理战略，即对乏燃料中所含的 96%的有用核燃料进行分离并回收利用，裂变产物和次锕系元素固化后进行深地质处置或分离嬗变。一是一次通过战略，即乏燃料经过冷却、包装后作为废物进行深地质处置或长期贮存。我国早在 1983 年就已确定了“发展核电必须相应发展后处理”的乏燃料后处理战略，在 1987 年日内瓦国际会议上对外公布，并于 2010 年 10 月实施《核电站乏燃料处理处置基金征收使用管理暂行办法》（财综〔2010〕58 号），设立乏燃料处理处置基金，以 0.026 元/kW·h 的征收标准要求投入商业运行 5 年以上的压水堆核电厂分年度按照实际上网销售电量缴纳乏燃料处理处置基金，用于乏燃料运输、离堆贮存、后处理，乏燃料后处理产生的高放废物的处理处置，乏燃料后处理厂的建设、运行、改造和退役等。

近几年，虽然我国将大型商用乏燃料后处理厂建设提上了议事日程，但由于选址、技术路线、经济考量等原因，商用乏燃料后处理厂何时启动还未可知。按照《核电规划》，到 2020 年我国投入运行的核电装机容量将达到 5 800 万 kW，届时我国乏燃料累积存量将超过 10 000 t。目前来看，可以通过建设乏燃料贮存设施解决此问题，“十三五”期间不会对核能发展形成较大影响，但长此以往必会影响核能的可持续发展。

4.2.8.3 放射性废物处理处置能力

放射性废物处理处置是核燃料循环的最后一环，也是影响核能发展的关键因素。核电产生的放射性废物经过安全贮存、处理和处置而非随意向环境排放，因此核电与火电相比的优势之一在于核电对环境影响较小。

目前，我国所有核设施都有基本的三废处理手段，但在放射性固体废物处理能力建设方面，缺乏统一规划，对于一址多堆的核电厂址或核电基地而言，没有通过熔炼、焚烧手段实现废物最小化的放射性固体废物集中处理设施。中、低放废物处置能力建设虽有统一规划，但在地方政府出于自身利益考虑的阻力下，尚未有突破性进展。高放废物处置涉及环境长期安全性，需要投入大量资金开展前期研究，而地下实验室建设至今尚未启动。“十三五”期间，虽然核电厂还有足够的空间贮存放射性废物，没有太大的风险，但随着核电的发展，放射性废物量不断增加，若不能得到妥善处置，对核能的可持续发展将会起到负面影响。

4.2.8.4 乏燃料及放射性废物运输能力

乏燃料和放射性废物的运输是其管理中的重要环节之一，也因其特殊敏感性和安全要求高、技术与管理复杂等特点，受到广泛关注和重视。目前乏燃料运输只采用了公路运输，铁路运输及海运还缺少相应安全指导和充分实践。一旦乏燃料和放射性废物的运输安全得不到很好的控制，将必然会给公众和环境带来很大隐患，进而影响核能发展。

4.2.8.5 核设施退役水平

核设施退役是核设施使用期满或因其他原因停止服役后，为了充分考虑工作人员和公众的健康、安全及环境保护而采取的行动，是解决核能发展后顾之忧的关键手段。退役的最终目的是实现场址不受限制的开放和使用。与新建核设施相比，核设施退役是一项高难度、高复杂性、高耗时、高花费的活动。因此，从某种意义上说，核设施退役水平更能说明一个国家核能发展水平。核设施退役水平高可确保公众健康安全和生态环境安全，可建立公众对发展核能的信心，促进核能发展；反之，则对核能发展不利。

4.2.9　配套产业影响因素

4.2.9.1　设备制造及基础产业能力和水平

核电制造具有质量要求高、管理相对复杂、技术密集、制造周期长和配套链长等特点。我国对核电技术提出的要求是要坚持以我为主、引进与自主开发相结合，注重消化吸收，形成自主化的核电工业体系。而核电设备制造及基础产业的能力和水平将直接影响我国核电技术的国产化率，关系核电的经济性。经过多年发展，我国核电设备制造企业已初具规模，在二代加机型设备制造方面已初步形成了一支门类齐全、专业水平较高的核电设备研发、建设和管理队伍。但必须看到，由于我国核电起步较晚，仍然存在核电设备技术含量偏低、自主创新能力有待提高的现象。在一些关键技术的掌握上，特别是以 AP1000 为主的三代核电设备制造方面，我国核电设备制造与国外先进水平仍有差距，存在基础产业能力薄弱、水平较低等方面的问题，降低了三代核电国产化水平，影响核能发展。

4.2.9.2　核电建设工程施工水平和效率

通过近 30 年的核电建设，我国核电在队伍建设、技术掌握、工程管理、电厂运营、设备制造等方面，已积累了丰富的经验，打下了坚实的基础，具备了规模发展的条件。目前，我国核电建设工程的施工水平已基本能满足核能发展要求。

随着核电技术发展，我国现在已迈入以 AP1000 为代表三代核电技术时代。AP1000 核电施工的最主要特点是模块化施工，对施工技术和施工组织带来新的挑战。这些对核电建设工程的施工水平、能力和效率均提出了较高的要求。高水平、高效率的施工能力必然会有效保障核电建设质量和施工工期，使核电的经济性得以提高。在此方面，我国的核电建设工程施工水平和效率与先进核大国相比，在容量规模、技术水平、管理水平等方面，还有一定差距，未来可能影响到核能发展。

4.2.10　人才队伍建设因素

“十二五”期间我国核电发展政策由“积极发展”转变为“高效发展”，预示着我国核电中长期发展目标将大幅调升，产业发展将再度提速。“核电发展，人才先行”，核电的发展带动了核产业链中各个环节对人才的需求。一个核电项目从项目的提出到建成并投入运行涉及多个政府管理部门、上百个项目承担企业和单位、一个或多个项目投资业主，无论是核电厂的建设、运行人员还是对核能发展起到监督管理作用的政府人员，以及核设备制造商、项目承包商等在“十三五”期间甚至更长远的时期都将面临人才短缺的情况。另外，核电厂所需人才并非仅仅限于核专业，而是涉及机械设备、热能、自动化控制、精密仪器等 60 多个相关专业。核电产业链任何一个环节出现了人员短缺的现象，势必会对核能的整体发展带来不利的影响，反之，如果未来人才的供给十分充足，将会给核能发展奠定非常有利的基础。

此外，人才质量的高低会对核能发展产生更大的影响。由于核行业的特殊性，核电人才的培养需要花费更多的时间和财力：核电技术含量高、安全要求严，培养一个符合条件的核电厂主控室操作员需要 8～10 年的时间。一台百万千瓦级的核电厂需 4 年以上建设高峰期，需要相当数量的具备相关经验的高端人才。我国现在处于核电的高效发展时期，到“十三五”末期为了完成规划目标，势必需要大量的高质量的人才。但高质量人才培养成本的高昂造成了未来几年可能出现较大的人才缺口。当前我国核电开工项目较多，骨干人员稀释较为严重，特别是有成熟施工经验的工程队伍出现了人员紧缺的现象。而高素质、高质量的人才队伍是核能安全、健康、稳定、可持续发展的根本保障。人才质量决定了人才队伍的能力和水平，决定了我国核能行业的软实力。因此人才质量也成为了影响我国“十三五”核能发展的关键性因素。

4.3 重大核安全问题分析及应对措施

4.3.1 核电厂抵御极端自然灾害和预防人为事件的能力仍需加强

正如美国三哩岛事故后国际社会关注人因工程，切尔诺贝利事故后提出核安全文化一样，福岛事故后，国际社会对核电厂抵御极端外部事件、应对超设计基准事故给予了极大关注，并渐成统一意见，进一步关注厂址安全和提高核电厂对极端外部灾害的设防标准为未来核电厂提高安全水平指明了新的方向。近年来，国际安全形势总体稳定，但局部冲突时有发生，热点地区和热点问题依然持续，世界恐怖主义势力呈现抬头之势，世界宗教势力和敌对势力加紧对我国的渗透和活动，安全形势不容乐观，提高核电厂对人为事件的预防也势在必行。

4.3.1.1 核电厂抵御极端自然灾害的能力仍需进一步提高

2011 年 3 月 11 日，日本发生里氏 9.0 级大地震并引发海啸，导致福岛核电厂发生重大核事故，大量放射性物质释放到环境中，对环境生态安全和公众健康产生了影响，并且造成了巨大的经济损失。

我国核设施在选址中对地震、洪水等外部事件进行了充分论证，发生类似福岛核事故的极端自然事件的可能性极小，在建 AP1000 及 EPR 型等核电机组是 20 世纪 90 年代以后国际开发的新一代核电机组，从设计阶段就比较充分地考虑了严重事故的预防和缓解。

然而，根据我国现行核安全法规和国际原子能机构最新标准，并吸取日本福岛核事故的经验教训，在极端自然灾害条件下仍然存在发生核安全事故的可能性。

“十三五”期间，因极端自然灾害引发核电事故的影响仍将继续。建议根据安全大检查的评价结论和改进要求，从技术、管理和工程等方面采取切实有效措施，通过开展应对事故及严重事故的安全分析、技术评估和工程改造，加强对极端自然灾害的复核频率，并制定完善相应的管理规定和应对预案，开展定期安全审查，提高预防和缓解极端外部事故后果的能力。建议“十三五”新建核电厂在选址阶段充分考虑严重事故的影响并保留合理的设计裕度，确保在寿期内不会发生重大的事故。

4.3.1.2 预防恐怖袭击、飞机撞击等人为事件的能力仍需加强

近几年，国际上时有恐怖袭击和飞机坠毁等事件发生。我国不同省市，也不时遭受恐怖分子的袭击。虽不是针对核设施，但由于核的敏感性，这不免引起人们对核设施安全的担心。

“9·11”事件后，国际组织和世界核大国普遍将核电厂抵御大型飞机恶意撞击纳入设计考虑，美国核安全监管机构在审查西屋公司 AP1000 第 19 版设计中，对核电厂抵御大型飞机撞击提出了明确要求。目前，我国在建机组中，只有 EPR 机组采用双层核岛安全壳，把抵御大型商用飞机恶意撞击

纳入了设计范围，随着世界核电设计安全水平和标准的提高，必须认真考虑“十三五”及以后新建核电机组抵御大型飞机恶意撞击问题，加强核电厂建设质量，确保核电厂安全。结合我国周边形势等相关情况，“十三五”期间，核电厂应加强实体保卫，在设计、设备配置上做好人员控制；学习国外经验，加强业主公司、承包商人员背景调查；加强监控和管理等安保工作，以防人为破坏事件的发生。

4.3.2　核燃料循环前端问题突出，威胁环境安全与人员健康

核燃料循环前端涵盖铀矿开采、水冶、纯化、转化、元件制造等重要步骤，担负着我国核燃料供应的重要使命，关系我国核能的稳定发展。长期以来，我国核燃料循环前端受限于工作环境、人才队伍以及资金投入等诸多因素，核与辐射安全问题没有得到充分的重视，安全问题和环境风险突出，人员健康受到威胁。

4.3.2.1　铀矿冶过程对环境和人员的辐射危害较大

铀矿冶是核燃料循环中的第一个环节，也是核产业链中对环境和人员辐射危害较大的环节。铀矿冶过程产生的放射性废渣、废气、废水和废物若排放至环境中，其放射性物质可渗入地下，流入河流等地表水体，扩散到大气中，对环境造成污染。如果人员防护措施不足，铀矿开采过程中产生的氡及氡子体带来的放射性对工作人员健康构成威胁；另外，我国铀矿石品位较低，早期铀水冶设施生产条件落后，工艺水平很低，管理能力较差，未来我国天然铀生产将以地浸采铀为主，开采过程中该工艺可能会对地下水造成不同程度的污染，需要在地浸采铀结束后对地下水进行恢复处理。

“十三五”期间，应进一步加强铀矿企业的安全管理，增强相关人员安全意识，加强地浸工艺对地下水污染的控制，开展地下水恢复科研，尽快开展治理工作，防止污染扩大；定期对相关设备设施进行检维修，防止水冶厂放射性液体泄漏，减少放射性污染事故的发生，制定应急预案。同时，还应该处置好四废，加强个体防护，有效防止辐射危害的发生。

4.3.2.2　铀尾矿库垮坝风险依然存在

尾矿库是铀矿冶行业重要的生产设施，用于铀矿石水冶后尾矿砂的堆存和处置。由于铀尾矿库是具有高势能的人造泥石流危险源，且储存的尾矿中含有放射性核素，在人为控制不善或某些自然灾害条件下，有可能发生尾矿库溃坝和尾矿砂泄漏等事故，对下游地区人民生命、财产造成危害，导致农田、池塘、水源等环境的放射性污染。

建议“十三五”期间，注重铀尾矿库的的选址，提高设计标准，提高设施的本质安全，加强施工管理，保证施工建设质量，加强运行安全管理，落实管理责任主体和运行经费，做到定期监测，建立严格的安全管理制度，制订事故应急计划，全方位确保铀尾矿库的安全。

4.3.2.3　对铀纯化转化浓缩及元件制造中的临界安全问题重视不够，存在核安全隐患

人们通常以为，核临界事故的最大危险是核电厂和反应堆，然而在铀纯化转化浓缩及元件制造中都有可能出现临界安全问题。核燃料厂的核临界事故对实体一般没有破坏力，但通常会对事故发生点附近的工作人员造成超剂量辐射照射。国际上核燃料工厂已发生并公开报道的核临界事故也有

几十起之多，因此对核临界事故要引起足够的重视。

预防核临界事故应从优化设计、严格运行管理、加强职业培训等方面进行。制定事故应急预案，正确的应急处理对减轻和缓解事故后果至关重要。这些都要求管理人员和操作人员具有较高的职业技能，临界安全知识，事故应急能力和安全文化水平。建议"十三五"期间，对运行设施加强监管，对不满足安全要求的加以改进，加强从业人员培训，建立严格的管理制度，严格执行已有的法规标准，加强临界安全分析，采取质量控制、几何控制等手段，消除核临界事故。

4.3.3 乏燃料处理处置水平不高，制约我国核能规模化发展

乏燃料的处理处置关系核能的持续发展，关系国家资源的开发利用，关系环境和人员安全。早在20世纪我国就制定了闭式的核燃料循环政策，坚持乏燃料后处理，并于2010年设立了乏燃料的处理处置基金。但随着乏燃料在堆贮存水池的逐渐满容，乏燃料运输能力不足、贮存设施短缺、后处理能力滞后，成为我国核燃料循环后端面临的重大现实问题。

4.3.3.1 乏燃料后处理能力建设进展缓慢

乏燃料后处理是保障铀资源得以充分利用，实现乏燃料安全管理的重要手段，对保证和发挥铀资源的能源战略储备作用具有十分重要的意义。目前，我国商用后处理厂建设工作进展缓慢。如按照2020年我国核电装机容量7 000万kW计算，预计我国乏燃料积存量到2020年将达到10 000 t。乏燃料后处理厂的设计和建设是一项技术复杂的系统工程，从设计、建造到调试运行需要10～15年。乏燃料的后处理能力建设将是我国"十三五"期间核能可持续发展必须考虑的关键问题。

建议"十三五"期间制订乏燃料后处理的整体规划，进一步完善乏燃料后处理的政策支持，加强国际合作，引进国外先进技术，消化吸收后进行自主开发，尽快确定厂址，加快建设后处理设施，积极推进乏燃料后处理能力的建设和最终处置方案。

4.3.3.2 乏燃料的贮存能力不足

由于乏燃料后处理能力建设严重滞后，导致离堆乏燃料贮存能力出现不足，无法继续收贮核电厂运行产生的乏燃料。随着秦山核电厂、大亚湾核电厂、田湾核电厂等运行年限的增加，我国乏燃料数量已经逐渐超出了贮存设施最初设计的贮存能力；加之我国对乏燃料干式贮存的政策尚不明晰，大多数核电厂乏燃料干式贮存能力不足，导致部分核电厂乏燃料无法及时转运。随着新建核电厂逐步投入运行，乏燃料总量必将逐年增加，乏燃料安全贮存问题凸显。减少乏燃料在堆贮存量是福岛事故的重要经验反馈，及时减少乏燃料在堆贮存，降低核电厂安全风险，是"十三五"期间应予以着重考虑的核安全问题之一。

建议"十三五"期间完善乏燃料贮存法规标准，扩建乏燃料离堆贮存水池，考虑核电厂密集贮存和干式贮存，先期启动大型商用后处理厂的乏燃料贮存水池；加大再循环铀钚应用技术研发力度，加快MOX燃料的设计、制造和快堆、热堆再循环研究，尽量减少贮存时间，确保贮存安全。

4.3.4 早期核设施退役及放射性废物处理处置有待加强

核设施退役及放射性废物处理处置，因其技术的复杂性、过程的长期性、社会的敏感性饱受国际反核人士争议，世界核大国先后在该领域积累了一定的经验，成功开展了一系列核设施退役和放

射性废物处理处置工作。我国核工业起步较晚，在该领域技术储备不足，国内部分老旧核设施陆续面临退役，历史遗留放射性废物尚未得到妥善处置；新建核电规模位居世界第一，新增废物将进一步增大，放射性废物处理处置形势不容乐观。

4.3.4.1 早期核设施退役及历史遗留放射性废物风险不容忽视

由于我国早期核设施安全设计标准低、运行时间长等原因，存在一定的安全隐患。目前早期核设施退役进入攻坚阶段，退役难度不断加大。除正在实施退役的早期核设施外，到 2020 年还将有更多核设施拟实施退役。

随着早期核设施陆续开始退役，其运行和退役时产生的放射性废物，处于暂存状态，存在一定的安全风险。而我国放射性废物处理、处置总体布局尚未完成。一些技术难度大的放射性废物治理仍将是未来放射性污染防治工作的重点和难点。

建议"十三五"理顺我国现有放射性废物处理处置工作中的机制体制问题，加强监管，推动核设施退役和放射性污染治理。加强核设施退役中放射性废物管理，以安全风险较大的放射性废液为重点，强化设施管理，适时对贮存设施进行评估、维护，确保其贮存安全。加大科技研发力度，尽快解决退役及放射性废物处理、处置中的技术问题，开展固化处理设施建设，加快放射性废液固化处理，降低放射性废液贮存风险。

4.3.4.2 高放废液的处理技术储备不足

高放废液是典型的高风险源，一旦发生事故，后果不堪设想。因此，高放废液需要及时处理。然而高放废液处理是一项技术复杂、处理难度大的工作。近年来，我国高放废液处理技术研发工作虽然取得一定进展，如清华大学的 TRPO 流程及 ADS 研究等，但与法国、德国等世界先进国家相比，还处于研究工作的前期阶段和关键部件的预研阶段，技术基础薄弱，尚不具备全面自主知识产权。

近年来，我国高放废液处理虽然已经启动了引进、消化、吸收国外先进技术及设备的工作，但总体进展缓慢。

建议"十三五"期间，针对我国高放废液贮存和处理现有工作中存在的问题，建设玻璃固化厂，开展高放废液固化工作，加快高放废液处理技术的引进、消化、吸收，优化管理，创新制度，加强监管，保障资金，多方面采取改进措施，有效推进高放废液处理工作的进展。

4.3.4.3 中低放废物处置场建设进展缓慢

建造中低放废物处置场，对中低放废物进行安全处置是降低中低放废物管理的环境风险、减少对环境和公众影响的重要手段。根据《放射性污染防治法》和《国务院批转国家环境保护总局关于我国中、低水平放射性废物处置的环境政策的通知》（国发〔1992〕45 号），我国对中低放废物处置采取区域性处置的方针和政策，这一决策是出于国家整体利益和安全的考虑，便于放射性废物就近、安全、经济处置。

但是，由于中低放废物处置场的建设和运行难以为地方带来良好的经济效益和社会效益，公众接受度较差。已建设了处置场的内陆省份因没有利益补偿不愿意收贮临近省份废物。再加上放射性废物管理部门模糊、放射性废物产生单位责任不明确等机制体制原因，导致国家中低放废物区域处置政策的推行受阻。《核安全规划》明确提出对全国放射性废物处理处置能力进行统一布局，开展中低放废物区域处理处置，然而中低放废物区域处置依然进展缓慢。

随着我国核电运行时间的增加，运行期间产生的中低放废物也不断增长。目前秦山、大亚湾、田湾核电基地部分机组中低放废物暂存库都接近满容，潜在风险逐步加大。另外，地处西北的中核西北废物处置场具备良好的处置条件，也有足够的收贮空间，但受限于地方政府的立场以及国家的区域处置政策等各种因素，无法接收任何省外核设施的废物。中低放废物处置呈现冰火两重天的尴尬局面。

建议“十三五”期间，创新体制机制，界定好国务院各部门放射性废物管理职能，明确放射性废物产生单位责任，建立无核电省份放射性废物区域处置环境补偿经济政策，将核电省份核电建设项目审批与放射性废物处置场建设密切关联，进一步完善区域处置政策，推动放射性废物区域处置，降低安全风险。

4.3.5 新型核电厂建造和运行经验不足、研究堆安全隐患依然突出存在

核电厂及研究堆安全作为反应堆安全，是我国核安全的重要组成部分。随着“十三五”我国新型核电厂的规模化建设，核电厂安全将主要体现在新型核电厂特别是 AP1000 及 EPR 机组的建造及运行安全；研究堆作为我国具有特殊历史背景的一类核设施，由于设计和建造标准偏低，部分设施尚不能完全满足我国现行核安全法规标准的要求，安全隐患在“十三五”期间将进一步凸显。

4.3.5.1 AP1000、EPR 等新技术核电厂建造及运行缺乏经验

21 世纪以来，我国积极推进核电自主化建设，先后通过国际招标，引进了美国 AP1000 等三代新型核电技术，开展了 AP1000 依托化项目三门、海阳核电厂建设，组建国家核电技术公司加快研发具有我国自主知识产权的 CAP1400 等核电技术品牌，尽管国内 ACP1000 以及 ACPR1000+、华龙一号等具有三代技术特征和具备三代技术标准的核电技术研发获得重大突破，但 AP1000 作为我国核电引进、消化、吸收的重要产物，仍将可能是“十三五”期间我国核电发展的主力堆型。作为世界 AP1000 首四堆三门 1、2 号机组和海阳 1、2 号机组，在没有商业示范堆及参考电站建造和运行经验的情况下，机组总体性能亟待调试与试运行。同作为引进技术我国台山核电 EPR 机组常规岛建设总体施工进度已超过早于我国开工建设的芬兰机组，实际成为 EPR 世界首堆，但在核岛的设计、施工及设备制造中仍存在同 AP1000 机组建造相似的问题。按照国际经验，一种新技术的安全性必须要经过一个完整的燃料运行周期的验证。

建造三代核电技术堆型是落实《核安全规划》《核电规划》以及《核电安全规划（2011—2020年）》的重要内容，是落实我国核电引进、消化、吸收、再创新发展战略的重要举措，是关系我国核电发展规模、建造速度、内陆沿海布局和走向世界的关键环节。在此背景下，AP1000 及 EPR 新技术的安全性和成熟性必将成为“十三五”推进我国核电全面建设的重大制约因素，也将成为影响我国核安全水平至关重要的因素。

建议“十三五”期间进一步按照国务院提出的关于在确保安全的基础上高效发展核电的方针，一方面加强领导，全力以赴，重点做好 AP1000 依托化项目建设，确保在“十三五”前期 AP1000 首 4 台机组顺利开展调试和试运行，加强安全监管和经验反馈，及时发现问题，积累经验，为后续建设和运行奠定必要的基础；另外，加快国内融合技术论证及示范工程建设，稳步推进沿海地区核电

建设，适时恢复内陆核电开工建设，确保核电发展的持续性、稳定性和安全性。

4.3.5.2　老旧研究堆存在安全隐患

我国研究堆始建于 20 世纪 50 年代，目前已建成运行在役民用研究堆和临界装置 19 座，其中 8 座运行、10 座未开堆运行、1 座处于安全停闭状态，该类设施集中分布在中国原子能科学研究院、中国核动力研究设计院、清华大学、深圳大学几个单位。目前被广泛用于工业、农业、医学、食品加工、材料生产等行业。

我国研究堆特别是 20 世纪建造的老旧反应堆和临界装置，由于受当时的认识水平、技术条件以及法规标准的限制，这类设施抗震、应对泥石流等自然灾害，抵御外部事件的能力较弱；部分关停的老旧研究堆及临界装置退役、乏燃料集中贮存、放射性废物处理处置进展比较缓慢，在老化管理、制订应急计划、应急准备方面存在一些薄弱环节。福岛事故后，全国民用核设施安全大检查结果表明必须对部分研究堆按照新的抗震要求重新评估，必要时加以改进，进一步提高其安全裕度；在国务院批复的《核安全规划》中也指出：部分研究堆和核燃料循环设施抵御外部事件能力较弱，早期核设施退役进程尚待进一步加快，历史遗留放射性废物需要妥善处置，必须消除研究堆、核燃料循环设施重大安全隐患，确保运行安全。因相关设施设计已经固化、运行时间较长等众多因素，相关工作亟待在“十三五”期间做出系统安排。

为进一步消除研究堆安全隐患，建议“十三五”进一步根据核设施综合安全检查结论和改进要求，采用现行的核安全标准进行安全评价，对研究堆分类实施安全改进和管理，分别采取限制运行、逐步关停、加强审查、安全分析、老化评估等监管策略，加大监管力度，落实安全责任，确保研究堆安全。

4.3.6　核安全管理体制机制尚未完全理顺，监管、应急能力尚存不足

多年来，我国始终秉承“独立、公开、法治、理性、有效”的监管理念，通过对核设施实施分阶段许可、环境影响评价、“三同时”竣工验收、特种人员执照上岗、独立审评与专家咨询等一系列制度，并不断加强监管能力和事故应急能力建设，有效保障了安全，但是鉴于某些历史原因，长期以来我国核安全管理体制机制还存在不少问题，现阶段核安全监管、事故应急能力还有所不足，或将在“十三五”及今后一段时期内，严重制约政府对核安全的有效管控。

4.3.6.1　核安全监管、核事故应急体制机制不顺

在核安全监管体制机制方面，我国现有核与辐射安全监管部门不是实体机构、不具独立法人资格，法律责任主体实际上难以落到实处，现行体制不能充分保障国家核与辐射安全监管的独立性、权威性、有效性和完整性；核安全监管职能较为分散，没有形成统一监管的格局，协调难度大，部门管理职能不清、影响了监管效能。

在核事故应急体制机制方面，现行体制造成日常安全监管与事故应急分离，不能完全做到“平战结合”。造成了职能分工难以清楚界定、事故信息传递过程延长、应急响应命令政出多门、事故电厂无所适从等严重问题，延缓了应急响应速度，影响了应急响应效果。

建议“十三五”进一步理顺核安全管理体制机制，从法律层面明确核行业主管部门和核电行业主管部门的核安全责任，尽快解决核安全多头监管的问题；遵循精简、统一、效能的原则，逐步整

合核安全监管职能，设立相对独立、较为完整的核与辐射安全监管部门，确保核安全监管的独立性、权威性和有效性；进一步完善监管与发展的协调机制，充分发挥核安全监管机构在发展中的制衡作用；进一步完善国家核事故应急指挥协调体系，加强场内、场外应急有效衔接，坚持平战结合原则，强化核安全监管部门技术支持职责和能力，不断提高应急准备和应急响应效率。

4.3.6.2 核安全监管与核事故应急能力不足

根据国际核与辐射安全监管的良好实践，确保核安全必须保证政府核与核与辐射安全的管理能力同核能核技术利用水平同步发展。现行我国核安全、辐射安全分别实行中央本级管理以及中央和地方两级管理，仅从中央本级监管人员分析，核安全监管 3 个司，6 个地区监督站，加上技术支持单位核与辐射安全中心共计 1 100 余人，比照国际核大国类似机构（如美国核安全监管人员 3 900 人）存在较大差距，随着“十三五”我国核能核技术利用事业快速发展，这一缺口还将一步拉大；从监管手段分析，正在筹建的国家核与辐射安全监管研发基地至今尚未开工建设，“十三五”期间，相关设施和试验台架能否按期投入实际应用尚存在较大变数，核安全监管或将继续面临缺乏独立分析评价、校核计算和实验验证手段、现场监督执法装备不足、全国辐射环境监测体系不完善、监测能力仍需大力提升等问题。核安全公众宣传、国际合作、信息公开，公众参与等工作起步晚，底子薄，却事关全局，这些问题在“十三五”将进一步凸显。

日本福岛核事故、朝核试验等一系列国际影响的事件发生后，核与辐射安全事故应急工作进一步得到重视，中央和地方核与辐射事故应急能力不断增强，事故应急监测平台不断完善。但从“十三五”保障我国核与辐射安全的角度出发，依然还存在较大差距，主要表现在国家级应急抢险队伍建设还有待进一步统一思想，区域性核应急中心建设还需在“十三五”期间统一布局，重点核基地的应急能力建设、核应急物资储备和抢险能力建设还需大力推进，核电集团公司内部及各核电集团公司之间缺乏有效的应急支援机制，地方政府应急指挥、响应、监测和技术支持能力仍需提升，事故应急预案可实施性仍需增强。

建议“十三五”以国家核与辐射安全监管技术研发基地建设为重点，加快推进基地建设、全国辐射环境监测体系能力建设、核与辐射安全监督站能力建设、省和地市级能力建设四大工程，全面构建核与辐射安全监管技术支撑平台，增加科研经费投入，加大安全分析、安全监管硬件、软件投入，全面加强核与辐射安全审评、监督、监测、教育、国际合作能力，不断提升我国核与辐射安全监管水平；建议加强核设施风险分析和预测预警能力建设，为核与辐射事故提供决策依据和技术支持，加快国家级应急抢险队伍、区域性核应急中心建设，加强应急物资储备，确保事故情况下及时、有效供应。

4.3.6.3 核电厂安全管理尚待完善

近年来，我国核电高速发展，由于投资主体的多元化和运营的专业化，使核电厂的实际运营管理存在多种模式，我国核电厂建造、运行安全管理凸显三个重要问题。一是集团公司在核安全管理中的地位和发挥的作用不够明显，小业主或专业公司承担核电项目的全部核安全责任，无法完全胜任对核电厂建设和运行中一些至关重要的因素（如政策和管理目标）的制定、组织机构框架的设计和接口管理、各组织机构的人力资源配备、绩效考核目标和方式的引导等工作；二是在业主与承包单位承担的责任模糊不清，相互推诿，部分业主未能及时对自己的角色与责任进行相应调整并清晰定位，不但把一些本该由自己完成的工作也完全交付承包商承担，而且从职能和人力方面都未能承担起对承包商工作审核的责任，导致了一些问题的出现；三是建造和运行阶段存在问题归属不清，归责不明的现象，对于核电厂其他阶段产生的可能影响运行阶段的问题，或运行阶段产生的可能影响其他阶段的问题没有明确界定，各个专业公司更多关注本专业领域内的因素，忽略影响全阶段的核安全问题，在发生意外事件时，核安全责任难以区分。上述问题根本原因在于许可证的持证模式上，不同的许可证持证模式势必影响核电厂营运单位的组织机构的设置与人员的配备，并将进一步作用于电厂建造及运行的质量安全。

建议“十三五”进一步推动集团公司承担更加平衡的责任、权利、义务，积极发挥集团公司在核事故应急中的作用。在充分保证安全管理，承担核安全责任的前提下，充分整合资源，提高核电厂建设、运行效率；加强集团公司持证模式的研究和实施，进一步落实核安全责任。

4.3.7　核安全科技研发水平不高、能力较弱

我国核安全科技研发受基础弱、资金投入少、缺乏总体规划、相关法规标准缺失以及人才匮乏等多方面因素的影响，与国际水平差距较大，成为“十三五”影响我国核安全水平持续提高的重要因素。

4.3.7.1　高放废物处置研究能力较弱

高放废物安全处置的研究开发具有长期性的特点，需要进行长期的基础研究、技术开发和工程研究，而且还需要长周期的大额投资。核能先进国家大多通过制定国家政策、颁布法律法规、成立专门机构、筹措专门经费、建立专门的地下研究设施和开展长期研究等方式，确保高放废物的安全处置。

我国高放废物地质处置研究始于 20 世纪 80 年代中期，20 多年来，在选址和场址评价、核素迁移、处置工程和安全评价等方面均取得了不同程度进展。但由于决策机制不健全、责任主体不明确、长期投入不足、研究力量薄弱等问题，我国高放废物处置研究总体上还处于研究工作的前期阶段。《核安全规划》中提出，到 2020 年建成国家高放废物处置地下实验室，目前进展缓慢。

建议“十三五”期间，加快高放废物处置研究步伐，进一步加强国际交流与合作，加大投入，动员整个社会的力量，制订科学的实施计划和方案，加快国家高放废物地质处置实验室建设，不断提高我国在高放废物处理处置技术研究方面的能力。

4.3.7.2　乏燃料后处理技术水平较低

乏燃料后处理技术目前主要的研究方向有水法、干法和超临界流体萃取。其中水法处理是目前唯一应用的商业后处理技术，其典型代表是 PUREX 流程。和世界先进国家相比，我国的后处理技术水平较为薄弱，基础研究和技术储备也不足，目前还处于中试水平，导致我国乏燃料后处理能力建设严重滞后，影响了核能的可持续发展。

建议“十三五”从总体上对我国乏燃料后处理提出明确的科技创新目标，加快推进创新研究，尽早研发出具有自主知识产权的先进后处理技术，包括先进后处理工艺流程、高放废液处理流程和配套的关键设备和材料，尽快具备自主设计、建造商用后处理厂的能力。

4.3.7.3 核电厂退役技术储备不足

核电厂退役是一项复杂系统的工程，在进行退役之前必须具备一系列的基础条件，包括具备所有必要的技术手段，以及具有经过良好训练和有丰富经验的技术队伍等。我国尚未有核电厂达到退役年限，目前面临缺乏退役经验、设计阶段对退役的考虑不足、退役技术储备不足等问题。

建议“十三五”期间，优先开展退役监管法规、导则的研究，制定退役标准，加强国际合作，引进、消化、吸收国外先进技术，不断提高自主研发水平，从提高退役的安全性与经济性出发，有针对性地开发和制定高新技术和对策，加快研制去污效果好、产生二次废物量少的退役技术，开发先进的解体技术与工具等。

4.3.7.4 核电厂延寿技术研究刚刚起步

由美国等世界核电先进国家的实践经验可知，核电厂的老化管理工作应在电厂设计阶段开始进行。但受限于我国当时核电技术水平及认识，核电厂老化管理及延寿技术研究在起步初期未受重视，目前老化管理工作还处于起步阶段，延寿技术研究尚未取得实质进展，在设备老化管理经验、对老化机理的认识、系统的老化管理方法、老化评价指标体系、寿期预测方法、关键设备的时限老化分析等方面都明显存在不足，不符合国际普遍实践。

建议“十三五”期间，加大老化管理和延寿技术研究力度，加强国际合作，整合国内科研资源，构建涵盖运行和在建核电于一体的共同平台解决经验及认识不足的问题，提高核电厂的老化管理水平。

4.3.8 核与辐射安全法规标准还未完备、重大政策执行力度还有差距

发展核能，法规先行，自 20 世纪 80 年代以来，我国核与辐射安全法规标准建设与核事业发展同步启动，发展至今，形成了由 1 部法律、9 部行政法规、27 个部门规章、89 个导则及一系列技术文件组成与国际接轨的核安全法规标准体系，随着“十三五”我国核事业的发展以及新出现的核安全议题，现行核与辐射安全政策法规还远不能满足监管的需要。

4.3.8.1 核安全法、原子能法尚未出台

依法严格规范管理是世界和平开发利用原子能并保证其健康、安全发展的良好实践和宝贵经验。很多国家在发展早期就建立了较完整的原子能法律体系，极大地规范和促进了这些国家原子能事业的发展，相比而言，我国在核安全及原子能发展方面存在立法滞后，法规层次不高等问题。一方面，我国一直以来缺乏一部规范原子能领域相关活动的基本法，与我国巨大的原子能科研和产业规模不相适应，也不能满足我国原子能事业快速发展的需要，尽快出台《原子能法》势在必行、刻不容缓；另一方面，日本福岛事故引起了全球对核能安全的高度关注，并再次显现核电行业“安全技术的重要性，事故的突发性，影响的难以感知性，污染后果的难以修复性，公众的极度敏感性”几大特点。业界对制定《核安全法》的呼声日益高涨，公众希望有一部规范核安全行为的法律尽快出台。十一届全国人大五次会议期间，有 90 名人大代表就核安全立法提出了《关于优先推进〈核安全法〉立法的议案》等 3 个议案。

核安全立法工作存在技术难度大、关系协调复杂、历史遗留问题多、部门利益难以平衡、提案、

审议、表决、发布周期长等众多不确定因素，面对事业发展日益紧迫的立法需求以及公众日益高涨的立法呼声，建议“十三五”进一步处理好《核安全法》和《原子能法》的立法关系，加快立法进程，尽快使两部法律落地，塑造良好的法制生态环境。

4.3.8.2 核设施延寿及退役的政策、法规、标准建设不够完善

核设施延寿、退役涉及国家法规、经济、环保、科技、社会和公众等诸多因素，严格执行核设施延寿及退役制度，对于保障核电厂的安全性尤为重要。我国目前还没有核动力厂退役的实践经验，福岛事故后，国际上对核动力厂的延寿及退役态度尚未达成一致的认识。作为安全监管的重要手段，我国核设施延寿及退役政策、法规、标准建设与国际水平还存在不少差距。在体系上，核动力厂延寿、退役的一些重大问题（如管理体制、安全许可制度等）缺少在法律层面的明确规定，缺乏专门指导核动力厂延寿、退役的法规导则；在内容上，没有规定较为严格的核动力厂延寿及退役制度以防止违规超龄服役的情况发生，对核设施特别是核动力厂的延寿政策尚未明确，对退役计划、退役费用的提取和管理的规定也较为原则，对有关违法行为处罚过轻，退役相关理念在现有的法规中仍需进一步体现。

建议“十三五”期间，完善法规体系，增加专门的核电厂延寿及退役导则；制定核动力厂延寿、退役制度，完善退役计划、退役费用的有关规定，明确营运单位的法律责任，在核动力厂选址、设计、建造、运行期间进一步体现退役的有关理念，重视核动力厂延寿、退役过程中的管理和退役的实施。

4.3.8.3 放射性废物处置政策执行不力

放射性废物处理处置决定我国核能核技术利用事业可持续发展，是降低核安全风险的关键环节。我国早在20世纪80年代有关部门就组织实施了中、低放固体废物处置场的场址预选工作。按照国发〔1992〕45号要求，在低中放废物相对集中的地区陆续建设国家低中放废物处置场，分别处置该区域或临近区域内的低中放固体废物。为推动这一政策的有效实施，国家对推进核电厂送交处置和处置场选址规划两方面制定了法规标准，规定废物在核电厂暂时贮存库的贮存时间不应超过5年，其设计贮存量不超过核电厂5年所产生的废物量；国务院核工业行业主管部门会同环境保护主管部门根据选址规划提供放射性固体废物处置场所的建设用地和支持放射性固体废物的处置。

但随着核电发展速度的加快，放射性废物处置场建设滞后的问题日益突出，安全风险不断加大。目前核电厂废物积存量超出暂存库设计容量，部分核电厂考虑新增核电厂暂存库的容量和增加固体废物暂存时间，显然这些考虑有悖国家预定的放射性废物处置政策。此外，我国至今尚未明确处置场建设规划、处置场运营机制和收费标准。出于自身利益考虑，地方政府热衷于核电厂的建设，对本地区建设低、中放射性固体废物处置场表现不积极或表示明确反对，成为中低放处置场建设的最大障碍。对主管部门、审管部门、地方政府及核电厂业主应承担的放射性废物处置的责任和义务缺乏有效问责机制，对核电项目与区域废物处置设施捆绑配套建设的措施尚未达成共识，倒逼机制还未完全形成。

建议“十三五”，加大现有放射性废物处置法规标准的执行力度，进一步完善放射性废物管理体制，明确主管部门、审管部门、地方政府和营运单位责任和义务，建立和完善管理部门问责机制。尽快出台中低放射性废物处置场建设规划，确定处置场的运营管理机制和废物处置的经济补偿机制，

妥善考虑对处置场所在地区的经济补偿措施，通过理顺管理体制、政策鼓励等手段，积极有效地推动低、中水平放射性废物处置场建设。

4.3.9 核行业人才配置依旧面临失衡、有经验人才缺口持续扩大

核安全是一项对专业水平要求高、技术性强、性质特殊的工作，尤其需要专业的技术人才队伍予以保障。近年来，在政府、高校以及企业的通力合作下，我国核专业人才培养数量有了大幅度增长，人才水平和工作经验也正在逐步积累和提升。但同我国核能发展的高速度相比，“十三五”及未来很长一段时期我国依然面临较为严峻的人才短缺形势，不利于保障核安全。

4.3.9.1 核行业人才配置失衡

核工业作为一条完整的产业链，既包括前端的铀矿开采、水冶、纯化、燃料元件制造，也包括中端的核电运行，同时还包括燃料循环后端——核电厂运行产生的乏燃料以及放射性废物的处理处置。目前核电厂大都建在沿海，待遇和生活环境在整个核行业中处于前列，但与之配套的燃料元件生产等前端工业以及放射性废物后处理等生产科研单位大多远离大城市、工作环境艰苦，待遇低，由此造成核工业前后端人才紧密向核电厂集聚，铀矿冶及放射性废物处理处置单位对人才吸引力缺乏，各领域微观环境的巨大差异，成为行业人才配置失衡的根本原因。加之我国市场经济的逐步建立以及教育制度改革，招生与就业的双向选择，自主择业以及相邻产业发展等因素使人才流动加速，高端人才保有不足，人才良性流动和合理分配困难，人才稀释加快，给安全带来较大隐患，并进一步制约产业的健康发展。同时行业内政府监管部门与企业存在收入上的巨大差距，近年来也呈现监管人才流失，向企业单向流动的趋势。“十三五”扭转行业人才配置失衡这一局面，既涉及收入分配体制改革的问题，又涉及国家对珍贵资源发展战略及政策倾斜的因素，牵一发而动全身，具有较大的挑战性。

4.3.9.2 核行业有经验人才缺乏

历史原因及现实机遇决定了目前我国核行业高层次、有经验的人才缺乏的局面。一方面，20 世纪五六十年代培养的技术骨干大部分已经退休；另一方面，20 世纪 80～90 年代，部分高校核专业的关、停、并、转，严重影响了国内核人才的培养，造成了人才断层的现象。再者，核安全相关从业人员的培养周期较长，经验积累更需要一个漫长过程，在人员成长过程中，从业人员在国家市场经济的形势下，流失严重。随着“十三五”我国核能核技术利用事业的规模进一步扩大，我国即将面临核能快速发展与高水平的技术、管理专家缺口拉大、技术工人经验不足这一严重矛盾，有经验人才依然会成为影响我国核能核技术安全发展的重要问题。

建议“十三五”期间，进一步加强人才队伍建设。一是加快产业人才培养，加强培训，制订满足核能与核技术利用需要的人力资源规划，加大特别是核燃料循环前端以及后处理专业人才的培养力度，合理解决利益分配，引导行业内人才均衡配置和合理流动；二是加强监管队伍建设，加强核安全监管人员培训和交流，加大对核安全监管工作的人、财、物的投入，建立并保持一支专业范围全、业务能力强、执法水平高、与核事业发展规模相适应的监管队伍；三是完善注册核安全工程师制度，加强核安全关键岗位人员继续教育和培训工作；四是完善人才激励和考核评价体系，提高核安全监管人员的薪酬待遇，吸引优秀人才进入核安全监管部门和核行业安全关键岗位，重点保证核

安全监管、评价和科研的智力资源。

4.3.10　核安全文化建设不均衡、部分领域安全文化水平偏低

近年来，国际社会对核安全文化建设的大力推动，先后出版了一系列指导刊物和文件，我国核电厂安全文化建设取得了较大成绩，但行业总体安全文化水平还有待提高，核安全文化评价体系尚未真正建立，部分领域存在核安全文化理念缺失，核安全质量意识淡薄等问题。

4.3.10.1　核燃料循环设施人员核安全文化水平不高

核燃料循环设施是我国核产业链中的重要组成部分，我国大部分核燃料循环设施建造运行历史较长。核燃料循环设施与核电厂相比，发生重大核事故的概率较小，导致从业人员对核安全文化重要性的认识不够；同时，核燃料循环设施单位待遇低、工作环境差、从业人员学历和素质普遍偏低，长期以来对核燃料循环设施资金投入不足，真正用于安全技改及安全培训的经费十分有限。因此在众多历史及现实的客观因素作用下，从业人员核安全文化水平低，具体操作不够规范，对危险和隐患形成了认识疲劳，带来较大安全隐患，加剧了核燃料循环设施的安全风险，具体表现在部分核燃料循环企业未能建立有效的安全管理文件以及安全管理机构，或建立了机构，但安全管理人员数量不够，资源不足，未能发挥实际作用。

4.3.10.2　核设备制造企业核安全意识比较淡薄

核安全设备质量和可靠性是核设施安全运行的生命线。核设备制造企业作为核电配套产业，核安全文化水平与核电企业相比差距较大，对核安全缺乏敬畏之心，缺乏质疑保守的态度、严谨审慎的作风和“按章办事”的基本理念，为追求企业利益，存在重进度，轻质量，重业绩，轻安全的现象。部分企业质保体系不健全、文件体系不完备，没有对应的下游程序或规程，制度制定不严谨，操作规程缺项漏项，不良作业习惯成为常态；未严格按照标准规范慎重处理设备制造过程中发生的不符合项，整改措施不落实；某些单位甚至有意回避监督，逃避检查，存在侥幸心理，企图蒙混过关。伴随“十三五”核电设备订单的进一步增大、三代核电设备国产化率的提高，我国核安全设备制造事件、重大不符合项将处于高发态势。

建议“十三五”尽快建立核安全文化评价体系，适时对全行业开展核安全文化评价活动，强化有关主体的安全责任，提高全员核安全文化意识，提高监管要求，督促所有核活动相关单位均建立并有效实施质量保证体系，加大核安全文化的教育培训，重点加强核燃料循环设施及核设备制造企业安全文化建设。

4.3.11　核安全配套资金投入不足、“十三五”工作面临重大“瓶颈”

党中央、国务院历来高度重视核安全与放射性污染防治工作，不断加大经费投入力度。随着近年来我国核能核技术利用事业的快速发展，核安全与放射性污染防治工作任务日益艰巨，既要满足“多还旧账，不欠新账”的要求，同时还需加强能力建设、开展安全整改、消除安全隐患、提升安全水平、保护人员健康和环境安全，原有的经费规模、数量及渠道已远不能满足“十三五”期间我国核安全与放射性污染防治工作的需要。

4.3.11.1 监管能力建设投入不足

核与辐射安全是核能与核技术利用事业的生命线，是环境安全和公众健康的重要组成部分。目前，我国核安全监管依然缺乏独立的分析评价、校核计算和实验验证手段，监管信息系统缺失，技术研发创新与基础能力建设不足，现场监督执法装备不足，核与辐射环境监测体系尚未完善，国际合作与信息公开能力有待加强。根据国务院批复的《核安全规划》及正在编制的《核与辐射安全监管能力建设规划》预定的目标，“十三五”期间我国将全面建成国家核与辐射安全监管技术研发基地，形成综合监管技术支撑平台，基本建成区域性核与辐射安全监督站业务用房，初步具备相对独立、较为完整的安全分析评价、校核计算和实验验证能力，建成全国辐射环境监测网络，国家、省级辐射环境监测能力 100%达到能力建设标准。据此目标测算，“十二五”及“十三五”期间我国核与辐射安全监管能力建设共需征地约 3 000 亩（包括地市级辐射环境监测用地），新建建筑面积约 36 万 m^2，试验平台 80 个，15 大领域软件配备 150 套，配置 18 000 套仪器设备，配备监督执法车辆 900 辆。2014 年国家已安排中央预算内投资基建资金 74 886 万元用于国家核与辐射安全监管研发基地项目一期建设，但二期基建、设备及配套资金约 45 亿元尚需在“十三五”期间谋求解决。截至 2013 年底，中央财政安排 4.04 亿元用于国家、省级辐射环境监测能力建设，但仍存在较大的资金缺口。总体而言，“十三五”期间我国将面临能力建设亟须加强与国家投入收紧的尴尬境地。

4.3.11.2 核安全科研投入不足

我国政府历来高度重视、积极推动核安全技术研究工作。早在“六五”期间，核安全技术研究作为能源开发研究计划的一部分，列为国家级科技攻关项目，由专款支持实施；“七五”期间，核安全技术研究作为独立的项目被列入国家重点科技攻关计划，我国核安全专项技术研究工作，取得良好的开端，并取得一批成果，应用于核安全监管和核能开发领域。

我国核安全技术研究工作取得一定进展和成绩同时，仍存在一系列问题。核安全科研基础条件不能满足“十三五”社会经济发展和科技研发水平及创新能力不断提高的需求，实验设施相对不足，分析软件陈旧，验证手段落后；关键技术储备较少，缺乏具有我国自主知识产权的核安全技术，在一些核心关键技术领域受制于人的局面短期内难以改变；法规标准制修订及核安全和辐射环境管理缺少必要的科技支撑。导致上述问题的主要原因在于核安全科研投入不足，尚无专项经费渠道；科研人才匮乏，缺乏总体规划，科研人员待遇较低，队伍不稳定。具体从“十二五”我国核安全科研经费来看，主要来自国家重大科技专项大型压水堆及高温气冷堆中的核安全分项和国家公益性项目，总体投入约 2.8 亿元。相比美国、法国等主要核大国科研经费投入而言，差距较大［美国监管机构（NRC）每年的核安全科研投入资金大约为 1 亿美元，法国国家核安全局（ASN）及其科研机构法国辐射防护研究院（IRSN）仅 2008 年预算就达 1.2 亿欧元］。

建议“十三五”围绕核安全关键领域和重大问题，创新机制体制，获取和吸引资金与资源的投入。充分利用现有的资金渠道，加大政府资金投入力度，保证资金投入与核能与核技术事业发展的规模速度相配套；引导和鼓励地方政府、企业集团、金融机构等资金投入，特别是指导企业加大投入，提高科研投入的效果，实现“谁投资谁受益”。同时加强资金使用的审计与监管，提高经费使用效益，支持项目的组织实施。

4.4　德尔菲法研究结果及分析

4.4.1　调查方法

德尔菲法（Delphi Method），又称专家规定程序调查法，是 20 世纪 40 年代由赫尔姆和达尔克首创，经过戈登和兰德公司进一步发展而成的一种专家预测方法。1946 年，兰德公司首次使用该方法进行预测，后来被广泛应用。

德尔菲法依据系统的程序，采用匿名发表意见的方式，由调查者拟定调查表，按照既定程序，分别向专家组成员进行征询；而专家组成员又以匿名的方式提交意见。经过几次反复征询和反馈，专家组成员的意见逐步趋于集中，最后获得具有很高准确率的集体判断结果。该方法具有匿名性、反馈性、统计性三个主要特点。

为实现 “十三五” 期间我国核能发展趋势及重大核安全问题判断的科学性、系统性，保证预测结果的客观和准确，课题组采用德尔菲法，并在此基础上根据课题需要进行了必要的改进，以召开专家咨询会召集专家多次填写调查表的形式展开调查，由专家对核能发展的影响因素或可能导致核事故发生的核安全问题进行量化打分，并根据专家对各个影响因素或核安全问题所涉及领域的实践经验和熟悉程度对因素得分进行权重矫正，最终得出统计结果。

调查专家组的专家选择原则注重代表性、广泛性、高素质。一是专家专业要覆盖涉及铀矿冶、铀纯化转化浓缩、燃料元件制造、核电、乏燃料后处理、核设施退役及放射性废物治理等核燃料循环各环节，核设备设计制造安装和核工程建设等核能配套产业领域；二是专家工作要覆盖设计、运行、研究、管理、监管各个方面；三是专家所在单位要覆盖政府决策部门、高校、科研院所、企业集团等不同性质单位；四是专家素质要达到研究员级别。

4.4.2　调查内容和步骤

4.4.2.1　“十三五” 我国核能发展形势趋势调查

为准确预测我国核能发展形势趋势，课题组就报告中梳理的 29 个或将影响我国核能发展的主要因素展开调查。

首先，由课题组设计核能发展影响因素的重要性评价和影响因素在“十三五”期间对核能发展可能造成的影响程度评价两项指标。

其次，由专家对核能发展影响因素的重要性和影响因素在“十三五”期间对核能发展可能造成的影响程度进行量化打分。

再次，由课题组对专家的打分结果进行统计、计算、排序，得出核能发展影响因素重要性排序和每个因素在“十三五”期间对核能发展可能造成的影响程度排序。

再次，计算所有影响因素作用下“十三五”我国核能发展趋势的评价指数，得出“十三五”我国核能发展形势趋势判断的结果。

在“十三五”时期我国核能发展形势趋势判断中，课题组以《核电规划》中提出的“十三五”末期的核电发展目标（到 2020 年我国运行和在建核电机组共 8 800 万 kW）作为趋势评价指数的基点，即 0 点。若评价指数大于基点（即>0），表明“十三五”期间核电的发展趋势好于预期，核电发展规模将超过 8 800 万 kW，反之则不如预期，核电发展规模将少于 8 800 万 kW。

4.4.2.2 “十三五”重大核安全问题调查

在重大核安全问题调查方面，课题组就报告中梳理出的“十三五”我国或将面临的 34 条核安全问题开展专家调查，调查方法与核能发展影响因素调查方法基本一致。

首先，由课题组设计“十三五”期间我国面临的核安全问题调查问卷。

其次，由专家基于核安全问题可能导致的核安全事故发生概率、后果严重性或安全风险累积速度的判断进行量化打分。

最后，由课题组对专家的打分结果进行统计、计算、排序，得出“十三五”期间重大核安全问题排序。

4.4.3 调查结果及分析

4.4.3.1 “十三五”我国核能发展形势趋势调查结果及分析

经统计，核能发展影响因素的重要性排序见表 6-4-3。

表 6-4-3 核能发展影响因素重要性调查统计结果

一级指标	二级指标	排名
社会政治军事因素	政府对发展核电所持的态度	1
社会政治军事因素	公众对核电接受度	2
人才队伍建设	人才质量	3
能源因素	能源需求的规模及增长速度	4
环境资源影响因素	化石能源开发利用带来的环境污染压力	5
国内核事故影响因素	国内重大核事故影响	6
国际核能发展因素	国际重大核事故影响	7
人才队伍建设	人才数量	8
环境资源影响因素	气候变化带来的碳减排压力	9
技术因素	技术路线的选择	10
产业链影响因素	核燃料供应能力	11
能源因素	能源资源供应及布局情况	12
产业链影响因素	放射性废物处理处置水平	13
产业链影响因素	乏燃料处理处置能力	14
能源因素	能源结构失衡状况	15
国际核能发展因素	国际核能发展政策	16
经济因素	核电利润空间	17
社会政治军事因素	国防核战略需求	18
技术因素	技术自主化水平和程度	19

一级指标	二级指标	排名
国内核事故影响因素	国内 2～3 级核事件影响	20
产业链影响因素	乏燃料及放射性废物的运输能力	21
配套产业影响因素	核电建设工程施工水平和效率	22
经济因素	核能发展经济体制因素	23
配套产业影响因素	设备制造及基础产业能力和水平	24
产业链影响因素	核设施退役水平	25
环境资源影响因素	可用的核电厂厂址数量	26
专家建议增加的因素	核电产生的非放射性污染（如热污染等）	27
经济因素	核电建设投融资方式与渠道	28
能源因素	新能源（页岩气等）开发利用对核能发展的影响	29

从表 6-4-3 可以看出，政府对发展核电所持的态度对我国核能发展起到至关重要的作用，这与我国的政治体制是紧密相关的。而公众对核电接受度跃居影响因素重要性的第二位，表明随着社会发展、进步，我们党在执政中更加注重以人为本、关注民生、追求民主决策的执政理念，公众意见已足以决定核电发展的规模、速度、路线及布局。核能是高科技产业，核能的发展、技术进步、核电的安全运行等各个环节均离不开有经验、高素质人才的贡献，其重要性不言而喻。能源需求和环境污染压力是来自核能外部的客观条件，当前的严峻形势及没有比核能更好的选择使其在核能发展决策方面影响力很大。核安全事故对核能发展的影响是毋庸置疑的，过去的实践证明，它可以通过影响公众和政府对核能的态度影响核能发展，因此很重要。

核能发展影响因素的重要性不同，其在“十三五”期间对核能发展的影响方向和程度也各不相同，其中“十三五”期间对核能发展起正面影响的影响因素影响程度排序见表 6-4-4。

表 6-4-4　核能发展正面影响因素“十三五”影响程度调查统计结果

一级指标	二级指标	排名
社会政治军事因素	政府对发展核电所持的态度	1
能源因素	能源需求的规模及增长速度	2
环境资源影响因素	气候变化带来的碳减排压力	3
环境资源影响因素	化石能源开发利用带来的环境污染压力	4
能源因素	能源资源供应及布局情况	5
能源因素	能源结构失衡状况	6
经济因素	核电利润空间	7
社会政治军事因素	国防核战略需求	8
国际核能发展因素	国际核能发展政策	9
经济因素	核电建设投融资方式与渠道	10
配套产业影响因素	设备制造及基础产业能力和水平	11
经济因素	核能发展经济体制因素	12
配套产业影响因素	核电建设工程施工水平和效率	13
技术因素	技术自主化水平和程度	14
环境资源影响因素	可用的核电厂厂址数量	15

从表 6-4-4 统计结果可以看出，政府对发展核电所持的态度、能源需求的规模及增长速度、气候变化带来的碳减排压力、化石能源开发利用带来的环境污染压力、能源资源供应及布局情况等 15 个方面是促进“十三五”我国核能发展的正面因素。综合国家所有需求、平衡代价利益后，我国政府将坚持发展核电，这一态度将对核能发展起到最大的促进作用；而核能作为清洁能源对解决能源需求、气候变化、化石能源带来的环境污染和能源资源供应等方面的问题所表现出来的优势，使能源需求的规模及增长速度、气候变化带来的碳减排压力、化石能源开发利用带来的环境污染压力、能源资源供应及布局情况这 4 个因素成为继政府态度之后促进我国核能发展的重要正面因素。能源结构失衡状况、核电利润空间、国防核战略需求、国际核能发展政策、核电建设投融资方式与渠道 5 个因素也会对“十三五”期间的核能发展产生一定的正面影响。设备制造及基础产业能力和水平、核能发展经济体制因素、核电建设工程施工水平和效率、技术自主化水平和程度、可用的核电厂厂址数量五个因素对我国“十三五”期间的核能发展产生较小的正面影响。

表 6-4-5 核能发展负面影响因素“十三五”影响程度调查统计结果

一级指标	二级指标	排名
国际核能发展因素	国际重大核事故影响	1
国内核事故影响因素	国内重大核事故影响	2
社会政治军事因素	公众对核电接受度	3
产业链影响因素	放射性废物处理处置水平	4
产业链影响因素	乏燃料处理处置能力	5
人才队伍建设	人才质量	6
国内核事故影响因素	国内 2～3 级核事件影响	7
技术因素	技术路线的选择	8
专家建议增加的因素	核电产生的非放射性污染（热污染等）	9
产业链影响因素	乏燃料及放射性废物的运输能力	10
产业链影响因素	核燃料供应能力	11
能源因素	新能源（页岩气等）开发利用对核能发展的影响	12
产业链影响因素	核设施退役水平	13
人才队伍建设	人才数量	14

除积极的正面影响因素之外，仍然存在一些负面影响因素，在“十三五”期间可能会减缓甚至阻碍我国核能发展，这些负面影响因素的影响程度排序见表 6-4-5。从表 6-4-5 可知，国际国内重大核事故影响、公众对核电接受度、放射性废物处理处置水平、乏燃料处理处置能力等 14 方面，是“十三五”制约我国核能发展的负面因素，需要在“十三五”期间通盘考虑。重大核安全事故由于其后果的严重性，一旦发生对核能发展起到的负面影响最大而位列前茅；而国内重大核事故的影响排在国际重大核事故的影响之后，是因为目前我国核电安全水平位于世界先进水平，发生重大核事故的可能性相对于国外早期的核电较低。由于核能相关知识的复杂性、事故影响的深远性、历史事件的丑陋面目都在很大程度上给公众心理留下了不可磨灭的恐惧感，导致公众对核电的接受度成为影响核能发展的非常重要的负面因素。放射性废物处理处置水平、乏燃料处理处置能力由于其在核能可持续发展的中长期战略方面的负面影响而进入负面影响因素的前 5 名。而人才质量成为影响我国核能发展的重要负面因素，反映了业界人士对核能高素质人才匮乏的担忧。国内 2～3 级核事件影响、

技术路线的选择、核电产生的非放射性污染（热污染等）、乏燃料及放射性废物的运输能力、核燃料供应能力 4 个因素对我国“十三五”期间的核能发展也起到一定的负面作用。新能源（页岩气等）开发利用对核能发展的影响、核设施退役水平、人才数量 3 个因素对我国“十三五”期间的核能发展起到较小的负面作用。

结果表明，核能发展的所有影响因素对我国核能发展趋势的综合影响呈现正面、促进核能发展的态势。

综上所述，“十三五”期间，在政府坚持发展核电、资源环境约束压力日益增大的形势下，我国核能发展持较乐观态度，将按照《核电规划》预定目标稳步发展，并可能会略好于预期。但由于重大核事故发生可能性的存在、公众出于恐惧核事故和邻避效应难以接受核电特别是内陆核电、放射性废物处理处置以及乏燃料处理处置等影响核能中长期发展战略的负面因素的存在，我国核能暂不会出现大规模、快速发展的现象。因此，“十三五”期间，我国核电将优先在沿海地区发展，适时启动内陆核电，新建核电项目建设速度稳定在 4～6 台机组/年，所有新建核电项目的安全水平将达到三代核电安全水平，核电技术自主化、核电设备国产化水平进一步提高，核电海外市场得到拓展，到 2020 年在运核电装机容量将达到 5 800 万 kW，在建 3 000 万 kW，总装机容量 8 800 万 kW。

4.4.3.2 “十三五”我国重大核安全问题调查结果及分析

经统计，“十三五”期间我国核能发展面临的核安全问题的排序见表 6-4-6。

表 6-4-6 “十三五”期间重大核安全问题调查统计结果

一级指标	二级指标	排名
人才队伍建设能力	核行业有经验人才缺乏	1
核安全管理	核安全监管机制体制问题	2
核安全管理	核安全监管能力不足	3
核设施退役及放射性废物处理、处置	高风险放射性废液的贮存及处理问题	4
核设施退役及放射性废物处理、处置	中低放废物处置场选址、建设问题	5
核安全管理	核事故应急机制体制问题	6
资金投入力度	核安全科研投入不足	7
人才队伍建设能力	核行业人才配置失衡	8
核安全管理	核事故应急能力不足	9
政策法规标准的完备性	放射性废物处置政策执行不力	10
核安全文化水平	核燃料循环设施人员核安全文化水平问题	11
乏燃料处理处置	乏燃料的贮存能力不足	12
核设施退役及放射性废物处理、处置	历史遗留放射性废物处理进展缓慢	13
核电厂及研究堆因素	AP1000、EPR 等新技术核设施的建造及运行问题	14
资金投入力度	监管能力建设投入不足	15
核电厂及研究堆因素	核安全设备的制造质量问题	16
乏燃料处理处置	乏燃料后处理能力建设问题	17
外部因素	极端自然灾害	18
核安全文化水平	核设备制造人员核安全文化水平问题	19
政策法规标准的完备性	核安全法、原子能法尚未出台	20
核电厂及研究堆因素	研究堆及早期核设施设计标准低导致的安全隐患	21

一级指标	二级指标	排名
核燃料循环前端	尾矿坝垮坝对环境和人员的危害	22
核燃料循环前端	水冶厂事故情况下放射性液体泄漏导致的环境污染	23
核安全科技研发水平	乏燃料后处理技术水平较低程度	24
核设施退役及放射性废物处理、处置	早期核设施退役进展缓慢	25
政策法规标准的完备性	核设施延寿及退役的政策、法规、标准建设不够完善	26
核安全科技研发水平	高放废物处置研究能力较弱	27
核燃料循环前端	地浸工艺对地下水的污染	28
核安全管理	核电厂安全管理缺陷	29
核燃料循环前端	铀矿山开采过程中对工作人员的辐射危害	30
核燃料循环前端	铀纯化转化浓缩及元件制造中的临界安全问题	31
核安全科技研发水平	核电厂退役技术储备不足	32
外部因素	恐怖袭击、飞机撞击等人为事件	33
核安全科技研发水平	核电厂延寿技术研究刚起步	34

从表 6-4-6 的统计结果可以看出，“核行业有经验人才缺乏”位列可能影响核能发展的重大核安全问题之首，而“核行业人才配置失衡”也排在第八名，这说明业界普遍对整个核行业的人才队伍建设表示担忧。这是因为在核能发展的历史过程中，几乎每一次核事件或事故都与工作人员管理疏忽、误操作、误判断等一系列人为因素有关，三次重大核事故的发生或没有及时控制和缓解事故后果也全都与人为因素有关。福岛核事故的调查结果也表明，东电公司没有及时采取有效的事故缓解措施、贻误时机才导致了事故不断恶化。人为因素是安全问题研究最重要的领域之一。高素质人才是提高安全水平、推动核能发展的第一生产力。因此，基于人才问题对核安全及核能发展的重大影响，“十三五”期间应加以重视和解决。

得分排在前 10 位的安全问题当中有 4 项为核安全管理方面存在的问题。其中，核安全监管机制体制、监管能力分列第二位、第三位，另外两项为应急机制体制和应急能力，排在第六位和第九位。表明确保核安全，不能只依靠技术进步，核安全管理一旦出了问题导致的后果可能更严重。日常独立、权威、有效的监督管理和事故状态下统一、协调、灵敏、高效的应急是确保核安全的重要管理手段。然而长期以来核安全监管和核事故应急方面机制体制一直未能理顺，运转不畅，能力建设投入较少，影响了监管的权威性和有效性，危害到应急响应的灵敏和高效，严重威胁到核安全甚至是核能发展。

放射性废物的处理处置问题在调查研究中也成为业界关注的焦点，特别是高风险放射性废液的处理和中低放废物处置场建设问题。这是因为高风险放射性废液本身就是重大危险源，一旦发生事故，后果不堪设想，然而迟迟得不到妥善处理，使之成为重大安全隐患，也是历史遗留放射性废物处理进展缓慢的原因之一。中低放废物处置场建设缓慢导致了核电厂放射性废物安全风险积累增长较快，成为影响核能可持续发展的核安全问题，其与处置政策执行不力也有很大的关系，因此这两个问题均排在了统计表中靠前的位置。乏燃料后处理及贮存问题与放射性废物处理问题一样，是导致核电厂乏燃料安全风险积累增长较快的原因，影响到核能可持续发展。

核安全科研投入不足是导致众多核安全科技研发水平较低的原因，且已经成为放射性废物处理进展缓慢、乏燃料后处理建设缓慢、早期核设施退役进展缓慢等核安全问题的原因之一，因此成为排名靠前的核安全问题。AP1000、EPR 等新技术核设施的建造及运行问题、核安全设备的制造质量问题是“十二五”以来我国上马三代核电建设项目带来的新问题和新挑战。抵御极端自然灾害是福岛事故后出现的核安全新关注点。随着核电规模不断扩大，核燃料循环产业链及配套产业人员核安全文化水平不高的问题也进入了业界的视线。铀矿冶尾矿坝垮坝、环境污染等问题威胁公众健康和环境安全，也应在“十三五”期间及时解决。

而地浸、铀矿山开采、铀纯化转化浓缩及元件制造等核燃料循环前段所存在的大部分核安全问题，核电厂安全管理、核电厂退役技术储备不足、恐怖袭击等人为事件、核电厂延寿技术等问题不是“十三五”期间我国核能发展所面临的非常紧迫的核安全问题。

综上所述，“十三五”期间，我国核能发展应重点关注和解决核行业有经验人才缺乏、核安全监管机制体制问题、核安全监管能力不足、高风险放射性废液的贮存及处理问题、中低放废物处置场选址及建设问题以及核事故应急机制体制等重大核安全问题，从根本上避免核安全事故发生，减少核安全风险累积，防止产生可能造成严重后果的问题。

4.5　结论与建议

4.5.1　结论

4.5.1.1　“十二五”对核能发展起促进作用的正面影响因素

政府对发展核电所持的态度、能源需求的规模及增长速度、气候变化带来的碳减排压力、化石能源开发利用带来的环境污染压力、能源资源供应及布局情况等 15 个方面是促进“十三五”我国核能发展的正面因素。其中，政府对发展核电所持的态度对核能发展正面影响最大，能源需求规模及增长速度次之，气候变化带来的碳减排压力位列第三位。

4.5.1.2　“十三五”对核能发展其阻碍作用的负面影响因素

国际国内重大核事故影响、公众对核电接受度、放射性废物处理处置水平、乏燃料处理处置能力等 14 方面，是“十三五”制约我国核能发展的负面因素，需要在“十三五”期间通盘考虑。其中，国际国内重大核安全事故对核能发展阻碍作用最大，公众对核电接受度成为核安全事故外对核能发展阻碍作用最大的负面影响因素，放射性废物处理处置和乏燃料处理处置作为影响核能可持续发展的负面因素其作用不可小觑。

4.5.1.3　“十三五”我国核能发展形势趋势预测

“十三五”期间，在政府坚持发展核电、资源环境约束压力日益增大的形势下，我国核能发展持较乐观态度，将按照《核电规划》预定目标稳步发展，并可能会略好于预期。但由于重大核事故发生可能性的存在，公众出于恐惧核事故和邻避效应难以接受核电特别是内陆核电，放射性废物处理处置以及乏燃料处理处置等影响核能中长期发展战略的负面因素的存在，我国核能暂不会出现大规模、快速发展的现象。因此，“十三五”期间，我国核电将优先在沿海地区发展，适时启动内陆核电，新建核电项目建设速度稳定在 4～6 台机组/年，所有新建核电项目的安全水平将达到三代核电安全水平，核电技术自主化、核电设备国产化水平进一步提高，核电海外市场得到拓展，到 2020 年在运核电装机容量将达到 5 800 万 kW，在建 3 000 万 kW，总装机容量 8 800 万 kW。

4.5.1.4 “十三五”重大核安全问题

“十三五”期间，我国核能发展应重点关注和解决核行业有经验人才缺乏、核安全监管机制体制问题、核安全监管能力不足、高风险放射性废液的贮存及处理问题、中低放废物处置场选址及建设问题以及核事故应急机制体制等 34 个重大核安全问题，从根本上避免核安全事故发生，减少核安全风险累积，防止产生可能造成严重后果的问题。其中，核行业有经验人才缺乏位列“十三五”重大核安全问题之首，核安全监管机制体制问题和监管能力不足问题严重威胁到核安全，高风险放射性废液的贮存及处理和中低放废物处置选址及建设问题亟待解决。

4.5.2 建议

4.5.2.1 建立良性循环机制，保障核能稳步发展

强化公众宣传和核安全文化建设。深入分析研究社会心理，针对性开展核能公众宣传和科普知识教育，引导公众正确认识、合理比较、理性选择，培养公众接受核电的基础。进一步加强核能领域核安全文化建设，提高核燃料循环设施人员安全文化水平，培育核设备制造企业安全文化，加快核安全文化评价体系建设，在核能产业链及重要配套产业开展核安全文化评价。

合理配置人才资源和加快人才培养。合理解决利益分配，调整产业政策倾斜力度，充实核燃料循环前后端人才资源。进一步改善条件，吸引优秀人才进入核安全监管部门和核行业安全关键岗位，促进人才均衡流动。严格实行关键岗位人员资质管理制度，完善注册核安全工程师制度，提高相关人员整体素质。制订核能人力资源保障规划，加大人才培养力度，完善人才教育和培训体系。

加强核安全国际合作和技术交流。积极跟踪国际趋势，借鉴国际在核安全技术、法规、标准等方面的最新成果，吸取国际先进核安全管理和监督经验，开展新技术监管联合研究、信息共享、经验反馈。加强核燃料制造技术、新型核电安全技术、乏燃料后处理技术、高放废物处理处置技术等方面的引进和联合开发力度，不断提高我国在相关领域的技术水平。积极参与同行评估、应急响应与援助等领域内的国际合作。

4.5.2.2 加强重点领域治理，降低核与辐射安全风险

加大早期核设施退役及历史遗留放射性废物治理力度。重新梳理早期核设施退役及历史遗留放射性废物治理工作，针对性研究措施对策，制定合理、可行的治理路线图，加大投入，集中力量突破治理“瓶颈”，解决治理工作中的技术问题。加快高风险放射性废液固化治理工程建设，妥善处理处置历史遗留放射性废物。加快推进高放废物处置地下实验室建设，推动高放废物地质处置预选区研究。

稳步推进核电厂乏燃料及放射性废物处理处置规划建设。做好核电发展与乏燃料贮存、后处理及高放废物处理处置的政策、研究及能力建设之间的衔接、规划，降低核电厂乏燃料在堆贮存风险增长速度。进一步贯彻废物最小化管理策略，减少核电厂放射性废物产生量，对现场废物实施严格管理。强力推进中低放废物区域处理处置的布局、规划和能力建设，减少核电厂放射性废物风险增长。

重视铀矿冶环境污染治理。加大铀矿冶产品价格补偿力度，严惩铀矿冶环境污染行为，推动铀矿冶企业技术升级，减少放射性污染危害，定期监测和评价工作人员和公众受照水平，保护工作人员和公众健康。推进退役矿山及铀矿冶设施环境治理，做好铀尾矿坝监测和预警，降低环境风险。

4.5.2.3　突出风险防范理念，提高核设施安全水平

提高核电厂事故预防与缓解能力。推动核电厂中长期安全改进措施落实，加强核电厂安全管理。进一步提高核电厂抵御极端自然灾害的能力，强化核电厂实体保卫，降低和缓解恐怖袭击等人为事件对核电厂的影响。加大核电技术研发力度，力争“十三五”从设计上实际消除大规模放射性物质释放。

消除研究堆和核燃料循环设施安全隐患。开展研究堆定期安全审查，推进研究堆安全改进，对存在较大安全隐患的研究堆严格实施限制运行和安全关停。实行研究堆分类管理，开展研究堆安全分析和老化管理。加强核燃料循环设施工艺和安全研究，不断提高固有安全水平，稳步推进核燃料循环设施建造和运行。强化核燃料循环设施安全管理，防范临界安全风险。

确保核安全设备制造及核工程建设质量。强化对核安全设备管理力度，完善有关管理制度，加强核安全设备制造过程中管理和监督，建立核安全设备责任追溯制度；加强设备设计制造单位资质管理，合理设置门槛，实现有序竞争，在保证设备质量的基础上稳步推进国产化进程。全过程、全方位控制核电建造质量和安全，提高三代核电建造队伍的专业化水平，加快对三代核电技术建造、运行经验积累和反馈。

4.5.2.4　加快推进能力建设，夯实核与辐射安全基础

全面开展核与辐射安全监管能力建设。加快推进国家核与辐射安全监管研发基地建设、全国辐射环境监测体系能力建设、核与辐射安全监督站能力建设、省级和地市级能力建设。加强核安全监管技术研究，强化对核材料、放射性物品生产、运输、存储等环节的安全监管。推进核与辐射安全监管信息化建设，完善相关平台，提高监管信息化水平。

重点加强核与辐射安全事故应急能力建设。加强研究，推动核与辐射事故应急响应体系建设，提高严重事故的应急准备和响应水平。充实事故决策和指挥能力，建立国家级核事故应急响应队伍、建成重点区域核应急基地、加强应急物资储备。开展国家、区域、省级、基地及营运单位的应急抢险能力建设，加强反恐能力建设。

持续推进核与辐射安全科技创新能力建设。建立核与辐射安全与放射性污染防治科技创新平台，加强新技术和新工艺的研究开发和使用，实施创新驱动。加大高放废物处置、乏燃料后处理、核电厂延寿、核电厂退役等领域的研究力度。集中力量突破制约发展的核安全关键技术，提升核安全整体水平。有效整合重大专项等科研成果，积极推进创新成果应用。

4.5.2.5　完善法规政策措施，强化核与辐射安全保障能力

加快核与辐射安全法规标准体系建设。加快核安全法出台工作，推动原子能法立法进展，依法开展核安全监管。随着核能技术发展和核能产业升级，不断更新、修订原有的法规，补充完善新堆型、新机型的安全法规标准。随着核电运行时间增长，及早开展核设施延寿和退役的法规标准研究。在开展乏燃料后处理及高放废物处理处置研究时，同时考虑相应的安全法规标准制定。

优化和完善核与辐射安全管理机制和政策制度。进一步理顺核安全监管与核应急管理体制，确保核设施正常运行时受到独立、权威、有效的监督管理，事故状态时处于统一、协调、灵敏、高效的应急管控之下。完善核设施退役及放射性废物治理政策，明确各方核安全管理责任。一方面，将核电新建项目与放射性废物处置建设项目挂钩；另一方面，建立放射性废物处置场所在地区经济补偿机制，双管齐下，破除阻力，坚定不移落实放射性废物区域处置政策。加快制定核事故第三方损害责任制度。

加大核与辐射安全资金投入。充分利用现有资金渠道，加大政府在核与辐射安全领域的投入，重点保证在监管能力和核安全科研等方面的资金保障，引导和鼓励地方政府、企业集团资金投入，形成资金配套。逐步引入市场机制，完善相关政策机制，拓展资金渠道，开展核与辐射安全专项资金申请工作。完善核安全管理的资金管控模式，加强资金管理，提高管理水平。

本报告执笔：
核与辐射安全中心：董毅漫、张黎辉、刘黎明、李小丁、曲云欢；
环境规划院：陈瑾、程亮、马欢欢

5 土壤污染防治“十三五”思路

5.1 土壤环境质量现状及问题分析

5.1.1 土壤环境质量现状

5.1.1.1 土壤环境质量总体状况

2005 年 4 月至 2013 年 12 月，环境保护部联合国土资源部开展了首次全国土壤污染状况调查。调查点位覆盖全部耕地，部分林地、草地、未利用地和建设用地，实际调查面积约 630 万 km^2。调查结果表明，全国土壤环境状况总体不容乐观，部分地区土壤污染较重，耕地土壤环境质量堪忧，工矿业废弃地土壤环境问题突出。工矿业、农业等人为活动以及土壤环境背景值高是造成土壤污染或超标的主要原因。全国土壤总的超标率为 16.1%，其中轻微、轻度、中度和重度污染点位比例分别为 11.2%、2.3%、1.5%和 1.1%。污染类型以无机型为主，有机型次之，复合型污染比重较小，无机污染物超标点位数占全部超标点位的 82.8%。

从污染分布情况看，南方土壤污染重于北方；长江三角洲、珠江三角洲、东北老工业基地等部分区域土壤污染问题较为突出，西南、中南地区土壤重金属超标范围较大；镉、汞、砷、铅 4 种无机污染物含量分布呈现从西北到东南、从东北到西南方向逐渐呈升高的态势。

5.1.1.2 污染物超标情况

（1）无机污染物

镉、汞、砷、铜、铅、铬、锌、镍 8 种无机污染物点位超标率分别为 7.0%、1.6%、2.7%、2.1%、1.5%、1.1%、0.9%、4.8%（表 6-5-1）。

表 6-5-1 无机污染物超标情况

污染物类型	点位超标率/%	不同程度污染点比例/%			
		轻微	轻度	中度	重度
镉	7.0	5.2	0.8	0.5	0.5
汞	1.6	1.2	0.2	0.1	0.1
砷	2.7	2.0	0.4	0.2	0.1
铜	2.1	1.6	0.3	0.15	0.05
铅	1.5	1.1	0.2	0.1	0.1
铬	1.1	0.9	0.15	0.04	0.01
锌	0.9	0.75	0.08	0.05	0.02
镍	4.8	3.9	0.5	0.3	0.1

（2）有机污染物

六六六、滴滴涕、多环芳烃 3 类有机污染物点位超标率分别为 0.5%、1.9%、1.4%（表 6-5-2）。

表 6-5-2 有机污染物超标情况

污染物类型	点位超标率/%	不同程度污染点比例/%			
		轻微	轻度	中度	重度
六六六	0.5	0.3	0.1	0.06	0.04
滴滴涕	1.9	1.1	0.3	0.25	0.25
多环芳烃	1.4	0.8	0.2	0.2	0.2

5.1.1.3 不同类型土壤环境质量状况

（1）耕地

土壤点位超标率为 19.4%，其中轻微、轻度、中度和重度污染点位比例分别为 13.7%、2.8%、1.8%和 1.1%，主要污染物为镉、镍、铜、砷、汞、铅、滴滴涕和多环芳烃。林地：土壤点位超标率为 10.0%，其中轻微、轻度、中度和重度污染点位比例分别为 5.9%、1.6%、1.2%和 1.3%，主要污染物为砷、镉、六六六和滴滴涕。

（2）草地

土壤点位超标率为 10.4%，其中轻微、轻度、中度和重度污染点位比例分别为 7.6%、1.2%、0.9%和 0.7%，主要污染物为镍、镉和砷。

（3）未利用地

土壤点位超标率为 11.4%，其中轻微、轻度、中度和重度污染点位比例分别为 8.4%、1.1%、0.9%和 1.0%，主要污染物为镍和镉。

5.1.1.4 典型地块及其周边土壤污染状况

（1）重污染企业用地

在调查的 690 家重污染企业用地及周边的 5 846 个土壤点位 4 中，超标点位占 36.3%，主要涉及黑色金属、有色金属、皮革制品、造纸、石油煤炭、化工医药、化纤橡塑、矿物制品、金属制品、电力等行业。

（2）工业废弃地

在调查的 81 块工业废弃地的 775 个土壤点位中，超标点位占 34.9%，主要污染物为锌、汞、铅、铬、砷和多环芳烃，主要涉及化工业、矿业、冶金业等行业。

（3）工业园区

在调查的 146 家工业园区的 2 523 个土壤点位中，超标点位占 29.4%。其中，金属冶炼类工业园区及其周边土壤主要污染物为镉、铅、铜、砷和锌，化工类园区及周边土壤的主要污染物为多环芳烃。

（4）固体废物集中处理处置场地

在调查的 188 处固体废物处理处置场地的 1 351 个土壤点位中，超标点位占 21.3%，以无机污染为主，垃圾焚烧和填埋场有机污染严重。

（5）采油区

在调查的 13 个采油区的 494 个土壤点位中，超标点位占 23.6%，主要污染物为石油烃和多环芳烃。

（6）采矿区

在调查的 70 个矿区的 1 672 个土壤点位中，超标点位占 33.4%，主要污染物为镉、铅、砷和多环芳烃。有色金属矿区周边土壤镉、砷、铅等污染较为严重。

（7）污水灌溉区

在调查的 55 个污水灌溉区中，有 39 个存在土壤污染。在 1 378 个土壤点位中，超标点位占 26.4%，主要污染物为镉、砷和多环芳烃。

（8）干线公路两侧

在调查的 267 条干线公路两侧的 1 578 个土壤点位中，超标点位占 20.3%，主要污染物为铅、锌、砷和多环芳烃，一般集中在公路两侧 150 m 范围内。

5.1.2 土壤污染成因分析

土壤环境是一个开放的系统，土壤环境质量受多重因素叠加影响，在局域范围内，人为活动的影响更为突出。我国土壤污染是在工业化发展过程中长期累积形成的。工矿业、农业生产等人类活动和自然背景高是造成土壤污染的主要原因。调查结果表明，局域性土壤污染严重的主要原因是工矿企业排放的污染物造成的，较大范围的耕地土壤污染主要受农业生产活动的影响，一些区域性、流域性土壤重金属严重超标则是工矿活动与自然背景叠加的结果。

5.1.2.1 工矿企业污染

一是金属矿冶炼活动造成的污染。有色、黑色金属冶炼是造成采矿区和矿产资源型城市土壤重金属污染的主要原因。金属冶炼过程中含有重金属的粉尘沉降是造成其周边土壤重金属污染的一个重要原因；矿冶废水直接排放和土法冶炼也会造成企业周边土壤重金属污染。例如，中南地区的湖南永州、衡阳、株洲、湘潭、常德，湖北黄石等地，长期以来有色金属矿采选、冶炼加工、黑金属加工制造等缺乏有效监管，如石门雄黄矿的开采，造成矿区周边土壤 As 污染严重。

二是重污染企业生产造成的污染。重污染企业在生产过程中，由于设备老化、生产工艺等限制因素，污染物无组织排放，导致企业周边土壤污染。王隆丹等研究表明，我国每年有 60 万 t 石油经跑冒滴漏等途径进入环境，其中绝大部分进入土壤。重污染企业排放的工业废水中含有大量重金属和有机污染物，直接排放可造成企业周边土壤的污染。2104 年，衡阳市衡东县大浦工业园发现“血铅儿童”事件，共检测出疑似高血铅症的儿童多达 82 人；河南济源千名儿童血铅超标，周边土壤均受到严重污染。

三是工业废弃地造成的污染。自 20 世纪 90 年代以来，伴随着产业结构和土地利用规划调整，大批工业企业搬迁或关闭，部分工业废弃地环境风险较高，成为新的污染源，对周边土壤环境质量构成威胁。据统计，在搬迁的污染企业中，100 个地块有 20%～30%可能存在不同程度的土壤和地下水污染，如化工和电镀等企业都可能存在土壤和地下水污染，而曾用做加油站的地块 10%～20%也都可能存在污染。重庆市在 2004—2012 年，集中搬迁了 137 家污染企业，而这些企业原址基本都位于黄金地段，很多地块污染状况不详；截至 2009 年底，江苏省累计关闭化工生产企业 4 631 家，部分化工遗留或遗弃场地的土壤污染严重。

四是废弃物堆放场地造成的污染。在矿产资源开发利用过程中，堆放于地表的废石、尾砂、废渣、粉煤灰通过风化和淋滤等作用，其中的重金属被活化并以各种形式逸散到周围环境中，并最终进入土壤导致环境污染。废旧电器和报废汽车含有铅、汞、镉和铬等重金属，以及多溴联苯、多溴联苯醚和石油烃等有机污染物，处理不当可对土壤环境造成污染。我国的垃圾处理处置主要是以堆放、填埋为主，致使大量成分复杂、污染物含量极高的渗滤液进入土壤和地下水中，造成周围土壤污染，非卫生填埋场周边的土壤污染尤其严重。河道和湖泊疏浚底泥，重金属、持久性有机污染物含量一般都较高，如不加处理直接施用于城市绿地或农田，会导致土壤污染。例如，云南曲靖一化工厂任意堆放剧毒铬渣 20 余年，周边土壤受到严重污染；辽宁锦州某铁合金企业，违规堆放铬渣，导致近 20 km^2 范围内的水质和土壤遭受六价铬污染。

5.1.2.2 农业生产活动

一是污水灌溉引起的污染。工业污水直接灌溉或使用受污染的江（河）水灌溉农田是造成耕地土壤污染的主要原因之一。目前我国 140 万 hm^2 污灌农田中，有 30%的土壤受不同程度的重金属污染，尤其是辽宁、河北、黑龙江及北京等北方旱作地区。据统计，我国由工业“三废”污染耕地 1 000 万 hm^2，受污水灌溉污染的农田面积约 330 万 hm^2，每年因重金属污染而减产粮食超过 1 000 万 t，被重金属污染的粮食每年多达 1 200 万 t，由此造成的经济损失超过 200 亿元。

二是农药、化肥、农膜等农业投入品使用造成的污染。滴滴涕和六六六等有机氯农药于 20 世纪 80 年代被全面禁用，但由于其具有较高的稳定性和持久性，在土壤环境中降解缓慢，目前土壤中还能够普遍检出，在有的地区还存在较高的残留。同时，滴滴涕作为三氯杀螨醇的原料、六六六作为农药中间体和林丹的原料仍在国内生产、使用，造成新的土壤污染。施用含铜农药和含砷农药（如亚砷酸钠、砷酸钙）成为农用土壤特别是果园土壤中重金属污染的主要来源之一。常用的磷肥中含有一定量的重金属，较为突出的是镉。磷肥的长期施用是导致局部农田土壤镉污染的原因之一。近年来，我国农用磷肥施用量呈逐年增加趋势，2012 年磷肥施用量达到 828.6 万 t。农膜的大量使用是设施农业土壤中酞酸酯污染的主要来源，农膜中酞酸酯类化合物的含量很高，《中国农村统计年鉴（2013）》数据显示，2012 年我国农用塑料薄膜年使用总量为 131.1 万 t，农膜中的酞酸酯易于从塑料中解析并进入土壤环境，导致大面积的酞酸酯污染。

三是畜禽养殖造成的污染。畜禽养殖也是造成土壤重金属污染的一个重要因素。硫酸铜、硫酸锌、洛克沙胂等饲料添加剂含有大量铜、锌、镉、砷等重金属物质，畜禽粪便作为有机肥料施用到农田中会导致土壤铜等重金属的污染。在一些受规模化畜禽养殖废水灌溉影响及施用养殖场有机肥的耕地土壤中，土壤中砷、镉、铜、锌等重金属超标严重。《全国首次污染源普查公报》显示，农业面源污染的主要污染源便是畜禽养殖，贡献率达到 58.21%；畜禽养殖业主要水污染物排放量中铜为 2 397 t，主要原因是饲料添加剂（如硫酸铜、硫酸锌、洛克沙胂等）含有大量铜、锌、镉、砷等重金属物质。畜禽粪便作为有机肥料施用到农田中会导致土壤铜等重金属的污染。

四是污泥施用引起的污染。《中国环境年鉴（2013）》数据显示，2012 年我国废水排放总量为 685 万 t，城镇污泥产生量（处置量）约为 2 419 万 t，土地利用处理量约为 454 万 t，占污泥处置总量的 19%。污泥中含有重金属、多氯联苯、二噁英等多种污染物，农田长期施用污泥可导致土壤污染。

5.1.2.3　自然背景值高等原因

自然背景值高引起的重金属超标。我国西南、中南地区分布着大面积的有色金属成矿带，镉、汞、砷、铅等元素的自然背景值较高，加上金属矿冶、高镉磷肥施用等，导致这些地区重金属普遍超标，加剧了区域性的土壤重金属复合污染。此外，长江中下游两岸土壤镉污染可能与流水搬运和洪灾有关。在镉成矿带和高背景值地区，由于洪水等作用，土壤中的镉可在流域中下游形成富集区或富集带。

5.1.3　土壤污染危害严重

长期以来，由于土壤环境保护没有得到应有重视，历史欠账较多，多年累积的土壤环境问题逐步显现，呈现出新老污染物并存、无机有机复合污染的特征，局部地区已经出现中度和重度土壤污染，对农产品质量安全和人体健康构成严重威胁。

5.1.3.1　影响农作物产量和品质

土壤中有害物质含量过多，超过其自净能力时，将会引起土壤的组成结构和功能发生变化，微生物活动会受到抑制，有害物质及其分解产物在土壤中逐步积累，对土壤—植物系统产生毒害。影响作物生长，造成减产；农作物可能会吸收富集某种污染物，影响农产品质量。如湖北省大冶地区长期受有色金属冶炼的污染物排放影响，导致土壤镉污染严重，造成稻谷和蔬菜中镉严重超标；2010 年，位于山东潍坊高密的夏庄镇、河崖镇及潍坊寿光的稻田镇等地，检出有机磷残留严重超标韭菜 1 930 kg。

5.1.3.2　严重危害人民群众身体健康

长期食用受污染农产品可能对人体健康造成损害，住宅、商业、工业等建设用地土壤污染还可能通过经口摄入、皮肤接触和呼吸等途径危害人体健康。如广东省翁源县大宝山矿区长期不合理的矿产资源开采，造成周边农田及农作物严重污染，导致位于其下游的上坝村村民重病频发，健康损害严重。

5.1.3.3　威胁生态环境安全

土壤污染影响植物、动物和微生物的生长和繁衍，危及正常的土壤生态过程和生态服务功能。土壤中的污染物可能发生转化和迁移，继而进入地表水、地下水和大气环境，影响周边环境介质的质量。此外，土壤污染问题在一定程度上还影响着我国的农产品对外贸易和环境外交利益。

5.2　土壤环境管理基础及存在问题

5.2.1　土壤环境管理基础

5.2.1.1　土壤环境保护法规标准现状

目前我国还没有关于土壤环境保护的专门法律法规，相关法规主要分散体现在环境污染防治、自然资源保护和农业类法律、法规之中。主要包括《环境保护法》《水污染防治法》《固体废物污染环境防治法》《土地管理法》《基本农田保护条例》《危险化学品安全管理条例》《农产品质量安全法》《农产品产地安全管理办法》《土地复垦条例》等，且条文大多为宣示性条款，缺乏可操作性。

我国已经颁布实施了20多项主要适用于土壤环境保护的国家及行业标准，包括土壤环境质量标准，土壤环境质量评价标准，各类、各级农产品产地环境标准（包括土壤）、土壤污染控制相关标准、土壤中各类污染物测定方法标准等。主要包括《土壤环境质量标准》（GB 15618—1995）、《食用农产品产地环境质量评价标准》（HJ 332—2006）、《温室蔬菜产地环境质量评价标准》（HJ 333—2006）、《展览会用地土壤环境质量评价标准（暂行）》（HJ 350—2007），以及《工业企业土壤环境质量风险评价基准》（HJ/T 25—1999）、《场地环境调查技术导则》（HJ 25.1—2014）、《污染场地环境监测技术导则》（HJ 25.2—2014）、《污染场地风险评估技术导则》（HJ 25.3—2014）、《污染场地土壤修复技术导则》（HJ 25.4—2014）等污染地块环境标准。这些标准中大部分由原环境保护部制定颁布，也有部分由原农业部、国家质量监督检验检疫总局等其他部委提出制定。

5.2.1.2 农用地分类管理的现状

我国在农用地分类管理方面有一定工作基础，主要有国土部门制定的农用地分等、农用地定级、基本农田保护区划分等，农业部门制定的全国耕地类型区、耕地地力等级划分等。农用地分等是根据农用地的自然属性和经济属性，对农用地的质量优劣进行综合分析、定量评定，并划分等别。农用地定级着眼于县级行政区内农用地质量级别及其分布，只在本行政区内可比。全国耕地类型区和耕地地力等级划分根据耕地基础地力不同所构成的生产能力，将全国耕地分为10个地力等级。根据农业土壤类型、气候条件、土地利用特征共性的特定区域和范围，将全国耕地划分为7个耕地类型区。基本农田保护区划分是从战略高度出发，为了满足一定时期内人口和国民经济对农产品的需求而必须确保的耕地的最低需求量，老百姓称为“吃饭田”“保命田”。

但是现有的农用地保护政策未充分考虑土壤污染因素，虽然分等定级的技术方法也涉及了土壤污染状况因素，但是由于在分等定级中所占的权重较小，在很多情况下不能起决定性作用。此外，每个等级的农用地都缺乏相应的利用和管理措施，忽视土壤环境质量的变化及应采取的相应对策，尤其是对等级降低情况的处罚措施不够明确。

5.2.1.3 建设用地土壤环境监管现状

近年来，我国建设用地土壤环境管理工作受到国务院和原环境保护部的重视。原国家环境保护总局于2004年下发了《关于切实做好企业搬迁过程中环境污染防治工作的通知》，对危险废物有关地块改变土地使用用途，以及对搬迁的工业企业地块的调查和修复做出了规定。2005年底，在国务院《关于落实科学发展观加强环境保护的决定》中，明确提出对污染企业搬迁后的原址进行土壤监测、风险评估和修复。2008年环境保护部召开了第一次全国土壤污染防治工作会议，会议要求当前和今后一个时期必须加强城市建设用地和遗弃污染地块环境监管，组织开展搬迁企业原厂址土壤污染风险评估及修复工作，降低土地再利用对人体健康影响的风险，随后环境保护部提出了《关于加强土壤污染防治工作的意见》。2012年，环境保护部联合工业和信息化部、国土资源部、住房和城乡建设部，共同发布了《关于保障工业企业场地再开发利用环境安全的通知》，这些工作为我国规范建设用地土壤环境监管奠定了基础。2014年环保部发布了《污染场地术语》《场地环境调查技术导则》《场地环境监测技术导则》《污染场地风险评估技术导则》《污染场地土壤修复技术导则》，具体规定了污染地块土壤调查、风险评估和修复技术方案编制的基本原则、程序、内容和技术要求。

近年来，我国多个省、市地方政府也制定了有关建设用地的管理条例或办法。如 2006 年，浙江省颁布《浙江省固体废弃物污染环境防治条例》，规定对污染土壤要实行环境风险评估和修复制度；2007 年，北京市环保局发布《关于开展工业企业搬迁后原址土壤环境评价有关问题的通知》，印发《场地环境评价导则》，对开展地块环境调查、评价的工作程序和技术方法进行了规范；同年，沈阳市环保局、规划和国土资源局联合印发《沈阳市污染场地环境治理及修复管理办法（试行）》，对污染地块的评估与认定作了规定；2008 年，重庆市政府印发《关于加强我市工业企业原址污染场地治理修复工作的通知》等。2009 年，南京市颁布《南京市固体废物污染环境防治条例》，常州市印发《关于推进中心城区工业企业搬迁的试行意见》。

5.2.2 土壤环境管理存在问题

当前和今后一个时期，我国经济增长的资源环境约束不断加剧，土地资源紧缺、人口众多的基本国情没有变化，粮食安全保障的压力持续加大，土壤环境保护面临诸多挑战。

5.2.2.1 土壤环境保护压力日益增加

未来一段时期，我国重化工业仍将保持较大规模，污染物排放将进一步加重区域性、流域性土壤污染；随着矿产资源开发强度加大，以及煤炭、石油生产和消费量的增加，土壤中有机污染物和重金属的负荷将继续增加，对土壤环境形成巨大压力；在现有农业生产条件下，为保障农产品需求，化肥、农药、农膜等农用化学品使用量仍将维持在较高水平，大量重金属和农药等有机污染物进入土壤，将成为土壤环境质量下降的重要因素。

5.2.2.2 土壤环境问题日趋复杂

除重金属外，我国土壤有机污染也日趋严重；稀土、酞酸酯、抗生素、激素、放射性核素、病原菌等污染物对土壤的污染不容忽视，土壤环境问题呈现多样性和复合性的特点，风险管控难度进一步加大，多年累积的土壤环境问题将呈集中爆发的态势。如不采取有力措施，今后一段时期内我国土壤污染加重的趋势将难以根本扭转，土壤污染问题将成为影响公众健康与和谐社会建设的重要因素。

5.2.2.3 土壤环境监督管理体系不健全

目前我国尚无土壤环境保护的专项法律法规。土壤环境保护标准体系不健全，现行土壤环境质量、监测分析方法、标准样品等标准已不能满足新时期土壤环境保护工作需要，亟待修订和完善。各地土壤环境监测、监督执法、风险预警体系建设严重滞后，难以对辖区内土壤环境实施有效监控。土壤环境保护科技支撑能力不足，基础研究薄弱，适合我国国情的土壤污染防治实用技术和设备有待开发。土壤污染治理投入严重不足，有效的投入机制亟待建立。各级政府统一组织、有关部门分工负责、各有关方共同参与的土壤环境保护管理体制尚未形成。

5.3 土壤污染防治的总体思路与目标指标

5.3.1 指导思想

全面贯彻党的十八大和十八届三中、四中、五中全会精神，按照“五位一体”总体布局和“四个全面”战略布局，牢固树立创新、协调、绿色、开放、共享的新发展理念，以改善土壤环境质量为核心，以保障农产品质量和人居环境安全为出发点，以农用地和建设用地为重点，坚持人地和谐、地力常新、安全健康、永续利用，构建适合国情的融预防—保护—风险管控—治理修复—监管为一体的土壤管理体系，通过全面实施土壤保护战略，稳固维系中华民族繁荣与文明发展的土壤资源数量和质量的根基，保障国家粮食安全、环境安全、生态安全和国民健康，促进小康社会和生态文明的全面建设。

5.3.2 战略方针

面对现阶段和未来相当长一段时期显现的或潜在的土壤环境污染问题，统筹土壤环境保护与社会经济建设，统筹土壤肥力维护与农业持续发展，统筹土壤生态建设与生物多样性保护，统筹土壤污染治理与人居环境健康保障，统筹土壤安全利用与区域气候变化影响，统筹服务土壤保护的中央、地方政府和社会各方资源投入，坚持“土壤利用与土壤保护并行，土壤数量与土壤质量并重”，坚持预防为主、保护优先、风险管控、综合治理，依靠科技进步，强化土壤环境保护法治，提高社会公众的土壤保护意识，长期不懈地努力建设具有中国特色的土壤保护体系。

5.3.3 战略目标

（1）总体目标

以维护土壤生态功能、改善土壤环境质量，保障农业生产、农产品质量安全和人体健康为目标，查明全国土壤环境质量状况，明确土壤环境监管重点；实施受污染农用地安全利用和污染地块治理修复，有效避免、遏制或清除土壤污染；积极推进土壤科技创新，完善土壤污染防治方法，建立土壤污染控制修复技术应用体系，创新现代土壤科学，促进土壤科技进步和专业队伍建设；不断完善我国土壤环境保护法制、体制和机制，提升土壤质量监管能力，逐步健全国家土壤环境保护体系。

（2）近期目标（到2020年）

建立和健全我国土壤保护法制、体制和机制，初步建立国家土壤保护体系，实现土壤资源数量和质量的有效监管；进一步摸清全国土壤环境质量状况；建立健全土壤污染防治法规标准体系；建立农用地和建设用地土壤环境监管的有效技术模式；提升土壤保护科技研究水平；初步遏制土壤污染加重趋势，严控受污染耕地和污染地块环境风险，保障农产品质量安全、饮用水资源和人群健康；生态环境脆弱区和农业主产区的土壤保护取得阶段性成效。

工作目标：完成土壤污染状况详查，摸清土壤污染底数；研究制定土壤污染防治相关法律、法规，出台土壤污染防治法，制定农用地、建设用地土壤环境管理办法，鼓励出台地方性法律、法规；制定和完善国家和地方土壤环境质量标准体系；建立土壤污染源头控制体系，严防新增土壤污染；建立农用地分类管理和建设用地准入管理体系；建立土壤污染风险管控、治理修复技术体系，实施一批治理与修复试点项目；开展重点地区土壤污染综合防控，启动一批试点；建立一批土壤污染防治重点实验室和工程技术中心；建立土壤污染防治政策保障，完善资金投入和筹措机制；建立土壤污染防治评估考核机制，严格责任落实。到2020年，受污染耕地安全利用率达到90%左右，污染地块安全利用率达到90%以上。

（3）中期目标（到2030年）

进一步完善国家土壤环境保护法规标准体系，健全土壤保护监管体系，有效保障农用地和建设用地土壤环境安全，全面管控土壤环境风险，修复土壤污染高风险区，全面提升国家土壤科技研究和教育水平，使全国土壤环境质量状况明显改善。

工作目标：进一步修订和完善国家和地方土壤环境保护法律法规，完善土壤环境质量标准体系，落实土壤保护体制和机制；明确我国土壤环境质量的变化规律，实现国家土壤环境质量的预警预报；全面实施受污染农用地安全利用和污染地块治理修复，保障农产品质量安全和人居环境健康；健全土壤污染风险管控、治理修复技术体系；土壤保护意识深入民心，形成土壤环境保护的良好社会氛围。到2030年，受污染耕地安全利用率达到95%以上，污染地块安全利用率达到95%以上。

5.4　加强土壤污染防治的对策

5.4.1　开展全国土壤污染状况详查

在全国土壤污染状况调查、土地利用现状调查、耕地地球化学调查、农产品产地土壤重金属污染调查的基础上，以耕地、园地、牧草地等农用地及现有和已关停并转、破产、搬迁的重点行业企业用地为重点，开展全国土壤污染状况详查，全面掌握我国耕地土壤环境质量状况，进一步查明我国农产品主产区与蔬菜基地土壤污染的程度、范围、面积和原因，评估土壤污染对农产品质量安全的影响，掌握工矿企业污染地块分布及其环境风险，开展土壤环境风险预测预警，提出我国土壤环境保护对策，为强化耕地土壤环境监管、保障农产品质量安全和人体健康提供决策依据。

5.4.2　完善土壤环境保护相关法规标准

5.4.2.1　加快土壤污染防治立法进程

为进一步规范我国土壤污染防治工作，亟须制定土壤污染防治法，对土壤污染防治工作进行要求。

一是土壤环境功能区划和土壤环境保护规划制度，对区域进行合理的划定。以土壤环境功能区划为基础，政府出台土壤环境保护规划，作为指导土壤环境保护工作的依据。

二是土壤环境质量调查和监测制度，如拟收回土地使用权的重点行业企业用地、发生土壤污染事故时，应启动调查。

三是土壤优先保护区制度。落实农用地分类管理要求，未污染和轻微污染的农用地要划为优先保护类农用地，并确定优先保护区范围，确保土壤环境质量不下降，有条件的还要加以改善。

四是建设用地分用途管理制度。符合相应规划用地土壤环境质量要求的地块，可进入用地程序；不符合相应要求的，经治理修复达标后方可进入用地程序。暂不开发利用或现阶段不具备治理修复条件的污染地块，要采取环境风险管控措施。

五是土壤污染治理与修复责任制度。责任方应该包括污染者和土地使用权人（含现在和过去的使用权人）。原则上污染者承担责任，但如果土地使用权人对于污染和污染的扩散有严重过失，也要承担责任。责任主体灭失或责任主体不明确的，由所在地人民政府依法承担相关责任。

六是土壤污染防治资金保障制度。土壤污染治理与修复资金投入由造成土壤污染的单位或个人承担。国家设立土壤污染防治基金，主要用于责任主体灭失的地块治理与修复等。

5.4.2.2 完善土壤环境相关标准体系

我国土壤环境保护标准体系建设应针对农用地土壤和污染地块环境管理的不同需求，根据不同利用功能和保护目标，建立土壤环境污染调查评估、监测及治理与修复的标准体系（表 6-5-3）。

表 6-5-3 土壤环境保护标准制修订建议清单

类 别	标准名称	内 容
土壤环境质量管理	农用地土壤环境质量标准	规定农用地土壤污染物限值标准
	建设用地土壤环境质量标准	规定居住和商业、学校、医疗、养老机构等用地土壤污染物限值标准
	土壤环境监测技术规范	规定土壤环境质量监测布点和采样方法
	土壤环境质量评价技术规范	规定土壤环境质量评价指标和方法
	土壤环境质量标准制订技术导则	规定基于背景、健康风险和生态风险的标准制定程序和方法
	土壤环境功能区划技术导则	规定土壤环境功能区划程序、方法和技术要求
污染地块土壤风险管理	污染地块环境监测技术规范	规定污染地块环境（土壤、地下水、气体）监测布点、采样方法和技术要求
	污染地块环境调查评估技术规范	规定污染地块环境质量调查程序、方法和技术要求
	污染地块风险评估技术导则	规定地块健康、生态及保护地下水的风险评估程序、方法和技术要求
	污染地块土壤风险管控技术导则	规定土壤风险评估程序和方法
	污染地块土壤修复技术导则	规定污染地块土壤修复技术方案编制程序和技术要求
土壤环境分析测试方法	土壤样品前处理技术	规定土壤样品前处理方法和技术要求
	土壤无机污染物分析测试方法（系列）	规定土壤中重金属等无机污染物全量/有效态量测试方法
	土壤有机污染物分析测试方法（系列）	规定土壤中挥发性、半挥发性及持久性有机污染物的测试方法
土壤环境分析测试方法	土壤理化性质测试方法（系列）	规定土壤理化性质测试方法（pH/OM/CEC/黏粒含量等）
	土壤生物试验方法（系列）	规定土壤毒性测试方法（植物/微生物/酶/动物等）
土壤环境标准样品	土壤无机污染物标准样品（系列）	标准物质、标准溶液
	土壤有机污染物标准样品（系列）	标准物质、标准溶液
	其他	—
基础标准	土壤质量词汇	规定土壤质量相关概念、术语、标识与符号
	污染地块词汇	规定污染地块相关概念、术语、标识与符号

一是完善现行土壤环境质量标准。修订现行国家土壤环境质量标准，发布农用地、建设用地土壤环境质量标准；完善土壤环境监测技术规范，制定土壤环境质量评价技术规范等。

二是研究制定污染地块土壤风险管理标准。制定污染地块环境监测、调查评估、风险管控、治理与修复等技术规范。

三是完善土壤环境分析测定方法。完善我国土壤中重金属等无机污染物分析测定方法，建立土壤中各类有机污染物分析测定方法，建立土壤环境样品前处理方法等。

四是研制土壤环境标准样品。研制和完善我国土壤中重金属等无机污染物、有机污染物分析测定所需的土壤标准样品和标准溶液。

五是完善土壤环境基础标准。主要包括土壤环境标准的概念、定义、术语、符号、标识、计量单位等。

5.4.3　实施农用地分类管理

以耕地为重点，划定农用地土壤环境质量类别。按污染程度将农用地划为三个类别，未污染和轻微污染的划为优先保护类，轻度和中度污染的划为安全利用类，重度污染的划为严格管控类，分别采取相应管理措施，保障农产品质量安全。

5.4.3.1　严格保护优先保护类农用地

对确定为优先保护类农用地，各地要将符合条件的优先保护类耕地划为永久基本农田，确保其面积不减少、质量不下降。非农建设原则上不得占用优先保护类农用地。在优先保护类耕地集中区域内实行土地利用方式的限制（准入制度）；禁止新建有色金属、皮革制品、石油煤炭、化工医药、铅酸蓄电池、电镀等排放重金属和持久性有机污染物的项目；已建和在建的项目，由县级以上人民政府依法责令企业拆除设施设备，或引导企业搬迁至符合条件的工业园区。对农业生产过程中的农药、化肥等化学品投入要加以限制，禁止使用污泥和污水灌溉。对监管不力、措施不到位等导致优先保护类农用地面积减少或土壤环境质量下降的县（市、区），进行预警提醒并采取环评、用地限批等措施，依法追究责任。

5.4.3.2　实施受污染农用地安全利用

对确定为安全利用类农用地，市县有关部门要加强土壤环境质量监测和农产品质量检测，及时掌握土壤污染物来源、土壤环境质量变化和农产品质量状况，对重金属超标的农产品，要按照国家有关规定处理处置。有关县（市、区）人民政府要采取严格环境准入、加强污染源监管等措施，防止土壤污染加重；采取农艺调控、替代种植等措施，控制土壤中重金属进入农产品，降低农产品超标风险。安全利用类耕地集中的县（市、区）要结合当地主要作物品种和种植习惯，制定实施受污染耕地安全利用方案。

5.4.3.3　严控重度污染耕地环境风险

对确定为严格管控类农用地，严格用途管制，采取调整种植结构、划定特定农产品禁止生产区域等措施，从源头上防止农产品受到污染，加强防护措施，防止污染的扩散和加重，因地制宜进行修复。依据国家有关部署，按照“土尽其用”的原则，有序开展种植结构调整或退耕还林还草，配合适宜的工程措施，隔离污染，防止污染的扩散和转移。在种植结构调整等措施落实到位前实行农产品质量检测，加强对重金属超标农产品的用途管控，建立超标农产品处置长效机制，禁止不符合食品安全标准的农产品进入口粮市场。对于因特定农产品禁止生产区域划定、种植结构调整等导致的农户经济损失，国家和地方给予补偿。

5.4.4 建立建设用地准入管理

我国中央和地方政府在建设用地的监管方面出台了一些政策和法规，为在全国规范建设用地的环境监管提供了基础，但我国建设用地的土壤环境监管还处于起步阶段。因此，“十三五”期间，应重在建立建设用地监管机制，实施污染地块准入管理，保障人居环境健康。

5.4.4.1 建立建设用地土壤环境调查评估制度和污染地块名录

国家应建立新增建设用地以及收回、收购国有建设用地的强制调查评估与备案制度，以摸清污染现状，厘清污染责任。所有新增排放重点污染物的建设项目在办理用地手续前，建设单位或个人需要按照国家有关技术规定，委托有资质的土壤环境调查评估机构，对拟规划、建设的地块进行土壤环境调查。受到污染的，应按照有关规定程序进行土壤环境调查和风险评估。国家收回、收购国有建设用地前，应组织对被收回的土地进行土壤环境调查、评估，摸清土壤环境状况。现有建设用地转让、改变土地用途时，土地转让方须提供由具有相应资质的机构编制且经受让方认可的土壤环境质量状况评估报告，并在同级环境保护主管部门备案。各县（市、区）开展辖区内已关停并转或搬迁企业用地的土壤污染状况排查，掌握其特征污染物、原排放方式、扩散途径以及敏感目标等，结合新增建设用地土壤环境调查的结果，建立本区域内已关停并转或搬迁企业用地的潜在污染地块名单，并逐年更新。各地要以有色金属矿采选、有色金属冶炼、石油开采、石油加工、化工、焦化、电镀、制革 8 个行业企业为重点，根据疑似污染地块调查结果，建立企业潜在污染地块名录。对于潜在污染地块名录中所列的地块，各地应按照其分值，逐步对其进行土壤环境详查。经现场采样，确认对人体有健康风险的列入污染地块名录，并逐步建立、完善污染地块档案，实行动态管理。

5.4.4.2 强化建设用地再开发利用的土壤环境监管

应加强建设用地环境监管，制定并完善城市建设用地土壤污染防治法律法规及不同规划用途土地（居住、休闲娱乐、商业、工业用地）土壤环境质量标准，加强制度和规范建设，建立、明确监管机制与机构，厘清监管程序，提升监管能力，制定监管细则；在技术体系上，指导建设用地治理与修复工程项目的立项、设计、建设、运行、管理、监理和成本分析，引导建设用地的再开发。

5.4.4.3 实施建设用地土壤环境分用途管理

在摸清建设用地污染底数的基础上，建立污染监测、举报等发现机制，实施开发过程环境监管，实现国家、省、市、县统筹分工，对污染地块实行分用途管理。以重污染工业企业、工业废弃地、工业园区、固体废弃物集中处置场所、采油区、采矿区、干线公路两侧地块和棕地为重点，加强监测和风险评估，依据风险水平的高低，制订相应的修复计划，在统一的法规、标准、技术体系下进行管理，有层次地推进治理工作。加强污染地块开发利用的环境监管，严格控制污染地块开发利用和流转的审批。现有建设用地转让、改变用途时发现的污染地块，由当事人协商确定治理与修复的责任主体，并将治理与修复计划、责任划定报所在地环保部门备案。对新增建设用地土壤环境调查以及国家收回、收购国有建设用地使用权时确认的污染地块，责任主体明确的，由有关责任主体承担污染地块的风险评估、治理与修复的责任及相关费用；责任主体不具备相关费用支付能力的，有关费用不足部分由当地政府承担。责任主体不明确的，污染地块的风险评估、治理与修复由当地政府负责并承担相关费用。

将建设用地土壤环境管理要求纳入城市规划和供地管理，土地开发利用必须符合土壤环境质量要求。未按有关规定开展地块土壤环境调查或者地块土壤环境质量不能满足新的用地要求的，经治理修复达标后方可进入用地程序。未取得相关手续、擅自开发利用的，要依法予以严惩。

各地要加强对未开发利用污染地块的土壤环境监测，及时掌握土壤环境变化情况，并评估其影响。严控暂不开发利用污染地块环境风险，所在地县级人民政府应当发布政府公告、设立标识牌，明确禁止和限制使用的要求；对污染严重又暂不修复的地块，要明确监管的责任主体，采取封闭污染区域、限制人员进入、禁止农业生产、禁止取水用水等措施，责令相关责任方清理污染物，或采取污染物隔离、阻断等工程和管理措施，控制污染土壤对人体健康可能造成的影响。

5.4.4.4　建立建设用地土壤污染治理与修复资金投入机制

按照“谁污染，谁负责；谁投资，谁受益”的原则，充分利用土地产权交易、社会资金、财政和税费杠杆、国际基金、民营资本等手段，利用市场机制（如融资、融债等）筹集污染地块修复资金，构建多渠道的融资平台和多元化的融资机制。同时，可借鉴煤炭等工业行业的融资机制，建立建设用地可持续管理与修复发展基金，并考虑对修复企业给予税收优惠政策。

5.4.4.5　明确监管部门分工和协同管理机制

我国应建立由环保部门牵头，多部门协同监管的体系和多方参与的合作机制。在国家层面上，应建立环保、国土、工信、住建、发改、农业、安监等参与的多部委协同监管体系；在地方层面上，建立环保、国土、规划等参与的多部门协同监管体系。在建设用地污染地块修复层面，应推行建设用地土壤环境质量信息公开，建立多方参与的合作机制。污染地块出让、开发利用需要各利益相关方，包括监管（政府）、污染责任方（如企业或土地所有者）、开发商或污染治理修复公司、公众（如社区居民），甚至金融贷款机构共同参与。

5.4.5　切实加强土壤污染物来源控制

5.4.5.1　加大工矿企业污染控制力度

完善产业准入条件，严格环境执法，对造成土壤严重污染的工矿企业实行关闭搬迁或限期治理，对耕地和集中式饮用水水源保护区内历史遗留的工矿污染及其土壤环境安全隐患进行排查和专项整治。加强集中式治污设施的环境监管，规范危险废物贮存和处理设施运营，防止对周边土壤造成污染。

5.4.5.2　加强农业生产过程环境监管

强化肥料、农药、农膜等农业投入品使用的环境安全管理，加大农业面源污染控制力度。从严控制污水灌溉和污泥农用，防止新增土壤污染。大力发展生态农业，加强无公害、绿色和有机农产品生产基地建设，以农业发展促进土壤环境保护。

5.4.5.3 优化产业规划布局

加强规划，合理布局，防止重污染企业、各类工业园区、经济开发区、高新技术区、各类资源开发、开采等建设活动对周边土壤造成污染；通过区域环评、规划环评、项目环评等手段，防止各种无序开发项目造成土壤污染；防止重污染企业由城市向农村转移，避免造成新的土壤污染。

5.4.5.4 实施奖惩政策措施

以耕地和集中式饮用水水源地为重点，开展土壤环境保护成效评估和考核，对土壤环境保护措施落实到位、土壤环境质量得到有效保护和改善的地区，国家实行奖励性政策措施；对造成耕地土壤严重污染、集中式饮用水水源地受到威胁的地区，实行区域环保限批等惩罚性措施。

5.4.6 建立土壤环境保护资金投入机制

吸取美国和其他国家土壤环境管理融资经验，我国需要建立污染土壤修复可持续的资金投入机制。整合重金属污染防治专项资金等，设立土壤污染防治专项资金，用于土壤环境调查与监测评估、监督管理、治理与修复等工作，推动土壤污染治理与修复工作；鼓励地方在本级预算中安排专门资金用于土壤污染防治；各级政府要保障土壤环境保护工作经费。各地应统筹相关财政资金，通过现有政策和资金渠道加大支持，将农业综合开发、高标准农田建设、农田水利建设、耕地保护与质量提升、测土配方施肥等涉农资金，更多用于优先保护类耕地集中的县（市、区）。

建立资金管理机构、治理与修复基金制度和多渠道的融资机制。按照“谁污染、谁治理”“谁投资、谁受益”的原则，逐步建立以公共财政投入为引导，社会资金广泛参与，多渠道投资的土壤污染防治投入机制。利用土地产权交易、社会资金、财政和税费杠杆、国际基金、民营资本等手段，利用市场机制筹集修复资金，构建多渠道的融资平台和多元化的融资机制。

5.4.7 开展重点地区土壤污染治理与修复

对土壤污染状况调查、农产品产地土壤重金属调查、土壤污染状况详查、污染地块排查等发现的受污染耕地和污染地块，对土壤污染问题亟须解决、具有典型代表性的地块，逐步开展治理与修复。

实施一批土壤污染治理与修复试点项目，建立健全技术体系。推进受污染耕地集中分布区土壤污染治理，长江中下游、成都平原、珠江流域等部分省（区、市），应编制实施受污染耕地治理与修复方案，综合采取农艺措施、植物修复等措施，确保产出可食用农产品质量安全。京津冀、长三角、珠三角、东北老工业基地地区城市和矿产资源枯竭型城市等污染地块集中分布的城市，要规范、有序开展再开发利用污染地块治理与修复。强化治理与修复工程监管，制定土壤污染治理与修复责任方终身责任追究办法；建立土壤污染治理与修复全过程监管制度，严格修复方案审查，加强修复过程监督和检查，开展修复成效第三方评估。

5.4.8　强化土壤污染防治科技支撑能力建设

为夯实土壤环境保护的科技基础，应尽早启动实施土壤污染治理重大科技专项。加强土壤环境质量评估与等级划分、土壤环境风险管控、土壤污染与农产品质量关系、污染土壤安全利用、重点地区土壤污染与健康等基础研究和应用研究。建成一批国家土壤环境保护重点实验室和土壤污染治理与修复工程技术中心，研发和推广适合我国国情的土壤环境保护、土壤污染治理与修复实用技术和装备。积极开展国际合作与交流，引进国外先进的土壤环境保护理念、管理模式、土壤污染治理与修复技术等，不断提升我国土壤污染防治科技水平。

本报告执笔：李志涛、刘瑞平、孟玲珑、宋志晓、季国华

第 7 篇

生态保护与农村环保研究

1 “十三五”时期生态保护思路

1.1 面临的形势

1.1.1 “十二五”以来工作进展

1.1.1.1 区域生态功能保护工作取得积极进展

（1）生态保护红线制度上下互动全面铺开

生态保护红线划定工作有序展开。生态保护红线最早出现在《国务院关于加强环境保护重点工作的意见》（国发〔2011〕35 号）和《国家环境保护“十二五”规划》中，明确要求“在重要生态功能区、陆地和海洋生态环境敏感区、脆弱区等区域划定生态红线”，并“实行分类指导、分区管理”。在十八届三中全会上，生态保护红线首次被写入中央文件，成为生态文明顶层设计的重要组成部分。新修订的《环境保护法》对划定生态保护红线的规定标志着生态保护红线提升到法治高度。2014 年初，环保部发布《国家生态保护红线——生态功能基线划定技术指南（试行）》（环发〔2014〕10 号），生态保护红线的划定全面展开，地方相关试点亦相继启动。2015 年 4 月，经过一年的试点试用，环保部发布《生态保护红线划定技术指南》，起草了管理办法和考核办法，成立了跨部委的专家委员会，并向国务院报告了相关工作进展。内蒙古、江西、湖北和广西 4 省（区）按照技术指南积极开展试点工作。江苏省率先划定生态保护红线并出台了《生态红线区域保护监督管理考核暂行办法》，福建省结合省情开展生态保护红线管控制度专题研究，海南省编制完成《海南省生态红线区域保护规划》。

（2）重点生态功能区的保护工作明显加强

环保部联合中科院完成《全国生态环境十年（2000—2010 年）变化遥感调查与评估》，全面掌握全国生态环境变化情况。制定《流域生态健康评估技术指南（试行）》，在安徽省、辽宁省开展全国流域生态健康评估试点。协调建立汀江流域生态补偿机制，开展东江流域生态补偿政策设计和试点。联合发展改革委、财政部发布《关于加强国家重点生态功能区环境保护和管理的意见》，联合发展改革委在全国多个省市开展国家主体功能区建设试点示范；在重庆、海南、陕西、宁夏等地开展重点生态功能区环境保护全过程管理试点。西藏全面实施《西藏生态安全屏障保护与建设规划》，推进生态监测站建设。加强资源开发生态保护与修复的监管和指导，对部分地区资源开发生态破坏典型问题开展遥感调查和评估。山西省制定非煤矿山生态环境恢复治理保证金制度，天津市编制《建设美丽天津推动生态保护和修复行动计划》，吉林省开展松花江、图们江、鸭绿江“三江源”生态保护和治理，四川省加强芦山地震灾后重建环境保护工作指导。

（3）生态补偿机制取得明显进展

流域生态补偿框架初步搭建。环保部在流域生态补偿方面主要开展了新安江模式（2010 年以来）和东江源（2011 年以来）模式两种类型的探索，分别从水质和生态功能保护两个角度初步搭建了我国流域生态补偿的框架。2012 年 10 月，环境保护部印发了《关于开展流域生态健康评估试点工作的通知》（环办函〔2012〕1163 号），在全国开展流域生态健康评估试点工作，要求从流域尺度开展生态环境现状调查和诊断，以推动建立流域生态健康保护和治理的长效机制，促进流域环境保护工作从污染防治型向生态环境综合保护型转变，为生态补偿提供依据。2013 年初，环境保护部印发了《流域生态健康评估技术指南（试行）》（环办函〔2013〕320 号），为流域生态健康评估工作提供技术支撑，并要求各省（区、市）按照规定时限报送年度评估报告。2014 年，环保部又印发了《关于继续做好流域生态健康评估试点工作的通知》（环办函〔2014〕535 号），指导进一步推动流域生态健康评估试点工作，并举办流域生态健康评估暨流域生态补偿培训班，就流域生态健康评估技术、生态补偿技术与管理培训等开展交流与培训。

国家重点生态功能区转移支付政策日趋完善。财政部于 2011 年、2012 年、2014 年三次对重点生态功能区转移支付办法进行了优化，特别考虑了区域生态功能重要性和外溢性等因素，资金分配方案中生态因素的权重不断提高，对生态保护的认识越来越高。2011 年，转移支付范围在 452 个重点生态功能区县域名单的基础上，增加了禁止开发区域和《全国生态功能区划》的重要生态功能区；到 2014 年转移支付名单增加到 512 个。“十二五”期间，转移支付资金累计达到 1 134 亿元，其中 2011 年 300 亿元，2012 年为 371 亿元，2013 年为 423 亿元，2014 年为 480 亿元。为了做好重点生态功能区县域生态环境质量的考核，确保该项政策的有效落实，2011 年以来环保部联合财政部先后发布了《国家重点生态功能区县域生态环境质量考核办法》（环发〔2011〕18 号）、《国家重点生态功能区县域生态环境质量监测评价与考核指标体系》（环发〔2014〕32 号）、《2015 年国家重点生态功能区县域生态环境质量监测、评价与考核工作实施方案》（环办〔2014〕100 号）等文件，对纳入重点生态功能区范围的县（市、区）考核指标、考核内容等都进行了详细说明，明确了采取地方自查与中央抽查相结合的方式进行定期考核，将转移支付资金拨付与县域生态环境状况评估结果挂钩，确保资金有效发挥应有的效益的要求。

1.1.1.2 生物多样性保护工作得到加强

（1）发布实施了一系列生物多样性保护规划

我国制定并颁布了一系列有关生物多样性保护的国家、行业和地方标准，包括《中国生物多样性保护战略与行动计划（2011—2030 年）》和《全国主体功能区规划》。还批准实施了《全国重要江河湖泊水功能区划（2011—2030 年）》《全国海洋功能区划（2011—2015 年）》《全国湿地保护工程“十二五”实施规划（2011—2015 年）》《全国海岛保护规划（2011—2020 年）》《全国畜禽遗传资源保护与利用“十二五”规划》等系列规划，推动了生物多样性保护工作。

《中国生物多样性保护战略与行动计划（2011—2030 年）》和《联合国生物多样性十年中国行动方案》得到全面实施，已经完成 32 个陆地生物多样性保护优先区域边界核定工作。四川、海南等 18 个省（市）发布实施省级战略与行动计划，其中云南《生物多样性保护条例》立法工作取得积极进展。在 31 个省（区、市）开展生物多样性观测试点，共建立样区、样点和样线 2 000 多个，辽河保护区等地扎实开展保护区生物多样性观测工作，生物多样性观测体系日趋完善。

编制完成“中国生物多样性红色名录——脊椎动物卷”，联合中科院发布第三批（共计 18 种）中国外来入侵物种名单。积极开展生物多样性保护宣传与培训，发布“十大河流水生生物名片”。各地在每年 5 月 22 日“国际生物多样性日”组织形式多样的宣传活动，普及了生物多样性保护知识、增强了公众意识。加强国际合作与交流，积极履行《生物多样性公约》《生物安全议定书》。支持黑龙江洪河、内蒙古达赉湖等 5 处中俄跨界自然保护区开展双边合作交流。

（2）就地保护和迁地保护取得一定成效

完善了以自然保护区为主体，风景名胜区、森林公园、自然保护小区、农业野生植物保护点、湿地公园、沙漠公园、地质公园、海洋特别保护区、种质资源保护区为补充的就地保护体系。截至 2014 年底，全国共建立各种类型、不同级别的自然保护区 2 729 个，森林公园 2 855 处，国家级风景名胜区 225 处，国家级野生植物保护点 179 个，国家级海洋特别保护区（海洋公园）45 个，国家级水产种质资源保护区 368 个。加强濒危物种的拯救和繁育，对濒危野生动植物实施抢救性保护。同时，科学开展迁地保护，目前已建各级各类植物园 200 个，动物园 240 多个，野生动物拯救繁育基地 250 个。中国西南野生生物种质资源库建成并投入运营，收集和保存中国野生生物种质资源。

（3）国际合作交流取得积极进展

我国于 1993 年加入联合国《生物多样性公约》，是首批加入公约的国家之一。我国加强与《生物多样性公约》各缔约方、国际组织和非政府组织的合作与交流，通过中日韩环境保护合作、南南合作等多边和双边机制，以及实施 GEF、中欧等一系列生物多样性合作项目，国际交流与合作不断深化，初步形成了以政府间合作为主的多元化国际合作体系。

1.1.1.3 自然保护区管理显著加强

（1）自然保护区布局进一步完善

截至 2014 年底，全国已建立各类自然保护区 2 729 个，其中国家级自然保护区 428 个，自然保护区总面积 147 万 km^2，约占陆地国土面积的 14.84%，高于世界 12.7%的平均水平。我国 85%的陆地生态系统类型、40%的天然湿地、85%的国家重点保护野生动植物种群、65%的高等植物群落类型和绝大多数自然遗迹在各类、各级自然保护区内得到了保护，部分珍稀濒危物种的种群正在逐步恢复。

（2）自然保护区综合监管得到加强

国家级自然保护区管理体制不断健全。为深入贯彻落实《国务院办公厅关于做好自然保护区管理有关工作的通知》（国办发〔2010〕63 号）精神，2011 年以来，环保部组织开展国家级自然保护区评审，经国务院批准，共新建国家级自然保护区 109 处，调整 14 处国家级自然保护区的范围，安排 3 亿多元用于支持国家级自然保护区能力建设和规范化达标建设。进一步规范和完善自然保护区晋升和调整的评审制度。报请国务院印发了《国家级自然保护区调整管理规定》，明确了“积极晋升、严格调整”的工作原则。完善自然保护区评审机制。新建广西崇左白头叶猴、吉林汪清、甘肃黄河首曲湿地、福建汀江源等 93 处国家级自然保护区。开展了全国自然保护区基础调查，基本建成了数据库和信息管理系统。

自然保护区监督管理不断加强。利用环境一号卫星对保护区的人类活动进行遥感监测和实地核查，并组织开展了全国自然保护区基础调查和评价，加强涉及自然保护区开发建设活动的监督管理。进一步完善“天地一体化”的监管机制，印发《自然保护区人类活动遥感监测技术指南》，完成 400

多处国家级自然保护区人类活动卫星遥感监测和实地核查工作，将结果上报国务院，并通报当地政府和有关部门。严格涉及国家级自然保护区建设项目准入。为进一步加强对涉及自然保护区开发建设活动的监督管理，印发了《关于进一步加强涉及自然保护区开发建设活动监督管理的通知》（环发〔2015〕57 号），明确要严肃查处各种违法违规行为，依法做好自然保护区管理工作，抓紧组织开展一次全国范围的专项检查。

自然保护区监督管理政策实践效果明显。湖北省制定《涉及自然保护区建设项目生态影响专题报告编制指南》，湖南省严格管理“两区三园”内建设项目，河北省组织召开了全省自然保护区建设管理现场经验交流会议，陕西省开展了秦岭生态环境保护专项执法检查，新疆维吾尔自治区加强水利水电开发项目环境管理工作，上海市在崇明东滩鸟类自然保护区建立地质地貌、植被等六大日常监测体系，贵州省构建赤水桫椤国家级自然保护区生物多样性监测和预警体系，青海省建立自然保护区人类活动监测监管技术体系。

1.1.1.4　生态示范建设成效显著

（1）生态文明示范建设得到高度认可

2013 年 6 月，中央批准“生态建设示范区”正式更名为“生态文明建设示范区”，这是中央对我们以“生态建设示范区”为平台推进生态文明建设所取得成效的充分肯定。2014 年 5 月，环境保护部在浙江省湖州市组织召开全国生态文明建设现场会，会前，张高丽副总理专门对会议作出重要批示，充分肯定环保部门和各地推进生态文明建设示范区创建取得的明显成效，也提出了希望。2014 年 7 月，中央批准在生态文明建设示范区创建工作中开展“中国生态文明奖”评选表彰活动，这是中央对我们工作寄予的新期盼。

（2）生态文明建设的顶层设计取得进展

完成了《生态文明建设目标体系（试行）》起草工作，并上报国务院；组织开展加强生态文明建设重大问题研究，向中央建言献策。推动环太湖地区生态文明建设区域联动机制。目前，生态文明建设示范区提档升级工作正在逐项落实。环保部印发了《关于全面推进生态文明建设示范区创建工作有关事项的通知》，并正在研究制定相关配套文件，确保“生态建设示范区”向“生态文明建设示范区”平稳过渡，实现创建提档升级。

（3）生态文明建设示范区实践范围扩大

环保部不断加大对创建工作的指导，这几年陆续出台了一系列规范性文件，支持中国生态文明研究与促进会举办了四届年会。生态省建设试点新增了河南和湖北，扩大至 16 个；已有 92 个市、县（区）获得国家生态建设示范区命名，126 个地区开展生态文明建设试点，在全国发挥了典型示范作用。江苏、浙江、福建、四川、安徽、江西等省着力抓好生态创建细胞工程，创建工作蓬勃开展；湖北、河南结合南水北调中线工程在水源区开展生态文明建设试点。北京市制定了以区县政府为考核对象的生态文明建设考核指标体系。江苏省委、省政府出台了《关于深入推进生态文明建设工程率先建成全国生态文明建设示范区的意见》和配套规划。重庆市委、市政府出台了《关于加快推进生态文明建设的意见》。山东省环保厅、监察厅联合开展生态山东建设重点工作落实情况监督检查。广东省环保厅与顺德区政府共同开展推进生态文明创建的合作共建模式。

1.1.2　主要问题

1.1.2.1　严守生态保护红线面临多方挑战

一是国家和地方对于划定生态保护红线的着眼点不尽相同，需要在开发与保护中寻找平衡点；二是划定生态保护红线是一项系统工程，涉及生态保护、污染控制、土地管理、资源开发等多个领域，需要统筹考虑，有序实施；三是生态保护红线配套管控措施尚未出台，缺乏有效的制度保障。

1.1.2.2　部分区域生态功能不断退化

（1）生态系统质量和服务功能低

一是生态环境脆弱。我国山地多、平地少，约 60%的陆地国土空间为山地和高原，中度以上生态脆弱区域占全国陆地国土空间的 55%。二是生态系统质量低下。2010 年，森林、灌丛、草地生态系统质量为低差等级的面积比例分别高达 43.7%、60.3%、68.2%；2013 年，我国森林覆盖率为 21.63%，低于全球 31%的平均水平，且中幼龄林面积比例高达 65%。三是生态退化问题严重。全国水土流失面积达 167.75 万 km^2，沙化土地 182.35 万 km^2，石漠化面积 9.56 万 km^2。生态系统人工化趋势加剧，2000—2010 年，滨海自然湿地面积减少了 14.9%，大陆自然海岸线减少了 8.3%，到 2013 年，自然海岸线占比仅为 39.1%。

（2）生态空间不断被蚕食侵占

一是城市“摊大饼”式发展直接或间接侵占生态用地。2000—2010 年，我国城镇面积由 19.86 万 km^2 增加到 25.42 万 km^2。京津冀、长三角、珠三角、成渝、辽东南等城市群，10 年占用农田 2.94 万 km^2。在耕地“占补平衡”中，不少地方采用“围湖毁林”“上山下滩”等方式，导致生态空间被挤占。二是城乡生态空间破碎化严重。交通基础设施建设和工矿开发建设活动，直接割裂生物生境和自然景观的整体性和连通性，生态空间破碎化加剧，生态调节功能下降，区域生态安全受到威胁。

1.1.2.3　生物多样性保护压力大

（1）生物多样性受威胁程度加剧

生物多样性保护的重要区域大多处于偏远、经济欠发达地区，区域经济的发展主要依赖于地方丰富的生物资源，保护与地方发展经济之间的矛盾长期存在，随着城镇化和工业化进程的加快，生物多样性的压力将会进一步加大。一是物种濒危程度加剧。我国高等植物的受威胁比例达 10.9%，脊椎动物受威胁比例达 21.2%。白暨豚已功能性灭绝，江豚、中华鲟等珍稀濒危物种种群数量急剧下降。二是遗传资源丧失和流失严重。一些重要农作物野生近缘种生境遭受破坏，60%～70%的野生稻分布点已经消失，我国珍贵和特有的农作物、药材、花卉、畜禽等资源流失严重。三是外来入侵物种危害严重。初步查明我国有外来入侵物种 500 种左右，常年大面积发生危害的超过 100 种。

（2）生物多样性保护投入不足

生物多样性保护相关技术研究滞后，资金投入不足。我国生物多样性保护相关专业人才和技术储备欠缺，特别是在保护实用技术和可持续利用模式等相关领域的研究非常薄弱。新常态下生物多样性保护面临的新问题、急需的新技术有待深入探索。此外，中国生物多样性保护工作量大，特别是在生物多样性调查和监测、保护区建设和管理、生物多样性恢复等方面能力十分薄弱，严重缺乏资金。一线工作执法条件差，执法场所对于满足实际工作需要尚有一定差距，缺乏必要的设备和条件，资金缺口较大。

1.1.2.4 资源过度开发利用问题突出

（1）水资源过度开发导致流域生态功能失调

局部地区水资源过度开发，超过水资源可再生能力。黄河、淮河、辽河水资源开发利用率已超过 60%，海河甚至超过 90%，远远超过国际公认的 40%警戒线，导致流域生态功能严重失调。

（2）矿产资源开发严重破坏生态环境

2010 年直接破坏地表面积在 5 hm^2 以上的矿产开发点达 5 万余个，分布于全国 1 774 个县。矿产资源开发导致的生态环境破坏严重，地面沉降、滑坡、地裂缝、溃坝等次生地质灾害频发。

（3）生态足迹快速增加

2000—2010 年，全国生态足迹总量由 17.69 亿全球公顷增加到 32.59 亿全球公顷，人均生态足迹由 1.40 全球公顷增加到 2.43 全球公顷，增加 84.2%。

1.1.2.5 生态保护体制机制障碍亟待突破

（1）生态保护与修复法律法规体系不完备

体现生态系统综合管理的生态保护与修复法律缺位，生物多样性保护、生态保护红线管理等专项法规尚属空白。现有生态保护法律法规体系不够完善，部分法律法规已不适应当前社会经济发展的要求，一些法律法规亟须修订完善。

（2）生态补偿机制还需进一步完善和推广

重点生态功能区转移支付政策还需进一步完善。资金分配不仅要考虑标准财政缺口，还应该将生态功能重要性、生态区域面积等生态因素考虑进来，体现责任—权利的对应性。同时，绩效考核制度与生态补偿转移支付在资金目的、补助对象和补助内容等方面存在不匹配的情形，应该进一步完善绩效考核制度以更好的服务于生态环境保护。目前国家各类生态补偿政策和资金总量已达相当规模，对于推动相关领域生态环境保护发挥了积极作用，但由于缺乏对这些政策的系统整合，出现部分补偿领域交叉重复，补偿资金重复申请，补偿效益递减等现象，其对生态保护促进引导作用下降。我国省内跨界流域生态补偿已经形成一定的规模和模式，但大多还处在纵向补偿的阶段，由于缺乏法律依据和政策规范，受益地区和保护区之间缺乏有效的协商平台与合作机制，导致横向生态补偿很难深入落实，跨省生态补偿更是举步维艰。

（3）统一管理、权责一致的行政体制尚未建立

目前仍按水、林、草、田等生态要素分别设置管理部门，未体现山水林田湖统一管理的原则，人为割裂了各生态要素之间的有机联系，难以实现对区域生物多样性的整体保护和统一监管，各部门之间分头管理、职责重复，存在重复建设、权责不清等问题，管理效率低。

（4）评价考核和责任追究制度需进一步深化

现有评价考核体系未能充分反映经济社会发展造成的资源消耗、环境损害和生态破坏。生态资产定价、生态服务有偿使用等制度尚不健全，生态保护与修复的市场化投融资机制缺失，生态补偿机制需要进一步完善。

（5）生态监测预警机制有待完善

全国生态监测网点分散，缺少统一的监测网络，监测预警能力、科技支撑能力、人员队伍建设明显不足。

1.1.3 机遇与挑战

“十三五”时期，是生态文明建设全面融入中国特色社会主义事业“五位一体”总体布局、生态环境管理体制改革深入推进、经济发展进入新常态的重要时期，生态保护与修复的机遇与挑战并存。全面建成小康社会为生态保护与修复确立了目标指向，全面深化改革为生态保护与修复提供了制度保障，全面推进依法治国为生态保护与修复奠定了法律基础，全面从严治党为生态保护与修复提供了政治保障，生态保护与修复迎来历史性机遇。

这一时期，生态环境对经济社会发展的“底线”和“天花板”作用将更加突出，城镇化工业化巨大的用地需求导致生态空间挤压问题将更加显著，基础设施建设与资源开发活动导致的生境破碎化和生物多样性下降问题更趋严重，生态环境脆弱和全球气候变化导致生态保护修复难度加大，实现全面小康与贫困地区生态保护的矛盾将更加突出，人民群众期盼与生态产品供给不足之间的落差加大，生态保护与修复面临严峻挑战。

党的十八届三中全会《决定》提出，到 2020 年形成系统完备、科学规范、运行有效的制度体系，其中一项重要内容是健全生态文明制度体系。《中共中央国务院关于加快推进生态文明建设的意见》提出，到 2020 年，生态文明重大制度基本确立，并指出要在自然资源资产产权和用途管制、生态保护红线、生态保护补偿、生态环境保护管理体制等关键制度建设取得决定性成果。因此，生态文明制度建设和治理改革的任务非常紧迫，未来五年将是我国生态文明建设的关键期。

1.2 指导思想、原则和目标

1.2.1 指导思想

以邓小平理论、“三个代表”重要思想、科学发展观为指导，全面贯彻落实党的十八大、十八届三中、四中全会和习近平总书记系列重要讲话精神，深刻领会“四个全面”战略布局，紧紧围绕全面建成小康社会、深化生态文明体制改革、加快推进依法治国的总要求，适应经济社会发展新常态，顺应人民群众提高生态环境质量的新期待，加强自然生态保护和生态文明示范建设，提高统一监管能力，着力解决生物多样性保护的突出问题和薄弱环节，统筹自然生态保护与经济社会发展，推动形成人与自然和谐发展现代化建设新格局，提高生态文明水平，为实现中华民族的永续发展、建设美丽中国提供稳固的生态基础。

1.2.2 基本原则

保护优先、自然恢复。以资源环境承载力为基础，以生态功能区划、生态保护红线等为生态环境空间管控载体，规范各类资源开发和经济社会活动，防止造成新的生态破坏。尊重自然规律，坚持因地制宜，宜林则林、宜草则草、宜荒则荒，充分发挥自然生态系统的自我调节和自我修复能力，促进生态退化区域生态功能逐步恢复。

山水统筹、系统管理。按照生态系统整体性要求，打破要素、区域界限，对从山顶到海洋的各类生态系统实施一体化保护与修复，逐步实现从生态系统碎片化、单要素管理向山水林田湖一体化管理转变，增强生态保护与修复的系统性、协同性，提高保护与修复成效。

局部治理、区域调控。以保护和恢复区域生态系统功能为目标，在对局部生态系统功能严重下降地区实施重点治理的同时，注重区域层面统筹规划、联防联治等综合调控措施的运用，协调推进区域生态环境质量改善。

统一监管，共同推进。充分发挥环保部门在生态保护统一监管的职能，加强与相关部门的协调和衔接，齐抓共管，共同推进生态环境保护与建设。建立健全政策和机制，鼓励社会公众参与生态保护。

1.2.3 规划目标

到 2020 年，划定生态保护红线并落实管控要求，保障国家生态安全的空间格局基本形成；区域生态功能得到改善，生态产品供给能力增强；生物多样性下降趋势得到基本控制；体现生态文明要求的生态保护与修复制度体系基本建立。全国生态环境质量稳中向好，与全面小康社会要求相适应。基本形成生态保护与建设与区域经济发展协调推进的政策体系，生态文明重大制度基本建立。

1.2.4 规划指标

在综合考虑我国自然生态保护的未来趋势，以及我国经济社会发展的战略需要的基础上，提出“十三五”期间生态保护领域的核心指标，包括九个指标：

（1）全国生态环境质量优良率[1]≥61%；

（2）全国生态资产保持率[2]≥100%；

（3）国家生态保护红线面积比例[3]≥30%；

（4）全国陆域自然保护区面积比例[4]≥15%；

（5）全国海洋自然保护区面积比例[5]≥5%；

（6）国家重点保护物种和典型生态系统类型保护率[6]≥95%；

（7）森林覆盖率≥23%；

（8）大陆自然海岸线保有率≥35%；

（9）历史遗留矿山地质环境恢复治理率≥45%。

---

[1] 生态环境质量优良率是指生态环境质量评价为“优”“良”等级的县级行政单元占全国县级行政单元总数的比例。

[2] 生态资产保持率是指目标年林地、草地、湿地、农田等生态系统的各项生态服务功能（包括水源涵养、水土保持、防风固沙、洪水调蓄等）价值（以实物量计算）占基准年的比例。

[3] 国家生态保护红线面积比例是指划定为国家生态保护红线的陆地国土面积占全部陆地国土面积的比例。

[4] 全国陆域自然保护区面积比例是指划定为国家自然保护区的陆地国土面积占全部陆地国土面积的比例。

[5] 全国海洋自然保护区面积比例是指划定为国家海洋自然保护区的面积占全部海域面积的比例。

[6] 国家重点保护物种和典型生态系统类型保护率是指通过就地、迁地保护等有效措施，列入《国家重点保护野生动物名录》和《国家重点保护野生植物名录》的国家一级和二级保护野生动植物和典型生态系统受到保护的比例。

1.3 重点任务

1.3.1 强化国家及区域生态功能保护

1.3.1.1 划定并严守生态保护红线

在重点生态功能区、生态环境敏感区和脆弱区等区域划定生态保护红线，保护重要自然生态空间。编制和实施国家生态保护红线规划，实施生态保护红线分级分类管理，建立生态保护红线目标责任制和绩效管理体系，对红线区环境质量、生态功能、资源利用等采取最严格的管控措施，禁止破坏主要生态功能和环境质量的建设开发活动，建立产业退出机制，确保生态保护红线区域空间面积不减少、生态功能不降低、用地性质不改变、资源使用不超限。

制定出台生态保护红线管理办法、补偿方案、评估考核办法等配套政策，与现有重点生态功能区转换支付等生态保护政策对接，通过深化改革和创新，整合形成一套更加高效实用的生态保护红线管理制度，确保“划线”扎实“落地”。

1.3.1.2 加强重点生态功能区保护和管理

针对目前人为活动影响较小、生态环境良好的重点生态功能区，特别是大江大河源头及上游地区，继续巩固退耕还林、退牧还草成果，加大自然植被保护力度，推行封山育林，禁止过度放牧和陡坡垦殖、毁林开荒，维护森林、草原、湿地等自然生态系统与物种栖息地。科学实施生态移民，引导人口和产业有序转移，加强开发建设活动的生态监管，降低人类活动和经济社会发展对生态系统的压力。

（1）继续推进天然林保护

扩大天然林保护工程范围，全面落实有关政策，强化管理，进一步提高天然林保护水平和政策标准，全面停止天然林商品性采伐，提高工程管理水平，强化天然林保护和抚育。逐步理顺国有林区管理体制机制，促进林区转型发展，进一步调减木材产量。继续实施森林管护和培育、公益林建设、林区基础设施建设等补助政策。

（2）加大天然草原保护力度

推进基本草原划定工作，对基本草原实行严格保护。加强草原保护和合理利用，加快转变畜牧业发展方式，推进草原禁牧休牧轮牧，逐步实现草畜平衡。针对生态脆弱地区的草原，严把征占用草原审核审批关，严格控制矿产资源勘查开发活动。加强草原监理工作，严厉打击非法征占用草原、开垦草原、乱采滥挖草原野生植物等破坏草原的违法行为。落实草原生态保护补助奖励政策。

（3）保护和恢复湿地生态系统

采取水量调度、生态补水、河湖水系连通等措施，确保重要湿地和河湖生态用水。严格禁渔休渔措施，开展近岸近海海岛、海岸带、滨海湿地的生态系统保护、修复及海洋灾害防控。加强自然湿地的保护，对因围垦、养殖造成生态破坏的湿地，加大退田还湿、退渔还湿力度。

（4）建设国家生态廊道

为提高生态保护区域的连通性，强化生态保护成效，以青藏高原生态屏障、黄土高原—川滇生态屏障、东北森林带、北方防沙带、南方丘陵山地带为依托，以主要的山脉、江河、海岸带、国家防护林体系等为脉络，以自然保护区等各类生态保护地为节点，构建形成大尺度国家生态廊道和生物多样性保护网络，促进不同自然生境之间的物种和基因交流，增强国家生物多样性保护能力，提升生态系统适应气候变化能力，维护国家生态安全。

1.3.1.3 科学开展生态退化区恢复和治理

（1）推动流域水土流失综合治理

建立流域水土流失综合治理体系，江河源头着重水源涵养维护，中游重点开展水质改善、水量调控和岸线修复，海岸河口着重灾害预防。将水土流失治理与水土资源的开发利用相结合，通过强化节水、水资源合理配置、河道整治、淤地坝建设等措施，有效减少水土流失，加强坡耕地、侵蚀沟、山地崩岗等重点问题治理。

（2）加强荒漠化防治

加强“三化”草原治理和荒漠植被自然恢复，积极推进乔灌结合的防风固沙林网、林带、林片建设，开展沙化土地封禁保护，加快风沙源区和沙尘输送通道治理，重点推动京津风沙源和北方防沙带沙化土地治理。加强岩溶地区的石漠化综合治理。

（3）加强生态灾害防治

加快推动易灾地区生态系统保护与修复，提升生态系统抵御灾害风险能力。开展自然灾害调查评价、监测预警、防治和应急体系建设，提高气象、地质、山洪、地震灾害监测预警和应对能力。加强农田、河湖、水系林网和沿海防护林为主体的生态灾害防护网建设。

1.3.1.4 加强资源开发的生态保护监管

（1）强化矿产资源开发的生态修复监管

开展矿产资源开发的生态适宜性评估，优化矿产资源开发布局。核算矿产资源开发生态环境成本，完善矿产资源开发的生态修复投入机制。加大矿山植被恢复和地质环境综合治理。建立矿山修复生态监管机制，强化历史遗留矿山生态修复监管，推进废弃矿区场地的安全复垦利用。

（2）加大水资源开发的生态监管力度

科学利用水资源，有效保障最低生态需水量。全面评估水资源开发工程对流域生态健康和水生生物的影响，合理控制流域开发强度，保障水资源开发过程中流域生态系统功能不降低。干旱、半干旱地区要严格控制新建水库，将最低生态需水量纳入水资源分配方案。在发生江河断流、湖泊萎缩、地下水超采的流域和区域，禁止新建蓄水、引水和灌溉工程。

（3）加强交通旅游开发的生态监管

基于区域资源禀赋和生态承载力，开展交通、电力等基础设施建设和旅游开发等区域性建设活动的生态影响评估，强化重大交通基础设施建设和旅游资源开发的生态监管，严格控制各类挤占自然生态空间的开发建设活动。

1.3.1.5 完善生态补偿政策

继续深化重点生态功能区转移支付办法，突出生态功能重要性、生态区域面积等生态因素在补偿中的重要性，对强化对区域生态功能稳定性和提供生态产品能力的评价和考核。引导生态受益地区与保护地区之间、流域上游与下游之间建立横向生态保护补偿机制；归并和规范现有生态保护补偿渠道，推进单项补偿政策的有机整合；加快制定出台生态补偿政策法规及技术规范。加快推进环境税征收进程，增强资源环境税费的生态保护功能；继续推进排污权、碳排放权等环境经济制度试点工作。

1.3.1.6 摸清全国生态资产家底

（1）开展生态资产清查核算

建立可计量、可重复、可比较的生态资产核算技术体系，制定全面反映资源稀缺程度、生态环境损害成本和修复效益的生态资产定价标准。开展生态资产清查核算，编制全国生态资产负债表。加强生态资产保护与使用监督管理，完善资源有偿使用的市场机制。

（2）推进生态资产动态监测与评估

建立覆盖全国的天地一体化生态资产监测和评估体系，加强生态资产的动态监测、评估技术推广，定期开展全国生态状况和生态资产调查与评估。

1.3.2 加大生物多样性保护力度

1.3.2.1 推进生态多样性保护优先区建设

根据《关于做好生物多样性保护优先区域有关工作的通知》，以《中国生物多样性保护与行动战略（2011—2030 年）》中划定的 35 个生物多样性优先保护区域为基础，以加强生物多样性保护优先区域的监管为重点，创新保护战略，实施重大保护工程，带动整体和系统保护；推进生物多样性保护优先区重要生态系统保护与修复；制定生物多样性优先区生态补偿办法，合理补偿居民因保护生物多样性受到的经济损失，促进“生态与经济”双赢。

1.3.2.2 加强物种资源保护和管理

（1）加强迁地保护

全面推进生物多样性保护战略与行动计划实施，以 35 个生物多样性保护优先区为依托，以自然保护区为重点，以生物廊道和自然保护小区为补充，构建国家生物多样性保护网络体系，有效保护典型生态系统、物种和遗传资源多样性。强化国家级自然保护区规范化建设，优化现有迁地保护设施布局，新建一批具有战略意义的迁地保护设施。推动生物多样性保护和恢复，开展生物多样性保护与减贫示范。积极履行《生物多样性公约》，切实维护国家权益。

（2）加强物种资源管理

开展极小种群和极度濒危物种拯救、水生生物资源养护，加强野生动物疫源疫病防控，加大环保用微生物等生物物种资源保护力度。加强对生物资源的发掘、整理、检测、筛选和性状评价，筛选优良生物遗传基因。建立生物遗传资源获取与惠益分享制度，规范生物资源采集、保存、交换、合作研究和开发利用，加强进出境查验，防止生物遗传资源流失。

1.3.2.3 防范生物安全风险

强化转基因生物、外来入侵物种风险管理，建立预警和防治体系。加强转基因生物环境释放监管，开展转基因生物环境释放环境风险评价和跟踪监测。开展自然环境中外来物种调查评估与防治。

加强环保用微生物环境安全评价，加大进出口环保用微生物的环境安全监管力度。

1.3.2.4 开展生物多样性保护与可持续利用示范

以保护和恢复生物多样性、消除贫困和促进生物多样性保护主流化为目标，开展生物多样性保护、恢复、减贫、生态创建和惠益共享等方面的示范建设，总结、推广先进经验、模式和机制，促进生物多样性保护与经济社会协同发展。

1.3.2.5 提升生物多样性监测管理能力

（1）构建国家生物多样性调查观测体系

以生物多样性保护优先区域为重点，开展生物多样性综合调查，摸清家底，评估保护状况。建立布局合理、功能完善的全国生物多样性观测网络体系，开展重要生态系统和生物类群的常态化观测。

（2）提升生物遗传资源保护与管理能力

尽快制定和完善生物遗传资源获取与惠益分享管理制度，规范生物遗传资源保护与利用，建立并完善覆盖遗传资源及相关传统知识勘探、获取、保存、研究、开发、商业化及进出境等环节的国家检查网络。

1.3.3 提升自然保护区管理和建设水平

1.3.3.1 加强自然保护区监督管理

编制实施《全国自然保护区发展规划（2016—2025 年）》。将重要河湖、海洋、草原生态系统及水生生物、自然遗迹、小种群物种的保护空缺作为新建自然保护区重点，建设自然保护区群和保护小区，优化自然保护区结构与布局。到 2020 年，全国自然保护区面积占我国陆域国土面积的比例稳定在 15%左右，90%以上的国家重点保护动植物和典型生态系统类型得到保护。建立全国自然保护区“天地一体化”动态监测体系，定期开展自然保护区遥感监测、核查和执法检查。加强自然保护区综合科学考察、基础调查和管理评估，进一步规范自然保护区勘界等工作，落实自然保护区土地确权和用途管制。到 2020 年，全国自然保护区面积占我国陆域国土面积的比例稳定在 15%左右，90%以上的国家重点保护动植物和典型生态系统类型得到保护。

1.3.3.2 加快国家公园体制建设

加快整合现有保护地体系，建立适合我国国情的国家公园体制。实施生态保护地统一管理，探索推进国家公园的统一规划、监测、评估，推动国家公园保护法制化工作。按照保护优先、适度开发、管经分离原则，严格限定国家公园经营活动的空间和业务范围，完善国家公园的功能分区，通过较小范围的适度开发实现大范围的有效保护。

1.3.4 深化生态文明建设示范区建设

（1）提升生态文明示范创建水平

结合生态文明示范创建的提档升级，把习近平总书记的新指示新要求落实到生态文明建设示范区指标体系和管理规程的制修订工作中。继续发挥生态文明建设示范区的综合平台作用，着力推动区域经济生态化和城乡人居环境改善与环境服务均等化，促使更多的市县尤其是省会城市和计划单列市达到与全面建成小康社会相适应的生态文明水平。

（2）扩大生态文明示范区范围

认真落实《中共中央国务院关于加快推进生态文明建设的意见》的精神，深入持久地推进生态文明建设，扩大生态文明示范区数量与范围，推进生态文明示范区重要生态系统保护与修复，加快形成人与自然和谐发展的现代化建设新格局，开创社会主义生态文明新时代。

（3）加强生态文明示范试点宣传和推广

联合相关部委和主流媒体特别是中央电视台，用生动典型的具体事例，以讲故事的方式诠释“绿水青山就是金山银山”，提升生态文明意识。组织部分创建生态文明建设示范区的省、市、县领导学习座谈，共同研商如何把习近平总书记关于生态文明建设的新论断、新要求落实到具体的创建工作中，加强生态文明示范试点的宣传与推广。

1.4 重点工程

1.4.1 生态文明示范建设提档升级工程

包括生态省、生态市、生态县、生态工业示范园区建设、生态文明建设试点、跨行政区的生态文明连片建设、行业生态文明建设试点、生态文明目标体系与考核办法试点、生态文明水平评估等工程。制定印发生态文明示范建设指标、管理规程等规范性文件，建立网上申报系统，争取有更多的省会城市和计划单列市率先建成。努力推动国家发布生态文明建设目标体系，组织好首届中国生态文明奖评选工作。加强监督检查和动态管理，不断提升生态文明建设示范区的质量。

1.4.2 生物多样性保护工程

以生物多样性保护优先区为重点，实施生物多样性就地保护项目，开展国家级自然保护区规范化建设、关键生物廊道及重要物种生境保护小区建设。实施生物多样性迁地保护项目，开展重要生物遗传资源和农作物种质资源保存库建设、国家生物多样性标本馆和博物馆体系建设。实施生物多样性恢复示范项目，开展陆域生物多样性恢复示范建设、海洋生态退化修复示范建设、外来物种防控示范区建设、珍稀濒危物种的栖息地恢复示范建设。实施生物多样性保护与减贫示范项目，开展生计替代、绿色产业发展、生态旅游、遗传资源惠益分享等多种模式示范。

1.4.3 自然保护区管护工程

切实加强自然保护区的综合监督管理，包括自然保护区规范化建设、国家级自然保护区监控和评估、国家级自然保护区数字化建设、自然保护区布局优化等工程。开展自然保护区内专项执法检查，加强涉及自然保护区开发建设活动监督管理。

1.4.4 生态功能保护工程

（1）生态保护红线划定与落地工程

以生态保护红线为重点，实施生态保护红线划定与管理工程。建设生态安全格局建设项目，开展国家生态安全格局关键节点、国家生态廊道建设。实施生态保护红线区项目，开展生计替代、产业退出等生态保护与修复建设。

（2）资源开发生态修复工程

以我国资源开发重点区域和受资源开发活动影响较大的国家重点生态功能区为重点，在引导和规范资源开发主体开展生态修复基础上，实施矿产资源开发生态修复项目，重点开展历史遗留矿山地质环境恢复治理。实施流域开发生态综合整治项目，开展水利水电开发生态破坏修复，重点治理修复三峡、南水北调等重大工程生态破坏区。实施旅游资源开发生态修复项目。实施海岸带生态保护与修复项目。

（3）生态监测评估预警体系建设工程

实施国家生态调查评估体系建设项目，建设“天地一体化”生态环境调查评估网络，开展全国生态状况调查、生态资产清查核算、生物多样性普查。实施生态承载力监测预警体系建设项目，开展重大工程生态影响、生态灾害监测评估预警体系建设。实施生态保护与修复科技专项，开展关键技术和装备研究。

1.5 保障措施

1.5.1 完善法规制度

制定生态保护专项法律法规。用最严格的法律制度保护生态环境，尽快解决生态保护领域法律法规位阶低、体系不健全、缺失较多等问题，研究制定国土空间开发生态保护、生物多样性保护、自然保护区管理、生态保护红线、生物安全、遗传资源获取与惠益分享等法律法规。开展对资源、产业发展领域的法律、法规的评估，提出相关法律、法规修订建议，推动法律、法规协调性和生态化改造。

1.5.2 加大资金投入

进一步加大中央财政专项资金投入力度，加快重大工程实施进程，切实推进生态保护。地方各级财政部门要积极配合专项资金投入，加大支持力度，整合各部门资金，拓宽投资渠道，吸引社会资金投入生态保护，提高资金使用效率。充分利用市场手段，创新生态保护与修复投融资机制。抓紧建立经济激励机制，培育生态保护与修复市场，鼓励通过政府购买服务等方式，推动第三方治理和修复。创新投融资方式，研究建立生态发展银行，开展生态保护与修复资金的筹集与投融资，引导企业、社会组织、国际机构的资金投入。探索创新生态资产使用权有偿使用与转让、抵押贷款、金融衍生产品等新型投融资手段。优化资金使用方向，开展重大生态工程实施成效评估，改变重工程项目轻自然恢复、重工程建设轻运行管理的资金投入现状，加大生态保护与监管能力的资金投入，提高生态保护和修复资金的使用效益。

1.5.3 推动公众参与

加强生态保护与修复的行政监管，强化企业保护生态的行业自律和主体责任，充分发挥社会组织在生态保护与修复中的积极作用。加大生态环境信息公开力度，完善立法和重大政策听证会制度，健全舆情分析和应对系统。探索建立生态保护与修复的社会监督员制度。

1.5.4　推动科技创新

在传统要素优势减弱、环境承载达到临界状态的背景下，以我国丰富的生物多样性资源为依托，加强重点领域的基础研究和科技攻关，加强对科研院所的科研能力建设支持，优先安排重大生态环境问题与关键技术科研课题。加强国际科技合作与交流。对经实践验证具有较好效果的成熟技术模式，进行推广与应用。推动设立生态保护科技重大专项，重点开展重点生态功能区保护和建设的方法与技术模式、生物多样性与生物安全支撑技术、生态产业发展、生态修复技术、生态系统监测评价等关键技术的研究。实现科技创新和相关产业升级，推动中高端生物产业、生态旅游等服务业升级，加快农业现代化，促进可持续发展成为现实选择。开展大型、特大型城市以及城市群的生态保护和生态安全问题的研究。

本报告执笔：王夏晖、饶胜、张丽荣、刘桂环

2 全国生态评估状况和生态保护对策研究

2.1 我国生态环境 10 年变化状况与存在问题

2.1.1 我国生态环境 10 年变化

2.1.1.1 生态系统格局 10 年变化

（1）总体变化特征

过去 10 年，我国生态系统类型发生了较大变化，其中森林、湿地、城镇生态系统面积增加，10 年间分别增加了 0.3 个、0.1 个和 0.4 个百分点；灌丛、草地、农田生态系统面积减少，10 年分别减少了 0.3 个、0.1 个和 0.6 个百分点；其他生态系统面积保持稳定。生态系统类型变化与人类经济活动密切相关，主要表现为农田与林地、草地和城镇生态系统之间的相互转化。我国生态系统类型变化在空间上表现出很大的差异性，东部地区生态系统类型变化较大，中西部地区较小；在围绕大城市的周边地区，生态系统类型变化尤为剧烈。

过去 10 年，我国生态系统景观破碎化程度总体有所降低，但空间和时间尺度差异性明显。空间上表现为南方多数省份景观呈聚集趋势，景观破碎化程度降低，北方部分省份景观呈破碎趋势；时间上表现为后 5 年我国生态系统景观格局变化速率快于前 5 年。

（2）森林生态系统变化特征

过去 10 年，我国森林生态系统分布虽所增加，但增加幅度要小于农田与城镇生态系统，且表现出一定的双向转化特征，以森林与农田的双向转化最为突出。森林生态系统向人工林方向转化的趋势十分明显，从园地和城市绿地这两种人工林地转为森林生态系统的面积的比例占到林地总转入面积的 0.09%，但从森林转出到园地和城市绿地这两种人工林的面积却占到林地转出总面积的 10.4%。森林生态系统景观破碎化程度总体降低，但黄土高原地区景观破碎化加重。

从省域尺度来看，我国森林生态系统变化呈现空间差异性，在中西部生态环境脆弱地区林地增加更为突出。在自然条件优越的地区，景观破碎化较低；而在自然条件贫瘠的地区，景观破碎化较重。

从典型区域来看，国家重点生态功能区森林面积呈现增加的趋势，其中水土保持生态功能区森林生态系统面积增加最多；生物多样性保护优先区森林生态系统面积加速增加，主要以阔叶林为主；国家生态屏障区森林生态系统较为稳定；重点流域森林生态系统多保持稳定，黄河流域森林面积持续增加；北部海岸带森林生态系统面积持续减少，南部海岸带森林生态系统面积有所增加；重点城市化区域森林生态系统面积基本保持不变。

（3）草地生态系统变化特征

过去 10 年，我国草地生态系统变化幅度也小于耕地与城镇，但草地生态系统变化表现出强烈的双向转化特征，以草地与农田的双向转化最为突出。

从省域尺度上看，我国中部生态环境脆弱地区草地增加更为明显，景观趋于完整；而我国传统的重要牧业区草地减少严重，景观格局趋于破碎。

从典型区域来看，国家重点生态功能区草地面积呈现减少的趋势，其中水源涵养生态功能区面积减少的最多，但水土保持生态功能区草地生态系统明显增加；生物多样性保护优先区草地生态系统面积持续减少，但减少速度有所放缓；国家生态屏障区草地生态系统变化具有空间差异性，青藏高原带和北方防沙带草地生态系统面积持续下降，但黄土高原生态屏障区草地生态系统面积大幅增加；重点流域草地生态系统多保持稳定；北部海岸带草地生态系统面积有所增加，南部海岸带草地生态系统面积较少，且逐年减少；重点城市化区域草地生态系统面积基本保持不变。

（4）湿地生态系统变化特征

过去 10 年，我国湿地生态系统变化对生态系统格局影响相对较小，变化具有强烈的双向转化特征，尤其以与农田的双向转化最为突出。

从省域尺度上来看，西部地区尤其是青藏高原中部和北部以及新疆，湿地以转入为主，湿地面积增加；东北地区湿地转出则较为突出，湿地面积减少。东北华北部分地区湿地破碎化趋势加快；西北地区及南方部分地区湿地聚集度增加，景观趋于完整。

从典型区域来看，国家重点生态功能区湿地面积明显增加；生物多样性保护优先区湿地生态系统持续增加，并呈现明显的加速趋势；国家生态屏障区湿地生态系统总体较为稳定；重点流域湿地生态系统变化表现出空间差异性，长江流域以及黄河流域湿地生态系统面积有所增加，淮河、松花江、辽河流域湿地生态系统面积则持续减少；北部海岸带湿地生态系统面积有所减少，南部海岸带湿地生态系统面积保持稳定；重点城市化区域湿地生态系统面积基本保持不变。

（5）农田生态系统变化特征

过去 10 年，我国农田生态系统分布范围大量减少，主要转化为城镇生态系统，且与湿地、草地、城镇生态系统表现出明显的双向转化特征，是影响我国生态系统空间格局变化最主要的影响因素。

从省域尺度上来看，东部自然条件优越地区与中部生态脆弱区耕地大幅减少，景观破碎化趋势增加；西部干旱半干旱水分条件难以保障地区耕地面积大幅增加，景观趋于完整。

从典型区域来看，国家重点生态功能区农田生态系统面积总体变化不明显，但空间差异性显著，黄土高原功能区等 16 个区农田生态系统面积减少，塔里木河等 7 个区农田生态系统面积增加；生物多样性保护优先区、国家生态屏障区、重点流域、海岸带以及重点城市化区域农田生态系统面积均持续减少。

（6）城镇生态系统变化特征

过去 10 年，我国城镇生态系统面积快速增加，深刻地影响了我国陆地生态系统空间格局，表现出强烈的单向转化特征趋势，主要转入来源为农田生态系统。

从省域尺度来看，在除青藏高原以及东北、华北以及华中的部分省份外，城镇生态系统面积均迅速增加，几乎表现出全国性的快速增长，其快速增长的代价则为耕地的大量减少。除了青藏高原以及内蒙古中部局部地区景观格局保持稳定或略有破碎，绝大部分地区城镇生态系统景观格局呈现加速聚集的趋势，景观趋于完整。

从典型区域来看，国家重点生态功能区、生物多样性保护优先区、国家生态屏障区、重点流域、海岸带以及重点城市化区域城镇生态系统面积均呈现持续增加的趋势。

2.1.1.2 生态系统服务功能 10 年变化

（1）土壤保持功能先减弱后增强，总体有所提高

过去 10 年，我国生态系统土壤保持功能呈现先减弱后增强的趋势，总体上有所提高。省域尺度上土壤保持功能变化呈现明显的南北差异性，北方省份土壤保持功能以增强为主，而土壤保持功能减弱的省份大多数位于南方。从典型区域来看，国家生态屏障区土壤保持功能总体呈现增强趋势。

（2）防风固沙功能整体呈现增强趋势

过去 10 年，我国生态系统防风固沙功能整体呈现增强趋势，但局部地区防风固沙功能下降。省域尺度上防风固沙功能的变化表现出东西部差异性，防风固沙功能增强的省份主要分布在西部地区，防风固沙功能下降的区域则以东部省份为主。从典型区域来看，国家生态屏障区生态系统防风固沙功能有所增强。

（3）生物多样性保护功能减弱

过去 10 年，我国自然生境总面积有所下降，生物多样性保护功能减弱。省域尺度上生物多样性保护功能变化具有明显的空间差异性，上海和新疆自然生境面积减少最快，生物多样性保护功能下降；宁夏和贵州自然生境面积增加最快，生物多样性保护功能增强。

（4）水源涵养功能总体增强

过去 10 年，我国生态系统水源涵养功能总体增强，但不同生态系统类型之间存在差异性，森林生态系统水源涵养功能呈现增强趋势，草地生态系统水源涵养功能则有所减弱。从典型区域来看，国家生态屏障区水源涵养功能变化具有空间差异性，青藏高原带和南方丘陵带生态系统水源涵养功能持续增强，东北森林带生态系统水源涵养功能则有所下降。

（5）食物生产功能持续增强

过去 10 年，我国生态系统食物生产功能呈现持续增强的趋势。从省域尺度食物生产功能的变化来看，我国绝大部分省份生态系统食物生产功能均有所增强，其中增幅和增量最大的是黑龙江，但也有少部分省份生态系统食物生产功能下降，其中下降最多的为广东省。

2.1.1.3 基于生态足迹的省域生态承载力变化

以我国各省作为研究对象，将各省消耗的资源和能源折算为六大类生态生产性土地面积后再换算为国际公顷作为该省的人均生态足迹。通过项目中的三期土地利用数据计算出各省的生态承载力。生态足迹与生态承载力比较后得到生态赤字/生态盈余，以反映出各个地区的生态压力情况。研究结果表明：

（1）我国中部和西部地区的人均生态足迹明显低于东部地区，近 10 年来，各省生态足迹均呈现增加的趋势，但在西部大开发和中部崛起政策的激励下，中西部地区的生态足迹增加较东部地区更为明显。

（2）过去 10 年，我国生态承载力不断下降，且表现出明显的空间差异性，大体由东南到西北呈从严重超载到富富有余的分布态势。生态承载力压力不断往北京、上海和广州的周边聚集，青海和西藏的生态承载力明显下降。

（3）过去 10 年，我国生态赤字不断加重，处于生态赤字状态的省份数量不断增加，生态平衡的省份不断减少，而且处于生态盈余的省份的盈余量也在不断减小。广西、甘肃、江西、陕西、湖南和重庆是我国生态赤字增加最为迅速的地区，需要注重在经济发展的同时保护生态环境。从时间上来看，后一个 5 年较前一个 5 年，生态赤字的增长速度有变缓趋势。

2.1.2　问题

2.1.2.1　我国主要生态环境问题

（1）森林生态系统局部破碎化，人工化明显

2000—2010 年，我国部分地区森林生态系统呈现破碎化趋势，主要为西部地区的新疆，东部地区的辽宁和北京。

我国森林生态系统向人工林方向转化的趋势十分明显，从 2000—2010 年整体来看，从园地和城市绿地这两种人工林地转为森林生态系统面积的比例占到林地总转入面积的 0.09%，而 2000 年从森林转出到园地和城市绿地这两种人工林的面积却占到林地转出总面积的 10.4%。

（2）传统牧业区草地退化严重，对我国牧业发展产生威胁

2000—2010 年，在我国传统的牧业区新疆南北疆绿洲边缘区以及华南草地分布区，草地减少较为严重，大部分县市草地减少比例超过了 2%，相当一部分县市草地面积减少比例超过了 5%，对我国牧业发展造成严重的威胁。

（3）东北地区湿地严重流失，威胁区域生态安全

作为我国主要湿地分布的东北平原，大量的湿地被开垦为农田。过去 10 年间，全区共有 12 924.5 km^2 生态系统类型（一级类型）发生变化，占区域总面积的 3.2%，其中 21.4%的生态系统类型变化表现为湿地转为农田，这说明过去 10 年人类活动对东北平原已经产生深刻的影响，对区域生态系统已经产生严重的负面影响。

另外，作为我国重要沼泽湿地分布区的东北山地丘陵区，过去 10 年农田与湿地相互频繁转换，沼泽湿地面积大量减少，对区域生态造成严重破坏。

（4）农田生态系统空间分布不合理，严重影响我国粮食安全

我国农田生态系统空间分布不合理，在东部自然条件优越地区耕地大幅减少，而西部干旱半干旱水分条件难以保障地区耕地面积却大幅增加。江南与华南丘陵区、华北与长江中下游平原区作为我国最主要的高强度经济活动区，大量的农田被城镇建设用地占用，而这些地区是我国自然条件较好的地区，大量耕地的占用将对我国粮食安全带来巨大的威胁。而作为我国水分条件最差的西北干旱区，过去 10 年新增了大量耕地，这些耕地只能依赖人工灌溉，而我国西北地区水资源严重短缺。这种耕地的大量开垦，很难持续稳定，而耕地的开垦却造成了原生草原与灌丛大量减少，从而造成了严重的生态破坏。

（5）部分区域生态恢复方式不合理

以黄土高原为例，该区域植被覆盖情况大为好转，充分反映过去 10 年国家退耕还林还草政策的效果。但值得注意的是，区域出现了大量的灌丛转变为森林、草地转变为灌丛。这两种生态系统类型变化，尽管可以短期增加地表植被覆盖，但是当地自然条件很难支撑森林生态系统持续发展，这些地区植被恢复还是首先考虑草地与灌丛。

（6）土地退化问题进一步加剧

①水土流失加剧。10 年来，全国水土流失面积整体表现为增加，从 2000 年的 310.09 万 km^2 增加到 2010 年的 329.08 万 km^2，共增加 18.99 万 km^2，增幅约 6.12%。其中 2000—2005 年增速较快，共增加流失面积 26.33 万 km^2，增幅达 8.49%，2005—2010 年则出现轻微减少，共减少 7.34 万 km^2，减幅约 2.18%。

②石漠化程度加重。10 年来，我国石漠化程度进一步加重，中度及重度石漠化区域面积均有所增加。其中中度石漠化面积从 2000—2010 年呈现持续增加的趋势，重度石漠化面积在 2000—2005 年大量增加，而在 2005—2010 年则有所减少，但相对于 2000 年来说重度石漠化面积依然增加。

（7）水资源开发强度过大，地下水超采严重

2010 年我国水资源的开发利用强度超过 40%警戒线的地区主要分布在长江三角洲、华北平原、东北平原、河套平原、内蒙古高原、新疆天山北坡经济带等地区。特别是京津冀都市圈、内蒙古高原、河套平原等地区水资源开发强度超过 100%，给当地水生态和水环境造成巨大的压力。

作为水资源紧缺的东北地区，近 5 年来大部分地区水资源开发强度加大，有可能危及该地区湿地、草地等自然生态系统的健康。青藏高寒区尽管水资源开发强度小，但近 5 年来水资源开发强度大幅增加，可能对当地脆弱的生态环境造成一定的威胁。

地下水超采严重，全国年均超采地下水 215 亿 m^3，北方一些地区地下水供水量已超过总供水量的 70%。超采地下水造成部分地区地下水资源枯竭，环境地质灾害频发，地下水污染加剧。

（8）自然灾害频发

10 年来，我国干旱、暴雨、沙尘暴等极端天气事件多发，加之生态破坏，导致山洪、泥石流、滑坡等灾害增多。

①干旱。从 2000—2010 年的 10 年间，干旱灾害导致农作物年平均受灾面积为 23.91 万 km^2，年平均成灾面积为 13.97 万 km^2，年平均绝收面积为 3.25 万 km^2。我国中东部地区、东北地区、内蒙古农业生态系统受干旱灾害的影响较大。

②洪涝灾害。洪涝灾害导致农作物平均受灾面积为 10.32 万 km^2，平均成灾面积为 5.55 万 km^2，平均绝收面积为 1.56 万 km^2。中东部比西部受灾面积大，以湖北、湖南、浙江、福建、广东、贵州、河南为主。

③生物灾害。生物灾害主要发生在东北、华北、华中、华南大部分地区，以及新疆西部和南部地区。从 2000—2010 年，总受灾面积与高损失等级面积都有增加趋势，粮食作物损失 1 762.0 万 t，棉花损失 47.0 万 t，油料作物损失 90.4 万 t。

2.1.2.2　省域尺度的典型生态环境问题

结合各省（自治区、直辖市）的生态环境特点和实际情况，分析总结各省（自治区、直辖市）的主要生态环境问题（表 7-2-1）。

表 7-2-1 各省（自治区、直辖市）典型生态环境问题

地区	典型问题
北京	1）城市热岛效应；2）水土流失
天津	1）城市热岛效应；2）土地盐碱化
河北	1）坝上地区沙漠化；2）土地盐碱化
山西	1）水土流失；2）露天采矿所引起的植被破坏；3）采矿区地面塌陷
内蒙古	1）草地退化；2）土地沙漠化；3）水土流失
辽宁	1）土地盐碱化；2）西北地区沙漠化
吉林	1）土地盐碱化；2）西部地区沙漠化
黑龙江	1）沼泽湿地退化；2）黑土区水土流失
上海	1）城市热岛效应；2）酸雨
江苏	1）湿地退化；2）酸雨
浙江	1）酸雨；2）海岸带湿地退化
安徽	1）湖泊富营养化；2）水土流失；3）露天采矿所引起的植被破坏
福建	1）红壤丘陵山地水土流失；2）沿海红树林湿地退化；3）酸雨
江西	1）红壤丘陵山地水土流失；2）酸雨
山东	1）滨海湿地退化；2）农灌区土地盐碱化；3）农业污染
河南	山丘区和黄土分布区水蚀
湖北	湖泊湿地退化
湖南	1）湿地退化；2）酸雨；3）喀斯特地区石漠化
广东	1）珠江三角洲地区城市热岛效应；2）沿海红树林湿地退化；3）酸雨
广西	1）喀斯特地区石漠化；2）沿海红树林湿地退化
海南	1）水土流失；2）天然林退化；3）沿海红树林湿地退化
重庆	1）泥石流、滑坡、崩塌等地质灾害；2）酸雨
四川	1）天然林退化；2）水土流失；3）泥石流、滑坡、崩塌等地质灾害
贵州	1）喀斯特地区石漠化；2）水土流失；3）泥石流、滑坡、崩塌等地质灾害
云南	1）天然林退化；2）喀斯特地区石漠化；3）水土流失；4）泥石流、滑坡、崩塌等地质灾害
西藏	1）草地退化；2）藏东泥石流、滑坡、崩塌等地质灾害；3）冰川退化
陕西	1）水土流失；2）沙漠化
甘肃	1）沙漠化；2）水土流失；3）泥石流、滑坡、崩塌等地质灾害
青海	1）草地退化；2）沙漠化；3）高原湿地退化
宁夏	1）沙漠化；2）宁南黄土丘陵区水土流失
新疆	1）沙漠化；2）绿洲盐碱化；3）草地退化；4）土壤风蚀；5）冰川退化

2.1.2.3 典型区域存在的生态环境问题

（1）自然保护区人类活动增加，对自然生态系统造成威胁

我国自然保护区内生态系统总体上变化不大，但人类活动不同程度地增加。湿地类型保护区内水产养殖塘、农田面积增加较多，自然景观丧失；森林、草原类型保护区内道路和建筑物数量略有增加，面积变化不大；荒漠类型保护区内矿点、厂矿、道路增加，植被覆盖度下降；自然遗迹类保护区人类活动频繁。人类活动的增加将导致自然保护区自然景观遭受破坏，生态安全受到严重威胁。

（2）部分国家重点生态功能区生态系统退化、水土流失严重、生态环境脆弱

2000—2010 年，我国 25 个国家重点生态功能区中 8 个生态功能区生态质量明显变好，7 个明显

变差，其余生态功能区变化不明显。水土保持型总体呈现变好趋势，防风固沙型变差的数量较多。我国重点生态功能区主要存在生态系统退化、水土流失严重、生态环境脆弱等问题。

（3）生物多样性保护优先区存在保护空缺，部分优先区人为活动影响强烈

2000—2010 年，我国生物多样性保护优先区湿地和林地面积持续增加，草地和耕地面积持续减少。15 个保护优先区有保护空缺，总计 15 个省 58 个县级评价单元，集中分布在武夷山区、黄山—怀玉山区、岷山—横断山北段区、横断山南段区等优先区。部分优先区内人为活动影响强烈，主要为农业开发活动和城镇建设，对区域生物多样性造成严重威胁。

（4）生态屏障区生态系统脆弱

各屏障区以林地、草地和湿地为主（面积比例＞50%），青藏高原生态屏障和北方防沙带林草地和湿地所占比例较少，生态系统相对脆弱。部分地区生态系统退化，长期禁牧反而影响牧草生长。

（5）重点流域污染强度大，湿地不断萎缩，饮用水水源面临威胁

长江流域废水排放量增加，水质下降明显，干流基本处于Ⅲ类或以上，部分支流尤其是下游段水质较差；上游生态功能退化；人工表面增加，农田减少，自然湿地减少，中下游湿地生态系统退化。

黄河流域耕地减少；工业废水、化肥使用量、城市污水排放量均呈增加趋势；中游地区水土流失严重。

海河流域水质差，天津、北京排污强度最大；农业面源污染严重，对地下水和地表水水质构成威胁；地下水超采严重；人口、农业生产活动和农业生产水平的增长削弱了生态系统调节功能。

珠江流域生活废水和工业废水排放量上升，饮用水源区受到威胁，河口区环境恶化；湿地减少，人工表面增加；上游生态功能退化。

淮河流域水质整体呈现改善趋势，但部分支流如涡河、颍河水质差，超过Ⅴ类；耕地面积减少；水旱灾害频发；下游低洼地生态恶化。

松花江流域水资源质量总体较差，呈逐渐下降的趋势；嫩江水系和松花江干流水系表现出明显面源污染特征；湿地萎缩退化严重；环境污染潜在风险较大。

辽河流域草地、湿地面积减少；水源地保护受到威胁；大中型水库富营养化问题严重；上游区域水土流失较为严重；部分地区如内蒙古通辽、赤峰等区域地下水水位下降。

（6）海岸带湿地面积减少、湿地人工化严重，开发强度过大

随着海岸带区域的人口聚集，工业化和城市化的迅速发展，以及全球气候变化的不利影响，近年来，我国海岸带区域生态环境质量退化趋势明显。2000—2010 年，全国海岸带及近海开发利用面积呈逐年递增的趋势。人工表面面积增大，湿地面积减少，自然湿地向人工湿地转变；围填海、水产养殖强度加大，毁林围塘养殖，毁林围海搞城市建设等人类不合理开发活动，使红树林面积剧减，红树林湿地生态系统面临严重威胁。

（7）重点城市化区域环境胁迫增强

近 10 年来，随着重点城市化区域人口密度的增加和经济活动强度的提高，导致区域生态资源紧张，环境质量下降，区域受到的环境胁迫增强。

2.1.3 与上一个十年变化的对比分析

（1）水土流失问题由改善转为恶化

1990—2000 年，我国相继出台一系列政策，加大了对水土保持的投入力度，全面开展了水土流

失治理工作，10 年间，我国水土保持工作取得了一定成效，全国水土流失面积减少了 11 万 km^2，水土流失问题得到改善。但 2000—2010 年，全国水土流失面积整体表现为增加，从 2000 年的 310.09 万 km^2 增加到 2010 年的 329.08 万 km^2，共增加 18.99 万 km^2，增幅约 6.12%，水土流失问题再度恶化。

（2）土地沙化问题由恶化转为改善

1990—2000 年，我国土地沙化问题持续恶化，其中 1990—1995 年，我国土地沙化年均扩展速度达 2 460 km^2，1995—2000 年每年更是达到 3 436 km^2。2000—2010 年，我国沙化土地面积整体呈减少趋势，土地沙化问题得到改善

（3）草地退化现象得到改善

1990—2000 年，我国草地退化严重，草地生态形势十分严峻。20 世纪 90 年代末，我国西部和青藏高原传统畜牧区 90%的草地不同程度退化，其中中度退化以上的草地面积占到半数以上，全国退化草地面积达 135 万 km^2。2000—2010 年，我国草地总体趋势变好，草地退化现象得到改善，但局部地区依然存在草地退化严重的问题，尤其以内蒙古东北部草地最为严重。

（4）湿地退化现象得到缓解

1990—2000 年，我国湿地面积不断减少，湿地功能不断下降。西北干旱区、青藏高原大量湖泊消亡，三江平原湿地面积锐减。2000—2010 年，虽然三江平原沼泽湿地仍然持续萎缩，但全国湿地总面积有所增加，西部地区尤其是青藏高原中部和北部以及新疆地区湿地面积明显增加，湿地退化现象得到缓解。

2.2 生态环境状况变化的驱动力分析

2.2.1 主要驱动力分析

2.2.1.1 驱动力框架

我国生态环境变化的主要驱动力可分为自然、经济、管理、文化 4 个方面内容。我国生态环境变化的驱动力框架如图 7-2-1 所示。

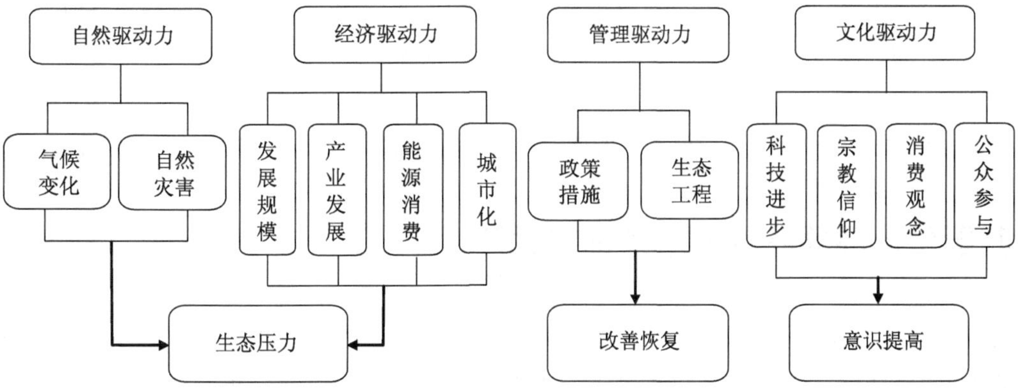

图 7-2-1 我国生态环境变化的驱动力框架

2.2.1.2 主要驱动力分析

（1）自然驱动力

在气候变暖背景下，全国气温与降水变化的空间异质性较大，极端天气事件频发，干旱、洪涝、生物灾害突出，严重影响生态系统供给与服务功能。

（2）人为驱动力

①人口分布不均，沿海地区、沿江地区、华北平原、长江中下游平原、东北平原和四川盆地地区生态系统处于高负荷状态，生态系统压力增加。

②经济发展不均衡，产业结构不合理，长江三角洲、珠江三角洲、环渤海地区、东南沿海、华北平原、四川盆地、江汉平原等经济高度密集区，经济发展给生态环境带来的压力较大。

③长三角、珠三角、华北平原、沿海地区以及辽中南城市群地区城市化发展速度加快，水、矿产、土地等资源开发利用强度增大，引起自然生态系统向人工生态系统转换加剧，自然生态系统退化加剧。

④生态建设力度加大，但管理体制机制不协调，生态工程建设与工程区社会经济发展很难形成良性互动局面。

2.2.2 驱动力因素对比分析

（1）气候变化仍较剧烈，升温率变缓，降水增加明显；

（2）人口增幅相对减缓，但压力持续加大；

（3）经济发展引起 GDP 增速相对放缓，但环境压力持续加大；

（4）经济发展模式由粗放型向集约型转变，但产业结构仍需优化；

（5）能源消费总量迅速增加，消费结构有所优化，清洁能源比重有所上升，但仍不合理；

（6）城市化进程不断加快，建成区面积持续增加。

2.2.3 小结

2000—2010 年我国生态环境变化的主要驱动力包括气候、人口、GDP、产业结构、能源消费、城市化等。我国干旱、洪涝等自然灾害突出，对生态系统供给与服务功能造成重大影响；人口聚集效应明显的东部地区城市化进程和经济发展速度较快但产业结构不合理，粗放式的经济发展模式；导致能源消费量剧增，资源利用强度加大，加速自然生态系统向人工生态系统转换，生态系统处于高负荷状态。

与前 10 年（1990—2000 年）相比，各驱动因素的变化趋势较为一致，但变化速率差异较大。

2.3 我国生态环境状况的未来情景预测

利用统计年鉴和遥感数据预测“外推情景”“规划情景”“保护情景”下的 2020 年和 2030 年全国各地类的用地面积，利用 CLUE 模型模拟三种情景下各地类的空间分布，定性分析全国生态环境未来变化趋势。在此基础上运用生态系统服务研究成果定量计算三种情景下全国各项生态系统服务数值，为相关政策制定提供参考。

2.3.1　全国土地利用情景预测结果分析

（1）外推情景

外推情景根据《中国统计年鉴》中 2000—2008 年的土地利用统计数据和 2000 年土地利用空间数据进行预测。首先基于统计年鉴中各年份地类面积及其变化率预测 2010 年、2020 年和 2030 年各地类面积，然后根据 2000—2010 年、2010—2020 年、2020—2030 年各地类面积变化率对 2010 年、2020 年和 2030 年的土地利用空间数据进行预测。结果显示外推情景下，2000—2030 年耕地面积持续下降，减少 17%；林地面积持续上升，增加 16%；草地和水域面积基本不变；建设用地面积持续上升，增加 42.5%；未利用地面积持续下降，减少 2%。

（2）规划情景

规划情景中 2000 年各地类面积参考《中国环境统计年鉴》，2010 年和 2020 年各地类面积参考《全国土地利用规划纲要（2006—2020 年）》中耕地、林地、草地和建设用地的规划面积，2030 年各地类面积根据 2010—2020 年各地类面积变化率进行推测，结果显示规划情景下，2000—2030 年耕地面积持续下降，减少 6%；林地面积持续上升，增加 15.4%；草地面积有所下降，减少 1%；水域面积基本不变；建设用地面积持续上升，增加 38.5%；未利用地面积持续下降，减少 11.4%。

与外推情景不同之处主要在于：规划情景中耕地面积减少较少，未利用地面积减少较多，建设用地增加较少。

（3）保护情景

保护情景是在咨询专家的基础上，参考《中国生态系统服务与管理战略》，遵循保护耕地，控制建设用地蔓延、保护陆地生态系统、保护湿地等原则设定的。预测结果显示保护情景下，2000—2030 年耕地面积持续下降，减少 5.8%；林地面积持续上升，增加 15.7%；草地面积有所下降，减少 0.9%；水域面积有所上升，增加 1.1%；建设用地面积持续上升，增加 38.2%；未利用地面积持续下降，减少 12.2%。

与外推情景相比，保护情景下耕地面积减少较少，未利用地面积减少较多，建设用地增加较少；与规划情景相比，保护情景中耕地和草地减少较少，林地和水域增加较多，建设用地增加较少，未利用地减少较多（表 7-2-2）。

表 7-2-2　2000—2030 年三种情景下全国各地类面积变化率　单位：%

变化率	耕地	林地	草地	水域	建设用地	未利用地
外推情景	−17.01	16.25	−0.26	2.56	42.53	−2.12
规划情景	−6.00	15.44	−1.08	0.90	38.49	−11.41
保护情景	−5.82	15.67	−0.88	1.10	38.21	−12.21

2.3.2　全国生态系统服务功能预测结果分析

采用谢高地等人关于生态系统服务的研究成果，结合土地利用面积预测，定量预测各项生态系统服务功能价值。

（1）生态系统服务类型划分

生态系统服务主要划分为供给服务、调解服务、支持服务和文化服务四大类，包括食物生产、原材料生产、气体调节、气候调节、水文调节、土壤形成与保持、废物处理、生物多样性维持和景观愉悦 9 个二级类。

供给服务包括食物生产和原材料生产。食物生产指将太阳能转化为能食用的植物和动物产品；原材料生产指将太阳能转化为生物能，给人类做建筑物或其他用途。

调解服务包括气体调节、气候调节、水文调节和废物处理。气体调节指生态系统维持大气化学组分平衡，吸收 SO_2、氟化物、氮氧化物；气候调节指对区域气候的调节作用，如增加降水、降低气温；水文调节指生态系统的淡水过滤、持留和储存功能以及供给淡水；废物处理指植被和生物在多余养分和化合物去除和分解中的作用，滞留灰尘。

支持服务包括土壤保持与生物多样性维持。土壤保持指有机质积累及植被根物质和生物在土壤保持中的作用，养分循环和积累；生物多样性维持指野生动植物基因来源和进化、野生植物和动物栖息地。

文化服务包括景观愉悦，主要指能够提供美学景观，具有（潜在）娱乐用途、文化和艺术价值的景观。

（2）生态系统服务当量

参考中国生态系统单位面积生态服务价值当量（2007 年），并根据研究目的和土地利用类型做适当调整，得出本章中使用的生态系统服务当量。

（3）全国生态系统服务预测

根据上述生态系统服务当量表和三种情景下预测的全国土地利用面积，得出三种情景下全国生态系统服务功能的未来变化（表 7-2-3，图 7-2-2）。

表 7-2-3 三种情景下全国生态系统服务预测 单位：$10^5 km^2$ 当量值

生态服务类型	基年	外推情景			规划情景			保护情景		
	2000 年	2010 年	2020 年	2030 年	2010 年	2020 年	2030 年	2010 年	2020 年	2030 年
食物生产	41.85	41.11	40.35	39.58	41.32	41.46	41.62	41.36	41.52	41.70
原材料生产	88.15	91.34	94.57	97.86	92.10	94.99	98.02	92.19	95.17	98.21
气体调节	161.58	166.00	170.50	175.08	167.12	171.16	175.39	167.29	171.48	175.73
气候调节	174.83	178.75	182.73	186.78	179.79	183.49	187.38	179.97	183.82	187.73
水文调节	182.93	187.23	191.60	196.04	188.25	192.06	196.07	188.44	192.42	196.45
废物处理	136.55	137.21	137.87	138.55	137.67	138.88	140.17	137.80	139.09	140.40
土壤保持	193.54	196.70	199.92	203.20	197.82	201.26	204.89	198.01	201.61	205.27
维持生物多样性	193.05	197.34	201.70	206.14	198.42	202.28	206.34	198.60	202.60	206.68
提供美学景观	89.12	91.48	93.87	96.31	91.90	93.68	95.54	91.99	93.82	95.69

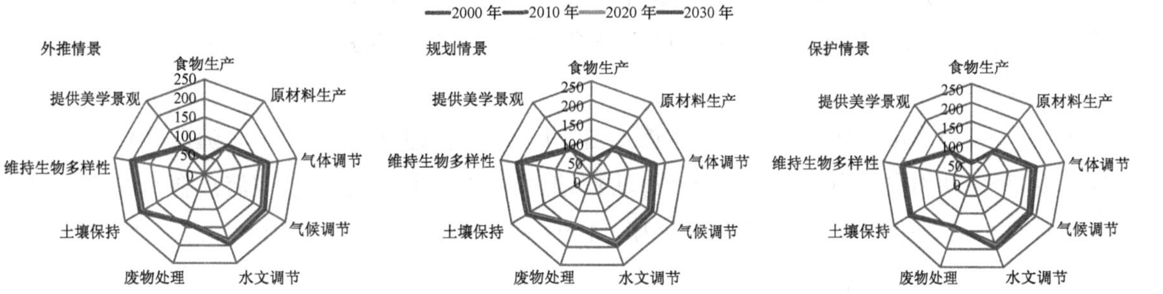

图 7-2-2　三种情景下全国生态系统服务预测

从整体来看，2000—2030 年各项生态服务功能变化均较小，2010 年、2020 年、2030 年生态系统服务价值总量保护情景＞规划情景＞外推情景。不同情景下各生态系统服务价值由大到小依次为：维持生物多样性＞土壤保持＞水文调节＞气候调节＞气体调节＞废物处理＞原材料生产＞提供美学景观＞食物生产。

在保护和规划情景下，食物生产和废物处理功能比外推情景显著增强；保护情景下，维持生物多样性、气候调节和气体调节功能比规划情景显著增强；外推情景下，提供美学景观比规划和保护情景显著增强。

2.3.3　小结

（1）外推情景下，2000—2030 年耕地面积减少 17%，林地面积增加 16%，草地和水域面积基本不变，建设用地面积增加 42.5%，未利用地面积减少 2%。

（2）规划情景下，2000—2030 年耕地面积减少 6%，林地面积增加 15.4%，草地面积减少 1%，水域面积基本不变，建设用地面积增加 38.5%，未利用地面积减少 11.4%。

（3）保护情景下，2000—2030 年耕地面积减少 5.8%，林地面积增加 15.7%，草地面积减少 0.9%，水域面积增加 1.1%，建设用地面积增加 38.2%，未利用地面积减少 12.2%。

（4）整体来看，2010 年、2020 年、2030 年生态系统服务价值总量保护情景＞规划情景＞外推情景。保护情景和规划情景下，食物生产和废物处理功能比外推情景显著增强；保护情景下，维持生物多样性、气候调节和气体调节功能比规划情景显著增强；外推情景下，提供美学景观比规划和保护情景显著增强。

2.4　我国生态环境保护政策评估

2.4.1　生态环境保护政策现状

2.4.1.1　生态环境保护政策发展历程

1973 年颁布的《关于保护和改善环境的若干规定》是我国第一部关于环境保护的综合性法规。1979 年《中华人民共和国环境保护法（试行）》通过，首次以法律形式将国家保护环境的基本制度确定下来。

1985 年颁布的《森林和野生动物类型自然保护区管理办法》，是我国自然保护区建立、管理方面的第一部法规。1987 年颁布的《中国自然保护纲要》，标志着自然生态保护成为环境保护的重要内容。

1994 年，《自然保护区条例》颁布实施，自然保护区建设开始步入正轨。随后，有关部门制定了《森林和野生动物类型自然保护区管理办法》《地质遗迹保护管理规定》《海洋自然保护区管理办法》《自然保护区土地管理办法》等相关法规。1998 年，国务院印发《全国生态环境建设规划》，国家将国债用于水土保持生态建设。

2000 年，国务院印发《全国生态环境保护纲要》，标志着我国自然生态环境保护工作进入了一个新的发展阶段。2005 年发布的《国务院关于落实科学发展观加强环境保护的决定》，标志着生态保护工作进入了全面快速发展时期。2006 年，国家环保总局印发了《全国生态保护“十一五”规划》《国家重点生态功能保护区建设规划纲要》《全国生物物种资源保护与利用规划纲要》《全国生态功能区划》及《全国生态脆弱区保护战略》，对维护国家生态安全具有重要意义。

2007 年，国家环保总局发布了《关于开展生态补偿试点工作的指导意见》，提出将通过在自然保护区、重要生态功能区、矿产资源开发和流域水环境保护四大区域、领域开展生态补偿试点工作。2008 年，环境保护部和中国科学院联合印发了《全国生态功能区划》，对我国生态空间特征进行了全面分析，提出了全国生态功能区划分方案。2009 年《规划环境影响评价条例》的颁布进一步加强对规划环境影响评价工作，提高规划的科学性，从源头上预防环境污染和生态破坏。

2.4.1.2 生态系统结构保护政策

（1）生态功能区划

《全国土地利用总体规划纲要（2006—2020 年）》将生态用地列为独立的土地利用类型。《全国主体功能区规划》将全国国土空间统一划分为优化开发、重点开发、限制开发和禁止开发四大类主体功能区。《国家重点生态功能保护区规划纲要》明确提出重点生态功能保护区属于限制开发区。《全国生态功能区划纲要》把中国生态功能区划分为 31 个一级区，67 个二级区和 216 个三级区。

（2）生态建设示范

环境保护部、中央文明办、国家林业局等相关部委已经在全国推行了一系列生态示范创建活动，比较有影响的包括生态示范区、生态省、市、县创建、生态文明示范工程试点。

（3）自然保护区建设

《自然保护区条例》《自然保护区土地管理办法》《森林和野生动物类型自然保护区管理办法》《地质遗迹保护管理规定》《海洋自然保护区管理办法》以及《水生动植物自然保护区管理办法》部门规章构成了我国自然保护区的建设和管理框架。《中国自然保护区发展规划纲要（1996—2010 年）》《国家级自然保护区评审标准》《国家级自然保护区管理工作评估指南》《关于进一步加强自然保护区管理工作的通知》等也是我国自然保护区法律体系的重要组成部分。

（4）土地整理

《关于进一步做好治理开发农村“四荒”资源工作的通知》《土地开发整理标准》《全国土地开发整理规划》《关于做好土地开发整理权属管理工作的意见》《土地开发整理规划管理若干意见》是关于土地整理的重要法规文件。

2.4.1.3 生态系统功能保护政策

（1）森林生态系统

《长江上游、黄河上中游地区天然林资源保护工程实施方案》和《东北、内蒙古等重点国有林区天然林资源保护工程实施方案》获批，标志着我国天然林资源保护正式启动。

《关于在西北、华北、东北风沙危害和水土流失重点地区建设大型防护林的规划》获批，标志着“三北”防护林工程正式启动。随后长江中上游防护林、沿海防护林、平原绿化、太行山绿化、珠江流域防护林体系建设工程先后启动。

《关于开展2000年长江上游、黄河中上游地区退耕还林（草）试点示范工作的通知》，拉开了退耕还林（草）试点工作序幕。次年，试点工作进一步扩展到20个省（区、市）及新疆生产建设兵团。2002年，退耕还林还草工程在25个省（区、市）及新疆生产建设兵团全面启动。2003年《退耕还林条例》正式施行。

（2）草地生态系统

《关于加强草原保护与建设的若干意见》强调建立和完善基本草原保护制度。《关于启动退牧还草工程建设的请示》获批，西部地区8省及新疆兵团实施以草场围栏建设为主要内容的退牧还草工程启动。

（3）湿地生态系统

《全国湿地保护工程规划（2002—2030年）》《青海三江源自然保护区生态保护与建设总体规划（2005—2010年）》和《全国湿地保护工程实施规划（2005—2010年）》获批，推动了我国湿地保护的进程。

（4）海洋生态系统

2001年我国制定了《近岸海域环境功能区划》，2002年实施《中华人民共和国海域使用管理法》，确立了海洋功能区划、海域权属管理、海域有偿使用3项基本制度。国家海洋局于2005年颁布了《海洋特别保护区管理暂行办法》。2012年10月，国家海洋局印发《关于建立渤海海洋生态红线制度的若干意见》。

（5）生物多样性保护

《野生药材资源保护管理条例》《野生植物保护条例》《濒危野生动植物进出口管理条例》《水产资源繁殖保护条例》《种子管理条例》《中药品种保护条例》《种畜禽管理条例》《中华人民共和国植物新品种保护条例》等法规，均要求把生物多样性、野生物种特别是濒危物种加以保护。《生物多样性公约》《生物安全议定书》《名古屋—吉隆坡补充议定书》等国际条约，也是我国生物多样性保护法规的重要组成部分。

2.4.1.4 生态环境保护保障激励政策

（1）产权制度

2003年，以福建、江西为试点省份，开始深化实施集体林权制度改革。2008年，《中共中央国务院关于全面推进集体林权制度改革的意见》出台，标志着集体林权制度改革作为一种政府行为已扩展到全国。

（2）以奖促治

《中央农村环境保护专项资金管理暂行办法》《中央农村环境保护专项资金环境综合整治项目管

理暂行办法》建立了规范的专项资金管理制度，《农村环境综合整治“以奖促治”项目环境成效评估办法（试行）》强化了项目成效管理，《“问题村”环境治理应对机制与程序》和《全国农村环境连片整治工作指南（试行）》科学指导各地开展农村环境综合整治。

（3）生态补偿

《节能减排综合性工作方案》要求开展跨流域生态补偿试点工作。《关于开展生态补偿试点工作的指导意见》提出将通过在自然保护区、重要生态功能区、矿产资源开发和流域水环境保护四大区域、领域开展生态补偿试点工作。《水污染防治法》明确规定了饮用水水源保护区和江河上游地区的水环境生态保护补偿机制。

2.4.2 生态环境保护政策实施成效

随着有关生态环境保护的政策不断密集出台，生态环境保护政策内容出现从理论性、宏观性和方向性向规范化、程序化、法制化、科学化和可操作性转变，政策实施从提倡令行禁止、依靠行政命令进行运动式、强制式推动向激励引导、自愿参加、行政和市场配置兼容转变。

2.4.2.1 生态系统结构保护政策成效

（1）生态功能区划

重要生态功能区经历了从不被接受到普遍认可、从理念到实施的巨大转变过程，在保护区域重要生态功能，在防止和减轻自然灾害，协调流域及区域生态保护与经济社会发展，保障国家和地方生态安全方面起到了重要作用。

（2）生态建设示范

全国有 14 个省（区、市）开展了省域范围的建设，有 500 多个市县开展了市县范围的建设，其中 11 个县（市、区）达到国家生态县（市、区）建设标准，1 027 个乡镇达到全国环境优美乡镇标准，生态建设示范工作取得了突破性进展，生态文明理念日益深入人心。

（3）自然保护区建设

截至 2011 年底，全国共建立自然保护区 2 640 个，其中国家级保护区 335 个。全国的保护区总面积已经达到 14 971.15 万 hm^2，其中陆地自然保护区约占陆地国土面积的 15%。2011 年与 1998 年相比国家级保护区数量和面积分别增加了 192 个和 6.46 万 hm^2，增长率分别为 130%和 231%。

（4）土地整理

以“土地改良”为主的土地整理模式，通过改造、消除限制生产能力发挥的障碍因素，保护和改善农地的生态环境，增强抵御灾害的能力，降低质量下降和面积减少的风险。

2.4.2.2 生态系统功能保护政策成效

（1）森林生态系统

工程实施以来，森林覆盖率净增 9.6 个百分点；治理水土流失面积 6.5 万 km^2。一期“天保”工程的实施，共有 27.6 万名林业职工从木材采伐转岗到森林保护，20 多万名农民直接参与森林管理保护，68 万名职工得到一次性安置。

“三北”防护林营造防风固沙林 561 万 hm^2，使 27.8 万 km^2 沙化土地得到治理，保护和恢复沙化、盐碱化草原、牧场 1 000 多万 hm^2。长江防护林一期工程累计完成营造林面积 685.5 万 hm^2，治理水土流失面积 6.5 万 km^2。珠江流域防护林一期工程建设共完成营造林 67.5 万 hm^2；沿海防护林体系一期工程建设累计完成造林 323.67 万 hm^2，工程区森林覆盖率平均每年增加 1%；太行山绿化一期工程累计完成造林 295.2 万 hm^2，还完成四旁植树 1.7 亿株；平原绿化工程，累计完成造林 698 万 hm^2，平原地区森林覆盖率增加了 8.4%。退耕还林工程增加森林资源的效益明显，工程区森林资源显著增长，退耕还林工程的贡献率达 26%，工程区扬沙次数下降 27%，陡坡耕地面积大量减少。

（2）草地生态系统

退牧还草、京津风沙源治理工程实施以来，工程区植被覆盖度和物种多样性均呈上升趋势，土壤风蚀和水蚀强度明显下降，大气释尘量减少，牧区的草场围栏化、家畜棚圈化、牧业机械化和饲草料基地等基础建设使生产条件得到了较大改善。

（3）湿地生态系统

退田还湖工程增加湖区自然湿地的面积，增强了长江中下游湖泊的蓄洪能力。退田还湖、移民建镇后，湖区居民的生命和财产安全得到保障，产业结构发生调整。

（4）海洋生态系统

全国已建成海洋和水生生物自然保护区 80 余处，有效的保护濒危水生野生动植物以及典型性的海岸、滩涂、河口、湿地、海岛、红树林、珊瑚礁等各种生态系统。禁渔线管理、人工渔礁建设、增殖放流、伏季休渔制度及海洋捕捞产量“零增长”“负增长”计划都取得了显著的成果。

（5）生物多样性保护

全国已建动物园（动物展区）240 多个，植物园（树木园）234 个。共建立各类野生动物救护繁育基地 250 处多，200 多种珍稀濒危野生动物建立了稳定的人工种群并不断扩大。我国植物园迁地栽培的高等维管植物约有 396 个科、3 633 个属、23 340 个种，建立了野生稻、中华水韭、野生莲等 126 个国家级农业野生植物原生境保护点。截至 2010 年，我国农作物种质资源保存份数达 412 038 份，涉及作物种及近缘种（含种下等级）1 890 个。共保存各类微生物菌种资源约 29 万株，登载各类共享微生物菌种 20 862 株。

2.4.2.3 生态环境保障激励政策成效

（1）产权制度

集体林权制度改革后，农民经营林业的积极性空前高涨。截至 2010 年 3 月底，全国已完成整地 118 万多 hm^2，培育苗木 46 亿多株，完成造林 151 万多 hm^2。2009 年全国林业产值达到 1.75 万亿元，在 2008 年高位增长的基础上又增长 21.43%，带动了农民就业增收。随着集体林权制度改革的深入推进，林业成为新的投资热点。

（2）以奖促治

截至 2011 年，中央财政共安排 80 亿元农村环境保护专项资金，用于对 1.69 万个开展农村环境综合整治的村庄实行“以奖促治”，对 283 个达到生态示范建设标准的村镇实行“以奖代补”。

（3）生态补偿

农业部制定了《农村沼气建设国债项目管理办法（试行）》，林业部门建立森林生态效益补偿基金，水利部门将“小型农田水利和水土保持补助费”用于补贴扶持农村发展小型农田水利等。政府通过直接实施重大生态建设工程，也对项目区的政府和民众提供资金、物资和技术的补偿。

2.4.3 生态环境保护政策存在的问题

2.4.3.1 法律法规问题

（1）法律体系不够完善

目前我国生态环境的保护立法虽已初具规模，但还面临着许多待完善之处。到目前为止我国还没有一部自然资源和生态环境保护方面的综合法律，有的方面甚至连部门规章都没有制定出来。例如在生物多样性保护方面，我国目前尚未出台关于微生物资源保护、生物遗传资源及传统知识的获取与惠益分享方面的专项政策，而以《中国生物多样性保护行动计划》为代表的国家生物多样性保护行动计划和政策编写时间较早，忽略了转基因生物的安全管理方面的内容。

（2）部分条款存在冲突

法出多门、立法原则不统一的现象，使我国生态环境保护体系的各组成部分、各环节缺少协调性，甚至会存在内容上的冲突。如在依据天保工程，天然林被保护和禁止采伐，而林权制度改革中赋予林区居民林业的管护权和适当的采伐权。如在草原上猎捕野生动物，《草原法》并没有关于狩猎证的要求，但《野生动物保护法》规定，猎捕非国家重点保护野生动物的也必须取得狩猎证。再如《水土保持法》规定，林区采伐方案中必须有采伐区水土保持措施，但《森林法及其实施细则》中却没有任何关于此项的规定。

（3）条款制定缺乏细节

生态补偿的规定大多缺乏具体的标准和规定，使其生态保护和补偿的要求难以落实。如《矿产资源法》尽管规定了“矿产资源开发必须按国家有关规定资源税和资源补偿费”，并明确要求矿产资源开发应该保护环境、帮助当地人民改善生产生活方式，对废弃矿区进行复垦和恢复，但在《矿产资源费使用管理办法》中却没有将矿区复垦和矿区人们生产生活补偿列入矿产资源费的使用项目。《水法》规定了水资源的有偿使用制度和水资源费的征收制度，各地也制定了相应的水资源费管理条例，但大多没有将水资源保护补偿、水土保持纳入水资源费的使用项目。

（4）法律责任规定模糊

现有的有关生态环境保护的各种立法中，对违法者责任规定过于模糊，有些脱离实际，可操作性差，不适宜政策的执行和政策尊严维护。例如，《自然保护区条例》规定：“造成自然保护区重大污染或者破坏事故，导致公私财产重大损失或者人身伤亡的严重后果，构成犯罪的，对直接负责的主管人员和其他直接责任人员依法追究刑事责任。”但在《森林法》《土地管理法》《矿产资源法》等法律中，并没有规定只有在构成破坏事故时才应当承担刑事责任。在生物多样性保护方面，对违法犯罪的打击力度上，除了刑法中明确规定了非法猎捕、杀害国家重点保护珍稀、濒危野生动物等行为的刑罚，包括《野生动物保护法》在内的法律体系均重在表述法律要求，而轻法律责任的追究。

2.4.3.2 体制机制问题

（1）管理部门条块分割

我国的生态保护工作主要是在国务院环境保护主管部门的管理下进行管理，生态保护的具体工作划分到林业、农业、国土资源、水利、海洋等有关行政主管部门。同时，有些生态环境保护项目按照重要性划分为国家级和地方级，分别由国务院主管部门和地方政府分别进行管理。这种分类型、分部门和分级的管理模式主要是考虑现实生活中的可行性，但是缺乏实现自然保护本身利益最大化的合理性，使自然保护的工作效率大打折扣。

（2）生态建设“运动式”推进

生态环境保护工程的建设中，往往存在地方政府通过短期内集中式、高负荷、高速度来完成建设的做法。这种“运动式”地推进生态示范创建，可以在短期内大力推进地方环境保护工作，也会在一定程度上解决历史遗留的环境问题，短期内一定程度上改善了环境质量。但是，创建目标一旦实现或创建命名工作一旦完成，地方政府的兴趣又迅速转移到其他领域或其他创建活动中。“运动式”地推进往往只追求一时一事建设的高效，不能收到长治久安的效果，甚至助长投机行为。

（3）缺乏地方问责制度

由于生态环境保护工作对资源的使用起到了限制作用，往往与当地经济发展相冲突。由于缺乏涉及绿色 GDP 的领导考核制度，迫于经济增长、实现就业等压力，一些政府领导往往为了单纯的经济发展和 GDP 增长而放纵破坏自然资源的违法违规行为的发生。还有一些地方往往把保护地资源单纯看作经济利润载体，而忽视生态、教育等方面的功能，在回收成本和实现盈利的利益驱使下，会对保护地资源进行掠夺性开发，严重破坏当地的生态环境。

（4）缺乏长效维持机制

现有的生态建设工程将陆续到期，但生态建设任务是长期的、艰巨的，工程到期之后如何继续建设与保护的问题显得非常紧迫。如退耕还林、京津风沙源治理等工程，国家还缺乏后续政策，以巩固和扩大建设成果。否则，极有可能出现毁林复垦、种粮求食，使生态建设成果又遭破坏而前功尽弃。生态功能区治理中的政策不连续，使生态建设缺乏后续政策支撑。

2.4.3.3 政策制定问题

（1）前期论证力度不足

有些生态系统功能保护工程出台和推进太快，工程实施前没有进行充分的科学规划和论证，工程启动带有主观性和盲目性，缺乏有效的科技支撑，没有做到因地制宜。干旱、半干旱地区造林密度过大，对水资源考虑不够，今后若遇上连续干旱、病虫害及林产品市场等问题，将会有一定的风险。退耕还林生态树种相对单一，乡土树种较少，导致生态系统稳定性下降，抵御环境变化的能力弱。再如，退牧还草工程中，有些地区如高山草场、永久禁牧荒漠草场，实施草原围栏工程意义不大，起不到围栏应有的作用。

（2）指标体系不够细化

生态示范区建设目标缺乏针对性，各生态示范创建的建设目标确立基本采用国家统一设置的方式。只有在个别建设指标的设置上考虑了南方和北方、东部和西部以及经济发达区和经济欠发达区的差异。如 2001 年全国生态示范区建设指标“城镇单位 GDP 能耗”针对南方和北方两个不同地区设置了不同的标准。2008 年国家级生态县、生态市、生态省建设指标“农民人均纯收入”按经济发达地区和经济欠发达地区分别设置建设目标。

（3）工程布局不均衡

自然保护区建设中，没有充分考虑不同保护类型保护区及功能区面积设置问题，使我国生态功能区划中保护区各功能区面积和物种面积关系匹配不科学合理，引发存在的诸多问题。例如，我国以物种保护为主不同保护类型的国家级自然保护区中，国家级自然保护区总面积与各功能区的面积与物种多样性关系均不存在显著相关性。野生动物与野生植物保护类型的功能区的面积与物种多样性关系相关性不显著，同样内陆湿地生态系统核心区与实验区的面积与物种也不存在显著相关。

（4）工程建设存在重复投入

草原生态建设工程区，有些地区为了保障工程区内的综合治理效果，将草原鼠害治理等公共投资更多地投入在退牧还草工程区内，造成区外草场生态条件退化。因此，就整个行政区域所辖的草原而言，由于工程区内保护与工程区外重牧的交互行为共存，极大地抵消了退牧还草工程改善草原生态环境的效果。

2.4.3.4 政策执行问题

（1）人员设备配备不足

而目前生态环境保护机构人员编制偏少，人员结构不合理，工作人员福利待遇低，难以吸引专业人员加入保护机构。在自然保护区情况突出，如四川白水河、云南药山、云南黄连山等国家级自然保护区人员编制不足且专业技术人员缺口较大。我国对生态环境保护的设备投入力度不足。例如，我国很多自然保护区因长期投入不足，保护区基础设施陈旧，资源管护手段原始，科研和监测工作薄弱。在生态功能区实施监控中，现有的监控装备落后、技术手段落后，导致监管不力。

（2）执法力度不够

由于环境保护部门中缺乏专门的生态保护的执行机构，很多相关的生态环境保护工作都是环保部门和其他相关单位联合执法。现实情况下，某主管部门制定的法律法规与其工作职责并不完全一致，执法主体界定不明确。同时，在执法中有些部门出于自身利益考虑或迫于压力，执法不力。执法不力是近年来保护区内偷猎现象屡禁不止的重要原因。

（3）行政手段为主

我国生态环境保护基本是"自上而下"推进模式下，单纯依靠行政力量，层层下达任务、落实目标。缺乏具有地方特色的参与式的管理，也缺乏与生态环境保护的自然资源有着密切联系的企业的参与。已有的市场调节机制，也是在政府主导控制下，还没有形成真正完善的市场机制，市场机制的调节能力薄弱。公众参与也属于政府倡导下的配合型参与，没有充分发挥公众的能动作用，民众对生态环境保护的贡献缺乏持续性和系统性。

2.5 对策建议

基于生态 10 年评估的结果和研究的主要结论，课题组发现当前生态环境保护的难点是如何平衡、协调经济发展与生态保护之间的关系，特别是对于贫困地区，如何在不破坏生态环境的前提下，发展区域经济，提高当地居民收入与生活质量，是当前面临的最重要的难题。依据构建的我国生态环境保护的战略目标，课题组认为解决该项难题的核心是"如何处理政府、市场的关系？并就其解决方案提出了相应的政策建议。"

2.5.1 生态保护红线的划定与管理

以生态保护红线的划定与管理，作为落实主体功能区规划的重要抓手，构建国家生态安全格局的重要切入点，实施应保尽保，维护国家生态安全底线。

（1）国家层面，完善生态功能区规划，加强与主体功能区的衔接，将其作为制定差异化区域发展、生态保护策略的依据

党的十八大报告把“主体功能区布局基本形成”作为全面建设小康社会的重要目标，并明确提出“加快实施主体功能区战略，推动各地区严格按照主体功能点位发展”，作为大力推进生态文明建设的重大举措。因此，加强与主体功能区规划的衔接是新形势下，发挥生态功能区划指导性作用的必要途径。

生态功能区划是划分生态功能红线的核心基础，生态功能区划开展的生态系统综合评估、生态敏感性和生态功能重要性评估是认识生态系统结构—过程—功能的基础工作，而生态功能红线的划分则是生态功能区划工作的进一步细化和拓展。

主体功能区规划是我国国土空间开发的战略性、基础性和约束性规划，是我国经济社会发展的空间总体安排，生态红线的划分需要在全国主体功能区划确定的宏观格局上，进一步明确重点生态功能区（包括限制开发区域以及自然保护区等禁止开发区域）与生态红线的相互关系。

结合生态环境 10 年动态变化的评估结果和近年来生态功能区划实施的成效、问题和需求，对 2007 年版的《生态功能区划》进行修改完善，加强与主体功能区划的衔接，进一步发挥生态功能区划在促进国家经济社会可持续发展的基础性保障作用。

（2）中央政府应该尽快划定国家生态保护红线，构建国家生态安全格局框架，建立生态红线管控措施，将其作为绿色发展的重要决策底线，强化自然保护保护与管理，加强重点生态功能区全过程管理

按照党的十八届三中全会的要求，国家正在推进生态变化红线划定工作，到“十三五”初期，约占国土 40%的区域将划入生态保护红线区，实行严格的保护和限制开发。在 2014 年 4 月 24 日人大通过了新修订的《环境保护法》，首次将生态保护红线写入法律，明确要求国家在重点生态功能区、生态环境敏感区和脆弱区等区域划定生态保护红线。

依据《国家生态保护红线——生态功能基线划定技术指南（试行）》，加快生态保护红线划分工作的进展，结合生态 10 年评估成果和生态红线划分试点的基础上，对全国生态状况、功能进行系统评价，将对全国生态安全具有重要意义的生态屏障、重要生态功能区、生态脆弱区划为国家生态红线区，努力把应该保护的都划在生态红线保护范围内，确定生态保护红线的指标值。生态保护红线区的面积统计，由国家统一指导、组织各个省相关部门通过遥感和地面结合的调查方式获取。

同步建立和完善生态保护红线管控制度。制定国家生态红线管控的政策措施和生态红线管理法规，明确各级政府及相关企业、社区和个人在生态红线区域的责任和义务，对生态红线区域实行最严格的管控制度。在国家层面的红线保护管理措施框架下，由各地方政府、环保部门进一步细化管理措施，强化地方生态保护红线区特色，最终上报国家批准通过。对国家级生态红线区，实施生态补偿。

建立生态保护红线监管平台。对全国生态红线进行“一张图管理”，建立天地一体化的生态环境监管体系，严格监测、监控生态红线的生态环境状况。完善区域内整体联动监管机制，依据其不同红线的生态功能特点和保护需求实施严格的生态环境监管。明确责任分工，生态保护红线指标纳入地方政府政绩绩效考核，建立生态红线保护考核指标，严格落实责任制，建立生态环境损害责任终身追究制。

（3）将生态保护红线作为优化新型城镇化建设空间布局的依据，加强生态安全格局与城镇化发展格局的衔接

近 30 年来，城镇化快速发展，大量生态空间被挤占，尽管环境治理不断加强，但区域、城市生

态功能仍退化，城市、城市群蔓延扩张，热岛效应、灰霾现象加剧。未来20年，仍然是我国城镇化快速发展阶段，城镇建设用地面积还将进一步扩张，因此，在城镇化建设过程中，有必要将生态红线目标作为优化城镇空间布局和结构的依据，引导城镇建设空间的合理布局，运用生态保护红线指标约束和优化城镇发展规模、格局，引导城镇化建设空间的合理布局，实现生态安全格局与城镇化发展格局的衔接。

在国家、省级和地方层面，把生态文明理念全面融入城镇化进程，结合国家宏观战略和区域各自发展需求与条件，实施以生态城市为发展目标的可持续城镇化发展模式，制定差异化的城镇化发展战略，着力推进绿色发展、循环发展、低碳发展，节约集约利用土地、水、能源等资源，强化环境保护和生态修复，减少对自然的干扰和损害，推动形成绿色低碳的生产生活方式和城市建设运营模式。

（4）保护重要生态系统，加强退化生态系统治理，维护生态系统功能，将提升生态系统服务功能作为生态环境保护的终极目标

培育森林生态系统。加强森林保护，推进天然林资源保护和国家级公益林管护，加强森林防火和林业有害生物防治体系建设。大力开展植树造林，加快推进“三北”等防护林体系建设。强化森林经营，加强新造林地管理和中幼龄林抚育，提高良种使用率和基地供种率。重点加强青藏高原生态屏障森林保护，提升和扩大黄土高原—川滇生态屏障森林质量和数量，开展南方丘陵山地带森林集约经营和合理利用，深入推进东北森林带森林休养生息，优化东部沿海地区绿化结构。

保护和治理草原生态系统。加强草原保护和合理利用，推进草原禁牧休牧轮牧，实现草畜平衡，促进草原休养生息；强化草原火灾、生物灾害和寒潮冰雪灾害等防控。加快草原治理，加大天然草原退牧还草力度，继续加强“三化”草原治理。建设人工草地，增加畜产品有效供给和农牧民收入。稳步开展牧区水利试点。重点加强青藏高原生态屏障草原保护、退化草地治理；开展北方防沙带天然草原改良、“三化”草原治理；推进南方丘陵山地带草地合理利用。

保护和修复荒漠生态系统。加快风沙源区和沙尘路径区治理步伐，增加林草植被，固定流动和半流动沙丘，减少起沙扬尘。加强封禁设施建设，禁止滥樵、滥采、滥牧，促进荒漠植被自然修复，遏制沙化扩展。重点推进北方防沙带沙化土地封禁保护和治理，适度发展沙产业。

保护和恢复湿地与河湖生态系统。构建湿地、河湖保护管理体系，强化保护与管理能力建设，促进重要生态区域湿地与河湖生态系统保护。重点保护青藏高原生态屏障高寒湿地和湖泊，保障北方防沙带江河湖泊生态用水量，加强东北森林带、南方丘陵山地带湿地河湖恢复。

保护和改良农田生态系统。提高耕地质量和农田生态功能，稳定并提高粮食产量。实施保护性耕作，推广免（少）耕播种、深松及病虫草害综合控制技术。强化农田生态保育，加强退化农田改良修复和集雨保水保土，推广节水灌溉，完善田间灌排工程，配套科学的农艺措施。重点加强北方防沙带保护性耕作，强化东北森林带黑土地农田保育和农田防护林建设，开展黄土高原盐碱地和南方丘陵山地带酸化土壤治理。

建设和改善城市生态系统。加强城市人居生态环境保护建设，拓展构建多功能兼顾的复合城市绿色空间，提升人居环境质量。科学规划、合理布局，积极推行立体绿化，提升城市绿地品质；加强城市扩展区原生生态系统保护，推行绿道网络建设；积极保护和治理城市河湖水生态，恢复水陆交界处的生物多样性。

保护和整治海洋生态系统。从源头上扭转生态恶化趋势，提高海洋生态功能和生态承载力。重点开展近岸近海生态区海岛、海岸带、滨海湿地和典型海洋生态系统保护、修复及海洋灾害防控。

保护生物多样性。加大典型生态系统、物种、基因和景观多样性保护力度，完善保护网络体系。加强生物多样性资源本底调查和评估，完善生物多样性监测预警体系，强化生物多样性保护优先区域的保护，开展生物多样性保护、恢复和减贫示范。

积极防治水土流失，全面开展防沙治沙，恢复生态功能。优化配置工程、植物和耕作措施，形成有效的水土流失综合防护体系。加强预防监督，加大坡改梯工程建设力度，开展重要饮用水水源地水土保持工作。加强对轻度和中度石漠化的综合治理，使其逐步向良性发展。保护尚未发生石漠化的地方，防止石漠化面积进一步扩大。重视调整石漠化地区能源结构，加快农村能源建设步伐，减少森林资源的能源性消耗。实施划分沙化土地封禁保护区进行严格保护，加强沙化土地综合治理，发展特色沙产业。

（5）加强自然保护区、重点生态功能区的全过程管理，将其作为扩大国家生态安全屏障区范围的基础

加强自然保护区保护与管理。以国级自然保护区建设为重点，完善自然保护区建设空白，加强自然保护区网络体系建设。完善自然保护区法规标准体系，建立规范化管理制度。加强自然保护区管护能力建设，完善自然保护区管护机构，加强国家级自然保护区监测、科研能力建设。探索建立国家公园建设体制，完善国家级自然保护区的建立机制，建立自然保护区管理的奖惩机制，探索建立国家级自然保护区的直接管理机制。

加强重点生态功能区全过程管理。严格控制开发强度，引导产业发展，优先发展符合功能定位的优势特色产业。同时强化生态环境监管，加强生态功能评估，明确重点生态功能区环境准入产业与原则。水源涵养重要生态功能区，着重加强产业结构调整，合理进行生产布局，严格水源保护管理，加强环境保护。水土保持重要生态功能区，加强小流域综合治理，营造水土保持林，禁止毁林开荒、烧山开荒和陡坡地开垦，保护和恢复自然生态系统，增强区域水土保持能力。防风固沙重要生态功能区积极实施防沙治沙等生态治理工程，严禁过度放牧、樵采、开荒，建立生态功能保护区，调整传统的畜牧业生产方式，控制放养对草地生态系统的损害。洪水调蓄重要生态功能区建立严格保护区域或自然保护区，形成完善的自然保护区网络；加强洪水调蓄生态功能区的建设，加强流域治理，控制水污染，改善水环境。发展避洪经济，处理好蓄洪与经济发展之间的矛盾。生物多样性保护重要生态功能区采取严格的保护措施，构建生态走廊，防止人为破坏，促进自然生态系统的恢复。建立野生动植物救护中心和繁育基地，加强外来入侵物种管理。强化自然保护区建设和管理。

扩大国家生态安全屏障区范围。生态系统服务功能评估和国家生态安全评估为基础，结合主体功能区规划、生态功能区划、环境功能区划等已有区划和研究成果，以生态系统服务功能重要性、区域生态环境质量变化、生态功能的辐射范围等为衡量指标，进一步扩大现有生态安全屏障区的范围，细化生态安全屏障的具体边界，完善我国“两屏三带”生态安全屏障布局，建设国家生态安全格局。在此基础上，提出不同生态安全屏障区的保护要求、恢复进程和产业准入、产业调控对策。

2.5.2 完善生态补偿政策

生态补偿机制。完善生态保护国家投入机制，开展财政体制机制改革，提高各级财政资金的使用效率，完善生态补偿政策，构建系统长期的生态补偿机制。

在全国范围建立以生态保护红线、生态安全格局为目标的纵向生态补偿体系，作为现阶段我国

生态补偿的主体。党的“十八大”明确提出，要建立反映市场供给，资源稀缺程度，体现生态价值的补偿机制。结合森林生态效益补偿制度制定和实施的经验，按照“谁开发、谁保护，谁受益、谁保护”的原则，多渠道筹集补偿基金。在省级和地方层面，鼓励开展以谈判、市场机制主导的流域、区域生态补偿机制。从流域、区域、海域层次，构建以生态资产核算为主体的横向生态补偿。靠市场化手段来解决生态保护中的资金问题，构建系统长期的生态补偿机制。

整合现有生态补偿政策，提高生态补偿效率。我国目前各类生态补偿政策和资金总量已达到相当规模，许多政策已执行多年，对推动相关领域生态环境保护与建设发挥了积极作用，但尚缺乏对这些政策进行系统的梳理和严格的考核，部分领域则缺乏必要的协调和整合，出现了一些生态要素之间不合理、不科学的竞争，部分补偿领域交叉重复，补偿资金重复申请等问题，其对生态保护的引导和支持作用有待提高。建议加强顶层设计，确保生态补偿政策和资金的传导机制准确和有效；同时，建立天—地一体化生态环境动态监控体系与第三方独立评估机制，结合资金分配使用，科学评估生态补偿效益，及时发布评估结果，接受社会监督，并将评估结果纳入地方政府政绩考核体系，努力提高各级政府在生态补偿工作中的责任意识和效率意识。

转变国家财政资金使用方式，构建系统长期的生态补偿机制。当前，一个能充分实现个人、集体和省级层面公平的生态补偿机制需要从中央政府层面建立并给予明确规定。生态补偿系统应当充分认识到西部地区的生态服务供给功能，并对长期承担生态系统保护工作的农村居民给予充分公正的补偿。要达到这一目标，必须明确各省的一般性的转移支付水平，而不是目前单纯依靠一些短期的资助项目。逐步实现国家财政资金使用方式从以短期项目支持向以构建系统长期的生态补偿机制为导向转变。生态补偿资金的安排应当以其生态系统服务功能的大小为分配标准，且这些生态补偿资金应当直接支付到与保护系统相关的个人主体手中。

2.5.3 逐步构建分工明确、全面合作的生态环境管理体制机制

以深化改革为契机，逐步构建分工明确、全面合作的生态环境管理体制机制。同生态文明建设新要求和人民群众对良好环境的新期待相比，现行的生态环境保护管理体制存在统筹协调困难、顶层设计不足，部门职责分散交叉、权责脱节、影响行政效能和政府公信力，保障体系不完善、难以为环境监管提供有力支撑的问题。随着我国生态环境形势的日益严峻、复杂、综合化，计划经济体制下形成的生态环境保护管理体制已越来越不适应当前的管理需求。特别是当前，我国生态环境形势依然十分严峻，突出表现为国土空间开发过度、资源约束趋紧、环境污染严重、生态系统退化等问题。公众环境意识空前觉醒，对生态环境质量的要求越来越高。

基于此，党的十八届三中全会《决定》明确提出了关于改革生态环境保护管理体制的要求，提出了“山水林田湖统一监管”的改革方向。2014 年新修订的《环境保护法》赋予了环境监察执法权，就是现行管理体制的一种突破，环保主管部门有了具体职权。作为生态文明建设的主阵地，环境保护部应以深化改革为契机，推动政府职能转变，整合国家管理资源，优化机构设置，避免机构重叠和职责交叉，促进职责体系和机构设置的有机统一，逐步构建分工明确、全面合作的生态环境管理体制机制，降低行政成本，提高行政效能。建立起从再生产全过程着手，形成从山顶到海洋，从天上到地下的所有污染物严格监管制度和一体化污染防治管理模式。

（1）健全用途管制制度，建立和完善严格的生态保护监管体制。对所有生态用地、生态用水等实施监管，严格管制生态用地、生态用水的实际用途，确保生态用途不改变。对所有自然生态系统，

野生动植物、生物物种、生物安全、外来物种、遗传资源等生物多样性，以及所有保护区域进行整合，实施监管。

（2）完善国家环境监察制度，生态保护纳入绩效考核。加强对有关部门和地方政府执行国家环境法律法规和政策的监督，纠正其执行不到位行为特别是一些地方政府对环保不当干预行为。将生态保护红线和重点生态功能区纳入政府绩效考核体系，逐步推动以生态功能保护为导向的区域政绩考核机制。

（3）建立国家生态环境定期评估制度。整合部门监测站点，构建国家统一生态监测网络。在生态环境监测的基础上，完善生态安全评估的制度和技术体系。以生态安全评估为依托，完善国家生态安全预警机制。

2.5.4 以生态资产为核心，加强市场机制的生态保护资源配置作用

以生态功能区划为依据，对国家生态安全屏障区、国家重点生态功能区、自然保护区、生态脆弱区等所涉及区域，研究探索建立包含资源消耗、生态破坏与效益、环境损害等方面的生态系统生产总值（gross ecosystem production，GEP）核算体系，研究明确核算框架、技术和方法，探讨重点区域新的经济社会发展评价体系。一方面将社会经济发展的生态环境和资源耗竭成本从同期GDP中扣减；另一方面，要建立生态产品统计账户，动态跟踪生态产品供给状况，对同期GDP做加法，并逐步实施年度核算。同时，研究国家生态安全屏障区、国家重点生态功能区、自然保护区、生态脆弱区生态功能保护的关键性指标，并将这些指标纳入地方政府绩效考核，逐步推动以生态功能保护为导向的区域政绩考核机制。

将保护环境的杠杆从“计划”转向“市场”，发挥市场在资源配置中的决定性作用。在对总量合理把握和严格控制的前提下，将环境作为一种生产性要素，交还给市场进行分配，是最有效率的一种保护环境的途径。以市场化机制推动生态产品生产，研究建立生态产品政府采购机制，将生态产品作为公共产品纳入中央财政预算和公共财政支持范围。

建立健全相关配套制度体系。进一步深化产权制度改革，明确界定林权、草原承包经营权、矿山开采权、水权等，完善产权登记制度。因地制宜，分类施策，制定和完善监测评估指标体系，加快建立生态产品采购标准体系。将生态产品市场机制建设工作成效纳入地方政府的绩效考核，通过完善政策和立法，建立健全生态产品市场化运行长效机制。

2.5.5 完善重点生态功能区工程布局，提高工程投入资金使用效率

以整合现有重大工程为途径，加强规划统筹和部门协调，完善重点生态功能区工程布局，提高工程投入资金使用效率。

（1）加强生态安全屏障区保护与生态工程建设

青藏高原生态屏障：扩大屏障区范围。以保护天然高寒植被、高原湿地河湖和高原特有生物物种及其栖息地为重点，按山系、河流完善保护区网络；实施禁牧休牧、草畜平衡和基本草原保护，加强黑土滩型退化草地人工治理，修复草原生态；推进天然林资源保护；开展小水电代燃料；通过退牧（耕）还湿、蓄水、禁渔与增殖放流、增加植被等措施恢复湿地河湖生态；加强江河源头区水土保持和防沙治沙，开展沙化土地封禁保护。

黄土高原—川滇生态屏障：扩大屏障区范围。以培育林草资源、保护生物多样性、防治水土流

失、减缓山洪地质灾害为重点，实施天然林保护和森林经营，建设长江流域、黄河上中游防护林体系；加强退耕还林、岩溶地区石漠化综合治理、淤地坝建设和坡耕地改造，实施保护性耕作，建设高标准旱作农田；加强野生动植物保护、保护区能力建设和森林公园体系建设；发展农村新型能源和生态产业，促进农民生产生活条件改善。

东北森林带：扩大屏障区范围。以天然林保育、湿地及生物多样性保护为重点，控制主伐，加强森林抚育和低效林改造；补充生态用水，保护和恢复湿地；加强水源涵养林建设和水土流失预防；开展森林公园基础设施、增殖放流基地和保护区能力建设。

北方防沙带：扩大屏障区范围。以林草植被保护与建设为重点，大力营造防风固沙林和绿洲防护林，生物措施和工程措施相结合固定流动和半流动沙丘，实行沙化土地封禁保护；采取围栏封育、人工种草、补播改良、棚圈建设、优良牧草繁育体系建设等措施，对退化草原进行保护和综合治理；统筹调配流域和区域水资源，加强绿洲保护，实施保护性耕作，发展旱作雨养农业；发展沙产业，促进农牧民增收。

南方丘陵山地：扩大屏障区范围。以天然林草资源保护、林草资源经营和退化森林修复为重点，加强典型生态系统、热带雨林、自然景观、濒危物种和重要经济物种保护，强化中幼龄林抚育和低效林改造，开展多年生人工草地建设，合理开发利用草地资源，加强岩溶地区石漠化综合治理和陡坡耕地退耕还林，加强小流域综合治理和崩岗治理。

（2）以保护和修复生态环境、提供生态产品为首要任务，落实国家重点生态功能区生态工程建设

水源涵养类型：推进天然林草保护、退耕还林和围栏封育，治理水土流失，维护或重建湿地、森林、草原等生态系统。严格保护具有水源涵养功能的自然植被，禁止过度放牧、无序采矿、毁林开荒、开垦草原等行为。加强大江大河源头及上游地区的小流域治理和植树造林，减少面源污染。拓宽农民增收渠道，解决农民长远生计，巩固退耕还林、退牧还草成果。

水土保持类型：大力推行节水灌溉和雨水集蓄利用，发展旱作节水农业。限制陡坡垦殖和超载过牧。加强小流域综合治理，实行封山禁牧，恢复退化植被。加强对能源和矿产资源开发及建设项目的监管，加大矿山环境整治修复力度，最大限度地减少人为因素造成新的水土流失。拓宽农民增收渠道，解决农民长远生计，巩固水土流失治理、退耕还林、退牧还草成果。

防风固沙类型：转变畜牧业生产方式，实行禁牧休牧，推行舍饲圈养，以草定畜，严格控制载畜量。加大退耕还林、退牧还草力度，恢复草原植被。加强对内陆河流的规划和管理，保护沙区湿地，禁止发展高耗水工业。对主要沙尘源区、沙尘暴频发区实行封禁管理。

生物多样性维护类型：禁止对野生动植物进行滥捕滥采，保持并恢复野生动植物物种和种群的平衡，实现野生动植物资源的良性循环和永续利用。加强防御外来物种入侵的能力，防止外来有害物种对生态系统的侵害。保护自然生态系统与重要物种栖息地，防止生态建设导致栖息环境的改变。

（3）加强重要治理区重大生态工程建设

岩溶地区石漠化综合治理：通过加强林草植被保护与建设和退耕还林，合理开发利用林草资源，加强坡改梯、坡面水系和雨水集蓄利用工程建设等，全面开展石漠化综合治理。

西藏生态安全屏障保护与建设：通过天然植被保护、退牧还草、防沙治沙、水土保持等措施，使全区中度和重度退化草地得到有效治理，重点区域可治理沙化土地和水力侵蚀面积得到治理。

重点流域和区域综合治理与生态保护：通过强化节水、水资源合理调配、控制地下水开采、林草植被建设等生态保护与修复措施，继续加强塔里木河、黑河、石羊河流域综合治理，实施敦煌水

资源合理利用与生态保护、艾比湖生态保护等建设。

三江源国家生态保护综合试验区建设：强化生态保护与建设，创新生态保护体制机制，推进游牧民定居和农村基础设施建设；转变农牧业发展方式，发展生态型非农产业，建立起生态补偿机制和比较完善的管理体制，转变经济发展方式，全面建设小康社会。

祁连山区生态保护和综合治理：加强森林、草原、湿地的保护与修复，增强生态系统稳定性，涵养水源、保持水土。

川西藏区生态保护建设：加强湿地、森林、草原等生态系统的保护和建设，综合配置营造林、退化草地治理、湿地修复、森林草原病鼠虫害治理等措施，基本扭转这一地区生态环境恶化的趋势。

青海湖流域生态环境保护与综合治理：通过湿地保护、退化草地和沙化土地治理、生态林建设及人工增雨等，逐步缓解青海湖水位下降的趋势，维护青海湖流域生态系统稳定。

黄土高原地区综合治理：通过林草植被保护和建设、退耕还林、水土保持、雨水集蓄利用、於地坝建设及土地整治、草食畜牧业发展等措施，加大水土流失以及荒漠化严重地区综合治理力度。

重点河口、海湾的生态综合整治：通过入海污染控制、湿地修复、岸线整治、合理布局滩涂养殖、生态廊道建设、植辣修复、生物资源养护等工程措施，修复与恢复河口、海湾的生态功能，维护区域海洋生态健康。

近岸近海生态区：以海洋生物多样性保护和海洋生态系统修复与整治为重点，实施海洋生态灾害防治与应急管理；开展海洋保护区建设；落实海洋保护区、重点保护区、温排水口和海洋工程的监管；加强重点污染海域和入海河口的综合整治和污染治理，有效控制陆源入海污染物排放；开展滨海湿地、红树林、珊瑚礁、海草床、河口、海湾等典型海洋生态系统修复，开展岸线整治与生态景观恢复，恢复修复严重受损海洋生态区域；建设水产种质资源保护区和海洋牧场，实施海洋伏季休渔，开展海洋生物资源养护；加强沿海防护林体系和海岛生态建设。

（4）结合重要生态区域的综合治理需求，开展重大生态工程整合，完善工程布局

对于优良自然生态系统集中分布区，采用优良生态资源保护模式，优先实施生态补偿和奖励政策，通过减轻生态压力确保优良生态资源得到有效保护。

对于生态治理工程实施较好且成效突出的区域，采用重大生态建设成果巩固模式，按照长期管护、巩固成果的要求，继续加大投入，建立有针对性的成果巩固长效机制。

对于生态工程项目分散、建设成效不明显的区域，采用分散项目优化整合模式，整合生态工程项目资源，优化工程项目组织方式，加大综合治理力度，提升生态建设成效。

对于其他区域，根据区域内优良自然生态系统所占的面积比例和已有生态工程实施情况，以县为单位，确定由不同治理模式构成的组合模式。

（5）整合重点区域财政投入，提高资金使用效率

建议整合重点区域财政投入，建立绿色发展基金，实行资源税归地方的税收政策来支持地方绿色发展，以及加速环境财政制度改革，促进财政资金使用效率。此外，还需要中央和地方政府开展金融体制的改革。

本报告执笔：饶胜、柴惠霞、张箫、牟雪洁、朱振肖、谈明洪、陈皓、黄琦

3 生物多样性保护思路与框架

3.1 面临的形势

3.1.1 主要问题

（1）法制和体制有待完善

我国制定了《野生动物保护法》《野生植物保护条例》《自然保护区条例》等多部生物多样性保护相关的法律法规，但在新形势下，我国现有生物多样性保护法律法规体系尚不完善，一些法律法规亟须修订完善。进出境物种资源监管、生物遗传资源获取与惠益分享管理等方面的法律法规还是空白。同时，各类生物多样性保护园区由各部门实行按要素进行分散管理的体制，难以实现对区域生物多样性的整体保护和统一监管，存在重复建设、权责不清等问题。

（2）生物多样性本底不清

近年来，我国生物多样性相关管理部门分别在不同区域和领域开展了一些生物多样性调查项目，但以往调查缺乏全面性和系统性，涉及的生态系统类型和物种、遗传资源种类不能全面反映我国生物多样性的总体情况，生物多样性还处于本底不清的状况，很多物种的分布数据以及生物多样性相关的传统知识尚未掌握或不够详尽，影响政府部门客观的保护决策和对生物资源的可持续利用。

（3）就地与迁地保护缺乏系统规划

我国生物多样性就地保护体系虽初步建成，但自然保护区空间分布还不够合理，许多重要的生态系统类型、珍稀濒危动植物生境等尚未全部纳入保护区体系中，自然保护区之间的相互联通性较差，片段化、孤岛化现象严重。我国生物多样性迁地保护还缺乏全面的战略部署和系统的规划设计，尚未建立迁地保护的有效协调机制，导致盲目引种、迁地保育成功率低等问题。迁地保护基础设施比较薄弱，综合性的生物多样性迁地保护设施严重不足，动植物园、种质库等在数量、规模和空间布局上均有待加强。

（4）保护与发展的矛盾突出

我国生物多样性丰富的地区大多处于偏远、经济欠发达的贫困地区，区域经济的发展主要依赖于地方丰富的生物资源，当地居民的生产生活对生物多样性的破坏较大，生物多样性保护与地方发展经济之间的矛盾长期存在，随着城镇化和工业化进程的加快，生物多样性的压力将会进一步加大。

（5）经费投入不足

中国生物多样性保护工作量大，在生物多样性调查和监测、保护区建设和管理、生物多样性恢复等方面能力比较薄弱，工作运行经费不足，严重缺乏资金支持。特别是一线工作条件较差，场所对于满足实际工作需要尚有一定差距，缺乏必要的设备和条件，资金缺口较大，严重制约了生物多样性保护作用的发挥。

（6）技术研究相对滞后

我国生物多样性保护相关专业人才和技术储备欠缺，特别是在保护实用技术和可持续利用模式等相关领域的研究比较薄弱。新常态下如何应对外来入侵物种、转基因生物安全、气候变化对生物多样性的影响等生物多样性保护面临的新问题有待深入探索，生物多样性保护急需的新技术也需进一步研发。

（7）保护意识有待提高

全社会生物多样性保护和风险意识尚需进一步提高。公众对保护生物多样性的重要性认识不足，保护意识比较淡薄，参与程度低。当生物多样性保护与地方社会经济发展发生矛盾时，往往以牺牲生物多样性为代价来推动经济发展，企业参与生物多样性保护的积极性也不高。决策者和管理人员的生物多样性保护知识缺乏，社会监督力量和能力不足。

3.1.2　挑战与机遇

我国生物多样性保护面临诸多压力与挑战，主要表现在部分生态系统功能不断退化，物种濒危程度加剧，遗传资源不断丧失和流失。这种状况是多因素作用的结果：一是城镇化、工业化加速使物种栖息地受到威胁，生态系统承受的压力加大；二是生物资源过度利用和无序开发加剧了物种资源的濒危程度；三是环境污染对生物多样性的影响加剧；四是外来入侵物种和转基因生物的环境释放增加了生物安全的压力；五是气候变化造成生物多样性价值的损失日益扩大。

在新常态下，我国经济增速从高速转为中高速，经济结构不断优化升级，经济发展对资源要素的需求将呈下降趋势。这些变化，会在一定程度上降低对资源环境的依赖，减少污染物排放，减轻对生态环境和生物多样性的冲击。当前，生物多样性保护工作呈现出一些新的特点。一是生物多样性保护作为生态文明建设的重要内容，已逐步被各级政府的规划、计划采纳并大力推动实施。二是在传统要素优势减弱、环境承载达到临界状态的背景下，以我国丰富的生物多样性资源为依托，实现科技创新和产业升级，促进可持续发展成为现实选择。三是我国经济发展和环境问题东西部区域分异大，生物多样性保护从注重宏观统筹、整体推动，逐步转向分区、分类的精细化管理。四是在全面推进依法治国战略的指引下，通过修法、立法、严格执法，加强监督管理，促进生物多样性保护的力度越来越大。五是生物多样性保护作为民生福祉的重要保障，在为人民群众提供优美宜居的生活空间、满足人们对绿水青山等生态产品的迫切需求方面发挥的作用越来越显著。

3.2　指导思想、原则和目标

3.2.1　指导思想

牢固树立尊重自然、顺应自然、保护自然的生态文明理念，贯彻落实《中国生物多样性保护战略与行动计划（2011—2030 年）》，坚持在发展中保护、在保护中发展，坚持以创新为动力，统筹生物多样性保护与经济社会发展，以实现保护和可持续利用生物多样性、公平合理分享利用遗传资源产生的惠益为目标，着力解决生物多样性保护的突出问题和薄弱环节，努力提高生态文明水平，实现人与自然和谐相处。

3.2.2 基本原则

（1）坚持保护优先，科学利用

切实加大生物多样性保护力度，采取有效措施减少经济社会活动对生物多样性的干扰和破坏，在尊重自然规律和科学规律的基础上，制定并实施重要生态系统和物种资源的利用管理制度，推动生物多样性的可持续利用。

（2）坚持分区施策，突出重点

针对不同区域的生物多样性特点，统筹规划，合理布局，因地制宜地制定和实施生物多样性保护政策和措施。以生物多样性保护优先区域为重点，以实施重大保护工程为突破点，充分发挥示范建设的带动作用。

（3）坚持以人为本，民生改善

正确处理生物多样性保护与发展的关系，将生物多样性保护与区域增产、增收和扶贫相结合，不断提高区域群众生产生活水平，将生物多样性保护与区域环境治理、城镇化、新农村建设相结合，努力改善区域群众居住环境。

（4）坚持各方参与，惠益共享

加大生物多样性保护宣教力度，广泛动员，引导全社会共同参与生物多样性保护。构建合理的生物遗传资源及相关传统知识的获取与利益分享机制，保障利益相关方以公平、公正的方式分享生物遗传资源及传统知识所带来的惠益。

3.2.3 规划目标

（1）总体目标

到 2020 年，全面提升生物多样性保护能力，《中国生物多样性保护战略与行动计划（2011—2030 年）》，努力使生物多样性的丧失与流失得到基本控制。生物多样性保护优先区域综合调查评估基本完成；形成类型齐全、覆盖所有生物地理单元、主要生物类群的生物多样性观测网络；基本建成布局合理、功能完善的自然保护区体系；建立完善的生物多样性恢复、生物多样性与减贫示范体系；建立完善国家生物多样性信息平台；物种资源出入境管理制度及生物遗传资源获取与惠益共享制度得到完善，生物多样性保护监管能力得到大幅提升。

（2）具体指标

到 2020 年，95%的国家重点保护物种和典型生态系统类型得到有效保护，全国陆域自然保护区的总面积维持在陆域国土面积的 15%以上，海洋保护区面积达到全国海域面积的 5%。

3.3 主要任务

3.3.1 开展生物多样性调查、评估与观测预警

以全国 35 个生物多样性保护优先区区域为重点，以县级行政区域为单元开展生态系统、物种、遗传资源和生物多样性相关传统知识的综合调查，摸清生物多样性本底。在本底调查的基础上，开

展生物物种及生态系统服务的价值评估，提出生物多样性保护相关规划与政策。制定系统性、全面性和长期性规划，逐步建立覆盖所有生物地理单元、主要生物类群及绝大部分受威胁物种的布局合理、功能完善的全国生物多样性观测网络体系，开展重要生态系统和生物类群的常态化观测。开发预测预警模型和软件系统，对物种灭绝风险、人类强烈干扰和突发自然灾害等开展预警。规范生物多样性数据采集、整理和分析，研发生物多样性调查、观测与预警数据库和信息平台，加强数据与信息的管理和共享（图 7-3-1）。

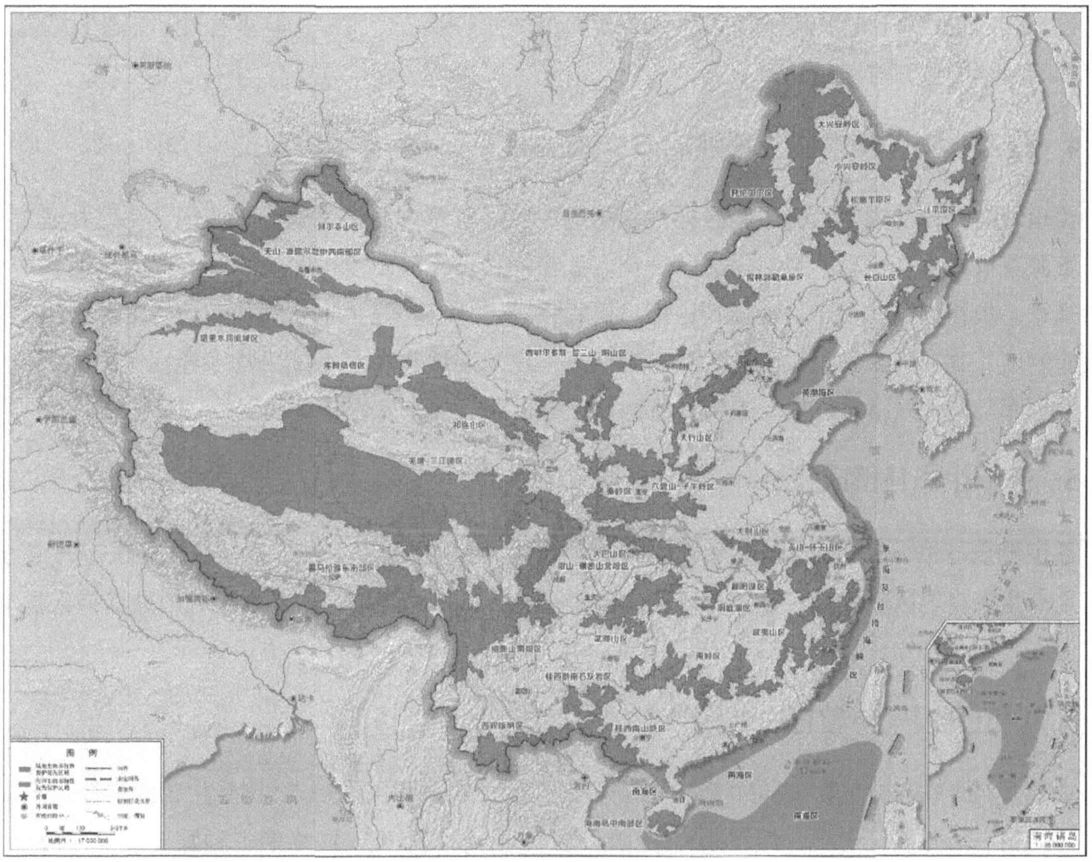

图片源自：环境保护部《中国生物多样性保护优先区域范围》2015 年 12 月 30 日。

图 7-3-1　中国生物多样性保护优先区域分布

3.3.2　加强就地保护与迁地保护

根据我国区域特点，东中部地区继续新建自然保护区，扩大保护区数量和面积，西部地区要优化空间布局，开展规范化建设，提升国家级自然保护区管护水平。按照我国主要流域、山系等自然地理单元的分布特点，充分考虑主要保护对象对栖息地的客观需求，加强生物廊道和保护区群建设，提高保护区间的连通性。加强对重要珍稀濒危物种原生境的保护，选择受到破坏和退化的重要珍稀濒危物种分布斑块区域设立保护小区。加快海洋、河湖、草原、水生生物等类型保护区建设步伐。优化动物园、植物园布局，开展标准化试点建设。优化升级现有迁地保护体系，新建一批区域生物遗传资源库和种质资源库，开展濒危种、特有种和具有重要价值生物遗传资源的收储。

3.3.3 推进生物多样性恢复、减贫示范建设

选择生物多样性以及生态系统功能退化的区域，制定生物多样性恢复方案，提出恢复途径和目标，开展退化生态系统恢复示范建设。选择物种单一、生态功能低下的区域，探索物种单一人工生态系统生物多样性恢复技术，开展单一人工生态系统生物多样性恢复示范建设。协同推进生物多样性保护与减贫，在既是生物多样性保护优先区域又是扶贫开发的重点区域开展生物多样性与减贫示范建设，开展替代生计、生态旅游、生物资源特色产业等示范。推广生物多样性示范建设经验，加强示范区后续的监测与评估。

3.3.4 提升生物多样性监管基础能力

梳理现有法律法规中有关生物多样性保护的内容，统筹修订相关法律、法规。制定和完善生物遗传资源获取与惠益分享、自然保护区管理、生物物种资源进出境检验检疫等方面的法律、法规与部门规章。依托国家现有野生动植物进出口监管体系，建立和完善生物物种和遗传资源进出境查验和检验制度。建立外来物种风险等级和名录制度，建立陆地和淡水水域生物多样性保护优先区外来物种数据库与监测网络，建成外来物种监测、预警机制与外来入侵物种的防控技术体系。

3.3.5 健全生态补偿政策

逐步健全与生物多样性保护相关的生态补偿政策，特别是制定生物多样性优先区生态补偿办法，完善重点生态功能区一般性转移支付政策，合理补偿居民因保护生物多样性受到的经济损失 “环保扶贫”。

3.3.6 广泛开展宣传教育

认真实施“联合国生物多样性十年中国行动方案”，充分利用“5 • 22 国际生物多样性日”“6 • 5 世界环境日” 等重要纪念日，组织系列宣传活动，以报纸、电视、网络等多种媒体手段向公众宣传生物多样性知识，提高公众保护意识，创造全民参与生物多样性保护的良好氛围。

3.4 重点工程

生物多样性保护重点工程见表 7-3-1。

表 7-3-1 生物多样性保护重点工程

工程名称	建设内容
生物多样性调查、评估与观测预警工程	开展全国 35 个生物多样性保护优先区域的生物多样性综合调查与评估，建设生物多样性观测样区和国家生物多样性综合观测站，构建生物多样性遥感观测技术体系和生物多样性预警体系，建立国家生物多样性数据库和信息平台
生物多样性就地与迁地保护建设工程	开展国家级自然保护区规范化建设，建设生物廊道和生物多样性保护小区，加强国家水产种质资源保护区、森林公园、风景名胜区基础设施建设和规范化管理；合理规划和布局现有迁地保护体系，加强迁地保护设施建设，新建一批保存库以及保存圃，建设生物多样性标本馆和博物馆

工程名称	建设内容
生物多样性示范建设工程	开展生物多样性恢复示范建设，建立生态系统恢复示范区、珍稀濒危物种原生境恢复示范区等；开展生物多样性保护与减贫示范建设，因地制宜地选择减贫模式与建设，建立生物多样性保护与减贫示范区
极小种群和极度濒危物种拯救工程	保护和改善珍稀濒危野生动植物栖息地，建立健全救护、驯养繁殖、基因保护体系，开展拯救繁育和野化放归，加强野外生存繁衍困难的极小种群和极度濒危物种拯救
淡水水生生物资源养护工程	新建和改（扩）建水产种质资源保护区，建立人工种群保育基地、濒危珍稀淡水水生生物种质资源基因库，加快重点保护区域水域生态修复，提高监测、鉴定、救护和管理能力
外来入侵物种防治工程	完善外来入侵物种名录，开展定点监测，研发外来入侵物种防治技术，加强外来入侵物种的有效管理和控制，加强出入境生物物种资源检验检疫能力建设
海洋生物多样性保护工程	开展海洋生物多样性普查，建设海洋生物物种保护基地，建设海洋生物样品库、重要海洋生物种质资源库、海洋生物资源信息库

本报告执笔：张丽荣、潘哲、孟锐、金世超

4 农村环境综合整治思路与对策

4.1 现状与问题

4.1.1 工作进展

（1）着力解决农村突出环境问题，整治地区农村环境面貌改善取得新突破

提高农村生活污水、垃圾和畜禽养殖污染治理水平，已建成生活污水处理设施 24.8 万套，生活垃圾收集、转运、处理设施 450 多万个（辆），畜禽养殖污染治理设施 14 万套。生活污水、生活垃圾、畜禽粪便年处理量分别达 7 亿 t、2 770 多万 t 和 3 040 多万 t，化学需氧量和氨氮年减排量分别达 95 万 t 和 7 万 t。整治后的村庄环境“脏、乱、差”问题得到有效解决，环境面貌焕然一新。同时，切实抓好农村饮用水水源地保护，各地设置饮用水水源防护设施 3 800 多 km，拆除饮用水水源地排污口 3 400 多处。辽宁省对大伙房水库周边 240 多个行政村实施环境综合整治，饮用水水源安全保障得到提高。

通过综合整治，部分重点流域水环境质量得到改善。云南省在九大高原湖泊完成沿湖 1 377 个村庄的环境综合整治，这些村庄离湖都特别近，综合整治有着非常重要的影响，削减了入湖污染负荷。江苏省在太湖周边及上游地区 10 个县级市（区）实施农村环境连片整治，太湖主要水质指标明显改善。

（2）建立健全农村环保长效机制，城乡环保统筹取得新进展

通过开展农村环境连片整治，各地把农村环保工作摆上重要议事日程，许多地方成立了由省（区、市）政府负责同志任组长，环保、财政、住建、农业等部门为成员单位的领导小组。江苏、湖北、天津、黑龙江、云南等地建立联席会议、领导约谈、定期巡查通报等制度。河南省将连片整治工作纳入全省十项重点民生工程和政府责任目标，实施一票否决。浙江、宁夏、重庆、海南、安徽等省（市）与地方政府签订目标责任书，构建了一级抓一级的责任考核体系。

同时在中央环保专项资金撬动下，一些地方按照“渠道不乱、用途不变、统筹安排、形成合力”的原则，带动涉农资金集中投向连片整治区域。四川对不同区域差异化分解配套资金，通过省级转移支付及其他专项资金，带动了更多地方投入。福建通过整合各方涉农资金、统筹生态补偿资金等方式，累计捆绑整合资金达 37.8 亿元，有效提升了资金使用效益。湖南以整县推进、竞争立项的创新思路，把工作压力有效传递到基层。广西建立以目标责任制为主，调度反馈、定期督察、通报预警和领导约谈等制度相结合的“五制一体”的工作机制。湖北、甘肃、新疆生产建设兵团等定期向地方政府、环保和财政部门通报工作进展。北京市财政、环保等部门组成检查督促组，对上一年和当年的项目进行督察，确保项目按时高质量完成。

为保障农村环保设施长期稳定运行，各地在积极探索运行维护的长效机制。重庆市成立环保投资有限公司和资源与环境交易所，通过PPP模式、政府购买服务、排污权交易等方式，统一负责全市所有乡镇和农村环境连片整治污水处理项目的建设和运行管理，探索将污染物削减量通过交易所进行交易，产生收益用于污水处理设施的运行补贴。江苏一些地区将农村污水处理、垃圾清运、道路养护、河道清理打包管理，对农村污水处理设施安装在线监控系统实现远程监控。

（3）大力推进环保惠农，农村环境与经济协调发展取得新成效

各地因地制宜筛选实用技术，鼓励高校、科研院所、企业参与治理工程设计、项目建设和运行维护，带动了环保产业和环保服务业的发展。江苏省宜兴市自开展连片整治以来，带动环保产业增加产值近2亿元。很多地方积极推广化肥农药减量控害增效技术，发展清洁、循环、生态的种养模式，促进农业生态资源的综合利用。湖北实施“两清两减”（清洁种植、清洁养殖、农药和化肥减量），陕西积极推广以沼气为纽带的“猪—沼—菜”“猪—沼—茶”“猪—沼—鱼”“猪—沼—果”等循环农业种养模式，上海市开展一体化的生态循环农业模式，实现了环境保护、农业增产、农民增收的共赢。

一些连片整治区域积极推进有机食品生产基地建设。云南省发展高原特色农业，有机、绿色、无公害农业得到大力推广。浙江省已建成28个国家有机食品生产基地，黑龙江省组建有机食品产业联盟，四川、湖北、新疆、宁夏等省（区）形成了一批特色有机农产品品牌。很多地方在实施环境整治的同时，注重保持原有特色和自然风貌，打造了一批突出乡土文化、古村风貌、民族特色的美丽乡村，给当地经济发展注入了新活力。福建省长泰县上蔡村打造田园风光的休闲生态古村落，成为远近闻名的“中国慢客村”。贵州建成一批特色村寨，拉动了农家餐饮、住宿、采摘等旅游业快速发展。江苏江宁区七坊村恢复发展原有7种传统特色产业，农家乐经营户月收入达4万余元。

（4）推动农村生态示范创建，农村生态文明建设取得新成果

农村环境连片整治有力促进了生态乡镇、生态村建设，使示范地区环境质量不断改善，农村经济快速发展，党群关系、干群关系更加融洽。目前，全国已有 4 590 多个国家级生态乡镇，成为当地经济、社会与环境协调发展的典范。江苏、浙江、福建等省通过开展农村环境连片整治，夯实生态文明创建细胞和基础，有力地推进了生态县（市）创建。

（5）推进农村环保“三下乡”，农村环保意识能力取得新提升

环境保护部积极推动环境监测、监察、宣传“三下乡”，努力提高农村环境公共服务水平。出台《关于加强农村环境监测工作的指导意见》等文件，开展全国农村环境质量试点监测。环境执法正逐步从城市向农村拓展，各地环保部门对农村地区的环境监察得到加强，农村集中式饮用水水源地保护、秸秆禁烧、畜禽养殖污染防治等专项执法检查行动成效明显。同时，农村环保宣传力度也不断加大，环保部已举办13期乡镇领导干部环保培训班，总共有1 300多名乡镇领导干部和地方环保管理人员参加培训。吉林卫视联合省曲艺团，赴全省30多个乡镇进行宣传汇演，以文艺下乡的形式宣传农村环境连片整治工作。许多地方群众的环保意识得到提高，以实际行动支持农村环境连片整治工作，达成了“连片整治连民心，抓好示范惠民生”的共识，树立了保护农村环境的文明新风。

4.1.2 存在问题

（1）“脏、乱、差”现象仍比较普遍，补齐“短板”难度较大

全国农村每年产生 90 多亿 t 生活污水、1.1 亿 t 生活垃圾，大部分未经处理随意排放。全国近 4 万个乡镇、约 60 万个建制村，绝大多数没有环境基础设施，“脏、乱、差”现象普遍，目前全国通过“以奖促治”整治过的建制村仅占全国总数的 10%左右。农村环保投资存在投入不足和效率不高、收费和投资回报机制不健全、投融资机制创新不够、社会参与度不高等市场主体和市场发育滞后的问题。整治资金需求与投入情况缺口较大。

（2）农业生产方式仍较为粗放，农业源污染趋势难以有效遏制

“十三五”期间我国人口增长仍未达到巅峰，对粮食的需求将持续增加，农业生产对农业化学品投入依赖度仍较高。据《2014 年中国环境状况公报》，农业源 COD、氨氮排放量分别为 1 102.4 万 t 和 75.5 万 t，分别占总排放量的 48%和 32%，一些污染物排放量现在接近“半壁江山”，已成为流域水环境的主要污染源。

（3）环境风险防范能力薄弱，城市和工业污染向农村地区转移的压力加大

随着城市环境保护力度的加大，一些高耗能、重污染行业向农村地区转移增加，在污染治理设施滞后、环境风险防控能力低的情况下，加大周边农田、村庄的环境污染风险。一些地方的企业粗放型生产、肆意排污，所造成的大气污染、水体污染、土壤污染、生态破坏直接影响当地群众的身体健康，已成为部分地区群众环境投诉、环境信访的主要原因。

（4）不合理的城镇化建设，农村自然生态系统将受损严重

农村还存在大量不合理的非法占地、采石开矿、围湖造田、毁林开荒等行为，加剧了农村生态系统功能的损害。2014 年，国家重点生态功能区县域生态环境质量监测结果显示，生态环境质量“变差”的县有 68 个，占 13.8%。根据第一次全国水土保持情况普查成果，中国现有土壤侵蚀总面积 294.91 万 km^2，占普查范围总面积的 31.12%。湿地生态系统还有一半尚未得到保护，面积减少、功能退化的趋势依然在持续。

4.2 总体思路

4.2.1 指导思想

为全面贯彻落实党的十八大和十八届三中、四中、五中全会精神和党中央、国务院有关农村生态文明建设的决策部署，加快解决当前农村突出环境问题，“十三五”农村环境综合整治的指导思想是：以改善农村环境质量为目标，继续加大“以奖促治”政策力度，以农村环境综合整治为抓手，以生态文明建设示范村镇为导向，着力解决损害人民群众的农村突出环境问题，改革农村环境监管方式，提高农村环境监管能力，推进绿色生产、生活方式，推动城乡环境公共服务均等化，使农村环境质量达到全面建成小康社会的要求，为亿万农民创造优美宜居的生产生活环境和美好家园。

4.2.2　基本原则

（1）科学布局，突出重点

以国家重大调水工程水源地、输水工程沿线以及其他重点饮用水水源地涉及地区为整治重点，优先开展以上区域集雨区范围内的农村生活污水、垃圾、畜禽养殖等污染治理。

（2）因地制宜，确保实效

处理技术模式选取要从实际出发，根据不同的经济社会、自然地理与环境问题，优先采用操作简便、效果好、运行稳定、维护成本低的成熟处理技术模式。要把突出环境问题是否解决、人居环境是否改善作为衡量整治成效的主要标准。

（3）统筹城乡，建管并重

坚持城乡环境治理体系统一，加大生态环境保护工作对农村地区的覆盖、对设施建设和资金投入力度。污染治理设施三分在建、七分在管，前期建设是基础，后期管理是关键，要建立健全农村环境基础设施运行管理的长效机制。

（4）完善机制，奖惩并举

建立政府主导、村民参与、社会支持的投入机制。严格项目考核评估，对达不到整治标准的将推出财政资金支持范围，对整治效果好的将加大奖励力度。

（5）政府主导，公众参与

发挥各级政府主导作用，实行农村环境综合整治目标责任制，落实地方政府责任。维护农民环境权益，加强农民环境教育，建立和完善公众参与机制，鼓励和引导农民及社会力量参与、支持农村环境保护。

4.2.3　规划目标

到 2020 年，新增完成环境综合整治的建制村 13 万个，使国家重大调水工程水源地、输水工程沿线以及其他重点饮用水水源地等涉及县（市、区）的村庄环境得到整治，国家重大调水工程、重点饮用水水源地水质安全得到保障；农村饮用水水源地安全得到保障，农村生活污水和生活垃圾处理、规模化畜禽养殖场（小区）和散养密集区污染治理水平显著提高，农业污染源减排成效显著，建成一大批国家生态文明建设示范村镇，农村人居环境质量显著改善；农村生态文明制度建立健全，统筹城乡环境监管格局基本形成，农民群众生态文明意识明显增强。

4.3　重点区域

4.3.1　国家重大调水工程涉及区

涉及湖北、河南、陕西、河北、山东 5 个省份，204 个县（市、区）。其中，丹江口库区及其上游涉及 13 个，南水北调中线沿线涉及 64 个，南水北调东线沿线涉及 67 个，汉江流域水源地 60 个（表 7-4-1）。

表 7-4-1 国家重大调水工程涉及区县名单

调水工程/水源地	省份	涉及区县
丹江口库区及其上游	湖北	丹江口、郧阳区、郧西、竹山、竹溪、房县、张湾区、武当特区、茅箭区（含白浪十堰经济开发区）
	河南	卢氏、栾川、西峡、淅川
南水北调中线沿线	河南	邓州市、镇平县、卧龙区、宛城区、方城县、内乡县、宝丰县、郏县、禹州市、长葛市、荥阳市、上街区、巩义市、沁阳市、新郑市、中牟县、管城区、中原区、温县、博爱县、修武县、焦作市区、辉县市、卫辉市、淇县、鹤壁市淇滨区、汤阴县、安阳县
	河北	磁县、邯郸县、邯郸市马头工业园区、复兴区、永年县、沙河市、邢台市桥西区、邢台县、内丘县、临城县、高邑、赞皇、元氏、鹿泉市、石家庄市桥西、新华、石家庄市郊区、正定、新乐、定州、曲阳、唐县、顺平、满城、徐水、易县、涞水、涿州、徐水、容城、高碑店、雄县、固安、霸州、永清、安次
南水北调东线沿线	河北	大名、馆陶、沧县、青县、泊头、吴桥、南皮、东光、献县、桃城区（衡水）、景县、武强、枣强、武邑、故城、阜城、冀州、饶阳、安平、清河、临西、宁晋、新河、南宫
	山东	兰陵、沂水、沂南、罗庄（临沂）、蒙山旅游区、平邑、费县、台儿庄、山亭区（枣庄）、滕州、薛城、鱼台、嘉祥、梁山、邹城、兖州、曲阜、金乡、汶上、泗水、东平、肥城、新泰、莘县、冠县、阳谷、东阿、夏津、武城、曹县、成武、单县、定陶、郓城、巨野、济南市中心城区及新规划建设的东部产业带、枣庄市市中区、任城区、岱岳区、钢城区、兰山区、河东区、东昌府区
其他汉江流域	陕西	汉台区、南郑、城固、洋县、西乡、勉县、略阳、宁强、镇巴、留坝、佛坪、汉滨区、汉阴、石泉、宁陕、紫阳、岚皋、镇坪、平利、旬阳、白河、商州区、洛南、丹凤、商南、山阳、镇安、柞水、太白
	湖北	襄城区、樊城区、襄州区、南漳县、谷城县、保康县、老河口市、枣阳市、宜城市、东宝区、掇刀区、钟祥市、沙洋县、京山县、曾都区、随县、安陆市、云梦县、应城市、孝南区、汉川市、江汉区、硚口区、汉阳区、东西湖区、蔡甸区、汉南区、潜江市、天门市、仙桃市、神农架林区

4.3.2 全省覆盖拉网式试点省份

共 6 个省（区），分三批开展试点，分别为江苏、辽宁、浙江、湖南、宁夏、青海 6 个省（区）。其中，第一批试点省份为江苏、宁夏，第二批试点省份为辽宁、浙江、青海，第三批试点省份为湖南。该区域的省份，要以县为基本治理单元，将位于重要饮用水水源地的县作为优先整治区域。

4.3.3 其他重点饮用水水源地涉及区

涉及福建、江西、云南、四川、贵州 5 个省，126 个县（市、区），6 大流域。其中，三峡库区及其上游 26 个，珠江流域 18 个，滇池流域 7 个，闽江流域 10 个，九龙江流域 21 个，赣江流域 44 个。该区域的省份，要结合当地实际，以县为基本治理单元，重点整治本省份重点饮用水水源地周边的村庄。

此外，各省份在重点整治区域选取整治村庄时，优先整治人口较多、密集较大、环境问题较突出的村庄。

4.4　重点任务

4.4.1　推进新一轮农村环境连片整治

（1）加强顶层设计

环境保护部、财政部将进一步加强各省（区、市）农村环境综合整治工作的指导、监督和考核。各省（区、市）根据《关于下达“十三五”农村环境综合整治目标任务的通知》（环办生态函〔2016〕109号）所确定的目标任务（表7-4-2），认真谋划农村环境综合整治工作，组织编制“十三五”农村环境连片整治实施方案，明确治理重点区域、治理重点内容、预期治理成效等。实施方案要特别注意以建制村为基本单元，以整县推进为主要方式，强化设施长效运行管理机制，把建立健全长效运行管理机制作为确定整县推进的前置条件。

表7-4-2　各省份“十三五”农村环境连片整治目标

重点区域	省份	整治目标/个		所占比例/%
国家重大调水工程涉及省份	河　北	12 000	41 500	31
	山　东	12 200		
	河　南	8 000		
	湖　北	5 100		
	陕　西	4 200		
全省覆盖拉网式试点省份	辽　宁	2 000	35 700	27
	江　苏	5 000		
	浙　江	13 000		
	湖　南	13 000		
	青　海	2 400		
	宁　夏	300		
其他重点饮用水水源地涉及省份	福　建	3 200	22 000	17
	江　西	3 300		
	四　川	9 000		
	贵　州	3 000		
	云　南	3 500		
其他省份	北　京	700	33 896	25
	天　津	625		
	山　西	3 000		
	内蒙古	1 800		
	吉　林	1 100		
	黑龙江	1 400		
	上　海	500		
	安　徽	4 300		
	广　东	3 500		
	广　西	2 700		
	海　南	400		
	重　庆	2 000		
	西　藏	5 071		
	甘　肃	2 500		
	新　疆	3 600		
	新疆生产建设兵团	700		
合计		133 096	133 096	

（2）突出重点整治区域和内容

以丹江口库区及上游、南水北调中线沿线、南水北调东线水源地及沿线、三峡库区及其上游等国家重要调水工程涉及地区，以及其他重要饮用水水源地周边的村庄作为下一阶段中央财政支持的重点，确保国家调水工程和重要饮用水水源地水质安全。同时持续推进“问题村”治理工作，排查发现一个治理一个。鼓励扩大农村环境整治范围，各省（区、市）在完成上述整治任务的基础上，继续鼓励具备条件的省份开展全覆盖拉网式整治，将更多的村庄纳入整治范围，中央财政将加大资金奖励。全省（区）覆盖拉网式农村环境整治试点省份，要按照部省工作协议要求确定重点整治区域，开展整治工作。

要本着什么问题突出就解决什么问题的原则确定整治内容，重点围绕农村生活污水、生活垃圾、畜禽养殖污染治理等内容开展整治。项目支持内容按照《中央农村节能减排资金使用管理办法》执行。

（3）筛选和推广农村环保实用技术

环境保护部印发了《农村生活污水处理实用技术和典型案例》，指导各地推进农村环境连片整治。各地在选取农村环保实用技术时，既要考虑建设成本，还要考虑运行维护成本；既要考虑技术实用性，还要考虑技术统一性，避免技术“多而杂、散而乱”。通过召开现场会、举办培训班等形式，加大成熟技术模式的推广力度，提高农村环境连片整治的专业化、规范化水平。

（4）抓紧完善农村环境综合整治项目库

进行项目储备，适时掌握项目申报、资金安排、项目实施、运行维护等情况，提高项目管理的计划性和科学性。项目库实行分级管理和动态管理，按国家、省、市、县四级（省直管县除外）权限建立项目库。省级财政、环保部门要严格项目论证和审查，定期组织将符合条件的项目入库，做好项目储备，动态更新已安排项目的实施情况及运行维护情况。

4.4.2 抓好农业面源污染防治

农村面源污染防治最突出的问题是畜禽养殖污染的问题。要把畜禽养殖污染防治和有机食品生产基地建设作为重点，稳步推进农业面源污染治理。

（1）畜禽养殖污染防治

贯彻落实《畜禽规模养殖污染防治条例》。确定养殖场和小区的规模标准，出台有利于有机肥生产和使用的优惠政策，积极推进区域畜禽养殖污染治理和粪便等废物利用项目。

科学划定畜禽养殖禁养区。尽快完成对禁养区、限养区和适养区的划定工作，在2017年底前，依法关闭或搬迁禁养区内的畜禽养殖场（小区）和养殖专业户，京津冀、长三角、珠三角等区域提前一年完成。

强化畜禽养殖污染物减排。将农业源污染纳入环保监测和总量减排工作，完善核算体系，摸清农业源污染的底数。现有规模化畜禽养殖场（小区）要根据污染防治需要，配套建设粪便污水贮存、处理、利用设施。散养密集区要实行畜禽粪便污水分户收集、集中处理利用。新建、改建、扩建规模化畜禽养殖场（小区）要实施雨污分流、粪便污水资源化利用。

严格畜禽养殖业环境监管。加强源头控制，严格畜禽养殖场（小区）建设项目的环保审批。新建、改建、扩建的规模化畜禽养殖场（小区）要严格执行环境影响评价和“三同时”制度。各地要尽快拟定畜禽养殖污染防治规划或方案，将畜禽养殖污染纳入日常监测工作范畴，加大畜禽养殖污染环境监管力度。

（2）控制农业面源污染

推广低毒、低残留农药使用补助试点经验，开展农作物病虫害绿色防控和统防统治。实行测土配方施肥，推广精准施肥技术和机具。加强秸秆粉碎还田、生产有机肥等综合利用工作，强化秸秆禁烧的监督管理。敏感区域和大中型灌区，要利用现有沟、塘、窖等，配置水生植物群落、格栅和透水坝，建设生态沟渠、污水净化塘、地表径流集蓄池等设施，净化农田排水及地表径流。选择农业面源污染问题突出的典型地区，通过试点示范，建立农业面源污染综合防治模式。同时推进农药包装废物回收试点，探索建立农药包装回收机制和体系。

（3）启动县域有机产业发展试点

发挥好有机农业促进农业可持续发展和改善农村生态环境的积极作用，推进有机食品基地建设，开展县域有机产业发展试点，实施以水产养殖污染防治和环水种植结构调整为重点的“环水有机农业行动计划”，不断推动国家基地品牌“做强、做大、做规范”。指导和推动省级基地建设，开展县域有机产业发展试点，通过建立有机农业发展及基地建设的奖励机制，完善有机产业投融资政策，推动基地建设水平进一步提高，协同推进水源保护、生态保护、生物多样性保护、农村环境综合整治等。

4.4.3　深化农村生态文明示范建设

（1）打造农村生态文明建设样板

生态村镇和生态文明建设示范村镇是推进农村生态文明建设的有效载体。各地要抓好生态村镇创建工作，要选择基础较好、有代表性的村镇打造生态村镇升级版，努力建成一批国家生态文明建设示范村镇。环境保护部已印发《国家生态文明建设示范村镇指标（试行）》和《国家生态文明建设示范乡镇创建规划编制指南》，有创建积极性的地方，可参照指标和编制指南，编制创建规划，开展创建工作。东部地区要在巩固原有工作的基础上进一步提升建设质量，鼓励有条件的地区进行连片创建。中西部地区要加大农村生态文明示范建设力度，缩小与东部地区的差距。

（2）强化生态文明示范村镇建设管理

各地环保部门要坚持“以民为本，尊重民意”“因地制宜，保持特色”“立足长远，建管并重”的原则，认真研究分析本地实际情况，既尽力而为，又量力而行，不盲目攀比，积极开展生态文明示范村镇建设。各地要制定完善国家生态文明建设示范村镇的省级审查工作管理规定，规范审查工作，完善省内申报流程；总结农村生态文明建设示范工作经验与做法，加强经验交流与培训。对已达到国家生态乡镇、生态村建设标准的村镇或已命名的村镇，加强动态管理，确保质量。不合格的要给予“黄牌警告”并限期整改，整改后仍不合格的取消其称号。

4.4.4　加强农村城镇化和工业化的生态保护

（1）强化农村城镇化的生态保护

小城镇建设要防止大拆大建，减少对天然湿地、草地、林地、河道等自然生态系统的破坏。现有小城镇加快完善污水和垃圾收集处理、危险废物处置等环保设施建设。新建小城镇要加强城乡环保基础设施一体化建设，逐步推进设施统一规划和管理，防止城镇化带来新的环境污染和生态破坏。

（2）加强农村地区工矿业环境监管

合理调整农村工矿业发展布局和产业结构。通过规划环境影响评价，促进企业合理布局，严格控制在基本农田保护区周边布局建设高污染工业企业和园区，防止工业“三废”污染环境。引导企业适当集中，对污染源实行集中控制。全面取缔“十五小”和“新五小”企业。严格农村地区工矿企业建设项目的环境准入。严防不符合国家产业政策的重污染行业向农村转移。加强工矿污染治理和环境监管。对工矿企业集中分布的农村地区，实行重点监管。开展小型企业和家庭作坊环境整治。加强农村地区工矿废弃物收集和处置。

4.4.5 推动环境监测、监察、宣传“三下乡”

（1）实施城乡环境监测一体化战略

环境保护部将推动各地建立农村环境质量监测技术体系、网络体系和预警体系，逐步摸清农村污染源、环境质量状况，掌握潜在的环境风险，发布农村环境质量状况报告。实施以城市带动农村战略，加强县级环境监测机构标准化建设，确立以县级环境监测机构为主的工作模式，推进城乡环境监测一体化。各地要积极推进农村环境监测，健全农村环境监测考核评估体系。

（2）加大农村环境监督执法力度

加强农村环境监察执法能力建设，对“以奖促治”项目建设和运行、农村生态文明建设示范创建、有机食品基地建设等开展日常现场监督检查，依法查处各类环境违法行为。同时，加大农村集中式饮用水水源地保护、秸秆禁烧、工业企业污染防治、畜禽养殖污染防治等专项执法检查力度。提高农村环境风险防范意识和环境应急能力，保障农村环境安全。

（3）强化“以奖促治”工作宣传和培训

各地要及时总结推广农村环境连片整治的好经验、好做法，形成一批可学习、可复制的模式。要主动加强与报纸、电台、电视等新闻媒体的联系，发挥户外大屏幕等宣传平台以及微博、微信等新媒体的宣传作用，深化对“以奖促治”政策的宣传，提高农民群众的环境保护意识和生态文明理念，营造广大群众参与农村环境综合整治的良好社会氛围。各地要加强对从事农村环境综合整治工作人员的培训，既要对市级、县级有关部门相关人员进行培训，也要将培训延伸到镇、到村，提高工作人员对政策把握、方案编制、项目建设、运行维护和信息统计的能力和水平。

4.4.6 建立和完善长效机制

污染治理设施三分在建、七分在管，前期建设是基础，后期管理是关键。目前，一些地方已建的农村环境基础设施由于缺乏运行资金，无法正常运行，造成资源浪费，必须予以纠正。落实好《关于加强“以奖促治”农村环境基础设施运行管理的意见》，各省（市、区）要结合实际情况，制定完善本省级“以奖促治”农村环境基础设施运行管理办法，督促指导“以奖促治”重点地区、重点县加快建立和完善长效运行机制，确保设施“建成一个、运行一个、见效一个”。今后各地在申报中央农村环境资金项目时，要求县级人民政府出具环保设施行维护资金来源的承诺涵，省级、地市级环保、财政部门要把承诺函作为项目审批的前置条件，运行维护资金没有保障的，不得安排项目。

（1）明确责任主体

落实管理主体。县级人民政府是落实“以奖促治”政策的责任主体，要结合本地实际，通过委托第三方运营、组建专业化物业管理公司、纳入城镇环卫运转体系、责成县级有关部门或所辖乡镇（村）负责运营等模式，明确设施管理主体。农户庭院内设施，原则上由农户负责其日常运行管理，并接受村委会的指导和监督。设施管理主体负责设施的日常运行和维护，做好运行、监测等日常管理记录。地方各级环保部门要对设施管理主体的责任落实情况和设施运行效果加强监督检查。

加强资产登记管理。县级人民政府要建立设施资产登记管理制度，及时组织资产登记、移交。设施管理主体要对所管辖设施进行登记、编号、造册，建立档案，要对设施管理具体责任人、工作职责和监督方式等进行公告，接受群众和社会监督。

（2）建立资金保障机制

完善资金投入机制。农村环保设施运行维护要坚持“谁污染、谁治理，谁受益、谁付费”的原则，建立多元化运行维护资金投入机制。从已有实践看，垃圾收集转运处理的费用并不高，各地应当按“乡镇自筹、村民收费、财政补助”的原则加快建立经费分担机制；污水处理运行费用相对高一些，可通过水价、收费、财政补助等方式统筹解决。在农村生活污水、垃圾处理价格、收费等未到位的情况下，地方政府应加大资金投入。坚持因地制宜，通过财政补助、社会帮扶、村镇自筹、村民适当交费等方式筹集资金。项目设计时，要落实运行维护保障措施，省级、地市级环保、财政部门要把承诺函作为项目审批的必备条件。

推进村镇自筹。乡镇人民政府、村集体经济组织要根据当地实际情况和自身财力，通过设施承包、租赁、转让使用权，村民投工投劳和适当交费等方式，筹措设施运行管理资金。要以适当方式公告资金筹措和使用情况，接受群众监督。通过村民“一事一议”等方式，逐步推行向村民适当收取生活污水、垃圾处理费。向村民收取费用必须坚持自愿原则，切忌强行摊派，防止损害农民利益。

鼓励社会参与。要拓宽社会参与途径，鼓励和引导党政机关、人民团体、企事业单位、环保社会组织、社会各界人士以及志愿者，通过结对帮扶、捐资捐助和技术支持等多种方式支持设施运行维护。

（3）加强队伍建设和监督管理

加强队伍建设。县级人民政府要统筹安排设施管护队伍建设，落实人员和经费。县级有关部门要加强指导和服务，对具体负责设施日常运行管护人员开展培训，提高管护人员的业务水平。鼓励以县（市、区）为单元，建立专业管护队伍，统一负责辖区设施运行管理。鼓励本地符合条件的低保户等生活困难户参与设施运行维护。

建立监测制度。县级环境监测站要开展农村生活污水、规模化畜禽养殖废水等处理设施运行情况监督性监测。在设计日处理能力 20 t 及以上的污水处理设施出水口处，分别设置水质监测点位，开展水量和化学需氧量、氨氮等指标监测，其中日处理能力 100 t 以上的污水处理设施，每季度至少监测一次；日处理能力 20～100 t 的污水处理设施，每年至少监测一次。对于无县级站或县级站不具备相关监测能力的，由地市级环境监测站提供必要的支持，或者由县级环保部门委托具有资质的检测机构承担监测任务。监测结果用于考核设施是否正常运行。

加大监督检查力度。省级、地市级环保部门要会同财政部门组织开展对已建成设施的考核验收，对未通过考核验收的，提出整改要求；对通过考核验收的，每年至少开展一次设施运行情况抽查，对抽查中发现的问题，要向县级人民政府提出限期整改要求，逾期未整改到位的，应约谈相关领导或通报批评。县级环保部门要将设施运行管理情况的监督检查纳入日常工作，有机整合现有机构和人员队伍，确保设施运行维护有人监管、有人监测、有人指导；要会同财政部门对行政区内所有已建成设施的运行维护情况开展年度检查，将检查情况向县级人民政府报告，对检查中发现的问题，要督促设施管理主体落实整改要求。

4.5 保障措施

4.5.1 加强组织协调

健全协调联动机制。建立国家和地方的上下联动机制，及时掌握和沟通各地农村环境保护有关情况，确保农村突出环境问题得到及时有效解决。建立部门联动机制，要注意加强环保系统内和跨部门的协调联动，形成合力，整合资源，力求协同增效。地方各级环保部门要积极主动做好与财政部门的沟通协调，把农村环境综合整治工作做实做细，同时要大力推动县里整合相关涉农资金，集中资源于一县一村。环保系统内的生态保护部门和规划财务部门，也要齐心协力，密切合作，进一步提高农村环境综合整治工作成效。

建立目标责任制。环境保护部将把《水污染防治行动计划》提出的农村环境综合整治任务分解落实到各省（区、市），与各省（区、市）政府签订《水污染防治目标责任书》时，把农村环境综合整治的任务要求一并下达。各省（区、市）政府要将环境保护部下达的任务进一步分解落实到县级政府，明确工作主体，落实工作责任，构建一级抓一级的考核体系，切实把地方政府农村环境保护责任落到实处。

4.5.2 完善法规政策

完善法律法规。积极推动土壤环境保护等立法工作，为开展农村环境保护相关工作提供有力的法律依据。各地要加强本地农村环境保护法规的研究制定。

研究制定配套政策。各地要研究制定农村治污设施建设用地征用和运行电价等的优惠和扶持政策。制定和完善有机肥生产和使用、清洁种植和养殖、有机农产品生产、农业废弃物综合利用等环境经济政策。研究制定相关财税政策和投融资政策，鼓励、吸引社会资金投入。

4.5.3 培育市场主体

创新建设运营模式。推动农村环保基础设施建设运营事业单位向独立核算、自主经营的企业化管理转变，组建专业化物业管理公司、政府支持的环保集团等。鼓励打破以项目为单位的分散运营模式，实行规模化经营，降低建设和运营成本，提高投资效益。整县推进乡镇和村级的污水收集和处理、垃圾处理项目按行业“打包”投资和运营，鼓励实行城乡供水一体化、厂网一体投资和运营。地方可积极探索多种形式的治理模式，实现专业化、企业化运营，逐步形成可操作、可循环的运营机制。

培育多元化投资主体。支持农民合作社、家庭农场、专业大户、环保企业等经营主体投资建设有机食品生产基地、与农业面源污染紧密结合的乡村生态旅游、秸秆生物质能源转化、农村污水垃圾处理等工程。对于已建成的“以奖促治”项目，可采用委托经营或转让—经营—转让（TOT）等方式转交给社会资本运营管理；对于新建的“以奖促治”项目，支持其委托专业的第三方负责建设运营，提高污染治理的产业化、专业化程度。

推广政府和社会资本合作（PPP）模式。鼓励 PPP 模式在农村环境治理保护中的运用，使社会资本参与污水处理等设施投资、设计、建设和运营全过程。完善财政补贴制度，规范合作关系保障各方利益，健全风险防范监督和退出机制。

4.5.4　建立奖惩机制

各级政府要建立农村环境综合整治项目预算执行跟踪与通报、定期监督检查、成效评价考核、长效运行维护管理等制度，加强对资金使用管理和项目实施成效的检查评估。环境保护部、财政部将进一步强化监督检查，建立奖惩机制，对项目执行好的地区进一步予以优先支持，对项目执行较差的地区进行约谈，限期整改；对滞留、挤占、挪用补助资金的，要按照相关规定严肃追究相关人员责任。继续鼓励具备条件的省份开展全覆盖拉网式整治，将更多的村庄纳入整治范围，中央财政将加大资金奖励。

4.5.5　坚持农民主体

充分调动群众积极性，持续推动农村环保工作必须紧紧依靠农民群众，借鉴“一事一议”的有效做法，推行分散式处理环保设施推行农民自选、自建、自用、自管制度，允许财政补助形成的环保设施由村集体持有，鼓励农民投工投劳，充分调动广大农民建设清洁家园的积极性。

本报告执笔：王波、张晓丽、郑利杰

第 8 篇

环境治理体系与制度创新

1 “十三五”环境管理制度与政策体系

1.1 环境管理制度与政策体系研究需求

1.1.1 环境管理制度与政策体系建设是国家环境治理体系的重要组成部分

环境保护是生态文明建设的主阵地，在当前资源环境形势日趋严峻的背景下，环境治理体系的现代化已成为国家治理体系现代化的基础要素。国家环境治理体系是指为应对生态环境退化、防治环境污染、解决环境冲突、促进资源可持续利用而建立的一系列制度的总和，环境管理制度是其中的重要组成部分。然而，目前我国现行的环境管理体制权威性和有效性不够，难以统筹各方力量形成合力，已不能满足未来生态环保战略，滞后于国家环境治理体系的发展需求。对此，为了推进环境治理体系现代化进程，与新形势下生态文明体制改革的要求相适应，需进一步研究环境管理制度与政策体系，以此带动国家环境治理体系的发展。

1.1.2 生态文明体制改革对环境管理制度与政策体系提出了创新要求

党的十八届三中全会站在全局的高度，首次确立了生态文明制度体系，为我国生态文明建设这一重要领域制定了全面深化改革的总目标和总思路。环境管理制度与政策研究需要以生态文明体制改革作为统领和政策依据，遵循生态文明体制改革的总体思路和原则要求。《中共中央关于全面深化改革若干重大问题的决定》按照“源头严防、过程严管、后果严惩”的思路，阐述了源头、过程、后果的全过程环境管理制度，为环境管理制度与政策体系提出了改革方向与重点任务，对推进我国生态文明建设、将生态文明理念融入经济建设、政治建设、文化建设和社会建设各方面和全过程提供了有益的目标指向（表 8-1-1）。

（1）建立源头严防的环境管理制度体系

包括健全自然资源资产产权制度，健全国家自然资源资产管理体制，完善自然资源监管体制，坚定不移地实施主体功能区制度，建立空间规划体系，落实用途管制，建立国家公园体制。目前我国资源环境以公共所有及政府管制为主，自然资源产权制度并不完整，环境产权则由于“产权实物观”而被忽视，始终存在资源环境产权模糊与市场运行效率低等问题；用途管制政策仅在耕地方面落实较好，但在大气、水生态空间并未得以落实。

（2）建立过程严管的环境管理制度体系

包括建立资源环境承载能力监测预警机制，完善污染物排放许可制，实行企事业单位污染物排放总量控制制度。目前我国并没有建立起严密监管的环境管理制度。由于缺乏资源环境承载能力预判的能力，且对经济活动的开展并没有资源环境方面的警示和约束，这就无法确保发展模式下的经济规模和人口规模维持在资源环境承载能力之内，生态环境由此受到损害。

（3）建立后果严惩的环境管理制度体系

包括建立生态环境损害责任终身追究制，实行损害赔偿制度。我国目前缺乏健全长效的生态环境破坏应对机制，环境管理面临“守法成本高、违法成本低”的顽疾，仍处于环境污染造成的私益损害赔偿不到位，赔偿数额太少，远远不能弥补生态环境损害程度和治理成本，环境公益损害基本没有得到关注的阶段。

（4）完善环境经济政策体系

包括建立自然资源的价格政策，建立资源付费政策，完善生态补偿制度，推行节能量、碳排放权、排污权、水权交易制度，建立吸引社会资本投入生态环境保护的市场化机制，推行环境污染第三方治理。一方面，我国自然资源及其产品价格定价制度尚不完善，现有的资源环境及其产品价格机制无法激励环境治理和改变生产者、消费者破坏环境的行为，在环保过程中的监管制度失去了配置资源的功能，成了变相的政府管制；另一方面，推行环境污染第三方治理，这是环境管理制度的重大创新。污染治理引入第三方，由具体承担治理任务的中介机构建立治理经营实体，实行社会化有偿服务、管理和运行，这样可以使生产企业集中力量投入到激烈的市场竞争中去，同时盘活环境保护基础设施资产，带动环境服务业、保险业、金融业的发展。

表 8-1-1 《中共中央关于全面深化改革若干重大问题的决定》提及的环境管理制度

类别	环境管理制度与政策
源头严防的环境管理制度体系	自然资源资产产权制度
	国家自然资源资产管理体制
	自然资源监管体制
	主体功能区制度
	用途管制制度
	国家公园体制
过程严管的环境管理制度体系	资源环境承载能力监测预警机制
	污染物排放许可制
	企事业单位污染物排放总量控制制度
后果严惩的环境管理制度体系	生态环境损害责任终身追究制
	损害赔偿制度
环境经济政策	自然资源的价格政策
	资源付费政策
	生态补偿制度
	节能量、碳排放权、排污权、水权交易制度
	吸引社会资本投入生态环境保护的市场化机制
	污染第三方治理

1.1.3　贯彻新《环境保护法》需要环境管理制度与政策作为支撑

2014 年 4 月，新修订的《环境保护法》正式出台，这一法案贯彻了中央关于推进生态文明建设的要求，对推动生态文明建设、促进经济社会可持续发展具有十分重要的意义。新环保法着重从不同主体之间的责任划定以及落实制度创新要求等方面进行了修订和完善，为了有效贯彻落实新环保法各项条例，需进一步完善优化环境管理制度体系（表 8-1-2）。

表 8-1-2　新环保法提及的环境管理制度

类别	环境管理制度与政策
环保系统参与宏观综合决策	环保规划与城市、土地等规划衔接
	环境影响评价
环境立法	要求建立配套立法
环境监管	统一环境监测
	生态破坏联合防治协调机制
	环境与健康监测、调查和风险评估制度
	生态红线制度
环境监测	环境资源承载力监测预警机制
	环境污染公共监测预警机制
	环境与健康监测制度
	环境监测信息发布机制
政府考核	环境保护目标责任制
	考核评价制度
企业环境责任	环境保护责任制度（排放污染物的企事业单位）
	重点污染物排放总量控制制度
	排污许可管理制度
	“三同时”制度
	问责机制
社会共治	环境信息公开制度
	公众参与机制
	公益诉讼机制
环境经济政策	生态保护补偿制度
	排污收费制度
	环境污染责任保险

新环保法要求推进环保系统积极参与宏观综合决策。新环保法第十三条明确环保规划要与城市、土地等规划相衔接，这就要求重塑环保部门与发展部门间的关系，环保部门应更深地介入目前国家和地方规划体系，完善协同机制，把环保的本质要求体现在所有规划中，充分发挥环境保护优化经济发展的作用。

新环保法要求加强环保部门统一监管体系的建设。新环保法明确了我国环境管理体制的基本模式，其中第十条提到：“国务院环境保护主管部门，对全国环境保护工作实施统一监督管理；县级以上地方人民政府环境保护主管部门，对本行政区域环境保护工作实施统一监督管理。”同时，新环保法也在环境监测、环境污染和生态破坏联合防治等方面赋予了环保部门统一监督管理等多项“统一”职能。这些条文规定从我国环境监管体制、环境治理体系等方面强化了环保部门统筹管理环境保护工作的权威性和有效性，为提高生态环保工作行政效能、增强生态环境监管合力提供了有力支撑。对此，环保部门需完善相关体制机制，积极主动争取有关部门的配合和政府的支持，并试行落实职责的联合机制，为生态环保管理体制改革奠定基础。

新环保法要求强化环保部门的环境监测职能。新环保法赋予环境监测更多职责和更为重要的任务。一是对环境监测管理制度提出了更为严格的规定，要求环保部门应实现环境监测“四统一”（“统一规划、统一管理、统一规范、统一信息发布”）。二是对环境资源承载力监测预警机制提出了新规定，要求省级以上人民政府组织建立环境资源承载力监测预警机制与环境污染公共监测预警机制，能够全面掌握环境质量状况和变化趋势，并对环境污染的可能性作出准确的预测和判断。三是对环境监测信息发布提出了明确要求，明确了环境保护主管部门及其他负有环境保护监督管理职责部门的国家环境质量信息、重点污染源监测信息、环境监测信息、突发环境事件信息等应统一发布。对此，需理顺环境监测和督察体制，切实履行环境监测职能，充分发挥环境监测的重要作用，同时加快环境监测专项立法。

新环保法要求完善环保部门监察执法机制。新环保法首次明确了环境监察机构的法律地位及执法权限，并赋予其相对独立的执法权。同时，新环保法进一步强化法律责任，加大处罚力度，提出按日计罚与罚无上限等条例，有助于增强我国环保监察部门的执法力量，为贯彻落实党的十八届三中全会全面深化改革决定提出的“独立进行环境监管和行政执法”这一战略要求奠定了基础。对此，环境监察部门需构建明确统一的生态环境监察体系，提升生态环境监管执法保障能力，增强监管执法的独立性与权威性；各地环保部门特别是有地方立法权的环保部门，应充分利用地方立法权限，加快地方相关环境立法，以保障新环保法的有效实施。

新环保法要求全面推进环境信息公开。新环保法对环境信息公开内容改动较大，并首次将“信息公开与公众参与”单独成章，修订后明确了环境信息公开制度，将公开的内容做了较大扩展。对此，为了对公众参与和监督环保提供基础，起到促进环境决策科学、合理的作用，需进一步完善环境信息公开制度，加强建设项目环评、排污单位监管等方面的信息公开，保证公众的知情权。

新环保法要求推进构建“政府—企业—社会”环境保护共治体系。新环保法就不同主体之间的责任进行了明确划定，第六条强调“一切单位和个人都有保护环境的义务”，提出了包括地方各级人民政府、企业事业单位和其他生产经营者、公民在内的多元主体环保责任体系。除了继续严格规范企业的环境法律责任，新环保法还补充设置了地方政府和公众的环保责任条款，进一步匹配政府与公众的环保权利和责任。一方面，新环保法强化政府责任，规定了环境保护目标责任制和考核评价制度，完善了人大监督，健全了问责机制，提出了确保地方各级人民政府严格依法对本辖区的环境质量承担相关法律责任的具体制度。另一方面，强化公民环境权利与义务同在，新环保法进一步提高并细化了公众参与在整个环境保护工作中的地位和功能。总体来说，新环保法对多元主体参与生态环境保护进行了法律约束，为建立生态环境社会共治机制构建了法律框架。对此，需进一步制定相关制度政策，健全不同类别主体参与生态环保的程序机制，推动环保权利与责任相匹配。

新环保法要求加快推进配套立法和制度建设。新环保法赋予了环保部门更大的执法权力和更多的责任，要求环保部门必须充分做好相关制度保障。为了使新环保法执行力得以落实，充分体现战略和政策环评、断面考核、生态补偿、按日计罚、公益诉讼、查封扣押、行政强制等刚性要求，需做好与新法不相适应的内部规章制度的清理工作，制定完善生态环境管理相配套的法律法规标准，加强生态环保管理基本公共服务的制度保障；理顺政府、企业、公众等各层面的权利义务机制，以法律形式加以细化；理顺政府与市场的关系，坚持市场化取向和政府调节，解决制约环保事业发展的体制问题；调整环保机构体系，增强生态环境保护管理体制的权威性和有效性，确保环保部门生态环保监管职能的独立与统一。

1.2　现行环境管理制度与政策存在的问题及原因分析

1.2.1　环境管理体制机制不顺，政府缺位、越位与错位现象并存

（1）传统的政府考核是政府效能受限的制度原因

在当前我国现行的政治经济体制和政绩考核制度下，我国各级地方政府既担负保护生态环境的责任，又担负发展地方经济的责任，如果地方政府不能有效地协调经济增长与环境保护的关系，就可能会产生重视经济增长而忽视环境保护的内在冲动。根据公共选择学派的政府“经济人”假设，在这种以“经济发展为中心”的地方政府激励机制下，地方政府的负责人，从自身官职升迁的角度出发，会优先考虑地方经济的发展。尽管各地正逐步将环境指标纳入政府绩效考核体系，但是往往流于形式，刚性约束效果并不明显。

（2）现行制度偏重对企业的管理，忽视对政府环境保护责任

无论是在中央政府制定的环境保护的战略决策还是地方政府制定的具体环境政策，大部分的法律条款都是针对普通民众和企事业单位的环境责任追究，而对政府部门本身的环境部门追究则较少。由于政府是当地经济的推动主体，对于环境保护“政府既是裁判，又是运动员”。如果政府在做产业规划、投资重大项目及招商引资的过程中，没有协调好经济发展与环境保护的关系，就会做出“短视”决策，或在执法上消极懈怠或不作为。最新修订的新环保法，明确了对政府的责任界定，对此需制定更为详尽的制度与政策，规范和约束政府的环保行为，改变“只管企业，不管政府”的局面。

（3）我国环境管理部门职能交叉，统筹协调难度大

生态环境由人类赖以生存和发展的多个要素组成，各要素之间相互关联、相互作用，兼具生态功能与经济价值的双重属性。目前生态环境保护职责分散在环保、发改委、水利、国土、林业、建设、农业等部门，部门“争抢权力而不承担责任”的现象，长期困扰着环保部门，不仅造成工作重复、协调困难，难以形成国家环境管理整体实力，而且加大了行政成本，降低了行政效率。虽然多个部门的管理可以更广泛地调动政府各部门对生态环境管理的参与，但各个部门之间的协调制度很不完善，目前的环境保护部际联席会议制度等部门协调机制都是临时性的、应急性的，这些协调机制缺乏立法其进行制度化保障，并未上升到制度层面。

1.2.2　环境成本难以内部化，造成市场失灵

（1）外部性问题是导致市场机制失灵的根本原因

环境资源使用的负外部性，即环境污染问题是市场失灵的典型形式之一。当环境是一种自由取用的物品时，经济主体对环境的使用是无偿的，污染空气、污染水、污染土地是不需要支付费用的。

但是由于环境的供给是有限的，本身吸纳污染的能力也是有限的，社会对污染的承受能力也是有限的，对环境的不付代价的使用最终威胁到了人类的生存与社会的发展，环境的稀缺性迅速暴露出来。环境商品除了具有公共产品的特征，还表现在对环境的使用会产生外部性，同时由于产权难以界定，对其使用会产生“搭便车”行为。一般观点认为，由于私人经济主体追求个人效用或利润的最大化，且环境污染具有较大的外部性，单纯依靠市场机制并不能解决问题，市场在控制和解决环境污染方面存在严重失灵。外部性带来的环境损益越大，影响的范围越大，市场机制就越是无法有效地配置资源。环境问题所具有的负外部性特征要求政府对经济主体的环境与生态利用行为进行干预，以弥补市场在此领域失灵所导致的负面影响。

（2）环境资源产权不清晰是导致市场机制失灵的基础原因

自然资源产权不清晰的直接后果就是造成资源的掠夺性使用。近年来，我国部分地区大气污染加重，雾霾围城的情景不断出现，就是因为大气作为“无主”资源被过度利用了。作为市场机制的核心，产权是根据资源环境特性对其所有权、占有权、使用权和处置权等所做出的一定规定。就资源环境而言，我国以公共所有、政府管制模式为主，存在资源环境产权模糊和市场运行效率低等问题。环境资源属于公共物品，难以确定其明确的所有权，导致经济主体无法按市场的相应价格支付环境污染的费用。这种因环境资源免费形式产生的环境污染，一方面会招致其他经济主体非自愿的不经济；另一方面这种外部不经济将影响市场机制正效应的发挥，从而使市场机制在环境资源配置中失灵。①在自然资源产权方面，我国于 20 世纪 80 年代创设自然资源产权制度，但是受限于当时计划经济体制的羁绊，产权的排他性和可转让性逐渐暴露出一些严重的缺陷，比如虽然宪法规定自然资源产权属于国家和集体所有，但是缺乏具体的产权主体代表，在制度上没有明确中央政府、地方政府、部门及当地群众的权利义务，资源使用权的分配掌握在各类资源管理部门手中，没有发挥应有的经济激励作用，结果形成了资源利用利益分配上的矛盾，严重扭曲了资源的配置，导致产权的削弱。②在环境产权方面，至今尚没有清晰的环境产权概念，社会普遍存在根深蒂固的“产权实物观”，对于生态环境这种无形之物认为可以无价或廉价获取，于是环境产权成为一个被忽视的问题，更没有相关制度设计。

（3）环境资源价格不到位导致市场机制失灵

当前中国资源与环境约束的矛盾日益突出，重要原因之一就是中国的环境资源成本未能得到合理体现，资源环境价格偏低，既没有体现出资源的稀缺程度，也没有体现环境治理成本和资源枯竭后的退出成本。这样的价格机制无法激励环境治理和改变生产者、消费者破坏环境的行为。自然资源及其产品价格定价制度尚不完善，由此建立和发育起来的其他制度成了无源之水。“资源低价”就会过多使用和消耗资源，造成资源的浪费；“环境廉价”就会出现毫无节制的排放污染物，加剧环境污染趋势。由于资源低价、环境廉价甚至无价，企业缺乏节约资源、保护环境的内生动力和外在压力，其资源利用成本和环境污染成本往往被“社会化”或“外部化”，不仅引发了资源环境的危机，客观上也助长了粗放型的开发方式、生产方式和消费方式。

（4）环境污染责任不易明确造成市场机制失灵

虽然法律明确规定了公民和企事业单位保护环境的法律责任，但是法律规定的环境保护责任，在经济活动中具体实施起来困难不少。例如，同一地区（或流域）内有若干家造成污染的生产单位，那么他们就该共同承担保护地区（或流域）环境和清除污染的责任。可是负有共同责任的生产单位如何分担治理费用，以及如何使用治理费用达到预期的目标，各单位的责任难以明确。显然对于这类问题单纯依靠市场调控是难以解决的，而有赖于政府出面协调解决。

1.2.3 公众参与机制不健全，环境保护社会共治体系有待形成

（1）社会监督和舆论的引导与维权能力不足

当前公众环境观正经历从环境意识到环境权益的过渡，环境保护已经成为与经济发展、生活成本同等重要的基本需求。但目前环境信息公开机制并不健全，“环境恐慌”时时发生。例如，公众容易产生对 PX、垃圾焚烧等环境敏感项目的“邻避心态”，如果这时候再加上信息公开不及时，项目透明度不够，极易引发公众的“污染猜想”，并衍生“环境恐慌”。此外，网络及以网络为依托的新媒体已经成为公众获取环境信息、表达自身意愿、参与环境决策的重要方式。但是目前政府对媒体尤其是新媒体理解不到位、运用不得力，导致媒体过度热衷于关注负面消息，社会环保“正能量”的宣传广度、力度都不够。

（2）环境保护社会制衡治理格局未形成

公众日益关注环保问题，但是公众环保意识水平与自身环境行为表现严重“不对称”。很多人参与到环境保护中是因为环境问题影响到自身的切身利益，社会公众的整体环境保护自觉意识还比较薄弱，社会力量环保参与程度仍然偏低，环境保护尚未成为全社会自觉行动。同时，目前社会参与环保渠道较少，生态道德文化建设薄弱，生态文明理念尚未纳入全民教育体系，生态文明价值观尚未在全社会树立，这也影响了社会共治体系的建立。

1.3 建立健全环境管理制度与政策体系的对策建议

重点抓好政府和企业责任，充分发挥社会治理作用，标本兼治，着力构建国家调控、政府有为、企业负责、社会监督、市场有效的环境“良治”。

在 2020 年这一节点，环境保护制度政策等方面建设任务十分重要和繁重，而且“上层建筑”的落后和制约于环境保护本身，因此将其不应该仅仅作为保障措施，这既是规划前期研究的重点，也是环境保护需要突破的重点。《中共中央关于全面深化改革若干重大问题的决定》要求紧紧围绕建设美丽中国深化生态文明体制改革，加快建立生态文明制度，健全生态环境保护体制机制。从现在到 2020 年，需要把握环境管理转型和生态文明体制改革的基本态势，顺势而为，按照环境保护国家治理体系和治理能力现代化的要求，分清责任，理顺体制，创造条件，建立环境“良治”，健全多主体制衡、多手段长效的机制体制。

1.3.1 改变政府缺位与越位并存的局面，做实政府作为规则制定者和行为监督者的角色，落实地方政府环境质量负责职责，强化中央环境保护宏观调控作用

《中共中央关于全面深化改革若干重大问题的决定》中明确提出“处理好政府和市场的关系，使市场在资源配置中起决定性作用和更好发挥政府作用”。在环境保护的不同领域，政府与市场发挥的作用和着力点不尽相同，政府和市场都有各自独特的作用和互补的效果，现阶段政府和市场两者都需要大力强化。这需要改革政绩考核体系、转变政府职能、强化政府、部门和领导的环境责任，约束和规范政府环境行为，尤其特别需要系统绿色现行财税体制，实施绿色新政。

分析研究表明，GDP 挂帅的政绩观是政府失灵的制度原因，以分税制为核心的现行财税体制是

造成环保要求难落实的内在原因，现行制度忽视了政府环境保护责任的落实，这些都是造成政府在环境保护领域长期缺位、不到位的原因。基于此，三中全会决定明确强化了地方政府环境保护的职责，《决定》清晰界定了地方政府保护环境职责。环境产品具有公共性、外部性、不可分隔性等基本属性，决定了保护环境，尤其是环境基本公共服务提供的责任主体是政府，政府率先履行保护环境职责是市场长效机制建设的基本前提。政府应强化环境保护的宏观调控、提供环境基本公共服务、加强环境保护市场监管与调节作为履责的主要内容。

一是明确权利与责任，合理划分中央和地方政府环境保护事权。目前，中国各级政府环保事权缺乏明确而清晰的划分，造成实际工作中找不到环境责任主体的现象，带来环境管理的“真空”。处理好中央政府和地方政府关系，是环境管理制度改革最为复杂的一项任务。我国资源与生态环境问题的区域性和跨区域性较强，不应该简单地将保护环境理解为单纯的地方政府事权，在进一步落实地方政府保护环境职责的同时，中央政府主要在五方面承担宏观调控等事权或者财权：①环境保护宏观调控与统一环境保护规划和管理；②国家本级环境保护能力建设与运行；③维护国家环境安全与负责任的大国形象；④跨区域环境基本公共服务均等化；⑤薄弱领域与环节环境保护引导。同时对于不属于中央事权但是属于财权范畴的也要积极予以补助。

为此，中央政府做好顶层制度框架设计，加强环境保护的国家统筹和国家意志，解决跨区域环境基本公共服务水平差异问题，尤其是区域环境不公平、城乡环境不公平、群体环境不公平、代际环境不公平等问题，通过规划、计划等做好薄弱领域与环节的引导，做好宏观调控；地方政府重点解决环境产品的公共属性，承担地方环境质量改善的主体责任，保障地区环境安全。

二是财税体制改革。长期而言，应改革财税体制，着力构建地方主体税种，增强地方政府财力，提高地方政府环境保护投入的积极性和主动性，强化资金投入的环境效益，健全中央和地方财力与事权相匹配的体制实现标本兼治。近期在财税体制改革难以到位、环境保护地方责任难以完全落实、市场和社会融资机制难以健全畅通的情况下，建议采取治标的方式，即加大政府尤其是中央政府投入，上收部分事权，为最终财税、事权、财权、财力等方面的治本改革留出时间，这可能是最简便易行的方式。考虑环境保护的特殊性和阶段性，对环境基本公共服务差距较大的地区、行业和部门，要加大专项和一般转移支付力度；适度上收流域性、跨区域性污染治理的事权和支出责任；对国家确定的专项规划、计划和方案要给予适当的引导性支持。

三是发挥环境保护部门综合监督的职能，按照环境统一监管的基本导向，加强能力建设，强化四大监督机制。新环保法明确赋予了环保部门统一监督管理等多项“统一”职能。然而由于部门之间的相互制约，地方保护主义的阻碍等因素，环保部门在实行统一监管上存在较大困难。对此，要加强对地方政府督察的措施，完善“国家监察、地方监管、单位负责”的环境监察体制。做环境污染的统一监管者，强化对所有污染源与排污主体、所有污染物排放的监督，建立完善以排污许可为核心的监督制度。做环境质量的“守护者”，强化环境质量监督，建立完善监测、评价、考核、预警机制，建立完善对各级政府环境质量的监督机制。做环境公共关系的“协调者”，规范信息公开制度，引导社会公众互动互信地发挥正能量，对企事业单位和各级政府环境行为的监督。做治污全过程的监督者，弥补需求和供给缺口，规范市场，加强对环保产业市场的监督。与之相适应，加强环境监管能力建设，建立覆盖所有工业点源、农业面源、交通移动源等全部污染物排放的所有污染物，对大气、土壤、地表水、地下水和海洋等所有纳污介质的监管体系。加强环境监察队伍建设，有序整合不同领域、不同部门、不同层次的监管力量，有效进行环境监管和行政执法。

四是推动环境保护参与综合决策，发挥环境保护优化经济发展的作用。环境管理工作对城市宏观发展的重大决策影响程度还比较弱，并未充分发挥环境保护优化经济发展的作用。综合决策机制要求环保部门与经济管理部门在制定、执行有关决策时进行广泛的合作，采取协调一致的行动，坚持发展与保护并重、开发与节约并举。建立高层次议事决策机制，在贯彻执行有关的政策与计划时，为了防止各部门之间“争权夺利、推诿责任”，堵塞执法漏洞的现象，各部门需通过相互协调、积极配合，严格执行环境法律、法规。将区域环境禀赋作为重大决策制定的基本依据，确定区域开发和重大建设活动的环境准入条件和环境保护要求，对区域限批既要用好用足，又要严格规范。抓住政策环评、规划环评这一实现科学决策、推动绿色发展的重要制度，抓紧完善协同机制、建立评估规范。

五是改革绩效评价考核与问责，规范政府环境行为。从我国的政体来看，党政干部考核体制与发展模式紧密相关，因此建立以生态文明建设为核心的政绩评价考核机制是约束政府环境行为的关键。提高生态、环境保护考核在地方政府政绩考核中的权重，将表征绿色发展的有关关键指标纳入到各级党政领导政绩考核体系中去。重视“绿色政绩”考核结果的运用，体现用人导向。研究主要领导干部任中、离任环境审计与责任追究制度，对盲目决策、不顾生态环境红线的行为要终身追责，严格问责。

1.3.2 同步推动决策型参与、监督型参与和行动型参与，显著而有序地提升信息公开、公众参与和社会监督，激发环保民意，激活正能量，形成全程严控、全民行动氛围

一是加强环境信息公开，保持公众获取环境信息渠道畅通，保障公众环境知情权。主动实施政府环境信息公开，及时向公众公布环境信息，充分公开涉及民生、社会关注度高的环境质量监测、建设项目环评审批、企业污染物排放等重要信息，主动通报环境状况、重要政策措施和突发环境事件。大力推动企业环境信息公开，规范企业真实、客观的披露污染物排放和环境治理等环境信息，引导建立环境诚信。

二是优化公众参与环境决策途径，保障公众环境管理参与权。建立沟通协商平台，对于涉及群众利益的环境立法、规划、重大决策和建设项目，广泛听取公众意见和建议；对于事关切身利益的群体，要有信息沟通机制和听证制度。探索实行社区环境圆桌对话机制，建立政府、企业、公众及时沟通、平等对话、协商解决的机制和平台。引入公众参与的专家代理制度，在专业与公开的平台上，做理性与多元的探讨，借由专家与利益团体、公众的讨论与沟通，达到环保知识的提升与共识凝聚建立。

三是鼓励公众采用合法的方式，对生态环境保护问题进行举报，加强对政府、企业的监督，保障公众环境监督权。国际发达国家都注重发挥公众环保监督在环保工作中的基础性作用。美国联邦法法律规定，政府机构的行政行为如果可能会产生污染环境后果，必须向公众公开并且为其提供评论的机会，美国许多州颁布的环境法也规定公民可以通过顾问委员会来积极参与环境管理。对非政府组织参与环境保护的外部环境宽严适中，完善支持公众和环保团体有序参与、有序保护、有序维权，鼓励和引导环保公益组织参与社会监督。有序推进有奖举报，理顺环境公益诉讼体制机制，及时化解群众纠纷。提升环境社会舆情引导能力，建立健全公众舆论监督机制。

四是培育环境道德体系，构建全民行动格局。目前公众环保意识水平与自身环境行为表现严重“不对称”，享受到了权力，却没有完全尽到保护的义务，社会共治有些走入误区。要大力发展环境慈善和救助，全面提升环境保护社会治理方式，使社会公众成为环境维护者、创造者、实践

者，形成"环境情况社会知悉、环境保护社会参与、环境问题共同解决、环境服务公众享有"的良好局面。

1.3.3 推动环境保护全成本内在化，发挥市场配置环境资源要素的决定性作用，改变以"资源环境红利"支撑增长的局面，健全长效市场化机制

为了解决市场机制的失灵，应加快建立充分反映市场供求、资源稀缺程度以及环境损害成本的价格体系，要按照"环境就是资源、资产和资本"的原则，逐步实行环境资源有偿使用和强化减少污染物排放的价格约束机制，才能将资源环境成本真正内部化，避免排污者将污染成本转嫁给社会，才能使节约资源、保护环境真正成为人们的自觉行为。在中央、地方政府充分履责的前提下，通过顶层制度设计，剥离环境产品的公共属性部分，充分发挥市场机制调节作用，最终实现政府看得见的手规范、市场看不见的手有效的环境良治。

需要注意的是，政府在解决环境问题中有着主导作用，但并非去替代市场，而是为创造和培育市场提供条件。环境保护领域，市场机制发挥作用的前提是政府要有为，创造具备两个关键性的制度条件：一方面，环境监管必须到位，从而催生治污市场和环保产业的需求；另一方面，环境成本内部化，环境治理必须有价，在此基础上研究探索实现环境资源产权化，从而保障市场机制真正启动。因此，政府应在切实负责对法规、贸易、价格、税费政策进行绿色化改的基础上，充分调动发挥市场机制在保护环境中的长效作用。

一是建立环境资源产权制度。产权明晰是环境资源合理配置的前提，产权交易是环境资源合理定价的重要途径。政府通过建立环境资源的产权规则，通过立法和法律保证对环境资源给予清晰的初始产权界定，就是为明确环境、生态等公共自然资源系统的"主人"，让其获得使用这些自然资源利益的同时，承担起保护自然资源的责任。完善环境资源市场，使环境资源的产权能在此基础上通过市场交易进行转移、重组和优化。解决公共资源的过度使用问题，实现环境资源的经济效益、生态效益和社会效益最佳配置和使用。

二是改革环保收费与环境价格政策。应加快环境资源价格改革，全面反映市场供求、资源稀缺程度、生态环境损害成本和修复效益。秉持使用资源付费和"谁污染环境、谁破坏生态谁付费"原则，尽快将资源税扩展到占用各种自然生态空间，改变环境无价、资源低价的外部性行为。在计划经济、国有经济过去形成的低标准排污收费水平，已经制约了企业治污的积极性，应首先予以解决，包括污水处理厂实施收费、工业源其他因子收费都应该积极研究予以推动。

三是建立和完善环境资源有偿使用制度。我国部分资源实行了资源补偿费制度，但补偿费用标准过低，资源的所有权和开发权划分不清，使用资源的地区和企业往往为了短期利益进行破坏性开采，不重视资源综合利用。因此应充分运用市场机制强化资源有偿使用制度，根据资源的稀缺程度将环境成本纳入其价格。政府可收取环境资源税，将生态环境纳入经济循环过程中参与定价和分配，改变生产的社会成本与私人部门获利的不对称性。

四是完善有利于资源节约、环境保护的税收政策。包括取消不符合节能环保的产品、技术、工艺等出口退税政策，配合节能环保调整消费税，对环保节能产业、现代服务业给予所得税方面优惠等。特别要结合国家的结构性减税工作，改革资源税，逐步提高税率，强化税收的行为调控功能。

五是建立和完善激励企业参与环境保护的市场机制。建立排污总量有价分配和可交易的排污许可制度，探索排污权交易制度，试行水污染物和二氧化硫等其他污染气体排放总量的"初始有偿分

配”使用机制。增强中央财政、政府公共投资的引导、“乘数”与“杠杆”作用，引导社会资金投入环境保护治理，多渠道筹集环保投资。探索利用地方债券加强环保投入。进一步放开公共服务的市场准入，通过贴息、补贴等引导社会资本进入环境保护领域。

推行工业污染第三方环境治理模式，推动环境治理市场化建设。环境污染第三方治理是指排污企业以签订合同协议的方式，通过付费购买第三方环境服务公司提供的污染减排服务，以实现达标排放的目的，并与环保监管部门共同对治理效果进行监督。相较于传统的“谁污染、谁治理”模式，工业污染第三方治理有利于环保部门的监管，有利于排污企业治污效率的提高，有利于环保产业的快速发展。但是由于受传统“谁污染、谁治理”模式的制约，以及相关政策滞后等因素的影响，工业污染第三方治理模式推广仍存在责任转移、税收、融资、技术等方面的障碍。对此，需制定税收政策，拓展融资渠道，强化政府责任；同时加快相关立法工作，明确监管部门、排污企业和环境服务公司三者的责任和义务，明确排污企业和环境服务公司之间的法律关系。

1.3.4　基于政府和社会监督、环境纳入成本，做实企业保护环境的主体责任，这是环境保护制度设计的基本出发点之一

我国有关法律法规中对造成生态环境损害的处罚数额太少，远远无法弥补生态环境损害程度和治理成本，更难以弥补对人民群众健康造成的长期危害。同时多数企业的环保行为还是一种政府管制约束下的“被动”行为，而不是将环保工作作为其应该履行的最基本的社会责任来看，不少企业环境社会责任缺失，甚至缺乏最基本的环境道德底线。因此，应通过严格的法制手段强化企业环境法律是不二的选择，让企业环境行为和信用透明化、公众监督企业环境行为是现阶段社会治理的关键途径。

一是将所有企业纳入排污许可管理范围，以排污许可为核心，制定配套法律、法规，明确企业开发利用资源和保护环境的法律责任。修改法律、法规，显著提高罚则，实现按日计罚、连续处罚，并对污染行为的受益人予以适当连带责任，对严重污染环境行为实施无追索限期的严格追究。建立环境违法企事业单位责任延伸追究制度、实行环境损害赔偿制度等制度建设，让违法者掏出足额的真金白银。

二是实行企事业单位污染物排放总量控制制度，从源头减少污染。总量控制制度发展至今，已逐渐成为点源排放污染的控制龙头，与环境影响评价、环境统计、竣工验收等其他环境保护制度的关联逐步加大。为此，需着力突破难点，将国家总量控制制度从区域落地到企业层面，并实施分行业的差异化政策导向。在总量控制目标确定上，应更强调以环境质量为出发点回归总量控制的核心目标，探索实施与环境容量相挂钩的总量分配方法。在工作重点上，完成推动治污设施大规模建设后，更强调治污减排精细化管理和政策谋划，推动监管，将实质性的治污减排工程、技术、管理、政策推动作为总量控制的重点。在工作方式上，改变目前较多单一关注的污染物排放量的局面，淡化全国性的总量计划管理，丰富区域性总量控制，推动自主管理，强化环境绩效。

三是将总量控制、污染减排、风险防范、资源节约、达标排放、信息公开等作为企业法定义务予以明确。法定责任之外，完善相应的激励和监督制度体系，促使企业主动履行环境社会责任。强化企业环境信息公开，实施企业环境信用评价，引导公众加强对企业环境行为的监督评价。

本报告执笔：苏洁琼、秦昌波、万军

2 环境保护政府与市场双重失灵的原因及改进对策

2.1 我国环境保护政府和市场双重失灵的原因

2.1.1 环境保护中市场失灵的原因分析

（1）外部性问题是导致市场机制失灵的根本原因

详见 1.2.2（1）节。

（2）环境资源产权不清晰是导致市场机制失灵的基础原因

详见 1.2.2（2）节。

（3）环境资源价格不到位导致市场机制的失灵

详见 1.2.2（3）节。

（4）环境污染责任难以明确造成市场机制的失灵

详见 1.2.2（4）节。

2.1.2 环境保护中政府失灵的原因分析

（1）GDP 挂帅的政绩观是市场失灵的制度原因

在中央政府对地方政府的业绩考核和监查中比较重视地方政府的 GDP 增长，而不重视地方政府对环境保护所做出的努力。在当前我国现行的政治经济体制和政绩考核制度下，我国各级地方政府既担负保护生态环境的责任，又担负发展地方经济的责任，而地方政府不能有效地协调经济增长与生态环境保护两者的关系，存在片面重视经济增长而忽视环境保护的内在冲动。地方政府负责人的官职升迁主要依据地方 GDP 的发展水平。尤其是分税制实施后，极大地调动了地方政府促进辖区经济利益的积极性，追求经济增长和财政收入最大化成为各级地方政府行为的基本目标。作为独立经济实体而存在的地方政府有追求自身利益最大化和片面追求经济增长的倾向。根据公共选择学派的政府“经济人”假设，在这种以“经济发展为中心”的地方政府激励机制下，地方政府的负责人，从自身官职升迁的角度出发，会优先考虑地方经济的发展。

（2）以分税制为核心的现行财税体制是造成环保要求难落实的内在原因

现行财税体制加剧了环境保护中政府干预机制的失灵。分税制改革后，财政的分权制度导向了地方政府将经济目标——财政收入放在了重要的位置，作为“经济人”的地方政府行为目标主要表现为缓解财政约束、促进经济增长，这表现为对税收、以土地财政为主的预算外收入的追逐。税收主要依赖于增值税，追求 GDP 的数量扩张与粗放的“工业增长偏好”，成为其内在冲动，“招商引资”成为政府的重要工作，降低准入门槛、放松监管往往变成部分地方政府“自然”的行为。政府偏好以固定资产投资带动税收，投资需求的快速增长带动重化工业发展，产能过剩和“两高一资”行业快速发展。再加之政绩的考核及其干部的任期制度，导致了政府行为的短期化与预期不足。GDP 考核显性、表面的“指挥棒”作用，其本质和深层次因素实际为在现有财税体制下争夺税源税基、争夺经济资源和税收资源的政府主导型增长模式。地方政府与当地企业存在利益上的一致性，地方政府对企业破坏生态环境行为的限制就意味着自身利益的减少，因此地方政府难以积极地对当地企业破坏生态环境的行为采取有效的干预措施。许多时候地方政府不但不去制止当地企业破坏生态环境的行为，而且还充当地方企业的保护伞，使企业破坏生态环境的行为更加肆无忌惮。这些对环境保护造成了制度性负影响十分深刻，形成了“缺钱—土地财政—招商引资—放松项目环境保护要求—无足够环保支出”的制度怪圈。

（3）现行制度偏重对企业的管理，忽视对政府环境保护责任

无论是在中央政府制定的环境保护的战略决策还是地方政府制定的具体环境政策，大部分的法律条款都是针对普通民众和企事业单位的环境责任追究，而对政府部门本身的环境部门追究则较少。由于政府是当地经济的推动主体，对于环境保护“政府既是裁判，又是运动员”。如果政府在做产业规划、投资重大项目及招商引资的过程中，没有协调好经济发展与环境保护的关系，就会做出“短视”决策，或者在执法上消极懈怠或不作为。新法的修订应改变“只管企业，不管政府”的局面，注重规范和约束政府的环保行为。

（4）地方政府环境规制的外部性缺乏利益补偿机制

地方政府相对于中央政府，在对待环境保护目标上存在很大的差异。中央政府是从整个国家利益的角度考虑全局经济、社会发展与生态环境保护的协调。站在中央的角度来看，地区之间生态环境质量改善所带来的外溢效应是不存在的，任何地区生态环境质量的改善都意味着国家整体生态环境质量的改善。政府规制外部性是政治过程的一种结果，即指一部分人通过集体行动对另一部分人施加的外部成本（或收益）。在地方政府层次上，环境规制的外部性既表现为不同利益群体之间的财富转移，还体现为环境政策效应的溢出，如对于邻近地区和本地代际成本或收益的溢出。既然其他地区的环境治理政策对于这个地区的居民存在溢出外部性，那么对于这个既定的地区来讲，其理性的反应也就是减少这种“公共品”的供给。在缺少利益补偿机制下，各地方政府在生态环境保护成本和收益分配上很难达到均衡，从而导致地方政府合作保护区域生态环境成为一句空话。

2.2　化解环境保护政府和市场失灵的政策建议

2.2.1　正确处理政府与市场的关系

环境生态与环境保护具有典型的公共产品属性，市场机制对这类公共物品的配置在一定程度上是低效率的，要解决环境与资源领域的外部性问题，需要依靠政府的更多积极的干预。在市场条件下，政府在解决环境问题或资源配置中的关键是要认识到市场与政府在发展经济和保护环境、资源这两个方面是密切联系、互相补充的同一过程。因此，应努力建立和培育环境资源市场，推进环境资源纳入市场经济体制之中的进程，尽快建立和完善适应市场体制的、运用市场机制解决环境问题的新机制。一方面要建立政府引导企业环境行为的市场机制。逐步探索和建立“保护环境有利可图、损害环境损失更大”的经济利益引导政策；另一方面也要注重运用市场机制保护环境，建立反映污

染治理成本、环境外溢成本的排污价格和收费机制，建立环保投入作为公共支出重点的政府投入机制。对于属于纯粹公共产品的环境服务（如区域性的空气质量、核反射性污染和酸雨等）可由政府提供资金并组织生产；而对于准公共产品（如城市污水处理、垃圾处理系统、清洁水的提供以及舒适的闲暇游地等）可以转向私营或政府干预下的联营。如果在消费方面具有一定的可分析或排他性，那么最好由消费者付费或由市场生产，但如果在消费方面明显地表现为一种不可分性或非排他性，则最好由政府在资金或财政方面进行干预。

2.2.2 着力构建国家调控、地方负责、政府有为、市场有效的环境“良治”

一是改革政绩考核体系。要从根本上减少地方政府为维护自身利益所导致的环境规制失灵现象，中央政府就应该构建合理的任期目标责任考核制度来激励地方政府按照可持续发展的要求行事，有效整合中央与地方利益。构建合理的任期目标责任考核制度，考核范围和指向不能仅限于单个行政区，考核内容不仅要把人口、资源、生态环境保护指标列入考核体系，而且还应把公众对地方政府为生态环境保护而努力的满意程度纳入考核内容之中。

二是合理划分中央政府和地方政府环境保护财权和事权。在我国目前现状下，实现污染总量继续减排和环境质量尽快改善，目标更艰巨、责任更重大，环保事权、财权需进一步整合和加强。不能简单地进行环境保护事权财权划分，将保护环境保护片面理解为单纯地方事权或市场起决定性作用。基于政府在环境保护领域长期缺位和不到位，三中全会决定明确强化了地方政府环境保护的职责，政府应把强化环境保护的宏观调控、提供环境基本公共服务、加强环境保护市场监管与调节作为履责的主要内容。中央政府也要加大环境保护方面宏观调控力度，主要承担环境保护宏观调控与统一环境保护规划和管理、国家级监管能力建设与运行、维护国家环境安全与负责任的大国形象事务、跨区域环境基本公共服务均等化、全国薄弱领域与环节引导支持，同时对于不属于中央事权但是属于财权范畴的也要积极予以补助。

三是转变政府职能，切实承担起环境监管和体制机制建设任务。市场在资源配置中起决定性作用，在经济建设领域需要政府减少微观事务管理。环境保护等领域，市场机制发挥作用的前提是政府要有为，需要具备两个关键性的制度条件：一方面，环境监管必须到位，从而催生治污市场和环保产业的需求；另一方面，环境治理必须有价，从而保障市场机制真正启动。因此，政府应在切实负责健全价格、税费、法治、政策、制度等前提条件的基础上，充分调动发挥市场机制在保护环境中的长效作用。

四是强化政府责任，约束和规范政府环境行为。环境问题是随着经济发展而产生，又随着经济发展而逐步解决，但环境问题不会自行解决。发达国家的经验表明，通过环境立法来明确政府的环保责任，规范政府行为，是协调经济建设与环境保护关系、根治环境问题的关键措施。很多发达国家都是在经济快速发展与环境保护矛盾最尖锐、最突出的时期，制定了专门约束政府行为的环保法律、法规，以协调经济发展和环境保护的关系。如美国和欧盟的《国家环境政策法》、日本的《环境基本法》、加拿大的《环境保护法》、韩国的《环境政策法》、英国的《环境法》等，都为协调经济发展与环境保护的关系，发挥了非常重要的作用。因此，必须加强对于政府官员和政府部门的环境责任追究，完善对政府部门和官员失职的惩罚措施，明确规定追究政府部门和政府官员环境法律责任的具体措施、程序和制度，才能提高环境法律规定政府不履行或违法履行其环境职责、监督和追究政府违法违责行为的能力，才能有效地克服政府环境责任的“失灵”。

五是严格追究污染者的环境责任，切实解决长期困扰环境保护的违法成本低的问题。“违法成本低，守法成本高”是影响环保法制建设健康发展的重大障碍。“违法成本低”必然降低法律的威严和效率，导致违法排污屡禁不绝；“守法成本高”势必淡薄企业的法律意识，视法律为可有可无。提高违法成本和守法自觉性是完善环境法制建设的首要问题。强化环境损害赔偿，健全环境民事责任，既是保护公民环境权益、维护社会公平和正义的重要措施，又是解决“违法成本低”问题、促使污染者治污减排的根本出路。

2.2.3　推动环境保护全成本内在化，发挥市场配置环境资源要素的决定性作用

一是建立环境资源产权制度。由于环境资源产权界定不清是产生环境外部不经济性的根本原因，也是市场机制对环境资源配置失灵的根源所在，因此，建立环境资源产权是实现市场机制对环境资源优化配置的基本条件和根本要求。环境资源合理定价是实现环境资源合理配置的关键，而产权明晰是环境资源合理定价的前提，产权交易是环境资源合理定价的重要途径。政府通过建立环境资源的产权规则，来完善环境资源市场，通过立法和法律保证对环境资源给予清晰的初始产权界定，使环境资源的产权能在此基础上通过市场交易进行转移、重组和优化。

二是建立和完善环境资源有偿使用制度。我国虽对部分资源实行了资源补偿费制度，但由于补偿费用标准过低，资源的所有权和开发权划分不清，使用资源的地区和企业往往为了短期利益进行破坏性开采，不重视资源综合利用，很多伴生性资源得不到合理利用，而且容易形成新的污染源，因此应充分运用市场机制强化资源有偿使用制度，并根据资源的稀缺程度将环境成本纳入其价格。政府可收取环境资源税，将生态环境纳入经济循环过程中参与定价和分配，改变生产的社会成本与私人部门获利的不对称性，使外部成本内部化。

三是完善有利于资源节约、环境保护的税收体制。包括取消不符合节能环保的产品、技术、工艺等出口退税政策，配合节能环保调整消费税，对环保节能产业、现代服务业给予所得税方面优惠等。特别要结合国家的结构性减税工作，改革资源税、开征环境税，逐步提高税率，强化税收的行为调控功能。

四是改革环保收费与环境价格政策。完善城镇污水和垃圾收费政策、脱硫脱硝电价的价格政策、处理处置污染物的收费制度；深化推进水资源、电价、煤炭、石油、天然气等关键性资源产品的定价机制改革，按照市场化定价的原则，逐步改变政府直接控制价格的做法，在重要资源价格形成机制的改革上取得实质性突破。要提高排污收费标准，现行的低标准排污收费水平，从一定意义上来说，制约了企业治污的积极性，适当提高排污收费标准对于适当调动企业的治污积极性是十分重要的。

五是实行生态补偿制度。一个区域生态环境的保护、修复与重建等需要大量资金投入；同时，一个区域为了保护生态环境，可能会丧失许多发展机会、付出机会成本。而生态环境又是一种公共品，一个区域生态环境的积极变化会给相邻区域带来生态利益。在这种情况下，必须建立有效的生态补偿机制，合理体现生态环境这一公共品的价值，统筹区域协调发展。特别是鼓励以流域、区域生态完整性和生态服务功能重要性为依据，坚持“谁受益、谁补偿”原则，完善对重要生态功能区的补偿机制，推动开发与保护地区之间、上下游地区之间实行横向生态补偿。

六是建立和完善激励企业参与环境保护的市场机制。建立排污总量有价分配和可交易的排污许可证制度，探索排污权交易制度，试行水污染物和二氧化硫等其他污染气体排放总量的“初始有偿分配”使用机制，利用经济手段鼓励企业主动降低污染物排放，从减少排污中获取经济效益。江苏

省在实行用经济杠杆激励企业加强污染治理。开展环境资本运作已经进行了有益的尝试，无锡五里湖整治和徐州污染治理设施市场化运营等已取得了一定经验。

七是落实企业的环境保护主体责任制。企业既是社会财富的生产者和商品与服务的提供者，也是自然资源和生态环境破坏的制造者，应当承担起治理环境污染和恢复环境质量的责任。我国有关法律法规中对造成生态环境损害的处罚数额太少，远远无法弥补生态环境损害程度和治理成本，更难以弥补对人民群众健康造成的长期危害。建立环境违法的严惩机制，约束企业承担治污减排责任，包括修改法律法规过程中，明晰企业经营者和产权拥有者的环境责任为终身责任，明确污染者必须承担环境治理的全部责任；显著提高罚则，实现按日计罚、连续处罚，并对污染行为的受益人予以适当连带责任，对严重污染环境行为实施无追索期的严格追究；要对造成生态环境损害的责任者严格实行赔偿制度，让违法者掏出足额的真金白银，对造成严重后果的，要依法追究刑事责任。

本报告执笔：秦昌波、苏洁琼、储成君

3　环境保护事权与支出责任划分研究

3.1　国外环境保护事权划分情况

3.1.1　美国

环境保护是联邦政府的主要责任和支出范围。美国是典型的联邦制国家。根据联邦宪法和两次世界大战后的社会经济情况，联邦政府的责任和支出主要包括国防和国际事务、社会保障、科学技术、农业与区域发展、环境与资源等。州政府负责的主要支出为高等教育、失业救济、高速公路、公共福利等。地方政府负责的项目包括初级教育、治安消防、住房、公园和娱乐设施、水电气供应、社区发展等。

联邦环保局人员众多、遍布全国各州、专业技术扎实、事权范围广泛。美国环保局成立于 1970 年 12 月，从开始时的 4 000 多人，财务预算 10 亿美元，发展到 1999 年的 1.8 万人，财务预算 75 亿美元。作为联邦政府的一个部门，除总部设在华盛顿外，美国环保局共设有 10 个大区。除第 9 区（阿拉斯加州）和第 10 区（夏威夷州），其余 8 个区都在美国大陆，一个区负责若干个州，如第 4 区负责的区域是美国南方的 8 个州。

联邦环保局事权按处理介质划分，下设空气、水、固体废物、农药等办公室。这一体制与美国现行环境法律体制相吻合。美国环保局设立及内部机构设置都有明确的法律依据，下设 14 个部门，包括：综合性部门、保障部门和与以处理的介质相对应的污染防治机构，这些机构职责针对性比较强，是环保局实现环境保护目标的核心机构。

联邦环保局对州环保局主要起监督作用，若证实州环保局不能胜任工作，联邦环保局可以替代承担事权。美国国会在制定环保法时考虑由州政府负起重要责任。以资源保护回收法为例，如果一个州的计划中所采用的方法和标准同环保局一致，该州就会获得特许地位。每个特许地位是由环保局给予而且每年都必须由环保局进行重新审批。如果环保局在审批过程中发现这个州在有害废物管理中的某些方法和标准已经不能和环保局的方法及标准的变更保持一致的话，这个州的特许地位就有可能被撤销。失去了特许地位意味着美国环保局将取代州的有害废物全权管理。即使没有撤销该州的特许地位，美国环保局也可以越过州政府行使权力。

3.1.2　德国

环境保护是州政府和地方政府的主要责任和支出范围。德国也是重要的联邦制国家，其行政管理层次共设有联邦政府、州政府、地方政府。德国各级政府的事权范围由《基本法》明确规定，联邦政府负责国防、外交、社会保障、造币和货币管理、海关和边防、联邦交通和邮电、铁路和航空、水运、高速公路和远程公路、重大科研计划、资助基础研究和开发研究、跨地区资源开发、国有企业的支出和农业政策以及联邦一级的行政事务、财政管理等；州政府负责州一级的行政事务和财政管理、教育、警察、文化事业、医疗卫生、健康与体育事业、社会救济、住房、治安和司法管理、环境保护、科学研究、周内公路、地区经济结构和农业结构的改善、海岸保护等；地方政府负责当地的行政事务管理、基础设施建设、社会救济、地方性治安保护、公共交通和乡镇公路建设以及城市发展建设规划、当地城镇煤水电等公用事业、公共福利、文化设施、能源的供给、垃圾和污水处理、普通文化教育事业、成人继续教育及卫生、社会援助、社区服务等。

德国的环境保护实行地方自治。德国的环保行政管理实行地方自治。德国地方政府的层级包括县（包括非县属市）和镇（包括乡镇和城镇），地方政府遵循自治原则，县、镇级地方政府要完成大部分的环境保护工作。第一，地方政府在制订地方各类发展规划时，都把环境因素作为必要考量因素。第二，地方政府承担与环境保护有关的法律强制性职责。要对本辖区环境保护和生态治理中的具体事务进行直接管理，包括空气污染控制、水体污染控制、污水处理和废物处置等工作。第三，地方政府要与其他地方进行横向联合，以解决一镇一县解决不了的环境问题，或通过联合来降低环境保护工作的成本，提高环境保护工作的效率。例如，几个临近的乡往往会联合起来共建一个垃圾处理厂，共同聘请相关公司进行管理，有效降低地方垃圾处理成本。如果出现了靠地方联合解决不了的问题，地方政府要申请州政府提供帮助，但上级政府只起辅助作用，主要工作仍旧要靠地方政府承担完成。

环境保护事权强化严格执法，设立了环保警察。为了加强环保执法，德国设立了环保警察，环保警察除通常的警察职能外，还有对所有污染环境、破坏生态的行为和事件进行现场执法的职责。警察承担环保现场执法工作，充分发挥了警察分布范围广、行动迅速、有威慑力等特点，极大地增强了环保现场执法的力度，保证了执法的严肃性和制止环境违法事件的及时性。

国际之间、洲际之间环境保护事权受到重视。德国从 20 世纪 70 年代开始建立环境监测网络，对水域（包括地下水）、空气、土壤、高速路、物种多样性进行监测、分析、评估，为环境政策的制定提供依据并处理遗留的环境问题。国际之间、洲际之间均进行严格监督。对于超标排放的工厂或单位，政府责令其纠正，否则就收回排污许可证和生产许可证，令其停业整顿并予以重罚。当然，在这个过程中离不开社会方方面面的共识和合作。政府、公众、企业、消费者、社会团体、甚至在不同国家的政府间，都要达成共识并相互配合。

环境保护工作协调方面的事权受到重视。联邦德国环境保护事务由联邦政府内政部负责，专门处理环境保护计划和协调环境保护工作。其中包括法律、经济和国际间的环保事务。此外，还负责水管理、废物管理、大气保洁和噪声防护方面的工作。由于环境保护的任务涉及其他职能部门，所以，还设有专门协调环境问题的部门，即联邦政府环境问题协调委员会。由联邦总理府、联邦财政部、内政部、粮食农林部，经济部等部门的部长级成员组成。而且，在联邦与各州之间也有各种协调机构，其中，有联邦与各州的环境部长组成的环境部长会议，还有一个由环保事务管理部门的领导人组成的委员会。

3.1.3 日本

环境保护事权以地方为主。根据《地方自治法》第 2 条第 10 款的有关规定，中央政府承担的"国家的事务"具体包括以下内容：①司法；②刑罚以及国家的惩戒；③国家的运输、通信；④邮政；

⑤国立教育及研究设施；⑥国立医院及疗养设施；⑦国家的航空、气象及水路设施；⑧国立博物馆及图书馆。根据地方自治法，环境保护是地方政府的主要事权。地方政府（省）主要负责保护地球环境，防止公害，保护和整治自然环境，以及其他环境保护；计划、起草和推进与环境保护有关的基本政策；防止公害的管制措施；自然环境优越地区的环境保护；抑制废弃物的排出和适当的处理、清扫；从环境保护的观点出发，与以下事务及事业有关的标准、指针、方针、计划等的制定以及管制：抑制温室效应气体的排出。

环境保护事权最初围绕公害进行划分。1971 年 7 月，日本正式成立了国家环境厅。环境厅的主要权限职责是防治公害和自然保护。在防治公害方面，制订基本政策、方针、计划和各项标准，组织协调公害防治的管理工作。为加强控制公害的工作，日本以在环境厅下设的附属机构“国立公害研究所”为中心，加强中央各部门、大学和地方的合作，建立起防治公害科研合作体制。中央部门主要研究各种大气和水质污染问题，大学加强基础理论研究，地方科研机构则侧重于地方性公害研究。随着环境厅的设立，日本各地方政府也设立了相应的环境保护机构，到 1971 年底，已有 46 个地方政府设立了环境局，日本各地方政府在中央的指导下，根据国家的公害对策和环境标准，制定了比国家标准更为严格的地方标准，并与区域内的主要企业签订了《防止公害协议》。在地方政府严格管理下，区域内各主要企业也依据有关法律、法令建立了公害防治部门，并配备了专职人员从事环境保护工作。这样，日本就形成了从中央到地方较为完善的环境保护体制。

中央政府的环境保护事权逐渐得到强化。日本政府设立环境厅后，2002 年初又将环境厅升格为环境省，其行政职能也有所强化。升格后的环境省行政职能突出两点，一是从环境管理的角度出发，通过强化与相关政府部门调整、联合，开展综合性的环境管理；二是在防止全球变暖等环境事务方面，加强国际上的协调行动。

3.2 我国环境保护事权划分现状

1989 年颁布的《中华人民共和国环境保护法》对各级政府的环境事权作了部分规定。我国中央政府的环境事权主要包括：国务院环境保护行政主管部门制定国家环境质量标准；国务院环境保护行政主管部门根据国家环境技术条件、国家经济、国家质量标准来制定国家污染物排放标准；环境保护行政主管部门制定监测规范、建立监测机制，加强对环境监测和管理，同有关部门组织监测网络。地方政府环境事权包括：制定地方环境质量标准，省、自治区、直辖市人民政府对国家环境质量标准中未做规定的项目，报国务院环境保护行政主管部门备案；对国家污染物排放标准中未做规定的项目，省、自治区、直辖市人民政府可以制定地方污染物排放标准；对中央污染物排放标准中已作规定的项目，省、自治区、直辖市人民政府可以制定严于中央污染物排放标准的地方污染物排放标准，但地方污染物排放标准须报国务院备案等。

环境状况公报应由中央、省、自治区、直辖市政府环境保护行政部门定期发布。县级以上环境保护行政部门，应当会同有关部门拟订环境保护规划，对当地环境状况进行调查和评价，经计划部门综合平衡后，报同级人民政府批准实施。县级以上政府环境保护部门或者其他环境监督管理部门，有权对管辖范围内的排污单位进行现场检查。对于跨行政区污染和环境破坏的防治工作，由有关行政政府协商，或者直接递交到上级政府解决。本辖区环境质量应由当地各级政府负责，政府应采取措施来改善环境质量。

除此之外，《大气污染防治法》《水污染防治法》《海洋环境保护法》等环境法律、法规中，也依据《环境保护法》的要求，作了具体的规定。从上述环境事权划分可以看出，目前政府间环境事权的划分较为笼统，尤其是在环境污染防治方面并未细化，可操作性不强。

2014 年新修订的《环境保护法》对中央和地方政府环境事权作出了明确的界定。在国家级规划、政策、标准、规范、国控重点污染源、国际界河、国控断面、国家水、气等环境监测网、核与辐射监测网、国家直属站、区域站等方面，中央政府承担事权，或者与地方政府共担事权（表 8-3-1）。

表 8-3-1 新《环境保护法》对中央和地方环境事权的规定

国务院环境保护主管部门	国家和地方共担	地方事权
	制定有利于节约和循环利用资源、保护和改善环境的经济技术政策和措施	
		对本行政区域的环境质量负责
	加大保护和改善环境、污染防治和其他公害的财政投入	
	环境保护科学技术研究、产业发展、信息化建设	
	环境保护宣传和普及工作	
全国环境保护工作实施统一监督管理		本区域环境保护统一监督管理
编制国家环境保护规划		编制本行政区域环境保护规划
制定国家环境保护质量标准（环境基准）、污染物排放标准		制定地方环境保护质量标准、污染物排放标准
制定监测规范、组织监测网络，统一规划国家环境质量监测站（点）、建立监测数据共享机制	建立、健全环境监测制度	
	环境状况调查、评价，环境资源承载能力监测预警机制	
	规划环评、项目环评	
跨行政区域重点区域、流域环境污染和生态破坏联合防治机制，统一规划、统一标准、统一监测、统一防治措施		其他跨行政区域环境污染和生态破坏防治
	制定财政、税收、价格、政府采购等方面的政策和措施	
	环境监察执法	
	环境保护目标责任制和考核评价	
		制订限期达标规划
		环境保护目标和任务，采取有效措施改善环境质量
	划定生态保护红线	
	对自然生态系统、自然分布区域、水源涵养区域、自然遗迹等采取保护措施	

国务院环境保护主管部门	国家和地方共担	地方事权
	建立健全生态补偿制度	
	加强对大气、水、土壤等的保护，建立调查、监测、评估和修复制度	
	农业环境保护	农村环境保护公共服务
		城市和农村生活废弃物分类处置、回收利用
	海洋环境保护	
	建立健全环境健康监测、调查和风险评估制度，开展环境质量对环境公众环境健康影响研究、采取措施预防和控制疾病	
	促进清洁生产和资源循环利用	
	重点污染物排放总量控制制度	
	排污许可管理制度	
	严重污染环境的工艺、设备和产品实行淘汰制度	
	突发环境事件风险控制、应急准备、应急处置和事后恢复，环境影响和损失评估，环境污染公共监测预警	
	统筹城乡建设环境保护公共设施，保障其正常运行	
	公共环境信息，完善公众参与程序	
	定期发布环境状况公报，依法公开其他若干信息	
	支持农村饮用水水源地保护、生活污水和其他废弃物处理、畜禽养殖和屠宰污染防治、土壤污染防治和农村工矿污染治理等环境保护工作	

根据上述分析，结合现行法律法规和“三定”方案，目前中央政府与地方政府在环境保护方面的主要事权如下。

3.2.1　中央政府主要事权

（1）决策类

制定国家统一的环境保护的法规、制度、方针、政策、标准和规划；编制全国环境功能区划与生态保护红线；引导环保产业发展与清洁能源的生产和使用；建立国家环境质量监测网络；对重大经济和技术政策、发展规划以及重大经济开发计划进行环境影响评价，对涉及环境保护的法律、法规草案提出有关环境影响评价方面的意见；提出有利于环境保护的国家财税、贸易、价格等经济政策建议。

（2）协调类

牵头协调重特大环境污染事故和生态破坏事件的应急处理；协调解决跨省区域环境污染纠纷；建立跨行政区域的重点区域、流域环境污染和生态破坏联合防治协调机制；统筹协调国家重点流域、区域、海域污染防治工作；协调解决跨部门重大环境问题。

（3）管理类

确定全国总量控制指标，开展总量核查，组织减排指标、监测、考核三大体系建设；按国家规定审批重大开发建设区域、项目环境影响评价文件，实施区域、流域、行业限批制度；按权限实施行政许可；组织评估生态环境质量状况；管理生物技术环境安全；牵头负责生物物种（含遗传资源）和生物多样性保护；管理国家级自然保护区；处理涉外的环境保护事务；组织有关环境保护国际条约的履约工作，负责环保国际合作和利用外资项目；审批有害废物的进出口、越境申请和有毒化学品进出口申请；组织环境保护重大科学研究和技术工程示范，推动环境技术管理体系建设；组织环境保护宣传教育工作。

（4）监督类

全国环境保护统一监督管理；监督管理核安全和一类放射源安全；组织建设和管理国家环境监测网和全国环境信息网，统一发布国家环境综合性报告、污染事故信息和重大环境信息；监督国家环境保护规划、政策、法规、标准的执行；对违反环保法规的行为给予行政处罚，并开展行政复议；调查处理重大环境污染事故和生态破坏事件。

（5）环境保护设施建设

除国家本级环境监管能力建设属中央事权外，目前其他相关环境监管能力建设、环境保护基础设施建设、污染防治项目建设等均以地方事权或中央与地方政府共担事权为主，由中央资金根据项目类型和区域差异，予以差异化补助和引导。

3.2.2 地方政府主要事权

（1）决策类

依据国家环境保护的政策、法规、标准和规划，制定本辖区环境保护的法规、规章、标准和规划。

（2）协调类

牵头协调辖区内环境污染事故和生态破坏事件的应急处理；协调解决跨市、县区域环境污染纠纷；统筹协调地方重点流域、区域、海域污染防治工作。

（3）管理类

落实地方减排目标，分解总量控制指标，发放排污许可证；按权限审批环境影响评价文件，实施辖区内区域、流域、行业限批；按权限实施行政许可；组织评估辖区内生态环境质量状况；负责辖区内农村生态环境保护、生物技术环境安全、生物物种（含遗传资源）和生物多样性保护；管理国家级以外自然保护区；组织地方环境保护科研、宣传教育工作。

（4）监督类

监督管理一类以外放射源；组织建设和管理地方环境监测网、环境信息网，统一发布地方环境信息；在辖区内监督环境保护规划、政策、法规、标准的执行；按权限对违反环保法规的行为给予行政处罚，并开展行政复议；调查处理辖区内环境污染事故和生态破坏事件。

3.3 环境保护事权划分存在的问题

（1）中央和地方环境保护事权与支出责任划分不清晰，政府间存在错位问题

我国中央地方政府事权和支出责任划分不清晰、不合理、不规范，一些应由中央负责的事务交给了地方，一些适宜地方负责的事务，中央承担了较多支出责任，中央和地方职责交叉重叠、共同

管理事项较多。1994 年财政体制改革以来，我国的环境财权出现了从中央到地方，财权和财力层层上收。中央与地方各级政府财权相对稳定，由于环境保护事权划分不清晰，在具体工作中往往形成事权和支出责任下移，能力较低的政府承担了能力较高的政府需要承担的职能，造成政府间职能错位地方财力无力承担的问题，环境保护工作也就难以推进。例如，国家批复的建设项目监管、国家重点监控污染源日常监管、国家级自然保护区监管等工作应属中央事权，但目前均由地方承担，地方环境监察机构实际承担了大量的中央事权。

（2）跨界治污需求与行政体制不协调，中央宏观调控偏弱

根据《环境保护法》，我国当前环境管理体系奉行的是属地管理原则，即各级地方政府应对自己所管辖区内的环境质量负责，并要采取相应的治理措施，改善环境。环境管理的属地原则在涉及跨界污染时，很难避免地方政府及地方保护主义的干预，以及对跨界、跨流域治理的被动。中央政府在环境保护工作中宏观调控能力不强，缺乏必要的行政、经济等手段予以调控，在推进跨区域、跨流域重大环境保护，以及环境发展战略、规划、政策、标准的实施中存在难落实、难实施的问题。

（3）环境事权与支出责任相适应的制度尚不完善

为加大对地方环境保护工作引导，中央层面设立了环境保护相关专项资金，主要包括自然保护区专项资金、中央环境保护专项资金、主要污染物减排专项资金、城镇污水处理设施配套管网以奖代补资金、中央农村环境保护专项资金、重金属污染防治专项资金、江河湖泊专项资金、大气污染防治专项资金等。在环境监管和污染治理项目建设方面，中央多以补助地方为主，没有明确区分环境保护事权，环境事权与支出责任不相适应。在一些重大技术试点示范等薄弱领域引导方面，中央事权发挥作用不强。

（4）不同部门环境保护职能存在交叉

在水污染防治、生态保护、近岸海域环境保护、温室气体减排、环境监测等诸多方面，部门间存在严重的职能交叉。在水污染防治方面，涉及环保、水利、建设、农业、交通、林业、海洋、发展改革、财政等许多部门，由于职能交叉，甚至重叠，实际工作中各自为政的现象十分严重。在环境监测方面，存在“四个不统一”，即监测管理不统一，监测职能分散在各部门，且存在交叉与矛盾；站点规划不统一，布局不合理，谁都搞监测，重复建设严重；技术规范不统一，各部门自行制定部门规章、标准与技术规范用于本部门监测工作，造成监测时间、频次、项目等不一致，数据缺乏可比性；信息发布不统一，数出多门，信息相互矛盾，严重影响政府在社会公众中的权威和公信力，造成不良社会影响。

3.4 中央与地方政府环境保护事权划分

3.4.1 划分思路与原则

在政府范畴内，还应明确各级政府的环境事权划分及其投资范围和责任，公共需求的层次性是各级政府环境事权划分的基本依据。按受益范围，公共需求分为全国性公共需求和地方性公共需求。全国性公共需求的受益范围覆盖全国，凡本国的公民或居民都可以无差别地享用它所带来的利益，因而应由中央来提供。地方性公共需求受益范围局限于本地区以内，适于由地方来提供。按受益范

围区分公共需求的层次性，不仅符合公平原则，同时也符合效率原则。因为受益地区最熟悉本地区情况，掌握充分的信息，也最关心本地区公共服务和公共工程的质量和成本。此外，应尽可能地减少中央政府与地方政府环境事权的交叉，减少中央与地方政府事权共担的领域，体现国家任务国家干，地方任务地方干的思路。中央与地方政府环境保护事权划分遵循以下原则：

（1）环境公共物品层次性划分原则

环境公共物品的层次性划分原则，即在明确界定政府职能的基础上，对这些职能进行层次划分：全国性公共产品和事项，以及跨区域性事项，应由中央政府负责；兼有全国性和地方性公共产品特征的事项，应由中央和地方政府共同承担，并按具体项目确定分担的比例；其他地方性公共产品和服务，应由地方财政负责。

（2）效益最大化原则

环境公共物品效益最大化就是要以一定的社会环境资源投入和优化配置，达到环境保护的最大效益。为了使环境公共物品效益最大化，需要建立明确的环境产权，明确各级政府或政府与市场提供公共产品的效率与成本，在达到预期的环境效益的前提下，实现资源的最少投入。

（3）职能下放原则

凡是能够由较低一级政府行使的职责，就尽量下放事权。因为基层政府更接近公共商品的消费者——居民，能更好地了解居民的偏好，具有信息上的优势。需要明确的是科学划分地方各级政府间的事权、财权关系只是一个方面，最重要的还是要将这种划分制度化、法制化。与此同时，各级政府间事权和财权的调整也需要通过法律的程序加以规范，而不能再依据行政上的权力随意改变，以保障各级政府都能独立地行使其职权，从根本上理顺地方各级政府间的财政关系，消除基层财政困难的制度因素。

（4）政府环境基本公共服务均等化原则

提供区域环境基本公共服务属于地方政府的事权，由地方财政支出来提供。县级政府重点保障城乡环境基本公共服务均等化的实现。受限于经济发展水平和财政能力，区域间（省市县）环境基本公共服务均等化的事权在上级政府。在下级政府财政无法为实现环境基本公共服务标准提供保障时，上级财政应予以补助和支持。

（5）信息处理复杂性原则

信息处理越复杂，越可能造成信息不对称的事项，越应让地方政府管理。因为地方政府熟悉基层情况，能掌握更为真实、准确的信息，较中央政府具有明显优势。

3.4.2 中央政府环境事权

《中共中央关于全面深化改革若干问题的决定》提出建立事权和支出责任相适应的制度，要求适度加强中央事权和支出责任，国防、外交、国家安全、关系全国统一市场规则和管理等作为中央事权；部分社会保障、跨区域重大项目建设维护等作为中央和地方共同事权，逐步理顺事权关系；区域性公共服务作为地方事权。中央和地方按照事权划分相应承担和分担支出责任。中央可通过安排转移支付将部分事权支出责任委托地方承担。对于跨区域且对其他地区影响较大的公共服务，中央通过转移支付承担一部分地方事权支出责任。

环境保护事权可分为事务管理运行与重大项目建设两个方面。按照《决定》事权和支出责任界定的总体思路，中央政府主要在以下五方面承担事权：一是全国环境保护统一监管；二是维护国家环境安全与负责任的大国形象；三是跨区域环境基本公共服务均等化；四是薄弱领域与环节环境保护引导；五是国家环境监管能力建设与运行。划清中央与地方政府环境事权，构建国家调控、地方负责的中央与地方环境保护事权格局。

在环境保护宏观调控与统一环境保护规划、管理方面，中央政府事权主要是全国性的统一规划和政策制定的战略性工作，如统一制定环境法律法规、编制中长期环境规划和跨区域和跨流域重大环境保护规划，建立全国环境质量与污染排放等标准体系，统一进行环境污染治理和生态变化监督管理等。

维护国家环境安全方面，中央事权主要为涉及国家环境安全的国际界河保护、跨国界区域重大环境问题治理。在维护跨区域环境安全方面，主要为涉及区域环境安全的跨流域、跨区域重大环境问题评估、重大规划实施与重大项目建设，事权由中央地方共担。在塑造负责任的大国形象方面，主要为履行国际环境公约，履约项目建设事权由中央与地方共担，中央事权主要为履约行动计划制订、方案编制等组织实施，重点领域环境污染防治技术试点示范引导等。

在环境基本公共服务均等化方面，2005 年十六届五中全会通过的《中共中央关于制定国民经济和社会发展第十一个五年规划的建议》要求，要“按照公共服务均等化原则，加大国家对欠发达地区的支持力度，加快革命老区、民族地区、边疆地区和贫困地区经济社会发展”。党的十七大报告把实现基本公共服务的均等化放在更加突出的位置，两次阐述了这个问题，基本服务均等化成为了一个热点问题。《中华人民共和国国民经济和社会发展第十二个五年规划纲要》强调要“坚持以人为本、服务为先，履行政府公共服务职责，提高政府保障能力，逐步缩小城乡区域间基本公共服务差距”“县具备污水、垃圾无害化处理能力和环境监测评估能力，保障城乡饮用水水源地安全”。《国家环境保护“十二五”规划》中要求推进区域环境保护基本公共服务均等化。着力推进基本公共服务均等化，已成为科学发展、和谐发展的重大战略任务，成为各级政府的基本职责。我国《环境保护法》第十六条明确规定：“地方各级人民政府，应当对本辖区的环境质量负责，采取措施改善环境质量。”《决定》亦明确提出区域性公共服务为地方事权。据此，地方政府负责具有区域性环境公共物品性质的环境保护事务，实现省域间环境基本公共服务均等化事权在中央政府。

在薄弱领域与环节环境保护引导方面，中央政府事权主要体现在到重大领域与技术等示范引导方面，包括重大环保技术、政策、模式等试点示范引导，新型领域及新型环境问题污染防治试点示范引导，以及环保产业发展引导与培育等。

在国家环境监管能力建设与运行方面，中央政府环境事权主要集中在中央本级环境监管能力建设、国家环境监测与监控网络建设等方面。中央本级环境监管能力建设包括直属机构、派出机构、直属站点等环境监管能力建设。国家环境监测网，是为衡量全国环境质量水平，布设的相关要素的环境质量监测点位，包括大气、水、土壤、近岸海域、化学品等建设与运行完全由国家管理，国家环境监测网是总体反映国家环境质量状况，开展预警与考核的重要组成（表 8-3-2）。

表 8-3-2 中央政府环境事权划分建议

事权分类	事权领域	事权内容
一、全国环境保护统一监管	（一）拟定和制定国家环境法律、法规、政策、制度、标准、规范、导则等	1. 组织拟定环境保护综合性法律、行政法规及部门规章，提出环境保护法律、行政法规草案环境影响意见，管理国际公约国内立法配套工作，监督环境保护依法行政，组织环境保护行政复议和应诉工作，指导全国环境保护普法工作 2. 拟订并组织实施国家环境保护政策，推动、配合国务院有关部委制定环境保护相关经济政策，指导、支持地方有效实施政策和开展试点，加强重大政策调整中央财政资金引导作用，组织开展政策实施效果评估工作 3. 建立健全全国环境监测制度、环境监察执法制度、环境影响评价制度、跨区域流域环境污染和生态破坏联合防治协调机制、环境保护目标责任制度、考核评价制度、重点污染物排放总量控制制度、生态保护补偿制度排污许可证制度、环境污染工艺设备和产品淘汰制度等环境管理制度 4. 开展水环境保护、大气环境保护、土壤环境保护、固体废物与化学品环境污染控制、环境噪声与振动、核辐射与电磁辐射环境保护、生态环境保护、清洁生产、环境影响评价、环保验收、环境标志产品、环保产品、环境保护工程、环境保护信息等各类国家环境保护标准、基准、技术规范制修订工作，加强对地方的实施指导和宣传培训
	（二）国家和跨区域、跨流域重大环境保护规划编制及规划实施评估考核	5. 制订和组织实施国家环境保护五年规划、重金属污染防治、土壤环境保护、生态保护、环境监管能力、核与辐射安全监管能力、污水处理及再生利用、生活垃圾无害化处理设施建设、危险废物和医疗废物处置设施建设等专项规划，开展规划实施评估、监督检查工作和考核工作 6. 划定国家重点生态功能区、生态环境敏感区和脆弱区等区域生态保护红线 7. 制订和组织实施跨区域、跨流域重大生态环境保护规划，开展规划实施评估、监督检查工作和考核工作
	（三）组织实施全国环境污染防治与生态保护监督管理	8. 负责重大环境问题的统筹协调和监督执法检查，牵头协调重特大环境污染事故和生态破坏事件的调查处理，指导协调地方政府重特大突发环境事件的应急、预警工作，协调解决有关跨区域环境污染纠纷，统筹协调国家重点流域、区域、海域污染防治工作，指导、协调和监督环境保护工作 9. 国家环境保护投资与项目管理。负责提出环境保护领域固定资产投资规模和方向、国家财政性资金安排意见，按国务院规定权限，审批、核准国家规划内和年度计划内固定资产投资项目，并配合有关部门做好组织实施和监督工作 10. 承担落实国家减排目标责任。确定总量控制的污染物名称和控制指标，下达总量控制目标，督察、督办、核查各地污染物减排任务完成情况 11. 负责对国家经济政策、技术政策、重大发展规划以及经济开发计划，重要产业、重点区域规划进行环境影响评价，按国家规定审查重大开发建设区域规划、行业规划环境影响评价，审批法律法规规定应由国家审批的非核与辐射建设项目环境影响评价文件、海岸工程建设项目环境影响评价文件，负责国家审批的建设项目竣工环境保护验收，组织开展法律、法规规定应由国家审批的建设项目施工期环境监理工作，负责环境影响评价机构资质管理 12. 组织评估生态环境质量状况，监督对生态环境有影响的自然资源开发利用活动、重要生态环境建设和生态破坏恢复工作。指导、协调、监督各种类型的自然保护区、风景名胜区、森林公园的环境保护工作，协调和监督野生动植物保护、湿地环境保护、荒漠化防治工作。协调指导农村生态环境保护，监督生物技术环境安全，牵头生物物种（含遗传资源）工作，组织协调生物多样性保护

事权分类	事权领域	事权内容
一、 全国环境保护统一监管	（三） 组织实施全国环境污染防治与生态保护监督管理	13. 负责辐射环境事故应急处理工作。监督管理核设施安全、放射源安全，监督管理核设施、核技术应用、电磁辐射、伴有放射性矿产资源开发利用中的污染防治。对核材料的管制和民用核安全设备的设计、制造、安装和无损检验活动实施监督管理 14. 负责国家环境监测信息发布，组织对环境质量状况进行调查评估、预测预警，统一发布国家环境综合性报告和重大环境信息 15. 参与指导和推动循环经济和环保产业发展，参与应对气候变化工作。开展环境保护科技工作，组织环境保护重大科学研究和技术示范工程，推动环境技术管理体系建设 16. 开展环境保护国际合作交流，组织协调有关环境保护国际条约的履约工作，参与处理涉外环境保护事务 17. 组织、指导和协调全国环境保护宣传教育工作，制定并组织实施环境保护宣传教育纲要 18. 开展全国生态评估，建立国家公园体制。制定全国生态保护成效评估方法，开展生态功能保护评估 19. 承办国务院交办的其他事项
二、 维护国家环境安全	（四） 涉及国家环境安全的国际界河与区域环境保护	20. 指导、协调、解决跨国界、跨省界、跨流域重大环境问题和环境污染纠纷，支持国际界河污染治理项目建设与环境监管能力建设，支持跨国界区域重大环境问题治理项目建设（中央与地方共担事权）
	（五） 涉及区域环境安全的重大项目建设	21. 涉及区域环境安全的跨流域、跨区域重大环境问题评估、重大规划项目实施引导（中央与地方共担事权）
	（六） 国际环境履约	22. 组织实施巴塞尔公约、斯德哥尔摩公约、鹿特丹公约、汞公约、维也纳公约、蒙特利尔议定书等国际公约履行，引导和支持重大履约项目建设（中央与地方共担事权）
三、 环境基本公共服务均等化	（七） 省域间环境基本公共服务均等化保障	23. 省域间生活污水处理、垃圾处置、安全饮水、环境监管能力等环境基本公共服务均等化保障（随环境基本公共服务范围变化而相应调整）
四、 薄弱领域与环节环境保护引导	（八） 重大技术、政策、模式等试点示范（中央地方共担）	24. 全国重要污染防治制度创新与试点工作，加强《国家先进污染防治示范技术名录》和《国家鼓励发展的环境保护技术目录》涉及共性、重要、急需技术的试点示范，土壤与地下水污染修复、生态修复、种植业养殖业污染治理等重要领域试点示范工作，生态文明示范区建设引导，环保产业发展引导与培育
	（九） 新型领域及新型环境问题污染防治引导（中央地方共担）	25. 全国持久性有机污染物污染防治、挥发性有机物治理、重金属污染防治、农村环境综合整治等新型领域环境污染防治引导
五、 国家环境监管能力建设	（十） 中央本级环境监管能力建设及运行保障	26. 环境保护部部机关、直属事业单位、派出机构等业务用房、办公设备、人员队伍培养等能力建设和运行保障
	（十一） 国家环境监管网络建设与运行	27. 国控水、气、噪声、近岸海域等环境质量监测网、核与辐射监测网、国家直属站、区域站、国家环境信息网、生物多样性调查和观测网络等能力建设及运行保障
	（十二） 国家级自然保护区管护能力建设	28. 外来入侵物种、转基因生物安全、环保用微生物环境安全管理等领域技术支持，国家级自然保护区和国家重点生态功能区管护能力建设与运行保障
	（十三） 国控重点污染源监管与运行保障	29. 国控重点污染源自动监控能力建设及运行保障

本报告执笔：逯元堂、陈鹏、徐顺青、朱建华

4 国家生态补偿机制与政策分析

4.1 完善生态补偿制度是当前我国生态文明体制改革的具体行动

近年来，随着我国经济发展水平不断提高、人民对生态环境问题越来越关注，国家对生态补偿的重视程度越来越大，在国家宏观战略和政策的制定上，多次强调要建立和完善生态补偿机制。自2005年12月《国务院关于落实科学发展观加强环境保护的决定》提出“要完善生态补偿政策，尽快建立生态补偿机制”以来，党和国家十分重视生态补偿制度的研究与推进，我国国民经济与社会发展“十一五”规划、“十二五”规划和“十三五”规划建议以及若干中共中央文件、国务院决定、政府工作报告都明确提出了加快建立生态补偿机制的要求：

- 《中共中央关于全面深化改革若干重大问题的决定》把加快生态文明制度建设作为当前亟待解决的重大问题和全面深化改革的主要任务，并将“实行资源有偿使用制度和生态补偿制度”作为落实生态文明制度建设的重要内容之一。
- 《关于加快推进生态文明建设的意见》（中发〔2015〕12 号）将“健全生态保护补偿机制”作为“健全生态文明制度体系”的重要内容之一。
- 《生态文明体制改革总体方案》明确提出：“构建反映市场供求和资源稀缺程度、体现自然价值和代际补偿的资源有偿使用和生态补偿制度。”
- 新修订《环境保护法》（2015年1月1日起实施）的第三十一条也明确了关于生态补偿的条款：“国家建立、健全生态保护补偿制度。国家加大对生态保护地区的财政转移支付力度。有关地方人民政府应当落实生态保护补偿资金，确保其用于生态保护补偿。国家指导受益地区和生态保护地区人民政府通过协商或者按照市场规则进行生态保护补偿。”
- 《中共中央关于制定国民经济和社会发展第十三个五年规划的建议》（2015年11月发布）将“加大对农产品主产区和重点生态功能区的转移支付力度，强化激励性补偿，建立横向和流域生态补偿机制”作为“坚持绿色发展，着力改善生态环境”的重要内容之一。

4.2 完善生态补偿制度是国家和地方生态补偿实践的强烈期盼

我国幅员辽阔，独特的气候和地貌特征孕育了森林、草原、湿地、荒漠、农田和城市等各类陆地生态系统，中国森林总蓄积量居世界第8位，草原面积约占世界草原面积的13%，湿地总面积居亚洲第1位、世界第4位，并拥有独特的青藏高原高寒湿地生态系统类型。为明确生态环境功能重要区域在生态安全格局中的优先地位，国家出台了包括《全国主体功能区规划》在内的一系列文件，给实现生态空间管控搭建了基础平台。目前，我国资源环境生态红线体系正在建立，生态环境功能重要区域面积大、类型多、分布广的格局基本明确，以青藏高原生态屏障、黄土高原—川滇生态屏障、东北森林带、北方防沙带和南方丘陵山地带以及大江大河重要水系为骨架的“两屏三带”在涵养水源、保护生物多样性、防风固沙、防止水土流失、调节气候等方面发挥着极其重要的生态安全屏障作用。

我国资源总量丰富，但人均资源占有量基本低于世界平均水平，资源供需矛盾突出。近年来，涉及生态重要、敏感区域的能源、资源、交通、旅游等开发建设活动日益增多，对我国各类生态系统造成不同程度的开发、干扰和破坏。特别是当自然生态系统被行政区域分割时，各行政单元间存在复杂的利益关系：例如，流域上游地区需承担水资源保护和生态建设的任务，经济社会发展受到较大限制；下游地区享受了生态保护成果却未付出生态保护成本，上下游区域经济发展不平衡，社会福利分配不公平，造成了“上游青山绿水饿肚皮、下游吃香喝辣要减肥”；这种“搭便车”的外部不经济严重地影响了上游地区保护水资源的能力和积极性。类似这种情况在生态功能重要区域也同样存在，保护与发展的矛盾亟待完善的生态保护补偿机制来破解。

通过梳理目前我国与生态补偿相关的政策，可以看出，目前的生态补偿政策主要涵盖海洋保护、水土整治、岩溶地区石漠化处理、资源枯竭型城市生态修复类的补助、饮用水水源地保护等，涉及的领域有重点生态功能区、禁止开发区、森林、湿地、草原、流域等（表 8-4-1）。

表 8-4-1　我国各领域生态补偿政策汇总

政策依据	补偿区域
中央对地方国家重点生态功能区转移支付办法（财预〔2014〕92 号）	国家重点生态功能区所属县，国务院批准的青海三江源自然保护区等生态功能重要区域所属县，禁止开发区，共 512 个县和国家森林公园、自然保护区等 1 367 个禁止开发区
自然保护区专项资金使用管理办法（财建〔2001〕899 号）	中西部地区具有典型生态特征和重要科研价值的国家级自然保护区；基础条件好、管理机制顺，具有示范意义的国家级自然保护区；具有重要保护价值，管护设施相对薄弱的国家级自然保护区
野生动植物保护与自然保护区管理项目资金管理办法（办规字〔2012〕181 号）	承担濒危物种野外救护及人工繁育、濒危物种调查监管、野生动物疫源疫病监测防控、自然保护区管理
关于印发《国家级风景名胜区和历史文化名城保护补助资金使用管理办法》的通知（财建〔2009〕195 号）	国家级风景名胜区和历史文化名城保护
天然林资源保护工程二期政策	涉及长江上游、黄河上中游地区和东北、内蒙古等重点国有林区共 17 个省（区、市），及丹江口库区的 11 个县（区、市），其中湖北 7 个、河南 4 个
退耕还林工程	涉及长江上游地区和黄河上中游地区的 25 个省区和新疆生产建设兵团
中央财政林业补助资金管理办法（财农〔2014〕9 号）	森林生态效益补偿（国家公益林）国家级公益林，共 18.7 亿亩
2014 年中央 1 号文件提出开展湿地生态效益补偿试点	在 21 个省区的 21 个国际重要湿地或国家级湿地自然保护区及周边开展生态效益补偿试点
关于 2010 年湿地保护补助工作的实施意见（财农〔2010〕114 号）	将 27 个国际重要湿地、43 个湿地类型自然保护区、86 个国家湿地公园纳入补助范围
根据《中华人民共和国防沙治沙法》的有关要求，2013 年财政部和国家林业局开展沙化土地封禁保护补助试点	内蒙古、西藏、陕西、甘肃、青海、宁夏、新疆 7 个省（区）的 30 个县开展试点

政策依据	补偿区域
关于印发《中央财政小型农田水利设施建设和国家水土保持重点建设工程补助专项资金管理办法》的通知（财农〔2009〕335号）	小农水专项资金和水土保持
新安江流域水环境补偿试点实施方案（财建函〔2011〕123号）	新安江流域
湖泊生态环境保护试点管理办法（财建〔2011〕464号）	2011年，湖北梁子湖、新疆博斯腾湖、吉林松花湖、辽宁大伙房水库、山东南四湖、安徽瓦埠湖、云南抚仙湖与洱海成为首批8个试点湖泊；截至2013年全国湖泊生态环境保护试点累计达27个
关于印发《三河三湖及松花江流域水污染防治财政专项补助资金管理暂行办法》的通知（财建〔2007〕739号）	用于淮河、海河、辽河、太湖、巢湖、滇池三河三湖以及松花江流域水污染防治
中央财政草原生态保护补助奖励资金管理暂行办法（财农〔2011〕532号）	内蒙古、新疆（含新疆生产建设兵团）、西藏、青海、四川、甘肃、宁夏和云南8个主要草原牧区省，黑龙江等5个非主要牧区省，涉及草原面积48亿亩，占全国草原面积的80%以上
关于印发完善退牧还草政策的意见的通知（发改西部〔2011〕1856号）	内蒙古东部和东北西部退化草原治理区，新疆退化草原治理区、蒙陕甘宁西部退化草原治理区和地处青藏高寒草原区的青藏高原江河源退化草原治理区的内蒙古、辽宁、吉林、黑龙江、四川、云南、西藏、陕西、甘肃、青海、宁夏、新疆12个省区及兵团，共279个县（旗、团场）
西南岩溶地区草地治理工程	贵州、云南、广西、重庆、四川、湖北、湖南、广东8个省（市、自治区）的275个县（区、市），该区域天然草地面积为2 297万hm^2
京津风沙源治理工程	工程区西起内蒙古的达茂旗，东至内蒙古的阿鲁科尔沁旗，南起山西的代县，北至内蒙古的东乌珠穆沁旗，涉及北京、天津、河北、山西及内蒙古5个省（区、市）的75个县（旗），总面积为45.8万km^2，沙化土地面积为10.12万km^2
2003年起，国家设立矿山地质环境专项资金	专项资金用于矿山地质环境恢复治理工程支出及其他相关支出

以2013年为例，据不完全统计，国家用于生态补偿相关领域的资金高达1 586.87亿元。首先，林业部门的投入最多，包括天然林资源保护工程、退耕还林工程、国家公益林、湿地生态效益补偿、湿地保护补助在内的几项资金，投入共达614.22亿元；其次，重点生态功能区转移支付和在草原生态补偿方面投入的资金，分别是423亿元和201.4亿元；投入在水土保持、流域以及国土资源、自然保护区、风景名胜区生态补偿方面的资金相对较少（表8-4-2、图8-4-1）。

表8-4-2 2013年各领域国家生态补偿资金投入情况 单位：亿元

所属领域	科目/专项名称	资金投入
重点生态功能区	国家重点生态功能区转移支付	423
自然保护区	自然保护区专项资金	8.67
	野生动植物保护与自然保护区管理项目资金	9.47
风景名胜区	国家级风景名胜区和历史文化名城保护补助资金	39.09
林业	天然林资源保护工程二期政策	175.22
	退耕还林工程	284.5
	中央财政林业补助资金	149
	湿地保护补助	2.5
	沙化土地封禁保护补助	3

所属领域	科目/专项名称	资金投入
水土保持	小型农田水利设施建设和国家水土保持重点建设工程补助专项资金	180
流域	新安江流域水环境补偿	3
	湖泊生态环境保护试点资金	25
	三河三湖及松花江流域水污染防治财政专项补助资金	50
草原	草原生态保护补助奖励资金	159.75
	退牧还草补助	23.99
	西南岩溶地区草地治理工程	0.67
	京津风沙源治理工程	17.01
国土	矿山地质环境专项资金	33
合计		1 586.87

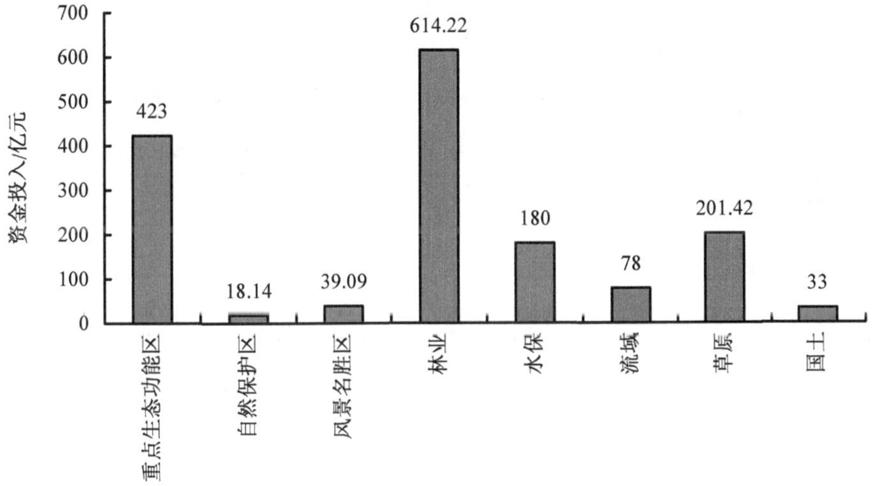

图 8-4-1　2013 年国家生态补偿资金各领域投入情况

目前实施进展较好的几大重点领域分别概述如下。

4.2.1　森林生态补偿

我国森林生态补偿工作起步较早，国家投入较多，取得了较明显的成效，对其他领域的生态补偿工作有着重要的借鉴意义。通过森林生态效益补偿基金制度、天然林保护工程、退耕还林工程等方式实现对人类长期破坏造成生态系统退化的补偿。森林生态效益补偿基金制度自 2004 年 12 月开始在全国范围实施，按照平均每年每亩补助 5 元的标准用于国家重点生态公益林的保护和管理。天然林保护工程是通过天然林禁伐和大幅减少商品木材产量，有计划分流安置林区职工等措施，解决我国天然林的休养生息和恢复发展等问题，范围涉及长江保护地区和黄河上中游地区约 7 300 万 hm^2 的天然林。退耕还林工程自 2002 年在全国范围内启动，解决重点地区的水土流失和风沙危害问题。

4.2.2　草原生态补偿

2007 年中央 1 号文件明确提出要“探索建立草原生态补偿机制”之后，草原生态补偿试点工作逐步落实。2010 年 10 月，国务院第 128 次常务会议决定建立草原生态保护补助奖励机制促进草原生态安全和牧民增收。会议决定，从 2011 年起，在内蒙古、新疆（含新疆生产建设兵团）、西藏、青海、四川、甘肃、宁夏和云南8个主要草原牧区省（区），全面建立草原生态保护补助奖励机制。同年，财政部联合农业部印发了《关于做好建立草原生态保护补助奖励机制前期工作的通知》（财农〔2010〕568号），2011年，财政部又联合农业部印发了《中央财政草原生态保护补助奖励资金管理暂行办法》（财农〔2011〕532号），至此，草原生态补偿机制正式建立。截至2013年共计投入64.57亿元，有效促进了传统草原畜牧业生产方式的转变，特色农牧产业及其他优势产业快速发展，农牧民收入稳步增加。

4.2.3 湿地生态补偿

国家从2010年启动了湿地生态效益补偿试点，对40多个国际重要湿地、湿地类型自然保护区等进行了生态效益补偿。2014年，为促进湿地保护与恢复，推动生态文明建设，根据《中共中央 国务院关于全面深化农村改革加快推进农业现代化的若干意见》（中发〔2014〕1号）等文件精神，2014年中央财政增加安排林业补助资金，支持启动了退耕还湿、湿地生态效益补偿试点和湿地保护奖励等工作。中央财政安排林业补助资金湿地相关支出15.94亿元，支持湿地保护与恢复，启动退耕还湿、湿地生态效益补偿试点和湿地保护奖励等工作。全国部分重要湿地开展了湿地生态效益补偿试点工作，首批试点单位27个。

4.2.4 流域生态补偿

目前国家正在积极推动跨省区域生态补偿，全国首个跨省新安江区域水环境补偿试点已经启动，并正在推动东江流域、福建汀江流域等跨省生态补偿实质性试点工作。

（1）新安江区域水环境补偿试点

新安江区域是浙江钱塘江的重要源头，是浙江省最大的入境河流。2009年，财政部和环境保护部计划在浙皖两省实施新安江区域水环境补偿试点工作，2010年12月，新安江区域作为全国首个跨省区域水环境补偿试点正式启动，财政部下发了安徽省黄山市新安江区域生态补偿机制试点启动资金5 000万元，重点实施区域生态补偿保护建设规划、生态治理及水源地保护治理、水质自动站建设、农村面源污染治理、农村环境综合治理等方面的6个项目。2011年9月，由财政部、环保部牵头制定试点实施方案，由中央财政和安徽、浙江两省共同设立新安江区域水环境补偿基金，资金额度每年为5亿元，资金来源分别为：中央财政投入3亿元，安徽、浙江两省分别出资1亿元，以街口断面水污染综合指数作为上下游补偿依据，补偿资金专项用于新安江区域产业结构调整和产业布局优化、区域综合治理、水环境保护和水污染治理、生态保护投入及发展机会成本补偿等方面，由环保部推动两省签订环境补偿协议。

截至2012年底，中央和皖浙两省共投入新安江区域试点专项资金12.7亿元，安排了6大类99个项目。

（2）正在探索基于重点生态功能区的跨省东江区域生态补偿

东江是珠江区域三大支流之一，被称为香港地区和珠江三角洲地区的“生命之水”“经济之水”和“政治之水”。目前环保部正在积极探索基于重点生态功能区的跨省区域生态补偿，也以东江区域为典型区，开展了试点研究，并提出了基于重点生态功能区的跨省东江区域生态补偿方案。

该方案基于对东江源区水源涵养功能重要性和区域源区生态系统完整性的评价，重新划定了东江源重点生态功能区的范围，包括了江西省辖3县和广东省辖的5县市区。按照“谁保护、谁受益”

的基本原则，包括这 8 个县市区在内的东江源重点生态功能区为跨省东江区域生态补偿的范围。通过核算，国家、广东和江西两省为确保源区的水源涵养功能而付出的直接投入成本与区域因保护而损失的发展机制即间接成本来确定补偿标准；现阶段跨省东江区域生态补偿以恢复型生态补偿为主，同时以区域生态健康评估为手段，积极尝试奖励型补偿；用足用好国家关于重点生态功能区财政转移支付的相关政策，现阶段补偿方式首选资金补偿，加大对该区域转移支付力度，以后逐步过渡到政策补偿、产业补偿等造血型补偿方式，并推动地方积极探索市场化补偿模式，逐步推动形成共建共享、多元化的跨省东江区域生态补偿格局。同时，该方案也提出要注重区域生态补偿的监测与评估，基于区域生态系统健康评估理念和技术手段，对基于重点生态功能区的跨省东江区域生态补偿的实施情况进行监测与评估，确保补偿资金用到实处，发挥效益，达到生态补偿的效果，实现区域生态系统健康发展。

4.2.5　矿产资源开发生态补偿

近年来，我国十分重视矿山资源综合利用和环境治理，已经形成了较为成熟的矿山环境恢复治理保证金制度。2006 年，财政部、国土资源部、环保部发布了《关于逐步建立矿山环境治理和生态恢复责任机制的指导意见》（财建〔2006〕215 号），正式明确提出建立我国矿山环境恢复治理保证金制度，要求按矿产品销售收入的一定比例，提取矿山环境治理和生态恢复保证金。国土资源部发布的《全国矿产资源规划（2008—2015 年）》将矿山地质环境保护与恢复治理作为重要内容；2010 年，国土资源部出台《关于贯彻落实全国矿产资源规划发展绿色矿业建设绿色矿山工作的指导意见》（国土资发〔2010〕119 号），指出："认真落实矿山环境恢复治理保证金制度，严格执行环境保护'三同时'制度，矿区及周边自然环境得到有效保护。"目前已有 30 个省（区、市）建立了矿山环境恢复治理保证金制度，截至 2012 年底，已有 80%的矿山缴纳了保证金，累计 612 亿元，占应缴总额的 62%。

总结来看，由于生态补偿涉及的利益关系复杂，实施难度较大，还存在不少矛盾和问题需要解决，主要包括八大方面：一是生态功能重要区域尚未全部得到补偿；二是按要素补偿存在重复补偿的现象；三是生态保护补偿部分政策缺乏长效性和稳定性；四是生态补偿部门利益博弈严重；五是横向生态补偿缺乏协商的平台；六是补偿标准的量化仍是难点和亟待突破的重点，缺少技术规范；七是急需系统化、规范化的生态补偿制度顶层设计；八是生态补偿方式仍然较单一，补偿必谈"钱"。

4.3　完善生态补偿制度已具备扎实的技术支撑

4.3.1　补偿依据即为什么补的问题

生态补偿应该包括以下四个方面：一是对生态系统本身保护（恢复）或者破坏的成本进行补偿；二是通过经济手段将经济效益的外部性内部化；三是对个人或者区域保护生态系统和环境的投入或者放弃发展机会的经济补偿；四是对具有重大生态价值的区域或者对象进行的保护性投入。显然，生态补偿机制的建立是以内化外部成本为原则，对保护行为的外部经济性的补偿依据是保护者为改善生态服务功能所付出的额外的保护和相关建设成本，以及为此而牺牲的发展机会成本；对破坏行为外部不经济性的补偿依据是恢复生态服务功能的成本和因破坏行为造成的被补偿者发展机会成本的损失。

4.3.2　补偿责任主体即谁补谁的问题

生态补偿主体应根据利益相关者在特定生态保护（破坏）事件中的责任和地位加以确定，并遵循破坏者补偿、使用者付费、受益者付费以及保护者得到补偿的原则。按照补偿类型的不同，会有不同的补偿主体存在。利益相关者补偿包括国家、资源型利益相关者以及个人；非利益关联者主要包括社会、公众等，国家可以通过经济杠杆、道德文化等多种形式进行颂扬和拓展。

4.3.3　补偿标准核算即补多少的问题

生态补偿标准的测算一般考虑四个方面：一是按生态保护者的直接投入和机会成本计算，理论上讲，直接投入和机会成本应该是生态补偿的最低标准；二是按生态受益者的获得计算，一般通过产品或者服务的市场交易价格和交易量来计算补偿的标准，但产品一般很难界定；三是按生态破坏的恢复成本计算，计算资源开发活动造成的植被破坏、水土流失环境治理成本和生态恢复的成本；四是按生态系统服务价值，一般将生态系统服务价值作为补偿的重要依据，但还未作为补偿标准，而是考量为维护生态系统服务价值而进行的投入。综合考虑国家和地区的实际情况，特别是经济水平和生态破坏情况，以生态保护与建设成本、发展机会成本和环境治理与生态恢复成本三方面的计算结果作为协商补偿标准的重要依据，同时也要根据生态保护和经济社会发展的阶段特征，与时俱进地进行补偿标准的动态调整。其中，生态建设与保护成本和环境治理与生态恢复成本可通过实地调查获取，发展机会成本依据参照地区计算得到。

4.3.4　选择什么样的补偿方式即怎么补的问题

政府补偿是目前开展生态补偿最重要的形式，也是目前比较容易启动的补偿方式，主要形式有：资金补偿，一般包括上级政府或同级政府间转移支付政策、财政补贴政策、政府专项资金、与生态补偿相关的税收等；政策补偿，上级政府对下级政府的机会补偿，一般通过对口支援、安排技术项目等政策倾斜来实现，在资金贫乏，经济薄弱的地区尤为重要；产业补偿，一般包括产业转移、异地开发、产业升级等。

市场补偿是中国流域生态补偿方式的发展趋势，可以借鉴国外经验逐步探索一对一的补偿方式和基于市场的生态标记模式。交易的对象可以是生态环境要素的权属，也可以是生态环境服务功能，或者是环境污染治理的绩效或配额。

4.3.5　政府补偿的资金从哪里来

在我国市场机制并不成熟的情况下，政府补偿作为我国生态补偿的主要形式，补偿资金来源渠道主要从财政转移支付和专项基金两方面来考虑。

纵向财政转移支付制度要实现的生态补偿内容是补偿保护者牺牲的发展机会成本，因此应该重点关注人民生活水平的差距。建议通过增加因素和调整系数的办法使中央对地方的财政转移支付具有生态补偿功能。

生态补偿的横向转移支付主要是在流域上下游地区之间发生，其依据包括两个：上游地政府和居民为保护生态环境而付出的额外建设与保护的投资成本；因保护而丧失的发展机会成本。

生态补偿基金的建立需要坚持两项原则，一是至少不能增加公民负担和影响社会福利水平的提高，即在现有收入渠道的框架下谋求调整和改革。二是新的资金来源的开辟必须与内化社会经济活动的外部成本的原则相一致。

4.3.6 如何评价生态补偿的效果问题

对生态补偿政策实施前后生态系统服务功能状况的变化以及社会经济状况的变化进行对比分析。生态系统服务功能评估尽可能考虑生态系统的完整性，结合行政管理单元，综合评估生态系统服务功能变化状况，可分为变好、变差和无变化三类。社会效益评估主要针对生态补偿对当地社会经济和人类生产生活的影响程度进行，评估生态补偿对拉动当地就业、提高人民收入的情况。

4.4 完善生态补偿制度有可资借鉴的国际经验

生态服务付费（PES）是国际上比较通用的一种关于“生态补偿”的提法，国际上从 20 世纪 90 年代开始关注生态补偿的研究和发展，重视地区间利益的分配和补偿问题，旨在保护生态的同时改善贫困，是一种遵循“受益者付费原则”的奖励机制。目前国际上生态补偿方式可以分为两大类：政府购买（公共支付体系）和市场化途径。政府的公共支付体系分联邦政府的支付体系和州政府的支付体系，对于在国家生态安全中占有重要地位的补偿计划一般由联邦政府承担大部分的补偿责任，比如美国政府主导下的土地休耕计划，法国、马来西亚的林业基金中，国家财政拨付占有很大比重；对于维护区域性生态安全同时可以厘清各州政府责任的保护项目中，各州政府之间横向转移支付也发挥了很重要的作用，如德国的横向转移支付体系。对于保护权责比较清晰的情况，在政府搭建平台的基础上，市场机制发挥了重要的作用，比如纽约与上纽约地区通过协商治理和保护水源地的案例。从各国的经验来看，政府在生态补偿机制的建设中发挥着裁判员和计算器的作用，重大事项拟定规则，具体由地方政府实施，并且为市场机制搭建充分的协商平台，通过各种渠道筹集生态补偿资金，统一用于生态补偿。应当说，从国际经验来看，政府机制与市场手段的互为补充，在生态补偿工作中发挥了非常重要的作用，取得了比较好的效果，值得我国学习借鉴。此外，国际上通用的市场手段还包括自发的私人交易、开放式的贸易、生态标签体系下的生态产品认证等。

4.5 完善我国生态补偿的若干建议

坚持节约优先、保护优先的基本方针，坚持在保护中发展、在发展中保护的基本要求，坚持绿色发展、循环发展、低碳发展的基本路径，坚持以改革创新的基本动力，探索建立多元化补偿机制，完善生态保护成效与资金分配挂钩的激励约束机制。形成以主体功能区定位为依据，以预防和控制突破生态保护红线为着力点，以改善生态环境和促进区域发展为整体目标，坚持政府主导、多方参与、全民行动、齐抓共管的生态补偿工作格局。

4.5.1 以生态补偿提升区域发展内生动力

进一步加大重点生态功能区转移支付力度，逐步完善生态补偿专项资金制度。结合归并规范专项资金工作，按照资金渠道不变的原则，整合分散在条条管理中的资金，统筹和规范现有的农业、林业、水利、环保、住建、海洋等各部门具有生态补偿性质的各类专项资金，取消部分资金规模小、投向分散、任务已完成、失去政策依据、连年转结效益低下的专项资金，调整和整合部分使用方向相似、资金性质相近、关联性较大的专项资金。坚持事权与财权相统一的原则，属于中央事权的项目，不让地方政府配套。确需地方配套的，应根据受益范围和受益程度明确中央和地方（省、市、县）各级政府分担比例。同时要充分考虑地区生态系统服务价值、生态保护成本和发展机会成本等因素，应给予地方政府“以奖代补”。

积极创新生态补偿方式，多种方式充分调动政府和老百姓保护生态环境的积极性。受益地区和保护地区遵循成本共担、效益共享、合作共治的保护思路，坚持谁受益、谁补偿原则，以保护和改善区域生态环境质量为目标，通过对口支援、产业转移、园区合作、生态移民等方式实施横向生态补偿，双方共同分担生态保护任务。按照主体功能区划要求，依托当地特色资源优势，科学引导产业结构调整，大力发展特色生态产业，改变传统生产方式，形成与当地居民的利益联结机制，针对丧失劳动能力、无法通过产业扶持和就业帮助实现补偿的，通过低保政策等社会保障实施政策性补偿，并探索财政支持贫困户购买重大疾病医疗保险办法，资助无劳动力的特困对象参加基本医疗保险。多种渠道实现对老百姓的补偿。

4.5.2 多渠道做大生态补偿资金“蛋糕”

建立以政府投入为主，全社会支持的生态补偿的投融资体制，既要坚持政府主导，努力增加公共财政对生态补偿的投入，又要积极引导社会各方的参与，探索多渠道多形式的生态补偿方式，拓宽生态补偿市场化、社会化运作的渠道，形成多方并举，合力推进。按照“谁投资、谁受益”的原则，支持鼓励社会资金参与对生态建设、环境污染整治的投资。可考虑的生态补偿融资渠道有：开征环境税，加大环境税使用中生态补偿的比重；发行生态补偿彩票，吸引民间资本对生态补偿的资金投入；利用债券市场发行生态环境保护债券，用于大型环境保护项目；对区域用能权、用水权等进行确权登记，并探索建立碳排放权、排污权制度，培育和发展交易市场，实现资源产权交易；建立消费者信赖产品认证体系等，从全社会筹集生态补偿资金，同时提高全民生态环境意识。

4.5.3 实行生态补偿清单式管理机制

做好前期谋划，以生态功能区为基本单元，以主体功能区定位为基本依据，以预防和控制突破生态保护红线为着力点，以财权和事权相统一的原则，编制好生态补偿规划。这里重中之中是建立一份生态补偿清单，明确生态系统现状、生态系统变化的趋势、生态系统服务价值状况，厘清生态补偿基础和实际需求，明确一定时间内的目标体系，科学制定补偿主体、补偿方式、补偿资金来源、补偿标准、资金分配、资金使用、资金管理、监督考评等方面，编制科学可行的生态补偿规划，实施清单式管理，开展生态补偿系统审计时均参考该清单进行。

4.5.4 充分发挥国家生态环境监测体系在生态补偿中的作用

按照科学性、精简有效性以及可操作性三大原则构建生态补偿监测评估指标体系，并将监测评估结果纳入政府绩效考核体系。党的十八届三中全会通过的《中共中央关于全面深化改革若干重大问题的决定》明确指出，要纠正单纯以经济增长速度评定政绩的偏向。2013 年 12 月中共中央组织部印发的《关于改进地方党政领导班子和领导干部政绩考核工作的通知》中也明确提出要加大资源消耗、环境保护等指标在政绩考核中的权重，对限制开发的重点生态功能区，实行生态保护优先的绩效评价。下一步，建立健全有利于形成主体功能区的绩效考核评价体系，建立“天—地”一体化生态环境动态监控体系与第三方独立评估机制，结合资金分配使用，科学评估生态补偿效益，确保生态补偿政策落到实处，发挥最大效益。

建议用足用好《生态环境监测网络建设方案》（国发〔2015〕56 号）提到的生态环境监测网络，充分发挥生态环境监测网络在生态补偿中的作用，从源头上为生态补偿提供充足的依据，也为生态补偿政策周期内生态环境质量变化做好数据支持，为生态补偿的绩效评估打下良好基础。将考核目标分解落实到县级人民政府，并作为领导班子和领导干部综合考核评价的重要内容，作为干部选拔任用、管理监督的重要依据，增强考评的生命力。这将有助于地方从沉重的经济发展压力下解放出来，在有效保护生态的前提下推动经济发展，变被动为主动，积极推动当地生态环境保护工作。

本报告执笔：刘桂环、文一惠、谢婧

5 “十三五”环境经济政策体系构建

5.1 “十二五”环境保护法规和环境经济政策建设基本情况

5.1.1 环境保护法规建设

5.1.1.1 主要进展

（1）《环境保护法》全面修订

《环境保护法》于 1979 年发布试行，1989 年修订后正式颁布。随着经济社会持续快速发展，以及环境形势的巨大变化，它已显示出诸多不适应，亟待修改完善。2014 年 4 月 24 日，历经 4 次审议的《环境保护法》修订草案，经十二届全国人大常委会第八次会议，以 151 票赞成、3 票反对、6 票弃权的表决结果高票通过，自 2015 年 1 月 1 日起施行。

新《环境保护法》贯彻中央推进生态文明建设的新要求，最大限度地凝聚和吸纳了各方面共识，在创新环保理念、健全政府责任、提高违法成本、推动公众参与等方面实现了诸多突破，体现了今后一段时期环保工作的实际需要，是现阶段最有力度的《环境保护法》。新《环境保护法》一经颁布，就获得了国内各界和国际社会的广泛好评，并被誉为“史上最严环保法”，为新时期加强环保工作奠定了很好的基础。它的颁布是我国环境法制建设新的里程碑，为打好环境污染防治三大战役、加快环境质量改善、建设生态文明提供了强有力的法律武器。

（2）制（修）订环境保护专项法律

全国人大常委会修订了《清洁生产促进法》。在《民事诉讼法》《刑法修正案（八）》和其他有关法律中，特别规定了有关环境保护的内容。《大气污染防治法（修订草案）》已提请全国人大常委会审议。

（3）发布多项环境司法解释

在环境刑事司法方面，最高人民法院、最高人民检察院发布《关于办理环境污染刑事案件适用法律若干问题的解释》。在环境民事司法方面，最高人民法院在《关于适用〈中华人民共和国民事诉讼法〉的解释》中对环境损害赔偿做了规定，并发布了《关于审理环境侵权责任纠纷案件适用法律若干问题的解释》。为了推动环境公益诉讼，最高人民法院发布《关于审理环境民事公益诉讼案件适用法律若干问题的解释》，并与民政部、环境保护部联合发布《关于贯彻实施环境民事公益诉讼制度的通知》。

（4）完善环境行政法规

国务院制定或者修订了《畜禽规模养殖污染防治条例》《城镇排水与污水处理条例》《放射性废物安全管理条例》《太湖流域管理条例》《危险化学品安全管理条例》5 项环保行政法规，国务院办公厅发布了《水污染防治行动计划》《大气污染防治行动计划》《关于加强环境监管执法的通知》等法规性文件。

（5）出台环境保护部门规章

环保部制定或者修订了《企业事业单位环境信息公开办法》《环境保护主管部门实施限制生产、停产整治办法》《环境保护主管部门实施查封、扣押办法》《环境保护主管部门实施按日连续处罚办法》等 17 件部门规章，并废止了《环境污染治理设施运营资质许可管理办法》。

此外，“十二五”列入全国人大常委会立法工作规划、国务院立法工作规划以及环境保护部《“十二五”全国环境保护法规和环境经济政策建设规划》中的立法项目，尚有 15 项没有完成，具体情况为：

一是环境立法面临环保工作新情况、新形势，需要与时俱进更新立法思路。如随着大气污染防治行动计划、水污染防治行动计划、土壤污染防治行动计划的出台，需要重新考虑水污染防治法、大气污染防治法和土壤污染防治法（原土壤环境保护条例）的修订或者制定工作。

二是环境立法关系进行中的环保体制改革或者制度转型，需要进一步研究立法思路。如核安全法或者原子能法、环境监测管理条例、环境影响评价法、建设项目环境保护管理条例的制定或者修订。

三是环境立法的经济社会影响较大，需要充分征求各方面意见择机出台的，如环境环境保护税法的制定。

四是环境立法投入有限，需要继续人力推进的，如防治陆源污染物污染损害海洋环境管理条例、环境噪声污染防治法、固体废物污染环境防治法、核电厂核事故应急管理条例、生物遗传资源获取管理条例的制定或者修订。

5.1.1.2　存在问题

（1）某些领域尚存立法空白

在土壤污染防治、核安全、危险化学品环境管理、环境监测、生物安全、遗传资源保护以及与人民群众生活环境密切相关的电磁辐射、光污染等方面，还没有制定法律或行政法规。

（2）部分环境保护制度有待立法规范

一些有效约束开发行为和促进绿色发展、循环发展、低碳发展的生态文明法律制度和重要环境管理制度，如污染物排放许可制度、总量控制制度、环境影响评价区域限批制度、能效和环保标识认证制度、资源环境生态红线制度等，缺少实施性法规。

（3）环境监管制度内容交叉重叠

我国环境法律法规中确立的环境管理制度达 20 多项，许多基本管理制度如环评、“三同时”、排污申报、现场检查、排污收费等，几乎在所有环保法律法规中都作出重复性规定，导致内容重叠、交叉甚至相互矛盾。例如，排污许可证的发放机关、限期治理的决定机关，有的规定为政府，有的规定为环保部门；对于违反排污申报登记制度的行为，规定的罚款分别为 3 000 元、1 万元、2 万元、5 万元和 10 万元。这既浪费了有限的立法资源，又导致法律之间相互冲突，不仅增加了修订工作的难度，也给执法工作造成困难。随着新《环境保护法》的颁布实施，这一问题也日益突出。

（4）多元共治的环保治理理念有待健全

一是政府环境责任的约束机制不足。法律明确政府是环境保护的主要责任主体，但是法律监督和制约制度尚不完善。二是企业环保违法成本低。现行环保立法关于环境违法行为法律后果的规定，行政处罚普遍偏轻，民事赔偿范围过窄，刑事制裁乏力。较低的环境违法成本，难以对违法行为起到有效的惩罚和威慑作用。三是环保公众参与和社会监督的法律机制不健全。现行环保法律关于公民环境权益、环境损害赔偿和环境纠纷调解处理等规定尚不完善，公众参与环境决策、环境监督以及自身环境权益维护缺乏程序和渠道，公众的环境监督作用难以有效发挥。

5.1.2 环境经济政策建设

5.1.2.1 主要进展

（1）经济政策绿色化程度进一步加强

近几年政府在制定经济政策时更加关注环境保护。一是“政策环评”写入新《环保法》，其中规定国务院各部门和省级政府组织制定经济、技术政策时“应当充分考虑对环境的影响，听取有关方面和专家的意见”，这将使环境保护逐渐成为各地重大决策中的重要导向和约束。二是消费、投资、贸易政策“绿色化”取得新突破。在绿色消费方面，《财政部关于对电池、涂料征收消费税的通知》的发布，标志“绿色税制”改革取得突破性进展，这是落实三中全会关于“将高污染产品纳入消费税征收范围”改革部署的重大举措。《企业绿色采购指南（试行）》引导和推动企业建立绿色供应链，为绿色消费提供前提和支撑。在绿色投资方面，《对外投资合作环境保护指南》指导中国企业在“走出去”过程中做好环境保护工作，以实现绿色投资。《环境保护综合名录》成为国内投资绿色化领域的基础性工作，推动国家发改委和工信部以综合名录为重要环保依据制定“产业结构调整指导目录”，农药、涂料、染料等行业准入政策。在绿色贸易方面，《环境保护综合名录》成为经济部门综合决策的固定平台与渠道，400 多种“双高”（高污染、高环境风险）产品被财政部列入了《取消出口退税的商品目录》，也被商务部列入了《禁止加工贸易的商品目录》。

（2）公平竞争的市场环境逐渐优化

一是新《环保法》提高违法成本，加强执法力度，保障环保守法企业发展。一方面，新《环保法》已经明确建议对违法排污上不封顶，并且将实施“按日计罚”，企业违法成本会成倍增加；另一方面，新环保法把改善环境质量的任务落实到了地方各级人民政府，同时建立了责任追究制度，严格、公平的环境执法将为工业企业创造公平竞争环境。二是企业环境信用体系建设助力环境保护“守信激励、失信惩戒”机制构建。《企业环境信用评价办法（试行）》的实施，加上新《环保法》规定环保部门应将企业的环境信用信息记录并公开发布，将促进企业主动改进环境管理。三是“绿色金融”体系深化发展引导市场资源向环境友好方向流动。绿色信贷探索循序推进，一方面，《绿色信贷指引》从经营战略、内部流程、人员考核等方面引导规范银行实施绿色信贷；另一方面，27 个省（市、区）出台了有关绿色信贷政策推进绿色信贷试点。绿色保险进展明显，一方面，新《环保法》的有关规定固化了环境污染责任保险实施的法律基础；另一方面，试点地区和范围迅速扩大，环境污染责任保险对重点领域环境风险防控的调控功能得以强化，绿色保险逐渐成为应对环境污染风险的有效市场手段。四是建立污染治理市场激励机制。国务院办公厅印发了《关于进一步推进排污权有偿使用和交易试点工作的指导意见》，旨在用市场机制推进环境保护和污染物减排；国务院办公厅印发了《关于推行环境污染第三方治理的意见》，旨在将生态环境保护的治理过程转化为国民经济增长的动力和潜力，推动城市污水、垃圾处理等环境服务业投资运营市场化。

（3）企业环境成本合理负担机制逐渐完善

一是税费政策体现环境成本。一方面，在开采环节，石油、煤炭的资源税征收标准提高，计征方式从“从量计征”改为“从价计征”；在生产环节，对于环保工作突出的企业降低税收负担，提供所得税或增值税优惠。另一方面，国家发展改革委、财政部和环境保护部联合印发《关于调整排污费征收标准等有关问题的通知》，提高了排污费征收标准，并设定了差别化排污收费政策；《污水处理费征收使用管理办法》中将污泥处置成本纳入污水处理费的规定，全面体现了污水造成的环境损害。二是价格政策逐步体现环境成本。脱硫脱硝除尘环保电价加价政策的出台实施，促进了燃煤发电企业的建设与环保设施运行，鼓励风力、太阳能、生物质等可再生能源发电的新能源价格政策也陆续出台。而针对高污染、高能耗企业则实施阶梯电价，对于重点行业的落后产能专门实施了惩罚性加价政策。

（4）社会绿色消费得到大力倡导

《企业绿色采购指南（试行）》从 2015 年 1 月 1 日起正式实施，企业通过实施绿色采购可以有效防止环境污染和资源浪费，从整体上降低企业成本，提高企业社会形象和知名度，增强员工环境保护的社会责任感。另外，经济部门对居民用水用电用气实施了阶梯收费，并提高了车船税、汽油消费税等，对新能源汽车则免征车辆购置税，引导公众合理、节约使用能源。首部全国性污水处理费征收标准出台，《关于制定和调整污水处理收费标准等有关问题的通知》要求污水处理费收费标准要补偿污水处理和污泥处置设施的运营成本并合理盈利，首次明确收费标准利好行业发展。

（5）环境损害鉴定评估工作取得积极进展

2011 年，环境保护部印发了《关于开展环境污染损害鉴定评估工作的若干意见》，成立了环境污染损害鉴定评估工作领导小组，全面开启了环境损害鉴定评估工作。2011 年以来，环境保护部编制发布了《环境污染损害数额计算推荐方法（第Ⅰ版）》《突发环境事件损害鉴定评估技术导则》。2014 年，在前期技术实践积累基础上推出《环境损害鉴定评估数额计算推荐方法（第Ⅱ版）》。2011—2015 年，环境保护部陆续选取 11 个地方开展环境损害鉴定评估试点。试点地方成立了环境损害鉴定评估领导小组，组建了专门的鉴定评估机构和队伍，结合地方实际开展了环境损害鉴定评估实践。2014 年印发了《环境损害鉴定评估推荐机构名录（第一批）》，向社会公开推荐 12 家具备一定环境损害鉴定评估技术能力的机构。

此外，采用信号灯法对《“十二五”环境经济政策建设规划》提出的 33 项规划任务要求实施情况进行了评估，总体任务要求进展良好。其中环境税、污水垃圾处理收费政策、脱硝电价、绿色信贷、生态补偿机制等 21 项规划任务实施良好，评价为绿灯；惩罚性水价、农业废弃物综合利用财税政策、环境债券等 6 项规划任务实施较好，评价为黄灯；废旧荧光灯管回收和无害化处置补贴政策、绿色证券政策、资源性城市转型基金政策、放射性固体废物区域处置补偿机制等 6 项规划任务实施一般，评价为红灯。主要原因包括：

一是环境经济政策的制定和实施面临许多新形势、新要求。如为了落实国务院关于简政放权、转变政府职能要求，加快推进环境治理体系和治理能力现代化，充分利用市场手段和信息公开途径，进一步强化上市公司和企业的环境保护主体责任，环境保护部改革调整了上市环保核查工作制度。

二是环境经济政策的制定和实施需要多部门联动。如环保税收优惠政策、脱汞电价政策、污水处理行业等节能环保行业电价优惠政策制定及完善等需要发改、财政、税务等多部门共同参与及推动，出台难度较大。

三是环境经济政策的社会经济影响较大。如环境税政策、垃圾处置收费政策、惩罚性水价政策等对社会经济的影响较大，社会关注度高，需要充分论证，择机出台。

5.1.2.2 存在问题

（1）环境经济政策法制化建设水平有待进一步提高

健全的法律是政策执行的重要保障，成熟的环境经济政策需要以相关的立法为基础才能得到有效实施。一是我国环境经济政策法律地位不高，多为指导性的“意见”“通知”或“暂行办法”，且已出台的政策文件中原则性要求居多，实质性内容偏少，现有的环境经济政策文件法律效力较低、可操作性条款缺乏的窘境，难以给地方试点以有力的支持，客观上造成了环境经济政策建设的滞后。二是环境经济政策法治化不到位，环境不守法的诟病削弱了经济政策作用基础，环境违法往往会使企业获得远远超过环境经济政策所能调节的利益幅度，从而部分环境守法企业将不具备市场竞争优势，出现“劣币驱逐良币”的环保困境。

（2）企业资源环境成本内部化不到位削弱治污市场动力

一是资源环境产品价格尚未完全真实地反映长期环境损害和环境恢复成本，“资源低价、环境廉价”模式的价格机制无法激励环境治理和改变生产者、投资者的环境行为。二是部分地方政府越位、错位，人为压低环境成本，导致市场价格扭曲，使得企业实际承担的环境成本更是远低于应承担的，企业的真实环境成本难以内部化，导致企业污染治理动力缺乏。三是逐利的市场投资者和银行机构对环保市场信心不足，环保产业难以获得足够的发展机遇，银行机构和投资者仍然倾向于选择重化工企业，以保障稳定的利润收入，进而导致环保技术、设备、服务供给不足，形成恶性循环。

（3）环境经济政策体系不完善影响政策实施效果

一是环境经济政策作用空间不大，环境政策与国家宏观经济政策长期脱节，环境保护让位经济发展的思维在一些地方仍旧根深蒂固，作用范围受到很大抑制。二是环境经济政策覆盖面不足，大多数环境经济政策集中在生产环节，在流通、分配、消费等环节手段少、作用小，全方位的环境经济政策体系尚未形成，难以真正实现环境优化经济发展。三是环境经济政策的操作性有待提高，政府多过于重视政策的制定和出台，而不重视政策实施的配套措施和能力支撑建设，也不重视对环境经济政策作用对象的宣传引导，致使许多政策的执行力严重弱化，影响政策的可操作性，甚至导致一些政策未能全面和深入推行下去，造成政策资源的浪费。

5.1.3 未来形势

“十三五”时期，是全面建成小康社会、全面深化改革、全面推进依法治国、全面从严治党的决战期，是实现“两个一百年”奋斗目标和中华民族伟大复兴中国梦的关键期。经济社会发展迈向新常态，环境执法与守法，发展与环保矛盾日趋凸显，资源环境承载力超上限运行居高难下，公众对生态产品需求日益增长但自身行动滞后，环境保护面临重大转型和改善机遇，同时也面临严峻挑战。2015 年上半年，第一阶段实施空气质量新标准的京津冀、长三角、珠三角区域及直辖市、省会城市和计划单列市共 74 个城市达标天数比例在平均为 68.0%，同比提高 6.9 个百分点。全国 338 个地级及以上城市（含地、州、盟所在地）达标天数比例平均为 72.7%，平均超标天数比例为 27.3%。监测的 956 个地表水国控断面中，Ⅰ～Ⅲ类水质断面占 64.1%，劣Ⅴ类占 10.3%。随着环境管理认识及实践的不断深入，我们越来越感觉到制度是环境保护的治本之策，要实现环境质量的根本好转，必须加快建立系统完整的生态文明制度体系，引导、规范和约束各类开发、利用、保护自然资源的行为，用制度保护生态环境。环境保护法规和环境经济政策是生态文明制度建设的重要组成部分，是生态文明建设的重中之重。全面谋划好“十三五”环境保护法规和环境经济政策建设，是落实大气、水、土污染防治三大战役的内在要求，是贯彻落实党中央、国务院大力推进生态文明和建设美丽中国的重大举措，是充分发挥市场对资源配置起决定性作用的重要抓手，是破解资源环境约束，推进环境管理转型的基础支撑。

5.2　指导思想、原则和目标

5.2.1　指导思想

以邓小平理论和“三个代表”重要思想、科学发展观为指导，全面贯彻党的十八大和十八届二中、三中、四中全会精神，认真落实党中央、国务院的决策部署，健全生态文明制度体系，完善环境保护法规，用最严格的制度、最严密的法治来保护环境，为加快建设美丽中国、实现中华民族永续发展提供有力的制度保障。

5.2.2　基本原则

（1）法治为先，制度为重

以新《环境保护法》等法律、法规为基本依托，加快环境保护法规建设进程，形成覆盖各个领域、门类齐全、功能完备、措施有力的环境保护法规体系。健全价格、财税、金融等政策，激励、引导各类主体积极投身生态文明建设。

（2）整体推进，重点突破

按照“建立系统完整的制度体系，把生态文明建设纳入法治化、制度化轨道”的要求，加强顶层设计，从生产、流通、分配、消费的再生产全过程入手，以修订（制定）水污染防治法、土壤污染防治法、环境应急管理法，以及生态补偿政策、环境金融政策等为重点，不断完善环境保护法规与环境经济政策体系。

（3）加强评估，提质增效

开展环境保护法规和环境经济政策实施绩效评估，加强部门配合，完善配套政策机制建设，加强政策制定实施过程中的公众参与，提高政策制定的质量，发挥法律、政策之间的协同效应，提高政策实施效果。

5.2.3　主要目标

到 2020 年，大气污染防治法等环境保护法规建设取得重大进展，生态保护补偿、排污权有偿使用与交易、环境金融等关键环境经济政策取得决定性成果，基本形成系统完整的环境保护法规与环境经济政策体系。

5.3 环境保护法规建设

5.3.1 做好生态文明制度建设立法

用严格的法律制度保护生态环境，加快建立有效约束开发行为和促进绿色发展、循环发展、低碳发展的生态文明法律制度，形成源头预防、过程控制、损害赔偿、责任追究的生态文明制度体系，研究探索生态保护红线、生态环境损害赔偿、生态保护补偿等关键制度立法。全面清理现行法律、法规中与加快推进生态文明建设不相适应的内容，加强法律法规间的衔接。在新《环境保护法》的基础上，积极研究论证环境法典编纂。

5.3.2 完善环境保护法律体系

以《环境保护法》修订实施为契机，通过修订现有法律和制定新法，不断完善环境保护法律体系，从法律上、制度上推动中央重大决策部署的贯彻落实，解决环保事业发展中带有根本性、全局性、稳定性和长期性的问题。一是紧紧围绕推动科学发展和加快转变经济发展方式，抓紧修订《水污染防治法》《环境保护税法》《循环经济促进法》《环境影响评价法》《环境噪声污染防治法》《固体废物污染环境防治法》等法律。二是着力解决损害群众健康的突出环境问题，研究起草《土壤污染防治法》、生物多样性保护等方面的立法。三是保障国家核与辐射安全，尽快研究制定《核安全法》，完善核安全法律、法规体系。

5.3.3 推动环保行政法规进程

及时制定现行环保法律需要配套的行政法规。尽快出台排污许可证管理条例。抓紧制定环境监测管理条例、生物遗传资源获取管理条例以及化学品环境管理、机动车污染防治方面的法规，抓紧修订《建设项目环境保护管理条例》，研究论证环境责任、电磁辐射环境管理、环境应急管理等法规。

5.3.4 加快环保部门规章制（修）订步伐

着力构建逻辑清晰、充满活力、富有效率的环境保护部门规章体系。一是推动环境保护监督管理手段与方式的规范化、制度化、法制化，通过及时制定部门规章，完善长效环境管理制度，为解决环境管理工作面临的新情况新问题提供依据。二是在通盘研究的基础上，通过适时开展规章的清理工作，对不同时期制定的环境监督管理内容相近的规章，进行适度整合修改，消除法律规范之间存在的不协调现象。三是对环保法律法规中需要进一步明确具体含义的规定，以及法律法规制定后出现新情况需要明确适用法律依据的，通过及时做出解释，保证法律法规的有效实施。

5.3.5 大力支持地方环保立法

一是积极支持、指导和推动地方制定环境法规或者规章，更加突出地方特色，更加注重针对性和可操作性，以适应地方环保工作的实际需要，并为其他地方的环境立法提供有益借鉴。二是加强地方环保立法的调研，将立法条件比较成熟、应当用法律规范来调整、具有普遍适用意义、各方面意见比较一致的地方立法经验及时上升为适用全国的环保法律法规。三是加强地方环保立法工作的交流和培训，构建环保立法工作者交流平台，实现环保立法信息共享。

5.3.6 推动构建环境司法体系

一是完善环境司法解释。配合最高人民法院、最高人民检察院等机关，制定或者修订环境民事、刑事和行政等方面的司法解释。二是加强环境司法技术支持。加快环境损害评估鉴定方法、检验报告、环境监测数据提供程序等规范制定，为环境损害赔偿和纠纷解决提供技术保障。三是加快环境行政执法与司法两法衔接。完善程序衔接、案卷移送、强制执行等方面的衔接和配合，加强环保部门与公安机关、人民检察院和人民法院的沟通协调。四是大力推动环境公益诉讼。积极鼓励和支持社会组织提起环境公益诉讼，支持和配合检察机关提起环境民事和行政公益诉讼。

5.3.7 创新环境立法模式

一是注重保护公众环境权益。在环境立法项目的选择上，要以直接危害群众健康的环境问题为重点，以保护人民群众生产生活环境为目标，注重保障公众的环境知情权、参与权和监督权。二是推进科学立法、民主立法，不断扩大公民对环境立法的有序参与，通过公布法律法规草案和举行立法座谈会、论证会、听证会等多种形式，认真听取各方面意见尤其是基层群众的意见，广泛征求国务院各部门、地方各级政府和管理相对人的意见，切实做到集思广益、凝聚共识，增强环保法律法规贯彻实施的群众基础。三是密切跟踪国际环境立法趋势，研究借鉴国外的环境立法经验，从中吸取适合中国国情的有益经验。

5.4 环境经济政策建设

5.4.1 完善环境定价机制

5.4.1.1 推动现有税制“绿色化”

一是推进环境保护费改税。继续推进环境保护税法出台，在全国开始征收环境保护税；制定及出台环境保护税税收收入使用方案以及其他配套法规；鼓励、引导地方依据环境保护税法及相关规定制定、出台适合本地区实际情况的条例、政策。二是推进资源税改革。研究资源税存在的问题和改革方案，向有关部门提交资源税改革建议；对自然资源及其产品实施正税清费，清除不符合法律规定以及重复性收费，规范其征收和使用，统筹好自然资源及其产品的税费问题；配合推进煤炭、稀土、水等资源产品的资源税改革，将资源开采利用的生态环境成本逐步纳入资源税。三是推进消费税改革。配合有关部门推进实施电池、涂料的消费税征收及配套名录的制定；进一步发挥消费税对污染产品消费行为的调节作用，研究将农药、化肥、塑料包装等污染产品纳入消费税征收范围。四是完善税收环保优惠。完善企业所得税、增值税环保优惠政策，研究制定有利于环保产业发展的税收优惠政策方案；适时修订《环境保护、节能节水项目企业所得税优惠目录》《环境保护专用设备企业所得税优惠目录》和《资源综合利用企业所得税优惠目录》；制定并出台大型环保设备免征关税优惠目录；研究新能源汽车税收优惠政策，继续免征新能源汽车车辆购置税。

5.4.1.2 完善环保收费制度

一是创新排污收费制度。按照《关于调整排污费征收标准等有关问题的通知》的要求，鼓励地方根据本地经济水平、行业污染特征、污染治理成本及污染损失成本等情况，制定和实施高于国家标准的收费水平，或扩大提标覆盖的污染物类型，把新的污染物类型如VOC纳入排污费征收范围等。实行差别收费政策，对企业污染物排放浓度高，企业污染物排放量高于规定的排放总量指标的，或者生产工艺装备或产品较为落后的加倍征收排污费，对污染物排放浓度较低的减半征收排污费。制定出台环保部门经费安排实施办法，解决排污费改环保税后环保部门的经费保障问题。二是完善污水处理收费。落实《污水处理费征收使用管理办法》的要求，推动污水处理费市场化定价改革。鼓励和指导各地区根据当地水污染防治形势和当地经济社会发展水平，制定差别化污水处理收费标准，使收费标准能够补偿水处理和污泥处置设施的运营成本并合理盈利。研究将污水处理效率纳入收费标准的确定依据。

5.4.1.3 改革环境价格政策

一是研究构建自然资源定价体系。研究确定自然资源定价主体与定价方法，构建自然资源定价体系，适时出台自然资源定价指南。二是全面推行居民阶梯价格制度。完善居民生活用电阶梯价格制度，全面实行居民生活用水、用气阶梯价格制度；加强价格监管，规范市场秩序，确保低收入群众基本生活；扩大输配电价改革试点，推进农业水价改革，健全节能环保价格政策。三是全面实施企业差别价格制度。依据国家强制性能耗限额标准，对超过能耗限额标准和环保不达标的企业，实施差别电价和惩罚性电价、水价制度；全面实行非居民用水超定额、超计划累进加价制度。四是研究建立环保产业的补贴政策。研究出台海水淡化上网标杆电价优惠、水价专项补贴和水务运行机制协调等方面政策；研究水泥窑协同处置固体垃圾废弃物、垃圾焚烧发电等的补贴问题，建立与完善鼓励政策体系。

5.4.1.4 健全绿色贸易政策

一是加强对外投资企业环境管理。在“一带一路”的生产投资活动中，加强对企业环境行为的管理和培训。对生态环境影响重大的公路、铁路建设、资源开采和利用行业制定、细化、落实重点行业对外投资企业绿色行动指南，加强对企业的培训，提高企业环境绩效。二是促进绿色产品贸易便利化。配合商务部，在自贸区加快中国绿色节能产品与国际生态标准产品的体系互认工作，同时将中国的节能、环保产品标准向贸易合作伙伴推广。三是加强进、出口产品的环境监管。配合商务部和发改委，加快禁止进、出口（含加工贸易）的产品的研究，研究和制定环境产品负面清单制定的原则、执行标准体系、审查和管理办法等。四是重视投资企业的环境绩效。配合商务部研究外商投资加工和贸易产品的环境负面清单，对引进外资在中国境内的重大生产活动进行战略环境影响评价，从环境角度提出外商投资的禁止和限制类加工和贸易产品目录。五是利用“两行一金”促进绿色经济。积极推动在亚投行的机制下构建绿色投资基金，与丝路基金合作，充分利用企业环境信用和评价系统，推动“绿色融资”的审核、评价、跟踪和评估机制，优先支持环境信用良好企业贷款，支持环保企业“走出去”和解决区域重大环境问题项目的融资。

5.4.2　完善环境市场机制

5.4.2.1　深化绿色信贷政策

一是建立绿色评级体系。研究制定企业和项目的绿色评级标准与方法。加强与金融监管部门合作，将绿色评级纳入银行现有评级体系，并积极推动绿色评级结果的运用，将绿色评级与银行风险定价、绿色贷款贴息、银行绿色债券的税收优惠等挂钩。二是加强银行绿色评级制度研究。加强与金融监管部门的协调与配合，密切跟踪绿色信贷政策实施情况，推动金融监管机构加强绿色信贷成效评价结果应用，将评价结果与银行机构高管人员履职评价、机构准入、业务发展等相挂钩。三是推动建立有利于政策性金融机构支持环境保护有关政策和机制。发挥政策性金融功能，推动政策性金融机构对投资规模大、资本回收期长的生态环保项目提供长期稳定、低成本的资金支持。四是开发绿色投资指南。为银行进行项目环境风险管理、项目环境效益核算以及识别绿色市场中的机遇提供指导。五是建立高度透明的环境信息披露机制。加强与金融监管部门的协调与配合，积极推动银行信息披露机制的建立，特别是国家政策性银行应对所有贷款项目及其环境风险及预防措施等信息进行披露。

5.4.2.2　完善环境污染责任保险政策

一是加强环境污染责任保险宣传。结合新《环境保护法》有关环境损害赔偿、公益诉讼及相关司法解释的出台，加强环境污染责任保险的宣传和培训，提高企业环境风险防范意识，运用市场机制力量促进企业主动投保。二是创新和完善环境污染责任保险政策引导及奖罚机制。探索建立投保企业与环境信用等级评价、企业贷款融资等多渠道联动机制，建立并完善投保企业信息公开和共享机制。三是引导高环境风险企业开展企业环境风险管理。积极开展生态环境损害、健康损害纳入环境污染责任保险赔偿责任范围相关政策和措施、环境污染责任保险理赔定损程序性规则、高环境风险企业财务担保责任制度等研究，加强对环境污染强制责任保险试点工作的政策引导和规范，适时制定和出台《环境污染责任保险管理办法》；引导保险公司积极创新和开发环境污染责任保险产品，扩大保险责任范围，为市场提供更多环境风险保障服务。四是加强环境污染责任保险能力建设。完善环境污染责任保险相关信息统计与报送系统建设，推动环境污染责任保险风险评估的数据积累与评估机构能力建设。

5.4.2.3　完善绿色证券债券政策

一是推动上市公司环境信息公开。在取消上市环保核查之后，推动上市公司主动公开环境信息，加强公众监督。利用国家正研究开展新股发行的注册制改革的契机，研究建议证券监管机构将企业环境信息公开作为注册发行的必要条件。二是培育和发展绿色债券市场。支持符合条件的企业或银行发行债券用于环境保护项目。建立规范的地方政府举债融资机制，支持地方政府依法依规发行债券，用于生态保护领域建设。

5.4.2.4　建立排污权有偿使用和交易制度

一是实施排污权有偿使用。研究制定排污权有偿使用费收取使用和交易价格等管理规定，进一步规范各地定价方法和依据，定价方法和依据要综合考虑地方污染治理成本、环境资源稀缺程度、经济发展水平等因素。二是加快推进排污权交易。研究制定鼓励排污权交易的财税等扶持政策。鼓励试点地区积极支持和指导排污单位通过淘汰落后和过剩产能、清洁生产、污染治理、技术改造升级等减少污染物排放，形成“富余排污权”参加市场交易；建立排污权储备制度，回购排污单位“富余排污权”，适时投放市场，重点支持战略性新兴产业、重大科技示范等项目建设。积极探索排污权抵押融资，鼓励社会资本参与污染物减排和排污权交易。三是完善配套政策机制。研究制定大气污染物排污权有偿使用和交易指南、水污染物排污权有偿使用和交易指南。研究跨行政区域交易程序制定。严格监督管理，督促排污单位准确计量污染物排放量，强化对排污单位的监督性监测，加大执法监管力度。

5.4.2.5 推进环境污染治理市场化

一是推广运用环保政府和社会资本合作模式（PPP)。加强与财政、发改等部门的协调与配合，出台推进环保领域政府和社会资本合作的实施意见，明确推广运用政府和社会资本合作模式的重点环保领域。完善环境污染治理设施建设与运行的政府补贴与补偿机制，建立社会资本投入风险补偿机制。抓紧研究制定环保政府和社会资本合作模式的操作办法，规范管理项目。开展环保政府和社会资本合作项目绩效评价，形成评价结果应用机制和项目后评价机制。完善环保领域特许经营管理制度，降低准入门槛。二是推进环境污染第三方治理。推进实施《关于推行环境污染第三方治理的意见》，尽快制定出台相关配套制度。加快建立健全环保责任界定机制，确定相关方的责任边界、处罚对象、处罚措施等。加强环境污染第三方绩效评价。强化政策引导和支持，研究出台第三方治理项目增值税即征即退政策。三是创新投融资方式拓宽融资渠道。积极推动股权投资基金和创业投资基金发展，鼓励民间资本采取私募等方式发起设立投资于生态环保领域的产业投资基金。政府可以使用包括中央预算内投资在内的财政性资金，通过认购基金份额等方式予以支持。积极推动设立融资担保基金，推进环保设备融资租赁业务发展。推广股权、项目收益权、特许经营权、排污权等质押融资担保。引导社保资金、保险资金等用于收益稳定、回收期长的基础设施和基础产业项目。

5.4.3 完善环境财政机制

5.4.3.1 完善公共财政支持环保政策

一是增大环境保护财政资金投入。明晰中央与地方环境保护事权，中央财政加大对属于中央事权的环境保护项目支持力度，合理承担部分属于中央和地方共同事权的环境保护项目，向欠发达地区和重点地区倾斜。中央基本建设投资要加大对重点区域污染防治的支持力度。地方各级人民政府要重点支持涉及民生的“煤改气”项目、黄标车和老旧车辆淘汰、轻型载货车替代低速货车、污水处理、污泥处理处置、河道整治、饮用水水源保护、畜禽养殖污染防治、水生态修复、应急清污等项目和工作。对环境质量监测站点建设及其运行，以及环境监管能力建设及运行费用分级予以必要保障。二是优化环保专项资金结构。在环境执法到位、价格机制理顺的基础上，中央财政统筹整合主要污染物减排等专项，设立大气污染防治专项资金，出台大气污染防治专项资金管理办法，资金管理办法要明确政策目标、部门职责分工、资金补助对象、资金使用范围、资金分配办法等内容。建立基于绩效的环保资金使用方式，研究采取专项转移支付等方式，按照治理成效实施“以奖代补”。

三是创新环保环境财政资金使用模式。完善环保电价等环境补贴政策，加强环保电价政策的实施监管，适时调整环保电价补贴标准，研究将脱汞纳入环保电价的可行性。继续发布《节能产品政府采购清单》和《环境标志产品政府采购清单》，稳步推进政府绿色采购制度。建立环境损害赔偿基金。规范政府环保投资，引导市场绿色信贷。科学划定政府投资重点领域、确定政府投资合理规模和资金使用方式。充分发挥政府性投资的引导作用。

5.4.3.2　构建生态补偿机制

一是积极完善生态补偿政策和立法。加快修改完善《关于建立健全生态补偿机制的若干意见》，研究提出推进工作的主要措施。加快研究起草生态补偿条例，明确生态补偿的基本原则、主要领域、补偿范围、补偿对象、资金来源、补偿标准、相关利益主体的权利义务、考核评估办法、责任追究等。鼓励各地出台规范性文件或地方法规，不断推进生态补偿的制度化和法制化。二是完善国家重点生态功能区转移支付制度。继续落实国家重点生态功能区转移支付办法，进一步完善国家重点生态功能区转移支付分配办法，加大考核监管力度。研究提出在中央财政均衡性转移支付中，考虑不同区域生态功能因素和支出成本差异，通过提高转移支付系数等方式，加大对重点生态功能区特别是中西部重点生态功能区的转移支付力度。研究、归并、规范现有生态环保方面的专项资金，完善资金分配办法，重点支持国家重点生态功能区生态保护和恢复。三是加快推进跨省流域生态补偿。总结新安江跨省流域生态补偿试点经验，在东江、九龙江、赤水河、滦河、东江湖等开展流域和水资源生态补偿试点，建立跨省流域生态补偿机制，明确流域上下游地区责任、权利、义务和利益。四是积极开展多元化补偿方式探索。充分应用经济手段和法律手段，探索多元化生态补偿方式。搭建协商平台，完善支持政策，引导和鼓励开发地区、受益地区与生态保护地区、流域上游与下游通过自愿协商建立横向补偿关系，采取资金补助、对口协作、产业转移、人才培训、共建园区等方式实施横向生态补偿。积极运用碳汇交易、排污权交易、水权交易、生态产品服务标志等补偿方式，探索市场化补偿模式，拓宽资金渠道。五是完善生态补偿配套制度体系。针对流域、重要生态功能区等重点领域拟定生态补偿技术指南，开展生态系统有偿服务与生物多样性经济价值评估，合理确定补偿标准；研究建立流域、重要生态功能区、草原、森林等试点地区生态补偿政策效果评估机制，积极培育生态服务评估机构；加强监测能力建设，健全重点生态功能区、跨省流域断面水量水质国家重点监控点位和自动监测网络，制定和完善监测评估指标体系，及时提供动态监测评估信息。

5.4.4　完善环境经济政策基础

5.4.4.1　制定和完善环境保护综合名录

一是完善环保综合名录管理文件体系。正式发布《环境保护综合名录管理办法》《环境保护综合名录制定管理办法》《环境保护综合名录制定技术导则》等系列规范性文件，提升名录筛选、制定、应用及后评估等全过程的规范性与科学性。二是完善和创新名录形式，拓展和固化名录应用机制。基于每年发布的综合名录，定期制定与发布环保综合名录产品手册。探索制定“高污染、高环境风险”工序与工段名录，大气、水体和土壤等环境要素高污染的专项名录等专项名录，进一步丰富与完善综合名录子名录体系，逐步固化名录应用机制。三是提升名录与国家基础统计制度和管理制度的融合性。加强与国家产业统计、环境统计、污染源普查等基础统计制度进行统合衔接。加强与国家产品管理相关制度的融合衔接，建立起与国家规范的产品管理制度相结合的“双高”产品全过程管理机制。加强与国家经济管理制度的融合衔接，分析定向服务于国家财税、信贷、保险、投融资等政策对名录制定的要求，强化名录在国家经济管理中的应用。四是完善基于环保综合名录的配套政策体系，探索建立独立的产品环境管理制度。针对“双高”产品生产企业强化环境监管，并实施强制性信息公开。探索建立产品环境绩效标识制度。建立基于名录的产品绿色供应链政策机制。五是充分利用现代互联网技术探索名录制定与应用新机制。建立已发布名录信息平台、重点监控与备选“双高”产品信息平台等名录制定与应用大数据信息平台。建立基于互联网的绿色供应链服务机制。

5.4.4.2 建立和完善环境信用评价体系

一是分级建立企业环境信用评价体系。根据《企业环境信用评价办法（试行）》的要求，在 2017 年底前分级建立企业环境信用评价体系。二是构建守信激励与失信惩戒机制。建立和完善企业环境信用信息数据库，提高与银行、证券，保险等金融部门环境信息共享的及时性、完整性和准确性。加强环保、银行、证券、保险等部门的协作联动，加快建立环境保护“守信激励、失信惩戒”的机制，推动环保信用体系建设。

5.4.4.3 建立环境经济核算体系

一是建立绿色 GDP 2.0 政策应用体系。构建核算框架体系、研究技术规范及在全国层面环境容量核算、生态系统生产总值核算，初步建立绿色 GDP 2.0 政策应用体系，形成核算技术支撑能力，组织建立绿色 GDP 核算的相关技术规范。二是推进环境经济核算试点工作。选择深圳、海南等不同地区开展试点工作，试点内容包括环境成本与环境效益核算、环境容量核算、生态系统生产总值核算以及经济绿色转型政策试点。三是建立生态系统生产总值核算体系并开展绩效评价。研究建立生态系统生产总值核算体系与框架，开展生态绩效评估，适时出台绿色 GDP 2.0 核算技术指南。

5.4.4.4 提升环境污染损害鉴定评估能力

一是专业机构建设。加快国家环境损害鉴定评估中心、全国环境损害鉴定评估专业委员会、国家环境损害鉴定评估技术中心、环境损害鉴定评估推荐机构建设，同时加快开展环境损害赔偿地方试点。二是管理能力建设。完善环境损害鉴定评估工作管理模式，建立环境损害鉴定评估机构推荐与监督制度和环境损害赔偿与鉴定评估资金保障制度。建立技术研发和转化机制，加强部门协调和沟通。强化行政调解能力，重视宣传推广。鼓励试点先行先试。三是技术能力建设。搭建全国性的环境损害鉴定评估与赔偿工作平台，加强环境风险与损害鉴定评估实验室和环境污染损害分析测试实验室建设，构建国家和省市各级的环境污染损害评估技术平台，建立全国环境污染损害鉴定评估网络信息平台。完善我国环境损害鉴定评估技术体系，形成初步的环境污染损害鉴定评估方法体系。开展环境损害鉴定评估机构推荐工作，选择重点区域建立环境损害赔偿试点。四是人才队伍建设。引进专业人才，组建专业队伍。编制专业教材，开展技术培训。统一审核监管，规范技术考评。汇集技术专家，形成人才网络。

5.5 保障措施

5.5.1 加强组织协调

环境保护部要统筹协调好有关司（局）间、各级环保部门间的环境经济政策制定、实施工作，同时要主动加强与其他部门的协调合作，强化部门间联动，加大相关环保法规和环境经济政策的制定和实施力度、速度。

5.5.2 加大经费保障

各级环保部门应根据环境保护法规和环境经济政策建设的实际需要，增加对环境保护法规和环境经济政策研究、制定的经费保障，有计划地列专题、安排相关科研项目，组织研发法规和政策制定、实施过程中所需的相关技术和方法。

5.5.3 强化规划评估

各级环境保护部门是规划实施的重要主体，在 2018 年底和 2020 年底分别开展规划的实施评估。加强对日常环境经济政策研究单位及个人的不定期考核。

5.5.4 夯实技术支持

着力加强环境保护法规以及环境经济政策基础理论和体系构建工作。将环境保护法规以及环境经济政策建设作为一项常态化、长期性的工作，加强环境保护法规和环境经济政策的能力建设，进一步强化环境保护法规和环境经济政策的工作队伍，广泛吸引社会各界参与环境保护法规和环境经济政策的工作。

5.5.5 强化培训宣传

精心组织、适时开展对地方政府、地方环保部门和相关经济部门领导干部和有关人员的培训。精心组织、适时开展对地方政府、地方环保部门和相关经济部门领导干部和有关人员的培训。

本报告执笔：董战峰、李红祥、程翠云、龙凤

6 推进环境污染第三方治理的政策建议

6.1 环境污染第三方治理概述

6.1.1 什么是环境污染第三方治理

十八届三中全会《中共中央关于全面深化改革若干重大问题的决定》明确提出“建立吸引社会资本投入生态环境保护的市场化机制，推行环境污染第三方治理”。环境污染第三方治理是指由独立于排污方的专业环保公司负责环境污染的治理和环保设施的运营。推进环境污染第三方治理的核心在于环境污染治理的专业化、市场化、产业化。因此第三方治污既包含了传统意义上的企业排放污染第三方治理，也包含了政府牵头的公共环境污染治理。

由于环境具有公共属性，因此政府是环境保护的第一责任方；我国现阶段环境污染仍然以工业污染、点源排放为主，企业由于从事生产活动而向环境排放各种污染物，经常被冠以“第二方”（“排污方”）的称谓；提供专业化环境污染治理的环保从业企业，习惯上被称作“第三方”。由专业环保企业对企业排放的污染物进行末端治理，是环境污染第三方治理的一般形式。

由于我国目前污染物排放量远超允许的环境容量，因此在推进重点地区、重点行业、重点企业污染排放达标的同时，流域水环境、大气环境仍然面临着巨大的环境压力，水污染、大气污染问题仍然十分突出。但立足当下，造成污染问题的责任人过于分散，无法逐一追责，总量控制仍然在试点阶段，因此各级政府为减少公共环境污染，而采取委托专业环保公司进行污染治理和环境修复成为了环境污染第三方治理的另一种形式。

第三方治污的核心：一是专业的公司做专业的事情，二是“谁污染、谁付费”。其实质含义是指通过市场机制的运作，实现环境治理的目标。因此第三方治污强调的是专业化独立运营，突出的是治理污染的可操作性，注重的是污染治理的效果。第三方治理的形式比较灵活，委托方可以是排污企业，也可以是各级政府。

第三方治污强调的是，独立于污染者外的专门企业负责污染治理。明确了排污者和治污者的平等而相互独立的地位，打破了过去“谁污染、谁治理”、排污治污一条龙造成的利益共通的局面。第三方治污在国内尚属新生事物，政策研究尚不系统，试点工作经验较少，因此从起步阶段就需要突出核心和保障工作的可操作性，才能保证改革任务的顺利平稳推进，减少改革阻力。我国以工业点源排放为主、排放总量远超环境容量的环境污染特征，决定了第三方治污必须有针对性、立竿见影，注重治污效果；可以在环保市场化的过程中，逐渐将第三方治污做大做强，但不能重蹈“有钱建设没钱运行”的覆辙。

6.1.2 第三方治污的意义

环境污染治理已成为近年来的最大焦点，但环境污染状况却始终不容乐观。《中国低碳经济发展报告（2014）》指出，2013 年雾霾发生面积大、持续时间长、污染程度更高、危害程度加大，中国要根治雾霾问题最快至少需要 15～20 年。水污染方面，中国污水排放总量远超过环境容量，仅 COD（化学需氧量）就超出环境容量 4 倍多。土壤污染更触目惊心，《全国土壤污染状况调查公报（2014）》显示，全国土壤污染总超标率 16.1%，重工业地块土壤污染更加严重，耕地土壤环境质量堪忧，工矿业废弃地土壤环境问题突出。

一方面，污染在不断加剧；另一方面，却是多地出现污染治理设施限制或间歇运行。据 2010 年中华环保联合会对全国 18 个重点流域工业园区调查结果显示，有 2 个国家级、7 个省级工业园区，或紧邻重点流域，或位于人口集中区，100%有水污染问题，78%涉及大气污染，17%存在固体废物污染。13 个工业园区涉嫌污水直排江湖。在这 18 家工业园区中，具备污染治理设施的 13 家，占 70%以上。但这些污染治理设施或闲置不用或间歇运行，形同虚设，完全实现不了污染物达标排放要求。

目前，我国工业污染治理依然沿用“谁污染、谁治理”的思路，由排污企业自行解决治理问题。但是我国环境污染排放量仍有 70%来自工业企业的现状，使我们不得不反思“谁污染、谁治理”的思路在历经多年实践后，是否仍然有效，是否需要改进。借鉴欧美发达国家的“谁污染、谁付费”“谁治污、谁收益”的先进理念，党的“十八大”报告提出“推进环境污染第三方治理”的改革要求，发改委、环保部等国家部委积极推进，力求探索出一条适合本国国情的环境污染第三方治理的改革之路。

随着市场经济体制的不断建立和完善，原有的环保设施建设、运营和管理方式全由排污者承担的管理模式受到了越来越多的挑战。目前，企业已成为市场竞争主体和自主经营、自负盈亏、自我发展的独立法人，其追求以较小的投入获得更大的经济效益。在经济利益驱动下，很多企业想方设法地降低防治成本，无暇顾及外部效益，总是为单纯地追求经济效益而减少对环保的各种投入，难以从宏观和长远的角度建立有利于环境保护的自我约束机制。

环保行为的缺失和市场化迫切需要一批专门从事污染治理的专业公司来填补环境污染治理市场的空白。由于受自身规模、经济实力和技术水平等因素的制约，每个企业都来建设污染治理设施处理自身排放的污染物，实际上很难做到。污染治理设施实行非专业化、非社会化管理，运行效率低下，结果导致一些地区污染治理设施因缺乏资金而无力兴建，即使有的地方建得起也无力运行，造成建得越多、包袱越重现象，严重影响污染治理效果。第三方治污的核心理念——“专业的企业做专业的事”，正好打破了这种僵局，将专业治污的工作揽入怀中，既解决了排污企业的不善治污的难题，也很好地回应了环保市场需求。

环境污染第三方治理是指通过引入市场机制，由排污企业采取付费方式，把治理污染设施的建设、运营维护交给专业化的第三方机构来完成，实现“产污”和“治污”分离。相比政府主导、企业自觉的传统治污模式，由排污企业出钱购买环保公司治污服务，专业治理的优势明显：降低政府投入成本，提高企业达标排放率；便于环保部门集中监管，降低执法成本；降低工业企业达标排放成本，大幅提高治污效果，改善环境，促进环保企业和产业发展。推进第三方治污是学习国外环保领域先进经验的成果，顺应了环保市场快速增长的形式，打破了原有的污染治理设施建而不用的僵局，是未来解决工业点源污染、公共环境污染的有力手段，是生态文明体制改革的重要举措。

6.1.3 第三方治污的优势

相较于传统的“谁污染、谁治理”模式，企业环境污染第三方治理具有以下优势：

一是有利于环保部门的监管。排污企业治污责任通过合同方式向环境服务公司转移和集中，环保部门的监管对象大为减少，相应的执法成本也将大幅降低。同时，排污企业与环境服务公司之间的合同关系，促使双方互相监督，互相制约，避免超标排污现象的发生。

二是有利于排污企业治污效率的提高。排污企业治理设施转由掌握专业技术及管理经验的环境服务公司进行运营，可以降低治污成本，提高治污效率。同时排污企业作为业主，将会同政府环保部门一起对环保企业进行监管，可有效降低环境污染事件的风险。

据浙江省环保局的不完全统计，企业污染治理设施专业化运营后的达标排放率可达70%～80%，有的甚至可达90%以上，与污染企业自己运营相比，达标率提高30%～50%，运营成本节约10%～20%。

生产企业如果不偷排，环保设施的运行成本一定会比专业公司高。而专业公司运营随着市场化程度提高、运营规模扩大，专业经营比兼营更加容易控制成本，采购药剂、服务打包等都可以促使治污成本进一步下降，质量控制、信息化系统的引进使成本还有降低的空间，治污设施的效果和可靠性也会进一步提升。以 1.5 分/kW·h 的脱硫电价补贴为例，对于西南地区高含硫量的煤，电厂自己做可能就比较勉强，甚至 2 分都不够。如果让专业脱硫公司来做，不仅能保证脱硫效果，还会有合理利润空间。

三是有利于环保产业的快速发展。环境服务公司在工业污染治理领域开拓新的市场，提供新的服务领域，将由过去单纯的设备制造、工程建设，拓展到投资运营服务，为自身成长提供新动力，进而推动环保产业的快速发展。

四是降低了政府执法部门的监管、执法成本。环保部门更看重的是第三方运营带来监管的便利和高效。以前要面对几万家企业，如果将来能够集中在几十或者约百家专业公司，那么监管的范围会大大缩小。更重要的是，环保企业如果以专业运营为主业，其品牌信誉是生命，不会因小失大，自我约束的力量会更强。

6.1.4 第三方治污的发展基础

第三方治污需要建立在发展环境服务业的基础之上。第三方治污的本质是污染治理行为的社会化、市场化。通过吸引社会各方力量共同参与，由过去的政府垄断模式，发展到政府主导模式，最后进入政府引导模式，使“看得见的手”和“看不见的手”同时发挥作用，通过环境服务业的发展推动第三方治污的发展。

各地高度重视环境服务业发展。部分地区制定了促进环境服务业发展的政策与具体措施，环境服务业发展速度较快。如江苏省环境服务业发展迅速，已由咨询、设计、培训为主，拓展到运营、检测、审计、评估、诊断等领域。2008 年全省节能环保企事业单位从业人员 50 多万，实现主营业务收入 2 150 亿元，其中环境服务收入 65 亿元。具有甲级环境工程专项设计资质的单位 11 家、环境工程专业施工承包一级资质单位 5 家、施工总承包一级资质单位 2 家、环境污染治理设施运营资质单位 130 多家、甲级环评资质单位 9 家。广东省环境服务业市场化、社会化、专业化走在全国前列，近年来一大批环境工程项目（特别是城市污水处理厂）以 BOT、TOT 运作模式建设或运营，环境技术服务和污染治理设施运营管理成为广东省环境服务业发展的重要内容。据不完全统计，2009 年环境服务业年产值 44.31 亿元，占环保产业收入总额的 29.9%。截至 2010 年，广东省持有环保设施运营资质证书单位共 206 家，约占全国持证企业总数的 1/8。随着生态省建设的加快，浙江省环境服务产业市场需求急剧扩大，通过合资合作方式，积极引进著名跨国环保企业参与浙江的环境服务项目，提高企业的管理、服务及技术水平，增强竞争力，促进了环境服务业的发展。

6.1.5　第三方治污的重点领域

推进第三方治污改革需要确立以下几个重点行业和领域：

（1）工业企业污染治理

工业企业污染治理成本的影响因素较多，总体而言，企业规模大则环保设施建设运营成本会有较大优化空间，而且，大企业污染排放量也较大，第三方治污更有用武之地。

以石化、化工行业中的大型企业为代表的污水排放企业、以火电行业为代表的废气排放企业，是工业生产中的污染排放大户，一直以来都是环境保护的重点企业。以火电行业为例，烟气脱硫是火电行业利润空间最大的环保项目。国家发改委会同原国家环保总局推出了《关于开展烟气脱硫特许经营试点工作的通知》和《火电厂烟气脱硫特许经营试点工作方案》，在火电领域率先开展烟气脱硫特许经营试点，将脱硫电价等相关优惠政策形成的收益权，通过合同的形式交给专业环保服务公司，由其承担脱硫设施投资、建设和运营，完成相应的脱硫任务。

（2）工业集中区污染治理

工业集中区，如工业园区、工业开发区废水及废弃物处理。前者由于其生产规模较大，产生的污染物量大而且相对集中，具备规模效应。后者的核心优势则在于"集中"所带来的污染物量的累积，因而更具备治污市场化、专业化的条件。

（3）流域水环境综合整治

流域水环境综合整治波及面广泛，已取得了显著成果。但是由于流域水环境具有上下游关联性，涉及跨省、跨地区综合执法问题，而且已开展的综合整治以突击执法为主，虽然可以关停污染超标企业，但如果缺乏长效监控机制，超排现象很容易死灰复燃，而建设长效监控机制所需要的投入已经超出一般地方政府的环保预算。因此，解决流域水环境污染问题，要疏堵结合，不但依靠铁腕执法，还要依靠第三方治污建立起长效治污机制。

政府可将重点流域划片，通过政府采购环保服务的方式，引入专业企业对各子流域水环境污染进行治理，环保部门负责核定各子流域环境容量、监测水质，使行政边界上的流域出口水质达标。

（4）农村环境污染整治

为了解决农村环境污染问题，国务院办公厅先后转发了原国家环保总局印发的《加强农村环境保护工作意见》和《实行"以奖促治"加快解决突出的农村环境问题实施方案》，推动了农村环境连片整治工作的开展。农村环境连片整治是以解决区域性突出环境问题为目的，对地域空间上相对聚集的多个村庄实施同步、集中整治的治理方式。但是以往有政府主抓的环境治理工作多以政绩为产出，存在缺乏针对性、长效性、脱离实际情况等问题，因此财政资金使用效率低，农村环境得不到根本改善。另外，政府部门投资建设的污水治理等项目，缺乏必要的运营维护，运行效率差，很难起到预期效果。

在湖南、江西等地引入社会资本进行市场化改造后，农村环境污染治理项目成为第三方环保企业的盈利点，政府投入更少却收到了更好的治理效果。我国农村环境问题一直是环保工作的重点之一，历史遗留问题较重，严重影响了城乡居民公共服务均等化，有碍社会公平，因此作为环境污染第三方治理的一个主要领域可以收到更大的社会效益。

6.2 第三方治污的推进机制

6.2.1 第三方治污的三种模式

6.2.1.1 公共私营合作

公共私营合作（PPP）是指公共部门通过与私人部门建立伙伴关系来提供公共产品或服务的一种方式。公共私营合作模式与传统的公用事业提供方式相比具有众多优越性：首先，它在一定程度上克服了投标价格过高和私人企业的技术创新受到限制等缺点。其次，对于具有社会和经济双重效益的基础设施，政府要根据社会发展的需要和公众的承受能力对基础设施所提供的产品或服务的价格进行控制，这就造成了相当多的基础设施项目自身经营的直接收益难以满足项目融资的要求。通过政府的扶持措施直接提高项目收益，不仅使私人部门既能还贷又有投资回报，而且政府也能通过投资给社会带来最大的经济效益。公私合作制的本质在于公共部门不再是购买了一项资产，而是按规定的条款和条件购买了一整套的服务。

PPP 模式的实现广泛采用建设—运营—移交（BOT）方式，还可以选择建设—拥有—运营（BOO）、租赁（L）、合资（JV）、运营或管理（O&M）、合作管理等基本形式，并衍生有 BTO、BLT、BLTM、BOOR、BOOT、LROT、DBFO、DCMF、DBFOM 等多种方式，形势灵活多样，满足不同行业和项目的需求。这些方式通常利用具体合同加以约束，政府可就具体问题提出具体要求。实践表明政府在 PPP 模式下既可积极参与项目运作（如政府持股的混合所有制企业参与 PPP 项目），也将经营权下放而自己着重监管。多样化的管理模式可满足不同时期、不同经济状况下的改革需求。影响公共民营合作制形式的主要因素是合作双方所承担的风险程度，它将直接影响有关合作的其他方面，包括收益、投资和职责等。

通过公私伙伴关系，公有机构能够从项目的建设、经营和维护中节约大量的成本。例如，通过在同一合约中设计和建设的结合，可以节约建设成本；设计者和建设者的紧密互动能够导致更大的创新和低成本的设计等。通过公私伙伴关系，公有机构可以和私营部门共同承担包括成本过大、无力满足服务要求等可能出现的风险。改善服务的水平或者维持现有服务的水平。公私伙伴关系存在的风险在一定程度上成为改善服务、提高绩效的激励因素，促进合作者在降低成本的同时，不断地提高服务水准。公私伙伴关系促进了各方面之间的合作，还由于避免了官僚主义式的运作，提高管理效率。在公私伙伴关系的实施过程中，政府也可以通过税收和经营特许权得到收入。

从环保项目投资的现实压力来看，投资回报率低、专业性较强、环保政策支持不足等问题都制约了社会资本向环保产业的投入。政府作为主导环保产业发展的重要推力，同时也是环境保护的第一责任人，有义务追求更好的环境污染治理服务，因此，在市场失灵的情况下，政府出面引导社会资本进入环境污染治理领域是降低经营风险、提高环保市场化的有效方式。社会资本在政府引导下介入，能使环境污染治理项目的成本收益比提高，使公众获得更好的环境服务。

对于民间企业来说，公共服务中间有很多的商业机会，如果介入如公共环境污染治理等领域，也可以使企业获得发展平台。

公共私营合作的应用范围非常宽，不仅涉及公共事业，政府提供的所有服务，按英国的模式，都是由民间来提供的，在英国连英语服务都是由民间提供的，还有医院。在美国的城市中间，它的城市政府提供的公共服务可以在 PPP 的方式下不同的安排，最极端的状态是政府提供，另外一种状态就是政府全部出售，不经营，但是要监管。我国环保领域最早引入 PPP 模式的是城市生活污水和垃圾处理，即城镇环境基础设施建设与运营。

6.2.1.2　企业环保业务外包

外包也称资源外包、资源外取、外源化。环保业务外包就是排污企业根据自身的需要将环保设施的建设运营的一部分或是所有工作承包出去，由专业环保企业进行运作。业务外包使各企业做自己最擅长的事（扬己所长），而把其他的工作交给能做好这些事情的专业组织（避己之短），以减少人力投入、减少企业投资、降低成本，实现效率最大化。

环境外部成本是生产企业以往经常逃避的问题。以往企业往往通过偷排漏排、关停环保设施等非法手段节省生产成本，但随着环境监管和环境执法力度的提升，外部成本被内部化，使生产企业面临的环保压力日益增大，生产成本也随之增加。从可持续发展的角度来看，环境保护是生产企业必须正视的问题。环保服务外包模式，就是将环境保护业务交由专业化组织完成，生产企业专司生产活动（核心业务），从而在污染物达标排放的前提下，降低企业的生产成本。

环保业务外包可以通过商业合同等方式将生产企业的环保业务交给有资质的专业公司承担。具体形式按照两方在环保设施上的投资情况分为两类：

“委托治理服务型”，由环境服务公司对新建、扩建的污染治理设施进行融资建设、合同期内的运营管理、维护及升级改造，排污企业按照合同约定支付污染治理费用。在合同期内，环境服务公司通过第三方运营确保达到合同约定的减排要求，并承担相应的法律责任。有的是排污企业委托专业环保公司从治理方案设计、工程施工、调试到建成后的运营管理提供综合的有偿服务，并确保达到治理效果；有的是污染治理设施管理同原企业剥离，进行企业化的运作和独立核算。

“托管运营服务型”，由排污单位投入资金进行污染治理设施建设，并按照合同约定支付托管运营费用，环境服务公司负责设施在合同期内的运营管理、维护及升级改造等。环境服务公司通过第三方运营确保达到合同约定的污染减排要求，并承担相应的法律责任。有的是环境服务公司承担工业污染治理设施的第三方运营，有的是环境服务公司参与排污企业的环境管理，有的是小型排污企业委托环境服务公司代为处理。

两种模式的区别在于环境服务公司是否拥有治污设施的产权，前者拥有或者部分拥有；后者不拥有产权，只接受排污企业托管，负责其治污设施运营管理。

环保业务外包帮助生产企业更加专注于核心业务。外包服务份额外包允许公司将注意力集中于更广阔的业务问题，同时掌握外部专家所提供的运作细节。外包合作伙伴为您带来知识，增加后备管理时间。在生产企业专注于其特长业务时，专业环保公司为其降低治污成本、减少污染物的排放。有效的外包行为增强了生产企业的竞争力，减少了企业在不必要的方面投入过多资源。对很多公司，环保业务外包的关键原因仅仅是，有一些“如何来做的”的问题耗费了管理层大量的资源和精力，一旦将这些问题外包给外部专家，管理的效率和成本都将大大改善。

生产企业产生和排放污染物是不可避免的过程，利用怎样的方式减少污染物排放量、有效控制废水废气废渣的环境风险才是污染治理的关键所在。排污带来的环境风险是企业转嫁给外部环境的，一旦环境外部化成本内部化，这种风险就会转变成企业经营的风险。引入第三方治污，就是将风险承担者转化为生产企业和专业环保公司，从而降低生产企业经营风险。这种风险分担机制在过去“谁污染、谁治理”的框架下是无法实现的，只能通过将环保业务外包引入“合作者”的形式，实现风险分担。由于环保业务相对独立，因此外包以后的生产企业对自身核心业务的调整就更加灵活，更能适应外部环境的变动。

通过专业化的特性，第三方企业导入扩展的资源来满足客户的需求。第三方企业通过掌握额外资源的方式，在较低经营成本和风险下，获得相对较高的回报，促进了企业快速提升自身经营管理水平。与这样的第三方企业合作，排污企业也获得了这些先进的技术、工具和能力的使用效益，甚至可以获得更多结构化的方法、流程和文档，以及最重要的竞争优势。

当排污企业需要批量改建或者修复基础设施时，常常会在短时期需要大量的人力资源，这会使排污企业在短期内的资源需求产生剧烈波动——建设期突然上升，建成后突然下降，显然成本高昂。此时，业务外包是最好的选择。

6.2.1.3 政府采购环保服务

政府采购环保服务，即地方政府部门与环境服务公司以契约形式约定环保项目的减排治理目标，环境服务公司为实现环保目标向甲方单位提供必要的服务，甲方根据环境效益支付环境服务公司的投入及其合理利润的环保服务机制。

用户只有获得了既定的环境效果，才付费给治理企业。政府采购的合同环境服务的主体是地方政府，政府环保部门以排污收费的方式将环境责任集中起来，进而由政府集中采购服务，责任主体以合同或契约的方式，向专门提供环境服务的责任主体采购明确的环境服务并依据环境效果支付相应的费用。

通过引入合同环境服务，环保企业由只向市场提供设备、工程等服务逐渐向综合环境服务商转变，环保产业实现从单一产业链向全产业链的发展。采购方与服务企业间的关系也随之改变，由采购工程设备转为采购服务。这就催生了两类新的服务企业，即综合环境服务商与环境解决方案提供商。

收益可由合同环境服务的契约双方分享，购买服务的企业可以前期直接付费，亦可后期以收益分成来付费。具体将分为两种形式：一种形式是污染企业通过合同服务，将减排费用与治污企业共享；另一种形式是政府采购由环境服务商所提供的环境服务。这种形式决定了合同环境服务的特点，即选择第三方提供外部服务并且以服务前后的环境效果差来计费。

2011 年 4 月，环保部出台《关于环保系统进一步推动环保产业发展的指导意见》明确指出：“鼓励发展提供系统解决方案的综合环境服务业；在工业园区、城市和重点行业开展综合环境服务试点，积极探索合同环境服务等新型环境服务模式。”在综合环境服务的基础上正式提出合同环境服务的概念。

我国以往的环保管理和产业政策，偏重于关注建成多少环保设施，对环境改善和治理的最终效果重视不够，环境欠账很多；同时最具技术含量和经济、就业拉动作用的服务业发展滞后，在环境产业中比例过低。合同环境模式的提出，将为环境服务供求双方创造一个“服务交付”的交易市场，促进环境产业升级，实现总体环境管理和治理水平的提高。合同环境服务的优势主要有下面几点：

①合同环境服务综合解决方案的提出将显著降低由于产业链各个环节（投资、装备制造，技术研发，咨询设计、安装施工，运营管理）脱节产生的高昂交易成本，从而提高减排效率，提高服务质量。

②合同环境服务以可量化的环境产出作为服务成果的衡量标准，服务企业获得收益的基准在于其提供的服务能否达到预期环境效果；这一模式可以促进环境服务业的市场化，提高产业专业化程度，避免原来工程招投标中存在的低价恶意竞争现象，促进企业的优胜劣汰。

③合同环境服务的环境效果标准是可以量化的和核证的，如污水、垃圾处理量，污染物减排总量，成本控制水平等。合同环境服务的实施可以加强项目的管理水平，减轻政府监管压力，降低执法成本，有利于政府转变职能，构建“小政府、大社会”；同时采用政府采购环境服务的模式，可以促进政府环境管理水平的提高和专业化。

④合同环境服务以直接效果为合同目标，而实现目标采用的具体技术途径的决定权和由此承担的责任完全交给合同承包商，可以激励企业进行技术创新，降低减排成本。过去模式中，设计方为了保证客户要求和避免纠纷，一般采用保守方案，难以有新的技术突破；即使 EPC 项目，设计时一般也不愿意采用创新技术降低投资预算，因为这样反而降低合同金额，承包方收益下降，服务商创新的动力不足。而采用合同环境服务，服务商在项目实施管理过程中决策权更大，可以充分发挥技术创新的能力，节省的成本双方分享，实现双赢，同时促进了国家环保技术的进步。如果在没有技术创新，环境服务业的利润只会越来越低，不能反映行业高技术含量的特点，同时产业发展受到极大约束，只有通过激励技术创新，才能真正地实现国家将环保行业发展成战略性新兴行业的目标。

6.2.2　第三方治污的推进机制

6.2.2.1　特许经营

特许经营是指特许者将自己所拥有的商标（包括服务商标）、商号、产品、专利和专有技术、经营模式等以特许经营合同的形式授予被特许者使用，被特许者按合同规定，在特许者统一的业务模式下从事经营活动，并向特许者支付相应的费用。

特许经营是当前我国市政公用事业改革采用的一种主要模式。这一模式的引入，改变了过去市政公用事业由政府独家投资、独家建设和独家经营管理的体制，逐步形成了在政府统一规划和管理下，多元化投资、多模式运作和社会广泛参与的新体制。打破了行政垄断，促进了竞争经营格局。同时，推进了政府职能的转变，促使其监管能力的提高。

《关于促进和引导民间投资的若干意见》（计投资〔2001〕2653 号）中提出，鼓励和引导民间投资以独资、合作、联营、参股、特许经营等方式，参与经营性的基础设施和公益事业项目建设。《关于加快市政公用行业市场化进程的意见》（建城〔2002〕272 号）提出了建立政府特许经营制度。2003 年 10 月召开的党的十六届三中全会第一次把打破垄断、开放市场、推进市政公用行业市场化写进了党的决定。2004 年原建设部颁布了《市政公用事业特许经营管理办法》（建设部令第 126 号），并印发了《城市供水、管道燃气、城市生活垃圾处理特许经营示范文本》（建城〔2004〕162 号）。《关于鼓励支持和引导个体私营等非公有制经济发展的若干意见》（国发〔2005〕3 号）明确了支持非公有资本参与市政公用事业和基础设施的投资、建设和运营的原则，鼓励非公有制企业参与市政公用企业、事业单位的产权制度和经营方式改革。《国务院关于鼓励和引导民间投资健康发展的若干意见》（国发〔2010〕13 号）进一步拓展了民间投资参与公用事业的领域和方式。

环保服务从业企业作为环保市场中的主力军，是推进第三方治污的基础。为了保证服务的质量，服务提供商通常要具备一定的资质水平，特许经营就是由政府部门认定企业的生产资质，并准许其进入特定领域的管理制度。利用特许经营制度，环保部门的专业队伍就能从分散化的各种专业事务向企业资质的认定和环保监察、执法等工作上集中，有利于提高政府行政效率；政府管理行为与污染治理行为的分离，能够提高环境污染治理的效率；在环保服务市场发展过程中建立保护机制，有利于专业治污企业做大做强。

6.2.2.2　政府采购

政府购买公共服务是指政府通过公开招标、定向委托、邀标等形式将原本由自身承担的公共服务转交给社会组织、企事业单位履行，以提高公共服务供给的质量和财政资金的使用效率，改善社会治理结构，满足公众的多元化、个性化需求。政府购买公共服务是政府采购的一部分，遵守《中华人民共和国政府采购法》的相关规定。根据《中华人民共和国政府采购法》第二条规定，政府采购是指各级国家机关、事业单位和团体组织，使用财政性资金采购依法制定的集中采购目录以内的或者采购限额标准以上的货物、工程和服务的行为。

以《政府采购法（2002 年）》为基础，我国政府购买公共服务的制度不断完善。2007 年国务院办公厅发布了《关于加快推进行业协会商会改革和发展的若干意见》，明确提出建立政府购买行业协会服务的制度。2011 年 12 月，《民政事业发展第十二个五年规划》提出，要向社会组织开放更多资源，向社会组织转移职能。2012 年财政部《2012 年政府采购工作要点》中第一条提到，财政部将研究制定推进和规范服务采购的指导意见，逐步扩大公共服务、商务服务及专业服务的政府采购实施范围。同年，《中央财政支持社会组织参与社会服务项目资金管理办法实施细则》对政府购买社会组织公共服务的项目申报条件、评审程序、监管体系等做出相应规定。2013 年出台了《中共中央关于全面深化改革若干重大问题的决定》，同年国务院印发了《关于政府向社会力量购买服务的指导意见》（国办发〔2013〕96 号），提出要在教育、就业、社保、医疗卫生、住房保障、文化体育及残疾人服务等基本公共服务领域推广政府购买服务。各地政府也出台了具体的实施办法，如山东省《关于印发政府向社会力量购买服务办法的通知》（鲁政办发〔2013〕35 号）等。

《关于做好政府购买环保服务工作的指导意见（征求意见稿）（2014 年）》（以下简称《意见》）中指出，环保服务由政府提供和向社会力量购买两部分组成，应选择环保领域的基本公共服务作为购买对象；环保部门要配合地方政府开展购买环保服务的探索，还要引导企业购买环境服务；在推进过程中同步完善相关政策措施、加强监管工作。纳入指导意见中的政府采购的环境公共服务，将包括城乡生活废水、垃圾收集、转运、处理的单项或者一体化服务，城乡区域河道水域、公园湖泊水质养护、城乡植树种草，国家公园、自然保护区等环保、城乡公用土地的环境修复服务。《意见》规定，政府购买环境服务将一律通过公开招投标的方式获得。目前由地方政府“埋单”大力建设的环境污染监测系统也将纳入改革领域，将由专业的机构建设和运行，政府资金将转向按照效果来支付费用。

政府购买公共服务是发展第三方治污的一种重要机制。政府购买环保服务的范围限定于政府应免费向公众提供的基本公共服务，因此，政府采购服务的领域对应于公共环境污染的第三方治理。

公共环境污染治理，如流域水环境综合整治等，由于其污染责任人不明确、项目规模一般较大、专业性强，需要消耗大量物力，投入大量专业人才。如果由政府部门组织具体技术工作的实施，由于缺乏激励机制，很难有效利用投入的人力物力；保有一支专业化的技术队伍，从投入产出比上讲，是缺乏效率的。

政府采购服务将公共环境污染治理推向市场，政府部门脱离具体项目的实施，只需保有或者聘请专业人员进行项目方案的评估，大大节省了人力成本。公共环境污染治理市场化促进了环保市场的发展，充分调动了社会资本和第三方专业力量的积极性，有利于环保服务业的发展。

6.2.2.3　行政代执行

行政代执行制度是指行政机关通过间接方式强制法定义务人履行义务的一种方法，是指行政机关自身或委托第三人代替法定义务人履行义务，再由法定义务人负担费用的方法。

①行政代执行属于法律规定的间接强制措施之一，其目的和作用是为了保证法律所规定的义务得以实际履行。②行政代执行的对象是行政行为所确立的可代替作为义务，对于不可代替作为义务和不可代替不作为义务，则不能采取行政代执行的方法。③行政代执行的实施前提是，必须有合法的行政行为存在，而法定义务人不履行行政行为所确立的义务。④行政代执行的主体，必须是行政强制机关或指定的第三人。行政强制机关自身代替义务主体履行义务，是完成其所承担任务的一种有效途径，这也是法律所允许的。行政强制执行机关成为行政代执行主体，并不意味着该机关及其公务员必须具体实施行政代执行行为，只要在其主持和指挥下进行即可。由第三人来代为执行，只有在接受该机关指定后才能进行。⑤行政代执行并不转移、改变或免除了法定义务人所负担的法定义务。他人代为履行法定义务，仅仅是改变了该作为的实际实施者。在实施行政代执行后，法定义务人对他人的代为履行行为，要承担法律责任。⑥行政因代执行而发生的全部费用，由法定义务人承担。若法定义务人不给付费用，则代执行人可以申请人民法院强制法定义务人给付。

6.2.2.4　财税优惠

环保产业是典型的政策驱动型产业，由于环保从业企业平均利润率不高，企业规模以中小型为主，因此在资金链和融资方面存在一定困难，财政补贴和税收优惠是助推环保产业发展最为直接、有效的手段。财税优惠不仅可以缓解环保企业长期以来因收费不到位、运行经费不足等问题，增强民间资本对环保产业的投资热情，也可以起到“四两拨千斤”的作用，极大地减轻政府的财政支出压力和公众支付压力。

财政部、国家税务总局、国家发展改革委的《关于公布节能节水专用设备企业所得税优惠目录（2008 年版）和环境保护专用设备企业所得税优惠目录（2008 年版）的通知》（财税〔2008〕115 号）中明确规定，企业购买专用设备的部分环保投资可用于抵税。《关于完善垃圾焚烧发电价格政策的通知》（发改价格〔2012〕801 号）执行全国统一垃圾发电标杆电价，上网电价高出当地脱硫燃煤机组标杆上网电价的部分，实行两级分摊。各地政府也出台了关于污水处理费和财政补贴专项资金的管理办法，如《陕西省城市污水处理费收缴办法》《内蒙古自治区城镇污水处理厂运行监督管理办法》《青海省城镇污水处理厂运行财政补贴资金管理办法》、山东省《关于进一步加快城市污水处理工程建设建立良性运行机制的通知》（鲁政发〔2002〕10 号）、《关于推进城市污水处理产业化发展的意见》《山东省城市污水处理厂升级改造建设计划》等文件中都明确提出政府可以通过财政补贴等方式保证城镇污水处理厂正常运营。

根据《排污费征收使用管理条例》和《排污费资金收缴使用管理办法》，排污费纳入财政预算后，列为环境保护专项资金，中央和地方财政分配比例为1∶9，主要用于拨款补助或者贷款贴息。各省、市地方政府也在此基础上推出了适合本地情况的环境专项资金管理办法和实施细则，如《〈北京市关于促进环保产业发展的若干规定〉的实施细则》中明确规定了“市财政设立环保专项资金，主要用于引导社会资金，以及为被认定的环保企业提供贷款贴息、投资入股、风险投资、投资担保等资金支持”，确立了政府财政对环保投资项目的补贴原则。

后续考虑供水绩效、污水处理厂绩效和污泥处置与回用绩效，陆续以水质、出水水质、污泥处理处置质量给予不同等级的资金扶持。若供水或污水处理的不达标或者违规排放污水等行为发生，通过一定的征收标准对这种行为强制征收较高的企业所得税、取消税收减免等优惠作为惩戒措施。

对高新环保技术的研究、开发、转让、引进和使用予以税收鼓励。可供选择的措施包括：技术转让收入的税收减免、技术转让费的税收扣除、对引进环保技术的税收优惠等。对从业企业制定优惠政策，促进环保产业的优先发展。如环保企业可享受一定的所得税的减免；在增值税优惠政策中，对企业购置的环保设备应允许进行进项抵扣，从而鼓励企业对先进环保设备的购置与使用；对环保设备实行加速折旧；鼓励环保投资包括吸引外资，实行环保投资退税；在内、外资企业所得税的有关政策中，对于企业采用先进环保技术改进环保设备、改革工艺、调整产品结构所发生的投资应给予税收抵免；对于环保产品在出口政策上给予税收支持等。对于环保不达标的外商投资和外国企业、本国企业，课以重税，限制发展。

6.3 环境污染第三方治理现状

6.3.1 推进第三方治污的相关法规、政策

6.3.1.1 环境保护相关法律

2014 年颁布的新《环境保护法》第六条规定，“地方各级人民政府应当对本行政区域的环境质量负责”，确立了政府机构在环境保护中“第一责任人”地位。第五条规定“环境保护坚持保护优先、预防为主、综合治理、公众参与、损害担责的原则”，第六条规定“企业事业单位和其他生产经营者应当防止、减少环境污染和生态破坏，对所造成的损害依法承担责任”，界定了污染环境的责任主体确认原则，当污染发生时，污染者需要承担法律责任。

新《环保法》第四十二条规定，“排放污染物的企业事业单位和其他生产经营者，应当采取措施，防治在生产建设或者其他活动中产生的废气、废水、废渣、医疗废物、粉尘、恶臭气体、放射性物质以及噪声、振动、光辐射、电磁辐射等对环境的污染和危害”，依然延续了“谁污染、谁治理”的思路。《水污染防治法》《大气污染防治法》等法律也都遵循了相同的原则。

新《环保法》第四十三条中界定了排污费和环境保护税两种污染付费机制，都是由排污单位支付给政府部门，再由政府部门对资金做专项使用。目前，关于开征环境保护税的立法工作仍在进行中。按照 2014 年政府工作报告中提出的“减少专项转移支付”原则，政府环保专项资金将被压缩，加之排污费逐渐被环保税取代，政府层面专门用于环保的资金减少了，但另一方面，由于政府环保

责任主体地位的确立，政绩考核时不"唯 GDP 论英雄"，使地方政府更愿意提高环保的支出在地方财政支出中的比例。因此，通过排污者—政府—环保项目链条直接支付行为将逐步减少，政府将作为市场的引导者、环保的监督者，通过环保支出和财税政策引导民间资本和社会力量在环保舞台上"唱主角"，更多地依靠环保市场化自身规律，鼓励第三方企业参与污染治理。

6.3.1.2　第三方治污的推进政策

第三方治污是中央深化改革领导小组 2014 年明确提出的一项改革任务，围绕这个主题，环保部门已经在不同领域引入了专业化、市场化污染治理模式，具备了一定的政策管理基础，如环境公共服务领域的公共私营合作、火电脱硫特许经营、政府采购环保服务、环境服务业试点等。

（1）公共私营合作

我国在公共私营合作（PPP）项目的实践上取得了一定成绩，国务院先后两次下发意见，鼓励民间资本进入公共服务事业，各部委在不同领域形成了指导意见和管理办法，但还缺乏系统性的引导地方政府运作 PPP 模式的政策文件。目前，我国 PPP 项目在审批执行过程中可以利用的依据是近 20 年来国务院和各部委发布的相关规定（表 8-6-1），这些规定是建立在 PPP 项目实践基础之上的，对未来 PPP 模式发展的支撑和保障作用有待加强。

表 8-6-1　国家层面对公共私营合作的相关规定

名称	部门	年份
《关于以 BOT 方式吸引外商投资有关问题的通知》	原外经贸部	1995
《关于试办外商投资特许权项目审批管理有关问题的通知》	原国家计委、交通部、电力工业部	1995
《关于促进和引导民间投资的若干意见》	原国家计委	2001
《关于加快市政公用行业市场化进程的意见》	建设部	2002
《国务院关于投资体制改革的决定》	国务院	2004
《市政公用事业特许经营管理办法》	建设部	2004
《城市供水特许经营协议示范文本》	建设部	2004
《城市生活垃圾处理特许经营协议示范文本》	建设部	2004
《关于鼓励支持和引导个体私营等非公有制经济发展的若干意见》	国务院	2005
《城市污水处理特许经营协议示范文本》	建设部	2006
《关于鼓励和引导民间投资健康发展的若干意见》	国务院	2010

（2）污染企业环保业务外包

环保部于 2007 年下发了《关于开展火电厂烟气脱硫特许经营试点工作的通知》。通知要求五大发电集团公司按照《火电厂烟气脱硫特许经营试点工作方案》有关要求，抓紧推荐试点项目，并填写《火电厂烟气脱硫特许经营试点项目推荐表》；符合相关条件参加特许经营试点的专业化脱硫公司，填写《脱硫公司申请参加烟气脱硫特许经营试点登记表》。火电厂烟气脱硫特许经营是指在政府有关部门的组织协调下，火电厂将国家出台的脱硫电价以及与脱硫相关的优惠政策等形成的收益权以合同形式特许给专业化脱硫公司，由专业化脱硫公司承担脱硫设施的投资、建设、运行、维护及日常管理，并完成合同规定的脱硫任务。火电厂烟气脱硫引入特许经营模式，对于提高脱硫工程质量和设施投运率，加快烟气脱硫技术进步，实现烟气脱硫产业又好又快的发展有着重要意义。

（3）政府采购环保服务

为了防止相关部门和企业“雁过拔毛”，蚕食相关环保资金，环保部拟出台《政府采购环境服务指导意见》（以下简称《意见》）。纳入指导意见中的政府采购的环境公共服务，将包括城乡生活废水，垃圾收集、转运、处理的单项或者一体化服务，城乡区域河道水域、公园湖泊水质养护，城乡植树种草，国家公园、自然保护区等环保、城乡公用土地的环境修复服务。《意见》规定，政府购买环境服务将一律通过公开招投标的方式获得。有关人士还表示，目前由地方政府“埋单”大力建设的环境污染监测系统也将纳入改革领域，将由专业的机构建设和运行，政府资金将转向按照效果来支付费用。

发展第三方治污要从扩大环保市场需求入手，注重发展环境污染治理相关的环保产业。《意见》指出，要培育一批具有国际竞争力、能够提供高质量环保服务产品的大型企业集团，提高环保服务业吸纳就业能力，城镇污水、垃圾和脱硫、脱硝处理设施运行基本实现专业化、市场化。

6.3.1.3 地方政府推进第三方治污的相关政策

（1）上海市《关于加快推进本市环境污染第三方治理工作的指导意见》

上海市委、市政府对这项改革工作高度重视，将推进环境污染第三方治理列入全市深化改革重点工作。2014 年 7 月召开的市委十届六次全会上将改革环境治理机制作为深化改革破“瓶颈”的关键点之一，要求坚持不懈地大力推动。近期，上海市政府印发了《关于加快推进本市环境污染第三方治理工作的指导意见》，加快推进落实相关制度配套和试点推广工作，以此推动污染治理、环保产业和管理转型的“三赢”。

早在“十一五”期间，上海已确定将环保产业作为潜在的支柱产业加快发展。推进环境污染第三方治理，变自行治理为社会治理、市场化治理，将污染治理企业内循环变为外循环，发挥规模化、专业化优势，有利于促进环保产业发展。第三方治理在上海已有一定基础。据测算，当前全市第三方治理产值近 50 亿元，2004 年以来年均增幅达到 20%以上。服务范围也从少数外资企业扩展到工业、市政、社会污染源治理等各个领域。在市政污水处理、工业废水处理、除尘脱硫脱硝、在线连续监测等部分领域，涌现了一批有一定实力的专业企业。国家和上海市对大气、水、土壤等污染治理力度的加大，将有力推动以第三方治理为主体的环保服务业发展，积极带动环境金融、环境咨询管理、环境技术研发、环保设备制造业等延伸产业的发展，从而为经济转型升级增添活力。

（2）江西省《关于深化水利改革的意见》

江西省《关于深化水利改革的意见》提出，加快推进水生态文明建设。完善水生态环境保护管理机制，支持市、县创建全国水生态文明城市，着力构建江河湖库水系连通体系，加快实施赣江、抚河下游尾闾综合整治工程。大力开展水生态文明示范县、示范镇、示范村的创建，构建市、县、乡、村四级联动的水生态文明建设格局。限制“五河”源区及东江源区开发，逐步建立起完善的水生态补偿机制。建立吸引社会资本投入水生态环境保护的市场化机制，推行水环境污染第三方治理。合理划分省、市、县三级涉水事权。强化江河流域和城乡水资源统一管理。建立健全河湖管理体系，全面推行河道管理“河长制”。

《关于深化水利改革的意见》提出，对适合市场、社会组织承担的水利公共服务，引入竞争机制，通过合同、委托、承包等方式交给市场和社会组织承担。积极研究推进政府购买服务的改革，明确购买服务的种类、性质和内容，以及承接主体的要求和绩效评价标准，推动水利公共服务承接主体和提供方式的专业化、多元化和市场化。

（3）《贵州省赤水河流域生态文明制度改革试点工作方案》

《贵州省赤水河流域生态文明制度改革试点工作方案》确定 12 项改革内容。即流域生态保护红线制度、流域资源使用和管理制度、自然资源资产审计制度、流域生态补偿制度、生态环境保护监管和行政执法体制改革、健全生态环境保护司法保障制度、环境污染第三方治理制度、生态环境保护投融资制度、农业农村污染合力整治制度、生态环境治理和恢复制度、落实环境保护“河长制”、生态环境保护考评机制。

截至 2014 年，12 项改革任务中以省政府办公厅文件批准执行的有 1 项，即《贵州省赤水河流域水污染防治生态补偿暂行办法》；起草完成具体实施方案待批准的有 4 项，即生态环境保护监管和执法体制改革、环境污染第三方治理制度、落实环境保护河长制以及创新生态环境保护考评机制；已制定工作方案正在按计划开展的有 5 项，即流域资源使用和管理制度、自然资源资产审计、健全生态环境保护司法保障制度、农业农村污染合力整治制度、生态环境治理和恢复制度；正在推动重点问题先突破、整体单项改革边干边完善的有 2 项，即流域生态保护红线制度和生态环境保护投融资制度；其中，生态红线划定包括土地、森林、草原、水流等资源红线，生态功能基准线、环境质量红线；省水利厅起草了“建立流域资源使用和管理制度”中的《贵州省赤水河流域最严格水资源管理改革实施方案》，省环保厅起草了“建立流域生态保护红线制度”中的《贵州省赤水河流域环境质量红线划定实施方案》。其他红线涉及的相关制度和规则，先按贵州省主体功能区规划、赤水河流域产业发展规划和环境保护规划要求推进的同时，加强现状调查分析，跟踪国家顶层设计要求，适时深化推进。

6.3.2　第三方治污的实践

6.3.2.1　环保服务业发展的总体情况

我国环境服务业年收入总额年均增长率约为 30%，城镇污水处理设施的社会化运营服务比例约为 90%，工业污染治理设施社会化运营比例约为 5%。2011 年，我国环境服务业年收入总额约 1 700 亿元，环境服务业在环保产业中的比重约为 16%，从业单位约 8 800 家，从业人数约 51.8 万人。发展较好的领域包括环境咨询、培训、工程设计、运营、环境监测、评估等，在“十二五”期间重点发展的领域包括工业三废处置、生活废水和垃圾处置、重金属污染治理等。

表 8-6-2　“十二五”期间运营服务业发展重点区域

<table>
<tr><th>重点领域</th><th>重点区域</th></tr>
<tr><td>废水、生活垃圾处理处置社会化服务</td><td>全国范围内推行</td></tr>
<tr><td>危废处置社会化运营服务</td><td rowspan="2">全国范围内推行危废处置社会化运营服务</td></tr>
<tr><td>区域性危险废物处置设计建设运营一体化试点示范</td></tr>
<tr><td>工业减排领域污水治理设施社会化运营服务</td><td rowspan="2">重点在广东、江苏、四川、上海、河北、辽宁等工业污水运行费用较高、具有行业领头企业以及工业园区较多的省份</td></tr>
<tr><td>工业减排领域污水深度处理及工业园区集中治污设施设计建设运营一体化试点示范</td></tr>
</table>

<table>
<tr><th>重点领域</th><th>重点区域</th></tr>
<tr><td>大气污染防治设施运营服务</td><td rowspan="2">京津冀、长江三角洲、珠江三角洲、辽宁中部城市群、山东半岛城市群、武汉城市群、长株潭城市群、成渝城市群、海峡西岸城市群等典型区域</td></tr>
<tr><td>工业领域脱硫脱硝设计建设运营一体化试点示范</td></tr>
<tr><td>农村生活污水处理、垃圾收运等区域性社会化运营服务</td><td>江苏、湖南、宁夏、辽宁、重庆等农村环境连片整治示范省</td></tr>
<tr><td>重金属污染治理设施专业化运营服务</td><td rowspan="2">重有色金属冶炼业、重有色金属采选业在湖南水口山、湘潭竹埠港等 29 个重点区域、河北安新县、辽宁连山区等 69 个重点区域、四川什邡市、广东韶关等 39 个重点区域、湖北大冶市及周边、湖南石门县雄黄矿地区等 60 个重点区域。铅蓄电池行业在江苏姜堰市、浙江长兴县等 7 个重点区域。汞矿开采业、汞冶炼业重点在贵州万山特区、贵州丹寨县等 10 个重点区域。皮革及其制品业在河北辛集市等 11 个重点区域。化学原料及化学制品制造业在河南义马市、青海西宁城东区等 10 个重点区域。金属表面处理及热处理加工业在浙江玉环县、重庆大足县等 13 个重点区域和广东珠三角地区。锰矿和电解锰行业重点在湘渝贵“锰三角”地区</td></tr>
<tr><td>重金属污染治理设施设计建设运营一体化试点示范</td></tr>
</table>

6.3.2.2 城镇污水、垃圾处理

从 20 世纪 90 年代初期开始，我国就在城市公共基础设施业的市场化改革和引入公私合作制方面进行了初步探索。2002 年，原建设部颁布《关于加快市政公用行业市场化进程的意见》。10 多年来，中央和各级政府加大资金投入，在环保等领域鼓励推行 PPP 模式，城市生活污水处理厂数量由 2002 年的 537 座增加到 2012 年的 3 340 座，其中采用 PPP 模式引入社会资金建设的共计 1 550 个，占总数的 42.8%，使城市生活污水处理率由 2002 年的 40.0%提高到 2012 年的 87.3%。“十一五”期间，在污水处理领域 394 个新建项目中，有 145 个项目为非国有资本投资，占比 36.8%；在垃圾处理领域 231 个新建项目中，有 60 个项目为非国有资本投资，占比 26%。据不完全统计，截至 2011 年 8 月底，929 个城市水务企业中，国有及国有控股企业 514 个，占比 54.86%；事业单位 103 个，占比 10.99%；民营企业 182 个，占比 19.42%；外资企业 38 个，占比 4.06%；港澳台资企业 26 个，占比 2.77%；其他企业 74 个，占比 7.90%。

6.3.2.3 流域环境综合整治

（1）安吉开启污染第三方治理模式

2009 年，安吉县开展了合同环境服务实践，与中国金山环保集团达成了合作意向，由金山环保集团以 BOT 方式收购原天荒坪保洁污水处理厂，独资建设安吉逢春污水处理厂，解决了该区块内竹拉丝行业的废水处理。目前，天荒坪镇竹拉丝行业和鄣吴制扇行业均已实行污水集中收集、处理，获得了企业治污成本降低和区域生态环境改善“双重效益”。

2014 年，安吉部分河道不仅有了各级“河长”，还有了专门治河的“专家团”把脉问诊，对症下药，制定全套的治理方案。记者从安吉县获悉，安吉尝试开启污染第三方治理模式，在当地治水办的对接下，以乡镇为主体，将河道治理及固废处理委托给由多名国家“千人计划”专家组成的团

队治理，实现“治管分离”。专家团制定了安吉的梅溪镇、天子湖镇的梅溪东河浜黑臭河的方案和天子湖镇南北湖的治理对策。他们的方案不仅涉及改善水质、减少污染，还将提高当地养鱼、虾的亩产量考虑了进去。这种引进或扶持一批有环保优势的企业进入污染治理市场，对环境保护设施建设、污染物处理等提供有偿服务的模式，正是污染第三方治理模式。

（2）贵州赤水河流域第三方治理

贵州省政府在赤水河流域推行环境污染“第三方治理”，解决流域内现有环境污染治理设施工艺落后、能力不足、运行维护管理效率低、不能稳定达标排放等突出问题。目前贵州省已在赤水河流域落实 11 家排污企业与第三方治污机构签订污染治理设施建设及运行管理协议。其中，茅台酒厂污水处理第三方运营方案已确定，即将公开招标第三方运营单位。

赤水河环境保护的投融资制度建设将先按放开投资领域（重点是基础设施领域），以 PPP 或企业风险独立承担为主要模式和地方政府风险可控的原则，与中节能集团公司等有实力、有技术的集团先谈起来、干起来，在推进项目落地中再总结提升为制度。

目前，已有广西南宁桂润环保有限公司、贵州绿缘环保有限公司、贵州华源环保科技发展有限公司 3 家资质企业在仁怀市开展环境污染第三方治理模式，代理运行污染治理设施 17 套，分别承担茅台酒厂、大唐酒业、钓鱼台酒业等。

6.3.2.4　城镇环境综合整治

在城镇环境综合整治方面，江西新余市上报的《新余市、湖南永清环保股份有限公司合同环境服务试点项目方案》通过评审，获得环保部正式复函《关于江西省新余市开展环保服务业试点工作的复函》（环函〔2012〕300 号）。

新余市政府在 2012 年 3 月与永清环保股份有限公司签订了《合同环境服务框架协议》。项目框架下包括环境保护治理专项规划制订，环境顾问咨询，水、气、固体、噪声污染综合治理、生态修复、环境服务产业平台等全方位服务。永清环保公司对新余环境问题全面“问诊把脉”，编制了《新余环境保护与污染治理专项规划（2012—2020 年）》。

新余市于 2013 年 2 月出台了《关于推进合同环境服务工作的意见》，委托永清环保公司，实施新余市生活垃圾回收清运及发电、袁河工业平台与仙女湖共建污水处理厂、新钢公司烧结脱硫、重金属治理及生态修复、农村环境连片整治、仙女湖湖泊生态环境保护治理、空气质量自动监测系统 7 个试点项目。

6.3.2.5　农村环境综合整治

随着农村经济社会的快速发展和城乡一体化进程的加快，农村环境面临的形势依然严峻。很多农村仍然被生活垃圾包围，畜禽养殖造成污水横流，使用大量农药化肥致农业面源污染严重。在制造业发达的地区，农村还普遍面临着工业污染向农村转移加剧的突出问题。2010 年，重庆、湖北等 8 省市开展全国农村环境连片治理首批试点，此后试点范围逐年扩大。2013 年下半年，财政部、环境保护部在农村环境连片整治的基础上，又启动覆盖拉网式农村环境综合整治试点工作，宁夏、江苏省被确定为全国两个试点省份之一。

为解决日益突出的农村环境问题，多地政府相继开展农村环境综合整治并深入推进。各地方环保部门均相继开展了第三方经营模式的探索。福建省在探索农村环保设施运行维护长效管理机制过程中，初步摸索出六种长效运行模式，其中就包括“第三方运营”模式和“社会共管”模式。安溪县出台《乡镇生活污水处理设施第三方运行管理暂行规定》实行设施委托第三方运行管理制度。南平邵武市综合考虑当地部分乡镇工业企业较发达、村民收入较高自愿出资等因素，实行“镇、村、企业、民间协同管护”机制，落实运行经费。

6.3.2.6 工业园区废水集中治理

（1）不锈钢企业集中区废水集中处理

2007 年，浙江省松阳县采用第三方治污模式，由杭州中奇环境有限公司投资建成不锈钢生产废水集中处理中心，解决工业企业集中区内不锈钢拉管企业的污水处理问题。目前，废水处理中心日处理污水量已从最初的 200 t 扩容到 1 600 t，处理后水质达到国家一级标准。松阳县工业集中区在采用第三方治污后，达到了“1+1＞2”的治理效果，一方面，集中治污使不锈钢企业废水排放口由 50 个压缩为 2 个，更容易监管；另一方面，与分散治污相比，降低了每个企业的治污成本，也节约了环保项目建设用地。

（2）化工园区废水的第三方治理

2001 年，上海化学工业区经过招投标，选择中法水务为 50 年合作伙伴，为园区企业提供从供水到污水收集处理的一整套水务服务，包括生活和工业供水、污水处理设施的建设、运营和维护。2003 年 1 月，一期工程投产开始接纳废水，用户包括英国石油公司、德国拜耳、巴斯夫、中石化等。

2010 年，中法水务与重庆水务集团和重庆长寿化工园区开发建设有限责任公司通过合组新的股份合作公司的方式，获得为重庆长寿化工园区提供工业水处理服务专营合同，合同期限 30 年。新公司负责修建并完善园区公用工程体系，为园区企业提供优质的工业水生产、输配以及工业污水收集和处理服务，工业水处理能力 24 万 m^3/d，工业污水处理能力达 4 万 m^3/d。

常熟新材料产业园内共有约 30 家企业，包括杜邦、大金、阿科玛、苏威、三爱富等氟化工巨头。中法水务接管位于该园区内的常熟新材料产业园污水处理厂后，积极为园区污水处理厂活性炭吸附深度处理装置的建设和一期改扩建工程提供专业的技术支持，负责处理工业园内产生的工业污水和生活污水，处理后的中水排入长江，项目远期规划规模为 4 万 t/d。

6.3.2.7 排污企业环保业务外包

（1）烟气脱硫业务外包

依据《关于开展火电厂烟气脱硫特许经营试点工作的通知》（发改办环资〔2007〕1570 号）的要求，中国五大发电集团纷纷开展脱硫特许经营试点。内蒙古大唐国际托克托发电有限责任公司#1～# 6 机组（6×600MW）自 2008 年 4 月 1 日起实施烟气脱硫特许经营，# 7～# 8 机组自 2009 年 6 月 1 日起实行烟气脱硫特许经营，由北京国电清新环保技术股份有限公司承担脱硫设施的投资、运行、维护及日常管理工作。虽然施行特许经营后脱硫设施全部由国电清新负责运营，但是托电公司在法律上依然是环保责任的主体。

2010 年，日照钢铁有限责任公司与国舜集团合作采用 BOO 模式开工建设了 2×360 m^2 烧结机烟气脱硫工程，采用石灰—石膏法湿法脱硫工艺，副产品脱硫石膏作为水泥生产的辅料。项目于 2010 年 9 月建成运行，脱硫后外排烟气二氧化硫质量浓度（标态）低于 100 mg/m^3，每年可减排二氧化硫 1 万多 t。随后，日照钢铁又与国舜集团合作了烧结机烟气脱硫二期、三期工程，系统稳定可靠，外排污染物达到《山东省钢铁工业污染物排放标准》（DB 37/990—2008）第二时段排放限值要求。

（2）石化企业废水治理业务外包

2006 年，燕山石化与法国威立雅水务集团合作，在依托原有水处理装置和配套设施的基础上，借助威立雅的水处理技术和水务运营的管理经验，提高废水治理水平。双方合作后，污水回用装置处理能力提升了近 70%，污水排放量每年减少 1 500 万 t，污水回用做锅炉补给水，直接运行费用比用新鲜水降低约 2 元/t，年节约运行费用 600 万元以上。

6.4 第三方治污中存在的问题

6.4.1 环境监管的外部压力不够

（1）政府、排污方、第三方企业各方权责待明确

国务院近期发布了《关于加强环境监管执法的通知》，明确了地方政府对本行政区域环境监管执法工作负领导责任，对发生重特大突发环境事件，任期内环境质量明显恶化，不顾生态环境盲目决策、造成严重后果，利用职权干预、阻碍环境监管执法的，要依法依纪追究有关领导和责任人的责任。但是在以往的实践过程中，出现了一些地方将已建设施一卖了之，把本应由政府承担的环保责任转嫁给企业，对配套管网设施等问题置之不理，致使第三方企业建厂却不能运行；盘活存量资产所得并未用于设施维护、扶持企业运营，导致运营企业财务负担过重，无法保证必要的后续投资；拖欠支付服务费用，影响了第三方企业的正常财务运行；逃避应当负担的公共管理责任，将垃圾焚烧厂选址等问题简单处理为专家建议，致使政府公信力下降，工作推进困难。

第三方企业应对合同约定范围内的污染治理行为和污染物最终排放负有法律责任。但是，目前新环保法并未对污染治理者的法律责任作出明确规定，按 2015 年即将生效的《环境保护法》第四十二条规定，污染产生者应当对污染排放造成的环境损害负法律责任。然而，第三方企业作为环境服务提供者，除废水处理产生的污泥、固体废物处理后的灰渣等副产品外，不会产生污染物，因此，从法律角度来看，第三方企业只要妥善处理污泥、灰渣等副产品即可规避其在环境保护方面的责任。一旦出现第三方企业违反合同、未能完成污染治理目标的情况，第三方企业可以逃避环保法律制裁，排污企业还是要承担环境损害的法律责任，这显然会挫伤第三方治污的积极性。

（2）环境监管执法力度不足

生产企业污染治理不到位，偷排漏排超排现象普遍存在，政府监管仍显吃力，总体上依然呈现“守法成本大于违法成本”的状况。实行生产企业环保业务外包后，生产企业的非法排污成本由于合同约束而提高了。即使不考虑违约排污可能造成的环境损害，违反外包合同的超排也会在合同法和商业法框架下受到制裁。由于企业环保业务外包属于非强制性政策，因此，在权衡守法成本提高与环保业务成本降低后，排污企业很可能抵制第三方治污的推行。

我国排污收费标准普遍较低，尽管部分行业实施了特别排放限值或严于国家的地方标准，但标准限值水平不高，排污企业无须多少成本投入即可达标；排污费也低于社会平均治理成本。例如，在上海 SO_2、NO_x、COD、NH_3-N 的社会平均治理成本分别约为 8.0 元/kg、9.0 元/kg、5.0 元/kg 和 6.0 元/kg，约为现行收费标准的 5～7 倍，排污企业缺乏进一步减排的动力，第三方企业难以获得市场发展空间。

6.4.2 环保市场化发展的内部动力不足

（1）政府主导作用强于市场自身发展动力

环境服务价格是市场化进程中最关键、最核心的问题，直接影响到公共私营合作模式能否长期有效推行。建立合理的环境服务价格定价机制，对推动公共私营合作模式的实施至关重要。例如，有些地方污水处理服务指导价格多年以前制定，一直以来并未重新核定，缺乏对污泥处置费用的考虑，随着运营成本的提高，过时的指导价格导致第三方企业财务困难，更加难以支撑污泥的无害化处理。又如，垃圾处理费用缺乏考虑飞灰处置成本，政府需要大量投入财政资金，支付给垃圾处理厂以补贴这部分费用，从长远来看，这种模式存在不可持续的风险。

从第三方企业角度出发，环境服务的盈利模式过于单一，未能形成产业价值链，企业不能从项目中获取合理的回报，导致第三方治污市场缺乏内生动力。如在畜禽养殖污染治理项目中，政府财政补贴力度有限，中小养殖户及散养户更加不会为治污支付高额费用，如果沿用工业污染治理的模式，第三方治理的市场就无从发展。但如果将养殖废物资源化产品整合进来，延伸价值链，项目的盈利点就显而易见。

（2）政府环保投入使用方式受限

2003 年《政府采购法》实施，其后颁布了政府采购范围。尽管采购法规定范围包括货物、工程和服务，但是在采购范围中，对于服务的理解仅限于政府自身运作的后勤服务，而范围更广泛、更重要的环保服务等尚未被列入采购范围，由于没有明确的规定，以至于政府采购哪些类型的环保服务、采购范围以及采购数量等方面都缺乏统一的制度规范。目前，政府采购环保服务实践主要是由各个地方政府根据具体的情况制定适用于地方的相应政策或措施。但各地方政府之间由于政府采购环保服务的认识存在偏差，所以政府采购环保服务制度的设计也各不相同。此外，在政府采购环保服务实践中，既无法从国家政府采购基本法获得可操作性的法律依据，也无法从地方立法中寻找到统一而合理的法律指导，最终导致我国地方政府采购环保服务的随意性较大，动力不足。

目前，政府采购资金是指采购机关获取货物、工程和服务时支付的资金，包括财政性资金（预算资金和预算外资金）和与财政性资金相配套的单位自筹资金。而我国财政资金使用习惯于购买政府部门所需的一般性（即可量化为固定资产）消费品，或是与工程建设等相关的工程招标建设服务等。政府在某些领域设立的专项资金要求坚持专款专用，不得擅自更改资金的用途。以环保专项资金为例，该项资金主要用于技术、工艺符合环境保护和其他清洁生产要求的重点行业、重点污染源防治项目；跨流域、跨地区的污染治理和清洁生产项目；污染防治新技术、新工艺的研究开发，资源综合利用率高、污染物产生量少的清洁生产技术、工艺的推广应用；国务院规定的其他污染防治项目等，与其相关的环境保护服务项目则不在资金使用范围内。

6.4.3 市场主体的参与积极性不高

（1）环保业务盈利能力不足

企业环保业务外包的开展要靠健全的市场化机制，以保障第三方企业的盈利空间。但是我国长期实行的“谁污染、谁治理”原则，促使行业利润较好、环保项目盈利较高的企业成立了专业部门或子公司，将污染治理问题内部消化，如火电企业的烟气脱硫等。第三方治理不属于行政强制政策，需要依靠市场化手段推行。原本盈利较好的环保项目难以进入第三方治理的市场，而市场化的项目盈利较低、技术壁垒较高，不利于市场调节作用的发挥。另外，与其他两种模式不同的是，第三方企业的服务对象是工业企业，业务外包依靠商业合同约束。合同履行是存在较大经济风险的，排污企业主营业务萎缩进可能会影响到环保业务的效益，比较常见的风险包括：排污企业经营状况不佳甚至倒闭导致合同终止，排污企业受到上游企业影响或所处行业不景气导致企业生存困难等。如果业务外包合同得不到顺利执行，第三方治污也就没有了可立足的盈利点，因此，要保障企业环保业务外包模式顺利推行，需在制度设计时充分考虑可能面临的经济风险并提前加以预防。

（2）购买环保服务地方性投入不足

我国目前大部分省市实施政府采购公共服务的领域主要还是集中在财政专项拨款的一些大众通用设备的购置、各类定点服务等，而面对公民的服务类采购项目的规模很小。从国际惯例来看，政府购买公共服务涉及教育、公共卫生、弱势群体福利、社区服务、就业促进、保障性住宅、城市规划、环境、政策咨询及各种社会问题解决等诸多方面。我国政府在环境保护、医疗卫生、文化教育、扶贫济困等公益活动领域的购买服务尚不多见。

为了贯彻和落实党的十八届二中全会关于“加大一般性转移支付，减少和归并专项转移支付”的政策精神，从制度上防止“跑部钱进”，规范和优化转移支付结构，环保专项资金的设立受到了严格审查；而一般性转移支付和地方财政支出中环保支出比例受人为因素影响较大，缺乏标准化测算，导致环保支出易受挤压；加之我国普遍存在环保“历史欠账”，地方环保资金投入更显不足。

6.4.4　环保服务行业监管不规范

（1）环保服务绩效评价标准体系不完善

由于公共服务领域的资金回报率不确定，成本的核算、价格的确定、服务质量的标准等具有较强的专业性，经营者与消费者之间，经营者与监督管理者之间存在着信息不对称，所以需要独立的监督机构评估信息的真实性和保证竞争的公正性。缺乏独立的第三方监督管理机制的情况下，政府所拥有的特许经营权在内的审批、服务价格和服务质量监督管理等方面的权利难以获得有效地监督，很容易在缺乏外部监督的情况下滋生腐败。

政府采购合同与一般企业间（民事）合同不同，它以公共服务为合同履行标的，合同履行的效果直接影响到环境质量和公众健康。因此，合同履行中，政府对政采合同的履行过程和履行效果的评估尤为重要。对于政府部门如何监管、监管什么、评价标准如何制度、奖惩措施的设计等问题，《政府采购法》和《政府采购环境服务指导意见》并未给出明确方案。

（2）环保产业发展财税优惠政策不完善

缺乏针对第三方环保企业在融资方面的优惠政策。企业环保设施建设的投资无论来自排污企业还是第三方企业，其多占用土地都属于排污企业，所建设施都要依附于排污企业的生产设施而运行，作为运行方的第三方企业无法将设施和土地作为抵押品。企业间签订的服务合同中的收费权能否作为抵押品，尚无定论。

第三方企业需要缴纳一系列水费：所得税、增值税、印花税、房产税、城镇土地使用税、车船使用税等，推高了环境污染治理的总体运行成本。虽然国家出台了环境服务企业税费减免的优惠政策，如所得税“三免三减半”，但由于环保设施运营周期长、见效慢，优惠政策在有效年限内发挥的作用极其有限，对第三方企业的实际扶持效果大打折扣。

环保业务外包前，排污企业对污染自行治理，所产生的运营费用属于企业生产成本，无须纳税。

但进行环保业务外包后，第三方企业负责环保设施运营，所发生费用由排污企业支付给第三方企业，属于第三方企业经营所得，因此需要缴纳一系列税费，计入环境服务的成本，拉高了污染治理的总成本，不利于企业环保业务外包的推行。又如，火电企业脱硫补贴电价属于税费优惠政策，按现行做法，电网企业将脱硫电价补贴支付给火电企业时须纳税，火电企业再将该费用支付给第三方企业又须纳税一次，财税优惠政策因此而打折扣，既加大了脱硫业务运营成本，也可能影响环保政策的公信力。

6.5 推进环境污染第三方治理的政策建议

6.5.1 明确各方权责，挤压市场需求

明确地方政府在当地环保工作中的第一责任人地位，确定政府部门、排污方和第三方企业各自的责任和义务，明确排污方和第三方企业间的法律关系和责任转移机制。出台规范环保服务公共私营合作、合同环保服务、政府采购环保服务行为的法律、法规。由地方政府组织开展当地各项重点环境保护工作的规划编制，并由环保部门组织审议，报请地方人大通过，以法律的形式规范环境保护行为，加强政府承担的配套基础设施建设，保证环保项目的政策投资总量和运营稳定性。

加大环保执法力度和对非法排污企业的处罚力度，倒逼环保服务市场发展。以环境保护重要规划为依据，以区域大气环境、重点流域水环境、工业园区和排污大户、农村环境和行业为核心，对环境保护规划、项目和设施进行全过程、全方位管理，强化环境监理和环境监督执法，把环境保护设施的连续、稳定、有效、达标运行纳入环境监管范畴，严厉打击企业违法排污行为，让违法者付出沉痛代价。建立规范的环保产业市场，遏制市场不公平竞争，形成良好有序的市场环境。坚持政府监管与行业自律相结合的原则，加强对第三方运营的环保项目和设施的监察，坚决查处数据造假、瞒报谎报行为，对不合格的第三方企业予以曝光和处罚，促进环境保护产业的健康发展。

6.5.2 健全第三方治污市场化运行机制

以诚信为本，以市场为纲，地方政府和排污方应严格履行环保服务合同，及时足额向第三方企业支付服务费用。在公共私营合作模式下政府向社会收取环境服务费用支付给第三方企业的，不能覆盖合同款项的部分应有地方财政兜底，足额支付保障项目运营。对于排污企业拖欠服务费用的，应视同排污方不履行环保责任、非法排污，由政府部门予以坚决查处。引入第三方中介支付机构，地方政府或排污企业先将治污费用存入中介机构，待确认环保公司达标排放后，再由中介机构将治污费转给环保公司。

针对不同类型行业，依据现有经济技术条件，按照行业污染治理平均成本和运营合理利润水平，制定工业污染治理的门槛价格，一方面可以保证污染达标排放，另一方面也可有效预防市场低价恶性竞争。进一步完善环保项目运营政府指导价，由物价部门、环保部门、第三方企业和第三方独立机构共同参与，建立科学健康的价格形成机制。将污泥处置费、飞灰处理费等纳入对应项目运营成本核算。在合同中引入价格调整机制，因国家标准或地方标准提高并超过合同规定标准的，应对运营企业升级设施和运营的成本纳入价格调整考虑因素。

建立健全规范化的环境服务业市场。科学制定经营准入条件，将第三方企业技术和人才储备、

运营管理经验、征信等列为评价标准，尤其对参与政府采购和公共私营合作的企业进行严格准入遴选。将环境服务商的基本信息、提供环境服务的案例、用户满意度情况及信用等级评价情况予以公开。限制“黑名单”企业进入环境服务行业，对有不良记录的企业停止一切优惠政策。开展环境技术咨询单位和个人资质认可，健全和完善环境监测、环境监理、环境影响评价、环境工程设计、ISO 14000 认证、清洁生产审核、环境规划等职业资格制度。加强环境保护宣传教育，提高公众环保意识，建立公众参与的监管平台，发挥公众和媒体对第三方企业的监督作用。

6.5.3 发挥政府环保投入引导性作用

推动各级政府在公共财政预算中增加对购买环保服务的预算，使之向规范化、制度化方向发展。强化资金设立和实施的持续性、稳定性，结合环境保护中长期形势，统筹环境保护需求，固化资金来源渠道，避免出现类似环保专项资金应急式特点，避免资金规模年度间的大起大落与资金规模变动的随意性。创新资金使用方式，适应政府采购环保服务的要求，在资金使用中允许资金用于地方政府采购基于环境质量改善的综合性环境服务，促进资金使用效益的提高。

以环境治理改善为根本目标，坚持问题导向，选择适当的政府资金投入模式，坚持以市场化原则和按效果付费原则，提高政府投入的环境效益和对环保服务业的拉动作用。打破地方政府环保资金使用的僵化模式，严格区分政府采购服务、财政补贴、盈利性投资等使用方式，出台环保资金分配比例和管理办法，允许地方政府因地制宜适度调整比例。建立省级“环保服务超市”等形式的投资平台，打通政府资金、社会资本与环保项目建设、运营需求间的连接，以市场化和社会资本投入带动政府环保投资效率的提高。

充分发挥政策性投资的催化剂作用。通过引导性投资，提高企业和社会资本投入环保服务业的积极性，扩大环境污染第三方治理的资金来源渠道，形成多元化的环保投资格局。建立国家性和地方性的环保产业发展基金，制定促进基金发展政策和管理办法，坚持“政府引导，市场运作，规范管理，支持创新”的原则。对于解决当地环保难题，按照绩效奖励和用户激励的原则，采取基金奖补、投资税收抵免等方式实现政策性引导。

6.5.4 建立量化的污绩效评价体系

坚持按效果付费的环境污染治理原则。依据发布环境污染治理项目评价的指导意见和实施办法，确立环保项目按效果付费的资金使用原则，将立项即付费的投入方式转变为符合市场经济规律的后付费式服务购买方式。政府主导的环境保护行为资金投入先于项目实施，不可避免地造成资金低效使用问题。环境污染治理市场化改革的进程逐步加快，政府和社会资本投入的效率要依靠按效果付费的原则才能得到进一步提高。

推进污染治理效果评价标准制定。出台环保项目社会化运营、第三方监理服务相关技术服务标准、管理办法等规范性文件，明确政府责任范围，以环境监察和执法为抓手，促进污染治理服务规范化运行。由环保部门组织第三方独立机构论证和制定各类环保项目的评价和标准，形成国家和行业标准，推动第三方环保服务绩效评价体系的建立。

建立企业环境行为信用评价制度，定期发布评价结果，并组织开展动态分类管理，根据企业的信用等级予以相应的鼓励、警示或惩戒。出台治污设施转移制度文件，对项目评估、项目大修、人员安置等进行指导，确保在治污设施转移过渡期供需双方的权益。

6.5.5 鼓励社会资本进入污染治理市场

鼓励社会资本进入污染治理市场，拓宽污染治理项目融资渠道。推行环境服务收费权质押贷款，允许划拨土地及地面地下附着设施抵押融资。国家政策性银行或基金以及国际信贷等政策性资金，应通过长期低息或无息贷款、贷款贴息等方式扶持环境污染第三方治理项目。建立社会资本投入环保服务业的风险补偿机制，鼓励保险基金、社保基金、住房基金等大型基金在环境基础设施领域投资。探索债券品种创新，尝试发型项目收益债券。鼓励有条件的第三方环保企业在境内外上市融资，发行企业债券、中下企业集合债券、短期融资债券、中期票据等债务融资工具。鼓励金融机构适当放宽对环境服务企业的信贷政策，加快开发适应服务业需要的金融产品，加大对资质好、管理规范的环境服务企业的支持力度。对于承担第三方治污项目的环保公司，在贷款利率、额度、还贷条件等方面给予政策性优惠。

建立和完善污染第三方治理在税收、信贷、财政补贴等方面的优惠政策，充分发挥税收优惠政策在推进第三方治污中的作用，降低对环保服务企业税费负担。落实环保项目建设用地免征房产税、城镇土地使用税，项目运营减免营业税和增值税等，减免环保企业城市建设费等地方税费，对从事环保咨询、环保信息、环保技术服务的内资企业减免所得税，将环境咨询、环境监测、设施运营等相关的环境服务纳入技术先进型服务业务认定范围，实行企业所得税优惠政策。对于环境服务公司购入的专利、特许权等无形资产，允许按合同的一定比例进入当期增值税的进项税额，支持技术改造创新。对缴纳增值税的环境服务贸易出口企业，考虑享受出口退税政策，属于营业税征收范围的，给予免征。对从事环境服务的企业提供财政补贴，对于解决当地环保急难问题的工程项目，依据政府指导价给予亏损补贴。调整服务外包征税方式，外包企业将承揽的业务分给其他单位并由其统一收取价款的，在确定营业税计税依据时，扣除支付给承包方的营业额后，仅对实际取得的营业额征税。

本报告执笔：赵云皓、辛璐、卢静

7　新形势下环保产业发展思路与政策创新

7.1　“十三五”期间我国环保产业的机遇与挑战

7.1.1　新常态对环保产业的要求

7.1.1.1　经济新常态的内涵

经济新常态是党中央对我国经济发展阶段的重大战略判断。新常态下，经济结构发生全面、深刻的变化，不断优化升级。其中，我国服务业比重上升将是长期趋势，第三产业逐步成为产业主体；消费需求逐步成为需求主体；城镇化速度将不断加快，城乡二元结构逐渐打破，区域差距也将逐渐拉近；居民收入占比上升，更多分享改革发展成果。在经济结构优化升级过程中，先进生产力不断产生、扩张，落后生产力不断萎缩、退出。

从动力层面看，新常态下，中国经济将从要素驱动、投资驱动转向创新驱动。据不完全统计，全国规模以上工业企业利润总额年均增速近年持续下降。制造业的持续艰难表明，随着劳动力、资源、土地等价格上扬，过去依靠低要素成本驱动的经济发展方式已难以为继，必须把发展动力转换到科技创新上来。

从风险层面看，新常态下面临新的挑战，一些不确定性风险显性化。近年以来，我国经济运行继续保持在合理区间，但楼市风险、地方债风险、金融风险等潜在风险渐渐浮出水面。这些风险因素相互关联，一个点的爆发就可能引起连锁反应。

综合这些特征不难看出，我国当前的经济新常态，实质上就是经济发展告别过去传统粗放的高速增长阶段，进入高效率、低成本、可持续的中高速增长阶段。

7.1.1.2　环境保护新常态

新常态下环保工作将坚持以改善环境质量为核心，改革生态文明管理体制，全面加强环保法治，充分发挥好市场的决定性作用、科技的支撑作用和法规标准的引领作用，着力破解环境约束难题。

随着新常态的到来，未来一段时期，我国将更加重视遵循经济规律的科学发展、遵循自然规律的可持续发展和遵循社会规律的包容性发展，重点在发展的质量和效益上做文章，更多地通过环保的杠杆和指挥棒来促进结构调整。

新常态下，环境保护工作在国家全局性转型发展中的战略地位将显著提升，通过环保手段的约束激励和支撑引领，进一步促进结构调整，努力保持经济合理稳定增长，积极发现和培育新的增长点将成为未来一段时期国家经济社会转型发展的重大任务，这也将对我国环保产业发展产生积极而深远的影响。

7.1.1.3 新常态下的环保产业发展

新常态下的环保产业发展也面临一些新的情况和新的机遇。受到经济结构调整长级和消化过剩产能的影响，资源企业和流程工业企业等传统污染大户出现普遍性的经营困难，对于污染治理的支付能力严重不足，烟气治理、工业废水处理等领域市场出现暂时性下滑，而城镇生活污水处理、垃圾焚烧发电等领域的投资在日益多元化的金融市场下将继续保持快速推进。随着经济结构调整的不断推进，一些长期小散乱、小微型企业占主导的行业将出现一轮产业升级，企业规模显著增大以发挥规模效益，这些领域的环保产业潜在市场有望向现实市场过渡。在以环境质量改善为核心、覆盖所有污染物种类的治理要求下，环保产业中 VOCs 治理、土壤修复等新兴领域市场将快速释放，包括环境规划、环境风险评价、环境咨询、环境监理等咨询服务业将得到充分发展，以环境质量为标的的环境综合服务将迎来新的发展机遇。

值得注意的是，新常态下，传统产业资本谋求向新兴产业转型升级，环保产业作为战略性新兴产业深受青睐。需要对投资一哄而上、重复建设、产能过剩的风险保持警惕。

（1）政府购买环境服务

政府购买环境服务是新常态下激发和释放环保市场活力的有力举措。政府向社会力量购买环保服务的重点领域包括污水处理、垃圾无害化处理、环境监测评估、保障城乡饮用水水源地安全等，与之相关的环境监测服务社会化等领域的市场需求将不断快速释放。

环境保护部出台了《关于推进环境监测服务社会化的指导意见》，明确了全面放开和有序放开的环境监测服务事项。通过采取委托、承包、采购等多种方式，将适合社会力量承担的环境监测业务交由社会环境监测机构承担。其中，全面放开的环境监测服务事项包括排污单位污染源自行监测、环境损害评估监测、环境影响评价现状监测、清洁生产审核、企事业单位自主调查等环境监测活动。因地制宜、有序放开的环境监测服务事项包括环境质量自动监测站和污染源自动监测设施的运行维护、固体废物和危险废物鉴别等监测业务。

社会环境监测力量近年发展迅速，据不完全统计，全国约有 600 余家社会环境监测机构，环境监测服务社会化的市场初步成型。全面放开和有序放开的环境监测服务事项的推出对社会环境监测机构的良性发展起到了积极的作用。一些地方的社会环境监测机构已经在环评现状监测、企业自行监测、自动监测设备运行维护等领域承担了部分监测任务，在一定程度上缓解了当前环境监测能力与经济新常态下环境管理需求的矛盾。同时，社会环境监测机构为能具备承接环境监测服务事项，将努力建立健全质量保证和质量控制体系，提升人员技术水平，规范环境监测行为，以保证所提供的监测数据的真实性和准确性。

政府购买环境服务在一定程度上将助推正逐渐成为拉动我国环保产业增长重要动力之一的环保服务业的壮大。

（2）环境污染第三方治理

第三方治理，即根据污染物种类、数量和浓度，排污者承担治理费用，受委托的第三方治理企业按照合同约定进行专业化治理。2014 年 12 月 27 日，国务院办公厅下发《关于推行环境污染第三方治理的意见》（国办发〔2014〕69 号）要求，到 2020 年，环境公用设施、工业园区等重点领域第三方治理取得显著进展，污染治理效率和专业化水平明显提高。明确由排污者付费、在政府引导推动下通过市场化运作，逐步使环境公用设施投资运营市场化的第三方治理得到推行，进一步激发了社会资本进入环保产业污染治理市场的活力。

（3）环保金融服务

在环保产业发展过程中，金融的作用至关重要。目前，我国经济发展增速放缓，地方政府融资需求日益凸显，积极探索和建立政府与社会资本合作模式（PPP）已在进行。政府与社会资本合作模式（PPP）是环保领域投融资模式的重大创新与项目管理方式的重大转变。从 2014 年开始，为解决城镇化建设和基建投资的巨量融资需求，缓解地方政府债务压力，降低系统性风险，我国政府不断出台政府与社会资本合作模式（PPP）政策，如《国家发展改革委关于发布首批基础设施等领域鼓励社会投资项目的通知》（发改基础〔2014〕981 号）、《财政部关于推广运用政府和社会资本合作模式有关问题的通知》（财金〔2014〕76 号）、《关于创新重点领域投融资机制鼓励社会投资的指导意见》（国发〔2014〕60 号）、《关于印发政府和社会资本合作模式操作指南（试行）的通知》（财金〔2014〕113 号）、《关于政府和社会资本合作示范项目实施有关问题的通知》（财金〔2014〕112 号）、《关于开展政府和社会资本合作的指导意见》（发改投资〔2014〕2724 号）、《关于推进水污染防治领域政府和社会资本合作的实施意见》（财建〔2015〕90 号）等。

我国政府主要集中在市政污水和垃圾处理等收益相对较高且较为稳定的领域推广政府与社会资本合作模式（PPP）项目，运作形式包括委托运营（O&M）、管理合同（MC）、建设—运营—移交（BOT）、转让—运营—移交（TOT）、改建—运营—移交（ROT）、建设—拥有—运营—移交（BOOT）、建设—拥有—运营（BOO）等多种类型。

新常态下的环保投融资体制改革将扩宽环保投融资渠道和进一步完善环境经济政策，以政府与社会资本合作模式（PPP）为代表的新兴环保投融资模式，将充分激发市场主体，为环保产业发展提速提供有力支撑。

（4）环保产业“走出去”

近期，我国提出两个符合欧亚大陆经济整合的大战略：“丝绸之路经济带战略”和“21 世纪海上丝绸之路经济带战略”，即“一带一路”倡议。2015 年 4 月，发改委、外交部和商务部联合发布了《推动共建丝绸之路经济带和 21 世纪海上丝绸之路的愿景与行动》宣告“一带一路”进入了全面推进阶段。

“一带一路”沿线大多是新兴经济体和发展中国家，普遍面临工业化和全球产业转移带来的环境污染、生态退化等多重挑战，加快转型、推动绿色发展的呼声不断增强。随着“一带一路”这个宏伟战略构想的布局实施，我国环保产业“走出去”也迎来了重大发展机遇。

技术、市场和资本是产业发展的三大基本驱动力，“一带一路”给环保产业“走出去”带来了技术创新的机遇、巨大的潜在市场和资本保障。

技术创新是环保产业面对国际竞争的核心竞争力，市场是需求，资金机制是发展的保障。“一带一路”提出资金融通，就是要深化金融合作，推进亚洲货币稳定体系、投融资体系和信用体系建设。共同推进亚洲基础设施投资银行、金砖国家开发银行、丝路基金等，以银团贷款、银行授信等方式开展多边金融合作。目前方兴未艾的绿色金融机制，倡议更多的资金投向节能环保产业，要求重大项目投资都要考虑环保设施建设需求，实施绿色信贷，无疑为环保产业“走出去”提供了资金保障机制。

“一带一路”愿景和行动计划将加强生态环境保护合作列为积极推动务实合作的重要领域之一，

重点突出生态文明、合作共建绿色丝绸之路、统筹推进区域生态建设和环境保护，要求各领域开展合作时都要高度重视生态环境保护，这为我国环保产业“走出去”，打开国际市场提供了政策规范的市场基础。

“一带一路”沿线部分国家的环境保护法规与制度比较健全，标准甚至高于我国；部分国家的法律、法规标准完善程度不足。对于第一类国家，“走出去”之前需要全面了解掌握其政策标准；对于第二类国家，可以通过合作机制，介绍我国经验，帮助其进一步完善标准，为进入其市场占得先机。这些为相关环保领域研究咨询机构创造了提供相应服务的机会，并通过完善环保产业相关标准（包括基础设施建设标准，污染物排放标准、相关环境服务标准等），推动其与国际化相关标准相衔接，为环保产业“走出去”提供技术支撑。

结合“一带一路”，通过政府引导，将建立国家环境保护对外援助计划，与沿线国家共同开发一批环境保护基础设施建设和示范项目，由政府搭建环保产业国际化合作交流平台，我国企业紧随其后，承担其中的环境保护基础设施建设，扩大环保产品、设备、技术和服务出口规模，为环保产业的发展创造新的经济增长点，同时提升我国环保龙头企业在国际环保舞台的影响力。

借助“一带一路”倡议，可以搭建环保产业国际化发展公共服务平台，为中国环保产业优秀技术和产品提供宣传服务，为我国环保企业“走出去”提供相关信息、政策需求等支撑，为相关国家的环保标准制定提供援助，为环保企业进入该国市场奠定良好的产业环境基础。利用公共服务平台，建设一批对外环保示范项目，提升中国环保企业的知名度，推动中国环保企业“走出去”。

（5）工业绿色化发展

党的十八大报告将生态文明建设纳入中国特色社会主义五位一体总体布局。按照党的十八大的总体部署，生态文明建设遵循坚持把尊重自然、顺应自然、保护自然作为本质要求，着力提高资源利用效率和生态环境质量，形成人与自然和谐发展的现代化建设新格局；坚持把节约优先、保护优先、自然恢复为主作为基本方针，着力推进绿色发展、循环发展、低碳发展，形成节约资源和保护环境的空间格局、产业结构、生产方式、生活方式；坚持以人为本、可持续地满足人民群众日益增长的物质文化需要作为出发点和落脚点；坚持把改革创新和科技创新作为根本动力，建立和完善生态体系，形成生态文明建设长效机制。

我国经过30多年的快速发展，目前已面临资源约束趋紧、环境污染严重、生态系统退化等问题的挑战。为打破“瓶颈”制约，需要大力推进生态文明建设。环保产业的发展水平已经成为衡量国家生态文明建设状况的重要标志，同时环保产业在生态文明建设过程中无疑也将得到快速发展。

生态文明建设新形势下，环保产业将实现服务领域由末端治理向过程控制和资源综合利用延伸扩展，全面提升环保产业发展水平。环保产业开始摆脱对单纯的污染物末端治理市场的依赖，服务领域向上下游拓展，上游通过清洁生产、过程治污与传统行业融合发展，下游通过资源循环利用、环境友好产品拓展新的发展空间和盈利点。

根据有关部门调查，中国资源、能源消耗和环境污染主要来自工业。协调我国经济发展与生态环境保护之间的关系，传统工业需要全面改造以适应生态文明建设的要求。要从以尽可能少的资源消耗和污染物排放完成工业化和城镇化的任务着手，实现工业绿色化，提高绿色经济、循环经济和低碳技术在整个结构中所占比重。工业绿色发展使生产和消费模式的可持续性更好，使资源能源利用效率更高，碳和污染物排放强度更低，对生态环境无污染并且更加安全。工业绿色化是人类对工业化道路的否定，也是我国迈向能源资源集约利用、污染物排放减少、环境影响降低、可持续发展能力增强的必然选择。

2015 年 5 月，国务院发布《中国制造 2025》，其重点任务之一就是要全面推行绿色制造，实施绿色制造工程。加大先进节能环保技术、工艺和装备的研发力度，加快制造业绿色改造升级；积极推行低碳化、循环化和集约化，提高制造业资源利用效率；强化产品全生命周期绿色管理，努力构建高效、清洁、低碳、循环的绿色制造体系。

环保产业是工业绿色化的关键所在，也是实现工业绿色化的重要载体。依靠环保产业提供的产品、技术、设备以及相关服务是实现工业绿色化、维护生态系统平衡的主要途径。在工业绿色化发展的过程中，环保产业一方面要做好为一般工业企业的绿色化改造服务，另一方面也要注重自身的绿色化发展。对传统工业进行生态化改造使清洁生产、污染治理和资源循环利用的技术装备与服务需求日益增长，环保产业市场空间将不断扩大。

（6）低碳化趋势

伴随着 2005 年《京都议定书》的正式生效，碳排放权成为国际商品，碳市场也正在吸引更多投资目光。按照《京都议定书》的规定，协议国家承诺在一定时期内实现一定的碳排放减排目标，各国再将自己的减排目标分配给国内不同的企业。当某国不能按期实现减排目标时，可以从拥有超额配额或排放许可证的国家（主要是发展中国家）购买一定数量的配额或排放许可证，以完成自己的减排目标。同样地，在一国内部，不能按期实现减排目标的企业也可以从拥有超额配额或排放许可证的企业那里购买一定数量的配额或排放许可证以完成自己的减排目标，排放权交易市场由此而形成。碳交易衍生品交易的有利可图除了会吸引企业自主减排，还会降低企业成本，由此带动环保产品、设备、技术的研发和环保服务市场的扩容。开展碳交易衍生品交易，为相关企业的排放权现货交易提供权威公正的定价机制，将有助于培育和规范环保产业市场，推动环保产业健康发展。

中国政府将加快建立全国碳排放权交易市场，完成总量设定和配额分配方案，出台重点行业企业碳排放核算与报告标准，完成中国低碳发展宏观战略总报告，提出中国低碳发展长期路线图。预计“十三五”时期，碳排放权交易市场的建立将进入完善阶段，随后进入稳定深化阶段。

中国确定的 2020 年行动目标是单位国内生产总值二氧化碳排放比 2005 年下降 40%～45%；2030 年行动目标是二氧化碳排放 2030 年左右达到峰值，并争取尽早达峰；单位国内生产总值二氧化碳排放比 2005 年下降 60%～65%。预计，中国要实现减排计划，投资或将超过 40 万亿元，未来碳排放交易行业将帮助某些由于国内经济发展速度放缓而市场萎缩环保产业细分领域焕发新的生机。

随着低碳化发展趋势开始确立，环境保护工艺、技术装备节能改造持续推进，减少温室气体排放成为环保工艺过程选择的重要标准，从单纯追求污染物排放浓度向资源能源利用全周期碳排放最低的目标过渡将为环保产业相关领域的发展创造机会。

7.1.2 “十三五”期间环保产业面临的机遇与挑战

从总体上看，环境保护“十三五”规划将以改善环境质量为主线，实施质量和总量双控，分区分类、精细管理，突出可达、可控、可预见性，继续实施全国 SO_2、NO_x、化学需氧量、氨氮排放总量控制，有望对总氧、总磷、工业烟粉尘和挥发性有机物（VOCs）实施重点区域与重点行业相结合的总量控制，实施排污许可制度，建立基于现代信息技术手段的环境质量管理的监测预警体系，启动有毒有害微量物质防控。

“十三五”规划的总体目标可以分为总量、质量、环境风险和生态文明制度 4 个层次：到 2020

年，主要污染物排放总量显著减少，空气和水环境质量得到阶段性改善，土壤环境恶化趋势得到遏制，环境风险得到有效管控，生态文明制度体系系统完整，生态文明水平与全面小康社会相适应。从国务院发布《大气污染防治行动计划》《水污染防治行动计划》到生态文明建设理念达成社会共识，从全国首个资源型城市的规划出炉到多个碳排放权交易试点城市的陆续启动，从加强城镇排水与污水处理到《土壤环境保护法（草案）》的初步形成，从第三批国家级绿色矿山试点单位名单公布到工业固废处理处置行业渐入佳境，对于我国环保产业而言，带来挑战的同时也迎来了最佳机遇期。

挑战十分明显，随着宏观经济增长步入新常态，环境保护如何为经济社会发展保驾护航成为将要面临的主要难题。环保资金投入和增长的可持续性存在变数，部分新的经济增长点尚未发展成支柱，结构调整进入攻坚期，环保产业转型升级难度较大。由于经济增长下行压力加大，一些地方政府财政收入增速放缓、企业效益下滑，企业治污决心和行动出现动摇，监管难度加大。另外，由于我国面积广阔，不同地区的发展方向和格局不同，生态安全格局与区域型环境污染也呈现出不同的特征。之前经济高速发展时期，局部地区长期超过环境承载能力，目前需要进行治理和修复已经刻不容缓。

机遇则主要体现在：经济发展从高速增长转为中高速，重化工业快速发展的势头减缓，传统污染物新增量同比下降，第三产业成为拉动经济增长的主力，总量和结构都在向有利环境保护的方向发展。

在“十三五”期间实施的《大气污染防治行动计划》《水污染防治行动计划》和《土壤污染防治行动计划》三大行动计划，将分区域持续改善环境质量。

2013 年 9 月，国务院发布了《大气污染防治行动计划》（以下简称“大气十条”），对 2017 年前大气污染治理给出了详细治理蓝图。“十三五”期间，拟对全国实施重点行业工业烟粉尘总量控制，对总氮、总磷和挥发性有机物实施重点区域与重点行业相结合的总量控制，增强差别化、针对性和可操作性。在全国层面坚持不懈开展大气污染综合防治的同时，由国家制定分区域、有差别的空气质量目标。这些无疑将为大气污染治理行业带来巨大市场商机。

2015 年，国务院印发了《水污染防治行动计划》（以下简称“水十条”）。“水十条”以改善水环境质量为核心，按照“节水优先、空间均衡、系统治理、两手发力”原则，贯彻“安全、清洁、健康”方针，强化源头控制，水陆统筹、河海兼顾，对江河湖海实施分流域、分区域、分阶段科学治理，系统推进水污染防治、水生态保护和水资源管理。坚持政府市场协同，注重改革创新；坚持全面依法推进，实行最严格环保制度；坚持落实各方责任，严格考核问责；坚持全民参与，推动节水洁水人人有责，形成“政府统领、企业施治、市场驱动、公众参与”的水污染防治新机制，实现环境效益、经济效益与社会效益多赢，并将在污水处理、工业废水、全面控制污染物排放等多方面进行强力监管并启动严格问责制。“十三五”期间初步考虑在三湖一库、海河流域以及长三角等污染最严重、问题最突出的地区实行总氮或总磷区域排放量总量控制，要求沿海城市污水处理厂实施脱氮除磷。通过上述强化环保约束手段倒逼环保产业市场水污染治理领域的发展空间，将为该细分领域从业单位提供更多机会。

在“大气十条”和“水十条”相继推出后，中国也已经加快推进土壤污染防治立法。为逐步推动土壤污染的风险管控和治理修复，环保部同相关部门编制的《土壤环境保护和污染治理行动计划》（以下简称“土十条”）已于 2016 年 5 月 28 日经国务院正式发布实施，“土十条”中包括划定重金属严重污染的区域、投入治理资金的数量、治理的具体措施等多项内容。

“土十条”作为土壤管理和综合防治的一个重要规划，将会制定治理我国土壤污染具体的“时间表”，总体上把土壤污染分为农业用地和建设用地，分类进行监管治理和保护，对于土壤污染治理责任和任务也将逐级分配到地方政府和企业，争取到2020年土壤恶化情况得到遏制。

“土十条”发布后，国家将细化社会资本投资土壤污染治理领域的鼓励措施，包括财政、税收、贷款优惠等内容，促进和规范土壤污染治理领域政府和社会资本合作，并逐步将土壤污染防治领域全面向社会资本开放。

专家预计，这三个行动计划涉及的环保投资将超过6万亿元，为环保产业在“十三五”期间保持较高速增长提供了可能性。国家和地方研究制订的“十三五”环保总体规划将围绕重点领域谋划一系列重大环保工程和重大环保项目，如环境质量改善和提标工程、主要污染物减排工程、生态修复与环境保护工程、重点领域环境风险防范工程、农村环境清洁工程、环境监管能力基础保障工程、环境基础设施公共服务工程、社会行动体系建设工程等，其投资总额预计将远远超过“十二五”时期，由此带来的环保产业市场需求将被大大激发。

随着第三产业成为拉动经济增长的主力，环保服务业在产业中的主导地位将逐步确立。“十三五”期间，继续拓宽的政府环保服务供给渠道，结合国务院下发的环境污染第三方治理指导意见而积极推动的各级政府向社会力量购买环境服务，将为环保从业单位，尤其是致力于相关环保服务领域的企业实现自身发展的突破带来难得的机遇。

能够满足“十三五”时期环境保护重点需求的环保技术、取得突破后可明显解决某一领域重大环境问题，促进产业结构调整和优化升级的关键性、瓶颈性环保技术、适用性和时效性较强或已有初步商业化应用实例的环保技术，将成为聚焦的重点，其研发和产业化可获得较大支持，我国环保产业的整体技术水平将借此得以较大幅度地提升，并进一步带动环保产业在全球产业分工和价值链中的地位明显提升。

政府在“十三五”期间发展生态金融，把生态成效作为理财期权，进行投资补贴、担保补贴和基金注资等新模式探索的举措，必将吸引社会资本进入环保产业领域。逐步完善的有利于环保产业发展的投融资环境，积极不断拓宽的融资渠道使环保企业提升自身核心竞争力和环保产业实现转型升级所需时间得以缩短。

7.2 “十三五”环保产业发展展望

7.2.1 “十三五”环保产业发展思路

当前，我国经济社会发展进入新常态。未来一段时期，我国将更加重视遵循经济规律的科学发展、遵循自然规律的可持续发展和遵循社会规律的包容性发展，重点在提质增效，更多地通过环保的杠杆和指挥棒来进一步促进结构调整，保持经济合理稳定增长，积极发现和培育新增长点。

环保产业是国务院确定的战略性新兴产业，为我国的生态文明建设和环境保护事业提供重要的产业支撑。我国环保产业目前正处在难得的历史机遇期，产业规模迅速扩大，市场活力不断释放，创新能力日益增强，升级转型稳步推进，受到社会各界的广泛关注。

“十三五”期间，我国环保产业发展的总体思路是围绕生态文明建设的要求，以环境质量改善为核心，以环境标准为导向，聚焦水、大气、土壤污染防治，以科技进步为支撑，加快环保产业与新一代信息技术、先进制造技术深度融合，强化装备制造能力，提高综合集成水平，完善多层次人才体系，促进业态转型升级，促进环境服务业发展，实现服务领域由末端治理向过程控制和资源综合利用延伸扩展，全面提升环保产业发展水平。

7.2.2 “十三五”环保产业发展方向

“十三五”时期是我国经济社会发展进入新常态，经济发展进入中高速发展通道，从要素、投资驱动向创新驱动转变，重化工业快速发展的势头减缓，能源消耗呈现低增速、低增量、低碳化的“三低”趋势，大宗资源产品产量将达到峰值，快速城镇化对环境的压力有望缓解，部分行业长期性产能过剩态势显现，社会公众环境权益观念增强，环境基本公共服务供需差距仍较大。

环保产业在“十三五”期间将完善以企业为主体、政产学研用相结合的产业创新机制。围绕水、大气、土壤污染防治，集中突破一批关键治理技术，成套装备与核心零部件国产化进一步加快，广泛应用先进制造技术，继续推进标准化建设，积极实现环保技术与新一代信息技术的有效融合。持续推进环境保护工艺、技术装备节能改造，把减少温室气体排放作为环保工艺过程选择的重要标准，从单纯追求污染物排放浓度向资源能源利用全周期碳排放最低的目标过渡。

初步建立适应环境质量控制要求的产业服务体系。快速发展环境调查、风险评估、规划咨询、监测预警、绿色金融等服务领域，初步形成以环境质量提升为目标的区域、流域环境服务模式和服务能力，政府采购环境基本公共服务形成规模。

环保产业逐渐摆脱对单纯的污染物末端治理市场的依赖，服务领域向上下游拓展，上游通过清洁生产、过程治污与传统行业融合发展，下游通过资源循环利用、环境友好产品拓展新的发展空间和盈利点，不断拓展服务领域，力争显著提升我国环保产业综合竞争实力。

7.2.3 “十三五”环保产业重点领域及技术研发重点

国家环境保护“十三五”规划的总体目标可以分为总量、质量、环境风险和生态文明 4 个层次：到 2020 年，主要污染物排放总量显著减少，空气和水环境质量得到阶段性改善，土壤环境恶化趋势得到遏制，环境风险得到有效管控，生态文明制度体系系统完整，生态文明水平与全面小康社会相适应。

为满足国家环境保护“十三五”规划的要求，未来 5 年我国环保产业在大气污染防治、水污染防治、固体废物处理处置、土壤污染防治、噪声与振动控制、环境监测、资源综合利用等方面均有一些重点发展的领域及技术研发重点。

7.2.3.1 大气污染防治产业重点领域

“十三五”主要大气污染物污染排放控制全面覆盖有组织排放和无组织排放；电力、供热、水泥、钢铁、石化、工业锅炉等重点行业仍是排放要求收严、污染防治先进技术应用的先导行业，从而在管理和技术上拉动其他行业减排；VOCs 排放控制将全面铺开；部分重点区域有望实施更严格的机动车排放标准。

由此，“十三五”期间我国大气污染防治的重点领域将集中在烟尘（工业烟粉尘）、硫氧化物、氮氧化物、VOCs 及机动车尾气治理等。

（1）烟尘治理领域

静电除尘器方面，针对我国煤种多、燃煤电站煤质多变的特点，对燃煤锅炉烟气中 $PM_{2.5}$ 的捕集上存在的“瓶颈”问题进行技术攻关，研发适合我国国情的低低温电除尘技术、移动极板静电除尘技术、湿式静电除尘技术、电凝并技术、电除尘器高频电源技术等关键技术、集成工艺与成套装备。针对煤化工、钢铁、有色、黄磷化工等行业高温气氛下的粉尘控制问题，开发适合于不同高温（350℃以上）气氛下的静电除尘技术；同时显著提高焦油、黄磷等高附加值副产品品质，提升整体能量效率。

袋式除尘器方面，主机设备是行业发展的龙头，主机生产应考虑的问题主要是设备的大型化、满足直接处理高浓度粉尘、降低阻力等。研发适用于钢铁、电力、水泥行业去除烟尘中 $PM_{2.5}$ 的技术与装备；研发超高压袋式除尘技术和设备，能适应水煤气行业工作压力 0.6～1.0 MPa 甚至 3～4 MPa 的袋式除尘技术和装备。配件、自动控制方面，袋式除尘器配件的研发重点主要是大口径脉冲阀、推广应用非膜片脉冲阀和袋式除尘器自动控制系统。重点解决耐高温新型滤料、大口径电磁脉冲阀、滤袋寿命及其质量稳定性问题。

针对 $PM_{2.5}$ 的捕集，研究和开发主机、超细纤维和滤料、测试及应用技术；研究开发垃圾焚烧协同净化有害气体的袋式除尘技术和装备；扩大袋式除尘技术在烧结机头烟气脱硫除尘系统的应用；研发耐高温滤料纤维和水刺滤料；研发适用于微细粒子捕集的海岛纤维滤料；研发超高压袋式除尘技术和设备；提高脉冲阀产品的质量和性能；进一步降低袋式除尘器的能耗等都是我国袋式除尘行业今后发展的重要方向。

（2）硫氧化物治理领域

针对日益严格的排放标准，大幅度提升现有烟气脱硫技术的稳定性，并开发高效可靠、副产物可资源化利用的脱硫新技术、新工艺，是未来 SO_2 控制技术发展的重点。针对 SO_3 排放可能引发的蓝烟/黄烟等污染新问题，进一步控制 SO_3 生成、研发低 SO_2/SO_3 转化率的脱硝催化剂等是今后我国 SO_3 控制发展的重要方向。

进一步对石灰石-石膏法传统工艺进行改进，提高脱硫效率，解决石膏雨和脱硫废水问题；研发单塔/双塔双循环、双托盘、U 形塔等高效脱硫技术，以适应更高标准的要求。高硫煤地区及烟气脱硫提效改造工程可发展双循环脱硫等新技术。有条件的项目，可因地制宜发展海水脱硫、循环流化床法、氨法、干法脱硫等技术。燃煤工业锅炉等非电领域推广高效脱硫技术。开展 SO_3 控制工艺研究。开发资源回收利用型脱硫工艺。

（3）氮氧化物治理领域

我国火电厂燃煤品质多变、成分复杂，含碱金属、碱土金属、重金属等多种元素，导致催化剂易失活。因此，需继续深入研发适合复杂煤质和运行工况的高效抗碱金属/碱土金属/重金属等中毒、低硫转化率、宽温度窗口和硝汞协同控制的系列催化剂配方，拓宽脱硝催化剂使用领域。废旧脱硝催化剂处置方面，要继续加大催化剂再生及资源化利用等关键技术和产品的开发力度，进一步提升再生催化剂脱硝效率和使用寿命，同时加大废旧脱硝催化剂的资源化回收及利用。

进一步推广低氮燃烧技术。火电行业 SCR 脱硝重点研发推广专用纳米级 TiO_2 载体制造技术、低温催化剂技术、氨逃逸控制技术、失效催化剂处置和再生技术等，研究解决催化剂过度磨损问题和脱硝系统低负荷运行问题。重点解决氨逃逸问题和工业锅炉脱硝系统稳定运行问题。

（4）机动车排放控制领域

排放法规的升级与实施推动了排放控制产品和技术的研发和应用。越来越严格的机动车低温冷启动排放性能、蒸发排放性能、耐久性能以及机械性能等，也推动了排放控制产品和技术的升级和改进，主要涉及的领域及技术包括：高孔密度、薄壁堇青石陶瓷蜂窝载体；碳化硅/堇青石壁流式颗粒物捕集器（DPF）及其再生控制方法；低温 SCR 技术（如分子筛催化剂）；高温下矾基 SCR 中排出高毒性物质矾；高效、耐久、热稳定性优异且廉价的新型催化剂；高性能活性炭罐技术；非膨胀型陶瓷衬垫；高精度尿素喷射系统和电控高压共轨关键核心零部件。燃油添加剂（如 FBC）等领域新技术和新产品的研发和应用也是未来重点发展方向。

车用燃料是机动车排放污染防治的重要内容，其对机动车排放的影响随着排放标准的提升日益凸显。在未来相当长一段时间内，传统化石燃料（汽油和柴油）仍是车用燃料的主要来源，因此，改善汽油和柴油的品质是机动车污染防治的重要手段之一。重点围绕国 V 柴油车和国 V 及更高水平的汽油车排放要求，完善覆盖油品、车用尿素等的质量监管体系。

（5）VOCs 治理领域

针对 VOCs 治理工作，需要采取源头控制+末端治理的方法来减少 VOCs 的排放。新材料研究方面，具有疏水功能的分子筛吸附剂、广谱性氧化催化剂、高效生物净化菌种等还有待进一步开发和提高；过程优化和集成技术的研究开发方面，需要改进产品性能，提高工艺集成水平，并大力推广应用。

新技术开发应用方面，重点发展吸附回收技术、吸附浓缩技术、活性炭再生技术、蓄热式燃烧技术、低温等离子体净化技术、生物法脱臭技术、光氧化和光催化技术等，推广吸附浓缩+催化燃烧技术、吸附浓缩+高温焚烧技术、吸附浓缩+吸收技术、低温等离子体+吸收技术、低温等离子体+催化技术和组合吸附剂等先进组合净化技术。

同时，通过积极引进国外先进技术和经验，加大自主创新力度，推动我国企业 VOCs 治理技术升级及应用；引进国外先进的运营管理理念，构建我国 VOCs 控制最佳可行技术评估体系，全面促进我国的 VOCs 治理工作。

7.2.3.2 水污染防治产业重点领域

“十三五”期间，我国将打响水污染防治战役。国务院印发的《水污染防治行动计划》指出：到 2020 年，全国水环境质量得到阶段性改善，污染严重水体较大幅度减少，饮用水安全保障水平持续提升，地下水超采得到严格控制，地下水污染加剧趋势得到初步遏制，近岸海域环境质量稳中趋好，京津冀、长三角、珠三角等区域水生态环境状况有所好转。到 2030 年，力争全国水环境质量总体改善，水生态系统功能初步恢复。到 21 世纪中叶，生态环境质量全面改善，生态系统实现良性循环。

主要指标是：到 2020 年，长江、黄河、珠江、松花江、淮河、海河、辽河七大重点流域水质优良（达到或优于Ⅲ类）比例总体达到 70%以上，地级及以上城市建成区黑臭水体均控制在 10%以内，地级及以上城市集中式饮用水水源水质达到或优于Ⅲ类比例总体高于 93%，全国地下水质量极差的比例控制在 15%左右，近岸海域水质优良（一类、二类）比例达到 70%左右。京津冀区域丧失使用功能（劣于Ⅴ类）的水体断面比例下降 15 个百分点左右，长三角、珠三角区域力争消除丧失使用功能的水体。

为实现上述目标，工业水污染治理、城镇生活污水处理、农业农村污染防治、城镇污水再生利用、水环境生态修复将成为环保产业水污染防治的重点发展领域。

（1）工业水污染防治领域

①集中治理工业集聚区水污染。重点开发工业园区废水全流程技术管理体系，建立和推广工业

园区废水处理与资源化系统工程示范。选择不同类型的典型工业园区，以节水减污为目标，因地制宜开发园区工业废水处理与资源化模式。对于不适合混合处理的废水，推行分质收集、浓淡分家、分类处理、回收利用。

②重污染行业工业废水治理。重点发展难处理工业废水处理技术，对印染、电镀、造纸、酿造、制革、焦化、制药、食品等行业的难生物降解、高浓度氨氮与总氮污染物、高浓度硫化物、高盐分废水类难处理工业废水，推行从单纯的末端治理转向全过程污染控制的技术路线，推广清洁生产技术、过程减排技术和物料回收的资源化综合利用技术。

重点研发高效膜集成技术、电絮凝技术、高级氧化/还原技术、高效脱色絮凝剂及生物絮凝剂、新型生物脱氮除磷技术及优化组合工艺；重点研发重金属废水稳定达标排放和重金属回收技术，发展重金属污泥的无害化处理处置技术；研发工业废水“零排放”技术。在印制线路板、氮肥等行业，开展清洁生产工艺、膜技术、资源回收技术的工程示范，开展工业废水“低排放或零排放”示范工程。

（2）城镇生活污水处理领域

①污水处理厂的“提标改造”与“提效改造”。在重点流域、环境敏感地区和二级污水处理厂的升级改造中，广泛应用膜技术、高效节能曝气技术、生物膜法污水处理工艺、物化-生化法脱氮除磷工艺。推广应用臭氧氧化技术及大型臭氧发生器、好氧生物流化床成套装置、好氧膜生物反应器成套装置、溶气供氧生物膜与活性污泥法复合成套装置、污泥床和膨胀床复合厌氧成套装置等新设备、新装备。

积极开发污水处理厂“提效改造”新技术。重点研发城市污水处理厂的优化运行和节能降耗技术，包括污水处理系统的在线监测技术、精确曝气技术、化学除磷及反硝化碳源的加药控制技术及污水处理工艺优化运行模型等。

②污泥无害化处理与处置领域。重点发展污泥稳定化技术、污泥深度脱水技术和污泥资源化利用技术。

在污泥稳定化方面，重点研发好氧-厌氧两段消化、酸性发酵-碱性发酵两相消化及中温-高温双重消化等新工艺，以及污泥热处理-干化、污泥低温热解、污泥等离子法处理、污泥超声波处理等新工艺。

在污泥深度脱水方面，采用化学和物理综合方法的污泥改性技术，通过加入纳米级无机药剂，使胶黏状的污泥成为颗粒状，并结合新型压力脱水设备，提高脱水效率。

在污泥资源化利用方面，重点发展污泥微生物蛋白提取技术、污泥亚临界水解制肥技术、污泥热解制油技术、污泥好氧发酵提取合成生物降解塑料原料聚羟基脂肪酸酯（PHAs）、制备沸石技术、鸟粪石工艺技术等新兴污泥处理技术。

③农业农村水污染防治领域。农村生活污水具有面广分散、来源多、成分复杂、水质及水量变化大的特征，大量未经处理的生活污水通过点源和非点源排放到自然水体，将各类污染物带入河流，导致出现农村水体富营养化严重、蓝藻及水生植物疯长等诸多生态环境问题。

因经济条件和环保要求不同，农村生活污水技术需求是多层面、多样化的。在人口较集中地区可采用集中式污水处理系统，在人口较分散地区宜采用分散式污水处理系统。对于我国众多小城镇和广大农村地区，更适合应用分散式污水处理技术。重点扩展 MBR 一体化、A^2O 人工生态湿地技术等在经济发达地区农村生活污水处理中的应用推广。

规模化畜禽养殖，鼓励发展规模化畜禽养殖废水零排放、“干清粪”技术和“生物床干式养猪技术”。畜禽养殖废水处理宜采用固液（粪水）分离技术和厌氧/缺氧/好氧的生物脱氮除磷技术，鼓励应用生物菌剂的生物强化技术和高效生物反应器技术。畜禽养殖粪污的无害化处理，鼓励采用资源化综合利用的发酵制肥技术和厌氧产沼的生物质能源新技术。

④城镇污水再生利用领域。围绕“零排放”要求和有效缓解用水的需求，城镇污水再生利用将是未来污水处理发展方向之一。城镇污水再生利用全面推行以除磷脱氮为核心的二级强化处理技术，并增加三级（深度）处理工艺，采用当代高新技术，如高标准除磷脱氮、微滤膜或超滤膜过滤、反渗透、膜生物反应器等，使处理后的再生水达到各种用水途径的水质要求，包括高等级用水的要求，实现污水的再生利用或者达到高等级的排放标准。

高效凝聚技术、高效过滤技术、膜分离技术、除盐技术、蒸发浓缩技术，成为污水回用实现“零排放”的基本手段。一批新型技术装备和新型材料，如集成物化技术—膜技术—精细过滤等高效固液分离技术装备、高速精密过滤技术及新型滤料、膜分离技术及硬体纳米膜材料、催化氧化技术和高效氧化剂高效催化剂、电解凝聚技术及电解凝聚装置等成为研发重点。

⑤水体污染控制与生态修复领域。发展重点污染源控制、水体水质修复、综合生态修复技术，包括污染源控制，重点发展湖滨带、河滨带污染物阻断技术和人工净化技术（地下渗滤、生态护坡和人工湿地）等。

湖库污染防治方面，重点发展富营养化防治技术，采用“点源治理+面源治理+生态恢复”与“内源治理+外源治理”的系统技术路线。点源治理方面，以湖库为受纳水体的新建城镇污水处理设施和湖库流域地区排放氮、磷物质的工业污染源（如化肥、磷化工、医药、发酵、食品等行业），应采取脱氮、除磷工艺，达到相关排放标准。面源治理方面，主要控制农田地表径流污染（氮、磷、泥沙和农药）及入湖库河流污染。

在重点河口和海湾陆海区域，重点落实入海氮磷负荷削减的任务，发展入海氮、磷控制技术；沿海地区实施氮、磷、COD、石油类、重金属等污染物的总量控制，重点发展氮、磷、重金属等污染物控制技术。

水体水质修复重点发展底泥疏浚技术、蓝藻去除技术等。从传统的氮、磷营养盐污染底泥疏浚，逐渐扩展到重金属污染底泥和有毒有害有机污染底泥疏浚；对于含多种毒性污染物底泥，重点发展底泥的原位处理技术。发展蓝藻的打捞、富集、生产沼气、发电和脱水等多种技术和装备，蓝藻的生物质能源、肥料和其他多层次利用技术和设备。

水体生物修复，重点发展以微生物修复为主体的组合水体修复技术和以脱氮除磷为目标的植物修复技术。发展原位和异位相结合的微生物组合修复技术，以提高微生物降解污染物的效率等。

7.2.3.3 固体废物处理处置产业重点领域

“十三五”期间，我国的固体废物产生量持续增长，而且随着我国固体废物监管和执法力度的加大，固体废物安全处理处置的需求必然进一步上升。城市生活垃圾处理、危险废物处理处置、工业固体废物处理处置、土壤污染防治、水环境生态修复将成为环保产业固体废物处理、处置的重点发展领域。

（1）城市生活垃圾处理领域

①焚烧处置。焚烧是目前城市生活垃圾处理的有效途径之一。焚烧是一种高温热处理技术，即

以一定量的过剩空气与固体废弃物在焚烧炉内进行氧化燃烧反应。生活垃圾中的有毒有害物质在800～1 000℃的高温下氧化、热解而被破坏，是一种可同时实现垃圾无害化、减量化、资源化的处理技术。在工业发达国家，焚烧法已得到广泛利用。焚烧法具有减容效果好，消毒彻底，可回收资源或能源，能减轻或消除后续处置过程对环境的影响和垃圾焚烧厂占地面积小的优点。随着经济的发展、城市化进程的加快、环保标准和人民环境意识的提高，垃圾焚烧必将有较大的发展空间。

②填埋处置。卫生填埋是城市垃圾处理技术中必不可少的最终处理手段，同时也是现阶段我国垃圾处理采用的主要方式。城市垃圾卫生填埋处理方式应用中最大的问题是场地选择困难。卫生填埋目前所占的比例虽然很大，但随着城市垃圾处理向热力处理方向发展以及资源和能源回收工作的加强，再加之填埋场对场地的严格要求，选址相对困难，填埋法作为一种城市垃圾处理的基本方式所占的比例将会不断减小。尽管如此，填埋法作为其他处理方法的最终处置方式，仍是不可替代的。

③餐厨垃圾处理及利用。餐厨垃圾是指厨房食品加工过程中产生的废料和餐桌上吃剩的可生物降解有机物。餐厨垃圾的利用途径可概括为三类：饲料化、肥料化、燃料化。对于没有变质的餐厨垃圾应进行饲料化利用，对于不能达到饲料化应用的餐厨垃圾优先进行肥料化应用；肥料化应用途径有好氧堆肥和厌氧消化，厌氧消化不仅生产肥料，还产生能源沼气；如果餐厨垃圾混有杂质，肥料化处理成本较高，则进入垃圾场处置，垃圾场处置包括填埋处理和焚烧处理，在控制可生物降解有机物进入填埋场的情况下，进入焚烧厂焚烧处理也就是燃料化处理。

④生活垃圾收运。推广生活垃圾压缩式收转运方式，统筹布局生活垃圾转运站，加强压缩式生活垃圾转运站建设与升级改造。推广密闭化收运，淘汰敞开式收转运，减少和避免生活垃圾收转运过程中的二次污染。研究运用物联网技术，探索路线优化、成本合理、高效环保的收转运新模式。

⑤填埋气体收集利用。对填埋气体进行收集和处理，不仅减少了环境污染，同时也是对减少温室气体排放的有效贡献；当填埋气体产生规模较大时，还可以进行发电或进行回收利用。填埋气体中的甲烷是温室气体的重要来源，填埋气体收集利用也是对减少温室气体排放的有效贡献。

⑥非正规垃圾填埋场治理。对于历史原因形成的非正规生活垃圾堆放点和不达标生活垃圾处理设施进行存量治理，使其达到标准规范要求。现有设施的升级改造和封场过程中，要对填埋气及时收集利用，对渗滤液进行处理实现达标排放，并按照规范要求进行生态修复。非正规生活垃圾堆放点的治理，应结合不同类型堆放场的规模、设施状况、场址地质构造、周边环境条件、修复后用途等特点，因地制宜制定处理方案，对堆体整形、填埋气收集与处理、封场覆盖、地表水控制、渗滤液收集处理和其他附属工程等制定明确的治理方案。

（2）危险废物处理处置领域

①危险废物的资源化。废矿物油的收集、处理利用，废家用电器和废印刷电路板的拆解利用，石油化工中废催化剂的重整利用，从电镀污泥和其他工艺过程中产生的金属盐泥中回收重金属等将得到重点关注。需要研发高效节能的资源化技术，提高废物中资源回收率，开发和研制危险废物资源化的成套设备。

②危险废物焚烧。按照危险废物集中处置原则，开发处置规模大于 30 t/d 的旋转窑焚烧炉、热解焚烧炉和熔渣式焚烧炉。配置安全可靠的自动进料系统，高效节能的辅助燃料喷燃系统，开发烟气和粉尘的高效净化装置，先进的自动控制系统和运行工况的在线监测系统，保证焚烧温度、焚烧效率和焚毁去除率等指标达到国家规定的标准，在同等处理规模和整体技术水平上达到国外先进水平。

③危险废物安全填埋。利用国内丰富的膨润土资源优势，研制开发高效人工合成薄型膨润土防渗卷材。建立实验室试验系统；结合渗透系数、力学特性，自愈合能力，与污染物的相容性等性能测试，对膨润土防渗卷材的外用封装材料、胶黏剂、联结方式进行筛选，确定膨润土最佳含水率，对膨润土卷材成型技术进行研究。建成膨润土防渗卷材产业化生产线。

④危险废物等离子体处理。针对难处理的特殊危险废物（如废溶剂、PCB、农药废液等），开展等离子体高温处理技术的研究，研制和开发出微波等离子体炬和电弧等离子体炬等关键设备，该装置对于处理废物种类具有广泛的适应性，具有灵活的可操作性，可在短时间停止及启动操作，不需保持连续动作；开发和研制优质的清洁能源回收利用系统，收回氢气和一氧化碳；建成日处理危险废物 10 t 的等离子体技术示范工程。

针对危险废物处理领域存在的问题，优化危险废物等离子体气化处理系统，该系统对于危险废物、医疗废物和生活垃圾焚烧飞灰等具有处理彻底，处理过程中二次污染小，资源化利用程度高等优势。

⑤医疗废物焚烧。按照医疗废物集中处置原则，开发适于医疗废物处置的焚烧炉。配置安全可靠的自动进料系统，高效节能的辅助燃料喷燃系统，开发烟气和粉尘的高效净化装置，先进的自动控制系统和运行工况的在线监测系统，保证焚烧温度、焚烧效率和焚毁去除率等指标达到国家规定的标准，在同等处理规模和整体技术水平上达到国外先进水平。

⑥医疗废物高压蒸汽消毒。在引进消化的基础上，开发高压蒸汽灭菌技术，解决边远县区及难以转运到集中处理设施的边远乡镇医疗废物的消毒处理。

⑦焚烧飞灰处理利用。生活垃圾和危险废物焚烧飞灰的处理是影响焚烧技术发展的重要因素，研究水泥窑处理利用焚烧飞灰的技术和设备工艺改造，研究焚烧飞灰高温熔融工艺技术等。

⑧危险废物稳定化。化学药剂稳定化是近年来发展的一种新型的危险废物无害化处理技术，这种方法主要优点是在废物中添加少量药剂，就可以达到相当高的稳定化效果，从而使废物经处理后不增容或少增容，如果与酸浸工艺结合还可大大减少需要处置的废物量。

⑨铬渣处理利用。开发有效、实用的铬渣无害化和综合利用技术，特别是适用于中小型铬渣企业的铬渣综合利用技术，彻底解决铬渣污染问题。

⑩废弃家用电器与电子产品处理利用。开发印刷电路板中有价物质的再生利用技术；镍镉（Ni-Cd）、镍氢（Ni-MH）废电池再生利用技术。

（3）工业固体废物处理处置领域

①尾矿。推进绿色矿山建设，提高矿产资源综合利用率。开展铁矿、铜矿、铝土矿、铅锌矿、钨矿、锡矿、锑矿等尾矿再选、生产建材等资源化利用，重点推动有色金属尾矿资源的高效利用技术发展和工程示范。攻克铁尾矿伴生多金属及有色金属尾矿中残余有用组分的高效提取、非金属矿物高值利用、低成本高效胶结填充等一批尾矿综合利用重大共性关键技术，开发成套装备。完善尾矿整体利用技术的系统化、配套化和工程化。在资源枯竭矿区重点鼓励尾矿回填和尾矿库复垦。

②煤矸石。在大中型矿区，稳步推进煤矸石综合利用发电。扩大煤矸石制砖、水泥等新型建材和筑基铺路的利用规模。探索煤矸石生产增白和超细高岭土、膨润土、聚合氧化铝、陶粒、无机复合肥、特种硅铝铁合金等高附加值利用途径。加大煤矸石用于采空区回填、土地复垦、沉陷区治理力度。鼓励引导大型矿业集团研发适合不同地质条件和矿井开拓方式的井下充填置换煤技术并推广应用。

③粉煤灰。鼓励电厂完善除灰系统，基本实现粉煤灰干排。推广粉煤灰分选和粉磨等精细加工，提高粉煤灰利用附加值，开发大掺量粉煤灰混凝土技术，提升粉煤灰规模化利用能力。继续推进粉煤灰加气混凝土及其制品、陶粒等利废建材生产应用，大幅提高利用量和利用比例。有序推进高铝粉煤灰提取氧化铝及其配套项目建设。推动煤电基地将粉煤灰用于煤矿井下防治煤自燃、防治水患安全工程，鼓励粉煤灰复垦、回填造地和生态利用。

④工业副产石膏。大力推进大掺量利用工业副产石膏技术产业化，鼓励水泥企业改造现有给料系统，推广脱硫石膏、磷石膏用作水泥缓凝剂以及生产纸面石膏板、石膏砌块、石膏商品砂浆等新型建筑材料。利用工业副产石膏开发混凝土复合材料，开展化学法处理磷石膏的技术攻关，推进磷石膏制硫酸联产水泥、磷石膏制硫铵、碳酸钙等先进技术产业化。推动工业副产石膏制备高强石膏及相关产品的研发和应用。进一步完善工业副产石膏综合利用标准体系，加快工业副产石膏及相关产品和应用标准的制（修订）定。积极探索农业领域应用，加快利用工业副产石膏改良盐碱地技术研究。

⑤冶炼渣。鼓励钢厂推广应用钢渣“零排放”技术。推动建立技术创新体系，加大钢渣处理、渣钢提纯磁选等先进技术研发力度，突破制约冶炼渣利用的技术瓶颈，重点解决赤泥综合利用等技术难题。大力发展钢渣余热自解稳定化处理，提高金属回收率，推广生产钢铁渣复合粉作水泥和混凝土掺合料，鼓励有色金属冶炼渣在生产建筑、道路材料方面的利用。加快制定冶炼渣综合利用的技术、产品和应用标准，拓宽综合利用产品市场。

⑥建筑垃圾。推进建筑垃圾生产再生骨料并应用于道路基层、建筑基层，生产路面透水砖、再生混凝土、市政设施制品等建材产品。鼓励先进技术装备研发和工程化应用，重点研发再生骨料强化技术、再生骨料系列建材生产关键技术、再生细粉料活化技术、专用添加剂制备工艺技术等以及建筑废物破碎、分选、分类装备，推动建筑废物收集、清运、分拣、利用、市场推广的回收利用一体化及规模化发展。完善建筑废物及其综合利用产品标准和应用技术规范，扩大在工程建设领域的应用规模。

7.2.3.4 土壤污染防治产业重点领域

土壤是人类赖以生存的主要自然资源之一，也是人类生态环境的重要组成部分。随着经济的快速发展，污染物通过各种途径进入土壤，造成土壤污染。我国土壤污染物的种类繁多，其来源也十分复杂。根据 2014 年 4 月 17 日环保部和国土资源部联合颁布的《全国土壤污染状况调查公报》，全国土壤环境状况总体不容乐观，部分地区土壤污染较重，耕地土壤环境质量堪忧，工矿业废弃地土壤环境问题突出。工矿业、农业等人为活动以及土壤环境背景值高是造成土壤污染或超标的主要原因。全国土壤总的超标率为 16.1%，其中轻微、轻度、中度和重度污染点位比例分别为 11.2%、2.3%、1.5%和 1.1%。污染类型以无机型为主，有机型次之，复合型污染比重较小，无机污染物超标点位数占全部超标点位的 82.8%。

目前我国的土壤污染以重金属污染为主，镉、汞、砷、铜、铅、铬、锌、镍 8 种无机污染物点位超标率分别为 7.0%、1.6%、2.7%、2.1%、1.5%、1.1%、0.9%、4.8%。六六六、滴滴涕、多环芳烃 3 类有机污染物点位超标率分别为 0.5%、1.9%、1.4%，全国 90%左右被污染的土壤都与重金属有关。

土壤污染不但影响农产品产量与品质，而且涉及大气和水环境质量，并可通过食物链危害动物和人类的生命和健康，也就是说，土壤污染影响到整个环境质量。在这种情势下，土壤污染已成为我国“十三五”时期完成环境质量改善这一目标所要面临的重要环境问题。

预计“十三五”期间，市场的重点将由历史遗留的尾矿渣、冶炼渣治理转向为污染场地治理和农田土壤修复，重点领域是工业污染场地修复和农田土壤修复。农田土壤污染物主要来自工业和城市废水、固体废物、农药和化肥、牲畜排泄物、生物残体以及大气干湿沉降等。工业场地污染来源于工厂生产和使用过程中的原材料或者产品泄漏，包括有机污染物（如农药化工、精细化工、有机化工等生产过程的原料或者产品）、无机污染物（如有色金属冶炼、化肥工业等生产过程的原料或者产品）。

（1）农田土壤修复领域

农田土壤修复领域的特点是污染物以重金属为主，污染土壤层厚度较小，需要修复的面积大、土方量大，没有可靠的商业模式支撑，修复资金主要依靠财政支持，社会资本难以进入，无法承受高昂的成本。修复效果受气候、土质、灌溉和耕种条件、种植作物吸收特性等影响较大。因此，轻度污染农田适合于采用田间管理方式控制污染物转移到作物体内，结合化学钝化、植物提取等技术进行修复。对于中度污染农田，可通过调整作物品种避免污染物进入作物体内。对于重度污染农田，需改变土壤用途、改种经济作物等方式，实现土壤的再次利用。但在实际中，各地都出现了一些试验和试点性质的农田土壤修复工程，修复技术以原位修复为主，化学修复法和生物修复法都有一定研究和应用。

化学修复法是指通过采用化学药剂与土壤混合，使土壤中的重金属形成溶解度更小的矿物而被钝化的修复方法。化学修复法见效快，施工简单、如果能对症下药则见效快，对农业生产周期影响小。但是化学修复法也存在一些问题和困难：一是对症下药难度大，土壤-植物系统是一个生命体，植物根系对重金属的吸收并不完全取决于重金属的存在形态，不同的土壤特性、污染特征、不同的作物品种和类型，往往需要不同的药剂配方；二是药剂使用不当易对农田造成二次污染；三是从国外引进的固化稳定化的药剂往往是针对含重金属固体废物的技术，使用在农田修复方面的效果还有待时间检验。

生物修复法主要包括植物修复法和微生物修复法。植物修复法是指利用某些植物能忍耐和超量积累某种重金属的特性来清除土壤中重金属的方法。植物修复法不向土壤中添加药剂，安全性较好，但在大规模实施中存在一些困难：一是修复周期长，每年需投入人力物力耕作，却长期没有可见的经济收入；二是收割后的富含重金属植物需焚烧处理，要增加焚烧烟气净化和灰渣的规范处置；三是超富集植物对重金属吸收存在明显的选择性和拮抗性，影响效果。微生物修复法是指利用土壤某些微生物对重金属具有吸收、沉淀、氧化和还原等作用来降低土壤重金属毒性或者通过微生物来促进植物对重金属的吸收。微生物修复法主要包括生物固定技术和生物氧化还原技术。生物固定技术是指利用某些微生物如蓝细菌、硫酸还原菌以及某些藻类能够产生具有大量阳离子基团的胞外聚合物如多糖、糖蛋白等，并与重金属形成络合物，使重金属固定在土壤中不被农作物吸收的技术。生物氧化还原技术是指利用微生物的活动可对重金属离子进行氧化、还原、甲基化和脱甲基化作用，改变重金属离子的氧化还原状态，降低土壤环境中重金属离子的生物有效性的技术。微生物修复技术专一性强，很难同时修复多种复合重金属污染土壤。

（2）工业污染场地修复领域

近年来，随着我国城镇化的发展，早年建于城郊而现在却位于城区的工业企业需要搬迁。由于这些企业多建于环境意识和技术手段都非常缺乏的年代，其场地的污染状况往往非常严重，需要进行场地修复。工业污染场地修复由于有房地产业和高涨的城市地位的支撑，可以承受相对较高修复成本。修复后的场地主要用于房地产，作为居民住宅用地、展览用地等。

继续研发和优化异位固化/稳定化技术、异位化学氧化/还原技术、异位热脱附技术、异位土壤洗脱技术、水泥窑协同处置技术、原位固化/稳定化技术、原位化学氧化/还原技术、土壤植物修复技术、土壤阻隔填埋技术、生物堆技术、地下水抽出处理技术、地下水修复可渗透反应墙技术、地下水监控自然衰减技术、多相抽提技术、原位生物通风技术等。针对工业污染场地的特点，探索多种修复技术的组合。

（3）土壤污染防治技术的研发重点

土壤污染防治技术的研发重点是研发适合我国国情的各类土壤污染修复技术和装备。

①场地监测技术。场地监测结果决定了后续土壤修复的工艺路线和修复成本。目前，场地修复领域场地取样数量和监测数据的质量没法满足场地修复的需要，场地监测技术水平亟待加强。

②重金属污染场地和有机物污染场地修复技术。重点引进、消化吸收原位修复专用的工程设备，实现国产化。发展原位修复使用的氧化剂、还原剂、微生物菌剂等专用药剂。

③农田污染场地低成本绿色修复技术。重点发展以农国施肥和耕种管理技术为核心的低成本绿色修复技术，开发高效的农田土壤改良剂和修复药剂。研发农田耕地污染场地物化和生物修复技术。

④地下水污染修复技术。发展地下水中有机、重金属（包括铍）、无机物（如硝酸根、F^-等）污染物的修复去除技术。

⑤矿山生态恢复和重建技术。研发土壤重构、培肥技术与方法，边坡地水土流失防治技术，植被恢复与优良种类筛选，复垦的地貌恢复与景观设计。

7.2.3.5　噪声与振动控制产业重点领域

“十三五”期间噪声与振动污染防治行业重点发展领域仍将集中在铁路、公路、城市轨道交通建设以及电力、冶金、化工行业的噪声控制工程与技术装备、隔振器产品与隔振工程。其中各类道路声屏障、大型工业通风消声器（含大型空冷平台消声器、阵列式消声器、超微孔/微狭缝消声器等）、空调净化消声器等将有较大发展。

（1）公路和轨道交通噪声振动控制领域

交通噪声控制工程设计技术应为公路与轨道交通噪声控制的重点发展领域之一。其发展的重点包括通过建立符合国情的交通噪声预测声源模型和声源数据库，提高交通噪声预测的准确性；通过制定相应的标准化图集，提高工程设计的合理性。重点发展阻尼弹簧浮置板轨道隔振技术国产化，优化和开发适用于各类轨道交通的新型隔振器，尤其是减低钢轨“波磨”的可靠隔振技术，提升配套产品的自动化和集成化水平。

（2）电力行业噪声振动控制领域

火力发电领域噪声控制典型设计是重点发展领域之一。火力发电厂，其机组及附属装置的生产厂家数量有限，多数火力发电厂的厂区布置、设备安装方式等具有很强的共通性。尽管由于厂址大小、形状的不同，各声源之间的位置可能差别较大，但按照区域划分的方法（如主厂房区域、冷却塔区域、主变区域等），各区域的声源位置、大小等通用性更强。针对不同区域的噪声控制措施，发展典型设计，从而实现火电厂噪声控制的标准化和系统化。

核电核岛噪声控制是可能的重点发展领域之一。核岛内部的噪声水平较高，其值班室、休息室、图书室、食堂等辅助空间的噪声，对于长期在其中工作的人员影响非常大。核岛噪声控制的需求很大，但核岛所有设备对于抗震、防火等的要求极高，对于所有噪声控制企业都是一个挑战。

（3）城市环境噪声在线监测与综合控制领域

①传统城市环境噪声在线监测的改进和提高。传统的城市环境噪声在线监测系统仍将在今后较长时间内被广泛应用。当前，首先要进一步提高传统城市环境噪声在线监测系统的技术水平和扩展应用范围，提高与国外产品的竞争能力。研发目前主要依靠国外进口具有实时频谱分析功能的环境噪声自动监测系统。

②噪声预测和噪声地图编制软件研发。噪声管理模式从普查监测向噪声地图发展是当今世界的发展趋势。在噪声地图研究和应用方面，欧洲起步最早。欧盟以法规指令的方式绘制噪声地图及采取相应的行动计划。英国、德国、爱尔兰等国家最早发展噪声地图。美洲的城市噪声地图研究工作近几年才开始。目前，美国的旧金山、加拿大的大温哥华区城市或地区都绘制了十分详细的噪声地图并对公众发布。亚洲地区中，日本、韩国等国家和地区均以绘制了本地噪声地图，其中日本编制了自己的噪声地图绘制软件。我国香港特别行政区和台湾地区也绘制了城市噪声地图。

噪声地图可以展示最实际的整体噪声环境状况，揭示出大范围的城市区域声环境质量细节、不同质量声环境的分布规律及噪声影响与人口分布之间的定量关系，具有规划咨询功能，可为相关部门了解城市环境噪声的分布并针对性地对预防和治理噪声污染提供决策依据。在城市噪声治理和城市规划方面，噪声地图可以对区域土地使用功能调整、交通运输线路布局调整、设置合理的噪声防护距离、建设隔声屏障、声环境敏感建筑物的隔声要求等方面对策的效果进行展示和评估。

噪声地图在国内的发展尚处于起步阶段，广州市外环路噪声地图是以科研形式绘制出的国内第一张噪声地图，北京某研究所于 2009 年成功完成了北京首张噪声地图的绘制，相对于直接采用国外的预测模型来说，北京市的噪声地图在车辆噪声值、车流特性等方面采用了自采数据。

噪声地图技术研究的重点是环境噪声源激发的噪声在城市建筑群中的传播规律，其技术核心是声源特性、噪声城市传播规律、城市建筑模型的构建、环境噪声影响评价及环境噪声在地图上的直观展示。国外噪声地图绘制软件具有成型早、应用广泛、绘图效果好等优势，主要软件为 Soundplan、CadnaA 和 Lima，在国内具有一定的市场，但其最大的缺点在于没有引入国内噪声预测模型，即使引入也没有对模型进行科学的修正，软件功能的设置也与我国管理体系不相符。

噪声地图在欧盟已经以立法的形式予以实现，并在噪声污染防治、环境管理及规划方面获得了成功的应用。以国外发展经验来看，随着我国城市化进程的发展，环境噪声的防治压力将越来越重，噪声地图技术能必将得到重点发展。

③物联网技术的应用和推广。城市环境噪声在线监测将与物联网的发展紧密结合，即通过各种信息传感设备，实时采集任何需要监控、连接、互动的物体或过程，与互联网结合形成的一个巨大网络。能提供安全可控的实时在线监测、预案管理、远程控制、安全防范、统计报表、决策支持、领导桌面等管理和服务功能，实现对“万物”的 “管、控、营”一体化。通过物联网，将各个噪声智能终端整合到互联网中，将大大方便噪声数据采集、传输、处理和应用。

物联网所用信息传感设备将使目前的户外全天候噪声测量终端发展为通过智能传感器，采集噪声的原始信号，加上必要的高保真数字录音，通过有线和无线，将信号传输到互联网。利用云计算的强大功能，将噪声的统计分析、频谱分析、模式识别、故障诊断等功能都交由云计算来完成，不仅可以大大降低用户购置终端产品的成本，也降低了用户对技术的要求，而且可以统一数据处理的格式，更加易于标准化。该方法的缺点是传输数据的流量较大，需要高速传输网络。

我国环境监测系统多年前已经建立了覆盖全国各主要重点环保城市的环境监测数据传输系统，今后将会在环境监测物联网建设、标准化和应用方面进一步发展和完善。

7.2.3.6　环境监测产业重点领域

“十三五”期间，国家将进一步加大环境治理力度，明确企业责任和政府责任，推行政府购买服务，加大污染治理力度。其中，核安全问题、土壤环境保护、生态环境保护、水环境污染防治、食品安全等有望成为国家环保“十三五”规划中的重要内容。环境监测作为污染物控制的重要检查和监测手段，将在大气监测、水质监测、土壤监测、地下水监测和辐射监测的领域加大投入，建立和完善大气、地表水、土壤、地下水监测预警体系，加强污染源排放监测，建立从点到面，从地面到空中，全方位、立体化、网络化监测体系。

（1）烟尘烟气监测领域

CEMS 发展的重点在针对污染物的监测由原先的高温高浓度状况逐渐转变为低温低浓度及高湿度状况的技术改进与完善，以及为了妥善应对重污染天气的出现，需要将现有的 CEMS 系统与污染预警系统相连接，与环保和气象部门进行配合，在提供污染数据的同时，为重污染天气的出现提供预警。

（2）环境空气监测领域

根据目前我国大气污染防治工作的目标来看，未来一段时间内，环境空气监测的主要方向是在大气细颗粒物（包括细颗粒物中成分分析）、大气中 SO_2、NO_x、VOC、CO、CO_2、O_3、重金属（汞）等可能对人体健康造成伤害的项目的监测方面。重点解决 VOCs 在线监测、火电厂超低排放条件下 ppb 级 $PM_{2.5}$ 在线监测等问题，着力提高在线监测仪器的性能稳定性，提升仪器仪表智能化水平，推动在线监测技术与信息化技术的深度融合。

（3）水质监测领域

城镇化步伐的加快和区域经济的发展，加重了局部水资源的负荷，也加剧了城市地下水的污染，很多城市的地下水均出现了水质富营养化、铁锰超标等问题。水污染问题成为我国经济社会发展的最重要制约因素之一，已经引起国家和地方政府的高度重视。在水体污染防治工作中，水质监测工作是污染预警、持续性污染物监测和治理效果评定的重要手段。从国外环保监测的发展趋势和国际先进经验来看，水质在线自动监测是有关部门及时获得连续性监测数据的有效手段。

目前水质在线监测系统的重点发展领域及前沿技术主要集中在以下几个方面：

①重金属在线监测技术。由于重金属污染的危害性，建立重金属污染预警系统对重金属污染进行实时监控，变得日益紧迫，重金属在线监测仪器的需求近年来也日益显现。目前重金属在线监测仪器基本依赖进口，进口仪器价格昂贵。为打破对进口仪器的高度依赖，针对重金属在线监测技术难题，不少科技创新企业通过加大科研投入，相继推出一系列重金属在线监测仪，填补了国内空白，结束了国外技术垄断的历史。六价铬、铜、镍等重金属在线监测仪在电子工业发达地区已有小规模的安装，目前国内已有生产厂家在这方面开展研发，但重金属在线监测仪品种比较单一，技术和质量与国外相比还有些差距，这方面的研发亟待加强。

②水质毒性在线监测技术。海洋中的明亮发光杆菌经过驯化后，可以作为毒性的判断指标。通过实验逐步确定了氨氮、酚、六价铬、氰、硫化物、COD、H_2S、Cl_2、SO_2 等不同毒物间对发光细

菌发光反应的抑制速率的差异，污染水质对发光细菌的影响程度以及与标准毒物 $HgCl_2$ 相对应的毒性等级。

通过测定发光细菌发光度的变化，量度被测水环境样品中由微生物、重金属和有机污染物所造成的急性生物毒性。与传统的将鱼、藻和其他水生生物作为检测指示生物相比，发光细菌法简便、快速、灵敏、适应性强、重复性好、精度高、费用低、用途广。发光细菌毒性检测最显著的特点是一次试验就能够定性或定量鉴别被测水样中的全部有毒物质，具有灵敏度高（ppm 级）、准确度好（误差小于 10%）、速度快、检测范围宽（包括铬、镉、铜、铅、镍、汞等重金属离子，DDT、有机磷等农药、2,4-D 等激素，洗涤剂、溶剂等有机和无机有毒物质）、方法简便，不需生物专业人员、检测费用低、适应性强，可在现场检测，也可在实验室检测等优点。

但目前我国还没有水质综合毒性检测系统的生产厂家。国内企业还没有形成自己的产品。随着人们对水安全的重视，对水质综合毒性的在线测定将得到重点发展。

③生物传感器的应用。生物传感器测定法是利用生物分子优良的分子识别功能，结合转换功能进行测定的检测方法。利用与待测物质具有良好选择反应的生物分子进行测定。随着反应的进行，生物分子及其反应生成物的浓度会发生变化，通过转换器变为可测定的电信号，从而达到选择性测定待测物质的目的。

目前已经有相当数量的生物传感器投入到大气和水中各种污染物质含量的监测中。生物传感器因其具有快速、连续在线监测和能安全检测二噁英等剧毒物质的优点，我国将在水质检测过程中更多的采用了生物冷光型的生物传感器。

④荧光法的应用。荧光法是一种测定水中溶解态有机污染物的方法，用 320 nm 激发波长，在 430 nm 测定荧光强度可获得有机污染物的信息。与 260 nm 测定 DOC 的 UV 信息有良好的相关性，且灵敏度和精确度都比 UV 法好。荧光法在自动监测系统中的应用前景很好。

目前国内一些企业主要是代理销售，尚未形成自主知识产权的产品。

⑤酶联免疫法（ELISA）的应用。生物法中，常用的生物分子是酶及抗体，即酶联免疫法（ELISA）、聚合酶链式反应（PCR）、表面胞质团共振检测（SPR）等。常用的转换器有电极、各种光学装置及石英振子等。日本报道了生物检测法使用二噁英类自动前处理装置。大肠菌群是地表水和饮用水水源地的必测指标，其自动监测的实现可大大减少监测人员的工作强度，在其自动监测系统中使用了与培养法完全不同的原理，即生物发光、化学发光法。

以酶联免疫法（ELISA）为原理的检测技术是目前发展的最新领域，用于化学毒性物质检测具有以下特点：

a. 具有很高的灵敏度，仅用少量试样便可完成检测；

b. 选择性好且比仪器分析的试样前处理方法简单，操作简便、快速；

c. 能得出环境污染物对生态影响的直接及综合信息；

d. 设备价廉，能够实现自动化，并可应用于多个试样同时处理，快速检测。

（4）环境监测服务领域

环境监测服务业的发展既依赖于环境监测仪器行业的发展，又受到国家政策的强烈制约。从目前的发展状况来看，其发展的重点领域主要包括环境金融服务、环境贸易和市场监管等几个领域。

7.2.3.7 资源综合利用产业重点领域

资源综合利用是解决“十三五”可持续发展中合理利用资源和减轻环境污染两个核心问题的有效途径，既有利于缓解资源匮乏和短缺问题，又有利于减少废物排放。资源循环利用产业作为发展循环经济的重要载体和有效支撑，是战略性新兴产业的重要组成部分，具有广阔的发展前景，有利于加快构建资源节约、环境友好的生产方式和消费模式，增强可持续发展能力。

资源综合利用方面的技术研发重点和重点发展领域主要集中在推进尾矿、粉煤灰、煤矸石、冶炼废渣、炉渣、工业副产石膏等大宗固体废物、秸秆和林木三剩物的综合利用。加强对共伴生矿分离和富集回收、废旧电器拆解深加工、废塑料深层清洗等技术装备的攻关。建立以城乡分类回收和专业化回收为基础、集散市场为核心、分类加工为目的“三位一体”的再生资源回收体系。

（1）矿产资源综合利用领域

①石油天然气资源：推进油气伴生气、酸性气体等回收利用；逐步推进油砂、油页岩利用产业化；推动高含硫化氢天然气中硫黄的综合利用；开展页岩气、致密砂岩气等综合开发利用。

②煤炭与煤层气资源：推进煤层气、矿井瓦斯、煤系油母页岩以及伴生高岭土、残矿的开发利用。大力推进煤层规模化开采，提高煤层气开发水平。

③金属矿产：着力提高金属矿产采选水平，重点开展大型露天矿、深部及复杂地下矿的高效、安全开采，发展溶浸采矿、深井采矿和无废采矿，提高金属矿产开采回采率，推广先进适用的资源综合回收工艺、选矿技术和设备，提高金属矿产选矿回收率。加强低品位铁、铜、镍、钨、锡、钼、铝土矿及伴生资源综合利用。开展白云鄂博轻稀土和赣南重稀土综合利用。开展低品位金矿及共伴生资源综合利用。

④非金属矿产：化工非金属矿产主要是加强磷矿、硫铁矿和硼铁矿的综合利用。建材非金属矿产主要是发展石墨、高岭土、膨润土、滑石、硅灰石、石英、萤石、石灰石、花岗石、瓷土矿、珍珠岩等综合利用和深加工。

（2）工业固体废物综合利用领域

①大力推进尾矿伴生有用组分高效分离提取和高附加值利用、低成本生产建材以及胶凝回填利用，开展尾矿在农业领域的利用和生态环境治理。

②继续扩大煤矸石发电及生产建材、复垦绿化、井下充填等利用规模；鼓励利用煤矸石提取有用矿物元素制造化工产品和有机矿物肥料等新型利用。

③继续推广工业副产石膏替代天然石膏的资源化利用，重点发展脱硫石膏、磷石膏生产建材制品和化工原料以及在水泥行业的应用，加快化学法处理磷石膏制备相关产品的研究和应用。

④加强大掺量和高附加值产品技术研发和推广应用，继续推进粉煤灰用于建材生产、建筑和道路工程建设、农业应用、有用组分提取等。

⑤加快共性关键技术研发，实现赤泥科学、高效利用，重点发展赤泥提取有用组分、生产建材产品、用作脱硫剂等。

⑥进一步推广高炉渣和钢渣生产建材、回收有用组分等综合利用，鼓励有色金属冶炼渣资源化利用以及重金属冶炼渣的无害化处理。

⑦将鼓励电石渣生产水泥，氨碱废渣用于锅炉烟气湿法脱硫，硫铁矿制酸废渣用于钢铁、水泥生产，合成氨造气炉渣热能的回收利用；鼓励化工废渣与下游建材产业结合，提高综合利用水平。

（3）再生资源回收利用领域

①推广采用机械化手段对废旧汽车、废旧船舶、废旧农业和工程机械的拆解、破碎和处理，提高回收利用水平；提高废旧动力电池和废铅酸电池拆解、破碎、分选以及废液的回收处理水平；推进汽车零部件、工程机械机床等再制造。

②继续推进废旧电器电子产品回收、分拣、拆解、高值利用及无害化处理，推动整机拆解和电路板资源化技术的产业化。

③完善废纸回收、分拣、脱墨、加工回收利用体系，鼓励大型废纸制浆技术及成套设备研发。

④重点开发废塑料回收、分拣、清洗和分离等预处理技术和设备，鼓励废旧塑料瓶、废旧地膜高值利用，推广废塑料再生造粒和改性以及生产木塑制品。

⑤规范废旧轮胎回收利用，加快推进废旧轮胎综合利用技术研发和产业升级，提高旧轮胎翻新率，鼓励胶粉生产改性沥青等直接应用，推广环保型再生胶等清洁生产工艺，提升无害化利用水平。

⑥开展废旧木材及木制品回收再利用，加大共性关键技术装备的研发力度。建立废旧纺织品回收体系，开展废旧纺织品综合利用共性关键技术研发，拓展再生纺织品市场，初步形成回收、分类、加工、利用的产业链。鼓励建立废玻璃回收体系，推广废玻璃作为原料生产平板玻璃等直接应用及生产建筑保温材料等间接利用。加强废陶瓷综合利用技术研发和推广应用，鼓励废陶瓷用于生产陶瓷建材产品以及建筑工程等。

7.3 环保产业发展的“瓶颈”问题及创新政策研究

我国环保产业经过 40 多年的发展，历经萌芽期、发展期，20 世纪末以来进入快速发展阶段，形成了一定的规模，为国家环境污染治理提供了有效的技术物质支撑。自 2002 年市政公用行业市场化改革启动以来，以特许经营为核心的环保产业市场化改革在市政污水、垃圾处理、脱硫脱硝等领域逐步推进，实现了投资主体逐步从单一的财政投资向多元化的社会投资转变，运营主体逐步从以政府为主导的事业单位运营向以市场为主导的企业化运营转变，治理服务水平逐步从低效落后向高效优质转变，同时也带动了环保产业的快速增长。同时，政府的角色也逐步从服务提供者向市场监管者转变。

但是无论从国内环保产业市场化的培育，还是与欧美等工业化发达国家环保产业市场化进程比较，都存在环保产业市场化培育缓慢，潜在市场与现实市场的差距较大等严重问题。环保产业发展相关的产业政策、机制、投资、法制、观念意识及技术创新等动力因素与环保产业市场化发展并不协调。

长期以来，我国更多地把环境保护当作公益性事业来看待，环境污染治理和生态环境保护大多重视投入而忽视效益。治理责任主要由政府承担，而环境资源的消费者，如排污企业和个人，不承担或只承担极少部分的污染治理责任，导致排污者无治理污染的压力，治污者无治理污染的积极性，形成环境污染治理效果不佳，环境污染和生态破坏日益严重的后果。究其根本，是环保事业没有转化为环保产业，环境保护的需求大多没有转化为外部化的服务，致使庞大的环境保护潜在市场需求没有演变为现实的市场需求，市场化程度低成为制约环境保护取得理想成效和阻碍环保产业持续健康发展的重要因素。

当前，我国市场经济仍处于发展阶段。近年来，随着国家经济体制改革的不断深化，市场机制逐步建立和完善，环保产业的市场化探索也在逐步推进。党的十八届三中全会提出“经济体制改革的核心问题是处理好政府和市场的关系，使市场在资源配置中起决定性作用和更好地发挥政府作用”，以及加强政府监管、发展混合所有制经济、行政体制改革简政放权、建设法治政府和服务型政府、纠正单纯以经济增长速度评定政绩的倾向、推广政府购买服务、生态环境损害责任终身追究、“谁污染，谁付费”、建立吸引社会资本投入生态环境保护的市场化机制、推行环境污染第三方治理等具体路线方针，为环保产业的市场化发展指明了方向。加快推进环保产业市场化进程成为当前环保产业发展的根本任务。

7.3.1 制约环保产业发展的“瓶颈”问题

7.3.1.1 环保产业内部的问题

（1）环保产业规模小，集中度低

从产业规模看，近年来，我国环保产业呈现快速发展态势，2004—2011 年的 7 年间环保产业年均增长率高达 31.3%，产业总体规模显著扩大。但在国民经济中所占比重仍较低，为污染治理提供直接支撑的环保产品和环境服务产值占 GDP 的比重不足 1%。

从产业集中度看，我国环保产业企业以中小企业为主，竞争比较分散。2011 年调查数据显示，大型企业占比仅为 3%，中型、小型、微型企业占比分别为 33%、42%和 22%。3%的大型企业对产业的收入贡献率近 76%，小、微企业收入贡献率仅为 3%。按照贝恩对市场结构的分类，我国环保产业属于典型的竞争性市场，产业整体集中度偏低。市场的过渡分散制约了行业的技术进步及服务的集约化。相对于发达国家的龙头环保企业如威立雅等，我国环保行业缺乏真正的龙头企业。

（2）产业结构欠合理，产业发展模式亟待优化

一是从技术产品的结构来看，我国环保产业的技术产品结构仍以满足常规污染物治理的传统技术装备为主。环保技术装备低水平制造能力过剩，市场急需的关键技术储备不足，高端产品、关键部件和材料依然依靠进口。

二是从第二、第三产业的配比来看，我国环保产品和环境服务发展不匹配。长期以来，我国环保产业以环保装备制造和环境工程建设为主，环保企业绝大部分为环保设备公司或工程公司，专门从事环境咨询、设施运营、评估、检测、金融、信息等服务的企业少。环境服务业在环保产业中占比较低，2011 年，我国环境服务业收入占环保产业收入的 5.5%。近年来，随着国家大力推动服务业发展，在一系列利好政策的带动下，我国环境服务业发展较快，但与发达国家服务业占比达 50%～60%的比重仍相距甚远。

三是从产业链覆盖来看，目前我国环保产业仍主要停留在污染的末端治理环节，与工业生产工艺过程未实现深度融合，尚不能满足工业绿色化、低碳化、资源能源的节约和高效利用等要求。

四是从产业发展的模式来看，一方面，我国环保产业需要由以往的单一要素、单一环节的治理服务向覆盖产业链上下游及横向整合，提供一站式系统服务的综合服务模式升级；另一方面，适应环境管理将由环境污染物控制向环境质量改善的转型，环保产业需要向以环境治理效果为导向的服务模式转型，推进环保产业的社会化、专业化、市场化。

（3）环保技术创新度低，企业创新动力不足

一是以企业为主体、以需求为导向、产学研有机结合的技术创新体系建设进展迟缓，企业研发

和技改资金投入能力不足，国家通过计划、财税、金融等政策激励和引导企业研发的支持力度不足。同时，知识产权保护不力，在一定程度上制约了国内企业的创新，也影响了国外技术转让。

二是自主创新结构不平衡，自主创新能力和总体水平与发达国家有较大差距，缺少战略层面对高技术产业发展的调研与规划；关键技术创新、高新技术创新、自主知识产权创新、引进技术、消化、吸收再创新不足；科研机构重实验室应用基础研究，轻产业化应用研究；工程技术企业重单元技术研发，轻技术集成与工程优化；重工艺与材料研究，轻关键设备与控制技术研发，科技成果市场认知率低。

三是自主创新所依赖的人才资源培育缓慢，高层次人才主要依靠在国内互相挖墙脚，国际高层次人才引进不够，青年人才梯队建设严重不足。

7.3.1.2 政府层面的问题

（1）环境管理及环保产业管理的体制机制存在弊端，对环保产业的引导促进作用亟待加强

在环境管理体制方面，我国法律规定，环境保护行政主管部门统一监督管理，地方环保部门对所辖区环保工作实行统一监督管理，相关部门对其部门的环境保护实施监督管理。然而在实际中，没有真正形成统一管理和部门分工负责的环境保护管理体制。环保部门和各行业部门之间、中央政府和地方政府之间体制不顺，各自环境保护的法律权力责任不能有效行使和真正落实，没有真正形成权利清晰、责任明确、分工负责、协调合作，共同发挥作用的环境保护管理体制和机制。同时，各级政府对辖区环境质量负责的法定责任，缺乏监督制约机制和检查考核机制，没有真正落到实处。

在环保产业管理方面，一是存在多头管理、职责划分不清、缺乏部门间协调机制的问题。环保产业涉及环保以及综合经济、工信、科技、建设、财政、金融、税收、商务、质量监督、农林、水利等多个部门。长期以来，政策措施不配套甚至发生冲突，从而导致管理分散，政策实施难以形成合力的局面。二是过度依赖政府对环保产业实施行业管制的作用，没有充分调动和发挥社会力量对环保产业的服务、监督及促进作用。管理手段单一，重行政、轻市场；管理措施重限制、轻激励；管理环节重事前审批、轻事后监管的问题十分突出。

（2）环保执法监管力度不足，影响了环保潜在市场向现实市场的转化

我国已经建立了一套较为完整的环境法律、法规、标准体系，但是执法监督乏力的问题仍然是环境保护一个十分薄弱的环节。其原因一是长期以来环境保护与经济发展之间的矛盾没有得到很好地解决，地方政府对环保工作的重视往往停留在口头上，环保部门执法监督存在地方保护等障碍。二是监管体系制度设计和监管能力不足问题。环境监管范围广，涉及国民经济各行业及各部门，由环保部门一肩承担，存在部门、行业、地区衔接联动问题。同时，环保监察机构能力有限，全国大约 6 万多名环境监察人员，要负责上百万家工业企业的现场检查，人手严重不足。三是法规执行缺少相应的配套和保障措施，处罚力度弱、责任不明和未建立地方政府责任追究制度，都导致难以取得理想的执法效果。

（3）利于环保产业发展的政策措施不完善，制约了环保市场的健康发展

一是政策体系不完备。至今未能针对环保产业属性、行业特点、发展机制，形成一整套鼓励、促进环保产业发展的政策措施。二是环保产业相关经济政策不健全，基于最终环境效益的激励治理污染和保护生态的环境经济政策不够完备，着力于为提升环保产业供给能力的鼓励政策没有得到应

有的重视，在环保产业市场化、产业化的初期，在投融资、信贷、税费、科技、服务等方面，制定一套支持环保产业发展的优惠政策已成为当务之急。

7.3.1.3 市场层面的问题

（1）环保产业市场秩序混乱，缺乏有效监管

一是环保市场不正当竞争现象十分严重，主要表现在招投标不规范、商业贿赂、商业欺诈，同行业恶性竞争、竞相超低压价等不正当竞争现象比较严重，地方保护和行业垄断仍然存在。二是环保市场监督管理长期缺位，缺乏专门的监管制度设计，历史形成的监管权配置分散、监管者缺乏专业性，行使环保监督执法权的环保部门又无权进行市场监管。同时，行业自律能力十分薄弱，企业诚信意识缺乏。

（2）环保投融资机制仍未健全，融资难成为制约环保企业发展的“瓶颈”

40 多年来，我国多元化的环保投融资格局已逐步形成，环保投资力度逐年加大。但在环境污染总体尚未遏制的形势下，环境污染治理设施建设相对滞后，历史遗留的环境欠账较多，新型环境问题不断凸显，环境保护的资金需求依然较大。党的十八届三中全会《决定》提出了建立吸引社会资本投入生态环境保护的市场化机制。近期，国家及有关部门制定出台了一系列政策措施，引导和鼓励社会资本投向公共产品和服务领域。政府和社会资本合作模式（以下简称 PPP）已成为加强公共产品和服务供给质量与效率的重要途径，一大批环保领域的 PPP 项目在逐步落地。然而，总体而言，目前环保投融资尚存在总量不足、效率不高等问题。政府投资规模尽管增加较多，但缺乏稳定的渠道，引导性需进一步加强。社会资本投入规模和占比均不高，社会资本投入生态环境保护的积极性需进一步提高。

环保企业融资难的问题依然存在。当前，环保企业的融资方式在探索中逐步向多元化发展，但总体来看，融资渠道仍是以传统的商业银行贷款为主。商业银行为主导的间接融资利率高、周期短，难以适应环境项目收益低、周期长的特点。融资渠道不畅、各级政府财力有限，企业债券和股市融资的门槛过高，民间资本参与环保投资市场的方式和途径仍在摸索中，环保企业资金投入严重不足，难以满足持续发展的需要。

（3）环保产业市场化发展机制未建立健全，市场化手段不足或作用未发挥到位

我国市场经济仍处于发展阶段，在计划经济制度下我国的环境政策一直比较注重政府的作用，各种政策措施及管理制度大部分由政府直接操作，通过行政行为进行实施。因而，政府担当了过多的责任和义务，形成了政府、市场、企业的环保事权不清、责任不清、过多依赖政府的环境保护机制。在环保产业领域，市场对资源配置的地位和作用受到牵制，市场化手段缺乏。近年来，随着国家经济体制改革的不断深化，市场机制逐步建立和完善，环保产业的市场化探索也在逐步推进。目前我国环保产业仍以政府主导为主，市场途径和经济手段的运用才刚刚起步。收费、价格、税收优惠等工具的作用还未完全发挥或发挥不到位，如收费价格不能体现污染治理的全部成本（如污水处理收费），个别扶持政策还存在一些偏差等（2015 年 6 月财政部和国家税务总局印发的《资源综合利用产品和劳务增值税优惠目录》，对污水垃圾及污泥处理劳务由免征该为征收 30%的增值税，对相应企业带来不利影响）。

（4）环保产业社会化服务体系不健全，政府—行业—企业多元化支撑体系未建立

党的十八届三中全会《决定》指出：“全面深化改革的总目标是完善和发展中国特色社会主义制

度，推进国家治理体系和治理能力现代化。”这标志着我国在深化改革的过程中将现代化国家治理体系的建立放在了战略性、全局性的高度，也预示了国家治理模式的重大转变。这就要求多方面共同发挥作用，政府的作用、市场的作用、社会组织的作用都要到位。长期以来，环保部门既当“裁判员”又当“运动员”，职责边界不清，一方包揽，效率低下。党的十八大以来，加快政府职能转变，简政放权取得了积极成效。政府逐渐从微观事务的管理转向宏观层面，微观事务充分发挥市场和行业的作用。环评机构脱钩、环境监测服务社会化的改革已初见成效，但在项目管理、技术评价、行业统计、信息服务、绩效评估、环境审计等方面还未建立起完善的社会化服务体系。同时，行业组织的作用未充分发挥。一方面，行业组织的法律地位及应赋予的责权尚未明确；另一方面，行业协会自身的能力有待提高，在行业自律、行业协调、信息服务、政策调研、市场监管等方面的作用有待进一步加强。

7.3.2 构建我国环保产业市场化发展政策体系

环保产业具有极强的公益性和广泛的行业渗透性，其发展是一个综合经济、科技、环境等多个复杂因素的动态互动过程，具有复杂系统的特性。在我国，环保产业仍是一个新兴的行业，相较其他行业，环保产业对政策的依赖性极强。为此，构建一套针对环保产业属性、行业特点和市场发展机制，对环保产业发展的政策体系进行系统化设计对于推动环保产业市场化发展至关重要。

7.3.2.1 环保产业市场化发展政策体系构建的原则

（1）系统化、层次化原则

指通过本体系方案建立从发展战略、到宏观政策、微观具体政策的系统化政策框架，形成系统化、多层次的政策体系。

（2）针对性、可行性、可操作性和前瞻性原则

研究、制定政策的目的在于实际应用，并使其成为环保产业发展目标的定向管理手段。为此，应体现政策的针对性、可行性、可操作性和前瞻性。

（3）协同作用原则

依据各政策在体系中的层次地位、调控对象、调控手段及所起的作用，考虑政策间的协调、联动以及整合中的协同问题，形成和增强政策体系在执行中的综合调控能力。

（4）稳定性与动态性原则

考虑经济—社会—环境背景及政策发展变化，注意把握政策的稳定性和可变性，适时对政策体系进行修改和完善，甚至进行结构性调整。

7.3.2.2 强化环境法规政策标准的导向作用

（1）加强环境法规、政策的贯彻和落实

一是全面贯彻落实新《环境保护法》及各项环境法律规章制度和政策标准规范，加快完善和实施落实法规政策的相关细则和办法。通过环保政策法规标准规范的执行，倒逼排污企业采用治污措施，促进企业实施清洁生产工艺和绿色技术的转型升级，引导环保企业进行新技术研发应用，进一步释放环保产业的市场需求。二是建立政策实施配套及效果评估机制。政府在制定环境保护政策及环保产业相关政策时，应出台配套的实施细则，进一步明确政策执行主体及相应的责任，并同时规

定政策绩效评估办法；对环保法规、规划、标准的执行情况定期进行跟踪、评估，并公布评估结果；对执行不到位的督促调整，对不执行或错误执行的追究相关责任。

（2）加强法规政策标准体系的研究及制（修）订工作，提高环境政策标准的科学性、适用性和可操作性

结合环境质量改善的核心目标和污染物总量控制要求，进一步完善环境标准体系，对相关环境质量标准、污染物排放标准、污染防治技术政策等进行完善修订。加强对土壤、重金属、VOC 等复杂污染物及新型污染物排放标准的研究制定，加快重点行业污染防治技术政策和工程规范的制（修）订进程。

（3）在政策标准的实施上，因地制宜，实施精细化管理

改变目前不分不同区域的环境污染程度、环境容量大小、环境质量好坏的具体情况，全国“一刀切”统一执行同一污染物排放标准的粗放型管理做法。污染物排放标准仅为判断污染物排放浓度是否合法的基本底线，超标排污要受到法律的处罚，同时还应考虑时间上和空间上，区域的环境容量及区域环境质量管理的目标要求。因此，企业排污既要符合污染物排放标准对排放浓度的合法性要求，还要符合环境质量和环境容量管理目标对排放总量合法性的要求。

7.3.2.3 加强对环保产业的规划政策引导

（1）制订与环境污染治理互融互促的环保产业发展规划

改变环保部门过去只重视污染治理不重视环保产业发展，把环保产业和污染治理分离成“两张皮”的状况。环保部门应围绕环境保护的目标任务，统筹供需双方市场情况，制订加快发展环保产业促进环境污染治理的阶段性规划和与之配套的具体措施，使环保产业发展和环境污染治理相互融合相互促进同步发展。

（2）建立环境保护规划预告制度

环境保护规划对促进环保产业发展具有引导、预告的作用，规划目标和投资规模决定了同期环保产业发展的市场容量、市场规模和产值潜力。但长期以来，规划在制订时缺乏与环保产业支撑能力的衔接，导致规划目标在具体实施中往往难以实现。同时，在规划实施的同期，也未给予明确的环保产业发展指导，包括产业发展重点、技术重点、市场预测、现有市场技术、设备和企业服务支撑能力、市场需求旺盛的鼓励技术和产品目录等，在一定程度上导致环保产业市场的无序发展。因此，建议在国家环境保护总体规划及污染防治单项规划等制订的同时，充分考虑本规划在实施过程中产业界的支撑能力，同时明确对产业的需求，包括技术需求、设备需求、咨询设计需求、工程建设队伍的需求、运营队伍的需求，以及提高产业支撑能力所需要的政策机制等，对环保产业发展予以明确引导。同时，建议定期制定环保产业支撑能力评估和发展需求分析及预测报告，为各省级环保部门制订环境保护规划、实施环境管理提供支撑，也为环保企业及投资者提供指引。

（3）对环保产业政策进行顶层、系统性设计

加强环境经济政策和环保产业政策的部际协调，针对环保产业属性、行业特点、发展机制等制定一套鼓励、引导、促进环保产业发展的配套政策措施，注重政策执行环节的细化与落实。

7.3.2.4 深入推进政府采购

配合政府职能转变和简政放权，将所有政府事项进行全面梳理，对凡属“运动员”的事项全部交由第三方社会机构承担。如节能减排投融资、环境审计、环境监理、环境检测分析、环境影响评价、清洁生产审核、工程咨询、节能环保产品认证、环保技术评估、污染治理设施运行绩效评估、信息平台服务等。政府部门通过发布采购目录、制定采购标准、明确服务主体的责任和权利、对服务主体实施监督、将监督结果向社会公开等，实施宏观管理和调控。

7.3.2.5 发展以效果为导向的环境综合服务，推动环保产业服务模式转型升级

经过 40 多年的发展，我国环保产业的服务模式发生了显著的变化，由单一提供治理设备，发展到承接治理工程，再到提供治理运营服务，环保企业相应地由设备提供商，发展为工程承包商、运营服务商。近期，随着环境问题的加剧和全社会对其关注度的提升，倒逼着国家环境污染治理需求的大幅提升，与公众对环境的直观感受相对应的环境质量和效果被提升为环境治理的目标。新《环保法》、“气十条”“水十条”“土十条”的实施，推动着环境治理由以排放指标为核心，转为以改善环境质量的效果为核心。治理方式由非社会化、专业化、市场化向第三方治理等社会化、专业化、市场化方向发展。政府对环境服务的采购，相应地由购买环保产品设备和工程向购买环境服务和环境质量转变，由重治理过程向重治理结果转变。这就要求环保产业的服务需面向环境效果，由产业单一环节、单一要素、单一领域的末端治理向多环节、多要素协同、多领域全方位治理的一体化、系统化、优质化、多样化综合服务模式转变，从而实现环保产业服务的转型升级。

创新环境服务的商业模式，推进环境绩效合同服务模式。环境绩效合同服务是政府或企业的环境服务责任外包，用户在获得了既定的环境效果后，付费给治理企业。这种以环境改善效果为对象的采购方式，有利于政府环境投资效果的最大化，更有利于环境问题的最终解决。

在环境基本公共服务领域，大力推行政府采购环境绩效合同服务。在城镇污水处理、垃圾处理、工业园区污染集中治理、流域水污染治理、区域生态修复与生态保护等领域，以环境效果为政府采购的目标，政府以环境目标的改善情况为计价单元，向治理企业采购环境服务。合同中明确双方责权利，以确保取得预期环境效果。

鼓励企业通过打捆、打包服务的方式，对一定区域的污染治理项目进行有效整合，提供“一揽子”、系统化的治理服务。永清环保、桑德、北控水务等企业的成功经验表明，该模式可以更有效地利用资源，提升效率水平和整体收益能力。

7.3.2.6 重点推进环境污染第三方治理、政府与社会资本合作（PPP）模式

加快推进环境污染第三方治理、政府与社会资本合作（PPP）试点工作，在试点的基础上，进一步扩大政府采购的项目范围，从传统的城市污水处理、垃圾处理处置领域扩展到重点流域、区域污染治理与生态修复、农村面源污染治理与环境整治、工业园区污染集中治理、环境监测、突发环境事件应急处置等。支持基于解决复杂环境问题，实现需求和服务高效对接的“环境医院”发展，通过先期试点，在相关政策、税收等方面予以扶持。

重点是建立完善保障机制，推进环境污染第三方治理和推行 PPP 模式的落地。一是进一步明晰政府和社会资本合作的领域和模式，鼓励捆绑、资源组合开发等模式创新；二是建立和完善相关责

任分担和风险分担机制重点是建立政府支付责任及其保障体系，进一步明确政府应承担的监管职责，并分担土地、政策、价格等风险；企业承担治理服务职责，并分担技术风险；三是建立投资回报机制，确保社会资本的投资收益；四是对项目的扶持措施要跟进和落实，扶持形式从“补建设”向“补运营”“前补助”向“后奖励”转变；五是提高公共服务质量，逐步建立“绩效标杆制度”。

7.3.2.7 激发市场活力，综合采用经济措施引导和激发环保市场主体的积极性

推动建立“财政引导、市场运作、社会参与”的多元化投入机制。通过完善财政资金引导、税收优惠、价格政策、付费机制、资金回报机制、金融政策创新、产业发展基金等，引导和激发企业投资与治理的积极性。

加大国家财政对环保的投入，优化政府补贴体系。在进一步加大政府投入的同时，改进财政资金的投入方式，以提高财政资金的投资效益和效果。应加大对解决关键复杂环境问题、重点领域的技术装备研发及促进其转化应用的投入，投入方式由事前投入，转为对使用后产生实际效果的事后补助或奖励。建立国家环保产业发展基金，用于环境保护先进技术的开发转化、工程示范、产业化应用的奖励资金，以及国家重大环境治理项目的周转资金、贷款贴息、污染物排放达到国际先进水平或者优于国家排放标准的奖励、地方政府改善环境质量成就突出的奖励等。

健全社会资本投入市场激励机制。为民间资本进入环保市场提供渠道和保障。平等对待民间投资者，消除投资障碍，降低投资风险，健全回报机制，保障合理的投资利润。鼓励社会资本建立环境保护基金，重点支持企业关键技术创新、重点领域项目示范、政府和社会资本合作（PPP）项目等。支持环境金融服务创新，鼓励金融机构对有发展潜力的中小型环保企业予以融资倾斜，对重点项目提高授信额度、增进信用等级。

建立环保产业新型定价机制。推动建立基于环境外部成本内部化、能够真正反映污染治理和生态建设成本的环保产业价格机制，尝试建立以效果定价、以品质定价的环保产业新型定价机制，推进以环境绩效确定收益的环境保护服务合理定价。完善市政污水处理、垃圾处理等领域价格形成机制，建立基于保障合理收益原则的收费标准动态调整机制。

推行排污权有偿使用，完善排污权交易市场。加快实行排污许可证制度、排污权交易政策，支持开展排污权、收费权、政府购买服务协议及特许权协议项下收益质押担保融资，探索开展PPP服务项目预期收益质押融资。

7.3.2.8 规范市场秩序，建立规范统一、公平公正的环保产业市场环境

整顿环保产业市场秩序。建立公平、开放、透明的市场规则，清理和废除妨碍全国统一市场和公平竞争的各种规定和做法；打破国企、央企以及地方公用事业管理部门所属企业对本地区项目的垄断，确保全国统一市场，不同所有制类型企业享受投资建设或运营管理环境保护项目的同等待遇；对环境公共服务项目，规范招标采购程序，根据《中华人民共和国政府采购法》及相关规定，采用公平、公正、公开的方式选择项目单位。

加强对市场的事中和事后监管。建立环保工程项目过程性管理规范，重点加强对环保工程项目招标中过程性工程技术参数的要求，防止低水平恶性竞争；加强“三同时”验收时对工程建设质量的验收，确保经环评确定的环保措施和投资落实到位；加快建立环境监理制度，全面推进建设项目的环境监理；重点加强对环保设施运行情况的监管，建立健全环保设施运行绩效评估体系，评估结

果向社会公开，并作为环保执法监督的依据。环保部门组织建立评估体系、制定评估标准，委托行业组织或社会化机构承担评估服务，并对评估单位的评估服务进行监督、考核，考核结果予以公开。对环保工程招投标过程中有弄虚作假、恶意竞争行为，以及环境工程建设质量低劣、运营绩效差的企业实行黑名单制度，并予以曝光。

推动环保产业行业诚信建设。加快推进和完善环保产业行业信用体系建设，推动构建守信激励与失信惩戒机制。政府应做好履行契约的率先垂范，引导企业重合同、守信用；推广企业环境行为信用评价和环保产业行业企业信用评价，推动建立覆盖各级政府、部门、企业的信用档案系统，建立信用举报投诉制度和不诚信企业黑名单制度，公开信用信息，接受社会监督。

本报告执笔：王政、逯元堂、柴蔚舒、赵云皓、王妍、辛璐

8 重点行业环境保护领跑者制度设计

8.1 我国工业污染环境管理制度现状与趋势

8.1.1 我国工业污染环境管理制度现状

（1）建立了环境管理体系框架，行政、经济、技术等多手段综合管理

近年来，我国大力开展体制改革，在新的工业发展和环境背景下，形成了较为系统的、有效的、多层次的环境污染管理的体制和机制，制定和实施了多项以纵向层次为主，综合考虑横向层次的管理措施。就纵向层次而言，有总政策、基本政策和具体政策，就横向层次而言，环境政策分为环境行政管理政策、环境经济政策和环境技术政策，这三个方面实际上是在环境保护与经济、科学技术、管理活动相互交叉的结果，而且这三大类环境政策之间也存在着交叉和渗透（图 8-8-1）。

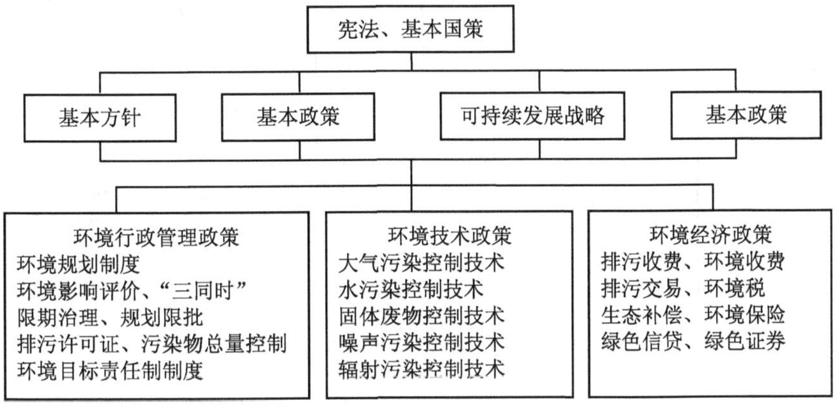

图 8-8-1 环境政策及法律框架体系

（2）工业各环节均有较为针对的环境政策

我国在环保、产业、安监、财税、金融、贸易等相关部门研究创新和开发实施了众多旨在规范工业企业环境行为、降低工业污染与风险的环境管理相关政策法规，既有基于末端绩效的政策又有基于产排污强度的进行源头控制和过程管理的政策，既有指令型也有经济型和自愿型政策，既有鼓励类也有限制类甚至淘汰类政策，既有针对项目准入监管和淘汰全流程的政策，也有针对生产、储存、运输、使用、处理处置、再生利用等产品生命周期全流程的政策（图 8-8-2）。

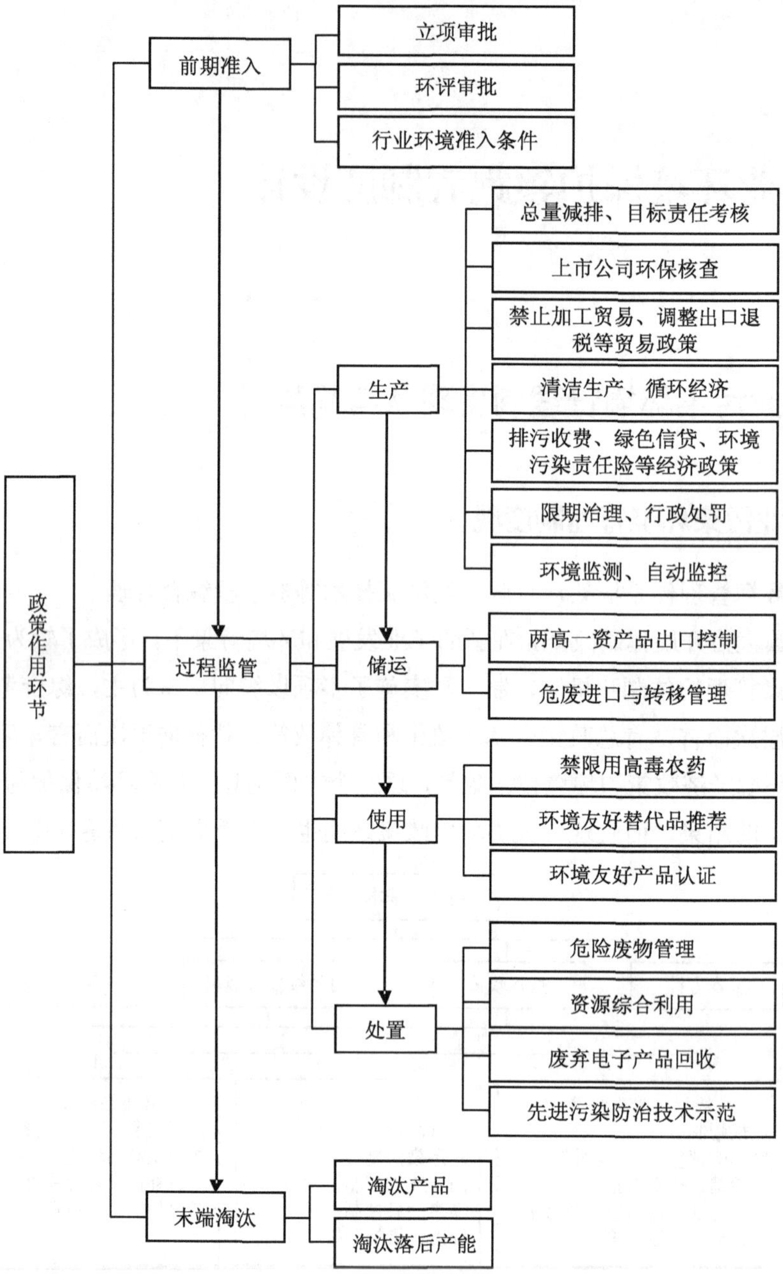

图 8-8-2 我国现阶段工业环境保护政策法规体系

8.1.2 我国工业污染环境管理制度存在问题

（1）环境管理制度缺乏针对性，实施难以有效监管，管理对象环境绩效差异大

目前我国制定发布的各行业环境排放标准以及能耗限额标准都大幅度加严，某些污染物排放标准甚至比日本、德国、美国等发达国家还要严格。但是由于环境管理制度缺乏针对性，中小企业、民营企业难以通过技术改造来达到新的环保标准，并且由于长期缺乏有效监管，环保执法不到位和社会监督机制缺失的问题，所以目前普遍存在“抓大放小”，对国有企业及大企业监管重、检查多的现状，而小的落后企业继续成为环境恶化的主要“推动力”和“贡献者”，从而造成同行业不同管理对象环境绩效差异大，存在较为严重的不公平竞争。

（2）环境管理约束型手段多、效力强，但引导型、激励型手段少、发育不足

当前我国环境治理手段以行政管制为主，我国在环境政策方面制定了比较完备的管制性措施体系，包括源头控制、过程控制、末端控制等一系列约束手段，已经基本做到有章可循，在环境管理中发挥了重要作用。但是随着市场经济的快速发展以及市场体制改革的逐步完善，现有约束型环境管理手段的滞后性也日趋明显。现阶段我国环境保护的正向引导、激励不足，无法有效调动全社会保护环境的积极性。一是导致企业缺乏内在动力，环保对企业还主要是增加成本的活动，企业如果长期通过加大投入来维持减排，势必造成企业负担大、减排效果差，因此，仅靠行政手段治理污染难以持续。二是在总量控制约束下，各地经常采取关停并转和拉闸限电等强制手段，代价高昂。事实表明现阶段我国引导型、激励型环境管理政策还属于初步探索阶段，发育不足。

（3）工业污染防治须同时应对常规污染与新型污染的双重挑战

“十一五”以来，工业污染排放总量得到削减，但是环境污染状况却未得到有效控制，其中重要原因就是总量控制中缺少对有毒有害化学品等新型污染的控制，各类《环境质量标准》和《污染物排放标准》中也缺乏对有毒化学品的限值要求。目前，挥发性有机污染物（VOCs）、持久性有机污染物（POPs）、持久性有毒污染物（PTS）等对水体和土壤的污染已经显现，并有加重趋势。多数工业有毒污染物均具有致癌、致畸、致突变作用，虽然大多数工业污染排放均已达标，但是低浓度的有毒危险化学品污染难以降解，在环境中长期积累富集，通过各种环境介质，最终危害着人民群众的生命安全。2013 年 2 月 20 日环保部发布的《化学品环境风险防控“十二五”规划》显示，我国化学品污染防治形势十分严峻。近年来，一些河流、湖泊、近海水域及野生动物和人体中已检测出多种化学物质，有毒有害化学物质造成多起急性水、大气突发环境事件，多个地方出现饮用水危机，个别地区甚至出现“癌症村”等严重的健康和社会问题。所以在常规污染物总量控制约束下，工业污染防治更要面临新型污染物减排的挑战。

（4）环境管理政策设计理念相对滞后，导致管理主体与被管理对象出现对立而非协作共赢，同时导致参与主体少、参与程度低、参与积极性不高

目前我国环境管理政策设计理念还是以管制、监管为主，虽然通过多年来环境管理政策的改善与深入，政府与企业已从不信任和消极抵触，转变成为企业愿意围绕环境目标采取必要措施。但是政府与企业始终处于一种管制与被管制的对立关系，出于政府的强制管束，企业被动加大投入，提高环境绩效。不仅企业要忍受高额的环境治理成本，政府也要承担日益提高的监管成本，政府与企业难以达到协作共赢的局面。长期以来环境管理政策中重在强调政府环保主体的地位，却没有赋予企业、社会组织、公众应有的环保权力，同时环境保护引导、教育、宣传、信息公开等管理手段的缺乏，导致了我国环境问题不断深化扩散与环境责任主体单一的矛盾，环境保护参与主体少、参与程度低、参与积极性不高。

8.1.3 我国工业污染环境管理制度发展趋势

（1）从点源管理、末端治理向全过程控制发展过渡

任何社会的再生产过程都是由生产、分配、流通、消费四个环节构成的，从四个环节的关系来看，消费是目的，生产是手段，分配和流通是中间环节。环境问题贯穿于这四个环节，环境保护也必须落实到社会再生产的全过程。过去环境管理政策主要集中与生产领域，集中于工业污染末端治理，忽视了对分配、流通和消费领域的关注，本质上是环境后果导向型的。但是随着环境问题的不

断凸显，我国在可持续发展的框架内不断强调建立环境与发展的综合决策机制。“八五”开始，实施了建设项目的环境影响评价制度，提出了“三同步”方针，从决策源头避免了“先污染、后治理”的老路；2003年《清洁生产促进法》的颁布实施，宣告中国环境政策步入工业生产全过程控制的新时期，同时也标志着我国环境污染控制由点源控制到流程控制，由事后治理到事前监督的环境政策作用机制的调整，象征着环境政策作用机制向着全程一体化发展的大趋势。

（2）政府简政放权，环境保护管理市场化趋势加强，更加注重引导型、激励型管理手段的运用

党的十八届三中全会指出“要处理好政府和市场的关系，是市场在资源配置中其决定性作用”，这就要求政府深化改革，简政放权，把该放的权放掉，把该管的事管好；加强事中、事后监管，切实做到放、管结合。市场的“基础性作用”到“决定性作用”的改变，表明国家在相关管理领域加大对市场机制与市场手段的运用，环境保护领域也将凸显市场化的特征。在现有市场机制不断加深的大背景下，在多元化的环境关系中，政府环保职能必须进行调整和重新定位，在原有管制型环境政策之外，必须研究和推广更多引导型、激励型环境政策和手段，如鼓励企业治理污染的经济优惠政策、工业用地价格机制调整、消费税改革、环保市场准入、污染第三方治理、生态补偿机制等，更多的引导企业等社会群体的环境意愿和环境行为，加强环境管理市场化趋势，有效提高企业环境治理的积极性，盘活整个环境管理市场。

（3）工业污染环境管理全面性与精细化程度提高

首先，环境管理控制目标污染物全面化。目前来看，我国环境管理控制目标污染的数量及种类与国际发达国家相比差距较大，污染物管理制度的狭隘与疏漏也是我国主要污染物总量控制达标但是环境形势依然严峻的主要原因。党的十八届三中全会《中共中央关于全面深化改革若干重大问题的决定》中第五十四条提到“改革生态环境保护管理体制。建立和完善严格监管所有污染物排放的环境保护管理制度，独立进行环境监管和行政执法”。所以基于我国工业污染形势和工业污染防治进展与需求，筛选重点关注污染物及污染物族群，如VOCs、POPs、PTS等，逐步建立实现污染物全面覆盖的环境管理制度，是环境管理的趋势所在，也是机遇与挑战。其次，环保排放标准、技术规范更加精细化。基于工业污染防控要求的不断提高，我国不断严格标准的同时也制定实施更为精细化的工业污染排放标准，针对不同行业企业以及不同环节研究制定不同的排放标准，严格管控工业企业“三废”排放，为工业污染防控管理提供了精确的管理目标及要求。同时，我国重点工业清洁生产技术规范也不断地制定发布，为企业清洁生产、污染减排提供可靠的技术支持与参考。

（4）环境管理从政府控制向社会共治演变

党的十八届三中全会要求“及时公布环境信息，健全举报制度，加强社会监督”，这就说明国家将进一步创造环保公众参与和社会监督的条件，促进环境保护领域社会组织的培育、发展和壮大，督促企业更为主动、更为高标准的治理污染。一是环境信息公开的广度与深度加强，将区域环境状况信息和企业环境信息想公众公开，将政府环境管理的信息越来越多的向企业公开。二是环境保护社会监督机制的不断建立，普及环境法治教育，构筑加强环境监督管理的群众基础。在确保公众、企业环境知情权的同时，来自公众的对工业企业、行业治理环境污染的驱动力将更加强大。政府运用经济激励、利益激励、教育诱导等方法促使企业、社会组织和公众共同参与环境保护，不断向环境管理社会共治的趋势发展。

8.2　国内外“领跑者”制度实施经验及启示

8.2.1　国内外“领跑者”制度实施经验

（1）日本“领跑者”制度实施经验

日本于 1998 年修订的节能法中明确提出实施“领跑者制度”。该制度以终端用能设备为对象，制定和实施优于市场最高能效水平的能效要求，通过树立行业的节能标杆来促进节能技术进步和提高产品能效。

①日本能效“领跑者”制度的核心是领跑者能效标准。标准制定流程为建立机构、确定产品名单、标准出台、标准的修订。

②标准的实施范围。在适用范围上，日本政府往往根据形势的变化（如技术进步程度、老百姓需求的提高），有针对性地对该制度的适用范围予以扩大。在“领跑者”制度实施之初，“领跑者”标准仅覆盖电冰箱、空调和轿车。目前，“领跑者”标准适用 23 个产品类别：轿车、货车、空调、电冰箱、电冰冻器、电饭煲、微波炉、照明设备等。

③“领跑者”制度实施奖惩机制。制造企业是“领跑者”计划实施的主体，对制造企业既有激励措施，也有约束手段；零售商是制造企业和消费者的重要媒介，在节能产品推广中起着重要作用，因此主要对其实施激励措施；对消费者来说，主要是提供消费补贴。

（2）美国能源之星“最高能效”产品项目

1992 年，美国环境保护署（EPA）启动“能源之星”（energy star）作为自愿性认证项目。2009 年 9 月，EPA 和美国能源部（DOE）决定就如何从能源之星产品中进一步推广最高效产品开展研究。“最高能效”产品项目在保持能源之星标识的公信力和价值的同时，致力于从能源之星产品中进一步筛选并标识出最高能效产品，以此鼓励最先进、最创意、最前沿的节能技术的研发和采用，加快高效节能产品市场推广。

①“最高能效”的标准制定。通过对现有产品能效性能数据的广泛收集分析，设定最高能效产品评价指标，其能反映目前最好的节能技术水平，只允许非常有限数量的产品入围，但同时能保证其具有一定的产量和市场可获得性，不对零售店和消费者形成购买障碍。

②“最高能效”的实施范围。在目标产品选择上，一个总的原则是目标产品应具备总体能效水平较高、市场上已有超高能效产品出现等特点。初步选定了洗衣机、洗碗机、电冰箱、电视、中央空调、热泵系统六类产品作为项目初始目标产品。

③“最高能效”的实施奖惩机制。若特定目标产品，在当前阶段存在超高效产品，EPA 会将其能效指标作为今后一段固定时间内最高能效产品入围门槛；对符合要求的产品，EPA 将采用用户友好型产品清单方式，在能源之星网站进行公示，将其区分于其他产品，并积极采取措施鼓励制造商达到最高能效要求；对符合要求的产品，EPA 将设计直接用于零售店等销售场合的宣传资料，帮助企业促进其推广使用。

（3）中国石化行业高耗能产品能效“领跑者”名单

高耗能产品的能效领跑者制度的主要目的就是激励企业能效对标、达标。工业和信息化部在 2010 年印发了《关于开展重点用能行业能效水平对标达标活动的通知》，主要内容之一就是要建立类似于能效领跑者制度的能效对标制度。2011年底，中国石油和化学工业联合会（以下简称石化联合会）决定在石油和化工行业试行重点耗能产品能效“领跑者”发布制度，将“领跑者”名单的确定和发布作为切入点来开展高耗能产品节能工作。

①“领跑者”名单制定流程。前期调研、设计能源消耗情况报送制度、征集与核实数据、确定能效领跑者发布名单。

②“领跑者”名单实施范围。截至2013年6月，已形成合成氨、甲醇、原油加工、乙烯、电石、烧碱、聚氯乙烯、纯碱、轮胎、炭黑、黄磷、磷酸一铵、磷酸二铵、硫酸14个产品的能效领跑者标杆企业名单和指标，并予以发布（产品范畴选择具备较强的代表性与覆盖性，据测算，上述产品覆盖石化行业50%以上的总能耗）。

③“领跑者”名单实施宣传机制。在能效“领跑者”名单发布后，以宣传行业能效“领跑者”为切入点，在公众心中树立良好的领跑行业形象。并且为会员单位提供服务，协助其提高能效水平。

8.2.2 我国家电行业惠民政策实施经验

对于家电行业，国家着眼于民生相继出台并在全国实施了“家电下乡”“节能产品惠民工程”“家电以旧换新”等多项惠民政策，见表8-8-1，这些政策是积极运用财政政策对国民经济进行宏观调控的具体措施，政策出台密集度高，财政扶持力度大，在刺激消费、拉动内需的同时，也开启了消费品行业财政补贴的一扇大门，对其他行业、其他领域开展财政补贴机制研究提供了可行依据和宝贵经验。

表8-8-1 家电三大惠民政策相关要点对比总结

对比方面	家电下乡	节能产品惠民工程	家电以旧换新
管理文件	《家电下乡操作细则》	《高效节能产品推广财政补助资金管理暂行办法》	《家电以旧换新实施办法》
产品范畴	彩电、冰箱（含冰柜）、手机、洗衣机、电脑、空调、热水器、微波炉、电磁炉	10种产品，既包括能效等级1级或2级以上的空调、冰箱、平板电视、洗衣机等消费品，也包括电机、配电变压器、通风机、容积式空气压缩机工业设备	彩电、冰箱、洗衣机、电脑、空调
补贴对象确定条件	制定产品标准，包括质量、节能、环保、安全、农村适应性及价格限制等方面	财政部、国家发展改革委建立推广企业和产品的准入制度，针对各类不同产品分别制定推广实施细则	制定家电销售企业、回收企业、拆解企业基本条件
补贴对象确定方式	产品通过公开招标方式确定	企业按实施细则要求申报，节能、财政部门审核	家电销售企业和回收企业通过招标方式确定，拆解处理企业由各地环保部门筛选
补贴标准	对入围产品按农民购买价的13%进行补贴	根据高效节能产品与普通产品价差制定补贴标准，参见各类产品《实施细则》	按新家电销售价格的10%给予补贴，制定补贴上限
终端补贴流程	农民携带相关证件到指定网点购买，录入信息，有财政所审核，确认后将补贴资金拨付到农民储蓄账户	对高效节能产品生产企业给予补贴，企业在销售推广价格减去补贴价格、承诺推广价格进行销售，最终受益的是消费者和用户	回收企业回收旧家电，向购买人开具以旧换新凭证，购买人凭证购买新家电，销售企业垫付补贴资金

对比方面	家电下乡	节能产品惠民工程	家电以旧换新
补贴资金来源	补贴资金由中央财政和省级财政共同负担。其中，中央财政负担 80%，省级财政负担 20%	财政部统一拨款	补贴资金由中央财政和省级财政共同负担。其中，中央财政负担 80%，省级财政负担 20%
补贴资金内部运作流程	实施预先拨付与定期清算的机制，实施主体是乡镇一级的财政所；乡镇财政所设立“家电下乡补贴专户”，县级财政部门将中央和省级预拨的补贴资金拨到该专户；乡镇财政所审核兑付后，并及时到县级财政部门报账	根据功率和能效标准制定补贴标准，每月底逐级报送补贴申请书、销售汇总表等内容，经当地财政部门和节能主管部门审核，由财政部进行预拨补助资金，年底进行清算	财政部将中央财政应负担的补贴资金按比例预拨到省市财政部门，省市财政部门承担地方应负担的补贴资金并及时转拨。试点省市财政部门会同商务部门在每年 4 月底前，核实汇总本地区上年度补贴资金使用情况，报财政部进行审核清算

8.2.3　国内外“领跑者”制度对我国环保管理制度的启示

（1）加快提升重点行业环境保护标准，推动技术的创新与持续改进

以涂料行业为例，同涂料行业工业发展的快速进步相比，涂料行业环保标准的制（修）订工作滞后，国内尚无整个涂料涂装行业 VOCs 的限值标准，这与发达国家相比差距巨大，在一定程度上也必将阻碍产业发展。要通过环保“领跑者”制度的建设，在未来几年尽快提升发布重点行业环保标准，重点是单位产品污染排放限值标准，以及重点企业环保指标要求，新标准的制定发布就可以迫使企业改进技术、加强管理，从而带动企业清洁生产技术的创新与持续改进。

（2）建立对环保“领跑者”的动态管理机制，集中鼓励少部分最优秀产品（或企业）

各地区及其行业协会应定期对本地区、本行业的产品（或企业）进行调查，每年更新发布环保“领跑者”名单，做成流动红旗，使环保“领跑者”进入动态的良性竞争中，集中鼓励最优秀的个别产品（或企业），以此鼓励企业创先争优，并形成常态化。

（3）建立与补贴机制相配套的宣传鼓励政策

日本的能效“领跑者”有财政补贴机制，美国“最高能效”项目没有财政补贴，但是依然起到了很好的效果，原因是不管日本还是美国在推广节能环保优秀产品（或企业）方面都制定了完善的宣传措施。企业获得了更广泛更优惠的企业品牌宣传机会，而政府的宣传行为对消费者选择绿色产品是一种积极导向，而消费者的选择导向积极推动了其他企业向行业内标杆企业看齐。

（4）加强对环保绩效虚标的监管和处罚

前期惠民工程实施过程中，出现了一些企业虚标能效、骗取财政补贴的违规行为，不仅使国家的财政补贴资金没有起到应有的作用，而且扰乱了正常的市场秩序、损害了行业的诚信、恶化了公平竞争的外部环境、阻碍了企业的技术进步和创新。因此，要加强对企业产品污染排放的抽查检测，防止高污染产品以次充好进入市场，对于违规企业，一经查实，要严厉处罚。

（5）加大对高污染产品的淘汰力度

日本的能效“领跑者”制度，明确限定了达成目标的时间。此外，除对“领跑者”激励措施外，还规定了对目标年度未达标企业的行政处罚及淘汰措施。这一淘汰机制值得我国借鉴，我国环保“领跑者”制度除对高能效产品进行较高补贴外，对低端能效的产品也应采取类似措施，将其逐步淘汰出市场。到达目标年限后，达不到领跑者环保标准的产品就不允许在市场上销售，运用市场和行政

双重手段促进企业提高环保绩效。

8.3 环境保护“领跑者”制度设计

8.3.1 “领跑者”制度实施目的

为贯彻落实《大气污染防治行动计划》中建立企业“领跑者”制度的要求，结合党的十八届三中全会“使市场在资源配置中起决定性作用”的指导精神，切实提高工业污染防治环境绩效、促进污染减排、完善管理体制，针对重点环境问题，推动技术创新、激发企业积极性、引导社会参与。

8.3.2 “领跑者”制度设计思路

基于目前环境重点问题，针对水、气、土十条中重大任务，全面关注多种污染物，设计一种既关注产品又关注企业的引导型、激励型环境管理政策，推动环境管理模式从“底线约束、外部监督”向“上限引导、自发提升、持续改进”转变，激发市场主体节能减排的内生动力，完善自愿激励式的环境管理制度体系。

8.3.3 “领跑者”制度总体框架

（1）关注领域

广义上关注原料、生产、消费、处理处置、回收利用等全生命周期过程的环境保护，重点关注明显有利于应对现有重大污染问题、显著提升重点行业环境绩效和弥补现有环境管理制度缺位的领域。近期将领跑者制度关注点聚焦在以下几方面：

一是引导污染物排放强度与毒性下降。引导重点行业清洁生产工艺和污染防治技术的不断更新与升级，达到降低重点行业污染负荷、减小其环境损害的目的。

二是强化生态设计。引导重点行业将环境因素纳入产品设计之中，源头设计阶段全面考虑及优化全生命周期的环境影响，把产品的环境影响降到最低程度。

三是促进资源节约与循环利用。引导工业废物和副产品循环、回收再利用，提升资源利用效率、降低资源消耗强度与总量。

四是推广环境友好型的产品与设备。引导企业、社会广泛使用环境友好型的产品与设备，促进生产方式与消费模式的绿色转型，刺激相关技术的研发、应用和推广。

（2）制度主体与模式

制度主体分为制度参与主体和制度参评主体，其中，制度参与主体为政府、企业、第三方机构和公众四类；制度参评主体为企业和产品两类。

制度模式充分考虑制度参与主体与参评主体间的相互关系和内在逻辑，按照“政府主导、企业配合、机构监管、社会参与、市场配置”的原则建立环保领跑者制度模式；其核心要义为：政府制定领跑者标准，发布激励政策，组织监督与评估；企业提高环保水平，自愿参与竞争，申报企业或产品领跑者认定；第三方实施检测认证并发布企业与产品领跑者名单，保证过程与结果的公平公正。制度框架图如图 8-8-3 所示。

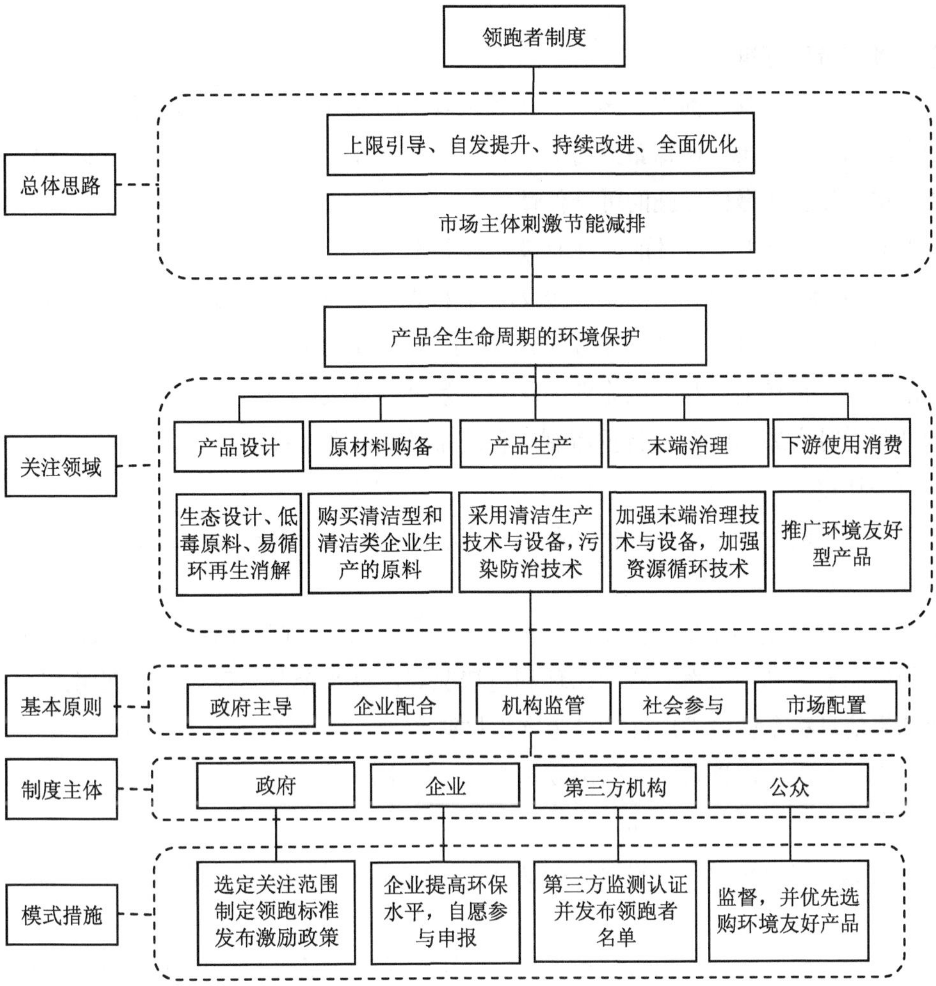

图 8-8-3　环保领跑者制度框架概念

8.3.4　工作流程

8.3.4.1　建立管理主体

成立环保领跑者制度管理委员会。管理委员会主要负责政策实施过程中的制度建设、组织协调、标准制定、实施保障等管理工作，办公室设在财政部、成员包括环保部、质检总局。

8.3.4.2　“领跑者”认定流程

（1）发布认定程序

由委员会组织编制及发布环保领跑者认定操作程序，其中包括制度框架、认证原则、产品（或企业）范围、领跑者标准、认证机制、实施规则等。

①确实制度实施范围。针对“领跑者”制度关注领域，选择污染问题突出且与国民经济和社会发展各个领域息息相关，并与民生关系密切的产品（或企业）作为政策研究与实施对象。列入实施范围的产品（或企业）需要具备一定的可研究性，如生产过程须有长期连续的环保指标统计数据基础且统计方法有可比性、产品（或企业）间环境绩效有较明显差异、具有提升环境绩效的

潜质等。

②制定“领跑者”标准：

——建立指标体系。建立简单、客观的“领跑者”产品（或企业）指标体系，指标须有可行及统一的监测方法与量化标准，确保数据可获得性可靠性，并且既能反映产品（或企业）的环保优劣性，又能易于市场接受和激励措施的可操作性。

——标准制定。制定能反映目前该行业最好水平的环境友好型产品（或企业）的环保“领跑者”标准，“领跑者”标准制定要不低于国际先进水平。根据资金量和环境友好水平确定命名范围，确保领先的产品（或企业）入围，且只允许有限数量的产品（或企业）入围。

——标准更新。每年对产品（或企业）环境绩效进行调查，当达到“领跑者”标准的产品（或企业）比标准制定时增加20%时，将重新制定和发布“领跑者”标准。

（2）申报与认定

纳入领跑者范围的企业，依据环保领跑者认定程序，对照自身产品（或企业）的环境友好性，自愿申报。

申请企业须重点提交环保相关信息，具体包括：生产工艺的产排污情况、产品中有毒有害物质含量、设备的资源能源利用效率、资源循环利用情况等，以及企业无环境违法证明；同时申请企业须提交企业基本信息和企业技术经济信息等支撑材料。

申报每年进行一次，申报起止时间由委员会统一拟定。

（3）审查发布

第三方认定机构根据企业申报材料组织认证，形成统一意见后，报委员会备案后发布环保领跑者目录公告。

产品（或企业）第三方认定报告须委托国家认可的第三方认证机构完成。初步拟委托中国标准化研究院、中国企业家联合会、中环联合认证中心等机构联合承担，依据“领跑者”认定原则和标准进行检测并出具认定报告。

按照“优胜劣汰”原则每年对申报产品（或企业）进行审查认定，每年更新发布环保“领跑者”产品（或企业）名单。

（4）监督检查

自“领跑者”产品（或企业）实行动态跟踪监督管理，一年内抽查一次。企业在复查期内发生环境违法行为、不符合环保“领跑者”指标要求等情况，限期整改或被撤销称号。

8.3.4.3 “领跑者”补贴机制

针对入选环保领跑者的产品，由财政部统一组织，直接对其销售环节进行合理的资金补贴，降低面向消费者的价格，增强其市场竞争力，促进环境友好型消费。

制定直接资金补贴的额度要充分考虑以下因素：

①生产环保领跑者产品与一般产品的成本价格差；

②环保领跑者产品因非环保因素，在市场中已经形成的优劣性；

③中央与地方财政实力；

④补贴覆盖面和刺激力之间的平衡。

除直接资金补贴外，财政部牵头协调相关主管部门，制定环保领跑者产品在荣誉、宣传等方面的激励机制。各地财政部门应当安排工作经费，用于加强政策宣传、业务培训、监督管理、审核检查、公示以及必要的设备购置等。中央财政安排工作经费，对地方予以适当补助。

企业所生产的产品经过第三方认定后，签订针对此产品的销售合同，对补贴时段内的销售量进行承诺。财政部根据销售合同汇总情况确定预算资金。补贴时段结束后，对企业进行财务审核与技术审核。其中，财务审核由第三方会计师事务所进行，技术审核由行业专家组成，确认企业所生产、销售的产品与企业申报的产品在组成、理化性能、型号、数量等方面完全一致，防止变更生产地点、质量和数量达不到要求等现象发生。根据财务审核与技术审核联合出具的核查报告，结合合同完成情况，下发补贴资金。

8.3.5　配套措施

——制定产品环保“领跑者”标志。为“领跑”产品（或企业）贴上认证标示，享受国家宣传推广政策和环保优惠政策。

——建立环保“领跑者”制度绿色宣传机制。大力宣传环保“领跑者”产品（或企业），通过对“领跑者”产品（或企业）的全面推广和宣传教育，引导和鼓励消费者绿色的消费理念。

——环保部门在正常的环境监察中减少对环保“领跑者”产品（或企业）检查次数或免于检查。

——优先向环保“领跑者”产品（或企业）安排清洁生产、环保资金。

——环保“领跑者”产品（或企业）可以优先免费在“领跑者”项目网站上设立网页宣传介绍产品（或企业）在环境保护方面的成效。

——环保“领跑者”企业上市或再融资可免于环保核查。

——环保“领跑者”企业按有关规定享受税收、信贷等其他优惠政策。

8.4　环保“领跑者”制度设计——以木器涂料行业为例

8.4.1　总体思路与基本模式

以推广环境友好型产品，降低挥发性有机污染物排放总量与毒性，改善环境空气质量为目的，选取木器涂料产品为试点领域，按照“政府引导、社会参与、市场配置、过程监督”的原则开展试点工作。

试点工作的基本模式为：政府制定环保领跑者标准，发布激励政策，组织监督与评估；涂料企业提高环保水平，自愿参与竞争，申报环保领跑者认定；第三方机构依据规则与标准评选认定环保领跑者产品，按程序审定后向社会公布。

8.4.2　环保领跑者认定

（1）适用对象

适用于木器家具涂装的涂料产品。

（2）申报主体

中华人民共和国内具有独立法人资格、完备的生产条件和质量保证体系且证照齐全的涂料生产企业。

（3）激励范围

认定为环保领跑者的涂料产品及其生产过程的各项环保指标均处于同行业领先水平，环保领跑者产品量约为行业产品总量的2%～3%。按2013年木器涂料总产量102万t计，获环保领跑者认定的涂料产品量为2万～3万t。

（4）基本条件

申报环保领跑者认定的涂料产品必须为水性涂料，VOCs的含量限值为不超过70 g/L，符合《室内装饰装修用水性木器涂料》（GB/T 23999—2009）的质量要求；符合《环境标志产品技术要求 水性涂料》（HJ 2537—2014）要求的水性木器涂料，并通过十环认证。

申报企业须通过ISO 14001认证；通过清洁生产审核，溶剂总体逸散率不超过4%（收率高于96%）；过去3年无环保违法行为；上一年度单厂水性木器涂料产量大于500 t。

（5）竞争性指标

符合基本条件的申报主体均可参与环保领跑者的竞争性认定，竞争性指标体系包括产品的环保水平和企业生产过程的环保水平，具体内容参见《木器涂料产品环保领跑者竞争性指标体系与评分办法》。

（6）认定流程

按自愿的原则，相关企业对照自身产品与生产过程的环保水平，组织申报材料，递交政府委托的第三方机构。第三方机构核实企业申报材料的真实性与基本条件符合性，公布有资格竞争环保领跑者认定的企业及产品名单、牌号。第三方机构组织专家按照《木器涂料产品环保领跑者竞争性指标体系与评分办法》进行比选与排序，按额定比例确定环保领跑者产品名单。相关工作流程指标和认定结果向社会公开，相关职能部门对入围环保领跑者的产品、企业以及第三方机构进行监督检查，对公众举报情况进行调查核实。

（7）申报材料

申报材料应包括：生产工艺产排污情况、产品中有毒有害物质含量、设备的资源能源利用效率、资源循环利用情况，产品检测报告以及企业无环境违法的证明等材料；同时申请企业须提交企业基本信息和企业技术经济信息等支撑材料。

8.4.3 实施步骤

（1）建立工作机制

成立环保领跑者制度试点联合工作组（以下简称工作组），工作组负责制度建设、组织协调、标准制定、奖励发放、实施保障、监督评估等工作，办公室设在财政部，成员包括环保部、质检总局。工作组委托第三方机构按规程实施环保领跑者产品的认定工作，发布名单。

（2）动员宣传

工作组通过公开发文、政府网站、大众媒体等方式向全社会宣传实施环保领跑者制度的目的与意义，营造有利的社会氛围、舆论氛围，发动符合条件的涂料生产企业积极申报。2016年1月组织行业协会、重点省份召开培训会，向企业介绍制度目的、制度模式、技术要求、工作流程等内容。

（3）申报认定

每年的上半年组织环保领跑者申报认定工作，每年1—3月统一受理认定申请，4月公布有资格竞选名单，5月组织专家评审，完成最终认定与公示，6月底前公布本年度的环保领跑者产品名单。

环保领跑者产品名单有效期为 1 年，自名单正式公布日起计。

（4）激励机制

工作组制定环保领跑者产品的配套宣传与推广激励机制，通过对领跑者产品和领跑者产品使用者（达到一定数量的）采取贴标、授牌等方式予以宣传推广。“领跑者”涂料产品的生产企业可在产品明显位置或包装上使用环保“领跑者”标志，在品牌宣传、产品营销中使用环保“领跑者”标志。

（5）监督评估

工作组采取日常督查、专项检查、突击抽查等方式，规范并监管环保领跑者产品申报、评选、称号使用等环节的工作程序与工作质量，确保各环节材料与过程的真实性、有效性和公平公正性。

工作组定期组织行业和环保专家对领跑者制度推行后的污染物削减量、环境效益、生态效益和社会效益，进行绩效评估。

8.4.4 处罚与投诉

对于出具虚假报告和证明材料企业、中介机构，一经查出予以曝光，视情节追究其相关法律责任。

涂料生产企业不得改变认定为环保领跑者产品的产品配方，如经过核查或抽查确认改变配方，予以取消领跑者资格、并向社会公布。

建立下游家具企业的投诉监督机制。家具企业可将在使用环保领跑者涂料产品中发现的问题与情况，向工作组反馈，工作组会进行核实与核查。

对于提供虚假信息的企业，工作组视情况予以通报批评等处罚，情况严重者，取消其申报资格。

本报告执笔：李晓亮、贾真、李婕旦、葛察忠

9 基于构建环境保护社会行动体系的环境保护类社会组织参与机制研究

9.1 我国境内环保类社会组织基本状况

早期的社会组织主要是以慈善为主，19 世纪末 20 世纪初，借着人道主义机构发展的契机，许多环保类社会组织开始崭露头角，并逐步发展为现今举足轻重的国际性环保非政府组织。1972 年，联合国在斯德哥尔摩召开人类环境大会，1 000 多人参加 NGO 论坛，环境保护类非政府组织开始在国际范围内受到广泛关注。在周恩来总理的指示下，中国政府派出了一个较大的代表团，参加了此次会议。环境保护与经济发展并重的思想，开始被中国领导人认识、重视。正是在这一背景下，我国环保类社会组织开始发展起来。1978—1993 年是起步阶段，中国环保事业的起步催生“自上而下”型环保类社会组织。1994—2007 年是发展阶段，1993 年，国务院颁布的《中国 21 世纪议程》，鼓励公众参与可持续发展战略的实施，提倡环境保护领域的公众参与，民间草根环保类社会组织开始发展。2008 年至今属于壮大阶段，党的十七大以来，政府肯定社会组织在公共服务领域内的作用，支持并提倡社会组织在环境保护领域内的各项活动，环保类社会组织活动规范化、合法化。越来越多的人意识到了环境问题的广泛性，投身到环境保护事业，环境类社会组织的队伍日益壮大。

根据社会组织的注册类型划分，可将环保类社会组织分为在民政部注册的社会组织和未在民政部注册的社会组织。在民政部下依法登记的社会组织分为基金会、社会团体和民办非企业三类；未在民政部登记的环保类社会组织，包括工商注册的组织机构，学生社团、国际环保非政府组织在华办事机构，如能源基金会（美国）北京办事处、世界自然基金会（瑞士）北京代表处等和大量未登记注册的民间组织。

根据环保类社会组织成立性质的不同，可将其分为“自上而下”型和“自下而上”型两种类型。由政府部门发起的环保组织属于“自上而下”型，如中国环境科学学会、中国环境保护产业协会、中华环保基金会、中国可持续发展研究会、中国野生动物保护协会、中华全国工商业联合会环境服务业商会；由民间环保人士自发形成的“草根”型环保社会组织以及由学校在校生发起的环保社团，属于“自下而上”型，如自然之友、绿家园志愿者、北京地球村环境教育中心、北京绿色大学生论坛、北京传媒大学绿色动力环保志愿者协会等。

一般而言，“自上而下”型社会组织具有一般社会组织的非营利性、合法性、组织性、志愿性等普遍特征，这是“自上而下”型社会组织与“自下而上”型社会组织的相似之处，但二者之间又有着明显的不同，“自上而下”型社会组织一般实力较强，影响力较大，政府主导性强，但是社会功能薄弱，管理规范性差。“自下而上”型社会组织一般属于“草根”本质，活动影响力难以大范围传播，由发起人价值主导，有较强的群众接纳性，但是往往内部管理不规范。

中国环保民间组织主要集中在北京、上海、天津、四川、重庆、云南、内蒙古、湖南、湖北等地，其他地区分布较少。由政府发起成立的环保民间组织的活动范围以各省市为主；草根环保民间组织活动范围比较分散，主要分布在有草地、湿地、山地、林地的省份及长江、黄河流域，多为自然资源丰富和生态脆弱的地区。高校环保社团的活动区域主要是省、市、县和社区；国际环保组织分支机构的活动范围较广，跨省区，面向全国，在全球范围内活动。

社会组织在环境领域内开展着各式各样的有益活动，在公众中起到了非常重要的领导组织作用。

（1）通过宣传教育提高公众意识

宣传教育工作是环保类社会组织开展活动的一个重要领域，很多环保类社会组织都开展过环境保护宣传教育，尤其是在节能减排、保护动物、保护自然环境等方面。环保组织以志愿者考察、文化讲座、拍摄宣传片等形式，与名人、媒体合作加大传播力度。环保类社会组织一方面自身学习和实践国家对于环境保护工作的公众参与制度，另一方面通过教育群众来实现环境保护领域的民主决策、民主管理和民主监督。在环保类社会组织的积极推动，对公众环保意识的提高起到了积极作用。

（2）社会监督

环保类社会组织作为一种民间力量，对政府和企业进行监督，加强其对环境责任的履行。环保类社会组织通过参加政府听证会，递交建议书等方式，向政府部门建言，反馈公众意见，影响其决策。同时，在政府监管能力不及、行动不便的区域内，环境类社会组织凭借其独特的社会地位，可作为第三方监督机构，对当地企业进行环保监督，并向有违法违规行为的企业进行检举和公开，社会组织在这方面的功能逐步受到政府机关的认可。

（3）通过专业领域的研究和项目影响政策制定

一些在公信力和专业程度上具备较强实力的非政府组织，可以通过与政府合作开展专业研究和项目，从而影响政策制定。例如，一些较早进入中国的国外的非政府组织，能源基金会（业务主管部门为国家发展和改革委员会）、世界自然基金会（WWF）（与国家林业局密切合作）等，其工作都集中在特定领域，拥有专业的团队和顾问委员会，与中国政府进行项目合作，通过资助专家开展研究和直接组织研讨会等方式，推动生态环境类的政策制定。

（4）法律援助

环保类社会组织在法律上给予群众帮助，协助弱势群体维护环境权益。相较于普通群众，环保类社会组织拥有更加专业的环保、法律团队，一方面通过志愿律师团队引导群众维护自身环境权益，协助受害民众提起民事诉讼；另一方面接受来自公众的举报或投诉，反馈给当地环保部门。

（5）国际交流

社会组织的活动范围较为自由，在不违反法律法规的条件下，往往不受地域与国家民族的限制。环境问题具有特殊性，涉及地球上生存的每个人类，是一个全球化的问题，必须与各国之间形成良好的合作交流关系。环保类社会组织通过论坛研讨会、座谈会等国际交流活动，一方面从国际先进环保组织学习有益的信息技术，提高自身专业素质；另一方面彰显出我国环保事业的壮大。

综合以往研究和本研究的调查，发现我国环保类社会组织还存在一些问题。

（1）我国环保类社会组织活动层次较低

环保类社会组织的活动从深远意义上讲，可分为三个层次：通过环境教育使公众意识到环境与资源危机；作为利害关系人和政府协商环境决策；针对环境政策出台后的实施行为施加影响。西方发达国家的环保类社会组织的活动已在后两个层次全面展开。而中国的环保类社会组织的活动主要停留在第一层面上，即举办环境专题讲座、研讨会、培训班、展览、编写环境科普读物、杂志、利用媒体进行宣传等环境公众教育领域。根据本研究于 2014 年 7 月对阿拉善基金会创绿家项目支助的 30 家民间环保类社会组织的调查（以下简称“创绿家成员调查”），在收回的 23 份问卷中，几乎所有社会组织均开展过环保宣传活动；约 70%的机构认为其自身在影响政府政策的制定方面略有成效；不足一半的组织认为他们在政策出台后对其实施行为施加影响。

（2）环保类社会组织的发展存在制度性的约束

首先，缺乏明确的法律法规保证我国环保社会组织的合法地位、权益及其参与环境政策制定和环境保护渠道。我国对社会组织登记的核心原则是双重管理体制，即“登记管理机关”和“业务主管单位”双重审核、双重负责、双重监管的原则，社会组织登记管理体制门槛高、限制多、监管不力。面对过高的准入门槛，许多环保类社会组织难以取得合法的身份，此类组织在提供公共产品和服务的过程中，其可信度很难得到承认，也无法享受到免税、减税和捐赠的优惠政策。其次，捐赠鼓励制度不健全，导致民间环保类社会组织的资金来源不足，影响了其生存和发展。

（3）环保类社会组织参与环境政策制定的渠道狭窄

目前我国关于环保类社会组织的政治参与途径并没有相关立法予以制度化、规范化，在具体的政策过程中，环保类社会组织常被置于政策过程之外，其政策参与过程中的合法地位及有效途径得不到保障。此外，由于对政府部门相关环境信息了解不够或不及时、对政策制定的背景不清、没有介入前期工作的机制和渠道，导致大多数环保类社会组织参与制定环境政策十分困难。

（4）政府对社会组织参与环境保护的引导与支持有待加强

在法规制定方面，政府制定的有关法规仅在原则上提出“建立公众参与机制，发挥社会团体的作用”《国务院关于环境保护若干问题的决定》（1996 年），“地方各级环保部门应鼓励环保社会组织积极开展相关活动，参与环境保护”（《关于培育引导环保社会组织有序发展的指导意见》（环发〔2010〕141 号）），但缺乏可操作性的指导文件加以引导。双方合作方面，从英国、德国等许多发达国家的实践来看，环保类社会组织和政府之间在环境领域公共服务方面有着广泛而紧密的合作，社会组织通过政府采购等方式争取公共财政的资金支持，从而发展壮大。我国的环保类社会组织特别是草根组织，极少有机会与政府合作，也很少得到来自政府方面的资金支持。例如，在对创绿家成员的调查中，仅 10%的被调查者接受过来源于政府的资金支持，大多数被调查组织为了寻求自身的生存，甚至需要发起人捐出自有资金。

（5）自身能力建设不足

由于我国的环保类社会组织还处于起步阶段，各种类型社会组织发展还不太规范和成熟，在一些组织内部存在管理混乱、专业性差、资金和人力资源不足等约束，各类环保类社会组织还没有找到适合自身的参与环境保护的模式和渠道，与政府、企业的合作及公众的认同度都处于较低水平，这极大地限制了各类环保类社会组织在环境保护社会行动体系中的作用。根据创绿家成员调查显示，超过 70%的环保类社会组织都面临着专业人员缺乏的困境，没有专业的人员做指导，许多社会组织的活动都处于混乱、非专业、不科学状态。

9.2　环保类社会组织参与环境保护的机制研究

本研究根据社会组织参与环境保护的方式和渠道的不同，将环保类社会组织的参与机制分为五类：①与政府合作开展专业研究；②制造舆论影响监督政府和企业；③对公众进行环境教育；④依靠当地群众保护本土环境；⑤为环保组织提供支持。

9.2.1　典型环保类社会组织参与环境保护的机制分类

9.2.1.1　参与机制一：与政府合作开展专业研究

以与政府合作开展专业研究为主要参与机制的社会组织的典型代表，是早期受中国政府邀请、在两国政府达成的合作框架下进入中国的国际非营利组织，如美国能源基金会、美国环保协会、世界自然基金会、世界资源研究所等。他们往往具有较强实力，其共同点是通过与中国政府在专业领域的研究和项目合作，推动某领域的环境政策制定，具有强大的影响力。

（1）能源基金会

能源基金会从事的环境保护活动主要是影响政府政策制定，主要的合作对象是政府，和企业的合作是间接的。制定标准的时候，项目单位要求企业来参加。如冰箱节能标准，他们会征求企业的意见。和其他非政府组织的合作也主要集中在政策方面。迄今为止，能源基金会在中国资助的项目达到 1 560 个，项目单位超过了 440 家。

以电力项目为例。

a. 项目简介：电力项目的总体目标是将中国电力行业的投资从化石燃料发电转向提高能源效率和可再生能源。例如，鼓励电力公司投资需求侧管理、推进电价改革以及电厂污染排放控制和绩效标准。

b. 主要合作方：国家发改委、地方政府部门、相关科研机构。

c. 实施情况：

i. 电力需求侧管理：支持国家政策的研究制定及实施能力建设；支持部分省市的地方试点工作及能效电厂建设；支持电力公司开展电力需求侧管理工作；组织业内研讨、培训等。2013 年重点支持了电力需求侧管理城市综合试点、电网公司实施电力需求侧管理目标责任考核实施等工作。

ii. 清洁高效电力系统：支持与电力系统优化运行相关的政策研究和实施能力建设；支持电力行业开展节能减排及应对气候变化的战略与行动计划研究；支持分布式电源及天然气的开发利用；支持促进清洁能源发展和节能的电价政策研究。2013 年重点支持页岩气产业政策研究、天然气分布式能源研究等工作。

iii. 煤炭总量控制、清洁煤技术和碳捕集与封存：支持煤炭总量控制、煤炭清洁高效利用的政策研究、制定及实施能力建设。2013 年重点支持煤炭中长期需求及消费研究、京津冀地区煤炭消费总量控制研究等工作。

d. 效果与影响：在能源基金会电力项目的推动下，我国江苏、上海、广东、北京等省市已经开始实施能效电厂项目。电力公司投资终端能效项目，并通过电价来收回成本并获得适当利润。这些能效电厂的成本只有常规电厂的 1/3，且清洁无污染。

（2）能源基金会参与环境保护的特点主要有四点

a. 专注：能源基金会的工作主要集中在政策研究领域，不支持技术开发，不是所有领域的政策都涉及，研究范围只集中在提高能源效率的领域。以建筑节能为例，他们一做就是 10 年，由点到面，有条理，有目标，不盲目。

b. 有专业的指导委员会和顾问团队：能源基金会成立旨在审核各项政策建议的指导委员会、高级政策顾问委员会和对话工作组。两个顾问委员会的成员为中国可持续能源项目的发展提供了战略性的宝贵建议和指导。能源基金会每年向高级政策顾问委员会和对话小组汇报项目的进展，听取领导建议。通过指导委员会成员对研究机构提出的政策建议提出补充、修改意见后，使之能得到政府的采纳和实施。

c. 自上而下和自下而上的方式相互结合：“自上”是指能源基金会支持国家的可持续的能源政策制定，“自下”是指他们在各个城市开展试点工作。迄今为止的很多拨款项目大都促进了中央、省和地方新政策和新法规的出台和实施。

d. 关注能力建设：能源基金会资助独立和政府附属的政策分析机构，帮助其自行制定和实施可持续的能源政策。这种能力对中国能源的可持续发展有着至关重要的作用。

（3）美国环保协会

美国环保协会（Environmental Defense Fund）1991 年开始在我国开展工作，并在之后的 20 年中帮助开展了一系列环境保护项目，探索既有利于环境保护又能促进经济发展的新方法。美国环保协会中国项目通过美国环保协会和中国国际民间组织合作促进会共同设立的联合项目办公室开展工作。

以火电厂大气污染物与温室气体协同控制项目为例。

a. 项目简介：2006 年 4 月，美国环保协会和中国电力企业联合会携手开展了“火电厂大气污染物排放综合控制优化方案及发展战略研究项目”。

b. 主要合作方：中国电力企业联合会。

c. 项目实施情况与影响：从 2007—2013 年，美国环保协会与中国电力企业联合会已连续 7 年发布 “中国燃煤电厂大气污染物控制现状”白皮书（现更名为《中国电力减排研究》），在对电力行业大气污染物和二氧化碳排放控制的现状和重点进行总结和分析的基础上，对未来发展趋势进行了预测，并为电力行业的发展提出建议。

从 1967 年成立以来，美国环保协会就一直以不同的方式思考如何实现设定的环境目标。美国环保协会是由一小群科学家和一位律师创建的，随后，在 20 世纪 70 年代，美国环保协会成为美国第一个雇佣经济学家的环保组织。因此从创立之初起，美国环保协会在工作中就一直坚持综合运用科学、法律和经济的手段解决环境问题。在中国，美国环保协会遵循通过市场机制、利用经济和市场的手段解决环境问题的原则，并结合中国当前的经济发展和环境保护中遇到的问题开展工作。所开展的项目均从不同角度，试图撬动市场的力量，帮助中国实现经济的绿色转型和绿色发展。

9.2.1.2 参与机制二：制造舆论影响，监督政府和企业

以制造舆论影响监督政府和企业为主要参与机制的社会组织一般具有强大的媒体传播能力，通过对环境事件的关注和调查，将隐蔽的事件信息和受害者的呼声通过各种渠道传播给公众，形成强大的舆论影响，从而促进政府进行环境保护，监督企业遵守环保法规。这类组织通常保持公正和独

立性，与媒体保持紧密合作，在所关注的环境事件中发挥作用。

（1）绿色和平

绿色和平于 1971 年在加拿大成立，是全球最大的跨国民间环保组织。1997 年，绿色和平中国分部在香港注册成立，并随后在广州和北京设立项目联络处。绿色和平致力于以实际行动推动积极的改变，保护地球环境与世界和平。

以揭露企业电子垃圾污染项目为例。

a. 项目简介：绿色和平组织经过多年的实地调查，向公众揭露了贵屿电子垃圾业污染。采取多样教育手段，向公众宣传电子垃圾的危害，最终成功推动国家颁布《电子产品污染防治管理办法》。该项目可以说是绿色和平最成功的项目。

b. 主要合作方：媒体、网络。

c. 项目实施情况：

i. 2002 年底和 2003 年间，“绿色和平”多次赴广东省潮阳市，对贵屿镇旧五金电器拆解业进行实地调查，写出 10 多万字的调查报告，详细叙述了电子废弃物的产生、倾倒与对人体的危害。

ii. 2005 年，“绿色和平”专程赴印度电子垃圾拆解地取样，与在贵屿所采集的土壤、废水、尘埃等环境样本一共 70 多份，通过科学检测验证电子产品中的有毒物质已在拆解过程被释放到环境中。

iii. 绿色和平制作了《绿色电子产品指南》，让公众了解各大电脑、手机生产企业的环保政策。

iv. 从 2006 年起，绿色和平组织在网上公布“绿色电子产品排行榜”，对 14 家国际电子产品企业的环保政策进行评分，每 3 月更新一次。

d. 效果与影响：在绿色和平对各大电子公司的反复游说、谈判和抗议等活动的压力下，现众多知名品牌电子产品生产商，如惠普、宏碁、戴尔、联想和苹果等公司一改以前置之不理的态度，纷纷承诺到 2009 年底前在本公司电子产品中停止使用有毒材料。2006 年，原国家信息产业部颁布《电子产品污染防治管理办法》，明确提出对电子有毒物质要从源头预防政策；并提出了电子产品生产企业的延伸责任政策，即要从产品设计着手预防污染、制定研发可替代材料时间表，在电子产品中逐步减少和消除有毒材料；并承担起对本公司生产的电子产品被报废后的回收责任等。2009 年 2 月 25 日时任国家总理温家宝签署国务院令公布了《废弃电器电子产品回收处理管理条例》，明确电子生产企业应当对自己的产品承担全部责任直至产品的废弃阶段。这种对于生产者延伸责任的管理是从源头上预防电子垃圾污染的最有效手段。

绿色和平参与环境保护的特点主要有四个：

i. 以身作则，勤俭环保。绿色和平是公益性组织，依法对捐款人负责。绿色和平的经费开支、项目活动、包括差旅开销等都要精打细算，非调查项目的行政管理和开支严格管理，如办公室装修要尽可能采用物美价廉的环保材料，一般不开空调、没有公务车，搞调查一般情况下都乘坐公交车、出差住三星以下酒店（旅店）、两人合住一间等。绿色和平每年年底前对下一年度作出财务预算，报中国香港和荷兰总部审批。对上一年度财政预算执行情况进行对比，一般允许有 10%的超支，可申请追加预算。差旅报销都提醒经费来自捐款人，务必注意节约，提示报销上限。

ii. 活动手段激进。绿色和平敢于向敏感话题发问，深入调查。调查中不乏采用非常规手段如暗访等，来获取研究证物，加之其境外身份，这难免让一些组织机构对其心存芥蒂，有所防范。绿色组织在一些活动中以“非暴力直接行动”的方式进行示威，如静坐、非法悬挂横幅、倾倒转基因大米等，这在一定程度上影响了其与当地民众及政府的关系。

iii. 独立公正。为维护组织的独立性和公正性，绿色和平只接受市民自愿募捐以及没有政治背景的独立基金捐赠，不接受任何政府、企业或政治团体的资助，以独立的“平民”身份，高度关注环保与民生热点问题，瞄准关系国计民生的重大目标，对中国环境保护的挑战和机遇作客观和独立的评估。绿色和平勇于对破坏生态环境、转嫁污染等违法行为进行揭露，以援助社会弱势群体、维护公众切身利益和社会公共利益为己任，呼吁和联合民间力量“站起来”，承担起大国的环保道义和责任。

iv. 较为完善的监督机制。国际绿色和平成立 40 年，已经建立起一套有效的行动准则、项目管理和财务审计和监督制度。由设在香港分部聘审计师进行年度审计、网站有年度财务正式报告公布制度，向捐款人报告，接受其监督。由于其透明度很高，行动具有良好的社会效果和影响力，因此赢得了支持者的广泛信任。

（2）绿家园

绿家园，全称“绿家园志愿者”（Green Earth Volunteers），1996 年在北京由汪永晨与金嘉满创办，主要凭借着媒体的力量发挥其作用。

以江河十年行项目为例。

a. 项目简介：“江河十年行”是绿家园制订的一项旨在关注和监督中国西部水电开发的长达 10 年（2006—2016 年）的行动计划。每年组织 20 位左右的记者和专家，共同对中国西南大江其流域的生态环境和人居环境进行持续地跟踪调查和记录，了解这些江河水能资源开发对环境的影响，以及河流沿岸的经济状况、百姓生活。

b. 主要合作方：报社、杂志、电视台、广播电台及网络媒体的记者、编辑；研究水问题方面的专家、学者；独立制片人；民间志愿者。

c. 项目实施情况：

i. “江河十年行”重点关注和报道怒江水电开发项目。在绿家园的努力下，2009 年“两会”期间“两会”代表向环保部、国家发改委提出注重环评、缓建该处水电站的议案。温家宝总理于 2009 年 4 月作第二次批示“此事影响大，还应广泛地听取意见，深入论证，慎重决策”，这也是 2004 年温家宝总理批示怒江水电之后的第二次批示。

ii. 2009 年 6 月，因云南华电鲁地拉水电有限公司、华能龙开口水电有限公司未经环评审批擅自开工，并已开始截流，环境保护部决定暂停审批金沙江中游水电开发建设项目，暂停审批华能集团和华电集团建设项目。这两个水电站是 2008 年“江河十年行”重点考察记录并作报道的两个未通过环评就开工的水电站。

iii. 2008 年，有关水电站修建的国家环评第一次请民间环保组织代表参加，绿家园排除代表参加了阿海水电站的环评。

iv. 2006—2010 年，参加“江河十年行”的记者们在媒体上发表的大量的对西部江河变化的报道，也在一定程度上引发了社会公众对西部江河环境生态的关注。目前，“江河十年行”的影响力日益扩大。

d. 效果与影响：自 2006 年“江河十年行”开始关注西南的六条大河后，绿家园对江河的关注与保护，越来越走向深入、系统和专业，尤其是以“江河十年行”为平台聚集了一大批专家和资深记者的团队，在江河行的调研考察后续工作中，形成系列的深度新闻报道、环境记者调查报告、理论分析性著作。中国“江河十年行”记录了气候变化和开发活动对江河生态和沿岸百姓生活的影响，对西部江河保护提出合理化建议并倡导江河开发的信息公开和公众参与。根据每年“江河十年行”实地调查的反馈，“江河十年行”也在一定程度上影响着流域内民众对自身所处生态环境的关注与参与，在扩大公民对公共环境事件的知情权和对公共政策的参与权上起到了积极的推动作用，促使了更多公民记者的诞生。可以说，“江河十年行”正在影响着政府在江河开发中的决策。

绿家园参与环境保护主要有三大特点：

①发挥媒体功能：中国环保 NGO 力量相对弱小，必须要通过一定渠道将观点传达出去，而媒体是最好的渠道。绿家园的组成者多数来自媒体工作者，他们熟悉新闻规律，对新闻热点问题有着敏锐的把握，了解如何找到和开掘新闻点。大众传媒和环保工作需要沟通，而作为沟通的桥梁，必须通过媒体。媒体深入介入到环境保护的实践中，了解正在发生的环境事件，常常是在直接引领环境实践的展开。绿色记者沙龙影响了国内一大批记者，这些记者成长为环境记者。通过沙龙这种平台培养记者，再通过记者将信息、观点传递给公众，进而影响大众，甚至影响高层，这种“媒体”核心的特色，正是绿家园的核心竞争力所在。通过绿色记者沙龙和“江河十年行”，绿家园成功地开创了媒体与环境 NGO 的合作模式。

②最大化节省成本：绿家园奉行“以项目养 NGO”，在没有项目时就不去做，已实现成本节约的目的。绿家园的优势在于志愿者的主动性、参与性和记者们的广大人脉和影响力，这个优势可以弥补资金的不足。一些受邀而来参与活动的学者、官员，都是不计报酬的，同时记者身份也为其在活动中省下一大笔开支，除了一些联系策划的费用，具体的材料费、路费、活动费等都由志愿者自己负担。

③推动公共政策的制定：在推动公共政策的制定方面，绿家园已经形成一整套的信息输送机制。这可以保证一些现实中的环境、江河污染等问题能更快地得到相关部门的处理。同时由于绿家园的媒体特色作用，也放大了这种公共政策推动的可能性。通过媒体来放大环境信息，进而给相关部门施加压力，达到问题的解决，这是在当下中国社会之中，最简便、成本最低的一种解决方式。

9.2.1.3 参与机制三：对公众进行环境教育

通过环境教育使公众意识到环境与资源危机是环保社会组织开展活动的第一个层次。社会组织大多源自民间，与民众有天生的亲密关系，为其发挥教育作用提供了很好的基础，所以社会组织最初参与环境保护的方式便是开展环境教育，提高公众意识。至今，这仍是很多环保类社会组织的主要活动方式。我国境内有许多对公众进行环境教育的中外社会组织。

（1）根与芽

“根与芽”是著名的生物学家珍·古道尔博士创建的国际环保项目。1994 年，中国内地创建了第一个“根与芽”小组。“根与芽”环境教育项目是珍·古道尔博研究会针对青少年有关环境和社区的非营利性教育项目，促进学生和社区成员投入到关心环境、关爱动物和关怀社区的行动中来。

“根与芽”在中国的项目都属于“根与芽”环境教育项目框架下。“根与芽”环境教育项目是一个著名的面向全球青年的国际环境教育项目。1991 年，珍·古道尔博士和一群希望给自己社区带来变化的学生在坦桑尼亚开始建立“根与芽”项目。同年，第一个“根与芽”小组在达累斯萨拉姆的一群中学生中建立，1993 年发展至洲和美国。10 多年中，美国、英国、法国、加拿大、日本等 90 多个国家和地区已有 8 000 多个“根与芽”小组活跃在世界各地的学校、社区和企业中，小组的规模从几个人到几千个人不等，他们通过各种各样的方法开展自己的项目。由于中国对于全球环境的影响越来越大，于是在中国也开展了“根与芽”的工作。

“根与芽”中国办公室的环保实践主要是通过建立“根与芽”小组，协助小组设计项目，吸引小组成员参与到环保活动当中。各地办公室对“根与芽”小组进行各方面的支持，包括鼓励和进行专业和项目管理的培训，为小组提供网络、环保材料和网站以帮助他们在项目活动中取得成功。主要与政府机构、民间组织、学校和社区合作。

“根与芽”小组是广义的小组，可以根据不同情况称为“根与芽小组”“根与芽俱乐部”“根与芽班”等。组建“根与芽”小组的组建方式也是多样化的，可以由个人或小组向办公室提出咨询、申请和索取相关资料（可通过口头、电话、网站、书信等方式），办公室尽快答复后，小组会正式确定名称、组长和分工。中、小学小组会确定指导老师，大学小组确定顾问。办公室会为小组建立档案，提供资料和旗帜，鼓励小组自己设计活动和参与办公室项目，并提交活动总结报告。

办公室还会根据小组活动情况每年定期开展环境教育和能力建设培训，举办小组聚会。例如，北京“根与芽”编写了《根与芽指导手册》发送给“根与芽”小组。上海“根与芽”自行编制了自己的环保课程计划，已在上海推广到 100 多所中小学。该环境课程通过绘画、音乐、电影、话剧、游戏等形式让学生一起参与进来，在做项目管理和一些小游戏时，老师会告诉学生如何开始一个环保项目，如何策划，如何执行和评估，如何筹资，如何进行风险管理。另外，“根与芽”也通过建立博客、QQ 群、豆瓣小组等新媒体方式来供小组成员分享交流。

对成果显著的小组，每个办公室每年会单独评选颁发“根与芽项目成就奖”。另外，来自全国各地的“根与芽”小组也会在一年一度的“根与芽”峰会上分享和交流不同的项目及成果。对于尤为出色的“根与芽”小组，还会有出国与国际“根与芽”成员进行国际交流的机会。

对于项目目标人群的选择，根据不同地区的情况，各个办公室的侧重点不尽相同。北京“根与芽”小组覆盖小学、中学、大学，上海“根与芽”的小组成员以高中和大学学生为主，成都“根与芽”以小学生为主，江西“根与芽”则表示会重点开拓幼儿园和大学学生群体。

目前，“根与芽”项目在中国已经覆盖到北京、上海、天津、辽宁、陕西、江苏、浙江、江西、广东、云南和四川等 29 个省市。在上海及周边的江浙、安徽地区，“根与芽”小组已经从 1999 年的 3 个增加到了 2009 年的 180 多个；北京办公室的“根与芽”小组也迅速发展为 300 多个；成都办公室“根与芽”小组达到 40 多个，其中包括乡村地区的学校。江西“根与芽”的小组数目也已超过 35 个。

珍·古道尔研究会通过促进参与，用国际“根与芽”环境教育项目的方式指导中国的年轻学生及儿童开展多种形式的课外活动，在一定程度上满足了中国大中小学校对户外环境教育课程日益增长的需求。

“根与芽”项目为年轻人提供了一个环保平台，逐步培养他们有关环境保护、动物保护的知识，激发他们对环境教育的兴趣，使得各个学校的青年人能够在学校课程之外组织一些活动，同时也能参与到当地社区的环境保护、人道主义和动物保护的活动中来。

“根与芽”的小组成员从幼儿园的小朋友到大学里的研究生，都在项目活动中展示了自己对环境、动物以及社区的关注和关心。他们基于自己的理解和思考采取行动，在项目中学习成长，加深了对环境保护的理解，同时提高了活动组织能力和领导能力。

2007 年，由一群哥伦比亚大学的研究生对“根与芽”项目在中国的影响所做的独立评估显示，经过 7 年的运作，“根与芽”已经帮助参与者增强了其在环境知识方面的信心，也改变了参与者对环境问题的态度和行为。由于“根与芽”项目，成员们乐观而且自信，基于一种志愿者精神，通过参与来证明他们的日常行为可以为周围的环境带来积极的改变。

“根与芽”参与环境保护主要有三大特点：

①没有统一组织：“根与芽”具有共同的国际背景，具有相同或相似的宗旨使命，各地的“根与芽”办公室和小组都是一个大家庭。但是，因为各地办公室出资创建者不一样，而且无论从筹资还是项目操作上都是独立操作，又由于各地经济发展情况、人文因素不相同，所以很难形成统一的发展模式。资金统一管理问题得不到解决，从法律上来说也很难得到一个合法的身份。所以，虽然几个办公室之间曾就是否建立“中国总部”进行过讨论，但是因为上述种种原因，目前为止，中国“根与芽”还没有一个统一理事会来做战略规划，这使各地办公室只能各自独立发展。每年一次的办公室之间的员工交流，也限于交流项目成果和共享信息，并没有一些决策性的讨论。

②与政府合作不深入：由于珍·古道尔博士的影响力和“根与芽”项目的重要意义，政府比较支持“根与芽”活动的开展。因为“根与芽”的项目面向青年人，所以办公室与当地团委之间一直保持着良好的沟通，但是双方还没有实质性的项目合作，“根与芽”也未能得到政府的资金支持。

③社区介入程度高：“根与芽”各地办公室都主要以学校社区为主。北京“根与芽”和上海“根与芽”还没有跟居民社区达成合作。成都“根与芽”的灾后重建项目综合性比较强，其中涉及了学校社区和居民社区。江西“根与芽”的锐赛克项目也进入了居民社区。

（2）北京地球村环境教育中心

北京地球村环境教育中心成立于 1996 年，一直致力于生态文明的传播与实践，并以此影响决策、影响公众。地球村执行的项目从区域划分，可以分为城市社区、乡村社区和国际交流。从性质方面划分，可分为生态保护、生命教育、公众倡导、媒体宣传、乡村发展、灾后重建等。以“无车日”倡导行动项目来阐述。

a. 项目简介：2006 年 4 月，北京地球村、能源基金会、中国环境文化促进会、世界自然基金会联合给北京市副市长吉林提交了设立“9·22 无车日”的建议。同年 6 月 5 日环境日前夕，北京市环保局提出“为了首都的蓝天，每月少开一天车”的口号。倡议人们少开一天车，为环境保护贡献自己的力量。

b. 主要合作方：能源基金会、中国环境文化促进会、世界自然基金会、北京市环保局、建设部。

c. 项目实施情况：2006 年 9 月 22 日“国际无车日”之际，自然之友、中国环境与可持续发展资料研究中心、北京地球村共同发起了“骑行北京周”活动，提倡人们多以自行车为交通工具，并得到了中国自行车协会的大力支持以及海因里希·伯尔基金会的资助。

2007 年，北京地球村参与到建设部公共交通周的活动中来，协助建设部共同完成“公共交通周”的宣传片及“无车日”的广告片，并与各地环保民间组织再次联手倡导“无车日”活动。

d. 效果与影响：北京市环境保护委员会四届五次会议上，北京市副市长吉林宣布，北京已经成为第一个在建设部公共交通周活动倡议书上签字的城市，每年 9 月 22 日的“无车日北京将划出一定区域，只允许公交车行驶”。这将是缓解交通问题的一大举措，这样的活动不仅让全体市民了解到“无车日”的意义，同时可以加速北京市政府出台节制小轿车、完善公交的具体措施。2007 年 9 月 22 日，全国几十家非政府组织联动，“无车日”以“公交周”形式呈现，既延续了原有行动的概念，又配合了北京市大力发展公共交通的政策。

北京地球村环境教育中心参与环境保护有四大特点：

①核心人物作用突出：廖晓义是北京地球村环境文化中心创办人兼主任，知名民间环保事业倡导者和活动家，自身带有很强的影响力。自1991年以来，廖晓义发表了关于“中国工业化和经济代价”等论文40多万字，主编了《公民环保行为规范》《绿色社区手册》等书籍，拍摄了《全球环保之旅》等电视片100多部，策划和组织了一系列以“绿色生活”为主题的环境论坛和公民环保活动；1996年，廖晓义创办北京地球村环境文化中心，建立了面积为2 800亩山地的北京地球村环境教育培训基地。1998年美国总统克林顿访华期间，廖晓义作为中国7位民间环保人士代表之一参加了总统圆桌会议；1996—2001年，廖晓义担任中央电视台“环保时刻”专栏独立制片人。她是中国第一位获得有诺贝尔环境奖之称的“苏菲环境大奖”的民间环保人士，澳大利亚最高环境奖“班克西亚国际环境奖”获得者；2001年被全国人大环资委、国家环保总局等部门授予“绿色文明大使”称号，还成为2001年“《中国妇女》时代人物”；2002年廖晓义受聘奥组委环境顾问；2005年获得“中央电视台2005年度经济人物公益奖”，2006年荣获“绿色中国年度人物”奖。廖晓义提出了影响中国的绿色生活方式，倡导“绿色生活”“绿色社区”“绿色传媒”“绿色奥运”，鼓励人们一起来倾听“地球村”背后的故事，一起踏上绿色生活之路。

②积极与政府部门合作推进生态文明：在推动循环经济和可持续能源方面，北京地球村配合国家发改委组织“可持续能源记者论坛”和协调实施全国范围的“节能20%公民行动”等系列活动；联合政府、媒体、公众及其他NGO伙伴，推动环境新政策的出台，如“适度空调”“限塑令”“无车日”等；开展生态乡村建设探索，从事灾后重建、农村发展并将低碳、生态、和谐共生等概念注入工作中，如“乐和家园”等；进行社会企业探索和公益创新，致力于探索城乡共生式发展。

③贴近群众，广泛宣传教育：北京地球村环境文化中心扎根社区、服务社区，在城市社区、乡村社区开展宣传教育。对于公众来说，组织的信息便于获悉，地球村通过自己的网站，及时对外通报信息，广泛开展对外交流。

④向外提供一些小额项目支持：地球村会向外提供一些小额项目支持，上海绿洲生态保护交流中心、“娃娃鱼”赣江环保协会、自然大学研究中心、厦门绿十字、秦皇岛创业者协会、绿色龙江以及北京地球村普米森林小组都曾接收到地球村的资助，帮助项目的完成。

9.2.1.4 参与机制四：依靠当地群众保护本土环境

在环保类社会组织中，有放眼全球环境问题的国际性组织，同时也有聚焦本土环境的地方组织。这类组织大多是污染严重地区的民众自发组织成立，以保护当地环境、保障当地人民环境安全为目的。这类组织遍布全国各地，在我国环保类社会组织中占有重大比重，但个体实力较弱、规模偏小，主要依靠的是本地群众的力量。所以，这类型组织的重要工作方式是通过开展活动激发当地群众的环保热情，不单单是靠几场说教，而需要长期在基层一线坚持不懈努力。这种扎根本土的运作方式，没有瞩目的国际化背景，也没有雄厚的资金支撑，但却做着为当地老百姓和后代谋福利的实事，逐渐受到当地民众和政府的认同以及社会各界的支持。

“绿色汉江”

“绿色汉江”的口号是：关爱水资源，保护母亲河。其宗旨是：团结和联系社会各界热爱环境保护业的人士，积极推进民间环境保护活动；开展环境宣传教育，宣传绿色生活，倡导低碳消费；为建设资源节约型和环境友好型社会，发动社会各阶层民众踊跃参与，促进社会经济永续发展，造福子孙后代。以保护唐白河项目为例介绍其参与环境保护的方式方法。

a. 项目简介：唐白河是汉江最大的支流，流域行政区划分属河南、湖北两省，系发源于河南伏牛山的唐河和南召县的白河在湖北襄樊市襄阳区交汇后形成，因此得名。由于近年来的污染，白河的水已基本丧失了水体功能，生物多样性遭破坏。此外，由于河水污染严重，恶劣的水质已经威胁到了居民的身体健康。通过"徒步唐白河环保行"活动进行实地调查，使大家意识到了白河水质污染的严峻。此后，绿色汉江加大了对唐白河污染问题有针对性的水质监测力度。截至 2007 年 8 月 26 日，该组织 37 次走白河（南阳以下），42 次进翟湾村，开展各类实地调研、检测，累计行程达 6 000 多 km。

b. 主要合作方：由于唐白河污染是跨流域污染，该活动受到了湖北襄阳区朱集镇翟湾村政府的大力支持。

c. 项目实施情况：意识到唐白河遭到污染的严重性后，"绿色汉江"将解决唐白河污染问题作为阶段重点。在发现翟湾村公共健康问题后，一方面发动当地的村民行动起来，保护身边的河流和环境，促成村民尽快解决安全饮水问题；另一方面多次将该问题向省、市及中央反映，并促成民政部门对癌症患者实施大病救助。针对唐白河污染问题，主要开展了以下几方面工作：

i. 公共宣传，发动群众：在当地媒体支持下，公共宣传活动相当有力。媒体报道不仅将公众注意力吸引到唐白河的严重污染，使公众了解到污染源来自上游，还广泛发动当地公众直接参与。市米公小学（协会团体会员）一名 11 岁的学生段泽坤，于 2004 年 4 月致信河南省委书记李克强，说"想和唐白河的鱼儿一起畅游"。这封信被《长江日报》刊登后形成了一定的舆论压力和效果。据《长江日报》的后续报道称，"河南省委书记李克强获悉来信和本报报道后，立即做出批示"，"河南省环保局立即对南阳市的污染源进行治理，关停并转产了一批排污企业，扩建南阳市污水处理厂"。这是相邻两省打破僵局，开始良性互动的信号。

ii. 资料收集和有效使用：在调研和监测的过程中，协会实地拍摄了许多照片，并作了记录，将同一地点不同时期污染情况的照片，制作成活动照片组合展示软展板，向中央、省、市官员呈交，在不同场合展示。

iii. 向省、市及中央反映、呼吁：在长期开展调研监测的基础上，"绿色汉江"将徒步考察收集到的资料、观察到的问题以及累积下来的思考，形成了调研报告《唐白河污染调查及建议》，呈交给有关领导和部门。集中地提出多项政策建议和相关政府部门形成互动，多次为白河的污染问题向省、市及中央反映，呼吁加大跨区域水污染的治理力度。

iv. 积极筹款，帮翟湾村村民喝上安全饮用水：发现翟湾村饮用水被污染以后，向当时世界银行、国务院扶贫办、民政部合办的"2006 年中国发展市场"资助项目提交了"村民清洁饮水工程——目标：为翟湾村打一口深井"建议书。最后，翟湾村的水井一直打到 120 m 才可以取到清洁的饮用水，可见污染对地表水和浅层地表水的破坏已经相当严重。

d. 效果与影响："绿色汉江"多次为白河的污染问题向省、市及中央反映，呼吁加大跨区域水污染的治理力度。引起中央关注后，国家环保总局派人调研，2005 年 9—11 月，白河水 10 多年来第一次变清了，河南向湖北承诺治污并定期向湖北公布白河水质。由于唐白河的污染属于河南和湖北两省之间的跨界污染，因而问题特别复杂，解决难度特别大。在唐白河跨界污染问题浮出水面，并进入解决渠道的过程中，"绿色汉江"的努力起到了重要推动作用，使唐白河案例成为公众参与跨流域污染治理的极佳案例。

“绿色汉江”参与环境保护有四大特点：

①受到本地政府的支持与认可：汉江是襄樊市的母亲河，汉江流量的增减和水质的好坏，对襄樊工农业生产的布局、防洪、抗旱尤其是生态环境等都会产生举足轻重的影响。绿色汉江致力于保卫母亲河，受到当地政府的大力支持。襄樊市市政人员曾多次对协会进行嘉奖，帮助协会向市民发出倡导，例如为支持协会进校园宣传，市教育局、环保局以襄教文〔2003〕82号文下发通知，要求全市中小学幼儿园开展环境教育活动，由环保协会负责指导，这在全国少见。2006年12月16日，在全市“创建环保模范城市”再动员大会上，市长李德炳表扬了绿色汉江和运建立，他说，“绿色汉江”环保协会克服困难，在保护生态环境方面做了大量工作，他们为保护汉江水资源的无私奉献精神值得大家学习。

②承担政府职能部门的填空和补充作用：作为民间环保 NGO，“绿色汉江”不仅仅限于调查污染、发现问题、了解问题、反映问题、呼吁污染的治理，而更重要的是要探求解决问题的方法，发挥自身优势为解决问题出力献策，多做实事。作为环保NGO组织，绿色汉江是联系政府和群众的桥梁和纽带，是政府的一个重要补充，时时刻刻应注意争取政府有关部门的理解和支持。

③长年坚持本土环保教育工作：环境保护本土化，主要围绕“关爱水资源，保护母亲河”，编制本土化的宣传资料，开展讲座和开放式互动式相结合的环保活动，深受社会各界欢迎。作为一个民间环保组织，要救一条河流，一下子是不可能的，除了需要全社会的力量，作为一个民间组织，绿色汉江从一开始就定位从一件小事做起，从解决一个个小问题做起，从拔掉一个个钉子做起。几年来，就是这一个个小事，让“绿色汉江”做到了始终盯住污染问题不放。

④受到当地民众拥戴：“绿色汉江”干实事，不作秀，所以在全社会有较高的诚信度和影响力，多次获得本地政府表彰。几年来，经过协会的不懈努力，在汉水沿岸撒播绿色种子，“关爱水资源，保护母亲河”已逐渐变成广大民众的自觉行动。随着活动的开展，有许多人要求加入协会，他们以老志愿者为楷模，以当环保志愿者为荣。在襄樊，许多干部、市民亲切地称运建立为“环保运大姐”，小朋友叫她“环保奶奶”。经常还有群众来举报污染情况。市委办一个主任说：“别看环保协会既无职，又无权，可你们在老百姓心中确有地位”。

9.2.1.5　参与机制五：为环保组织提供支持

在环保社会组织中，有一类非常重要的组织，他们参与环境保护的方式是培育和支持民间环保组织。其中有企业家成立的非公募基金会，企业家会员们投入志愿时间和资金，致力于支持中国民间环保组织及行业发展，如阿拉善SEE基金会；也有以“助力社会创新，培育公益人才”为使命的公益组织孵化机构，致力于发掘培育处于创业期的草根社会组织，培训公益人才，如恩派公益组织发展中心。

阿拉善SEE公益机构

阿拉善SEE公益机构由SEE生态协会与SEE基金会（北京市企业家环保基金会）组成，是中国首家以社会责任（Society）为己任，以企业家（Entrepreneur）为主体，以保护生态（Ecology）为目标的环保公益机构，旨在搭建中国最有影响力的企业家环保平台，推动中国企业家承担更多的生态责任和社会责任。阿拉善SEE生态协会成立于2004年6月5日，由中国近百位企业家在内蒙古发起，主要目的是保护阿拉善地区的生态环境，减缓该地区的土地荒漠化；阿拉善SEE基金会由阿拉善SEE生态协会于2008年12月23日出资成立，以支持中国民间环保组织及行业发展。成立以来，SEE 的企业家会员们投入了近十万小时的志愿时间，捐出了 1.5 亿元人民币，致力于阿拉善地区的荒漠化治理及支持全中国的环保公益行动，SEE 已经成为中国环境领域最有影响力的公益组织之一。下面以创绿家计划为例介绍其参与环境保护的方式方法。

a. 项目简介：创绿家环保公益创业资助计划是由 SEE 基金会发起的、专门支持环保公益团队创业期发展的资助计划。创绿家计划旨在发掘和培育中国环保公益领域新生力量，协助那些关心环境和家园、富有企业家精神的创业者们（团队）更为成功地度过创业阶段，从而推动环保公益行业形成一个健康、多元的生态系统，最终实现可持续的环境保护目标。

b. 主要合作方：

i. 企业：世通华纳、深圳报业地铁传媒、探路者、创行。

ii. 支持机构：道和环境与发展研究所、瑞森德。

iii. 合作媒体：中国水网、《南方日报》《中国环境报京华时报》、中国发展简报、中国低碳王、新浪环保等。

c. 项目实施情况：2012 年 9 月 15 日 SEE 创绿家计划正式启动，在广州、上海、北京、西安、成都五地开展宣讲，吸引了不同年龄、不同职业背景、对环保公益充满热情的人士。截至 10 月 21 日，第一季度的申请完成，共收到来自全国各地的申报书 177 份。2013 年 11 月 13—17 日，30 支环保公益创业团队通过终选，审批资助金额共计 385.635 万元。

2014 年 7 月 18—20 日，创绿家计划第二届年会在上海举办，参会的创绿家们在会上分享自己的故事，与企业家共同探讨、规划。同年 9 月，66 支团队参加了在北京、上海、武汉、成都和深圳举行的第四季度初选，3 支申请金额在 3 万元及以下的团队直接获得资助。2014 年 10 月 21—24 日，21 支环保公益创业团队通过终选，审批资助金额共计 232.5 万元。

d. 效果与影响：创绿家计划帮助社会上热心于环境资源保护的公民和机构，为其提供资金支持，使他们有能力去挖掘自身能量，激发创业热情。创绿家积极改善行动者的工作条件，使其更加专业、可持续地贡献于环境保护的公共事业。

阿拉善 SEE 基金会参与环境保护有三大特点：

①支持全中国的环保公益行动：SEE 基金会成立的 10 年，已形成了三大资助方向和六大专题。主要将资助集中在水保护、大气治理、行业人才培养三个方面，在三江源保护、湿地保护、工业污染防治、大气污染防治、劲草同行、创绿家六个专题中为中国中小型环境保护机构提供帮助，投入 4 857.4 万元，资助超过 300 个公益环保项目，覆盖 400 多家环保组织、个人，保护覆盖 7 683 万亩草原、森林和湿地，监控全国 50 000 家违规污染企业，促成 237 家违规企业关停或整改。

②机构信息高度透明：阿拉善 SEE 基金会提倡信息透明化，在基本信息、财务信息、项目信息、捐赠及内部建设中的 47 个指标上，均有较为完善的信息透明制度，在 2012 年第 38～49 周连续 10 周蝉联中基透明指数（FTI）非公募基金会类第一名。除基本的项目信息和资助申请流程在官网可查以外，其财务状况以及年度工作报告也均有详细的介绍。

③组织结构管理相对完善：阿拉善 SEE 公益机构是由多名成功企业家共同发起的，拥有专业的管理运营理念以及相对雄厚的资金支持，这使之在执行力与公信力等方面优于国内大多数民间环保组织。无论是生态协会还是基金会，均设有监事会以及各分管部门，分工明确，依照章程，透明化办公。

9.2.2 环保类社会组织参与环境保护趋势分析

近年来，由于环境问题日益严峻，公众对环境问题的关注不断提升，政府对环境问题的治理思路有所转变。伴随经济社会的发展与转型，以及环境法律的健全与完善，环保社会组织的发展呈现出一些值得关注的趋势。总体来看，我国社会组织经历了从数量增长向结构优化的转变。2006 年以前，社会组织在数量上快速增长，如在民政部门登记注册的社会组织数量从 1999 年的 14 万家增长到 2005 年的 32 万家，增长了 1.24 倍，年均增长 20%以上，未登记的社会组织主要增长期也集中在 2000 年以后的 5 年左右。但在 2006 年之后，社会组织的数量增长明显放缓。在数量增长减缓的同时，社会组织发展中出现了较为显著的结构优化趋势。一方面，环保社会组织呈现出社会组织结构优化的一般特征，如社会组织之间特别是草根社会组织的横向联系趋于紧密，环保社会组织网络化趋势加强；社会组织积极参与社会服务，政府部门对社会组织的认识不断发展，双方的互动趋于良性，环保社会组织更多的与政府开展合作。另一方面，环保社会组织适时抓住新环保法修改以及政府加大对社会组织服务的购买力度等契机，呈现出一些独有的发展趋势。

9.2.2.1 环保社会组织的联合协作趋势加强

近年来，环保社会组织越来越多走上倡议和影响政策的道路，进行联合协作以形成更大的声音就成为自然结果。一系列环保社会组织基础信息平台的建设，如中国环境 NGO 在线名录、中华环保联合会编辑的中国 2 768 家民间环保组织名录等，都为环保社会组织之间的合作提供了条件。环保社会组织联合协作的形式有很多种：联盟形式，如自然之友等数十家民间环保组织合作成立的“中国可持续发展教育民间协作网络”；线上交流平台形式，如“中国发展简报”“NGO 发展交流网”等越来越活跃的互联网平台；线下论坛形式，如“中华环保民间组织可持续发展年会”等为环保民间组织持续交流沟通所搭建的平台；在焦点议题上发布公开信的形式也是一种有效的合作，如 2005 年 56 个民间环保组织支持声援国家环保总局严格环境执法的公开信，2007 年 21 家民间环保组织面向消费者发布的《选绿色产品、过时尚生活》倡议信；此外，还有一些针对焦点议题的联合行动，如 2007 年 7 月，由北京地球村、自然之友、中华环保联合会、富平学校环境与发展研究所、世界自然基金会、中国环境文化促进会、绿色和平、中国国际民间组织合作促进会、能源基金会等多家环保社会组织共同发起了“节能 20%公民行动”，得到了来自全国各地 16 个省市的 40 多家环保社会组织的参与。环保社会组织在组积和参与环保联合行动上，表现出响应速度快、合作范围广、作用范围大、影响效力强甚至能够影响政府决策等特点。环保社会组织联合协作的意义在于聚集分散力量，在各种人群、地域上实现迅速动员，引起国内新闻媒体和社会的广泛积极关注，促进环保社会组织呼声的传播和问题的解决。

9.2.2.2 环保社会组织与政府部门的互动趋于良性

在日益重视民主、关注生态的中国，政府部门需要环保社会组织来宣传、推广生态理念、环保政策等。政府往往为环保社会组织参与环境事务提供支持，如对环保社会组织进行宣传服务、提供活动场地、资金等；而绝大多数环保社会组织也以其具体行动表明他们是真心“帮忙”而不是存心“添乱”的，这就促成了环保社会组织与政府部门的合作，也使政府部门对环保社会组织的立场趋于中立，更加宽容与开放。2015 年新修订的环保法中加入了公众参与的专门章节，这是对环保社会组织以往开展环境保护公益活动的肯定，同时也从法律层面上赋予了环保组织更高的法律地位。政府向社会组织购买服务是社会组织与政府互动趋于良性的重要表现和推动因素。近年来，随着各级政府加大对社会组织发展的政策支持力度，越来越多的政府部门将原来由政府直接承担或通过事业单位承担的公共服务事项，以合同方式交给有资质的社会组织完成，并根据后者提供服务的数量和质量，按照一定标准进行评估后支付服务费用，以此构建中国特色社会主义社会管理体系。政府与社会组织的关系格局开始发生显著变化，在购买服务基础上政府与社会组织之间的合作伙伴关系在积极形成。

9.2.2.3　环保社会组织参与环境公益诉讼

2015 年 1 月 1 日起实施修订后的《环境保护法》第五十八条进一步明确规定了可以提起环境公益诉讼的主体资格："对污染环境、破坏生态，损害社会公共利益的行为，符合下列条件的社会组织可以向人民法院提起诉讼：（一）依法在设区的市级以上人民政府民政部门登记；（二）专门从事环境保护公益活动连续五年以上且无违法记录。"2015 年 1 月 6 日，最高人民法院发布《关于审理环境民事公益诉讼案件适用法律若干问题的解释》，对修改后的《环境保护法》以及《民事诉讼法》中的环境公益诉讼进行具体规定。目前，在各级民政部门登记的生态环保类社会组织约 7 000 个，符合环保法及司法解释可提起环境民事公益诉讼的，大概有 700 多个，主要分布在野生动植物保护、水资源保护、沙漠化治理等方面。从 2014 年开始，环境公益诉讼的困境有所改观，一些环境公益诉讼获得受理。但是由于诉讼程序、原告资格、赔偿方式等不明确，环境公益诉讼的案件量不多。在新《环境保护法》出台后，有关部门预计环境公益诉讼的案例将会快速增长。然而实际情况是环保社会组织面临着专业能力以及资金支持等方面的困难，提起环境诉讼的主观意愿普遍不高，诉讼能力普遍较低。出现环保社会组织提起环境公益诉讼的"井喷"现象可能性很小。环保社会组织参与环境公益诉讼主要可以起到促进环保法律实施、监督判决执行等作用，在环保事业全局中具有一定意义。随着《民事诉讼法》《环境保护法》的修订进一步为环保社会组织参与环境公益诉讼打开通路，环保社会组织应结合自身组织发展方向与人员资金结构，量力发展环境公益诉讼业务。总体而言，法律为社会组织参与环保提供了更为顺畅的制度通道，在实际执行过程中，政府应更多关注如何引导环保社会组织运用好环境公益诉讼这一手段，在专业能力建设、人才培养以及资金等方面予以扶持。

9.3　促进我国环保类社会组织发展的建议

9.3.1　针对"自上而下"型环保类社会组织的建议

"自上而下"型环保类社会组织在相当程度上是政府改革和政府职能社会化的产物，为更好地发挥其在构建环境保护社会行动体系中的作用，提出以下建议。

9.3.1.1　关于政府引导政策

在享受政府提供的人才、资金等方面优势资源的同时，"自上而下"型环保类社会组织也面临政府行政干预导致的各种困境，限制了其作为独立行动者在实现组织公益目标、参与公共事务管理等方面的能力。因此，政府在引导"自上而下"型环保类社会组织发挥其优势的同时，也要加快改革，提高其参与环境保护的能力。

（1）划清权限范围，实现政社分离

作为主导者，政府应加快对“自上而下”型社会组织的管理体制改革，实现政府与“自上而下”型社会组织在人事关系、组织关系和财务关系等方面的分离，促使社会组织向独立、民办、专业管理和自律规范方面发展。首先应解决组织内部人员编制行政化的问题，促进组织内部领导人竞争上岗，鼓励具有公益理念、对社会组织事业的发展具有热情且拥有专业知识和创新活力的人员加入。同时应完善相关政策来保证改制后的社会组织能够独立运作。此外，为了确保社会组织的自治性，可以借鉴英国的做法，通过在政府与社会组织间签署《政府与志愿及社区组织合作框架协议》来确保政府在支持民间社会组织的同时不影响其独立性。

（2）引入第三方培育机构

“自上而下”型社会组织依附于政府，政府掌握其资金、政策等资源命脉，依靠现行的政府部门很难实现社会组织真正的独立，建议引入第三方管理机构，专门负责“自上而下”型社会组织的社会化改革，确保其能够脱离业务主管部门，以及脱离后的培育和监管。如广泛吸纳专家、学者、企业家、社会组织管理人员等不同群体代表，成立专门的“自上而下”型社会组织发展委员会，对社会组织的社会服务进行培育。

（3）解决经费来源单一的问题

由于经济问题直接决定了社会组织的生存与发展，因而经费问题是“自上而下”型社会组织改革的重点。政府应鼓励改制后的社会组织通过政府拨款、社会（包括企业和个人）捐赠、会费收入、服务收费等多种渠道获取组织生存和发展的经济来源，特别是通过提升社会劝募能力、服务提供能力和项目管理能力来确保组织的独立运作；另外，鉴于“自上而下”型社会组织长期依赖政府财政的支持、自身谋求经济来源的能力较之其他民间自发兴起的社会组织更弱，政府应继续给予此类组织经济上的支持。

9.3.1.2 关于自身能力建设

作为一个独立的行动主体，自身的能力是社会组织生命力所在。因此，“自上而下”型环保类社会组织应加强自身能力建设，提高内部管理和项目运作能力，从而更好地实现公益目标、参与公共事务管理。针对其自身能力建设的建议如下：

（1）完善内部管理机制，提高实施公益项目的效率与效益

规范的组织运行管理机制是有效开展公益活动的保障。“自上而下”型环保类社会组织受政府行政影响，有的组织机构设置不够科学，影响了开展业务的效率。因此应进行组织内部管理机制建设，如精简组织机构，明确各部门职责，完善组织理事会、监事会等各项规章制度，建立一套严格遵守组织章程的监督管理机制。

（2）努力提高社会公信力

“自上而下”型环保类社会组织业务范围往往局限于为政府、环保行业等服务，与社会公众紧密联系的活动较少，社会认同度较低，一定程度上限制了其发展。因此，“自上而下”型环保类社会组织应多开展一些联系群众，增加社会公信力的事，可从以下几点着手：

①加强与社会公众的联系，开展吸引公众参与的公益活动，如组织参观，演讲等；

②完善内部财务审计制度，主动向社会披露，自觉接受社会公众的监督，提高组织运行的透

明度；

③及时回应社会需求，开展符合公众需求的活动，代表公众反映呼声与诉求，这一方面，可借鉴“自下而上”型环保社会组织的经验。例如 2004 年 9 月，圆明园湖底防渗工程付诸实施，引起社会广泛关注，2005 年 4 月，国家环境保护总局举行听证会，“自然之友”“地球纵观”“地球村”等环保民间组织代表公众在听证会上发言，明确反对防渗工程，在环保民间组织建议下，圆明园防渗整改湖顺应广大民众的要求，开始注水，水面恢复；

④加强与新闻媒体的合作，加强对组织自身和公益活动的宣传，提高组织在社会上的知名度和影响力。

（3）依托政府优势，加强与政府的合作

不同于民间社会组织，“自上而下”型环保类社会组织与政府关系密切，在与政府合作和相互监督方面有着很大的优势。因此，环保类“自上而下”型社会组织应积极参与国家相关环保政策的制定，并监督政策的实施。同时，在组织面向会员单位和公众的活动中，也应积极寻求政府部门的支持与合作，承担起公众与政府之间的桥梁的作用。

（4）加强组织人才建设

“自上而下”型环保类社会组织要通过建立学习型组织，不断增强组织成员的综合能力和素质，特别要注重组织成员在非营利组织和社会工作等方面专业知识的提高，以组织的人力资源来增强组织在社会上的可持续发展动力和活动执行能力。

9.3.2 针对“自下而上”型环保类社会组织的建议

“自下而上型”环保类社会组织是由民间环保人士自发形成的“草根”型环保组织，为社会公众广泛参与环境保护提供广阔的平台。本研究针对其发展过程中存在一些不足和制约因素，提出以下建议。

9.3.2.1 关于政府引导政策

我国政府在对待社会组织的制度环境中体现了承认与限制并存。一方面，我国政府充分肯定社会组织在公民社会建设中的作用，在法律上承认公民的结社自由权利和社会团体的民事法律主体地位；另一方面，以政府为主导的政策导向使得在对社会组织，特别是“自下而上”型社会组织的准入管理上严格控制。为了确保环保类社会组织的正常发展，政府应当充分肯定其对环境保护的公益目的和积极作用，降低准入门槛，同时加强过程监管和扶持，为“自上而下”型环保类社会组织创造适宜的发展环境。

（1）改革准入制度

我国对社会组织的准入管理体制可以概括为“归口登记，双重管理”。由于民政部注册门槛高，一些民间组织只能选择在工商部门注册甚至不注册，大大限制了我国民间环保组织的发展。2012 年，民政部对工商经济类、公益慈善类、社会福利类、社会服务类的社会组织实行一体化直接登记，但环保类社会组织不在直接登记之列。

环境保护类社会组织不具政治色彩、性质温和，适宜采取“政策亲近”的策略。针对以上问题，政府部门应加快对环保类社会组织准入制度的改革，建立相对宽松的准入制度，放宽准入门槛，简化准入程序。可考虑设立一个专门对社会团体进行管理的国家机关，对满足条件的环保类社会组织由国家授权的监管机关根据相关法规予以认可。对于满足特定条件的环保类社会组织实行限制性认可制度，经过认可的环保类社会组织可成为特定的法人。这样做可使更多的环保类社会组织拥有合法身份，同时，政府也将他们纳入规范管理之下，既有利于环保类社会组织的健康发展，也有利于对其进行规范管理。

（2）进行有效监管

政府在放宽社会组织准入限制的同时，还应对其进行有效的监督，使环保类社会组织沿着健康有序的方向发展。政府是我国环保类社会组织的主要监督者，主要负责社会组织日常活动的监督以及审查社会组织的年报。

要实现有效监管，首先要完善监管方面的立法，确保有法可依，并提高政府的执法能力，对环保社会组织的行为进行严格监督。同时，政府还要利用财政和税收等多方监管渠道，杜绝环保社会组织违法乱纪的行为。另外，还应建立环保社会组织的问责机制，便于全面监督环保类社会组织的资金及资源流向，并对环保社会组织的违法行为进行责任追究，防止环保社会组织内部的贪污腐败行为的产生，以确保监督的有效性。

（3）明确规定环保社会组织参与环境保护的权力

完善立法，保证其参与环境保护的合法权益。目前我国关于社会组织参与环境保护方面的立法可操作性较差，需要进一步完善，如法律、法规中应明确规定环保社会组织参与公共服务的条件、参与程序、参与方式及后续保障；同时，应完善政府环境信息公开与反馈机制，使环保社会组织及时了解相关环境信息、环境政策制定背景，并使政府及时回应环保社会组织提出的意见和建议，以便发挥环保社会组织参与环境政策制定的作用。

要建立健全环境公益诉讼制度。在环境公益诉讼主体资格方面，我国《民事诉讼法》《行政诉讼法》等都规定，对于污染环境等损害社会公共利益的行为，“法律规定的机关和有关组织”可以作为主体提起诉讼。2014 年新修订《环境保护法》规定了符合一定条件的社会组织可以作为公益诉讼主体，向人民法院提起诉讼。但目前我国的环境社会组织参与公益诉讼的体系尚处于发展阶段，各方利害人缺少相关方面的经验。在完善环境公益诉讼制度上，我们可以学习国外的经验：

①健全环境司法制度。发达国家的环境公益诉讼建立在较为完善的环境司法基础上，因此环境公益诉讼规则以赋予原告起诉资格为主。而我国建立环境公益诉讼制度，建立在民事和行政环境诉讼不发达的基础上，需要完善一系列配套规则，例如，环境损害赔偿的有关损害鉴定评估、举证责任规则。

②提高社会组织参与环境公益诉讼的可操作性。美国的环境公益诉讼在全球来说，是最成熟、最具可操作性的，社会组织在美国环境公益诉讼中处于主导地位。根据美国环境法的规定，社会组织在向法院提起公益诉讼时，只需要提供两个方面的材料：事实上的伤害；某一受法律保护的尚有争议的利益是否受到被起诉人的伤害。为了鼓励社会组织等公众参与环境公益诉讼、监督执法，美国《清洁水法》规定，法院对根据环境公益诉讼条款提起的任何诉讼中做出任何最后判决时，可以裁定由任何占优势或主要占优势的当事人承担诉讼费用（包括律师和专家证人的合理费用），只要法院认为该决定是合适的。我国应该借鉴其成功经验，制定可操作性的法规，提高社会组织进行环境公益诉讼的主导地位。

（4）重塑政府与环保社会组织的关系

政府与社会组织作为公共事务的治理主体，在二者关系中要遵循政府主导、平等独立、相互制衡的原则。政府不仅要为环保社会组织提供更多的资源和基础性服务，还要建立长效的激励机制，吸引环保社会组织参与到环境保护的行动中来，并对过程中出现的负面效应进行规制。

同时，政府应将部分环境公共服务职能交由民间环保类社会组织实施，大力支持和鼓励环保社会组织获取并使用环境公共资源，充分发挥环保社会组织提供环境公益服务的社会功能。首先，我国政府向社会组织购买公共服务，仍然存在全国性的法律法规依据不足的情况，而地方常常只有行政法规，缺乏普遍的约束力，因此要逐步进行我国政府购买公共服务的制度和法律建设，清晰界定公共服务多元参与主体的权力与义务，赋予社会组织公共服务的合法地位。其次，我国政府购买公共服务的范围较小，环境保护并不在政府购买公共服务的范围。民政部印发《2015 年中央财政支持社会组织参与社会服务项目实施方案》，环保类社会组织并不在项目资助范围内。因此，应扩大政府购买公共服务的范围，尽快将环境保护列入其中。

（5）加强多方位资金支持

资金问题长期制约着我国民间环境社会组织的发展。资金匮乏不仅限制环保类社会组织开展活动，也制约了组织自身能力的建设，随之带来人才缺乏，社会公信力普遍不足，社会影响力有限等一系列问题。政府可以从以下几个方面拓宽环保社会组织的资金渠道：

①通过直接拨款的方式向环保社会组织提供资金。政府可以将这种经费预算列入政府预算，建立政府对环保社会组织的资助机制。在每年制定预算表的时候，各级政府根据自己的实际情况，可以把环保社会组织的资助列入当年财政支出，目前我国对环保社会组织的拨款逐年加大，但要注意不能全部以财政拨款和补贴的形式发放，这样会吞噬草根环保社会组织的“非政府性”，使其独立性受到打击。

②建立税收财政优惠制度。一方面，环保社会组织不以营利为目的，只要其收入不是用于利润分配，而是用于公益活动，就应该在征收所得税方面为社会组织提供优惠，对环保社会的合法营利实行减税、免税政策。另一方面，要提高捐赠款额减免税收的利率。接受捐赠是我国“自下而上”型环保社会组织最主要的资金来源，政府应制定更优惠的捐赠减免税条款，增加环保社会组织的资金来源。

③开展多种方式并存的资金支持渠道：

i. 以“政府采购”的形式，向环境社会组织购买服务。政府采取财政资金直接购买，或者采取资金补贴、物品补贴，税收优惠等形式间接购买环境社会组织的服务是一种科学的发展模式。借用国外的成功经验，政府也可以通过招投标的方式，让有能力的环境社会组织参与一些大型项目的前期评价工作，最有效的是委托环境社会组织对有争议的工程项目进行环境影响评价。其所得出的结果往往是客观公正的。这种通过“政府采购”的方式为环境社会组织提供资金支持的方式既鼓励了环境社会组织的积极性和对自身专业能力建设的迫切性，又使政府的资金用在了刀刃上，是双方获得“双赢”的最佳方案。

ii. 参照学术机构申请课题的方式，由国家设立和环境保护相关的项目或课题，并定期出具发布指南。环境社会组织根据自身的实际情况和专业方向，编写申请材料、参加申请答辩。这种资助形式对于鼓励环境社会组织的创新，加强他们对自身能力和水平的提高起到了非常重要的作用。这种以项目为导向的经费支持办法，有利于形成环境社会组织群体内部的竞争机制。

iii. 鼓励支持非公募基金会的发展。我国许多意识超前的企业家有实业报国、回馈社会的责任感，他们自发组成公益组织和基金会，为环保类社会组织的发展提供资金支持，如阿拉善公益协会和阿拉善基金会。政府应完善相关法律、法规，促进非公募基金会的发展，为环保类社会组织筹措资金提供新的途径。

9.3.2.2 关于自身能力建设

（1）建立有效的内部管理制度

理事会是环保社会组织的核心治理机构，但由于我国环保社会组织自身发展远远落后于社会发展，理事会并没有发挥其应有的作用。要使理事会成员为环保社会组织的事业尽职尽责，单靠道德自律是不够的。为了充分发挥理事会应有的功能，环保类社会组织要有明确的章程，规定理事的责任与义务，规范理事的行为，确保其一切行为都符合环保社会组织的价值理念和服务宗旨。借鉴西方发达国家的经验，可以清晰界定理事会成员的忠实义务、注意义务、顺从义务等。为了保障理事参与社会组织决策的独立性，还可借鉴公司治理制中的独立董事制度，即规定社会人士和捐赠者代表在理事会成员中的比例，防止环保社会组织中理事会形同虚设和个人化控制的现象产生。

（2）健全人才机制

人才是社会组织发展的根本动力，但我国环保社会组织普遍存在人才缺乏、人员流动性大等问题，为了自身的可持续发展，环保社会组织要从以下几个方面建立健全人才机制。

第一，明确组织的宗旨和目标。环保社会组织的公益性和志愿性决定了组织成员是以志愿者为主的，因此，环保社会组织要设立明确的组织目标，增强组织成员的使命感，保证志愿者的稳定性。

第二，加强人力资源开发。我国环保社会组织内部成员的年龄及文化结构存在不合理的现象，因此要科学合理的规划组织的人力资源，做好工作分析，有针对性地进行社会招聘。

第三，吸引专业人士加盟。环保社会组织活动内容的专业性很强，但是环保领域的专业型人才又极其缺乏。为提高环保社会组织自身的专业能力，提高专业人才的待遇是必要的。环保工作不仅需要志愿者参与，还需要经济学家、动植物学家以及环保专家的带领，适当的提高环保社会组织成员的待遇，有助于增加成员的积极性与稳定性。

第四，建立培训机制，提高组织成员的专业素质。环保社会组织要设定培训的目标和计划，为组织成员提供技术培训，自主培养专业人才，提高自身的专业技术性。

第五，完善薪酬和激励机制。参与环保社会组织的工作，主要目的不是获得多高的薪酬，更多的是想获得精神上的满足。因此，环保社会组织要建立精神激励机制，激发组织成员的奉献精神，增加其精神上的满足感。

总之，环保社会组织要健全人才机制，吸引人才、培养人才、留住人才，从根本上解决人才缺乏的问题，更好地为社会提供具有专业性的公共产品和服务。

（3）积极拓宽筹资渠道

环保社会组织除争取得到政府财政支持外，还可以通过为社会提供有偿服务来增加收益。国外社会组织获得资金来源的主要渠道就是开展有偿服务，其经营所得是合法的，并且用于保护公共环境利益。我国环保类社会组织可以借鉴国外经验，为环保产业提供商品开发、市场调查、基础调研等方面的咨询服务，大型环保活动的会晤和运营管理等服务，以拓宽资金来源。环保社会组织要建立公开透明的财务审计制度。严格的财务管理是环保类社会组织可持续发展的必要条件，以此提高组织的公信力，吸引更多企业、公众募捐。环保社会组织还可通过多种方式获得资金捐赠，如通过义演、广告传媒（包括电视、互联网、报纸、杂志等）劝募、写信劝募等形式，引起人们内心的共鸣，达到心灵打动，引导国内外人士及企业的捐赠。

（4）选择符合自身发展的模式

目前国内有大量小型民间环保社会组织没有明确的专业领域和发展模式，方向庞杂但并不专业。此类组织应认真分析自身的优劣势，找准目标和发展模式，提高在特定领域的专业度。这一方面，很多在华环保类境外非政府组织是我们学习的榜样。例如，美国能源基金会，自成立以来一直专注于节能减排和可再生能源发展方面的政策制定和标准制定，不涉及其他领域，也不支持技术开发，以节能减排为例，他们一做就是10年，由点到面，有条理、有目标、不盲目。

（5）加强多方合作

一般环境问题具有跨地域、跨领域的特点，这些特点决定了环境问题的解决要靠多方面的协作与努力。为有效解决环境问题，社会组织需要与政府、企业、及其他环保类社会组织加强合作，同时还要加强与境外非政府组织的合作交流，这样有助于不同领域、不同地域之间取长补短，相互交流经验，从而增强环保类社会组织的参与环境保护的效果。

9.3.2.3　关于社会监督机制

“公益慈善组织也就是生活在玻璃缸里的鱼”。这句话很形象地说明公益组织越是能做到透明，就越能拥有比较高的社会公信力。对于“自下而上”型社会组织来说，其民间特性决定了其在发展中更需要得到公众的认同。相比欧美发达国家的社会组织，我国环保类社会组织影响力普遍较小，社会公众认同度较低，这在很大程度上是因为公众对其运行机制、项目活动及资金利用情况不了解，因此，应加快建立社会监督体系，加深公众对环保类社会组织的认识和了解，以提高社会组织的公信力。

在社会监督大平台没有搭建好之前，单单要求环境社会组织依靠自律做到公开透明是不现实的。社会监督应该结合行政监督、社会公众和新闻媒体等外部监督和第三方评估（民间评估）三方面开展。我国可借鉴国外有益的经验，建立有效的社会组织监督体系。以社会组织比较发达的美国为例，其非政府组织公信力建设成功的经验就是建立了完善的监督体制。其五道防线确保了美国社会组织的良性运转，这五道防线包括政府的监督、独立的第三方评估监督、非营利组织的同行互律监督、媒体与公众的监督与评估、非营利组织的自律。在良性运转的监督体制下，美国社会组织成为美国公信力最强的团体，在社会事务的参与中发挥着举足轻重的作用。尽管美国的社会组织内部不存在类似于监事会的监督机构，但有关法律都规定其必须向政府有关部门提交财务报告，这些报告是由独立会计师协助完成。英国设有向议会负责的苏格兰慈善调节办公室（Office of the Scottish Charity Regulator）专门监管社会组织，以提高社会组织的透明度和财务状况，进而提升社会组织在民众心中的公信力，确保社会组织在英国的蓬勃发展。

因此，在我国环保类社会组织公信力的建设上，政府、捐赠者和整个公民社会应协同社会组织，在充分肯定、充分帮助、充分自律的合力下进行。

本报告执笔：
汉德环境观察所：唐大为、李茜、高原；
环境规划院：温丽丽、苏洁琼